2026
18차개정판

▶ The Bible

건축기사 필기

1권 바이블 핵심이론

1+2+3권 한권완성

1권 _ 바이블 핵심이론
2권 _ 바이블 과목별 기출문제
3권 _ 바이블 연도별 기출문제

핵심으로 시작하여
기출문제로 끝낸다!
2026 합격 솔루션

출제경향
오리엔테이션

- 60점 목표
- 2025~2021 무료동영상
- CBT시험 동일 환경 CBT모의고사
- 질의응답
  전용 홈페이지를 통한 학습질문은 2026/365일 답변

안광호 교수
백종엽 교수
이병억 교수

건축기사
한솔아카데미가 답이다!

합격! 한솔아카데미가 답이다
본 도서를 구입시 드리는 통~큰 혜택!

출제경향 무료동영상

출제경향 무료동영상
- 출제분석에 따른 출제경향 오리엔테이션
- **무료동영상** 출제경향 동영상 강의

※ 위 내용의 무료동영상 강좌의 수강기간은 4개월입니다.

기출문제 무료동영상

5개년 무료동영상
- **무료동영상** 최근 5개년(25,24,23,22,21) 동영상 강의

※ 위 내용의 무료동영상 강좌의 수강기간은 4개월입니다.

CBT 온라인 모의고사

10회 CBT 온라인 모의고사
① 큐넷(Q-net)홈페이지 실제 컴퓨터 환경과 동일한 시험
② 자가학습진단 모의고사를 통한 실력 향상
③ 장소, 시간에 관계없이 언제든 모바일 접속 이용 가능

※ 위 내용의 온라인 모의고사 유효기간은 4개월입니다.

학습내용 질의응답

한솔아카데미 홈페이지(www.inup.co.kr)

건축기사 게시판에 질문을 하실 수 있으며 함께 공부하시는 분들의 공통적인 질의응답을 통해 보다 효과적인 학습이 되도록 합니다.

수강신청 방법

도서구매 후 뒷 표지 회원등록 인증번호 확인

홈페이지 회원가입 ▶ 마이페이지 접속 ▶ 쿠폰 등록/내역 ▶ 도서 인증번호 입력 ▶ 나의 강의실에서 수강이 가능합니다.

교재 인증번호 등록을 통한 학습관리 시스템

❶ 출제경향 무료동영상 ❷ 5개년 기출문제 무료동영상
❸ CBT모의고사 10회 ❹ 2026년 복원문제 제공

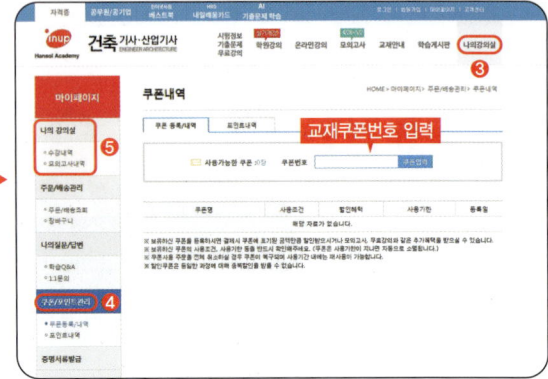

01 사이트 접속
인터넷 주소창에 https://www.inup.co.kr 을 입력하여 한솔아카데미 홈페이지에 접속합니다.

02 회원가입 로그인
홈페이지 우측 상단에 있는 **회원가입** 또는 아이디로 **로그인**을 한 후, **건축** 사이트로 접속을 합니다.

03 나의 강의실
나의강의실로 접속하여 왼쪽 메뉴에 있는 [쿠폰/포인트관리]-[쿠폰등록/내역]을 클릭합니다.

04 쿠폰 등록
도서에 기입된 **인증번호 12자리** 입력(-표시 제외)이 완료되면 [**나의강의실**]에서 학습가이드 관련 응시가 가능합니다.

■ **모바일 동영상 수강방법 안내**

❶ QR코드 이미지를 모바일로 촬영합니다.
❷ 회원가입 및 로그인 후, 쿠폰 인증번호를 입력합니다.
❸ 인증번호 입력이 완료되면 [나의강의실]에서 강의 수강이 가능합니다.

※ 인증번호는 표지 ①권 뒷면에서 확인하시길 바랍니다.
※ QR코드를 찍을 수 있는 앱을 다운받으신 후 진행하시길 바랍니다.

머리말

과거의 역사가 미래의 거울이듯, 시험을 준비하는 수험생은 과거의 기출문제를 통하여 미래의 출제될 문제를 예상하고 대비할 수 있습니다.

이 책은 현재 시행되는 한국산업인력공단 국가기술자격검정에 의한 건축기사 분야의 최근 10개년(2016년~2025년) 동안 출제되었던 기출문제를 현재의 국가표준인 국가건설기준 관련규정[KDS(Korean Design Standard)]과 현행 건축관계법규의 규정에 맞게 상세한 해설과 함께 정리하였습니다.

건축기사를 준비하는 수험생들이 어떻게 하면 보다 더 빠르고 보다 더 쉽게 합격할 수 있는가를 20년간의 대학강의 및 학원강의를 통한 강의기법 및 Know-How를 바탕으로 건축기사 10개년 교재가 제작되었으므로 수험생들이 신뢰할 수 있는 합격의 지름길을 제공하는 교재가 될 것을 확신합니다.

이 책의 특징은 다음과 같습니다.

Ⅰ. [KDS(Korean Design Standard), 건축공사 및 건축구조 및 콘크리트 통합기준] 관련 내용의 적용
Ⅱ. [건축관계법규 2025]: 관련 최신 내용의 반영
Ⅲ. 1권. 바이블 과목별 핵심 이론의 요약 정리
Ⅳ. 2권. 바이블 과목별 기출문제(2016~2020년) 회별로 상세 해설과 함께 수록
Ⅴ. 3권. 바이블 연도별 기출문제(2021~2025년) 회별 해설과 함께 실전테스트

이 책의 제작을 위해 최선의 노력을 기울였지만 교재의 본문에 발생한 오탈자 등은 지속적으로 수정 및 보완해 나갈 것을 약속드리겠습니다.

끝으로 본 교재의 출간을 위해 애써주신 한솔아카데미 출판부 이종권 전무님과 편집부 안주현 부장님, 문수진 과장님에게 깊은 감사를 드립니다.

세상을 올바른 눈으로 볼 수 있도록 길러주신 부모님에게 항상 감사드리며 사랑하는 아들 준혁, 재혁 그리고 불의의 사고로 하늘나라로 먼저 간 사랑하는 나의 딸 시현에게 감사의 마음을 글로 대신합니다.

건축수험연구회 저자 안광호 드림

제1권 — 바이블 핵심이론

제1과목	건축계획	1-2
제2과목	건축시공	1-42
제3과목	건축구조	1-98

| 제4과목 | 건축설비 | 1-288 |
| 제5과목 | 건축법규 | 1-344 |

제2권 — 바이블 과목별 기출문제

제1과목 | 건축계획

- 01 2016년 기출문제 ········· 2-2
- 02 2017년 기출문제 ········· 2-17
- 03 2018년 기출문제 ········· 2-32
- 04 2019년 기출문제 ········· 2-47
- 05 2020년 기출문제 ········· 2-62

Contents

제2과목 | **건축시공**

01 2016년 기출문제 ·················· 2-80
02 2017년 기출문제 ·················· 2-95
03 2018년 기출문제 ·················· 2-110
04 2019년 기출문제 ·················· 2-125
05 2020년 기출문제 ·················· 2-140

제3과목 | **건축구조**

01 2016년 기출문제 ·················· 2-156
02 2017년 기출문제 ·················· 2-172
03 2018년 기출문제 ·················· 2-187
04 2019년 기출문제 ·················· 2-203
05 2020년 기출문제 ·················· 2-218

제4과목 | **건축설비**

01 2016년 기출문제 ·················· 2-236
02 2017년 기출문제 ·················· 2-251
03 2018년 기출문제 ·················· 2-266
04 2019년 기출문제 ·················· 2-281
05 2020년 기출문제 ·················· 2-296

제5과목 | **건축법규**

01 2016년 기출문제 ·················· 2-312
02 2017년 기출문제 ·················· 2-327
03 2018년 기출문제 ·················· 2-342
04 2019년 기출문제 ·················· 2-357
05 2020년 기출문제 ·················· 2-372

제3권 바이블 연도별 기출문제

연도별

2025년
- 2025년 제1회 시행 ·········· 3-2
- 2025년 제2회 시행 ·········· 3-28
- 2025년 제3회 시행 ·········· 3-53

2024년
- 2024년 제1회 시행 ·········· 3-78
- 2024년 제2회 시행 ·········· 3-103
- 2024년 제3회 시행 ·········· 3-128

2023년
- 2023년 제1회 시행 ·········· 3-154
- 2023년 제2회 시행 ·········· 3-180
- 2023년 제4회 시행 ·········· 3-205

2022년
- 2022년 제1회 시행 ·········· 3-230
- 2022년 제2회 시행 ·········· 3-255
- 2022년 제4회 시행 ·········· 3-280

2021년
- 2021년 제1회 시행 ·········· 3-306
- 2021년 제2회 시행 ·········· 3-331
- 2021년 제4회 시행 ·········· 3-356

CBT 필기시험문제 실전테스트

홈페이지(www.inup.co.kr)에서 필기시험 문제를 CBT 모의 TEST로 체험하실 수 있습니다.

- CBT 제1회 모의고사 실전테스트
- CBT 제2회 모의고사 실전테스트
- CBT 제3회 모의고사 실전테스트
- CBT 제4회 모의고사 실전테스트
- CBT 제5회 모의고사 실전테스트
- CBT 제6회 모의고사 실전테스트
- CBT 제7회 모의고사 실전테스트
- CBT 제8회 모의고사 실전테스트
- CBT 제9회 모의고사 실전테스트
- CBT 제10회 모의고사 실전테스트

Ⅰ 바이블 핵심이론

- 01 건축계획 ········· 1-2
- 02 건축시공 ········· 1-42
- 03 건축구조 ········· 1-98
- 04 건축설비 ········· 1-288
- 05 건축법규 ········· 1-344

핵심번호 01 건축계획 주거건축 : 단독주택

예1 조선시대에 田자형 주택으로 대별되는 서민주택의 지방 유형은?
① 서울 지방형   ② 남부 지방형
③ 중부 지방형   ④ 함경도 지방형
답 : ④

예2 우리나라 전통의 한식주택에서 문꼴 부분의 면적이 큰 이유는?
① 겨울의 방한을 위해서
② 하기의 고온다습을 견디기 위해서
③ 출입하는 데 편리하게 하기 위해서
④ 동기에 일조효과를 충분히 얻기 위해서
답 : ②

예3 한식주택과 양식주택에 관한 설명으로 옳지 않은 것은?
① 양식주택은 입식 생활이며, 한식주택은 좌식 생활이다.
② 양식주택의 실은 단일용도이며, 한식주택의 실은 혼용도이다.
③ 양식주택은 실의 위치별 분화이며, 한식주택은 실의 기능별 분화이다.
④ 양식주택의 가구는 주요한 내용물이며, 한식주택의 가구는 부차적 존재이다.
답 : ③

예4 단독주택의 현관 위치 결정에 가장 주된 영향을 끼치는 것은?
① 방위   ② 주택의 층수
③ 거실의 위치   ④ 도로와의 관계
답 : ④

예5 숑바르 드 로브의 주거면적 기준으로 옳은 것은?
① 병리 기준: 6m², 한계 기준: 12m²
② 병리 기준: 6m², 한계 기준: 14m²
③ 병리 기준: 8m², 한계 기준: 12m²
④ 병리 기준: 8m², 한계 기준: 14m²
답 : ④

예6 건축계획에서 동선(動線)이 가지는 요소와 가장 관계가 먼 것은?
① 하중   ② 빈도
③ 속도   ④ 폭(너비)
답 : ④

예7 주택의 동선계획에 관한 설명으로 옳지 않은 것은?
① 동선은 가능한 굵고 짧게 한다.
② 동선은 가능한 한 단순하게 한다.
③ 동선에는 공간이 필요하고 가구를 두지 않는다.
④ 화장실 등과 같이 사용 빈도가 높은 공간은 동선을 길게 처리한다.
답 : ④

1 한국 전통 주거건축 평면형, 한식주택과 양식주택의 차이

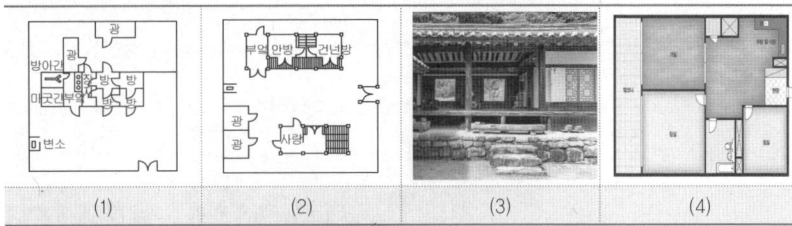

(1)   (2)   (3)   (4)

(1) 함경, 평안 지방: 전(田)자형 평면이 일반적이다.
(2) 남부 지방: 일(一)자형 평면이 일반적이다.
(3) 전통 한식주택에서 문꼴 부분의 면적이 큰 이유는 여름철 고온다습을 견디기 위함이다.
(4) 한식주택과 양식주택의 비교

한 식	분류	양 식
좌식, 온돌 생활(열 복사)	습관의 차이	입식, 의자 생활(열 대류)
실의 위치별 분화	평면의 차이	실의 기능별 분화
실의 다용도	용도의 차이	실의 단일용도
부차적 존재	가구의 해석	중요한 내용물
목조 가구식	구조의 차이	벽돌 조적식

2 주거건축 계획 일반 사항

(1) 일반적인 주택의 배치계획

대체로 동서로 조금 긴 직사각형이 되는 경우가 많으며, 대지 안에 서비스 코트(Service Court)를 계획할 만한 여지를 남기고 북측으로 붙여서 배치하는 것이 좋다. 이때, 현관은 주택의 얼굴과 같은 역할을 하기 때문에 남쪽이나 주택의 중앙 부분에 위치하는 것이 일반적이다. 현관의 위치는 대지의 형태, 방위, 도로와의 관계에 영향을 받으며, 특히 도로와의 관계가 지배적이다.

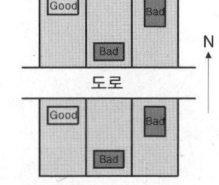

(2) 숑바르 드 로브(Chombard de Lawve) 주거면적 기준(1950)

① 병리 기준(8m²/인):
거주자의 신체적 및 정신적인 건강에 나쁜 영향을 끼치는 범위
② 한계 기준(14m²/인):
개인 및 가족적인 거주의 융통성을 보장할 수 있는 한계

(3) 동선(動線)

① 3요소
• 속도: 얼마나 빠를 수 있느냐의 정도
• 빈도: 얼마나 많이 통행하느냐의 정도(공간적 두께)
• 하중: 이동 대상이 어느 정도의 무게감을 가졌느냐의 정도
② 화장실 등과 같이 사용 빈도가 높은 공간은 동선을 짧게 처리한다.
③ 하중이 큰 가사노동의 동선은 짧게 나타난다.
④ 주거건축에서 DK(Dining Kitchen), LDK(Living Dining Kitchen) 방식을 도입하는 이유는 주부의 동선 단축이 주목적이며, 주택 설계의 기본 방향은 가장 중심이 아닌 주부 중심이 된다.

(4) 조닝(Zonning, 공간의 구역구분)
① 주 행동에 의한 분류: 주부, 주인, 부부, 아동, 노인
② 사용 시간별 분류: 낮, 밤, 낮+밤
③ 생활 공간에 따른 분류: 정적 공간, 동적 공간
④ 물(Water)의 사용 여부에 따른 분류

(5) 융통성(Flexibility)
① 변화의 요구에 대응하는 공간의 가변적 성질을 의미한다.
② 공간의 독립성을 유지하는 것은 공간의 융통성을 저해하는 요소가 된다.

(6) 주거 공간 효율을 높이고, 데드 스페이스(Dead Space)를 줄이는 방법
① 가구와 공간의 치수 체계를 통합하고, 유닛 가구를 활용한다.
② 침대, 계단 밑 등을 수납공간으로 활용한다.

(7) 노인 주거 계획상의 요점
① 노인 침실은 일조, 전망이 양호하며 식당, 욕실 및 화장실에 근접된 곳에 위치시킨다.
② 단차가 없도록 하는 것이 좋으며, 단차가 있는 바닥으로 할 경우 대비가 강한 색을 사용하는 것이 좋다.

3 주거건축: 공간 계획상의 요점(거실, 침실)

(1) 거실(Living Room)

① 거실의 규모: 주택 연면적의 30% 정도로서 생활을 영위하는 가족의 구성, 가구의 크기와 사용상의 조건, 경제력 등에 의해 결정된다.
② 거실 가구 배치 결정 요소: 거실의 형태, 개구부의 위치, 거주자의 취향
③ 거실이 평면계획상 통로(Corridor) 또는 홀(Hall)로서 사용되는 방법의 평면 배치는 적극적으로 피한다.
④ 50m² 이하의 협소한 주택에서 복도를 두는 것은 비경제적이다.
⑤ 2층 단독주택에서 1층에 부모가, 2층에 자녀들이 거주할 경우 가족의 단란에 가장 영향을 줄 수 있는 요소는 계단의 배치이며, 주택의 계단은 가능한 한 작은 면적이 좋다.

(2) 침실(Bed Room)
① 침대의 배치는 머리 쪽에 창을 두지 않는 것이 좋다.
② 어떤 공간의 위치보다 조용하고 프라이버시 유지가 가능한 곳에 배치한다.
③ 성인 1인당 필요로 하는 신선한 공기 요구량은 50m³/h 정도이다.

예8 단독주택에서 다음과 같은 실을 각각 직상층 및 직하층에 배치할 경우 가장 부적합한 것은?
① 상층: 침실, 하층: 침실
② 상층: 부엌, 하층: 욕실
③ 상층: 욕실, 하층: 침실
④ 상층: 욕실, 하층: 부엌

답: ③

예9 아파트 단위주호 평면계획에서 공간의 융통성을 부여하는 방법과 가장 거리가 먼 것은?
① 발코니 면적을 가급적 크게 한다.
② 식당과 거실을 동일실로 하고 부엌을 분리한다.
③ 침실은 서로 인접되지 않도록 하여 독립성을 유지한다.
④ 거실에 인접한 침실의 출입은 거실을 거치지 않도록 한다.

답: ③

예10 노인 주거 계획에 관한 설명 중 옳지 않은 것은?
① 계단 양쪽에 난간을 부착하도록 한다.
② 단차가 있는 바닥은 대비가 약한 색을 사용하는 것이 좋다.
③ 침실, 욕실 바닥재는 미끄럼이 없고 청소하기 쉬운 재료를 사용한다.
④ 출입구에는 휠체어를 놓을 수 있는 공간을 확보하고 비를 맞지 않도록 계획한다.

답: ②

예11 주택의 거실 규모 결정 시 고려하여야 할 사항과 가장 관계가 먼 것은?
① 가족 수
② 전체 주택의 규모
③ 가족 구성
④ 현관의 위치

답: ④

예12 일반 단독주택의 계획에 대한 설명으로 옳지 않은 것은?
① 현관의 위치는 대지의 형태, 방위, 도로와의 관계 등에 의해 결정된다.
② 노인 침실은 일조, 전망이 양호하며 식당, 욕실 및 화장실에 근접된 곳에 위치시킨다.
③ 거실은 홀(Hall)과 겸하여 사용되는 평면 배치를 하는 것이 좋다.
④ 식당의 면적은 가족의 수와 식탁의 크기 등에 의해서 정해진다.

답: ③

예13 필요 공기량을 산정하여 침실의 규모를 산정하려고 한다. 성인 2인용 침실의 최소 바닥면적은? (단, 실내 자연환기 회수 2회/hr, 천장고 2.5m)
① 10m²   ② 15m²
③ 20m²   ④ 25m²

답: ③

예14 여름철 단층 주택에서 서쪽 창에 들어오는 일사를 방지하기 위한 방법으로 가장 적합하지 않은 것은?
① 처마 길이를 크게 한다.
② 창밖에 낙엽수를 심는다.
③ 창에 수직루버를 설치한다.
④ 처마 끝에 발을 매단다.
답 : ①

예15 주택의 각 실 계획에 대한 중 옳지 않은 것은?
① 부엌은 음식물의 부패 관계로 남향을 피하고 서향으로 하여야 한다.
② 사용 시간이 짧은 취침실 등은 향을 고려하지 않을 수도 있다.
③ 거실은 통로나 홀(Hall)로서 사용되는 방법의 평면 배치는 적극적으로 피하도록 한다.
④ 노인 침실은 일조가 충분하고 전망이 좋은 조용한 곳에 면하도록 한다.
답 : ①

예16 단독주택의 부엌 크기 결정 요소로 볼 수 없는 것은?
① 작업대의 면적
② 주택의 연면적
③ 주부의 동작에 필요한 공간
④ 후드(Hood)의 설치에 따른 공간
답 : ④

예17 주택의 부엌에서 작업 순서에 맞는 작업대 배열로 알맞은 것은?
① 냉장고→개수대→조리대→가열대
② 개수대→조리대→가열대→냉장고
③ 냉장고→조리대→가열대→개수대
④ 개수대→냉장고→조리대→가열대
답 : ①

예18 주택 부엌의 작업삼각형(Work Triangle)의 구성 요소에 속하지 않는 것은?
① 개수대   ② 배선대
③ 가열대   ④ 냉장고
답 : ②

예19 주택의 부엌 가구 배치 유형에 관한 설명으로 틀린 것은?
① 一자형은 좁은 면적 이용에 유리하므로 소규모 부엌에 주로 사용된다.
② ㄷ자형은 작업공간이 좁기 때문에 작업 효율이 나쁘다.
③ L자형은 부엌과 식당을 겸할 경우 많이 적용된다.
④ 병렬형은 작업동선은 줄일 수 있지만 몸을 앞뒤로 바꾸는 것이 불편한 단점이 있다.
답 : ②

예20 부엌 공간에서 배선실은 어떤 용도로 쓰이는가?
① 세탁, 걸레 빨기, 잡품 창고를 위한 공간
② 세탁, 다림질 및 재봉 등의 작업을 하는 공간
③ 연료 저장 창고, 오물 처리 시설 및 건조장 등의 옥외 작업 공간
④ 식품, 식기 등을 저장하는 공간
답 : ④

4 주거건축: 공간계획상의 요점(부엌, 배선실, 다목적실)

(1)   (2)   (3)

(1) 부엌(Kitchen)의 방위: 서쪽으로부터의 일사는 수직상으로 건물 내로 비치는 것이 아니라 오후 내내 수평에 가깝게 낮게 깔려 건물 내로 비치게 되므로 처마 길이를 크게 해도 별 다른 효과가 없게 된다. 일사가 긴 서쪽은 음식물이 부패하기 쉬우므로 서향을 반드시 피한다.

(2) 부엌의 크기 결정 요소
① 작업인(주부)의 동작에 필요한 공간
② 작업대의 소요 면적 및 수납 공간(식기, 식품, 조리 기구)
③ 연료의 종류와 공급 방법
④ 주택의 연면적, 가족 수, 평균 작업인 수, 경제 수준 등

(3) 부엌의 작업 순서: 냉장고 ➡ 개수대 ➡ 조리대 ➡ 가열대 ➡ 배선대
작업삼각형(Work Triangle): 냉장고, 개수대, 조리대(=레인지)의 중간 지점을 연결하는 작업삼각형 3변의 길이 합은 3.6~6m 정도가 기능적이다.

(4) 부엌의 평면형

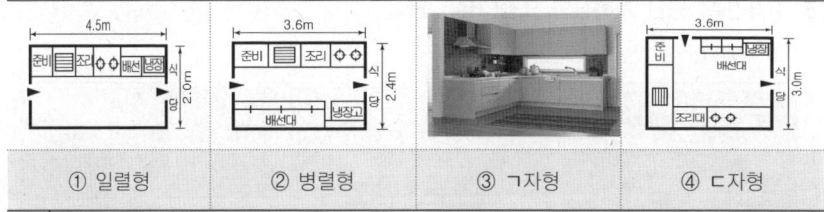

① 일렬형   ② 병렬형   ③ ㄱ자형   ④ ㄷ자형

① 일렬형: 동선과 배치가 간단하여 소규모 주택에 적합하지만, 설비 기구가 많은 경우 작업동선이 길어진다.
② 병렬형: 폭이 길이에 비해 넓은 부엌의 형태에 적당한 유형으로서 일렬형에 비해 작업동선이 단축되지만 작업 시 몸을 앞뒤로 바꾸어야 하는 불편함이 있으며, 식당과 부엌이 개방되지 않고 외부로 통하는 출입구가 필요한 경우에 많이 쓰인다.
③ ㄱ자형: 작업동선은 효율적이지만 여유공간이 많이 남기 때문에 식사실과 함께 이용할 경우에 적합하다.
④ ㄷ자형: 병렬형과 ㄱ자형을 혼합한 평면형으로 작업동선이 짧고 부엌의 면적을 줄일 수 있지만 평면계획상 외부로 통하는 출입구의 설치는 곤란하다.

(5) 배선실, 유틸리티
① 배선실(Pantry): 부엌과 식당 사이에 식품, 식기 등을 저장하기 위해 설치한 부속 공간
② 유틸리티(utility, 가사실, 다목적실): 주부의 세탁, 다림질, 재봉 등의 작업을 하는 공간으로서 일반적으로 욕실 및 부엌, 서비스 관계의 여러 실과 인접한 위치에 두고 서로 연락이 편하게 하는 공간이므로 주택 공간 내·외부를 연결시키는 공간은 아니다.

핵심번호 02 건축계획
주거건축 : 연립주택, 공동주택

1 연립주택

(1)

(2)

(1) 타운 하우스(Town House)
① 단독주택의 장점을 고려한 형식으로 토지 이용의 효율성이 높다.
② 일반적으로 1층은 거실, 식당, 부엌 등의 생활 공간을 마련하고, 2층에는 서재, 침실 등의 휴식 및 수면 공간으로 구성한다.
③ 각 세대마다 주차가 용이하며, 접근성(Approach)은 평지 주택이 경사지 주택에 비해 유리하다.

(2) 테라스 하우스(Terrace House)
① 경사 대지에서 적절한 절토에 의해 자연 지형에 따라 건물을 테라스형으로 축조하는 것으로 각 호마다 전용의 뜰(정원)을 갖는다.
② 자연형 테라스 하우스는 상향식과 하향식이 있으며, 하향식 테라스의 경우 각 세대의 규모를 동일하게 처리할 수 있다.
③ 인공형 테라스 하우스는 평지에 테라스 하우스의 장점을 살려 건립한 형식이다.
④ 일반적으로 후면에 창문이 없기 때문에 각 세대의 깊이가 7.5m 이상 되어서는 안 된다.

2 공동주택: 아파트(Apartment) 주동형식에 따른 분류

탑상형(=타워형)		판상형
	유형	
• 건축물 외면의 4개의 입면성을 강조한 유형으로 각 세대에 시각적 개방감 확보 • 각 세대의 거주 조건이나 환경이 불균등 • 도심지 랜드마크(Landmark) 역할 가능	특징	• 건축비가 비교적 저렴 • 획일적 평면 구성에 따른 단조로운 건물 디자인

예1 타운 하우스에 관한 설명으로 옳지 않은 것은?
① 각 세대마다 주차가 용이하다.
② 프라이버시 확보를 위한 경계벽 설치가 가능하다.
③ 단독주택의 장점을 고려한 형식으로 토지 이용의 효율성이 높다.
④ 일반적으로 1층은 침실 등 개인 공간, 2층은 거실 등 생활 공간으로 구성한다.
답 : ④

예2 평지 주택에 비해 경사지 주택이 갖는 유리한 특성으로 볼 수 없는 것은?
① 통풍　② 조망
③ 접근성　④ 프라이버시
답 : ③

예3 테라스 하우스에 관한 설명으로 옳지 않은 것은?
① 각 호마다 전용의 뜰(정원)을 갖는다.
② 각 세대의 깊이는 7.5m 이상으로 하여야 한다.
③ 진입 방식에 따라 하향식과 상향식으로 나눌 수 있다.
④ 시각적인 인공테라스형은 위층으로 갈수록 건물의 내부 면적이 작아지는 형태이다.
답 : ④

예4 아파트의 평면형식에 따른 분류에 속하지 않는 것은?
① 홀형　② 집중형
③ 복도형　④ 판상형
답 : ④

예5 탑상형 공동주택에 관한 설명으로 옳지 않은 것은?
① 각 세대에 시각적인 개방감을 준다.
② 각 세대의 거주 조건이나 환경이 균등하다.
③ 도심지 내의 랜드마크적인 역할이 가능하다.
④ 건축물 외면의 4개의 입면성을 강조한 유형이다.
답 : ②

예6 공동주택 평면형식 중 각 주호의 프라이버시와 거주성이 가장 양호한 것은?
① 계단실형   ② 중복도형
③ 편복도형   ④ 집중형
답 : ①

예7 아파트 평면형식 중 계단실형에 관한 설명으로 옳은 것은?
① 대지에 대한 이용률이 가장 높은 유형이다.
② 통행을 위한 공용면적이 크므로 건물의 이용도가 낮다.
③ 각 세대가 양쪽으로 개구부를 계획할 수 있는 관계로 통풍이 양호하다.
④ 엘리베이터를 공용으로 사용하는 세대 수가 많으므로 엘리베이터의 효율이 높다.
답 : ③

예8 아파트 평면형식 중 일반적으로 동서를 축으로 한쪽 복도를 통해 각 주호로 들어가는 형식은?
① 계단실형   ② 편복도형
③ 중복도형   ④ 집중형
답 : ②

예9 공동주택의 2세대 이상이 공동으로 사용하는 복도의 유효폭은 최소 얼마 이상인가? (단, 편복도의 경우)
① 90cm   ② 120cm
③ 150cm   ④ 180cm
답 : ②

예10 아파트의 평면형식에 관한 설명으로 옳지 않은 것은?
① 중복도형은 부지의 이용률이 낮다.
② 홀형(계단실형)은 독립성(Privacy)이 우수하다.
③ 집중형은 복도 부분의 자연환기, 채광이 극히 나쁘다.
④ 편복도형은 복도를 외기에 터놓으면 통풍, 채광이 중복도형보다 양호하다.
답 : ①

예11 엘리베이터와 연결되는 복도가 2층이나 3층마다 있고, 2층에서 상하층이 계단으로 연결되는 아파트 형식은?
① 스킵 플로어(Skip Floor)
② 플랫(Flat)
③ 코리도 플로어(Corridor Floor)
④ 다이렉트 액세스(Direct Access)
답 : ①

예12 아파트의 단면형식 중 복층형에 대한 설명으로 옳지 않은 것은?
① 통로면적이 증가하며 유효면적은 감소한다.
② 주호 내에 계단을 두어야 하므로 소규모 주택에서는 비경제적이다.
③ 거주성, 특히 프라이버시가 높다.
④ 공용 복도가 없는 층은 화재 및 위험 시 대피상 불리하다.
답 : ①

3 공동주택: 아파트(Apartment) 평면형식에 따른 분류

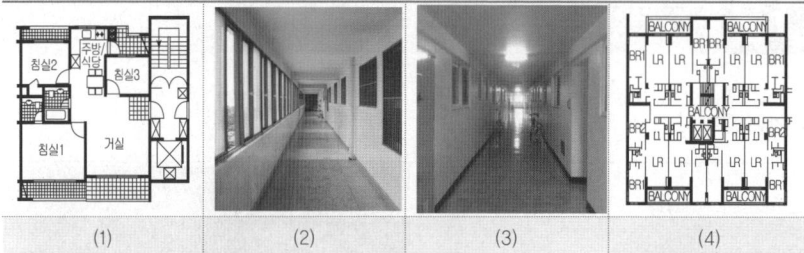

(1)   (2)   (3)   (4)

(1) 계단실형, 홀(Hall)형(Direct Access Hall Sywtem)
① 계단 또는 엘리베이터 홀로부터 직접 주거단위로 들어가는 형식이다.
② 각 세대 간 독립성이 가장 높고, 고층 아파트일 경우 엘리베이터 비용이 증가한다.
③ 2D·K : 2는 침실이 두 개이며, D·K는 주방과 식당이 1실로 되어 있음을 나타내고 D+K는 주방과 식당이 각각 1실로 독립되어 있음을 뜻한다.

(2) 편복도형(Side Corridor System)
① 거주자의 자연적 환경을 동일하게 만들고자 할 때 일반적으로 채용된다.
② 남면 일조를 위해 동서를 축으로 한쪽 복도를 통해 각 주호로 진입한다.
③ 2세대 이상이 공동으로 사용하는 복도의 유효폭은 최소 120cm 이상이다.

(3) 중복도형(Middle Corridor System)
① 부지의 이용률이 높고, 통풍 및 채광, 프라이버시가 불리하다.
② 중복도에는 채광 및 통풍이 원활하도록 40m 이내마다 1개소 이상의 외기에 면하는 개구부를 설치한다.
③ 복도형 공동주택 엘리베이터(Elevator) 계획: 10인승 이하의 소규모 엘리베이터가 유리하며, 엘리베이터 1대당 50~100세대가 적당하다.

(4) 집중형(Concentration System)
① 단위면적당 가장 많은 주호를 집결시킬 수 있는 형식이다.
② 채광 및 통풍 조건이 불리하고, 기후 조건에 따른 기계적 환경 조절이 필요한 형식이다.

4 공동주택: 아파트(Apartment) 단면형식에 따른 분류

(1) 스킵플로어(Skip Floor)
① 대지가 경사지일 경우 경사지를 이용하여 레벨을 두어 층을 구분하는 형식으로 통로 및 공용면적이 적은 반면에 전체적으로 유효면적이 높다.
② 건축물 내에 각기 다른 주호를 혼합할 수 있기 때문에 주호의 다양성 및 입면상의 변화가 가능하다.

(2) 메조넷형(Maisonette Type, 듀플렉스형, Duplex Type, 복층형)
① 하나의 주거단위가 복층 형식을 취하는 경우이므로 통로가 없는 층의 평면은 프라이버시와 통풍 및 채광이 좋아진다.
② 공용 및 서비스 면적은 작아지고 유효면적이 증가한다.
③ 트리플렉스형은 하나의 주거단위가 3층형으로 구성된 형식으로 듀플렉스형보다 공용면적이 더 작다.
④ 단층형(Flat Type)에 비해 설비 및 구조적인 해결이 불리하다.

5 공동주택: 관련 주요 내용

(1) 공동주택의 주요 특징
① 필로티(Pilotis): 건물 전체 또는 일부를 지상(地上)에서 기둥으로 들어 올려 건물을 지상에서 분리시킴으로써 만들어지는 공간 또는 그 기둥 부분을 말하며, 친교(親交)를 위해서는 작은 건물로 설계하고, 큰 단지는 분할하여 작은 단지로 만든다.
② 단지 내 어린이 놀이터: 성인이 어린이를 지켜볼 수 있는 쾌적한 환경이 되도록 한다.
③ 공동주택단지의 주거밀도를 계획하는데 가장 기본이 되는 사항은 주택의 규모와 건폐율이다.
④ 단지 내의 공동시설: 이용 빈도가 높은 건물은 이용 거리를 짧게 하고, 커뮤니티 중심부에는 유보로(遊步路, Promenade)를 설치한다. 보행자의 목적동선은 쾌적한 분위기의 연출과는 별개로 최단 거리로 하며, 오르내림이 없도록 한다.

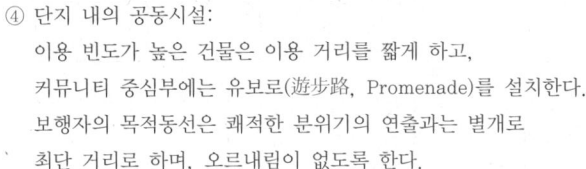

(2) 공중가로 또는 입체가로
전통적인 시가지 주택에서 볼 수 있는 골목이라는 매개 요소를 집합주택에서 입체적으로 재현하는 수법을 의미한다.

(3) 지속가능한(Sustainable) 공동주택
① 지구의 환경 문제에 대처하는 기본 이념으로 환경적으로 건전하고 지속가능한 개발 (ESSD: Environmentally Sound & Sustainable Development, 1987)의 개념이 대두되었다.
② 주요 설계 개념: 환경 친화적 설계, 지형 순응형 배치, 가변적 구조체의 확대 적용

3 주택법령상 주택건설기준

(1) 주택의 평면과 각 부위의 치수 및 기준척도
① 치수 및 기준척도는 안목치수를 원칙으로 한다.
② 거실 및 침실의 평면 각 변의 길이는 5cm, 부엌·식당·욕실·화장실·복도 등의 평면 각 변의 길이 또는 너비는 5cm를 단위로 한 것을 기준척도로 한다.
③ 거실·침실의 반자높이는 2.2m 이상, 층높이는 2.4m 이상으로 하되 각각 5cm를 단위로 한 것을 기준척도로 한다.
(2) 주택법의 부대시설과 복리시설의 구분
① 부대시설: 담장 및 주택단지 안의 도로, 주차장, 관리사무소
② 복리시설: 어린이 놀이터, 근린생활시설, 유치원, 주민운동시설 및 경로당
(3) 관리사무소의 설치: 50세대 이상의 공동주택을 건설하는 주택단지에는 10m²에 50세대를 넘는 매 세대마다 0.5m²(500cm²)를 더한 면적 이상의 관리사무소를 설치하여야 한다.
(4) 7층 이상의 복도형 공동주택의 화물용 승강기: 이사짐 등을 운반할 수 있도록 100세대까지 1대, 100세대를 넘는 경우 100세대마다 1대를 추가로 화물용승강기(적재하중 0.9ton 이상, 승강기의 폭 또는 너비 중 한 변은 1.35m, 다른 한 변은 1.6m 이상)를 설치한다.
(5) 주택단지 안의 건축물에 설치하는 공동으로 사용하는 계단의 유효폭은 1.2m 이상으로 한다.
(6) 기간도로와 접하는 폭 또는 진입도로의 폭

주택단지의 총세대수	기간도로와 접하는 폭 또는 진입도로의 폭
300세대 미만	6m 이상
300세대 이상 500세대 미만	8m 이상
500세대 이상 1천세대 미만	12m 이상
1천세대 이상 2천세대 미만	15m 이상
2천세대 이상	20m 이상

예13 주거단지 계획 시 보행자를 위한 공간계획에 관한 설명 중 옳지 않은 것은?
① 보행자가 차도를 걷거나 횡단하는 것이 용이하지 않도록 한다.
② 보행로에 흥미를 부여하되 질감, 밀도, 조경 및 스케일에 변화를 준다.
③ 광장 등을 보행자 공간에 포함시켜 다양성을 높인다.
④ 커뮤니티의 중앙부에는 유보로(Promenade)를 설치하면 안 된다.
답: ④

예14 전통적인 주택의 골목길을 적층(積層)주택인 아파트에 구현하고자 했던 설계 어휘는?
① 진입광장 ② 공중가로
③ Eco-Bridge ④ 데크식 주차장
답: ②

예15 지속가능한(Sustainable) 공동주택의 설계 개념으로 옳지 않은 것은?
① 환경친화적 설계
② 지형순응형 배치
③ 가변적 구조체의 확대 적용
④ 규격화, 동일화된 단위평면
답: ④

예16 주택의 평면과 각 부위의 치수 및 기준척도에 관한 설명으로 틀린 것은?
① 치수 및 기준척도는 안목치수를 원칙으로 한다.
② 거실 및 침실의 평면 각 변의 길이는 10cm를 단위로 한 것을 기준척도로 한다.
③ 거실 및 침실의 층높이는 2.4m 이상으로 하되, 5cm를 단위로 한 것을 기준척도로 한다.
④ 계단 및 계단참의 평면 각 변의 길이 또는 너비는 5cm를 단위로 한 것을 기준척도로 한다.
답: ②

예17 주택단지 안의 건축물에 설치하는 계단의 유효폭은 최소 얼마 이상으로 하여야 하는가? (단, 공동으로 사용하는 계단의 경우)
① 0.9m ② 1.2m ③ 1.5m ④ 1.8m
답: ②

예18 공동주택을 건설하는 주택단지는 기간도로와 접하거나 기간도로로부터 해당 단지에 이르는 진입도로가 있어야 한다. 주택단지 총세대수가 400세대인 경우 기간도로와 접하는 폭 또는 진입도로의 폭은 최소 얼마 이상이어야 하는가? (단, 진입도로가 1개, 원룸형 주택이 아닌 경우)
① 4m ② 6m ③ 8m ④ 12m
답: ③

핵심번호 03 건축계획 : 주거건축 : 단지계획

1 근린(近隣) 단위방식의 중심 시설

(1) 인보구(隣保區)
① 15~40호, 200명, 0.5~2.5ha(반경 100~150m 정도)
② 어린이 놀이터가 중심이 되는 단위이며, 아파트의 경우 3~4층 규모의 1~2동이 여기에 해당된다.

(2) 근린분구(近隣分區)
① 400~500호, 15~25ha
② 일상 소비 생활에 필요한 공동시설이 운영 가능한 단위로서 소비 시설(잡화상, 술집, 쌀가게), 후생 시설(공중 목욕탕, 이발소, 진료소, 약국), 보육 시설(어린이집, 유치원)을 설치한다.

(3) 근린주구(近隣住區)
① 1,600~2,000호, 10,000명, 100ha 정도로 주간선도로 또는 국지도로에 의해 구분된다.
② 초등학교를 중심으로 한 단위이며 어린이 공원, 운동장, 우체국, 소방서, 동사무소 등이 설립된다.

2 주거단지 교통 도로망 형식

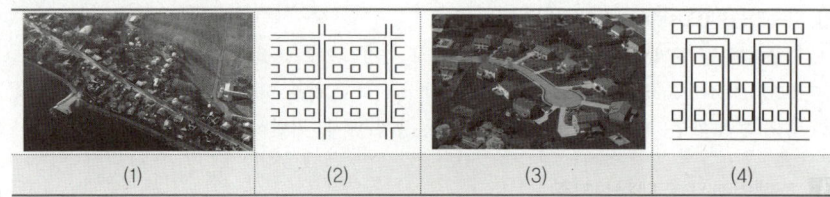

(1) 선형 도로(Linear Road)
① 폭이 좁은 단지에 유리하고, 양 측면 또는 한 측면의 단지를 서비스 할 수 있다.
② 도로가 특색 있는 지형과 바로 인접할 경우, 가까운 곳에서 보행자를 위한 공간 확보가 가능하다.

(2) 격자형(Grid Type)
① 가구 및 획지 구성상 택지의 이용 효율이 높고, 격자형 도로의 교차점은 40m 이상 떨어져 있어야 하며 업무 또는 주거지역으로 직접 연결돼서는 안 된다.
② T자형 도로는 격자형이 갖는 택지의 효율성을 강조한 도로지구 내 통과교통 배제 및 주행 속도 감소 효과가 있지만 보행거리가 증가하므로 보행자전용도로와 병용하면 효과가 좋다.

(3) 쿨데삭(Cul de Sac, 막다른 도로)
① 각 가구와 관계없는 자동차의 진입을 방지할 수 있지만 방재 및 방범상 불리하다.
② 주택 배면에 보행자전용도로가 설치되어야 효과적이다.
③ 쿨데삭(Cul-de-Sac)의 적정 길이는 150m 이하로 계획한다.

(4) 루프형(Loop Type, 고리형)
① 우회도로가 없는 쿨데삭형의 결점을 개량하여 만든 패턴이다.
② 단지순환로가 단지 주변에 분포하는 경우 최소한 4~5m 정도 완충지를 두고 식재한다.

3 주거단지 교통계획

(1) 주요 요점
① 통행량이 많은 고속도로는 근린주구 단위를 분리시키고 내부로의 자동차 통과진입을 극소화 한다.
② 단지 내의 교통량을 줄이기 위하여 고밀도지역은 진입구 주변에 배치시킨다.
③ 주거단지의 주진입로(Main Entrance)는 기준도로와 직각교차로 하며, 다른 교차로로부터 최소 60m 이상 떨어져 위치시키며, 진입로 1개소당 200세대까지 서비스할 수 있도록 한다.
④ 2차도로체계(Sub-System)는 주도로와 연결되어 쿨데삭(Cul-de-Sac)을 이루게 한다.

[예1] 근린생활권 주택단지의 단위 중 어린이 놀이터가 중심이 되는 것은?
① 인보구 ② 근린분구
③ 근린주구 ④ 근린지구
답 : ①

[예2] 근린생활권에 관한 설명으로 옳지 않은 것은?
① 인보구는 가장 작은 생활권 단위이다.
② 인보구 내에는 어린이 놀이터 등이 포함된다.
③ 근린주구는 초등학교를 중심으로 한 단위이다.
④ 근린분구는 주간선도로 또는 국지도로에 의해 구분된다.
답 : ④

[예3] 주거단지 교통계획 시 각 도로에 대한 설명 중 틀린 것은?
① 격자형 도로의 교차점은 40m 이상 떨어져 있어야 하며 업무 또는 주거지역으로 직접 연결돼서는 안 된다.
② 선형도로는 폭이 넓은 단지에 유리하고 양 측면 또는 한 측면의 단지를 서비스할 수 있다.
③ 쿨데삭(Cul-de-Sac)은 차량의 흐름을 주변으로 한정하여 서로 연결하며 차량과 보행자를 분리할 수 있다
④ 단지 순환로가 단지 주변에 분포하는 경우 최소한 4~5m 정도 완충지를 두고 식재한다.
답 : ②

[예4] 단지 내 도로의 형태 중 쿨데삭(Cul-de-Sac)형에 관한 설명으로 옳지 않은 것은?
① 통과교통이 방지된다.
② 우회도로가 없기 때문에 방재 및 방범상으로는 불리하다.
③ 주거 환경의 쾌적성과 안전성 확보가 용이하다.
④ 대규모 주택 단지에 주로 사용되며, 도로의 최대 길이는 1km 이하로 한다.
답 : ④

[예5] 주거단지의 교통 계획에 관한 설명으로 옳지 않은 것은?
① 근린주구 단위 내부로의 자동차 통과진입을 극소화 한다.
② 주요 차도와 보도의 입구는 명백히 특징지을 수 있어야 한다.
③ 단지 내 통과교통량을 줄이기 위해 고밀도지역은 단지 중심부에 배치한다.
④ 2차 도로체계(Sub-System)는 주도로와 연결되어 쿨데삭(Cul-de-Sac)을 이루게 한다.
답 : ③

(2) 보차(步車) 분리의 방법
① 평면 분리: 쿨데삭(Cul-de-Sac), 단지순환로(Loop), T자형, 열쇠형
② 면적 분리: 보행자 안전참(Pedestrian Safecross), 보행자 공간
③ 입체 분리: 오버 브리지(Overbridge), 언더 패스(Under Path)
④ 시간 분리: 시간제 차량 통행, 차 없는 날

4 단지계획 및 도시계획 이론

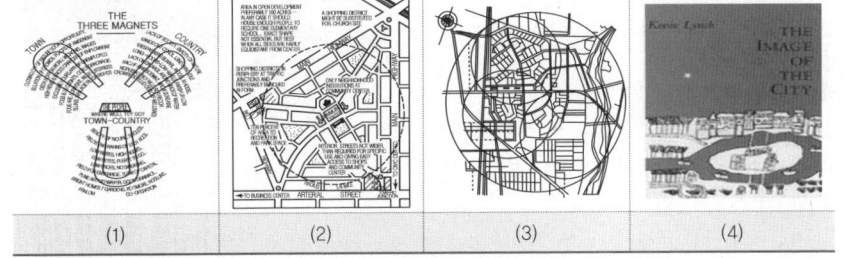

(1)　　　　　(2)　　　　　(3)　　　　　(4)

(1) 전원도시(田園都市, Garden City Movement)
① 1898년에 영국의 에베니저 하워드 경(Sir Ebenezer Howard)이 제창한 도시계획 방안이다.
② 전원도시는 자족 기능을 갖춘 계획 도시이며, 주변에는 그린 벨트로 둘러싸여 있고 주거, 산업, 농업 기능이 균형을 갖추도록 했다.

(2) 페리(C.A.Perry, 1872~1944): 미국 뉴욕의 근린주구를 구성하기 위한 6가지 계획 원리(1927)
① 규모(Size): 하나의 초등학교가 필요하게 되는 인구에 대응하는 규모
② 경계(Boundary): 통과교통이 내부를 관통하지 않고 용이하게 우회할 수 있도록 충분한 폭의 4면의 간선도로에 의해 구획
③ 오픈 스페이스(Open Space): 개개의 근린주구의 요구에 부합되도록 전체 면적 10% 정도의 계획된 소공원과 위락 공간의 체계
④ 공공 건축물(Institution): 단지의 경계와 일치하는 서비스 구역을 갖는 학교나 공공 건축 용지는 근린주구의 중심 위치에 적절히 통합
⑤ 근린 점포(Local Shop): 주민들에게 서비스를 제공할 수 있는 1~2개소 이상의 상점 지구가 교통의 결절점에 위치
⑥ 지구 내 가로 체계: 외곽 간선도로는 예상되는 교통량에 적절하고, 내부 교통망은 단지 내의 교통을 원활하게 하기 위해 통과교통이 배제되어야 함

(3) 라이트(H.Wright, 1878~1936), 스타인(C.Stein, 1882~1975): 래드번(Radburn, 1928) 계획
① 자동차 통과도로의 배제를 위한 12~20ha의 슈퍼 블록(Super Block, 대가구)의 구성
② 주택단지 어디로든 통할 수 있는 공동의 오픈 스페이스(Open Space) 조성
③ 기능에 따른 4가지 종류의 도로 구분
④ 쿨데삭형의 세(細)가로망 구성에 의해 주택의 거실을 보도 혹은 정원을 향하도록 배치
⑤ 보도망(Pedestrian Network)의 형성 및 보도와 차도(고가차도)의 입체적 분리

(4) 케빈 린치(Kevin Lynch, 1918~1984): 도시 이미지(The Image of the City)
① 통로(Paths): 이동의 경로(가로 · 보도 · 수송로 · 운하 · 철도 · 고속도로 등)
② 경계(Edges): 지역 또는 지구를 다른 부분으로부터 구분할 수 있는 선형적 영역들 (해안, 철도, 고가 도로, 늘어선 빌딩들, 옹벽, 우거진 숲 등)
③ 지역(Districts): 인식 가능한 독자적 특징을 지닌 영역
④ 결절(Nodes): 도시의 핵, 통로의 교차 또는 집중점, 접합점(광장, 교통 시설 등)
⑤ 랜드마크(Landmarks): 시각적으로 쉽게 구별될 수 있기 때문에 관찰자가 외부에서 바라보는 주위 경관 속에서 두드러지는 요소(탑, 기념물 등)

예6 단지계획에서 보차 분리의 형태 중 평면 분리에 해당하지 않는 것은?
① T자형
② 루프(Loop)
③ 쿨데삭(Cul-de-Sac)
④ 오버 브리지(Overbridge)
답: ④

예7 19세기 후반 전원도시(Garden City) 이론으로 이후 도시계획 및 단지 계획에 큰 영향을 미친 사람은?
① 발터 그로피우스
② 안토니오 산텔리아
③ 토니 가르니에
④ 에베니저 하워드
답: ④

예8 페리(C.A.Perry)의 근린주구 이론에서 근린주구의 중심이 되는 시설은?
① 약국   ② 대학교
③ 초등학교   ④ 어린이 놀이터
답: ③

예9 페리(C.A.Perry)의 근린주구에 관한 설명으로 옳지 않은 것은?
① 경계: 4면의 간선도로에 의해 구획
② 지구 내 상업 시설: 지구 중심에 집중하여 배치
③ 오픈 스페이스: 주민의 일상 생활 요구를 충족시키기 위한 소공원과 위락 공간 체계
④ 지구 내 가로 체계: 내부 가로망은 단지 내의 교통량을 원활히 처리하고 통과 교통을 방지
답: ②

예10 래드번(Radburn) 계획의 5가지 기본 원리로 옳지 않은 것은?
① 기능에 따른 4가지 종류의 도로 구분
② 자동차 통과도로 배제를 위한 슈퍼 블록 구성
③ 보도망 형성 및 보도와 차도의 평면적 분리
④ 주택단지 어디로나 통할 수 있는 공동 오픈 스페이스 조성
답: ③

예11 케빈 린치(Kevin Lynch)가 주장한 "도시 이미지"의 구성 요소가 아닌 것은?
① Paths   ② Edges
③ Linkages   ④ Landmarks
답: ③

핵심번호 04 건축계획 — 상업건축 : 사무소, 은행

예1 사무소건축에서 유효율(Rentable Ratio)이 의미하는 것은?
① 연면적에 대한 대실면적의 비율
② 건축면적에 대한 대실면적의 비율
③ 대지면적에 대한 대실면적의 비율
④ 기준층 면적에 대한 대실면적의 비율
답 : ①

예2 사무소건축의 기준층 평면 형태를 한정하는 요소 중 옳지 않은 것은?
① 구조상 스팬의 한도
② 도시 경관 배려
③ 동선상의 거리
④ 자연광에 의한 조명 한계
답 : ②

예3 사무소건축의 기둥간격 결정 요소와 가장 거리가 먼 것은?
① 책상 배치의 단위
② 주차 배치의 단위
③ 엘리베이터의 설치 대수
④ 채광상 층높이에 따른 깊이
답 : ③

예4 사무소건축의 개실 시스템에 관한 설명으로 옳지 않은 것은?
① 공사비가 저렴하다.
② 독립성과 쾌적감이 높다.
③ 방 길이에 변화를 줄 수 있다.
④ 방 깊이에 변화를 줄 수 없다.
답 : ①

예5 사무소건축의 개방식 배치에 관한 설명으로 옳지 않은 것은?
① 공사비를 줄일 수 있다.
② 실 깊이나 길이에 변화를 줄 수 없다.
③ 시각 차단이 없으므로 독립성이 적어진다.
④ 경영자의 입장에서는 전체를 통제하기가 쉽다.
답 : ②

예6 사무소건축의 오피스 랜드스케이핑에 관한 설명으로 옳지 않은 것은?
① 작업장의 집단을 자유롭게 그루핑하여 불규칙한 평면을 유도한다.
② 개실 시스템의 한 형식으로 배치를 의사전달과 작업 흐름의 실제적 패턴에 기초를 둔다.
③ 변화하는 작업의 패턴에 따라 조절이 가능하며 신속하고 경제적으로 대처할 수 있다.
④ 대형 가구 등 소리를 반향시키는 기재의 사용이 어렵다.
답 : ②

1 사무소건축: 기본계획

(1) 유효율(Rentable Ratio): $\frac{대실면적}{연면적} \times 100\%$

① 유효율이 크다는 것은 임대료 수입을 올릴 수 있다는 의미이다.
② 연면적에 대해 70%~75%, 기준층에 대해 80%~85% 정도이다.

(2) 기준층 평면 형태 한정 조건
① 구조상 스팬(Span)의 한도 ➡ 사용 목적
② 동선상(動線上)의 거리, 대피상 최대 피난 거리
③ 방화구획상의 면적
④ 자연광에 따른 조명 한계 ➡ 채광률
⑤ 덕트, 배선, 배관 등 설비시스템상의 한계

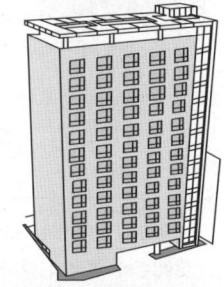

(3) 사무소 건축 기둥 간격 결정 요소

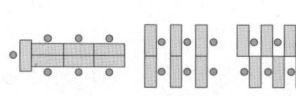  

책상 배치 단위	채광상 층고에 의한 안깊이	주차 배치 단위
좌우대향식은 대향식과 동향식의 특성을 절충한 형태로 커뮤니케이션의 형성에 불리하다.		

2 사무소 평면계획

(1) 실(Room) 단위에 의한 공간의 분류

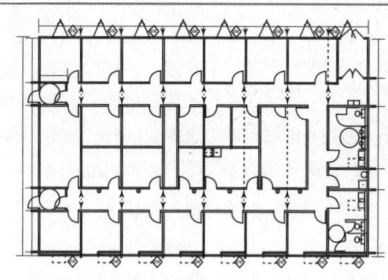 

① 개실(Cellular Type, 個室) 배치	② 개방식 배치(Open Plan)
• 실 길이 변화 가능, 실 깊이 변화 불가능	• 실 길이 및 깊이 변화 가능
• 독립성 양호, 공사비 고가	• 공간 절약상 유리, 소음이 크고 독립성 저하

오피스 랜드스케이프(Office Landscape), 오피스 랜드스케이핑(Office Landscaping)

• 개방식 배치의 혁신적 변화, 실내에 고정된 칸막이나 반고정된 칸막이를 하지 않음
• 직위나 서열에 의한 책상 배치가 아닌 의사전달과 작업 흐름에 의해 자유롭고 불규칙한 평면

(2) 복도(Corridor) 형에 의한 공간의 분류

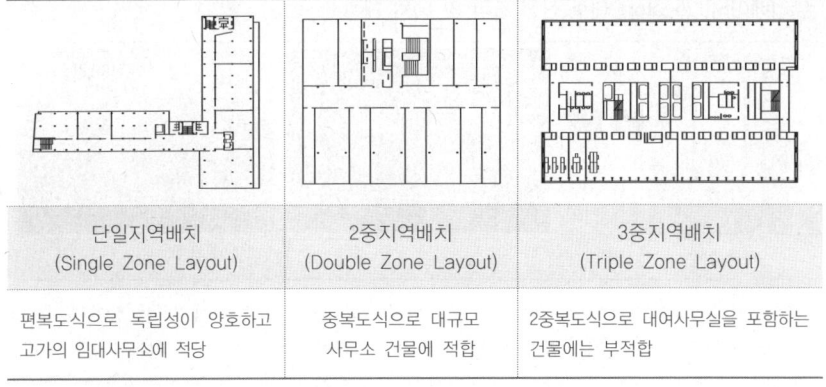

단일지역배치 (Single Zone Layout)	2중지역배치 (Double Zone Layout)	3중지역배치 (Triple Zone Layout)
편복도식으로 독립성이 양호하고 고가의 임대사무소에 적당	중복도식으로 대규모 사무소 건물에 적합	2중복도식으로 대여사무실을 포함하는 건물에는 부적합

3 사무소건축: 코어 플랜

(1) 코어 플랜(Core Plan)

① 건축물의 서비스 공간이나 교통 공간 같은 공용 부분을 한 곳에 집약시킴으로서 사무소의 유효면적을 증대시키고, 주요 내력벽 구조체로서의 내진벽 역할을 한다.

② 고층일수록 외장 재료, 구조적인 해결, 수직 교통 시설, 방재·설비 시설 등의 증가로 인해 필연적으로 단위면적당 건축비가 증가된다.

③ 초고층 건축물은 저층 건축물과 비교하여 풍하중, 지진하중과 같은 횡방향 하중에 대한 구조적인 계획 검토 및 화재 발생이나 건물 붕괴와 같은 시점에서의 피난계획이 중요한 문제가 된다.

④ 방재계획 시 각 층에서 한 방향으로 만의 피난통로를 확보함은 매우 위험하며 다양하고 여러 방향으로의 피난통로를 확보함이 중요하다.

⑤ 스모크 타워(Smoke Tower, 배연 탑):
화재에 의해 침입한 연기를 배기하기 위한 피난계단의 전실(前室)에 설치한 샤프트(Shaft)를 말한다.

⑥ 계단과 엘리베이터 및 화장실은 가능한 한 근접시키되 피난용 특별계단 상호 간은 법정 거리 내에서 가급적 멀리 둔다.

⑦ 화장실은 그 위치가 외래자에게 쉽게 알려질 수 있도록 하되, 건물 출입구 홀이나 복도에서 화장실 내부가 들여다 보이지 않도록 한다.

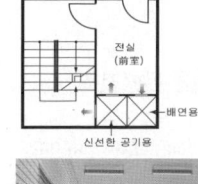

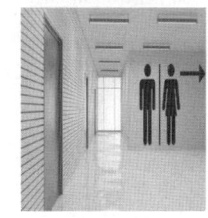

(2) 코어의 분류 및 주요 특징

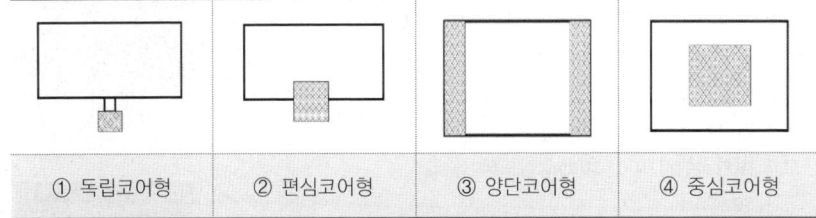

| ① 독립코어형 | ② 편심코어형 | ③ 양단코어형 | ④ 중심코어형 |

① 독립코어형: 외(外)코어라고도 하며, 코어와 관계없이 자유로운 사무실 공간을 연출할 수 있다.
② 편심코어형: 평단코어라고도 하며, 일반적으로 바닥면적이 별로 크지 않을 경우에 많이 사용된다.
③ 양단코어형: 양쪽 끝으로의 분리코어로서 2방향 피난에 가장 이상적이다.
④ 중심코어형: 바닥면적이 큰 고층 및 초고층에 적합하고 내진설계에 유리하다.

예7 사무소 건축의 평면계획에 대한 설명 중 옳지 않은 것은?

① 단일지역배치는 자연채광이 잘 되고 경제성보다 건강, 분위기 등의 필요가 더 중요할 경우 적당하다.
② 단일, 2중 및 3중 지역배치는 여러 부분에 출입할 수 있는 복도를 갖는다.
③ 3중지역배치는 수직 교통 시설이 사무실 지역에 위치하게 됨으로써 생겨 났다.
④ 2중지역배치는 소규모 크기의 사무소 건물에 가장 적합한 방법이다.

답: ④

예8 초고층 오피스 건물의 코어 형식 선정 시 일반 저층 건물과 비교하여 특별히 고려해야 할 사항은?

① 횡하중
② 유효율
③ 건물의 입면
④ 업무 공간의 융통성

답: ①

예9 고층 건물의 스모크 타워(Smoke Tower)에 대한 설명으로 옳은 것은?

① 고층 건물의 화재 시 연기를 배출시키기 위하여 설치한다.
② 보일러실의 굴뚝의 보조 설비이다.
③ 쿨링타워의 옥상층 보조 설비이다.
④ 주방 조리대 상부에 설치하는 냄새, 연기, 수증기 등을 흡출하는 설비이다.

답: ①

예10 사무소건축에서 코어 계획에 관한 설명으로 옳지 않은 것은?

① 코어 부분에는 계단실도 포함시킨다.
② 코어 내의 각 공간은 각 층마다 공통의 위치에 두도록 한다.
③ 엘리베이터 홀이 출입구문에 바짝 접근해 있지 않도록 한다.
④ 코어 내에서 화장실은 외래자에게 잘 알려질 수 없는 곳에 위치시킨다.

답: ④

예11 사무소건축의 코어 형식에 관한 설명으로 옳은 것은?

① 편심코어형은 각 층의 바닥면적이 큰 경우 적합하다.
② 양단코어형은 코어가 분산되어 있어 피난상 불리하다.
③ 중심코어형은 구조적으로 바람직한 형식으로 유효율이 높은 계획이 가능하다.
④ 외코어형은 설비 덕트나 배관을 코어로부터 사무실 공간으로 연결하는 데 제약이 없다.

답: ③

예12 사무소건축의 엘리베이터 대수 계산을 위한 이용자 수의 산정 기준은?
① 아침 출근 시 5분간의 이용자 수
② 정오 이용 인원의 평균 수
③ 오후 퇴근 시 5분간의 이용자 수
④ 하루 이용 총 인원의 1분간의 평균
답 : ①

예13 사무소건축 엘리베이터 배치 시 고려사항으로 틀린 것은?
① 교통동선의 중심에 설치하여 보행거리가 짧도록 배치한다.
② 여러 대의 엘리베이터를 설치하는 경우, 그룹별 배치와 군관리운전 방식으로 한다.
③ 일렬배치는 6대를 한도로 하고, 엘리베이터 중심간거리는 10m 이하가 되도록 한다.
④ 엘리베이터 홀은 엘리베이터 정원 합계의 50% 정도를 수용할 수 있어야 하며, 1인당 점유면적은 0.5~0.8㎡ 으로 계산한다.
답 : ③

예14 사무소건축 엘리베이터 조닝에 대한 설명 중 옳지 않은 것은?
① 엘리베이터 설비를 절약할 수 있다.
② 일주시간이 단축되어 수송 능력이 향상된다.
③ 건물 전체를 몇 개의 그룹으로 나누어 서비스하는 방식이다.
④ 내부 교통의 편리성이 높아져 이용자에게 혼란을 줄 우려가 없다.
답 : ④

예15 은행건축 계획에 관한 설명으로 옳지 않은 것은?
① 고객이 지나는 동선은 짧게 한다.
② 아이들이 많은 지역에서는 주출입구를 회전문으로 하지 않는 것이 좋다.
③ 야간금고는 가능한 한 주출입구 근처에 위치하도록 하며 조명 시설이 완비되도록 한다.
④ 경비 및 관리의 능률상 은행 내 출입은 주출입구 하나로 집약시키고 별도의 출입구는 설치하지 않는다.
답 : ④

예16 은행계획에 대한 설명 중 옳지 않은 것은?
① 은행의 경우 고객의 출입구는 되도록 1개소로 한다.
② 업무 내부의 일의 효율은 고객이 알기 어렵게 한다.
③ 영업실 면적은 은행원 1인당 최소 10㎡ 이상이어야 한다.
④ 고객 공간과 업무 공간과의 사이에는 원칙적으로 구분이 있어야 한다.
답 : ④

4 사무소건축: 엘리베이터 계획

(1) 엘리베이터(Elevator) 대수 산정 조건 및 배치 계획

① 엘리베이터는 외래자에게 잘 알려질 수 있는 위치에 한 곳에 집중해서 배치하는 것이 유리하다.
② 사무소 건축의 엘리베이터는 공간 활용상 4대 이하는 직선배치, 5대 이상은 알코브형 배치 또는 대면배치가 효과적이며, 엘리베이터 중심간거리는 8m 이하로 한다. 엘리베이터 홀은 엘리베이터 정원 합계의 50% 정도를 수용할 수 있어야 하며, 1인당 점유면적은 0.5~0.8㎡ 으로 계산한다.
③ 사무소건축의 엘리베이터는 아침 출근 5분간에 전체 이용자의 1/3 ~ 1/10을 처리할 수 있도록 한다.
④ 평균대기시간 $=\dfrac{\text{일주시간}(RTT)}{\text{대수}(N)}$: 엘리베이터 평균대기시간(=평균운전간격)은 엘리베이터 서비스 수준을 질적으로 나타내는 것으로, 승객 대기시간은 평균운전간격 이하가 되도록 계획되어야 한다.

(2) 엘리베이터 조닝(Zonning)

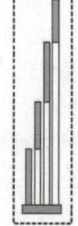 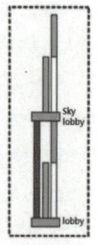

① 건물 전체를 몇 개의 그룹으로 나누어 서비스 하는 방식으로 각 서비스 존은 10~15개 층으로 구분하고, 각 서비스 존별 엘리베이터 수량은 가능한 한 8대 이하로 한다.
② 고층용 승강기의 출발층은 1개소로 한정하는 것이 운영면에서 효율적이다.
③ 엘리베이터의 설비 절약, 일주시간이 단축되어 수송 능력이 향상된다.
④ 유효면적은 증대되지만 이용자에게 혼란을 줄 우려가 많게 된다.

5 은행건축

(1) 주출입구

① 고객의 출입구는 되도록 1개소로 하고 안여닫이로 하는 것이 보편적이다.
② 경비 및 관리의 능률상 은행 내 출입은 가급적 주출입구 하나로 집약시키지만 별도의 부출입구를 설치하는 것도 좋다.
③ 겨울철 기온이 낮은 우리나라에서는 열 보호를 위해 현관에 전실을 두는 것이 좋다.
④ 전실을 둘 경우 외부문은 밖여닫이 또는 자재문으로 하며, 회전문을 설치하지 않는 것이 좋다.

(2) 내부 공간계획

① 영업장: 은행원 수가 은행건축 시설 규모의 가장 큰 결정 요인이며, 은행원 1인당 10㎡가 적당하다.
② 객장: 최소 폭 3.2m, 영업장과 객장은 3 : 2 정도가 일반적이다.
③ 은행 카운터(Tellers Counter): 고객 대기실에서 100~110cm 정도의 높이, 폭은 60~75cm, 창구에 대한 카운터의 길이는 150~170cm가 보통이다.
④ 고객동선은 가능한 한 짧게 한다.
⑤ 업무 내부의 일의 흐름은 고객이 알기 어렵게 한다.
⑥ 고객 공간과 업무 공간 사이는 원칙적으로 구분이 없어야 한다.

핵심번호 05 건축계획
상업건축 : 상점, 백화점, 쇼핑센터

1 상점 정면(Facade) 구성의 5가지 광고 요소: AIDMA 법칙

A	Attention	주의: 주목시키는 배려가 있는가?
I	Interest	흥미: 공감을 주는 호소력이 있는가?
D	Desire	욕망: 욕구를 일으키는 연상을 하게 하는가?
M	Memory	기억 – 인상적인 변화가 있는가?
A	Action	행동 – 들어가기 쉬운 구성인가?

예1 상점의 AIDMA 법칙의 내용으로 옳지 않은 것은?
① Memory ② Interest
③ Attention ④ Attraction
답 : ④

예2 상점 정면(Facade) 구성에 요구되는 상점과 관련되는 5가지 광고 요소(AIDMA 법칙)에 속하지 않는 것은?
① Attention(주의) ② Interest(흥미)
③ Design(디자인) ④ Memory(기억)
답 : ③

2 상점: 진열창(Show Window) 계획

(1) 진열창(Show Window) 평면형

① 평형		일반적으로 가장 많이 사용하는 기본형으로 상점 내의 넓은 면적을 사용할 수 있지만 지면과 수직이기 때문에 눈부심이 일어나기 쉬운 결점이 있다.
② 곡면형		곡면 유리를 사용하여 쇼윈도의 구성에 변화를 주어 형태감에서 흥미를 주고 자연스럽게 통행인의 시선을 유도할 수 있다.
③ 경사형		유리면을 경사지게 처리하여 시선과 동선을 자연스럽게 유도하고 유리면의 눈부심이 작다.

예3 상점의 쇼윈도에 대한 설명 중 옳지 않은 것은?
① 상점 전면이 넓지 않을 경우 일반적으로 쇼윈도와 출입구는 비대칭적으로 처리하는 것이 좋다.
② 평형은 일반적으로 많이 사용되는 기본형으로 상점 내의 면적을 넓게 사용할 수 있다.
③ 곡면형은 곡면 유리를 사용하여 쇼윈도의 구성에 변화를 주어 일단 형태감에서 통행인의 시선을 자연스럽게 유도할 수 있다.
④ 경사형은 유리면을 경사지게 처리하여 단조로움이 적게 되지만 유리면의 눈부심이 크다.
답 : ④

(2) 진열창(Show Window) 계획상의 요점
① 상점 전면이 넓지 않을 경우 일반적으로 쇼윈도우와 출입구는 비대칭적으로 처리하는 것이 좋다.
② 가장 눈을 끄는 상품은 선 사람의 눈높이보다 약간 낮게 계획한다.

(3) 반사 글레어(Reflected Glare)를 방지하기 위한 대책
① 평활하고 광택이 있는 반사면을 진열창에 사용하면 반사면의 정반사율이 높게 되어 반사 글레어가 증대된다.
② 상점 내의 진열창 밝기를 외부보다 더 밝게 한다.
③ 반사 방지를 위해 곡면 유리를 사용하는 것이 효과적이며, 2중 유리를 사용한다고 해서 반사 방지가 되는 것은 아니다.
④ 젖빛 유리구, 광도가 낮은 배광기구를 이용하고 간접조명 방식을 채택한다.
⑤ 해가리개로 일사를 방지하고 차양을 달아 외부에 그늘을 준다.

예4 상점 내에서 조명에 따른 반사 글레어를 방지하기 위한 대책으로 옳지 않은 것은?
① 젖빛 유리구를 사용한다.
② 간접조명 방식을 채택한다.
③ 광도가 낮은 배광 기구를 이용한다.
④ 평활하고 광택이 있는 반사면을 사용한다.
답 : ④

예5 쇼윈도 유리면의 반사 방지법으로 가장 부적당한 것은?
① 곡면 유리를 사용한다.
② 유리를 사면으로 설치한다.
③ 차양을 달아 외부에 그늘을 준다.
④ 외부보다 쇼윈도 내부를 어둡게 한다.
답 : ④

예6 상점 매장의 가구 배치에 따른 평면 유형에 관한 설명으로 옳지 않은 것은?

① 직렬형은 부분별 상품 진열이 용이하다.
② 굴절형은 대면판매 방식만 가능한 유형이다.
③ 환상형은 대면판매와 측면판매 방식을 병행할 수 있다.
④ 복합형은 서점, 패션점, 악세사리점 등의 상점에 적용이 가능하다.

답 : ②

예7 상점의 판매 방식에 관한 설명으로 옳지 않은 것은?

① 측면판매 형식은 직원 동선의 이동성이 많다.
② 대면판매 형식은 측면판매 형식에 비해 상품 진열 면적이 넓어진다.
③ 측면판매 형식은 고객이 직접 진열된 상품을 접촉하므로 선택이 용이하다.
④ 대면판매 형식은 쇼케이스를 중심으로 판매원이 고정된 자리나 위치를 확보하는 것이 용이하다.

답 : ②

예8 상점계획에 대한 설명 중 옳지 않은 것은?

① 고객 동선은 일반적으로 짧을수록 좋다.
② 점원의 동선과 고객의 동선은 서로 교차되지 않는 것이 바람직하다.
③ 대면판매 형식은 일반적으로 시계, 귀금속, 약약품, 상점 등에 적용된다.
④ 쇼케이스 배치유형 중 직렬형은 다른 유형에 비하여 상품의 전달 및 고객의 동선상의 흐름이 빠르다.

답 : ①

예9 건축계획 시 자연채광이 주요한 고려 사항이 되지 않는 것은?

① 사무소 사무실 ② 학교 교실
③ 병원 병실   ④ 백화점 매장

답 : ④

예10 백화점 진열대 배치법으로 가장 부적당한 것은?

① 직각배치법 ② 유선형배치법
③ 사행배치법 ④ 굴절배치법

답 : ④

예11 백화점 진열장 배치에 대한 설명 중 옳지 않은 것은?

① 직각배치 방식은 판매장 면적이 최대한으로 이용되고 간단하다.
② 사행배치는 주통로 이외의 제2 통로를 상하 교통계를 향해서 45° 사선으로 배치한 것이다.
③ 사행배치는 많은 고객이 판매장 구석까지 가기 쉬운 이점이 있으나 이형의 진열장이 필요하다.
④ 자유유선배치 방식은 획일성을 탈피할 수 있으며, 변화와 개성을 추구할 수 있고 시설비가 적게 든다.

답 : ④

3 상점: 진열장(Show Case) 계획, 대면판매와 측면판매

(1) 진열장(Show Case) 유형 및 주요 특징

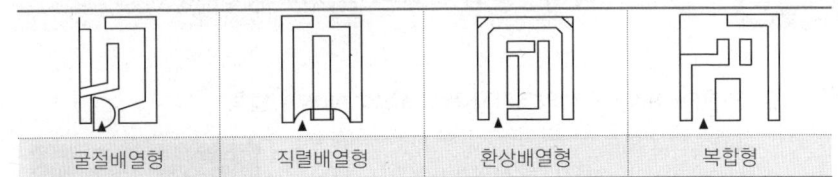

| 굴절배열형 | 직렬배열형 | 환상배열형 | 복합형 |

① 굴절배열형은 진열케이스 배치와 고객동선의 굴절 또는 곡선으로 구성된 스타일의 상점으로, 대면판매와 측면판매의 조합에 의해 이루어진다.
② 진열장 배치는 손님 쪽에서 상품이 효과적으로 보이도록 계획한다.
③ 진열장 배치 시 감시하기는 쉽지만 손님에게는 감시받고 있다는 인상을 주지 않도록 한다.

(2) 대면판매, 측면판매

대면판매 	측면판매 
• 작은 물건 판매 • 가격이 비싼 물건 • 진열 면적 감소	• 큰 물건 판매 • 가격이 싼 물건 • 충동 구매와 선택 용이

(3) 동선계획 및 공간계획상의 요점

① 고객·종업원·상품 동선의 3가지 동선이 각각 교차되지 않게 판매장을 계획한다.
② 고객 동선은 가능한 한 길게, 종업원 동선은 짧게 하고 고객 동선과 교차되지 않도록 계획한다.
③ 들어오는 손님과 종업원의 시선이 정면으로 직접 마주치지 않도록 계획한다.
④ 다수의 손님을 수용하고 소수의 종업원으로 관리하기에 편리하도록 계획한다.

4 백화점: 진열장(Show Case) 계획

(1) 무창(無窓) 백화점

① 실내 진열면을 늘리거나 실내 조도를 일정하게 유지하기 위해 백화점 외벽을 창이 없게 처리하는 방법이다.
② 창으로부터의 역광이 없도록 하여 전시(Display)가 유리해지고 외부 벽면에 상품 전시 공간의 확보가 가능하지만, 화재나 정전 시 매장 내 고객들이 큰 혼란에 처할 우려가 있다.

(2) 백화점 매장: 진열장(Show Case) 계획

| 직각배치 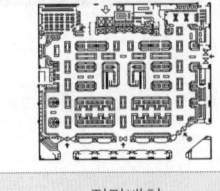 | 사행배치 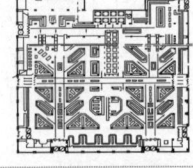 | 자유유선배치 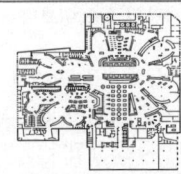 |

① 직각배치: 가장 간단한 배치법으로 판매장 면적의 최대한 이용이 가능하지만 국부적 통행 혼란의 우려가 있다.
② 사행배치: 고객이 판매장 구석까지 갈 수 있는 이점이 있지만 이형의 판매대가 필요한 단점이 있다.
③ 자유유선배치: 판매장의 획일성을 탈피하고 개성 있는 성격을 매장에 부여하므로 진열장의 유리케이스가 이형(異形)이 되므로 시설비가 많이 들며 면밀한 계획이 필요하다.

(3) 판매장 계획
① 판매장은 일반매장과 특별매장이 있으며, 특별매장은 일반매장 내에 배치된다.
② 직접조명은 하향 광속이 90% 이상으로써 조명 효율은 높지만 조도 분포가 불균일하고 그림자가 강해서 불쾌감을 준다. 간접조명은 그림자를 만들지 않아서 좋지만 단독으로 사용할 경우 상품을 강조하는데 효과적이지 못하다.
③ 쇼 룸(Show Room): 기업체가 자사 제품의 홍보, 판매 촉진 등을 위해 제품 및 기업에 관한 자료를 소비자들에게 직접 호소하여 제품의 우위성을 인식시키는 전시공간이다.

|예12| 기업체가 자사 제품의 홍보, 판매 촉진 등을 위해 제품 및 기업에 관한 자료를 소비자들에게 직접 호소하여 제품의 우위성을 인식시키는 전시공간은?
① 쇼 룸   ② 런드리
③ 프로시니엄   ④ 인포메이션
답 : ①

5 상업건축: 백화점 단면계획 및 설비계획, 쇼핑센터

(1) 백화점 건축: 엘리베이터 및 에스컬레이터
① 백화점과 같은 대규모 매장에서는 일반적으로 승객 수송의 70~80%를 에스컬레이터가 분담하도록 계획하며, 엘리베이터는 보조적 역할을 하며 서비스 집중 시간은 일요일 정오 전후이다.
② 에스컬레이터는 엘리베이터군(群)과 주출입구의 중간에 위치한다.
③ 에스컬레이터(Escalator)

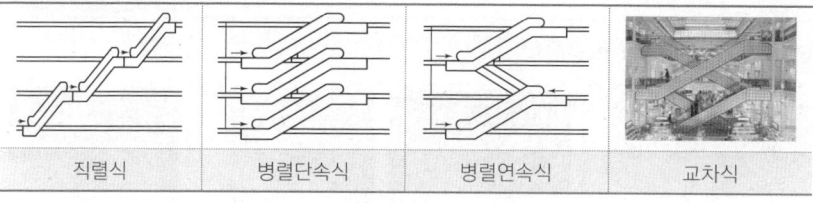

- 에스컬레이터의 점유 면적 크기 순서: 직렬식 > 병렬단속식 > 병렬연속식 > 교차식
- 직렬식 배치는 승객의 시야는 좋지만 점유면적이 크다.
- 병렬단속식 배치는 승객의 시야를 막지는 않지만 교통이 불연속적으로 되고 서비스가 나쁘다.
- 병렬연속식 배치는 연속적으로 승강이 가능하며 승객의 시야가 좋다.
- 교차식 배치는 점유면적이 작으며 연속 승강이 가능하지만 승객의 시야는 좋지 않다.
- 복렬형은 승강과 하강이 연속적이며 독립적이며, 복렬형을 교차형으로 하면 설치 면적이 작아지지만, 병렬형으로 계획하면 설치 면적이 커진다.

|예13| 백화점 매장 에스컬레이터 설치 위치로 가장 알맞은 곳은?
① 매장의 한쪽 측면
② 매장의 가장 깊은 곳
③ 백화점의 주출입구 근처
④ 백화점의 주출입구와 엘리베이터 존의 중간
답 : ④

|예14| 백화점의 에스컬레이터 배치 형식에 관한 설명으로 옳은 것은?
① 직렬식 배치는 승객의 시야도 좋고 점유면적도 작다.
② 병렬연속식 배치는 연속적으로 승강할 수 없다는 단점이 있다.
③ 교차식 배치는 점유면적이 작으며 연속 승강이 가능하다는 장점이 있다.
④ 병렬단속식 배치는 승객의 시야는 안 좋지만 점유면적이 작아 고층 백화점에 주로 사용된다.
답 : ③

(2) 백화점 기둥 간격 결정 요소

|예15| 백화점 기둥 간격의 결정 요소와 가장 거리가 먼 것은?
① 지하 주차장의 주차 방법
② 진열대의 치수와 배열법
③ 엘리베이터의 배치 방법
④ 각 층별 매장의 상품 구성
답 : ④

(3) 쇼핑 센터(Shopping Center)
① 층 외로 개방된 오픈 몰(Open Mall)로 계획할 수 있지만 일반적으로 공기조화에 의해 쾌적한 실내 기후로 유지할 수 있는 인클로즈드 몰(Enclosed Mall)이 선호된다.
② 페데스트리언 지대(Pedestrian Area)의 바닥면은 고저차를 가급적 배제하여 쇼핑을 유쾌하게 할 뿐만 아니라 휴식할 수 있는 장소를 제공하여야 한다.
③ 전문점들과 중심상점의 주출입구(主出入口)는 몰에 면하도록 한다.
④ 몰의 폭은 6~12m 정도이며 중심상점들 사이의 몰의 길이는 240m를 초과하지 않아야 하며, 길이 20~30m마다 변화를 주도록 한다.

|예16| 쇼핑센터 계획에 대한 설명 중 옳지 않은 것은?
① 전문점들과 중심상점의 주출입구는 몰에 면하지 않도록 한다.
② 페데스트리언 지대의 구성을 통해 구매 의욕을 도모하고 휴식 공간을 마련한다.
③ 몰(Mall)에는 확실한 방향성과 식별성이 요구된다.
④ 2차적 고객 유도를 위해 은행, 우체국, 미장원 등 소규모 편익 시설을 포함시킨다.
답 : ①

핵심번호 06 건축계획 호텔(Hotel) 건축

예1 시티 호텔(City Hotel)에 속하지 않는 것은?
① 커머셜 호텔 ② 터미널 호텔
③ 클럽 하우스 ④ 레지덴셜 호텔
답 : ③

예2 리조트 호텔에 속하지 않는 것은?
① 해변 호텔(Beach Hotel)
② 부두 호텔(Harbor Hotel)
③ 클럽 하우스(Club House)
④ 산장 호텔(Mountain Hotel)
답 : ②

예3 호텔에 대한 설명 중 옳지 않은 것은?
① 아파트먼트 호텔은 장기간 체제하는데 적합한 호텔로서 각 객실에는 주방 설비를 갖추고 있다.
② 커머셜 호텔은 스포츠 시설을 위주로 이용되는 숙박 시설을 갖추고 있다.
③ 터미널 호텔은 교통 기관의 발착 지점에 위치한다.
④ 리조트 호텔은 조망 및 주변 경관의 조건이 좋은 곳에 위치하는 것이 좋다.
답 : ②

예4 호텔의 성격상 연면적에 대한 숙박면적의 비가 가장 큰 것은?
① 리조트 호텔 ② 커머셜 호텔
③ 클럽 하우스 ④ 레지덴셜 호텔
답 : ②

예5 시티 호텔(City Hotel) 계획에서 크게 고려하지 않아도 되는 것은?
① 연회장   ② 레스토랑
③ 발코니   ④ 주차장
답 : ③

예6 호텔건축의 기준층 계획에 관한 설명으로 옳지 않은 것은?
① 기준층은 호텔에서 객실이 있는 대표적인 층을 말한다.
② 동일 기준층에서 필요한 것으로는 배선실, 서비스실 등이 있다.
③ 기준층 객실 수는 기준층 면적이나 기둥 간격과 같은 구조적 문제에 영향을 받는다.
④ H형 또는 ㅁ자형 평면은 거주성이 좋아 일반적으로 가장 많이 채택되는 형식이다.
답 : ④

1 호텔(Hotel)의 분류 및 기본계획

(1) 호텔의 분류

① 시티 호텔(City Hotel)

커머셜 (Commercial)	단기 체제 객실 위주의 도심지 고층 호텔	각 객실에 주방 설비가 없음
레지덴셜 (Residential)	장기 체제 2~3인용 스위트의 호화 호텔	
아파트먼트 (Apartment)	장기 체제의 호텔과 아파트의 중간 형태	각 객실에 주방 설비가 있음
터미널 (Terminal)	공항(Airport) 호텔, 부두(Habor) 호텔, 철도역(Station) 호텔	

② 리조트 호텔(Resort Hotel)

해변 호텔, 산장 호텔,
온천 호텔, 스키 호텔,
스포츠 호텔,
클럽 하우스(Clup House)

(2) 호텔(Hotel): 기본 계획

① 숙박면적비가 큰 순서:
   커머셜 호텔 > 레지덴셜 호텔 > 리조트 호텔 > 아파트먼트 호텔
② 공용면적비가 큰 순서:
   커머셜 호텔 < 레지덴셜 호텔 < 리조트 호텔 < 아파트먼트 호텔
③ 시티 호텔은 부지 제약으로 복도 면적을 적게 하고 고층화에 적합한 평면형을 지향하므로 발코니는 크게 고려하지 않아도 된다.
④ 일반적으로 호텔 경영 내용의 주체를 식사료에 비중을 두고 있는 것은 레지덴셜(Residential) 호텔이다.
⑤ 자동차 교통의 접근 양호가 리조트 호텔 입지 조건에 포함되지는 않으며, 일반적으로 자동차 교통의 접근성은 시티 호텔에서 중점적으로 고려된다.

(3) 호텔(Hotel): 기준층 평면형

① 복도를 갖는 一자형: 고층이 될 때 건물의 폭을 크게 하기 위해 가장 많이 채택하는 형식이다.
② H형(더블 H형, ㅁ자형): 거주성은 좋지 않지만 한정된 체적 속에서 외기에 접하는 면을 최대로 할 수 있는 호텔 형식이다.
③ T형(Y형, 十자형): 객실 층의 동선 유도는 바람직하지만, 면적 효율면이나 저층 계획상의 시메트리(Symmetry, 대칭)가 발생하는 형식이다.

2 호텔(Hotel): 기능적 공간 분류

(1) 숙박 부분(Lodging Part)

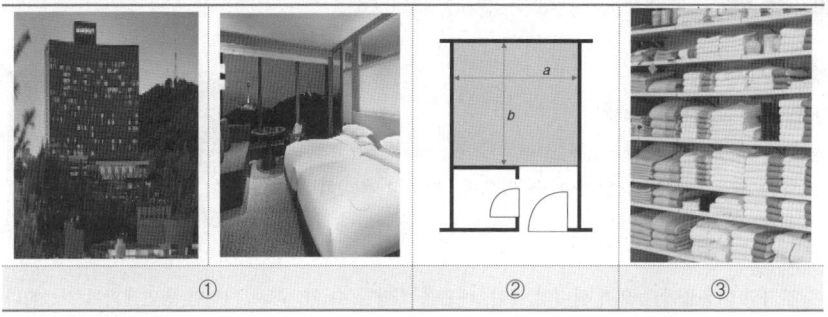

① ② ③

① 호텔 외관은 호텔의 숙박 부분(Lodging Part)에 의해 결정되며, 객실(Guest Rooms)의 크기는 대지나 건물의 형태에 직접적인 영향을 많이 받는다.
② 객실의 평면 형태는 실 폭과 실 길이의 종횡비(b/a=0.8~1.6), 욕실 및 반침의 위치에 따라 침대와 가구의 배치를 검토하여 결정한다.
③ 린넨실(Linen Room, 리넨실): 객실의 시트, 침구 등을 수납하는 실을 말한다.

(2) 관리 부분(Managing Part)

① ②

① 클라크 룸(Clerk Room): 접수 및 실 배치, 숙박료를 결정한다.
② 프런트 오피스(Front Office): 기계화된 각종 통신 설비를 도입하여 각종 업무의 연결을 신속화하고 작업 능률을 향상시켜 인건비를 절약하여야 한다.

(3) 공공(사교) 부분(Public Space)

① ②

① 로비(Lobby): 퍼블릭 스페이스의 중심으로 휴식, 면회, 담화, 독서 등 다목적으로 사용되는 공간이므로 로비 내에는 녹지 공간을 바라볼 수 있는 조용한 라운지(Lounge)를 병설하는 것이 바람직하다.
② 주식당(Main Dining Room): 숙박객 및 외래객을 대상으로 하며, 외래객이 편리하게 이용할 수 있도록 출입구를 별도로 설치하는 것이 좋다.

예7 다음 중 호텔 외관의 형태에 가장 크게 영향을 미치는 부분은?
① 관리 부분 ② 공공 부분
③ 숙박 부분 ④ 설비 부분
답 : ③

예8 호텔 객실 평면계획에서 침대 및 가구의 배치에 영향을 끼치는 요인과 가장 관계없는 것은?
① 객실의 층수
② 욕실의 위치
③ 실 폭과 실 길이의 비
④ 반침의 위치
답 : ①

예9 호텔건축 린넨실(Linen Room)의 용도는?
① 주방의 식품창고
② 종업원 대기실
③ 화물 엘리베이터 홀
④ 객실의 시트, 침구 등을 수납하는 실
답 : ④

예10 일반적으로 호텔의 소요실 중 클라크룸(Clerk room)은 기능상 어느 부분에 속하는가?
① 관리 부분 ② 공공 부분
③ 숙박 부분 ④ 대실 부분
답 : ①

예11 호텔의 퍼블릭 스페이스(Public Space) 계획에 관한 설명으로 옳지 않은 것은?
① 로비는 개방성과 다른 공간과의 연계성이 중요하다.
② 프런트 데스크 후방에 프런트 오피스를 연속시킨다.
③ 주식당은 외래객이 편리하게 이용할 수 있도록 출입구를 별도로 설치한다.
④ 프런트 오피스는 기계화된 설비 보다는 많은 사람을 고용함으로서 고객의 편의와 능률을 높여야 한다.
답 : ④

예12 호텔계획에 관한 설명으로 옳지 않은 것은?
① 로비(Lobby)는 라운지(Lounge)와 명확히 구별하여 계획한다.
② 일반적으로 호텔의 형태는 숙박 부분의 계획에 의해 영향을 받는다.
③ 공공 부분, 사교 부분은 일반적으로 저층에 배치하는 것이 이용성이 좋다.
④ 로비(Lobby)는 퍼블릭 스페이스 (Public Space)의 중심이 되도록 계획한다.
답 : ①

핵심번호 07 건축계획 — 학교 건축

예1 학교건축에서 단층 교사의 장점이 아닌 것은?
① 계단이 필요 없으므로 재해 시 피난상 유리하다.
② 학습 활동을 실외에 연장할 수 있다.
③ 채광, 환기에 유리하고 내진, 내풍 구조가 용이하다.
④ 설비 등을 집약할 수 있어서 치밀한 평면계획이 가능하다.
답 : ④

예2 학교 교사 배치에서 폐쇄형에 대한 설명으로 옳지 않은 것은?
① 화재 및 비상시에 불리하다.
② 일조·통풍 등 환경 조건이 불균등하다.
③ 일종의 핑거 플랜으로 구조계획이 간단하다.
④ 교사 주변에 활용되지 않은 부분이 많다는 결점이 있다.
답 : ③

예3 학교 교사의 배치 형식에 관한 설명으로 옳지 않은 것은?
① 분산병렬형은 넓은 부지를 필요로 한다.
② 폐쇄형은 일조, 통풍 등 환경 조건이 불균등하다.
③ 집합형은 이동 동선이 길어지고 물리적 환경이 나쁘다.
④ 분산병렬형은 구조계획이 간단하고 생활 환경이 좋아진다.
답 : ③

예4 학교건축의 교사 배치 중 분산병렬형 배치에 대한 설명으로 부적당한 것은?
① 일조·통풍 등 교실의 환경 조건이 균등하다.
② 놀이터와 정원이 생긴다.
③ 부지를 최대한 효율적으로 사용할 수 있다.
④ 구조계획이 간단하고 시공이 용이하다.
답 : ③

예5 어느 학교의 1주간의 평균수업 시간이 40시간인데 제도교실이 사용되는 시간은 20시간이다. 그 중 4시간을 다른 과목을 위해 사용된다. 제도교실의 이용률과 순수율은?
① 이용률 50%, 순수율 20%
② 이용률 50%, 순수율 80%
③ 이용률 20%, 순수율 50%
④ 이용률 80%, 순수율 50%
답 : ②

1 교사(校舍) 배치

(1) 입면형 교사(校舍) 배치

① 단층 교사:
- 학습 활동을 실외에 연장할 수 있으며, 피난상 유리하다.
- 채광, 환기에 유리하고 내진·내풍 구조가 용이하다.

② 다층 교사:
  부지의 이용률이 높으며 설비의 배선, 배관을 집약할 수 있으므로 치밀한 평면계획이 가능하다.

(2) 평면형 교사(校舍) 배치

| 폐쇄형 | 집합형 | 분산병렬형 |

① 폐쇄형:
- ㅁ자 평면 형태로서 부지의 효율적인 이용이 가능하다.
- 일조·통풍 등 환경 조건이 불균등하고 화재 및 비상시 불리하다.
- 교사 주변에 활용되지 않은 부분이 많다는 결점이 있다.

② 집합형:
- 동선이 짧아져서 학생들의 이동이 용이해지고, 교과 과정의 변화에 용이하게 대처할 수 있다.
- 학교 시설물에 대한 지역 사회 이용 등의 다목적 계획이 가능하다.

③ 분산병렬형:
- 일종의 핑거 플랜(Finger Plan)으로 구조계획이 간단하고 각 건물 사이에 놀이터와 정원이 생긴다.
- 일조·통풍 등 교실 환경 조건이 균등해지지만 넓은 부지면적이 필요하고 복도면적이 커진다.

2 이용률과 순수율

$$\text{이용률} = \frac{\text{교실 사용시간}}{\text{1주간 수업시간}} \times 100 [\%] \qquad \text{순수율} = \frac{\text{특정교과 사용시간}}{\text{교실 사용시간}} \times 100 [\%]$$

【예제】주당 평균 40시간을 수업하는 어느 학교에서 음악실에서의 수업이 총 20시간이며 이 중 15시간은 음악시간으로 나머지 5시간은 학급토론시간으로 사용되었을 때 이 교실의 이용률과 순수율을 계산해 보자.

(1) $\text{이용률} = \dfrac{\text{교실 사용시간}}{\text{1주간 수업시간}} \times 100[\%] = \dfrac{20}{40} \times 100[\%] = 50[\%]$

(2) $\text{순수율} = \dfrac{\text{특정교과 사용시간}}{\text{교실 사용시간}} \times 100[\%] = \dfrac{20-5}{20} \times 100\% = 75\%$

3 학교 운영방식

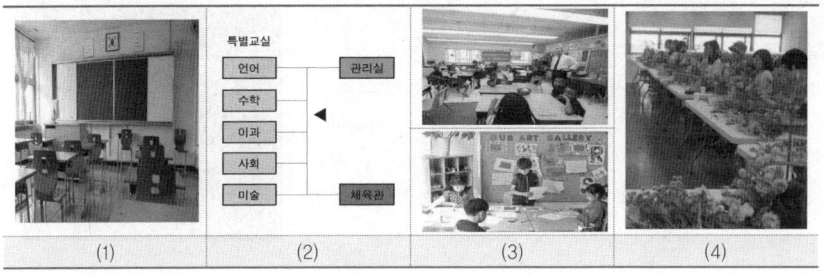

(1) 종합교실형(U형)
① 초등학교 저학년에 적합하며, 교실 수와 학급 수가 일치한다.
② 초등학교 저학년은 될 수 있으면 1층에 있도록 하며 교문에 근접시킨다.
③ 시간표 짜기와 담당교사 수를 맞추기가 용이하며, 일반교실의 이용률이 가장 높고 순수율은 낮은 형태이다.

(2) 교과교실형(V형)
① 모든 교실이 특정 교과 때문에 만들어지며 일반교실은 없고 교실의 순수율이 높다.
② 학생의 이동이 심하므로 개인용 소지품 보관장소(Home Room) 필요하다.
③ 일반교실·특별교실형(U+V형)은 초등학교 고학년에 적합하다.

(3) 플래툰(Platoon)형
① 한 학급을 2개 분단으로 나누어 한쪽은 일반교실을 사용할 때 다른 쪽은 특별교실을 사용하는 방식으로 미국의 초등학교에서 과밀 해소를 위해 운영하는 방식이다.
② 교과담임제와 학급담임제를 병용할 수 있는 형식으로 교사의 수와 적당한 시설이 없으면 실시가 곤란하며, 교과교실형보다 학생들의 이동이 적은 특징이 있다.

(4) 달톤(Dalton)형: 학급, 학생 구분을 없애고 학생들은 각자의 능력에 맞게 교과를 선택하고 일정한 교과가 끝나면 졸업하는 방식으로 한국에서는 사설 학원 및 직업 학교의 형태이다.

4 학교: 세부 계획

(1) 교실 조도: 칠판 면의 조도는 책상 면의 조도보다 항상 더 밝아야 하며 최저 100[lx] 이상으로 계획하여야 한다.
(2) 음악 교실: 학습 중 다른 교실에 방해가 되지 않도록 방음을 철저히 하고, 적당한 잔향 시간을 가질 수 있도록 흡음 벽재를 사용하여야 한다.
(3) 체육관: 체육관의 크기는 최소 400m² 의 농구 코트를 둘 수 있는 크기가 필요하며 천장의 높이는 6m 이상으로 계획한다.
(4) 확장성과 융통성
① 융통성이 요구되는 원인: 미래의 확장, 지역 사회의 이용에 대한 융통성, 광범위한 교과 내용의 변화에 대응하는 융통성, 학교 운영방식의 변화에 대응하는 융통성
② 해결 방안
  • 배치계획: 교실 배치의 융통성
  • 평면계획: 공간의 다목적성
  • 구조계획: 방 사이 간막이벽(Partition)의 이동

예6 학교 운영방식에 관한 기술 중 옳지 않은 것은?
① 종합교실형은 교실수와 학급수가 일치하며, 초등학교 고학년 이상에 적당하다.
② 교과교실형은 모든 교실이 특정 교과 때문에 만들어지며, 일반교실은 없다.
③ 플래툰형은 각 학급을 2분단(일반교실, 특별교실)으로 나누어 운영하는 방식으로, 충분한 교사수와 적당한 시설을 요구하고 있다.
④ 달톤형은 학급과 학년을 없애고 학생들의 능력에 따라 교과목을 선택하는 방식이다.
답: ①

예7 학교 운영방식 중 교과교실형에 대한 설명으로 옳지 않은 것은?
① 교실의 순수율이 높다.
② 시간표 짜기와 담당교사 수를 맞추기가 용이하다.
③ 학생 소지품을 두는 곳을 별도로 만들 필요가 있다.
④ 학생들의 동선계획에 많은 고려가 필요하다.
답: ②

예8 학교 운영방식 중 전 학급을 2분단으로 하고, 한 분단이 일반교실을 사용할 때 다른 분단은 특별교실을 사용하는 방식은?
① 종합교실형(U형)
② 일반교실, 특별교실형(U.V형)
③ 플래툰형(P형)
④ 달톤형(D형)
답: ③

예9 학교건축 계획에 관한 설명 중 옳지 않은 것은?
① 강당 및 체육관으로 겸용할 경우 체육관 목적으로 치중하는 것이 좋다.
② 음악 교실은 적당한 잔향 시간을 가질 수 있도록 흡음 벽재를 사용하여야 한다.
③ 교실의 칠판면의 조도는 책상면의 조도보다 더 밝아야 한다.
④ 체육관은 배구 코트를 둘 수 있는 크기가 필요하며 천장의 높이는 최소 4.5m 이상으로 한다.
답: ④

예10 학교건축 계획에서 고려되는 융통성의 해결수단과 관계가 먼 것은?
① 공간의 다목적성
② 각 교실의 특수화
③ 교실 배치의 융통성
④ 방 사이 벽(Partition)의 이동
답: ②

예11 도서관 서고에서 20만 권을 수장할 서고의 면적은?
① 300㎡   ② 500㎡
③ 700㎡   ④ 1,000㎡
답 : ④

예12 도서관건축 계획에서 장래에 증축을 반드시 고려해야 할 부분은 어느 곳인가?
① 서고   ② 대출실
③ 사무실 ④ 휴게실
답 : ①

예13 도서관건축에 관한 설명으로 옳지 않은 것은?
① 캐럴(Carrel)은 서고 내에 설치된 소연구실이다.
② 서고의 내부는 자연채광을 하지 않고 인공조명을 한다.
③ 열람실의 면적은 0.25~0.5㎡/인 정도의 규모로 계획한다.
④ 서고면적 1㎡당 150~250권 정도의 수장 능력을 갖도록 계획한다.
답 : ③

예14 도서관 출납 시스템 형식 중 자유개가식에 대한 설명으로 옳은 것은?
① 서고와 열람실이 분리되어 있다.
② 도서 열람의 체크 시설이 필요하다.
③ 책의 내용 파악 및 선택이 자유롭다.
④ 대출 절차가 복잡하고 관원의 작업량이 많다.
답 : ③

예15 열람자가 서가에서 책을 자유롭게 선택하지만 관원의 검열을 받고 열람하는 도서관 출납 시스템은?
① 폐가식   ② 반개가식
③ 안전개가식 ④ 자유개가식
답 : ③

예16 도서관 출납 시스템(System)에 대한 설명 중 옳지 않은 것은?
① 자유개가식은 대출 수속이 간편하며 책 내용 파악 및 선택이 자유롭다.
② 자유개가식은 서가의 정리가 잘 안되면 혼란스럽게 된다.
③ 폐가식은 규모가 큰 도서관의 독립된 서고의 경우에 채용한다.
④ 폐가식은 서가나 열람실에서 감시가 필요하나 대출 절차가 간단하여 관원의 작업량이 적다.
답 : ④

5 도서관건축: 기본 계획

(1) 서고

① 서고의 수용 능력: 150~250권/㎡.
② 도서관의 주목적은 자료의 정리 및 보존에 있으므로 기둥 간격 결정은 서고와 가장 밀접한 관계를 갖는다.
③ 도서관의 증축을 위한 예정지는 도서관의 평면 구성과 연관되어 고려되어야 장래에 증축되는 부분과의 기능적 긴밀성이 유지될 수 있다.

(2) 열람실

① 성인 1인당 1.5~2.0㎡의 면적으로 계획한다.
② 캐럴(Carrel): 도서관에서 연구자가 일정 기간 자료를 점유하여 이용하거나 연구하기 위한 독립적인 공간으로 1.4㎡~4.0㎡ 정도가 필요하다.

6 도서관건축: 출납 시스템(System)

(1) 자유개가식(Free Open System)

① 서고와 열람실이 통합되어 있으므로 열람자 자신이 서가에서 책을 꺼내어 책을 고르고 그대로 검열을 받지 않고 열람하는 형식으로 아동 열람실에 적당하다.
② 책의 내용 파악 및 선택이 자유롭지만 서가의 정리가 잘 되지 않으면 열람자가 혼란스럽게 되고, 책의 마모 및 파손이 심하다.
③ 보통 1실형이고, 10,000권 이하의 서적 보관과 열람에 적당하다.
④ 안전개가식: 이용자가 서가에서 자유롭게 자료를 찾고, 책을 꺼내고 넣을 수 있지만 열람에 있어서는 직원의 체크를 필요로 하는 점이 자유개가식과는 구분이 된다.

(2) 반개가식(Semi Open Access)

이용자가 직접 서고 내의 서가에서 도서자료의 제목 정도는 볼 수 있지만 내용을 열람하고자 할 경우 관원에게 대출을 요구해야 하는 형식으로 일반적으로 신간 서적 안내에 채택된다.

(3) 폐가식(Closed Access)

① 열람자가 책의 목록에 의해 책을 선택하여 관원에게 대출 기록을 제출한 후 대출받는 형식으로 대출 절차가 복잡하고 관원의 작업량이 많게 된다.
② 폐가식 서고를 분산 배치하게 되면 관리상 불편해지게 된다.

08 극장 건축

1 극장의 평면형

(1) (2) (3)

(1) 오픈 스테이지(Open Stage)
  무대와 객석이 동일 공간에 있는 형태로 많은 관객들을 시각거리 내에 수용한다.
(2) 아레나 스테이지(Arena Stage)
  ① 무대 배경을 만들지 않아도 되므로 경제적이며, 가까운 거리에서 관람하면서 가장 많은 관객을 수용한다.
  ② 아레나(Arena, 애리나, 애리너) 스테이지를 센트럴 스테이지(Central Stage)라고도 한다.
(3) 프로시니엄 스테이지(Proscenium Stage)
  ① 프로시니엄(Proscenium: 그림에 있어서의 액자와 같이, 관객의 시선을 무대에 쏠리게 하는 시각적 효과를 갖는다.
  ② 픽쳐프레임 스테이지(Picture Frame Stage)라고도 하며, 연기자가 한쪽 방향으로만 관객을 대하게 되므로 강연, 음악회, 독주, 연극 등에 가장 적합한 극장의 평면형이다.

2 극장건축: 무대 계획

(1) 주요 용어

   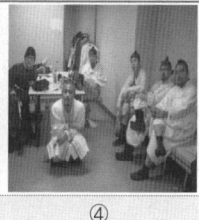

① ② ③ ④

① 사이클로라마(Cyclorama): 무대의 가장 뒤에 설치되는 무대 배경용 벽이다.
② 그리드 아이언(Grid Iron): 무대 천장 밑에 설치한 것으로 배경이나 조명 기구 등이 매달린다.
③ 플라이 갤러리(Fly Gallery): 무대 주위의 벽에 6~9m 높이로 설치되는 좁은 통로이다.
④ 그린 룸(Green Room): 연기자들의 출연 대기실로서 무대 가까운 곳에 30m² 이상 설치한다.
  의상실(Dressing Room): 연기자가 의상을 갈아입고 분장을 하는 곳(1인당 최소 4~5m²)
  앤티 룸(Anti Room): 무대와 그린 룸 사이에 또 하나의 조그만 방을 만들어 출연자들이 출연하기 바로 직전에 기다리는 공간을 말한다.

(2) 무대 계획상의 요점
① 무대의 폭은 프로시니엄 아치 폭의 2배, 깊이는 프로시니엄 아치 폭 이상으로 한다.
② 사이클로라마의 높이는 프로시니엄 높이의 3배 정도이다.
③ 플라이 로프트(Fly Loft, 무대 상부 공간)의 높이는 프로시니엄 높이의 4배 이상으로 한다.
④ 무대의 양쪽이 좁고 깊이가 깊은 경우, 좌우가 아닌 전후로 활주 이동하는 무대 형식이 적합하다.
⑤ 플로어 트랩(Floor Trap): 연기자의 등장과 퇴장이 임의의 장소에서 이루어질 수 있도록 무대와 트랩 룸 사이를 계단이나 사다리로 오르내릴 수 있는 장치이다.

예1 극장 평면형식 중 관객이 연기자를 사면에서 둘러싸고 관람하는 형식으로 가장 많은 관객을 수용할 수 있는 형식은?
① 아레나(Arena)형
② 가변(Adaptable Stage)형
③ 프로시니엄(Proscenium)형
④ 오픈 스테이지(Open Stage)형
답: ①

예2 극장의 평면형식에 관한 설명으로 옳지 않은 것은?
① 아레나형에서 무대 배경은 주로 낮은 가구로 구성된다.
② 프로시니엄형은 픽쳐프레임 스테이지형이라고도 불리운다.
③ 오픈 스테이지형은 관객석이 무대의 대부분을 둘러싸고 있는 형식이다.
④ 프로시니엄형은 가까운 거리에서 관람하게 되며, 가장 많은 관객을 수용할 수 있다.
답: ④

예3 극장건축에 관련된 용어에 대한 설명 중 옳지 않은 것은?
① 그리드 아이언(Grid Iron): 무대 천장 밑에 설치한 것으로 배경이나 조명 기구 등이 매달린다.
② 플라이 갤러리(Fly Gallery): 무대 주위의 벽에 설치되는 좁은 통로이다.
③ 사이클로라마(Cyclorama): 무대의 제일 뒤에 설치되는 무대 배경용 벽이다.
④ 그린 룸(Green Room): 무대와 출연자 대기실 사이에 있는 조그만 방으로 출연자들이 출연 바로 직전에 기다리는 공간이다.
답: ④

예4 극장의 무대계획에 관한 설명으로 옳지 않은 것은?
① 에이프런 스테이지는 막을 경계로 하여 객석 쪽으로 나온 부분의 무대이다.
② 사이클로라마의 높이는 프로시니엄 높이의 3배 정도로 한다.
③ 무대 상부 공간(Fly Loft)의 높이는 프로시니엄 높이의 4배 이상으로 한다.
④ 무대의 깊이는 프로시니엄 아치 폭보다 작게 한다.
답: ④

[예5] 연극을 감상하는 경우 배우의 표정이나 동작을 상세히 감상할 수 있는 시각 한계는?
① 3m   ② 5m
③ 10m ④ 15m
답 : ④

[예6] 극장의 가시거리에 대한 설명에서 ( )안에 들어갈 말로 알맞은 것은?

연극 등을 감상하는 경우 연기자의 표정을 읽을 수 있는 가시한계는 (㉮)m 정도이다. 그러나 실제적으로 극장에서는 잘 보여야 되는 동시에 많은 관객을 수용해야 하므로 (㉯)m 까지를 1차 허용한도로 한다.

① ㉮ 22 ㉯ 35 ② ㉮ 22 ㉯ 38
③ ㉮ 15 ㉯ 22 ④ ㉮ 20 ㉯ 35
답 : ③

[예7] 극장의 객석 계획에 관한 설명 중 옳지 않은 것은?
① 연극 등을 감상하는 경우 연기자의 표정을 읽을 수 있는 가시한계는 15m 정도이다.
② 객석의 세로 통로는 무대를 중심으로 하는 방사선 형태가 좋다.
③ 좌석을 엇갈리게 배열(Stagger Seats)하는 방법은 객석의 바닥 구배가 완만할 경우에는 사용할 수 없으며 통로 폭이 좁아지는 단점이 있다.
④ 객석은 무대의 중심 또는 스크린의 중심을 중심으로 하는 원호의 배열이 이상적이다.
답 : ③

[예8] 극장건축 음향계획에 대한 내용 중 틀린 것은?
① 객석의 소음은 30~35dB 이하가 되도록 설계되어야 한다.
② 발코니의 길이는 객석 길이의 1/3 이하가 되어야 한다.
③ 영사실 천장은 반사재를 사용한다.
④ 발코니의 뒷면, 바닥은 흡음재를 사용한다.
답 : ③

[예9] 영화관의 영사실과 영사막의 관계에서 영사각으로 가장 알맞은 것은?
① 0°   ② 17°
③ 22° ④ 90°
답 : ①

3 극장, 영화관: 관객석 가시거리 허용 한도

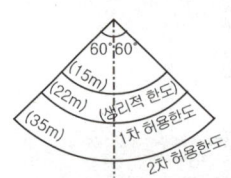

A구역	15m	배우의 표정이나 동작을 상세히 감상할 수 있는 거리 (인형극, 아동극)
1차 허용한도	22m	될 수 있는 한 많은 관객을 수용하기 위한 적당한 가시거리 (국악, 신극, 실내악)
2차 허용한도	35m	배우의 일반적인 동작만 보이면 감상하는 데 별 지장이 없는 거리 (발레, 뮤지컬 등)

4 극장, 영화관: 관객석 계획, 음향 계획

(1) 관객석 일반 계획

① 객석은 무대의 중심 또는 스크린의 중심을 중심으로 하는 원호의 배열이 이상적이며, 객석의 세로 통로는 무대를 중심으로 하는 방사선 형태가 좋다.
② 관객이 객석에서 무대를 볼 때 객석이 중심선에서 너무 한쪽으로 치우쳐 있게 되면 연기자와 배경과의 위치 관계가 흐트러져 보이게 되기 때문에 수평 시각의 허용 한도를 보통 60°로 한다.
③ 객석의 크기는 1인당 점유면적을 0.6m² 정도, 의자의 폭은 최소 45cm 이상으로 계획한다.
④ 좌석을 엇갈리게 배열(Stagger Seats)하는 방법:
객석의 바닥 구배를 작게 하면서도 무대 방향을 보기 쉽게 하기 위하여 무대의 중심을 향해서 좌석 바로 앞줄에 앉은 사람의 머리가 오지 않도록 하는 방법이다.
⑤ 극장 및 영화관의 관람석으로의 출입구의 수 및 배치를 결정하는 가장 중요한 조건은 피난 동선이다.

(2) 관객석 음향계획

① 객석의 형태는 부채꼴이 좋으며, 객석의 형태가 원형이나 타원형일 경우 대체적으로 음이 집중하거나 불균등한 분포를 보이며 에코(Echo)가 형성되어 음향적으로 불리하게 된다.
② 객석의 형이 원형일 경우 확산 작용을 하도록 계획하면 음향 조건이 크게 개선된다.
③ 무대에 가까운 벽은 반사재로 하고 멀어짐에 따라서 흡음재의 벽을 설치하는 것이 원칙이다.
④ 객석부 공간의 앞면 경사 천장 및 오디토리움 양쪽의 벽은 무대의 음을 반사에 의해 객석 뒤 부분까지 이르도록 보강해 주는 역할을 한다. 객석의 소음은 30~35dB 이하가 되도록 설계되어야 한다.
⑤ 발코니의 길이는 객석 길이의 1/3 이하가 되어야 하며, 발코니 하부의 깊이를 개구부 높이의 2배 이하로 하여 음을 흡수하도록 한다. 발코니의 계획은 될 수 있는 한 피하는 것이 좋다.
⑥ 영사실 천장에는 흡음재를 사용하고, 영사실과 영사막(Screen)과의 관계는 영사각이 0°가 되는 것이 가장 바람직하지만, 적어도 평균 15° 이내로 하지 않으면 화면이 일그러져 보이게 된다.

핵심번호 09 건축계획 — 미술관 건축

1 미술관: 전시실 순로(순회) 형식

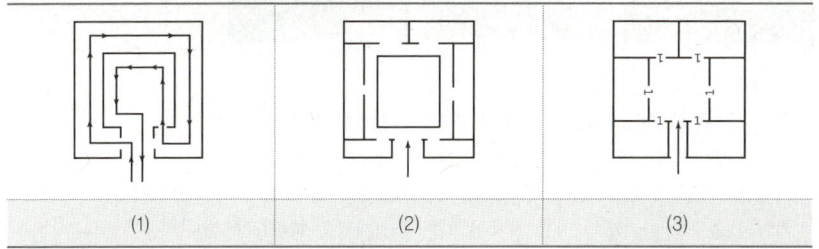

(1) 연속순로 형식, 연속순회 형식
 ① 많은 실을 순서별로 통해야 하고, 1실을 닫으면 전체 동선이 막히게 된다.
 ② 소규모 전시실에 적합하며, 전시 벽면이 최대가 되고 공간 절약 효과가 있다.
(2) 갤러리 및 코리도 형식
 ① 각 실에 직접 출입이 가능하며, 필요할 때마다 자유롭게 독립적으로 폐쇄가 가능하다.
 ② 복도 자체도 전시 공간으로의 이용이 가능하다.
(3) 중앙홀 형식
 ① 대규모의 전시실에 적합하지만 장래의 확장은 많은 무리가 따르게 된다.
 ② 프랭크 로이드 라이트(F.L.Wright)가 설계한 뉴욕 구겐하임 미술관(Guggenheim Museum, 1959)이 대표적인 중앙홀 형식이다.

2 미술관: 전시실 자연채광 방식

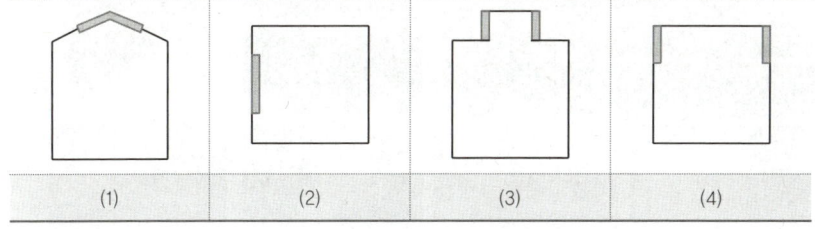

(1) 정광창(Top Light)
 ① 전시실의 중앙부를 가장 밝게 하여 전시 벽면의 조도를 균등하게 한다.
 ② 채광량이 많아 조각 등의 전시실에는 적당하지만, 유리 전시대(Glass Case) 내의 공예품 전시물에는 적당하지 못하다.
(2) 측광창(Side Light)
 ① 전시실 측면 창에서 직접 광선을 사입하는 방법으로 소규모 전시에 적합하다.
 ② 근린의 상황에 의해 채광이 영향을 받게 되며, 조도 분포가 불균일하고 실 안쪽의 조도가 부족한 경우가 많다.
(3) 고측광창(Clerestory)
  측광식과 정광식을 절충한 방법으로 천장에 가까운 측면에서 채광하는 방법이다.
(4) 정측광창(Top Side Light)
  관람자가 서 있는 위치의 상부에 천장을 불투명하게 하여 중앙부는 어둡게 하고 전시 벽면에 조도를 충분하게 하는 이상적인 채광법이다.

예1 전시실의 순회 형식에 관한 설명으로 옳지 않은 것은?
① 연속순로 형식은 소규모의 전시실에 이용하면 작은 대지면적에서도 가능하고 편리하다.
② 중앙홀 형식은 중심부에 큰 홀을 두고 그 주위에 각 전시실이 배치되어 있다.
③ 연속순로 형식은 많은 실을 순서별로 통하여야 하는 불편이 있다.
④ 갤러리 및 코리도 형식은 각 실을 독립적으로 폐쇄할 수 없다는 단점이 있다.
답 : ④

예2 미술관 전시실 순회 형식에 관한 설명으로 옳지 않은 것은?
① 연속순회 형식은 전시 벽면이 최대화되고 공간 절약 효과가 있다.
② 연속순회 형식은 한 실을 폐쇄하면 다음 실로의 이동이 불가능하다.
③ 갤러리 및 복도 형식은 관람자가 전시실을 자유롭게 선택하여 관람할 수 있다.
④ 중앙홀 형식에서 중앙홀이 크면 장래의 확장은 용이하지만 동선의 혼잡이 심해진다.
답 : ④

예3 대규모 미술관의 채광 방식으로 가장 적당치 않은 것은?
① 정측광창 방식(Top Side Light)
② 고측광창 방식(Clerestory)
③ 정광창 방식(Top Light)
④ 측광창 방식(Side Light)
답 : ④

예4 미술관 자연채광 방법 중 정측광 형식에 관한 설명으로 옳은 것은?
① 전시실의 중앙부를 가장 밝게 하여 전시벽면의 조도를 균등하게 한다.
② 전시실의 측면 창에서 직접 광선을 사입하는 방법으로 소규모 전시에 적합하다.
③ 관람자가 서 있는 위치의 상부에 천장을 불투명하게 하여 중앙부는 어둡게 하고 전시 벽면에 조도를 충분하게 하는 방법이다.
④ 측광식과 정광식을 절충한 방법으로 천장 높이가 3m를 넘는 경우에는 적용할 수 없다.
답 : ③

[예5] 미술관 전시실의 조명설계에 관한 설명 중 부적당한 것은?
① 광색이 부드럽고 밝기의 변화가 있어야 한다.
② 광원에 의한 현휘를 방지하도록 한다.
③ 대상에 따라서 스포트라이트도 고려되어야 한다.
④ 관람객의 그림자가 전시물 위에 생기지 않도록 한다.
답 : ①

[예6] 미술관의 전시장 계획에 관한 설명 중 옳은 것은?
① 조명의 광원은 감추고 눈부심이 생기지 않는 방법으로 투사한다.
② 인공조명을 주로 하고 자연채광은 고려하지 않는다.
③ 광원의 위치는 수직 벽면에 대해 10~25°의 범위 내에서 상향 조정이 좋다.
④ 회화를 감상하는 시점의 위치는 화면 대각선의 2배 거리가 가장 이상적이다.
답 : ①

[예7] 미술관 계획에 있어 회화의 명시 조건 중 최량시각(最良視覺)은?
① 27°~30°   ② 42°~45°
③ 47°~50°   ④ 57°~60°
답 : ①

[예8] 전시 공간의 특수 전시기법에 관한 설명으로 옳지 않은 것은?
① 파노라마 전시는 전체의 맥락이 중요하다고 생각될 때 사용된다.
② 하모니카 전시는 동일 종류의 전시물을 반복하여 전시할 경우에 유리하다.
③ 디오라마 전시는 하나의 사실 또는 주제의 시간 상황을 고정시켜 연출하는 기법이다.
④ 아일랜드 전시는 벽면 전시기법으로 전체 벽면의 일부만을 사용하며 그림과 같은 미술품 전시에 주로 사용된다.
답 : ④

[예9] 미술관 건축계획에 대한 설명 중 옳은 것은?
① 하모니카 전시기법은 동일 종류의 전시물을 반복 전시할 경우 유리하다.
② 대규모 미술관은 각 전시실을 자유롭게 출입할 수 있는 연속순로 형식을 주로 채용한다.
③ 미술관 채광 방식을 편측창 방식으로 할 경우 실 전체의 조도 분포가 균일하여 별도의 조명설비가 필요 없다.
④ 아일랜드 전시기법은 벽이나 천장을 직접 이용하여 전시물을 배치하는 기법으로 관람자의 시거리를 짧게 할 수 없다는 단점이 있다.
답 : ①

3 미술관: 전시실 동선계획 및 조명계획, 최량시각

(1) 전시실 동선계획
① 일반 관객용과 서비스용을 분리하며, 입구와 출구를 별도로 사용한다.
② 전시 공간의 동선계획은 일방통행으로 관람하는 것이 원칙이다. 전시실의 순회 동선은 관람자가 가벼운 기분으로 전시 경로를 따라 순회할 수 있는 배실 계획이 되어야 하며 모든 진열실을 거쳐서 출구로 나가도록 하는 강제성 있는 동선계획은 피하도록 한다.
③ 전시실 평면형태 중 자유형은 미로와 같은 복잡한 공간을 피하기 위해 일부 강제적인 동선이 사용된다.

(2) 전시실 조명계획: 인공조명 + 자연채광
① 인공조명을 위주로 하고 자연채광을 고려하며, 자연채광 시 전시품의 보존 문제를 고려한다.
② 전시실의 조명은 광색이 적당하고 변화가 없어야 하며, 조명의 광원은 감추고 눈부심이 생기지 않는 방법으로 투사한다.

(3) 최량시각(最良視覺)
① 광원의 눈부심이나 전시물에 명시(明示) 장애를 피하기 위한 각도로서 벽면에 진열되는 전시물은 일반적으로 15°~45°에서 광원의 위치를 설정한다.
② 회화를 감상하는 시점의 위치는 화면 대각선의 1~1.5배가 이상적이다.

4 미술관: 특수 전시기법

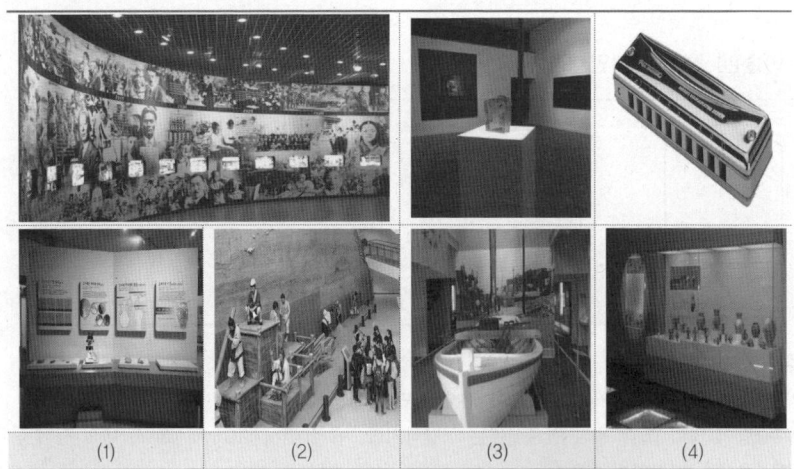

(1) 파노라마(Panorama): 연속적인 주제를 직접적으로 관계성 깊게 표현하기 위해 전경(全景)으로 펼쳐지도록 연출하며, 실물을 직접 전시할 수 없거나 오브제(Objet, 특정한 의미가 부여된 상징물) 전시만의 한계를 극복하기 위해 영상 매체를 사용하여 전시하는 기법이다.
(2) 디오라마(Diorama): 뒤에 그림이나 사진이 비추어진 것을 뜻하며, 하나의 사실 또는 주제의 시간 상황을 고정시켜 연출하는 것으로 관람자가 현장에 임한 느낌을 가지고 관찰이 가능하다.
(3) 아일랜드(Island): 벽이나 천장을 직접 이용하지 않고 전시 공간을 만들어 내는 기법으로 관람자의 시거리를 짧게 할 수 있다.
(4) 하모니카(Harmonica): 전시 평면이 하모니카 흡입구처럼 동일한 공간으로 연속되어 배치되는 기법으로 동일 종류의 전시물을 반복 전시하는 경우에 유리하다.

핵심번호 10 건축계획: 병원 건축

1 병원건축 및 공장건축: 분관식(Pavilion Type)과 집중식(Block Type)

분관식(Pavilion Type) 종합병원	집중식(Block Type) 종합병원
• 3층 정도의 저층의 평면 분산식이다. • 일조, 통풍과 같은 자연환경 조건이 양호하다. • 넓은 부지가 필요하며 관리가 불편하다.	• 고층의 평면 집약식으로 도심지에 적합하다. • 보행거리가 짧고 공간의 효율이 좋다. • 설비 시설의 집중화 및 관리가 편리하다.
분관식(Pavilion Type) 공장건축	집중식(Block Type) 공장건축
• 공장 신설·확장·조기 완성이 용이하다. • 통풍·채광·배수 및 물홈통 설치가 용이하다. • 건축 형식·구조를 다르게 적용할 수 있다. • 화학 공장, 기계 조립 공장에 주로 적용된다.	• 건축비가 저렴하고 물품운반이 용이하다. • 내부 배치 변경의 탄력성이 있다. • 평지붕 무창 공장에 적합하다.

2 병원건축: 병원의 면적 구성, 외래진료부

(1) 병원의 면적 구성

• 병동부	30~40%
• 공급 서비스부	20~25%
• 중앙진료부	15~17%
• 외래진료부	10~14%
• 관리부	8~10%

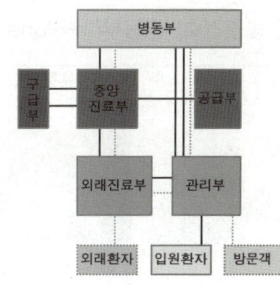

(2) 외래진료부(Out-Patient Department)

① 오픈 시스템(Open System): 미국식 시스템으로 종합병원 근처의 일반 개업 병원이 종합병원에 등록되어 개인이 준비하기 힘든 각종 큰 병원의 시설을 이용할 수 있을 뿐만 아니라, 자신의 환자를 종합병원 진찰실에서 예약·진찰 치료할 수 있도록 하며 입원시킬 수도 있는 제도이다.

② 클로즈드 시스템(Closed System): 한국의 일반적인 외래진료 방식으로 대규모의 각종 과(Department)를 필요로 하며, 진료 분야별로 집중시키는 것이 좋다.

③ 외래진료부 계획상의 요점
- 약국, 주사실은 중앙진료부에 속하지만 환자들이 많이 이용하므로 외래진료부에 위치시킨다.
- 내과 계통은 진료 검사에 시간이 많이 걸리므로 작은 진료실을 다수 설치하고, 외과 계통은 1실에서 여러 환자를 진료할 수 있도록 대실(大室)로 한다.
- 안과는 검안(檢眼, 시력 측정)을 위해 5m 정도의 거리를 확보한다.

예1 병원건축의 배치 형식 중 집중식(Block Type)에 관한 설명으로 옳지 않은 것은?
① 재난 시 환자의 피난이 용이하다.
② 병동에서의 조망을 확보할 수 있다.
③ 대지를 효과적으로 이용할 수 있다.
④ 공조설비가 필요하게 되어 설비비가 높다.

답: ①

예2 공장건축에서 파빌리온 타입(Pavilion Type)에 대한 설명으로 틀린 것은?
① 통풍, 채광이 좋다.
② 공장의 신설과 확장이 용이하다.
③ 건축비가 저렴하다.
④ 화학 공장 등에 유리하다.

답: ③

예3 종합병원에서 면적 배분이 가장 큰 부분은?
① 병동부 ② 외래부
③ 중앙진료부 ④ 관리부

답: ①

예4 종합병원에서 클로즈드 시스템(Closed System)의 외래진료부에 관한 설명으로 옳지 않은 것은?
① 내과는 소규모 진료실을 다수 설치하도록 한다.
② 환자의 이용이 편리하도록 1층 또는 2층 이하에 둔다.
③ 중앙주사실, 회계, 약국 등은 정면 출입구 근처에 설치한다.
④ 전체 병원에 대한 외래진료부의 면적 비율은 40~45% 정도로 한다.

답: ④

예5 Closed System의 외래진료부 계획에 대한 설명으로 부적당한 것은?
① 환자의 이용이 편리하도록 2층 이하에 두도록 한다.
② 내과 계통은 소진료실을 다수 설치한다.
③ 중앙주사실, 약국은 정면 출입구에서 멀리 떨어진 곳에 둔다.
④ 외과 계통의 각과는 1실에서 여러 환자를 돌볼 수 있도록 크게 한다.

답: ③

예6 병원의 수술부와 직접 관계가 없는 실은?
① 세척실 ② 회복실
③ 갱의실 ④ 처치실
답 : ④

예7 병원건축의 외과 수술실 계획에 관한 설명 중 옳지 않은 것은?
① 수술실 바닥은 전기 도체성 마감으로 한다.
② 외래진료부와 병동부 중간 부분에 위치하도록 한다.
③ 사용이 편리하도록 통과 교통로에 인접시켜 설치한다.
④ 실내 벽 재료는 녹색 계통으로 마감을 한다.
답 : ③

예8 병원의 수술실에 관한 설명에서 가장 부적당한 것은?
① 타 부분의 통과 교통이 없는 장소이어야 한다.
② 공기조화는 다른 병실과는 별도 계통으로 하여 수술실만을 독립하여 조정할 수 있게 한다.
③ 자연채광을 충분히 할 수 있도록 남측에 큰 창을 설계하는 것이 좋다.
④ 인공조명은 음영이 생기지 않는 조명으로 해야 한다.
답 : ③

예9 종합병원 계획에 대한 설명 중 가장 부적당한 것은?
① 수술부는 외래진료부와 병동부 중간에 위치시킨다.
② 수술실의 바닥은 전기 도체성 마감을 사용하는 것이 좋다.
③ 간호사 대기실은 각 간호단위 또는 각 층 및 동별로 설치한다.
④ 평면계획 시 모듈을 적용하여 각 병실을 모두 동일한 크기로 하는 것이 좋다.
답 : ④

예10 병원의 간호사 대기소에 관한 설명으로 옳지 않은 것은?
① 병실군의 한쪽 끝에 위치시켜 복도의 상황을 쉽게 알 수 있도록 한다.
② 간호사 대기소에서 병실군까지 보행하는 거리를 24m 이내가 되도록 한다.
③ 1개의 간호사 대기소에서 관리할 수 있는 병상 수는 30~40개 이하로 한다.
④ 계단이나 엘리베이터홀 등에 가능한 한 인접시켜 외부인의 출입을 감시할 수 있도록 한다.
답 : ①

3 병원건축: 중앙진료부(Adjunct Diagnostic Treatment Facilities, 부속진료부)

(1) 중앙진료부의 위치 및 수술부(Surgical Facilities)의 구성
 ① 중앙진료부의 위치: 외래진료부와 병동부의 중간에 위치
 ② 수술부의 구성: 수술실, 소독실, 세수실, 세척실, 수술기구실, 마취실, 방광경실, 골절실, 암실, 검사실, 의사 및 간호사 갱의실, 회복실, 중앙 소독 및 공급실

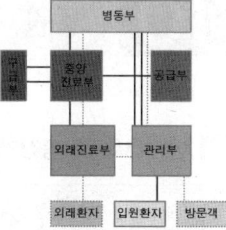

(2) 수술실(Operating Room) 계획상의 요점

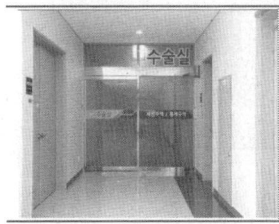 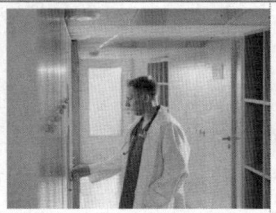 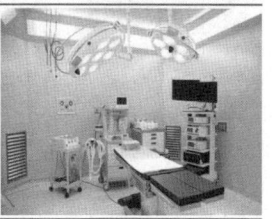

① 수술부의 위치: 타 부분의 통과 교통이 없는 건물 익단부의 격리된 위치로서 병동 및 응급부에서 환자 수송이 용이한 곳에 위치한다.
② 의사는 의사 갱의실에서 세면실을 거쳐 수술실로 이동하고, 간호사는 간호사 갱의실에서 세면실을 거쳐 수술실로 이동한다.
③ 수술실의 출입구는 쌍여닫이문 1.5m 전후의 폭으로 하고 손잡이는 팔꿈치 조작식으로 한다.
④ 수술실은 자연채광 및 방위와는 전혀 무관하고, 무영등(無影燈)이라는 인공조명으로 밝기를 일정하게 유지하여야 한다. 무균 조작을 행하는 곳으로서 실내의 온도가 26.6℃ 이상, 55% 이상의 높은 습도를 유지하는 공기조화설비를 통해 공기의 재순환을 시키지 않도록 한다.
⑤ 녹색 계통의 벽 재료를 사용하고 모든 전기 기구는 스파크 방지 장치가 붙은 것을 사용하며 콘센트의 위치는 바닥 위에서 1.5m에 위치시킨다.

4 병원건축: 병동부(In-Patient Department)

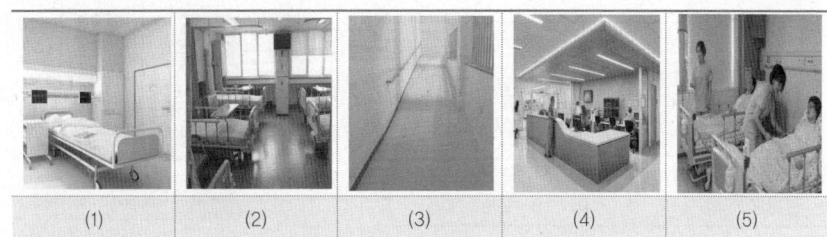

(1) 병원건축의 시설 규모를 결정하는 기준이 되는 것은 입원 환자의 병상 수이다
 ① 100병상 이하: 소규모, 100~200병상: 중규모, 300병상 이상: 대규모 종합병원 및 대학 부속병원
 ② 병실의 크기: 1인용실(6.3m²), 2인용실(8.6m²), 소아전용실은 성인의 2/3 이상
(2) 총실(Cubicle System): 5~6인용의 경환자실로서 총실 : 개실 = 3~4 : 1 정도가 일반적이다. 평면계획 시 모듈을 적용하여 각 병실을 모두 동일한 크기로 계획하면 환자의 질병의 종류 및 경제적 능력에 따른 고려가 되지 않으므로 병실을 다양하게 계획하는 것이 필요하다.
(3) 병원건축에서 환자용 계단에 대체하여 설치하는 경사로의 기울기는 최대 1/20 이하로 한다.
(4) 간호원 대기소(Nurse Station): 환자를 돌보기 쉽도록 병실군(群)의 중앙에 위치시키며, 간호사 대기소에서 병실군까지의 보행하는 거리를 24m 이내가 되도록 계획한다.
(5) 병동부의 구성 단위: 간호단위(Nurse Unit)를 기본단위로 한다.
 ① 간호단위: 1조 인원(8~10명)의 간호 침상 수는 25Bed가 적절하지만 30~40Bed가 보통이다.
 ② 간호단위의 병상 수가 과다해지는 것과 환자 보호자들에 의한 간호와는 별개의 문제이다.
 ③ ICU(Intensive Care Unit): 중증 환자를 위한 24시간 집중 치료 간호단위를 말한다.

핵심번호 11 건축계획: 공장 건축, 건축계획: 그 밖의 주요 용어정리

1 공장건축: 플랜트 레이아웃(Plant Lay-Out)

(1) 플랜트 레이아웃(Plant Lay-Out)
① 레이아웃(Lay-Out)이란 공장(Plant) 건축의 평면 요소 간의 위치 관계를 결정하는 것으로서 작업장 내의 기계 설비, 작업자의 작업 구역, 재료 및 제품을 두는 곳 등 배치에 관한 것을 말한다.
② 작업장 내의 상호 위치 관계를 규명하는 것이므로 장래 공장 규모의 변화에 대응하는 융통성(Flexibility)이 있어야 하며, 평면형은 가능한 요철(凹凸)이 적은 것이 유리하다.
③ 중화학 공업, 시멘트공업과 같은 장치 공업 등은 시설 규모가 크므로 레이아웃의 융통성이 작다.
④ 큰 기계를 건물 기초에 연결하면 진동으로 인한 건축물의 피해가 예상되므로 기초와 분리 시키도록 한다.

(2) 레이아웃 형식

① 제품중심 레이아웃

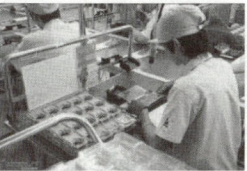
② 공정중심 레이아웃

③ 고정식 레이아웃

① 제품중심 레이아웃: 생산에 필요한 모든 공정, 기계 기구를 제품의 흐름에 따라 배치하며, 대량생산에 유리하고 생산성이 높다.
② 공정중심 레이아웃: 기능식 레이아웃으로서, 기능이 동일하거나 유사한 공정 또는 기계를 집합하여 배치하는 방식이다. 다종소량생산(多種小量生産)으로 예상 생산이 불가능한 경우나 표준화가 행해지기 어려운 주문 생산 공장에 적합하다.
③ 고정식 레이아웃: 제품이 크고 수가 극히 적은 조선소와 같이 조립 부품이 고정된 장소에 있고 사람과 기계를 이동시키며 작업을 행하는 방식이다.

2 공장건축: 지붕 형식

공장건축 자연 환기 방식의 경우 환기 방법은 채광 형식과 관련하여 건물 형태를 결정하는 매우 중요한 요소가 된다.

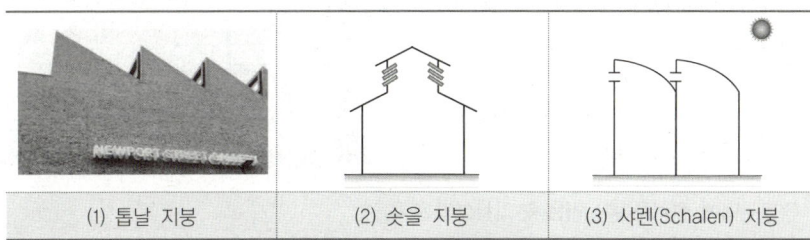
(1) 톱날 지붕 　(2) 솟을 지붕 　(3) 샤렌(Schalen) 지붕

(1) 톱날 지붕: 북향의 채광창으로 하루 종일 변함없는 조도를 유지할 수 있다.
(2) 솟을 지붕: 솟음지붕이라고도 하며, 채광 및 환기에 적합하다.
(3) 샤렌(Schalen) 지붕: 지붕 슬래브가 곡면으로 되어 외력에 저항하도록 만들어진 지붕이므로 일반 평지붕보다 기둥이 적게 소요된다.

예1 공장건축의 레이아웃(Lay Out)에 관한 설명으로 옳지 않은 것은?
① 레이아웃이란 생산품의 특성에 따른 공장의 건축 면적 결정 방식을 말한다.
② 제품중심 레이아웃은 대량생산에 유리하며 생산성이 높다.
③ 공정중심 레이아웃은 다종소량 생산으로 표준화가 행해지기 어려운 주문 생산에 적합하다.
④ 고정식 레이아웃은 조선소와 같이 조립 부품이 고정된 장소에 있고 사람과 기계를 이동시키며 작업을 행하는 방식이다.
답: ①

예2 공장의 레이아웃 형식 중 생산에 필요한 모든 공정과 기계류를 제품의 흐름에 따라 배치하는 형식은?
① 고정식 레이아웃
② 혼성식 레이아웃
③ 공정중심 레이아웃
④ 제품중심 레이아웃
답: ④

예3 다품종 소량생산으로 예상 생산이 불가능한 경우, 표준화가 곤란한 경우에 적용되는 공장건축의 레이아웃 방식은?
① 고정식 레이아웃
② 혼성식 레이아웃
③ 제품중심 레이아웃
④ 공정중심 레이아웃
답: ④

예4 기계 공장에서 지붕의 형식을 톱날 지붕으로 하는 가장 주된 이유는?
① 실내의 주광 조도를 일정하게 하기 위하여
② 빗물의 배수를 충분히 하기 위하여
③ 소음을 적게 하기 위하여
④ 온도를 일정하게 유지하기 위하여
답: ①

예5 공장건축의 지붕 형식에 대한 기술 중 옳지 않은 것은?
① 뾰족 지붕: 직사광선을 어느 정도 허용하는 결점이 있다.
② 솟을 지붕: 채광, 환기에 적합한 방법이다.
③ 톱날 지붕: 북향의 채광창으로 하루 종일 변함없는 조도를 유지할 수 있다.
④ 샤렌 지붕: 기둥이 많이 소요되는 단점이 있다.
답: ④

예6 척도조정(MC)에 관한 설명으로 옳지 않은 것은?
① 설계 작업이 단순해지고 간편해진다.
② 현장 작업이 단순해지고 공기가 단축된다.
③ 건축물 형태의 다양성 및 창조성 확보가 용이하다.
④ 구성재의 상호 조합에 따른 호환성을 확보할 수 있다.
답 : ③

예7 건축 공간의 치수 계획에서 "압박감을 느끼지 않을 만큼의 천장 높이 결정"은 다음 중 어디에 해당하는가?
① 물리적 스케일 ② 생리적 스케일
③ 심리적 스케일 ④ 입면적 스케일
답 : ③

예8 건축계획 단계에서의 조사 수법에 대한 설명으로 옳지 않은 것은?
① 이용 상황이 명확하게 기록되어 있는 시설의 자료 등을 활용하는 것은 기존 자료를 통한 조사에 해당된다.
② 직접 관찰을 통하여 생활과 공간 간의 대응 관계를 규명하는 것은 생활행동 행위의 관찰에 해당한다.
③ 건물의 이용자를 대상으로 설문을 작성하여 조사하는 방식은 생활과 공간의 대응 관계 분석에 유효하다.
④ 주거단지에서 어린이들의 행동 특성을 조사하기 위해서는 설문조사법이 일반적으로 가장 적절한 방법이다.
답 : ④

예9 장애인 등의 편의시설 중 매개시설에 속하지 않는 것은?
① 주출입구 접근로
② 유도 및 안내설비
③ 장애인전용주차구역
④ 주출입구 높이 차이 제거
답 : ②

예10 아파트에 의무적으로 설치하여야 하는 장애인·노인·임산부 등의 편의시설에 속하지 않는 것은?
① 점자블록
② 장애인전용주차구역
③ 높이 차이가 제거된 건축물 출입구
④ 장애인 등의 통행이 가능한 접근로
답 : ①

예11 제1종 근린생활시설 중 장애인전용주차구역을 의무적으로 설치해야 하는 대상에 속하지 않는 것은?
① 지구대 ② 우체국
③ 수퍼마켓 ④ 지역자치센터
답 : ③

3 건축계획: 그 밖의 사항

(1) (2) (3) (4)

(1) 모듈(Module)
① 인간의 생활이나 동작을 바탕으로 한 치수상의 기준단위를 의미한다.
② 모듈 시스템(Moule System): 일반적으로 기둥 간격이 일정한 평면을 갖는 건축물(집합주택, 사무소, 학교, 도서관, 병원, 공장 등)에서 융통성 있게 적용될 수 있다.
③ 동일 패턴의 반복으로 인한 건축물 형태의 다양성 및 창조성 확보가 결여될 염려가 있다.

(2) 축(Axis), 대칭(Symmetry)
① 공간 속의 두 점(Point)으로 이루어진 하나의 선(Line)으로, 건축의 형태와 공간을 구성하는 가장 기본적인 수단이다.
② 대칭의 조건은 축의 조건을 중심으로 이루어지는 축이나, 구심점의 존재를 함축하고 있지 않으면 존재할 수 없는 성질을 내포하고 있으므로 변화 혹은 다양성을 얻는 방식과 거리가 먼 형태구성 원리이다.

(3) 건축 공간의 치수(Scale, 스케일)
① 물리적 Scale: 출입구의 크기가 인간이나 물체의 물리적 크기에 의해 결정되는 치수
② 생리적 Scale: 실내의 창문 크기가 필요 환기량으로 결정되는 경우와 같은 치수
③ 심리적 Scale: 압박감을 느끼지 않을 정도에서 천장 높이가 결정되는 경우와 같은 치수

(4) POE
① POE(Post-Occupancy Evaluation): 건축물을 사용해 본 후에 평가하는 것이다.
② 설문조사를 통하여 어떠한 관계를 규명했다면 설문지법, 설문조사법에 해당한다.
③ 주거단지에서 어린이들의 행동 특성 조사는 관찰법(Observation Technique)이 가장 적절한 방법이 된다.

4 장애인·노인·임산부 등의 편의증진 보장에 관한 법률

(1) 편의시설의 종류
① 매개시설: 주출입구 접근로, 장애인전용주차구역, 주출입구 높이 차이 제거
② 내부시설: 출입구(문), 복도, 계단 또는 승강기
③ 위생시설: 대변기, 소변기, 세면대, 욕실, 샤워실, 탈의실
④ 안내시설: 점자블록, 유도 및 안내설비, 경보 및 피난설비
⑤ 기타시설: 객실·침실, 관람석·열람석, 접수대·작업대, 매표소·판매기·음료대, 임산부 등을 위한 휴게시설

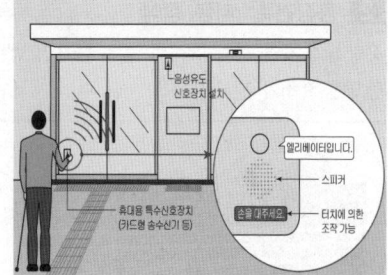

(2) 공동주택에 설치하여야 하는 편의시설의 종류
① 권장 설치: 점자블록
② 의무 설치: 장애인전용주차구역, 높이 차이가 제거된 건축물 출입구, 장애인 등의 통행이 가능한 접근로(유효폭은 최소 1.2m 이상)

(3) 제1종 근린생활시설 중 장애인전용 주차구역 권장 설치대상: 수퍼마켓·일용품 등의 소매점, 이용원·미용원·일반목욕장

핵심번호 12 건축계획
건축사(建築史) : 서양 건축사

1 서양 건축양식 발달 순서

이집트 ➡ 그리스 ➡ 로마 ➡ 초기 기독교 ➡ 비잔틴 ➡ 로마네스크 ➡ 고딕 ➡ 르네상스 ➡ 바로크

예1 서양 건축양식의 역사적인 순서가 옳게 배열된 것은?

① 로마 → 로마네스크 → 고딕 → 르네상스 → 바로크
② 로마 → 고딕 → 로마네스크 → 르네상스 → 바로크
③ 로마 → 로마네스크 → 고딕 → 바로크 → 르네상스
④ 로마 → 고딕 → 로마네스크 → 바로크 → 르네상스

답 : ①

2 고대 이집트 분묘건축: 마스타바, 피라미드, 암굴 분묘

| 마스타바 | 피라미드 | 암굴분묘 | 메소포타미아 지구라트(Ziggurat) |

지구라트(Ziggurat)에서 경사로처럼 보이는 100개의 단을 가진 3개의 계단은 네 귀퉁이에 탑이 있는 출입문에 만나며, 여기에서 또 하나의 계단이 올라가 신전으로 연결되는데, 이집트 신전의 직선 축에 의한 접근 방식과 대조를 보인다.

예2 고대 이집트 분묘 건축의 형태에 속하지 않는 것은?

① 인슐라   ② 피라미드
③ 암굴분묘 ④ 마스타바

답 : ①

예3 고대 메소포타미아 지역의 지구라트에 대한 설명으로 옳지 않은 것은?

① 주된 형태 요소는 점이다.
② 이집트 건축보다 수직축을 더 강조하였다.
③ 평면은 정사각형에 기초한 중앙 집중식 배치로 되어 있다.
④ 이집트 신전과 유사한 직선 축 진입 방식으로 이루어져 있다.

답 : ④

3 그리스(Greece) 건축

(1) 그리스 건축의 3오더(Order)

① 도리아(Doric, 도릭)   ② 이오니아(Ionic, 이오닉)   ③ 코린트(Corinthian)

① 도리아식은 가장 단순하고 남성적이며 다른 주범과는 달리 주초가 없다.
② 이오니아식은 주두의 끝에 소용돌이 모양의 볼류트(Volute) 장식이 보인다.
③ 코린트식은 주두에 아칸터스 나뭇잎을 묘사하여 화려하게 장식하였다.
④ 로마 건축의 Order: 그리스 3 Order + 터스칸(Tuscan) Order + 컴포지트(Composite) Order

| 파르테논(Parthenon, BC432): 도리아식 | 니케(Nikis, BC424): 이오니아식 | 에렉테이온(Erechtheion, BC405): 이오니아식 |

예4 고대 그리스의 기둥 양식에 속하지 않는 것은?

① 도리아식   ② 코린트식
③ 컴포지트식 ④ 이오니아식

답 : ③

예5 그리스 건축의 도릭 오더의 구성에 속하지 않는 것은?

① 볼류트(Volute)
② 프리즈(Frieze)
③ 아바쿠스(Abacus)
④ 에키누스(Echinus)

답 : ①

예6 그리스 아테네의 아크로폴리스에 위치한 에렉테이온(Erechtheion)의 형식은?

① 도리아식   ② 이오니아식
③ 코린트식   ④ 콤포지트식

답 : ②

[예7] 그리스 건축의 착시 교정 기법이 아닌 것은?
① 기둥의 배흘림(Entasis)
② 긴 수평선을 위쪽으로 볼록하게 처리
③ 모서리쪽의 기둥간격을 좁게 처리
④ 모서리 기둥의 솟음
답 : ④

[예8] 로마 시대의 것으로 그리스 아고라(Agora)와 유사한 기능을 갖는 것은?
① 포럼(Forum) ② 인술라(Insula)
③ 도무스(Domus) ④ 판테온(Pantheon)
답 : ①

[예9] 로마의 판테온에 관한 설명으로 옳지 않은 것은?
① 로툰다 내부는 드럼(Drum)과 돔(Dome)의 두 부분으로 구성된다.
② 직사각형의 입구 공간은 외부와 내부 사이의 전이 공간으로 사용된다.
③ 드럼 하부는 깊은 니치와 독립한 컴포지트 기둥들로 정적인 공간을 구현한다.
④ 거대한 돔을 얹은 로툰다와 대형 열주 현관이라는 두 주된 구성 요소로 이루어진다.
답 : ③

[예10] 고대 로마 건축에 대한 설명 중 옳지 않은 것은?
① 인술라(Insula)는 다층의 집합주거 건물이다.
② 콜로세움의 1층에는 도릭 오더가 사용되었다.
③ 바실리카 울피아는 황제를 위한 신전으로 배럴 볼트가 사용되었다.
④ 판테온은 거대한 돔을 얹은 로툰다와 대형 열주 현관이라는 두 주된 구성 요소로 이루어진다.
답 : ③

[예11] 르네상스 시대의 건축가가 아닌 사람은?
① 비트루비우스 ② 부르넬리스키
③ 미켈란젤로   ④ 알베르티
답 : ①

[예12] 초기 기독교 건축양식의 기원이 된 건물의 형태는?
① 카타콤   ② 판테온
③ 마스타바 ④ 바실리카
답 : ④

[예13] 초기 기독교 시기의 바실리카 양식의 본당의 평면도에서 회랑의 중앙 부분을 나타내는 용어는?
① 아일(Aisle)
② 네이브(Nave)
③ 아트리움(Atrium)
④ 페디먼트(Pediment)
답 : ②

(2) 착시 교정법
① 기둥의 배흘림(Entasis)
② 긴 수평선을 위쪽으로 볼록하게 처리
③ 모서리 쪽의 기둥 간격을 좁게 처리

(3) 아고라(Agora) ➡ 포럼(Forum)
점포와 열주로 둘러싸여 있는 공공의 회합 장소이자 광장 성격의 야외 공간으로 생활의 중심이었다. 로마 시대에 포럼(Forum)으로 전승되었다.

4 로마(Rome) 건축, 초기 기독교 건축

(1) 주거건축

인술라(Insula)   도무스(Domus)   빌라(Villa)

(2) 판테온(Pantheon) 신전(萬神殿, AD118~128)
① 하드리아누스 황제 시대의 천장 채광의 돔(Dome) 건축물
② 드럼 하부는 장식을 위해 벽면을 오목하게 파서 만든 공간인 니치(Niche)와 독립한 코린트(Corinthian) 기둥들로 정적인 공간을 구현한다.

(3) 바실리카 울피아(AD 112)
트라야누스 광장의 일부분으로 교차 볼트나 배럴 볼트와 같은 상당히 진보된 건축 형태는 보이지 않으며, 배럴 볼트의 출현은 콘스탄티누스 황제의 바실리카(AD310~320)에서 시작되었다.

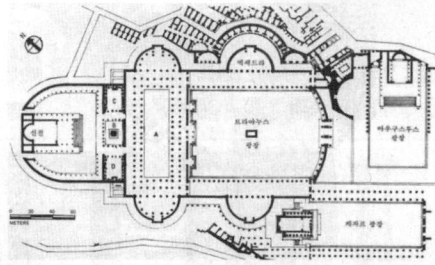

(4) 비트루비우스(Vitruvius) : 건축십서(建築十書)를 저술한 로마 시대의 건축가

(5) 카타콤(Catacomb) : 초기 기독교 시절 종교적 박해를 피하기 위해 지하 공동묘소를 지하 예배당으로 바꾼 유적

(6) 바실리카 교회(Basilica Church)

 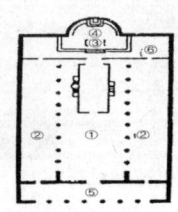

① 신랑(Nave)
② 측랑(Aisle)
③ 제단(Alter)
④ 앱스(Apse)
⑤ 전실(Narthex)
⑥ 후진(Bema)

5 비잔틴(Byzantine, 476~1453) 건축

(1) 비잔틴 건축의 주요 특징

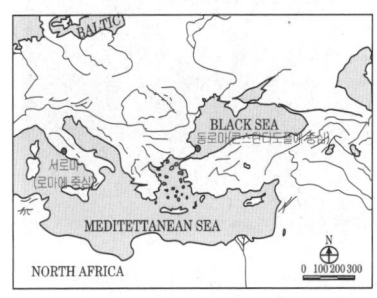

AD395년에 테오도시우스(Theodosius) 황제가 로마 제국을 양분하여 두 아들로 하여금 통치하도록 한 이후 476년에 서로마 제국은 멸망되고, 동로마 제국 혹은 비잔틴(Byzantine)제국은 노바 로마(비잔티움, 이스탄불, 콘스탄티노폴리스, 콘스탄티노플)를 수도로 하는 로마 제국으로 1453년 오스만 제국에게 멸망할 때까지 거의 1000년간 계속되었다.

① ② ③ ④

① 대표 건축물: 성 소피아 성당(Hagia Sophia, 532~537)
   미나렛(Minaret, 첨탑(尖塔)): 이슬람 모스크에 부설된 높은 탑으로 아랍어로 "등대"라는 뜻이다.
② 사라센(Saracen)은 로마 제국 말기에 시나이 반도에 사는 유목민들을 가리키는 말이었으며 대체로 아라비아 반도, 이집트 등지를 아우른 이슬람 제국의 사람들을 말한다. 비잔틴 건축은 사라센 문화의 영향을 받았으며 동양적 요소를 가미하여, 외부는 단조롭고 내부는 연속적인 기하학적 문양, 식물 문양, 당초 문양의 아라베스크(Arabesque)로 화려하게 장식하였다.
③ 기둥은 주두가 2중으로 되어 있으며, 상부는 부주두(Dosseret, 도저렛)라 하여 아치를 지지한다.
④ 스퀸치 구법 및 펜덴티브 돔(Pendentive Dome)을 창안하고 적용 발전시킨 건축이다.

6 로마네스크~바로크

(1) 로마네스크(Romanesque, 800~1150)

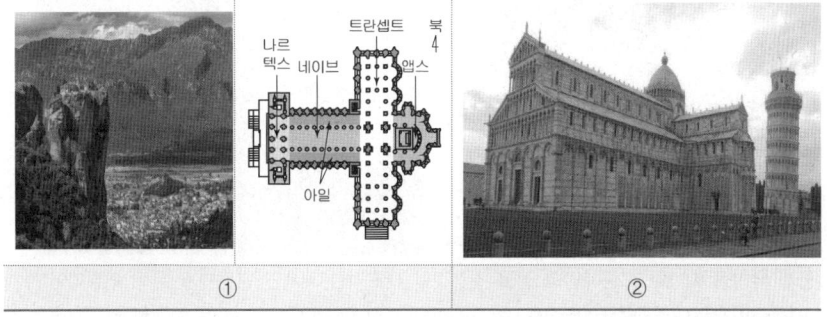

① ②

① 로마네스크(Romanesque)는 Roman(로마) + Esque(式)가 합해진 것으로, 여기서 말하는 로마는 로마 제국을 가리키며 로마의 건축과 유사한 느낌을 지닌 건축물이란 의미를 가지고 있다. 바실리카(Basilica) 보다는 화려해졌으나 고딕(Gothic)에 비하면 단순하고 간소한 건축양식으로 외부보다는 내부의 장식에 치중하였다.
② 장축형 평면(Latin Cross) 및 종탑을 설치하였고 피사의 사원 및 사탑(1063년)이 대표 건축물이다.

예14 다음과 같은 특징을 갖는 건축양식은?

- 사라센 문화의 영향을 받았다.
- 펜덴티브 돔(Pendentive Dome), 도저렛(Dosseret)이 사용되었다.

① 그리스 건축 ② 로마 건축
③ 로마네스크 건축 ④ 비잔틴 건축
답 : ④

예15 다음 중 비잔틴 건축에 해당하는 것은?

① 성 소피아 성당 ② 피사 성당
③ 노트르담 성당 ④ 성 베드로 성당
답 : ①

예16 이슬람(사라센) 건축양식에서 "미나렛(Minaret)"이 의미하는 것은?

① 이슬람교의 신학원 시설
② 모스크의 상징인 높은 탑
③ 메카 방향으로 설치된 실내 제단
④ 열주나 아케이드로 둘러싸인 중정
답 : ②

예17 이슬람교의 영향을 받은 건축물에서 볼 수 있는 연속적인 기하학적 문양, 식물 문양, 당초 문양 등을 이르는 용어는?

① 스퀸치 ② 펜덴티브
③ 모자이크 ④ 아라베스크
답 : ④

예18 다음 중 고딕 건축과 가장 관계가 먼 것은?

① 첨두 아치(Pointed Arch)
② 장미 창(Rose Window)
③ 첨탑(Spire)
④ 펜덴티브(Pendentive)
답 : ④

예19 다음의 서양 건축에 대한 설명 중 옳지 않은 것은?

① 로마 건축의 기둥에는 그리스 건축의 오더 이외에 터스칸 오더, 콤포지트 오더가 사용되었다.
② 고딕 건축은 수직적인 요소가 특히 강조되었다.
③ 비잔틴 건축은 사라센 문화의 영향을 받았으며 동양적 요소가 가미되었다.
④ 로마네스크 건축은 내부보다는 외부의 장식에 치중하였으며, 바실리카에 비하면 단순하고 간소하다.
답 : ④

예20 건축물과 양식의 연결이 옳지 않은 것은?

① 노트르담 성당 - 고딕 양식
② 샤르트르 성당 - 고딕 양식
③ 피사의 사탑 - 바로크 양식
④ 성 소피아 성당 - 비잔틴 양식
답 : ③

예21 고딕 건축에 관한 기술 중 적합하지 않은 것은?

① 횡축력에 대한 플라잉 버트레스(Flying Buttress)의 창안
② 신에 대한 희생, 봉사의 종교적 상징으로서 첨탑
③ 대형 석재의 일체식 구조법
④ 첨두 아치(Pointed Arch)의 발달

답 : ③

예22 고딕 건축의 특징과 가장 관계가 깊은 것은?

① 바실리카(Basilica)
② 터스칸 오더(Tuscan Order)
③ 펜덴티브 돔(Pendentive Dome)
④ 플라잉 버트레스(Flying Buttress)

답 : ④

예23 다음 중 건축 요소와 해당 건축 요소가 사용된 건축양식의 연결이 옳지 않은 것은?

① 장미창(Rose Window): 고딕
② 러스티케이션(Rustication): 르네상스
③ 첨두 아치(Pointed Arch): 로마네스크
④ 펜덴티브 돔(Pendentive Dome): 비잔틴

답 : ③

예24 다음의 건축물과 양식의 연결이 옳지 않은 것은?

① 판테온: 로마 양식
② 파르테논 신전: 그리스 양식
③ 성 소피아 성당: 비잔틴 양식
④ 노트르담 성당: 로마네스크 양식

예25 고딕 성당에 관한 설명으로 옳지 않은 것은?

① 중앙집중식 배치를 지배적으로 사용하였다.
② 건축 형태에서 수직성을 강하게 강조하였다.
③ 고딕 성당으로는 랭스 성당, 아미앵 성당 등이 있다.
④ 수평 방향으로 통일되고 연속적인 공간을 만들었다.

답 : ①

예26 르네상스 건축의 시점으로 보는 피렌체 성당(플로렌스 성당)의 돔에 대한 설명으로 옳지 않은 것은?

① 브루넬레스키가 현상 설계에서 당선된 작품이다.
② 반원형 돔(Dome)의 형태를 띠고 있다.
③ 안팎 2중 셸(Shell)로 되어 있다.
④ 8개의 메인 리브(Main Rib)와 16개의 마이너 리브(Minor Rib)로 되어 있다.

답 : ④

(2) 고딕(Gothic, 1150~1500)

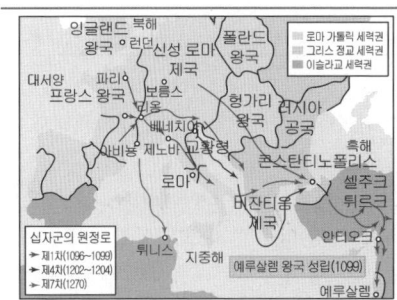 

'고딕(Gothic)'이라는 이름은 북유럽의 야만족 고트족(Goths)에서 기원했다는 르네상스 시대의 비평가들의 비웃음이었으며, 고딕 시대(AD 1150~1500)의 건축이 고전적인 그리스와 로마의 표준과 일치하지 않음에 대한 경멸의 의미로 시작되었다. 12세기 초 프랑스에서 발생되어 르네상스 건축이 발생된 15세기까지 프랑스, 독일, 영국 등 중북부 유럽에서 전개된 건축양식으로 초기 기독교, 로마네스크 시대에 걸쳐 형성된 중세 시대의 교회 건축을 완성함으로써 역사상 종교 건축의 절정기를 이룬 시기로서 고딕 건축은 조적식 구조의 완결이라고 해도 과언이 아니다.

① 주요 건축 어휘: 플라잉 버트레스(Flying Buttress), 첨두형 아치(Pointed Arch), 리브 볼트(Ribbed Vault), 장미 창(Rose Window), 스테인드 글라스(Stained Glass)
② 노트르담 성당(Cathedral Notre-Dame, 1160)은 고딕 건축의 대명사로 평가받는다.
③ 랭스 성당(Cathedral Notre-Dame de Reims, 1211)은 이상적인 외부공간, 아미앵 성당(Cathedral de Amiens, 1220)은 이상적인 내부공간을 구축하고 있다고 평가받는다.
④ 배치나 평면에 있어 고딕 성당은 제단으로 이어지는 통로를 따라 조직되는 긴 직선적 배치 방식을 지배적으로 사용하였다.

(3) 르네상스(Renaissance, re: 다시 + naissance: 탄생)

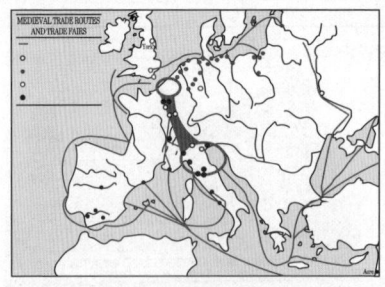 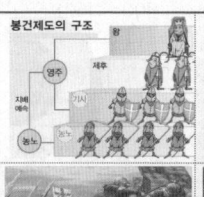   

중세 유럽을 지배하고 중세인의 삶을 결정짓던 대표적인 체제인 봉건제가 유독 이탈리아에서는 발전하지 못했고 로마 제국의 유산과 동로마 제국의 지식 전파, 지중해 중계무역으로 쌓은 막대한 부(富), 교황을 포함한 수많은 경제적 후원자들의 존재, 영국과 프랑스 사이의 백년전쟁(1337~1453), 흑사병의 창궐로 인한 세계관 변화 등으로 인하여 14세기부터 16세기 사이 이탈리아를 중심으로 서유럽 전역으로 확산된 인간성 해방을 위한 고대 그리스, 로마의 복원을 추구하는 [문예 부흥] 또는 [문화 혁신] 운동을 일컫는 용어이다.

① 피렌체 두오모 대성당(Cattedrale di Santa Maria del Fiore, 꽃의 성모 마리아, 1420):
이탈리아 르네상스의 선구자적 건축가 브루넬레스키(Filippo Brunelleschi, 1377~1446)의 작품으로 대성당 벽체 높이 42m 위에 얹혀진 팔각형의 51m 높이의 돔(Dome)으로 유명하다. 인체 비례와 미적 대칭, 음악적 조화를 우주의 기본 원리로 하고 수평을 강조하며 정사각형, 원형 등을 사용하여 유심적 공간 구성을 하였다.

② 성 스피리토 성당(Basilica di Santo Spirito, 성령의 성당, 1444):
이탈리아 피렌체에 있는 교회당으로 건물 내부 길이가 97m에 달하며, 르네상스 건축정신 자체가 신(神)적 중심의 세계관에서 인간(人間) 중심적인 세계관으로의 전이를 뜻한다.

③ 알베르티(Leon Battista Alberti)의 루첼라이 궁전(Palazzo Rucellai, 1446):
파사드(Facade)에 필라스터(Pilaster)를 사용하여 변을 분절하는 전혀 새로운 건축 방법을 도입한 이탈리아 르네상스 건축물이다.

④ 안드레아 팔라디오(Andrea Palladio, 1508~1580)의 주요 작품

빌라 로툰다
(Villa Rotonda, 1554)

일 레덴토레
(IL Redentore, 1592)

성 조르조 마조레
(San Giorgio Maggiore, 1610)

(4) 바로크(Baroque, 1580~1750)

① 바로크(Baroque): 변칙, 이상한 모양, 기괴함 등의 뜻을 가졌는데 고전건축에 대한 충실한 고전미와 대립하는 것에 대한 경멸의 언어로 사용된 말이었다. 건축적 특징은 고전건축의 단정함과 상반되는 타원형과 자유로운 곡선을 사용해서 명암의 효과를 살리고 전체적으로 강한 동 적변화를 추구하였다.

② 일 제수(Church of Il Gesu, Roma, 1580) 성당: 미켈란젤로의 제자였던 야코포 바로찌 비뇰라(Jacopo Barozzi Vignola, 1507~1573)가 설계한 작품으로 반종교개혁 이후의 첫 번째 교회로서 바로크 건축의 효시가 된 건축물로 유명하다.

③ 성 베드로 성당(Basilica di San Pietro in Vaticano, 1506~1626):
르네상스로부터 바로크 건축을 관통하는 대표적 건축물이다.

예27 르네상스 교회 건축양식의 일반적 특징으로 옳은 것은?

① 타원형 등 곡선 평면을 사용하여 동적이고 극적인 공간 연출을 하였다.
② 수평을 강조하며 정사각형, 원 등을 사용하여 유심적 공간 구성을 하였다.
③ 직사각형 평면 구성으로 볼트 구조의 지붕을 구성하며 종탑을 설치하였다.
④ 로마네스크 건축의 반원 아치를 발전시킨 첨두형 아치를 사용하였다.

답 : ②

예28 다음의 르네상스 건축물에 대한 설명 중 옳지 않은 것은?

① 성 스피리토 성당의 형태는 인간 중심적 세계관에서 신 중심적 세계관으로 변화했음을 보인다.
② 루첼라이 궁전은 각 층마다 다른 오더를 사용하는 고대 로마 방식을 채택하였다.
③ 브라만테가 설계한 성 베드로 성당의 주제는 중심성이다.
④ 메디치 리카르디 궁전의 1층은 러스티케이션 처리를 하여 강인한 면을 강조하였다.

답 : ①

예29 안드레아 팔라디오(Andrea Palladio)의 작품이 아닌 것은?

① 빌라 로툰다
② 일 제수 성당
③ 일 레덴토레 성당
④ 성 조르조 마조레 성당

답 : ②

예30 바로크 시대의 건축적 특징과 가장 거리가 먼 것은?

① 풍부한 장식
② 공간의 해방
③ 고전건축의 복원
④ 유동하는 벽체

답 : ③

예31 고딕 양식의 건축물에 속하지 않는 것은?

① 아미앵 성당
② 노트르담 성당
③ 샤르트르 성당
④ 성 베드로 성당

답 : ④

7 근현대 주요 건축 사조(思潮)

(1) 신고전주의(Neo-Classicism, 1750~1820)

예32 18세기에서 19세기 초에 있었던 신고전주의 건축의 특징으로 옳은 것은?
① 장대하고 허식적인 벽면 장식
② 고딕 건축의 정열적인 예술창조 운동
③ 각 시대 건축양식의 자유로운 선택
④ 고대 로마, 그리스 건축의 우수성에 대한 모방

답 : ④

18세기말 프랑스 혁명(1789)을 전후로 낭만주의가 등장하기 전인 19세기 초(1820년대)까지 그리스, 로마 건축의 고전을 내용보다 형식, 감성보다는 이성을 중시하였던 사조이다.

(2) 수공예 운동, 아르 누보, 빈 분리파

① 수공예 운동(Arts & Crafts Movement, 1860)

예33 다음 연결 내용이 틀린 것은?
① Metabolism: 겐조 당게
② Bauhouse: 월터 그로피우스
③ Art Nouveau: 안토니오 가우디
④ Chicago School: 존 러스킨

답 : ④

존 러스킨(J. Ruskin, 1819~1900) | 윌리엄 모리스(W. Morris, 1834~1896)

옥스퍼드 대학 교수이자 비평가였던 존 러스킨의 영향을 받은 윌리엄 모리스가 주도한 디자인 운동이다. 산업혁명의 결과로 대량생산에 따른 값은 싸지만 품질이 조악한 상품이 대거 유통되는 것에 반기를 들고 중세의 수작업으로 돌아가 생활과 예술을 통일할 것을 주장하였다. 아르 누보, 빈 분리파, 유겐트 슈틸 등 각국 미술 운동에 그 영향을 미쳤다.

② 아르누보(Art Nouveau, 1881)

예34 근대 건축의 작가와 작품 중 아르 누보(Art Nouveau) 영역 이외의 것은?
① 윌리엄 모리스: 붉은 집(Red House)
② 안토니오 가우디: 스페인의 사그라다 파밀리아
③ 헥토르 기마르: 파리의 지하철역 입구
④ 빅터 호르타: 타셀 주택

답 : ①

타셀 주택(1893) | 파리 지하철 역사(1899) | 사그라다 파밀리아(1882)

유럽의 전통적인 고전주의에서 탈피하기 위한 '새로운 미술'이란 의미이며, 아르 누보는 주로 영국과 벨기에에서 사용한 말이며, 독일은 유겐트 양식(Jugendstil), 이탈리아에서는 리버티 양식(Stille Liberty), 프랑스는 기마르 스타일(Style Guimard)로 불렀다.

(3) 빈 분리파(Wien Secession, 원합리주의, 1897)

예35 오토 바그너(Otto Wagner)가 주창한 근대건축의 설계 지침 내용으로 옳지 않은 것은?
① 시공재료의 적당한 선택
② 그리스 건축양식의 복원
③ 경제적인 구조
④ 목적을 정확히 파악하고 완전히 충족시킬 것

답 : ②

오스트리아의 빈에서 결성된 보수주의 성향에 불만을 가진 회화, 조각, 공예, 건축 등의 여러 예술가들의 집단이다. "시대에는 예술을, 예술에는 자유를"(Der Zeit ihre Kunst, Der Kunst ihre Freiheit)이라는 표어로 유명하며 1905년 구스타프 클림트 등이 탈퇴 하면서 빈 분리파는 소멸된다.

① 오토 바그너(Otto Wagner, 1841~1918): 근대건축 설계 지침(Mordern Architecture, 1896)

예36 원합리주의로 분류되며 "장식은 죄악이다"라는 표현을 남긴 근대 건축가는?
① 오토 바그너
② 아돌프 로스
③ 르 꼬르뷔지에
④ 미스 반 데어 로에

답 : ②

• 목적의 파악 – 목적에 맞는 기능 충족
• 재료의 선택 – 근대 건축미학에 맞는 표현 추구
• 단순하고 경제적인 구조
• 위와 같은 결과로 나타나는 형태

② 아돌프 로스(Adolf Loos, 1870~1933): "장식은 죄악이다" 라는 격언으로 유명

8 현대 주요 건축 사조(思潮)

(1) 근대건축의 3대 거장(巨匠), 모더니즘(Modernism, 국제주의)

발터 그로피우스 (Walter Gropius, 1883~1969)	루드비히 미스 반 데어 로에 (L.Mies van der Rohe, 1887~1969)	르 꼬르뷔지에 (Le Corbusier, 1887~1965)
Bauhaus(1925)	Farnsworth House(1945)	Ronchamp Chapel(1950)

CIAM

- 근대건축 국제회의(Congres Internationaux d'Architecture Moderne, 1928~1859)
- ➡ 각지에서 행해진 건축의 창조적인 활동에 새로운 국제적인 질서를 가져 와야 된다는 취지로, 만도로 부인에 의하여 라사라 성(La Sarraz 城)에 초대된 회의에서 시작되었다.
- 1929년 독일 프랑크푸르트: 최소한의 주거(15㎡/인)
- 1933년 그리스 아테네: 기능적 도시, 아테네 헌장, 최초의 조닝(Zoning) 제안

(2) 르 꼬르뷔지에(Le Corbusier, 1887~1965)

 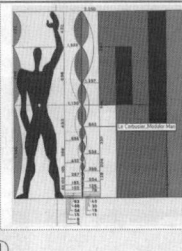 

① ②

① 모듈로(Modulor): 인체 황금비를 바탕으로 한 대수 개념의 모듈 체계를 창안
② 근대건축 5원칙: • 필로티(Pilotis)   • 자유로운 파사드(Facade)
  • 수평 띠창: 골조와 벽의 기능적 독립   • 자유로운 평면   • 옥상 정원(Roof Garden)
③ 주요 저서와 작품

| 건축을 향하여
(1923) | 빌라 라 로슈
(Maison La Roche,1925) | 빌라 사보이
(Villa Savoye,1929) | 롱샹 성당
(Ronchamp Chapel,1950) |

예37 국제주거회의의 평균 주거면적을 기준으로 할 때 5인 가족에 필요한 주거면적은?

① 50㎡   ② 65㎡
③ 70㎡   ④ 75㎡

답 : ④

예38 다음 중 CIAM과 가장 밀접한 관계가 있는 것은?

① 아테네 헌장
② 브루탈리즘
③ 로버트 벤츄리
④ 메타볼리즘

답 : ①

예39 인체의 치수를 기본으로 해서 황금비를 적용, 전개하고 등차적 배수를 더한 모듈로(Modulor)라고 하는 설계 단위를 설정한 근대 건축가는?

① 오귀스트 페레
② 페터 베흐렌스
③ 프랭크 로이드 라이트
④ 르 꼬르뷔제

답 : ④

예40 르 꼬르뷔제(Le Corbuiser)의 건축 5대 원칙이 아닌 것은?

① 필로티
② 모듈로
③ 자유로운 평면
④ 골조와 벽의 기능적 독립

답 : ②

예41 르 꼬르뷔제가 제시한 근대건축의 5원칙에 해당하는 것은?

① 필로티   ② 유니버셜 스페이스
③ 노출 콘크리트   ④ 유기적 건축

답 : ①

예42 다음 중 르 꼬르뷔제의 작품이 아닌 것은?

① 빌라 로툰다   ② 빌라 라 로슈
③ 빌라 사보아   ④ 롱샹 성당

답 : ①

예43 레이트 모던(Late Modern) 건축 양식에 대한 설명 중 옳지 않은 것은?
① 기호학적 분절을 추구하였다.
② 공업 기술을 바탕으로 기술적 이미지를 과장하였다.
③ 대표적 건축가로는 시저 펠리, 노만 포스터 등이 있다.
④ 퐁피두 센터는 이 양식에 부합되는 건축물이다.

답 : ①

예44 전시 공간의 융통성을 가장 많이 부여하고 있는 것은?
① 과천 현대 미술관
② 파리 퐁피두 센터
③ 파리 루브르 박물관
④ 뉴욕 구겐하임 미술관

답 : ②

예45 찰스 무어(Charles Moore)의 사조는 어느 것인가?
① 신합리주의   ② 대중주의
③ 표현주의   ④ 브루탈리즘

답 : ②

예46 포스트 모더니즘 건축가로 "건축의 복합성과 대립성(Complexity and Contradiction in Architecture)"이라는 저서를 쓴 건축가는?
① 다니엘 번함   ② 피터 아이젠만
③ 로버트 벤츄리 ④ 조셉 팍스턴

답 : ③

예47 다음의 주요 사례에서 전시 공간의 융통성을 가장 많이 부여하고 있는 것은?
① 과천 현대 미술관
② 파리 퐁피두 센터
③ 파리 루브르 박물관
④ 뉴욕 구겐하임 미술관

답 : ②

예48 건축 작품과 설계자의 연결이 옳지 않은 것은?
① 투겐하트(Tugendhat) 주택: 미스 반 데어 로에
② 킴벨(Kimbel) 미술관: 월터 그로피우스
③ 사보아(Savoye) 주택: 르 꼬르뷔지에
④ 낙수장: 프랭크 로이드 라이트

답 : ②

예49 건축가와 그의 작품의 연결이 옳지 않은 것은?
① Marcel Breuer: 파리 유네스코 본부
② Le Corbusier: 동경 국립 서양 미술관
③ Antonio Gaudi: 시드니 오페라 하우스
④ Frank Lloyd Wright: 구겐하임 미술관

답 : ③

예50 건축가와 작품의 연결이 틀린 것은?
① 렌조 피아노 - 로마 오디토리움
② 아이 엠 페이 - 파리 아랍 문화원
③ 루이스 칸 - 리차즈 의학 연구소
④ 안토니오 가우디 - 카사 밀라

답 : ②

9 포스트 모더니즘 & 레이트 모더니즘, 건축가와 주요 작품

(1) 포스트 모더니즘, 레이트 모더니즘

포스트 모더니즘(Post-Modernism) / 레이트 모더니즘(Late-Modernism)

- 기호학적 분절을 추구
- 관습적 기호(Code)로서 의사 전달, 공간의 애매성
- 맥락(Context)으로서의 건축, 대중성의 강조

- 기계미학과 기술적 이미지의 과장
- 대표적 건축가: 시저 펠리, 노만 포스터
- 퐁피두 센터(Centre Pompidou): 전시 공간의 융통성(Flexibility)을 극대화시킨 건축물

(2) 대중주의(Populism): 어렵고 난해한 건축을 피하고 평범하고 친숙한 이미지를 통해 일반 대중들에게 건축을 전파한다는 이론으로 찰스 무어, 로버트 벤츄리가 대표 건축가이다.

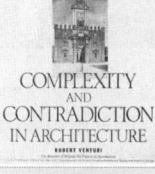

찰스 무어(Charles Moore, 1925~1993) / 로버트 벤츄리(Robert Ventury, 1925~2018)

(3) 건축가와 주요 작품

13 건축사(建築史) : 한국 건축사

1 한국 전통건축 기본적 특성

(1) 한국 전통건축 배치 계획

① 자연과의 조화: 인간 중심의 척도, 풍수지리 및 비대칭적인 자연 지세의 효과적 이용
② 유기적인 공간 구성: 공간의 위계성 및 폐쇄성(외적 폐쇄, 내적 개방)

(2) 한국 전통건축 지붕 계획: 지붕면을 정면으로 함 ➡ 서양 건축은 박공면이 정면

| 맞배지붕 | 우진각지붕 | 팔작지붕 | 모임지붕 |

① 맞배지붕: 건물 앞뒤에서만 지붕면이 보이고 추녀가 없으며 용마루와 내림마루만으로 구성된 지붕으로 마치 책을 엎어 놓은 것과 같은 형태이며, 주심포식에 주로 적용된다.
② 우진각지붕: 건물 네 면에 모두 지붕면이 있고 용마루와 추녀마루로 구성된 지붕이다. 전후 지붕면은 사다리꼴이고 양측 지붕면은 삼각형인 원초적인 지붕 형태로 원시 움집에서부터 사용되었다.
③ 팔작지붕: 지붕 위에 까치 박공이 달린 삼각형의 벽이 있는 지붕으로 우진각지붕 위에 맞배지붕을 올려놓은 것과 같은 모습의 지붕으로 가장 늦게 나타난 지붕이다.
④ 모임지붕: 추녀마루로만 구성되고 용마루 없이 하나의 꼭짓점에서 지붕골이 만나는 지붕 형태이다.

2 주요 양식의 특징: 주심포식, 다포식, 익공식

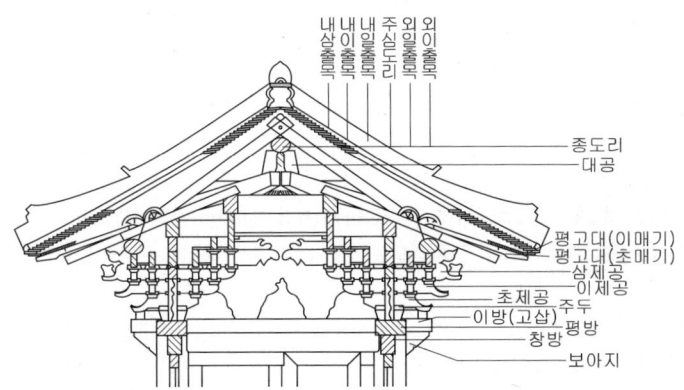

예1 한국 건축의 의장적 특징에 대한 설명 중 옳지 않은 것은?

① 대부분의 한국 건축은 인간적 척도 개념을 나타내는 특징이 있다.
② 기둥의 안쏠림으로 건축의 외관에 시지각적인 안정감을 느끼게 하였다.
③ 한국 건축은 서양 건축과 달리 지붕면이 정면이 되고 박공면이 측면이 된다.
④ 한국 건축은 공간의 위계성이 없어 각 공간의 관계가 주(主)와 종(從)의 관계를 갖지 않는다.

답 : ④

예2 한국 건축에 관한 설명으로 옳지 않은 것은?

① 대부분의 한국 건축은 인간적 척도 개념을 나타내는 특징이 있다.
② 기둥의 안쏠림으로 건축의 외관에 시지각적인 안정감을 느끼게 하였다.
③ 한국 건축은 서양 건축과 달리 박공면이 정면이 되고 지붕면이 측면이 된다.
④ 한국 건축은 공간의 위계성이 있어 각 공간의 관계가 주(主)와 종(從)의 관계를 갖는다.

답 : ③

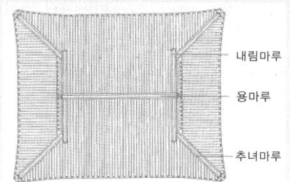

예3 한국 전통건축의 지붕 양식에 관한 설명으로 옳은 것은?

① 팔작지붕은 원초적인 지붕 형태로 원시움집에서부터 사용되었다.
② 모임지붕은 용마루와 내림마루가 있고 추녀마루만 없는 형태이다.
③ 맞배지붕은 용마루와 추녀마루로만 구성된 지붕으로 주로 다포식 건물에 사용되었다.
④ 우진각지붕은 네 면에 모두 지붕면이 있으며 전후 지붕면은 사다리꼴이고 양측 지붕면은 삼각형이다.

답 : ③

예4 조선시대 다포식 목조 건축의 특성으로 옳지 않은 것은?
① 주두와 소로의 형상은 굽의 하반부가 곡면
② 주심포식보다 덜 현저한 배흘림
③ 평방
④ 주간포작

답 : ①

예5 고려시대 주심포 양식의 특징이 아닌 것은?
① 기둥 위에 창방과 평방을 놓고 그 위에 공포를 배치한다.
② 소로는 비교적 자유스럽게 배치된다.
③ 연등천장 구조로 되어 있다.
④ 우미량을 사용한다.

답 : ①

예6 공포형식 중 다포식에 관한 설명으로 옳지 않은 것은?
① 다포식 건축물로는 서울 숭례문(남대문) 등이 있다
② 기둥 상부 이외에 기둥 사이에도 공포를 배열한 형식이다.
③ 규모가 커지면서 내부출목보다는 외부출목이 점차 많아졌다.
④ 주심포식에 비해서 지붕 하중을 등분포로 전달할 수 있는 합리적인 구조법이다.

답 : ③

예7 다음 건축물 중 익공식(翼工式)에 속하는 것은?
① 강릉 오죽헌   ② 서울 동대문
③ 봉정사 대웅전 ④ 무위사 극락전

답 : ①

예8 불사 건축의 진입 방법에서 누하진입 방식을 취한 것은?
① 부석사   ② 통도사
③ 화엄사   ④ 범어사

답 : ①

예9 현존하는 우리나라 목조 건축물 중 가장 오래된 것은?
① 부석사 무량수전
② 봉정사 극락전
③ 법주사 팔상전
④ 화엄사 보광대전

답 : ②

예10 한국 건축의 가구법과 관련하여 칠량가에 속하지 않는 것은?
① 무위사 극락전
② 수덕사 대웅전
③ 금산사 대적광전
④ 지림사 대적광전

답 : ②

(1) 공포, 주두
① 공포(栱包): 깊은 처마의 무게를 받들게 하기 위하여 고안된 구조적인 조립재
② 주두(柱頭): 기둥 상부에 설치되어 상부의 공포를 받아주는 부재

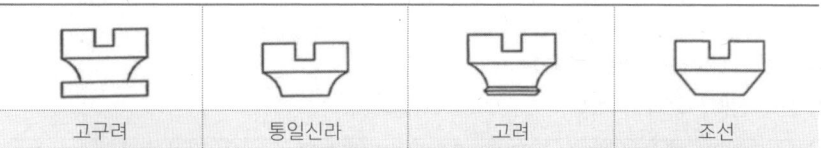

| 고구려 | 통일신라 | 고려 | 조선 |

(2) 주심포(柱心包)
① 출목(出目): 공포에서 도리, 장혀(장여), 첨차 등이 주심에서 밖으로 나가 앉은 것을 말하며, 주로 2출목 이하 맞배지붕(※ 부석사 무량수전: 팔작지붕)으로 구성되었다.
② 평방 부재가 없으며, 단장혀를 사용한 특징을 보인다.
③ 우미량(牛尾梁): 주심포 건물에서 단차가 있는 도리를 계단 형식으로 상호 연결하는 소 꼬리 모양으로 휘어진 보

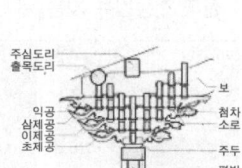

(3) 다포(多包)
① 규모가 커지면서 외부출목 보다는 내부출목이 점차 많아졌다.
② 조선시대는 유교를 국교로 삼아 장식적이고 화려한 것보다는 검약하고 절제된 미를 추구했기 때문에 굽받침이 완전히 사라지고 이전 시대와 달리 사절된 형태가 나타났다.
③ 창방 위에 평방이 있으며, 주요 건축물(대웅전, 정전, 편전, 성문)에 사용되었다.

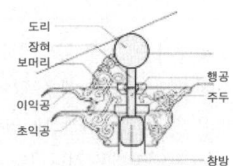

(4) 익공(翼工)
① 기원은 주심포, 의장은 다포식으로서 조선 초에 형성되고 중기 이후 사용되었다.
② 궁궐·사찰의 부속 건축물, 정자, 일반 서민 주거에 널리 사용되었다.
③ 강릉 객사문은 주심포식, 강릉 오죽헌은 익공식이다.

3 주심포식 대표 건축물

(1) (2) (3) (4) (5)

(1) 부석사 무량수전: 경사진 지형에 조성된 사찰에서 누각 아래를 통한 전이공간(轉移空間) 역할의 누하진입((樓下進入) 방식을 취하고 있다.
(2) 봉정사 극락전: 통일신라 문무왕 672년 의상대사가 창건 당시 대장전 이었던 것이 1368년경 극락전으로 개칭된 것으로 유추되는 현존하는 가장 오래된 목조 건축물이다.
(3) 수덕사 대웅전: 고려시대 후기 불전으로 정면 3칸, 측면 4칸의 주심포계 11량(梁) 겹처마 맞배지붕이다.
(4) 무위사 극락전: 정면 3칸, 측면 3칸, 맞배지붕 형식의 조선 초기(1430년) 주심포식 불전이다.
(5) 강릉 객사문: 고려와 조선시대에 왕이 파견한 중앙관리가 오면 머물렀던 각 고을의 관사였다.

4 다포식 대표 건축물

| (1) | (2) | (3) | (4) | (5) |

(1) 심원사 보광전: 황해북도 연탄에 소재한 다포식 건축양식으로 가장 오래된 건축물(1374년)이다.
(2) 봉정사 대웅전: 경북 안동에 소재하며 지은 시기는 정확하게 알지 못하지만 1962년 해체 수리 때 발견된 기록으로 미루어 고려 말~조선 초 건물로 추정 된다.
(3) 위봉사 보광명전: 정면 3칸, 측면 3칸으로 팔작지붕의 다포 양식으로 17세기경에 지은 건물로 추정된다.
(4) 쌍봉사 대웅전: 전라남도 화순에 소재하고 있으며, 평면이 정사각형인 3층 목탑을 대웅전으로 갖는 희귀한 건축물이다.
(5) 서울 남대문: 1396년(태조 5년) 축조된 한양 도성의 정문으로 숭례문(崇禮門)이라고도 한다.

5 한국 건축사: 도성 건축, 유교 건축

(1) 경복궁 4대 문

| 동문: 건춘문(建春門) | 서문: 영추문(迎秋門) | 남문: 광화문(光化門) | 북문: 신무문(神武門) |

(2) 경복궁 주요 전각

| ① | ② | ③ | ④ |
| 전조(前朝): 업무 공간 | | | 후침(後寢): 일상 생활 공간 |

① 근정전(勤政殿): 경복궁의 중심이 되는 건축물로서 임금이 조회를 하며 정사를 처리하던 곳
② 만춘전(萬春殿): 임금이 신하들과 나랏일을 의논하거나 외국 사신을 맞이하여 연회를 베풀던 편전(便殿)
③ 천추전(千秋殿): 사정전에 부속된 전각이며 임금이 집무를 보던 곳
④ 강녕전(康寧殿): 경복궁의 내전(內殿)이며 왕이 일상을 보내는 거처였으며 침전으로 사용한 전각

(3) 관학: 서울 성균관(成均館), 지방 향교(鄕校)

| 대성전(大成殿), 동무(東廡), 서무(西廡) | 명륜당(明倫堂) | 존경각(尊敬閣), 양현고(養賢庫) | 동재(東齋), 서재(西齋) |
| 제향 공간 | 강학 공간 | 도서관 | 기숙사 |

① 전묘후학(前廟後學): 평지 배치 방법으로 제향 공간이 앞, 강학 공간이 뒤쪽에 배치
② 전학후묘(前學後廟): 경사지 배치 방법으로 강학 공간이 앞, 제향 공간이 뒤쪽에 배치

[예11] 다포식(多包式) 건축으로 가장 오래된 것은?
① 창경궁 명정전 ② 전등사 대웅전
③ 불국사 극락전 ④ 심원사 보광전
답 : ④

[예12] 조선 후기의 대표적 건축물이 아닌 것은?
① 수원 팔달문 ② 경복궁 근정전
③ 서울 동대문 ④ 봉정사 대웅전
답 : ④

[예13] 다음 중 주심포식 건물이 아닌 것은?
① 강릉 객사문 ② 서울 남대문
③ 수덕사 대웅전 ④ 무위사 극락전
답 : ②

[예14] 조선시대에 건립된 경복궁에 대한 설명 중 틀린 것은?
① 평지에 조영된 궁궐로 일제시대 때 건축 규모가 많이 축소되었다.
② 경회루의 석주에는 적당한 민흘림이 있다.
③ 정전인 근정전을 중심으로 하는 중심 건물은 남북축선상에 좌우 대칭으로 배치된다.
④ 남쪽에는 광화문, 동쪽에는 영추문, 서쪽에는 건춘문, 북쪽에는 신무문이 있다.
답 : ④

[예15] 경복궁의 궁궐 배치는 전조공간과 후침공간으로 이루어져 있다. 다음 중 전조공간의 구성에 속하지 않는 것은?
① 근정전 ② 만춘전
③ 천추전 ④ 강녕전
답 : ④

[예16] 교학 건축 건축물인 성균관의 구성에 속하지 않는 것은?
① 동제 ② 존경각
③ 천추전 ④ 명륜당
답 : ③

[예17] 관학인 향교의 배치 방법 중 평지에 지어지고 대성전을 앞에 배치한 것은?
① 전조후침(前朝後寢)
② 전조후시(前朝後市)
③ 전묘후학(前廟後學)
④ 전학후묘(前學後廟)
답 : ③

[예18] 한국 근대건축 중 로마네스크 양식을 취하고 있는 것은?
① 명동성당
② 서울역
③ 서울 성공회성당
④ 정동교회
답 : ③

[예19] 다음의 한국 근대건축 중 고딕 양식을 취하고 있는 것은?
① 명동성당
② 덕수궁 정관헌
③ 서울 성공회성당
④ 한국은행
답 : ①

[예20] 한국 근대건축 중 르네상스 양식을 취하고 있는 것은?
① 한국은행
② 명동성당
③ 서울 성공회성당
④ 덕수궁 정관헌
답 : ①

[예21] 고려대학교 본관 건물은 누구의 작품인가?
① 박동진 ② 박길룡
③ 김수근 ④ 김중업
답 : ①

[예22] 해방 후 한국 건축계는 일제 강점기의 타율적 근대화의 시기에서 자립해야 하는 과제를 안게 되었다. 당시 다양한 사무소 중 다른 건축가들과는 달리 구조 기술을 익힌 후에 건축설계를 수행한 구조사 건축기술연구소를 개소한 사람이 있었다. 이 건축가의 이름은?
① 김희춘 ② 정인국
③ 김정수 ④ 배기형
답 : ④

[예23] 우리나라 현대건축가 김수근의 작품이 아닌 것은?
① 삼일로 빌딩 ② 자유센터
③ 경동교회 ④ 타워호텔
답 : ①

6 한국 건축사: 근현대 건축

(1) 한국 주요 근현대 건축물의 양식

①	덕수궁 정관헌(1900)	로마네스크(Romanesque)
②	서울 성공회성당(1926)	
③	명동성당(1898, 종현성당)	고딕(Gothic)
④	서울역(1900)	르네상스(Renaissance)
⑤	한국은행 본점 구관(1907)	

(2) 한국 주요 근현대 건축가

MEMO

핵심번호 01 건축시공 — 지반조사

예1 토질 및 암의 분류에서 다음 설명에 해당하는 것은?

> 혈암, 사암 등으로 균열이 10~30cm 정도로서 굴착 또는 절취에는 화약을 사용해야 하지만 석축용으로는 부적합한 암질

① 풍화암 ② 연암
③ 경암 ④ 보통암

답 : ②

예2 사질 및 점토층 지반에 관한 기술 중 틀린 것은?
① 내부마찰각은 점토층보다 모래층이 크다.
② 일반적으로 투수성은 점토층보다 모래층이 좋다.
③ 모래층은 입도와 밀도에 따라 유동화 현상을 일으킬 가능성이 크다.
④ 압밀침하량은 점토층보다 모래층이 크다.

답 : ④

예3 지반의 구성층을 파악하기 위하여 낙하추 또는 화약의 폭발로 지반을 조사하는 방법은?
① 충격식 보링 지하탐사
② 전기저항식 지하탐사
③ 방사능 지하탐사
④ 탄성파식 지하탐사

답 : ④

예4 지반조사 시 실시하는 평판재하시험에 관한 설명으로 옳지 않은 것은?
① 시험은 예정 기초면보다 높은 위치에서 실시해야 하기 때문에 일부 성토 작업이 필요하다.
② 시험재하판은 실제 구조물의 기초면적에 비해 매우 작으므로 재하판 크기의 영향 즉, 스케일 이펙트(Scale Effect)를 고려한다.
③ 하중 시험용 재하판은 정방형 또는 원형의 판을 사용한다.
④ 침하량을 측정하기 위해 다이얼 게이지 지지대를 고정하고 좌우측에 2개의 다이얼 게이지를 설치한다.

답 : ①

1 지반조사 : 일반 사항

(1) 암석의 토질에 의한 분류
① 풍화암 : 일부는 곡괭이를 사용할 수 있으나 암질이 부식되고 균열 간격이 10~100mm 정도로써 굴착 또는 절취에는 약간의 화약을 사용해야 할 암석
② 연암 : 혈암, 사암 등으로 균열이 10~30cm 정도로서 굴착 또는 절취에는 화약을 사용해야 하지만 석축용으로는 부적합한 암질
③ 보통암 : 균열이 30~50cm 정도의 암질로서 풍화 상태는 나타나지 않으며 굴착 및 절취에는 화약을 사용해야 하는 암석
④ 경암 : 균열 상태가 1m 이내로 석축용으로 쓸 수 있는 화강암, 안산암 등으로 굴착 또는 절취에 화약을 사용해야 하는 암석

(2) 점토 지반과 사질토 지반의 주요항목 비교

사질토	비교 항목	점토
크다	투수계수	작다
크다	전단강도	작다
크다	내부마찰각	작다
작다	장기 압밀침하량	크다
빠르다(단기)	압밀 속도	느리다(장기)

(3) 물리적 지하탐사법

	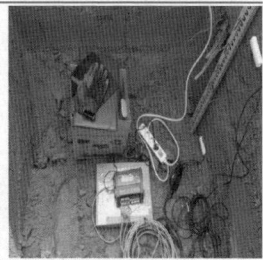
탄성파식 지하탐사	전기저항식 지하탐사
화약 폭발물 등의 진동으로 연약층의 깊이나 암반 위치 등을 파악	전기의 저항 상태로 지층의 성질 및 변화 심도, 지하수의 깊이 등을 측정

(4) 평판재하시험(Plate Bearing Test)

구조물을 설치하고자 하는 예정 기초 저면(밑면) 위치에서 지름 300mm의 재하판에 지반의 극한지지력 또는 예상 장기설계하중의 3배를 최대 재하하는 시험이다.

2 보링(Boring), 사운딩(Sounding)

(1) 보링(Boring)
① 목적: 지반을 천공하고 토질의 시료를 채취(Sampling, 샘플링)하여 지층의 상황을 판단하는 방법으로 채취 시료는 햇빛에 건조시키지 않는다.
② 종류:

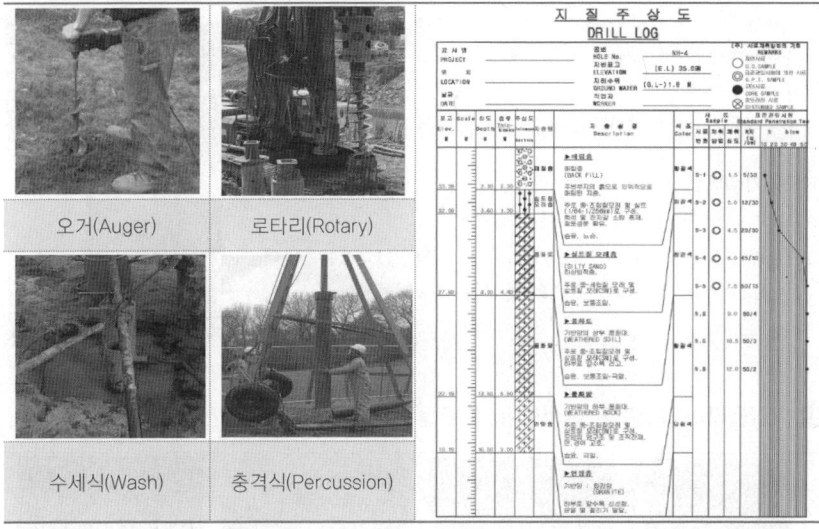

③ 지질 주상도(토질 주상도)를 통한 주요 정보:
지반조사 지역, 조사 일자 및 작성자, 보링(Boring) 방법, 샘플링(Sampling) 방법, 표준관입시험에 의한 N치, 지하수위의 위치, 토층별 구성 상태 및 두께

(2) 사운딩(Sounding)
① 목적: 로드(Rod) 선단에 설치한 저항체를 땅 속에 삽입하여 관입, 회전, 인발 등의 저항으로 토층의 성상을 탐사하는 방법으로 원위치 시험이라고도 한다.

② 정적(靜的) 사운딩:
- 베인 시험(Vane Test):
보링 구멍을 이용하여 +자 날개형의 테스터를 지반에 때려 박고 회전시켜 그 회전력에 의하여 진흙의 점착력을 판별하는 시험
- 스웨덴식 관입시험(Swedish Sounding Test):
로드의 선단에 붙은 스크류 포인트(Screw Point)를 회전시키며 압입하여 흙의 관입 저항을 측정하고, 흙의 경도나 다짐 상태를 판정하는 시험

③ 동적(動的) 사운딩: 표준관입시험(Standard Penetration Test)
정지작업 및 보링 실시 후, 질량 63.5kg의 해머를 760mm 높이에서 자유낙하 하여, 시험용 샘플러가 300mm 관입하는 데 요구되는 타격회수 N값을 구한다.

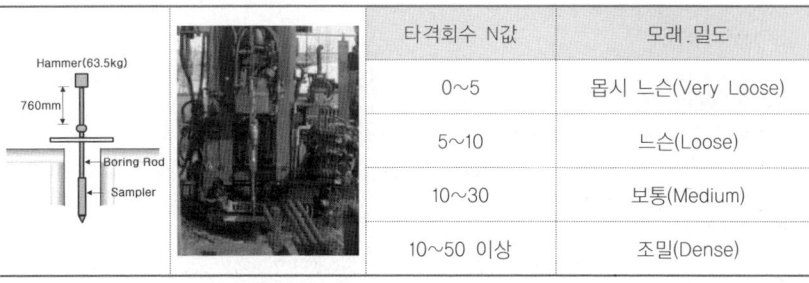

타격회수 N값	모래.밀도
0~5	몹시 느슨(Very Loose)
5~10	느슨(Loose)
10~30	보통(Medium)
10~50 이상	조밀(Dense)

예5 토질 조사에 있어 중요한 것으로 지중 토질의 분포, 토층의 구성 등을 알 수 있고 주상도를 그릴 수 있는 정보를 제공할 수 있는 방법은 무엇인가?
① 터파보기 ② 물리적 지하탐사법
③ 베인 테스트 ④ 보링
답: ④

예6 지반조사 중 보링에 관한 설명으로 옳지 않은 것은?
① 보링 구멍은 수직으로 파는 것이 중요하다.
② 채취 시료는 충분히 햇빛에 건조시키는 것이 좋다.
③ 부지 내에서 3개소 이상 행하는 것이 바람직하다.
④ 보링의 깊이는 일반적인 건물의 경우 대략 지지 지층 이상으로 한다.
답: ②

예7 지질 조사를 통한 주상도에서 나타나는 정보가 아닌 것은?
① N치 ② 투수계수
③ 토층별 두께 ④ 토층의 구성
답: ②

예8 다음 중 사운딩(Sounding) 시험에 속하지 않는 시험법은?
① 표준관입시험 ② 콘 관입시험
③ 베인전단시험 ④ 평판재하시험
답: ④

예9 연약 점토의 점착력을 판정하기 위한 지반조사 방법으로 가장 알맞은 것은?
① 샘플 ② 베인 테스트
③ 탄성파 탐사법 ④ 표준관입시험
답: ②

예10 표준관입시험의 기술 중 틀린 것은?
① 추의 무게는 63.5kg
② 추의 낙하높이는 1m
③ N치는 300mm 관입하는 타격회수
④ 토질시험의 일종임
답: ②

예11 사질토의 경우 표준관입시험의 타격회수 N이 50이면 이 지반의 상태(모래의 상대밀도)는?
① 몹시 느슨하다 ② 느슨하다
③ 보통이다 ④ 다진 상태이다
답: ④

핵심번호 02 건축시공 — 가설공사

예1 다음 중 공통가설공사에 해당하지 않는 것은?
① 비계 ② 현장사무소
③ 공사용수 ④ 가설울타리
답: ①

예2 건축공사의 원가계산상 현장의 공사용수비는 어느 항목에 포함되는가?
① 재료비 ② 외주비
③ 공통가설비 ④ 콘크리트 공사비
답: ③

예3 공사장 부지 경계선으로부터 50m 이내에 주거·상가건물이 있는 경우에 공사 현장 주위에 가설울타리는 최소 얼마 이상의 높이로 설치하여야 하는가?
① 1.5m ② 1.8m
③ 2m ④ 3m
답: ④

예4 기준점(Bench Mark)에 관한 설명으로 옳지 않은 것은?
① 신축할 건축물의 높이의 기준을 삼고자 설정하는 것으로 대개 발주자, 설계자 입회하에 결정된다.
② 바라보기 좋고 공사에 지장이 없는 1개소에 설치한다.
③ 부동의 인접 도로 경계석이나 인근 건물의 벽 또는 담장을 이용한다.
④ 공사가 완료된 뒤라도 건축물의 침하, 경사 등을 확인하기 위하여 사용되는 경우가 있다.
답: ②

예5 공사 착공 전에 건축물의 형태에 맞춰 줄을 띄우거나 석회 등으로 선을 그어 건축물의 건설 위치를 표시하는 것으로 도로 및 인접 건축물과의 관계, 건축물의 건축으로 인한 재해 및 안전대책 점검과 관련 있는 것은?
① 줄쳐보기 ② 벤치 마크
③ 먹매김 ④ 수평보기
답: ①

예6 가설공사에서 건물의 각 부 위치, 기초의 너비 또는 길이 등을 정확히 결정하기 위한 것은?
① 벤치 마크 ② 수평규준틀
③ 세로규준틀 ④ 현상측량
답: ①

1 직접가설비, 공통가설비

(1) 직접가설비
① 정의: 본건물 축조에 직접 필요한 가설시설
② 종류: 규준틀, 비계, 동바리, 먹매김, 보양, 양중·운반·타설 시설, 안전시설 중 낙하물 방지설비 등

(2) 공통가설비
① 정의: 운영 및 관리상 필요한 가설시설
② 종류: 가설건물(사무소, 화장실, 창고, 식당 등), 가설울타리, 가설도로, 공사용수비, 공사용 임시 동력 및 통신설비 등

2 가설울타리, 기준점, 줄쳐보기, 규준틀

(1)　　　　(2)　　　　(3)　　　　(4)

(1) 가설울타리
① 공사 현장 주위의 가설울타리는 높이 1.8m 이상으로 설치한다.
② 다만, 공사장 부지 경계선으로부터 50m 이내에 주거·상가 건물이 있는 경우에는 3m 이상으로 설치하여야 한다.

(2) 기준점(Bench Mark, 벤치 마크)
① 건축물 시공 시 공사 중 높이의 기준을 정하고자 설치하는 원점이다.
② 이동의 염려가 없고 바라보기 좋은 곳에 설치한다.(인근의 벽돌담 이용 가능)
③ 지면에서 0.5~1.0m 정도의 높이에 설치하여 공사 완료 시까지 존치되어야 한다.
④ 최소 2개소 이상, 여러 곳에 설치하며 필요에 따라 보조기준점을 1~2개소 설치한다.

(3) 줄쳐보기(Lining)
① 공사 착공 전에 건축물의 형태에 맞춰 줄을 띄우거나 석회 등으로 선을 그어 건축물의 건설 위치를 표시하는 것이다.
② 도로 및 인접 건축물과의 관계, 건축물의 건축으로 인한 재해 및 안전대책 점검을 목적으로 한다.

(4) 규준틀(Batter Board)
① 줄쳐보기 실시 후 건축물의 모서리 및 기타 요소에 설치한다.
② 터파기폭, 기둥 및 기초의 중심선 표시, 건축물 각 부 위치 및 높이의 기준을 표시한다.

3 강관비계(飛階), 달비계, 동바리

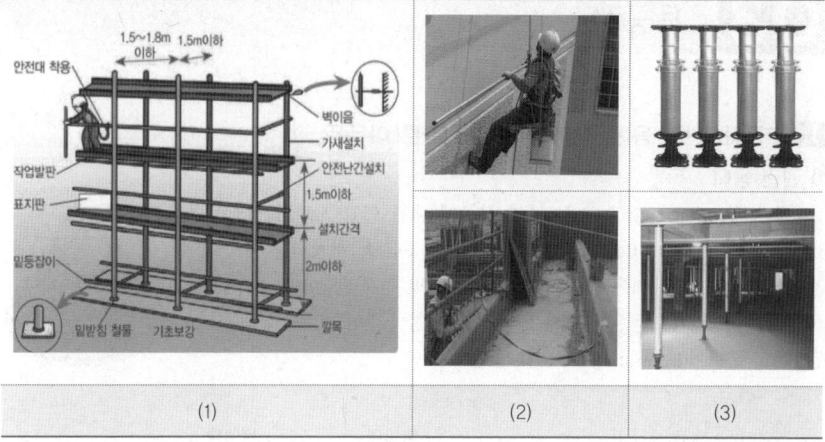

| (1) | (2) | (3) |

(1) 강관비계
① 강관비계 띠장의 간격은 1.5m 이내로 한다.
② 시스템비계 최하부에 설치하는 수직재와 받침철물의 겹침 길이는 받침철물 전체 길이의 1/3 이상이 되도록 하여야 한다.
③ 외줄비계 면적: $A = H(L + 8 \times 0.45)$ [H : 건물높이(m), L : 건물외벽길이(m)]

(2) 달비계(Suspended Scaffold)
와이어 로프로 매단 권상기에 의해 상하로 이동시킬 수 있는 공사용 비계이다.

(3) 동바리(Support): 소요량 V(공m³) = (상층바닥면적×층 안목높이) × 0.9

4 시멘트 창고, 변전소

(1) 시멘트 창고
① 관리방법
• 필요한 출입구 및 채광창 이외의 환기창 설치를 금지한다.
• 바닥은 지반에서 30cm 이상의 높이로 한다.
• 반입, 반출구는 따로 두고 먼저 반입한 것을 먼저 쓴다.
• 주위에 배수 도랑을 두고 누수를 방지한다.

② 면적산출

$A = 0.4 \times \dfrac{N}{n}$	600포 미만	N=포대수
• n : 쌓기 단수($n \leq 13$) • N : 시멘트 포대 수	600포 이상	N=포대수×$\dfrac{1}{3}$

(2) 변전소
① 관리 방법: 변전소는 전선 인입과 분배가 편리한 장소에 설치하고 관계자 이외의 접근이 엄격히 통제될 수 있도록 하여야 하며, 현장사무실에서 단순히 멀리 이격시키는 것은 아니다.
② 면적 산출: $A = 3.3\sqrt{W}$ [W: 전력 용량(kWh)]

예7 가설공사에서 강관비계 시공에 대한 내용으로 옳지 않은 것은?
① 가새는 수평면에 대하여 40~60°로 설치한다.
② 강관비계의 기둥 간격은 도리 방향 1.5~1.8m를 기준으로 한다.
③ 띠장의 수직 간격은 2.5m 이내로 한다.
④ 수직 및 수평 방향 5m 이내의 간격으로 구조체에 연결한다.
답 : ③

예8 다음의 철근콘크리트조 건축물에서 외줄비계 면적으로 옳은 것은? (단, 비계 높이는 건축물의 높이로 함)

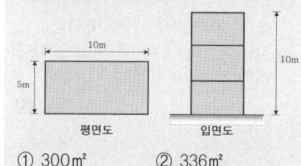

① 300m²   ② 336m²
③ 372m²   ④ 400m²
답 : ②

예9 와이어 로프로 매단 비계 권상기에 의해 상하로 이동시킬 수 있는 공사용 비계의 명칭은?
① 시스템비계 ② 틀비계
③ 달비계   ④ 쌍줄비계
답 : ③

예10 철근콘크리트 건축물이 6m×10m 평면에 높이가 4m 일 때 동바리 소요량은 몇 공 m³가 되는가?
① 216   ② 228
③ 240   ④ 264
답 : ①

예11 8개월간 공사하는 현장에 필요한 시멘트량이 2,397포이다. 이 공사 현장에 필요한 시멘트 창고 필요 면적으로 적당한 것은? (단, 쌓기 단수는 13단)
① 24.6m²   ② 54.2m²
③ 73.8m²   ④ 98.5m²
답 : ①

예12 공사 현장의 가설건축물에 관한 설명으로 옳지 않은 것은?
① 하도급자 사무실은 후속 공정에 지장이 없는 현장사무실과 가까운 곳에 둔다.
② 시멘트 창고는 통풍이 되지 않도록 출입구 외에는 개구부 설치를 금지하고 벽, 천장, 바닥에는 방수, 방습 처리한다.
③ 변전소는 안전상 현장사무실에서 가능한 멀리 위치시킨다.
④ 인화성 재료 저장소는 벽, 지붕, 천장의 재료를 방화구조 또는 불연구조로 하고 소화설비를 갖춘다.
답 : ③

핵심번호 03 건축시공 토공사

[예1] 흙의 성질을 나타낸 내용 중 옳지 않은 것은?

① 외력에 의하여 간극 내의 물이 밖으로 유출하여 입자의 간격이 좁아지며 침하하는 것을 압밀침하라 한다.
② 함수량은 흙속에 포함되어 있는 물의 중량을 나타낸 것으로 함수비로 표시한다.
③ 투수량이 큰 것일수록 침투량이 크며, 모래는 투수계수가 크다.
④ 자연 시료에 대한 이긴 시료의 강도비를 포아송비라 한다.

답 : ④

[예2] 흙의 휴식각과 연관한 터파기 경사각도로서 옳은 것은?

① 휴식각의 1/2로 한다.
② 휴식각과 같게 한다.
③ 휴식각의 2배로 한다.
④ 휴식각의 3배로 한다.

답 : ③

[예3] 흙파기 공법 중 지반이 극히 연약하여 온통파기를 할 수 없을 때에 측벽이나 주열선 부분만을 먼저 파내고 그곳에 기초와 지하 구조물을 축조한 다음 나머지 중앙 부분을 파내고 나머지 구조물을 완성하는 흙파기 공법은?

① 트렌치 컷(Trench Cut) 공법
② 아일랜드 컷(Island Cut) 공법
③ 뉴매틱 웰 케이슨(Pneumatic Well Caisson) 공법
④ 지하연속벽(Slurry Wall) 공법

답 : ①

[예4] 흙막이의 작업 공간을 확보하기 위하여 넓게 팔 필요가 있는 경우에 터파기 여유폭은 얼마인가? (단, 흙막이의 높이가 4m인 경우)

① 30cm ② 50cm
③ 60cm ④ 90cm

답 : ③

[예5] 흙막이를 설치한 후, 높이 7m의 터파기 여유폭은?

① 10~30cm
② 30~50cm
③ 60~90cm
④ 90~120cm

답 : ④

1 토공사: 관련 용어, 터파기 깊이에 따른 여유폭

(1) 관련 용어

① 예민비(Sensitivity Ratio): 자연 시료에 대한 이긴 시료의 강도비
② 휴식각(Angle of Respose): 흙입자 간의 응집력, 부착력을 무시한 채 마찰력만으로 중력에 대하여 정지하는 흙의 경사각도이며, 터파기 경사각도는 휴식각의 2배 정도로 한다.
③ 주요 흙파기(Excavating, 터파기) 공법

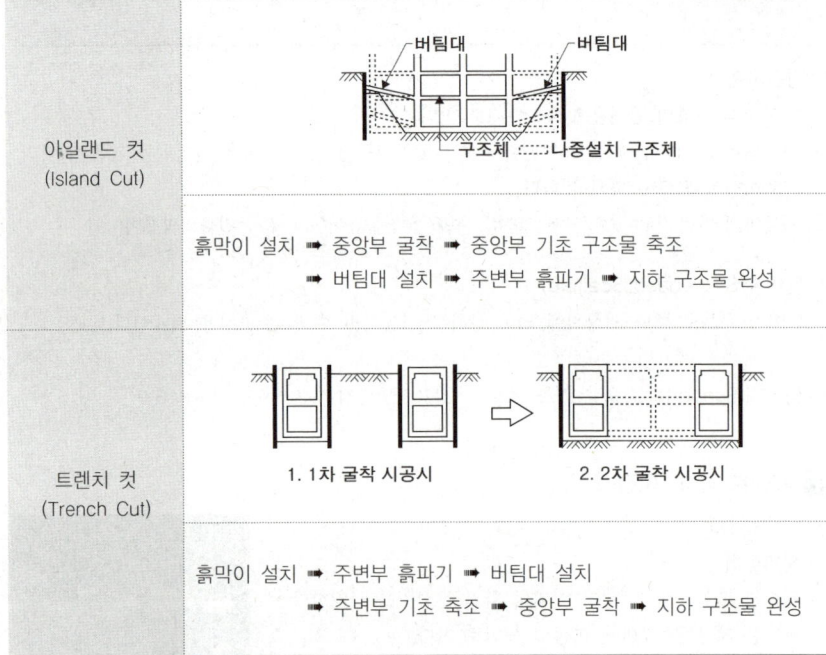

구분	깊이(h)	여유폭(D)
흙막이가 없는 경우	1.0m 이하	20cm
	2.0m 이하	30cm
	4.0m 이하	50cm
흙막이가 있는 경우	4.0m 이상	60cm
	5.0m 이상	60~90cm
	6.0m 이상	90~120cm

(2) 터파기 깊이(h)에 따른 여유폭(D)

특수한 토질을 제외한 터파기에 있어서 깊이가 1m 미만일 때는 휴식각을 고려하지 않는 수직 터파기량으로 계산함을 원칙으로 한다.

2 주요 흙막이 공법

(1) 어스 앵커(Earth Anchor)
① 흙막이 배면을 천공 후 앵커(Anchor)체를 설치하여 주변 지반을 지지하는 흙막이 공법
② 버팀대가 없어 굴착 공간을 넓게 활용할 수 있고, 작업 공간이 좁은 곳에서도 시공이 가능한 공법이다.
③ 대형 기계의 반입이 용이하며, 공기단축은 용이하지만 시공 후 검사는 곤란한 특징이 있다.

(2) 슬러리 월(Slurry Wall)
① 지수벽·구조체 등으로 이용하기 위해 지하로 크고 깊은 트렌치를 굴착하여 철근망을 삽입 후 콘크리트를 타설한 패널(Panel)을 연속적으로 축조해 나가는 공법이다.
② 철근망과 트렌치 측면 사이는 최소 100mm 정도의 콘크리트 피복을 유지한다.
③ 소음 및 진동이 적고, 벽체의 강성 및 차수성이 크고, 지반 조건에 좌우되지 않지만 공사비가 고가(高價)이다.

(3) 탑다운 공법(Top Down Method)
① 흙막이벽으로 설치한 슬러리월을 본 구조체의 벽체로 이용하고, 기둥과 기초를 시공 후 1층 슬래브를 시공 후 방축널로 이용하여 지상과 지하 구조물을 동시에 축조하는 공기단축이 용이한 공법이다.
② 날씨와 무관하게 공사 진행이 가능하지만, 수직 부재 이음부 처리에는 불리한 공법이다.

3 흙막이벽의 안정

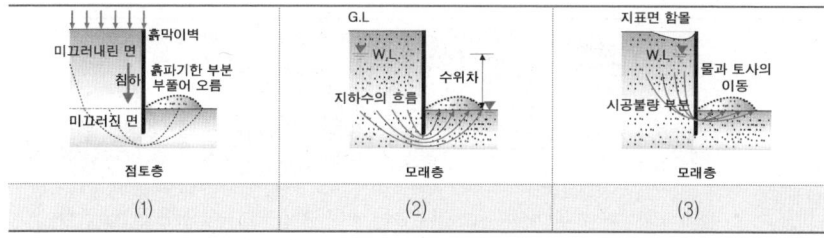

(1) 히빙(Heaving): 시트 파일(Sheet Pile) 등의 흙막이벽의 좌측과 우측의 토압의 차에 의해 흙막이벽 밑으로 흙이 미끄러져 들어오는 현상이다.
(2) 보일링(Boiling): 흙막이벽 뒷면 수위가 높아 지하수가 흙막이벽 밑으로 공사장 안 바닥에서 물이 솟아오르는 현상이다.
(3) 파이핑(Piping): 흙막이벽 부실 공사로 이음새를 통해 공사장 내부 바닥으로 물이 새어 들어오는 현상이다.
(4) 히빙(Heaving), 보일링(Boiling) 방지대책
① 흙막이벽의 근입장을 증가시킨다.
② 배수 공법을 이용하여 지하수위를 저하시킨다. 터파기 공사 시 지하수위가 높으면 흙막이벽의 토압 증가, 점성토의 압밀, 주변 침하, 주변 우물의 고갈과 같은 문제점이 발생되므로 차수 공사 및 강제 배수를 실시하게 된다.
③ 흙막이 배면을 어스 앵커(Earth Anchor) 공법을 이용하여 시공한다.

예6 어스 앵커 공법에 관한 설명으로 옳지 않은 것은?
① 버팀대가 없어 굴착 공간을 넓게 활용할 수 있다.
② 인접한 구조물의 기초나 매설물이 있는 경우 효과가 크다.
③ 대형 기계의 반입이 용이하다.
④ 시공 후 검사가 어렵다.
답 : ②

예7 지하연속벽(Slurry Wall)에 관한 설명으로 옳지 않은 것은?
① 차수성이 우수하다.
② 비교적 지반 조건에 좌우되지 않는다.
③ 소음·진동이 적고, 벽체의 강성이 높다.
④ 공사비가 타 공법에 비하여 저렴하고 공기가 단축된다.
답 : ④

예8 Top-Down 공법(역타 공법)에 관한 설명으로 옳지 않은 것은?
① 지하와 지상 작업을 동시에 한다.
② 주변 지반에 대한 영향이 적다.
③ 수직 부재 이음부 처리에 유리한 공법이다.
④ 1층 슬래브의 형성으로 작업 공간이 확보된다.
답 : ③

예9 토공사를 할 경우 주의해야 할 현상으로 가장 거리가 먼 것은?
① 파이핑(Piping)
② 보일링(Boiling)
③ 히빙(Heaving)
④ 그라우팅(Grouting)
답 : ④

예10 지표 재하 하중으로 흙막이 저면 흙이 붕괴되고 바깥쪽에 있는 흙이 안으로 밀려 볼록하게 되어 파괴되는 현상은?
① 히빙(Heaving) 파괴
② 보일링(Boiling) 파괴
③ 수동토압(Passive Earth Pressure) 파괴
④ 전단(Shearing) 파괴
답 : ①

예11 터파기 공사 시 지하수위가 높으면 지하수에 따른 피해가 우려되므로 차수 공사를 실시하며, 이 방법만으로 부족할 때에는 강제 배수를 실시하게 되는데 이때 나타나는 현상으로 옳지 않은 것은?
① 점성토의 압밀
② 주변 침하
③ 흙막이벽의 토압 감소
④ 주변 우물의 고갈
답 : ③

[예12] 배수 공법 중 중력 배수 공법에 해당하는 것은?
① 웰 포인트 공법 ② 진공 압밀 공법
③ 전기 삼투 공법 ④ 집수정 공법
답 : ④

[예13] 투수성이 나쁜 점토질 연약 지반에 적합하지 않은 탈수 공법은?
① 샌드 드레인(Sand Drain) 공법
② 생석회 말뚝(Chemico Pile) 공법
③ 페이퍼 드레인(Paper Drain) 공법
④ 웰 포인트(Well Point) 공법
답 : ④

[예14] 다음 중 탄성계수를 구할 때 변형 측정에 이용하는 것으로 가장 정밀도가 높은 것은?
① 다이얼 게이지
② 콤퍼레이터
③ 마이크로미터
④ 와이어 스트레인 게이지
답 : ④

[예15] 건축물 터파기 공사 시 실시하는 계측 항목과 계측기를 연결한 것이다. 틀린 것은?
① 지하수의 수압 - 트랜싯
② 흙막이벽의 측압, 수동토압 - 토압계
③ 흙막이벽의 중간부 변형 - 경사계
④ 흙막이벽의 응력 - 변형계
답 : ①

[예16] 기계가 위치한 곳보다 높은 곳의 굴착에 가장 적당한 건설 기계는?
① Drag Line ② Back Hoe
③ Power Shovel ④ Scraper
답 : ③

[예17] 수직 굴삭, 수중 굴삭 등에 사용되는 깊은 흙파기용 기계이며, 연약 지반에 사용하기에 적당한 기계는?
① 드래그 쇼벨 ② 클램 셸
③ 모터 그레이더 ④ 파워 쇼벨
답 : ②

[예18] 앞, 뒷바퀴의 중앙부에 흙을 깎고 미는 배토판을 장착한 것으로, 주로 노반 정지 작업에 쓰이는 기계는?
① 모터 그레이더(Motor Grader)
② 드래그 라인(Drag Line)
③ 트랙터 셔블(Tractor Shovel)
④ 백 호(Back Hoe)
답 : ①

4 배수 공법

(1) **중력 배수 공법**: 물이 높은 곳에서 낮은 곳으로 흐르는 중력의 법칙을 이용하여 지하수위를 저하시키는 공법으로 집수정 공법, 암거 공법, Deep Well(깊은 우물) 공법이 있다.

(2) **샌드 드레인(Sand Drain)**
지반에 지름 40~60cm의 구멍을 뚫고 모래를 넣은 후, 성토 및 기타 하중을 가하여 점토질 지반을 압밀시키는 공법이다.

(3) **웰 포인트(Well Point)**
직경 약 20cm 특수 파이프를 상호 2m 내외 간격으로 관입하여 모래를 투입한 후 진동 다짐하여 탈수통로를 형성하는 사질 지반의 대표적인 공법이다.

5 토공사: 주요 계측기, 건설 기계

(1) 주요 계측기

| ① | ② | ③ | ④ | ⑤ |

① 와이어 스트레인 게이지(Wire Strain Gauge): 측정하는 대상의 변형을 직접 측정할 수 있으며, 이를 전기적인 신호로 바꾸어 구하고자 하는 변형률이나 응력 변화를 거의 정확히 알 수 있다.
② 피에조미터(Piezo Meter): 지하수의 간극수압 측정
③ 트랜싯(Transit): 인접 구조물의 이동 측정
④ 토압계(Soil Pressure Gauge): 흙막이벽의 측압 측정
⑤ 경사계(Tilt Meter): 흙막이벽의 중간부 변형 측정

(2) 건설 기계

굴착용				

굴착용
- 파워 쇼벨(Power Shovel): 지반보다 높은 곳(기계의 위치보다 높은 곳)의 굴착
- 드래그 쇼벨(Drag Shovel, 백 호, Back Hoe): 기계가 서 있는 위치보다 낮은 곳의 굴착
- 드래그 라인(Drag Line): 지반보다 낮은 연약 지반의 굴착
- 클램 셸(Clam Shell): 사질 지반의 굴착과 좁은 곳의 수직 굴착(지하연속벽 등) 및 토사 채취에도 사용

정지용
- 모터 그레이더(Motor Grader): 앞, 뒷바퀴의 중앙부에 흙을 깎고 미는 배토판을 장착한 것으로 노반 정지(整地) 작업에 사용

다짐용
- 래머(Rammer), 탠덤 롤러(Tandem Roller)
- 소일 콤팩터(Soil Compactor), 플레이트 컴팩터(Plate Compactor)

(3) 건설 기계: 양중(揚重, Lifting Work, 크레인(Crane)) 장비

① 정치식 크레인(=고정식 크레인)

- 한 곳에 고정 설치되어 스스로 이동할 수 없는 크레인
- 종류: 타워 크레인(Tower Crane), 지브 크레인(Jib Crane), 호이스트 크레인(Hoist Crane)

② 이동식 크레인

- 동력을 사용하여 중량물을 매달고 스스로 이동할 수 있는 크레인
- 종류: 트럭 크레인(Truck Crane), 카고 크레인(Cargo Crane), 크롤러 크레인(Crawler Crane)

③ 철골 구조물 세우기용 기계

- 가이 데릭(Guy Derrick), 스티프레그 데릭(Stiff Leg Derrick), 진 폴(Gin Pole), 폴 데릭(Pole Derrick)
- 타워 크레인(Tower Crane), 트럭 크레인(Truck Crane)

6 단위작업 시간당 시공량

(1) 토량환산계수

① 자연상태의 토량 × L = 흐트러진 상태의 토량
② 자연상태의 토량 × C = 다져진 상태의 토량
③ 다져진 상태의 토량 = 흐트러진 상태의 토량 × $\dfrac{C}{L}$

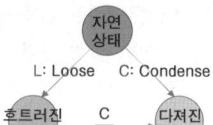

L: Loose   C: Condense

(2) 토공사용 기계의 작업 능력

쇼벨(Shovel) 계열 시간당 시공량

$$Q=\dfrac{3{,}600\times q\times k\times f\times E}{Cm}\,(\mathrm{m^3/hr})$$

불도저(Bulldozer) 계열 시간당 시공량

$$Q=\dfrac{60\times q\times f\times E}{Cm}\,(\mathrm{m^3/hr})$$

- Q : 시간당 작업량(m³/hr)
- q : 버킷 용량(m³), 삽날 용량(m³)
- k : 버킷 계수
- f : 토량환산계수
- E : 작업 효율
- Cm : 1회 사이클 타임
- ➡ 쇼벨(Shovel) 계열: 초(sec)
- ➡ 불도저(Bulldozer) 계열: 분(min)

【예제】Power Shovel의 1시간당 추정 굴착 작업량을 다음 조건에 따라 구해보자.

【조건】 $q=1.2\mathrm{m^3},\ f=1.28,\ E=0.9,\ K=0.9,\ Cm=60$초

$$Q=\dfrac{3{,}600\times q\times k\times f\times E}{Cm}=\dfrac{3{,}600(1.2)(0.9)(1.28)(0.9)}{(60)}=74.649\mathrm{m^3/hr}$$

예19 건설 기계 중 정치식 크레인에 해당하지 않는 것은?
① 타워 크레인(Tower Crane)
② 러핑 크레인(Luffing Crane)
③ 지브 크레인(Jib Crane)
④ 크롤러 크레인(Crawler Crane)
답: ④

예20 양중 기계 중 이동식 크레인에 해당되는 것은?
① 타워 크레인 ② 러핑 크레인
③ 크롤러 크레인 ④ 지브 크레인
답: ③

예21 철골 세우기에 사용되는 장비가 아닌 것은?
① 배처 플랜트 ② 가이 데릭
③ 트럭 크레인 ④ 진 폴
답: ①

예22 토공사에 적용되는 체적환산계수 L의 정의로 옳은 것은?
① $\dfrac{\text{흐트러진 상태의 체적}(\mathrm{m^3})}{\text{자연상태의 체적}(\mathrm{m^3})}$
② $\dfrac{\text{자연상태의 체적}(\mathrm{m^3})}{\text{흐트러진 상태의 체적}(\mathrm{m^3})}$
③ $\dfrac{\text{다져진 상태의 체적}(\mathrm{m^3})}{\text{자연상태의 체적}(\mathrm{m^3})}$
④ $\dfrac{\text{자연상태의 체적}(\mathrm{m^3})}{\text{다져진 상태의 체적}(\mathrm{m^3})}$
답: ①

예23 버킷 용량 1.5m³의 파워 쇼벨을 이용하여 사이클 타임 1분, 작업 효율 100%로 작업할 경우 토량환산계수 1.2인 흙의 시간당 작업량은? (단, 굴삭계수는 0.6)
① 38.88m³ ② 64.8m³
③ 108.3m³ ④ 150.4m³
답: ②

예24 토량 470m³를 불도저로 작업하려고 한다. 작업을 완료하기까지의 소요시간을 구하면? (단, 불도저 삽날 용량은 1.2m³, 토량환산계수 0.8, 작업 효율 0.8, 1회 사이클 시간 12분)
① 120.40 시간 ② 122.40 시간
③ 132.40 시간 ④ 140.40 시간
답: ②

건축시공
핵심번호 04 기초공사

예1 말뚝 시험에 관한 설명 중 옳지 않은 것은?
① 시험 말뚝은 사용 말뚝과 똑같은 조건으로 한다.
② 시험 말뚝은 3개 이상으로 한다.
③ 말뚝은 연속적으로 박되 휴식 시간을 두지 말아야 한다.
④ 최종 침하량은 최후 타격 시의 침하량을 말한다.
답 : ④

예2 말뚝 박기 시공법 중 기성말뚝 공법에 속하지 않는 것은?
① 어스 드릴 공법 ② 디젤 해머 공법
③ 프리 보링 공법 ④ 유압 해머 공법
답 : ①

예3 기성말뚝 세우기 공사 시 말뚝의 연직도는 얼마 이내인가?
① 1/50 ② 1/75
③ 1/80 ④ 1/100
답 : ①

예4 시험 말뚝 박기 항목 중 말뚝의 허용 지지력 산출에 거의 영향을 주지 않는 것은?
① 추의 낙하높이
② 말뚝의 길이
③ 말뚝의 최종 관입량
④ 추의 무게
답 : ②

예5 말뚝머리 지름이 400mm인 기성콘크리트 말뚝을 시공할 때 중심 간격으로 가장 적당한 것은?
① 750mm ② 800mm
③ 900mm ④ 1,000mm
답 : ④

예6 굴착 구멍 내 지하수위보다 2m 이상 높게 물을 채워 굴착함으로써 굴착 벽면에 2t/m² 이상의 정수압에 의해 벽면의 붕괴를 방지하면서 현장타설 콘크리트 말뚝을 형성하는 공법은?
① 베노토 파일
② 프랭키 파일
③ 리버스 서큘레이션 파일
④ 프리팩트 파일
답 : ③

예7 제자리콘크리트 말뚝이나 수중 콘크리트를 칠 경우 콘크리트 속에 2m 이상 묻혀 있도록 하여 콘크리트 치기를 용이하게 하는 것은?
① 리바운드 체크 ② 웰 포인트
③ 트레미 관 ④ 드릴링 바스켓
답 : ③

1 말뚝 시험, 기성콘크리트 말뚝, 대구경 현장 말뚝

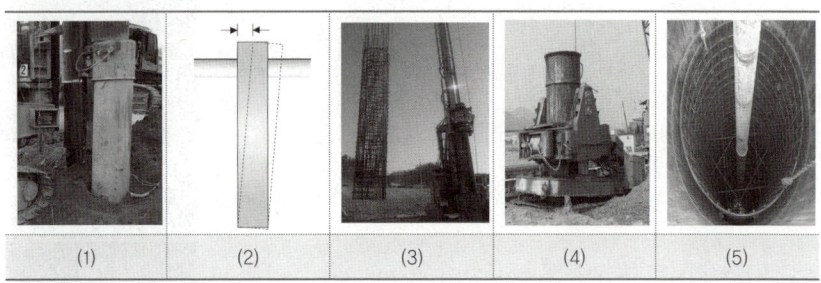

(1) (2) (3) (4) (5)

(1) 말뚝 시험
① 말뚝의 지지력 확인은 재하 시험이 가장 신뢰성 있는 방법이다.
② 시험 말뚝은 사용 말뚝과 똑같은 조건으로 3개 이상으로 한다.
③ 말뚝의 위치는 수직으로 박고, 휴식 시간 없이 연속적으로 박는다.
④ 타격 회수 5회에 총 관입량이 6mm 이하인 경우는 말뚝 박기 거부 현상으로 본다.
⑤ 최종 침하량은 5회~10회 타격한 평균 침하량을 사용한다.

(2) 기성콘크리트 말뚝(Precast Concrete Pile)
① 시공법: 압입 공법, 유압 해머 공법, 디젤 해머 공법, 사수(Water Jet) 공법, 프리 보링(Pre-Boring) 공법
② 기성말뚝 세우기 공사 시 말뚝의 연직도: 1/50
③ 기성콘크리트말뚝의 장기 허용지지력: $R_a = \dfrac{F}{5S+0.1}$
- R_a : 말뚝의 장기 허용지지력
- F : 해머(Hammer)의 타격 에너지
- W : 해머(Hammer)의 중량
- H : 해머(Hammer)의 낙하높이
- S : 말뚝의 최종 관입량

④ 기성콘크리트 말뚝의 배치 간격: 2.5D(직경) 이상, 750mm 이상으로 한다.
⑤ 기성콘크리트 말뚝의 이음 방법: 충전식 이음, 볼트식 이음, 용접식 이음

(3) 어스 드릴(Earth Drill) 공법: 회전식 드릴링 버킷(Drilling Bucket)에 의해 지중에 필요한 깊이까지 굴착하고, 철근을 삽입하여 콘크리트를 타설하여 대구경의 말뚝을 조성하는 제자리콘크리트말뚝 공법이다.

(4) 베노토(Benoto) 공법: 특수 고안된 케이싱 튜브(Casing Tube)를 좌·우 회전 운동의 반복에 의해 요동시키면서 지반의 마찰 저항을 감소시켜 유압잭으로 압입하면서 공벽 파괴를 방지하고 해머 그레이브(Hammer Grab)로 굴착 후 철근을 삽입하고 콘크리트를 충전하면서 케이싱 튜브(Casing Tube)를 빼내면서 말뚝을 조성하는 공법이다.

(5) 리버스 서큘레이션(RCD, Reverse Circulation Drill) 공법: 특수 비트의 회전으로 굴착된 토사를 드릴 로드(Drill Rod) 내의 물과 함께 공 외로 배출하여 침전지에 토사를 침전시킨 후 물을 다시 공 내에 환류 시키면서 굴착한 후 철근망을 삽입하고 트레미 관(Tremie Pipe)에 의해 콘크리트를 타설하면서 말뚝을 조성하는 공법

2 언더 피닝, 지중보

(1) 언더 피닝(Under Pinning)
  ① 정의: 기존 건물의 기초 혹은 지정을 보강하는 공법
  ② 종류: 이중널말뚝박기 공법, 현장타설콘크리트말뚝 공법, 강재말뚝 공법, 갱·피어(Gang Pier) 공법, 잭파일(Jacked Pile) 공법, 그라우트주입 공법, 약액주입 공법, 고결안정 공법 등이 있다.

(2) 지중보(Grade Beam)
  기초의 부동침하 또는 기둥의 이동이나 이동을 방지하기 위한 목적으로 지중(땅속)에 기초와 기초를 연결한 보

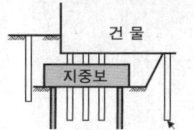

3 지반 개량 공법

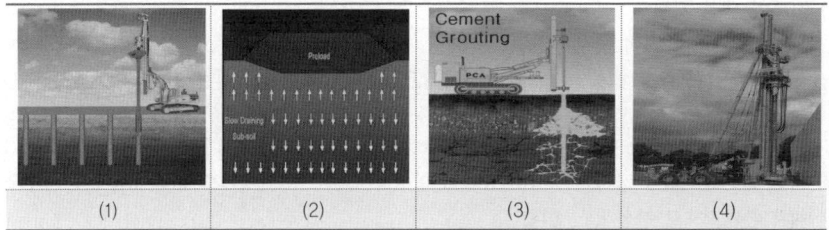

(1) 샌드 드레인(Sand Drain) 공법: 지반에 지름 40~60cm의 구멍을 뚫고 모래를 넣은 후, 성토 및 기타 하중을 가하여 점토질 지반을 압밀시키는 공법
(2) (선행)재하 공법: 구조물 하중보다 더 큰 하중을 연약지반 표면에 프리 로딩(Pre-Loading)하여 압밀침하를 촉진시킨 뒤 하중을 제거하여 지반의 전단강도를 증대하는 공법
(3) 고결(안정) 공법: 주로 시멘트 등의 고화재를 슬러리 상태로 연약지반에 혼합하거나 시멘트, 약액을 가는 관을 통하여 지반 속에 압력으로 주입, 흙 입자 사이의 결합력을 증대시키고 지수성 및 강도를 증대시키는 공법
(4) 사질토 지반의 개량 공법
  ① 지반 내 간극 감소를 위해 물리적인 힘 또는 진동을 가하여 표면 또는 심층을 다지는 다짐 공법
  ② 모래다짐 공법(Sand Compaction Pile), 진동다짐 공법(Vibro Floatation Method), 동다짐 공법(Dynamic Compaction)

4 독립기초 및 줄기초 토량 산출

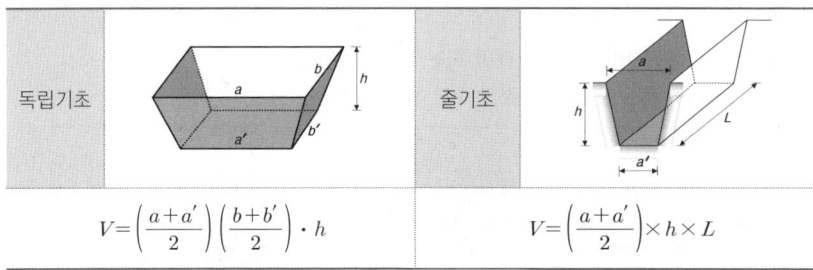

$$V = \left(\frac{a+a'}{2}\right)\left(\frac{b+b'}{2}\right) \cdot h \qquad V = \left(\frac{a+a'}{2}\right) \times h \times L$$

【예제】 그림과 같은 줄기초 파기의 파낸 토량을 구해보자. (단, 토량환산계수 $L=1.2$)

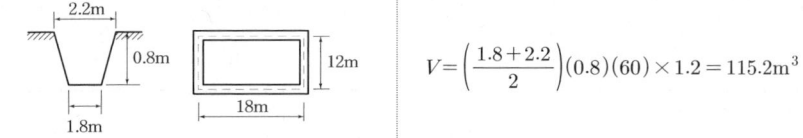

$$V = \left(\frac{1.8+2.2}{2}\right)(0.8)(60) \times 1.2 = 115.2\text{m}^3$$

예8 건축 공사에 활용되는 언더 피닝(Under Pinning) 공법에 대한 설명으로 옳은 것은?
① 터파기 공법의 일종이다.
② 기존 건물의 기초 혹은 지정을 보강하는 공법이다.
③ 일명 역구축 공법이라고도 한다.
④ 용수량이 많은 깊은 기초 구축에 쓰이는 공법이다.
답: ②

예9 언더 피닝(Under Pinning) 공법의 종류가 아닌 것은?
① 갱·피어 공법
② 잭 파일(Jacked Pile) 공법
③ 그라우트주입 공법
④ 콘크리트 VH 타설법
답: ④

예10 독립기초에서 주각을 고정으로 간주할 수 있는 가장 효과적인 방법은?
① 기초판을 크게 한다.
② 기초 깊이를 깊게 한다.
③ 철근을 기초판에 많이 배근한다.
④ 지중보를 설치한다.
답: ④

예11 다음 중 연약지반 개량 공법에 해당하지 않는 것은?
① 선행재하 공법 ② 샌드 드레인 공법
③ 진동다짐 공법 ④ 심초 공법
답: ④

예12 구조물 하중보다 더 큰 하중을 연약지반(점성토) 표면에 프리 로딩하여 압밀침하를 촉진시킨 뒤 하중을 제거하여 지반의 전단강도를 증대하는 공법은?
① 고결안정 공법 ② 치환 공법
③ 재하 공법 ④ 탈수 공법
답: ③

예13 주로 시멘트 등의 고화재를 슬러리 상태로 연약지반에 혼합하거나 시멘트, 약액을 가는 관을 통하여 지반 속에 압력으로 주입하여 흙 입자 사이의 결합력을 증대시키고 지수성 및 강도를 증대시키는 공법은?
① 고결안정 공법 ② 치환 공법
③ 재하 공법 ④ 탈수 공법
답: ①

핵심번호 05 건축시공: 철근콘크리트공사: 철근공사, 거푸집공사

예1 건축용 강재(철근, 철골, 리벳 등)의 재료 시험 항목에서 일반적으로 제외되는(중요시 되지 않는) 항목은?
① 굽힘 시험 ② 연신율 시험
③ 인장강도 시험 ④ 압축강도 시험
답: ④

예2 철근의 가공 및 조립에 관한 설명으로 옳지 않은 것은?
① 철근은 상온에서 가공하는 것을 원칙으로 한다.
② 경미한 녹이 발생한 철근이라 하더라도 일반적으로 콘크리트와의 부착성능을 매우 저하시키므로 사용이 불가하다.
③ 철근상세도에 철근의 구부림내면 반지름이 표시되어 있지 않은 때에는 KDS에 규정된 구부림 최소 내면 반지름 이상으로 철근을 구부려야 한다.
④ 철근의 가공은 철근상세도에 표시된 형상과 치수가 일치하고 재질을 해치지 않은 방법으로 이루어져야 한다.
답: ②

예3 이형철근이라도 단부에 반드시 갈고리(Hook)를 설치하여야 하는 경우가 있다. 다음 중 갈고리(Hook)를 설치하지 않아도 되는 경우는?
① 스터럽
② 띠철근
③ 굴뚝의 철근
④ 지중보 돌출 부분의 철근
답: ④

예4 철근의 정착 위치에 관한 설명으로 옳지 않은 것은?
① 지중보의 주근은 기초 또는 기둥에 정착한다.
② 기둥 철근은 큰보 혹은 작은보에 정착한다.
③ 큰보의 주근은 기둥에 정착한다.
④ 작은보의 주근은 큰보에 정착한다.
답: ②

예5 4변 고정 슬래브에서 철근 배근을 가장 많이 하여야 하는 부분은?
① 단변 방향의 주간대
② 단변 방향의 주열대
③ 장변 방향의 주간대
④ 장변 방향의 주열대
답: ②

1 철근 공사: 일반 사항

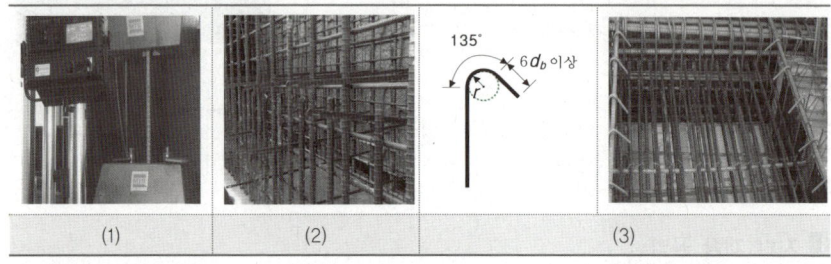
(1) (2) (3)

(1) 철근의 재료 시험
 ① 인장강도 시험, 굽힘 시험, 연신율 시험
 ② 압축강도 시험은 건축용 강재(철근, 철골, 리벳 등)의 재료시험 항목에서 일반적으로 중요시 되지 않는다.

(2) 녹이 발생한 철근: 경미한 황갈색의 녹이 발생한 철근은 일반적으로 콘크리트와의 부착을 해치지 않으므로 사용해도 좋다.

(3) 표준갈고리(Standard Hook)
 ① 철근배근도에 철근의 구부리는 내면반지름이 표시되어 있지 않은 때에는 건축구조기준에 규정된 구부림의 최소 내면반지름 이하로 철근을 구부려야 한다.
 ② 설치 위치:
  • 원형철근, 스터럽, 띠철근, 굴뚝 철근
  • 기둥 및 보의 돌출부 철근(지중보 제외)

(4) 철근의 정착
 ① 기둥 주근: 기초 또는 바닥판
 ② 보 주근: 기둥 또는 큰보
 ③ 보 밑 기둥이 없을 때: 보 상호간
 ④ 바닥 철근: 보 또는 벽체
 ⑤ 벽 철근: 기둥, 보, 바닥판
 ⑥ 지중보 주근: 기초 또는 기둥

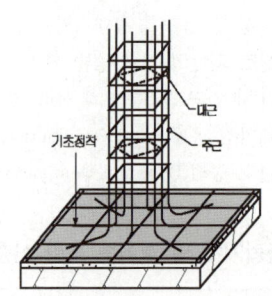

(5) 슬래브(Slab) 철근 배근을 많이 해야 하는 순서
 단변 주열대 ➡ 단변 중간대 ➡ 장변 주열대 ➡ 장변 중간대

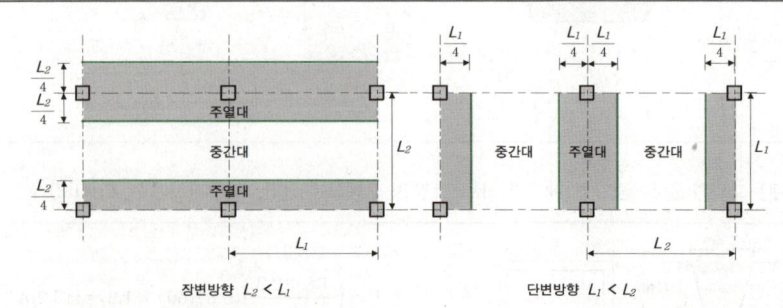

2 철근 공사: 겹침 이음, 슬리브 압착 이음, 가스 압접

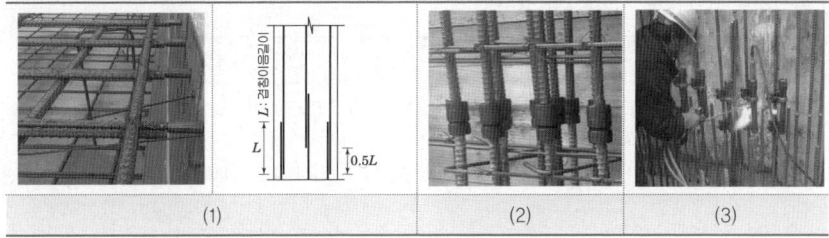

(1)   (2)   (3)

(1) 겹침 이음(Lap Splice)
  ① D35 이상의 철근은 겹침 이음을 금지한다.
  ② 주철근의 이음 위치는 되도록 응력이 큰 곳을 피하여 겹침 이음 길이의 1/2 만큼 이격하는 등의 이음을 실시하며, 한 곳에서 철근 수의 최소 반 이상을 잇지 않아야 한다.
(2) 슬리브(Sleeve) 압착 이음: 원형강관 내에 이형철근을 삽입하고 이 강관을 상온에서 압착 가공함으로써 이형철근의 마디와 밀착하게 하는 이음 방법이다.
(3) 가스 압접(Gas Pressure Welding)
  ① 철근을 가열하면서 압력을 가하는 방식으로 보통 D29 이상의 철근에 적용한다.
  ② 모재와 동등한 기계적 강도를 가지며 조직의 성분의 변화가 적고 접합 강도가 큰 방법이다.
  ③ 접합되는 철근의 항복점 또는 강도가 다른 경우에는 적용이 불가능하다.

3 거푸집 공사: 거푸집의 안정성 검토

(1) 치(켜)올림(Camber, 캠버)
  바닥 또는 보의 처짐을 예상해서 1/300~1/500 정도 상향으로 치켜 올려서 시공한다.

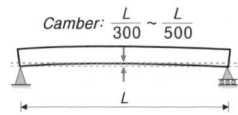

(2) 거푸집 설계 시 고려 하중
  ① 보, 슬래브 밑면: 굳지 않은 콘크리트 중량, 작업하중, 충격하중
  ② 벽, 기둥, 보 옆면: 굳지 않은 콘크리트 중량, 굳지 않은 콘크리트 측압
(3) 거푸집 측압(側壓, Lateral Pressure)
  ① 굳지 않은(생(生), Fresh) 콘크리트가 거푸집에 미치는 압력
  ② 콘크리트 헤드(Concrete Head): 콘크리트를 연속 타설하면 측압은 높이의 상승에 따라 증가하지만 시간의 경과에 따라 감소하여 어느 일정한 높이에서는 증가하지 않는 콘크리트의 측압이 최대가 되는 점을 말한다.
  ③ 측압에 영향을 주는 요인

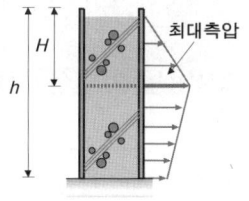

측압에 영향을 주는 요인	측압의 영향
철골 또는 철근량	철골 또는 철근량이 적을수록 측압이 크다.
시멘트의 종류	조강시멘트와 같이 응결시간이 빠른 시멘트를 사용할수록 측압은 작다.
콘크리트 비중	비중이 클수록 측압이 크다.
콘크리트 배합	부배합(Rich Mix)이 빈배합(Lean Mix) 보다 측압이 크다.
콘크리트 슬럼프(Slump)	슬럼프값이 클수록 측압이 크다.
콘크리트 반죽질기(Consistency)	묽은 콘크리트일수록 측압이 크다.
콘크리트 및 대기 중의 온도	온도가 낮을수록 측압이 크다.
대기 중의 습도	습도가 높을수록 측압이 크다.
콘크리트 타설(부어넣기) 속도	타설 속도가 빠를수록 측압이 크다.
진동기(Vibrator)의 사용	진동기를 사용하여 다짐할수록 측압이 크다.
거푸집의 강성 및 수밀성	거푸집의 강성 및 수밀성이 클수록 측압이 크다.
거푸집의 표면 평활도	거푸집의 표면이 평활할수록 측압이 크다.
거푸집의 수평 단면(벽체의 두께)	수평 단면(벽체의 두께)이 두꺼울수록 측압이 크다.

예6 철근콘크리트 구조에서 철근 이음에 대한 설명으로 옳지 않은 것은?
① 철근의 이음 위치는 되도록 응력이 큰 곳을 피한다.
② 철근의 이음이 한 곳에 집중되지 않도록 엇갈리게 교대로 분산시켜서 이어야 한다.
③ 철근 이음에는 서로 겹쳐 이어 대는 겹침 이음과 용접 이음, 커플러, 슬리브에 의한 기계적 이음이 있다.
④ 철근의 이음은 한 곳에서 철근 수의 최소 반 이상을 이어야 한다.
답: ④

예7 철근 이음의 종류 중 원형강관 내에 이형철근을 삽입하고 이 강관을 상온에서 압착 가공함으로써 이형철근의 마디와 밀착하게 하는 이음방법은?
① 용접 이음   ② 나사식 이음
③ 슬리브 압착이음 ④ 가스 압접 이음
답: ③

예8 보의 거푸집은 중앙에서 경간(Span)의 얼마 정도로 치켜 올리는 것이 좋은가?
① 1/300~1/500 ② 1/150~1/200
③ 1/100~1/150 ④ 1/50~1/100
답: ①

예9 바닥판과 보 밑 거푸집 설계 시 고려해야 하는 하중을 옳게 짝지은 것은?
① 굳지 않은 콘크리트 중량, 충격하중
② 굳지 않은 콘크리트 중량, 측압
③ 작업하중, 풍하중
④ 충격하중, 풍하중
답: ①

예10 거푸집에 작용하는 콘크리트의 측압에 끼치는 영향 요인이 아닌 것은?
① 거푸집의 강성
② 콘크리트 타설 속도
③ 기온
④ 콘크리트의 강도
답: ④

예11 콘크리트 측압에 영향을 주는 요인에 관한 설명으로 틀린 것은?
① 콘크리트 타설 속도가 빠를수록 측압이 크다.
② 묽은 콘크리트일수록 측압이 크다.
③ 철골 또는 철근량이 많을수록 측압이 크다.
④ 진동기를 사용하여 다질수록 측압이 크다.
답: ③

예12 콘크리트의 측압에 대한 설명이 바르지 않은 것은?
① 철근량이 작을수록 측압은 크다.
② 슬럼프가 작을수록 측압은 크다.
③ 타설 속도가 빠를수록 측압은 크다.
④ 온도가 높을수록 측압은 작다.
답: ②

| 예13 | 콘크리트공사 중 거푸집의 존치 기간에 대한 기술로서 틀린 것은?
① 바닥 슬래브 밑, 지붕 슬래브 밑 및 보 밑의 거푸집판재는 원칙적으로 받침 기둥을 해체한 후 떼어낸다.
② 기초, 보 옆, 기둥 및 벽의 거푸집 판재 존치 기간은 콘크리트의 압축 강도 5MPa 이상에 도달한 것이 확인될 때까지로 한다.
③ 받침 기둥의 존 치기간은 슬래브 밑, 보 밑 모두 설계기준강도의 90% 이상 콘크리트 압축강도가 얻어진 것이 확인될 때까지로 한다.
④ 받침 기둥을 해체할 시 해체 가능한 압축강도는 최저 14MPa이다.

답 : ③

4 거푸집 존치 기간

(1) 콘크리트 압축강도 시험을 할 경우

부재		콘크리트 압축강도
기초, 기둥, 벽, 보 등의 측면		5MPa 이상
슬래브 및 보의 밑면, 아치 내면	단층 구조	$f_{ck} \times \dfrac{2}{3}$ 이상 또한 14MPa 이상
	다층 구조	f_{ck} 이상 (필러 동바리 구조를 이용할 경우는 구조계산에 의해 기간을 단축할 수 있지만, 이 경우라도 최소 강도는 14MPa 이상으로 하여야 한다.)

(2) 콘크리트 압축강도를 시험하지 않을 경우(기초, 보, 기둥, 벽 등의 측면)

시멘트 종류 평균 기온	조강	고로슬래그(1종) 플라이애시(1종) 포졸란(1종)	고로슬래그(2종) 플라이애시(2종) 포졸란(2종)
20℃ 이상	2일	4일	5일
20℃ 미만 ~ 10℃ 이상	3일	6일	8일

| 예14 | 콘크리트 공사에서 콘크리트의 압축강도를 시험하지 않을 경우 거푸집 널의 해체 시기로 옳은 것은? (단, 조강 포틀랜드시멘트를 사용한 기둥으로서 평균 기온이 20℃ 이상인 경우)
① 1일 이상 ② 2일 이상
③ 3일 이상 ④ 4일 이상

답 : ②

5 주요 거푸집의 특징

(1) 벽체 전용 시스템(System) 거푸집

① 갱 폼(Gang Form)
• 사용할 때마다 작은 부재의 조립, 분해를 반복하지 않고 단순화, 대형화하여 한 번에 설치하고 해체하는 거푸집 시스템이다.
• 기능공의 기능도에 따라 시공 정밀도가 좌우되지 않는다.
• 조립과 해체 작업이 생략되어 설치 시간은 단축되지만, 타 거푸집에 비해 초기의 거푸집 제작 및 조립 시간이 많이 필요한 단점이 있다.
② 클라이밍 폼(Climbing Form): 거푸집과 벽체 마감공사를 위한 비계틀을 일체로 조립한 거푸집으로 재래식보다 초기 투자비가 많이 든다.
③ 슬라이딩 폼(Sliding Form)
• 거푸집을 연속으로 이동시키면서 콘크리트 타설을 하여 시공이음 없는 균일한 시공이 가능한 거푸집으로 슬립 폼(Slip Form)이라고도 한다.
• 수직(Silo, 곡물 창고, 코어 부분, 굴뚝, 교각, 원자로 격납 용기) 및 수평(하천 라이닝, 수로, 지중 샤프트, 고속도로 포장 등)으로 연속된 구조물 설치 시 사용한다.
• 수평·수직적으로 반복된 구조물을 시공이음 없이 균일한 형상으로 시공하기 위해 요크(Yoke: 거푸집을 끌어 올리는 기구)가 이용된다.

| 예15 | 철근콘크리트공사에 사용되는 거푸집 중 갱 폼(Gang Form)의 특징으로 틀린 것은?
① 기능공의 기능도에 따라 시공 정밀도가 크게 좌우된다.
② 대형 장비가 필요하다.
③ 초기 투자비가 과다하다.
④ 거푸집의 대형화로 이음 부위가 감소한다.

답 : ①

| 예16 | 클라이밍 폼의 특징에 대한 설명으로 옳지 않은 것은?
① 비계 설치가 불필요하다.
② 초기 투자비가 적은 편이다.
③ 고소 작업 시 안전성이 높다.
④ 거푸집 해체 시 콘크리트에 미치는 충격이 적다.

답 : ②

| 예17 | 콘크리트를 타설하면서 거푸집을 수직방향으로 이동시켜 연속 작업을 할 수 있게 한 것으로 사일로 등의 건설공사에 적합한 것은?
① Euro Form ② Sliding Form
③ Air Tube Form ④ Traveling Form

답 : ②

| 예18 | 슬라이딩 폼(Sliding Form)에서 거푸집을 일정한 속도로 계속 끌어 올리는 장치의 명칭은?
① 요크(York) ② 메탈(Metal)
③ 유로(Euro) ④ 와플(Waffle)

답 : ①

(2) 바닥판 전용 시스템(System) 거푸집

① ② ③

① 플라잉 폼(Flying Form): 거푸집판, 장선, 멍에, 서포트 등을 일체로 제작하여 부재화한 거푸집으로 테이블 폼(Table Form)이라고도 한다.
② 와플 폼(Waffle Form): 무량판 구조에서 2방향 장선바닥판 구조가 가능하도록 된 특수 상자 모양의 기성재 거푸집
③ 데크 플레이트(Deck Plate): 바닥 콘크리트 타설을 위한 슬래브 하부 거푸집판

(3) 기타 거푸집 관련 사항

① ② ③

① 터널 폼(Tunnel Form): 한 구획 전체의 벽판과 바닥판을 ㄱ자형 또는 ㄷ자형으로 짜는 거푸집
② 무지주(Non Support) 공법
  • 기본적으로 층고가 높은 경우에 적용이 유리한 공법이다.
  • 경간(Span)이 고정된 보우 빔(Bow Beam), 경간(Span) 조절이 가능한 페코 빔(Pecco Beam)이 있다.
③ 철재 패널 폼: 일반 합판 거푸집에 비하여 이음 개소가 적고 시공의 정밀도가 높다.

(4) 거푸집 부속 재료

① ② ③ ④

① 스페이서(Spacer, 간격재): 철근의 피복두께를 유지하기 위해 벽이나 바닥 철근에 대어 주는 것
② 세퍼레이터(Separater, 격리재): 거푸집의 간격을 바르게 유지하고 변형을 막아주며, 측벽 두께를 유지하기 위하여 설치하는 거푸집 부속 재료
③ 폼 타이(Form Tie, 긴결재): 거푸집판을 일정한 간격으로 유지시켜 주는 동시에 콘크리트의 측압을 최종적으로 지지하는 역할을 하는 부재
④ 박리제(Form Oil): 콘크리트를 부어넣은 후 거푸집의 탈형을 용이하게 하기 위해 미리 거푸집면에 도포하는 약제

예19 바닥에 콘크리트를 타설하기 위한 거푸집으로서 거푸집판, 장선, 멍에, 서포트 등을 일체로 제작하여 부재화한 거푸집을 무엇이라 하는가?
① 갱 폼   ② 플라잉 폼
③ 유로 폼 ④ 클라이밍 폼
답 : ②

예20 거푸집에 관한 설명으로 틀린 것은?
① 터널 폼(Tunnel Form)은 한 구획 전체의 벽과 바닥면을 ㄱ자형, ㄷ자형으로 견고하게 짜고 이동 설치가 용이하다.
② 와플 폼(Waffle Form)은 바닥전용 거푸집으로 테이블 폼이라고도 한다.
③ 클라이밍 폼(Climbing Form)은 벽체전용 거푸집으로서 거푸집과 벽체 마감공사를 위한 비계틀을 일체로 조립한 거푸집이다.
④ 슬라이딩 폼(Sliding Form)은 돌출부가 없는 사일로 등에 사용되며 공기단축이 가능하다.
답 : ②

예21 한 구획 전체의 벽판과 바닥판을 ㄱ자형 또는 ㄷ자형으로 짜서 이동식 거푸집으로 이용되는 거푸집의 명칭은?
① 터널 거푸집(Tunnel Form)
② 유로 거푸집(Euro Form)
③ 갱 거푸집(Gang Form)
④ 와플 거푸집(Waffle Form)
답 : ①

예22 거푸집 공사의 용어에서 잘못 기술된 것은?
① 파이프 서포트(Pipe Support) : 높이 조절이 간단하다.
② 슬라이딩 폼(Sliding Form) : Silo, 굴뚝 등의 콘크리트 공사에 적당하다.
③ 메탈 폼(Metal Form) : 콘크리트 면이 정확하고 평활하다.
④ 보우 빔(Bow Beam) : 서포트가 필요하다.
답 : ④

예23 거푸집 간격을 바르게 유지하고 변형을 막고 측벽 두께를 유지하기 위해 설치하는 거푸집 부속 재료는?
① Separator ② Insert
③ Form Oil   ④ Spacer
답 : ①

예24 철근콘크리트공사 중 거푸집이 벌어지지 않게 하는 긴장재는?
① Separator ② Spacer
③ Form Tie   ④ Insert
답 : ③

핵심번호 06 건축시공: 철근콘크리트공사: 콘크리트 재료

예1 시멘트 광물질의 조성 중에서 발열량이 높고 응결 시간이 가장 빠른 것은?
① 알루민산 삼석회
② 규산 삼석회
③ 규산 이석회
④ 알루민산철 사석회
답: ①

예2 다음 시멘트 중 시멘트 분말의 비표면적이 가장 큰 것은?
① 보통 포틀랜드시멘트
② 중용열 포틀랜드시멘트
③ 조강 포틀랜드시멘트
④ 백색 포틀랜드시멘트
답: ③

예3 시멘트 분말도 시험법이 아닌 것은?
① 플로우 시험법
② 체 분석법
③ 피크노메타법
④ 블레인법
답: ①

예4 시멘트 품질 시험에 관한 설명 중 틀린 것은?
① 풍화된 시멘트는 수화열이 커진다.
② 수화열은 시멘트의 화학 조성과 비표면적에 좌우된다.
③ 혼합 시멘트에서 혼합재의 혼입량이 많아질수록 비중이 작아진다.
④ 비표면적이 큰 시멘트일수록 분말이 미세하며 일반적으로 강도 발현이 빨라지고 수화열 발생량도 많아진다.
답: ①

예5 콘크리트용 골재의 품질에 관한 설명으로 옳지 않은 것은?
① 골재의 입형은 콘크리트의 유동성을 갖도록 한다.
② 골재는 예각으로 된 것을 사용하도록 한다.
③ 골재는 청정하고 유해량의 먼지, 유기불순물이 포함되지 않아야 한다.
④ 골재의 강도는 콘크리트 내 경화된 시멘트페이스트 강도보다 커야 한다.
답: ②

예6 골재의 밀도 2.65g/cm³, 단위용적질량이 1.7t/m³일 때, 이 골재의 공극률은?
① 25% ② 28%
③ 36% ④ 42%
답: ③

1 시멘트(Cement)

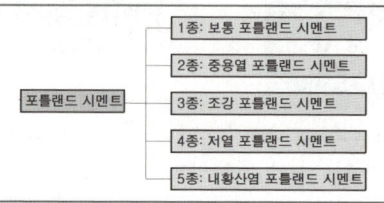

(1) 시멘트의 화합물과 주요 특징
① C_2S(규산 2석회): 4주 이후의 장기강도에 기여
② C_3S(규산 3석회): 4주 이전의 조기강도에 기여
③ C_3A(알루민산 3석회): 수화작용이 가장 빠르다. ($C_3A > C_3S > C_4AF > C_2S$)
④ C_4AF(알루민산철 4석회): 수화작용이 느리고 강도에 영향이 거의 없다

(2) 응결이 빠른 경우
① 분말도가 크고, C_3A가 많고, 온도가 높을 때
② 순서: 알루미나 시멘트 > 조강 시멘트 > 보통 시멘트 > 고로 시멘트 > 중용열 시멘트

(3) 비표면적(Specific Surface Area)
① 비표면적은 분말도(Fineness)를 의미하며, 조강포틀랜드 시멘트가 가장 크다.
② 수화열은 시멘트의 화학 조성과 비표면적에 좌우되며, 풍화된 시멘트는 수화열이 작아진다.
③ 분말도가 큰 경우:
- 초기강도 증가, 건조수축균열 증가, 수화작용 우수
- 컨시스턴시(Consistency, 반죽질기) 및 블리딩(Bleeding)은 감소한다.
④ 시험방법: 체(Standard Sieve) 분석법, 피크노메타(Pycnometer)법, 블레인(Blaine)법이 있으며, 블레인법이 가장 간편하고 신뢰성이 있다.

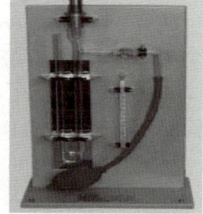

2 골재(Aggregate)

(1) 굵은골재, 잔골재
① 굵은골재(Coarse Aggregate): 5mm체에 모두 남는 골재
② 잔골재(Fine Aggregate): 5mm체를 거의 다 통과한 골재

(2) 골재의 요구 조건
① 표면이 거칠고 둥근 모양일 것,
  입도(粒度, Grading)가 적당하고 좋을 것
② 견고하고 강도가 클 것, 실적률이 클 것
- 골재의 강도:
  콘크리트 중의 경화한 모르타르의 강도 이상의 것이 요구된다.
- 실적률(%) = $\dfrac{단위용적질량}{절건밀도} \times 100$

➡ 골재의 실적률이 클 경우 콘크리트의 투수성 및 흡수성이 작아지게 된다.

(3) 골재의 함수량

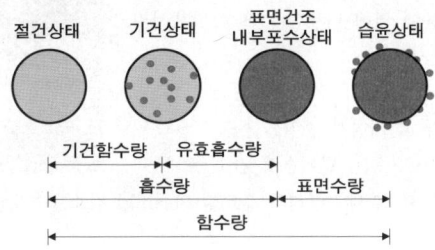

① 절건상태: 골재를 100℃~110℃의 온도 상태에서 중량의 변화가 없어질 때까지 건조하여 골재 속의 모세관 등에 흡수된 수분이 없는 상태
② 기건상태: 골재 표면과 내부의 일부가 건조하여 있는 공기 중 건조상태
③ 표건상태(표면건조 내부포화상태): 내부는 포화상태이지만 표면은 수분이 없는 상태
④ 습윤상태: 골재의 내부는 이미 포화상태이고, 표면에도 수분이 있는 상태

(4) 골재의 염분 함유량

잔골재 절건중량	콘크리트에 함유된 염화물 총량
• 염소이온(Cl^-): 0.02% 이하 • 염화물($NaCl$): 0.04% 이하	• 염소이온(Cl^-): 0.3kg/m³ 이하, • 0.3kg 초과 시 철근의 방청 대책 수립 필요

(5) 알칼리골재반응(Alkali Aggregate Reaction)
① 정의: 시멘트의 알칼리 성분과 골재의 실리카(Silica) 성분이 반응하여 수분을 지속적으로 흡수 팽창하는 현상
② 방지 대책
• 비반응성 골재를 사용한다.
• 저알칼리 시멘트(고로Slag, 플라이애시 시멘트)를 사용한다.
• 방수제를 사용하여 수분 침투를 억제한다.

3 혼화재 및 혼화제

(1) 혼화재(混和在)
① 시멘트량의 5% 이상이 사용되어 배합 계산에 포함되는 재료
② 고로 슬래그(Blast-Furnace Slag), 플라이 애시(Fly Ash), 실리카(Silica), 포졸란(Pozzolan) 등
③ 플라이 애시(Fly Ash)
• 석탄이나 중유 등을 연소했을 때에 생성되는 미세한 입자의 재
• 수화열의 감소, 수밀성의 향상, 시공연도의 개선, 초기강도 감소 및 장기강도 증진

(2) 혼화제(混和劑)
① 시멘트량의 1% 전후로 사용하는 약품적 성질만 가지고 있는 재료
② AE제(Air Entraining Agent), 감수제, 응결경화촉진제 등

(3) 팝 아웃(Pop Out)
콘크리트 속의 수분이 동결융해 작용으로 인해 콘크리트 표면의 골재 및 모르타르가 박리되어 떨어져 나가는 현상으로 Pop Out 현상에 대한 방지대책으로 AE제가 발명되었다.

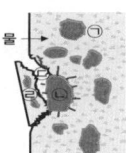

[예7] 골재의 함수 상태에 따른 설명으로 틀린 것은?
① 절건상태: 골재를 100℃~110℃의 온도 상태에서 중량 변화가 없어질 때까지 건조하여 골재 속의 모세관 등에 흡수된 수분이 없는 상태
② 기건상태: 골재를 공기 중에 24시간 이상 건조하여 골재 속에 수분이 거의 없는 상태
③ 표건상태: 내부는 포화상태이지만 표면은 수분이 없는 상태
④ 습윤상태: 골재의 내부는 이미 포화상태이고, 표면에도 수분이 있는 상태
답 : ②

[예8] 일반 콘크리트에서 굳지 않은 콘크리트 중의 전 염소이온량은 얼마 이하로 하여야 하는가?
① 0.10kg/m³ ② 0.20kg/m³
③ 0.30kg/m³ ④ 0.40kg/m³
답 : ③

[예9] 알칼리골재반응의 대책으로 적절하지 않은 것은?
① 반응성 골재를 사용한다.
② 콘크리트 중의 알칼리양을 감소시킨다.
③ 포졸란 반응을 일으킬 수 있는 혼화재를 사용한다.
④ 단위시멘트량을 최소화한다.
답 : ①

[예10] 콘크리트 배합설계 시 사용되는 양을 용적 계산에 포함시켜야 하는 혼화재료는?
① AE제   ② 지연제
③ 감수제   ④ 포졸란
답 : ④

[예11] 콘크리트에 사용되는 혼화재 중 플라이 애시의 사용에 따른 이점으로 볼 수 없는 것은?
① 유동성 개선 ② 수화열 감소
③ 수밀성 향상 ④ 초기강도 증진
답 : ④

[예12] 다음은 콘크리트 구조물의 동해에 따른 피해 현상을 나타낸 것이다. 어느 현상을 설명한 것인가?

① 콘크리트가 흡수
② 흡수율이 큰 쇄석이 흡수, 포화상태가 됨
③ 빙결하여 체적 팽창
④ 표면부분 박리

① 폭렬 현상   ② Pop Out
③ Laitance   ④ 알칼리 골재 반응
답 : ②

예13 콘크리트 혼화제 중 AE제를 첨가함으로써 나타나는 결과가 아닌 것은?
① 동결융해저항성 증대
② 내구성 증진
③ 철근과의 부착강도 증진
④ 압축강도 감소
답 : ③

예14 콘크리트 중의 공기량에 대한 설명으로 옳지 않은 것은?
① AE제의 혼입량이 증가할수록 공기량은 증가한다.
② 콘크리트의 온도가 높아질수록 공기량은 증가한다.
③ 시멘트 분말도 및 단위시멘트량이 증가하면 공기량은 감소한다.
④ 슬럼프가 커지면 공기량은 증가한다.
답 : ②

예15 콘크리트 배합에 직접적인 영향을 주는 요소가 아닌 것은?
① 시멘트 강도 ② 물시멘트비
③ 철근의 품질 ④ 골재의 입도
답 : ③

예16 다음 중 콘크리트 강도에 있어 가장 큰 영향을 주는 요소는?
① 시멘트의 품질 ② 물시멘트비
③ 골재의 품질   ④ 슬럼프값
답 : ②

예17 쇄석 콘크리트에 관한 설명으로 옳지 않은 것은?
① 깬자갈 콘크리트라고도 한다.
② 쇄석은 각이 둔각인 것을 사용한다.
③ 모래의 사용량은 보통콘크리트에 비해서 많아진다.
④ 보통콘크리트에 비해 시멘트 페이스트의 부착력이 떨어진다.
답 : ④

예18 콘크리트 배합에 있어서 슬럼프값을 증대시키는 방법을 틀린 것은?
① 사율(砂率)을 크게 한다.
② 모래를 굵은 것을 쓴다.
③ 자갈을 굵은 것을 쓰도록 한다.
④ 표면활성제를 첨가한다.
답 : ①

(3) AE제(Air Entraing)
① 역할: 표면활성 작용에 의해 미세한 기포를 발생시키고 시멘트 입자를 분산시킨다.
② 사용목적:
• 동결융해(Freeze-Thaw)저항성 증진, 시공연도(Workability) 증진, 단위수량 감소 효과
• 경화에 따른 발열량 감소, 재료분리와 블리딩(Bleeing) 감소, 수밀성 및 내구성 향상
③ AE 공기량의 성질
• AE제는 계량의 정확성을 기하기 위해 10~20배 정도 희석하여 사용한다.
• 시멘트 분말도(粉末度, Fineness)가 크면 공기량은 감소한다.
• 공기량 1% 증가 시 슬럼프(Slump)값은 2cm 정도 증가하고, 보통 콘크리트에 비해 철근과의 부착강도가 저하되고, 압축강도는 4~6% 감소한다.
• AE제 공기량 기준: 4~7% (6% 이상은 강도가 저하되므로 4.5%가 적절하다.)
• 온도가 높으면 공기량은 감소되고, 진동기(Vibrator) 사용 시 공기량은 감소된다.
• 콘크리트 내의 잔골재가 많아지면 공기량은 증가한다.

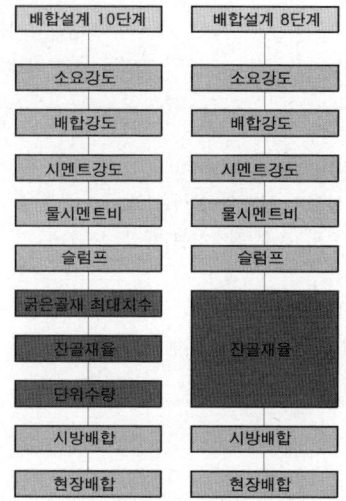

4 콘크리트 배합설계: 주요 특징

배합설계 10단계	배합설계 8단계
소요강도	소요강도
배합강도	배합강도
시멘트강도	시멘트강도
물시멘트비	물시멘트비
슬럼프	슬럼프
굵은골재 최대치수	
잔골재율	잔골재율
단위수량	
시방배합	시방배합
현장배합	현장배합

①	콘크리트 강도에 가장 큰 영향을 주는 요소는 물시멘트비이다.
②	모세관 공극(Capillary Cavity)은 수화된 시멘트페이스트(Cement Paste) 중 고체 부분으로 채워지지 않고 남은 빈 부분을 말하며, 물시멘트비가 커지면 증가한다.
③	콘크리트 내구성을 기준으로 물결합재비는 원칙적으로 60% 이하이어야 한다.
④	콘크리트 배합에 철근의 품질은 직접적인 영향을 주는 요소가 아니다.
⑤	콘크리트 배합 시 시공연도(Workability)와 시멘트 강도는 관계가 없다.
⑥	굵은골재 사용 시 쇄석(Crushed Stone, 깬자갈)을 사용하면 시공연도가 감소한다.
⑦	쇄석을 사용하면 시멘트페이스트의 부착력이 향상되고, 모래는 강자갈 콘크리트의 경우보다 많이 사용한다.
⑧	강도 및 슬럼프가 동일하면 실적률이 큰 굵은골재를 사용할수록 단위수량이 작아진다.
⑨	사율(砂率, 잔골재율)을 크게 하면 슬럼프값은 감소된다.

5 굳지 않은 콘크리트의 특성:

(1) 플라스티시티(Plasticity, 성형성): 거푸집에 쉽게 다져 넣을 수 있고 거푸집을 제거하면 천천히 형상이 변화하지만 재료가 분리되거나 허물어지지 않는 성질
(2) 피니셔빌리티(Finishability, 마감성): 굵은골재 최대치수, 잔골재율, 입도, 반죽질기 등에 의한 마무리하기 쉬운 정도
(3) 워커빌리티(Workability, 시공연도)
  ① 반죽질기 여하에 따르는 작업의 난이(難易) 정도 및 재료분리에 저항하는 정도
  ② 시공연도(Workability)에 영향을 주는 요인
   • 시멘트의 성질: 시멘트의 종류, 분말도, 풍화의 정도에 의한 영향이 시공연도와 관련 있으며, 시멘트 강도와는 관련이 없다. 빈배합인 경우 부배합보다 재료분리가 많이 발생한다.
   • 골재의 입도 및 입형: 입자가 둥근 강자갈을 사용하면 시공연도가 향상되고, 입자가 둥글지 못한 골재는 시공연도가 저하된다.
   • 혼화제: AE제, (고성능)AE감수제의 사용은 단위수량을 감소시키고 시공연도를 향상시킨다.
   • 비빔시간 및 혼합시간: 콘크리트 비빔이 불충분하거나 과도해지면 시공연도가 저하된다.
(4) 컨시스턴시(Consistency, 반죽질기)
  ① 수량의 다소에 따르는 반죽이 되고 진 정도
  ② 분말도가 크면 물과의 접촉면이 커지므로 점성이 높아지고, 컨시스턴시도 커진다.
  ③ 시공연도 및 반죽질기 측정 방법:
   • 흐름(Flow) 시험, 비비(Vee Bee) 시험, 구(Kelly Ball)관입 시험, 리몰딩(Remolding) 시험
   • 슬럼프 시험(Slump Test)

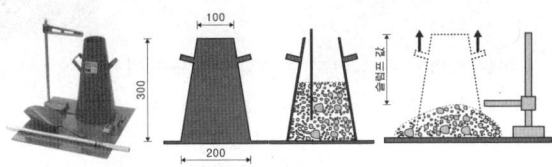

(5) 블리딩(Bleeding): 콘크리트 타설 후 비교적 가벼운 물이나 미세한 물질 등이 상승하는 현상
(6) 레이턴스(Laitance): 블리딩에 의해 콘크리트 표면에 생성된 백색의 미세한 물질

6 레디믹스트 콘크리트(Ready Mixed Concrete, 레미콘)

(1)	운반과정	비빔시간 → 적재시간 → 주행시간 → 대기시간 → 타설시간 콘크리트의 비빔 시작부터 타설 종료까지의 시간 한도는 외기온이 25℃ 미만인 경우 120분, 25℃ 이상인 경우는 90분으로 한다.
(2)	레미콘 규격 표시 예	Concrete 종류 – 25 – 30 – 150 25: 굵은골재 최대치수(mm) 30: 호칭강도(MPa) 150: 소요 Slump값(mm) 보통, 경량 등 콘크리트 종류에 의한 표시 레미콘 현장 도착 시 실시하는 시험: 슬럼프 시험, 염화물 시험, 공기량 시험
(3)	슬럼프 허용오차	25mm 이하 : ±10mm / 50~65mm 이하 : ±15mm / 80mm 이상 : ±25mm 기온이 올라가면 슬럼프는 감소한다.

예19 굳지 않은 콘크리트의 작업성(Workability)에 영향을 미치는 요인에 대한 설명으로 옳은 것은?
① 단위수량의 증가와 워커빌리티의 향상은 비례이다.
② 빈배합이 부배합보다 워커빌리티가 좋다.
③ 깬자갈의 사용은 워커빌리티를 개선한다.
④ AE제에 의해 연행된 공기 기포는 워커빌리티를 개선한다.
답: ④

예20 굳지 않은 콘크리트의 성질에 관한 다음 설명 중 옳지 않은 것은?
① 피니셔빌리티(Finishability)란 굵은 골재의 최대 치수, 잔골재율, 골재의 입도, 반죽질기 등에 따라 마무리하기 쉬운 정도를 말한다.
② 단위수량이 많으면 컨시스턴시(Consistency)가 좋아 작업이 용이하고 재료분리가 일어나지 않는다.
③ 블리딩(Bleeding)이란 콘크리트 타설 후 표면에 물이 모이게 되는 현상을 말한다.
④ 워커빌리티(Workability)란 작업의 난이도 및 재료의 분리에 저항하는 정도를 나타내며 골재의 입도와도 밀접한 관계가 있다.
답: ②

예21 콘크리트 반죽질기 시험 방법이 아닌 것은?
① 블리딩 시험 ② 슬럼프 시험
③ 구관입 시험 ④ 리몰딩 시험
답: ①

예22 레디믹스트 콘크리트 발주 시 호칭규격인 25-24-150 에서 알 수 없는 것은?
① 물시멘트비(W/C)
② 슬럼프(Slump)
③ 호칭강도
④ 굵은골재의 최대 치수
답: ①

예23 굳지 않은 콘크리트에 대해 실시하는 건설 현장 시험이 아닌 것은?
① 슬럼프(Slump) 시험
② 코어(Core) 시험
③ 염화물 시험
④ 공기량 시험
답: ②

예24 레디믹스트 콘크리트의 슬럼프 값이 80mm 이상일 때 슬럼프 허용 오차 기준으로 옳은 것은?
① ± 10mm ② ± 15mm
③ ± 25mm ④ ± 30mm
답: ③

핵심번호 07 건축시공: 철근콘크리트공사: 콘크리트 시공

예1 콘크리트 펌프 사용 시 굵은골재 최대 치수가 20mm인 경우 압송관의 호칭 치수 기준으로 옳은 것은?
① 60mm 이상 ② 80mm 이상
③ 100mm 이상 ④ 125mm 이상
답: ③

예2 콘크리트 재료분리 현상을 줄이기 위한 방법으로 옳지 않은 것은?
① 중량골재와 경량골재 등 비중차가 큰 골재를 사용한다.
② 플라이 애시를 적당량 사용한다.
③ 세장한 골재보다는 둥근 골재를 사용한다.
④ AE제나 AE감수제 등을 사용하여 사용 수량을 감소시킨다.
답: ①

예3 콘크리트 시공 시 진동 다짐에 관한 설명으로 틀린 것은?
① 진동의 효과는 봉의 직경, 진동수 등에 따라 다르다.
② 안정되어 엉기거나 굳기 시작한 콘크리트라도 콘크리트의 표면에 페이스트가 엷게 떠오를 때까지 진동기를 사용하여야 한다.
③ 진동기를 인발할 때에는 천천히 뽑아 콘크리트에 구멍이 남기지 않도록 한다.
④ 고강도콘크리트에서는 고주파 내부진동기가 효과적이다.
답: ②

예4 진동기의 효과가 가장 잘 발휘될 수 있는 콘크리트는?
① 부배합 저슬럼프
② 부배합 고슬럼프
③ 빈배합 저슬럼프
④ 빈배합 고슬럼프
답: ③

예5 콘크리트의 블리딩에 관한 설명으로 옳지 않은 것은?
① 콘크리트 타설 후 비교적 가벼운 물이나 미세한 물질이 상승하는 현상을 말한다.
② 콘크리트의 물시멘트비가 클수록 블리딩량은 증대한다.
③ 콘크리트의 컨시스턴시가 클수록 블리딩량은 증대한다.
④ 단위시멘트량이 많을수록 블리딩량은 크다.
답: ④

1 콘크리트 타설

(1) 콘크리트 펌프 압송관

① 가설 장치 분류: 정치식(定置式), 트럭 탑재식
② 압송 방식 분류: 피스톤(Piston) 방식, 짜내기(Sqeeze, 스퀴즈) 방식

굵은골재 최대 치수	압송관 호칭 치수
20mm	100mm 이상
25mm	
40mm	125mm 이상

(2) 콘크리트 타설
① 중량골재와 경량골재 등 비중의 차이가 큰 골재를 사용하면 재료분리 현상이 심해진다.
② 굵은골재 형상이 편평하고 세장하지 않은 경우는 재료분리 발생이 안 된다.
③ 콘크리트의 자유낙하높이는 콘크리트가 분리되지 않도록 가능한 한 낮을수록 좋다.
④ 한 구획의 부어넣기가 시작되면 콘크리트가 일체가 되도록 연속적으로 부어 넣어 콜드 조인트(Cold Joint, 타설 시간이 미준수된 콘크리트를 이어붓기 할 경우에 불연속면으로 일체화가 저해되어 발생하는 줄눈)가 생기지 않도록 한다.

(3) 다짐(Tamping)
① 콘크리트 타설 후 틈이 없고 밀실하게 하여 콘크리트 표면에 하자를 방지하는 행위로 콘크리트를 횡방향으로 이동시킬 목적으로 사용하지 않도록 한다.

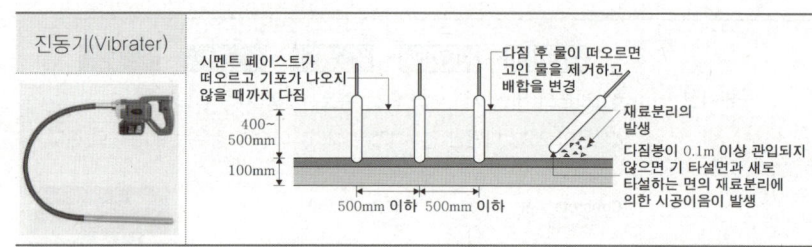

② 꽂이식 진동기의 경우 수직으로 사용하며, 진동기가 철근에 직접 닿지 않게 한다.
③ 1개소당 진동 시간은 시멘트페이스트가 떠오르고 기포가 나오지 않을 때까지로 하며, 콘크리트로부터 천천히 빼내어 구멍이 남지 않도록 한다.
④ 진동기의 효과가 가장 잘 발휘될 수 있는 콘크리트는 빈배합 저슬럼프의 콘크리트이다.

(4) 블리딩(Bleeding)
① 콘크리트 타설 후 비교적 가벼운 물이나 미세한 물질 등이 상승하는 현상이다.
② 물시멘트비가 클수록, 컨시스턴시가 클수록 블리딩량은 증가하며 단위시멘트량이 많을수록 블리딩량은 작다.

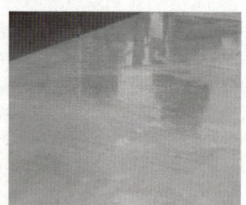

2 콘크리트 이어치기, 조인트

(1) 콘크리트 이어치기
① 계속 타설 중인 콘크리트에서 외기온이 25℃ 미만일 때의 이어치기 시간 간격의 한도는 150분이다.
② 타설 시간이 미준수된 콘크리트를 이어붓기 할 경우에 불연속면으로 일체화 저해 줄눈인 콜드 조인트(Cold Joint)가 발생한다.
③ 콘크리트 이어치기를 해야 할 경우가 발생하면 시공이음은 구조적으로 응력이 집중되는 곳을 피하고 전단력이 작은 위치에 설치하며, 부재의 압축력이 작용하는 방향과 직각이 되도록 설치한다.

기둥	보, Slab	아치	캔틸레버
보, 바닥판 또는 기초의 윗면에서 수평	전단력이 가장 작은 Span의 1/2 부근에서 수직	아치 축에 직각	이어붓지 않음을 원칙

(2) 조인트(Joint, 줄눈, 이음)

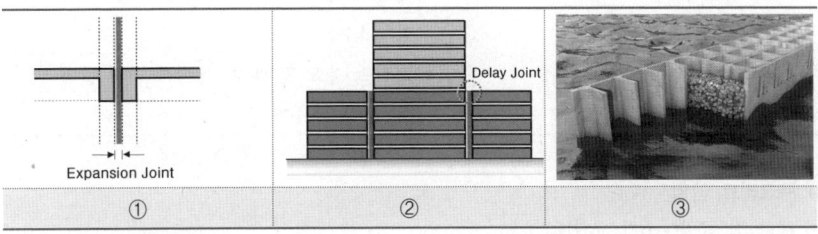

① 신축줄눈(Expansion Joint): 콘크리트의 수축 및 팽창에 대한 변위를 흡수하기 위해 구조물을 구조적으로 분리하여 시공하는 조인트
② 지연줄눈(Delay Joint):
- 장Span의 구조물 시공 시 수축대(폭 1m 정도 남겨 놓음)만 설치하고, 콘크리트 타설 후 초기수축(보통 6주 후)을 기다렸다가 그 부분을 콘크리트 타설하여 일체화하는 조인트
- 콘크리트 타설 후 부재가 건조수축에 대해 내·외부의 구속을 받지 않도록 일정폭을 두어 어느 정도 양생한 후 남겨둔 부분을 콘크리트로 채워 처리하는 조인트
③ 시공줄눈(Construction Joint): 거푸집의 반복 사용 및 콘크리트 작업 관계로 경화된 콘크리트에 새로운 콘크리트를 타설할 경우 발생하는 계획된 줄눈이다. 염분 피해의 우려가 있는 해양 및 항만 콘크리트 구조물에서는 시공이음 부위를 설치하지 않는 것이 좋다.

3 콘크리트 강도 시험, 건조수축 및 크리프, 균열 및 보수

(1) 콘크리트 강도 시험

압축강도 시험[N/mm², MPa]	인장강도 시험[N/mm², MPa]
$f_c = \dfrac{P}{A} = \dfrac{P}{\dfrac{\pi D^2}{4}}$	$f_{sp} = \dfrac{P}{A} = \dfrac{2P}{\pi DL}$

【예제】 지름 100mm, 높이 200mm 원주 공시체로 콘크리트 압축강도를 시험하였더니 200kN에서 파괴되었을 때 콘크리트 공시체의 압축강도를 구해보자.

$$f_c = \frac{P}{A} = \frac{P}{\frac{\pi D^2}{4}} = \frac{(200 \times 10^3)}{\frac{\pi (100)^2}{4}} = 25.464 \text{N/mm}^2 = 25.464 \text{MPa}$$

예6 계속 타설 중인 콘크리트에 있어 외기온이 25℃ 미만일 때의 이어치기 시간 간격의 한도로 옳은 것은?
① 60분 ② 90분
③ 120분 ④ 150분
답 : ④

예7 콘크리트 이어치기에 대한 설명으로 옳지 않은 것은?
① 콘크리트의 이어치기는 원칙적으로 응력이 집중되는 곳에서 한다.
② 보의 이어치기는 전단력이 가장 작은 스팬(Span)의 중앙부에서 수직으로 한다.
③ 기둥·기초는 슬래브의 상단에서 이어친다.
④ 캔틸레버 보는 이어치기를 하지 않고 한 번에 타설한다.
답 : ①

예8 익스팬션 조인트(Expansion Joint)의 설치 원인과 목적에 관한 기술 중 옳지 않은 것은?
① 콘크리트를 이어치기할 때 신구 콘크리트의 구조적 일체성 확보 강화를 위해 설치한다.
② 기초의 부동침하에 대비하여 이를 예방하고, 변위 흡수를 목적으로 한다.
③ 건축물을 평면적으로 증축하고자 할 때 설치한다.
④ 콘크리트의 팽창, 수축에 대한 유해한 균열 방지를 목적으로 한다.
답 : ①

예9 콘크리트 타설 후 부재가 건조수축에 대해 내·외부의 구속을 받지 않도록 일정 폭을 두어 어느 정도 양생한 후 남겨 둔 부분을 콘크리트로 채워 처리하는 조인트는?
① Construction Joint
② Delay Joint
③ Cold Joint
④ Expansion Joint
답 : ②

예10 지름 100mm, 높이 200mm인 원주공시체로 콘크리트 압축강도를 시험하였더니 250kN에서 파괴되었다면 이 콘크리트의 압축강도는?
① 26MPa ② 29MPa
③ 32MPa ④ 35MPa
답 : ③

예11 직경 100mm, 길이 200mm의 콘크리트 공시체를 쪼갬인장강도 시험을 하였더니 파괴하중이 63kN이었다. 이 공시체의 인장강도는?
① 1MPa ② 1.5MPa
③ 2MPa ④ 2.5MPa
답 : ③

예12 콘크리트의 크리프에 관한 설명으로 옳지 않은 것은?
① 습도가 높을수록 크리프는 크다.
② 물시멘트비가 클수록 크리프는 크다.
③ 콘크리트의 배합과 골재의 종류는 크리프에 영향을 끼친다.
④ 하중이 제거되면 크리프 변형은 일부 회복된다.
　　　　　　　　　　답 : ①

예13 콘크리트의 크리프 변형량이 크게 되는 경우에 해당되지 않는 것은?
① 부재의 단면 치수가 클수록
② 하중이 클수록
③ 단위수량이 많을수록
④ 재하 시 재령이 짧을수록
　　　　　　　　　　답 : ①

예14 콘크리트 균열을 발생 시기에 따라 구분할 때 콘크리트의 경화 전 균열의 원인이 아닌 것은?
① 건조수축　② 거푸집 변형
③ 진동 또는 충격　④ 소성수축, 침하
　　　　　　　　　　답 : ①

예15 콘크리트의 균열을 발생 시기에 따라 구분할 때 경화 후 균열의 원인에 해당되지 않는 것은?
① 재료분리　② 동결융해
③ 탄산화　④ 알칼리골재반응
　　　　　　　　　　답 : ①

예16 콘크리트 탄산화와 가장 관계가 깊은 것은?
① 산소　② 이산화탄소
③ 염분　④ 질소
　　　　　　　　　　답 : ②

예17 콘크리트 보수 및 보강에 관한 설명으로 옳지 않은 것은?
① 주입공법은 작업의 신속성을 위하여 균열 부위에 주입 파이프를 설치하여 보수재를 고압·고속으로 주입하는 공법이다.
② 표면처리공법은 균열 0.2mm 이하 부위에 수지로 충전하고 균열 표면에 보수 재료를 씌우는 공법이다.
③ 충전공법 사용 재료는 실링재, 에폭시수지 및 폴리머시멘트 모르타르 등이 있다.
④ 탄소섬유접착공법은 탄소섬유판을 에폭시수지 등으로 콘크리트 면에 부착시켜 탄소섬유판의 높은 인장 저항성으로 콘크리트를 보강하는 공법이다.
　　　　　　　　　　답 : ①

(2) 콘크리트 건조수축(Drying Shrinkage, 수축), 크리프(Creep)

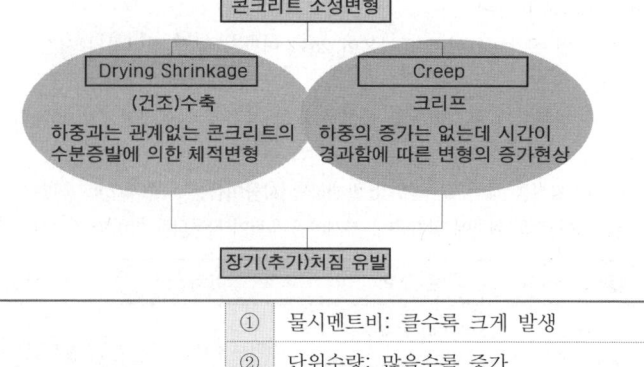

크리프에 영향을 미치는 요인	①	물시멘트비: 클수록 크게 발생
	②	단위수량: 많을수록 증가
	③	온도: 높을수록 크리프 증가
	④	상대습도: 높을수록 작게 발생
	⑤	응력: 클수록 증가
	⑥	콘크리트 강도 및 재령: 클수록 작게 발생
	⑦	체적: 부재 치수가 클수록 감소

(3) 콘크리트 균열

① 경화 전 균열(=초기 균열)
- 초기 타설에서 경화 시작 전 약 2~3시간 정도에서 발생하는 균열
- 소성수축균열, 소성침하균열, 온도균열, 시공 중 균열
- 상부철근 내려앉기에 의한 균열: 슬래브를 시공하고 양생되기 전에 보의 단부와 슬래브가 연결되는 위치의 상부 면에서 일직선으로 보를 따라 한 바퀴 발생되는 균열

② 경화 후 균열
- 건조수축에 의한 균열, 알칼리골재반응에 의한 균열, 동결융해에 의한 균열
- 탄산화($Ca(OH)_2 + CO_2 = CaCO_3 + H_2O$, 중성화)에 의한 균열

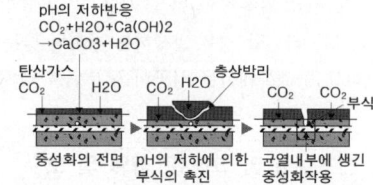

(4) 균열의 외관 보수

①	표면처리공법	통상 0.2mm 이하의 미세한 균열 표면에 수지계 또는 시멘트계의 재료를 주입하여 피막층을 만드는 방법	
②	주입공법	통상 균열폭 0.2mm 이상의 경우에 주입용 파이프(Pipe)를 10~30cm 간격으로 설치하고 저점도의 에폭시(Epoxy) 수지로 저속·저압으로 충전	
③	충전공법	균열을 따라 콘크리트를 10mm 정도 U형 또는 V형으로 잘라내고 그 부분에 보수재를 충전하는 방법으로 균열폭 0.5mm 이상의 비교적 큰 폭의 균열 보수에 적용	

핵심번호 08 건축시공
철근콘크리트공사: 특수 콘크리트

1 유동화 콘크리트, 고강도 콘크리트

(1) 유동화 콘크리트

① 정의:
- 베이스 콘크리트(Base Concrete): 유동화 콘크리트 제조 시 유동화제를 첨가하기 전의 기본 배합 콘크리트
- 유동화제(Superplasticizer): 배합이나 굳은 후의 콘크리트의 품질에 큰 영향을 미치지 않고 미리 혼합된 베이스 콘크리트에 첨가하여 콘크리트 유동성을 증대시키기 위해 사용하는 혼화제
- 유동화 콘크리트(Flowing Concrete): 베이스 콘크리트에 유동화제를 첨가하여 유동성을 증대시킨 콘크리트

② 배합 및 품질관리
- 슬럼프 증가량은 100mm 이하를 원칙으로 하며, 50~80mm를 표준으로 한다.
- 베이스 콘크리트 및 유동화 콘크리트의 슬럼프 및 공기량 시험은 50m³마다 1회씩 실시하는 것을 표준으로 한다.
- 유동화 콘크리트의 목표 공기량은 공사시방서에 의한다. 공사시방서가 없는 경우 4.5%(±1.5%)로 한다.

(2) 고강도 콘크리트

① 강도 규정: 보통중량콘크리트 ➡ $f_{ck} \geq 40MPa$, 경량골재콘크리트 $f_{ck} \geq 27MPa$

② 굵은골재 품질 기준

절대건조밀도 (g/cm³)	흡수율 (%)	실적률 (%)	점토량 (%)	씻기 시험에 의한 손실량 (%)	안정성 (%)
2.5 이상	2.0 이하	59 이상	0.25 이하	1.0 이하	12 이하

③ 실리카흄(Silica Fume): 실리콘(Silicon)의 규소 합금 제조 시 발생하는 폐가스를 집진하여 얻어진 평균 입경 $0.1\mu m$의 초미립자 구형의 부산물이다. 고강도 콘크리트의 제조에 반드시 필요하고, 실리카흄은 시멘트량의 5~15% 정도이며 고성능감수제와의 병용이 필수적이다.

④ 주요 규정
- 물결합재비는 50% 이하로 하며, 단위수량은 180kg/m³ 이하로 하고, 소요 워커빌리티를 얻을 수 있는 범위 내에서 단위수량 및 잔골재율을 가능한 한 작게 한다.
- 기상의 변화가 심하거나 동결융해에 대한 대책이 필요한 경우를 제외하고는 공기연행제(AE제)를 사용하지 않는 것을 원칙으로 한다.
- 슬럼프(Slump)값은 150mm 이하로 한다. 고강도 콘크리트를 유동화 콘크리트로 할 경우 슬럼프 플로 목표값은 $40MPa \leq f_{ck} \leq 60MPa$의 경우 구조물의 작업 조건에 따라 500mm, 600mm, 700mm로 구분하여 정한다.
- 고강도 콘크리트는 블리딩(Bleeding)이 거의 없기 때문에 마감이 어렵게 되거나, 콘크리트 표면의 소성수축균열에 대한 주의가 필요하게 된다.

⑤ 고강도 콘크리트 폭렬(Exclosive Fracture) 현상: 콘크리트 부재가 화재로 가열되어 표면부가 소리를 내며 급격히 파열되는 현상

예1 유동화 콘크리트의 베이스 콘크리트에 대한 설명으로 옳은 것은?
① 유동화 콘크리트 제조 시 유동화제를 첨가하기 전 기본 배합의 콘크리트
② 유동화 콘크리트를 제조하기 위하여 혼합된 유동화제를 첨가한 후의 콘크리트
③ 기초 콘크리트에 타설하기 위해 현장에 반입된 레디믹스트 콘크리트
④ 지하층에 콘크리트를 타설하기 위해 현장에 반입된 레디믹스트 콘크리트
답: ①

예2 건축공사표준시방서에 따른 유동화 콘크리트 공기량의 표준값은?
① 4% ② 4.5%
③ 5% ④ 5.5%
답: ②

예3 건축공사표준시방서에 규정된 고강도 콘크리트의 설계기준강도로 옳은 것은?
① 보통콘크리트: 40MPa 이상, 경량콘크리트: 24MPa 이상
② 보통콘크리트: 40MPa 이상, 경량콘크리트: 27MPa 이상
③ 보통콘크리트: 33MPa 이상, 경량콘크리트: 21MPa 이상
④ 보통콘크리트: 33MPa 이상, 경량콘크리트: 24MPa 이상
답: ②

예4 고강도 콘크리트공사에 사용되는 굵은골재에 대한 품질 기준으로 옳지 않은 것은?
① 절대건조밀도: 2.5g/cm³ 이상
② 흡수율: 3.0% 이하
③ 점토량: 0.25% 이하
④ 씻기 시험에 따른 손실량: 1.0% 이하
답: ②

예5 고강도 콘크리트에 관한 내용으로 옳지 않은 것은?
① 설계기준강도가 보통콘크리트의 경우 40MPa 이상인 것을 말한다.
② 물시멘트비를 감소시키기 위해 고성능 감수제를 사용한다.
③ 단위수량, 단위시멘트량, 잔골재율은 소요 워커빌리티 및 강도를 얻을 수 있는 범위 내에서 가능한 한 작게 한다.
④ 슬럼프 플로 값은 유동화 콘크리트일 경우 250mm 이하로 한다.
답: ④

예6 콘크리트 공사 중 적산온도와 가장 관계 깊은 것은?
① 매스(Mass) 콘크리트
② 수밀(水密) 콘크리트
③ 한중(寒中) 콘크리트
④ AE 콘크리트
답 : ③

예7 한중콘크리트에서 초기 동해 방지에 필요한 최소 압축강도는?
① 5MPa   ② 10MPa
③ 15MPa   ④ 20MPa
답 : ①

예8 서중콘크리트의 일반적인 문제점에 대한 기술이 잘못된 것은?
① 슬럼프의 저하가 크다.
② 동일 슬럼프를 얻기 위한 단위 수량이 많다.
③ 콜드 조인트가 발생하기 쉽다.
④ 초기강도의 발현이 낮다.
답 : ④

예9 수밀콘크리트에 관한 설명으로 옳지 않은 것은?
① 콘크리트의 소요 슬럼프는 되도록 작게 하여 180mm를 넘지 않도록 한다.
② 콘크리트 워커빌리티를 개선시키기 위해 공기연행제, 공기연행감수제 또는 고성능 공기연행감수제를 사용하는 경우라도 공기량은 2% 이하가 되게 한다.
③ 물결합재비는 50% 이하를 표준으로 한다.
④ 콘크리트 타설시 다짐을 충분히 하여, 가급적 이어치기를 하지 않아야 한다.
답 : ②

예10 다음 (　) 안에 들어갈 숫자의 조합으로 옳은 것은?

매스콘크리트로 다루어야 하는 구조물의 부재 치수는 일반적인 표준으로서 넓이가 넓은 평판 구조의 경우 두께 (㉮)m 이상, 하단이 구속된 벽조의 경우 두께 (㉯)m 이상으로 한다.

① ㉮ 0.6, ㉯ 0.3 ② ㉮ 0.7, ㉯ 0.4
③ ㉮ 0.8, ㉯ 0.5 ④ ㉮ 0.9, ㉯ 0.6
답 : ③

2 한중 콘크리트, 서중 콘크리트, 수밀 콘크리트, 매스 콘크리트

(1) 한중(寒中) 콘크리트

① 정의: 일평균기온 4℃ 이하에서 시공하는 콘크리트

② 주요 규정:
- 물시멘트비는 60% 이하로 하며, 단위수량은 가급적 적게 한다.
- AE제, AE감수제, 고성능 AE감수제 중 하나를 반드시 사용한다.

③ 적산온도: 콘크리트의 양생 온도와 양생 시간이 미치는 영향과의 관계를 함수로 표시한 것으로 콘크리트 강도 증진에 관한 예측이 가능하다.

$$M = \sum_{Z=1}^{n}(\theta_Z + 10)$$

- M: 적산온도(°D·D)
- Z: 재령(일)
- n: 구조체 콘크리트의 강도 관리 재령(일)
- θ_Z: 재령 Z에서 콘크리트 일평균 양생 온도(℃)

④ 양생
- 초기 동해 방지를 위해 초기 압축강도 5MPa 이상이 될 때까지 (단열, 급열, 피복) 보온양생 중 한 가지 이상의 방법을 선택하여 초기 양생을 실시한다.
- 가열보온양생 시 가열 중에는 콘크리트가 갑자기 건조해지지 않도록 살수·피막 처리 등을 하여 습윤 상태를 유지해야 한다.

(2) 서중(暑中) 콘크리트

① 정의: 일평균기온 25℃ 또는 일최고기온 30℃를 초과할 때 타설하는 콘크리트

② 주요 문제점:
- 급격한 수분 증발에 의한 콜드 조인트(Cold Joint) 발생
- 슬럼프(Slump) 저하: 동일 슬럼프를 얻기 위한 단위수량이 많아진다.
- 공기량 감소로 시공연도 저하, 내구성·수밀성 저하, 초기강도가 높고 장기강도가 저하됨

③ 주요 대책: AE(감수)제를 사용, 중용열 시멘트 사용, 운반 및 타설 시간 단축 방안 강구

(3) 수밀(水密, Watertight) 콘크리트

① 정의: 콘크리트 자체의 밀도를 높이고 내구성, 방수성을 높게 하여 물의 침투를 방지하도록 만든 콘크리트로서 수중 구조물에 사용된다.

② 주요 규정:
- 물결합재비는 50% 이하를 표준으로 한다.
- 소요 슬럼프는 가급적 적게 하고 180mm를 넘지 않도록 한다.
- AE제, (고성능)AE감수제를 사용하는 경우 공기량은 4% 이하가 되게 한다.
- 가급적 이어치기를 하지 않고, 불가피 할 경우 부배합(Rich Mix) 콘크리트를 사용한다.

(4) 매스콘크리트(Mass Concrete)

① 범위: 부재 단면 최소 치수 80cm 이상(하단이 구속된 경우에는 50cm), 콘크리트 내·외부 온도차가 25℃ 이상으로 예상되는 콘크리트

② 특징: 신구 콘크리트의 유효탄성계수 및 온도차이가 클수록, 이어치기 시간 간격을 길게 하면 할수록 온도균열 발생 가능성이 커지게 된다.

③ 온도균열 제어 방법
- Pre-Cooling: 콘크리트 재료의 일부 또는 전부를 냉각시켜 콘크리트의 온도를 낮추는 방법
- Pipe-Cooling: 콘크리트 타설 전에 Pipe를 배관하여 냉각수나 찬공기를 순환시키는 방법

④ 부어넣기 시간 간격:
- 외기온 25℃ 미만: 120분
- 외기온 25℃ 이상: 90분

3 기타 콘크리트

(1) 경량골재콘크리트(Light Weight Concrete, 경량콘크리트)

① 골재의 일부 또는 전부를 경량골재를 사용하여 기건단위용적질량 2,100kg/m³ 이하, f_{ck} = 15MPa 이상인 콘크리트

② 주요 특징:
- 열전도율이 작고, 내화성과 방음 효과가 크며, 흡음률이 보통콘크리트보다 크다.
- 건조수축이 크고, 흡수율이 크며, 동해(凍害) 저항성이 취약하다.
- 경량골재콘크리트 단위시멘트량의 최소값은 300kg/m³이다.
- 경량골재는 직사광선을 많이 받는 곳을 피하여 저장하도록 하며, 골재의 취급 및 저장에서 골재의 짐 부리기, 쌓아 올리기 및 물 뿌리기 시 입자가 분리되지 않도록 한다.

(2) 경량기포콘크리트(ALC, Autoclaved Lightweight Concrete)

① 콘크리트 내에 무수히 많은 기포를 발생시켜 고온·고압으로 증기양생한 다공질의 콘크리트이다.
② 공동주택(아파트) 온돌바닥 미장용 콘크리트로서 고층 적용 실적이 많고 배합을 조닝별로 다르게 하며 타설 바탕면에 따라 배합비 조정이 필요하다.
③ 주요 특징:
- 기건비중이 보통콘크리트의 1/4 정도, 열전도율은 보통콘크리트의 1/10 정도이다.
- 불연재료인 동시에 내화재료이며, 경량이어서 인력에 의한 취급이 용이하다.
- ALC는 수분의 흡수가 증대될수록 강도의 저하, 저온 시의 동해, 단열성의 저하, 보강철근의 부식 등 많은 문제가 발생하게 된다. 따라서 물에 노출되지 않는 곳에 사용하여야 하며 부득이하게 물에 잠기는 곳이나 습기가 많은 곳에 사용할 경우는 흡수를 효과적으로 차단시켜 줄 수 있는 대책이 필요하다.

(3) 각종 콘크리트

① ② ③ ④ ⑤

① 프리스트레스트콘크리트(Pre-Stressed Concrete): 콘크리트의 인장응력이 생기는 부분에 미리 압축력을 주어 콘크리트의 인장강도를 증가시켜 휨 저항을 크게 한 콘크리트로서, 화재에 취약하므로 적절한 내화피복이 요구된다.

프리 텐션(Pre Tension)	• 강재에 인장력 ➡ 콘크리트 타설 및 경화 ➡ 인장력 제거 • 공장 제작, 소규모 대량 제조에 적합
포스트 텐션(Post Tension)	• Sheath 삽입 ➡ 콘크리트 타설 및 경화 ➡ 강재에 인장력 • 현장 제작, 대규모 소량 제조에 적합

② 프리플레이스트콘크리트(Preplaced Concrete, 프리팩트콘크리트, Prepacked Concrete): 거푸집 안에 미리 굵은 골재를 채워 넣은 후 그 공극 속으로 특수한 모르타르(블리딩률 3% 이하)를 주입하여 만든 콘크리트이다.

③ 폴리머 콘크리트(Polymer Concrete, 합성수지 콘크리트): 콘크리트 재료 중 물시멘트의 일부나 전부를 Polymer(유기 고분자 재료 중합체)로 대체하여 경화시킨 복합 재료로서 내화성이 작고 현장 시공이 어렵다.

④ 외장용 노출콘크리트(Exposed Concrete, 제물치장 콘크리트): 콘크리트 표면에 미장이나 타일 등으로 외장하지 않고 거푸집을 떼어 낸 콘크리트면 자체가 치장이 되게 마무리한 콘크리트로서 된비빔 진동다짐으로 한 곳에서부터 일정하게 부어 넣으면서 다져야 한다.

⑤ 프리패브 콘크리트(Pre-Fab Concrete): 공장 생산을 위한 규격화(Standardization)로 인해 부재의 규격을 쉽게 변경하기 어려운 특징이 있다.

예11 경량콘크리트 공사에서 경량골재의 취급 및 저장에 관한 내용 중 옳지 않은 것은?

① 골재의 짐 부리기, 쌓아 올리기 및 물 뿌리기를 할 때 입자가 분리되도록 한다.
② 골재를 쌓아둘 곳은 될 수 있는 대로 물 빠짐이 좋게 한다.
③ 골재를 쌓아둘 곳은 햇볕을 덜 받는 장소를 택한다.
④ 골재에 때때로 물을 뿌리고 표면에 포장 등을 하여 항상 같은 습윤 상태를 유지한다.

답: ①

예12 경량기포콘크리트(ALC)에 관한 설명으로 틀린 것은?

① 기건비중은 보통콘크리트의 약 1/4 정도로 경량이다.
② 열전도율은 보통콘크리트의 약 1/10 정도로서 단열성이 우수하다.
③ 흡음성과 차음성이 우수하다.
④ 유기질 소재를 주원료로 사용하여 내화성능이 매우 낮다.

답: ④

예13 프리스트레스트(Pre-Stressed) 콘크리트에 대한 설명 중 옳지 않은 것은?

① 프리 텐션(Pre-Tension) 공법은 강재에 인장력을 준 후에 콘크리트를 타설하는 방법이다.
② 구조물의 자중을 경감할 수 있으며, 부재 단면을 줄일 수 있다.
③ 화재에 강하며, 내화피복이 필요하지 않다.
④ 항복점 이상에서 진동, 충격에 약하다.

답: ③

예14 거푸집 내에 자갈을 먼저 채우고, 공극부에 유동성이 좋은 모르타르를 주입한 콘크리트는?

① 프리패브 콘크리트
② 진공 콘크리트
③ 외장용 노출콘크리트
④ 프리플레이스트 콘크리트

답: ④

예15 폴리머함침콘크리트에 관한 설명으로 옳지 않은 것은?

① 시멘트계의 재료를 건조시켜 미세한 공극에 수용성 폴리머를 함침·중합시켜 일체화한 것이다.
② 내화성이 뛰어나며 현장 시공이 용이하다.
③ 내구성 및 내약품성이 뛰어나다.
④ 고속도로 포장이나 댐의 보수 공사 등에 사용된다.

답: ②

건축시공
철근콘크리트공사: 적산 사항

1 배합비 1 : m : n일 때 콘크리트 1m³ 당 재료량

재료	배합비 1 : 2 : 4	배합비 1 : 3 : 6
시멘트(kg)	320	220
모래(m³)	0.45	0.47
자갈(m³)	0.90	0.94

【시멘트 1포대는 40kg이다.】

【예제】시멘트 200포를 사용하여 배합비 1:3:6의 콘크리트를 비벼 냈을 때의 전체 콘크리트 량을 산정해보자. (단, 물시멘트비는 60%이고 시멘트 1포대는 40kg이다.)

① 시멘트 포대 수: $\dfrac{220\text{kg/m}^3}{40\text{kg/포}} = 5.5\text{포/m}^3$

② 시멘트 200포 사용 시 콘크리트량: $\dfrac{200\text{포}}{5.5\text{포/m}^3} = 36.36\text{m}^3$

2 콘크리트량 산출

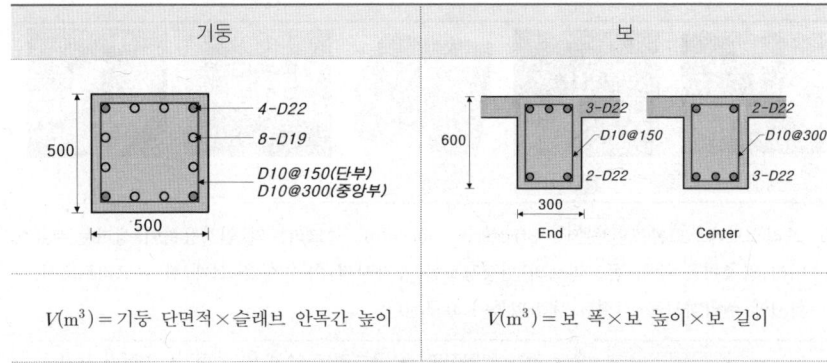

【철근콘크리트 단위체적중량은 2,400kg/m³】

【예제】그림과 같은 건물에서 G_1과 같은 보가 8개 있다고 할 때 보의 총 콘크리트량을 구해보자. (단, 보의 단면상 슬래브와 겹치는 부분은 제외하며, 철근량은 고려하지 않는다.)

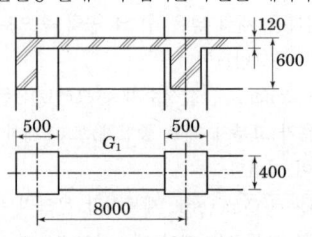

$V = 0.4 \times 0.48 \times (8 - 0.5) \times 8\text{개} = 11.52\text{m}^3$

[예1] 배합비 1:2:4로 콘크리트 1m³를 만드는데 소요되는 모래와 자갈량으로 적당한 것은?
① 모래 0.40m³, 자갈 0.8m³
② 모래 0.45m³, 자갈 0.9m³
③ 모래 0.50m³, 자갈 1.0m³
④ 모래 0.55m³, 자갈 1.1m³
답 : ②

[예2] 각 부재에 대한 콘크리트량 산출 방법으로서 틀린 것은?
① 기둥: 기둥 단면적 × 슬래브 두께를 포함한 층높이
② 계단: 길이 × 평균 두께 × 계단폭
③ 보: 보폭 × 바닥판 두께를 뺀 보춤 × 내부 유효길이
④ 연속기초: 단면적 × 중심 연장길이
답 : ①

[예3] 철근콘크리트 PC 기둥을 8ton 트럭으로 운반하고자 한다. 차량 1대에 최대로 적재 가능한 PC 기둥의 수는? (단, 기둥 단면 크기 30cm × 60cm, 길이는 3m)
① 1개 ② 2개
③ 4개 ④ 6개
답 : ④

핵심번호 10 건축시공 강구조 공사

1 강구조공사 일반 사항(Ⅰ)

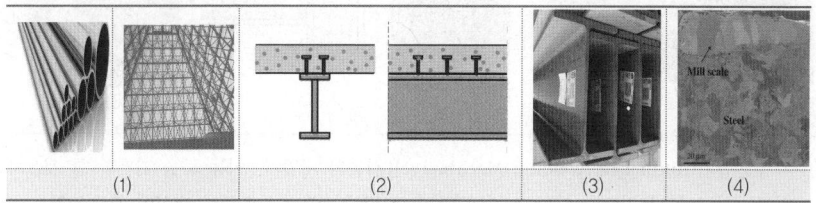

(1) 경량파이프구조
① 경량형 강재는 판두께가 얇기 때문에 판재의 국부좌굴이나 국부변형이 발생할 우려가 크다.
② 파이프(Pipe)의 부재 형상이 단순하여 일반적인 강구조에 비해 공사비가 감소된다.
(2) 강합성구조: 철근콘크리트 슬래브와 강재 보가 일체로 되는 합성보는 경간(Span)이 큰 경우에 주로 적용한다.
(3) 강재의 명칭
① SS : Steel Structure(일반구조용 압연강재)
② SM : Steel Marine(용접구조용 압연강재)
③ SMA : Steel Marine Atmosphere(용접구조용 내후성 열간압연강재)
④ SN : Steel New(건축구조용 압연강재)
⑤ FR : Fire Resistance(건축구조용 내화강재)
(4) 밀 스케일(Mill Scale): 압연강재가 냉각될 때 표면에 생기는 산화철 표피

2 강구조공사 일반 사항(Ⅱ)
(1) 공장 가공 순서

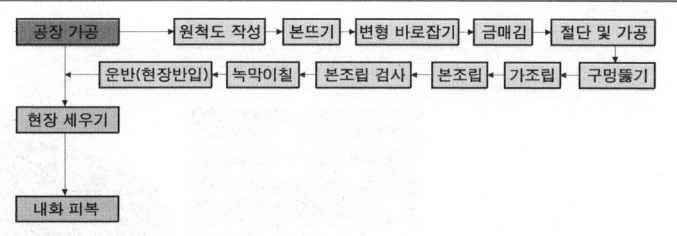

(2) 고장력볼트 접합의 종류

마찰접합	인장접합	지압접합

(3) 녹막이 칠을 하지 않는 부분
① 콘크리트에 매립되는 부분
② 조립에 의해 면맞춤 되는 부분
③ 고장력볼트 접합부의 마찰면
④ 용접 부위 양측 100mm 이내

예1 경량파이프구조 공사의 특징으로 옳지 않은 것은?
① 경량이며 외관이 경쾌 미려하다.
② 부재 형상이 복잡하여 도장 면적도 많다.
③ 접합부의 절단 가공이 어렵다.
④ 접합부 부품이 복잡해지는 난점이 있다.
답 : ②

예2 철근콘크리트 슬래브와 철골 보가 일체로 되는 합성구조에 관한 설명으로 옳지 않은 것은?
① 시어 커넥터(Shear Connector)가 필요하다.
② 바닥판의 강성을 증가시키는 효과가 크다.
③ 자재를 절감하므로 경제적이다.
④ 경간이 작은 경우에 주로 적용한다.
답 : ④

예3 강재의 종류에 대한 설명으로 틀린 것은?
① SS: 일반구조용 압연강재
② SM: 용접구조용 압연강재
③ SN: 건축구조용 내화강재
④ SMA: 용접구조용 내후성 열간압연강재
답 : ③

예4 압연강재가 냉각될 때 표면에 생기는 산화철 표피를 무엇이라 하는가?
① 스패터 ② 밀 스케일
③ 슬래그 ④ 비드
답 : ②

예5 철골공사의 접합에 관한 설명으로 옳지 않은 것은?
① 고장력볼트 접합의 종류에는 마찰접합, 인장접합, 지압접합이 있다.
② 녹막이 도장은 작업 장소 주위 기온이 5℃ 미만이거나 상대습도가 85%를 초과할 때는 작업을 중지한다.
③ 철골이 콘크리트에 묻히는 부분은 특히 녹막이 칠을 잘해야 한다.
④ 용접 접합에 대한 비파괴 시험의 종류에는 자분탐상시험, 초음파 탐상시험 등이 있다.
답 : ③

[예6] 철골공사에서 용접봉의 내밀기, 이동 등을 기계화한 것으로, 서브머지드아크용접법에 쓰이며, 피복재 대신에 분말상의 플럭스를 쓰는 용접기기 명칭으로 옳은 것은?
① 직류아크용접기 ② 교류아크용접기
③ 자동용접기   ④ 반자동용접기
답 : ③

[예7] 강재 가공 및 용접에 있어 자동용접의 경우 용접봉의 피복재 역할로 쓰이는 분말상의 재료를 무엇이라 하는가?
① 플럭스(Flux)   ② 슬래그(Slag)
③ 시드(Sheath)   ④ 샤모테(Chamotte)
답 : ①

[예8] 철골부재 용접 시 이음 및 접합부위의 용접선의 교차로 재용접된 부위가 열 영향을 받아 취약해짐을 방지하기 위하여 모재에 부채꼴 모양의 모따기를 한 것은?
① Blow Hole   ② Scallop
③ End Tab   ④ Crater
답 : ②

[예9] 철판과 철판이 겹치든가 맞닿는 부분이 각을 이루도록 용접하는 것은?
① 홈용접   ② 가스압접
③ 그루브용접 ④ 필릿용접
답 : ④

[예10] 용접 작업 중 운봉을 용접 방향에 대하여 가로로 왔다갔다 움직여 용착금속을 녹여 붙이는 것을 의미하는 것은?
① Mill Scale   ② Groove
③ Weaving   ④ Blow Hole
답 : ③

[예11] 용접 작업의 용접 자세를 표현하는 각 기호의 의미하는 바가 옳은 것은?
① F: 수평 자세   ② H: 수직 자세
③ O: 상향 자세   ④ V: 하향 자세
답 : ③

[예12] 용접 시 용착금속 단면에 생기는 작은 은색의 점을 무엇이라 하는가?
① 피시 아이(Fish Eye)
② 블로 홀(Blow Hole)
③ 슬래그 함입(Slag Inclusion)
④ 크레이터(Crater)
답 : ①

[예13] 다음과 같은 원인으로 인하여 발생하는 용접 결함의 종류는?

도료, 녹, 밀 스케일, 모재의 수분

① 피트   ② 언더 컷
③ 오버 랩   ④ 엔드 탭
답 : ①

3 강구조공사: 용접(Welding)

(1) 용접 관련 용어

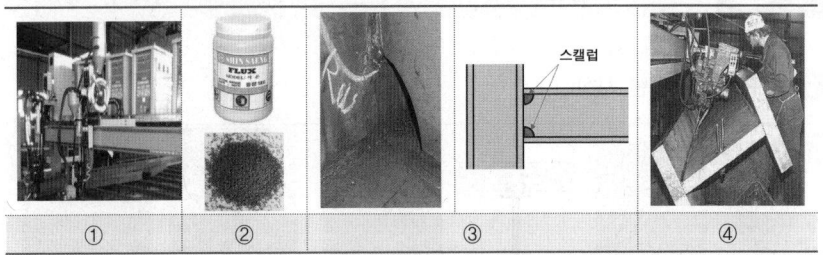

① 자동용접기(Automatic Welding Machine): 용접봉의 내밀기, 이동 등을 기계화 한 것으로 서브머지드아크용접(Submerged Arc Welding)법에 쓰이며, 피복재 대신에 분말상의 플럭스를 쓰는 용접 기기
② 플럭스(Flux): 강재 가공 및 용접에 있어 자동용접의 경우 용접봉의 피복재 역할로 쓰이는 분말상의 재료
③ 스캘럽(Scallop): 타 부재 용접 접합 시 용접부위가 재용접되어 열 영향부가 취약화 되는 것을 방지할 목적으로 실시한 곡선 모따기
④ 필릿용접(Fillet Welding, 모살용접): 두 부재에 홈파기(가공)를 하지 않고 일정한 각도로 접합한 후 삼각형 모양으로 접합부를 용접하는 방법
⑤ 위빙(Weaving): 두개의 모재를 붙이기 위해 지그재그 방식으로 용접하는 기술

(2) 용접 자세

F	Flat Position	하향 자세
O	Over-Head Position	상향 자세
H	Horizontal Position	수평 자세
V	Vertical Position:	수직 자세

(3) 주요 용접 결함

용접결함	설명
피시 아이 (Fish eye)	은점(銀點)이라고도 하며, 용착금속의 파면(破面)에 나타나는 은백색을 띤 물고기의 눈과 같은 형상의 결함부로서 저수소계 용접봉을 사용하거나, 용접 후 500~600℃ 정도로 가열하면 방지할 수 있다.
피트 (Pit)	도료, 녹, 밀 스케일, 모재의 수분의 영향으로 용접 비드(Bead) 표면에 뚫린 구멍, 미세한 홈
크레이터 (Crater)	끝부분이 항아리 모양으로 패이는 용접 결함으로서, 용접 전류가 과대하여 발생

건축시공
11 조적공사: 벽돌공사, 블록공사, 석공사

1 벽돌쌓기 일반사항(Ⅰ)

(1) 벽돌 제원 및 품질

190(길이)×57(높이)×90(두께)

[KS L 4201]	종류	
	1종	2종
흡수율(%)	10.0 이하	15.0 이하
압축강도(MPa)	24.50 이상	14.70 이상

• 0.5B 벽두께 ➡ 90mm, 1.0B 벽두께 ➡ 190mm, 1.5B 벽두께 ➡ 290mm

(2) 줄눈

① 하중의 아치 효과, 응력 분산 목적으로 막힌줄눈 시공이 원칙이다.
② 가로 및 세로줄눈은 10mm를 표준으로 하고 세로줄눈은 통줄눈이 되지 않도록 한다. 내화벽돌은 도면 또는 공사시방서의 지정이 없을 때 가로 세로 6mm를 표준으로 한다.
③ 치장줄눈: 줄눈 부위를 장식적으로 만든 것으로 깊이 6mm 정도로 줄눈모르타르가 굳기 전에 줄눈파기를 한다.

평줄눈 | 빗줄눈 | 엇빗줄눈 | 민줄눈 | 오목줄눈 | 볼록줄눈

(3) 벽돌쌓기 시공

① 벽돌 물축임을 하지 않으면 모르타르의 수분을 벽돌이 흡수하여 모르타르 강도가 저하한다. 다만, 내화벽돌은 기건성이므로 물축임을 하게 되면 내화성을 잃기 때문에 물축임을 하지 않는다.
② 하루의 쌓기 높이는 1.2m(18켜 정도)를 표준으로 하고, 최대 1.5m(22켜 정도) 이하로 한다.
③ 국가별 쌓기

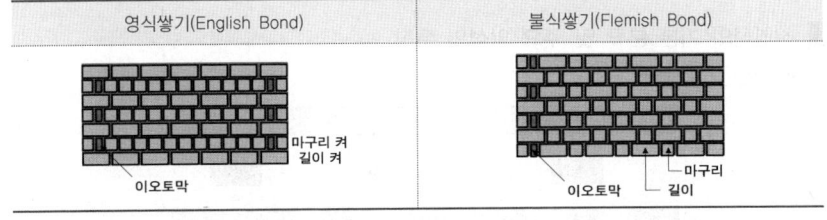

• 영식쌓기: 이오토막을 사용하여 마구리쌓기와 길이쌓기를 교대로 하여 가장 견고한 벽체를 형성
• 화란식쌓기: 길이쌓기켜에 칠오토막을 사용하며 현장에서 가장 널리 적용
• 미식쌓기: 5켜는 길이쌓기, 다음 한 켜는 마구리 쌓기
• 불식쌓기: 한 켜에서 마구리와 길이를 교대로 쌓는 방식으로 통줄눈이 발생되므로 비내력벽의 의장적 벽체에 적용

예1 벽돌의 품질을 결정하는데 가장 중요한 사항은 어느 것인가?
① 흡수율 및 인장강도
② 흡수율 및 전단강도
③ 흡수율 및 휨강도
④ 흡수율 및 압축강도
답 : ④

예2 기본 벽돌(190×90×57mm)을 사용한 1.5B 쌓기의 벽두께 치수는?
① 290mm   ② 320mm
③ 360mm   ④ 390mm
답 : ①

예3 벽돌공사에 대한 설명으로 옳지 않은 것은?
① 치장줄눈의 줄눈파기 깊이는 15mm 정도로 한다.
② 쌓기용 모르타르 강도는 벽돌 강도와 동등하거나 그 이상으로 한다.
③ 하루에 쌓는 높이는 1.2m~1.5m를 표준으로 한다.
④ 모르타르에 사용되는 모래는 제염된 것으로 사용한다.
답 : ①

예4 조적벽 치장줄눈의 종류로 옳지 않은 것은?
① 통줄눈   ② 빗줄눈
③ 오목줄눈   ④ 민줄눈
답 : ①

예5 일반적으로 가장 많이 사용되는 벽돌 등의 조적조 벽체 줄눈 모양은?
① 평줄눈   ② 민줄눈
③ 오목줄눈   ④ 내민줄눈
답 : ①

예6 벽돌쌓기에 대한 설명 중 옳지 않은 것은?
① 벽돌쌓기 하루 높이는 최대 1.5m 이내로 한다.
② 벽돌쌓기의 세로줄눈은 보통 막힌 줄눈으로 쌓는다.
③ 모르타르는 벽돌 강도와 동등 이상의 것을 사용한다.
④ 내화벽돌은 충분하게 물축임하여 표면의 물기가 빠진 뒤 쌓는다.
답 : ④

예7 벽돌쌓기 중 가장 튼튼한 쌓기법으로 한켜는 마구리쌓기, 다음 켜는 길이쌓기로 하고 모서리나 벽끝에는 이오토막을 쓰는 쌓기방법은?
① 영식쌓기   ② 화란식쌓기
③ 불식쌓기   ④ 미식쌓기
답 : ①

예8 창대쌓기의 창대 벽돌은 그 윗면을 몇 도의 경사로 옆세워 쌓는가?
① 10°　② 15°
③ 20°　④ 25°
답 : ②

예9 외부 조적벽의 방습, 방열, 방한, 방서 등을 위해 설치하는 쌓기법은?
① 내쌓기　② 기초쌓기
③ 공간쌓기　④ 엇모쌓기
답 : ③

예10 벽돌벽 내쌓기에서 내쌓을 수 있는 총 벽길이의 한도는?
① 2.0 B　② 1.0 B
③ 1/2 B　④ 1/4 B
답 : ①

예11 벽돌벽에 장식적으로 구멍을 내어 쌓는 벽돌쌓기 방식은?
① 불식쌓기　② 영롱쌓기
③ 무늬쌓기　④ 층단떼어쌓기
답 : ②

예12 대린벽으로 구획된 조적조의 벽에서 벽 길이가 9m인 경우 이 벽체에 설치할 수 있는 개구부 폭의 합계는?
① 1.5m 이하　② 3.0m 이하
③ 4.5m 이하　④ 6.0m 이하
답 : ③

예13 창문 위에 건너질러 상부에서 오는 하중을 좌우 벽으로 전달시키기 위하여 설치하는 보는?
① 기초보　② 인방보
③ 토대　④ 테두리보
답 : ②

예14 벽돌조 건물에서 벽량이란 해당 층의 바닥면적에 대한 무엇의 비를 말하는가?
① 벽면적의 총 합계
② 내력벽 길이의 총 합계
③ 높이
④ 벽두께
답 : ②

예15 조적벽에 발생하는 백화를 방지하기 위한 방법으로 효과가 없는 것은?
① 줄눈 모르타르에 방수제를 넣는다.
② 줄눈 모르타르에 석회를 사용한다.
③ 처마를 충분히 내고 벽에 직접 비가 맞지 않도록 한다.
④ 벽면에 실리콘 방수를 한다.
답 : ②

예16 다음 중 화성암에 속하지 않는 것은?
① 화강암　② 현무암
③ 안산암　④ 점판암
답 : ④

2 벽돌쌓기 일반 사항(II)

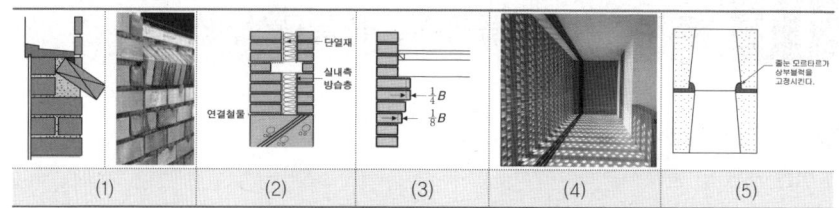

(1) 창대쌓기: 창 밑에 돌 또는 벽돌을 15° 정도 경사지게 옆세워 쌓는 방법이다.
(2) 공간쌓기: 벽체의 방습·방음·단열 목적으로 바깥쪽을 주벽체로 시공 후 0.5B 쌓기로 안벽체를 시공한다.
(3) 내쌓기: 벽체에 방화벽, 마루 설치 목적으로 한 켜 $\frac{1}{8}B$, 두 켜 $\frac{1}{4}B$, 내쌓기 한도는 2.0B로 한다.
(4) 영롱쌓기: 벽돌쌓기 시 가운데 빈 부분을 남겨놓고 쌓는 방식으로 타공쌓기라고도 한다.
(5) 블록쌓기
① 블록의 살두께가 두꺼운 쪽이 위로 가게 쌓는 것을 원칙으로 한다.
② 와이어 메시(Wire Mesh): 블록 쌓기 시 수직하중의 분산, 횡력에 대한 전단 보강, 모서리 및 교차부 벽체의 보강 역할을 한다.

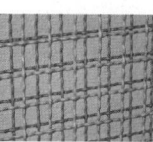

3 조적조 안전 규정, 백화

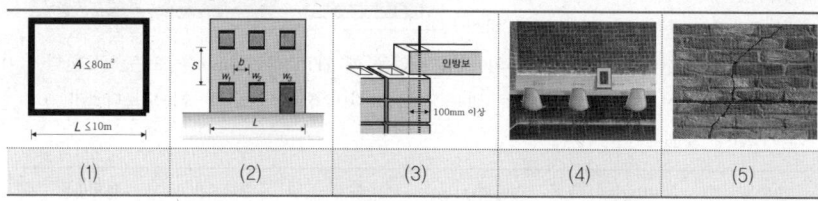

(1) 길이, 면적 제한: 내력벽 길이(L) ≤ 10m, 바닥면적(A) ≤ 80m²
(2) $w_1 + w_2 + w_3 \leq \frac{L}{2}$: 개구부 폭의 합계는 전체 벽 길이의 1/2을 초과해서는 안 된다.
　상하 이격거리: $S = 600mm$ 이상, 수평 개구부 간 이격거리: $b = 2t$ 이상
(3) 인방(Lintel): 창문 너비가 1.8m 이상 일 때 철근콘크리트 인방보를 200mm 이상 걸친다.
(4) 벽량(Wall Quantity): 벽량 = (내력벽 전체 길이, mm) / (바닥면적, m²)
(5) 백화 현상(Efflorescence)
① 백화 현상은 조적 벽면이 새하얗게 변하는 현상이며 석회 때문에 발생한다.
② 습기가 많을 때, 기온이 낮을 때, 그늘진 북측 면에서 백화 발생의 빈도가 높다.

4 천연석의 기본 분류 및 주요 암석의 특징

(1) 천연석의 기본 분류

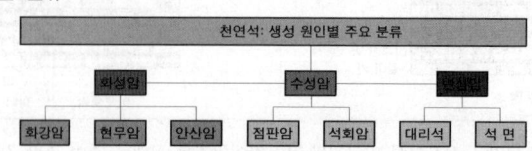

① 화성암(火成岩, Igneous Rock): 화산 작용에 의해 마그마(Magma)가 굳어져 생성된 것
② 수성암(水成岩, Aqueous Rock): 자갈·모래·점토 등이 호수나 바다 밑에 침전되어 수압에 의해 굳은 것
③ 변성암(變成岩, Metamorphic Rock): 화성암, 수성암이 2차적 지각 변동에 의해 열과 압력을 받아 변질된 것

(2) 주요 암석의 특징

| ① | ② | ③ | ④ | ⑤ |

① 화강암(花崗巖, Granite): 구성 광물은 석영, 장석, 흑운모이며 석영과 장석이 많아 밝은 색을 나타내고 결정이 크고 고르기 때문에 구조용, 내·외장용으로 다양하게 사용된다.
② 안산암(安山巖, Andesite): 강도와 내구성은 비교적 크며, 조직과 색조가 균일하지 않지만 가공은 용이한 특징을 갖는다.
③ 응회암(凝灰岩, Tuff): 화산에서 분출된 후 운반 작용을 충분히 받지 못하고 화산재가 쌓여서 암석화 작용을 받은 퇴적암으로 부순 골재의 원석으로 부적합하며, 시멘트의 원료 내지는 건물 외벽 마감재료 정도로 사용된다.
④ 점판암(粘板岩, Slate): '점토로 된 납작한 판 모양의 암석'을 뜻하며, 세일이 지하에서 압력과 열을 받음으로써 압력 방향에 수직으로 판판하게 단단해진 수성암 내지는 변성암이다.
⑤ 트래버틴(Travertine): 물에 녹아 있는 탄산칼슘이 가라앉아 생긴 석회암을 말하며, 흔히 대리석이라고 한다. 풍화 및 외부 기후에 약하므로 주로 내장재로 활용된다.

5 석공사

(1) 석재의 주요 특징
① 동일 건축물에는 가급적 하나의 산지의 동일한 석재를 사용하도록 한다.
② 장대(長大)재를 얻기에 불리하며 가공성이 좋지 못하고, 인장강도는 압축강도에 비해 매우 작다.
③ 조성 결정(結晶)형이 큰 석재는 공극률 및 흡수율이 크고 비중은 작기 때문에 강도가 떨어진다.
④ 석재의 공극률이 클수록 흡수율이 커져서 동결융해저항성이 나빠진다.

(2) 석재의 표면 마무리

순서(인력가공)	혹두기(혹떼기, 메다듬)	정다듬	도드락다듬	잔다듬	물갈기	광내기
주요 장비	쇠메	정	도드락망치	양날망치	연마기	왁스

석재의 표면 갈기 및 광내기는 인조 숫돌(=카보랜덤)로 철사(鐵砂), 금강사(金剛砂)와 물을 뿌리며 갈기를 하고, 산화주석을 이용하여 광내기를 한다.

(3) 석공사 건식공법
① 습식쌓기 공법에서 시공이 불량하면 백화 현상 등의 원인이 된다. 건식공법은 석재가 구조체에 밀착되지 않기 때문에 구조체의 변형 및 균열의 영향이 없고 모르타르의 사용량도 적고 경화 시간도 관계가 없기 때문에 시공 능률이 우수하다.
② 패스너(Fastener, 파스너, 화스너): 건식공법에 의한 석재 붙이기에 필요한 연결철물로 석재의 상하 양단에 설치하여 1차 연결철물은 지지용으로 2차 연결철물은 고정용으로 사용된다.

(4) 석축공사

| ① | 찰쌓기 | 뒤 고임 석재로 고여 쌓는 석재를 고정시키고 각 수평 층의 석재 쌓기를 마칠 때마다 석재로 뒤 채움한 후 콘크리트로 빈틈이 없도록 채운다. |
| ② | 메쌓기 | 석재의 마주치는 면을 다듬어 잘 맞닿게 하고 뒤 고임 석재로 고정시켜 그 빈틈을 잔석재로 채우고 넓고 큰 석재를 골라 끝 고임 석재로 하고 다시 그 빈틈을 잔석재로 채운다. |

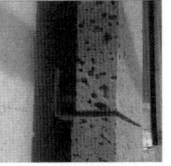

예17 석영, 장석 및 운모로 이루어졌으며 통상적으로 강도가 크고 내구성이 커서 내·외부 벽체, 기둥 등에 다양하게 사용되는 석재는?
① 화강암 ② 석회암
③ 대리석 ④ 점판암
답 : ①

예18 보통 콘크리트용 부순 골재의 원석으로서 가장 적합하지 않은 것은?
① 현무암 ② 응회암
③ 안산암 ④ 화강암
답 : ②

예19 석재의 주 용도를 표기한 것으로 옳지 않은 것은?
① 화강암: 구조용, 외부장식용
② 안산암: 구조용
③ 응회암: 경량골재용
④ 트래버틴: 외부장식용
답 : ④

예20 석재의 일반적 성질에 관한 설명으로 옳지 않은 것은?
① 석재의 비중은 조암 광물의 성질·비율·공극의 정도 등에 따라 달라진다.
② 석재의 강도에서 인장강도는 압축 강도에 비해 매우 작다.
③ 석재의 공극률이 클수록 흡수율이 크고 동결융해저항성은 떨어진다.
④ 석재의 강도는 조성 결정형이 클수록 크다.
답 : ④

예21 석재의 표면 마무리의 갈기 및 광내기에 사용하는 재료가 아닌 것은?
① 금강사 ② 황산
③ 숫돌   ④ 산화주석
답 : ②

예22 돌공사 중 건식공법의 설명으로 옳지 않은 것은?
① 뒤 사춤을 하지 않고 긴결 철물을 사용하여 고정하는 공법이다.
② 앵커철물 혹은 합성수지 접착제를 이용하여 정착시킨다.
③ 구조체의 변형, 균열의 영향을 받지 않는 곳에 주로 사용한다.
④ 경화 시간과는 관계없지만 시공 정밀도가 요구되므로 작업 능률은 저하한다.
답 : ④

예23 모든 석재와 콘크리트가 잘 부착되도록 쌓고, 콘크리트가 앞면 접촉부까지 채워지도록 다지는 돌쌓기 방법은?
① 메쌓기 ② 찰쌓기
③ 막돌쌓기 ④ 건쌓기
답 : ②

핵심번호 12 건축시공 — 조적공사: 적산 사항

1 벽돌쌓기량

(1) 벽면적 1m² 당 모르타르량

모르타르량(m³)	벽두께	0.5B	1.0B	1.5B
	벽면적 1m²당	0019	0.049	0.078
	정미량 1,000매당	0.25	0.33	0.35
	모르타르의 재료량은 할증이 포함된 것이며, 배합비는 1:3 이다.			

[예1] 기본형(190×57×90) 벽돌 3,000매를 벽두께 1.0B로 쌓기 시 필요한 모르타르 량은?
① 0.99m³ ② 1.05m³
③ 1.15m³ ④ 1.25m³
답 : ①

(2) 벽면적 1m² 당 벽돌쌓기

		벽두께	0.5B	1.0B	1.5B
①	정미량	표준형벽돌(190×90×57)	75	149	224
②	소요량	할증률(붉은 벽돌 3%, 시멘트 벽돌 5%) 적용			

[예2] 높이 3m, 길이 200m의 벽을 시멘트 벽돌 1.0B 쌓기 할 때 필요한 벽돌의 정미량은?
① 84,500매 ② 89,400매
③ 92,000매 ④ 98,300매
답 : ②

【예제1】	조적벽 40m²를 쌓는데 필요한 벽돌량을 구해보자. (단, 표준형 벽돌 0.5B 쌓기, 할증은 고려하지 않음)	75매/m² × 40m² = 3,000매
【예제2】	높이 3m, 길이 200m의 벽을 시멘트 벽돌 1.0B 쌓기로 할 때 필요한 벽돌의 정미량을 구해보자.	149매/m² × (3m×200m) = 89,400매
【예제3】	벽면적 4.8m² 크기에 1.5B 두께로 붉은 벽돌을 쌓고자 할 때 벽돌 소요 매수를 구해보자.	224매/m² × 4.8m² × 1.03 = 1,107.5매

[예3] 벽두께 1.0B, 벽면적 30m² 쌓기에 소요되는 벽돌의 정미량은?
① 3,900매 ② 4,095매
③ 4,470매 ④ 4,804매
답 : ③

[예4] 벽두께 1.5B, 벽면적 20m² 쌓기에 소요되는 벽돌의 정미량은?
① 2,240매 ② 3,360매
③ 4,480매 ④ 6,720매
답 : ③

2 할증률을 포함한 블록 크기별 소요량

390(길이)×190(높이)×100(두께)	
390(길이)×190(높이)×150(두께)	13매/m²
390(길이)×190(높이)×190(두께)	

[예5] 콘크리트 블록 벽체 2m²를 쌓는 데 소요되는 콘크리트 블록 개수는? (단, 블록은 기본형이다.)
① 26장 ② 30장
③ 34장 ④ 38장
답 : ①

핵심번호 13 건축시공 목공사

1 목공사 일반 사항

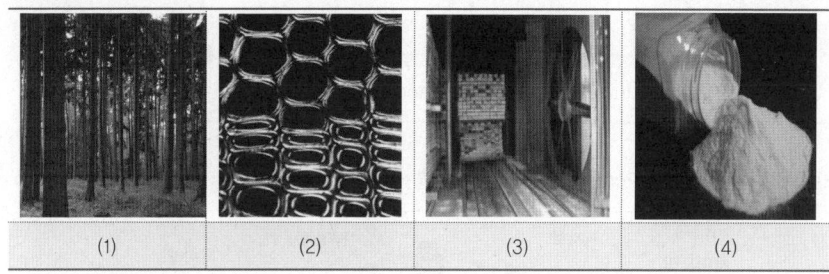

(1) 목재의 수종
① 목재는 무게에 비해 뛰어난 강도를 가지며, 수평 구조용재로 적합하다.
② 침엽수(針葉樹)는 건축용 구조재, 활엽(闊葉樹)수는 치장재 및 가구재에 적합하다.
③ 침엽수는 가벼우면서도 탄력이 있고 목질이 연하여 가공이 쉽다.

(2) 목재의 함수량
① 전건재(0%), 기건재(15%), 섬유포화점(30%)
② 섬유포화점(Fiber Saturation Point): 목재 세포가 최대한도의 수분을 흡착한 함수율이 30% 정도일 때이며, 섬유포화점 이상에서는 강도의 변화가 없다.

(3) 목재의 건조
실외에 잔적하여 자연적으로 건조시키는 천연건조, 건조실 내부를 인공적으로 적당한 온도 및 습도가 되도록 조절하는 인공건조 방법이 있는데 시간적 효율은 인공건조 방법이 높다.

(4) 목재의 접착재
① 접착력의 크기: 에폭시 〉 요소 〉 멜라민 〉 페놀 〉 아교 〉 카세인(Casein)
② 내수, 내구성이 가장 우수한 제품은 페놀수지이다.

(5) 목재의 방부제

① 크레오소트(Creosote): 석탄의 고온 건류 시 부산물로 얻어지는 흑갈색의 유성 액체로서 가열 도포하면 방부성은 좋지만 목재를 흑갈색으로 착색하고 페인트칠도 불가능하게 하므로 보이지 않는 곳에 주로 이용되는 유성방부제이다.
② 콜 타르(Coal Tar): 방부력이 약하고 도포용으로만 쓰이며, 상온에서 침투가 잘 되지 않고 흑색이므로 사용 장소가 제한되는 유성 방부제이다.
③ PCP(Penta Chloro Phenol, 펜타 클로로 페놀): 유기 염소 화합물의 일종으로 살균제 및 방부제, 특히 목재 방부제로 널리 사용되었던 화학 물질이다. 페놀에 염소를 결합한 형태로, 독성이 강하여 현재는 사용이 제한되거나 금지되는 추세이다.

예1 목구조 재료로 사용되는 침엽수의 특징에 해당하지 않는 것은?
① 직선 부재의 대량생산이 가능하다.
② 단단하고 가공이 어려우나 미관이 좋다.
③ 병·충해에 약하여 방부 및 방충 처리를 하여야 한다.
④ 수고(樹高)가 높으며 통직하다.
답: ②

예2 건축용 목재의 일반적인 성질에 대한 설명 중 틀린 것은?
① 섬유포화점 이하에서는 목재의 함수율이 증가함에 따라 강도는 감소한다.
② 기건상태의 목재의 함수율은 15% 정도이다.
③ 목재의 심재는 변재보다 건조에 따른 수축이 적다.
④ 섬유포화점 이상에서는 목재의 함수율이 증가함에 따라 강도는 증가한다.
답: ④

예3 목재를 천연건조 시킬 때의 장점에 해당되지 않는 것은?
① 비교적 균일한 건조가 가능하다.
② 시설 투자 비용 및 작업 비용이 적다.
③ 건조 소요 시간이 짧은 편이다.
④ 타 건조 방식에 비해 건조에 의한 결함이 비교적 적은 편이다.
답: ③

예4 목재의 접착제가 아닌 것은?
① 카세인 ② 멜라민 수지
③ 페놀 수지 ④ 스티롤 수지
답: ④

예5 목재에 사용하는 방부제에 해당되지 않는 것은?
① 크레오소트유(Creosote Oil)
② 콜 타르(Coal Tar)
③ 카세인(Casein)
④ P.C.P(Penta Chloro Phenol)
답: ③

예6 방부력이 약하고 도포용으로만 쓰이며, 상온에서 침투가 잘 되지 않고 흑색이므로 사용 장소가 제한되는 유성 방부제는?
① 캐로신
② PCP
③ 염화아연 4% 용액
④ 콜 타르
답: ④

예7 벽체 구조에 관한 설명으로 옳지 않은 것은?

① 목조 벽체를 수평력에 견디게 하고 안정한 구조로 하기 위해 귀잡이를 설치한다.
② 벽돌구조에서 각 층의 대린벽으로 구획된 각 벽에 있어서 개구부의 폭의 합계는 그 벽의 길이의 1/2 이하로 하여야 한다.
③ 목조 벽체에서 샛기둥은 본기둥 사이에 벽체를 이루는 것으로서 가새의 옆힘을 막는데 유효하다.
④ 너비 180cm가 넘는 문꼴의 상부에는 철근콘크리트 인방보를 설치하고, 벽돌 벽면에서 내미는 창 또는 툇마루 등은 철골 또는 철근콘크리트로 보강한다.

답 : ①

예8 목조 지붕틀 구조에서 중도리와 ㅅ자보를 연결하는데 적합한 철물은?
① 띠쇠   ② 주걱볼트
③ 감잡이쇠 ④ 엇꺾쇠

답 : ④

예9 목조 지붕틀 구조에서 층도리와 모서리 기둥의 맞춤에 사용되는 철물은?
① 띠쇠   ② 감잡이쇠
③ 주걱볼트 ④ ㄱ자쇠

답 : ④

예10 지붕잇기 중 금속판 지붕 및 금속판 잇기에 대한 설명으로 옳지 않은 것은?

① 금속판 지붕은 다른 재료에 비해 가볍고, 시공이 용이하다.
② 겹침의 두께가 작으며 물매를 완만하게 할 수 있다.
③ 열전도가 크고 온도 변화에 의한 신축이 작기 때문에 바탕재와의 연결이 용이하다.
④ 대기 중에 장기간 노출되면 산화하며, 염류나 가스에 부식되기 쉽다.

답 : ③

예11 선홈통 공사에 대한 설명 중 옳지 않은 것은?

① 선홈통이 지반에 접하는 하부에는 보호관을 설치한다.
② 선홈통 홈걸이의 간격은 보통 0.9m 마다 줄 바르게 고정한다.
③ 접합 겹침은 3cm 이상 꽂아 넣어 납땜한다.
④ 선홈통은 건물의 관에 대한 고려와 동파를 방지하기 위하여 가능한 한 콘크리트 기둥 속이나 조적벽체 속에 매설한다.

답 : ④

2 목조 벽체의 보강, 목조 지붕틀, 지붕 공사

(1) **목조 벽체의 보강**: 수평력에 견디게 하고 안정한 구조로 하기 위해 가새(Brace)를 설치한다.

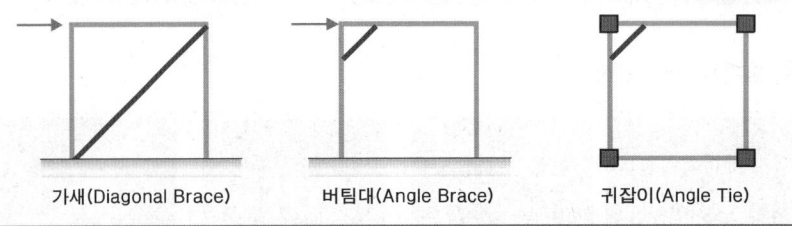

가새(Diagonal Brace)   버팀대(Angle Brace)   귀잡이(Angle Tie)

(2) **목조 왕대공(King Post) 지붕틀**: 보강 철물

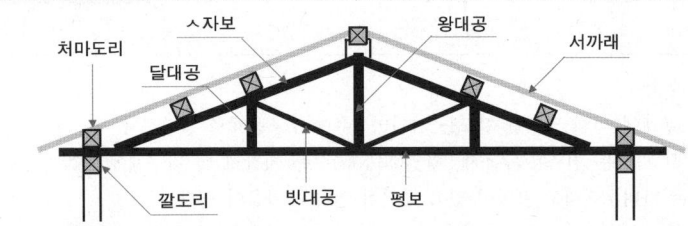

(보통, 엇, 주걱) 꺾쇠	ㄱ자쇠	감잡이쇠	안장쇠
중도리와 ㅅ자보의 맞춤	모서리 기둥과 층도리의 맞춤	평보와 왕대공의 보강	큰보와 작은보의 보강

(3) 지붕재료 요구성능
① 수밀하고 내수적이며 습도에 의한 신축성이 적을 것
② 방화적이고 열전도율이 작아서 내한·내열성이 클 것
③ 시공이 용이하고 보수가 편리하며 공사 비용이 저렴할 것
④ 외관이 미려하고, 건물과 조화를 이룰 것

(4) 금속판 지붕 및 금속판 잇기
① 겹침의 두께가 작으며 물매를 완만하게 할 수 있다.
② 금속판 지붕은 다른 재료에 비해 가볍고, 시공이 용이하다.
③ 대기 중 장기간 노출되면 산화하며, 염류에 부식되기 쉽다.
④ 열전도가 크고 온도 변화에 의한 신축이 크기 때문에 바탕재와의 연결에 주의한다.

(5) 지붕 선홈통
① 선홈통이 지반에 접하는 하부에는 보호관을 설치한다.
② 선홈통 홈걸이의 간격은 보통 0.9m 마다 줄 바르게 고정한다.
③ 접합 겹침은 3cm 이상 꽂아 넣어 납땜한다.
④ 선홈통은 처마의 홈통에서부터 땅바닥까지 수직으로 내려 빗물을 받는 홈통으로 노출 배관이 일반적이다.

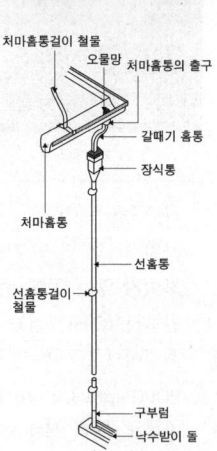

핵심번호 14 건축시공 — 방수공사

1 멤브레인(Membrane, 피막) 방수공법
(1) 정의: 얇은 피막상의 방수층으로 전면을 덮는 방수공법
(2) 종류

시트(Sheet) 방수	도막(Coating) 방수	아스팔트(Asphalt) 방수

(3) 시트(Sheet) 방수
① 정의: 두께 1mm 내외의 합성고분자 루핑(=시트, Sheet)을 접착재로 바탕에 붙여서 1겹으로 방수층을 형성하는 공법
② 주요 특징:
- 바탕 균열에 대한 내구성 및 내후성이 우수하다.
- 제품의 규격화에 의한 시공이 간단하지만 재료가 비싼 단점이 있다.

(4) 도막(Coating) 방수
① 정의: 액체로 된 방수도료를 여러 번 칠하여 상당한 두께의 방수막을 형성하는 공법으로 바탕면 시공과 관통공사가 종결된 이후에 시행된다.
- 라이닝 공법: (유리, 합성)섬유의 망상포를 적층하여 도포
- 코팅 공법: 단순 도포
② 분류

유제(Emulsion)형	• 유제형(아크릴수지, 초산비닐계수지)은 핀 홀(Pin-Hole)에 주의한다.
용제(Solvent)형	• 합성고무를 휘발성 용제에 녹인 일종의 고무 도료를 칠하여 두께 0.5~0.8mm의 방수 피막을 형성한다. • 충격 및 외상(外傷)에 약하며 인화성이 강하므로 화기 및 환기에 주의한다.
에폭시(Epoxy)형	• 에폭시형은 접착성, 내열성, 내마모성, 내약품성이 우수하다. • 우레탄-우레아고무계 또는 우레아수지계 도막방수재를 스프레이(Spray) 시공할 경우, 분사 각도는 항상 바탕면과 수직이 되도록 하고, 바탕면과 300mm 이상 간격을 유지하도록 한다.

[예1] 아스팔트 방수층, 개량아스팔트 시트방수층, 합성 고분자계 시트방수층 및 도막방수층 등 불투수성 피막을 형성하여 방수하는 공사를 총칭하는 용어로 옳은 것은?
① 실링 방수 ② 멤브레인 방수
③ 구체침투 방수 ④ 벤토나이트 방수
답 : ②

[예2] 멤브레인 방수공사에 해당되지 않는 것은?
① 아스팔트 방수 ② 실링 방수
③ 시트 방수 ④ 도막 방수
답 : ②

[예3] 합성고무와 열가소성수지를 사용하여 1겹으로 방수 효과를 내는 공법은?
① 도막 방수 ② 시트 방수
③ 아스팔트 방수 ④ 표면도포 방수
답 : ②

[예4] 시트 방수공법에 관한 설명 중 틀린 것은?
① 접착제 도포에 앞서 먼저 도포한 프라이머의 적정한 건조를 확인한다.
② 시트의 너비와 길이에는 제한이 없고, 3겹 이상 적층하여 방수하는 것이 원칙이다.
③ 수용성의 프라이머는 저온시 동결 피해 발생에 주의한다.
④ 접착공법은 모서리 부분, 드레인 주변 등 특수한 부위를 먼저 세심하게 작업한다.
답 : ②

[예5] 유리섬유, 합성섬유의 망상포를 적층하여 도포하는 도막방수 공법은?
① 시멘트액체방수 공법
② 라이닝 공법
③ 스터코 마감 공법
④ 루핑 공법
답 : ②

[예6] 도막방수에 관한 설명으로 옳지 않은 것은?
① 복잡한 형상에 대한 시공성이 우수하다.
② 용제형 도막방수는 시공이 어려우나 충격에 매우 강하다.
③ 에폭시계 도막방수는 접착성, 내열성, 내마모성, 내약품성이 우수하다.
④ 셀프레벨링공법은 방수 바닥에서 도료 상태의 도막재를 바닥에 부어 도포한다.
답 : ②

예7 건축공사의 방수공법 중 신장성과 내후성이 우수하고 보호누름이 필요하며 결함부의 발견이 매우 어려운 것은?

① 아스팔트방수 ② 시멘트액체방수
③ 시트방수   ④ 도막방수

답 : ①

예8 아스팔트 방수층에 신축줄눈을 설치하는 이유로써 가장 옳은 것은?

① 부분적인 보수를 쉽게 하기 위해서
② 방수층 보호누름을 떠올리지 못하게 하기 위해서
③ 보기 좋게 하기 위해서
④ 지붕 마무리면의 팽창, 수축 등에 의한 균열을 방지하기 위해서

답 : ④

예9 방수공사에 사용하는 아스팔트의 견고성 정도를 침(針)의 관입 저항으로 평가하는 방법은?

① 침입도   ② 마모도
③ 연화점   ④ 신도

답 : ①

예10 지붕공사에 주로 사용하는 방수재료로 옳은 것은?

① 아스팔트 컴파운드
② 스트레이트 아스팔트
③ 아스팔트 피치
④ 블로운 아스팔트

답 : ④

예11 아스팔트 방수공사에서 아스팔트 프라이머를 사용하는 가장 중요한 이유는?

① 콘크리트 면의 습기 제거
② 방수층의 습기 침입 방지
③ 콘크리트면과 아스팔트 방수층의 접착
④ 콘크리트 밑바닥의 균열 방지

답 : ③

예12 방수공사용 아스팔트의 종류 중 표준 용융온도가 가장 낮은 것은?

① 1종   ② 2종
③ 3종   ④ 4종

답 : ①

예13 시멘트액체방수에 대한 설명으로 옳지 않은 것은?

① 값이 저렴하고 시공 및 보수가 용이한 편이다.
② 바탕의 상태가 습하거나 수분이 함유되어 있더라도 시공할 수 있다.
③ 옥상 등 실외에서는 효력의 지속성을 기대할 수 없다.
④ 바탕콘크리트의 침하, 경화 후의 건조수축, 균열 등 구조적 변형이 심한 부분에도 사용할 수 있다.

답 : ③

2 아스팔트 방수

(1) 아스팔트(Asphalt) 방수의 주요 특징

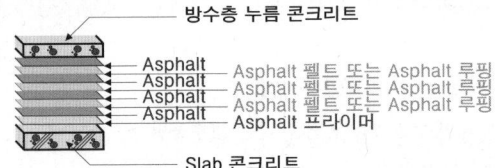

① 신장성과 내후성이 우수하지만 보호누름이 필요하며 결함부의 발견은 매우 어렵다.
② 지붕 마무리면의 팽창, 수축 등에 의한 균열을 방지하기 위해 신축줄눈을 설치한다.

(2) 침입도(針入度, Penetration)

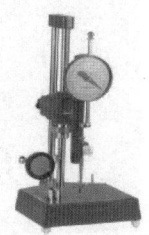

① 25℃, 100g, 5초의 표준 조건에서 침이 0.1mm 관입할 때의 지표로 아스팔트 양부(良否, 좋고 나쁨)를 결정하는 가장 중요한 지표이다.
② 침입도가 작은 것은 연화점이 높기 때문에 온난한 지역은 침입도가 작은 것을 사용하고, 한랭지는 침입도가 크고 연화점이 낮은 것을 사용한다.

(3) 아스팔트 방수재료

① 스트레이트 아스팔트(Straight Asphalt): 신축이 좋고 접착력도 우수하지만 연화점이 낮아 주로 지하실에 사용된다.
② 블로운 아스팔트(Blown Asphalt, 블론 아스팔트): 잔류유(찌꺼기)를 저온으로 장시간 증류한 것으로 연화점이 높고 온도에 예민하지 않으므로 주로 지붕방수에 사용된다.
③ 아스팔트 프라이머(Asphalt Primer): 블로운 아스팔트를 휘발성 용제로 녹인 것으로 밑바탕에 도포하여 방수층의 부착을 좋게 한다.

④ 아스팔트 컴파운드(Asphalt Compound):
• 블로운 아스팔트에 동식물성 기름과 광물성 분말을 혼합하여 개량한 최우량품의 아스팔트이다.
• 방수공사용 아스팔트(KS F4052)의 종별 용융온도(℃): 아스팔트 컴파운드의 1종~4종에 적합한 것을 표준으로 한다. 방수층 위에 단열재과 콘크리트 보호층이 있는 지붕의 경우, 온도 변화가 거의 없음을 고려하여 지하 및 실내의 경우와 동일하게 1종을 표준으로 적용한다.

1종	2종	3종	4종
220~230	240~250	260~270	260~270

3 시멘트액체방수(Cement Liquid Waterproofing)

(1) 정의: 모체 표면에 시멘트 방수제를 도포하고 방수모르타르를 덧발라 방수층을 형성하는 공법

(2) 주요 특징

① 시멘트액체방수는 신축성이 없으므로 방수 면적이 넓을 경우 신축줄눈(Expansion Joint)을 반드시 설치한다.
② 아스팔트 방수층에 비해 신축성이 거의 없어 모체에 균열이 발생하면 방수가 되지 않으므로 외기의 영향을 많이 받는 옥상 등의 부위에 적당하다.
③ 바탕콘크리트면은 시공 전에 충분한 물축임을 행하고 특히 벽면의 경우는 거칠게 처리해 두면 좋다.
④ 시멘트액체방수의 시공을 하절기에 할 경우에는 강렬한 직사광선이나 뜨거운 열이나 바람을 피할 수 있는 새벽 또는 저녁에 시공하는 것이 좋다.

4 아스팔트방수와 시멘트액체방수의 비교, 지하실 안방수와 바깥방수의 비교

(1) 아스팔트방수와 시멘트액체방수의 비교

아스팔트방수	비교항목	시멘트액체방수
모르타르바름	바탕처리	불필요
크다(유리하다)	방수층의 신축성	작다(불리하다)
번잡하다	시공 용이도	용이하다
신뢰할 수 있다 (방수층의 균열 발생이 적다)	방수성능	신뢰성이 약하다 (방수층의 균열 발생이 많다)
어렵다	결함부 발견	용이하다
광범위	보수 범위	국부적
고가	경제성(공사비)	다소 저렴

(2) 지하실 안방수와 바깥방수의 비교

안방수	비교항목	바깥방수
수압이 작고 얕은 지하실	사용환경	수압이 크고 깊은 지하실
따로 만들 필요가 없음	바탕만들기	따로 만들어야 함
필요하다	보호누름	없어도 무방하다
자유롭다	본공사 추진	본공사에 선행된다
간단하다	공사 용이성	상당한 어려움이 있다
쉽다	보수 용이성	어렵다
비교적 저가이다	경제성	비교적 고가이다

5 기타 방수

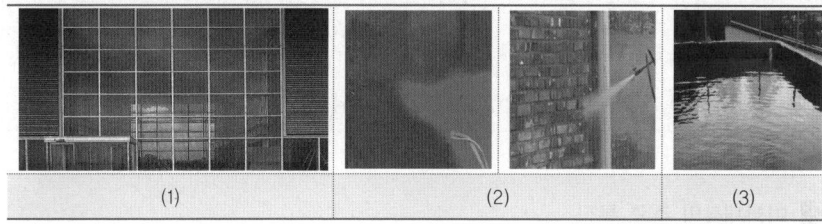

(1)   (2)   (3)

(1) 실링(Sealing) 방수
① 정의: 부재 간의 접합부 등의 수밀·기밀 유지를 목적으로 접합부 틈새에 실링재를 충전하는 방수공법이다.
② 실링 재료는 충전 후에 경화하는 비정형의 코킹(Cauking), 실런트(Sealant) 재료와 퍼티(Putty), 가스켓(Gasket)과 같은 정형 재료가 있다.

(2) 규산질계 도포 방수(침투성 방수)
콘크리트, 조적조, 석재 및 미장 표면에 방수제를 침투시켜 방수층을 형성하는 공법으로 시공성이 좋고 공기단축이 가능하며 적용 범위가 넓지만 방수 성능에 대한 신뢰성은 떨어진다.

(3) 담수 시험
방수 작업 후 구조체에 일정량의 물을 채워 넣고 누수를 확인하는 담수 시험을 가장 많이 시행한다.

예14 아스팔트(Asphalt)방수가 시멘트액체방수보다 우수한 점은?
① 경제성이 있다.
② 보수 범위가 국부적이다.
③ 시공이 간단하다.
④ 방수층의 균열 발생 정도가 비교적 적다.
답 : ④

예15 바깥방수와 비교한 안방수의 특징에 관한 설명으로 옳지 않은 것은?
① 공사가 간단하다.
② 공사비가 비교적 싸다.
③ 보호누름이 없어도 무방하다.
④ 수압이 작은 곳에 이용된다.
답 : ③

예16 안방수와 바깥방수를 비교한 설명으로 옳지 않은 것은?
① 바탕만들기에서 안방수는 따로 만들 필요가 없으나 바깥방수는 따로 만들어야 한다.
② 경제성(공사비)에서는 안방수는 비교적 저렴한 편인 반면 바깥방수는 고가인 편이다.
③ 공사 시기에서 안방수는 본공사에 선행해야 하나 바깥방수는 자유로이 선택할 수 있다.
④ 안방수는 바깥방수에 비해 시공이 간편하다.
답 : ③

예17 프리패브 건축, 커튼월 공법에 따른 건축물에서 각 부분의 접합부 특히 스틸새시의 부위 틈새 및 균열부 보수 등에 많이 이용되는 방수공법은?
① 아스팔트방수   ② 시트방수
③ 도막방수   ④ 실링방수
답 : ④

예18 무기질 또는 무기·유기질계가 혼합된 방수제를 솔·롤러 또는 저압력의 기구로 콘크리트 바탕에 분사·코팅하여 방수층을 형성하는 공법은?
① 실링 방수   ② 침투성 방수
③ 발수성 방수   ④ 그라우팅 방수
답 : ②

예19 건축 방수공사의 성능 확인을 위한 가장 일반적인 시험 방법은?
① 수압 시험   ② 기밀 시험
③ 실물 시험   ④ 담수 시험
답 : ④

핵심번호 15 · 건축시공
미장공사

예1 미장공사에서 나타나는 결함의 유형과 가장 거리가 먼 것은?
① 균열 ② 부식
③ 탈락 ④ 백화
답: ②

예2 미장공사에서 균열을 방지하기 위해 고려해야 할 사항 중 옳지 않은 것은?
① 바름면은 바람 또는 직사광선 등에 의한 급속한 건조를 피한다.
② 1회의 바름두께는 가급적 얇게 한다.
③ 쇠흙손질을 충분히 한다.
④ 모르타르 바름의 정벌바름은 초벌바름보다 부배합으로 한다.
답: ④

예3 다음 중 기경성 미장재료인 것은?
① 석고 플라스터
② 시멘트 모르타르
③ 돌로마이트 플라스터
④ 무수석고 플라스터
답: ③

예4 수경성 마무리 재료로 가장 적합하지 않은 것은?
① 돌로마이트 플라스터
② 혼합석고 플라스터
③ 시멘트 모르타르
④ 경석고 플라스터
답: ①

예5 미장재료의 경화에 대한 설명으로 틀린 것은?
① 석회는 수중에서 경화하지 않는다.
② 소석고는 물을 가하면 석고성분으로 환원하여 경화한다.
③ 무수석고 플라스터는 응결시간이 길고 응결경화에 의한 수축이 거의 없다.
④ 마그네시아 시멘트는 수경성 물질이다.
답: ④

예6 미장공사에서 시멘트 모르타르 바름에 관한 기술 중 옳은 것은?
① 1회의 바름두께는 바닥의 경우를 제외하고 10mm를 표준으로 한다.
② 초벌바름 후 방치 기간 없이 바로 고름질을 하는 것이 좋다.
③ 쇠흙손 마무리는 쇠흙손으로 바르고 나무흙손으로 눌러 고른 다음, 쇠흙손으로 마무리한다.
④ 콘크리트 바닥면에 모르타르를 바를 때에는 바닥에 물이 고인 상태에서 바르는 것이 좋다.
답: ③

1 미장공사 일반 사항, 미장재료의 구분

(1) 미장공사 일반 사항
① 미장공사 주요 결함: 바탕재의 움직임 등에 따른 건조수축, 균열, 들뜸, 탈락, 백화 등
② 미장공사 시공 일반
- 바름층을 바탕에 가까운 것부터 초벌바름(Base Coat, 하도), 재벌바름(Second Coat, 중도), 정벌바름(Finish Coat, 상도)이라 한다. 바탕에 가까운 바름층일수록 부배합, 정벌바름에 가까울수록 빈배합으로 한다.
- 미장재료를 한 번에 두껍게 바르게 되면 흘러내림 등의 문제가 발생하므로 얇게 여러 번 바르는 것이 좋다.

(2) 미장재료 구분

수경성(水硬性)	물과 화학 변화하여 굳어지는 재료
기경성(氣硬性)	공기 중에서 경화하는 재료

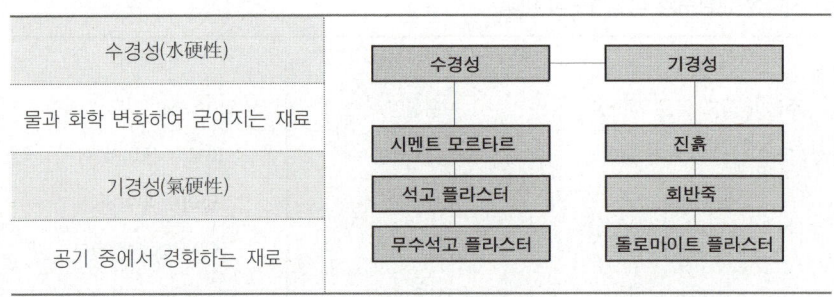

석회(石灰, Lime)	• 석회암, 굴, 조개 껍질 등을 가소하여 생석회를 만들고 여기에 물을 가하면 발열 및 팽창하여 소석회가 되며, 화학적으로는 수산화칼슘($CaCO_3$)이다.
석고(石膏, Gypsum, Plaster)	• 황산염 광물을 110~190℃로 소성한 후 미세분하면 소석고가 되고, 300℃ 이상으로 소성하면 무수석고, 500~1,000℃로 소성한 것은 경석고(무수석고)가 되며 발명자의 이름을 따서 킨즈시멘트(Keen's Cement)라고도 한다. • 혼합석고: 소석고의 팽창성과 소석회의 수축성을 이용하여 두 재료를 혼합한 것 • 돌로마이트 플라스터(Dolomite Plaster): 백운석을 소성한 마그네시아 석회

2 미장재료의 주요 특징

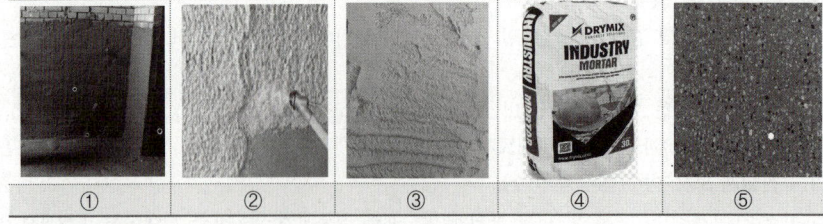

(1) 시멘트 모르타르(Cement Mortar) 바름
① 1회의 바름두께는 바닥의 경우를 제외하고 6mm를 표준으로 한다.
② 초벌바름 후 1~2주일 방치하여 충분한 경화, 균열 발생 후 고름질 및 재벌바름한다.
③ 쇠흙손으로 바르고 나무흙손으로 눌러 고른 다음, 쇠흙손으로 마무리한다.

(2) 석고 플라스터(Gypsum Plaster)
① 석고 플라스터는 경화가 빠르므로 바름작업 후 유성페인트칠을 바로 할 수 있다.
② 바름작업 중 통풍을 방지하고, 작업 후에도 석고가 굳어질 때까지 심한 통풍을 피하도록 한다.
③ 실내 온도가 2℃ 이하일 때는 공사를 중단하거나 난방하여 5℃ 이상으로 유지한다.
④ 경석고 플라스터(Keen's Cement, 킨즈 시멘트): 강도가 크고 수축 및 균열이 거의 없고 광택성을 갖는 고급 마감재이지만 산성을 띠어 철을 녹슬게 하고 시공 시 스테인레스 흙손을 사용해야 하는 결함으로 잘 사용되지 않는다.
⑤ 혼합석고 플라스터: 하도용(초벌용)은 모래를 가하고 물로 혼합하여 비빔하며, 상도용(정벌용)은 사용시 물만 가하여 사용한다.

(3) 돌로마이트 플라스터(Dolomite Plaster)
① 석회+모래+여물 의 기경성 미장재료로서 해초풀(Seaweed Grass)을 쓰지 않는다.
② 공기의 유통이 좋지 않은 지하실과 같이 밀폐된 방에 사용하기에는 부적절하다.
③ 초벌바름에 균열이 없을 때에는 고름질하고 나서 7일 이상 경과한 후 재벌바름하며, 정벌바름용 반죽은 물과 혼합한 후 12시간 이상 지난 다음 사용한다.
④ 회반죽(Lime Plaster): 석회+모래+여물에 해초풀을 끓여 넣은 일본(日本) 특유의 바름 재료로서 바른 후에는 될 수 있는 한 통풍이 없게 하는 것이 좋다.

(4) 드라이 모르타르(Dry Mortar)
현장에서 배합 작업을 할 경우 품질 관리가 어렵고 작업이 번거롭기 때문에 공장에서 미리 사용 목적에 맞게 시멘트, 건조 모래, 특성 개선 혼화제 등을 배합하여 현장에서는 적당량의 물만 혼합하여 사용할 수 있도록 만든 미장재료이다.

(5) 테라조(Terrazzo) 현장갈기
① 테라조를 바른 후 손갈기 2일, 기계갈기일 때 5~7일 이상 경과 후 실시한다.
② 초벌갈기를 한 다음 시멘트페이스트로 메운 후 경화된 다음 중갈기를 행한다.

3 미장공사: 그 밖의 내용

(1) 셀프레벨링(Self Leveling)재
① 골재, 첨가제가 혼합되어 있는 바닥용 미장재료로서 물과 혼합 시 자체 유동성을 가지고 있기 때문에 마감 흙손 작업을 거치지 않고도 평탄하게 되는 성질이 있다.
② 셀프레벨링재 바름 시공
- 모든 재료의 보관은 밀봉 상태로 건조시켜 보관해야 하며, 직사광선이 닿지 않도록 한다.
- 재료는 대부분 기배합 상태로 이용되며, 석고계 재료는 물이 닿지 않는 실내에서만 사용한다.
- 경화 후 이어치기 부분의 돌출 및 기포 흔적이 남아 있는 주변의 튀어 나온 부위는 연마기로 갈아서 평탄하게 하고, 오목하게 들어간 부분 등은 된비빔 셀프레벨링재를 이용하여 보수한다.
- 시공 완료 후 기온이 5℃ 이하가 되지 않도록 관리한다.

(2) 곰보 칠(Rough Coat, 러프 코트, 라프 코트, 거친 바름)
① 일종의 인조석 바름으로 벽 표면을 거칠게 즉, 곰보지게 하는 마무리를 말한다.
② 시멘트, 모래, 잔자갈, 안료 등을 섞어 이긴 것을 바탕바름이 마르기 전에 뿌려 붙이거나 또는 거칠게 바른다.

(3) 코너 비드(Corner Bead)
미장면의 모서리를 보호하면서 벽, 기둥을 마무리 하는 보호용 재료이다.

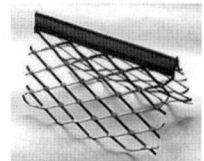

예7 벽면의 미장재료가 다음과 같을 때 유성 페인트칠을 가장 빨리 할 수 있는 재료는?
① 콘크리트 ② 시멘트 모르타르
③ 회반죽 ④ 석고 플라스터
답: ④

예8 돌로마이트 플라스터 바름에 대한 설명으로 틀린 것은?
① 실내 온도가 5℃ 이하일 때는 공사를 중단하거나 난방하여 5℃ 이상으로 유지한다.
② 초벌바름에 균열이 없을 때에는 고름질하고 나서 7일 이상 경과한 후 재벌바름한다.
③ 재벌바름이 지나치게 건조한 때는 적당히 물을 뿌리고 정벌바름한다.
④ 정벌바름용 반죽은 물과 혼합한 후 2시간 정도 지난 다음 사용하는 것이 바람직하다.
답: ④

예9 시멘트와 건조 모래 및 특성 개선재를 배합한 공장 제품을 현장에서 물만 가하여 사용하는 모르타르로서, 현장 배합 모르타르보다는 다소 고가이지만 현장 관리가 용이한 미장재료는?
① 바라이트 모르타르
② 셀프레벨링재
③ 초속경 모르타르
④ 드라이 모르타르
답: ④

예10 테라조(Terrazzo) 현장갈기에 대한 시공 내용 중 옳지 않은 것은?
① 여름철 갈기는 3일 이상 충분히 경화시킨 다음 갈기 시작한다.
② 초벌갈기는 돌알이 균등하게 나타나도록 하고 바로 이어서 중갈기를 행한다.
③ 정벌갈기는 중갈기가 끝나고 시멘트 풀먹임을 2~3회 거듭한 후 행한다.
④ 광내기 왁스칠은 시간을 두고 얇게 여러 번 행하는 것이 좋다.
답: ②

예11 셀프레벨링(Self Leveling)재 시공 중이나 시공 완료 후 기온이 얼마 이하가 되지 않도록 해야 하는가?
① 5℃ ② 10℃
③ 20℃ ④ 30℃
답: ①

예12 시멘트, 모래, 잔자갈, 안료 등을 섞어 이긴 것을 바탕바름이 마르기 전에 뿌려 붙이거나 또는 바르는 것으로 일종의 인조석바름으로 볼 수 있는 것은?
① 회반죽
② 경석고 플라스터
③ 혼합석고 플라스터
④ 라프 코트
답: ④

핵심번호 16 건축시공 타일공사

1 타일(Tile)의 분류

(1) 유약의 유무에 따른 분류
① 무유 타일(Porcelain Tile): 타일 표면에 유약을 바르지 않은 타일이며, 미리 원료를 배합하여 몰드로 찍은 후 가마에 굽는 타일
② 시유 타일(Ceramic Tile): 재료를 섞고 몰드로 찍은 후 구워 비스킷(Biscuit)을 만든 후 유약을 바르고 다시 한 번 구워낸 타일로 무색투명하고 광택이 있다.

(2) 소지(점토 흙의 종류 또는 성분)에 따른 분류
① 도기질(陶器質) 타일: 도토(陶土)를 1,000~1,200℃ 정도로 소성한 것으로 흡수율은 20% 정도이고, 강도가 작고 내구성 및 내마모성이 약하여 내장타일 정도에 주로 사용된다.
② 석기질(石器質) 타일: 석암 점토에 유약을 발라 1,200~1,350℃ 정도로 소성한 것으로 흡수율은 5% 정도이고, 현대 건축의 벽화 타일이나 이미지 타일로서 폭넓게 활용되고 있다.
③ 자기질(磁器質) 타일: 자토(磁土)를 1,350℃ 이상으로 소성한 것으로 흡수율은 1% 정도이고, 두드리면 금속성이 청음이 나며, 내구성 및 내수성이 강하여 옥외나 물기가 있는 곳에 주로 사용된다.
④ 티타늄(Titanium) 타일: 500℃ 전후의 고온에서도 그 성질이 변하지 않으며 내식성도 우수하다.

(3) 호칭명에 따른 구분과 소지의 질에 따른 구분의 조합

호칭명	소지의 질	
내장 타일	자기질, 석기질, 도기질	【모자이크(Mosaic Tile)】 40mm각 이하의 소형으로 된 타일이다.
외장 타일	자기질, 석기질	
바닥 타일	자기질, 석기질	【클링커 타일(Clinker Tile)】 비교적 두꺼운 바닥 타일로 시유 또는 무유의 석기질 타일이다.
모자이크 타일	자기질	

2 타일 붙이기 공법

(1) MCR 공법
거푸집에 전용 시트를 붙이고, 콘크리트 표면에 요철을 부여하여 모르타르가 파고 들어가는 것에 의해 박리를 방지하는 공법으로 정의된다.

(2) 전통적인 타일 붙이기 공법

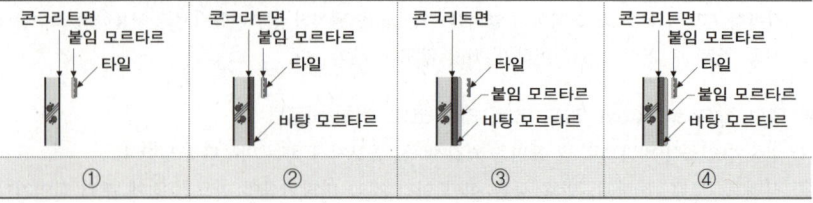

① 떠붙임 공법: 타일 뒷면에 붙임모르타르를 얹어 바탕면에 누르듯이 하여 1매씩 붙이는 방법
② 개량떠붙임 공법: 바탕면을 먼저 평활하게 미장바름한 후 타일 뒷면에 붙임모르타르를 얹어 바탕면에 누르듯이 하여 1매씩 붙이는 방법
③ 압착붙임 공법: 평평하게 만든 바탕모르타르 위에 붙임모르타르를 바르고 그 위에 타일을 두드려 누르거나 비벼 넣으면서 붙이는 방법
④ 개량압착붙임 공법: 평평하게 만든 바탕모르타르 위에 붙임모르타르를 바르고 타일 뒷면에 붙임모르타르를 얇게 발라 두드려 누르거나 비벼 넣으면서 붙이는 방법

예1 재료를 섞고 몰드로 찍은 후 구워 비스킷(Biscuit)을 만든 후 유약을 바르고 다시 한 번 구워낸 타일은?
① 내장타일 ② 시유타일
③ 무유타일 ④ 표면처리타일
답: ②

예2 타일의 흡수율 크기 대소관계로 옳은 것은?
① 석기질 〉 도기질 〉 자기질
② 도기질 〉 석기질 〉 자기질
③ 자기질 〉 석기질 〉 도기질
④ 석기질 〉 자기질 〉 도기질
답: ②

예3 건축물에 이용하는 타일 중 흡수율이 적어 겨울철 동파의 우려가 가장 작은 것은?
① 도기질 타일 ② 석기질 타일
③ 토기질 타일 ④ 자기질 타일
답: ④

예4 건축공사 중 타일공사에 관한 내용으로 틀린 것은?
① 소성온도가 높은 타일을 사용한다.
② 외장타일은 외기에 저항력이 강하고 단단하며, 흡수성이 큰 것이 좋다.
③ 내장타일은 자기질, 석기질, 도기질이 모두 사용되며 외장타일은 자기질, 석기질이 사용된다.
④ 타일붙임 모르타르는 붙임면 뒤에 틈이 남아 있으면 빗물의 침입으로 백화의 원인이 되므로 주의한다.
답: ②

예5 타일 붙임 공법에 쓰이는 용어 중 거푸집에 전용 시트를 붙이고, 콘크리트 표면에 요철을 부여하여 모르타르가 파고 들어가는 것에 의해 박리를 방지하는 공법은?
① 개량압착붙임 공법
② MCR 공법
③ 마스크 붙임 공법
④ 밀착붙임 공법
답: ②

예6 타일 붙임 공법과 가장 거리가 먼 것은?
① 압착붙임 공법 ② 떠붙임 공법
③ MCR 공법 ④ 앵커긴결공법
답: ④

3 타일 시공

(1) 타일 나누기: 타일을 붙이기 전에 타일을 시공 부위에 배치하여 보는 것을 말한다.

(2) 줄눈 너비의 표준

대형 벽돌형(외부)	대형(내부 일반)	소형	모자이크
9mm	5~6mm	3mm	2mm

(3) 바탕처리
① 타일을 붙이기 전에 바탕의 들뜸, 불순물(흙, 먼지, 레이턴스 등) 및 균열부를 보수하여 평탄하게 처리한다.
② 여름에 외장타일을 붙일 경우에는 하루 전에 바탕면을 충분히 물로 적셔 둔다.
③ 흡수성이 있는 타일의 경우 적당히 물축이기를 하며, 타일을 붙이는 모르타르(Mortar)에 시멘트 가루를 뿌리면 균열이나 타일의 박락(剝落)이 발생될 우려가 커진다.

(4) 타일 시공
① 벽타일은 가운데를 중심으로 양쪽으로 타일 나누기를 하며, 벽체타일이 시공되는 경우 바닥타일은 벽체타일을 먼저 붙인 후 시공한다.
② 타일 측면이 노출되는 모서리 부위는 코너타일을 사용하거나 모서리를 가공하여 측면이 직접 보이지 않게 한다.
③ 시공도의 내용과 관계없이 징두리벽, 걸레받이 타일은 온장을 사용한다.
④ 타일을 붙일 때 필요시 시멘트 가루를 뿌려 물걷음을 하고 붙여 올라가는 데, 이것은 타일의 뒷면에 틈이 생기기 쉽고 백화(Efflorescence)가 발생할 수 있다.

(5) 치장줄눈
① 세로줄눈을 먼저 시공하고, 가로줄눈은 위에서 아래로 마무리한다.
② 청소 후 24시간 시간이 경과했을 때 치장줄눈을 시공한다.
③ 치장줄눈의 폭이 5mm 이상일 때는 고무흙손으로 충분히 눌러 빈틈이 생기지 않게 시공한다.
④ 타일을 붙인 후 3시간 경과 후 줄눈파기를 하여 청소한다.

(6) 타일 접착력 시험
① 타일 시공 후 4주 이상일 때 600m² 당 한 장씩 시험한다.
② 시험 결과의 판정: 인장부착강도 0.39MPa 이상

4 타일 수량산출

(1) 줄눈 크기를 더한 정사각형의 타일이 1m² 내에 들어가는 개수를 구한다.

$$정미량 = \frac{1m}{타일크기+줄눈} \times \frac{1m}{타일크기+줄눈}$$

(2) 적용 예제

【Question】	타일의 크기가 10cm×10cm일 때 가로 세로의 줄눈은 6mm일 때 1m²에 소요되는 타일의 수량을 산출해 보자.
【Solution】	$\frac{1m \times 1m}{(0.1+0.006) \times (0.1+0.006)} = 88.99 \Rightarrow 89매$

예7 타일시공에 관한 설명 중 옳지 않은 것은?
① 타일 나누기는 먼저 기준선을 정확히 정하고 될 수 있는 대로 온장을 사용한다.
② 타일을 붙이기 전에 바탕의 불순물을 제거하고 청소를 하여야 한다.
③ 타일 붙임 바탕의 건조 상태에 따라 뿜칠 또는 솔질로 물을 고루 축인다.
④ 외부 대형 벽돌형 타일 시공 시 줄눈의 표준 너비는 5mm 정도가 적당하다.
답 : ④

예8 타일 시공 시 유의 사항으로 옳지 않은 것은?
① 여름에 외장타일을 붙일 경우에는 하루 전에 바탕면에 물을 충분히 적셔둔다.
② 타일을 붙이기 전에 바탕의 들뜸, 균열 등을 검사하여 불량 부분은 보수한다.
③ 타일면은 일정 간격의 신축줄눈을 두어 탈락, 동결융해 등을 방지할 수 있도록 한다.
④ 타일을 붙이는 모르타르에 백화 방지를 위하여 시멘트 가루를 뿌리는 것이 좋다.
답 : ④

예9 타일공사에 관한 설명 중 옳은 것은?
① 모자이크 타일의 줄눈 너비의 표준은 5mm이다.
② 벽체타일이 시공되는 경우 바닥 타일은 벽체타일을 붙이기 전에 시공한다.
③ 타일을 붙이는 모르타르에 시멘트 가루를 뿌리면 백화가 방지된다.
④ 치장줄눈은 24시간이 경과한 뒤 붙임모르타르의 경화 정도를 보아 시공한다.
답 : ④

예10 타일 시공 후 타일접착력 시험에 관한 설명으로 옳지 않은 것은?
① 타일의 접착력 시험은 600m²당 한 장씩 시험한다.
② 시험할 타일은 먼저 줄눈 부분을 콘크리트면까지 절단하여 주위의 타일과 분리시킨다.
③ 시험은 타일 시공 후 4주 이상일 때 행한다.
④ 시험 결과의 판정은 타일 인장부착 강도가 10MPa 이상이어야 한다.
답 : ④

예11 타일 108mm 각으로, 줄눈을 5mm로 벽면 6m²를 붙일 때 필요한 타일의 장수는? (단, 정미량으로 계산)
① 350장   ② 400장
③ 470장   ④ 520장
답 : ③

핵심번호 17 건축시공 도장공사

예1 도장공사 시 희석제 및 용제로 활용되지 않는 것은?
① 테레빈유   ② 벤젠
③ 티탄백   ④ 나프타
답 : ③

예2 도장공사에 사용되는 희석제의 분류가 잘못 연결된 것은?
① 송진 건류품 – 테레빈유
② 석유 건류품 – 휘발유, 석유
③ 콜타르 증류품 – 미네랄 스피리트
④ 송근 건류품 – 송근유
답 : ③

예3 다음에서 설명하고 있는 도장 결함은?

> 도료를 겹칠하였을 때 하도의 색이 상도막 표면에 떠올라 상도의 색이 변하는 현상

① 번짐   ② 색 분리
③ 주름   ④ 핀 홀
답 : ①

예4 다음은 어떤 도장 결함의 원인을 설명한 것인가?

> 초벌바름에 염료가 들어 있을 때, 바탕재 표면에 기름이 묻어 있을 때, 역청질 도료를 초벌 바름한 위에 도장할 때

① 번짐   ② 색 분리
③ 주름   ④ 리프팅
답 : ①

예5 도장공사에서 표면의 요철이나 홈, 빈틈을 없애기 위하여 주로 점도가 높은 퍼티나 충전제를 메우고 여분의 도료는 긁어 평활하게 하는 도장방법은?
① 붓 도장   ② 주걱 도장
③ 롤러 도장   ④ 정전분체 도장
답 : ②

1 도장공사: 도료의 원료, 주요 용어, 주요 도장 방법

(1) 도료의 원료

① 안료(Pigment): 물 또는 기름에 용해되지 않는 불투명한 유색의 고체 분말이다.
② 수지(Resin): 도막을 형성하는 주체가 되는 안료와 안료를 연결하는 물질이다.
③ 유류(Oil): 식물성 기름을 가열하여 정제한 것을 보일드유(Boiled Oil), 도료에 사용되고 건조가 잘 되는 것을 건성유(Drying Oil)라고 한다.
④ 건조제(Dryer): 보일드유의 산화 건조를 촉진하기 위한 첨가제로 건조제를 많이 넣으면 도막에 균열이 발생하기 쉽게 된다. 건조제는 하절기보다 동절기에 많이 사용한다.
⑤ 용제(Solvent): 수지 또는 유류를 용해하고 유동성을 주어 안료와 수지를 섞이게 하는 것이다.
⑥ 희석제(Thinner): 도료의 유동성을 증가시키기 위해서 사용하는 휘발성의 액체이다.

송진 건류품	석유 건류품	콜타르 증류품	송근 건류품
테레빈유	휘발유, 석유, 미네랄 스피리트	벤졸(=벤젠), 솔벤트, 나프타	송근유

⑦ 퍼티(Putty): 바탕의 파임, 균열, 구멍 등의 결함을 메워 바탕의 평편함을 향상시키기 위해 사용하는 살붙임용의 도료이며, 안료분을 많이 함유하고 대부분은 페이스트상이다.

(2) 주요 용어

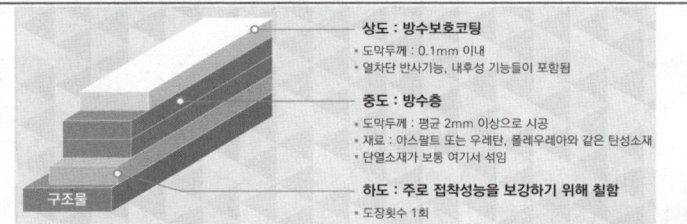

하도 (프라이머)	물체의 바탕에 직접 칠하는 것으로 사전 작업의 의미
중도	하도와 상도의 중간층으로 본격적인 칠 작업을 의미
상도	마무리로서 도장하는 작업으로 마감 및 보호제의 사용을 의미
번짐 (Bleeding)	도료를 겹칠 하였을 때 하도의 색이 상도막 표면에 떠올라 상도의 색이 변하는 현상

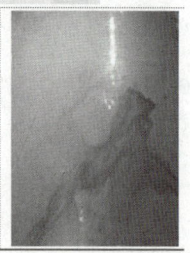

(3) 도장 방법

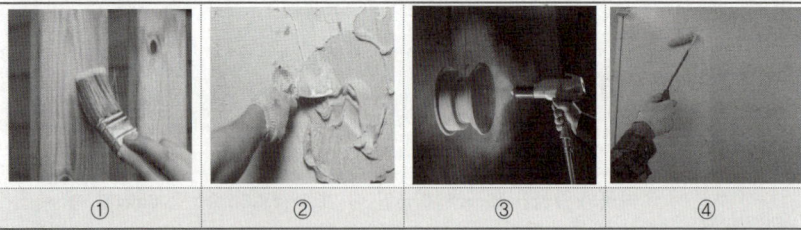

① 붓 도장: 붓에 도료를 충분히 묻혀서 손이 갈 수 있는 범위 내에서 평활하게 도장하는 것
② 주걱 도장: 점도가 높은 퍼티나 충전제를 이용하여 표면의 요철이나 홈, 빈틈을 없애기 위한 도장으로 헤라[へら(篦)] 도장이라고도 한다.
③ (정전)분체 도장: 고체 분말(Powder) 형태의 도료를 전하를 이용해 금속 표면에 분사
④ 롤러 도장: 롤러 또는 스펀지를 일정한 누름으로 밀어서 도장하는 방법

2 주요 도장재료

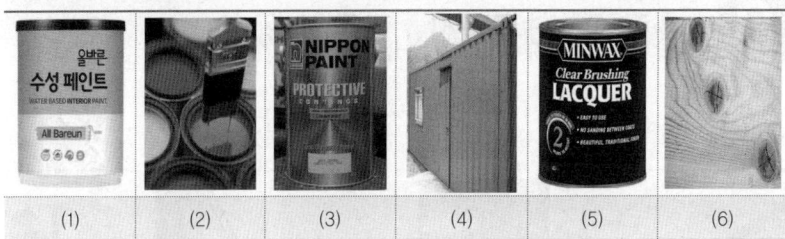

| (1) | (2) | (3) | (4) | (5) | (6) |

(1) 수성 페인트(Water Based Paint)
① 안료와 단백질 혼합물인 카세인(Casein)을 물을 희석제로 섞은 것
② 에멀젼 페인트(Emulsion Paint): 수성 페인트에 합성수지와 유화제(Emulsifier)를 섞은 것으로 목재나 종이에 부착력이 좋은 도료이다.
③ 내구성과 내수성이 떨어지지만 내알칼리성과 작업성이 좋고, 냄새가 적고 건조가 빠르다.

(2) 유성 페인트(Oil Paint, 조합 페인트)
① 건성유와 안료를 희석제에 섞은 것으로 일반적으로 페인트라고 한다.
② 건성유(=보일드유)는 광택과 내구력을 증가시키지만 건조가 느리고 각종 불순물이 함유되어 칠의 성질이 나빠지므로 적당량의 건조제를 넣어야 한다.
③ 에나멜 페인트(Enamel Paint): 유성 바니시에 페인트용 안료를 섞은 유성 페인트의 일종으로 광택이 잘 나고 피막이 강인하다.

(3) 징크로메이트(Zinc Cromate): 녹막이 효과가 좋아 알루미늄의 초벌용으로 가장 적합하다.

(4) 광명단: 보일드유를 유성 페인트에 녹인 것으로 철재에 가장 많이 사용된다.

(5) 클리어 래커(Clear Lacquer): 안료를 섞지 않는 투명 래커를 말하며, 목재의 도장에 알맞다.

(6) 목(재)부 바탕 만들기
오염, 부착물의 제거 및 송진 처리 ➡ 연마지 닦기(대패 자국 제거) ➡ 옹이 땜(옹이 주위를 셸락 니스로 2회 붓칠하고, 각 회 1시간 이상 건조) ➡ 구멍 땜(퍼티 먹임) 및 눈 메움

3 도장공사 시공

(1) 일반사항
① 도장은 일반적으로 하도(초벌 도장), 중도(재벌 도장), 상도(정벌 도장)의 3공정으로 한다.
② 1회 바름 두께는 얇게 여러 번 칠하고 급격한 건조는 피해야 한다.
③ 다음 도장을 하였는지 안하였는지를 구별하기 위해서 매 회 색깔을 약간씩 다르게 칠하며, 하도는 상도보다 엷은 색으로 도장하여 점차 상도에 가까운 색으로 한다.
④ 주위의 기온이 5℃ 미만, 상대습도가 85% 초과 시는 작업을 중지한다.
⑤ 도장공사에 필요한 가연성 도료를 보관하는 창고의 지붕은 불연재로 하고, 천장을 설치하지 않는다.

(2) 뿜칠(Spray Gun)
① 뿜칠 공기압은 2~4kg/cm²를 표준으로 한다.
② 뿜칠 도장거리는 스프레이 도장면에서 300mm를 표준으로 한다.
③ 각 회의 스프레이 방향은 전 회의 방향에 직각으로 한다.
④ 스프레이 할 때는 항상 평행이동하면서 운행의 한 줄마다 스프레이 너비의 1/3 정도를 겹쳐 뿜는다.

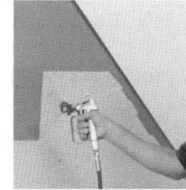

예6 유성 페인트의 원료로서 정벌칠에서 광택과 내구력을 증가시키는데 좋은 효과를 나타내는 재료는?
① 크레오소트유 ② 보일드유
③ 드라이어 ④ 캐슈
답 : ②

예7 에나멜 페인트에 대한 설명 중 틀린 것은?
① 도막은 건조가 빠르고 흡습으로 점착성이 생기지 않는다.
② 도막은 내후성이 좋고 균열 발생이 적다.
③ 도막의 변색이 잘 안 된다.
④ 도막의 광택은 없고 견고하지가 못하다.
답 : ④

예8 크롬산 아연을 안료로 하고 알키드 수지를 전색료로 한 것으로서 알루미늄 녹막이 초벌칠에 적당한 것은?
① 그래파이트 도료
② 징크로메이트 도료
③ 광명단
④ 알루미늄 도료
답 : ②

예9 목재의 무늬나 바탕의 재질을 잘 보이게 하는 도장 방법은?
① 유성 페인트 도장
② 에나멜 페인트 도장
③ 합성수지 페인트 도장
④ 클리어 래커 도장
답 : ④

예10 페인트칠의 경우 초벌과 재벌 등을 도장할 때마다 색을 약간씩 다르게 하는 주된 이유는?
① 희망하는 색을 얻기 위하여
② 색이 진하게 되는 것을 방지하기 위하여
③ 착색안료를 낭비하지 않고 경제적으로 사용하기 위하여
④ 초벌, 재벌 등 페인트칠 횟수를 구별하기 위하여
답 : ④

예11 도장공사에서 뿜칠에 대한 설명으로 옳지 않은 것은?
① 큰 면적을 균등하게 도장할 수 있다.
② 뿜칠 압력이 낮으면 거칠고 높으면 칠의 유실이 많다.
③ 뿜칠은 보통 30cm 거리로 칠면에 직각으로 일정 속도로 이행한다.
④ 뿜칠은 도막 두께를 일정하게 유지하기 위해 겹치지 않게 순차적으로 이행한다.
답 : ④

핵심번호 18 건축시공
유리 및 창호공사, 커튼월 공사

예1 다음 중 안전유리가 아닌 것은?
① 접합유리 ② 강화유리
③ 망입유리 ④ 형판유리
답 : ④

예2 유리를 연화점(500~600℃) 가깝게 가열하고 양면에 냉기를 불어 넣고 급랭시켜 표면에 압축, 내부에 인장력을 도입한 유리는?
① 망입유리 ② 강화유리
③ 형관유리 ④ 물유리
답 : ②

예3 유리 내부 중심에 철, 알루미늄, 황동 등의 금속망을 삽입하고 압착성형한 판유리로 파손 방지, 내열 효과가 있으며 도난 방지, 방화 목적으로 사용하는 유리는?
① 강화유리 ② 무늬유리
③ 망입유리 ④ 복층유리
답 : ③

예4 다음 각 유리에 관한 설명으로 옳지 않은 것은?
① 망입유리는 파손되더라도 파편이 튀지 않으므로 진동에 의해 파손되기 쉬운 곳에 사용된다.
② 복층유리는 단열 및 차음성이 좋지 않아 주로 선박의 창 등에 이용된다.
③ 강화유리는 압축강도를 한층 강화한 유리로 현장 가공 및 절단이 되지 않는다.
④ 자외선투과유리는 병원이나 온실 등에 이용된다.
답 : ②

예5 열적외선을 반사하는 은소재 도막으로 코팅하여 방사율과 열관류율을 낮추고 가시광선 투과율을 높인 유리는?
① 스팬드럴유리 ② 접합유리
③ 배강도유리 ④ 로이유리
답 : ④

예6 Low-E 유리의 특징으로 틀린 것은?
① 가시광선 투과율은 맑은 유리와 비교할 때 큰 차이가 난다.
② 근적외선 영역의 열선투과율은 현저히 낮다.
③ 색 유리를 사용했을 때보다 실내는 훨씬 밝아진다.
④ 실외의 물체들이 자연색 그대로 실내로 전달된다.
답 : ①

1 유리의 종류

접합유리 | 강화유리 | 망입유리 | 프리즘유리 | 복층유리 | 로이유리

(1) 판유리(Plate Glass, Sheet Glass): 두께 2~5mm 널모양의 유리
  ① 형판유리(Figured Glass): 한쪽 또는 양쪽 면에 여러 가지 모양의 작은 요철 무늬를 낸 판유리
  ② 골판유리(Wave Glass): 한쪽 면에 골지게 무늬를 돋힌 것으로 지붕이나 천창 등에 사용된다.
  ③ 보통 창유리는 자외선(파장 200~380nm)을 거의 투과시키지 못한다.

(2) 안전유리(Safety Glass)
  ① 접합유리(Laminated Glass): 2장 두 장의 유리를 탄성률이 높은 유기 접착 필름을 삽입하여 가압 접착시켜 하나의 판유리로 만든 것으로 합판유리라고도 하며, 파손되어도 파편이 발생하지 않는다.
  ② 강화유리(Tempered Glass): 판유리를 연화점(500~600℃)에 가깝게 가열한 후 급속히 냉각 강화하여 만든 열처리 유리로서 현 장가공과 절단이 불가능한 유리이다.
  • 내충격강도가 보통판유리보다 3~5배 정도 높고, 휨강도는 보통판유리보다 약 6배 정도 크다.
  • 파손된 경우 파편이 날카롭지 않아 선박·차량·출입구, 고층 건물의 창 및 테두리 없는 유리문에 많이 사용된다.
  ③ 망입유리(Wired Glass): 유리내부 중심에 철, 황동, 알루미늄 등의 금속망을 삽입하고 압착성형한 판유리로 파손방지, 내열효과가 있으며 도난방지, 방화 목적으로 사용하는 유리이다.

(3) 프리즘유리(Prism Glass): 지하실, 지붕의 채광용으로 투과광선의 방향을 변화시키거나 집중 확산시킬 목적으로 사용된다.

(4) 자외선투과유리: 위생상 좋은 자외선의 투과율을 높인 유리이며 일광 욕실, 병원, 요양원에 사용된다.

(5) 자외선차단유리: 자외선을 차단하여 의류 진열장, 식약품 창고에서 노화와 변색을 방지하는 유리

(6) 복층유리(Pair Glass, 겹유리, 2중유리)
  건조 공기층을 사이에 두고 판유리를 이중으로 접합하여 테두리를 밀봉하여 소음을 차단하고 단열 성능을 향상시킨 유리이다. 화재 시 폭발 위험이 있으므로 방화문에는 부적당하다.

(7) 로이(Low-E)유리(Low-Emissivity Glass, 저방사 유리): 열적외선을 반사하는 은소재 도막으로 코팅하여 방사율과 열관류율을 낮추고 가시광선 투과율을 높인 유리
  ① 실외의 물체들이 자연색 그대로 실내로 전달된다.
  ② 근적외선 영역의 열선투과율은 현저히 낮지만, 가시광선 투과율은 맑은 유리와 비교할 때 큰 차이가 없다.

2 유리의 주성분, 제품 성능

(1) 유리의 주성분

보통 유리는 산화규소(SiO_2) 65 ~ 75%,
탄산나트륨(탄산소다) 10 ~ 20%,
산화칼슘(원료는 석회석) 5 ~ 15% 정도이다.
유리의 주성분이 산화규소 이외에 소다와 석회가
주성분이므로 소다석회유리라고도 한다.

(2) 유리 및 창호공사 제품성능: 내하중 성능, 내풍압성, 내진성, 내충격성, 유리 설치 부위의 기밀성 · 수밀성 · 차수성 · 배수성 · 태양열 차폐성 · 열 깨짐 방지성

3 창호(窓戶, 건축물의 문과 창을 총칭)와 창호철물

(1) 도어 클로저, 실린더   (2) 경첩   (3) 자유경첩   (4) 피벗 힌지
(5) 래버토리 힌지   (6) 꽂이쇠   (7) 크레센트   (8) 나이트 래치

(1) 여닫이문
① 도어 체크(Door Check, 도어 클로저, Door Closer): 문틀과 문짝에 설치하여 열려진 여닫이문이 자동으로 닫히게 하는 장치이며, 방화문 등에서 문이 닫히는 순서를 조절하는 장치를 개폐순위조절기(Door Selector)라고 한다.
② 실린더(Cylinder): 여닫이문을 잠그는 장치로 스텐 잠금쇠, 특수키 교체형 실린더 등이 있다.

(2) 여닫이창: 경첩(정첩, Hinge) ➡ 문이나 창문을 달기 위해 문틀과 문짝에 고정하는 철물

(3) 자재문: 자유경첩(Floor Hinge, 플로어 힌지) ➡ 정첩으로 지탱할수 없는 무거운 자재 여닫이문(현관문)에 사용하며 플로어 힌지(Floor Hinge)라고도 한다.

(4) 회전창: 피벗 힌지(Pivot Hinge) ➡ 중심축을 중심으로 회전하여 여닫는 창과 그에 사용되는 힌지

(5) 공중화장실, 공중전화 출입문: 래버토리 힌지(Lavatory Hinge) ➡ 공중화장실, 공중전화 출입문에 저절로 닫혀 지지만 15cm 정도 열려 있게 하는 스프링 힌지의 일종

(6) 미서기창: 꽂이쇠(Pin) ➡ 미서기창이나 미서기문에서 꽂아 잠그는 것

(7) 오르내리창: 크레센트(Crescent) ➡ 오르내리창의 윗막이대 윗면에 대어 다른 창의 밑막이에 걸리게 되는 걸쇠

(8) 대문 개폐: 나이트 래치(Night Latch) ➡ 외부에서는 열쇠로, 내부에서는 손잡이를 틀어 열수 있는 실린더 장치의 자물쇠

예7 유리의 주성분으로 옳은 것은?
① Na_2O ② CaO
③ SiO_2 ④ K_2O
답: ③

예8 창호의 기능 검사 항목과 거리가 먼 것은?
① 내열성   ② 내풍압성
③ 기밀성   ④ 수밀성
답: ①

예9 문 윗틀과 문짝에 설치하여 문이 자동적으로 닫히게 하는 장치로서 도어 클로저(Door Closer)라고 불리우는 것은?
① 피봇 힌지(Pivot Hinge)
② 함자물쇠
③ 체인 락
④ 도어 체크(Door Check)
답: ④

예10 창호철물과 창호의 연결로 옳지 않은 것은?
① 도어 체크(Door Check): 미닫이문
② 플로어 힌지(Floor Hinge): 자재 여닫이문
③ 크리센트(Crescent): 오르내리창
④ 레일(Rail): 미서기창
답: ①

예11 창호와 창호철물과의 조합을 나타낸 것으로 옳지 않은 것은?
① 미서기창: 꽂이쇠
② 외여닫이창: 경첩
③ 쌍여닫이창: 오르내리 꽂이쇠
④ 회전창: 레일, 바퀴
답: ④

예12 문을 닫은 후 150mm 정도 열려지는 것으로써 공중용 변소, 전화실 출입문에 가장 적당한 철물은?
① 피벗 힌지(Pivot Hinge)
② 플로어 힌지(Floor Hinge)
③ 래버토리 힌지(Lavatory Hinge)
④ 도어 클로저(Door Closer)
답: ③

예13 창호철물의 용도에 관한 설명으로 옳지 않은 것은?
① 나이트 래치(Night Latch): 여닫이문의 상하에 달려서 문의 회전축이 된다.
② 플로어 힌지(Floor Hinge): 자동적으로 여닫이 속도를 조절한다.
③ 도어체크(Door Check): 열려진 여닫이문이 저절로 닫혀 지게 한다.
④ 크레센트(Crescent): 오르내리창을 잠그는데 쓰인다.
답: ①

예14 창 면적이 클 때에는 스틸바(Steel Bar)만으로는 부족하며, 또한 여닫을 때의 진동으로 유리가 파손될 우려가 있으므로 이것을 보강하고 외관을 꾸미기 위하여 강판을 중공형으로 접어 가로 또는 세로로 대는 것은?
① Mullion   ② Ventilator
③ Gallery   ④ Pivot
답 : ①

예15 실의 크기 조절이 필요한 경우 칸막이 기능을 하기 위해 만든 병풍 모양의 문은?
① 여닫이문   ② 자재문
③ 미서기문   ④ 홀딩 도어
답 : ④

예16 회전문(Revolving Door)에 관한 설명으로 옳지 않은 것은?
① 출입에 지장이 없도록 일정한 방향으로 회전하는 구조로 해야 한다.
② 회전 날개 140cm, 1분 10회 회전하는 것이 보통이다.
③ 원통형의 중심축에 돌개 철물을 대어 자유롭게 회전시키는 문이다.
④ 사람의 출입을 조절하고 외기 유입과 실내 공기의 유출을 막을 수 있다.
답 : ②

예17 건축물 외부에 설치하는 커튼월에 대한 설명으로 틀린 것은?
① 커튼월은 외벽을 구성하는 비내력벽 구조이다.
② 공장에서 생산하여 반입하는 프리패브 제품이다.
③ 콘크리트나 벽돌 등의 외장재에 비하여 경량이어서 건물의 전체 무게를 줄이는 역할을 한다.
④ 커튼월의 조립은 외부에 대형 발판이 필요하므로 비계 공사를 반드시 해야 한다.
답 : ④

예18 커튼월(Curtain Wall)의 외관 형태별 분류에 해당하지 않는 방식은?
① Mullion 방식   ② Stick 방식
③ Spandrel 방식 ④ Sheath 방식
답 : ②

예19 커튼월의 Mock-Up Test에 있어 기본 성능 시험의 항목에 해당되지 않는 것은?
① 정압수밀시험   ② 구조시험
③ 기밀시험   ④ 인장강도시험
답 : ④

4 멀리언, 폴딩 도어, 회전문

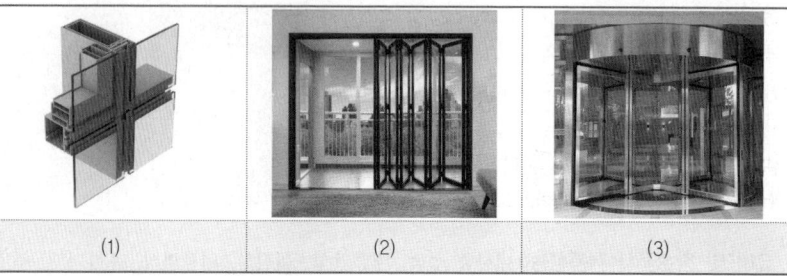

| (1) | (2) | (3) |

(1) 멀리언(Mullion): 창 면적이 클 때 스틸바(Steel Bar)만으로는 부족하며, 또한 여닫을 때의 진동으로 유리가 파손될 우려가 있으므로 이것을 보강하고 외관을 꾸미기 위하여 강판을 중공형으로 접어 가로 또는 세로로 대는 것

(2) 폴딩 도어(Foldinging Door, 홀딩 도어): 실의 크기 조절이 필요한 경우 칸막이 기능을 하기 위해 만든 병풍 모양의 문

(3) 회전문(Revolving Door)
회전 날개 140cm 이상, 회전 속도는 분당회전수를 8회 이하로 제한하고 있다.

5 커튼월 공사

(1) 커튼월(Curtain Wall)
① 수직하중을 지지하지 않는 외벽체 공사로서 비내력벽(非耐力壁)체를 총칭한다.
② 개구부인 유리창 부분과 벽체 부분으로 구성되며, 비계 작업을 하지 않고 건축물 구조체에 커튼월 고정용 철물(Fastener)을 사용하여 부착시키는 외피(Shell) 공사를 의미한다.
③ 공사시방서에 정한 바가 없는 경우 구체 부착철물의 설치 위치의 치수 허용차의 표준치는 연직방향 ±10mm, 수평방향 ±25mm 이다.

(2) 커튼월: 외관 형태에 의한 분류

| 샛기둥(Mullion) 방식 | 스팬드럴(Spandrel) 방식 | 격자(Grid) 방식 | 피복(Sheath) 방식 |

(3) Mock-Up Test(실물대모형시험, 외벽성능시험) 성능 시험 항목
① 예비시험
② 기밀성능시험
③ 정압수밀성능시험, 동압수밀성능시험
④ 구조시험
⑤ 기타시험: 층간변위시험, 열순환시험, 열전달 및 결로저항시험

(4) 풍동시험(Wind Tunnel Test)
건물 주변 600m 반경의 지형 및 건물 배치를 축척모형으로 만들어 원형 턴테이블 풍동 속에 설치 후, 과거 10~50년간의 최대 풍속을 가하여 풍압에 대한 영향을 평가하는 시험

핵심번호 19 건축시공 - 기타 공사

1 금속공사

(1) 비철금속(非鐵金屬, Non-Ferrous Metal): 철 이외의 금속을 모두 비철금속이라고 부른다. 인류 문명에서 철이 차지하는 재료로서의 중요성, 생산량, 경제적인 규모가 다른 금속 전부에 필적할 만큼 크기 때문에 철, 비철의 용어가 발생한 것이다.

(2) 대표적인 금속의 특징
① 주요 금속 원소의 상호 접촉 시 부식 순서:
   알루미늄(Al) 〉아연(Zn) 〉철(Fe) 〉구리(Cu)
② 알루미늄(Aluminum)
• 철에 비해 비중이 1/3 정도로 가볍고 용해 주조도 및 가공이 용이하므로 구리(Cu), 망간(Mn) 등의 금속과 합금하여 이용이 가능하다.
• 기본적으로 녹이 발생하지 않는 내식성 재료로서 사용연한이 길지만, 산이나 알칼리 및 이종 금속, 모르타르와의 접촉에 의한 부식 및 염도가 높은 해수에 침식되기도 하며 내화성이 약한 단점도 있다.
• 구조용 알루미늄 합금(Duralumin, 두랄루민): 구리가 섞여 있어 내식성이 떨어지지만, 경도가 높고 기계적 성질이 우수하여 항공기나 경주용 자동차 등을 만드는 데 쓰인다.
③ 스테인리스 스틸(Stainless Steel): 크롬(Cr)을 넣어서 녹이 잘 슬지 않도록 만들어진 강으로, 높은 전기비저항으로 열전도율이 떨어진다.

(3) 각종 철물

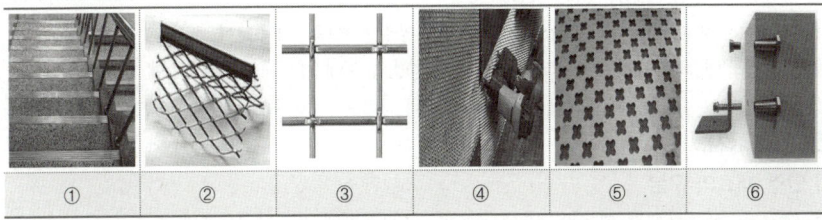

① 미끄럼막이(Non-Slip, 논 슬립): 계단의 디딤판에 설치하는 미끄러짐을 방지하기 위한 철물
② 코너 비드(Corner Bead): 벽, 기둥 등의 모서리에 대는 보호용 철물
③ 와이어 메시(Wire Mesh): 연강 철선을 직교시켜 전기 용접한 것이다.
④ 메탈 라스(Metal Lath): 얇은 철판에 자름금을 내어 당겨 늘린 것
⑤ 펀칭 메탈(Punching Metal): 얇은 철판에 각종 모양을 도려낸 것
⑥ 인서트(Insert): 콘크리트 구조 바닥판 밑에 반자틀, 기타 구조물을 달아 맬 때 사용
⑦ 경량철골 M-Bar: 경량 천장틀 시공을 위한 구조용 지지틀

2 합성수지(Plastic, 플라스틱) 공사

(1) 주요 특징
① 비강도(比強度, 재료 강도를 비중으로 나눈 값)가 크고, 착색이 자유롭고 광택이 나며 가공성이 우수하다.
② 접착성, 전기절연성, 내수성, 내약품성이 우수지만 강도 및 탄성계수, 내마모성과 흡수율이 낮다.

예1 비철금속에 해당되지 않는 것은?
① 알루미늄 ② 탄소강
③ 동 ④ 아연
답: ②

예2 서로 다른 종류의 금속재가 접촉하는 경우 부식이 일어나는 경우가 있는데 부식성이 큰 금속 순으로 옳게 나열된 것은?
① 알루미늄 〉철 〉구리
② 철 〉알루미늄 〉구리
③ 철 〉구리 〉알루미늄
④ 구리 〉철 〉알루미늄
답: ①

예3 비철금속에 관한 설명 중 옳지 않은 것은?
① 동에 아연을 합금시킨 일반적인 황동은 아연 함유량이 40% 이하이다.
② 구조용 알루미늄 합금은 4~5%의 동을 함유하므로 내식성이 좋다.
③ 주로 합금 재료로 쓰이는 주석은 유기산에는 거의 침해되지 않는다.
④ 아연은 철강의 방식용에 피복재로서 사용할 수 있다.
답: ②

예4 얇은 강판에 동일한 간격으로 펀칭하고 잡아늘려 그물처럼 만든 것으로 천장, 벽, 처마둘레 등의 미장 바탕에 사용하는 재료로 옳은 것은?
① 와이어 라스(Wire Lath)
② 메탈 라스(Metal Lath)
③ 와이어 메시(Wire Mesh)
④ 펀칭 메탈(Punching Metal)
답: ②

예5 건축물에 사용되는 금속 자재와 그 용도가 바르게 연결되지 않은 것은?
① 경량철골 M-Bar: 경량 벽체 시공을 위한 구조용 지지틀
② 코너 비드: 벽, 기둥 등의 모서리에 대는 보호용 철물
③ 논 슬립: 계단에 사용하는 미끄럼 방지 철물
④ 피벗(Pivot): 문짝을 상하에서 축으로 지지하는 철물
답: ①

예6 건축재료 중 합성수지에 대한 특징으로 옳지 않은 것은?
① 콘크리트보다 흡수율이 낮다.
② 표면이 매끈하여 착색이 자유롭고 광택이 좋다.
③ 내열성(耐熱性)이 콘크리트보다 낮다.
④ 인장강도 및 압축강도는 낮으나 탄성(彈性)이 금속재보다 우수하다.
답: ④

예7 수지의 종류 중 열경화성 수지에 속하지 않는 것은?
① 페놀수지 ② 요소수지
③ 멜라민수지 ④ 폴리에틸렌수지
답 : ④

예8 다음 중 열가소성 수지는?
① 페놀수지 ② 요소수지
③ 멜라민수지 ④ 염화비닐수지
답 : ④

예9 합성수지에 관한 설명으로 옳지 않은 것은?
① 에폭시수지는 산 및 알칼리에 강하고 내수성이 뛰어나다.
② 염화비닐수지는 내후성이 있고, 수도관 등에 사용된다.
③ 아크릴 수지는 내약품성이 있고, 조명기구 커버 등에 사용된다.
④ 페놀수지는 알칼리에 매우 강하고, 천장 채광판 등에 주로 사용된다.
답 : ④

예10 건축물의 천장재, 블라인드 등을 만드는 열가소성 수지는?
① 알키드수지 ② 요소수지
③ 폴리스티렌수지 ④ 실리콘수지
답 : ③

예11 얇은 시트로 이용되는 경우가 많고 내화학성의 파이프 또는 건축용 성형품으로도 쓰이는 열가소성 수지는?
① 폴리에틸렌수지 ② 아크릴수지
③ 멜라민수지 ④ 페놀수지
답 : ①

예12 유리섬유(Glass Fiber)에 관한 설명으로 옳지 않은 것은?
① 단위면적에 따른 인장강도는 다르고, 가는 섬유일수록 인장강도는 크다.
② 탄성이 작고 전기절연성이 크다.
③ 내화성, 단열성, 내수성이 좋다.
④ 경량이면서 굴곡에 강하다.
답 : ④

예13 열교(Thermal Bridge)와 관련하여 틀린 것은?
① 외벽, 바닥 및 지붕에서 단열이 연속되지 않는 부분이 있을 때 발생한다.
② 벽체와 지붕 또는 바닥과의 접합 부위에서 발생한다.
③ 열교 발생으로 인한 피해는 표면결로 발생이 있다.
④ 열교 방지를 위해서는 외단열 시공을 하여서는 안 된다.
답 : ④

(2) 열경화성 수지와 열가소성 수지

열경화성(熱硬化性)	열가소성(熱可塑性)
용제에 녹지 않고 열을 가해도 연화하지 않음	열에 의해 연화하고 냉각되면 원래의 모양으로 환원
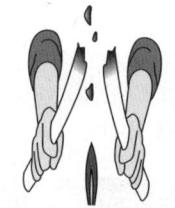 • 페놀수지 • 요소수지 • 멜라민수지 • 에폭시수지 • 실리콘수지 • 알키드수지 • 폴리우레탄수지 • 폴리에스테르수지	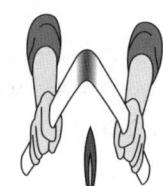 • 염화비닐수지 • 스티롤수지 • 메탈아크릴수지 • 폴리비닐수지 • 폴리에틸렌수지 • 폴리스티렌수지 • 폴리아미드수지 • 폴리프로필렌수지

(3) 주요 플라스틱의 용도 및 특징
① 페놀(Phenol)수지: 내열성, 난연성, 내유성, 내약품성 등 거의 모든 성능이 우수하지만 알칼리에 취약한 단점이 있다.
② 에폭시(Epoxy)수지: 산 및 알칼리에 강하고 내수성이 뛰어나다.
③ 폴리스티렌(PS)수지
 • 무색투명하고 전기절연성, 내수성 및 내약품성이 우수하다.
 • 보드 형태의 발포재로 성형하여 단열재, 블라인드, 천장재, 타일 등으로 사용된다.
④ 폴리에틸렌(PE)수지
 • 두께가 얇은 시트(Sheet)로 만들어서 건축용 방수 재료로 이용되며 내화학성의 파이프로도 쓰인다.
 • 상온에서는 완전히 녹일 수 있는 용제가 없으므로 도료로서의 사용은 곤란한 특징을 갖는 열가소성 수지의 하나이다.
⑤ 프란수지 바름 바닥재: 내산성을 요구하는 공장에 주로 사용된다.
⑥ 클로로프렌 고무바름 바닥재: 탄력성과 미끄럼 방지에 유리하며, 체육관에 많이 사용된다.

3 단열공사

(1) 단열 재료의 구분
① 유기질: 셀룰로오스 섬유판, 연질 섬유판, 폴리스티렌 폼, 경질우레탄 폼
② 무기질: 유리섬유, 세라믹섬유, 암면, 퍼라이트판, 규산칼슘판, ALC 패널
③ 유리섬유(Glass Fiber): 유리를 섬유처럼 가늘게 뽑은 물질로서 경량이고 굴곡에 약하다. 단열성이 뛰어나고 녹슬지 않으며 가공이 쉬워 건물 단열재 등 석면의 대용품으로 쓰인다.

(2) 단열공사 일반 사항

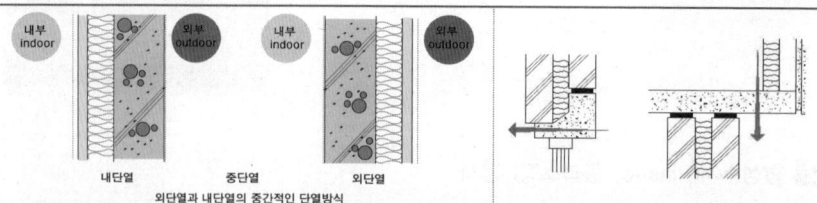
외단열과 내단열의 중간적인 단열방식

① 설치 위치에 따른 단열 공법 중 내단열 공법은 단열 성능이 작고 내부 결로가 발생할 우려가 있다.
② 열교(Thermal Bridge) 현상: 벽이나 바닥, 지붕 등의 건물 부위에 단열이 연속되지 않은 부분이 있을 때, 이 부분이 열적 취약 부위가 되어 열의 이동이 많아지는 곳을 말한다.
③ 열교 현상이 발생하는 부위는 표면온도가 낮아지며 결로가 발생되므로 쉽게 알 수 있으며, 내단열이 아닌 외단열 시공을 하여 방지할 수 있다.

건축시공
20 건축공사관리: 일반

1 건축공사 일반 사항

(1) 건축시공 5대 관리: 공정관리, 품질관리, 원가관리, 안전관리, 환경관리

(2) 건축시공의 근대화: 건축공사의 단순화, 전문화, 표준화, 기계화, 건식화, 공업화

(3) 건축공사 진행의 일반적인 순서
① 공사 착공 준비 ➡ 가설공사
➡ 토공사 ➡ 지정 및 기초공사 ➡ 골조공사(=구조체공사) ➡ 마감공사
② 골조공사는 공기단축을 위한 긴급 공사가 가능하며, 품질 저하의 위험도가 적다.
③ 건축공사의 중반 이후보다 초반부에 공기단축을 시도하는 것이 비용상 효과적이다.
④ 건축 자재 및 설비의 공비시간(空費時間)을 작게 한다.

(4) 건축공사 착공(着工) 준비

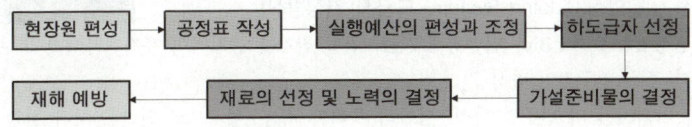

(5) 시공도면(Shop Drawing): 기본설계도면이 공사의 발주, 계약, 허가를 위한 도면이라면 시공도면은 기본설계도면의 미비점을 상세히 도면화한 현장에서 직접 시공되는 도면이다.

(6) 공사 실시 시점의 인허가 항목: 급수공사 시행 신청, 도시가스 공급 신청, 오수처리시설 설치 신고

2 건축공사 관련 주요 용어

(1) 도급(都給)
① 어떤 일을 완성할 것을 약정하고, 상대방이 그 일의 결과에 대하여 보수를 지급할 것을 약정함으로써 성립하는 계약
② 공사 계약을 맺은 다음 설계도서에서 현저하게 빠진 부분이 있음을 발견했을 때 그 조치로서 시공업자가 해야 할 일은 공사를 감리하는 건축사에게 신고해야 한다.
③ 공사 도급자가 그 의무를 완료한 시기: 도급자와 건축주 사이에 건물의 인수인계를 끝내고 그 증서를 받았을 때이다.

(2) 노무자(勞務者, Worker)
① 직용노무자: 시공자에게 직접 고용되어 임금을 받는 노무자로서 미숙련 노무자가 많다.
② 정용노무자: 직종별 전문업자 또는 하도급자에게 고용되어 있고, 직종장에게 고용되는 전문기능 노무자로서 출력일수에 따라 임금을 받는 노무자이다.
③ 임시고용노무자: 하루를 단위로 일하고 비교적 싼 임금을 받는 날품 노동자이다.

(3) 발주자(發注者)
① 건설공사 전부를 최초로 위탁하는 자 또는 공사를 공사업자에게 도급하는 최상위 주문자이다.
② 발주자에 의한 현장 관리: 착공 신고 제도, 현장 회의 운영, 중간관리일 선정, 클레임(Claim) 관리
③ 중간관리일(Milestone): 전체 공사과정 중 관리상 특히 중요한 몇몇 작업의 시작과 종료를 의미하는 특정 시점을 말한다.

예1 건축시공 관리 중 5대 관리가 아닌 것은?
① 노무관리 ② 품질관리
③ 원가관리 ④ 환경관리
답: ①

예2 착공을 위한 공사계획 시 우선 고려하지 않아도 되는 것은?
① 예정 공정표의 작성
② 시공도(Shop Drawing) 작성
③ 가설물의 설치 계획 수립
④ 현장 직원의 조직 편성 계획 수립
답: ②

예3 공사 착공 시점의 인허가항목이 아닌 것은?
① 비산먼지 발생 사업 신고
② 오수처리시설 설치 신고
③ 특정 공사 사전 신고
④ 가설건축물 축조 신고
답: ②

예4 공사 도급자가 그 의무를 완료한 시기를 적은 것이다. 옳은 것은?
① 도급자가 건축주로부터 공사대금을 다 받았을 때
② 준공 검사증을 건축주가 받았을 때
③ 도급자와 건축주 사이에 건물의 인수인계를 끝내고 그 증서를 받았을 때
④ 감독 책임자로부터 준공검사를 받았을 때
답: ③

예5 건설공사의 노무 형태 중 원도급자에게 직접 고용되어 잡역 등의 미숙련 노무로 임금을 받는 고용 형태는?
① 직용노무자 ② 정용노무자
③ 임시고용노무자 ④ 날품노무자
답: ①

예6 발주자에 따른 현장 관리로 볼 수 없는 것은?
① 착공 신고   ② 하도급 계약
③ 현장 회의 운영 ④ 클레임 관리
답: ②

예7 공정관리 용어로서 전체 공사 과정 중 관리상 특히 중요한 몇몇 작업의 시작과 종료를 의미하는 특정 시점을 무엇이라 하는가?
① 중간관리일 ② 절점
③ 표준점   ④ 비작업일
답: ①

| 예8 | 공기단축을 목적으로 공정에 따라 부분적으로 완성된 도면만을 가지고 각 분야별 전문가를 구성하여 패스트 트랙(Fast Track) 공사를 진행하기에 가장 적합한 조직 구조는?
① 기능별(Functional) 조직
② 매트릭스(Matrix) 조직
③ 태스크 포스(Task Force) 조직
④ 라인 스탭(Line-Staff) 조직
답 : ④

| 예9 | 공사감리 업무와 가장 거리가 먼 항목은?
① 설계도서의 적정성 검토
② 공사 실행예산의 편성
③ 시공상의 안전관리 지도
④ 사용 자재와 설계도서의 일치 여부 검토
답 : ②

| 예10 | 건설공사 입찰 순서로 옳은 것은?

| ㉮ 입찰통지 | ㉯ 계약 | ㉰ 입찰 |
| ㉱ 현장설명 | ㉲ 낙찰 | ㉳ 개찰 |

① ㉮ - ㉱ - ㉰ - ㉯ - ㉳ - ㉲
② ㉮ - ㉱ - ㉯ - ㉳ - ㉰ - ㉲
③ ㉮ - ㉱ - ㉳ - ㉰ - ㉲ - ㉯
④ ㉮ - ㉱ - ㉰ - ㉳ - ㉲ - ㉯
답 : ③

| 예11 | 해당 공사 수행에 필요한 최소한의 자격 요건을 갖춘 불특정 다수 업체를 대상으로 자유 시장 경제 원리에 가장 적합한 입찰 방법은?
① 일반경쟁입찰 ② 제한경쟁입찰
③ 지명경쟁입찰 ④ 수의계약
답 : ①

| 예12 | 지명경쟁입찰을 택하는 이유 중 가장 중요한 것은?
① 공사비의 절감
② 양질의 시공 결과 기대
③ 준공 기일의 단축
④ 공사 감리의 편리
답 : ②

| 예13 | 건축주가 시공 회사의 신용, 자산, 공사 경력, 보유 기자재 등을 고려하여 그 공사에 적격한 하나의 업체를 지명하여 입찰시키는 방법은?
① 공개경쟁입찰 ② 제한경쟁입찰
③ 지명경쟁입찰 ④ 특명입찰
답 : ④

| 예14 | 대안입찰제도의 특징에 관한 설명으로 옳지 않은 것은?
① 공사비를 절감할 수 있다.
② 설계상 문제점의 보완이 가능하다.
③ 신기술의 개발 및 축적을 기대할 수 있다.
④ 입찰 기간이 단축된다.
답 : ④

(4) 라인 스탭 조직(Line-Staff Organization)
공기단축을 목적으로 공정에 따라 부분적으로 완성된 도면만을 가지고 각 분야별 전문가를 구성하여 패스트 트랙(Fast Track) 공사를 진행하기에 가장 적합한 조직 구조

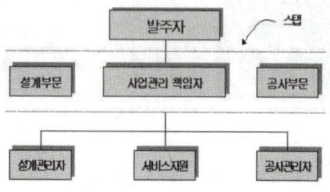

(5) 공사감리자(工事監理者)
① 공사시공자가 설계도서에 적합하게 시공하는지의 여부 및 건축 자재가 기준에 적합한지의 여부 확인, 시공계획 및 공사 관리의 적정 여부 확인, 공사 현장의 안전관리 지도
② 주요 업무: 공정표 및 상세시공도면의 검토·확인, 구조물의 위치와 규격의 적정 여부 검토·확인, 품질시험의 실시 여부 및 시험 성과 검토·확인, 설계변경의 적정 여부 검토·확인

3 입찰 순서, 기본적 입찰 방식

(1) 입찰 순서

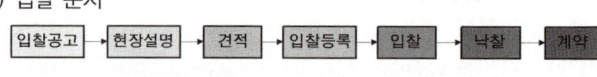

(2) 기본적 입찰방식(Bidding System, 도급자 결정방식)
① 공개경쟁입찰(Open Bid, 일반경쟁입찰): 입찰 참가를 공모하여 유자격자에게 모두 참가 기회를 주는 민주적인 방식
 • 장점: 기회 균등의 민주적 방식, 담합의 우려가 적음, 경쟁으로 인한 공사비 절감
 • 단점: 입찰 사무 복잡, 부적격자에게 낙찰될 우려가 있음, 과다 경쟁으로 인한 부실 공사 우려
② 지명경쟁입찰(Limited Open Bid): 해당 공사에 가장 적격하다고 인정되는 3~7개 정도의 시공회사를 선정하여 입찰시키는 방식
 • 장점: 부적격자가 제거되어 적정 공사 및 시공상 신뢰성 기대
 • 단점: 담합(談合, Cartel, 짬짜미)의 우려가 크다.
③ 특명입찰(Individual Negotiation, 수의계약):
건축주가 가장 적합한 1개의 시공회사를 선정하여 입찰시키는 방식
 • 장점: 입찰 수속의 간단, 공사의 보안 유지에 유리
 • 단점: 부적격 업체 선정의 문제, 공사비 결정이 불명확

4 특별한 입찰 제도

(1) 부대입찰제도
① 입찰 시 하도급자의 계약서를 함께 제출하도록 하는 하도급 보호 제도
② 전문업체의 부실 견적과 이로 인한 계약 불이행으로 일반과 전문 간의 분쟁의 단초를 제공하는 사례가 많고, 중소 전문업체를 육성하고자 하는 취지와는 달리 오히려 육성을 저해한다는 의견에 따라 건설 공사의 생산 방식을 일반 업체 스스로 결정하도록 하기 위해 2004년 1월 1일 이후로 폐지되었다.

(2) 대안입찰제도: 발주자가 원안 실시설계를 작성한 후 기능·가격·공기 등에서 더 유리한 대안 설계를 제출받아 설계, 가격, 해당 공사 수행 능력을 원안설계와 비교·평가 후 낙찰자를 결정하고 계약을 체결하는 제도로서 신기술의 개발 및 축적을 기대할 수 있다.

(3) 기술제안입찰제도: 국가를 당사자로 하는 계약에 관한 법률에 근거를 두고 공사 입찰 시 낙찰자를 선정함에 있어 가격뿐만 아니라 건설 기술, 공사 기간, 가격 등 여러 가지 요소를 고려하여 선정하는 입찰 제도이다.

(4) PQ 제도(Pre-Qualification, 입찰참가사전심사 제도)

① 건설 업체의 공사 수행 능력을 기술적 능력, 재무 능력, 조직 및 공사 능력 등 비가격적 요인을 검토하여 가장 효율적으로 공사를 수행할 수 있는 업체에 입찰 참가 자격을 부여하는 제도

② 자유 경쟁원리에 위배되며, 신규 업체의 입찰 참여에 PQ가 하나의 장벽이 될 수 있다.

5 계약

(1) 도급계약서 기재 내용

공사 내용 (규모, 도급 금액), 공사 착수 시기, 완공 시기(공사 기간), 도급액 지불 방법·지불 시기, 설계변경·공사 중지의 경우 도급액 변경, 공사 중지·계약 해지·천재지변에 의한 손해 부담에 관한 사항, 계약자의 이행 지연·채무 불이행 사항, 지체 보상금·위약금 등 손해 배상에 관한 사항, 공사 시공으로 인해 제3자가 입은 손해 부담에 관한 사항, 설계변경에 따른 도급 금액 변동에 관한 사항 및 기타 사항

(2) 도급계약서 첨부 서류

① 계약서, 설계도면, 시방서, 현장 설명서, 질의 응답서, 물량 내역서 및 지급 재료 명세서, 공정표 등
② 공사 실행 공정표의 작성 시기는 일반적으로 공사 착수 직전에 작성한다.
③ 견적서는 건축주의 요구가 있을 때만 첨부한다.

(3) 시방서(示方書, Specifications)

① 설계도면 만으로 나타낼 수 없는 부분에 대하여 기재한 문서로서 각 공사의 항목별 내용을 명확히 작성한 것이다.
② 기재 내용: 재료의 종류, 품질 및 사용에 대한 사항, 성능의 규정 및 지시, 시험 및 검사에 관한 사항, 공법 및 공사 순서, 시공 기계 및 시공 기구, 양생 및 청소 관리, 시공 시 주의 사항 등

③ 설계도서의 오류 및 설계도, 시방서 불일치 시 시공자는 감리자에게 보고하고 협의한다.

6 실행예산, 공사비 지불 순서, 보증금, 건설 클레임(Claims)

(1) 실행예산: 도급자가 공사를 착공하기 전에 공사 내용과 공기를 가장 효과적으로 달성하면서 집행 가능한 최소의 투자를 전제하여 시공 계획과 손익의 목표를 합리적으로 표현한 금액적 계획서

(2) 공사비 지불 순서

① 착공금: 전도금, 선수금, 착수금이라고 하며 보통 도급금액의 70% 이내로 한다.
② 중간불: 기성불이라고도 하며 월별이나 공종 부분별로 통상 90%까지 지급한다.
③ 준공불: 완불, 일시불이라고 하며 건물 인도 후 대금을 청산하고 계약을 해지한다.
④ 하자보증금: 준공 검사 후 하자에 대한 보증금으로 1~3년까지 2%~5%를 예치한다.

(3) 보증금

① 입찰보증(Bid Bond): 낙찰된 시공자가 도중에 실격되는 경우 발주자의 손실을 보증하는 금액
② 계약보증(Contract Deposit): 계약대로 공사를 완성하여 발주자에게 인도할 것을 시공자가 보증하기 위하여 제공되는 보증금
③ 하자보증(Guarantee against Defaults): 공사 목적물의 완공 후 일정기간 동안 시공자가 공사의 하자 보수 책임을 담보하는 보증금

(4) 분쟁 해결 방안: 협상(Negotiation) ➡ 조정(Mediation) ➡ 중재(Arbitration) ➡ 소송(Litigation)

① 계약도서와 현장 조건 상이에 따른 클레임: 공사 현장의 상태가 설계서상의 공사 현장 여건으로 예측되었던 것보다 대폭으로 다른 것, 또는 설계서와 현장 상태와의 불일치로 인해 발생하는 클레임
② 공기촉진 클레임: 건축주가 시공자로 하여금 처음 계획된 공기보다 단축하여 작업을 하도록 요구하거나 생산 체계를 촉진하기 위해 추가 자원을 사용하도록 요구할 때 발생한다.

예15 PQ 제도에 관한 설명으로 옳지 않은 것은?

① 업체 간의 효과적 경쟁을 유발시킨다.
② 수주에서 관리까지 종합적 평가가 가능하다.
③ 평가의 공정성으로 신규 업체 참여가 가능하다.
④ 매 프로젝트마다 공사 규모, 특성에 맞는 심사 기준을 정하여 입찰전에 응찰자에게 통보하여 실적을 제출하도록 한다.

답 : ③

예16 건축공사의 도급계약서 내용에 기재하지 않아도 되는 항목은?

① 공사의 착수 시기
② 재료의 시험에 관한 내용
③ 계약에 관한 분쟁 해결 방법
④ 천재 및 그 외의 불가항력에 의한 손해 부담

답 : ②

예17 건설공사에 사용되는 시방서에 관한 설명으로 옳지 않은 것은?

① 시방서는 계약서류에 포함되지 않는다.
② 시방서는 설계도서에 포함된다.
③ 시방서에는 공법의 일반 사항, 유의 사항 등이 기재된다.
④ 시방서에 재료 메이커를 지정하지 않아도 좋다.

답 : ①

예18 도급자가 공사를 착공하기 전에 공사 내용과 공기를 가장 효과적으로 달성하면서 집행 가능한 최소의 투자를 전제하여 시공계획과 손익의 목표를 합리적으로 표현한 금액적 계획서를 일반적으로 무엇이라고 하는가?

① 목표예산   ② 소요예산
③ 도급예산   ④ 실행예산

답 : ④

예19 건설 클레임과 분쟁에 대한 설명으로 옳지 않은 것은?

① 클레임 예방 대책으로는 프로젝트의 모든 단계에서 시공 기술과 경험을 이용한 시공성 검토를 하여야 한다.
② 공기촉진 클레임은 시공자가 스스로 계획공기 보다 단축 작업을 하거나 생산 촉진을 위해 추가 자원을 필요로 할 때 발생한다.
③ 분쟁은 발주자와 계약자의 상호 이견 발생 시 조정, 중재, 소송의 개념으로 진행되는 것이다.
④ 클레임의 접근 절차는 사전평가단계, 근거자료확보단계, 자료분석단계, 문서작성단계, 청구금액산출단계, 문서제출단계 등으로 진행된다.

답 : ①

건축시공
핵심번호 21 건축공사관리: 계약 제도

1 계약 제도: 전통적인 설계와 시공의 분리 계약 방식

(1) 직영공사(Direct Management System)

① 정의: 건축주가 직접 재료 구입, 노무자 수배, 기계 설치, 감독 등을 시공하는 방식이다.
② 장점: 영리를 도외시한 확실성 있는 공사 가능, 계약에 구속됨이 없이 임기응변 처리 가능, 발주계약 등의 수속(사무) 절감 효과가 있다.
③ 단점: 공사비의 증대 우려, 재료의 낭비 또는 잉여, 시공관리 능력의 부족으로 공사 기간 연장의 우려가 있다.

[예1] 건축시공 계약 제도 중 직영공사(Direct Management System)에 관한 사항 중 틀린 것은?
① 공사 내용 및 시공 과정이 단순할 때 많이 채용된다.
② 확실성 있는 공사를 할 수 있다.
③ 입찰 및 계약의 번잡한 수속을 피할 수 있다.
④ 공사비의 절감과 공기단축이 용이한 방식이다.
답: ④

(2) 설계와 시공이 분리된 도급 공사

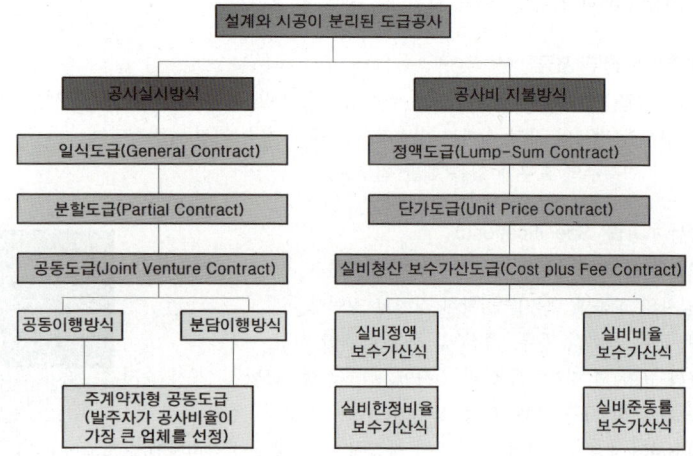

[예2] 발주자가 시공자에게 공사를 발주하는 경우 계약 방식에 따른 시공 방식으로 옳지 않은 것은?
① 보증방식 ② 직영방식
③ 실비정산방식 ④ 단가도급방식
답: ①

[예3] 공사 금액의 결정 방법에 따른 도급 방식이 아닌 것은?
① 정액도급
② 공종별도급
③ 단가도급
④ 실비정산 보수가산도급
답: ②

2 공사 실시 방식에 의한 계약 제도

(1) 일식도급(一式都給, General Contract)
① 공사 전체를 하나의 시공자에게 맡겨 진행시키는 방식이다.
② 장점: 공사비가 확정되고 공사 관리가 용이, 계약과 감독이 간단하다.
③ 단점: 시공자의 이윤 가산으로 인한 공사비 증대 및 부실 공사의 우려가 있다.

(2) 분할도급(分割都給, Partial Contract)
① 공종별 분할도급: 설비공사를 건축공사와 분리하여 전문건설업자와 계약하는 방식이다.
② 공정별 분할도급: 정지공사, 구체공사, 마무리공사 등 시공의 과정별로 도급을 주는 방식이다.
③ 공구별 분할도급: 대규모 공사에서 지역별로 발주하는 방식이다.
④ 직종별·공종별 분할도급: 전문직별 또는 각 공종별로 분할하여 도급을 주는 방식이다.

[예4] 대규모 공사에서 지역별로 공사를 분리하여 발주하며 중소업자에게 균등한 기회를 주는 발주 방식은?
① 전문공종별 분할도급
② 공정별 분할도급
③ 공구별 분할도급
④ 직종별, 공종별 분할도급
답: ③

(3) 공동도급(共同都給, Joint Venture Contract)
① 2 이상의 회사가 공동 출자하여 하나의 회사처럼 공사를 수주하고 시공하는 도급 형태이다.
② 장점: 위험의 분산, 자본력과 신용도 증대, 공사 이행의 확실성 보장, 기술의 향상 및 경험의 확충 등이 있다.
③ 단점: 단일 회사 도급보다 경비가 증대, 이해 관계의 충돌 및 책임 회피의 우려, 하자 발생 시 책임 소재 불분명, 사무 관리 및 현장 관리 혼란의 우려 등이 있다.
④ 컨소시엄(Consortium): 라틴어로 동반자 관계와 협력, 동지를 의미하며, 공통의 목적을 위한 협회나 조합을 말한다. 공동도급(Joint Venture)은 자본의 출자를 통한 정식 법인이지만, 컨소시엄은 법인을 설립하지 않은 협력 형태로서 각각의 독립된 회사가 하나의 연합체를 형성하여 각자의 공사 범위에 따라 공사를 수행하는 방식의 차이를 보인다.

[예5] 공동도급(Joint Venture) 방식의 장점에 관한 설명으로 옳지 않은 것은?
① 2명 이상의 업자가 공동으로 도급하므로 자금 부담이 경감된다.
② 대규모 공사를 단독으로 도급하는 것보다 적자 등의 위험 부담이 분담된다.
③ 공동도급 구성원 상호 간의 이해 충돌이 없고 현장 관리가 용이하다.
④ 각 구성원이 공사에 대해서 연대 책임을 지므로, 단독 도급에 비해 발주자는 더 큰 안정성을 기대할 수 있다.
답: ③

[예6] 독립된 회사의 연합으로 법인을 설립하지 않으며 공사의 책임과 공사 클레임 등을 각각 독립된 회사의 계약 당사자가 책임을 지는 방식은?
① 공동도급(Joint Venture)
② 파트너링(Partnering)
③ 컨소시엄(Consortium)
④ 분할도급(Partial Contract)
답: ③

3 공사비 지불 방식에 의한 계약 제도

(1) 정액도급(定額都給, Lump Sum Contract)
 ① 공사비 총액을 확정하고 계약하는 방식으로 일반적으로 널리 채용되고 있는 도급 계약 제도이다.
 ② 장점: 공사총액이 확정되므로 자금 계획이 명확하고 공사관리 업무가 간편하며, 공사비 절감 노력이 향상된다.
 ③ 단점: 설계변경에 따른 도급 급액의 증감이 곤란하고, 이윤 발생을 위해 전체 공사의 질이 낮아질 우려가 있다.

(2) 단가도급(單價都給, Unit Price Contract)
 ① 단위공사(재료, 노임, 면적 등)의 단가만을 계약하고 실시 수량 확정에 따라 차후 정산하는 방식이다.
 ② 장점: 신속한 공사 착공이 가능하고, 긴급 공사 및 설계변경으로 인한 수량의 증감 및 공사비 계산이 용이하다.
 ③ 단점: 총공사비 예측이 어렵고 공사비 절감 노력이 낮아질 우려가 있다.

(3) 실비정산보수가산도급(實費精算報酬加算都給, Cost Plus Fee Contract)
 ① 공사 실비를 건축주와 도급자가 확인 정산 후 건축주는 미리 정한 보수율에 따라 도급자에게 보수를 지불하는 방식이다.
 ② 장점: 설계도서 및 공사비 산정이 명확하지 않을 때 적용이 용이한 방식으로 신용 계약으로 인한 양심 시공 및 우수한 시공 결과를 기대할 수 있다.
 ③ 단점: 공사 기간 연장의 우려가 있고, 공사비 절감 노력이 낮아질 우려가 있다.

4 업무 범위에 의한 계약 방식

(1) 턴키도급(Turn-Key Contract, Design-Build Contract, 설계·시공 일괄계약방식)
 ① 도급자가 대상 프로젝트(Project)의 기획 및 타당성 조사, 설계(Design), 구매 및 조달(기업, 금융, 토지 조달), 시공(Construction), 시운전 및 완공까지 주문자가 필요로 하는 모든 것을 조달하여 주문자에게 인도하는 방식으로 건축주가 열쇠만 돌리면 쓸 수 있다는 뜻에서 유래된 용어이다.
 ② 장점: 설계와 시공의 통합 관리에 의한 의사소통 개선, 원가절감 및 공기단축 가능
 ③ 단점: 건축주 의도가 반영되지 않을 우려가 있으며 공사비 사전 파악이 어렵고 최저가 낙찰제(Lower Limit)인 경우 공사 품질이 저하된다.

(2) CM(Construction Management, 건설사업관리방식)
 ① 건설의 전 과정에 걸쳐 프로젝트를 보다 효율적이고 경제적으로 수행하기 위하여 각 부문의 전문가들로 구성된 통합된 관리 기술을 건축주에게 서비스하는 방식을 말한다.
 ② CM for Fee(대리인형 CM): 프로젝트 전반에 걸친 발주자의 컨설턴트 역할만을 수행하고 그에 대한 보수를 받으며 공사 결과에는 책임을 지지 않는 순수한 의미의 CM이다.
 ③ CM at Risk(시공자형 CM): 하도급 업체와 CM이 원도급자 입장으로 발주자의 직접 계약을 체결하며 공사의 원가·공정·품질을 직접 관리하여 CM 자신의 이익을 추구하는 형태이다.
 ④ CM의 단계별 업무:

 ⑤ CM의 주요 업무 영역:
  • 사업관리 일반: 설계부터 공사관리까지 전반적인 지도, 조언, 관리업무
  • 입찰 및 계약 관리업무와 원가관리업무
  • 현장 조직관리, 안전관리, 공정관리, 품질관리
  • 사업정보관리: 사업정보 및 기술 자료의 축적, 관리, 운영

예7 공사 금액을 공사 시작 전에 결정하고 계약하는 도급 계약 제도는?
① 분할도급 ② 정액도급
③ 실비정산도급 ④ 공동도급
답: ②

예8 계약 방식 중 단가계약제도에 관한 설명으로 옳지 않은 것은?
① 실시 수량의 확정에 따라서 차후 정산하는 방식이다.
② 긴급 공사 시 또는 수량이 불명확할 때 간단히 계약할 수 있다.
③ 설계변경에 따른 수량의 증감이 용이하다.
④ 공사비를 절감할 수 있으며, 복잡한 공사에 적용하는 것이 좋다.
답: ④

예9 주문받은 건설업자가 대상 계획의 기업, 금융, 토지 조달, 설계, 시공 기타 모든 요소를 포괄하여 발주하는 도급 계약 방식은?
① 컨소시엄 ② 정액도급
③ 공동도급 ④ 턴키도급
답: ④

예10 기획, 설계, 시공까지의 전 과정에 대하여 건설 산업을 보다 효율적이고 경제적으로 수행하기 위해서 각 부분의 전문가들로 구성된 집단의 통합된 관리 기술을 건축주에게 서비스하는 계약 방식은?
① BOT 방식 ② CM 방식
③ BTL 방식 ④ 턴키(Turn-Key)
답: ②

예11 공사 계약 제도 중 공사관리방식(CM)의 단계별 업무 내용 중 비용의 분석 및 VE기법의 도입 시 가장 효과적인 단계는?
① Pre-Design 단계
② Design 단계
③ Pre-Construction 단계
④ Construction 단계
답: ②

예12 CM(Construction Management)의 주요 업무가 아닌 것은?
① 설계부터 공사관리까지 전반적인 지도, 조언, 관리업무
② 원가관리업무, 입찰 및 계약관리업무
③ 현장 조직관리업무와 공정관리업무
④ 자재조달업무와 시공도 작성업무
답: ④

핵심번호 22 건축시공: 건축공사관리: 원가관리, 품질관리

예1 가치공학(Value Engineering) 기법의 적용과 직접적인 관계가 가장 먼 것은?
① 기능 설계 ② 원가 절감
③ 브레인 스토밍 ④ 공기단축
답: ④

예2 VE(Value Engineering)의 사고방식과 가장 거리가 먼 것은?
① 제도, 법규 위주의 사고
② 비용 절감
③ 발주자, 사용자 중심의 사고
④ 기능 중심의 사고
답: ①

예3 가치공학(Value Engineering) 기법에서 어떤 개선 활동이나 계획을 세울 때 적용하는 것은?
① 기능 설계 ② 원가 절감
③ 브레인 스토밍 ④ 공기단축 기법
답: ③

예4 수량 산출 작업을 함에 있어 효율적인 적산 방법이 아닌 것은?
① 수직방향에서 수평방향으로 적산한다.
② 시공 순서대로 적산한다.
③ 내부에서 외부로 적산한다.
④ 큰 곳에서 작은 곳으로 적산한다.
답: ①

예5 건축공사에서 활용되는 견적 방법 중 가장 상세한 공사비의 산출이 가능한 견적 방법은?
① 개산견적 ② 명세견적
③ 입찰견적 ④ 실행견적
답: ②

예6 건축 재료별 수량 산출 시 적용하는 할증률로 옳지 않은 것은?
① 유리: 1% ② 단열재: 5%
③ 붉은 벽돌: 3% ④ 이형 철근: 3%
답: ②

예7 다음 중 수량 산출 시 할증률이 가장 큰 것은?
① 이형 철근 ② 자기 타일
③ 붉은 벽돌 ④ 단열재
답: ④

1 VE(Value Engineering, 가치공학)

(1) 정의:
① 가치(Value) = 기능(Function) / 비용(Cost)
② 발주자가 요구하는 성능, 품질을 보장하면서 최소의 비용으로 공사를 수행하기 위한 수단을 찾고자 하는 체계적이고 과학적인 공사 방법이다.

(2) 가치공학 수행 계획 4단계

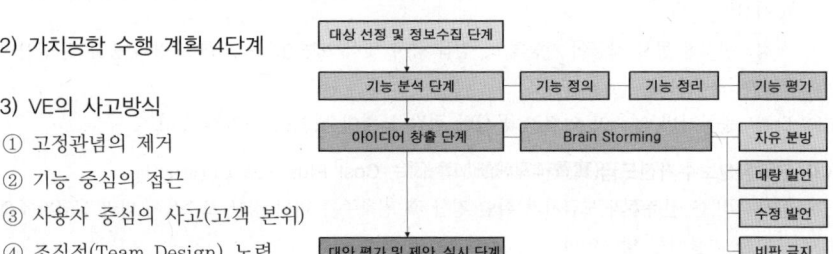

(3) VE의 사고방식
① 고정관념의 제거
② 기능 중심의 접근
③ 사용자 중심의 사고(고객 본위)
④ 조직적(Team Design) 노력

(4) 브레인 스토밍(Brain Storming): VE는 적정한 대안 창출을 위해 아이디어 회의를 하게 되는 데 이를 브레인 스토밍이라고 하며, 기능 중심의 사고방식을 통한 원가 절감 기법이다.

2 적산과 견적, 형태에 의한 단가의 분류, 건축 재료의 할증률

(1) 적산(積算)
① 정의: 재료와 품의 수량인 공사량을 산출하는 기술 활동이다.
② 효율적 적산활동: 시공 순서대로 ➡ 수평방향에서 수직방향으로 ➡ 내부에서 외부쪽으로 ➡ 큰 곳에서 작은 곳으로 ➡ 단위세대에서 전체로 산출한다.
③ 수장 공사: 건물 내부에 사용되는 치장재의 대부분이 수장 재료에 포함되어 있으며, 넓은 의미에서 마무리 치장재의 전부를 적산 범위로 하며, 수장 공사와 관련된 각종 부속 공사도 포함하여야 한다.

(2) 견적(見積)
① 정의: 적산에 의한 공사량에 단가를 곱하여 공사비를 산출하는 기술 활동이다.
② 명세견적: 설계도서, 현장 설명, 질의응답을 고려하여 정밀하게 적산, 견적하고 정확한 공사비를 산출하는 것을 말한다.
③ 개산견적: 정밀 산출의 시간이 없거나 설계도서가 불완전할 때 적용한다.

(3) 주요 건축 재료의 할증률(割增率, Premium Proportion)

할증률	1%	3%	5%	7%	10%
건축재료	유리	타일 이형 철근, 고장력 볼트 내화 벽돌, 붉은 벽돌	원형 철근 일반 볼트 봉강 강관 소형 형강 경량 형강 시멘트 벽돌 기와, 목재(각재)	대형 형강	강판 동판 목재(판재) 단열재

3 공사 가격의 구성요소, 법령 및 계약 조건에 의한 보험료

(1) 공사 가격 구성요소

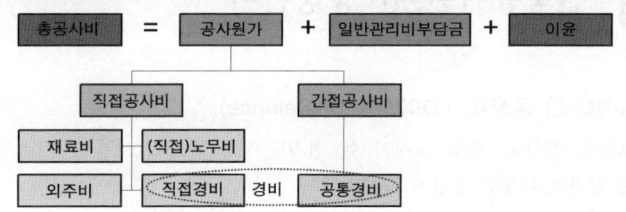

① 이윤은 건설업의 영업 이익으로서 공사 원가 중 노무비와 경비 및 일반관리비의 합계액 (기술료와 외주 가공비는 제외)에 이윤을 10% 정도로 계상하고 있다.
② 기계 경비: 품셈에서 건설 기계의 경비 산정에 의한 비용
• 상각비: 기계의 사용에 따르는 가치의 감가액
• 정비비: 기계를 사용함에 따라 발생하는 고장 또는 성능 저하 부분의 회복을 목적으로 하는 분해 수리 등 장비와 기계 기능을 유지하기 위한 정기 또는 수시 정비에 소요되는 비용
• 관리비: 보유한 기계를 관리하는데 필요로 하는 이자 및 보관 격납 비용

(2) 보험료
① 고용 보험료: (직접노무비+간접노무비)×적용요율
② 산재 보험료: (직접노무비+간접노무비)×적용요율
③ 국민건강연금 보험료: (직접노무비)×적용요율

4 품질관리(QC, Quality Control)

(1) PDCA Cycle

Plan(계획) ➡ Do(실시) ➡ Check(검토) ➡ Action(조치)

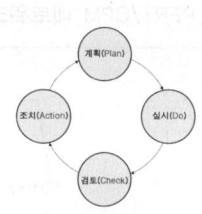

(2) 종합적 품질관리(TQC, Total Quality Control)

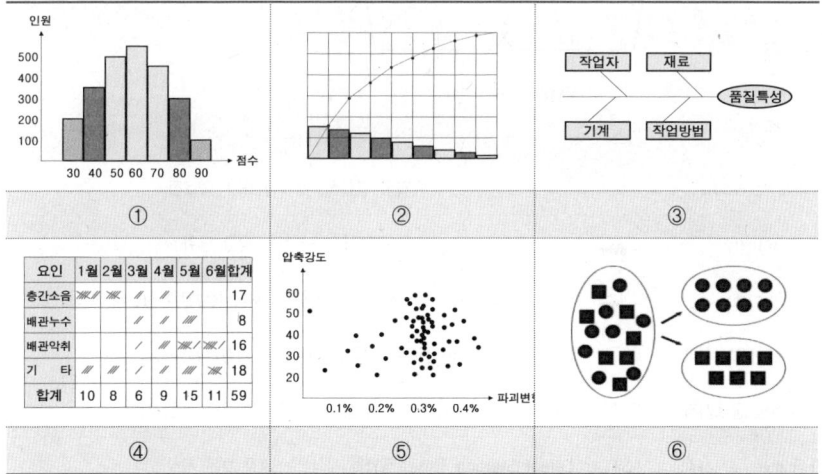

① 히스토그램(Histogram): 데이터가 어떤 분포를 나타내고 있는지 알아 보기 위해 작성하는 그림
② 파레토도(Pareto Diagram): 데이터를 불량 크기 순서대로 나열해 놓은 그림
③ 특성요인도(Fishbone Diagram): 결과에 어떤 원인이 관계하는지를 알 수 있도록 작성한 그림
④ 체크시트(Check Sheet): 데이터가 어디에 집중되어 있는지를 나타낸 그림이나 표
⑤ 산점도, 산포도(Scatter Diagram): 대응되는 두 개의 짝으로 된 데이터를 하나의 점으로 나타낸 그림
⑥ 층별(Stratification): 데이터를 특정 기준에 따라 여러 그룹으로 나누어 분석함으로써 품질 문제를 해결하는 방법

예8 건축공사비의 원가 구성 항목이 아닌 것은?
① 재료비 ② 노무비
③ 경비   ④ 도급공사비
답: ④

예9 건축공사 시 직접공사비 구성 항목으로 옳게 짝지어진 것은?
① 재료비, 노무비, 장비비, 간접공사비
② 재료비, 노무비, 외주비, 간접공사비
③ 재료비, 노무비, 일반관리비, 경비
④ 재료비, 노무비, 외주비, 경비
답: ④

예10 기계 경비 산정과 관련된 시간당 손료계수를 구성하는 3가지 요소가 아닌 것은?
① 상각비 계수 ② 관리비 계수
③ 정비비 계수 ④ 경비 계수
답: ④

예11 건축공사의 공사 원가 계산 방법으로 옳지 않은 것은?
① 재료비=재료량×단위당 가격
② 경비=소요(소비)량×단위당 가격
③ 고용보험료=재료비×고용보험요율(%)
④ 일반관리비=공사원가×일반관리비율(%)
답: ③

예12 품질관리 사이클의 순서로 옳은 것은?
① 계획 – 검토 – 실시 – 조치
② 계획 – 검토 – 조치 – 실시
③ 계획 – 실시 – 조치 – 검토
④ 계획 – 실시 – 검토 – 조치
답: ④

예13 QC(Quality Control) 활동의 도구와 거리가 먼 것은?
① 기능계통도 ② 산점도
③ 히스토그램 ④ 특성요인도
답: ①

예14 모집단에 대한 품질 특성을 알기 위하여 모집단의 분포 상태, 분포의 중심 위치, 분포의 산포 등을 쉽게 파악할 수 있도록 막대 그래프 형식으로 작성한 도수분포도는?
① 히스토그램 ② 특성요인도
③ 파레토도   ④ 체크 시트
답: ①

예15 결과에 대한 원인이 어떻게 관계하는지를 알기 쉽게 작성한 것으로 생선뼈 그림이라고도 하는 것은?
① 히스토그램 ② 특성요인도
③ 파레토도   ④ 체크 시트
답: ②

핵심번호 23 건축시공 — 건축공사관리: 공정관리

예1 기본공정표와 상세공정표에 표시된 대로 공사를 진행시키기 위해 재료, 노력, 원척도 등이 필요한 기일까지 반입, 동원될 수 있도록 작성한 공정표는?
① 횡선식 공정표 ② 열기식 공정표
③ 사선식 공정표 ④ 일순식 공정표
답 : ②

예2 고층 건축물 공사의 반복 작업에서 각 작업조의 생산성을 기울기로 하는 직선으로 각 반복 작업의 진행을 표시하여 전체 공사를 도식화하는 기법은?
① CPM ② PERT
③ PDM ④ LOB
답 : ④

예3 네트워크(Network) 공정관리에 관한 용어와 관계없는 것은?
① 커넥터(Connector)
② 크리티컬 패스(Critical Path)
③ 더미(Dummy)
④ 플로트(Float)
답 : ①

예4 Network 공정표에서 사용되는 용어가 아닌 것은?
① Activity ② Event
③ Arbitration ④ Dummy
답 : ③

예5 네트워크 공정표에서 작업의 상호 관계만을 도시하기 위하여 사용하는 화살선을 무엇이라 하는가?
① Event ② Dummy
③ Activity ④ Critical Path
답 : ②

예6 네트워크 공정표에 사용되는 용어에 대한 설명으로 틀린 것은?
① Critical Path : 처음 작업부터 마지막 작업에 이르는 모든 경로 중에서 가장 긴 시간이 걸리는 경로
② Activity : 작업을 수행하는데 필요한 시간
③ Float : 각 작업에 허용되는 시간적인 여유
④ Event : 작업과 작업을 결합하는 점 및 프로젝트의 개시점 혹은 종료점
답 : ②

1 열기식(列記式) 공정표, LOB(Line Of Balance)

(1) 열기식(列記式) 공정표: 재료, 노무자 수, 현치도 작성 등 필요 사항 및 재료 주문에 관한 기일 등을 문자로 나열한 간단한 공정표

일정 분류	1일차	2일차	3일차	4일차
노무자	타일공: 2		미장공: 5	
자재 입고	타일: 200	벽돌: 100	시멘트: 10	
자재 반출				거푸집
기계				
기타		이동 화장실		

(2) LOB(Line Of Balance)
각 작업 간의 상호 관계를 명확히 나타내면서 각 작업의 진도율로 전체 공사를 표현하는 방법으로 LSM(Linear Scheduling Method) 기법이라고도 한다.

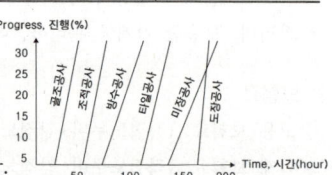

2 PERT/CPM 네트워크(Network) 공정표 관련 주요용어

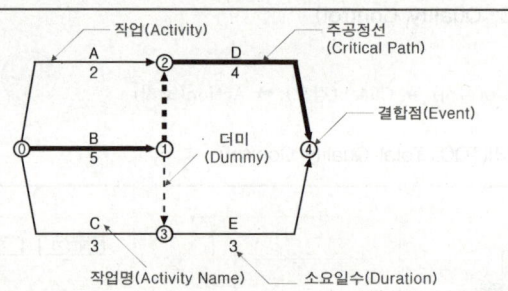

용어	기호	내용	
Event, Node	○	작업의 결합점, 개시점 또는 종료점	
Activity	→	프로젝트를 구성하는 작업 단위	
Dummy	┈▶	작업의 상호 관계만을 표시하는 점선 화살표로서 작업명과 시간의 요소는 없음	
가장 빠른 개시시각	EST	Earliest Starting Time, 작업을 시작하는 가장 빠른 시각	ET
가장 빠른 종료시각	EFT	Earliest Finishing Time, 작업을 끝낼 수 있는 가장 빠른 시각	
가장 늦은 개시시각	LST	Latest Starting Time, 작업을 시작하는 가장 늦은 시각	LT
가장 늦은 종료시각	LFT	Latest Finishing Time, 작업을 끝낼 수 있는 가장 늦은 시각	
Path		네트워크 중 둘 이상의 작업의 이어짐 상태	
Critical path	CP	시작에서 종료 결합점까지의 가장 긴 소요일수 경로	
Float		CPM에서 작업이 갖는 여유	
Slack	FF	PERT에서 결합점이 갖는 여유	

3 PERT/CPM 네트워크(Network) 공정표의 주요 특징

(1) 기법의 비교

CPM (Critical Path Method, 1956)	구분	PERT (Program Evaluation & Review Technic, 1958)
경험이 있는 반복 사업	대상	경험이 없는 신규 사업
공비절감	주목적	공기단축
1점 추정	시간추정	3점 추정
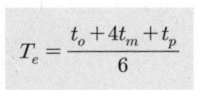	표현방법	ET LT 작업명 ET LT ◯ ─→ ◯ 소요일수
플로트(Float)	여유	슬랙(Slack)

PERT 3점 추정식
$$T_e = \frac{t_o + 4t_m + t_p}{6}$$

- T_e: expected time, 기대시간, 예상시간
- t_o: optimistic time, 낙관시간
- t_m: most likely time, 정상시간, 개연시간
- t_p: pessimistic time, 비관시간

(2) 주요 특징

① 요소 작업의 시각과 작업 기간 및 작업 완료점을 화살표형 그림으로 표시한 것으로 각 작업의 상호 관계가 명확하게 표시되어 공사 계획의 전모와 공사 전체 흐름의 파악이 용이하다.
② 작업 상호 간의 관련성을 알기 쉽고, 공사의 진척관리를 정확히 실시할 수 있다.
③ 공사 착수 전 계획 단계에서 공정상의 문제점이 명확히 파악되어 작업 전에 수정이 가능하다.
④ 공정 정보(공기, 원가, 노무, 자재 등)의 의사소통이 명확하여 공기단축 가능 요소의 발견이 용이하고, 최저의 비용으로 공기단축이 가능한 단위공정을 추정하기 용이하다.
⑤ 공정표 작성 및 검사에 특별한 기능이 요구되며, 다른 공정표에 비해 공정표 작성 시간이 오래 걸린다.
⑥ MCX(Minimum Cost Expediting):
최소의 비용으로 최적의 공기를 찾는 공기조정 기법이다.
⑦ 특급점(Crash Point): 급속공기와 급속비용이 만나는 포인트로 소요 공기를 더 이상 단축할 수 없는 한계점을 말한다.

(3) 수순계획, 일정계획

① 수순계획: 프로젝트를 단위작업으로 분해
➡ 각 작업의 순서를 붙여서 네트워크로 표현
➡ 각 작업시간의 견적
② 일정계획: 일정계산의 실시
➡ 공기조정의 실시 ➡ 공정도의 작성

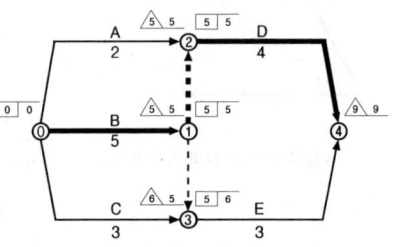

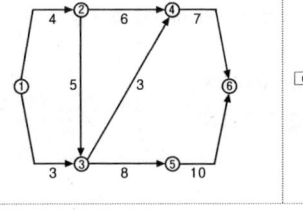

【일정계산 예제】

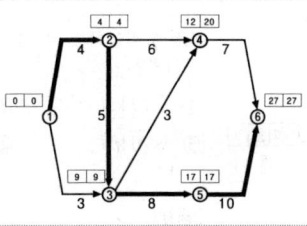

주공정선(Critical Path): 소요일수가 가장 긴 경로이며 27일로 산정된다.

예7 다음 중 PERT/CPM에 대한 설명으로 적당하지 않은 것은?
① PERT는 명확하지 않은 사항이 많은 조건 하에서 수행되는 신규 사업에 많이 이용된다.
② CPM은 작업 시간이 확립되지 않은 사업에 통상 활용된다.
③ PERT는 공기단축을 목적으로 한다.
④ CPM은 공비절감을 목적으로 한다.
답:②

예8 Network(네트워크) 공정표의 장점이라고 볼 수 없는 것은?
① 작성 및 검사에 특별한 기능이 필요 없고 경험이 없는 사람도 쉽게 작성할 수 있다.
② 계획관리면에서 신뢰도가 높고 전산기 이용이 가능하다.
③ 작업 상호 간의 관련성 파악이 용이하다.
④ 진도관리를 명확하게 실시할 수 있으며 적절한 조치를 취할 수 있다.
답:①

예9 MCX(Minimum Cost Expediting) 기법에 따른 공기단축에서 아무리 비용을 투자해도 그 이상 공기를 단축할 수 없는 한계점을 무엇이라 하는가?
① 표준점   ② 포화점
③ 경제 속도점   ④ 특급점
답:④

예10 공정관리의 공정계획에는 수순계획과 일정계획이 있다. 다음 중 일정계획에 속하지 않는 것은?
① 시간계획
② 공사기일 조정
③ 프로젝트를 단위작업으로 분해
④ 공정도 작성
답:③

예11 PERT-CPM 공정표 작성 시 EST와 EFT의 계산 방법 중 옳지 않은 것은?
① 작업의 흐름에 따라 전진 계산한다.
② 선행작업이 없는 첫 작업의 EST는 프로젝트의 개시시간과 동일하다.
③ 어느 작업의 EFT는 그 작업의 EST에는 소요일수를 더하여 구한다.
④ 복수의 작업에 종속되는 작업의 EST는 선행작업 중 EFT의 최솟값으로 한다.
답:④

건축구조
01 건축구조역학: 힘의 합성과 회전

1 SI단위

■ 뉴턴(Isaac Newton,1643~1727)
파스칼(Blaise Pascal, 1623~1662)

Prefix		Symbol	주요 단위체계	
kilo	10^3	k	힘 [N]	$1[\text{kg}] = 9.80665[\text{N}] \cong 10[\text{N}]$
mega	10^6	M	거리 [mm]	$1[\text{m}] = 100[\text{cm}] = 1{,}000[\text{mm}]$
giga	10^9	G	응력 [N/mm², MPa]	$1[\text{Pa}] = 1[\text{N/m}^2]$ $1[\text{kPa}] = 1[\text{kN/m}^2]$ $1[\text{MPa}] = 1[\text{N/mm}^2]$

2 힘의 합성

(1) 이동력(Force, F 또는 P): 물체를 이동시키려는 힘으로서 화살표로 표시한다.

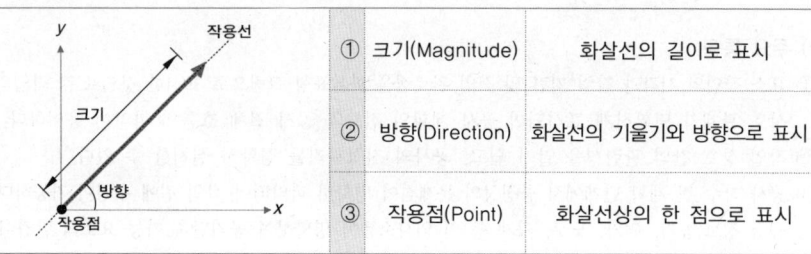

①	크기(Magnitude)	화살선의 길이로 표시
②	방향(Direction)	화살선의 기울기와 방향으로 표시
③	작용점(Point)	화살선상의 한 점으로 표시

(2) 작용점이 같은 두 힘의 합력: 한 점에 작용하는 두 힘의 합은 평행사변형의 원리를 이용하여 두 힘과 나란한 평행사변형의 대각선의 길이로 구할 수 있다.

■ 경사 힘의 분해

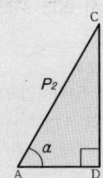

① $\sin\alpha = \dfrac{CD}{AC}$
$CD = AC \cdot \sin\alpha$
$= P_2 \cdot \sin\alpha$

② $\cos\alpha = \dfrac{AD}{AC}$
$AD = AC \cdot \cos\alpha$
$= P_2 \cdot \cos\alpha$

작용점이 같은 두 힘의 합력과 방향

직각삼각형 OCD에서
$R^2 = (P_1 + P_2 \cdot \cos\alpha)^2 + (P_2 \cdot \sin\alpha)^2$
$= P_1^2 + 2P_1 \cdot P_2 \cdot \cos\alpha + P_2^2(\cos^2\alpha + \sin^2\alpha)$
$= P_1^2 + 2P_1 \cdot P_2 \cdot \cos\alpha + P_2^2$

합력(R, Resultant):
$R = \sqrt{P_1^2 + P_2^2 + 2P_1 \cdot P_2 \cdot \cos\alpha}$

기출1

A점에 작용하는 두 개의 힘 4kN과 6kN의 합력을 구하면?

① $\sqrt{72}\,\text{kN}$ ② $\sqrt{74}\,\text{kN}$
③ $\sqrt{76}\,\text{kN}$ ④ $\sqrt{78}\,\text{kN}$

③

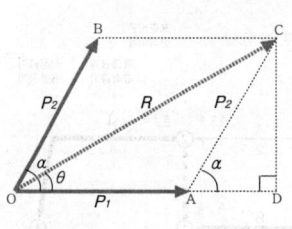

해설
$R = \sqrt{(4)^2 + (6)^2 + 2(4)(6)\cos(60°)} = \sqrt{76}$

2 힘의 회전

(1) 모멘트(M, Moment)

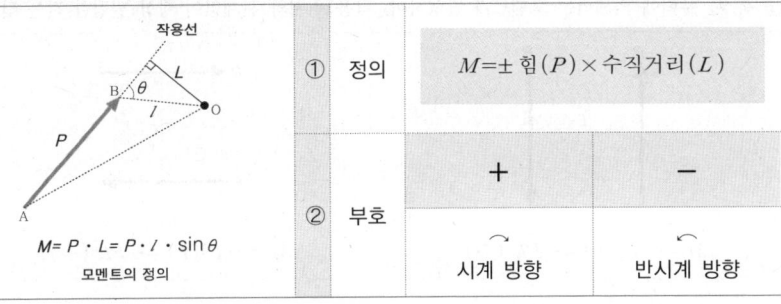

①	정의	$M = \pm 힘(P) \times 수직거리(L)$	
②	부호	+ 시계 방향	− 반시계 방향

기출2
②

O점에 대한 모멘트 M_O를 구하면? (단, 시계방향 모멘트 +)
① 0kN·m   ② 2kN·m
③ −2kN·m   ④ −4kN·m

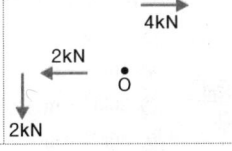

해설
$M_O = -(2)(3) + (2)(0) + (4)(2) = +2\text{kN} \cdot \text{m}\,(\curvearrowright)$

기출3
①

독립기초(자중 포함)가 축방향력 650kN, 휨모멘트 130kN·m를 받을 때 기초 저면의 편심거리는?
① 0.2m   ② 0.3m
③ 0.4m   ④ 0.6m

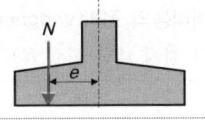

해설
$M = N \cdot e$ 로부터 $e = \dfrac{M}{N} = \dfrac{(130)}{(650)} = 0.2\text{m}$

기출4
④

그림과 같은 강접 골조에 수평력 $P = 10\text{kN}$이 작용하고 기둥의 강비 $k = \infty$인 경우, 기둥의 모멘트가 0이 되는 변곡점의 위치 h_o는? (단, 괄호 안의 기호는 강비)
① $0.4h$ ② $0.5h$
③ $\dfrac{4}{7}h$ ④ h

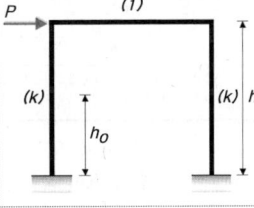

해설
모멘트 $M = P \times L$의 기본 개념을 적용해 본다면 하중(P) 작용점에서 거리 $L = 0$ 이므로 $h_o = h$ 일 때 기둥의 모멘트가 0이 될 것이다.

기출5
①

그림과 같은 강접 골조에 수평력 $P = 10\text{kN}$이 작용하고 기둥의 강비 $k = \infty$인 경우, 기둥의 모멘트가 최대가 되는 변곡점의 위치 h_o는? (단, 괄호 안의 기호는 강비)
① 0   ② $0.5h$
③ $\dfrac{4}{7}h$ ④ h

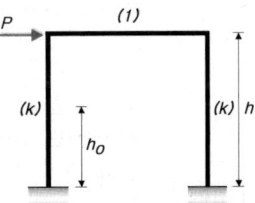

해설
모멘트 $M = P \times L$ 의 기본개념을 적용해 본다면 하중(P) 작용점으로부터 가장 먼 위치인 고정단에서 모멘트값이 가장 클 것이라는 것을 알 수 있으므로 $h_o = 0$ 일 때 기둥의 모멘트가 최대가 될 것이다.

(2) 우력(偶力, 짝힘, Couple Force)
① 정의: 힘의 크기가 같고 방향이 반대인 한 쌍의 힘
② 특징: 우력에 의해서는 모멘트가 발생하며, 작용 위치와 관계없이 항상 일정한 값을 갖는다.

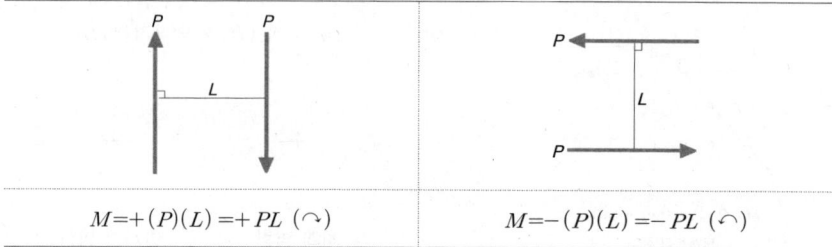

기출6
③
다음과 같은 두 개의 힘의 O점에 대한 모멘트의 크기는?
① 0
② 10kN·m
③ 20kN·m
④ 30kN·m

해설
$M_O = +(10)(3) - (10)(1) = +20 \text{kN} \cdot \text{m}$ (↶)

■ 바리뇽(Pierre Varignon, 1654~1722)

(2) 바리뇽의 정리(Varignon's Theorem): 동일 평면상에서 임의의 한 점에 대한 모멘트의 합은 그 점에 대한 합력(R)의 모멘트와 같다.

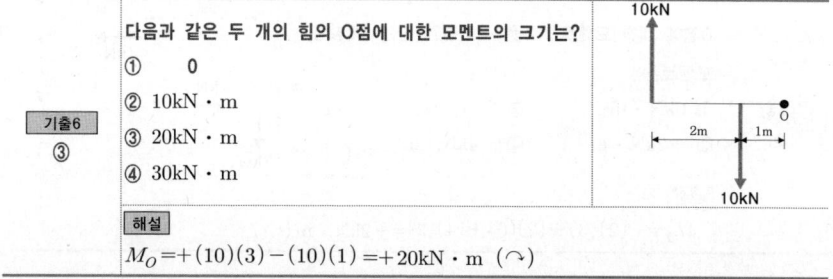

$+R \cdot x = +P_1 \cdot x_1 + P_2 \cdot x_2 + P_3 \cdot x_3$

⬇

합력의 모멘트와 분력의 모멘트 합은 같다.

기출7
②
그림에서 R은 평행한 두 힘 P_1, P_2의 합력이다. 합력 R이 작용하는 점을 P_1으로부터 x라 할 때 x의 값으로 맞는 것은?
① 7.3m   ② 7.5m
③ 7.8m   ④ 8.1m

해설
P_1의 위치에서 $(50)(0) + (150)(10) = +(200)(x)$ ∴ $x = 7.5\text{m}$

기출8
④
다음과 같은 볼트군(群)의 x_o부터의 도심 위치 x를 구하면? (단, 그림의 단위는 mm)
① 80mm   ② 89.5mm
③ 90mm   ④ 97.5mm

해설
$(8개)(x) = (2개)(0) + (2개)(80) + (2개)(130) + (2개)(180)$
∴ $x = 97.5\text{mm}$

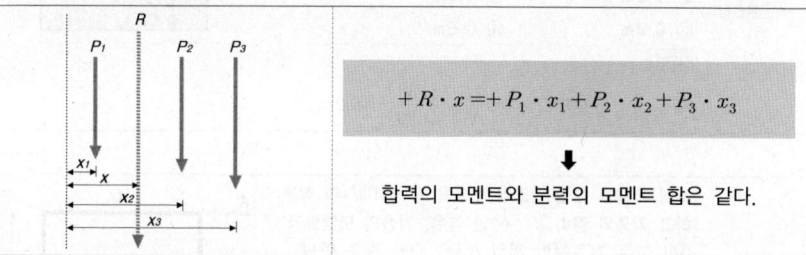
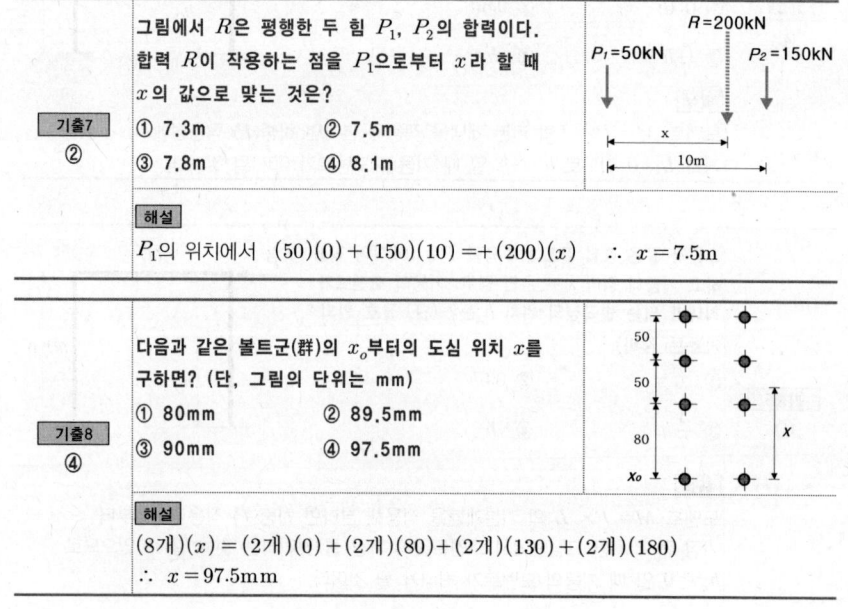

02 건축구조역학: 힘의 평형

1 힘의 평형(Equilibrium)

(1) 구조물이 수평 이동, 수직 이동이 되지 않고 회전도 되지 않는 상태를 평형이라고 한다.

수평 평형: $\sum H = 0$		수직 평형: $\sum V = 0$		모멘트 평형: $\sum M = 0$	
+	−	+	−	+	−
←	→	↑	↓	↷	↶
(좌향)	(우향)	(상향)	(하향)	(시계 방향)	(반시계 방향)

기출1 ③

그림과 같은 구조물에 작용하는 4개의 힘이 평형을 이룰 때 F의 크기 및 거리 x는?
① $F = 25$kN, $x = 1$m   ② $F = 50$kN, $x = 1$m
③ $F = 25$kN, $x = 0.5$m   ④ $F = 50$kN, $x = 0.5$m

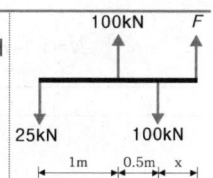

해설
(1) $\sum V = 0 : -(25) + (100) - (100) + (F) = 0$ ∴ $F = 25$kN(↑)
(2) 100kN의 하향 하중 작용점에서 모멘트 평형 조건을 적용하여 거리를 구한다.
   $\sum M = 0: -(25)(1.5) + (100)(0.5) - (F)(x) = 0$ ➡ ∴ $x = 0.5$m

(2) 라미의 정리(Lami's Theorem): 작용점이 같은 세 힘의 평형

한 점에 미치는 두 힘의 크기가 같고 방향이 반대라면 세 힘은 항상 평형 상태가 된다.

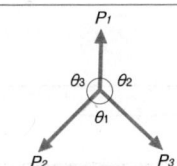

$\theta_1 + \theta_2 + \theta_3 = 360°$

$$\frac{P_1}{\sin\theta_1} = \frac{P_2}{\sin\theta_2} = \frac{P_3}{\sin\theta_3}$$

기출2 ④

그림과 같은 구조의 AC 부재의 부재력으로서 옳은 것은?
① 30 kN   ② $30\sqrt{3}$ kN
③ $60\sqrt{3}$ kN   ④ 120 kN

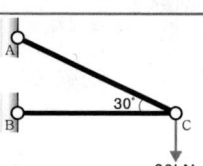

해설
$\dfrac{60\text{kN}}{\sin 30°} = \dfrac{F_{AC}}{\sin 90°}$ 으로부터 ∴ $F_{AC} = +120$kN(인장)

기출3 ③

그림과 같은 구조물에서 T부재가 받는 힘의 크기는?
① 9.5kN   ② 10.5kN
③ 11.5kN   ④ 12.5kN

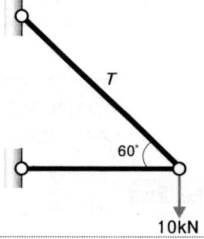

해설
$\dfrac{10\text{kN}}{\sin 60°} = \dfrac{T}{\sin 90°}$ 으로부터 ∴ $T = +11.547$kN(인장)

■ 안정, 불안정, 정정, 부정정:
구조물에 외력이 작용했을 때 평형을 이루는 상태를 안정(Stability)이라고 하며, 안정한 구조물 중 힘의 평형 조건식만으로 반력과 부재력을 구할 수 있는 상태를 정정 구조(Statically Determinate Structure)라고 정의한다.
평형 조건식 외에 변형에 대한 적합 조건식, 힘-변위 관계식 등을 추가적으로 고려해야 하는 상태의 구조를 부정정 구조(Statically Indeterminate Structure)라고 정의한다.

2 부정정 차수: 구조물의 판별

외력에 의해 구조물이 어떤 상태인지를 판별하는 것을 부정정 차수(N)를 계산한다고 한다. 부정정 차수를 계산한 결과를 통해 다음의 세 가지 상태로 분류된다.

(1) 구조물의 판별

$N < 0$	$N = 0$	$N > 0$
불안정 구조물	정정 구조물	부정정 구조물

(2) 부정정 차수의 계산

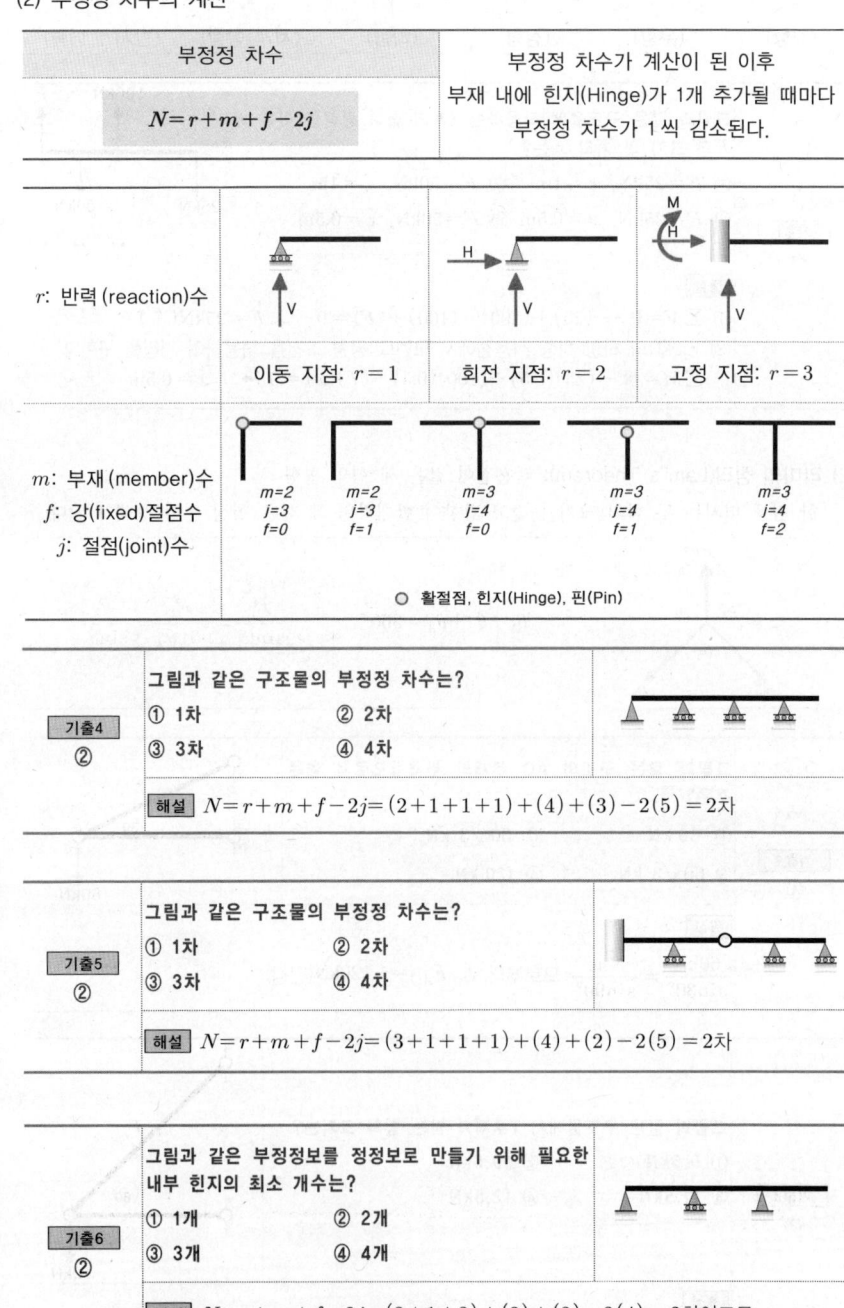

부정정 차수	부정정 차수가 계산이 된 이후 부재 내에 힌지(Hinge)가 1개 추가될 때마다 부정정 차수가 1씩 감소된다.
$N = r + m + f - 2j$	

r: 반력(reaction)수
  이동 지점: $r=1$
  회전 지점: $r=2$
  고정 지점: $r=3$

m: 부재(member)수
f: 강(fixed)절점수
j: 절점(joint)수

  $m=2$, $j=3$, $f=0$
  $m=2$, $j=3$, $f=1$
  $m=3$, $j=4$, $f=0$
  $m=3$, $j=4$, $f=1$
  $m=3$, $j=4$, $f=2$

○ 활절점, 힌지(Hinge), 핀(Pin)

기출4 ②
그림과 같은 구조물의 부정정 차수는?
① 1차 ② 2차
③ 3차 ④ 4차

해설 $N = r + m + f - 2j = (2+1+1+1) + (4) + (3) - 2(5) = 2차$

기출5 ②
그림과 같은 구조물의 부정정 차수는?
① 1차 ② 2차
③ 3차 ④ 4차

해설 $N = r + m + f - 2j = (3+1+1+1) + (4) + (2) - 2(5) = 2차$

기출6 ②
그림과 같은 부정정보를 정정보로 만들기 위해 필요한 내부 힌지의 최소 개수는?
① 1개 ② 2개
③ 3개 ④ 4개

해설 $N = r + m + f - 2j = (2+1+2) + (3) + (2) - 2(4) = 2차$이므로 부재 내부에 힌지가 2개가 추가되면 부정정 차수가 0인 정정 상태가 된다.

기출7 ②

그림과 같은 구조물의 판별로 옳은 것은? (단, 그림의 하부 지점은 고정단이다.)
① 불안정 ② 정정
③ 1차 부정정 ④ 2차 부정정

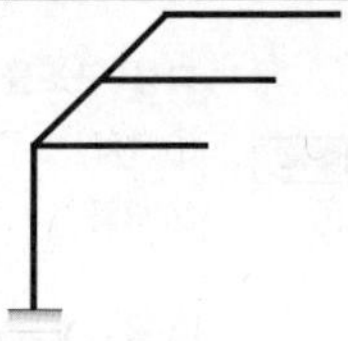

해설 $N = r + m + f - 2j = (3) + (6) + (5) - 2(7) = 0$ ➡ 정정

기출8 ④

그림과 같은 구조물의 부정정 차수는?
① 불안정 ② 1차 부정정
③ 3차 부정정 ④ 정정

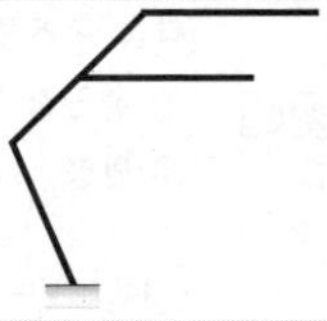

해설 $N = r + m + f - 2j = (3) + (5) + (4) - 2(6) = 0$ ➡ 정정

기출9 ②

그림과 같은 구조물의 부정정 차수는?
① 1차 ② 3차
③ 5차 ④ 6차

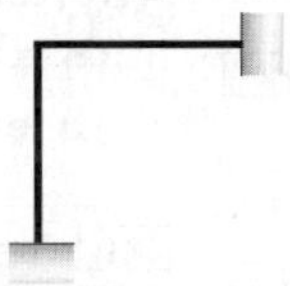

해설 $N = r + m + f - 2j = (3+3) + (2) + (1) - 2(3) = 3$차

기출10 ①

그림과 같은 구조물의 부정정 차수로 옳은 것은?
① 정정 ② 1차 부정정
③ 2차 부정정 ④ 3차 부정정

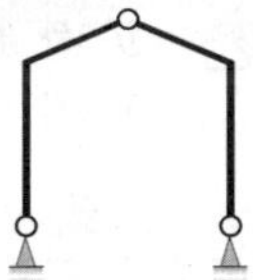

해설 $N = r + m + f - 2j = (2+2) + (4) + (2) - 2(5) = 0$ ➡ 정정

기출11 ②

그림과 같은 구조물의 부정정 차수는?
① 1차 ② 2차
③ 3차 ④ 4차

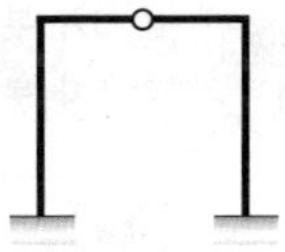

해설 $N = r + m + f - 2j = (3+3) + (4) + (2) - 2(5) = 2$차

기출12 ①

그림과 같은 구조물의 판별로 옳은 것은?
① 불안정 ② 정정
③ 1차 부정정 ④ 2차 부정정

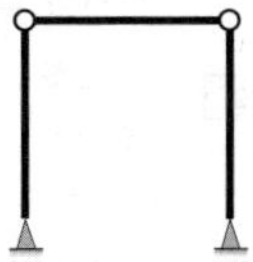

해설 $N = r + m + f - 2j = (2+2) + (3) + (0) - 2(4) = -1$차 ➡ 불안정

기출13 ④

다음 구조물의 부정정(不靜定) 차수는?
① 1차 부정정 ② 2차 부정정
③ 3차 부정정 ④ 4차 부정정

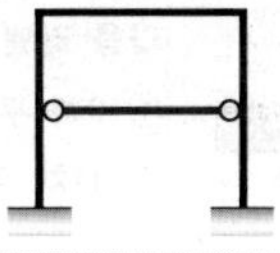

해설 $N = r + m + f - 2j = (3+3) + (6) + (4) - 2(6) = 4$차

기출14	다음 구조물의 부정정 차수는?
①	① 1차　　② 2차 ③ 3차　　④ 4차

해설 $N = r + m + f - 2j = (2+2) + (8) + (3) - 2(7) = 1$차

기출15	다음 구조물의 부정정 차수는?
②	① 불안정　　② 안정, 정정 ③ 안정, 1차 부정정　　④ 안정, 2차 부정정

해설 $N = r + m + f - 2j = (3+3) + (8) + (0) - 2(7) = 0$ ➡ 정정 ➡ 안정

기출16	다음 구조물의 부정정 차수는?
②	① 1차 부정정　　② 2차 부정정 ③ 3차 부정정　　④ 4차 부정정

해설 $N = r + m + f - 2j = (3+3) + (8) + (2) - 2(7) = 2$차

기출17	그림과 같은 구조물의 부정정 차수는?
④	① 3차 부정정　　② 4차 부정정 ③ 5차 부정정　　④ 6차 부정정

해설 $N = r + m + f - 2j = (3+3) + (6) + (6) - 2(6) = 6$차

기출18	다음 구조물의 부정정 차수는?
④	① 3차 부정정　　② 4차 부정정 ③ 5차 부정정　　④ 6차 부정정

해설 $N = r + m + f - 2j = (3+3) + (6) + (6) - 2(6) = 6$차

기출19	그림의 구조물은 몇 차 부정정 구조물인가?
③	① 2차　　② 3차 ③ 4차　　④ 5차

해설 $N = r + m + f - 2j = (2+2) + (8) + (8) - 2(8) = 4$차

기출20	다음 라멘 구조물의 부정정 차수는?
②	① 9차 부정정　　② 10차 부정정 ③ 11차 부정정　　④ 12차 부정정

해설 $N = r + m + f - 2j = (2+2) + (9) + (11) - 2(7) = 10$차

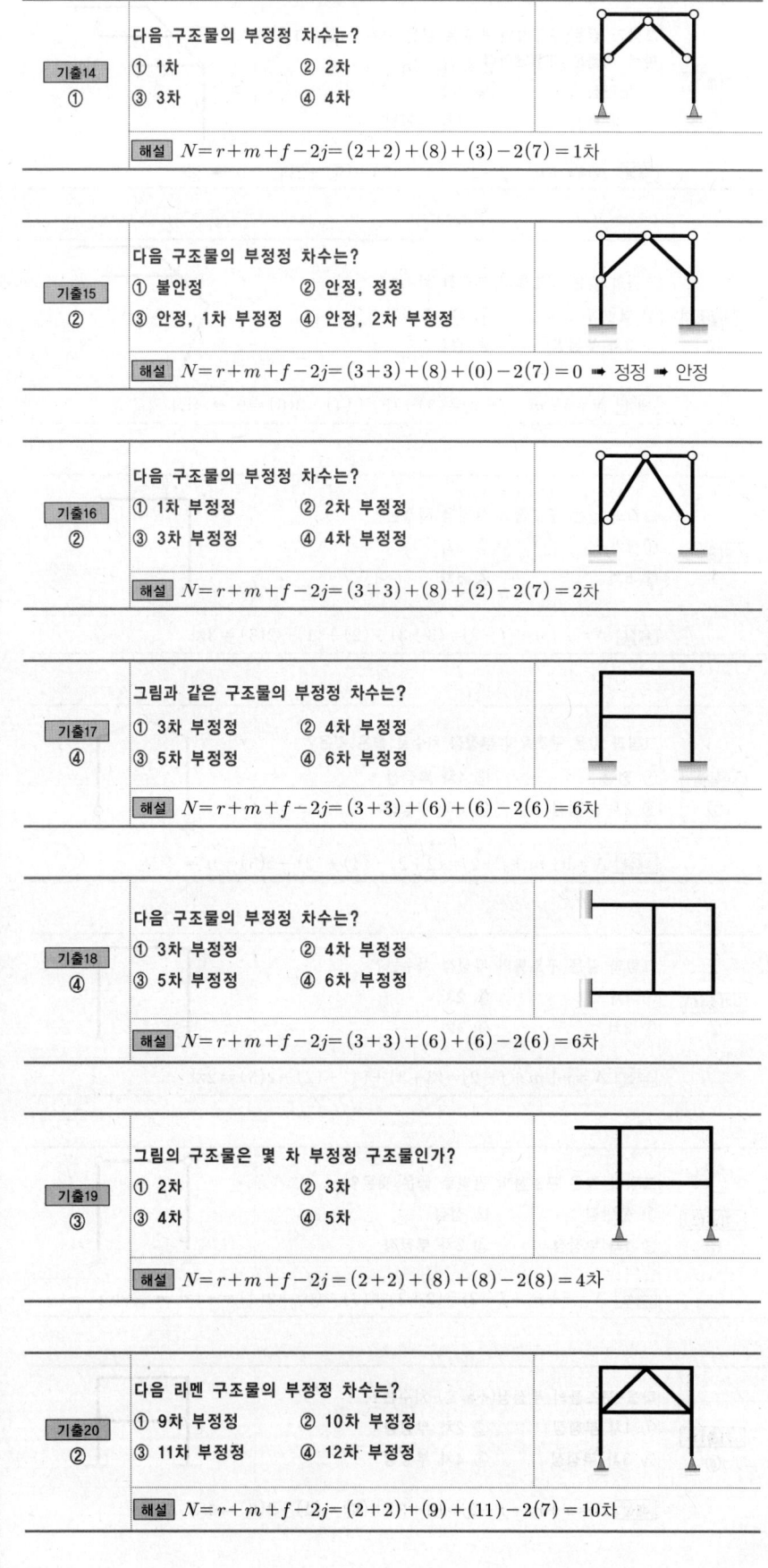

| 기출21 ④ | 다음 구조물의 부정정 차수는?
① 정정구조물 ② 1차 부정정
③ 2차 부정정 ④ 3차 부정정 | 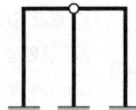 |

해설 $N = r+m+f-2j = (2+1+3+1)+(6)+(4)-2(7) = 3차$

| 기출22 ④ | 그림과 같은 구조물의 부정정 차수는?
① 정정 ② 1차 부정정
③ 3차 부정정 ④ 4차 부정정 | 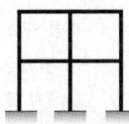 |

해설 $N = r+m+f-2j = (3+3+3)+(5)+(2)-2(6) = 4차$

| 기출23 ② | 그림과 같은 라멘의 부정정 차수는?
① 9차 부정정 ② 12차 부정정
③ 15차 부정정 ④ 18차 부정정 | 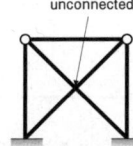 |

해설 $N = r+m+f-2j = (3+3+3)+(10)+(11)-2(9) = 12차$

| 기출24 ① | 그림과 같은 구조물의 부정정 차수는?
① 5차 부정정 ② 6차 부정정
③ 9차 부정정 ④ 10차 부정정 | 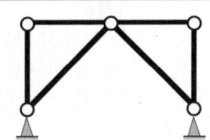 |

해설 $N = r+m+f-2j = (3+3)+(5)+(2)-2(4) = 5차$

| 기출25 ② | 다음 트러스 구조물의 안정성 및 정정 여부는?
① 불안정, 정정 ② 안정, 정정
③ 안정, 1차 부정정 ④ 불안정, 1차 부정정 | |

해설 $N = r+m+f-2j = (2+2)+(6)+(0)-2(5) = 0$ ➡ 정정 ➡ 안정

| 기출26 ① | 그림과 같은 구조물의 부정정 차수는?
① 1차 ② 2차
③ 3차 ④ 4차 | 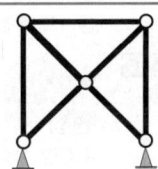 |

해설 $N = r+m+f-2j = (2+2)+(7)+(0)-2(5) = 1차$

| 기출27 ④ | 그림과 같은 구조물의 부정정 차수는?
① 불안정　　② 정정
③ 1차 부정정　④ 2차 부정정 | 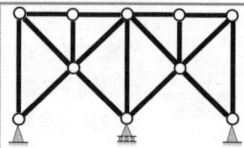 |

해설　$N = r + m + f - 2j = (2+1+2) + (17) + (0) - 2(10) = 2차$

| 기출28 ③ | 그림과 같은 트러스의 부정정 차수는?
① 불안정　　② 정정
③ 1차 부정정　④ 2차 부정정 | 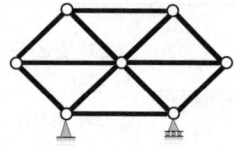 |

해설　$N = r + m + f - 2j = (2+1) + (12) + (0) - 2(7) = 1차$

| 기출29 ① | 다음 구조물의 판별로 옳은 것은?
① 불안정 구조물　② 정정 구조물
③ 1차 부정정 구조물　④ 2차 부정정 구조물 |  |

해설　부정정 차수를 계산하면 0이 계산되지만 구조물의 지점 이동 및 과도한 절점 변형을 수반하는 형태 불안정 구조이다.

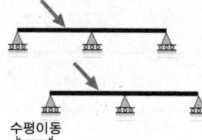

| 기출30 ④ | 그림과 같은 구조물의 판별로 옳은 것은?
① 안정, 정정　　② 안정, 1차 부정정
③ 안정, 2차 부정정　④ 불안정 | 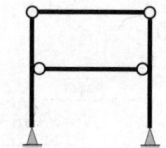 |

해설　부정정 차수를 계산하면 0이 계산되지만 구조물의 지점 이동 및 과도한 절점 변형을 수반하는 형태 불안정 구조이다.

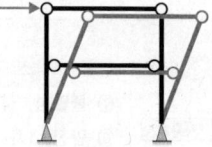

| 기출31 ④ | 다음 그림과 같은 구조물의 판별은?
① 3차 부정정　② 2차 부정정
③ 1차 부정정　④ 불안정 | 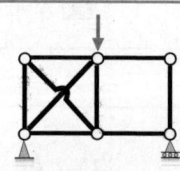 |

해설　부정정 차수를 계산하면 0이 계산되지만 구조물의 지점 이동 및 과도한 절점 변형을 수반하는 형태 불안정 구조이다.

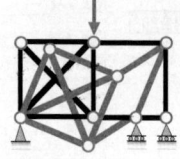

03 건축구조역학: 지점반력

1 지점반력 계산 시 부호의 약속

외적인 하중이 구조물에 작용하게 되면, 구조물을 지지하고 있는 지지단의 상태에 따라 지점에서 반력(Reaction)이 발생하게 된다. 지점반력은 +로 가정하여 계산을 하는 것이 편리하며, 결과값이 +이면 해당 반력의 방향이 맞다는 의미이며, 결과값이 −이면 해당 반력의 방향이 반대임을 의미한다.

구분	지점 상태	반력	(+)	(−)
이동지점		V	↑	↓
회전지점		V	↑	↓
		H	→	←
고정지점		V	↑	↓
		H	→	←
		M	↻	↺

2 평형 3조건

(1) 수평 평형: $\Sigma H = 0$, → +

수평반력을 우향으로 가정하였는데, 결과값이 +이면 수평반력이 우향이 맞다는 것을 의미하며, 결과값이 −이면 수평반력은 좌향이 된다.

(2) 수직 평형: $\Sigma V = 0$, ↑ +

수직반력을 상향으로 가정하였는데, 결과값이 +이면 수직반력이 상향이 맞다는 것을 의미하며, 결과값이 −이면 수직반력은 하향이 된다.

(3) 모멘트 평형: $\Sigma M = 0$, ↻ +

회전반력을 시계방향으로 가정하였는데, 결과값이 +이면 회전반력이 시계방향이 맞다는 것을 의미하며, 결과값이 −이면 회전반력은 반시계방향이 된다.

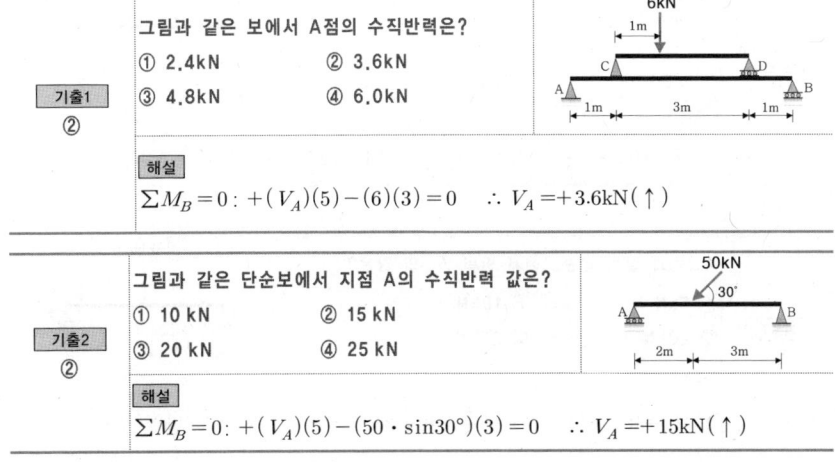

기출1 ②

그림과 같은 보에서 A점의 수직반력은?
① 2.4kN ② 3.6kN
③ 4.8kN ④ 6.0kN

해설
$\Sigma M_B = 0 : +(V_A)(5) - (6)(3) = 0$ ∴ $V_A = +3.6\text{kN}(\uparrow)$

기출2 ②

그림과 같은 단순보에서 지점 A의 수직반력 값은?
① 10 kN ② 15 kN
③ 20 kN ④ 25 kN

해설
$\Sigma M_B = 0 : +(V_A)(5) - (50 \cdot \sin 30°)(3) = 0$ ∴ $V_A = +15\text{kN}(\uparrow)$

■ 경사집중하중은 계산을 쉽게 하기 위해서 삼각비를 이용하여 수직의 분력과 수평의 분력으로 분해한다.

| 기출3 ④ | 그림과 같은 단순보에 집중하중 10kN이 특정 각도로 작용할 때 B지점의 반력으로 옳은 것은?
① $H_B = 6kN$, $V_B = 5kN$
② $H_B = 5kN$, $V_B = 6kN$
③ $H_B = 3kN$, $V_B = 6kN$
④ $H_B = 6kN$, $V_B = 3kN$ | 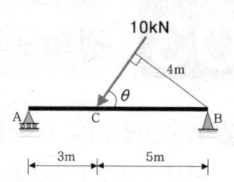 |

해설
(1) $\sum H = 0 : -(10 \cdot \cos\theta) + (H_B) = 0$ 으로부터 $\cos\theta = \dfrac{3}{5}$ 이므로
∴ $H_B = +6kN(\rightarrow)$
(2) $\sum M_A = 0 : -(V_B)(8) + (10 \cdot \sin\theta)(3) = 0$ 으로부터 $\sin\theta = \dfrac{4}{5}$
이므로 ∴ $V_A = +3kN(\uparrow)$

■ $R_A = \sqrt{H_A^2 + V_A^2} = V_A$, $R_B = V_B$

| 기출4 ③ | 그림과 같은 트러스의 반력 R_A와 R_B는?
① $R_A = 60kN$, $R_B = 90kN$
② $R_A = 70kN$, $R_B = 80kN$
③ $R_A = 80kN$, $R_B = 70kN$
④ $R_A = 100kN$, $R_B = 50kN$ | 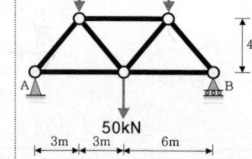 |

해설
(1) $\sum H = 0 : H_A = 0$
(2) $\sum M_B = 0 : +(V_A)(12) - (60)(9) - (50)(6) - (40)(3) = 0$
∴ $V_A = +80kN(\uparrow)$
(3) $\sum V = 0 : +(V_A) + (V_B) - (60) - (50) - (40) = 0$ ∴ $V_B = +70kN(\uparrow)$

| 기출5 ② | 그림과 같은 단순보의 A지점 수직반력은?
① $\dfrac{wL}{2}$ ② $\dfrac{wL}{4}$
③ $\dfrac{wL}{6}$ ④ $\dfrac{wL}{8}$ | |

해설 대칭구조이므로 $V_A = V_B = +\dfrac{1}{2} \times \dfrac{L}{2} \times w = +\dfrac{wL}{4}(\uparrow)$

| 기출6 ④ | 그림과 같은 단순보의 B지점의 수직반력은?
① $\dfrac{wL}{6}$ ② $\dfrac{wL}{3}$
③ wL ④ $2wL$ | 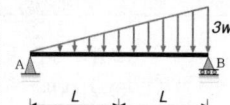 |

해설
$\sum M_A = 0 : +\left(\dfrac{1}{2} \times 2L \times 3w\right)\left(\dfrac{4L}{3}\right) - (V_B)(2L) = 0$ ∴ $V_B = +2wL(\uparrow)$

| 기출7 ② | A그림과 같은 단순보에서 반력 R_A의 값은?
① 5kN ② 10kN
③ 20kN ④ 25kN | 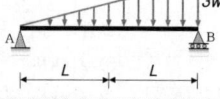 |

해설
$\sum M_B = 0 : +(V_A)(6) - \left(\dfrac{1}{2} \times 20 \times 3\right)(2) = 0$ ∴ $V_A = +10kN(\uparrow)$

기출8 ④

그림에서 A점의 반력은?

① $\dfrac{wL}{3}$ ② $\dfrac{wL}{4}$

③ $\dfrac{wL}{5}$ ④ $\dfrac{wL}{6}$

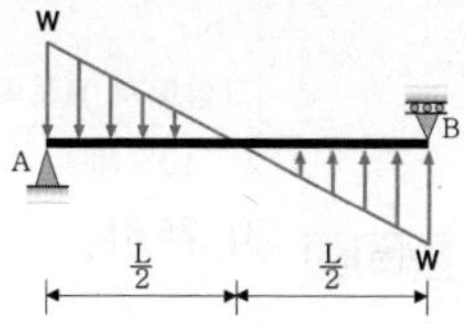

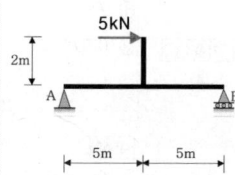

해설

$\sum M_B = 0$:

$+(V_A)(L) - \left(\dfrac{1}{2} \cdot w \cdot \dfrac{L}{2}\right)\left(\dfrac{L}{2} + \dfrac{L}{2} \cdot \dfrac{2}{3}\right)$

$+ \left(\dfrac{1}{2} \times w \times \dfrac{L}{2}\right)\left(\dfrac{L}{2} \times \dfrac{1}{3}\right) = 0$ $\therefore V_A = +\dfrac{wL}{6}(\uparrow)$

기출9 ②

그림과 같은 단순보형 라멘의 반력은?

① $H_A = +5kN$, $V_A = +1kN$, $V_B = +1kN$
② $H_A = -5kN$, $V_A = -1kN$, $V_B = +1kN$
③ $H_A = +5kN$, $V_A = +1kN$, $V_B = -1kN$
④ $H_A = -5kN$, $V_A = +1kN$, $V_B = +1kN$

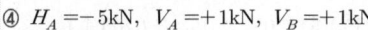

해설

(1) $\sum H = 0 : +(H_A) + (5) = 0$ $\therefore H_A = -5kN(\leftarrow)$
(2) $\sum M_B = 0 : +(V_A)(10) + (5)(2) = 0$ $\therefore V_A = -1kN(\downarrow)$
(3) $\sum V = 0 : +(V_A) + (V_B) = 0$ $\therefore V_B = +1kN(\uparrow)$

기출10 ②

그림과 같은 단순보의 A지점 수직반력은?
(단, $M_1 < M_2$)

① $\dfrac{M_1 - M_2}{L}$ ② $\dfrac{M_2 - M_1}{L}$

③ $\dfrac{M_1 + M_2}{L}$ ④ $\dfrac{-M_1 - M_2}{L}$

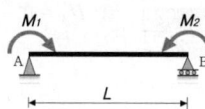

해설

$\sum M_B = 0: +(V_A)(L) + (M_1) - (M_2) = 0$ $\therefore V_A = \dfrac{M_2 - M_1}{L}(\uparrow)$

기출11 ②

그림의 보 A, B 지점의 반력을 R_A, R_B로 할 때 다음 중 적당한 것은?

① $R_A = R_B$
② $R_A + R_B = 0$
③ $M_1 + M_2 + R_A + R_B = 0$
④ $M_1 + M_2 - R_A - R_B = 0$

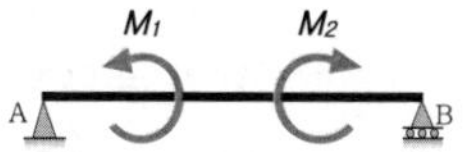

해설

(1) $\sum H = 0 : H_A = 0$
(2) $R_A = \sqrt{H_A^2 + V_A^2} = V_A$, $R_B = V_B$
(3) $\sum V = 0 : +(R_A) + (R_B) = 0$

기출12 ④	그림에서 B점의 반력은? ① 10 kN ② 20 kN ③ 25 kN ④ 30 kN	![beam] 30kN, 150kN·m, A─2m─2m─3m─B

해설
$\sum M_A = 0 : +(30)(2) + (150) - (V_B)(7) = 0 \quad \therefore V_B = +30\text{kN}(\uparrow)$

기출13 ④	그림에서 D지점의 반력의 크기는? ① P ② $0.4P$ ③ $0.5P$ ④ $0.8P$	(프레임 그림)

해설
$\sum M_A = 0 : +(P)(4) - (V_B)(5) = 0 \quad \therefore V_B = +0.8P(\uparrow)$

■ 캔틸레버(Cantilever) 구조
일단 자유단, 일단 고정단인 구조 시스템으로 고정단에서만 수평반력(H), 수직반력(V), 모멘트반력(M) 3개의 반력이 발생할 수 있다.

기출14 ④	그림과 같은 구조물의 반력은? ① $H_A = 30\text{kN}, \ V_A = 0, \ M_A = 60\text{kN·m}$ ② $H_A = 0, \ V_A = 30\text{kN}, \ M_A = 60\text{kN·m}$ ③ $H_A = 30\text{kN}, \ V_A = 0, \ M_A = 0$ ④ $H_A = 0, \ V_A = 30\text{kN}, \ M_A = 0$	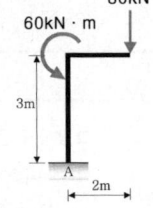

해설
(1) $\sum H = 0 : H_A = 0$
(2) $\sum V = 0 : +(V_A) - (30) = 0 \quad \therefore V_A = +30\text{kN}(\uparrow)$
(3) $\sum M = 0 : +(M_A) + (30)(2) - (60) = 0 \quad \therefore M_A = 0$

■ 내민보(Overhanging Beam)
단순지지 구조에서 한쪽이나 양쪽을 연장한 구조이다.
AB단순보와 캔틸레버보가 B절점에 강결합(Fixed)된 형태이다.

기출15 ①	그림과 같은 내민보의 지점반력을 각각 구하면? (단, 반력의 + : 상방향, - : 하방향) ① $R_A = -2\text{kN}, \ R_B = 6\text{kN}$ ② $R_A = 2\text{kN}, \ R_B = -6\text{kN}$ ③ $R_A = 2\text{kN}, \ R_B = 2\text{kN}$ ④ $R_A = -4\text{kN}, \ R_B = 8\text{kN}$	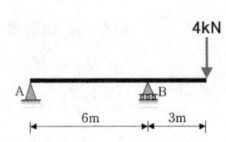

해설
(1) $\sum M_B = 0 : +(V_A)(6) + (4)(3) = 0 \quad \therefore V_A = -2\text{kN}(\downarrow)$
(2) $\sum V = 0 : +(V_A) + (V_B) - (4) = 0 \quad \therefore V_B = +6\text{kN}(\uparrow)$

| 기출16 ③ | 그림에서 B점의 반력(R_B)은?
① 10 k ② 20 kN
③ 30 kN ④ 40 kN |

해설
$\sum M_A = 0 : +(20)(6) - (V_B)(4) = 0$　∴ $V_B = +30\text{kN}(\uparrow)$

| 기출17 ④ | 그림과 같은 정정 라멘에 하중이 작용해서 A점에 반력이 생기지 않을 때 집중하중 P의 값은?
① 120kN ② 140kN
③ 160kN ④ 180kN |

해설
$\sum M_B = 0 : +(V_A)(6) - (20 \times 6)(3) + (P)(2) = 0$　∴ $P = 180\text{kN}$

| 기출18 ④ | 그림에서 A점의 반력(V_A) 값은?
① 20 kN ② 30 kN
③ 40 kN ④ 50 kN |

해설
$\sum M_B = 0 : -(20)(6) + (V_A)(4) - (40)(2) = 0$　∴ $V_A = +50\text{kN}(\uparrow)$

| 기출19 ② | 그림과 같은 단순보에서 A점 및 B점에서의 반력을 각각 R_A, R_B라 할 때 반력의 크기로 옳은 것은?
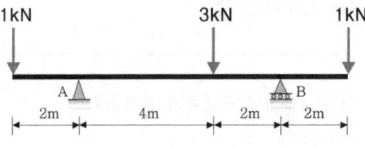
① $R_A = 3\text{kN}$, $R_B = 2\text{kN}$　② $R_A = 2\text{kN}$, $R_B = 3\text{kN}$
③ $R_A = 2.5\text{kN}$, $R_B = 2.5\text{kN}$　④ $R_A = 4\text{kN}$, $R_B = 1\text{kN}$ |

해설
(1) $\sum M_B = 0 : +(V_A)(6) - (1)(8) - (3)(2) + (1)(2) = 0$　∴ $V_A = +2\text{kN}(\uparrow)$
(2) $\sum V = 0 : +(V_A) + (V_B) - (1) - (3) - (1) = 0$　∴ $V_B = +3\text{kN}(\uparrow)$

| 기출20 ④ | 그림과 같은 겔버보의 A점의 모멘트반력의 값으로 옳은 것은?
① $+100\text{kN} \cdot \text{m}$　② $-100\text{kN} \cdot \text{m}$
③ $+200\text{kN} \cdot \text{m}$　④ $-200\text{kN} \cdot \text{m}$ |

해설
(1) CB구간: $V_B = +50\text{kN}(\uparrow)$, $V_C = +50\text{kN}(\uparrow)$
(2) AC구간: $V_A = +50\text{kN}(\uparrow)$,
　$\sum M_A = 0 : +(M_A) + (50)(4) = 0$　∴ $M_A = -200\text{kN} \cdot \text{m}(\curvearrowleft)$

■ Heinrich Gerber(1832~1912)

■ 겔버보(Gerber Beam)
부정정 차수만큼 부재 내에 힌지 절점을 넣어 정정으로 만든 보이다.
CB단순보와 AC캔틸레버보가 C절점에 힌지결합(Hinged)된 형태이다.

기출21 ①

A점의 수직반력이 0이 되기 위해서 등분포하중의 크기를 얼마로 하면 되는가?

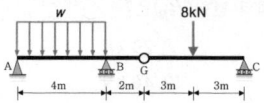

① 1kN/m ② 2kN/m ③ 3kN/m ④ 4kN/m

해설

(1) GC구간: $V_C = +4\text{kN}(\uparrow)$, $V_G = +4\text{kN}(\uparrow)$
(2) AG구간: $\Sigma M_B = 0: +(V_A)(4) - (w \times 4)(2) + (4)(2) = 0$ 에서
$V_A = 0$ 이므로 $w = 1\text{kN/m}$

기출22 ①

그림과 같은 3힌지 라멘의 수평반력을 구하면?

① $H_A = 20\text{kN}(\rightarrow)$, $H_D = 20\text{kN}(\leftarrow)$
② $H_A = 20\text{kN}(\leftarrow)$, $H_D = 20\text{kN}(\rightarrow)$
③ $H_A = 20\text{kN}(\rightarrow)$, $H_D = 20\text{kN}(\rightarrow)$
④ $H_A = 20\text{kN}(\leftarrow)$, $H_D = 20\text{kN}(\leftarrow)$

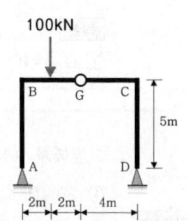

해설

(1) $\Sigma M_D = 0: +(V_A)(8) - (100)(6) = 0$ ∴ $V_A = +75\text{kN}(\uparrow)$
(2) $M_{G,Left} = 0: +(75)(4) - (H_A)(5) - (100)(2) = 0$
∴ $H_A = +20\text{kN}(\rightarrow)$ ➡ $H_D = -20\text{kN}(\leftarrow)$

■ 3-Hinge 라멘
2개의 회전지점(Hinged Support)과 1개의 회전절점(Hinged Joint)으로 구성된 구조이다.
힌지 절점에서 $M=0$을 적용하여 수평반력을 계산하는 것이 관건이다.

기출23 ①

그림과 같은 3회전단 구조물의 반력은?

① $H_A = 4.44\text{kN}$, $V_A = 30\text{kN}$,
   $H_B = -4.44\text{kN}$, $V_B = 10\text{kN}$
② $H_A = 0$, $V_A = 30\text{kN}$,
   $H_B = 0$, $V_B = 10\text{kN}$
③ $H_A = -4.44\text{kN}$, $V_A = 30\text{kN}$,
   $H_B = 4.44\text{kN}$, $V_B = 10\text{kN}$
④ $H_A = 4.44\text{kN}$, $V_A = 50\text{kN}$,
   $H_B = -4.44\text{kN}$, $V_B = -10\text{kN}$

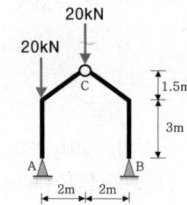

해설

(1) $\Sigma M_B = 0: +(V_A)(4) - (20)(4) - (20)(2) = 0$
   ∴ $V_A = +30\text{kN}(\uparrow)$ ➡ $V_B = +10\text{kN}(\uparrow)$
(2) $\Sigma H = 0: +(H_A) + (H_B) = 0$
(3) $M_{C,Left} = 0: +(V_A)(2) - (H_A)(4.5) - (20)(2) = 0$
   ∴ $H_A = +4.44\text{kN}(\rightarrow)$ ➡ $H_B = -4.44\text{kN}(\leftarrow)$

핵심번호 04 건축구조
건축구조역학: 전단력, 휨모멘트

1 부재력(Member Force): 전단력, 휨모멘트의 계산

외적인 하중이 구조물에 작용하게 되면, 구조물을 지지하고 있는 부재의 단면마다 하중과 반력의 합력과 크기가 같고 방향이 반대인 부재력(Member Force)이 유발된다.

부재력(=단면력)	대표 기호	변형형태와 부호규약	
		(+)	(−)
축(방향)력 (Axial Force)	F 또는 N	인장	압축
전단력 (Shear Force)	V 또는 S		
휨모멘트 (Bending Moment)	M	하부 인장	상부 인장

■ 축(방향)력
부재를 길이방향으로 밀거나(압축) 잡아당기려는(인장) 힘

■ 전단력
부재를 수직방향으로 절단하려는 힘

■ 휨모멘트
외력에 의해 부재를 구부리려는 힘

기출1 ②

그림과 같은 정정 라멘에서 BD부재의 축방향력으로 옳은 것은? (단, +: 인장력, −: 압축력)

① 5kN ② −5kN
③ 10kN ④ −10kN

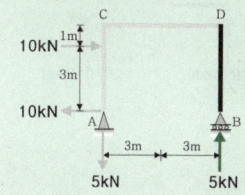

해설
(1) $\sum H = 0$: $+(H_A) + (10) = 0$ ∴ $H_A = -10\text{kN}(\leftarrow)$
(2) $\sum M_B = 0$: $+(V_A)(6) + (10)(3) = 0$
    ∴ $V_A = -5\text{kN}(\downarrow)$ ➡ $V_B = +5\text{kN}(\uparrow)$
(3) $F_{BD} = -5\text{kN}(\rightarrow \leftarrow \text{압축})$

---

2 전단력, 휨모멘트의 계산

(1)	지점반력 계산 (※ 캔틸레버(Cantilever) 구조의 경우 자유단 쪽으로부터 전단력 계산을 시도하면 고정단의 지점반력을 계산하지 않아도 된다.		
(2)	계산하고자 하는 특정 위치를 수직 절단한다.		
(3)	① 절단면의 좌측으로 계산 시	• (+) 부호를 붙이고 계산	
	② 절단면의 우측으로 계산 시	• (−) 부호를 붙이고 계산	
(4)	전단력	수직력의 계산	• 상향력(↑) : (+) 계산
			• 하향력(↓) : (−) 계산
	휨모멘트	모멘트의 합력 계산	• 시계 방향(⌒) : (+) 계산
			• 반시계 방향(⌒) : (−) 계산

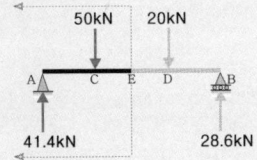

기출2 ②	그림과 같은 단순보에서 E점의 전단력은? ① 0　　② −8.6 kN ③ −5 kN　　④ +25 kN	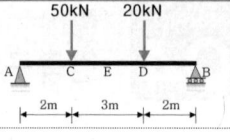

해설
(1) $\sum M_B = 0 : +(V_A)(7)-(50)(5)-(20)(2)=0$　∴ $V_A=+41.4\text{kN}(\uparrow)$
(2) $V_{E,Left}=+[+(41.4)-(50)]=-8.6\text{kN}(\downarrow\uparrow)$

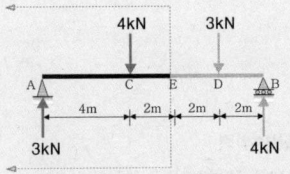

기출3 ①	그림과 같은 단순보에서 E점의 전단력은? ① −1kN　　② −2kN ③ −3kN　　④ −4kN	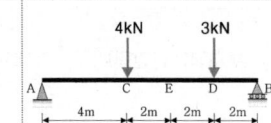

해설
(1) $\sum M_B = 0 : +(V_A)(10)-(4)(6)-(3)(2)=0$　∴ $V_A=+3\text{kN}(\uparrow)$
(2) $V_{E,Left}=+[+(3)-(4)]=-1\text{kN}(\downarrow\uparrow)$

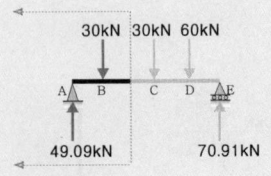

기출4 ①	그림과 같은 단순보의 일부 구간으로부터 떼어낸 자유물체도에서 각 번호에 해당하는 좌우 측면의 전단력의 방향과 그 값으로 옳은 것은? ① 가 : 19.1kN(↑), 나 : 19.1kN(↓) ② 가 : 19.1kN(↓), 나 : 19.1kN(↑) ③ 가 : 16.1kN(↑), 나 : 16.1kN(↓) ④ 가 : 16.1kN(↓), 나 : 16.1kN(↑)	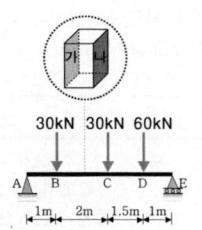

해설
(1) $\sum M_E = 0 : +(V_A)(5.5)-(30)(4.5)-(30)(2.5)-(60)(1)=0$
　　∴ $V_A=+49.09\text{kN}(\uparrow)$
(2) $V_{x,Left}=+[+(49.09)-(30)]=+19.09\text{kN}(\uparrow\downarrow)$

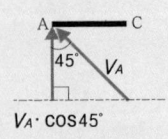 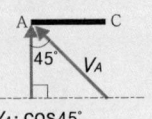

기출5 ②	그림의 단순보에서 AC구간의 전단력은? ① 5.2kN　　② 7.1kN ③ 10.6kN　　④ 15kN	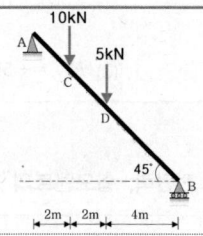

해설
(1) $\sum M_B = 0 : +(V_A)(8)-(10)(6)-(5)(4)=0$　∴ $V_A=+10\text{kN}(\uparrow)$
(2) $V_{AC,Left}=+[+(10\cdot\cos 45°)]=+7.071\text{kN}(\uparrow\downarrow)$

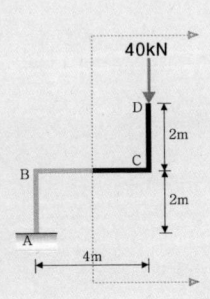

기출6 ②	그림에 보이는 라멘에서 BC부재에 작용하는 전단력의 크기는 얼마인가? ① 20 kN　　② 40 kN ③ $20\sqrt{2}$ kN　　④ $40\sqrt{2}$ kN	

해설
$V_{BC,Right}=-[+(40)]=-40\text{kN}(\downarrow\uparrow)$

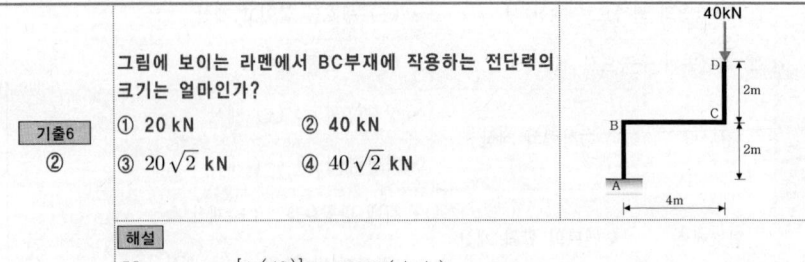

기출7 ③

그림과 같은 캔틸레버형 아치에서 전단력값이 최소인 곳은?

① A점 ② B점
③ C점 ④ D점

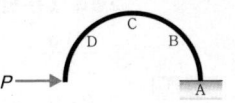

해설
하중작용점과 지점 A에서 전단력이 가장 크며, C점에서는 하중 P가 축방향 압축력으로 작용하므로 전단력은 0이다.

기출8 ④

그림과 같은 구조물의 EC구간의 전단력은?

① $\dfrac{Pa}{L}$ ② $\dfrac{Pb}{L}$
③ P ④ 0

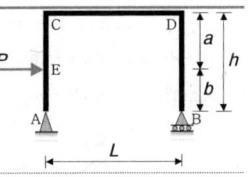 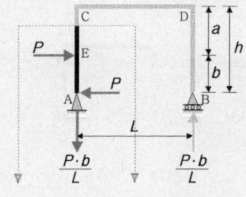

해설
(1) $\sum H = 0: +(H_A)+(P)=0 \quad \therefore H_A = -P(\leftarrow)$
(2) $V_{EC,Left} = +[+(P)-(P)] = 0$

기출9 ③

그림과 같은 구조물에서 AE구간과 EB구간의 전단력의 차이는?

① $\dfrac{Pa}{L}$ ② $\dfrac{Pb}{L}$
③ P ④ 0

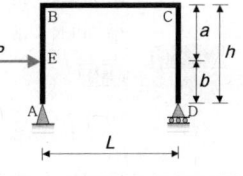 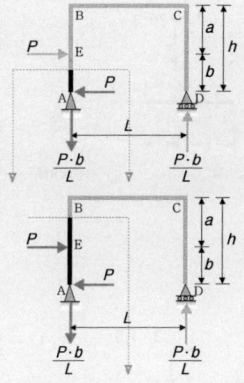

해설
(1) $\sum H = 0: +(H_A)+(P)=0 \quad \therefore H_A = -P(\leftarrow)$
(2) $V_{AE,Left} = +[+(P)] = +P$, $V_{EB,Left} = +[+(P)-(P)] = 0$

기출10 ④

그림과 같은 정정 라멘에서 EC구간의 전단력의 크기는?

① $\dfrac{Ph}{L}$ ② $\dfrac{Pa}{L}$
③ $\dfrac{Ph}{2}$ ④ 0

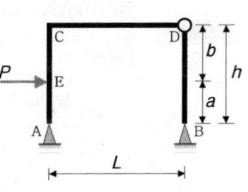 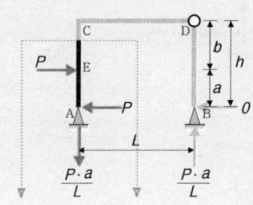

해설
(1) $\sum M_B = 0: +(V_A)(L)+(P)(a)=0$
$\therefore V_A = -\dfrac{Pa}{L}(\downarrow) \Rightarrow V_B = +\dfrac{Pa}{L}(\uparrow)$
(2) $M_{D,Right}=0: -[-(H_B)(h)]=0 \quad \therefore H_B=0 \Rightarrow H_A=-P(\leftarrow)$
(3) $V_{EC,Left} = +[+(P)-(P)] = 0$

기출11 ①

그림과 같은 3회전단 아치에서 C점의 전단력은?

① 0 ② $\dfrac{wL}{2}$
③ $\dfrac{wh}{4}$ ④ $\dfrac{wL}{8}$

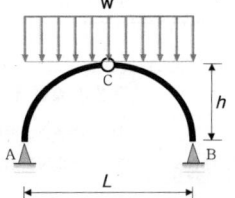 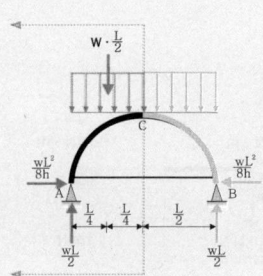

해설
$V_A = +\dfrac{wL}{2}(\uparrow)$, $V_{C,Left} = +[+\left(\dfrac{wL}{2}\right)-\left(w\cdot\dfrac{L}{2}\right)]=0$

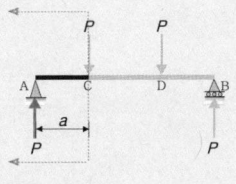

기출12 ④

그림과 같은 단순보에서 C점의 휨모멘트는?

① $\dfrac{P \cdot a}{2}$ ② $\dfrac{P \cdot a}{3}$

③ $P \cdot (b-a)$ ④ $P \cdot a$

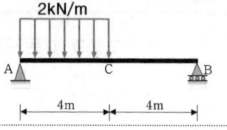

[해설]
(1) 하중이 좌우 대칭이므로 $V_A = +P(\uparrow)$
(2) $M_{C,Left} = +[+(P)(a)] = +P \cdot a\ (\smile)$

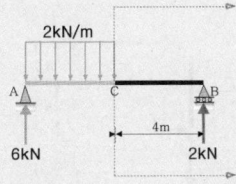

기출13 ④

그림과 같은 단순보에서 C점의 휨모멘트는?

① $2\text{kN} \cdot \text{m}$ ② $4\text{kN} \cdot \text{m}$

③ $6\text{kN} \cdot \text{m}$ ④ $8\text{kN} \cdot \text{m}$

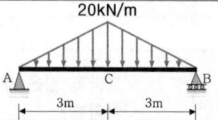

[해설]
(1) $\sum M_A = 0 : +(2\times 4)(2) - (V_B)(8) = 0$ ∴ $V_B = +2\text{kN}(\uparrow)$
(2) $M_{C,Right} = -[-(2)(4)] = +8\text{kN} \cdot \text{m}\ (\smile)$

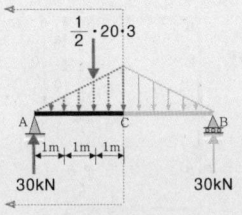

기출14 ②

그림과 같은 단순보의 C점의 휨모멘트는?

① $30\text{kN} \cdot \text{m}$ ② $60\text{kN} \cdot \text{m}$

③ $90\text{kN} \cdot \text{m}$ ④ $120\text{kN} \cdot \text{m}$

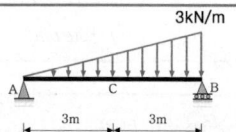

[해설]
(1) $V_A = +\dfrac{1}{2}\times 20 \times 3 = +30\text{kN}(\uparrow)$
(2) $M_{C,Left} = +\left[+(30)(3) - \left(\dfrac{1}{2}\times 20 \times 3\right)(1)\right] = +60\text{kN} \cdot \text{m}\ (\smile)$

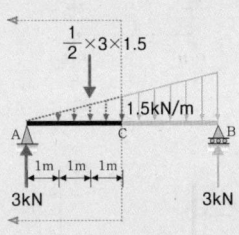

기출15 ②

그림과 같은 단순보의 C점의 휨모멘트는?

① $4.50\text{kN} \cdot \text{m}$ ② $6.75\text{kN} \cdot \text{m}$

③ $8.00\text{kN} \cdot \text{m}$ ④ $10.50\text{kN} \cdot \text{m}$

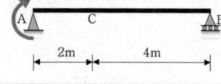

[해설]
(1) $\sum M_B = 0 : +(V_A)(6) - \left(\dfrac{1}{2}\times 6 \times 3\right)(2) = 0$ ∴ $V_A = +3\text{kN}(\uparrow)$
(2) $M_{C,Left} = +\left[+(3)(3) - \left(\dfrac{1}{2}\times 3 \times 1.5\right)(1)\right] = +6.75\text{kN} \cdot \text{m}\ (\smile)$

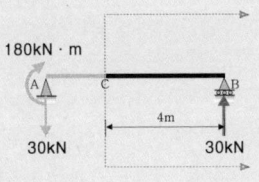

기출16 ①

그림과 같은 단순보의 C점의 휨모멘트는?

① $120\text{kN} \cdot \text{m}$ ② $140\text{kN} \cdot \text{m}$

③ $160\text{kN} \cdot \text{m}$ ④ $180\text{kN} \cdot \text{m}$

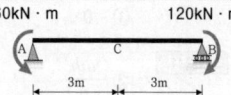

[해설]
(1) $\sum M_B = 0 : +(V_A)(6) + (180) = 0$ ∴ $V_A = -30\text{kN}(\downarrow)$
(2) $M_{C,Left} = +[-(30)(2) + (180)] = +120\text{kN} \cdot \text{m}\ (\smile)$

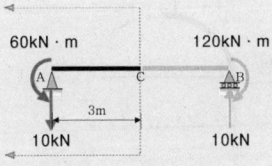

기출17 ③

그림과 같은 단순보의 C점의 휨모멘트는?

① $-30\text{kN} \cdot \text{m}$ ② $-60\text{kN} \cdot \text{m}$

③ $-90\text{kN} \cdot \text{m}$ ④ $-120\text{kN} \cdot \text{m}$

[해설]
(1) $\sum M_B = 0 : +(V_A)(6) - (60) + (120) = 0$ ∴ $V_A = -10\text{kN}(\downarrow)$
(2) $M_{C,Left} = +[-(10)(3) - (60)] = -90\text{kN} \cdot \text{m}\ (\frown)$

기출18 ②

그림과 같은 단순보의 C점의 휨모멘트는?

① $\dfrac{1}{8}wL^2$ ② $\dfrac{3}{8}wL^2$
③ $\dfrac{5}{8}wL^2$ ④ $\dfrac{5}{16}wL^2$

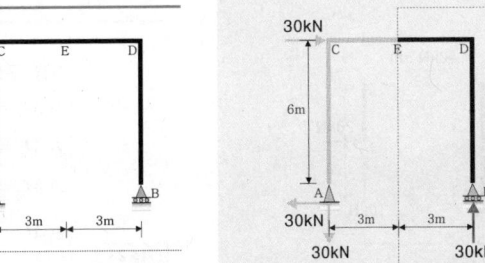

해설

(1) $\sum M_B = 0:\ +(V_A)(L) - (w\cdot L)\left(\dfrac{L}{2}\right) + w\cdot L^2 = 0 \quad \therefore V_A = -\dfrac{wL}{2}(\downarrow)$

(2) $M_{C,Left} = +\left[-\left(\dfrac{w\cdot L}{2}\right)\left(\dfrac{L}{2}\right) - \left(\dfrac{w\cdot L}{2}\right)\left(\dfrac{L}{4}\right)\right] = -\dfrac{3}{8}wL^2(\frown)$

기출19 ④

그림과 같은 수평하중 30kN이 작용하는 라멘 구조에서 E점에서의 휨모멘트값(절대값)은?

① 40kN·m   ② 45kN·m
③ 60kN·m   ④ 90kN·m

해설

(1) $\sum M_A = 0:\ +(30)(6) - (V_B)(6) = 0 \quad \therefore V_B = +30\text{kN}(\uparrow)$

(2) $M_{E,Right} = -[-(30)(3)] = +90\text{kN}\cdot\text{m}(\smile)$

기출20 ①

그림과 같은 정정 구조의 CD부재에서 C, D점의 휨모멘트는?

① (C) 0kN·m, (D) 16kN·m
② (C) 16kN·m, (D) 16kN·m
③ (C) 0kN·m, (D) 32kN·m
④ (C) 32kN·m, (D) 32kN·m

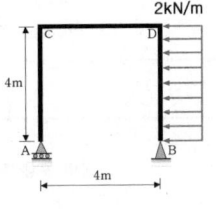

해설

(1) $\sum H = 0:\ +(H_B) - (2)(4) = 0 \quad \therefore H_B = +8\text{kN}(\rightarrow)$

(2) $\sum M_B = 0:\ +(V_A)(4) - (8)(2) = 0 \quad \therefore V_A = +4\text{kN}(\uparrow)$

(3) $M_{C,Left} = 0$

(4) $M_{D,Right} = -[-(8)(4) + (8)(2)] = +16\text{kN}\cdot\text{m}(\smile)$

기출21 ④

A그림과 같은 구조물에서 휨모멘트가 작용하지 않는 부재($M=0$)는?

① 없음   ② CD부재
③ BD부재   ④ AC부재

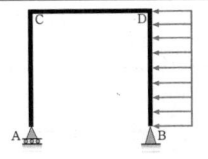

해설

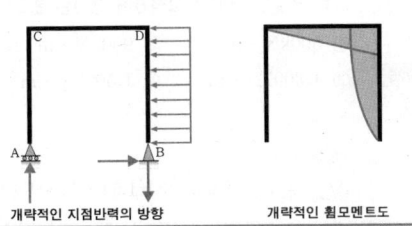

개략적인 지점반력의 방향   개략적인 휨모멘트도

기출22
①

그림과 같은 라멘에서 B점에 모멘트하중 M이 작용할 때 C점에서의 휨모멘트는?

① 0 ② M
③ $2M$ ④ $\dfrac{M}{L} \cdot h$

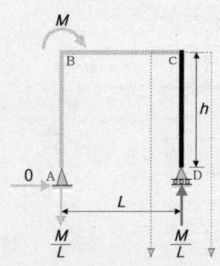
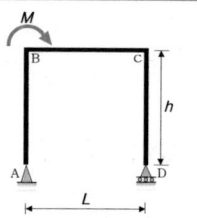

해설
이동지점 D에서는 수평반력이 존재할 수 없고, CD구간에 수평하중이 없으므로 CD부재에는 휨모멘트가 발생하지 않는다. 따라서, C점에서의 휨모멘트는 0이다.

기출23
④

다음 구조물의 a, b점에서의 휨모멘트는?

① $M_a = 20\text{kN}\cdot\text{m}$, $M_b = 40\text{kN}\cdot\text{m}$
② $M_a = 40\text{kN}\cdot\text{m}$, $M_b = 20\text{kN}\cdot\text{m}$
③ $M_a = 20\text{kN}\cdot\text{m}$, $M_b = 20\text{kN}\cdot\text{m}$
④ $M_a = 40\text{kN}\cdot\text{m}$, $M_b = 40\text{kN}\cdot\text{m}$

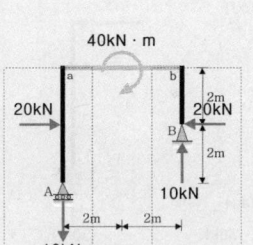
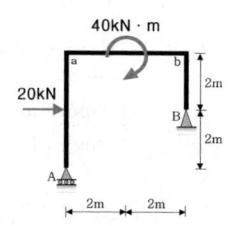

해설
(1) $\sum H = 0 : +(20)+(H_B)=0 \quad \therefore H_B = -20\text{kN}(\leftarrow)$
(2) $\sum M_B = 0 : +(V_A)(4)+(40)=0 \quad \therefore V_A = -10\text{kN}(\downarrow)$
(3) $\sum V = 0 : +(V_A)+(V_B)=0 \quad \therefore V_B = +10\text{kN}(\uparrow)$
(4) $M_{a,Left} = +[-(20)(2)] = -40\text{kN}\cdot\text{m}(\frown)$
(5) $M_{b,Right} = -[+(20)(2)] = -40\text{kN}\cdot\text{m}(\frown)$

기출24
②

그림의 포물선 아치에서 중앙 C점의 휨모멘트의 값은?

① $\dfrac{wL^2}{16}$ ② $\dfrac{wL^2}{8}$
③ $\dfrac{wL^2}{4}$ ④ 0

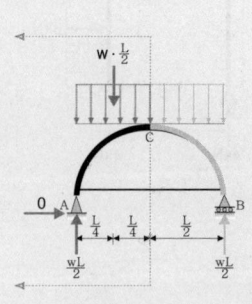
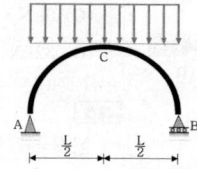

해설
(1) C점을 중심으로 하중과 경간이 대칭이므로 $V_A = +\dfrac{wL}{2}(\uparrow)$
(2) $M_{C,Left} = +[+\left(\dfrac{wL}{2}\right)\left(\dfrac{L}{2}\right)-\left(\dfrac{wL}{2}\right)\left(\dfrac{L}{4}\right)] = +\dfrac{wL^2}{8}(\smile)$

기출25
③

그림과 같은 보에서 고정단에 생기는 휨모멘트는?

① 500kN·m ② 900kN·m
③ 1,300kN·m ④ 1,500kN·m

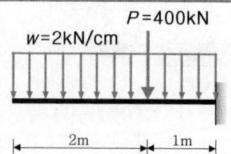

해설
$M_{Left} = +[-(200 \times 3)(1.5)-(400)(1)] = -1,300\text{kN}\cdot\text{m}$

기출26 ④

다음 캔틸레버보의 C점에서의 전단력과 휨모멘트는?

① $V_C = -60\text{kN}, M_C = -240\text{kN} \cdot \text{m}$
② $V_C = -90\text{kN}, M_C = -360\text{kN} \cdot \text{m}$
③ $V_C = -60\text{kN}, M_C = -360\text{kN} \cdot \text{m}$
④ $V_C = -90\text{kN}, M_C = -240\text{kN} \cdot \text{m}$

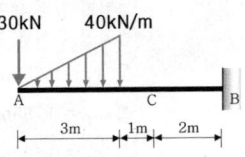
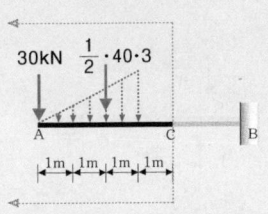

해설

(1) $V_{C,Left} = +[-(30) - \left(\frac{1}{2} \times 40 \times 3\right)] = -90\text{kN}(\downarrow\uparrow)$

(2) $M_{C,Left} = +[-(30)(4) - \left(\frac{1}{2} \times 40 \times 3\right)(1+1)] = -240\text{kN} \cdot \text{m}(\frown)$

기출27 ③

그림과 같은 구조물에서 기둥에 발생하는 휨모멘트가 0이 되려면 등분포하중 w는?

① 2.5kN/m ② 0.8kN/m
③ 1.25kN/m ④ 1.75kN/m

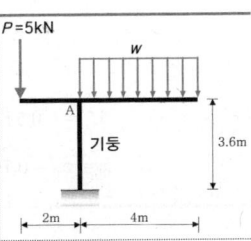

해설

$M_A = -(5)(2) + (w \times 4)(2) = 0$ ∴ $w = 1.25\text{kN/m}$

기출28 ①

그림과 같은 양단 내민보에서 C점의 휨모멘트 $M_C = 0$의 값을 가지려면 C점에 작용시킬 하중 P의 크기는?

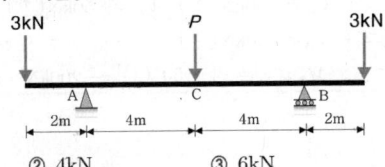
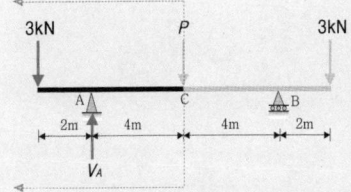

① 3kN ② 4kN ③ 6kN ④ 8kN

해설

(1) $M_{C,Left} = +[-(3)(6) + (V_A)(4)] = 0$ 으로부터 $V_A = +4.5\text{kN}(\uparrow)$
(2) 좌우 대칭구조이므로 $V_B = +4.5\text{kN}(\uparrow)$
(3) $\Sigma V = 0: +(V_A) + (V_B) - (3) - (P) - (3) = 0$ 으로부터 $P = 3\text{kN}$

기출29 ②

다음의 내민보에서 2개의 지점과 보의 중앙점에서 휨모멘트의 절대값이 같은 경우 L의 길이는?

① 12.73m ② 8.49m
③ 4.24m ④ 2.12m

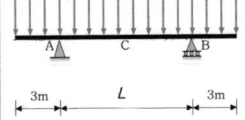

해설

(1) $\left|-\frac{w \cdot L_1^2}{2}\right| = \left|+\frac{w \cdot L^2}{8} - \frac{w \cdot L_1^2}{2}\right|$ 으로부터 $L = \sqrt{8} \cdot L_1$

(2) $L = \sqrt{8} \cdot (3\text{m}) = 8.485\text{m}$

  식의 유도 과정이 복잡하므로 결과를 기억하는 것이 유리하다.

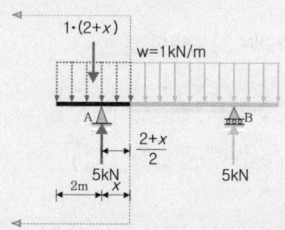

그림과 같은 내민보에서 휨모멘트가 0이 되는 두 개의 반곡점 위치를 구하면? (단, A점으로부터의 거리)

① $x_1=0.765m$, $x_2=5.235m$
② $x_1=0.785m$, $x_2=5.215m$
③ $x_1=0.805m$, $x_2=5.195m$
④ $x_1=0.825m$, $x_2=5.175m$

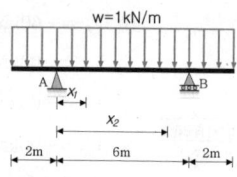

기출30
①

해설

(1) 대칭구조이므로 $V_A=+\dfrac{1\times(2+6+2)}{2}=+5kN(\uparrow)$

(2) A점으로부터 우측으로 x위치의 휨모멘트
$M_x=+(5)(x)-(1\times(2+x))\left(\dfrac{2+x}{2}\right)=-0.5x^2+3x-2$

(3) 반곡점은 휨모멘트가 0인 점이므로 위의 식을 0으로 하면 두 개의 x값 ($=x_1,\ x_2$)을 구할 수 있게 된다.

$M_x=-0.5x^2+3x-2=0 \Rightarrow x=\dfrac{(-3)\pm\sqrt{(3)^2-4(-0.5)(-2)}}{2(-0.5)}$

$x=x_1=0.76393m$, $x=x_2=5.23607m$

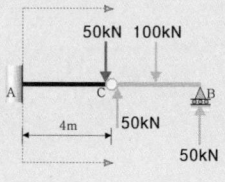

그림과 같은 보의 A점의 휨모멘트는?

① $100kN\cdot m$ ② $200kN\cdot m$
③ $400kN\cdot m$ ④ $600kN\cdot m$

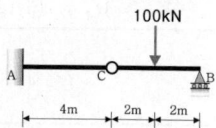

기출31
②

해설

(1) CB구간: $V_B=+50kN(\uparrow)$, $V_C=+50kN(\uparrow)$
(2) AC구간: $V_A=+50kN(\uparrow)$,
$M_{A,Right}=-[+(50)(4)]=-200kN\cdot m\ (\frown)$

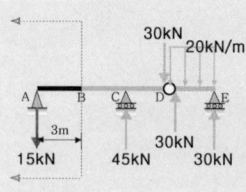

그림의 겔버보에서 B점의 휨모멘트는?

① $-22.5kN\cdot m$ ② $-45kN\cdot m$
③ $-90kN\cdot m$ ④ 0

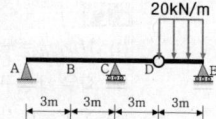

기출32
②

해설

(1) DE구간: $V_D=+\dfrac{(20\times 3)}{2}=+30kN(\uparrow)$, $V_E=+\dfrac{(20\times 3)}{2}=+30kN(\uparrow)$

(2) AD구간: ① $\sum M_C=0:\ +(V_A)(6)+(30)(3)=0\ \therefore V_A=-15kN(\downarrow)$
② $M_{B,Left}=+[-(15)(3)]=-45kN\cdot m\ (\frown)$

핵심번호 05 건축구조
건축구조역학: 전단력도, 휨모멘트도

1 부재력도: 전단력도(SFD), 휨모멘트도(BMD)

하중도	전단력도(SFD)	휨모멘트도(BMD)
집중하중 P, 지점 A–C($L/2$)–B	$+P/2$, $-P/2$	$+PL/4$
등분포하중 w, 지간 L	$+wL/2$, $-wL/2$	$+wL^2/8$
삼각분포하중 w, 지간 L	$+wL/6$, $-wL/3$	$+wL^2/(9\sqrt{3})$
문형라멘 P, $L/4$ 위치, 높이 H	$3P/4$, $P/4$, $PL/(8H)$	$PL/8$, $PL/16$

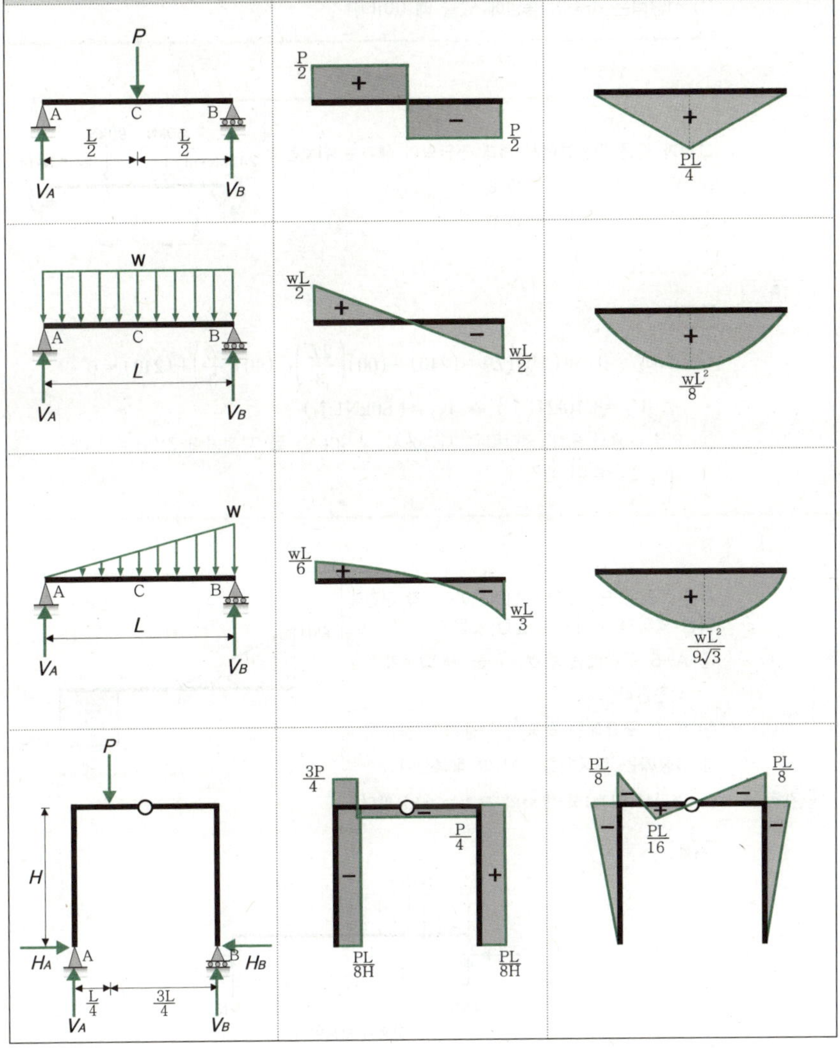

주요 포인트
- $V_A = V_B = \dfrac{P}{2}$
  $V_{\max} = \dfrac{P}{2}$, $V_C = 0$
- $M_C = M_{\max} = \dfrac{PL}{4}$

주요 포인트
- $V_A = V_B = \dfrac{wL}{2}$
  $V_{\max} = \dfrac{wL}{2}$, $V_C = 0$
- $M_C = M_{\max} = \dfrac{wL^2}{8}$

주요 포인트
- $V_A = \dfrac{wL}{6}$, $V_B = \dfrac{wL}{3}$
  $V_{\max} = \dfrac{wL}{3}$, $V_C \neq 0$
  $V_x = 0: x = \dfrac{L}{\sqrt{3}} = 0.577L$
- $M_x = M_{\max} = \dfrac{wL^2}{9\sqrt{3}}$

2 최대 휨모멘트의 계산

①	지점반력 계산
②	지점에서 x 위치의 휨모멘트식(M_x)을 세운다.
③	전단력이 0인 위치: $V_x = \dfrac{dM_x}{dx} = 0$
④	전단력이 0인 위치의 x값을 M_x값에 대입하면 최대 휨모멘트($M_{\max}$)가 된다.

기출1
①

집중하중을 받는 단순보에 관한 기술 중 틀린 것은?
① 전단력은 하중이 중앙에 있을 때 최대로 된다.
② 휨모멘트는 하중이 중앙에 있을 때 최대로 된다.
③ 처짐은 하중이 중앙에 있을 때 최대이다.
④ 지점의 반력은 하중이 그 지점에 가까워질수록 커진다.

해설
① 전단력은 하중이 중앙에 있을 때 0이다.

기출2
④

그림과 같은 단순보에서 최대 전단력이 생기는 위치는?
① A ② B
③ C ④ D

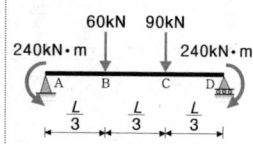

해설
(1) $\sum M_D = 0 : +(V_A)(L) - (240) - (60)\left(\dfrac{2L}{3}\right) - (90)\left(\dfrac{L}{3}\right) + (240) = 0$
∴ $V_A = +70\text{kN}(\uparrow)$ ➡ $V_D = +80\text{kN}(\uparrow)$
(2) 단순보에서 최대 전단력은 지점에서 생기며 양 쪽 지점반력 값이 큰 쪽에서 최대 전단력이 생긴다.

기출3
③

다음 그림은 단순보의 전단력도이다. 각 구간에 대한 역학적 설명으로 틀린 것은?
① A-B 구간에는 등분포하중 1kN/m가 작용한다.
② B-C 구간에는 하중이 작용하지 않는다.
③ C점에는 집중하중 2kN이 작용한다.
④ 양단부(지점)의 반력의 크기는 4kN이다.

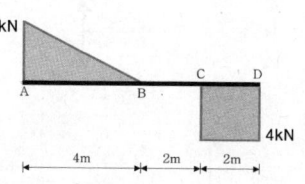

해설
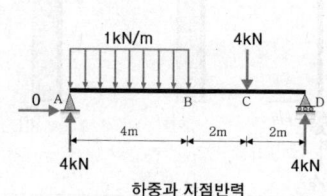
하중과 지점반력

기출4
①

단순보의 전단력도가 그림과 같을 때 보의 최대 휨모멘트는?
① 101kN·m ② 85kN·m
③ 94kN·m   ④ 118kN·m

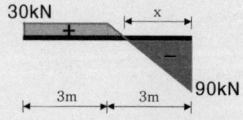
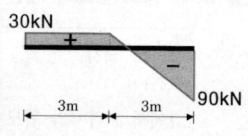

해설
(1) 삼각형 닮음비 $90 : x = (90+30) : 3$ 으로부터 ∴ $x = 2.25\text{m}$
(2) $M_{\max} = \dfrac{1}{2} \times 90 \times 2.25 = 101.25\text{kN} \cdot \text{m}$

그림의 보에서 최대 휨모멘트가 생기는 위치는 지점 A로부터 얼마 떨어진 곳인가?

① 2m ② 2.45m
③ 3.75m ④ 6m

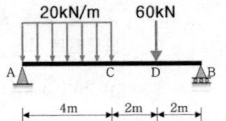
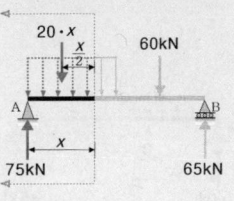

기출5 ③

해설
(1) $\sum M_B = 0: +(V_A)(8)-(20\times 4)(6)-(60)(2)=0 \quad \therefore V_A = +75\text{kN}(\uparrow)$
(2) $M_x = +(75)(x)-(20\cdot x)\left(\dfrac{x}{2}\right) = +75x-10\cdot x^2$
(3) $\dfrac{dM_x}{dx} = V_x = +(75)-(20\cdot x)=0 \quad \therefore x=3.75\text{m}$

그림과 같은 보의 최대 휨모멘트 값은?

① 30.9kN · m ② 40kN · m
③ 50.6kN · m ④ 60kN · m

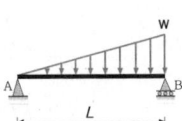
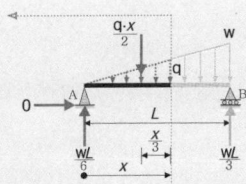

기출6 ③

해설
(1) $\sum M_B = 0 : +(V_A)(6)-(20\times 3)(4.5)=0 \quad \therefore V_A = +45\text{kN}(\uparrow)$
(2) $M_x = +(45)(x)-(20\cdot x)\left(\dfrac{x}{2}\right)=+45\cdot x-10\cdot x^2$
(3) $\dfrac{dM_x}{dx}=V_x=+(45)-(20\cdot x)=0 \quad \therefore x=2.25\text{m}$
(4) $M_{\max}=+(45)(2.25)-(20\times 2.25)\left(\dfrac{2.25}{2}\right)=+50.625\text{kN}\cdot\text{m}(\smile)$

A그림과 같은 단순보에 등변분포하중이 작용할 때 전단력이 0이 되는 점에 대하여 A점으로부터의 거리를 구하면?

① $\dfrac{L}{\sqrt{2}}$ ② $\dfrac{L}{\sqrt{3}}$
③ $\dfrac{L}{\sqrt{4}}$ ④ $\dfrac{L}{\sqrt{5}}$

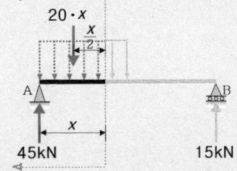

기출7 ②

해설
(1) 전단력이 0인 x위치에서의 삼각형 분포하중 q
$\quad x:q = L:w$ 로부터 $q=\left(\dfrac{w}{L}\right)\cdot x$
(2) $M_x = \left(\dfrac{wL}{6}\right)\cdot x-\left(\dfrac{1}{2}q\cdot x\right)\left(\dfrac{x}{3}\right)=\left(\dfrac{wL}{6}\right)\cdot x-\left(\dfrac{x^2}{6}\right)\left(\dfrac{w}{L}\cdot x\right)$
$\quad = \left(\dfrac{wL}{6}\right)\cdot x-\left(\dfrac{w}{6L}\right)\cdot x^3$
(3) $\dfrac{dM_x}{dx}=V=\left(\dfrac{wL}{6}\right)-\left(\dfrac{w}{2L}\right)\cdot x^2=0 \quad \therefore x=\dfrac{L}{\sqrt{3}}$

그림과 같은 단순보에 등변분포하중이 작용할 때 보의 휨모멘트도는 몇 차 곡선이 되는가?

① 2차 ② 3차
③ 4차 ④ 5차

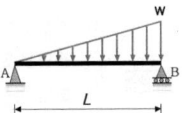

기출8 ②

해설
등변분포하중이 작용하는 단순보의 휨모멘트도는 x축에 대한 3차 곡선이다.

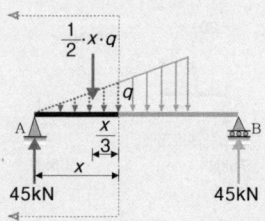

기출9
④

그림과 같은 등변분포하중이 작용하는 단순보의 최대 휨모멘트 M_{max}는?

① $25\sqrt{3}$ kN·m
② $25\sqrt{2}$ kN·m
③ $90\sqrt{3}$ kN·m
④ $90\sqrt{2}$ kN·m

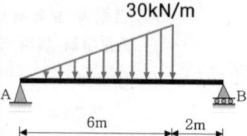

해설

(1) $\sum M_B = 0: +(V_A)(8) - \left(\frac{1}{2} \times 30 \times 6\right)\left(2 + 6 \times \frac{1}{3}\right) = 0 \therefore V_A = +45\text{kN}(\uparrow)$

(2) 지점 A로부터 우측으로 x 위치에서 삼각형 분포하중의 크기는 삼각형의 닮음비를 통해 $x : q = 6 : 30$으로부터 $q = 5x$

(3) 지점 A로부터 우측으로 x 위치의 휨모멘트:

$$M_x = +(45)(x) - \left(\frac{1}{2} \cdot q \cdot x\right) \cdot \frac{x}{3} = +45 \cdot x - \frac{5}{6} \cdot x^3$$

(4) $\dfrac{dM_x}{dx} = V_x = +(45) - \left(\dfrac{15}{6} \cdot x^2\right) = 0 \therefore x = 3\sqrt{2}$ m

(5) $M_{max} = +(45)(3\sqrt{2}) - \left(\dfrac{5}{6}\right)(3\sqrt{2})^3 = +90\sqrt{2}$ kN·m $(\smile)$

기출10
④

그림과 같은 단순보에 등변분포하중이 작용하고 있을 때 보의 처짐 곡선은 몇 차 곡선이 되는가?

① 2차 ② 3차
③ 4차 ④ 5차

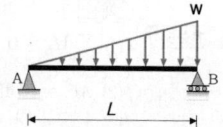

해설

(1) 지점 A로부터 우측으로 x 위치에서의 휨모멘트

$$M_x = +\left(\frac{wL}{6}\right)(x) - \left(\frac{1}{2}q \cdot x\right)\left(\frac{x}{3}\right) = +\left(\frac{wL}{6}\right) \cdot x - \left(\frac{w}{6L}\right) \cdot x^3$$

(2) 처짐곡선 미분방정식

① $EI \cdot y'' = -M = \left(\dfrac{w}{6L}\right) \cdot x^3 - \left(\dfrac{wL}{6}\right) \cdot x$

② $EI \cdot y' = -M = \left(\dfrac{w}{24L}\right) \cdot x^4 - \left(\dfrac{wL}{12}\right) \cdot x^2 + C_1$

③ $EI \cdot y = -M = \left(\dfrac{w}{120L}\right) \cdot x^5 - \left(\dfrac{wL}{36}\right) \cdot x^3 + C_1 \cdot x + C_2$

등변분포하중이 작용하는 단순보의 휨모멘트도는 x축에 대한 5차 곡선이다.

기출11
③

철근콘크리트 단순보에서 휨모멘트에 관한 설명 중 옳지 않은 것은?

① 등분포하중이 작용할 때 휨모멘트선은 포물선이다.
② 집중하중이 작용할 때 휨모멘트선은 경사직선이다.
③ 등변분포하중이 작용할 때 휨모멘트선은 2차곡선이다.
④ 휨모멘트의 극대 및 극소는 전단력이 0인 단면에서 생긴다.

해설

③ 단순보에 등변분포하중이 작용하게 되면 전단력도는 2차 곡선, 휨모멘트도는 3차 곡선의 형태를 나타내게 된다.

기출12
④

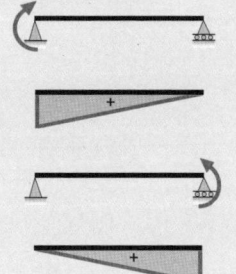

단순보의 휨모멘트도 작도에 관한 기술에서 틀린 것은?

① 등분포하중이 작용하는 구간의 휨모멘트선은 포물선이 된다.
② 등변분포하중이 작용하는 구간의 휨모멘트선은 3차곡선이 된다.
③ 아무 하중도 작용하지 않는 구간의 휨모멘트선은 경사 직선 또는 수평 직선이 된다.
④ 단순보에서는 어떤 하중이 작용해도 지점에서 휨모멘트는 0이 된다.

해설

④ 모멘트하중이 작용할 때는 지점에 같은 크기의 휨모멘트가 생긴다.

06 건축구조역학: 휨모멘트 관련내용

1 휨모멘트도(BMD)에 관한 주요 내용 정리

		부재력 계산을 자유단에서 시작하면 지점반력을 구할 필요가 없는 큰 특징이 발생하며, 휨모멘트의 부호는 하향하중일 경우 항상 (−)이다.	
(1)	캔틸레버보		
(2)	겔버보		
(3)	3-Hinge 구조		
		3회전단 포물선 아치가 등분포하중을 받는 경우는 부재력으로서 전단력이나 휨모멘트가 발생하지 않고 축방향력만 발생하므로 경제적인 구조가 된다.	

기출1 ④

다음 그림은 각 구간에서 직선적으로 변화하는 단순보의 휨모멘트이다. C점과 D점에 동일한 힘 P_1이 작용하고 보의 중앙점 E에 P_2가 작용할 때 P_1과 P_2의 절대값은?

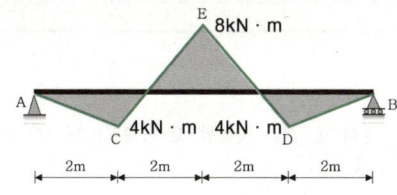

① $P_1 = 4kN$, $P_2 = 6kN$
② $P_1 = 4kN$, $P_2 = 8kN$
③ $P_1 = 8kN$, $P_2 = 10kN$
④ $P_1 = 8kN$, $P_2 = 12kN$

해설

(1) C점의 휨모멘트를 좌측으로 계산하여 A점의 수직반력을 구한다.
(2) E점의 휨모멘트를 좌측으로 계산할 때 A지점의 수직반력과 C점의 하향하중 P_1이 계산 대상이 된다.
(3) 수직평형조건을 이용하여 E위치에 작용하는 상향의 P_2를 구할 수 있게 된다.

휨모멘트도

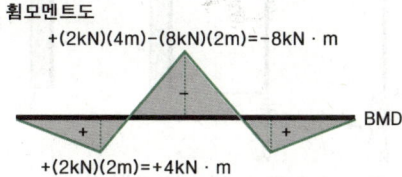

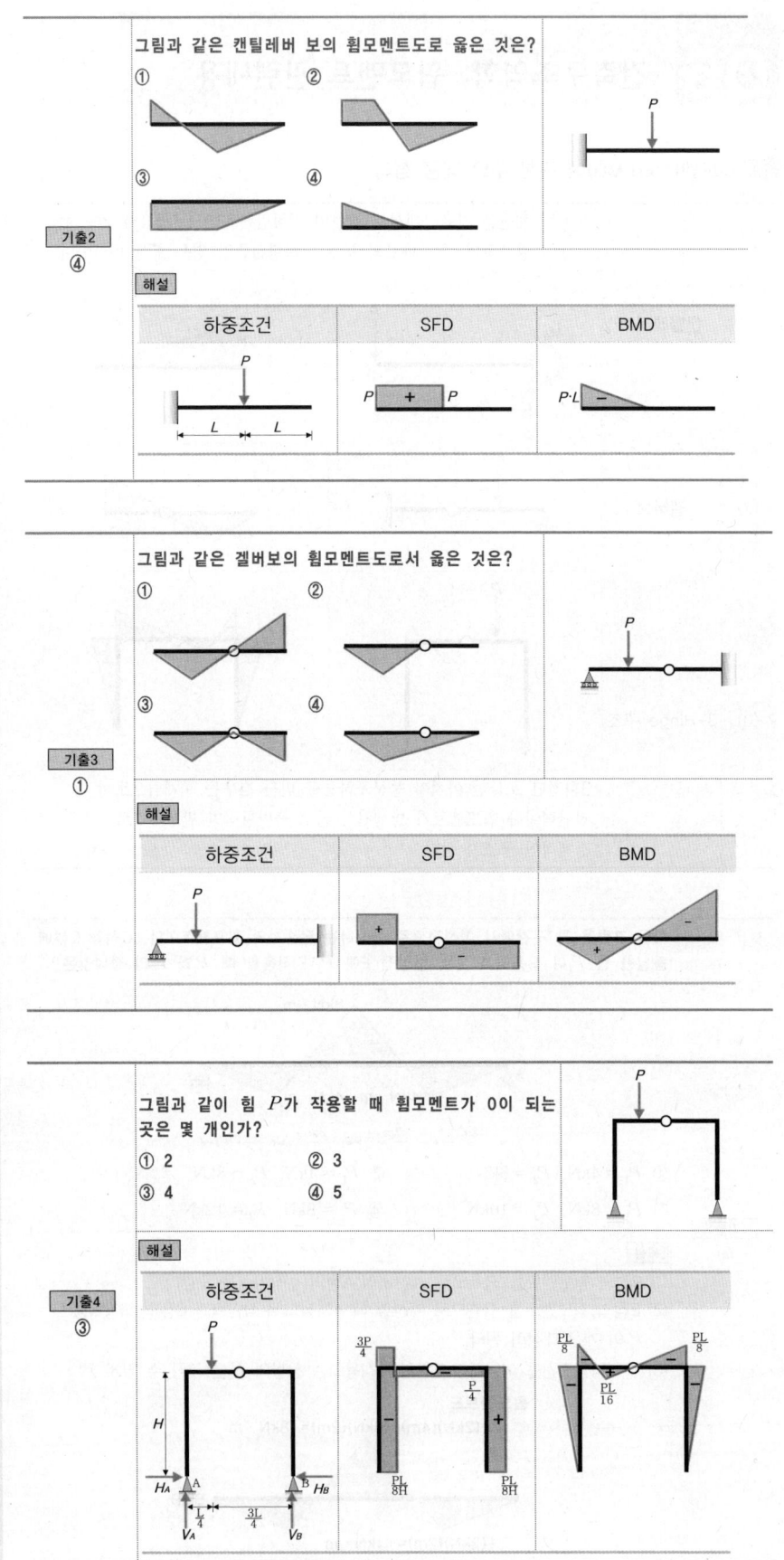

기출5 ①

그림과 같은 3회전단의 포물선 아치가 등분포하중을 받을 때 단면력에 관한 설명으로 옳은 것은?

① 축방향력만 존재한다.
② 축방향력과 휨모멘트가 존재한다.
③ 전단력과 축방향력이 존재한다.
④ 축방향력, 전단력, 휨모멘트가 모두 존재한다.

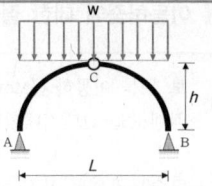

해설
3회전단 포물선 아치가 등분포하중을 받게 되면 부재력으로서 전단력이나 휨모멘트가 발생하지 않고 축방향력만 발생하므로 경제적인 구조가 된다.

기출6 ②

그림과 같은 부정정 라멘의 BMD에서 P값을 구하면?

① 20kN   ② 30kN
③ 50kN   ④ 60kN

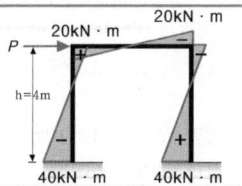

해설
$$P \cdot h = M_\pm + M_\mp \;\Rightarrow\; P = \frac{M_\pm + M_\mp}{h} = \frac{(20+20)+(40+40)}{(4)} = 30\text{kN}$$

기출7 ③

그림과 같은 휨모멘트도를 통해 구조물에 작용하는 수평하중 P를 구하면?

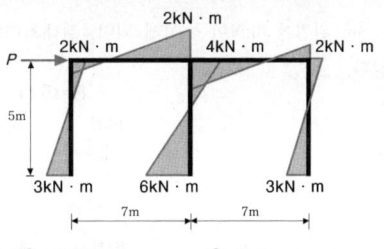

① 2kN   ② 3 kN   ③ 4kN   ④ 6kN

해설
$$P \cdot h = M_\pm + M_\mp \;\Rightarrow\; P = \frac{M_\pm + M_\mp}{h} = \frac{(2+4+2)+(3+6+3)}{(5)} = 4\text{kN}$$

기출8 ②

그림과 같은 수평하중을 받는 라멘에서 휨모멘트의 값이 가장 큰 위치는?

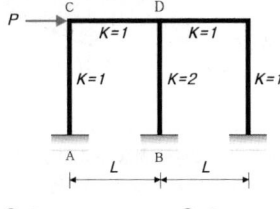

① A   ② B   ③ C   ④ D

해설
수평중 $P = 20$kN, 기둥의 높이 $h = 5$m로 계산을 해보면 다음과 같은 결과를 얻는다. 중간 기둥의 하부지점에서 휨모멘트가 가장 큰 것을 기억하도록 한다.

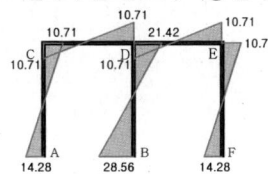

Bending Moment Diagram

2 이동하중에 대한 절대최대휨모멘트

(1)	보 위를 이동하중(Moving Load)이 진행하고 있을 때 발생할 수 있는 최대휨모멘트 중의 최대값을 절대최대휨모멘트라고 한다.
(2)	단순보의 중심선(Center Line)과 합력과 가까운 하중과의 거리의 1/2의 중심선(Center Line)을 일치시켰을 때 큰쪽의 하중작용점이 절대최대휨모멘트 위치가 된다.

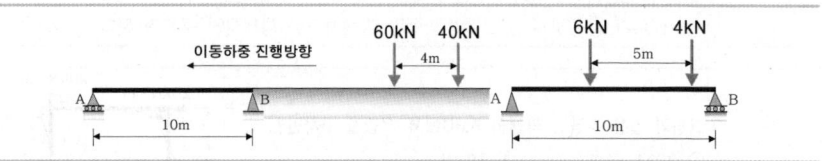

① 합력 $R = 6 + 4 = 10\text{kN}$

② 바리뇽(Varignon)의 정리: 6kN의 하중작용점에서
$+(10)(x) = (6)(0) + (4)(5)$ ∴ $x = 2\text{m}$

③ 합력(R)과 가까운 하중(6kN)과의 $\dfrac{x}{2} = 1\text{m}$ 되는 점을 찾는다.

④ $\dfrac{x}{2} = 1\text{m}$의 위치를 보의 중앙점에 일치시켜 이동하중을 보에 작용시킨다.

⑤ 중앙점(C)에서 0.8m 왼편에 6kN이 놓이게 되며, 절대최대휨모멘트는 6kN의 하중 작용점에서 발생하게 된다.

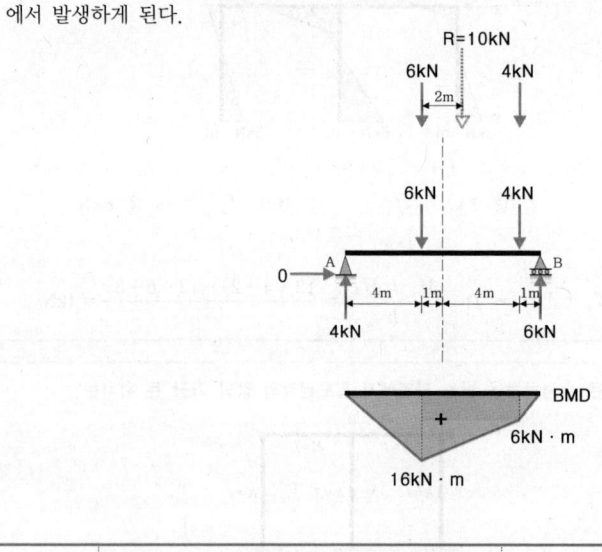

다음 보에서 B점으로부터 2개의 하중이 지나갈 때 최대 휨모멘트가 발생하는 거리 x를 구하면?	
① 6.5m ② 7.5m ③ 8.5m ④ 9.5m	

해설

기출9
②

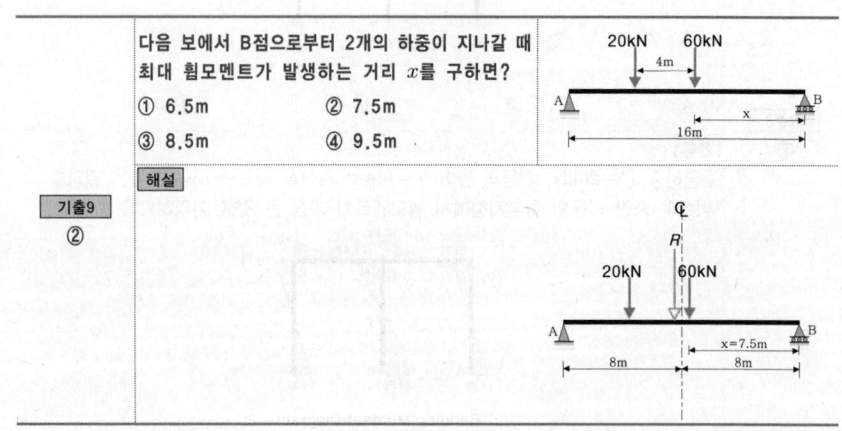

건축구조
건축구조역학: 트러스 절점법

1 트러스(Truss): 부재의 명칭과 해석상의 기본 가정

U	상현재, Upper Chord Member
L	하현재, Lower Chord Member
V	수직재, Vertical Member
D	경사재, Diagonal Member

각 부재들은 양단에서 마찰이 없는 활절점(活節點, Pin, Hinge)으로 연결되어 있으므로, 1개의 축방향력(Axial Force)만 존재하고 전단력(Shear Force)이나 휨모멘트(Bending Moment)는 존재하지 않는다.

■ 트러스 해석상의 기본 가정

인장(+) / 압축(-)
절점에서 단면방향 / 단면에서 절점방향

기출1 ③

트러스 해법의 기본가정으로 틀린 것은?
① 절점을 연결하는 직선은 재축과 일치한다.
② 외력은 모두 절점에 작용하는 것으로 한다.
③ 부재를 연결하는 절점은 강절점으로 간주한다.
④ 외력은 모두 트러스를 포함한 평면 안에 있는 것으로 한다.

[해설]
③ 트러스(Truss) 부재를 연결하는 절점은 활절점(Hinge, Pin)으로 간주한다.

기출2 ④

각각의 구조물에 대한 설명으로 옳지 않은 것은?
① 쉘(Shell)은 주로 면 내력으로 외력에 저항하는 구조이다.
② 라멘(Rhamen)은 주로 휨모멘트 및 전단력으로 외력에 저항하는 구조이다.
③ 아치(Arch)는 주로 축방향 압축력으로 외력에 저항하는 구조이다.
④ 트러스(Truss)는 주로 휨모멘트로 외력에 저항하는 구조이다.

[해설]
④ 트러스는 축방향력(압축-, 인장+)으로 외력에 저항하는 구조이다.

---

2 트러스 절점법(Method of Joint)

(1) 절점법(Method of Joint)에 의한 트러스 해석 순서

①	지점반력 계산 (※ 캔틸레버(Cantilever) 구조의 경우 자유단 쪽으로부터 계산을 시도하면 자유단이 아닌 지지단의 지점반력을 계산하지 않아도 된다.)
②	부재력을 구하고자 하는 부재를 U형 형태의 3개 이내로 절단하여 인장(+)부재로 가정한다.
③	순서와는 무관하게, 미지의 부재력이 2개가 넘지 않는 절점을 찾아 가며 수평 평형 $\sum H = 0$, 수직 평형 $\sum V = 0$을 적용하여 부재력을 구한다.
④	인장(+)재로 가정하는 것이 편리하며, 해석 결과가 (+)이면 인장재, (-)이면 압축재이다.

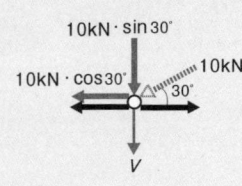
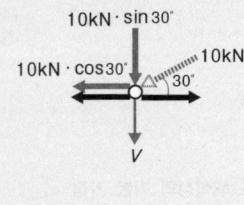
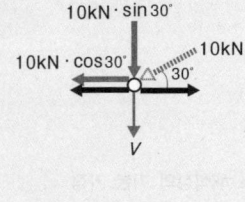

| 기출3 ① | 그림과 같은 트러스에서 V부재의 부재력은?
① 5kN　② 10kN
③ 15kN　④ 20kN | 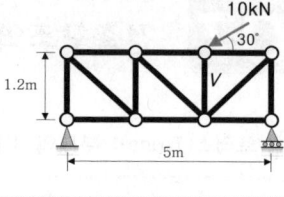 |

해설
(1) 경사하중에 대한 수직분력 $10 \cdot \sin 30°$ 를 V부재가 저항해야 한다.
(2) $\sum V = 0 : -(10 \cdot \sin 30°) - (F_V) = 0$　∴ $F_V = -5\text{kN}$(압축)

| 기출4 ③ | 그림과 같은 트러스에서 BC 부재의 부재력은?
① 30kN　② 40kN
③ 50kN　④ 60kN | (30kN C, 4m, A 3m B) |

해설
절점 C에서: $\sum H = 0 : +(30) + \left(F_{BC} \cdot \dfrac{3}{5}\right) = 0$　∴ $F_{BC} = -50\text{kN}$(압축)

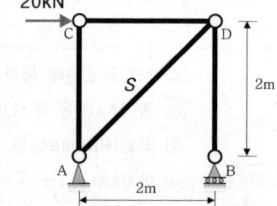

| 기출5 ④ | 그림과 같은 트러스에서 S부재의 부재력은?
① 10kN　② $10\sqrt{2}$ kN
③ 20kN　④ $20\sqrt{2}$ kN | |

해설
(1) $\sum M_A = 0 : -(V_B)(2) + (20)(2) = 0$　∴ $V_B = +20\text{kN}(\uparrow)$
(2) $V = 0 : -\left(F_S \cdot \dfrac{1}{\sqrt{2}}\right) + (20) = 0$　∴ $F_S = +20\sqrt{2}\text{kN}$(인장)

| 기출6 ③ | 그림과 같은 대칭 트러스에서 d부재의 부재력은 얼마인가?
① $0.3\sqrt{2}$ kN(압축)　② 0.5kN(인장)
③ $0.5\sqrt{2}$ kN(압축)　④ $0.5\sqrt{2}$ kN(인장) | 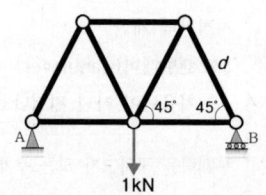 |

해설
(1) 하중과 경간이 좌우 대칭이므로　∴ $V_B = +0.5\text{kN}(\uparrow)$
(2) 절점B: $\sum V = 0 : +(0.5) + (F_d \cdot \sin 45°) = 0$　∴ $F_d = -0.5\sqrt{2}\text{kN}$(압축)

기출7
③

그림과 같은 트러스의 C부재의 부재력은?
(단, +: 인장, -: 압축)

① $\frac{P}{2}\cdot\sin\theta$　　② $P\cdot\sec\theta$

③ $-P\cdot\mathrm{cosec}\theta$　　④ $-\frac{3}{2}P\cdot\mathrm{cosec}\theta$

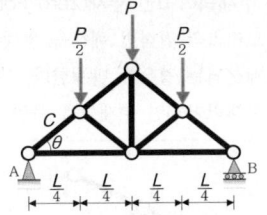

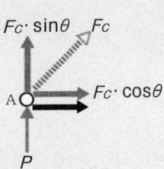

해설

(1) 하중과 경간이 좌우 대칭이므로　∴ $V_A=+P(\uparrow)$

(2) 절점A: $+(P)+(F_C\cdot\sin\theta)=0$　∴ $F_C=-\frac{P}{\sin\theta}=-P\cdot\mathrm{cosec}\theta$

기출8
①

그림과 같은 트러스에서 '가' 및 '나' 부재의 부재력은? (단, -는 압축력, +는 인장력)

① 가 $=-500$kN, 나 $=300$kN

② 가 $=-500$kN, 나 $=400$kN

③ 가 $=-400$kN, 나 $=300$kN

④ 가 $=-400$kN, 나 $=400$kN

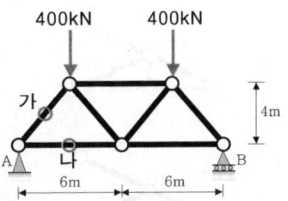

해설

절점A: $\Sigma V=0:+(400)+\left(F_{가}\cdot\frac{4}{5}\right)=0$　∴ $F_{가}=-500$kN(압축)

$\Sigma H=0:+\left(F_{가}\cdot\frac{3}{5}\right)+(F_{나})=0$　∴ $F_{나}=+300$kN(인장)

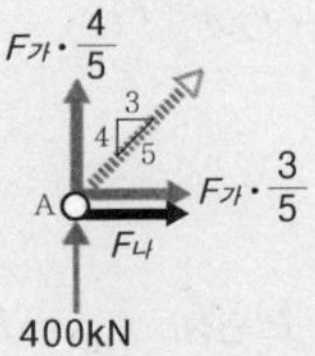

기출9
①

그림과 같은 트러스의 N_1, N_2 부재력(절대값)으로 옳은 것은?

① $N_1=2$kN, $N_2=1.732$kN

② $N_1=1$kN, $N_2=0.866$kN

③ $N_1=1.5$kN, $N_2=1$kN

④ $N_1=1$kN, $N_2=1.732$kN

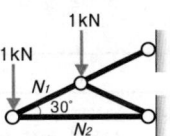

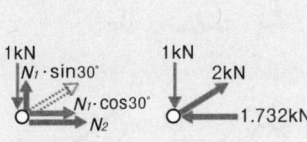

해설

(1) 1kN 하중이 작용하는 절점에서 절점법을 이용한다.

(2) $\Sigma V=0:-(1)+(F_{N_1}\cdot\sin30^\circ)=0$　∴ $F_{N_1}=+2$kN(인장)

(3) $\Sigma H=0:+(F_{N_1}\cdot\cos30^\circ)+(F_{N_2})=0$　∴ $F_{N_2}=-\sqrt{3}$kN(압축)

수직력·수평력 치환　　해석 결과

기출10
②

그림과 같은 래티스보에서 $V=3$kN일 때 웨브재의 축방향력은?

① 1.5kN　　② $\sqrt{3}$kN

③ 2.0kN　　④ 3.0kN

해설

$\Sigma V=0:-(3)-(2F_{web}\cdot\cos30^\circ)=0$　∴ $F_{web}=-\sqrt{3}$kN(압축)

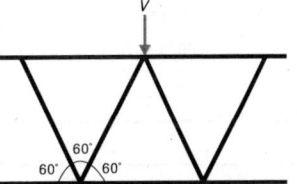

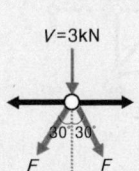

(2) 부재력이 0인 부재(Zero Force Member)

트러스의 절점법 해석을 통해서 계산을 수행하다 보면 특정 부재의 부재력이 0으로 계산되는 경우가 발생한다. 그런데, 처음부터 다음과 같은 특징들을 알고 있다면 부재력이 0인 부재들을 육안 관찰에 의해 쉽게 파악할 수 있게 된다.

■ $F_{AD}=0$, $F_{AB}=0$

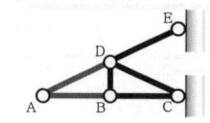

2개의 부재가 만나는 절점에 외력이 작용하지 않는 경우 2개의 부재 모두 부재력은 0이다.

■ $F_{AD}=0$, $F_{AB}=-P$(압축)

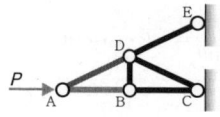

하나의 부재축과 나란하게 외력이 작용하는 경우, 다른 한 부재의 부재력은 0이다.

■ $F_{BD}=0$, $F_{AB}=F_{BC}$

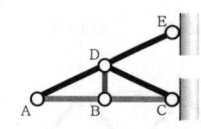

절점에 외력이 작용하지 않는 경우 동일 직선상에 놓여 있는 2개 부재의 부재력은 같고 다른 한 부재의 부재력은 0이다.

■ $F_{BD}=+P$(인장), $F_{AB}=F_{BC}$

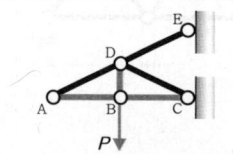

절점에 외력이 작용할 때 그 외력이 부재와 일직선상에 나란하게 작용하면 그 부재의 부재력은 외력과 같다.

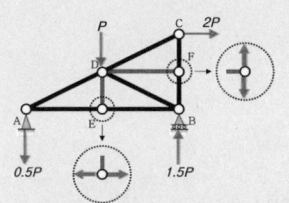

| 기출11 ③ | 그림과 같은 트러스에서 부재력이 발생하지 않는 부재는?
① DF　　② DE 및 DB
③ DE 및 DF　④ DE, DB 및 DF | 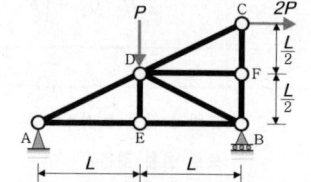 |

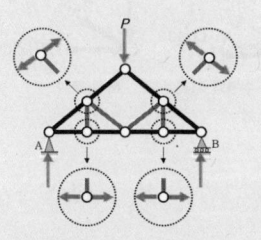

| 기출12 ② | 다음과 같은 트러스에서 부재력이 발생하지 않는 부재는 몇 개인가?
① 2개　　② 4개
③ 6개　　④ 8개 | 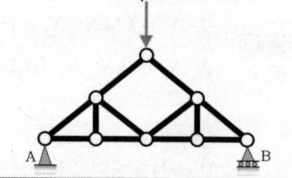 |

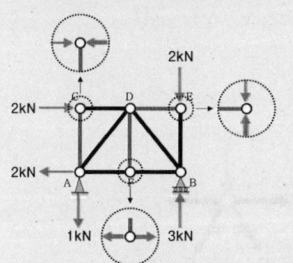

| 기출13 ③ | 다음 트러스 구조물에서 부재력이 0이 되는 부재의 개수는?
① 1개　　② 2개
③ 3개　　④ 4개 | |

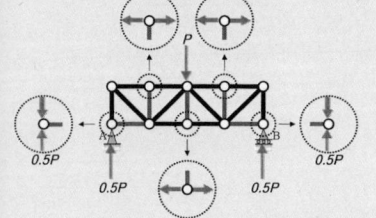

| 기출14 ④ | 다음과 같은 트러스에서 부재력이 0이 되는 부재수는?
① 2개　　② 3개
③ 4개　　④ 5개 | 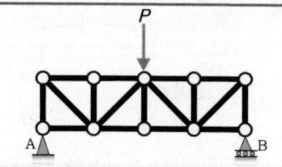 |

08 건축구조: 트러스 절단법

1 트러스 절단법(Method of Section)

부재력을 구하고자 하는 부재를 포함하여 3개 이내로 전체 구조물을 절단하여, 절단면의 한 쪽에 관해서 전단력이 발생하지 않는다는 조건($V=0$)을 적용하는 해법을 전단력법, 휨모멘트가 발생하지 않는다는 조건($M=0$)을 적용하는 해법을 모멘트법이라 한다.
절점법이 하나의 점(點, Joint)에 모이는 평형 조건을 고려한다면, 절단법은 하나의 면(面, Section)에 모이는 구조물의 평형을 고려하는 해석 방법이다.

■ Karl Culmann(1821~1881)

2 절단법의 적용: 복(부)재의 계산

①	지점반력 계산 (※ 캔틸레버(Cantilever) 구조의 경우 자유단 쪽으로부터 계산을 시도하면 자유단이 아닌 지지단의 지점반력을 계산하지 않아도 된다.)
②	부재력을 구하고자 하는 부재를 3개 이내로 수직으로 절단하여 인장(+)부재로 가정한다.
③	절단된 상태의 자유물체도상에서 전단력이 생기지 않는다는 조건 $V=0$을 이용하면 경사재(Diagonal Member), 수직재(Vertical Member)의 부재력이 구해진다.
④	해석 결과가 (+)이면 인장재, (-)이면 압축재이다.

기출1
①

그림과 같은 정삼각형 트러스의 a부재의 부재력은?
① 0   ② 2kN
③ $2\sqrt{2}$ kN   ④ $\sqrt{3}$ kN

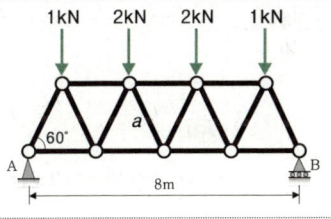

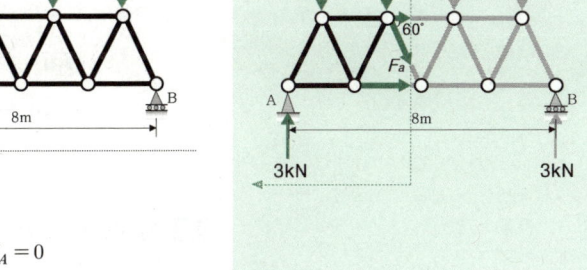

해설
(1) 대칭 구조이므로 ∴ $V_A = +3\text{kN}(\uparrow)$
(2) $V=0$: $+(3)-(1)-(2)-(F_a \cdot \sin 60°) = 0$ ∴ $F_A = 0$

기출2
④

그림과 같은 트러스의 T부재 부재력은?
① 40 kN   ② 50 kN
③ $30\sqrt{2}$ kN   ④ $40\sqrt{2}$ kN

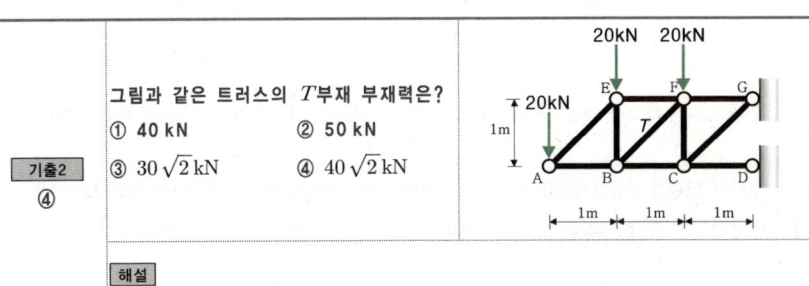

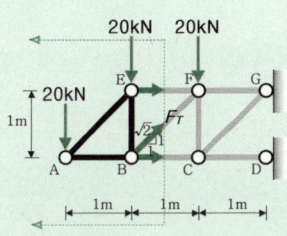

해설
$V=0$: $-(20)-(20)+(F_T \cdot \sin 45) = 0$ ∴ $F_T = +40\sqrt{2}$ kN(인장)

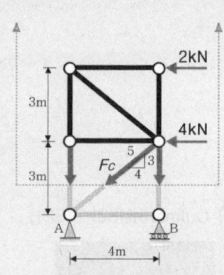

| 기출3 ④ | 그림과 같은 트러스의 C부재 부재력은?
① $+4.5$kN ② -4.5kN
③ $+7.5$kN ④ -7.5kN | 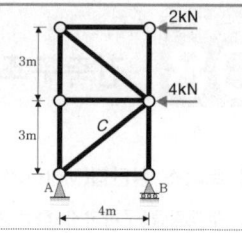 |

해설

$$V=0: -(2)-(4)-\left(F_C \cdot \frac{4}{5}\right)=0 \quad \therefore F_C=-7.5\text{kN}(압축)$$

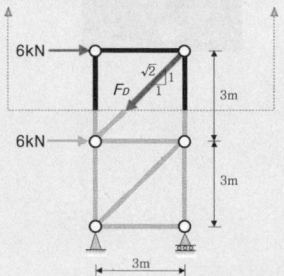

| 기출4 ④ | 그림과 같은 트러스의 D 부재 부재력은?
① 3kN ② $3\sqrt{2}$ kN
③ 6kN ④ $6\sqrt{2}$ kN | 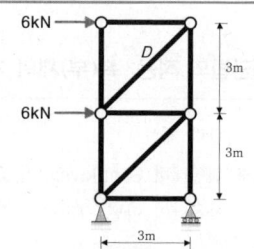 |

해설

$$V=0: +(6)-\left(F_D \cdot \frac{1}{\sqrt{2}}\right)=0 \quad \therefore F_D=+6\sqrt{2}\text{ kN}(인장)$$

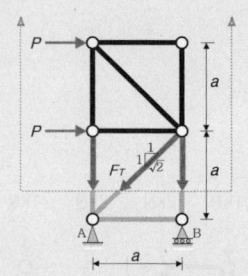

| 기출5 ④ | 그림과 같은 트러스의 T부재 부재력은?
① P ② $1.5P$
③ $\sqrt{2}\,P$ ④ $2\sqrt{2}\,P$ | 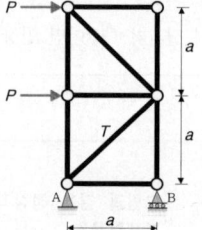 |

해설

$$V=0: -(P)-(P)+\left(F_T \cdot \frac{1}{\sqrt{2}}\right)=0 \quad \therefore F_T=+2\sqrt{2P}(인장)$$

3 절단법의 적용: 현재의 계산

①	지점반력 계산 (※ 캔틸레버(Cantilever) 구조의 경우 자유단 쪽으로부터 계산을 시도하면 자유단이 아닌 지지단의 지점반력을 계산하지 않아도 된다.)
②	부재력을 구하고자 하는 부재를 3개 이내로 수직으로 절단하여 인장(+)부재로 가정한다.
③	절단된 상태의 자유물체도상에서 특정 절점에서 휨모멘트가 생기지 않는다는 조건 $M=0$을 이용하면 상현재(Upper Chord Member), 하현재(Lower Chord Member)의 부재력이 즉시 구해진다.
④	해석 결과가 (+)이면 인장재, (−)이면 압축재이다.

기출6 ②	그림과 같은 트러스의 U_1부재 부재력은? ① 45kN(인장) ② 45kN(압축) ③ 60kN(인장) ④ 60kN(압축)	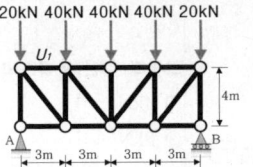	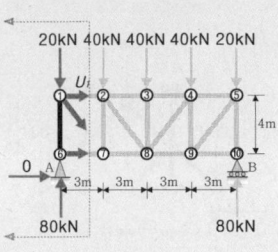

해설

$M_{⑦, Left} = 0 : +(80)(3) - (20)(3) + (F_{u_1})(4) = 0 \quad \therefore F_{u_1} = -45\text{kN}(압축)$

기출7 ②	그림과 같은 트러스의 a부재 부재력은? ① 20kN(인장) ② 30kN(압축) ③ 40kN(인장) ④ 60kN(압축)	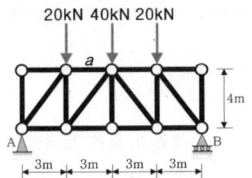	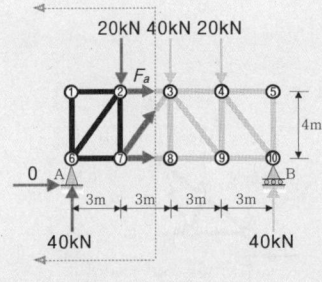

해설

$M_{⑦, Left} = 0 : +(40)(3) + (F_a)(4) = 0 \quad \therefore F_a = -30\text{kN}(압축)$

기출8 ②	그림과 같은 트러스의 d부재 부재력은? ① 30 kN ② 20 kN ③ 15 kN ④ 5 kN	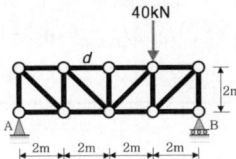	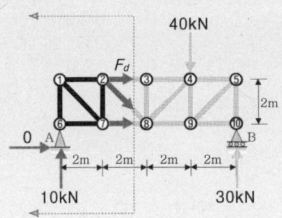

해설

(1) $\sum M_B = 0 : +(V_A)(8) - (40)(2) = 0 \quad \therefore V_A = +10\text{kN}(\uparrow)$

(2) $M_{⑧, Left} = 0 : +(10)(4) + (F_d)(2) = 0 \quad \therefore F_d = -20\text{kN}(압축)$

기출9 ①	그림과 같은 트러스의 a부재 부재력은? ① +30 kN ② -30 kN ③ +40 kN ④ -40 kN	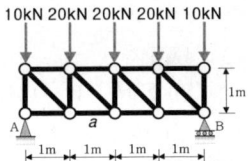	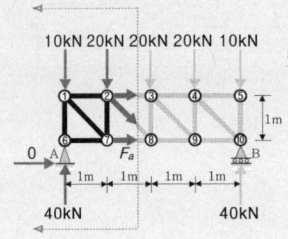

해설

(1) 하중과 경간이 좌우 대칭이므로 $\quad \therefore V_A = +40\text{kN}(\uparrow)$

(2) $M_{②, Left} = 0 : +(40)(1) - (10)(1) - (F_a)(1) = 0 \quad \therefore F_a = +30\text{kN}(인장)$

기출10 ③	그림과 같은 트러스의 L_1부재 부재력은? ① 20 kN ② 30 kN ③ 40 kN ④ 50 kN	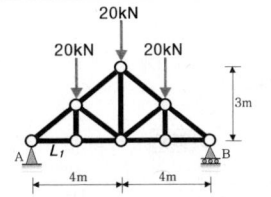	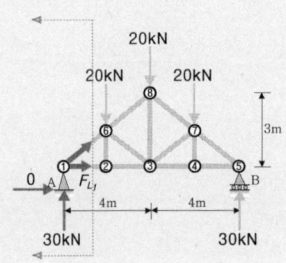

해설

(1) 하중과 경간이 좌우 대칭이므로 $\quad \therefore V_A = +30\text{kN}(\uparrow)$

(2) $M_{⑥, Left} = 0 : +(30)(2) - (F_{L_1})(1.5) = 0 \quad \therefore F_{L_1} = +40\text{kN}(인장)$

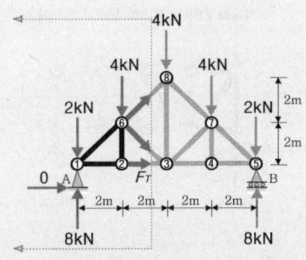

| 기출11 ② | 그림과 같은 트러스의 T부재 부재력은?
 ① 4kN ② 6kN
 ③ 8kN ④ 16kN | 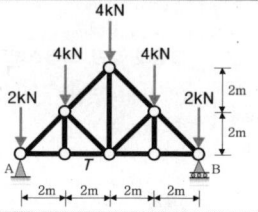 |

해설
(1) 하중과 경간이 좌우 대칭이므로 ∴ $V_A = +8\text{kN}(\uparrow)$
(2) $M_{⑥,Left} = 0 : +(8)(2) - (2)(2) - (F_T)(2) = 0$ ∴ $F_T = +6\text{kN}$(인장)

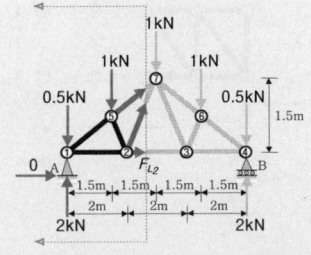

| 기출12 ③ | 그림과 같은 트러스의 L_2부재 부재력은?
 ① 1 kN ② 1.5 kN
 ③ 2 kN ④ 2.5 kN | 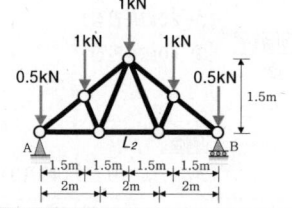 |

해설
(1) 하중과 경간이 좌우 대칭이므로 ∴ $V_A = +2\text{kN}(\uparrow)$
(2) $M_{⑦,Left} = 0 : +(2)(3) - (0.5)(3) - (1)(1.5) - (F_{L_2})(1.5) = 0$
   ∴ $F_{L_2} = +2\text{kN}$(인장)

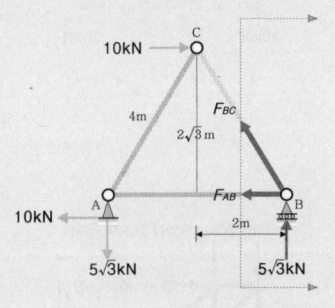

| 기출13 ④ | 한 변의 길이가 4m인 정삼각형 트러스의 AB부재의 부재력은?
 ① 압축 10kN ② 압축 5kN
 ③ 인장 10kN ④ 인장 5kN | 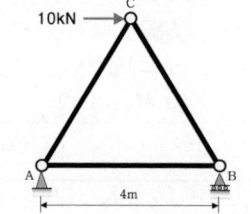 |

해설
(1) $\sum M_A = 0: -(V_B)(4) + (10)(2\sqrt{3}) = 0$ ∴ $V_B = +5\sqrt{3}\text{kN}(\uparrow)$
(2) $M_{C,Right} = 0 : +(F_{AB})(2\sqrt{3}) - (5\sqrt{3})(2) = 0$ ∴ $F_{AB} = +5\text{kN}$(인장)

| 기출14 ① | 그림과 같은 트러스에서 압축재의 수는 몇 개인가?
 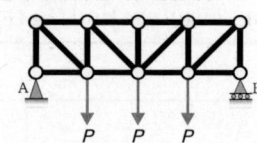
 ① 8개 ② 9개 ③ 7개 ④ 10개 |

해설

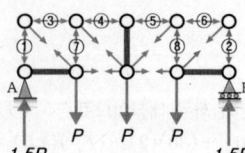

핵심번호 09 건축구조
건축구조역학: 단면1차모멘트

1 단면1차모멘트(G, Geometrical Moment of Area)

(1)	정의	x축에 대한 단면1차모멘트: $G_x = A \cdot \overline{y} \, (\text{mm}^3)$ y축에 대한 단면1차모멘트: $G_y = A \cdot \overline{x} \, (\text{mm}^3)$		
(2)	특징	도심을 지나는 단면1차모멘트 $G=0$ 이다.		
(3)		직사각형	삼각형	원
	단면			
	도심 $\overline{x}$	$\dfrac{1}{2}b$	$\dfrac{1}{3}b$	$\dfrac{D}{2}$
	면적 A	bh	$\dfrac{1}{2}bh$	$\dfrac{\pi D^2}{4}$

■ 단면1차모멘트

특정 형태의 단면을 힘의 집합체로 간주하여 단면의 면적(A, Area)에 도형의 중심까지의 거리인 도심(圖心, Centroid)을 곱한 개념으로 면적모멘트라고도 한다.

■ n차 곡선의 도심과 단면적

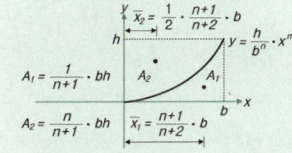

기출1 ④

그림에서 x축에 대한 단면1차모멘트(G_x) 값은?

① 200cm³ ② 1,000cm³
③ 1,500cm³ ④ 2,000cm³

해설
$G_x = A \cdot \overline{y} = (10 \times 20)(10) = 2,000 \text{cm}^3$

기출2 ①

그림과 같은 장방형 기둥 단면에 중립축이 단면의 변에 있을 때 이 철근콘크리트 기둥 단면의 중립축에 대한 단면1차모멘트 값은? (단, $A_c = A_t = 30\text{cm}^2$, 탄성계수비 $n=15$, 단면에 표시된 길이의 단위는 cm)

① 58,500cm³ ② 59,500cm³
③ 60,500cm³ ④ 61,500cm³

해설
(1) 환산단면적
$A_{concrete} + n(A_{t,steel} + A_{c,steel})$
$= (30 \times 50 - 2 \times 30) + (15)[(30)+(30)] = 2,340 \text{cm}^2$
(2) 환산단면적에 대한 단면1차모멘트
$G_{중립축} = 환산단면적 \times 도심 = (2,340)(25) = 58,500 \text{cm}^3$

■ 환산단면적(Transformed Section)

철근콘크리트 구조에서 철근의 변형률(ϵ_s)과 콘크리트의 변형률(ϵ_c)은 같다.

$\epsilon_s = \dfrac{f_s}{E_s}$ 이고 $\epsilon_c = \dfrac{f_c}{E_c}$ 에서

$f_s = \dfrac{E_s}{E_c} \cdot f_c = n \cdot f_c$

여기서, n은 탄성계수비이다.
단면 힘의 평형조건
$P = f_c \cdot A_c + f_s \cdot A_s$
$= f_c(A_c + n \cdot A_s)$ 에서
$A_c + n \cdot A_s$를 환산단면적이라고 한다.

기출3 ②

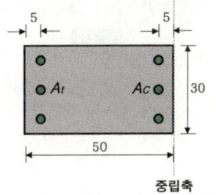

그림과 같은 좌우 대칭 T형 단면의 도심(G)이 플랜지 하단과 일치하게 하려면 플랜지 폭 B의 크기는?

① 360cm ② 180cm
③ 120cm ④ 60cm

해설
$G_x = A_1 \cdot \overline{y_1} + A_2 \cdot \overline{y_2} = (B \times 20)(+10) + (20 \times 60)(-30) = 0$
$\therefore B = 180 \text{cm}$

■ 플랜지(Flange), 웨브(Web)

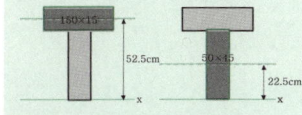

기출4 ④

그림과 같은 T형 단면에서 x축으로부터 단면의 중심 G점까지의 거리 $\overline{y}$는?

① 15cm ② 30cm
③ 37.5cm ④ 41.25cm

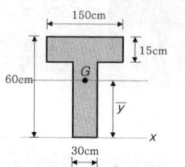

해설

$$\overline{y}=\frac{G_x}{A}=\frac{(150\times 15)(52.5)+(30\times 45)(22.5)}{(150\times 15)+(30\times 45)}=41.25\text{cm}$$

기출5 ①

다음과 같은 사다리꼴 단면의 도심 $\overline{y}$ 값은?

① $\dfrac{h(2a+b)}{3(a+b)}$ ② $\dfrac{h(a+b)}{3(2a+b)}$

③ $\dfrac{3h(2a+b)}{(a+b)}$ ④ $\dfrac{h(a+2b)}{3(a+b)}$

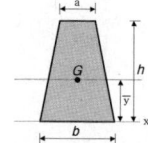

해설

$$\overline{y}=\frac{G_x}{A}=\frac{\left(\frac{1}{2}ah\right)\left(\frac{2h}{3}\right)+\left(\frac{1}{2}bh\right)\left(\frac{h}{3}\right)}{\left(\frac{1}{2}ah\right)+\left(\frac{1}{2}bh\right)}=\frac{h(2a+b)}{3(a+b)}$$

기출6 ④

그림과 같은 단면의 x, y축으로부터 도심까지의 거리 $(\overline{x},\ \overline{y})$는?

① (1.3, 3.1) ② (2.0, 4.2)
③ (1.2, 2.8) ④ (1.6, 3.4)

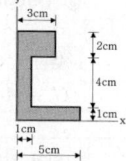

해설

(1) $\overline{x}=\dfrac{G_y}{A}=\dfrac{(1\times 7)(0.5)+(2\times 2)(2)+(4\times 1)(3)}{(1\times 7)+(2\times 2)+(4\times 1)}=1.57\text{cm}$

(2) $\overline{y}=\dfrac{G_x}{A}=\dfrac{(1\times 7)(3.5)+(2\times 2)(6)+(4\times 1)(0.5)}{(1\times 7)+(2\times 2)+(4\times 1)}=3.37\text{cm}$

기출7 ②

그림과 같은 옹벽에 토압이 10kN이 가해지는 경우 이 옹벽이 전도되지 않기 위해서는 어느 정도의 자중(自重)을 필요로 하는가?

① 9.71kN ② 10.44kN
③ 11.71kN ④ 12.71kN

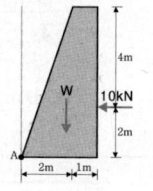

해설

(1) 옹벽의 앞 모서리 부분 A점에서 옹벽의 도심까지의 거리

$$\overline{x}=\frac{G_y}{A}=\frac{\left(\frac{1}{2}\times 2\times 6\right)\left(2\times\frac{2}{3}\right)+(1\times 6)\left(2+1\times\frac{1}{2}\right)}{\left(\frac{1}{2}\times 2\times 6\right)+(1\times 6)}=1.916\text{m}$$

(2) A점에서의 전도(Overturn)를 고려하여 회전력을 계산한다.

$(W)(1.916)\geq (10)(2)$ ∴ $W\geq 10.438\text{kN}$

핵심번호 10 건축구조
건축구조역학: 단면2차모멘트

1 단면2차모멘트(I, Moment of Inertia)

		직사각형	삼각형	원
(1)	단면			
(2)	도심축	$I_x = \dfrac{bh^3}{12}$	$I_x = \dfrac{bh^3}{36}$	$I_x = \dfrac{\pi D^4}{64}$
(3)	주요 특성	정사각형, 정삼각형, 원형, 정다각형 등과 같이 대칭인 단면의 도심축에 대한 단면2차모멘트 값은 모두 같다.		
(4)	평행축 정리	$I_{\text{이동축}} = I_{\text{도심축}} + A \cdot e^2$ • A : 단면적 • e : 도심축으로부터 이동축까지의 거리		

■ **단면2차모멘트**
단면의 형태를 유지하려는 관성(Inertia, 慣性)을 나타내는 지표로서 건축구조 분야에서 가장 기본적이고 중요한 지표 중의 하나이다. 주요 용도는 다음과 같다.

① 단면계수 : $Z = \dfrac{I}{y}$

② 단면2차반경 : $r = \sqrt{\dfrac{I}{A}}$

③ 강성도(剛性度) : $K = \dfrac{EI}{L}$

④ 휨응력 : $\sigma_b = \dfrac{M}{I} \cdot y$

기출1 ③

그림과 같은 정방형 단면의 대칭축 x축에 대한 단면2차모멘트 I_x는?

① 666cm⁴ ② 943cm⁴
③ 13,333cm⁴ ④ 26,666cm⁴

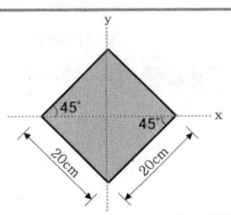

해설
(1) 대칭 단면의 도심축에 대한 단면2차모멘트 값은 모두 같다.
(2) $I_x = I_y = \dfrac{(20)(20)^3}{12} = 13{,}333\text{cm}^4$

기출2 ③

그림과 같은 도형 단면에서 x축에 대한 단면2차모멘트는?

① 1,420cm⁴ ② 1,520cm⁴
③ 1,620cm⁴ ④ 1,720cm⁴

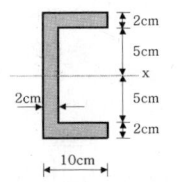

해설
$I_x = \dfrac{(10)(14)^3}{12} - \dfrac{(8)(10)^3}{12} = 1{,}620\text{cm}^4$

기출3 ④

그림과 같은 장방형 단면의 x축에 대한 단면2차모멘트 값은?

① 500cm⁴ ② 1,000cm⁴
③ 1,500cm⁴ ④ 2,000cm⁴

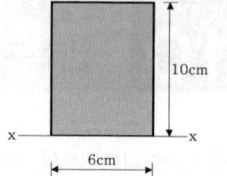

해설

$$I_{이동축} = I_{도심축} + A \cdot e^2 = \frac{(6)(10)^3}{12} + (6 \times 10)(5)^2 = 2,000\text{cm}^4$$

기출4 ④

그림과 같은 단면의 x축에 관한 단면2차모멘트의 값은?

① 360,000cm⁴ ② 420,000cm⁴
③ 480,000cm⁴ ④ 520,000cm⁴

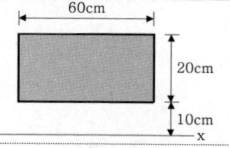

해설

$$I_x = \frac{(60)(20)^3}{12} + (60 \times 20)(10+10)^2 = 520,000\text{cm}^4$$

기출5 ①

그림과 같은 도형의 x축에 대한 단면2차모멘트는?

① 326cm⁴ ② 360cm⁴
③ 163cm⁴ ④ 180cm⁴

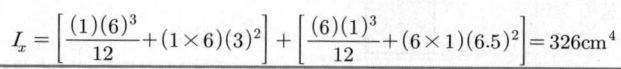

해설

$$I_x = \left[\frac{(1)(6)^3}{12} + (1 \times 6)(3)^2\right] + \left[\frac{(6)(1)^3}{12} + (6 \times 1)(6.5)^2\right] = 326\text{cm}^4$$

기출6 ④

A그림에서 x축에 대한 단면2차모멘트로 옳은 것은?

① 220cm⁴ ② 240cm⁴
③ 440cm⁴ ④ 540cm⁴

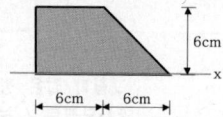

해설

$$I_x = \left[\frac{(6)(6)^3}{12} + (6 \times 6)(3)^2\right] + \left[\frac{(6)(6)^3}{36} + (\frac{1}{2} \times 6 \times 6)(2)^2\right] = 540\text{cm}^4$$

기출7 ①

그림과 같은 단면의 밑변에 대한 단면2차모멘트는 얼마인가?

① 858.67cm⁴ ② 876.44cm⁴
③ 912.62cm⁴ ④ 965.38cm⁴

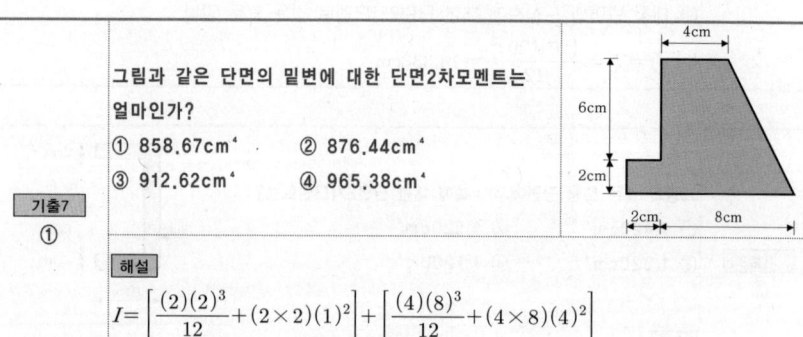

해설

$$I = \left[\frac{(2)(2)^3}{12} + (2 \times 2)(1)^2\right] + \left[\frac{(4)(8)^3}{12} + (4 \times 8)(4)^2\right]$$
$$+ \left[\frac{(4)(8)^3}{12} + (4 \times 8)(4)^2\right] = 858.67\text{cm}^4$$

기출8 ③

$x-x$축에 대한 단면2차모멘트를 구하면?

① 76cm^4 ② 258cm^4
③ 428cm^4 ④ 500cm^4

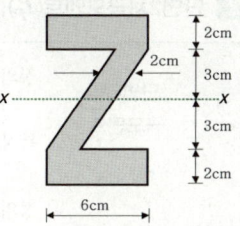

해설

$$I_x = \frac{bh^3}{12} - \left[\frac{bh^3}{36} + A \cdot e^2\right] \times 2\text{개}$$

$$= \frac{(6)(10)^3}{12} - \left[\frac{(4)(6)^3}{36} + \left(\frac{1}{2}\times 4 \times 6\right)(1)^2\right] \times 2\text{개} = 428\text{cm}^4$$

기출9 ①

그림에서 x축은 단면의 중심축 X에 평행하다.
$I_x = 12{,}000\text{cm}^4$ 일 때 I_X값은?

① $2{,}000\text{cm}^4$ ② $1{,}000\text{cm}^4$
③ $1{,}250\text{cm}^4$ ④ $10{,}000\text{cm}^4$

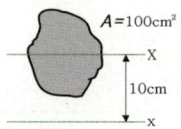

■ 단면2차모멘트 평행축 정리

$$I_{\text{이동축}} = I_{\text{도심축}} + A \cdot e^2$$

해설

$12{,}000 = I_X + (100)(10)^2$ 으로부터 $I_X = 2{,}000\text{cm}^4$

기출10 ①

반원의 도심축에 대한 단면2차모멘트 I_{x_0} 는 얼마인가?

(단, $I_x = \dfrac{\pi r^4}{8}$, $y_o(=\overline{y}) = \dfrac{4r}{3\pi}$)

① 142.2cm^4 ② 218.5cm^4
③ 360.6cm^4 ④ 508.9cm^4

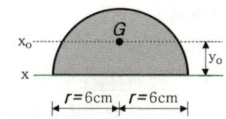

■ 단면2차모멘트 평행축 정리

$$I_{\text{이동축}} = I_{\text{도심축}} + A \cdot e^2$$
$$\downarrow$$
$$I_{\text{도심축}} = I_{\text{이동축}} - A \cdot e^2$$

해설

$$I_{x_0} = I_x - A \cdot e^2 = \frac{\pi r^4}{8} - \left(\frac{1}{2}\pi r^2\right)\left(\frac{4r}{3\pi}\right)^2 = \frac{\pi r^4}{8} - \frac{8r^4}{9\pi} = 142.24\text{cm}^4$$

기출11 ②

단면의 도심을 지나는 x축에 대한 단면2차모멘트(I_x)와 y축에 대한 단면2차모멘트(I_y)가 같기 위해서 y축에서 떨어진 거리 $\overline{x}$는 얼마인가? (단, $h=2b$)

① b ② $\dfrac{b}{2}$
③ $\dfrac{b}{3}$ ④ $\dfrac{b}{4}$

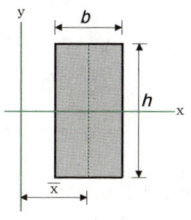

해설

(1) $I_x = \dfrac{(b)(2b)^3}{12} = \dfrac{8b^4}{12}$

(2) $I_y = \dfrac{(2b)(b)^3}{12} + (2b \times b)(\overline{x})^2$

(3) $I_x = I_y$ 라는 조건에 따라 $\dfrac{8b^4}{12} = \dfrac{2b^4}{12} + 2b^2 \cdot \overline{x}^2$ 으로부터 $\overline{x} = \dfrac{b}{2}$

2 단면2차극모멘트(I_P), 단면2차상승모멘트(I_{xy})

■ 단면2차상승모멘트는 대칭 단면일 때 좌표 계산을 통해 이루어진다.

(1)	단면2차 극모멘트	정의	$I_P = I_x + I_y$
		특징	단면2차극모멘트는 좌표축의 회전에 관계없이 항상 일정하다.
(2)	단면2차 상승모멘트	정의	$I_{xy} = A \cdot \overline{x} \cdot \overline{y}$
		특징	다음과 같은 열린 단면을 갖는 비대칭 형강의 $I_{xy}=0$인 축은 주축(Principal Axis)이지만 이러한 단면들은 대칭축은 존재하지 않는다.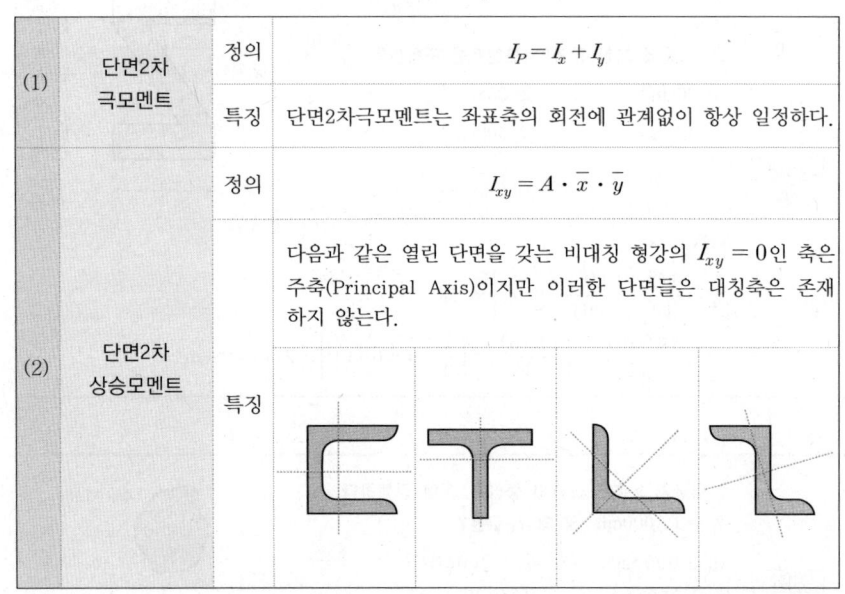

기출12 ④

그림과 같은 직사각형 단면에서 O점에 대한 단면 극2차모멘트 I_P의 값은?
① 1,600,000cm⁴ ② 2,400,000cm⁴
③ 3,000,000cm⁴ ④ 3,200,000cm⁴

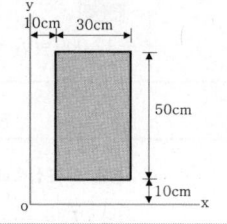

해설

$$I_P = I_x + I_y$$
$$= \left[\frac{(30)(50)^3}{12} + (30 \times 50)(35)^2\right] + \left[\frac{(50)(30)^3}{12} + (50 \times 30)(25)^2\right]$$
$$= 3,200,000 \text{cm}^4$$

단면의 성질에 관한 다음 기술 중 틀린 것은?
① 도심을 지나는 두 직교축에 대한 단면2차모멘트의 합은 방향에 따라 다르다.
② 단면상승모멘트의 단위는 cm⁴, mm⁴이다.
③ 직경 D인 원형단면의 단면계수는 $\dfrac{\pi D^3}{32}$이다.
④ 단면의 도심을 통과하는 축에 대한 단면1차모멘트는 0이다.

기출13 ①

해설

① 단면의 도심을 지나는 축에 대한 단면2차모멘트는 축(Axis)의 회전에 관계없이 항상 일정하다.

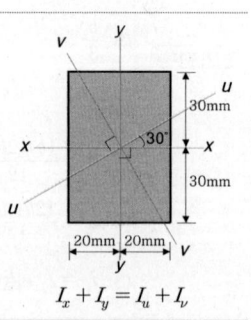

$$I_x + I_y = I_u + I_v$$

기출14 ④

그림과 같은 단면의 x, y에 대한 단면상승모멘트 I_{xy}는?

① 10,000cm⁴ ② 22,500cm⁴
③ 33,750cm⁴ ④ 50,625cm⁴

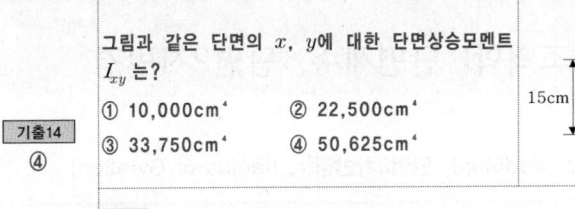

해설

$$I_{xy} = A \cdot \bar{x} \cdot \bar{y} = (30 \times 15)(15-0)(7.5-0) = 50,625 \text{cm}^4$$

기출15 ①

그림과 같은 단면의 x, y에 대한 단면상승모멘트 I_{xy}는?

① 960cm⁴ ② 860cm⁴
③ 760cm⁴ ④ 660cm⁴

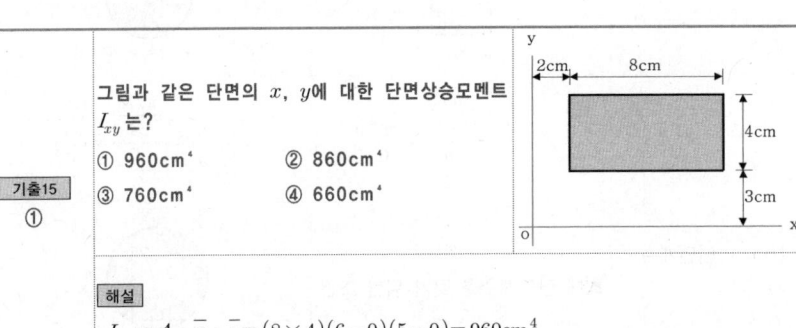

해설

$$I_{xy} = A \cdot \bar{x} \cdot \bar{y} = (8 \times 4)(6-0)(5-0) = 960 \text{cm}^4$$

기출16 ①

그림과 같은 단면의 x, y에 대한 단면상승모멘트 I_{xy}는?

① 40cm⁴ ② 80cm⁴
③ 120cm⁴ ④ 160cm⁴

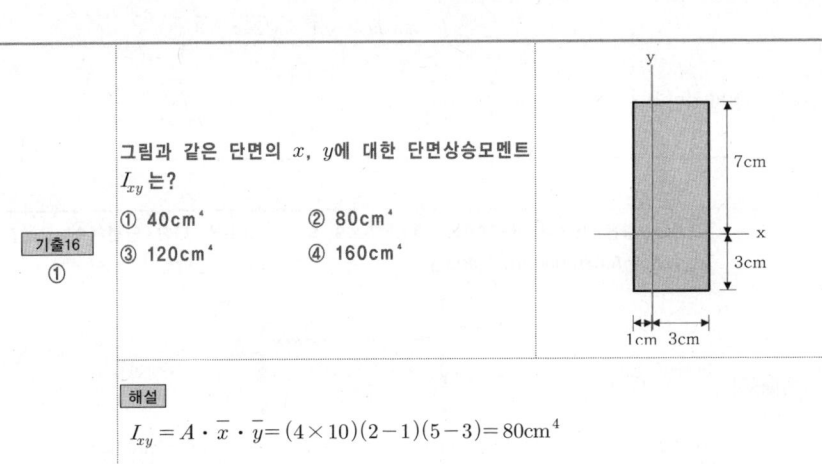

해설

$$I_{xy} = A \cdot \bar{x} \cdot \bar{y} = (4 \times 10)(2-1)(5-3) = 80 \text{cm}^4$$

기출17 ①

그림과 같은 단면의 주축(主軸)으로 옳지 않은 것은?

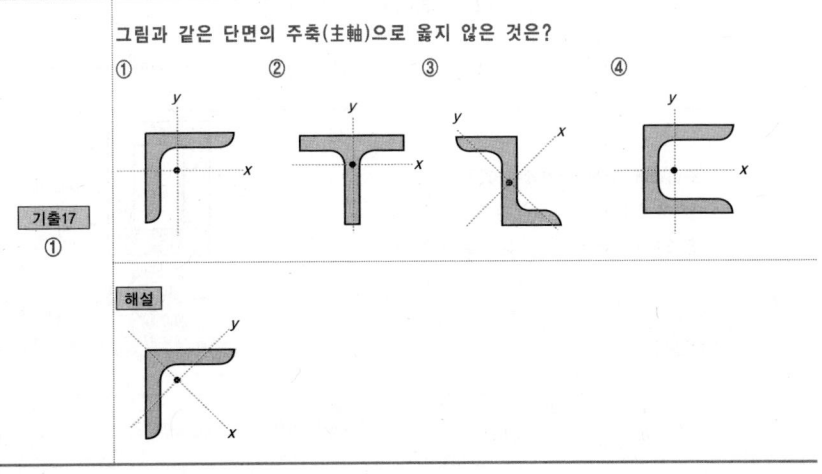

해설

핵심번호 11 건축구조
건축구조역학: 단면계수, 단면2차반경

1 단면계수(Z, Section Modulus), 단면2차반경(r, Radius of Gyration)

■ 단면계수
보의 휨응력을 알기 위한 지표이다.

■ 단면2차반경
기둥의 세장비를 알기 위한 지표이다.

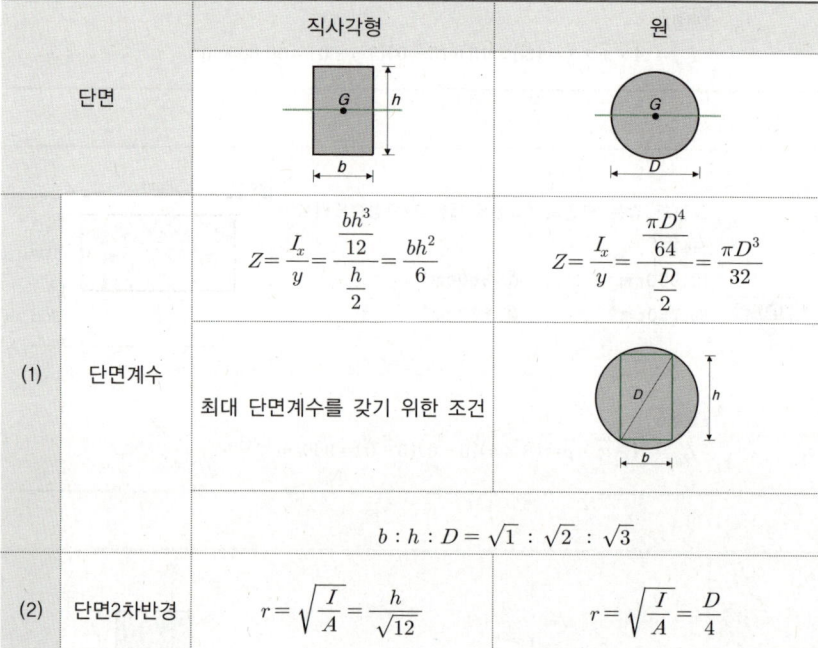

		직사각형	원
	단면	(그림: $b \times h$, 중심 G)	(그림: 지름 D, 중심 G)
(1)	단면계수	$Z = \dfrac{I_x}{y} = \dfrac{\frac{bh^3}{12}}{\frac{h}{2}} = \dfrac{bh^2}{6}$	$Z = \dfrac{I_x}{y} = \dfrac{\frac{\pi D^4}{64}}{\frac{D}{2}} = \dfrac{\pi D^3}{32}$
	최대 단면계수를 갖기 위한 조건		$b : h : D = \sqrt{1} : \sqrt{2} : \sqrt{3}$
(2)	단면2차반경	$r = \sqrt{\dfrac{I}{A}} = \dfrac{h}{\sqrt{12}}$	$r = \sqrt{\dfrac{I}{A}} = \dfrac{D}{4}$

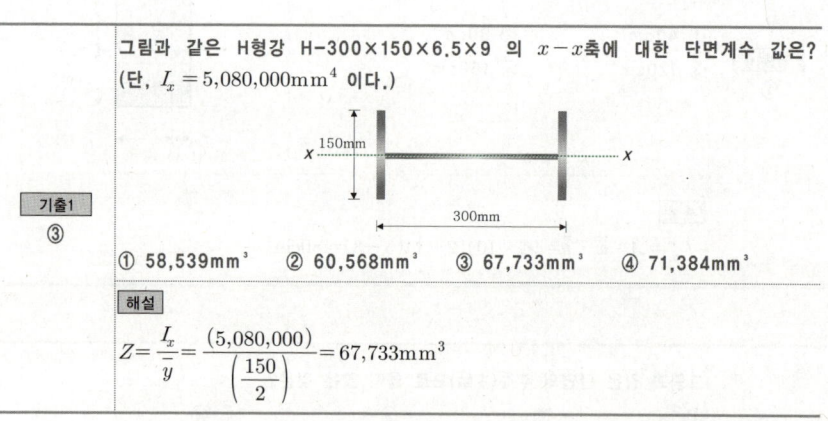

기출1 ③

그림과 같은 H형강 H-300×150×6.5×9 의 $x-x$축에 대한 단면계수 값은? (단, $I_x = 5,080,000 \text{mm}^4$ 이다.)

① 58,539mm³ ② 60,568mm³ ③ 67,733mm³ ④ 71,384mm³

해설
$$Z = \dfrac{I_x}{y} = \dfrac{(5,080,000)}{\left(\dfrac{150}{2}\right)} = 67,733 \text{mm}^3$$

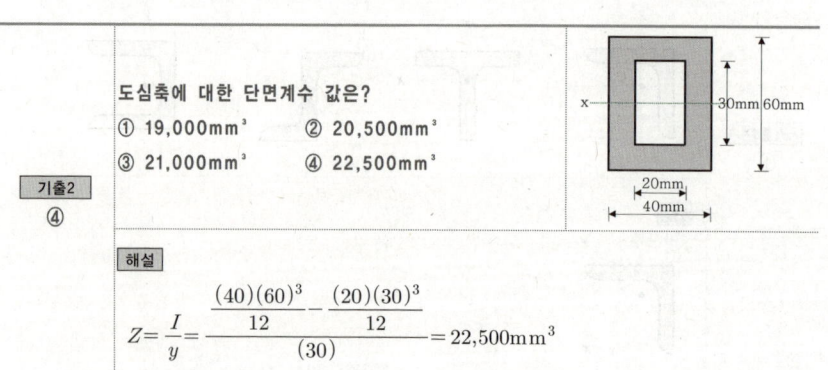

기출2 ④

도심축에 대한 단면계수 값은?
① 19,000mm³ ② 20,500mm³
③ 21,000mm³ ④ 22,500mm³

해설
$$Z = \dfrac{I}{y} = \dfrac{\dfrac{(40)(60)^3}{12} - \dfrac{(20)(30)^3}{12}}{(30)} = 22,500 \text{mm}^3$$

기출3
②

그림과 같은 단면의 단면계수는 얼마인가?
① 2,333cm³   ② 2,555cm³
③ 38,333cm³ ④ 45,000cm³

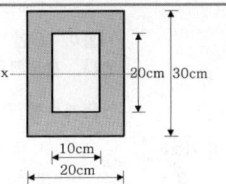

해설

$$Z = \frac{I}{y} = \frac{\frac{(20)(30)^3}{12} - \frac{(10)(20)^3}{12}}{(15)} = 2,555.6 \text{cm}^3$$

기출4
①

그림과 같은 단면의 x축에 대한 단면계수 값으로서 옳은 것은?
① $1.278 \times 10^6 \text{mm}^3$ ② $1.298 \times 10^6 \text{mm}^3$
③ $1.378 \times 10^6 \text{mm}^3$ ④ $1.398 \times 10^6 \text{mm}^3$

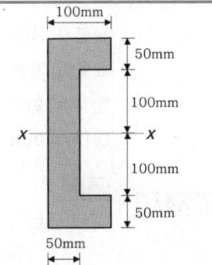

해설

$$Z = \frac{I}{y} = \frac{\left(\frac{1}{12}(100 \times 300^3 - 50 \times 200^3)\right)}{(150)} = 1.27778 \times 10^6 \text{mm}^3$$

기출5
②

원형단면의 지름을 D라고 하면 단면계수 Z는?

① $\frac{\pi D^3}{16}$ ② $\frac{\pi D^3}{32}$ ③ $\frac{\pi D^2}{64}$ ④ $\frac{\pi D^3}{64}$

해설

$$Z = \frac{I}{y} = \frac{\frac{\pi D^4}{64}}{\frac{D}{2}} = \frac{\pi D^3}{32}$$

기출6
③

지름 32cm의 원형 단면에서 도심축에 대한 단면계수 Z는?

① $\frac{32^2}{4}\pi \text{cm}^3$ ② $\frac{32^2}{64}\pi \text{cm}^3$ ③ $32^2 \pi \text{cm}^3$ ④ $\frac{32^2}{2}\pi \text{cm}^3$

해설

$$Z = \frac{\pi D^3}{32} = \frac{\pi (32)^3}{32} = 32^2 \pi \text{cm}^3$$

기출7
②

정방형 단면을 표시한 다음 그림의 x축에 대한 단면계수의 비로 옳은 것은?
① $A : B = 1 : \sqrt{2}$
② $A : B = \sqrt{2} : 1$
③ $A : B = 1 : 2\sqrt{2}$
④ $A : B = 2\sqrt{2} : 1$

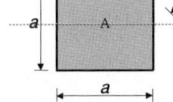
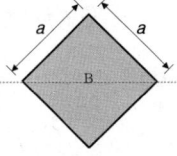

해설

$$Z_A = \frac{\frac{a \cdot a^3}{12}}{\frac{a}{2}} = \frac{a^3}{6}, \quad Z_B = \frac{\frac{a \cdot a^3}{12}}{\frac{\sqrt{2}a}{2}} = \frac{a^3}{6\sqrt{2}} \quad \text{이므로} \quad \therefore Z_A : Z_B = \sqrt{2} : 1$$

기출8
③

지름이 D인 원목을 직사각형 단면으로 제재하고자 한다. 휨모멘트에 대한 저항을 크게 하기 위해 최대 단면계수를 갖는 직사각형 단면을 얻기 위한 $\dfrac{b}{h}$는?

① 1　　② 1/2
③ $1/\sqrt{2}$　　④ $1/\sqrt{3}$

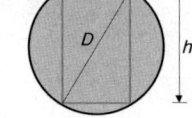

해설
$b : h : D = \sqrt{1} : \sqrt{2} : \sqrt{3}$

기출9
②

단면적 A와 단면계수 Z가 다음과 같은 4개의 I 형강이 있다. 휨모멘트에 대한 효율이 가장 좋은 것은?

① $A=39\text{cm}^2$, $Z=254\text{cm}^3$　　② $A=27\text{cm}^2$, $Z=370\text{cm}^3$
③ $A=40\text{cm}^2$, $Z=321\text{cm}^3$　　④ $A=35\text{cm}^2$, $Z=390\text{cm}^3$

해설
휨모멘트의 효율은 단면적이 작으면서 단면계수가 커야 한다.
따라서, $\dfrac{\text{단면계수}}{\text{단면적}}$가 클수록 효율이 좋다.

① $Z/A = 254/39 = 6.51$
② $Z/A = 370/27 = 13.70$
③ $Z/A = 321/40 = 8.03$
④ $Z/A = 390/35 = 11.14$

기출10
①

그림과 같은 단면의 x축에 대한 단면2차반경은?

① $\dfrac{h}{2\sqrt{3}}$　　② $\dfrac{h}{\sqrt{3}}$
③ $\dfrac{2h}{\sqrt{3}}$　　④ $\dfrac{4h}{\sqrt{3}}$

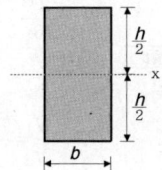

해설
$r_x = \sqrt{\dfrac{I_x}{A}} = \sqrt{\dfrac{\frac{bh^3}{12}}{bh}} = \sqrt{\dfrac{h^2}{12}} = \dfrac{h}{2\sqrt{3}}$

기출11
④

그림과 같은 중공형 단면에 대한 단면2차반경 r_x는?

① 1.83cm　　② 3.21cm
③ 4.62cm　　④ 6.53cm

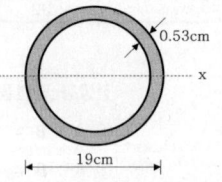

해설
$r_x = \sqrt{\dfrac{I_x}{A}}$
$= \sqrt{\dfrac{\frac{\pi}{64}(D^4-d^4)}{\frac{\pi}{4}(D^2-d^2)}} = \sqrt{\dfrac{D^2+d^2}{16}} = \sqrt{\dfrac{(19)^2+(17.94)^2}{16}} = 6.53\text{cm}$

핵심번호 12 건축구조역학: 응력, 변형률

1 응력(應力, Stress, 응력도)

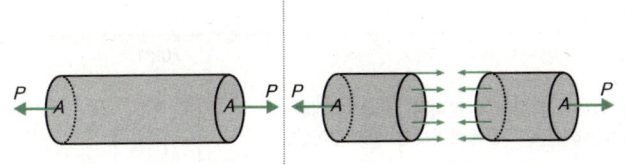

$$\sigma = \frac{P}{A}$$
[MPa, kPa]

$$f = \frac{P}{A}, \quad F = \frac{P}{A}$$
[MPa, kPa]

■ MPa = N/mm²
  kPa = kN/m²

■ 철근콘크리트구조
  f_{ck} : 콘크리트설계기준압축강도
  f_y : 철근의 항복강도
■ 강구조, 철골구조
  F_u : 강재의 인장강도
  F_y : 강재의 항복강도

(1) 구조물에 지점반력을 포함한 외력(External Force)이 작용하면 부재에는 이에 해당하는 부재력(전단력, 휨모멘트, 축방향력)이 작용하게 되고, 이때 부재 내에서는 부재의 형태를 유지하려는 힘이 존재하게 되는데 이것을 내력(Internal Force)이라고 하며, 단위면적에 대한 내력의 크기를 응력도(Stress Intensity, 日本) 또는 응력(Stress, σ, 韓國(한국))으로 정의한다.
(2) 응력의 최대값을 강도(强度, Strength, f 또는 F)라고 정의한다.

기출1 ③

인장력을 받는 원형 단면 강봉의 직경을 2배로 하면 응력도는 몇 배로 되는가?
① 같다   ② 1/2배   ③ 1/4배   ④ 2배

해설

$\sigma = \dfrac{P}{A} = \dfrac{P}{\dfrac{\pi D^2}{4}}$ 으로부터 직경(D)을 2배로 하면 인장응력은 $\dfrac{1}{2^2} = \dfrac{1}{4}$ 배로 된다.

기출2 ④

인장력을 받는 원형 단면 강봉의 직경을 4배로 하면 수직응력도(Normal Stress)는 기존 응력도의 얼마로 줄어드는가?
① 1/2   ② 1/4   ③ 1/8   ④ 1/16

해설

$\sigma = \dfrac{P}{A} = \dfrac{P}{\dfrac{\pi D^2}{4}}$ 으로부터 직경(D)을 4배로 하면 인장응력은 $\dfrac{1}{4^2} = \dfrac{1}{16}$ 배로 된다.

기출3 ③

직경 24mm의 봉강에 65kN의 인장력이 작용할 때 인장응력의 크기는?
① 128MPa   ② 136MPa   ③ 144MPa   ④ 150MPa

해설

$\sigma = \dfrac{P}{A} = \dfrac{(65 \times 10^3)}{\dfrac{\pi (24)^2}{4}} = 143.682 \text{N/mm}^2 = 143.682 \text{MPa}$

기출4 ②

1변의 길이가 각각 50mm(A), 100mm(B)인 두 개의 정사각형 단면에 동일한 압축하중 P가 작용할 때 압축응력도의 비(A:B)는?

① 2:1 ② 4:1 ③ 8:1 ④ 16:1

해설

$$\sigma_A = \frac{P}{A} = \frac{P}{(50 \times 50)} = \frac{P}{2,500}, \quad \sigma_B = \frac{P}{A} = \frac{P}{(100 \times 100)} = \frac{P}{10,000}$$

$$\therefore \sigma_A : \sigma_B = 4 : 1$$

기출5 ③

한 변이 a인 정사각형 단면에 압축력 10kN이 작용하여 압축응력 40MPa이 발생하였다면 a의 길이는?

① $3\sqrt{10}$ mm ② $4\sqrt{10}$ mm
③ $5\sqrt{10}$ mm ④ $6\sqrt{10}$ mm

해설

$$\sigma_c = -\frac{P}{A} = -\frac{(10 \times 10^3)}{(a \cdot a)} = -40 \text{ 으로부터 } a = 5\sqrt{10} \text{ mm}$$

기출6 ④

한 변의 길이가 a인 정사각형 단면을 가진 부재가 있다. 이 부재가 4kN의 인장력을 견딜 수 있는 a의 값으로 가장 적정한 것은?
(단, 부재의 허용 인장강도는 5MPa이다.)

① 15mm ② 20mm ③ 25mm ④ 30mm

해설

$$\sigma_t = \frac{(4 \times 10^3)}{(a \cdot a)} = 5\text{N/mm}^2 \text{ 으로부터 } a = 28.28\text{mm}$$

■ 기초 구조물의 응력을 지내력(地耐力) 또는 지내력도(地耐力)라고 한다.

기출7 ④

장기하중 100kN을 받는 경우 장기허용지내력 20kN/m²의 지반에서 필요한 기초판의 크기는?

① 1.5m×1.5m ② 1.8m×1.8m ③ 2.1m×2.1m ④ 2.4m×2.4m

해설

$$\sigma_c = \frac{P}{A} \le \sigma_{allow} \text{ 으로부터}$$

$$A = \frac{P}{\sigma_{allow}} = \frac{(100)}{(20)} = 5\text{m}^2 = \sqrt{5}\text{m} \times \sqrt{5}\text{m} = 2.236\text{m} \times 2.236\text{m}$$

기출8 ④

기초설계에 있어서 장기 150kN(자중 포함)의 하중을 받는 경우 장기 허용지내력도 20kN/m²의 지반에서 적당한 기초판의 크기는?

① 1.6m×1.6m ② 2.0m×2.0m ③ 2.4m×2.4m ④ 2.8m×2.8m

해설

$$\sigma_c = \frac{P}{A} \le \sigma_{allow} \text{ 으로부터}$$

$$A = \frac{P}{\sigma_{allow}} = \frac{(150)}{(20)} = 7.5\text{m}^2 = \sqrt{7.5}\text{m} \times \sqrt{7.5}\text{m} = 2.738\text{m} \times 2.738\text{m}$$

2 변형률(變形率, Strain, 변형도)

전단변형률	가로변형률	세로변형률(=길이변형률)
$\gamma = \dfrac{\Delta}{L}$	$\epsilon_D = \dfrac{\Delta D}{D}$	$\epsilon_L = \dfrac{\Delta L}{L}$

> ■ 세로변형률을 길이변형률이라고 하며, 특별한 언급이 없다면 변형률은 길이변형률을 의미한다.

(1) 구조물이 외력을 받는 경우 부재에는 변형을 가져오게 된다. 이때 변형된 정도 즉, 단위길이에 대한 변형량의 값을 변형률 또는 변형도라고 정의한다.

(2) 전단변형률에서 부재 및 구조물의 변형각 γ는 매우 미소하므로 $\tan\gamma \cong \gamma = \dfrac{\Delta}{L}$ 가 성립한다.

(3) 푸아송비(ν), 푸아송수(m)

푸아송비	푸아송수
$\nu = \dfrac{\epsilon_D}{\epsilon_L} = \dfrac{\frac{\Delta D}{D}}{\frac{\Delta L}{L}}$	$m = \dfrac{1}{\nu} = \dfrac{\epsilon_L}{\epsilon_D} = \dfrac{\frac{\Delta L}{L}}{\frac{\Delta D}{D}}$

① 수직응력에 의해 발생되는 가로변형률과 길이변형률의 비율을 푸아송비(ν, Poisson's Ratio)라고 정의한다.

② 푸아송비의 역수를 푸아송수(m, Poisson's Number)라고 정의하는데, 일반적으로 푸아송수 m에 의해 재료의 특성을 파악한다.

■ Denis Poisson(1781~1840)

푸아송비의 이론적인 상한값 $\nu = 0.5$이며, 고무에 대한 값은 거의 이 상한값에 가깝다. 강재(Steel)의 $m = 3\sim4$, 콘크리트(Concrete)의 $m = 6\sim10$ 정도의 수치를 나타낸다.

기출9 ①

그림과 같은 강재가 전단력을 받아 점선과 같이 변형될 때의 전단변형도는?

① 0.001(rad) ② 0.002(rad)
③ 0.003(rad) ④ 0.004(rad)

해설
$\gamma = \dfrac{\Delta}{L} = \dfrac{(0.3)}{(300)} = 0.001\,(rad)$

기출10 ②

그림과 같은 강재가 전단력을 받아 점선과 같이 변형될 때의 전단변형도는?

① 0.00006(rad) ② 0.0001(rad)
③ 0.00125(rad) ④ 0.00075(rad)

해설
$\gamma = \dfrac{\Delta}{L} = \dfrac{(0.03)}{(30 \times 10)} = 0.0001\,(rad)$

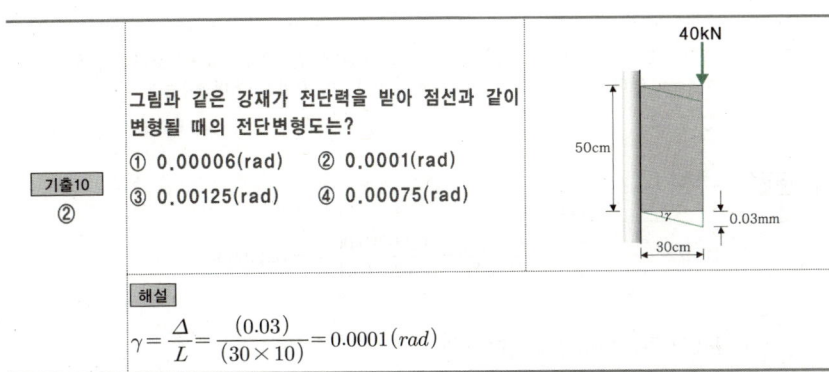

기출11 ②

그림과 같은 부재가 인장력을 받는 경우 수직변형률을 옳게 나타낸 것은?

① $\dfrac{L}{\Delta L}$ ② $\dfrac{\Delta L}{L}$
③ $\dfrac{P}{A}$ ④ $\dfrac{PL}{A \cdot \Delta L}$

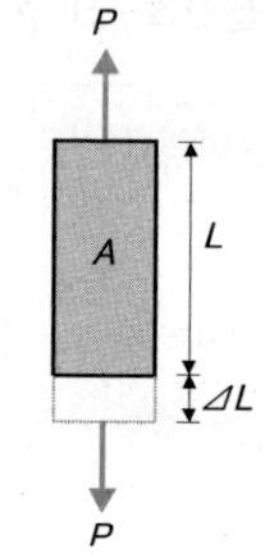

해설

수직변형률은 길이 변형률을 나타내며 $\epsilon = \dfrac{\Delta L}{L}$ 이다.

기출12 ④

직경 22mm, 길이 1m의 강봉(鋼棒)에 60kN의 인장력을 작용시켰더니 0.4mm 늘어났다. 길이방향의 변형률은?

① 0.0001 ② 0.0002 ③ 0.0003 ④ 0.0004

해설

$\epsilon = \dfrac{\Delta L}{L} = \dfrac{(0.4)}{(1 \times 10^3)} = 0.0004$

기출13 ③

철선의 길이 $L = 1.5$m에 인장하중을 가하여 길이가 1.5009m로 늘어났을 때 변형률(ϵ)은?

① 0.0003 ② 0.0005 ③ 0.0006 ④ 0.0008

해설

$\epsilon = \dfrac{\Delta L}{L} = \dfrac{(1.5009 - 1.5)}{(1.5)} = 0.0006$

기출14 ②

그림과 같은 재료의 푸아송비는?
(단, 점선은 변형된 형태이다.)

① 0.1 ② 0.3
③ 0.5 ④ 1

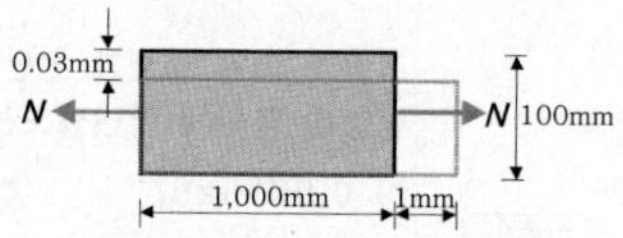

해설

$\nu = \dfrac{\epsilon'}{\epsilon} = \dfrac{\frac{\Delta D}{D}}{\frac{\Delta L}{L}} = \dfrac{L \cdot \Delta D}{D \cdot \Delta L} = \dfrac{(1{,}000)(0.03)}{(100)(1)} = 0.3$

기출15 ②

직경 22mm, 길이 500mm의 강봉에 축방향 인장력을 작용시켰더니 길이는 0.4mm 늘어났고 직경은 0.006mm 줄었다. 이 재료의 푸아송수는?

① 0.34 ② 2.93 ③ 0.015 ④ 66.67

해설

(1) $\nu = \dfrac{\epsilon'}{\epsilon} = \dfrac{\frac{\Delta D}{D}}{\frac{\Delta L}{L}} = \dfrac{L \cdot \Delta D}{D \cdot \Delta L} = \dfrac{(500)(0.006)}{(22)(0.4)} = 0.340909$

(2) $m = \dfrac{1}{\nu} = \dfrac{1}{(0.340909)} = 2.93$

핵심번호 13 건축구조
건축구조역학: 응력, 변형률

1 전형적인 강재(Steel)의 응력-변형률 곡선 관계

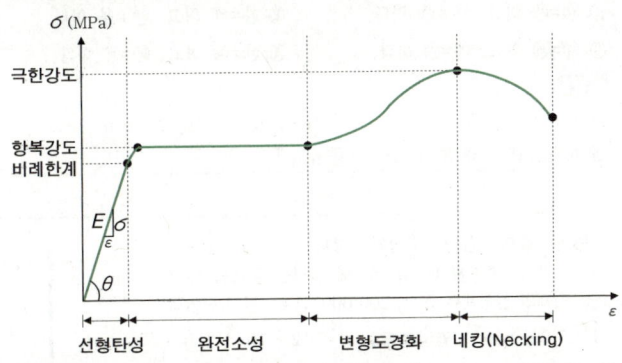

(1) 부재가 외력을 받아서 변형한 후 외력을 제거할 때 본래의 모양으로 되돌아가는 성질을 탄성(Elasticity)이라고 한다. 반면, 변형된 부재에 외력을 제거하더라도 원래의 모양으로 되돌아가지 못하는 성질을 소성(Plasticity)이라고 하며, 부재에 탄성한도 이상의 외력을 가할 때에 나타나는 현상으로, 이때 외력을 제거하더라도 변형이 남게 되는데 이를 잔류변형(Residual Strain, 영구변형)이라고 한다.

(2) 탄성과 소성: 비례한계점(Proportional Limit)까지의 선형탄성(Linear Elastic) 구간에서 $\tan\theta = \dfrac{\sigma}{\epsilon}$를 E로 표현할 때 E는 재료에 따라 고유한 값을 갖는 실험상수이며, E를 탄성계수(Modulus of Elasticity), 종탄성계수(Modulus of Longitudinal Elasticity), 영계수(Young's Modulus) 등으로도 부른다.

(3) 어떤 재료의 탄성계수가 크다는 것은 변형률이 작다는 것을 의미하며, 변형에 대한 저항 능력이 강하다는 것을 의미한다.
① 강재: 2.1×10^5 [MPa] ② 콘크리트: 1.4×10^4 [MPa] ③ 목재: 1.1×10^4 [MPa]

■ Thomas Young(1773~1829)

2 훅(R.Hookes)의 법칙

(1) 훅의 법칙: 『탄성(Elasticity)한도 내에서 응력(σ)과 변형률(ϵ)은 탄성계수(E)와 비례한다.』

| $\sigma = E \cdot \epsilon$ | $\dfrac{P}{A} = E \cdot \dfrac{\Delta L}{L}$ | $\Delta L = \dfrac{PL}{EA}$ |

■ Robert Hooke(1635~1703)

(2) 온도응력

$$\sigma_T = E \cdot \epsilon_T = E \cdot (\alpha \cdot \Delta T)$$

- E : 탄성계수(MPa, N/mm²)
- α : 열팽창계수, 선팽창계수(/℃)
- ΔT : 온도 변화량(℃)

기출1 ④

다음 보기의 ㉮~㉷의 단위에 대해 옳게 나타낸 것은?

[보기]
㉮ 단면1차모멘트　㉯ 단면2차모멘트　㉰ 휨모멘트　㉱ 등분포하중
㉲ 탄성계수　㉳ 수직응력　㉴ 단면계수

① ㉯=㉴ 이고, ㉰≠㉱ 이다.　② ㉮=㉴ 이고, ㉲≠㉳ 이다.
③ ㉰=㉱ 이고, ㉮=㉴ 이다.　④ ㉮=㉴ 이고, ㉲=㉳ 이다.

해설
㉮ mm^3　㉯ mm^4　㉰ $N \cdot mm$　㉱ N/mm
㉲ N/mm^2　㉳ N/mm^2　㉴ mm^3

기출2 ④

그림과 같이 양단 고정된 강재 부재에 온도가 $\Delta T = 30℃$ 증가될 때 이 부재에 걸리는 압축응력은? (단, 강재의 탄성계수 $E_s = 200,000 MPa$, 부재 단면적 $A = 5,000 mm^2$, 열팽창계수 $\alpha = 1.2 \times 10^{-5}/℃$)

① 25 MPa　② 48 MPa
③ 64 MPa　④ 72 MPa

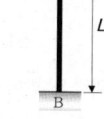

해설
$\sigma_T = E \cdot \alpha \cdot \Delta T = (200,000)(1.2 \times 10^{-5})(30) = 72 N/mm^2 = 72 MPa$

기출3 ②

그림과 같은 콘크리트 원통에 300kN이 작용하여 $\Delta L = 0.16 mm$ 줄어들었고, $\Delta d = 0.01 mm$가 늘어났을 때 탄성계수 E와 푸아송비는?

① 31,830MPa, 0.25　② 31,830MPa, 0.125
③ 37,630MPa, 0.25　④ 37,630MPa, 0.125

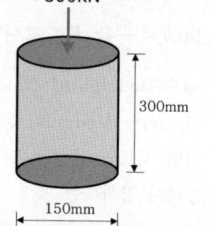

해설

(1) $E = \dfrac{P \cdot L}{A \cdot \Delta L} = \dfrac{(300 \times 10^3)(300)}{\left(\dfrac{\pi(150)^2}{4}\right)(0.16)} = 31,831 N/mm^2 = 31,831 MPa$

(2) $\nu = \dfrac{\epsilon'}{\epsilon} = \dfrac{\dfrac{\Delta D}{D}}{\dfrac{\Delta L}{L}} = \dfrac{L \cdot \Delta D}{D \cdot \Delta L} = \dfrac{(300)(0.01)}{(150)(0.16)} = 0.125$

기출4 ①

단면의 지름이 150mm, 재축방향 길이가 300mm인 원형 강봉의 윗면에 300kN의 힘이 작용하여 재축방향 길이가 0.16mm 줄어들었고, 지름이 0.02mm 늘어났다면 이 강봉의 탄성계수 E와 푸아송비는?

① 31,830MPa, 0.25　② 31,830MPa, 0.125
③ 39,630MPa, 0.25　④ 39,630MPa, 0.125

해설

(1) $E = \dfrac{P \cdot L}{A \cdot \Delta L} = \dfrac{(300 \times 10^3)(300)}{\left(\dfrac{\pi(150)^2}{4}\right)(0.16)} = 31,831 N/mm^2 = 31,831 MPa$

(2) $\nu = \dfrac{\epsilon'}{\epsilon} = \dfrac{\dfrac{\Delta D}{D}}{\dfrac{\Delta L}{L}} = \dfrac{L \cdot \Delta D}{D \cdot \Delta L} = \dfrac{(300)(0.02)}{(150)(0.16)} = 0.25$

기출5 ②

직경(D) 30mm, 길이(L) 4m인 강봉에 90kN의 인장력이 작용할 때 인장응력(σ_t)과 늘어난 길이(ΔL)는? (단, 강봉의 탄성계수 E = 200,000MPa)

① σ_t = 127.3MPa, ΔL = 1.43mm   ② σ_t = 127.3MPa, ΔL = 2.55mm
③ σ_t = 132.5MPa, ΔL = 1.43mm   ④ σ_t = 132.5MPa, ΔL = 2.55mm

해설

(1) 인장응력: $\sigma_t = \dfrac{P}{A} = \dfrac{(90 \times 10^3)}{\left(\dfrac{\pi(30)^2}{4}\right)} = 127.324\text{MPa}$

(2) 변형량: $\Delta L = \dfrac{PL}{EA} = \dfrac{(90 \times 10^3)(4 \times 10^3)}{(200,000)\left(\dfrac{\pi(30)^2}{4}\right)} = 2.546\text{mm}$

기출6 ①

철근의 단면이 200mm², 탄성계수가 200,000MPa이고 길이가 10m, 외력으로 100kN의 인장력이 작용하면 늘어난 길이는?

① 25 mm   ② 38.3 mm   ③ 47.6 mm   ④ 71.4 mm

해설

$\Delta L = \dfrac{P \cdot L}{E \cdot A} = \dfrac{(100 \times 10^3)(10 \times 10^3)}{(200,000)(200)} = 25\text{mm}$

기출7 ③

직경 25mm, 길이 6m인 강봉과 직경 28mm, 길이 3m인 강봉을 용접하여 만든 길이 9m인 가새의 양끝에 100kN의 인장력이 작용할 때 가새의 늘어난 길이는? (단, 강봉의 E_s = 200,000MPa)

① 5.70mm   ② 7.60mm   ③ 8.55mm   ④ 11.40mm

해설

$\Delta L = \dfrac{P \cdot L_1}{E \cdot A_1} + \dfrac{P \cdot L_2}{E \cdot A_2}$

$= \dfrac{(100 \times 10^3)(6 \times 10^3)}{(200,000)\left(\dfrac{\pi(25)^2}{4}\right)} + \dfrac{(100 \times 10^3)(3 \times 10^3)}{(200,000)\left(\dfrac{\pi(28)^2}{4}\right)} = 8.547\text{mm}$

기출8 ②

탄성계수가 10^5MPa이고 균일한 단면을 가진 부재에 인장력이 작용하여 10MPa의 인장응력이 발생하였다. 이때 부재의 길이가 0.5mm 늘어났다면 부재의 원래의 길이는?

① 2m   ② 5m   ③ 8m   ④ 10m

해설

$L = \dfrac{E \cdot \Delta L}{\sigma} = \dfrac{(10^5)(0.5)}{(10)} = 5,000\text{mm} = 5\text{m}$

기출9 ④

단면적 A, 길이 L인 탄성체에 축방향력 P가 작용하여 ΔL만큼 늘어났다. 응력도, 변형도, 탄성계수를 각각 σ, ϵ, E라 한다면 다음 관계식 중 옳지 않은 것은?

① $\epsilon = \dfrac{\sigma}{E}$ ② $E = \dfrac{L \cdot \sigma}{\Delta L}$ ③ $P = \epsilon \cdot A \cdot E$ ④ $P = \dfrac{L \cdot A \cdot E}{\Delta L}$

해설

④ $\sigma = E \cdot \epsilon$ 으로부터 $\dfrac{P}{A} = E \cdot \dfrac{\Delta L}{L}$ 이므로 $P = E \cdot A \cdot \dfrac{\Delta L}{L}$

핵심번호 14 건축구조: 건축구조역학: 보의 휨응력

1 보의 휨응력(σ_b, Bending Stress in Beam)

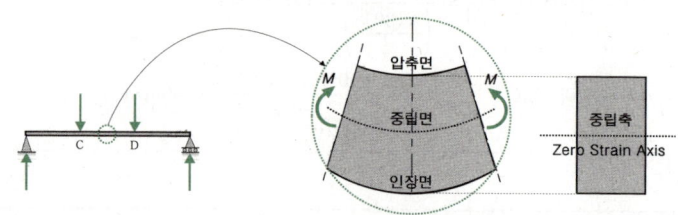

보에 수직하중이 작용하여 부재 내에 휨모멘트가 가해지면 부재는 휘어지게 되고 단면의 중립축을 경계로 하여 그 위쪽(길이가 줄어든 압축부)에는 압축응력이, 아래쪽(길이가 늘어난 인장부)에는 인장응력이 발생하게 되는데, 이러한 압축과 인장의 조합을 휨응력이라고 한다.

2 보의 휨응력: 기본식, 최대식

■ 휨응력 관련 기호
- σ_b : 휨응력(N/mm^2, MPa)
- M : 휨모멘트($N \cdot mm$)
- I : 중립축에 대한 단면2차모멘트(mm^4)
- y : 중립축으로부터의 거리(mm)
- Z : 단면계수(mm^3)

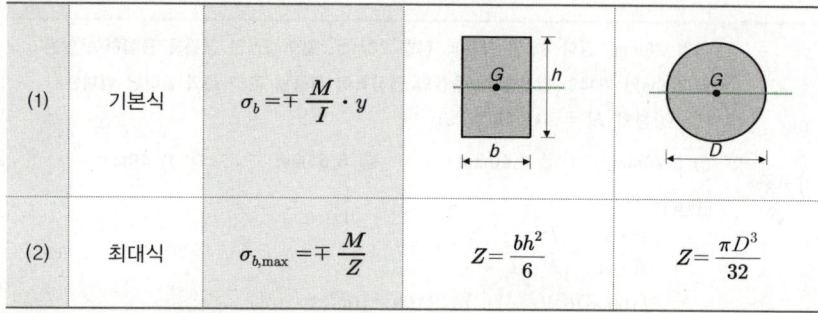

기출1 ②

구조역학에 관한 각종 계수 가운데 휨응력과 가장 관계 있는 것은?
① 좌굴계수 ② 단면계수 ③ 탄성계수 ④ 팽창계수

해설
휨응력 $\sigma_b = \mp \dfrac{M}{I} \cdot y = \mp \dfrac{M}{Z}$ 이며, 여기서 Z는 (탄성)단면계수이다.

기출2 ④

등분포하중을 받는 직사각형 단면의 보에 대한 기술로서 옳지 않은 것은?
① 처짐은 하중의 크기에 비례한다.
② 처짐은 보 춤의 3승에 역비례한다.
③ 휨모멘트는 중앙에서 최대이다.
④ 휨응력도는 보 폭에 비례하고 보 춤의 2승에 비례한다.

해설
$\sigma_b = \dfrac{M}{Z} = \dfrac{M}{\dfrac{bh^2}{6}}$ ➡ 보 폭(b)에 반비례하고, 보 춤(h, 높이)의 2승에 반비례한다.

기출3 ②

그림과 같은 A, B의 두 보가 같은 휨응력도로 되려면 A보의 폭은 얼마로 하면 좋은가? (단, 두 보는 동일 재질 및 하중이다.)

① 134mm
② 144mm
③ 154mm
④ 160mm

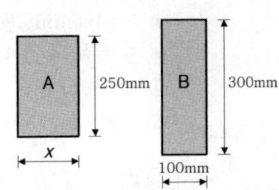

해설

(1) $\sigma_b = \dfrac{M}{Z}$ 으로부터 동일 재질 및 하중이라면 단면계수가 같을 때 휨응력은 같다.

(2) $\dfrac{(x)(250)^2}{6} = \dfrac{(100)(300)^2}{6}$ ∴ $x = 144\text{mm}$

기출4 ②

재료가 같고 단면적이 같은 경우 단면의 형태가 아래와 같은 보 가운데 가장 강한 것은?

①   ②   ③   ④

(1) 단면계수(Z)가 클수록 강한 보이다.
(2) 단면계수를 크게 하려면 단면적이 같은 경우 폭에 비해 높이가 커야 한다.

기출5 ③

그림과 같은 단면에서 두 부재의 휨에 대한 강도의 비로 가장 적당한 것은? (A : B)

① 1 : 1
② 5 : 1
③ 25 : 1
④ 125 : 1

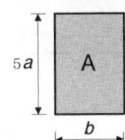

해설

$Z_A = \dfrac{b(5a)^2}{6} = \dfrac{25b \cdot a^2}{6}$, $Z_B = \dfrac{b(a)^2}{6} = \dfrac{b \cdot a^2}{6}$ ➡ $Z_A : Z_B = 25 : 1$

기출6 ④

장방형 단면의 폭 b가 일정하고 높이 h가 2배로 증가했을 때 휨강도는 몇 배가 되는가? (단, M은 일정)

① 같다 ② 2배 ③ 3배 ④ 4배

해설

(1) 휨강도는 단면계수($Z = \dfrac{bh^2}{6}$)에 비례한다.
(2) 높이 h를 2배로 하면 휨강도는 4배가 된다.

기출7 ④

직사각형 단면을 갖는 보에 최대 휨모멘트 20kN·m가 작용할 때 최대 휨응력은?

① 3.33 MPa
② 4.44 MPa
③ 5.56 MPa
④ 6.67 MPa

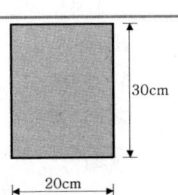

해설

$\sigma_{b,\max} = \dfrac{M_{\max}}{Z} = \dfrac{(20 \times 10^6)}{\dfrac{(200)(300)^2}{6}} = 6.67 \text{N/mm}^2 = 6.67 \text{MPa}$

기출8 ①

폭 $b=100\text{mm}$, 높이 $h=150\text{mm}$의 직사각형 단면의 허용 휨응력도가 8MPa일 때 중심축$(x-x)$에 대한 휨모멘트 값은?

① 3kN·m ② 4kN·m
③ 8kN·m ④ 10kN·m

해설

$\sigma_b = \dfrac{M}{Z} \leq \sigma_{allow}$ 으로부터

$M \leq \sigma_{allow} \cdot Z = (8) \cdot \dfrac{(100)(150)^2}{6} = 3 \times 10^6 \text{N} \cdot \text{mm} = 3\text{kN} \cdot \text{m}$

기출9 ②

그림과 같은 단면의 보가 지탱할 수 있는 휨모멘트 크기는?
(단, 허용 휨응력은 8.5MPa이다.)

① 3.825kN·m ② 19.125kN·m
③ 114.750kN·m ④ 286.875kN·m

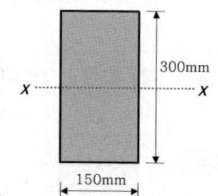

해설

$\sigma_b = \dfrac{M}{Z} \leq \sigma_{allow}$ 으로부터

$M \leq \sigma_{allow} \cdot Z = (8.5) \cdot \dfrac{(150)(300)^2}{6}$
$= 19,125,000 \text{N} \cdot \text{mm} = 19.125\text{kN} \cdot \text{m}$

기출10 ④

그림과 같은 부재의 최대 휨응력은?
(단, 부재의 자중은 무시한다.)

① 1.2MPa ② 2.2MPa
③ 3.6MPa ④ 4.5MPa

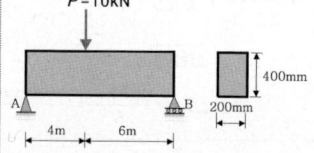

해설

(1) 지점반력: $V_A = 10\text{kN} \times \dfrac{6\text{m}}{10\text{m}} = 6\text{kN}$

(2) 하중 작용점의 휨모멘트: $M_{max} = 6\text{kN} \times 4\text{m} = 24\text{kN} \cdot \text{m}$

(3) 최대 휨응력: $\sigma_{b,max} = \dfrac{M}{Z} = \dfrac{(24 \times 10^6)}{\dfrac{(200)(400)^2}{6}} = 4.5\text{N/mm}^2 = 4.5\text{MPa}$

기출11 ④

그림과 같은 단순보의 중앙에 실릴 수 있는 최대 하중 P는? (단, 전단은 안전하고 허용 휨응력 $\sigma_{allow} = 9\text{MPa}$이다.)

① 21 kN ② 23 kN
③ 25 kN ④ 27 kN

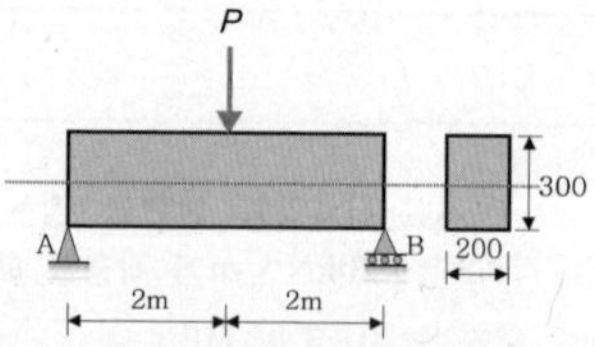

해설

(1) $M_{max} = \dfrac{PL}{4} = \dfrac{P(4,000)}{4} = 1,000 \cdot P$, $Z = \dfrac{(200)(300)^2}{6} = 3 \times 10^6 \text{mm}^3$

(2) $\sigma_b = \dfrac{M}{Z} \leq \sigma_{allow}$ 으로부터 $M \leq \sigma_{allow} \cdot Z$ 이므로

$(1,000 \cdot P) \leq (9)(3 \times 10^6)$ $\therefore P \leq 27,000\text{N} = 27\text{kN}$

기출12 ②

그림과 같은 소나무 보에서 보의 단면 h값으로서 적당한 것은? (단, 소나무의 자중은 무시하고 허용 휨응력도는 9MPa이다.)

① 120mm ② 150mm
③ 180mm ④ 210mm

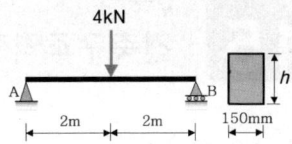

해설

(1) $M_{max} = \dfrac{PL}{4} = \dfrac{(4)(4)}{4} = 4\text{kN}\cdot\text{m} = 4\times 10^6\text{N}\cdot\text{mm}$

(2) $\sigma_b = \dfrac{M}{Z} \leq \sigma_{allow}$ 으로부터 $M \leq \sigma_{allow}\cdot Z$ 이므로

$4\times 10^6 \leq (9)\left(\dfrac{(150)h^2}{6}\right)$ $\therefore h \geq 133.333\text{mm}$

기출13 ④

그림과 같은 단순보에서 최대 휨응력은?

① 30MPa ② 35MPa
③ 40MPa ④ 45MPa

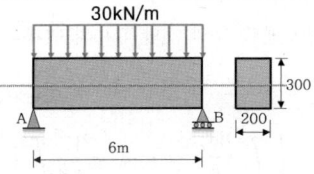

해설

(1) $M_{max} = \dfrac{wL^2}{8} = \dfrac{(30)(6)^2}{8} = 135\text{kN}\cdot\text{m} = 135\times 10^6\text{N}\cdot\text{mm}$

(2) $Z = \dfrac{bh^2}{6} = \dfrac{(200)(300)^2}{6} = 3{,}000{,}000\text{mm}^3 = 3\times 10^6\text{mm}^3$

(3) $\sigma_{max} = \dfrac{M_{max}}{Z} = \dfrac{(135\times 10^6)}{(3\times 10^6)} = 45\text{N/mm}^2 = 45\text{MPa}$

기출14 ①

그림과 같은 하중을 받는 단순보의 최대 휨응력은?

① 8 MPa ② 7 MPa
③ 6 MPa ④ 5 MPa

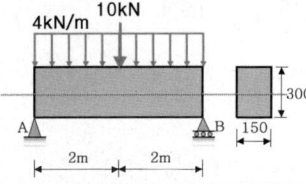

해설

(1) $M_{max} = \dfrac{PL}{4} + \dfrac{wL^2}{8} = \dfrac{(10)(4)}{4} + \dfrac{(4)(4)^2}{8} = 18\text{kN}\cdot\text{m}$

(2) $Z = \dfrac{bh^2}{6} = \dfrac{(150)(300)^2}{6} = 2.25\times 10^6\text{mm}^3$

(3) $\sigma_{b,max} = \dfrac{M_{max}}{Z} = \dfrac{(18\times 10^6)}{(2.25\times 10^6)} = 8\text{N/mm}^2 = 8\text{MPa}$

기출15 ③

경간(Span) 6m, 단면의 폭 150mm, 높이 400mm인 단순보가 목재 보일 경우 여기에 실을 수 있는 허용 등분포하중은? (단, 목재 보의 허용 휨응력 $\sigma_{allow} = 10\text{MPa}$)

① 6.9kN/m ② 7.9kN/m ③ 8.9kN/m ④ 9.9kN/m

해설

$\sigma_b = \dfrac{M_{max}}{Z} = \dfrac{\dfrac{wL^2}{8}}{\dfrac{bh^2}{6}} = \dfrac{3wL^2}{4bh^2} \leq \sigma_{allow}$ 으로부터

$w \leq \dfrac{4b\cdot h^2 \cdot \sigma_{allow}}{3L^2} = \dfrac{4(150)(400)^2(10)}{3(6{,}000)^2} = 8.89\text{N/mm} = 8.89\text{kN/m}$

핵심번호 15 건축구조: 건축구조역학: 보의 전단응력

1 보의 전단응력(τ, Shear Stress in Beam)

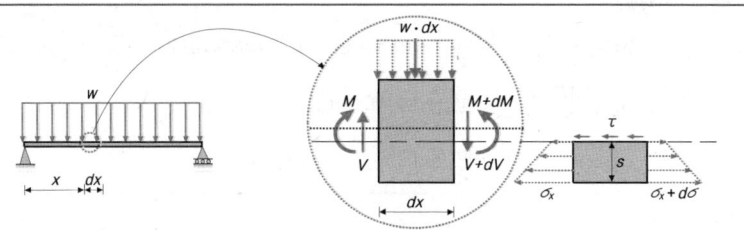

휨모멘트(M)와 전단력(V)의 관계식 $\dfrac{dM}{dx}=V$, 보의 휨응력 $\sigma_x=\dfrac{M}{I}\cdot y$를 연계하면
$\dfrac{d\sigma_x}{dx}=\dfrac{dM}{dx}\cdot\dfrac{y}{I}=V\cdot\dfrac{y}{I}$ 로 변환되고, $\tau=\dfrac{1}{b}\int_0^s\dfrac{d\sigma_x}{dx}\cdot b\cdot dy$에 대입하면
$\tau=\dfrac{1}{b}\int_0^s\dfrac{d\sigma_x}{dx}\cdot b\cdot dy=\dfrac{V}{I\cdot b}\int_0^s y\cdot b\cdot dy$가 되는데, $\int_0^s y\cdot b\cdot dy$의 표현은 단면1차모멘트 G의 기본식과 같지만 전단응력을 계산하는 지점에서 연단까지 단면적의 도심에 대한 미지의 단면1차모멘트의 의미 Question의 Q로 나타내면, $\tau=\dfrac{V\cdot Q}{I\cdot b}$로 공식화 시킬 수 있다.

2 보의 전단응력: 기본식, 최대식

■ 전단응력 관련 기호
- τ : 전단응력(N/mm^2, MPa)
- V : 전단력(N)
- Q : 전단응력을 구하고자 하는 외측 단면에 대한 중립축으로부터의 단면1차모멘트(mm^3)
- I : 중립축에 대한 단면2차모멘트(mm^4)
- b : 전단응력을 구하고자 하는 위치의 단면 폭(mm)

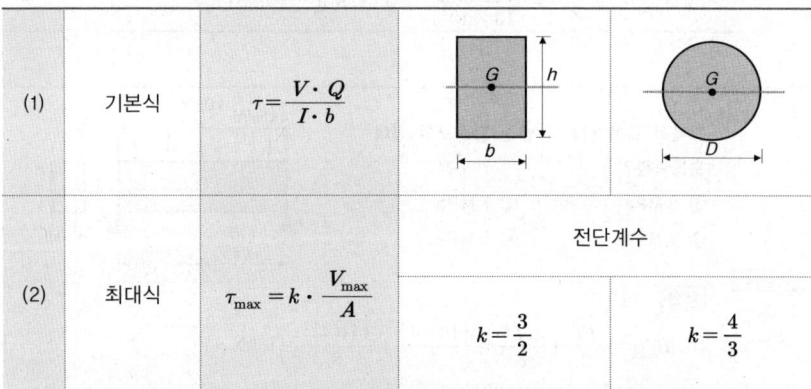

				전단계수	
(1)	기본식	$\tau=\dfrac{V\cdot Q}{I\cdot b}$			
(2)	최대식	$\tau_{\max}=k\cdot\dfrac{V_{\max}}{A}$		$k=\dfrac{3}{2}$	$k=\dfrac{4}{3}$

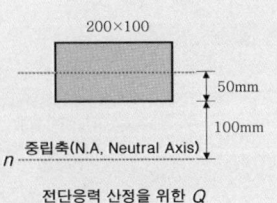

중립축(N.A, Neutral Axis)
전단응력 산정을 위한 Q

그림과 같은 단면에 전단력 40kN이 작용할 때 A점에서의 전단응력은?
① 0.28 MPa ② 0.56 MPa
③ 0.84 MPa ④ 1.12 MPa

기출1 ②

해설
(1) $I=\dfrac{bh^3}{12}=\dfrac{(200)(400)^3}{12}=1{,}066.67\times10^6\text{mm}^4$, $b=200\text{mm}$,
$V=40\text{kN}=40\times10^3\text{N}$, $Q=(200\times100)\left(100+\dfrac{100}{2}\right)=3\times10^6\text{mm}^3$

(2) $\tau=\dfrac{V\cdot Q}{I\cdot b}=\dfrac{(40\times10^3)(3\times10^6)}{(1{,}066.67\times10^6)(200)}=0.56\text{N/mm}^2=0.56\text{MPa}$

기출2 ④

그림과 같은 단면에 전단력 50kN이 가해진 경우 중립축에서 상방향으로 100mm 떨어진 지점의 전단응력은?

① 0.85 MPa ② 0.79 MPa
③ 0.73 MPa ④ 0.69 MPa

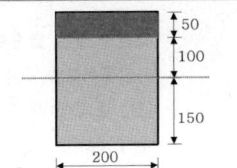
전단응력 산정을 위한 Q

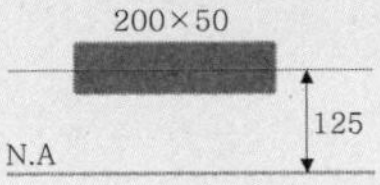

해설

(1) $I = \dfrac{bh^3}{12} = \dfrac{(200)(300)^3}{12} = 450 \times 10^6 \text{mm}^4$,
$b = 200\text{mm}$, $V = 50\text{kN} = 50 \times 10^3 \text{N}$,
$Q = (200 \times 50)\left(100 + \dfrac{50}{2}\right) = 1.25 \times 10^6 \text{mm}^3$

(2) $\tau = \dfrac{V \cdot Q}{I \cdot b} = \dfrac{(50 \times 10^3)(1.25 \times 10^6)}{(450 \times 10^6)(200)} = 0.69 \text{N/mm}^2 = 0.69 \text{MPa}$

기출3 ③

원형 단면에 전단력 $S = 30\text{kN}$이 작용할 때 단면의 최대 전단응력도는? (단, 단면의 반경은 180mm이다.)

① 0.19 MPa ② 0.24 MPa ③ 0.39 MPa ④ 0.44 MPa

해설

$\tau_{\max} = k \cdot \dfrac{V}{A} = \left(\dfrac{4}{3}\right) \cdot \dfrac{(30 \times 10^3)}{(\pi \cdot 180^2)} = 0.39 \text{N/mm}^2 = 0.39 \text{MPa}$

기출4 ①

직사각형 단면의 철근콘크리트 보에 발생하는 최대 전단응력은? (단, 보의 단면적은 $3{,}000\text{mm}^2$, 최대 전단력은 2,000N이다.)

① 1 MPa ② 1.5 MPa ③ 10 MPa ④ 15 MPa

해설

$\tau_{\max} = k \cdot \dfrac{V}{A} = \left(\dfrac{3}{2}\right) \cdot \dfrac{(2{,}000)}{(3{,}000)} = 1\text{N/mm}^2 = 1\text{MPa}$

기출5 ①

폭 $b = 100\text{mm}$, 높이 $h = 200\text{mm}$인 단면에 전단력 4kN이 작용할 때 최대 전단응력은?

① 0.3 MPa ② 0.4 MPa ③ 0.5 MPa ④ 0.6 MPa

해설

$\tau_{\max} = k \cdot \dfrac{V}{A} = \left(\dfrac{3}{2}\right) \cdot \dfrac{(4 \times 10^3)}{(100 \times 200)} = 0.3 \text{N/mm}^2 = 0.3 \text{MPa}$

기출6 ③

그림과 같은 보의 최대 전단응력도는? (단, 부재 단면 $b \times h = 200\text{mm} \times 300\text{mm}$)

① 0.105MPa ② 0.115MPa
③ 0.125MPa ④ 0.135MPa

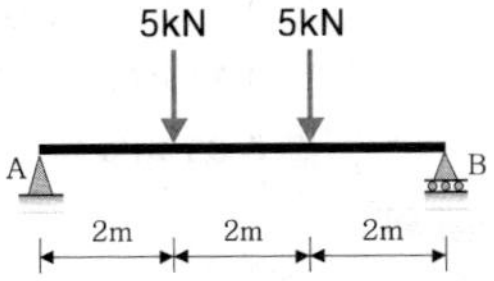

해설

(1) $V_{\max} = V_A = V_B = \dfrac{5+5}{2} = 5\text{kN}$

(2) $\tau_{\max} = k \cdot \dfrac{V}{A} = \left(\dfrac{3}{2}\right) \cdot \dfrac{(5 \times 10^3)}{(200 \times 300)} = 0.125 \text{N/mm}^2 = 0.125 \text{MPa}$

기출7 ③

그림과 같은 단순보에서 단면에 생기는 최대 전단응력도를 구하면?
(단, 보의 단면 크기는 150×200mm)
① 0.5MPa ② 0.65MPa
③ 0.75MPa ④ 0.85MPa

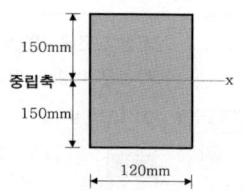

해설

(1) $V_{\max} = V_A = V_B = \dfrac{(30)}{2} = 15\text{kN}$

(2) $\tau_{\max} = k \cdot \dfrac{V}{A} = \left(\dfrac{3}{2}\right) \cdot \dfrac{(15 \times 10^3)}{(150 \times 200)} = 0.75\text{N/mm}^2 = 0.75\text{MPa}$

기출8 ②

경간 3m, 단면이 그림과 같은 단순보 중앙에 120kN의 집중하중이 작용할 때의 최대 전단응력은?
① 0.5 MPa ② 2.5 MPa
③ 2.7 MPa ④ 5 MPa

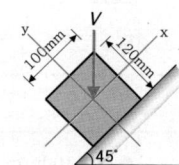

해설

(1) $V_{\max} = V_A = V_B = \dfrac{(120)}{2} = 60\text{kN}$

(2) $\tau_{\max} = k \cdot \dfrac{V}{A} = \left(\dfrac{3}{2}\right) \cdot \dfrac{(60 \times 10^3)}{(120 \times 300)} = 0.25\text{N/mm}^2 = 2.5\text{MPa}$

기출9 ①

그림과 같은 중도리에 $V = 8\text{kN}$의 전단력이 작용할 때 단면 내에 생기는 최대 전단응력도는?
① 1MPa ② 2MPa
③ 3MPa ④ 4MPa

해설

$\tau_{\max} = k \cdot \dfrac{V}{A} = \left(\dfrac{3}{2}\right) \cdot \dfrac{(8 \times 10^3)}{(100 \times 120)} = 1\text{N/mm}^2 = 1\text{MPa}$

기출10 ④

그림과 같은 조건일 때 최대 전단응력은?
① 0.73 MPa ② 0.67 MPa
③ 0.83 MPa ④ 1 MPa

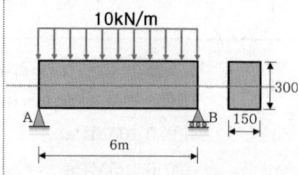

해설

(1) $V_{\max} = V_A = V_B = \dfrac{wL}{2} = \dfrac{(10)(6)}{2} = 30\text{kN}$

(2) $\tau_{\max} = k \cdot \dfrac{V}{A} = \left(\dfrac{3}{2}\right) \cdot \dfrac{(30 \times 10^3)}{(150 \times 300)} = 1\text{N/mm}^2 = 1\text{MPa}$

그림과 같은 단순보의 최대 전단응력은?

① $\dfrac{2}{3} \cdot \dfrac{wL}{bh}$ ② $\dfrac{3}{4} \cdot \dfrac{wL}{bh}$

③ $\dfrac{4}{3} \cdot \dfrac{wL}{bh}$ ④ $\dfrac{3}{2} \cdot \dfrac{wL}{bh}$

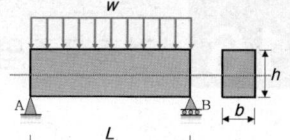

기출11 ②

해설

(1) $V_{\max} = V_A = V_B = \dfrac{wL}{2}$

(2) $\tau_{\max} = k \cdot \dfrac{V}{A} = \left(\dfrac{3}{2}\right) \cdot \dfrac{\left(\dfrac{wL}{2}\right)}{(bh)} = \dfrac{3}{4} \cdot \dfrac{wL}{bh}$

그림과 같은 단순보에서 보의 중앙점 C단면에 생기는 휨응력 σ_b와 전단응력 v의 값은?

① $\sigma_b = \dfrac{PL}{bh^2},\ v = \dfrac{3PL}{2bh}$

② $\sigma_b = \dfrac{2PL}{bh^2},\ v = 0$

③ $\sigma_b = \dfrac{2PL}{bh^2},\ v = \dfrac{3PL}{2bh}$

④ $\sigma_b = \dfrac{PL}{bh^2},\ v = 0$

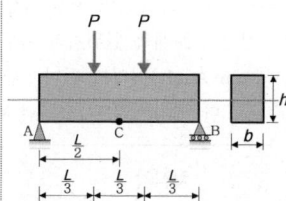

기출12 ②

해설

(1) A지점 수직반력: $V_A = +P(\uparrow)$

(2) C점의 전단력: $V_{C,Left} = +[+(P)-(P)] = 0$

(3) C점의 휨모멘트: $M_{C,Left} = +\left[+(P)\left(\dfrac{L}{2}\right) - (P)\left(\dfrac{L}{2} - \dfrac{L}{3}\right)\right] = +\dfrac{PL}{3}$

(4) C점의 휨응력: $\sigma_{b,C} = \dfrac{M_C}{Z} = \dfrac{\dfrac{PL}{3}}{\dfrac{bh^2}{6}} = \dfrac{2PL}{bh^2}$

(5) C점의 전단응력: $v_C = \tau_C = k \cdot \dfrac{V_C}{A} = \left(\dfrac{3}{2}\right) \cdot \dfrac{(0)}{(bh)} = 0$

그림과 같은 단순보에서 보의 높이 h를 계산하여 최대 전단응력을 구한 값은? (단, $\sigma_{allow} = 9\text{MPa}$)

① 0.26 MPa   ② 0.36 MPa
③ 0.46 MPa   ④ 0.56 MPa

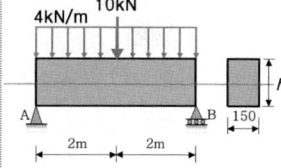

기출13 ③

해설

(1) $\sigma_b = \dfrac{M}{Z} = \dfrac{\dfrac{PL}{4} + \dfrac{wL^2}{8}}{\dfrac{bh^2}{6}} = \dfrac{\dfrac{(10\times 10^3)(4{,}000)}{4} + \dfrac{(4)(4{,}000^2)}{8}}{\dfrac{(150)(h)^2}{6}} \le 9\text{MPa}$

(2) h에 대해서 정리하면 $h \ge 283\text{mm}$이므로 $h = 283\text{mm}$를 보의 높이로 하여 보의 전단응력을 구한다.

(3) $V_{\max} = V_A = V_B = \dfrac{(10)}{2} + \dfrac{(4\times 4)}{2} = 13\text{kN}$

(4) $\tau = k \cdot \dfrac{V_{\max}}{A} = \left(\dfrac{3}{2}\right) \cdot \dfrac{(13\times 10^3)}{(150\times 283)} = 0.46\text{N/mm}^2 = 0.46\text{MPa}$

핵심번호 16 건축구조역학: 보의 휨변형

1 처짐각(Slope, Deflection Angle, Rotation Angle), 처짐(Deflection)

■ 처짐 및 처짐각의 기본 부호 규약

처짐각(θ)	부호	처짐(δ)
⤴ (시계 회전)	+	↓ (하향 처짐)
⤵ (반시계 회전)	−	↑ (상향 처짐)

구조물을 이루는 부재들은 하중이 재하되면 휘어지는 탄성재료로 되어 있다. 하중에 의해 처짐이 발생된 구조물의 처짐 곡선상의 특정한 점의 선변위(線變位)를 처짐(Deflection), 특정한 점의 접선이 부재축 원위치와 이루는 각변위(角變位)를 처짐각(Deflection Angle) 또는 회전각(Rotation Angle)이라고 한다. 처짐각과 처짐은 하중(M, P, w), 부재 경간의 길이(L), 탄성계수(E), 단면2차모멘트(I)의 함수식으로 표현되며, 다음의 결과 체계를 갖는다.

처짐각	하중 조건	처짐
$\theta = \dfrac{ML}{EI}$	모멘트하중	$\delta = \dfrac{ML^2}{EI}$
$\theta = \dfrac{PL^2}{EI}$	집중하중	$\delta = \dfrac{PL^3}{EI}$
$\theta = \dfrac{wL^3}{EI}$	분포하중	$\delta = \dfrac{wL^4}{EI}$

기출1 ④

그림과 같은 단순보에서 부재길이가 2배로 증가할 때 보의 중앙점 최대처짐은 몇 배로 증가되는가?
① 2배　② 4배
③ 8배　④ 16배

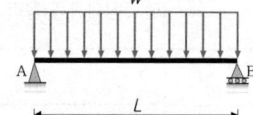

해설
$\delta = \dfrac{wL^4}{EI}$ ➡ 경간의 길이 L을 2배로 증가시키면 처짐은 $2^4 = 16$배가 된다.

기출2 ②

그림과 같은 단순보에서 중앙점의 처짐량이 2cm로 나타났다. 만일 보의 춤을 2배로 크게 하면 처짐량은 얼마로 되는가?
① 0.125cm　② 0.25cm
③ 0.5cm　④ 1cm

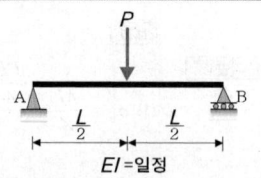

해설
$\delta = \dfrac{PL^3}{EI} = \dfrac{PL^3}{E \cdot \left(\dfrac{bh^3}{12}\right)}$ ➡ 보의 춤(h)을 2배로 하면 처짐은 $\dfrac{1}{2^3} = \dfrac{1}{8}$배로 된다.

$\therefore 2\text{cm} \times \dfrac{1}{8} = 0.25\text{cm}$

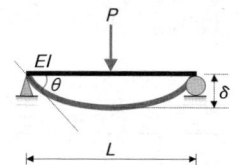

기출3 ②

그림과 같은 단순보에서 중앙점의 처짐량이 30mm로 나타났다. 만일 보의 춤을 2배로 크게 하면 처짐량은?

① 2.5mm ② 3.75mm
③ 7.5mm ④ 15mm

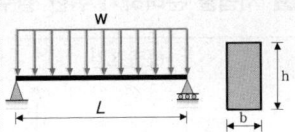

해설

보의 춤(h)을 2배로 하면 처짐은 $\frac{1}{2^3} = \frac{1}{8}$배로 된다. ∴ $30\text{mm} \times \frac{1}{8} = 3.75\text{mm}$

기출4 ②

보의 길이가 같은 캔틸레버보에서 작용하는 집중하중의 크기가 $P_1 = P_2$일 때, 보의 단면이 그림과 같다면 최대처짐 $y_1 : y_2$의 비는?

① 2 : 1 ② 4 : 1
③ 8 : 1 ④ 16 : 1

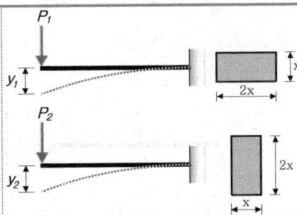

해설

(1) 하중조건과 경간이 같으므로 최대 처짐의 비율은 단면의 제원만 비교해 본다.

(2) $y_1 : y_2 = \dfrac{1}{\dfrac{(2x)(x)^3}{12}} : \dfrac{1}{\dfrac{(x)(2x)^3}{12}} = \dfrac{1}{2} : \dfrac{1}{8} = 4 : 1$

기출5 ④

경간이 같은 2개의 단순보의 하중 P에 의한 처짐 y_1과 y_2와의 비(比)는?

① 2 : 1 ② 4 : 1
③ 6 : 1 ④ 8 : 1

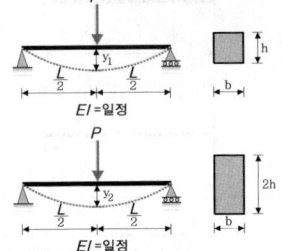

해설

$y_1 : y_2 = \dfrac{1}{\dfrac{(b)(h)^3}{12}} : \dfrac{1}{\dfrac{(b)(2h)^3}{12}} = \dfrac{1}{1} : \dfrac{1}{8} = 8 : 1$

기출6 ④

철골 보의 처짐을 적게 하는 데에 대한 다음 기술 중 맞는 것은?

① 보의 길이를 길게 한다.
② 웨브(Web) 단면적을 작게 한다.
③ 상부 플랜지(Flange)의 두께를 줄인다.
④ 단면2차모멘트 값을 크게 한다.

해설

④ $\delta = \dfrac{wL^4}{EI}$ ➡ 단면2차모멘트(I)를 크게 하면 보의 처짐량은 줄어든다.

기출7 ③

그림과 같이 단면적이 같은 4개의 단면을 보 부재로 각각 사용할 경우 x축에 대해 처짐에 가장 유리한 단면은?

① 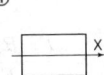 ②  ③ 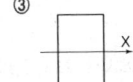 ④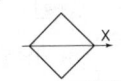

해설

③ 높이가 큰 단면이 단면2차모멘트(I)가 커지므로 처짐에 대해 유리해진다.

2 시험을 준비하기 위한 필수 암기 사항

하중조건	처짐(δ), 처짐각(θ)
캔틸레버보, 자유단 집중하중 P, 길이 L	$\delta_B = \dfrac{PL^3}{3EI}$
캔틸레버보, 등분포하중 w, 길이 L	$\delta_B = \dfrac{wL^4}{8EI}$
단순보, 중앙 집중하중 P	$\theta_A = -\theta_B = \dfrac{PL^2}{16EI}$, $\delta_{max} = \delta_c = \dfrac{PL^3}{48EI}$
단순보, 등분포하중 w	$\theta_A = -\theta_B = \dfrac{wL^3}{24EI}$, $\delta_{max} = \dfrac{5wL^4}{384EI}$
양단고정보, 중앙 집중하중 P	$\delta_{max} = \dfrac{1}{192} \cdot \dfrac{PL^3}{EI}$
양단고정보, 등분포하중 w	$\delta_{max} = \dfrac{1}{384} \cdot \dfrac{wL^4}{EI}$

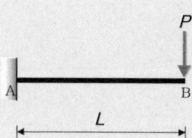

기출8
②

길이가 L인 캔틸레버보의 자유단에 집중하중 P가 작용할 때 자유단의 처짐각 θ와 처짐 δ를 바르게 기술한 것은? (단, 탄성계수는 E, 단면2차모멘트는 I)

① $\theta = \dfrac{PL^2}{3EI}$, $\delta = \dfrac{PL^3}{2EI}$ ② $\theta = \dfrac{PL^2}{2EI}$, $\delta = \dfrac{PL^3}{3EI}$

③ $\theta = \dfrac{PL^2}{3EI}$, $\delta = \dfrac{PL^3}{4EI}$ ④ $\theta = \dfrac{PL^2}{2EI}$, $\delta = \dfrac{PL^3}{4EI}$

해설

길이가 L인 캔틸레버보의 자유단에 집중하중 P 작용시 : $\delta = \dfrac{PL^3}{3EI}$

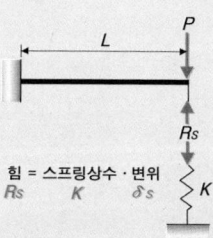

힘 = 스프링상수 · 변위
R_S K δ_S

기출9
①

캔틸레버 보가 상수 k를 가지는 스프링에 의해 지지되어 있으며 집중하중 P가 작용하고 있다. 스프링에 걸리는 힘은?

① $\dfrac{PL^3 k}{3EI + kL^3}$ ② $\dfrac{2PL^3 k}{3EI + kL^3}$

③ $\dfrac{PL^3 k}{2EI + kL^3}$ ④ $\dfrac{2PL^3 k}{2EI + kL^3}$

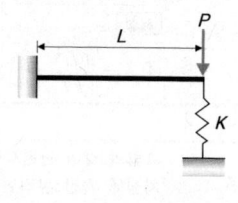

해설

(1) 자유물체도 상에서 스프링(Spring)에 작용하는 처짐: $\delta_s = \dfrac{(P - R_s)L^3}{3EI}$

(2) 스프링에 작용하는 반력:

힘-변위 관계식 $R_s = k \cdot \delta_s = k \cdot \dfrac{(P - R_s)L^3}{3EI}$ ➡ $R_s = \dfrac{k \cdot PL^3}{3EI + k \cdot L^3}$

기출10 ①	그림과 같은 정정 라멘에서 A점에 발생하는 수직변위를 옳게 나타낸 것은? ① $\dfrac{PL^3}{3EI_b}+\dfrac{PL^2h}{EI_c}$　② $\dfrac{PL^3}{3EI_b}+\dfrac{Ph^3}{EI_c}$ ③ $\dfrac{PL^2h}{3EI_b}+\dfrac{PL^2h}{EI_c}$　④ $\dfrac{PL^3}{3EI_b}+\dfrac{PLh^2}{EI_c}$	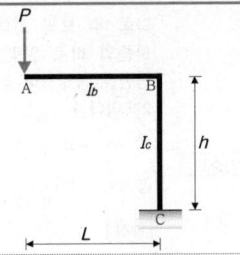

해설

$$\delta_A = \dfrac{1}{EI}\int M\cdot m \cdot dx$$
$$= \int_0^L \dfrac{(-P\cdot x)(-x)}{EI_{beam}}\cdot dx + \int_o^h \dfrac{(-P\cdot L)(-L)}{EI_{column}}\cdot dx$$
$$= \dfrac{1}{3}\cdot \dfrac{PL^3}{EI_{beam}} + \dfrac{PL^2\cdot h}{EI_{column}}\ (\downarrow)$$

기출11 ②	그림과 같은 캔틸레버 보에 하중이 작용할 때 B점의 처짐은? (단, 부재의 단면2차모멘트 I, 탄성계수 E) ① $\dfrac{PL^3}{3EI}+\dfrac{wL^3}{8EI}$　② $\dfrac{PL^3}{3EI}+\dfrac{wL^4}{8EI}$ ③ $\dfrac{PL^3}{8EI}+\dfrac{wL^3}{8EI}$　④ $\dfrac{PL^2}{8EI}+\dfrac{wL^4}{3EI}$	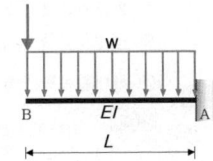

해설

(1) 처짐, 처짐각과 같은 구조물의 변형은 중첩의 원리가 성립된다.

(2) $\delta_B = \delta_{BP}+\delta_{Bw} = \dfrac{1}{3}\cdot\dfrac{PL^3}{EI} + \dfrac{1}{8}\cdot\dfrac{wL^4}{EI}$

기출12 ④	다음 그림에서 동일한 처짐이 되기 위한 P_1, P_2의 값의 비로 옳은 것은? (단, EI는 일정하다.) ① $P_1=2,\ P_2=1$　② $P_1=4,\ P_2=1$ ③ $P_1=6,\ P_2=1$　④ $P_1=8,\ P_2=1$	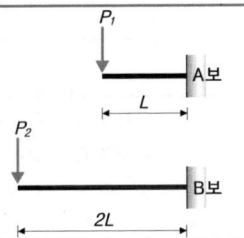

해설

(1) 캔틸레버보의 자유단의 최대 처짐: $\delta_{max}=\dfrac{PL^3}{3EI}$

(2) $\dfrac{P_1\cdot L^3}{3EI}=\dfrac{P_2\cdot(2L)^3}{3EI}$ 으로부터 ∴ $\dfrac{P_1}{P_2}=\dfrac{8}{1}$

기출13 ①	동일 단면, 동일 재료를 사용한 캔틸레버 보 끝단에 집중하중이 작용하였다. P_1이 작용한 부재의 최대 처짐량이 P_2가 작용한 부재의 최대처짐량의 2배일 경우 $P_1:P_2$는? ① 1 : 4　② 1 : 8 ③ 4 : 1　④ 8 : 1	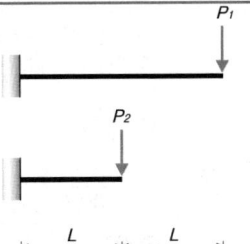

해설

$\dfrac{1}{3}\cdot\dfrac{P_1\cdot(2L)^3}{EI}=\left(\dfrac{1}{3}\cdot\dfrac{P_2\cdot(L)^3}{EI}\right)\times 2$ ➡ $P_1:P_2=1:4$

■ 가상일법(Metod of Virtual Work)
처짐 및 처짐각을 구하려고 하는 위치에서 변형과 같은 방향으로 가상의 단위집중하중($P=1$)을 작용시켜 처짐(δ)을 구하고, 가상의 단위모멘트하중($M=1$)을 작용시켜 처짐각(θ)을 구한다. AB 보 부재와 BC 기둥 부재에 대해 휨모멘트식을 두 번 적용하며, A점에 단위수직집중하중 $P=1$을 작용시키는 것이 핵심이다.

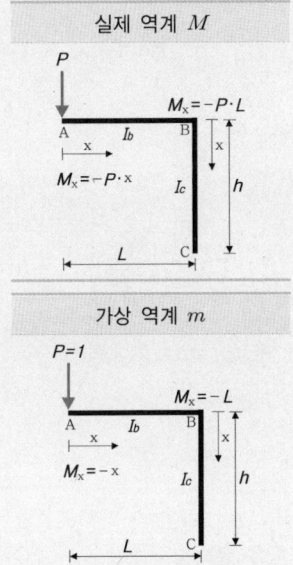

기출14 ④

다음 두 보의 최대 처짐량이 같기 위한 등분포하중의 비로 알맞은 것은? (단, 부재의 재질과 단면은 동일하며 A부재의 길이는 B부재의 길이의 2배이다.)

① $w_2 = 2w_1$ ② $w_2 = 4w_1$
③ $w_2 = 8w_1$ ④ $w_2 = 16w_1$

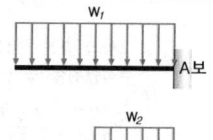

해설

(1) $\delta_{A,\max} = \dfrac{w_1 \cdot (2L)^4}{8EI}$, $\delta_{B,\max} = \dfrac{w_2 \cdot (L)^4}{8EI}$

(2) $\delta_{A,\max} = \delta_{B,\max}$ 로부터 $w_1 \cdot (2L)^4 = w_2 \cdot (L)^4$ ➡ ∴ $w_2 = 16w_1$

기출15 ④

길이 1.5m이고, 한 변이 100mm인 정사각형 단면을 갖는 캔틸레버보의 최대휨응력과 최대 처짐은? (단, 부재의 탄성계수 : $1 \times 10^4 \mathrm{MPa}$)

① 최대휨응력 : 3.37MPa, 최대처짐 : 3.8mm
② 최대휨응력 : 3.37MPa, 최대처짐 : 7.6mm
③ 최대휨응력 : 6.75MPa, 최대처짐 : 3.8mm
④ 최대휨응력 : 6.75MPa, 최대처짐 : 7.6mm

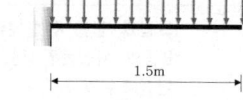

해설

(1) 최대휨모멘트는 고정단에서 발생: $M_{\max} = (1 \times 1.5)\left(\dfrac{1.5}{2}\right) = 1.125 \mathrm{kN \cdot m}$

(2) $\sigma_{\max} = \dfrac{M_{\max}}{Z} = \dfrac{M_{\max}}{\dfrac{bh^2}{6}} = \dfrac{(1.125 \times 10^6)}{\dfrac{(100)(100)^2}{6}} = 6.75 \mathrm{N/mm^2} = 6.75 \mathrm{MPa}$

(3) $\delta_{\max} = \dfrac{1}{8} \cdot \dfrac{wL^4}{EI} = \dfrac{1}{8} \cdot \dfrac{(1)(1,500)^4}{(1 \times 10^4)\left(\dfrac{(100)(100)^3}{12}\right)} = 7.593 \mathrm{mm}$

기출16 ③

그림과 같은 단순보 중앙에 집중하중 P가 1개 작용할 때 지점에 생기는 처짐각은?

① $\dfrac{PL^2}{4EI}$ ② $\dfrac{PL^2}{8EI}$
③ $\dfrac{PL^2}{16EI}$ ④ $\dfrac{PL^2}{48EI}$

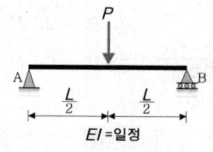

해설

단순보의 중앙에 집중하중 P가 작용할 때: $\theta_A = \dfrac{PL^2}{16EI}$

기출17 ②

그림과 같은 내민보에 집중하중이 작용할 때 A점의 처짐각 θ_A는?

① $\dfrac{PL^2}{4EI}$ ② $\dfrac{PL^2}{16EI}$
③ $\dfrac{PL^2}{128EI}$ ④ $\dfrac{PL^2}{256EI}$

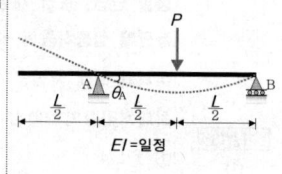

해설

내민 구간에 하중이 작용하지 않으므로 결국, AB 단순보의 중앙에 집중하중 P가 작용할 때 A지점의 처짐각 $\theta_A = \dfrac{PL^2}{16EI}$을 구하는 것과 같다.

기출18
①

A 두 개의 단순보에 크기가 같은 ($P=wL$) 하중이 작용할 때, A점에서 발생하는 처짐각의 비율 (가 : 나)은? (단, 부재의 EI는 일정)

① 1.5 : 1 ② 0.67 : 1
③ 1 : 1.5 ④ 1 : 0.5

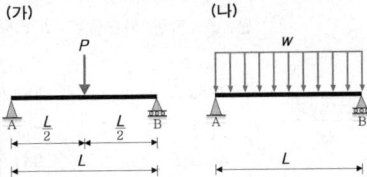

해설

(가): $\theta_A = \dfrac{PL^2}{16EI}$, (나): $\theta_A = \dfrac{wL^3}{24EI}$ ⇒ $\dfrac{1}{16} : \dfrac{1}{24} = 1.5 : 1$

기출19
③

그림과 같은 단순보의 최대 처짐은?
(단, 탄성계수 $E=200,000$MPa, 단면 $b \times h = 200$mm $\times$ 300mm)

① 13.6 mm ② 18.1 mm
③ 23.7 mm ④ 27.1 mm

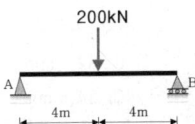

해설

$\delta_{max} = \dfrac{PL^3}{48EI} = \dfrac{(200 \times 10^3)(8,000)^3}{48(200,000)\left(\dfrac{(200)(300)^3}{12}\right)} = 23.703$mm

---

기출20
④

단순보의 최대 처짐량(δ_{max})이 2.0cm 이하가 되기 위해 보의 단면2차모멘트는 최소 얼마 이상이 되어야 하는가? (단, $E=1.25 \times 10^4$N/mm^2)

① 15,000cm^4 ② 17,500cm^4
③ 20,000cm^4 ④ 25,000cm^4

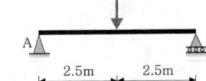

해설

(1) $\delta_{max} = \dfrac{1}{48} \cdot \dfrac{PL^3}{EI}$ ⇒ $I = \dfrac{PL^3}{48E \cdot \delta_{max}}$

(2) $I = \dfrac{(24 \times 10^3)(5 \times 10^3)^3}{48(1.25 \times 10^4)(2 \times 10)} = 250,000,000$mm^4 = 25,000cm^4

기출21
②

단순보의 최대 처짐량(δ_{max})이 3.0cm 이하가 되기 위해 보의 단면2차모멘트는 최소 얼마 이상이 되어야 하는가? (단, $E=1.25 \times 10^4$N/mm^2)

① 15,000cm^4 ② 16,700cm^4
③ 20,000cm^4 ④ 25,000cm^4

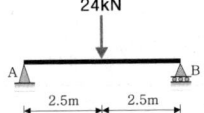

해설

(1) $\delta_{max} = \dfrac{1}{48} \cdot \dfrac{PL^3}{EI}$ ⇒ $I = \dfrac{PL^3}{48E \cdot \delta_{max}}$

(2) $I = \dfrac{(24 \times 10^3)(5 \times 10^3)^3}{48(1.25 \times 10^4)(3.0 \times 10)} = 166,666,666$mm^4 = 16,666cm^4

기출22 ④

그림과 같은 단순보에서 최대 처짐은?
(단, I : 단면2차모멘트, E : 탄성계수)

① $\dfrac{5wI^3}{384EL}$ ② $\dfrac{5wI^4}{384EL}$

③ $\dfrac{5wL^3}{384EI}$ ④ $\dfrac{5wL^4}{384EI}$

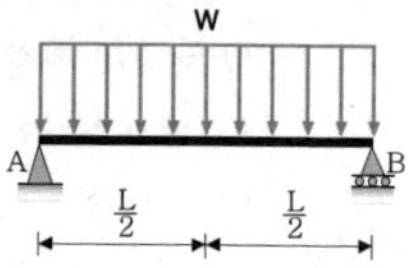

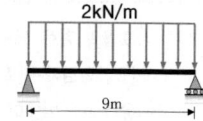

[해설]

단순보 전 경간에 등분포하중 작용시 $\delta_{\max} = \dfrac{5wL^4}{384EI}$

기출23 ④

그림과 같은 단순보를 H-200×100×7×10으로 설계하였다면 최대 처짐량은?
(단, $I_x = 2.18 \times 10^7 \text{mm}^4$, $E = 210,000\text{MPa}$)

① 32.1mm   ② 33.8mm
③ 34.5mm   ④ 37.3mm

[해설]

(1) $w = 2\text{kN/m} = 2,000\text{N}/1,000\text{mm} = 2\text{N/mm}$

(2) $\delta_{\max} = \dfrac{5wL^4}{384EI} = \dfrac{5(2)(9,000)^4}{384(210,000)(2.18 \times 10^7)} = 37.32\text{mm}$

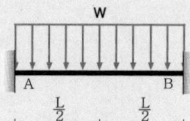

기출24 ③

H형강을 사용한 길이 6m인 단순보에 5kN/m의 등분포하중 재하 시 최대 처짐량은?
(단, $E = 205,000\text{MPa}$, $I = 4,720 \times 10^4 \text{mm}^4$)

① 1.70mm   ② 5.69mm   ③ 8.72mm   ④ 12.49mm

[해설]

(1) $w = 5\text{kN/m} = 5,000\text{N}/1,000\text{mm} = 5\text{N/mm}$

(2) $\delta_{\max} = \dfrac{5wL^4}{384EI} = \dfrac{5(5)(6 \times 10^3)^4}{384(205,000)(4,720 \times 10^4)} = 8.72\text{mm}$

기출25 ③

보의 재질과 단면의 크기가 같을 때 (A)보의 최대처짐은 (B)보의 몇 배인가?

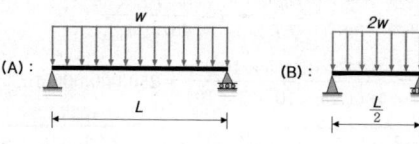

① 2배   ② 4배   ③ 8배   ④ 16배

[해설]

$\delta_A = \dfrac{5}{384} \cdot \dfrac{wL^4}{EI}$, $\delta_B = \dfrac{5}{384} \cdot \dfrac{(2w)\left(\dfrac{L}{2}\right)^4}{EI} = \dfrac{1}{8} \cdot \left[\dfrac{5}{384} \cdot \dfrac{wL^4}{EI}\right]$

기출26 ③

스팬이 L, 양단 고정인 보의 전체에 등분포하중 w가 작용할 때 중앙부의 최대 처짐은?

① $\dfrac{wL^4}{48EI}$ ② $\dfrac{5wL^4}{48EI}$ ③ $\dfrac{wL^4}{384EI}$ ④ $\dfrac{5wL^4}{384EI}$

[해설]

스팬이 L이고 양단이 고정인 보의 전체에 등분포하중 w가 작용 시: $\dfrac{wL^4}{384EI}$

핵심번호 17 건축구조역학: 단주 및 기초

1 편심축하중을 받는 단주(Stub Column) 및 기초(Foundation)

압축력 P가 단면의 중심에서 e(Eccentric Distance)만큼 벗어난 위치에 작용하게 되면 부재의 단면에서는 $P \cdot e = M$이 발생하게 되어, 압축응력뿐만 아니라 휨응력 $\sigma_b = \mp \dfrac{M}{I} \cdot y$가 동시에 발생한다. 그러므로, 편심축하중을 받는 단주의 응력은 $\sigma = -\dfrac{P}{A} \mp \dfrac{M}{I} \cdot y = -\dfrac{P}{A} \mp \dfrac{M}{Z}$으로 표현되며, 여기서 Z는 단면계수이다.

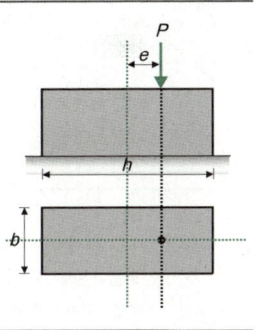

■ 편심축하중을 받는 단주 및 기초의 응력을 계산하는 식에서 편심거리 e에 대한 단면계수의 산정 $Z = \dfrac{bh^2}{6}$을 적용함에 특별히 주의해야 한다.

2 축하중의 위치 변화에 따른 응력 분포도

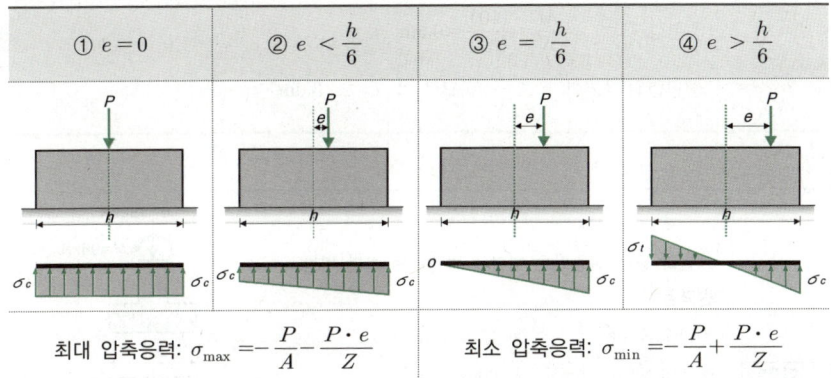

| ① $e = 0$ | ② $e < \dfrac{h}{6}$ | ③ $e = \dfrac{h}{6}$ | ④ $e > \dfrac{h}{6}$ |

최대 압축응력: $\sigma_{\max} = -\dfrac{P}{A} - \dfrac{P \cdot e}{Z}$

최소 압축응력: $\sigma_{\min} = -\dfrac{P}{A} + \dfrac{P \cdot e}{Z}$

기출1 ①

휨모멘트와 압축력을 동시에 받는 기둥에서, 단면에 생기는 응력 분포도가 옳지 않은 것은?

해설
① $e = 0$ ② $e < \dfrac{h}{6}$ ③ $e = \dfrac{h}{6}$ ④ $e > \dfrac{h}{6}$

기출2 ④

그림과 같이 기초의 지반 반력이 될 때 기초의 길이 L은?

① 1.5m ② 2.0m
③ 2.5m ④ 3.0m

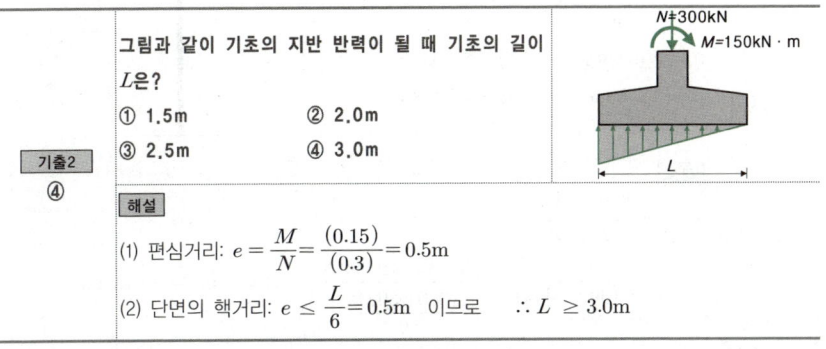

$N = 300\text{kN}$, $M = 150\text{kN} \cdot \text{m}$

해설

(1) 편심거리: $e = \dfrac{M}{N} = \dfrac{(0.15)}{(0.3)} = 0.5\text{m}$

(2) 단면의 핵거리: $e \leq \dfrac{L}{6} = 0.5\text{m}$ 이므로 $\therefore L \geq 3.0\text{m}$

기출3 ③

그림과 같은 독립기초에 압축력 $N=300\text{kN}$, 휨모멘트 $M=150\text{kN}\cdot\text{m}$가 작용할 때 기초 저면에 압축력만 생기게 하는 최소 기초 길이(L)는? (단, 흙의 자중 및 기초 자중은 무시)

① 2.0m ② 2.4m
③ 3.0m ④ 3.6m

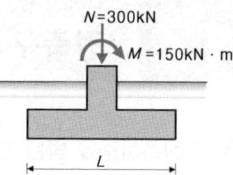

해설

(1) 편심거리: $e = \dfrac{M}{N} = \dfrac{(150)}{(300)} = 0.5\text{m}$

(2) 단면의 핵거리: $e \leq \dfrac{L}{6}$ 이므로 $\therefore\ L \geq 3.0\text{m}$

기출4 ②

독립기초에 $N=20\text{kN}$, $M=10\text{kN}\cdot\text{m}$가 작용할 때 접지압이 압축력만 발생하도록 하기 위한 기초저면의 최소길이는?

① 2m ② 3m ③ 4m ④ 5m

해설

(1) 편심거리: $e = \dfrac{M}{N} = \dfrac{(10)}{(20)} = 0.5\text{m}$

(2) 단면의 핵거리: $e \leq \dfrac{L}{6}$ 이므로 $\therefore\ L \geq 3.0\text{m}$

기출5 ②

그림과 같은 독립기초 저면에 발생하는 최대 지반 반력은?

① 15kN/m^2 ② 150kN/m^2
③ 20kN/m^2 ④ 200kN/m^2

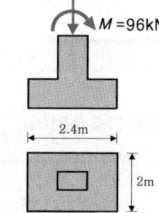

해설

$$\sigma_{\max} = -\dfrac{N}{A} - \dfrac{M}{Z} = -\dfrac{(480)}{(2\times 2.4)} - \dfrac{(96)}{\dfrac{(2)(2.4)^2}{6}} = -150\text{kN/m}^2(\text{압축})$$

기출6 ④

기둥 단면이 300mm×300mm인 정사각형 단주에서 발생하는 최대압축응력은? (단, 부재의 재질은 균등한 것으로 본다.)

① -2.0 MPa ② -2.6 MPa
③ -3.1 MPa ④ -4.1 MPa

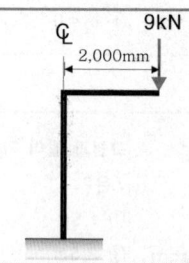

해설

$$\sigma_{\max} = -\dfrac{P}{A} \mp \dfrac{M}{Z}$$

$$= -\dfrac{(9\times 10^3)}{(300\times 300)} \mp \dfrac{(9\times 10^3)(2{,}000)}{\dfrac{(300)(300)^2}{6}} = -4.1\text{N/mm}^2 = -4.1\text{MPa}$$

3 단면의 핵(Core)

(1) 정의: 단면 내에 인장응력 없이 압축응력만 발생하게 되는 편심거리 $e = \dfrac{Z}{A}$의 한계점

단면 내에 압축응력만 발생하게 되는 편심거리의 한계점을 핵점(Core Point)이라고 하며, 핵점에 의해 둘러싸인 부분을 단면의 핵이라고 한다.

(2) 기본 단면의 핵거리

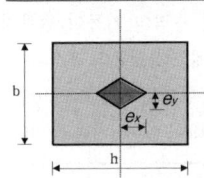 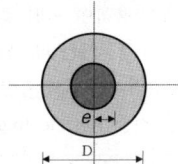

$e_x = \dfrac{h}{6}$

$e_y = \dfrac{b}{6}$

$e = \dfrac{D}{8}$

기출7 ③

그림과 같은 하중을 지지하는 단주의 단면에서 인장력을 발생시키지 않는 거리 x의 한계는?

① 40mm ② 60mm
③ 80mm ④ 100mm

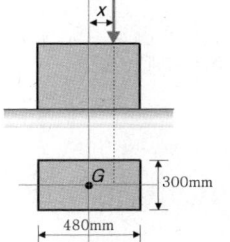

[해설]

$e = \dfrac{Z}{A} = \dfrac{\dfrac{bh^2}{6}}{bh} = \dfrac{h}{6} = \dfrac{(480)}{6} = 80\text{mm}$

기출8 ④

그림과 같은 원통 단면의 핵반경은?

① $\dfrac{D+d}{6}$ ② $\dfrac{D}{8}$
③ $\dfrac{D+d}{8}$ ④ $\dfrac{D^2+d^2}{8D}$

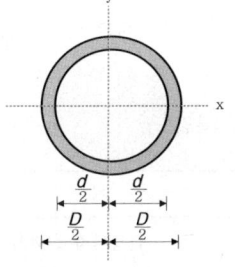

[해설]

$e = \dfrac{Z}{A} = \dfrac{\dfrac{\pi(D^4-d^4)}{32D}}{\dfrac{\pi(D^2-d^2)}{4}} = \dfrac{D^2+d^2}{8D}$

기출9 ④

그림과 같은 H형강 단면의 핵면적을 구하면?

$H - 200 \times 200 \times 8 \times 12$
$A = 6{,}350\text{mm}^2$
$I_x = 4.72 \times 10^7 \text{mm}^4$
$I_y = 1.60 \times 10^7 \text{mm}^4$

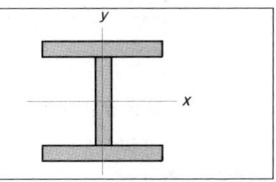 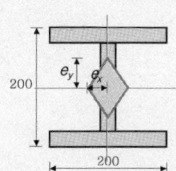

① 932.47mm² ② 1,864.93mm² ③ 2,797.40mm² ④ 3,745.81mm²

[해설]

편심거리: $e_x = \dfrac{r_y^2}{\overline{x}} = \dfrac{\dfrac{I_y}{A}}{\overline{x}} = \dfrac{\dfrac{(1.60 \times 10^7)}{(6{,}350)}}{(100)} = 25.1969\text{mm}$

편심거리: $e_y = \dfrac{r_x^2}{\overline{y}} = \dfrac{\dfrac{I_x}{A}}{\overline{y}} = \dfrac{\dfrac{(4.72 \times 10^7)}{(6{,}350)}}{(100)} = 74.3307\text{mm}$

핵면적: $\left(\dfrac{1}{2} \cdot e_x \cdot e_y\right) \times 4개 = \left(\dfrac{1}{2}(25.1969)(74.3307)\right) \times 4개 = 3{,}745.81\text{mm}^2$

건축구조
18 건축구조역학: 장주

1 장주(Slender Column): 지지단의 상태에 따른 유효좌굴길이, 좌굴강도

부재 단면이 가늘고 긴 세장한 기둥에 축방향력이 작게 작용할 때는 축방향 압축만이 발생하지만, 점진적으로 축방향력이 크게 작용하여 어떤 일정한 값에 도달하게 되면 수직의 기둥이 갑자기 횡방향으로 휨변형을 일으키면서 종국에는 파괴된다. 이처럼 세장한 압축재에 작용하중의 편심과는 관계없이 어떤 일정한 한계시점의 하중에서 횡방향으로 휨변형을 일으키는 현상을 좌굴(Buckling), 좌굴현상을 발생시키는 하중을 좌굴하중(Buckling Load) 또는 임계하중(Critical Load)이라고 한다.

■ Leonhard Euler(1707~1783)

장주의 좌굴하중은 스위스의 위대한 수학자였던 Leonhard Euler의 연구 결과(1759)가 이론적 배경을 제공한다.

	양단힌지	1단고정 1단힌지	양단고정	1단고정 1단자유
지지상태	P_{cr}, L	P_{cr}, L_e, L	P_{cr}, L_e, L	P_{cr}, L
좌굴길이	$KL=1.0L$	$KL=0.7L$	$KL=0.5L$	$KL=2.0L$

오일러 좌굴하중 $P_{cr} = \dfrac{\pi^2 EI}{(KL)^2} = \dfrac{1}{K^2} \cdot \dfrac{\pi^2 EI}{L^2}$ ➡ $\dfrac{1}{K^2}$을 기둥의 강도(n)로 할 수 있다.

좌굴강도	$n=1$	$n=2$	$n=4$	$n=\dfrac{1}{4}$

기출1 ④

압축재의 길이가 3.5m이고 양단이 힌지인 경우의 좌굴길이는?
① 1.75m ② 2.45m ③ 2.8m ④ 3.5m

해설
양단 힌지: $K=1.0$ ➡ 유효좌굴길이: $KL=(1.0)(3.5)=3.5$m

기출2 ②

그림과 같은 기둥의 좌굴길이는?
① $0.5L$ ② $0.7L$
③ $0.8L$ ④ $1.0L$

해설
1단 고정, 1단 힌지: $K=0.7$ ➡ 유효좌굴길이: $KL=(0.7)(L)=0.7L$

기출3 ④

일단(一端) 자유, 타단 고정의 압축재의 길이가 7m일 때 좌굴길이는?
① 4.9m ② 3.5m ③ 7.0m ④ 14.0m

해설
1단 자유, 1단 고정: $K=2.0$ ➡ 유효좌굴길이: $KL=(2.0)(7)=14$m

기출4 ①

그림과 같은 기둥의 유효좌굴길이(KL)는?

① $0.5L$ ② $0.7L$
③ $1.0L$ ④ $2.0L$

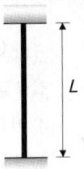

해설
양단 고정: $K = 0.5$ ➡ 유효좌굴길이: $KL = (0.5)(L) = 0.5L$

기출5 ①

그림에서 좌굴길이의 크기 비교가 옳은 것은?

① D < A < B = C   ② D < B < A < C
③ A < B < C < D   ④ A < B < C = D

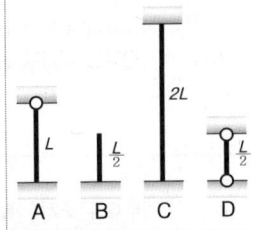

해설
A: $KL = (0.7)(L) = 0.7L$,
B: $KL = (2.0)\left(\dfrac{L}{2}\right) = 1.0L$
C: $KL = (0.5)(2L) = 1.0L$,
D: $KL = (1.0)\left(\dfrac{L}{2}\right) = 0.5L$
∴ D < A < B = C

기출6 ③

길이 5m인 기둥의 지점 조건에 따른 유효좌굴길이가 옳게 연결된 것은?

① 양단 고정인 경우 4.0m
② 일단 고정, 일단 자유인 경우 7.5m
③ 양단 힌지인 경우 5.0m
④ 일단 고정 일단 힌지인 경우 6.0m

해설
① $KL = (0.5)(5) = 2.5$m
② $KL = (2.0)(5) = 10$m
③ $KL = (1.0)(5) = 5$m
④ $KL = (0.7)(5) = 3.5$m

기출7 ④

그림과 같은 철골구조에서 $K_B / K_C = 0$일 때 기둥의 좌굴길이는? (단, 수평력에 의해 수평변형이 생길 때)

① $0.5h$ ② $0.7h$
③ $1.0h$ ④ $2.0h$

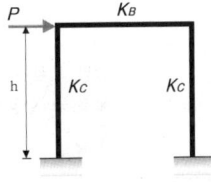

해설
$\dfrac{K_B}{K_C} = 0$인 경우는 $K_B \approx 0$ 이 되므로 보가 수평력에 대해 변형을 흡수할 수 있는 능력이 전혀 없다는 해석이 된다. 따라서, 수평보가 없는 상태의 캔틸레버형 기둥으로 해석되므로 일단 고정, 일단 자유의 $KL = 2.0L = 2.0h$가 된다.

기출8 ①

그림과 같은 구조에서 $K_B/K_C = \infty$일 때 기둥의 좌굴길이는?

① 0.5h   ② 0.7h
③ 1.0h   ④ 2.0h

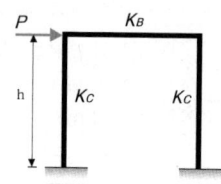

해설

$\dfrac{K_B}{K_C} = \infty$인 경우 $K_B \approx \infty$가 되며, 보가 수평력에 대한 변형을 흡수할 수 있는 능력이 무한한 강체(Rigid Body) 해석이 가능해지며 결국, 양단 고정인 기둥과 같다는 의미가 된다. 따라서, 양단 고정의 $KL = 0.5L = 0.5h$가 된다.

기출9 ①

부재의 EI가 일정하고, 양단의 지지상태가 그림과 같은 경우, A기둥의 탄성좌굴하중은 B기둥의 탄성좌굴하중의 몇 배인가?

① 4배   ② 6배
③ 8배   ④ 16배

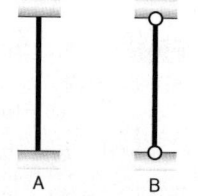

해설

(1) $P_{cr} = \dfrac{\pi^2 EI}{(KL)^2} = \dfrac{1}{K^2} \cdot \dfrac{\pi^2 EI}{L^2}$ 으로부터 $\dfrac{1}{K^2}$을 기둥의 강도라고 할 수 있다.

(2) 양단고정: $A = \dfrac{1}{K^2} = \dfrac{1}{(0.5)^2} = 4$, 양단힌지: $B = \dfrac{1}{K^2} = \dfrac{1}{(1.0)^2} = 1$

기출10 ②

재질과 단면적, 길이가 같은 장주에서 양단 힌지 기둥의 좌굴하중과 양단 고정 기둥의 좌굴하중과의 비는?

① 1 : 2   ② 1 : 4   ③ 1 : 8   ④ 1 : 16

해설

(1) 양단힌지: $\dfrac{1}{K^2} = \dfrac{1}{(1.0)^2} = 1$

(2) 양단고정: $\dfrac{1}{K^2} = \dfrac{1}{(0.5)^2} = 4$

기출11 ④

양단 고정된 기둥은 1단고정, 1단자유 보다 몇 배나 큰 오일러(Euler) 좌굴하중을 받을 수 있는가? (단, 두 기둥의 단면 크기, 재료, 길이가 동일함)

① 2   ② 4   ③ 8   ④ 16

해설

(1) 양단고정: $\dfrac{1}{K^2} = \dfrac{1}{(0.5)^2} = 4$

(2) 캔틸레버: $\dfrac{1}{K^2} = \dfrac{1}{(2.0)^2} = \dfrac{1}{4}$ ∴ $4 : \dfrac{1}{4} = 16 : 1$

2 장주(Slender Column): 좌굴하중, 세장비

(1) 좌굴하중

좌굴하중			
$P_{cr,x} = \dfrac{\pi^2 EI_x}{(KL_x)^2}$	작은값	$P_{cr,y} = \dfrac{\pi^2 EI_y}{(KL_y)^2}$	• E : 탄성계수 (N/mm^2) • I : 단면2차모멘트(mm^4) • K : 지지단의 상태에 따른 유효좌굴길이계수 • KL: 유효좌굴길이(mm)

세장비			
$\lambda_x = \dfrac{KL_x}{r_x} = \dfrac{KL_x}{\sqrt{\dfrac{I_x}{A}}}$	큰값	$\lambda_y = \dfrac{KL_y}{r_y} = \dfrac{KL_y}{\sqrt{\dfrac{I_y}{A}}}$	• r : 단면2차반경 (mm) • A : 단면적 (mm^2) • I : 단면2차모멘트(mm^4) • K : 지지단의 상태에 따른 유효좌굴길이계수 • KL: 유효좌굴길이(mm)

■ 좌굴하중 계산 시 길이(L)의 변화가 없다면 약축(I_y)에 대한 단면2차모멘트만을 적용한다.

■ 세장비 계산 시 길이(L)의 변화가 없다면 약축(I_y)에 대한 단면2차모멘트만을 적용한다.

기출12 ①

다음 중 압축재의 좌굴하중 산정 시 직접적인 관계가 없는 것은?
① 부재의 푸아송비
② 부재의 단면2차모멘트
③ 부재의 탄성계수
④ 부재의 지지조건

[해설]
① $P_{cr} = \dfrac{\pi^2 EI}{(KL)^2}$ 으로부터 부재의 푸아송비(ν)는 관계 없다.

기출13 ①

강재 기둥의 좌굴하중(Critical Buckling Load)에 영향을 주지 않는 것은?
① 재료의 항복강도
② 재료의 탄성계수
③ 단면2차모멘트
④ 유효좌굴길이

[해설]
① $P_{cr} = \dfrac{\pi^2 EI}{(KL)^2}$ 으로부터 재료의 항복강도(F_y)는 관계 없다.

기출14 ④

양단이 단순지지인 기둥에서 단면이 $a \cdot a$, 길이가 L인 경우, 기둥이 받을 수 있는 축하중 P에 관한 설명으로 옳은 것은? (단, E는 탄성계수, I는 단면2차모멘트)
① P는 E에 비례, a^3에 비례, L에 반비례
② P는 E에 비례, a^3에 비례, L^2에 반비례
③ P는 E에 비례, a^4에 비례, L에 반비례
④ P는 E에 비례, a^4에 비례, L^2에 반비례

[해설]
$$P_{cr} = \dfrac{\pi^2 EI}{(KL)^2} = \dfrac{\pi^2 E \cdot \dfrac{(a)(a)^3}{12}}{(1 \cdot L)^2} = \dfrac{\pi^2}{12} \cdot E \cdot a^4 \cdot \dfrac{1}{L^2}$$

➡ 좌굴하중 P는 E에 비례, a^4에 비례, L^2에 반비례한다.

기출15 ④

다음 조건을 가진 압축재의 좌굴하중 P_{cr} 값으로 옳은 것은?

> 단면 400×400mm, $EI = 1.39 \times 10^{13}$ N·mm², $K=1$, $L=490$cm

① 3,123.8kN ② 4,517.8kN ③ 5,012.8kN ④ 5,713.8kN

해설

$$P_{cr} = \frac{\pi^2 EI}{(KL)^2} = \frac{\pi^2(1.39 \times 10^{13})}{(1.0 \times 4,900)^2} = 5,713,765\text{N} = 5,713.765\text{kN}$$

기출16 ②

지지상태는 양단 고정이며, 길이 3m인 압축력을 받는 원형강관 $\phi - 89.1 \times 3.2$의 탄성좌굴하중을 구하면?

(단, $I = 79.8 \times 10^4$mm⁴, $E = 210,000$MPa이다.)

① 184kN ② 735kN ③ 1,018kN ④ 1,532kN

해설

(1) 양단 고정: $K = 0.5$

(2) $P_{cr} = \dfrac{\pi^2 EI}{(KL)^2} = \dfrac{\pi^2(210,000)(79.8 \times 10^4)}{[(0.5)(3,000)]^2} = 735,088\text{N} = 735.088\text{kN}$

기출17 ②

그림의 기둥에서 Euler의 좌굴하중은?

(단, $I_x = 1,620$cm⁴, $I_y = 113$cm⁴, $E = 2.1 \times 10^5$MPa)

① 209.8 kN ② 585.5 kN
③ 620.8 kN ④ 840 kN

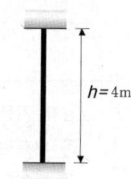

$h = 4$m

해설

(1) 양단 고정: $K = 0.5$

(2) 길이(L)의 변화가 없으므로, 약축(I_y)에 대한 단면2차모멘트를 적용한다.

(3) $P_{cr} = \dfrac{\pi^2 EI}{(KL)^2} = \dfrac{\pi^2(2.1 \times 10^5)(113 \times 10^4)}{[(0.5)(4,000)]^2} = 585,514\text{N} = 585.514\text{kN}$

기출18 ①

1단은 고정, 1단은 자유인 길이 10m인 철골기둥에서 오일러의 좌굴하중은?

(단, $A = 6,000$mm², $I_x = 4,000$cm⁴, $I_y = 2,000$cm⁴, $E = 205,000$MPa)

① 101.2kN ② 168.4kN ③ 195.7kN ④ 202.4kN

해설

(1) 1단 고정, 1단 자유: $K = 2$

(2) 길이(L)의 변화가 없으므로 약축(I_y)에 대한 단면2차모멘트를 적용한다.

(3) $P_{cr} = \dfrac{\pi^2 EI}{(KL)^2} = \dfrac{\pi^2(205,000)(2,000 \times 10^4)}{(2 \times 10,000)^2} = 101,163\text{N} = 101.163\text{kN}$

기출19 ①

그림과 같은 단면을 가진 압축재에서 좌굴길이 $KL=250\text{mm}$ 일 때 Euler 좌굴하중 값은? (단, 이 재료의 탄성계수 $E=210{,}000\text{MPa}$)

① 17.9 kN   ② 43.0 kN
③ 52.9 kN   ④ 64.7 kN

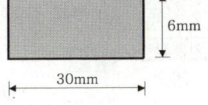

해설

(1) 길이(L)의 변화가 없으므로 약축(I_y)에 대한 단면2차모멘트를 적용한다.

(2) $P_{cr} = \dfrac{\pi^2 EI}{(KL)^2} = \dfrac{\pi^2 (210{,}000)\left(\dfrac{(30)(6)^3}{12}\right)}{(250)^2} = 17{,}907.4\text{N} = 17.907\text{kN}$

기출20 ②

그림과 같은 압축재 H-200×200×8×12가 부재의 중앙지점에서 약축에 대해 휨변형이 구속되어 있다. 이 부재의 탄성좌굴응력은?

(단, $A = 63.53 \times 10^2 \text{mm}^2$, $I_x = 4.72 \times 10^7 \text{mm}^4$, $I_y = 1.60 \times 10^7 \text{mm}^4$, $E = 210{,}000\text{MPa}$)

① 252N/mm²   ② 190N/mm²
③ 132N/mm²   ④ 108N/mm²

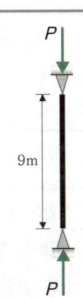

■ 강축(x)에 대해서는 부재 전체의 길이 $L = 9\text{m}$, 약축(y)에 대해서는 휨변형이 구속되어 있으므로 $L = 4.5\text{m}$를 적용한다.

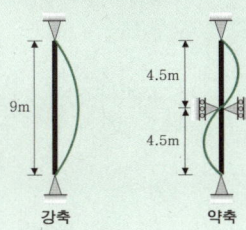

강축   약축

해설

(1) 강축과 약축에 대한 좌굴하중을 계산하여 작은쪽이 탄성좌굴하중이 된다.

① $P_{cr,x} = \dfrac{\pi^2 EI_x}{(KL_x)^2} = \dfrac{\pi^2 (210{,}000)(4.72 \times 10^7)}{[(1.0)(9{,}000)]^2} = 1{,}207{,}747\text{N}$ ← 지배

② $P_{cr,y} = \dfrac{\pi^2 EI_y}{(KL_y)^2} = \dfrac{\pi^2 (210{,}000)(1.60 \times 10^7)}{[(1.0)(4{,}500)]^2} = 1{,}637{,}623\text{N}$

(2) $F_{cr} = \dfrac{P_{cr}}{A} = \dfrac{(1{,}207{,}747)}{(63.53 \times 10^2)} = 190.11\text{N/mm}^2$

기출21 ②

그림과 같은 6m 길이의 기둥에 압축하중이 작용할 때 횡구속에 가장 유리한 조건은? (단, SS275 강재 사용)

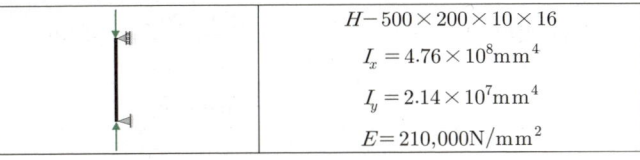

$H-500 \times 200 \times 10 \times 16$
$I_x = 4.76 \times 10^8 \text{mm}^4$
$I_y = 2.14 \times 10^7 \text{mm}^4$
$E = 210{,}000 \text{N/mm}^2$

① 5m 높이에 강축에만 휨변형 구속이 있다.
② 3m 높이에 약축에만 휨변형 구속이 있다.
③ 5m 높이에 약축에만 휨변형 구속이 있다.
④ 3m 높이에 강축에만 휨변형 구속이 있다.

■ 횡구속에 가장 유리한 조건은 좌굴하중이 가장 큰 경우가 되며, 강축에만 휨변형이 구속되어 있는 경우는 I_y를 적용하고, 약축에만 휨변형이 구속되어 있는 경우는 I_x를 적용한다.

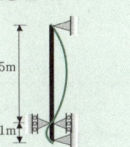

5m 높이를 구속   3m 높이를 구속
$L=5\text{m}$를 적용 $L=3\text{m}$를 적용

해설

$P_{cr} = \dfrac{\pi^2 EI}{(KL)^2}$ 으로부터 약축으로 휨변형을 구속하여 강축에 대한 단면2차모멘트 I_x를 적용시키고, 유효길이 L이 작은쪽이 횡구속에 가장 유리할 것이라는 것을 직관적으로 쉽게 알 수 있다.

기출22 ③

단일 압축재에서 세장비를 구할 때 필요 없는 것은?
① 부재 길이 ② 단부 지점 조건 ③ 탄성계수 ④ 단면2차반경

해설

세장비 $\lambda = \dfrac{KL}{r} = \dfrac{KL}{\sqrt{\dfrac{I}{A}}}$ 으로부터 탄성계수(E)는 관계 없다.

기출23 ③

정방형 단면의 크기가 120mm×120mm 이고, 길이 3m인 기둥의 세장비는?
① 67 ② 76 ③ 87 ④ 95

해설

(1) 문제의 조건에 지지단에 대한 언급이 없으면 $K=1.0$을 적용한다.

(2) 세장비: $\lambda = \dfrac{KL}{r} = \dfrac{KL}{\sqrt{\dfrac{I}{A}}} = \dfrac{(1.0)(3\times 10^3)}{\sqrt{\dfrac{(120)(120)^3/12}{(120\times 120)}}} = 86.60$

기출24 ③

길이 $L=3.0$m, 단면2차반경 $r=3.0$cm, 세장비 $\lambda=100$인 압축력을 받는 장주가 있다. 양단부의 지지조건으로 옳은 것은?
① 양단 고정 ② 일단 고정, 타단 힌지 ③ 양단 힌지 ④ 일단 고정, 타단 자유

해설

(1) 세장비: $\lambda = \dfrac{KL}{r}$ 으로부터 $K = \dfrac{r}{L}\cdot\lambda = \dfrac{(3.0)}{(300)}\cdot(100) = 1.0$

(2) 유효좌굴길이계수 $K=1.0$이므로 양단 힌지 지지조건이다.

기출25 ①

그림과 같이 양단이 회전단인 부재의 좌굴축에 대한 세장비는?
① 76.21 ② 84.28
③ 94.64 ④ 103.77

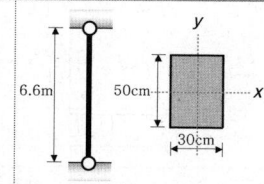

해설

(1) 길이(L)의 변화가 없으므로 약축(I_y)에 대한 단면2차모멘트를 적용한다.

(2) 세장비: $\lambda = \dfrac{KL}{r_{\min}} = \dfrac{KL}{\sqrt{\dfrac{I_{\min}}{A}}} = \dfrac{(1.0)(660)}{\sqrt{\dfrac{(50)(30)^3/12}{(50\times 30)}}} = 76.210$

기출26 ②

그림과 같은 압축재에 $V-V$축의 세장비는?
(단, $A = 10$cm^2, $I_v = 36$cm^4)
① 270.3 ② 263.5
③ 254.8 ④ 236.4

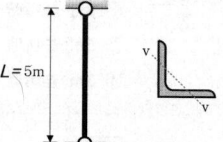

해설

$\lambda = \dfrac{KL}{r} = \dfrac{KL}{\sqrt{\dfrac{I}{A}}} = \dfrac{(1.0)(500)}{\sqrt{\dfrac{(36)}{(10)}}} = 263.523$

| 기출27
① | 그림과 같은 단면을 가진 압축재에서 최소 단면2차 반경을 구하기 위한 좌굴축은?
① V축　　② Y축
③ U축　　④ X축 | 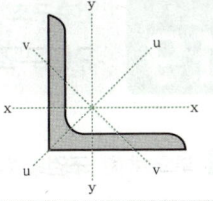 |

해설
L형강의 주축(Principal Axis): U축이 I_{max} 축이고, V축이 I_{min} 축이다.

기출28
①

원형 기둥의 세장비 λ, 좌굴길이 KL, 지름 D 사이의 관계를 표시한 것 중 옳은 것은?

① $\lambda = \dfrac{4KL}{D}$　② $\lambda = \dfrac{3.5KL}{D}$　③ $\lambda = \dfrac{0.4KL}{D}$　④ $\lambda = \dfrac{0.35KL}{D}$

해설
단면2차반경 $r = \sqrt{\dfrac{I}{A}} = \sqrt{\dfrac{\pi D^4/64}{\pi D^2/4}} = \dfrac{D}{4}$, 세장비 $\lambda = \dfrac{KL}{\frac{D}{4}} = \dfrac{4KL}{D}$

기출29
②

양단힌지인 길이 6m $H-300 \times 300 \times 10 \times 15$의 기둥이 약축 방향으로 부재중앙이 가새로 지지되어 있을 때 설계용 세장비는? (단, $r_x = 131\text{mm}$, $r_y = 75.1\text{mm}$)

① 40.0　② 45.8　③ 58.2　④ 66.3

해설
(1) 양단 힌지이므로 유효좌굴길이계수 $K = 1.0$
(2) 세장비 : 강축(x)에 대해서는 부재 전체의 길이 $L = 6\text{m}$, 약축(y)에 대해서는 가새로 횡지지되어 있으므로 $L = 3\text{m}$를 적용

① $\dfrac{KL}{r_x} = \dfrac{(1.0)(6,000)}{(131)} = 45.80$ ← 지배

② $\dfrac{KL}{r_y} = \dfrac{(1.0)(3,000)}{(75.1)} = 39.95$

■ 강축(x)에 대해서는 부재 전체의 길이 $L = 6\text{m}$, 약축(y)에 대해서는 휨변형이 구속되어 있으므로 $L = 3\text{m}$를 적용한다.

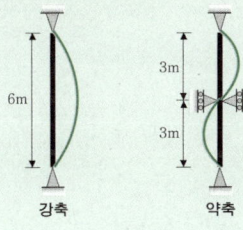

기출30
③

H형강이 사용된 압축재 양단이 핀으로 지지되고 약축방향으로 부재중앙이 가새로 지지되어 있다. 부재의 전 길이가 4m일 때 세장비는? (단, $r_x = 8.62\text{cm}$, $r_y = 5.02\text{cm}$)

① 26.4　② 36.4　③ 46.4　④ 56.4

해설
(1) 양단 힌지이므로 유효좌굴길이계수 $K = 1.0$
(2) 세장비 : 강축(x)에 대해서는 부재 전체의 길이 $L = 4\text{m}$, 약축(y)에 대해서는 가새로 횡지지되어 있으므로 $L = 2\text{m}$를 적용

① $\dfrac{KL}{r_x} = \dfrac{(1.0)(4,000)}{(86.2)} = 46.40$ ← 지배

② $\dfrac{KL}{r_y} = \dfrac{(1.0)(2,000)}{(50.2)} = 39.84$

■ 강축(x)에 대해서는 부재 전체의 길이 $L = 4\text{m}$, 약축(y)에 대해서는 휨변형이 구속되어 있으므로 $L = 2\text{m}$를 적용한다.

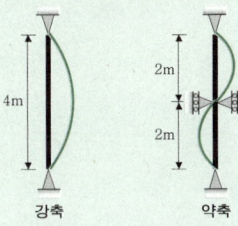

핵심번호 19 건축구조
건축구조역학: 1차 부정정 구조

1 주요 하중 조건에 의한 1차 부정정 구조의 지점반력

하중 조건	V_A	M_B
(그림: 단순-고정보, 중앙 집중하중 P, 경간 L)	$+\dfrac{5P}{16}(\uparrow)$	$+\dfrac{3PL}{16}(\curvearrowleft)$
(그림: 단순-고정보, 등분포하중 w, 경간 L)	$+\dfrac{3wL}{8}(\uparrow)$	$+\dfrac{wL^2}{8}(\curvearrowleft)$
(그림: 양단 모멘트 M, 경간 L)	$-\dfrac{3M}{2L}(\downarrow)$	$+\dfrac{M}{2}(\curvearrowleft)$
(그림: 2경간 연속보, 등분포하중 w)	$V_C=+\dfrac{5wL}{8}(\uparrow) \Rightarrow V_A=V_B=+\dfrac{1.5wL}{8}(\uparrow)$	

기출1 ①

다음 부정정 구조물의 A단의 휨모멘트는?
① $-15\text{kN}\cdot\text{m}$　② $-20\text{kN}\cdot\text{m}$
③ $-30\text{kN}\cdot\text{m}$　④ $-40\text{kN}\cdot\text{m}$

[해설]
$M_A = -\dfrac{3PL}{16} = -\dfrac{3(20)(4)}{16} = -15\text{kN}\cdot\text{m}\,(\curvearrowleft)$

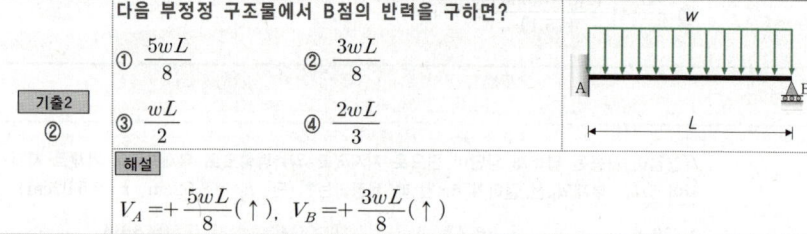

기출2 ②

다음 부정정 구조물에서 B점의 반력을 구하면?
① $\dfrac{5wL}{8}$　② $\dfrac{3wL}{8}$
③ $\dfrac{wL}{2}$　④ $\dfrac{2wL}{3}$

[해설]
$V_A = +\dfrac{5wL}{8}(\uparrow),\ V_B = +\dfrac{3wL}{8}(\uparrow)$

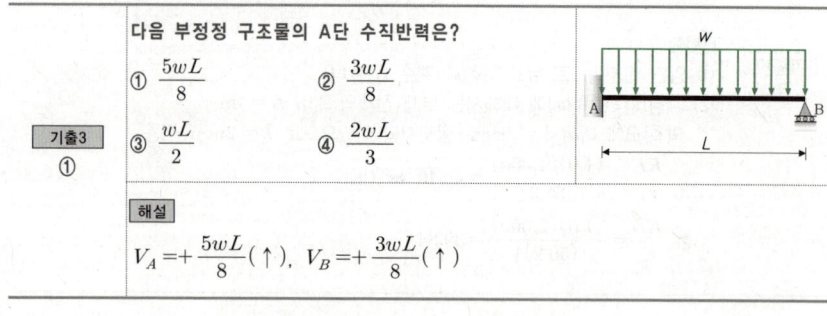

기출3 ①

다음 부정정 구조물의 A단 수직반력은?
① $\dfrac{5wL}{8}$　② $\dfrac{3wL}{8}$
③ $\dfrac{wL}{2}$　④ $\dfrac{2wL}{3}$

[해설]
$V_A = +\dfrac{5wL}{8}(\uparrow),\ V_B = +\dfrac{3wL}{8}(\uparrow)$

기출4
②

그림과 같은 1차 부정정 보에서 지점 B의 고정단 모멘트의 크기는?

① M_o ② $\dfrac{M_o}{2}$ ③ $\dfrac{M_o}{3}$ ④ $\dfrac{M_o}{4}$

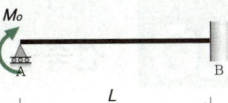

해설

$M_B = +\dfrac{1}{2}M_o$, $V_A = -\dfrac{3M}{2L}$

기출5
③

그림과 같은 보에서 A점에 200kN·m의 모멘트가 작용하였을 때 B점이 지지하는 모멘트 및 수직반력은?

① $M_{BA} = 200\text{kN} \cdot \text{m}$, $V_B = 100\text{kN}$
② $M_{BA} = 200\text{kN} \cdot \text{m}$, $V_B = 50\text{kN}$
③ $M_{BA} = 100\text{kN} \cdot \text{m}$, $V_B = 100\text{kN}$
④ $M_{BA} = 100\text{kN} \cdot \text{m}$, $V_B = 50\text{kN}$

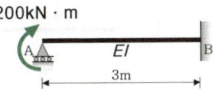

해설

(1) $M_B = +\dfrac{M}{2} = +\dfrac{(200)}{2} = +100\text{kN} \cdot \text{m}\ (\curvearrowright)$

(2) $V_A = -\dfrac{3M}{2L} = -\dfrac{3(200)}{2(3)} = -100\text{kN}\ (\downarrow)$

기출6
①

2경간 연속보에서 반력 R_c의 크기는? (단, EI는 일정)

① 31.25 kN   ② 25 kN
③ 18.75 kN   ④ 11.25 kN

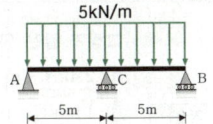

해설

$R_C = V_C = +\dfrac{5wL}{8} = +\dfrac{5(5)(10)}{8} = +31.25\text{kN}\ (\uparrow)$

기출7
①

상단과 하단이 고정된 길이 6m, 단면적 1cm² 인 강봉의 상단으로부터 2m 지점에 45kN의 하향 축력이 작용할 때 하중 작용점의 변위는? ($E_s = 200,000\text{MPa}$)

① 3.0mm   ② 3.5mm   ③ 4.0mm   ④ 4.5mm

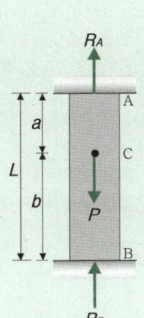

해설

(1) $R_B = P \cdot \dfrac{a}{L} = (45) \cdot \dfrac{(2)}{(6)} = 15\text{kN}\ (\uparrow)$

(2) $\Delta L = \dfrac{PL}{EA} = \dfrac{(15 \times 10^3)(4 \times 10^3)}{(200,000)(100)} = 3\text{mm}$

기출8
③

그림과 같은 교차보(Cross Beam) A, B의 최대 휨모멘트의 비는? (단, EI는 동일함)

① 1 : 2   ② 1 : 3
③ 1 : 4   ④ 1 : 8

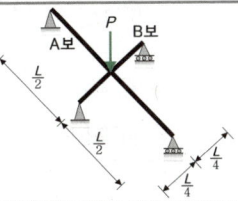

해설

(1) 적합조건식: $\dfrac{P_1 \cdot L^3}{48EI} = \dfrac{P_2 \cdot \left(\dfrac{L}{2}\right)^3}{48EI}$ 으로부터 $8P_1 = P_2$

(2) 평형조건식: $P = P_1 + P_2 = 9P_1$ 으로부터 $P_1 = \dfrac{1}{9}P$, $P_2 = \dfrac{8}{9}P$

(3) A보의 최대휨모멘트: $M_{C,\max} = +\left(\dfrac{P}{18}\right)\left(\dfrac{L}{2}\right) = +\dfrac{PL}{36}\ (\smile)$

(4) B보의 최대휨모멘트: $M_{C,\max} = +\left(\dfrac{4P}{9}\right)\left(\dfrac{L}{4}\right) = +\dfrac{4PL}{36}\ (\smile)$

■ 적합조건식 $\delta_1 = \delta_2$

A보와 B보가 서로 직교하며 하중점에서의 변위는 같다.

핵심번호 20 건축구조: 건축구조역학: 고정단모멘트(FEM)

1 고정단모멘트(FEM, Fixed End Moment)

수평의 부정정 구조물에 수직의 하중이 작용하면 부재 양단에서 부재를 휘게 하는 모멘트

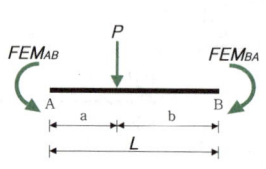

$FEM_{AB} = -\dfrac{P \cdot a \cdot b^2}{L^2}(\curvearrowright)$

$FEM_{BA} = +\dfrac{P \cdot a^2 \cdot b}{L^2}(\curvearrowleft)$

➡ $a = b = \dfrac{L}{2}$ 을 대입하면 $FEM = \dfrac{PL}{8}$

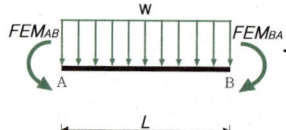

$FEM_{AB} = -\dfrac{wL^2}{12}(\curvearrowright)$

$FEM_{BA} = +\dfrac{wL^2}{12}(\curvearrowleft)$

기출1 ②

그림과 같은 양단 고정보에서 B단의 휨모멘트 값은?
① 2.4kN · m ② 9.6kN · m
③ 14.4kN · m ④ 24.8kN · m

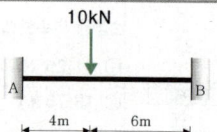

해설

$M_B = -\dfrac{P \cdot a^2 \cdot b}{L^2} = -\dfrac{(10)(4^2)(6)}{(10)^2} = -9.6\text{kN} \cdot \text{m} \;(\curvearrowright)$

기출2 ③

그림과 같은 양단고정 보에서 A점의 휨모멘트는?
(단, EI는 일정)
① -40kN · m ② -50kN · m
③ -60kN · m ④ -70kN · m

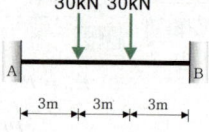

해설

(1) $M_{A1} = -\dfrac{P_1 \cdot a \cdot b^2}{L^2} = -\dfrac{(30)(3)(6)^2}{(9)^2} = -40\text{kN} \cdot \text{m} \;(\curvearrowright)$

(2) $M_{A2} = -\dfrac{P_2 \cdot a \cdot b^2}{L^2} = -\dfrac{(30)(6)(3)^2}{(9)^2} = -20\text{kN} \cdot \text{m} \;(\curvearrowright)$

(3) 중첩의 원리: $M_A = M_{A1} + M_{A2} = -60\text{kN} \cdot \text{m} \;(\curvearrowright)$

기출3 ④

양단 고정보의 단부 휨모멘트 값은?
① $-\dfrac{3PL}{16}$ ② $-\dfrac{PL}{12}$
③ $-\dfrac{PL}{4}$ ④ $-\dfrac{PL}{8}$

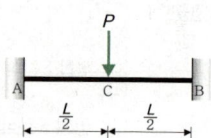

해설

$M_A = M_B = -\dfrac{PL}{8}(\curvearrowright)$

기출4 ①

그림과 같은 부정정보의 중앙부와 단부의 휨모멘트 비율 $M_C : M_A$는?

① 1 : 1 ② 1 : 2
③ 1 : 3 ④ 1 : 4

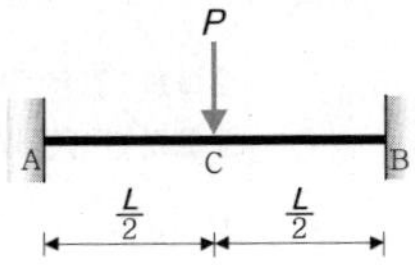

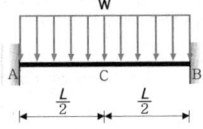

해설

(1) 단부: $M_A = -\dfrac{PL}{8}(\frown)$, 중앙부: $M_C = -\left(\dfrac{PL}{8}\right) + \left(\dfrac{P}{2}\right)\left(\dfrac{L}{2}\right) = +\dfrac{PL}{8}(\smile)$

(2) $M_C : M_A = 1 : 1$

기출5 ③

그림과 같은 보의 양 지점 휨모멘트는?

① $-\dfrac{wL^2}{24}$ ② $-\dfrac{wL^2}{16}$
③ $-\dfrac{wL^2}{12}$ ④ $-\dfrac{wL^2}{8}$

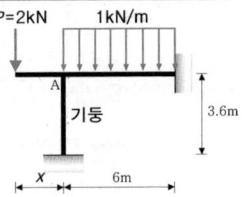

해설

$M_A = -\dfrac{wL^2}{12}(\frown)$, $M_B = +\dfrac{wL^2}{12}(\frown)$ ➡ $M_A = M_B = -\dfrac{wL^2}{12}(\frown)$

기출6 ②

그림과 같은 구조에서 기둥재에 압축력만 생기게 하려면 A점에서 내민 부재의 길이 x의 값은 얼마인가?

① 1 m ② 1.5 m
③ 2 m ④ 3 m

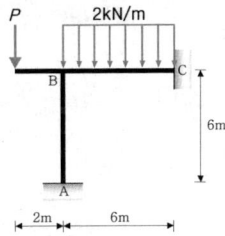

해설

$\sum M_A = M_{A(지면)} + M_{A(자유단)} + M_{A(벽면)} = (0) - (2 \cdot x) + \left(\dfrac{(1)(6)^2}{12}\right) = 0$

∴ $x = 1.5\,\text{m}$

기출7 ①

그림과 같은 라멘의 AB재에 휨모멘트가 발생하지 않게 하려면 P는 얼마가 되어야 하는가?

① 3kN ② 4kN
③ 5kN ④ 6kN

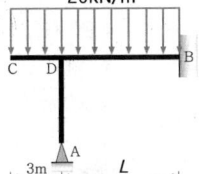

해설

$\sum M_B = M_{BA} + M_{B(자유단)} + M_{BC} = (0) - (P)(2) + \left(\dfrac{(2)(6)^2}{12}\right) = 0$

∴ $P = 3\,\text{kN}$

기출8 ④

그림과 같은 현관 출입구에서 기둥에 휨모멘트가 생기지 않게 하기 위한 L은 얼마인가?

① 2.45m ② 4.90m
③ 6.12m ④ 7.35m

해설

$\sum M_D = M_{DA} + M_{DC} + M_{DB} = (0) - (20 \times 3)\left(\dfrac{3}{2}\right) + \left(\dfrac{(20)(L)^2}{12}\right) = 0$

∴ $L = 7.35\,\text{m}$

기출9 ④

그림과 같은 라멘의 기둥 부재에 휨모멘트가 생기지 않으려면 캔틸레버의 내민길이 x의 값은?

① 3.0m   ② $\sqrt{3}$ m
③ 1.5m   ④ $\sqrt{1.5}$ m

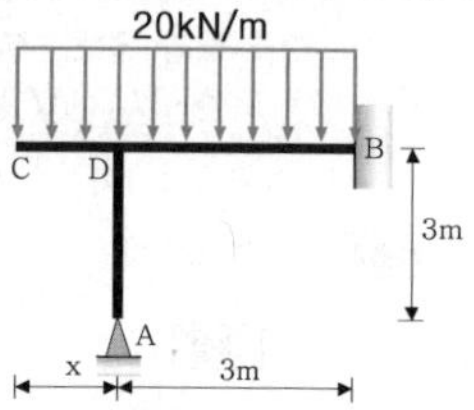

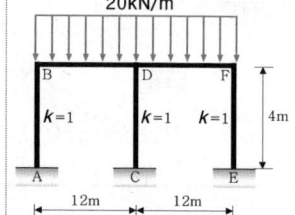

해설

$\sum M_D = M_{DA} + M_{DC} + M_{DB} = (0) - (20 \cdot x)\left(\dfrac{x}{2}\right) + \left(\dfrac{(20)(3)^2}{12}\right) = 0$

∴ $x = \sqrt{1.5}$ m

기출10 ①

그림과 같은 부정정 라멘에서 CD기둥의 전단력 값은?

① 0   ② 10kN
③ 20kN   ④ 30kN

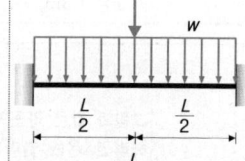

해설

$\sum M_D = M_{DB} + M_{DC} + M_{DF} = 0$ 으로부터

$M_{DC} = -M_{DB} - M_{DF} = -\left(+\dfrac{wL^2}{12}\right) - \left(-\dfrac{wL^2}{12}\right) = 0$ 이므로 $M_{DC} = M_{CD} = 0$

➡ CD기둥에 휨모멘트가 없으므로 전단력도 없다.

기출11 ②

그림과 같은 양단 고정보의 단부 휨모멘트는?

① $M = -\dfrac{wL^2}{16} - \dfrac{PL}{12}$ ② $M = -\dfrac{wL^2}{12} - \dfrac{PL}{8}$

③ $M = -\dfrac{wL^2}{8} - \dfrac{PL}{4}$ ④ $M = -\dfrac{wL^2}{16} - \dfrac{PL}{8}$

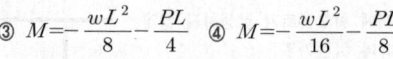

해설

(1) 등분포하중(w)과 집중하중(P)에 대한 각각의 단부 휨모멘트에 대해 중첩의 원리(Method of Superposition)를 적용한다.

(2) $M_{A,Left} = +\left[-\left(\dfrac{wL^2}{12}\right) - \left(\dfrac{PL}{8}\right)\right] = -\dfrac{wL^2}{12} - \dfrac{PL}{8}$

기출12 ①

그림과 같이 양단고정인 철골보에 소요되는 단면계수 값은? (단, SS275 강재 사용, $\sigma_b = 160$MPa)

① 383cm³   ② 415cm³
③ 513cm³   ④ 558cm³

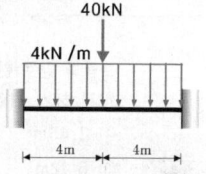

해설

(1) $M_{\max} = \dfrac{wL^2}{12} + \dfrac{PL}{8} = \dfrac{(4)(8)^2}{12} + \dfrac{(40)(8)}{8} = 61.3333$ kN·m

(2) $\sigma_b = \dfrac{M_{\max}}{Z}$ ➡ $Z = \dfrac{M_{\max}}{\sigma_b} = \dfrac{61.3333 \times 10^6}{160} = 383{,}333$ mm³ $= 383.333$ cm³

핵심번호 21 건축구조: 건축구조역학: 모멘트 분배법

1 모멘트 분배법(Moment Distributed Method, 1930)

■ Hardy Cross(1885~1959)

	강도계수(K), 수정강도계수(K^R)	
(1)	$K = \dfrac{I}{L}$	해당 부재의 단면2차모멘트를 부재의 길이로 나눈 것
	$K^R = \dfrac{3}{4}K$	강도계수는 양단이 고정단인 경우를 기준으로 정한 것이며, 부재의 타단이 Hinge일 경우 $\dfrac{3}{4}$을 적용
	해제 모멘트($\overline{M}$)	
(2)	절점에서 실제 모멘트하중이 작용하는 경우가 아닐 때, 고정단모멘트(FEM, Fixed End Moment)를 불균형모멘트(M_u, Unbalanced Moment)로 취급하여 이것의 부호만을 바꾼 모멘트를 해제모멘트라고 한다.	
	분배율(Distributed Factor, DF)	
(3)	$DF = \dfrac{구하려는 부재의 유효강비}{전체\ 유효강비의\ 합}$ ➡ 절점에서 각 부재로 분배되는 비율	
	분배모멘트(Distributed Moment)	
(4)	$M_{OA} = M_O \cdot DF_{OA} = M_O \cdot \dfrac{K_{OA}}{\Sigma K}$	
	전달모멘트(Carry-Over Moment)	
(5)	절점에서 분배된 분배모멘트는 지지단 쪽으로 전달되며, 고정단일 경우 항상 분배모멘트의 $\dfrac{1}{2}$이다.	

그림과 같은 연속보에서 절점 C의 회전을 저지시키기 위해 필요한 모멘트의 크기는?

① 30kN·m ② 60kN·m
③ 90kN·m ④ 120kN·m

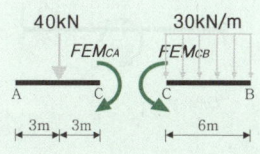

기출1
②

해설

(1) $FEM_C = FEM_{CA} + FEM_{CB} = +\dfrac{PL}{8} - \dfrac{wL^2}{12}$

$= +\dfrac{(40)(6)}{8} - \dfrac{(30)(6)^2}{12} = -60\text{kN}\cdot\text{m}\,(\curvearrowleft)$

(2) 해제모멘트: $\overline{M} = -FEM_C = +60\text{kN}\cdot\text{m}\,(\curvearrowright)$

■ 분배모멘트가 동일하려면 분배율(DF)이 동일해야 하고, 분배율이 동일하려면 강도계수(K)가 같아야 한다.

기출2 ④

OB부재와 OC부재에 분배되는 모멘트가 같게 하려면 OC부재의 길이를 얼마로 해야 하는가?

① $\dfrac{3}{2}$m　　② 3m
③ $\dfrac{2}{3}$m　　④ $\dfrac{9}{4}$m

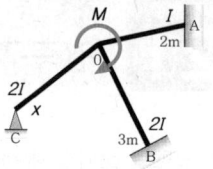

해설

$K_{OB} = \dfrac{2I}{3} \Rightarrow 8x$,　$K_{OC}^R = \dfrac{3}{4}\left(\dfrac{2I}{x}\right) = \dfrac{6I}{4x} \Rightarrow 18$

$8x = 18$ 으로부터 $x = \dfrac{9}{4}$m

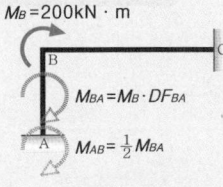

기출3 ②

그림과 같은 구조물에서 절점B에 $M=200$kN·m가 작용하는 경우 M_{AB}는?

① 20kN·m　　② 40kN·m
③ 60kN·m　　④ 80kN·m

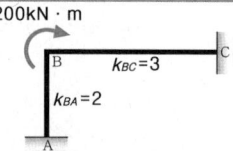

해설

(1) 분배모멘트: $M_{BA} = M_B \cdot DF_{BA} = +(200)\left(\dfrac{2}{2+3}\right) = +80$kN·m($\curvearrowright$)

(2) 전달모멘트: $M_{AB} = \dfrac{1}{2}M_{BA} = \left(\dfrac{1}{2}\right)(+80) = +40$kN·m($\curvearrowright$)

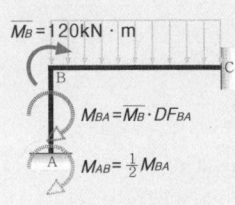

기출4 ②

그림과 같은 부정정 라멘에서 A점의 M_{AB}는?

① 0　　② 20kN·m
③ 40kN·m　　④ 60kN·m

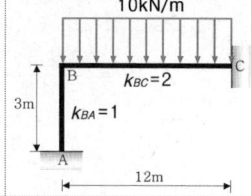

해설

(1) B절점: $FEM_{BC} = -\dfrac{wL^2}{12} = -\dfrac{(10)(12)^2}{12} = -120$kN·m($\curvearrowright$)

(2) 해제모멘트: $\overline{M_B} = -FEM_{BC} = +120$kN·m($\curvearrowright$)

(3) 분배모멘트: $M_{BA} = \overline{M_B} \cdot DF_{BA} = +(120)\left(\dfrac{1}{1+2}\right) = +40$kN·m($\curvearrowright$)

(4) 전달모멘트: $M_{AB} = \dfrac{1}{2}M_{BA} = \left(\dfrac{1}{2}\right)(+40) = +20$kN·m($\curvearrowright$)

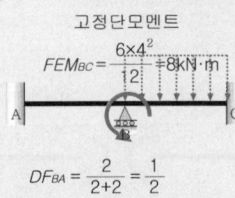

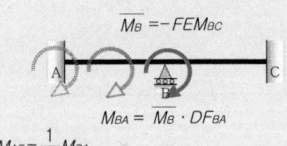

기출5 ④

그림과 같은 구조물에서 재단모멘트 M_{AB}는?

① 0.5kN·m　　② 1kN·m
③ 1.5kN·m　　④ 2kN·m

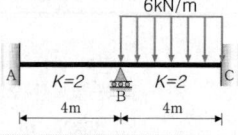

해설

(1) B절점의 고정단모멘트: $FEM_{BC} = -\dfrac{wL^2}{12} = -\dfrac{(6)(4)^2}{12} = -8$kN·m($\curvearrowright$)

(2) 해제모멘트: $\overline{M_B} = -FEM_{BC} = +8$kN·m($\curvearrowright$)

(3) 분배율: $DF_{BA} = \dfrac{2}{2+2} = \dfrac{1}{2}$

(4) 분배모멘트: $M_{BA} = \overline{M_B} \cdot DF_{BA} = (+8)\left(\dfrac{1}{2}\right) = +4$kN·m($\curvearrowright$)

(5) 전달모멘트: $M_{AB} = \dfrac{1}{2}M_{BA} = \dfrac{1}{2}(+4) = +2$kN·m($\curvearrowright$)

기출6 ①

그림과 같은 구조물에서 재단모멘트 M_{AB}는?

① 2kN·m ② 3kN·m
③ 4kN·m ④ 5kN·m

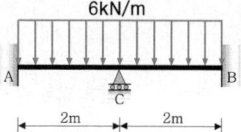

해설

(1) C절점: $FEM_C = FEM_{CA} + FEM_{CB} = +\dfrac{wL^2}{12} - \dfrac{wL^2}{12} = 0$

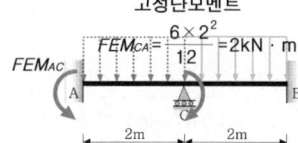 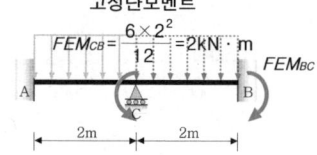

(2) A절점: $FEM_{AC} = -\dfrac{wL^2}{12} = -\dfrac{(6)(2)^2}{12} = -2\text{kN}\cdot\text{m}\,(\curvearrowleft)$

(3) C절점의 고정단모멘트가 0이므로 A절점의 고정단모멘트가 A점의 재단모멘트 M_{AC}가 된다.

기출7 ①

그림과 같은 양단고정보에서 A단의 휨모멘트는?
(단, 등분포하중 $w=3\text{kN/m}$, $L=3\text{m}$)

① 2.8kN·m ② 1kN·m
③ 1.4kN·m ④ 2kN·m

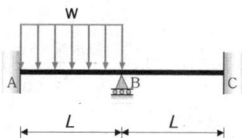

고정단모멘트

$FEM_{BC} = \dfrac{6\times 4^2}{12} = 8\text{kN}\cdot\text{m}$

$DF_{BA} = \dfrac{2}{2+2} = \dfrac{1}{2}$

해제모멘트, 분배모멘트, 전달모멘트

$\overline{M_B} = -FEM_{BC}$

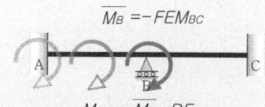

$M_{BA} = \overline{M_B}\cdot DF_{BA}$

$M_{AB} = \dfrac{1}{2} M_{BA}$

해설

(1) 고정단모멘트: $FEM_{AB} = -\dfrac{wL^2}{12}(\curvearrowleft)$, $FEM_{BA} = +\dfrac{wL^2}{12}(\curvearrowright)$

 해제모멘트: $\overline{M_B} = -FEM_{BA} = -\dfrac{wL^2}{12}(\curvearrowleft)$

(2) 분배모멘트, 전달모멘트:

 ① 분배모멘트: $M_{BA} = \overline{M_B}\cdot\dfrac{1}{2} = -\dfrac{wL^2}{24}(\curvearrowleft)$

 ② 전달모멘트: $M_{AB} = \dfrac{1}{2}M_{BA} = -\dfrac{wL^2}{48}(\curvearrowleft)$

(3) A지점의 모멘트반력: A점의 고정단모멘트+전달모멘트

$M_A = FEM_{AB} + M_{AB} = -\dfrac{wL^2}{12} - \dfrac{wL^2}{48} = -\dfrac{5wL^2}{48}(\curvearrowleft)$

(4) A점의 휨모멘트: $M_A = -\dfrac{5wL^2}{48} = -\dfrac{5(3)(3)^2}{48} = -2.8125\text{kN}\cdot\text{m}\,(\curvearrowleft)$

기출8 ①

그림과 같은 라멘에 있어서 A점의 모멘트는 얼마인가?
(단, k는 강비이다.)

① 1kN·m ② 2kN·m
③ 3kN·m ④ 4kN·m

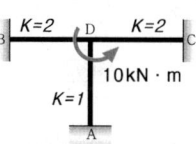

해설

(1) 분배모멘트: $M_{DA} = M_D\cdot DF_{DA} = (-10)\left(\dfrac{1}{1+2+2}\right) = -2\text{kN}\cdot\text{m}\,(\curvearrowleft)$

(2) 전달모멘트: $M_{AD} = \dfrac{1}{2}M_{DA} = \dfrac{1}{2}(-2) = -1\text{kN}\cdot\text{m}\,(\curvearrowleft)$

그림과 같은 구조물에서 C점에 발생되는 모멘트는?

① 4.0kN·m   ② 3.5kN·m
③ 3.0kN·m   ④ 2.5kN·m

기출9
①

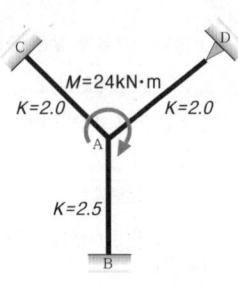

해설

(1) $M_{AC} = M_A \cdot DF_{AC} = (+24)\left(\dfrac{2.0}{2.5 + 2.0 + 2.0 \times \dfrac{3}{4}}\right) = +8\text{kN}\cdot\text{m}\,(\curvearrowright)$

(2) $M_{CA} = \dfrac{1}{2} M_{AC} = \dfrac{1}{2}(+8) = +4\text{kN}\cdot\text{m}\,(\curvearrowright)$

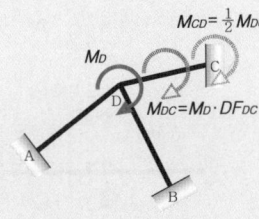

그림에서 절점 D는 이동을 하지 않으며, A, B, C는 고정단일 때 C단의 모멘트는? (단, k는 강비)

① 4.0kN·m   ② 4.5kN·m
③ 5.0kN·m   ④ 5.5kN·m

기출10
③

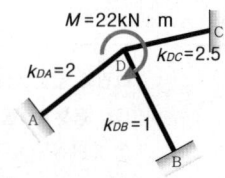

해설

(1) $M_{DC} = M_D \cdot DF_{DC} = (+22)\left(\dfrac{2.5}{2 + 1 + 2.5}\right) = +10\text{kN}\cdot\text{m}\,(\curvearrowright)$

(2) $M_{CD} = \dfrac{1}{2} M_{DC} = \left(\dfrac{1}{2}\right)(+10) = +5\text{kN}\cdot\text{m}\,(\curvearrowright)$

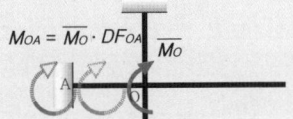

다음 부정정 구조물에서 A단에 도달하는 모멘트의 크기는?

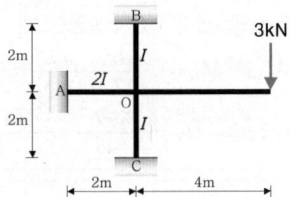

① 1.5kN·m   ② 2.0kN·m   ③ 2.5kN·m   ④ 3.0kN·m

기출11
④

해설

(1) O절점: $M_{O,Right} = -[+(3)(4)] = -12\text{kN}\cdot\text{m}\,(\curvearrowright)$

(2) 해제모멘트: $\overline{M_O} = +12\text{kN}\cdot\text{m}\,(\curvearrowright)$

(3) 강도계수와 강비: $K_{OA} = \dfrac{2I}{2} \rightarrow 2$, $K_{OB} = \dfrac{I}{2} \rightarrow 1$, $K_{OC} = \dfrac{I}{2} \rightarrow 1$

(4) 분배모멘트: $M_{OA} = \overline{M_O} \cdot DF_{OA} = (+12)\left(\dfrac{2}{2 + 1 + 1}\right) = +6\text{kN}\cdot\text{m}\,(\curvearrowright)$

(5) 전달모멘트: $M_{AO} = \dfrac{1}{2} M_{OA} = \dfrac{1}{2}(+6) = +3\text{kN}\cdot\text{m}\,(\curvearrowright)$

기출12 ①	그림에서 B점에 도달되는 모멘트는? ① 2.7kN·m ② 3.0kN·m ③ 5.4kN·m ④ 6.0kN·m	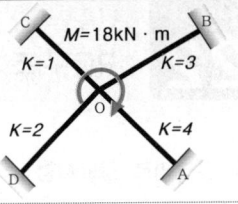	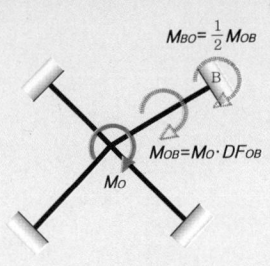

해설

(1) $M_{OB} = M_O \cdot DF_{OB} = (+18)\left(\dfrac{3}{4+3+1+2}\right) = +5.4\text{kN}\cdot\text{m}\ (\curvearrowright)$

(2) $M_{BO} = \dfrac{1}{2}M_{OB} = \dfrac{1}{2}(+5.4) = +2.7\text{kN}\cdot\text{m}\ (\curvearrowright)$

기출13 ①	그림과 같은 구조물에서 B단에 발생하는 휨모멘트는? ① 2kN·m ② 3kN·m ③ 4kN·m ④ 6kN·m	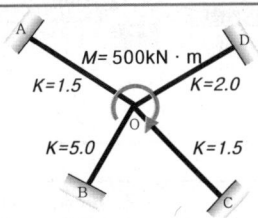	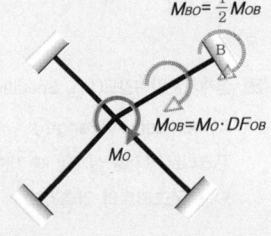

해설

(1) $M_{OB} = M_B \cdot DF_{OB} = (+20)\left(\dfrac{2}{1+2+3+4}\right) = +4\text{kN}\cdot\text{m}\ (\curvearrowright)$

(2) $M_{BO} = \dfrac{1}{2}M_{OB} = \dfrac{1}{2}(+4) = +2\text{kN}\cdot\text{m}\ (\curvearrowright)$

기출14 ①	그림과 같은 구조에서 B단에 발생하는 모멘트는? ① 125kN·m ② 188kN·m ③ 250kN·m ④ 300kN·m	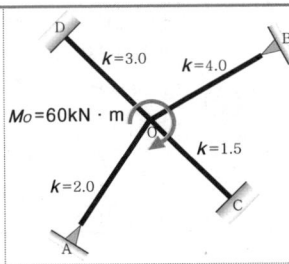	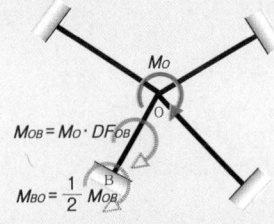

해설

(1) 분배모멘트:
$M_{OB} = M_B \cdot DF_{OB} = (+500)\left(\dfrac{5.0}{1.5+5.0+1.5+2.0}\right) = +250\text{kN}\cdot\text{m}\ (\curvearrowright)$

(2) 전달모멘트: $M_{BO} = \dfrac{1}{2}M_{OB} = +125\text{kN}\cdot\text{m}\ (\curvearrowright)$

기출15 ②	그림과 같은 구조에서 C단에 생기는 휨모멘트는? ① 2.4kN·m ② 5kN·m ③ 6.5kN·m ④ 10kN·m		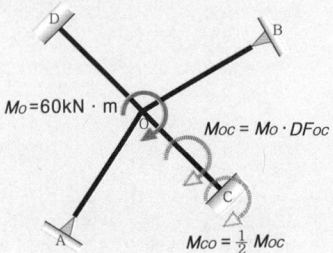

해설

(1) 분배율: $DF_{OC} = \dfrac{1.5}{2.0\left(\dfrac{3}{4}\right)+4.0\left(\dfrac{3}{4}\right)+1.5+3.0} = \dfrac{1}{6}$

(2) 분배모멘트: $M_{OC} = M_O \cdot DF_{OC} = (+60)\cdot\left(\dfrac{1}{6}\right) = +10\text{kN}\cdot\text{m}\ (\curvearrowright)$

(3) 전달모멘트: $M_{CO} = \dfrac{1}{2}M_{OC} = \dfrac{1}{2}(+10) = +5\text{kN}\cdot\text{m}\ (\curvearrowright)$

핵심번호 22 건축구조
RC구조: 콘크리트 강도시험, 철근 재료 일반

■ 원주형 공시체
$\phi 150 \times 300 \Rightarrow D = 150mm$
$\phi 100 \times 200 \Rightarrow D = 100mm$

■ 설계기준압축강도(f_{ck}, Specified Compressive Strength): 콘크리트 부재를 설계할 때 기준이 되는 콘크리트의 압축강도

1 콘크리트 강도시험

(1) 콘크리트 강도시험

압축강도 시험	인장강도 시험
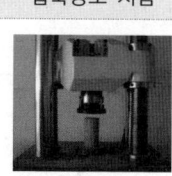	
$f_c = \dfrac{P}{A} = \dfrac{P}{\dfrac{\pi D^2}{4}}$ (MPa)	$f_{sp} = \dfrac{P}{A} = \dfrac{2P}{\pi DL}$ (MPa)

P : 최대 하중(N), A : 단면적(mm^2), D : 직경(mm), L : 공시체의 길이(mm)

기출1 ③
지름 100mm, 높이 200mm 원주 공시체로 콘크리트 압축강도를 시험하였더니 200kN에서 파괴되었다면 이 콘크리트의 압축강도는?
① 12.7MPa ② 17MPa ③ 25.5MPa ④ 50.9MPa

[해설]
$f_c = \dfrac{P}{\dfrac{\pi D^2}{4}} = \dfrac{(200 \times 10^3)}{\dfrac{\pi (100)^2}{4}} = 25.464$(MPa)

기출2 ③
지름 10cm, 높이 20cm인 원주공시체로 콘크리트의 압축강도를 시험하였더니 200kN에서 파괴되었다면 이 콘크리트의 압축강도는 약 얼마인가?
① 12.7MPa ② 17.8MPa ③ 25.5MPa ④ 50.9MPa

[해설]
$f_c = \dfrac{P}{\dfrac{\pi D^2}{4}} = \dfrac{(200 \times 10^3)}{\dfrac{\pi (100)^2}{4}} = 25.464$(MPa)

기출3 ③
지름 100mm, 높이 200mm인 원주공시체로 콘크리트 압축강도를 시험하였더니 250kN에서 파괴되었다면 이 콘크리트의 압축강도는?
① 26MPa ② 29MPa ③ 32MPa ④ 35MPa

[해설]
$f_c = \dfrac{P}{\dfrac{\pi D^2}{4}} = \dfrac{(250 \times 10^3)}{\dfrac{\pi (100)^2}{4}} = 31.830$(MPa)

기출4 ③
직경 100mm, 높이 200mm, 길이 200mm의 콘크리트 공시체를 쪼갬인장강도 시험을 하였더니 파괴하중이 63kN이었다. 이 공시체의 인장강도는?
① 1MPa ② 1.5MPa ③ 2MPa ④ 2.5MPa

[해설]
$f_{sp} = \dfrac{2P}{\pi DL} = \dfrac{2(63 \times 10^3)}{\pi (100)(200)} = 2.005$(MPa)

(2) 탄성계수(Modulus of Elasticity, E)

①	철근	$E_s = 200,000$ (MPa)		
②	콘크리트	$E_c = 8,500 \cdot \sqrt[3]{f_{ck} + \Delta f}$ (MPa)		
		$f_{ck} \leq 40\text{MPa}$	➡	$\Delta f = 4\text{MPa}$
		$40\text{MPa} < f_{ck} < 60\text{MPa}$	➡	$\Delta f =$ 직선 보간
		$f_{ck} \geq 60\text{MPa}$	➡	$\Delta f = 6\text{MPa}$
③	탄성계수비	$n = \dfrac{E_s}{E_c} = \dfrac{200,000}{8,500 \cdot \sqrt[3]{f_{ck} + \Delta f}} \geq 6 \sim 10$		

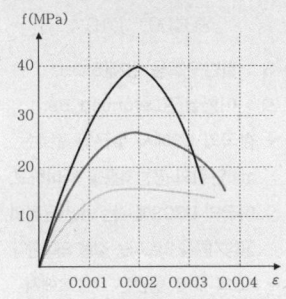

■ 콘크리트 응력변형률 곡선

비례한도 이하의 변형률에 대응하는 응력의 비를 탄성계수라고 한다.

기출5 ②

콘크리트 압축강도가 30MPa일 때 보통골재를 사용한 콘크리트의 탄성계수는?

① 2.62×10^4 MPa ② 2.75×10^4 MPa
③ 2.95×10^4 MPa ④ 3.12×10^4 MPa

[해설]
(1) $f_{ck} = 30\text{MPa} \leq 40\text{MPa}$ ➡ $\Delta f = 4\text{MPa}$
(2) $E_c = 8,500 \cdot \sqrt[3]{f_{ck} + \Delta f} = 8,500 \cdot \sqrt[3]{(30)+(4)} = 27,536.7\text{MPa}$

기출6 ②

보통골재를 사용한 철근콘크리트 보에 콘크리트 압축강도($f_{ck} = 24\text{MPa}$), 철근의 항복강도($f_y = 400\text{MPa}$)의 재료를 사용할 경우 탄성계수비는 약 얼마인가? (단, $E_s = 200,000\text{MPa}$)

① 6.75 ② 7.75 ③ 8.25 ④ 9.15

[해설]
(1) $f_{ck} = 24\text{MPa} \leq 40\text{MPa}$ ➡ $\Delta f = 4\text{MPa}$
(2) $n = \dfrac{E_s}{E_c} = \dfrac{(200,000)}{8,500 \cdot \sqrt[3]{(24)+(4)}} = 7.748$

기출7 ②

콘크리트 압축강도 및 철근의 항복강도가 증가함에 따라 콘크리트와 철근의 탄성계수는 각각 어떻게 변화하는가?

① 콘크리트: 증가, 철근: 증가   ② 콘크리트: 증가, 철근: 불변
③ 콘크리트: 감소, 철근: 감소   ④ 콘크리트: 불변, 철근: 증가

[해설]
(1) $E_c = 8,500 \cdot \sqrt[3]{f_{ck} + \Delta f}$ (MPa), $E_s = 200,000$(MPa)
(2) 콘크리트의 탄성계수는 증가하지만 철근은 변하지 않는다.

기출8 ③

철근콘크리트 구조의 특성에 관한 설명 중 옳지 않은 것은?

① 콘크리트와 일체화된 철근은 쉽게 부식하지 않는다.
② 철근과 콘크리트의 선팽창계수는 거의 유사하다.
③ 철근과 콘크리트의 탄성계수는 동일하여 부착이 용이하다.
④ 콘크리트가 철근을 피복 보호하여 구조체는 내화적이 된다.

[해설]
③ 철근과 콘크리트의 탄성계수는 동일하지 않다.

■ 이형철근의 표시

SD400, D10

- S : 일반구조용 강재(Steel)
- D : 이형철근(Deformed Bar)
- ➡ 한국의 KS에서 철근의 번호는 mm단위의 공칭지름을 의미하고, 미국의 USCS에서는 inch단위의 공칭지름을 8로 나눈 값을 의미한다.
- ➡ KS의 D10 철근은 USCS에서 #3로 표현하며, #3 철근의 지름 = 3/8 inch = 9.53mm가 된다.
- 400 : 항복강도 $f_y = 400\mathrm{MPa}$
- 10: 이형철근의 지름

■ HD22@200

항복강도 400MPa, 직경 22mm 철근을 200mm의 간격으로 배근한다는 의미이다.

HD(High-Tension Deformed Bar, 고강도 철근)는 $f_y = 400\mathrm{MPa}$,

SHD(Super High-Tension Deformed Bar 초고강도 철근)는 $f_y = 500\mathrm{MPa}$,

UHD(Ultra High-Tension Deformed Bar, 초초고강도 철근)는 $f_y = 600\mathrm{MPa}$

2 철근

(1) 일반사항

① 철근콘크리트구조에서 보강철근으로 보강하지 않은 콘크리트는 연성(Ductile) 거동이 아닌 취성(Brittle) 거동을 한다.

② 한국의 KS에서 철근의 번호는 mm단위의 공칭지름을 의미하고, 미국의 USCS에서는 inch단위의 공칭지름을 8로 나눈 값을 의미한다.

(2) 철근콘크리트용 봉강(Steel Bars for Concrete Reinforced) 【KS D 3504】

	일반용					용접용		특수내진용			
	SD300	SD400	SD500	SD600	SD700	SD400W	SD500W	SD400S	SD500S	SD600S	SD700S
	녹색	황색	흑색	회색	하늘색	백색	분홍색	보라색	적색	청색	주황
표시 방법	① SD(Steel Deformed bar)와 하위항복점 또는 항복강도의 최소치로 표기 ② W(Weldable): 용접용, S(Seismic): 특수내진용 표기를 이어서 사용										

(3) 이형철근(=이형봉강) 표준 길이

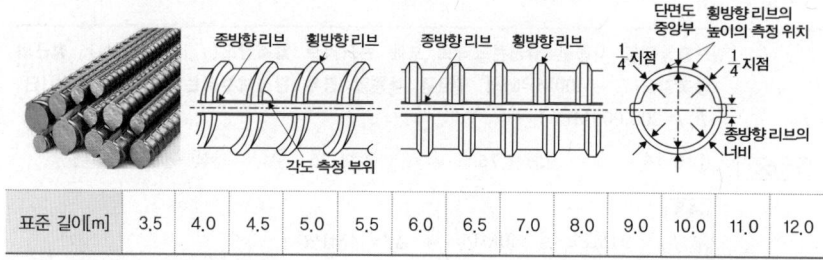

| 표준 길이[m] | 3.5 | 4.0 | 4.5 | 5.0 | 5.5 | 6.0 | 6.5 | 7.0 | 8.0 | 9.0 | 10.0 | 11.0 | 12.0 |

(4) 제품 1개마다의 표시

원산지 | 제조사 | 호칭명(직경) | 항복강도 종류

①	원산지		KR: 원산지가 대한민국이라는 표시 [한국=KR, 일본=JP, 중국=CN, 대만=TW 등]
②	KH(가칭, 假稱) ➡ 생산회사	국내의 주요 제강사	DH: 대한제강, DK: 동국제강, HK: 한국제강, 한국철강, HS: 현대제철, HY: 환영제강, YK: YK스틸
③	19	철근 직경이 19mm라는 표시	D10, D13, D16, D19, D22, D25, D29, D32, D35, D38, D41, D43, D51, D57
④	5		항복강도 $F_y = 500\mathrm{MPa}$
⑤	S		S는 Seismic의 약자로 내진, 용접용 철근인 경우는 W가 표시되고, 일반용 철근은 이 표시가 없다.

기출9 ①
철근콘크리트의 보강철근에 관한 설명으로 옳지 않은 것은?
① 보강철근으로 보강하지 않은 콘크리트는 연성 거동을 한다.
② 보강철근은 콘크리트의 크리프를 감소시키고 균열의 폭을 최소화시킨다.
③ 이형철근은 원형 강봉의 표면에 돌기를 만들어 철근과 콘크리트의 부착력을 최대가 되도록 한 것이다.
④ 보강철근을 콘크리트 속에 매립함으로써 콘크리트의 휨강도를 증대시킨다.

해설
① 보강철근으로 보강하지 않은 콘크리트는 취성 거동을 한다.

기출10 ④
철근콘크리트의 보강철근에 대한 설명으로 틀린 것은?
① 보강철근으로 보강하지 않은 콘크리트는 인장강도가 낮아서 취성(Brittle) 거동을 한다.
② 보강철근은 콘크리트의 크리프를 감소시키고 균열의 폭을 최소화시킨다.
③ 이형철근은 원형 강봉의 표면에 돌기를 만들어 철근과 콘크리트의 부착력을 최대가 되도록 한 것이다.
④ KS에서 철근의 번호는 inch 단위의 공칭지름을 8로 나눈 값을 의미한다.

해설
④ 한국의 KS에서 철근의 번호는 mm 단위의 공칭지름을 의미하고, 미국의 USCS에서는 inch 단위의 공칭지름을 8로 나눈 값을 의미한다.

---

(5) 표준갈고리(Standard Hook)

주철근	스터럽, 띠철근
180° hook / 90° hook	6d_b 이상 / 12d_b 이상 / 135° 6d_b 이상

180° 표준갈고리와 90° 표준갈고리의 구부림 내면반지름

철근 직경	구부림 내면반지름
D10~D25	3d_b 이상
D29~D35	4d_b 이상
D38 이상	5d_b 이상

■ 스터럽과 띠철근의 표준갈고리는 D25 이하의 철근에만 적용된다. 또한 구부린 끝에서 6d_b로 직선 연장한 90° 표준갈고리는 D16 이하의 철근에 적용된다.

■ 스터럽이나 띠철근에서 구부림 내면반지름은 D16 이하일 때 2d_b 이상이고, D19 이상일 때는 좌측의 표를 따른다.

기출11 ④
주철근으로 사용된 D22 철근 180° 표준갈고리의 구부림 최소 내면반지름(r)으로 옳은 것은?
① d_b ② $2d_b$ ③ $2.5d_b$ ④ $3d_b$

해설
주철근 직경이 D10~D25인 경우 구부림 내면반지름은 $3d_b$ 이상이다.

■ 이형철근의 표시

SD400, D10

- S : 일반구조용 강재(Steel)
- D : 이형철근(Deformed Bar)
➡ 한국의 KS에서 철근의 번호는 mm단위의 공칭지름을 의미하고, 미국의 USCS에서는 inch단위의 공칭지름을 8로 나눈 값을 의미한다.
➡ KS의 D10 철근은 USCS에서 #3로 표현하며, #3 철근의 지름 = 3/8 inch = 9.53mm가 된다.
- 400 : 항복강도 $f_y = 400\text{MPa}$
- 10: 이형철근의 지름

3 피복두께(Concrete Coverage)

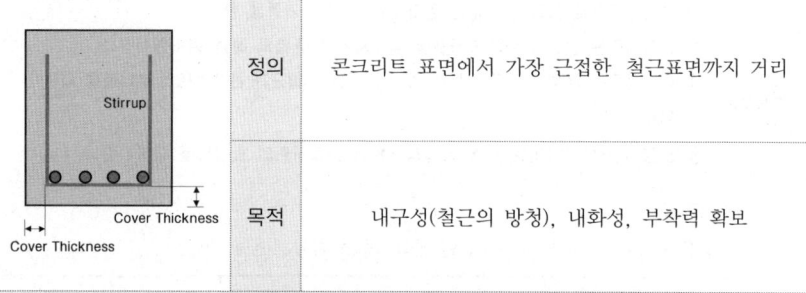

	정의	콘크리트 표면에서 가장 근접한 철근표면까지 거리
	목적	내구성(철근의 방청), 내화성, 부착력 확보

프리스트레스하지 않는 현장치기 콘크리트			기준
수중에서 치는 콘크리트			100mm
흙에 접하여 콘크리트를 친 후 영구히 흙에 묻혀 있는 콘크리트			75mm
흙에 접하거나 옥외의 공기에 직접 노출되는 콘크리트	D19 이상의 철근		50mm
	D16 이하의 철근, 지름 16mm 이하의 철선		40mm
옥외의 공기나 흙에 직접 접하지 않는 콘크리트	슬래브, 벽체	D35 초과	40mm
		D35 이하	20mm
	보, 기둥		40mm

【※ 보, 기둥의 경우 $f_{ck} \geq 40\text{MPa}$ 일 때 피복두께를 10mm 저감시킬 수 있다.】

철근콘크리트구조에 관한 설명으로 옳지 않은 것은?
① 철근의 피복두께는 주근의 중심으로부터 콘크리트 표면까지의 최단거리를 말한다.
② 철근의 표면 상태와 단면 모양에 따라 부착력이 좌우된다.
③ 단순보에 연직하중이 작용하면 중립축을 경계선으로 위쪽에는 압축응력이 발생한다.
④ 콘크리트와 철근이 강력히 부착되면 철근의 좌굴이 방지된다.

기출12
①

해설
① 피복두께는 콘크리트 표면에서 가장 근접한 철근표면까지 거리이다.

KDS에서 철근콘크리트구조의 최소 피복두께를 규정하는 이유로 보기 어려운 것은?
① 철근이 부식되지 않도록 보호   ② 철근의 화해(火害) 방지
③ 철근의 부착력 확보   ④ 콘크리트의 동결융해 방지

기출13
④

해설
피복두께(Cover Thickness)의 목적: 내구성(부식 방지), 내화성, 부착력 확보

기출14 ④

현장치기 콘크리트 중 수중에서 타설하는 콘크리트인 경우 철근의 최소 피복두께는 얼마인가?

① 40mm　　② 60mm　　③ 80mm　　④ 100mm

해설
수중에서 치는 콘크리트: 100mm

기출15 ④

현장치기 콘크리트로써 흙에 접하여 콘크리트를 친 후 영구히 흙에 묻혀 있는 콘크리트의 경우 최소 피복두께는?

① 40mm　　② 50mm　　③ 60mm　　④ 75mm

해설
흙에 접하여 콘크리트를 친 후 영구히 흙에 묻혀 있는 콘크리트: 75mm

기출16 ④

철근콘크리트 옹벽을 흙에 닿는 면에 거푸집을 대지 않고 시공하는 경우 콘크리트의 최소 피복두께는?

① 50mm　　② 60mm　　③ 70mm　　④ 75mm

해설
흙에 접하여 콘크리트를 친 후 영구히 흙에 묻혀 있는 콘크리트: 75mm

기출17 ④

강도설계법에서 흙에 접하는 기둥의 최소 피복두께 기준으로 옳은 것은?
(단, 프리스트레스하지 않는 부재의 현장치기 콘크리트로서 D25인 철근임)

① 20mm　　② 30mm　　③ 40mm　　④ 50mm

해설
흙에 접하거나 옥외의 공기에 직접 노출되는 콘크리트:
D19 이상의 철근 ➡ 50mm

기출18 ③

건축구조기준에 의하여 흙에 접하거나 옥외의 공기에 직접 노출되는 현장치기 콘크리트인 경우 D16 이하의 철근의 최소 피복두께는 강도설계법에서 얼마로 하는가?

① 20mm　　② 30mm　　③ 40mm　　④ 50mm

해설
흙에 접하거나 옥외의 공기에 직접 노출되는 콘크리트:
D16 이하의 철근 ➡ 40mm

기출19 ③

강도설계법일 경우 현장치기 콘크리트에서 옥외의 공기나 흙에 직접 접하지 않는 콘크리트 설계기준강도가 $40N/mm^2$ 이상인 기둥의 가능한 최소 피복두께는?

① 50mm　　② 40mm　　③ 30mm　　④ 20mm

해설
(1) 옥외의 공기나 흙에 직접 접하지 않는 콘크리트에서 기둥의 피복두께는 40mm 이다.
(2) $f_{ck} \geq 40MPa$ 일 때 10mm 저감 가능하므로 최소피복두께는 30mm이다.

핵심번호 23 건축구조
RC구조: 극한강도설계법(USD)

1 (극한)강도설계법(USD, Ultimate Strength Design method)

구조물이 사용되는 동안 파괴나 손상 없이 외력(하중)에 대해 여유를 가질 수 있도록 단면 및 배근량을 결정하는 방법으로 국내에서는 1988년에 설계법이 제정되어 현재까지 적용되고 있다.

■ 극한강도설계법의 주요 표현
휨모멘트(M): $M_u \leq M_d = \phi M_n$
전단력(V): $V_u \leq V_d = \phi V_n$
축방향력(P): $P_u \leq P_d = \phi P_n$

외력(外力) ≤ 내력(內力)
↓
하중계수 × 사용하중 ≤ 강도감소계수 × 공칭강도
↓
소요강도 ≤ 설계강도

기출1 ①

강도설계법의 강도 관계식이 옳게 표시된 것은? (단, M_d는 설계강도, M_n은 공칭강도, M_u는 소요강도, ϕ는 강도감소계수)
① $M_d = \phi M_n \geq M_u$
② $M_d = M_u \leq \phi M_n$
③ $M_d \leq \phi M_n = M_u$
④ $M_n = \phi M_d \geq M_u$

해설
설계강도 ≥ 소요강도 ➡ 강도감소계수 × 공칭강도 ≥ 하중계수 × 사용하중

2 소요강도(Required Strength, U)

■ 소요강도 U는 사용하중에 하중계수를 곱한 계수하중(Factored Load) 또는 이와 관련된 단면력으로 표현된다. 각각의 하중에 대부분 1보다 큰 하중계수를 곱하는 이유는 극한상태에 대한 극외력으로서 구조물이나 구조부재에 작용할 수 있는 가장 불리한 조건을 고려하기 위함이다.

① $U = 1.4(D+F)$
② $U = 1.2(D+F+T) + 1.6(L+\alpha_H H_v + H_h) + 0.5(L_r$ 또는 S 또는 $R)$
③ $U = 1.2D + 1.6(L_r$ 또는 S 또는 $R) + (1.0L$ 또는 $0.65W)$
④ $U = 1.2D + 1.3W + 1.0L + 0.5(L_r$ 또는 S 또는 $R)$
⑤ $U = 1.2(D+H_v) + 1.0E + 1.0L + 0.2S + (1.0H_h$ 또는 $0.5H_h)$
⑥ $U = 1.2(D+F+T) + 1.6(L+\alpha_H H_v) + 0.8H_h + 0.5(L_r$ 또는 S 또는 $R)$
⑦ $U = 0.9(D+H_v) + 1.3W + (1.6H_h$ 또는 $0.8H_h)$
⑧ $U = 0.9(D+H_v) + 1.0E + (1.0H_h$ 또는 $0.5H_h)$

소요강도는 위의 ①~⑧ 중에서 가장 큰값을 선정하여 구조물의 외력으로 적용하게 되는데, 고정하중(Dead Load, D), 활하중(Live Load, L), 풍하중(Wind Load, W), 지진하중(Earthquake Load, E)의 경우를 제외한 나머지 기호들은 0으로 취급하여 다음과 같은 각각의 하중조합에 대한 간편한 실용식을 기억하도록 한다.

고정하중+활하중	고정하중+활하중+풍하중	고정하중+활하중+지진하중
$U = 1.2D + 1.6L \geq 1.4D$	$U = 1.2D + 1.3W + 1.0L$	$U = 1.2D + 1.0E + 1.0L$
	$U = 0.9D + 1.3W$	$U = 0.9D + 1.0E$

기출2 ①

강도설계법(Ultimate Strength Design)에서 고정하중(D)과 활하중(L)에 대한 하중계수(Load Factor)로서 적합한 것은?

① $U=1.2D+1.6L$ ② $U=1.7D+1.4L$
③ $U=1.6D+1.2L$ ④ $U=0.75(1.4D+1.7L)$

해설

① $U=1.2D+1.6L \geq 1.4D$

기출3 ④

강도설계법에서 고정하중 40kN, 활하중 30kN이 작용할 때 계수하중은 얼마인가?

① 135kN ② 124kN ③ 116kN ④ 96kN

해설

$U=1.2D+1.6L=1.2(40)+1.6(30)=96\text{kN} \geq 1.4D=1.4(40)=56\text{kN}$

기출4 ④

강도설계법에서 철근콘크리트 보에, 고정하중모멘트 150kN·m, 활하중 모멘트 200kN·m가 작용할 때, 부재설계용 극한모멘트는 어느 것인가?

① 220kN·m ② 330kN·m ③ 440kN·m ④ 500kN·m

해설

$M_u=1.2M_D+1.6M_L=1.2(150)+1.6(200)=500\text{kN·m}$
$\geq 1.4M_D=1.4(150)=210\text{kN·m}$

기출5 ①

고정하중 및 활하중에 의한 전단력이 각각 30kN, 20kN일 때 강도설계법에서의 소요 전단강도로 옳은 것은?

① 68kN ② 76kN ③ 79kN ④ 82kN

해설

$V_u=1.2V_D+1.6V_L=1.2(30)+1.6(20)=68\text{kN} \geq 1.4V_D=1.4(30)=42\text{kN}$

기출6 ①

고정하중이 50MPa이고 활하중이 30MPa인 경우 극한강도설계법으로 슬래브를 설계할 때 사용하는 계수하중은?

① 108MPa ② 115MPa ③ 121MPa ④ 129MPa

해설

$P_u=1.2P_D+1.6P_L=1.2(50)+1.6(30)=108\text{MPa}$
$\geq 1.4P_D=1.4(50)=70\text{MPa}$

기출7 ③

강도설계법에 따른 하중조합으로 옳은 것은?

① $1.2D$ ② $1.2D+1.0E+1.6L$
③ $0.9D+1.3W$ ④ $1.2D+1.3L+0.9W$

해설

① $1.4D$
② $1.2D+1.0E+1.0L$
④ $1.2D+1.0L+1.3W$

| 기출8 ④ | 강도설계법에서 철근콘크리트 구조물 설계시 고려해야 하는 하중조합으로 옳지 않은 것은? (단, D는 고정하중, F는 유체압 및 유기내용물하중, L은 활하중, W는 풍하중, E는 지진하중, S는 적설하중)
① $U=1.4(D+F)$ ② $U=1.2D+1.3W+1.0L+0.5S$
③ $U=1.2D+1.0E+1.0L+0.2S$ ④ $U=1.4D+1.3L+1.6S$

해설
④ $U=1.2D+1.6L+0.5S$ |

| 기출9 ③ | 고정하중 10kN, 활하중 9kN, 풍하중 0.8kN이 강구조 기둥에 축력으로 작용하고 있다. 기둥의 소요강도는 얼마인가?
① 20kN ② 22kN ③ 24kN ④ 26kN

해설
(1) $U=1.2D+1.3W+1.0L=1.2(10)+1.3(9)+1.0(0.8)=24.5$kN ← 지배
(2) $U=1.2D+0.65W=1.2(10)+0.65(0.8)=12.52$kN
(3) $U=0.9D+1.3W=0.9(10)+1.3(0.8)=10.04$kN |

| 기출10 ④ | 철근콘크리트 구조물 설계를 위해 선형탄성 구조해석을 수행한 결과, 보 단면에 다음과 같은 단면력이 계산되었다. 이 값을 사용해서 계수휨모멘트를 구하면?
• 고정하중에 의한 모멘트: $M_D=150$kN·m
• 활하중에 의한 모멘트: $M_L=120$kN·m
• 풍하중에 의한 모멘트: $M_W=60$kN·m
① 288kN·m ② 318kN·m ③ 358kN·m ④ 378kN·m

해설
(1) $U=1.2D+1.3W+1.0L$
 $=1.2(150)+1.3(60)+1.0(120)=378$kN·m ← 지배
(2) $U=1.2D+0.65W=1.2(150)+0.65(60)=219$kN·m
(3) $U=0.9D+1.3W=0.9(150)+1.3(60)=213$kN·m |

3 설계강도(Design Strength)

(1) 설계강도는 어떤 부재와 다른 부재와의 접합부 및 그 단면이 만들어 낼 수 있는 값을 말하며 휨모멘트, 전단력 및 비틀림모멘트, 축(방향)력 등으로 표현한다. 이 값은 구조기준에 의해 계산된 공칭강도(Norminal Strength)에 1보다 작은 강도감소계수(ϕ)를 곱하여 구하게 된다. 기존에는 강도저감계수, 강도감소계수 두 개의 용어를 사용하였지만 강도감소계수로 용어가 통일되었다.

■ 강구조(Steel Structure)에서는 강도감소계수를 설계저항계수라고 한다는 것도 기억한다.

(2) 강도감소계수(Strength Reduction Factor, ϕ)의 적용 목적
① 재료강도와 치수가 변동할 수 있으므로 부재의 강도저하 확률에 대비한 여유
② 부정확한 설계방정식에 대비한 여유
③ 주어진 하중조건에 대한 부재의 연성도와 소요신뢰도
④ 구조물에서 차지하는 부재의 중요도 등을 반영

적용 부재		ϕ
인장지배단면		0.85
압축지배단면	띠철근 기둥	0.65
	나선철근 기둥	0.70
변화구간단면		0.65(0.70) ~ 0.85
전단력 및 비틀림모멘트		0.75
콘크리트 지압력(포스트텐션 정착부나 스트럿-타이 모델 제외)		0.65
포스트텐션 정착구역		0.85
스트럿-타이 모델	스트럿, 절점부 및 지압부	0.75
	타이	0.85
무근콘크리트의 휨모멘트, 압축력, 전단력, 지압력		0.55

■ 인장지배단면보다 압축지배단면에 대하여 더 작은 ϕ계수를 사용하는 이유는 압축지배단면의 연성이 더 작고, 콘크리트 강도의 변동에 보다 민감하며, 일반적으로 인장지배단면 부재보다 더 넓은 영역의 하중을 지지하기 때문이다.

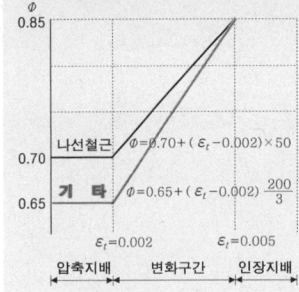

기출11 ④

극한강도설계법에서 강도감소계수에 영향을 미치는 요인이 아닌 것은?
① 부재의 중요성
② 재료 강도의 가변성
③ 철근의 위치, 치수의 오차
④ 하중의 과재하

해설
④ 하중의 과재하는 하중계수에 반영된다.

기출12 ③

강도설계법에서 철근콘크리트구조물의 공칭강도 산정시 사용되는 강도감소계수로 옳지 않은 것은?
① 콘크리트 지압력(포스트텐션 정착부나 스트럿-타이모델은 제외): 0.65
② 압축지배단면 중 나선철근으로 보강된 철근콘크리트부재: 0.70
③ 전단력과 비틀림모멘트: 0.70
④ 무근콘크리트의 휨모멘트, 압축력, 전단력, 지압력: 0.55

해설
③ 전단력과 비틀림모멘트: 0.75

기출13 ③

강도설계법에 의한 철근콘크리트 설계 시 강도감소계수값으로 옳지 않은 것은?
① 인장지배단면: 0.85
② 전단력 및 비틀림모멘트: 0.75
③ 압축지배단면(띠철근기둥): 0.70
④ 변화구간단면: 0.65~0.85

해설
③ 압축지배단면(띠철근기둥): 0.65

기출14 ③

건축구조기준에 따른 강도감소계수와 관련된 설명으로 옳지 않은 것은?
① 휨모멘트와 축력을 받는 부재에 대하여 인장지배단면은 공칭강도에서 최외단 인장철근의 순인장변형률 ϵ_t가 인장지배변형률 한계인 0.005 이상인 경우이다.
② 휨모멘트와 축력을 받는 부재에 대하여 압축지배단면은 공칭강도에서 최외단 인장철근의 순인장변형률 ϵ_t가 압축지배변형률 한계인 철근의 설계기준 항복변형률 ϵ_y 이하인 경우이다.
③ 인장지배단면보다 압축지배단면에 대하여 더 작은 ϕ계수를 사용하는 이유는 압축지배단면의 연성이 더 크고, 콘크리트 강도의 변동에 민감하지 않기 때문이다.
④ 나선철근부재의 ϕ계수는 띠철근 기둥의 ϕ계수보다 크다.

해설
③ 인장지배단면보다 압축지배단면에 대하여 더 작은 ϕ계수를 사용하는 이유는 압축지배단면의 연성이 더 작고, 콘크리트 강도의 변동에 민감하기 때문이다.

핵심번호 24 건축구조 — RC구조: 주요 하중(Load)

1 활하중(Live Load): 부하면적, 영향면적

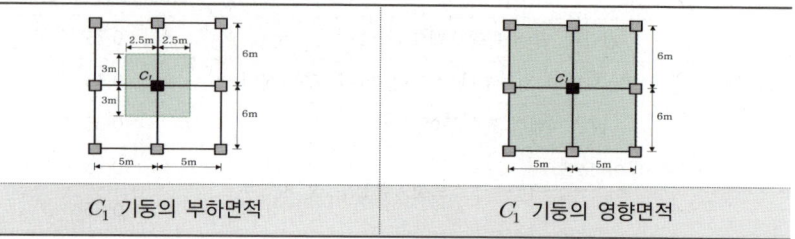

| C_1 기둥의 부하면적 | C_1 기둥의 영향면적 |

(1) **부하면적(Tributary Area)**: 수직하중(연직하중)전달 구조부재가 분담하는 하중의 크기를 바닥면적으로 나타낸 것을 말한다.

기출1 ①

그림과 같은 지상 4층 건물에 기둥 C_1의 1층에 발생하는 계수하중에 의한 축력을 면적법으로 구하면? (단, 보 및 기둥 자중은 무시하며, 바닥하중(지붕하중 동일)은 고정하중 $5kN/m^2$, 활하중 $3kN/m^2$, 활하중 저감은 무시한다.)

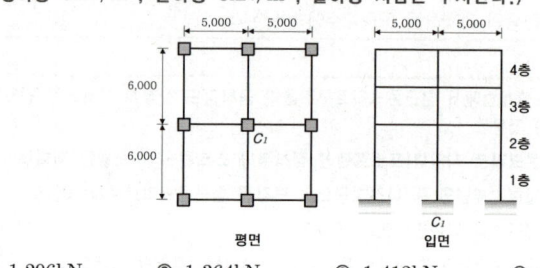

① 1,296kN   ② 1,364kN   ③ 1,412kN   ④ 1,498kN

해설
(1) 계수하중: $w_u = 1.2w_D + 1.6w_L = 1.2(5) + 1.6(3) = 10.8kN/m^2$
(2) 기둥의 축하중: $P_o = w_u \cdot A \cdot 4개층 = (10.8)(5 \times 6) \times 4개층 = 1,296kN$

(2) **영향면적(A, Influence Area)**: 부재에 직접적으로 하중의 영향을 미치는 범위 내에 있는 바닥의 면적을 말한다.

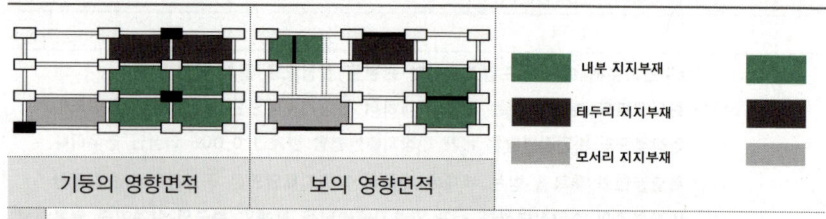

| 기둥의 영향면적 | 보의 영향면적 |

① 기둥 및 기초에서는 부하면적의 4배를 적용한다.
② 보에서는 부하면적의 2배를 적용한다.
③ 슬래브에서는 부하면적을 적용한다.
④ 부하면적 중 캔틸레버 부분은 4배 또는 2배를 적용하지 않고 영향면적에 단순 합산한다.

(3) 활하중 저감계수: $C = 0.3 + \dfrac{4.2}{\sqrt{A}}$ ➡ A는 $36m^2$ 이상의 영향면적을 나타낸다.

기출2 ③	활하중의 영향면적에 대해 옳게 설명한 것은? ① 기둥 및 기초에서는 부하면적의 6배 ② 보에서는 부하면적의 5배 ③ 캔틸레버 부분은 영향면적에 단순합산 ④ 슬래브에서는 부하면적의 2배 **해설** ① 기둥 및 기초에서는 부하면적의 4배 ② 보에서는 부하면적의 3배 ④ 슬래브에서는 부하면적을 적용
기출3 ③	부하면적 $36m^2$인 콘크리트 기둥의 영향면적에 따른 활하중저감계수(C)는? (단, $C = 0.3 + \dfrac{4.2}{\sqrt{A}}$, A는 영향면적) ① 0.25 ② 0.45 ③ 0.65 ④ 1 **해설** (1) 부하면적이 $36m^2$인 기둥의 영향면적(A)은 $144m^2$이 된다. (2) $C = 0.3 + \dfrac{4.2}{\sqrt{A}} = 0.3 + \dfrac{4.2}{\sqrt{(144)}} = 0.65$

2 풍하중(Wind Load): 가스트영향계수, 중요도계수

(1) 강풍 발생의 전형적인 3가지 유형

①	건물의 모서리부에 발생하는 강풍 (Corner Streams)
②	필로티(Pilotis) 등과 같은 좁은 장소를 통과하는 기류(Through Flow)
③	풍상의 저층 건물과 풍하의 고층 건물과의 사이에서 발생되는 회전기류(Vortex Flow)

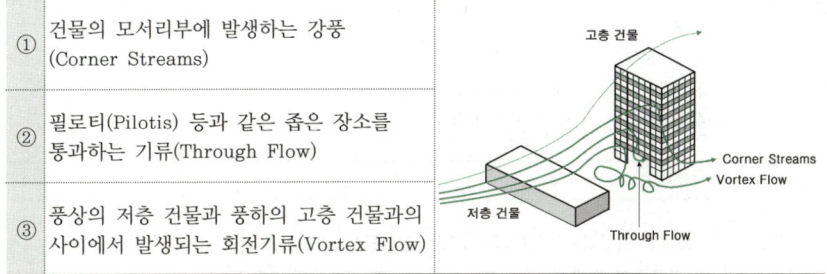

■ 건물의 중량은 수직하중 성분이므로 풍하중과 같은 수평하중을 계산할 때 고려해야 할 요소에 해당되지 않는다.

(2) 가스트 영향계수

① 바람의 난류(Turbulence)로 인해서 발생되는 구조물의 동적 거동 성분을 나타내는 것으로 평균변위에 대한 최대변위의 비를 통계적인 값으로 나타낸 계수이다.

② 변동풍속에 의한 풍압력의 증가를 등가정적풍하중으로 취급하기 위하여 기본풍압력에 곱하는 계수를 말하며, 주골조용과 외장재용으로 나누어 지표면의 조도구분과 지표면으로부터의 높이로 개략적인 계산을 한다.

지표면조도	주변 지역의 지표면 상태
A	대도시 중심부에서 고층 건축물(10층 이상)이 밀집해 있는 지역
B	수목·높이 3.5m 정도의 주택과 같은 건축물이 밀집해 있는 지역, 중층 건물(4~9층)이 산재해 있는 지역
C	높이 1.5~10 m 정도의 장애물이 산재해 있는 지역, 수목·저층 건축물이 산재해 있는 지역
D	장애물이 거의 없고, 주변 장애물의 평균 높이가 1.5m 이하인 지역, 해안, 초원, 비행장

■ 난류(Turbulence): 유속이 한계를 넘으면 입자가 서로 혼합되어 흐트러져서 흐르는 흐름을 말하며, 흩어짐의 강도이다.

■ 지표면조도(Surface Roughness) 지표면의 거칠기 상태로 일정지역의 지표면 거칠기에 해당하는 장애물이 바람에 노출된 정도의 구분을 말한다. 지표면상의 지물 상황을 지표면의 조도라는 관점에서 구분한 것으로 열린 평탄지, 교외, 시가지, 대도시 중심과 같이 구분한다.

(3) 건축물의 중요도계수 I_w : 건축물의 중요도에 따라 설계풍속을 증감하는 계수

중요도 분류	초고층 건축물	특	1	2	3
중요도계수(I_w)	1.05	1.00		0.95	0.90

주) 초고층 건축물은 50층 이상인 건축물 또는 200m 이상인 건축물

기출4
②

바람의 난류로 인해서 발생되는 구조물의 동적 거동 성분을 나타내는 것으로 평균변위에 대한 최대변위의 비를 통계적인 값으로 나타낸 계수는?
① 지형계수　　② 가스트영향계수　　③ 풍속고도분포계수　　④ 풍력계수

해설
② 가스트영향계수에 대한 설명으로 가스트(Gust)는 돌풍이라는 의미를 갖는다.

기출5
②

풍하중 산정 시 중요도 분류에 따른 중요도계수를 옳게 나타낸 것은?
① 중요도(1) - 중요도계수 0.95　　② 중요도(특) - 중요도계수 1.00
③ 중요도(2) - 중요도계수 0.90　　④ 중요도(3) - 중요도계수 0.85

해설
① 중요도(1) - 중요도계수 1.00
③ 중요도(2) - 중요도계수 0.95
④ 중요도(3) - 중요도계수 0.90

기출6
①

건축물에 작용하는 풍압력의 크기를 결정하는 요소와 가장 거리가 먼 것은?
① 건축물의 무게　　② 건축물의 높이
③ 건축물의 형상　　④ 풍속

해설
① 건물의 무게(=중량)은 수직하중 성분이므로 풍하중과 같은 수평하중을 계산할 때 고려해야 할 요소에 해당되지 않는다.

3 지진하중(Earthquake Load)

(1) 규모와 진도

① 규모(Magnitude): 각 관측소의 지진계에 기록된 진폭을 진앙까지의 거리나 진원의 깊이 등을 고려하여 지수형태로 나타낸 것으로써 장소와 무관한 절대적 수치이다.

② 진도(Earthquake Intensity): 관측자의 위치에 따라 달라지는 상대적인 척도이며 감각이나 구조물의 피해 정도를 등급화한 것을 말한다.

기출7 ①	다음 중 지진에 의하여 발생되는 현상이 아닌 것은? ① 동상현상 ② 해일 ③ 지반의 액상화 ④ 단층의 이동 **해설** ① 물이 얼음으로 변화될 때 부피는 약 9% 정도 증가하기 때문에 흙속에 포함된 수분이 얼면 부피가 증가하게 되고 지표면 위에 있는 건축물을 들어올리는 현상을 동상현상(Frost Heave)이라고 한다. 동상현상은 결국 온도변화와 관련 있는 지표이며 지진에 의해 발생되는 현상은 아니다.
기출8 ①	지진계에 기록된 진폭을 진원의 깊이와 진앙까지의 거리 등을 고려하여 지수로 나타낸 것으로 장소에 관계없는 절대적 개념의 지진크기를 말하는 것은? ① 규모 ② 진도 ③ 진원시 ④ 지진동 **해설** ① 규모(Magnitude)에 대해 설명하고 있다.
기출9 ④	지진의 진도(Intensity)와 규모(Magnitude)에 대한 설명으로 옳지 않은 것은? ① 진도는 상대적 개념의 지진크기이다. ② 규모는 장소에 관계없는 절대적 개념의 크기이다. ③ 진도는 사람이 느끼는 감각, 물체이동 등을 계급별로 구분한다. ④ 규모는 지반의 운동정도를 평가하나 정밀하지는 않다. **해설** ④ 규모(Magnitude)는 장소와 무관한 절대적 수치이며 진도(Intensity)에 비해 정밀한 값이다.

(2) 지진구역의 구분 및 지반의 분류

① 지진구역계수(Z)

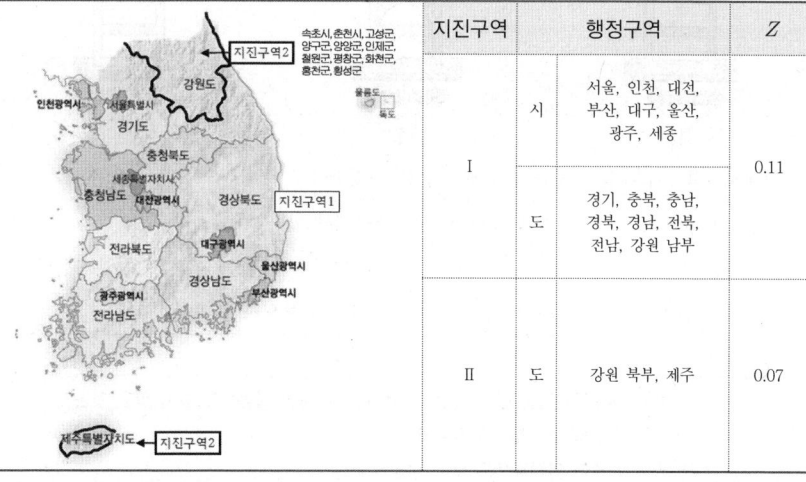

지진구역	행정구역		Z
I	시	서울, 인천, 대전, 부산, 대구, 울산, 광주, 세종	0.11
I	도	경기, 충북, 충남, 경북, 경남, 전북, 전남, 강원 남부	0.11
II	도	강원 북부, 제주	0.07

■ 지진구역 및 지진구역계수 Z는 우리나라 전체의 국토를 재현주기 500년의 지진위험도로 정의된 유효지반가속도를 가리킨다. 건축물 내진설계기준에서 설계를 위한 지진하중은 재현주기 2400년의 지진위험도를 기반으로 한다.

② 지반의 분류

S_1	S_2	S_3	S_4	S_5
암반 지반	얕고 단단한 지반	얕고 연약한 지반	깊고 단단한 지반	깊고 연약한 지반

기출10 ②

우리나라에서 지역계수 Z를 결정하는 지진위험도 기준은?
① 100년 재현주기 지진
② 500년 재현주기 지진
③ 1000년 재현주기 지진
④ 2400년 재현주기 지진

해설
② 지진구역 및 지진구역계수 Z는 우리나라 전체의 국토를 재현주기 500년의 지진위험도로 정의된 유효지반가속도를 가리킨다.

기출11 ①

우리나라 지진지역 및 이에 따른 지역계수(Z)값이 바르게 연결된 것은?
① 지진지역 Ⅰ - $Z=0.11$, 지진지역 Ⅱ - $Z=0.07$
② 지진지역 Ⅰ - $Z=0.17$, 지진지역 Ⅱ - $Z=0.11$
③ 지진지역 Ⅰ - $Z=0.11$, 지진지역 Ⅱ - $Z=0.17$
④ 지진지역 Ⅰ - $Z=0.07$, 지진지역 Ⅱ - $Z=0.11$

해설
① 지진지역 Ⅰ - $Z=0.11$, 지진지역 Ⅱ - $Z=0.07$

기출12 ①

구조설계기준(KDS 41 17 00)의 지반의 분류 중 지반종류와 호칭이 옳게 연결된 것은?
① S_1: 암반 지반
② S_2: 얕고 연약한 지반
③ S_3: 얕고 단단한 지반
④ S_4: 깊고 연약한 지반

해설
② S_2: 얕고 단단한 지반 ③ S_3: 얕고 연약한 지반 ④ S_4: 깊고 단단한 지반

(3) 내진설계의 기본 개념

■ **내진(耐震)**: 구조물이 지진력에 대항하여 싸워 이겨내도록 구조물 자체를 튼튼하게 설계한 건축물

■ **제진(制震)**: 별도의 장치를 이용하여 지진력에 상응하는 힘을 구조물 내에서 발생시키거나 지진력을 흡수하여 구조물이 부담해야 할 지진력을 감소시킨 건축물

■ **면진(免震)**: 구조물과 지반을 분리시켜 지반진동으로 인한 지진력이 직접 구조물로 전달되는 양을 감소시킨 건축물

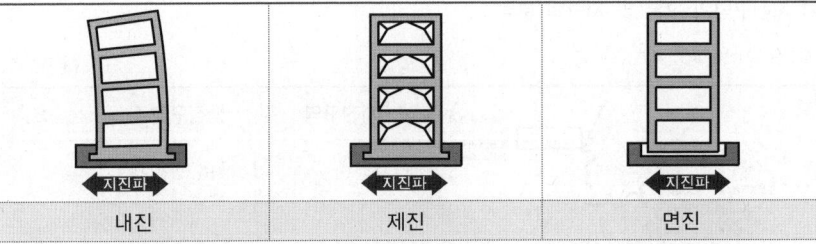

| 내진 | 제진 | 면진 |

① 설계지진하중에 대한 구조물의 부분 파손을 가정한다.
② 기둥(Column)의 파괴보다는 보(Beam)의 파괴를 유도한다.
③ 접합부는 부재 중간의 파괴를 유도하고, 특정층에 파괴가 집중되지 않도록 유도한다.
④ 구조물의 불필요한 무게를 줄이는 것이 내진설계의 기본원칙이 된다.

기출13 ②

지진에 대응하는 기술 중 하나인 제진(制震)에 대한 설명으로 옳지 않은 것은?
① 기존 건물의 구조형식에 좌우되지 않는다.
② 소형 건물에 일반적으로 많이 적용된다.
③ 지반계수에 의한 제약을 받지 않는다.
④ 댐퍼 등을 사용하여 흔들림을 효과적으로 억제한다.

해설
② 제진(制震) 시스템은 건물 자체에 대형컴퓨터 및 계측기기를 보유해야 하므로 경제성의 측면에서 소규모 구조물에서는 일반화 될 수 없는 단점을 가지고 있다.

기출14 ②	다음 중 내진설계의 기본적인 개념으로 옳지 않은 것은? ① 설계지진하중에 대한 구조물의 부분 파손을 가정한다. ② 보의 파괴보다는 기둥의 파괴를 유도한다. ③ 특정층에 파괴가 집중되지 않도록 유도한다. ④ 접합부는 부재 중간의 파괴를 유도한다. **해설** ② 기둥의 파괴보다는 보의 파괴를 유도하는 것이 안전성의 측면에서 바람직하다.
기출15 ③	구조물의 내진보강 대책으로 적합하지 않은 것은? ① 구조물의 강도를 증가시킨다. ② 구조물의 연성을 증가시킨다. ③ 구조물의 중량을 증가시킨다. ④ 구조물의 감쇠를 증가시킨다. **해설** ③ 구조물의 불필요한 무게를 줄이는 것이 내진설계의 기본원칙이 된다.

(4) 내진설계: 등가정적해석법

$$V = C_s \cdot W = \frac{S_{D1}}{\left[\dfrac{R}{I_E}\right] \cdot T} \cdot W$$

V	밑면전단력(Base Shear Force)
C_s	지진응답계수(Seismic Design Coefficient)
W	고정하중을 포함한 유효건물중량(Total Gravity Load)
T	고유주기(Period of Vibration)
I_E	건축물의 중요도계수(Importance of Earthquake) 　 | 건축물 중요도	내진등급	중요도계수
---	---	---
중요도(특)	특	1.5
중요도(1)	I	1.2
중요도(2), (3)	II	1.0	
R	반응수정계수(Response Modification Factor)

■ W: 고정하중과 아래에 기술한 하중을 포함한 유효건물중량
① 창고로 쓰이는 공간에서는 활하중의 최소 25%
② 바닥하중에 칸막이벽 하중이 포함될 경우에 칸막이의 실제 중량과 0.5kN/m² 중 큰 값
③ 영구설비의 총하중
④ 적설하중이 1.5kN/m²을 넘는 평지붕의 경우에는 평지붕 적설하중의 20%
⑤ 옥상정원이나 이와 유사한 곳에서 조경과 이에 관련된 재료의 무게

기출16 ①	다음 중 등가정적해석법에 따른 밑면전단력을 구하는 식으로 옳은 것은? (단, V: 밑면전단력, C_S: 지진응답계수, W: 유효건물중량) ① $V = C_S \cdot W$　　② $V = C_S / W$ ③ $V = C_S / 2W$　　④ $V = C_S / 3W$ **해설** ① 밑면전단력(V)=지진응답계수(C_S) × 유효건물중량(W)
기출17 ③	밑면전단력 산정 시 활용되는 지진응답계수를 구성하는 4가지 항목과 가장 거리가 먼 것은? ① 반응수정계수　　② 건물의 중요도계수 ③ 건물의 유효중량　　④ 건물의 고유주기 **해설** ① 밑면전단력(V)=지진응답계수(C_S) × 유효건물중량(W) = $\dfrac{S_{D1}}{\left[\dfrac{R}{I_E}\right]T} \times W$

기출18 ④

등가정적해석법을 사용하여 밑면전단력을 산정하는 경우, 밑면전단력의 크기가 가장 작은 구조물은?
① 건물의 중량이 크고 주기가 짧은 구조물
② 건물의 중량이 크고 주기가 긴 구조물
③ 건물의 중량이 작고 주기가 짧은 구조물
④ 건물의 중량이 작고 주기가 긴 구조물

해설
④ 밑면전단력(V)은 W(유효건물중량)과는 비례하고 T(고유주기)와는 반비례한다.

기출19 ①

등가정적해석법에 따른 지진응답계수의 산정식과 가장 거리가 먼 것은?
① 가스트영향계수
② 반응수정계수
③ 주기 1초에서의 설계스펙트럼 가속도
④ 건축물의 고유주기

해설
① 가스트(영향)계수(Gust Effect Factor): 바람의 난류로 인해 발생되는 구조물의 동적 거동성분을 나타낸 것으로 평균변위에 대한 최대변위의 비를 통계적인 값으로 표현한 계수로서 풍하중 설계와 관련된 지표이다.

기출20 ②

등가정적해석법에 의한 건축물 내진설계 시 고려해야 할 사항이 아닌 것은?
① 지역계수
② 지표면조도
③ 지반종류
④ 반응수정계수

해설
② 지표면조도(Surface Roughness): 건축물이 바람에 노출되는 정도를 나타내는 용어로 풍하중 설계 시 고려사항이다.

(5) 허용층간변위(Δ_a): 주어진 층의 상·하단 질량중심의 수평변위간 차를 구조물의 내진등급에 따라 층간변위를 제한하고 있다.

내진등급(특)	내진등급(Ⅰ)	내진등급(Ⅱ)
$0.010h_{sx}$	$0.015h_{sx}$	$0.020h_{sx}$

기출21 ②

다음 중 내진 특등급 구조물의 허용 층간변위는? (단, h_{sx}는 x층 층고)
① $0.05h_{sx}$ ② $0.010h_{sx}$ ③ $0.015h_{sx}$ ④ $0.020h_{sx}$

해설
② 내진 특등급 구조물의 허용 층간변위: $\Delta_a = 0.010h_{sx}$

기출22 ③

다음 중 내진 I등급 구조물의 허용층간변위는? (단, h_{sx}는 x층 층고)
① $0.05h_{sx}$ ② $0.010h_{sx}$ ③ $0.015h_{sx}$ ④ $0.020h_{sx}$

해설
③ 내진 특등급 구조물의 허용 층간변위: $\Delta_a = 0.015h_{sx}$

건축구조
25 RC구조: 단철근 보의 해석(Ⅰ)

1 등가직사각형 압축응력블록

철근콘크리트 보에 극한의 외력이 작용할 때 콘크리트 압축응력 분포와 콘크리트 변형률 사이의 관계는 직사각형, 사다리꼴, 포물선 또는 강도의 예측에서 광범위한 실험의 결과와 실질적으로 일치하는 어떤 형상으로도 가정할 수 있지만 해석의 편리를 위해 콘크리트 압축응력의 폭 $\eta(0.85f_{ck})$, 깊이 $a=\beta_1 \cdot c$로 하는 등가 직사각형 응력블록으로 나타낼 수 있다.

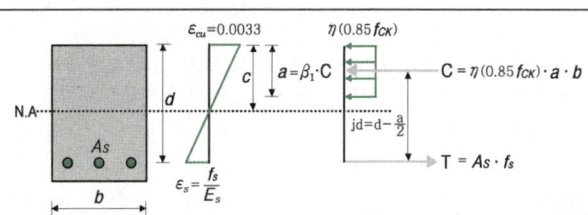
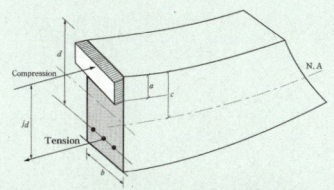

ϵ_{cu}	콘크리트 극한변형률					
η	등가 직사각형 압축응력블록의 크기를 나타내는 계수, 콘크리트의 실제 응력면적과 최대응력을 기준으로 한 직사각형 응력면적의 비					
β_1	등가 직사각형 압축응력블록의 깊이를 나타내는 계수					
a	등가 직사각형 압축응력블록의 깊이, $a=\beta_1 \cdot c$					
f_{ck}(MPa)	≤40	50	60	70	80	90
ϵ_{cu}	0.0033	0.0032	0.0031	0.003	0.0029	0.0028
η	1.00	0.97	0.95	0.91	0.87	0.84
β_1	0.80	0.80	0.76	0.74	0.72	0.70

기출1
④

강도설계법(USD)에서 콘크리트의 변형률이 얼마일 때 그 부재가 하중을 부담할 수 있는 한계로 간주하는가? (단, $f_{ck} \leq 40$MPa)
① 0.001 ② 0.002 ③ 0.003 ④ 0.0033

해설
부재의 콘크리트 압축연단 극한변형률(ϵ_{cu})은 0.0033으로 가정한다.

기출2
②

철근콘크리트 보의 설계와 해석을 위한 가정으로 틀린 것은?
① 변형을 받아 휘기 전에 평면인 단면은 변형 후에도 평면을 유지한다.
② 콘크리트 압축응력 분포 형상은 직사각형만 가능하다.
③ 철근의 변형률은 같은 위치에 있는 콘크리트의 변형률과 같다.
④ 콘크리트 압축연단 극한변형률이 $\epsilon_{cu}=0.0033$에 도달하면 파괴된다고 가정한다.

해설
② 콘크리트 압축응력 분포와 콘크리트 변형률 사이의 관계는 직사각형, 사다리꼴, 포물선 또는 강도의 예측에서 광범위한 실험의 결과와 실질적으로 일치하는 어떤 형상으로도 가정할 수 있다.

2 콘크리트 압축합력: $C = \eta(0.85f_{ck})ab$ [N]

기출3 ②

단철근 직사각형보의 콘크리트 압축합력 C는?
① 189kN ② 199kN
③ 209 kN ④ 219 kN

[해설]
$C = \eta(0.85f_{ck})ab = (1.00)(0.85 \times 21)(44.6)(250) = 199{,}028\text{N} = 199.028\text{kN}$

기출4 ②

철근콘크리트 단철근 직사각형보를 강도설계법으로 설계 시 콘크리트의 전압축력으로 옳은 것은? (단, $f_{ck} = 24\text{MPa}$, 보 폭 300mm, 응력블록의 깊이 110mm)
① 650.8kN ② 673.2kN ③ 724.4kN ④ 750.6kN

[해설]
$C = \eta(0.85f_{ck})ab = (1.00)(0.85 \times 24)(110)(300) = 673{,}200\text{N} = 673.2\text{kN}$

3 등가 직사각형 압축응력블록의 깊이: $a = \dfrac{A_s \cdot f_y}{\eta(0.85f_{ck}) \cdot b}$ [mm], 중립축거리: $c = \dfrac{a}{\beta_1}$ [mm]

■ 단면 힘의 평형조건

$\eta(0.85f_{ck})ab = A_s \cdot f_y$
↓
$a = \dfrac{A_s \cdot f_y}{\eta(0.85f_{ck}) \cdot b}$
↓
$a = \beta_1 \cdot c$
↓
$c = \dfrac{a}{\beta_1}$

기출5 ②

그림과 같은 직사각형 단근보를 강도설계법으로 설계할 때 콘크리트의 등가응력블록의 깊이 a는?
(단, D22철근 1개의 단면적은 387mm², $f_{ck} = 24\text{MPa}$, $f_y = 400\text{MPa}$)
① 91mm ② 101mm
③ 111mm ④ 121mm

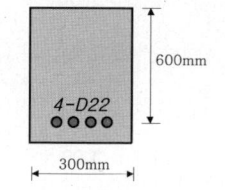

[해설]
$a = \dfrac{A_s \cdot f_y}{\eta(0.85f_{ck}) \cdot b} = \dfrac{(4 \times 387)(400)}{(1.00)(0.85 \times 24)(300)} = 101.176\text{mm}$

기출6 ②

인장철근량 $A_s = 1{,}500\text{mm}^2$인 단철근 직사각형보에서 등가응력블록의 깊이 a는? (단, $f_{ck} = 24\text{MPa}$, $f_y = 300\text{MPa}$, $b = 300\text{mm}$, $d = 500\text{mm}$)
① 65.12mm ② 73.52mm ③ 82.57mm ④ 89.69mm

[해설]
$a = \dfrac{A_s \cdot f_y}{\eta(0.85f_{ck}) \cdot b} = \dfrac{(1{,}500)(300)}{(1.00)(0.85 \times 24)(300)} = 73.529\text{mm}$

■ 포물선-직선 형상의 응력변형률 관계를 이용하라고 요구하고 있지만, 등가직사각형 압축응력블록으로 계산을 해도 동일하며 더 편리한 방법이다.

기출7 ②

강도설계법에서 단근직사각형 보의 c(압축연단에서 중립축까지 거리)값은?
(단, $f_{ck} = 24\text{MPa}$, $f_y = 400\text{MPa}$, $b = 300\text{mm}$, $A_s = 1{,}161\text{mm}^2$, 포물선-직선 형상의 응력변형률 관계 이용)
① 92.65 ② 94.85mm ③ 96.65mm ④ 98.85mm

[해설]
(1) $a = \dfrac{A_s \cdot f_y}{\eta(0.85f_{ck}) \cdot b} = \dfrac{(1{,}161)(400)}{(1.00)(0.85 \times 24)(300)} = 75.88\text{mm}$

(2) $c = \dfrac{a}{\beta_1} = \dfrac{(75.88)}{(0.80)} = 94.85\text{mm}$

핵심번호 26 건축구조: RC구조: 단철근 보의 해석(Ⅱ)

1 균형철근비(Balanced Steel Ratio, ρ_b)

(1) 정의: 인장철근이 설계기준항복강도 f_y에 대응하는 변형률(ϵ_y)에 도달함과 동시에 압축연단 콘크리트가 가정된 극한변형률(ϵ_{cu})에 도달할 때의 철근비로 정의된다.

(2) 단철근 직사각형보의 균형변형률 상태에서 중립축위치(c_b)는 변형률 적합조건을 적용한 삼각형의 닮음비를 이용하여 $d : \epsilon_{cu} + \epsilon_s = c_b : \epsilon_{cu}$ 관계로부터 유추할 수 있다.

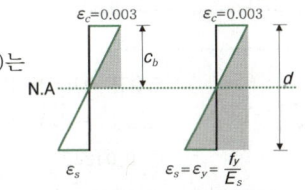

■ 인장철근비 : $\rho = \dfrac{A_s}{b \cdot d}$

인장철근량: $A_s = \rho \cdot b \cdot d$

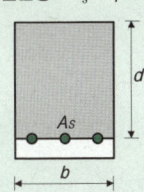

균형철근보의 중립축거리	균형보의 균형철근비
$c_b = \dfrac{660}{660+f_y} \times d$	$\rho_b = \dfrac{\eta(0.85f_{ck})}{f_y} \cdot \beta_1 \cdot \dfrac{660}{660+f_y}$

(3) 중립축의 위치변화

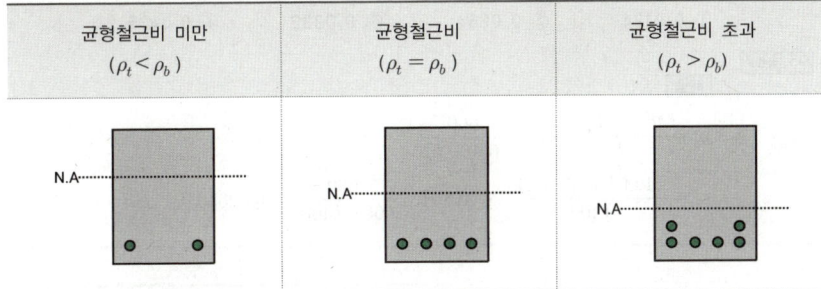

| 균형철근비 미만 ($\rho_t < \rho_b$) | 균형철근비 ($\rho_t = \rho_b$) | 균형철근비 초과 ($\rho_t > \rho_b$) |

① 과소철근보(저보강보): 균형철근비보다 철근을 적게 넣어 연성파괴(Ductile Failure Mode)가 되도록 한 보
② 과다철근보(과보강보): 균형철근비보다 철근을 많이 넣어 취성파괴(Brittle Failure Mode)가 되도록 한 보

기출1

단철근 직사각형 단면의 보에서 등가응력블록깊이 $a = 100\text{mm}$일 경우 인장철근비는?
(단, $f_y = 300\text{MPa}$, $f_{ck} = 24\text{MPa}$)

① 0.0035　② 0.0057
③ 0.0085　④ 0.0103

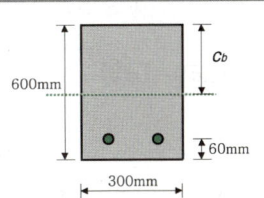

정답 ③

해설

(1) $A_s = \dfrac{\eta(0.85f_{ck})a \cdot b}{f_y} = \dfrac{(1.00)(0.85 \times 24)(100)(400)}{(300)} = 2{,}720\text{mm}^2$

(2) $\rho = \dfrac{A_s}{bd} = \dfrac{(2{,}720)}{(400)(800)} = 0.0085$

기출2 ②

단철근 직사각형 단면의 균형보의 중립축거리(c_b)는?
(단, $f_{ck}=24$MPa, $f_y=400$MPa, $d=600$mm)
① 366.7mm ② 378.6mm ③ 413.3mm ④ 427.5mm

해설

$$c_b = \frac{f_y}{660+f_y} \times d = \frac{660}{660+(400)} \times (600) = 373.584\text{mm}$$

기출3 ③

단철근 직사각형 보 단면이 $b=300$mm, $d=550$mm일 때 균형철근비는?
(단, $f_{ck}=21$MPa, $f_y=300$MPa)
① 0.01242 ② 0.02542 ③ 0.03272 ④ 0.04352

해설

$$\rho_b = \frac{\eta(0.85f_{ck})}{f_y} \cdot \beta_1 \cdot \frac{660}{660+f_y}$$

$$= \frac{(1.00)(0.85 \times 21)}{(300)} \cdot (0.80) \cdot \frac{660}{660+(300)} = 0.03272$$

기출4 ②

단철근 직사각형 보 단면이 $b=300$mm, $d=550$mm일 때 균형철근비는?
(단, $f_{ck}=24$MPa, $f_y=400$MPa)
① 0.0124 ② 0.0254 ③ 0.0332 ④ 0.0435

해설

$$\rho_b = \frac{\eta(0.85f_{ck})}{f_y} \cdot \beta_1 \cdot \frac{660}{660+f_y}$$

$$= \frac{(1.00)(0.85 \times 24)}{(400)} \cdot (0.80) \cdot \frac{660}{660+(400)} = 0.02540$$

기출5 ①

그림은 철근콘크리트 단철근 직사각형 균형보의 변형률을 나타낸 것이다. 인장철근비가 균형철근비보다 작아질 경우의 중립축 이동에 관한 설명 중 가장 적절한 것은?
① 압축측으로 이동한다.
② 인장측으로 이동한다.
③ 현 위치에서 이동하지 않는다.
④ 곧 보의 취성파괴가 발생하여 중립축 개념이 없어진다.

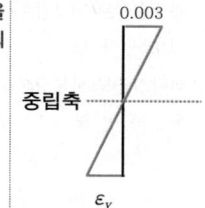

해설

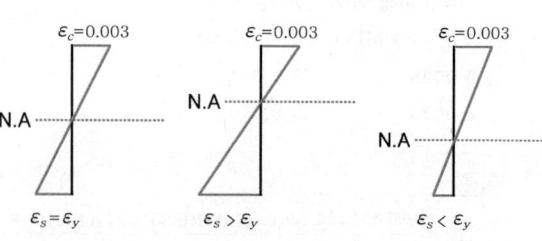

인장철근비가 균형철근비보다 작아질 경우 과소철근 상태가 되며 중립축은 압축측으로 이동한다.

2 최대철근비(ρ_{max})

보의 인장철근비가 균형철근비에 근접하게 되면 부재의 연성이 작아지게 된다. 구조기준에서는 부재의 연성파괴를 유도하기 위하여 최외단 인장철근의 변형률(ϵ_t)을 최소허용변형률($\epsilon_{a,min}$) 이상이 되도록 최대철근비를 규정하고 있다.

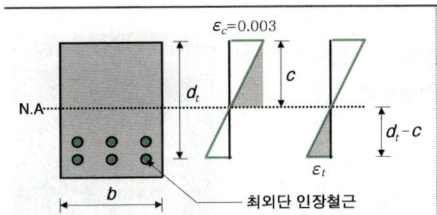

최외단 인장철근 순인장변형률
$\epsilon_t = \dfrac{d_t - c}{c} \cdot \epsilon_{cu}$

철근의 설계기준항복강도 f_y(MPa)	휨부재 허용값	
	최소 허용변형률($\epsilon_{a,min}$)	해당 철근비(ρ_{max})
300	0.004	$0.658\rho_b$
350	0.004	$0.692\rho_b$
400	0.004	$0.726\rho_b$
500	0.005 ($2\epsilon_y$)	$0.699\rho_b$
600	0.006 ($2\epsilon_y$)	$0.677\rho_b$

■ 휨부재의 최소허용변형률($\epsilon_{a,min}$)
최외단 인장철근의 변형률(ϵ_t)이
$f_y \leq 400\text{MPa}$일 때 0.004에 해당하는 철근비이며,
$f_y > 400\text{MPa}$일 때 $2\epsilon_y$에 해당하는 철근비이다.
여기서, $\epsilon_y = \dfrac{f_y}{E_s}$ 이다.

기출6 ④

강도설계법에 의한 철근콘크리트의 보 설계 시 최대철근비 개념을 두는 가장 큰 이유는?
① 경제적인 설계가 되도록 하기 위해
② 취성파괴를 유도하기 위해
③ 구조적인 효율을 높이기 위해
④ 연성파괴를 유도하기 위해

해설
취성파괴를 방지하고 연성파괴를 유도하기 위해 최대철근비 규정을 제시하고 있다.

기출7 ②

철근콘크리트 단철근 직사각형 보에서 균형철근비를 계산한 결과 $\rho_b = 0.03912$이었다. 최대철근비는? (단, $E = 200,000\text{MPa}$, $f_y = 300\text{MPa}$, $f_{ck} = 24\text{MPa}$, $b = 300\text{mm}$, $d = 550\text{mm}$)
① 0.01863 ② 0.02574 ③ 0.02607 ④ 0.02840

해설
$\rho_{max} = 0.658\rho_b = 0.658(0.03912) = 0.02574$

기출8 ④

철근콘크리트 단철근 직사각형 보에서 균형철근비를 계산한 결과 $\rho_b = 0.03912$이었다. 최대철근비는? (단, $E = 200,000\text{MPa}$, $f_y = 400\text{MPa}$, $f_{ck} = 24\text{MPa}$, $b = 300\text{mm}$, $d = 550\text{mm}$)
① 0.01863 ② 0.02574 ③ 0.02607 ④ 0.02840

해설
$\rho_{max} = 0.726\rho_b = 0.726(0.03912) = 0.02840$

핵심번호 27 건축구조
RC구조: 균열모멘트

■ 인장철근비: $\rho = \dfrac{A_s}{b \cdot d}$

인장철근량: $A_s = \rho \cdot b \cdot d$

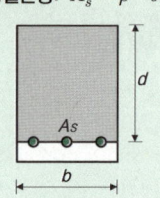

1 파괴계수, 균열모멘트

150mm×150mm×530mm의 장방형 무근콘크리트 보를 사용하여 하중을 작용시켜 보가 파괴될 때까지 시험을 수행한다.

거동이 탄성적이고 휨응력이 단면의 중립축에서 직선으로 분포한다고 가정하여, 보의 바닥에서의 최대인장응력을 파괴계수라고 한다.

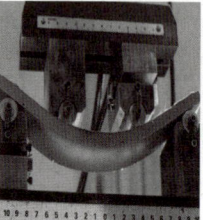

파괴계수에 이르게 된 보의 단면에서는 균열이 발생하게 되는데 이때의 휨모멘트를 균열모멘트(M_{cr}, Cracking Moment)라고 한다.

f_r: 파괴계수(MPa)	$f_r = 0.63\lambda\sqrt{f_{ck}}$		
M_{cr}: 균열모멘트(MPa)	$M_{cr} = f_r \cdot Z = f_r \cdot \dfrac{I_g}{y_t} = 0.63\lambda\sqrt{f_{ck}} \cdot \dfrac{bh^2}{6}$		
	경량콘크리트계수 λ		
	$\lambda = 1$	$\lambda = 0.85$	$\lambda = 0.75$
	보통중량콘크리트	모래경량콘크리트	전경량콘크리트

기출1 ③

철근콘크리트구조에서 적용되는 경량콘크리트계수 중 모래경량콘크리트의 경우에 적용되는 계수값은?

① 0.65 ② 0.75 ③ 0.85 ④ 1.0

해설
모래경량콘크리트: $\lambda = 0.85$

기출2 ④

철근콘크리트 설계 시 보통중량콘크리트의 설계기준강도 $f_{ck} = 27$MPa 일 때 콘크리트의 파괴계수(f_r) 값은?

① 2.46 MPa ② 2.79 MPa ③ 2.95 MPa ④ 3.27 MPa

해설
$f_r = 0.63\lambda\sqrt{f_{ck}} = 0.63(1.0)\sqrt{(27)} = 3.27$MPa

기출3 ④

다음과 같은 조건의 단면을 가진 부재의 균열모멘트 M_{cr}을 구하면?

- 단면의 중립축에서 인장연단까지의 거리 $y_t = 420$mm
- 총 단면2차모멘트 $I_g = 1.0 \times 10^{10}$mm^4
- 보통중량 콘크리트 설계기준강도 $f_{ck} = 21$MPa

① 50.6kN·m ② 53.3kN·m ③ 62.5kN·m ④ 68.8kN·m

해설
$M_{cr} = f_r \cdot \dfrac{I_g}{y_t} = 0.63\lambda\sqrt{f_{ck}} \cdot \dfrac{I_g}{y_t}$

$= 0.63(1.0)\sqrt{(21)}\dfrac{(1.0 \times 10^{10})}{(420)} = 68,738,635$N·mm $= 68.738$kN·m

기출4
①

단면 $b=350\text{mm}$, $h=700\text{mm}$인 장방형 보의 균열모멘트(M_{cr})는?
(단, 보의 휨파괴강도 $f_r=3\text{MPa}$)

① 85.75kN·m ② 95.75kN·m
③ 105.75kN·m ④ 115.75kN·m

해설

$$M_{cr}=f_r\cdot Z=f_r\cdot\frac{bh^2}{6}=(3)\cdot\frac{(350)(700)^2}{6}$$
$$=85,750,000\text{N}\cdot\text{mm}=85.750\text{kN}\cdot\text{m}$$

기출5
④

폭 $b=250\text{mm}$, 높이 $h=500\text{mm}$인 직사각형 콘크리트 단면의 균열모멘트 M_{cr}을 구하면? (단, $f_{ck}=24\text{MPa}$, 경량콘크리트계수는 1)

① 8.3kN·m ② 16.4kN·m
③ 24.5kN·m ④ 32.2kN·m

해설

$$M_{cr}=f_r\cdot Z=0.63\lambda\sqrt{f_{ck}}\cdot\frac{bh^2}{6}$$
$$=0.63(1.0)\sqrt{(24)}\frac{(250)(500)^2}{6}=32,149,552.8\text{N}\cdot\text{mm}=32.149\text{kN}\cdot\text{m}$$

기출6
④

그림과 같은 철근콘크리트 보의 균열모멘트(M_{cr}) 값은?
(단, 보통중량콘크리트 사용 $f_{ck}=24\text{MPa}$)

① 21.5kN·m ② 33.6kN·m
③ 42.8kN·m ④ 55.6kN·m

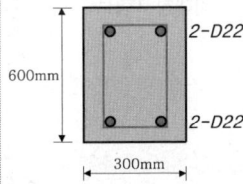

해설

$$M_{cr}=f_r\cdot Z=0.63\lambda\sqrt{f_{ck}}\cdot\frac{bh^2}{6}$$
$$=0.63(1.0)\sqrt{(24)}\frac{(300)(600)^2}{6}=55,554,427\text{N}\cdot\text{mm}=55.554\text{kN}\cdot\text{m}$$

기출7
③

보통중량콘크리트를 사용한 그림과 같은 보의 단면에서 외력에 의해 휨균열을 일으키는 균열모멘트(M_{cr})는?
(단, $f_{ck}=27\text{MPa}$, $f_y=400\text{MPa}$)

① 29.5kN·m ② 34.7kN·m
③ 40.9kN·m ④ 52.4kN·m

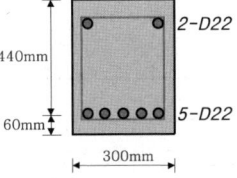

해설

$$M_{cr}=f_r\cdot Z=0.63\lambda\sqrt{f_{ck}}\cdot\frac{bh^2}{6}$$
$$=0.63(1.0)\sqrt{(27)}\frac{(300)(500)^2}{6}=40,919,700\text{N}\cdot\text{mm}=40.919\text{kN}\cdot\text{m}$$

핵심번호 28 건축구조
RC구조: 유효폭

■ T형보의 실제의 응력분포

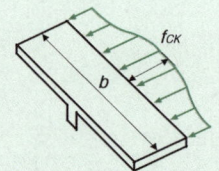

■ T형보의 단순화한 응력분포

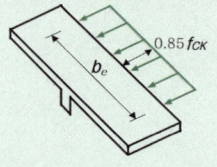

1 T형보

교량이나 건물에서는 보와 슬래브가 일체가 되도록 만드는 경우가 대부분이다. 이런 경우 정(+)의 휨모멘트를 받는다면 슬래브도 보의 상부와 함께 압축을 받으며 하나의 보로 거동할 것이다. 이런 보를 T형보라고 한다. 설계계산에서 응력분포를 사실대로 반영하기란 매우 어렵고, 또한 계산이 복잡해서 실용적이지 못하다. 따라서 플랜지의 폭을 적당히 감소시켜서 플랜지가 폭방향으로 균일하게 압축응력을 받는다고 가정하면 설계계산은 훨씬 간편해질 것이다.
이와 같이 플랜지가 폭방향으로 균일하게 작용한다고 가정할 수 있는 한계의 플랜지 폭을 플랜지의 유효폭(b_e, Effective Breadth)이라고 한다.

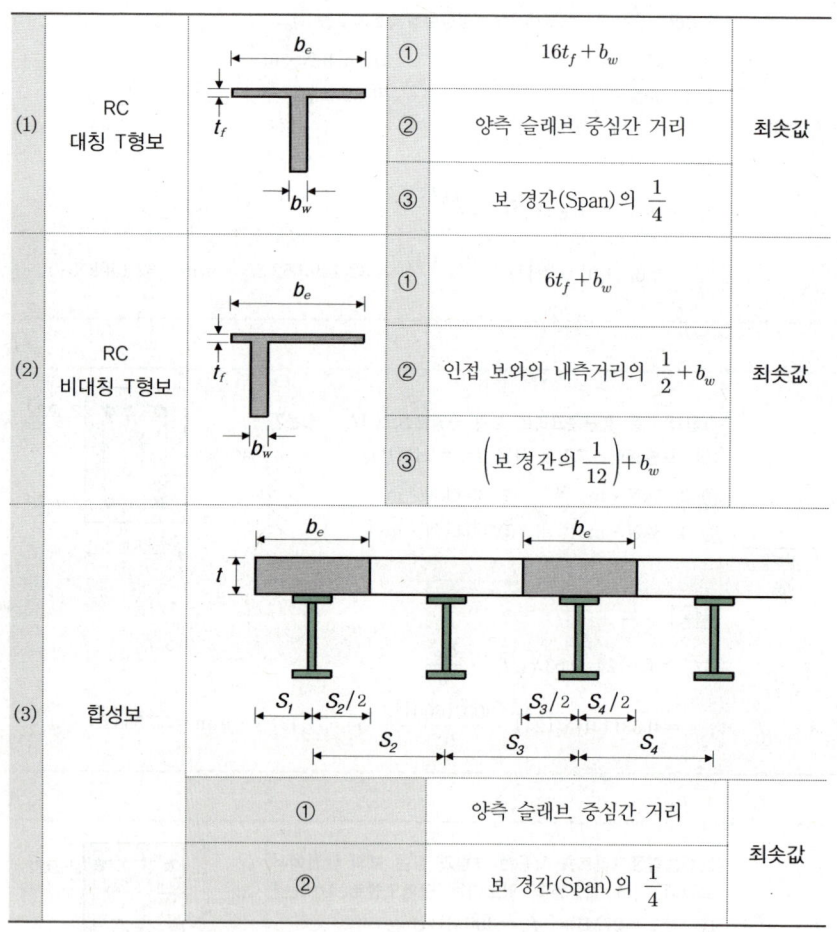

(1)	RC 대칭 T형보	① $16t_f + b_w$	최솟값
		② 양측 슬래브 중심간 거리	
		③ 보 경간(Span)의 $\frac{1}{4}$	
(2)	RC 비대칭 T형보	① $6t_f + b_w$	최솟값
		② 인접 보와의 내측거리의 $\frac{1}{2} + b_w$	
		③ (보경간의 $\frac{1}{12}$) $+ b_w$	
(3)	합성보	① 양측 슬래브 중심간 거리	최솟값
		② 보 경간(Span)의 $\frac{1}{4}$	

기출1
④

철근콘크리트 T형보의 유효폭 산정식에 관련된 사항과 거리가 먼 것은?
① 보의 폭
② 슬래브 중심간 거리
③ 슬래브의 두께
④ 보의 춤

해설
④ T형보의 유효폭은 보의 복부폭(b_w), 슬래브 중심간 거리, 슬래브의 두께(t_f)와 관련 있다.

기출2
①

철근콘크리트 T형보의 유효폭 산정에서 관계가 없는 항목은?
① 보의 높이   ② 슬래브의 두께
③ 양측 슬래브의 중심간 거리   ④ 보의 폭

해설
① T형보의 유효폭은 보의 복부폭(b_w), 슬래브 중심간 거리, 슬래브의 두께(t_f)와 관련 있다.

기출3
②

그림과 같은 T형보의 유효폭 b_e는? (단, 보의 경간은 6m 이고, 양쪽 슬래브의 중심거리는 3.6m 이다.)
① 1,100mm   ② 1,500mm
③ 2,270mm   ④ 3,600mm

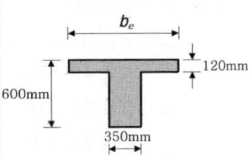

해설
(1) $b_e = 16t_f + b_w = 16(120) + (350) = 2,270\text{mm}$
(2) b_e = 양측 슬래브의 중심거리 = 3.6m = 3,600mm
(3) $b_e = \frac{1}{4} \times$ (부재의 스팬) $= \frac{1}{4} \cdot (6,000) = 1,500\text{mm}$ ← 지배

기출4
①

그림과 같은 T형보(G_1)의 유효폭은? (단, 슬래브 두께 120mm, 보 폭 300mm)
① 1,500mm   ② 1,920mm
③ 2,220mm   ④ 4,000mm

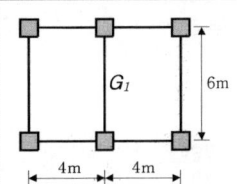

해설
(1) $16t_f + b_w = 16(120) + (300) = 2,220\text{mm}$
(2) 양측 슬래브 중심간 거리 $= \frac{(4,000)}{2} + \frac{(4,000)}{2} = 4,000\text{mm}$
(3) 보 경간(Span)의 $\frac{1}{4} = (6,000) \cdot \frac{1}{4} = 1,500\text{mm}$ ← 지배

기출5
①

그림과 같은 T형보(G_1)의 유효폭은? (단, 슬래브 두께 120mm, 보 폭 300mm)
① 1,500mm   ② 1,920mm
③ 2,220mm   ④ 4,000mm

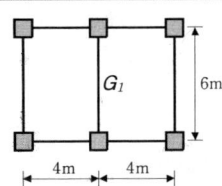

해설
(1) $16t_f + b_w = 16(120) + (300) = 2,220\text{mm}$
(2) 양측 슬래브 중심간 거리 $= \frac{(4,000)}{2} + \frac{(4,000)}{2} = 4,000\text{mm}$
(3) 보 경간(Span)의 $\frac{1}{4} = (6,000) \cdot \frac{1}{4} = 1,500\text{mm}$ ← 지배

기출6 ①

그림과 같은 반T형보의 유효폭으로 옳은 것은? (단, 보 경간은 6m)
① 800mm ② 1,200mm
③ 1,800mm ④ 2,300mm

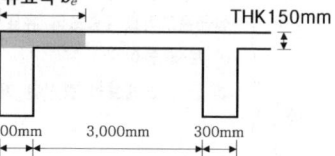

해설

(1) $6t_f + b_w = 6(150) + 300 = 1,200\text{mm}$

(2) $\left(\text{인접 보와의 내측거리의 } \dfrac{1}{2}\right) + b_w = (3,000) \times \dfrac{1}{2} + (300) = 1,800\text{mm}$

(3) $\left(\text{보의 경간의 } \dfrac{1}{12}\right) + b_w = (6,000) \times \dfrac{1}{12} + (300) = 800\text{mm}$ ← 지배

기출7 ②

보폭 400mm, 한쪽으로 내민 플랜지 두께는 150mm, 보의 경간은 9m, 인접보와의 내측거리 3m인 경우, 슬래브와 보가 일체로 타설된 반T형보의 유효폭은?
① 1,000mm ② 1,150mm ③ 1,300mm ④ 1,900mm

해설

(1) $6t_f + b_w = 6(150) + 400 = 1,300\text{mm}$

(2) $\left(\text{인접 보와의 내측거리의 } \dfrac{1}{2}\right) + b_w = (3,000) \times \dfrac{1}{2} + (400) = 1,900\text{mm}$

(3) $\left(\text{보의 경간의 } \dfrac{1}{12}\right) + b_w = (9,000) \times \dfrac{1}{12} + (400) = 1,150\text{mm}$ ← 지배

기출8 ③

그림과 같이 스팬 7.2m, 간격 3m인 합성보 A의 슬래브 유효폭 b_e는?

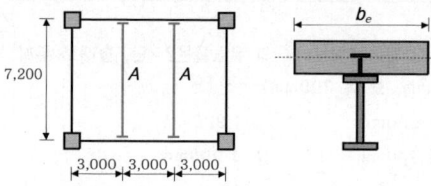

① 1,400mm ② 1,600mm ③ 1,800mm ④ 2,000mm

해설

(1) 양측 슬래브의 중심간 거리 $= \dfrac{(3,000)}{2} + \dfrac{(3,000)}{2} = 3,000\text{mm}$

(2) 보 경간 $\times \dfrac{1}{4} = (7,200) \times \dfrac{1}{4} = 1,800\text{mm}$ ← 지배

기출9 ②

스팬이 8,000m, 보 중심간격이 3,000mm인 합성보 $H-588 \times 300 \times 12 \times 20$의 강재에 콘크리트 두께 150mm로 합성보를 설계하고자 한다. 합성보 B의 슬래브 유효폭을 구하면? (단, 스터드 전단연결재가 설치됨)

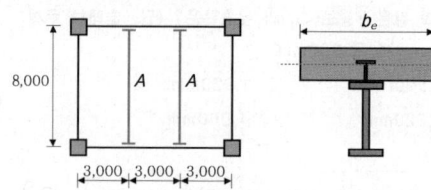

① 1,500mm ② 2,000mm ③ 3,000mm ④ 4,000mm

해설

(1) 양측 슬래브의 중심간 거리 $= \dfrac{(3,000)}{2} + \dfrac{(3,000)}{2} = 3,000\text{mm}$

(2) 보 경간 $\times \dfrac{1}{4} = (8,000) \times \dfrac{1}{4} = 2,000\text{mm}$ ← 지배

핵심번호 29 건축구조
RC구조: 기둥

1 기둥 설계의 제한사항

			직사각형 띠기둥	원형 띠기둥
(1)	주철근	개수	• 띠기둥: 4개 이상	• 나선기둥: 6개 이상
			띠기둥	나선기둥
		간격	① 40mm 이상	25~75mm
			② 주철근 직경×1.5 이상	
			③ 굵은골재 최대치수×$\frac{4}{3}$ 이상	
		철근비	최소철근비: $\rho_{min} = 0.01$	최대철근비: $\rho_{max} = 0.08$
			➡ 축방향주철근이 겹침이음되는 경우철근비는 0.04를 초과하지 않도록 한다.	
(2)	띠철근	역할	• 주철근의 좌굴방지	• 수평력에 대한 전단보강
			• 주철근의 위치 고정	• 피복두께 유지
		크기	• D32 이하의 축방향철근 ➡ D10 이상의 띠철근	• D35 이상의 축방향철근 ➡ D13 이상의 띠철근
		수직 간격	① 주철근 직경의 16배	최솟값 ≥ 200mm
			② 띠철근 직경의 48배	
			③ 단면의 최소 치수의 1/2	

■ 보 주철근의 순간격
① 25mm 이상
② 주철근 직경×1 이상
③ 굵은골재 최대치수×$\frac{4}{3}$ 이상

기출1
②

철근콘크리트 원형 기둥에서 축방향 주철근의 최소 개수는?
① 10개 ② 4개 ③ 6개 ④ 8개

해설
주철근의 최소 개수: 띠철근 기둥 ➡ 4개 이상, 나선철근 기둥 ➡ 6개 이상

기출2
③

철근콘크리트 압축부재의 철근량 제한 조건에 따라 사각형이나 원형 띠철근으로 둘러싸인 경우 압축부재의 축방향 주철근의 최소 개수는 얼마인가?
① 2개 ② 3개 ③ 4개 ④ 6개

해설
주철근의 최소 개수: 띠철근 기둥 ➡ 4개 이상, 나선철근 기둥 ➡ 6개 이상

기출3 ③

철근콘크리트 원형기둥에서 나선철근으로 둘러싸인 축방향 주철근의 최소 개수는?
① 2개   ② 4개   ③ 6개   ④ 8개

해설
주철근의 최소 개수: 띠철근 기둥 ➡ 4개 이상, 나선철근 기둥 ➡ 6개 이상

기출4 ③

콘크리트구조 설계 시 철근간격제한에 관한 내용으로 옳지 않은 것은?
① 벽체 또는 슬래브에서 휨 주철근의 간격은 벽체나 슬래브 두께의 3배 이하로 하여야 하고, 또한 450mm 이하로 하여야 한다.
② 상단과 하단에 2단 이상으로 배치된 경우 상하 철근은 동일 연직면 내에 배치되어야 하고, 이 때 상하 철근의 순간격은 25mm 이상으로 하여야 한다.
③ 나선철근 또는 띠철근이 배근된 압축부재에서 축방향철근의 순간격은 25mm 이상, 또한 철근 공칭지름의 2.5배 이상으로 하여야 한다.
④ 2개 이상의 철근을 묶어서 사용하는 다발철근은 이형철근으로, 그 개수는 4개 이하이어야 하며, 이들은 스터럽이나 띠철근으로 둘러싸여져야 한다.

해설
③ 나선철근 또는 띠철근이 배근된 압축부재에서 축방향철근의 순간격은 40mm 이상, 또한 철근 공칭지름의 1.5배 이상으로 하여야 한다.

기출5 ④

강도설계법에 의한 철근콘크리트 원형기둥의 나선철근의 간격으로 부적당한 것은?
① 30mm   ② 50mm   ③ 70mm   ④ 90mm

해설
나선철근의 간격: 25mm~75mm

기출6 ①

철근콘크리트 기둥의 축방향주철근에 대한 최소 및 최대 철근비는 얼마인가?
① 1%와 8%   ② 2%와 6%   ③ 1%와 6%   ④ 2%와 8%

해설
① 합성 압축부재를 제외한 모든 기둥부재의 축방향 철근비는 전체단면적에 대해 최소 1%, 최대 8%로 규정하고 있다.

기출7 ③

단면 400mm×400mm인 콘크리트 기둥에 D22($a_1 = 387\text{mm}^2$) 철근을 사용하여 최소철근비를 만족하도록 주철근을 배근하였다. 배근할 주철근의 최소개수로 옳은 것은?
① 3개   ② 4개   ③ 5개   ④ 6개

해설
(1) $\rho_{\min} = 0.01$: 철근콘크리트 기둥의 최소철근비는 전체단면적에 대해 1% 이다.
(2) 기둥의 최소철근비 $\rho_{\min} = \dfrac{A_{s,\min}}{A_g}$ 로부터

$$A_{s,\min} = \rho_{\min} \cdot A_g = (0.01)(400 \times 400) = 1{,}600\text{mm}^2$$

(3) $n = \dfrac{1{,}600\text{mm}^2}{387\text{mm}^2} = 4.13$개 ➡ 배근할 최소 개수이므로 5개가 적합

기출8 ②

철근콘크리트 기둥의 띠철근의 사용목적으로 옳지 않은 것은?
① 주근의 설계위치를 유지한다.
② 크리프 양을 줄이는데 효과가 있다.
③ 주근의 좌굴을 방지하는데 효력이 있다.
④ 수평력에 대한 전단보강의 작용을 한다.

해설
② 크리프(Creep) 양을 줄이는데 효과가 있는 철근은 보의 압축철근이다.

기출9 ②

철근콘크리트 구조에 관한 기술 중 옳지 않은 것은?
① 늑근(Stirrup) – 보에 생기는 전단력에 저항한다.
② 띠철근 – 기둥에 띠 모양으로 들어가서 휨모멘트에 저항한다.
③ 보의 주근 – 보에 생기는 휨모멘트에 저항한다.
④ 배력근(配力筋) – 1방향 슬래브의 장변방향으로 배근한 철근이다.

해설
② 띠철근 – 기둥에 띠 모양으로 들어가서 전단력에 저항한다.

기출10 ②

철근콘크리트 압축부재에 사용되는 띠철근의 수직간격 기준으로 옳지 않은 것은?
① 종방향 철근지름의 16배 이하   ② 띠철근 지름의 48배 이하
③ 기둥 단면의 최소 치수의 1/2 이하   ④ 250mm 이하

해설
①, ②, ③ 중의 최소값을 취하며 이 값이 200mm 이상이어야 한다.

기출11 ②

다음 조건과 같은 압축부재에서 사용되는 띠철근의 수직간격은 얼마 이하이어야 하는가?

【조건】 기둥 단면: 600mm×500mm, 주철근 D25, 띠철근 D10

① 200mm   ② 250mm   ③ 400mm   ④ 480mm

해설
(1) 25mm×16=400mm
(2) 10mm×48=480mm
(3) 단변 치수의 1/2 : 500mm×$\frac{1}{2}$=250mm ← 지배

기출12 ②

그림과 같은 장방형 기둥에서 사용되는 띠철근의 최소 간격은? (단, 주철근=D19, 띠철근=D10)
① 150mm   ② 200mm
③ 300mm   ④ 400mm

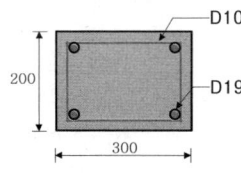

해설
(1) 19mm×16=304mm
(2) 10mm×48=480mm
(3) 단변 치수의 1/2 : 200mm×$\frac{1}{2}$=100mm

➡ 최소값이 200mm 보다 작으므로 200mm가 띠철근의 간격이 된다.

2 축하중을 받는 띠철근 단주의 최대 설계축하중(N)

편심응력이 전혀 없는 즉, 순수 중심축하중만이 존재하는 압축재는 거의 없다. 압축재의 설계 축하중은 압축부재에 존재할 수 있는 예측하지 못한 편심응력에 대비하여 순수 압축부재 단면에서의 축하중 설계강도를 최대공칭축하중의 80%(띠기둥), 85%(나선기둥)로 저감하여 제한하고 있다.

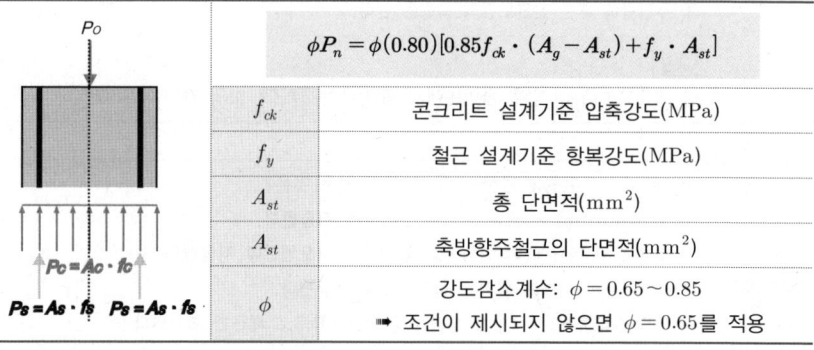

$$\phi P_n = \phi(0.80)[0.85 f_{ck} \cdot (A_g - A_{st}) + f_y \cdot A_{st}]$$

f_{ck}	콘크리트 설계기준 압축강도(MPa)
f_y	철근 설계기준 항복강도(MPa)
A_{st}	총 단면적(mm^2)
A_{st}	축방향주철근의 단면적(mm^2)
ϕ	강도감소계수: $\phi = 0.65 \sim 0.85$ ➡ 조건이 제시되지 않으면 $\phi = 0.65$를 적용

기출13 ③

띠철근 철근콘크리트의 단주의 최대 설계축하중은?
(단, 기둥의 크기는 400mm × 400mm, $f_{ck} = 24$MPa, $f_y = 400$MPa, 12-D22($A_{st} = 4,644$mm^2), $\phi = 0.65$)

① 2,452kN   ② 2,525kN   ③ 2,614kN   ④ 3,234kN

해설

$$\phi P_n = \phi(0.80)[0.85 f_{ck} \cdot (A_g - A_{st}) + f_y \cdot A_{st}]$$
$$= (0.65)(0.80)[0.85(24)(400^2 - 4,644) + (400)(4,644)]$$
$$= 2,613,968\text{N} = 2,613.968\text{kN}$$

기출14 ①

그림과 같은 띠철근 기둥의 설계축하중 ϕP_n은?
(단, $f_{ck} = 24$MPa, $f_y = 400$MPa, 주근 $A_{st} = 3,000$mm^2)

① 2,740kN   ② 2,952kN
③ 3,335kN   ④ 3,359kN

해설

$$\phi P_n = \phi(0.80)[0.85 f_{ck} \cdot (A_g - A_{st}) + f_y \cdot A_{st}]$$
$$= (0.65)(0.80)[0.85(24)(450^2 - 3,000) + (400)(3,000)]$$
$$= 2,740,296\text{N} = 2,740.296\text{kN}$$

기출15 ③

그림과 같은 띠철근 기둥의 설계축하중 ϕP_n은? (단, $f_{ck} = 24$MPa, $f_y = 400$MPa, D22철근 1개의 단면적은 387mm^2)

① 2,500kN   ② 3,000kN
③ 3,260kN   ④ 4,000kN

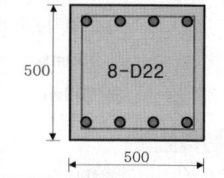

해설

$$\phi P_n = \phi(0.80)[0.85 f_{ck} \cdot (A_g - A_{st}) + f_y \cdot A_{st}]$$
$$= (0.65)(0.80)[0.85(24)(500^2 - 8 \times 387) + (400)(8 \times 387)]$$
$$= 3,263,125\text{N} = 3,263.125\text{kN}$$

기출16 ②

그림과 같은 띠철근 기둥의 설계축하중 ϕP_n은?
(단, $f_{ck}=21\text{MPa}$, $f_y=400\text{MPa}$,
주근: 8-D22($A_{st}=3{,}096\text{mm}^2$))

① 2,000kN   ② 2,100kN
③ 2,200kN   ④ 2,300kN

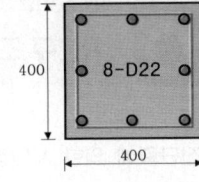

해설

$$\phi P_n = \phi(0.80)[0.85f_{ck} \cdot (A_g - A_{st}) + f_y \cdot A_{st}]$$
$$= (0.65)(0.80)[0.85(21)(400^2 - 3{,}096) + (400)(3{,}096)]$$
$$= 2{,}100{,}350\text{N} = 2{,}100.350\text{kN}$$

기출17 ①

그림과 같은 띠철근 기둥의 설계축하중 ϕP_n은?
(단, $f_{ck}=27\text{MPa}$, $f_y=400\text{MPa}$)

① 3,591kN   ② 3,972kN
③ 4,170kN   ④ 4,275kN

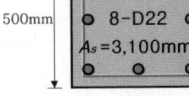

해설

$$\phi P_n = \phi(0.80)[0.85f_{ck} \cdot (A_g - A_{st}) + f_y \cdot A_{st}]$$
$$= (0.65)(0.8)[0.85(27)(500^2 - 3{,}100) + (400)(3{,}100)]$$
$$= 3{,}591{,}305\text{N} = 3{,}591.305\text{kN}$$

기출18 ①

그림과 같은 띠철근 기둥의 설계축하중 ϕP_n은?
(단, $f_{ck}=30\text{MPa}$, $f_y=400\text{MPa}$)

① 18,254kN   ② 28,254kN
③ 36,414kN   ④ 37,800kN

해설

$$\phi P_n = \phi(0.80)[0.85f_{ck} \cdot (A_g - A_{st}) + f_y \cdot A_{st}]$$
$$= (0.65)(0.8)[0.85(30)(1{,}800 \times 700 - 2 \times 3{,}970) + (400)(2 \times 3{,}970)]$$
$$= 18{,}253{,}835\text{N} = 18{,}253.835\text{kN}$$

기출19 ③

그림과 같은 띠철근 기둥의 설계축하중 ϕP_n은?
(단, $f_{ck}=30\text{MPa}$, $f_y=400\text{MPa}$)

① 12,958kN   ② 15,425kN
③ 17,958kN   ④ 21,425kN

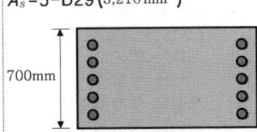

해설

$$\phi P_n = \phi(0.80)[0.85f_{ck} \cdot (A_g - A_{st}) + f_y \cdot A_{st}]$$
$$= (0.65)(0.8)[0.85(30)(1{,}800 \times 700 - 2 \times 3{,}210) + (400)(2 \times 3{,}210)]$$
$$= 17{,}957{,}830\text{N} = 17{,}957.830\text{kN}$$

건축구조
30 RC구조: 전단설계 일반사항

1 전단력에 의한 사인장균열(Diagonal Tension Crack)

중력방향의 하중에 의해 휨과 전단이 동시에 발생된다. 이러한 두 응력의 합력이 사인장응력으로 발생되며 응력방향의 직각의 축으로 균열이 발생된다. 이러한 균열을 사인장 균열이라 하며, 전단보강철근인 스터럽(Stirrup)의 시공을 통해 균열을 감소시킬 수 있다.

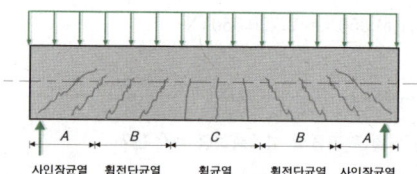

주인장응력도의 방향과 사인장균열의 방향은 직교한다.

■ 일반적으로 전단보강철근이라고 하면 수직 스터럽(Stirrup)을 말한다.

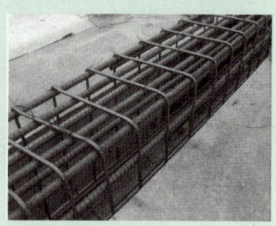

(1)	사인장균열	전단력 및 비틀림에 의하여 보의 축과 약 45°의 각도를 이루고 보의 단부(지점)에서 주인장응력 궤적도의 연직방향으로 발생한다.
(2)	전단(보강)철근의 종류	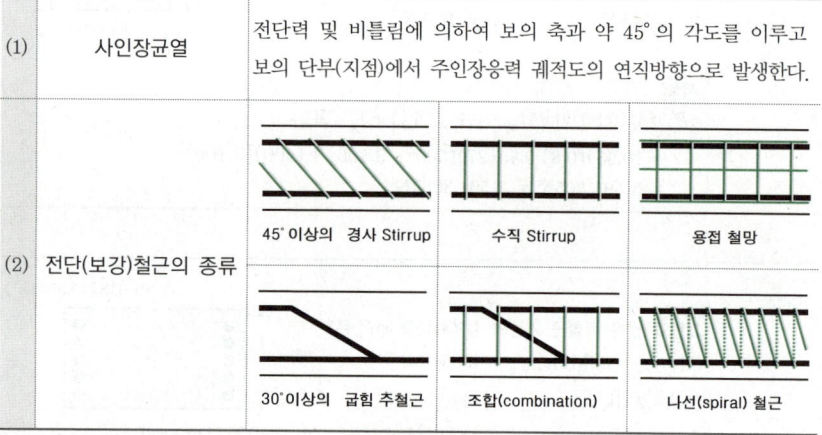 45°이상의 경사 Stirrup / 수직 Stirrup / 용접 철망 / 30°이상의 굽힘 추철근 / 조합(combination) / 나선(spiral) 철근

기출1
③

철근콘크리트의 보의 사인장균열에 관한 설명으로 옳지 않은 것은?
① 전단력 및 비틀림에 의하여 발생한다.
② 보의 축과 약 45°의 각도를 이룬다.
③ 주인장응력도의 방향과 사인장균열의 방향은 일치한다.
④ 보의 단부에 주로 발생한다.

해설
③ 주인장응력도의 방향과 사인장균열의 방향은 직교한다.

기출2
③

그림은 연직하중을 받는 철근콘크리트 보의 균열상태를 표시한 것이다. 전단력에 의해서 생기는 대표적인 균열의 형태로 옳은 것은?

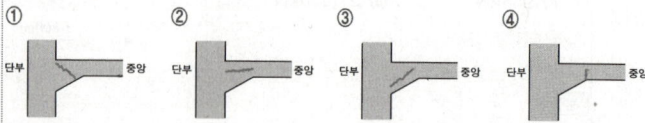

해설
① 전단력에 의한 사인장균열은 지점반력이 큰 양단에서 부재축과 45° 경사 방향으로 중립축까지 발생된다.

기출3 ④

철근콘크리트 보에서 사인장균열이 발생하였을 경우의 취약한 철근은?
① 직사각형보의 인장철근 ② 직사각형보의 압축철근
③ 균형철근보의 철근 ④ 직사각형보의 전단철근

해설
④ 사인장균열의 발생을 방지하기 위해 스터럽(Stirrup)과 같은 전단(보강)철근을 배치한다.

기출4 ③

철근콘크리트 보에서 하중 때문에 그림과 같은 균열이 생겼다. 이 균열이 생기지 않게 하기 위해서 취하여야 할 적당한 방법은?
① 인장철근을 증가시킨다.
② 압축철근을 증가시킨다.
③ 스터럽(Stirrup)을 증가시킨다.
④ 인장 및 압축철근의 부착력을 증가시킨다.

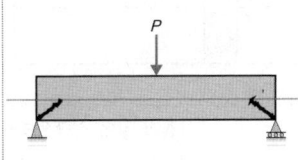

해설
③ 사인장균열의 발생을 방지하기 위해 스터럽(Stirrup)과 같은 전단(보강)철근을 배치한다.

기출5 ④

철근콘크리트 보에서 전단보강철근으로 볼 수 없는 것은?
① 부재의 축에 직각인 스터럽
② 주인장철근에 30° 각도로 구부린 굽힘철근
③ 스터럽과 굽힘철근의 조합
④ 주인장철근에 30° 각도로 설치되는 스터럽

해설
④ 주인장철근에 45° 각도 이상으로 설치되는 스터럽

기출6 ①

철근콘크리트 부재에 사용되는 전단철근에 대한 설명 중 옳지 않은 것은?
① 철근콘크리트 부재축에 직각으로 배치된 용접철망은 전단철근으로 사용할 수 없다.
② 철근콘크리트 부재의 경우 주인장철근에 30° 이상의 각도로 구부린 굽힘철근을 전단철근으로 사용할 수 있다.
③ 전단철근의 설계기준항복강도는 500MPa를 초과할 수 없다.(단, 용접이형철망 제외)
④ 부재축에 직각으로 설치되는 스터럽의 간격은 철근콘크리트 부재의 경우 $0.5d$ 이하, 또한 600mm 이하여야 한다.

해설
① 철근콘크리트 부재축에 직각으로 배치된 용접철망은 전단(보강)철근으로 사용할 수 있다.

기출7 ①

철근콘크리트 단순보에 관한 다음 사항 중에서 옳지 않은 것은?
① 인장철근을 증가시키는 것은 전단력에 대한 유효한 보강법이다.
② 일반적으로 전단응력은 단면의 중립축에서 최대이나 항상 중립축에서 최대는 아니다.
③ 보의 주근은 중앙부에서는 하부에 많이 넣는다.
④ 중요한 보는 복근보로 한다.

해설
① 보의 인장(주)철근은 휨인장응력에 대한 대응이며 전단력에 대한 보강철근인 늑근(Stirrup)의 양을 증가시키는 것과는 상관없다.

2 전단위험단면

전단위험단면은 보를 설계할 때 최대전단력의 위치를 말하며, 지지점으로부터 유효깊이 d 이내에 작용하는 하중은 사인장균열 45° 방향의 안쪽의 압축팬에 의해 지지점에 직접 전달되므로 균열을 통과하는 스터럽의 응력에는 영향을 미치지 않음을 고려한 것이다.

전단위험단면에서의 계수전단력 V_u는 지점에서 d 만큼 떨어진 위치에서 삼각형의 비례식으로 구한다.

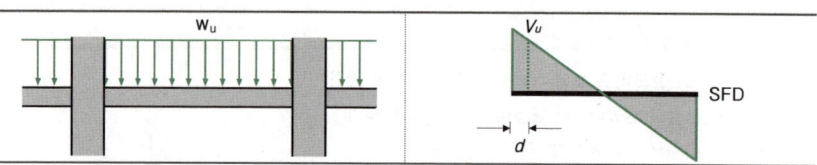

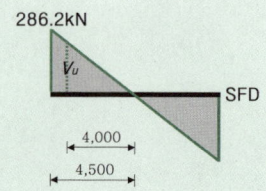

기출8	그림과 같은 철근콘크리트 단순보에서 지지점으로부터 유효깊이 d 만큼 떨어진 위험단면에서의 계수전단력을 구하면? (단, $w_D=21\text{kN/m}$, $w_L=24\text{kN/m}$) ① 63.6kN ② 187.8kN ③ 254.4kN ④ 367.5kN ③ 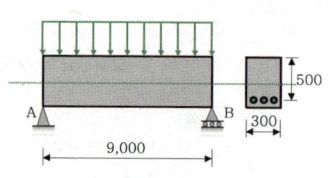

해설

(1) 계수하중: $w_u = 1.2w_D + 1.6w_L = 1.2(21) + 1.6(24) = 63.6\text{kN/m}$
$\geq 1.4w_D = 1.4(21) = 29.4\text{kN/m}$

(2) 지점 전단력:
$$V_A = \frac{w_u \cdot L}{2} = \frac{(63.6)(9)}{2} = 286.2\text{kN}$$

(3) $4,500 : 286.2 = (4,500-500) : V_u$ ∴ $V_u = 254.4\text{kN}$

3 깊은 보(Deep Beam)

■ 깊은보(Deep Beam)는 경간에 비하여 보의 깊이가 매우 큰 보로서, 순경간 l_n이 부재 깊이 h의 4배 이하인 부재이거나 하중이 받침부로부터 부재깊이의 2배 이내의 거리에 작용하고 하중점과 받침부 사이에 경사진 압축대에 의하여 힘이 전달되는 부재를 말한다.

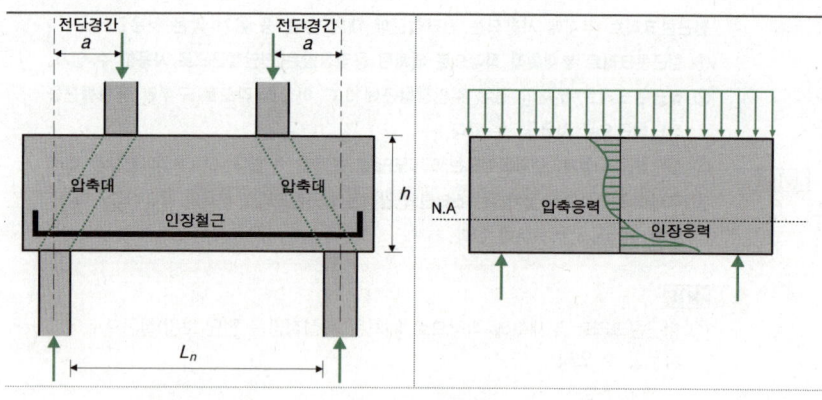

$\dfrac{l_n}{h} \leq 4$: 순경간 l_n이 부재 깊이 h의 4배 이하인 부재

기출9	강도설계법에서 깊은보는 순경간 L_n이 부재깊이의 몇 배 이하인 부재인가? ① 2배 ② 3배 ③ 4배 ④ 5배 ③

해설

깊은 보(Deep Beam): $\dfrac{l_n}{h} \leq 4$ ➡ 순경간 l_n이 부재 깊이(h)의 4배 이하인 부재

핵심번호 31 건축구조
RC구조: 전단강도의 설계식

1 (극한)강도설계법의 기본 관계식

소요전단강도 ≤ 설계전단강도
$$V_u \leq \phi V_n$$

- 강도감소계수: $\phi = 0.75$
- 공칭전단강도: $V_n = V_c + V_s$

기출1 ④

강도설계법에서 콘크리트의 공칭전단강도(V_c)가 40kN, 전단철근에 따른 공칭전단강도(V_s)가 20kN일 때, 이 부재의 설계전단강도(ϕV_n)는? (단, 강도감소계수는 0.75 적용)

① 60kN ② 58kN ③ 52kN ④ 45kN

해설
$V_u = \phi V_n = \phi(V_c + V_s) = (0.75)[(40) + (20)] = 45\text{kN}$

기출2 ①

콘크리트의 공칭전단강도(V_c)가 40kN, 전단보강근에 의한 공칭전단강도(V_s)가 20kN일 때 계수전단력(V_u)으로 옳은 것은?

① 45kN ② 51kN ③ 54kN ④ 60kN

해설
$V_u = \phi V_n = \phi(V_c + V_s) = (0.75)[(40) + (20)] = 45\text{kN}$

기출3 ①

콘크리트에 의한 공칭전단강도 V_c 값이 140kN, 전단철근에 의한 공칭전단강도 V_s 값이 120kN 일 때, 계수전단력 V_u 값은? (단, $\phi = 0.75$)

① 195kN ② 234kN ③ 260kN ④ 400kN

해설
$V_u = \phi V_n = \phi(V_c + V_s) = (0.75)[(140) + (120)] = 195\text{kN}$

---

2 공칭전단강도

전단력과 휨모멘트의 복합작용에 의한 철근콘크리트 부재의 구조거동에 대해서 오랜 기간 동안 널리 연구되어 왔으나 구조해석과 설계에서 만족할만한 이론적 근거를 정립하지 못하고 있으며, 대부분의 설계기준에는 실험결과로부터 얻은 다음과 같은 경험적 설계식들이 사용되고 있다.

(1) 콘크리트 공칭전단강도[N]

$V_c = \dfrac{1}{6}\lambda\sqrt{f_{ck}} \cdot b_w \cdot d$

	경량콘크리트계수 λ		
	$\lambda = 1$	$\lambda = 0.85$	$\lambda = 0.75$
	보통중량콘크리트	모래경량콘크리트	전경량콘크리트

(2) 전단철근 공칭전단강도[N]

■ A_v : 전단철근의 면적[mm²]
스터럽(Stirrup) 1개 조(組)의 면적으로 산정된다.

$$V_s = \frac{A_v \cdot f_{yt} \cdot d}{s}$$

- A_v : 전단철근의 면적[mm²]
- f_{yt} : 전단철근의 항복강도[MPa]
- s : 스터럽의 간격[mm]
- d : 보의 유효깊이

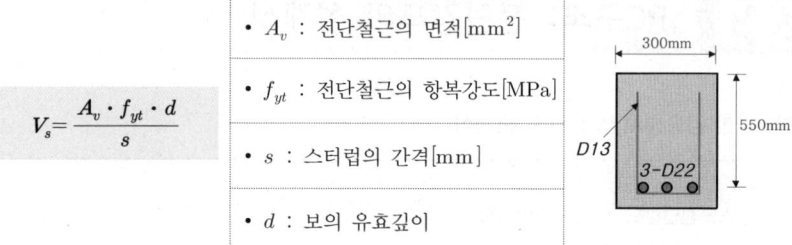

기출4 ②

단면 $b \times d = 300\text{mm} \times 550\text{mm}$, 모래경량콘크리트를 사용한 철근콘크리트 보에서 콘크리트가 부담할 수 있는 공칭전단강도(V_c)는? (단, $f_{ck} = 21\text{MPa}$)

① 95kN ② 107kN ③ 126kN ④ 132kN

해설

$$V_c = \frac{1}{6}\lambda\sqrt{f_{ck}} \cdot b_w \cdot d = \frac{1}{6}(0.85)\sqrt{(21)}(300)(550)$$
$$= 107{,}118\text{N} = 107.118\text{kN}$$

기출5 ①

전단과 휨만을 받는 철근콘크리트 보에서 콘크리트만으로 지지할 수 있는 전단강도 V_c는?
(단, 보통중량콘크리트 사용, $f_{ck} = 28\text{MPa}$, $b_w = 100\text{mm}$, $d = 300\text{mm}$)

① 26.5kN ② 53.0kN ③ 79.3kN ④ 158.7kN

해설

$$V_c = \frac{1}{6}\lambda\sqrt{f_{ck}} \cdot b_w \cdot d = \frac{1}{6}(1)\sqrt{(28)}(100)(300) = 26{,}457\text{N} = 26.457\text{kN}$$

기출6 ①

그림과 같은 보에서 콘크리트가 부담할 수 있는 설계전단강도는?
(단, $f_{ck} = 21\text{MPa}$, $f_{yt} = 400\text{MPa}$, $\lambda = 1$)

① 103 kN ② 147 kN ③ 217 kN ④ 247 kN

해설

$$\phi V_c = \phi \cdot \frac{1}{6}\lambda\sqrt{f_{ck}} \cdot b_w \cdot d$$
$$= (0.75)\frac{1}{6}(1)\sqrt{(21)}(300)(600) = 103{,}108\text{N} = 103.108\text{kN}$$

기출7 ③

강도설계법에 의한 철근콘크리트 보에서 콘크리트만의 설계전단강도는 얼마인가?
(단, $f_{ck} = 24\text{MPa}$, $\lambda = 1$)

① 31.5kN ② 75.8kN ③ 110.2kN ④ 145.6kN

해설

$$\phi V_c = \phi \cdot \frac{1}{6}\lambda\sqrt{f_{ck}} \cdot b_w \cdot d$$
$$= (0.75)\frac{1}{6}(1.0)\sqrt{(24)}(300)(600) = 110{,}227\text{N} = 110.227\text{kN}$$

기출8 ④

그림과 같은 복근보에서 전단보강철근이 부담하는 전단력 V_s를 구하면? (단, $f_{ck}=24\text{MPa}$, $f_y=400\text{MPa}$, $f_{yt}=300\text{MPa}$, D10의 단면적은 71mm^2)

① 110kN ② 115kN
③ 120kN ④ 125kN

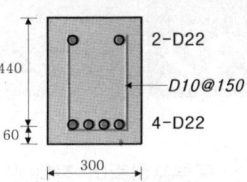

해설

$$V_s = \frac{A_v \cdot f_{yt} \cdot d}{s} = \frac{(71\times 2\text{개})(300)(440)}{(150)} = 124{,}960\text{N} = 124.960\text{kN}$$

기출9 ②

철근콘크리트 보에서 스터럽이 부담하는 전단력이 $V_s = 265\text{kN}$일 경우 수직스터럽의 적절한 간격은? (단, $A_v = 2\times 127\text{mm}^2$(U형 2-D13), $f_{yt}=350\text{MPa}$, $b_w \cdot d = 300\text{mm}\times 450\text{mm}$)

① 120mm ② 150mm ③ 180mm ④ 210mm

해설

$V_s = \dfrac{A_v \cdot f_{yt} \cdot d}{s}$ 로부터

→ $s = \dfrac{A_v \cdot f_{yt} \cdot d}{V_s} = \dfrac{(2\times 127)(350)(450)}{(265\times 10^3)} = 150.962\text{mm}$

기출10 ②

보의 유효깊이 $d=550\text{mm}$, 보의 폭 $b_w = 300\text{mm}$인 보에서 스터럽이 부담할 전단력 $V_s = 200\text{kN}$일 경우, 수직스터럽 간격으로 적절한 것은?
(단, $A_v = 142\text{mm}^2$, $f_{ck}=24\text{MPa}$, $f_{yt}=400\text{MPa}$)

① 120mm ② 150mm ③ 180mm ④ 200mm

해설

$V_s = \dfrac{A_v \cdot f_{yt} \cdot d}{s}$ 로부터

→ $s = \dfrac{A_v \cdot f_{yt} \cdot d}{V_s} = \dfrac{(142)(400)(550)}{(200\times 10^3)} = 156.2\text{mm}$

기출11 ①

그림과 같은 보가 지지할 수 있는 설계전단강도는?
(단, 보통중량콘크리트 $f_{ck}=24\text{MPa}$, $f_{yt}=400\text{MPa}$, D10의 공칭단면적은 71.33mm^2)

① 281 kN ② 319 kN
③ 359 kN ④ 409 kN

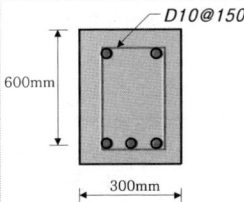

해설

(1) $V_c = \dfrac{1}{6}\lambda\sqrt{f_{ck}}\cdot b_w \cdot d = \dfrac{1}{6}(1.0)\sqrt{(24)}(300)(600) = 146{,}969\text{N}$

(2) $V_s = \dfrac{A_v \cdot f_{yt} \cdot d}{s} = \dfrac{(2\times 71.33)(400)(600)}{(150)} = 228{,}256\text{N}$

(3) $\phi V_n = \phi(V_c + V_s)$
  $= (0.75)[(146{,}969)+(228{,}256)] = 281{,}418\text{N} = 281.418\text{kN}$

핵심번호 32 건축구조: RC구조: 전단철근의 설계

1 등분포하중이 작용하는 보의 전단력도(SFD)

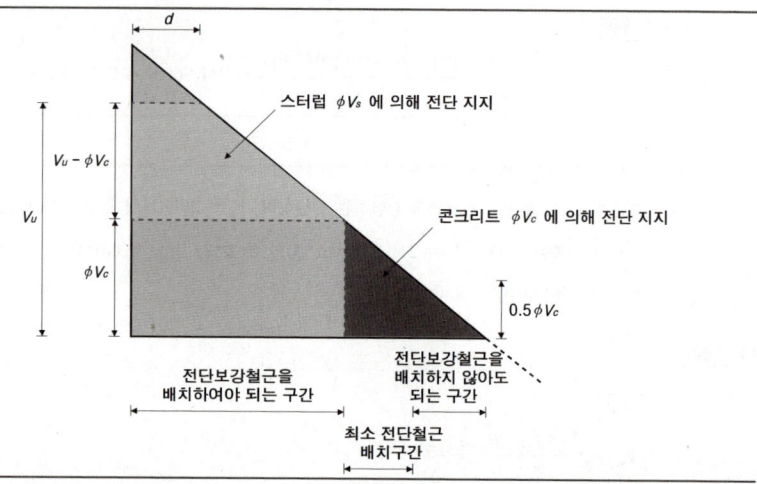

등분포하중이 작용하는 보의 전단력도에서 전단보강철근의 요구조건은 위의 그림과 같다. 일반적으로 지지점에서 $V_u = \dfrac{1}{2}\phi V_c$ 인 위치와 $V_u = \phi V_c$ 인 위치를 결정하여 전단철근의 설계를 수행한다. 전단철근의 배치 유무는 다음과 같은 세 가지 경계조건을 따른다.

■ 전단철근이 필요 없는 경우
(1) $V_u \leq \dfrac{1}{2}\phi V_c$: 보
(2) $V_u \leq \phi V_c$: 슬래브, 기초판, 콘크리트 장선구조

$V_u \leq \dfrac{1}{2}\phi V_c$	$\dfrac{1}{2}\phi V_c < V_u \leq \phi V_c$	$\phi V_c < V_u$
↓	↓	↓
전단철근 필요 없음	최소 전단철근의 배치	전단철근 배치

[※ 강도감소계수 $\phi = 0.75$, 콘크리트 공칭전단강도 $V_c = \dfrac{1}{6}\lambda\sqrt{f_{ck}} \cdot b_w \cdot d$]

$\dfrac{1}{2}\phi V_c < V_u \leq \phi V_c$의 경우 이론상 전단철근이 필요 없지만 우발적인 과도한 전단력에 의한 취성파괴를 방지하기 위하여 $A_{v,\min} = 0.35\dfrac{b_w \cdot s}{f_{yt}}$ 의 최소전단철근을 배치하도록 규정하고 있다.

기출1 ①

피복두께 30mm, 직경 16mm 주근이 배근된 두께 150mm 철근콘크리트 일방향 슬래브에서 전단철근 없이 지지할 수 있는 단위길이 1m당 최대 계수전단력은? (단, $f_{ck} = 25$MPa, $\phi = 0.75$, $\lambda = 1$)
① 70kN   ② 78.5kN   ③ 80kN   ④ 82.6kN

해설

$$V_u = \phi V_c = \phi \dfrac{1}{6}\lambda\sqrt{f_{ck}} \cdot b_w \cdot d$$
$$= (0.75)\left[\dfrac{1}{6}(1.0)\sqrt{(25)}(1,000) \times \left(150 - 30 - \dfrac{16}{2}\right)\right] = 70,000\text{N} = 70.0\text{kN}$$

강도설계법에 의해서 전단보강철근을 사용하지 않고 계수하중에 의한 전단력 $V_u = 50\text{kN}$을 지지하기 위한 직사각형 단면 보의 최소 유효깊이 d는? (단, 보통중량 콘크리트 사용, $f_{ck} = 28\text{MPa}$, $b_w = 300\text{mm}$)

① 405mm ② 444mm ③ 504mm ④ 605mm

기출2
③

해설

직사각형 단면의 보에서 전단보강철근이 필요 없는 조건

$V_u \le \dfrac{1}{2}\phi V_c = \dfrac{1}{2}\phi\left(\dfrac{1}{6}\lambda\sqrt{f_{ck}} \cdot b_w \cdot d\right)$ 으로부터

$d \ge \dfrac{12 V_u}{\phi\lambda\sqrt{f_{ck}} \cdot b_w} = \dfrac{12(50 \times 10^3)}{(0.75)(1.0)\sqrt{(28)}(300)} = 503.95\text{mm}$

계수전단력 V_u가 $\dfrac{1}{2}\phi V_c < V_u \le V_c$인 경우에 철근콘크리트 전단설계에서 필요한 전단철근의 최소단면적을 구하는 공식은? (단, b_w는 복부의 폭, s는 전단철근의 간격)

① $A_v = 0.35\dfrac{b_w \cdot s}{f_{yt}}$ ② $A_v = 0.3\dfrac{b_w \cdot s}{f_{yt}}$

③ $A_v = 0.25\dfrac{b_w \cdot s}{f_{yt}}$ ④ $A_v = 0.2\dfrac{b_w \cdot s}{f_{yt}}$

기출3
①

해설

$\dfrac{1}{2}\phi V_c < V_u \le \phi V_c$ 일 때 최소 전단철근의 배치

$A_{v,\min} = 0.0625\lambda\sqrt{f_{ck}} \cdot \dfrac{b_w \cdot s}{f_{yt}} \ge 0.35\dfrac{b_w \cdot s}{f_{yt}}$

길이 8m의 단순보가 100kN/m의 등분포 활하중을 받을 때 위험단면에서 전단철근이 부담해야 하는 공칭전단력(V_s)은 얼마인가? (단, 구조물 자중에 따른 $w_D = 6.72\text{kN/m}$, $f_{ck} = 24\text{MPa}$, $f_y = 300\text{MPa}$, $\lambda = 1$, $b_w = 400\text{mm}$, $d = 600\text{mm}$, $h = 700\text{mm}$)

① 424.43kN ② 530.53kN ③ 565.91kN ④ 571.40kN

기출4
③

해설

(1) 계수하중: $w_u = 1.2w_D + 1.6w_L = 1.2(6.72) + 1.6(100) = 168.064\text{kN/m}$

(2) $V_u = \dfrac{w_u \cdot L}{2} - w_u \cdot d = \dfrac{(168.064)(8)}{2} - (168.064)(0.6) = 571.418\text{kN}$

(3) 콘크리트가 부담하는 전단강도

$V_c = \dfrac{1}{6}\lambda\sqrt{f_{ck}} \cdot b_w \cdot d = \dfrac{1}{6}(1)\sqrt{(24)}(400)(600)$
$= 195,959\text{ N} = 195.959\text{ kN}$

(4) 전단철근이 부담하는 전단강도

$V_s = \dfrac{V_u}{\phi} - V_c = \dfrac{(571.418)}{(0.75)} - (195.959) = 565.932\text{ kN}$

2 전단철근의 간격(s) 제한

전단철근의 배치 유무는 다음과 같은 두 가지 경계조건을 따른다.

■ $V_s \leq \frac{1}{3}\lambda\sqrt{f_{ck}} \cdot b_w \cdot d$

전단철근 간격: ㉮,㉯,㉰ 중 작은값

㉮ $\frac{d}{2}$ 이하

㉯ 600mm 이하

㉰ $s = \frac{f_{yt} \cdot A_v \cdot d}{V_s}$ 이하

	$V_s \leq \frac{1}{3}\lambda\sqrt{f_{ck}} \cdot b_w \cdot d$	$V_s > \frac{1}{3}\lambda\sqrt{f_{ck}} \cdot b_w \cdot d$
	↓	↓
	(1)	(2)

(1)	수직스터럽	① RC 부재일 경우 : $\frac{d}{2}$ 이하
		② PSC 부재일 경우 : $0.75h$ 이하
		③ 어느 경우이든 600mm 이하
(2)	경사스터럽과 굽힘철근	부재의 중간높이 $0.5d$에서 반력점 방향으로 주인장철근까지 연장된 45° 선과 한번 이상 교차되도록 배치하여야 한다.
(3)	$V_s > \frac{1}{3}\lambda\sqrt{f_{ck}} \cdot b_w \cdot d$	전단철근의 간격을 (1),(2) 값의 $\frac{1}{2}$로 한다.

■ $V_s > \frac{1}{3}\lambda\sqrt{f_{ck}} \cdot b_w \cdot d$

전단철근 간격: ㉮,㉯,㉰ 중 작은값

㉮ $\frac{d}{4}$ 이하

㉯ 300mm 이하

㉰ $s = \frac{f_{yt} \cdot A_v \cdot d}{V_s}$ 이하

기출5 ①

강도설계법에서 전단철근 공칭전단강도가 $\left(\frac{\lambda\sqrt{f_{ck}}}{3}\right)b_w \cdot d$를 초과하지 않는 경우 전단철근의 최대 간격은? (단, b_w는 복부의 폭, d는 유효깊이)

① $d/2$ 이하, 600mm 이하
② $d/2$ 이하, 300mm 이하
③ $d/4$ 이하, 600mm 이하
④ $d/4$ 이하, 300mm 이하

해설

$V_s \leq \frac{1}{3}\lambda\sqrt{f_{ck}} \cdot b_w \cdot d$ 일 때 $d/2$ 이하, 600mm 이하

기출6 ①

단철근 직사각형 보에서 부재축에 직각인 전단보강철근이 부담해야 할 전단력 $V_s = 350$kN일 때 전단보강철근의 간격 s는 최대 얼마 이하이어야 하는가? (단, $A_v = 253\text{mm}^2$, $f_{yt} = 400$MPa, $f_{ck} = 28$MPa, $b_w = 300$mm, $d = 580$mm)

① 145mm ② 168mm ③ 186mm ④ 290mm

해설

(1) 전단철근의 전단강도 검토

① $\frac{1}{3}\lambda\sqrt{f_{ck}} \cdot b_w \cdot d = \frac{1}{3}\sqrt{(28)}\,(300)(580) = 306,907$ N $= 306.907$ kN

② $V_s = 350$kN 일 때 $V_s > \frac{1}{3}\lambda\sqrt{f_{ck}} \cdot b_w \cdot d$

(2) 전단철근의 간격: ㉮,㉯,㉰ 중 작은값

㉮ $\frac{d}{4} = \frac{(580)}{4} = 145$mm 이하

㉯ 300mm 이하

㉰ $s = \frac{f_{yt} \cdot A_v \cdot d}{V_s} = \frac{(400)(253)(580)}{(350 \times 10^3)} = 167.703$mm 이하

핵심번호 33 건축구조
RC구조: 1방향 슬래브

1 변장비에 의한 슬래브의 구분

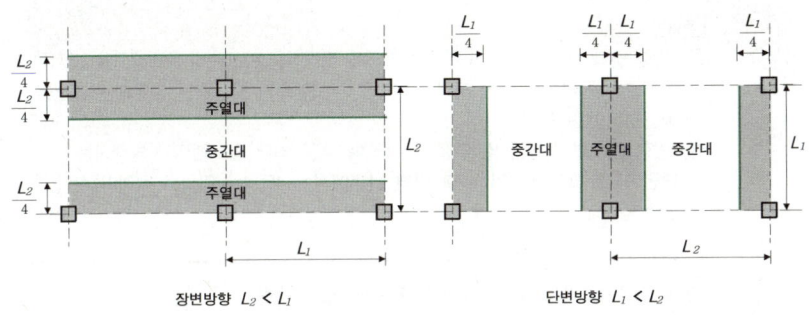

변장비 = $\dfrac{\text{장변 Span}}{\text{단변 Span}} > 2$	변장비 = $\dfrac{\text{장변 Span}}{\text{단변 Span}} \leq 2$
➡ 1방향 슬래브(1-Way Slab)	➡ 2방향 슬래브(2-Way Slab)

1방향 슬래브는 대응하는 두 변으로만 지지된 경우와 4변이 지지되고 장변길이가 단변길이의 2배를 초과하는 경우를 말한다. 하중경로가 슬래브 변의 길이에 따라 달라지는데 장변이 단변의 2배를 넘게 되면 슬래브 하중의 90% 이상이 단변방향으로 전달된다. 1방향 슬래브는 1방향의 휨모멘트만 고려하면 되기 때문에 해석이 매우 간편하고 휨모멘트 방향의 경간이 짧아서 슬래브의 두께나 철근량을 줄일 수 있어서 슬래브의 경제성을 높일 수 있게 된다.

2 1방향 슬래브의 주요 구조제한

(1) 1방향 슬래브의 두께: 과도한 처짐 방지를 위해 최소 100mm 이상으로 한다.

(2) 정철근 및 부철근 배근 중심간격
  ① 최대 휨모멘트 발생 단면: 슬래브 두께의 2배 이하, 300mm 이하
  ② 기타 단면: 슬래브 두께의 3배 이하, 450mm 이하

(3) 배력철근(Distributing Bar)
  집중하중을 분포시키거나 균열을 제어할 목적으로
  주철근과 직각에 가까운 방향으로 배치한 보조철근

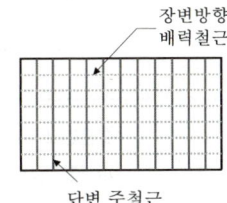

(4) 수축온도철근(Shrinkage and Temperature Reinforcement): 건조수축 또는 온도변화에 의하여 콘크리트에 발생하는 균열을 방지하기 위한 목적으로 배치되는 철근으로 간격은 슬래브 두께의 5배 이하, 또한 450mm 이하로 하여야 한다.

최소철근비	$f_y \leq 400\text{MPa}$	$f_y > 400\text{MPa}$
	$\rho_{\min} = 0.0020$	$\rho_{\min} = 0.0020 \times \dfrac{400}{f_y} \geq 0.0014$

기출1
1방향 철근콘크리트 슬래브에 관한 설명 중 옳은 것은?
① 1방향 슬래브에서는 정철근 및 부철근에 평행하게 수축온도철근을 배치한다.
② 슬래브 끝의 단순받침부에는 철근을 배치하면 안된다.
③ 슬래브의 정철근 및 부철근의 중심간격은 600mm 이하로 하여야 한다.
④ 1방향 슬래브의 두께는 최소 100mm 이상으로 하여야 한다.

④

해설
① 1방향 슬래브에서는 정철근 및 부철근에 직각방향으로 수축 온도철근을 배치한다.
② 슬래브의 끝이 단순받침 되어 있더라도 부모멘트가 발생하는 경우에는 철근을 배근하여야 한다.
③ 1방향 슬래브 정철근 및 부철근의 중심간격은 최대 휨모멘트가 발생하는 단면에서는 300mm 이하, 그 밖의 단면에서는 450mm 이하로 하여야 한다.

기출2
1방향 철근콘크리트 슬래브에 관한 기술 중 옳은 것은?
① 단변방향으로만 철근을 배근한다.
② 장변방향으로만 철근을 배근한다.
③ 장변방향으로 주근을 배근하고, 단변방향으로 배력근을 배근한다.
④ 단변방향으로 주근을 배근하고, 장변방향으로는 수축온도철근을 배근한다.

④

해설
④ 1방향 슬래브의 힘의 전달은 단변 방향이 지배적이므로 단변 방향으로 주철근을 배근하고, 장변방향으로는 온도변화에 대응하기 위한 수축 온도철근을 배근한다.

기출3
철근콘크리트구조에서 철근배근에 대한 설명 중 옳지 않은 것은?
① 2방향 슬래브에서는 서로 직교하는 장·단변방향으로 주철근을 배근한다.
② 1방향 슬래브는 단위폭 1m에 대한 장방형보로 취급하여 설계한다.
③ 2방향 슬래브란 장변과 단변의 비가 2 이내인 슬래브를 말한다.
④ 1방향 슬래브에서는 장변방향에 주철근을 배근한다.

④

해설
④ 1방향 슬래브의 힘의 전달은 단변 방향이 지배적이므로 단변 방향으로 주철근을 배근하고, 장변방향으로는 온도변화에 대응하기 위한 수축 온도철근을 배근한다.

기출4
철근콘크리트 1방향 슬래브의 설계에 대한 설명 중 틀린 것은?
① 1방향 슬래브의 두께는 최소 100mm 이상으로 하여야 한다.
② 4변에 의해 지지되는 2방향 슬래브 중에서 단변에 대한 장변의 비가 2배를 넘으면 1방향 슬래브로 해석한다.
③ 슬래브의 정모멘트 및 부모멘트철근의 중심간격은 위험단면에서는 슬래브 두께의 3배 이하이어야 하고, 또한 450mm 이하로 하여야 한다.
④ 슬래브 단변방향 보의 상부에 부모멘트로 인해 발생하는 균열을 방지하기 위하여 슬래브의 장변방향으로 슬래브 상부에 철근을 배치하여야 한다.

②

해설
③ 슬래브의 정모멘트 및 부모멘트철근의 중심간격은 위험단면에서는 슬래브 두께의 2배 이하이어야 하고, 또한 300mm 이하로 하여야 한다.

기출5 ②

배력철근에 대한 기술 중에서 부적당한 것은?
① 주근의 위치를 확보해 준다.   ② 전단력에 대한 보강근이다.
③ 건조수축에 의한 균열을 방지해 준다.   ④ 하중을 고르게 분포시킨다.

해설
② 배력철근은 전단력에 대한 보강역할은 없다.

기출6 ④

철근콘크리트조에서 주근이라 하기에 적당치 않은 것은?
① 양단고정 보에서 단부의 상단근
② 캔틸레버의 상단근
③ 압축력을 받는 부재의 압축방향 철근
④ 4변고정 슬래브에서 장변방향의 단부의 상단근

해설
④ 4변고정 슬래브에서 장변방향의 단부의 상단근은 배력철근이다.

기출7 ③

1방향 철근콘크리트 슬래브에 배치하는 수축·온도철근에 관한 기준으로 옳지 않은 것은?
① 수축·온도철근으로 배치되는 이형철근 및 용접철망의 철근비는 어떤 경우에도 0.0014 이상이어야 한다.
② 수축·온도철근으로 배치되는 설계기준항복강도가 400MPa을 초과하는 이형철근 또는 용접철망을 사용한 슬래브의 철근비는 $0.0020 \times \dfrac{400}{f_y}$ 로 산정한다.
③ 수축·온도철근의 간격은 슬래브 두께의 6배 이하, 또한 600mm 이하로 하여야 한다.
④ 수축·온도철근은 설계기준항복강도 f_y를 발휘할 수 있도록 정착되어야 한다.

해설
③ 수축온도철근의 간격은 슬래브 두께의 5배 이하, 450mm 이하로 하여야 한다.

기출8 ②

1방향 철근콘크리트 슬래브에서 철근의 설계기준항복강도가 500MPa인 경우 콘크리트 전체 단면적에 대한 수축온도철근비는 최소 얼마 이상이어야 하는가?
① 0.0015   ② 0.0016   ③ 0.0018   ④ 0.0020

해설
$\rho = 0.0020 \times \dfrac{400}{f_y} = 0.0020 \times \dfrac{400}{(500)} = 0.0016 \geq 0.0014$

기출9 ②

1방향 슬래브 설계 시 휨철근에 직각방향으로 배근되는 D10 철근의 최대 간격으로 옳은 것은? (단, 슬래브 두께 150mm, $f_y = 400$MPa, 철근(D10) 1개의 단면적 71mm²)
① 200mm   ② 230mm   ③ 260mm   ④ 300mm

해설
(1) 최소철근량: $f_y = 400$MPa 이므로 $\rho_{\min} = 0.002$
(2) 최대 간격이므로 최소철근비가 적용된다.
$A_{s,\min} = \rho_{\min} \cdot b \cdot d = (0.002)(1,000)(150) = 300 \text{mm}^2$
(3) 단위폭 1m당 철근의 개수: $n = \dfrac{(300\text{mm}^2)}{(71\text{mm}^2)} = 4.23$개
(4) 철근 간격: $s = \dfrac{(1,000\text{mm})}{(4.23\text{개})} = 236.4\text{mm}/1\text{개}$

핵심번호 34 건축구조
RC구조: 2방향 슬래브

■ 슬래브에 등분포하중 w가 작용하면 단변방향으로 전달되는 하중을 w_S, 장변방향으로 전달되는 하중을 w_L 이라고 하면 $w = w_x + w_y$의 평형 조건이 성립된다. 여기에, 슬래브 중앙점의 처짐은 단변이나 장변이나 같다($\delta_c = \dfrac{w_S \cdot S^4}{384EI} = \dfrac{w_L \cdot L^4}{384EI}$)는 적합조건식을 이용한다.

1 2방향 슬래브 직접설계법(Direct Design Method)

등분포하중이 작용하는 슬래브-보의 위험단면에서 설계모멘트를 결정하는 경험적인 설계방법으로, 골조의 각 경간을 단순보로 고려하여 계산한 휨모멘트(Static Moment)를 받침부의 최대 부모멘트와 경간 중앙에서의 최대 정모멘트로 분배한다.

(1) 적용조건: 보가 있거나 또는 없는 슬래브 내의 휨모멘트 산정을 위한 이론적인 절차들, 설계 및 시공과정의 단순화에 대한 요구, 그리고 슬래브 시스템의 거동에 대한 전례들을 고려하여 개발된 해석법이므로 직접설계법에 따라 설계되는 슬래브 시스템들은 적용 제한 조건들을 만족하여야 한다.

①	변장비	변장비 = $\dfrac{장변 L}{단변 S} \leq 2$
②	경간수	각 방향으로 3경간 이상이 연속되어야 한다.
③	경간차	각 방향으로 연속한 경간 길이의 차이는 긴 경간의 $\dfrac{1}{3}$ 이하이어야 한다.
④	하중조건	등분포하중이 작용하고 활하중이 고정하중의 2배 이하 이어야 한다.
⑤	부재조건	연속한 기둥 중심선으로부터 기둥의 이탈은 이탈방향 경간의 최대 10%까지 허용된다.

■ 2방향 슬래브가 직접설계법에 대한 하중이나 기하학적 제한조건을 만족 시키지 못하거나, 풍하중이나 지진 하중과 같은 횡하중이 작용하게 되면 슬래브-보 구조물을 등가골조(Equivalent Frame)로 절단하여 일반적으로 모멘트분배법(Moment Distribution Method)을 이용한 탄성해석으로 해석하도록 콘크리트 구조기준에서는 제시하고 있다.

기출1 ②

2방향 슬래브의 설계에 사용되는 직접설계법의 제한사항에 관한 것이다. 옳지 않은 것은?
① 활하중은 고정하중의 2배 이하이어야 한다.
② 각 방향에 2개 이상의 연속 경간을 가져야 한다.
③ 각 방향에 연속되는 경간의 길이는 긴 경간의 1/3 이상 차이가 있어서는 안 된다.
④ 기둥은 어느 쪽에 대하여도 연속되는 기둥의 중심선으로부터 경간 길이의 10% 이상 벗어날 수 없다.

해설
② 각 방향에 3개 이상의 연속 경간을 가져야 한다.

기출2 ④

강도설계법에서 직접설계법을 이용한 슬래브 설계 시 적용조건으로 옳지 않은 것은?
① 각 방향으로 3경간 이상이 연속되어야 한다.
② 슬래브들은 단변경간에 대한 장변경간의 비가 2 이하인 직사각형이어야 한다.
③ 각 방향으로 연속한 받침부 중심간 경간길이의 차이는 긴 경간의 1/3 이하이어야 한다.
④ 모든 하중은 연직하중으로서 슬래브 전체에 등분포되어야 하며 활하중은 고정하중의 3배 이하이어야 한다.

해설
④ 활하중은 고정하중의 2배 이하이어야 한다.

(2) 2방향 슬래브 하중분담

집중하중(P) 작용	분담하중	등분포하중(w) 작용
단변: $P_S = \dfrac{L^3}{S^3+L^3} \cdot P$	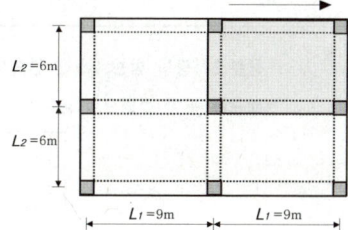	단변: $w_S = \dfrac{L^4}{S^4+L^4} \cdot w$
장변: $P_L = \dfrac{S^3}{S^3+L^3} \cdot P$		장변: $w_L = \dfrac{S^4}{S^4+L^4} \cdot w$

전체정적계수모멘트(M_o),	
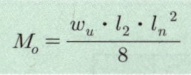 $M_o = \dfrac{w_u \cdot l_2 \cdot l_n^2}{8}$	• l_2 : 슬래브의 폭, 양쪽 슬래브 폭이 다를 경우 평균값 • l_n : 모멘트 계산방향의 순경간으로 $0.65 l_2$ 이상이어야 한다.

내부 경간(Span)의 정(M_u^+) · 부(M_u^-) 계수모멘트 : 양단고정인 경우와 유사

정 계수모멘트 $M_u^+ = 0.35 M_o$	부 계수모멘트 $M_u^- = 0.65 M_o$

■ 양단 고정인 경우

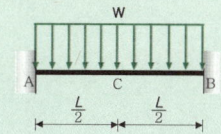

• 중앙부: $M_C = +\dfrac{wL^2}{24}$ (⌣)

• 단부:

$$M_A = M_B = -\dfrac{wL^2}{12}\ (⌢)$$

기출3 ③

그림과 같은 슬래브에서 직접설계법에 의한 설계모멘트를 결정하고자 한다. 화살표방향 패널의 정적모멘트 M_o는? (단, 등분포 고정하중 $w_D = 7.18$kPa, 등분포 활하중 $w_L = 2.39$kPa, 기둥 단면은 300×300mm 이다.)

① 406.2kN · m
② 506.2kN · m
③ 706.2kN · m
④ 806.2kN · m

해설

(1) $w_u = 1.2 w_D + 1.6 w_L = 1.2(7.18) + 1.6(2.39) = 12.44\text{kPa} = 12.44\text{kN/m}^2$
(2) $l_2 = 6\text{m},\ l_n = 9\text{m} - 0.3\text{m} = 8.7\text{m}$
(3) $M_o = \dfrac{w_u \cdot l_2 \cdot l_n^2}{8} = \dfrac{(12.44)(6)(8.7)^2}{8} = 706.188\text{kN} \cdot \text{m}$

기출4 ①

직접설계법을 적용한 슬래브 설계시 계수모멘트 $M_o = 250$kN · m 이다. 양단연속된 슬래브에서 단부와 중앙부의 계수 모멘트로 옳은 것은?

① 단부: 162.5kN · m, 중앙부: 87.5kN · m
② 단부: 150kN · m, 중앙부: 100kN · m
③ 단부: 137.5kN · m, 중앙부: 122.5kN · m
④ 단부: 125kN · m, 중앙부: 125kN · m

해설

(1) 단부: $M_u^- = 0.65 M_o = 0.65(250) = 162.5\text{kN} \cdot \text{m}$
(2) 중앙부: $M_u^+ = 0.35 M_o = 0.35(250) = 87.5\text{kN} \cdot \text{m}$

기출5
①

보가 있는 2방향 슬래브를 강도설계법에서 직접설계법으로 계산할 때 $M_o = 900 \text{kN} \cdot \text{m}$로 산정되었다. 내부 경간의 부계수모멘트(kN·m)와 정계수모멘트(kN·m)로 옳은 것은?
① 부 계수모멘트 585, 정 계수모멘트 315
② 부 계수모멘트 630, 정 계수모멘트 270
③ 부 계수모멘트 315, 정 계수모멘트 585
④ 부 계수모멘트 270, 정 계수모멘트 630

해설
(1) 단부: $M_u^- = 0.65 M_o = 0.65(900) = 585 \text{kN} \cdot \text{m}$
(2) 중앙부: $M_u^+ = 0.35 M_o = 0.35(900) = 315 \text{kN} \cdot \text{m}$

기출6
③

등분포하중을 받는 4변고정 2방향 슬래브에서 모멘트량이 가장 크게 나타나는 곳은?
① A   ② B
③ C   ④ D

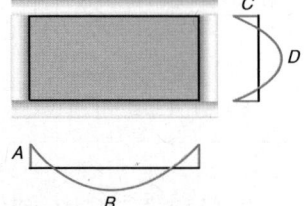

해설
2방향 슬래브는 단변과 장변 2방향으로 하중이 전달되지만 지배적인 하중분담은 단변방향 단부(C)이다.

기출7
④

등분포하중을 받는 2스팬 연속보인 B_1 RC보 부재에서 Ⓐ, Ⓑ, Ⓒ 지점의 보 배근에 관한 설명으로 옳지 않은 것은?

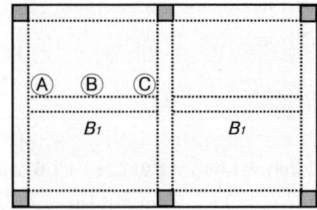

① Ⓐ 단면에서는 하부근이 주근이다.
② Ⓑ 단면에서는 하부근이 주근이다.
③ Ⓐ 단면에서의 스터럽 배치간격은 Ⓑ 단면에서의 경우보다 촘촘하다.
④ Ⓒ 단면에서는 하부근이 주근이다.

해설
B_1보는 큰보(Girder) 위에 얹혀진 형태이며, 좌측은 이동단, 우측은 고정단으로 보는 것이 합당하다.

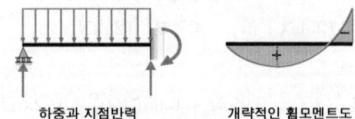

하중과 지점반력   개략적인 휨모멘트도

2 무량판(無梁板) 구조

(1) 2방향 플랫 슬래브(Flat Slab), 플랫 플레이트(Flat Plate)
 ① 플랫 슬래브(Flat Slab): 보를 사용하지 않고 지판 또는 기둥머리를 붙여서 슬래브를 지지하는 구조
 ② 플랫 플레이트(Flat Plate): 보를 사용하지 않고 지판 또는 기둥머리 없이 슬래브를 지지하는 구조

■ 플랫 슬래브(Flat Slab)

■ 플랫 플레이트(Flat Plate)

기출8 ②	보 또는 보의 역할을 하는 리브나 지판이 없이 기둥으로 하중을 전달하는 2방향으로 철근이 배치된 콘크리트 슬래브는? ① 와플 슬래브(Waffle Slab)　② 플랫 플레이트(Flat Plate) ③ 플랫 슬래브(Flat Slab)　④ 데크플레이트 슬래브(Deck Plate Slab)

(2) 2방향 슬래브의 내부 보가 없는 슬래브의 최소두께 [l_n : 장변의 순경간]

f_y (MPa)	지판이 없는 경우			지판이 있는 경우		
	외부 슬래브		내부 슬래브	외부 슬래브		내부 슬래브
	테두리보가 없는 경우	테두리보가 있는 경우		테두리보가 없는 경우	테두리보가 있는 경우	
400	$l_n/30$	$l_n/33$	$l_n/33$	$l_n/33$	$l_n/36$	$l_n/36$
500	$l_n/28$	$l_n/31$	$l_n/31$	$l_n/31$	$l_n/33$	$l_n/33$
600	$l_n/26$	$l_n/29$	$l_n/29$	$l_n/29$	$l_n/31$	$l_n/31$

■ 2방향 슬래브의 두께를 결정하기 위한 l_n 은 장변방향의 순경간을 적용한다.

기출9 ①	그림과 같은 플랫플레이트가 450×450mm 정사각형 기둥에 의해 지지되고 있으며 테두리보는 배치되어 있지 않다. 모서리 패널의 경우 현행기준에서 요구하는 슬래브의 최소두께로 옳은 것은? (단, $f_{ck}=21\text{MPa}$, $f_y=400\text{MPa}$) 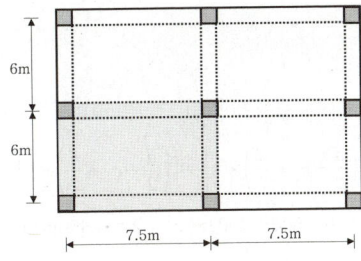 ① 195mm　② 215mm　③ 235mm　④ 255mm

해설

$l_n = 7{,}500\text{mm} - 2 \times \dfrac{450\text{mm}}{2} = 7{,}050\text{mm}$

$\therefore h_{\min} = \dfrac{l_n}{30} = \dfrac{(7{,}050)}{30} = 235\text{mm}$

■ 2방향 전단(Punching Shear, 뚫림전단)

(3) 2방향 전단(Punching Shear, 뚫림전단)
① 평판의 어떤 부분의 면적에 대해 직접적으로 집중하중이 작용하는 상태나 그 전단력

② 플랫슬래브 설계 시 지판의 슬래브 아래로 돌출한 두께는 슬래브 두께의 $\dfrac{t}{4}$ 이상으로 하여야 한다.

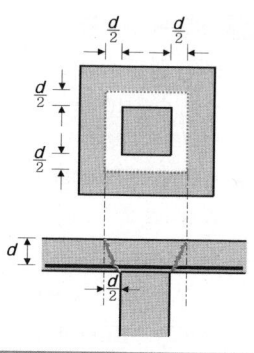

기출10 ②

플랫플레이트가 큰 하중을 받을 때 기둥 주변에서 뚫림전단(Punching Shear)의 위험이 생긴다. 뚫림전단을 검토하는 위치로서 적당한 것은? (단, d는 슬래브의 유효두께)

① 기둥면 주변
② 기둥면에서 $\dfrac{d}{2}$ 만큼 떨어진 주변
③ 기둥면에서 $\dfrac{d}{4}$ 만큼 떨어진 주변
④ 기둥면에서 d 떨어진 주변

기출11 ③

강도설계법에 의한 철근콘크리트 플랫슬래브 설계 시 지판의 슬래브 아래로 돌출한 두께는 슬래브 두께의 얼마 이상으로 하여야 하는가? (단, t는 슬래브의 두께)

① $\dfrac{t}{2}$ ② $\dfrac{t}{3}$ ③ $\dfrac{t}{4}$ ④ $\dfrac{t}{6}$

기출12 ④

그림과 같은 독립기초에서 뚫림전단(Punching Shear) 응력도를 계산할 때 검토하는 저항면적으로 적당한 것은?

① 2,520,000mm²
② 2,160,000mm²
③ 1,400,000mm²
④ 2,640,000mm²

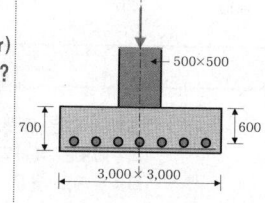

해설

(1) 위험단면의 둘레길이(b_o)

$$b_o = \left[\left(\dfrac{d}{2}+c_1+\dfrac{d}{2}\right)\times 2\right] + \left[\left(\dfrac{d}{2}+c_1+\dfrac{d}{2}\right)\times 2\right]$$
$$= [(300+500+300)\times 2]\times 2 = 4,400\,\mathrm{mm}$$

(2) 위험단면 면적(A)
= 위험단면 둘레길이(b_o) × 유효깊이(d)
$$A = b_o \cdot d = (4,400)(600) = 2,640,000\,\mathrm{mm}^2$$

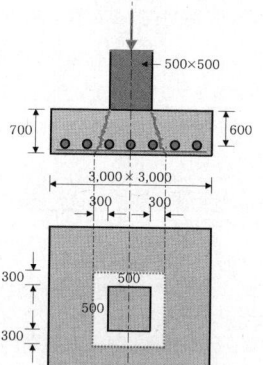

핵심번호 35 건축구조
RC구조: 기초판 및 벽체의 주요 규정

1 기초판

(1) 지반의 허용지내력(kN/m^2, kPa)

지반		장기	단기
경암반	화성암 및 굳은 역암 등	4,000	장기 × 1.5
연암반	판암, 편암 등의 수성암	2,000	
	혈암, 토단반 등의 암반	1,000	
자갈		300	
자갈과 모래의 혼합물		200	
모래섞인 점토 또는 롬토		150	
모래, 점토		100	

기출1 ③

각 지반의 허용지내력의 크기가 큰 것부터 순서대로 올바르게 나열된 것은?

A. 자갈   B. 모래   C. 연암반   D. 경암반

① B 〉 A 〉 C 〉 D   ② A 〉 B 〉 C 〉 D
③ D 〉 C 〉 A 〉 B   ④ D 〉 C 〉 B 〉 A

해설
③ 경암반(4,000kPa) 〉 연암반(1,000~2,000kPa) 〉 자갈(300kPa) 〉 모래(100kPa)

(2) 기초판 철근

① 현장치기콘크리트 기둥과 주각의 경우, 접촉면 사이의 철근 단면적은 지지되는 부재 단면적의 0.005배 이상이어야 한다.

② 기초판 유효폭 내 단변방향 철근량:

$$A_{s1} = A_{sL} \times \frac{2}{\beta+1}$$

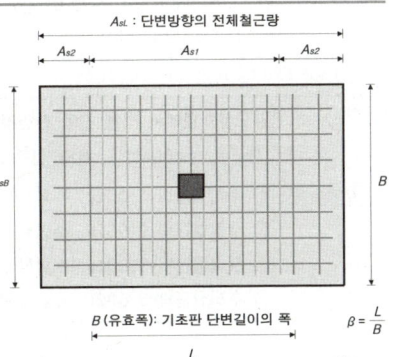
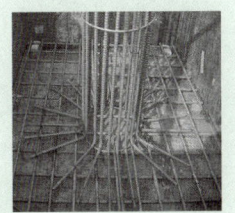

기출2 ④

독립기초 크기 $1,500mm \times 1,500mm$, 지지되는 정방형 기둥 단면 $300mm \times 300mm$ 일 경우, 현장치기콘크리트 시공에서 기초와 기둥 접촉면 사이에 배근되어야 할 최소철근량으로 옳은 것은?

① $300mm^2$ ② $350mm^2$ ③ $400mm^2$ ④ $450mm^2$

해설
$A_{s,min} = (0.005)(300 \times 300) = 450mm^2$

기출3 ①

강도설계법에서 기초판의 크기가 2m×3m일 때 단변방향으로의 소요 전체 철근량이 $3,000mm^2$ 이다. 유효폭 내에 배근하여야 할 철근량으로 옳은 것은?

① $2,400mm^2$ ② $2,800mm^2$ ③ $3,000mm^2$ ④ $3,600mm^2$

해설

$$A_s' = 전체\ 철근량 \times \frac{2}{\beta+1} = (3,000) \cdot \frac{2}{\left(\frac{3}{2}\right)+1} = 2,400mm^2$$

2 벽체

(1) 벽체 철근배근 기준

① 두께 250mm 이상의 벽체는 수직 및 수평철근을 벽면에 평행하게 양면으로 배치하여야 한다.
② 수직 및 수평철근의 배근간격: 벽두께의 3배 이하, 450mm 이하

(2) 벽체 최소철근비

구분	수직철근비	수평철근비
• $f_y = 400$MPa 이상의 D16 이하 철근 • 지름 16mm 이하의 용접철망	0.0012	0.0020
기타	0.0015	0.0025

기출4 ①

철근콘크리트 벽체에 관한 기술로서 틀린 것은?
① 두께 200mm 이상의 벽체에 대해서는 수직 및 수평철근을 벽면에 평행하게 양면으로 배치하여야 한다.
② 수직 및 수평철근의 간격은 벽두께의 3배 이하, 또한 450mm 이하로 하여야 한다.
③ 벽체는 계수연직축력이 $0.4f_{ck} \cdot A_g$ 이하이고 총 수직철근량이 단면적의 0.01배 이하인 부재를 가리킨다.
④ 지름 16mm 이하의 용접철망이 사용될 경우 벽체의 전체 단면적에 대한 최소 수평철근비는 0.0020 이다.

해설
① 두께 250mm 이상의 벽체는 수직 및 수평철근을 벽면에 평행하게 양면으로 배치하여야 한다.

기출5 ①

강도설계법에서 벽체 전체 단면적에 대한 최소 수직·수평 철근비로 옳은 것은?
(단, $f_y = 400$MPa, D13 철근 사용)
① 수직철근비 0.0012, 수평철근비 0.0020
② 수직철근비 0.0015, 수평철근비 0.0020
③ 수직철근비 0.0015, 수평철근비 0.0025
④ 수직철근비 0.0020, 수평철근비 0.0025

기출6 ③

다음 조건을 만족하는 철근콘크리트 벽체의 최소 수직철근량과 최소 수평철근량은 얼마인가?

【조건】
• 벽체 길이: 3,000mm • 벽체 높이: 2,600mm
• 벽체 두께: 200mm   • $f_y = 400$MPa, D16

① 수직철근량: 720mm², 수평철근량: 1,020mm²
② 수직철근량: 730mm², 수평철근량: 1,020mm²
③ 수직철근량: 720mm², 수평철근량: 1,040mm²
④ 수직철근량: 730mm², 수평철근량: 1,040mm²

해설
(1) 최소 수직 철근량:
$A_{s,min} = (0.0012)(200)(3,000) = 720 \text{mm}^2$
(2) 최소 수평 철근량:
$A_{s,min} = (0.0020)(200)(2,600) = 1,040 \text{mm}^2$

핵심번호 36 건축구조 RC구조: 사용성

1 사용성(Serviceability), 내구성(Durability)

(1) 사용성의 정의: 과도한 처짐이나 불쾌한 진동, 장기변형과 균열 등에 적절히 저항하여 입주자의 쾌적성을 충족하는 구조물의 성능

(2) 한계상태
① 강도한계상태(Strength Limit State): 구조체에 작용하는 하중효과가 구조체 또는 구조체를 구성하는 부재의 강도보다 커져 구조체가 하중 지지능력을 잃고 붕괴되는 상태
② 사용성한계상태(Serviceability Limit State): 처짐, 균열, 진동 등과 같이 구조체가 붕괴되지는 않더라도 구조기능이 저하되어 외관, 유지관리, 내구성 및 사용에 매우 부적합하게 되는 상태

(3) 설계상의 검토

안전성	사용성
계수하중(Factored Load)으로 검토	사용하중(Service Load)으로 검토
➡ $U=1.2D+1.6L$	➡ $U=1.0D+1.0L$

(4) 내구성
① 변질되거나 변형되지 않고 처음의 설계조건과 같이 오래 사용할 수 있는 구조물의 성능
② 철근의 부식방지를 위하여 굳지 않은 콘크리트의 전체 염소이온량은 원칙적으로 0.3kg/m^3 이하로 하여야 한다.

기출1 ①
구조물의 한계상태에는 강도한계상태와 사용성한계상태가 있다. 강도한계상태에 영향을 미치는 요소와 가장 거리가 먼 것은?
① 부재의 과다한 탄성변형
② 기둥의 좌굴
③ 골조의 불안전성
④ 접합부 파괴

기출2 ④
한계상태설계법에 따라 구조물을 설계할 때 고려되는 강도한계상태가 아닌 것은?
① 기둥의 좌굴
② 접합부 파괴
③ 피로 파괴
④ 바닥재의 진동

기출3 ④
콘크리트 구조물의 설계법 중 강도설계법의 특징으로 옳지 않은 것은?
① 구조물의 파괴에 대한 안전도의 확보가 확실하다.
② 서로 다른 하중의 특성을 설계에 반영할 수 있다.
③ 서로 다른 재료의 특성을 설계에 반영시키기 어렵다.
④ 처짐 및 균열에 대한 사용성 확보 검토가 불필요하다.

기출4
④

콘크리트구조의 내구성설계기준에 따른 보수·보강 설계에 관한 설명으로 옳지 않은 것은?
① 손상된 콘크리트 구조물에서 안전성, 사용성, 내구성, 미관 등의 기능을 회복시키기 위한 보수는 타당한 보수설계에 근거하여야 한다.
② 보수·보강 설계를 할 때는 구조체를 조사하여 손상 원인, 손상 정도, 저항내력 정도를 파악한다.
③ 책임구조기술자는 보수·보강 공사에서 품질을 확보하기 위하여 공정별로 품질관리 검사를 시행하여야 한다.
④ 보강설계를 할 때에는 사용성과 내구성 등의 성능은 고려하지 않고, 보강 후의 구조내하력 증가만을 반영한다.

기출5
④

철근콘크리트구조물의 내구성 설계에 관한 설명으로 옳지 않은 것은?
① 설계기준강도가 35MPa을 초과하는 콘크리트는 동해저항 콘크리트에 대한 전체 공기량 기준에서 1% 감소시킬 수 있다.
② 동해저항 콘크리트에 대한 전체 공기량 기준에서 굵은골재의 최대치수가 25mm인 경우 심한 노출에서의 공기량 기준은 6.0%이다.
③ 바닷물에 노출된 콘크리트의 철근 부식방지를 위한 보통골재콘크리트의 최대 물결합재비는 40%이다.
④ 철근의 부식방지를 위하여 굳지 않은 콘크리트의 전체 염소이온량은 원칙적으로 0.9kg/m^3 이하로 하여야 한다.

2 총처짐(Total Deflection)

(1) 총처짐 = 순간처짐 + 장기처짐
① 탄성처짐: 구조물에 하중이 작용하면 발생하며, 하중이 제거되면 원래대로 복원되는 처짐으로 즉시처짐 또는 순간처짐이라고도 한다.
② 장기처짐(Long Term Deflection): 건조수축과 크리프에 의해 시간이 경과함에 따라 추가적으로 발생하는 원래의 상태로 되돌아가지 않는 처짐

장기처짐 = 탄성처짐 × λ_Δ

$$\lambda_\Delta = \frac{\xi}{1+50\rho'}$$

ξ: 시간경과계수	
3개월	1.0
6개월	1.2
12개월	1.4
5년 이상	2.0

$\rho' = \dfrac{A_s'}{bd}$: 압축철근비

기출6
②

일반 또는 경량콘크리트 휨부재의 크리프와 건조수축에 의한 추가 장기처짐 산정과 관련하여 5년 이상일 때 지속하중에 대한 시간경과계수 ξ는?
① 1.4   ② 2.0   ③ 2.2   ④ 2.4

해설

시간경과계수	3개월	6개월	12개월	5년 이상
ξ	1.0	1.2	1.4	2.0

기출7 ②

철근콘크리트 구조물의 처짐에 관한 설명 중 옳지 않은 것은?
① 철근콘크리트 부재의 처짐은 즉시처짐과 장기처짐으로 구분된다.
② 장기처짐은 초기에 많은 양이 생기며, 시간이 지남에 따라 증가율도 증가한다.
③ 부재의 안전성은 계수하중에 의하여 검토하지만, 처짐이나 균열 등 사용성은 사용하중에 의하여 검토한다.
④ 장기처짐은 주로 콘크리트의 크리프와 건조수축으로 인하여 발생된다.

해설
② 장기처짐은 시간이 지남에 따라 증가율이 감소하며 시간경과 5년 이상의 구조물은 일정한 분포를 나타낸다.

기출8 ②

철근콘크리트 보의 처짐에 관한 기술 중 틀린 것은?
① 인장철근비를 높임으로써 장기처짐을 감소시킬 수 있다.
② 콘크리트강도를 높임으로써 처짐을 감소시킬 수 있다.
③ 보의 높이를 증가시키므로써 처짐을 줄일 수 있다.
④ 고강도의 철근을 사용 시 특히 처짐에 대해 유의해야 한다.

해설
① 압축철근비를 높임으로써 장기처짐을 감소시킬 수 있다.

기출9 ③

압축철근 $A_s' = 2,400\text{mm}^2$로 배근된 복철근보의 탄성처짐이 15mm라고 할 때 지속하중에 의해 발생되는 5년 후 장기처짐은? (단, $b=300\text{mm}$, $d=400\text{mm}$, 5년 후 지속하중 재하에 따른 계수 $\xi=2.0$)
① 9mm ② 12mm ③ 15mm ④ 30mm

해설
장기처짐 = 탄성처짐 $\times \lambda_\Delta = 15 \times \dfrac{(2.0)}{1+50\left(\dfrac{2,400}{300 \times 400}\right)} = 15\text{mm}$

기출10 ③

단순보에서 하중이 재하됨과 동시에 순간처짐이 20mm가 발생되었다. 이 하중이 5년 이상 지속되는 경우 총 처짐량은 얼마인가? (단, $\lambda_\Delta = \dfrac{\xi}{1+50\rho'}$이고, 지속하중에 의한 시간경과계수 $\xi=2$)
① 30mm ② 40mm ③ 60mm ④ 80mm

해설
총처짐 = 탄성처짐 + 장기처짐 = $(20) + (20)\left(\dfrac{(2.0)}{1+50(0)}\right) = 60\text{mm}$

기출11 ②

철근콘크리트 단순보에서 순간탄성처짐이 0.9mm 이었다면 1년 뒤 이 부재의 총처짐량을 구하면? (단, 시간경과계수 $\xi=1.4$, 압축철근비 $\rho'=0.01071$)
① 1.52mm ② 1.72mm ③ 1.92mm ④ 2.12mm

해설
총처짐 = 탄성처짐 + 장기처짐 = $(0.9) + (0.9)\left(\dfrac{(1.4)}{1+50(0.01071)}\right) = 1.72\text{mm}$

핵심번호 37 건축구조
RC구조: 처짐의 제한 규정

1 최대 허용처짐

장기처짐 효과를 고려한 전체 처짐의 한계는 최대허용처짐 규정 이하가 되도록 해야 한다.

(1)	과도한 처짐에 의해 손상되기 쉬운 비구조 요소를 지지 또는 부착하지 않은 평지붕 구조	$\dfrac{l}{180}$
(2)	과도한 처짐에 의해 손상되기 쉬운 비구조 요소를 지지 또는 부착하지 않은 바닥구조	$\dfrac{l}{360}$
(3)	과도한 처짐에 의해 손상되기 쉬운 비구조 요소를 지지 또는 부착한 지붕 또는 바닥구조	$\dfrac{l}{480}$
(4)	과도한 처짐에 의해 손상될 염려가 없는 비구조 요소를 지지 또는 부착한 지붕 또는 바닥구조	$\dfrac{l}{240}$

■ 과도한 처짐 때문에 보에 부착된 비구조요소가 손상을 받거나 기능을 잃어버리는 예
① 보의 처짐이 창문을 좌굴시키는 경우
② 과도한 천장의 처짐이 균열을 일으키고 칸막이의 작동을 방해하는 경우

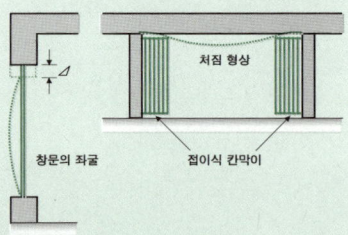

창문의 좌굴 / 접이식 칸막이 / 처짐 형상

기출1 ③

과도한 처짐에 의해 손상되지 쉬운 비구조요소를 지지 또는 부착하지 않은 바닥구조의 활하중 L에 의한 순간처짐의 한계는?

① $\dfrac{l}{180}$　② $\dfrac{l}{240}$　③ $\dfrac{l}{360}$　④ $\dfrac{l}{480}$

해설
③ 과도한 처짐에 의해 손상되지 쉬운 비구조요소를 지지 또는 부착하지 않은 바닥구조의 활하중 L에 의한 순간처짐의 한계는 $\dfrac{l}{360}$ 이다.

기출2 ②

철근콘크리트 구조물의 처짐에 관한 설명으로 옳지 않은 것은?
① 휨부재의 크리프와 건조수축에 의한 추가 장기처짐 산정 시 5년 이상의 지속하중에 대한 시간경과계수는 2.0이다.
② 과도한 처짐에 의해 손상될 우려가 없는 비구조요소를 지지한 지붕이나 바닥구조의 처짐한계는 $\dfrac{l}{210}$ 이다.
③ 내부에 보가 없는 2방향 슬래브 중 철근의 항복강도가 400MPa이고 지판이 없는 경우 내부슬래브의 최소두께는 $\dfrac{l_n}{33}$ 이다.
④ 처짐을 계산하지 않는 경우 양단연속된 리브가 있는 1방향 슬래브의 최소 두께는 $\dfrac{l}{21}$ 이다.

해설
② 과도한 처짐에 의해 손상될 우려가 없는 비구조요소를 지지한 지붕이나 바닥구조의 처짐한계는 $\dfrac{l}{240}$ 이다.

2 RC 구조 처짐 제한규정

건축구조기준(KDS)에서는 처짐의 계산이 복잡하기 때문에 보나 슬래브의 최소두께(h_{min})를 제한함으로써 처짐에 대한 문제점이 발생하지 않도록 규정하고 있다.
만약, 최소두께에 대한 규정을 만족하지 못한다면 【최대허용처짐】보다는 작도록 규정하고 있다. 그러나, 탄성처짐이 허용한계에 있다고 하더라도 크리프 및 수축에 의한 장기처짐이 크게 발생할 우려가 있기 때문에 가급적이면 보 또는 1방향 슬래브의 최소두께 규정을 지키는 것이 좋다.

l: 경간(Span) 길이	최소 두께 (h_{min})			
	단순지지	1단연속	양단연속	캔틸레버
보 및 리브가 있는 1방향슬래브	$\dfrac{l}{16}$	$\dfrac{l}{18.5}$	$\dfrac{l}{21}$	$\dfrac{l}{8}$
1방향슬래브	$\dfrac{l}{20}$	$\dfrac{l}{24}$	$\dfrac{l}{28}$	$\dfrac{l}{10}$

- 1,500~2,000kg/m³ 범위의 단위질량을 갖는 구조용 경량콘크리트에 대해서는 계산된 h_{min} 값에 $(1.65 - 0.00031 \cdot m_c)$를 곱해야 하며, 1.09 이상이어야 한다.

- f_y가 400MPa 이외인 경우 계산된 h_{min} 값에 $\left(0.43 + \dfrac{f_y}{700}\right)$를 곱하여야 한다.

■ 보 또는 슬래브의 과다한 처짐은 칸막이벽에 균열을 발생시키거나 개구부의 기능을 저해하고 바닥이나 지붕의 방수성능에 문제를 일으키기도 하므로 건축구조기준에서는 경간의 길이(l)에 대해 보 또는 슬래브의 최소두께를 규정함으로써 충분한 휨강성의 확보를 통해 사용하중 상태에서 처짐에 대한 문제점이 발생하지 않도록 규정하고 있다.

기출3 ②

강도설계법에서 처짐을 계산하지 않는 경우 철근 콘크리트 보의 최소두께 규정으로 옳은 것은? (단, 보통중량콘크리트 $m_c = 2,300 \text{kg/m}^3$와 설계기준항복강도 400MPa 철근을 사용한 부재)

① 단순지지: $\dfrac{l}{20}$ ② 1단연속: $\dfrac{l}{18.5}$ ③ 양단연속: $\dfrac{l}{24}$ ④ 캔틸레버: $\dfrac{l}{10}$

해설
① 단순지지: $\dfrac{l}{16}$ ③ 양단연속: $\dfrac{l}{21}$ ④ 캔틸레버: $\dfrac{l}{8}$

기출4 ①

강도설계법에 의한 철근콘크리트 보 설계에서 단순지지된 경우 처짐을 계산하지 않아도 되는 보의 최소 두께로 옳은 것은? (단, 보통중량콘크리트($m_c = 2,300 \text{kg/m}^3$)와 설계기준항복강도 400MPa 철근을 사용)

① $\dfrac{l}{16}$ ② $\dfrac{l}{20}$ ③ $\dfrac{l}{24}$ ④ $\dfrac{l}{28}$

해설
① 단순지지 보: $h_{min} = \dfrac{l}{16}$

기출5 ③

강도설계법에서 처짐을 계산하지 않는 경우 스팬 8.0m인 단순 지지된 보의 최소 두께에 대한 규정을 적용시 옳은 것은? (단, 일반콘크리트와 $f_y = 400$MPa인 철근을 사용할 때임)

① 400mm   ② 450mm   ③ 500mm   ④ 550mm

해설
$h_{min} = \dfrac{l}{16} = \dfrac{(8,000)}{16} = 500 \text{mm}$

기출6 ②

다음 그림과 같은 철근콘크리트 보에서 처짐을 계산하지 않아도 되는 경우의 보의 최소두께는 얼마인가? (단, 단위질량 $m_c = 2,300 \text{kg/m}^3$인 보통중량콘크리트이며 $f_{ck} = 27\text{MPa}$, $f_y = 400\text{MPa}$)

① 385mm ② 324mm
③ 297mm ④ 286mm

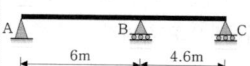

해설

(1) 보통중량콘크리트, $f_y = 400\text{MPa}$이므로 보정값을 적용할 필요가 없다.

(2) 1단 연속보 $h_{\min} = \dfrac{l}{18.5}$ 규정이며, 경간의 길이가 다른 경우 긴 경간이 지배한다. ∴ $h_{\min} = \dfrac{(6,000)}{18.5} = 324.324\text{mm}$

기출7 ②

강도설계법에 의한 철근콘크리트 보 설계에서 양단 연속인 경우 처짐을 계산하지 않아도 되는 보의 최소 두께로 옳은 것은? (단, 보통콘크리트 $m_c = 2,300 \text{kg/m}^3$와 설계기준항복강도 400MPa 철근을 사용)

① $l/16$ ② $l/21$ ③ $l/24$ ④ $l/28$

해설

② 양단연속 보: $h_{\min} = \dfrac{l}{21}$

기출8 ①

경간의 길이가 4m인 단순지지된 1방향 슬래브의 처짐을 계산하지 않는 경우의 최소 두께는? (단, 리브가 없는 슬래브, $f_y = 400\text{MPa}$)

① 200mm ② 220mm ③ 235mm ④ 250mm

해설

$h_{\min} = \dfrac{l}{20} = \dfrac{(4,000)}{20} = 200\text{mm}$

기출9 ①

양단연속 1방향 슬래브의 스팬이 3,000mm일 때 강도설계법에서 처짐을 계산하지 않는 경우 슬래브의 최소두께를 계산한 값으로 옳은 것은? (단, 단위중량 $w_c = 2,300 \text{kg/m}^3$의 보통콘크리트 및 $f_y = 400\text{MPa}$ 철근 사용)

① 107.1mm ② 124.3mm ③ 143mm ④ 156mm

해설

$h_{\min} = \dfrac{l}{20} = \dfrac{(3,000)}{28} = 107.143\text{mm}$

기출10 ①

다음과 같은 조건의 1방향 슬래브에서 처짐을 계산하지 않고 정할 수 있는 슬래브의 최소 두께는?

- 중심스팬: 4,200mm
- 양단 연속
- 보통콘크리트와 설계기준항복강도 400MPa 철근 사용

① 150mm ② 180mm ③ 200mm ④ 220mm

해설

$h_{\min} = \dfrac{l}{28} = \dfrac{(4,200)}{28} = 150\text{mm}$

핵심번호 38 건축구조
RC구조: 정착 및 이음길이

1 부착(Bond) 성능에 영향을 주는 요인

(1)	철근	①	이형철근이 원형철근 보다 부착강도가 크며, 직경이 굵은 철근보다 가는 것을 여러 개 쓰는 것이 좋다.
		②	녹이 많이 슨 철근은 녹을 제거해야 하지만 약간 녹이 슨 철근은 새 철근보다 부착강도가 크다.
(2)	콘크리트	①	피복두께가 클수록 부착강도가 크다.
		②	콘크리트의 압축강도가 클수록 부착강도 역시 크다.
		③	블리딩(Bleeding): 콘크리트 타설 시 아직 굳지 않은 콘크리트에서 물이 윗면에 솟아오르는 현상 블리딩(Bleeding)의 영향으로 수평철근이 수직철근보다 부착강도가 작고 수평철근 중에서도 하부철근이 상부철근 보다 부착성능이 크다.

■ 뽑힘부착파괴(Crushing)

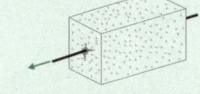

쪼갬부착파괴(Splitting)

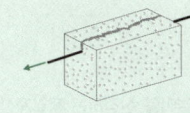

기출1 ④

철근콘크리트구조에서 원형철근을 대신하여 이형철근을 사용하는 주된 목적은?
① 압축응력을 크게 하기 위하여 ② 전단응력을 크게 하기 위하여
③ 인장응력을 크게 하기 위하여 ④ 부착응력을 크게 하기 위하여

해설
이형철근은 원형철근에 마디와 리브를 추가하여 콘크리트의 부착강도를 증가시킨 철근이다.

기출2 ③

철근콘크리트 보에서 철근과 콘크리트간의 부착력이 부족할 때 부착력을 증가시키는 방법으로서 가장 적절한 것은?
① 고강도 철근을 사용한다. ② 콘크리트의 물시멘트비를 증가시킨다.
③ 인장철근의 주장을 증가시킨다. ④ 인장철근의 단면적을 증가시킨다.

해설
③ 이형철근의 주장(=둘레길이)을 증가시키는 것이 가장 효과적이다.

기출3 ②

철근의 부착성능에 영향을 주는 요인에 관한 설명으로 옳지 않은 것은?
① 이형철근이 원형철근보다 부착강도가 크다.
② 블리딩의 영향으로 수직철근이 수평철근보다 부착강도가 작다.
③ 보통의 단위중량을 갖는 콘크리트의 부착강도는 콘크리트의 압축강도, 즉 $\sqrt{f_{ck}}$ 에 비례한다.
④ 피복두께가 크면 부착강도가 크다.

해설
② 블리딩(Bleeding)의 영향으로 수직철근이 수평철근보다 부착강도가 크다.

■ 철근의 정착길이(Development Length): l_d

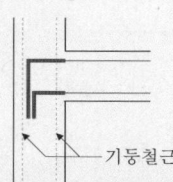

콘크리트에 묻혀 있는 철근이 힘을 받을 때 뽑히거나 미끄러짐 변형이 발생하는 일이 없이 항복강도에 이르기까지 응력을 발휘할 수 있는 최소한도의 묻힘길이

■ 정착길이를 산정하는 정밀계산식
기본정착길이 l_{db}에 해당하는 보정계수를 곱하여 계산하는 방법이 편리하게 사용되어질 수 있다.
다른 방법으로는
$$l_d = \frac{0.90\,d_b \cdot f_y}{\lambda\sqrt{f_{ck}}} \cdot \frac{\alpha \cdot \beta \cdot \gamma}{\left(\frac{c + K_{tr}}{d_b}\right)}$$
로 표현되는 정밀계산식으로 상세한 계산을 할 수 있다. 대부분의 경우 전자의 방법이 후자의 방법보다 큰 정착길이를 산출하므로, 산정된 정착길이가 지나치게 크다고 판단되는 경우에는 정밀계산식을 사용하여 정착길이를 감소시킬 수 있다.

2 정착길이(l_d, Development Length), 기본정착길이(l_{db}, l_{hb})

(1)

		정착길이(l_d)	기본정착길이(l_{db}, l_{hb}) 약산식
	인장이형철근	$l_d = l_{db} \times$ 보정계수 $\geq 300\,mm$	$l_{db} = \dfrac{0.6d_b \cdot f_y}{\lambda\sqrt{f_{ck}}}$
	표준갈고리(Standard Hook)를 갖는 인장이형철근	$l_{dh} = l_{hb} \times$ 보정계수 $\geq 8d_b,\ 150\,mm$	$l_{hb} = \dfrac{0.24\beta \cdot d_b \cdot f_y}{\lambda\sqrt{f_{ck}}}$
	압축이형철근	$l_d = l_{db} \times$ 보정계수 $\geq 200\,mm$	$l_{db} = \dfrac{0.25d_b \cdot f_y}{\lambda\sqrt{f_{ck}}}$ $\geq 0.043d_b \cdot f_y$

- d_b: 이형철근 직경, • f_y: 철근 설계기준항복강도,
- f_{ck}: 콘크리트 설계기준압축강도, • β: 철근 도막계수, • λ: 경량콘크리트계수

(2)

	정착길이 산정에 적용되는 주요 보정계수		
인장이형철근	α 철근배근 위치계수	• $\alpha = 1.3$: 상부철근	
		• $\alpha = 1.0$: 기타 철근	
	β 철근 도막계수	• $\beta = 1.5$: 피복두께가 $3d_b$ 미만 또는 순간격이 $6d_b$ 미만인 에폭시 도막철근	
		• $\beta = 1.2$: 기타 에폭시 도막철근	
		• $\beta = 1.0$: 도막되지 않은 철근, 아연도금 철근	
표준갈고리(Standard Hook)를 갖는 인장이형철근	0.7	D35 이하 철근에서 갈고리 평면에 수직방향인 측면피복두께가 70mm 이상, 90° 갈고리에 대해서는 갈고리를 넘어선 부분의 철근 피복두께가 50mm 이상인 경우	
압축이형철근	$\left(\dfrac{\text{소요 }A_s}{\text{배근 }A_s}\right)$	해석결과 요구되는 철근량을 초과 배치한 경우	

기출4
②

$f_y = 400\,MPa$ 이형철근을 사용한 경우 필요한 철근의 인장정착길이가 1,000mm이었다. $f_y = 500\,MPa$로 철근의 강도를 변경하고, 소요철근보다 1.25배 많게 철근을 배근하였을 경우 변경된 철근의 인장정착길이는 얼마인가?
① 750mm ② 1,000mm ③ 1,200mm ④ 1,500mm

해설

(1) 인장이형철근의 기본정착길이 $l_{db} = \dfrac{0.6d_b \cdot f_y}{\lambda\sqrt{f_{ck}}}$ 로부터 정착길이는 철근의 항복강도 f_y에 비례한다.

(2) $f_y = 400\,MPa$에서 $f_y = 500\,MPa$로 변경하면, $\dfrac{500}{400} = 1.25$배 만큼의 정착길이가 더 필요하게 된다.

(3) 소요철근보다 1.25배 많게 철근을 배근하였으므로 결국 변경된 철근의 인장정착길이는 그대로 1,000mm가 된다.

기출5 ③

강도설계법에서 인장철근의 기본정착길이를 정하는 사항과 관계가 가장 적은 것은?
① 철근의 항복강도
② 철근의 공칭직경
③ 철근의 간격
④ 콘크리트 압축강도

해설

기본정착길이: $l_{db} = \dfrac{0.6 d_b \cdot f_y}{\lambda \sqrt{f_{ck}}}$

- λ : 경량콘크리트계수
- f_{ck} : 콘크리트의 압축강도
- d_b : 철근 또는 철선의 공칭직경
- f_y : 철근의 항복강도

기출6 ②

D22 인장철근의 기본정착길이로 옳은 것은? (단, D22의 단면적은 387mm², $f_{ck}=24$MPa, $f_y=400$MPa, $\lambda=1$)
① 1,300mm ② 1,100mm ③ 900mm ④ 700mm

해설

$l_{db} = \dfrac{0.6 d_b \cdot f_y}{\lambda \sqrt{f_{ck}}} = \dfrac{0.6(22)(400)}{(1.0)\sqrt{(24)}} = 1{,}077.78\text{mm}$

기출7 ①

D25 인장철근의 기본정착길이로 옳은 것은? (단, D25의 단면적은 507mm², $f_{ck}=24$MPa, $f_y=400$MPa, $\lambda=1$)
① 1,250 mm ② 1,000 mm ③ 750 mm ④ 700 mm

해설

$l_{db} = \dfrac{0.6 d_b \cdot f_y}{\lambda \sqrt{f_{ck}}} = \dfrac{0.6(25)(400)}{(1.0)\sqrt{(24)}} = 1{,}224.74\text{mm}$

기출8 ①

인장을 받는 이형철근의 정착길이(l_d)는 기본정착길이(l_{db})에 보정계수를 곱하여 산정한다. 다음 중 이러한 보정계수에 영향을 미치는 사항이 아닌 것은?
① 하중계수
② 경량콘크리트 계수
③ 에폭시 도막 계수
④ 철근배치 위치 계수

해설

$l_d = l_{db} \times 보정계수 = \dfrac{0.6 d_b \cdot f_y}{\lambda \sqrt{f_{ck}}} \times \alpha\beta$

- α : 철근배근 위치계수
- β : 철근 도막계수
- λ : 경량콘크리트 계수

기출9 ③

인장이형철근의 정착길이를 산정할 때 적용되는 보정계수에 해당되지 않는 것은?
① 철근배근 위치계수
② 철근 도막계수
③ 크리프 계수
④ 경량콘크리트 계수

해설

인장이형철근 정착길이 정밀식: $l_d = \dfrac{0.90 d_b \cdot f_y}{\lambda \sqrt{f_{ck}}} \cdot \dfrac{\alpha \cdot \beta \cdot \gamma}{\left(\dfrac{c+K_{tr}}{d_b}\right)}$

- α : 철근배근 위치계수
- β : 철근 도막계수
- λ : 경량콘크리트 계수
- γ : 철근의 크기계수
- c : 철근간격 또는 피복두께에 관련된 치수
- K_{tr} : 횡방향 철근지수

기출10
①

인장을 받는 이형철근의 정착길이(l_d)는 기본정착길이(l_{db})에 보정계수를 곱하여 구한다. 이 보정계수에 대한 설명 중 옳지 않은 것은?
① 철근배치 위치계수 α는 상부철근일 경우 1.5이고, 기타 철근일 경우 1.0이다.
② 철근크기계수 γ는 철근직경이 D22 이상인 경우 1.0, D19 이하일 경우 0.8이다.
③ 철근 도막계수 β는 도막되지 않은 철근일 경우 1.0이다.
④ 경량콘크리트계수 λ는 일반콘크리트인 경우 1.0이다.

해설
① 철근배치 위치계수 α는 상부철근일 경우 1.30이고, 기타 철근일 경우 1.00이다.

기출11
④

강도설계법에서 인장을 받는 이형철근의 정착길이 l_d 의 최소값은?
① 150mm　② 200mm　③ 250mm　④ 300mm

해설
$l_d = l_{db} \times 보정계수 \geq 300\text{mm}$
인장이형철근의 정착길이(l_d)는 기본정착길이(l_{db})에 보정계수를 곱하여 구한 값이 최소 300mm 이상이어야 한다.

기출12
①

철근의 정착길이에 관한 사항 중 옳지 않은 것은?
① 계산에 의하여 산정한 인장이형철근의 정착길이는 항상 250mm 이상이어야 한다.
② 계산에 의하여 산정한 압축이형철근의 정착길이는 항상 200mm 이상이어야 한다.
③ 인장 또는 압축을 받는 하나의 다발철근 내에 있는 개개 철근의 정착길이 l_d는 다발철근의 아닌 경우의 각 철근의 정착길이보다 3개의 철근으로 구성된 다발철근에 대해서 20%를 증가시켜야 한다.
④ 단부에 표준갈고리가 있는 인장이형철근의 정착길이는 항상 $8d_b$ 이상 또한 150mm 이상이어야 한다.

해설
① 계산에 의하여 산정한 인장이형철근의 정착길이는 항상 300mm 이상이어야 한다.

기출13
④

표준갈고리를 갖는 인장이형철근(D13)의 기본정착길이는? (단, D13의 공칭지름: 12.7mm, $f_{ck}=27\text{MPa}$, $f_y=400\text{MPa}$, $\beta=1.0$, $m_c=2,300\text{kg/m}^3$)
① 190mm　② 205mm　③ 220m　④ 235mm

해설
$$l_{hb} = \frac{0.24\beta \cdot d_b \cdot f_y}{\lambda \sqrt{f_{ck}}} = \frac{0.24(1.0)(12.7)(400)}{(1)\sqrt{(27)}} = 234.635\text{mm}$$

기출14
③

인장을 받는 이형철근의 직경이 D16(직경 15.9mm)이고, 콘크리트 강도가 30MPa인 표준갈고리의 기본정착길이는? (단, $f_y=400\text{MPa}$, $\beta=1.0$, $m_c=2,300\text{kg/m}^3$)
① 238mm　② 258mm　③ 279mm　④ 312mm

해설
$$l_{hb} = \frac{0.24\beta \cdot d_b \cdot f_y}{\lambda \sqrt{f_{ck}}} = \frac{0.24(1.0)(15.9)(400)}{(1)\sqrt{(30)}} = 278.681\text{mm}$$

기출15
③

표준갈고리를 갖는 D22의 인장철근(공칭지름 $d_b=22.2$mm)의 기본 정착길이는?
(단, $f_{ck}=21$MPa, $f_y=400$MPa, 에폭시 도막되지 않은 경우, $\lambda=1$)

① 100.5mm ② 153.2mm ③ 465.1mm ④ 1,162.6mm

해설

$$l_{hb}=\frac{0.24\beta\cdot d_b\cdot f_y}{\lambda\sqrt{f_{ck}}}=\frac{0.24(1.0)(22.2)(400)}{(1)\sqrt{(21)}}=465.066\text{mm}$$

기출16
②

D16 철근이 90° 표준갈고리로 정착되었다면 이 갈고리의 소요정착길이는? (단, $l_{hb}=\dfrac{0.24\beta\cdot d_b\cdot f_y}{\lambda\sqrt{f_{ck}}}$, 철근도막계수와 경량콘크리트계수는 1, D16 공칭지름 =15.9mm, $f_{ck}=21$MPa, $f_y=400$MPa)

① 163mm ② 233mm
③ 324mm ④ 357mm

해설

$$l_{dh}=l_{hb}\times 보정계수=\frac{0.24(1.0)(15.9)(400)}{(1.0)\sqrt{(21)}}\cdot(0.7)=233.161\text{mm}$$

기출17
④

D19 압축철근의 기본정착길이로 옳은 것은? (단, D19의 단면적은 287mm², $f_{ck}=21$MPa, $f_y=400$MPa, $\lambda=1$)

① 674 mm ② 570 mm ③ 482 mm ④ 415 mm

해설

(1) $l_{db}=\dfrac{0.25d_b\cdot f_y}{\lambda\sqrt{f_{ck}}}=\dfrac{0.25(19)(400)}{(1)\sqrt{(21)}}=414.614\text{mm}$ ← 지배

(2) $l_{db}=0.043d_b\cdot f_y=0.043(19)(400)=326.8\text{mm}$

기출18
③

강도설계법에서 D22 압축철근의 기본정착길이는?
(단, $f_{ck}=27$MPa, $f_y=400$MPa, 경량콘크리트계수 1)

① 200.5mm ② 378.4mm ③ 423.4mm ④ 604.6mm

해설

(1) $l_{db}=\dfrac{0.25d_b\cdot f_y}{\lambda\sqrt{f_{ck}}}=\dfrac{0.25(22)(400)}{(1)\sqrt{(27)}}=423.39\text{mm}$ ← 지배

(2) $l_{db}=0.043d_b\cdot f_y=0.043(22)(400)=378.4\text{mm}$

기출19
②

압축이형철근 D22의 기본정착길이는? (단, D22 철근의 단면적은 387mm², $f_{ck}=24$MPa, $f_y=400$MPa, $\lambda=1$)

① 400mm ② 450mm ③ 500mm ④ 550mm

해설

(1) $l_{db}=\dfrac{0.25d_b\cdot f_y}{\lambda\sqrt{f_{ck}}}=\dfrac{0.25(22)(400)}{(1)\sqrt{(24)}}=449.073\text{mm}$ ← 지배

(2) $l_{db}=0.043d_b\cdot f_y=0.043(22)(400)=378.4\text{mm}$

기출20
②

압축을 받는 이형철근의 기본정착길이(l_{db})가 420mm로 계산되었다. 해석결과 요구되는 철근량보다 20%를 초과하여 배치한 경우 압축을 받는 이형철근의 정착길이(l_d)를 구하면?

① 320mm   ② 350mm   ③ 420mm   ④ 504mm

해설

(1) $l_d = l_{db} \times$ 보정계수 ≥ 200mm

(2) 보정계수: 실제철근량이 소요철근량 보다 많을 때 … $\dfrac{(\text{소요철근량})}{(\text{실제철근량})}$

(3) $l_d = (420)\left(\dfrac{100}{120}\right) = 350$mm ≥ 200mm

---

기출21
④

압축이형철근의 정착길이에 관한 기준으로 옳지 않은 것은?

① 계산된 정착길이는 항상 200mm 이상이어야 한다.
② 기본정착길이는 최소 $0.043 d_b f_y$ 이상이어야 한다.
③ 해석결과 요구되는 철근량을 초과하여 배치한 경우 $\dfrac{(\text{소요철근량})}{(\text{배근철근량})}$을 곱하여 보정한다.
④ 전경량콘크리트를 사용한 경우 기본정착길이에 0.85배하여 정착길이를 산정한다.

해설

④ 전경량콘크리트를 사용한 경우 $\lambda = 0.75$를 적용하여 정착길이를 산정한다.

기출22
②

철근의 정착길이에 관한 사항 중 옳지 않은 것은?

① 인장이형철근 및 이형철선의 정착길이 l_d는 항상 300mm 이상이어야 한다.
② 압축이형철근의 정착길이 l_d는 항상 150mm 이상이어야 한다.
③ 인장 또는 압축을 받는 하나의 다발철근 내에 있는 개개 철근의 정착길이 l_d는 다발철근이 아닌 경우의 각 철근의 정착길이보다 3개의 철근으로 구성된 다발철근에 대해서 20%를 증가시켜야 한다.
④ 단부에 표준갈고리가 있는 이형철근의 정착길이 l_{dh}는 항상 $8d_b$ 이상 또한 150mm 이상이어야 한다.

해설

(1) $l_d = l_{db} \times$ 보정계수 ≥ 200mm
(2) 압축이형철근의 정착길이(l_d)는 기본정착길이(l_{db})에 보정계수를 곱하여 구한 값이 최소 200mm 이상이어야 한다.

기출23
④

인장을 받는 이형철근의 겹침이음에서 B급 이음에 해당되면 이때 규정에 따라 계산된 인장이형철근의 정착길이(l_d)의 몇 배 이상의 겹침이음을 두어야 하는가?

① 1.0배   ② 1.1배   ③ 1.2배   ④ 1.3배

해설

구분	내용	이음 길이
A급 이음	배근된 철근량이 소요철근량의 2배 이상이고, 소요 겹침이음길이 내 겹침이음된 철근량이 전체 철근량의 $\dfrac{1}{2}$ 이하인 경우	$1.0 l_d$
B급 이음	그 외 경우	$1.3 l_d$

핵심번호 39 건축구조
강구조: 강재의 재료 특성

1 강재의 응력변형률곡선

철근의 응력변형률(변형도) 곡선	
A: 비례한계점	B: 탄성한계점
C: 상(위)항복점	D: 하(위)항복점
E: 변형도경화(개시)점	F: 극한강도점
G: 파괴점	
H: 탄성영역	I: 소성영역
J: 변형도경화영역	K: 파괴(Necking)영역

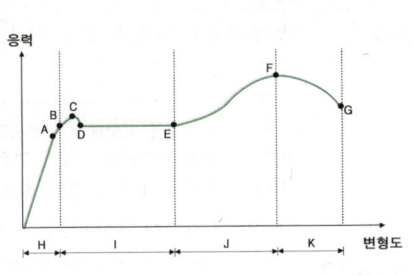

(1)	항복비(Yield Ratio)	① 극한(=인장)강도에 대한 항복강도의 비 ② 고강도 강재일수록 항복비가 크다. ③ 항복비가 클수록 연성거동을 확보하기 어렵다.
(2)	연성(Ductility)	재료가 하중을 받아 항복 후 파괴에 이르기까지 소성변형을 할 수 있는 능력
(3)	바우쉰거 효과(Baushinger's Effect)	응력을 역방향으로 가할 때 같은 변형률에 대해 응력이 감소하는 현상

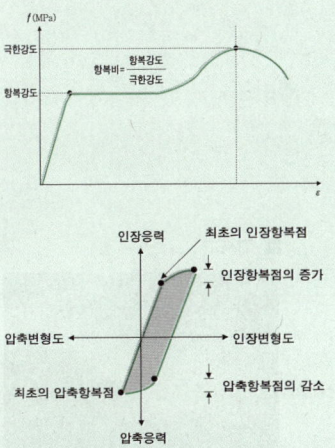

기출1 ③

강재의 응력변형도 곡선에서 변형도경화영역(Strain Hardening Range)에 해당하는 기호를 고르면?

① A ② B ③ C ④ D

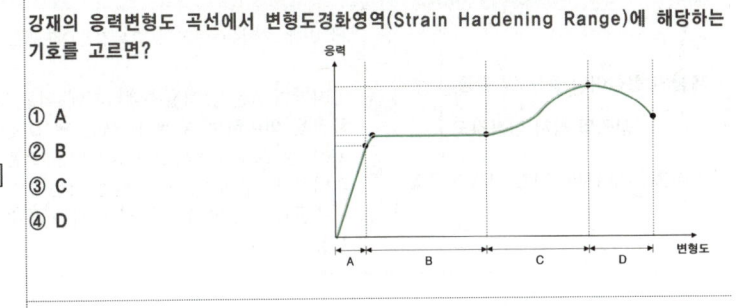

[해설]
A: 탄성 영역, B: 소성 영역, C: 변형도 경화영역, D: 넥킹 영역

기출2 ①

인장시험을 통하여 얻어진 탄소강의 응력변형도 곡선에서 변형도경화 영역의 최대응력을 의미하는 것은?

① 인장강도 ② 항복강도 ③ 탄성한도 ④ 비례한도

[해설]
① 최대응력은 극한강도이고 인장강도(F_u)라고도 한다.

기출3 ③	강재의 항복비(Yield Ratio)에 대한 설명 중 옳지 않은 것은? ① 강재의 인장강도에 대한 항복강도의 비를 의미한다. ② 고강도 강재일수록 항복비가 크다. ③ 항복비는 소성능력, 강재부식에 영향을 준다. ④ 항복비가 클수록 연성거동을 확보하기 어렵다. **해설** ③ 항복비는 소성능력, 강재부식과 무관하다.

기출4 ②	강재의 응력변형률 시험에서 인장력을 가해 소성상태에 들어선 강재를 다시 반대 방향으로 압축력을 작용하였을 때의 압축항복점이 소성상태에 들어서지 않은 강재의 압축항복점에 비해 낮은 것을 볼 수 있는데 이러한 현상을 무엇이라 하는가? ① 뤼더선(Lüder's Line) ② 바우쉥거효과(Baushinger's Effect) ③ 소성흐름(Plastic Flow) ④ 응력집중(Stress Concentration) **해설** ② 바우쉥거 효과(Baushinger's Effect)에 대한 설명으로 응력을 역방향으로 가할 때 같은 변형률에 대해 응력이 감소하는 현상이다.

■ TMCP

구조물의 고층화, 대형화에 따라 용접성과 내진성이 뛰어난 극후판의 고강도 강재가 필요하게 되어 개발된 강재이다. TMCP강은 적은 탄소량을 함유하고 있기 때문에 우수한 용접성을 나타내며 판두께 40mm 이상 80mm 이하의 후판도 항복강도의 저하가 없다.

2 구조용 강재

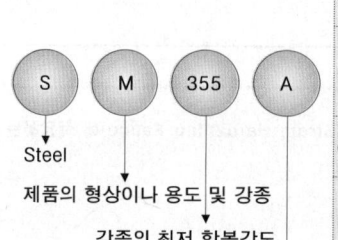

Steel
제품의 형상이나 용도 및 강종
강종의 최저 항복강도
충격흡수에너지에 대한 강재의 품질

① 첫 번째 문자 S는 Steel을 의미한다.
② 두 번째 문자는 제품의 형상이나 용도 및 강종을 나타낸다.
③ 세 번째 숫자는 재료의 항복강도(MPa)를 표시한다.
④ 마지막의 A는 충격흡수에너지에 의한 강재의 품질을 의미하며 A ➡ B ➡ C ➡ D 순으로 A보다는 D가 충격특성이 향상되는 고품질의 강을 의미한다. 특히 C, D 강재는 저온에서 사용되는 구조물과 취성파괴가 문제가 되는 특수한 부위에 사용된다.

기출5 ②	다음 강종 표시기호에 관한 설명으로 옳지 않은 것은?  ① (가) : 용도에 따른 강재의 명칭 구분 ② (나) : 강재의 인장강도 구분 ③ (다) : 충격흡수에너지 등급 구분 ④ (라) : 내후성 등급 구분 **해설** (나) 355 : 항복강도 $F_y = 355\text{MPa}$ ➡ 인장강도 $F_u = 490\text{MPa}$

기출6 ②
다음 강종 중 건축구조용 압연강재를 나타내는 것은?
① SS275   ② SM355   ③ SMA355   ④ SN355

해설
② SN : 건축구조용 압연강재(KS D 3861)

기출7 ③
다음 구조용 강재의 명칭에 대한 내용으로 틀린 것은?
① SM : 용접구조용 압연강재(KS D 3515)
② SS : 일반구조용 압연강재(KS D 3503)
③ SN : 내진건축구조용 냉간성형 각형강관(KS D 3864)
④ SGT : 일반구조용 탄소강관(KS D 3566)

해설
③ SN : 건축구조용 압연강재(KS D 3861)

기출8 ①
구조용 강재 SHN355에 대한 설명 중 옳은 것은?
① 건축구조용 열간압연 H형강, 항복강도 355MPa
② 건축구조용 압연 H형강, 압축강도 355MPa
③ 용접구조용 압연 H형강, 인장강도는 355MPa
④ 용접구조용 내후성 열간압연강재, 압축강도 355MPa

해설
SHN355 ➡ 건축구조용 열간압연 H형강, 항복강도 $F_y = 355\text{MPa}$

기출9 ④
강재 SM 355A에 대한 설명 중 옳지 않은 것은?
① SM은 용접구조용 강재임을 의미한다.
② 기호의 끝 알파벳은 충격흡수 에너지 시험 보증값에 따라 규정된다.
③ 기호의 끝 알파벳은 A < B < C의 순으로 용접성이 양호함을 의미한다.
④ 최저 인장강도가 355N/mm² 임을 나타낸다.

해설
④ 최저 항복강도 $F_y = 355\text{MPa}$ 임을 나타낸다.

기출10 ②
구조용 강재에 대한 설명으로 옳지 않은 것은?
① SS275는 일반구조용 압연강재이다.
② 건축구조용 압연강재(SN) 뒤에 붙는 A, B, C는 샤르피 흡수에너지 등급으로 분류된 것이다.
③ 건축구조용 압연강재(SN)는 건축물의 내진설계에서 소성변형을 허용하는 설계를 할 수 있다.
④ TMC강의 등장은 건축물의 대형화, 고층화와 관계가 깊다.

해설
② SN 뒤에 붙는 A, B, C는 샤르피 흡수에너지 등급으로 분류된 것이 아니며, 사용 부위에 의한 요구 성능의 차이를 나타낸다.

기출11 ②
강구조에 사용하는 강재에 대한 설명으로 틀린 것은?
① SN재는 건축물의 내진성능을 확보하기 위하여 항복점의 상한치를 제한하는 강재이다.
② TMCP 강재는 판두께 증가에 따른 항복강도의 저감이 크게 나타난다.
③ SMA는 내후성을 높인 강재이다.
④ SM355B 강재의 기호 B는 충격흡수에너지를 제한하는 값에 대한 기호이다.

해설
② TMCP강재는 판두께 40mm 이상의 후판도 항복강도의 저하가 없다.

건축구조
강구조: 고장력볼트 접합

1 강구조 접합부 일반사항

(1) 모멘트에 대한 부재 상대회전각의 특성에 따른 분류

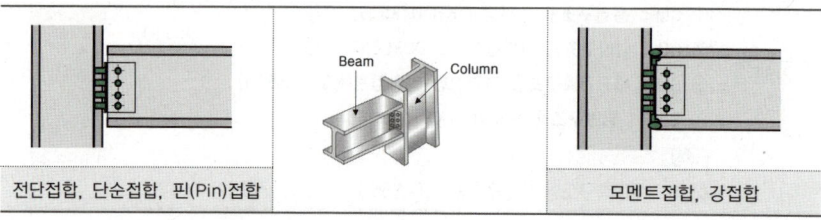

전단접합, 단순접합, 핀(Pin)접합 / 모멘트접합, 강접합

① 전단접합, 단순접합, 핀(Pin)접합: 접합부가 휨모멘트에 대한 저항력이 없어 자유로이 회전하며 기둥에는 전단력만 전달하는 접합이다.
② 모멘트접합, 강접합: 접합부가 휨모멘트에 대한 저항능력을 가지고 있어 보와 기둥의 휨모멘트가 강성에 따라 분배된다.
③ 접합부 최소강도: 모든 접합부의 설계강도는 45kN 이상이어야 한다.
  (단, 연결재, 새그로드 또는 띠장은 제외한다.)

기출1
③

강구조 접합부 중 회전저항에 유연해서 모멘트를 전달하지 않는 형태로 기둥에 보의 플랜지를 연결하지 않고 웨브만 접합한 형태는?
① 강접 접합부   ② 스플릿 티 모멘트 접합부
③ 전단 접합부   ④ 반강접 접합부

해설
③ 전단접합, 단순 접합, Pin접합

기출2
①

강구조물의 보 단부에서 회전을 허용하지 않고 100%에 가까운 단부 모멘트를 기둥 또는 이음부에 전달하는 개념의 접합부 형태는?
① 강접합   ② 반강접합
③ 전단접합   ④ 단순접합

해설
① 강접합, 모멘트접합

기출3
④

강구조 접합부에 관한 설명으로 틀린 것은?
① 기둥-보 접합부는 접합부의 성능과 회전에 대한 구속정도에 따라 전단접합, 부분강접합, 완전강접합으로 구분된다.
② 접합부의 설계강도는 45kN 이상이어야 한다. 다만, 연결재, 새그로드 또는 띠장은 제외한다.
③ 강접합은 이론적으로 보 단부에서 회전을 허용하지 않고 100%에 가까운 단부모멘트를 기둥 또는 이음부에 전달시키는 접합부이다.
④ 단순접합은 부재 단부의 회전저항에 따른 단부 모멘트를 발생시킬 수 있는 접합부이다.

해설
④ 강접합(=모멘트접합)은 부재 단부의 회전저항에 따른 단부 모멘트를 발생시킬 수 있는 접합부이다.

기출4 ①	강구조 기둥과 강구조 보의 모멘트접합에 관한 설명으로 틀린 것은? ① 전단접합에 비해 시공이 간단하고 재료비가 줄어든다. ② 단부를 고정지점으로 가정하여 접합하는 방법이다. ③ 보의 휨모멘트를 기둥이 일부 부담하므로 보를 경제적으로 설계할 수 있다. ④ 접합부가 휨모멘트에 대한 저항능력을 갖고 있다. **해설** ① 전단접합이 시공이 간단하고 재료비가 줄어든다.
기출5 ④	강구조에서 규정된 별도의 설계하중이 없는 경우 접합부의 최소 설계강도 기준은? (단, 연결재, 새그로드 또는 띠장은 제외) ① 30kN 이상 ② 35kN 이상 ③ 40kN 이상 ④ 45kN 이상 **해설** 접합부의 설계강도는 45kN 이상이어야 한다. 다만, 연결재, 새그로드 또는 띠장은 제외한다.

2 고장력볼트 접합

(1) 재료의 제원 표시

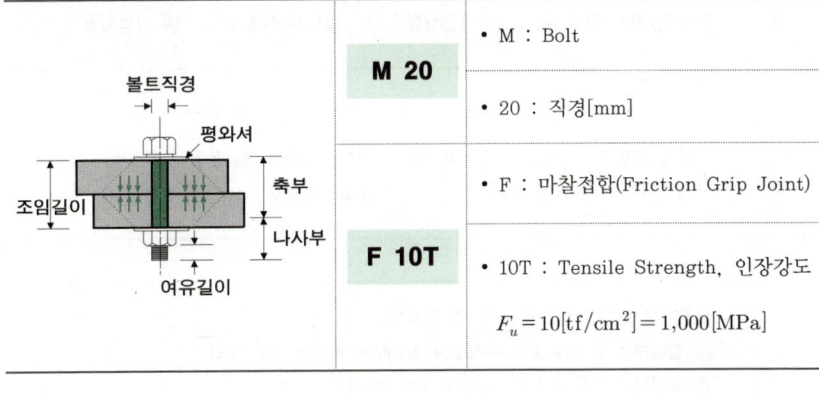

- M : Bolt
- 20 : 직경[mm]
- F : 마찰접합(Friction Grip Joint)
- 10T : Tensile Strength, 인장강도

$F_u = 10[\text{tf/cm}^2] = 1,000[\text{MPa}]$

■ F8T ➡ $F_u = 800\text{MPa}$
  F10T ➡ $F_u = 1,000\text{MPa}$
  F13T ➡ $F_u = 1,300\text{MPa}$

기출6 ②	다음 그림은 고장력볼트 체결부의 명칭을 나타낸 것이다. 명칭이 틀린 것은? ① [① 평와셔] ② [② 축부] ③ [③ 여유길이] ④ [④ 볼트직경] 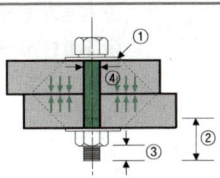 **해설** ② [② 나사부]
기출7 ②	볼트의 기계적 등급을 나타내기 위해 표시하는 F8T, F10T, F13T에서 가운데 숫자는 무엇을 의미하는가? ① 휨강도 ② 인장강도 ③ 압축강도 ④ 전단강도 **해설** 고장력볼트의 가운데 숫자는 최저 인장강도(F_u)를 의미한다.

■ 지레작용(Prying Action)

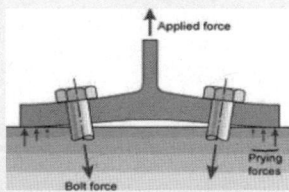

하중점과 볼트, 접합된 부재의 반력 사이에서 지렛대와 같은 거동에 의해 볼트에 작용하는 인장력이 증폭되는 현상

(2) 고장력볼트 접합부의 특성

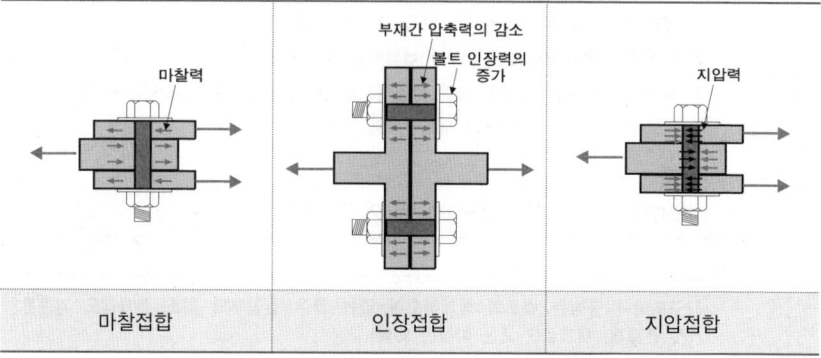

| 마찰접합 | 인장접합 | 지압접합 |

① 일반적으로 고장력볼트 접합은 마찰접합을 말하며, 마찰접합에서도 지압강도는 고려된다.
② 강한 조임력으로 너트의 풀림이 생기지 않는다.
③ 응력방향이 바뀌더라도 혼란이 일어나지 않고, 응력집중(Stress Concentration)이 작아 반복응력에 대해 강하다.
④ 유효단면적당 응력이 작으며, 피로강도가 높다.

기출8
①

강구조 고장력볼트 접합의 종류에 해당되지 않는 것은?
① 메탈터치 접합   ② 마찰접합   ③ 인장접합   ④ 지압접합

기출9
③

강구조 접합에서 접합하려는 모재간의 마찰력을 이용한 접합은?
① 핀 접합   ② 용접   ③ 고장력볼트   ④ 리벳

기출10
④

고장력볼트 접합에 대한 설명 중 옳지 않은 것은?
① 접합부의 강성이 높아 수직방향 접합부의 변형이 거의 없다.
② 접합판재 유효단면에서 하중이 적게 전달된다.
③ 볼트의 단위강도가 높아 큰 응력을 받는 접합부에 적당하다.
④ 유효단면적당 응력이 크며, 피로강도가 작다.

해설
④ 유효단면적당 응력이 작고, 피로강도가 크다.

기출11
④

강구조 고장력볼트 마찰접합의 특징에 관한 설명으로 옳지 않은 것은?
① 시공이 용이하여 공기가 절약된다.
② 접합부의 강성과 강도가 크다.
③ 품질관리가 용이하다.
④ 국부적인 응력집중이 발생한다.

해설
④ 국부적인 응력집중(Stress Concentration)이 발생하지 않는다.

기출12 ④	강구조 고장력볼트 마찰접합의 특징에 관한 설명 중 옳지 않은 것은? ① 시공이 용이하여 공기가 절약된다. ② 접합부의 강성과 강도가 크다. ③ 불량개소의 수정이 용이하다. ④ 사용강재가 절약된다

해설
④ 고장력볼트 접합은 볼트의 단위강도가 높아 큰 응력을 받는 접합부에 적당하고 또한 소요 볼트수도 적게 되지만 사용되는 강재가 절약되는 효과는 없다.

기출13 ③	강구조에서 하중점과 볼트, 접합된 부재의 반력 사이에서 지렛대와 같은 거동에 의해 볼트에 작용하는 인장력이 증폭되는 현상을 무엇이라 하는가? ① Slip-Critical action ② Bearing Action ③ Prying Action ④ Buckling Action

해설
③ 지레작용(Prying Action)에 대한 설명이다.

3 고장력볼트 보정렌치 조임법, 접합부 설계강도[N]

(1) 보정렌치 조임법(Calibrated Wrench Tightening) 설계볼트장력[N·mm]

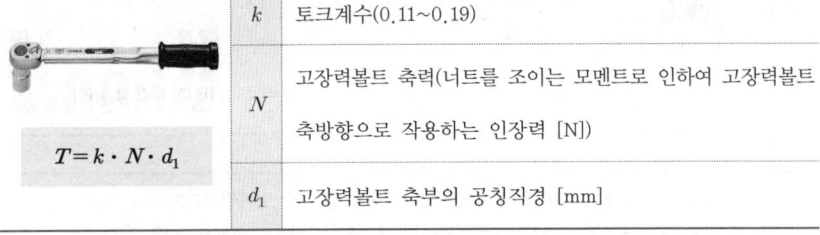

	k	토크계수(0.11~0.19)
$T = k \cdot N \cdot d_1$	N	고장력볼트 축력(너트를 조이는 모멘트로 인하여 고장력볼트 축방향으로 작용하는 인장력 [N])
	d_1	고장력볼트 축부의 공칭직경 [mm]

■ 고장력볼트가 탄성범위 내에 있다고 가정하고, 조임력(Torque)과 고장력볼트 축력이 비례한다는 것을 이용하는 방법으로 고장력볼트의 본조임은 1차 조임한 후 너트에 소정의 토크를 작용시켜 고장력볼트에 축력을 도입한다. 설계볼트장력은 고장력볼트의 설계 미끄럼강도를 구하기 위해서 사용되며, 마찰접합의 고장력볼트 조임 시 고장력볼트에 도입되는 장력의 풀림을 고려하여 설계볼트장력에 최소한 10%를 할증한 표준볼트장력으로 시공 시 조임을 하여야 한다.

기출14 ②	고장력볼트 F10T-M24의 현장시공을 위한 2차 조임토크 값은? (단, 토크계수 0.13, F10T-M24볼트의 축방향인장력 200kN, 표준볼트장력은 설계볼트장력에 10%를 할증한다.) ① 568,573 N·mm ② 686,400 N·mm ③ 799,656 N·mm ④ 892,638 N·mm

해설
(1) 설계볼트장력:
$T = k \cdot N \cdot d_1 = (0.13)(200 \times 10^3)(24) = 624,000 \text{N} \cdot \text{mm}$
(2) 표준볼트장력 = 624,000 × 1.1 = 686,400N · mm

기출15 ②	고장력볼트 F10T-M24의 현장시공을 위한 2차 조임토크 값은? (단, 토크계수 0.13, F10T-M24볼트의 축방향인장력 233kN, 표준볼트장력은 설계볼트장력에 10%를 할증한다.) ① 568,573N·mm ② 799,656N·mm ③ 1,238,406N·mm ④ 1,689,654N·mm

해설
(1) 설계볼트장력:
$T = k \cdot N \cdot d_1 = (0.13)(233 \times 10^3)(24) = 726,960 \text{N} \cdot \text{mm}$
(2) 표준볼트장력 = 726,960 × 1.1 = 799,656N · mm

■ N_s : 전단면(Shear Plane)의 수

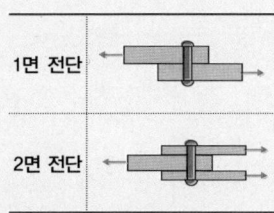

(2) 고장력볼트 접합부 설계강도

설계인장강도[N]	• F_{nt} : 공칭인장강도($=0.75F_u$) [N]
$\phi R_n = 0.75 \cdot F_{nt} \cdot A_b \cdot N_s$	• A_b : 볼트의 공칭단면적(mm²)
설계전단강도[N]	• N_s : 전단면(Shear Plane)의 수
$\phi R_n = 0.75 \cdot F_{nv} \cdot A_b \cdot N_s$	• F_{nt} : 공칭전단강도($=0.75F_u$) [N]

기출16 ①

고장력볼트 1개의 인장파단 한계상태에 대한 설계인장강도는? (단, 볼트 등급 및 호칭은 F10T-M20)

① 177kN ② 236kN ③ 315kN ④ 385kN

해설

$\phi R_n = \phi \cdot F_{nt} \cdot A_b \cdot N_s$

$= (0.75)(0.75 \times 1,000)\left(\dfrac{\pi(20)^2}{4}\right)(1) \times 1개 = 176,715\text{N} = 176.715\text{kN}$

기출17 ①

고장력볼트 1개의 인장파단 한계상태에 대한 설계인장강도는? (단, 볼트등급 및 호칭은 M24, F10T, $\phi = 0.75$)

① 254kN ② 284kN ③ 304kN ④ 324kN

해설

$\phi R_n = \phi \cdot F_{nt} \cdot A_b \cdot N_s$

$= (0.75)(0.75 \times 1,000)\left(\dfrac{\pi(24)^2}{4}\right)(1) \times 1개 = 254,469\text{N} = 254.469\text{kN}$

기출18 ①

고장력볼트 F10T(M20) 일면전단일 때 볼트 한 개당 설계전단강도(ϕR_n)는?
(단, 고장력볼트의 $F_u = 1,000\text{MPa}$, $\phi = 0.75$, $F_{nv} = 0.5F_u$)

① 117.8kN ② 94.2kN ③ 58.8kN ④ 47.1kN

해설

$\phi R_n = \phi \cdot F_{nv} \cdot A_b \cdot N_s$

$= (0.75)(0.5 \times 1,000)\left(\dfrac{\pi(20)^2}{4}\right)(1) \times 1개 = 117,810\text{N} = 117.810\text{kN}$

기출19 ②

그림과 같은 단순 인장접합부의 강도한계상태에 따른 고장력볼트의 설계전단강도는? (단, 강재의 재질은 SS275, 고장력볼트 M22(F10T), 공칭전단강도 $F_{nv} = 500\text{N/mm}^2$, $\phi = 0.75$)

① 500kN ② 530kN
③ 550kN ④ 570kN

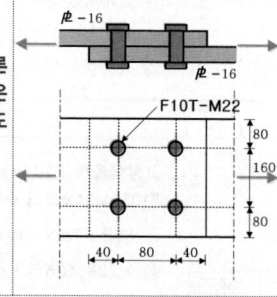

해설

$\phi R_n = \phi \cdot F_{nv} \cdot A_b \cdot N_s$

$= (0.75)(500)\left(\dfrac{\pi(22)^2}{4}\right)(1) \times 4개 = 570,199\text{N} = 570.199\text{kN}$

핵심번호 41 강구조: 그루브용접, 용접기호 표기방법

1 그루브용접(Groove Welding, 맞댐용접)

■ 그루브(Groove)
용접하는 모재 간의 맞댄 부분에 두는 홈으로, 이 부분에 용착금속을 채우며 개선(開先) 또는 홈이라고도 한다.

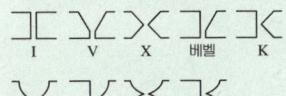

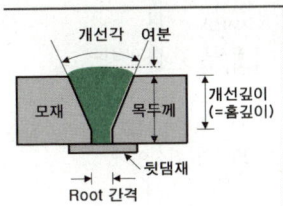

두 모재(母材, Base Metal)의 접합, 절단 또는 가공의 대상이 되는 재료의 접합부를 일정한 모양으로 가공하고 그 속에 용착금속을 채워 넣어 용접하는 방법

(1)	유효목두께(a)	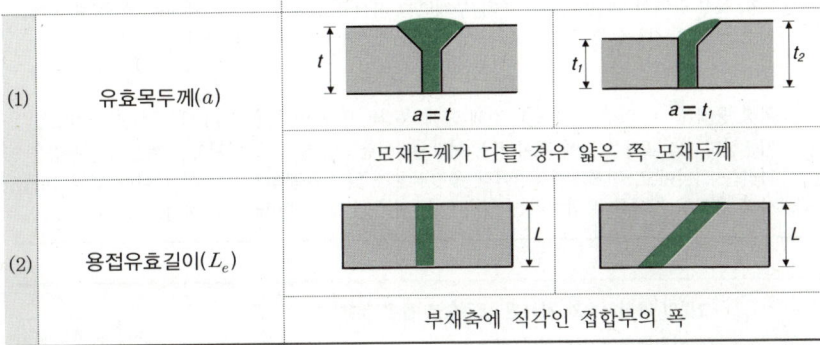
		모재두께가 다를 경우 얇은 쪽 모재두께
(2)	용접유효길이(L_e)	
		부재축에 직각인 접합부의 폭

기출1 ①

그루브용접부에서 A와 D 부위의 명칭으로 옳은 것은?

① A: 루트간격,   D: 개선각
② A: 루트면,   D: 유효목두께
③ A: 루트간격,   D: 보강살높이
④ A: 루트면,   D: 개선각

해설
A: 루트간격, C: 여분(=보강살붙임), D: 개선각, E: 개선깊이(=홈깊이)

기출2 ③

두께 t인 두 철판을 그루브용접으로 할 때 목두께는?

① 0.6t ② 0.7t ③ 1.0t ④ 2.0t

해설
그루브용접에서 접합판의 두께가 서로 같으므로 목두께는 1.0t가 된다.

기출3 ①

용접접합설계에 대한 설명으로 옳지 않은 것은?

① 완전용입된 그루브용접의 유효목두께는 접합판 중 두꺼운 쪽의 판두께로 한다.
② 그루브용접의 유효면적은 용접의 유효길이에 유효목두께를 곱한 것으로 한다.
③ 필릿용접의 유효목두께는 필릿사이즈의 0.7배로 한다.
④ 필릿용접의 유효길이는 필릿용접의 총길이에서 필릿사이즈 S의 2배를 공제한 값으로 한다.

해설
① 완전용입된 그루브용접의 유효목두께는 접합판 중 두꺼운 쪽의 판두께로 한다.

■ 기호 및 사이즈는 용접하는 쪽이 화살이 있는 쪽 또는 앞쪽인 때는 기선의 아래 쪽에, 화살의 반대쪽이거나 뒤쪽이면 기선의 위쪽에 밀착하여 기재한다.

2 용접기호 표기방법의 요점

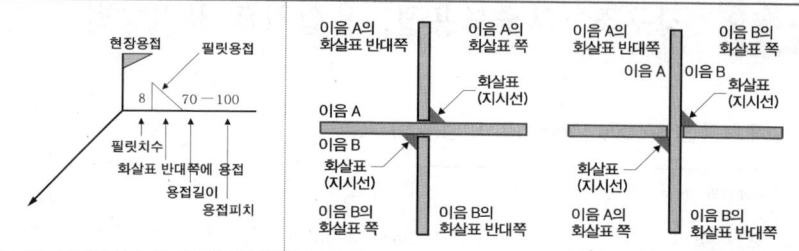

(1) 용접기호는 접합부를 지시하는 지시선과 기선에 기재한다. 기선은 수평선이고 필요시에는 꼬리를 붙인다. 지시선은 기선에 대해 60° 또는 120°의 직선이다.

(2) V형, K형 등에서 개선이 있는 쪽의 부재면을 지시할 필요가 있으면 개선을 낸 부재 쪽에 기선을 긋고 지시선을 절선으로 하며 개선을 낸 면에 화살 끝을 둔다.

(3) 현장 용접(▰), 일주 용접(○: 전체 둘레 용접), 현장 일주 용접(⦿) 등의 보조기호는 기준선과 화살표의 교점에 표시한다. 현장용접이란 구조물 등을 설치하는 현장에서 용접을 하라는 의미이고, 전체둘레용접이란 용접기호가 있는 부분만의 용접이 아니라 원형이나 사각 용접부 전체를 용접하라는 의미이며, 전주(全周)용접이라고도 한다.

기출4
③

그림의 용접기호와 관련된 내용으로 옳은 것은?
① 양면용접에 용접길이 50mm
② 용접간격 100mm
③ 용접치수 12mm
④ 연속용접

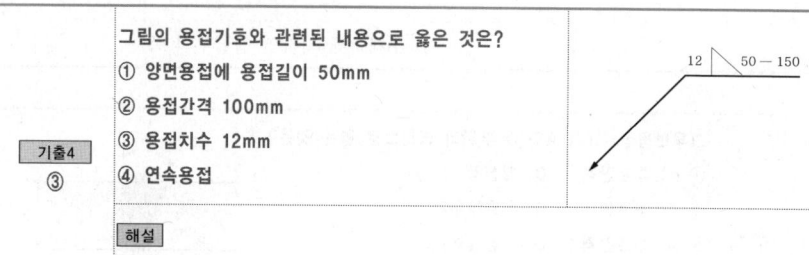

해설
화살표 지시 반대쪽 1면 단속필릿용접으로 용접치수 12mm, 용접길이 50mm, 용접피치 150mm를 나타낸다.

기출5
③

다음 용접기호에 대한 설명으로 옳은 설명은?
① 그루브용접이다.
② 용접되는 부위는 화살의 반대쪽이다.
③ 유효목두께는 6mm이다.
④ 용접길이는 60mm이다.

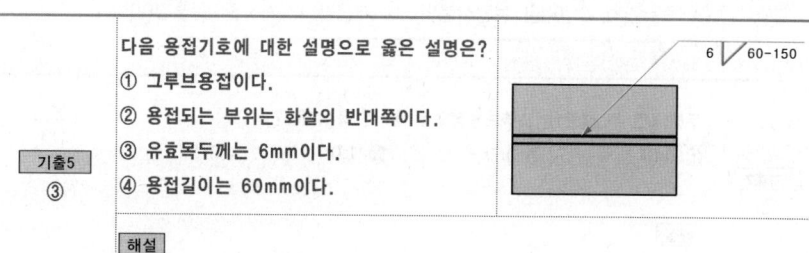

해설
화살표 지시쪽 1면 단속필릿용접으로 용접치수 6mm, 용접길이 60mm, 용접피치 150mm를 나타낸다.

기출6
④

다음 용접기호에 대한 설명으로 옳은 것은?
① 공장에서 용접치수 6mm로 양측에 필릿용접 한다.
② 현장에서 용접치수 6mm로 화살방향에 그루브용접 한다.
③ 공장에서 용접치수 6mm로 화살방향에 그루브용접 한다.
④ 현장에서 용접치수 6mm로 양측에 필릿용접 한다.

해설
양면 연속필릿용접으로 용접치수 6mm의 현장용접을 나타낸다.

핵심번호 42 건축구조: 강구조: 필릿용접

1 필릿용접: 유효목두께, 유효용접길이, 유효용접면적

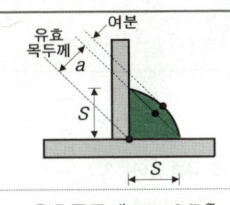
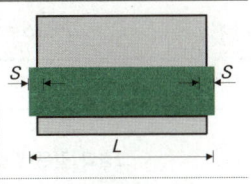

유효목두께 $a = 0.7S$
(S : 얇은쪽 치수)

용접유효길이 $L_e = L - 2S$

유효용접면적 $A_w = a \cdot L_e = (0.7S)(L-2S)$

■ 필릿용접(Fillet Welding)
용접되는 부재의 교차되는 면 사이에 일반적으로 삼각형의 단면이 만들어지는 용접으로 모살용접이라고도 한다.

기출1 ③

강구조 필릿용접에 관한 설명으로 옳지 않은 것은?
① 필릿용접의 유효면적은 유효길이에 유효목두께를 곱한 것으로 한다.
② 필릿용접의 유효길이는 필릿용접의 총길이에서 2배의 필릿사이즈를 공제한 값으로 하여야 한다.
③ 필릿용접의 유효목두께는 용접루트로부터 용접표면까지의 최단거리로 한다. 단, 이음면이 직각인 경우에는 필릿사이즈의 $\sqrt{2}$ 배로 한다.
④ 구멍필릿과 슬롯필릿용접의 유효길이는 목두께의 중심을 잇는 용접중심선의 길이로 한다.

해설
③ 이음면이 직각인 경우에는 필릿사이즈의 0.7배로 한다.

기출2 ③

그림과 같이 용접을 할 때, 용접의 목두께(a)를 구하는 식은?
① $a = \sqrt{2} S_1$
② $a = \sqrt{2} S_2$
③ $a = 0.7 S_1$
④ $a = 0.7 S_2$

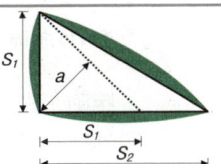

해설
필릿치수가 다를 경우 짧은쪽을 기준으로 한다. 따라서, 유효목두께 $a = 0.7 S_1$

기출3 ②

그림과 같은 필릿용접부의 유효목두께는?
① 4.0mm
② 4.2mm
③ 4.8mm
④ 5.6mm

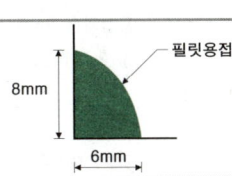

해설
필릿치수가 다를 경우 짧은쪽을 기준으로 한다. $a = 0.7S = 0.7(6) = 4.2\text{mm}$

기출4 ②

그림과 같이 필릿용접하는 경우 용접부의 유효목두께를 구하면?
① 5mm
② 7mm
③ 9mm
④ 10mm

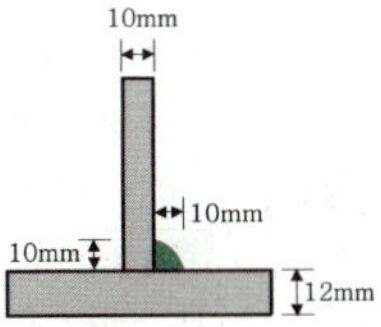

해설
웨브와 플랜지의 두께 중 얇은쪽을 기준으로 한다. $a = 0.7S = 0.7(10) = 7\text{mm}$

기출5 ②

그림과 같은 필릿용접의 유효길이는?
① 10mm ② 100mm
③ 107mm ④ 114mm

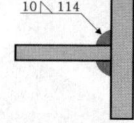

해설

$L_e = L - 2S = (114) - 2(7) = 100\text{mm}$

기출6 ②

그림과 같은 필릿용접의 유효길이는?
① 10mm ② 94mm
③ 107mm ④ 114mm

해설

$L_e = L - 2S = (114) - 2(10) = 94\text{mm}$

기출7 ①

다음 필릿용접부의 유효용접면적은?

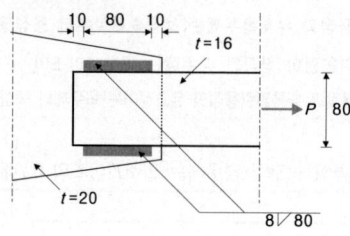

① 716.8mm² ② 614.4mm² ③ 806.4mm² ④ 691.2mm²

해설

$A_n = a \cdot L_e \times 2\text{면} = 0.7S \times (L - 2S) \times 2\text{면}$
$= 0.7(8) \times (80 - 2 \times 8) \times 2\text{면} = 716.8\text{mm}^2$

기출8 ④

용접치수 8mm, 용접길이 400mm인 양면 필릿용접의 유효단면적은?
① 2,100mm² ② 3,200mm² ③ 3,800mm² ④ 4,300mm²

해설

$A_n = a \cdot L_e \times 2\text{면} = 0.7S \times (L - 2S) \times 2\text{면}$
$= 0.7(8) \times (400 - 2 \times 8) \times 2\text{면} = 4,300.8\text{mm}^2$

기출9 ④

필릿치수 8mm, 용접길이 500mm인 양면 필릿용접의 유효단면적은?
① 2,100mm² ② 3,221mm² ③ 4,300mm² ④ 5,421mm²

해설

$A_n = a \cdot L_e \times 2\text{면} = 0.7S \times (L - 2S) \times 2\text{면}$
$= 0.7(8) \times (500 - 2 \times 8) \times 2\text{면} = 5,420.8\text{mm}^2$

2 필릿용접 주요 구조기준

(1) 용접사이즈(s)

접합부의 얇은쪽 판두께, t(mm)	최소 사이즈[mm]	접합부의 얇은쪽 판두께, t(mm)	최대 사이즈[mm]
$t \leq 6$	3	$t < 6$	$S = t$
$6 < t \leq 13$	5		
$13 < t \leq 19$	6	$t \geq 6$	$S = t - 2$
$19 < t$	8		

■ 필릿용접(Fillet Welding)
용접되는 부재의 교차되는 면 사이에 일반적으로 삼각형의 단면이 만들어지는 용접으로 모살용접이라고도 한다.

(2) 접합부 주요 세부규정

① 강도에 의해 지배되는 필릿용접 설계의 경우 최소유효길이는 필릿사이즈의 4배 이상이 되어야 한다.
② 응력을 전달하는 단속필릿용접 이음부의 길이는 필릿사이즈의 10배 이상 또한 30mm 이상을 원칙으로 한다.
③ 응력을 전달하는 겹침이음은 2열 이상의 필릿용접을 원칙으로 하고, 겹침길이는 얇은쪽 판두께의 5배 이상 또한 25mm 이상 겹치게 한다.

기출10
③

강구조 필릿용접의 최소, 최대 필릿사이즈 기준으로 틀린 것은?
① 판두께 $t < 6(\text{mm})$인 경우 최대 필릿사이즈는 $t \,(\text{mm})$이다.
② 판두께 $t \geq 6(\text{mm})$인 경우 최대 필릿사이즈는 $t - 2 \,(\text{mm})$이다.
③ 판두께 $t \leq 6(\text{mm})$인 경우 최소 필릿사이즈는 $2 \,(\text{mm})$이다.
④ 판두께 $6 < t \leq 13(\text{mm})$인 경우 최소 필릿사이즈는 $5 \,(\text{mm})$이다.

[해설]
③ 판두께 $t \leq 6(\text{mm})$인 경우 최소 필릿사이즈는 $3 \,(\text{mm})$이다.

기출11
②

필릿용접의 최소사이즈에 관한 설명으로 옳지 않은 것은?
① 접합부 얇은 쪽 모재두께가 6mm 이하일 경우 3mm이다.
② 접합부 얇은 쪽 모재두께가 6mm를 초과하고 13mm 이하일 경우 4mm이다.
③ 접합부 얇은 쪽 모재두께가 13mm를 초과하고 19mm 이하일 경우 6mm이다.
④ 접합부 얇은 쪽 모재두께가 19mm 초과할 경우 8mm이다.

[해설]
② 접합부 얇은 쪽 모재두께가 6mm를 초과하고 13mm 이하일 경우 5mm이다.

기출12
②

필릿용접에서 접합부의 얇은쪽 소재 두께가 10mm일 경우 필릿용접 최소 사이즈는 얼마인가?
① 3mm ② 5mm ③ 6mm ④ 8mm

[해설]
② 접합부 얇은 쪽 모재두께가 6mm를 초과하고 13mm 이하일 경우 5mm이다.

기출13
②

다음과 같은 조건에서의 필릿용접의 최소 사이즈는 얼마인가?

【조건】

접합부 얇은 쪽 모재두께(t), mm	$6 < t \leq 13$

① 3mm ② 5mm ③ 6mm ④ 8mm

해설
② 접합부 얇은 쪽 모재두께가 6mm를 초과하고 13mm 이하일 경우 5mm이다.

기출14
②

그림과 같은 H형강 보를 만들고자 할 때 웨브와 플랜지의 접합에 사용되는 필릿용접의 치수(S)는 얼마로 함이 타당한가? (단, $I_x = 47,800 \text{cm}^4$, $V = 300 \text{kN}$, 사용강재 SS400)

① 4mm ② 5mm
③ 6mm ④ 7mm

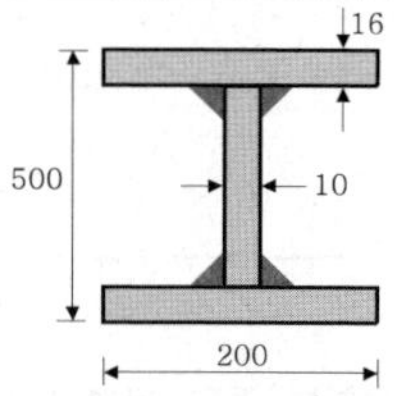

해설
웨브와 플랜지의 두께 중 얇은 쪽인 웨브의 두께가 10mm이므로 6mm를 초과하고 13mm 이하인 경우에 해당되므로 필릿사이즈는 5mm이다.

기출15
③

강구조 접합의 필릿용접에 대한 설명으로 옳지 않은 것은?
① 모살용접이라고도 한다.
② 필릿용접의 유효면적은 유효길이에 유효목두께를 곱한 것으로 한다.
③ 필릿용접의 유효길이는 필릿용접의 총길이에서 필릿사이즈 S의 3배를 공제한 값으로 한다.
④ 필릿용접의 유효목두께는 필릿사이즈의 0.7배로 한다.

해설
③ 유효길이는 총길이에서 필릿사이즈 S의 2배를 공제한 값으로 한다.

기출16
②

한계상태 설계법에 따른 강구조 이음부에 대한 설계세칙 중 옳지 않은 것은?
① 응력을 전달하는 단속필릿용접 이음부의 길이는 필릿사이즈의 10배 이상 또한 30mm 이상을 원칙으로 한다.
② 응력을 전달하는 겹침이음은 1열 이상의 필릿용접을 원칙으로 한다.
③ 고장력볼트의 구멍중심간 거리는 공칭직경의 2.5배 이상으로 한다.
④ 고장력볼트의 구멍중심에서 볼트머리 또는 너트가 접하는 재의 연단까지의 최대 거리는 판두께의 12배 이하 또한 150mm 이하로 한다.

해설
② 응력을 전달하는 겹침이음은 2열 이상의 필릿용접을 원칙으로 하고, 겹침길이는 얇은쪽 판두께의 5배 이상 또한 25mm 이상 겹치게 해야 한다.

기출17
①

한계상태 설계법에 따른 강구조 이음부에 대한 설계세칙 중 옳지 않은 것은?
① 응력을 전달하는 단속필릿용접이음부의 길이는 필릿사이즈의 15배 이상 또한 50mm 이상을 원칙으로 한다.
② 응력을 전달하는 겹침이음은 2열 이상의 필릿용접을 원칙으로 한다.
③ 고장력볼트의 구멍중심간 거리는 공칭직경의 2.5배 이상으로 한다.
④ 고장력볼트의 구멍중심에서 볼트머리 또는 너트가 접하는 재의 연단까지의 최대 거리는 판두께의 12배 이하 또한 150mm 이하로 한다.

해설
① 응력을 전달하는 단속필릿용접 이음부의 길이는 필릿 사이즈의 10배 이상 또한 30mm 이상을 원칙으로 한다.

핵심번호 43 건축구조
강구조: 용접 결함, 접합 관련 주요용어

1 강구조: 용접 결함, 용접부 비파괴 검사법

(1) 용접 결함

슬래그(Slag) 감싸들기	언더컷(Under Cut)	오버랩(Over Lap)	블로홀(Blow Hole)	피트(Pit)	은점(Fish eyes)

■ 필릿용접(Fillet Welding)
용접되는 부재의 교차되는 면 사이에 일반적으로 삼각형의 단면이 만들어지는 용접으로 모살용접이라고도 한다.

(2) 용접부 비파괴 검사법

①	방사선 투과검사(Radiographic Test)
②	초음파 탐상법(Ultrasonic Test)
③	자기분말 탐상법(Magnetic Particle Test)
④	침투 탐상법(Penetration Test)

기출1 ③

강구조 용접에서 용접결함에 속하지 않는 것은?
① 오버랩(Overlap) ② 크랙(Crack)
③ 가우징(Gouging) ④ 언더컷(Under Cut)

해설
③ 가우징(Gouging): 금속판 면에 홈이나 구멍을 뚫는 것. 정을 사용하는 기계적 방법과 가스나 아크를 이용하는 방법 등이 있다. 가스 가우징은 산소 아세틸렌 불꽃을 이용하는 방법이다.

기출2 ②

다음 중 용접 결함이 아닌 것은?
① 블로홀(Blow Hole) ② 언더컷(Under Cut)
③ 오버랩(Overlap) ④ 비드(Bead)

해설
④ 비드(Bead): 아크용접에서 용접봉이 1회 통과할 때 용재 표면에 용착된 금속 층

기출3 ②

강구조 용접부의 비파괴 검사법에 해당되지 않는 것은?
① 초음파 탐상 검사 ② 토크 검사
③ 자분 탐상 검사 ④ 방사선 투과 검사

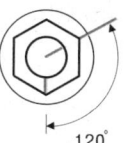

해설
② 토크 검사(토크관리법 및 너트회전법)는 고장력볼트 조임과 관계가 있다.

■ 핀(Pin) 주각

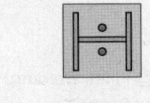

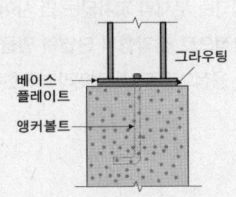

고정형 주각

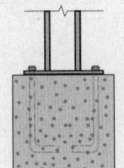

매입형 주각

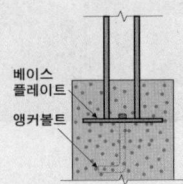

2 강구조: 접합 관련 주요용어

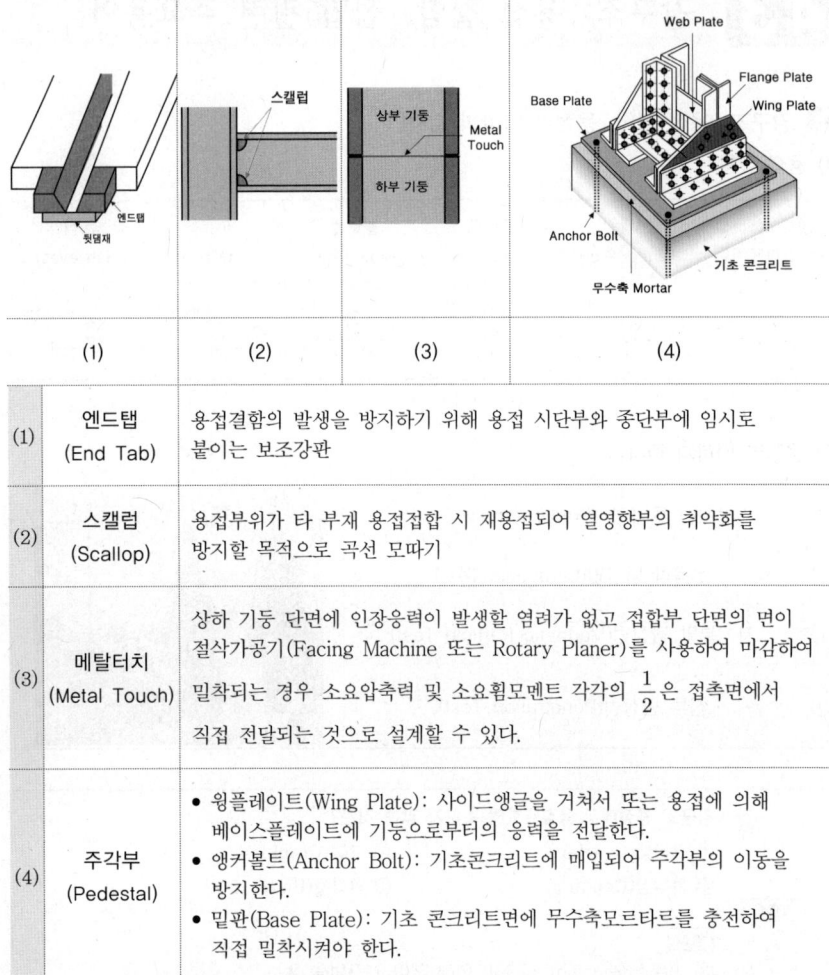

(1)	엔드탭 (End Tab)	용접결함의 발생을 방지하기 위해 용접 시단부와 종단부에 임시로 붙이는 보조강판
(2)	스캘럽 (Scallop)	용접부위가 타 부재 용접접합 시 재용접되어 열영향부의 취약화를 방지할 목적으로 곡선 모따기
(3)	메탈터치 (Metal Touch)	상하 기둥 단면에 인장응력이 발생할 염려가 없고 접합부 단면의 면이 절삭가공기(Facing Machine 또는 Rotary Planer)를 사용하여 마감하여 밀착되는 경우 소요압축력 및 소요휨모멘트 각각의 $\frac{1}{2}$은 접촉면에서 직접 전달되는 것으로 설계할 수 있다.
(4)	주각부 (Pedestal)	• 윙플레이트(Wing Plate): 사이드앵글을 거쳐서 또는 용접에 의해 베이스플레이트에 기둥으로부터의 응력을 전달한다. • 앵커볼트(Anchor Bolt): 기초콘크리트에 매입되어 주각부의 이동을 방지한다. • 밑판(Base Plate): 기초 콘크리트면에 무수축모르타르를 충전하여 직접 밀착시켜야 한다.

기출4
①

강구조 용접에서 용접 개시점과 종료점에 용착금속에 결함이 없도록 임시로 부착하는 것은?
① 엔드탭(End Tab)   ② 오버랩(Over Lap)
③ 뒷댐재(Backing Strip)   ④ 언더컷(Under Cut)

해설
① 엔드탭(End Tab)에 대한 설명이다.

기출5
④

강구조에서 용접선 단부에 붙인 보조판으로 아크의 시작이나 종단부의 크레이터 등의 결함을 방지하기 위해 붙이는 판은?
① 스티프너   ② 윙플레이트   ③ 커버플레이트   ④ 엔드탭

해설
④ 엔드탭(End Tab)에 대한 설명이다.

기출6 ④

강구조에서 사용하는 용어가 서로 관계없는 것끼리 연결된 것은?
① 기둥접합 – 메탈터치(Metal Touch)
② 주각부 – 베이스 플레이트(Base Plate)
③ 판보 – 커버플레이트(Cover Plate)
④ 고장력볼트 접합 – 엔드탭(End Tab)

[해설]
④ 엔드탭(End Tab)은 용접 접합과 관계 있다.

기출7 ③

보와 기둥의 용접 접합 시 용접에 알맞게 웨브로부터 잘라낸 반원형 또는 타원형 모양의 부분을 무엇이라 하는가?
① 엔드탭   ② 뒷댐재   ③ 스캘럽   ④ 래티스

[해설]
③ 스캘럽(Scallop)에 대한 설명이다.

기출8 ④

철골구조의 기둥-보 접합부의 구성요소와 가장 거리가 먼 것은?
① 엔드플레이트(End Plate)   ② 다이아프램(Diaphragm)
③ 스플릿티(Split Tee)   ④ 메탈터치(Metal Touch)

[해설]
④ 메탈터치(Metal Touch)는 기둥-기둥 접합부의 구성요소이다.

기출9 ④

그림의 강구조 주각 부분으로 A부분의 명칭은?
① Base Plate   ② Side Angle
③ Anchor Bolt   ④ Wing Plate

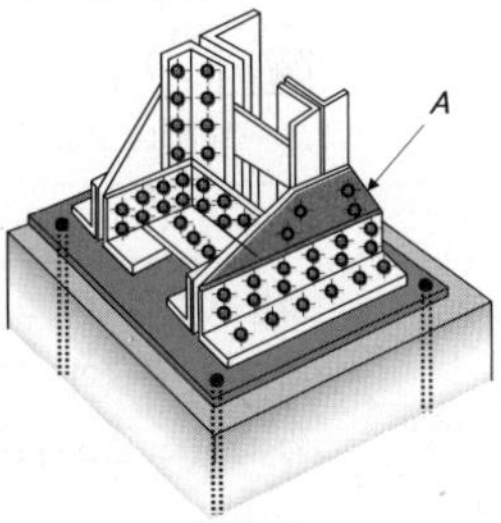

[해설]
④ 윙플레이트(Wing Plate)를 가리키고 있다.

기출10 ③

철골주각부에 부착하는 강판으로 사이드앵글을 거쳐서 또는 직접 용접에 의해 기둥으로부터의 응력을 베이스플레이트에 전달하기 위해 붙이는 판은?
① 스티프너   ② 커버플레이트   ③ 윙플레이트   ④ 엔드탭

[해설]
③ 윙플레이트(Wing Plate)를 설명하고 있다.

기출11 ④

강구조에서 기초콘크리트에 매입되어 주각부의 이동을 방지하는 역할을 하는 것은?
① 턴 버클   ② 클립 앵글   ③ 사이드 앵글   ④ 앵커볼트

[해설]
④ 앵커볼트(Anchor Bolt)를 설명하고 있다.

기출12
③

강구조 주각에 관한 설명으로 옳지 않은 것은?
① 주각의 형태에는 핀주각, 고정주각, 매입형주각이 있다.
② 주각은 기둥의 하중과 모멘트를 기초를 통하여 지반에 전달한다.
③ 베이스플레이트는 기초 콘크리트면에 무수축모르타르의 충전 없이 직접 밀착시켜야 한다.
④ 베이스플레이트는 기초 콘크리트에 지압응력이 잘 분포되도록 충분한 면적과 두께를 가져야 한다.

해설
③ 베이스플레이트는 기초 콘크리트면에 무수축모르타르로 충전하여 직접 밀착시켜야 한다.

기출13
③

강구조 기둥의 주각에 관한 설명 중 틀린 것은?
① 기둥의 응력이 크면 윙플레이트, 접합앵글, 리브 등으로 보강하여 응력의 분산을 도모한다.
② 앵커볼트는 기초콘크리트에 매입되어 주각부의 이동을 방지하는 역할을 한다.
③ 주각은 조건에 관계없이 고정으로만 가정하여 응력을 산정한다.
④ 축방향력이나 휨모멘트는 베이스플레이트 저면의 압축력이나 앵커볼트의 인장력에 의해 전달된다.

해설
③ 주각의 형태에는 핀 주각, 고정 주각, 매입형 주각이 있다.

기출14
③

강구조 기둥의 주각 부분에 사용되는 것이 아닌 것은?
① 앵커볼트(Anchor Bolt) ② 리브플레이트(Rib Plate)
③ 플레이트거더(Plate Girder) ④ 베이스플레이트(Base Plate)

해설
③ 플레이트거더(Plate Girder)는 조립보를 말한다.

기출15
①

철골구조 주각부의 구성요소가 아닌 것은?
① 커버 플레이트(Cover Plate) ② 앵커볼트(Anchor Bolt)
③ 베이스 모르타르(Base Mortar) ④ 베이스 플레이트(Base Plate)

해설
① 커버 플레이트(Cover Plate)는 플레이트거더(Plate Girder)의 구성요소이다.

기출16
②

강구조의 주각 부분에 사용되지 않는 것은?
① 윙 플레이트(Wing Plate) ② 데크 플레이트(Deck Plate)
③ 사이드 앵글(Side Angle) ④ 클립 앵글(Clip Angle)

해설
② 데크 플레이트(Deck Plate)는 주각이 아닌 바닥판을 말한다.

기출17
③

다음 용어 중 서로 관련이 가장 적은 것은?
① 기둥: 메탈터치(Metal Touch)
② 인장가새: 턴버클(Turn Buckle)
③ 주각부: 거셋 플레이트(Gusset Plate)
④ 중도리: 새그로드(Sag Rod)

해설
③ 거셋 플레이트(Gusset Plate): 기둥, 보, 가새 부재의 접합에 사용되는 덧댐판이다.

44 강구조: 인장재

1 인장재 순단면적(A_n)

인장재는 구조물 내에서 인장력을 지지하여 다른 부재에 안전하게 전달하는 부재이다. 외력에 대한 인장재의 순단면적은 전체단면적에서 구멍면적을 빼고 대각선면적을 더한다고 생각하면 알기 쉽다.

■ 트러스의 현재(弦材), 가새, 지붕 트러스의 새그 로드(Sag Rod) 등이 있고, 케이블은 순수한 인장재로 장경간 구조를 지지할 수 있는 이점이 있어 현수구조나 텐트구조 또는 공기막구조 등에 널리 쓰이고 있다.

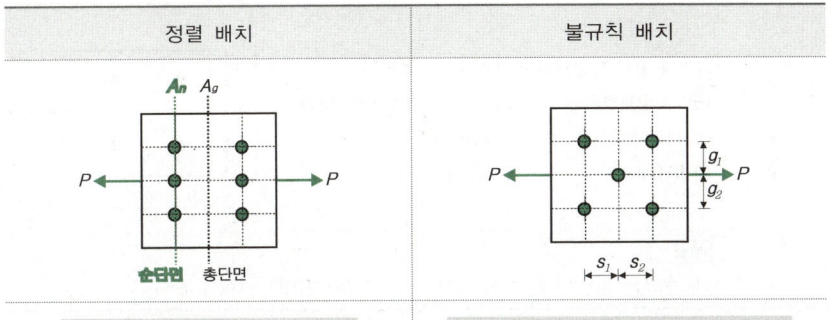

	정렬 배치	불규칙 배치
	$A_n = A_g - n \cdot d \cdot t$	$A_n = A_g - n \cdot d \cdot t + \sum \dfrac{s^2}{4g} \cdot t$

■ 불규칙배치는 엇(모)배치 또는 지그재그 배치라고도 하며, 외력에 대해 여러 가지 파단선을 설정하여 순단면적 크기가 가장 작은 경우가 실제로 파괴가 일어나는 파단선이 되고 인장재의 순단면적이 된다.

n	인장력에 의한 파단선상에 있는 구멍의 수		
d	구멍의 여유폭	고장력볼트 직경(M)	
		24mm 미만	24mm 이상
		M + 2mm	M + 3mm
t	부재의 두께[mm]		
s	피치(Pitch) : 인접한 2개 구멍의 응력방향 중심간격[mm]		
g	게이지(gauge) : 파스너 게이지선 사이의 응력 수직방향 중심간격[mm]		

기출1 ①

강구조의 볼트접합에 관한 일반적인 설명으로 옳지 않은 것은?
① 볼트 중심 사이의 간격을 게이지라인이라고 한다.
② 볼트는 가공정밀도에 따라 상볼트, 중볼트, 흑볼트로 나뉜다.
③ 게이지라인과 게이지라인과의 거리를 게이지라고 한다.
④ 배치방식은 정렬배치와 엇모배치가 있다.

해설
① 볼트 중심 사이의 간격을 피치(pitch)라고 한다.

기출2 ②

하중저항계수설계법에 따른 강구조 연결 설계기준을 근거로 할 때 고장력볼트의 직경이 M24라면 표준구멍의 직경으로 옳은 것은?
① 26mm ② 27mm ③ 28mm ④ 30mm

해설
$d = 24 + 3 = 27$mm

기출3
②

그림과 같은 인장재에서 순단면적을 구하면?
(단, F10T-M20볼트 사용, 판의 두께는 6mm임)
① 296mm² ② 396mm²
③ 426mm² ④ 536mm²

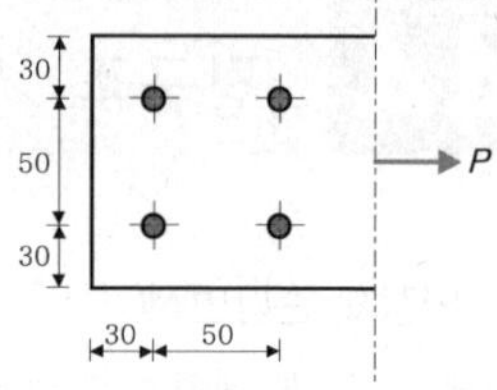

해설
$A_n = A_g - n \cdot d \cdot t = (6 \times 110) - (2)(20+2)(6) = 396\text{mm}^2$

기출4
③

그림과 같은 인장재의 순단면적을 구하면?
(단, 고장력볼트는 M22(F10T), 판의 두께는 8mm)
① 512mm² ② 704mm²
③ 896mm² ④ 1,088mm

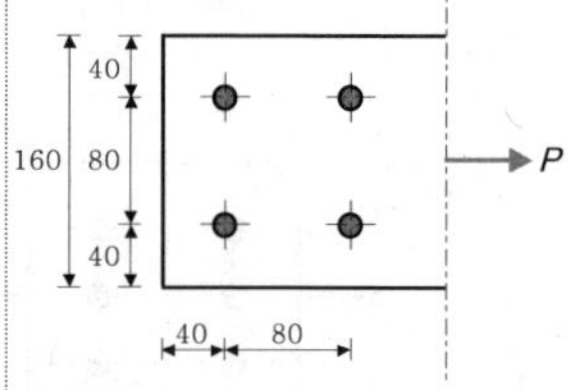

해설
$A_n = A_g - n \cdot d \cdot t = (8 \times 160) - (2)(22+2)(8) = 896\text{mm}^2$

기출5
④

그림과 같은 앵글(Angle)의 유효단면적은?
(단, $L-50 \times 50 \times 6$ 사용, $A_g = 5.644\text{cm}^2$, $d = 1.7\text{cm}$)
① 8.0cm² ② 8.5cm²
③ 9.0cm² ④ 9.25cm²

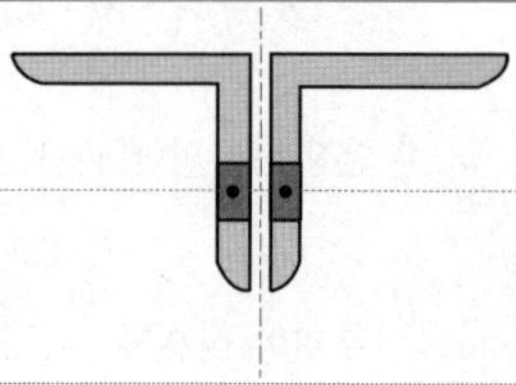

해설
$A_n = A_g - n \cdot d \cdot t = (5.644 \times 2개) - (2)(1.7)(0.6) = 9.248\text{cm}^2$

기출6
②

그림과 같은 인장재의 순단면적은?
(단, $L-100 \times 100 \times 10$의 총단면적은 1,900mm²)
① 2,960mm² ② 3,360mm²
③ 3,580mm² ④ 3,980mm²

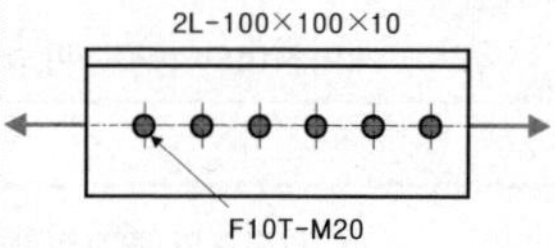

해설
$A_n = A_g - n \cdot d \cdot t = (1,900 \times 2개) - (2)(20+2)(10) = 3,360\text{mm}^2$

기출7
④

그림과 같은 인장부재의 순단면적은?
(단, 고장력볼트는 F10T-M20)
① 1,570mm² ② 1,470mm²
③ 1,370mm² ④ 1,270mm²

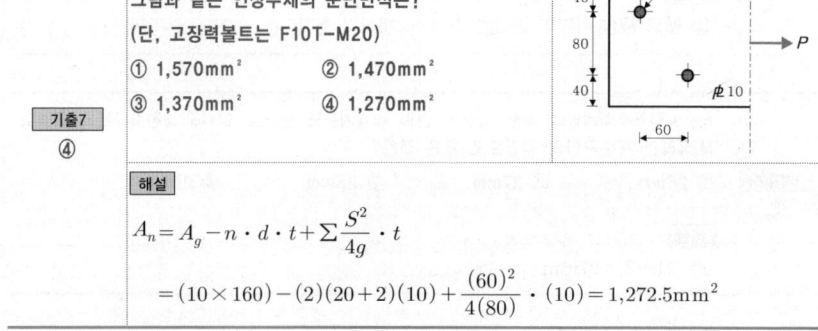

해설
$A_n = A_g - n \cdot d \cdot t + \sum \dfrac{S^2}{4g} \cdot t$
$= (10 \times 160) - (2)(20+2)(10) + \dfrac{(60)^2}{4(80)} \cdot (10) = 1,272.5\text{mm}^2$

기출8 ①

파단선 A-B-F-C-D의 인장재 순단면적은?
(단, 볼트구멍지름 $d=22\text{mm}$,
인장재 두께는 6mm)

① 1,164mm² ② 1,364mm²
③ 1,564mm² ④ 1,764mm²

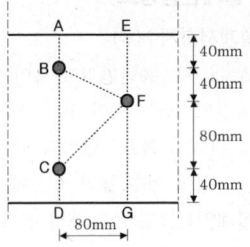

해설

$$A_n = A_g - n \cdot d \cdot t + \sum \frac{S^2}{4g} \cdot t$$

$$= (6 \times 200) - (3)(22)(6) + \left[\frac{(80)^2}{4(40)} \cdot (6) + \frac{(80)^2}{4(80)} \cdot (6)\right] = 1,164\text{mm}^2$$

기출9 ②

그림에서 파단선 A-1-2-3-D의 인장재의 순단면적은? (단, 판두께는 10mm, 볼트구멍지름은 22mm)

① 690mm² ② 790mm²
③ 890mm² ④ 990mm²

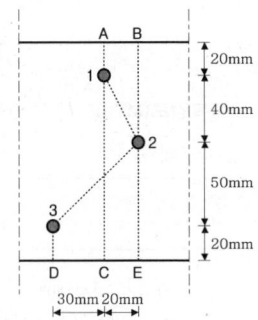

해설

$$A_n = A_g - n \cdot d \cdot t + \sum \frac{S^2}{4g} \cdot t$$

$$= (10 \times 130) - (3)(22)(10) + \left[\frac{(20)^2}{4(40)} \cdot (10) + \frac{(50)^2}{4(50)} \cdot (10)\right] = 790\text{mm}^2$$

기출10 ②

그림과 같은 구멍열에 대해 ABC를 지나는 순단면적과 동일한 순단면적을 갖는 파단선 DEFG의 피치(s)는?
(단, 구멍은 여유폭을 포함하여 23mm)

① 37mm ② 74mm
③ 111mm ④ 148mm

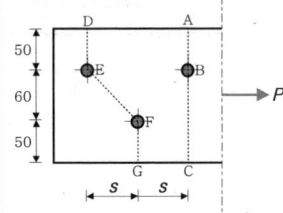

해설

(1) 파단선 A-B-C :
$$A_n = A_g - n \cdot d \cdot t = (160 \times t) - (1)(23)(t) = 137t$$

(2) 파단선 D-E-F-G :
$$A_n = A_g - n \cdot d \cdot t + \sum \frac{S^2}{4g} \cdot t$$

$$= (160 \times t) - (2)(23)(t) + \frac{s^2}{4(60)} \cdot t = 114t + \frac{s^2}{240} \cdot t$$

(3) (1),(2) 두 식의 결과값이 같으므로
$$137t = 114t + \frac{s^2}{240} \cdot t \text{ 으로부터 } s = 74.29\text{mm}$$

■ 블록전단파단

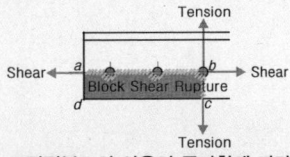

고장력볼트의 사용이 증가함에 따라 접합부의 설계는 보다 적은 개수, 그리고 보다 큰 직경의 볼트를 사용하는 경향으로 변모함에 따라 접합부에서 블록전단파단이라는 파괴양상이 일어날 수 있는 가능성이 커졌다. 접합 인장재에 하중방향과 나란한 수평 전단면과 하중방향과 수직인 인장면이 직사각형의 블록 조각으로 찢어지며 떨어져 나가는 현상을 블록전단파단이라고 한다.

2 설계인장강도

(1) 설계저항계수(ϕ)

① $\phi = 0.90$: 총단면의 항복이 발생할 경우 지나친 변형으로 인해 인장재로서의 사용성은 상실되지만 이것이 전체 구조물로의 파괴로 이어질 가능성은 매우 적다.

② $\phi = 0.75$: 유효순단면의 파단은 급격하게 발생하며 전체 구조물로의 파괴로 연속되어질 가능성이 매우 높기 때문에 안전에 대해 보다 큰 여유를 두기 위해서이다.

(2) **설계인장강도**: 인장재의 설계인장강도는 총단면의 항복과, 유효순단면의 파단이라는 두 가지 한계상태와 블록전단파단강도를 비교하여 작은 값으로 결정한다.

총단면 항복강도	유효순단면 파단강도
$\phi P_n = \phi F_y \cdot A_g$	$\phi P_n = \phi F_u \cdot A_e$

F_y : 항복강도(MPa), F_u : 인장강도(MPa), A_g : 총단면적(㎟), A_e : 유효순단면적(㎟)

기출11 ②

강구조 인장재에 관한 설명으로 옳지 않은 것은?
① 부재의 축방향으로 인장력을 받는 구조이다.
② 인장재 설계에서 단면결손 부분의 파단은 검토하지 않는다.
③ 대표적인 단면형태로는 강봉, ㄱ형강, T형강이 주로 사용된다.
④ 현수구조에 쓰이는 케이블이 대표적인 인장재이다.

해설
② $A_n = A_g - n \cdot d \cdot t$ ➡ 인장재의 순단면적(A_n)은 총단면적(A_g)에서 단면결손 부위인 구멍의 면적($n \cdot d \cdot t$)을 뺀값으로 한다.

기출12 ②

강구조 인장 부재의 설계인장강도는? (단, 인장부재의 총단면적 $A_g = 3,000\text{mm}^2$, 유효순단면적 $A_e = 2,700\text{mm}^2$, 이때 사용 형강의 $F_y = 275\text{N/mm}^2$, $F_u = 410\text{N/mm}^2$)
① 634kN ② 742kN ③ 830kN ④ 1,080kN

해설
(1) 총단면 항복:
$\phi P_n = \phi \cdot F_y \cdot A_g = (0.9)(275)(3,000) = 742,500\text{N} = 742.500\text{kN}$
(2) 유효순단면의 파단:
$\phi P_n = \phi \cdot F_u \cdot A_e = (0.75)(410)(2,700) = 830,250\text{N} = 830.250\text{kN}$
∴ 설계인장강도는 (1), (2) 중 작은값이므로 742.500kN

건축구조
핵심번호 45 강구조: 압축재

1 판폭두께비, 강재비

(1) 국부좌굴(Local Buckling): 기둥과 같은 압축재를 구성하는 판이 너무 얇아지면 부재의 좌굴 이외에 국부좌굴이 발생하여 부재의 압축내력을 저하시키게 되므로 판재의 폭두께비 제한이 필요하게 된다.

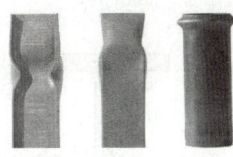

■ 압축재란 주로 압축력만을 지지하는 구조부재로써, 기둥 부재, 트러스의 현재 및 웨브재가 이에 속한다. 압축재는 강재의 단면 형상에 따라서 H형강, ㄱ형강 등과 같은 개단면과 각형강관, 원형강관의 폐단면이 있다. 이외에 단일압축재를 조합시킨 조립압축재가 있다.

(2) 주요 단면 판폭두께비 및 강재비

각형 강관	용접형강, 조립형강	압연형강
플랜지 및 웨브 폭두께비: $\dfrac{b}{t}$ 강재비: $\rho_s = \dfrac{A_s}{A_g} \geq 0.01$	플랜지의 폭두께비: $\dfrac{b}{t_f}$ 웨브의 폭두께비: $\dfrac{h}{t_w}$	

기출1 ①

각형강관 □-250×250×6을 사용한 충전형 합성 기둥의 강재비와 폭두께비는?
(단, $A_s = 5,763\text{mm}^2$)

① 강재비: 0.092, 폭두께비: 40　② 강재비: 0.092, 폭두께비: 38
③ 강재비: 0.098, 폭두께비: 40　④ 강재비: 0.098, 폭두께비: 38

[해설]
$$\rho_s = \frac{A_s}{A_g} = \frac{(5,763)}{(250 \times 250)} = 0.09220, \quad \frac{b}{t} = \frac{d}{t} = \frac{(250)-2(6)}{(6)} = 39.67$$

기출2 ②

충전형 각형강관($A \times B \times t = 300 \times 300 \times 6$) 합성기둥의 강재비와 폭두께비는?
(단, $A_s = 6,993\text{mm}^2$)

① 강재비: 0.078, 폭두께비: 50　② 강재비: 0.078, 폭두께비: 48
③ 강재비: 0.098, 폭두께비: 50　④ 강재비: 0.098, 폭두께비: 48

[해설]
$$\rho_s = \frac{A_s}{A_g} = \frac{(6,993)}{(300 \times 300)} = 0.0777, \quad \frac{b}{t} = \frac{d}{t} = \frac{(300)-2(6)}{(6)} = 48$$

기출3 ④

용접 H형강 $H-450 \times 450 \times 20 \times 28$의 플랜지 및 웨브에 대한 판폭두께비는?

① 플랜지: 16.07, 웨브: 14.07　② 플랜지: 16.07, 웨브: 19.7
③ 플랜지: 8.04, 웨브: 14.07　④ 플랜지: 8.04, 웨브: 19.7

[해설]
플랜지: $\dfrac{b}{t_f} = \dfrac{(450/2)}{28} = 8.04$,　웨브: $\dfrac{h}{t_w} = \dfrac{(450-2\times28)}{20} = 19.7$

2 H형강(=H beam, Wide Flange beam)의 전단응력

H형강은 플랜지 두께가 넓고 일정하게 유지되며 단면성능이 우수하여 접합 등의 시공성이 뛰어난 장점을 갖는다. H형강의 전단응력을 계산한 결과값은 플랜지와 웨브의 연속성의 문제, 내부 잔류응력의 영향 등으로 인하여 ±10% 이내의 오차범위 내에 있게 된다.

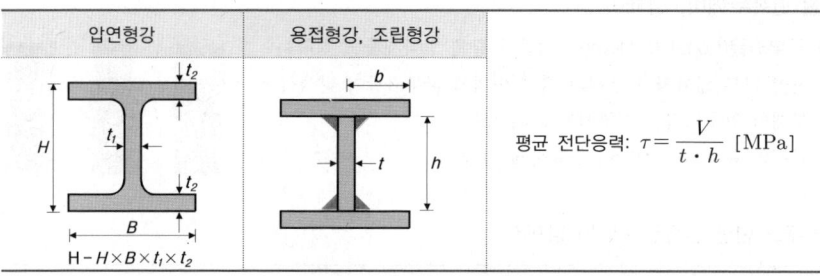

평균 전단응력: $\tau = \dfrac{V}{t \cdot h}$ [MPa]

기출4 ③

$H-300 \times 150 \times 6.5 \times 9$인 형강보가 10kN의 전단력을 받을 때 웨브에 생기는 전단응력도의 크기는? (단, 웨브 전단면적 산정 시 플랜지 두께는 제외함)

① 3.5MPa   ② 4.5MPa   ③ 5.5MPa   ④ 6.5MPa

해설
$$\tau = \dfrac{V}{t_w \cdot h} = \dfrac{(10 \times 10^3)}{(6.5)(300-2\times 9)} = 5.455\text{N/mm}^2$$

기출5 ②

$H-350 \times 150 \times 9 \times 15$의 보에 전단력 15kN이 작용할 때 가장 적당한 전단응력도는?

① 4.8N/mm²   ② 5.2N/mm²   ③ 5.6N/mm²   ④ 5.8N/mm

해설
$$\tau = \dfrac{V}{t_w \cdot h} = \dfrac{(15 \times 10^3)}{(9)(350-2\times 15)} = 5.208\text{N/mm}^2$$

기출6 ②

그림과 같은 부재에 관한 기술로 틀린 것은?
(단, 작용하는 전단력은 72kN이다.)
① 최대 휨응력은 플랜지의 바깥면에 생긴다.
② 플랜지의 폭-두께비는 15.38이다.
③ 웨브의 폭-두께비는 46.75이다.
④ 평균전단응력은 22.5MPa이다.

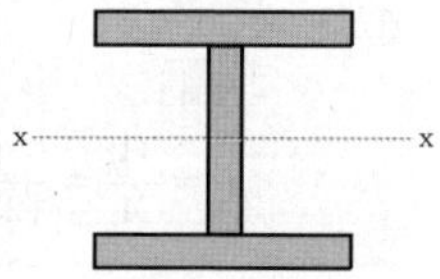

$H-400 \times 200 \times 8 \times 13$

해설
② 플랜지: $\dfrac{b}{t_f} = \dfrac{(200)/2}{(13)} = 7.692$

기출7 ④

그림과 같은 부재에 관한 기술로 틀린 것은?
(단, 작용하는 전단력은 72kN이다.)
① 최대 휨응력은 플랜지의 바깥면에 생긴다.
② 플랜지의 폭-두께비는 7.69이다.
③ 웨브의 폭-두께비는 46.75이다.
④ 평균전단응력은 12.5MPa이다.

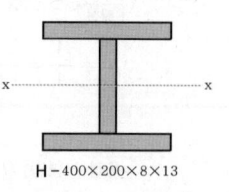

$H-400 \times 200 \times 8 \times 13$

해설
④ $\tau_{aver} = \dfrac{V}{t \cdot h_1} = \dfrac{(72 \times 10^3)}{(8)(400-2\times 13)} = 24.06\text{N/mm}^2$

【※ 평균전단응력은 계산된 결과값에서 ±10% 이내(21.654~26.466)의 오차범위 내에 있다.】

3 조립압축재(Built-up Member)

(1) 쌍ㄱ형강 조립압축재 단면2차반경

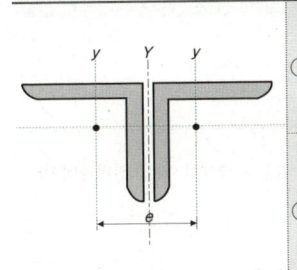

Y축에 대한 단면2차모멘트
① $I_Y = \left[I_y + A \cdot \left(\dfrac{e}{2}\right)^2\right] \times 2개 = 2I_y + 2A \cdot \left(\dfrac{e}{2}\right)^2$

Y축에 대한 단면2차반경
② $r_Y = \sqrt{\dfrac{\sum I_Y}{\sum A}} = \sqrt{\dfrac{2I_y + 2A \cdot \left(\dfrac{e}{2}\right)^2}{2A}} = \sqrt{(r_y)^2 + \left(\dfrac{e}{2}\right)^2}$

기출8 ②

그림과 같은 $2L_s - 90 \times 90 \times 7$ 조립압축재의 단면2차 반경 r_Y는? (단, 개재의 중심축에 대한 단면2차반경 $r_y = 27.6$mm, $c_y = 24.6$mm)

① 38.5mm ② 40.1mm
③ 52.2mm ④ 58.8mm

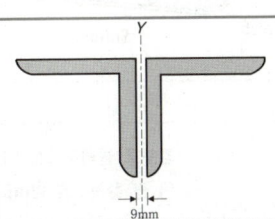

해설
$r_Y = \sqrt{(r_y)^2 + \left(\dfrac{e}{2}\right)^2} = \sqrt{(27.6)^2 + \left(\dfrac{2 \times 24.6 + 9}{2}\right)^2} = 40.107$mm

(2) 래티스(Lattice) 조립압축재의 기울기, 세장비

단 래티스		복 래티스	
	60° 이상		45° 이상
		부재의 기울기	
	140 이하		200 이하
		세장비	

기출9 ④

강구조의 래티스 형식 조립압축재 구조제한에 대한 ( )안에 알맞은 것은?

부재축에 대한 래티스 부재의 기울기는 다음과 같이 한다.
• 단일 래티스 경우 : (㉮) 이상 • 복 래티스 경우 : (㉯) 이상

① ㉮: 50°, ㉯: 40°   ② ㉮: 60°, ㉯: 40°
③ ㉮: 50°, ㉯: 45°   ④ ㉮: 60°, ㉯: 45°

기출10 ③

래티스형식 조립압축재에 관한 설명으로 옳지 않은 것은?
① 단일 래티스 부재의 세장비 L/r 은 140 이하로 한다.
② 단일 래티스 부재의 기울기는 60° 이상으로 한다.
③ 복 래티스 부재의 세장비 L/r 은 180 이하로 한다.
④ 복 래티스 부재의 기울기는 45° 이상으로 한다.

■ 조립압축재의 특징
(1) 단일 압연형강으로는 얻을 수 없는 큰 단면 제작 가능
(2) 다른 부재와의 접합이나 시공을 쉽게 할 수 있는 특별한 형태나 크기의 부재를 제작 가능
(3) 단면2차반경이 큰 부재를 얻을 수 있으며 단면2차반경의 비도 조절할 수 있어 경제성이 높음

■ 래티스보(Lattice Girder)

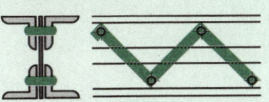

상하 플랜지에 L형강을 쓰고 웨브재로 대철을 45°, 60° 각도로 접합시킨 보로서 이동하중이나 전단력이 작은 곳에 사용된다.

핵심번호 46 건축구조
강구조: 그 밖의 주요 내용정리

1 플레이트 거더(Plate Girder, 판보, 조립보)

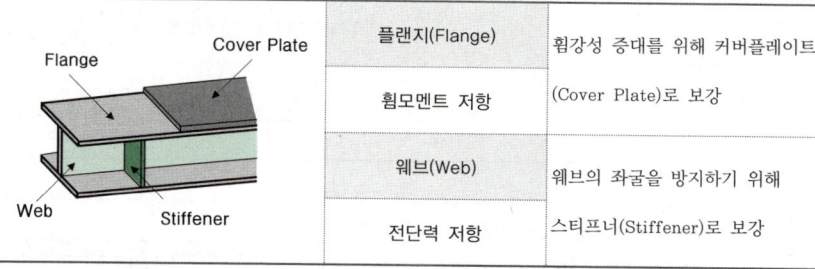

플랜지(Flange)	휨강성 증대를 위해 커버플레이트
휨모멘트 저항	(Cover Plate)로 보강
웨브(Web)	웨브의 좌굴을 방지하기 위해
전단력 저항	스티프너(Stiffener)로 보강

기출1 ①

강구조 플레이트보(Plate Girder)의 구성 부재에 해당되지 않는 것은?
① 윙 플레이트(Wing Plate) ② 커버 플레이트(Cover Pate)
③ 플랜지 플레이트(Flange Pate) ④ 스티프너(Stiffener)

[해설]
① 윙 플레이트(Wing Plate)는 주각(Pedestal)부의 구성요소이다.

기출2 ④

H형강의 플랜지에 커버플레이트를 붙이는 주목적은?
① 수평부재간 접합 시 틈새를 메우기 위하여
② 슬래브와의 전단접합을 위하여
③ 웨브플레이트의 전단내력 보강을 위하여
④ 휨내력의 보강을 위하여

[해설]
④ 커버플레이트(Cover Pate)는 플랜지 보강용으로 휨모멘트에 저항한다.

기출3 ③

판보는 웨브에 전단응력, 휨응력 또는 지압응력에 의한 좌굴이 일어날 가능성이 있는데 이를 방지하기 위하여 사용되는 것은?
① 사이드 앵글(Side Angle) ② 스캘럽(Scallop)
③ 스티프너(Stiffener) ④ 새그 로드(Sag Rod)

[해설]
③ 스티프너(Stiffener)를 설명하고 있다.

기출4 ③

플레이트 거더(Plate Girder)에 관한 다음 기술 중 옳지 못한 것은?
① 커버 플레이트의 길이는 보의 휨모멘트에 의하여 결정된다.
② 커버 플레이트는 구조계산상 필요한 길이보다 여장(餘長)을 갖도록 설계한다.
③ 스티프너를 사용하면 웨브 플레이트의 좌굴방지가 된다.
④ 플랜지와 웨브와의 접합은 휨모멘트에 의해 결정된다

[해설]
④ 플랜지와 웨브와의 접합은 전단력에 의해 결정된다.

2 합성보(Composite Beam)

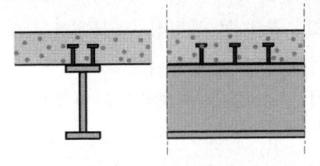

강재앵커(Shear Connector, 전단연결재)
강재보와 RC슬래브 사이의 미끄러짐을 방지하고, 두 부재 사이의 수평 전단력에 저항하는 연결부재이다. 스터드볼트(Stud Bolt)가 대표적인 재료 명칭이다.

기출5 ④

바닥슬래브와 철골보 사이에 발생하는 전단력에 저항하기 위해 설치하는 것은?
① 커버 플레이트(Cover Plate) ② 스티프너(Stiffener)
③ 턴버클(Turn Buckle) ④ 시어 커넥터(Shear Connector)

해설
④ 강재앵커(Shear Connector, 전단연결재)

기출6 ①

합성보에서 강재보와 철근콘크리트 또는 합성슬래브 사이의 미끄러짐을 방지하기 위하여 설치하는 것은?
① 스터드 볼트 ② 퍼린 ③ 윈드칼럼 ④ 턴버클

해설
④ 강재앵커(Shear Connector, 전단연결재)의 대표격이 스터드 볼트(Stud Bolt)이다.

3 전단중심(Shear Center)

(1) 정의: 부재의 비틀림이 생기지 않고 휨변형만 유발하는 위치
(2) 전단중심의 위치는 단면의 형상, 사이즈(Size)에 따라 정해지는 기하학적인 조건에만 관계되며, 부재의 비틀림응력을 산정할 때 중요한 요소가 된다.

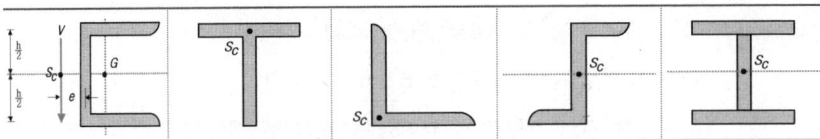

기출7 ④

플랜지에 작용하는 전단력으로 인해 비틀림 모멘트가 생기게 되므로 부재가 비틀림이 없이 휨을 받으려면, 하중의 작용선이 단면의 어느 특정 지점을 지나야 한다. 이점을 무엇이라 하는가?
① 하중중심(Force Center) ② 비틀림중심(Torsion Center)
③ 무게중심(Gravity Center) ④ 전단중심(Shear Center)

기출8 ①

그림과 같은 ㄷ형강(Channel)에서 전단중심(剪斷中心)의 대략적인 위치는?
① A ② B
③ C ④ D

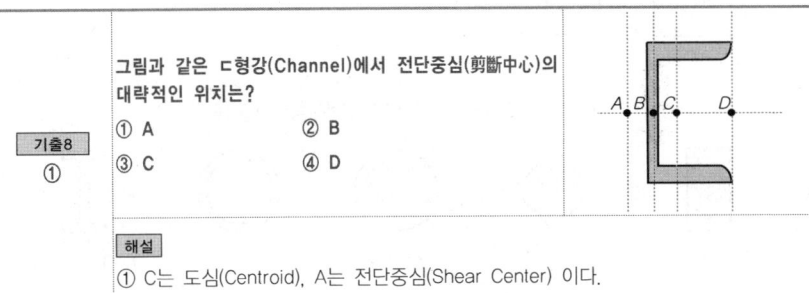

해설
① C는 도심(Centroid), A는 전단중심(Shear Center) 이다.

4 (전)소성설계(塑性設計, Plastic Design): 주요 용어

소성설계(塑性設計)는 강재의 인성(靭性)과 구조물의 부정정도를 효과적으로 이용하여 강재의 경제성을 높이기 위하여 시도되는 설계방법으로서, 연속보나 골조 등 부정정구조물에서 최대응력을 받는 지점이 항복점에 이르러서도 강재의 연성에 의한 소성힌지 개념을 도입하여, 붕괴기구가 형성되어 최종적인 구조물 붕괴가 일어나기까지 구조효율을 최대한으로 반영시키는 설계방법이다.

	응력변형도 곡선(=응력변형률 곡선)	
(1)	응력변형도 곡선 그래프 (항복강도, 변형도경화, 소성설계의 가정, 실제 재료의 상태)	변형도경화 이후의 재료의 변형도 이력을 무시한다.
	소성 힌지(Plastic Hinge)	
(2)	부재의 전 단면이 소성상태가 될 때 이론상 무한한 변형이 허용되는 지점이다. 하나의 소성힌지가 생긴다는 것은 구조물의 부정정차수를 하나 줄이게 됨을 의미하는 것으로서 하중이 더욱 증가하여 소성힌지 발생수가 늘어가면 종국적으로 구조물이 불안정한 상태가 된다. 이 때, 구조물은 붕괴기구가 형성되었다고 한다.	
	붕괴기구(Collapse Mechanism)	
(3)	부정정 구조물에 소성힌지가 발생하여 붕괴에 이르는 과정을 말한다. 붕괴기구를 이루는데 필요한 하중을 종국하중이라고 하며, 구조물이 복잡한 경우 여러 개의 붕괴기구를 가정하여 그 중 가장 낮은 종국하중의 붕괴기구를 선정해야 한다.	
	종국하중(=붕괴하중)	
(4)	소성힌지 발생에 의해 구조물을 붕괴에 이르게 하는 하중을 말한다.	
	하중계수(Load Factor): 탄성해석에서의 안전율×형상계수	
(5)	P_P는 종국하중, P_a는 허용하중이라면 P_P/P_a는 하중계수가 된다.	
	소성 단면계수(Plastic Section Modulus: Z_P)	
(6)	단면도 (F_y, $h/2$, b, C, T)	단면의 도심을 지나는 전단면적을 2등분하는 축에 대한 단면계수
	형상계수 : 소성모멘트(M_P)와 항복모멘트(M_y)의 비	
(7)	$f=1.5$ (사각형), $f=2.0$ (마름모), $f=1.7$ (원), $f=1.27$ (원관), $f=1.1~1.2$ (I형)	

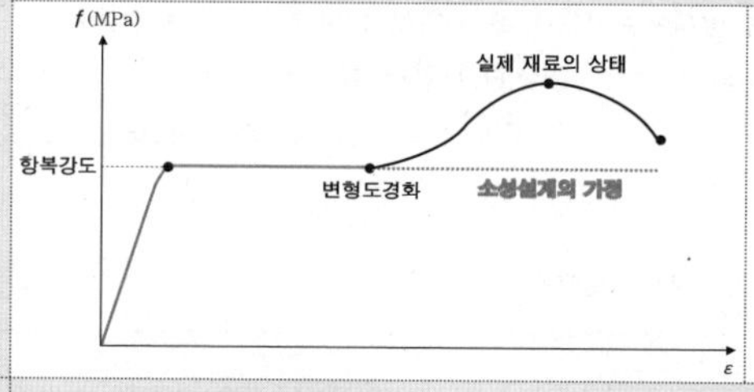

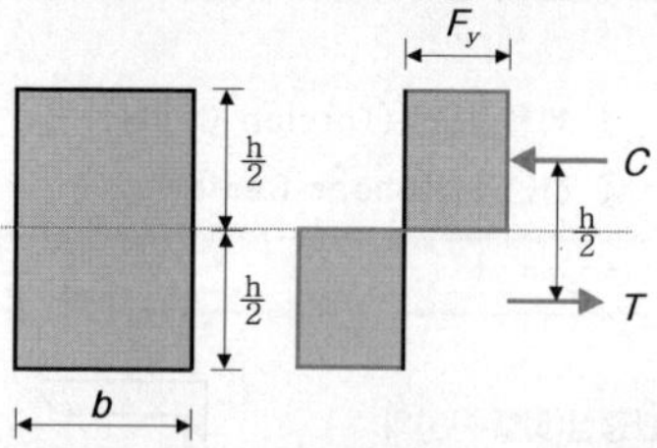

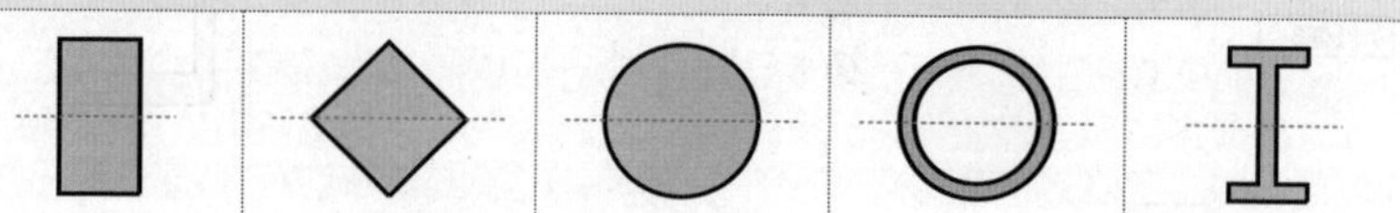

■ 하중계수(Load Factor)
단순보와 연속보의 경우 1.7,
라멘은 1.85로 정도로 하며,
풍하중이나 지진을 고려할 때는
1.4로 낮아진다.

■ 단순보:
항복모멘트(M_y), 소성모멘트(M_P)

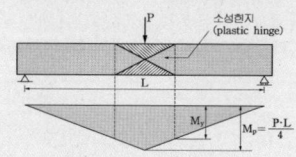
$M_P = \dfrac{P \cdot L}{4}$

기출9 ④

다음 중 강구조의 소성설계와 관계없는 것은?
① 형상계수(Form Factor)
② 소성힌지(Plastic Hinge)
③ 붕괴기구(Collapse Mechanism)
④ 전단중심(Shear Center)

해설
④ 전단중심의 위치는 단면의 형상, 사이즈(Size)에 따라 정해지는 기하학적인 조건에만 관계되며, 소성설계와는 관계없다.

기출10 ④

다음 중 철골구조의 소성설계와 관계없는 것은?
① 형상계수(Form Factor)
② 소성힌지(Plastic Hinge)
③ 붕괴기구(Collapse Mechanism)
④ 잔류응력(Residual Stress)

해설
④ 잔류응력(Residual Stress)은 응력을 일으키게 한 원인을 제거한 후에도 원래대로 돌아가지 않고 남아있는 응력을 말한다.

기출11 ②

강구조에서 소성설계와 관계없는 항목은?
① 소성힌지　② 안전율　③ 붕괴기구　④ 하중계수

해설
② 안전율($F_a = \dfrac{F_y(설계기준강도)}{\nu(안전율, Safety\ factor)}$)은 허용응력설계법의 주요 개념이다.

기출12 ②

그림과 같은 H형강($H-440 \times 300 \times 10 \times 20$) 단면의 전소성모멘트($M_P$)는 얼마인가? (단, $F_y = 400\mathrm{MPa}$)
① 963kN·m
② 1,168kN·m
③ 1,363kN·m
④ 1,568kN·m

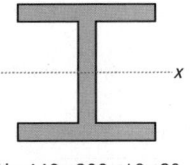

H-440×300×10×20

해설
(1) $Z_P = A_c \cdot y_c + A_t \cdot y_t$
　　$= 2A_c \cdot y_c = 2\{(300 \times 20)(210) + (10 \times 200)(100)\} = 2.92 \times 10^6 \mathrm{mm}^3$
(2) $M_P = F_y \cdot Z = (400)(2.92 \times 10^6) \times 10^{-6} = 1,168 \mathrm{kN \cdot m}$

기출13 ③

직사각형 단면의 탄성단면계수에 대한 소성단면계수의 비(比)는?
① 0.67　② 1.20　③ 1.50　④ 3.00

해설
$$f = \frac{F_y \cdot Z_P}{F_y \cdot Z} = \frac{소성단면계수}{탄성단면계수} = \frac{\dfrac{bh^2}{4}}{\dfrac{bh^2}{6}} = 1.5$$

핵심번호 47 건축구조 - 건축 일반구조

1 시공별, 재료별 주요 구조시스템

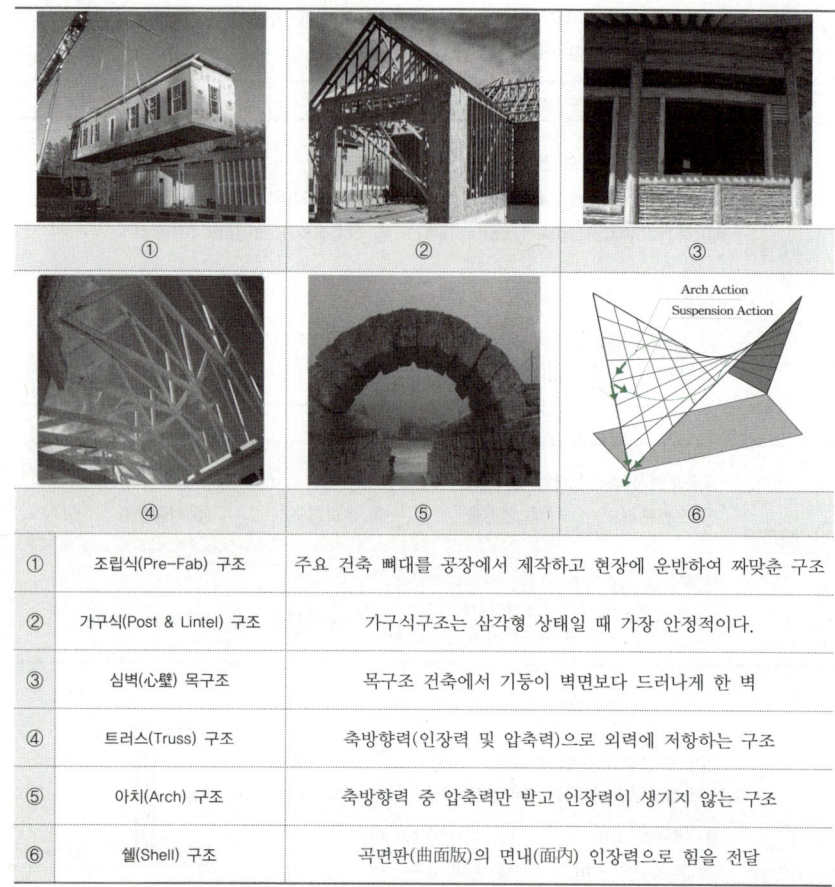

①	조립식(Pre-Fab) 구조	주요 건축 뼈대를 공장에서 제작하고 현장에 운반하여 짜맞춘 구조
②	가구식(Post & Lintel) 구조	가구식구조는 삼각형 상태일 때 가장 안정적이다.
③	심벽(心壁) 목구조	목구조 건축에서 기둥이 벽면보다 드러나게 한 벽
④	트러스(Truss) 구조	축방향력(인장력 및 압축력)으로 외력에 저항하는 구조
⑤	아치(Arch) 구조	축방향력 중 압축력만 받고 인장력이 생기지 않는 구조
⑥	쉘(Shell) 구조	곡면판(曲面版)의 면내(面內) 인장력으로 힘을 전달

기출1 ③

조립식 구조의 특성 중 옳지 못한 것은?
① 공장생산이 가능하여 대량생산을 할 수 있다.
② 기계화 시공으로 단기 완성이 가능하다.
③ 각 부품과의 접합부가 일체가 되어 절점을 강접합으로 하기가 용이하다.
④ 현장 거푸집공사가 절약되며 정밀도가 높고 강도가 큰 콘크리트 부재를 사용할 수 있다.

해설
③ 조립식 구조는 접합부가 일체가 되지 못하여 절점을 강접합으로 하기가 어렵다.

기출2 ①

건축구조의 구조별 특징을 기술한 것 중 옳지 않은 것은?
① 가구식 구조는 삼각형보다 사각형으로 조립하면 더욱 안정한 구조체를 이룰 수 있다.
② 조적식 구조는 압축력에는 강하지만 횡력에 취약하다.
③ 조립식 구조는 부재를 공장에서 생산·가공하여 현장에서 조립하므로 공기가 짧다.
④ 일체식 구조는 비교적 균일한 강도를 가진다.

해설
① 가구식구조는 삼각형 상태일 때 가장 안정적이 된다.

기출3
③

목구조에 대한 설명 중 틀린 것은?
① 목골구조는 건물의 뼈대는 목재로 구성하고, 벽에는 벽돌, 돌 등을 쌓아 막은 구조이다.
② 목구조는 주로 목재를 써서 뼈대를 조립한 가구식구조를 말한다.
③ 심벽 목구조는 기둥·샛기둥의 내·외면에 메탈라스 또는 철망을 치고 모르타르 등으로 마감한 구조로 기둥, 샛기둥, 가새 등은 외부에 보이지 않게 된다.
④ 목재패널구조는 합판 또는 널재로 대형패널을 만들어 구조내력 부재로 이용하는 목조건물의 구조법이다.

[해설]
③ 목조건축에서 심벽(心壁)은 기둥이 벽면보다 드러나게 한 벽이다.

기출4
④

다음 각 구조물에 대한 설명으로 옳지 않은 것은?
① 쉘(Shell)은 주로 면내력으로 외력에 저항하는 구조이다.
② 라멘(Rahmen)은 주로 휨모멘트 및 전단력으로 외력에 저항하는 구조이다.
③ 아치(Arch)는 주로 축방향 압축력으로 외력에 저항하는 구조이다.
④ 트러스(Truss)는 주로 휨모멘트로 외력에 저항하는 구조이다.

[해설]
④ 트러스 구조는 축빙향력으로 외력에 저항하는 구조이다.

기출5
③

구조물의 응력계산에 관한 기술 중 틀린 것은?
① 트러스(Truss)는 주로 축방향력으로 외력에 저항한다.
② 라멘(Rahmen)은 주로 휨모멘트와 전단력으로 외력에 저항한다.
③ 아치(Arch)는 주로 축방향력과 전단력으로 외력에 저항한다.
④ 쉘(Shell)은 주로 면내응력으로 외력에 저항한다.

[해설]
④ 트러스 구조는 축빙향력으로 외력에 저항하는 구조이다.

기출6
③

건축물의 각 구조형식에 대한 설명 중 옳지 않은 것은?
① 라멘구조는 기둥, 보 및 바닥으로 구성되며 철근콘크리트구조 또는 철골구조 등이 해당된다.
② 벽식구조는 내력벽으로 하여 바닥과 일체로 구성되기 때문에 공동주택 등에 많이 이용되며, 철근콘크리트구조에 의한다.
③ 플랫슬래브 구조는 보 없이 수직하중을 철근콘크리트 기둥 및 지판이 부담하는 구조이다.
④ 트러스 구조는 가늘고 긴 부재를 사각형의 형태로 짜 맞추어 구성되며, 부재에는 휨모멘트와 축력이 작용하는 구조이다.

[해설]
③ 아치(Arch)는 축방향 압축력만 받게 하고 하부에 인장력이 생기지 않도록 한 구조이다.

기출7 ②

철골조의 가새에 관한 설명으로 옳지 않은 것은?
① 트러스의 절점 또는 기둥의 절점을 각각 대각선 방향으로 연결하여 구조체의 변형을 방지하는 부재이다.
② 풍하중, 지진력 등의 수평하중에 저항하는 것으로 부재에는 인장응력만 발생한다.
③ 보통 단일형강재 또는 조립재를 쓰지만 응력이 작은 지붕가새에는 봉강을 사용한다.
④ 수평가새는 지붕트러스의 지붕면(경사면)에 설치한다.

[해설]
② 부재에는 인장응력 뿐만 아니라 압축응력도 발생한다.

기출8 ④

다음 중 철골트러스의 특성에 대한 설명으로 옳지 않은 것은?
① 직선 부재들이 삼각형의 형태로 구성되어 안정적인 거동을 한다.
② 트러스의 개방된 웨브공간으로 전기배선이나 덕트 등과 같은 설비배관의 통과가 가능하다.
③ 부정정차수가 낮은 트러스의 경우에는 일부 부재나 접합부의 파괴가 트러스의 붕괴를 야기할 수 있다.
④ 직선 부재로만 구성되기 때문에 비정형 건축물의 구조체에는 도입이 어렵다.

[해설]
④ 건축구조물의 형상이 정형, 비정형인지의 여부와 직선 트러스 부재의 적용과는 무관하다.

기출9 ③

구조방식과 외부의 힘에 대하여 저항하는 방법으로 옳지 않은 것은?
① 트러스구조: 인장력과 압축력으로 외력에 저항
② 케이블구조: 인장력으로 외력에 저항
③ 아치구조: 인장력과 압축력으로 외력에 저항
④ 쉘구조: 면내응력으로 외력에 저항

[해설]
③ 아치(Arch)는 축방향 압축력만 받게 하고 하부에 인장력이 생기지 않도록 한 구조이다.

기출10 ①

곡면판이 지니는 역학적 특성을 응용한 구조로서 외력은 주로 판의 면내력으로 전달되기 때문에 경량이고 내력이 큰 구조물을 구성할 수 있는 것은?
① 쉘구조   ② 튜브시스템   ③ 스페이스프레임   ④ 절판구조

[해설]
① 쉘(Shell) 구조에 대한 설명이다.

기출11 ①

철근콘크리트 구조로도 이용되는 HP쉘(Hyperbolic Paraboloid Shell)에 관한 기술 중 잘못된 것은?
① 면내에는 인장응력이 발생하지 않는다.
② 쌍곡 포물선면으로 된 쉘이다.
③ 면내 전단력에 의하여 하중을 주변 지지체에 전달할 수 있다.
④ 곡면을 몇 개로 짜맞추면 여러 종류의 지붕형태를 구성할 수 있다.

[해설]
① 면내 인장응력에 의해 형태변형이 저지되는 구조이다.

2 주요 (초)고층 구조시스템

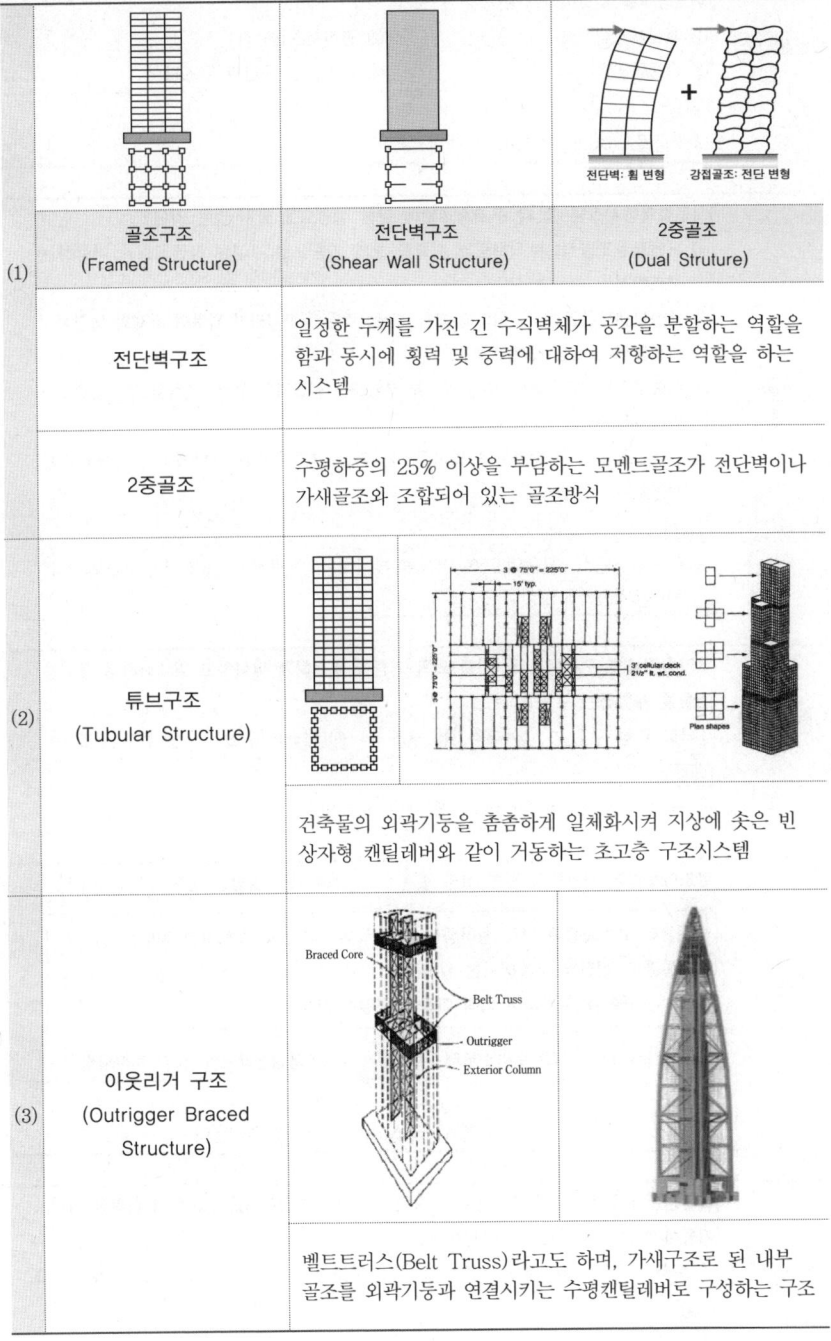

(1)	전단벽구조	일정한 두께를 가진 긴 수직벽체가 공간을 분할하는 역할을 함과 동시에 횡력 및 중력에 대하여 저항하는 역할을 하는 시스템
	2중골조	수평하중의 25% 이상을 부담하는 모멘트골조가 전단벽이나 가새골조와 조합되어 있는 골조방식
(2)	튜브구조 (Tubular Structure)	건축물의 외곽기둥을 촘촘하게 일체화시켜 지상에 솟은 빈 상자형 캔틸레버와 같이 거동하는 초고층 구조시스템
(3)	아웃리거 구조 (Outrigger Braced Structure)	벨트트러스(Belt Truss)라고도 하며, 가새구조로 된 내부 골조를 외곽기둥과 연결시키는 수평캔틸레버로 구성하는 구조

기출12
②

일정한 두께를 가진 긴 수직벽체가 건축계획적으로 공간을 분할하는 역할을 함과 동시에 횡력 및 중력에 공간을 분할하는 역할을 함과 동시에 횡력 및 중력에 대하여 저항하는 역할을 하는 시스템은?

① 튜브 시스템　　　　　　② 전단벽 시스템
③ 모멘트 연성골조 시스템　④ 다이아그리드 시스템

해설
② 전단벽(Shear Wall 구조에 대한 설명이다.

기출13 ③
횡력의 25% 이상을 부담하는 연성모멘트골조가 전단벽이나 가새골조와 조합되어 있는 구조방식을 무엇이라 하는가?
① 제진시스템방식 ② 면진시스템방식
③ 이중골조방식 ④ 메가칼럼-전단벽 구조방식

해설
③ 2중골조(Dual Struture)에 대한 설명이다.

기출14 ③
지진력저항시스템 중 각 구조시스템에 관한 설명으로 옳지 않은 것은?
① 모멘트골조방식: 수직하중과 횡력을 보와 기둥으로 구성된 라멘골조가 저항하는 구조방식
② 연성모멘트골조방식: 횡력에 대한 저항능력을 증가시키기 위하여 부재와 접합부의 연성을 증가시킨 모멘트골조
③ 이중골조방식: 횡력의 25% 이상을 부담하는 전단벽이 모멘트연성골조와 조합되어 있는 구조방식
④ 건물골조방식: 수직하중은 입체골조가 저항, 지진하중은 전단벽이나 가새골조가 저항하는 구조방식

해설
③ 이중골조방식: 횡력의 75% 이상을 부담하는 전단벽이 모멘트연성골조와 조합되어 있는 구조방식

기출15 ④
초고층건물의 구조형식 중 건물 외곽 기둥을 밀실하게 배치하고 일체화하여 초고층 건물을 계획하는 구조형식은?
① 메가칼럼 구조 ② 대각가새 구조 ③ 전단벽 구조 ④ 튜브 구조

해설
④ 튜브구조(Tubular Structure)에 대한 설명이다.

기출16 ①
골조아웃리거 시스템에 관한 설명 중 ( ) 안에 가장 알맞은 것은?

건물이 고층화됨에 따라 횡하중에 의한 횡변형이 많이 발생하게 된다. 보통골조-전단벽 구조에서는 횡하중을 부담하는 코어에 아웃리거와 ( )을/를 설치하여 외곽 기둥과 연결시킨다.

① 벨트트러스 ② 프리스트레스트 빔 ③ 합성슬래브 ④ 슈퍼칼럼

해설
① 골조 아웃리거 구조에서 벨트트러스(Belt Truss)를 설치한다.

기출17 ③
고층건물의 구조형식 중에서 건물의 중간층에 대형 수평부재를 설치하여 횡력을 외곽 기둥이 분담할 수 있도록 한 형식은?
① 트러스 구조 ② 튜브 구조 ③ 골조 아웃리거 구조 ④ 스페이스 프레임 구조

해설
③ 골조 아웃리거 구조에 대한 설명이다.

기출18 ④
저층 강구조 장스팬 건물의 구조계획에서 고려해야 할 사항과 가장 관계가 적은 것은?
① 충고, 지붕형태 등 건물의 형상 선정
② 적절한 골조 간격의 선정
③ 강절점, 활절점에 대한 부재의 접합방법 선정
④ 풍하중에 의한 횡변위 제어방법

해설
④ 풍하중에 의한 횡변위 제어는 (초)고층 구조계획에서 고려해야 할 사항이다.

MEMO

건축설비

핵심번호 01 급수설비: 일반사항

예1 수압이 0.24[MPa]일 때 급수압에 의한 물의 상승높이는?
① 2.4[m] ② 4.8[m]
③ 12[m] ④ 24[m]
답 : ④

예2 직경 200[mm]의 배관을 통하여 물이 1.5[m/s]의 속도로 흐를 때 유량은?
① 2.83[m³/min] ② 3.2[m³/min]
③ 3.83[m³/min] ④ 6.0[m³/min]
답 : ①

예3 베르누이(Bernoulli)의 정리에 대한 설명으로 가장 알맞은 것은?
① 유체가 갖고 있는 운동에너지는 흐름 내 어디에서나 일정하다.
② 유체가 갖고 있는 운동에너지와 중력에 의한 위치에너지의 총합은 흐름 내 어디에서나 일정하다.
③ 유체가 갖고 있는 운동에너지, 중력에 의한 위치에너지 및 압력에너지의 총합은 흐름 내 어디에서나 일정하다.
④ 유체가 갖고 있는 운동에너지, 중력에 의한 위치에너지의 총합은 흐름 내 어디에서나 압력에너지와 같다.
답 : ③

예4 그림과 같이 관경이 다른 관 내에 물이 흐를 경우에 관한 설명으로 옳은 것은?

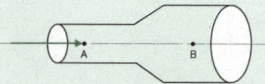

① 물의 속도는 A보다 B가 크며, 압력도 A보다 B가 크다.
② 물의 속도는 A보다 B가 크며, 압력은 B보다 A가 크다.
③ 물의 속도는 B보다 A가 크며, 압력은 A보다 B가 크다.
④ 물의 속도는 B보다 A가 크며, 압력도 B보다 A가 크다.
답 : ③

예5 물의 경도에 관한 설명으로 옳지 않은 것은?
① 일반적으로 지표수는 연수, 지하수는 경수로 간주한다.
② 경도가 큰 물을 경수, 경도가 낮은 물을 연수라고 한다.
③ 경수를 보일러 용수로 사용하면 그 내면에 스케일이 생겨 전열 효율이 감소된다.
④ 물의 경도는 물 속에 녹아 있는 칼슘, 마그네슘 등의 염류의 양을 탄산마그네슘의 농도로 환산하여 나타낸 것이다.
답 : ④

1 유체의 기본 성질

(1) 수압과 수두와의 관계

수압 $P = 0.01H$ [MPa]   수두 $H = 100P$ [m]

(2) 유체의 법칙

① 유량(Q) = 단면적(A) × 속도(v)
② 연속의 법칙: $Q = A_1 \cdot v_1 = A_2 \cdot v_2$ ➡ 유체의 유량(Q)은 관 내의 어느 단면에서나 일정하다.
③ 베르누이(Daniel Bernoulli, 1700~1782) 방정식

- $\dfrac{P_1}{\rho} + \dfrac{v_1^2}{2g} + Z_1 = \dfrac{P_2}{\rho} + \dfrac{v_2^2}{2g} + Z_2 =$ 일정

- 이상적인 유체가 흐르는 속도와 압력, 높이의 관계를 수량적으로 나타낸 법칙으로 유체의 위치에너지와 운동에너지의 합이 항상 일정하다는 원리이다.

【예제1】 내경이 20[cm]인 관내를 유속 1.2[m/s]의 물이 흐르고 있을 때 유량을 계산해 보자.

$$Q = A \cdot v = \frac{\pi d^2}{4} \cdot v = \frac{\pi (0.2)^2}{4} \cdot (1.2) = 0.03769 [\text{m}^3/\text{sec}]$$

【예제2】 그림과 같이 A지점과 B지점의 관경이 각각 $d_A = 100$[mm], $d_B = 200$[mm]이고, 유량이 3[m³/min]이라면 A, B 지점에서의 유속[m/s]을 계산해 보자.

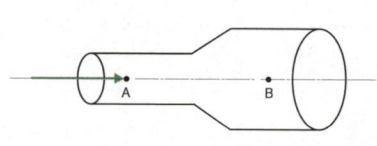

$v_A = \dfrac{3}{\pi (0.05)^2} = 382 [\text{m/min}] = 6.37 [\text{m/sec}]$

$v_B = \dfrac{3}{\pi (0.1)^2} = 95.5 [\text{m/min}] = 1.59 [\text{m/sec}]$

【※ 속도와 압력에 대한 비교】

➡ 유량(Q) = 단면적(A) × 속도(v)에서 $v = \dfrac{Q}{A}$ 이므로 단면적이 작은 A쪽이 B쪽보다 속도가 크며, 베르누이(Bernoulli) 방정식을 위의 그림에 적용해 보면
[입구측 압력+속도+위치 = 출구측 압력+속도+위치] 의 관계로부터 압력은 A쪽보다 B쪽이 크게 된다.

(3) 물의 경도(Hardness of Water)

① 물 속에 녹아 있는 마그네슘의 양을 이것에 대응하는 탄산칼슘($CaCO_3$)의 백만분률(ppm, part per million)로 환산 표시한 것
② 극연수(증류수, 멸균수): 탄산칼슘 함유량이 0[ppm]인 물이며, 연관이나 황동관을 부식시킨다.
③ 연수(Soft Water): 탄산칼슘 함유량이 90[ppm] 이하인 물이며, 세탁 및 보일러 용수에 적당하다.
④ 경수(Hard Water): 탄산칼슘 함유량이 110[ppm] 이상인 물이며, 비누의 용해가 어려워 세탁용수로 부적당하고 보일러에 사용 시 보일러 내면에 스케일이 생겨 전열 효율이 저하되며, 과열과 수명 단축의 원인이 된다.

2 1일당 급수량(Q_d)의 산정

1일당 급수량(Q_d)
$$Q_d = A \cdot k \cdot n \cdot q \ [l/d]$$

시간 평균 예상 급수량(Q_h)
$$Q_h = \frac{Q_d}{T}$$

- A : 건물의 연면적
- k : 유효면적비
- n : 유효면적당 거주인원
- q : 건물 종류별 1일 1인당 사용 수량
- T : 1일 평균 사용 시간

【※ $1,000[l/d] = 1[m^3/d]$】

【예제1】 다음과 같은 조건에 있는 사무소 건물의 시간 평균 예상 급수량을 계산해 보자.

【조건】	• 연면적: 5,000[m²], 유효면적 비율: 0.7 • 1인 1일당 급수량: 0.12[m³] • 유효면적당 인원 : 0.2[인/m²], 1일 평균 사용 시간 : 8[시간]

$$Q_d = A \cdot k \cdot n \cdot q = 5,000[m^2] \times 0.7 \times 0.2[인/m^2] \times 0.12[m^3/인] = 84[m^3]$$

시간 평균 예상 급수량: $Q_h = \dfrac{Q_d}{T} = \dfrac{84[m^3]}{8[시간]} = 10.5[m^3/h]$

3 급수설계 일반 사항

(1) 급수 압력: 각 기구의 최저 필요 압력

기구명	필요 압력 [MPa]	필요 압력 [kPa]
블로우 아웃식 대변기	0.1	100
세정 밸브(플러시 밸브)	표준 0.1, 최저 0.07	표준 100, 최저 70
보통 밸브	표준 0.1, 최저 0.03	표준 100, 최저 30
자동 밸브, 샤워	0.07	70
순간온수기	대 0.05, 중 0.03, 소 0.01(저압용)	대 50, 중 30, 소 10(저압용)

【$1MPa = 1N/mm^2$, $1kPa = 1kN/m^2$, $1MPa = 1,000kPa$】

(2) 세정 밸브(Flush Valve, 플러시 밸브)식 대변기 세정방식
① 소음이 크고 단시간에 다량의 물이 필요하지만 대변기의 연속 사용이 가능하다.
② 급수관 직결로서 급수관은 최소 25[A]를 필요로 하므로 일반 주택에서는 사용이 곤란하며 학교, 호텔, 사무소 등의 건축물에 적합하다.
③ 관경을 나타낼 때 [mm]를 A, [inch]를 B로 표현하기도 한다.

(3) 급수관 관경 결정
① 급수관 관경 결정 방법
 • 기구연결관의 관경에 따른 결정
 • (관)균등표에 따른 관경 결정
 • 마찰저항선도에 따른 관경 결정
② 균등표에 의한 급수관의 관경 결정 시 15A관 상당 개수로 환산한다.
③ 동시사용률(Usage Factor): 건물 내 위생 기구나 급수 밸브 등 어느 시간의 사용 예상 밸브 개수의 전 밸브 개수에 대한 비율로서 배관의 지름, 소요 수량 등의 결정에 이용된다.

예6 연면적 1,500[m²]의 사무소 건물에서 필요한 1일 급수량은?

• 건물의 유효면적과 연면적의 비: 50[%]
• 유효면적당 인원: 0.2[인/m²]
1인 1일당 급수량: 100[L/d]

① 5[m³/d] ② 8[m³/d]
③ 12[m³/d] ④ 15[m³/d]
답 : ④

예7 연면적 2,000[m²]의 사무소 건물에서 필요한 1일 급수량은?

• 건물의 유효면적과 연면적의 비: 60[%]
• 유효면적당 인원: 0.3[인/m²]
1인 1일당 급수량: 200[L/d]

① 72,000[L/d] ② 72,000[L/h]
③ 120,000[L/d] ④ 120,000[L/h]
답 : ①

예8 대변기에 설치한 세정밸브(Flush Valve)의 최저 필요압력은?
① 10[kPa] 이상 ② 30[kPa] 이상
③ 50[kPa] 이상 ④ 70[kPa] 이상
답 : ④

예9 대변기 세정수의 급수방식 중 급수관에 직접 연결하여 핸들을 누르면 급수관으로부터 일정량의 물이 방출되어 변기를 세정하는 방식은?
① 하이탱크식 ② 플러시밸브식
③ 블로우아웃식 ④ 사이펀식
답 : ②

예10 플러시 밸브식 대변기에 대한 설명 중 옳지 않은 것은?
① 급수관경이 25[A] 이상 필요하다.
② 일반 가정용으로는 거의 사용하지 않는다.
③ 최저 필요 수압을 0.07[MPa] 이상 확보할 수 있는 경우에 사용 가능하다.
④ 세정소음이 작으나, 대변기의 연속 사용이 불가능하다.
답 : ④

예11 급수관의 관경 결정과 관계가 없는 것은?
① 관균등표   ② 동시사용률
③ 마찰저항선도 ④ 동적부하해석법
답 : ④

핵심번호 02 건축설비: 급수설비: 펌프

[예1] 수량 $22.4[m^3/h]$를 양수하는데 필요한 터빈 펌프의 구경으로 적당한 것은? (단, 터빈 펌프 내의 유속은 $2[m/s]$로 한다.)
① 65[mm] ② 75[mm]
③ 100[mm] ④ 125[mm]
답: ①

[예2] 펌프의 토출구를 지나는 유체의 유속 $2.5[m/s]$, 유량 $1[m^3/min]$일 경우, 토출구의 구경은?
① 75[mm] ② 82[mm]
③ 92[mm] ④ 105[mm]
답: ③

[예3] 전양정 24[m], 양수량 13.8[m³/h], 효율 60[%]일 때 펌프의 축동력은?
① 0.5[kW] ② 1.0[kW]
③ 1.5[kW] ④ 3.0[kW]
답: ③

[예4] 다음과 같은 조건에 있는 양수 펌프의 축동력은?

【조건】
· 양수량 : 490[l/min]
· 전양정 : 30[m]
· 펌프의 효율 : 60[%]

① 약 3[kW] ② 약 4[kW]
③ 약 5[kW] ④ 약 6[kW]
답: ②

[예5] 펌프의 양수량 10[m³/min], 전양정 10[m], 효율 80[%]일 때, 이 펌프의 소요 동력은? (단, 여유율은 10[%])
① 22.5[kW] ② 26.5[kW]
③ 30.6[kW] ④ 32.4[kW]
답: ①

[예6] 급수설비에서 펌프의 실양정이 의미하는 것은? (단, 물을 높은 곳으로 보내는 경우)
① 배관계의 마찰손실에 해당하는 높이
② 흡수면에서 토출수면까지의 수직거리
③ 흡수면에서 펌프축 중심까지의 수직거리
④ 펌프축 중심에서 토출수면까지의 수직거리
답: ②

1 펌프의 구경, 펌프의 축동력

(1) 펌프의 구경: 단면적 $A[m^2]$, 유속 $v[m/s]$일 경우
A면을 지나는 물의 양은 $Q = A \cdot v[m^3/s]$가 된다.
펌프의 구경을 d, 반지름을 r이라고 하면

$$Q = A \cdot v = \pi r^2 \cdot v = \pi \left(\frac{d}{2}\right)^2 \cdot v = \frac{\pi d^2 \cdot v}{4}$$ 가 되며,

$$d = \sqrt{\frac{4Q}{\pi v}} = 1.13 \sqrt{\frac{Q}{v}} \,[m]$$ 가 유도된다.

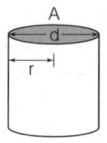

$$d = 1.13 \sqrt{\frac{Q}{v}} \,[m]$$

· d: 관경[m], Q: 양수량[m³/min], v: 유속[m/s]

(2) 펌프의 축동력

$$\frac{\rho \cdot Q \cdot H}{6,120 \cdot E}[kW]$$

· ρ: 물의 밀도(1,000[kg/m³]), Q: 양수량[m³/min]
· H: 전양정[m], E: 펌프의 효율[%]
· 여유율이 제시되면 $\frac{\rho \cdot Q \cdot H}{6,120 \cdot E} \times$ 여유율로 계산한다.

【예제1】 펌프 내 유속 2[m/s], 수량 20[m³/h]를 양수하는데 필요한 펌프의 구경을 구해 보자.

$$d = 1.13 \sqrt{\frac{Q}{v}} = 1.13 \sqrt{\frac{\left(\frac{20}{3,600}\right)}{(2)}} = 0.05955[m] = 59.55[mm]$$

【예제2】 펌프의 양수량 2m³/min, 전양정 50m, 효율 60%일 때, 펌프의 축동력을 산정해 보자.

$$\frac{W \cdot Q \cdot H}{6,120 \cdot E} = \frac{(1,000)(2)(50)}{6,120(0.6)} = 27.233[kW]$$

2 펌프의 양정

(1) 양정(揚程, Head of Fluid)
물과 같은 액체를 펌프로 퍼 올리는 과정의 길이

(2) 실양정(實揚程, Gross Pump Head)
· 실양정 = 흡입양정 + 토출양정
· 물을 높은 곳으로 보내는 경우, 흡수면으로부터 토출수면까지의 수직거리

(3) 전양정(H) = 흡입양정(H_s) + 토출양정(H_d) + 마찰손실수두(H_f)

(4) 관내마찰손실수두

$$H_f = f \cdot \frac{l}{d} \cdot \frac{v^2}{2g}[m]$$

· f: 관마찰손실계수, l: 관의 길이[m], v: 유속[m/s]
· d: 관경[m], g: 중력가속도(9.8[m/s²])

(5) 관내마찰저항([N/m²], [Pa])=공기의 밀도×관내마찰손실수두

【예제1】 높이 30[m]의 고가수조에 매분 1[m³]의 물을 보내려고 할 때 필요한 펌프의 축동력을 구해 보자. (단, 마찰손실수두 6[m], 흡입양정 1.5[m], 펌프효율 50[%]인 경우)

① 펌프의 전양정 = 1.5+30+6 = 37.5[m]

② 펌프의 축동력 = $\dfrac{W \cdot Q \cdot H}{6{,}120 \cdot E} = \dfrac{(1{,}000)(1)(37.5)}{6{,}120(0.5)} = 12.25\,[\text{kW}]$

【예제2】 길이 1[m], 구경 100[mm]의 관 내를 유속 2.0[m/s]로 물이 흐르고 있을 때 직관부의 마찰손실을 구해 보자. (단, 물의 밀도 1,000[kg/m³], 관마찰계수 0.03)

① 마찰손실수두: $H_f = f \cdot \dfrac{l}{d} \cdot \dfrac{v^2}{2g} = (0.03) \cdot \dfrac{(1)}{(0.1)} \cdot \dfrac{(2.0)^2}{2(9.8)} = 0.06\,[\text{m}]$

② 수압과 수두와의 관계: $P = 0.01H = 0.01(0.06)\,[\text{MPa}] = 0.01(0.06) \times 10^6\,[\text{Pa}] = 600\,[\text{Pa}]$

【예제3】 길이 20[m], 지름 400[mm]인 덕트에 평균속도 12[m/s]로 공기가 흐를 때 발생하는 마찰저항을 구해 보자. (단, 덕트의 마찰저항계수 0.02, 공기의 밀도 1.2[kg/m³])

① 공기의 밀도: $1.2\,[\text{kg/m}^3] = 1.2 \times 9.8\,[\text{N/m}^3] = 11.76\,[\text{N/m}^3]$

② 마찰손실수두: $H_f = f \cdot \dfrac{l}{d} \cdot \dfrac{v^2}{2g} = (0.02) \cdot \dfrac{(20)}{(0.4)} \cdot \dfrac{(12)^2}{2(9.8)} = 7.34694\,[\text{m}]$

③ 관내마찰저항 = 공기밀도 × 관내마찰손실수두 = $11.76 \times 7.34694 = 86.4\,[\text{N/m}^2] = 86.4\,[\text{Pa}]$

6 왕복동 펌프의 양수량, 펌프의 공동 현상(Cavitation)

(1) 왕복동 펌프(Reciprocating Pump, 왕복 펌프)의 양수량

$$Q = A \cdot L \cdot N \cdot E_V\,[\text{m}^3/\text{min}]$$

- A : 피스톤 또는 플런저의 유효단면적[m²]
- L : 피스톤 또는 플런저의 스트로크(왕복거리)[m]
- N : 1분당 스트로크수(크랭크의 회전수)
- E_V : 용적효율(Efficiency of Volume)

① 양수량(Q)은 피스톤 또는 플런저의 유효단면적(A)에 비례하고, 피스톤 또는 플런저의 스트로크(왕복거리, L)에 비례하고, 1분당 스트로크수(N, 크랭크의 회전수)에 비례하며, 용적효율(E_V)에 비례한다.

② 왕복동 펌프의 양정은 임펠러 회전수의 제곱에 비례한다.

③ 임펠러(Impeller): 물이나 증기를 받아 그 동력으로 바퀴를 회전하기 위하여 수차(水車), 터빈 등의 회전축에 날개를 단 것

(2) 펌프의 공동 현상(Cavitation)

① 흡입양정이 너무 높거나 물의 온도가 높을 때 흡입구 측에서 발생한 기포가 토출구쪽으로 넘어가 갑작스런 압력 상승과 격심한 소음과 진동이 발생하는 현상

② 펌프의 흡입관에 곡률반경이 작은 엘보를 사용하게 되면 공동 현상이 발생하기 쉽다.

③ 펌프 흡입구에서의 전압을 그 수온에서의 물의 포화수증기압보다 높게 해야 하며 펌프는 가급적 낮은 위치에 설치하여 흡입양정을 작게 한다.

예7 양수 펌프의 회전수를 원래보다 20[%] 증가시켰을 경우 양수량의 변화로 옳은 것은?
① 20[%] 증가 ② 44[%] 증가
③ 73[%] 증가 ④ 100[%] 증가
답: ①

예8 양수량 1m³/min, 전양정 50[m]인 펌프에서 회전수를 1.2배 증가시켰을 때 양수량은?
① 1.2배 증가 ② 1.44배 증가
③ 1.73배 증가 ④ 2.4배 증가
답: ①

예9 펌프의 공동 현상(Cavitation)의 방지 방법으로 가장 알맞은 것은?
① 흡입양정을 낮춘다.
② 토출양정을 낮춘다.
③ 마찰손실수두를 크게 한다.
④ 토출관의 직경을 굵게 한다.
답: ①

예10 펌프에서 발생하는 공동 현상(Cavitation)의 방지 대책으로 가장 알맞은 것은?
① 펌프의 설치 위치를 높인다.
② 펌프의 흡입양정을 낮춘다.
③ 펌프의 토출양정을 높인다.
④ 펌프의 토출구경을 확대한다.
답: ②

03 건축설비 급수설비: 급수방식

예1 수질 오염 방지 측면에서 가장 유리한 급수방식은?
① 수도직결방식 ② 고가수조방식
③ 압력탱크방식 ④ 펌프직송방식
답:①

예2 급수방식에 관한 설명으로 옳은 것은?
① 수도직결방식은 수질 오염의 가능성이 적다.
② 고가수조방식은 급수 공급 압력의 변화가 심하다.
③ 압력수조방식은 압력을 항상 일정하게 유지할 수 있다.
④ 고가수조방식은 주로 상향 급수 배관 방식을 사용한다.
답:①

예3 급수방식 중 수도직결방식에서 수도 본관의 압력은 다음의 식을 만족하여야 한다. 다음 식의 P_1, P_2, P_3의 구성에 속하지 않는 것은? (단, P는 수도 본관의 압력)

$$P \geq P_1 + P_2 + P_3$$

① 제일 높은 수도꼭지까지의 높이
② 제일 높은 수도꼭지까지의 배관길이
③ 제일 높은 수도꼭지까지의 관마찰 손실
④ 제일 높은 수도꼭지에서 필요로 하는 압력
답:②

예4 고가수조 급수방식에서 물 공급 순서로 옳은 것은?
① 상수도 ➡ 저수조 ➡ 펌프 ➡ 고가수조 ➡ 위생기구
② 상수도 ➡ 고가수조 ➡ 펌프 ➡ 저수조 ➡ 위생기구
③ 상수도 ➡ 고가수조 ➡ 저수조 ➡ 펌프 ➡ 위생기구
④ 상수도 ➡ 저수조 ➡ 고가수조 ➡ 펌프 ➡ 위생기구
답:①

예5 급수방식 중 고가수조 방식에 대한 설명으로 옳지 않은 것은?
① 저수 시간이 길어지면 수질이 나빠지기 쉽다.
② 대규모의 급수 수요에 쉽게 대응할 수 있다.
③ 단수 시에도 일정량의 급수를 계속할 수 있다.
④ 급수 공급 압력의 변화가 심하고 취급이 까다롭다.
답:④

1 급수방식

(1) 수도직결방식

① 위생성 측면에서 가장 바람직한 방식이다.
② 수질 오염의 가능성이 작고, 정전으로 인한 단수의 염려가 없다.
③ 설비비가 저렴하며 기계실이 필요 없고, 소규모 건물에 적용된다.
④ 수도 본관에 필요한 최저 수압:

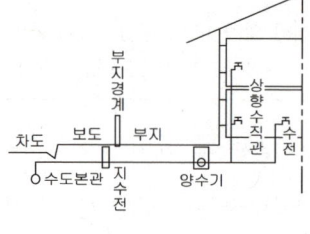

$$P \geq P_1 + P_2 + 0.01h \text{ [MPa]}$$
$$P \geq P_1 + P_2 + 10h \text{ [kPa]}$$

- P_1: 기구 최저 필요압력
- P_2: 마찰손실수압
- h: 수도 본관에서 최고층 급수기구까지의 높이[m]

【예제1】 수도 본관에서 수직높이 5.5[m]인 곳에 세면기를 수도직결식으로 배관하였을 경우 수도본관에 필요한 최소 압력을 구해 보자.
(단, 본관에서 세면기까지의 마찰손실압력은 0.035[MPa])

$$P \geq (0.03) + (0.035) + \frac{(5.5)}{100} = 0.12 \text{ [MPa]}$$

【예제2】 수도직결방식의 급수방식에서 수도 본관으로부터 8[m] 높이에 위치한 기구의 소요 압력이 70[kPa]이고 배관의 마찰손실이 20[kPa]인 경우, 이 기구에 급수하기 위해 필요한 수도 본관의 최소 압력을 구해보자.

$$P \geq (70) + (20) + 10(8) = 170 \text{ [kPa]}$$

(2) 옥상탱크(=옥상수조, 고가탱크, 고가수조) 방식

① 상수도 ➡ 저수조 ➡ 펌프 ➡ 고가수조 ➡ 위생기구
수돗물을 저수조(Receiving Tank)에 저수한 후 양수펌프에 의해 고층 건물 옥상이나 높은 곳에 설치한 탱크로 양수하여 그 수위를 이용해 탱크에서 밑으로 세운 급수관을 통하여 각 위생기구로 하향 급수하는 방식이다.

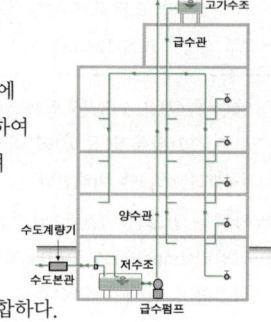

② 주요 특징
- 단수가 되어도 일정 시간 동안 급수가 가능하다.
- 일정한 수압으로 급수가 가능하며 대규모 급수설비에 적합하다.
- 설비비가 비싸고, 저수조에서의 급수 오염 가능성이 크다.
- 건축구조체를 상수탱크로 이용하는 것은 원칙적으로 금지하며 부득이한 경우 내면을 위생상 지장이 없는 도료 또는 공법으로 처리한다.

③ 옥상탱크의 설치 높이

$$H \geq H_1 + H_2 + h$$

- H_1: 최고층 급수기구에서 소요 압력에 해당하는 높이[m]
- H_2: 고가탱크에서 최고층의 급수기구에 이르는 사이의 마찰손실수두[m]
- h: 지면에서 최고층 급수전까지의 거리[m]

【예제1】 최고층에 설치된 플러시 밸브의 최소 필요 압력이 70[kPa]인 경우, 밸브로부터 고가수조의 최저수면까지의 연직거리는 최소 얼마 이상 확보하여야 하는지 구해 보자. (단, 고가수조로부터 기구까지 발생되는 마찰손실수두는 1[m]로 한다.)

$$70[kPa]=7[m] \text{ 이며}, H \geq H_1 + H_2 + h = (7)+(1)+(0) = 8[m]$$

【예제2】 고가수조 방식을 채택한 건물에서 최상층에 세정 밸브가 설치되어 있을 때, 이 세정 밸브로부터 고가수조 저수면까지의 필요 최저 높이를 구해보자. (단, 세정 밸브의 최저 필요 압력은 70[kPa], 고가수조에서 세정 밸브까지의 총마찰손실수두는 4[m])

$$70[kPa]=7[m] \text{ 이며}, H \geq H_1 + H_2 + h = (7)+(4)+(0) = 11[m]$$

(3) 압력탱크(=압력수조) 방식
① 공기압을 이용해 상향 급수하는 방식으로 옥상탱크가 필요 없고 탱크의 설치 위치에 제한을 받지 않는다.
② 주요 특징
- 정전이나 펌프 고장 시 급수가 중단된다.
- 수조 내의 수위에 따라 급수 압력이 변하며, 최고·최저압의 차이가 커서 급수 압력이 일정하지 않다.
- 제작비가 비싸고, 다른 방식에 비해 고장이 많다.

③ 압력탱크의 최저 필요 압력

$P = P_1 + P_2 + P_3$
- P_1 : 압력탱크의 최고층 수전에 해당하는 수압[MPa], [kPa]
- P_2 : 기구별 소요 압력[MPa], [kPa]
- P_3 : 관내마찰손실

④ 압력탱크 실양정 = 허용최고압력에 해당하는 높이 + 흡입양정

【예제1】 압력탱크로부터 수직높이 10[m] 되는 곳에 세정 밸브(Flush Valve)식 대변기가 설치되어 있다. 이 대변기에 압력탱크식으로 급수하기 위한 압력탱크의 최저 필요 압력을 구해 보자. (단, 배관의 연장길이 15[m], 관로의 전마찰손실수두는 5[m])

① P_1 : 압력탱크의 최고층 수전에 해당하는 수압 ➡ 세정 밸브까지 높이 10[m]이므로 100[kPa]
② P_2 : 기구별 소요 압력 ➡ 세정 밸브식이므로 70[kPa]
③ P_3 : 관내마찰손실 ➡ 마찰손실수두가 5[m]이므로 50[kPa]
④ $P = (100)+(70)+(50) = 220[kPa]$

【예제2】 압력수조식 급수설계에서 최고층 수전까지의 수직높이가 9[m]이고, 관내마찰손실 수두가 5[m]일 때 최고층 수전의 급수에 필요한 최저 필요 압력을 구해보자. (단, 최고층 수전의 소요 압력은 70[kPa]이다.)

① 9[m] = 90[kPa], 5[m] = 50[kPa]
② $P = (90)+(50)+(70) = 210[kPa]$

예6 압력수조 급수방식에 관한 설명으로 옳지 않은 것은?
① 정전 시 급수가 곤란하다.
② 고가수조가 필요 없어 미관상 좋다.
③ 고가수조 방식에 비해 급수 압력의 변동이 크다.
④ 고가수조 방식에 비해 수조의 설치 위치에 제한이 많다.
답 : ④

예7 압력수조 방식의 급수방식에 대한 설명 중 옳지 않은 것은?
① 정전 시에 급수가 불가능하다.
② 급수 공급 압력이 항상 일정하다.
③ 시설비 및 유지관리비가 많이 든다.
④ 단수 시에 일정량의 급수가 가능하다.
답 : ②

예8 급수방식에 관한 설명으로 옳지 않은 것은?
① 상수도직결 방식은 위생성 측면에서 바람직한 방식이다.
② 고가탱크 방식은 중력으로 필요한 곳에 급수하는 방식이다.
③ 펌프직송 방식 중 변속방식은 토출 압력을 감지하여 펌프의 회전수를 제어하는 방식이다.
④ 압력탱크 방식은 대규모의 급수 수요에 쉽게 대응할 수 있어 고층 건물에 주로 사용된다.
답 : ④

예9 압력탱크식 급수설비에서 탱크 내의 최고 압력 350[kPa], 흡입양정이 5[m]인 경우, 압력탱크에 급수하기 위해 사용되는 급수펌프의 양정은?
① 약 3.5[m] ② 약 8.5[m]
③ 약 35[m] ④ 약 40[m]
답 : ④

예10 가압급수방식(부스터펌프방식)의 특징으로서 틀린 것은?

① 부하설계와 기기의 선정이 적절하지 못하면 에너지 낭비가 크다.
② 급수량에 따라 펌프의 대수 제어 운전, 회전수 제어 운전이 가능하며 최상층의 수압도 크게 할 수 있다.
③ 정전 시에도 옥상탱크에 있는 물을 공급할 수 있어 안정적이다.
④ 부스터펌프 방식에 압력탱크를 병용하여 사용하면 펌프의 잦은 단락을 보완할 수 있다.

답 : ③

예11 초고층 건물에서 중간층에 중간수조를 설치하는 가장 주된 이유는?

① 저층부의 수압을 줄이기 위하여
② 옥상층의 면적을 줄이기 위하여
③ 정전 등으로 인한 단수를 막기 위하여
④ 물탱크의 물이 오염될 가능성을 낮추기 위하여

답 : ①

예12 크로스 커넥션(Cross Connection)에 관한 설명으로 옳은 것은?

① 관로 내의 유체가 급격히 변화하여 압력 변화를 일으키는 것
② 상수로부터의 급수계통(배관)과 그 외의 계통이 직접 접속되어 있는 것
③ 겨울철 난방을 하고 있는 실내에서 창을 타고 차가운 공기가 하부로 내려오는 현상
④ 급탕·반탕관의 순환거리를 각 계통에 있어서 거의 같게 하여 전 계통의 탕의 순환을 촉진하는 방식

답 : ②

예13 워터 해머(Water Hammer)가 급수관에 생기는 가장 주된 원인은?

① 배관의 부식
② 배관 지름의 확대
③ 수원(水原)의 고갈
④ 배관 내 유수(流水)의 급정지

답 : ④

예14 수격 작용(워터 해머)에 관한 설명으로 옳지 않은 것은?

① 관경이 클수록 발생하기 쉽다.
② 굴곡 개소로 인해 발생하기 쉽다.
③ 유속이 빠를수록 발생하기 쉽다.
④ 플러시 밸브나 수전류를 급격히 열고 닫을 때 발생하기 쉽다.

답 : ①

예15 공기실(Air Chamber)을 설치하는 주된 이유는?

① 이상 충격압에 의한 수격 작용을 방지하기 위하여
② 배관의 온도 변화에 따른 신축을 흡수하기 위하여
③ 각 수전류에 공급되는 수압을 일정하게 조정하기 위하여
④ 배관계통 내에 정체되어 있는 공기를 밖으로 배출하기 위하여

답 : ①

---

(4) 펌프직송 방식(Tankless Booster System, 탱크가 없는 부스터펌프 방식)

① 수도 본관으로부터 일단 물을 저수조에 저수한 후 급수펌프만으로 건물 내에 급수하는 방식으로 수질 오염의 위험성이 낮다.
② 주요 특징
- 고가수조 방식에 비해 옥상탱크가 필요 없다.
- 배관 내 압력 변동 등을 감지하여 펌프를 기동하므로, 급수 압력 및 유량 조절을 위하여 제어의 정밀성이 요구된다.
- 펌프의 자동 제어에 필요한 설비가 많고 전력 공급이 안 되는 경우 급수가 불가능하다.
- 정속방식과 변속방식이 있으며, 변속방식은 정속방식에 비해 압력 변동이 작기 때문에 고층 건물이나 아파트에 주로 사용된다.

2 급수설비: 관련 용어 및 그 밖의 주요 사항

(1) 초고층 건물의 급수 조닝(Zoning)

① 목적: 저층부에 지나친 수압이 걸리는 것을 방지하기 위함
② 방식:
- 중간수조에 의한 조닝
- 감압밸브에 의한 조닝
- 중간수조와 감압밸브의 병용
- 펌프직송 방식에 의한 조닝
③ 건물 용도별 최고 수압: 주택·호텔·병원(0.3~0.4[MPa]), 일반 건물(0.4~0.5[MPa])

(2) 크로스 커넥션(Cross Connection)

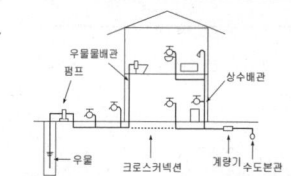 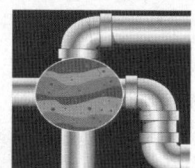

① 급수계통의 배관과 그 외의 배관계통이 직접 접속되어 수돗물과 수돗물 이외의 물질이 혼입되어 급수 오염되는 현상
② 각 계통마다의 배관을 색깔별로 구분하여 오접합을 방지한다.
③ 역류를 방지하여 오염으로부터 상수계통을 보호하기 위한 방법
- 보통 25[mm] 이상의 토수구(吐水口, 급수전 끝 부분) 공간을 확보
- 체크 밸브(Check Valve, 역지 밸브)의 설치
- 진공방지기(Vacuum Breaker)의 설치

(3) 수격 작용(水擊作用, Water Hammering)

① 플러시 밸브나 수전류를 급격히 열고 닫을 때 소음 및 진동을 유발하는 현상이며, 급수의 오염 원인과는 무관하다.
② 발생 원인
- 관경이 작을수록, 유속이 빠를수록, 굴곡 개소가 많을수록 발생하기 쉽다.
- 유체가 흐르는 배관 도중에 감압밸브가 설치되면 흐름이 방해되어 수격 작용이 발생할 수도 있지만 그 빈도는 매우 낮다.
③ 방지 대책
- 수전류 등의 개폐시간을 느리게 한다.
- 기구류 가까이에 공기실(Air Chamber)을 설치한다.

핵심번호 04 건축설비 급탕설비

1 급탕설비: 일반 사항

(1) 물의 팽창과 수축

① 물의 팽창비율 = $\left(\dfrac{1}{급탕의\ 밀도} - \dfrac{1}{급수의\ 밀도}\right) \times 100[\%]$

② 순수한 물은 0[℃]에서 얼게 되며, 이때 약 9[%]의 체적 팽창을 한다.

③ 1기압 4[℃]인 순수한 물의 비중량은 999.97[kg/m³]이다.
　4[℃]의 물을 100[℃]까지 높였을 때 체적이 약 4.3[%] 팽창하며,
　100[℃]의 물이 증기로 변할 때 그 체적은 1,700배로 팽창한다.

【예제】 20[℃]의 물을 80[℃]로 가열할 때 물의 팽창비율을 계산해 보자.
　　　(단, 20[℃] 물의 비중량은 998[kg/m³], 80[℃] 물의 비중량은 972[kg/m³] 이다.)

$$물의\ 팽창비율 = \left(\dfrac{1}{0.972} - \dfrac{1}{0.998}\right) \times 100 = 2.68[\%]$$

(2) 물의 가열열량(Q)

　　가열열량(Q) = 질량(M) × 비열(C) × 온도차(ΔT) [kJ]

$$Q = M \cdot C \cdot \Delta T \text{[kJ]}$$

- M : 물체의 질량[kg]
- C : 물체의 비열[kJ/kg·K]
- ΔT : 온도차[℃]

【예제】 0[℃]의 물 400[kg]을 50[℃]로 올리는데 30[분]이 소요되었다면 가열열량을 구해 보자.
　　　(단, 물의 비열은 4.2[kJ/kg·K])

① $Q = M \cdot C \cdot \Delta T = (400)(4.2)[(50)-(0)] = 84,000\text{[kJ]}$
② 1시간당 가열열량: $84,000 \times 2 = 168,000\text{[kJ/h]}$

(3) 급탕부하(Q)

　　가열열량(Q) = 시간당 급탕량(M) × 비열(C) × 온도차(ΔT) [kW]

$$Q = \dfrac{M \cdot C \cdot \Delta T}{3,600} \text{[kW]}$$

- $1\text{[m}^3\text{]} = 1,000\text{[}l\text{]} = 1,000\text{[kg]}$
- $1\text{[kW]} = 1\text{[kJ/s]}$

【예제】 급탕배관 계통에서 총 손실열량이 30,000[W], 급탕온도가 80[℃], 반탕온도가 70[℃]일 때 순환열량을 구해보자. (단, 물의 비열은 4.2[kJ/kg·K], 물의 밀도는 1[kg/L])

$$M = \dfrac{3,600\,Q}{C \cdot \Delta T} = \dfrac{3,600(30,000 \times 10^{-3})}{(4.2)[(80)-(70)]} = 2,571.43\text{[kg/h]} = 2,571.43\text{[L/h]} = 42.86\text{[L/min]}$$

[예1] 대기압 하에서 0[℃]의 물이 0[℃]의 얼음으로 될 경우의 체적 변화에 관한 설명으로 옳은 것은?

① 체적이 4[%] 팽창한다.
② 체적이 4[%] 감소한다.
③ 체적이 9[%] 팽창한다.
④ 체적이 9[%] 감소한다.

답 : ③

[예2] 대기압 하의 물 10[kg]을 10[℃]에서 60[℃]로 가열하는데 필요한 열량은? (단, 물의 비열 4.2[kJ/kg·K])

① 500[kJ]　② 1,257[kJ]
③ 1,676[kJ]　④ 2,100[kJ]

답 : ④

[예3] 한 시간당 급탕량이 5[m³]일 때 급탕부하는? (단, 물의 비열은 4.2[kJ/kg·K], 급탕온도 70[℃], 급수온도 10[℃])

① 35[kW]　② 126[kW]
③ 350[kW]　④ 1,260[kW]

답 : ③

[예4] 1일 급탕량 12,000[l/d]일 때 급탕부하는? (단, 물의 비열 4.2[kJ/kg·K], 급탕온도는 80[℃], 급수온도는 10[℃],)

① 35.6[kW]　② 40.8[kW]
③ 44.6[kW]　④ 48.2[kW]

답 : ②

예5 국소식 급탕방식에 관한 설명으로 옳지 않은 것은?

① 배관의 열손실이 적다.
② 급탕 개소와 급탕량이 많은 경우에 유리하다.
③ 급탕 개소마다 가열기의 설치 스페이스가 필요하다.
④ 건물 완공 후에도 급탕 개소의 증설이 비교적 쉽다.

답 : ②

예6 중앙식 급탕방식에 관한 설명으로 옳지 않은 것은?

① 주로 중규모 이상의 건물에 적용하는 방식이다.
② 온수를 사용하는 개소마다 가열장치가 설치된다.
③ 직접가열방식, 간접가열방식 및 순간가열방식이 있다.
④ 상향 또는 하향 순환식 배관에 의해 필요 개소에 온수를 공급한다.

답 : ②

예7 중앙식 급탕방식 중 보일러에서 만들어진 증기 또는 고온수를 열원으로 하고, 저탕조 내에 설치된 코일을 통해 관 내의 물을 가열하는 방식은?

① 직접가열식 ② 간접가열식
③ 기수혼합식 ④ 순간가열식

답 : ②

예8 간접가열식 급탕방식에 관한 설명으로 옳지 않은 것은?

① 저압보일러를 써도 되는 경우가 많다.
② 직접가열식에 비해 소규모 급탕설비에 적합하다.
③ 급탕용 보일러는 난방용 보일러와 겸용할 수 있다.
④ 직접가열식에 비해 보일러 내면에 스케일이 발생할 염려가 적다.

답 : ②

예9 복관식 급탕배관 방식에 관한 설명으로 옳지 않은 것은?

① 급탕관과 반탕관이 설치된다.
② 저탕조를 중심으로 회로 배관을 형성한다.
③ 배관이 복잡하여 중앙식 급탕방식에는 적용이 곤란하다.
④ 급탕전을 열면 짧은 시간 내에 뜨거운 물을 얻을 수 있다.

답 : ③

2 급탕설비: 급탕방식

(1) 개별식(Individual Hot Water Supply, 국소식) 급탕설비

① 급탕 개소마다 가열기의 설치 공간이 필요하므로 급탕량이 적은 경우에 유리한 방식이며, 가열기의 종류는 가스 순간온수기가 주로 사용된다.
② 특징: 배관설비 거리가 짧고 배관 중 열손실이 적고, 용도에 따라 필요 온도의 온수를 간단히 얻을 수 있다.
③ 종류: 순간온수기, 저탕형 탕비기(저장형 온수기), 기수혼합식 탕비기
- 서모 스탯(Thermostat): 저탕 온도를 유지하기 위한 자동온도조절기
- 스팀 사일렌서(Steam Silencer): 기수혼합식 저장탱크에 부착하여 온수 온도를 조절하는 장치

(2) 중앙식(Central Hot Water Supply) 급탕설비

① 지하실 등 일정한 장소에 급탕장치를 설치해 놓고 배관에 의해 필요한 각 사용 장소에 공급하는 방식으로 대규모 급탕에 적합하다.
② 장점:
- 연료비가 적게 들고, 열효율이 좋으며, 총 열량을 작게 할 수 있다.
- 배관에 의해 필요 개소에 어디든지 급탕할 수 있다.
③ 단점:
- 초기 투자비가 많이 들고, 배관 도중 열손실이 크며, 시공 후 배관 변경 공사가 어렵다.

직접가열식	중앙식 급탕방식	간접가열식
	가열 장소	
온수보일러		저탕조
급탕용 보일러, 난방용 보일러 각각 설치	보일러	난방용 보일러로 급탕까지 가능
중소규모 건물	규모	대규모 건물
많이 낀다	보일러 내의 스케일	거의 끼지 않는다
고압	보일러 내의 압력	저압
불필요	저탕조 내 가열코일	필요
유리	열효율	불리

3 급탕설비: 급탕배관 설계

(1) 단관식, 복관식 급탕배관

① 단관식(One Pipe System) 급탕배관
- 온수를 급탕전까지 운반하는 배관을 1관으로만 설치한 것으로 순환관(Return Pipe)이 없다.
- 배관이 짧은 주택이나 소규모 건물에 이용된다.

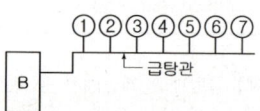

② 복관식(Two Pipe System) 급탕배관
- 급탕관의 길이가 길 때 관 내 온수의 냉각을 방지하여 바로 뜨거운 물을 사용할 수 있도록 배관한 방식
- 배관방식이 간단하고, 대규모 건물에 이용된다.

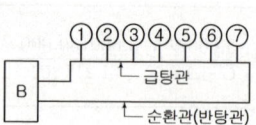

(2) 급탕배관의 관 내 유속, 급탕배관의 팽창량, 신축이음쇠
① 급탕배관의 관 내 유속은 2.0[m/s] 이내로 하여야 한다.
② 급탕배관의 팽창량: $\Delta L = \alpha \cdot \Delta T \cdot L [mm]$
③ 급탕배관 신축이음쇠(Expansion Joint)

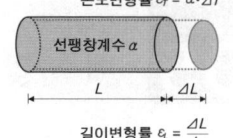

온도변형률 $\varepsilon_T = \alpha \cdot \Delta T$

길이변형률 $\varepsilon_L = \dfrac{\Delta L}{L}$

루프형 신축곡관	스위블 조인트	슬리브형	벨로우즈형

4 배관 재료, 강관이음쇠, 밸브

(1) 주요 배관용 재료

①	②	③	④

① 주철관: 다른 관에 비해 내식성, 내구성, 내압성이 우수하여 오수관 및 배수관에 주로 사용된다.
② 강관: 주철관에 비해 가볍고 강도가 크며 내충격성, 시공성이 우수하다.
 • 강관의 접합: 나사 접합, 플랜지 접합, 용접 접합 중 용접 접합이 주로 이용된다.
③ 연관: 열에 약해서 급탕 및 난방배관으로는 적합하지 않다.
 • 연관의 접합: 납땜 접합, 플라스턴 접합, 용접 접합 중 납땜 접합이 가장 많이 이용된다.
④ 경질비닐관(PVC): 내식성은 좋지만 충격과 열에 약해서 급탕 및 난방배관으로 적합하지 않다.

(2) 주요 강관 이음쇠 및 밸브

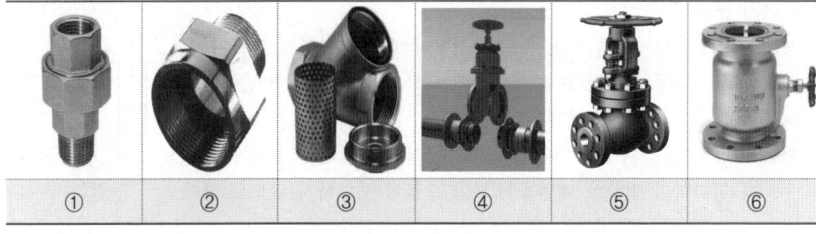

①	②	③	④	⑤	⑥

① 유니온(Union): 소켓(Socket), 플랜지(Flange) 등과 같이 직관을 접속할 때 사용되는 강관 이음쇠이다.
② 리듀서(Reducer): 구경이 다른 관을 접합할 때 사용되며, 플러그(Plug)는 배관 말단부에 설치하는 부속품이다.
③ 스트레이너(Strainer): 밸브류 앞에 설치하여 배관 내의 흙, 모래, 쇠부스러기 등을 제거하기 위한 장치이다.
④ 슬루스 밸브(Sluice Valve): 유체의 흐름에 의한 마찰손실이 가장 적은 밸브로 급수, 급탕, 증기배관에서 가장 많이 이용되며 게이트 밸브(Gate Valve)라고도 한다.
⑤ 글로브 밸브(Glove Valve): 유로(流路)의 패쇄나 유량의 계속적인 변화에 의한 유량 조절에 적합하며 스톱 밸브(Stop Valve)라고도 한다.
⑥ 체크 밸브(Check Valve): 유량 조절 기능은 없고 유체를 한 방향으로만 흐르게 하는 역류 방지용 밸브로서 역지 밸브(Non-Return Valve)라고도 한다.

예10 길이 20[m]인 동관으로 된 급탕 수평주관에 급탕이 공급되어 관의 온도가 10[℃]에서 60[℃]로 온도가 상승된 경우 동관의 팽창량은? (단, 동관의 선팽창계수는 1.71×10^{-5})
① 0.86[mm] ② 8.6[mm]
③ 17.1[mm] ④ 171[mm]
답: ③

예11 급탕배관의 신축이음의 종류에 속하지 않는 것은?
① 루프형   ② 칼라형
③ 슬리브형 ④ 벨로우즈형
답: ②

예12 경질비닐관 공사에 대한 설명으로 옳은 것은?
① 온도 변화에 따라 기계적 강도가 변하지 않는다.
② 자성체이며 금속관보다 시공이 어렵다.
③ 절연성과 내식성이 강하다.
④ 부식성 가스가 발생하는 곳의 배선에는 사용할 수 없다.
답: ③

예13 관 속의 유체에 섞여 있는 모래, 쇠부스러기 등의 이물질을 제거하여 기기의 성능을 보호하기 위해 배관에 설치하는 것은?
① 볼 탭   ② 체크 밸브
③ 패킹   ④ 스트레이너
답: ④

예14 게이트 밸브라고도 하며 유체의 흐름을 단속하는 대표적인 밸브로써 밸브를 완전히 열면 유체 흐름의 단면적 변화가 없어서 마찰저항이 거의 발생하지 않는 것은?
① 슬루스 밸브 ② 글로브 밸브
③ 체크 밸브   ④ 볼 밸브
답: ①

예15 유로(流路)의 패쇄나 유량의 계속적인 변화에 의한 유량 조절에 적합한 것으로 스톱 밸브라고도 불리우는 것은?
① 앵글 밸브(Angle Valve)
② 게이트 밸브(Gate Valve)
③ 체크 밸브(Check Valve)
④ 글로브 밸브(Globe Valve)
답: ④

예16 유체의 흐름을 한 방향으로만 흐르게 하고 반대 방향으로는 흐르지 못하게 하는 밸브는?
① 콕   ② 체크 밸브
③ 게이트 밸브 ④ 글로브 밸브
답: ②

핵심번호 05 건축설비: 배수 및 통기설비, 오물정화설비

예1 배수관에 트랩을 설치하는 가장 주된 이유는?
① 배수의 동결을 막기 위하여
② 배수의 소음을 감소하기 위하여
③ 배수관의 신축을 조절하기 위하여
④ 하수 가스, 악취 등이 실내로 침입하는 것을 막기 위하여
답 : ④

예2 구조가 간단하고 자기사이펀 작용을 일으키면 자정 작용을 갖는 배수트랩으로 사이펀 작용을 일으키기 쉽기 때문에 사이펀 트랩이라고도 불리우는 것은?
① 벨 트랩   ② 관 트랩
③ 버킷 트랩 ④ 드럼 트랩
답 : ②

예3 사이펀식 트랩에 속하지 않는 것은?
① P 트랩   ② S 트랩
③ U 트랩   ④ 드럼 트랩
답 : ④

예4 배수트랩에 속하지 않는 것은?
① S 트랩   ② 벨 트랩
③ 드럼 트랩 ④ 버킷 트랩
답 : ④

예5 호텔의 주방이나 레스토랑의 주방 등에서 배출되는 세정 배수 중의 유지분을 포집하기 위해 사용하는 것은?
① 오일 포집기 ② 샌드 포집기
③ 그리스 포집기 ④ 플라스터 포집기
답 : ③

예6 트랩의 필요 조건으로 옳지 않은 것은?
① 가동 부분이 있을 것
② 자기세정 기능을 가지고 있을 것
③ 봉수 깊이는 50[mm] 이상 100[mm] 이하일 것
④ 오수에 포함된 오물 등의 부착 또는 침전하기 어려운 구조일 것
답 : ①

예7 배수트랩의 봉수 파괴 원인으로 옳지 않은 것은?
① 서징 현상   ② 증발 현상
③ 모세관 현상 ④ 자기사이펀 작용
답 : ①

예8 트랩의 봉수 파괴 원인과 가장 거리가 먼 것은?
① 증발 현상 ② 모세관 현상
③ 자정 작용 ④ 자기사이펀 작용
답 : ③

1 배수용 트랩(Trap)

(1) 수봉(水封)식 트랩(Trap)

① 트랩(Trap): '덫, 함정'의 의미로서 급·배수 위생설비에서는 악취나 벌레를 잡아 두는 배수트랩, 난방설비에 사용되는 증기를 잡아두는 증기트랩이 있다.
② 설치 목적: 배수관 속의 악취, 유독 가스 및 벌레 침투 방지를 위해 봉수(Seal Water)를 고이게 하는 기구
③ 종류
• 사이펀(Siphon)식: 관 트랩(Pipe Trap)으로서 (S·P·U) 트랩

S Trap	P Trap	U Trap
봉수가 깨뜨려질 우려가 크므로 가급적 사용하지 않는 것이 좋다.	이상적인 관트랩(Pipe Trap)으로서 가장 많이 사용된다.	가옥 트랩으로서 공공 하수관으로부터 해로운 하수 가스가 집안으로 침입하는 것을 방지하기 위해 사용된다.

• 드럼 트랩(Drum Trap): 주방 싱크의 배수용이다.
• 벨 트랩(Bell Trap): 화장실, 샤워실 등의 바닥 배수용이다.
• 포집기(Intercepter, 조집기): 배수관을 막히게 하는 유지분, 모발, 섬유 부스러기 및 인화 위험 물질 등을 물리적으로 수거하기 위하여 설치한다.
➡ 그리스 포집기(Grease Trap): 호텔의 주방이나 레스토랑의 주방 등에서 배출되는 세정 배수 중의 유지분을 포집하기 위해 사용된다.

(2) 트랩의 구비 조건

① 봉수 깊이를 너무 깊게 하면 유수의 저항이 증가되어 통수 능력이 감소되며 침전물에 의해 트랩이 막히게 되므로 트랩의 봉수 깊이는 50~100[mm] 정도를 유지한다.
② 가동 부분이 없는 구조인 것이 좋으며, 재질은 내식성이 있어야 한다.
③ 구조가 간단하며 평활한 내면을 이루고 오물이 체류하지 않도록 한다.
④ 유수에 의해 배수로 내면을 세정할 수 있는 자기세정(自淨, 자정) 작용을 하여야 한다. 유수의 힘으로 가동 부분이 열리고 유수가 끝나면 자동으로 닫히게 되는 구조는 봉수 파괴가 쉽게 된다.

(3) 트랩의 봉수 파괴 원인

① 자기사이펀, 유인사이펀	② 분출 작용	③ 모세관 작용	④ 운동량에 의한 관성 작용

① 사이펀 작용
- 사이펀(Siphon): 관을 이용하여 액체를 어느 지점에서 목적지까지 높은 지점에서 낮은 지점까지 이동하는 장치이며, 이러한 메커니즘을 사이펀의 원리라고 한다.
- 자기사이펀 작용: 배수 시 트랩 및 배수관은 사이펀관을 형성하여 만수된 물이 일시에 흐르게 되면, 트랩 내의 물이 자기사이펀 작용에 의해 모두 배수관쪽으로 흡인되어 봉수가 파괴된다.
- 유인사이펀 작용: 수직관에 접근하여 기구를 설치할 경우 수직관 상부에서 일시에 다량의 물이 낙하하면 그 수직관과 수평관과의 연결 부분에 순간적으로 진공이 생겨 트랩 내의 봉수가 흡인되는 작용을 말하며, 유도사이펀 작용 또는 흡인작용이라고도 한다.

② 분출 작용: 수직관 가까이에 기구가 설치되어 있을 때 수직관 위로부터 일시에 다량의 물이 흐르게 되면 일종의 피스톤 작용을 일으켜서 하층 기구의 트랩 봉수를 공기의 압축에 의해 실내측으로 불어내는 작용이다.

③ 모세관 작용: 트랩의 출구에 실이나 천 조각, 머리카락 등이 걸렸을 경우 모세관 현상에 의해 봉수가 파괴된다.

④ 운동량에 의한 관성 작용: 배관 중에 급격한 압력 변화가 발생한 경우에 봉수면에 상하 동요를 일으켜 사이펀 작용이 일어나거나, 일어나지 않더라도 봉수가 배출된다.

⑤ 증발: 위생기구의 사용 빈도가 적을 때 봉수가 자연히 증발하게 된다.

(4) 트랩의 봉수 파괴 방지 대책

트랩의 봉수 파괴	방지 대책
자기사이펀 작용	통기관 설치
유도사이펀 작용	
분출 작용	
모세관 작용	천 조각, 머리카락 제거
증발 현상	트랩 봉수 보급수 장치 설치

2 통기관(通氣管, Vent Pipe)

(1) 설치 목적
① 트랩의 봉수를 보호: 자기사이펀 작용, 유인사이펀 작용, 분출 작용의 억제
② 배수의 흐름을 원활히 하여, 신선한 공기를 유통시켜 배수관 내의 청결 유지

(2) 통기관을 포함한 모든 배관은 길이가 길어지면 저항도 커져 관경이 커지게 된다. 따라서 통기관은 가능하면 관 길이를 짧게 하고 굴곡 부분을 적게 하도록 하며, 통기관의 관경은 접속되는 배수관의 관경이나 기구배수 부하단위수에 의해 구할 수 있다.

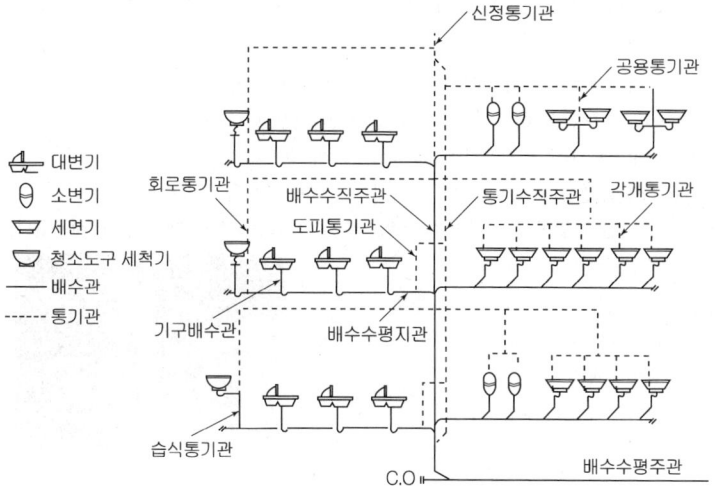

예9 집을 오랫동안 비워 두어서 트랩의 봉수가 파괴되었다. 그 원인으로 가장 가능성이 있는 것은?
① 증발
② 자기사이펀 작용
③ 캐비테이션 현상
④ 역압에 의한 작용

답 : ①

예10 배수트랩의 봉수 파괴 원인 중 통기관을 설치함으로써 봉수 파괴를 방지할 수 있는 것이 아닌 것은?
① 분출 작용
② 모세관 작용
③ 자기사이펀 작용
④ 유도사이펀 작용

답 : ②

예11 배수트랩의 봉수가 파손되는 것을 방지하기 위한 방법으로 옳지 않은 것은?
① 자기사이펀 작용에 의한 봉수 파괴를 방지하기 위하여 S트랩을 설치한다.
② 유도사이펀 작용에 의한 봉수 파괴를 방지하기 위하여 도피통기관을 설치한다.
③ 증발 현상에 의한 봉수 파괴를 방지하기 위하여 트랩 봉수 보급수 장치를 설치한다.
④ 역압에 의한 분출 작용을 방지하기 위하여 배수수직관의 하단부에 통기관을 설치한다.

답 : ①

예12 통기관의 설치목적과 가장 거리가 먼 것은?
① 배수의 원활
② 트랩의 봉수 보호
③ 배수관의 환기
④ 사이펀 작용 촉진

답 : ④

예13 건물 내의 배수계통에 통기관을 설치하는 목적으로 옳지 않은 것은?
① 배수관 내의 환기를 위하여
② 배수관이 막혔을 때 예비로 사용하기 위하여
③ 트랩의 봉수를 보호하기 위하여
④ 배수관 내의 물의 흐름을 원활하게 하기 위하여

답 : ②

예14 다음 중 실내를 냉난방하기 위해 필요한 기기 또는 기구와 가장 관계가 먼 것은?
① 덕트   ② 송풍기
③ 댐퍼   ④ 통기관

답 : ④

예15 통기관에 대한 설명 중 옳지 않은 것은?
① 각개통기관은 1개의 기구트랩을 통기하기 위해 설치하는 통기관이다.
② 통기의 목적 외에 배수관으로도 이용되는 부분을 습통기관이라고 한다.
③ 루프통기관은 배수와 통기 양 계통 간의 공기의 유통을 원활히 하기 위해 설치하는 통기관이다.
④ 신정통기관은 최상부의 배수수평관이 배수수직관에 접속된 위치보다도 더욱 위로 배수수직관을 끌어올려 대기 중에 개구하여 통기관으로 사용하는 부분을 말한다.
답 : ③

예16 최상부의 배수수평관이 배수수직관에 접속된 위치보다도 더욱 위로 배수수직관을 끌어올려 대기 중에 개구하여 통기관으로 사용되는 부분을 의미하는 것은?
① 각개통기관 ② 루프통기관
③ 신정통기관 ④ 도피통기관
답 : ③

예17 기구가 반대 방향(좌우 분기) 또는 병렬로 설치된 기구 배수관의 교점에 접속하여 입상하며, 그 양 기구의 트랩 봉수를 보호하기 위한 1개의 통기관은?
① 공용통기관 ② 결합통기관
③ 각개통기관 ④ 신정통기관
답 : ①

예18 배수관의 관경과 구배에 관한 설명으로 옳지 않은 것은?
① 배관 구배를 완만하게 하면 세정력이 저하된다.
② 배수관경을 크게 하면 할수록 배수 능력은 향상된다.
③ 배관 구배를 너무 급하게 하면 흐름이 빨라 고형물이 남는다.
④ 배관 구배를 너무 급하게 하면 관로의 수류에 의한 파손 우려가 높아진다.
답 : ②

예19 통기배관에 관한 설명으로 옳지 않은 것은?
① 각개통기방식에서는 반드시 통기수직관을 설치한다.
② 통기수직관과 우수수직관은 겸용배관한다.
③ 배수수직관의 상부는 연장하여 신정통기관으로 사용한다.
④ 간접배수계통의 통기관은 단독배관한다.
답 : ②

(3) 통기관의 종류 및 주요 특징
① 각개통기관(Individual Vent): 각 위생기구마다 통기관을 세우는 가장 이상적인 방식으로 트랩마다 통기되기 때문에 가장 안정도가 높은 방식이다.
② 루프통기관(Loop Vent, 회로통기관, 환상통기관): 2개 이상 8개 이내의 트랩을 통기 보호하기 위해 통기수직관이나 신정통기관으로 연결한 것이다.
③ 도피통기관(Relief Vent): 루프통기관에서 통기 능률을 촉진시키기 위한 것으로 배수·통기 양 계통간의 공기의 유통을 원활히 하기 위해 설치하며, 배수수평지관 관경의 1/2 이상으로 한다.
④ 습식통기관(Wet Vent): 최상류기구 루프통기에 연결하여 통기와 배수의 역할을 한다.
⑤ 신정통기관(Stack Vent): 최상부의 배수수평관이 배수입상관에 접속한 지점보다도 더 상부 방향으로 그 배수입상관을 지붕 위까지 연장한 것으로, 배수수직관의 관경보다 작게 해서는 안 된다.
⑥ 결합통기관(Yoke Vent): 고층에서 배수수직주관과 통기수직주관을 접속하는 통기관이다.
⑦ 공용통기관(Common Vent): 한 개의 통기관으로 2개 이상의 위생기구를 접속한 것이다.

3 배수배관 설계

(1) 배수관 관경
【산정 예: 사무소 건물에서 다음과 같이 위생기구를 배치하였을 때 이들 위생기구 전체로부터 배수를 받아들이는 배수수평지관의 관경을 산정해 보자.】

기구 종류	바닥 배수	소변기	대변기	관경[mm]	배수 수평지관의 배수부하단위
배수부하단위	2	4	8	75	14
				100	96
기구수	2	8	2	125	216
				150	372

➡ 배수부하단위의 계산: 2×2+4×8+8×2=52
➡ 관경 산정: 배수부하단위 52는 14보다는 크고 96에 포함될 수 있으므로 관경은 100[mm]이다.

(2) 배수관 구배 및 배수유속
① 배수관의 표준 구배: 1/50~1/100 (중력에 의한 옥외 배출 원칙)
② 배수 유속: 0.6~1.2[m/sec], 배관의 관 내 유속은 2.0[m/s] 이내로 하여야 한다.
③ 배수 유수면 높이: 관경의 1/2~2/3, 관 단면적의 50~70[%]
④ 배수관의 관경과 구배가 모두 너무 크거나 작으면 자기세정 작용이 감퇴되어 배수 능력이 저하된다.

(3) 배수배관 시 주의 사항
① 고온의 배수는 원칙적으로 45[℃] 미만으로 냉각한 후 배수한다.
② 엘리베이터 샤프트, 수변전실에는 배수배관을 설치하지 않는다.
③ 배수 및 통기 수직주관은 파이프 샤프트(Pipe Shaft) 내에 배관하고, 지관과 주관의 접속에는 Y자관 또는 90°Y자관을 사용하며, 상향 수직관에는 90°곡선을 사용해야 한다.
④ 간접배수계통의 통기관은 일반 통기계통에 접속시키지 않고 단독으로 대기 중에 개구한다.
⑤ 우수수평관(=빗물수평관): 배관의 기울기, 최대 강우량, 지붕의 수평투영면적을 고려하여 관경을 결정한다.
⑥ 우수수직관(=빗물수직관): 건물 내 어느 배관과도 겸용하거나 연결시켜서는 안 된다.

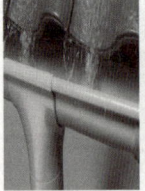

4 청소구, 중수도

(1) 청소구(Clean Out) 설치 위치
① 배수수직관의 최하단부, 배수수평지관의 최상단부
② 가옥배수관과 대지하수관이 접속되는 곳, 가옥배수 수평주관의 기점
③ 배관이 45° 이상의 각도로 구부러지는 곳
④ 수평관 관경이 100[mm] 이하인 경우 직진거리 15[m] 이내마다, 100[mm] 이상인 경우 직진거리 30[m] 이내마다 설치

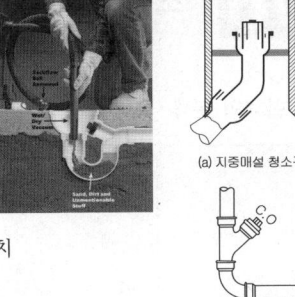
(a) 지중매설 청소구

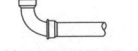
(b) 배수직관의 청소구

(2) 중수도(中水道, Wastewater Reusing System)
① 종래의 수도에 의해 공급된 상수를 1차로 사용한 후, 하수로 방출하기 이전에 다시 정화하여 음료수를 제외한 각 용도에 적합한 수질의 물을 만들어 공급하는 설비를 말한다.
② 음용 취사용수, 주방용수, 목욕용수, 세면 및 세탁수 등에는 심리적 거부감 및 위생상의 안전성 문제로 사용이 제한된다.

5 오물정화설비

(1) 수질 오염의 지표
① DO(Dissolved Oxygen): 오수 중의 용존산소량
② SS(Suspended Solid): 오수 중에 함유된 부유물질량
③ COD(Chemical Oxygen Demand): 화학적 산소요구량으로 주로 중금속이 포함되어 미생물이 살 수 없는 공장 폐수의 유기물 농도를 측정하고자 할 때 사용되며 측정 소요시간은 3시간 이내이다.
④ BOD(Biochemical Oxygen Demand): 생물학적 산소요구량으로 주로 미생물이 포함된 생활하수의 유기물 농도를 측정하고자 할 때 사용되며 측정 소요시간은 5일이다.
  • BOD부하량 = 유입수 BOD농도 × 오수량
  • BOD 제거율 = $\dfrac{\text{유입수BOD} - \text{유출수BOD}}{\text{유입수BOD}} \times 100[\%]$

【예제1】 평균BOD 150[ppm]인 가정오수 1,000[m³/d]가 유입되는 오수정화조의 1일 유입 BOD량을 구해 보자.

① 1일 오수량: 1,000[m³/day] = 1,000,000[kg/day]
② 유입수BOD: 1,000,000[kg/day] × 0.00015 = 150[kg/day]

【예제2】 오수의 BOD 제거율이 95[%]인 정화조에서 정화조로 유입되는 오수의 BOD농도가 300[ppm]일 경우, 방류수의 BOD 농도를 구해 보자.

방류수의 BOD 농도를 x라고 하면 BOD 제거율 = $\dfrac{300-x}{300} \times 100 = 95[\%]$ 로부터 $x = 15[\text{ppm}]$

(2) 오수의 처리 방법
① 물리적 처리
② 화학적 처리
③ 생물학적 처리

예20 배수배관 청소구(Clean Out)의 일반적 설치 장소에 속하지 않는 것은?
① 배수수직관의 최상부
② 배수수평지관의 기점
③ 배수수평주관의 기점
④ 배관이 45°를 넘는 각도에서 방향을 전환하는 개소
답 : ①

예21 건물·시설 등에서 발생하는 오수를 다시 처리하여 생활용수·공업용수 등으로 재이용하는 시설로 정의되는 것은?
① 중수도　② 하수관거
③ 배수설비　④ 개인하수도
답 : ①

예22 다음 중 중수도의 용도와 가장 관계가 먼 것은?
① 수세식변소용수　② 조경용수
③ 살수용수　④ 주방용수
답 : ④

예23 수질과 관련된 용어 중 부유물질로서 오수 중에 현탁되어 있는 물질을 의미하는 것은?
① BOD　② COD
③ SS　④ 염소이온
답 : ③

예24 주택의 1인 1일 오수량이 0.05[m³/인·일], 오수의 BOD농도가 260[g/m³]일 때 1인 1일당 BOD 부하량은?
① 5[g/인·일]　② 13[g/인·일]
③ 26[g/인·일]　④ 50[g/인·일]
답 : ②

예25 오수정화조로 유입되는 오수의 BOD농도가 150[ppm], 방류수의 BOD농도가 60[ppm]일 때 이 정화조의 BOD 제거율은?
① 40[%]　② 60[%]
③ 75[%]　④ 90[%]
답 : ②

예26 오수 처리방법 중 물리 및 화학적 처리방법에 속하지 않는 것은?
① 오존을 이용하는 방법
② 응집제를 이용하여 부유물질을 침전시키는 방법
③ 미생물에 따른 호기성 분해 방법
④ 산화제를 이용하는 산화법
답 : ③

핵심번호 06 건축설비 소화설비, 가스설비(Ⅰ)

[예1] 다음 설명에 알맞은 화재의 종류는?

> 나무, 섬유, 종이, 고무, 플라스틱류와 같은 일반 가연물이 타고 나서 재가 남는 화재

① A급 화재 ② B급 화재
③ C급 화재 ④ K급 화재

답 : ①

[예2] 전류가 흐르고 있는 전기기기, 배선과 관련된 화재를 의미하는 것은?

① A급 화재 ② B급 화재
③ C급 화재 ④ K급 화재

답 : ③

[예3] 소방시설은 소화설비, 경보설비, 피난설비, 소화용수설비, 소화활동설비로 구분할 수 있다. 다음 중 소화활동설비에 속하는 것은?

① 제연설비 ② 비상방송설비
③ 스프링클러설비 ④ 자동소화장치

답 : ①

[예4] 소방시설은 소화설비, 경보설비, 피난설비, 소화활동설비 등으로 구분할 수 있다. 다음 중 소화활동설비에 속하지 않는 것은?

① 제연설비 ② 연결살수설비
③ 비상방송설비 ④ 연소방지설비

답 : ③

[예5] 화재안전기준에 따라 소화기구를 설치하여야 하는 특정소방대상물의 연면적 기준은?

① 10[㎡] 이상 ② 25[㎡] 이상
③ 33[㎡] 이상 ④ 50[㎡] 이상

답 : ③

[예6] 소형 수동식 소화기는 소방대상물의 각 부분으로부터 1개의 소화기까지의 보행거리가 최대 몇[m] 이내가 되도록 배치하여야 하는가?

① 10[m] ② 20[m]
③ 30[m] ④ 40[m]

답 : ②

1 화재의 분류

화재의 분류		소화기 표시	원인 물질
A급	일반화재	백색	일반 가연물(나무, 섬유, 종이, 고무, 플라스틱류)이 타고 나서 재가 남는 화재
			➡ 물로 소화가 가능하다.
B급	유류가스화재	황색	석유, 타르, 페인트, LPG, LNG, 도시가스 등과 가스에 따른 화재
			➡ 물은 효과가 없으며 토사나 소화기로만 소화가 가능하다.
C급	전기화재	청색	전기스파크, 단락, 과부하 등으로 전기에너지가 불로 전이되는 화재
			➡ 물을 사용할 경우 감전의 위험이 있으므로 특수소화기를 사용한다.
D급	금속화재	은색	철분, 마그네슘, 칼륨, 나트륨 등의 금속물질에 따른 화재
			➡ 물을 사용할 경우폭발의 위험이 있으므로 특수소화기를 사용한다.

2 소방시설의 구분

		소방에 필요한 설비
(1)	소화설비	소화기, 간이소화용구, 자동확산소화기, 자동소화장치, 옥내소화전 설비, 옥외소화전 설비, (간이)스프링클러 설비, 물분무 소화설비, 포 소화설비, 이산화탄소 소화설비, 할로겐화합물 소화설비, 청정소화약제 소화설비, 분말 소화설비
	경보설비	비상경보설비, 비상방송설비, 누전경보기, 자동화재속보설비, 통합감시시설, 자동화재탐지설비(감지기, 수신기, 발신기 등)
	피난설비	피난기구(미끄럼대, 공기안전매트, 완강기, 피난교, 피난밧줄 등), 인명구조기구(방열복, 공기호흡기 등), 피난구유도등, 통로유도등, 유도표지, (휴대용)비상조명등
		소화활동설비
(2)		• 소방활동 중 인명구조, 구급활동을 제외한 화재진압활동에 도움이 되는 설비
		• 제연설비, 무선통신 보조설비, 연소방지설비, 비상콘센트설비, 연결살수설비, 연결송수관설비
		소화용수설비
(3)		• 소화수조·저수조 및 기타 소화용수 설비, 상수도 소화용수 설비

3 소화기(消火器, Fire Extinguisher)

(1) 소화기구를 설치하여야 하는 특정소방대상물
  ① 소화기 또는 간이소화용구를 설치하여야 하는 다음의 어느 하나에 해당하는 것.
  • 연면적 33[㎡] 이상인 것
  • 연면적 33[㎡] 이상인 것에 해당하지 않는 시설로서 지정문화재 및 가스시설
  • 터널
  ② 주방용 자동소화장치를 설치하여야 하는 것:
    아파트 및 30층 이상 오피스텔의 모든 층

(2) 소화기 설치 간격: 방화 대상물로부터 보행거리 20[m](소형), 30[m] (대형) 이내가 되도록 설치

4 옥내소화전, 옥외소화전, 소화활동설비

(1) 옥내소화전 화재안전성능기준[NFPC 102]
① 옥내소화전의 송수구는 소방차가 쉽게 접근할 수 있는 잘 보이는 장소에 설치하고, 구경 65[mm]의 쌍구형 또는 단구형으로 하며, 지면으로부터 높이가 0.5[m] 이상 1[m] 이하의 위치에 설치하여야 한다.
② 옥내소화전 가압송수장치의 주펌프는 전동기에 따른 펌프로 설치하고, 송수구의 가까운 부분에 자동배수밸브 및 체크밸브를 설치하며, 방수구는 바닥으로부터의 높이가 1.5[m] 이하가 되도록 한다.
③ 옥내소화전, 옥외소화전의 주요 항목 비교

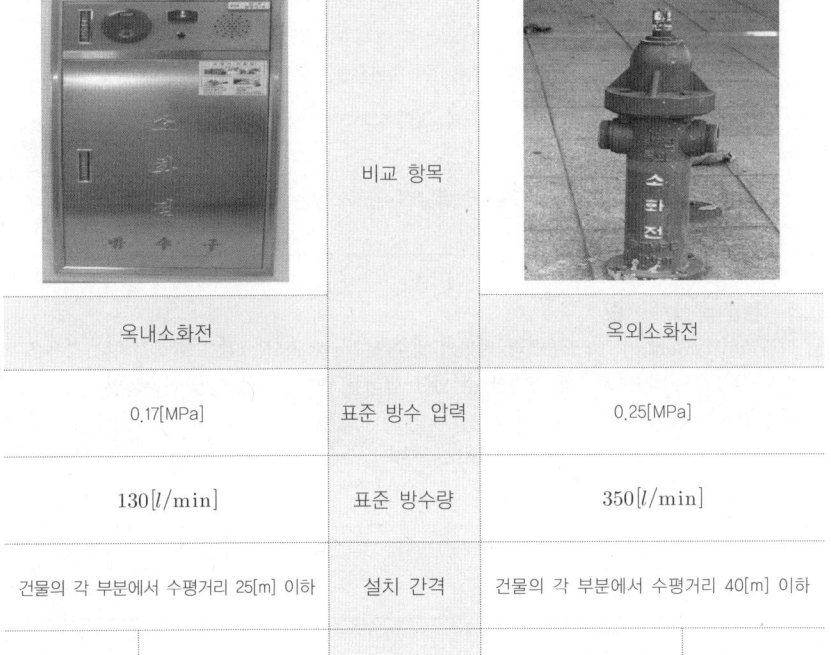

옥내소화전	비교 항목	옥외소화전
0.17[MPa]	표준 방수 압력	0.25[MPa]
130[l/min]	표준 방수량	350[l/min]
건물의 각 부분에서 수평거리 25[m] 이하	설치 간격	건물의 각 부분에서 수평거리 40[m] 이하
2.6N[m³] N=최대 2개	소화 수량	7N[m³] N=최대 2개

【※ 옥내소화전, 옥외소화전, 스프링클러 등의 소화수량은 20분치의 수량을 저수하고 있어야 한다.】

(2) 소화활동설비
① 연결송수관설비(Siamese Connection)
- 7층 이상의 건축물이나 5층 이상의 연면적 6,000[㎡] 이상의 건축물에 소화활동을 용이하게 하기 위해 설치하는 소방대 전용소화설비
- 방수구의 위치 표시는 표시등 또는 축광식 표지로 한다.
- 호스접결구는 바닥으로부터 0.5[m] 이상 1[m] 이하의 위치에 개폐 기능을 가진 것으로 설치하여야 하며, 평상 시 닫힌 상태를 유지하도록 한다.
- 연결송수관 설비의 주배관의 구경은 최소 100[mm], 방수구와 송수구의 연결 구경은 65[mm] 이상으로 한다.

② 연결살수설비
- 소방대 전용소화전인 송수구를 통하여 소방차로 실내에 물을 공급하여 소화활동을 하는 것으로 주로 지하층 등의 화재 진압을 위한 설비
- 연결살수설비의 송수구는 구경 65[mm]의 쌍구형으로 설치한다. 다만, 하나의 송수구역에 부착하는 살수헤드의 수가 10개 이하인 것은 단구형으로 할 수 있다.

예7 옥내소화전설비에 관한 설명으로 옳지 않은 것은?
① 옥내소화전방수구는 바닥으로부터의 높이가 1.5[m] 이하가 되도록 설치한다.
② 옥내소화전설비의 송수구는 구경 65[mm]의 쌍구형 또는 단구형으로 한다.
③ 전동기에 따른 펌프를 이용하는 가압송수 장치를 설치하는 경우, 펌프는 전용으로 하는 것이 원칙이다.
④ 어느 한 층의 옥내소화전을 동시에 사용할 경우 각 소화전의 노즐선단에서의 방수압력은 최소 0.7[MPa] 이상이 되어야 한다.
답 : ④

예8 옥내소화전의 설치 개수가 가장 많은 층의 설치 개수가 4개인 경우, 옥내소화전설비의 수원의 저수량은 최소 얼마 이상이 되도록 하여야 하는가?
① 5.2[m³] ② 10.4[m³]
③ 14[m³] ④ 28[m³]
답 : ①

예9 옥내소화전의 설치 개수가 가장 많은 층의 설치 개수가 6개인 경우, 옥내소화전설비의 수원의 저수량은 최소 얼마 이상이 되도록 하여야 하는가?
① 5.2[m³] ② 7.4[m³]
③ 10.6[m³] ④ 15.6[m³]
답 : ①

예10 옥내소화전설비에 가압수조를 이용한 가압송수장치를 설치하였을 경우, 화재안전기준에 따른 방수량 및 방수압이 최소 몇 분 이상 유지될 수 있는 성능으로 하여야 하는가?
① 20분 ② 30분
③ 40분 ④ 50분
답 : ①

예11 연결송수관설비의 방수구에 관한 설명으로 옳지 않은 것은?
① 방수구의 위치 표시는 표시등 또는 축광식 표지로 한다.
② 호스접결구는 바닥으로부터 0.5[m] 이상 1[m] 이하의 위치에 설치한다.
③ 개폐 기능을 가진 것으로 설치하여야 하며, 평상 시 닫힌 상태를 유지하도록 한다.
④ 연결송수관설비의 전용방수구 또는 옥내소화전 방수구로서 구경 50[mm]의 것으로 설치한다.
답 : ④

예12 개방형헤드를 사용하는 연결살수설비에 있어서 하나의 송수구역에 설치하는 살수헤드의 수는 최대 얼마 이하가 되도록 하여야 하는가?
① 10개 ② 20개
③ 30개 ④ 40개
답 : ①

| 예13 | 소화설비 중 스프링클러설비에 관한 설명으로 옳지 않은 것은?

① 초기 화재 진압에 효과가 크다.
② 소화 기능은 있으나 경보 기능은 없다.
③ 물로 인한 2차 피해가 발생할 수 있다.
④ 고층 건축물이나 지하층의 소화에 적합하다.

답 : ②

| 예14 | 개방식 스프링클러 배관방식을 적용하기 어려운 장소는?

① 무대부 ② 공장
③ 물류창고 ④ 도서관

답 : ④

| 예15 | 정상 상태에서 방수구를 막고 있는 감열체가 일정 온도에서 자동적으로 파괴·용해 또는 이탈됨으로써 방수구가 개방되는 스프링클러헤드는?

① 건식 스프링클러헤드
② 측벽형 스프링클러헤드
③ 폐쇄형 스프링클러헤드
④ 개방형 스프링클러헤드

답 : ③

| 예16 | 물과 오리피스가 분리되어 동파를 방지할 수 있는 스프링클러헤드는?

① 조기반응형헤드
② 건식스프링클러헤드
③ 폐쇄형스프링클러헤드
④ 개방형스프링클러헤드

답 : ②

| 예17 | 스프링클러설비의 최소 방수량 기준은?

① 80[l/min] ② 90[l/min]
③ 110[l/min] ④ 130[l/min]

답 : ①

| 예18 | 스프링클러 설치 장소가 아파트인 경우, 스프링클러헤드의 기준 개수는?

① 10개 ② 20
③ 30개 ④ 40개

답 : ①

| 예19 | 스프링클러설비의 배관에 관한 설명으로 옳지 않은 것은?

① 가지배관은 각 층을 수직으로 관통하는 수직배관이다.
② 교차배관이란 직접 또는 수직배관을 통하여 가지배관에 급수하는 배관이다.
③ 급수배관은 수원 및 옥외송수구로부터 스프링클러 헤드에 급수하는 배관이다.
④ 신축배관은 가지배관과 스프링클러 헤드를 연결하는 구부림이 용이하고 유연성을 가진 배관이다.

답 : ①

| 예20 | 외부로부터의 화재에 의하여 탈 염려가 있는 건물의 외벽이나 지붕을 수막으로 덮어 연소를 방지하는 설비는?

① 드렌처 ② 포 소화설비
③ 옥외소화전 ④ 옥내소화전

답 : ①

5 스프링클러(Sprinkler)설비

(1) 스프링클러 헤드를 실내 천장에 설치하여 67~75[℃] 정도에서 화재가 감지되면 경보가 울림과 동시에 스프링클러 펌프가 작동되어 물을 공급한다. 초기 화재 진압에 효과가 크고 고층 건축물이나 지하층의 소화에 적합하지만 초기 시공비가 많이 들고, 물로 인한 2차 피해가 발생할 수 있다.

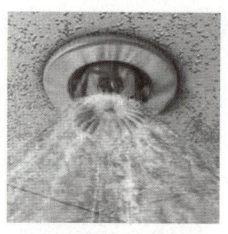

(2) 개방형 스프링클러, 폐쇄형 스프링클러

개방형	• 천장이 높은 무대부, 공장, 창고, 위험물 저장소 등과 같은 급격한 화재 확산의 우려가 있는 곳에 채택하면 효과적인 방식
폐쇄형	• 정상상태에서 방수구를 막고 있는 감열체가 일정 온도 이상에서 자동적으로 파괴·용해·이탈됨으로써 방수구가 개방되는 방식
	• 습식배관방식(Wet Pipe System): 일반적으로 가장 많이 사용됨
	• 건식배관방식(Dry Pipe System): 물과 오리피스가 분리되어 동파를 방지할 수 있는 헤드로 동결의 우려가 있는 한랭지에서 많이 사용됨

(3) 스프링클러 설치 기준

① 디플렉터(Deflector): 스프링클러 헤드의 방수구에서 유출되는 물을 확산시키는 작용을 하는 부분으로 헤드 하나가 소화할 수 있는 면적은 내화구조의 일반 건축물일 경우 10[m²] 정도이다.

② 방수압력: 0.1[MPa], 방수량: 80[l/min] 이상

③ 설치 간격

무대부, 특수 가연물 취급 장소	내화구조가 아닌 건축물	내화구조 건축물	아파트
1.7[m]	2.1[m]	2.3[m]	2.6[m]

④ 소화수량: 1.6N[m³]
(N: 기준 개수로 아파트는 10개, 판매시설·복합상가·11층 이상 소방대상물은 30개)

⑤ 스프링클러설비의 수원을 수조로 설치하는 경우에는 소방설비의 전용수조로 하여야 한다.

⑥ 화재의 조기 진압을 위해 스프링클러 수조의 외측에 수위계를 설치한다. 다만, 구조상 불가피한 경우 맨홀 등을 통하여 수조 안의 물의 양을 쉽게 확인할 수 있어야 한다.

(4) 스프링클러 배관

① 주배관: 각 층을 수직으로 관통하는 수직배관
② 급수배관: 수원 및 옥외송수구로부터 스프링클러헤드에 급수하는 배관
③ 가지배관(Branch Line): 스프링클러헤드가 직접 설치되는 배관
④ 교차배관: 직접 또는 수직배관을 통하여 가지배관에 급수하는 배관
⑤ 신축배관: 가지배관과 스프링클러헤드를 연결하는 구부림이 용이하고 유연성을 가진 배관이다.

6 드렌처(Drencher) 설비

(1) 건물의 외부 또는 개구부, 창, 지붕에 설치하여 인접 건물에서 발생한 화재나 연소를 막기 위한 방화설비

(2) 설치 기준

① 방수압력: 0.1[MPa], 방수량: 80[l/min] 이상
② 설치 간격: 2.5[m] 이하, 소화 수량: 1.6N[m³] (N: 기준 개수)

07 소화설비, 가스설비(Ⅱ)

1 자동화재감지설비

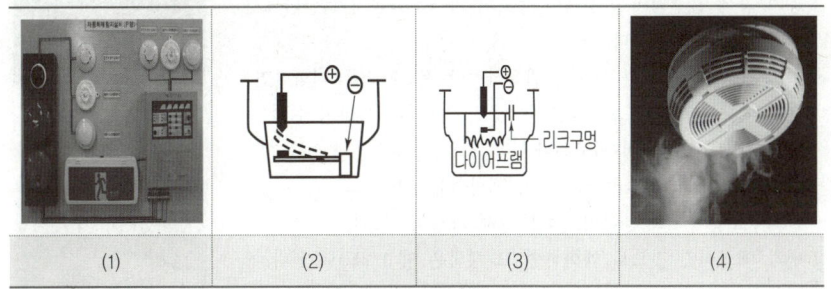

(1)   (2)   (3)   (4)

(1) 자동화재감지설비(Automatic Fire Alarm System)
① 화재 발생을 신속하게 알리기 위한 설비로서 수신기(P(Proprietary)형, R(Record)형, M(Municipal)형, 감지기(중계기를 필요로 할 때도 있다), 발신기, 음향 장치, 배선, 전원 등으로 구성된다.
② 자동화재탐지설비: 검출 원리에 따른 분류
- 열(熱)감지식: 정온식(定溫式), 차동식(差動式), 보상식(補償式)
- 연기(煙氣)감지식: 광전식, 이온화식
- 불꽃감지식

(2) 정온식(定溫式)
① 일정한 온도 이상일 때 작동한다.
② 보일러실, 주방과 같이 다량의 열을 취급하는 곳에 적합하다.

(3) 차동식(差動式), 보상식(補償式)
① 차동식: 일정한 온도 상승률일 때 작동한다.
② 보상식 = 정온식 + 차동식
③ 보상식은 정온점이 감지기 주위의 평상시 최고 온도보다 20[℃] 이상 높은 것으로 설치한다.

(4) 연기식(煙氣式)
① 천장 또는 반자높이 15[m] 이상 20[m] 미만인 장소, 계단 및 경사로(단, 15[m] 미만은 제외), 복도(단, 30[m] 미만은 제외), 엘리베이터 권상기실, 린넨 슈트, 파이프 덕트 등에 설치한다.
② 발전기실과 같이 평상시 환기가 잘 되지 않는 곳은 광전식 연기감지기 중 축적형 감지기를 사용한다.
③ 이온화식 감지기: 감지기 주위의 공기가 일정 농도의 연기를 포함하게 되면 작동하는 감지기이다.

2 통로유도등

(1) 구부러진 모퉁이 및 보행거리 20[m]마다 설치할 것

(2) 조도는 통로유도등 바로 밑의 바닥으로부터 수평으로 0.5[m] 떨어진 지점에서 측정하여 1[lx] 이상(바닥에 매설한 것에 있어서는 통로유도등의 직상부 1[m]의 높이에서 측정하여 1[lx] 이상) 이어야 한다.

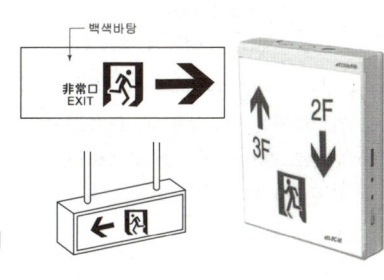

예1 자동화재탐지설비의 구성에 속하지 않는 것은?
① 수신기 ② 유도등
③ 중계기 ④ 음향장치
답 : ②

예2 자동화재탐지설비의 수신기의 종류에 속하지 않는 것은?
① P형 수신기 ② R형 수신기
③ M형 수신기 ④ B형 수신기
답 : ④

예3 자동화재탐지설비 중 감지기를 검출 원리에 따라 분류할 경우 이에 속하지 않는 것은?
① 열식 ② 연기식
③ 광전식 ④ 불꽃감지식
답 : ③

예4 자동화재탐지설비의 열감지기 중 주위 온도가 일정한 온도 이상이 되면 작동하도록 된 열감지기는?
① 차동식 ② 정온식
③ 광전식 ④ 이온화식
답 : ②

예5 자동화재탐지설비의 감지기 중 감지기 주위의 온도 상승률이 일정한 값을 초과하는 경우 작동하는 것은?
① 차동식 ② 정온식
③ 광전식 ④ 이온화식
답 : ①

예6 연기감지기를 원칙적으로 설치하여야 하는 장소에 해당하지 않는 것은?
① 린넨 슈트
② 길이가 20[m]인 복도
③ 엘리베이터 권상기실
④ 천장 또는 반자높이가 15[m] 이상 20[m] 미만인 장소
답 : ②

예7 극장의 객석 내에 설치하여야 하는 통로유도등과 관련된 기준 내용이다. ( )안에 알맞은 것은?

조도는 통로유도등의 바로 밑의 바닥으로부터 수평으로 0.5[m] 떨어진 지점에서 측정하여 ( ) 이상이어야 한다.

① 1[lx] ② 2[lx]
③ 5[lx] ④ 10[lx]
답 : ①

예8 액화천연가스(LNG)에 관한 설명으로 옳지 않은 것은?
① 공기보다 가볍다.
② 무공해, 무독성이다.
③ 프로필렌, 부탄, 에탄이 주성분이다.
④ 대규모의 저장 시설을 필요로 하며, 공급은 배관을 통해 이루어진다.
답 : ③

예9 LPG에 관한 설명으로 옳지 않은 것은?
① 비중이 공기보다 작다.
② 액화석유가스를 말한다.
③ 액화하면 그 체적은 약 1/250로 된다.
④ 상압에서는 기체이지만 압력을 가하면 액화된다.
답 : ①

예10 가스의 연소성을 나타내는 것은?
① 비열비   ② 가버너
③ 웨버 지수   ④ 단열 지수
답 : ③

예11 일반적으로 가스 사용 시설의 지상 배관 표면 색상은 어떤 색상으로 도색하는가?
① 백색   ② 황색
③ 청색   ④ 적색
답 : ②

예12 압력에 따른 도시가스의 분류에서 고압의 기준으로 옳은 것은?
① 0.1[MPa] 이상   ② 1[MPa] 이상
③ 10[MPa] 이상   ④ 100[MPa] 이상
답 : ②

예13 도시가스 설비에서 도시가스 압력을 사용처에 맞게 낮추는 감압 기능을 갖는 기기는?
① 기화기   ② 정압기
③ 압송기   ④ 가스홀더
답 : ②

예14 가스계량기의 설치에 관한 설명으로 옳지 않은 것은?
① 전기콘센트와의 거리가 최소 30[cm] 이상이 되도록 한다.
② 전기점멸기와의 거리가 최소 60[cm] 이상이 되도록 한다.
③ 전기개폐기와의 거리가 최소 60[cm] 이상이 되도록 한다.
④ 전기계량기와의 거리가 최소 60[cm] 이상이 되도록 한다.
답 : ②

예15 가스배관 경로 선정 시 주의하여야 할 사항으로 옳지 않은 것은?
① 옥내배관은 매립하여 견고하게 한다.
② 장래의 증설 및 이설 등을 고려한다.
③ 주요구조부를 관통하지 않도록 한다.
④ 손상이나 부식 및 전식을 받지 않도록 한다.
답 : ①

3 가스설비

(1) LNG & LPG의 주요 특징

① LNG(Liquefied Natural Gas, 액화천연가스)
- 메탄(CH_4)이 주성분인 천연가스를 영하 161℃의 초저온으로 냉각하여 액화시킨 것으로 공기보다 가볍기 때문에 누설되어도 공기 중에 흡수되어 안정성이 높으며 가스누출검지기는 반드시 천장에 설치해야 한다.
- 가스 공급을 위해 큰 투자가 필요하지만 천연가스를 액화하면 부피의 1/600 수준으로 줄일 수 있어 저장이나 운반이 쉬워 도시가스용으로 널리 사용된다.

② LPG(Liquefied Petroleum Gas, 액화석유가스)
- 탄화수소물이 주성분이며, 석유 정제 과정의 가스를 냉각 액화시킨 것으로 액화하면 그 체적은 약 1/250로 된다.
- 비중이 공기보다 크고, 연소 시 다량의 공기가 필요하며, 체적(m^3)당 발열량이 LNG에 비해 높고 인화 폭발의 염려가 있다.
- LPG 용기의 보관 온도는 최대 40[℃] 이하로 보관되어야 한다.

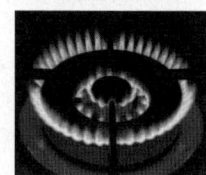

(2) 웨버 지수(Wobbe Index: WI)
가스 호환성, 가스 연소성을 표시하는 척도로서 발열량과 비중의 함수로 표시된다.

(3) 가스 사용 시설의 지상 배관 표면 색상
배관 속을 흐르는 유체의 종류를 알려주기 위해 배관의 표면 마감색을 유체 종류별로 서로 다르게 한다.

물	증기	공기	가스	기름	전기	산·알칼리
청색	진한 적색	백색	황색	진한 황적색	엷은 황적색	회자색

(4) 도시가스의 공급

① 도시가스 압력
- 고압: 1[MPa] 이상, 다량의 가스를 원거리에 수송
- 중압: 0.1~1[MPa]
- 저압: 0.1[MPa] 미만

② 정압기(Governor):
도시가스의 압력을 사용처에 맞게 감압 기능을 갖는 기기

(5) 가스계량기의 설치

가스계량기와 전기설비의 이격 거리	
배선역 종류	이격 거리
저압 옥내·옥외배선	15[cm] 이상
전기점멸기, 전기콘센트	30[cm] 이상
전기개폐기, 전기계량기, 전기접속기, 고압옥내배선	60[cm] 이상
저압 옥상전선로, 특별고압 지중·옥내배선	1[m] 이상
피뢰설비	1.5[m] 이상

① 가스배관은 가스누출 시 환기를 위하여 매립하지 않고 노출 배관을 원칙으로 한다.
② 수시로 환기가 가능한 곳으로 직사광선이나 빗물을 받을 우려가 없는 곳, 가스미터기의 검침, 검사, 교환 등의 작업이 용이하고 미터콕의 조작에 지장이 없는 장소이면 어느 곳에서나 설치가 가능하다.
③ 설치 금지 장소: 공동주택의 대피공간, 방·거실 및 주방 등으로서 사람이 거주하는 곳 및 가스계량기에 나쁜 영향을 미칠 우려가 있는 장소

핵심번호 08 건축설비 열환경

1 열환경(Thermal Environment): 온열 요소

(1) 물리적 변수(Physical Variables)
① 기온(DBT, Dry Bulb Temperature)
② 습도(RH, Relative Humidity)
③ 기류(Air Movement)
④ 평균복사온도(MRT, Mean Radiant Temperature)
- 인체가 주위 환경과 복사열 교환을 행하는 것과 똑같은 양의 복사열 교환을 행하는 균일한 주위 온도를 의미하며, 인체가 실내의 어느 위치에 있느냐에 따라 달라진다.
- 열적 쾌감에 가장 큰 영향을 미치는 요소는 기온이며, 그 다음은 복사열이다.

$$MRT = \frac{\sum t_i \cdot s_i}{s_i} = \frac{t_1 \cdot s_1 + t_2 \cdot s_2 + \cdots\cdots + t_n \cdot s_n}{s_1 + s_2 + s_3 + \cdots\cdots + s_n} [℃]$$

- t_i : 벽체 표면온도[℃]
- s_i : 벽체 표면적[㎡]

【예제】 가로, 세로, 높이가 각각 $4.5 \times 4.5 \times 3[m]$인 실의 각 벽면 표면온도가 18[℃], 천장면 20[℃], 바닥면 30[℃] 일 때 평균복사온도(MRT)를 구해 보자.

$$MRT = \frac{[(18)(4.5 \times 3) \times 4면 + (20)(4.5 \times 4.5) + (30)(4.5 \times 4.5)]}{[(4.5 \times 3) \times 4면 + (4.5 \times 4.5) + (4.5 \times 4.5)]} = 21.0[℃]$$

(2) 주관적 변수(Subjective Variables)
① Met(Metabolism, 대사, 인체의 활동 상태):
인체 내에 나타나는 물리적·화학적 변화 전체를 말하는 것으로 기초대사와 근육대사가 있다.
② Clo(Cloth, 의복, 인체의 착의 상태):
의복(Cloth)의 단열성을 나타내는 단위로서 그 값이 클수록 인체에서 발생되는 열이 주위 공기로 적게 발산되는 것을 의미한다.

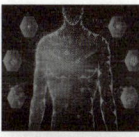

2 실내 열환경 평가지표

(1) 유효온도(Effective Temperature)
① 기온·습도·기류의 3요소의 조합에 의한 실내 온열 감각을 기온의 척도로 나타낸 것
② 수정유효온도(CET): 유효온도(ET)에 복사열의 영향을 고려한 것으로 건구온도 대신 글로브온도를 사용하여 복사열까지 고려한 쾌적 지표
(2) 등온지수(Equivalent Warmth): 기온·습도·기류·주벽표면온도의 4요소를 조합하여 체감과의 관계를 나타낸 것
(3) 작용온도, 효과온도(Operative Temperature): 기온·기류·주벽표면온도 3요소의 조합과 체감과의 관계를 나타낸 것
(4) 신유효온도(New Effective Temperature): 유효온도의 습도에 대한 과대평가를 보완하여 상대습도 100[%] 대신 50[%]선과 건구온도의 교차로 표시한 쾌적 지표
(5) 불쾌지수(DI: Discomfort Index): 기온과 습도만의 영향을 고려한 불쾌감 지수

예1 온열 감각에 영향을 미치는 물리적 온열 4요소에 속하지 않는 것은?
① 기온 ② 습도
③ 일사량 ④ 복사열
답 : ③

예2 인체가 주위 환경과 복사 열교환을 행하는 것과 똑같은 양의 복사 열교환을 행하는 균일한 주위 온도를 의미하며, 인체가 실내의 어느 위치에 있느냐에 따라 달라지는 것은?
① 작용온도 ② 유효온도
③ 표준유효온도 ④ 평균복사온도
답 : ②

예3 주관적 온열요소 중 인체의 활동 상태의 단위로 사용되는 것은?
① met ② clo
③ lm ④ cd
답 : ①

예4 의복의 단열성을 나타내는 단위로서, 그 값이 클수록 인체에서 발생되는 열이 주위 공기로 적게 발산되는 것을 의미하는 것은?
① clo ② dB
③ NC ④ MRT
답 : ①

예5 기온, 습도, 기류의 3요소의 조합에 따른 실내 온열감각을 기온의 척도로 나타낸 것은?
① 작용온도 ② 등가온도
③ 유효온도 ④ 등온지수
답 : ③

예6 온열지표 중 기온, 습도, 기류, 주벽면온도의 4요소를 조합하여 체감과의 관계를 나타낸 것은?
① 작용온도 ② 불쾌지수
③ 등온지수 ④ 유효온도
답 : ③

예7 실내열환경 지표 중 공기의 습도가 고려되지 않은 것은?
① 작용온도 ② 유효온도
③ 등온지수 ④ 신유효온도
답 : ①

예8 불쾌지수의 결정 요소로만 구성된 것은?
① 기온, 습도 ② 습도, 기류
③ 기류, 복사열 ④ 기온, 복사열
답 : ①

[예9] 건축설비 관련 용어의 단위가 옳지 않은 것은?

① 비열: [kJ/kg·K]
② 열관류저항: [m²·K/W]
③ 상대습도: [%]
④ 열전도율: [W/m²·K]

답: ④

[예10] 벽체의 열관류율 계산에 고려되지 않는 것은?

① 실내 복사열
② 재료의 두께
③ 공기층의 열저항
④ 재료의 열전도율

답: ①

[예11] 습공기가 어느 한계까지 냉각되면 그 속에 있던 수증기는 이슬방울로 응축되기 시작하는데, 이때의 온도를 무엇이라 하는가?

① 노점온도   ② 습구온도
③ 건구온도   ④ 절대온도

답: ①

[예12] 실내의 결로 현상에 관한 설명 중 틀린 것은?

① 외벽의 열관류율이 높을수록 심하다.
② 외벽의 열전도율이 낮을수록 심하다.
③ 실내와 실외의 온도차가 클수록 심하다.
④ 실내의 상대습도가 높을수록 심하다.

답: ②

[예13] 겨울철 주택의 단열 및 결로에 대한 설명 중 옳지 않은 것은?

① 단층유리보다 복층유리의 사용이 단열에 유리하다.
② 단열이 잘 된 벽체는 내부결로는 없으나 표면결로가 발생하기 쉽다.
③ 실내측에 방습막을 부착할 경우, 구조체 내부결로 방지에 효과적이다.
④ 실내측 벽 표면온도가 실내공기의 노점온도보다 높은 경우 표면결로는 발생하지 않는다.

답: ②

[예14] 건물 실내에 표면결로 현상이 발생하는 원인과 가장 거리가 먼 것은?

① 실내의 온도차
② 구조재의 열적 특성
③ 실내 수증기 발생량 억제
④ 생활 습관에 따른 환기 부족

답: ③

3 열전도, 열전달, 열관류

(1) 열전도(Heat Conduction): 고체벽 내부에서의 고온측에서 저온측으로의 전열 현상
  ① 전도(Conduction): 분자 또는 원자의 열에너지 확산에 의해 열이 전달되는 형태
  ② 대류(Convection): 유체(공기, 물 등)의 이동에 의해 열이 전달되는 형태
  ③ 복사(Radiation): 공간을 통해 전자파에 의해 열이 전달되는 형태

(2) 열전달(Heat Transfer): 고체벽과 이에 접하는 공기층과의 전열 현상

(3) 열관류(Heat Transmission): 고체벽 외부에서 고체벽 내부쪽으로의 전열 현상

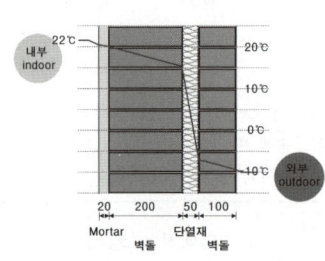

$$K = \frac{1}{\frac{1}{\alpha_i} + \Sigma\frac{d}{\lambda} + r_a + \frac{1}{\alpha_o}} \ [W/m^2 \cdot K]$$

- α_i, α_o: 실내 및 실외 열전달률 [$W/m^2 \cdot K$]
- λ: 재료의 열전도율 [$W/m \cdot K$]
- d: 재료의 두께 [m]
- r_a: 중공층이 있을 경우 중공층의 열저항 [$m^2 \cdot K/W$]

【예제】 다음과 같은 벽체의 열관류율을 계산해 보자.

㉠ 내표면 열전달률 = 8[$W/m^2 \cdot K$]
㉡ 외표면 열전달률 = 20[$W/m^2 \cdot K$]
㉢ 재료의 열전도율
  ・콘크리트: 1.2[$W/m \cdot K$]
  ・유리면: 0.036[$W/m \cdot K$]
  ・타일: 1.1[$W/m \cdot K$]

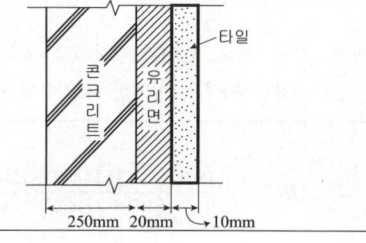

$$K = \frac{1}{\frac{1}{\alpha_i} + \Sigma\frac{d}{\lambda} + \frac{1}{\alpha_o}} = \frac{1}{\frac{1}{8} + \left(\frac{0.25}{1.2} + \frac{0.02}{0.036} + \frac{0.01}{1.1}\right) + \frac{1}{20}} = \frac{1}{0.965} = 1.05[W/m^2 \cdot K]$$

4 노점온도, 결로

(1) 노점(露點)온도(DPT, Dew Point Temperature)
  습공기의 온도를 내리면 상대습도가 차츰 높아지다가 포화상태에 이르게 되는데, 공기 속의 수분이 수증기의 형태로만 존재할 수 없어 이슬로 맺히는 온도를 말한다.

(2) 결로(Condensation)

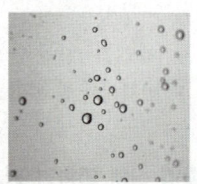

① 구조체의 표면온도가 주위 공기의 노점온도보다 낮아 표면에 이슬이 맺히는 현상을 말한다.
② 벽의 열전도율이 낮을수록 단열 성능은 좋아지므로 결로가 쉽게 발생하지 않는다.
③ 겨울철 주택의 단열이 잘된 벽체는 표면결로는 없으나 내부결로가 발생하기 쉽다.
  ・표면결로: 구조체 표면에 생긴 결로 ・내부결로: 구조체 내에서도 물방울이 맺힌 것
④ 겨울철 실내에서 발생하는 결로 방지법
  ・환기에 의한 방법: 실내의 습도 상승을 억제하고, 습한 공기는 즉시 환기 및 배출한다.
  ・난방에 의한 방법: 낮은 온도로 장시간 난방을 실시한다.
  ・단열에 의한 방법: 단열재, 이중창호의 설치로 실내 보온을 실시한다.

5 단열, 열교, 건축물 에너지 절약

(1) 단열(Thermal Insulation)
① 건물로부터의 열손실이나 열취득을 억제하여 냉난방장치의 용량을 줄이고 연간 냉난방 에너지 소비량을 절약하며, 실내측 구조체의 표면을 따뜻하게 하여 결로를 방지하는 데 있다.
② 단열재가 결로 등에 의해 습기를 함유하면 열관류저항은 작게 된다.
③ 내단열과 외단열

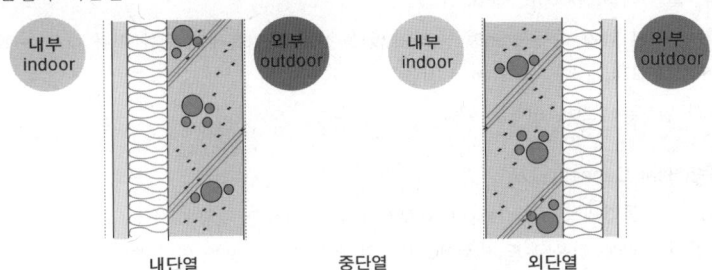

외단열과 내단열의 중간적인 단열방식

- 내단열: 열용량이 작기 때문에 빠른 시간에 더워지므로 간헐 난방을 필요로 하는 강당이나 집회장과 같은 곳에 유리하지만 실온 변동의 폭은 외단열에 비해 크다.
- 외단열: 내부측의 열용량이 커서 연속난방에 유리하며 실온 변동의 폭은 작아진다. 외단열은 내단열에 비해 실내 표면결로 방지에 유리하므로 외벽 부위는 외단열로 시공한다.

④ 배관의 보온재
- 기포성 수지: 일반적으로 열전도율이 낮고 가볍다.
- 코르크(Cork): 재질이 여리고 굽힘성이 없어 곡면에 사용하면 균열이 생기기 쉽다.
- 무기질 보온재: 일반적으로 높은 온도에서 사용하며, 유기질은 낮은 온도에서 사용한다.
- 규조토(硅藻土, Diatomite): 규조의 유해(遺骸)로 만들어진 연질의 암석과 토양을 말하는데 전통 한식건축의 벽체에서 주로 두껍게 시공하여 단열 효과를 기대하는 재료이다.

(2) 열교(Thermal Bridge)
① 벽이나 바닥, 지붕 등의 건물 부위에 단열이 연속되지 않은 부분이 있을 때, 이 부분이 열적 취약부위가 되어 열의 이동이 많아지는 곳을 말한다.
② 방지 대책:
열교 현상이 발생하는 부위는 표면온도가 낮아지며 결로가 발생되므로 쉽게 알 수 있으며, 내단열이 아닌 외단열 시공을 하여 방지할 수 있다.

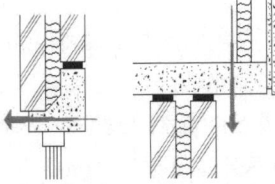

(3) 건축물 에너지 절약
① 축열(畜熱, Heat Storage, Thermal Storage):
여름철 실내 최고온도는 외기온도가 가장 높은 시각 이후에 나타나는 것이 일반적이다. 이와 같은 현상은 벽체를 구성하고 있는 재료의 축열 성능 때문이다.
② 에너지를 절약하기 위한 기본적인 방법
- 열관류율 · 열전도율 · 흡수성이 낮은 재료를 사용한다.
- 동일한 재료인 경우 두께가 두꺼운 것을 사용한다.
- S/V(Surface Area to Volume Ratio, 외피면적/체적) 및 S/F(Surface Area to Floor Ratio, 외피면적/바닥면적)가 낮을수록 열성능이 유리해진다.

③ 건축물 에너지 절약을 위한 기계 부분의 권장 사항:
위생설비 급탕용 저탕조의 설계온도는 55[℃] 이하로 하고 필요한 경우 부스터 히터 등으로 승온하여 사용한다.

예15 겨울철 주택의 단열, 보온, 방로에 관한 설명 중 옳지 않은 것은?
① 벽체의 열전달저항은 근처의 풍속이 클수록 작게 된다.
② 단열재가 결로 등에 의해 습기를 함유하면 열관류저항은 크게 된다.
③ 외벽 모서리 부분은 다른 부분에 비해 손실 열량이 크고, 그 실내측은 결로되기 쉽다.
④ 주택의 열손실을 저감시키기 위해서는 벽체 등의 단열성을 높이는 것만 아니라 틈새바람에 대한 대책도 필요하다.
답: ②

예16 배관의 보온재에 대한 설명 중 옳지 않은 것은?
① 규조토는 다른 보온재에 비해 단열 효과가 우수하므로 두껍게 시공할 필요가 없다는 장점이 있다.
② 무기질 보온재는 일반적으로 높은 온도에서 사용할 수 있으며 유기질은 비교적 낮은 온도에서 사용한다.
③ 코르크는 재질이 여리고 굽힘성이 없어 곡면에 사용하면 균열이 생기기 쉽다.
④ 기포성 수지는 일반적으로 열전도율이 낮고 가볍다.
답: ①

예17 여름철 실내 최고온도는 외기 온도가 가장 높은 시각 이후에 나타나는 것이 일반적이다. 이와 같은 현상은 벽체를 구성하고 있는 재료의 어떤 성능 때문인가?
① 축열 성능 ② 단열 성능
③ 일사반사 성능 ④ 일사투과 성능
답: ①

예18 에너지를 절약하기 위한 방법과 가장 관계가 먼 것은?
① 열관류율이 낮은 재료를 사용한다.
② 동일한 재료인 경우 두께가 두꺼운 것을 사용한다.
③ 열전도율이 낮은 재료를 사용한다.
④ 흡수성이 높은 재료를 사용한다.
답: ④

예19 건축물의 에너지 절약을 위한 기계 부분의 권장 사항으로 옳지 않은 것은?
① 냉방기기는 전력피크부하를 줄일 수 있도록 한다.
② 난방순환수 펌프는 가능한 한 대수 제어 또는 가변속 제어방식을 채택한다.
③ 폐열 회수를 위한 열회수설비를 설치할 때에는 중간기에 대비한 바이패스(By-Pass)설비를 설치한다.
④ 위생설비 급탕용 저탕조 설계온도는 65[℃] 이하로 하고 필요한 경우에는 부스터 히터 등으로 승온하여 사용한다.
답: ④

핵심번호 09 건축설비 — 난방설비: 난방방식

예1 건축설비 관련 용어의 단위가 옳지 않은 것은?
① 비열: $[kJ/m^2 \cdot K]$
② 상대습도: [%]
③ 열관류저항: $[m^2 \cdot K/W]$
④ 열용량: $[kJ/K]$

답: ①

예2 엔탈피 변화량에 대한 현열 변화량의 비를 의미하는 것은?
① 현열비 ② 잠열비
③ 유인비 ④ 열수분비

답: ①

예3 현열 35,000[W], 잠열 15,000[W]일 때, 현열비는?
① 0.3 ② 0.4
③ 0.7 ④ 2.3

답: ③

예4 냉방부하 계산 결과 현열부하가 620[W], 잠열부하가 155[W]일 경우, 현열비는?
① 0.2 ② 0.25
③ 0.4 ④ 0.8

답: ④

예5 온수난방에 관한 설명으로 옳지 않은 것은?
① 증기난방에 비해 예열시간이 길다.
② 온수의 잠열을 이용하여 난방하는 방식이다.
③ 한랭지에서 운전 정지 중에 동결의 우려가 있다.
④ 증기난방에 비해 난방부하 변동에 따른 온도 조절이 비교적 용이하다.

답: ②

예6 온수난방에서 일반적인 특징에 관한 설명으로 옳지 않은 것은?
① 한랭지에서는 운전 정지 중에 동결의 위험이 있다.
② 난방을 정지하여도 난방 효과가 어느 정도 지속된다.
③ 증기난방에 비하여 난방부하 변동에 따른 온도 조절이 용이하다.
④ 증기난방에 비하여 소요방열면적과 배관경이 작게 되므로 설비비가 적게 든다.

답: ④

예7 온수난방에서 복관식 배관에 역환수 방식(Reverse Return)을 채택하는 가장 주된 이유는?
① 공사비를 절약할 목적으로
② 순환펌프를 설치하기 위하여
③ 온수의 순환을 평균화시킬 목적으로
④ 중력식으로 온수를 순환하기 위하여

답: ③

1 난방설비 주요 용어

(1) (정압, 질량)비열(Specific Heat, C_p)
① 정의: 일정한 압력 하에서 어떤 물질 1[kg]을 1[K] 올리는데 필요한 열량[kJ/kg·K]
② 물 ➡ 4.2[kJ/kg·K], 공기 ➡ 1.01[kJ/kg·K]
③ 공기의 밀도는 $1.2[kg/m^3]$로 한다.

(2) 열용량(Heat Capacity, H_c)
① 정의: 어떤 물질의 온도를 1[K] 변화시키기 위해 필요한 열량[kJ/K]
② 열용량이 크다는 것은 온도 변화에 많은 열량이 필요한 것을 의미한다.

(3) 현열, 잠열, 전열(Enthalpy, 엔탈피), 현열비(Sensible Heat Ratio)

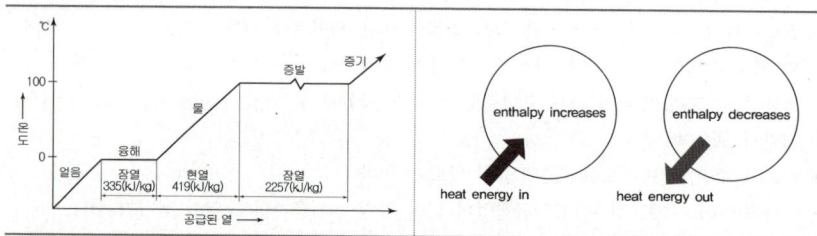

① 현열(Sensible Heat): 온도를 변화시키는 데 쓰인 열
② 잠열(Latent Heat): 상태를 변화시키는 데 쓰인 열
③ 엔탈피(Enthalpy): 물체가 가지고 있는 일종의 열역학적 총에너지(Total Energy, 전열)량
④ 현열비(SHF) = $\dfrac{현열}{전열(Enthalpy)}$ = $\dfrac{현열}{현열+잠열}$

2 온수(溫水) 난방(Hot Water Heating)

(1) 특징: 보일러에서 가열된 온수를 배관을 통해 방열기에 공급하여 난방하는 방식
① 장점: 현열을 이용한 난방으로 쾌감도가 높고, 난방부하의 변동에 따른 온도 조절이 용이하다.
② 단점: 열용량이 커서 증기난방에 비해 예열시간이 길게 소요되고, 운전 정지 시 동파의 우려가 있으며, 증기난방에 비해 방열 면적과 배관 관경이 커서 설비비가 높다.

(2) 사용 온도(열매 온도)에 의한 분류
① 보통온수방식: 100[℃] 이하(85~90[℃])의 온수를 사용
② 고온수난방: 100[℃] 이상의 온수를 사용하고 포화압력 이상으로 유지해야 하므로 강판제 보일러와 밀폐식 팽창탱크(Expansion Tank)의 사용이 필수적이다.

(3) 온수 순환 방식에 의한 분류
① 중력순환식: 펌프를 이용하지 않고 온수의 온도차에 의한 밀도차로 순환시키는 방식으로 방열기는 보일러보다 높은 장소에 설치한다.
② 강제순환식: 원심펌프(Centrifugal Pump) 중에서 볼류트(Volute) 펌프를 이용하여 온수를 순환시키는 방식으로 중력순환식보다 관경이 작아도 된다.

(4) 역환수(Reverse Return, 리버스 리턴) 방식: 방열기, 팬코일유닛(FCU) 등의 냉온수 배관에서 배관마찰손실을 같게 하여 균등한 유량이 되도록 각 기기마다 배관회로의 길이를 같게 하는 방식이다.

3 증기(蒸氣) 난방(Steam Heating)

(1) 증기(蒸氣, Steam): 난방용 열매 중 증기의 포화온도는 압력의 변화에 따라 변하며, 증기의 압력이 증가하면 포화증기가 갖게 되는 잠열(Latent Heat)은 감소하고, 포화증기의 비체적[m³/kg]은 증기의 압력이 증가할수록 감소한다. 포화증기를 다시 가열하면 증기의 온도는 포화온도보다 높아지며 체적은 더욱 증가한다.

(2) 특징: 보일러에서 생산된 증기를 방열기로 보내 증기의 응축잠열을 이용하는 난방방식이다.
  ① 장점:
  • 방열 면적이 온수난방보다 작고, 열용량이 작아서 예열시간이 짧아 간헐 운전에 적합하다.
  • 열의 운반 능력이 커서 주관의 관경이 작아도 되므로 시설비가 싸다.
  ② 단점:
  • 부하 변동에 따른 실내 방열량 제어가 어렵다.
  • 스팀 해머(Steam Hammer)에 의한 소음이 발생하며, 응축수 배관이 부식되기 쉽다.
  • 증기의 유량 제어가 용이하지 못하여 실내 온도 조절이 어렵다.

(3) 증기트랩(Steam Trap)
  ① 응축수가 발생하는 관 또는 장치에 설치하여 증기와 응축수를 분리시켜 응축수만 배출하는 것
  ② 종류:
  • 방열기 트랩(Radiator Trap), 열동 트랩(Thermostatic Trap), 벨로스 트랩(Bellows Trap), 플로트 트랩(Float Trap), 버킷 트랩(Bucket Trap)
  • 스팀 헤더(Steam Header): 보일러에서 발생한 증기를 각 계통으로 분배할 때 보일러로부터 증기를 모은 다음 각 계통별로 분배하는 장치

(4) 응축수(凝縮水, Condensate) 환수 방식에 의한 분류
  ① 중력환수식: 펌프를 사용하지 않고 중력만으로 보일러에 응축수를 환수하는 방식
  ② 기계환수식: 응축수를 수수탱크에 모아 다단터빈펌프로 보일러에 송수하는 방식
  ③ 진공환수식: 응축수를 보일러 가까이에 설치한 수수탱크에 진공펌프를 사용하여 강제로 환수하는 방식으로 증기의 순환이 가장 빠르며 방열기, 보일러 등의 설치 위치에 제한을 받지 않는다.
  ④ 리프트 이음(Lift Fittings): 진공환수식 난방장치에 있어서 부득이 방열기보다 높은 곳에 환수관을 배관하지 않으면 안 될 때 또는 환수 주관보다 높은 위치에 진공 펌프를 설치할 때, 환수관에 응축수를 끌어올리기 위해 사용하는 것

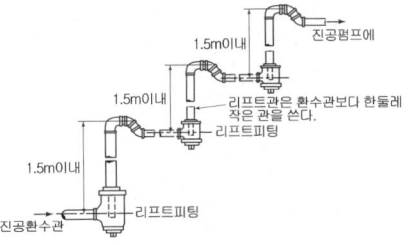

(5) 증기난방 배관법
  ① 방열기나 증기코일 및 배관 내에 공기가 고였을 경우 공기의 분압만큼 증기의 실질 압력이 낮아져 증기의 온도가 내려간다.
  ② 하트포드(Hartford) 접속: 보일러의 최저 안전 수면 이상으로 환수배관을 접속하여 보일러의 안전 수위를 확보하고 유지하며, 보일러의 빈불때기를 방지한다.

예8 증기난방에 관한 설명으로 옳지 않은 것은?
① 스팀 해머가 발생할 수 있다.
② 예열시간이 길고, 간헐 운전에 사용할 수 없다.
③ 온수난방에 비하여 배관경이나 방열기가 작아진다.
④ 증기의 유량 제어가 어려우므로 실온 조절이 곤란하다.
답 : ②

예9 증기난방에 관한 설명으로 옳지 않은 것은?
① 계통별 용량 제어가 곤란하다.
② 한랭지에서 동결의 우려가 적다.
③ 예열시간이 온수난방에 비하여 짧다.
④ 부하 변동에 따른 실내 방열량의 제어가 용이하다.
답 : ④

예10 증기난방에서 응축수 환수를 위해 사용되는 장치는?
① 리턴 콕   ② 인젝터
③ 증기 트랩 ④ 플러시 밸브
답 : ③

예11 증기트랩에 속하지 않는 것은?
① 벨로스 트랩 ② 버킷 트랩
③ 드럼 트랩   ④ 플로트 트랩
답 : ③

예12 증기난방 설비에서 스팀 헤더(Steam Header)를 사용하는 주된 이유는?
① 응축수를 배출하기 위해서
② 증기의 압력을 보충하기 위해서
③ 각 계통으로 분류 송기하기 위해서
④ 관의 신축 조절을 용이하도록 하기 위해서
답 : ③

예13 배관의 연결 방법 중 리프트 이음(Lift Fitting)이 사용되는 곳은?
① 오수정화조에서 부패조
② 급수설비에서 펌프의 토출측
③ 난방설비에서 보일러의 주위
④ 배수설비에서 수평관과 수직관의 연결 부위
답 : ③

예14 보일러 주변을 하트포드(Hartford) 접속으로 하는 가장 주된 이유는?
① 소음을 방지하기 위해서
② 효율을 증가시키기 위해서
③ 스케일(Scale)을 방지하기 위해서
④ 보일러 내의 안전 수위를 확보하기 위해서
답 : ④

예15 구조체를 가열하는 복사난방에 관한 설명으로 옳지 않은 것은?
① 복사열에 의하므로 쾌적성이 좋다.
② 바닥, 벽체, 천장 등을 방열면으로 할 수 있다.
③ 예열시간이 길고 일시적인 난방에는 바람직하지 않다.
④ 방열기의 설치로 인해 실의 바닥 면적의 이용도가 낮다.
답 : ④

예16 바닥 복사난방 방식에 관한 설명으로 옳지 않은 것은?
① 열용량이 커서 예열시간이 짧다.
② 방을 개방 상태로 하여도 난방 효과가 있다.
③ 다른 난방 방식에 비교하여 쾌적감이 높다.
④ 실내에 방열기를 설치하지 않으므로 바닥이나 벽면을 유용하게 이용할 수 있다.
답 : ①

예17 난방 방식에 관한 설명으로 옳은 것은?
① 증기난방은 온수난방에 비해 예열 시간이 길다.
② 온수난방은 증기난방에 비해 방열 온도가 높으며 장치의 열용량이 작다.
③ 복사난방은 실을 개방 상태로 하였을 때 난방 효과가 없다는 단점이 있다.
④ 온풍난방은 가열공기를 보내어 난방부하를 조달함과 동시에 습도의 제어도 가능하다.
답 : ④

예18 어느 한 장소에서 다량의 열매를 만들어 일정 지역에 공급하는 난방 방식은?
① 개별난방   ② 지역난방
③ 중앙난방   ④ 간접난방
답 : ②

예19 고온수 난방방식에 관한 설명으로 옳지 않은 것은?
① 장치의 열용량이 크므로 예열시간이 길게 된다.
② 공급과 환수의 온도차를 크게 할 수 있으므로 열수송량이 크다.
③ 공업용과 같이 고압 증기를 다량으로 필요로 할 경우에는 부적당하다.
④ 지역난방에는 이용할 수 없으며 높이가 높고 건축면적이 넓은 단일 건물에 주로 이용된다.
답 : ④

4 복사(輻射) 난방(Radiant Heating, Panel Heating)

(1) 특징: 바닥, 벽, 천장 등에 열원을 매설하고 온수를 공급하여 그 복사열로 방을 난방하는 방식이다.

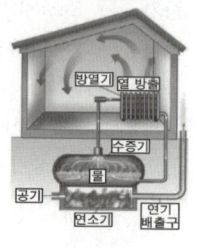

(2) 장점
① 실내 수직 온도 분포가 균등하고 쾌감도가 높다.
② 방이 개방 상태가 되어도 난방 효과가 높다.
③ 외기 침입이 있는 곳에서도 난방감을 얻을 수 있다.
④ 천장이 높은 방, 외풍이 심한 방에서도 난방 효과가 높다.
⑤ 방열기가 필요 없으므로 바닥의 이용도가 높다.

(3) 단점
① 열용량이 크고, 방열량 조절이 어려우며 예열시간도 길기 때문에 간헐 난방에는 부적합하다.
② 시공이 어렵고 수리비, 설비비가 비싸다.
③ 하자 발견이 어렵고 보수가 어렵다.

5 온풍(溫風) 난방(Hot Air Heating)

(1) 특징: 온풍로로 가열한 현열을 직접 실내의 공기로 공급하는 난방방식이다.
(2) 장점: 예열시간이 짧아 실온 상승이 빠르고 장치가 간단하여 설비비가 적게 든다.
(3) 단점: 쾌감도가 좋지 못하고, 소음과 온풍로의 내구성이 문제가 된다.

6 지역(地域) 난방(District Heating)

(1) 특징: 일정 지역 내에 대규모 고효율의 열원 플랜트를 설치하여 생산된 열매를 지역 내의 주택, 상가, 사무실, 병원 등 수용가에 공급함으로서 효율적 에너지 사용을 도모하는 난방 방식이다.

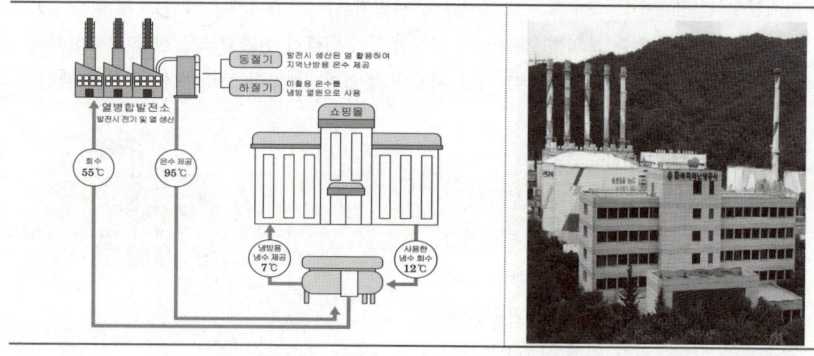

(2) 장점
① 폐열을 이용한 에너지 이용의 증대로 각 건물의 설비면적을 줄이고 유효면적을 넓힐 수 있다.
② 설비의 고도화에 따라 도시의 매연을 경감시킬 수 있다.
③ 지역난방에서는 증기와 온수를 모두 열매로 할 수 있지만, 온도 제어가 쉽고 열효율도 좋은 고온수난방이 더 많이 사용된다.
④ 지역난방 방식은 증기난방과는 달리 응축수 트랩이 필요 없으며 환수관이 복잡하지 않다.

(3) 단점
① 초기 투자비가 많아지고, 열원 기기의 용량 제어가 어렵다.
② 배관이 길어지므로 배관에서의 열손실이 많다.

핵심번호 10 건축설비
난방설비: 보일러, 방열기

1 주요 보일러의 종류 및 특징

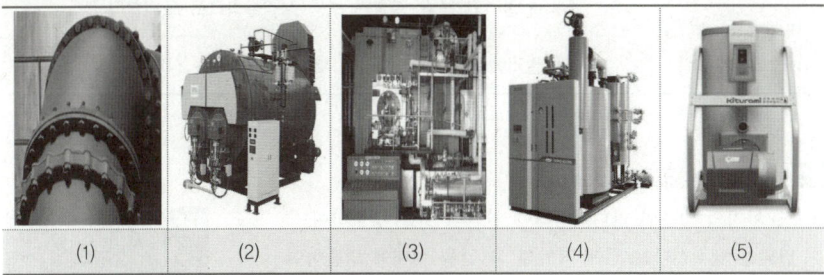

(1) (2) (3) (4) (5)

(1) 주철제(鑄鐵製, Cast Iron) 보일러
① 증기압 0.1[MPa] 이하의 저압용 보일러로 규모가 비교적 작은 건물의 난방용으로 사용된다.
② 강판제에 비해 내식성이 우수하고, 수명이 길며 가격이 싸다.

(2) 노통연관(爐筒煙管, Flue and Smoke Tube) 보일러
① 주철제에 비해 가격이 비싸다.
② 부하 변동에 잘 적응되며, 보유 수면이 넓어서 급수 용량 제어가 쉽다.

(3) 수관(水管, Water Tube Boiler) 보일러
① 기수(Steam) 드럼과 물(Water) 드럼을 상하 배치하고, 다수의 수관(水管)에 의해서 연결한 보일러이다.
② 사용 압력이 노통연관식보다 높고, 설 치면적은 노통연관식보다 넓지만 수처리가 어렵다.
③ 다량의 고압 증기를 필요로 하는 병원, 호텔, 지역난방을 위한 증기터빈용으로 사용된다.

(4) 관류(管流, Through Flow) 보일러
① 수관 보일러와 같이 수관으로는 되어 있으나 드럼(Drum, 수실)이 없고, 간단하게 고압의 증기를 얻으려고 하는 경우에 사용되며 증기발생기라고도 한다.
② 보유 수량이 적기 때문에 예열시간(가동시간, 기동시간)이 짧고 부하변동에 대한 추종성이 좋지만 설치 면적이 작다.
③ 관류 보일러는 좁은 관 안으로 물이 흘러 스케일(Scale)이 생길 염려가 있으므로 수처리가 필요하고 급수처리가 까다롭다.

(5) 입형(立形, Vertical) 보일러
① 수직으로 세운 드럼(Drum, 수실) 내에 연관 또는 순관(물이나 가스와 같이 순환되는 것을 돕는 관)이 있는 소규모의 패키지형(Package Type)으로 되어 있다.
② 설치 면적이 작고 취급이 용이하며, 구조가 간단하고 가격이 저렴하여 소용량의 사무소, 점포, 주택 등에 사용된다.

2 보일러 용량

보일러의 용량은 건물의 난방부하 외에도 급탕부하, 가습부하(공조기 가습을 증기로 하는 경우-), 손실부하, 예열부하 등을 고려하여 결정해야 한다. 보통 이러한 부하를 전부 고려한 보일러 출력을 정격출력[kW]이라 한다. 한편 난방, 급탕, 가습 등 실제 사용되는 부하들만 더한 것을 정미출력이라 하며, 이 정미출력에 온도차에 의해 항상 발생하는 배관손실부하를 더한 것을 상용출력이라고 한다. 일반적으로 배관손실은 난방부하+급탕부하+가습부하의 15~25[%] 정도, 예열부하는 상용출력의 20~25[%] 정도로 본다.

예1 각종 보일러에 대한 설명으로 옳은 것은?
① 관류 보일러는 보유 수량이 많아 예열시간이 길다.
② 주철제 보일러는 사용 내압이 높아 고압용으로 주로 사용되며 용량도 크다.
③ 수관 보일러는 소용량으로 소규모 건물에 적합하며 지역난방으로는 사용이 불가능하다.
④ 노통연관 보일러는 부하 변동에 잘 적응되며, 보유 수면이 넓어서 급수 용량 제어가 쉽다.
답 : ④

예2 보일러 하부의 물 드럼과 상부의 기수 드럼을 연결하는 다수의 관을 연소실 주위에 배치한 구조로 상부 기수 드럼 내의 증기를 사용하는 보일러는?
① 수관 보일러 ② 관류 보일러
③ 주철제 보일러 ④ 노통연관 보일러
답 : ①

예3 수관 보일러에 대한 설명 중 옳지 않은 것은?
① 드럼과 드럼 간에 여러 개의 수관을 연결하고, 관 내에 흐르는 물을 가열하므로 온수 및 증기를 발생시킨다.
② 사용 압력이 연관식보다 높고, 부하 변동에 대한 추종성이 높다.
③ 대형 건물 또는 병원이나 호텔 등에 사용된다.
④ 연관식보다 설치 면적이 작고, 초기 투자비가 적게 든다.
답 : ④

예4 보일러의 종류 중 지역난방에 적용하기에 가장 적합한 것은?
① 수관 보일러 ② 관류 보일러
③ 입형 보일러 ④ 진공 온수기
답 : ①

예5 다음 설명에 알맞은 보일러의 종류는?

- 수직으로 세운 드럼 내에 연관 또는 수관이 있는 소규모의 패키지형으로 되어 있다.
- 규모가 작은 건물이나 일반 가정용 난방에 사용된다.

① 수관 보일러 ② 관류 보일러
③ 입형 보일러 ④ 주철제 보일러
답 : ③

[예6] 일반적으로 보일러 선정 시 기준이 되는 출력(난방부하, 급탕부하, 배관부하, 예열부하의 합)의 표시 방법은?
① 과부하 출력   ② 상용출력
③ 정미출력   ④ 정격출력
답 : ④

[예7] 다음의 보일러 출력 표시 방법 중 그 값이 가장 큰 것은?
① 정미출력   ② 정격출력
③ 상용출력   ④ 과부하출력
답 : ④

[예8] 다음과 같은 사무실에서 방열기의 설치 위치로 가장 적당한 곳은?

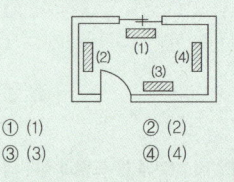

① (1)   ② (2)
③ (3)   ④ (4)
답 : ①

[예9] 도면상의 방열기 표시법 중 (방열기 호칭) 원을 3등분할 때 가장 위 부분에 표시되는 것은?

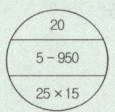

① 유입, 유출 관경(Pipe Size)
② 방열기의 쪽(Section) 수
③ 방열기의 폭과 높이
④ 방열기의 형과 종류
답 : ②

[예10] 방열기의 표준 방열량 산정에서 사용되는 표준 상태의 열매의 온도는? (단, 열매는 증기)
① 80[℃]   ② 94[℃]
③ 100[℃]   ④ 102[℃]
답 : ④

[예11] 방열기의 입구 수온이 90[℃], 출구 수온이 80[℃] 이다. 난방부하가 3,000[W]인 방을 온수난방할 경우 방열기의 온수 순환량은? (단, 물의 비열은 4.2[kJ/kg·K])
① 143[kg/h]   ② 257[kg/h]
③ 368[kg/h]   ④ 455[kg/h]
답 : ②

[예12] 난방부하가 3,500[W]인 실을 온수난방으로 할 때 방열기의 온수 순환수량은?

• 방열기: 입구 수온: 90[℃],
       출구 수온: 85[℃]
• 물의 비열: 4.2[kJ/kg·K]

① 300[kg/h]   ② 600[kg/h]
③ 900[kg/h]   ④ 1,200[kg/h]
답 : ②

(1)	정미출력	난방부하 + 급탕부하 + 가습부하
(2)	상용출력	난방부하 + 급탕부하 + 가습부하 + 배관손실
(3)	정격출력	난방부하 + 급탕부하 + 가습부하 + 배관손실 + 예열부하 【※ 보일러의 용량 결정은 보통 정격출력으로 표시한다.】
(4)	과부하출력	보일러에 정격출력 이상의 부하가 걸려있는 상태이다.

3 방열기(放熱器, Radiator)

(1) 열교환기의 일종인 라디에이터가 열원의 열을 방출하여 열원을 냉각한다는 점에 착안해 그 열을 실내에 방출하여 난방하는 기구이다. 방열기는 열대류의 원리를 이용하여 창문 앞 등 열손실이 가장 큰 곳에 설치하며 벽과의 이격 거리는 50~60mm 정도가 좋다.

(2) 방열기기의 선정 시 응축수(凝縮水, Condensate)량이 적은 것이 좋고, 사용하는 열매 종류에 적합하여야 하며, 실내 온도 분포가 균일하게 되며, 설치 장소에 적합한 디자인과 견고성을 가져야 한다.

(3) 길드 방열기(Gilled Radiator): 원주 주위에 핀이 부착되어 있는 긴 형상을 가지고 있으며 온실과 같이 내식성을 요하고 설치 높이에 제약이 있는 긴 건물에 설치하는 자연 대류 복사식 방열기이다.

(4) 방열기 호칭법

원을 3등분하여
→ 중앙에 방열기 종별과 형을 표시
→ 상단에 섹션 수를 표시
→ 하단에 유입관과 유출관 관경을 표시

⎛ 5 ⎞ W-V 1/2 × 1/2 벽걸이 세로형 방열기, 섹션수 5, 유입관과 유출관의 관경 1/2인치

⎛ 15 ⎞ Ⅲ-650 3/4 × 3/4 3주형 방열기, 높이 650mm, 섹션수 15, 유입관과 유출관의 관경 3/4인치

(5) 상당방열면적(EDR[m²], Equivalent Direct Radiation)

보일러 출력을 방열기의 표준방열량으로 나눈 값

열매	표준 상태 온도[℃]		표준 온도차 [℃]	표준 방열량 [kW/m²]	상당방열면적 (EDR,[m²])	섹션 수
	열매온도 [℃]	실내온도 [℃]				
증기	102	18.5	83.5	0.756	$H_L / 0.756$	$H_L / 0.756 \cdot a$
온수	80	18.5	61.5	0.523	$H_L / 0.523$	$H_L / 0.523 \cdot a$

【H_L: 손실 열량[kW], a: 방열기의 Section당 방열 면적[m²]】

(6) 방열기의 순환수량

시간당 필요한 열량 $Q = \dfrac{M \cdot C \cdot \Delta T}{3,600}$ 로부터 순환수량 $M = \dfrac{3,600 Q}{C \cdot \Delta T}$[kg/h] 이다.

【예제】 난방부하가 3.5[kW]인 방을 온수난방 하고자 한다. 방열기의 온수 순환수량을 구해 보자. (단, 방열기 입구 수온 80[℃], 출구 수온 70[℃], 물의 비열 4.2[kJ/kg·K])

$$Q = \dfrac{M \cdot C \cdot \Delta T}{3,600} \Rightarrow M = \dfrac{3,600 Q}{C \cdot \Delta T} = \dfrac{3,600(3.5)}{(4.2)(80-70)} = 300[\text{kg/h}] = 300[\text{L/h}]$$

핵심번호 11 건축설비
공기조화설비(Ⅰ)

1 습공기선도(Psychrometric Chart)

(1) 공기조화(空氣調和, Air Conditioning)

주어진 실내 공간의 온도, 습도, 기류속도 및 청정도를 그 실의 사용 목적에 적합한 상태로 유지시키는 것을 말한다. 따라서 실내의 온도만을 조절하는 냉·난방설비와는 구별된다. 공기조화설비를 간단하게 공조설비 라고도 한다.

(2) 습공기선도(Psychrometric Chart)

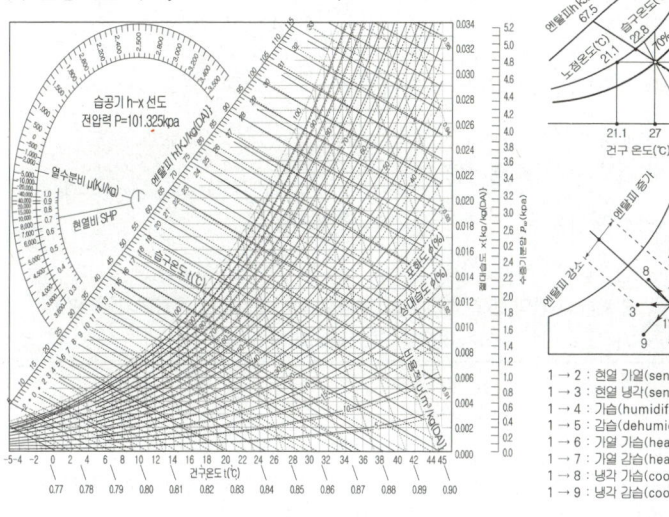

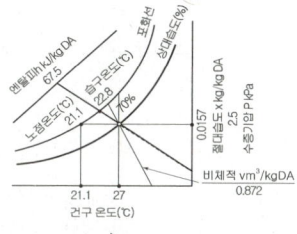

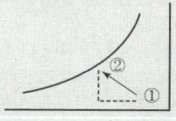

1 → 2 : 현열 가열(sensible heating)
1 → 3 : 현열 냉각(sensible cooling)
1 → 4 : 가습(humidification)
1 → 5 : 감습(dehumidification)
1 → 6 : 가열 가습(heating and humidifying)
1 → 7 : 가열 감습(heating and dehumidifying)
1 → 8 : 냉각 가습(cooling and humidifying)
1 → 9 : 냉각 감습(cooling and dehumidifying)

1) 습공기선도 용도: 인체의 쾌적 범위 결정, 결로 판정, 공기조화 부하 계산 등에 이용된다.
2) 구성요소: 건구온도, 습구온도, 노점온도, 수증기(분)압, 절대습도, 상대습도, 포화도, 비체적, 엔탈피, 현열비, 열수분비
① 습기에 의한 공기의 분류: 건조공기, 습공기(건조공기+수증기), 포화공기
② 건구온도[℃]: 기온을 측정할 때 온도계의 감온부가 건조상태에서 측정한 온도
③ 습구온도[℃]: 건구온도의 감온부를 천으로 싸고 물을 적셔 증발의 냉각 효과를 고려한 온도
➡ 습구온도는 주변이 건조할수록 낮아지며 습할수록 높아지는 데 건구온도보다 항상 낮으며, 포화상태에서만 건구온도와 동일하다.
④ 노점온도[℃]: 습공기가 냉각될 때 어느 온도에 다다르면 공기 속의 수분이 이슬로 맺히는 온도
➡ 공기가 포화상태일 때는 건구온도, 습구온도, 노점온도가 같은 값을 나타낸다.
⑤ 수증기(분)압[kPa]: 수증기만의 압력으로서 수증기량이 많을수록 크게 된다.
⑥ 포화수증기압[kPa]: 포화상태 습공기의 수증기압으로 온도가 높아질수록 증가한다.
⑦ 절대습도[kg/kg(DA)]: 습공기를 구성하고 있는 건조공기(DA, Dry Air) 1[kg]당의 수증기의 양으로 공기를 가열하거나 냉각해도 절대습도는 변함이 없다.
⑧ 상대습도[%]: 공기를 가열하면 상대습도는 낮아지고 냉각하면 상대습도는 높아진다.
⑨ 포화도[%]: 습공기의 절대습도와 포화공기의 절대습도와의 비
⑩ 엔탈피(Enthalpy)[kJ/kg(DA)]: 건조공기 1[kg]당의 습공기 속에 현열 및 잠열의 형태로 포함되는 열량
⑪ 열수분비(熱水分比): 습공기의 상태 변화로 엔탈피 변화량을 절대습도 변화량으로 제한한 값으로 일반적으로는 별도 정의의 현열비가 널리 사용된다.

예1 습공기선도에 표현되어 있지 않은 것은?
① 비체적 ② 엔탈피
③ 열용량 ④ 노점온도
답 : ③

예2 습공기의 건구온도와 습구온도를 알 때 습공기선도에서 구할 수 있는 상태값이 아닌 것은?
① 엔탈피 ② 비체적
③ 기류속도 ④ 절대습도
답 : ③

예3 그림과 같은 습공기선도 상에서 공기가 1의 상태에서 2의 상태로 변화하는 과정을 설명한 것은?

① 가열 가습 ② 냉각 감습
③ 가열 감습 ④ 냉각 가습
답 : ④

예4 상대습도(R.H) 100[%]에서 그 값이 같지 않은 온도는?
① 건구온도 ② 효과온도
③ 습구온도 ④ 노점온도
답 : ②

예5 습공기를 가열할 경우 감소하는 상태값은?
① 엔탈피 ② 비체적
③ 상대습도 ④ 건구온도
답 : ③

예6 습공기를 가열하였을 때 증가하지 않는 상태량은?
① 엔탈피 ② 비체적
③ 상대습도 ④ 습구온도
답 : ③

예7 습공기를 가열하였을 경우 상태량이 변하지 않는 것은?
① 엔탈피 ② 비체적
③ 절대습도 ④ 상대습도
답 : ③

예8 습공기를 가열하였을 경우 상태량이 변하지 않는 것은?
① 절대습도 ② 상대습도
③ 엔탈피 ④ 노점온도
답 : ①

예9 냉방부하 발생요인 중 현열부하만 발생시키는 것은?
① 벽체로부터의 취득열량
② 극간풍에 따른 취득열량
③ 인체의 발생열량
④ 외기의 도입으로 인한 취득열량
답: ①

예10 냉방부하 계산 시 현열과 잠열 모두 고려하여야 하는 요소는?
① 덕트로부터의 취득열량
② 유리로부터의 취득열량
③ 벽체로부터의 취득열량
④ 극간풍에 따른 취득열량
답: ④

예11 냉난방 부하에 관한 설명으로 옳지 않은 것은?
① 틈새바람부하에는 현열부하 요소와 잠열부하 요소가 있다.
② 최대부하를 계산하는 것은 장치의 용량을 구하기 위한 것이다.
③ 냉방부하 중 실부하란 전열부하, 일사에 따른 부하 등을 말한다.
④ 인체 발생열과 조명기구 발생열은 난방부하를 증가시키므로 난방부하 계산에 포함시킨다.
답: ④

예12 다음과 같은 조건에서 바닥면적 300[m²], 천장고 2.7[m]인 실의 난방부하 산정 시 틈새바람에 따른 외기부하는?

- 실내 건구온도: 20[℃]
- 외기온도: -10[℃]
- 환기 회수: 0.5[회/h]
- 공기의 비열: 1.0[kJ/kg·K]
- 공기의 밀도: 1.2[kg/m³]

① 3.4[kW] ② 4.1[kW]
③ 4.7[kW] ④ 5.2[kW]
답: ②

예13 실의 크기가 6[m]×10[m], 천장고가 2.5[m]인 사무실의 실내 온도를 20[℃]로 유지하고자 한다. 외기온도가 -5[℃]이고, 외기에 의한 환기를 시간당 1회 할 경우 외기에 의한 손실열량은? (단, 공기의 정압비열은 1.01[kJ/kg·K], 밀도는 1.2[kg/m³])
① 523.4[W] ② 755.9[W]
③ 1,263[W] ④ 4,545[W]
답: ③

2 냉·난방부하의 종류

냉방부하		내용	현열(S) 잠열(L)
실부하	외피부하	• 전열부하 (온도차에 의하여 외벽, 천장, 바닥, 유리 등을 통한 관류 열량)	S
		• 일사에 의한 부하	S
		• 극간풍(隙間風, 틈새바람)에 의한 부하	S, L
	내부부하	• 실내 발생열 — 조명기구	S
		• 실내 발생열 — 기타 열원기기	S, L
		• 실내 발생열 — 인체(人體)	S, L
장치부하		• 환기부하(신선 외기에 의한 부하)	S, L
		• 송풍기 부하 • 덕트의 열획득 • 재열 부하 • 2중덕트의 냉온풍 혼합손실	S
열원부하		• 배관 열획득 • 펌프에서의 열획득	S
난방부하		• 냉방부하의 종류와 같은 구분을 하고 있지만, 유리창을 통한 일사의 취득, 인체나 기기의 발열은 실온을 상승시키는 요인으로 작용하기 때문에 안전율로 생각하고 난방부하 계산에 고려하지 않는다.	

3 공기조화 부하 계산

(1) 총 손실열량(Heat Loss): 어떤 실의 난방설비 = 어떤 실의 총 손실열량 = $H_c + H_i$ [W]

(2) 벽, 바닥, 천장, 유리, 문 등 구조체를 통한 손실열량 H_c [W]

$$H_c = K \cdot A \cdot \Delta T$$

- K: 열관류율 [W/m²·K]
- A: 구조체 면적 [m²]
- ΔT: 실내외 온도차 [℃]

【예제1】 열관류율 K=2.5[W/m²·K]인 벽체의 양쪽 공기온도가 각각 20[℃]와 0[℃]일 때, 이 벽체 1[m²]당 이동열량을 구해 보자.

$$H_c = K \cdot A \cdot \Delta T = (2.5)(1)[(20) - (0)] = 50 [W]$$

(3) 환기(틈새바람)에 의한 손실열량 H_i [W]

$$H_i = 0.337 \cdot Q \cdot \Delta T [W]$$
$$H_i = 0.337 n \cdot V \cdot \Delta T [W]$$

- 0.337 또는 0.34: 단위환산계수 [W·h/m³·K]
- Q: 환기량 [m³/h], n: 환기회수 [회/h]
- V: 실의 체적 [m³]

【예제2】 실의 체적 400[m³], 환기 회수 0.5[회/h], 실내온도 20[℃], 외기온도 0[℃], 공기의 밀도 1.2[kg/m³], 비열 1.01[kJ/kg·K]일 때 실의 틈새바람에 따른 현열부하를 구해 보자.

$$H_i = 0.337 n \cdot V \cdot \Delta T = 0.337(0.5)(400)[(20) - (0)] = 1,348 [W]$$

(4) 냉방 또는 난방부하 계산에서의 단위환산계수 0.337에 대한 고찰(考察)
① 환기(틈새바람)에 의한 손실열량

$$H_i = (공기의 밀도) \times (공기의 정압비열) \times \frac{1,000}{3,600} \times Q \times \Delta T \text{ [W]},$$

공기의 밀도 1.2[kg/m³], 공기의 정압비열 1.01[kJ/kg·K]을 대입하면

$$\left[\frac{1.2\text{kg}}{\text{m}^3}\right] \times \left[\frac{1.01\text{kJ}}{\text{kg}\cdot\text{K}}\right] \times \left[\frac{1,000\text{J/kJ}}{3,600\text{s/h}}\right] = 0.33666\cdots\text{[J·h/s·m}^3\cdot\text{K]}$$

$$= 0.33666\cdots\text{[W·h/m}^3\cdot\text{K]} \quad \text{이 된다.}$$

② 환기(틈새바람)에 의한 손실열량 $H_i = 1.2 \times 1.01 \times \frac{1,000}{3,600} \times Q \times \Delta T$ 로부터

환기량 $Q = \dfrac{H_i}{1.2 \times 1.01 \times \dfrac{1,000}{3,600} \times \Delta T}$ [m³/h]으로 표현된다.

(5) 환기(틈새바람)에 의한 손실열량의 응용
환기(틈새바람)에 의한 손실열량 H_i 대신 x명의 1시간당 발열량으로 변환시키면
➡ 극장에서의 필요환기량

$$Q = \frac{x명의 1시간당 발열량}{공기의 밀도 \times 공기의 정압비열 \times \dfrac{1,000}{3,600} \times \Delta T}$$

으로 계산이 가능해진다.

【예제3】 2,000[명]을 수용하는 극장에서 실온을 20[℃]로 유지하기 위한 필요 환기량을 구해 보자. (단, 외기온도 10[℃], 1인당 발열량=60[W], 공기의 밀도=1.2[kg/m³], 정압비열=1.01[kJ/kg·K])

$$Q = \frac{2,000 \times 60}{1.2 \times 1.01 \times \dfrac{1,000}{3,600} \times [(20)-(10)]} = 35,643.6 \text{ [m}^3\text{/h]}$$

(6) 환기(틈새바람)에 의한 손실열량의 응용
환기(틈새바람)에 의한 손실열량 H_i 대신 x명의 1시간당 현열량으로 변환시키면
➡ 냉방부하에 필요한 송풍량

$$Q = \frac{x명의 1시간당 현열량}{공기의 밀도 \times 공기의 정압비열 \times \dfrac{1,000}{3,600} \times \Delta T}$$

으로 계산이 가능해진다.

【예제4】 어떤 사무실의 취득 현열량이 15,000[W]일 때 실내온도를 26[℃]로 유지하기 위하여 16[℃]의 외기를 도입할 경우, 실내에 공급하는 송풍량을 구해 보자.
(단, 공기의 정압비열은 1.01[KJ/kg·K], 밀도는 1.2[kg/m³])

$$Q = \frac{15,000}{1.2 \times 1.01 \times \dfrac{1,000}{3,600} \times [(26)-(16)]} = 4,455.45 \text{ [m}^3\text{/h]}$$

$$Q = \frac{M \cdot C \cdot \Delta T}{3,600} \Rightarrow M = \frac{3,600Q}{C \cdot \Delta T} = \frac{3,600(3.5)}{(4.2)(80-70)} = 300\text{kg/h} = 300\text{L/h}$$

예14 다음과 같은 조건에서 실내에 500[W]의 열을 발산하는 기기가 있을 때, 이 열을 제거하기 위한 필요 환기량은?

- 실내온도: 20[℃]
- 환기온도: 10[℃]
- 공기의 비열: 1.01[kJ/kg·K]
- 공기의 밀도: 1.2[kg/m³]

① 41.3[㎥/h] ② 148.5[㎥/h]
③ 413[㎥/h]   ④ 1,485[㎥/h]

답 : ②

예15 실내에 4,500[W]를 발열하고 있는 기기가 있다. 이 기기의 발열로 인해 실내에 온도 상승이 생기지 않도록 환기를 하려고 할 때, 필요한 최소 환기량은? (단, 공기의 밀도 1.2[kg/m³], 비열 1.01[kJ/kg·K], 실내온도는 20[℃], 외기온도는 0[℃]이다.)

① 452[㎥/h] ② 668[㎥/h]
③ 856[㎥/h] ④ 928[㎥/h]

답 : ②

예16 500명을 수용하는 극장에서 실온을 20[℃]로 유지하기 위한 필요 환기량은? (단, 외기온도는 10[℃], 1인당 발열량은 60[W], 공기의 정압비열은 1.01[kJ/kg·K], 공기의 밀도는 1.2[kg/m³]이다.)

① 8,910[㎥/h] ② 12,820[㎥/h]
③ 16,210[㎥/h] ④ 18,450[㎥/h]

답 : ①

예17 냉방 시 실내온도 26[℃], 상대습도 50[%]를 유지시키기 위한 실의 현열부하는 8,500[W], 잠열부하는 2,500[W]로 계산되었다. 취출공기의 온도를 15[℃]로 할 경우 송풍량은? (단, 공기의 정압비열 1.21[KJ/m³·K])

① 2,299[㎥/h] ② 3,221[㎥/h]
③ 3,448[㎥/h] ④ 4,167[㎥/h]

답 : ①

예18 냉방부하가 42,000[kJ/h]인 어느 실에 16[℃]의 공기를 공급하여 냉방을 하고자 할 때 필요한 송풍량은? (단, 실내온도는 26[℃], 공기의 비열 1.2[kJ/m³·K])

① 3,200[㎥/h] ② 3,500[㎥/h]
③ 4,000[㎥/h] ④ 4,200[㎥/h]

답 : ②

핵심번호 12 건축설비 공기조화설비(Ⅱ)

예1 공기조화 방식이 아닌 것은?
① 탱크리스부스터 방식
② 팬코일유닛 방식
③ 2중덕트 방식
④ 패키지유닛 방식
　　　　　　답 : ①

예2 공기조화 방식 중 전공기 방식에 속하는 것은?
① 패키지 방식
② 이중덕트 방식
③ 유인유닛 방식
④ 팬코일유닛 방식
　　　　　　답 : ②

예3 공기조화방식 중 전공기 방식에 속하지 않는 것은?
① 2중덕트 방식
② 팬코일유닛 방식
③ 멀티존유닛 방식
④ 변풍량 단일덕트 방식
　　　　　　답 : ②

예4 공기조화 방식 중 전수 방식에 속하는 것은?
① 단일덕트 방식
② 2중덕트 방식
③ 멀티존유닛 방식
④ 팬코일유닛 방식
　　　　　　답 : ④

예5 공조방식 중 팬코일유닛 방식에 관한 설명으로 옳지 않은 것은?
① 유닛의 개별 제어가 용이하다.
② 수배관이 없어 누수의 우려가 없다.
③ 덕트 샤프트나 스페이스가 필요 없다.
④ 덕트 방식에 비해 유닛의 위치 변경이 용이하다.
　　　　　　답 : ②

예6 팬코일유닛 방식에 관한 설명으로 옳지 않은 것은?
① 각 실에 수배관으로 인한 누수의 우려가 있다.
② 덕트 샤프트나 스페이스가 필요 없거나 작아도 된다.
③ 각 실의 유닛은 수동으로도 제어할 수 있고, 개별 제어가 쉽다.
④ 유닛을 창문 밑에 설치하면 콜드 드래프트(Cold Draft)가 발생할 우려가 높다.
　　　　　　답 : ④

1 공조 방식: 운반되는 열(熱) 매체에 의한 공조 방식의 분류

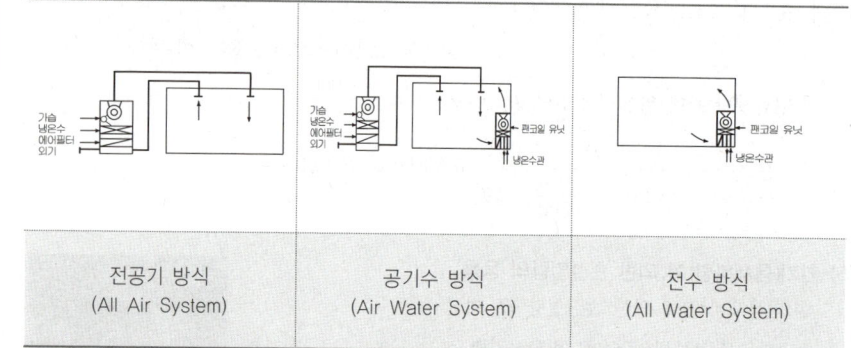

| 전공기 방식 (All Air System) | 공기수 방식 (Air Water System) | 전수 방식 (All Water System) |

(1) 전공기 방식(All Air System)
① 종류: 단일덕트(정풍량, 변풍량) 방식, 2중덕트 방식, 각층유닛(Unit) 방식, 멀티존유닛 방식
② 장점: • 신선 외기의 도입이 가능하고, 중간기에 외기 냉방이 가능하다.
　　　　• 실내 유효면적이 증가하며, 배관으로 인한 누수의 염려가 없다.
③ 단점: • 큰 덕트 스페이스가 필요하고 공조실이 넓어야 한다.
　　　　• 반송(搬送, Transport, 물이나 공기를 건물 내에 수송) 동력이 크다.

(2) 공기수 방식(Air Water System)
① 종류: 유인유닛 방식, 덕트병용 팬코일유닛 방식, 덕트병용 복사냉난방 방식
② 장점: 덕트 스페이스가 작고, 온·습도의 개별 제어가 가능하다.
③ 단점: 전공기 방식에 비해 실내 공기 오염 및 실내 배관의 누수 염려가 있다.

(3) 전수 방식(All Water System)
① 종류: 팬코일유닛(FCU, Fan Coil Unit, 팬코일유니트) 방식
② 장점: • 펌프에 의해 냉·온수를 이송하므로 송풍기에 의한 공기의 이송 동력보다 적게 든다.
　　　　• 덕트샤프트나 스페이스가 필요 없거나 작아도 된다.
　　　　• 각 유닛을 수동으로 제어할 수 있다.
③ 단점: • 각 실에 수배관으로 인한 누수의 염려가 있다.
　　　　• 실내 공기의 오염이 우려되며, 신선 외기 도입이 불가능하다.
　　　　• 유닛의 방음 및 방진에 유의해야 한다.
④ 용도: • 호텔의 객실, 병원의 입원실 및 사무실 등 실이 많은 건물의 외부존에 적당하다.
　　　　• 유닛이 실내에 설치되므로 방송국 스튜디오, 극장 같은 대공간에는 부적당하다.
⑤ 콜드 드래프트(Cold Draft): 난방 시 저온의 외벽이나 창 부분에서 서늘해진 차가운 공기의 흐름으로, 팬코일유닛과 같은 대류식 난방기구는 창과 반대의 복도쪽에 설치하는 경우에 발생하기 쉽다.

2 단일덕트(Single Duct) 방식

(1) 단일덕트(Single Duct) 방식: 1대의 공조기에 1개의 급기덕트만 연결되어 여름에는 냉풍, 겨울에는 온풍을 송풍하여 공기조화하는 방식이다. 풍속에 따라 저속(15[m/s] 이하)과 고속(15~25[m/s])이 있고, 풍량에 따라 정풍량(CAV) 방식과 가변풍량(VAV, 변풍량) 방식이 있다.

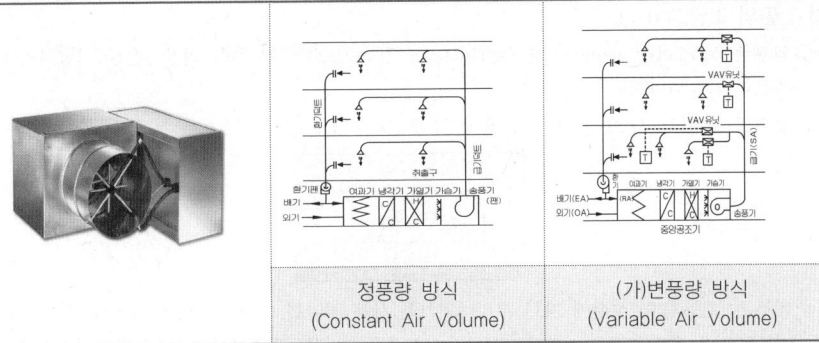

정풍량 방식 (Constant Air Volume) (가)변풍량 방식 (Variable Air Volume)

(2) 정풍량 방식(CAV, Constant Air Volume System): 공조기에서 1개의 주덕트를 통하여 냉·온풍을 각 실로 보낼 때 송풍량은 항상 일정하며, 실내 부하에 따라서 송풍온도만을 변화시켜 실내의 온·습도를 조절하는 가장 기본적인 공조 방식이다.

(3) 가변풍량 방식(VAV, Variable Air Volume System, 변풍량 방식): 각 실별로 또는 존별로 덕트의 말단에 VAV유닛을 설치하여 송풍온도는 일정하게 하고, 실내 현열부하의 변동에 따라 송풍량만을 변화시키는 방식으로 에너지 절약형이다.
① 인버터(Inverter): 직류전력을 교류전력으로 교환하는 장치로서 송풍기의 회전수를 제어한다.
② 일사량 변화가 심한 페리미터 존(Perimeter Zone, 외벽으로부터 3~6[m] 내부의 부분)에 적합하다.
③ 정풍량 방식에 비해 제어가 어렵고, 덕트 크기가 작아져 풍량 감소에 따른 실내 공기의 질이 악화될 우려가 있다.

3 2중덕트 방식

(1) 2중덕트(Dual Duct, 이중덕트) 방식
냉풍과 온풍을 각각의 덕트로 보낸 후 말단의 혼합상자(Mixing Box)에서 냉·온풍을 열부하에 알맞은 비율로 혼합하여 각 실에 송풍하는 방식으로 에너지 다소비형 공조방식으로 고급 사무소 건물이나 냉·난방부하 분포가 복잡한 건물에 적용된다.

(2) 주요 특징
① 부하 특성이 다른 다수의 실이나 존에도 적용할 수 있다.
② 냉·난방을 동시에 할 수 있으므로 계절마다 냉·난방의 전환이 필요 없다.
③ 덕트가 2개의 계통이므로 설비비가 많이 들고, 단일덕트 방식에 비해 덕트 스페이스가 차지하는 면적이 크며, 혼합상자에서 소음과 진동이 발생한다.

(3) 멀티존 유닛(Multi-Zone Unit) 방식
① 2중덕트 방식의 변형으로 공조기 1대로 냉·온풍을 동시에 만들어 공조기 출구에서 각 존마다 필요한 냉·온풍을 혼합한 후 각각의 덕트로 송기하는 방식이다.
② 서로 상이한 실에 냉·난방을 동시에 해야 하는 경우 가장 적절한 공조 방식이다.

예7 단일덕트 방식에 대한 설명으로 옳지 않은 것은?
① 전공기 방식의 특성이 있다.
② 냉·온풍의 혼합손실이 없다.
③ 각 실이나 존의 부하 변동에 즉시 대응할 수 있다.
④ 2중덕트 방식에 비해 덕트 스페이스를 적게 차지한다.
답: ③

예8 급기온도를 일정하게 하고 송풍량을 변화시켜서 실내 온도를 조절하는 공기조화 방식은?
① FCU 방식
② 이중덕트 방식
③ 정풍량 단일덕트 방식
④ 변풍량 단일덕트 방식
답: ④

예9 변풍량 단일덕트 방식에서 송풍량 조절의 기준이 되는 것은?
① 실내 청정도 ② 실내 기류속도
③ 실내 현열부하 ④ 실내 잠열부하
답: ③

예10 냉풍과 온풍을 공급받아 각 실 또는 각 존의 혼합유닛에서 혼합하여 공급하는 방식은?
① 단일덕트 방식
② 이중덕트 방식
③ 유인유닛 방식
④ 팬코일유닛 방식
답: ②

예11 2중덕트 방식에 관한 설명으로 옳지 않은 것은?
① 전공기 방식에 속한다.
② 냉·온풍의 혼합으로 인한 혼합 손실이 있어 에너지 소비량이 많다.
③ 단일덕트 방식에 비해 덕트 샤프트 및 덕트 스페이스를 크게 차지한다.
④ 부하 특성이 다른 여러 개의 실이나 존이 있는 건물에는 적용할 수 없다.
답: ④

예12 서로 상이한 실에 냉·난방을 동시에 해야 하는 경우 가장 적절한 공조 방식은?
① VAV 방식
② CAV 방식
③ 유인유닛 방식
④ 멀티존유닛 방식
답: ④

핵심번호 13 건축설비 공기조화설비(Ⅲ)

예제

예1 공기조화 계획에서 내부존의 조닝 방법에 속하지 않는 것은?
① 방위별 조닝
② 부하 특성별 조닝
③ 온·습도 설정별 조닝
④ 용도에 따른 시간별 조닝

답 : ①

예2 공조시스템의 전열교환기에 관한 설명으로 옳지 않은 것은?
① 공기 대 공기의 열교환기로서 현열만 교환이 가능하다.
② 공조기는 물론 보일러나 냉동기의 용량을 줄일 수 있다.
③ 공기방식의 중앙공조시스템이나 공장 등에서 환기에서의 에너지 회수 방식으로 사용된다.
④ 전열교환기를 사용한 공조시스템에서 중간기(봄, 가을)를 제외한 냉방기와 난방기의 열회수 량은 실내·외의 온도차가 클수록 많다.

답 : ①

예3 공기조화기 설계에서 사용되는 바이패스 팩터(Bypass Factor)의 의미로 옳은 것은?
① 급기팬을 통과하는 공기 중 건공기의 비율
② 공기조화기의 도입 외기와 환기(Return Air)의 비율
③ 실내로부터의 환기(Return Air) 중 공기조화기로 도입되는 공기의 비율
④ 냉·온수코일의 통과 공기 중 냉·온수코일과 접촉하지 않고 통과하는 공기의 비율

답 : ④

예4 대규모 사무소 건물의 공기조화 설비에서 에너지 절약을 위한 수단이 아닌 것은?
① 터미널 리히팅 방식의 채택
② VAV 방식의 채택
③ 전열교환기의 설치
④ 외기냉방 방식의 채택

답 : ①

예5 공기조화 계획에서 에너지 절약을 위한 방법으로 옳지 않은 것은?
① 전열교환기를 설치한다.
② 대온도차 공조 방식을 채용한다.
③ 예열 운전 시 외기 도입량을 증가시킨다.
④ 외기냉방을 실시한다.

답 : ③

1 공기조화 계획에서 에너지 절약을 위한 방법

(1) 건물의 조닝(Zoning)
① 외부존(Perimeter Zone)과 내부존(Interior Zone)으로 구분되며, 외부존은 동서남북 존으로 세분된다.
② 방위별 조닝: 일사 및 일조 조건이 다른 동·서·남·북측의 존으로 구분하는 방법이다.

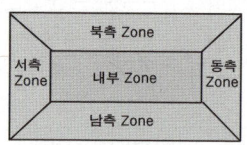

③ 내부존: 온·습도 설정에 따른 부하 특성별, 사용 시간별, 사용 목적별 등으로 구분된다.
④ 건물의 사용 용도나 사용 시간별로도 나누어져 에너지가 절약될 수 있는 방안이 강구되어야 한다.

(2) 가변풍량 방식(VAV, Variable Air Volume System, 변풍량 방식)의 적용

(3) 열회수(熱回收, Heat Recovery) 장치
① 건물에서 사용한 열을 그대로 버리지 않고 다시 건물 내에서 사용할 수 있도록 고안한 것
② 전열교환기(Heat Exchanger): 공조기에서의 배기와 공조기로 도입되는 신선 외기를 간접 접촉시킴으로서 현열 및 잠열을 교환하는 장치

③ 폐열 회수를 위한 열회수설비를 설치할 때에는 중간기에 대비한 바이패스(By-Pass)설비를 설치한다.
④ 바이패스 팩터(Bypass Factor): 냉·온수코일을 통과하는 풍량 중 핀(Pin)이나 튜브 표면과 접촉하지 않고 통과해 버리는 풍량의 비율

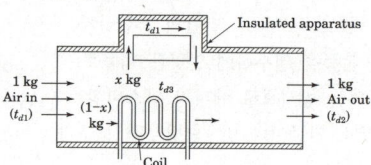

(4) 예열 운전 시 외기 도입량을 증가시키면 에너지 사용량이 증가하므로 온도차가 큰 외기는 환기를 위한 최소한의 양만 도입한다.

(5) 대온도차(大 溫度差) 공조방식(Large Temperature Differential System)
일반적인 공조방식에서 사용하는 냉수(온도차 5[℃])나 온수(온도차 10[℃])보다 온도차를 더 크게 적용하여 송풍량과 순환수량을 줄이는 시스템이다.

(6) 외기냉방(Economizer Cycle)
여름이 아닌 겨울이나 봄, 가을의 중간기에 있어서도 내부존은 인체 및 조명, 사무 기기의 발열로 인해 냉방을 필요로 하는 경우가 있다. 이런 경우 온습도(엔탈피)가 낮은 외기를 도입하여 실내로 송풍하면 냉동기의 운전을 하지 않고도 냉방을 하여 에너지를 절약할 수 있다. 즉, 환기만으로도 냉방을 할 수가 있다.

2 덕트 및 부속 기기

(1) **덕트(Duct)**: 공기가 흐를 수 있도록 유도된 바람의 통로로서 같은 양의 공기가 덕트를 통해 송풍될 때 풍속을 높게 하면 덕트의 단면 치수를 작게 할 수 있다.

① 속도에 의한 분류:
- 저속 덕트: 덕트 내 풍속이 15[m/s] 이하로 일반 건물에 적용된다.
- 고속 덕트: 15~25[m/s]로 고압이며 공장이나 창고 등과 같이 소음이 별로 문제가 되지 않는 곳에 사용된다.

② 형상에 의한 분류:
- 원형 덕트: 동일한 단면적일 때 장방형 덕트에 비해 관마찰저항이 작으므로 고속 덕트인 경우 원형 덕트가 유리하다.
- 장방형 덕트: 덕트의 종횡비(Aspect Ratio, 장변 길이와 단변 길이의 비)를 조절할 수 있으므로 대형 덕트에 적용된다. 장방형 덕트는 원형 덕트에 비해 강도면에서 불리하므로 고속·고압을 채용하는 경우에는 앵글 보강, 다이아몬드 브레이크 보강, 홈형 보강을 반드시 고려해야 한다.

(2) **덕트의 치수 결정법**: 등마찰법, 등속법, 정압 재취득법

① 등마찰법: 덕트의 단위길이당 압력 손실이 일정한 것으로 가정하는 치수 결정 방법

② 등속법: 덕트 내 풍속을 일정한 것으로 가정하는 치수 결정 방법

③ 정압 재취득법: 정압 기준의 국부 저항을 사용한 경우 국부 저항 상·하류의 풍속 변동에 의해 정압 재취득을 고려한 방법

④ 공기조화용 공급 덕트 내 압력은 정압과 동압의 합인 전압이 작용한다.

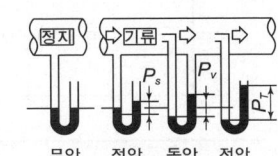

(3) **풍량 조절 댐퍼(Volume Damper)**

① 단익(單翼, Single Blade) 댐퍼: 날개가 1개가 달린 것으로 소형 덕트에 사용되며, 버터플라이(Butterfly) 댐퍼라고도 한다.

② 다익(多翼, Multi Blade) 댐퍼: 날개가 여러 개 달린 것으로 대형 덕트에 사용되며, 루버(Louver) 댐퍼라고도 한다.

③ 스플릿(Split) 댐퍼: 덕트 분기부에서의 풍량 조절용으로 사용된다.

④ 플레넘 챔버(Plenum Chamber): 덕트 내 소음을 줄이기 위해 송풍기 출구 부근에 설치한다.

(4) **송풍기(Fan)**: 정압이 3,000[Pa]을 초과하는 경우에는 다익형(Sirroco Fan) 보다는 효율이나 강도를 올려 소음을 저하시키기 위하여 익형(Air Foil)의 날개를 급기팬으로 많이 사용하고 있다.

(5) **취출구(吹出口)**: 덕트에 접속되어 공기를 실내에 분출하는 개구부로서 덕트 계통에서 엘보 하류로부터 적정 거리를 지난 후 취출구를 설치한다.

① 아네모스탯(Anemostat)형:
천장에 부착하는 취출구의 일반적인 명칭으로, 동심원상의 여러 장의 콘(Cone)을 겹쳐 빈틈을 만들고 그 틈으로부터 공기를 취출함과 동시에 실내 공기를 유인하여 확산시키는 형으로 1차 공기에 의한 2차 공기의 유인 성능이 좋고, 확산 반경이 크고 도달 거리가 짧다.

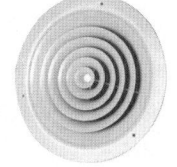

② 펑커 루버(Punkah Louver)형: 공기 저항이 크다는 단점이 있으나 취출구 방향을 상하좌우 자유롭게 조절할 수 있어 주방, 공장 등의 국부 냉방에 적용된다.

예6 고속 덕트에 관한 설명으로 옳지 않은 것은?
① 원형 덕트의 사용이 불가능하다.
② 동일한 풍량을 송풍할 경우 저속 덕트에 비해 송풍기 동력이 많이 든다.
③ 공장이나 창고 등과 같이 소음이 별로 문제가 되지 않는 곳에 사용된다.
④ 동일한 풍량을 송풍할 경우 저속 덕트에 비해 덕트의 단면 치수가 작아도 된다.
답: ①

예7 장방향 덕트의 보강 방법이 아닌 것은?
① 앵글 보강
② 다이아몬드 브레이크 보강
③ 홈형 보강
④ 캔버스 보강
답: ④

예8 덕트의 치수 결정 방법에 속하지 않는 것은?
① 균등법   ② 등속법
③ 등마찰법 ④ 정압 재취득법
답: ①

예9 공기조화용 공급 덕트 내 압력 중 일반적으로 그 값이 가장 큰 것은?
① 전압   ② 정압
③ 동압   ④ 무압
답: ①

예10 덕트의 분기부에 설치하여 풍량 조절용으로 사용되는 댐퍼는?
① 스플릿 댐퍼   ② 평행익형 댐퍼
③ 대항익형 댐퍼 ④ 버터플라이 댐퍼
답: ①

예11 송풍기의 적용에 관한 설명으로 옳지 않은 것은?
① 지붕형의 경우 후익형으로 한다.
② 원심 송풍기의 설치는 바닥 설치를 원칙으로 한다.
③ 정압이 3,000[Pa]을 초과하는 경우에는 다익형으로 한다.
④ 화장실, 욕실의 배기는 습기나 가스에 강한 내식성 재질의 축류 송풍기로 한다.
답: ③

예12 확산형 취출구의 일종으로 몇 개의 콘(Cone)이 있어 1차 공기에 의한 2차 공기의 유인 성능이 좋아 천장 취출구로 많이 사용되는 것은?
① 팬형   ② 노즐형
③ 아네모스탯형 ④ 브리즈 라인형
답: ③

핵심번호 14 건축설비 공기조화설비(Ⅳ)

예1 자연환기에 관한 설명으로 옳은 것은?
① 풍력환기에 의한 환기량은 풍속에 반비례한다.
② 풍력환기에 의한 환기량은 유량계수에 비례한다.
③ 중력환기에 의한 환기량은 공기의 입구와 출구가 되는 두 개구부의 수직거리에 반비례한다.
④ 중력환기에서 실내온도가 외기온도보다 높을 경우 공기는 건물 상부의 개구부에서 실내로 들어와서 하부의 개구부로 나간다.
답:②

예2 자연환기에 관한 설명으로 옳지 않은 것은?
① 풍력환기량은 풍속이 높을수록 증가한다.
② 중력환기량은 개구부 면적이 클수록 증가한다.
③ 중력환기량은 실내외 온도차가 클수록 감소한다.
④ 중력환기는 실내·외의 온도차에 따른 공기의 밀도차가 원동력이 된다.
답:③

예3 실내에서 발생하는 취기와 수증기 등이 다른 공간으로 유출되지 않도록 실내가 부압이 되도록 하는 환기 방식은?
① 자연환기
② 급기팬과 배기팬의 조합
③ 급기팬과 자연배기의 조합
④ 자연급기와 배기팬의 조합
답:④

예4 환기에 관한 설명으로 옳지 않은 것은?
① 화장실은 송풍기(급기팬)와 배풍기(배기팬)를 설치하는 것이 일반적이다.
② 기밀성이 높은 주택의 경우 잦은 기계환기를 통해 실내공기의 오염을 낮추는 것이 바람직하다.
③ 병원의 수술실은 오염공기가 실내로 들어오는 것을 방지하기 위해 실내 압력을 주변 공간보다 높게 설정한다.
④ 공기의 오염 농도가 높은 도로에 면해 있는 건물의 경우, 공기조화설비 계통의 외기 도입구를 가급적 높은 위치에 설치한다.
답:①

1 자연환기(自然換氣, Natural Ventilation): 풍력환기, 중력환기

(1) **자연환기**: 창과 같은 개구부를 통한 환기로 재실자가 조절 가능한 환기로서 외부 풍속이 커지면 환기량은 많아지고, 실내·외의 온도차가 크면 환기량은 많아진다.

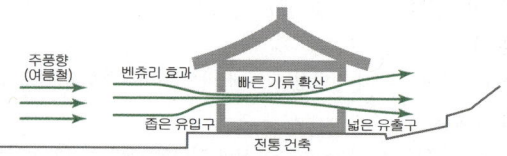

① 풍력환기(Wind Forced Ventilation)

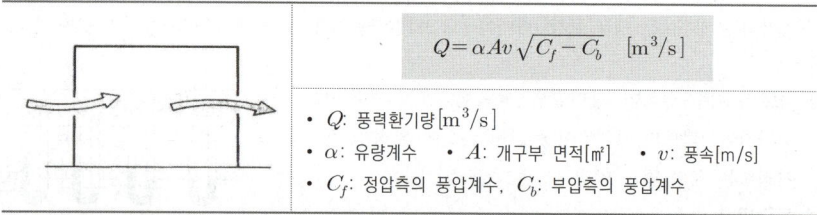

$$Q = \alpha A v \sqrt{C_f - C_b} \quad [m^3/s]$$

- Q: 풍력환기량 $[m^3/s]$
- α: 유량계수 · A: 개구부 면적$[m^2]$ · v: 풍속$[m/s]$
- C_f: 정압측의 풍압계수, C_b: 부압측의 풍압계수

② 중력환기(Gravitational Ventilation, 온도차에 의한 환기)

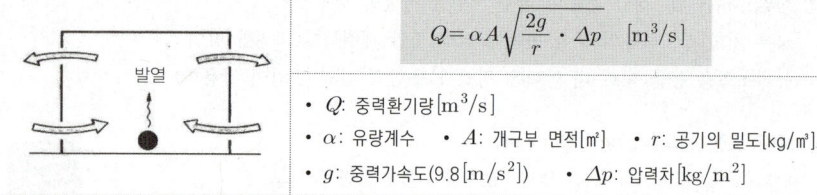

$$Q = \alpha A \sqrt{\frac{2g}{r} \cdot \Delta p} \quad [m^3/s]$$

- Q: 중력환기량 $[m^3/s]$
- α: 유량계수 · A: 개구부 면적$[m^2]$ · r: 공기의 밀도$[kg/m^3]$
- g: 중력가속도(9.8$[m/s^2]$) · Δp: 압력차$[kg/m^2]$

- 중력환기는 실내·외의 온도차가 크면 환기량은 많아진다.
- 중력환기에 의한 환기량은 공기의 입구와 출구가 되는 두 개구부의 수직거리에 비례한다.
- 중력환기에서 실내온도가 외기온도보다 높을 경우, 공기는 건물 하부의 개구부에서 들어와서 상부의 개구부로 나간다.
- 중력환기는 항상 일정한 환기량을 얻을 수 없고 또 일정량 이상의 환기량을 기대할 수 없다.

2 강제환기(=인공환기)

①	제1종(병용식) 환기	• 급기팬과 배기팬을 모두 사용하는 가장 안전한 환기이다.
		• 병원의 수술실, 기계실, 전기실 등에 사용된다.
②	제2종(압입식) 환기	• 급기팬만 사용하여 실내를 정압으로 유지한다.
		• 반도체 클린룸, 병원의 무균실 등에 사용된다.
③	제3종(흡출식) 환기	• 배기팬만 사용하여 실내를 부압으로 유지한다.
		• 부엌·화장실과 같이 연기나 냄새가 발생하는 곳에 사용된다.

3 이산화탄소(CO_2) 농도에 의한 필요 환기량

(1) 실내 공간 오염 물질
① 부유 세균, 미세먼지(PM: Particulate Matters 10), 일산화탄소(CO), 이산화탄소(CO_2), 이산화질소(NO_2), 오존(O_3), 포름알데히드($HCHO$), 라돈(Rn), 톨루엔(Toluene) 및 벤젠(Benzene) 등의 휘발성 유기화합물(VOC: Volatile Organic Compound), 석면(Asbestos)
② 실내 공간에서 이산화탄소(CO_2) 농도가 증가하면 산소의 양이 부족하게 되므로 이산화탄소(CO_2)를 실내 공기질 또는 환기 상태의 척도로 사용하고 있다.

(2) 실내 환기량의 기준
① 다중이용시설 중 실내 주차장의 경우 실내 공기질 유지 기준
- 이산화탄소: 1,000[ppm] 이하
- 일산화탄소: 25[ppm] 이하
- 미세먼지: 200[µg/m³] 이하
- 포름알데히드: 100[µg/m³] 이하

② PM10(Particle Matter 10): 입경 10[µm] 이하인 미세먼지로 호흡을 통해 폐까지 전달되므로 호흡성 분진이라고도 하며, 다중이용시설 실내 공기질은 PM10을 적용하고 있다.

(3) 이산화탄소(CO_2) 농도에 의한 필요 환기량

$$Q = \frac{CO_2 \text{ 발생량}}{\text{허용 농도} - \text{외기 농도}} = \frac{M}{P_i - P_o} [\text{m}^3/\text{h}]$$

- M: 어떤 실의 시간당 CO_2 발생량, [m³/h]
  ➡ $1[l/h] = 10^{-3}[\text{m}^3/\text{h}]$
- P_i: 실내 CO_2 허용량
  ➡ $1,000[\text{ppm}] = 0.1[\%] = 0.001$
- P_o: 외기 CO_2 농도

【예제1】 실내 CO_2 발생량이 17[L/h], 실내 CO_2 허용 농도가 0.1[%], 외기의 CO_2 농도가 0.04[%] 일 경우 필요 환기량을 구해 보자.

$$17[l/hr] = 0.017[\text{m}^3/\text{h}] \text{이고}, \quad Q = \frac{k}{C - C_0} = \frac{0.017}{(0.001) - (0.0004)} = 28.333[\text{m}^3/\text{h}]$$

【예제2】 실내공기의 탄산가스 함유량을 0.1[%]로 유지하는데 필요한 환기량을 구해 보자.
(단, 실내발생 탄산가스량은 51[l/h], 외기의 탄산가스 함유량은 0.03[%] 이다.)

$$51[l/hr] = 0.051[\text{m}^3/\text{hr}] \text{이고}, \quad Q = \frac{k}{C - C_0} = \frac{(0.051)}{(0.001) - (0.0003)} = 72.857[\text{m}^3/\text{h}]$$

【예제3】 900[명]을 수용하고 있는 극장에서 실내 CO_2 농도를 0.1[%]로 유지하기 위해 필요한 환기량을 구해 보자. (단, 외기의 CO_2 농도는 0.04[%], 1인당 CO_2 배출량은 18[l/hr])

$$18[l/hr] = 0.018[\text{m}^3/\text{h}] \text{이고}, \quad Q = \frac{k}{C - C_0} = \frac{(900 \times 0.018)}{(0.001) - (0.0004)} = 27,000[\text{m}^3/\text{h}]$$

[예5] 다중이용시설 등의 실내 공기질 관리 법령에 따른 실내 공간 오염 물질에 속하지 않는 것은?
① 라돈 ② 오존
③ 일산화질소 ④ 포름알데히드
답: ③

[예6] 실내 공기 오염의 종합적 지표로서 사용되는 오염 물질은?
① 부유분진 ② 이산화탄소
③ 일산화탄소 ④ 이산화질소
답: ②

[예7] 일반적으로 실내 환기량의 기준이 되는 것은?
① 공기 온도 ② NO_2 농도
③ CO_2 농도 ④ SO_2 농도
답: ③

[예8] 이산화탄소의 실내 공기질 유지 기준으로 옳은 것은? (단, 다중이용시설 중 실내 주차장의 경우)
① 200[ppm] 이하
② 500[ppm] 이하
③ 1,000[ppm] 이하
④ 2,000[ppm] 이하
답: ③

[예9] 실내 공기 중에 부유하는 직경 10[µm] 이하의 미세먼지를 의미하는 것은?
① VOC10 ② PMV10
③ PM10 ④ SS10
답: ③

[예10] 실내의 탄산가스 허용 농도가 1,000[ppm], 외기의 탄산가스 농도가 400[ppm] 일 때, 실내 1인당 필요한 환기량은? (단, 실내 1인당 탄산가스 배출량은 15[L/h] 이다.)
① 15[m³/h] ② 20[m³/h]
③ 25[m³/h] ④ 30[m³/h]
답: ③

[예11] 100명을 수용하고 있는 회의실에서 1인당 CO_2 배출량이 17[l/h] 일 때 실내의 CO_2 농도를 1,000[ppm] 이하로 유지시키기 위한 필요 환기량은? (단, 외기의 CO_2 농도는 300[ppm])
① 1,120[m³/h] ② 1,750[m³/h]
③ 2,140[m³/h] ④ 2,430[m³/h]
답: ④

예12 압축식 냉동기의 주요 구성 요소가 아닌 것은?
① 재생기   ② 압축기
③ 증발기   ④ 응축기
답 : ①

예13 압축식 냉동기의 냉동 사이클로 옳은 것은?
① 압축 ➡ 응축 ➡ 팽창 ➡ 증발
② 압축 ➡ 팽창 ➡ 응축 ➡ 증발
③ 응축 ➡ 증발 ➡ 팽창 ➡ 압축
④ 팽창 ➡ 증발 ➡ 응축 ➡ 압축
답 : ①

예14 터보식 냉동기에 관한 설명으로 옳지 않은 것은?
① 임펠러의 원심력에 따라 냉매가스를 압축한다.
② 대용량에서는 압축 효율이 좋고 비례 제어가 가능하다.
③ 대·중형 규모의 중앙식 공조에서 냉방용으로 사용된다.
④ 기계적 에너지가 아닌 열에너지에 의해 냉동 효과를 얻는다.
답 : ④

예15 흡수식 냉동기의 주요 구성 부분에 속하지 않는 것은?
① 응축기   ② 압축기
③ 증발기   ④ 재생기
답 : ②

예16 다음의 냉동기 중 기계적 에너지가 아닌 열에너지에 의해 냉동 효과를 얻는 것은?
① 원심식 냉동기
② 흡수식 냉동기
③ 스크류식 냉동기
④ 왕복동식 냉동기
답 : ②

예17 냉각수를 재사용하기 위하여 대기와 접촉시켜서 물을 냉각하는 장치는?
① 냉동기   ② 냉각기
③ 냉각탑   ④ 냉각코일
답 : ③

예18 공기조화설비 열원으로 빙축열 시스템을 채용하는 주된 목적은 어느 것인가?
① 보다 찬 열원을 얻을 수 있어 실내가 쾌적해 진다.
② 얼음으로 축열하므로 설비 점유 스페이스를 감소시킨다.
③ 냉동기 용량을 작게 하고 가동시간을 이동시켜 전력의 피크부하를 감소시킨다.
④ 야간전력을 이용하여 공조에너지를 절약한다.
답 : ③

4 냉동열원설비: 냉동기

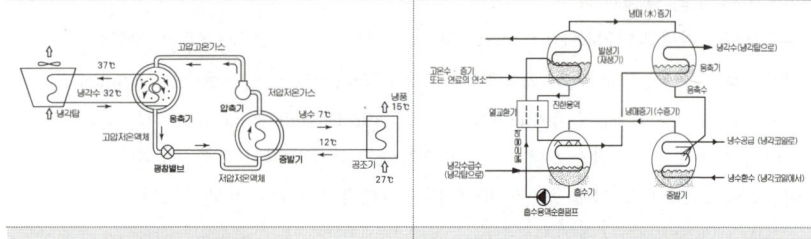

| 압축식 냉동기 | 흡수식 냉동기 |

(1) 압축식 냉동기
① 구동 방식: 전기에 의한 기계적 에너지로 냉동
② 구성: 압축기 ➡ 응축기 ➡ 팽창밸브 ➡ 증발기
③ 종류: 터보식(원심식), 왕복동식, 회전식(스크류식)
④ 특징
• 압축식 냉동기는 흡수식에 비해 운전이 용이하지만, 구동 에너지가 전기이므로 전력 소비가 많다.
• 터보식 냉동기는 압축식 냉동기의 한 종류로서 흡수식 냉동기에 비해 소음 및 진동이 크다.
• 왕복동식 냉동기는 일반적으로 대용량에는 부적합하며 비례 제어가 불가능하다.
• 열펌프(Heat Pump): 압축식 냉동 사이클을 여름에는 냉방용으로 운전하고 겨울에는 4방밸브에 의해 냉매의 흐름 방향을 바꾸면 증발기는 응축기로, 응축기는 증발기로 그 기능이 바뀌어 난방용으로 운전하는 것을 말한다.

(2) 흡수식 냉동기
① 구동 방식: 냉매의 증발에 의한 열에너지로 냉동
② 구성: 응축기 ➡ 증발기 ➡ 흡수기 ➡ 재생기(발생기)
③ 특징
• 증발기에서 냉매로서 물을 사용하고, 수용액은 취화리튬($LiBr$)을 사용한다.
• 도시가스를 주연료로 사용하므로 전력 소비가 적고, 소음 및 진동이 작다.
④ 2중효용(Double Effect) 흡수식 냉동기
• 1중효용(Single Effect, 단효용) 흡수식 냉동기에 고온 발생기(재생기, Generator)와 고온 열교환기를 하나 더 추가한 것으로써 가열 열량을 감소시켜 냉동 효율을 높인 냉동기이다.
• 구성: 증발기, 흡수기, 발생기(고온 발생기, 저온 발생기), 응축기, 흡수액 및 열교환기
• 취화리튬($LiBr$) 수용액의 농축을 위하여 (고온, 저온)발생기를 사용한다.

5 냉동열원설비: 냉각탑, 빙축열 시스템

(1) 냉각탑(冷却塔, Cooling Tower)
냉·온 열원 장치를 구성하는 기기의 하나로서 냉동기로부터의 발열을 냉각수를 순환시켜 대기 중으로 방출하기 위한 장치를 말한다.

(2) 빙축열(氷畜熱) 시스템(Ice Thermal Storage System)
① 전력요금이 저렴하고 전력부하가 작은 야간(22:00~08:00)의 심야전력을 이용하여 얼음을 생성, 저장하였다가 주간에 얼음을 녹여서 건물의 냉방에 활용하는 시스템이다.
② 주·야간 전력 불균형의 해소와 쾌적한 환경 조성이 가능해진다.
③ 하절기 피크 전력부하가 감소하여 전기요금이 절감된다.
④ 냉동기와 관련 기기의 용량을 작게 할 수 있다.
⑤ 유지 보수가 비교적 어렵고 축열조 설치를 위한 별도의 공간이 필요하다.

핵심번호 15 건축설비: 전기설비(Ⅰ)

1 전기설비: 기초 사항

(1) 전류(電流, Electric Current): 기호 I, 단위 [A](암페어)
① 전위가 높은 곳에서 낮은 곳으로 전하의 흐름이다.
② 전류의 3가지 작용

• 전류의 열작용	전기에너지가 열에너지로 전환되는 것
• 전류에 의한 자기장	전류와 수직인 면에 동심원 모양으로 형성되는 것
• 전류의 화학작용	전해질용액에 전류를 흘려주면 전기가 분해되는 것

③ 전압(電壓, Voltage): 전류가 흐르는 압력으로 기호는 V, 단위는 [V](볼트)
④ 키르히호프(Gustav Kirchhoff, 1824~1887)의 법칙
  • 제1법칙[전류법칙]: 회로 내의 어떤 지점에서든지 들어오는 전류의 합과 나가는 전류의 합은 같다.
  • 제2법칙[전압법칙]: 임의의 폐회로 내에서의 기전력과 전압강하의 대수의 합은 같다.

(2) 저항(抵抗, Resistance): 기호 R, 단위 [Ω](옴)
① 전류의 흐름을 방해하는 정도이다.
② 직렬 연결: $R = R_1 + R_2 + R_3 \cdots$
  병렬 연결: $\dfrac{1}{R} = \dfrac{1}{R_1} + \dfrac{1}{R_2} + \dfrac{1}{R_3} \cdots$

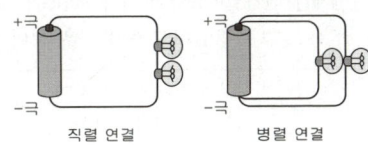

직렬 연결   병렬 연결

③ 절연(絶緣, Insulation): 열의 전도나 전기의 유통을 차단하는 것으로서 절연체 등을 사용한다. 절연저항은 전기가 통하지 못하게 하는 저항이므로 절연저항이 클수록 안전한 지표를 의미한다.

(3) 옴(Georg Ohm, 1789~1854)의 법칙
① 전류(電流, I)와 전압(電壓, V)의 관계 ➡ $V = I \cdot R$
② 전류(I)는 전압(V)에 비례하고, 저항(R)에 반비례한다.
③ 직렬회로에서는 각각의 저항에 흐르는 전류(I)의 값이 같다.
④ 병렬회로에서는 각각의 저항에 흐르는 전압(V)의 값이 같다.

(4) 전력(電力, Electric Power): 기호 W, 단위 [W](와트)
① 전류가 1초 동안 하는 일이며, 전기가 하는 일의 양을 전력량이라 하고 [Wh], [kWh]로 나타낸다.
② 직류의 경우: $W = V \cdot I = I^2 \cdot R = \dfrac{V^2}{R}$ ➡ 전력(W)은 전압(V)의 제곱에 비례한다.
③ 단상 교류의 경우: $W = V \cdot I \times$ 역률(Power Factor)
④ 3상 교류의 경우: $W = V \cdot I \times \sqrt{3} \times$ 역률(Power Factor)
➡ 역률(Power Factor): 교류의 경우 전압과 전류의 크기와 방향이 시시각각으로 변하며, 전류가 전압보다 빠르거나 늦게 발생한다. 이와 같은 전압과 전류의 시간적인 위상차를 역률이라고 한다.
⑤ 소비전력: $P = \dfrac{W}{t} = VI = I^2 R = \dfrac{V^2}{R}$
➡ 전력은 전압(V)의 제곱에 비례한다. 220[V]를 110[V]에서 사용한다는 것은 전압이 0.5배가 됨을 의미하므로 전력은 $0.5^2 = 0.25$배가 되며, 100[V]를 90[V]에서 사용한다는 것은 전압이 0.9배가 됨을 의미하므로 전력은 $0.9^2 = 0.81$배가 된다.

예1 전기에 관한 용어와 단위의 연결이 옳지 않은 것은?
① 전력: 와트[W] ② 전압: 볼트[V]
③ 저항: 오옴[Ω] ④ 전류: 쿨롱[C]
답: ④

예2 전류의 3가지 작용에 속하지 않는 것은?
① 발열작용 ② 화학작용
③ 절연작용 ④ 자기작용
답: ③

예3 10[Ω]의 저항 10개를 직렬로 접속할 때의 합성저항은 병렬로 접속할 때의 합성저항의 몇 배가 되는가?
① 5배   ② 10배
③ 50배 ④ 100배
답: ④

예4 다음 중 그 값이 클수록 안전한 것은?
① 접지저항 ② 도체저항
③ 접촉저항 ④ 절연저항
답: ④

예5 저항 5[Ω], 7[Ω], 8[Ω]을 직렬로 접속된 회로에 5[A]의 전류가 흐르려면 가해준 전압 [V]은 얼마인가?
① 50[V]   ② 100[V]
③ 200[V] ④ 250[V]
답: ②

예6 전압 1[V]의 전류가 1[s] 동안 하는 일을 나타내는 것은?
① 1[Ω]   ② 1[J]
③ 1[Wh] ④ 1[W]
답: ④

예7 220[V], 200[W] 전열기를 110[V]에서 사용하였을 경우 소비전력은?
① 50[W]   ② 100[W]
③ 200[W] ④ 400[W]
답: ①

예8 100[V], 500[W]의 전열기를 90[V]에서 사용할 경우 소비전력은?
① 200[W] ② 310[W]
③ 405[W] ④ 420[W]
답: ③

[예9] 수변전설비의 설계 순서로 가장 알맞은 것은?

㉠ 수전전압 결정
㉡ 배전전압 결정
㉢ 변전설비 용량 계산
㉣ 변전실 설치 면적 계산

① ㉠ ➡ ㉡ ➡ ㉢ ➡ ㉣
② ㉠ ➡ ㉢ ➡ ㉡ ➡ ㉣
③ ㉣ ➡ ㉢ ➡ ㉡ ➡ ㉠
④ ㉢ ➡ ㉣ ➡ ㉡ ➡ ㉠

답 : ①

[예10] 최대수요전력을 구하기 위한 것으로 총부하설비용량에 대한 최대수요전력의 비율을 백분율로 나타낸 것은?

① 역률   ② 수용률
③ 부등률 ④ 부하율

답 : ②

[예11] 전기설비용량이 각각 80[kW], 90[kW], 100[kW]인 부하설비가 있다. 그 수용률이 70[%]인 경우 최대수요전력은?

① 63[kW]   ② 70[kW]
③ 189[kW]   ④ 270[kW]

답 : ③

[예12] 최대수용전력 500[kW], 수용률 80[%]일 때 부하설비용량은?

① 400[kW]   ② 625[kW]
③ 800[kW]   ④ 1,250[kW]

답 : ②

[예13] 전기설비가 어느 정도 유효하게 사용되는가를 나타내며 최대수용전력에 대한 부하의 평균전력의 비로 표현되는 것은?

① 부하율   ② 부등률
③ 수용률   ④ 유효율

답 : ①

[예14] 전압의 구분에서 저압의 전압 크기 기준은? (단, 교류인 경우)

① 220[V] 이하   ② 600[V] 이하
③ 750[V] 이하   ④ 1,000[V] 이하

답 : ④

[예15] 전기설비의 전압 구분에서 고압의 범위 기준은? (단, 교류의 경우)

① 300[V] 이상
② 600[V] 이상
③ 1,000[V] ~ 7,000[V]
④ 1,500[V] ~ 7,000[V]

답 : ③

2 수변전설비

(1) 수변전설비(受變電設備, Power Substation)

발전소에서 만들어진 전기는 매우 높은 전압으로 여러 단계의 변전소를 거쳐 수용가로 공급되는데, 이러한 전기를 받아 사용하기에 적당한 전압으로 낮추는 장치를 말한다.

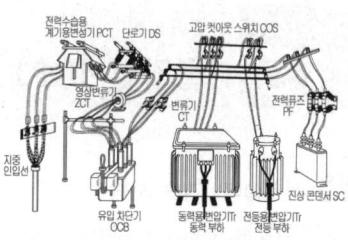

(2) 수변전설비의 설계 순서

수전전압 결정 ➡ 배전전압 결정 ➡ 변전설비 용량 계산 ➡ 변전실 설치 면적 계산

(3) 수전용량의 추정

① 수용률(需用率, Demand Factor, 수요율): $\dfrac{\text{최대수용전력}(kW)}{\text{부하설비용량}(kW)} \times 100[\%]$

➡ 수용률이 높을수록 이용률이 높은 것을 의미한다.

② 부등률(不等率, Diversity Factor): $\dfrac{\text{각 부하의 최대수용전력 합계}(kW)}{\text{합계부하의 최대수용전력}(kW)} \times 100(\%)$

➡ 여러 개의 부하계통이 있는 경우 각각의 부하계통 최대수용전력의 합계값이 전체의 최대수용전력보다도 커지는 비율

③ 부하율(負荷率, Load Factor): $\dfrac{\text{평균수용전력}(kW)}{\text{최대수용전력}(kW)} \times 100(\%)$

➡ 1일, 1개월, 1년 등의 어느 일정 시간의 전기설비가 어느 정도 유효하게 사용되는가를 나타낸다.

【예제1】 전기설비용량이 각각 60[kW], 100[kW], 140[kW]인 부하설비가 있다. 그 수용률이 70%인 경우 최대수용전력[kW]을 구해 보자.

① 수용률 = $\dfrac{\text{최대수용전력}(kW)}{\text{부하설비용량}(kW)} \times 100[\%]$

② 최대수요전력 = $(60+100+140) \times \dfrac{70}{100} = 210 kW$

【예제2】 최대수용전력의 합이 1,200[kW], 부등률이 1.2일 때 합성최대수용전력[kW]을 구해 보자.

① 부등률 = $\dfrac{\text{각 부하의 최대수용전력 합계}(kW)}{\text{합계부하의 최대수용전력}(kW)} \times 100(\%)$

② 최대수용전력 = $\dfrac{(1,200)}{(1.2)} \times 100(\%) = 1,000[kW]$

【예제3】 합성최대수용전력이 1,000[kW], 부하율이 0.6일 때 평균전력[kW]을 구해 보자.

① 부하율 = $\dfrac{\text{부하의 평균전력}}{\text{최대 수용전력}} \times 100[\%]$

② 부하의 평균전력 = $1,000 \times \dfrac{60[\%]}{100[\%]} = 600[kW]$

(4) 전압의 구분

구분	교류	직류
저압	1[kV] 이하	1.5[kV] 이하
고압	1~7[kV]	1.5~7[kV]
특고압	7[kV] 초과	

핵심번호 16 건축설비 전기설비(Ⅱ)

1 변전실(變電室, Substation)

(1) 변전실의 위치
① 가능한 한 부하의 중심에 가깝고 배전에 편리한 장소일 것
② 외부로부터 전원 인입과 기기의 반·출입이 용이한 곳
③ 습기와 먼지가 적은 곳일 것
④ 천장높이가 충분할 것:
   고압 ➡ 보 아래 3.0[m] 이상, 특고압 ➡ 보 아래 4.5[m] 이상
⑤ 변전실의 높이 결정 시 고려 사항:
   천장 배선 방법, 바닥 트렌치 설치 여부, 실내에 설치되는 기기의 최고 높이

(2) 변전실 면적에 영향을 주는 요소
① 수전전압 및 수전 방식, 변전설비 강압 방식, 변압기 용량 및 형식
② 설치 기기와 큐비클의 종류, 기기의 배치 방법, 건축물의 구조적 여건 및 유지 보수 필요 면적

(3) 변전설비용 기기

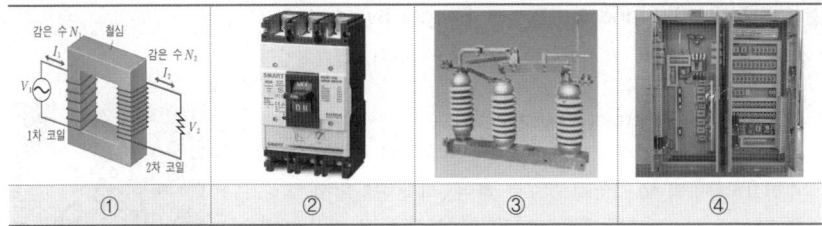

① 변압기(Transformer): 철심에 감은 2개의 코일 사이에 생기는 전자유도작용을 이용하여 교류전압이나 전류의 크기를 변화시키는 장치

【예제】변압기의 1차측 코일의 권수가 6,000, 2차측 코일의 권수가 200일 때 1차측 코일에 교류전압 3,000[V] 인가 시 2차측 코일에 발생하는 교류전압[V]을 구해 보자.

$$6{,}000 : 3{,}000 = 200 : x \quad \therefore\ x = 100$$

② 차단기(Circuit Breaker):
- 배선용 차단기(MCCB, Molded Case Circuit Breaker): 교류 600[V]이하, 직류 250[V] 이하의 저압 옥내 전로 보호에 사용되는 차단기
  ➡ 상시상태의 전로를 수동 또는 전기 조작에 의해 개폐가 가능하고 과부하 및 단락 등의 사고 발생 시 자동적으로 전로를 차단 후 재투입이 가능한 기구로써 개폐기와 과전류 차단기의 기능을 겸한다.
- 누전차단기(Earth Leakage Circuit Breaker): 지락전류가 미리 정해 놓은 값을 초과할 경우, 설정된 시간 내에 회로의 전원을 자동으로 차단하는 장치
  ➡ 지락(地絡, Ground Fault): 전기회로 또는 전기기기가 보통의 절연저항치 이하의 임피던스(Impedance)로 대지에 전기적으로 이어지는 것
③ 단로기(斷路器, Disconnection Switch): 개폐기의 일종으로 수용가의 인입구 부근에 설치하여 구분 개폐기로 사용하고 변압기, 차단기, 피뢰기 등 고전압 기기의 1차측에 설치하여 기기를 점검, 수리할 때 회로를 분리하는 데 사용하는 것
④ 배전반(配電盤, Distributing Board, Switch Board): 차단기, 개폐기, 계전기, 계량기 등을 한 개소에 정리하여 전력의 분배 및 전기회로의 감시, 제어를 하는 것
⑤ 콘덴서(Condenser): 정전용량을 갖는 전기기기로서 역률 개선에 사용된다.

[예1] 변전실의 위치에 관한 설명으로 옳지 않은 것은?
① 습기와 먼지가 적은 곳
② 전기기기의 반·출입이 용이한 곳
③ 가능한 한 부하의 중심에서 먼 곳
④ 외부로부터 전원 인입이 쉬운 곳
답: ③

[예2] 변전실 면적에 영향을 주는 요소와 가장 거리가 먼 것은?
① 발전기실의 면적
② 변전설비 변압 방식
③ 수전전압 및 수전 방식
④ 설치 기기와 큐비클의 종류
답: ①

[예3] 저압선로의 배선보호용 차단기로 가장 많이 사용되는 것은?
① ACB ② GCB
③ MCCB ④ ABCD
답: ③

[예4] 지락전류를 영상변류기로 검출하는 전류동작형으로 지락전류가 미리 정해놓은 값을 초과할 경우, 설정된 시간 내에 회로나 회로의 일부의 전원을 자동으로 차단하는 장치는?
① 퓨즈 ② 누전차단기
③ 단로스위치 ④ 과전류차단기
답: ②

[예5] 개폐기의 일종으로 수용가의 인입구 부근, 고전압 기기의 1차측에 설치하여 기기를 점검, 수리할 때 회로를 분리하는데 사용하는 것은?
① 차단기 ② 단로기
③ 계기용 변성기 ④ 진상용 콘덴서
답: ②

[예6] 전면이나 후면 또는 양면에 개폐기, 과전류차단장치 및 그 밖의 보호장치, 모선 및 계측기 등이 부착되어 있는 하나의 대형 패널 또는 여러 개의 패널, 프레임 또는 패널 조립품으로서 전면과 후면에서 접근할 수 있는 것은?
① 캐비닛 ② 차단기
③ 배전반 ④ 분전반
답: ③

| 예7 | 송·배전 계통은 물론 각 수용가의 가전제품에서 전압을 높이거나 낮추기 위하여 사용되는 전기기기는?
① 변압기 ② 전동기
③ 사이리스터 ④ 축전기
답 : ① |

| 예8 | 몰드 변압기에 관한 설명으로 옳지 않은 것은?
① 내진성이 우수하다.
② 내습성이 우수하다.
③ 반입, 반출이 용이하다.
④ 옥외 설치, 대용량 제작이 용이하다.
답 : ④ |

| 예9 | 변압기의 병렬운전 조건으로 옳지 않은 것은?
① 권선비가 같을 것
② 1차, 2차 정격전압 및 극성이 같을 것
③ 부하의 합계가 변압기 정격용량보다 클 것
④ 3상에서는 상회전 방향 및 위상 변위가 같을 것
답 : ③ |

| 예10 | 보안상 비상전원이 필요한 소방용 설비 중 자가발전설비를 설치하지 않아도 되는 것은?
① 옥내소화전 설비
② 스프링클러 설비
③ 비상콘센트 설비
④ 무선통신 보조설비
답 : ④ |

| 예11 | 감시제어반에 있어서 감시를 위한 표시법이 옳지 않은 것은?
① 전원 표시 – 백색 램프
② 운전 표시 – 오렌지색 램프
③ 정지 표시 – 녹색 램프
④ 고장 표시 – 부저 또는 벨
답 : ② |

| 예12 | 축전설비의 주요 장치가 아닌 것은?
① 충전장치 ② 제어장치
③ 보안장치 ④ 청정시스템
답 : ④ |

| 예13 | 축전지의 충전 방식 중 필요할 때마다 표준시간율로 소정의 충전을 하는 방식은?
① 보통충전 ② 세류충전
③ 균등충전 ④ 급속충전
답 : ① |

2 변압기(變壓器, Transformer)

(1) **변압기**: 전압을 일정 변압비로 승압 또는 강압하는 기기로서, 교류전압이나 전류의 크기를 바꾸는 장치

(2) **몰드 변압기(Mold Transformer)**
절연물이 절연유가 아닌 에폭시 수지를 사용한 건식 변압기로서 옥내의 소형, 경량으로 대용량 제작은 곤란하고, 점검 및 보수가 간편한 특징을 가지고 있다.

(3) **변압기 용량**: 전력용 변압기 용량 = $\dfrac{부하설비용량 \times 수용률}{부등률}$

(4) **변압기 운전 조건**

단상 병렬운전 조건	삼상 병렬운전 조건
ⓐ 권선비(=권수비)가 같을 것	
ⓑ 극성이 일치할 것	ⓐ, ⓑ, ⓒ, ⓓ 조건 이외에
ⓒ [%]임피던스 강하가 같을 것	➡ 상회전 방향이 같을 것
ⓓ 내부 저항과 누설리액턴스비가 같을 것	➡ 위상변위(위상각)가 일치되어야 함

3 예비전원설비(Stand-by Power Supply System)

(1) **종류**: 자가발전설비, 축전지설비, 무정전전원장치, 전기저장장치

(2) **자가발전설비(Generator Equipment)**
① 정전 등에 대비한 최소한의 보안 전력을 확보하기 위한 설비로서 수전설비용량의 10~30[%] 정도로 하며, 비상사태 발생 후 10초 이내에 기동하여 규정 전압을 유지하여 30분 이상 전력 공급이 가능하여야 한다.
② 보안상 비상전원이 필요한 소방용 설비 중 자가발전설비를 설치하는 설비: 옥내소화전 설비, 스프링클러 설비, 비상콘센트 설비
③ 상용전원이 불시에 정전되었을 때 자가발전설비를 가동시켜 정격전압이 확보될 때까지의 예비전원으로 감시제어반의 전원, 통신 및 전화 장치의 전원, 비상방송, 전기시계, 화재 경보장치의 전원으로 사용된다.

감시제어반의 종류	전원 표시	운전 표시	정지 표시	고장 표시	경보 표시
작동 및 표시법	백색 램프	적색 램프	녹색 램프	오렌지색 램프	백색 램프

(3) **축전지설비(Storage Battery System)**
① 축전지설비의 주요 장치: 축전지, 충전장치, 제어장치, 보안장치
② 정전 후 충전하지 않고 30분 이상을 방전할 수 있어야 하며, 축전지실의 천장 높이는 2.6[m] 이상으로 한다.
③ 축전지 충전 방식

- 보통충전: 필요할 때마다 표준시간률로 소정의 충전을 행함
- 급속충전(=회복충전): 비교적 단시간에 보통충전 전류의 2~3배의 전류로 충전하는 방식
- 부동충전: 상용부하에 대한 전력공급은 충전기, 대전류 부하는 축전지가 부담하는 방식
- 세류충전: 전지를 장시간 보존하면 자기방전에 의해 용량이 감소하는데, 자기방전량만 보충해 주는 부동충전 방식의 일종

연축전지	비교 항목	알칼리축전지
2.05~2.08[V]	기전력	1.32[V]
2.0[V/셀(CELL)]	공칭 전압	1.2[V/셀(CELL)]
약하다	전기적 강도 (과충전, 과방전)	강하다
길다	충전 시간	짧다
나쁘다	온도 특성	좋다
5~15년	기대 수명	20~30년
싸다	가격	비싸다
장시간 일정전류 부하	용도	단시간 대전류 부하
발생한다	부식 가스	발생하지 않는다
충전 및 방전 전압차가 작다	기타	저온특성, 고율방전 특성이 좋다

예14 알칼리 축전지에 관한 설명으로 옳지 않은 것은?
① 고율방전 특성이 좋다.
② 공칭 전압은 2[V/셀]이다.
③ 기대 수명이 10년 이상이다.
④ 부식성의 가스가 발생하지 않는다.
　　　　　　　　　　　　답 : ②

4 전동기(電動機, Electric Motor)

(1) 전동기: 전기에너지를 기계에너지로 바꾸어 주는 장치

(2) 전동기의 종류: 교류용 3상유도 전동기는 구조가 간단하고 조작이 간편하면서 값이 싸므로 건축설비에서 가장 많이 사용된다.

교류용 전동기	3상 유도전동기	동기 전동기, 보통농형 유도전동기, 권선형 유도전동기
	단상 유도전동기	분산기동 유도전동기, 반발기동 유도전동기, 콘덴서기동형 유도전동기
직류용 전동기		복권 전동기, 분권 전동기, 직권 전동기

예15 구조가 간단하고 가격이 비교적 싸므로 건축설비에서 가장 많이 사용되는 전동기는?
① 직권전동기　② 유도전동기
③ 동기전동기　④ 직류전동기
　　　　　　　　　　　　답 : ②

(3) 3상 유도전동기 속도 제어 방법: 1차전압 제어, 주파수 변환, 극수 변환

(4) 플레밍의 법칙(Fleming's Rule)

예16 3상 유도전동기의 속도 제어 방법으로 옳지 않은 것은?
① 인버터를 사용하여 주파수를 변환시킨다.
② 2선의 접속을 바꿔 회전자계의 방향이 반대로 되도록 한다.
③ 회전자에 접속되어 있는 저항을 변화시켜 비례 추이의 원리로 제어한다.
④ 독립된 2조의 극수가 서로 다른 고정자 권선을 감아 놓고 필요에 따라 극수를 선택하여 극수를 변환시킨다.
　　　　　　　　　　　　답 : ②

왼손 법칙: 전동기(Electric Motor)에 적용	오른손 법칙: 발전기(Generator)에 적용	
		존 앰브로즈 플레밍 John A. Fleming, (1849~1945)
전자력이 발생하는 원리를 알 수 있는 법칙	유도기전력의 방향을 알기 위해 사용되는 법칙	

예17 전류가 흐르고 있는 도선에 대해 자기장이 미치는 힘의 작용방향을 정하는 법칙으로 전동기에 적용되는 법칙은?
① 암페어의 오른나사 법칙
② 렌츠의 법칙
③ 플레밍의 오른손 법칙
④ 플레밍의 왼손 법칙
　　　　　　　　　　　　답 : ④

5 전기 샤프트(ES, Electrical Shaft)

(1) ES 점검구는 유지·보수 시 기기의 반출입이 가능하도록 최소 600[mm] 이상의 폭을 확보하도록 한다.

(2) 약전설비 및 구내통신설비가 설치되는 인텔리전트빌딩의 경우는 약전 및 통신용 ES의 별도 설치를 고려하며, 전력 배선과는 병행되지 않도록 위치를 선정한다.
이때 전력용(EPS, Electrical Pipe Shaft)과 정보통신용(TPS, Telecommunication Pipe Shaft)을 공용으로 설치한다는 규정은 없고, 공용으로 사용해서는 안 된다는 규정도 없다.

예18 발전기에 적용되는 법칙으로 유도기전력의 방향을 알기 위하여 사용되는 법칙은?
① 오옴의 법칙
② 키르히호프의 법칙
③ 플레밍의 왼손 법칙
④ 플레밍의 오른손 법칙
　　　　　　　　　　　　답 : ④

예19 전기 샤프트(ES)에 관한 설명으로 옳지 않은 것은?
① 각 층마다 같은 위치에 설치한다.
② 전력용과 정보통신용은 공용으로 사용해서는 안 된다.
③ 전기샤프트의 면적은 보, 기둥 부분을 제외하고 산정한다.
④ 현재 장비 이외에 장래의 배선 등에 대한 여유성을 고려한 크기로 한다.
　　　　　　　　　　　　답 : ②

핵심번호 17 건축설비 전기설비(Ⅲ)

[예1] 전기설비와 관련된 설명 중 ( ) 안에 알맞는 용어는?

> 수전점에서 변압기 1차측까지의 기기 구성을 (㉠)라 하고 변압기에서 전력 부하설비의 배전반까지를 (㉡)라 한다.

① ㉠ : 배전설비, ㉡ : 수전설비
② ㉠ : 수전설비, ㉡ : 배전설비
③ ㉠ : 간선설비, ㉡ : 동력설비
④ ㉠ : 동력설비, ㉡ : 간선설비

답 : ②

[예2] 간선 및 배선 설계에서 일반적으로 가장 먼저 이루어지는 작업은?
① 부하 용량 산정
② 보호 방식 결정
③ 간선의 배선 방식 결정
④ 배선의 부설 방식 결정

답 : ①

[예3] 3상 동력과 단상전등 부하를 동시에 사용할 수 있는 방식으로 대형 빌딩이나 공장 등에서 사용되는 것은?
① 단상 3선식 220/110[V]
② 3상 2선식 220[V]
③ 3상 3선식 220[V]
④ 3상 4선식 380/220[V]

답 : ④

[예4] 옥내 배선에서 간선의 배선 방식에 속하지 않는 것은?
① 평행식
② 나뭇가지식
③ 나뭇가지평행식
④ 시그널 콘트롤식

답 : ④

[예5] 간선 배선 방식 중 분전반에서 사고가 발생했을 때 그 파급 범위가 가장 좁은 것은?
① 평행식　② 방사선식
③ 나뭇가지식　④ 나뭇가지 평행식

답 : ①

[예6] 1개소의 사고가 전체에 영향을 미치고 신뢰도가 낮고, 각 분전반별로 동일 전압을 유지할 수 없는 간선의 배선 방식은?
① 평행식　② 나뭇가지식
③ 루프식　④ 나뭇가지 평행식

답 : ②

1 배전 및 배선

(1) 송전, 수전, 배전
  ① 송전(送電, Transmission): 발전소에서 변전소까지 전기를 보내는 것
  ② 수전(受電, Receiving): 전력 회사로부터 전기를 공급받기 위한 것
  ③ 배전(配電, Distribution): 변전소에서 수용가(주택, 빌딩, 공장 등)까지 전기를 보내는 것

(2) 수전점에서 변압기 1차측까지의 기기 구성을 수전설비라 하고 변압기에서 전력 부하설비의 배전반까지를 배전설비라 한다.

(3) 배선(配線, Wiring)
  ① 배선: 전기 사용 장소에 시설하는 전선 (전기기계기구 내의 전선 및 전선로의 전선을 제외)을 말한다.

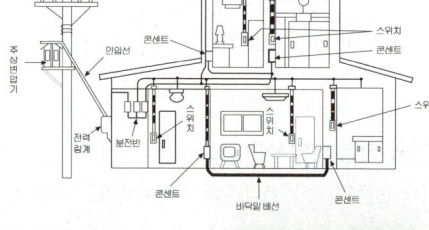

  ② 옥내 배선 설계 순서
  부하 용량 산정 ➡ 전기 방식 결정 ➡ 배선 방법 결정 ➡ 전선 굵기 결정
  ③ 옥내 배선에 사용되는 교류의 전기 방식: 380/220[V] 3상 4선식
  • 여러 종류의 전압이 필요할 때 선택되며 전압, 전력, 배선 거리가 같을 때 배선비가 가장 적게 드는 방식이다.
  • 3상 동력과 단상전등 부하를 동시에 사용할 수 있는 방식으로 대형 빌딩, 공장 등에서 가장 많이 사용된다.

(4) 간선의 배선 방식

평행식	나뭇가지식	병용식
(배전반)	간선 / 분전반 / 배전반	배전반

① 평행식: 배전반으로부터 각 층의 분전반까지 단독으로 배선되므로 전압강하가 평균화되고 사고가 발생하여도 그 범위를 좁힐 수 있는 것이 특징이다. 배선이 혼잡할 우려가 있기는 하지만, 경제성의 문제 때문에 대규모 건물에 적합하다.
② 나뭇가지식: 1개의 간선이 각각의 분전반을 거쳐가는 방식으로 각 분전반별로 동일 전압을 유지할 수 없다. 1개소의 사고가 전체에 영향을 미치고 신뢰도가 낮으므로 소규모 건물에 적합하다.
③ 병용식: 부하의 중심 부근에 분전반을 설치하고 각 부하에 배선하는 가장 많이 쓰이는 방식으로, 나뭇가지평행식이라고도 한다.
④ 각각의 방식에서 다른 간선을 통하여 전력을 공급할 수 있도록 한 것을 루프방식 간선이라고 한다.

(5) 전선의 굵기 결정 시 고려 사항

① 전선의 허용 전류: 전류가 절연물을 손상시키지 않고 안전하게 흐를 수 있는 최대 전류값 고려
② 전압강하(電壓降下, Voltage Drop): 전선에 전류가 흐를 때 전선의 임피던스(Impedance, 교류회로의 전압과 회로에 흐르는 전류의 비)로 인해 전원측 전압보다 부하측 전압이 작아지는 현상이다.
- 전압강하가 크면 전등은 광속이 감소하고 전동기는 토크가 감소한다.
- 저항이 적은 전선을 사용하면 전압강하는 작아진다.
- 전선 단면적에 반비례하므로 전선을 가늘게 하면 저항과 전압강하는 커진다.

③ 기계적 강도: 직경 1.6[mm] 이상의 연동선이나 동등 이상의 기계적 강도를 갖는 전선 사용

(6) 분전반(分電盤, Panel Board), 분기회로(分岐回路, Branch Circuit)

① 분전반: 각 간선에서 배선을 분기하는 장소에 설치하는 것으로 배전반의 일종이다.
- 부하의 중심에 위치하여 간선의 인출이 용이한 곳에 설치한다.
- 분전반 1개로 공급하는 범위는 1,000[m²] 정도가 적당하다.

② 분기회로: 간선에서 분기하여 회로를 보호하는 최종 과전류차단기와 부하 사이의 전로
- 분전반의 설치 간격은 분기회로의 길이가 30[m] 이하가 되도록 위치를 정한다.
- 하나의 분전반에는 예비회로를 포함하여 최대 40회선까지 배선할 수 있다.
- 복도, 계단처럼 같은 스위치로 점멸되는 전등은 같은 회로로 한다.
- 습기가 있는 장소의 수구는 별도의 회로로 하고, 전등회로와 콘센트회로는 별도의 회로로 한다.

2 배선공사

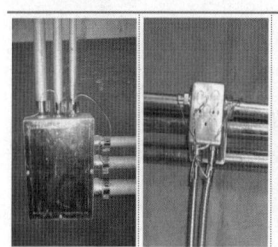
금속관 공사

경질비닐관 공사

플로어덕트 공사

(1) 금속관 공사

① 콘크리트 매입 공사에 적합하고 전선의 교체가 용이하며 전선의 기계적 손상에 대해 안전한 방법이다.
② 옥내의 점검할 수 없는 은폐 장소에 시설할 수 있으며, 습기나 먼지가 많은 장소에서도 시공이 가능하다.
③ 금속관에는 제3종 접지공사(접지선의 굵기는 직경 1.6[mm], 접지저항 100[Ω] 이하)를 한다.

(2) 경질비닐관(합성수지관, PVC관) 공사

① 관 자체가 우수한 절연성을 가지고 있으며, 중량이 가볍고 시공이 용이하다.
② 내식성이 우수하여 화학 공장 등에 사용이 가능하지만, 열에 약하고 기계적 강도가 낮은 것이 결점이다.
③ 전개 또는 은폐, 은폐 장소 중 점검 유무, 건조 및 습기 유무 등과 관계없이 모든 곳에 시설이 가능한 공사이다.

(3) 플로어덕트(Floor Duct) 공사

① 바닥면적이 넓은 실에서 컴퓨터, 전기 스탠드, 선풍기 등의 강전류 전선과 전화선, 신호선 등의 약전류 전선을 바닥에 매입하고 여기에 바닥면과 일치한 플로어 콘센트를 설치한 것이다.
② 옥내의 은폐된 장소로서 건조한 콘크리트 내에 매입할 경우에 한하여 시설할 수 있다.

예7 옥내 배선의 전선 굵기 결정 요소에 속하지 않는 것은?
① 허용전류 ② 배선방식
③ 전압강하 ④ 기계적 강도
답 : ②

예8 전기설비에서 간선에서 분기하여 회로를 보호하는 최종 과전류차단기와 부하 사이의 전로로 정의되는 것은?
① 아웃렛 ② 신호회로
③ 분기회로 ④ 인입케이블
답 : ③

예9 분기회로 구성 시 유의 사항에 관한 설명으로 옳지 않은 것은?
① 전등회로와 콘센트회로는 별도의 회로로 한다.
② 같은 스위치로 점멸되는 전등은 같은 회로로 한다.
③ 습기가 있는 장소의 수구는 가능하면 별도의 회로로 한다.
④ 분기회로의 전선길이는 60[m] 이하로 하는 것이 바람직하다.
답 : ④

예10 저압 옥내 배선 방법 중 노출되고 습기가 많은 장소에 시설이 가능한 것은?
① 금속관 배선 ② 금속몰드 배선
③ 금속덕트 배선 ④ 플로어덕트 배선
답 : ①

예11 저압 옥내 배선 공사 중 직접 콘크리트에 매설할 수 있는 공사는?
① 금속관 공사 ② 금속덕트 공사
③ 버스덕트 공사 ④ 금속몰드 공사
답 : ①

예12 전기설비에서 경질비닐관 공사에 관한 설명으로 옳은 것은?
① 절연성과 내식성이 강하다.
② 자성체이며 금속관보다 시공이 어렵다.
③ 온도 변화에 따라 기계적 강도가 변하지 않는다.
④ 부식성 가스가 발생하는 곳에는 사용할 수 없다.
답 : ①

예13 옥내의 건조한 노출 장소에 시설할 수 없는 배선공사는?
① 금속관 배선
② 금속몰드 배선
③ 플로어덕트 배선
④ 합성수지몰드 배선
답 : ③

핵심번호 18 건축설비 — 전기설비(Ⅳ)

1 조명설비: 조명에 관한 주요 용어

(1) 광속, 조도, 광도, 휘도

①	광속 (光束, Luminous Flux)	단위시간당 흐르는 빛의 량	루멘[lm]
②	조도 (照度, Illumination)	단위면적당의 입사광속(작업면의 밝기) $1[lx] = 1[lm/m^2]$	럭스[lx]
③	광도 (光度, Luminous Intensity)	점광원으로부터의 단위입체각당의 발산광속	칸델라[cd]
④	휘도 (輝度, Brightness)	빛을 발산하는 면의 단위면적당의 광도	니트(nit) [cd/m^2] 스틸브(sb) [cd/cm^2]

(2) 연색성(Color Rendering)

① 어떤 물체가 조명되었을 때 나타나는 색이 자연채광 시의 색과 비교하여 얼마나 비슷한가를 나타내는 지표이다. 쉽게 본다면 "자연색의 재현 정도"를 의미한다.
② 평균 연색평가수(Ra)란 많은 물체의 대표색으로서 8가지의 시험색에 기준광원과 시료(Test)광원을 조사하여 평균값을 구한 것이다.
③ R1, R2. R3, …, R8의 8가지 정해진 색이 있고 여기에 기준광원을 비추었을 때의 값(100)에 시료(Test)광원의 빛을 비추었을 경우의 값을 평균하여 구한 수치이다.
④ 평균 연색평가수(Ra)가 100에 가까울수록 연색성이 좋다.
⑤ 백열전구(Ra=100) 또는 할로겐전구(Ra=100)가 고압수은램프(Ra=45~50)보다 연색성이 좋으며, 형광램프(Ra=60~98)는 램프의 종류에 따라 큰 편차를 보인다.

연색성 그룹	Ra의 범위	광색감(색온도)	용도 예
1	85 이상	냉(고)	섬유, 도료, 인쇄
		중(중)	점포, 병원
		난(저)	주택, 호텔, 레스토랑, 백화점
2	85~70	냉(고)	
		중(중)	사무소, 학교, 백화점
		난(저)	
3	70 이하	–	연색성이 그다지 중요하지 않은 옥내
특수	보통과 다른 연색성의 것	–	특정한 용도(신호, 표시용)

(3) 불쾌 현휘(Discomfort Glare)

① 광원의 휘도가 클수록 눈부심이 강하며, 심한 휘도차로 눈이 피로해지고 불쾌감을 느끼는 현상을 말한다.
② 휘도의 광원, 반사 및 투과면, 눈에 입사하는 광속의 과다, 시선 부근에 노출된 광원, 물체와 그 주위 사이의 고휘도 대비, 눈부심을 주는 광원을 오랫동안 주시할 때 발생된다.
③ 인공광원의 효율: 광속(lm)을 광원의 용량(W)으로 나눈값(lm/W) 이다.

(4) 균제도(Uniformity Ratio of Illumination)

일정 공간에서 빛의 균일한 분포 정도로서 $\dfrac{수평면상의\ 최소조도[lx]}{수평면상의\ 평균\ 조도[lx]}$ 로 표현된다.

예1 빛에 관한 다음 설명 중 옳은 것은?
① 조도란 어떤 면에서의 입사 광속밀도를 의미한다.
② 광도란 광원에서 나오는 빛의 양을 말하며 단위는 루멘이다.
③ 휘도는 어떤 광원에서 발산하는 빛의 세기를 의미하며 단위는 칸델라이다.
④ 빛의 분광 특성이 색의 보임에 미치는 효과를 광속이라 한다.
답 : ①

예2 조명 단위에 대한 조합 중 틀린 것은?
① 광속: [lm] ② 조도: [lx]
③ 휘도: [sb] ④ 광도: [cd/m²]
답 : ④

예3 조명설비에서 연색성에 관한 설명으로 옳지 않은 것은?
① 평균 연색평가수(Ra)가 0에 가까울수록 연색성이 좋다.
② 일반적으로 할로겐전구가 고압수은 램프보다 연색성이 좋다.
③ 연색성이란 물체가 광원에 의하여 조명될 때 그 물체의 색의 보임을 정하는 광원의 성질을 말한다
④ 평균 연색평가수(Ra)란 많은 물체의 대표색으로서 8종류의 시험색을 사용하여 그 평균값으로부터 구한 것이다.
답 : ①

예4 불쾌 글레어(Discomfort Glare)의 원인과 가장 거리가 먼 것은?
① 휘도가 낮은 광원
② 시선 부근에 노출된 광원
③ 눈에 입사하는 광속의 과다
④ 물체와 그 주위 사이의 고휘도 대비
답 : ①

예5 인공광원의 효율에 대한 설명으로 적합한 것은?
① 광속을 광원의 용량으로 나눈 값이다.
② 백열등의 광속을 100으로 본 각 광원의 광속비를 말한다.
③ 전광속에 대한 하향광속의 비이다.
④ 인공광원의 유효수명을 말한다.
답 : ①

예6 작업 대상물의 수평면상에서의 조도의 균일 정도를 표시하는 척도로서, $\dfrac{수평면상의\ 최소조도[lx]}{수평면상의\ 평균\ 조도[lx]}$ 식으로 표현되는 것은?
① 색온도 ② 균제도
③ 분광분포 ④ 전등효율
답 : ②

2 조명설비: 인공 광원

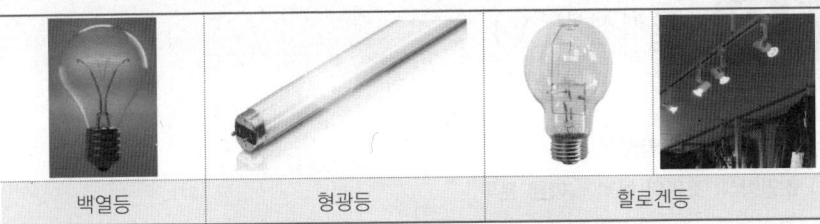

| 백열등 | 형광등 | 할로겐등 |

(1) 백열등(白熱燈, Incandescent Lamp, 백열램프, 백열전구)
   ① 가장 널리 사용되는 인공 광원으로 일반적으로 전구라고 한다.
   ② 형광등에 비해 가격이 저렴하고 설치가 간편하지만 수명이 비교적 짧다.

(2) 형광등(螢光燈, Fluorescent Lamp, 형광램프)
   ① 점등 장치를 필요로 하고 역률이 낮으며 백열등에 비해 빛의 어른거림이 없다.
   ② 열을 많이 발산하지 않으며, 전원 전압의 변동에 대한 광속 변동이 작다.
   ③ 백열등에 비해 효율이 높고, 수명이 길지만 휘도가 낮고 점등까지 시간이 걸린다.

(3) 할로겐등(Tungsten Halogen Lamp, 할로겐램프)
   ① 백열등의 흑화(黑化, 백열등의 전극 부근에 생기는 검은 모양) 현상을 방지하고 효율 향상과 수명(2,000~3,000시간) 연장을 이룩한 램프이다.
   ② 연색성(演色性, Color Rendering)이 높아 상점, 백화점의 전시 조명으로 많이 사용된다.
   ③ 자동차 전조등으로 사용되며, 휘도가 높아 시야에 광원이 직접 들어오지 않도록 설치하여야 한다.

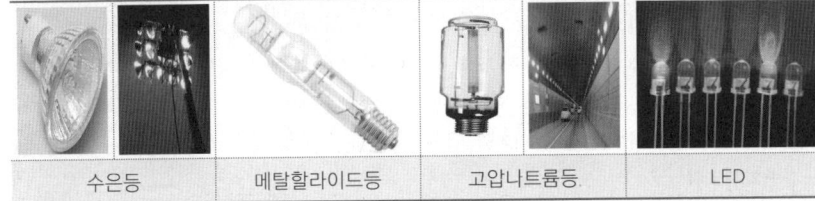

| 수은등 | 메탈할라이드등 | 고압나트륨등 | LED |

(4) 수은등(水銀燈, Mercury Lamp, 수은램프)
   ① 고증기압의 수은 내 방전을 이용한 램프로서 광속이 크고 수명이 길다.
   ② 연색성이 좋지 않아 주로 도로, 공장, 옥외 경기장에 설치된다.

(5) 메탈할라이드등(Metal Halide Lamp, 메탈할라이드램프)
   ① 수은등의 발광관 내에 금속의 화합물을 첨가하여 수은등의 연색성 및 효율을 개선한 램프이다.
   ② 연색성이 우수하고 광색은 형광등과 유사하다.

(6) 고압나트륨등(HPS, High Pressure Sodium Lamp, 고압나트륨램프)
   ① 고효율과 장수명으로 도로, 공장, 광장, 옥외경기장 등 수은램프가 쓰였던 모든 장소에 사용되고 있다.
   ② 점등 시간이 빠르고 점등 방향이 자유롭지만 색상이 적황색으로 낮은 연색성을 가지고 있다.

(7) LED(Light Emitting Diode, 발광 다이오드)
   ① 반도체의 일종으로 다이오드의 특성을 이용해 전기 신호를 적외선 또는 빛으로 변환시켜 신호를 교환한다.
   ② 장수명(약 100,000시간), 고효율, 고신뢰성으로 다양한 색상 연출이 가능하다.

연색성의 순서: 주광색 형광 램프 > 메탈할라이드 램프(할로겐 램프) > 수은 램프 > 나트륨 램프

예7 백열전구와 비교한 형광램프의 특징으로 옳지 않은 것은?
① 효율이 높다.
② 휘도가 낮다.
③ 수명이 길다.
④ 전원 전압의 변동에 대하여 광속 변동이 크다.
답 : ④

예8 할로겐 램프에 관한 설명으로 옳지 않은 것은?
① 백열전구에 비해 수명이 길다.
② 연색성이 좋고 설치가 용이하다.
③ 흑화가 거의 일어나지 않고 광속이나 색온도의 저하가 적다.
④ 휘도가 낮아 시야에 광원이 직접 들어오도록 계획하여도 무방하다.
답 : ④

예9 한 등당의 광속이 많고 수명이 긴 점과 연색성이 양호한 점으로 인해 연색성을 중요하게 고려하는 높은 천장, 옥외조명 등에 적합한 것은?
① 메탈할라이드램프
② 형광등
③ 고압수은등
④ 나트륨등
답 : ①

예10 효율이 높지만 등황색의 단색광으로 색채의 식별이 곤란하므로 주로 터널 조명에 사용하는 것은?
① 형광램프
② 고압수은램프
③ 고압나트륨램프
④ 메탈할라이드램프
답 : ③

예11 상점의 내부 조명으로 사용이 가장 부적합한 것은?
① 백열전구
② 형광램프
③ 할로겐램프
④ 고압나트륨램프
답 : ④

예12 다음의 광원 중 연색성이 가장 좋은 것은?
① 메탈할라이드램프
② 나트륨램프
③ 주광색형광램프
④ 고압수은램프
답 : ③

핵심번호 19 건축설비 전기설비(Ⅴ)

예1 명시적 조명의 좋은 조명 조건으로 옳지 않은 것은?
① 필요한 밝기로서 적당한 밝기가 좋다.
② 직시 눈부심은 없어야 좋지만, 반사 눈부심은 있어야 좋다.
③ 분광 분포와 관련하여 표준주광이 좋다.
④ 휘도 분포와 관련하여 얼룩이 없을 수록 좋다.
답 : ②

예2 직접조명방식에 관한 설명으로 옳지 않은 것은?
① 조명률이 크다.
② 실내면 반사율의 영향이 적다.
③ 상반부 광속은 보통 0~10[%] 정도이다.
④ 분위기를 중요시 하는 조명에 적합하다.
답 : ④

예3 조명방식 중 거의 모든 광속을 윗방향으로 향하게 발산하여 천장 및 윗벽 부분에서 반사되어 방의 아래 각 구분으로 확산시키는 방식은?
① 직접조명 ② 반직접조명
③ 간접조명 ④ 국부조명
답 : ③

예4 상향광속 60~90[%], 하향광속 10~40[%] 정도이며, 천장을 주광원으로 이용하는 조명기구는?
① 직접조명기구
② 반직접조명기구
③ 반간접조명기구
④ 전반확산조명기구
답 : ③

예5 기구 배치에 의한 조명방식 중 작업면상의 필요한 장소 즉, 어떤 특별한 면을 부분 조명하는 방식은?
① 전반조명 ② 국부조명
③ 직접조명 ④ 간접조명
답 : ②

예6 작업구역에는 전용의 국부조명 방식으로 조명하고, 그 밖의 주변 환경에 대하여는 간접조명과 같은 낮은 조도 레벨로 조명하는 방식은?
① TAL 조명방식
② 반직접 조명방식
③ 반간접 조명방식
④ 전반확산 조명방식
답 : ①

1 조명설비: 조명방식

(1) 조명방식: 조명의 목적에 따른 분류
① 명시조명: 밝기 위주의 조명으로 사무실, 교실, 공장의 작업장 등에 사용된다. 형광등, 수은등 등이 대표적 명시조명등이며 직시 눈부심((Direct Glare) 및 반사 눈부심 (Reflected Glare)이 없도록 계획한다.
② 장식조명: 분위기 위주의 조명으로 상점, 레스토랑, 백화점 등에 사용된다. 백열등, 할로겐등 등이 많이 사용된다.

(2) 조명방식: 조명기구 배치에 의한 분류
① 전반조명: 실내의 조도가 균일하게 되도록 조명기구를 일정하게 분산배치 하는 방식이다. 명시조명을 요하는 사무실, 학교, 공장 등에 적용된다.
② 국부조명: 조명기구를 높은 조도가 필요한 특정의 장소에 설치하는 방식이다. 정밀 공장의 기계 부분, 전시장, 조립 공장 등에 사용된다.
③ 전반·국부병용조명: 조도의 변화를 적게 하여 명시 효과를 높이기 위한 방식이다.

(3) 조명방식: 배광에 의한 분류
① 직접조명: 하향광속 90[%] 이상으로 조명 효율은 높지만 조도 분포가 불균일하고 그림자가 강하다.
② 간접조명: 하향광속 10[%] 이하로 조명 효율은 낮고 입체감은 약하지만 천장과 윗벽 부분이 광원의 역할을 하여 균일한 조도 분포의 차분한 분위기를 얻을 수 있다.
③ 전반확산조명:
상·하향광속이 각각 40~60[%]로 균등하게 확산되는 방식

(4) 조명기구에 따른 조명비율

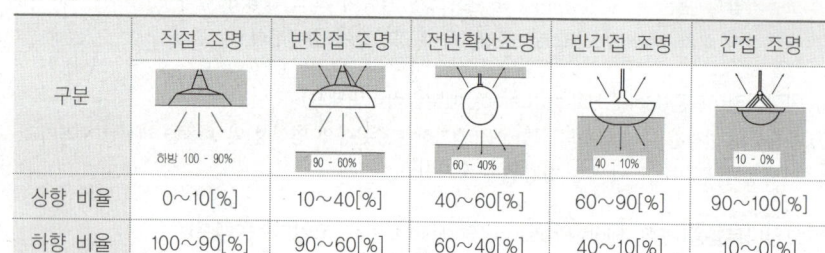

구분	직접 조명	반직접 조명	전반확산조명	반간접 조명	간접 조명
상향 비율	0~10[%]	10~40[%]	40~60[%]	60~90[%]	90~100[%]
하향 비율	100~90[%]	90~60[%]	60~40[%]	40~10[%]	10~0[%]

(5) 국부조명(Spot Light): 부분적으로 높은 조도를 얻을 수 있으나 눈이 쉽게 피로해진다.

(6) TAL 조명방식(Task & Ambient Lighting)
작업구역(Task)에는 전용의 국부조명방식으로, 기타 주변(Ambient)환경에 대하여는 간접조명과 같은 낮은 조도 레벨로 조명하는 방식을 말한다.

2 건축화조명(Architectural Lighting)

(1) 정의: 조명기구를 건축 내장재의 일부 마무리로써 천장, 벽, 기둥 등의 건축 요소에 광원을 만들어 건축의장과 조명기구를 일체화하는 조명방식이다.

(2) 건축화조명의 종류

천장	광천장(光天井, 광천정) 조명	
	광원을 천장에 설치하고 그 밑에 확산투과 플라스틱판, 루버 등을 설치한 방식	
	다운라이트(Down Light) 조명	
	천장면에 작은 구멍을 뚫어 그 속에 여러 형태의 등기구를 매입하는 방식	
	라인라이트(Line Light) 조명	
	천장 및 벽면에 직선의 형태로 광원을 매입한 것	
	코브(Cove) 조명	
	광원을 눈가림판 등으로 가리고 빛을 천장에 반사시켜 간접조명하는 방식	
	코퍼(Coffer) 조명	
	천장면을 여러 형태의 사각, 동그라미 등으로 오려내고 광원을 매입하는 방식	
벽면	광창(光窓) 조명	
	광원을 벽에 설치하고 확산투과 플라스틱판 등으로 넓게 마감한 방식	
	코니스(Cornice) 조명	
	광원을 벽면의 상부에 설치하여 모든 빛이 아래로 직사하도록 하는 조명방식	
	밸런스(Balance) 조명	
	광원을 벽면의 중간에 설치하여 빛이 상하로 비추도록 하는 조명방식	

3 전기설비: 조명설계

(1) 조명설계 순서
소요 조도 결정 ➡ 광원 선택 ➡ 조명방식 결정 ➡ 조명기구 선정 ➡ 광속 계산 ➡ 조명기구 배치

(2) 조도의 법칙

$$E = \frac{I}{d^2} \cdot \cos\theta$$

⬇

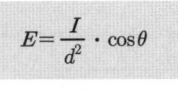
조도(E)는 광도(I)에 비례하고 입사각(θ)에 비례하며, 거리(d)의 제곱에 반비례한다.

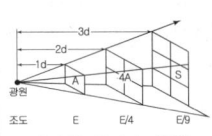
거리의 역자승 법칙

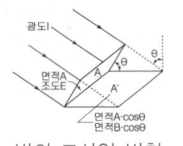
빛의 코사인 법칙

예7 조명기구를 건축 내장재의 일부 마무리로써 건축 의장과 조명기구를 일체화하는 조명방식을 의미하는 것은?
① 전반 조명 ② 간접 조명
③ 확산 조명 ④ 건축화 조명
답: ④

예8 건축화조명 중 천장 전면에 광원 또는 조명기구를 배치하고, 발광면을 확산투과성 플라스틱판이나 루버 등으로 전면을 가리는 조명 방법은?
① 밸런스 조명 ② 광천장 조명
③ 코니스 조명 ④ 다운라이트 조명
답: ②

예9 천장면에 작은 구멍을 많이 뚫어 그 속에 여러 형태의 하면개방형, 하면루버형, 하면확산형, 반사형 전구 등의 등기구를 매입하는 건축화조명방식?
① 다운라이트 조명
② 루버 천장 조명
③ 밸런스 조명
④ 코브 조명
답: ①

예10 건축화조명 중 천장면 이용 방식에 속하지 않는 것은?
① 광창 조명 ② 코브 조명
③ 코퍼 조명 ④ 광천장 조명
답: ①

예11 점광원으로부터의 거리가 n배가 되면 그 값은 $\frac{1}{n^2}$배가 된다는 "거리의 역제곱의 법칙"이 적용되는 빛환경 지표는?
① 조도 ② 광도
③ 휘도 ④ 복사속
답: ①

예12 인공 조명설계에서 가장 먼저 결정해야 할 요소는?
① 조명방식의 결정
② 소요 조도 결정
③ 광원의 선택
④ 조명기구의 배치
답: ②

예13 광원으로부터 일정 거리 떨어진 수조면의 조도에 대한 설명 중 옳지 않은 것은?
① 광원의 광도에 비례한다.
② 거리의 제곱에 반비례한다.
③ $\cos\theta$(입사각)에 비례한다.
④ 측정점의 반사율에 반비례한다.
답: ④

[예14] 어느 실에 필요한 조명기구 개수를 구하고자 한다. 그 실의 바닥면적 A, 평균 조도 E, 조명률 U, 보수율 M, 기구 1개의 광속을 F라고 할 때 소요 램프 수의 적절한 산정 식은?

① $\dfrac{E \cdot A \cdot M}{F \cdot U}$ ② $\dfrac{E \cdot A \cdot F}{U \cdot M}$
③ $\dfrac{E \cdot A}{F \cdot U \cdot M}$ ④ $\dfrac{E}{A \cdot F \cdot U \cdot M}$

답 : ③

[예15] 조명기구를 사용하는 도중에 광원의 능률 저하나 기구의 오염, 손상 등으로 조도가 점차 저하되는 데, 이를 고려하여 반영하는 계수는?

① 광도 ② 조명률
③ 실지수 ④ 감광보상률

답 : ④

[예16] 조명률에 영향을 끼치는 요소로 볼 수 없는 것은?

① 실의 크기
② 마감재의 반사율
③ 조명기구의 배광
④ 글레어(Glare)의 크기

답 : ④

[예17] 작업면의 필요 조도가 400[lx], 면적이 10[m²], 전등 1개의 광속이 2,000[lm], 감광보상률 1.5, 조명률 0.6일 때 전등의 소요 수량은?

① 3등 ② 5등
③ 8등 ④ 10등

답 : ②

[예18] 폭 7[m], 길이 10[m], 천장높이 3.5[m]인 어느 교실의 야간 평균 조도가 100[lx]가 되려면 필요한 형광등의 개수는? (단, 사용되는 형광등 1개당광속은 2,000[lm], 조명률 50%, 감광보상률 1.5 이다)

① 5개 ② 11개
③ 16개 ④ 23개

답 : ②

【예제1】 어느 점광원에서 1[m] 떨어진 곳의 직각면 조도가 200[lx]일 때 이 광원에서 2[m] 떨어진 곳의 직각면 조도를 구해 보자.

거리(d)가 4배로 되면 조도(E)는 $\dfrac{1}{2^2} = \dfrac{1}{4}$ 배로 된다 ➡ $200[lx] \div \dfrac{1}{4} = 50[lx]$

【예제2】 어느 점광원에서 1[m] 떨어진 곳의 직각면 조도가 800[lx]일 때 이 광원에서 4[m] 떨어진 곳의 직각면 조도를 구해 보자.

거리(d)가 4배로 되면 조도(E)는 $\dfrac{1}{4^2} = \dfrac{1}{16}$ 배로 된다 ➡ $800[lx] \div \dfrac{1}{4^2} = 50[lx]$

(3) 광속법에 의한 광원의 개수

$$F \cdot N \cdot U = E \cdot A \cdot D \qquad N = \dfrac{E \cdot A \cdot D}{F \cdot U} = \dfrac{E \cdot A}{F \cdot U \cdot M}$$

F	사용 광원 1개의 광속[lm]	
N	광원의 개수	
U	조명률 (Coefficient of Utilization)	• 광원에서 방사된 총 광속 중 작업면에 도달하는 비율로서, 실내면의 마감에 따른 반사율과 실지수에 의해 결정된다. • 실지수 $RI = \dfrac{XY}{H(X+Y)}$ ➡ X, Y : 실의 가로, 세로의 길이 ➡ H : 작업면에서 광원까지의 높이
E	작업면의 평균 조도[lx]	
A	실의 면적[m²]	
D	감광보상률 (感光補償率, Depreciation Factor)	• 조명기구 사용 중 광원의 광속이 점차 감소되고, 광원에 먼지 등이 붙어 능률이 저하됨으로써 광원을 교체하거나 청소할 때까지 필요한 조도를 유지할 수 있도록 여유를 주는 비율로서 직접조명에서는 1.3~2.0, 간접조명에서는 1.5~2.0 정도를 적용한다. • 감광보상률의 역수를 유지율(M, 보수율)이라고 한다.

【예제3】 면적이 100[m²]인 어느 강당의 야간 소요 평균 조도가 300[lx]이다. 1개당 광속이 2,000[lm]인 형광등을 사용할 경우 소요 형광등 수를 계산해 보자.
(단, 조명률은 60[%], 감광보상률은 1.5이다.)

$$N = \dfrac{E \cdot A \cdot D}{F \cdot U} = \dfrac{(300)(100)(1.5)}{(2,000)(0.6)} = 37.5 \Rightarrow 38개$$

【예제4】 바닥면적 50[m²]인 사무실이 있다. 32[W] 형광등 20개를 균등하게 배치할 때 사무실의 평균 조도를 계산해 보자.
(단, 형광등 1개의 광속은 3,300[lm], 조명률은 0.5, 보수율은 0.76)

$$E = \dfrac{F \cdot N \cdot U}{A \cdot D} = \dfrac{(3,300)(20)(0.5)}{(50)\left(\dfrac{1}{0.76}\right)} = 501.6[lx]$$

핵심번호 20 건축설비 전기설비(Ⅵ)

1 약전설비 및 정보통신설비

(1) 12[V], 24[V]와 같은 낮은 전압에서 동작하는 전화 및 전기시계설비, 인터폰설비 등을 약전설비라고 한다.

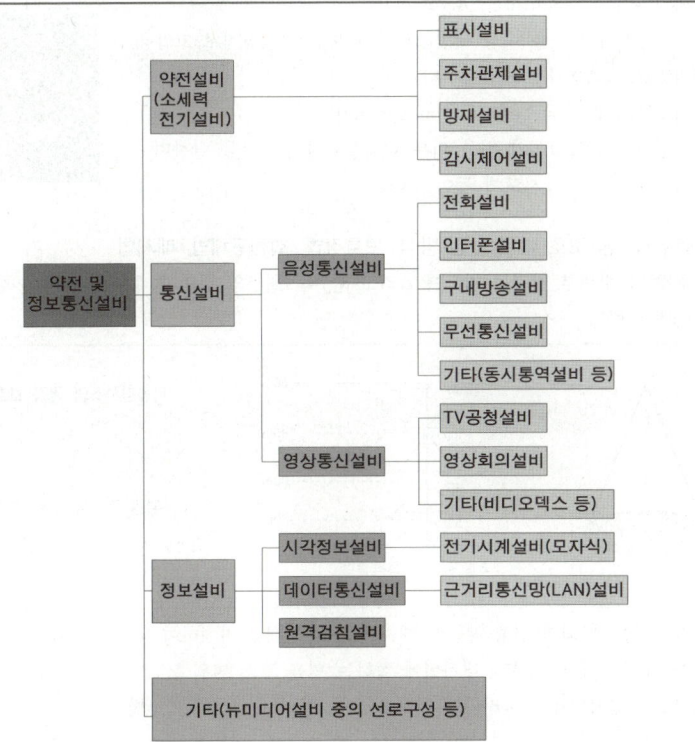

(2) 방송공동수신설비, TV공청설비의 구성
  안테나, 혼합기(Mixer, 믹서),
  선로기기(분기기, 분배기,
  정합기, 변환기(Converter, 컨버터)),
  증폭기(Booster, 부스터), 전송선

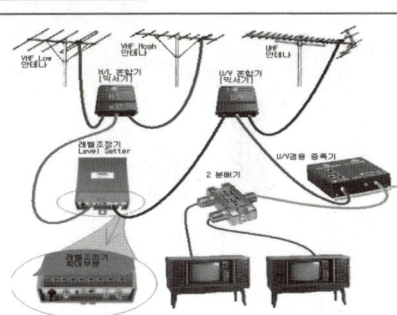

(3) 인터폰설비 통화망 구성 방식

모자식	상호식	복합식
모기에서는 어느 자기나 호출 통화할 수 있지만 자기는 모기하고만 통화가 가능한 방식	모자식에서 모기만을 조합하여 접속한 방식	모자식 + 상호식

예1 다음 중 강전설비에 해당하는 것은?
① 전화설비 ② 변전설비
③ 방송설비 ④ 인터폰설비
답 : ②

예2 다음 중 약전설비에 속하는 것은?
① 변전설비 ② 전화설비
③ 축전지설비 ④ 자가발전설비
답 : ②

예3 약전설비(소세력 전기설비)에 속하지 않는 것은?
① 조명설비 ② 방재설비
③ 감시제어설비 ④ 주차관제설비
답 : ①

예4 정보통신설비는 정보설비와 통신설비로 구분할 수 있다. 다음 중 통신설비에 속하지 않는 것은?
① 전화설비 ② TV공청설비
③ 인터폰설비 ④ 전기시계설비
답 : ④

예5 TV공청설비의 주요 구성 기기에 해당하지 않는 것은?
① 증폭기 ② 월패드
③ 컨버터 ④ 혼합기
답 : ②

예6 방송공동수신설비의 구성 기기에 속하지 않는 것은?
① 혼합기 ② 모시계
③ 컨버터 ④ 증폭기
답 : ②

예7 인터폰설비의 통화망 구성 방식에 속하지 않는 것은?
① 모자식 ② 상호식
③ 복합식 ④ 프레스토크식
답 : ④

예8 인터폰설비의 접속 방식의 종류가 아닌 것은?
① 모자식 ② 상호식
③ 인덕턴스식 ④ 복합식
답 : ③

[예9] 피뢰침의 주요 구조부에 속하지 않는 것은?
① 돌침 ② 인하도선
③ 접지극 ④ 리미트 스위치
답 : ④

[예10] 전력설비의 기기를 이상전압 (뇌서지, 개폐서지)으로부터 보호하는 장치는?
① 전력 퓨즈 ② 계기용 변성기
③ 피뢰기 ④ 과전류 계전기
답 : ③

[예11] 피뢰시스템의 수뢰부에 사용되지 않는 것은?
① 돌침 ② 인하도선
③ 메시도체 ④ 수평도체
답 : ②

[예12] 피뢰설비에서 수뢰부 시스템의 설치 시 사용되는 보호 범위 산정 방식에 속하지 않는 것은?
① 메시법 ② 면적법
③ 보호각법 ④ 회전구체법
답 : ②

[예13] 위험물 저장 및 처리 시설의 피뢰침 보호각은 일반적으로 몇 도인가?
① 30° ② 45°
③ 60° ④ 90°
답 : ②

[예14] 피보호물을 연속된 망상도체나 금속판으로 싸는 방법으로 뇌격을 받더라도 내부에 전위차가 발생하지 않으므로 건물이나 내부에 있는 사람에게 위해를 주지 않는 피뢰설비 방식은?
① 돌침 방식(보통보호)
② 케이지 방식(완전보호)
③ 수평도체 방식(증강보호)
④ 가공지선 방식(간이보호)
답 : ②

[예15] 피뢰시스템에 관한 설명으로 옳지 않은 것은?
① 피뢰시스템은 보호 성능 정도에 따라 등급을 구분한다.
② 피뢰시스템의 등급은 Ⅰ, Ⅱ, Ⅲ의 3등급으로 구분된다.
③ 수뢰부시스템은 보호 범위 산정 방식(보호각, 회전구체법, 메시법)에 따라 설치한다.
④ 피보호 건축물에 적용하는 피뢰시스템의 등급 및 보호에 관한 사항은 한국산업표준의 낙뢰 리스트 평가에 따른다.
답 : ②

2 피뢰(避雷)설비

(1) **피뢰설비**: 높이 20[m] 이상 건축물에 설치한다.

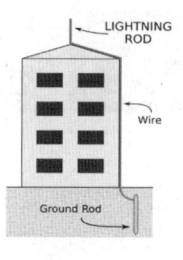

(2) 피뢰시스템(LPS, Lightning Protection System)의 구성
① 피뢰침(避雷針, Lightning Rod):
• 낙뢰전류를 대지로 안전하게 흘려보내 건축물의 화재 및 파손을 방지할 목적으로 설치한 장치
• 구성: 돌침, 수뢰부, 인하도선, 접지극
② 피뢰기(避雷器, Lightning Arrester):
선로, 전기기기 등을 이상 전압으로부터 보호하는 장치로 고압용, 서지(Surge)보호기는 저압용이다.
③ 수뢰부(受雷部, Air Termination System):
뇌격전류를 받아들이기 위한 외부 피뢰설비의 일부분을 말하며 돌침, 수평도체, 메시도체 등이 있다.

(3) 수뢰부시스템 보호 범위 산정 방식: 보호각법, 회전구체법, 메시법
① **보호각법**: 수뢰부 정점의 각도를 α라고 할 때, 원추의 밑면과 내부를 낙뢰 보호 범위로 나타내는 방법

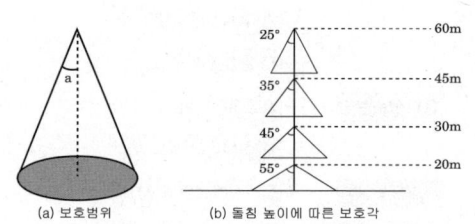

	피뢰침시스템 권장 보호각
	일반 건축물: 60° 이하, 위험물 저장 및 처리시설: 45° 이하

(a) 보호범위   (b) 돌침 높이에 따른 보호각

② **회전구체법**: 낙뢰의 선행 선단이 대지에 근접할 때를 가정하여 뇌격거리 R의 반경을 갖는 구가 지상 물체 끝부분과 대지면에 접하는 면을 보호 범위로 나타내는 방법
③ **메시법**: 접지도체로 둘러싸인 안쪽을 보호 범위로 설정하는 방법

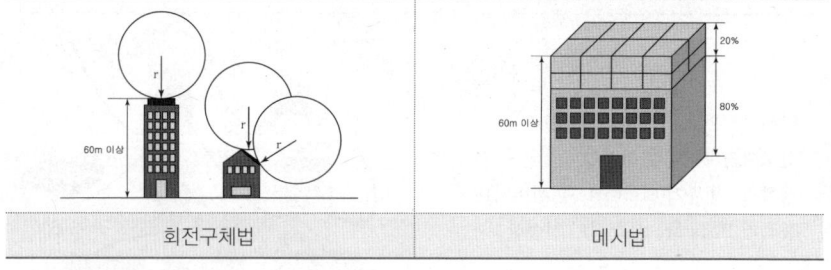

| 회전구체법 | 메시법 |

(4) 보호 등급
① 피뢰시스템은 보호 성능 정도에 따라 등급을 구분한다.

완전보호	관측소, 골프장의 독립 휴게소 등에 케이지 방식으로 건물이나 내부에 있는 사람에게 위해를 주지 않는 방식
증강보호	중요 건축물로서 케이지 방식의 채용이 어려울 때(수평도체 방식)
보통보호	피뢰침을 이용한 일반적인 보호(돌침 방식)
간이보호	높이 20m 이하의 건물에 피뢰도체 등을 이용하여 자주적인 설비를 할 때(가공지선 방식)

② 피뢰 레벨에 따라 Ⅰ, Ⅱ, Ⅲ, Ⅳ의 4등급으로 구분되며, 위험물 저장 및 처리 시설은 보호등급 Ⅱ 이상이어야 한다.

3 접지(接地)설비(Earthing System)

(1) 접지설비: 감전 피해 및 손상 방지를 위해 대지와 연결하는 설비

(2) 접지시스템의 구분
① 계통접지: 전력 계통의 한 전선로를 의도적으로 접지시켜 전선로의 과전압을 억제하는 목적을 갖는 방법으로 고·저압의 혼촉에 의한 재해를 예방하기 위해 변압기 2차측에 접지한다.
② 보호접지: 금속제 외함 접지 또는 기기접지를 통하여 감전 사고를 예방할 목적을 갖는 방법
③ 피뢰시스템접지: 뇌전류를 안전하게 보내기 위한 목적을 갖는 방법

(3) 접지시스템의 시설 종류
① 단독접지: 배선당 1종류를 이용한 접지공사로서 독립접지라고도 한다.
② 종별접지

구분	접지저항	용도
제1종	10[Ω] 이하	• 고압용 또는 특별고압용 기계 기구의 철대 및 금속제 외함 • 특별고압계기용 변성기의 2차측 전로
제2종	150/I [Ω] 이하	• 고압 또는 특별고압을 저압으로 변성하는 변압기의 2차측 중성점 또는 1단자
제3종	100[Ω] 이하	• 400[V] 이하 저압용 기계 기구의 철대 및 금속제 외함 • 분전반 및 고압계기용 변성기의 2차측 전로
특별 제3종	10[Ω] 이하	• 400[V] 초과 저압용 기계기구의 철대 및 금속제 외함

③ 공통접지: 제1종, 제2종, 제3종 접지를 공통으로 사용하는 접지방식으로 공용접지라고도 한다.
④ 통합접지: 【1,2,3종 + 피뢰접지 + 통신접지 + 철골】
건축물에는 보안용 접지, 정보통신 기기들을 위한 기능용 접지 또는 낙뢰로부터 보호하기 위한 접지 등 목적이 다른 접지가 이루어지는 데, 하나의 공용 접지시스템으로 신뢰와 편리, 경제적 시공을 목적으로 한 접지이다.

4 비상콘센트(Emergency Receptacle)

(1) 목적: 초고층 건물의 화재 발생 시 배연설비와 조명설비의 전원을 공급하기 위한 설비

(2) 설치 기준
① 건축물의 11층 이상의 층에 설치하며, 1개의 비상콘센트까지 수평거리는 50[m] 이하로 한다.
② 설치 높이는 바닥면상 중심에서 0.8~1.5[m] 정도로 한다.
③ 전원: 3상교류 380[V], 단상교류 [220V]
④ 1회선에 접속되는 콘센트의 수: 10개 이하

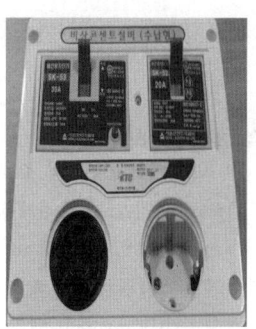

5 항공장애(표시)등설비

(1) 야간에 운행하는 항공기에 대하여 항공의 장애가 되는 건물의 존재를 시각으로 인식시키기 위한 등(燈)이다.
(2) 항공법에는 지표면 또는 수면으로부터 60[m] 이상 높이의 건축물이나 공작물은 항공장애표시등과 주간장애표시등을 설치하도록 규정하고 있다.

예16 목적에 따른 접지의 분류 중 주로 고·저압의 혼촉에 의한 재해를 예방하기 위해 변압기 2차측에 접지하는 것은?
① 기기접지 ② 계통접지
③ 통신용 접지 ④ 뇌해방지용 접지
답: ②

예17 특별고압 계기용 변성기의 2차측 전로 및 고압용 또는 특별고압용 기계기구의 철대 및 금속제 외함에 필요한 접지공사의 종류는?
① 제1종 접지공사
② 제2종 접지공사
③ 제3종 접지공사
④ 특별 제3종 접지공사
답: ①

예18 제1종 접지공사의 접지저항값은 최대 얼마 이하로 유지하여야 하는가?
① 10[Ω] ② 20[Ω]
③ 30[Ω] ④ 40[Ω]
답: ①

예19 기능상 목적이 서로 다르거나 동일한 목적의 개별접지들을 전기적으로 서로 연결하여 구현한 접지시스템은?
① 단독접지 ② 공통접지
③ 통합접지 ④ 종별접지
답: ③

예20 비상콘센트설비에 관한 설명으로 옳지 않은 것은?
① 층수가 6층 이상인 특정소방대상물의 전층에 설치하여야 한다.
② 전원회로는 각층에 있어서 2 이상이 되도록 설치하는 것을 원칙으로 한다.
③ 비상콘센트는 바닥으로부터 높이 0.8[m] 이상 1.5[m] 이하의 위치에 설치한다.
④ 소방시설 중 화재를 진압하거나 인명구조활동을 위하여 사용하는 소화활동설비에 속한다.
답: ①

예21 건축물 등에서 항공기의 추돌을 방지하기 위하여 설치하는 각종의 안전등화를 무엇이라 하는가?
① 선회등 ② 유도로등
③ 항공등화 ④ 항공장애표시등
답: ④

핵심번호 21 건축설비 승강운송설비

예1 엘리베이터 주요 기기의 설치 위치는 기계실, 승강로, 승강장 등으로 나눌 수 있다. 다음 중 기계실에 설치하는 것은?
① 가이드 레일 ② 균형추
③ 완충기 ④ 권상기
답 : ④

예2 엘리베이터의 기계실에 있는 주요 설비에 속하지 않는 것은?
① 조속기 ② 권상기
③ 완충기 ④ 전자 브레이크
답 : ③

예3 엘리베이터의 안전장치와 가장 관계가 먼 것은?
① 권상기 ② 조속기
③ 완충기 ④ 리미트 스위치
답 : ①

예4 엘리베이터 안전장치에 속하지 않는 것은?
① 균형추 ② 완충기
③ 조속기 ④ 전자 브레이크
답 : ①

예5 엘리베이터의 안전장치와 가장 관계가 먼 것은?
① 조속기 ② 핸드 레일
③ 종점 스위치 ④ 전자 브레이크
답 : ②

예6 엘리베이터 안전장치 중 일정 이상의 속도가 되었을 때 브레이크 등을 작동시키는 기능을 하는 것은?
① 조속기 ② 권상기
③ 완충기 ④ 가이드 슈
답 : ①

예7 엘리베이터 카(Car)가 최상층이나 최하층에서 정상 운행 위치를 벗어나 그 이상으로 운행하는 것을 방지하기 위해 설치하는 전기적 안전장치는?
① 조속기 ② 가이드 레일
③ 전자 브레이크 ④ 리미트 스위치
답 : ④

1 엘리베이터(Elevator)

(1) 엘리베이터 기본적 장치: 권상기, 균형추, 완충기

① 권상기(Traction Machine)
- 엘리베이터 전체를 위아래로 들어 올리고 내리는 기기로서 엘리베이터 기계실에 설치되며 안전장치와는 관계없다.
- 엘리베이터의 기계실에 있는 주요설비: 권상기, 조속기, 전동기, 전자 브레이크, 제어반

② 균형추(Counter Balance): 권상기의 부하를 가볍게 하고자 승강 카(Car)의 반대편 로프에 장치한 엘리베이터의 기본적인 장치이다.

③ 완충기(Buffer): 전기적 안전장치가 작동할 수 없는 속도 이하인 경우에 낙하하는 엘리베이터 속도를 감속시켜 주는 물리적 안전장치이다.

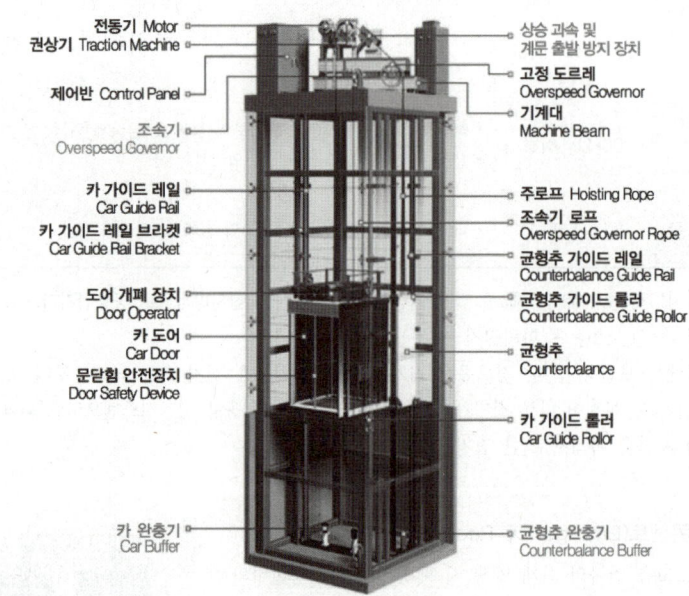

(2) 엘리베이터 안전장치

① 엘리베이터 안전장치 종류: 전자브레이크, 조속기, 비상정지버튼, 종점스위치(스토핑스위치), (파이널)리미트스위치(제한스위치), 도어안전스위치, 비상벨과 전화기, 완충기, 리타이어링 캠

② 전자 브레이크(Magnetic Brake): 엘리베이터의 안전장치에서 전동기가 회전을 정지하였을 경우 스프링의 힘으로 브레이크 드럼을 눌러 엘리베이터를 정지시켜 주는 장치

③ 조속기(Governor): 엘리베이터 기계실에 설치하여 엘리베이터 박스를 로프로 연결하여 항상 박스의 속도를 모니터하여 과속을 감시하는 장치

④ 종점스위치(Stopping Switch): 최상층이나 최하층에서 케이지를 자동적으로 정지시키는 장치

⑤ (파이널) 리미트 스위치(Final Limit Switch)
- 종점스위치가 고장 났을 때 엘리베이터를 최상층이나 최하층에서 멈추게 하는 안전장치
- 파이널 리미트 스위치의 작동 후, 엘리베이터 운행을 위한 복귀는 자동적으로 이루어지지 않아야 한다.

⑥ 리타이어링 캠(Retiring Cam): 카의 문과 승차장의 문을 동시에 개폐하는 장치

2 유압식 엘리베이터(Plunger Hydraulic Elevator)

(1) 구동방식: 상향으로의 압력에 의해 케이지를 상승시키고 엘리베이터의 자중으로 하강시키는 방식으로 승강 행정이 짧은 경우에 적당한 방식이다.

(2) 로프식 엘리베이터와 비교한 주요 특징
① 로프식은 정격속도와 정지 층수(행정 거리)에 제한을 받지 않으나 유압식은 유압잭을 사용하기 때문에 정격 속도와 정지 층수에 제한을 받으므로 주로 중소형 건축물에 많이 설치된다.
② 로프식은 대부분 기계실을 승강로의 직상부에 설치하지만, 유압식은 기계실 위치의 제한됨이 없는 것이 큰 특징이다.
③ 로프식과는 달리 유압식은 균형추를 사용하지 않기 때문에 전동기의 소요 동력이 커지고 소비 전력이 많아지게 된다.
④ 로프식은 기동 빈도에 그다지 영향을 받지 않으나, 유압식의 경우에는 기동 빈도가 높으면 과열로 인하여 작동 불능이 될 수 있으므로 기동 빈도가 높은 곳에 설치하는 유압식에는 반드시 냉각 장치를 구비해야 한다.

3 엘리베이터(Elevator) 속도별 분류

구분	속도(m/min)	구동 방식
저속	15, 20, 30, 45	교류 1단, 교류 2단
중속	60, 70, 90, 105	교류 2단, 직류 기어
고속	120 이상: 120, 150, 180, 210, 240, 300	직류 기어리스

【※ 직류 엘리베이터는 임의의 기동토크를 얻을 수 있고, 임의의 속도를 선택하고 속도제어가 가능하며, 원활한 가감속, 부하에 의한 속도변동이 없는 등, 가격을 제외한 모든 면에서 교류보다 우수하다.】

4 엘리베이터(Elevator) 조작 방식

(1) 요운전원 방식

①	레코드 컨트롤 방식	• 시동은 운전원 핸들 조작 • 운전원이 목적층 단추 누름으로 목적층 순서로 자동 정지
②	시그널 컨트롤 방식	• 시동은 운전원 핸들 조작 • 정지는 목적층 단추 누름, 승강장 호출신호로 정지
③	카 스위치 방식	• 시동, 정지는 운전원이 핸들 조작 • 정시 수동 또는 자동 착상하며 운전원이 판단 및 조작

(2) 무운전원 방식

①	단식 자동방식	• 승객 자신이 자동적으로 시동, 정지를 이루는 조작 방식
②	승합 전자동식	• 승객 자신이 운전하는 전자동 엘리베이터로 목적층의 단추나 승강장으로부터의 호출신호로 시동, 정지를 이루는 조작 방식
③	하강 승합 자동방식	• 아파트와 같이 승강장으로부터의 호출신호가 있어도 정지하지 않고 최고 호출에 응하여 정지한 후에 자동적으로 반전하여 하강하며 승강장으로부터의 호출신호에 응하여 정지하는 방식
④	전자동 군관리방식	• 3~8대의 엘리베이터가 서로 연락하며 빌딩 내 교통수요 변동을 자동 제어하므로 대규모 건축물에서 채용되는 엘리베이터 방식

예8 유압식 엘리베이터에 대한 설명 중 옳지 않은 것은?
① 오버 헤드가 작다.
② 기계실의 위치가 자유롭다.
③ 큰 적재량으로 승강 행정이 짧은 경우에는 적용할 수 없다.
④ 지하주차장 엘리베이터와 같이 지하층에만 운전하는 경우 적용할 수 있다.
답 : ③

예9 로프식 엘리베이터와 유압식 엘리베이터를 비교할 경우, 유압식 엘리베이터의 장점으로 옳은 것은?
① 전동기의 출력이 작다.
② 속도의 범위가 자유롭다.
③ 기계실의 발열량이 작다.
④ 기계실의 위치가 자유롭다.
답 : ④

예10 대규모 사무실 빌딩에 운행 속도가 150[m/min]인 승용 엘리베이터를 설치하고자 할 때, 이 엘리베이터의 구동 방식으로 가장 적합한 것은?
① 교류 1단 ② 교류 2단
③ 직류 기어드 ④ 직류 기어리스
답 : ④

예11 기동은 운전원 버튼 조작으로 하며, 정지는 목적층 단추를 누르는 것과 승강장의 호출신호로 층의 순서대로 자동 정지하는 요운전원 엘리베이터 조작 방식은?
① 카 스위치 방식
② 전자동 군관리 방식
③ 레코드 컨트롤 방식
④ 시그널 컨트롤 방식
답 : ④

예12 승객 스스로 운전하는 전자동 엘리베이터로 카 버튼이나 승강장의 호출신호로 시동, 정지를 이루는 엘리베이터 조작방식은?
① 승합 전자동 방식
② 카 스위치 방식
③ 시그널 컨트롤 방식
④ 레코드 컨트롤 방식
답 : ①

예13 3~8대의 엘리베이터가 서로 연락하며 빌딩 내 교통수요 변동에 대응하는 효율적인 수송을 하는 엘리베이터 조작 방식은?
① 단식 자동 방식
② 승합 전자동 방식
③ 군승합 방식
④ 전자동 군관리 방식
답 : ④

[예14] 승객용 엘리베이터의 정원을 정할 때 적용하는 한 사람당의 하중은?
① 55[kg]　② 65[kg]
③ 75[kg]　④ 85[kg]
답 : ②

[예15] 엘리베이터 일주시간 구성 요소에 속하지 않는 것은?
① 주행 시간　② 도어 개폐 시간
③ 승객 출입 시간　④ 승객 대기 시간
답 : ④

[예16] 에스컬레이터에 관한 설명으로 옳지 않은 것은?
① 수송량에 비해 점유면적이 작다.
② 수송 능력이 엘리베이터보다 작다.
③ 대기 시간이 없고 연속적인 수송설비이다.
④ 연속 운전되므로 전원설비에 부담이 적다.
답 : ②

[예17] 에스컬레이터의 좌우에 설치되어 있으며, 스텝을 주행시키는 역할을 하는 것은?
① 스텝 체인　② 핸드 레일
③ 스커트 가드　④ 가이드 레일
답 : ①

[예18] 에스컬레이터의 안전장치가 아닌 것은?
① 파이널 리미트 스위치
② 구동 체인 안전장치
③ 핸드 레일 인입 안전장치
④ 비상 정지 스위치
답 : ①

[예19] 에스컬레이터와 교차되는 천장의 밑 부분에 협각이 이루어지는 부분은 인접 에스컬레이터의 측하면을 포함하여 안전사고의 발생 요소이다. 이 부분에 대해 승객에게 위험 개소를 경고하기 위하여 설치하는 것은?
① 데크 보드(Deck Board)
② 스커드 가드 판넬(Skirt Guard Panel)
③ 플로어 플레이트(Floor Plate)
④ 삼각부 안내판(Wedge Guard)
답 : ④

[예20] 수송설비에 사용되는 밀도율에 관한 설명으로 옳지 않은 것은?
① 건물 내 수송설비에 따른 서비스 등급을 판정하는데 사용된다.
② 밀도율이 높을수록 서비스 수준이 양호하다는 것을 나타낸다.
③ 백화점과 같이 승객의 서비스를 주목적으로 하는 건축물에 사용된다.
④ 1시간의 수송 능력에 대한 2층 이상의 유효바닥면적의 비율로 산정한다.
답 : ②

5 엘리베이터(Elevator) 정원 산정 및 평균일주시간

(1) 엘리베이터의 정원 산정: 1인당 하중을 65[kg]으로 하여 최대 정원을 구하며, 1인당 바닥면적은 0.2~0.23[㎡] 정도이다.

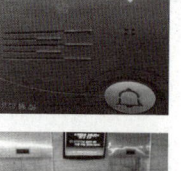

(2) 평균일주시간

① 평균일주시간 = 승객 출입 시간 + 문의 개폐 시간 + 카의 주행 시간
→ 셋을 합쳐서 한번 왕복하는데 소요되는 시간

② 엘리베이터 5분간 수송 인원 수: $P = \dfrac{(60 \times 5)(0.8 \times car \text{ 정원})}{\text{평균일주시간}}$

【예제】 엘리베이터의 승객 정원이 10[명], 평균일주시간이 10[초] 일 때, 이 엘리베이터의 5분간 수송 능력을 계산해보자.

$$P = \frac{60 \times 5 \times 0.8 \times car \text{정원}}{\text{평균일주시간}} = \frac{60 \times 5 \times 0.8 \times 10}{10} = 240\text{명}$$

6 에스컬레이터(Escalator)

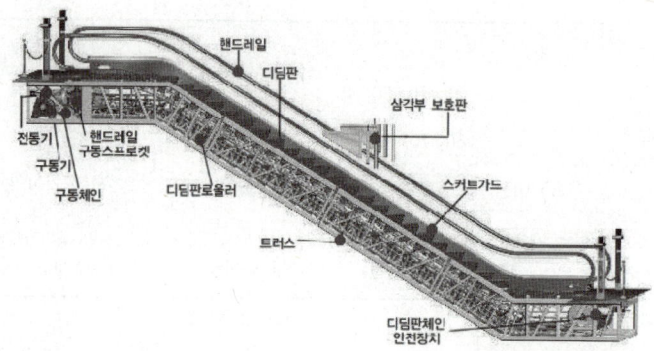

(1) 일반사항

① 엘리베이터에 비해 단거리 대량 수송을 위한 계단식 컨베이어로서, 엘리베이터에 비해 점유면적이 작고, 건축물에 걸리는 하중이 각 층에 분담되며 별도의 기계실이 필요 없다.
② 엘리베이터에 비해 소비 전력량 및 전동기의 기동 횟수가 적으므로 건물 내 전원설비의 부담이 작아진다.
③ 에스컬레이터에서 승객이 탑승하는 부분을 스텝, 스텝을 주행시키는 역할을 하는 것을 스텝 체인이라고 한다.
④ 내부 패널은 스텝과 접한 측의 가림판 부분이다.
⑤ 삼각부 안내판(Wedge Guard): 에스컬레이터와 교차되는 천장의 밑 부분에 협각이 이루어지는 부분에 대해 승객에게 위험 개소를 경고하기 위하여 설치하는 것

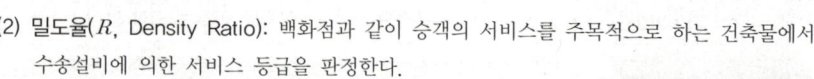

(2) 밀도율(R, Density Ratio): 백화점과 같이 승객의 서비스를 주목적으로 하는 건축물에서 수송설비에 의한 서비스 등급을 판정한다.

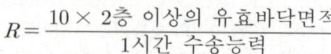

$$R = \frac{10 \times 2\text{층 이상의 유효바닥면적}}{1\text{시간 수송능력}}$$

$R \geq 25$: 서비스 불량	$20 \leq R < 25$: 서비스 양호

(3) 에스컬레이터의 기울기 및 속도

① 에스컬레이터는 하강 방향의 안전을 고려하여 경사도는 30°를 초과하지 않아야 한다.
② 높이가 6[m] 이하이고 공칭속도가 0.5[m/s] 이하인 경우에는 경사도를 35°까지 증가시킬 수 있다.
③ 에스컬레이터의 공칭속도는 경사도가 30° 이하인 경우에는 0.75[m/s] 이하이어야 하며, 경사도가 30°를 초과하고 35° 이하인 경우에는 0.5[m/s] 이하이어야 한다.

(4) 에스컬레이터의 시간당 공칭 수송 능력에 따른 분류

800형(난간 너비: 0.8[m])	1,200형(난간 너비: 1.2[m])
6,000[인/h]	9,000[인/h]

(5) 에스컬레이터의 배치 형식

직렬형	병렬단속형	병렬연속형	교차형

※ 교차형을 복렬형이라고도 하며 점유면적이 작고, 연속적인 교통으로 혼잡이 적지만 승객의 시야가 좁고 에스컬레이터의 위치를 표시하기 어렵다는 단점도 있다.

7 수평보행기, 덤웨이터

(1) 수평보행기(Moving Walk, 이동보도, 자동길)

① 경사도: 12° 이하가 원칙이지만, 디딤면이 고무제품 등 미끄러지기 어려운 구조일 때는 15° 이하도 가능하다.
② 속도
  • 경사도 8° 이하: 50[m/min] 이하
  • 경사도 8° 초과: 40[m/min] 이하
③ 디딤판(팰릿)
  • 디딤면의 주행 방향 길이는 제한하지 않는다.
  • 디딤면의 폭은 560mm 이상, 1,020mm 이하
  • 6° 이하의 경사각일 경우 광폭형 설치 가능

(2) 덤웨이터(Dumb Waiter)

① 사람이 아닌 물건을 운반하기 위한 간이 화물용 승강기 또는 리프트
② 수동식: 적재량 100[kg] 이하
  전동식: 적재량 500[kg] 이하

예21 에스컬레이터의 경사도는 최대 얼마를 초과하지 않도록 하여야 하는가? (단, 공칭속도가 0.5[m/s]를 초과하는 경우이며 그 밖에 조건은 무시)
① 25°   ② 30°
③ 35°   ④ 40°
답 : ②

예22 1,200형(난간 너비: 1.2[m]) 에스컬레이터의 공칭 수송 능력은?
① 4,800[인/h]   ② 6,000[인/h]
③ 7,200[인/h]   ④ 9,000[인/h]
답 : ④

예23 에스컬레이터의 배열 방식 중 교차형에 대한 설명으로 옳지 않은 것은?
① 연속적으로 승강할 수 있다.
② 상·하향 승강구가 분리되어 있어서 복잡하지 않다.
③ 대형 건물에 채용이 가능하다.
④ 승객의 시야가 넓다.
답 : ④

예24 이동식 보도에 관한 설명으로 옳지 않은 것은?
① 속도는 60~70[m/min]이다.
② 주로 역이나 공항 등에 이용된다.
③ 승객을 수평으로 수송하는 데 사용된다.
④ 수평으로부터 10° 이내의 경사로 되어 있다.
답 : ①

예25 수평보행기에 관한 설명으로 옳지 않은 것은?
① 경사각이 6° 이하인 수평보행기의 경우 광폭형을 설치할 수 없다.
② 수평보행기 디딤판(팰릿)의 디딤면의 주행 방향 길이는 제한하지 않는다.
③ 수평보행기 디딤판 속도는 경사도가 8° 이하인 것은 50[m/min] 이하로 하여야 한다.
④ 수평보행기의 디딤면이 고무제품 등 미끄러지기 어려운 구조일 경우 경사도를 15° 이하로 할 수 있다.
답 : ①

예26 수송설비에 대한 설명 중 옳지 않은 것은?
① 에스컬레이터: 사람의 수직 수송을 목적으로 하며 수평이동을 수반함
② 이동보도 설비: 사람의 수평이동 보도설비
③ 컨베이어: 각종 물건을 수평방향 등으로 수송하는 시스템
④ 덤웨이터: 사람 및 물품의 수직 수송
답 : ④

핵심번호 01 건축법규
건축법: 주요 용어의 정의(I)

예1 건축법령상 1 이상의 필지의 일부를 하나의 대지로 할 수 있는 경우가 아닌 것은?
① 하천점용허가를 받은 경우 그 허가 받은 부분의 토지
② 사용승인을 신청하는 때에 분필할 것을 조건으로 하여 건축허가를 하는 경우 그 분필 대상이 되는 부분의 토지
③ 도시·군계획시설이 결정·고시된 경우 그 결정·고시가 있는 부분의 토지
④ 산지전용허가를 받은 경우 그 허가 받은 부분의 토지
답: ①

예2 다음 중 건축법이 적용되는 건축물은?
① 역사(驛舍)
② 고속도로 통행료 징수시설
③ 철도의 선로 부지에 있는 플랫폼
④ 문화유산의 보존 및 활용에 관한 법률에 따른 임시지정문화유산
답: ①

예3 건축법상 고층 건축물의 정의로 옳은 것은?
① 층수가 30층 이상이거나 높이가 90m 이상인 건축물
② 층수가 30층 이상이거나 높이가 120m 이상인 건축물
③ 층수가 50층 이상이거나 높이가 150m 이상인 건축물
④ 층수가 50층 이상이거나 높이가 200m 이상인 건축물
답: ②

예4 건축법상 초고층 건축물의 정의로 옳은 것은?
① 층수가 30층 이상이거나 높이가 90m 이상인 건축물
② 층수가 30층 이상이거나 높이가 120m 이상인 건축물
③ 층수가 50층 이상이거나 높이가 150m 이상인 건축물
④ 층수가 50층 이상이거나 높이가 200m 이상인 건축물
답: ④

1 대지(垈地)

(1) 정의: 「공간정보의 구축 및 관리 등에 관한 법률」에 따라 각 필지로 구획된 토지를 말한다. 다만, 대통령령으로 정하는 토지는 둘 이상의 필지를 하나의 대지로 하거나 하나 이상의 필지의 일부를 하나의 대지로 할 수 있다.

(2) 둘 이상의 필지를 하나의 대지로 할 수 있는 토지

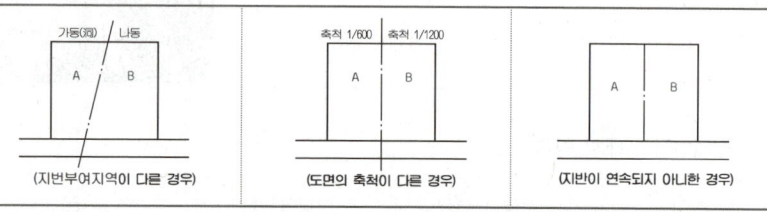

① 각 필지의 지번부여지역(地番附與地域)이 서로 다른 경우
② 각 필지의 도면이 축척이 다른 경우
③ 서로 인접하고 있는 필지로서 각 필지의 지반(地盤)이 연속되지 아니한 경우

(3) 하나 이상의 필지의 일부를 하나의 대지로 할 수 있는 토지
① 도시·군계획시설이 결정·고시된 경우: 그 결정·고시된 부분의 토지
② 「농지법」에 따른 농지전용허가를 받은 경우: 그 허가받은 부분의 토지
③ 「산지관리법」에 따른 산지전용허가를 받은 경우: 그 허가받은 부분의 토지
④ 「국토의 계획 및 이용에 관한 법률」에 따른 개발행위허가를 받은 경우: 그 허가 받은 부분의 토지
⑤ 사용승인 신청 때 필지를 나눌 것을 조건으로 건축허가를 하는 경우: 그 필지가 나누어지는 토지

2 건축물

(1) 정의: 토지에 정착하는 공작물 중 다음에 해당하면 건축법을 적용하는 건축물로 본다.
① 지붕과 기둥 또는 지붕과 벽이 있는 것
② "①"에 딸린 시설물(건축물에 딸린 대문, 담장 등)
③ 지하 또는 고가(高架)의 공작물에 설치하는 사무소·공연장·점포·차고·창고

(2) 「건축법」이 적용되지 않는 건축물
① 「문화유산의 보존 및 활용에 관한 법률」에 따른 지정문화유산이나 임시지정문화유산 또는 천연기념물 등이나 임시지정 천연기념물, 임시지정 명승, 임시지정 시·도 자연유산
② 철도나 궤도의 선로 부지(敷地)에 있는 운전보안시설, 철도 선로의 위나 아래를 가로지르는 보행시설, 플랫폼, 해당 철도 또는 궤도사업용 급수(給水)·급탄(給炭) 및 급유(給油) 시설
③ 고속도로 통행료 징수시설, 컨테이너를 이용한 간이창고
④ 「하천법」에 따른 하천구역 내의 수문조작실

(3) 고층 건축물, 초고층 건축물
① 고층 건축물: 층수가 30층 이상이거나 높이가 120m 이상인 건축물
② 준초고층 건축물: 고층 건축물 중 초고층 건축물이 아닌 것
③ 초고층 건축물: 층수가 50층 이상이거나 높이가 200m 이상인 건축물

3 다중이용건축물 및 준다중이용건축물, 특수구조건축물

(1) 다중이용건축물
① 16층 이상인 건축물
② 다음의 어느 하나에 해당하는 용도로 쓰는 바닥면적의 합계가 5,000㎡ 이상인 건축물

1	문화 및 집회시설 (동물원 및 식물원 제외)	2	종교시설	3	판매시설
4	운수시설 중 여객용 시설	5	의료시설 중 종합병원	6	숙박시설 중 관광숙박시설

(2) 준다중이용건축물
다음의 어느 하나에 해당하는 용도로 쓰는 바닥면적의 합계가 1,000㎡ 이상인 건축물

1	문화 및 집회시설 (동물원 및 식물원 제외)	2	종교시설	3	판매시설
4	운수시설 중 여객용 시설	5	의료시설 중 종합병원	6	숙박시설 중 관광숙박시설
7	교육연구시설	8	노유자시설	9	운동시설
10	위락시설	11	관광 휴게시설	12	장례시설

(3) 특수구조건축물: 다음의 어느 하나에 해당하는 건축물
① 한쪽 끝은 고정되고 다른 끝은 지지(支持)되지 아니한 구조로 된 보·차양 등이 외벽(외벽이 없는 경우에는 외곽 기둥을 말한다)의 중심선으로부터 3m 이상 돌출된 건축물
② 기둥과 기둥 사이의 거리(기둥의 중심선 사이의 거리를 말하며, 기둥이 없는 경우에는 내력벽과 내력벽의 중심선 사이의 거리를 말한다)가 20m 이상인 건축물
③ 특수한 설계·시공·공법 등이 필요한 건축물로서 국토교통부장관이 정하여 고시하는 구조로 된 건축물

4 건축

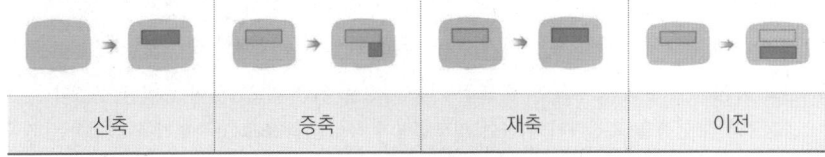

| 신축 | 증축 | 재축 | 이전 |

(1) 정의: 건축물을 신축·증축·개축·재축(再築)하거나 건축물을 이전하는 것을 말한다.
(2) 신축(新築): 건축물이 없는 대지(기존 건축물이 해체되거나 멸실된 대지를 포함한다)에 새로 건축물을 축조하는 것(부속건축물만 있는 대지에 새로 주된 건축물을 축조하는 것을 포함하되, 개축(改築) 또는 재축(再築)하는 것은 제외한다)을 말한다.
(3) 증축(增築): 기존 건축물이 있는 대지에서 건축물의 건축면적, 연면적, 층수 또는 높이를 늘리는 것을 말한다.
(4) 개축(改築): 기존 건축물의 전부 또는 일부(내력벽·기둥·보·지붕틀 중 셋 이상이 포함되는 경우를 말한다)를 해체하고 그 대지에 종전과 같은 규모의 범위에서 건축물을 다시 축조하는 것을 말한다.
(5) 재축(再築): 건축물이 천재지변이나 그 밖의 재해(災害)로 멸실된 경우 그 대지에 다시 축조하는 것을 말한다.
(6) 이전(移轉): 건축물의 주요구조부를 해체하지 아니하고 같은 대지의 다른 위치로 옮기는 것을 말한다.

예5 건축법령상 다중이용건축물에 해당되지 않는 것은? (단, 해당하는 용도로 쓰는 바닥면적의 합계가 5,000㎡인 건축물인 경우)
① 종교시설
② 판매시설
③ 업무시설
④ 의료시설 중 종합병원
답 : ③

예6 건축법령상 다중이용건축물에 해당하지 않는 것은?
① 종교시설의 용도로 쓰는 바닥면적의 합계가 6,000㎡인 건축물
② 판매시설의 용도로 쓰는 바닥면적의 합계가 5,000㎡인 건축물
③ 업무시설의 용도로 쓰는 바닥면적의 합계가 6,000㎡인 건축물
④ 의료시설 중 종합병원의 용도로 쓰는 바닥면적의 합계가 5,000㎡인 건축물
답 : ③

예7 다음 중 건축에 속하지 않는 것은?
① 이전   ② 증축
③ 개축   ④ 대수선
답 : ④

예8 2동의 기존 건축물을 철거하고 그 연면적과 동일하게 1동으로 건축할 경우의 행위는?
① 신축   ② 증축
③ 이전   ④ 재축
답 : ①

예9 다음은 건축법령상 증축의 정의이다. ( )안에 포함되지 않는 것은?

> "증축"이란 기존 건축물이 있는 대지에서 건축물의 ( )을/를 늘리는 것을 말한다.

① 층수   ② 높이
③ 연면적   ④ 대지면적
답 : ④

예10 기존 건축물의 내력벽, 기둥, 보를 해체하고 그 대지에 종전과 같은 규모의 범위에서 건축물을 다시 축조하는 건축 행위는?
① 신축   ② 증축
③ 재축   ④ 개축
답 : ④

예11 건축물이 천재지변이나 그 밖의 재해(災害)로 멸실된 경우 그 대지에 종전과 같은 규모의 범위에서 다시 축조하는 행위는?
① 신축   ② 증축
③ 재축   ④ 개축
답 : ③

핵심번호 02 건축법규
건축법: 주요 용어의 정의(Ⅱ)

1 대수선

(1) 정의: 건축물의 기둥, 보, 내력벽, 주계단 등의 구조나 외부 형태를 수선·변경하거나 증설하는 것으로서 대통령령으로 정하는 것을 말한다.

(2) 대수선의 범위

	부위	내용
1	내력벽	증설·해체하거나 벽면적 30㎡ 이상 수선·변경
2	기둥	증설·해체하거나 3개 이상 수선·변경
3	보	증설·해체하거나 3개 이상 수선·변경
4	지붕틀 (한옥의 경우 서까래 제외)	증설·해체하거나 3개 이상 수선·변경
5	방화벽, 방화구획의 바닥·벽	일부라도 증설·해체하거나 수선·변경
6	계단(주계단, 피난계단, 특별피난계단을 말함)	일부라도 증설·해체하거나 수선·변경
7	다가구주택 및 다세대주택	가구 및 세대간의 경계벽을 증설·해체하거나 수선·변경
8	건축물 외벽에 사용하는 마감재료	증설·해체하거나 벽면적 30㎡ 이상 수선·변경

2 리모델링

(1) 정의: 건축물의 노후화를 억제하거나 기능 향상 등을 위하여 대수선하거나 건축물의 일부를 증축 또는 개축하는 행위를 말한다.

(2) 리모델링 공동주택의 구조
  ① 각 세대는 인접한 세대와 수직 또는 수평 방향으로 통합하거나 분할할 수 있을 것
  ② 구조체에서 건축설비, 내부 마감재료 및 외부 마감재료를 분리할 수 있을 것
  ③ 개별 세대 안에서 구획된 실의 크기, 개수 또는 위치 등을 변경할 수 있을 것

(3) 완화 규정: 건축물의 노후화 억제 또는 기능 향상을 위한 리모델링이 용이한 구조의 공동주택의 건축을 촉진하기 위하여 리모델링이 용이한 구조로 건축허가를 신청하는 경우 건축법의 일부 규정을 120/100 범위 내에서 완화하여 적용할 수 있도록 하고 있다.

1	건축물의 용적률	2	일조 등의 확보를 위한 건축물의 높이	3	건축물의 높이 제한

3 실내건축, 지하층, 주요구조부, 발코니

(1) 실내건축: 건축물의 실내를 안전하고 쾌적하며 효율적으로 사용하기 위하여 내부 공간을 칸막이로 구획하거나 벽지, 천장재, 바닥재, 유리 등 대통령령으로 정하는 재료 또는 장식물을 설치하는 것

(2) 지하층: 바닥으로부터 지표면까지의 평균높이(h)가 해당 층 높이(H)의 1/2 이상인 것

(3) 주요구조부: 내력벽(耐力壁), 기둥, 바닥, 보, 지붕틀 및 주계단(主階段)을 말한다. 다만, 사이 기둥, 최하층 바닥, 작은 보, 차양, 옥외 계단, 그 밖에 이와 유사한 것으로 건축물의 구조상 중요하지 아니한 부분은 제외한다.

예1 다음 중 대수선의 범위에 속하지 않는 것은?
① 내력벽을 증설 또는 해체하는 것
② 기둥을 3개 이상 수선 또는 변경하는 것
③ 피난계단을 증설 또는 해체하는 것
④ 아파트의 세대 간 경계벽을 수선 또는 변경하는 것
답 : ④

예2 건축법에 사용되는 용어의 정의가 옳지 않은 것은?
① 초고층 건축물이란 층수가 50층 이상이거나 높이가 200m 이상인 건축물을 말한다.
② 거실이라 함은 건축물 안에서 거주, 집무, 작업, 집회, 오락, 그 밖에 이와 유사한 목적을 위하여 사용되는 방을 말한다.
③ 지하층이란 건축물의 바닥이 지표면 아래에 있는 층으로서 바닥에서 지표면까지 평균높이가 해당 층 높이의 1/2 이상인 것을 말한다.
④ 리모델링이란 건축물의 노후화를 억제하거나 기능 향상 등을 위하여 대수선하거나 개축하는 행위를 말한다.
답 : ④

예3 건축법령상 리모델링이 쉬운 구조 내용으로 옳지 않은 것은?
① 구조체에서 건축설비를 분리할 수 있을 것
② 구조체에서 구조재료를 분리할 수 있을 것
③ 구조체에서 내부 마감재료를 분리할 수 있을 것
④ 구조체에서 외부 마감재료를 분리할 수 있을 것
답 : ②

예4 공동주택을 리모델링이 쉬운 구조로 하여 건축허가를 신청할 경우 100분의 120의 범위에서 완화하여 적용받을 수 없는 것은?
① 대지의 분할 제한
② 건축물의 용적률
③ 건축물의 높이 제한
④ 일조 등의 확보를 위한 건축물의 높이 제한
답 : ①

예5 건축법령상 주요구조부에 속하는 것은?
① 지붕틀 ② 작은 보
③ 사이 기둥 ④ 최하층 바닥
답 : ①

(4) 발코니
 ① 정의: 건축물의 내부와 외부를 연결하는 완충공간으로서 전망이나 휴식 등의 목적으로 건축물 외벽에 접하여 부가적(附加的)으로 설치되는 공간을 말한다.
 ② 주택에 설치되는 발코니로서 국토교통부장관이 정하는 기준에 적합한 발코니는 필요에 따라 거실·침실·창고 등의 용도로 사용할 수 있다.

4 건축주, 제조업자, 유통업자, 설계자, 공사시공자, 공사감리자

(1) 건축주: 건축물의 건축·대수선·용도변경, 건축설비의 설치 또는 공작물의 축조에 관한 공사를 발주하거나 현장관리인을 두어 스스로 그 공사를 하는 자를 말한다.
(2) 제조업자: 건축물의 건축·대수선·용도변경, 건축설비의 설치 또는 공작물의 축조 등에 필요한 건축자재를 제조하는 사람을 말한다.
(3) 유통업자: 건축물의 건축·대수선·용도변경, 건축설비의 설치 또는 공작물의 축조에 필요한 건축자재를 판매하거나 공사현장에 납품하는 사람을 말한다.
(4) 설계자: 자기의 책임(보조자의 도움을 받는 경우를 포함한다)으로 설계도서를 작성하고 그 설계도서에서 의도하는 바를 해설하며, 지도하고 자문에 응하는 자를 말한다.
(5) 공사시공자: 「건설산업기본법」에 따른 건설공사를 하는 자를 말한다.
(6) 공사감리자: 자기의 책임(보조자의 도움을 받는 경우를 포함한다)으로 건축법으로 정하는 바에 따라 건축물, 건축설비 또는 공작물이 설계도서의 내용대로 시공되는지를 확인하고, 품질관리·공사관리·안전관리 등에 대하여 지도·감독하는 자를 말한다.

5 건축위원회

중앙건축위원회	구분	지방건축위원회
국토교통부	설치 조직	특별시·광역시·특별자치시·도·특별자치도 및 시·군 및 구(자치구)
70명 이내(위원장 및 부위원장 포함)	위원수	25명 이상 150명 이하(위원장 및 부위원장 포함)
국토교통부장관이 임명	위원장	시·도지사 및 시장·군수·구청장이 임명
2년으로 하되 1회 연임가능(공무원 제외)	임기	3년 이내로 하되 1회 연임가능(공무원 제외)
건축분쟁전문위원회	전문위원회	건축민원전문위원회
• 표준설계도서의 인정에 관한 사항 • 건축물의 건축·대수선·용도변경, 건축설비의 설치 또는 공작물의 축조와 관련된 분쟁의 조정 또는 재정에 관한 사항 • 건축법과 건축법 시행령의 제정·개정 및 시행에 관한 사항 • 다른 법령에서 중앙건축위원회의 심의를 받도록 한 경우 해당 법령에서 규정한 심의사항 • 그 밖에 국토교통부장관이 중앙건축위원회의 심의가 필요하다고 인정하여 회의에 부치는 사항	심의사항	• 건축조례의 제정·개정에 관한 사항 • 건축선(建築線)의 지정에 관한 사항 • 다중이용건축물 및 특수구조건축물의 구조안전에 관한 사항 • 다른 법령에서 지방건축위원회의 심의를 받도록 규정한 심의사항 • 도시 및 건축 환경의 체계적인 관리를 위하여 필요하다고 인정하여 지정·공고한 지역에서 건축조례로 정하는 건축물의 건축등에 관한 것

❏ 건축분쟁전문위원회 조정 사항: 건축관계자와 해당 건축물의 건축 등으로 피해를 입은 인근주민 간의 분쟁, 관계전문기술자와 인근주민 간의 분쟁, 건축관계자와 관계전문기술자 간의 분쟁, 인근주민 간의 분쟁, 관계전문기술자 간의 분쟁, 그 밖에 대통령령으로 정하는 사항

예6 건축물의 내부와 외부를 연결하는 완충공간으로서 전망이나 휴식 등의 목적으로 건축물 외벽에 접하여 부가적(附加的)으로 설치되는 공간으로 정의되는 용어는?
① 테라스 ② 발코니
③ 베란다 ④ 부속용도
답:②

예7 건축법령상 다음과 같이 정의되는 용어는?

> 건축물의 건축·대수선·용도변경, 건축설비의 설치 또는 공작물의 축조에 관한 공사를 발주하거나 현장관리인을 두어 스스로 그 공사를 하는 자

① 건축주 ② 건축사
③ 설계자 ④ 공사시공자
답:①

예8 중앙건축위원회에 관한 설명으로 옳은 것은?
① 위원회의 회의는 재적위원 2/3의 출석으로 개의하고, 출석위원 과반수의 찬성으로 의결한다.
② 공무원이 아닌 위원의 임기는 2년으로 하되 연임할 수 있다.
③ 위원회의 위원장은 위원 중에서 국무총리가 임명 또는 위촉한다.
④ 위원회의 위원은 관계 공무원과 건축에 관한 학식 또는 경험이 풍부한 사람 중 국토교통부차관이 임명 또는 위촉하는 자가 된다.
답:②

예9 지방건축위원회의 심의사항에 속하지 않는 것은?
① 건축선의 지정에 관한 사항
② 건축법에 따른 표준설계도서의 인정에 관한 사항
③ 다중이용건축물의 구조안전에 관한 사항
④ 특수구조건축물의 구조안전에 관한 사항
답:②

예10 건축분쟁전문위원회의 분쟁 조정 사항이 아닌 것은?
① 관계전문기술자와 인근주민 간의 분쟁
② 건축관계자와 관계전문기술자 간의 분쟁
③ 관계전문기술자 상호 간의 분쟁
④ 기타 국토교통부령으로 정하는 사항
답:④

핵심번호 03 건축법규: 건축법: 주요 용어의 정의(Ⅲ)

예1 막다른 도로의 길이가 30m인 경우, 이 도로가 건축법령상 도로이기 위한 최소 너비는?
① 2m ② 3m
③ 4m ④ 6m
답 : ②

예2 두 도로의 교차각 90° 미만, 교차되는 도로의 너비가 각각 4m와 6m인 도로모퉁이에 있는 대지의 건축선은 도로경계선의 교차점에서 도로경계선을 따라 각각 얼마를 후퇴하여 2점을 연결한 선으로 하는가?
① 1m ② 2m
③ 3m ④ 4m
답 : ③

예3 교차되는 도로의 너비가 각각 6m이고, 그 교차각이 90° 이상 120° 미만인 도로모퉁이 부분의 건축선은 대지에 접한 도로경계선의 교차점으로부터 도로경계선을 따라 각각 얼마를 후퇴한 점을 연결한 선으로 하는가?
① 1m ② 2m
③ 3m ④ 4m
답 : ③

예4 그림과 같은 대지의 대지면적은?

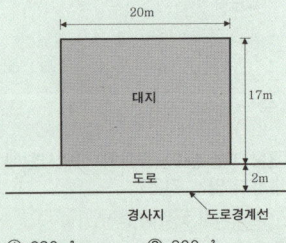

① 280㎡ ② 300㎡
③ 320㎡ ④ 340㎡
답 : ②

예5 그림과 같은 대지의 대지면적은?

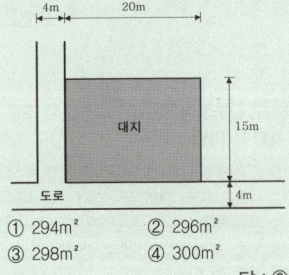

① 294㎡ ② 296㎡
③ 298㎡ ④ 300㎡
답 : ③

1 대지면적

(1) 원칙: 대지의 수평투영면적으로 한다.
　　　　(건폐율, 용적률, 대지 분할 제한의 기준)

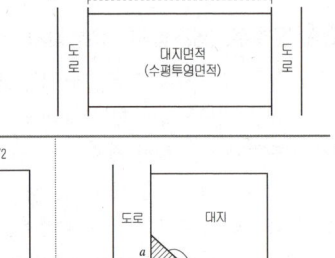

(2) 대지면적 제외 부분의 주요 적용 예

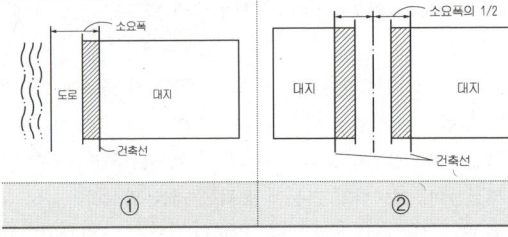

① 전면도로가 소요폭에 미달인 경우(1면이 하천·철도·경사지 등에 면한 경우)
　➡ ▨ 부분: 대지면적에서 제외
② 전면도로가 소요폭에 미달인 경우(도로 양측이 대지인 경우)
　➡ ▨ 부분: 대지면적에서 제외
③ 도로모퉁이 대지의 경우
　➡ ▶ 부분: 대지면적에서 제외

(3) 전면도로의 소요 너비

① 막다른 도로의 경우	너비 2m 이상	길이 10m 미만
	너비 3m 이상	길이 10m 이상 35m 미만
	너비 6m* 이상	길이 35m 이상 (*도시지역이 아닌 읍·면지역에서는 4m 이상)
② 일반적인 경우		너비 4m 이상

(4) 도로모퉁이에서의 건축선

도로의 교차각	교차되는 도로의 너비(m)	해당 도로의 너비(m)	
		6 이상 8 미만	4 이상 6 미만
90° 미만	6 이상 8 미만	4	3
	4 이상 6 미만	3	2
90° 이상 120° 미만	6 이상 8 미만	3	2
	4 이상 6 미만	2	2

▨ 대지면적에서 제외

2 건축면적

(1) 원칙:

　　건축물의 외벽(외곽 기둥)의 중심선으로
　　둘러싸인 부분의 수평투영면적

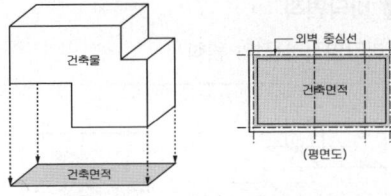

(2) 처마·차양·부연(附椽) 등의 경우

　　외벽의 중심선으로부터 수평거리 1m 이상 돌출부분은 끝부분으로부터 다음의 수평거리를
　　후퇴한 선으로 둘러싸인 부분의 수평투영면적

　① 일반적인 건축물: 1m
　② 한옥, 충전시설이 설치된 공동주택,
　　 제로에너지건축물 인증 받은 건축물,
　　 주유소, 액화석유가스 충전소 등: 2m
　③ 축사: 3m
　④ 전통사찰: 4m

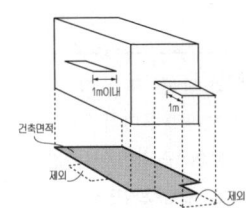

(3) 태양열 주택과 단열재를 구조체의 외기측에 설치하는 단열공법으로 건축된 건축물

| 원칙 일반 건축물: 벽체의 중심선 | 예외 외단열 건축물, 태양열 주택: 외벽 중 내측 내력벽의 중심선 |

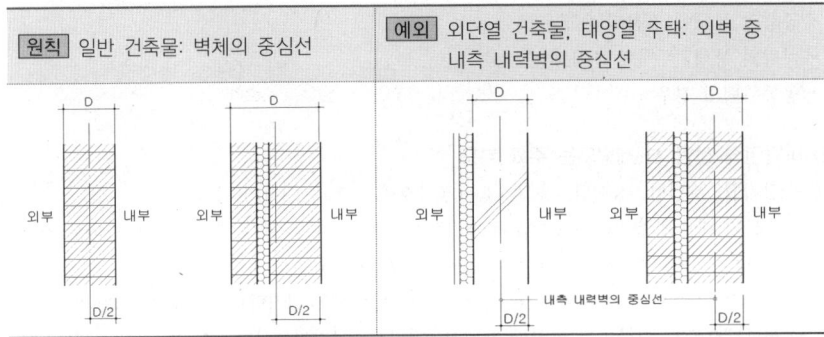

(4) 건축면적 산입 시 제외되는 부분

　① 지표면으로부터 1m 이하의 부분
　② 창고 중 물품 입출고용 차량 접안 부분으로 지표면으로부터 1.5m 이하의 부분
　③ 지하 주차장의 경사로
　④ 장애인용 승강기, 장애인용 에스컬레이터, 휠체어리프트 또는 경사로
　⑤ 그 밖에 건축면적에서 제외되는 부분
　• 건축물 지상층에 일반인이나 차량이 통행할 수 있도록 설치한 보행통로나 차량통로
　• 건축물 지하층의 출입구 상부(출입구 너비 상당 부분만 해당)
　• 생활폐기물 보관시설(음식물 쓰레기, 의류 등의 수거시설)

(5) 건축면적 산입 시 제외되는 부분

　① 지표면으로부터 1m 이하의 부분
　② 창고 중 물품 입출고용 차량 접안 부분으로 지표면으로부터 1.5m 이하의 부분
　③ 지하 주차장의 경사로
　④ 장애인용 승강기, 장애인용 에스컬레이터, 휠체어리프트 또는 경사로
　⑤ 그 밖에 건축면적에서 제외되는 부분
　• 건축물 지상층에 일반인이나 차량이 통행할 수 있도록 설치한 보행통로나 차량통로
　• 건축물 지하층의 출입구 상부(출입구 너비 상당 부분만 해당)
　• 생활폐기물 보관시설(음식물 쓰레기, 의류 등의 수거시설)

예6 면적의 산정방법 중 건축물의 외벽(외벽이 없는 경우에는 외곽 부분의 기둥)의 중심선으로 둘러싸인 부분의 수평투영면적으로 하는 것은?

① 연면적　② 대지면적
③ 건축면적　④ 거실면적

답 : ③

예7 그림과 같은 일반 건축물의 건축면적은? (단, 평면도 건물 치수는 두께 300mm인 외벽의 중심 치수이고, 지붕선 치수는 지붕외곽선 치수임)

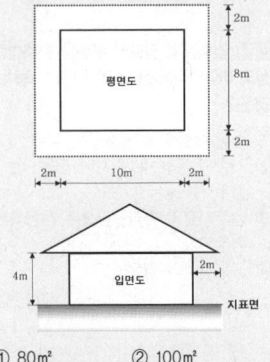

① 80㎡　② 100㎡
③ 120㎡　④ 168㎡

답 : ③

예8 태양열을 주된 에너지원으로 이용하는 주택의 건축면적 산정의 기준이 되는 것은?

① 외벽 중 내측 내력벽의 중심선
② 외벽 중 외측 비내력벽의 중심선
③ 외벽 중 내측 내력벽의 외측 외곽선
④ 외벽 중 외측 비내력벽의 외측 외곽선

답 : ①

예9 다음 중 건축면적에 산입하지 않는 대상 기준으로 틀린 것은?

① 지하주차장의 경사로
② 지표면으로부터 1.8m 이하에 있는 부분
③ 건축물 지상층에 일반인이 통행할 수 있도록 설치한 보행통로
④ 건축물 지상층에 차량이 통행할 수 있도록 설치한 차량통로

답 : ②

예10 다음 ( )안에 알맞은 것은?

> 다음의 경우에는 건축면적에 산입하지 아니 한다. 지표면으로부터 (㉠) 이하에 있는 부분 (창고 중 물품을 입출고하기 위하여 차량을 접안시키는 부분의 경우에는 지표면으로부터 (㉡) 이하에 있는 부분)

① ㉠ 1m, ㉡ 1.5m
② ㉠ 1m, ㉡ 2m
③ ㉠ 1.2m, ㉡ 1.5m
④ ㉠ 1.2m, ㉡ 2m

답 : ①

예11 다음은 바닥면적의 산정과 관련된 기준 내용이다. ( ) 안에 알맞은 것은?

> 벽·기둥의 구획이 없는 건축물은 그 지붕 끝부분으로부터 수평거리 ( )를 후퇴한 선으로 둘러싸인 수평투영면적으로 한다.

① 0.5m ② 1m
③ 1.5m ④ 2m

답 : ②

예12 건축물의 필로티 부분을 건축법령 상의 바닥면적에 산입하는 경우에 속하는 것은?

① 공중의 통행에 전용되는 경우
② 차량의 통행 및 주차에 전용되는 경우
③ 업무시설의 휴식공간으로 전용되는 경우
④ 공동주택의 경우

답 : ③

예13 다음 중 바닥면적에 산입되는 것은?

① 층고가 1.5m인 다락방
② 다세대주택의 편복도
③ 공동주택의 필로티 부분
④ 공동주택의 지상층에 설치한 기계실

답 : ②

예14 공동주택의 지상층에 설치하면 바닥면적에서 제외되는 부분이 아닌 것은?

① 기계실 ② 조경시설
③ 종교시설 ④ 어린이놀이터

답 : ③

예15 건축법에 관한 설명 중 옳지 않은 것은?

① 대지면적은 대지의 수평투영면적으로 한다.
② 건축면적은 건축물의 외벽의 중심선으로 둘러싸인 부분의 수평투영면적으로 한다.
③ 바닥면적은 건축물의 각 층 또는 그 일부로서 벽·기둥 기타 이와 유사한 구획의 중심선으로 둘러싸인 부분의 수평투영면적으로 한다.
④ 연면적은 지하층 면적을 제외한 하나의 건축물의 각 층의 바닥면적의 합계로 한다.

답 : ④

3 바닥면적

(1) 바닥면적 산정의 원칙

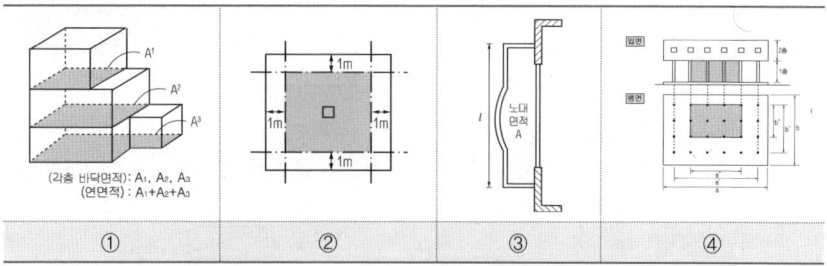

① 건축물의 각 층 또는 그 일부로서 벽·기둥 기타 이와 유사한 구획의 중심선으로 둘러싸인 부분의 수평투영면적
② 벽·기둥의 구획이 없는 건축물: 그 지붕 끝부분으로부터 수평거리 1m를 후퇴한 선으로 둘러싸인 수평투영면적
③ 건축물 노대(露臺, Balcony): 난간 등의 설치 여부와 관계없이 노대 등이 접한 가장 긴 외벽에 접한 길이에 1.5m를 곱한 값을 공제한 면적
④ 필로티 등의 구조 부분의 바닥면적 산정이 제외되는 경우
• 공중의 통행에 전용되는 경우
• 차량의 통행·주차에 전용되는 경우
• 공동주택의 경우

(2) 바닥면적 산입 시 제외되는 주요 부분

① 승강기탑, 계단탑, 장식탑, 층고 1.5m(경사지붕: 1.8m) 이하의 다락
② 건축물의 내부에 설치하는 냉방설비 배기장치 전용 설치 공간(각 세대나 실별로 외부 공기에 직접 닿는 곳에 설치하는 경우로서 1㎡ 이하로 한정한다)
③ 건축물의 외부 또는 내부에 설치하는 굴뚝, 더스트슈트, 설비덕트, 그 밖에 이와 비슷한 것
④ 공동주택으로서 지상층에 설치한 기계실, 전기실, 어린이놀이터, 조경시설 및 생활폐기물 보관시설의 면적
⑤ 단열재를 구조체의 외기측에 설치하는 단열공법으로 건축된 건축물의 경우에는 단열재가 설치된 외벽 중 내측 내력벽의 중심선을 기준으로 산정한 면적을 바닥면적으로 한다.

4 연면적

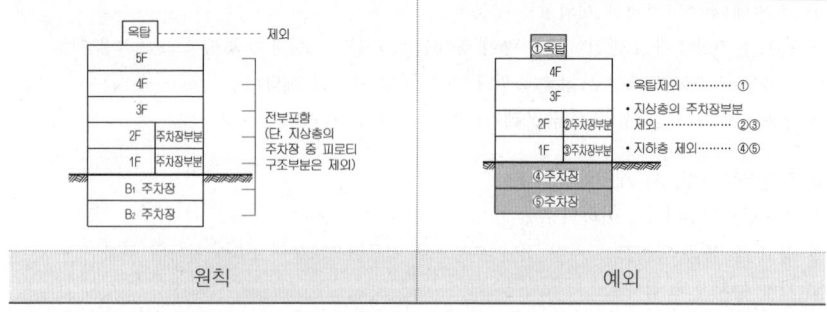

(1) 원칙: 하나의 건축물의 각 층 바닥면적의 합계

① 건축물 전체 규모를 말할 때의 연면적은 항상 지하층을 포함하며 지하층 내의 물탱크, 기름탱크 등은 제외
② 하나의 대지에 둘 이상의 건축물이 있는 경우 각 동 건축물의 연면적의 합계

(2) 예외: 용적률 산정 시 연면적에서 제외되는 면적
① 지하층 부분의 면적
② 지상층의 주차면적
➡ 해당 건축물의 부속용도인 경우만 해당되며, 지상층의 주차장은 필로티 구조와 관계없이 제외됨
③ 초고층 건축물과 준초고층 건축물의 피난안전구역의 면적
④ 11층 이상 건축물로서 11층 이상층의 바닥면적의 합계가 10,000m² 이상인 건축물의 경사지붕 아래 설치하는 대피공간의 면적

【예제】 다음과 같은 조건에 있는 건축물의 용적률을 산정하는 경우의 연면적을 계산해 보자.

【조건】	• 지하층의 바닥면적: 120m²	• 1층 바닥면적: 100m²
	• 2층 바닥면적: 70m²	• 3층 바닥면적: 50m²
	• 옥상 물탱크실: 10m²	• 옥상 냉각탑: 10m²

1 지하층 및 옥상에 설치하는 물탱크, 냉각탑은 바닥면적 산정에서 제외
2 위의 조건을 제외한 문제 보기에서의 연면적은 1층 바닥면적(100m²), 2층 바닥면적(70m²), 3층 바닥면적(50m²)의 합이므로 220m²로 산정된다.

5 건폐율, 용적률

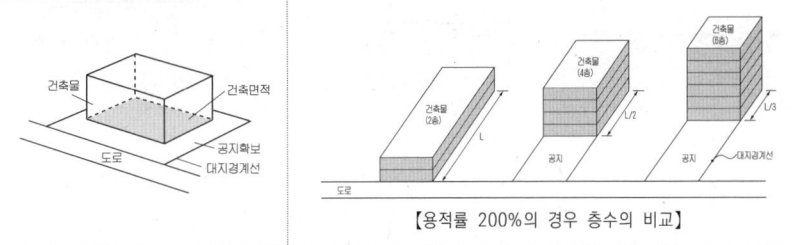

【용적률 200%의 경우 층수의 비교】

(1) 건폐율
① 대지면적에 대한 건축면적의 비
② 건축물이 축조되는 대지에 최소한도의 공지를 확보하여 일조·채광·통풍 등의 환경조건을 조성하고, 재해 시의 연소 확대를 방지하고, 피난 및 소화활동을 용이하게 하는 데 목적이 있다.

(2) 용적률
① 대지면적에 대한 건축물의 연면적의 비
② 건축물의 규모는 1970년대 이후 용적률로서 규제하고 있으며, 일정한 용적률 내에서는 고층화 될수록 좀 더 많은 공지가 확보될 수 있다. 이러한 용적률 규제는 도시공간의 입체화, 토지의 효율적 이용, 쾌적한 도시 환경의 조성 및 나아가서는 균형 있는 도시 발전을 꾀하고자 하는데 규정의 목적을 둔다.

【예제】 다음과 같은 조건의 지하 1층, 지상 2층 건축물의 용적률을 계산해 보자.

【조건】	• 대지면적: 200m²
	• 바닥면적: 1층(70m²), 2층(50m²), 지하층(30m²)

용적률은 대지면적에 대한 연면적의 비율이며, 연면적에서 지하층 바닥면적과 주차장 등은 제외된다. 용적률 $= \dfrac{70+50}{200} \times 100\% = 60\%$

예16 면적 등의 산정 방법에 대한 기본 원칙으로 옳지 않은 것은?
① 대지면적은 대지의 수평투영면적으로 한다.
② 건축면적은 건축물의 외벽의 중심선으로 둘러싸인 부분의 수평투영면적으로 한다.
③ 바닥면적은 건축물의 각층 또는 그 일부로서 벽·기둥 기타 이와 유사한 구획의 중심선으로 둘러싸인 부분의 수평투영면적으로 한다.
④ 용적률 산정시 적용하는 연면적은 지하층을 포함하여 하나의 건축물 각 층의 바닥면적의 합계로 한다.
답 : ④

예17 용적률 산정에 사용되는 연면적에 포함되는 것은?
① 지하층의 면적
② 층고가 2.1m인 다락의 면적
③ 준초고층 건축물에 설치하는 피난안전구역의 면적
④ 11층 이상 건축물로서 11층 이상층의 바닥면적의 합계가 10,000m² 이상인 건축물의 경사지붕 아래 설치하는 대피공간의 면적
답 : ②

예18 건폐율 50% 이하, 용적률 70% 이하인 제1종 전용주거지역 내의 300m²의 대지에 건축할 수 있는 건축면적과 용적률 산정 대상 연면적의 최대한도는?
① 건축면적 150m², 연면적 210m²
② 건축면적 150m², 연면적 450m²
③ 건축면적 210m², 연면적 450m²
④ 건축면적 210m², 연면적 360m²
답 : ①

예19 그림과 같은 대지에 건축물을 건축하고자 한다. 층수는 지하는 1층(200m²), 지상은 5층으로 하고자 할 경우 최대한 건축할 수 있는 연면적은? (단, 건폐율은 50%, 용적률은 200%)

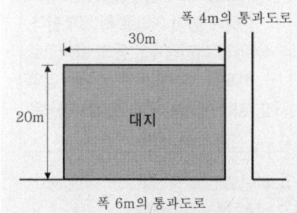

① 1,196m² ② 1,200m²
③ 1,396m² ④ 1,695m²
답 : ③

핵심번호 04 건축법규
건축법: 주요 용어의 정의(Ⅳ)

예1 건축물의 면적·높이 및 층수의 산정방법으로 옳지 않은 것은?
① 지하주차장의 경사로는 건축면적에 산입하지 아니 한다.
② 연면적은 하나의 건축물 각 층의 바닥면적의 합계로 하되, 용적률을 산정할 때에는 지하층의 면적은 제외한다.
③ 건축물의 대지에 접하는 전면도로의 노면에 고저차가 있는 경우 건축물의 높이는 전면도로의 중심선으로부터의 높이로 산정한다.
④ 건축물의 대지의 지표면이 전면도로 보다 높은 경우에는 그 고저차의 2분의 1의 높이만큼 올라온 위치에 그 전면도로의 면이 있는 것으로 본다.
답: ③

예2 건축법령상 다음과 같은 건축물의 높이는? (단, 가로구역에서의 건축물의 높이 제한과 관련된 건축물의 높이)

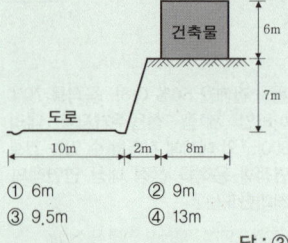

① 6m ② 9m
③ 9.5m ④ 13m
답: ③

예3 건축법 제61조 제2항에 따른 높이를 산정할 때, 공동주택을 다른 용도와 복합하여 건축하는 경우 건축물의 높이 산정을 위한 지표면 기준은?

건축법 제61조(일조 등의 확보를 위한 건축물의 높이 제한)
② 다음 각 호의 어느 하나에 해당하는 공동주택(일반상업지역과 중심상업지역에 건축하는 것은 제외한다)은 채광(採光) 등의 확보를 위하여 대통령령으로 정하는 높이 이하로 하여야 한다.
1. 인접 대지경계선 등의 방향으로 채광을 위한 창문 등을 두는 경우
2. 하나의 대지에 두 동(棟) 이상을 건축하는 경우

① 전면도로의 중심선
② 인접 대지의 지표면
③ 공동주택의 가장 낮은 부분
④ 다른 용도의 가장 낮은 부분
답: ③

1 건축물의 높이

(1) 원칙: 지표면으로부터 해당 건축물의 상단까지의 높이로 산정

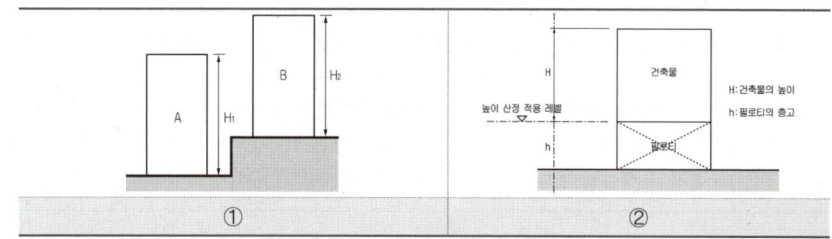

① 건축물의 최고 높이를 말하며 A건축물의 높이는 H_1, B건축물의 높이는 H_2 이다.
② 필로티(1층 전체)가 있는 건축물의 높이는 필로티의 층고를 제외한 높이로 한다.

(2) 전면도로에 의한 건축물 높이

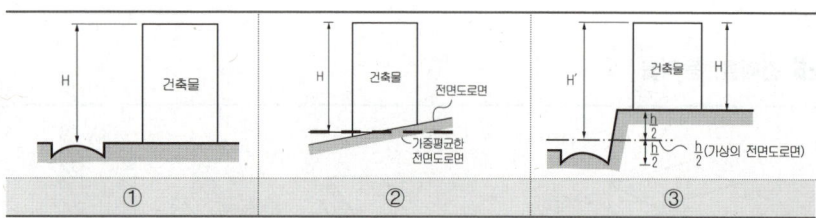

① 원칙: 전면도로의 중심선 ➡ 높이 산정의 기준점은 H가 된다.
② 전면도로의 노면에 고저차가 있는 경우: 그 건축물이 접하는 범위의 전면도로 부분의 수평거리에 따라 가중평균한 높이의 수평면을 전면도로면으로 본다.
③ 대지면이 전면도로 보다 높은 경우: 그 고저차의 2분의 1의 높이만큼 올라온 위치에 그 전면도로의 면이 있는 것으로 본다.

(3) 일조 등의 확보를 위한 건축물의 높이

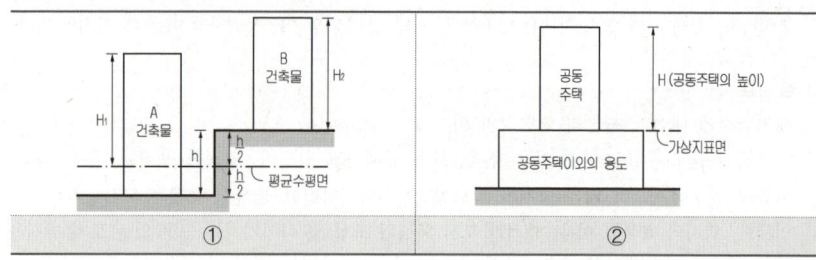

① 대지 지표면과 인접대지 지표면 간에 고저차가 있는 경우: 평균수평면을 기준점으로 본다.
➡ A건축물의 높이: H_1, B건축물의 높이: H_2
② 복합용도(공동주택과 다른 용도) 건축물의 경우: 공동주택의 높이는 공동주택의 가장 낮은 부분을 지표면으로 하여 산정(전용주거지역 및 일반주거지역 제외)

(4) 옥상 부분의 높이 산정: 옥상에 설치되는 승강기탑·계단탑·망루·장식탑·옥탑 등

① 건축면적의 1/8 이하일 경우: 12m를 넘는 부분에 한하여 건축물의 높이에 산입(옥탑 등이 2 이상인 경우 면적을 합산하여 산정함)
② 건축면적의 1/8 을 초과하는 경우: 부산입(옥탑 등이 2 이상인 경우 면적을 합산하여 산정함)

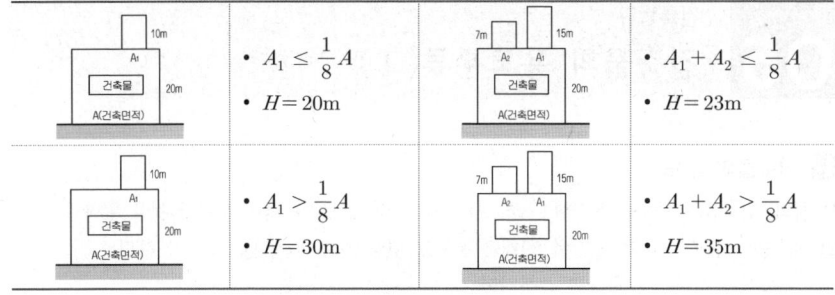

(5) 옥상 돌출부(높이 산정 시 제외)

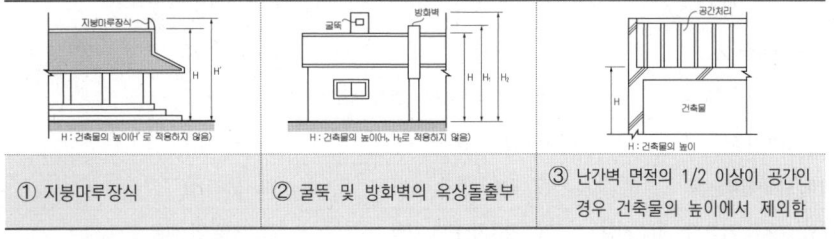

| ① 지붕마루장식 | ② 굴뚝 및 방화벽의 옥상돌출부 | ③ 난간벽 면적의 1/2 이상이 공간인 경우 건축물의 높이에서 제외함 |

2 처마높이, 반자높이, 층고

(1) **처마높이**: 지표면으로부터 건축물의 지붕틀 또는 이와 비슷한 수평재를 지지하는 벽·깔도리 또는 기둥의 상단까지의 높이로 한다.

(2) **반자높이**: 방의 바닥면으로부터 반자까지의 높이로 한다. 다만, 한 방에서 반자높이가 다른 부분이 있는 경우에는 그 각 부분의 반자면적에 따라 가중평균한 높이로 한다.

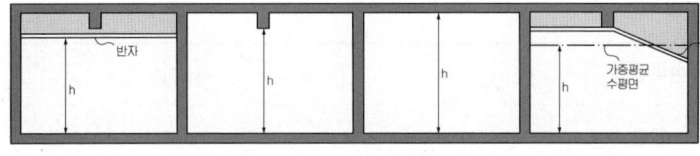

① 거실의 반자는 그 높이를 2.1m 이상으로 하여야 한다.
② 문화 및 집회시설(전시장 및 동·식물원은 제외한다), 종교시설, 장례식장 또는 위락시설 중 유흥주점의 용도에 쓰이는 건축물의 관람실 또는 집회실로서 그 바닥면적이 200m² 이상인 것의 반자의 높이는 4m (노대의 아래 부분의 높이는 2.7m) 이상이어야 한다. 다만, 기계환기장치를 설치하는 경우에는 그렇지 않다.

(3) **층고**: 방의 바닥구조체 윗면으로부터 위층 바닥구조체의 윗면까지의 높이로 한다.

| 방의 바닥구조체 윗면으로부터 위층 바닥구조체의 윗면까지의 높이로 한다. 다만, 한 방에서 층의 높이가 다른 부분이 있는 경우에는 그 각 부분 높이에 따른 면적에 따라 가중평균한 높이로 한다. | 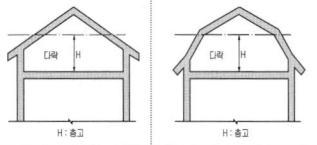 |

(4) **층수**: 지상층만으로 산정(지하층은 제외)
① 부분에 따라 그 층수를 달리하는 경우: 가장 많은 층수로 산정
② 옥상 부분: 건축면적의 1/8을 넘는 경우 층수에 산입(단, 「주택법」에 의한 사업계획승인 대상인 공동주택 중 세대별 전용면적 85m² 이하인 경우에는 1/6)
③ 층의 구분이 명확하지 않을 때: 4m마다 1개 층으로 산정

예4 높이 산정 시 조건과 상관없이 건축물의 높이에 산입하지 않는 것은?
① 망루
② 난간벽
③ 장식탑
④ 굴뚝의 옥상돌출부
답: ④

예5 건축물에 대한 높이 규정 중 처마높이의 산정으로 맞는 것은?
① 용마루 상단 ② 깔도리 하단
③ 기둥의 상단 ④ 처마도리 하단
답: ③

예6 그림과 같은 거실의 평균 반자 높이는? (단, 단위는 m)

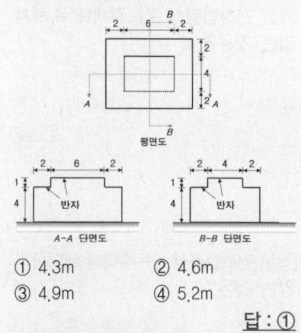

① 4.3m ② 4.6m
③ 4.9m ④ 5.2m
답: ①

예7 건축물의 관람석 또는 집회실로서 그 바닥면적이 200m² 이상인 경우 반자높이를 4m 이상으로 하여야 하는 것은? (단, 기계환기장치를 설치하지 않은 경우)
① 전시장 ② 식물원
③ 동물원 ④ 장례시설
답: ④

예8 한 방에서 층의 높이가 다른 부분이 있는 경우 층고 산정 방법으로 옳은 것은?
① 가장 낮은 높이로 한다.
② 가장 높은 높이로 한다.
③ 각 부분 높이에 따른 면적에 따라 가중평균한 높이로 한다.
④ 가장 낮은 높이와 가장 높은 높이의 산술평균한 높이로 한다.
답: ③

예9 층수 산정에 관한 내용 중 옳지 않은 것은?
① 지하층은 건축물의 층수에 산입하지 아니 한다.
② 층의 구분이 명확하지 아니 한 건축물은 해당 건축물의 높이 4m 마다 하나의 층으로 산정한다.
③ 건축물의 부분에 따라 그 층수를 달리하는 경우에는 각 부분에 따라 평균한 층의 수를 층수로 한다.
④ 계단탑, 장식탑으로서 그 수평투영 면적의 합계가 당해 건축물의 건축면적의 8분의 1 이하인 것은 건축물의 층수에 산입하지 아니한다.
답: ③

핵심번호 05 건축법규 — 건축물의 용도분류(Ⅰ)

예1 다음 중 건축법상 건축물의 용도 구분에 속하지 않는 것은? (단, 대통령령으로 정하는 세부 용도는 제외)
① 공장
② 교육시설
③ 묘지관련시설
④ 자원순환관련시설
답 : ②

예2 건축법령상 공동주택에 속하지 않는 것은?
① 기숙사   ② 다중주택
③ 다세대주택 ④ 연립주택
답 : ②

예3 건축법령상 공동주택에 해당하지 않는 것은?
① 기숙사   ② 연립주택
③ 다가구주택 ④ 다세대주택
답 : ③

예4 건축법령상 아파트의 정의로 옳은 것은?
① 주택으로 쓰는 층수가 3개층 이상인 주택
② 주택으로 쓰는 층수가 5개층 이상인 주택
③ 주택으로 쓰는 층수가 7개층 이상인 주택
④ 주택으로 쓰는 층수가 10개층 이상인 주택
답 : ②

예5 다음은 건축법령상 다세대주택의 정의이다. ( ) 안에 알맞은 것은?

주택으로 쓰는 1개 동의 바닥면적 합계가 (㉠) 이하이고, 층수가 (㉡) 이하인 주택(2개 이상의 동을 지하주차장으로 연결하는 경우에는 각각의 동으로 본다.)

① ㉠ 330㎡, ㉡ 3개층
② ㉠ 330㎡, ㉡ 4개층
③ ㉠ 660㎡, ㉡ 3개층
④ ㉠ 660㎡, ㉡ 4개층
답 : ④

1 건축물의 용도

(1) 정의: 건축물의 종류를 유사한 구조, 이용 목적 및 형태별로 묶어 분류한 것을 말한다.
(2) 건축물의 용도는 다음과 같이 29개군 용도(시행령 기준 30개군)으로 구분하되, 각 용도에 속하는 건축물의 세부 용도는 대통령령으로 정한다.

1. 단독주택	2. 공동주택	3. 제1종 근린생활시설
4. 제2종 근린생활시설	5. 문화 및 집회시설	6. 종교시설
7. 판매시설	8. 운수시설	9. 의료시설
10. 교육연구시설	11. 노유자(老幼者: 노인 및 어린이)시설	12. 수련시설
13. 운동시설	14. 업무시설	15. 숙박시설
16. 위락(慰樂)시설	17. 공장	18. 창고시설
19. 위험물 저장 및 처리 시설	20. 자동차 관련 시설	21. 동물 및 식물 관련 시설
22. 자원순환 관련 시설	23. 교정(矯正)시설	24. 국방·군사시설
25. 방송통신시설	26. 발전시설	27. 묘지관련시설
28. 관광휴게시설	29. 그 밖에 대통령령으로 정하는 시설	

2 주요 건축물의 용도분류(1)

(1) 단독주택

①	단독주택	–
②	공관	–
③	다중주택	주택으로 쓰이는 바닥면적이 660㎡ 이하이고 층수가 3개층 이하인 것
④	다가구주택	주택으로 쓰이는 지하층을 제외한 층수가 3개층 이하(1층 바닥면적의 전부 또는 일부를 필로티로 하여 주차장으로 사용하고 나머지 부분을 주택 외의 용도로 사용한 경우 층수 제외) 이하이고, 부설주차장 면적을 제외한 1개동의 바닥면적의 합계가 660㎡ 이하, 19세대 이하가 거주할 수 있는 주택으로 공동주택에 해당하지 않는 것

(2) 공동주택

①	아파트	주택으로 쓰이는 층이 5개 층 이상인 주택(단, 1층 전부를 필로티 구조로 하여 주차장으로 사용하는 경우 필로티 부분은 층수에서 제외)
②	연립주택	주택으로 쓰이는 1개 동의 바닥면적(부설주차장 면적 제외) 합계가 660㎡를 초과하는 4개 층 이하의 주택
③	다세대주택	주택으로 쓰이는 1개 동의 바닥면적(부설주차장 면적 제외) 합계가 660㎡ 이하인 4개 층 이하의 주택
④	기숙사	일반기숙사, 임대형기숙사

3 주요 건축물의 용도분류(2)

(1) 제1종 근린생활시설

①	식품·잡화·의류·완구·서적·건축자재·의약품·의료기기 등 일용품을 판매하는 소매점	
②	지역자치센터, 파출소, 지구대, 소방서, 우체국, 방송국, 보건소, 공공도서관, 건강보험공단 사무소	바닥면적 합계 1,000㎡ 미만
③	변전소, 도시가스배관시설, 통신용시설, 정수장, 양수장, 전기자동차 충전소	
④	탁구장·체육도장	바닥면적 합계 500㎡ 미만
⑤	휴게음식점, 제과점, 동물병원, 동물미용실	바닥면적 합계 300㎡ 미만
⑥	금융업소, 사무소, 부동산중개사무소, 결혼상담소 등 소개업소, 출판사 등 일반업무시설	바닥면적 합계 30㎡ 미만
⑦	의원, 치과의원, 한의원, 침술원, 접골원(接骨院), 조산원, 안마원, 산후조리원, 이용원, 미용원, 목욕장, 세탁소	—
⑧	마을회관, 공중화장실, 대피소, 지역아동센터 등 주민이 공동으로 이용하는 시설	—

(2) 제2종 근린생활시설

①	서점, 자동차영업소	바닥면적 합계 1,000㎡ 이상
②	종교집회장[교회, 성당, 사찰, 기도원, 수도원, 수녀원, 제실(祭室), 사당, 그 밖에 이와 비슷한 것]	바닥면적 합계 500㎡ 미만
③	공연장(극장, 영화관, 연예장, 음악당, 서커스장 등)	
④	학원*(자동차학원 및 무도학원 제외), 교습소*(자동차 교습 및 무도 교습을 위한 시설 제외), 직업훈련소(운전·정비 관련 직업훈련소 제외)	
⑤	테니스장, 체력단련장, 에어로빅장, 볼링장, 당구장, 실내낚시터, 골프연습장, 놀이형시설, 다중생활시설, 제조업소, 수리점 등	
⑥	휴게음식점, 제과점	바닥면적 합계 300㎡ 이상
⑦	단란주점	바닥면적 합계 150㎡ 미만
⑧	금융업소, 사무소, 부동산중개사무소, 결혼상담소 등 소개업소, 출판사 등 일반업무시설	제1종 근린생활시설에 해당하는 것 제외
⑨	장의사, 동물병원, 동물미용실, 동물위탁관리업을 위한 시설	
⑩	일반음식점, 독서실, 기원, 총포판매소, 사진관, 표구점, 안마시술소, 노래 연습장	—

예6 다음 중 용도별 건축물의 종류가 잘못 연결된 것은?
① 공관 – 단독주택
② 기숙사 – 공동주택
③ 바닥면적이 500㎡ 인 보건소
  – 제1종 근린생활시설
④ 바닥면적이 300㎡ 인 교회
  – 제2종 근린생활시설
답 : ④

예7 건축법령상 제2종 근린생활시설에 속하지 않는 것은?
① 독서실   ② 유치원
③ 동물병원 ④ 노래연습장
답 : ②

예8 용도별 건축물의 종류가 옳지 않은 것은?
① 판매시설: 소매시장
② 의료시설: 치과병원
③ 문화 및 집회시설: 수족관
④ 제1종 근린생활시설: 동물병원
답 : ④

예9 건축법령상 제2종 근린생활시설에 속하는 것은?
① 도서관   ② 미술관
③ 한의원   ④ 일반음식점
답 : ④

예10 건축법령상 건축물과 해당 건축물이 속하는 용도의 연결이 옳지 않은 것은?
① 가족호텔 – 숙박시설
② 세차장 – 자동차관련시설
③ 어린이회관 – 관광휴게시설
④ 일반음식점 – 제1종 근린생활시설
답 : ④

예11 용도별 건축물의 종류가 옳지 않게 연결된 것은?
① 공동주택 – 기숙사
② 의료시설 – 치과병원
③ 단독주택 – 공관
④ 제1종 근린생활시설 – 일반음식점
답 : ④

핵심번호 06 건축법규
건축물의 용도분류(Ⅱ), 용도변경

1 주요 건축물의 용도분류(3)

(1) 문화 및 집회시설

①	공연장(극장, 영화관, 연예장, 음악당, 서커스장, 비디오물감상실, 비디오물소극장, 그 밖에 이와 비슷한 것)	바닥면적 합계 500㎡ 이상
②	집회장[예식장, 공회당, 회의장, 마권(馬券) 장외 발매소, 마권 전화투표소, 그 밖에 이와 비슷한 것]	
③	관람장(경마장, 경륜장, 경정장, 자동차 경기장, 그 밖에 이와 비슷한 것과 체육관 및 운동장)	체육관 및 운동장의 경우 관람석 바닥면적의 합계가 1,000㎡ 이상인 것
④	전시장(박물관, 미술관, 과학관, 문화관, 체험관, 기념관, 산업전시장, 박람회장, 그 밖에 이와 비슷한 것)	―
⑤	동·식물원(동물원, 식물원, 수족관 그 밖에 이와 비슷한 것)	

(2) 종교시설

①	종교집회장[교회, 성당, 사찰, 기도원, 수도원, 수녀원, 제실(祭室), 사당, 그 밖에 이와 비슷한 것]	바닥면적 합계 500㎡ 이상
②	종교집회장(바닥면적의 합계가 500㎡ 이상인 것)에 설치하는 봉안당(奉安堂)	―

(3) 판매시설

①	도매시장(농수산물도매시장, 농수산물공판장)	그 안에 있는 근린생활시설 포함
②	소매시장(대규모점포, 그 밖에 이와 비슷한 것)	
③ 상점	식품·잡화·의류·완구·건축자재·의약품·의료기기 등 일용품을 판매하는 소매점	바닥면적 합계 1,000㎡ 이상인 것 그 안에 있는 근린생활시설 포함
	청소년게임제공업, 일반게임제공업, 인터넷컴퓨터게임시설제공업, 복합유통게임제공업의 시설	바닥면적의 합계 500㎡ 이상인 것 그 안에 있는 근린생활시설 포함

(4) 운수시설

①	여객자동차터미널	―
②	철도시설, 공항시설, 항만시설	

(5) 의료시설

①	병원(종합병원, 치과병원, 한방병원, 정신병원 및 요양병원)	―
②	격리병원(전염병원, 마약진료소, 그 밖에 이와 비슷한 것)	

예1 건축물 용도분류상 문화 및 집회시설에 해당되는 것은?
① 박람회장 ② 종교집회장
③ 도서관 ④ 당구장
답 : ①

예2 다음 건축물의 용도분류상 관계가 잘못된 것은?
① 공관 – 단독주택
② 장례식장 – 장례식장
③ 동·식물원 – 동물 및 식물관련시설
④ 여객자동차터미널 및 화물터미널 – 운수시설
답 : ③

예3 다음 중 용도별 건축물의 종류가 잘못 연결된 것은?
① 공관 – 단독주택
② 기숙사 – 공동주택
③ 바닥면적이 500㎡ 인 보건소 – 제1종 근린생활시설
④ 바닥면적이 500㎡ 인 교회 – 제2종 근린생활시설
답 : ④

예4 건축법령상 건축물과 해당 건축물의 용도가 옳게 연결된 것은?
① 의원 – 의료시설
② 도매시장 – 판매시설
③ 유스호스텔 – 숙박시설
④ 장례식장 – 묘지관련시설
답 : ②

예5 다음 중 건축법상 의료시설에 해당하는 것은?
① 동물병원 ② 마약진료소
③ 조산원 ④ 치과의원
답 : ②

예6 건축법령상 의료시설에 속하지 않는 것은?
① 치과병원 ② 동물병원
③ 한방병원 ④ 마약진료소
답 : ②

(6) 교육연구시설(제2종 근린생활시설에 해당하는 것 제외)

①	학교(유치원, 초등학교, 중학교, 고등학교, 전문대학, 대학, 대학교 그 밖에 이에 준하는 각종학교를 말함)	—
②	교육원(연수원), 연구소, 도서관	
③	직업훈련소(운전 및 정비관련 직업훈련소 제외)	
④	학원(자동차학원, 무도학원 및 정보통신기술을 활용하여 원격으로 교습하는 것 제외)	

(7) 노유자시설

①	아동 관련 시설(어린이집, 아동복지시설)	단독주택, 공동주택, 제1종 근린생활시설에 해당하지 아니 하는 것
②	노인복지시설, 사회복지시설 및 근로복지시설	단독주택과 공동주택에 해당하지 아니 하는 것

(8) 운동시설

①	탁구장, 체육도장, 테니스장, 체력단련장, 에어로빅장, 볼링장, 당구장, 실내낚시터, 골프연습장, 놀이형시설	제1종 및 제2종 근린생활시설에 해당하지 아니 하는 것 (해당용도 바닥면적 합계 500㎡ 이상)
②	체육관	관람석이 없거나 관람석의 바닥면적이 1,000㎡ 미만인 것
③	운동장(육상장, 구기장, 볼링장, 수영장, 스케이트장, 승마장, 사격장, 궁도장, 골프장 등과 이에 딸린 건축물을 말함)	

(9) 업무시설

①	공공업무시설 — 국가 또는 지방자치단체의 청사 및 외국공관의 건축물	제1종 근린생활시설이 아닌 것(해당용도로 쓰는 바닥면적의 합계가 1,000㎡ 이상인 것)
②	일반업무시설 1) 금융업소, 사무소, 결혼상담소 등 소개업소, 출판사, 신문사, 그 밖에 이와 비슷한 것	제1종 및 제2종 근린생활시설이 아닌 것(해당용도 바닥면적 합계 500㎡ 이상)
	2) 오피스텔(업무를 주로 하며, 분양하거나 임대하는 구획 중 일부 구획에서 숙식을 할 수 있도록 한 건축물)	오피스텔 건축 기준에 적합한 것

(10) 수련시설

①	생활권 수련시설(청소년수련관, 청소년문화의 집 등)	—
②	자연권 수련시설(청소년수련원, 청소년야영장 등)	
③	유스호스텔	

(11) 숙박시설

①	일반숙박시설 및 생활숙박시설	—
②	관광숙박시설(관광호텔, 수상관광호텔, 한국전통호텔, 가족호텔, 호스텔, 소형호텔, 의료관광호텔 및 휴양 콘도미니엄)	
③	다중생활시설	바닥면적 합계 500㎡ 이상

예7 건축법령상 제2종 근린생활시설에 속하지 않는 것은?

① 독서실 ② 유치원
③ 동물병원 ④ 노래연습장

답 : ②

예8 다음 중 건축물의 용도 분류가 옳은 것은?

① 식물원 – 동물 및 식물관련시설
② 동물병원 – 의료시설
③ 유스호스텔 – 수련시설
④ 장례식장 – 묘지관련시설

답 : ③

예9 용도별 건축물의 연결이 옳지 않은 것은?

① 단독주택 - 공관
② 공동주택 - 기숙사
③ 관광휴게시설 - 야외음악당
④ 문화 및 집회시설 - 휴양콘도미니엄

답 : ④

예10 다음 중 건축물의 용도별 분류 관계가 옳지 않은 것은?

① 단독주택: 다중주택
② 의료시설: 요양병원
③ 문화 및 집회시설: 식물원
④ 관광휴게시설: 휴양 콘도미니엄

답 : ④

예11 다음 중 건축법상의 숙박시설에 해당되지 않는 것은?

① 휴양 콘도미니엄
② 가족호텔
③ 여인숙
④ 유스호스텔

답 : ④

예12 건축물과 해당 건축물의 용도의 연결이 옳지 않은 것은?
① 주유소: 자동차관련시설
② 야외음악당: 관광휴게시설
③ 무도장: 위락시설
④ 일반음식점: 제2종 근린생활시설
답 : ①

예13 건축물과 해당 건축물의 용도의 연결이 옳지 않은 것은?
① 야외음악당: 관광휴게시설
② 치과의원: 제1종 근린생활시설
③ 일반음식점: 제2종 근린생활시설
④ 주유소: 자동차관련시설
답 : ④

예14 건축물의 용도 분류상 자동차 관련 시설에 속하지 않는 것은?
① 주유소   ② 매매장
③ 세차장   ④ 정비학원
답 : ①

(12) 위락시설

①	단란주점	해당용도로 쓰는 바닥면적의 합계 150㎡ 이상인 것
②	유흥주점이나 그 밖에 이와 비슷한 것	—
③	무도장 및 무도학원, 카지노영업소	

(13) 위험물 저장 및 처리시설

①	주유소(기계식 세차설비 포함) 및 석유판매소	「위험물안전관리법」 등에 따라 설치 또는 영업의 허가를 받아야 하는 건축물로서 좌측 란에 해당하는 것. 다만, 자가난방·자가발전과 이와 비슷한 목적으로 쓰는 저장시설은 제외
②	액화석유가스충전소·판매소·저장소(기계식 세차설비 포함)	
③	위험물 제조소·저장소·취급소, 액화가스 취급소·판매소, 유독물 보관·저장·판매시설, 고압가스 충전소·판매소·저장소, 도료류 판매소, 도시가스 제조시설, 화약류 저장소	

(14) 자동차 관련시설(건설기계관련시설을 포함)

①	주차장, 세차장, 폐차장, 검사장, 매매장, 정비공장	—
②	운전학원 및 정비학원(운전 및 정비 관련 직업훈련시설 포함)	

(15) 동물 및 식물관련시설

①	축사, 가축시설, 도축장, 도계장	동·식물원 제외
②	작물재배사, 종묘배양시설, 화초 및 분재 등의 온실	

(16) 자원순환 관련 시설

①	하수 등 처리시설	—
②	고물상, 폐기물재활용시설, 폐기물 처분시설, 폐기물감량화시설	

(17) 교정(矯正)시설

①	교정시설(보호감호소, 구치소 및 교도소)	—
②	갱생보호시설, 소년원, 소년분류심사원	

(18) 방송통신시설(제1종 근린생활시설에 해당하는 것을 제외)

①	방송국(방송프로그램 제작시설 및 송신·수신·중계시설을 포함)	—
②	전신전화국, 촬영소, 통신용 시설, 데이터센터	

(19) 관광휴게시설

①	야외음악당, 야외극장, 어린이회관, 관망탑	—
②	휴게소, 공원·유원지 또는 관광지에 부수되는 시설	

(20) 묘지관련시설

①	화장시설, 봉안당, 묘지와 자연장지에 부수되는 건축물	종교시설에 해당하는 것은 제외
②	동물화장시설, 동물건조장(乾燥葬)시설, 동물 전용의 납골시설	

(21) 장례시설

①	장례식장	의료시설의 부수시설에 해당하는 것은 제외
②	동물 전용의 장례식장	–

2 건축물의 용도변경

	분류	시설군	절차
①	자동차 관련 시설군	• 자동차 관련시설	
②	산업 등 시설군	• 운수시설 • 창고시설 • 공장 • 위험물 저장 및 처리시설 • 자원순환처리시설 • 묘지관련시설 • 장례식장	1. 허가 대상: 상위군(오름차순)에 해당하는 용도로 변경하는 행위
③	전기통신시설군	• 방송통신시설 • 발전시설	
④	문화 및 집회 시설군	• 문화 및 집회시설 • 종교시설 • 위락시설 • 관광휴게시설	2. 신고 대상: 하위군(내림차순)에 해당하는 용도로 변경하는 행위
⑤	영업시설군	• 판매시설 • 운동시설 • 숙박시설 • 제2종 근린생활시설 중 다중생활시설	3. 건축물대장 기재변경 신청: 동일한 시설군 내에서 용도를 변경하는 행위
⑥	교육 및 복지 시설군	• 의료시설 • 교육연구시설 • 노유자시설 • 수련시설 • 야영장시설	4. 건축물대장 기재사항 변경 없이 가능한 용도변경 – 제1종 및 2종 근린생활시설 상호간 용도변경 (단, 제1종근린생활시설을 단란주점·안마시술소·안마원·노래연습장·다중생활시설로의 변경은 제외)
⑦	근린생활시설군	• 제1종 및 제2종근린생활시설 (다중생활시설 제외)	
⑧	주거업무시설군	• 단독주택, 공동주택 • 업무시설 • 교정시설 • 국방·군사시설	
⑨	기타 시설군	• 동물 및 식물 관련시설	

예15 다음 중 건축법령상 용도에 따른 건축물의 종류가 옳지 않은 것은?
① 교육연구시설 – 유치원
② 묘지관련시설 – 장례시설
③ 관광휴게시설 – 어린이회관
④ 문화 및 집회시설 – 수족관
답 : ②

예16 다음 중 건축법령에 따른 용도별 건축물의 종류가 옳지 않은 것은?
① 단독주택 – 다중주택
② 자원순환 관련시설 – 고물상
③ 교육연구시설 – 직업훈련소
④ 묘지관련시설 – 장례식장
답 : ④

예17 건축물의 용도변경 시 분류된 시설군에 속하지 않는 것은?
① 영업시설군
② 공업시설군
③ 주거업무시설군
④ 문화 및 집회시설군
답 : ②

예18 용도변경과 관련된 시설군 중 산업 등 시설군에 속하는 건축물의 용도가 아닌 것은?
① 발전시설 ② 장례시설
③ 창고시설 ④ 운수시설
답 : ①

예19 용도변경과 관련된 시설군 중 교육 및 복지시설군에 속하지 않는 것은?
① 의료시설 ② 수련시설
③ 종교시설 ④ 노유자시설
답 : ③

예20 다음의 용도변경 중 허가대상에 속하는 것은?
① 문화 및 집회시설군에서 교육 및 복지시설군으로의 용도변경
② 문화 및 집회시설군에서 영업시설군으로의 용도변경
③ 자동차관련시설군에서 산업 등의 시설군으로의 용도변경
④ 주거업무시설군에서 근린생활시설군으로의 용도변경
답 : ④

예21 다음 중 신고대상에 속하는 용도변경은?
① 영업시설군에서 문화 및 집회시설군으로 용도변경
② 근린생활시설군에서 주거업무시설군으로 용도변경
③ 산업 등의 시설군에서 자동차관련시설군으로 용도변경
④ 교육 및 복지시설군에서 전기통신시설군으로 용도변경
답 : ②

핵심번호 07 건축법규 — 건축허가, 건축신고

1 허가권자에 의한 건축 허가대상

(1) 특별자치시장·도지사·시장·군수·구청장: 모든 건축물의 건축 및 대수선

(2) 특별시장, 광역시장
① 21층 이상 건축물
② 연면적 합계 100,000m² 이상인 건축물(공장, 창고 및 지방건축위원회 심의를 거친 건축물 제외)
③ 연면적의 3/10 이상 증축하여 층수가 21층 이상으로 되거나 연면적의 합계 100,000m² 이상으로 되는 건축물

2 건축허가의 제한

제한권자	제한 사유
국토교통부장관	• 국토관리상 특히 필요하다고 인정한 경우 • 주무장관이 국방, 문화재 보존·환경 보전, 국민경제상 특히 필요하다고 인정한 경우
특별시장·광역시장·도지사	• 도시·군 계획상 특히 필요하다고 인정하는 경우
제한 기간	• 제한 기간은 2년 이내로 하되, 1회에 한하여 1년 이내의 범위에서 그 제한 기간을 연장 할 수 있다.

3 건축허가 신청에 필요한 기본설계도서

도서의 종류	내용
건축계획서	개요(위치·대지면적 등), 지역·지구 및 도시계획사항, 건축물의 규모(건축면적·연면적·높이·층수 등), 건축물의 용도별 면적, 주차장 규모, 에너지절약계획서(해당 건축물에 한한다), 노인 및 장애인 등을 위한 편의시설 설치계획서(관계법령에 의해 설치 의무가 있는 경우에 한한다)
배치도	축척 및 방위, 대지에 접한 도로의 길이 및 너비, 대지의 종·횡단면도, 건축선 및 대지경계선으로부터 건축물까지의 거리, 주차동선 및 옥외주차계획, 공개공지 및 조경계획
평면도	1층 및 기준층 평면도, 기둥·벽·창문 등의 위치, 방화구획 및 방화문의 위치, 복도 및 계단의 위치, 승강기의 위치
입면도	2면 이상의 입면계획, 외부마감재료, 간판 및 건물번호판의 설치계획(크기·위치)
단면도	종·횡 단면도, 건축물의 높이, 각층의 높이 및 반자높이
구조도	구조내력상 주요한 부분의 평면 및 단면, 주요부분의 상세도면, 구조안전확인서
구조계산서	구조계산서 목록표(총괄표, 구조계획서, 설계하중, 주요 구조도, 배근도 등), 구조내력상 주요한 부분의 응력 및 단면 산정 과정, 내진설계의 내용(지진에 대한 안전여부 확인대상 건축물)
소방설비도	「화재예방, 소방시설설치·유지 및 안전관리에 관한 법률」에 따라 소방관서의 장의 동의를 얻어야 하는 건축물의 해당 소방 관련 설비

예1 건축물을 특별시나 광역시에 건축하는 경우 특별시장이나 광역시장의 허가를 받아야 하는 대상 건축물 기준으로 옳은 것은?
① 층수 21층 이상, 연면적 합계 100,000m² 이상 건축물
② 층수 21층 이상, 연면적 합계 50,000m² 이상 건축물
③ 층수 15층 이상, 연면적 합계 100,000m² 이상 건축물
④ 층수 15층 이상, 연면적 합계 50,000m² 이상 건축물
답: ①

예2 국토교통부장관이 국토관리를 위하여 건축허가를 제한하는 경우, 제한 기간은 최대 몇 년 이내인가? (단, 연장 기간 제외)
① 1년 ② 2년
③ 3년 ④ 4년
답: ②

예3 건축허가 신청에 필요한 설계도서에 해당하지 않는 것은?
① 배치도 ② 투시도
③ 건축계획서 ④ 단면도
답: ②

예4 건축허가 신청에 필요한 설계도서에 해당하지 않는 것은?
① 조감도 ② 배치도
③ 건축계획서 ④ 소방설비도
답: ①

예5 건축허가 신청에 필요한 기본설계도서 중 건축계획서에 표시하여야 할 사항으로 옳지 않은 것은?
① 주차장 규모
② 공개공지 및 조경계획
③ 건축물의 용도별 면적
④ 지역·지구 및 도시계획사항
답: ②

예6 건축허가 신청에 필요한 설계도서 중 평면도에 표시하여야 할 사항에 속하지 않는 것은?
① 주차장 규모
② 승강기의 위치
③ 기둥·벽·창문 등의 위치
④ 방화구획 및 방화문의 위치
답: ②

4 건축물 안전영향평가

(1) 목적: 허가권자는 초고층 건축물 등 대통령령으로 정하는 주요 건축물에 대하여 건축허가를 하기 전에 건축물의 구조, 지반 및 풍환경(風環境) 등이 건축물의 구조안전과 인접 대지의 안전에 미치는 영향 등을 평가하는 건축물 안전영향평가를 안전영향평가기관에 의뢰하여 실시하여야 한다.

(2) 평가 대상 건축물

①	초고층 건축물
②	층수가 16층 이상으로 연면적 100,000㎡ 이상인 건축물 (하나의 대지에 둘 이상의 건축물을 건축하는 경우 각각의 건축물의 연면적)

5 대형건축물의 건축허가 사전승인 신청 및 건축물 안전영향평가 의뢰 시 제출도서

(1) 건축계획서: 설계설명서, 구조계획서, 지질조사서, 시방서

(2) 설계설명서에 표시하여야 할 사항

①	공사 개요: 위치 · 대지면적 · 공사기간 · 공사금액 등
②	사전조사사항: 지반고 · 기후 · 동결심도 · 수용 인원 · 상하수와 주변 지역을 포함한 지질 및 지형, 인구, 교통, 지역, 지구, 토지이용 현황, 시설물 현황 등
③	건축계획: 배치 · 평면 · 입면계획 · 동선계획 · 개략 조경계획 · 주차계획 및 교통처리계획 등
④	시공방법, 개략공정계획, 주요설비계획, 주요자재 사용계획, 기타 필요한 사항

6 건축신고 대상

(1) 허가대상 건축물이라 하더라도 다음 어느 하나에 해당하는 경우에는 미리 특별자치시장 · 특별자치도지사 또는 시장 · 군수 · 구청장에게 국토교통부령으로 정하는 바에 따라 신고를 하면 건축허가를 받은 것으로 본다.

①	증축 · 개축 · 재축	바닥면적의 합계 85㎡ 이내
②	대수선	3층 미만, 연면적 200㎡ 미만
③	소규모 건축물	연면적 합계 100㎡ 이하
④	건축물의 증축	높이 3m 이하
⑤	공장	2층 이하로서 연면적 합계 500㎡ 이하의 공업지역, 지구단위계획구역 (산업 · 유통형만 해당), 산업단지의 공장
⑥	읍 · 면 지역의 건축물	• 연면적 200㎡ 이하: 창고 • 연면적 400㎡ 이하: 축사, 작물재배사, 종묘배양시설, 화초 및 분재 등의 온실

예7 건축허가를 하기 전에 건축물의 구조안전과 인접대지의 안전에 미치는 영향 등을 평가하는 건축물 안전영향평가를 실시하여야 하는 대상 건축물 기준으로 옳은 것은?

① 층수가 6층 이상으로 연면적 10,000㎡ 이상인 건축물
② 층수가 6층 이상으로 연면적 100,000㎡ 이상인 건축물
③ 층수가 16층 이상으로 연면적 10,000㎡ 이상인 건축물
④ 층수가 16층 이상으로 연면적 100,000㎡ 이상인 건축물

답: ④

예8 대형건축물의 건축허가 사전승인 신청 시 제출도서의 종류 중 설계설명서에 표시하여야 할 사항이 아닌 것은?

① 공사 개요
② 개략공정계획
③ 교통처리계획
④ 각부 구조계획

답: ④

예9 건축허가를 받아야 하거나 건축신고를 하여야 하는 건축물의 건축 등을 위한 설계를 건축사가 하지 않아도 되는 경우에 해당하지 않는 것은?

① 바닥면적의 합계가 85㎡ 미만인 신축
② 바닥면적의 합계가 85㎡ 미만인 증축
③ 바닥면적의 합계가 85㎡ 미만인 개축
④ 바닥면적의 합계가 85㎡ 미만인 재축

답: ①

예10 허가 대상 건축물이라 하더라도 미리 특별자치시장 · 특별자치도지사 또는 시장 · 군수 · 구청장에게 국토교통부령으로 정하는 바에 따라 신고를 하면 건축허가를 받은 것으로 보는 경우에 속하지 않는 것은? (단, 층수가 2층인 건축물의 경우)

① 바닥면적 합계가 85㎡ 이내의 신축
② 바닥면적 합계가 85㎡ 이내의 증축
③ 바닥면적 합계가 85㎡ 이내의 개축
④ 연면적 200㎡ 미만인 건축물의 대수선

답: ①

예11 허가 대상 건축물이라 하더라도 건축신고를 하면 건축허가를 받은 것으로 보는 건축물이 아닌 것은?

① 연면적의 합계가 80㎡ 인 건축물의 증축
② 바닥면적의 합계가 80㎡를 증축하는 건축물
③ 건축물의 높이 4m를 증축하는 건축물
④ 연면적 150㎡ 이고 2층인 건축물의 대수선

답: ③

예12 공작물을 축조할 때 특별자치시장·특별자치도지사 또는 시장·군수·구청장에게 신고를 하여야 하는 대상 공작물 기준으로 옳지 않은 것은?
① 높이 2m를 넘는 담장
② 높이 4m를 넘는 굴뚝
③ 높이 4m를 넘는 광고탑
④ 높이 6m를 넘는 통신용 철탑

답 : ②

예13 공작물을 축조할 때 특별자치시장·특별자치도지사 또는 시장·군수·구청장에게 신고를 하여야 하는 대상 공작물에 속하지 않는 것은? (단, 건축물과 분리하여 축조하는 경우)
① 높이 3m인 담장
② 높이 5m인 굴뚝
③ 높이 5m인 광고탑
④ 높이 5m인 광고판

답 : ②

예14 도시계획시설 또는 도시계획시설 예정지에 건축을 허가할 수 있는 가설건축물의 기준 항목이 아닌 것은?
① 층수 ② 연면적
③ 존치기간 ④ 구조

답 : ②

예15 도시계획시설 또는 도시계획시설 예정지에 건축을 허가할 수 있는 가설건축물의 구조가 아닌 것은?
① 철골철근콘크리트구조
② 벽돌구조
③ 철골구조
④ 블록구조

답 : ①

예16 도시계획시설 또는 도시계획시설 예정지에 건축을 허가할 수 있는 가설건축물의 기준으로 옳은 것은?
① 2층 이하일 것
② 조적식구조 이외의 구조일 것
③ 연면적이 1,000㎡ 이하일 것
④ 존치기간은 원칙적으로 3년 이내일 것

답 : ④

예17 가설건축물을 축조하려고 할 때 특별자치도지사 또는 시장·군수·구청장에게 신고하여야 할 대상 가설건축물에 해당하지 않는 것은?
① 농업용 고정식 온실
② 전시를 위한 견본주택
③ 공장에 설치하는 창고용 천막
④ 조립식 구조로 된 경비용에 쓰는 가설건축물로서 연면적이 15㎡인 것

답 : ④

(2) 신고 대상 공작물

①	높이 2m를 넘는	옹벽·담장
②	높이 4m를 넘는	광고탑·광고판·장식탑·기념탑·첨탑, 그 밖에 이와 비슷한 것
③	높이 6m를 넘는	굴뚝, 골프연습장 등의 운동시설을 위한 철탑, 주거지역·상업지역에 설치하는 통신용 철탑
④	높이 8m를 넘는	고가수조
⑤	높이 8m 이하	기계식주차장 및 철골조립식주차장으로서 외벽이 없는 것
⑥	바닥면적 30㎡를 넘는	지하대피호

(3) 건축신고를 한 자가 신고일부터 1년 이내에 공사에 착수하지 아니 하면 그 신고의 효력은 없어진다. (단, 건축주 요청에 따라 허가권자가 정당한 사유가 있다고 인정하면 1년의 범위에서 착수 기한 연장 가능)

7 가설건축물

(1) 허가 대상 가설건축물

①	층수	4층 이상이 아닐 것
②	구조	철근콘크리트조 또는 철골철근콘크리트조가 아닐 것
③	존치기간	3년 이내일 것(사업 시행 시 까지 연장가능)
④	설비	전기·수도·가스 등 새로운 간선공급설비 설치가 불필요한 것
⑤	용도	공동주택·판매시설·운수시설 등 분양을 목적으로 하는 건축하는 건축물이 아닐 것

(2) 신고 대상 가설건축물

①	공사에 필요한 규모의 공사용 가설건축물 및 공작물, 전시를 위한 견본주택이나 그 밖에 이와 비슷한 것
②	조립식 구조로 된 경비용으로 쓰는 가설건축물로서 연면적이 10㎡ 이하인 것, 조립식 경량구조로 된 외벽이 없는 임시 자동차 차고
③	컨테이너 또는 이와 비슷한 것으로 된 가설건축물로서 임시사무실·임시창고 또는 임시숙소로 사용되는 것 (건축물의 옥상에 건축하는 것은 제외)
④	도시지역 중 주거지역·상업지역 또는 공업지역에 설치하는 농업·어업용 비닐하우스로서 연면적이 100㎡ 이상인 것
⑤	연면적 100㎡ 이상인 간이축사용, 가축분뇨처리용, 가축운동용, 가축의 비가림용 비닐하우스 또는 천막구조 건축물
⑥	농업·어업용 고정식 온실 및 간이작업장, 가축양육실

건축시공 및 유지관리

1 건축시공 허용 오차

허용오차		항목	허용되는 오차의 범위
(1)	건축물 관련 건축 기준	건축물 높이	2% 이내(1m를 초과할 수 없다)
		평면길이	2% 이내(건축물 전체 길이는 1m를 초과할 수 없고, 벽으로 구획된 각 실의 경우에는 10%를 초과할 수 없다)
		출구너비, 반자높이	2% 이내
		벽체두께, 바닥판두께	3% 이내
(2)	대지 관련 건축 기준	건폐율	0.5% 이내(건축면적 5㎡를 초과할 수 없다)
		용적률	1% 이내(연면적 30㎡를 초과할 수 없다)
		건축선의 후퇴거리, 인접 건축물과의 거리, 인접 대지경계선과의 거리	3% 이내

2 건축물의 공사감리

(1) 상주공사감리: 건축주는 건축사 등을 공사감리자로 지정하여 공사감리를 하게 하여야 한다.

상주감리 대상	감리원	기간
• 바닥면적의 합계 5,000㎡ 이상인 건축공사 (축사 또는 작물 재배사의 건축공사는 제외) • 연속된 5개 층(지하층 포함) 이상으로서 바닥면적의 합계가 3,000㎡ 이상인 건축공사 • 아파트(30세대 미만) 건축공사 • 준다중이용건축물 건축공사	건축, 건축사보 1인 이상	전체 공사기간 상주
	토목, 전기, 기계 1인 이상	각 분야 해당 공사기간 상주

(2) 연면적의 합계가 5,000㎡ 이상의 건축공사에 있어 공사감리자가 필요하다고 인정하는 경우에는 공사시공자에게 상세시공도면을 작성하도록 요청할 수 있다.

(3) 공사감리 업무 내용

①	공사시공자가 설계도서에 따라 적합하게 시공하는지 여부의 확인
②	공사시공자가 사용하는 건축자재가 관계법령에 따른 기준에 적합한 건축자재인지 여부의 확인
③	건축물 및 대지가 관계 법령에 적합하도록 공사시공자 및 건축주를 지도
④	시공계획 및 공사관리의 적정 여부 확인, 공사현장에서의 안전관리의 지도, 공정표의 검토
⑤	상세시공도면의 검토·확인, 구조물의 위치와 규격의 적정 여부의 검토·확인
⑥	품질시험의 실시 여부 및 시험 성과의 검토·확인, 설계변경의 적정여부의 검토·확인

[예1] 다음 중 건축 허용 오차(%)가 가장 큰 것은?
① 건폐율 ② 건축선의 후퇴거리
③ 용적률 ④ 건축물 높이

답 : ②

[예2] 건축물 관련 건축 기준의 허용되는 오차의 범위(%)가 가장 큰 것은?
① 평면길이 ② 출구너비
③ 반자높이 ④ 바닥판두께

답 : ④

[예3] 건축물 관련 건축 기준의 허용 오차가 옳지 않은 것은?
① 출구 너비: 2% 이내
② 바닥판 두께: 3% 이내
③ 건축물 높이: 3% 이내
④ 벽체 두께: 3% 이내

답 : ③

[예4] 건축주가 건축사 등을 공사감리자로 지정하여 공사감리를 하게 하여야 하는 건축공사의 바닥면적 기준은? (단, 축사 또는 작물재배사의 건축공사는 제외)
① 바닥면적의 합계가 1,000㎡ 이상인 건축공사
② 바닥면적의 합계가 2,000㎡ 이상인 건축공사
③ 바닥면적의 합계가 5,000㎡ 이상인 건축공사
④ 바닥면적의 합계가 10,000㎡ 이상인 건축공사

답 : ③

[예5] 공사감리자가 공사시공자에게 상세시공도면을 작성하도록 요청할 수 있는 건축공사의 규모 기준은?
① 각 층 바닥면적의 합계가 5,000㎡ 이상인 건축공사
② 각 층 바닥면적의 합계가 10,000㎡ 이상인 건축공사
③ 연면적의 합계가 5,000㎡ 이상인 건축공사
④ 연면적의 합계가 10,000㎡ 이상인 건축공사

답 : ③

[예6] 건축법령상 공사감리자가 수행하여야 하는 감리업무에 속하지 않는 것은?
① 공정표의 검토
② 상세시공도면의 작성 및 확인
③ 공사현장에서의 안전관리의 지도
④ 설계변경의 적정 여부의 검토 및 확인

답 : ②

예7 공사감리자는 공사의 공정이 대통령령으로 정하는 진도에 다다른 때에는 감리중간보고서를 작성하여 건축주에게 제출하여야 하는데, 대통령령으로 정하는 진도에 다다른 때에 해당하지 않는 것은?

① 해당 건축물의 구조가 철근콘크리트조인 경우 기초공사 시 철근배치를 완료한 때
② 해당 건축물의 구조가 철골조인 경우 기초공사에 있어 주춧돌의 설치를 완료한 때
③ 해당 건축물의 구조가 철골철근콘크리트조인 경우 지붕 슬래브 배근을 완료한 때
④ 해당 건축물의 구조가 철근콘크리트조이며 5층 이상 건축물인 경우 지상 5개층 마다 상부 슬래브배근을 완료한 때

답 : ②

예8 다음은 건축물의 사용승인에 관한 기준 내용이다. ( )안에 알맞은 것은?

> 건축주가 허가를 받았거나 신고를 한 건축물의 건축공사를 완료한 후 그 건축물을 사용하려면 공사감리자가 작성한 (㉠)와 국토교통부령으로 정하는 (㉡)를 첨부하여 허가권자에게 사용승인을 신청하여야 한다.

① ㉠ 설계도서, ㉡ 시방서
② ㉠ 시방서, ㉡ 설계도서
③ ㉠ 감리완료보고서, ㉡ 공사완료도서
④ ㉠ 공사완료도서, ㉡ 감리완료보고서

답 : ③

예9 특별자치도 또는 시·군·구에 설치하는 건축종합민원실의 처리 업무에 해당하지 않는 것은?

① 정기점검 및 수시점검의 항목별 점검 업무
② 건축허가·건축신고 또는 용도변경에 관한 상담 업무
③ 건축관계자 사이의 분쟁에 대한 상담
④ 건축물대장의 작성 및 관리에 관한 업무

답 : ①

예10 건축지도원에 관한 설명으로 틀린 것은?

① 허가를 받지 아니 하고 건축하거나 용도 변경한 건축물의 단속 업무를 수행한다.
② 건축지도원은 시장·군수·구청장이 지정할 수 있다.
③ 건축지도원의 자격과 업무 범위는 국토교통부령으로 정한다.
④ 건축신고를 하고 건축 중에 있는 건축물의 시공 지도와 위법 시공 여부의 확인·지도 및 단속 업무를 수행한다.

답 : ③

(4) 감리중간보고서: 공사감리자는 국토교통부령으로 정하는 바에 따라 감리일지를 기록·유지하여야 하고, 공사의 공정(工程)이 대통령령으로 정하는 진도에 다다른 경우에는 감리중간보고서를 건축주에게 제출하여야 한다.

구조	공정	제출시기
• 철근콘크리트조 • 철골철근콘크리트조 • 조적조 • 보강콘크리트블록조	기초공사	기초철근 배치를 완료한 때
	지붕공사	지붕슬래브 배근을 완료한 때
	층수	지상 5개층마다 상부슬래브 배근을 완료한 때
• 철골조	기초공사	기초철근 배치를 완료한 때
	지붕공사	지붕 철골 조립을 완료한 경우
	층수	지상 3개층마다 또는 높이 20m마다 주요구조부의 조립을 완료한 경우
• 기타 구조	기초공사	거푸집 또는 주춧돌 설치를 완료한 때

3 건축물의 사용승인

(1) 건축주가 허가를 받았거나 신고를 한 건축물의 건축공사를 완료(하나의 대지에 둘 이상의 건축물을 건축하는 경우 동(棟)별 공사를 완료한 경우를 포함)한 후 그 건축물을 사용하려면 공사감리자가 작성한 감리완료보고서와 국토교통부령으로 정하는 공사완료도서를 첨부하여 허가권자에게 사용승인을 신청하여야 한다.

(2) 허가권자는 사용승인신청을 받은 경우에는 그 신청서를 받은 날부터 7일 이내에 사용승인을 위한 현장검사를 실시하여야 한다.

4 건축종합민원실

(1) 설치: 특별자치시장·특별자치도지사 또는 시장·군수·구청장은 대통령령으로 정하는 바에 따라 건축허가, 건축신고, 사용승인 등 건축과 관련된 민원을 종합적으로 접수하여 처리할 수 있는 민원실을 설치·운영하여야 한다.

(2) 건축종합민원실 업무 내용

①	사용승인에 관한 업무
②	건축사가 현장조사·검사 및 확인업무를 대행하는 건축물의 건축허가·사용승인 및 임시사용승인에 관한 업무
③	건축물대장의 작성 및 관리에 관한 업무, 복합민원의 처리에 관한 업무
④	건축허가, 건축신고 또는 용도변경에 관한 상담 업무, 건축관계자 사이의 분쟁에 관한 상담

5 건축지도원

(1) 건축지도원: 건축 적법 과정에 위배되는 경우, 즉 허가나 신고 등을 받지 않은 건축물의 단속과 감리자가 없는 신고대상 건축물의 시공 지도와 적법 여부의 확인 및 사용승인 후의 유지 관리의 확인 등의 임무가 있다. 건축지도원의 자격과 업무 범위 등은 대통령령으로 정한다.

(2) 건축지도원의 업무

①	건축신고를 하고 건축 중에 있는 건축물의 시공 지도와 위법 시공 여부의 확인·지도 및 단속
②	건축물의 대지, 높이 및 형태, 구조안전 및 화재안전, 건축설비 등이 법령 등에 적합하게 유지·관리되고 있는지의 확인·지도 및 단속
③	허가를 받지 아니하거나 신고를 하지 아니하고 건축하거나 용도변경한 건축물의 단속

핵심번호 09 건축법규 — 건축물의 대지

1 대지 안의 조경

(1) 원칙: 면적 200㎡ 이상인 대지에 건축물을 건축하는 건축주는 용도지역 및 건축물의 규모에 따라 조례가 정하는 기준에 따라 조경 등 필요한 조치를 하여야 한다.

(2) 조경 등의 조치에 관한 기준

	적용 대상	조경 기준
①	공장 및 물류시설	• 연면적 합계 1,500㎡ 이상~2,000㎡ 미만: 대지면적의 5% 이상 • 연면적 합계 2,000㎡ 이상: 대지면적의 10% 이상 【※ 주거지역 또는 상업지역에 건축하는 물류시설 제외】
②	공항시설	대지면적의 10% 이상 【※ 활주로·유도로·계류장·착륙대 등 항공기의 이·착륙시설에 쓰는 면적 제외】
③	역시설	대지면적의 10% 이상 【※ 선로·승강장 등 철도 운행용 시설의 면적 제외】
④	200㎡ 이상~300㎡ 미만인 대지에 건축하는 건축물	대지면적의 10% 이상

(3) 옥상조경: 조경면적의 2/3에 해당하는 면적을 대지 안의 조경면적으로 산정한다. 이 경우 조경기준면적의 50%를 초과할 수 없다.

【예제1】 다음과 같은 조건에 있는 건축물의 지상에 설치하여야 하는 조경면적을 구해보자.

【조건】	• 대지면적: 300㎡, 옥상 조경면적: 30㎡ • 조경설치면적 기준: 대지면적의 10% 이상

① 조경기준면적: $A = 300 \times 0.1 = 30\text{m}^2$

② 옥상조경면적의 인정(A_1): 옥상조경면적의 2/3에 해당하는 면적을 대지 안의 조경면적으로 산정하되 조경기준면적(A)의 50%를 초과할 수 없다.

$30 \times \dfrac{2}{3} = 20\text{m}^2 \leq 30 \times 0.5 = 15\text{m}^2 \Rightarrow A_1 = 15\text{m}^2$

③ 지상조경면적(A_2): $A_2 = A - A_1 = 30 - 15 = 15\text{m}^2$

【예제2】 건축물의 옥상에 60㎡의 옥상조경을 설치하고 대지에 100㎡의 조경을 설치한 경우 조경면적으로 산정 받을 수 있는 전체 조경면적을 구해보자. (단, 이 건축물에 설치하여야 하는 조경면적은 100㎡)

① 조경기준면적: $A = 100\text{m}^2$

② 옥상조경면적의 인정(A_1): 옥상조경면적의 2/3에 해당하는 면적을 대지 안의 조경면적으로 산정하되 조경기준면적(A)의 50%를 초과할 수 없다.

$60 \times \dfrac{2}{3} = 40\text{m}^2 \leq 100 \times 0.5 = 50\text{m}^2 \Rightarrow A_1 = 40\text{m}^2$

③ 전체 조경면적 $= 100 + 40 = 140\text{m}^2$

예1 다음은 대지의 조경에 관한 기준 내용이다. ( ) 안에 알맞은 것은?

면적이 ( ) 이상인 대지에 건축을 하는 건축주는 용도지역 및 건축물의 규모에 따라 해당 지방자치단체의 조례로 정하는 기준에 따라 대지에 조경이나 그 밖에 필요한 조치를 하여야 한다.

① 100㎡   ② 200㎡
③ 300㎡   ④ 500㎡

답 : ②

예2 원칙적으로 조경 등의 조치를 하여야 하는 건축물의 대지면적 기준은?

① 100㎡ 이상   ② 200㎡ 이상
③ 300㎡ 이상   ④ 400㎡ 이상

답 : ②

예3 면적 5,000㎡인 대지에 연면적의 합계가 2,000㎡인 공장을 건축하려고 한다. 이 경우 확보하여야 할 최소 조경면적은?

① 100㎡   ② 200㎡
③ 400㎡   ④ 500㎡

답 : ②

예4 대지면적이 600㎡일 때 옥상에 조경면적을 60㎡ 설치할 경우 대지에 설치하여야 하는 최소 조경면적은? (단, 조경설치기준은 대지면적의 10%)

① 10㎡   ② 15㎡
③ 20㎡   ④ 30㎡

답 : ④

예5 대지면적이 1,000㎡인 건축물의 옥상에 조경면적을 90㎡ 설치한 경우, 대지에 설치하여야 하는 최소 조경면적은? (단, 조경설치기준은 대지면적의 10%)

① 10㎡   ② 40㎡
③ 50㎡   ④ 100㎡

답 : ③

| 예6 | 건축법령상 조경 등의 조치를 하지 아니할 수 있는 건축물 기준으로 틀린 것은? (단, 옥상조경 등 대통령령으로 따로 기준을 정하는 경우는 고려하지 않는다.)
① 축사
② 녹지지역에 건축하는 건축물
③ 연면적 합계 2,000㎡ 미만인 공장
④ 면적 5,000㎡ 미만인 대지에 건축하는 공장
답: ④

| 예7 | 공개공지 또는 공개공간의 확보 대상 지역에 속하지 않는 것은?
① 상업지역 ② 준공업지역
③ 일반주거지역 ④ 전용주거지역
답: ④

| 예8 | 대통령령으로 정하는 용도와 규모의 건축물이 소규모 휴식시설 등의 공개공지 또는 공개공간을 설치하여야 하는 대상 지역에 해당되지 않는 곳은?
① 준공업지역 ② 일반공업지역
③ 일반주거지역 ④ 준주거지역
답: ②

| 예9 | 건축법에 따라 건축물의 대지에 공개공지 또는 공개공간을 확보하여야 하는 대상 건축물이 아닌 것은? (단, 연면적의 합계가 5,000㎡ 이상인 경우)
① 종교시설 ② 의료시설
③ 숙박시설 ④ 문화 및 집회시설
답: ②

| 예10 | 건축법령상 건축물의 대지에 공개공지 또는 공개공간을 확보하여야 하는 대상 건축물에 해당하지 않는 것은? (단, 해당 용도로 쓰는 바닥면적의 합계가 5000㎡인 건축물의 경우로, 건축조례로 정하는 다중이 이용하는 시설의 경우는 고려하지 않는다.)
① 종교시설 ② 업무시설
③ 숙박시설 ④ 교육연구시설
답: ④

| 예11 | 공개공지 등을 확보하여야 하는 대상 건축물에 공개공지 등을 설치하는 경우, 해당 건축물에 완화하여 적용할 수 있는 기준 내용은?
① 건폐율
② 용적률
③ 대지면적의 최소한도
④ 건축선에 따른 건축 제한
답: ②

2 대지 안의 조경: 적용 제외

(1) 녹지지역에 건축하는 건축물

(2) 공장
① 면적 5,000㎡ 미만인 대지에 건축하는 공장
② 연면적의 합계가 1,500㎡ 미만인 공장,
③ 산업단지 안의 공장

(3) 대지에 염분이 함유되어 있는 경우 또는 건축물의 특성상 조경 등의 조치를 하기가 곤란하거나 조경 등의 조치를 하는 것이 불합리한 경우로서 건축조례가 정하는 건축물

(4) 축사, 가설건축물(허가 대상)

(5) 연면적의 합계가 1,500㎡ 미만인 물류시설(주거지역 또는 상업지역에 건축하는 것 제외)로서 국토교통부령으로 정하는 것

(6) 자연환경보전지역·농림지역 또는 관리지역(지구단위계획구역 제외)의 건축물

3 공개공지 등

(1) 공개공지 등의 확보 대상

다음 각 호의 어느 하나에 해당하는 지역의 환경을 쾌적하게 조성하기 위하여 대통령령으로 정하는 용도와 규모의 건축물은 일반이 사용할 수 있도록 대통령령으로 정하는 기준에 따라 소규모 휴식시설 등의 공개공지(空地: 공터) 또는 공개공간(이하 "공개공지 등"이라 한다)을 설치하여야 한다.

공개공지 확보 대상 지역	용도	규모
• 일반주거지역·준주거지역 • 상업지역·준공업지역 • 특별자치시장·특별자치도지사·시장·군수·구청장이 도시화 가능성이 크다고 인정하여 지정·공고하는 지역	• 문화 및 집회시설 • 종교시설 • 판매시설(농수산물 유통시설은 제외) • 운수시설(여객용 시설만 해당) • 업무시설 • 숙박시설	연면적 합계 5,000㎡ 이상
	• 다중이 이용하는 시설로서 건축조례가 정하는 건축물	

(2) 공개공지 등의 설치 기준

공개공지 등		규정 사항
①	확보면적	• 대지면적의 10/100 이하의 범위에서 건축조례로 정한다. • 법정 조경면적과 매장문화재의 현지 보존 조치 면적을 공개공지 등의 면적으로 할 수 있다.
②	확보 시 준수사항	• 물건을 쌓아 놓거나 출입 차단시설을 설치하지 아니할 것 • 모든 사람들이 환경친화적으로 편리하게 이용할 수 있도록 긴 의자 또는 조경시설 등 건축조례로 정하는 시설을 설치할 것 • 공개공지는 필로티의 구조로 설치가 가능하다.
③	설치 시 건축기준의 완화규정	• 공개공지 등의 설치 대상 건축물과 대상이 아닌 건축물이 복합된 경우도 완화규정 적용 대상에 포함하여 완화규정을 적용할 수 있다. • 용적률: 해당 지역에 적용되는 용적률의 1.2배 이하 • 높이 제한 : 해당 건축물에 적용되는 높이 기준의 1.2배 이하
④	활용	• 공개공지 등에는 연간 60일 안에서 건축조례로 정하는 바에 따라 주민들을 위한 문화행사나 판촉활동이 가능하다. (울타리를 설치하는 등 공중이 해당 공개공지 등의 이용에 지장을 주는 행위 금지)

10 건축법규 — 건축물의 대지와 도로

1 「건축법」상 도로의 인정 조건

(1)	건축법에서의 도로는 원칙적으로 너비 4m 이상으로서 보행 및 자동차 통행이 가능한 것이어야 한다. 이는 건축물의 이용 주체가 사람이고 또한 건축물에는 필연적으로 주차공간을 확보하여야 한다. 따라서, 건축물이 원활하게 활용되기 위해서는 전면도로의 경우 사람은 물론 자동차의 통행이 자유로워야 한다. 그러므로 보행자 전용도로·자동차전용도로·고속도로·고가도로·지하도로 등은 「건축법」상의 도로에 포함되지 않는다.	
(2)	「국토의 계획 및 이용에 관한 법률」·「도로법」·「사도법」등에 의하여 신설 또는 변경에 관한 고시가 된 도로	확정(고시, 지정·공고 등)이 되지 않은 계획상의 예정도로는 도로로 볼 수 없다.
(3)	건축허가 또는 신고시 특별시장·광역시장·특별자치시장·도지사·특별자치도지사 또는 시장·군수·구청장(자치구의 구청장을 말함)이 그 위치를 지정·공고한 도로	

(2) 대지와 도로와의 관계
① 일반 도로의 경우, 막다른 도로의 경우의 대지는 도로에 2m 이상 접하여야 한다.
(자동차만의 통행에 사용되는 도로를 제외)

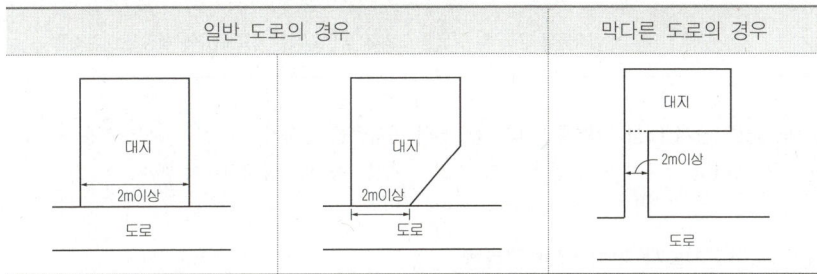

② 연면적 합계 2,000㎡(공장: 3,000㎡) 이상인 건축물의 대지는 6m 이상의 도로에 4m 이상 접하여야 한다.

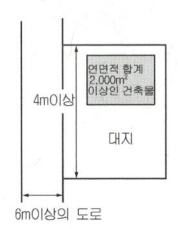

2 건축선(建築線)
(1) 도로와 접한 부분에 건축물을 건축할 수 있는 건축선은 대지와 도로의 경계선으로 한다.

(2) 건축선에 의한 건축 제한
① 건축물과 담장은 건축선의 수직면을 넘어서는 아니 된다.
다만, 지표 아래 부분은 그러하지 아니하다.
② 도로면으로부터 높이 4.5m 이하에 있는 출입구, 창문, 그 밖에 이와 유사한 구조물은 열고 닫을 때 건축선의 수직면을 넘지 아니 하는 구조로 하여야 한다.

예1 다음 중 건축법상의 도로로 볼 수 없는 것은?
① 도로법에 의한 고속도로
② 사도법에 의하여 신설 또는 변경에 관한 고시가 된 도로
③ 국토의 계획 및 이용에 관한 법률에서 신설에 관한 고시가 된 도로
④ 건축허가 시 시장이 그 위치를 지정·공고한 도로
답 : ①

예2 건축물의 대지는 원칙적으로 최소 얼마 이상이 도로에 접하여야 하는가? (단, 자동차만의 통행에 사용되는 도로는 제외)
① 1m ② 2m
③ 3m ④ 4m
답 : ②

예3 다음의 대지와 도로의 관계에 관한 기준 내용 중 ( ) 안에 알맞은 것은?

연면적 합계가 2,000㎡(공장인 경우에는 3,000㎡) 이상인 건축물(축사, 작물재배사, 그밖에 이와 비슷한 건축물로서 건축조례로 정하는 규모의 건축물은 제외한다)의 대지는 너비 (㉠) 이상의 도로에 (㉡) 이상 접하여야 한다.

① ㉠ 4m, ㉡ 2m
② ㉠ 6m, ㉡ 4m
③ ㉠ 8m, ㉡ 6m
④ ㉠ 8m, ㉡ 4m
답 : ②

예4 다음은 건축선에 따른 건축제한에 관한 기준 내용이다. ( )안에 알맞은 것은?

도로면으로부터 높이 ( ) 이하에 있는 출입구, 창문, 그 밖에 이와 비슷한 구조물은 열고 닫을 때 건축선의 수직면을 넘지 아니하는 구조로 하여야 한다.

① 1.5m ② 2.5m
③ 3.5m ④ 4.5m
답 : ④

핵심번호 11 건축법규 — 건축물의 구조 등

1 구조안전 확인 서류의 제출

(1) 구조안전을 확인한 건축물 중 다음 건축물의 건축주는 설계자로부터 구조안전의 확인 서류를 받아 착공신고 시 허가권자에게 제출하여야 한다.

①	층수, 연면적	• 2층 이상, 200㎡ 이상(기둥과 보가 목재인 목구조의 경우 3층 이상, 500㎡ 이상)
②	높이	• 건축물 높이 13m 이상, 처마높이 9m 이상
③	경간	• 기둥과 기둥 사이의 거리가 10m 이상인 건축물
④	국가적 문화유산	• 보존 가치가 있는 박물관·기념관 그 밖에 이와 유사한 것으로서 연면적의 합계 5,000㎡ 이상인 건축물
⑤	주택	• 단독주택, 공동주택
⑥	특수구조 건축물	• 한쪽 끝은 고정되고 다른 끝은 지지(支持)되지 아니한 구조로 된 보·차양 등이 외벽(외벽이 없는 경우 외곽 기둥)의 중심선으로부터 3m 이상 돌출된 건축물 • 기둥과 기둥 사이의 거리가 20m 이상인 건축물
⑦	지진구역	• 건축물의 용도 및 규모를 고려한 중요도(특), 중요도(1)에 해당하는 건축물

(2) 내진능력 공개 대상 건축물: (1)의 ①~⑤의 건축물을 건축하고자 하는 자는 사용승인을 받는 즉시 건축물이 지진 발생 시에 견딜 수 있는 능력을 공개하여야 한다.

2 건축구조기술사 협력 대상 건축물

다음 건축물을 건축하거나 대수선하는 설계자는 구조의 안전을 확인하는 경우 건축구조기술사의 협력을 받아야 한다.

①	층수	• 6층 이상인 건축물
②	특수구조건축물	• 한쪽 끝은 고정되고 다른 끝은 지지되지 아니한 구조로 된 보·차양 등이 외벽의 중심선으로부터 3m 이상 돌출된 건축물 • 기둥과 기둥 사이의 거리가 20m 이상인 건축물 • 무량판구조(보가 없이 바닥판·기둥으로 구성된 구조)를 가진 건축물로서 무량판구조인 어느 하나의 층에 수직으로 배치된 주요구조부의 전체 단면적에서 보가 없이 배치된 기둥의 전체 단면적이 차지하는 비율이 1/4 이상인 건축물 • 특수한 설계·시공·공법 등이 필요한 건축물로서 국토교통부장관이 정하여 고시하는 구조로 된 건축물
③	용도	• 다중이용건축물, 준다중이용건축물 • 3층 이상의 필로티 형식 건축물
④	지진구역	• 지진구역 I의 중요도(특)인 건축물

예1 건축물의 건축주가 착공신고를 할 때, 해당 건축물의 설계자로부터 받은 구조안전의 확인 서류를 허가권자에게 제출하여야 하는 대상 건축물 기준으로 옳지 않은 것은? (단, 허가 대상 건축물인 경우)

① 높이가 11m 이상인 건축물
② 처마높이가 9m 이상인 건축물
③ 국토교통부령으로 정하는 지진구역 안의 중요도(특), 중요도(1)에 해당 하는 건축물
④ 기둥과 기둥 사이의 거리가 10m 이상인 건축물

답 : ①

예2 건축물을 건축하거나 대수선하는 경우 건축물의 설계자가 국토교통부령으로 정하는 구조기준 등에 따라 그 구조의 안전을 확인하여야 하는 대상 건축물에 속하지 않는 것은?

① 층수가 2층인 건축물
② 높이가 12m인 건축물
③ 처마높이가 9m인 건축물
④ 기둥과 기둥 사이의 거리가 10m인 건축물

답 : ②

예3 사용승인을 받는 즉시 건축물의 내진능력을 공개하여야 하는 대상 건축물의 층수 기준은? (단, 목구조 건축물의 경우이며 기타의 경우는 고려하지 않는다.)

① 2층 이상   ② 3층 이상
③ 6층 이상   ④ 16층 이상

답 : ②

예4 건축물을 건축하고자 하는 자가 사용승인을 받는 즉시 건축물의 내진능력을 공개하여야 하는 대상 건축물의 연면적 기준은? (단, 목구조 건축물이 아닌 경우)

① 100㎡ 이상   ② 200㎡ 이상
③ 300㎡ 이상   ④ 400㎡ 이상

답 : ②

예5 건축물의 설계자가 건축물에 대한 구조의 안전을 확인하는 경우 건축구조기술사의 협력을 받아야 하는 대상 건축물에 속하지 않는 것은?

① 특수구조건축물
② 다중이용건축물
③ 준다중이용건축물
④ 층수가 5층인 건축물

답 : ④

12 건축법규 - 건축물의 피난시설

1 건축물의 피난시설: 계단 및 복도의 설치

(1) 계단 및 복도 규정의 적용대상: 연면적 200㎡를 초과하는 건축물에 설치하는 계단 및 복도

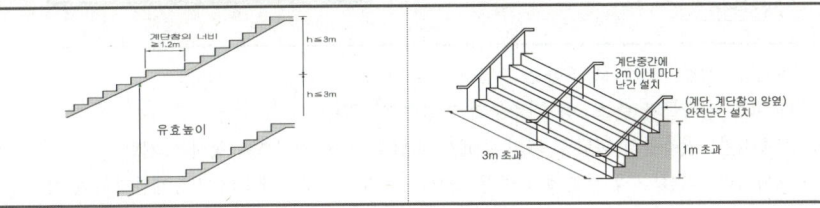

① 계단의 유효높이: 2.1m 이상
② 높이가 1m를 넘는 계단 및 계단참의 양옆에는 난간을 설치
③ 계단의 높이가 3m를 넘는 경우: 높이 3m 이내마다 너비 1.2m 이상의 계단참 설치
④ 계단의 너비가 3m를 넘는 경우의 난간 설치
 • 계단 중간에 3m 이내마다 난간 설치
 • 계단 단높이 15cm 이하, 계단 단너비 30cm 이하의 경우 난간 설치 제외
⑤ 계단에 대체되는 경사로의 기울기는 1 : 8 이하

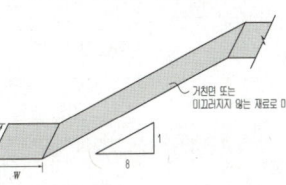

(2) 용도별 계단 각부의 치수

건축물의 용도·규모 등		계단·계단참 유효너비 (옥내계단에 한정)	단높이	단너비
①	• 초등학교	150cm 이상	16cm 이하	26cm 이상
②	• 중·고등학교	150cm 이상	18cm 이하	26cm 이상
③	• 문화 및 집회시설(공연장, 집회장, 관람장에 한함) • 판매시설	120cm 이상	-	-
④	①~③ 외의 계단 • 지상층 계단: 바로 위층부터 최상층까지 거실 바닥면적의 합계가 200㎡ 이상 • 지하층 계단: 지하층 거실 바닥면적의 합계가 100㎡ 이상	120cm 이상	-	-
⑤	• 기타의 계단	60cm 이상	-	-
⑥	피난층 또는 지상으로 통하는 준초고층 건축물의 직통계단 • 공동주택	120cm 이상	-	-
	• 공동주택이 아닌 건축물	150cm 이상	-	-

(3) 복도의 유효너비

구분	복도의 너비	
	양옆에 거실이 있는 복도	그 밖의 복도
유치원·초등학교·중학교·고등학교	2.4m 이상	1.8m 이상
공동주택·오피스텔	1.8m 이상	1.2m 이상
해당 층 거실 바닥면적합계가 200㎡ 이상인 경우	1.5m 이상 (의료시설의 복도 : 1.8m 이상)	1.2m 이상

예1 연면적 200㎡를 초과하는 건축물에 설치하는 계단에 관한 기준 내용으로 옳지 않은 것은?

① 너비가 3m를 넘는 계단에는 계단의 중간에 너비 1.2m 이내마다 난간을 설치할 것
② 높이가 3m를 넘는 계단에는 높이 3m 이내마다 너비 1.2m 이상의 계단참을 설치할 것
③ 계단을 대체하여 설치하는 경사로의 경사도는 1 : 6을 넘지 아니할 것
④ 계단의 바닥 마감면부터 상부 구조체의 하부 마감면까지의 연직방향의 높이는 2.1m 이상으로 할 것

답 : ③

예2 연면적 200㎡를 초과하는 초등학교에 설치하는 계단 및 계단참의 유효너비는 최소 얼마 이상으로 하여야 하는가?

① 60cm ② 120cm
③ 150cm ④ 180cm

답 : ③

예3 연면적 200㎡를 초과하는 건축물에 설치하는 계단과 관련된 기준 내용으로 옳지 않은 것은?

① 높이가 3m를 넘는 계단에는 높이 3m 이내마다 너비 1.2m 이상의 계단참을 설치할 것
② 높이가 1m를 넘는 계단 및 계단참의 양옆에는 난간을 설치할 것
③ 초등학교의 계단인 경우에는 계단 및 계단참의 너비는 120cm 이상으로 할 것
④ 고등학교의 계단인 경우에는 계단 및 계단참의 너비는 150cm 이상으로 할 것

답 : ③

예4 연면적 200㎡를 초과하는 각종 건축물에 설치하는 복도의 최소 유효너비가 옳지 않은 것은? (단, 양옆에 거실이 있는 복도)

① 유치원: 2.4m ② 중학교: 2.4m
③ 고등학교: 2.4m ④ 오피스텔: 2.4m

답 : ④

예5 건축물의 피난층 외의 층에서 피난층 또는 지상으로 통하는 직통계단을 거실의 각 부분으로부터 계단에 이르는 보행거리가 최대 얼마 이내가 되도록 설치하여야 하는가? (단, 건축물의 주요구조부는 내화구조이고 층수는 15층으로 공동주택이 아닌 경우)

① 30m ② 40m
③ 50m ④ 60m

답 : ③

예6 주요구조부가 내화구조 또는 불연재료로 된 층수가 16층 이상인 공동주택의 경우, 피난층 외의 층에서는 피난층 또는 지상으로 통하는 직통계단을 거실의 각 부분으로부터 계단에 이르는 보행거리가 최대 얼마 이하가 되도록 설치하여야 하는가? (단, 계단은 거실로부터 가장 가까운 거리에 있는 1개소의 계단을 말한다.)

① 30m ② 40m
③ 50m ④ 75m

답 : ③

예7 피난층 외의 층이 지하층으로서 그 층 거실의 바닥면적의 합계가 최소 얼마 이상인 경우, 피난층 또는 지상으로 통하는 직통계단을 2개소 이상 설치하여야 하는가?

① 150㎡ ② 200㎡
③ 300㎡ ④ 400㎡

답 : ②

예8 피난층 외의 층으로서 피난층 또는 지상으로 통하는 직통계단을 2개소 이상 설치하여야 하는 대상 기준으로 옳지 않은 것은?

① 판매시설의 용도로 쓰는 3층 이상의 층으로서 그 층의 해당 용도로 쓰는 거실의 바닥면적의 합계가 200㎡ 이상인 것
② 위락시설 중 주점영업의 용도로 쓰는 층으로서 그 층에서 해당 용도로 쓰는 바닥면적의 합계가 200㎡ 이상인 것
③ 지하층으로서 그 층 거실의 바닥면적의 합계가 200㎡ 이상인 것
④ 업무시설 중 오피스텔의 용도로 쓰는 층으로서 그 층의 해당 용도로 쓰는 거실의 바닥면적의 합계가 200㎡ 이상인 것

답 : ④

2 보행거리에 의한 직통계단의 설치

(1) 피난층, 직통계단, 보행거리

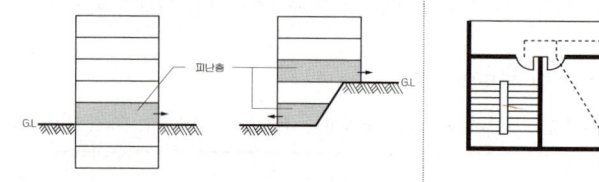

① 피난층: 직접 지상으로 통하는 출입구가 있는 층
   (초고층 건축물과 준초고층 건축물의 피난안전구역)
② 직통계단: 건축물의 피난층 외의 층에서 피난층 또는 지상으로 통하는 계단
③ 보행거리: 거실의 각 부분에서 가장 가까운 거리에 있는 1개소의 직통계단까지의 거리

(2) 보행거리의 기준(이하 규정)

층의 구분			일반층(거실 ➡ 직통계단)	
주요구조부			내화구조 또는 불연재료	기타(원칙)
용도	일반용도		50m 이하	30m 이하
	공동주택	15층 이하	50m 이하	30m 이하
		16층 이상	40m 이하	30m 이하
설비			자동식 소화설비	기타(원칙)
용도	반도체 및 디스플레이 패널 제조 공장		70m 이하	30m 이하
	위의 공장이 무인화 설비된 공장		100m 이하	30m 이하

3 용도와 규모에 따른 2개소 이상의 직통계단 설치

건축물의 용도	적용	바닥면적 합계
• 지하층	해당 층의 거실	
• 단독주택 중 다중주택·다가구주택 • 제2종근린생활시설 중 학원·독서실 • 의료시설, 판매시설, 숙박시설 • 운수시설(여객용 시설만 해당) • 아동관련시설, 노인복지시설, 유스호스텔	3층 이상으로서 해당 층의 해당 용도로 쓰는 거실	200㎡ 이상
• 문화 및 집회시설(전시장, 동·식물원 제외) • 종교시설, 장례시설, 위락시설 중 주점영업 • 300㎡ 이상인 공연장 및 종교집회장, 주점영업	해당 층의 해당 용도로 쓰는 거실	
• 공동주택(층당 4세대 이하 제외) • 업무시설 중 오피스텔	해당 층의 해당 용도로 쓰는 거실	300㎡ 이상

4 옥외피난계단의 추가 설치

3층 이상의 층(피난층 제외)으로 다음의 용도에 쓰이는 층의 경우에는 직통계단 외에 별도로 해당 층으로부터 지상으로 통하는 옥외피난계단을 설치하여야 한다.

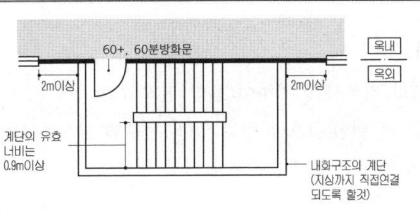

용도	설치대상(해당층 거실 바닥면적 합계)
공연장, 주점영업	바닥면적 합계가 300㎡ 이상인 층
집회장	바닥면적 합계가 1,000㎡ 이상인 층

5 피난계단, 특별피난계단의 구조에 관한 기준

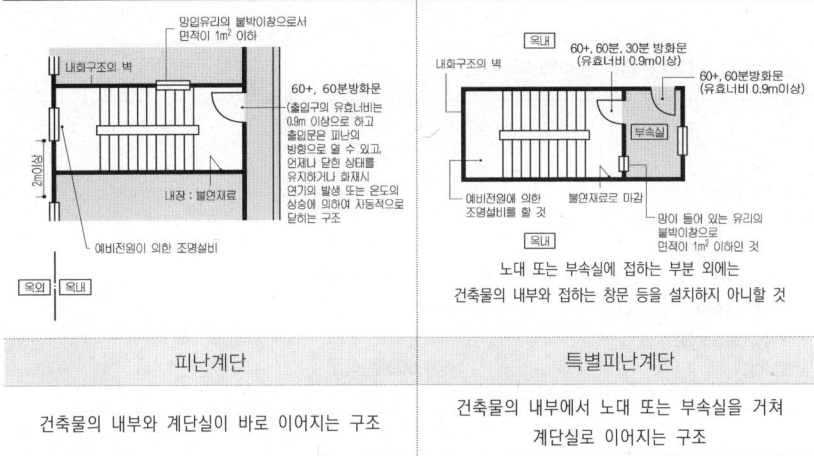

피난계단	특별피난계단
건축물의 내부와 계단실이 바로 이어지는 구조	건축물의 내부에서 노대 또는 부속실을 거쳐 계단실로 이어지는 구조

【 방화문 】
- 60분+방화문: 연기 및 불꽃을 차단할 수 있는 시간이 60분 이상, 열을 차단할 수 있는 시간이 30분 이상인 방화문
- 60분 방화문: 연기 및 불꽃을 차단할 수 있는 시간이 60분 이상인 방화문
- 30분 방화문: 연기 및 불꽃을 차단할 수 있는 시간이 30분 이상 60분 미만인 방화문

계단의 구조	설치 기준	예외 규정
피난계단 또는 특별피난계단	• 5층 이상 • 지하 2층 이하 (지하 1층인 건축물의 경우 5층 이상의 층으로부터 피난층 또는 지상으로 통하는 직통계단과 직접 연결된 지하 1층의 계단 포함)	주요구조부가 내화구조 또는 불연재료로 된 건축물 • 5층 이상의 바닥면적 합계가 200㎡ 이하 • 200㎡ 이내마다 방화구획이 된 경우
특별피난계단	• 11층 이상(공동주택: 16층 이상) • 지하 3층 이하	• 갓복도식 공동주택 • 바닥면적 400㎡ 미만인 층

【※ 판매시설의 용도에 쓰이는 층으로부터의 직통계단은 1개소 이상을 특별피난계단으로 설치하여야 한다.】

예9 건축물의 바깥쪽에 설치하는 피난계단의 구조에서 피난층으로 통하는 직통계단의 최소 유효너비 기준은?
① 0.7m 이상 ② 0.8m 이상
③ 0.9m 이상 ④ 1.0m 이상
답: ③

예10 옥외피난계단을 설치하여야 하는 대상 기준 내용과 가장 관계가 먼 것은?
① 건축물 용도 ② 층수
③ 거실 바닥면적 ④ 연면적
답: ④

예11 건축물의 내부에 설치하는 피난계단의 구조에 관한 기준 내용으로 옳지 않은 것은?
① 계단의 유효너비는 0.9m 이상으로 할 것
② 계단실 실내에 접하는 부분의 마감은 불연재료로 할 것
③ 계단은 내화구조로 하고 피난층 또는 지상까지 직접 연결되도록 할 것
④ 건축물의 내부에서 계단실로 통하는 출입구의 유효너비는 0.9m 이상으로 할 것
답: ①

예12 특별피난계단의 구조에 관한 기준 내용으로 틀린 것은?
① 계단은 내화구조로 하되, 피난층 또는 지상까지 직접 연결되도록 한다.
② 계단실 및 부속실의 실내에 접하는 부분의 마감은 불연재료로 한다.
③ 출입구의 유효너비는 0.9m 이상으로 하고 피난의 방향으로 열 수 있도록 한다.
④ 건축물의 내부에서 노대 또는 부속실로 통하는 출입구에는 30분방화문을 설치하고, 노대 또는 부속실로부터 계단실로 통하는 출입구에는 60분 방화문을 설치하도록 한다.
답: ④

예13 피난계단의 설치에 관한 기준 내용 중 ( ) 안에 들어갈 내용으로 옳은 것은?

> 5층 이상 또는 지하 2층 이하인 층에 설치하는 직통계단은 피난계단 또는 특별피난계단으로 설치하여야 하는데, ( )의 용도로 쓰는 층으로부터의 직통계단은 그 중 1개소 이상을 특별피난계단으로 설치하여야 한다.

① 의료시설 ② 숙박시설
③ 판매시설 ④ 교육연구시설
답: ③

핵심번호 13 건축법규: 건축물의 피난에 대한 규칙(Ⅰ)

1 관람실 등으로부터의 출구 설치

(1) 목적: 공연장 등의 시설은 다른 용도의 건축물에 비하여 동일 면적의 공간에 많은 인원을 수용하고 있으므로 재해 발생 시 매우 큰 위험 요소를 안고 있다. 건축법 규정에서는 출입문, 복도, 비상구 등의 규정을 두어 위험을 사전에 예방하고자 하고 있다.

(2) 출구의 안여닫이 금지
① 제2종 근린생활시설 중 300㎡ 이상인 공연장 및 종교집회장
② 문화 및 집회시설(전시장, 동·식물원 제외)
③ 종교시설, 장례시설, 위락시설

(3) 바닥면적 300㎡ 이상의 공연장 개별관람실 출구의 설치 기준
① 각 출구의 유효너비 1.5m 이상, 관람실별 2개소 이상
② 개별관람실 출구 유효너비 합계: $\left[\dfrac{\text{바닥면적합계}}{100^2} \times 0.6\text{m}\right]$ 이상

(4) 관람실, 집회실과 접하는 복도의 유효너비

구분	해당 층의 바닥면적 합계	유효너비
• 문화 및 집회시설 (공연장·집회장·관람장·전시장) • 종교시설(종교집회장) • 노유자시설(아동관련시설, 노인복지시설) • 수련시설(생활권 수련시설) • 위락시설(유흥주점) • 장례시설	500㎡ 미만	1.5m 이상
	500㎡ 이상 ~ 1,000㎡ 미만	1.8m 이상
	1,000㎡ 이상	2.4m 이상

【예제】문화 및 집회시설 중 공연장의 개별관람실의 바닥면적이 600㎡인 경우, 이 개별관람실에 설치하여야 하는 출구의 최소 개수를 구해보자. (단, 각 출구의 유효너비 1.5m)

출구 유효너비 합계: $\dfrac{600}{100} \times 0.6 = 3.6\text{m}$, 출구의 수 = $\dfrac{3.6}{1.5} = 2.4$ ➡ 3개소

2 건축물 바깥쪽으로의 출구의 설치

다음의 어느 하나에 해당하는 건축물에는 국토교통부령으로 정하는 기준에 따라 그 건축물로부터 바깥쪽으로 나가는 출구를 설치하여야 한다.

① 제2종 근린생활시설 중 공연장·종교집회장(해당 용도로 쓰는 바닥면적의 합계가 300㎡ 이상인 경우)
② 문화 및 집회시설(전시장 및 동·식물원은 제외)
③ 업무시설 중 국가 또는 지방자치단체의 청사, 교육연구시설 중 학교
④ 종교시설, 판매시설, 위락시설, 장례시설
⑤ 연면적 5,000㎡ 이상인 창고시설
⑥ 승강기를 설치하여야 하는 건축물

예1 건축물의 관람실 또는 집회실로부터 바깥쪽으로의 출구로 쓰이는 문을 안여닫이로 하여서는 아니 되는 건축물은?
① 위락시설
② 수련시설
③ 문화 및 집회시설 중 전시장
④ 문화 및 집회시설 중 동·식물원
답: ①

예2 문화 및 집회시설 중 공연장의 개별관람실의 출구에 관한 설명으로 옳지 않은 것은? (단, 개별관람실의 바닥면적은 500㎡이다.)
① 관람실별로 2개소 이상 설치하여야 한다.
② 각 출구의 유효너비는 1.2m 이상으로 하여야 한다.
③ 바깥쪽으로의 출구로 쓰이는 문은 안여닫이로 하여서는 안 된다.
④ 개별관람실 출구의 유효너비의 합계는 3m 이상으로 하여야 한다.
답: ②

예3 문화 및 집회시설 중 공연장의 개별관람실의 출구를 다음과 같이 설치하였을 경우, 옳지 않은 것은? (단, 개별관람실의 바닥면적이 800㎡인 경우)
① 출구는 모두 바깥여닫이로 하였다.
② 관람실별로 2개소 이상 설치하였다.
③ 각 출구의 유효너비를 1.6m로 하였다.
④ 각 출구의 유효너비의 합계를 4.5m로 하였다.
답: ④

예4 문화 및 집회시설 중 공연장의 개별관람실에 다음과 같이 출구를 설치하였을 경우, 옳은 것은? (단, 개별관람실의 바닥면적은 900㎡이다.)
① 출구를 1개소 설치하였다.
② 각 출구의 유효너비를 2.4m로 하였다.
③ 출구로 쓰이는 문을 안여닫이로 하였다.
④ 출구의 유효너비의 합계를 5.0m로 하였다.
답: ②

예5 국토교통부령이 정하는 바에 건축물로부터 바깥쪽으로 나가는 출구를 설치하여야 하는 대상 건축물에 속하지 않는 것은?
① 문화 및 집회시설 중 관람장
② 의료시설 중 종합병원
③ 연면적 5,000㎡인 창고시설
④ 업무시설 중 국가 또는 지방자치단체의 청사
답: ②

3 경사로의 설치

다음 건축물의 피난층 또는 피난층의 승강장으로부터 건축물의 바깥쪽에 이르는 통로에는 경사로를 설치하여야 한다.

대 상	세 부 용 도
① 제1종 근린생활시설(동일한 건축물에서 해당 용도에 쓰이는 바닥면적의 합계가 1,000㎡ 미만인 것)	지역자치센터·파출소·지구대·소방서·우체국·방송국·보건소·공공도서관·지역건강보험조합
② 제1종 근린생활시설(면적 제한 없음)	마을회관·마을공동작업소·마을공동구판장·변전소·양수장·정수장·대피소·공중화장실
③ 판매시설, 운수시설(연면적 5,000㎡ 이상)	-
④ 교육연구시설	학교
⑤ 업무시설	국가 또는 지방자치단체의 청사, 외국공관의 건축물 (제1종 근린생활시설에 해당하지 않는 것)
⑥ 승강기를 설치하여야 하는 건축물	-

4 회전문의 설치 기준

회전문의 설치기준의 도해

(1) 계단이나 에스컬레이터로부터 2m 이상의 거리를 둘 것
(2) 회전문과 문틀 사이 및 바닥 사이는 다음에서 정하는 간격을 확보하고 틈 사이를 고무와 고무펠트의 조합체 등을 사용하여 신체나 물건 등에 손상이 없도록 할 것
   ① 회전문과 문틀 사이는 5cm 이상
   ② 회전문과 바닥 사이는 3cm 이하
(3) 출입에 지장이 없도록 일정한 방향으로 회전하는 구조로 할 것
(4) 회전문의 중심축에서 회전문과 문틀 사이의 간격을 포함한 회전문 날개 끝부분까지의 길이는 140cm 이상이 되도록 할 것
(5) 회전문의 회전 속도는 분당회전수가 8회를 넘지 아니 하도록 할 것
(6) 자동회전문은 충격이 가하여지거나 사용자가 위험한 위치에 있는 경우에는 전자감지장치 등을 사용하여 정지하는 구조로 할 것

예6 건축물의 피난층 또는 피난층의 승강장으로부터 건축물의 바깥쪽에 이르는 통로에 경사로를 설치하여야 되는 것은?
① 교육연구시설 중 학교
② 연면적이 3,000㎡인 판매시설
③ 연면적이 3,000㎡인 운수시설
④ 제2종 근린생활시설
답 : ①

예7 피난층 또는 피난층의 승강장으로부터 건축물의 바깥쪽에 이르는 통로에 경사로를 설치하여야 하는 대상 건축물에 속하지 않는 것은?
① 교육연구시설 중 학교
② 연면적이 5,000㎡인 의료시설
③ 연면적이 5,000㎡인 판매시설
④ 제1종 근린생활시설 중 공중화장실
답 : ②

예8 건축물의 출입구에 설치하는 회전문은 계단이나 에스컬레이터로부터 최소 얼마 이상의 거리를 두어야 하는가?
① 1m   ② 1.5m
③ 2m   ④ 2.5m
답 : ③

예9 건축물의 출입구에 설치하는 회전문에 관한 기준 내용으로 옳지 않은 것은?
① 회전문과 문틀 사이의 간격은 5cm 이상으로 할 것
② 회전문과 바닥 사이의 간격은 5cm 이하로 할 것
③ 계단이나 에스컬레이터로부터 2m 이상의 거리를 둘 것
④ 회전문의 회전 속도는 분당회전수가 8회를 넘지 않도록 할 것
답 : ②

예10 건축물의 출입구에 설치하는 회전문의 구조에 대한 설명으로 옳지 않은 것은?
① 계단이나 에스컬레이터로부터 2m 이상의 거리를 둘 것
② 틈 사이를 고무와 고무펠트의 조합체 등을 사용하여 신체나 물건 등에 손상이 없도록 할 것
③ 출입에 지장이 없도록 일정한 방향으로 회전하는 구조로 할 것
④ 회전문의 회전 속도는 분당회전수가 10회를 넘지 아니하도록 할 것
답 : ④

핵심번호 14 건축법규 건축물의 피난에 대한 규칙(Ⅱ)

예1 건축물의 대지 안에는 그 건축물 바깥쪽으로 통하는 주된 출구와 지상으로 통하는 피난계단 및 특별피난계단으로부터 도로 또는 공지로 통하는 통로를 설치하여야 하는데, 이 통로의 유효너비는 최소 얼마 이상이어야 하는가? (단, 바닥면적의 합계가 500㎡ 이상인 문화 및 집회시설의 경우)

① 1m   ② 2m
③ 3m   ④ 4m
답 : ③

1 대지안의 피난 및 소화에 필요한 통로 설치

건축물의 대지 안에는 그 건축물 바깥쪽으로 통하는 주된 출구와 지상으로 통하는 피난계단 및 특별피난계단으로부터 도로 또는 공지(공원, 광장, 그 밖에 이와 비슷한 것으로서 피난 및 소화를 위하여 해당 대지의 출입에 지장이 없는 것을 말한다)로 통하는 통로를 다음의 기준에 따라 설치하여야 한다.

대상	설치 기준	내용
1. 단독주택	유효너비 0.9m 이상	
2. 바닥면적의 합계가 500㎡ 이상 ① 문화 및 집회시설 ② 종교시설 ③ 의료시설 ④ 위락시설 ⑤ 장례시설	유효너비 3m 이상	통로는 1. 주된 출구와 2. 지상으로 통하는 피난계단 및 특별피난계단으로부터 도로 또는 공지*로 통하여야 함.
3. 그 밖의 용도의 건축물	유효너비 1.5m 이상	* 공원, 광장, 그 밖에 이와 비슷한 것으로서 피난 및 소화를 위하여 해당 대지의 출입에 지장이 없는 것

- 필로티 내 통로의 길이가 2m 이상인 경우: 피난 및 소화활동에 지장이 없도록 자동차 진입 억제용 말뚝 등 통로보호시설을 설치하거나 단차를 둘 것

예2 초고층 건축물에는 피난층 또는 지상으로 통하는 직통계단과 직접 연결되는 피난안전구역(건축물의 피난·안전을 위하여 건축물 중간층에 설치하는 대피공간)을 지상층으로부터 몇 층마다 1개소 이상 직통계단을 설치하여야 하는가?

① 10개   ② 20개
③ 30개   ④ 40개
답 : ③

2 고층건축물의 피난 및 안전관리

(1) 피난안전구역의 설치

① 피난안전구역: 건축물의 피난·안전을 위하여 건축물의 중간층에 설치하는 대피공간
② 초고층 건축물: 피난층 또는 지상으로 통하는 직통계단과 직접 연결되는 피난안전구역을 지상층으로부터 최대 30개 층마다 1개소 이상을 설치할 것
③ 준초고층 건축물: 피난층 또는 지상으로 통하는 직통계단과 직접 연결되는 피난안전구역을 해당 건축물의 전체 층수의 1/2에 해당하는 상하 5개층 이내에 1개소 이상 설치할 것

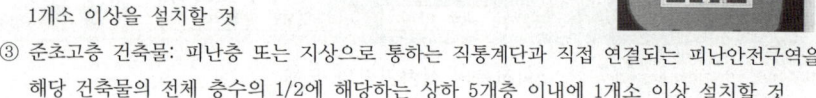

예3 피난안전구역의 설치와 관련된 기준 내용으로 옳지 않은 것은?

① 피난안전구역의 높이는 최소 2.7m 이상이어야 한다.
② 피난안전구역의 내부마감재료는 불연재료로 설치하여야 한다.
③ 건축물의 내부에서 피난안전구역으로 통하는 계단은 특별피난계단의 구조로 설치하여야 한다.
④ 피난안전구역에 연결되는 특별피난계단은 피난안전구역을 거쳐서 상·하층으로 갈 수 있는 구조로 설치하여야 한다.
답 : ①

(2) 피난안전구역의 구조 및 설비

① 피난안전구역의 면적: (피난안전구역 위층 재실자수×0.5)×0.28㎡ 이상일 것
② 피난안전구역의 높이: 2.1m 이상일 것
③ 피난안전구역의 내부마감재료는 불연재료로 설치하고, 바로 아래층 및 위층은 단열재를 설치할 것
④ 건축물의 내부에서 피난안전구역으로 통하는 계단은 특별피난계단의 구조로 설치할 것
⑤ 비상용승강기는 피난안전구역에서 승하차 할 수 있는 구조로 설치할 것
⑥ 식수 공급을 위한 급수전을 1개소 이상 설치하고 배연설비, 예비전원에 의한 조명설비를 설치할 것

예4 피난안전구역의 구조 및 설비에 관한 기준 내용으로 옳지 않은 것은?

① 피난안전구역의 높이는 2.1m 이상일 것
② 비상용승강기는 피난안전구역에서 승하차 할 수 있는 구조로 설치할 것
③ 건축물의 내부에서 피난안전구역으로 통하는 계단은 피난계단의 구조로 설치할 것
④ 피난안전구역에는 식수 공급을 위한 급수전을 1개소 이상 설치하고 예비전원에 의한 조명설비를 설치할 것
답 : ③

3 난간, 옥상광장 등의 설치

화재 등 재해 발생 시 건축물의 상부에 있어서는 피난층으로 대피하기 어려운 경우가 있으므로 특정 용도의 건축물에는 옥상 대피 시 안전을 고려한 난간 높이 및 옥상광장을 두어 대피할 수 있도록 하고 있다.

구분	적용 부분 및 대상	제한 내용
난간	• 주위에 높이 1.2m 이상의 난간 설치 ① 옥상광장 ② 2층 이상의 층에 있는 노대 등 (옥상, 노대 등에 출입할 수 없는 구조의 경우 예외)	(옥상광장 등 그림 - 난간의 설치 높이 1.2m 이상, 노대)
옥상 광장	• 5층 이상의 층이 다음의 용도에 쓰이는 경우 옥상에 피난의 용도로 쓰이는 광장 설치 ① 공연장·종교집회장·인터넷컴퓨터 게임시설제공업소 (제2종 근린생활시설 중) ② 문화 및 집회시설(전시장 및 동·식물원 제외) ③ 종교시설 ④ 판매시설 ⑤ 위락시설 중 주점영업 ⑥ 장례시설	(옥상광장의 설치 그림 - 문화 및 집회시설, 종교시설, 판매시설, 장례식장, 주점영업) ①의 경우 해당 용도 바닥면적의 합계가 각각 300㎡ 이상인 경우만 해당

4 헬리포트 및 대피공간의 설치

(1) 대형건축물에는 평지붕인 경우 헬리포트나 인명구조공간을 설치하도록 하고, 경사지붕의 경우는 경사지붕 아래에 대피공간을 설치하도록 하여 보다 큰 재해를 방지하고 있다.

(2) 헬리포트 및 대피공간 설치 대상: 층수가 11층 이상으로서 11층 이상 부분의 바닥면적의 합계가 10,000㎡ 이상인 건축물

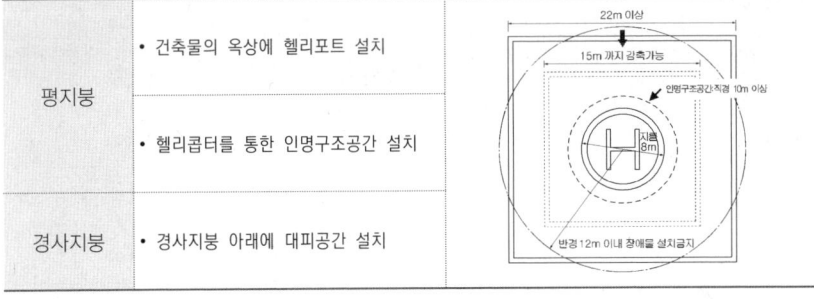

평지붕	• 건축물의 옥상에 헬리포트 설치 • 헬리콥터를 통한 인명구조공간 설치
경사지붕	• 경사지붕 아래에 대피공간 설치

(3) 대피공간 설치 기준
① 대피공간의 면적: 지붕 수평투영면적의 1/10 이상
② 특별피난계단 또는 피난계단과 연결되도록 할 것
③ 출입구·창문을 제외한 부분은 다른 부분과 내화구조의 바닥 및 벽으로 구획할 것
④ 출입구: 유효너비 0.9m 이상, 비상문자동개폐장치가 설치 된 60분+방화문 또는 60분 방화문을 설치할 것
⑤ 내부마감재료는 불연재료로 하고, 예비전원으로 작동하는 조명설비를 설치할 것
⑥ 관리사무소 등과 긴급 연락이 가능한 통신시설 설치할 것

[예5] 옥상광장 등의 설치에 관한 기준 내용 중 (　)안에 알맞은 것은?

> 옥상광장 또는 2층 이상인 층에 있는 노대나 그 밖에 이와 비슷한 것의 주위에는 높이 (　) 이상의 난간을 설치하여야 한다.

① 1.0m　② 1.2m
③ 1.5m　④ 1.8m

답 : ②

[예6] 다음의 옥상광장의 설치에 관한 기준 내용 중 (　)안에 들어갈 수 없는 건축물의 용도는?

> 5층 이상인 층이 (　)의 용도로 쓰는 경우에는 피난용도로 쓸 수 있는 광장을 옥상에 설치하여야 한다.

① 숙박시설　② 종교시설
③ 판매시설　④ 장례시설

답 : ①

[예7] 피난용도로 쓸 수 있는 광장을 옥상에 설치하여야 하는 대상 기준으로 옳지 않은 것은?

① 5층 이상인 층이 장례시설의 용도로 쓰는 경우
② 5층 이상인 층이 업무시설의 용도로 쓰는 경우
③ 5층 이상인 층이 판매시설의 용도로 쓰는 경우
④ 5층 이상인 층이 위락시설 중 주점영업의 용도로 쓰는 경우

답 : ②

[예8] 건축법령에 따라 건축물의 경사지붕 아래에 설치하는 대피공간에 관한 기준내용으로 옳지 않은 것은?

① 특별피난계단 또는 피난계단과 연결되도록 할 것
② 관리사무소 등과 긴급 연락이 가능한 통신시설을 설치할 것
③ 대피공간의 면적은 지붕 수평투영 면적의 20분의 1 이상일 것
④ 출입구는 유효너비 0.9m 이상으로 하고, 그 출입구에는 60+방화문 또는 60분방화문을 설치할 것

답 : ③

[예9] 건축물의 경사지붕 아래에 설치하는 대피공간에 관한 기준 내용으로 옳지 않은 것은?

① 특별피난계단 또는 피난계단과 연결되도록 할 것
② 관리사무소 등과 긴급 연락이 가능한 통신시설을 설치할 것
③ 대피공간의 면적은 지붕 수평투영 면적의 1/10 이상일 것
④ 출입구의 유효너비는 최소 1.2m 이상으로 하고, 그 출입구에는 60분+방화문 또는 60분방화문을 설치할 것

답 : ④

핵심번호 15 건축법규: 건축물의 내화구조, 방화구조(Ⅰ)

1 내화구조(耐火, Fire Resistant)구조: 화재에 견딜 수 있는 성능을 가진 구조

(1) 내화구조 상세

구분	철근콘크리트조 철골철근콘크리트조	철골조	
		피복재	피복두께
벽	두께 10cm 이상	철망모르타르	≥ 4cm
		콘크리트블록, 벽돌, 석재	≥ 5cm
	• 철재로 보강된 콘크리트블록조, 벽돌조 또는 석조로서 철제에 덮은 콘크리트블록 등의 두께 ≥ 5cm • 벽돌조 ≥ 19cm • 고온·고압의 증기로 양생된 경량콘크리트패널 또는 경량기포 콘크리트블록 ≥ 10cm		
외벽 중 비내력벽	두께 7cm 이상	철망모르타르	≥ 3cm
		콘크리트블록, 벽돌 또는 석재	≥ 4cm
	• 철재로 보강된 콘크리트블록조, 벽돌조 또는 석조로서 철제에 덮은 콘크리트블록 등의 두께 ≥ 4cm • 무근콘크리트, 콘크리트블록조 또는 석조 ≥ 7cm		
기둥	작은 지름이 25cm 이상	철망모르타르	≥ 6cm
		철망모르타르/경량골재사용	≥ 5cm
		콘크리트블록, 벽돌, 석재	≥ 7cm
		콘크리트	≥ 5cm
바닥	두께 10cm 이상	철망모르타르	≥ 5cm
		콘크리트	≥ 5cm
	• 철재로 보강된 콘크리트블록조, 벽돌조 또는 석조로서 철제에 덮은 콘크리트블록 등의 두께 ≥ 5cm		
보 (지붕틀 포함)	치수 규제 없음	철망모르타르	≥ 6cm
		철망모르타르(경량골재 사용)	≥ 5cm
		콘크리트	≥ 5cm
지붕	치수 규제 없음	철재로 보강된 유리블록	철재로 보강된 콘크리트 블록조, 벽돌조 또는 석조 덮은 두께 제한 없음
		망입유리로 된 것	
계단	치수 규제 없음	철골조 계단	
	• 무근콘크리트조, 콘크리트블록조, 벽돌조, 석조 치수 제한 없음		

예1 다음 중 내화구조에 해당하지 않는 것은?
① 벽의 경우 철재로 보강된 콘크리트 블록조·벽돌조 또는 석조로서 철재에 덮은 콘크리트 블록 등의 두께가 3cm 이상인 것
② 기둥의 경우 철근콘크리트구조로서 그 작은 지름이 25cm 이상인 것
③ 바닥의 경우 철근콘크리트조로서 두께가 10cm 이상인 것
④ 철근콘크리트조로 된 보

답 : ①

예2 외벽 중 비내력벽의 경우 다음 중 내화구조가 아닌 것은?
① 철근콘크리트조로서 두께가 7cm 인 것
② 무근콘크리트조로서 그 두께가 7cm인 것
③ 골구를 철골조로 하고 그 양면을 두께 4cm의 석재로 덮은 것
④ 철재로 보강된 콘크리트블록조로서 철재에 덮은 콘크리트블록의 두께가 3cm인 것

답 : ④

예3 다음 중 내화구조에 속하지 않는 것은?
① 철근콘크리트조 기둥의 경우 그 작은 지름이 20cm인 것
② 철근콘크리트조 바닥의 경우 두께가 10cm인 것
③ 철근콘크리트조로 된 보
④ 철근콘크리트조로 된 지붕

답 : ①

예4 철근콘크리트조인 경우 두께에 관계없이 내화구조로 인정되는 것은?
① 바닥   ② 지붕
③ 내력벽   ④ 외벽 중 비내력벽

답 : ②

예5 철골조로 하였을 경우, 피복과 관계없이 그 자체만으로 내화구조에 속하는 것은?
① 벽   ② 기둥
③ 지붕   ④ 계단

답 : ④

2 주요구조부와 지붕을 내화구조로 하여야 하는 건축물

(1) 내화구조는 화재에 견딜 수 있는 성능의 구조로서 큰 변형을 일으키지 않는 한 재사용이 가능한 것이라고 할 수 있다. 비교적 큰 규모의 건축물에 있어서는 건축물의 주요구조부를 내화구조로 하게 하여 도괴(倒壞)에 의한 인명 피해 및 화재의 확산을 방지하고 있다.

(2) 해당 용도 바닥면적에 대한 주요구조부를 내화구조로 해야 하는 규정

해당 용도의 바닥면적의 합계	건축물의 용도	
200㎡ 이상	• 문화 및 집회시설(전시장 및 동·식물원 제외) • 종교시설, 위락시설 중 주점영업, 장례시설	
300㎡ 이상	• 제2종 근린생활시설 중 공연장·종교집회장	
400㎡ 이상	건축물의 2층을 다음의 용도로 사용하는 것	• 단독주택 중 다중주택·다가구주택, 공동주택 • 의료의 용도에 쓰는 제1종 근린생활시설 • 제2종 근린생활시설 중 다중생활시설 • 의료시설 • 아동관련시설, 노유자시설 중 노인복지시설, 수련시설 중 유스호스텔, 업무시설 중 오피스텔 • 숙박시설, 장례시설
500㎡ 이상	• 문화 및 집회시설 중 전시장 및 동·식물원 • 판매시설, 운수시설, 체육관·강당(교육연구시설에 설치), 체육관·운동장(운동시설 중) • 수련시설, 위락시설(주점영업 제외), 창고시설 • 위험물저장 및 처리시설, 자동차 관련 시설 • 방송통신시설 중 방송국·전신전화국 및 촬영소 • 화장시설·동물화장시설(묘지관련시설 중) • 관광휴게시설	
2,000㎡ 이상	공장 (화재로 위험이 적은 공장으로서 주요구조부가 불연재료로 된 2층 이하의 공장은 예외)	

3 방화(防火, Fire Protection)구조: 화염의 확산을 막을 수 있는 성능을 가진 구조

구조 부분	방화구조의 기준	
• 철망모르타르 바르기	바름두께 2cm 이상	철망/모르타르 ≥2.0cm
• 석면시멘트판 또는 석고판 위에 시멘트모르타르 또는 회반죽을 바른 것	두께의 합계 2.5cm 이상	시멘트모르타르·회반죽 ≥2.5cm / 석고판
• 시멘트모르타르 위에 타일을 붙인 것		타일 ≥2.5cm / 시멘트모르타르
• 심벽에 흙으로 맞벽치기 한 것	두께에 관계없이 인정됨	외 또는 산자 흙

예6 주요구조부를 내화구조로 하여야 하는 대상 건축물 기준으로 옳은 것은? (단, 판매시설의 용도로 쓰는 건축물의 경우)
① 해당 용도로 쓰는 바닥면적 합계가 200㎡ 이상인 건축물
② 해당 용도로 쓰는 바닥면적 합계가 500㎡ 이상인 건축물
③ 해당 용도로 쓰는 바닥면적 합계가 1,000㎡ 이상인 건축물
④ 해당 용도로 쓰는 바닥면적 합계가 2,000㎡ 이상인 건축물
답: ②

예7 주요구조부를 내화구조로 해야 하는 대상건축물 기준으로 옳지 않은 것은?
① 장례시설의 용도로 쓰는 건축물로서 집회실의 바닥면적의 합계가 200㎡ 이상인 것
② 판매시설의 용도로 쓰는 건축물로서 그 용도로 쓰는 바닥면적의 합계가 500㎡ 이상인 것
③ 운수시설의 용도로 쓰는 건축물로서 그 용도로 쓰는 바닥면적의 합계가 500㎡ 이상인 것
④ 문화 및 집회시설 중 전시장의 용도로 쓰는 건축물로서 그 용도로 쓰는 바닥면적의 합계가 400㎡ 이상인 것
답: ④

예8 건축물의 주요구조부를 내화구조로 하여야 하는 대상 건축물에 속하지 않는 것은?
① 공장의 용도로 쓰는 건축물로서 바닥면적 합계가 500㎡인 건축물
② 판매시설의 용도로 쓰는 건축물로서 바닥면적 합계가 500㎡인 건축물
③ 창고시설의 용도로 쓰는 건축물로서 바닥면적 합계가 500㎡인 건축물
④ 문화 및 집회시설 중 전시장의 용도로 쓰는 건축물로서 바닥면적 합계가 500㎡인 건축물
답: ①

예9 다음 중 방화구조에 해당하지 않는 것은?
① 심벽에 흙으로 맞벽치기 한 것
② 철망모르타르 바르기로서 그 바름 두께가 2cm 이상인 것
③ 시멘트모르타르 위에 타일을 붙인 것으로서 그 두께의 합계가 2.5cm 이상인 것
④ 석고판 위에 시멘트모르타르를 바른 것으로서 그 두께의 합계가 2cm 이상인 것
답: ④

예10 다음 중 두께에 관계없이 방화구조에 해당되는 것은?
① 심벽에 흙으로 맞벽치기한 것
② 석고판 위에 회반죽을 바른 것
③ 시멘트모르타르 위에 타일을 붙인 것
④ 석고판 위에 시멘트모르타르를 바른 것
답: ①

핵심번호 16 건축법규 — 건축물의 내화구조, 방화구조(Ⅱ)

예1 방화와 관련하여 같은 건축물에 함께 설치할 수 없는 것은?
① 의료시설과 업무시설 중 오피스텔
② 위험물 저장 및 처리시설과 공장
③ 위락시설과 문화 및 집회시설 중 공연장
④ 공동주택과 제2종 근린생활시설 중 다중생활시설
답 : ①

예2 같은 건축물 안에 공동주택과 위락시설 등을 함께 설치하고자 하는 경우, 공동주택의 출입구와 위락시설의 출입구는 서로 그 보행거리가 최소 얼마 이상이 되도록 설치하여야 하는가?
① 10m ② 20m
③ 30m ④ 50m
답 : ①

예3 공동주택과 위락시설 등이 같은 건축물 안에 있는 복합건축물의 피난시설에 관한 기준내용으로 옳지 않은 것은?
① 건축물의 주요구조부를 내화구조로 하여야 한다.
② 공동주택과 위락시설 등은 서로 이웃하지 아니 하도록 배치하여야 한다.
③ 공동주택의 출입구와 위락시설 등의 출입구는 서로 그 보행거리가 최소 50m 이상이 되도록 설치하여야 한다.
④ 공동주택(해당 공동주택에 출입하는 통로를 포함한다)과 위락시설 등(해당 위락시설 등에 출입하는 통로를 포함한다)은 내화구조로 된 바닥 및 벽으로 구획하여 서로 차단하여야 한다.
답 : ③

예4 방화구획 설치 기준상 10층 이하의 층은 바닥면적 최대 얼마 이내마다 구획하여야 하는가? (단, 스프링클러 기타 이와 유사한 자동식 소화설비를 설치하지 않은 경우)
① 200㎡ ② 600㎡
③ 1,000㎡ ④ 3,000㎡
답 : ③

예5 방화구획의 설치 기준 내용으로 틀린 것은?
① 3층 이상의 층은 층마다 구획할 것
② 10층 이하의 층은 1,000㎡ 이내마다 구획할 것
③ 11층 이상의 층은 300㎡ 이내마다 구획할 것
④ 지하층은 층마다 구획할 것
답 : ③

1 방화에 장애가 되는 용도의 제한

(1) 용도 제한의 원칙: 공동주택 등의 시설과 위락시설 등의 시설은 같은 건축물에 함께 설치할 수 없다.

공동주택 등	위락시설 등
공동주택, 의료시설, 아동관련시설, 노인복지시설 장례시설, 제1종 근린생활시설(산후조리원만 해당)	위락시설, 위험물저장 및 처리시설 공장, 자동차 관련 시설(정비공장만 해당)

(2) 용도 제한의 강화: 다음 A용도와 B용도는 같은 건축물 안에 함께 설치할 수 없다.

A 용도	B 용도
1. 노유자시설 중 아동 관련 시설 또는 노인복지시설	판매시설 중 도매시장 또는 소매시장
2. 단독주택(다중주택, 다가구주택), 공동주택, 제1종 근린생활시설 중 조산원과 산후조리원	제2종 근린생활시설 중 다중생활시설

(3) 용도 제한의 예외: 다음의 경우 같은 건축물에 함께 설치할 수 있다.

구분	공동주택 등과 위락시설 등의 시설 기준
1. 기숙사와 공장이 같은 건축물에 있는 경우 2. 중심상업지역·일반상업지역·근린상업지역 안에서 「도시 및 주거환경정비법」에 의한 재개발사업을 시행하는 경우 3. 공동주택과 위락시설이 같은 초고층 건축물에 있는 경우 4. 「산업집적활성화 및 공장설립에 관한 법률」에 따른 지식산업센터와 「영유아보육법」에 따른 직장어린이집이 같은 건축물에 있는 경우	1. 출입구간의 보행거리: 30m 이상 되도록 설치 2. 내화구조로 된 바닥 및 벽으로 구획하여 서로 차단할 것 (출입통로 포함) 3. 서로 이웃하지 않게 배치할 것 4. 건축물의 주요구조부: 내화구조로 할 것

2 방화구획 기준

(1) 방화구획 설치 대상: 주요구조부가 내화구조 또는 불연재료로 된 건축물로서 연면적이 1,000㎡를 넘는 것

(2) 방화구획 구획 방법: 내화구조의 바닥, 벽 및 60분+방화문, 60분방화문 또는 자동방화셔터 (건축자재 등 품질 인정 및 관리 기준에 적합하고, 비차열 1시간 이상의 내화성능을 확보할 것)로 구획

규모	방화구조의 기준	
11층 이상의 층	실내 마감이 불연재료가 아닌 경우	➡ 바닥면적 200㎡(600㎡) 이내마다 구획
	실내 마감이 불연재료의 경우	➡ 바닥면적 500㎡(1,500㎡) 이내마다 구획
10층 이하의 층	바닥면적 1,000㎡(3,000㎡) 이내마다 구획	
3층 이상의 층	층마다 구획(면적에 무관)	
지하층		

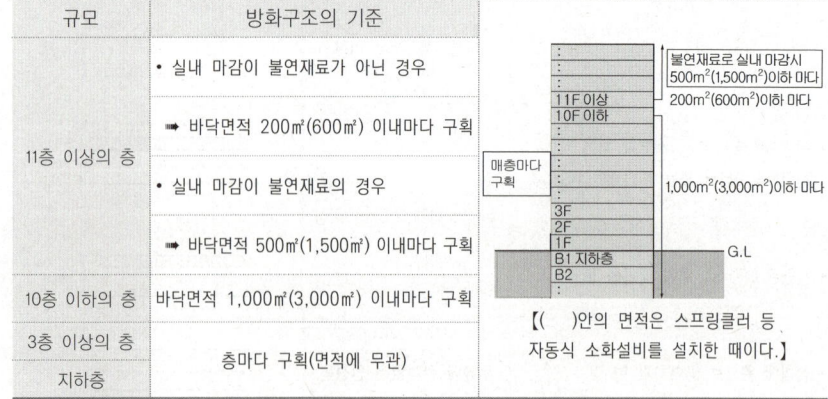

【( )안의 면적은 스프링클러 등 자동식 소화설비를 설치한 때이다.】

3 대규모 건축물의 방화벽

(1) 주요구조부가 내화구조 또는 불연재료가 아닌 대규모 건축물에 있어서의 불의 확산을 방지하는 규정이다.

(2) 방화벽의 설치 대상
① 원칙: 연면적 1,000㎡ 이상인 건축물
② 예외
- 주요구조부가 내화구조이거나 불연재료인 건축물
- 내화구조로 하지 않아도 되는 건축물/단독주택 등
- 내부설비의 구조상 방화벽으로 구획할 수 없는 창고시설

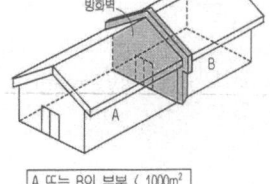

(3) 설치 기준: 방화벽으로 구획 ➡ 각 구획의 바닥면적의 합계가 1,000㎡ 미만으로 설치

(4) 방화벽의 상세 규정
① 방화벽의 구조: 내화구조로 홀로 설 수 있는 구조일 것
② 방화벽의 돌출: 방화벽의 양쪽 끝과 위쪽 끝을 건축물의 외벽면 및 지붕면으로부터 0.5m 이상 튀어 나오게 할 것
③ 방화벽에 설치하는 출입문: 출입문의 너비 및 높이는 각각 2.5m 이하로 하고 해당 출입문은 60+방화문 또는 60분방화문을 설치할 것

(5) 대규모 목조 건축물

대상	부위	구조 등 제한 규정
연면적 1,000㎡ 이상인 목조 건축물	• 외벽 및 처마 밑의 연소할 우려가 있는 부분	• 방화구조
	• 지붕	• 불연재료

4 방화구획 적용 완화 대상

다음에 해당하는 건축물의 부분에는 위의 사항을 적용하지 않거나, 그 사용에 지장이 없는 범위에서 완화하여 적용할 수 있다.

①	문화 및 집회시설(동·식물원 제외), 종교시설, 운동시설 또는 장례시설의 용도로 쓰는 거실로서 시선 및 활동공간의 확보를 위하여 불가피한 부분
②	물품의 제조·가공·보관 및 운반 등(보관은 제외)에 필요한 고정식 대형 기기(器機) 또는 설비의 설치를 위하여 불가피한 부분[지하층인 경우 지하층의 외벽 한쪽 면(지하층의 바닥면에서 지상층 바닥 아래면까지의 외벽 면적 중 1/4 이상이 되는 면) 전체가 건물 밖으로 개방되어 보행과 자동차의 진입·출입이 가능한 경우로 한정]
③	계단실·복도 또는 승강기의 승강장 및 승강로로서 그 건축물의 다른 부분과 방화구획으로 구획된 부분. 예외 해당 부분에 위치하는 설비배관 등이 바닥을 관통하는 부분은 제외
④	건축물의 최상층 또는 피난층으로서 대규모 회의장·강당·스카이라운지·로비 또는 피난안전구역 등의 용도에 쓰는 부분으로서 그 용도로 사용하기 위하여 불가피한 부분
⑤	복층형 공동주택의 세대별 층간 바닥부분
⑥	주요구조부가 내화구조 또는 불연재료로 된 주차장
⑦	단독주택, 동물 및 식물 관련 시설 또는 국방·군사시설(집회, 체육, 창고 등의 용도로 사용되는 시설만 해당)로 쓰는 건축물
⑧	건축물의 1층과 2층의 일부를 동일한 용도로 사용하며 그 건축물의 다른 부분과 방화구획으로 구획된 부분(바닥면적의 합계가 500㎡ 이하인 경우로 한정)

[예6] 대규모 건축물의 방화벽에 관한 기준 내용 중 ( )안에 공통으로 들어갈 내용은?

> 연면적 ( ) 이상인 건축물은 방화벽으로 구획하되, 각 구획된 바닥면적의 합계는 ( ) 미만이어야 한다.

① 500㎡　② 1,000㎡
③ 1,500㎡　④ 3,000㎡

답 : ②

[예7] 국토교통부령으로 정하는 바에 따라 방화구조로 하거나 불연재료로 하여야 하는 목조 건축물의 최소 연면적 기준은?

① 500㎡ 이상　② 1,000㎡ 이상
③ 1,500㎡ 이상　④ 2,000㎡ 이상

답 : ②

[예8] 방화구획의 설치에 관한 기준을 적용하지 아니 하거나 그 사용에 지장이 없는 범위에서 완화하여 적용할 수 있는 건축물의 부분에 해당되지 않는 것은?

① 복층형 공동주택의 세대별 층간 바닥부분
② 주요구조부가 내화구조 또는 불연재료로 된 주차장
③ 계단실·복도 또는 승강기의 승강로로서 그 건축물의 다른 부분과 방화구획으로 구획된 부분
④ 문화 및 집회시설 중 동물원의 용도로 쓰는 거실로서 시선 및 활동공간의 확보를 위하여 불가피한 부분

답 : ④

[예9] 건축법규에서 용도상 불가피하여 방화구획을 적용하지 아니하거나 완화하여 적용할 수 있는 건축물의 기준으로 틀린 것은?

① 문화 및 집회시설(동·식물원 제외), 종교시설, 운동시설 또는 장례시설의 용도로 쓰는 거실로서 시선 및 활동공간의 확보를 위하여 불가피한 부분
② 단독주택, 동물 및 식물 관련 시설 또는 국방·군사시설(집회, 체육, 창고 등의 용도로 사용되는 시설만 해당)로 쓰는 건축물
③ 주요구조부가 내화구조 또는 불연재료로 된 건축물로서 스프링클러 또는 자동식 소화설비를 설치한 건축물
④ 복층형 공동주택의 세대별 층간 바닥부분

답 : ③

5 아파트의 대피공간 설치

공동주택 중 아파트로서 4층 이상의 층의 각 세대가 2개 이상의 직통계단을 사용할 수 없는 경우 발코니에 인접 세대와 공동으로 또는 각 세대별로 대피공간을 설치해야 한다.

구분	대피공간의 설치
1. 인접 세대와 공동 설치	① 대피공간은 바깥의 공기와 접할 것 ② 대피공간은 실내의 다른 부분과 방화구획으로 구획할 것 ③ 대피공간으로 통하는 출입문에는 60분+방화문으로 설치할 것 ④ 바닥면적 3㎡ 이상(각 세대당 1.5㎡ 이상)
2. 개별 설치	① 위 ①~③의 요건을 모두 만족하여야 함 ② 각 세대별 바닥면적 2㎡ 이상

[예10] 공동주택 중 아파트로서 대피공간을 설치하여야 하는 경우, 대피공간의 바닥면적은 최소 얼마 이상이어야 하는가? (단, 각 세대별로 설치하는 경우)
① 1㎡ ② 2㎡
③ 3㎡ ④ 4㎡
답 : ②

[예11] 공동주택 중 아파트로서 대피공간을 설치하여야 하는 경우, 대피공간의 바닥면적은 최소 얼마 이상이어야 하는가? (단, 인접 세대와 공동으로 설치하는 경우)
① 1㎡ ② 2㎡
③ 3㎡ ④ 4㎡
답 : ③

6 경계벽 등의 설치, 창문 등의 차면시설

(1) 경계벽 등의 설치

① 재해 발생 시 연소 확대에 대비하고 차음성능을 확보하기 위한 규정이다.

대상 경계벽		
	1. 단독주택 중 다가구주택의 각 가구 간 경계벽	2. 공동주택(기숙사 제외)의 각 세대 간 경계벽
	3. 노유자시설 중 노인복지주택의 각 세대 간 경계벽	4. 노유자시설 중 노인요양시설의 호실 간 경계벽
	5. 기숙사의 침실 간 경계벽	6. 의료시설의 병실 간 경계벽
	7. 숙박시설의 객실 간 경계벽	8. 학교의 교실 간 경계벽
	9. 제2종 근린생활시설 중 다중생활시설의 각 호실 간 경계벽	
	10. 제1종 근린생활시설 중 산후조리원의 각 경계벽	

[예12] 건축물에 설치하는 경계벽 및 칸막이벽을 내화구조로 하고, 지붕 밑 또는 바로 위층의 바닥판까지 닿게 하여야 하는 대상에 속하지 않는 것은?
① 학교의 교실 간 경계벽
② 의료시설의 병실 간 경계벽
③ 공동주택 중 기숙사의 각 세대 간 경계벽
④ 단독주택 중 다가구주택의 각 가구 간 경계벽
답 : ③

② 소음 방지 층간 바닥의 구조

대상 건축물	구조 기준
1. 단독주택 중 다가구주택 2. 공동주택(「주택법」에 따른 사업승인대상 제외) 3. 업무시설 중 오피스텔 4. 제2종 근린생활시설 중 다중생활시설 5. 숙박시설 중 다중생활시설	• 경량충격음(비교적 가볍고 딱딱한 충격에 의한 바닥충격음)과 중량충격음(무겁고 부드러운 충격에 의한 바닥충격음)을 차단할 수 있는 구조로 할 것 • 소음 방지를 위한 바닥의 중량충격음 50dB 이하, 경량충격음 58dB 이하

[예13] 가구·세대 등 간의 소음 방지를 위해 건축물의 층간 바닥(화장실 바닥은 제외)을 국토교통부령으로 정하는 기준에 따라 설치하여야 하는 대상 건축물에 속하지 않는 것은?
① 단독주택 중 다중주택
② 업무시설 중 오피스텔
③ 숙박시설 중 다중생활시설
④ 제2종 근린생활시설 중 다중생활시설
답 : ①

(2) 창문 등의 차면시설
인접 대지경계선으로부터 직선거리 2m 이내에 이웃 주택의 내부가 보이는 창문 등을 설치하는 경우에는 차면시설(遮面施設)을 설치하여야 한다.

[예14] 다음은 창문 등의 차면시설에 관한 기준 내용이다. ( ) 안에 알맞은 것은?

> 인접 대지경계선으로부터 직선거리 ( ) 이내에 이웃 주택의 내부가 보이는 창문 등을 설치하는 경우에는 차면시설을 설치하여야 한다.

① 1m ② 1.5m
③ 2m ④ 3m
답 : ③

차면시설 설치의 예

핵심번호 17 지하층, 비상탈출구, 건축물의 범죄예방 등

1 지하층의 구조 및 설비기준

(1) 정의: 건축물의 바닥이 지표면 아래에 있는 층으로서 바닥에서 지표면까지 평균높이가 해당 층높이의 1/2 이상인 것을 말한다.

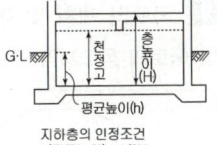

지하층의 인정조건
h(평균높이)≥1/2H

(2) 해당 지하층의 바닥면적에 따른 규정

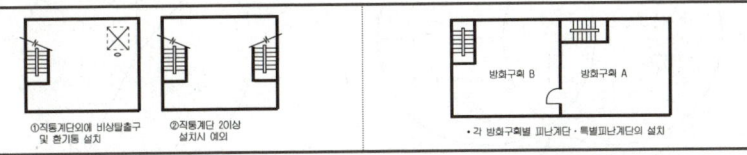

① 거실바닥면적 50㎡ 이상인 층: 직통계단 외에 피난층 또는 지상으로 통하는 비상탈출구 및 환기통 설치(예외) 직통계단이 2 이상 설치된 경우 및 주택인 경우)
② 거실바닥면적 300㎡ 이상인 층: 식수공급을 위한 급수전을 1개소 이상 설치
③ 거실바닥면적 1,000㎡ 이상인 층: 환기설비의 설치, 방화구획부분마다 피난계단 또는 특별피난계단을 1개소 이상 설치

(3) 지하층과 피난층 사이 개방공간의 설치: 바닥면적의 합계가 3,000㎡ 이상인 공연장·집회장·관람장 또는 전시장을 지하층에 설치하는 경우에는 각 실에 있는 자가 지하층 각 층에서 건축물 밖으로 피난하여 옥외계단 또는 경사로 등을 이용하여 피난층으로 대피할 수 있도록 천장이 개방된 외부 공간을 설치하여야 한다.

(4) 비상탈출구의 기준 (예외) 주택의 경우 제외)
① 비상탈출구의 크기
   (유효너비)×(유효높이): 0.75m×1.5m 이상
② 비상탈출구의 문은 피난의 방향으로 열리도록 하고 실내에서 항상 열 수 있는 구조로 하며, 내부 및 외부에는 비상탈출구의 표시를 할 것
③ 출입구로부터 3m 이상 떨어진 곳에 설치
④ 지하층 바닥으로부터 탈출구의 아래 부분까지의 높이가 1.2m 이상 되는 경우 벽체에 발판의 너비 20cm 이상의 사다리를 설치할 것
⑤ 피난층 또는 지상으로 통하는 복도나 직통계단에 직접 접하거나 통로 등으로 연결될 수 있도록 설치하며, 피난층 또는 지상으로 통하는 복도나 직통계단까지 이르는 피난통로의 유효너비는 0.75m 이상으로 하고 피난통로의 실내에 접하는 부분의 마감과 그 바탕은 불연재료로 할 것

2 건축물의 범죄예방 대상 건축물

(1) 규정 목적: 국토교통부장관은 범죄를 예방하고 안전한 생활환경을 조성하기 위하여 대통령령으로 정하는 건축물, 건축설비 및 대지에 관한 범죄예방 기준을 정하여 고시할 수 있다.

(2) 대상 건축물
① 다가구주택, 아파트, 연립주택 및 다세대주택
② 제1종 근린생활시설 중 일용품을 판매하는 소매점, 제2종 근린생활시설 중 다중생활시설
③ 문화 및 집회시설(동·식물원은 제외), 교육연구시설(연구소 및 도서관은 제외)
④ 노유자시설, 수련시설, 업무시설 중 오피스텔, 숙박시설 중 다중생활시설

예1 "지하층"이란 건축물의 바닥이 지표면 아래에 있는 층으로서 바닥에서 지표면까지 평균높이가 해당 층높이의 얼마 이상인 것으로 정의되는가?
① 2분의 1   ② 3분의 1
③ 3분의 2   ④ 4분의 3
답: ①

예2 건축물에 설치하는 지하층의 구조 및 설비에 관한 기준 내용으로 옳지 않은 것은?
① 거실의 바닥면적이 50㎡ 이상인 층에는 직통계단 외에 피난층 또는 지상으로 통하는 비상탈출구 및 환기통을 설치할 것
② 바닥면적이 1,000㎡ 이상인 층에는 피난층 또는 지상으로 통하는 직통계단을 방화구획으로 구획되는 각 부분마다 1개소 이상 설치하되, 이를 피난계단 또는 특별피난계단으로 할 것
③ 거실의 바닥면적의 합계가 1,000㎡ 이상인 층에는 환기설비를 설치할 것
④ 지하층의 바닥면적이 200㎡ 이상인 층에는 식수 공급을 위한 급수전을 1개소 이상 설치할 것
답: ④

예3 건축물의 지하층에 비상탈출구를 설치하여야 하는 경우, 설치되는 비상탈출구에 관한 기준내용으로 옳지 않은 것은? (단, 주택이 아닌 경우)
① 비상탈출구의 유효너비는 0.75m 이상으로 할 것
② 비상탈출구의 유효높이는 1.5m 이상으로 할 것
③ 비상탈출구는 출입구로부터 3m 이상 떨어진 곳에 설치할 것
④ 비상탈출구의 문은 피난방향으로 열리도록 하고, 실내에서 비상시에만 열 수 있는 구조로 할 것
답: ④

예4 국토교통부장관이 정한 범죄예방 기준에 따라 건축하여야 하는 대상 건축물에 속하지 않는 것은?
① 수련시설
② 교육연구시설 중 도서관
③ 업무시설 중 오피스텔
④ 숙박시설 중 다중생활시설
답: ②

핵심번호 18 건축법규 - 지역 및 지구안의 건축물(Ⅰ)

예1 국토의 계획 및 이용에 관한 법률에 따른 국토의 용도지역 구분에 속하지 않는 것은?
① 도시지역 ② 농림지역
③ 관리지역 ④ 보전지역
답: ④

예2 주거지역 중 단독주택 중심의 양호한 주거환경을 보호하기 위하여 지정하는 지역은?
① 제1종 전용주거지역
② 제2종 전용주거지역
③ 제1종 일반주거지역
④ 제2종 일반주거지역
답: ①

예3 공동주택 중심의 양호한 주거환경을 보호하기 위하여 주거지역을 세분하여 지정하는 지역은?
① 제1종 전용주거지역
② 제2종 전용주거지역
③ 제1종 일반주거지역
④ 제2종 일반주거지역
답: ②

예4 주거지역의 세분 중 중층주택을 중심으로 편리한 주거환경을 조성하기 위하여 지정하는 용도지역은?
① 제1종일반주거지역
② 제2종일반주거지역
③ 제1종전용주거지역
④ 제2종전용주거지역
답: ②

예5 상업지역의 세분에 속하지 않는 것은?
① 중심상업지역 ② 근린상업지역
③ 유통상업지역 ④ 전용산업지역
답: ④

예6 도심·부도심의 상업기능 및 업무기능의 확충을 위하여 필요한 지역은?
① 유통상업지역 ② 근린상업지역
③ 일반상업지역 ④ 중심상업지역
답: ④

예7 국토의 계획 및 이용에 관한 법령상 공업지역의 세분에 속하지 않는 것은?
① 준공업지역 ② 중심공업지역
③ 일반공업지역 ④ 전용공업지역
답: ②

예8 다음 중 녹지지역의 세분에 해당하지 않는 것은?
① 일반녹지지역 ② 보전녹지지역
③ 생산녹지지역 ④ 자연녹지지역
답: ①

1 국토의 계획 및 이용에 관한 법률상의 지역

(1) 국토의 용도지역 구분: 도시지역, 관리지역, 농림지역, 자연환경보전지역

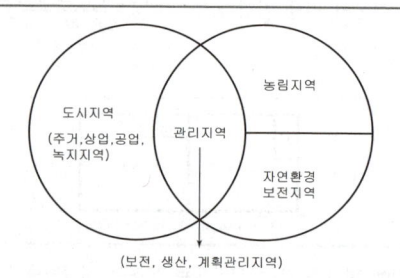
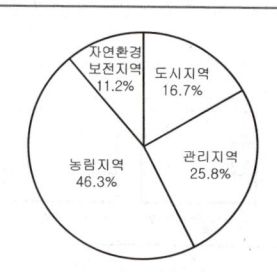

【※ 대한민국 국토(남한)의 면적은 2021년 말을 기준으로 100,188.1(㎢)정도이다. (출처: 국토교통부「지적통계연보」)】

(2) 용도지역의 지정 및 세분: 도시지역

도시지역 중 주거지역	
전용주거지역	양호한 주거환경을 보호하기 위하여 필요한 지역
제1종 전용주거지역	단독주택 중심의 양호한 주거환경을 보호하기 위하여 필요한 지역
제2종 전용주거지역	공동주택 중심의 양호한 주거환경을 보호하기 위하여 필요한 지역
일반주거지역	편리한 주거환경의 조성을 위해 필요한 지역
제1종 일반주거지역	저층주택을 중심으로 편리한 주거환경을 조성하기 위하여 필요한 지역
제2종 일반주거지역	중층주택을 중심으로 편리한 주거환경을 조성하기 위하여 필요한 지역
제3종 일반주거지역	중·고층주택을 중심으로 편리한 주거환경을 조성하기 위하여 필요한 지역
준주거지역	주거기능을 위주로 이를 지원하는 일부 상업·업무기능을 보완하기 위하여 필요한 지역
도시지역 중 상업지역	
중심상업지역	도심·부도심의 업무 및 상업기능의 확충을 위하여 필요한 지역
일반상업지역	일반적인 상업 및 업무기능을 담당하기 위해 필요한 지역
근린상업지역	근린지역에서의 일용품 및 서비스의 공급을 위하여 필요한 지역
유통상업지역	도시내 및 지역간 유통기능의 증진을 위하여 필요한 지역
도시지역 중 공업지역	
전용공업지역	주로 중화학공업·공해성공업을 수용하기 위하여 필요한 지역
일반공업지역	환경을 저해하지 아니하는 공업의 배치를 위하여 필요한 지역
준공업지역	경공업, 그 밖의 공업을 수용하되 주거·상업·업무기능의 보완이 필요한 지역
도시지역 중 녹지지역	
보전녹지지역	도시의 자연환경·경관·산림 및 녹지공간을 보전할 필요가 있는 지역
생산녹지지역	주로 농업적 생산을 위하여 개발을 유보할 필요가 있는 지역
자연녹지지역	도시의 녹지공간의 확보, 도시확산의 방지, 장래 도시용지의 공급 등을 위하여 보전할 필요가 있는 지역으로서 불가피한 경우에 한하여 제한적인 개발이 허용되는 지역

2 국토의 계획 및 이용에 관한 법률상의 지구

(1) 10개 법정 용도지구: 경관지구, 고도지구, 방화지구, 방재지구, 보호지구, 취락지구, 개발진흥지구, 특정용도제한지구, 복합용도지구, 그 밖에 대통령령으로 정하는 지구

(2) 용도지구의 세분

경관지구: 경관의 보전·관리 및 형성을 위하여 필요한 지구	
자연경관지구	산지, 구릉지 등 자연경관을 보호하거나 유지하기 위하여 필요한 지구
시가지경관지구	지역 내 주거지, 중심지 등 시가지의 경관을 보호 또는 유지하거나 형성하기 위하여 필요한 지구
특화경관지구	지역 내 주요 수계의 수변 또는 문화적 보존가치가 큰 건축물 주변의 경관 등 특별한 경관을 보호 또는 유지하거나 형성하기 위하여 필요한 지구
고도지구: 쾌적한 환경조성 및 토지의 고도이용과 그 증진을 위하여 건축물의 높이의 최고 한도를 규제할 필요가 있는 지구	
방화지구: 화재의 위험을 예방하기 위하여 필요한 지구	
방재지구: 풍수해, 산사태, 지반의 붕괴 그 밖에 재해를 예방하기 위하여 필요한 지구	
시가지방재지구	건축물·인구가 밀집되어 있는 지역으로서 시설 개선 등을 통하여 재해 예방이 필요한 지구
자연방재지구	토지의 이용도가 낮은 해안변, 하천변, 급경사지 주변 등의 지역으로서 건축제한 등을 통하여 재해예방이 필요한 지구
보호지구: 문화재(「국가유산기본법」에 따른 국가유산), 중요 시설물[항만, 공항, 공용시설 (공공업무시설, 공공필요성이 인정되는 문화시설·집회시설·운동시설 및 그 밖에 이와 유사한 시설로서 도시·군계획조례로 정하는 시설을 말함), 교정시설·군사시설] 및 문화적·생태적으로 보존가치가 큰 지역의 보호와 보존을 위하여 필요한 지구	
역사문화환경보호지구	문화재·전통사찰 등 역사·문화적으로 보존가치가 큰 시설 및 지역의 보호 및 보존을 위하여 필요한 지구
중요시설물보호지구	중요시설물의 보호와 기능의 유지 및 증진 등을 위하여 필요한 지구
생태계보호지구	야생동식물서식처 등 생태적으로 보존가치가 큰 지역의 보호와 보존을 위하여 필요한 지구
취락지구: 녹지지역·관리지역·농림지역·자연환경보전지역·개발제한구역 또는 도시자연공원 구역안의 취락을 정비하기 위한 지구	
자연취락지구	녹지지역·관리지역·농림지역 또는 자연환경보전지역안의 취락을 정비하기 위하여 필요한 지구
집단취락지구	개발제한구역안의 취락을 정비하기 위하여 필요한 지구
개발진흥지구: 주거기능·상업기능·공업기능·유통물류기능·관광기능·휴양기능 등을 집중적으로 개발·정비할 필요가 있는 지구	
주거개발진흥지구	주거기능을 중심으로 개발·정비할 필요가 있는 지구
산업·유통개발진흥지구	공업기능 및 유통·물류 기능을 중심으로 개발·정비할 필요가 있는 지구
관광·휴양개발진흥지구	관광·휴양기능을 중심으로 개발·정비할 필요가 있는 지구
복합개발진흥지구	주거, 산업, 유통, 관광·휴양 등 2이상의 기능을 중심으로 개발·정비할 필요가 있는 지구
특정개발진흥지구	주거기능, 공업기능, 유통·물류기능 및 관광·휴양기능 외의 기능을 중심으로 특정한 목적을 위하여 개발·정비할 필요가 있는 지구
특정용도제한지구: 주거 및 교육환경 보호 또는 청소년 보호 등의 목적으로 오염물질 배출시설, 청소년 유해시설 등 특정시설의 입지를 제한할 필요가 있는 지구	
복합용도지구: 지역의 토지이용 상황, 개발 수요 및 주변 여건 등을 고려하여 효율적이고 복합적인 토지이용을 도모하기 위하여 특정시설의 입지를 완화할 필요가 있는 지구	

예9 국토의 계획 및 이용에 관한 법률에 구분된 용도지구의 종류에 속하지 않는 것은?
① 취락지구
② 고도지구
③ 주차장정비지구
④ 특정용도제한지구
답 : ③

예10 국토의 계획 및 이용에 관한 법령상 용도지구에 속하지 않는 것은?
① 경관지구 ② 미관지구
③ 방재지구 ④ 취락지구
답 : ②

예11 국토의 계획 및 이용에 관한 법령에 따른 용도지구에 속하지 않는 것은?
① 경관지구
② 방재지구
③ 특정용도제한지구
④ 도시설계지구
답 : ④

예12 산지·구릉지 등 자연경관을 보호하거나 유지하기 위하여 필요한 지구는?
① 자연경관지구 ② 자연방재지구
③ 특화경관지구 ④ 생태계보호지구
답 : ①

예13 건축물·인구가 밀집되어 있는 지역으로서 시설 개선 등을 통하여 재해 예방이 필요한 지구는?
① 일반방재지구
② 시가지방재지구
③ 중요시설물보호지구
④ 역사문화환경보호지구
답 : ②

예14 문화재·전통사찰 등 역사·문화적으로 보존가치가 큰 시설 및 지역의 보호와 보존을 위하여 필요한 지구는?
① 생태계보호지구
② 역사문화미관지구
③ 중요시설물보호지구
④ 역사문화환경보호지구
답 : ④

예15 문화재·전통사찰 등 역사·문화적으로 보존가치가 큰 시설 및 지역의 보호와 보존을 위하여 필요한 지구는?
① 생태계보호지구
② 역사문화미관지구
③ 중요시설물보호지구
④ 역사문화환경보호지구
답 : ④

예16 개발제한구역의 지정 목적과 가장 거리가 먼 것은?
① 도시의 무질서한 확산 방지
② 도시주변의 자연환경 보전
③ 도시민의 건전한 생활환경 확보
④ 도시주변지역의 계획적·단계적 개발을 위한 시가화 유보
답 : ④

예17 시가화조정구역에서 시가화유보 기간으로 정하는 기간 기준은?
① 1년 이상 5년 이내
② 3년 이상 10년 이내
③ 5년 이상 20년 이내
④ 10년 이상 30년 이내
답 : ③

예18 시가화조정구역의 지정 및 변경에 관한 설명으로 옳지 않은 것은?
① 시가화조정구역의 지정에 관한 도시·군관리계획의 결정은 시가화유보기간이 만료된 날의 15일 후부터 그 효력을 상실한다.
② 도시지역과 그 주변지역의 무질서한 시가화를 방지하고 계획적·단계적 개발을 도모하기 위하여 지정한다.
③ 시·도지사는 시가화조정구역의 변경을 도시·군관리계획으로 결정할 수 있다.
④ 시·도지사는 시가화조정구역의 지정을 도시·군관리계획으로 결정할 수 있다.
답 : ①

예19 도시지역에서 복합적인 토지 이용을 증진시켜 도시 정비를 촉진하고 지역 거점을 육성할 필요가 있다고 인정되는 지역을 대상으로 지정하는 구역은?
① 개발제한구역
② 시가화조정구역
③ 입지규제최소구역
④ 도시자연공원구역
답 : ③

예20 건축물이 있는 대지의 분할 제한 조건과 관련이 없는 규정은?
① 대지와 도로의 관계
② 건축물의 피난시설·용도제한 규정
③ 대지 안의 공지
④ 일조 등의 확보를 위한 건축물의 높이제한
답 : ②

예21 건축물이 있는 대지의 분할 제한 규모 기준이 틀린 것은?
① 주거지역: 60㎡ 이상
② 상업지역: 100㎡ 이상
③ 공업지역: 150㎡ 이상
④ 녹지지역: 200㎡ 이상
답 : ②

3 국토의 계획 및 이용에 관한 법률상의 용도구역

(1) **개발제한구역**: 국토교통부장관은 도시의 무질서한 확산을 방지하고 도시주변의 자연환경을 보전하여 도시민의 건전한 생활환경을 확보하기 위하여 도시의 개발을 제한할 필요가 있거나 국방부장관의 요청이 있어 보안상 도시의 개발을 제한할 필요가 있다고 인정되면 개발제한구역의 지정 또는 변경을 도시·군관리계획으로 결정할 수 있다.

(2) **도시자연공원구역**: 시·도지사 또는 대도시 시장은 도시의 자연환경 및 경관을 보호하고 도시민에게 건전한 여가·휴식공간을 제공하기 위하여 도시지역 안에서 식생이 양호한 산지의 개발을 제한할 필요가 있다고 인정되면 도시자연공원구역의 지정 또는 변경을 도시·군관리계획으로 결정할 수 있다.

(3) **시가화조정구역**: 시·도지사는 직접 또는 관계 행정기관의 장의 요청을 받아 도시지역과 그 주변지역의 무질서한 시가화를 방지하고 계획적·단계적인 개발을 도모하기 위하여 대통령령이 정하는 기간동안 시가화를 유보할 필요가 있다고 인정되면 시가화조정구역의 지정 또는 변경을 도시·군관리계획으로 결정할 수 있다. 다만, 국가계획과 연계된 경우는 국토교통부장관이 직접 결정할 수 있다.

시가화유보기간	5년 이상 20년 이하의 기간으로 국토교통부장관이 도시·군관리계획으로 정한다.
효력의 상실	시가화유보기간이 만료된 다음날로부터 시가화조정구역 지정의 효력은 상실된다.

(4) **수산자원보호구역**: 해양수산부장관은 직접 또는 관계 행정기관의 장의 요청을 받아 수산자원의 보호·육성하기 위하여 필요한 공유수면이나 그에 인접된 토지에 대한 수산자원보호구역의 지정 또는 변경을 도시·군관리계획으로 결정할 수 있다.

(5) **입지규제최소구역**: 도시·군관리계획의 결정권자는 도시지역에서 복합적인 토지 이용을 증진시켜 도시 정비를 촉진하고 지역 거점을 육성할 필요가 있다고 인정되면 법에서 정하는 지역과 그 주변지역의 전부 또는 일부를 입지규제최소구역으로 지정할 수 있다.

4 대지의 분할 제한, 대지안의 공지

(1) **대지의 분할 제한**: 소규모 대지에 건축물이 밀집하여 건축되면 일조·통풍·피난·교통 등에 지장을 초래하여 건축물 주위환경은 물론 도시환경을 악화시키게 되므로, 각 용도지역별로 적정한 대지면적의 제한은 효율적인 밀도조정과 도시환경정비의 효과가 있다.

(2) **대지의 분할 제한 규정**: 건축물의 대지는 다음의 규정에 미달되게 분할할 수 없다.
① 대지와 도로와의 관계, 대지 안의 공지
② 건축물의 건폐율, 건축물의 용적률, 건축물의 높이 제한
③ 일조 등의 확보를 위한 건축물의 높이 제한

용도지역	주거지역	상업지역	공업지역	녹지지역	기타지역
분할규모	60㎡ 이상	150㎡ 이상	150㎡ 이상	200㎡ 이상	60㎡ 이상

(3) **대지 안의 공지**: 건축물을 건축하는 경우에는 「국토의 계획 및 이용에 관한 법률」에 따른 용도지역·용도지구, 건축물의 용도 및 규모 등에 따라 건축선 및 인접 대지경계선으로부터 6m 이내의 범위에서 대통령령으로 정하는 바에 따라 해당 지방자치단체의 조례로 정하는 거리 이상을 띄워야 한다.

핵심번호 19 건축법규
지역 및 지구안의 건축물(Ⅱ)

1. 전용주거지역 안에서 건축할 수 있는 건축물: 【허용】

제1종 전용주거지역	제2종 전용주거지역
• 단독주택(다가구주택 제외) • 제1종 근린생활시설 중 가목~바목 및 사목(공중화장실, 대피소, 그 밖에 이와 비슷한 것 및 지역아동센터는 제외)의 해당 용도에 쓰이는 바닥면적의 합계가 1,000㎡ 미만인 것	• 단독주택 • 공동주택 • 제1종 근린생활시설(해당 용도에 쓰이는 바닥면적의 합계가 1,000㎡ 미만인 것)

도시·군계획 조례가 정하는 바에 의하여 건축할 수 있는 건축물	
• 다가구주택, 연립주택 및 다세대주택 • 제1종 근린생활시설(공중화장실, 대피소)로서 해당용도 바닥면적 1,000㎡ 미만인 것 • 종교집회장(제2종 근린생활시설) • 문화 및 집회시설 중 전시장(박물관, 미술관, 기념관, 한옥으로 건축한 체험관)으로 해당 용도 바닥면적 1,000㎡ 미만인 것 • 종교시설로서 해당 용도 바닥면적 1,000㎡ 미만인 것 • 교육연구시설 중 초등학교·중학교 및 고등학교 • 노유자시설, 자동차관련시설 중 주차장	• 종교집회장(제2종 근린생활시설) • 문화 및 집회시설 중 전시장(박물관, 미술관, 기념관, 한옥으로 건축한 체험관)으로 해당 용도 바닥면적 1,000㎡ 미만인 것 • 종교시설로서 해당 용도 바닥면적 1,000㎡ 미만인 것 • 교육연구시설 중 초등학교·중학교 및 고등학교 • 노유자시설, 자동차관련시설 중 주차장

2. 일반주거지역 안에서 건축할 수 있는 건축물: 【허용】

제1종 일반주거지역

4층 이하의 건축물(「주택법 시행령」에 따른 단지형 연립주택 및 단지형 다세대주택인 경우에는 5층 이하를 말하며, 단지형 연립주택의 1층 전부를 필로티 구조로 하여 주차장으로 사용하는 경우에는 필로티 부분을 층수에서 제외하고, 단지형 다세대주택의 1층 바닥면적의 1/2 이상을 필로티 구조로 하여 주차장으로 사용하고 나머지 부분을 주택 외의 용도로 쓰는 경우에는 해당 층을 층수에서 제외한다)만 해당

가. 단독주택　　　나. 공동주택(아파트 제외)　　　다. 제1종 근린생활시설　　　라. 노유자시설
라. 교육연구시설 중 유치원·초등학교·중학교·고등학교

제2종 일반주거지역

경관관리 등을 위하여 도시·군계획조례로 건축물의 층수를 제한하는 경우에는 그 층수 이하의 건축물로 한정한다. 관람장을 제외한 문화 및 집회시설은 조례에 따라 건축이 허용될 수 있다.

가. 단독주택　　나. 공동주택　　다. 제1종 근린생활시설　　라. 노유자시설　　마. 종교시설
마. 교육연구시설 중 유치원·초등학교·중학교 및 고등학교

제3종 일반주거지역

제2종 일반주거지역과 동일(층수 제한 없음)

예1 다음 중 제1종 전용주거지역 안에서 건축할 수 있는 건축물에 속하지 않는 것은? (단, 도시·군계획 조례가 정하는 바에 의하여 건축할 수 있는 건축물 포함)
① 노유자시설
② 공동주택 중 아파트
③ 교육연구시설 중 ·고등학교
④ 제2종 근린생활시설 중 종교집회장
답 : ②

예2 국토의 계획 및 이용에 관한 법령상 아파트를 건축할 수 있는 지역은?
① 자연녹지지역
② 제1종 전용주거지역
③ 제2종 전용주거지역
④ 제1종 일반주거지역
답 : ③

예3 국토의 계획 및 이용에 관한 법령상 제2종 전용주거지역 안에서 건축할 수 있는 건축물에 속하지 않는 것은?
① 공동주택
② 판매시설
③ 노유자시설
④ 교육연구시설 중 ·고등학교
답 : ②

예4 제1종 일반주거지역 안에서 건축할 수 있는 건축물에 속하지 않는 것은?
① 단독주택
② 노유자시설
③ 공동주택 중 아파트
④ 제1종 근린생활시설
답 : ③

예5 제2종 일반주거지역에서 건축할 수 있는 건축물에 속하지 않는 것은?
① 종교시설
② 숙박시설
③ 노유자시설
④ 제1종 근린생활시설
답 : ②

예6 제2종 일반주거지역 안에서 건축할 수 있는 건축물에 속하지 않는 것은?
① 아파트
② 노유자시설
③ 문화 및 집회시설 중 전시장
④ 문화 및 집회시설 중 관람장
답 : ④

예7 준주거지역에서 건축할 수 없는 건축물은? (단, 도시·군계획 조례가 정하는 건축물은 제외)
① 위락시설
② 종교시설
③ 공동주택 중 아파트
④ 문화 및 집회시설 중 전시장

답 : ①

예8 준주거지역에서 건축할 수 없는 건축물은? (단, 도시·군계획 조례가 정하는 건축물은 제외)
① 숙박시설   ② 종교시설
③ 운동시설   ④ 수련시설

답 : ①

예9 준주거지역 안에서 건축할 수 있는 건축물은? (단, 도시·군계획 조례가 정하는 건축물은 제외)
① 위락시설
② 묘지관련시설
③ 단란주점(제2종 근린생활시설)
④ 교육연구시설

답 : ④

예10 준주거지역안에서 건축할 수 없는 건축물에 속하지 않는 것은? (단, 도시·군 계획 조례가 정하는 건축물은 제외)
① 위락시설
② 자원순환관련시설
③ 의료시설 중 격리병원
④ 문화 및 집회시설 중 공연장

답 : ④

예11 국토의 계획 및 이용에 관한 법령상 일반상업지역 안에서 건축할 수 있는 건축물은?
① 묘지관련시설
② 자원순환관련시설
③ 의료시설 중 요양병원
④ 자동차관련시설 중 폐차장

답 : ③

3 준주거지역 안에서 건축할 수 없는 건축물: 【금지】

건축할 수 없는 건축물의 종류
가. 제2종 근린생활시설 중 단란주점
나. 판매시설 중 상점의 일반게임제공업의 시설
다. 의료시설 중 격리병원
라. 숙박시설(생활숙박시설로서 공원·녹지 또는 지형지물에 따라 주택 밀집지역과 차단되거나 주택 밀집지역으로부터 도시·군계획 조례로 정하는 거리 밖에 건축하는 것은 제외)
마. 위락시설
바. 공장으로서 [별표 4 제2호 차목 (1)~(6)]까지의 어느 하나에 해당하는 것
사. 위험물 저장 및 처리 시설 중 시내버스차고지 외의 지역에 설치하는 액화석유가스 충전소 및 고압가스 충전소·저장소(수소연료공급시설은 제외)
아. 자동차관련시설 중 폐차장
자. 동물 및 식물 관련시설 중 축사·도축장·도계장 및 이와 비슷한 시설
차. 자원순환관련시설
카. 묘지관련시설

지역여건 등을 고려하여 도시·군계획 조례로 정하는 바에 따라 건축할 수 없는 건축물
가. 제2종 근린생활시설 중 안마시술소
나. 문화 및 집회시설(공연장 및 전시장은 제외)
다. 판매시설
라. 운수시설
마. 숙박시설 중 생활숙박시설(공원·녹지 또는 지형지물에 의하여 주택 밀집지역과 차단되거나 주택 밀집지역으로부터 도시·군계획 조례로 정하는 거리 밖에 건축하는 것)
바. 공장(제1호 마목에 해당하는 것 제외)
사. 창고시설
아. 위험물 저장 및 처리 시설(제1호 바목에 해당하는 것 제외)
자. 자동차관련시설(제1호 사목에 해당하는 것 제외)
차. 동물 및 식물 관련시설(제1호 아목에 해당하는 것 제외)
카. 교정시설
타. 국방·군사시설
파. 발전시설
하. 관광휴게시설
거. 장례시설

4 상업지역 안에서 건축할 수 없는 주요 건축물: 【금지】

중심상업지역 안에서 건축할 수 없는 주요 건축물

- 단독주택(다른 용도와 복합된 것은 제외)
- 공동주택[공동주택과 주거용 외의 용도가 복합된 건축물(다수의 건축물이 일체적으로 연결된 하나의 건축물을 포함한다)로서 공동주택 부분의 면적이 연면적의 합계의 90%(도시·군계획조례로 90% 미만의 범위에서 별도로 비율을 정한 경우에는 그 비율) 미만인 것은 제외]
- 숙박시설 중 일반숙박시설 및 생활숙박시설, 위락시설, 공장
- 위험물 저장 및 처리 시설 중 시내버스차고지 외의 지역에 설치하는 액화석유가스 충전소 및 고압가스 충전소·저장소
- 자동차관련시설 중 폐차장, 동물 및 식물 관련 시설, 자원순환관련시설, 묘지관련시설

일반상업지역 안에서 건축할 수 없는 주요 건축물

- 숙박시설 중 일반숙박시설 및 생활숙박시설, 위락시설, 공장
- 위험물 저장 및 처리 시설 중 시내버스차고지 외의 지역에 설치하는 액화석유가스 충전소 및 고압가스 충전소·저장소
- 자동차관련시설 중 폐차장, 동물 및 식물 관련 시설, 자원순환관련시설, 묘지관련시설

5 녹지지역 안에서 건축할 수 있는 건축물(4층 이하의 건축물에 한한다): 【허용】

보전녹지지역	생산녹지지역	자연녹지지역
• 교육연구시설 중 초등학교 • 창고(농업·임업·축산업·수산업용만 해당) • 교정시설 • 국방·군사시설	• 단독주택 • 제1종 근린생활시설 • 교육연구시설 중 유치원·초등학교 • 노유자시설 • 수련시설 • 운동시설 중 운동장 • 창고(농업·임업·축산업·수산업용만 해당) • 위험물저장 및 처리시설 중 액화석유가스충전소 및 고압가스 충전·저장소 • 동물 및 식물 관련시설(도축장, 도계장 시설 및 이 시설과 비슷한 것 제외) • 교정시설 • 국방·군사시설 • 방송통신시설 • 발전시설 • 야영장시설	• 단독주택 • 제1종 근린생활시설 • 제2종 근린생활시설(휴게음식점 등, 일반음식점, 단란주점, 안마시술소는 제외) • 의료시설(종합병원·병원·치과병원 및 한방병원 제외) • 교육연구시설(직업훈련소 및 학원 제외) • 노유자시설 • 수련시설 • 운동시설 • 창고시설(농업·임업·축산업·수산업용에 한함) • 동물 및 식물 관련시설 • 자원순환관련시설 • 교정시설 • 국방·군사시설 • 방송통신시설 • 발전시설 • 묘지관련시설 • 관광휴게시설 • 장례식장 • 야영장시설

6 용도지역에서의 건폐율 한도

지역		최대한도	용도지역의 세분	건폐율의 한도 (도시계획 조례로 정함)
도시지역	주거지역	70%	제1종 전용주거지역	50%
			제2종 전용주거지역	50%
			제1종 일반주거지역	60%
			제2종 일반주거지역	60%
			제3종 일반주거지역	50%
			준주거지역	70%
	상업지역	90%	중심상업지역	90%
			일반상업지역	80%
			근린상업지역	70%
			유통상업지역	80%
	공업지역	70%	전용공업지역	70%
			일반공업지역	70%
			준공업지역	70%
	녹지지역	20%	보전녹지지역	20%
			생산녹지지역	20%
			자연녹지지역	20%
관리지역	보전관리지역	20%	보전관리지역	20%
	생산관리지역	20%	생산관리지역	20%
	계획관리지역	40%	계획관리지역	40%
농림지역		20%	-	-
자연환경보전지역		20%	-	-

예12 자연녹지지역 안에서 건축할 수 있는 건축물의 최대 층수는? (단, 제1종 근린생활시설로서 도시·군계획 조례로 따로 층수를 정하지 않은 경우)

① 3층 ② 4층
③ 5층 ④ 6층

답 : ②

예13 자연녹지지역 안에서 건축할 수 있는 건축물의 용도에 속하지 않는 것은?

① 아파트
② 운동시설
③ 노유자시설
④ 제1종 근린생활시설

답 : ①

예14 생산녹지지역과 자연녹지지역 안에서 모두 건축할 수 없는 건축물은?

① 아파트
② 수련시설
③ 노유자시설
④ 방송통신시설

답 : ①

예15 국토의 계획 및 이용에 관한 법령상 건폐율의 최대한도가 가장 높은 용도지역은?

① 준주거지역 ② 생산관리지역
③ 중심상업지역 ④ 전용공업지역

답 : ③

예16 용도지역 안에서 정할 수 있는 건폐율이 잘못된 것은?

① 중심상업지역: 90% 이하
② 제2종 전용주거지역: 70% 이하
③ 농림지역: 20% 이하
④ 1종 일반주거지역: 60% 이하

답 : ②

예17 용도지역별 건폐율의 최대한도가 옳지 않은 것은?

① 준주거지역: 70% 이하
② 자연녹지지역: 20% 이하
③ 일반상업지역: 90% 이하
④ 제2종 전용주거지역: 50% 이하

답 : ②

예18 용도지역에 따른 건폐율의 최대한도로 옳지 않은 것은? (단, 도시지역의 경우)

① 녹지지역: 30% 이하
② 주거지역: 70% 이하
③ 공업지역: 70% 이하
④ 상업지역: 90% 이하

답 : ②

예19 국토의 계획 및 이용에 관한 법률상 용도지역에서의 용적률 최대 한도 기준이 옳지 않은 것은? (단, 도시지역의 경우)
① 주거지역: 500% 이하
② 녹지지역: 100% 이하
③ 공업지역: 400% 이하
④ 상업지역: 1,000% 이하
답 : ④

예20 허가권자가 가로구역별로 건축물의 높이를 지정·공고할 때 고려하지 않아도 되는 사항은?
① 도시·군관리계획의 토지이용계획
② 해당 가로구역이 접하는 대지의 너비
③ 도시미관 및 경관계획
④ 해당 가로구역의 상수도 수용능력
답 : ②

예21 다음은 일조 등의 확보를 위한 건축물의 높이 제한에 관한 기준 내용이다. ( )안에 알맞은 것은?

전용주거지역과 일반주거지역 안에서 건축하는 건축물의 높이는 일조 등의 확보를 위하여 ( )의 인접대지경계선으로부터의 거리에 따라 대통령령으로 정하는 높이 이하로 하여야 한다.

① 정동방향 ② 정서방향
③ 정남방향 ④ 정북방향
답 : ④

예22 다음은 일조 등의 확보를 위한 건축물의 높이 제한에 관한 기준 내용이다. ( )안에 알맞은 것은?

( ) 안에서 건축하는 건축물의 높이는 일조 등의 확보를 위하여 정북방향의 인접대지경계선으로부터의 거리에 따라 대통령령으로 정하는 높이 이하로 하여야 한다.

① 일반주거지역과 준주거지역
② 전용주거지역과 일반주거지역
③ 중심상업지역과 일반상업지역
④ 일반상업지역과 근린상업지역
답 : ②

예23 전용주거지역이나 일반주거지역에서 건축물을 건축하는 경우, 건축물의 높이 10m 이하의 부분은 정북(正北) 방향으로의 인접대지경계선으로부터 원칙적으로 최소 얼마 이상의 거리를 띄어야 하는가?
① 1m   ② 1.5m
③ 2m   ④ 3m
답 : ②

7 용도지역에서의 용적률 한도

지역		최대한도	용도지역의 세분	용적률의 범위
도시지역	주거지역	500%	제1종 전용주거지역	50% ~ 100%
			제2종 전용주거지역	50% ~ 150%
			제1종 일반주거지역	100% ~ 200%
			제2종 일반주거지역	100% ~ 250%
			제3종 일반주거지역	100% ~ 300%
			준주거지역	200% ~ 500%
	상업지역	1,500%	중심상업지역	200% ~ 1,500%
			일반상업지역	200% ~ 1,300%
			근린상업지역	200% ~ 900%
			유통상업지역	200% ~ 1,100%
	공업지역	400%	전용공업지역	150% ~ 300%
			일반공업지역	150% ~ 350%
			준공업지역	150% ~ 400%
	녹지지역	100%	보전녹지지역	50% ~ 80%
			생산녹지지역	50% ~ 100%
			자연녹지지역	50% ~ 100%

8 건축물의 높이 제한

(1) 가로구역별 건축물의 높이 제한: 허가권자는 가로구역[(街路區域): 도로로 둘러싸인 일단(一團)의 지역]을 단위로 하여 대통령령으로 정하는 기준과 절차에 따라 건축물의 높이를 지정·공고할 수 있다.

(2) 가로구역별 건축물의 높이 지정 시의 고려 사항
① 도시·군관리계획 등의 토지이용계획
② 해당 가로구역이 접하는 도로의 너비, 해당 가로구역의 상·하수도 등 간선시설의 수용능력
③ 도시미관 및 경관계획, 해당 도시의 장래 발전계획

(3) 일조 등의 확보를 위한 건축물의 높이 제한
① 대상 지역: 전용주거지역, 일반주거지역 내의 모든 건축물
② 정북방향 일정거리의 확보

• 높이 10m 이하인 부분	인접 대지경계선으로부터 1.5m 이상 이격
• 높이 10m 초과하는 부분	인접 대지경계선으로부터 해당 건축물의 각 부분의 높이의 1/2 이상 이격

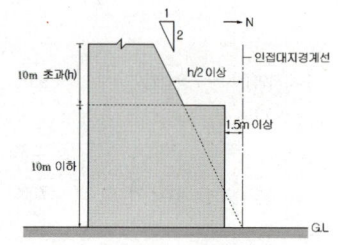

(4) 정남방향으로의 일조거리 확보: 다음 대상 지구 등에 해당하면 건축물의 높이를 정남방향의 인접대지경계선으로부터의 거리에 따라 【정북방향 일정거리의 확보】에서 규정한 높이의 범위에서 허가권자가 정하여 고시하는 높이 이하로 할 수 있다.

1. 택지개발지구 2. 대지조성사업지구 3. 지역개발사업구역 4. 도시개발구역 5. 정비구역
6. 국가산업단지·일반산업단지·도시첨단산업단지·농공단지
7. 정북방향으로 도로, 공원, 하천 등 건축이 금지된 공지에 접하는 대지인 경우
8. 정북방향으로 접하고 있는 대지의 소유자와 합의한 경우 9. 그 밖에 대통령령으로 정하는 경우

핵심번호 20 건축법규 건축설비 일반

1 건축설비 기준 등

(1) **건축설비**: 건축물에 설치하는 전기·전화 설비, 초고속 정보통신 설비, 지능형 홈네트워크 설비, 가스·급수·배수(配水·배수(排水)·환기·난방·냉방·소화(消火)·배연(排煙) 및 오물처리의 설비, 굴뚝, 승강기, 피뢰침, 국기 게양대, 공동시청 안테나, 유선방송 수신시설, 우편함, 저수조(貯水槽), 방범시설, 그 밖에 국토교통부령으로 정하는 설비를 말한다.

(2) **방송 공동수신설비**
① 건축물에는 방송수신에 지장이 없도록 공동시청 안테나, 유선방송 수신시설, 위성방송 수신설비, 에프엠(FM) 라디오방송 수신설비 또는 방송 공동수신설비를 설치할 수 있다.
② 공동주택(아파트, 연립주택, 다세대주택, 기숙사) 및 바닥면적의 합계가 5,000㎡ 이상으로서 업무시설이나 숙박시설의 용도로 쓰는 건축물에는 방송 공동수신설비를 설치하여야 한다.

(3) **전기설비설치용 공간의 확보**: 연면적 500㎡ 이상인 건축물의 대지에는 국토교통부령으로 정하는 바에 따라 「전기사업법」 제2조제2호에 따른 전기사업자가 전기를 배전(配電)하는데 필요한 전기설비를 설치할 수 있는 공간을 확보하여야 한다.

수전전압	전력수전 용량	확보 면적(가로×세로)
특고압 또는 고압	100kW 이상	2.8m × 2.8m
저압	75kW 이상 ~ 150kW 미만	2.5m × 2.8m
	150kW 이상 ~ 200kW 미만	2.8m × 2.8m
	200kW 이상 ~ 300kW 미만	2.8m × 4.6m
	300kW 이상	2.8m 이상 × 4.6m 이상

(4) **공동주택 및 다중이용시설의 환기설비기준 등**
① 신축 또는 리모델링하는 다음 각 호의 어느 하나에 해당하는 주택 또는 건축물은 시간당 0.5회 이상의 환기가 이루어질 수 있도록 자연환기설비 또는 기계환기설비를 설치하여야 한다.
 • 30세대 이상의 공동주택
 • 주택을 주택 외의 시설과 동일 건축물로 건축하는 경우로서 주택이 30세대 이상인 건축물
② 신축공동주택 등의 기계환기설비의 설치 기준에서 적정 단계의 필요 환기량은 신축공동주택 등의 세대를 시간당 0.7회로 환기할 수 있는 풍량을 확보하여야 한다.

(5) 건축물에 설치하는 냉방시설 및 환기시설의 배기구 등의 설치 기준
상업지역 및 주거지역에서 건축물에 설치하는 냉방시설 및 환기시설의 배기구는 도로면으로부터 2m 이상의 높이에 설치하여야 한다.

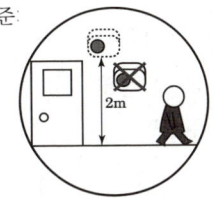

(6) **피뢰설비**: 낙뢰의 우려가 있는 건축물, 높이 20m 이상의 건축물 또는 장식탑, 기념탑, 광고탑, 광고판, 철탑 등의 높이 20m 이상의 공작물에는 건축물설비기준규칙에 적합하게 피뢰설비를 설치해야 한다.

예1 다음 중 건축법에서 정의된 건축설비의 내용에 포함되지 않는 것은?
① 건축물에 설치하는 국기 게양대
② 건축물에 설치하는 유선방송 수신시설
③ 건축물에 설치하는 오물처리의 설비
④ 건축물에 설치하는 전산정보처리 설비
답: ④

예2 방송 공동수신설비를 설치하여야 하는 대상 건축물에 속하지 않는 것은?
① 다가구주택
② 다세대주택
③ 바닥면적의 합계가 5,000㎡으로서 업무시설의 용도로 쓰는 건축물
④ 바닥면적의 합계가 5,000㎡으로서 숙박시설의 용도로 쓰는 건축물
답: ①

예3 다음과 같은 연면적 1,000㎡인 건축물의 대지에 확보하여야 하는 전기설비 설치공간의 면적 기준은?

㉠ 수전전압: 저압
㉡ 전력수전 용량: 200kW

① 가로 2.5m, 세로 2.8m
② 가로 2.5m, 세로 4.6m
③ 가로 2.8m, 세로 2.8m
④ 가로 2.8m, 세로 4.6m
답: ④

예4 공동주택의 환기설비에 관한 기준 내용이다. ( )안에 알맞은 것은?

신축 또는 리모델링하는 30세대 이상의 공동주택에는 시간당 ( ) 이상의 환기가 이루어질 수 있도록 자연환기설비 또는 기계환기설비를 설치하여야 한다.

① 0.5회 ② 1회
③ 1.5회 ④ 2회
답: ①

예5 상업지역에서 건축물에 설치하는 냉방시설 및 환기시설의 배기구는 도로면으로부터 최소 얼마 이상의 높이에 설치하여야 하는가?
① 1m ② 1.5m
③ 2m ④ 2.5m
답: ①

예6 건축물의 설비기준 등에 관한 규칙에 따라 피뢰설비를 설치하여야 하는 건축물의 높이 기준은?
① 10m ② 20m
③ 21m ④ 31m
답: ①

예7 급수, 배수, 환기, 난방 설비를 건축물에 설치하는 경우, 건축기계설비기술사 또는 공조냉동기계기술사의 협력을 받아야 하는 대상 건축물에 속하지 않는 것은?
① 아파트
② 연립주택
③ 기숙사로서 해당 용도에 사용되는 바닥면적 합계가 2,000㎡인 건축물
④ 업무시설로서 해당 용도에 사용되는 바닥면적 합계가 2,000㎡인 건축물
답 : ④

예8 공동주택의 난방설비를 개별난방 방식으로 하는 경우에 관한 기준 내용으로 옳지 않은 것은?
① 보일러의 연도는 내화구조로서 공동연도로 설치할 것
② 보일러실 윗 부분에는 그 면적이 최소 1.0㎡ 이상인 환기창을 설치할 것
③ 기름보일러를 설치하는 경우에는 기름저장소를 보일러실 외의 다른 곳에 설치할 것
④ 보일러를 설치하는 곳과 거실 사이의 경계벽은 출입구를 제외하고는 내화구조의 벽으로 구획할 것
답 : ②

예9 공동주택과 오피스텔의 난방설비를 개별난방 방식으로 하는 경우에 관한 기준 내용으로 틀린 것은?
① 보일러는 거실 외의 곳에 설치할 것
② 보일러실 윗 부분에는 그 면적이 0.5㎡ 이상인 환기창을 설치할 것
③ 보일러실과 거실 사이의 출입구는 그 출입구가 닫힌 경우에는 보일러 가스가 거실에 들어갈 수 없는 구조로 할 것
④ 보일러의 연도는 내화구조로서 개별연도로 설치할 것
답 : ④

예10 가구 수가 16가구인 주거용 건축물에서 음용수 급수관 지름의 최소 기준은?
① 50mm ② 40mm
③ 30mm ④ 20mm
답 : ②

예11 주거에 쓰이는 바닥면적의 합계가 200㎡인 주거용 건축물에 설치하는 음용수용 급수관의 최소 지름은?
① 25mm ② 32mm
③ 40mm ④ 50mm
답 : ①

예12 주거에 쓰이는 바닥면적의 합계가 300㎡인 주거용 건축물에 설치하는 음용수용 급수관의 최소 지름은?
① 25mm ② 32mm
③ 40mm ④ 50mm
답 : ①

2 건축설비관련기술사의 협력 대상 건축물

(1) 연면적 10,000㎡ 이상인 건축물(창고시설을 제외한 모든 용도 해당)

(2) 에너지를 대량으로 소비하는 건축물
① 냉동냉장시설·항온항습시설(온도와 습도를 일정하게 유지시키는 특수설비가 설치된 시설) 또는 특수청정시설(세균 또는 먼지 등을 제거하는 특수설비가 설치된 시설)로서 해당 용도에 사용되는 바닥면적의 합계가 500㎡ 이상인 건축물
② 아파트 및 연립주택
③ 목욕장, 실내 물놀이형 시설, 실내 수영장으로서 해당 용도에 사용되는 바닥면적 합계 500㎡ 이상
④ 기숙사, 의료시설, 유스호스텔, 숙박시설로서 해당 용도에 사용되는 바닥면적 합계 2,000㎡ 이상
⑤ 판매시설, 연구소, 업무시설로서 해당 용도에 사용되는 바닥면적의 합계 3,000㎡ 이상
⑥ 문화 및 집회시설(동·식물원 제외), 종교시설, 장례식장, 교육연구시설(연구소 제외) 등으로서 바닥면적의 합계 10,000㎡ 이상

3 공동주택과 오피스텔의 난방설비를 개별난방방식으로 하는 경우의 기준

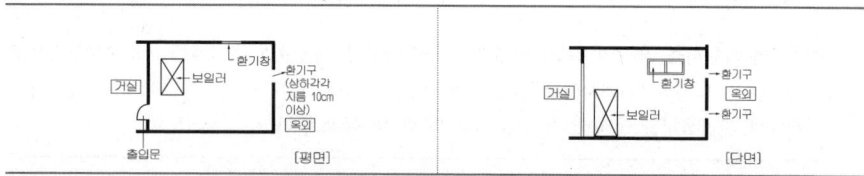

(1) 보일러의 위치
① 보일러실의 위치는 거실 외의 곳에 설치
② 보일러실과 거실의 경계벽은 내화구조의 벽으로 구획(출입구 제외)

(2) 보일러실의 환기창(전기보일러의 경우 예외)
① 환기창: 0.5㎡ 이상으로 하고 위 부분에 설치
② 환기구: 상·하 부분에 각각 지름 10cm 이상의 공기흡입구 및 배기구 설치(항상 개방된 상태로 외기에 접하도록 설치)

(3) 보일러실의 출입구: 거실과 출입구는 가스가 거실에 들어갈 수 없는 구조일 것(출입구가 닫힌 경우)

(4) 기름보일러: 기름저장소는 보일러실 외에 다른 곳에 설치할 것

(5) 보일러의 연도(煙道, Flue): 내화구조로서 공동연도로 설치할 것

(6) 오피스텔: 난방구획을 방화구획으로 구획

4 배관설비: 주거용 건축물의 급수관의 지름

가구 또는 세대 수	1	2~3	4~5	6~8	9~16	17 이상
급수관 지름의 최소 기준(mm)	15	20	25	32	40	50

[비고]
1. 가구 또는 세대의 구분이 불분명한 건축물에 있어서는 주거에 쓰이는 바닥면적의 합계에 따라 다음과 같이 가구 수를 산정한다.
① 바닥면적 85㎡이하: 1가구
② 바닥면적 85㎡초과 150㎡이하: 3가구
③ 바닥면적 150㎡초과 300㎡이하: 5가구
④ 바닥면적 300㎡초과 500㎡이하: 16가구
⑤ 바닥면적 500㎡초과: 17가구
2. 가압설비 등을 설치하여 급수되는 각 기구에서의 압력이 70kPa 이상인 경우에는 위 표의 기준을 적용하지 아니할 수 있다.

핵심번호 21 건축법규: 거실의 채광·환기, 방습, 배연설비 등

1 거실의 채광·환기

건축물의 용도	구분	창문 등의 면적	예외
• 단독주택의 거실 • 공동주택의 거실 • 학교의 교실 • 의료시설의 병실 • 숙박시설의 객실	채광	거실바닥면적의 1/10 이상	기준 조도 이상의 조명장치를 설치한 경우
	환기	거실바닥면적의 1/20 이상	기계환기장치 및 공기조화설비 설치 시

【※ 채광 및 환기를 위한 창문 등의 면적에 관한 규정을 적용함에 있어서 수시로 개방할 수 있는 미닫이로 구획된 2개의 거실은 이를 1개의 거실로 본다.】

거실 용도에 따른 바닥에서 85cm 위치의 수평면 조도	
70[lux]	공연·관람
150[lux]	독서·식사·조리·포장·세척·집회
300[lux]	회의·일반 사무·일반 작업·제조·판매
700[lux]	설계·제도·계산·검사·시험·정밀검사·수술

2 거실의 방습

내용	규제 사항
최하층 거실바닥 높이 (바닥이 목조인 경우)	지표면으로부터 45cm 이상 설치 (지표면을 콘크리트바닥으로 설치하는 등 방습을 위한 조치를 하는 경우 예외)

욕실·조리장의 바닥	• 제1종 근린생활시설 중
	  - 목욕장의 욕실
	  - 휴게음식점 조리장
	  - 제과점 조리장
	• 제2종 근린생활시설 중
	  - 일반음식점 조리장
	  - 휴게음식점 조리장
	  - 제과점 조리장
	• 숙박시설의 욕실
	
	욕실·조리장의 바닥과 그 바닥으로부터 높이 1m까지의 안쪽벽의 마감은 내수재료로 해야 한다.

예1 국토교통부령으로 정하는 기준에 따라 채광 및 환기를 위한 창문 등이나 설비를 설치하여야 하는 대상에 속하지 않는 것은?
① 의료시설의 병실
② 숙박시설의 객실
③ 사무소의 설계·제도실
④ 교육연구시설 중 학교의 교실
답: ③

예2 채광을 위하여 거실에 설치하는 창문 등의 면적이 그 거실의 바닥면적의 1/10 미만이어도 가능한 것은? (단, 규정에 의한 조도 이상의 조명장치를 설치하지 않은 경우)
① 의료시설의 병실
② 숙박시설의 로비
③ 학교의 교실
④ 단독주택의 거실
답: ②

예3 거실의 용도에 따른 조도 기준이 가장 낮은 것은?
① 독서   ② 회의
③ 판매   ④ 일반사무
답: ①

예4 바닥으로부터 높이 1m까지의 안벽의 마감을 내수재료로 하지 않아도 되는 것은?
① 아파트의 욕실
② 숙박시설의 욕실
③ 제1종 근린생활시설 중 휴게음식점의 조리장
④ 제2종 근린생활시설 중 휴게음식점의 조리장
답: ①

예5 바닥으로부터 높이 1m까지의 안벽의 마감을 내수재료로 하지 않아도 되는 것은?
① 제1종 근린생활시설 중 일반음식점의 조리장
② 제2종 근린생활시설 중 일반음식점의 조리장
③ 제1종 근린생활시설 중 휴게음식점의 조리장
④ 제2종 근린생활시설 중 휴게음식점의 조리장
답: ①

예6 건축물의 거실에 국토교통부령으로 정하는 기준에 따라 배연설비를 하여야 하는 대상 건축물에 속하지 않는 것은? (단, 피난층의 거실은 제외하며, 6층 이상인 건축물의 경우)
① 종교시설   ② 판매시설
③ 위락시설   ④ 방송통신시설
답 : ④

예7 거실의 관련 기준에 적합하게 배연설비를 설치하여야 하는 대상 건축물에 속하지 않는 것은? (단, 6층 이상의 건축물)
① 교육연구시설 중 도서관
② 수련시설 중 유스호스텔
③ 위락시설
④ 의료시설
답 : ①

예8 피난층이 아닌 거실에 배연설비를 설치하여야 하는 대상 건축물에 속하지 않는 것은? (단, 6층 이상인 건축물의 경우)
① 판매시설
② 종교시설
③ 교육연구시설 중 학교
④ 운수시설
답 : ③

예9 배연설비의 설치에 관한 기준 내용으로 옳지 않은 것은?
① 배연창의 유효면적은 최소 2㎡ 이상으로 할 것
② 배연구는 예비전원에 의하여 열 수 있도록 할 것
③ 관련 규정에 의하여 건축물에 방화구획이 설치된 경우에는 그 구획마다 1개소 이상의 배연창을 설치할 것
④ 배연구는 연기감지기 또는 열감지기에 의하여 자동으로 열 수 있는 구조로 하되, 손으로도 열고 닫을 수 있도록 할 것
답 : ①

예10 비상용승강기의 승강장에 설치하는 배연설비의 구조에 관한 기준 내용으로 옳지 않은 것은?
① 배연기에는 예비전원을 설치할 것
② 배연구가 외기에 접하지 아니 하는 경우에는 배연기를 설치할 것
③ 배연구는 평상시에는 열린 상태를 유지하고, 배연에 의한 기류에 의해 닫히도록 할 것
④ 배연기는 배연구의 열림에 따라 자동적으로 작동하고, 충분한 공기배출 또는 가압능력이 있을 것
답 : ③

3 거실의 배연설비

(1) 건축물 규모에 따른 배연설비 설치 대상

건축물 규모	설치 대상 용도
6층 이상 건축물의 거실 (피난층 거실은 제외)	• 제2종 근린생활시설 중 공연장, 종교집회장, 인터넷컴퓨터게임시설제공업소 (바닥면적의 합계가 각각 300㎡ 이상인 경우) • 제2종 근린생활시설 중 다중생활시설 • 문화 및 집회시설, 종교시설, 판매시설, 운수시설, 운동시설, 업무시설, 숙박시설, 위락시설, 장례시설, 관광휴게시설, 교육연구시설 중 연구소 • 수련시설 중 유스호스텔, 의료시설(요양병원 및 정신병원 제외) • 노유자시설 중 아동 관련 시설·노인복지시설(노인요양시설 제외)
건축물 층수와 무관	• 제1종 근린생활시설 중 산후조리원, 의료시설 중 요양병원 및 정신병원 • 노유자시설 중 노인요양시·장애인 거주시설 및 장애인 의료재활시설
특별피난계단, 비상용승강기가 설치된 경우	특별피난계단 및 비상용승강기의 승강장에 설치

(2) 배연설비의 기준: 거실 설치의 경우

배연창의 위치	건축물이 방화구획으로 구획된 경우 방화구획마다 1개소 이상의 배연창을 설치하되 배연창의 상변과 천장 또는 반자로부터 수직거리가 0.9m 이내일 것. 다만, 반자높이가 3m 이상인 경우 배연창의 하변이 바닥으로부터 2.1m 이상의 위치에 놓이도록 설치
배연창의 유효면적	• 1㎡ 이상으로서 그 면적의 합계가 해당 건축물의 바닥면적의 1/100 이상일 것 (방화구획이 설치된 경우는 구획 부분의 바닥면적을 말함) • 바닥면적 산정 시 거실바닥면적의 1/20 이상으로서 환기창을 설치한 거실면적 제외
배연구의 구조	• 배연구는 연기감지기 또는 열감지기에 의해 자동적으로 열수 있는 구조로 하되 손으로도 열고 닫을 수 있도록 할 것 • 배연구는 예비전원에 의하여 열 수 있도록 할 것

(3) 특별피난계단·비상용 승강기의 승강장에 설치하는 경우

배연구·배연풍도	배연구 및 배연풍도는 불연재료로 하고 화재가 발생한 경우 원활하게 배연시킬 수 있는 규모로서 외기 또는 평상시에 사용하지 아니하는 굴뚝에 연결할 것
배연구의 개방장치	수동 및 자동개방장치(열감지기 또는 연기감지기)는 손으로도 열고 닫을 수 있도록 할 것
배연구의 개폐상태	평상시 닫힌 상태를 유지하고, 연 경우 배연에 의한 기류로 인하여 닫히지 않도록 할 것
배연기의 설치	• 배연구가 외기에 접하지 아니 하는 경우에는 배연기를 설치할 것 • 배연구의 열림에 따라 자동적으로 작동하고, 충분한 공기배출 또는 가압능력이 있을 것 • 배연기에는 예비전원을 설치할 것

핵심번호 22 건축법규 - 승강기

1 승용승강기의 설치

(1) 승강기 설치 기준

① 건축주는 6층 이상으로서 연면적이 2,000㎡ 이상인 건축물(대통령령으로 정하는 건축물은 제외)을 건축하려면 승강기를 설치하여야 한다.

② 높이 31m를 초과하는 건축물에는 대통령령으로 정하는 바에 따라 ①항에 따른 승강기뿐만 아니라 비상용승강기를 추가로 설치하여야 한다.

③ 고층 건축물에는 ①항에 따라 건축물에 설치하는 승용승강기 중 1대 이상을 대통령령으로 정하는 바에 따라 피난용승강기로 설치하여야 한다.

④ 대통령령으로 정하는 건축물이란 층수가 6층인 건축물로서 각 층 거실의 바닥면적 300㎡ 이내마다 1개소 이상의 직통계단을 설치한 건축물을 말한다.

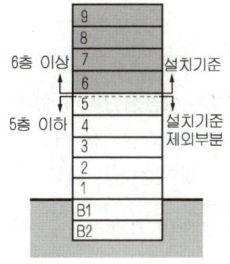

(2) 승용승강기의 설치

건축물의 용도	6층 이상의 거실 바닥면적의 합계(A)	
	3,000㎡ 이하	3,000㎡ 초과
• 문화 및 집회시설 중 공연장, 집회장, 관람장 • 판매시설 • 의료시설	2대	$2대 + \dfrac{A - 3,000(\text{m}^2)}{2,000(\text{m}^2)}$ 대
• 문화 및 집회시설 중 전시장 및 동·식물원 • 업무시설 • 숙박시설 • 위락시설	1대	$1대 + \dfrac{A - 3,000(\text{m}^2)}{2,000(\text{m}^2)}$ 대
• 공동주택 • 교육연구시설 • 노유자시설 • 그 밖의 시설	1대	$1대 + \dfrac{A - 3,000(\text{m}^2)}{3,000(\text{m}^2)}$ 대

【※ 8인승 이상 15인승 이하인 경우를 기준 ➡ 16인승 이상의 경우 2대로 환산】

【예제】 판매시설 용도이며 지상 각 층의 거실면적이 2,000㎡인 15층의 건축물에 설치하여야 하는 승용승강기의 최소 대수를 구해보자. (단, 16인승 승강기이다.)

① $2 + \dfrac{(2,000 \times 10) - 3,000}{2,000} = 10.5대$ ➡ 11대 (8~15인승 기준)

② 16인승이므로 위의 대수의 $\dfrac{1}{2} = 5.5대$ ➡ 6대

예1 승용승강기 설치 대상 건축물에서 승용승강기 설치 대수 산정에 직접적으로 이용되는 것은?
① 5층 이상의 바닥면적의 합계
② 6층 이상의 바닥면적의 합계
③ 5층 이상의 거실면적의 합계
④ 6층 이상의 거실면적의 합계
답 : ④

예2 각 층 거실면적이 1,000㎡이며, 층수가 15층인 다음 건축물 중 설치하여야 하는 승용승강기의 최소 대수가 가장 많은 것은? (단, 8인승 승용승강기인 경우)
① 위락시설
② 업무시설
③ 교육연구시설
④ 문화 및 집회시설 중 집회장
답 : ④

예3 다음 중 승용승강기를 가장 적게 설치할 수 있는 건축물의 용도는? (단, 6층 이상의 거실면적의 합계가 10,000㎡이며, 8인승 승강기를 설치하는 경우)
① 병원   ② 위락시설
③ 숙박시설 ④ 공동주택
답 : ④

예4 층수가 15층이며, 6층 이상의 거실면적의 합계가 15,000㎡인 종합병원에 설치하여야 하는 승용승강기의 최소 대수는? (단, 8인승 승용승강기의 경우)
① 6대   ② 7대
③ 8대   ④ 9대
답 : ③

예5 업무시설로서 6층 이상의 거실면적의 합계가 10,000㎡인 경우, 설치하여야 하는 승용승강기의 최소 대수는? (단, 8인승 승용승강기를 사용하는 경우)
① 3대   ② 4대
③ 5대   ④ 6대
답 : ③

예6 각 층 바닥면적이 5,000㎡이고, 각 층의 거실면적이 3,000㎡인 14층 숙박시설에 설치하여야 하는 승용승강기의 최소 대수는? (단, 24인승 승용승강기를 설치하는 경우)
① 6대   ② 7대
③ 12대   ④ 13대
답 : ②

[예7] 높이 31m를 넘는 각 층의 바닥면적 중 최대 바닥면적이 3,500m²인 종합병원에 설치하여야 할 비상용승강기의 최소대수는?
① 1대 ② 2대
③ 3대 ④ 4대
답:②

[예8] 비상용승강기를 설치하지 아니할 수 있는 건축물에 관한 기준 내용이다. ( ) 안에 알맞은 것은?

높이 (㉮)m를 넘는 층수가 (㉯)개층 이하로서 해당 각층의 바닥면적의 합계 200m² 이내마다 방화구획으로 구획한 건축물

① ㉮ 31, ㉯ 4   ② ㉮ 31, ㉯ 3
③ ㉮ 41, ㉯ 4   ④ ㉮ 41, ㉯ 3
답:①

[예9] 비상용승강기 승강장의 바닥면적은 비상용승강기 1대에 대하여 최소 얼마 이상으로 하여야 하는가? (단, 옥내 승강장인 경우)
① 3m² ② 4m²
③ 5m² ④ 6m²
답:④

[예10] 비상용승강기 승강장 및 승강로의 구조에 관한 기준 내용으로 옳지 않은 것은?
① 승강로는 해당 건축물의 다른 부분과 방화구조로 구획할 것
② 각 층으로부터 피난층까지 이르는 승강로를 단일구조로 연결하여 설치할 것
③ 승강장에는 노대 또는 외부를 향하여 열 수 있는 창문이나 배연설비를 설치할 것
④ 옥내에 있는 승강장의 바닥면적은 비상용승강기 1대에 대하여 6m² 이상으로 설치할 것
답:①

[예11] 비상용승강기 승강장 및 승강로의 구조에 관한 기준 내용으로 옳지 않은 것은?
① 승강장은 각 층의 내부와 연결될 수 있도록 할 것
② 각 층으로부터 피난층까지 이르는 승강로는 단일 구조로 연결하여 설치할 것
③ 옥내 승강장의 바닥면적은 비상용승강기 1대에 대하여 6m² 이상으로 할 것
④ 피난층이 있는 승강장의 출입구로부터 도로 또는 공지에 이르는 거리가 50m 이하일 것
답:④

2 비상용승강기의 설치

(1) 원칙: 높이 31m를 초과하는 건축물(승용승강기 외에 비상용승강기를 추가 설치)

(2) 바닥면적(높이 31m를 넘는 층 중 최대층(1개층) 바닥면적을 말함)의 합계(A)

| 1,500m² 이하 ➡ 1대 | 1,500m² 초과 ➡ $1대 + \dfrac{A - 1{,}500(\mathrm{m}^2)}{3{,}000(\mathrm{m}^2)}$ 대 |

(3) 비상용승강기의 설치 제외의 경우
① 승용승강기를 비상용승강기의 구조로 하는 경우 별도 설치를 하지 않을 수 있다.
② 높이 31m를 넘는 각 층 부분

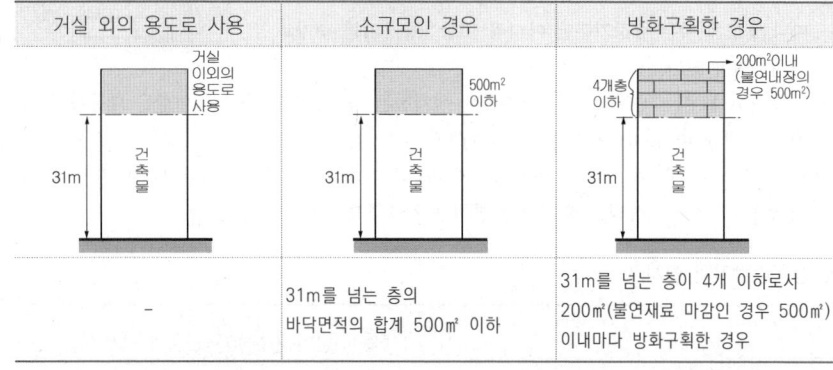

3 비상용승강기의 승강장 및 승강로의 구조 및 설비

(1) 승강장

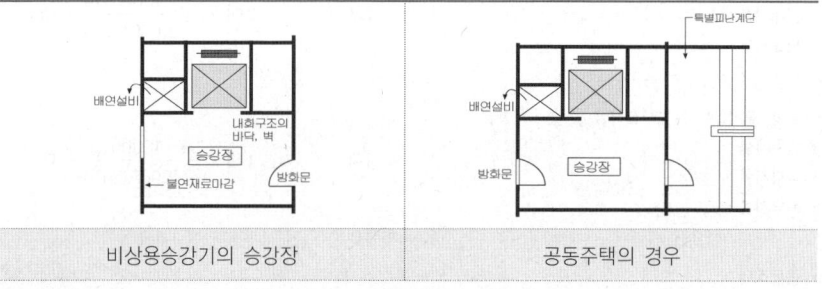

- 특별피난계단의 계단실과 별도로 구획하는 경우 승강장을 특별피난계단의 부속실과 겸용할 수 있다.
- 피난층에서의 거리: 승강장의 출입구로부터 도로 또는 공지에 이르는 거리가 30m 이하일 것
- 승강장의 출입구 부근의 잘 보이는 곳에 비상용승강기임을 알 수 있는 표지를 할 것

① 내화성능: 승강장은 해당 건축물의 다른 부분과 내화구조의 바닥 및 벽으로 구획(창문, 출입구 기타 개구부 제외)
② 각 층 내부와의 연결부: 승강장은 각 층의 내부와 연결되도록 하고 그 출입구에는 60분+방화문 또는 60분방화문을 설치 【예외 피난층에는 설치하지 않을 수 있음】
③ 배연설비: 노대 또는 외부를 향하여 열 수 있는 창문이나 배연설비의 설치
④ 내부 마감재료: 벽 및 반자의 실내에 면하는 부분(마감 바탕 포함)은 불연재료로 마감
⑤ 조명설비: 채광이 되는 창문 또는 예비전원에 의한 조명설비 설치
⑥ 비상용승강기 및 피난용승강기 승강장의 바닥면적: 1대에 대하여 6m² 이상(옥외 설치 시 제외)

(2) 승강로
① 승강로는 해당 건축물의 다른 부분과 내화구조로 구획할 것
② 각 층으로부터 피난층까지 이르는 승강로를 단일구조로 연결하여 설치할 것

핵심번호 23 건축법규
주차장법: 일반 사항, 노상주차장

1 주차장의 구분
(1) 설치 위치에 따른 구분

①	노상주차장	도로의 노면 또는 교통광장(교차점 광장만 해당)의 일정한 구역에 설치된 주차장으로서 일반의 이용에 제공되는 것
②	노외주차장	도로의 노면 및 교통광장 외의 장소에 설치된 주차장으로서 일반의 이용에 제공되는 것
③	부설주차장	건축물, 골프연습장, 그 밖에 주차수요를 유발하는 시설에 부대(附帶)하여 설치되는 주차장으로서 해당 건축물·시설의 이용자 또는 일반의 이용에 제공되는 것

(2) 이동 방식에 따른 구분

①	자주식 주차장	운전자가 직접 운전하여 주차장으로 들어가는 형식	• 지하식 • 지평식 • 건축물식(공작물식 포함)
②	기계식 주차장	기계식주차장치를 설치한 노외주차장 및 부설주차장	• 지하식 • 건축물식(공작물식 포함)
③	기계식주차장치	노외주차장 및 부설주차장에 설치하는 주차설비로서 기계장치에 의하여 자동차를 주차할 장소로 이동시키는 설비	

2 주차장 수급 및 안전관리 실태조사
(1) 주기: 실태조사의 조사주기는 3년으로 한다.

(2) 실태조사 구역의 설정 기준
① 사각형 또는 삼각형 형태로 조사구역을 설정하되 조사구역 바깥 경계선의 최대거리가 300m를 넘지 아니하도록 한다.
② 각 조사구역은 「건축법」에 따른 도로를 경계로 구분한다.
③ 아파트단지와 단독주택단지가 혼재된 지역 또는 주거기능과 상업·업무기능이 혼재된 지역의 경우에는 주차시설 수급의 적정성, 지역적 특성 등을 고려하여 동일한 특성을 가진 지역별로 조사구역을 설정한다.

3 주차전용건축물
건축물의 연면적 중 일정 비율 이상이 주차장으로 제공되는 건축물로 정의된다.

주차장 이외 부분의 용도	주차장 면적 비율
• 일반 용도	연면적 중 95% 이상
• 단독주택, 공동주택 • 제1종 및 제2종 근린생활시설 • 문화 및 집회시설 • 종교시설, 판매시설, 운수시설, 운동시설, 업무시설, 창고시설, 자동차 관련시설	연면적 중 70% 이상

예1 주차장법령상 다음과 같이 정의되는 주차장의 종류는?

> 도로의 노면 또는 교통광장(교차점 광장만 해당)의 일정한 구역에 설치된 주차장으로서 일반(一般)의 이용에 제공되는 것

① 노외주차장 ② 노상주차장
③ 부설주차장 ④ 공영주차장

답: ②

예2 주차장법령상 자주식 주차장의 형태에 속하지 않는 것은?

① 지하식 ② 지평식
③ 기계식 ④ 공작물식

답: ③

예3 주차장법령상 기계식 주차장의 세분에 속하지 않는 것은?

① 지하식 ② 지평식
③ 건축물식 ④ 공작물식

답: ②

예4 주차장의 수급 실태조사에 관한 설명으로 옳지 않은 것은?

① 실태조사의 주기는 5년으로 한다.
② 조사구역은 사각형 또는 삼각형 형태로 설정한다.
③ 조사구역 바깥 경계선의 최대거리가 300m를 넘지 않도록 한다.
④ 각 조사구역은「건축법」에 따른 도로를 경계로 구분한다.

답: ①

예5 주차전용건축물이란 건축물의 연면적 중 주차장으로 사용되는 부분의 비율이 최소 얼마 이상인 건축물을 말하는가? (단, 주차장 외의 용도로 사용되는 부분이 숙박시설인 경우)

① 70% ② 80%
③ 85% ④ 95%

답: ①

예6 건축물의 연면적 중 주차장으로 사용되는 비율이 70%인 경우, 주차전용건축물로 볼 수 있는 주차장 외의 용도에 속하지 않는 것은?

① 의료시설
② 운동시설
③ 제1종 근린생활시설
④ 제2종 근린생활시설

답: ①

예7 주차장의 주차단위구획 기준으로 옳은 것은? (단, 평행주차형식으로 일반형인 경우)
① 너비 1.0m 이상, 길이 2.3m 이상
② 너비 1.7m 이상, 길이 4.5m 이상
③ 너비 2.0m 이상, 길이 6.0m 이상
④ 너비 2.3m 이상, 길이 5.0m 이상
답 : ③

예8 경형자동차용 주차단위구획의 최소 크기는? (단, 평행주차형식 외의 경우)
① 너비 1.7m, 길이 4.5m
② 너비 2.0m, 길이 5.0m
③ 너비 2.0m, 길이 3.6m
④ 너비 2.3m, 길이 5.0m
답 : ③

예9 주차장의 주차단위구획의 최소 면적은? (단, 평행주차형식 외의 경우이며, 일반형)
① 10㎡   ② 11.5㎡
③ 12.5㎡ ④ 16.5㎡
답 : ③

예10 주차장의 장애인전용 주차단위구획 기준으로 옳은 것은? (단, 평행주차형식 외의 경우)
① 너비 2.3m 이상, 길이 5m 이상
② 너비 2.3m 이상, 길이 6m 이상
③ 너비 3.3m 이상, 길이 5m 이상
④ 너비 3.3m 이상, 길이 6m 이상
답 : ③

예11 노상주차장의 구조·설비기준 내용으로 옳지 않은 것은?
① 주간선도로에 원칙상 설치하여서는 아니 된다.
② 종단경사도가 3%를 초과하는 도로에 원칙상 설치하여서는 아니 된다.
③ 너비 6m 미만의 도로에 원칙상 설치하여서는 아니 된다.
④ 주차대수 규모가 20대 이상 50대 미만인 경우에는 장애인 전용주차구획을 1면 이상 설치하여야 한다.
답 : ②

예12 노상주차장의 일부에 대하여 전용주차구획을 설치할 수 있는 경우에 속하지 않는 것은?
① 하역주차구획으로서 인근 이용자의 화물자동차를 위한 경우
② 대한민국에 주재하는 외교공관 및 외교관의 자동차를 위한 경우
③ 주거지역에 설치된 노상주차장으로서 인근 주민의 자동차를 위한 경우
④ 상업지역에 설치된 노상주차장으로서 인근 상점의 자동차를 위한 경우
답 : ④

4 주차장의 주차단위구획

구분		너비	길이
평행주차형식의 경우	이륜자동차전용	1.0m 이상	2.3m 이상
	경형	1.7m 이상	4.5m 이상
	일반형	2.0m 이상	6.0m 이상
	보도와 차도의 구분이 없는 주거 지역의 도로	2.0m 이상	5.0m 이상
평행주차형식 외의 경우	이륜자동차전용	1.0m 이상	2.3m 이상
	경형	2.0m 이상	3.6m 이상
	일반형	2.5m 이상	5.0m 이상
	확장형	2.6m 이상	5.2m 이상
	장애인전용	3.3m 이상	5.0m 이상

① 경형자동차는 「자동차관리법」에 따른 1,000cc 미만의 자동차를 말한다.
② 주차단위구획은 백색 실선(경형자동차 전용주차구획의 경우 청색 실선)으로 표시하여야 한다.
③ 둘 이상의 연속된 주차단위구획의 총 너비 또는 총 길이는 주차단위구획의 너비 또는 길이에 주차단위구획의 개수를 곱한 것 이상이 되어야 한다.

5 노상주차장 관련 주요 규정

(1) 노상주차장 설치 금지 장소

①	주간선도로, 너비 6m 미만의 도로, 종단경사도(자동차 진행방향의 기울기를 말함)가 4%를 초과하는 도로
②	고속도로·자동차전용도로 또는 고가도로, 「도로교통법」에 따른 주·정차금지장소에 해당하는 도로의 부분

(2) 주차대수 규모에 따른 노상주차장 장애인 전용주차구획의 설치

①	20대 이상 50대 미만인 경우	1면 이상
②	50대 이상인 경우	주차대수의 2%~4%의 범위에서 장애인의 주차수요를 고려하여 해당 지방자치단체의 조례로 정하는 비율 이상

(3) 노상주차장의 전용주차구획 설치

①	주거지역에 설치된 노상주차장으로서 인근 주민의 자동차를 위한 경우
②	하역주차구획으로서 인근 이용자의 화물자동차를 위한 경우
③	대한민국에 주재하는 외교공관 및 외교관의 자동차를 위한 경우
④	「도시교통정비 촉진법」에 따른 승용차공동이용 지원을 위하여 사용되는 자동차를 위한 경우
⑤	그 밖에 해당 지방자치단체의 조례로 정하는 자동차를 위한 경우

핵심번호 24 건축법규 주차장법: 노외주차장

1 노외주차장 설치 대상 지역

(1) 노외주차장의 유치권은 노외주차장을 설치하고자 하는 지역에 있어서의 토지이용현황, 노외주차장 이용자의 보행거리 및 보행자를 위한 도로상황 등을 참작하여 이용자의 편의를 도모할 수 있도록 정하여야 한다.

(2) 노외주차장의 규모는 유치권 안에 있어서의 전반적인 주차수요와 이미 설치되었거나 장래에 설치할 계획인 자동차의 주차에 사용하는 시설 또는 장소와의 연관성을 참작하여 적정한 규모로 하여야 한다.

(3) 노외주차장: 녹지지역이 아닌 지역에 설치

> 예외 다음에 해당하는 경우 자연녹지지역 내에도 설치 가능
> 1. 하천구역 및 공유수면(단, 주차장 설치로 인해 해당 하천 및 공유수면의 관리에 지장이 없는 경우)
> 2. 토지의 형질변경 없이 주차장 설치가 가능한 지역
> 3. 주차장 설치를 목적으로 토지의 형질변경 허가를 받은 지역
> 4. 특별시장·광역시장, 시장·군수 또는 구청장이 특히 주차장의 설치가 필요하다고 인정하는 지역

2 단지조성사업 등에 따른 노외주차장

(1) 택지개발·산업단지개발·항만배후단지개발·도시재개발·도시철도건설 사업, 그 밖의 단지조성 등을 목적으로 하는 사업을 시행할 때에는 일정 규모 이상의 노외주차장을 설치해야 한다.

(2) 단지조성사업 등으로 설치되는 노외주차장에는 경형자동차 및 환경친화적 자동차를 위한 전용주차구획을 다음의 비율이 모두 충족되도록 설치해야 한다.

①	경형자동차를 위한 전용주차구획과 환경친화적 자동차를 위한 전용주차구획을 합한 주차구획	총 주차대수의 10/100 이상
②	환경친화적 자동차를 위한 전용주차구획	총 주차대수의 5/100 이상

3 노외주차장인 주차전용건축물에 대한 특례

(1) 건폐율: 90% 이하, 용적률: 1,500% 이하, 대지면적 최소 한도: 45m² 이상

(2) 높이 제한: 대지가 2 이상의 도로에 접할 경우 가장 넓은 도로를 기준으로 한다.

대지가 접한 도로의 폭	건축물의 각 부분의 높이	
① 12m 미만인 경우	그 부분으로부터 대지에 접한 도로의 반대쪽 경계선까지의 수평거리의 3배	$H_A = (10+5) \times 3 = 45m$
② 12m 이상인 경우	그 부분으로부터 대지에 접한 도로의 반대쪽 경계선까지의 수평거리의 $\frac{36}{도로의 폭}$ 배 (다만, 배율이 1.8배 미만인 경우 1.8배로 한다.)	$H_A = (12+5) \times \frac{36}{12} = 51m$

예1 노외주차장의 설치에 대한 계획 기준으로 옳지 않은 것은?
① 토지이용현황을 참작한다.
② 전반적인 주차수요를 참작한다.
③ 자연녹지지역이 아닌 지역이어야 한다.
④ 입구와 출구를 따로 설치해야 하는 경우도 있다.
답: ③

예2 자연녹지지역으로서 노외주차장을 설치할 수 있는 지역에 해당하지 않는 것은?
① 토지의 형질변경 없이 주차장의 설치가 가능한 지역
② 택지개발사업 등의 단지조성사업 등에 따라 주차수요가 많은 지역
③ 주차장의 설치를 목적으로 토지의 형질변경 허가를 받은 지역
④ 특별시장·광역시장·시장·군수 또는 구청장이 특히 주차장의 설치가 필요하다고 인정하는 지역
답: ②

예3 택지개발사업, 단지조성사업 등으로 설치되는 노외주차장에는 경형자동차를 위한 전용주차구획을 노외주차장 총주차대수의 얼마 이상 설치하여야 하는가?
① 5% ② 10%
③ 15% ④ 25%
답: ②

예4 노외주차장인 주차전용건축물을 건축할 때 특별시·광역시·시 또는 군의 조례로서 건축규제를 완화할 수 있는 기준으로 틀린 것은?
① 건폐율: 90/100 이하
② 용적률: 1,500% 이하
③ 대지면적의 최소 한도: 50m² 이상
④ 높이 제한: 대지가 너비 12m미만의 도로에 접하는 경우 건축물의 각 부분의 높이는 그 부분으로부터 대지에 접한 도로의 반대쪽 경계선까지의 수평거리의 3배 이하
답: ③

예5 노외주차장의 설치에 관한 계획 기준 내용 중 ( )안에 알맞은 것은?

주차대수 (㉮)를 초과하는 규모의 노외주차장의 경우에는 노외주차장의 출구와 입구를 각각 따로 설치하여야 한다. 다만, 출입구의 너비의 합이 (㉯) 이상으로서 출구와 입구가 차선 등으로 분리되는 경우에는 함께 설치할 수 있다.

① 200대, 5.0m ② 200대, 5.5m
③ 400대, 5.0m ④ 400대, 5.5m

답 : ④

예6 노외주차장의 출구 및 입구를 설치할 수 있는 장소는?

① 육교로부터 4m 거리에 있는 도로의 부분
② 지하횡단보도에서 10m 거리에 있는 도로의 부분
③ 초등학교 출입구로부터 15m 거리에 있는 도로의 부분
④ 장애인복지시설 출입구로부터 15m 거리에 있는 도로의 부분

답 : ②

예7 다음의 노외주차장에 관한 기준 내용 중 ( ) 안에 알맞은 것은?

노외주차장의 출입구 너비는 (㉮) 이상으로 하여야 하며, 주차대수가 50대 이상인 경우에는 출구와 입구를 분리하거나 너비 (㉯) 이상의 출입구를 설치하여 소통이 원활하도록 하여야 한다.

① ㉮ 3.0m, ㉯ 5.0m
② ㉮ 3.5m, ㉯ 5.5m
③ ㉮ 3.0m, ㉯ 5.5m
④ ㉮ 3.5m, ㉯ 5.0m

답 : ②

예8 노외주차장의 출입구가 2개인 경우 주차형식에 따른 차로의 최소 너비가 옳지 않은 것은? (단, 이륜자동차전용 외의 노외주차장의 경우)

① 직각주차: 6.0m
② 평행주차: 3.3m
③ 45도 대향주차: 3.5m
④ 60도 대향주차: 5.0m

답 : ④

예9 노외주차장 내부 공간의 일산화탄소 농도는 주차장을 이용하는 차량이 가장 빈번한 시각의 앞뒤 8시간의 평균치가 몇 ppm 이하로 유지되어야 하는가?

① 80ppm ② 70ppm
③ 60ppm ④ 50ppm

답 : ④

3 노외주차장의 출구 및 입구의 설치 기준

(1) 출구와 입구의 설치 위치

① 주차대수 400대를 초과하는 규모의 경우 노외주차장의 출구와 입구는 각각 따로 설치하여야 한다.
② 출입구 너비의 합이 5.5m 이상으로서 출구와 입구가 차선 등으로 분리되는 경우 함께 설치할 수 있다.

(2) 노외주차장의 출구와 입구를 설치할 수 없는 곳

① 육교 및 지하횡단보도를 포함한 횡단보도에서 5m 이내의 도로 부분
② 너비 4m 미만의 도로(주차대수 200대 이상인 경우에는 너비 6m 미만의 도로)와 종단기울기(=종단경사도)가 10%를 초과하는 도로
③ 유아원·유치원·초등학교·특수학교·노인복지시설·장애인복지시설 및 아동전용시설 등의 출입구로부터 20m 이내의 도로 부분

(3) 장애인 전용주차구획 설치
특별시장·광역시장, 시장·군수 또는 구청장이 설치하는 노외주차장의 주차대수 규모가 50대 이상인 경우에는 주차대수의 2%~4%의 범위에서 장애인의 주차수요를 고려하여 지방자치단체의 조례로 정하는 비율 이상의 장애인 전용주차구획을 설치하여야 한다.

4 노외주차장(일반적인 경우)의 구조 및 설비 기준

(1) 출입구

① 노외주차장의 입구와 출구는 자동차의 회전을 용이하게 하기 위해 필요한 경우에는 차로와 도로가 접하는 부분을 곡선형으로 하여야 한다.
② 노외주차장의 출구 부분의 구조는 해당 출구로부터 2m(이륜자동차전용 출구의 경우에는 1.3m) 후퇴한 노외주차장 차로의 중심선상 1.4m의 높이에서 도로의 중심선에 직각으로 향한 왼쪽·오른쪽 각각 60°의 범위 안에서 해당 도로를 통행하는 자를 확인할 수 있도록 하여야 한다.
③ 노외주차장의 출입구의 너비는 3.5m 이상으로 하여야 한다.
④ 주차대수 규모가 50대 이상인 경우에는 출구와 입구를 분리하거나 폭 5.5m 이상의 출입구를 설치하여 소통이 원활하도록 하여야 한다.

(2) 차로의 구조 기준
주차부분의 긴 변과 짧은 변 중 한 변 이상이 차로에 접하여야 한다.

주차형식	차로의 폭	
	출입구가 2개 이상인 경우	출입구가 1개인 경우
평행주차	3.3m	5.0m
교차주차	3.5m	5.0m
45° 대향주차	3.5m	5.0m
60° 대향주차	4.5m	5.5m
직각주차	6.0m	6.0m

(3) 노외주차장 내 주차부분의 높이
주차 바닥면으로부터 2.1m 이상으로 하여야 한다.

(4) 노외주차장 내부공간의 환기
내부공간의 일산화탄소(CO) 농도는 차량이용이 빈번한 시각의 앞뒤 8시간의 평균치가 50ppm 이하(다중이용시설 등의 「실내공기질 관리법」에 따른 실내주차장은 25ppm 이하)로 유지되어야 한다.

5 자주식주차장으로서 지하식 또는 건축물식에 따른 노외주차장

(1) 지하식 또는 건축물식 노외주차장의 차로의 구조 기준
① 노외주차장의 차로의 구조 기준을 적용하며, 주차 바닥면으로부터 높이 2.3m 이상으로 하여야 한다.
② 경사로의 곡선 부분: 자동차가 6m(같은 경사로를 이용하는 주차장의 총 주차대수가 50대 이하인 경우: 5m, 이륜자동차전용 노외주차장의 경우: 3m) 이상의 내변반경으로 회전할 수 있도록 해야 한다.
③ 경사로의 차로 너비, 종단경사도

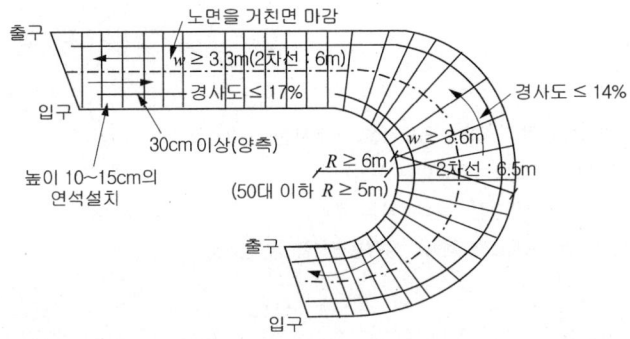

구분	차로폭		종단경사도
	1차선	2차선	
직선 경사로	3.3m 이상	6m 이상	17% 이하
곡선 경사로	3.6m 이상	6.5m 이상	14% 이하

④ 주차대수 규모가 50대 이상인 경우의 경사로
- 너비 6m 이상인 2차로를 확보하거나 진입차로와 진출차로를 분리하여야 한다.
- 완화구간의 설치기준에서 정하는 바에 따라 완화구간을 설치하여야 한다.

(2) 자동차용승강기의 설치
자동차용승강기로 운반된 자동차가 주차구획까지 자주식으로 들어가는 노외주차장의 경우에는 주차대수 30대마다 1대의 자동차용승강기를 설치하여야 한다.

6 노외주차장에 설치할 수 있는 부대시설

(1) 부대시설의 종류
① 관리사무소·휴게소 및 공중화장실
② 간이매점, 자동차 장식품 판매점 및 전기자동차 충전시설, 태양광발전시설, 집배송시설
③ 「석유 및 석유대체연료 사업법 시행령」에 따른 주유소
(특별시장·광역시장, 시장·군수 또는 구청장이 설치한 노외주차장만 해당)
④ 노외주차장의 관리·운영상 필요한 편의시설
⑤ 특별자치도·시·군 또는 자치구의 조례로 정하는 이용자 편의시설

(2) 전기자동차충전시설을 제외한 부대시설의 총면적은 주차장 총 시설면적의 20%를 초과하여서는 아니 된다.

예10 지하식 또는 건축물식 노외주차장의 차로에 관한 기준내용으로 옳지 않은 것은? (단, 이륜자동차전용 노외주차장이 아닌 경우)
① 높이는 주차 바닥면으로부터 2.3m 이상으로 하여야 한다.
② 경사로의 종단경사도는 직선 부분에서는 17%를 초과하여서는 아니 된다.
③ 곡선 부분은 자동차가 4m 이상의 내변반경으로 회전할 수 있도록 하여야 한다.
④ 주차대수 규모가 50대 이상인 경우의 경사로는 너비 6m 이상인 2차로를 확보하거나 진입차로와 진출차로를 분리하여야 한다.

답 : ③

예11 지하식 또는 건축물식 노외주차장의 차로에 관한 기준 내용으로 옳지 않은 것은?
① 높이는 주차 바닥면으로부터 2.3m 이상으로 하여야 한다.
② 경사로의 종단경사도는 직선 부분에서는 14%를 곡선 부분에서는 17%를 초과하여서는 아니 된다.
③ 주차대수 규모가 50대 이상인 경우의 경사로는 너비 6m 이상인 2차로를 확보하거나 진입차로와 진출차로를 분리하여야 한다.
④ 곡선 부분은 자동차가 6m(같은 경사로를 이용하는 주차장의 총주차대수가 50대 이하인 경우에는 5m) 이상의 내변반경으로 회전할 수 있도록 하여야 한다.

답 : ②

예12 노외주차장의 구조·설비에 관한 기준 내용이다. ( )안에 알맞은 것은?

> 자동차용 승강기로 운반된 자동차가 주차구획까지 자주식으로 들어가는 노외주차장의 경우에는 주차대수 ( )대마다 1대의 자동차용승강기를 설치하여야 한다.

① 10대   ② 15대
③ 20대   ④ 30대

답 : ④

예13 노외주차장에 설치할 수 있는 부대시설의 종류에 속하지 않는 것은?
① 휴게소
② 관리사무소
③ 고압가스충전소
④ 전기자동차 충전시설

답 : ③

예14 노외주차장에 설치하는 부대시설의 총 면적은 주차장 총 시설면적의 최대 얼마를 초과하여서는 아니 되는가?
① 5%   ② 10%
③ 20%   ④ 30%

답 : ③

핵심번호 25 · 건축법규
주차장법: 부설주차장

1 부설주차장의 설치 대상 종류 및 부설주차장 설치 기준

시설물	부설주차장 설치 기준
• 위락시설	시설면적 100㎡당 1대
• 문화 및 집회시설(관람장 제외), 종교시설, 판매시설, 운수시설 의료시설(정신병원·요양소·격리병원 제외), 운동시설(골프장·골프연습장·옥외수영장 제외), 업무시설(외국공관·오피스텔 제외), 방송통신시설 중 방송국, 장례식장	시설면적 150㎡당 1대
• 숙박시설 • 제2종 근린생활시설 • 제1종 근린생활시설 　예외 다음에 해당하는 제1종 근린생활시설은 제외 　－ 지역자치센터·파출소·지구대·소방서·우체국·전신전화국· 　　방송국·보건소·공공도서관·지역건강보험조합 등 동일 건축물 　　안에서 해당 용도 바닥면적 합계가 1,000㎡ 미만인 것 　－ 마을회관·마을공동작업소·마을공동구판장, 그 밖에 이와 비슷한 것	시설면적 200㎡당 1대
• 수련시설, 공장(아파트형 제외), 발전시설	시설면적 350㎡당 1대
• 창고시설, 학생용 기숙사, 방송통신시설 중 데이터센터	시설면적 400㎡당 1대
• 골프장(1홀당 10대), 골프연습장(1타석당 1대), 옥외수영장(정원 15명당 1대), 관람장(정원 100명당 1대)	
• 단독주택(다가구주택 제외)	시설면적 50㎡ 초과 150㎡ 이하 → 1대 시설면적 150㎡ 초과 시 → $1\text{대} + \dfrac{\text{시설면적} - 150\text{m}^2}{100\text{m}^2} \text{대}$
• 다가구주택, 공동주택(기숙사 제외) • 업무시설 중 오피스텔	다가구주택 및 오피스텔의 전용면적은 공동주택의 전용면적 산정방법을 따른다.

예1 부설주차장의 설치대상 시설물 종류에 따른 설치 기준이 틀린 것은?
① 골프장: 1홀당 10대
② 위락시설: 시설면적 80㎡당 1대
③ 판매시설: 시설면적 150㎡당 1대
④ 숙박시설: 시설면적 200㎡당 1대
답: ②

예2 부설주차장의 설치 기준이 다른 시설물은?
① 숙박시설　② 종교시설
③ 판매시설　④ 운수시설
답: ①

예3 부설주차장 설치 대상 시설물 중 설치 대수의 산정 기준이 시설면적이 아닌 것은?
① 운수시설
② 종교시설
③ 제2종 근린생활시설
④ 문화 및 집회시설 중 관람장
답: ④

예4 부설주차장 설치 기준에서 설치 대수의 산정 기준을 수용 인원 기준으로 하는 시설물은?
① 종합병원　② 호텔
③ 방송국　　④ 옥외수영장
답: ④

예5 위락시설의 시설면적이 1,000㎡일 때 주차장법령에 따라 설치해야 하는 부설주차장의 설치 기준은?
① 10대　② 13대
③ 15대　④ 20대
답: ①

예6 부설주차장 설치대상 시설물이 문화 및 집회시설 중 예식장으로서 시설면적이 1,200㎡인 경우, 설치하여야 하는 부설주차장의 최소 대수는?
① 8대　② 10대
③ 15대　④ 20대
답: ①

예7 다음 중 부설주차장에 설치하여야 하는 최소 주차대수가 가장 많은 시설물은?
① 10타석을 갖춘 골프연습장
② 정원이 100명인 옥외수영장
③ 시설면적이 700㎡인 위락시설
④ 시설면적이 1,000㎡인 판매시설
답: ①

2 부설주차장: 관련 주요법령

(1) 다음의 경우 부설주차장을 추가로 확보하지 않고 건축물의 용도를 변경할 수 있다.

대상	제외
1. 사용승인 후 5년이 경과된 연면적 1,000㎡ 미만의 건축물의 용도를 변경하는 경우	문화 및 집회시설 중 공연장·집회장·관람장, 위락시설 및 주택 중 다세대주택·다가구주택의 용도로의 변경
2. 해당 건축물 안에서 용도 상호 간의 변경을 하는 경우	부설주차장 설치 기준이 높은 용도의 면적이 증가하는 경우

(2) 일정 규모 이하일 때 시설물의 부지 인근에 단독 또는 공동으로 부설주차장을 설치할 수 있다.
① 설치 규모: 주차대수 300대 이하
② 부지 인근의 범위: 직선 거리 300m 이내, 도보 거리 600m 이내

(3) 주차대수가 8대 이하인 부설주차장의 별도 기준
① 주차대수가 8대 이하인 부설주차장의 차로의 너비

• 평행주차: 3.0m 이상	• 45°대향주차 및 교차주차: 3.5m 이상
• 60°대향주차: 4.0m 이상	• 직각주차: 6.0m 이상

② 보도와 차로의 구분이 없는 너비 12m 미만인 도로에 접한 부설주차장은 그 도로를 차로로 하여 다음과 같이 주차단위구획을 배치할 수 있다.

• 차로 6m 이상 (평행주차 4m 이상)	• 도로의 범위: 중앙선 또는 반대측 경계선

③ 보도와 차도의 구분이 있는 12m 이상의 도로에 접하여 있고 주차대수가 5대 이하인 부설주차장은 해당 주차장의 이용에 지장이 없는 경우에 한하여 그 도로를 차로로 하여 직각주차형식으로 주차단위구획을 배치할 수 있다.
④ 주차대수 5대 이하의 주차단위구획은 차로를 기준으로 하여 세로로 2대까지 접하여 배치할 수 있다.
⑤ 보행인의 통행로가 필요한 경우에는 시설물과 주차단위구획 사이에 0.5m 이상의 거리를 두어야 한다.
⑥ 출입구 너비는 3m 이상이어야 한다. 단, 막다른 도로에 접한 경우로서 시장·군수·구청장이 차량 소통에 지장이 없다고 인정하는 경우 2.5m 이상으로 한다.

(4) 부설주차장 설치 예외
① 제1종 근린생활시설 중 변전소·양수장·정수장·대피소·공중화장실, 그 밖의 이와 유사한 시설
② 종교시설 중 수도원·수녀원·제실 및 사당, 동물 및 식물관련시설(도축장 및 도계장은 제외)
③ 방송통신시설(방송국·전신전화국·통신용시설 및 촬영소) 중 송신·수신 및 중계시설
④ 노외주차장인 주차전용건축물에 주차장 외의 용도로 설치하는 시설물
(판매시설 중 백화점·쇼핑센터·문화 및 집회시설 중 영화관·전시장·예식장은 제외한다)
⑤ 「도시철도법」에 따른 역사(철도건설사업으로 건설되는 역사를 포함한다)
⑥ 「건축법 시행령」에 따른 전통한옥 밀집지역 안에 있는 전통한옥

예8 사용승인 후 5년이 지난 연면적 1,000㎡ 미만의 건축물의 용도를 변경하는 경우 부설주차장을 추가로 확보하지 아니 하고 건축물을 용도변경 할 수 있는 경우에 해당되는 것은?
① 문화 및 집회시설 중 관람장으로의 용도변경
② 문화 및 집회시설 중 공연장으로의 용도변경
③ 문화 및 집회시설 중 전시장으로의 용도변경
④ 문화 및 집회시설 중 집회장으로의 용도변경
답 : ③

예9 시설물의 내부 또는 그 부지 안에 부설주차장을 설치하여야 하는 대상 시설물임에도 불구하고 시설물의 부지 인근에 단독 또는 공동으로 부설주차장을 설치할 수 있는 부설주차장의 규모 기준은?
① 주차대수 200대 이하
② 주차대수 300대 이하
③ 주차대수 400대 이하
④ 주차대수 500대 이하
답 : ②

예10 부설주차장의 인근 설치 시 해당 부지의 경계선으로부터 부설주차장의 경계선까지는 직선 거리 최대 얼마 이내이어야 하는가?
① 100m   ② 200m
③ 300m   ④ 600m
답 : ③

예11 부설주차장의 주차단위구획과 접하여 있는 차로의 너비를 4m 이상으로 하여야 하는 주차형식은? (단, 총 주차대수 규모가 8대 이하인 자주식주차장(지평식에 한한다)인 경우)
① 평행주차   ② 교차주차
③ 45도 대향주차 ④ 60도 대향주차
답 : ④

예12 부설주차장의 총 주차대수 규모가 8대 이하인 자주식주차장의 구조 및 설비 기준 내용으로 옳지 않은 것은?
① 출입구의 너비는 2.0m 이상으로 한다.
② 주차단위구획과 접하여 있지 않은 차로의 너비는 2.5m 이상으로 한다.
③ 평행주차형식인 경우 주차단위구획과 접하여 있는 차로의 너비는 3.0m 이상으로 한다.
④ 주차대수 5대 이하의 주차단위구획은 차로를 기준으로 하여 세로로 2대까지 접하여 배치할 수 있다.
답 : ①

예13 주차장법령상 건축물 설치 시 부설주차장을 설치하지 않을 수 있는 시설물은?
① 종교시설 중 교회
② 종교시설 중 성당
③ 종교시설 중 사찰
④ 종교시설 중 수녀원
답 : ④

핵심번호 26 건축법규: 주차장법: 기계식주차장

예1 기계식주차장에 관한 기술이 잘못된 것은?

① 중형기계식주차장의 전면공지는 8.1m, 길이 9.5m 이상이다.
② 자동차를 입출고하는 출입하는 통로는 너비 0.5m 이상, 높이는 1.8m 이상으로 한다.
③ 주차대수가 20대를 초과하는 매 20대마다 1대분의 정류장을 확보해야 한다.
④ 대형기계식주차장의 방향전환장치는 직경이 4m 이상, 여유공지의 너비는 1m 이상이다.

답 : ④

1 출입구의 전면공지 또는 방향전환장치 설치

기계식주차장치 출입구의 전면에는 자동차의 회전을 위한 전면공지 또는 방향전환장치를 설치하여야 한다.

주차장 종류	무게	전면공지(너비×길이)	방향전환장치
중형기계식주차장	1,850kg	8.1m × 9.5m 이상	직경 4m 이상 및 이에 접한 너비 1m 이상의 여유 공지
대형기계식주차장	2,200kg	10m × 11m 이상	직경 4.5m 이상 및 이에 접한 너비 1m 이상의 여유 공지

예2 기계식주차장의 설치 기준 등에 관한 기술 중 옳지 않은 것은?

① 중형기계식주차장의 전면공지는 너비 8.1m×길이 9.5m 이상이다.
② 주차대수가 20대를 초과하는 매 30대마다 1대분의 정류장을 확보하여야 한다.
③ 대형기계식주차장의 전면공지는 너비 10m × 길이 11m 이상이다.
④ 기계식주차장의 사용검사 유효 기간은 3년이다.

답 : ②

2 정류장(자동차 대기장소)의 설치

기계식주차장의 진입로(도로에서 기계식주차장치 출입구까지의 차로) 또는 정류장(전면공지와 접하는 장소에 자동차가 대기할 수 있는 장소)은 다음과 같이 설치하여야 한다.

①	정류장 확보	주차대수가 20대를 초과하는 매 20대마다 1대분의 정류장 확보
②	정류장 규모	중형기계식주차장 : 5.05m(길이) × 1.9m(너비) 이상
		대형기계식주차장 : 5.3m(길이) × 2.15m(너비) 이상
③	완화규정	주차장의 출구와 입구가 따로 설치되어 있거나 종단경사도가 6% 이하인 진입로의 너비가 6m 이상인 경우 진입로 6m마다 1대분의 정류장을 확보한 것으로 인정

예3 기계식주차장치의 안전 기준에 대한 기술 중 틀린 것은?

① 기계식주차장치 출입구 크기는 중형기계식주차장의 경우에는 너비 2.4m 이상, 높이 1.6m 이상으로 할 것
② 주차구획의 크기는 중형기계식주차장의 경우 너비 2.2m 이상, 높이 1.6m 이상, 길이 5.15m 이상으로 할 것
③ 운반기의 크기는 자동차가 들어가는 바닥의 너비를 중형기계식주차장의 경우에는 1.9m 이상으로 할 것
④ 자동차를 입출고하는 사람이 출입하는 통로의 너비는 50cm 이상, 높이는 1.8m 이상으로 할 것

답 : ①

3 기계식주차장치의 안전 기준

	중형기계식주차장	대형기계식주차장
출입구의 크기	2.3m(너비) × 1.6m(높이) 이상	2.4m(너비) × 1.9m(높이) 이상
	비고 사람이 통행하는 기계식주차장치의 출입구의 높이는 1.8m 이상	
주차구획의 크기	2.2m(너비)×1.6m(높이)×5.15m(길이) 이상	2.3m(너비)×1.9m(높이)×5.3m(길이) 이상
	비고 차량의 길이가 5.1m 이상인 경우에는 주차구획의 길이는 차량의 길이보다 최소 0.2m 이상을 확보하여야 한다.	
운반기의 크기	1.9m 이상	1.95m 이상

【※ 자동차를 입출고하는 사람의 출입통로: 50cm(너비) × 1.8m(높이) 이상】

예4 기계식주차장의 사용검사와 정기검사의 유효 기간으로 옳은 것은?

① 사용검사 2년, 정기검사 3년
② 사용검사 3년, 정기검사 3년
③ 사용검사 3년, 정기검사 2년
④ 사용검사 2년, 정기검사 2년

답 : ③

4 기계식주차장의 검사의 유효 기간

사용검사	정기검사	수시검사
3년	2년	-

핵심번호 27 건축법규
국토의 이용에 관한 법률(Ⅰ)

1 광역도시계획

(1) 정의: 둘 이상의 특별시·광역시·특별자치시·특별자치도·시 또는 군의 공간구조 및 기능을 상호 연계시키고 환경을 보전하며 광역시설을 체계적으로 정비하기 위하여 국토교통부장관 또는 도지사가 지정한 광역계획권의 장기발전방향을 제시하는 계획을 말한다.

(2) 광역도시계획의 주요 내용

①	국가계획과 관련되거나, 광역계획권을 지정한 날부터 3년이 경과할 때까지 관할 시·도지사로부터 광역도시계획의 승인신청이 없는 경우 ➡ 국토교통부장관이 수립
②	광역계획권을 지정한 날부터 3년이 경과할 때까지 관할 시장 또는 군수로부터 광역도시계획의 승인신청이 없는 경우 ➡ 관할 도지사가 수립
③	시장 또는 군수는 광역도시계획을 수립하거나 변경하려면 도지사의 승인을 받아야 한다.

2 도시·군계획

(1) 정의: 특별시·광역시·특별자치시·특별자치도·시 또는 군(광역시의 관할구역에 있는 군을 제외)의 관할구역에 대하여 수립하는 공간구조와 발전방향에 대한 계획으로서 도시·군기본계획과 도시·군관리계획으로 구분한다.

(2) 도시·군기본계획: 특별시·광역시·특별자치시·특별자치도·시 또는 군의 관할구역에 대하여 기본적인 공간구조와 장기발전방향을 제시하는 종합계획으로서 도시·군관리계획 수립의 지침이 되는 계획을 말한다.

①	지역적 특성 및 계획의 방향·목표에 관한 사항, 공간구조, 생활권의 설정 및 인구의 배분에 관한 사항
②	토지의 이용 및 개발에 관한 사항, 토지의 용도별 수요 및 공급에 관한 사항
③	환경의 보전 및 관리에 관한 사항, 기반시설에 관한 사항, 공원·녹지에 관한 사항, 경관에 관한 사항
④	기후변화 대응 및 에너지절약에 관한 사항, 방재·방범 등 안전에 관한 사항
⑤	도시·군기본계획의 방향 및 목표 달성과 관련된 다음의 사항 • 도심 및 주거환경의 정비·보전에 관한 사항 • 다른 법률에 따라 도시·군기본계획에 반영되어야 하는 사항 • 도시·군기본계획의 시행을 위하여 필요한 재원조달에 관한 사항 • 그 밖에 도시·군기본계획 승인권자가 필요하다고 인정하는 사항

(3) 도시·군관리계획: 특별시·광역시·특별자치시·특별자치도·시 또는 군의 개발·정비 및 보전을 위하여 수립하는 토지이용·교통·환경·경관·안전·산업·정보통신·보건·복지·안보·문화 등에 관한 다음의 계획을 말한다.

①	용도지역·용도지구의 지정 또는 변경에 관한 계획
②	개발제한구역·도시자연공원구역·시가화조정구역·수산자원보호구역의 지정 또는 변경에 관한 계획
③	기반시설의 설치·정비 또는 개량에 관한 계획, 도시개발사업 또는 정비사업에 관한 계획
④	지구단위계획구역의 지정 또는 변경에 관한 계획과 지구단위계획
⑤	입지규제최소구역의 지정 또는 변경에 관한 계획과 입지규제최소구역계획

예1 광역도시계획의 수립권자 기준에 대한 내용으로 틀린 것은?
① 광역계획권이 같은 도의 관할 구역에 속하여 있는 경우, 관할 시장 또는 군수가 공동으로 수립한다.
② 국가계획과 관련된 광역도시계획의 수립이 필요한 경우 국토교통부장관이 수립한다.
③ 광역계획권을 지정한 날로부터 2년이 지날 때까지 관할 시장 또는 군수로부터 광역도시계획의 승인신청이 없는 경우 국토교통부장관이 수립한다.
④ 광역계획권이 둘 이상의 시·도의 관할 구역에 걸쳐 있는 경우, 관할 시·도지사가 공동으로 수립한다.
답: ③

예2 국토의 계획 및 이용에 관한 법률상 도시·군기본계획에 포함되어야 하는 사항에 해당하지 않는 것은? (단, 그 밖에 대통령령으로 정하는 사항 제외)
① 공원·녹지에 관한 사항
② 토지의 이용 및 개발에 관한 사항
③ 토지의 용도별 수요 및 공급에 관한 사항
④ 광역계획권의 공간구조와 기능분담에 관한 사항
답: ④

예3 국토의 계획 및 이용에 관한 법률상 도시·군기본계획에 포함되어야 하는 내용이 아닌 것은?
① 토지의 이용 및 개발에 관한 사항
② 토지의 용도별 수요 및 공급에 관한 사항
③ 공원·녹지에 관한 사항
④ 주차장의 설치·정비 및 관리에 관한 사항
답: ④

예4 국토의 계획 및 이용에 관한 법령에 따른 도시·군관리계획의 내용에 속하지 않는 것은?
① 광역계획권의 장기발전방향에 관한 계획
② 도시개발사업이나 정비사업에 관한 계획
③ 기반시설의 설치·정비 또는 개량에 관한 계획
④ 용도지역·용도지구의 지정 또는 변경에 관한 계획
답: ①

예5 국토의 계획 및 이용에 관한 법령에 따른 기반시설에 속하지 않는 것은?

① 아파트　② 방재시설
③ 공간시설　④ 환경기초시설
답 : ①

예6 국토의 계획 및 이용에 관한 법령에 따른 기반시설 중 도로의 세분에 속하지 않는 것은?

① 고속도로　② 일반도로
③ 고가도로　④ 보행자전용도로
답 : ①

예7 국토의 계획 및 이용에 관한 법령에 따른 기반시설 중 자동차 정류장의 세분에 속하지 않는 것은?

① 고속터미널　② 물류터미널
③ 공영차고지　④ 여객자동차터미널
답 : ①

예8 국토의 계획 및 이용에 관한 법률에 따른 기반시설 중 광장의 종류에 속하지 않는 것은?

① 전시광장　② 지하광장
③ 경관광장　④ 교통광장
답 : ①

예9 국토의 계획 및 이용에 관한 법령상 광장·공원·녹지·유원지·공공공지가 속하는 기반시설은?

① 교통시설
② 공간시설
③ 환경기초시설
④ 공공·문화체육시설
답 : ①

예10 국토의 계획 및 이용에 관한 법령에 따른 기반시설 중 공간시설에 속하지 않는 것은?

① 녹지　② 유원지
③ 유수지　④ 공공공지
답 : ③

예11 국토의 계획 및 이용에 관한 법령에 따른 광역시설에 속하지 않는 것은? (단, 둘 이상의 특별시·광역시·특별자치시·특별자치도·시 또는 군이 공동으로 이용하는 시설)

① 봉안시설
② 자동차정류장
③ 수질오염방지시설
④ 하수도(하수종말처리시설 제외)
답 : ④

예12 국토의 계획 및 이용에 관한 법률에 따른 광역시설에 속하지 않는 것은? (단, 2 이상의 특별시·광역시·시 또는 군이 공동으로 이용하는 시설)

① 하수도(하수종말처리시설 제외)
② 화장장
③ 봉안시설
④ 수질오염방지시설
답 : ①

3 기반시설

(1) 정의: 기반시설이란 다음의 시설(해당시설 그 자체의 기능발휘와 이용을 위하여 필요한 부대시설 및 편익시설 포함)을 말한다.

① 교통시설: 도로·철도·항만·공항·주차장·자동차정류장·궤도·차량 검사 및 면허시설으로서 기반시설 중 도로·자동차정류장·광장은 다음과 같이 세분할 수 있다.

도로	일반도로, 자동차전용도로, 보행자전용도로, 보행자우선도로, 자전거전용도로, 고가도로, 지하도로
자동차정류장	여객자동차터미널, 물류터미널, 공영차고지, 공동차고지, 화물자동차 휴게소, 복합환승센터, 환승센터
광장	교통광장, 일반광장, 경관광장, 지하광장, 건축물부설광장

② 공간시설: 광장·공원·녹지·유원지·공공공지
③ 유통·공급시설: 유통업무설비·수도·전기·가스·열공급설비·방송·통신시설·공동구·시장·유류저장 및 송유설비
④ 공공·문화체육시설: 학교·공공청사·문화시설·공공필요성이 인정되는 체육시설·연구시설·사회복지시설·공공직업훈련시설·청소년 수련시설
⑤ 방재시설: 하천·유수지(遊水池)·저수지·방화설비·방풍설비·방수설비·사방설비(황폐지를 복구하거나 산지의 붕괴, 토석·나무 등의 유출 또는 모래의 날림 등을 방지 또는 예방하기 위한 시설)·방조설비(해일·조수·파도 기타 바닷물에 의한 피해를 방지하기 위하여 설치하는 시설)
⑥ 보건위생시설: 장사시설·도축장·종합의료시설
⑦ 환경기초시설: 하수도, 폐기물처리 및 재활용시설, 빗물저장 및 이용시설·수질오염방지시설·폐차장

(2) 도시·군계획시설: 기반시설 중 도시·군관리계획으로 결정된 시설을 말한다.

4 광역시설: 기반시설 중 광역적인 정비 체계가 필요한 다음의 시설

(1) 둘 이상의 특별시·광역시·특별자치시·특별자치도·시 또는 군(광역시의 관리구역에 있는 군을 제외)의 관할구역에 걸치는 시설

도로·철도·광장·녹지, 수도·전기·가스·열 공급설비, 방송·통신시설, 공동구, 유류저장 및 송유설비, 하천·하수도(하수종말처리시설 제외)

(2) 둘 이상의 특별시·광역시·특별자치시·특별자치도·시 또는 군이 공동으로 이용하는 시설

항만·공항·자동차정류장·공원·유원지·유통업무설비·문화시설·공공 필요성이 인정되는 체육시설·사회복지시설·공공직업훈련시설·청소년수련시설·유수지·장사시설·도축장·화장장·공동묘지·봉안시설·폐기물처리 및 재활용 시설·수질오염방지시설·폐차장·하수도(하수종말처리시설에 한한다)

【광역지방자치단체】	■ 특별시	서울특별시
	■ 특별자치시	세종특별자치시
	■ 광역시	인천광역시, 대전광역시, 대구광역시, 광주광역시, 울산광역시, 부산광역시
	■ 특별자치도	강원특별자치도, 전북특별자치도, 제주특별자치도

특별시 → 구
광역시/특별자치시 → 구
도/특별자치도 → 시(대도시, 시) / 군
⇒ 시·도 → 시·군·구

핵심번호 28 건축법규 국토의 이용에 관한 법률(Ⅱ)

1 공공(公共)시설

(1) 공공(公共)시설의 종류
① 도로·공원·철도·수도·항만·공항·광장·녹지·공공공지·공동구·하천·유수지
② 방화설비·방풍설비·방수설비·사방설비·방조설비·하수도·구거(溝渠: 도랑)
③ 행정청이 설치하는 주차장, 저수지 및 그 밖에 다음에 해당하는 시설
  • 공공 필요성이 인정되는 체육시설 중 운동장
  • 장사시설 중 화장장·공동묘지·봉안시설(자연장지 또는 장례식장에 화장장·공동묘지·봉안시설 중 한 가지 이상의 시설을 같이 설치하는 경우를 포함한다)
④ 「스마트도시의 조성 및 산업진흥 등에 관한 법률」에 따른 스마트도시서비스를 제공하기 위한 분야별 정보시스템을 연계·통합하여 운영하는 스마트도시 통합운영센터와 그 밖에 이와 비슷한 시설로서 국토교통부장관이 관계 중앙행정기관의 장과 협의하여 고시하는 시설

(2) 공동구
① 정의: 지하매설물(전기·가스·수도 등의 공급설비, 통신시설, 하수도시설 등)을 공동수용하기 위하여 지하에 설치하는 매설물을 말한다.
② 공동구의 설치목적:
  • 도시 미관의 개선
  • 도로 구조의 보전
  • 교통의 원활한 소통

2 개발밀도관리구역, 기반시설부담구역

(1) 개발밀도관리구역: 개발로 인하여 기반시설이 부족할 것으로 예상되나 기반시설을 설치하기 곤란한 지역을 대상으로 건폐율이나 용적률을 강화하여 적용하기 위하여 지정하는 구역을 말한다.

(2) 기반시설부담구역: 개발밀도관리구역 외의 지역으로서 개발로 인하여 다음에 해당하는 기반시설의 설치가 필요한 지역을 대상으로 기반시설을 설치하거나 그에 필요한 용지를 확보하게 하기 위하여 지정·고시하는 구역을 말한다.
① 종류
  • 도로(인근의 간선도로로부터 기반시설부담구역까지의 진입도로를 포함)
  • 공원
  • 녹지
  • 학교(대학교는 제외)
  • 수도(인근의 수도로부터 기반시설부담구역까지 연결하는 수도를 포함)
  • 하수도(인근의 하수도로부터 기반시설부담구역까지 연결하는 하수도를 포함), 폐기물처리 및 재활용시설
  • 그 밖에 특별시장·광역시장·특별자치시장·특별자치도지사·시장 또는 군수가 기반시설부담계획에서 정하는 시설

② 기반시설부담구역 안에서 기반시설설치비용의 부과대상인 건축행위는 단독주택 및 숙박시설 등의 시설로서 200㎡(기존 건축물의 연면적을 포함)를 초과하는 건축물의 신축·증축 행위로 한다.

예1 국토의 계획 및 이용에 관한 법령상 공공(公共)시설에 속하지 않는 것은?
① 광장 ② 공동구
③ 유원지 ④ 사방설비
답 : ③

예2 국토의 계획 및 이용에 관한 법령상 공공시설에 속하지 않는 것은?
① 공동구 ② 방풍설비
③ 사방설비 ④ 쓰레기 처리장
답 : ④

예3 공동구의 설치 목적과 가장 거리가 먼 것은?
① 도시미관의 개선
② 도로구조의 보전
③ 교통의 원활한 소통
④ 유수지의 충분한 확보
답 : ④

예4 국토의 계획 및 이용에 관한 법령상 다음과 같이 정의되는 용어는?

> 개발로 인하여 기반시설이 부족할 것으로 예상되나 기반시설을 설치하기 곤란한 지역을 대상으로 건폐율이나 용적률을 강화하여 적용하기 위하여 지정하는 구역

① 시가화조정구역
② 개발밀도관리구역
③ 기반시설부담구역
④ 지구단위계획구역
답 : ②

예5 기반시설부담구역에서 기반시설 설치비용의 부과대상인 건축행위의 기준으로 옳은 것은?
① 100㎡(기존 건축물의 연면적 포함)를 초과하는 건축물의 신축·증축
② 100㎡(기존 건축물의 연면적 제외)를 초과하는 건축물의 신축·증축
③ 200㎡(기존 건축물의 연면적 포함)를 초과하는 건축물의 신축·증축
④ 200㎡(기존 건축물의 연면적 제외)를 초과하는 건축물의 신축·증축
답 : ③

예6 도시·군관리계획도서 중 계획도에 관한 기준 내용이다. ( ) 안에 알맞은 것은? (단, 모든 축척의 지형도가 간행되어 있는 경우)

> 도시·군관리계획도서 중 계획도는 ( )의 지형도에 도시·군관리계획사항을 명시한 도면으로 작성한다.

① 축척 1/00 또는 축척 1/500
② 축척 1/500 또는 축척 1/2,000
③ 축척 1/1,000 또는 축척 1/5,000
④ 축척 1/3,000또는 축척 1/10,000

답 : ③

예7 국토교통부장관, 도지사, 시장 또는 군수가 도시·군관리계획을 입안하려면 특정 기반시설의 설치·정비 또는 개량에 관한 도시·군관리계획의 결정 시 해당 지방의회의 의견을 들어야 한다. 다음 중 특정 기반시설에 해당되지 않는 것은?

① 학교 중 대학
② 공공 필요성이 인정되는 체육시설 중 운동장
③ 자동차정류장 중 화물터미널
④ 철도 중 도시철도

답 : ③

예8 특별시장·광역시장·특별자치시장·특별자치도지사·시장·군수가 관할 구역의 도시·군기본계획에 대하여 타당성을 전반적으로 재검토하여 정비하여야 하는 기간의 기준은?

① 5년   ② 10년
③ 15년   ④ 20년

답 : ①

예9 토지 이용을 합리화·구체화하고, 도시 또는 농·산·어촌의 기능의 증진, 미관의 개선 및 양호한 환경을 확보하기 위하여 수립하는 계획으로 정의되는 것은?

① 지구단위계획
② 도시·군관리계획
③ 광역도시계획
④ 도시·군기본계획

답 : ①

예10 지구단위계획구역 및 지구단위계획을 결정하는 계획은?

① 국가계획
② 광역도시계획
③ 도시·군기본계획
④ 도시·군관리계획

답 : ④

예11 지구단위계획의 내용에 포함되어야 하는 사항이 아닌 것은?

① 교통처리계획
② 건축물의 용도제한
③ 건축물의 사선제한
④ 건축물의 건폐율 또는 용적률

답 : ①

3 도시·군계획 관련 법령

(1) 도시·군관리계획도서 및 계획설명서의 작성 기준 등

① 도시·군관리계획도서 중 계획도는 축척 1/1,000 또는 축척 1/5,000(축척 1/1,000 또는 축척 1/5,000의 지형도가 간행되어 있지 아니한 경우에는 축척 1/25,000)의 지형도(수치지형도를 포함)에 도시·군관리계획사항을 명시한 도면으로 작성하여야 한다.

> 예외 지형도가 간행되어 있지 아니한 경우 해도·해저지형도 등의 도면으로 지형도에 갈음할 수 있다.

② 위 ①의 규정에 의한 계획도가 2매 이상인 경우에는 계획설명서에 도시·군관리계획총괄도(축척 1/50,000 이상의 지형도에 주요 도시군관리계획사항을 명시한 도면을 말함)를 포함시킬 수 있다.

(2) 도시·군관리계획 결정 시 지방의회 의견청취사항 기반시설

①	도로 중 주간선도로, 철도 중 도시철도, 자동차정류장 중 여객자동차터미널(시외버스운송사업용에 한함)
②	공원(「도시공원 및 녹지 등에 관한 법률」에 따른 소공원 및 어린이공원을 제외)
③	유통업무설비, 학교 중 대학, 공공청사 중 지방자치단체의 청사
④	하수도(하수종말처리시설에 한함), 폐기물처리 및 재활용시설, 수질오염방지시설
⑤	그 밖에 다음에 해당하는 정하는 시설 • 공공 필요성이 인정되는 체육시설 중 운동장 • 장사시설 중 화장장·공동묘지·봉안시설(자연장지 또는 장례식장에 화장장·공동묘지·봉안시설 중 한 가지 이상의 시설을 같이 설치하는 경우를 포함한다)

(3) 도시·군계획시설 결정의 실효: 도시·군계획시설결정이 고시된 도시·군계획시설에 대하여 그 고시일로부터 20년이 경과될 때까지 해당 시설의 설치에 관한 도시·군계획시설사업이 시행되지 아니 하는 경우 그 도시·군계획시설 결정은 그 고시일로부터 20년이 되는 날의 다음날에 효력을 잃는다.

(4) 도시·군관리계획의 정비: 특별시장·광역시장·특별자치시장·특별자치도지사·시장 또는 군수는 5년마다 관할구역의 도시·군관리계획에 대하여 그 타당성 여부를 전반적으로 재검토하여 정비하여야 한다.

4 지구단위계획

(1) 정의: 도시·군계획 수립대상 지역의 일부에 대하여 토지 이용을 합리화하고 그 기능을 증진시키며 미관을 개선하고 양호한 환경을 확보하며, 그 지역을 체계적·계획적으로 관리하기 위하여 수립하는 도시·군관리계획을 말한다.

(2) 지구단위계획의 지정 및 결정

① 지구단위계획구역 및 지구단위계획은 도시·군관리계획으로 결정한다.
② 지정 및 결정권자: 국토교통부장관, 시·도지사, 시장 또는 군수

(3) 지구단위계획에 포함될 사항

①	용도지역 또는 용도지구(도시·군계획조례로 세분되는 용도지구 포함)를 각각의 범위 안에서 세분 또는 변경하는 사항, 기존의 용도지구를 폐지하고 그 용도지구에서의 건축물이나 그 밖의 시설의 용도·종류 및 규모 등의 제한을 대체하는 사항
②	해당 지구단위계획구역의 지정목적 달성을 위하여 필요한 기반시설의 배치와 규모
③	도로로 둘러싸인 일단의 지역 또는 계획적인 개발·정비를 위하여 구획된 일단의 토지의 규모와 조성계획
④	건축물의 용도제한, 건축물의 건폐율 또는 용적률, 건축물 높이의 최고한도 또는 최저한도
⑤	건축물의 배치·형태·색채 또는 건축선에 관한 계획
⑥	환경관리계획 또는 경관계획, 보행안전 등을 고려한 교통처리계획
⑦	그 밖에 토지 이용의 합리화, 도시나 농·산·어촌의 기능 증진 등에 필요한 사항

(4) 지구단위계획 중 협의·심의를 거치지 아니 하고 변경할 수 있는 경우

① 가구(지구단위계획의 수립기준에 따른 별도의 구역을 포함)면적의 10% 이내의 변경인 경우

② 건축물 높이의 20% 이내의 변경인 경우(층수 변경이 수반되는 경우 포함)

③ 획지(劃地:구획된 한 단위의 토지)면적의 30% 이내의 변경인 경우

④ 건축선의 1m 이내의 변경인 경우

5 그 밖의 주요 법령

(1) 허가를 받지 않고 할 수 있는 주요 개발 행위

① 재해복구나 재난수습을 위한 응급조치

② 도시지역 또는 지구단위계획구역에서 무게 50t 이하, 부피 50㎥ 이하, 수평투영 면적 50㎡ 이하인 공작물의 설치

③ 녹지지역 또는 지구단위계획구역에서 물건을 쌓아놓는 면적이 25㎡ 이하인 토지에 전체 무게 50t 이하, 전체 부피 50㎥ 이하로 물건을 쌓아놓는 행위

④ 도시지역 또는 지구단위계획구역에서 채취면적이 25㎡ 이하인 토지에서의 부피 50㎥ 이하의 토석채취

⑤ 조성이 완료된 기존 대지에 건축물이나 그 밖의 공작물을 설치하기 위한 토지의 형질변경(절토 및 성토 제외)

(2) 시가화조정구역 안에서 허가를 거부할 수 없는 행위

① 개발행위허가의 경미한 변경 및 허가를 받지 아니하여도 되는 경미한 행위

② 다음의 어느 하나에 해당하는 행위
- 축사의 설치: 1가구당 기존 축사의 면적을 포함하여 300㎡ 이하(나환자촌의 경우에는 500㎡ 이하).
- 퇴비사의 설치: 1가구당 기존퇴비사의 면적을 포함하여 100㎡ 이하
- 잠실의 설치: 뽕나무밭 조성면적 2,000㎡당 또는 뽕나무 1,800주당 50㎡ 이하
- 창고의 설치: 시가화조정구역안의 토지 또는 그 토지와 일체가 되는 토지에서 생산되는 생산물의 저장에 필요한 것으로서 기존창고면적을 포함하여 그 토지면적의 0.5% 이하(감귤 저장용 1% 이하)
- 관리용 건축물의 설치: 과수원·초지·유실수단지 또는 원예단지 안에 설치하되, 생산에 직접 공여되는 토지면적의 0.5% 이하로서 기존관리용 건축물의 면적을 포함하여 33㎡ 이하

③ 「건축법」에 따른 건축신고로서 건축허가를 갈음하는 행위

(3) 토지 형질변경행위에 관한 심의기관

①	중앙도시계획위원회의 심의를 거쳐야 하는 사항	
	• 면적이 1km² 이상인 토지의 형질변경	• 부피 1백만m³ 이상의 토석채취
②	시·도 도시계획위원회 또는 시·군·구 도시계획위원회 중 대도시에 두는 도시계획위원회의 심의를 거쳐야 하는 사항	
	• 면적이 30만m² 이상 1km² 미만인 토지의 형질변경	• 부피 50만m³ 이상 1백만m³ 미만의 토석채취
③	시·군·구 도시계획위원회(대도시에 두는 도시계획위원회는 제외)의 심의를 거쳐야 하는 사항	
	• 면적 30만m² 미만인 토지의 형질변경	• 부피 3만m³ 이상 50만m³ 미만의 토석채취

예12 지구단위계획 중 관계 행정기관장과의 협의, 국토교통부장관과의 협의 및 중앙도시계획위원회·지방도시계획위원회 또는 공동위원회의 심의를 거치지 않고 변경할 수 있는 사항에 관한 기준 내용으로 옳은 것은?

① 건축선 2m 이내의 변경인 경우
② 획지면적 30% 이내의 변경인 경우
③ 가구면적 20% 이내의 변경인 경우
④ 건축물 높이 30% 이내의 변경인 경우

답 : ②

예13 국토의 계획 및 이용에 관한 법령상 개발행위 허가를 받지 아니하여도 되는 경미한 행위 기준으로 틀린 것은?

① 지구단위계획구역에서 무게 100t 이하, 부피 50m³ 이하, 수평투영면적 25m² 이하인 공작물의 설치
② 조성이 완료된 기존 대지에 건축물이나 그 밖의 공작물을 설치하기 위한 토지의 형질변경(절토 및 성토 제외)
③ 지구단위계획구역에서 채취면적이 25m² 이하인 토지에서의 부피 50m³ 이하의 토석채취
④ 녹지지역에서 물건을 쌓아놓는 면적이 25m² 이하인 토지에 전체무게 50t 이하, 전체부피 50m³ 이하로 물건을 쌓아놓는 행위

답 : ④

예14 시가화조정구역 안에서 허가를 거부할 수 없는 행위에 속하지 않는 것은?

① 1가구당 기존 퇴비사의 면적을 포함하여 100m² 이하의 퇴비사의 설치
② 시가화조정구역 안의 토지 또는 그 토지와 일체가 되는 토지에서 생산되는 생산물의 저장에 필요한 것으로서 기존 창고면적을 포함하여 그 토지면적의 0.5% 이하의 창고의 설치
③ 과수원에서 기존 관리용 건축물의 면적을 포함하여 66m² 이하의 관리용 건축물의 설치
④ 1가구당 기존축사를 포함하여 300m² 이하의 축사의 설치

답 : ④

예15 면적이 1km² 이상인 토지의 형질 변경은 어디서 심의를 거쳐야 하는가?

① 시·군·구 도시계획위원회
② 시·도 도시계획위원회
③ 중앙도시계획위원회
④ 국토교통부장관

답 : ③

MEMO

The Bible

건축기사 필기 ❶권 [바이블 핵심이론]

저 자	안광호 · 백종엽 이병억
발행인	이 종 권

2008年 1月 25日 초 판 발 행
2018年 1月 10日 10차개정 1쇄발행
2019年 1月 18日 11차개정 1쇄발행
2020年 1月 17日 12차개정 1쇄발행
2021年 1月 20日 13차개정 1쇄발행
2022年 1月 27日 14차개정 1쇄발행
2023年 1月 19日 15차개정 1쇄발행
2023年 8月 30日 16차개정 1쇄발행
2024年 1月 24日 16차개정 2쇄발행
2025年 1月 7日 17차개정 1쇄발행
2026年 1月 6日 18차개정 1쇄발행

發行處 **(주) 한솔아카데미**

(우)06775 서울시 서초구 마방로10길 25 트윈타워 A동 2002호
TEL : (02)575-6144/5   FAX : (02)529-1130
〈1998. 2. 19 登錄 第16-1608號〉

※ 본 교재의 내용 중에서 오타, 오류 등은 발견되는 대로 한솔아카데미 인터넷 홈페이지를 통해 공지하여 드리며 보다 완벽한 교재를 위해 끊임없이 최선의 노력을 다하겠습니다.

※ 파본은 구입하신 서점에서 교환해 드립니다.

www.inup.co.kr / www.bestbook.co.kr

ISBN 979-11-6654-768-3 13540

2026
18차개정판

▶ **The Bible**

건축기사 필기

2권 바이블 과목별 기출문제

1+2+3권 한권완성

1권 _ 바이블 핵심이론
2권 _ 바이블 과목별 기출문제
3권 _ 바이블 연도별 기출문제

한솔아카데미

Contents

제2권 바이블 과목별 기출문제

제1과목 | 건축계획

- 01 2016년 기출문제 ·················· 2-2
- 02 2017년 기출문제 ·················· 2-17
- 03 2018년 기출문제 ·················· 2-32
- 04 2019년 기출문제 ·················· 2-47
- 05 2020년 기출문제 ·················· 2-62

제2과목 | 건축시공

- 01 2016년 기출문제 ·················· 2-80
- 02 2017년 기출문제 ·················· 2-95
- 03 2018년 기출문제 ·················· 2-110
- 04 2019년 기출문제 ·················· 2-125
- 05 2020년 기출문제 ·················· 2-140

제3과목 | 건축구조

- 01 2016년 기출문제 ·················· 2-156
- 02 2017년 기출문제 ·················· 2-172
- 03 2018년 기출문제 ·················· 2-187
- 04 2019년 기출문제 ·················· 2-203
- 05 2020년 기출문제 ·················· 2-218

제4과목 | 건축설비

- 01 2016년 기출문제 ·················· 2-236
- 02 2017년 기출문제 ·················· 2-251
- 03 2018년 기출문제 ·················· 2-266
- 04 2019년 기출문제 ·················· 2-281
- 05 2020년 기출문제 ·················· 2-296

제5과목 | 건축법규

- 01 2016년 기출문제 ·················· 2-312
- 02 2017년 기출문제 ·················· 2-327
- 03 2018년 기출문제 ·················· 2-342
- 04 2019년 기출문제 ·················· 2-357
- 05 2020년 기출문제 ·················· 2-372

Ⅱ 바이블 과목별 기출문제

건축계획

- 01 2016년 기출문제 ········· *2-2*
- 02 2017년 기출문제 ········· *2-17*
- 03 2018년 기출문제 ········· *2-32*
- 04 2019년 기출문제 ········· *2-47*
- 05 2020년 기출문제 ········· *2-62*

건축계획 2016년 제1회

1 호텔의 건축계획에 관한 설명 중 옳지 않은 것은?
① 객실의 크기는 대지나 건물의 형태에 영향을 받지 않는다.
② 기준층의 객실 수는 기준층의 면적이나 기둥 간격의 구조적인 문제에 영향을 받는다.
③ 로비는 퍼블릭 스페이스의 중심으로 휴식, 면회, 담화, 독서 등 다목적으로 사용되는 공간이다.
④ 주식당(Main Dining Room)은 숙박객 및 외래객을 대상으로 하며 외래객이 편리하게 이용할 수 있도록 출입구를 별도로 설치한다.

해설

① 호텔 객실(Guest Rooms)의 크기는 대지나 건물의 형태에 직접적인 영향을 많이 받는다고 할 수 있다.

2 사무소건축의 기준층 평면형태의 결정 요소와 가장 거리가 먼 것은?
① 엘리베이터 대수
② 방화구획상 면적
③ 구조상 스팬의 한도
④ 자연광에 따른 조명 한계

해설

	사무소건축 기준층 평면의 형태 한정 요소	
①	1	구조상 스팬(Span)의 한도 ➡ 사용 목적
	2	동선상(動線上)의 거리, 대피상 최대 피난거리
	3	방화구획상의 면적
	4	자연광에 따른 조명 한계 ➡ 채광률
	5	덕트, 배선, 배관 등 설비시스템상의 한계

3 페리의 근린주구 이론의 내용으로 옳지 않은 것은?
① 주민에게 적절한 서비스를 제공하는 1~2개소 이상의 상점가를 주요도로의 결절점에 배치해야 한다.
② 내부 가로망은 단지 내의 교통량을 원활히 처리하고 통과교통에 사용되지 않도록 계획되어야 한다.
③ 근린주구의 단위는 통과교통이 내부를 관통하지 않고 용이하게 우회할 수 있는 충분한 넓이의 간선도로에 의해 구획되어야 한다.
④ 근린주구는 하나의 중학교가 필요하게 되는 인구에 대응하는 규모를 가져야 하고, 그 물리적 크기는 인구밀도에 의해 결정되어야 한다.

해설

	페리(C.A.Perry, 1872~1944) 	
	미국 뉴욕의 근린주구를 구성하기 위한 6가지 계획원리(1927)	
④	규모 (Size)	하나의 초등학교가 필요하게 되는 인구에 대응하는 규모
	경계 (Boundary)	통과교통이 내부를 관통하지 않고 용이하게 우회할 수 있도록 충분한 폭의 간선도로에 의해 구획
	오픈스페이스 (Open Space)	개개의 근린주구의 요구에 부합되도록 전체면적 10% 정도의 계획된 소공원과 위락공간의 체계
	공공건축물 (Institution)	단지의 경계와 일치하는 서비스구역을 갖는 학교나 공공건축용지는 근린주구의 중심 위치에 적절히 통합
	근린 점포 (Local Shop)	주민들에게 서비스를 제공할 수 있는 1~2개소 이상의 상점지구가 교통의 결절점에 위치
	지구 내 가로체계	내부교통망은 단지 내의 교통을 원활하게 하기 위해 통과교통이 배제되어야 함

해답 1. ① 2. ① 3. ④

4 주택의 동선계획에 관한 설명으로 옳지 않은 것은?

① 동선은 가능한 굵고 짧게 한다.
② 동선의 형은 가능한 한 단순하게 한다.
③ 동선에는 공간이 필요하고 가구를 두지 않는다.
④ 화장실 등과 같이 사용빈도가 높은 공간은 동선을 길게 처리한다.

해설

④ 화장실 등과 같이 사용빈도가 높은 공간은 동선을 짧게 처리한다.

5 공동주택 단지 안의 도로의 설계속도는 최대 얼마 이하가 되도록 하여야 하는가?

① 10km/h ② 15km/h ③ 20km/h ④ 30km/h

해설

공동주택 단지 안의 도로의 설계속도

③ 주택단지 안의 도로는 유선형(流線型) 도로로 설계하거나 도로 노면의 요철(凹凸) 포장 또는 과속방지턱의 설치 등을 통하여 도로의 설계속도가 20km/h 이하가 되도록 하여야 한다.

6 도서관의 출납시스템 중 열람자는 직접 서가에 면하여 책의 체제나 표지 정도는 볼 수 있으나 내용을 보려면 관원에게 요구하여 대출 기록을 남긴 후 열람하는 형식은?

① 폐가식 ② 반개가식
③ 안전개가식 ④ 자유개가식

해설

② 반개가식(Semi Open Access)
출납시설이 필요하지만 서가의 열람이나 감시가 불필요한 특징을 갖는다. 일반적으로 신간 서적 안내에 채택되며, 대량의 도서에는 부적당하다.

7 장애인·노인·임산부 등을 위한 편의시설은 매개시설, 내부시설, 위생시설, 안내시설 등으로 구분 할 수 있다. 다음 중 매개시설에 속하는 것은?

① 점자블록
② 장애인전용주차구역
③ 장애인 등의 통행이 가능한 복도
④ 시각 및 청각장애인 경보·피난설비

해설

②

장애인·노인·임산부 등을 위한 편의시설	
매개시설	주출입구 접근로, 장애인전용주차구역, 주출입구 높이차이 제거
내부시설	출입구(문), 복도, 계단 또는 승강기
위생시설	대변기, 소변기, 세면대, 욕실, 샤워실·탈의실
안내시설	점자블록, 유도 및 안내설비, 경보 및 피난설비
그 밖의 시설	임산부 등을 위한 휴게시설, 객실·침실, 관람실·열람석, 접수대·작업대, 매표소·판매기·음료대,

8 은행건축 계획에 관한 설명으로 옳지 않은 것은?

① 고객이 지나는 동선은 되도록 짧게 한다.
② 아이들이 많은 지역에서는 주출입구를 회전문으로 하지 않는 것이 좋다.
③ 야간금고는 가능한 한 주출입구 근처에 위치하도록 하며 조명시설이 완비되도록 한다.
④ 경비 및 관리의 능률상 은행 내 출입은 주출입구 하나로 집약시키고 별도의 출입구는 설치하지 않는다.

해설

④ 경비 및 관리의 능률상 은행 내 출입은 주출입구 하나로 집약시키지만, 별도의 부출입구를 설치하는 것이 좋다.

해답 4. ④ 5. ③ 6. ② 7. ② 8. ④

9 르 꼬르뷔제(Le Corbusier)가 주장한 건축 5대 원칙에 속하지 않는 것은?

① 필로티
② 모듈러
③ 옥상정원
④ 자유로운 평면

해설

②

르 꼬르뷔제 (Le Corbusier) 근대건축 5원칙	1	필로티(Pilotis)
	2	수평 띠창
	3	자유로운 평면
	4	자유로운 파사드(Facade)
	5	옥상정원(Roof Garden)

10 공장건축의 레이아웃(Lay Out)에 관한 설명으로 옳지 않은 것은?

① 제품중심의 레이아웃은 대량생산에 유리하며 생산성이 높다.
② 레이아웃이란 생산품의 특성에 따른 공장의 건축 면적 결정 방식을 말한다.
③ 공정중심의 레이아웃은 다종 소량생산으로 표준화가 행해지기 어려운 주문생산에 적합하다.
④ 고정식 레이아웃은 조선소와 같이 조립부품이 고정된 장소에 있고 사람과 기계를 이동시키며 작업을 행하는 방식이다.

해설

플랜트 레이아웃
(Plant Lay-Out)

② 공장건축의 평면요소 간의 위치 관계를 결정하는 것으로서 작업장 내의 기계설비 배치에 관한 것을 말한다.

11 한식주택과 양식주택에 관한 설명으로 옳지 않은 것은?

① 양식주택은 입식생활이며, 한식주택은 좌식생활이다.
② 양식주택의 실은 단일용도이며, 한식주택의 실은 혼용도이다.
③ 양식주택은 실의 위치별 분화이며, 한식주택은 실의 기능별 분화이다.
④ 양식주택의 가구는 주요한 내용물이며, 한식주택의 가구는 부차적 존재이다.

해설

한식주택	양식주택
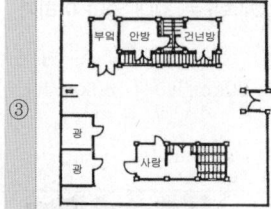	

③ 한식주택은 실의 위치별 분화, 양식 주택은 실의 기능별 분화

12 클로즈드 시스템(Closed System)의 종합병원에서 외래진료부 계획에 대한 설명으로 옳지 않은 것은?

① 환자의 이용이 편리하도록 2층 이하에 두도록 한다.
② 부속진료시설을 인접하게 하여 이용이 편리하게 한다.
③ 중앙주사실, 약국은 정면 출입구에서 멀리 떨어진 곳에 둔다.
④ 외과 계통 각 과는 1실에서 여러 환자를 볼 수 있도록 대실로 한다.

해설

③ 클로즈드 시스템의 외래진료부 계획 시 중앙주사실, 회계, 약국 등은 정면 출입구 근처에 설치한다.

해답 9. ② 10. ② 11. ③ 12. ③

13 다음은 객석의 가시거리에 관한 설명이다. ( )안에 알맞은 것은?

> 연극 등을 감상하는 경우 연기자의 표정을 읽을 수 있는 가시한계는 (㉠) 정도이다. 그러나 실제적으로 극장에서는 잘 보여야 하는 동시에 많은 관객을 수용해야 하므로 (㉡)까지를 제1차 허용한도로 한다.

① ㉠ 10m, ㉡ 22m　　② ㉠ 15m, ㉡ 22m
③ ㉠ 10m, ㉡ 25m　　④ ㉠ 15m, ㉡ 25m

해설

관객석의 가시거리 허용한도		
1	A구역: 15m	배우의 표정이나 동작을 상세히 감상할 수 있는 거리(인형극, 아동극)
2	1차 허용한도: 22m	될 수 있는 한 많은 관객을 수용하기 위한 적당한 가시거리(국악, 신극, 실내악)
3	2차 허용한도: 35m	배우의 일반적인 동작만 보이면 감상하는데 지장이 없는 거리(발레, 뮤지컬 등)

14 학교 교사의 배치형식 중 분산병렬형에 관한 설명으로 옳지 않은 것은?

① 구조계획이 간단하다.
② 일종의 핑거 플랜(Finger Plan)이다.
③ 교실 환경조건을 균등하게 할 수 없다는 단점이 있다.
④ 각 교사 건축물 사이의 공간을 놀이터나 정원으로 이용할 수 있다.

해설

분산병렬형	
일조·통풍 등 교실의 환경조건이 균등해진다.	

15 사무소 건축의 실단위 계획 중 개방식 배치에 관한 설명으로 옳은 것은?

① 독립성과 쾌적감의 이점이 있다.
② 조명은 자연채광만으로 이루어지며 별도의 인공조명은 필요 없다.
③ 방길이에는 변화를 줄 수 있으나 방깊이에는 변화를 줄 수 없다.
④ 개방식 배치에 있어서 불리한 점은 소음으로, 소음 경감에 대한 고려가 필요하다.

해설

① 개실(個室) 시스템(Cellular Type)의 특징이다.
② 조명은 자연채광과 별도의 인공조명이 필요하다.
③ 개실(個室) 시스템(Cellular Type)의 특징이다.

16 고대 로마건축에 대한 설명으로 옳지 않은 것은?

① 카라칼라 황제 욕장은 정사각형 안에 직사각형을 담은 배치를 취하였다.
② 바실리카 울피아는 신전 건축물로서 로마식의 광대한 내부 공간을 전형적으로 보여준다.
③ 콜로세움의 외벽은 도리스-이오니아-코린트 오더를 수직으로 중첩시키는 방식을 사용하였다.
④ 판테온은 거대한 돔을 얹은 로툰다와 대형 열주 현관이라는 두 주된 구성 요소로 이루어진다.

해설

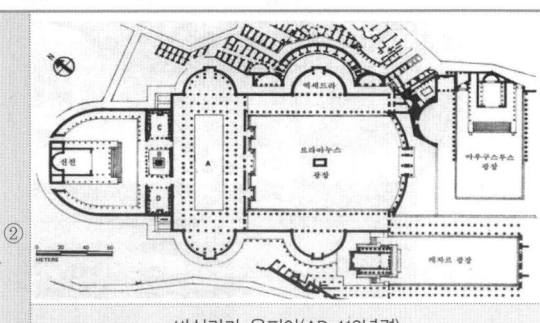

바실리카 울피아(AD 112년경)

트라야누스 광장의 일부분으로 그 기능은 상업, 법, 행정 등 다양한 업무를 위한 공간으로 이용되었다.

해답　13. ②　14. ③　15. ④　16. ②

17 미술관 건축계획에 관한 설명으로 옳지 않은 것은?

① 미술관은 이용하기에 편리한 도심지에 위치하는 것이 좋다.
② 미술관의 연속순회형식은 연속된 전시실의 한쪽 복도에 의해서 각 실을 배치한 형식이다.
③ 디오라마 전시란 전시물을 부각시켜 관람객에게 현장감을 부여하는 입체적인 수법을 말한다.
④ 2층 이상의 층은 일반적으로 전시실로는 부적당하나 뉴욕 근대미술관은 이러한 개념을 타파하였다.

해설
② 갤러리 및 코리도 형식에 대한 설명이다.

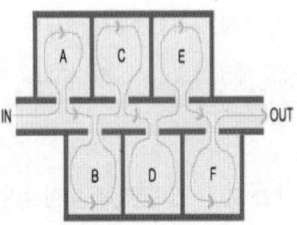

18 사무소건축의 엘리베이터 계획에 관한 설명으로 옳지 않은 것은?

① 군관리운전의 경우 동일 군 내의 서비스층은 같게 한다.
② 승객의 층별 대기시간은 평균운전간격 이하가 되게 한다.
③ 실내 공간의 확장을 용이하게 할 수 있도록 건축물의 한 쪽 끝에 설치한다.
④ 초고층, 대규모 빌딩인 경우는 서비스그룹을 분할(죠닝)하는 것을 검토한다.

해설
③ 엘리베이터는 외래자에게 잘 알려질 수 있는 위치에 한 곳에 집중해서 배치하는 것이 유리하다.

19 다음 중 주거공간의 효율을 높이고, 데드 스페이스(Dead Space)를 줄이는 방법과 가장 거리가 먼 것은?

① 유닛 가구를 활용한다.
② 가구와 공간의 치수 체계를 통합한다.
③ 기능과 목적에 따라 독립된 실로 계획한다.
④ 침대, 계단 밑 등을 수납공간으로 활용한다.

해설
③ 기능과 목적에 따라 독립된 실로 계획하는 것과 데드 스페이스를 줄이는 것과는 관련이 적다.

20 오토 바그너(Otto Wagner)가 주창한 근대건축의 설계지침 내용으로 옳지 않은 것은?

① 경제적인 구조
② 그리스 건축양식의 복원
③ 시공 재료의 적당한 선택
④ 목적을 정확히 파악하고 완전히 충족시킬 것

해설

②

오토 바그너 (Otto Wagner, 1841~1918)	근대건축 설계지침 (Modern Architecture, 1896)

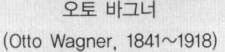

1	목적의 파악 : 목적에 맞는 기능 충족
2	재료의 선택 : 근대 건축미학에 맞는 표현 추구
3	단순하고 경제적인 구조
4	위와 같은 결과로 나타나는 형태

해답 17. ② 18. ③ 19. ③ 20. ②

건축계획 2016년 제2회

1 래드번(Radburn) 계획에서 슈퍼블록을 구성함으로써 얻어질 수 있는 효과로 옳지 않은 것은?

① 충분한 공동의 오픈스페이스의 확보가 가능
② 건물을 집약화함으로써 고층화·효율화가 가능
③ 도로교통의 개선, 즉 보도와 차도의 완전한 분리가 가능
④ 커뮤니티시설의 중심배치로 간선도로변의 활성화가 가능

해설

미국 뉴저지 페어 론
래드번(Radburn, 1928) 계획

라이트(H.Wright, 1878~1936)   스타인(C.Stein, 1882~1975)

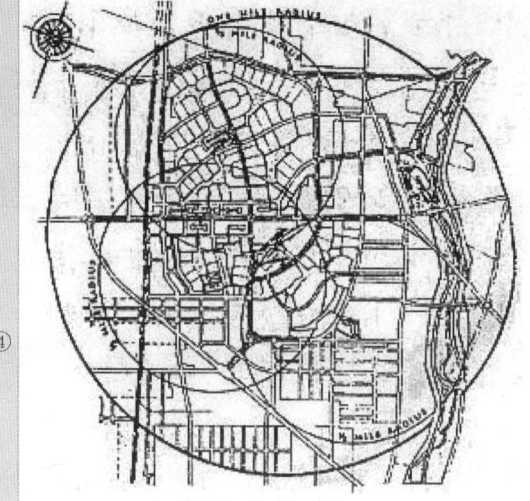

④	1	자동차 통과도로의 배제를 위한 12~20ha의 슈퍼블록(Super Block, 대가구)의 구성
	2	기능에 따른 4가지 종류의 도로 구분
	3	보도망(Pedestrian Network)의 형성 및 보도와 차도(고가차도)의 입체적 분리
	4	쿨데삭(Cul-de-Sac)형의 세(細)가로망 구성에 의해 주택의 거실을 보도 혹은 정원을 향하도록 배치
	5	주택단지 어디로든 통할 수 있는 공동의 오픈 스페이스(Open Space)를 조성

2 주택의 부엌에서 작업 과정을 고려한 작업대의 배치 순서로 가장 알맞은 것은?

① 레인지 ➡ 싱크대 ➡ 조리대 ➡ 냉장고
② 조리대 ➡ 싱크대 ➡ 레인지 ➡ 냉장고
③ 싱크대 ➡ 냉장고 ➡ 조리대 ➡ 레인지
④ 냉장고 ➡ 싱크대 ➡ 조리대 ➡ 레인지

해설

부엌의 작업 순서 (Work Triangle)

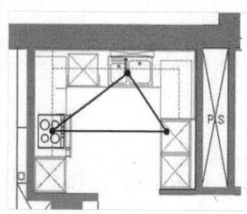

④ 냉장고 ➡ 개수대 ➡ 조리대 ➡ 가열대 ➡ 배선대

냉장고, 개수대(=싱크대), 조리대(=레인지, 가열대)의 중간 지점을 연결하는 작업삼각형(Work Triangle) 3변의 길이 합은 3.6~6m 정도가 기능적이다.

3 전통 주거건축 중 부엌, 방, 대청, 방의 순으로 배열되는 일(一)자형 평면을 가진 민가형은?

① 남부 지방형   ② 개성 지방형
③ 평안도 지방형 ④ 함경도 지방형

해설

남부지방 한식주택 평면유형

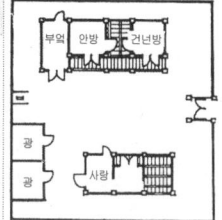

① 충청도, 전라도, 경상도 지방에서 많이 볼 수 있는 一자형 평면은 부엌, 방, 대청, 방의 순서로 배열 되며 앞마당을 향하여 툇마루를 두고 있는 특징을 보인다.

해답 1. ④ 2. ④ 3. ①

4 고층밀집형 병원에 관한 설명으로 옳지 않은 것은?

① 병동에서 조망을 확보할 수 있다.
② 대지를 효과적으로 이용할 수 있다.
③ 각종 방재대책에 대한 비용이 높다.
④ 병원의 확장 등 성장변화에 대한 대응이 용이하다.

해설

④ 고층밀집형 집중식(Block Type) 병원건축 형식은 병원의 확장 등 성장 변화에 대한 대응이 분관식(Pavilion Type)에 비해 불리하다.

5 공동주택의 평면형식에 관한 설명으로 옳지 않은 것은?

① 집중형은 각 세대별 조망이 다르다.
② 중복도형은 독신자 아파트에 많이 이용된다.
③ 편복도형은 각 호의 통풍 및 채광이 양호하다.
④ 계단실형은 통행부 면적이 커서 대지의 이용률이 높다.

해설

④ 계단실형은 통행부 면적이 작아 건물 이용도가 높다.

6 초등학교 저학년에 대해 가장 권장할 만한 학교 운영 방식은?

① 달톤형   ② 플래툰형
③ 종합교실형   ④ 교과교실형

해설

③ 초등학교 저학년에 대해 가장 권장되는 방식은 종합교실형이다.

7 다음의 건축물 중 주심포식 건축양식에 속하지 않는 것은?

① 강릉 객사문   ② 석왕사 응진전
③ 봉정사 극락전   ④ 부석사 무량수전

해설

① 강릉 객사문: 주심포식

② 석왕사 응진전: 다포식

③ 봉정사 극락전: 주심포식

④ 부석사 무량수전: 주심포식

8 상점 내에서 조명에 따른 반사 글레어를 방지하기 위한 대책으로 옳지 않은 것은?

① 젖빛 유리구를 사용한다.
② 간접조명방식을 채택한다.
③ 광도가 낮은 배광기구를 이용한다.
④ 평활하고 광택이 있는 반사면을 사용한다.

해설

④ 평활하고 광택이 있는 반사면을 사용하면 반사면의 정반사율이 높게 되어 반사 글레어(Reflected Glare)가 증대된다.

해답 4. ④ 5. ④ 6. ③ 7. ② 8. ④

9 쇼핑센터의 몰(Mall)에 관한 설명으로 옳은 것은?

① 전문점과 핵상점의 주출입구는 몰에 면하도록 한다.
② 쇼핑 체류 시간을 늘릴 수 있도록 방향성이 복잡하게 계획한다.
③ 몰은 고객의 통과동선으로서 부속시설과 서비스 기능의 출입이 이루어지는 곳이다.
④ 일반적으로 공기조화에 의해 쾌적한 실내기후를 유지할 수 있는 오픈 몰(Open Mall)이 선호된다.

해설

②	몰은 확실한 방향성과 식별성이 요구된다.
③	몰은 고객의 주 보행동선으로써 중심상점과 각 전문점에서의 출입이 이루어지는 곳이다.
④	일반적으로 공기조화에 의해 쾌적한 실내기후를 유지할 수 있는 인클로즈드몰(Enclosed Mall)이 선호된다.

10 엘리베이터 배치 시 고려사항으로 옳지 않은 것은?

① 대면배치 시 대면거리는 동일 군 관리의 경우는 3.5~4.5m로 한다.
② 엘리베이터 홀은 엘리베이터 정원 합계의 10% 정도를 수용할 수 있도록 한다.
③ 여러 대의 엘리베이터를 설치하는 경우, 그룹별 배치와 군 관리 운전방식으로 한다.
④ 일렬배치는 4대를 한도로 하고, 엘리베이터 중심간 거리는 8m 이하가 되도록 한다.

해설

	엘리베이터 홀	
②	엘리베이터 정원 합계의 50% 정도를 수용할 수 있도록 하며, 면적은 1인당 0.5~0.8㎡ 정도로 한다.	

11 국지도로의 유형 중 쿨데삭(Cul-De-Sac) 형에 관한 설명으로 옳은 것은?

① 통과교통이 다수 발생한다.
② 우회도로가 있어 방재, 방범상 유리하다.
③ 도로의 최대 길이는 30m 이하이어야 한다.
④ 주택 배면에 보행자전용도로가 설치되어야 효과적이다.

해설

	쿨데삭(Cul-de-Sac)	
	1	통과교통이 없으므로 주거환경의 쾌적성 및 안전성 확보 용이
④	2	각 가구와 관계없는 차량 진입이 배제되고 우회도로가 없으므로 방재 및 방범상 불리
	3	쿨데삭(Cul-de-Sac)의 최대 길이는 150m 이하로 계획

12 사무소 건축에서 코어 계획에 관한 설명으로 옳지 않은 것은?

① 코어 부분에는 계단실도 포함시킨다.
② 코어 내의 각 공간은 각 층마다 공통의 위치에 두도록 한다.
③ 엘리베이터 홀이 출입구문에 바짝 접근해 있지 않도록 한다.
④ 코어 내에서 화장실은 외래자에게 잘 알려질 수 없는 곳에 위치시킨다.

해설

| ④ | 코어(Core)계획 시 화장실은 그 위치가 외래자에게 쉽게 알려질 수 있도록 하되, 건물 출입구 홀이나 복도에서 화장실 내부가 들여다보이지 않도록 해야 한다. | 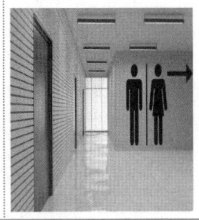 |

해답 9. ① 10. ② 11. ④ 12. ④

13 극장의 객석 계획에 관한 설명 중 옳지 않은 것은?

① 객석의 세로통로는 무대를 중심으로 하는 방사선상이 좋다.
② 연극 등을 감상하는 경우 연기자의 표정을 읽을 수 있는 가시한계는 15m 정도이다.
③ 객석은 무대의 중심 또는 스크린의 중심을 중심으로 하는 원호의 배열이 이상적이다.
④ 좌석을 엇갈리게 배열(Stagger Seats) 하는 방법은 객석의 바닥 경사도가 완만할 경우에는 사용할 수 없으며 통로 폭이 좁아지는 단점이 있다.

해설

 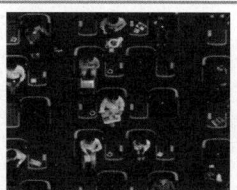

④ 좌석을 엇갈리게 배열(Stagger Seats)하는 방법

객석의 바닥경사도가 완만한 경우에도 무대방향을 보기 쉽게 하기 위하여 무대의 중심을 향해서 좌석 바로 앞줄에 앉은 사람의 머리가 오지 않도록 하는 방법이다.

14 도서관의 출납시스템 중 자유개가식에 관한 설명으로 옳지 않은 것은?

① 책의 마모, 망실의 우려가 크다.
② 서가의 정리가 잘 안되면 혼란스럽게 된다.
③ 자유로이 책의 내용을 보고 필요한 책을 정확히 고를 수 있다.
④ 보통 2실형이고, 50,000권 이상의 서적 보관과 열람에 적당하다.

해설

자유개가식(Free Open System)

④ 보통 1실형이고, 10,000권 이하의 서적보관과 열람에 적당하다.

15 극장의 평면형 중 아레나(Arena) 형에 관한 설명으로 옳은 것은?

① 투시도법을 무대공간에 응용한 형식이다.
② 무대의 장치나 소품은 주로 높은 기구로 구성된다.
③ 픽쳐프레임 스테이지(Picture Frame Stage)라고도 한다.
④ 가까운 거리에서 관람하면서 가장 많은 관객을 수용할 수 있다.

해설

① 프로시니엄(Proscenium) 형에 대한 설명이다.

② 무대의 장치나 소품은 주로 낮은 기구들로 구성된다.

③ 프로시니엄(Proscenium) 형에 대한 설명이다.

16 탑상형 공동주택에 관한 설명으로 옳지 않은 것은?

① 각 세대에 시각적인 개방감을 준다.
② 각 세대의 거주 조건이나 환경이 균등하다.
③ 도심지 내의 랜드마크적인 역할이 가능하다.
④ 건축물 외면의 4개의 입면성을 강조한 유형이다.

해설

	탑상형 아파트, 타워형 아파트	
	1	몇 세대를 묶어 탑을 쌓듯이 'ㅁ'자 모양으로 위로 쭉 뻗은 아파트의 형태이다.	
②	2	판상형 아파트에 비해 용적률이 좋고, 조망 및 녹지공원 확보가 용이하다.	
	3	주호가 중앙의 홀을 중심으로 전면에 배치됨으로써 전 세대가 남향만이 아닌 여러 향으로 나기 때문에 각 주호의 환경조건이 불균등해지고, 엘리베이터의 이용 호수가 제한되어 관리비적인 측면에서 불리하다.	

해답 13. ④ 14. ④ 15. ④ 16. ②

17 리조트 호텔에 속하지 않는 것은?

① 해변 호텔(Beach Hotel)
② 부두 호텔(Harbor Hotel)
③ 클럽 하우스(Club House)
④ 산장 호텔(Mountain Hotel)

해설

②	시티 호텔 (City Hotel)	• 커머셜(Commercial) 호텔 • 레지덴셜(Residential) 호텔 • 아파트먼트(Apartment) 호텔 • 터미널(Terminal) 호텔 ➡ 철도역 호텔(Station Hotel) ➡ 부두 호텔(Harbor Hotel) ➡ 공항 호텔(Airport Hotel)
	리조트 호텔 (Resort Hotel)	• 해변(Beach) 호텔 • 산장(Mountain) 호텔 • 스포츠(Sport) 호텔 • 온천(Hot Spring) 호텔 • 클럽 하우스(Club House)

18 공장의 지붕 형태에 관한 설명으로 옳은 것은?

① 솟음지붕은 채광, 환기에 적합한 방법이다.
② 샤렌구조는 기둥이 많이 소요된다는 단점이 있다.
③ 뾰족지붕은 직사광선이 완전히 차단된다는 장점이 있다.
④ 톱날지붕은 남향으로 할 경우 하루 종일 변함없는 조도를 가진 약광선을 받아들일 수 있다.

해설

②	샤렌(Schalen) 구조는 곡면지붕이므로 일반 평지붕보다 기둥이 적게 소요된다.
③	뾰족지붕은 직사광선을 어느 정도 허용하는 결점이 있다.
④	톱날지붕은 북향의 채광창으로 하루 종일 변함없는 조도를 유지할 수 있다.

19 그리스 건축의 오더 중 도릭 오더의 구성에 속하지 않는 것은?

① 볼류트(Volute) ② 프리즈(Frieze)
③ 아바쿠스(Abacus) ④ 에키누스(Echinus)

해설

①	볼류트 (Volute)	

기둥머리에 끝이 말린 것처럼 보이는 소용돌이 모양의 장식으로서 이오니아 양식(Ionic Order)에서 나타난다.

20 미술관 전시공간의 순회형식 중 갤러리 및 코리도 형식에 관한 설명으로 옳은 것은?

① 복도의 일부를 전시장으로 사용할 수 있다.
② 전시실 중 하나의 실을 폐쇄하면 동선이 단절된다는 단점이 있다.
③ 중앙에 커다란 홀을 계획하고 그 홀에 접하여 전시실을 배치한 형식이다.
④ 이 형식을 채용한 대표적인 건축물로는 뉴욕 근대 미술관과 프랭크 로이드 라이트의 구겐하임 미술관이 있다.

해설

②	연속순로 형식에 대한 설명이다.	
③	중앙홀 형식에 대한 설명이다.	
④		

해답 17. ② 18. ① 19. ① 20. ①

건축계획 2016년 제4회

1 숑바르 드 로브의 주거면적 기준으로 옳은 것은?

① 병리기준: 6m², 한계기준: 12m²
② 병리기준: 6m², 한계기준: 14m²
③ 병리기준: 8m², 한계기준: 12m²
④ 병리기준: 8m², 한계기준: 14m²

해설

	병리기준(8m²/인)
④	거주자의 신체적 및 정신적인 건강에 나쁜 영향을 끼치는 범위
숑바르 드 로브 (Chombard de Lawve)	한계기준(14m²/인)
	개인 및 가족적인 거주의 융통성을 보장할 수 있는 한계

2 아파트의 평면형식에 따른 분류에 속하지 않는 것은?

① 홀형
② 집중형
③ 복도형
④ 판상형

해설

④ 탑상형 및 판상형은 아파트 주동 형식에 따른 분류에 해당된다.

탑상형(=타워형)	유형	판상형
'ㅏ', 'ㅁ', 'Y' 자형 등	구조	'一' 자형으로 배치
• 조망권·일조권 확보 유리 • 다양한 평면구조	장점	• 건축비가 비교적 저렴 • 환기가 잘됨
• 건축비가 상대적으로 고가 • 엘리베이터 이용 혼잡	단점	• 획일적 평면구성에 따른 단조로운 건물디자인

3 다음 중 사무소 건물의 스팬(Span) 결정 요인과 가장 거리가 먼 것은?

① 지하층의 주차단위
② 냉·난방 설비방식
③ 층고에 따른 유효 채광 범위
④ 사무실의 작업단위(책상배열 단위)

해설

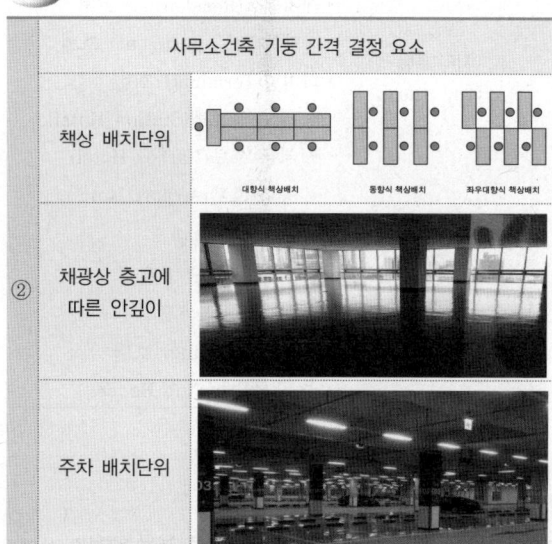

사무소건축 기둥 간격 결정 요소

책상 배치단위	대향식 책상배치 / 동향식 책상배치 / 좌우대향식 책상배치
② 채광상 층고에 따른 안깊이	
주차 배치단위	

4 학교 운영방식 중 종합교실형에 관한 설명으로 옳지 않은 것은?

① 교실의 이용률이 높다.
② 교실의 순수율이 높다.
③ 초등학교 저학년에 적합한 형식이다.
④ 학생의 이동을 최소한으로 할 수 있다.

해설

② 종합교실형 운영방식은 교실의 순수율이 낮다.

해답 1. ④ 2. ④ 3. ② 4. ②

5 미술관 건축계획에 관한 설명 중 옳은 것은?

① 하모니카 전시기법은 동일 종류의 전시물을 반복 전시할 경우 유리하다.
② 연속순회형식이 가장 이상적으로 반영되어 있는 건축물로는 뉴욕의 구겐하임 미술관이 있다.
③ 미술관의 채광방식을 편측창 방식으로 할 경우 실 전체의 조도 분포가 균일하여 별도의 조명설비가 필요 없다.
④ 아일랜드 전시기법은 벽이나 천장을 직접 이용하여 전시물을 배치하는 기법으로 관람자의 시거리를 짧게 할 수 없다는 단점이 있다.

해설

② 뉴욕 구겐하임 미술관은 중앙홀형식이 가장 이상적으로 반영되어 있는 건축물이다.
③ 편측창 채광방식의 경우 조도 분포가 불균일하다.
④ 아일랜드 전시기법은 벽이나 천장을 직접 이용하지 않고 전시공간을 만들어내는 기법으로 관람자의 시거리를 짧게 할 수 있다.

7 각 사찰에 대한 설명 중 옳지 않은 것은?

① 부석사의 가람 배치는 누하진입 형식을 취하고 있다.
② 화엄사는 경사된 지형을 수단(數段)으로 나누어서 정지(整地)하여 건물을 적절히 배치하였다.
③ 통도사는 산지에 위치하나 산지가람처럼 건물들을 불규칙하게 배치하지 않고 직교식으로 배치하였다.
④ 봉정사 가람 배치는 대지가 3단으로 나누어져 있으며 상단 부분에 대웅전과 극락전 등 중요한 건물들이 배치되어 있다.

해설

③ 통도사 (通度寺) | 경남 양산시 하북면 영축산(靈鷲山)에 있는 한국 3대 사찰 중 하나인 통도사는 경사지의 자연 지형에 자연스럽게 가람을 배치한 산지형 가람이다.

6 종합병원건축의 면적 배분에서 가장 많이 차지하는 부분은?

① 외래부   ② 병동부
③ 관리부   ④ 중앙진료부

해설

②
병원의 면적 구성 비율	
병동부	30~40%
서비스부	20~25%
중앙진료부	15~17%
외래진료부	10~14%
관리부	8~10%

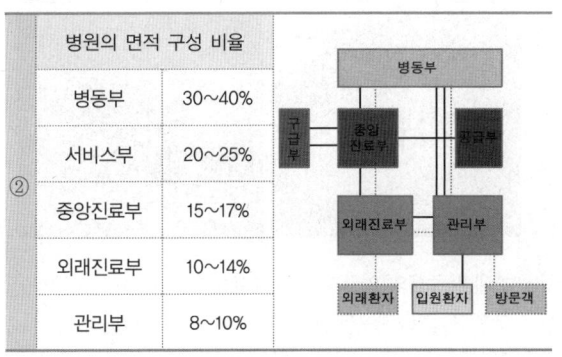

8 페리(C.A.Perry)의 근린주구 이론에서 근린주구의 중심이 되는 시설은?

① 약국   ② 대학교
③ 초등학교   ④ 어린이놀이터

해설

페리(C.A.Perry, 1872~1944)

③ 페리의 근린주구(1935)는 하나의 초등학교가 필요하게 되는 인구에 대응하는 규모를 가져야 하고, 그 물리적 크기는 인구밀도에 의해 결정된다

해답 5. ① 6. ② 7. ③ 8. ③

바이블 과목별 기출문제

9 사무소 건축에서 3중지역 배치(Triple Zone Layout)에 관한 설명으로 옳지 않은 것은?

① 서비스 부분을 중심에 위치하도록 한다.
② 고층 사무소 건축의 전형적인 해결 방식이다.
③ 부가적인 인공조명과 기계환기가 필요하다.
④ 대여사무실을 포함하는 건물에 가장 적합하다.

해설

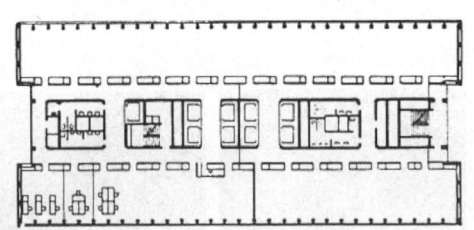

④ 대여사무실을 포함하는 건물은 내부교통이 주된 요소가 되며 긴 복도를 거치지 않고 각 층에 있는 여러 방에 들어갈 수 있어야 한다. 이러한 이유로 3중지역배치는 대여사무실을 포함하는 건물에는 적합하지 않게 된다.

10 전시실 순회방식에 관한 설명으로 옳지 않은 것은?

① 연속순회형식은 비교적 소규모 전시실에 적합하다.
② 중앙홀형식은 홀의 크기가 크면 중앙부 동선의 혼란이 있다.
③ 갤러리 및 코리도형식은 복도 자체도 전시공간으로 이용이 가능하다.
④ 갤러리 및 코리도형식은 각 실에 직접 들어갈 수 있는 점이 유리하다.

해설

② 홀의 크기가 작으면 중앙부 동선의 혼란이 있다.

중앙홀 형식

11 건축물과 양식의 연결이 옳지 않은 것은?

① 노트르담 성당 - 고딕 양식
② 샤르트르 성당 - 고딕 양식
③ 피사의 사탑 - 바로크 양식
④ 성 소피아 성당 - 비잔틴 양식

해설

③ 로마네스크(Romanesque, 800~1200) → 피사의 사탑(1174) → 로마네스크(Romanesque) 양식

12 주택의 현관에 대한 설명 중 옳지 않은 것은?

① 현관의 위치는 대지의 형태, 방위, 도로와의 관계에 영향을 받는다.
② 현관의 위치는 주택의 북측이 가장 좋으며 주택의 남측이나 중앙 부분에는 위치하지 않도록 한다.
③ 현관의 크기는 현관에서 간단한 접객의 용무를 겸하는 이외의 불필요한 공간을 두지 않는 것이 좋다.
④ 현관의 크기는 주택의 규모와 가족의 수, 방문객의 예상수 등을 고려한 출입량에 중점을 두어 계획하는 것이 바람직하다.

해설

② 현관은 주택의 얼굴과 같은 역할을 하기 때문에 남쪽이나 주택의 중앙 부분에 위치하는 것이 일반적이다.

해답 9. ④ 10. ② 11. ③ 12. ②

13 한국건축의 평면형식에 관한 설명으로 옳지 않은 것은?

① 쌍봉사 대웅전은 2칸 장방형 평면이다.
② 퇴 없이 측면이 단칸인 평면은 평안도 살림집에서 많이 나타난다.
③ 중부지방 민가에서는 ㄱ자형 평면이 많은데 이를 곱은자집 이라고도 한다.
④ 다각형 평면으로는 육각과 팔각이 많이 사용되었는데 대개 정자에서 나타난다.

해설

쌍봉사 대웅전

① 통일신라시대(868년)의 사찰로서 평면이 정사각형인 3층 목탑을 대웅전으로 가진 희귀한 건축이다.
전라남도 화순군 이양면에 소재하고 있다.

14 극장의 음향계획에 관한 설명으로 옳지 않은 것은?

① 반사음의 집중이 없도록 한다.
② 무대 근처에는 음의 반사재를 취한다.
③ 불필요한 음은 적당히 감쇠시키고 필요한 음의 청취에 방해가 되지 않게 한다.
④ 천장계획에 있어서 돔(Dome)형은 음원의 위치 여하를 막론하고 음을 확산시키므로 바람직하다.

해설

④ 천장계획에 있어서 돔형과 같은 원형이나 타원형은 대체적으로 음이 집중하거나 불균등한 분포를 보이며 에코(Echo)가 형성되어 음향적으로 불리하게 된다.

15 단지계획에 있어서 교통계획의 주요 착안사항으로 옳지 않은 것은?

① 통행량이 많은 고속도로는 근린주구단위를 분리시킨다.
② 근린주구단위 내부로의 자동차 통과진입을 최소화한다.
③ 2차 도로체계는 주도로와 연결하고 통과도로를 이루게 한다.
④ 단지 내의 교통량을 줄이기 위하여 고밀도지역은 진입구 주변에 배치시킨다.

해설

③ 2차 도로체계(Sub-System)는 주도로와 연결되어 쿨데삭(Cul-de-Sac, 막다른 도로)을 이루게 한다.

16 우리나라 전통의 한식주택에서 문꼴 부분의 면적이 큰 이유로 가장 적합한 것은?

① 겨울의 방한을 위해서
② 하기의 고온다습을 견디기 위해서
③ 출입하는데 편리하게 하기 위해서
④ 동기에 일조효과를 충분히 얻기 위해서

해설

② 문꼴 부분의 면적이 크게 되면 주택 전체의 공기의 흐름이 원활하게 되는데 이는 여름철의 고온다습을 견디기 위함이다.

해답 13. ① 14. ④ 15. ③ 16. ②

17 은행건축에 관한 설명으로 옳지 않은 것은?

① 금고실은 고객대기실에서 떨어진 위치에 둔다.
② 일반적으로 주출입문은 안여닫이로 함이 타당하다.
③ 영업실의 면적은 은행원 1인당 최소 20m² 이상 되어야 한다.
④ 은행실은 고객대기실과 영업실로 나누어지며 은행의 주체를 이루는 곳이다.

해설

③ 은행 영업실의 면적 — 은행원 1인당 10m²를 기준으로 한다.

18 다음 중 호텔 외관의 형태에 가장 크게 영향을 미치는 부분은?

① 관리부분
② 공공부분
③ 숙박부분
④ 설비부분

해설

③ 호텔 외관은 호텔의 숙박부분(Lodging Part)에 의해 결정된다.

19 공장 형식 중 분관식(Pavilion Type)에 관한 설명으로 옳은 것은?

① 공간의 효율이 좋다.
② 공장의 신설, 확장이 용이하다.
③ 공장건설을 병행할 수 없으므로 시공기간이 길다.
④ 자재나 제품의 운반이 용이하고 흐름이 단순하다.

해설

①, ③, ④ 집중식(Block Type)에 대한 설명이다.

20 도서관 출납시스템의 유형 중 열람자 자신이 서가에서 책을 꺼내어 책을 고르고 그대로 검열을 받지 않고 열람하는 형식은?

① 폐가식
② 반개가식
③ 자유개가식
④ 안전개가식

해설

자유개가식 (Free Open System)

③ 열람자 자신이 서가에서 책을 꺼내어 책을 고르고 검열을 받지 않고 열람하는 형식으로 책의 내용 파악 및 선택이 자유롭지만 서가의 정리가 잘 되지 않으면 열람자가 혼란스럽게 되고, 책의 마모 및 파손이 심한 단점이 있다.

해답 17. ③ 18. ③ 19. ② 20. ③

건축계획 2017년 제1회

1 종합병원의 건축계획에 관한 설명으로 옳지 않은 것은?

① 간호사의 보행거리는 24m 이내가 되도록 한다.
② 외래진료부는 환자의 이용이 편리하도록 1층 또는 2층 이하에 둔다.
③ 일반적으로 병원건축의 시설 규모는 입원환자의 병상수에 의해 결정된다.
④ 병동 배치방식 중 분관식(Pavilion Type)은 동선이 짧게 되는 이점이 있다.

 해설

분관식(Pavilion Type)

④ 3층 정도의 평면 분산식으로 집중식(Block Type)에 비해 동선이 길게 된다.

2 건축계획단계에서의 조사방법에 관한 설명으로 옳지 않은 것은?

① 설문조사를 통하여 생활과 공간간의 대응관계를 규명하는 것은 생활행동 행위의 관찰에 해당된다.
② 주거단지에서 어린이들의 행동 특성을 조사하기 위해서는 생활행동 행위관찰 방식이 일반적으로 적절하다.
③ 이용상황이 명확하게 기록되어 있는 시설의 자료 등을 활용하는 것은 기존자료를 통한 조사에 해당된다.
④ 건물의 이용자를 대상으로 설문을 작성하여 조사하는 방식은 생활과 공간의 대응관계 분석에 유효하다.

 해설

① 설문조사를 통하여 어떠한 관계를 규명했다면 설문지법, 설문조사법에 해당한다.

3 호텔의 퍼블릭 스페이스(Public Space) 계획에 관한 설명으로 옳지 않은 것은?

① 로비는 개방성과 다른 공간과의 연계성이 중요하다.
② 프런트 데스크 후방에 프런트 오피스를 연속시킨다.
③ 주식당은 외래객이 편리하게 이용할 수 있도록 출입구를 별도로 설치한다.
④ 프런트 오피스는 기계화된 설비보다는 많은 사람을 고용함으로서 고객의 편의와 능률을 높여야 한다.

해설

호텔의 프런트 오피스(Front Office)

④ 기계화된 각종 통신설비를 도입하여 각종 업무의 연결을 신속화하고 작업능률을 향상시켜 인건비를 절약하여야 한다.

4 다음 중 공공 도서관에서 능률적인 작업용량을 고려할 경우, 200,000권의 책을 수장하는 서고의 바닥면적으로 가장 적당한 것은?

① 300m² ② 500m²
③ 600m² ④ 1,000m²

해설

서고 바닥면적 1m² 당 150~250권

④ 200,000권 ÷ 150 ~ 250권/m²
= 1,333 ~ 800m²

해답 1. ④ 2. ① 3. ④ 4. ④

5 전통적인 주택의 골목길을 적층(積層)주택인 아파트에 구현하고자 했던 설계어휘는?

① 진입광장 ② 공중가로
③ Eco-Bridge ④ 데크식 주차장

해설

공중가로 또는 입체가로

② 전통적인 시가지 주택에서 볼 수 있는 골목이라는 매개요소를 집합주택에서 입체적으로 재현하는 수법을 의미한다. 집합주택에서 복도나 계단 등의 공간이 단순한 연결동선으로 기능하는 것이 아니라 외부공간과 내부공간을 연결하는 매개공간의 장소로서 조성됨에 따라 가로공간의 활성화를 유도하는 설계수법이라고 할 수 있다.

6 주택 부엌의 작업삼각형(Work Triangle)에 관한 설명으로 옳지 않은 것은?

① 3변의 길이 합은 7~8m 정도가 기능적이다.
② 삼각형의 한 변의 길이는 1.8m 이하가 바람직하다.
③ 냉장고, 개수대, 레인지의 중간 지점을 연결하는 삼각형이다.
④ 삼각형의 한 변 길이가 너무 길어지면 동선이 길어지므로 기능상 좋지 않다.

해설

① 냉장고, 개수대, 조리대(=레인지)의 중간 지점을 연결하는 작업삼각형(Work Triangle) 3변의 길이 합은 3.6~6m 정도가 기능적이다.

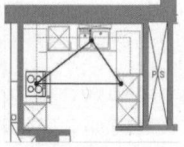

7 미술관의 연속순로 형식에 관한 설명으로 옳은 것은?

① 각 실을 필요시에는 자유로이 독립적으로 폐쇄할 수 있다.
② 평면적인 형식으로 2, 3개 층의 입체적인 방법은 불가능하다.
③ 많은 실을 순서별로 통하여야 하는 불편이 있으나 공간 절약의 이점이 있다.
④ 중심부에 하나의 큰 홀을 두고 그 주위에 각 전시실을 배치하여 자유로이 출입하는 형식이다.

해설

① 갤러리(Gallery) 및 코리도(Corridor) 형식에 대한 설명이다.
② 연속순로 형식은 단순한 것으로부터 복잡한 것에 이르기까지 또한 2, 3층의 입체적인 방법도 가능한 방식이다.
④ 중앙홀(Hall) 형식에 대한 설명이다.

8 공장건축에 관한 설명으로 옳은 것은?

① 계획 시부터 장래 증축을 고려하는 것이 필요하며 평면형은 가능한 요철이 많은 것이 유리하다.
② 재료 반입과 제품 반출 동선은 동일하게 하고 물품 동선과 사람 동선은 별도로 하는 것이 바람직하다.
③ 외부인 동선과 작업원 동선은 동일하게 하고, 견학자는 생산과 교차하지 않는 동선을 확보하도록 한다.
④ 자연환기방식의 경우 환기방법은 채광 형식과 관련하여 건물 형태를 결정하는 매우 중요한 요소가 된다.

해설

① 평면형은 가능한 요철(凹凸)이 적은 것이 유리하다.
② 재료의 반입과 제품의 반출 동선은 별도로 하는 것이 작업능률상 바람직하다.
③ 작업원 동선과의 교차를 피하기 위해 외부의 견학자를 위한 별도의 동선을 고려한다.

해답 5. ② 6. ① 7. ③ 8. ④

9 현존하는 우리나라의 목조건축물 중 가장 오래된 것은?

① 봉정사 극락전
② 법주사 팔상전
③ 부석사 무량수전
④ 화엄사 보광대전

해설

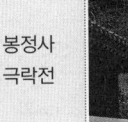
봉정사 극락전

① 통일신라 문무왕 672년 의상대사가 창건 당시 대장전이었던 것이 1368년경 극락전으로 개칭된 것으로 유추되는 현존하는 가장 오래된 목조 건축물이며, 주심포 형식의 맞배지붕 형태이다.

11 극장의 평면형 중 아레나(Arena)형에 관한 설명으로 옳은 것은?

① Picture Frame Stage 라고도 불리운다.
② 무대의 배경을 만들지 않으므로 경제적이다.
③ 연기자가 한 쪽 방향으로만 관객을 대하게 된다.
④ 투시도법을 무대공간에 응용함으로써 하나의 구상화와 같은 느낌이 들게 한다.

해설

①
③ 프로시니엄(Proscenium)형의 특징이다.
④

10 학교 운영방식 중 교과교실형에 관한 설명으로 옳지 않은 것은?

① 교실의 순수율이 높다.
② 학생들의 동선계획에 많은 고려가 필요하다.
③ 시간표 짜기와 담당교사 수 맞추기가 용이하다.
④ 학생 소지품을 두는 곳을 별도로 만들 필요가 있다.

해설

③ 시간표 짜기와 담당교사 수를 맞추기가 용이한 것은 종합교실형이다.

12 다음 설명에 알맞은 도서관의 자료 출납시스템 유형은?

이용자가 직접 서고 내의 서가에서 도서 자료의 제목 정도는 볼 수 있지만 내용을 열람하고자 할 경우 관원에게 대출을 요구해야 하는 형식

① 폐가식
② 반개가식
③ 자유개가식
④ 안전개가식

해설

반개가식(Semi Open Access)

② 출납시설이 필요하지만 서가의 열람이나 감시가 불필요한 특징을 갖는다. 일반적으로 신간 서적 안내에 채택되며, 대량의 도서에는 부적당하다.

해답 9. ① 10. ③ 11. ② 12. ②

13 백화점 매장의 배치 유형에 관한 설명으로 옳지 않은 것은?

① 직각형 배치는 매장면적의 이용률을 최대로 확보할 수 있다.
② 직각형 배치는 고객의 통행량에 따라 통로폭을 조절하기 용이하다.
③ 경사형 배치는 많은 고객이 매장공간의 코너까지 접근하기 용이한 유형이다.
④ 경사형 배치는 Main 통로를 직각 배치하며, Sub 통로를 45° 정도 경사지게 배치하는 유형이다.

해설

백화점: 직각형 매장 배치	
②	판매장이 단조로워지기 쉽고 부분적으로 고객의 통행량에 따른 통로폭 조절이 어려워 국부적 혼란을 일으키기 쉽다.

14 다음 설명에 알맞은 사무소 건축의 코어 유형은?

• 코어와 일체로 한 내진구조가 가능한 유형이다.
• 유효율이 높으며 임대사무소로서 경제적인 계획이 가능하다.

① 편심형   ② 독립형
③ 분리형   ④ 중심형

해설

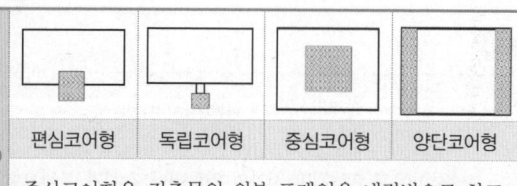

| 편심코어형 | 독립코어형 | 중심코어형 | 양단코어형 |

④ 중심코어형은 건축물의 외부 프레임을 내력벽으로 하고 중앙코어와 일체로 형성 시 내진구조로 만들기 용이하며, 바닥면적이 큰 고층 이상의 사무소 건축에 적합하다.

15 래드번(Radburn) 계획의 5가지 기본 원리로 옳지 않은 것은?

① 기능에 따른 4가지 종류의 도로 구분
② 자동차 통과도로 배제를 위한 슈퍼블록 구성
③ 보도망 형성 및 보도와 차도의 평면적 분리
④ 주택단지 어디로나 통할 수 있는 공동 오픈 스페이스 조성

해설

	Radburn 계획(1928)에서 제시한 기본 원리
1	자동차 통과도로의 배제를 위한 12~20ha의 슈퍼블록(Super Block, 대가구)의 구성
③ 2	기능에 따른 4가지 종류의 도로 구분
3	보도망(Pedestrian Network)의 형성 및 보도와 차도(고가차도)의 입체적 분리
4	쿨데삭(Cul-de-Sac)형의 세가로망 구성에 의해 주택의 거실을 보도 혹은 정원을 향하도록 배치
5	주택단지 어디로든 통할 수 있는 공동의 오픈 스페이스(Open Space)를 조성

16 바실리카식 교회당의 구성에 속하지 않는 것은?

① 아일   ② 파일론
③ 네이브   ④ 나르텍스

해설

바실리카(Basilika)식 교회	
②	 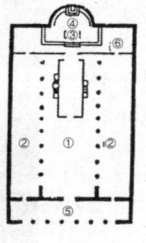 ① 신랑(Nave) ② 측랑(Aisle) ③ 제단(Alter) ④ 앱스(Apse) ⑤ 전실(Narthex) ⑥ 후진(Bema)
	평면도

해답 13. ②   14. ④   15. ③   16. ②

17 사무소 건축에서 오피스 랜드스케이핑에 관한 설명으로 옳지 않은 것은?

① 대형가구 등 소리를 반향시키는 기재의 사용이 어렵다.
② 작업장의 집단을 자유롭게 그루핑하여 불규칙한 평면을 유도한다.
③ 변화하는 작업의 패턴에 따라 조절이 가능하며 신속하고 경제적으로 대처할 수 있다.
④ 개실시스템의 한 형식으로 배치를 의사전달과 작업흐름의 실제적 패턴에 기초를 둔다.

해설

오피스 랜드스케이핑(Office Landscaping)

④ 개실식 평면형이 아닌 개방식 평면형의 하나의 유형이다.

18 은행의 건축계획에 관한 설명으로 옳지 않은 것은?

① 고객이 지나는 동선은 되도록 짧게 한다.
② 직원과 고객의 출입구는 따로 설치하는 것이 좋다.
③ 규모가 큰 건물에 은행을 계획하는 경우, 고객 출입구는 최소 2개소 이상 설치하여야 한다.
④ 일반적으로 출입문은 안여닫이로 하며, 전실을 둘 경우에 바깥문은 밖여닫이 또는 자재문으로 하기도 한다.

해설

③ 규모가 큰 건물에 은행을 계획하는 경우, 출입구가 많으면 도난방지가 곤란하므로 고객출입구는 가급적 1개소로 설치한다.

19 서양 건축양식의 역사적인 순서가 옳게 배열된 것은?

① 로마 ➡ 로마네스크 ➡ 고딕 ➡ 르네상스 ➡ 바로크
② 로마 ➡ 고딕 ➡ 로마네스크 ➡ 르네상스 ➡ 바로크
③ 로마 ➡ 로마네스크 ➡ 고딕 ➡ 바로크 ➡ 르네상스
④ 로마 ➡ 고딕 ➡ 로마네스크 ➡ 바로크 ➡ 르네상스

해설

① 서양건축사 양식 발달 순서: 이집트 - 그리스 - 로마 - 초기 기독교 - 비잔틴 - 로마네스크 - 고딕 - 르네상스 - 바로크 - 로코코

20 자연형 테라스 하우스에 관한 설명으로 옳지 않은 것은?

① 각 세대마다 전용의 정원을 가질 수 있다.
② 하향식이나 상향식 모두 스플릿 레벨이 가능하다.
③ 하향식의 경우 각 세대의 규모를 동일하게 할 수 없다.
④ 일반적으로 후면에 창을 설치할 수 없으므로 각 세대 깊이가 너무 깊지 않도록 한다.

해설

테라스 하우스 (Terrace House)

③ 하향식의 경우 각 세대의 규모를 동일하게 할 수 있다.

해답 17. ④ 18. ③ 19. ① 20. ③

건축계획 2017년 제2회

1 백화점의 진열장 배치에 관한 설명으로 옳지 않은 것은?

① 직각배치는 매장면적의 이용률을 최대로 확보할 수 있다.
② 사행배치는 주통로 이외의 제2통로를 상하교통계를 향해서 45° 사선으로 배치한 것이다.
③ 사행배치는 많은 고객이 매장 구석까지 가기 쉬운 이점이 있으나 이형의 진열장이 필요하다.
④ 자유유선배치는 획일성을 탈피할 수 있으며, 변화와 개성을 추구할 수 있고 시설비가 적게 든다.

해설

	자유유선(유동)배치
④	개성있는 성격을 매장에 부여하므로 매장의 변경 및 이동이 곤란하며, 진열장의 유리케이스가 이형(異形)이 되므로 시설비가 많이 든다.

2 병원건축의 병동 배치형식 중 집중식(Block Type)에 관한 설명으로 옳지 않은 것은?

① 재난 시 환자의 피난이 용이하다.
② 병동에서의 조망을 확보할 수 있다.
③ 대지를 효과적으로 이용할 수 있다.
④ 공조설비가 필요하게 되어 설비비가 높다.

해설

	집중식(Block Type) 병원건축
①	도심지에 주로 적용하여 대지 이용의 효율성을 높인 고층집약식 배치형식이므로 재난 시 환자의 피난이 분관식에 비해 불리해진다.

3 호텔 건축에 관한 설명으로 옳은 것은?

① 호텔의 동선에서 물품동선과 고객동선은 교차시키는 것이 좋다.
② 프런트 오피스는 수평동선이 수직동선으로 전이되는 공간이다.
③ 현관은 퍼블릭 스페이스의 중심으로 로비, 라운지와 분리하지 않고 통합시킨다.
④ 주식당은 숙박객 및 외래객을 대상으로 하며, 외래객이 편리하게 이용할 수 있도록 출입구를 별도로 설치하는 것이 좋다.

해설

①	호텔의 동선에서 물품동선과 고객동선은 교차시키지 않는다.
②	프런트 오피스는 고객의 확인, 객실의 접수 및 배치, 숙박료의 결정, 귀중품의 예치 등을 행하는 사무공간이며, 수평동선이 수직동선으로 전이되는 공간은 로비(Lobby)이다.
③	호텔 현관은 외부 접객장소로서 로비, 라운지와 분리한다.

4 공장건축의 레이아웃(Layout)에 관한 설명으로 옳지 않은 것은?

① 제품중심의 레이아웃은 대량생산에 유리하며 생산성이 높다.
② 레이아웃은 장래 공장규모의 변화에 대응한 융통성이 있어야 한다.
③ 공정중심의 레이아웃은 다품종 소량생산이나 주문생산에 적합한 형식이다.
④ 고정식 레이아웃은 기능이 동일하거나 비슷한 공정, 기계를 접합하여 배치하는 방식이다.

해설

④	고정식 레이아웃은 조선소와 같이 조립부품이 고정된 장소에 있고 사람과 기계를 이동시키며 작업을 행하는 방식이다.

해답 1. ④ 2. ① 3. ④ 4. ④

5 다음의 건축물과 양식의 연결이 옳지 않은 것은?

① 판테온 - 로마 양식
② 파르테논 신전 - 그리스 양식
③ 성 소피아 성당 - 비잔틴 양식
④ 노트르담 성당 - 로마네스크 양식

해설

④ 고딕(Gothic, 1150~1500)

노트르담 성당(1163) - 프랑스 고딕(Gothic) 양식

6 다음의 주요 사례에서 전시공간의 융통성을 가장 많이 부여하고 있는 것은?

① 과천 현대 미술관   ② 파리 퐁피두 센터
③ 파리 루브르 박물관   ④ 뉴욕 구겐하임 미술관

해설

퐁피두 센터 (Centre Pompidou)

② 리차드 로저스(Richard Rodgers)가 설계한 프랑스 파리의 건축물이며 설계 개념은 Flexibility(공간의 융통성)로서 공간 내 자유로운 내부 변경이 가능하여 다양한 전시공간의 요구에 따른 변화의 요구에 대응하는 가변적인 융통성을 극대화시킨 건축물이다.

7 주거단지의 도로 형식에 관한 설명으로 옳지 않은 것은?

① 격자형은 가로망의 형태가 단순·명료하고, 가구 및 획지 구성상 택지의 이용 효율이 높다.
② 쿨데삭(Cul-de-Sac)형은 각 가구와 관계없는 자동차의 진입을 방지할 수 있다는 장점이 있다.
③ 루프(Loop)형은 우회도로가 없는 쿨데삭형의 결점을 개량하여 만든 패턴으로 도로율이 높아지는 단점이 있다.
④ T자형은 도로의 교차방식을 주로 T자 교차로 한 형태로 통행거리가 짧아 보행자전용도로와의 병용이 불필요하다.

해설

격자형	T자형	Cul-de-Sac	Loop형

④

	T자형 도로 형식
1	도로 교차방식이 주로 T자형으로 발생하여 격자형이 갖는 택지의 효율성을 강조한 도로
2	지구 내 통과교통 배제 및 주행속도 감소효과가 있지만 보행거리가 증가하므로 보행자전용도로와 병용하면 효과가 좋다.

8 능률적인 작업 용량으로서 10만 권을 수장할 도서관 서고의 면적으로 가장 알맞은 것은?

① 350m²   ② 500m²
③ 800m²   ④ 950m²

해설

서고 바닥면적 1m² 당 150 ~ 250권

② 100,000권 ÷ 150 ~ 250권/m² = 667 ~ 400m²

해답 5. ④ 6. ② 7. ④ 8. ②

① 바이블 과목별 기출문제

9 백화점 계획에서 매장부분의 외관을 무창으로 하는 이유로 옳지 않은 것은?

① 실내의 조도를 일정하게 하기 위해서
② 벽면에 상품 전시공간을 확보하기 위해서
③ 인접건물의 화재 시 백화점으로의 인화를 방지하기 위해서
④ 창으로부터의 역광이 없도록 하여 디스플레이(Display)를 유리하게 하기 위해서

해설

무창(無窓) 백화점	실내 진열면을 늘리거나 실내 조도를 일정하게 유지하기 위해 백화점 외벽을 창이 없게 처리하는 방법이다.

③ 창으로부터의 역광이 없도록 하여 디스플레이(Display)가 유리해지며 외부 벽면에 상품 전시공간의 확보가 가능하지만, 화재나 정전 시 매장 내의 고객들이 큰 혼란에 처할 우려가 있다.

10 사무소 건축에서 엘리베이터 계획 시 고려사항으로 옳지 않은 것은?

① 수량 계산 시 대상 건축물의 교통수요량에 적합해야 한다.
② 승객의 층별 대기시간은 평균운전간격 이상이 되도록 한다.
③ 군관리운전의 경우 동일 군 내의 서비스 층은 같게 한다.
④ 초고층, 대규모 빌딩인 경우는 서비스 그룹을 분할(조닝)하는 것을 검토한다.

해설

엘리베이터 평균대기시간(=평균운전간격)	평균대기시간 = $\dfrac{\text{일주시간(RTT)}}{\text{대수(N)}}$

② 엘리베이터 서비스 수준을 질적으로 나타내는 것으로, 승객의 대기시간은 평균운전간격 이하가 되도록 계획되어야 한다.

11 사무소건축의 기준층 평면형태 결정 요소와 가장 거리가 먼 것은?

① 방화구획상 면적
② 구조상 스팬의 한도
③ 대피상 최소 피난거리
④ 덕트, 배선, 배관 등 설비 시스템상의 한계

해설

	사무소건축 기준층 평면의 형태 한정 요소
1	구조상 스팬(Span)의 한도 ➡ 사용 목적
2	동선상(動線上)의 거리, 대피상 최대 피난거리
3	방화구획상의 면적
4	자연광에 따른 조명한계 ➡ 채광률
5	덕트, 배선, 배관 등 설비시스템상의 한계

12 극장의 프로시니엄에 관한 설명으로 옳은 것은?

① 무대배경용 벽을 말하며 쿠펠 호리존트라고도 한다.
② 조명기구나 사이클로라마를 설치한 연기부분 무대의 후면 부분을 일컫는다.
③ 무대의 천장 밑에 설치되는 것으로 배경이나 조명기구 등을 매다는데 사용된다.
④ 그림에 있어서 액자와 같이 관객의 시선을 무대에 쏠리게 하는 시각적 효과를 갖는다.

해설

①	사이클로라마(Cyclorama)에 관한 설명이다.
②	후무대(Back Stage)에 관한 설명으로 의상실, 그린 룸, 앤티 룸, 프롬프터 박스 등이 배치된다.
③	그리드 아이언(Grid Iron)에 관한 설명이다.

해답 9. ③   10. ②   11. ③   12. ④

13 건축공간의 치수계획에서 "압박감을 느끼지 않을 만큼의 천장높이 결정"은 다음 중 어디에 해당하는가?

① 물리적 스케일
② 생리적 스케일
③ 심리적 스케일
④ 입면적 스케일

해설

	건축공간의 치수(Scale, 스케일)	
③	물리적 Scale	출입구의 크기가 인간이나 물체의 물리적 크기에 의해 결정되는 치수
	생리적 Scale	실내의 창문 크기가 필요환기량으로 결정되는 경우와 같은 치수
	심리적 Scale	압박감을 느끼지 않을 정도에서 천장의 높이가 결정되는 경우와 같은 치수

14 한국건축에 관한 설명으로 옳지 않은 것은?

① 대부분의 한국건축은 인간적 척도 개념을 나타내는 특징이 있다.
② 기둥의 안쏠림으로 건축의 외관에 시지각적인 안정감을 느끼게 하였다.
③ 한국건축은 서양건축과 달리 박공면이 정면이 되고 지붕면이 측면이 된다.
④ 한국건축은 공간의 위계성이 있어 각 공간의 관계가 주(主)와 종(從)의 관계를 갖는다.

해설

③ 한국건축은 서양건축과 달리 박공면이 측면이 되고 지붕면이 정면이 된다.

15 2층 단독주택에서 1층에 부모가, 2층에 자녀들이 거주할 경우 가족의 단란에 가장 영향을 줄 수 있는 요소는?

① 계단의 배치
② 침실의 방위
③ 건물의 층고
④ 식당과 부엌의 연결 방법

해설

① 가족의 단란은 거실(Living Room)에서 비롯된다. 상층의 공간과 하층의 공간을 연결하는 계단(Stairs)의 의미로 볼 때 가족의 단란한 생활을 영위하는 것에 대해 가장 영향을 줄 수 있는 요소가 될 것이다.

16 학교 운영방식 중 플래툰형에 관한 설명으로 옳은 것은?

① 교실수는 학급수와 동일하다.
② 초등학교 저학년에 가장 적합한 형식이다.
③ 교과담임제와 학급담임제를 병용할 수 있는 형식이다.
④ 모든 교실이 특정한 교과 수업을 위해 만들어진 형식으로, 일반교실은 없다.

해설

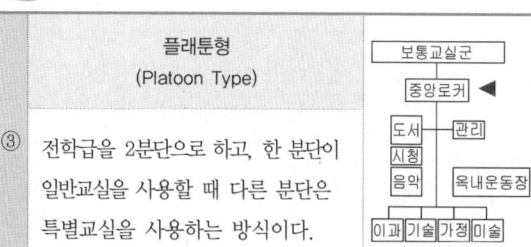

③ 플래툰형 (Platoon Type) : 전학급을 2분단으로 하고, 한 분단이 일반교실을 사용할 때 다른 분단은 특별교실을 사용하는 방식이다.

해답 13. ③ 14. ③ 15. ① 16. ③

17 초기 기독교 시기의 바실리카 양식의 본당의 평면도에서 회랑의 중앙 부분을 나타내는 용어는?

① 아일(Aisle)
② 네이브(Nave)
③ 아트리움(Atrium)
④ 페디먼트(Pediment)

해설

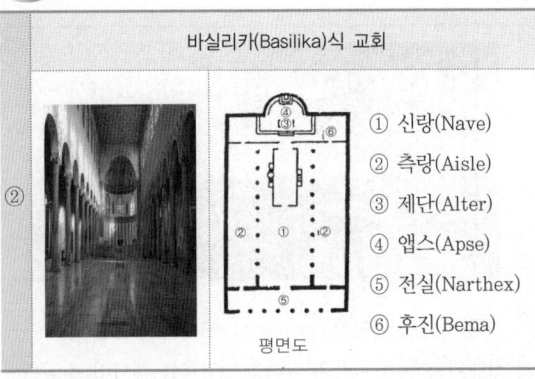

바실리카(Basilika)식 교회
① 신랑(Nave)
② 측랑(Aisle)
③ 제단(Alter)
④ 앱스(Apse)
⑤ 전실(Narthex)
⑥ 후진(Bema)
평면도

18 극장에서 인형극이나 아동극 및 연극과 같이 배우의 표정과 동작을 자세히 감상할 필요가 있는 공연에 적합한 가시거리의 한계는?

① 10m ② 15m
③ 22m ④ 38m

해설

	관객석의 가시거리 허용한도	
②	1	A구역: 15m	배우의 표정이나 동작을 상세히 감상할 수 있는 거리(인형극, 아동극)
	2	1차 허용한도: 22m	될 수 있는 한 많은 관객을 수용하기 위한 적당한 가시거리(국악, 신극, 실내악)
	3	2차 허용한도: 35m	배우의 일반적인 동작만 보이면 감상하는데 지장이 없는 거리(발레, 뮤지컬 등)

19 아파트의 평면형식 중 계단실형에 관한 설명으로 옳은 것은?

① 대지에 대한 이용률이 가장 높은 유형이다.
② 통행을 위한 공용면적이 크므로 건물의 이용도가 낮다.
③ 각 세대가 양쪽으로 개구부를 계획할 수 있는 관계로 통풍이 양호하다.
④ 엘리베이터를 공용으로 사용하는 세대가 많으므로 엘리베이터의 효율이 높다.

해설

①	대지에 대한 이용률이 가장 높은 아파트 평면유형은 집중형(Concentration Type)이다.
②	통행을 위한 공용면적이 작으므로 건물의 이용도가 높다.
④	엘리베이터를 공용으로 사용하는 세대가 적으므로 엘리베이터의 효율이 낮다.

20 일반주택의 동선계획에 관한 설명으로 옳지 않은 것은?

① 하중이 큰 가사노동의 동선은 길게 처리한다.
② 동선에는 공간이 필요하고 가구를 둘 수 없다.
③ 일반적으로 동선의 3요소라 함은 속도, 빈도, 하중을 의미한다.
④ 개인, 사회, 가사노동권의 3개 동선은 서로 분리하는 것이 바람직하다.

해설

동선의 3요소		
①	속도	얼마나 빠를 수 있느냐의 정도
	빈도	얼마나 많이 통행하느냐의 정도(공간적 두께)
	하중	동선을 따라 이동하는 대상이 어느 정도의 무게감을 가졌느냐의 정도

해답 17. ② 18. ② 19. ③ 20. ①

건축계획 2017년 제4회

1 극장건축에서 무대의 제일 뒤에 설치되는 무대 배경용의 벽을 나타내는 용어는?

① 프로시니엄
② 사이클로라마
③ 플라이 로프트
④ 그리드 아이언

해설

사이클로라마 (Cyclorama) — 무대의 제일 뒤에 설치되는 무대 배경용 벽이다.

2 주택단지 안의 건축물에 설치하는 계단의 유효폭은 최소 얼마 이상이어야 하는가? (단, 공동으로 사용하는 계단의 경우)

① 90cm
② 120cm
③ 150cm
④ 180cm

해설

주택법령상의 주택건설기준

② 주택단지 안의 건축물 또는 옥외에 설치하는 계단 중 공동으로 사용하는 계단의 유효폭은 최소 120cm 이상으로 한다.

3 학교 운영방식에 관한 설명으로 옳지 않은 것은?

① 달톤형은 다양한 크기의 교실이 요구된다.
② 교과교실형은 각 교과교실의 순수율이 낮다는 단점이 있다.
③ 플래툰형은 교사 수 및 시설이 부족하면 운영이 곤란하다는 단점이 있다.
④ 종합교실형은 학생의 이동이 없으며, 초등학교 저학년에 적합한 형식이다.

해설

② 교과교실형 — 모든 교실이 특정교과를 위해 만들어지고 일반교실은 없으므로 교실의 기능적인 순수율을 가장 높일 수 있는 형식이다.

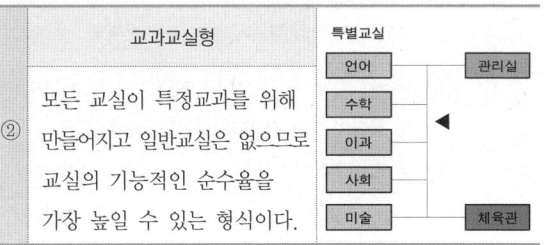

4 사무소 건축의 실단위 계획에 관한 설명으로 틀린 것은?

① 개실 시스템은 독립성과 쾌적감의 이점이 있다.
② 개방식 배치는 전 면적을 유용하게 이용할 수 있다.
③ 개방식 배치는 개실 시스템보다 공사비가 저렴하다.
④ 개실 시스템은 연속된 긴 복도로 인해 방 깊이에 변화를 주기가 용이하다.

해설

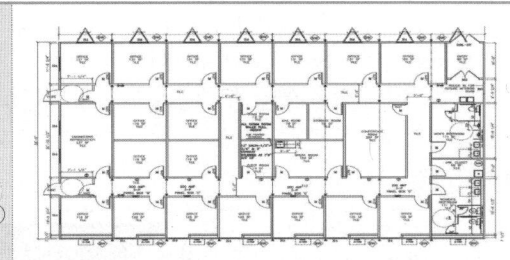

개실(個室) 시스템(Cellular Type)

④ 연속된 긴 복도로 인해 방 길이에는 변화를 줄 수 있으나 방 깊이에는 변화를 주기가 곤란하다.

해답 1.② 2.② 3.② 4.④

5 주택의 평면과 각 부위의 치수 및 기준척도에 관한 설명으로 옳지 않은 것은?

① 치수 및 기준척도는 안목치수를 원칙으로 한다.
② 거실 및 침실의 평면 각 변의 길이는 10cm를 단위로 한 것을 기준척도로 한다.
③ 거실 및 침실의 층높이는 2.4m 이상으로 하되, 5cm를 단위로 한 것을 기준척도로 한다.
④ 계단 및 계단참의 평면 각 변의 길이 또는 너비는 5cm를 단위로 한 것을 기준척도로 한다.

해설

	주택건설기준 등에 관한 규칙 제3조: 주택의 평면과 각 부위의 치수 및 기준척도
1	치수 및 기준척도는 안목치수를 원칙으로 한다.
② 2	거실 및 침실의 평면 각 변의 길이는 5cm를 단위로 한 것을 기준척도로 한다.
3	부엌·식당·욕실·화장실·복도·계단 및 계단참 등의 평면 각 변의 길이 또는 너비는 5cm를 단위로 한 것을 기준척도로 한다.
4	거실·침실의 반자높이는 2.2m 이상, 층높이는 2.4m 이상으로 하되 각각 5cm를 단위로 한 것을 기준척도로 한다.

6 메조넷형(Maisonette Type) 공동주택에 관한 설명으로 옳지 않은 것은?

① 주택 내의 공간의 변화가 있다.
② 거주성, 특히 프라이버시가 높다.
③ 소규모 단위평면에 적합한 유형이다.
④ 양면 개구에 따른 통풍 및 채광 확보가 양호하다.

해설

	메조넷형 (Maisonette Type)	
③	하나의 주거단위가 복층형식을 취하는 경우이므로 주거단위 면적의 규모가 커야 한다.	

7 고대 이집트의 분묘 건축 형태에 속하지 않는 것은?

① 인술라   ② 피라미드
③ 암굴분묘   ④ 마스타바

해설

① 고대 이집트 분묘 건축: 마스타바, 피라미드, 암굴분묘
고대 로마 주거건축: 인술라, 도무스, 빌라

8 쇼핑센터에서 고객의 주 보행동선으로서 중심상점과 각 전문점에서의 출입이 이루어지는 곳은?

① 몰(Mall)
② 코트(Court)
③ 터미널(Terminal)
④ 페데스트리언 지대(Pedestrian Area)

해설

① 몰(Mall)
층 외로 개방된 오픈 몰(Open Mall)과 닫힌 실내공간으로 형성된 인클로즈드 몰(Enclosed Mall)이 있다.

해답 5. ② 6. ③ 7. ① 8. ①

9 극장의 평면 형식 중 아레나형에 관한 설명으로 옳지 않은 것은?

① 무대의 배경을 만들지 않으므로 경제성이 있다.
② 무대의 장치나 소품은 주로 낮은 가구들로 구성된다.
③ 연기는 한정된 액자 속에서 나타나는 구상화의 느낌을 준다.
④ 가까운 거리에서 관람하면서 가장 많은 관객을 수용할 수 있다.

해설

③ 프로시니엄(Proscenium)형의 특징이다.

10 미술관 전시실의 순회형식에 관한 설명으로 옳은 것은?

① 연속순회형식은 각 실에 직접 들어갈 수 있다는 장점이 있다.
② 갤러리 및 코리도 형식은 하나의 실을 폐쇄하면 전체 동선이 막히게 되는 단점이 있다.
③ 연속순회형식은 연속된 전시실의 한쪽 복도에 의해서 각 실을 배치한 형식이다.
④ 중앙홀형식에서 중앙홀을 크게 하면 동선의 혼란은 없으나 장래의 확장에는 다소 무리가 따른다.

해설

① 갤러리(Gallery) 및 코리도(Corridor) 형식은 각 실에 직접 들어갈 수 있는 장점이 있으며 필요시에는 독립적으로 각 실을 폐쇄할 수 있다.
② 연속순회(=연속순로)형식은 하나의 실을 폐쇄하면 전체 동선이 막히게 되는 단점이 있다.
③ 갤러리(Gallery) 및 코리도(Corridor) 형식은 연속된 전시실의 한쪽 복도에 의해서 각 실을 배치한 형식이다.

11 도서관 출납 시스템에 관한 설명으로 옳지 않은 것은?

① 자유개가식은 책 내용의 파악 및 선택이 자유롭다.
② 자유개가식은 서가의 정리가 잘 안되면 혼란스럽게 된다.
③ 폐가식은 규모가 큰 도서관의 독립된 서고의 경우에 채용한다.
④ 폐가식은 서가나 열람실에서 감시가 필요하나 대출절차가 간단하여 관원의 작업량이 적다.

해설

④ 폐가식(Closed Access)
열람자가 책의 목록에 의해 책을 선택하여 관원에게 대출기록을 제출한 후 대출받는 형식으로 대출절차가 복잡하고 관원의 작업량이 많게 된다.

12 다음 중 기계 공장의 지붕을 톱날형으로 하는 이유로 가장 적당한 것은?

① 모양이 좋다.
② 소음이 줄어든다.
③ 빗물 처리가 용이하다.
④ 균일한 조도를 얻을 수 있다.

해설

④

톱날형 지붕

채광창을 북향으로 하면 하루 종일 변함없는 조도를 얻을 수 있으므로 작업능률이 향상된다.

해답 9. ③   10. ④   11. ④   12. ④

13 병원건축의 형식 중 분관식(Pavilion Type)에 관한 설명으로 옳은 것은?

① 저층 분산형의 형태이다.
② 각 병실의 채광 및 통풍 조건이 불리하다.
③ 환자의 이동은 주로 에스컬레이터를 이용한다.
④ 외래부, 부속진료부는 저층부에, 병동은 고층부에 배치한다.

해설

① 분관식(Pavilion Type)
3층 정도의 평면 분산식으로 각 병실마다 채광 및 통풍 조건과 같은 자연환경 조건이 균등하게 된다.

14 주택의 거실 계획에 관한 설명으로 옳지 않은 것은?

① 거실에서 문이 열린 침실의 내부가 보이지 않게 한다.
② 거실이 다른 공간들을 연결하는 단순한 통로의 역할이 되지 않도록 한다.
③ 거실의 출입구에서 의자나 소파에 앉을 경우 동선이 차단되지 않도록 한다.
④ 일반적으로 전체 연면적의 10~15% 정도의 규모로 계획하는 것이 바람직하다.

해설

④ 주택의 거실은 일반적으로 전체 연면적의 25% 정도의 규모로 계획하는 것이 바람직하다.

15 다음 건축물 중 익공식(翼工式)에 속하는 것은?

① 강릉 오죽헌   ② 서울 동대문
③ 봉정사 대웅전 ④ 무위사 극락전

해설

① 강릉 오죽헌 ➡ 익공식   ② 서울 동대문 ➡ 다포식

③ 봉정사 대웅전 ➡ 다포식   ④ 무위사 극락전 ➡ 주심포식

16 사무소 건축의 엘리베이터 계획에 관한 설명으로 옳지 않은 것은?

① 대면배치에서 대면거리는 동일 군 관리의 경우는 3.5 ~ 4.5m로 한다.
② 여러 대의 엘리베이터를 설치하는 경우, 그룹별 배치와 군 관리 운전방식으로 한다.
③ 일렬배치는 8대를 한도로 하고, 엘리베이터 중심간 거리는 8m 이하가 되도록 한다.
④ 엘리베이터 홀은 엘리베이터 정원 합계의 50% 정도를 수용할 수 있어야 하며, 1인당 점유 면적은 0.5 ~ 0.8m² 로 계산한다.

해설

③ 사무소의 엘리베이터는 공간활용상 4대 이하는 직선배치, 5대 이상은 알코브형 배치 또는 대면배치가 효과적이다.

17 불사 건축의 진입방법에서 누하진입 방식을 취한 것은?

① 부석사　　② 통도사
③ 화엄사　　④ 범어사

해설

누하진입(樓下進入) 방식

경사진 지형에 조성된 사찰에서 누각 아래를 통한 전이 공간(轉移空間) 역할의 진입방식을 말하며, 경북 영주에 소재한 부석사가 대표적인 건축 실례를 보인다.

18 다음 중 리조트 호텔에 속하지 않는 것은?

① 해변호텔(Beach Hotel)
② 부두호텔(Harbor Hotel)
③ 산장호텔(Mountain Hotel)
④ 클럽 하우스(Club House)

해설

시티 호텔 (City Hotel)	• 커머셜(Commercial) 호텔 • 레지덴셜(Residential) 호텔 • 아파트먼트(Apartment) 호텔 • 터미널(Terminal) 호텔 　➡ 철도역 호텔(Station Hotel) 　➡ 부두 호텔(Harbor Hotel) 　➡ 공항 호텔(Airport Hotel)
리조트 호텔 (Resort Hotel)	• 해변(Beach) 호텔 • 산장(Mountain) 호텔 • 스포츠(Sport) 호텔 • 온천(Hot Spring) 호텔 • 클럽 하우스(Club House)

19 은행의 주출입구에 관한 설명으로 옳지 않은 것은?

① 겨울철의 방풍을 위해 방풍실을 설치하는 것이 좋다.
② 내부와 면한 출입문은 도난방지상 바깥여닫이로 하는 것이 좋다.
③ 이중문을 설치하는 경우, 바깥문은 바깥여닫이 또는 자재문으로 계획할 수 있다.
④ 어린이들의 출입이 많은 곳에서는 안전을 고려하여 회전문 설치를 배제하는 것이 좋다.

해설

일반적으로 은행 현관 출입문은 도난방지상 안여닫이로 하는 것이 좋다.

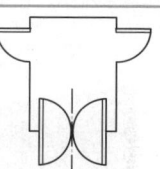

20 페리(C. A. Perry)의 근린주구에 관한 설명으로 옳지 않은 것은?

① 경계 : 4면의 간선도로에 의해 구획
② 지구 내 상업시설 : 지구 중심에 집중하여 배치
③ 오픈 스페이스 : 주민의 일상생활 요구를 충족시키기 위한 소공원과 위락공간체계
④ 지구 내 가로체계 : 내부 가로망은 단지 내의 교통량을 원활히 처리하고 통과 교통을 방지

해설

페리(C.A.Perry, 1872~1944)

페리의 근린주구(1935) 이론에서 지구 내 상업시설은 주거지 내의 교통의 결절점(Node)이나 인접 근린주구 내의 비슷한 지구 부근에 설치되어야 한다.

해답　17. ①　18. ②　19. ②　20. ②

건축계획 2018년 제1회

1 도서관의 출납시스템 유형 중 이용자가 자유롭게 도서를 꺼낼 수 있으나 열람석으로 가기 전에 관원의 검열을 받는 형식은?

① 폐가식 ② 반개가식
③ 자유개가식 ④ 안전개가식

해설

자유개가식: 이용자가 서가에서 자유롭게 자료를 찾고 열람

안전개가식: 이용자가 서가에서 자유롭게 자료를 찾고, 책을 꺼내고 넣을 수 있지만 열람에 있어서는 직원의 체크를 필요로 한다.

2 쇼핑센터의 몰(Mall)의 계획에 관한 설명으로 옳지 않은 것은?

① 전문점들과 중심상점의 주출입구는 몰에 면하도록 한다.
② 몰에는 자연광을 끌어들여 외부공간과 같은 성격을 갖게 하는 것이 좋다.
③ 다층으로 계획할 경우, 시야의 개방감을 적극적으로 고려하는 것이 좋다.
④ 중심상점들 사이의 몰의 길이는 150m를 초과하지 않아야 하며, 길이 40~50m 마다 변화를 주는 것이 바람직하다.

해설

④ 중심상점들 사이의 몰의 길이는 240m를 초과하지 않아야 하며, 길이 20~30m 마다 변화를 주는 것이 바람직하다.

3 연극을 감상하는 경우 배우의 표정이나 동작을 상세히 감상할 수 있는 시각 한계는?

① 3m ② 5m
③ 10m ④ 15m

해설

관객석의 가시거리 허용한도

1	A구역: 15m	배우의 표정이나 동작을 상세히 감상할 수 있는 거리(인형극, 아동극)
④ 2	1차 허용한도: 22m	될 수 있는 한 많은 관객을 수용하기 위한 적당한 가시거리(국악, 신극, 실내악)
3	2차 허용한도: 35m	배우의 일반적인 동작만 보이면 감상하는데 지장이 없는 거리(발레, 뮤지컬 등)

4 학교의 강당 계획에 관한 설명으로 옳지 않은 것은?

① 체육관의 크기는 배구코트의 크기를 표준으로 한다.
② 강당은 반드시 전교생을 수용할 수 있도록 크기를 결정하지는 않는다.
③ 강당 및 체육관으로 겸용하게 될 경우 체육관 목적으로 치중하는 것이 좋다.
④ 강당 겸 체육관은 커뮤니티의 시설로서 이용될 수 있도록 고려하여야 한다.

해설

	체육관의 크기	
①	최소 400m²의 농구코트를 둘 수 있는 크기가 필요하다.	

해답 1. ④ 2. ④ 3. ④ 4. ①

5 사무소건축에서 기둥 간격(Span)의 결정 요소와 가장 관계가 먼 것은?

① 건물의 외관 ② 주차배치의 단위
③ 책상배치의 단위 ④ 채광상 층고에 따른 안깊이

해설

① 사무소건축 기둥 간격 결정 요소

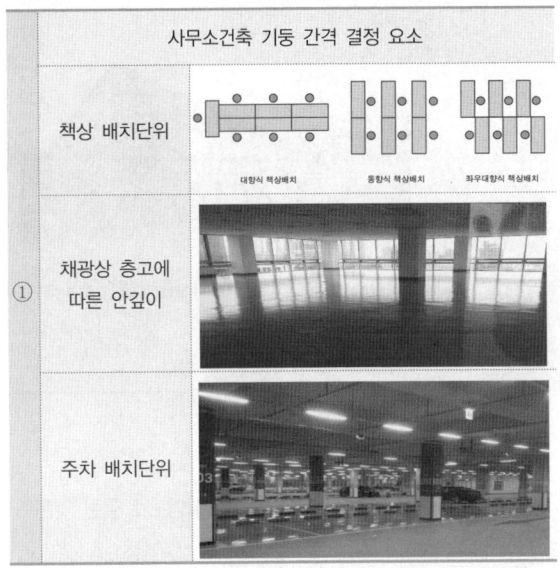

책상 배치단위	대향식 책상배치 / 동향식 책상배치 / 좌우대향식 책상배치
채광상 층고에 따른 안깊이	
주차 배치단위	

6 건축양식의 시대적 순서가 가장 올바르게 나열된 것은?

㉠ 로마네스크 ㉡ 바로크 ㉢ 고딕
㉣ 르네상스 ㉤ 비잔틴

① ㉠ ➡ ㉢ ➡ ㉣ ➡ ㉡ ➡ ㉤
② ㉠ ➡ ㉢ ➡ ㉣ ➡ ㉤ ➡ ㉡
③ ㉤ ➡ ㉣ ➡ ㉢ ➡ ㉠ ➡ ㉡
④ ㉤ ➡ ㉠ ➡ ㉢ ➡ ㉣ ➡ ㉡

해설

④ 서양건축사 양식발달 순서: 이집트 ➡ 그리스 ➡ 로마 ➡ 초기 기독교 ➡ 비잔틴 ➡ 로마네스크 ➡ 고딕 ➡ 르네상스 ➡ 바로크 ➡ 로코코

7 아파트의 평면형식에 관한 설명으로 옳지 않은 것은?

① 중복도형은 모든 세대의 향을 동일하게 할 수 없다.
② 편복도형은 각 세대의 거주성이 균일한 배치 구성이 가능하다.
③ 홀형은 각 세대가 양쪽으로 개구부를 계획할 수 있는 관계로 일조와 통풍이 양호하다.
④ 집중형은 공용 부분이 오픈되어 있으므로, 공용 부분에 별도의 기계적 설비계획이 필요없다.

해설

④ 집중형(Concentration Type)

공용부분이 오픈되어 있으므로 복도 부분의 환기와 같은 문제점을 해결하기 위해 고도의 설비시설을 해야 한다.

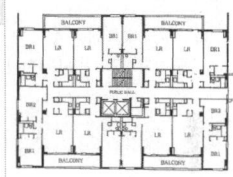

8 고대 로마 건축에 대한 설명 중 옳지 않은 것은?

① 인술라(Insula)는 다층의 집합주거 건물이다.
② 콜로세움의 1층에는 도릭 오더가 사용되었다.
③ 바실리카 울피아는 황제를 위한 신전으로 배럴 볼트가 사용되었다.
④ 판테온은 거대한 돔을 얹은 로툰다와 대형 열주 현관이라는 두 주된 구성 요소로 이루어진다.

해설

③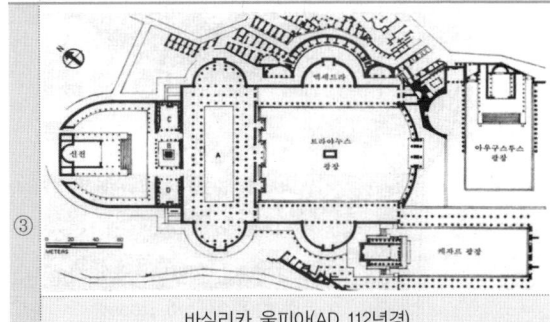

바실리카 울피아(AD 112년경)

트라야누스 광장의 일부분으로 그 기능은 상업, 법, 행정 등 다양한 업무를 위한 공간으로 이용되었다.

해답 5. ① 6. ④ 7. ④ 8. ③

9 사무소 건축의 엘리베이터 설치 계획에 관한 설명으로 옳지 않은 것은?

① 군관리운전의 경우 동일 군 내의 서비스층은 같게 한다.
② 승객의 층별 대기시간은 평균운전간격 이상이 되게 한다.
③ 서비스를 균일하게 할 수 있도록 건축물 중심부에 설치하는 것이 좋다.
④ 건축물의 출입층이 2개 층이 되는 경우는 각각의 교통수요량 이상이 되도록 한다.

해설

엘리베이터 평균대기시간(=평균운전간격)	평균대기시간 = $\dfrac{\text{일주시간(RTT)}}{\text{대수(N)}}$

② 엘리베이터 서비스 수준을 질적으로 나타내는 것으로, 승객의 대기시간은 평균운전간격 이하가 되도록 계획되어야 한다.

11 다음 중 모듈 시스템의 적용이 가장 부적절한 것은?

① 극장   ② 학교   ③ 도서관   ④ 사무소

해설

모듈 (Module)	인간의 생활이나 동작을 바탕으로 한 치수상의 기준단위를 의미한다.
① 모듈 시스템 (Module System)	

집합주택, 사무소, 학교, 도서관, 병원, 공장 등의 기둥 간격이 일정한 평면을 갖는 건축물에서 융통성 있게 적용될 수 있다.

10 다음 중 일반적으로 연면적에 대한 숙박 관계 부분의 비율이 가장 큰 호텔은?

① 해변 호텔   ② 리조트 호텔
③ 커머셜 호텔   ④ 레지덴셜 호텔

해설

③

시티 호텔 (City Hotel)	• 커머셜(Commercial) 호텔 • 레지덴셜(Residential) 호텔 • 아파트먼트(Apartment) 호텔 • 터미널(Terminal) 호텔
리조트 호텔 (Resort Hotel)	• 해변(Beach) 호텔 • 산장(Mountain) 호텔 • 스포츠(Sport) 호텔 • 온천(Hot Spring) 호텔 • 클럽 하우스(Club House)

Hotel 호텔 연면적에 대한 숙박면적의 비율
커머셜 호텔 > 레지덴셜 호텔 > 리조트 호텔 > 아파트먼트 호텔

12 공장건축의 레이아웃 계획에 관한 설명으로 틀린 것은?

① 플랜트 레이아웃은 공장건축의 기본설계와 병행하여 이루어진다.
② 고정식 레이아웃은 조선소와 같이 제품이 크고 수량이 적을 경우에 적용된다.
③ 다품종 소량생산이나 주문생산 위주의 공장에는 공정중심의 레이아웃이 적합하다.
④ 레이아웃 계획은 작업장 내의 기계설비 배치에 관한 것으로 공장 규모 변화에 따른 융통성은 고려대상이 아니다.

해설

④

레이아웃 (Layout)	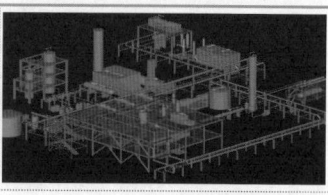

작업장 내의 기계설비, 작업자의 작업구역, 재료 및 제품을 두는 곳 등 상호 위치관계를 규명하는 것이므로 장래 공장 규모의 변화에 대응하는 융통성(Flexibility)이 있어야 한다.

해답 9. ② 10. ③ 11. ① 12. ④

13 다음과 같은 특징을 갖는 부엌의 평면형은?

- 작업 시 몸을 앞뒤로 바꾸어야 하는 불편이 있다.
- 식당과 부엌이 개방되지 않고 외부로 통하는 출입구가 필요한 경우에 많이 쓰인다.

① 일렬형　　② ㄱ자형
③ 병렬형　　④ ㄷ자형

해설

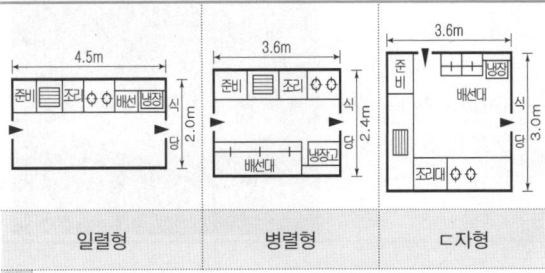

③ 병렬형에 대한 설명으로 일렬형에 비해 작업동선이 단축되는 특징이 있다.

14 다음 중 다포 양식의 건축물이 아닌 것은?

① 내소사 대웅전　　② 경복궁 근정전
③ 전등사 대웅전　　④ 무위사 극락전

해설

④ 무위사 극락전(전라남도 강진군 성전면 월하리 소재)

세종 12년(1430)에 건립된 정면 3칸, 측면 3칸, 맞배지붕 형식의 조선 초기 주심포 양식의 불전이다.

15 현장감을 가장 실감나게 표현하는 방법으로 하나의 사실 또는 주제의 시간 상황을 고정시켜 연출하는 것으로 현장에 임한 느낌을 주는 특수 전시기법은?

① 디오라마 전시　　② 파노라마 전시
③ 하모니카 전시　　④ 아일랜드 전시

해설

디오라마(Diorama) 전시기법

① 뒤에 그림이나 사진이 비추어진 것을 뜻하며, 하나의 사실 또는 주제의 시간상황을 고정시켜 연출하는 것으로 관람자가 현장에 임한 듯한 느낌을 가지고 관찰할 수 있는 특수 전시기법이다.

16 종합병원의 건축계획에 대한 설명 중 옳지 않은 것은?

① 부속진료부는 외래환자 및 입원환자 모두가 이용하는 곳이다.
② 간호사 대기소는 각 간호단위 또는 각 층 및 동별로 설치한다.
③ 집중식 병원건축에서 부속진료부와 외래부는 주로 건물의 저층부에 구성된다.
④ 외래진료부의 운영방식에 있어서 미국의 경우는 대개 클로즈드 시스템인데 비하여, 우리나라는 오픈 시스템이다.

해설

④ 외래진료부의 운영방식에 있어서 미국의 경우는 대개 오픈 시스템(Open System)인데 비하여 한국은 대규모의 각종 과를 필요로 하는 클로즈드 시스템(Closed System)이다.

해답　13. ③　14. ④　15. ①　16. ④

17 상점 정면(Facade) 구성에 요구되는 5가지 광고요소 (AIDMA 법칙)에 속하지 않는 것은?

① Attention(주의)   ② Identity(개성)
③ Desire(욕구)   ④ Memory(기억)

해설

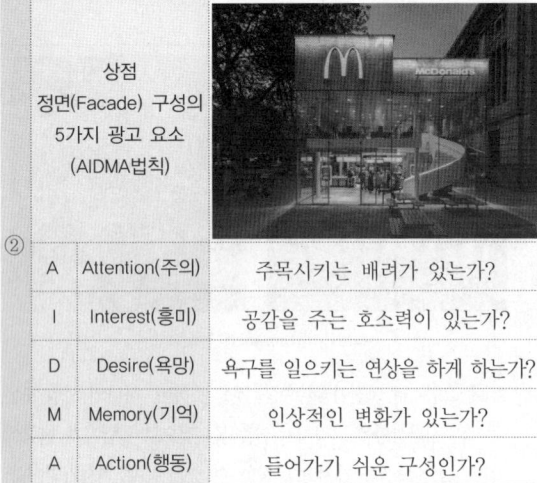

②

A	Attention(주의)	주목시키는 배려가 있는가?
I	Interest(흥미)	공감을 주는 호소력이 있는가?
D	Desire(욕망)	욕구를 일으키는 연상을 하게 하는가?
M	Memory(기억)	인상적인 변화가 있는가?
A	Action(행동)	들어가기 쉬운 구성인가?

18 단독주택 계획에 관한 설명으로 옳지 않은 것은?

① 건물이 대지의 남측에 배치되도록 한다.
② 건물은 가능한 한 동서로 긴 형태가 좋다.
③ 동지 때 최소한 4시간 이상의 햇빛이 들어오도록 한다.
④ 인접 대지에 기존 건물이 없더라도 개발 가능성을 고려하도록 한다.

해설

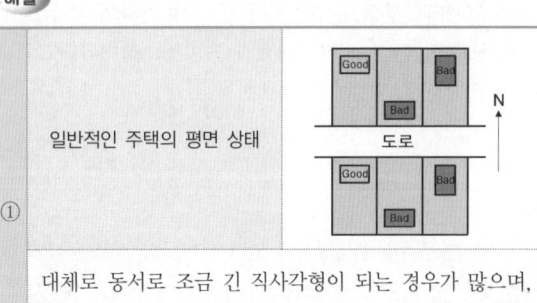

① 대체로 동서로 조금 긴 직사각형이 되는 경우가 많으며, 대지 안에 서비스 코트(Service Court)를 계획할 만한 여지를 남기고 북측으로 붙여서 배치하는 것이 좋다.

19 극장의 평면형식 중 프로시니엄형에 관한 설명으로 옳지 않은 것은?

① 픽처프레임 스테이지형이라고도 한다.
② 배경은 한 폭의 그림과 같은 느낌을 준다.
③ 연기자가 제한된 방향으로만 관객을 대하게 된다.
④ 가까운 거리에서 관람하면서 가장 많은 관객을 수용할 수 있다.

해설

④ 아레나 스테이지(Arena Stage)형에 관한 설명이다.

20 다음 중 단독주택의 부엌 크기 결정 요소로 볼 수 없는 것은?

① 작업대의 면적
② 주택의 연면적
③ 주부의 동작에 필요한 공간
④ 후드(Hood)의 설치에 따른 공간

해설

④ 부엌의 크기 결정 요소

1	작업인(주부)의 동작에 필요한 공간
2	작업대의 소요면적 및 수납공간(식기, 식품, 조리기구)
3	연료의 종류와 공급 방법
4	주택의 연면적, 가족수, 평균 작업인 수, 경제수준 등

해답 17. ② 18. ① 19. ④ 20. ④

건축계획 2018년 제2회

1 사방에서 감상해야 할 필요가 있는 조각물이나 모형을 전시하기 위해 벽면에서 띄어놓아 전시하는 특수 전시기법은?
① 아일랜드 전시 ② 디오라마 전시
③ 파노라마 전시 ④ 하모니카 전시

해설

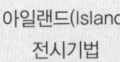  
아일랜드(Island) 전시기법

①	1	벽이나 천장을 직접 이용하지 않고 전시물 또는 전시장치를 배치함으로써 전시공간을 만들어내는 기법으로, 대형 전시물이거나 아주 소형일 경우 유리하며, 주로 집합시켜 군(群)배치하기도 한다.
	2	관람자의 시거리를 짧게 할 수 있으며 전시물을 보다 가까이 할 수 있고 전시물의 크기에 관계없이 배치할 수 있는 기법이다.

2 은행건축 계획에 관한 설명으로 옳지 않은 것은?
① 은행원과 고객의 출입구는 별도로 설치하는 것이 좋다.
② 영업실의 면적은 은행원 1인당 1.2m²를 기준으로 한다.
③ 대규모의 은행일 경우 고객의 출입구는 되도록 1개소로 하는 것이 좋다.
④ 주출입구에 이중문을 설치할 경우, 바깥문은 바깥여닫이 또는 자재문으로 할 수 있다.

해설

② | 은행 영업실의 면적  은행원 1인당 10m²를 기준으로 한다.

3 극장 무대 주위의 벽에 6~9m 높이로 설치되는 좁은 통로로, 그리드 아이언에 올라가는 계단과 연결되는 것은?
① 그린룸 ② 록 레일
③ 플라이 갤러리 ④ 슬라이딩 스테이지

해설

③
플라이 갤러리 (Fly Gallery)

그리드 아이언(Grid Iron)에 올라가는 계단과 연결되게 무대 주위의 벽에 6~9m 높이로 설치되는 좁은 통로를 말한다.

4 병원건축의 형식 중 분관식에 관한 설명으로 옳지 않은 것은?
① 동선이 길어진다.
② 채광 및 통풍이 좋다.
③ 대지면적에 제약이 있는 경우에 주로 적용된다.
④ 환자는 주로 경사로를 이용한 보행 또는 들것으로 운반된다.

해설

③ | 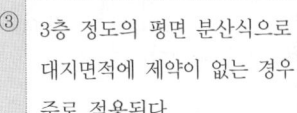 분관식(Pavilion Type)  3층 정도의 평면 분산식으로 대지면적에 제약이 없는 경우 주로 적용된다.

해답 1.① 2.② 3.③ 4.③

5 다음 중 도서관에서 장서가 60만권일 경우 능률적인 작업 용량으로서 가장 적절한 서고의 면적은?

① 3,000m² ② 4,500m²
③ 5,000m² ④ 6,000m²

해설

① 서고의 바닥면적 1m² 당 150~250권

600,000권 ÷ 150~250권/m² = 4,000~2,400m²

6 다음 중 백화점의 기둥 간격 결정 요소와 가장 거리가 먼 것은?

① 화장실의 크기
② 에스컬레이터의 배치방법
③ 매장 진열장의 치수와 배치방법
④ 지하주차장의 주차방식과 주차폭

해설

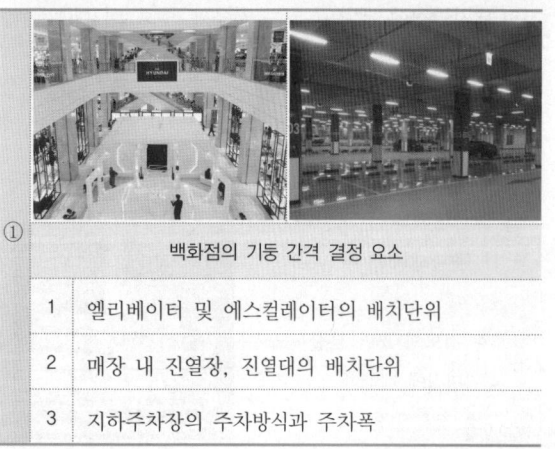

	백화점의 기둥 간격 결정 요소
1	엘리베이터 및 에스컬레이터의 배치단위
2	매장 내 진열장, 진열대의 배치단위
3	지하주차장의 주차방식과 주차폭

7 건축계획에서 말하는 미의 특성 중 변화 혹은 다양성을 얻는 방식과 가장 거리가 먼 것은?

① 억양(Accent) ② 대비(Contrast)
③ 균제(Proportion) ④ 대칭(Symmetry)

해설

축(Axis)
공간 속의 두 점(Point)으로 이루어진 하나의 선(Line)으로, 건축의 형태와 공간을 구성하는 가장 기본적인 수단이다.
대칭(Symmetry)

④ 대칭의 조건은 축의 조건을 중심으로 이루어지는 축이나, 구심점의 존재를 함축하고 있지 않으면 존재할 수 없는 성질을 내포하고 있으므로 변화 혹은 다양성을 얻는 방식과 거리가 먼 형태 구성 원리이다.

8 주택단지 안의 건축물에 설치하는 계단의 유효폭은 최소 얼마 이상으로 하여야 하는가? (단, 공동으로 사용하는 계단의 경우)

① 0.9m ② 1.2m
③ 1.5m ④ 1.8m

해설

주택건설기준: 주택단지 안의 건축물 또는 옥외에 설치하는 계단			
계단의 종류	유효폭	단높이	단너비
공동으로 사용하는 계단	120cm 이상	18cm 이하	26cm 이상
건축물의 옥외계단	90cm 이상	20cm 이하	24cm 이상

해답 5. ① 6. ① 7. ④ 8. ②

9 사무소 건축의 코어 형식에 관한 설명으로 옳은 것은?

① 편심코어형은 각 층의 바닥면적이 큰 경우 적합하다.
② 양단코어형은 코어가 분산되어 있어 피난상 불리하다.
③ 중심코어형은 구조적으로 바람직한 형식으로 유효율이 높은 계획이 가능하다.
④ 외코어형은 설비 덕트나 배관을 코어로부터 사무실 공간으로 연결하는데 제약이 없다.

해설

①	편심코어형은 각 층의 바닥면적이 작은 소규모 사무소 건물에 적합하다.
②	양단코어형은 방재 및 2방향 피난상 매우 유리한 형태이다.
④	외코어형은 설비 덕트나 배관을 코어로부터 사무실 공간으로 연결하는데 제약이 있다.

11 공장건축의 지붕형에 관한 설명으로 옳지 않은 것은?

① 솟을지붕은 채광, 환기에 적합한 방법이다.
② 샤렌지붕은 기둥이 많이 소요되는 단점이 있다.
③ 뾰족지붕은 직사광선을 어느 정도 허용하는 결점이 있다.
④ 톱날지붕은 북향의 채광창으로 일정한 조도를 유지할 수 있다.

해설

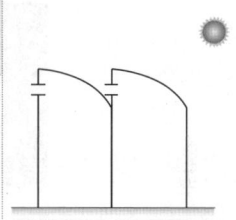

샤렌(Schalen) 구조

| ② | 곡면 지붕구조이므로 일반 평지붕보다 기둥이 적게 소요된다. |

10 학교건축 계획에서 그림과 같은 평면 유형을 갖는 학교 운영방식은?

① 달톤형
② 플래툰형
③ 교과교실형
④ 종합교실형

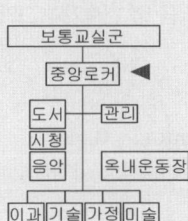

해설

플래툰형(Platoon Type)

② 전 학급을 2분단으로 하고, 한 분단이 일반교실을 사용할 때 다른 분단은 특별교실을 사용하는 방식이다. 미국의 초등학교에서 과밀을 해결하기 위해 시도된 유형으로 교과교실형보다 학생들의 이동이 적은 특징이 있다.

12 다음 중 학교건축 계획에 요구되는 융통성과 가장 거리가 먼 것은?

① 지역사회의 이용에 따른 융통성
② 학교 운영방식의 변화에 대응하는 융통성
③ 광범위한 교과내용의 변화에 대응하는 융통성
④ 한계 이상의 학생수의 증가에 대응하는 융통성

해설

	학교건축의 융통성이 요구되는 원인	해결방안
④	1. 미래의 확장, 지역사회의 이용에 대한 융통성 2. 광범위한 교과내용의 변화에 대응하는 융통성 3. 학교 운영방식의 변화에 대응하는 융통성	• 배치계획: 교실 배치의 융통성 • 평면계획: 공간의 다목적성 • 구조계획: 방 사이 간막이벽의 이동

해답 9. ③ 10. ② 11. ② 12. ④

13 극장의 평면형식 중 아레나(Arena)형에 관한 설명으로 옳지 않은 것은?

① 무대의 배경을 만들지 않으므로 경제성이 있다.
② 무대의 장치나 소품은 주로 낮은 기구들로 구성한다.
③ 가까운 거리에서 관람하면서 많은 관객을 수용할 수 있다.
④ 연기자가 일정한 방향으로만 관객을 대하므로 강연, 콘서트, 독주, 연극 공연에 가장 좋은 형식이다.

해설

④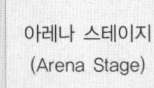
아레나 스테이지
(Arena Stage)

연기자가 모든 방향으로 관객을 대하게 된다.

14 사무소 건축의 실 단위계획에 있어서 개방식 배치(Open Plan)에 관한 설명으로 옳지 않은 것은?

① 독립성과 쾌적감 확보에 유리하다.
② 공사비가 개실 시스템보다 저렴하다.
③ 방의 길이나 깊이에 변화를 줄 수 있다.
④ 전 면적을 유효하게 이용할 수 있어 공간절약상 유리하다.

해설

①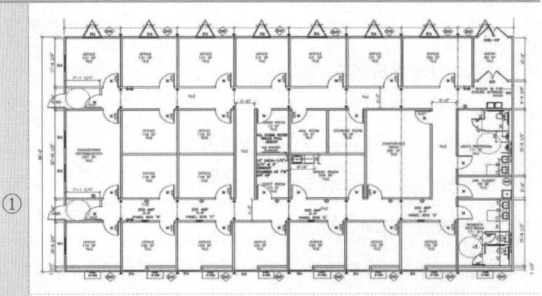
독립성과 쾌적감 확보에 유리한 형식은 개실(個室) 시스템(Cellular Type)이다.

15 주택 부엌에서 작업삼각형(Work Triangle)의 구성요소에 속하지 않는 것은?

① 개수대 ② 배선대
③ 가열대 ④ 냉장고

해설

② 부엌의 작업 순서 (Work Triangle)

냉장고 ➡ 개수대 ➡ 조리대 ➡ 가열대 ➡ 배선대

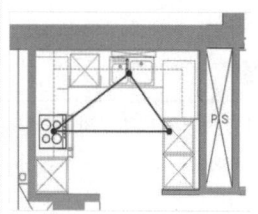

냉장고, 개수대(=싱크대), 조리대(=레인지, 가열대)의 중간 지점을 연결하는 작업삼각형(Work Triangle) 3변의 길이 합은 3.6~6m 정도가 기능적이다.

16 다음 중 건축가와 그의 작품의 연결이 옳지 않은 것은?

① Marcel Breuer – 파리 유네스코 본부
② Le Corbusier – 동경 국립 서양 미술관
③ Antonio Gaudi – 시드니 오페라 하우스
④ Frank Lloyd Wright – 뉴욕 구겐하임 미술관

해설

③
요른 웃존 (Jorn Utzon, 1918~2008) / 시드니 오페라 하우스 (1957~1973)

해답 13. ④ 14. ① 15. ② 16. ③

17 다음의 한국 근대건축 중 르네상스 양식을 취하고 있는 것은?

① 명동성당 ② 한국은행
③ 덕수궁 정관헌 ④ 서울 성공회성당

해설

① 명동성당 ➡ 고딕
② 한국은행 ➡ 르네상스

③ 정관헌 ➡ 절충형 로마네스크
④ 서울 성공회성당 ➡ 로마네스크

18 다포식(多包式) 건축양식에 관한 설명으로 옳지 않은 것은?

① 기둥 상부에만 공포를 배열한 건축양식이다.
② 주로 궁궐이나 사찰 등의 주요 정전에 사용되었다.
③ 주심포 형식에 비해서 지붕하중을 등분포로 전달할 수 있는 합리적 구조법이다.
④ 간포를 받치기 위해 창방 외에 평방이라는 부재가 추가되었으며 주로 팔작지붕이 많다.

해설

주심포식(무위사 극락전)   다포식(봉정사 대웅전)

기둥 상부에만 공포를 배치하는 주심포 양식과는 달리 다포 양식은 기둥 사이에도 공포를 배치한 형식이다.

19 아파트의 평면형식에 관한 설명으로 옳지 않은 것은?

① 집중형은 기후조건에 따라 기계적 환경 조절이 필요하다.
② 편복도형은 공용복도에 있어서 프라이버시가 침해되기 쉽다.
③ 홀형은 승강기를 설치할 경우 1대당 이용률이 복도형에 비해 적다.
④ 편복도형은 단위면적당 가장 많은 주호를 집결시킬 수 있는 형식이다.

해설

④ 대지에 대한 이용률이 가장 높은 아파트 평면 유형은 집중형(Concentration Type)이다.

20 근린생활권에 관한 설명으로 옳지 않은 것은?

① 인보구는 가장 작은 생활권 단위이다.
② 인보구 내에는 어린이놀이터 등이 포함된다.
③ 근린주구는 초등학교를 중심으로 한 단위이다.
④ 근린분구는 주간선도로 또는 국지도로에 의해 구분된다.

해설

④ 근린분구는 집산도로 또는 국지도로에 의해 구분되며, 근린주구는 주간선도로에 의해 구분된다.

【참고: 도로의 위계별 기능·용도 및 배치 간격】

도시고속도로	• 도시 간을 자동차 전용으로 이용하는 도로 • 대량교통 및 고속교통의 처리를 목적
주간선도로	• 도시 내 주요 지역 간을 연결하는 도로 • 대량 통과교통의 처리가 목적이며 도시의 골격을 형성하는 도로
보조간선도로	• 주간선도로를 집산도로 또는 하위도로로 연결 • 도시 교통의 집산 기능을 도모하며 근린생활권의 외곽을 형성
집산도로	• 근린생활권 내 교통의 집산 기능을 담당하며, 근린생활권의 골격을 형성
국지도로	• 가구를 획정하고 대지와의 접근이 목적

해답 17. ② 18. ① 19. ④ 20. ④

건축계획 2018년 제4회

1 한국건축의 가구법과 관련하여 칠량가에 속하지 않는 것은?
① 무위사 극락전 ② 수덕사 대웅전
③ 금산사 대적광전 ④ 지림사 대적광전

해설

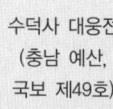
수덕사 대웅전
(충남 예산,
국보 제49호)

② 대부분의 불전들은 7량가(梁架)이지만, 고려시대 후기 주심포식 불전인 부석사 무량수전은 9량가, 수덕사 대웅전은 9량가 또는 11량가로 보고 있다.

2 타운 하우스에 관한 설명으로 옳지 않은 것은?
① 각 세대마다 주차가 용이하다.
② 프라이버시 확보를 위한 경계벽 설치가 가능하다.
③ 단독주택의 장점을 고려한 형식으로 토지 이용의 효율성이 높다.
④ 일반적으로 1층은 침실 등 개인공간, 2층은 거실 등 생활공간으로 구성한다.

해설

타운 하우스
(Townhouse)

④ 일반적으로 1층은 거실, 식당, 부엌 등의 생활공간을 마련하고, 2층에는 서재, 침실 등의 휴식 및 수면공간으로 구성한다.

3 사무소건축의 기준층 층고 결정 요소와 거리가 먼 것은?
① 채광률 ② 사용 목적
③ 계단의 형태 ④ 공조시스템의 유형

해설

사무소건축 기준층 평면의 형태 한정 요소	
1	구조상 스팬(Span)의 한도 ➡ 사용 목적
2	동선상(動線上)의 거리, 대피상 최대 피난거리
3	방화구획상의 면적
4	자연광에 따른 조명한계 ➡ 채광률
5	덕트, 배선, 배관 등 설비시스템상의 한계

4 주택의 식당에 관한 설명으로 옳지 않은 것은?
① 독립형은 쾌적한 식당 구성이 가능하다.
② 리빙 다이닝 키친은 공간의 이용률이 높다.
③ 리빙 키친은 거실의 분위기에서 식사 분위기가 연출된다.
④ 다이닝 키친은 주부 동선이 길고 복잡하다는 단점이 있다.

해설

다이닝 키친
(Dining Kitchen)

④ 주부 동선이 짧아지고 단순해지는 장점이 있다.

해답 1. ② 2. ④ 3. ③ 4. ④

5 주택법상 주택단지의 복리시설에 속하지 않는 것은?

① 경로당 ② 관리사무소
③ 어린이놀이터 ④ 주민운동시설

해설

②	부대시설	주차장, 관리사무소, 담장 및 주택단지 안의 도로
	복리시설	어린이놀이터, 근린생활시설, 유치원, 주민운동시설 및 경로당

6 미술관의 전시실 순회형식에 관한 설명으로 옳지 않은 것은?

① 갤러리 및 코리도 형식에서는 복도 자체도 전시공간으로 이용이 가능하다.
② 중앙홀 형식에서 중앙홀이 크면 동선의 혼란은 많으나 장래의 확장에는 유리하다.
③ 연속순회 형식은 전시 중에 하나의 실을 폐쇄하면 동선이 단절된다는 단점이 있다.
④ 갤러리 및 코리도 형식은 복도에서 각 전시실에 직접 출입할 수 있으며 필요시에 자유로이 독립적으로 폐쇄할 수 있다.

해설

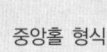 

중앙홀 형식

② 부지 이용률이 높은 지점에 건립할 수 있으며 중앙홀이 크면 동선의 혼란은 없지만 장래의 확장에 많은 무리가 따르는 단점을 가지고 있다.

7 도서관 건축계획에서 장래에 증축을 반드시 고려해야 할 부분은?

① 서고 ② 대출실
③ 사무실 ④ 휴게실

해설

도서관 서고

① 자료를 정리 및 보존하는 곳이므로 장래의 증축을 반드시 고려해야 한다.

8 사무소 건물의 엘리베이터 배치 시 고려사항으로 옳지 않은 것은?

① 교통동선의 중심에 설치하여 보행거리가 짧도록 배치한다.
② 대면배치의 경우, 대면거리는 동일 군 관리의 경우 3.5~4.5m로 한다.
③ 여러 대의 엘리베이터를 설치하는 경우, 그룹별 배치와 군관리운전 방식으로 한다.
④ 일렬배치는 6대를 한도로 하고, 엘리베이터 중심간 거리는 10m 이하가 되도록 한다.

해설

엘리베이터 일렬 배치

④ 4대를 한도로 하고, 엘리베이터 중심간 거리는 8m 이하가 되도록 한다.

해답 5. ② 6. ② 7. ① 8. ④

9 주당 평균 40시간을 수업하는 어느 학교에서 음악실에서의 수업이 총 20시간이며 이 중 15시간은 음악시간으로 나머지 5시간은 학급토론시간으로 사용되었다면, 이 교실의 이용률과 순수율은?

① 이용률 37.5%, 순수율 75%
② 이용률 50%, 순수율 75%
③ 이용률 75%, 순수율 37.5%
④ 이용률 75%, 순수율 50%

해설

이용률 $= \dfrac{20}{40} \times 100\% = 50\%$

순수율 $= \dfrac{20-5}{20} \times 100\% = 75\%$

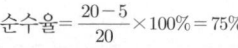

10 백화점 매장에 에스컬레이터를 설치할 경우, 설치 위치로 가장 알맞은 곳은?

① 매장의 한 쪽 측면
② 매장의 가장 깊은 곳
③ 백화점의 계단실 근처
④ 백화점의 주출입구와 엘리베이터 존의 중간

해설

엘리베이터는 백화점의 단부에 배치하며, 에스컬레이터는 엘리베이터군과 주출입구의 중간에 설치하여 고객이 매장 전체를 쉽게 인식할 수 있도록 계획한다.

11 종합병원 계획에 관한 설명으로 옳지 않은 것은?

① 수술부는 타 부분의 통과교통이 없는 장소에 배치한다.
② 전체적으로 바닥의 단 차이를 가능한 줄이는 것이 좋다.
③ 외래진료부의 구성 단위는 간호단위를 기본단위로 한다.
④ 내과는 진료 검사에 시간이 걸리므로, 소진료실을 다수 설치한다.

해설

간호단위(Nursing Unit)

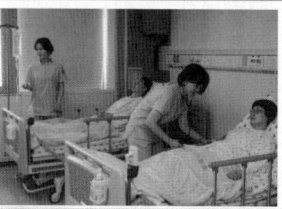

병동부의 기본 단위로서, 1조(8~10명)의 간호사들이 환자를 간호하기에 적절한 병상수로 30~40 Bed가 보통이다.

12 탑상형 공동주택에 관한 설명으로 옳지 않은 것은?

① 건축물 외면의 입면성을 강조한 유형이다.
② 각 세대에 시각적인 개방감을 줄 수 있다.
③ 각 세대의 채광, 통풍 등 자연조건이 동일하다.
④ 도시의 랜드마크(Landmark)적인 역할이 가능하다.

해설

	탑상형 아파트, 타워형 아파트	
1	몇 세대를 묶어 탑을 쌓듯이 'ㅁ'자 모양으로 위로 쭉 뻗은 아파트의 형태이다.	
2	주호가 중앙의 홀을 중심으로 전면에 배치됨으로써 전 세대가 남향만이 아닌 여러 향으로 나기 때문에 각 주호의 환경 조건이 불균등해지고, 엘리베이터의 이용 호수가 제한되어 관리비적인 측면에서 불리하다.	

해답 9. ② 10. ④ 11. ③ 12. ③

13 아파트의 단면형식 중 메조넷형(Maisonette Type)에 대한 설명으로 옳지 않은 것은?

① 다양한 평면 구성이 가능하다.
② 거주성, 특히 프라이버시의 확보가 용이하다.
③ 통로가 없는 층은 채광 및 통풍 확보가 용이하다.
④ 공용 및 서비스 면적이 증가하여 유효면적이 감소된다.

해설

공용면적(共用面積, Area of Common Use Space)
공동주택의 건축면적 중에서 현관·복도·계단·엘리베이터 등과 같이 불특정 다수인이 공동으로 사용하는 부분의 바닥면적

④
메조넷형
(Maisonette Type)

하나의 주거단위가 복층 형식을 취하는 경우이므로 공용 및 서비스 면적은 작아지고 유효면적이 증가하며, 통로가 없는 층의 평면은 프라이버시와 통풍 및 채광이 좋아진다.

14 다음 설명에 알맞은 공장건축의 레이아웃(Lay Out) 형식은?

- 생산에 필요한 모든 공정, 기계기구를 제품의 흐름에 따라 배치한다.
- 대량생산에 유리하며 생산성이 높다.

① 혼성식 레이아웃　② 고정식 레이아웃
③ 제품중심 레이아웃　④ 공정중심 레이아웃

해설

③ 연속작업식인 제품중심의 레이아웃에 대한 설명으로, 공정의 시간적·수량적 밸런스가 좋고 상품의 연속성이 가능하게 흐를 경우 유리한 레이아웃 형식이다.

15 극장건축에서 그린 룸(Green Room)의 역할로 가장 알맞은 것은?

① 의상실　② 배경제작실
③ 관리관계실　④ 출연대기실

해설

④
그린 룸
(Green Room)

극장건축의 출연대기실을 말하며 주로 무대 가까운 곳에 30m² 이상으로 계획된다.

16 18세기에서 19세기 초에 있었던 신고전주의 건축의 특징으로 옳은 것은?

① 장대하고 허식적인 벽면 장식
② 고딕 건축의 정열적인 예술 창조 운동
③ 각 시대의 건축양식의 자유로운 선택
④ 고대 로마와 그리스 건축의 우수성에 대한 모방

해설

④
신고전주의(Neo-Classicism)

18세기말 프랑스 혁명을 전후로, 낭만주의가 등장하기 전인 19세기초(1820년대)까지 그리스, 로마 건축의 고전을 내용보다 형식, 감성보다는 이성을 중시하였던 사조이다.

해답　13. ④　14. ③　15. ④　16. ④

17 다음 중 터미널 호텔의 종류에 속하지 않는 것은?

① 해변 호텔
② 부두 호텔
③ 공항 호텔
④ 철도역 호텔

해설

①	시티 호텔 (City Hotel)	• 커머셜(Commercial) 호텔 • 레지덴셜(Residential) 호텔 • 아파트먼트(Apartment) 호텔 • 터미널(Terminal) 호텔 　➡ 철도역 호텔(Station Hotel) 　➡ 부두 호텔(Harbor Hotel) 　➡ 공항 호텔(Airport Hotel)
	리조트 호텔 (Resort Hotel)	• 해변(Beach) 호텔 • 산장(Mountain) 호텔 • 스포츠(Sport) 호텔 • 온천(Hot Spring) 호텔 • 클럽 하우스(Club House)

18 전시공간의 특수 전시기법에 관한 설명으로 틀린 것은?

① 파노라마 전시는 전체의 맥락이 중요하다고 생각될 때 사용된다.
② 하모니카 전시는 동일 종류의 전시물을 반복하여 전시할 경우에 유리하다.
③ 디오라마 전시는 하나의 사실 또는 주제의 시간 상황을 고정시켜 연출하는 기법이다.
④ 아일랜드 전시는 벽면 전시기법으로 전체 벽면의 일부만을 사용하며 그림과 같은 미술품 전시에 주로 사용된다.

해설

④ 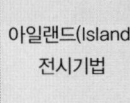 아일랜드(Island) 전시기법

벽이나 천장을 직접 이용하지 않고 전시공간을 만들어내는 기법으로 관람자의 시거리를 짧게 할 수 있다.

19 쇼핑센터의 공간 구성에서 고객을 각 상점에 유도하는 주요 보행자 동선인 동시에 고객의 휴식처로서의 기능을 갖고 있는 곳은?

① 몰(Mall)
② 허브(Hub)
③ 코트(Court)
④ 핵상점(Magnet Store)

해설

① 몰(Mall)

층 외로 개방된 오픈 몰(Open Mall)과 닫힌 실내공간으로 형성된 인클로즈드 몰(Enclosed Mall)이 있다.

20 다음과 같은 특징을 갖는 그리스 건축의 오더는?

• 주두는 에키누스와 아바쿠스로 구성된다.
• 육중하고 엄정한 모습을 지니는 남성적인 오더이다.

① 코린트 오더
② 도리아 오더
③ 이오니아 오더
④ 컴포지트 오더

해설

②

도리아 오더 (Doric Order, 도릭 오더) — 가장 단순하고 장중한 느낌을 주며 남성 신체의 비례에서 유추한 주범으로 다른 주범과는 달리 주초가 없는 특징을 갖는다.

해답 17. ① 18. ④ 19. ① 20. ②

건축계획 ①

건축계획 2019년 제1회

1 사무소 건축의 실 단위계획 중 개방식 배치에 관한 설명으로 옳지 않은 것은?

① 공사비를 줄일 수 있다.
② 실의 깊이나 길이에 변화를 줄 수 없다.
③ 시각 차단이 없으므로 독립성이 적어진다.
④ 경영자의 입장에서는 전체를 통제하기가 쉽다.

해설

② 개방식 배치는 실의 깊이나 길이에 변화를 줄 수 있다.

2 다음 설명에 알맞은 공장건축의 레이아웃 형식은?

- 동종의 공정, 동일한 기계설비 또는 기능이 비슷한 것을 하나의 그룹으로 집합시키는 방식
- 다종 소량생산의 경우, 예상생산이 불가능한 경우, 표준화가 이루어지기 어려운 경우에 채용

① 고정식 레이아웃   ② 혼성식 레이아웃
③ 공정중심의 레이아웃   ④ 제품중심의 레이아웃

해설

③ 공정중심의 레이아웃을 기능식 레이아웃이라고 하며 주문생산, 다품종 소량생산에 적합한 형식이다.

3 다음 설명에 알맞은 백화점 진열장 배치방법은?

- Main통로를 직각배치하며, Sub통로를 45° 정도 경사지게 배치하는 유형이다.
- 많은 고객이 매장공간의 코너까지 접근하기 용이하지만, 이형의 진열장이 많이 필요하다.

① 직각배치   ② 방사배치
③ 사행배치   ④ 자유유선배치

해설

③ 사행배치에 대한 설명이며, 사교배치 또는 대각선 배치라고도 한다.

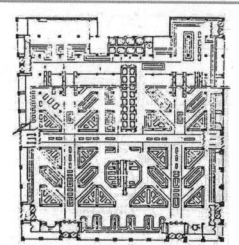

4 로마 시대의 것으로 그리스의 아고라(Agora)와 비슷한 기능을 갖는 것은?

① 포럼(Forum)   ② 인슐라(Insula)
③ 도무스(Domus)   ④ 판테온(Pantheon)

해설

그리스: 아고라(Agora)

로마: 포럼(Forum)

① 그리스의 아고라(Agora)는 점포와 열주로 둘러싸여 있는 공공의 회합 장소이자 광장 성격의 야외공간이었으며, 로마 시대에 포럼(Forum)으로 전승되었다.

해답 1. ② 2. ③ 3. ③ 4. ①

5 숑바르 드 로브(Chombard de Lawwe)가 제시하는 1인당 주거면적의 병리 기준은?

① 6㎡   ② 8㎡
③ 10㎡ ④ 12㎡

해설

② | 송바르 드 로브 (Chombard de Lawwe) | 병리 기준(8㎡/인) | 거주자의 신체적 및 정신적인 건강에 나쁜 영향을 끼치는 범위 |
| | 한계 기준(14㎡/인) | 개인 및 가족적인 거주의 융통성을 보장할 수 있는 한계 |

6 극장의 평면형식 중 관객이 연기자를 사면에서 둘러싸고 관람하는 형식으로 가장 많은 관객을 수용할 수 있는 형식은?

① 아레나(Arena)형
② 가변(Adaptable Stage)형
③ 프로시니엄(Proscenium)형
④ 오픈 스테이지(Open Stage)형

해설

①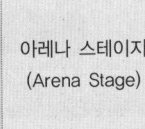
아레나 스테이지 (Arena Stage)
연기자가 모든 방향으로 관객을 대하게 된다.

7 POE(Post-Occupancy Evaluation)의 의미로 가장 알맞은 것은?

① 건축물 사용자를 찾는 것이다.
② 건축물을 사용해 본 후에 평가하는 것이다.
③ 건축물의 사용을 염두에 두고 계획하는 것이다.
④ 건축물 모형을 만들어 설계의 적정성을 평가하는 것이다.

해설

② 영문의 의미 그대로 건축물을 사용해 본 후에(Post-Occupancy) 평가(Evaluation)하는 것이다.

8 학교 운영방식에 관한 설명으로 옳지 않은 것은?

① 교과교실형은 교실의 순수율은 높으나 학생의 이동이 심하다.
② 종합교실형은 학생의 이동이 없고 초등학교 저학년에 적합하다.
③ 일반교실, 특별교실형은 각 학급마다 일반교실을 하나씩 배당하고 그 외에 특별교실을 갖는다.
④ 플래툰(Platoon)형은 학급과 학년을 없애고 학생들은 각자의 능력에 따라서 교과를 선택하는 방식이다.

해설

④
플래툰형(Platoon Type)

전 학급을 2분단으로 하고, 한 분단이 일반교실을 사용할 때 다른 분단은 특별교실을 사용하는 방식이다. 미국의 초등학교에서 과밀을 해결하기 위해 시도된 유형으로 교과교실형보다 학생들의 이동이 적은 특징이 있다.

해답 5. ② 6. ① 7. ② 8. ④

9 이슬람교의 영향을 받은 건축물에서 볼 수 있는 연속적인 기하학적 문양, 식물 문양, 당초 문양 등을 이르는 용어는?

① 스퀸치
② 펜덴티브
③ 모자이크
④ 아라베스크

해설

④ 아라베스크(Arabesque)에 대한 설명이다.

10 공포 형식 중 다포식에 관한 설명으로 옳지 않은 것은?

① 다포식 건축물로는 서울 숭례문(남대문) 등이 있다
② 기둥 상부 이외에 기둥 사이에도 공포를 배열한 형식이다.
③ 규모가 커지면서 내부출목보다는 외부출목이 점차 많아졌다.
④ 주심포식에 비해서 지붕하중을 등분포로 전달할 수 있는 합리적인 구조법이다.

해설

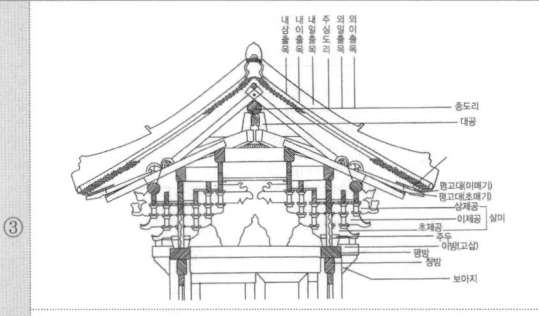

③ 출목은 공포에서 도리, 장여, 첨차 등이 주심에서 밖으로 나가 앉은 것을 말하며, 규모가 커지면서 외부출목보다는 내부출목이 점차 많아졌다.

11 공동주택을 건설하는 주택단지는 기간도로와 접하거나 기간도로로부터 해당 단지에 이르는 진입도로가 있어야 한다. 주택단지의 총 세대수가 400세대인 경우 기간도로와 접하는 폭 또는 진입도로의 폭은 최소 얼마 이상이어야 하는가? (단, 진입도로가 1개이며, 원룸형 주택이 아닌 경우)

① 4m
② 6m
③ 8m
④ 12m

해설

주택단지의 총 세대수	기간도로와 접하는 폭 또는 진입도로의 폭
300세대 미만	6m 이상
300세대 이상 500세대 미만	8m 이상
500세대 이상 1천세대 미만	12m 이상
1천세대 이상 2천세대 미만	15m 이상
2천세대 이상	20m 이상

12 한식주택과 양식주택에 관한 설명으로 옳지 않은 것은?

① 양식주택은 입식생활이며, 한식주택은 좌식생활이다.
② 양식주택의 실은 단일용도이며, 한식주택의 실은 혼용도이다.
③ 양식주택은 실의 위치별 분화이며, 한식주택은 실의 기능별 분화이다.
④ 양식주택의 가구는 주요한 내용물이며, 한식주택의 가구는 부차적 존재이다.

해설

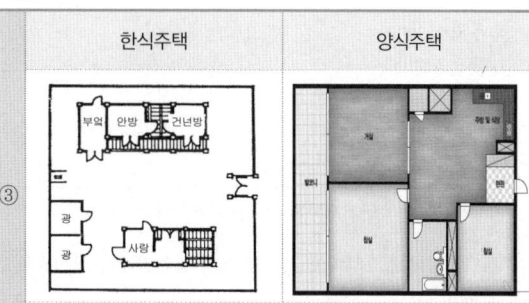

③ 한식주택은 실의 위치별 분화, 양식 주택은 실의 기능별 분화

해답 9. ④ 10. ③ 11. ③ 12. ③

13. 사무소건축의 코어 유형에 관한 설명으로 옳지 않은 것은?

① 중심코어형은 유효율이 높은 계획이 가능하다.
② 양단코어형은 2방향 피난에 이상적이며 방재상 유리하다.
③ 편심코어형은 각 층 바닥면적이 소규모인 경우에 적합하다.
④ 독립코어형은 구조적으로 가장 바람직한 유형으로 고층, 초고층 사무소 건축에 주로 사용된다.

해설

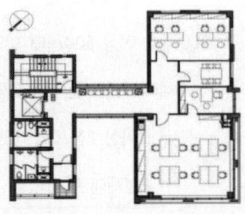

독립코어형

④ 코어를 업무공간에서 분리시킨 관계로 업무공간의 융통성이 매우 높은 유형이지만, 설비 덕트나 배관을 코어로부터 업무공간으로 연결하는데 제약이 많다.
일반적으로 중심코어형이 구조적으로 가장 바람직한 유형으로 고층, 초고층 사무소 건축에 주로 사용된다.

14. 도서관의 출납시스템 중 열람자는 직접 서가에 면하여 책의 체제나 표지 정도는 볼 수 있으나 내용을 보려면 관원에게 요구하여 대출기록을 남긴 후 열람하는 형식은?

① 폐가식
② 반개가식
③ 안전개가식
④ 자유개가식

해설

반개가식(Semi Open Access)
② 출납시설이 필요하지만 서가의 열람이나 감시가 불필요한 특징을 갖는다. 일반적으로 신간 서적 안내에 채택되며, 다량의 도서에는 부적당하다.

15. 아파트에 의무적으로 설치하여야 하는 장애인·노인·임산부 등의 편의시설에 속하지 않는 것은?

① 점자블록
② 장애인전용주차구역
③ 높이 차이가 제거된 건축물 출입구
④ 장애인 등의 통행이 가능한 접근로

해설

편의시설의 종류 (※ 괄호 내의 시설은 의무설치가 아닌 권장설치 시설임)	
매개시설	주출입구 접근로, 주출입구 높이 차이 제거 장애인전용주차구역
내부시설	출입구, 출입문, 복도, 계단 또는 승강기
위생시설	세면대, (대변기, 소변기, 욕실, 샤워실·탈의실)
안내시설	경보 및 피난설비, (점자블록, 유도 및 안내설비)
그 밖의 시설	(객실·침실)

16. 백화점의 에스컬레이터 배치에 관한 설명으로 옳지 않은 것은?

① 교차식 배치는 점유면적이 작다.
② 직렬식 배치는 점유면적이 크나 승객의 시야가 좋다.
③ 병렬식 배치는 백화점 매장 내부에 대한 시계가 양호하다.
④ 병렬연속식 배치는 연속적으로 승강할 수 없다는 단점이 있다.

해설

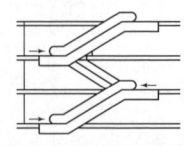

병렬연속식 배치

④ 연속적으로 승강할 수 있고 백화점 내부를 내려다보기 용이하지만, 점유면적이 큰 단점이 있다.

해답 13. ④ 14. ② 15. ① 16. ④

17 미술관의 전시기법 중 전시 평면이 동일한 공간으로 연속되어 배치되는 전시기법으로 동일 종류의 전시물을 반복 전시할 경우에 유리한 방식은?

① 디오라마 전시 ② 파노라마 전시
③ 하모니카 전시 ④ 아일랜드 전시

해설

③ 하모니카(Hamonica)의 흡입구 형태와 같이 동일하고 연속적인 평면형태로 계획하는 방식으로 동선계획이 용이한 방식이다.

18 페리(C.A.Perry)의 근린주구(Neighborhood Unit) 이론의 내용으로 옳지 않은 것은?

① 초등학교 학구를 기본단위로 한다.
② 중학교와 의료시설을 반드시 갖추어야 한다.
③ 지구 내 가로망은 통과교통에 사용되지 않도록 한다.
④ 주민에게 적절한 서비스를 제공하는 1~2개소 이상의 상점가를 주요 도로의 결절점에 배치한다.

해설

②

근린주구를 구성하기 위한 6가지 계획 원리	
규모 (Size)	하나의 초등학교가 필요하게 되는 인구에 대응하는 규모
경계 (Boundary)	통과교통이 내부를 관통하지 않고 용이하게 우회할 수 있도록 충분한 폭의 간선도로에 의해 구획
오픈스페이스 (Open Space)	개개의 근린주구의 요구에 부합되도록 전체면적 10% 정도의 계획된 소공원과 위락공간의 체계
공공건축물 (Institution)	단지의 경계와 일치하는 서비스 구역을 갖는 학교나 공공건축용지는 근린주구의 중심 위치에 적절히 통합
근린 점포 (Local Shop)	주민들에게 서비스를 제공할 수 있는 1~2개소 이상의 상점지구가 교통의 결절점에 위치
지구 내 가로체계	내부교통망은 단지 내의 교통을 원활하게 하기 위해 통과교통이 배제되어야 함

19 종합병원 건축계획에 관한 설명 중 옳지 않은 것은?

① 간호사 대기실은 각 간호단위 또는 층별, 동별로 설치한다.
② 수술실의 바닥 마감은 전기 도체성 마감을 사용하는 것이 좋다.
③ 병실의 창문은 환자가 병상에서 외부를 전망할 수 있게 하는 것이 좋다.
④ 우리나라의 일반적인 외래진료방식은 오픈 시스템이며, 대규모의 각종 과를 필요로 한다.

해설

④ 외래진료부의 운영방식에 있어서 미국의 경우는 대개 오픈 시스템(Open System)인데 비하여 한국은 대규모의 각종 과를 필요로 하는 클로즈드 시스템(Closed System)이다.

20 극장의 무대에 관한 설명으로 옳지 않은 것은?

① 프로시니엄 아치는 일반적으로 장방형이며, 종횡의 비율은 황금비가 많다.
② 프로시니엄 아치의 바로 뒤에는 막이 쳐지는데, 이 막의 위치를 커튼 라인이라고 한다.
③ 무대의 폭은 적어도 프로시니엄 아치 폭의 2배, 깊이는 프로시니엄 아치 폭 이상으로 한다.
④ 플라이 갤러리는 배경이나 조명기구, 연기자 또는 음향반사판 등을 매달 수 있도록 무대 천장 밑에 철골로 설치한 것이다.

해설

④

플라이 갤러리 (Fly Gallery)

그리드 아이언(Grid Iron)에 올라가는 계단과 연결되게 무대 주위의 벽에 6~9m 높이로 설치되는 좁은 통로를 말한다.

해답 17. ③ 18. ② 19. ④ 20. ④

건축계획 2019년 제2회

1 주택의 부엌 계획에 관한 설명으로 옳지 않은 것은?

① 일사가 긴 서쪽은 음식물이 부패하기 쉬우므로 피하도록 한다.
② 작업삼각형은 냉장고와 개수대 그리고 배선대를 잇는 삼각형이다.
③ 부엌 가구의 배치유형 중 ㄱ자형은 부엌과 식당을 겸할 경우 많이 활용되는 형식이다.
④ 부엌 가구의 배치유형 중 일렬형은 면적이 좁은 경우 이용에 효과적이므로 소규모 부엌에 주로 활용된다.

해설

	부엌의 작업 순서 (Work Triangle)	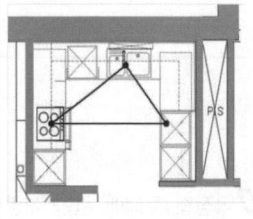
	냉장고 ➡ 개수대 ➡ 조리대 ➡ 가열대 ➡ 배선대	

냉장고, 개수대(=싱크대), 조리대(=레인지, 가열대)의 중간 지점을 연결하는 작업삼각형(Work Triangle) 3변의 길이 합은 3.6~6m 정도가 기능적이다.

2 상점의 판매방식에 관한 설명으로 옳지 않은 것은?

① 측면판매방식은 직원 동선의 이동성이 많다.
② 대면판매방식은 측면판매방식에 비해 상품 진열 면적이 넓어진다.
③ 측면판매방식은 고객이 직접 진열된 상품을 접촉할 수 있는 관계로 선택이 용이하다.
④ 대면판매방식은 쇼케이스를 중심으로 판매원이 고정된 자리나 위치를 확보하는 것이 용이하다.

해설

② 대면판매방식은 측면판매방식에 비해 상품 진열면적이 작아진다.

3 상점의 매장 및 정면 구성에서 요구되는 AIDMA 법칙의 내용으로 옳지 않은 것은?

① Memory ② Interest
③ Attention ④ Attraction

해설

상점 정면(Facade) 구성의 5가지 광고 요소 (AIDMA법칙)		
④	A	Attention(주의)	주목시키는 배려가 있는가?
	I	Interest(흥미)	공감을 주는 호소력이 있는가?
	D	Desire(욕망)	욕구를 일으키는 연상을 하게 하는가?
	M	Memory(기억)	인상적인 변화가 있는가?
	A	Action(행동)	들어가기 쉬운 구성인가?

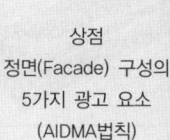

4 다음 중 르 꼬르뷔제가 제시한 근대건축의 5원칙에 속하는 것은?

① 옥상정원 ② 유기적 건축
③ 노출 콘크리트 ④ 유니버설 스페이스

해설

		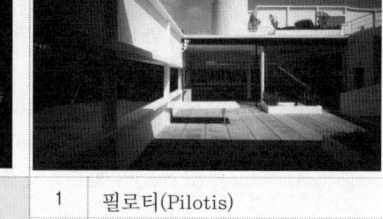
①	르 꼬르뷔제 (Le Corbusier) 근대건축 5원칙	1 필로티(Pilotis)
		2 수평 띠창
		3 자유로운 평면
		4 자유로운 파사드(Facade)
		5 옥상정원(Roof Garden)

해답 1. ② 2. ② 3. ④ 4. ①

5 도서관의 출납시스템 중 폐가식에 관한 설명으로 옳지 않은 것은?

① 서고와 열람실이 분리되어 있다.
② 도서의 유지관리가 좋아 책의 망실이 적다.
③ 대출절차가 간단하여 관원의 작업량이 적다.
④ 규모가 큰 도서관의 독립된 서고의 경우에 많이 채용된다.

해설

폐가식(Closed Access)
열람자가 책의 목록에 의해 책을 선택하여 관원에게 대출기록을 제출한 후 대출받는 형식으로 대출절차가 복잡하고 관원의 작업량이 많게 된다.

6 종합병원 계획에 관한 설명으로 옳지 않은 것은?

① 수술부는 타 부분의 통과교통이 없는 장소에 배치한다.
② 수술실 바닥은 전기도체성 마감을 사용하는 것이 좋다.
③ 간호사 대기실은 각 간호단위 또는 층별, 동별로 설치한다.
④ 평면계획 시 모듈을 적용하여 각 병실을 모두 동일한 크기로 하는 것이 좋다.

해설

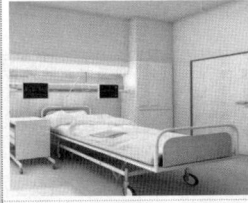 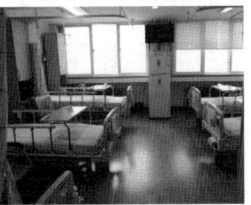

종합병원 병실을 모두 동일한 크기로 계획하면 환자의 질병의 종류 및 경제적 능력에 따른 고려가 되지 않으므로 1인용, 2인용, 4인용 또는 그 이상의 병실을 다양하게 계획하는 것이 필요하다.

7 척도조정(MC)에 관한 설명으로 옳지 않은 것은?

① 설계작업이 단순해지고 간편해진다.
② 현장작업이 단순해지고 공기가 단축된다.
③ 건축물 형태의 다양성 및 창조성 확보가 용이하다.
④ 구성재의 상호 조합에 따른 호환성을 확보할 수 있다.

해설

모듈(Module)	인간의 생활이나 동작을 토대로 건축물의 설계, 구조계획, 시공의 측면에서 고려해야 할 일반적인 기준단위를 말한다.

모듈을 사용하여 건축물의 재료나 부품에서부터 설계·시공에 이르기까지 건축생산 전반에 걸쳐 치수의 유기적인 연계성을 만들어 건축물의 미적 질서를 갖게 하는 것을 건축의 척도조정(MC, Modular Coordination)이라고 한다.

	모듈설정의 이점
1	설계작업이 단순해지고 간편해진다.
2	건축구성재의 대량생산이 용이해지고, 생산비용이 낮아지며, 수송이나 취급이 편리해진다.
3	현장작업이 단순하므로 공사시간이 단축된다.
4	국제적인 MC를 사용하면 건축구성재의 국제교역이 용이해진다.

8 다음 중 구조코어로서 가장 바람직한 코어형식으로, 바닥면적이 큰 고층, 초고층 사무소에 적합한 것은?

① 중심코어형 ② 편심코어형
③ 독립코어형 ④ 양단코어형

해설

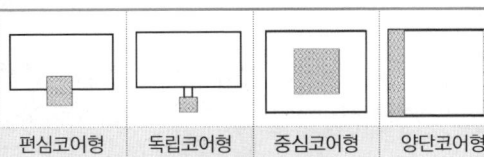

중심코어형은 건축물의 외부 프레임을 내력벽으로 하고 중앙 코어와 일체로 형성 시 내진구조로 만들기 용이하며, 바닥면적이 큰 고층 이상의 사무소 건축에 적합하다.

해답 5. ③ 6. ④ 7. ③ 8. ①

9 봉정사 극락전에 관한 설명으로 옳지 않은 것은?

① 지붕은 팔작지붕의 형태를 띠고 있다.
② 공포를 주상에만 짜놓은 주심포 양식의 건축물이다.
③ 우리나라에 현존하는 목조 건축물 중 가장 오래된 것이다.
④ 정면 3칸에 측면 4칸의 규모이며 서남향으로 배치되어 있다.

해설

봉정사 극락전	통일신라 문무왕 672년 의상대사가 창건 당시 대장전이었던 것이 1368년경 극락전으로 개칭된 것으로 유추되는 현존하는 가장 오래된 목조 건축물이며, 주심포 형식의 맞배지붕 형태이다.

10 사무소 건축의 실 단위계획에 관한 설명으로 옳지 않은 것은?

① 개실 시스템은 독립성과 쾌적감의 이점이 있다.
② 개방식 배치는 전 면적을 유용하게 사용할 수 있다.
③ 개방식 배치는 개실 시스템보다 공사비가 저렴하다.
④ 오피스 랜드스케이프(Office Landscape)는 개실 시스템을 위한 실 단위계획이다.

해설

④ 오피스 랜드스케이핑 (Office Landscaping)	개실식 평면형이 아닌 개방식 평면형의 하나의 유형이다.	

11 다음 호텔 중 연면적에 대한 숙박면적의 비가 일반적으로 가장 큰 것은?

① 커머셜 호텔   ② 클럽 하우스
③ 리조트 호텔   ④ 아파트먼트 호텔

해설

	시티 호텔 (City Hotel)	• 커머셜(Commercial) 호텔 • 레지덴셜(Residential) 호텔 • 아파트먼트(Apartment) 호텔 • 터미널(Terminal) 호텔
①	리조트 호텔 (Resort Hotel)	• 해변(Beach) 호텔 • 산장(Mountain) 호텔 • 스포츠(Sport) 호텔 • 온천(Hot Spring) 호텔 • 클럽 하우스(Club House)

Hotel 호텔 연면적에 대한 숙박면적의 비율
커머셜 호텔 > 레지덴셜 호텔 > 리조트 호텔 > 아파트먼트 호텔

12 테라스 하우스에 관한 설명으로 옳지 않은 것은?

① 경사가 심할수록 밀도가 높아진다.
② 각 세대의 깊이는 7.5m 이상으로 하여야 한다.
③ 평지보다 더 많은 인구를 수용할 수 있어 경제적이다.
④ 시각적인 인공 테라스형은 위층으로 갈수록 건물의 내부 면적이 작아지는 형태이다.

해설

	테라스 하우스 (Terrace House)	
②	일반적으로 후면에 창문이 없기 때문에 각 세대의 깊이가 7.5m 이상 되어서는 안 된다.	

해답 9. ① 10. ④ 11. ① 12. ②

13 아파트의 평면형식에 관한 설명으로 옳지 않은 것은?

① 중복도형은 부지의 이용률이 적다.
② 홀형(계단실형)은 독립성(Privacy)이 우수하다.
③ 집중형은 복도 부분의 자연환기, 채광이 극히 나쁘다.
④ 편복도형은 복도를 외기에 터놓으면 통풍, 채광이 중복도형보다 양호하다.

해설

① | 중복도형 (Middle Corridor Type) |
부지의 이용률이 높고, 통풍 및 채광, 프라이버시가 불리하다.

14 주택단지 내 도로의 형태 중 쿨데삭(Cul-de-Sac) 형에 관한 설명으로 옳지 않은 것은?

① 통과교통이 방지된다.
② 우회도로가 없기 때문에 방재·방범상으로는 불리하다.
③ 주거환경의 쾌적성과 안전성 확보가 용이하다.
④ 대규모 주택단지에 주로 사용되며, 도로의 최대 길이는 1km 이하로 한다.

해설

④ | 쿨데삭(Cul-de-Sac)
| 1 | 통과교통이 없으므로 주거환경의 쾌적성 및 안전성 확보 용이
| 2 | 각 가구와 관계없는 차량 진입이 배제되고 우회도로가 없으므로 방재 및 방범상 불리
| 3 | 쿨데삭(Cul-de-Sac)의 최대 길이는 150m 이하로 계획

15 극장건축에서 무대의 제일 뒤에 설치되는 무대 배경용 벽을 의미하는 것은?

① 사이클로라마   ② 플라이 로프트
③ 플라이 갤러리   ④ 그리드 아이언

해설

①

사이클로라마 (Cyclorama) | 무대의 제일 뒤에 설치되는 무대 배경용 벽이다.

16 학교의 배치형식 중 분산병렬형에 관한 설명으로 옳지 않은 것은?

① 일종의 핑거 플랜이다.
② 구조계획이 간단하고 시공이 용이하다.
③ 부지의 크기에 상관없이 적용이 용이하다.
④ 일조·통풍 등 교실의 환경조건을 균등하게 할 수 있다.

해설

③ | 분산병렬형 |

폐쇄형 학교 배치형식은 부지의 크기에 상관없이 적용이 용이하지만, 분산병렬형은 부지의 크기가 커야 한다.

해답 13. ① 14. ④ 15. ① 16. ③

17 미술관 전시공간의 순회형식 중 갤러리 및 코리도 형식에 관한 설명으로 옳은 것은?

① 복도의 일부를 전시장으로 사용할 수 있다.
② 전시실 중 하나의 실을 폐쇄하면 동선이 단절된다는 단점이 있다.
③ 중앙에 커다란 홀을 계획하고 그 홀에 접하여 전시실을 배치한 형식이다.
④ 이 형식을 채용한 대표적인 건축물로는 뉴욕 근대 미술관과 프랭크 로이드 라이트의 구겐하임 미술관이 있다.

해설

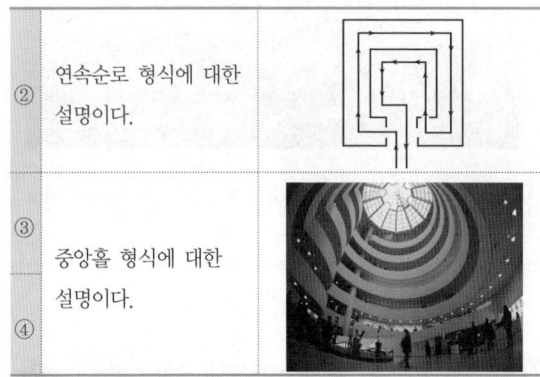

② 연속순로 형식에 대한 설명이다.
③ 중앙홀 형식에 대한 설명이다.
④

18 다음 중 건축가와 작품의 연결이 옳지 않은 것은?

① 르 꼬르뷔지에 - 사보이 주택
② 오스카 니마이어 - 브라질 국회의사당
③ 미스 반 데어 로에 - 뉴욕 레버 하우스
④ 프랭크 로이드 라이트 - 뉴욕 구겐하임 미술관

해설

③
고든 번샤프트 (Gordon Bunshaft, 1909~1990) / 레버 하우스 (Lever House, 1952)

19 다음 중 전시공간의 융통성을 주요 건축개념으로 한 것은?

① 퐁피두 센터   ② 루브르 박물관
③ 구겐하임 미술관 ④ 슈투트가르트 미술관

해설

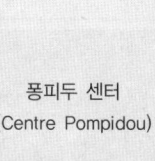
퐁피두 센터
(Centre Pompidou)

① 리차드 로저스(Richard Rodgers)가 설계한 프랑스 파리의 건축물이며 설계개념은 Flexibility(공간의 융통성)로서 공간 내 자유로운 내부 변경이 가능하여 다양한 전시공간의 요구에 따른 변화의 요구에 대응하는 가변적인 융통성을 극대화시킨 건축물이다.

20 공장건축 계획에 관한 설명으로 옳지 않은 것은?

① 기능식 레이아웃은 소종 다량생산이나 표준화가 쉬운 경우에 주로 적용된다.
② 공장의 지붕형식 중 톱날지붕은 균일한 조도를 얻을 수 있다는 장점이 있다.
③ 평면계획 시 관리부문과 생산공정부분을 구분하고 동선이 혼란되지 않게 한다.
④ 공장건축의 형식에서 집중식(Block Type)은 건축비가 저렴하고, 공간 효율도 좋다.

해설

① 기능식 레이아웃은 기능이 동일하거나 비슷한 공정 또는 기계를 집합하여 배치하는 방식으로 다품종 소량생산, 주문생산의 경우, 표준화가 어려운 경우에 적합한 형식이다.

해답 17. ① 18. ③ 19. ① 20. ①

건축계획 2019년 제4회

1 공장의 레이아웃 형식 중 생산에 필요한 모든 공정과 기계류를 제품의 흐름에 따라 배치하는 형식은?

① 고정식 레이아웃　② 혼성식 레이아웃
③ 제품중심 레이아웃　④ 공정중심 레이아웃

해설

③ 연속작업식인 제품중심의 레이아웃에 대한 설명으로, 공정의 시간적·수량적 밸런스가 좋고 상품의 연속성이 가능하게 흐를 경우 유리한 레이아웃 형식이다.

2 사무소 건축에서 코어 계획에 관한 설명으로 옳지 않은 것은?

① 코어 부분에는 계단실도 포함시킨다.
② 코어 내의 각 공간은 각 층마다 공통의 위치에 두도록 한다.
③ 코어 내의 화장실은 외부 방문객이 잘 알 수 없는 곳에 배치한다.
④ 엘리베이터 홀은 출입구문에 근접시키지 않고 일정한 거리를 유지하도록 한다.

해설

③ 코어 계획 시 화장실은 그 위치가 외래자에게 쉽게 알려질 수 있도록 하되, 건물 출입구 홀이나 복도에서 화장실 내부가 들여다 보이지 않도록 해야 한다.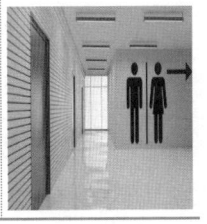

3 미술관의 전시실 순회형식 중 많은 실을 순서별로 통해야 하고, 1실을 폐쇄할 경우 전체 동선이 막히게 되는 것은?

① 중앙홀 형식　② 연속순회 형식
③ 갤러리(Gallery) 형식　④ 코리도(Corridor) 형식

해설

② 연속순로(=연속순회) 형식에 대한 설명이다.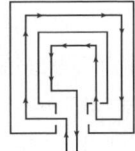

4 상점 매장의 가구 배치에 따른 평면 유형에 관한 설명으로 옳지 않은 것은?

① 직렬형은 부분별로 상품 진열이 용이하다.
② 굴절형은 대면판매 방식만 가능한 유형이다.
③ 환상형은 대면판매와 측면판매 방식을 병행할 수 있다.
④ 복합형은 서점, 패션점, 악세사리점 등의 상점에 적용이 가능하다.

해설

굴절배열형

② 진열케이스 배치와 고객동선의 굴절 또는 곡선으로 구성된 스타일의 상점으로, 대면판매와 측면판매의 조합에 의해 이루어진다.

해답 1. ③　2. ③　3. ②　4. ②

5 다음의 공동주택 평면형식 중 각 주호의 프라이버시와 거주성이 가장 양호한 것은?

① 계단실형   ② 중복도형
③ 편복도형   ④ 집중형

해설

계단실형 아파트

① 계단 또는 엘리베이터 홀로부터 직접 주거단위로 들어가는 형식으로, 각 세대간 독립성이 가장 높다.

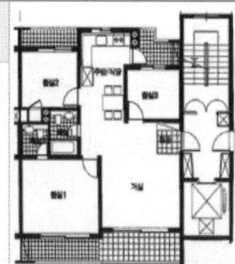

6 다음은 극장의 가시거리에 관한 설명이다. ( )안에 알맞은 것은?

> 연극 등을 감상하는 경우 연기자의 표정을 읽을 수 있는 가시한계는 (㉠)m 정도이다. 그러나 실제적으로 극장에서는 잘 보여야 하는 동시에 많은 관객을 수용해야 하므로 (㉡)m 까지를 제1차 허용한도로 한다.

① ㉠ 15, ㉡ 22   ② ㉠ 20, ㉡ 35
③ ㉠ 22, ㉡ 35   ④ ㉠ 22, ㉡ 38

해설

관객석의 가시거리 허용한도		
	A구역: 15m	배우의 표정이나 동작을 상세히 감상할 수 있는 거리(인형극, 아동극)
①	1차 허용한도: 22m	될 수 있는 한 많은 관객을 수용하기 위한 적당한 가시거리(국악, 신극, 실내악)
	2차 허용한도: 35m	배우의 일반적인 동작만 보이면 감상하는데 지장이 없는 거리(발레, 뮤지컬 등)

7 사무소 건축에서 엘리베이터 계획 시 고려되는 승객 집중 시간은?

① 출근 시 상승   ② 출근 시 하강
③ 퇴근 시 상승   ④ 퇴근 시 하강

해설

엘리베이터 서비스 집중 시간

① 사무소 건축의 엘리베이터 대수 산정은 아침 출근 5분간에 전체 이용자의 1/3 ~ 1/10을 처리할 수 있는 능력으로 계획한다.

8 도서관 출납시스템에 관한 설명으로 옳지 않은 것은?

① 폐가식은 서고와 열람실이 분리되어 있다.
② 반개가식은 새로 출간된 신간서적 안내에 채용된다.
③ 안전개가식은 서가 열람이 가능하여 도서를 직접 뽑을 수 있다.
④ 자유개가식은 이용자가 자유롭게 도서를 꺼낼 수 있으나 열람석으로 가기 전에 관원에게 체크를 받는 형식이다.

해설

자유개가식
(Free Open System)

④ 열람자 자신이 서가에서 책을 꺼내어 책을 고르고 그대로 검열을 받지 않고 열람하는 형식으로 책의 내용 파악 및 선택이 자유롭지만 서가의 정리가 잘 되지 않으면 열람자가 혼란스럽게 되고, 책의 마모 및 파손이 심한 단점이 있다.

해답 5. ① 6. ① 7. ① 8. ④

9 1주간의 평균 수업시간이 30시간인 어느 학교의 설계제도 교실이 사용되는 시간은 24시간이다. 그 중 6시간은 다른 과목을 위해 사용된다. 설계제도 교실의 이용률과 순수율은 각각 얼마인가?

① 이용률 80%, 순수율 25%
② 이용률 80%, 순수율 75%
③ 이용률 60%, 순수율 25%
④ 이용률 60%, 순수율 75%

해설

②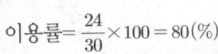
이용률 $= \dfrac{24}{30} \times 100 = 80(\%)$

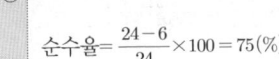
순수율 $= \dfrac{24-6}{24} \times 100 = 75(\%)$

10 메조넷형 아파트에 관한 설명으로 옳지 않은 것은?

① 다양한 평면 구성이 가능하다.
② 소규모 주택에서는 비경제적이다.
③ 편복도형일 경우 프라이버시가 양호하다.
④ 복도와 엘리베이터홀은 각 층마다 계획된다.

해설

④
공용면적(共用面積, Area of Common Use Space)	
공동주택의 건축면적 중에서 현관·복도·계단·엘리베이터 등과 같이 불특정 다수인이 공동으로 사용하는 부분의 바닥면적	
메조넷형 (Maisonette Type)	하나의 주거단위가 복층 형식을 취하는 경우이므로 공용 및 서비스 면적은 작아지고 유효면적이 증가하며, 통로가 없는 층의 평면은 프라이버시와 통풍 및 채광이 좋아진다.

11 극장의 평면형식에 관한 설명으로 옳지 않은 것은?

① 오픈 스테이지형은 무대장치를 꾸미는데 어려움이 있다.
② 프로시니엄형은 객석 수용능력에 있어서 제한을 받는다.
③ 가변형 무대는 필요에 따라서 무대와 객석을 변화시킬 수 있다.
④ 아레나형은 무대 배경 설치 비용이 많이 소요된다는 단점이 있다.

해설

④
아레나 스테이지 (Arena Stage)

무대 배경 설치 비용이 적게 소요된다는 장점이 있다.

12 학교건축에서 단층교사에 관한 설명으로 옳지 않은 것은?

① 내진·내풍 구조가 용이하다.
② 학습활동을 실외로 연장할 수 있다.
③ 계단이 필요없으므로 재해 시 피난이 용이하다.
④ 설비 등을 집약할 수 있어서 치밀한 평면계획이 용이하다.

해설

④
단층교사

다층교사에 비해 부지의 이용률이 낮으며 설비의 배선, 배관을 집약하기 어렵다.

해답 9. ② 10. ④ 11. ④ 12. ④

13 상점계획에 관한 설명으로 옳지 않은 것은?

① 고객의 동선은 일반적으로 짧을수록 좋다.
② 점원의 동선과 고객의 동선은 서로 교차되지 않는 것이 바람직하다.
③ 대면판매형식은 일반적으로 시계, 귀금속, 의약품 상점 등에서 쓰여 진다.
④ 쇼케이스 배치 유형 중 직렬형은 다른 유형에 비하여 상품의 전달 및 고객의 동선상 흐름이 빠르다.

해설

① 고객동선은 가능한 한 길게, 종업원 동선은 짧게 하여 보행거리를 작게 하고 고객동선과 교차되지 않도록 계획한다.

14 장애인 등의 편의시설 중 매개시설에 속하지 않는 것은?

① 주출입구 접근로
② 유도 및 안내설비
③ 장애인전용주차구역
④ 주출입구 높이 차이 제거

해설

[장애인·노인·임산부 등의 편의증진 보장에 관한 법률]		
①	주출입구 접근로	매개 시설
②	유도 및 안내설비	안내 시설
③	장애인전용주차구역	매개 시설
④	주출입구 높이차이 제거	매개 시설

15 한국 고대 사찰 배치 중 1탑 3금당 배치에 속하는 것은?

① 미륵사지 ② 불국사지
③ 정림사지 ④ 청암리사지

해설

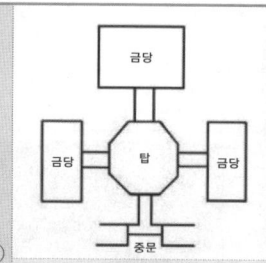 

④ 청암리사지(淸岩里寺址, 금강사지(金剛寺址))

고구려의 독특한 가람 배치(1탑 3금당 형식)와 발전된 건축술을 보여주는 사찰 유적으로 596년에 창건한 일본의 아스카사(飛鳥寺)와 가람배치가 같아 고구려 불교가 일본 불교에 어떤 영향을 주었는지 알 수 있는 문화유산이다.

16 주택의 부엌 가구 배치 유형에 관한 설명으로 옳지 않은 것은?

① L자형은 부엌과 식당을 겸할 경우 많이 활용된다.
② ㄷ자형은 작업공간이 좁기 때문에 작업효율이 나쁘다.
③ 일(一)자형은 좁은 면적 이용에 유리하므로 소규모 부엌에 주로 사용된다.
④ 병렬형은 작업동선은 줄일 수 있지만 몸을 앞뒤로 바꿔야 하므로 불편하다.

해설

② ㄷ자형 배치는 병렬형과 ㄱ자형을 혼합한 평면형으로 작업동선이 짧고, 작업효율이 좋으며, 부엌의 면적을 줄일 수 있는 이점이 있지만 평면계획상 외부로 통하는 출입구의 설치는 곤란한 특징이 있다.

해답 13. ① 14. ② 15. ④ 16. ②

17 그리스 아테네의 아크로폴리스에 관한 설명으로 옳지 않은 것은?

① 프로필리어는 아크로폴리스로 들어가는 입구 건물이다.
② 에렉테이온 신전은 이오닉 양식의 대표적인 신전으로 부정형 평면으로 구성되어 있다.
③ 니케 신전은 순수한 코린트 양식으로서 페르시아와의 전쟁의 승리기념으로 세워졌다.
④ 파르테논 신전은 도릭 양식의 대표적인 신전으로서 그리스 고전건축을 대표하는 건물이다.

해설

니케 신전
(Naos tis Athinas Nikis)

③ 전쟁의 신 '아테나 니케'를 위한 니케 신전은 이오닉 양식으로서 페르시아와의 전쟁의 승리 기념으로 세워졌다.

18 다음 중 건축가와 작품의 연결이 옳지 않은 것은?

① 르 꼬르뷔지에(Le Corbusier) - 롱샹 교회
② 월터 그로피우스(Walter Gropius) - 아테네 미국 대사관
③ 프랭크 로이드 라이트(Frank Lloyd Wright) - 구겐하임 미술관
④ 미스 반 데어 로에(Mies Van der Rohe) - MIT 공대 기숙사

해설

스티븐 홀
(Steven Holl, 1947~)

MIT 공대 기숙사

19 주거단지 교통계획 시 각 도로에 관한 설명으로 옳지 않은 것은?

① 격자형 도로는 교통을 균등 분산시키고 넓은 지역을 서비스할 수 있다.
② 선형도로는 폭이 넓은 단지에 유리하고 한쪽 측면의 단지만을 서비스할 수 있다.
③ 루프(Loop)형은 우회도로가 없는 쿨데삭(Cul-de-Sac)형의 결점을 개량하여 만든 유형이다.
④ 쿨데삭(Cul-de-Sac)형은 통과교통을 방지함으로써 주거환경의 쾌적성과 안전성을 모두 확보할 수 있다.

해설

선형도로(Linear Road)

② 폭이 좁은 단지에 유리하고 양 측면 또는 한 측면의 단지를 서비스 할 수 있다.

20 다음은 주택의 기준척도에 관한 설명이다. ( ) 안에 알맞은 것은?

거실 및 침실의 평면 각변의 길이는 ( )를 단위로 한 것을 기준척도로 할 것

① 5cm   ② 10cm
③ 15cm   ④ 30cm

해설

주택건설기준 등에 관한 규칙 제3조: 주택의 평면과 각 부위의 치수 및 기준척도		
①	1	거실 및 침실의 평면 각 변의 길이는 5cm를 단위로 한 것을 기준척도로 한다.
	2	부엌·식당·욕실·화장실·복도·계단 및 계단참 등의 평면 각 변의 길이 또는 너비는 5cm를 단위로 한 것을 기준척도로 한다.

해답 17. ③ 18. ④ 19. ② 20. ①

바이블 과목별 기출문제

건축계획 2020년 제1회

1 건축물의 에너지절약을 위한 계획 내용으로 옳지 않은 것은?

① 공동주택은 인동간격을 넓게 하여 저층부의 일사 수열량을 증대시킨다.
② 건축물의 체적에 대한 외피면적의 비 또는 연면적에 대한 외피면적의 비는 가능한 크게 한다.
③ 건축물은 대지의 향, 일조 및 주풍량 등을 고려하여 배치하며, 남향 또는 남동향 배치를 한다.
④ 거실의 층고 및 반자높이는 실의 용도와 기능에 지장을 주지 않는 범위 내에서 가능한 낮게 한다.

해설

	건물 외피 (Building Envelope) 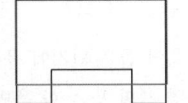	
②	1	외부와의 열 교환이 이루어진다고 생각되는 난방이나 냉방되는 공간을 둘러싸는 건축 요소를 말한다. 즉, 지붕, 벽, 바닥, 개구부 등을 말한다. 그림에서 바닥면적이 같지만 요철이 많은 평면의 외피면적이 더 커서 바닥면적당 열손실이 크다.
	2	S/V(Surface Area to Volume Ratio, 외피면적/체적) 및 S/F(Surface Area to Floor Ratio, 외피면적/바닥면적)가 낮을수록 열 성능이 유리해진다.

2 주거단지 내의 공동시설에 관한 설명으로 옳지 않은 것은?

① 중심을 형성할 수 있는 곳에 설치한다.
② 이용빈도가 높은 건물은 이용거리를 길게 한다.
③ 확장 또는 증설을 위한 용지를 확보하는 것이 좋다.
④ 이용성, 기능상의 인접성, 토지 이용의 효율성에 따라 인접하여 배치한다.

해설

② 이용빈도가 높은 건물은 이용거리를 짧게 한다.

3 다음 설명에 알맞은 국지도로의 유형은?

불필요한 차량 진입이 배제되는 이점을 살리면서 우회도로가 없는 Cul-de-Sac형의 결점을 개량하여 만든 패턴으로서 보행자의 안전성 확보가 가능하다.

① Loop형
② 격자형
③ T자형
④ 간선분리형

해설

	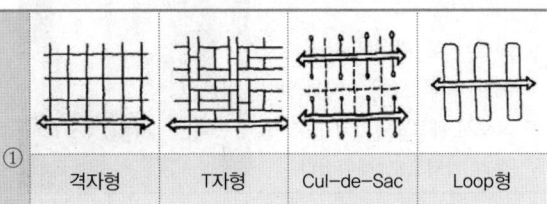			
①	격자형	T자형	Cul-de-Sac	Loop형

Loop형에 대한 설명으로 도로율이 높아지는 단점이 있다.

4 다음 설명에 알맞은 도서관의 자료 출납시스템 유형은?

이용자가 직접 서고 내의 서가에서 도서 자료의 제목 정도는 볼 수 있지만 내용을 열람하고자 할 경우 관원에게 대출을 요구해야 하는 형식

① 폐가식
② 반개가식
③ 자유개가식
④ 안전개가식

해설

	반개가식(Semi Open Access)
②	출납시설이 필요하지만 서가의 열람이나 감시가 불필요한 특징을 갖는다. 일반적으로 신간 서적 안내에 채택되며, 다량의 도서에는 부적당하다.

해답 1. ②   2. ②   3. ①   4. ②

5 다음 중 연면적에 대한 숙박 부분의 비율이 가장 높은 호텔은?

① 커머셜 호텔 ② 리조트 호텔
③ 클럽 하우스 ④ 아파트먼트 호텔

해설

①	시티 호텔 (City Hotel)	• 커머셜(Commercial) 호텔 • 레지덴셜(Residential) 호텔 • 아파트먼트(Apartment) 호텔 • 터미널(Terminal) 호텔
	리조트 호텔 (Resort Hotel)	• 해변(Beach) 호텔 • 산장(Mountain) 호텔 • 스포츠(Sport) 호텔 • 온천(Hot Spring) 호텔 • 클럽 하우스(Club House)

Hotel 호텔 연면적에 대한 숙박면적의 비율
커머셜 호텔 > 레지덴셜 호텔 > 리조트 호텔 > 아파트먼트 호텔

6 사무실 내의 책상배치의 유형 중 좌우대향형에 대한 설명으로 옳은 것은?

① 대향형과 동향형의 양쪽 특성을 절충한 형태로 커뮤니케이션의 형성에 불리하다.
② 4개의 책상이 맞물려 십자를 이루도록 배치하는 형식으로 그룹 작업을 요하는 업무에 적합하다.
③ 책상이 서로 마주보도록 하는 배치로 면적 효율은 좋으나 대면 시선에 의해 프라이버시가 침해당하기 쉽다.
④ 낮은 칸막이로 한 사람의 작업 활동을 위한 공간이 주어지는 형태로 독립성을 요하는 전문직에 적합한 배치이다.

해설

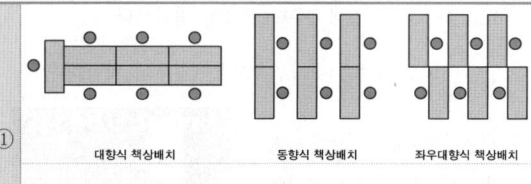

① 좌우 대향식 책상배치는 양쪽의 수납장소 확보가 가능한 장점이 있지만, 커뮤니케이션의 형성은 어렵게 된다.

7 교학 건축인 성균관의 구성에 속하지 않는 것은?

① 동재 ② 존경각
③ 천추전 ④ 명륜당

해설

유교 건축: 성균관(成均館)		
③	제향 공간	대성전(大成殿), 동무(東廡), 서무(西廡)
	강학 공간	명륜당(明倫堂), 도서관인 존경각(尊敬閣) 및 양현고(養賢庫)
	기숙사	동재(東齋), 서재(西齋)

대성전	동제 및 서제

명륜당	존경각

8 극장의 평면형식 중 아레나(Arena)형에 관한 설명으로 옳지 않은 것은?

① 관객이 무대를 360°로 둘러싼 형식이다.
② 무대의 장치나 소품은 주로 낮은 기구들로 구성된다.
③ 픽쳐프레임 스테이지(Picture Frame Stage)형 이라고도 한다.
④ 가까운 거리에서 관람하면서 많은 관객을 수용할 수 있다.

해설

③ 프로시니엄형(Prpcenium Type)에 대한 설명이다.

해답 5. ① 6. ① 7. ③ 8. ③

9 각 사찰에 대한 설명 중 옳지 않은 것은?

① 부석사의 가람 배치는 누하진입 형식을 취하고 있다.
② 화엄사는 경사된 지형을 수단(數段)으로 나누어서 정지(整地)하여 건물을 적절히 배치하였다.
③ 통도사는 산지에 위치하나 산지가람처럼 건물들을 불규칙하게 배치하지 않고 직교식으로 배치하였다.
④ 봉정사 가람 배치는 대지가 3단으로 나누어져 있으며 상단 부분에 대웅전과 극락전 등 중요한 건물들이 배치되어 있다.

해설

③
통도사(通度寺)

경사지의 자연 지형에 자연스럽게 가람을 배치한 산지형 가람이다.

10 극장 무대에서 그리드 아이언(Grid Iron)이란 무엇인가?

① 조명 조작 등을 위해 무대 주위 벽에 6~9m의 높이로 설치되는 좁은 통로
② 조명기구, 연기자 또는 음향반사판을 매달기 위해 무대 천장 밑에 설치되는 시설
③ 하늘이나 구름 등 자연현상을 나타내기 위한 무대 배경용 벽
④ 무대와 객석의 경계를 이루는 곳으로 액자와 같은 시각적 효과를 갖게 하는 시설

해설

그리드 아이언(Grid Iron)

② 무대 천장 밑에 설치한 것으로 배경이나 조명기구 등이 매달린다.

11 공장건축의 레이아웃 계획에 관한 설명으로 옳지 않은 것은?

① 플랜트 레이아웃은 공장건축의 기본설계와 병행하여 이루어진다.
② 고정식 레이아웃은 조선소와 같이 제품이 크고 수량이 적을 경우에 적용된다.
③ 다품종 소량생산이나 주문생산 위주의 공장에는 공정중심의 레이아웃이 적합하다.
④ 레이아웃 계획은 작업장 내의 기계설비 배치에 관한 것으로 공장 규모 변화에 따른 융통성은 고려 대상이 아니다.

해설

④ 레이아웃(Layout) 계획은 작업장 내의 기계설비, 작업자의 작업 구역, 재료 및 제품을 두는 곳 등 상호 위치관계를 규명하는 것이므로 장래 공장 규모의 변화에 대응하는 융통성(Flexibility)이 있어야 한다.

12 사무소건축의 중심코어 형식에 관한 설명으로 옳은 것은?

① 구조코어로서 바람직한 형식이다.
② 유효율이 낮아 임대사무소 건축에는 부적합하다.
③ 일반적으로 기준층 바닥면적이 작은 경우에 주로 사용된다.
④ 2방향 피난에 이상적인 관계로 방재 및 피난상 가장 유리한 형식이다.

해설

② 유효율이 높아 임대사무소 건축에 적합하다.
③ 일반적으로 기준층 바닥면적이 큰 경우에 적합하다.
④ 2방향 피난에 이상적인 관계로 방재 및 피난상 가장 유리한 형식은 양단코어 형식이다.

해답 9. ③ 10. ② 11. ④ 12. ①

13 한국 전통건축의 지붕 양식에 관한 설명으로 옳은 것은?

① 팔작지붕은 원초적인 지붕 형태로 원시 움집에서부터 사용되었다.
② 모임지붕은 용마루와 내림마루가 있고 추녀마루만 없는 형태이다.
③ 맞배지붕은 용마루와 추녀마루로만 구성된 지붕으로 주로 다포식 건물에 사용되었다.
④ 우진각지붕은 네 면에 모두 지붕면이 있으며 전후 지붕면은 사다리꼴이고 양측 지붕면은 삼각형이다.

해설

| 맞배지붕 | 우진각지붕 | 팔작지붕 | 모임지붕 |

① 팔작지붕은 가장 완성된 화려한 지붕이다.
② 모임지붕은 하나의 정점으로 만나는 지붕이다.
③ 맞배지붕은 용마루와 내림마루로만 구성된 지붕이다.

14 다음 중 상점계획에서 파사드 구성에 요구되는 소비자 구매심리 5단계(AIDMA 법칙)에 속하지 않는 것은?

① 흥미(Interest)   ② 욕망(Desire)
③ 기억(Memory)   ④ 유인(Attraction)

해설

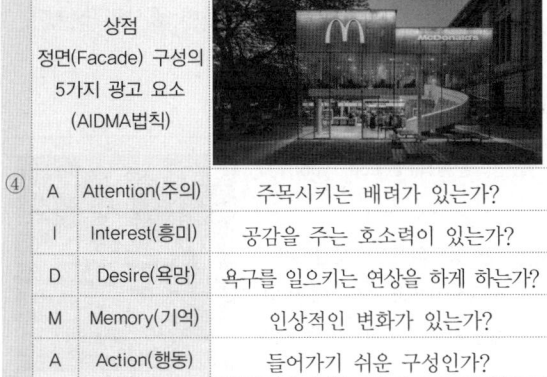

	상점 정면(Facade) 구성의 5가지 광고 요소 (AIDMA법칙)		
④	A	Attention(주의)	주목시키는 배려가 있는가?
	I	Interest(흥미)	공감을 주는 호소력이 있는가?
	D	Desire(욕망)	욕구를 일으키는 연상을 하게 하는가?
	M	Memory(기억)	인상적인 변화가 있는가?
	A	Action(행동)	들어가기 쉬운 구성인가?

15 백화점의 에스컬레이터 배치형식에 관한 설명으로 옳은 것은?

① 직렬식 배치는 승객의 시야도 좋고 점유면적도 작다.
② 병렬연속식 배치는 연속적으로 승강할 수 없다는 단점이 있다.
③ 교차식 배치는 점유면적이 작으며 연속 승강이 가능하다는 장점이 있다.
④ 병렬단속식 배치는 승객의 시야는 안 좋으나 점유면적이 작아 고층 백화점에 주로 사용된다.

해설

①		직렬식 배치는 점유면적이 크다.
②		병렬연속식 배치는 연속적으로 승강이 가능하다.
④		병렬단속식 배치는 승객의 시야를 막지는 않지만 교통이 불연속적으로 되고 서비스가 나쁘다.

16 학교건축에서 단층교사에 관한 설명으로 옳지 않은 것은?

① 재해 시 피난이 유리하다.
② 학습 활동을 실외에 연장할 수 있다.
③ 부지의 이용률이 높으며 설비의 배선, 배관을 집약할 수 있다.
④ 개개의 교실에서 밖으로 직접 출입할 수 있으므로 복도가 혼잡하지 않다.

해설

	단층교사	
③	다층교사에 비해 부지의 이용률이 낮으며 설비의 배선, 배관을 집약하기 어렵다.	

해답 13. ④ 14. ④ 15. ③ 16. ③

17 전시공간의 특수 전시기법에 관한 설명으로 옳지 않은 것은?

① 파노라마 전시는 전체의 맥락이 중요하다고 생각될 때 사용된다.
② 하모니카 전시는 동일 종류의 전시물을 반복하여 전시할 경우에 유리하다.
③ 디오라마 전시는 하나의 사실 또는 주제의 시간 상황을 고정시켜 연출하는 기법이다.
④ 아일랜드 전시는 벽면 전시 기법으로 전체 벽면의 일부만을 사용하며 그림과 같은 미술품 전시에 주로 사용된다.

해설

④ 아일랜드(Island) 전시기법

관람자의 시거리를 짧게 할 수 있으며 전시물을 보다 가까이 할 수 있고 전시물의 크기에 관계없이 배치할 수 있는 기법이다.

18 바실리카식 교회당의 각부 명칭과 관계없는 것은?

① 아일(Aisle)   ② 파일론(Pylon)
③ 나르텍스(Narthex)   ④ 네이브(Nave)

해설

바실리카(Basilika)식 교회

②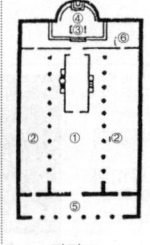

① 신랑(Nave)
② 측랑(Aisle)
③ 제단(Alter)
④ 앱스(Apse)
⑤ 전실(Narthex)
⑥ 후진(Bema)

평면도

19 동일한 대지 조건, 동일한 단위주호 면적을 가진 편복도형 아파트가 홀형 아파트에 비해 유리한 점은?

① 피난에 유리하다.
② 공용면적이 작다.
③ 엘리베이터 이용 효율이 높다.
④ 채광, 통풍을 위한 개구부가 넓다.

해설

③ 편복도형 아파트

홀형(=계단실형)과 비교했을 때 엘리베이터 이용 효율이 높은 것에 따른 경제성이 가장 큰 이점일 것이다.

20 종합병원의 건축형식 중 분관식(Pavilion Type)에 관한 설명으로 옳지 않은 것은?

① 평면 분산식이다.
② 채광 및 통풍 조건이 좋다.
③ 일반적으로 3층 이하의 저층 건물로 구성된다.
④ 재난 시 환자의 피난이 어려우며 공사비가 높다.

해설

분관식(Pavilion Type)

④ 3층 정도의 평면 분산식으로 집중식(Bolck Type)에 비해 재난 시 환자의 피난이 용이하다.

해답 17. ④ 18. ② 19. ③ 20. ④

건축계획 2020년 제2회

1 극장의 평면형식에 관한 설명으로 옳지 않은 것은?
① 아레나형에서 무대 배경은 주로 낮은 가구로 구성된다.
② 프로시니엄형은 픽쳐프레임 스테이지형이라고도 불리운다.
③ 오픈 스테이지형은 관객석이 무대의 대부분을 둘러싸고 있는 형식이다.
④ 프로시니엄형은 가까운 거리에서 관람하게 되며, 가장 많은 관객을 수용할 수 있다.

해설

④	아레나 스테이지 (Arena Stage)형에 대한 설명이다.	

2 공장의 지붕 형태에 관한 설명으로 옳은 것은?
① 솟음지붕은 채광 및 환기에 적합한 방법이다.
② 샤렌 구조는 기둥이 많이 소요된다는 단점이 있다.
③ 뾰족지붕은 직사광선이 완전히 차단된다는 장점이 있다.
④ 톱날지붕은 남향으로 할 경우 하루 종일 변함없는 조도를 가진 약광선을 받아들일 수 있다.

해설

②	샤렌(Schalen) 구조는 곡면지붕이므로 일반 평지붕보다 기둥이 적게 소요된다.
③	뾰족지붕은 직사광선을 어느 정도 허용하는 결점이 있다.
④	톱날지붕은 북향의 채광창으로 하루 종일 변함없는 조도를 유지할 수 있다.

3 주택의 평면과 각 부위의 치수 및 기준척도에 관한 설명으로 옳지 않은 것은?
① 치수 및 기준척도는 안목치수를 원칙으로 한다.
② 거실 및 침실의 평면 각 변의 길이는 10cm를 단위로 한 것을 기준척도로 한다.
③ 거실 및 침실의 층높이는 2.4m 이상으로 하되, 5cm를 단위로 한 것을 기준척도로 한다.
④ 계단 및 계단참의 평면 각 변의 길이 또는 너비는 5cm를 단위로 한 것을 기준척도로 한다.

해설

②	주택건설기준 등에 관한 규칙 제3조: 주택의 평면과 각 부위의 치수 및 기준척도	
	1	치수 및 기준척도는 안목치수를 원칙으로 한다.
	2	거실 및 침실의 평면 각 변의 길이는 5cm를 단위로 한 것을 기준척도로 한다.
	3	부엌·식당·욕실·화장실·복도·계단 및 계단참 등의 평면 각 변의 길이 또는 너비는 5cm를 단위로 한 것을 기준척도로 한다.
	4	거실·침실의 반자높이는 2.2m 이상, 층높이는 2.4m 이상으로 하되 각각 5cm를 단위로 한 것을 기준척도로 한다.

4 종합병원 외래진료부를 클로즈드 시스템(Closed System)으로 계획할 경우 고려할 사항으로 가장 부적절한 것은?
① 1층에 두는 것이 좋다.
② 부속 진료시설을 인접하게 한다.
③ 약국, 회계 등은 정면 출입구 근처에 설치한다.
④ 외과계통은 소진료실을 다수 설치하도록 한다.

해설

④	내과계통은 진료 검사에 시간을 요하므로 소(小)진료실을 다수 설치하지만, 외과계통 각 과는 1실에서 여러 환자를 볼 수 있도록 대실(大室)로 계획한다.

해답 1. ④ 2. ① 3. ② 4. ④

5 래드번(Radburn) 주택단지 계획에 관한 설명으로 옳지 않은 것은?

① 중앙에는 대공원 설치를 계획하였다.
② 주거구는 슈퍼블록 단위로 계획하였다.
③ 보행자의 보도와 차도를 분리하여 계획하였다.
④ 주거지 내의 통과교통으로 간선도로를 계획하였다.

해설

미국 뉴저지 페어 론
래드번(Radburn, 1928) 계획
라이트(H.Wright, 1878~1936)
스타인(C.Stein, 1882~1975)

④

1	자동차 통과도로의 배제를 위한 12~20ha의 슈퍼블록(Super Block, 대가구)의 구성
2	기능에 따른 4가지 종류의 도로 구분
3	보도망(Pedestrian Network)의 형성 및 보도와 차도(고가차도)의 입체적 분리
4	쿨데삭(Cul-de-Sac)형의 세가로망 구성에 의해 주택의 거실을 보도 혹은 정원을 향하도록 배치
5	주택단지 어디로든 통할 수 있는 공동의 오픈스페이스(Open Space)를 조성

6 공포형식 중 다포 형식에 관한 설명으로 옳지 않은 것은?

① 출목은 2출목 이상으로 전개된다.
② 수덕사 대웅전이 대표적인 건물이다.
③ 내부 천장구조는 대부분 우물천장이다.
④ 기둥 상부 이외에 기둥 사이에도 공포를 배열한 형식이다.

해설

수덕사 대웅전
(충남 예산,
국보 제49호)

②

1	고려시대 후기 불전으로 정면 3칸, 측면 4칸의 주심포계 11량(梁) 겹처마 맞배지붕 건물
2	대부분의 불전들은 7량가(梁架)이지만, 고려시대 후기 주심포식 불전인 부석사 무량수전은 9량가, 수덕사 대웅전은 9량가 또는 11량가로 보고 있다.

7 숑바르 드 로브의 주거면적 기준으로 옳은 것은?

① 병리 기준: 6m², 한계 기준: 12m²
② 병리 기준: 6m², 한계 기준: 14m²
③ 병리 기준: 8m², 한계 기준: 12m²
④ 병리 기준: 8m², 한계 기준: 14m²

해설

숑바르 드 로브
(Chombard de Lawve)

④

병리 기준(8m²/인)	거주자의 신체적 및 정신적인 건강에 나쁜 영향을 끼치는 범위
한계 기준(14m²/인)	개인 및 가족적인 거주의 융통성을 보장할 수 있는 한계

해답 5. ④ 6. ② 7. ④

8 탑상형 공동주택에 관한 설명으로 옳지 않은 것은?

① 각 세대에 시각적인 개방감을 준다.
② 각 세대의 거주 조건 및 환경이 균등하다.
③ 도심지 내의 랜드마크적인 역할이 가능하다.
④ 건축물 외면의 4개의 입면성을 강조한 유형이다.

해설

	탑상형 아파트, 타워형 아파트	
②	1	몇 세대를 묶어 탑을 쌓듯이 'ㅁ'자 모양으로 위로 쭉 뻗은 아파트의 형태이다.
	2	판상형 아파트에 비해 용적률이 좋고, 조망 및 녹지공원 확보가 용이하다.
	3	주호가 중앙의 홀을 중심으로 전면에 배치됨으로써 전 세대가 남향만이 아닌 여러 향으로 나기 때문에 각 주호의 환경 조건이 불균등해지고, 엘리베이터의 이용 호수가 제한되어 관리비적인 측면에서 불리하다.

9 도서관 건축에 관한 설명으로 옳지 않은 것은?

① 캐럴(Carrel)은 서고 내에 설치된 소연구실이다.
② 서고의 내부는 자연채광을 하지 않고 인공조명을 한다.
③ 일반 열람실의 면적은 0.25~0.5m²/인 정도의 규모로 계획한다.
④ 서고면적 1m²당 150~250권 정도의 수장능력을 갖도록 계획한다.

해설

 일반 열람실의 면적은 1.5~2m²/인 정도의 규모로 계획한다.

10 호텔건축에 관한 설명으로 옳지 않은 것은?

① 커머셜 호텔은 가급적 저층으로 한다.
② 아파트먼트 호텔은 장기체류용 호텔이다.
③ 리조트 호텔은 자연경관이 좋은 곳을 선택한다.
④ 터미널 호텔은 교통기관의 발착지점에 위치한다.

해설

커머셜 호텔 (Commercial Hotel)

① 교통이 편리한 도심지 중심에 위치하며, 부지는 제한되어 있으므로 고층화 한다.

11 학교의 운영방식에 관한 설명으로 옳지 않은 것은?

① 플래툰형은 교과교실형보다 학생의 이동이 많다.
② 종합교실형은 초등학교 저학년에 가장 권장할 만한 형식이다.
③ 달톤형은 규모 및 시설이 다른 다양한 형태의 교실이 요구된다.
④ 일반 및 특별교실형은 우리나라 중학교에서 일반적으로 사용되는 방식이다.

해설

플래툰형(Platoon Type)

 전 학급을 2분단으로 하고, 한 분단이 일반교실을 사용할 때 다른 분단은 특별교실을 사용하는 방식이다.
미국의 초등학교에서 과밀을 해결하기 위해 시도된 유형으로 교과교실형보다 학생들의 이동이 적은 특징이 있다.

해답 8. ② 9. ③ 10. ① 11. ①

1 바이블 과목별 기출문제

12 사무소 건축에서 오피스 랜드스케이핑(Office Landscaping)에 관한 설명으로 옳지 않은 것은?

① 프라이버시 확보가 용이하여 업무의 효율성이 증대된다.
② 커뮤니케이션의 융통성이 있고 장애 요인이 거의 없다.
③ 실내에 고정된 칸막이를 설치하지 않으며 공간을 절약할 수 있다.
④ 변화하는 작업의 패턴에 따라 조절이 가능하며 신속하고 경제적으로 대처할 수 있다.

해설

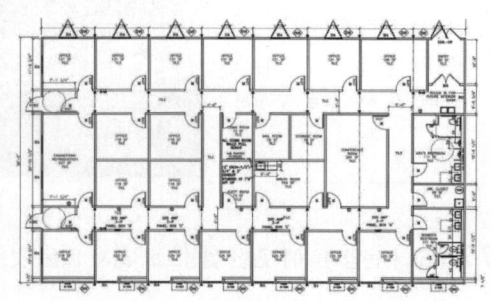

① 프라이버시 확보가 용이한 것은 개실(個室)식 배치(Cellular Type)이다.

13 은행건축 계획에 관한 설명으로 옳지 않은 것은?

① 고객과 직원과의 동선이 중복되지 않도록 계획한다.
② 대규모 은행일 경우 고객의 출입구는 되도록 1개소로 계획한다.
③ 이중문을 설치할 경우 바깥문은 바깥여닫이 또는 자재문으로 계획한다.
④ 어린이들의 출입이 많은 경우에는 주출입구에 회전문을 설치하는 것이 좋다.

해설

④ 어린이들의 출입이 많은 지역에서는 안전상의 이유로 회전문을 설치하지 않는 것이 좋다.

14 다음 중 건축 요소와 해당 건축 요소가 사용된 건축 양식의 연결이 옳지 않은 것은?

① 장미창(Rose Window) - 고딕
② 러스티케이션(Rustication) - 르네상스
③ 첨두 아치(Pointed Arch) - 로마네스크
④ 펜덴티브 돔(Pendentive Dome) - 비잔틴

해설

③ 첨두 아치(Pointed Arch) 고딕(Gothic) 건축의 대표적 건축 요소이다.

15 엘리베이터 설계 시 고려사항으로 옳지 않은 것은?

① 군관리운전의 경우 동일 군 내의 서비스층은 같게 한다.
② 승객의 층별 대기시간은 평균운전간격 이하가 되게 한다.
③ 건축물의 출입층이 2개 층이 되는 경우는 각각의 교통 수요량 이상이 되도록 한다.
④ 백화점과 같은 대규모 매장에서는 일반적으로 승객 수송의 70~80%를 분담하도록 계획한다.

해설

④

백화점과 같은 대규모 매장에서는 일반적으로 승객 수송의 70~80%를 에스컬레이터가 분담하도록 계획하며, 엘리베이터는 최상층에의 고속용 이외에는 보조적 역할이 된다.

해답 12. ① 13. ④ 14. ③ 15. ④

16 극장건축과 관련된 용어 설명으로 옳지 않은 것은?

① 플라이 갤러리(Fly Gallery): 무대 주위의 벽에 설치되는 좁은 통로이다.
② 사이클로라마(Cyclorama): 무대의 제일 뒤에 설치되는 무대배경용 벽이다.
③ 그린 룸(Green Room): 연기자가 분장 또는 화장을 하고 의상을 갈아입는 곳이다.
④ 그리드 아이언(Grid Iron): 무대 천장 밑에 설치한 것으로 배경이나 조명기구 등이 매달린다.

해설

③ 연기자가 분장 또는 화장을 하고 의상을 갈아입는 곳은 의상실(Dressing Room)이며, 그린 룸(Green Room)은 연기자의 출연대기실이다.

17 미술관 전시실의 순회형식에 관한 설명으로 옳지 않은 것은?

① 연속순회형식은 전시 벽면이 최대화되고 공간절약 효과가 있다.
② 연속순회형식은 한 실을 폐쇄하면 다음 실로의 이동이 불가능하다.
③ 갤러리 및 복도형식은 관람자가 전시실을 자유롭게 선택하여 관람할 수 있다.
④ 중앙홀형식에서 중앙홀이 크면 장래의 확장에는 용이하나 동선의 혼잡이 심해진다.

해설

④ 중앙홀 형식

중앙홀이 크면 동선의 혼란은 없지만 장래의 확장에 많은 무리가 따르는 단점을 가지고 있다.

18 경복궁 궁궐 배치는 전조 공간과 후침 공간으로 이루어져 있다. 다음 중 전조공간의 구성에 속하지 않는 것은?

① 근정전 ② 만춘전
③ 천추전 ④ 강녕전

해설

경복궁의 궁궐 배치	
전조후침(前朝後寢)에서 전조는 업무공간, 후침은 일상의 생활공간이다.	
 ① 근정전(勤政殿)	경복궁의 중심이 되는 건축물로서 임금이 조회를 하며 정사를 처리하던 곳
④  ② 만춘전(萬春殿)	임금이 신하들과 나랏일을 의논하거나 외국사신을 맞이하여 연회를 베풀던 편전(便殿)
 ③ 천추전(千秋殿)	사정전에 부속된 전각이며 임금이 집무를 보던 곳
 ④ 강녕전(康寧殿)	경복궁의 내전(內殿)이며 왕이 일상을 보내는 거처였으며 침전으로 사용한 전각

해답 16. ③ 17. ④ 18. ④

19 공동주택 단위주거의 단면 구성 형태에 관한 설명으로 옳지 않은 것은?

① 플랫형은 주거단위가 동일 층에 한하여 구성되는 형식이다.
② 스킵 플로어형은 통로 및 공용면적이 적은 반면에 전체적으로 유효면적이 높다.
③ 복층형(메조네트형)은 플랫형에 비해 엘리베이터의 정지 층수를 적게 할 수 있다.
④ 트리플렉스형은 듀플렉스형보다 프라이버시의 확보율이 낮고 통로면적이 많이 필요하다.

해설

④	트리플렉스형(Triplex type)
	하나의 주거단위가 3층형으로 구성되는 것으로 프라이버시의 확보율이 높고 통로면적은 듀플렉스형 보다 유리하다.

20 백화점 기둥 간격의 결정 요소와 가장 거리가 먼 것은?

① 지하 주차장의 주차방법
② 진열대의 치수와 배열법
③ 엘리베이터의 배치 방법
④ 각 층별 매장의 상품 구성

해설

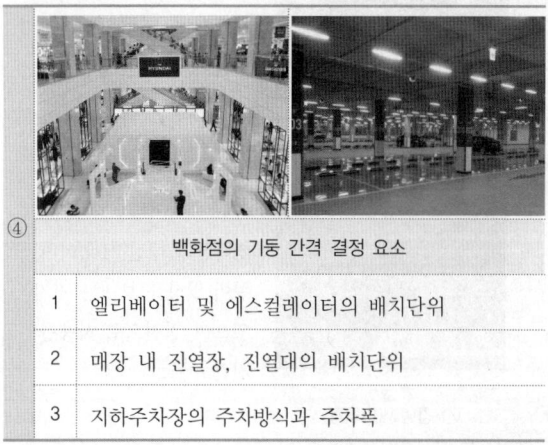

④	백화점의 기둥 간격 결정 요소	
1	엘리베이터 및 에스컬레이터의 배치단위	
2	매장 내 진열장, 진열대의 배치단위	
3	지하주차장의 주차방식과 주차폭	

해답 19. ④   20. ④

건축계획 2020년 제4회

1 기업체가 자사 제품의 홍보, 판매 촉진 등을 위해 제품 및 기업에 관한 자료를 소비자들에게 직접 호소하여 제품의 우위성을 인식시키는 전시공간은?

① 쇼룸
② 런드리
③ 프로세니움
④ 인포메이션

해설

쇼룸(Show Room)
상품의 진열실이나 전시실

2 사무소 건축의 실 단위계획 중 개실 시스템에 관한 설명으로 옳지 않은 것은?

① 공사비가 저렴하다.
② 독립성과 쾌적감이 높다.
③ 방 길이에 변화를 줄 수 있다.
④ 방 깊이에 변화를 줄 수 없다.

해설

개실(個室) 시스템(Cellular Type)은 개방식 배치(Open Floor Type)에 비해 공사비가 높다.

3 주택단지 계획에서 보차분리의 형태 중 평면분리에 해당하지 않는 것은?

① T자형
② 루프(Loop)
③ 쿨데삭(Cul-de-Sac)
④ 오버브리지(Overbridge)

해설

보차(步車)분리	
평면분리	쿨데삭(Cul-de-Sac), 단지순환로(Loop), T자형, 열쇠자형
면적분리	보행자 안전참(Pedestrian Safecross), 보행자 공간, 몰 플라자(Mall Plaza)
입체분리	오버브리지(Overbridge), 언더패스(Under Path), 지상인공지반, 지하가, 다층구조지반
시간분리	시간제 차량통행, 차 없는 날

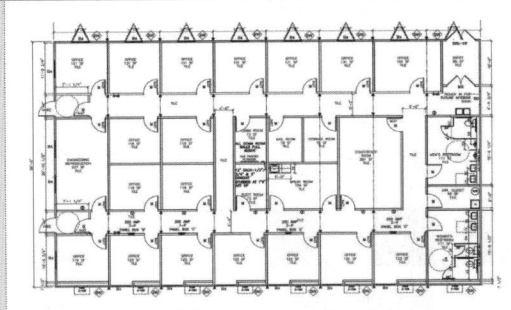

4 도서관의 출납 시스템 유형 중 이용자가 자유롭게 도서를 꺼낼 수 있으나 열람석으로 가기 전에 관원의 검열을 받는 형식은?

① 폐가식
② 반개가식
③ 자유개가식
④ 안전개가식

해설

안전개가식(Safe Guarded Open Access)에 대한 설명이다.

해답 1. ① 2. ① 3. ④ 4. ④

5 단독주택에서 다음과 같은 실을 각각 직상층 및 직하층에 배치할 경우 가장 바람직하지 않은 것은?

① 상층: 침실, 하층: 침실
② 상층: 부엌, 하층: 욕실
③ 상층: 욕실, 하층: 침실
④ 상층: 욕실, 하층: 부엌

해설

③ 침실은 정적(靜的)인 공간이므로 상하층 동일하게 배치하는 것이 적합하고, 물을 사용하여 어느 정도의 소음이 발생하는 욕실이나 부엌이 설비적 코어의 관점에서 직상층 및 직하층에 배치되는 것이 유리하므로, ③번이 부적합한 계획이 된다.

6 다음 중 백화점 매장의 기둥 간격 결정 요소와 가장 거리가 먼 것은?

① 엘리베이터의 배치방법
② 진열장의 치수와 배치방법
③ 지하주차장 주차방식과 주차 폭
④ 층별 매장 구성과 예상 이용인원

해설

④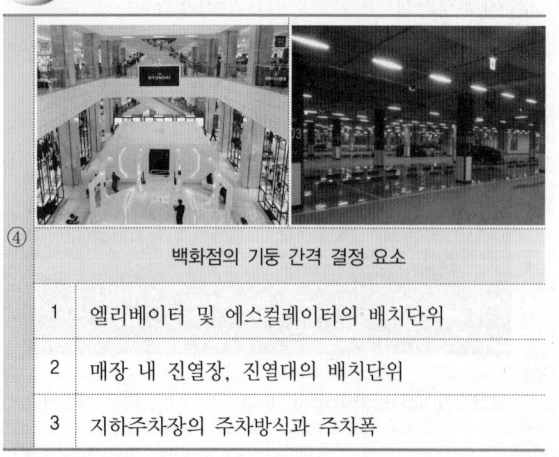

	백화점의 기둥 간격 결정 요소
1	엘리베이터 및 에스컬레이터의 배치단위
2	매장 내 진열장, 진열대의 배치단위
3	지하주차장의 주차방식과 주차폭

7 학교 운영방식에 관한 설명으로 옳지 않은 것은?

① 종합교실형은 초등학교 저학년에 권장되는 방식이다.
② 교과교실형은 교실의 이용률은 높으나 순수율은 낮다.
③ 달톤형은 학급과 학년을 없애고 각자의 능력에 따라 교과를 선택하는 방식이다.
④ 플래툰형은 전 학급을 2분단으로 나누어 한 쪽이 일반교실을 사용할 때, 다른 쪽은 특별교실을 사용한다.

해설

②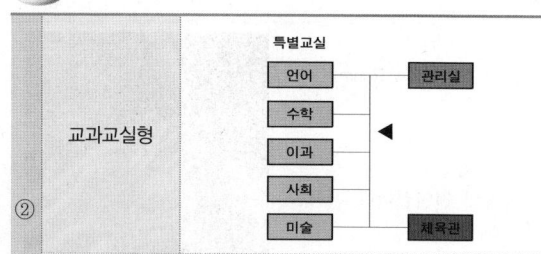

모든 교실이 특정 교과를 위해 만들어지고, 일반교실은 없으므로 교실의 기능적인 순수율을 가장 높일 수 있는 형식이다.

8 종합병원에서 클로즈드 시스템(Closed System)의 외래진료부에 관한 설명으로 옳지 않은 것은?

① 내과는 소규모 진료실을 다수 설치하도록 한다.
② 환자의 이용이 편리하도록 1층 또는 2층 이하에 둔다.
③ 중앙주사실, 회계, 약국 등은 정면 출입구 근처에 설치한다.
④ 전체 병원에 대한 외래진료부의 면적 비율은 40~45% 정도로 한다.

해설

④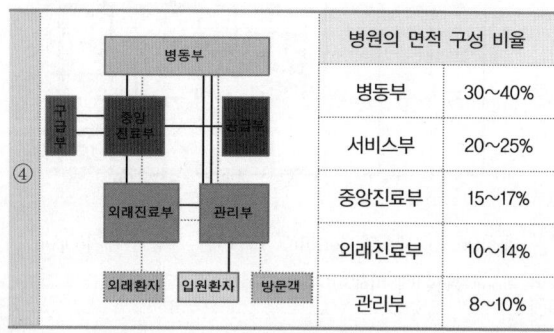

병원의 면적 구성 비율	
병동부	30~40%
서비스부	20~25%
중앙진료부	15~17%
외래진료부	10~14%
관리부	8~10%

해답 5. ③ 6. ④ 7. ② 8. ④

9 공장건축의 레이아웃(Layout)에 관한 설명으로 옳지 않은 것은?

① 제품중심의 레이아웃은 대량생산에 유리하며 생산성이 높다.
② 레이아웃은 장래 공장 규모의 변화에 대응한 융통성이 있어야 한다.
③ 공정중심의 레이아웃은 다품종 소량생산이나 주문생산에 적합한 형식이다.
④ 고정식 레이아웃은 기능이 동일하거나 비슷한 공정, 기계를 접합하여 배치하는 방식이다.

해설

④ 고정식 레이아웃은 조선소와 같이 조립 부품이 고정된 장소에 있고 사람과 기계를 이동시키며 작업을 행하는 방식이다.

10 극장건축의 관련 제실에 관한 설명으로 옳지 않은 것은?

① 앤티 룸(Anti Room)은 출연자들이 출연 바로 직전에 기다리는 공간이다.
② 그린 룸(Green Room)은 출연자 대기실을 말하며 주로 무대 가까운 곳에 배치한다.
③ 배경제작실의 위치는 무대에 가까울수록 편리하며, 제작 중의 소음을 고려하여 차음설비가 요구된다.
④ 의상실은 실의 크기가 1인당 최소 $8m^2$가 필요하며, 그린 룸이 있는 경우 무대와 동일한 층에 배치하여야 한다.

해설

	의상실(Dressing Room)
1	연기자가 의상을 갈아입고 분장을 하는 곳으로 실의 크기는 1인당 최소 $4~5m^2$가 필요하다.
④ 2	의상실은 가능하면 무대와 같은 층에서 무대 근처에 있는 것이 이상적이다. 하지만 무대에 출연하기 전에 준비가 다 된 연기자가 기다리는 그린 룸(Green Room)이 있으면 반드시 동일한 층에 배치할 필요는 없다.

11 상점의 동선계획에 관한 설명으로 옳지 않은 것은?

① 고객동선은 가능한 길게 한다.
② 직원동선은 가능한 짧게 한다.
③ 상품동선과 직원동선은 동일하게 처리한다.
④ 고객 출입구와 상품 반입 및 반출 출입구는 분리하는 것이 좋다.

해설

③ 고객동선, 종업원동선, 상품동선의 3가지 동선이 각각 교차되지 않게 판매장을 계획하는 것이 이상적이다.

12 고대 로마 건축물 중 판테온(Pantheon)에 관한 설명으로 옳지 않은 것은?

① 로툰다 내부는 드럼과 돔 두 부분으로 구성된다.
② 직사각형의 입구 공간은 외부와 내부 사이의 전이 공간으로 사용된다.
③ 드럼 하부는 깊은 니치와 독립된 도리아식 기둥들로 동적인 공간을 구현한다.
④ 거대한 돔을 얹은 로툰다와 대형 열주 현관이라는 2가지 주된 구성 요소로 이루어진다.

해설

판테온 신전(萬神殿 118~128년경)

1	로마 제국 하드리아누스 황제가 세운 로마 최대의 돔 건축물
③ 2	드럼(Drum) 하부는 깊은 니치(Niche, 장식을 위하여 벽면을 오목하게 파서 만든 공간)와 독립한 코린티안(Corinthian) 기둥들로 정적인 공간을 구현한다.

해답 9. ④   10. ④   11. ③   12. ③

13 건축 공간의 치수 계획에서 "압박감을 느끼지 않을 만큼의 천장높이 결정"은 다음 중 어디에 해당하는가?

① 물리적 스케일 ② 생리적 스케일
③ 심리적 스케일 ④ 입면적 스케일

해설

	건축 공간의 치수(Scale, 스케일)	
③	물리적 Scale	출입구의 크기가 인간이나 물체의 물리적 크기에 의해 결정되는 치수
	생리적 Scale	실내의 창문 크기가 필요 환기량으로 결정되는 경우와 같은 치수
	심리적 Scale	압박감을 느끼지 않을 정도에서 천장의 높이가 결정되는 경우와 같은 치수

15 다음 설명에 알맞은 사무소 건축의 코어 유형은?

- 코어와 일체로 한 내진구조가 가능한 유형이다.
- 유효율이 높으며, 임대 사무소로서 경제적인 계획이 가능하다.

① 편심형 ② 독립형
③ 분리형 ④ 중심형

해설

④ 중심코어형은 건축물의 외부 프레임을 내력벽으로 하고 중앙코어와 일체로 형성 시 내진구조로 만들기가 용이하며, 바닥면적이 큰 고층 이상의 사무소 건축에 적합하다.

14 극장의 평면형식 중 오픈 스테이지(Open Stage)형에 관한 설명으로 옳은 것은?

① 연기자가 남측 방향으로만 관객을 대하게 된다.
② 강연, 음악회, 독주, 연극 공연에 가장 적합한 형식이다.
③ 가장 일반적인 극장의 형식으로 어떠한 배경이라도 창출이 가능하다.
④ 무대와 객석이 동일 공간에 있는 것으로 관객석이 무대의 대부분을 둘러싸고 있다.

해설

오픈 스테이지 (Open Stage)

④ 무대와 객석이 동일 공간에 있는 형태로 많은 관객들을 시각거리 내에 수용하는 특성이 있다.

16 조선시대에 田자형 주택으로 대별되는 서민주택의 지방 유형은?

① 서울지방형 ② 남부지방형
③ 중부지방형 ④ 함경도지방형

해설

	지역별 한식주택 평면 유형	
④	함경도 지방	
	중부 및 남부 지방	
	서울 지방	

해답 13. ③   14. ④   15. ④   16. ④

17 메조넷형(Maisonette Type) 아파트에 관한 설명으로 옳지 않은 것은?

① 설비, 구조적인 해결이 유리하며 경제적이다.
② 통로가 없는 층의 평면은 프라이버시 확보에 유리하다.
③ 통로가 없는 층의 평면은 화재 발생 시 대피상 문제점이 발생할 수 있다.
④ 엘리베이터 정지층 및 통로면적의 감소로 전용면적의 극대화를 도모할 수 있다.

해설

① 메조넷형(Maisonette Type) 하나의 주거단위가 복층 형식을 취하는 경우이므로 설비 및 구조적인 해결이 불리하다.

19 단독주택의 평면계획에 관한 설명으로 옳지 않은 것은?

① 거실은 평면계획상 통로나 홀로 사용하지 않는 것이 좋다.
② 현관의 위치는 대지의 형태, 도로와의 관계 등에 의하여 결정된다.
③ 부엌은 주택의 서측이나 동측이 좋으며 남향은 피하는 것이 좋다.
④ 노인침실은 일조가 충분하고 전망이 좋은 조용한 곳에 면하게 하고 식당, 욕실 등에 근접시킨다.

해설

③ 일사가 긴 서쪽은 음식물이 부패하기 쉬우므로 부엌은 서향을 반드시 피해야 한다.

18 고딕 성당에 관한 설명으로 옳지 않은 것은?

① 중앙집중식 배치를 지배적으로 사용하였다.
② 건축 형태에서 수직성을 강하게 강조하였다.
③ 고딕 성당으로는 랭스 성당, 아미앵 성당 등이 있다.
④ 수평 방향으로 통일되고 연속적인 공간을 만들었다.

해설

① 배치나 평면에 있어 고딕 성당은 제단으로 이어지는 통로를 따라 조직되는 긴 직선적 배치 방식을 지배적으로 사용하였다.

20 다음 중 호텔의 성격상 연면적에 대한 숙박면적의 비가 가장 큰 것은?

① 리조트 호텔 ② 커머셜 호텔
③ 클럽 하우스 ④ 레지덴셜 호텔

해설

시티 호텔 (City Hotel)	• 커머셜(Commercial) 호텔 • 레지덴셜(Residential) 호텔 • 아파트먼트(Apartment) 호텔 • 터미널(Terminal) 호텔
② 리조트 호텔 (Resort Hotel)	• 해변(Beach) 호텔 • 산장(Mountain) 호텔 • 스포츠(Sport) 호텔 • 온천(Hot Spring) 호텔 • 클럽 하우스(Club House)

Hotel 호텔 연면적에 대한 숙박면적의 비율
커머셜 호텔 > 레지덴셜 호텔 > 리조트 호텔 > 아파트먼트 호텔

해답 17. ① 18. ① 19. ③ 20. ②

MEMO

II 바이블 과목별 기출문제

건축시공

- 01 2016년 기출문제 ······ *2-80*
- 02 2017년 기출문제 ······ *2-95*
- 03 2018년 기출문제 ······ *2-110*
- 04 2019년 기출문제 ······ *2-125*
- 05 2020년 기출문제 ······ *2-140*

건축시공 2016년 제1회

21 건축물의 터파기 공사 시 실시하는 계측의 항목과 계측기를 연결한 것이다. 틀린 것은?

① 지하수의 수압 – 트랜싯
② 흙막이벽의 측압, 수동토압 – 토압계
③ 흙막이벽의 중간부 변형 – 경사계
④ 흙막이벽의 응력 – 변형계

해설

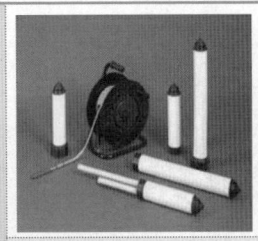
① 피에조미터(Piezometer)

트랜싯(Transit)

지하수의 수압 측정은 피에조미터(Piezometer)로 하며, 트랜싯(Transit)은 인접 구조물의 이동을 측정한다.

22 도료의 원료로 사용되는 천연수지가 아닌 것은?

① 로진(Rosin)
② 셸락(Shellac)
③ 코펄(Copal)
④ 알키드 수지(Alkyd Resin)

해설

④ 알키드 수지(Alkyd Resin)는 열경화성 합성수지이다.

23 콘크리트 시공 시 진동다짐에 관한 설명으로 틀린 것은?

① 진동의 효과는 봉의 직경, 진동수 등에 따라 다르다.
② 안정되어 엉기거나 굳기 시작한 콘크리트라도 콘크리트의 표면에 페이스트가 엷게 떠오를 때까지 진동기를 사용하여야 한다.
③ 진동기를 인발할 때에는 진동을 주면서 천천히 뽑아 콘크리트에 구멍이 남지지 않도록 한다.
④ 고강도콘크리트에서는 고주파 내부진동기가 효과적이다.

해설

② 엉기거나 굳기 시작한 콘크리트에는 진동기를 사용하지 않는다.

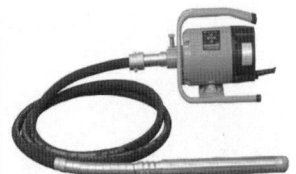

24 보통 창유리의 특성 중 투과에 관한 설명으로 옳지 않은 것은?

① 투사각 0도 일 때 투명하고 청결한 창유리는 약 90%의 광선을 투과한다.
② 보통의 창유리는 많은 양의 자외선을 투과시키는 편이다.
③ 보통 창유리도 먼지가 부착되거나 오염되면 투과율이 현저하게 감소한다.
④ 광선의 파장이 길고 짧음에 따라 투과율이 다르게 된다.

해설

② 보통의 창유리는 자외선(파장 200~380nm)을 거의 투과시키지 못한다.

해답 21. ① 22. ④ 23. ② 24. ②

25 토공사를 할 경우 주의해야 할 현상으로 가장 거리가 먼 것은?

① 파이핑(Piping)   ② 보일링(Boiling)
③ 히빙(Heaving)   ④ 그라우팅(Grouting)

해설

④ 히빙, 보일링, 파이핑은 토공사의 널말뚝 산정 시 예상되는 지반 파괴 현상들이며, 그라우팅(Grouting)은 토질 안정 등을 위해 지반의 갈라진 틈, 공동(空洞) 등에 충전재를 주입하는 것으로 토공사 주의사항과는 관계가 멀다.

【흙막이의 안정】

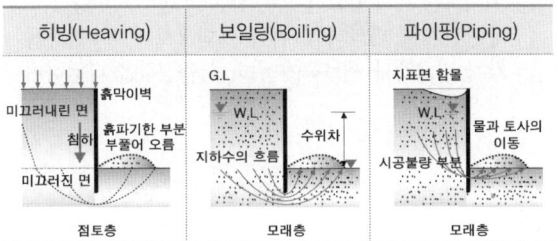

26 목재의 접착제로 활용되는 수지로 가장 거리가 먼 것은?

① 요소 수지   ② 멜라민 수지
③ 폴리스티렌 수지   ④ 페놀 수지

해설

③ 목재의 접착재 및 접착력 크기

에폭시 > 요소 > 멜라민 > 페놀 > 아교 > 카세인

폴리스티렌(PS)

무색투명하고 전기 절연성, 내수성 및 내약품성이 우수한 발포재로서 보드 형태로 성형하여 단열재로 사용되고 블라인드, 천장재, 타일, 전기용품으로도 사용된다.

27 벽돌쌓기 공사에 대한 설명으로 옳지 않은 것은?

① 가로 및 세로줄눈의 너비는 도면 또는 공사시방서에 정한 바가 없을 때에는 20mm를 표준으로 한다.
② 벽돌쌓기는 도면 또는 공사시방서에서 정한 바가 없을 때에는 영식 쌓기 또는 화란식 쌓기로 한다.
③ 세로줄눈의 모르타르는 벽돌 마구리면에 충분히 발라 쌓도록 한다.
④ 하루의 쌓기 높이는 1.2m(18켜 정도)를 표준으로 하고, 최대 1.5m(22켜 정도) 이하로 한다.

해설

①

벽돌쌓기 줄눈크기	
가로, 세로 10mm 표준	

28 백화 현상에 대한 설명으로 옳지 않은 것은?

① 시멘트는 수산화칼슘의 주성분인 생석회(CaO)의 다량 공급원으로서 백화의 주요 요인이다.
② 백화 현상은 미장 표면뿐만 아니라 벽돌벽체, 타일 및 착색시멘트 제품 표면에도 발생한다.
③ 겨울철보다 여름철의 높은 온도에서 백화 발생 빈도가 높다.
④ 배합수 중에 용해되는 가용 성분이 시멘트 경화체의 표면 건조 후 나타나는 현상을 백화라 한다.

해설

③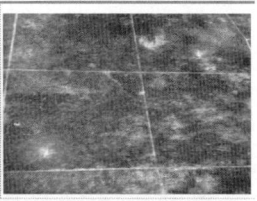

습기가 많을 때, 기온이 낮을 때, 그늘진 북측면에서 백화(Effloresence) 발생의 빈도가 높다.

해답 25. ④ 26. ③ 27. ① 28. ③

29 점토질 연약지반의 탈수공법으로 적합하지 않은 것은?

① 샌드 드레인(Sand Drain) 공법
② 생석회 말뚝(Chemico Pile) 공법
③ 페이퍼 드레인(Paper Drain) 공법
④ 웰 포인트(Well Point) 공법

해설

④ 웰 포인트(Well Point) 공법
투수성이 좋은 사질지반에서의 대표적인 지하 배수공법으로, 투수성이 나쁜 점토지반에서는 효율이 나쁘다.

30 콘크리트의 배합에 관한 설명으로 옳지 않은 것은?

① 일반적으로 굵은골재의 최대치수가 클수록 잔골재율을 작게 할 수 있다.
② 잔골재율은 소요의 워커빌리티가 얻어지는 범위 내에서 단위수량이 가능한 한 작게 되도록 시험비빔에 의해 결정한다.
③ 단위수량이 동일하면 골재량이나 시멘트량의 근소한 변화는 슬럼프에 그다지 영향을 주지 않는다.
④ 강도 및 슬럼프가 동일하면 실적률이 큰 굵은골재를 사용할수록 단위수량이 많아진다.

해설

④ 강도 및 슬럼프가 동일하면 실적률이 큰 굵은골재를 사용할수록 단위수량이 작아진다.

31 통합품질관리 TQC(Total Quality Control)를 위한 도구에 관한 설명으로 옳지 않은 것은?

① 파레토도란 층별 요인이나 특성에 대한 불량 점유율을 나타낸 그림으로서 가로축에는 층별 요인이나 특성을, 세로축에는 불량 건수나 불량 손실금액 등을 표시하여 그 점유율을 나타낸 불량 해석도이다.
② 특성요인도란 문제로 하고 있는 특성과 요인 간의 관계, 요인 간의 상호관계를 쉽게 이해할 수 있도록 화살표를 이용하여 나타낸 그림이다.
③ 히스토그램이란 모집단에 대한 품질 특성을 알기 위하여 모집단의 분포 상태, 분포의 중심 위치, 분포의 산포 등을 쉽게 파악할 수 있도록 막대 그래프 형식으로 작성한 도수분포도를 말한다.
④ 관리도란 통계적 요인이나 특성에 대한 두 변량 간의 상관관계를 파악하기 위한 그림으로서 두 변량을 각각 가로축과 세로축에 취하여 측정값을 타점하여 작성한다.

해설

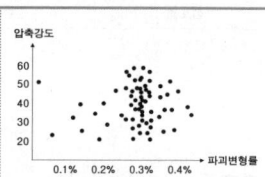

④ 산포도(Scatter Diagram, 산점도)를 설명하고 있다.

32 유리를 연화점(500~600℃) 가깝게 가열하고 양면에 냉기를 불어 넣고 급랭시켜 표면에 압축, 내부에 인장력을 도입한 유리는?

① 망입유리   ② 강화유리
③ 형판유리   ④ 물유리

해설

② 강화유리(強化琉璃)를 설명하고 있다.

해답   29. ④   30. ④   31. ④   32. ②

33 8개월간 공사하는 어느 공사 현장에 필요한 시멘트량이 2,397포이다. 이 공사 현장에 필요한 시멘트 창고 면적으로 적당한 것은? (단, 쌓기단수는 13단)

① 24.6m² ② 54.2m²
③ 73.8m² ④ 98.5m²

해설

①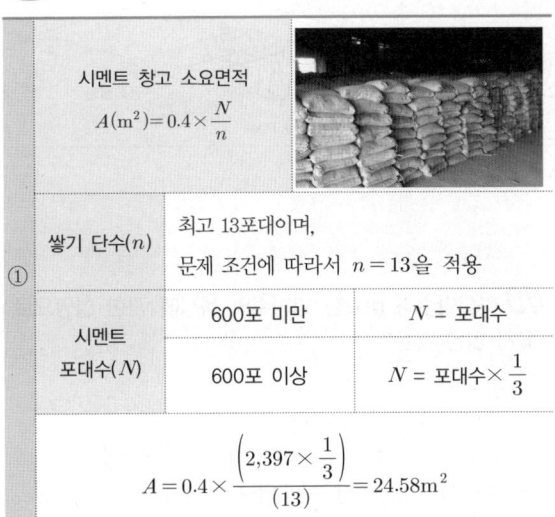

시멘트 창고 소요면적
$$A(m^2) = 0.4 \times \frac{N}{n}$$

쌓기 단수(n)	최고 13포대이며, 문제 조건에 따라서 $n=13$을 적용	
시멘트 포대수(N)	600포 미만	N = 포대수
	600포 이상	N = 포대수 × $\frac{1}{3}$

$$A = 0.4 \times \frac{\left(2,397 \times \frac{1}{3}\right)}{(13)} = 24.58 m^2$$

34 벽돌벽 내쌓기에서 내쌓을 수 있는 총 벽길이의 한도는?

① 2.0 B ② 1.0 B
③ 1/2 B ④ 1/4 B

해설

①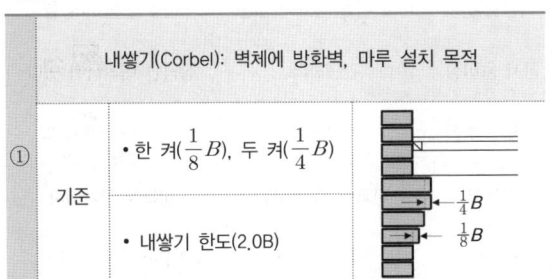

내쌓기(Corbel): 벽체에 방화벽, 마루 설치 목적

기준
- 한 켜($\frac{1}{8}B$), 두 켜($\frac{1}{4}B$)
- 내쌓기 한도(2.0B)

35 입찰참가 사전자격심사(Pre-Qualification)에 관한 설명으로 옳지 않은 것은?

① 공사 입찰 시 참가자의 기술 능력, 관리 및 경영 상태 등을 종합 평가한다.
② 공사 입찰 시 입찰자로 하여금 산출내역서를 제출하도록 한 입찰제도이다.
③ 댐, 지하철, 고속도로 등의 토목 대형공사에 주로 적용된다.
④ 부실공사를 방지하기 위한 수단이다.

해설

②

PQ 제도(Pre-Qualification)	
건설업체의 공사 수행능력을 기술적 능력, 재무 능력, 조직 및 공사능력 등 비가격적 요인을 검토하여 가장 효율적으로 공사를 수행할 수 있는 업체에 입찰 참가자격을 부여하는 제도	
장점	• 무자격 및 부적격 업체로부터 적격 업체의 보호 • 입찰자 감소에 따른 입찰 시간과 비용의 감소
단점	• 적용 대상 공사의 제한 • 실적 위주의 참가에 따른 중소업체에 대해 불리한 제도

36 아스팔트 방수공사에 관한 설명 중 옳지 않은 것은?

① 아스팔트 용융 중에는 최소한 30분에 1회 정도로 온도를 측정하며, 접착력 저하 방지를 위하여 200℃ 이하가 되지 않도록 한다.
② 한랭지에서 사용되는 아스팔트는 침입도 지수가 작은 것이 좋다.
③ 지붕방수에는 침입도가 크고 연화점(軟化点)이 높은 것을 사용한다.
④ 아스팔트 용융 솥은 가능한 한 시공 장소와 근접한 곳에 설치한다.

해설

② 일반적으로 침입도가 작은 것은 연화점이 높기 때문에 온난한 지역은 침입도가 작은 것을 사용하고, 한랭지는 침입도가 크고 연화점이 낮은 것을 사용한다.

해답 33. ① 34. ① 35. ② 36. ②

37 철골 부재의 공장 제작 시 대략적인 작업 순서를 옳게 나열한 것은?

① 원척도 ➡ 본뜨기 ➡ 금매김 ➡ 절단 및 가공 ➡ 구멍뚫기 ➡ 가조립 ➡ 본조립 ➡ 검사
② 본뜨기 ➡ 원척도 ➡ 금매김 ➡ 절단 및 가공 ➡ 구멍뚫기 ➡ 가조립 ➡ 본조립 ➡ 검사
③ 원척도 ➡ 금매김 ➡ 본뜨기 ➡ 절단 및 가공 ➡ 구멍뚫기 ➡ 가조립 ➡ 본조립 ➡ 검사
④ 원척도 ➡ 본뜨기 ➡ 금매김 ➡ 구멍뚫기 ➡ 절단 및 가공 ➡ 가조립 ➡ 본조립 ➡ 검사

해설

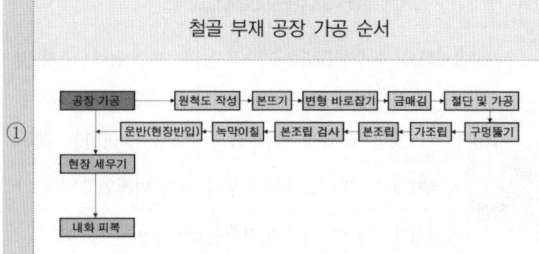

38 공사 계약제도 중 공사관리방식(CM : Construction Management)의 단계별 업무 내용 중 비용의 분석 및 VE기법의 도입 시 가장 효과적인 단계는?

① Pre-Design 단계(기획 단계)
② Design 단계(설계 단계)
③ Pre-Construction 단계(입찰·발주 단계)
④ Construction 단계(시공 단계)

해설

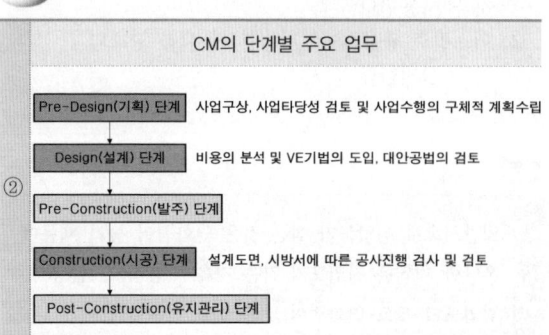

39 사무실 용도의 건물에서 철골구조의 슬래브 바닥재로 일반적으로 사용되는 것은?

① 데크 플레이트
② 체커드 플레이트
③ 거셋 플레이트
④ 베이스 플레이트

해설

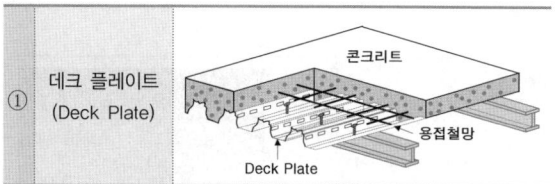

40 바깥방수와 비교한 안방수의 특징에 관한 설명으로 옳지 않은 것은?

① 공사가 간단하다.
② 공사비가 비교적 싸다.
③ 보호누름이 없어도 무방하다.
④ 수압이 작은 곳에 이용된다.

해설

③ 바깥방수는 보호누름이 없어도 무방하지만, 안방수는 보호누름이 반드시 필요하다.

【안방수와 바깥방수의 주요 항목 비교】

비교항목	안방수	바깥방수
사용환경	수압이 작고 얕은 지하실	수압이 크고 깊은 지하실
바탕만들기	따로 만들 필요가 없음	따로 만들어야 함
공사 용이성	간단하다	상당한 어려움이 있다
본공사 추진	자유롭다	본공사에 선행된다
경제성	비교적 저가이다	비교적 고가이다
보호누름	필요하다	없어도 무방하다

해답 37. ① 38. ② 39. ① 40. ③

건축시공 2016년 제2회

21 수밀콘크리트 시공에 대한 설명 중 옳지 않은 것은?
① 불가피하게 이어치기 할 경우 이어치기 면의 레이턴스를 제거하고 빈배합 콘크리트를 사용한다.
② 콘크리트의 표면 마감은 진공처리 방법을 사용하는 것이 좋다.
③ 타설이 완료된 콘크리트면은 충분한 습윤양생을 한다.
④ 연속타설 시간 간격은 외기온도가 25℃를 넘었을 경우는 1.5시간, 25℃ 이하일 경우는 2시간을 넘어서는 안 된다.

해설

수밀콘크리트 (Water-Tight Concrete)
가급적 이어치기를 하지 않고, 불가피하게 이어치기 할 경우 부배합(Rich Mix) 콘크리트를 사용한다.

22 다음 중 건설공사 경비에 포함되지 않는 것은?
① 외주제작비 ② 현장관리비
③ 교통비   ④ 업무추진비

해설

①
경비 - 현장관리비, 안전관리비, 전력비, 운반비, 기계경비, 특허권사용료, 기술료, 연구개발비, 품질관리비, 가설비, 보험료, 소모품비, 여비, 교통비 등
외주제작비는 직접공사비 중 외주비에 포함된다.

23 시멘트 200포를 사용하여 배합비가 1:3:6의 콘크리트를 비벼냈을 때의 전체 콘크리트의 량은? (단, 물시멘트비는 60%이고 시멘트 1포대는 40kg이다.)
① 25.25m³   ② 36.36m³
③ 39.39m³   ④ 44.44m³

해설

②

배합비 재료	1:2:4	1:3:6
시멘트(kg)	320	220
모래(m³)	0.45	0.47
자갈(m³)	0.90	0.94

콘크리트 1m³당 시멘트 포대수: $\frac{220 kg/m^3}{40 kg/포} = 5.5포/m^3$

시멘트 200포 사용 시 콘크리트량: $\frac{200포}{5.5포/m^3} = 36.36 m^3$

24 석재에 관한 설명으로 옳지 않은 것은?
① 심성암에 속한 암석은 대부분 입상의 결정 광물로 되어 있어 압축강도가 크고 무겁다.
② 화산암의 조암광물은 결정질이 작고 비결정질이어서 경석과 같이 공극이 많고 물에 뜨는 것도 있다.
③ 안산암은 강도가 작고 내화적이지 않으나, 색조가 균일하며 가공도 용이하다.
④ 수성암은 화성암의 풍화물, 유기물, 그 밖의 광물질이 땅속에 퇴적되어 지열과 지압을 받아서 응고된 것이다.

해설

③
안산암(安山巖, Andesite)
강도와 내구성은 비교적 크며, 조직과 색조가 균일하지 않지만 가공은 용이한 특징을 갖는다.

해답 21. ① 22. ① 23. ② 24. ③

② 바이블 과목별 기출문제

25 표준관입시험에서 상대밀도의 정도가 중간(Medium)에 해당될 때의 사질지반의 N값으로 옳은 것은?

① 0~4　　② 4~10
③ 10~30　　④ 30~50

해설

③

표준관입시험(Standard Penetration Test)	
Hammer(63.5kg) 760mm Boring Rod Sampler	① 정지작업 및 보링 실시 ② 질량 63.5kg의 해머를 760mm 높이에서 자유낙하 ③ 시험용 샘플러가 300mm 관입하는 데 요구되는 타격회수 N값을 구함
타격회수 N값	모래 밀도
0~5	몹시 느슨(Very Loose)
5~10	느슨(Loose)
10~30	보통(Medium)
30~50 이상	조밀(Dense)

26 다음 중 QC 활동의 도구가 아닌 것은?

① 특성요인도　　② 파레토그램
③ 층별　　　　　④ 기능계통도

해설

④

TQC(Total Quality Control) 7도구
히스토그램, 파레토도, 특성요인도, 체크시트, 그래프, 산점도, 층별

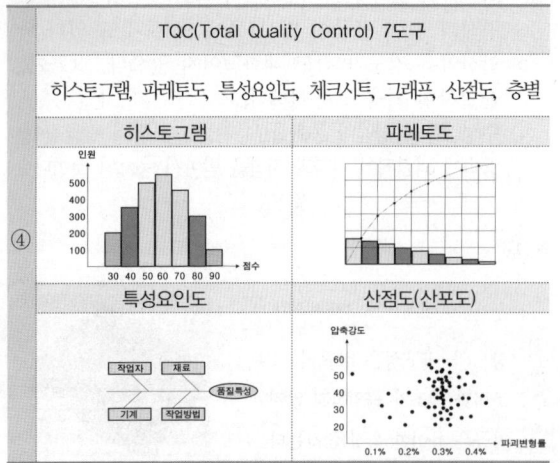

27 목조 지붕틀 구조에 있어서 모서리 기둥과 층도리의 맞춤에 사용되는 철물은?

① 띠쇠　　　　② 감잡이쇠
③ 주걱볼트　　④ ㄱ자쇠

해설

④

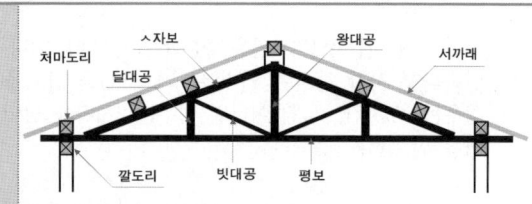

왕대공 지붕틀(King Post Roof Truss)

모서리 기둥과 층도리의 맞춤에는 ㄱ자쇠로 보강한다.

28 ALC 제품에 관한 설명으로 옳지 않은 것은?

① 절건상태에서의 비중이 0.75~1 정도이다.
② 압축강도는 3MPa~4MPa 정도이다.
③ 내화성능을 보유하고 있다.
④ 사용 후 변형이나 균열이 적다.

해설

①

ALC(Autoclaved Lightweight Concrete)	
1	콘크리트 속에 무수히 많은 기포를 발생시켜 기건비중을 2.0 이하로 한 다공질 경량콘크리트로서 압축강도는 3MPa~4MPa 정도이며, 경량으로 인력에 따른 취급이 가능하고, 필요에 따라 현장에서 절단 및 가공이 용이하다.
2	열전도율이 보통콘크리트의 1/10 정도로서 단열성이 우수하다.
3	ALC는 불연재인 동시에 내화재료이다. (지붕: 30분, 바닥: 1~2시간, 외벽: 2시간 내화)
4	내구성: 건조수축률이 아주 작으므로 균열 발생이 적다.

해답　25. ③　26. ④　27. ④　28. ①

29 슬래브에서 4변 고정인 경우 철근 배근을 가장 많이 하여야 하는 부분은?

① 단변 방향의 중간대   ② 단변 방향의 주열대
③ 장변 방향의 중간대   ④ 장변 방향의 주열대

해설

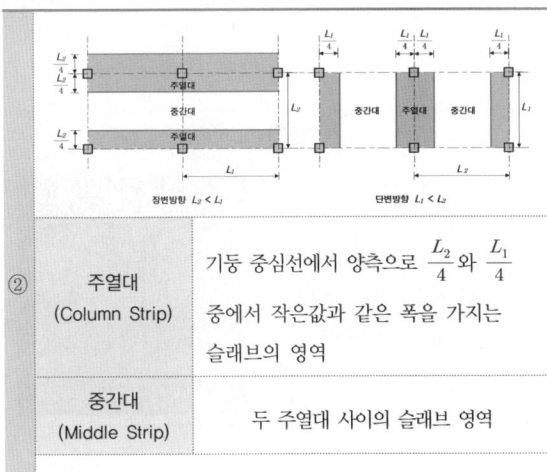

②	주열대 (Column Strip)	기둥 중심선에서 양측으로 $\frac{L_2}{4}$ 와 $\frac{L_1}{4}$ 중에서 작은값과 같은 폭을 가지는 슬래브의 영역
	중간대 (Middle Strip)	두 주열대 사이의 슬래브 영역

슬래브의 하중 분담은 단변 방향이 지배적이므로 단변 방향의 주열대에 가장 많이 배근된다.

30 공사 착공 전에 건축물의 형태에 맞춰 줄을 띄우거나 석회 등으로 선을 그어 건축물의 건설 위치를 표시하는 것으로 도로 및 인접 건축물과의 관계, 건축물의 건축으로 인한 재해 및 안전대책 점검과 관련 있는 것은?

① 줄쳐보기   ② 벤치마크
③ 먹매김   ④ 수평보기

해설

①	줄쳐보기 (Lining)	

31 모든 석재와 콘크리트가 잘 부착되도록 쌓고, 콘크리트가 앞면 접촉부까지 채워지도록 다지는 돌쌓기 방법은?

① 메쌓기   ② 찰쌓기
③ 막돌쌓기   ④ 건쌓기

해설

석축공사 쌓기 방법		
②	찰쌓기	뒷고임 석재로 고여 쌓는 석재를 고정시키고 각 수평층의 석재 쌓기를 마칠 때마다 석재로 뒤채움한 후 콘크리트로 빈틈이 없도록 채운다.
	메쌓기	석재의 마주치는 면을 다듬어 잘 맞닿게 하고 뒷고임 석재로 고정시켜 그 빈틈을 잔석재로 채우고 넓고 큰 석재를 골라 끝고임 석재로 하고 다시 그 빈틈을 잔석재로 채운다.

32 콘크리트 배합에 직접적인 영향을 주는 요소가 아닌 것은?

① 시멘트 강도   ② 물시멘트비
③ 철근의 품질   ④ 골재의 입도

해설

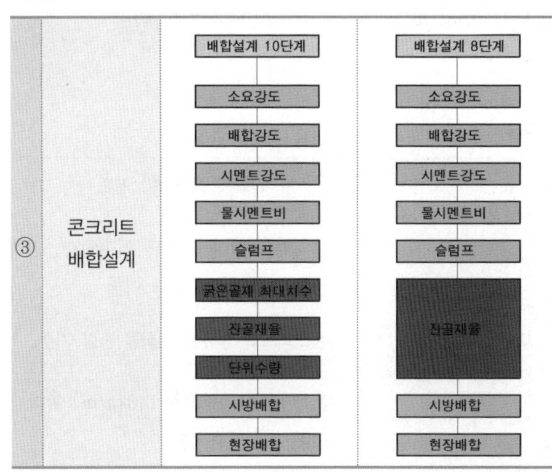

해답 29. ② 30. ① 31. ② 32. ③

33 도막방수에 관한 설명으로 옳지 않은 것은?

① 방수재의 도포 시 치켜올림 부위를 도포한 다음, 평면 부위의 순서로 도포한다.
② 방수재의 겹쳐바르기 폭은 100mm 내외로 한다.
③ 도막 두께는 원칙적으로 사용량을 중심으로 관리한다.
④ 우레아수지계 도막방수재를 스프레이 시공할 경우 바탕면과 200mm 이하로 간격을 유지하도록 한다.

해설

	도막방수재의 도포
1	치켜올림 부위를 도포한 다음, 평면 부위의 순서로 도포한다.
2	겹쳐바르기 또는 이어바르기의 폭은 100mm 내외로 한다.
④ 3	우레탄-우레아고무계 또는 우레아수지계 도막방수재를 스프레이 시공할 경우, 최초 분사 도막재는 주제와 경화제의 비율이 다를 수 있으므로 버린다.
4	우레탄-우레아고무계 또는 우레아수지계 도막방수재를 스프레이 시공할 경우, 분사 각도는 항상 바탕면과 수직이 되도록 하고, 바탕면과 300mm 이상 간격을 유지하도록 한다.

34 일반콘크리트에서 굳지 않은 콘크리트 중의 전 염소이온량은 얼마 이하로 하여야 하는가? (단, 콘크리트표준시방서 기준)

① $0.10kg/m^3$ ② $0.20kg/m^3$
③ $0.30kg/m^3$ ④ $0.40kg/m^3$

해설

		잔골재 절건중량 기준
③	골재의 염분 함유량 기준	염소이온(Cl^-) 0.02% 이하, 염화물(NaCl) 0.04% 이하
		콘크리트에 함유된 염화물 총량 기준
		염소이온(Cl^-)량으로 $0.3kg/m^3$ 이하, $0.6kg/m^3$ 초과 금지

35 석고플라스터 바름에 대한 설명으로 옳지 않은 것은?

① 보드용 플라스터는 초벌바름, 재벌바름의 경우 물을 가한 후 2시간 이상 경과한 것은 사용할 수 없다.
② 실내온도가 10℃ 이하일 때는 공사를 중단한다.
③ 바름작업 중에는 될 수 있는 한 통풍을 방지한다.
④ 바름작업이 끝난 후 실내를 밀폐하지 않고 가열과 동시에 환기하여 바름면이 서서히 건조되도록 한다.

해설

석고플라스터 바름

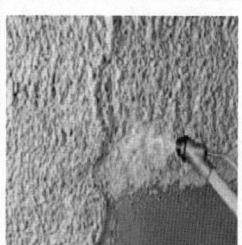

② 실내온도가 5℃ 이하일 때는 공사를 중단하거나 난방하여 5℃ 이상으로 유지한다.

36 부순 골재를 사용하는 콘크리트의 배합설계에 관한 설명으로 옳지 않은 것은?

① 굵은골재의 크기는 강자갈의 경우보다 조금 작은 편이 좋다.
② 잔골재는 특히 미립분이 부족하지 않도록 주의한다.
③ 모래는 강자갈 콘크리트의 경우보다 적게 사용한다.
④ 될 수 있는 한 AE제를 사용한다.

해설

③ 부순 골재를 사용하게 되면 입도분포가 좋지 못하므로 모래는 강자갈 콘크리트의 경우보다 많이 사용한다.

해답 33. ④ 34. ③ 35. ② 36. ③

37 철골공사에 사용되는 공구가 아닌 것은?

① 턴 버클(Turn Buckle)
② 리머(Reamer)
③ 임팩트 렌치(Impact Wrench)
④ 세퍼레이터(Separater)

해설

④	세퍼레이터 (Separater)	벽 거푸집이 오므라드는 것을 방지하고 간격을 유지하기 위한 격리재

38 다음 중 공사 진행의 일반적인 순서로 옳은 것은?

① 가설공사 ➡ 공사 착공 준비 ➡ 토공사 ➡ 지정 및 기초공사 ➡ 구조체공사
② 공사 착공 준비 ➡ 가설공사 ➡ 토공사 ➡ 지정 및 기초공사 ➡ 구조체공사
③ 공사 착공 준비 ➡ 토공사 ➡ 가설공사 ➡ 구조체공사 ➡ 지정 및 기초공사
④ 공사 착공 준비 ➡ 지정 및 기초공사 ➡ 토공사 ➡ 가설공사 ➡ 구조체공사

해설

공사 진행의 일반적인 순서
② 공사 착공 준비 ➡ 가설공사 ➡ 토공사 ➡ 지정 및 기초공사 ➡ 구조체공사 ➡ 마감공사

39 다음 중 녹막이 칠에 사용하는 도료가 아닌 것은?

① 광명단
② 크레오소트유
③ 아연분말 도료
④ 역청질 도료

해설

방청도료 (녹막이 칠) 종류	광명단, 징크로메이트, 알루미늄 도료, 아연분말 도료, 역청질 도료, 규산염 도료, 이온 교환 수지, 그라파이트 칠 등
② 크레오소트 (Creosote)	

석탄 같은 화석연료나 목재에서 얻은 타르를 열분해 및 증류하여 만드는 탄소계 화학물질의 혼합물을 이르는 총칭으로 목재의 방부제, 살균제 등으로 이용된다. 철도에 쓰이는 나무 침목의 경우 크레오소트유로 방부 처리하여 사용한다.

40 공사원가 구성 요소의 하나인 직접공사비에 속하지 않는 것은?

① 자재비
② 노무비
③ 경비
④ 일반관리비

해설

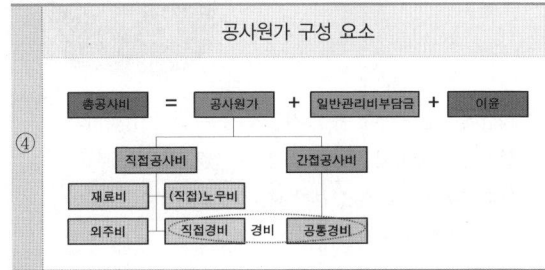

해답 37. ④ 38. ② 39. ② 40. ④

② 바이블 과목별 기출문제

건축시공 2016년 제4회

21 벽면적 4.8m² 크기에 1.5B 두께로 붉은벽돌을 쌓고자 할 때 벽돌 소요 매수는? (단, 벽돌 크기는 190×90×57mm)

① 925매　② 963매
③ 1,108매　④ 1,245매

해설

	표준형 벽돌 1.5B 쌓기 시 224매/m²	
③ 1	224매/m² × 4.8m² = 1,075.2매	표준형 벽돌 190×57×90 (길이×높이×두께)
2	붉은 벽돌의 할증률은 3%이므로 1,075.2매 × 1.03 = 1,107.5매 ≒ 1,108매	

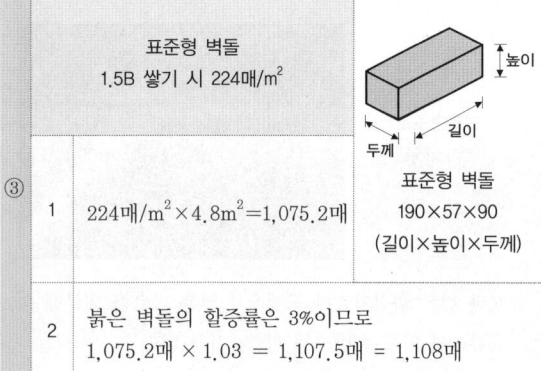

22 보통콘크리트용 부순 골재의 원석으로서 가장 적합하지 않은 것은?

① 현무암　② 안산암
③ 화강암　④ 응회암

해설

응회암
(凝灰岩, Tuff)

④ 화산에서 분출된 후 운반 작용을 충분히 받지 못하고 화산재가 쌓여서 암석화 작용을 받은 퇴적암으로 부순 골재의 원석으로 부적합하며 시멘트의 원료 내지는 건물 외벽 마감재료 정도로 사용된다.

23 비철금속에 관한 설명 중 옳지 않은 것은?

① 동에 아연을 합금시킨 일반적인 황동은 아연 함유량이 40% 이하이다.
② 구조용 알루미늄 합금은 4~5%의 동을 함유하므로 내식성이 좋다.
③ 주로 합금재료로 쓰이는 주석은 유기산에는 거의 침해되지 않는다.
④ 아연은 철강의 방식용에 피복재로서 사용할 수 있다.

해설

② 1	두랄루민(Duralumin): 알루미늄에 구리와 마그네슘 및 그 외 1~2종의 원소를 시효경화성(時效硬化性)을 가지게 한 고력(高力) 알루미늄 합금으로 1906년 독일의 빌름(Wilm, A)이 발명하였다.
2	구리가 섞여 있어 내식성이 떨어지지만, 경도가 높고 기계적 성질이 우수하여 항공기나 경주용 자동차 등을 만드는 데 쓰인다.

24 철골공사에서 크롬산 아연을 안료로 하고, 알키드 수지를 전색료로 한 것으로서 알루미늄 녹막이 초벌칠에 적당한 것은?

① 그래파이트 도료　② 징크로메이트 도료
③ 광명단　④ 알루미늄 도료

해설

②	징크로메이트 (Zinc Cromate) 녹막이 효과가 좋고 알루미늄 녹막이 초벌칠에 적당한 도료이다.	

해답　21. ③　22. ④　23. ②　24. ②

25 토공사용 기계에 관한 설명 중 옳지 않은 것은?

① 파워 쇼벨(Power Shovel)은 지반보다 낮은 곳을 깊게 팔 수 있는 기계로서 보통 약 5m까지 팔 수 있다.
② 드래그 라인(Drag Line)은 기계를 설치한 지반보다 낮은 장소 또는 수중을 굴착하는데 사용된다.
③ 불 도저(Bull Dozer)는 일반적으로 흙의 표면을 밀면서 깎아 단거리 운반을 하거나 정지를 한다.
④ 클램 셸(Clam Shell)은 수직굴착 등 일반적으로 협소한 장소의 굴착에 적합한 것으로 자갈 등의 적재에도 사용된다.

해설

	파워 쇼벨(Power Shovel)
①	버킷을 앞으로 떠 올려서 흙을 굴착하는 기계로서 굴삭기가 위치한 지면보다 높은 곳을 굴삭하는 데 적합하고 비교적 단단한 토질의 굴삭도 가능하다.

26 건축공사에서 제자리콘크리트 말뚝이나 수중콘크리트를 칠 경우 콘크리트 속에 2m 이상 묻혀 있도록 하여 콘크리트 치기를 용이하게 하는 것은?

① 리바운드 체크 ② 웰 포인트
③ 트레미 관 ④ 드릴링 바스킷

해설

	트레미 관(Tremie Pipe)
③	철관(Steel Pipe)으로 되어 있고, 상부에 깔대기가 달리고 하부에 철판을 끼워 콘크리트가 밑으로 흐르게 하는 기구

27 지하연속벽 공법 중 슬러리 월의 특징으로 옳은 것은?

① 인접 건물의 경계선까지 시공이 불가능하다.
② 주변 지반에 대한 영향이 크다.
③ 시공 시의 소음·진동이 크다.
④ 일반적으로 차수효과가 뛰어나다.

해설

①	인접 건물의 경계선까지 시공이 가능하다.
②	주변 지반에 대한 영향이 작다.
③	시공시의 소음·진동이 작다.

【슬러리월(Slurry Wall)】

 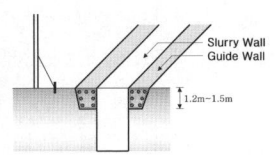

28 철골공사에서 용접봉의 내밀기, 이동 등을 기계화한 것으로, 서브머지드아크 용접법에 쓰이며, 피복재 대신에 분말상의 플럭스를 쓰는 용접기기 명칭으로 옳은 것은?

① 직류아크 용접기 ② 교류아크 용접기
③ 자동 용접기 ④ 반자동 용접기

해설

	자동 용접기 (Automatic Welding Machine)
③	전기 용접에서, 아크의 발생 및 용접봉을 알맞게 공급하여 아크의 길이를 일정하게 유지하거나 용접봉의 이동 등을 자동적으로 하는 장치를 말한다.

해답 25. ① 26. ③ 27. ④ 28. ③

29 창호의 기능 검사 항목과 가장 거리가 먼 것은?

① 내동해성 ② 내풍압성
③ 기밀성   ④ 수밀성

해설

	유리 및 창호공사 제품 성능
① 1	내하중 성능, 내풍압성, 내진성, 내충격성
2	유리 설치 부위의 기밀성, 수밀성, 차수성, 배수성
3	태양열 차폐성, 열깨짐 방지성

30 가이 데릭(Guy Derick)에 대한 설명 중 옳지 않은 것은?

① 기계 대수는 평면 높이의 가동 범위·조립 능력과 공기에 따라 결정한다.
② 붐(Boom)의 길이는 마스트의 길이보다 길다.
③ 볼 휠(Ball Wheel)은 가이 데릭 하단부에 위치한다.
④ 붐(Boom)의 회전각은 360° 이다.

해설

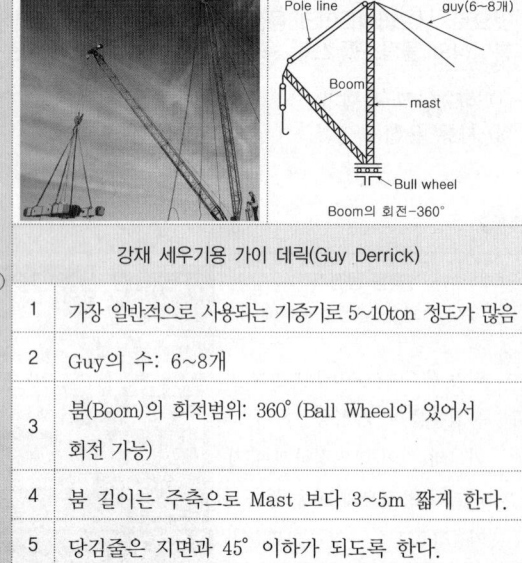

강재 세우기용 가이 데릭(Guy Derrick)

②	1	가장 일반적으로 사용되는 기중기로 5~10ton 정도가 많음
	2	Guy의 수: 6~8개
	3	붐(Boom)의 회전범위: 360° (Ball Wheel이 있어서 회전 가능)
	4	붐 길이는 주축으로 Mast 보다 3~5m 짧게 한다.
	5	당김줄은 지면과 45° 이하가 되도록 한다.

31 다음 중 화성암에 속하지 않는 것은?

① 화강암 ② 섬록암
③ 안산암 ④ 점판암

해설

1	화성암(火成岩, Igneous Rock): 화산 작용에 의해 마그마(Magma)가 굳어져 생성된 것으로 기본 종류로는 화강암, 섬록암, 안산암이 대표 암이다.
2	수성암(水成岩, Aqueous Rock): 자갈·모래·점토 등이 호수나 바다 밑에 침전되어 수압에 의해 굳은 것
④ 3	변성암(變成岩, Metamorphic Rock): 화성암이나 수성암이 2차적인 지각변동에 의해 열과 압력을 받아 변질된 것
4	점판암(粘板岩, Slate)은 '점토로 된 납작한 판 모양의 암석'을 뜻하며, 셰일이 지하에서 압력과 열을 받음으로써 압력 방향에 수직으로 판판하게 단단해진 수성암 내지는 변성암이다.

32 벽돌공사에 관한 설명으로 옳지 않은 것은?

① 치장줄눈은 줄눈모르타르가 충분히 굳은 후에 줄눈파기를 한다.
② 벽돌쌓기에서 하루 쌓기높이는 1.2m를 표준으로 한다.
③ 붉은벽돌은 벽돌쌓기 하루 전에 물호스로 충분히 젖게 하여 표면에 습도를 유지한 상태로 준비한다.
④ 세로줄눈의 모르타르는 벽돌 마구리면에 충분히 발라 쌓도록 한다.

해설

① 치장줄눈은 줄눈모르타르가 굳기 전에 줄눈파기를 한다.

해답 29. ① 30. ② 31. ④ 32. ①

33 발주자에 따른 현장관리로 볼 수 없는 것은?

① 착공신고 ② 하도급 계약
③ 현장회의 운영 ④ 클레임 관리

해설

②	1	발주자, 시공자, 하도급자의 사업관리의 상관관계에서 발주자의 주요 업무는 사업시행을 위한 착공 관련 업무, 시공자와의 계약을 통한 공사 진행에 문제점이 발생하지 않도록 수시로 조정하는 현장회의 운영 업무, 현장에서 발생될 수 있는 클레임 관리 업무가 주 관리로 볼 수 있다.
	2	시공자는 도급공사에서 공사도급계약에 의해서 발주자에게 고용되어 공사의 시공을 수행하는 책임을 진다. 공사 전반에 관한 시공자와의 계약은 발주자의 관할 업무이지만, 현장관리 범주 내에서 하도급 계약은 시공자의 업무 범위로 볼 수 있다.

34 콘크리트 보수 및 보강에 관한 설명으로 옳지 않은 것은?

① 주입공법은 작업의 신속성을 위하여 균열 부위에 주입파이프를 설치하여 보수재를 고압·고속으로 주입하는 공법이다.
② 표면처리공법은 균열 0.2mm 이하 부위에 수지로 충전하고 균열 표면에 보수 재료를 씌우는 공법이다.
③ 충전공법 사용 재료는 실링재, 에폭시 수지 및 폴리머 시멘트모르타르 등이 있다.
④ 탄소섬유접착공법은 탄소섬유판을 에폭시수지 등으로 콘크리트 면에 부착시켜 탄소섬유판의 높은 인장 저항성으로 콘크리트를 보강하는 공법이다.

해설

① 주입공법은 저점도의 에폭시(Epoxy) 수지로 저압·저속 주입이 요구된다.

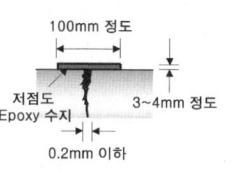

35 화살선형 네트워크의 화살표에 대한 설명 중 옳지 않은 것은?

① 화살표 밑에는 계획 작업 일수를 숫자로 기재한다.
② 더미(Dummy)는 화살점선으로 표시한다.
③ 화살표 위에는 결합점 번호를 기재한다.
④ 화살표의 길이는 특정한 의미가 없다.

해설

③
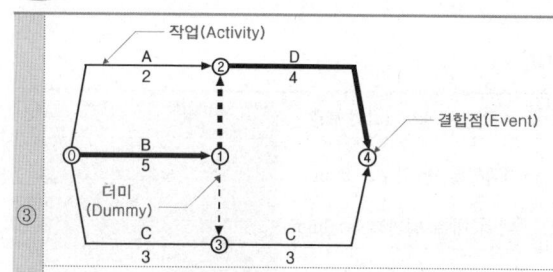

화살선형 네트워크(Arrow Diagram Method):
화살표 위에는 작업명(Activity Name),
화살표 아래에는 작업일수(Duration)를 숫자로 기재한다.

36 프리스트레스트 콘크리트 공사에서 강재의 부식 저항성과 관련하여 비빌 때에 프리스트레스트 그라우트 중에 포함되는 염화물 이온의 총량은 얼마 이하가 원칙인가?

① $0.1kg/m^3$ ② $0.2kg/m^3$
③ $0.3kg/m^3$ ④ $0.4kg/m^3$

해설

		잔골재 절건중량 기준
③	골재의 염분 함유량 기준	염소이온(Cl^-) 0.02% 이하, 염화물(NaCl) 0.04% 이하
		콘크리트에 함유된 염화물 총량 기준
		염소이온(Cl^-)량으로 $0.3kg/m^3$ 이하, $0.6kg/m^3$ 초과 금지

해답 33. ② 34. ① 35. ③ 36. ③

37 타일공사에 관한 설명 중 옳은 것은?

① 모자이크 타일의 줄눈너비의 표준은 5mm이다.
② 벽체타일이 시공되는 경우 바닥타일은 벽체타일을 붙이기 전에 시공한다.
③ 타일을 붙이는 모르타르에 시멘트 가루를 뿌리면 백화가 방지된다.
④ 치장줄눈은 24시간이 경과한 뒤 붙임모르타르의 경화 정도를 보아 시공한다.

해설

	타일공사 줄눈너비의 표준	
①	• 대형벽돌형(외부): 9mm • 대형(내부 일반): 5~6mm • 소형: 3mm • 모자이크: 2mm	
②	벽체타일이 시공되는 경우 벽체타일을 먼저 시공하고 바닥을 청소 후 바닥타일을 시공한다.	
③	타일을 붙일 때 필요 시 시멘트가루를 뿌려 물걷힘을 하고 붙여 올라가는 데, 이것은 타일의 뒷면에 틈이 생기기 쉽고 백화(Efflorescence)가 발생할 수 있다.	

38 건축공사비의 원가 구성 항목이 아닌 것은?

① 재료비   ② 노무비
③ 경비   ④ 도급공사비

해설

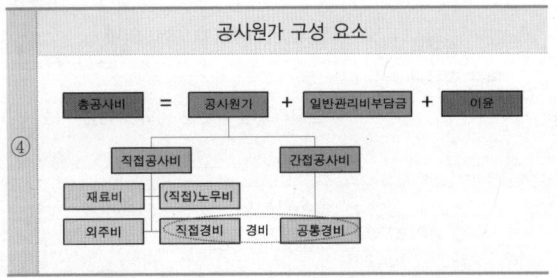

공사원가 구성 요소

39 멤브레인 방수공법에 해당되지 않는 것은?

① 아스팔트 방수   ② 콘크리트 구체방수
③ 도막 방수   ④ 합성고분자 시트방수

해설

	멤브레인(Membrane) 방수공법	
②	정의	얇은 피막상의 방수층으로 전면을 덮는 방수공법
	종류	아스팔트(Asphalt) 방수, 시트(Sheet) 방수, 도막방수

40 도막방수에 관한 설명으로 옳지 않은 것은?

① 도막방수의 바탕처리는 시멘트액체방수에 준하여 실시한다.
② 도막방수에는 노출공법과 비노출공법이 있다.
③ 아크릴계 도막방수는 인화성이 강하므로 시공 시 화기를 엄금한다.
④ 용제형 도막방수는 강풍이 불 경우 방수층 접착이 불량하다.

해설

	도막방수	액체로 된 방수도료를 한 번 또는 여러 번 칠하여 상당한 두께의 방수막을 형성하는 공법으로서 시공은 간편하지만 균일한 두께의 시공이 곤란하고 방수의 신뢰성이 저하되므로 간단한 방수성능이 필요한 부위에 적용한다.
	재료에 따른 분류	
③	• 유제(Emulsion)형: 아크릴수지, 초산비닐계수지 • 용제(Solvent)형: 네오프렌계, 하이파론계 • 에폭시(Epoxy)형: 에폭시수지	
	시공 시 주의사항	
	• 유제형은 Pin-Hole, 용제형은 화기 및 환기에 주의 • 규정된 온도 범위 내에서 바탕처리에 주의하며, 이어바름 겹침폭은 100mm 이상으로 한다.	

해답 37. ④ 38. ④ 39. ② 40. ③

건축시공 2017년 제1회

21 아래 공종 중 건설현장의 공사비 절감을 위해 집중 분석해야 하는 공종이 아닌 것은?

A. 공사비 금액이 큰 공종
B. 단가가 높은 공종
C. 시행 실적이 많은 공종
D. 지하공사 등의 어려움이 많은 공종

① A
② B
③ C
④ D

해설

③ 공사비 금액이 크거나 공사단가가 높은 경우, 또한 지하공사 등의 어려움이 많은 공종은 건설현장의 공사비 절감을 위해 집중 분석해야 하는 공종에 해당된다.
반면, 과거의 시행 실적이 많은 공종은 건설회사의 충분한 사전 데이터가 확보되어 있으므로 공사비 절감을 위한 집중적인 분석의 노력이 줄어들게 된다.

22 창면적이 클 때에는 스틸바(Steel Bar)만으로는 부족하며, 또한 여닫을 때의 진동으로 유리가 파손될 우려가 있으므로 이것을 보강하고 외관을 꾸미기 위하여 강판을 중공형으로 접어 가로 또는 세로로 대는 것을 무엇이라 하는가?

① Mullion
② Ventilator
③ Gallery
④ Pivot

해설

①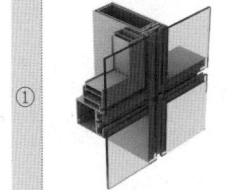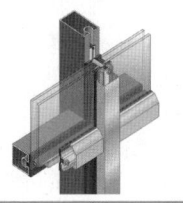
멀리언 (Mullion)

23 건설공사에 사용되는 시방서에 관한 설명으로 옳지 않은 것은?

① 시방서는 계약서류에 포함되지 않는다.
② 시방서는 설계도서에 포함된다.
③ 시방서에는 공법의 일반사항, 유의사항 등이 기재된다.
④ 시방서에 재료 메이커를 지정하지 않아도 좋다.

해설

① 시방서(示方書, Specifications)
설계도면 만으로 나타낼 수 없는 부분에 대하여 기재한 문서로서 각 공사의 항목별 내용을 명확히 작성한 것이다.

공사도급 계약 시 첨부서류

도급계약서, 설계도, 시방서, 도급계약약관, 현장설명서이며 견적서는 건축주의 요구가 있을 때만 첨부한다.

24 목재의 무늬나 바탕의 재질을 잘 보이게 하는 도장 방법은?

① 유성 페인트 도장
② 에나멜 페인트 도장
③ 합성수지 페인트 도장
④ 클리어 래커 도장

해설

④  클리어 래커 (Clear Lacquer)

해답 21. ④ 22. ① 23. ② 24. ②

25 철근콘크리트 건축물이 6m×10m 평면에 높이가 4m 일 때 동바리 소요량은 몇 공 m^3가 되는가?

① 216 ② 228
③ 240 ④ 264

해설

① 동바리 소요량 $V(공m^3)$
= (상층바닥면적×층 안목높이) × 0.9
= (6m × 10m × 4m) × 0.9 = 216 공m^3

26 클라이밍 폼의 특징에 대한 설명으로 옳지 않은 것은?

① 고소 작업 시 안전성이 높다.
② 거푸집 해체 시 콘크리트에 미치는 충격이 적다.
③ 초기투자비가 적은 편이다.
④ 비계 설치가 불필요하다.

해설

③ 클라이밍 폼 (Climbing Form)

벽체 전용 거푸집으로서 거푸집과 벽체 마감공사를 위한 비계틀을 일체로 조립한 거푸집으로서 재래식보다 초기 투자비가 많이 든다.

27 멤브레인 방수에 속하지 않는 방수공법은?

① 시멘트 액체방수 ② 합성고분자 시트방수
③ 도막 방수 ④ 시트 도막 복합방수

해설

멤브레인(Membrane) 방수공법	
정의	얇은 피막상의 방수층으로 전면을 덮는 방수공법
① 종류	  아스팔트 방수 / 시트(Sheet) 방수 / 도막 방수

28 수밀콘크리트의 물결합재비 기준으로 옳은 것은? (단, 건축공사표준시방서 기준)

① 40% 이하 ② 45% 이하
③ 50% 이하 ④ 55% 이하

해설

수밀콘크리트(Water-Tight Concrete)

③	1	물결합재비는 50% 이하를 표준으로 한다. 매스콘크리트에서는 이보다 5% 크게 할 수 있지만 재료분리가 일어나지 않도록 하고 공사시방서에 따른다.
	2	콘크리트의 소요슬럼프는 가급적 적게 하고 180mm를 넘지 않도록 하며, 타설이 용이할 때에는 120mm 이하로 한다.

해답 25. ① 26. ③ 27. ① 28. ③

29 금속 재료의 종류와 특성에 관한 설명으로 옳지 않은 것은?

① 구조용 특수강이란 강의 탄소량을 0.5% 이하로 하고 니켈, 망간, 규소, 크롬, 몰리브덴 등의 금속 원소 1~2 종을 약 5% 이하로 첨가한 것을 말한다.
② 스테인리스 강은 공기 및 수중에서 잘 부식되지 않는 강을 말하며, 일반적으로 전기저항이 작고 열전도율이 높으며 경도에 비해 가공성이 우수하다.
③ 내후성강은 대기 중에서의 내식성을 보통강보다 2~6배 증대시키면서 보통강과 동등 이상의 재질, 가공성, 용접성 등을 갖게 한 강재이다.
④ TMCP강재는 탄소당량이 낮음에도 불구하고 용접성을 개선하여 용접성이 우수하며, 강재의 두께가 증가하더라도 항복강도의 저하가 없도록 한 것이다.

해설

② 스테인리스 강(Stainless Steel)

철(Fe)에 보통 12% 이상의 크롬(Cr)을 넣어서 녹이 잘 슬지 않도록 만들어진 강이다. 높은 전기비저항으로 용접 시의 발열이 탄소강의 약 3배 정도로 크며, 전기저항이 큰 만큼 열전도율도 떨어지고 탄소강의 약 1/3 정도로 냉각속도가 느려진다.

30 콘크리트의 블리딩에 관한 설명으로 옳지 않은 것은?

① 콘크리트 타설 후 비교적 가벼운 물이나 미세한 물질 등이 상승하는 현상을 의미한다.
② 콘크리트의 물시멘트비가 클수록 블리딩량은 증대한다.
③ 콘크리트의 컨시스턴시가 클수록 블리딩량은 증대한다.
④ 단위시멘트량이 많을수록 블리딩량은 크다.

해설

④ 분말도가 미세한 시멘트일수록, 단위시멘트량이 많을수록 블리딩(Bleeding)이 적게 발생된다.

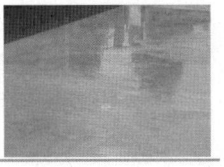

31 다음 시멘트 중 시멘트 분말의 비표면적이 가장 큰 것은?

① 보통 포틀랜드시멘트
② 중용열 포틀랜드시멘트
③ 조강 포틀랜드시멘트
④ 백색 포틀랜드시멘트

해설

③

	비표면적(Specific Surface Area, 표면적 ㎠ / 단위중량 g)
1	시멘트 분말의 비표면적은 분말도(Fineness)를 의미하며, 한국산업규격 KS L 5201(포틀랜드시멘트)에 의하면 보통 시멘트 2,800, 조강 시멘트 3,300, 중용열 시멘트 2,800 이상으로 각각 규정되어 있다.
2	시멘트의 비표면적 시험은 KS L 5106에서 규정하고 있는 블레인 공기투과장치에 따른 블레인 방법(Blaine Method)에 의해 구한다.

32 합성고무와 열가소성수지를 사용하여 1겹으로 방수 효과를 내는 공법은?

① 도막 방수
② 시트 방수
③ 아스팔트 방수
④ 표면 도포 방수

해설

②

시트(Sheet) 방수

두께 1mm 내외의 합성고분자 루핑(=시트, Sheet)을 접착재로 바탕에 붙여서 방수층을 형성하는 공법으로 제품의 규격화에 따른 시공이 간단하며 바탕균열에 대한 내구성 및 내후성이 좋지만 재료가 비싼 단점이 있다.

해답 29. ② 30. ④ 31. ③ 32. ②

33 공동도급방식(Joint Venture)에 관한 설명으로 옳은 것은?

① 2명 이상의 수급자가 어느 특정 공사에 대하여 협동으로 공사계약을 체결하는 방식이다.
② 발주자, 설계자, 공사관리자의 세 전문집단에 의하여 공사를 수행하는 방식이다.
③ 발주자와 수급자가 상호신뢰를 바탕으로 팀을 구성하여 공동으로 공사를 수행하는 방식이다.
④ 공사수행방식에 따라 설계/시공(D/B)방식과 설계/관리(D/M)방식으로 구분한다.

해설

② CM(Construction Management) 계약방식에 대한 설명이다.
③ 파트너링(Partnering) 계약방식에 대한 설명이다.
④ 턴키(Turn-Key) 계약방식에 대한 구분이다.

34 시험말뚝박기에서 다음 항목 중 말뚝의 허용지지력 산출에 거의 영향을 주지 않는 것은?

① 추의 낙하높이
② 말뚝의 길이
③ 말뚝의 최종 관입량
④ 추의 무게

해설

기성콘크리트말뚝의 장기허용지지력

$$R_a = \frac{F}{5S+0.1}$$

②
- R_a : 말뚝의 장기허용지지력
- F : 해머(Hammer)의 타격에너지
- W : 해머(Hammer)의 중량
- H : 해머(Hammer)의 낙하높이
- S : 말뚝의 최종관입량

35 콘크리트 타설 후 부재가 건조수축에 대해 내·외부의 구속을 받지 않도록 일정 폭을 두어 어느 정도 양생한 후 남겨둔 부분을 콘크리트로 채워 처리하는 조인트는?

① Construction Joint ② Delay Joint
③ Cold Joint ④ Expansion Joint

해설

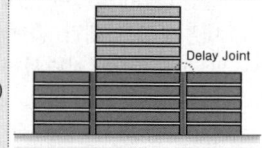

지연줄눈
(Delay Joint, Shrinkage Strip)

②	1	수축(Shrinkage) 및 침하(Settlement)가 서로 다르기 때문에 고층부와 저층부가 만나는 부위에 지연줄눈을 시공한다.
	2	지연줄눈의 폭은 보통 600~900mm, 통상 30~45m 간격으로 설치한다.
	3	지연줄눈의 타설은 공정에 지장이 없는 한 콘크리트 초기 수축을 기다렸다가 4주~6주 이후에 타설하는 것이 바람직하다.

36 유리섬유(Glass Fiber)에 관한 설명으로 옳지 않은 것은?

① 단위면적에 따른 인장강도는 다르고, 가는 섬유일수록 인장강도는 크다.
② 탄성이 작고 전기절연성이 크다.
③ 내화성, 단열성, 내수성이 좋다.
④ 경량이면서 굴곡에 강하다.

해설

유리섬유(Glass Fiber)

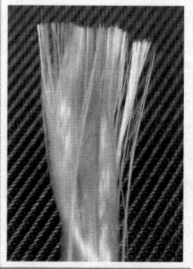

④ 유리를 섬유처럼 가늘게 뽑은 물질로 경량이면서 굴곡에 약하다. 단열성이 뛰어나고 녹슬지 않으며 가공이 쉬워 건물 단열재 등 석면의 대용품으로 쓰인다.

해답 33. ① 34. ② 35. ② 36. ④

37 지하연속벽(Slurry Wall)에 관한 설명으로 옳지 않은 것은?

① 차수성이 우수하다.
② 비교적 지반 조건에 좌우되지 않는다.
③ 소음·진동이 적고, 벽체의 강성이 높다.
④ 공사비가 타 공법에 비하여 저렴하고 공기가 단축된다.

해설

④ 공사비가 타 공법에 비하여 고가(高價)이다.

38 네트워크 공정표에서 작업의 상호관계만을 도시하기 위하여 사용하는 화살선을 무엇이라 하는가?

① Event   ② Dummy
③ Activity   ④ Critical path

해설

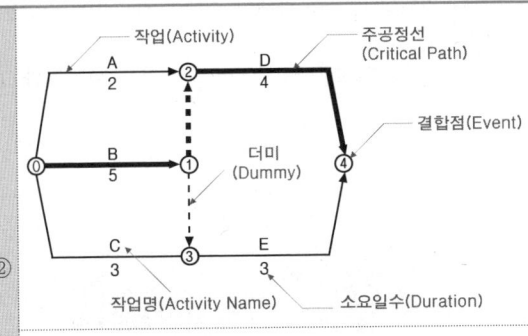

실선의 화살표 위에는 작업명(Activity Name), 아래에는 소요시간(Duration)을 숫자로 기재한다.
작업의 상호관계만을 나타내기 위한 더미(Dummy)는 점선의 화살표로 표현하며, 작업명과 소요일수는 기재하지 않는다.

39 고강도콘크리트공사에 사용되는 굵은골재에 대한 품질 기준으로 옳지 않은 것은? (단, 건축공사표준시방서 기준)

① 절대건조밀도 : $2.5g/cm^3$ 이상
② 흡수율 : 3.0% 이하
③ 점토량 : 0.25% 이하
④ 씻기 시험에 따른 손실량 : 1.0% 이하

해설

【고강도콘크리트 굵은골재 품질기준】

절대건조밀도 (g/cm^3)	흡수율(%)	실적률(%)	점토량(%)
2.5 이상	2.0 이하	59 이상	0.25 이하
씻기 시험에 따른 손실량(%)	유기불순물	염분(NaCl, %)	안정성(%)
1.0 이하	–	–	12 이하

40 건축공사의 공사원가 계산 방법으로 옳지 않은 것은?

① 재료비 = 재료량 × 단위당 가격
② 경비 = 소요(소비)량 × 단위당 가격
③ 고용보험료 = 재료비 × 고용보험요율(%)
④ 일반관리비 = 공사원가 × 일반관리비율(%)

해설

법령 및 계약조건에 따른 보험료 계산 방법

③	고용보험료	(직접노무비+간접노무비) × 적용요율
	산재보험료	(직접노무비+간접노무비) × 적용요율
	국민건강 연금보험료	(직접노무비) × 적용요율

해답 37. ④   38. ②   39. ②   40. ③

건축시공 2017년 제2회

21 건설 클레임과 분쟁에 관한 설명으로 옳지 않은 것은?

① 클레임의 예방대책으로는 프로젝트의 모든 단계에서 시공의 기술과 경험을 이용한 시공성 검토가 있다.
② 작업범위 관련 클레임은 주로 예상치 못했던 지하 구조물의 출현이나 지반 형태로 인해 시공자가 작업 수행을 위해 입찰 시 책정된 예정가격을 초과 부담해야 할 경우에 발생한다.
③ 분쟁은 발주자와 계약자의 상호 이견 발생 시 조정, 중재, 소송의 개념으로 진행되는 것이다.
④ 클레임의 접근 절차는 사전평가단계, 근거자료확보 단계, 자료분석단계, 문서작성단계, 청구금액산출 단계, 문서제출단계 등으로 진행된다.

해설

계약도서와 현장조건 상이에 따른 클레임
(Differing Site Condition Claims)

② 공사현장의 상태가 설계서상의 공사현장 여건으로 예측 되었던 것보다 대폭으로 다른 것, 또는 설계서와 현장 상태와의 불일치로 인해 발생하는 클레임이다.

22 벽돌벽에 장식적으로 구멍을 내어 쌓는 벽돌쌓기 방식은?

① 불식쌓기   ② 영롱쌓기
③ 무늬쌓기   ④ 층단떼어쌓기

해설

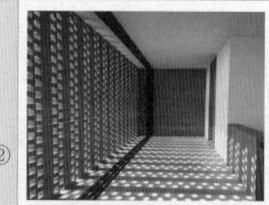 

② 벽돌을 쌓을 때 가운데 빈 부분을 남겨놓고 쌓는 방식을 영롱쌓기 또는 타공쌓기라고 한다.

23 고층 건축물 공사의 반복작업에서 각 작업조의 생산성을 기울기로 하는 직선으로 각 반복작업의 진행을 표시하여 전체 공사를 도식화하는 기법은?

① CPM   ② PERT
③ PDM   ④ LOB

해설

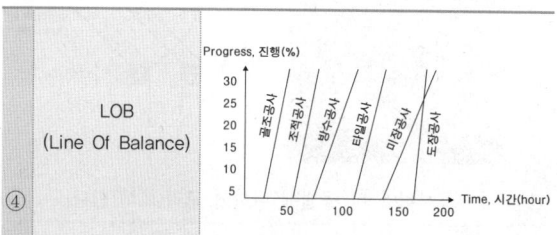

④ LOB (Line Of Balance)

LSM(Linear Scheduling Method) 기법이라고도 하며, 각 작업간의 상호관계를 명확히 나타내면서 각 작업의 진도율로 전체 공사를 표현할 수 있다.

24 콘크리트의 크리프에 관한 설명으로 옳지 않은 것은?

① 습도가 높을수록 크리프는 크다.
② 물시멘트비가 클수록 크리프는 크다.
③ 콘크리트의 배합과 골재의 종류는 크리프에 영향을 끼친다.
④ 하중이 제거되면 크리프 변형은 일부 회복된다.

해설

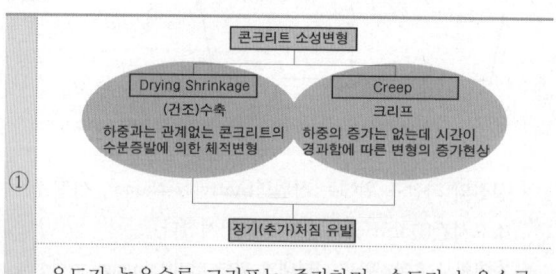

① 온도가 높을수록 크리프는 증가하며, 습도가 높을수록 크리프는 감소한다.

해답 21. ② 22. ② 23. ④ 24. ①

25 지질조사를 통한 주상도에서 나타나는 정보가 아닌 것은?

① N치 ② 투수계수
③ 토층별 두께 ④ 토층의 구성

해설

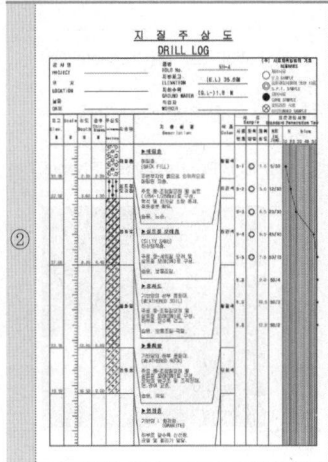

주상도를 통한 주요 정보

- 지반조사 지역
- 조사일자 및 작성자
- Boring 방법
- Sampling 방법
- 표준관입시험에 따른 N치
- 지하수위의 위치
- 토층별 구성 상태 및 두께

26 공사현장의 가설건축물에 관한 설명으로 옳지 않은 것은?

① 하도급자 사무실은 후속 공정에 지장이 없는 현장사무실과 가까운 곳에 둔다.
② 시멘트 창고는 통풍이 되지 않도록 출입구 외에는 개구부 설치를 금하고, 벽, 천장, 바닥에는 방수, 방습 처리한다.
③ 변전소는 안전상 현장사무실에서 가능한 멀리 위치시킨다.
④ 인화성 재료저장소는 벽, 지붕, 천장의 재료를 방화구조 또는 불연구조로 하고 소화설비를 갖춘다.

해설

③ 변전소는 전선 인입과 분배가 편리한 장소에 설치하고 관계자 이외의 접근이 엄격히 통제될 수 있도록 하여야 하는 것이지 현장사무실에서 단순히 멀리 이격시키는 것은 아니다.

27 건축물에 사용되는 금속 제품과 그 용도가 바르게 연결되지 않은 것은?

① 피벗: 문의 하부 발이 닿는 부분에 대하여 문짝이 손상되는 것을 방지하는 철물
② 코너 비드: 벽, 기둥 등의 모서리에 대는 보호용 철물
③ 논 슬립: 계단에 사용하는 미끄럼 방지 철물
④ 조이너: 천장, 벽 등의 이음새 감추기용 철물

해설

① | 피벗(Pivot Hinge) |
문짝을 상하에서 축으로 지지하는 기구

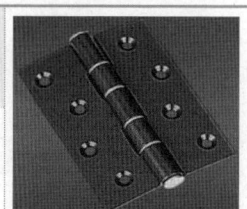

28 건축 재료의 수량 산출 시 적용하는 할증률이 옳지 않은 것은?

① 유리: 1% ② 단열재: 5%
③ 붉은벽돌: 3% ④ 이형철근: 3%

해설

주요 건축 재료	할증률
유리	1%
타일	
이형철근	3%
내화벽돌, 붉은벽돌	
시멘트벽돌	
원형철근	5%
기와	
대형 형강	7%
강판, 동판	10%
단열재	

해답 25. ② 26. ③ 27. ① 28. ②

29 블록조 벽체에 와이어 메시를 가로줄눈에 묻어 쌓기도 하는데 이에 관한 설명 중 옳지 않은 것은?

① 전단작용에 대한 보강이다.
② 수직하중을 분산시키는데 유리하다.
③ 블록과 모르타르의 부착성능의 증진을 위한 것이다.
④ 교차부의 균열을 방지하는데 유리하다.

해설

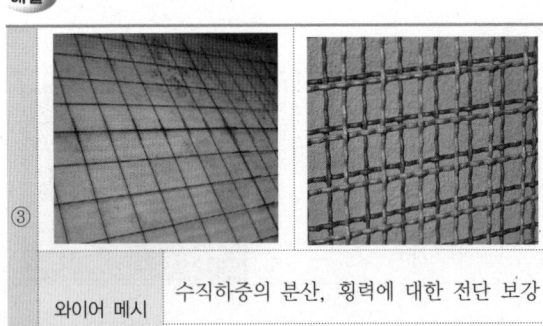

	수직하중의 분산, 횡력에 대한 전단 보강
③ 와이어 메시 (Wire Mesh)	모서리 및 교차부 벽체의 보강

31 목재에 사용하는 방부제에 해당되지 않는 것은?

① 크레오소트 유(Creosote Oil)
② 콜 타르(Coal Tar)
③ 카세인(Casein)
④ P.C.P(Penta Chloro Phenol)

해설

		크레오소트 유(Creosote Oil)
③	목재 방부제	콜 타르(Coal Tar)
		P.C.P(Penta Chloro Phenol)
	카세인(Casein)	우유로부터 추출한 단백질 계통의 목재 접착제

30 철골부재 용접 시 겹침이음, T자이음 등에 사용되는 용접으로 목두께의 방향이 모재의 면과 45° 또는 거의 45°의 각을 이루는 것은?

① 완전용입 맞댐용접 ② 필릿용접
③ 부분용입 맞댐용접 ④ 다층용접

해설

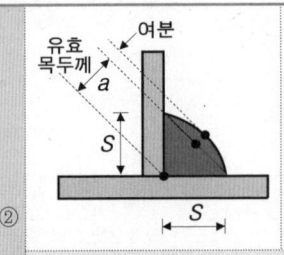 

② 필릿용접(Fillet Welding, 모살용접)

두 부재에 홈파기(가공)를 하지 않고 일정한 각도로 접합한 후 삼각형 모양으로 접합부를 용접하는 방법

32 건축물 외벽공사 중 커튼월 공사의 특징으로 옳지 않은 것은?

① 외벽의 경량화
② 공업화 제품에 따른 품질 제고
③ 가설 비계의 증가
④ 공기단축

해설

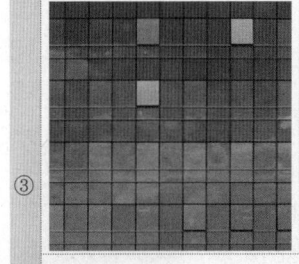 

③ 커튼월(Curtain Wall)은 주로 높은 곳에서 양중기를 사용하여 설치하므로 비계 작업을 원칙적으로 하지 아니 한다.

해답 29. ③ 30. ② 31. ③ 32. ③

33 특수콘크리트 공사에 관한 설명으로 옳지 않은 것은?

① 하루의 평균기온이 4℃ 이하가 예상되는 조건일 때 한중콘크리트로 시공한다.
② 하루의 평균기온이 25℃를 초과하는 것이 예상되는 경우 서중콘크리트로 시공한다.
③ 매스콘크리트로 다루어야 할 부재 치수는 일반적인 표준으로서 하단이 구속된 벽체의 경우 두께 0.8m 이상으로 한다.
④ 섬유보강콘크리트의 시공은 품질이 얻어지도록 재료, 배합, 비비기 설비 등에 대하여 충분히 고려한다.

해설

③ 매스콘크리트(Mass Concrete)
단면이 80cm 이상, 하부가 구속된 50cm 이상의 벽체 등과 콘크리트 내부 최고온도와 외부 기온차가 25℃ 이상으로 예상되는 콘크리트

34 토공사에 적용되는 체적환산계수 L의 정의로 옳은 것은?

① $\dfrac{\text{흐트러진 상태의 체적}(m^3)}{\text{자연상태의 체적}(m^3)}$

② $\dfrac{\text{자연상태의 체적}(m^3)}{\text{흐트러진 상태의 체적}(m^3)}$

③ $\dfrac{\text{다져진 상태의 체적}(m^3)}{\text{자연상태의 체적}(m^3)}$

④ $\dfrac{\text{자연상태의 체적}(m^3)}{\text{다져진 상태의 체적}(m^3)}$

해설

①

	1	자연상태의 토량 × L = 흐트러진 상태의 토량
	2	자연상태의 토량 × C = 다져진 상태의 토량
	3	다져진 상태의 토량 = 흐트러진 상태의 토량 × $\dfrac{C}{L}$

35 방수공사에서 안방수와 바깥방수를 비교한 설명으로 옳지 않은 것은?

① 바탕만들기에서 안방수는 따로 만들 필요가 없으나 바깥방수는 따로 만들어야 한다.
② 경제성(공사비)에서는 안방수는 비교적 저렴한 편인 반면 바깥방수는 고가인 편이다.
③ 공사 시기에서 안방수는 본공사에 선행해야 하나 바깥방수는 자유로이 선택할 수 있다.
④ 안방수는 바깥방수에 비해 시공이 간편하다.

해설

안방수	비교항목	바깥방수
수압이 작고 얕은 지하실	사용환경	수압이 크고 깊은 지하실
따로 만들 필요가 없음	바탕만들기	따로 만들어야 함
간단하다	공사 용이성	상당한 어려움이 있다
자유롭다	본공사 추진	본공사에 선행된다
비교적 저가이다	경제성	비교적 고가이다
필요하다	보호누름	없어도 무방하다

36 콘크리트에 사용되는 혼화제 중 플라이 애시의 사용에 따른 이점으로 볼 수 없는 것은?

① 유동성의 개선 ② 초기강도의 증진
③ 수화열의 감소 ④ 수밀성의 향상

해설

②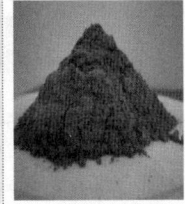

플라이 애시 (Fly Ash)

석탄이나 중유를 연소했을 때에 생성되는 미세한 입자의 재

플라이 애시를 사용한 콘크리트의 주요 특징
➡ 수화열의 감소, 수밀성의 향상, 시공연도의 개선
➡ 초기강도 감소 및 장기강도 증진

해답 33. ③ 34. ① 35. ③ 36. ②

37 실비정산보수가산계약 제도의 특징이 아닌 것은?

① 설계와 시공의 중첩이 가능한 단계별 시공이 가능하다.
② 복잡한 변경이 예상되거나 긴급을 요하는 공사에 적합하다.
③ 계약 체결 시 공사 비용의 최대값을 정하는 최대 보증한도 실비정산보수가산계약이 일반적으로 사용된다.
④ 공사 금액을 구성하는 물량 또는 단위공사 부분에 대한 단가만을 확정하고 공사 완료 시 실시수량의 확정에 따라 정산하는 방식이다.

해설

④ 단가도급(Unit Price Contract)에 관한 설명이다.

38 건설공사 기획부터 설계, 입찰 및 구매, 시공, 유지관리의 전 단계에 있어 업무절차의 전자화를 추구하는 종합건설정보망체계를 의미하는 것은?

① CALS
② BIM
③ SCM
④ B2B

해설

①

CALS (Continuous Acquisition Life cycle Support)

건설업의 기획, 설계, 계약, 시공, 유지관리 등 건설생산 활동의 전 과정에서 발주자, 설계, 시공감리자 등 건설관련 주체가 초고속 정보통신망과 전자상거래 등을 이용하여 정보의 실시간 공유를 통한 공기단축, 원가절감, 품질향상 등을 도모하려는 건설 분야 통합정보통신시스템을 말한다.

39 페인트칠의 경우 초벌과 재벌 등을 도장할 때마다 색을 약간씩 다르게 하는 주된 이유는?

① 희망하는 색을 얻기 위하여
② 색이 진하게 되는 것을 방지하기 위하여
③ 착색 안료를 낭비하지 않고 경제적으로 사용하기 위하여
④ 초벌, 재벌 등 페인트칠 횟수를 구별하기 위하여

해설

④ 도장공사에서 칠하는 횟수(초벌, 재벌, 정벌)를 구분하기 위해 색을 바꾸어서 칠한다.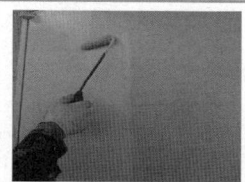

40 시멘트 액체방수에 관한 설명으로 옳은 것은?

① 모체 표면에 시멘트 방수제를 도포하고 방수모르타르를 덧발라 방수층을 형성하는 공법이다.
② 구조체 균열에 대한 저항성이 매우 우수하다.
③ 시공은 바탕처리 ➡ 혼합 ➡ 바르기 ➡ 지수 ➡ 마무리 순으로 진행한다.
④ 시공 시 방수층의 부착력을 위하여 방수할 콘크리트 바탕면은 충분히 건조시키는 것이 좋다.

해설

② 방수층 자체의 수축성으로 인해 균열이 발생하기 때문에 외기의 영향을 많이 받는 옥상 등의 부위에는 적당하지 않지만 지하실 방수나 소규모의 차양 등에는 많이 사용하며 결함 발생 시 보수가 용이한 편이다.

③ 방수액 침투 ➡ 시멘트풀 ➡ 방수액 침투 ➡ 시멘트모르타르 위와 같은 공정을 2~3회 정도 반복한 후 표면을 보호방수 모르타르로 마무리한다.

④ 시멘트 방수층은 아스팔트 방수층에 비해 신축성이 거의 없어 모체에 균열이 발생하면 방수가 되지 않으므로 바탕면을 깨끗하게 정리하고 물청소한다.

해답 37. ④ 38. ① 39. ④ 40. ①

건축시공 2017년 제4회

21 공기단축을 목적으로 공정에 따라 부분적으로 완성된 도면만을 가지고 각 분야별 전문가를 구성하여 패스트 트랙(Fast Track) 공사를 진행하기에 가장 적합한 조직 구조는?

① 기능별 조직(Functional Organization)
② 매트릭스 조직(Matrix Organization)
③ 태스크 포스 조직(Task Force Organization)
④ 라인 스탭 조직(Line-Staff Organization)

해설

④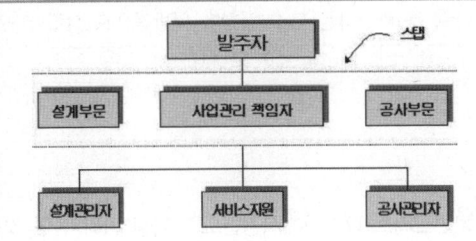

공기단축을 목적으로 패스트 트랙(Fast Track) 공사를 진행하기에 적합한 건설 관리 조직은 라인 스탭 조직(Line-Staff Organization)이다.

22 벽돌쌓기 시공에 관한 설명으로 옳지 않은 것은?

① 연속되는 벽면의 일부를 나중쌓기 할 때에는 그 부분을 층단들여쌓기로 한다.
② 내력벽 쌓기에서는 세워쌓기나 옆쌓기가 주로 쓰인다.
③ 벽돌 쌓기 시 줄눈모르타르가 부족하면 하중 분담이 일정하지 않아 벽면에 균열이 발생할 수 있다.
④ 창대쌓기는 물흘림을 위해 벽돌을 15° 정도 기울여 벽면에서 3~5cm 정도 내밀어 쌓는다.

해설

② 세워쌓기, 옆쌓기는 개구부 상부의 쌓기방법이며, 내력벽쌓기는 영식쌓기를 원칙으로 한다.

23 굴착 구멍 내 지하수위보다 2m 이상 높게 물을 채워 굴착함으로써 굴착 벽면에 2t/m² 이상의 정수압에 의해 벽면의 붕괴를 방지하면서 현장타설콘크리트 말뚝을 형성하는 공법은?

① 베노토 파일
② 프랭키 파일
③ 리버스 서큘레이션 파일
④ 프리팩트 파일

해설

③

RCD (Reverse Circulation Drill)

특수 비트의 회전으로 굴착된 토사를 Drill Rod 내의 물과 함께 공 외로 배출하여 침전지에 토사를 침전시킨 후 물을 다시 공 내에 환류시키면서 굴착한 후 철근망을 삽입하고 트레미(Tremie)관에 의해 콘크리트를 타설하면서 말뚝을 조성하는 공법

24 흙의 함수비에 관한 설명으로 옳지 않은 것은?

① 연약 점토질 지반의 함수비를 감소시키기 위해서 샌드 드레인 공법을 사용할 수 있다.
② 함수비가 크면 흙의 전단강도가 작아진다.
③ 모래지반에서 함수비가 크면 내부마찰력이 감소된다.
④ 점토지반에서 함수비가 크면 점착력이 증가한다.

해설

④ 점토지반에서 함수비가 크면 점착력은 감소한다.

해답 21. ④ 22. ② 23. ③ 24. ④

25 벽 마감공사에서 규격 200×200mm인 타일을 줄눈 너비 10mm로 벽면적 100m²에 붙일 때 붙임 매수는 몇 장인가? (단, 할증률 및 파손은 없는 것으로 가정한다.)

① 2,238매 ② 2,248매
③ 2,258매 ④ 2,268매

해설

④ $\dfrac{1\times 1}{(0.2+0.01)\times (0.2+0.01)}\times 100$
$= 2,267.57$매

26 철근의 가공·조립에 관한 설명으로 옳지 않은 것은?

① 철근배근도에 철근의 구부리는 내면반지름이 표시되어 있지 않은 때에는 건축구조기준에 규정된 구부림의 최소 내면반지름 이하로 철근을 구부려야 한다.
② 철근은 상온에서 가공하는 것을 원칙으로 한다.
③ 철근 조립이 끝난 후 철근배근도에 맞게 조립되어 있는지 검사하여야 한다.
④ 철근의 조립은 녹, 기름 등을 제거한 후 실시한다.

해설

① 건축구조기준에 규정된 구부림의 최소 내면반지름 이상으로 철근을 구부려야 한다.

철근 직경	구부림 내면반지름
D 10~D 25	$3d_b$ 이상
D 29~D 35	$4d_b$ 이상
D 38 이상	$5d_b$ 이상

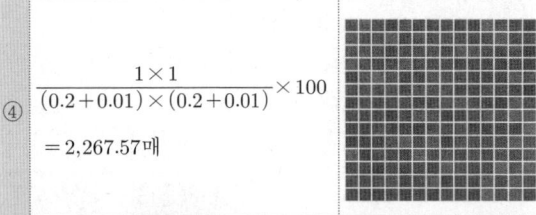

27 건축 방수공사의 성능 확인을 위한 가장 일반적인 시험 방법은?

① 수압 시험 ② 기밀 시험
③ 실물 시험 ④ 담수 시험

해설

④ 담수 시험

방수작업 후 구조체에 일정량의 물을 채워 넣고 누수를 확인하는 담수 시험을 일반적으로 시행한다.

28 콘크리트 배합 시 시공연도와 가장 거리가 먼 것은?

① 시멘트 강도 ② 골재의 입도
③ 혼화제   ④ 혼합시간

해설

시공연도(Workability)에 영향을 주는 요인

①	시멘트의 성질	시멘트의 종류, 분말도, 풍화의 정도에 따른 영향이 시공연도와 관련 있으며, 시멘트 강도와는 관련이 없다.
②	골재의 입도 및 입형	입자가 둥근 강자갈을 사용하면 시공연도가 향상되고, 입자가 둥글지 못한 골재는 시공연도가 저하된다.
③	혼화제	AE제, AE감수제, 고성능 AE감수제 등의 사용은 단위수량을 감소시키고 시공연도를 향상시킨다.
④	비빔시간 및 혼합시간	콘크리트 비빔이 불충분하거나 과도해지면 시공연도가 저하된다.

해답 25. ④ 26. ① 27. ④ 28. ①

29 가설 건축물 중 시멘트 창고에 관한 설명으로 옳지 않은 것은?

① 바닥구조는 일반적으로 마루널 깔기로 한다.
② 창고의 크기는 시멘트 100포당 2~3m²로 하는 것이 바람직하다.
③ 공기의 유통이 잘 되도록 개구부를 가능한 한 크게 한다.
④ 벽은 널판 붙임으로 하고 장기간 사용하는 것은 함석 붙이기로 한다.

해설

시멘트 창고

③ 공기의 유통을 가급적 억제하고, 필요한 출입구 및 채광창 이외의 환기창 설치를 금지한다.

30 콘크리트의 내화, 내열성에 관한 설명으로 옳지 않은 것은?

① 콘크리트의 내화, 내열성은 사용한 골재의 품질에 크게 영향을 받는다.
② 콘크리트는 내화성이 우수해서 600℃ 정도의 화열을 장시간 받아도 압축강도는 거의 저하하지 않는다.
③ 철근콘크리트 부재의 내화성을 높이기 위해서는 철근의 피복두께를 충분히 하면 좋다.
④ 화재를 당한 콘크리트의 탄산화 속도는 그렇지 않은 것에 비하여 크다.

해설

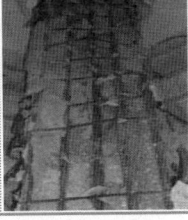

② 고온에 장시간 노출된 콘크리트는 내부의 공극에 증기압이 발생되어 폭열(폭발하듯이 파편이 떨어져 나가는 현상)이 발생하게 된다.

31 레디믹스트 콘크리트(Ready Mixed Concrete)를 사용하는 이유로 옳지 않은 것은?

① 시가지에서는 콘크리트를 혼합할 장소가 좁다.
② 현장에서는 균질한 품질의 콘크리트를 얻기 어렵다.
③ 콘크리트의 혼합이 충분하여 품질이 고르다.
④ 콘크리트의 운반거리 및 운반시간에 제한을 받지 않는다.

해설

레디믹스트 콘크리트
(Ready Mixed Concrete)

④ | 비빔시간 | 적재시간 | 주행시간 | 대기시간 | 타설시간 |

콘크리트의 비빔 시작부터 타설 종료까지의 시간한도는 외기온이 25℃ 미만인 경우 120분, 25℃ 이상인 경우는 90분으로 한다.

32 폴리머함침콘크리트에 관한 설명으로 옳지 않은 것은?

① 시멘트계의 재료를 건조시켜 미세한 공극에 수용성 폴리머를 함침·중합시켜 일체화한 것이다.
② 내화성이 뛰어나며 현장 시공이 용이하다.
③ 내구성 및 내약품성이 뛰어나다.
④ 고속도로 포장이나 댐의 보수공사 등에 사용된다.

해설

폴리머 콘크리트
(Polymer Concrete,
합성수지 콘크리트)

② 콘크리트 재료 중 물시멘트의 일부나 전부를 Polymer (유기 고분자 재료 중합체)로 대체하여 경화시킨 복합재료로서 내화성이 작은 것이 단점이다.

해답 29. ③ 30. ② 31. ④ 32. ②

33 다음 중 비철금속에 해당되지 않는 것은?

① 알루미늄 ② 탄소강
③ 동 ④ 아연

해설

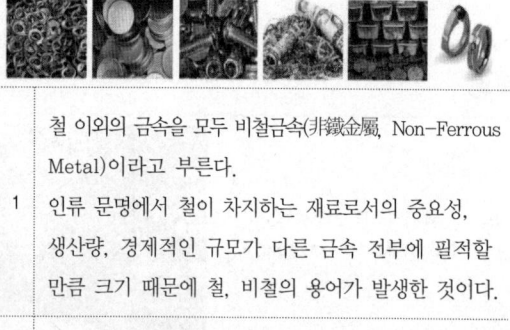

②	1	철 이외의 금속을 모두 비철금속(非鐵金屬, Non-Ferrous Metal)이라고 부른다. 인류 문명에서 철이 차지하는 재료로서의 중요성, 생산량, 경제적인 규모가 다른 금속 전부에 필적할 만큼 크기 때문에, 철, 비철의 용어가 발생한 것이다.
	2	탄소강은 대표적인 건축 분야의 철금속에 해당된다.

34 VE(Value Engineering)의 사고방식과 가장 거리가 먼 것은?

① 제도, 법규 위주의 사고
② 비용 절감
③ 발주자, 사용자 중심의 사고
④ 기능 중심의 사고

해설

	VE(Value Engineering, 가치공학)
①	발주자가 요구하는 성능, 품질을 보장하면서 최소의 비용으로 공사를 수행하기 위한 수단을 찾고자 하는 체계적이고 과학적인 공사방법
	VE의 사고방식 · 고정관념을 제거한 자유로운 발상 · 사용자(발주자) 중심의 사고 · 기능 중심의 시공 방식 · 조직적이고 순서화된 활동

35 철골공사 용접 작업의 용접 자세를 표현하는 각 기호의 의미하는 바가 옳은 것은?

① F : 수평 자세 ② H : 수직 자세
③ O : 상향 자세 ④ V : 하향 자세

해설

	용접 자세	특징
F	Flat Position 하향 자세	용접 속도가 4배 정도 빠르며, 용접 결과가 좋다.
O	Over-Head Position 상향 자세	용접 속도가 느리며, 용접 결과가 나쁘다.
H	Horizontal Position 수평 자세	하향 자세 다음으로 유리한 용접 방법
V	Vertical Position 수직 자세	작업에 어려움이 있다.

36 철골재의 수량 산출에서 사용되는 재료별 할증률로 옳지 않은 것은?

① 고장력볼트 : 5% ② 강판 : 10%
③ 봉강 : 5% ④ 강관 : 5%

해설

주요 건축재료	할증률
유리	1%
타일	
이형철근, 고장력볼트	3%
내화벽돌, 붉은벽돌	
시멘트벽돌	
원형철근, 일반볼트, 봉강, 강관, 경량형강	5%
기와	
대형 형강	7%
강판, 동판	10%
단열재	

해답 33. ② 34. ① 35. ③ 36. ①

37 매스콘크리트(Mass Concrete)의 타설 및 양생에 관한 설명으로 옳지 않은 것은?

① 내부 온도가 최고 온도에 달한 후에는 보온하여 중심부와 표면부의 온도차 및 중심부의 온도강하 속도가 크지 않도록 양생한다.
② 신구 콘크리트의 유효탄성계수 및 온도 차이가 클수록 이어붓기 시간 간격을 길게 하면 할수록 좋다.
③ 부어넣는 콘크리트의 온도는 온도균열을 제어하기 위해 가능한 한 저온(일반적으로 35℃ 이하)으로 해야 한다.
④ 거푸집널 및 보온을 위하여 사용한 재료는 콘크리트 표면부의 온도와 외기온도와의 차이가 작아지면 해체한다.

해설

② 신구 콘크리트의 유효탄성계수 및 온도 차이가 클수록 이어붓기 시간 간격을 길게 하면 할수록 온도균열 발생 가능성이 커지게 된다.

38 건축물의 초고층화, 대형화됨에 따라 발생되는 기둥축소량(Colunm Shortening)의 방지대책으로 적합하지 않은 것은?

① 구조설계 시 변위 발생량에 대해 여유있게 산정한다.
② 전체 건물의 층을 몇 절(Tier)로 등분하여 변위 차이를 최소화한다.
③ 가조립 시 위치별, 단면 크기별 등 변위를 충분히 발생시킨 후 본조립한다.
④ 시공 시 발생되는 변위를 최대한 보정한 후 실시한다.

해설

① 구조설계 시 변위 발생량에 대해 여유있게 산정하는 것이 아니라 변위 발생량에 대한 정확한 Data를 적용하여 계산한다.

39 지름 100mm, 높이 200mm인 원주형 공시체로 콘크리트의 압축강도를 시험하였더니 200kN에서 파괴되었다면 이 콘크리트의 압축강도는?

① 12.89MPa ② 17.48MPa
③ 25.46MPa ④ 50.9MPa

해설

③

콘크리트 압축강도 시험
$f_c = \dfrac{P}{A} = \dfrac{P}{\dfrac{\pi D^2}{4}}$ (MPa)

$f_c = \dfrac{P}{A} = \dfrac{(200 \times 10^3)}{\dfrac{\pi (100)^2}{4}} = 25.46 \text{N/mm}^2 = 25.46\text{MPa}$

40 계약제도의 하나로써 독립된 회사의 연합으로 법인을 설립하지 않으며 공사의 책임과 공사 클레임 등을 각각 독립된 회사의 계약 당사자가 책임을 지는 방식은?

① 공동도급(Joint Venture)
② 파트너링(Partnering)
③ 컨소시엄(Consortium)
④ 분할도급(Partial Contract)

해설

③

	컨소시엄(Consortium) 
1	라틴어로 동반자 관계와 협력, 동지를 의미하며, 공통의 목적을 위한 협회나 조합을 말한다.
2	공동도급(Joint Venture)은 자본의 출자를 통한 정식 법인이지만, 컨소시엄은 법인을 설립하지 않은 협력 형태로서 각각의 독립된 회사가 하나의 연합체를 형성하여 각각의 공사 범위에 따라 공사를 수행하는 방식의 차이를 보인다.

해답 37. ② 38. ① 39. ③ 40. ③

건축시공 2018년 제1회

21 린 건설(Lean Construction)에서의 관리 방법으로 옳지 않은 것은?

① 변이관리 ② 당김생산
③ 흐름생산 ④ 대량생산

해설

	린 건설 (Lean Construction)	건설 프로젝트를 하나의 생산과정으로 보고 그 과정에서 발생되는 전반적인 낭비 요소들을 최소화하는 효율적인 건설생산체계
④	린 건설(Lean Construction)에서의 주요 추구 목표	
	1	당김식(Pull Type) 생산방식 기존의 밀어내기식(Push Type)에서 추구하던 대량생산이 아닌 현장이 필요로 하는 자재를 필요한 만큼 생산할 것을 권장함
	2	변이관리(Variation Management) 일반원인·특별원인·구조원인 변이 등의 유형을 구분하여 상호의존성의 분석 및 대책의 수립
	3	흐름 위주의 협업자 구축 및 협업 관리

22 와이어로프로 매단 비계 권상기에 의해 상하로 이동시킬 수 있는 공사용 비계의 명칭은?

① 시스템비계 ② 틀비계
③ 달비계   ④ 쌍줄비계

해설

③ 달비계(Suspended Scaffold)

23 조적조에 발생하는 백화 현상을 방지하기 위하여 취하는 조치로서 효과가 없는 것은?

① 줄눈 부분을 방수 처리하여 빗물을 막는다.
② 잘 구워진 벽돌을 사용한다.
③ 줄눈 모르타르에 방수제를 넣는다.
④ 석회를 혼합하여 줄눈 모르타르를 바른다.

해설

백화(Efflorescence)

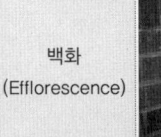

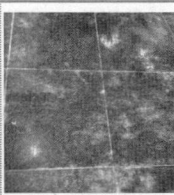

④ 백화 현상은 석회 때문에 발생하는데 석회를 넣으면 백화 현상이 더욱 심해진다.

24 건축 마감공사로서 단열공사에 관한 설명으로 옳지 않은 것은?

① 단열시공 바탕은 단열재 또는 방습재 설치에 못, 철선, 모르타르 등의 돌출물이 도움이 되므로 제거하지 않아도 된다.
② 설치 위치에 따른 단열공법 중 내단열공법은 단열성능이 적고 내부 결로가 발생할 우려가 있다.
③ 단열재를 접착제로 바탕에 붙이고자 할 때에는 바탕면을 평탄하게 한 후 밀착하여 시공하되 초기 박리를 방지하기 위해 압착상태를 유지한다.
④ 단열재료에 따른 공법은 성형판단열재 공법, 현장발포재 공법, 뿜칠단열재 공법 등으로 분류할 수 있다.

해설

① 단열시공 바탕은 단열재료 또는 방습층 설치에 지장이 없도록 못, 철선, 모르타르 등의 돌출물을 제거하여 평탄하게 정리 및 청소한다.

해답 21. ④ 22. ③ 23. ④ 24. ①

25 QC(Quality Control) 활동의 도구와 거리가 먼 것은?

① 기능계통도   ② 산점도
③ 히스토그램   ④ 특성요인도

해설

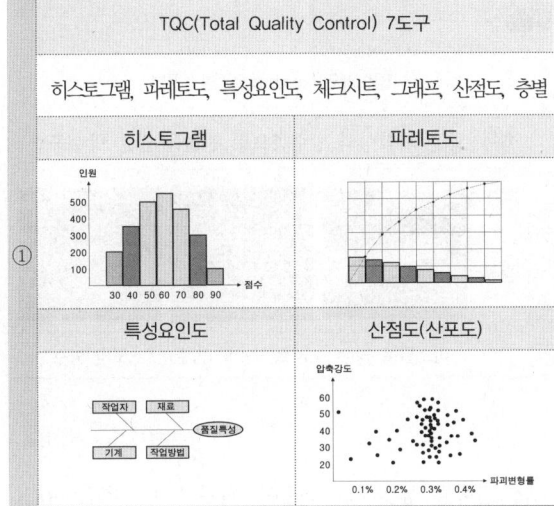

26 바닥판과 보 밑 거푸집 설계 시 고려해야 하는 하중을 옳게 짝지은 것은?

① 굳지 않은 콘크리트 중량, 충격하중
② 굳지 않은 콘크리트 중량, 측압
③ 작업하중, 풍하중
④ 충격하중, 풍하중

해설

27 보강콘크리트블록조의 내력벽에 관한 설명으로 옳지 않은 것은?

① 사춤은 3켜 이내마다 한다.
② 통줄눈은 될 수 있는 한 피한다.
③ 사춤은 철근이 이동하지 않게 한다.
④ 벽량이 많아야 구조상 유리하다.

해설

② 블록의 구멍에 철근을 배근하고 콘크리트로 채워 넣기 때문에 통줄눈으로 시공한다.

28 철골공사에 관한 설명으로 옳지 않은 것은?

① 볼트접합부는 부식하기 쉬우므로 방청 도장을 하여야 한다.
② 볼트 조임에는 임팩트 렌치, 토크 렌치 등을 사용한다.
③ 철골조는 화재에 따른 강성 저하가 심하므로 내화피복을 하여야 한다.
④ 용접부 비파괴 검사에는 침투탐상법, 초음파탐상법 등이 있다.

해설

	녹막이 칠이 불필요한 부분	
①	1	콘크리트 매립 부분, 조립에 의해 맞닿는 부분
	2	현장용접 양쪽으로 50mm 이내
	3	고장력볼트 마찰접합면, 폐쇄형 단면의 밀폐된 내면

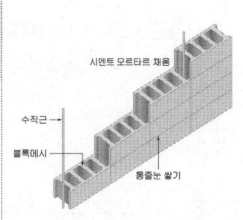

해답 25. ① 26. ① 27. ② 28. ①

29 철근콘크리트 PC 기둥을 8ton 트럭으로 운반하고자 한다. 차량 1대에 최대로 적재가능한 PC 기둥의 수는? (단, PC 기둥의 단면 크기는 30cm×60cm, 길이는 3m)

① 1개　　② 2개
③ 4개　　④ 6개

해설

④

| 철근콘크리트 단위체적중량 ➡ $2.4t/m^3$ |  |

$$\frac{8t}{2.4t/m^3 \times 0.3m \times 0.6m \times 3m} = 6.17 \Rightarrow 6개$$

30 시멘트 분말도 시험 방법이 아닌 것은?

① 플로우시험법　　② 체분석법
③ 피크노메타법　　④ 블레인법

해설

시멘트 분말도 시험 방법

  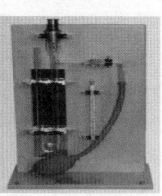

① 체(Standard Sieve)분석법, 피크노메타(Pycnometer)법, 블레인(Blaine)법이 있으며, 블레인법이 가장 간편하고 신뢰성이 있다.

플로우시험(Flow Test)은 반죽질기를 측정하는 시험이다.

31 아스팔트 방수층, 개량아스팔트 시트방수층, 합성고분자계 시트방수층 및 도막방수층 등 불투수성 피막을 형성하여 방수하는 공사를 총칭하는 용어로 옳은 것은?

① 실링 방수　　② 멤브레인 방수
③ 구체침투 방수　　④ 벤토나이트 방수

해설

멤브레인(Membrane) 방수공법			
정의	얇은 피막상의 방수층으로 전면을 덮는 방수공법		
② 종류			
	아스팔트 방수	시트(Sheet) 방수	도막 방수

32 건축물 높낮이의 기준이 되는 벤치 마크(Bench Mark)에 관한 설명으로 옳지 않은 것은?

① 이동 또는 소멸 우려가 없는 장소에 설치한다.
② 수직규준틀이라고도 한다.
③ 이동 등 훼손될 것을 고려하여 2개소 이상 설치한다.
④ 공사가 완료된 뒤라도 건축물의 침하, 경사 등의 확인을 위해 사용되기도 한다.

해설

기준점(Bench Mark)	규준틀(Batter Board)

건축물 시공 시 공사 중 높이의 기준을 정하고자 설치하는 원점	건축물 각부 위치 및 높이의 기준 표시 (터파기폭 및 기둥 및 기초의 중심선 등)

해답　29. ④　30. ①　31. ②　32. ②

33 파이프구조에 관한 설명으로 옳지 않은 것은?

① 파이프구조는 경량이며, 외관이 경쾌하다.
② 파이프구조는 대규모의 공장, 창고, 체육관, 동·식물원 등에 이용된다.
③ 접합부의 절단 가공이 어렵다.
④ 파이프의 부재 형상이 복잡하여 공사비가 증대된다.

해설

④

파이프(Pipe)의 부재 형상이 단순하여 일반적인 강구조에 비해 공사비가 감소된다.

34 미장공사에서 나타나는 결함의 유형과 가장 거리가 먼 것은?

① 균열　　② 부식
③ 탈락　　④ 백화

해설

미장공사 시공계획의 포인트는 마감재료의 적용성, 건조수축, 바탕재의 움직임 등에 따른 균열, 들뜸, 탈락, 백화 등과 같은 약점에 어느 정도 대응하여 하자를 방지하느냐에 있다.

② 부식(Corrosion)

철이나 콘크리트가 산화되어 손상되는 현상이다.

35 공사금액의 결정 방법에 따른 도급방식이 아닌 것은?

① 정액도급
② 공종별 분할도급
③ 단가도급
④ 실비정산보수가산도급

해설

②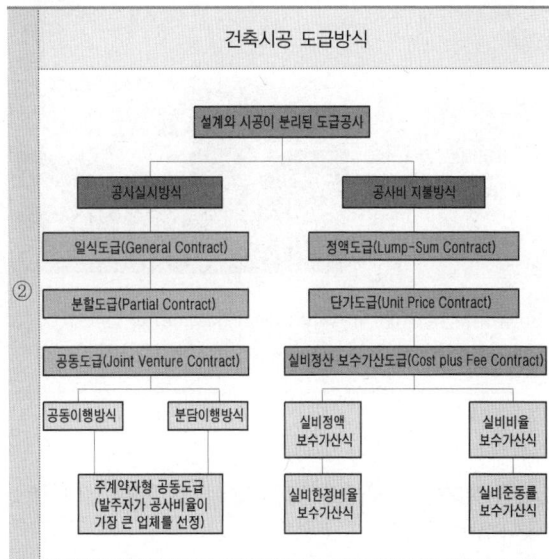

36 경량골재콘크리트와 관련된 기준으로 옳지 않은 것은?

① 단위시멘트량의 최소값: $400kg/m^3$
② 물-결합재비의 최대값: 60%
③ 기건단위질량(경량골재콘크리트 1종): $1,700 \sim 2,000kg/m^3$
④ 굵은골재의 최대치수: 20mm

해설

① 경량골재콘크리트 단위시멘트량의 최소값 ➡ $300kg/m^3$

해답　33. ④　34. ②　35. ②　36. ①

2 바이블 과목별 기출문제

37 프리패브 콘크리트(Pre-Fab Concrete)에 관한 설명으로 옳지 않은 것은?

① 제품의 품질을 균일화 및 고품질화 할 수 있다.
② 작업의 기계화로 노무 절약을 기대할 수 있다.
③ 공장생산으로 기계화하여 부재의 규격을 쉽게 변경할 수 있다.
④ 자재를 규격화하여 표준화 및 대량생산을 할 수 있다.

해설

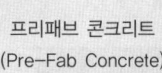
프리패브 콘크리트
(Pre-Fab Concrete)

③ 공장생산을 위한 규격화(Standardization)로 인하여 부재의 규격을 쉽게 변경하기 어려운 특징이 있다.

38 보통포틀랜드시멘트 경화체의 성질에 관한 설명으로 옳지 않은 것은?

① 응결과 경화는 수화반응에 의해 진행된다.
② 경화체의 모세관수가 건조수축을 일으킨다.
③ 모세관공극은 물시멘트비가 커지면 감소한다.
④ 모세관공극에 있는 수분은 동결하면 팽창되고 이에 의해 내부압이 발생하여 경화체의 파괴를 초래한다.

해설

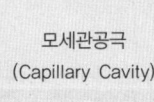
모세관공극
(Capillary Cavity)

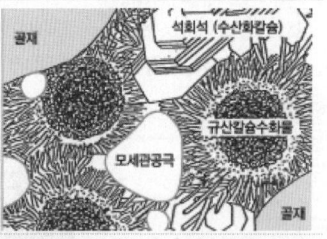

③ 수화된 시멘트풀(Cement Paste) 중 고체 부분으로 채워지지 않고 남은 빈 부분을 말하며, 물시멘트비가 커지면 증가한다.

39 다음 설명이 의미하는 공법으로 옳은 것은?

> 미리 공장생산한 기둥이나 보, 바닥판, 외벽, 내벽 등을 한 층씩 쌓아 올라가는 조립식으로 구체를 구축하고 이어서 마감 및 설비공사까지 포함하여 차례로 한 층씩 완성해 가는 공법

① 하프PC합성바닥판 공법 ② 역타 공법
③ 적층 공법   ④ 지하연속벽 공법

해설

적층 공법
積層工法
Floor by Floor Method

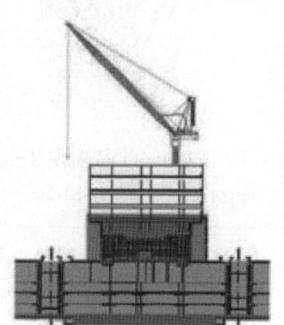

40 목재를 천연건조 시킬 때의 장점에 해당되지 않는 것은?

① 비교적 균일한 건조가 가능하다.
② 시설 투자비용 및 작업비용이 적다.
③ 건조 소요시간이 짧은 편이다.
④ 타 건조방식에 비해 건조에 따른 결함이 비교적 적은 편이다.

해설

③ 인공건조법(대류식 또는 증기식, 송풍식, 고주파법)에 비해 건조 소요시간이 긴 편이다.

해답 37. ③   38. ③   39. ③   40. ③

건축시공 2018년 제2회

21 지반조사 중 보링에 관한 설명으로 옳지 않은 것은?

① 보링의 깊이는 일반적인 건물의 경우 대략 지지 지층 이상으로 한다.
② 채취 시료는 충분히 햇빛에 건조시키는 것이 좋다.
③ 부지 내에서 3개소 이상 행하는 것이 바람직하다.
④ 보링 구멍은 수직으로 파는 것이 중요하다.

해설

	보링(Boring)	
②	지중에 철관을 꽂아 천공하여 그 안의 토사를 채취·관찰하는 것이 주목적이므로 햇빛에 건조시키지 않는다.	

22 콘크리트 블록벽체 $2m^2$를 쌓는데 소요되는 콘크리트 블록 장수로 옳은 것은? (단, 블록은 기본형이며, 할증은 고려하지 않음)

① 26장 ② 30장
③ 34장 ④ 38장

해설

	1	기본형 콘크리트 블록의 소요량은 13장/m^2 이다.	
①	2	$13장/m^2 \times 2m^2 = 26장$	

【참고: 콘크리트 블록의 소요량】

구분	치수(길이×높이×두께)	수량
기본형	390×190×100	13장/m^2
	390×190×150	
	390×190×190	
장려형	290×190×100	17장/m^2
	290×190×150	
	290×190×190	

23 콘크리트용 재료 중 시멘트에 관한 설명으로 옳지 않은 것은?

① 중용열포틀랜드시멘트는 수화작용에 따르는 발열이 적기 때문에 매스콘크리트에 적당하다.
② 조강포틀랜드시멘트는 조기강도가 크기 때문에 한중콘크리트공사에 주로 쓰인다.
③ 알칼리골재반응을 억제하기 위한 방법으로써 내황산염포틀랜드시멘트를 사용한다.
④ 조강포틀랜드시멘트를 사용한 콘크리트의 7일 강도는 보통포틀랜드시멘트를 사용한 콘크리트의 28일 강도와 거의 비슷하다.

해설

알칼리골재반응
(Alkali Aggregate Reaction)

시멘트 중의 알칼리 성분과 골재 중의 실리카 광물질이 화학 반응하여 팽창균열을 유발하는 반응

	주요 대책
1	저알칼리 시멘트(Na_2O량 0.6% 이하) 사용
③ 2	Pozzolan, Fly-Ash, 고로 Slag 등의 혼화재 사용
3	알칼리골재반응에 무해한 골재의 사용
4	방수제 사용, 단위시멘트량을 낮춘 배합설계 실시

24 도장공사에서의 뿜칠에 관한 설명으로 옳지 않은 것은?

① 큰 면적을 균등하게 도장할 수 있다.
② 스프레이건과 뿜칠면 사이의 거리는 30cm를 표준으로 한다.
③ 뿜칠은 도막두께를 일정하게 유지하기 위해 겹치지 않게 순차적으로 이행한다.
④ 뿜칠 공기압은 $2~4kg/cm^2$를 표준으로 한다.

해설

③	스프레이할 때는 항상 평행이동하면서 운행의 한 줄마다 스프레이 너비의 1/3 정도를 겹쳐 뿜는다.	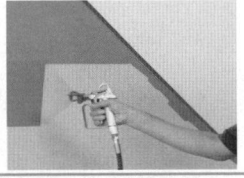

해답 21. ② 22. ① 23. ③ 24. ③

25 다음 중 무기질 단열 재료가 아닌 것은?

① 셀룰로오스 섬유판 ② 세라믹 섬유
③ 퍼라이트판 ④ ALC 패널

해설

	단열 재료의 구분	무기질	유리섬유, 세라믹섬유, 암면, 퍼라이트판, 규산칼슘판, ALC 패널
		유기질	셀룰로오스 섬유판, 연질 섬유판, 폴리스티렌 폼, 경질우레탄 폼

26 CM(Construction Management)의 주요 업무가 아닌 것은?

① 설계부터 공사관리까지 전반적인 지도, 조언, 관리업무
② 입찰 및 계약 관리업무와 원가관리업무
③ 현장 조직관리업무와 공정관리업무
④ 자재조달업무와 시공도 작성업무

해설

④	건설사업관리 (CM, Construction Management) 주요업무 		
	1	사업관리 일반: 설계부터 공사관리까지 전반적인 지도, 조언, 관리 업무	
	2	입찰 및 계약 관리업무와 원가관리업무	
	3	현장 조직관리, 안전관리, 공정관리 및 품질관리 업무	
	4	사업정보관리: 사업정보 및 기술자료의 축적, 관리, 운영	
	자재조달업무와 시공도 작성업무는 시공자의 업무이다.		

27 타일공사에서 시공 후 타일 접착력 시험에 관한 설명으로 옳지 않은 것은?

① 타일의 접착력 시험은 600m² 당 한 장씩 시험한다.
② 시험할 타일은 먼저 줄눈 부분을 콘크리트면까지 절단하여 주위의 타일과 분리시킨다.
③ 시험은 타일 시공 후 4주 이상일 때 행한다.
④ 시험 결과의 판정은 타일 인장 부착강도가 10MPa 이상이어야 한다.

해설

	타일 접착력 시험	
④	시험 결과의 판정은 타일 인장 부착강도가 0.39MPa 이상이어야 한다.	

28 용접 작업 시 용착금속 단면에 생기는 작은 은색의 점을 무엇이라 하는가?

① 피시 아이(Fish Eye)
② 블로 홀(Blow Hole)
③ 슬래그 함입(Slag Inclusion)
④ 크레이터(Crater)

해설

피시 아이(Fish Eye)

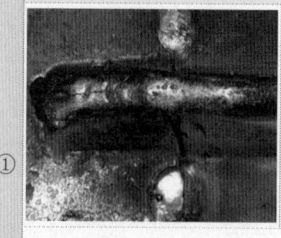 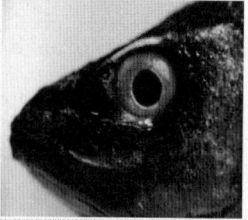

① 은점이라고도 하며, Slag 혼입 및 블로 홀(Blow Hole) 겹침 현상으로 생선 눈알(Fish Eye) 모양의 은색 반점이 나타나는 용접 결함이다.

해답 25. ① 26. ④ 27. ④ 28. ①

29 한중(寒中) 콘크리트의 양생에 관한 설명으로 옳지 않은 것은?

① 보온양생 또는 급열양생을 끝마친 후에는 콘크리트의 온도를 급격히 저하시켜 양생을 마무리 하여야 한다.
② 초기양생에서 소요 압축강도가 얻어질 때까지 콘크리트의 온도를 5℃ 이상으로 유지하여야 한다.
③ 초기양생에서 구조물의 모서리나 가장자리의 부분은 보온하기 어려운 곳이어서 초기동해를 받기 쉬우므로 초기양생에 주의하여야 한다.
④ 한중콘크리트의 보온양생 방법은 급열양생, 단열양생, 피복양생 및 이들을 복합한 방법 중 한 가지 방법을 선택하여야 한다.

해설

① 가열보온양생 종료 후는 콘크리트가 급격히 건조 및 냉각되지 않도록 한다. 특히 콘크리트 노출면은 시트, 그 밖의 적절한 재료로 틈새 없이 덮어 양생을 계속한다.

30 실링공사의 재료에 관한 설명으로 옳지 않은 것은?

① 가스켓은 콘크리트의 균열 부위를 충전하기 위하여 사용하는 부정형 재료이다.
② 프라이머는 접착면과 실링재와의 접착성을 좋게 하기 위하여 도포하는 바탕처리 재료이다.
③ 백업재는 소정의 줄눈깊이를 확보하기 위하여 줄눈 속을 채우는 재료이다.
④ 마스킹 테이프는 시공 중에 실링재 충전 개소 이외의 오염 방지와 줄눈 선을 깨끗이 마무리하기 위한 보호 테이프이다.

해설

가스켓(Gasket)

① 상대하는 2개의 정지된 물체 사이에 끼워 그 장소에서 유체가 새어 나오는 것을 방지하는 것을 목적으로 한 Seal의 총칭을 말한다. 부재의 접합 부위나 유리홈 사이에 끼우는 정형 재료이다.

31 도막방수 시공 시 유의사항으로 옳지 않은 것은?

① 도막방수재는 혼합에 따라 재료 물성이 크게 달라지므로 반드시 혼합비를 준수한다.
② 용제형의 프라이머를 사용할 경우에는 화기에 주의하고, 특히 실내 작업의 경우 환기장치를 사용하여 인화나 유기용제 중독을 미연에 예방하여야 한다.
③ 코너 부위, 드레인 주변은 보강이 필요하다.
④ 도막방수 공사는 바탕면 시공과 관통공사가 종결되지 않더라도 할 수 있다.

해설

도막방수

④ 합성고무나 합성수지의 용액을 여러 번 칠하여 소요 두께의 방수층을 형성하는 공법이므로 바탕면 시공과 관통공사가 종결된 이후에 시행된다.
관통파이프 또는 그 밖의 돌출물이 방수층을 관통할 경우 동질의 방수재료(보수면적 100mm×100mm) 또는 실링재 또는 고점도 겔(Gel)타입 도막재 등으로 수밀하게 처리하여야 한다.

32 지반조사 시험에서 서로 관련 있는 항목끼리 옳게 연결된 것은?

① 지내력 - 정량분석시험
② 연한 점토 - 표준관입시험
③ 진흙의 점착력 - 베인시험(Vane Test)
④ 염분 - 신월 샘플링(Thin Wall Sampling)

해설

①	콘크리트용 골재	정량분석시험
②	사질지반	표준관입시험
④	시료 채취	신월 샘플링(Thin Wall Sampling)

해답 29. ① 30. ① 31. ④ 32. ③

33 공사 착공 시점의 인허가 항목이 아닌 것은?

① 비산먼지 발생 사업 신고
② 오수처리시설 설치 신고
③ 특정 공사 사전 신고
④ 가설 건축물 축조 신고

해설

	공사 착공 시점의 인허가 항목
② 1	지하매설물 확인 및 이설 신청, 도로점용 허가 신청, 도로굴착 및 복구허가 신청, 임목벌채 허가 신청, 지하수 개발 및 이용에 관한 신고·허가 신청, 방화관리자 선임 신고, 건설폐기물처리계획 신고, 사업장폐기물 배출자 신고, 비산먼지 발생 사업 신고, 특정 공사 사전 신고(소음/진동), 건축물 착공 신고, 경계측량, 가설건축물 축조 신고 및 사용승인
2	급수공사 시행 신청, 도시가스 공급 신청, 오수처리시설 설치 신고는 공사실시 시점의 인허가 항목에 속한다.

34 콘크리트 공사 중 적산온도와 가장 관계 깊은 것은?

① 매스(Mass)콘크리트 공사
② 수밀(水密)콘크리트 공사
③ 한중(寒中)콘크리트 공사
④ AE콘크리트 공사

해설

③ 한중콘크리트 적산온도식:
- M: 적산온도($°D·D$)
- Z: 재령(일)
- n: 구조체 콘크리트의 강도관리 재령(일)
- $θ_Z$: 재령 Z에서 콘크리트 일 평균 양생온도(℃)

$$M = \sum_{Z=1}^{n}(θ_Z + 10)$$

콘크리트의 양생온도와 양생시간이 미치는 영향과의 관계를 함수로 표시한 것으로 콘크리트 강도 증진에 관한 예측이 가능하다.

35 조적벽 40m²를 쌓는데 필요한 벽돌량은? (단, 표준형 벽돌 0.5B 쌓기, 할증은 고려하지 않음)

① 2,850장　② 3,000장
③ 3,150장　④ 3,500장

해설

② 표준형 벽돌 0.5B 쌓기 시 75장/m²

$75장/m² × 40m² = 3,000장$

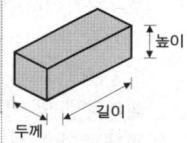

표준형 벽돌 190×57×90 (길이×높이×두께)

36 고력볼트 접합에 관한 설명으로 옳지 않은 것은?

① 현대 건축물의 고층화, 대형화 추세에 따라 소음이 심한 리벳은 현재 거의 사용하지 않고 볼트접합과 용접접합이 대부분을 차지하고 있다.
② 토크쉐어형 고력볼트는 조여서 소정의 축력이 얻어지면 자동적으로 핀테일이 파단되는 구조로 되어 있다.
③ 고력볼트의 조임기구는 토크렌치와 임팩트렌치 등이 있다.
④ 고력볼트의 접합 형태는 모두 마찰접합이며, 마찰접합은 하중이나 응력을 볼트가 직접 부담하는 방식이다.

해설

④ 고(장)력볼트의 접합 형태

마찰접합	인장접합	지압접합

고(장)력볼트의 접합 형태는 마찰접합, 인장접합, 지압접합으로 분류되며 일반적으로 고(장)력볼트접합이라고 하면 마찰접합을 말한다. 마찰접합은 고(장)력볼트의 강력한 조임력에 의해 부재 간에 발생하는 마찰력에 의해 응력을 전달하는 접합형식이다.

해답 33. ② 34. ③ 35. ② 36. ④

37 기본공정표와 상세공정표에 표시된 대로 공사를 진행시키기 위해 재료, 노력, 원척도 등이 필요한 기일까지 반입, 동원될 수 있도록 작성한 공정표는?

① 횡선식 공정표
② 열기식 공정표
③ 사선 그래프식 공정표
④ 일순식 공정표

해설

②	열기식(列記式) 공정표				
	일정 분류	1일차	2일차	3일차	4일차
	노무자	타일공: 2		미장공: 5	
	자재입고	타일: 200	벽돌: 100	시멘트: 10	
	자재반출				거푸집
	기계				
	그 밖의 사항		이동화장실		
	1	재료, 노무자 수, 현치도 작성 등 필요사항 및 재료 주문에 관한 기일 등을 문자로 나열한 간단한 공정표				
	2	노무자와 재료 수배에 알맞은 인력 수요와 물량을 쉽게 파악할 수 있지만, 각 부분 공사와 상호 간의 지속 관계 파악은 불리한 특징이 있다.				

38 유리섬유, 합성섬유 등의 망상포를 적층하여 도포하는 도막방수 공법은?

① 시멘트액체방수 공법
② 라이닝 공법
③ 스터코마감 공법
④ 루핑 공법

해설

②	도막방수	라이닝 공법	유리섬유, 합성섬유 등의 망상포를 적층하여 도포
		코팅 공법	단순 도포

39 강재말뚝의 부식에 대한 대책과 가장 거리가 먼 것은?

① 부식을 고려하여 두께를 두껍게 한다.
② 에폭시 등의 도막을 설치한다.
③ 부마찰력에 대한 대책을 수립한다.
④ 콘크리트로 피복한다.

해설

③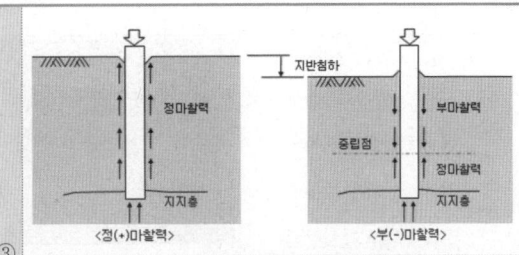

부마찰력(Negative Friction)

지지층에 근입된 말뚝의 주위 지반이 침하하는 경우, 말뚝 주면에 하향으로 작용하는 마찰력을 말하며 강재말뚝의 부식과는 무관한 내용이다.

40 콘크리트 중 공기량의 변화에 관한 설명으로 옳은 것은?

① AE제의 혼입량이 증가하면 연행공기량도 증가한다.
② 시멘트 분말도 및 단위시멘트량이 증가하면 공기량은 증가한다.
③ 잔골재 중의 0.15~0.3mm의 골재가 많으면 공기량은 감소한다.
④ 슬럼프가 커지면 공기량은 감소한다.

해설

② 시멘트 분말도 및 단위시멘트량이 증가하면 공기량은 감소한다.

③ 잔골재 중의 0.15mm 이하의 골재가 많으면 공기량은 감소한다.

④ 슬럼프가 커지면 공기량은 증가한다.

해답 37. ② 38. ② 39. ③ 40. ①

건축시공 2018년 제4회

21 압연강재가 냉각될 때 표면에 생기는 산화철 표피를 무엇이라 하는가?
① 스패터 ② 밀 스케일
③ 슬래그 ④ 비드

해설

②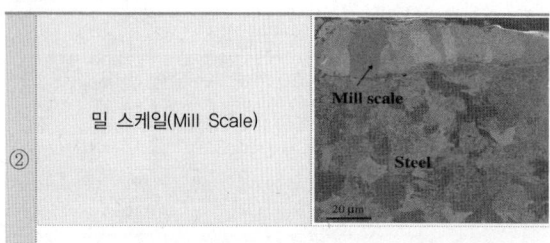
밀 스케일(Mill Scale)

열간압연 과정에서 생성되는 강재의 산화피막

22 건설사업관리(CM)의 주요 업무로 옳지 않은 것은?
① 입찰 및 계약관리 업무
② 건축물의 조사 또는 감정 업무
③ 제네콘(Genecon) 관리 업무
④ 현장조직 관리 업무

해설

	건설사업관리(CM, Construction Management) 주요 업무
1	사업관리 일반: 설계부터 공사관리까지 전반적인 지도, 조언, 관리 업무
2	입찰 및 계약 관리업무와 원가관리업무
3	현장 조직관리, 안전관리, 공정관리 및 품질관리 업무
4	사업정보관리: 사업정보 및 기술자료의 축적, 관리, 운영
5	제네콘(Genecon)이란 종합건설(General Construction)의 약자로서, 종합적인 건설관리만 맡고 부분별 공사는 하청업자에게 넘겨주어 공사를 진행하는 형태를 말하며, CM의 업무에 속한다.

②

23 발주자가 시공자에게 공사를 발주하는 경우 계약 방식에 따른 시공 방식으로 옳지 않은 것은?
① 보증방식 ② 직영방식
③ 실비정산방식 ④ 단가도급방식

해설

①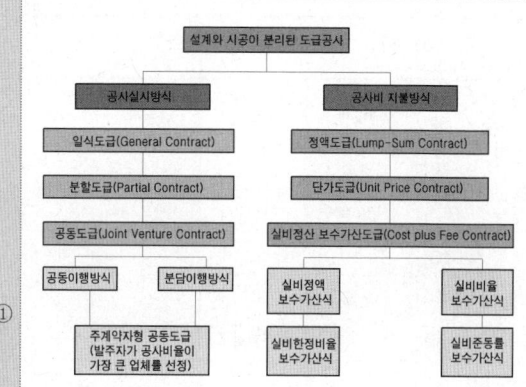

설계와 시공의 분리 계약제도는 전통적으로 직영방식과 도급방식으로 분류된다.
직영방식(Direct Management Work)은 건축주가 직접 재료 구입, 노무자 수배, 기계 설치, 감독 등 직접 시공하는 방식이며, 보증방식이란 시공방식은 없다.

24 콘크리트 이어치기에 관한 설명으로 옳지 않은 것은?
① 보의 이어치기는 전단력이 가장 작은 스팬의 중앙부에서 수직으로 한다.
② 슬래브(Slab)의 이어치기는 가장자리에서 한다.
③ 아치의 이어치기는 아치축에 직각으로 한다.
④ 기둥의 이어치기는 바닥판 윗면에서 수평으로 한다.

해설

② 보 및 슬래브(Slab)의 이어치기는 전단력이 가장 작은 스팬(Span)의 중앙부(1/2)에서 수직으로 한다.

해답 21. ② 22. ② 23. ① 24. ②

25 시멘트 액체방수에 대한 설명으로 옳지 않은 것은?

① 값이 저렴하고 시공 및 보수가 용이한 편이다.
② 바탕의 상태가 습하거나 수분이 함유되어 있더라도 시공할 수 있다.
③ 옥상 등 실외에서는 효력의 지속성을 기대할 수 없다.
④ 바탕콘크리트의 침하, 경화 후의 건조수축, 균열 등 구조적 변형이 심한 부분에도 사용할 수 있다.

해설

시멘트 액체방수

④ 아스팔트 방수에 비해 신축성이 거의 없어 모체에 균열이 발생하면 방수가 되지 않는다.

26 다음 중 회전문(Revolving Door)에 관한 설명으로 옳지 않은 것은?

① 출입에 지장이 없도록 일정한 방향으로 회전하는 구조로 해야 한다.
② 회전날개 140cm, 1분 10회 회전하는 것이 보통이다.
③ 원통형의 중심축에 돌개철물을 대어 자유롭게 회전시키는 문이다.
④ 사람의 출입을 조절하고 외기의 유입과 실내공기의 유출을 막을 수 있다.

해설

회전문(Revolving Door)

② 회전문의 회전속도는 분당 회전수가 8회를 넘지 않도록 하여야 한다.

27 얇은 강판에 동일한 간격으로 펀칭하고 잡아늘려 그물처럼 만든 것으로 천장, 벽, 처마둘레 등의 미장바탕에 사용하는 재료로 옳은 것은?

① 와이어 라스(Wire Lath)
② 메탈 라스(Metal Lath)
③ 와이어 메시(Wire Mesh)
④ 펀칭 메탈(Punching Metal)

해설

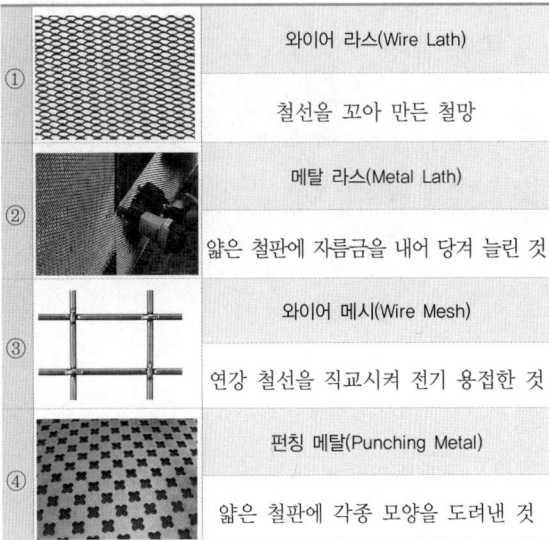

①		와이어 라스(Wire Lath)
		철선을 꼬아 만든 철망
②		메탈 라스(Metal Lath)
		얇은 철판에 자름금을 내어 당겨 늘린 것
③		와이어 메시(Wire Mesh)
		연강 철선을 직교시켜 전기 용접한 것
④		펀칭 메탈(Punching Metal)
		얇은 철판에 각종 모양을 도려낸 것

28 그림과 같은 건물에서 G_1과 같은 보가 8개 있다고 할 때 보의 총 콘크리트량을 구하면? (단, 보의 단면상 슬래브와 겹치는 부분은 제외하며, 철근량은 고려하지 않는다.)

① 11.52m³
② 12.23m³
③ 13.44m³
④ 15.36m³

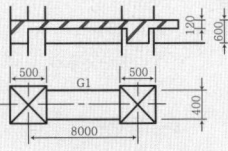

해설

① $V = 0.4 \times 0.48 \times (8 - 0.5) \times 8개 = 11.52\text{m}^3$

해답 25. ④ 26. ② 27. ② 28. ①

29 다음 중 도장공사를 위한 목부 바탕만들기 공정으로 옳지 않은 것은?

① 오염, 부착물의 제거 ② 송진 처리
③ 옹이 땜 ④ 바니시 칠

해설

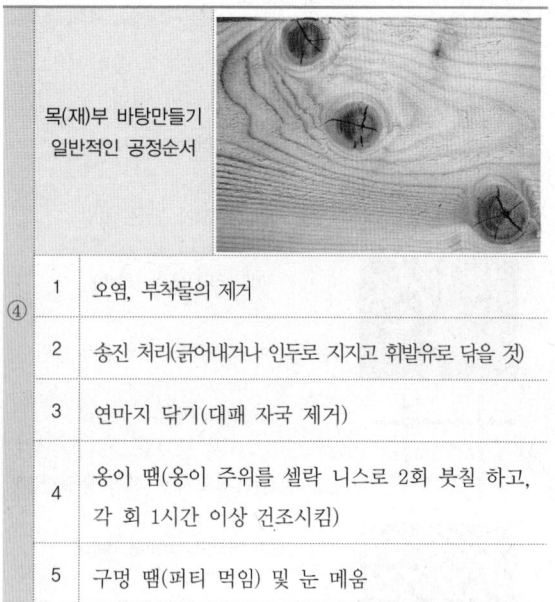

④	목(재)부 바탕만들기 일반적인 공정순서		
	1	오염, 부착물의 제거	
	2	송진 처리(긁어내거나 인두로 지지고 휘발유로 닦을 것)	
	3	연마지 닦기(대패 자국 제거)	
	4	옹이 땜(옹이 주위를 셸락 니스로 2회 붓칠 하고, 각 회 1시간 이상 건조시킴)	
	5	구멍 땜(퍼티 먹임) 및 눈 메움	

31 벽체구조에 관한 설명으로 옳지 않은 것은?

① 목조 벽체를 수평력에 견디게 하고 안정한 구조로 하기 위해 귀잡이를 설치한다.
② 벽돌구조에서 각 층의 대린벽으로 구획된 각 벽에 있어서 개구부의 폭의 합계는 그 벽의 길이의 1/2 이하로 하여야 한다.
③ 목조 벽체에서 샛기둥은 본기둥 사이에 벽체를 이루는 것으로서 가새의 옆휨을 막는데 유효하다.
④ 너비 180cm가 넘는 문꼴의 상부에는 철근콘크리트 인방보를 설치하고, 벽돌벽면에서 내미는 창 또는 툇마루 등은 철골 또는 철근콘크리트로 보강한다.

해설

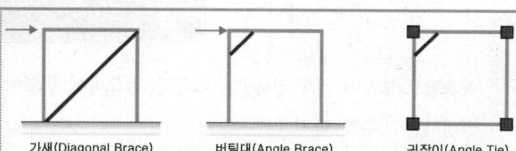

가새(Diagonal Brace)　버팀대(Angle Brace)　귀잡이(Angle Tie)

① 목조 벽체를 수평력에 견디게 하고 안정한 구조로 하기 위해 가새(Brace)를 설치한다.
가새를 댈 수 없을 경우 수직으로 빗댄 것은 버팀대(Angle Brace), 수평으로 빗댄 것을 귀잡이(Angle Tie)라고 한다.

30 도장공사 시 희석제 및 용제로 활용되지 않는 것은?

① 테레빈유 ② 벤젠
③ 티탄백 ④ 나프타

해설

	도장공사 시 주요 희석제 및 용제	
	콜타르 증류품	벤졸(벤젠), 솔벤트, 나프타
③	석유 건류품의 희석제	미네랄 스피리트
	송진건류품	테레빈유
	송근건류품	송근유

32 철골의 구멍뚫기에서 이형철근 D22의 관통 구멍의 직경으로 옳은 것은?

① 24mm ② 28mm
③ 31mm ④ 35mm

해설

	철근 관통 구멍의 직경						
이형철근	호칭	D10	D13	D16	D19	D22	D25	D29	D32
	구멍 직경	21	24	28	31	35	38	43	46
원형철근	구멍 직경	철근 직경 + 10mm							

해답　29. ④　30. ③　31. ①　32. ④

33 다음 미장재료 중 기경성 재료로만 구성된 것은?

① 회반죽, 석고플라스터, 돌로마이트플라스터
② 시멘트모르타르, 석고플라스터, 회반죽
③ 석고플라스터, 돌로마이트플라스터, 진흙
④ 진흙, 회반죽, 돌로마이트플라스터

해설

④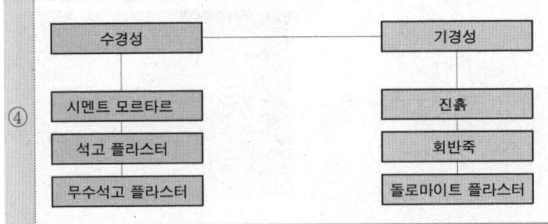

34 콘크리트 펌프 사용에 관한 설명으로 옳지 않은 것은?

① 콘크리트 펌프를 사용하여 시공하는 콘크리트는 소요의 워커빌리티를 가지며, 시공 시 및 경화 후에 소정의 품질을 갖는 것이어야 한다.
② 압송관의 지름 및 배관의 경로는 콘크리트의 종류 및 품질, 굵은골재의 최대치수, 콘크리트 펌프의 기종, 압송조건, 압송작업의 용이성, 안전성 등을 고려하여 정하여야 한다.
③ 콘크리트 펌프의 형식은 피스톤식이 적당하고 스퀴즈식은 적용이 불가하다.
④ 압송은 계획에 따라 연속적으로 실시하며, 되도록 중단되지 않도록 하여야 한다.

해설

③

콘크리트 펌프의 형식은 가설장치에 따라 정치식(定置式)과 트럭 탑재식으로 분류되며, 압송방식에 따라 피스톤(Piston) 방식과 짜내기(Sqeeze, 스퀴즈) 방식으로 분류된다.

35 웰 포인트(Well Point) 공법에 관한 설명으로 옳지 않은 것은?

① 인접 대지의 지하수위 저하로 우물 고갈의 우려가 있다.
② 투수성이 비교적 낮은 사질실트층까지도 강제배수가 가능하다.
③ 압밀침하가 발생하지 않아 주변 대지, 도로 등의 균열발생 위험이 없다.
④ 지반의 안정성을 대폭 향상시킨다.

해설

웰 포인트(Well Point)

③ 진공펌프를 사용하여 토중의 지하수를 강제적으로 집수하므로 지하수 저하에 따른 압밀침하 및 인접 지반과 공동 매설물 침하에 주의가 필요하다.

36 PERT-CPM 공정표 작성 시에 EST와 EFT의 계산 방법 중 옳지 않은 것은?

① 작업의 흐름에 따라 전진 계산한다.
② 선행작업이 없는 첫 작업의 EST는 프로젝트의 개시시간과 동일하다.
③ 어느 작업의 EFT는 그 작업의 EST에 소요일수를 더하여 구한다.
④ 복수의 작업에 종속되는 작업의 EST는 선행작업 중 EFT의 최소값으로 한다.

해설

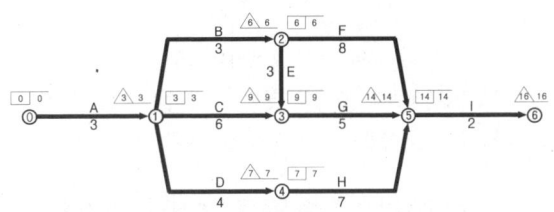

④ 복수의 작업에 종속되는 작업의 EST는 선행작업 중 EFT의 최대값으로 한다.

해답 33. ④ 34. ③ 35. ③ 36. ④

37 건물의 중앙부만 남겨두고, 주위 부분에 먼저 흙막이를 설치하고 굴착하여 기초와 주위 벽체, 바닥판 등을 구축하고 난 다음 중앙부를 시공하는 터파기 공법은?

① 복수 공법
② 지멘스 웰 공법
③ 트렌치 컷 공법
④ 아일랜드 컷 공법

해설

트렌치 컷 (Trench Cut)

③ 트렌치 컷 공법에 대한 설명이며, 아일랜드 컷(Island Cut) 공법과는 정반대의 시공순서를 갖는다.

38 건축공사의 원가 계산상 현장의 공사용수설비는 어느 항목에 포함되는가?

① 재료비
② 외주비
③ 가설공사비
④ 콘크리트 공사비

해설

가설공사비의 분류
간접가설공사비: 운영 및 관리상 필요한 가설시설 가설건물(사무소, 화장실, 창고, 식당 등), 가설울타리, 가설도로, 공사용수비, 공사용 임시동력 및 통신설비 등
직접가설공사비: 본건물 축조에 직접 필요한 가설시설 규준틀, 비계, 먹매김, 보양, 양중·운반·타설 시설, 안전시설 중 낙하물 방지설비

③

39 서중콘크리트에 대한 설명으로 옳은 것은?

① 동일 슬럼프를 얻기 위한 단위수량이 많아진다.
② 장기강도의 증진이 크다.
③ 콜드 조인트가 쉽게 발생하지 않는다.
④ 워커빌리티가 일정하게 유지된다.

해설

서중(暑中)콘크리트

① 일평균기온이 25℃를 초과 또는 일최고기온이 30℃를 초과할 때 타설하는 콘크리트를 서중(暑中)콘크리트라고 한다. 서중콘크리트는 타설 초기의 발열 증대로 초기강도의 발현이 높고 장기강도는 낮게 되며, 콜드 조인트가 쉽게 발생되는 문제점과 워커빌리티를 일정하게 유지하기 어려운 문제점이 대두된다.

40 다음 조건에 따라 바닥재로 화강석을 사용할 경우 소요되는 화강석의 재료량(할증률 고려)으로 옳은 것은?

- 바닥면적: 300㎡
- 화강석 판의 두께: 40mm
- 정형 돌
- 습식공법

① 315㎡
② 321㎡
③ 330㎡
④ 345㎡

해설

③ | 화강석 할증률: 10% | $300 \times 1.1 = 330\text{m}^2$ |

해답 37. ③ 38. ③ 39. ① 40. ③

건축시공 2019년 제1회

21 다음 중 멤브레인 방수공사에 해당되지 않는 것은?

① 아스팔트 방수공사 ② 실링 방수공사
③ 시트 방수공사 ④ 도막 방수공사

해설

	멤브레인(Membrane) 방수공법
② 정의	얇은 피막상의 방수층으로 전면을 덮는 방수공법
종류	아스팔트(Asphalt) 방수, 시트(Sheet) 방수, 도막(塗膜) 방수

22 용접 결함에 관한 설명으로 옳지 않은 것은?

① 슬래그 함입: 용융금속이 급속하게 냉각되면 슬래그의 일부분이 달아나지 못하고 용착금속 내에 혼입되는 것
② 오버 랩: 용접금속과 모재가 융합되지 않고 겹쳐지는 것
③ 블로 홀: 용융금속이 응고할 때 방출되어야 할 가스가 잔류한 것
④ 크레이터: 용접전류가 과소하여 발생

해설

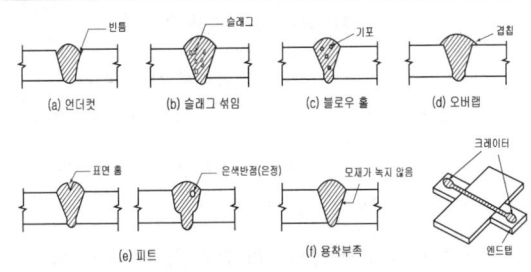

④ 크레이터(Crater): 아크(Arc) 용접 시 끝 부분이 항아리 모양으로 패이는 용접결함으로서, 용접전류가 과대하여 발생한다.

23 사질지반 굴착 시 벽체 배면의 토사가 흙막이 틈새 또는 구멍으로 누수가 되어 흙막이벽 배면에 공극이 발생하여 물의 흐름이 점차로 커져 결국에는 주변 지반을 함몰시키는 현상은?

① 보일링 현상 ② 히빙 현상
③ 액상화 현상 ④ 파이핑 현상

해설

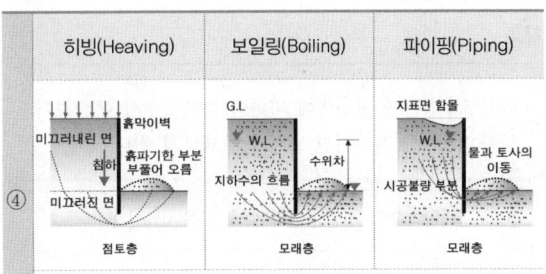

히빙, 보일링, 파이핑은 토공사의 널말뚝 산정 시 예상되는 지반파괴 현상들이며, 파이핑(Piping)을 설명하고 있다.

24 건축공사에서 공사원가를 구성하는 직접공사비에 포함되는 항목을 옳게 나열한 것은?

① 자재비, 노무비, 이윤, 일반관리비
② 자재비, 노무비, 이윤, 경비
③ 자재비, 노무비, 외주비, 경비
④ 자재비, 노무비, 외주비, 일반관리비

해설

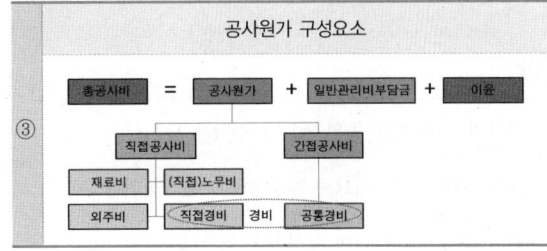

해답 21. ② 22. ④ 23. ④ 24. ③

25 방수공사에 관한 설명으로 옳은 것은?

① 보통 수압이 적고 얕은 지하실에는 바깥방수법, 수압이 크고 깊은 지하실에는 안방수법이 유리하다.
② 지하실에 안방수법을 채택하는 경우, 지하실 내부에 설치하는 칸막이벽, 창문틀 등은 방수층 시공 전 먼저 시공하는 것이 유리하다.
③ 바깥방수법은 안방수법에 비하여 하자 보수가 곤란하다.
④ 바깥방수법은 보호누름이 필요하지만, 안방수법은 없어도 무방하다.

해설

③ 바깥방수법은 안방수법에 비하여 하자보수가 곤란하여 하자 발생 시 전면적인 보수가 필요하게 된다.

【안방수와 바깥방수의 주요 항목 비교】

비교항목	안방수	바깥방수
사용 환경	수압이 작고 얕은 지하실	수압이 크고 깊은 지하실
바탕만들기	따로 만들 필요가 없음	따로 만들어야 함
공사 용이성	간단하다	상당한 어려움이 있다
본공사 추진	자유롭다	본공사에 선행된다
경제성	비교적 저가이다	비교적 고가이다
보호누름	필요하다	없어도 무방하다

26 건설공사의 일반적인 특징으로 옳은 것은?

① 공사비, 공사기일 등의 제약을 받지 않는다.
② 주로 도급식 또는 직영식으로 이루어진다.
③ 육체노동이 주가 되므로 대량생산이 가능하다.
④ 건설 생산물의 품질이 일정하다.

해설

① 공사비, 공사기일 등의 제약을 심하게 받는다.
③ 육체노동이 주가 되므로 대량생산이 불가능하다.
④ 건설 생산물의 품질이 일정하지 못하다.

27 무지보공 거푸집에 관한 설명으로 옳지 않은 것은?

① 하부공간을 넓게 하여 작업공간으로 활용할 수 있다.
② 슬래브(Slab) 동바리의 감소 또는 생략이 가능하다.
③ 트러스 형태의 빔(Beam)을 보 거푸집 또는 벽체 거푸집에 걸쳐 놓고 바닥판 거푸집을 시공한다.
④ 층고가 높을 경우 적용이 불리하다.

해설

④

무(無)지주 공법

경간(Span)이 고정된 보우 빔(Bow Beam)과 경간(Span) 조절이 가능한 페코 빔(Pecco Beam)이 있으며 기본적으로 층고가 높은 경우에 적용이 유리한 공법이다.

28 다음 중 공사감리업무와 가장 거리가 먼 것은?

① 설계도서의 적정성 검토
② 시공상의 안전관리 지도
③ 공사 실행예산의 편성
④ 사용 자재와 설계도서와의 일치 여부 검토

해설

③

	공사감리자의 감리업무
1	공사시공자가 설계도서에 적합하게 시공하는지의 여부 및 건축자재가 기준에 적합한지의 여부 확인
2	시공계획 및 공사관리의 적정 여부 확인, 공사현장의 안전관리 지도
3	공정표 및 상세시공도면의 검토·확인, 구조물의 위치와 규격의 적정 여부 검토·확인, 품질시험의 실시 여부 및 시험성과 검토·확인, 설계변경의 적정 여부 검토·확인
4	그 밖의 공사감리계약으로 정하는 사항

해답 25. ③ 26. ② 27. ④ 28. ③

29 그림과 같은 네트워크 공정표에서 주공정선(Critical Path)은?

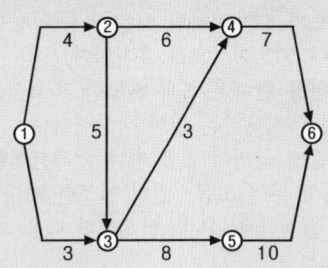

① ① → ③ → ⑤ → ⑥
② ① → ② → ④ → ⑥
③ ① → ② → ③ → ④ → ⑥
④ ① → ② → ③ → ⑤ → ⑥

해설

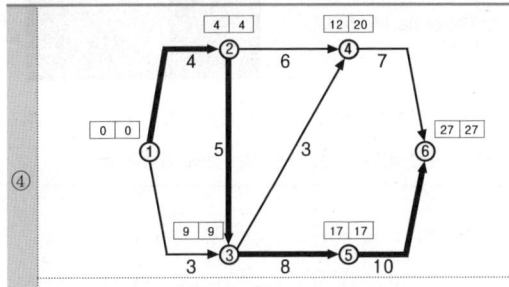

주공정선(Critical Path) : 소요일수가 가장 긴 경로

30 건축공사에서 활용되는 견적방법 중 가장 상세한 공사비의 산출이 가능한 견적방법은?

① 명세견적   ② 개산견적
③ 입찰견적   ④ 실행견적

해설

①	명세견적	설계도서와 현장설명 및 질의응답을 고려하여 정밀하게 적산, 견적하고 정확한 공사비를 산출하는 것
	개산견적	정밀산출의 시간이 없을 때 또는 설계도서가 불완전할 때 적용

31 QC(Quality Control) 활동의 도구와 거리가 먼 것은?

① 기능계통도   ② 산점도
③ 히스토그램   ④ 특성요인도

해설

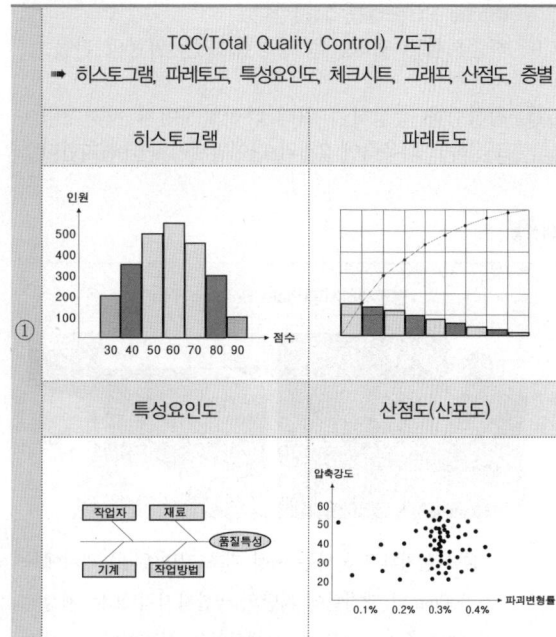

32 철근콘크리트 슬래브와 철골 보가 일체로 되는 합성 구조에 관한 설명으로 옳지 않은 것은?

① 시어 커넥터(Shear Connector)가 필요하다.
② 바닥판의 강성을 증가시키는 효과가 크다.
③ 자재를 절감하므로 경제적이다.
④ 경간이 작은 경우에 주로 적용한다.

해설

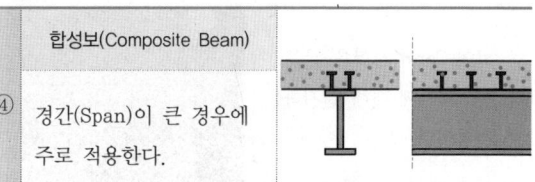

해답 29. ④ 30. ① 31. ① 32. ④

33 지반조사 시 실시하는 평판재하시험에 관한 설명으로 옳지 않은 것은?

① 시험은 예정 기초면보다 높은 위치에서 실시해야 하기 때문에 일부 성토작업이 필요하다.
② 시험 재하판은 실제 구조물의 기초 면적에 비해 매우 작으므로 재하판 크기의 영향 즉, 스케일 이펙트(Scale Effect)를 고려한다.
③ 하중시험용 재하판은 정방형 또는 원형의 판을 사용한다.
④ 침하량을 측정하기 위해 다이얼게이지 지지대를 고정하고 좌우측에 2개의 다이얼게이지를 설치한다.

해설

평판재하시험(Plate Bearing Test)

① 구조물을 설치하고자 하는 예정 기초 저면(밑면) 위치에서 지름 300mm의 재하판에 지반의 극한지지력 또는 예상 장기설계하중의 3배를 최대 재하하는 시험이다.

34 건설현장에서 굳지 않은 콘크리트에 대해 실시하는 시험으로 옳지 않은 것은?

① 슬럼프(Slump) 시험   ② 코어(Core) 시험
③ 염화물 시험   ④ 공기량 시험

해설

② 코어(Core) 시험은 굳은 콘크리트에 대해 실시하는 시험이다.

35 돌로마이트 플라스터 바름에 관한 설명으로 옳지 않은 것은?

① 실내온도가 5℃ 이하일 때는 공사를 중단하거나 난방하여 5℃ 이상으로 유지한다.
② 정벌바름용 반죽은 물과 혼합한 후 4시간 정도 지난 다음 사용하는 것이 바람직하다.
③ 초벌바름에 균열이 없을 때에는 고름질한 후 7일 이상 두어 고름질면의 건조를 기다린 후 균열이 발생하지 아니함을 확인한 다음 재벌바름을 실시한다.
④ 재벌바름이 지나치게 건조한 때는 적당히 물을 뿌리고 정벌바름한다.

해설

돌로마이트 플라스터 (Dolomite Plaster)

② 돌로마이트 플라스터 바름 시 정벌바름용 반죽은 물과 혼합한 후 12시간 이상 지난 다음 사용하는 것이 바람직하다.

36 도장공사 시 주의사항으로 옳지 않은 것은?

① 바탕의 건조가 불충분하거나 공기의 습도가 높을 때에는 시공하지 않는다.
② 불투명한 도장일 때에는 초벌부터 정벌까지 같은 색으로 시공해야 한다.
③ 야간에는 색을 잘못 도장할 염려가 있으므로 시공하지 않는다.
④ 직사광선은 가급적 피하고 도막이 손상될 우려가 있을 때에는 도장하지 않는다.

해설

② 도장공사에서 칠하는 횟수(초벌, 재벌, 정벌)를 구분하기 위해 색을 바꾸어서 칠한다.

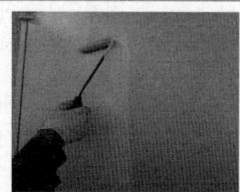

해답 33. ① 34. ② 35. ② 36. ②

37 수밀콘크리트에 관한 설명으로 옳지 않은 것은?

① 콘크리트의 소요 슬럼프는 되도록 작게 하여 180mm를 넘지 않도록 한다.
② 콘크리트 워커빌리티를 개선시키기 위해 공기연행제, 공기연행감수제 또는 고성능 공기연행감수제를 사용하는 경우라도 공기량은 2% 이하가 되게 한다.
③ 물결합재비는 50% 이하를 표준으로 한다.
④ 콘크리트 타설 시 다짐을 충분히 하여, 가급적 이어붓기를 하지 않아야 한다.

해설

수밀콘크리트(Water-Tight Concrete)

콘크리트의 워커빌리티를 개선시키기 위해 공기연행제, 공기연행감수제 또는 고성능 공기연행감수제를 사용하는 경우라도 공기량은 4% 이하가 되도록 한다.

38 철근콘크리트공사 중 거푸집이 벌어지지 않게 하는 긴장재는?

① 세퍼레이터(Separator) ② 스페이서(Spacer)
③ 폼 타이(Form Tie) ④ 인서트(Insert)

해설

폼 타이(Form Tie)

거푸집이 벌어지지 않게 하는 긴장재이며 긴결재라고도 한다.

39 목공사에 사용되는 철물에 대한 설명으로 옳지 않은 것은?

① 감잡이쇠는 큰보에 걸쳐 작은보를 받게 하고, 안장쇠는 평보를 대공에 달아매는 경우 또는 평보와 ㅅ자보의 밑에 쓰인다.
② 못의 길이는 박아대는 재두께의 2.5배 이상이며, 마구리 등에 박는 것은 3.0배 이상으로 한다.
③ 볼트 구멍은 볼트지름보다 2mm 이상 커서는 안 된다.
④ 듀벨은 볼트와 같이 사용하여 듀벨에는 전단력, 볼트에는 인장력을 분담시킨다.

해설

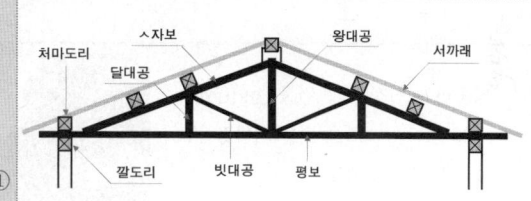
왕대공 지붕틀(King Post Roof Truss)

감잡이쇠는 평보와 왕대공의 보강, 안장쇠(Beam Hanger)는 큰보와 작은보의 보강에 쓰이는 철물이다.

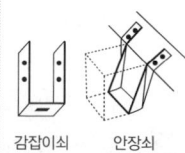
감잡이쇠 안장쇠

40 합성수지에 관한 설명으로 옳지 않은 것은?

① 에폭시 수지는 접착제, 프린트 배선판 등에 사용된다.
② 염화비닐 수지는 내후성이 있고, 수도관 등에 사용된다.
③ 아크릴 수지는 내약품성이 있고, 조명기구커버 등에 사용된다.
④ 페놀 수지는 알칼리에 매우 강하고, 천장 채광판 등에 주로 사용된다.

해설

페놀(Phenol)수지는 내열성, 난연성, 내유성, 내약품성 등 거의 모든 성능이 우수하지만 알칼리에 취약한 단점이 있다.

해답 37. ② 38. ③ 39. ① 40. ④

건축시공 2019년 제2회

21 다음과 같은 철근콘크리트조 건축물에서 외줄비계 면적으로 옳은 것은? (단, 비계 높이는 건축물의 높이로 함)

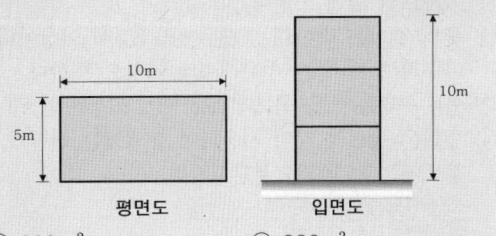

① 300m²
② 336m²
③ 372m²
④ 400m²

해설

외줄비계 면적[H : 건물 높이(m),
　　　　　　　　L : 건물 외벽길이(m)]

② $A = H(L + 8 \times 0.45)$
　　$= (10)[(30) + 8 \times 0.45] = 336m^2$

22 다음 각 유리에 관한 설명으로 옳지 않은 것은?

① 망입 유리는 파손되더라도 파편이 튀지 않으므로 진동에 의해 파손되기 쉬운 곳에 사용된다.
② 복층 유리는 단열 및 차음성이 좋지 않아 주로 선박의 창 등에 이용된다.
③ 강화 유리는 압축강도를 한층 강화한 유리로 현장 가공 및 절단이 되지 않는다.
④ 자외선투과 유리는 병원이나 온실 등에 이용된다.

해설

복층 유리(Pair Glass)	
②	건조공기층을 사이에 두고 판유리를 이중으로 접합하여 테두리를 밀봉한 유리로서 소음을 차단하고 단열성능을 향상시킨 유리이다.	

23 건설현장에서 공사감리자로 근무하고 있는 A씨가 하는 업무로 옳지 않은 것은?

① 상세시공도면의 작성
② 공사시공자가 사용하는 건축자재가 관계법령에 따른 기준에 적합한 건축자재인지 여부의 확인
③ 공사현장에서의 안전관리 지도
④ 품질시험의 실시 여부 및 시험 성과의 검토, 확인

해설

	공사감리자의 감리업무
	1	공사시공자가 설계도서에 적합하게 시공하는지의 여부 및 건축자재가 기준에 적합한지의 여부 확인
①	2	시공계획 및 공사관리의 적정 여부 확인, 공사현장의 안전관리 지도
	3	공정표 및 상세시공도면의 검토·확인, 구조물의 위치와 규격의 적정여부 검토·확인, 품질시험의 실시여부 및 시험성과 검토·확인, 설계변경의 적정 여부 검토·확인
	4	그 밖의 공사감리계약으로 정하는 사항

24 열적외선을 반사하는 은소재 도막으로 코팅하여 방사율과 열관류율을 낮추고 가시광선 투과율을 높인 유리는?

① 스팬드럴 유리
② 접합 유리
③ 배강도 유리
④ 로이 유리

해설

Low-E 유리(Low-Emissivity Glass, 저방사 유리)	
④	근적외선 영역의 열선투과율은 현저히 낮지만, 가시광선 투과율은 맑은유리와 비교할 때 큰 차이가 없고, 실외의 물체들이 자연색 그대로 실내로 전달된다.	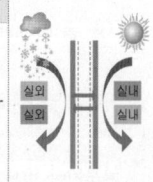

해답 21. ② 22. ② 23. ① 24. ④

25 다음 중 가설비용의 종류로 볼 수 없는 것은?

① 가설건물비 ② 바탕처리비
③ 동력, 전등설비 ④ 용수설비

해설

(1) 직접가설비　　　(2) 공통가설비

(1) 본건물 축조에 직접 필요한 가설시설
　규준틀, 비계, 동바리, 먹매김, 보양, 양중·운반·
　타설 시설, 안전시설 중 낙하물 방지설비

(2) 운영 및 관리상 필요한 가설시설
　가설건물(사무소, 화장실, 창고, 식당 등), 가설도로
　가설울타리, 공사용수비, 공사용 임시동력 및 통신설비

26 보통 콘크리트용 부순 골재의 원석으로서 가장 적합하지 않은 것은?

① 현무암 ② 응회암
③ 안산암 ④ 화강암

해설

응회암(凝灰岩, Tuff)

화산에서 분출된 후 운반 작용을 충분히 받지 못하고 화산재가 쌓여서 암석화 작용을 받은 퇴적암으로 부순 골재의 원석으로 부적합하며 시멘트의 원료 내지는 건물 외벽 마감재료 정도로 사용된다.

27 표준시방서에 따른 시스템비계에 관한 기준으로 옳지 않은 것은?

① 수직재와 수직재의 연결은 전용의 연결조인트를 사용하여 견고하게 연결하고, 연결 부위가 탈락 또는 꺾어지지 않도록 하여야 한다.
② 수평재는 수직재에 연결핀 등의 결합방법에 의해 견고하게 결합되어 흔들리거나 이탈되지 않도록 하여야 한다.
③ 대각으로 설치하는 가새는 비계의 외면으로 수평면에 대해 40~60° 방향으로 설치하며 수평재 및 수직재에 결속한다.
④ 시스템 비계 최하부에 설치하는 수직재는 받침철물의 조절너트와 밀착되도록 설치하여야 하며, 수직과 수평을 유지하여야 한다. 이때, 수직재와 받침철물의 겹침길이는 받침철물 전체길이의 1/5 이상이 되도록 하여야 한다.

해설

시스템비계	
받침철물의 겹침길이는 받침철물 전체길이의 1/3 이상이 되도록 하여야 한다.	

28 콘크리트 균열의 발생 시기에 따라 구분할 때 콘크리트 경화 전 균열의 원인이 아닌 것은?

① 크리프 수축 ② 거푸집의 변형
③ 침하 ④ 소성수축

해설

경화 전 균열 (=초기 균열)	1	초기 타설에서 경화 시작 전 약 2~3시간 정도에서 발생하는 균열이며 배합, 타설, 기상조건 등에 좌우됨
	2	종류: 소성수축균열, 소성침하균열, 온도균열, 시공 중 균열
경화 후 균열		건조수축에 따른 균열

해답　25. ②　26. ②　27. ④　28. ①

29 조적식구조의 기초에 관한 설명으로 옳지 않은 것은?

① 내력벽의 기초는 연속기초로 한다.
② 기초판은 철근콘크리트구조로 할 수 있다.
③ 기초판은 무근콘크리트구조로 할 수 있다.
④ 기초벽의 두께는 최하층의 벽체 두께와 같게 하되, 250mm 이하로 하여야 한다.

해설

④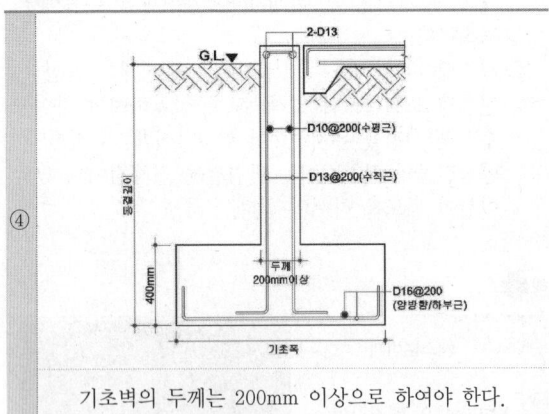

기초벽의 두께는 200mm 이상으로 하여야 한다.

30 공사장 부지 경계선으로부터 50m 이내에 주거·상가 건물이 있는 경우에 공사현장 주위에 가설울타리는 최소 얼마 이상의 높이로 설치하여야 하는가?

① 1.5m ② 1.8m ③ 2m ④ 3m

해설

④

공사현장 주위에 가설울타리는 높이 1.8m 이상으로 설치한다. 다만, 공사장 부지 경계선으로부터 50m 이내에 주거·상가 건물이 있는 경우에는 3m 이상으로 설치하여야 한다.

31 타격에 따른 말뚝박기 공법을 대체하는 저소음, 저진동의 말뚝공법에 해당되지 않는 것은?

① 압입 공법
② 사수(Water Jet) 공법
③ 프리 보링 공법
④ 바이브로 콤포저 공법

해설

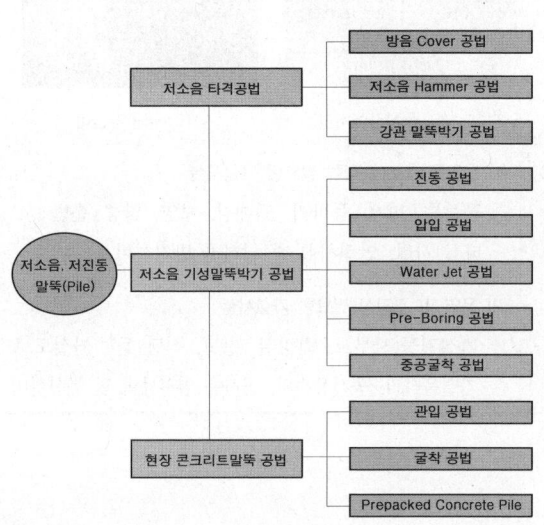

④ 바이브로 콤포저(Vibro Composer) 공법은 사질지반 다짐공법이다.

32 다음 중 조적벽 치장줄눈의 종류로 옳지 않은 것은?

① 오목줄눈 ② 빗줄눈
③ 통줄눈 ④ 실줄눈

해설

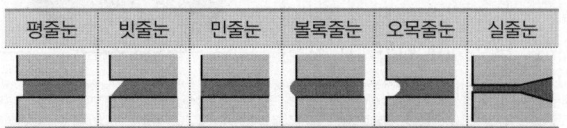

해답 29. ④ 30. ④ 31. ④ 32. ③

33 공정관리에서의 네트워크(Network)에 관한 용어와 관계 없는 것은?

① 커넥터(Connector)
② 크리티컬 패스(Critical Path)
③ 더미(Dummy)
④ 플로트(Float)

해설

① 커넥터(Connector)
부재를 접합할 때 사용하는 연결 철물

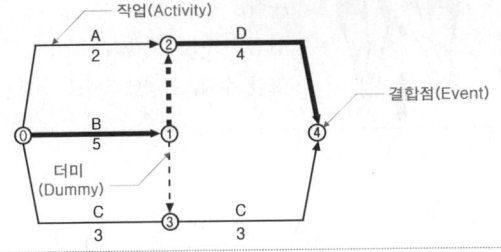

② 크리티컬 패스(Critical Path):
최초결합점에서 최종결합점에 이르는 가장 긴 경로

③ 더미(Dummy): 작업의 상호관계만을 도시하기 위한 가상의 작업으로 작업명이나 소요일수가 없는 점선 화살선

④ 플로트(Float): 각 작업의 여유시간

34 시멘트 광물질의 조성 중에서 발열량이 높고 응결 시간이 가장 빠른 것은?

① 알루민산 삼석회 ② 규산 삼석회
③ 규산 이석회   ④ 알루민산철 사석회

해설

수화작용이 빠른 순서

① C_3A(알루민산 3석회) > C_3S (규산 3석회)
> C_4AF(알루민산철 4석회) > C_2S (규산 2석회)

35 금속 커튼월의 Mock Up Test에 있어 기본 성능 시험의 항목에 해당되지 않는 것은?

① 정압수밀시험   ② 방재시험
③ 구조시험   ④ 기밀시험

해설

Mock-Up Test(실물대모형시험, 외벽성능시험) 기본 성능 시험 항목	
1	예비시험
2	기밀성능시험
3	정압·동압 수밀성능시험
4	구조성능시험
5	영구변형시험

36 철골공사의 접합에 관한 설명으로 옳지 않은 것은?

① 고력볼트접합의 종류에는 마찰접합, 지압접합 등이 있다.
② 녹막이 도장은 작업 장소 주위의 기온이 5℃ 미만이거나 상대습도가 85%를 초과할 때는 작업을 중지한다.
③ 철골이 콘크리트에 묻히는 부분은 특히 녹막이 칠을 잘해야 한다.
④ 용접 접합에 대한 비파괴시험의 종류에는 자분탐상시험, 초음파탐상시험 등이 있다.

해설

녹막이 칠이 불필요한 부분	
1	콘크리트 매립 부분, 조립에 의해 맞닿는 부분
2	현장용접 양쪽으로 50mm 이내
3	고장력볼트 마찰접합면, 폐쇄형 단면의 밀폐된 내면

해답 33. ① 34. ① 35. ② 36. ③

37 고강도콘크리트의 배합에 대한 기준으로 옳지 않은 것은?

① 단위수량은 소요의 워커빌리티를 얻을 수 있는 범위 내에서 가능한 작게 하여야 한다.
② 잔골재율은 소요의 워커빌리티를 얻도록 시험에 의하여 결정하여야 하며, 가능한 작게 하도록 한다.
③ 고성능 감수제의 단위량은 소요강도 및 작업에 적합한 워커빌리티를 얻도록 시험에 의해서 결정하여야 한다.
④ 기상의 변화 등에 관계없이 공기연행제를 사용하는 것을 원칙으로 한다.

해설

④ 기상의 변화가 심하거나 동결융해에 대한 대책이 필요한 경우를 제외하고는 공기연행제를 사용하지 않는 것을 원칙으로 한다.

38 프리스트레스트 콘크리트(Pre Stressed Concrete)에 관한 설명으로 옳지 않은 것은?

① 포스트 텐션(Post-Tension)공법은 콘크리트의 강도가 발현된 후에 프리스트레스를 도입하는 현장형 공법이다.
② 구조물의 자중을 경감할 수 있으며, 부재 단면을 줄일 수 있다.
③ 화재에 강하며, 내화피복이 불필요하다.
④ 고강도이면서 수축 또는 크리프 등의 변형이 적은 균일한 품질의 콘크리트가 요구된다.

해설

프리스트레스트 콘크리트
(Pre Stressed Concrete)

③ 일반적인 철근콘크리트 부재에 비해 고강도 재료를 사용하므로 단면이 65~80%로 작기 때문에 변형, 진동, 내화성에서 불리하다.

39 다음 중 열가소성 수지에 해당하는 것은?

① 페놀 수지   ② 염화비닐 수지
③ 요소 수지   ④ 멜라민 수지

해설

열가소성 수지	염화비닐 수지, 스티롤 수지, 메탈아크릴 수지, 폴리비닐 수지, 폴리에틸렌 수지, 폴리스티렌 수지, 폴리아미드 수지
열경화성 수지	페놀 수지, 요소 수지, 멜라민 수지, 우레탄 수지, 실리콘 수지, 알키드 수지, 에폭시 수지, 프란 수지, 폴리에스테르 수지

②
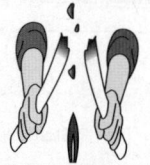

40 건축공사 스프레이 도장 방법에 관한 설명으로 옳지 않은 것은?

① 도장거리는 스프레이 도장면에서 300mm를 표준으로 한다.
② 매 회의 에어스프레이는 붓도장과 동등한 정도의 두께로 하고, 2회 분의 도막 두께를 한 번에 도장하지 않는다.
③ 각 회의 스프레이 방향은 전 회의 방향에 평행으로 진행한다.
④ 스프레이할 때는 항상 평행이동하면서 운행의 한 줄마다 스프레이 너비의 1/3 정도를 겹쳐 뿜는다.

해설

③ 각 회의 스프레이 방향은 전 회의 방향에 직각으로 진행한다.

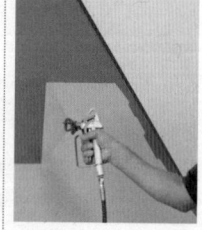

해답 37. ④ 38. ③ 39. ② 40. ③

건축시공 2019년 제4회

21 콘크리트의 균열을 발생 시기에 따라 구분할 때 경화 후 균열의 원인에 해당되지 않는 것은?

① 알칼리골재반응　② 동결융해
③ 탄산화　　　　　④ 재료분리

해설

④		경화 전 균열(=초기 균열)
	1	초기 타설에서 경화 시작 전 약 2~3시간 정도에서 발생하는 균열이며 배합, 타설, 기상조건 등에 좌우됨
	2	재료분리에 따른 균열은 콘크리트 타설과 관련 있으며 콘크리트 경화 전 균열이다.

22 도막방수에 관한 설명으로 옳지 않은 것은?

① 복잡한 형상에 대한 시공성이 우수하다.
② 용제형 도막방수는 시공이 어려우나 충격에 매우 강하다.
③ 에폭시계 도막방수는 접착성, 내열성, 내마모성, 내약품성이 우수하다.
④ 셀프레벨링공법은 방수 바닥에서 도료 상태의 도막재를 바닥에 부어 도포한다.

해설

		도막방수
②	1	액체로 된 방수도료를 한 번 또는 여러 번 칠하여 상당한 두께의 방수막을 형성하는 공법으로서 시공은 간편하지만 균일한 두께의 시공이 곤란하고 방수의 신뢰성이 저하되므로 간단한 방수성능이 필요한 부위에 적용한다.
	2	재료에 따른 분류 • 유제(Emulsion)형: 아크릴 수지, 초산비닐계 수지 • 용제(Solvent)형: 네오프렌계, 하이파론계 • 에폭시(Epoxy)형: 에폭시 수지

23 다음과 같은 원인으로 인하여 발생하는 용접 결함의 종류는?

【원인】 도료, 녹, 밀 스케일, 모재의 수분

① 피트　　　　　　② 언더컷
③ 오버랩　　　　　④ 엔드탭

해설

	피트(Pit)	
①	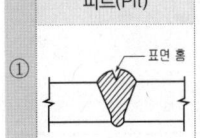	용접 부분의 표면에 페인트(도료), 유류, 습기, 녹 등의 불순물이 있는 상태에서 용접을 실시할 때 용접 표면에 발생된 미세한 흠을 말한다.

24 TQC를 위한 7가지 도구 중 다음 설명에 해당되는 것은?

모집단에 대한 품질 특성을 알기 위하여 모집단의 분포 상태, 분포의 중심 위치, 분포의 산포 등을 쉽게 파악할 수 있도록 막대 그래프 형식으로 작성한 도수분포도를 말한다.

① 히스토그램　　　② 특성요인도
③ 파레토도　　　　④ 체크시트

해설

①	히스토그램 (Histogram)	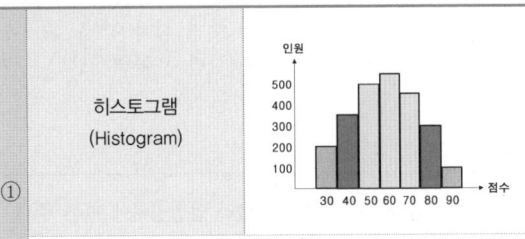
	계량치의 데이터가 어떠한 분포를 하고 있는지를 알아보는데 유용한 막대 기둥 형태의 그래프	

해답　21. ④　22. ②　23. ①　24. ①

25 일반경쟁입찰의 업무 순서에 따라 보기의 항목을 옳게 나열한 것은?

【보기】
A. 입찰공고   B. 입찰등록
C. 견적   D. 참가등록
E. 입찰   F. 현장설명
G. 개찰 및 낙찰 H. 계약

① A → B → F → D → C → E → G → H
② A → D → F → C → B → E → G → H
③ A → B → C → F → D → G → E → H
④ A → D → C → F → E → G → B → H

해설

② 일반경쟁입찰
(Open Bid, 공개경쟁입찰)

입찰참가자를 공모하여 유자격자에게 모두 참가 기회를 주는 방식으로 입찰공고 후 참가 등록이 진행된다.

26 터파기 공사 시 지하수위가 높으면 지하수에 따른 피해가 우려되므로 차수공사를 실시하며, 이 방법만으로 부족할 때에는 강제배수를 실시하게 되는데 이때 나타나는 현상으로 옳지 않은 것은?

① 점성토의 압밀   ② 주변 침하
③ 흙막이벽의 토압 감소 ④ 주변 우물의 고갈

해설

③ 강제배수(排水)를 실시함에 따라 압밀침하에 따른 주변 대지 및 도로의 침하 및 균열이 발생되고, 지하수위 저하에 따른 주변 우물이 고갈되며, 흙막이벽에 작용하는 토압이 증가하므로 흙막이벽의 강성을 높여야 한다.

27 경량형 강재의 특징에 관한 설명으로 옳지 않은 것은?

① 경량형 강재는 중량에 대한 단면계수, 단면2차반경이 큰 것이 특징이다.
② 경량형 강재는 일반구조용 열간 압연한 일반형 강재에 비하여 단면형이 크다.
③ 경량형 강재는 판두께가 얇지만 판의 국부좌굴이나 국부변형이 생기지 않아 유리하다.
④ 일반구조용 열간 압연한 일반형 강재에 비하여 판두께가 얇고 강재량이 적으면서 휨강도는 크고 좌굴강도도 유리하다.

해설

③ 경량형 강재는 판두께가 얇기 때문에 판재의 국부좌굴이나 국부변형이 발생할 우려가 크다.

28 거푸집에 작용하는 콘크리트의 측압에 끼치는 영향 요인과 가장 거리가 먼 것은?

① 거푸집의 강성   ② 콘크리트 타설 속도
③ 기온   ④ 콘크리트의 강도

해설

④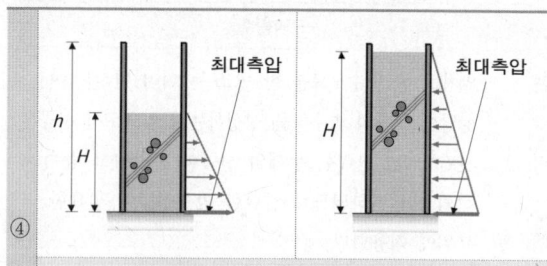

측압(側壓, Lateral Pressure)

거푸집 측벽에 작용하는 압력으로서 콘크리트의 비중 및 타설 속도와 관련 있으며 콘크리트의 강도와는 영향이 적다.

해답 25. ②   26. ③   27. ③   28. ④

29 건설 프로세스의 효율적인 운영을 위해 형성된 개념으로 건설생산에 초점을 맞추고 이에 관련된 계획, 관리, 엔지니어링, 설계, 구매, 계약, 시공, 유지 및 보수 등의 요소들을 주요 대상으로 하는 것은?

① CIC(Computer Intergrated Construction)
② MIS(Management Information System)
③ CIM(Computer Intergrated Manufacturing)
④ CAM(Computer Aided Manufacturing)

해설

①
CIC (Computer Integrated Construction)	
건설생산에 초점을 맞추어 계획, 관리, 엔지니어링, 설계, 구매, 시공, 유지보수 등 건설업체 수행을 위한 행위를 대상으로 한다.	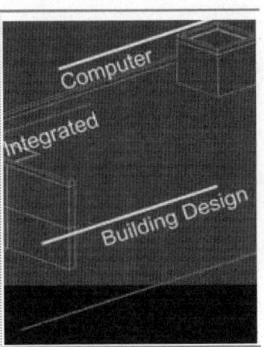

30 경량기포콘크리트(ALC)에 관한 설명으로 틀린 것은?

① 기건비중은 보통콘크리트의 약 1/4 정도로 경량이다.
② 열전도율은 보통콘크리트의 약 1/10 정도로서 단열성이 우수하다.
③ 유기질 소재를 주원료로 사용하여 내화성능이 매우 낮다.
④ 흡음성과 차음성이 우수하다.

해설

③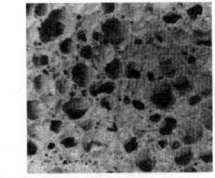

ALC(Autoclaved Lightweight Concrete)는 불연재인 동시에 내화재료이다.

31 실의 크기 조절이 필요한 경우 칸막이 기능을 하기 위해 만든 병풍 모양의 문은?

① 여닫이문 ② 자재문
③ 미서기문 ④ 홀딩 도어

해설

④

폴딩도어(Folding Door)를 홀딩도어라고도 한다.

32 평판재하시험에 관한 설명으로 옳지 않은 것은?

① 재하판의 크기는 45cm각을 사용한다.
② 침하의 증가가 2시간에 0.1mm 이하가 되면 정지한 것으로 판정한다.
③ 시험할 장소에서의 즉시침하를 방지하기 위하여 다짐을 실시한 후 시작한다.
④ 지반의 허용지지력을 구하는 것이 목적이다.

해설

평판재하시험(Plate Bearing Test)

③

구조물을 설치하고자 하는 예정 기초 저면(밑면) 위치에서 지반의 다짐과 같은 특별한 조치를 취하지 않고 지름 300mm(450mm각)의 재하판에 직접 하중을 재하하는 시험이다.

해답 29. ① 30. ③ 31. ④ 32. ③

33 수장공사 적산 시 유의사항에 관한 설명으로 옳지 않은 것은?

① 수장공사는 각종 마감재를 사용하여 바닥-벽-천장을 치장하므로 도면을 잘 이해하여야 한다.
② 최종 마감재만 포함하므로 설계도서를 기준으로 각종 부속공사는 제외하여야 한다.
③ 마무리 공사로서 자재의 종류가 다양하게 포함되므로 자재별로 잘 구분하여 시공 및 관리하여야 한다.
④ 공사 범위에 따라서 주자재, 부자재, 운반 등을 포함하고 있는지 파악하여야 한다.

해설

② 건물 내부에 사용되는 치장재의 대부분이 수장 재료에 포함되어 있으며, 넓은 의미에서 마무리 치장재의 전부를 적산 범위로 하며, 수장공사와 관련된 각종 부속공사도 포함하여야 한다.

34 서로 다른 종류의 금속재가 접촉하는 경우 부식이 일어나는 경우가 있는데 부식성이 큰 금속 순으로 옳게 나열된 것은?

① 알루미늄 〉 철 〉 주석 〉 구리
② 주석 〉 철 〉 알루미늄 〉 구리
③ 철 〉 주석 〉 구리 〉 알루미늄
④ 구리 〉 철 〉 알루미늄 〉 주석

해설

① 알루미늄과 철은 부식성이 큰 금속재료인데, 알루미늄이 철보다 부식성이 더 크다. 주석은 철과 구리의 중간 정도이며, 상대적으로 구리는 부식성이 낮은 금속 중 하나이다.

35 타일 108mm 각으로, 줄눈을 5mm로 벽면 6m²를 붙일 때 필요한 타일의 장수는? (단, 정미량으로 계산)

① 350장
② 400장
③ 470장
④ 520장

해설

③ 줄눈 크기를 더한 정사각형의 타일이 1m² 내에 들어가는 개수를 구하는데 6m²에는 몇 장이 들어가는지를 연상하면 된다.

$$\frac{1 \times 1}{(0.108+0.005) \times (0.108+0.005)} \times 6$$
$= 469.88장 \Rightarrow 470장$

36 스프레이 도장방법에 관한 설명으로 옳지 않은 것은?

① 도장거리는 스프레이 도장면에서 150mm를 표준으로 하고 압력에 따라 가감한다.
② 스프레이할 때에는 매끈한 평면을 얻을 수 있도록 하고, 항상 평행이동하면서 운행의 한 줄마다 스프레이 너비의 1/3 정도를 겹쳐 뿜는다.
③ 각 회의 스프레이 방향은 전회의 방향에 직각으로 한다.
④ 에어레스 스프레이 도장은 1회 도장에 두꺼운 도막을 얻을 수 있고 짧은 시간에 넓은 면적을 도장할 수 있다.

해설

① 도장거리는 스프레이 도장면에서 300mm를 표준으로 하고 압력에 따라 가감한다.

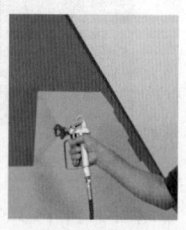

해답 33. ② 34. ① 35. ③ 36. ①

37 건축주가 시공회사의 신용, 자산, 공사경력, 보유 기자재 등을 고려하여 그 공사에 적격한 하나의 업체를 지명하여 입찰시키는 방법은?

① 공개경쟁입찰　　② 제한경쟁입찰
③ 지명경쟁입찰　　④ 특명입찰

해설

특명입찰
(Individual Negotiation, 수의계약)

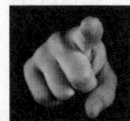

④ 건축주가 가장 적합한 1개의 시공회사를 선정하여 입찰시키는 방식으로, 입찰수속이 간단해지고 공사의 보안유지에 유리하지만 부적격 업체 선정의 문제, 공사비 결정이 불명확해지는 단점도 있다.

38 창호철물 중 여닫이문에 사용하지 않는 것은?

① 도어 행거(Door Hanger)
② 도어 체크(Door Check)
③ 실린더 록(Cylinder Lock)
④ 플로어 힌지(Floor Hinge)

해설

① 여닫이문이 자동적으로 닫혀지게 하는 것을 도어 체크(Door Check)라고 하며, 자물쇠를 실린더 록(Cylinder Lock), 바닥 지도리를 플로어 힌지(Floor Hinge)라고 한다.

도어 행거(Door Hanger)는 문의 손잡이에 걸쳐질 수 있는 플라스틱 또는 종이류의 식별장치를 말한다.

39 석재의 표면 마무리의 갈기 및 광내기에 사용하는 재료가 아닌 것은?

① 금강사　　② 황산
③ 숫돌　　　④ 산화주석

해설

② 석재의 표면 갈기 및 광내기는 인조숫돌(=카보랜덤)로 철사(鐵砂), 금강사(金剛砂)와 물을 뿌리며 갈기를 하고, 산화주석을 이용하여 광내기를 한다.

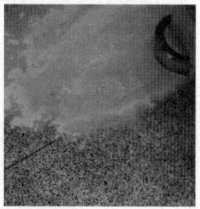

40 아스팔트 방수공사에 관한 설명으로 옳지 않은 것은?

① 아스팔트 프라이머는 건조하고 깨끗한 바탕면에 솔, 롤러, 뿜칠기 등을 이용하여 규정량을 균일하게 도포한다.
② 용융 아스팔트는 운반용 기구로 시공 장소까지 운반하여 방수 바탕과 시트재 사이에 롤러, 주걱 등으로 뿌리면서 시트재를 깔아 나간다.
③ 옥상에서의 아스팔트 방수 시공 시 평탄부에서의 방수 시트깔기 작업 후 특수 부위에 대한 보강붙이기를 시행한다.
④ 평탄부에서는 프라이머의 적절한 건조상태를 확인하여 시트를 깐다.

해설

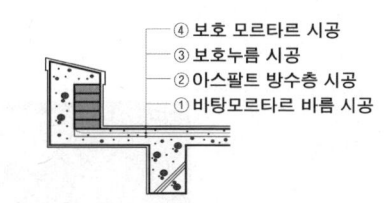

④ 보호 모르타르 시공
③ 보호누름 시공
② 아스팔트 방수층 시공
① 바탕모르타르 바름 시공

③ 옥상에서의 아스팔트 방수 시공 시 특수 부위에 대한 보강붙이기를 시행한 후 평탄부에서의 방수 시트깔기를 작업한다.

해답　37. ④　38. ①　39. ②　40. ③

건축시공 2020년 제1회

21 콘크리트의 크리프에 관한 설명으로 옳지 않은 것은?

① 습도가 높을수록 크리프는 크다.
② 물-시멘트 비가 클수록 크리프는 크다.
③ 콘크리트의 배합과 골재의 종류는 크리프에 영향을 끼친다.
④ 하중이 제거되면 크리프 변형은 일부 회복된다.

해설

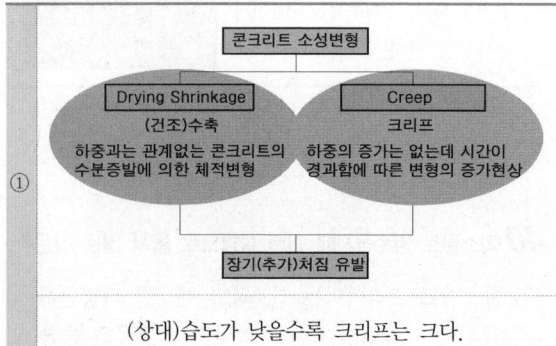

① (상대)습도가 낮을수록 크리프는 크다.

22 웰 포인트 공법에 관한 설명으로 옳지 않은 것은?

① 흙파기 밑면의 토질 약화를 예방한다.
② 진공펌프를 사용하여 토중의 지하수를 강제적으로 집수한다.
③ 지하수 저하에 따른 인접 지반과 공동 매설물 침하에 주의가 필요하다.
④ 사질 지반보다 점토층 지반에서 효과적이다.

해설

④ 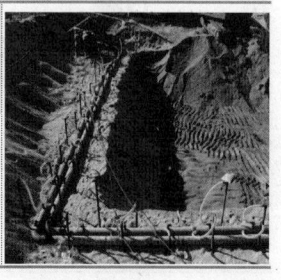 투수성이 좋은 사질 지반의 대표적 배수공법이다.

23 목재의 무늬나 바탕의 재질을 잘 보이게 하는 도장 방법은?

① 유성 페인트 도장
② 에나멜 페인트 도장
③ 합성수지 페인트 도장
④ 클리어 래커 도장

해설

④
안료를 혼입한 에나멜 래커와 비교하여, 클리어 래커 (Clear Lacquer)는 안료를 섞지 않는 투명 래커를 말하며, 목재의 도장에 알맞다.

24 콘크리트 블록(Block)벽체의 크기가 3×5m일 때 쌓기 모르타르의 소요량으로 옳은 것은? (단, 블록의 치수는 390×190×190mm, 재료량은 할증이 포함되었으며, 모르타르 배합비는 1:3)

① 0.10m³
② 0.12m³
③ 0.15m³
④ 0.18m³

해설

치수(길이×높이×두께)	1m²당 블록쌓기 모르타르량
390×190×100	0.006
390×190×150	0.009
390×190×190	0.010

③ $(3 \times 5) \times 0.010 = 0.15 \text{m}^3$

해답 21. ① 22. ④ 23. ④ 24. ③

25 건설공사 현장에서 보통콘크리트를 KS규격품인 레미콘으로 주문할 때의 요구 항목이 아닌 것은?

① 잔골재의 조립률
② 굵은골재의 최대치수
③ 압축강도
④ 슬럼프

해설

① Remicon [25 - 24 - 150]
　　　　　　㉮　㉯　㉰

㉮ 굵은골재 최대 치수 25mm
㉯ 콘크리트 압축강도 24MPa
㉰ 슬럼프(Slump) 150mm

26 건축 재료별 수량 산출 시 적용하는 할증률로 옳지 않은 것은?

① 유리 : 1%
② 단열재 : 5%
③ 붉은벽돌 : 3%
④ 이형철근 : 3%

해설

주요 건축 재료	할증률
유리	1%
타일	
이형철근, 고장력볼트	3%
내화벽돌, 붉은벽돌	
시멘트벽돌	
원형철근, 일반볼트, 봉강, 강관, 경량형강	5%
기와	
대형 형강	7%
강판, 동판	10%
단열재	

27 공사관리 방법 중 CM 계약방식에 관한 설명으로 옳지 않은 것은?

① 대리인형 CM(CM for Fee)인 경우 공사 품질에 책임을 지며, 품질 문제 발생 시 책임소재가 명확하다.
② 프로젝트의 전 과정에 걸쳐 공사비, 공기 및 시공성에 대한 종합적인 평가 및 설계변경에 대한 효율적인 평가가 가능하여 발주자의 의사결정에 도움이 된다.
③ 설계과정에서 설계가 시공에 미치는 영향을 예측할 수 있어 설계도서의 현실성을 향상시킬 수 있다.
④ 단계적 발주 및 시공의 적용이 가능하다.

해설

① 대리인형 CM(CM for Fee)

프로젝트 전반에 걸친 발주자의 컨설턴트 역할만을 수행하고 그에 대한 보수를 받으며 공사 결과에는 책임을 지지 않는 순수한 의미의 CM이다.

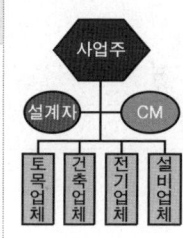

28 공사 진행의 일반적인 순서로 가장 알맞은 것은?

① 가설공사 ➡ 공사 착공 준비 ➡ 토공사 ➡ 구조체 공사 ➡ 지정 및 기초공사
② 공사 착공 준비 ➡ 가설공사 ➡ 토공사 ➡ 지정 및 기초공사 ➡ 구조체 공사
③ 공사 착공 준비 ➡ 토공사 ➡ 가설공사 ➡ 구조체 공사 ➡ 지정 및 기초공사
④ 공사 착공 준비 ➡ 지정 및 기초공사 ➡ 토공사 ➡ 가설공사 ➡ 구조체 공사

해설

② 공사 진행의 일반적인 순서

공사 착공 준비 ➡ 가설공사 ➡ 토공사 ➡ 지정 및 기초공사 ➡ 구조체공사 ➡ 마감공사

해답 25. ① 26. ② 27. ① 28. ②

29 ALC 패널의 설치 공법이 아닌 것은?

① 수직철근 공법 ② 슬라이드 공법
③ 커버플레이트 공법 ④ 피치 공법

해설

ALC 패널 설치 공법

④ 수직철근 (보강)공법, 슬라이드 공법, 볼트조임 공법, 부설근 공법, 타이플레이트 공법, 커버플레이트 공법

30 다음에서 설명하고 있는 도장 결함은?

도료를 겹칠 하였을 때 하도의 색이 상도 막 표면에 떠올라 상도의 색이 변하는 현상

① 번짐 ② 색 분리
③ 주름 ④ 핀홀

해설

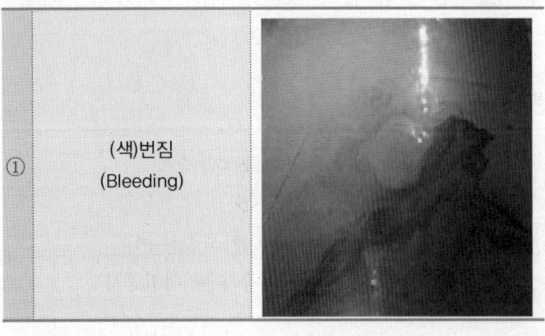
① (색)번짐 (Bleeding)

31 유동화콘크리트에 관한 설명으로 옳지 않은 것은?

① 높은 유동성을 가지면서도 단위수량은 보통콘크리트보다 적다.
② 일반적으로 유동성을 높이기 위하여 화학 혼화제를 사용한다.
③ 동일한 단위시멘트량을 갖는 보통콘크리트에 비하여 압축강도가 매우 높다.
④ 일반적으로 건조수축은 묽은 비빔 콘크리트보다 작다.

해설

③ 동일한 단위시멘트량을 갖는 보통콘크리트와 비교하여 압축강도는 비슷하다.

32 계약방식 중 단가계약 제도에 관한 설명으로 옳지 않은 것은?

① 실시 수량의 확정에 따라서 차후 정산하는 방식이다.
② 긴급공사 시 또는 수량이 불명확할 때 간단히 계약할 수 있다.
③ 설계변경에 따른 수량의 증감이 용이하다.
④ 공사비를 절감할 수 있으며, 복잡한 공사에 적용하는 것이 좋다.

해설

	단가도급 계약방식(Unit Price Contract)
정의	단위공사(재료, 노임, 면적 등)의 단가만을 계약하고 실시 수량 확정에 따라 차후 정산하는 방식
④ 장점	• 신속한 공사 착공 가능 • 공사 수량 불명확 시 간단한 계약 가능 • 설계변경으로 인한 수량 계산의 용이
단점	• 총공사비 예측이 어려움 • 공사비 절감 노력이 없어짐 • 공사비가 높아지므로 단일 공사나 단순한 공사에 적용하는 것이 유리

해답 29. ④ 30. ① 31. ③ 32. ④

33 콘크리트용 골재의 품질에 관한 설명으로 옳지 않은 것은?

① 골재는 청정, 견경하고 유해량의 먼지, 유기 불순물이 포함되지 않아야 한다.
② 골재의 입형은 콘크리트의 유동성을 갖도록 한다.
③ 골재는 예각으로 된 것을 사용하도록 한다.
④ 골재의 강도는 콘크리트 내 경화한 시멘트페이스트의 강도보다 커야 한다.

해설

③ 골재는 표면이 거칠고 둥근 골재를 사용하는 것이 유리하다.

34 창호철물과 창호의 연결로 옳지 않은 것은?

① 도어 체크(Door Check) – 미닫이문
② 플로어 힌지(Floor Hinge) – 자재 여닫이문
③ 크리센트(Crescent) – 오르내리창
④ 레일(Rail) – 미서기창

해설

①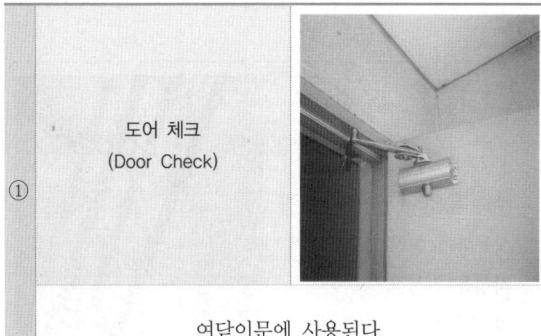
도어 체크 (Door Check)
여닫이문에 사용된다.

35 목구조 재료로 사용되는 침엽수의 특징에 해당하지 않는 것은?

① 직선 부재의 대량생산이 가능하다.
② 단단하고 가공이 어려우나 미관이 좋다.
③ 병·충해에 약하여 방부 및 방충 처리를 하여야 한다.
④ 수고(樹高)가 높으며 통직하다.

해설

②

목재의 수종	
침엽수(針葉樹)	활엽수(闊葉樹)
건축용 구조재	치장재 및 가구재

침엽수는 가벼우면서도 탄력이 있고 목질이 연하여 가공이 쉽다.

36 대안입찰제도의 특징에 관한 설명으로 옳지 않은 것은?

① 공사비를 절감할 수 있다.
② 설계상 문제점의 보완이 가능하다.
③ 신기술의 개발 및 축적을 기대할 수 있다.
④ 입찰기간이 단축된다.

해설

④ 대안입찰제도는 처음 설계된 내용보다 기본 방침의 변경 없이 공사비를 낮추면서 동등 이상의 기능과 효과를 갖는 방안을 시공자가 제시할 경우 이를 검토하여 채택하는 입찰제도이므로 입찰기간이 다소 길어진다.

해답 33. ③ 34. ① 35. ② 36. ④

37 잔류유(찌꺼기)를 저온으로 장시간 증류한 것으로 응집력이 크고 온도에 따른 변화가 적으며 연화점이 높고 안전하여 방수공사에 많이 사용되는 것은?

① 아스팔트 펠트
② 블로운 아스팔트
③ 아스팔타이트
④ 레이크 아스팔트

해설

② 블로운(Blown, 블론) 아스팔트에 대한 설명으로 온도에 예민하지 않으므로 지붕공사에 주로 사용된다.

38 지표 재하하중으로 흙막이 저면 흙이 붕괴되고 바깥에 있는 흙이 안으로 밀려 볼록하게 되어 파괴되는 현상은?

① 히빙(Heaving) 파괴
② 보일링(Boiling) 파괴
③ 수동토압(Passive Earth Pressure) 파괴
④ 전단(Shearing) 파괴

해설

히빙(Heaving)	보일링(Boiling)	파이핑(Piping)

① 히빙(Heaving)에 대한 설명으로 융기현상이라고도 한다.

39 블록조 벽체에 와이어 메시를 가로줄눈에 묻어 쌓기도 하는데 이에 관한 설명으로 옳지 않은 것은?

① 전단작용에 대한 보강이다.
② 수직하중을 분산시키는데 유리하다.
③ 블록과 모르타르의 부착성능의 증진을 위한 것이다.
④ 교차부의 균열을 방지하는데 유리하다.

해설

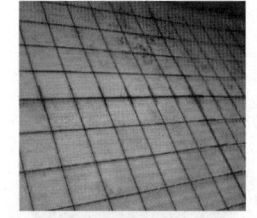 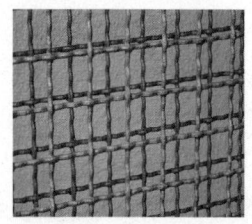

와이어 메시 (Wire Mesh)	수직하중의 분산, 횡력에 대한 전단 보강
③	모서리 및 교차부 벽체의 보강

40 건축물 외부에 설치하는 커튼월에 관한 설명으로 옳지 않은 것은?

① 커튼월이란 외벽을 구성하는 비내력벽 구조이다.
② 커튼월의 조립은 대부분 외부에 대형 발판이 필요하므로 비계공사가 필수적이다.
③ 공장에서 생산하여 반입하는 프리패브 제품이다.
④ 일반적으로 콘크리트나 벽돌 등의 외장재에 비하여 경량이어서 건물의 전체 무게를 줄이는 역할을 한다.

해설

커튼월(Curtain Wall)

② 주로 높은 곳에서 양중기를 사용하여 설치하므로 비계작업을 원칙적으로 하지 않는다

해답 37. ② 38. ① 39. ③ 40. ②

건축시공 2020년 제2회

21 아래 그림의 형태를 가진 흙막이의 명칭은?

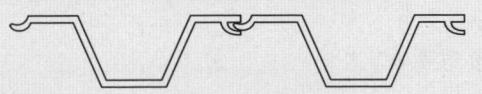

① H-말뚝 토류판
② 슬러리 월
③ 소일 콘크리트 말뚝
④ 시트 파일

해설

① H-말뚝 토류판	② 슬러리 월

③ 소일 콘크리트 말뚝	④ 시트 파일
	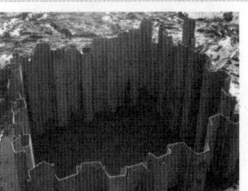

22 도장공사에 필요한 가연성 도료를 보관하는 창고에 관한 설명으로 옳지 않은 것은?

① 독립한 단층 건물로서 주위 건물에서 1.5m 이상 떨어져 있게 한다.
② 건물 내의 일부를 도료의 저장 장소로 이용할 때는 내화구조 또는 방화구조로 구획된 장소를 선택한다.
③ 바닥에는 침투성이 없는 재료를 깐다.
④ 지붕은 불연재로 하고, 적정한 높이의 천장을 설치한다.

해설

④ 가연성 도료를 보관하는 창고의 지붕은 불연재로 하고, 천장을 설치하지 않는다.

23 다음 중 통계적 품질관리 기법의 종류에 해당되지 않는 것은?

① 히스토그램
② 특성요인도
③ 브레인 스토밍
④ 파레토도

해설

③ 가치공학(VE, Value Engineering)에서 적정한 대안 창출을 위해 아이디어 회의를 하게 되는데 이를 브레인 스토밍(Brain Storming)이라고 하며, 기능 중심의 사고 방식을 통한 원가절감 기법이다.

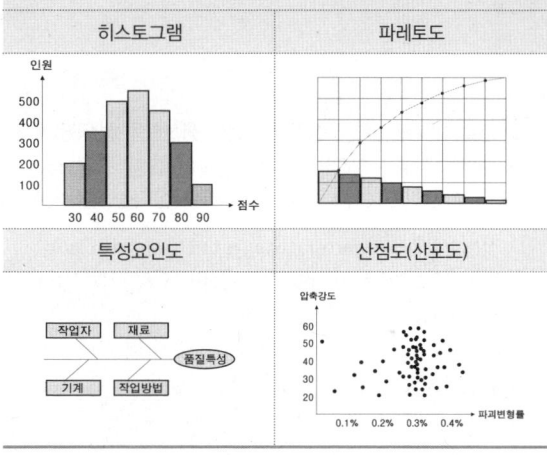

24 타일의 흡수율 크기의 대소 관계로 옳은 것은?

① 석기질 > 도기질 > 자기질
② 도기질 > 석기질 > 자기질
③ 자기질 > 석기질 > 도기질
④ 석기질 > 자기질 > 도기질

해설

②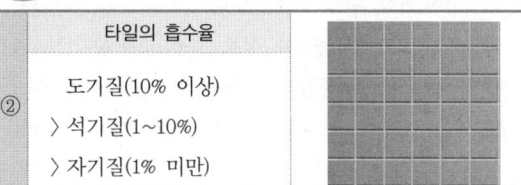

타일의 흡수율
도기질(10% 이상)
> 석기질(1~10%)
> 자기질(1% 미만)

해답 21. ④ 22. ④ 23. ③ 24. ②

25 철근콘크리트 구조물에서 철근 조립 순서로 옳은 것은?

① 기초철근 ➡ 기둥철근 ➡ 보철근 ➡ 슬래브철근 ➡ 계단철근 ➡ 벽철근
② 기초철근 ➡ 기둥철근 ➡ 벽철근 ➡ 보철근 ➡ 슬래브철근 ➡ 계단철근
③ 기초철근 ➡ 벽철근 ➡ 기둥철근 ➡ 보철근 ➡ 슬래브철근 ➡ 계단철근
④ 기초철근 ➡ 벽철근 ➡ 보철근 ➡ 기둥철근 ➡ 슬래브철근 ➡ 계단철근

해설

② 철근콘크리트(RC) 건축물의 철근 조립 순서

기초 ➡ 기둥 ➡ 벽 ➡ 보 ➡ 바닥(Slab) ➡ 계단

26 건설사업지원 통합전산망으로 건설 생산활동 전 과정에서 건설 관련 주체가 전산망을 통해 신속히 교환·공유 할 수 있도록 지원하는 통합 정보시스템을 지칭하는 용어는?

① 건설 CIC(Computer Integrated Construction)
② 건설 CALS(Continuous Acquisition & Life Cycle Support)
③ 건설 EC(Engineering Construction)
④ 건설 EVMS(Earned Value Management System)

해설

②

CALS
(Continuous Acquisition Life cycle Support)

건설업의 기획, 설계, 계약, 시공, 유지관리 등 건설생산 활동의 전 과정에서 발주자, 설계, 시공감리자 등 건설관련 주체가 초고속 정보통신망과 전자상거래 등을 이용하여 정보의 실시간 공유를 통한 공기단축, 원가절감, 품질향상 등을 도모하려는 건설분야 통합정보통신시스템을 말한다.

27 MCX(Minimum Cost Expediting)기법에 따른 공기단축에서 아무리 비용을 투자해도 그 이상 공기를 단축할 수 없는 한계점을 무엇이라 하는가?

① 표준점   ② 포화점
③ 경제 속도점   ④ 특급점

해설

④ 특급점(Crash Point)

급속공기와 급속비용이 만나는 포인트로 소요공기를 더 이상 단축할 수 없는 한계점이다.

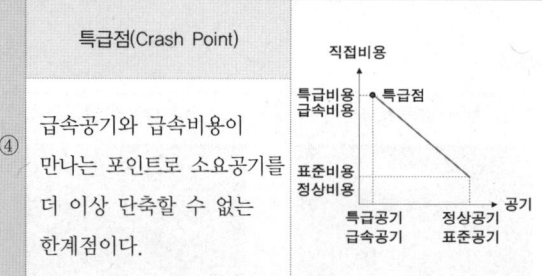

28 콘크리트에 사용되는 혼화재 중 플라이 애시의 사용에 따른 이점으로 볼 수 없는 것은?

① 유동성의 개선   ② 수화열의 감소
③ 수밀성의 향상   ④ 초기강도의 증진

해설

④

플라이 애시 (Fly Ash)

석탄이나 중유를 연소했을 때에 생성되는 미세한 입자의 재

플라이 애시를 사용한 콘크리트의 주요 특징

➡ 수화열의 감소, 수밀성의 향상, 시공연도의 개선
➡ 초기강도 감소 및 장기강도 증진

해답 25. ② 26. ② 27. ④ 28. ④

29 다음 중 공사시방서에 기재하지 않아도 되는 사항은?
① 건물 전체의 개요 ② 공사비 지급방법
③ 시공방법   ④ 사용재료

해설

② 시방서 (示方書, Specifications)
설계도면만으로 나타낼 수 없는 부분에 대하여 기재한 문서로서 각 공사의 항목별 내용을 명확히 작성한 것으로서 공사비 지급 방법은 기재되지 않는다.

30 방수공사용 아스팔트의 종류 중 표준 용융온도가 가장 낮은 것은?
① 1종   ② 2종
③ 3종   ④ 4종

해설

① 방수공사용 아스팔트의 종별 용융온도(℃)

	1종	220~230
	2종	240~250
	3종	260~270
	4종	260~270

방수공사용 아스팔트는 KS F4052에서 정의하는 통칭 아스팔트 컴파운드의 1종~4종에 적합한 것을 표준으로 한다. 또한 방수층 위에 단열재와 콘크리트 보호층이 있는 지붕의 경우, 온도 변화가 거의 없음을 고려하여 지하 및 실내의 경우와 동일하게 1종을 표준으로 적용한다.

31 외부 조적벽의 방습, 방열, 방한, 방서 등을 위해서 설치하는 쌓기법은?
① 내쌓기   ② 기초쌓기
③ 공간쌓기   ④ 엇모쌓기

해설

③ 공간쌓기
벽체의 방습, 방음, 단열 목적으로 바깥쪽을 주벽체로 시공하고 주벽체 시공 후 3일 이상 경과 후 0.5B 쌓기로 안벽체를 시공한다.

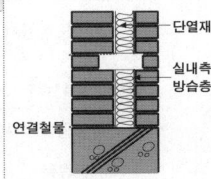

32 바깥방수와 비교한 안방수의 특징에 관한 설명으로 옳지 않은 것은?
① 공사가 간단하다.
② 공사비가 비교적 싸다.
③ 보호누름이 없어도 무방하다.
④ 수압이 작은 곳에 이용된다.

해설

③ 안방수법은 보호누름이 반드시 필요하다.

【안방수와 바깥방수의 주요 항목 비교】

비교항목	안방수	바깥방수
사용환경	수압이 작고 얕은 지하실	수압이 크고 깊은 지하실
바탕만들기	따로 만들 필요가 없음	따로 만들어야 함
공사 용이성	간단하다	상당한 어려움이 있다
본공사 추진	자유롭다	본공사에 선행된다
경제성	비교적 저가이다	비교적 고가이다
보호누름	필요하다	없어도 무방하다

해답 29. ② 30. ① 31. ③ 32. ③

33 칠공사에 사용되는 희석제의 분류가 잘못 연결된 것은?

① 송진건류품 – 테레빈유
② 석유건류품 – 휘발유, 석유
③ 콜타르 증류품 – 미네랄 스피리트
④ 송근건류품 – 송근유

해설

도장공사 시 주요 희석제 및 용제	
콜타르 증류품	벤졸(벤젠), 솔벤트, 나프타
석유 건류품의 희석제	미네랄 스피리트
송진건류품	테레빈유
송근건류품	송근유

③

34 네트워크(Network) 공정표의 장점으로 볼 수 없는 것은?

① 작업 상호간의 관련성을 알기 쉽다.
② 공정 계획의 초기 작성 시간이 단축된다.
③ 공사의 진척 관리를 정확히 할 수 있다.
④ 공기단축 가능 요소의 발견이 용이하다.

해설

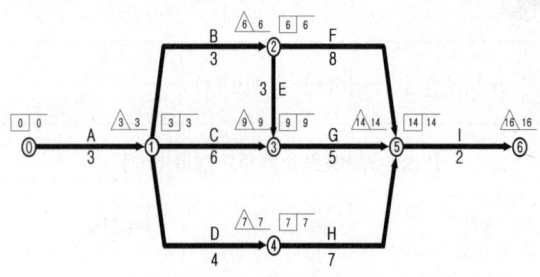

네트워크(Network) 공정표의 특징		
②	1	다른 공정표에 비해 공정표 작성 시간이 오래 걸린다.
	2	공정표 작성 및 검사에 특별한 기능이 요구된다.
	3	실제의 공사에 있어서는 네트워크와 같이 구분하여 이행되지 않으므로 공사 진도관리에 있어서 특별한 연구가 필요하다.

35 토공사에 쓰이는 굴착용 기계 중 기계가 서 있는 지반면보다 위에 있는 흙의 굴착에 적합한 장비는?

① 파워 쇼벨(Power Shovel)
② 드래그 라인(Drag Line)
③ 드래그 쇼벨(Drag Shovel)
④ 클램 셸(Clam Shell)

해설

파워 쇼벨(Power Shovel)

① 버킷을 앞으로 떠 올려서 흙을 굴착하는 기계로서 굴삭기가 위치한 지면보다 높은 곳을 굴삭하는 데 적합하고 비교적 단단한 토질의 굴삭도 가능하다.

36 한중콘크리트에 관한 설명으로 옳은 것은?

① 한중콘크리트는 공기연행콘크리트를 사용하는 것을 원칙으로 한다.
② 타설할 때의 콘크리트 온도는 구조물의 단면 치수, 기상 조건 등을 고려하여 최소 25℃ 이상으로 한다.
③ 물-결합재비는 50% 이하로 하고, 단위수량은 소요의 워커빌리티를 유지할 수 있는 범위 내에서 되도록 크게 정하여야 한다.
④ 콘크리트를 타설한 직후에 찬바람이 콘크리트 표면에 닿도록 하여 초기양생을 실시한다.

해설

② 타설할 때의 콘크리트 온도는 5℃ 이상, 20℃ 미만으로 한다.

③ 물-결합재비는 60% 이하로 하고, 단위수량은 소요의 워커빌리티를 유지할 수 있는 범위 내에서 되도록 작게 정하여야 한다.

④ 콘크리트를 타설한 직후에 콘크리트가 갑자기 건조하지 않도록 살수, 피막처리 등의 방법에 의해 습윤상태를 유지하며 초기양생을 실시한다.

해답 33. ③ 34. ② 35. ① 36. ①

37 8개월간 공사하는 현장에 필요한 시멘트량이 2,397포이다. 이 공사 현장에 필요한 시멘트 창고 필요 면적으로 적당한 것은? (단, 쌓기 단수는 13단)

① 24.6m²
② 54.2m²
③ 73.8m²
④ 98.5m²

해설

①
시멘트 창고 소요 면적 $A(m^2) = 0.4 \times \dfrac{N}{n}$		
쌓기 단수(n)	최고 13포대이며, 문제 조건에 따라서 $n = 13$을 적용	
시멘트 포대수(N)	600포 미만	N = 포대수
	600포 이상	N = 포대수 $\times \dfrac{1}{3}$

$$A = 0.4 \times \dfrac{\left(2,397 \times \dfrac{1}{3}\right)}{(13)} = 24.58 m^2$$

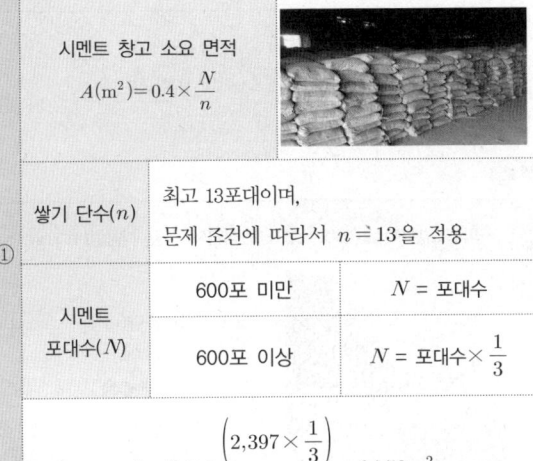

38 일반 콘크리트의 내구성에 관한 설명으로 옳지 않은 것은?

① 콘크리트에 사용하는 재료는 콘크리트의 소요 내구성을 손상시키지 않는 것이어야 한다.
② 굳지 않은 콘크리트 중의 전 염소이온량은 원칙적으로 0.3kg/m³ 이하로 하여야 한다.
③ 콘크리트는 원칙적으로 공기연행콘크리트로 하여야 한다.
④ 콘크리트의 물-결합재비는 원칙적으로 50% 이하이어야 한다.

해설

④ 콘크리트의 물-결합재비는 원칙적으로 60% 이하이어야 한다.

39 철근콘크리트 공사에서 철근조립에 관한 설명으로 옳지 않은 것은?

① 황갈색의 녹이 발생한 철근은 그 상태가 경미하다 하더라도 사용이 불가하다.
② 철근의 피복두께를 정확하게 확보하기 위해 적절한 간격으로 고임재 및 간격재를 배치하여야 한다.
③ 거푸집에 접하는 고임재 및 간격재는 콘크리트 제품 또는 모르타르 제품을 사용하여야 한다.
④ 철근을 조립한 다음 장기간 경과한 경우에는 콘크리트를 타설 전에 다시 조립 검사를 하고 청소하여야 한다.

해설

① 경미한 황갈색의 녹이 발생한 철근은 일반적으로 콘크리트와의 부착을 해치지 않으므로 사용할 수 있다.

40 다음 중 유리의 주성분으로 옳은 것은?

① Na_2O
② CaO
③ SiO_2
④ K_2O

해설

규산 (硅酸, Silicic Acid)

③ 유리의 주원료는 규산(SiO_2)이 주성분인 규사이다. 규산을 녹이기 위해서는 1,700℃ 이상의 고온이 필요하기 때문에 보통은 소다(Na_2O)를 첨가하여 용융온도를 낮추고, 여기에 물에 녹지 않는 유리를 만들기 위해 석회(CaO)를 첨가하게 된다.

해답 37. ① 38. ④ 39. ① 40. ③

건축시공 2020년 제4회

21 벽두께 1.0B, 벽면적 30m² 쌓기에 소요되는 벽돌의 정미량은? (단, 벽돌은 표준형을 사용한다.)

① 3,900매
② 4,095매
③ 4,470매
④ 4,804매

해설

③

표준형 벽돌
1.0B 쌓기 시 149매/m²

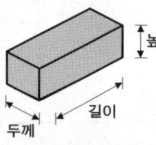

표준형 벽돌
190×57×90
(길이×높이×두께)

30m² × 149매/m² = 4,470매

22 석재의 일반적 성질에 관한 설명으로 옳지 않은 것은?

① 석재의 비중은 조암광물의 성질·비율·공극의 정도 등에 따라 달라진다.
② 석재의 강도에서 인장강도는 압축강도에 비해 매우 작다.
③ 석재의 공극률이 클수록 흡수율이 크고 동결융해 저항성은 떨어진다.
④ 석재의 강도는 조성결정형이 클수록 크다.

해설

④ 조성결정(結晶)형이 큰 석재는 공극률 및 흡수율이 크고 비중은 작기 때문에 강도가 떨어진다.

23 Power Shovel의 1시간당 추정 굴착 작업량을 다음 조건에 따라 구하면?

【조건】
$Q=1.2m^3$, $f=1.28$, $E=0.9$, $K=0.9$, $C_m=60$초

① 67.2m³/h
② 74.7m³/h
③ 82.2m³/h
④ 89.6m³/h

해설

파워쇼벨(Power Shovel) 단위작업 시간당 시공량(m³/hr)

- Q : 버킷 용량(m³)
- K : 버킷 계수
- f : 토량환산계수
- E : 작업 효율
- Cm : 1회 사이클 타임(sec)

②

$Q = \dfrac{3{,}600 \cdot Q \cdot K \cdot f \cdot E}{Cm}$

$= \dfrac{3{,}600(1.2)(0.9)(1.28)(0.9)}{(60)} = 74.649 m^3/hr$

24 도장작업 시 주의사항으로 옳지 않은 것은?

① 도료의 적부를 검토하여 양질의 도료를 선택한다.
② 도료량을 표준량보다 두껍게 바르는 것이 좋다.
③ 저온 다습 시에는 작업을 피한다.
④ 피막은 각 층마다 충분히 건조 경화한 후 다음 층을 바른다.

해설

② 도료량은 표준량을 따르고 얇게 바르는 것이 좋다.

해답 21. ③ 22. ④ 23. ② 24. ②

25 콘크리트의 내화, 내열성에 관한 설명으로 옳지 않은 것은?

① 콘크리트의 내화, 내열성은 사용한 골재의 품질에 크게 영향을 받는다.
② 콘크리트는 내화성이 우수해서 600℃ 정도의 화열을 장시간 받아도 압축강도는 거의 저하하지 않는다.
③ 철근콘크리트 부재의 내화성을 높이기 위해서는 철근의 피복두께를 충분히 하면 좋다.
④ 화재를 입은 콘크리트의 탄산화 속도는 그렇지 않은 것에 비하여 크다.

해설

② 콘크리트는 경화 후에도 시멘트 중량의 10~20% 정도의 수분을 함유하고 있어 온도가 100℃ 정도가 되면 여기에 포함되어 있는 수분은 증발하고, 250℃ 정도부터는 화학적으로 결합된 수분인 결정수(結晶水)가 빠지기 시작하며, 500~600℃ 정도에서는 수산화석회가 열분해되어 콘크리트의 압축강도는 급격히 저하된다.

26 아스팔트 방수공사에서 아스팔트 프라이머를 사용하는 가장 중요한 이유는?

① 콘크리트 면의 습기 제거
② 방수층의 습기 침입 방지
③ 콘크리트면과 아스팔트 방수층의 접착
④ 콘크리트 밑바닥의 균열 방지

해설

③ 모르타르 또는 콘크리트면에는 녹인 아스팔트를 직접 발라도 완전히 고착될 수 없으므로 완성 후 방수층이 부풀어 오를 때가 있다. 이러한 결함을 제거하기 위하여 아스팔트 프라이머(Asphalt Primer)를 콘크리트면에 침투시키면 용제(溶劑)는 휘발하고 밑에 아스팔트의 피막이 남게 된다. 이 위에 녹인 아스발트를 바르면 바탕에 잘 붙고 방수층이 바탕에서 떨어져 오르지 않게 된다.

27 콘크리트 배합에 직접적으로 영향을 주는 요소가 아닌 것은?

① 단위수량   ② 물-결합재 비
③ 철근의 품질   ④ 골재의 입도

해설

③ 철근의 품질은 콘크리트 배합설계와 무관하다.

28 철근, 볼트 등 건축용 강재의 재료시험 항목에서 일반적으로 제외되는 항목은?

① 압축강도 시험   ② 인장강도 시험
③ 굽힘 시험   ④ 연신율 시험

해설

① 주 응력대상이 인장응력인 강재류는 압축강도 시험을 중요시하지 않는다.

② 바이블 과목별 기출문제

29 발주자에 따른 현장관리로 볼 수 없는 것은?

① 착공신고 ② 하도급 계약
③ 현장회의 운영 ④ 클레임 관리

해설

시공자는 도급공사에서 공사 도급계약에 의해서 발주자에게 고용되어 공사의 시공을 수행하는 책임을 진다.
② 공사 전반에 관한 시공자와의 계약은 발주자의 관할 업무이지만, 현장관리 범주 내에서 하도급 계약은 시공자의 업무 범위로 볼 수 있다.

30 어스 앵커 공법에 관한 설명으로 옳지 않은 것은?

① 버팀대가 없어 굴착 공간을 넓게 활용할 수 있다.
② 인접한 구조물의 기초나 매설물이 있는 경우 효과가 크다.
③ 대형 기계의 반입이 용이하다.
④ 시공 후 검사가 어렵다.

해설

 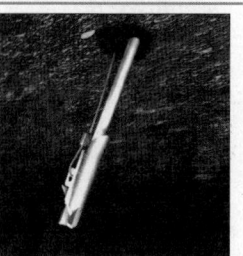

어스 앵커(Earth Anchor) 공법

②	1	흙막이벽 등의 배면을 원통형으로 굴착하고 앵커체를 설치하여 주변 지반을 지지하는 공법
	2	작업 공간이 좁은 곳에서 시공이 가능하지만, 인접한 구조물의 기초나 매설물이 있는 경우에는 부적합한 공법이다.

31 단순 조적 블록쌓기에 관한 설명으로 옳지 않은 것은?

① 살두께가 큰 편을 아래로 하여 쌓는다.
② 특별한 지정이 없으면 줄눈은 10mm가 되게 한다.
③ 하루의 쌓기 높이는 1.5m 이내를 표준으로 한다.
④ 줄눈모르타르는 쌓은 후 줄눈누르기 및 줄눈파기를 한다.

해설

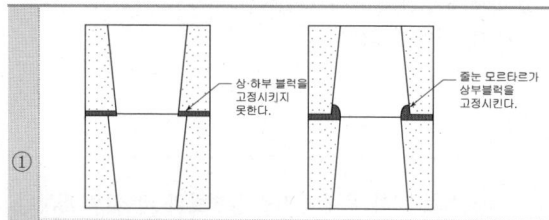

① 블록구조에서 블록의 살두께가 두꺼운 쪽이 위로 가게 쌓는 것을 원칙으로 한다.

32 다음 중 QC 활동의 도구가 아닌 것은?

① 특성요인도 ② 파레토그램
③ 층별 ④ 기능계통도

해설

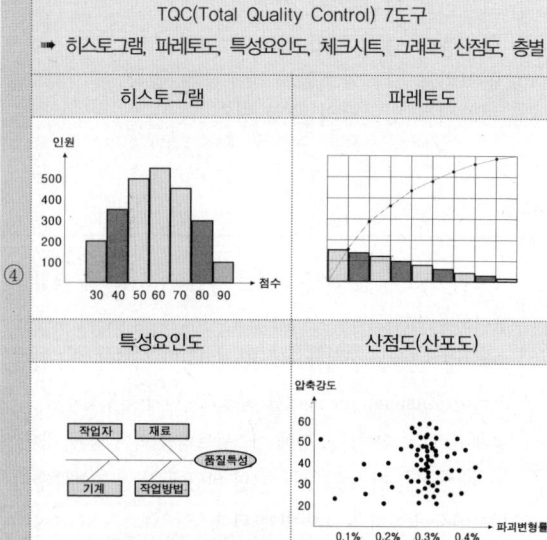

해답 29. ② 30. ② 31. ① 32. ④

33 철근의 가스압접에 관한 설명으로 옳지 않은 것은?

① 이음공법 중 접합강도가 극히 크고 성분 원소의 조직 변화가 적다.
② 압접공은 작업 대상과 압접 장치에 관하여 충분한 경험과 지식을 가진 자로 책임기술자 승인을 받아야 한다.
③ 가스압접 할 부분은 직각으로 자르고 절단면을 깨끗하게 한다.
④ 접합되는 철근의 항복점 또는 강도가 다른 경우에 주로 사용한다.

해설

④ 철근 직경 차이가 6mm 초과 시, 철근의 재질·항복점·강도가 서로 다른 경우, 외기온도 0℃ 이하에서는 가스압접이 금지된다.

34 용제형(Solvent) 고무계 도막방수 공법에 관한 설명으로 옳지 않은 것은?

① 용제는 인화성이 강하므로 부근의 화기는 엄금한다.
② 한 층의 시공이 완료되면 1.5~2시간 경과 후 다음 층의 작업을 시작하여야 한다.
③ 완성된 도막은 외상(外傷)에 매우 강하다.
④ 합성고무를 휘발성 용제에 녹인 일종의 고무도료를 칠하여 두께 0.5~0.8mm의 방수피막을 형성하는 것이다.

해설

③ 액체로 된 방수도료를 한 번 또는 여러 번 칠하여 상당한 두께의 방수막을 형성하는 공법으로서 시공은 간편하지만 균일한 두께의 시공이 곤란하고 방수의 신뢰성이 저하되므로 간단한 방수성능이 필요한 부위에 적용한다.

용제(Solvent)형 도막방수로 완성된 도막은 외상(外傷)에 대해 약하므로 공사 완료 후 철저한 보양이 필요하며, 보호층 시공이 필요하다.(에폭시, 우레탄 제외)

35 공사 계약제도 중 공사관리방식(CM)의 단계별 업무 내용 중 비용의 분석 및 VE기법의 도입 시 가장 효과적인 단계는?

① Pre-Design 단계
② Design 단계
③ Pre-Construction 단계
④ Construction 단계

해설

②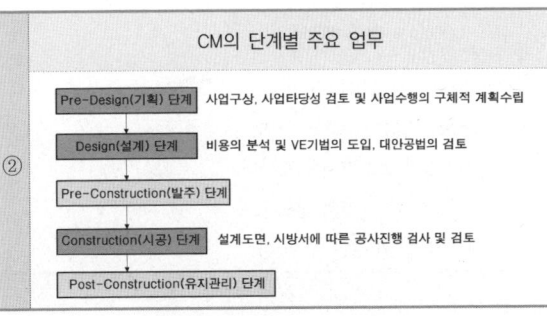

36 커튼월(Curtain Wall)의 외관 형태별 분류에 해당하지 않는 방식은?

① Unit 방식
② Mullion 방식
③ Spandrel 방식
④ Sheath 방식

해설

①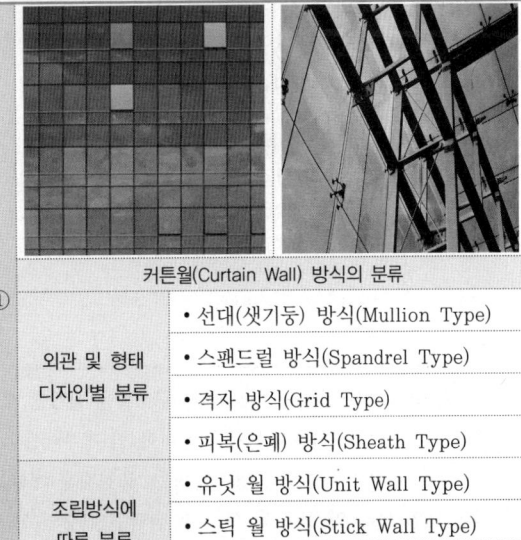

해답 33. ④ 34. ③ 35. ② 36. ①

37 고층 건축물 공사의 반복 작업에서 각 작업조의 생산성을 기울기로 하는 직선으로 각 반복 작업의 진행을 표시하여 전체 공사를 도식화하는 기법은?

① CPM
② PERT
③ PDM
④ LOB

해설

④ LOB(Line Of Balance)
LSM(Linear Scheduling Method) 기법이라고도 하며, 각 작업간의 상호관계를 명확히 나타내면서 각 작업의 진도율로 전체 공사를 표현할 수 있다.

38 수밀콘크리트의 시공에 관한 설명으로 옳지 않은 것은?

① 수밀콘크리트는 누수 원인이 되는 건조수축균열의 발생이 없도록 시공하여야 하며, 0.1mm 이상의 균열 발생이 예상되는 경우 누수를 방지하기 위한 방수를 검토하여야 한다.
② 거푸집의 긴결재로 사용한 볼트, 강봉, 세퍼레이터 등의 아래쪽에는 블리딩 수가 고여서 콘크리트가 경화한 후 물의 통로를 만들어 누수를 일으킬 수 있으므로 누수에 대하여 나쁜 영향이 없는 재질의 것을 사용하여야 한다.
③ 소요 품질을 갖는 수밀콘크리트를 얻기 위해서는 전체 구조부가 시공이음 없이 설계되어야 한다.
④ 수밀성 향상을 위한 방수제를 사용하고자 할 때에는 방수제의 사용 방법에 따라 배처플랜트에서 충분히 혼합하여 현장으로 반입시키는 것을 원칙으로 한다.

해설

③ 수밀콘크리트(Watertight Concrete) 구조물을 설계할 때 반드시 시공이음, 신축이음 등을 두어야 할 경우에는 이음부를 대상으로 별도의 방수공 또는 충진재를 계획하여 책임기술자의 검토 및 확인 후 담당원의 승인을 얻어 시공 후 누수 문제가 발생하지 않도록 관리한다.

39 철골공사 접합 중 용접에 관한 주의사항으로 옳지 않은 것은?

① 현장용접을 하는 부재는 그 용접 부위에 얇은 에나멜 페인트를 칠하되, 이 밖에 다른 칠을 해서는 안 된다.
② 용접봉의 교환 또는 다층용접일 때에는 먼저 슬래그를 제거하고 청소한 후 용접한다.
③ 용접할 소재는 용접에 따른 수축변형이 생기고, 또 마무리 작업도 고려해야 하므로 치수에 여분을 두어야 한다.
④ 용접이 완료되면 슬래그 및 스패터를 제거하고 청소한다.

해설

① 현장용접을 할 부분 및 용접부위에 인접하는 양측에서 각각 20cm 정도에는 보일드(Boiled)유 이외의 공장칠을 해서는 안 된다.

40 기성말뚝 세우기 공사 시 말뚝의 연직도나 경사도는 얼마 이내로 하여야 하는가?

① 1/50
② 1/75
③ 1/80
④ 1/100

해설

①

기성콘크리트말뚝의 수직 정확도	
1	편심량 X-Y 방향 70mm 이하
2	수직도 1/50 이하

해답 37. ④ 38. ③ 39. ① 40. ①

II. 바이블 과목별 기출문제

건축구조

- 01 2016년 기출문제 ······ *2-156*
- 02 2017년 기출문제 ······ *2-172*
- 03 2018년 기출문제 ······ *2-187*
- 04 2019년 기출문제 ······ *2-203*
- 05 2020년 기출문제 ······ *2-218*

건축구조 2016년 제1회

41 그림과 같은 기둥 단면이 300mm×300mm인 사각형 단주에서 기둥에 발생하는 최대 압축응력은? (단, 부재의 재질은 균등한 것으로 본다.)

① -2.0 MPa
② -2.6 MPa
③ -3.1 MPa
④ -4.1 MPa

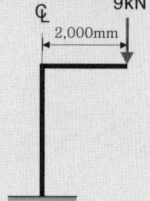

해설

	기둥의 최대, 최소 응력: 압축응력+휨응력
1	$\sigma_{\substack{max \\ min}} = -\dfrac{P}{A} \mp \dfrac{M}{Z}$ $= -\dfrac{(9 \times 10^3)}{(300 \times 300)} \mp \dfrac{(9 \times 10^3)(2,000)}{\dfrac{(300)(300)^2}{6}}$
2	$\sigma_{max} = -4.1 N/mm^2 = -4.1 MPa$ (압축) $\sigma_{min} = +3.9 N/mm^2 = +3.9 MPa$ (인장)

42 철근콘크리트 독립기초를 설계할 때 수직압력만 받도록 하기 위한 방법으로 가장 효과적인 것은?

① 기초판의 크기를 증가시킨다.
② 기초판의 두께를 증가시킨다.
③ 기초 위 주각을 연결하는 지중보의 크기를 증가시킨다.
④ 기초 위의 기둥 단면의 크기를 증가시킨다.

해설

	지중보(Grade Beam)
③	기초와 기초를 연결하여 주각부 강성 증대, 지진저항 효과, 건축물의 부등침하 억제효과 등이 있다.

43 정방형 단면의 크기가 120mm×120mm 이고, 길이 3m인 기둥의 세장비는 약 얼마인가?

① 67   ② 76
③ 87   ④ 95

해설

	세장비(Slenderness Ratio)
1	문제의 조건에 지지단에 대한 언급이 없으면 유효좌굴길이계수 $K = 1.0$을 적용한다.
2	$\lambda = \dfrac{KL}{r} = \dfrac{KL}{\sqrt{\dfrac{I}{A}}} = \dfrac{(1.0)(3 \times 10^3)}{\sqrt{\dfrac{(120)(120)^3}{12} \over (120 \times 120)}} = 86.60$

③

44 그림과 같은 캔틸레버보에서 집중하중 P가 작용할 때 C점의 처짐의 크기는? (단, 보의 EI는 일정)

① $\dfrac{Pa^2\left(b+\dfrac{2a}{3}\right)}{2EI}$

② $\dfrac{Pa}{2EI}$

③ $\dfrac{Pa}{EI}$

④ $\dfrac{Pa\left(b+\dfrac{2a}{3}\right)}{2EI}$

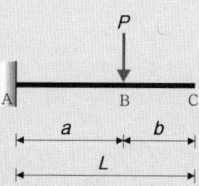

해설

	캔틸레버보의 처짐= 탄성하중도의 면적 × 도심
①	탄성하중도
2	$\delta_C = \left(\dfrac{1}{2} \cdot a \cdot \dfrac{Pa}{EI}\right)\left(b+a \cdot \dfrac{2}{3}\right) = \dfrac{Pa^2\left(b+\dfrac{2a}{3}\right)}{2EI}$

해답 41. ④ 42. ③ 43. ③ 44. ①

45 그림과 같은 H형강 단면의 핵면적을 구하면?

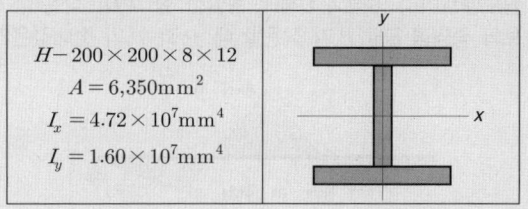

① 932.47mm²
② 1,864.93mm²
③ 2,797.40mm²
④ 3,745.81mm²

	단면의 핵(Core)
④	편심거리: ① $e_x = \dfrac{r_y^2}{x} = \dfrac{\frac{I_y}{A}}{x} = \dfrac{\frac{(1.60 \times 10^7)}{(6,350)}}{(100)} = 25.1969\text{mm}$ ② $e_y = \dfrac{r_x^2}{y} = \dfrac{\frac{I_x}{A}}{y} = \dfrac{\frac{(4.72 \times 10^7)}{(6,350)}}{(100)} = 74.3307\text{mm}$ 핵면적: $\left(\dfrac{1}{2} \cdot e_x \cdot e_y\right) \times 4$개 $= \left(\dfrac{1}{2}(25.1969)(74.3307)\right) \times 4\text{개} = 3,745.81\text{mm}^2$

46 폭 $b=250$mm, 높이 $h=500$mm인 직사각형 콘크리트 보 부재의 균열모멘트 M_{cr}은? (단, 경량콘크리트 계수 $\lambda=1$, $f_{ck}=24$MPa)

① 8.3kN·m
② 16.4kN·m
③ 24.5kN·m
④ 32.2kN·m

④	균열모멘트=파괴계수($0.63\lambda\sqrt{f_{ck}}$)×단면계수($\dfrac{bh^2}{6}$) $M_{cr} = 0.63\lambda\sqrt{f_{ck}} \cdot \dfrac{bh^2}{6} = 0.63(1)\sqrt{(24)} \cdot \dfrac{(250)(500)^2}{6}$ $= 32,149,552.8\text{N·mm} = 32.149\text{kN·m}$

47 활하중의 영향면적에 대해 옳게 설명한 것은?

① 기둥 및 기초에서는 부하면적의 6배
② 보에서는 부하면적의 5배
③ 캔틸레버 부분은 영향면적에 단순 합산
④ 슬래브에서는 부하면적의 2배

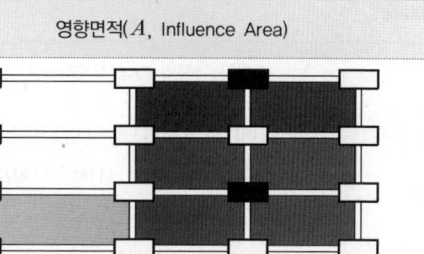

영향면적(A, Influence Area)

③	1	부재에 직접적으로 하중의 영향을 미치는 범위 내에 있는 바닥의 면적을 말한다.
	2	기둥 및 기초에서는 부하면적의 4배, 보에서는 부하면적의 2배, 슬래브에서는 부하면적을 적용한다.
	3	캔틸레버 부분은 영향면적에 부하면적과 영향면적이 같으므로 단순 합산한다.

48 강구조에서 기초콘크리트에 매입되어 주각부의 이동을 방지하는 역할을 하는 것은?

① 턴 버클
② 클립 앵글
③ 사이드 앵글
④ 앵커 볼트

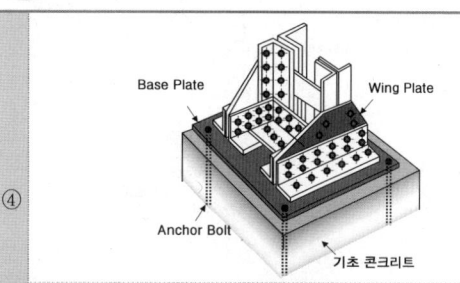

앵커 볼트(Anchor Bolt): 베이스 플레이트로부터 기초 콘크리트에 매입되어 주각부의 이동을 방지한다.

해답 45. ④ 46. ④ 47. ③ 48. ④

49 그림과 같은 띠철근 기둥의 설계축하중 ϕP_n은? (단, $f_{ck}=24\text{MPa}$, $f_y=400\text{MPa}$, 주근 $A_{st}=3{,}000\text{mm}^2$)

① 2,740kN
② 2,952kN
③ 3,335kN
④ 3,359kN

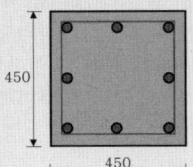

해설

띠철근 기둥의 최대 설계축하중
① $\phi P_n = \phi 0.80 P_o = \phi(0.80)[0.85f_{ck}(A_g - A_{st}) + f_y \cdot A_{st}]$ $= (0.65)(0.80)[0.85(24)(450^2 - 3{,}000) + (400)(3{,}000)]$ $= 2{,}740{,}296\text{N} = 2{,}740.296\text{kN}$

50 우리나라에서 지역계수 Z를 결정하는 지진위험도 기준은?

① 100년 재현주기 지진
② 500년 재현주기 지진
③ 1,000년 재현주기 지진
④ 2,400년 재현주기 지진

해설

② 지진구역 및 지진구역계수 Z는 재현주기 500년의 지진위험도로 정의된 유효지반가속도를 가리킨다. 건축물내진설계기준에서 설계를 위한 지진하중은 재현주기 2,400년의 지진위험도를 기반으로 한다.

지진구역계수(Z)	
지진구역 I : 0.11	
지진구역 II : 0.07	

51 다음 그림은 각 구간에서 직선적으로 변화하는 단순보의 휨모멘트이다. C점과 D점에 동일한 힘 P_1이 작용하고 보의 중앙점 E에 P_2가 작용할 때 P_1과 P_2의 절대값은?

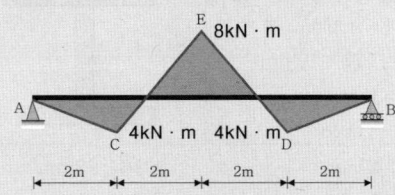

① $P_1 = 4\text{kN}$, $P_2 = 6\text{kN}$
② $P_1 = 4\text{kN}$, $P_2 = 8\text{kN}$
③ $P_1 = 8\text{kN}$, $P_2 = 10\text{kN}$
④ $P_1 = 8\text{kN}$, $P_2 = 12\text{kN}$

해설

④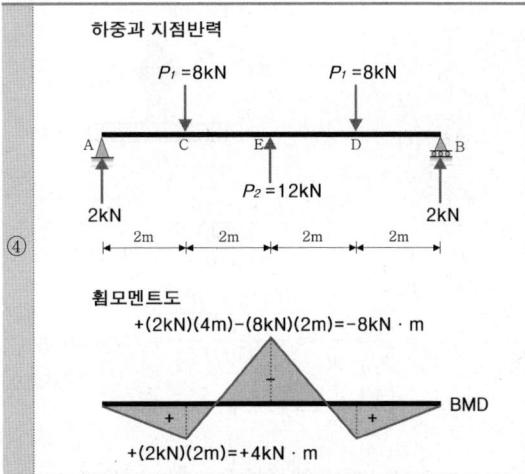

52 강도설계법에서 압축이형철근 D22의 기본정착길이는? (단, $f_{ck}=24\text{MPa}$, $f_y=400\text{MPa}$, 경량콘크리트계수 $\lambda=1$)

① 400mm
② 450mm
③ 500mm
④ 550mm

해설

압축이형철근의 기본정착길이		
②	1	$l_{db} = \dfrac{0.25d_b \cdot f_y}{\lambda \sqrt{f_{ck}}} = \dfrac{0.25(22)(400)}{(1)\sqrt{(24)}} = 449.073\text{mm}$ — 최댓값
	2	$l_{db} = 0.043 d_b \cdot f_y = 0.043(22)(400) = 378.4\text{mm}$

해답 49. ① 50. ② 51. ④ 52. ②

53. 강구조에 사용되는 고장력볼트 M24 표준 구멍의 직경으로 옳은 것은?

① 26mm ② 27mm
③ 28mm ④ 30mm

해설

② 인장재 순단면적(A_n) 산정을 위한 구멍의 표준 구멍

직경(M)	표준 구멍(d)
M24 미만	M + 2.0mm
M24 이상	M + 3.0mm

54. 다음 구조물의 부정정 차수는?

① 1차 부정정
② 2차 부정정
③ 3차 부정정
④ 4차 부정정

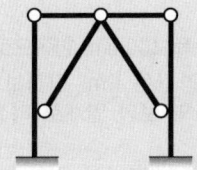

해설

② 부정정 차수(N, Degree of Static Indeterminancy)

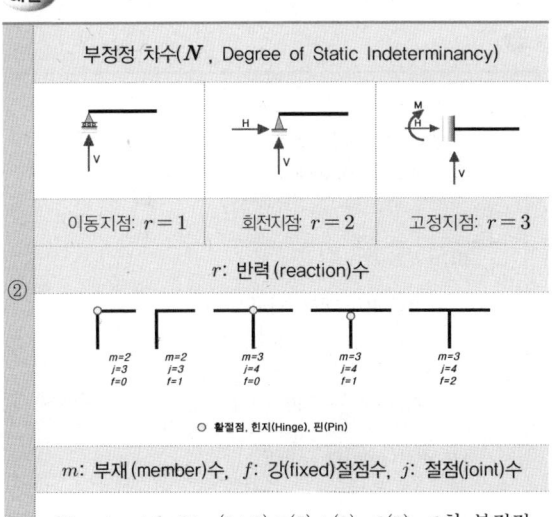

이동지점: $r=1$, 회전지점 $r=2$, 고정지점: $r=3$
r: 반력(reaction)수

m: 부재(member)수, f: 강(fixed)절점수, j: 절점(joint)수

$N = r + m + f - 2j = (3+3) + (8) + (2) - 2(7) = 2$차 부정정

55. 그림과 같은 래티스보에서 $V=3$kN일 때 웨브재의 축방향력은?

① 1.5kN
② $\sqrt{3}$ kN
③ 2.0kN
④ 3.0kN

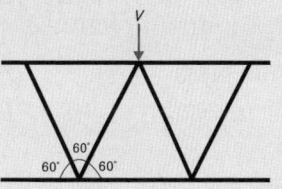

해설

트러스 절점법(Method of Joint)

② $\sum V = 0$:
$-(3) - (2F \cdot \cos 30°) = 0$
$\therefore F = -\sqrt{3}$ kN (압축)

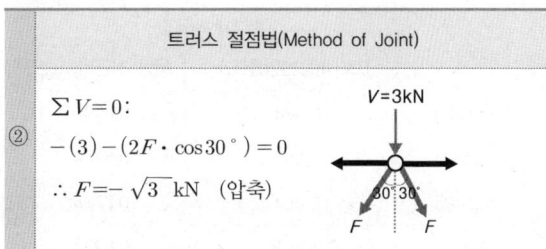

56. 그림과 같은 양단 고정보에서 B단의 휨모멘트 값은?

① 2.4kN·m
② 9.6kN·m
③ 14.4kN·m
④ 24.8kN·m

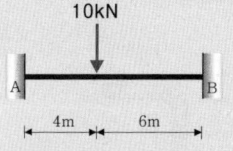

해설

②

고정단모멘트 (FEM, Fixed End Moment)	M_A
	$-\dfrac{P \cdot a \cdot b^2}{L^2}$ (⌢)
	M_B
	$+\dfrac{P \cdot a^2 \cdot b}{L^2}$ (⌢)

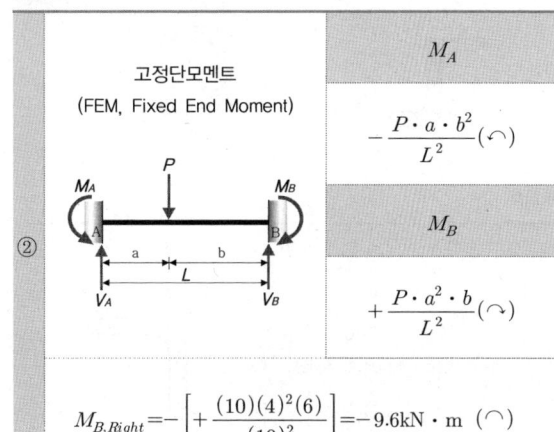

$M_{B,Right} = -\left[+ \dfrac{(10)(4)^2(6)}{(10)^2} \right] = -9.6$ kN·m (⌢)

57
철근콘크리트 단근보에서 균형철근비를 계산한 결과 $\rho_b = 0.039$이었다. 최대철근비는? (단, $E = 200,000\text{MPa}$, $f_y = 400\text{MPa}$, $f_{ck} = 24\text{MPa}$)

① 0.01863　② 0.02256
③ 0.02607　④ 0.02831

해설

④

단철근 직사각형 보의 최대철근비

f_y	휨부재 허용값	
	최소 허용변형률(ϵ_t)	해당 철근비(ρ_{max})
300MPa	0.004	$0.658\rho_b$
350MPa	0.004	$0.692\rho_b$
400MPa	0.004	$0.726\rho_b$
500MPa	$0.005(2\epsilon_y)$	$0.699\rho_b$

$\rho_{max} = 0.726\rho_b = 0.726(0.039) = 0.02831$

58
그림과 같은 단면의 주축(主軸)으로 옳지 않은 것은?

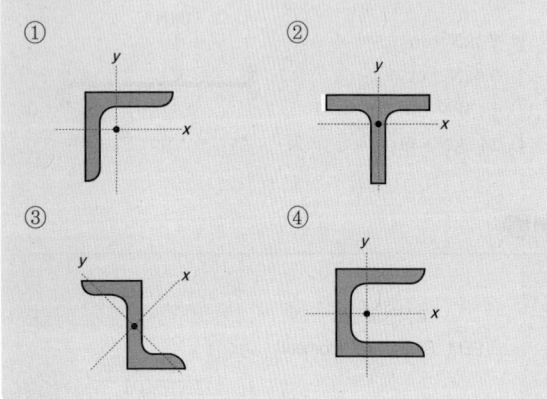

해설

① L형강 단면의 주축(主軸, Principal Axis)

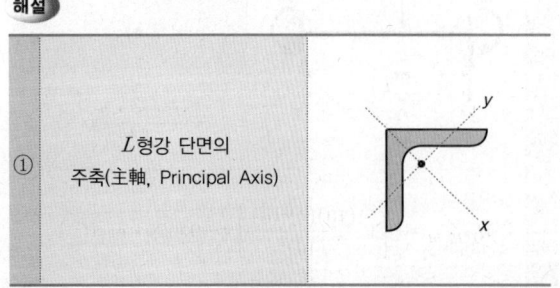

59
각형강관 □-250×250×6을 사용한 충전형 합성기둥의 강재비와 폭두께비는? (단 $A_s = 5,763\text{mm}^2$)

① 강재비 : 0.092, 폭두께비 : 40
② 강재비 : 0.092, 폭두께비 : 38
③ 강재비 : 0.098, 폭두께비 : 40
④ 강재비 : 0.098, 폭두께비 : 38

해설

①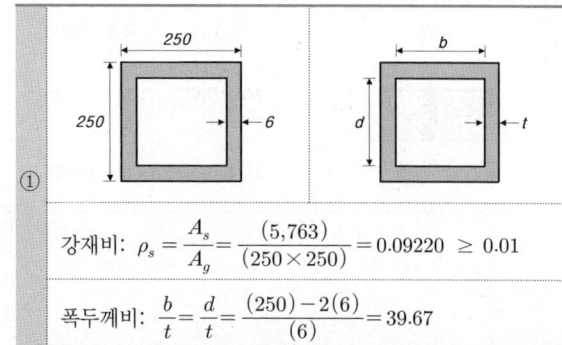

강재비: $\rho_s = \dfrac{A_s}{A_g} = \dfrac{(5,763)}{(250 \times 250)} = 0.09220 \geq 0.01$

폭두께비: $\dfrac{b}{t} = \dfrac{d}{t} = \dfrac{(250) - 2(6)}{(6)} = 39.67$

60
보폭 400mm, 한쪽으로 내민 플랜지 두께 150mm, 보의 경간은 9m, 인접보와의 내측거리 3m인 경우, 슬래브와 보가 일체로 타설된 반T형보의 유효폭은?

① 1,000mm　② 1,150mm
③ 1,300mm　④ 1,900mm

해설

② 반T형보: 플랜지의 유효폭 (b_e, effective breadth)

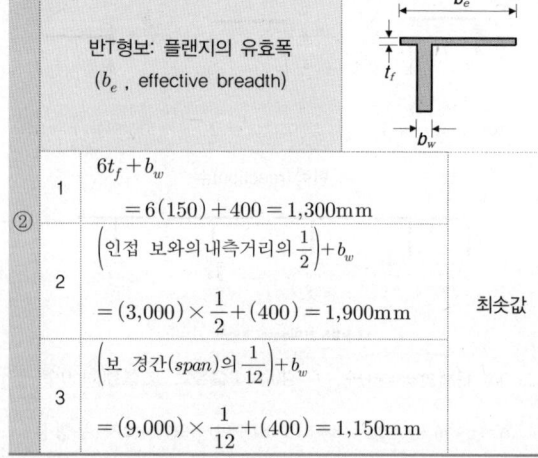

1	$6t_f + b_w$ $= 6(150) + 400 = 1,300\text{mm}$	
2	(인접 보와의 내측거리의 $\frac{1}{2}$) $+ b_w$ $= (3,000) \times \dfrac{1}{2} + (400) = 1,900\text{mm}$	최솟값
3	(보 경간($span$)의 $\frac{1}{12}$) $+ b_w$ $= (9,000) \times \dfrac{1}{12} + (400) = 1,150\text{mm}$	

건축구조 2016년 제2회

41 다음 그림과 같이 용접을 할 때, 용접의 목두께(a)를 구하는 식으로 옳은 것은?

① $a = \sqrt{2}\, S_1$
② $a = \sqrt{2}\, S_2$
③ $a = 0.7 S_1$
④ $a = 0.7 S_2$

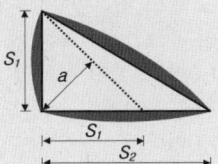

해설

필릿용접(Fillet Welding): 유효목두께
③ 필릿사이즈(S)가 다를 경우 짧은쪽을 기준으로 0.7배를 적용한다. 따라서, 유효목두께 $a = 0.7 S_1$

42 그림과 같은 양단 고정보의 단부 휨모멘트는?

① $M = -\dfrac{wL^2}{16} - \dfrac{PL}{12}$
② $M = -\dfrac{wL^2}{12} - \dfrac{PL}{8}$
③ $M = -\dfrac{wL^2}{8} - \dfrac{PL}{4}$
④ $M = -\dfrac{wL^2}{16} - \dfrac{PL}{8}$

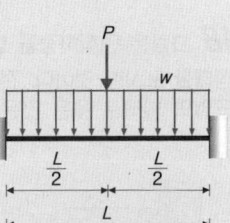

해설

②
고정단모멘트(Fixed End Moment)	
집중하중 P	등분포하중 w

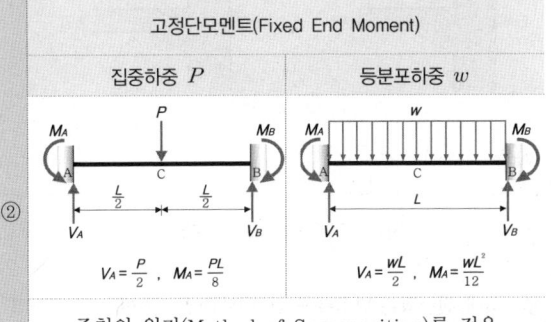

$V_A = \dfrac{P}{2}$, $M_A = \dfrac{PL}{8}$ | $V_A = \dfrac{wL}{2}$, $M_A = \dfrac{wL^2}{12}$

중첩의 원리(Method of Superposition)를 적용

$M_{A,Left} = +\left[-\left(\dfrac{PL}{8}\right) - \left(\dfrac{wL^2}{12}\right)\right] = -\dfrac{PL}{8} - \dfrac{wL^2}{12}$

43 그림과 같은 직사각형 기둥에서 띠철근의 최대간격은? (단, 주근은 D22, 띠철근은 D10)

① 200mm
② 350mm
③ 400mm
④ 480mm

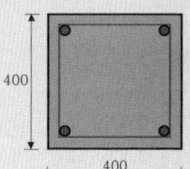

해설

띠철근의 수직간격: 1,2,3 중 최솟값(≥200mm)		
①	1	주철근 직경의 16배 = 22mm × 16배 = 352mm
	2	띠철근 직경의 48배 = 10 × 48mm = 480mm
	3	단변 치수 × 1/2 = 400 × 1/2 = 200mm

44 다음 캔틸레버보의 자유단의 처짐각은? (단, 탄성계수 E, 단면2차모멘트 I)

① $\dfrac{PL^2}{2EI}$ ② $\dfrac{PL^2}{3EI}$
③ $\dfrac{PL^2}{6EI}$ ④ $\dfrac{PL^2}{8EI}$

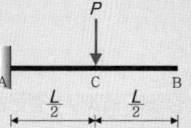

해설

캔틸레버보의 처짐각= 탄성하중도의 면적	
④ 1	탄성하중도
2	$\theta_B = \left(\dfrac{1}{2} \cdot \dfrac{L}{2} \cdot \dfrac{PL}{2EI}\right) = \dfrac{1}{8} \cdot \dfrac{PL^2}{EI}$

해답 41. ③ 42. ② 43. ① 44. ④

45 그림과 같은 정정 구조의 CD부재에서 C, D점의 휨모멘트 값 중 옳은 것은?

① (C) 0kN·m, (D) 16kN·m
② (C) 16kN·m, (D) 16kN·m
③ (C) 0kN·m, (D) 32kN·m
④ (C) 32kN·m, (D) 32kN·m

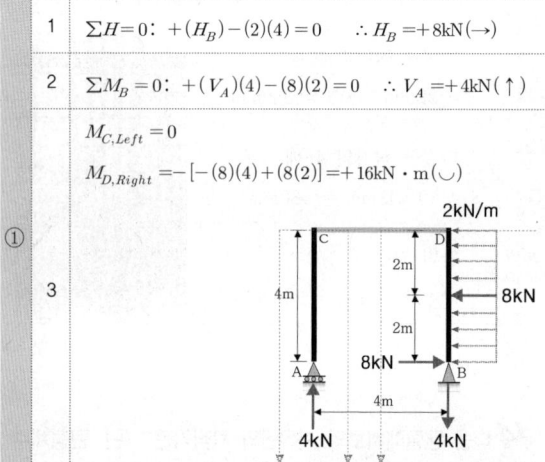

해설

1	$\sum H=0: +(H_B)-(2)(4)=0 \quad \therefore H_B=+8kN(\rightarrow)$
2	$\sum M_B=0: +(V_A)(4)-(8)(2)=0 \quad \therefore V_A=+4kN(\uparrow)$
	$M_{C,Left}=0$
	$M_{D,Right}=-[-(8)(4)+(8)(2)]=+16kN\cdot m(\cup)$
① 3	

46 강도설계법에서 철근콘크리트 구조물 설계 시 고려해야 하는 하중조합으로 옳지 않은 것은? (단, D는 고정하중, F는 유체압 및 유기내용물하중, L은 활하중, W는 풍하중, E는 지진하중, S는 적설하중)

① $U=1.4(D+F)$
② $U=1.2D+1.3W+1.0L+0.5S$
③ $U=1.2D+1.0E+1.0L+0.2S$
④ $U=1.4D+1.3L+1.6S$

해설

④	하중조합: 고정하중(D) + 활하중(L) + 적설하중(S)
	$U=1.2D+1.6L+0.5S$

47 인장을 받는 이형철근의 정착길이(l_d)는 기본정착길이(l_{db})에 보정계수를 곱하여 구한다. 이 보정계수에 대한 설명 중 옳지 않은 것은?

① 철근배치 위치계수 α는 상부철근일 경우 1.5이고, 그 밖의 철근일 경우 1.0이다.
② 철근 크기계수 γ는 철근 직경이 D22 이상인 경우 1.0이고, D19 이하일 경우 0.8이다.
③ 철근 도막계수 β는 도막되지 않은 철근일 경우 1.0이다.
④ 경량콘크리트계수 λ는 일반콘크리트인 경우 1.0이다.

해설

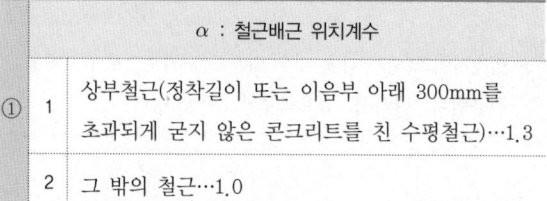

	α : 철근배근 위치계수	
①	1	상부철근(정착길이 또는 이음부 아래 300mm를 초과되게 굳지 않은 콘크리트를 친 수평철근)…1.3
	2	그 밖의 철근…1.0

48 그림은 연직하중을 받는 철근콘크리트의 보의 균열 상태를 표시한 것이다. 전단력에 의해서 생기는 대표적인 균열의 형태로 옳은 것은?

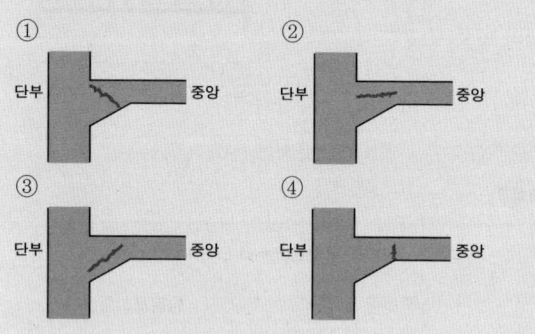

해설

	사인장균열(Diagonal Tension Crack)
③	최대 전단력은 받침부에 면한 지점에 생기며, 사인장균열(Diagonal Tension Crack)은 받침부에서 바깥쪽으로 보통 45°의 경사각으로 발생한다.

해답 45. ① 46. ④ 47. ① 48. ③

49 그림과 같은 단면의 x축에 대한 단면계수 값으로서 옳은 것은?

① $1.278 \times 10^6 \mathrm{mm}^3$
② $1.298 \times 10^6 \mathrm{mm}^3$
③ $1.378 \times 10^6 \mathrm{mm}^3$
④ $1.398 \times 10^6 \mathrm{mm}^3$

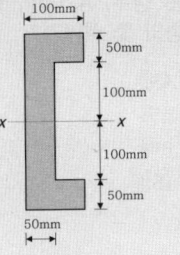

해설

① $Z = \dfrac{I}{y} = \dfrac{\left(\dfrac{1}{12}(100 \times 300^3 - 50 \times 200^3)\right)}{(150)} = 1.27778 \times 10^6 \mathrm{mm}^3$

50 직사각형 단면의 탄성단면계수에 대한 소성단면계수의 비(比)는?

① 0.67   ② 1.20   ③ 1.50   ④ 3.00

해설

③

탄성단면계수(Elastic Section Modulus, Z)
$Z = \dfrac{I}{y} = \dfrac{\left(\dfrac{bh^3}{12}\right)}{\left(\dfrac{h}{2}\right)} = \dfrac{bh^2}{6}$
소성단면계수(Plastic Section Modulus, Z_P)
단면의 도심을 지나는 전 단면적을 2등분 하는 축에 대한 단면계수 $Z_P = A_c \cdot y_c + A_t \cdot y_t = \left(\dfrac{bh}{2}\right)\left(\dfrac{h}{4}\right) \times 2 = \dfrac{bh^2}{4}$
형상계수(Shape Factor, f)
소성모멘트($M_P = F_y \cdot Z_P$)와 항복모멘트($M_y = F_y \cdot Z$)의 비 $f = \dfrac{F_y \cdot Z_P}{F_y \cdot Z} = \dfrac{\text{소성단면계수}}{\text{탄성단면계수}} \dfrac{Z_P}{Z} = \dfrac{\dfrac{bh^2}{4}}{\dfrac{bh^2}{6}} = 1.5$

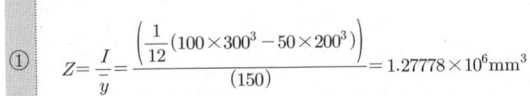

51 다음 그림과 같은 휨모멘트도를 통해 구조물에 작용하는 수평하중 P를 구하면?

① 2kN
② 3kN
③ 4kN
④ 6kN

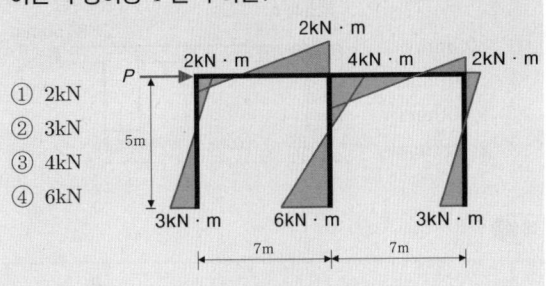

해설

③

처짐각법 전단방정식: $P \cdot h = M_\text{上} + M_\text{下}$	
1	$M_\text{上} = (2) + (4) + (2) = 8 \mathrm{kN \cdot m}$ $M_\text{下} = (3) + (6) + (3) = 12 \mathrm{kN \cdot m}$
2	$(P)(5) = (8) + (12)$ 으로부터 ∴ $P = 4\mathrm{kN}$

52 그림과 같은 구조물의 부정정 차수는?

① 1차 부정정
② 2차 부정정
③ 3차 부정정
④ 4차 부정정

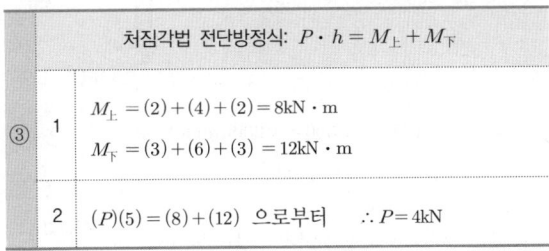

해설

②

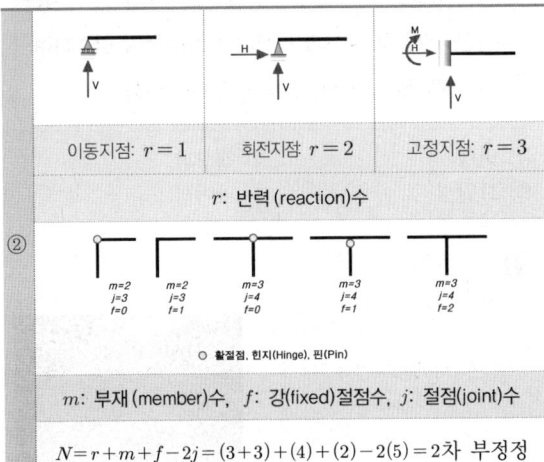

이동지점: $r=1$	회전지점: $r=2$	고정지점: $r=3$

r: 반력(reaction)수

활절점, 힌지(Hinge), 핀(Pin)

m: 부재(member)수, f: 강(fixed)절점수, j: 절점(joint)수

$N = r + m + f - 2j = (3+3) + (4) + (2) - 2(5) = 2$차 부정정

해답   49. ①   50. ③   51. ③   52. ②

53 반T형보의 유효폭으로 옳은 것은? (단, 보 경간은 6m)

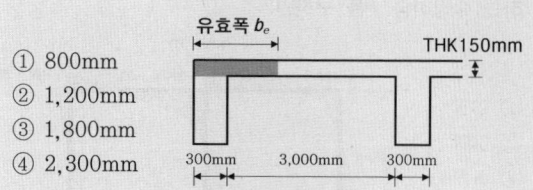

① 800mm
② 1,200mm
③ 1,800mm
④ 2,300mm

해설

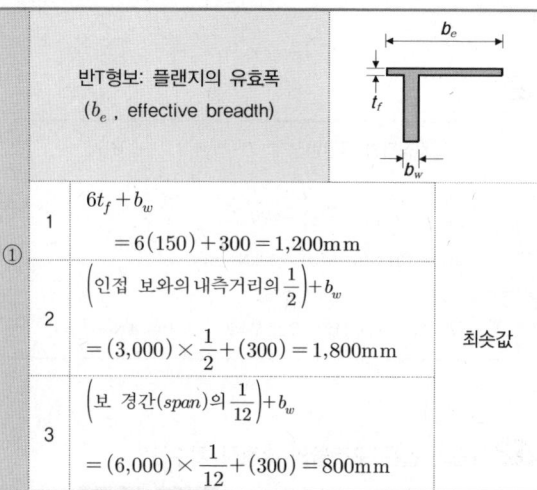

반T형보: 플랜지의 유효폭 (b_e, effective breadth)

① 1
$6t_f + b_w$
$= 6(150) + 300 = 1,200\text{mm}$

2
$\left(\text{인접 보와의 내측거리의 } \frac{1}{2}\right) + b_w$
$= (3,000) \times \frac{1}{2} + (300) = 1,800\text{mm}$

3
$\left(\text{보 경간}(span)\text{의 } \frac{1}{12}\right) + b_w$
$= (6,000) \times \frac{1}{12} + (300) = 800\text{mm}$

최솟값

54 다음에서 설명하는 용어는?

포화사질토가 비배수상태에서 급속한 재하를 받게 되면 과잉간극수압의 발생과 동시에 유효응력이 감소하며, 이로 인해 전단저항이 크게 감소하는 현상

① 히빙
② 액상화
③ 보일링
④ 파이핑

해설

② 액상화 현상 (Liquefaction)

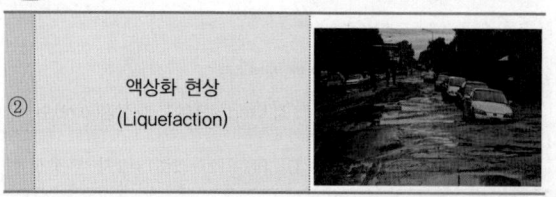

55 부재의 EI가 일정하고, 양단의 지지 상태가 그림과 같은 경우, A기둥의 탄성좌굴하중은 B기둥의 탄성좌굴 하중의 몇 배인가?

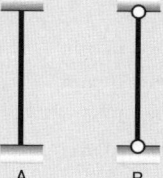

① 4배
② 6배
③ 8배
④ 16배

해설

오일러(Euler) 좌굴하중

① 1
$P_{cr} = \dfrac{\pi^2 EI}{(KL)^2} = \dfrac{1}{K^2} \cdot \dfrac{\pi^2 EI}{L^2}$ 으로부터 $\dfrac{1}{K^2}$을 기둥의 강도(Stiffness)라고 정의할 수 있다.

2
$A = \dfrac{1}{(0.5)^2} = 4, \ B = \dfrac{1}{(1.0)^2} = 1$

56 파단선 A-B-F-C-D의 인장재 순단면적은? (단, 볼트 구멍지름 $d = 22\text{mm}$, 인장재 두께는 6mm)

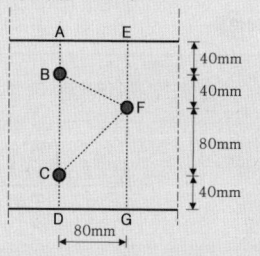

① 1,164mm²
② 1,364mm²
③ 1,564mm²
④ 1,764mm²

해설

엇배치 인장재 순단면적 산정

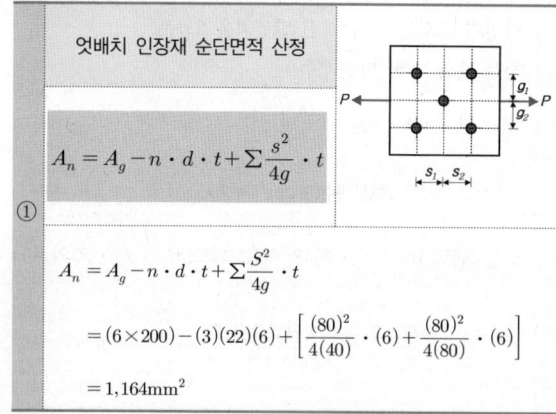

①
$A_n = A_g - n \cdot d \cdot t + \sum \dfrac{s^2}{4g} \cdot t$

$A_n = A_g - n \cdot d \cdot t + \sum \dfrac{S^2}{4g} \cdot t$
$= (6 \times 200) - (3)(22)(6) + \left[\dfrac{(80)^2}{4(40)} \cdot (6) + \dfrac{(80)^2}{4(80)} \cdot (6)\right]$
$= 1,164\text{mm}^2$

해답 53. ① 54. ② 55. ① 56. ①

57 지진의 진도(Intensity)와 규모(Magnitude)에 대한 설명으로 옳지 않은 것은?

① 진도는 상대적 개념의 지진 크기이다.
② 규모는 장소에 관계없는 절대적 개념의 크기이다.
③ 진도는 사람이 느끼는 감각, 물체 이동 등을 계급별로 구분한다.
④ 규모는 지반의 운동 정도를 평가하나 정밀하지는 않다.

해설

지진(地震)의 「규모(Magnitude)」

④ 각 관측소의 지진계에 기록된 진폭을 진앙까지의 거리나 진원의 깊이 등을 고려하여 지수 형태로 나타낸 것으로써 장소와 무관한 절대적 수치이며 진도에 비해 매우 정밀한 값이다.

58 다음 그림과 같은 부재의 최대 휨응력은 약 얼마인가? (단, 부재의 자중은 무시한다.)

① 1.2MPa
② 2.2MPa
③ 3.6MPa
④ 4.5MPa

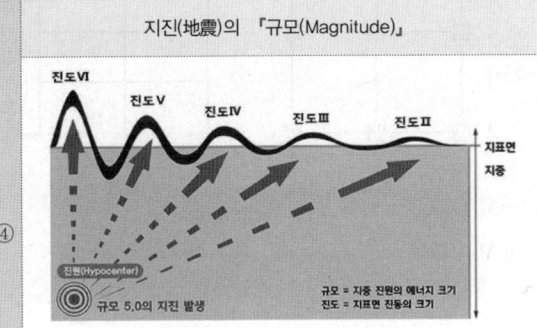

해설

최대 휨응력

④	1	지점반력 $V_A = 10\text{kN} \times \dfrac{6\text{m}}{10\text{m}} = 6\text{kN}$
	2	최대 휨모멘트 $M_{\max} = 6\text{kN} \times 4\text{m} = 24\text{kN} \cdot \text{m}$
	3	$\sigma_{b,\max} = \dfrac{M}{Z} = \dfrac{(24 \times 10^6)}{\dfrac{(200)(400)^2}{6}} = 4.5\text{N/mm}^2 = 4.5\text{MPa}$

59 강구조의 볼트접합에 관한 일반적인 설명으로 옳지 않은 것은?

① 볼트는 가공 정밀도에 따라 상볼트, 중볼트, 흑볼트로 나뉜다.
② 볼트 중심 사이의 간격을 게이지라인(Gauge Line)이라고 한다.
③ 게이지라인(Gauge Line)과 게이지라인과의 거리를 게이지(Gauge)라고 한다.
④ 배치방식은 정렬배치와 엇모배치가 있다.

해설

볼트 접합

② 볼트의 중심선을 연결하는 선을 게이지라인(Gauge Line), 볼트의 중심 사이의 간격은 피치(Pitch)이다.

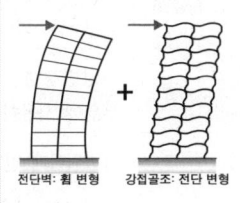

60 지진력저항시스템 중 다음 각 구조시스템에 관한 설명으로 옳지 않은 것은?

① 모멘트골조방식: 수직하중과 횡력을 보와 기둥으로 구성된 라멘골조가 저항하는 구조방식
② 연성모멘트골조방식: 횡력에 대한 저항능력을 증가시키기 위하여 부재와 접합부의 연성을 증가시킨 모멘트골조
③ 이중골조방식: 횡력의 25% 이상을 부담하는 전단벽이 연성모멘트골조와 조화되어 있는 구조방식
④ 건물골조방식: 수직하중은 입체골조가 저항하고, 지진하중은 전단벽이나 가새골조가 저항하는 구조방식

해설

2중골조(Dual Structure)

③ 수평하중의 25% 이상을 부담하는 모멘트(연성)골조가 전단벽이나 가새골조와 조합되어 있는 골조방식

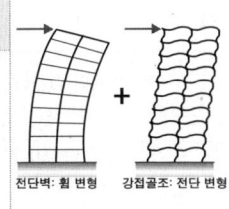

해답 57. ④ 58. ④ 59. ② 60. ③

건축구조 2016년 제4회

41 건축구조용압연강재이라 하며, 건축물의 내진성능을 확보하기 위하여 항복점의 상한치 제한 등에 따른 품질의 편차를 줄이고, 용접성 및 냉간 가공성을 향상시킨 강재는?

① SM강재 ② TMCP강재
③ SS강재 ④ SN강재

해설

④	SN : Steel New(건축구조용 압연강재)	
	SN275	SN 뒤에 붙는 A, B, C는 사용 부위에 따른 요구 성능의 차이를 나타낸다.
	A종	소성변형성능을 기대하지 않는 부재 또는 부위에 사용하는 강종
	B종	광범위하게 일반 구조부위에 사용하는 강종
	C종	용접가공 시를 포함하여 판두께 방향으로 큰 인장응력을 받는 부재 또는 부위에 사용하는 강종

42 다음 조건을 만족하는 철근콘크리트 벽체의 최소 수직철근량과 최소 수평철근량은 얼마인가?

【조건】
- 벽체 길이 : 3,000mm
- 벽체 높이 : 2,600mm
- 벽체 두께 : 200mm
- $f_y = 400\text{MPa}$, D16

① 수직철근량: 720mm², 수평철근량: 1,020mm²
② 수직철근량: 730mm², 수평철근량: 1,020mm²
③ 수직철근량: 720mm², 수평철근량: 1,040mm²
④ 수직철근량: 730mm², 수평철근량: 1,040mm²

해설

③ RC 벽체의 철근비: $\rho_{\min} = 0.0012$, $\rho_{\max} = 0.0020$

수직: $A_{s,\min} = (0.0012)(200)(3,000) = 720\text{mm}^2$
수평: $A_{s,\min} = (0.0020)(200)(2,600) = 1,040\text{mm}^2$

43 그림과 같은 지상 4층 건물에 기둥 C_1의 1층에 발생하는 계수하중에 따른 축력을 면적법으로 구하면? (단, 보 및 기둥 자중은 무시하며, 바닥하중(지붕하중 동일)은 고정하중은 5kN/m^2, 활하중은 3kN/m^2이며 활하중 저감은 무시한다.)

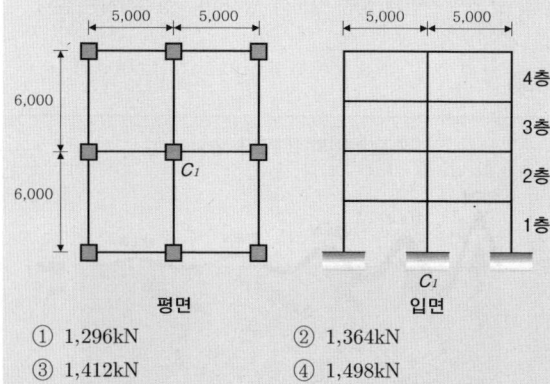

① 1,296kN ② 1,364kN
③ 1,412kN ④ 1,498kN

해설

부하면적 (Tributary Area)	연직하중 전달 구조부재가 분담하는 하중의 크기를 바닥면적으로 나타낸 것

①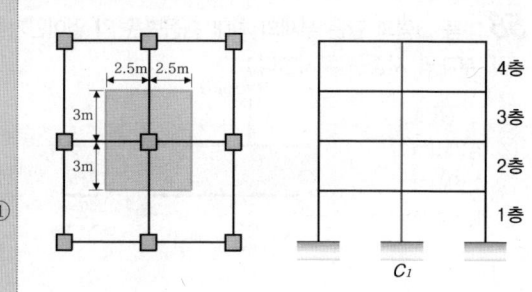

계수하중	$w_u = 1.2w_D + 1.6w_L$ $= 1.2(5) + 1.6(3) = 10.8\text{kN/m}^2$
기둥의 축하중	$P_o = w_u \cdot A \cdot 4$개층 $= (10.8)(5 \times 6) \times 4$개층 $= 1,296\text{kN}$

해답 41. ④ 42. ③ 43. ①

44 $x-x$축에 대한 단면2차모멘트를 구하면?

① 76cm^4
② 258cm^4
③ 428cm^4
④ 500cm^4

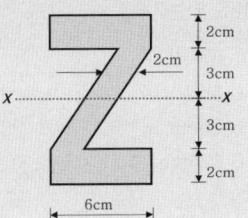

해설

	단면2차모멘트 평행축 정리: $I_{이동축} = I_{도심축} + A \cdot e^2$
③	1. 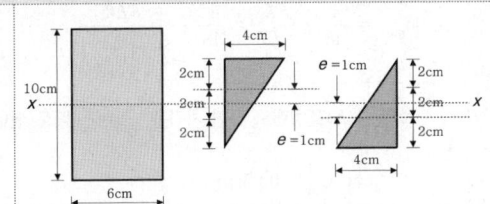
	도심축에 대한 직사각형의 단면2차모멘트에서 편심축에 대한 삼각형 2개의 단면2차모멘트를 뺀다.
	2. $I_x = \dfrac{bh^3}{12} - \left[\dfrac{bh^3}{36} + A\cdot e^2\right] \times 2$개 $= \dfrac{(6)(10)^3}{12} - \left[\dfrac{(4)(6)^3}{36} + \left(\dfrac{1}{2}\times 4\times 6\right)(1)^2\right]\times 2$개 $= 428\text{cm}^4$

45 보통골재를 사용한 철근콘크리트 보에 콘크리트 압축강도($f_{ck}=24\text{MPa}$), 철근의 항복강도($f_y=400\text{MPa}$)의 재료를 사용할 경우 탄성계수비는 약 얼마인가? (단, $E_s=200,000\text{MPa}$)

① 6.75 ② 7.75 ③ 8.25 ④ 9.15

해설

	탄성계수비	
②	1	$f_{ck}=24\text{MPa} \leq 40\text{MPa} \Rightarrow \Delta f = 4\text{MPa}$
	2	$n = \dfrac{E_s}{E_c} = \dfrac{200,000}{8,500\cdot\sqrt[3]{f_{ck}+\Delta f}}$ $= \dfrac{200,000}{8,500\cdot\sqrt[3]{(24)+(4)}} = 7.75$

46 【※ 현행 국가건설기준 KDS와 상이한 문제이므로 삭제】

47 그림과 같은 $2L_s-90\times 90\times 7$ 조립압축재의 단면2차반경 r_Y는 얼마인가? (단, 개재의 중심축에 대한 단면2차반경 r_y는 27.6mm, c_y는 24.6mm)

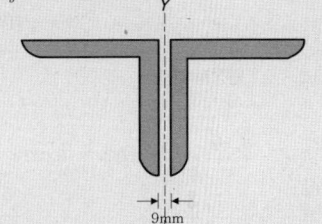

① 38.5mm
② 40.1mm
③ 52.2mm
④ 58.8mm

해설

	조립압축재: 단면2차반경
②	1. Y축에 대한 단면2차모멘트 $I_Y = \left[I_y + A\cdot\left(\dfrac{e}{2}\right)^2\right]\times 2$개 $= 2I_y + 2A\cdot\left(\dfrac{e}{2}\right)^2$
	2. 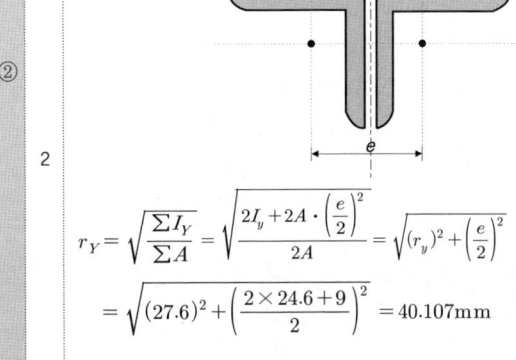 $r_Y = \sqrt{\dfrac{\Sigma I_Y}{\Sigma A}} = \sqrt{\dfrac{2I_y+2A\cdot\left(\dfrac{e}{2}\right)^2}{2A}} = \sqrt{(r_y)^2+\left(\dfrac{e}{2}\right)^2}$ $= \sqrt{(27.6)^2+\left(\dfrac{2\times 24.6+9}{2}\right)^2} = 40.107\text{mm}$

해답 44. ③ 45. ② 46. 답없음 47. ②

48 철근콘크리트 보에서 고정하중과 활하중에 의하여 구한 설계모멘트 $M_u = 540\text{kN} \cdot \text{m}$ 라면 이때의 공칭강도는? (단, 중립축의 깊이(c)는 220mm, 최외단 압축연단에서 최외단 인장철근까지의 거리(d)는 550mm, $f_y = 400\text{MPa}$, $f_{ck} = 24\text{MPa}$)

① 638 kN·m   ② 754 kN·m
③ 798 kN·m   ④ 832 kN·m

49 그림과 같은 단순보에서 중앙점의 처짐량이 2cm로 나타났다. 만일 보의 춤을 2배로 크게 하면 처짐량은 얼마로 되는가?

① 1cm
② 0.5cm
③ 0.25cm
④ 0.125cm

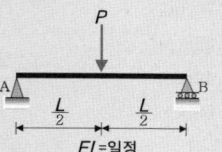

해설

	극한강도설계법의 관계식: $M_u \leq \phi M_n$
	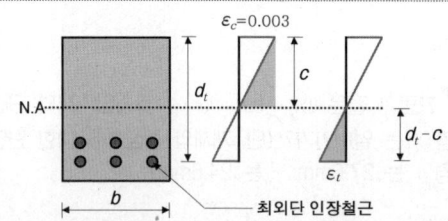

	인장지배단면	변화구간단면
	$\epsilon_t = \dfrac{d_t - c}{c} \cdot \epsilon_{cu} \geq 0.005$	$0.002 < \epsilon_t = \dfrac{d_t - c}{c} \cdot \epsilon_c < 0.005$
	↓	↓
	$\phi = 0.85$	$\phi = 0.65 + (\epsilon_t - 0.002) \times \dfrac{200}{3}$

①

1	최외단 인장철근의 순인장변형률 $\epsilon_t = \dfrac{d_t - c}{c} \cdot \epsilon_{cu}$ $= \dfrac{(550) - (220)}{(220)} \cdot (0.0033) = 0.00495 < 0.005$
2	$0.0020 < \epsilon_t (=0.00495) < 0.005$ 이므로 변화구간 단면의 부재이다.
3	나선철근 이외의 모든 부재 $\phi = 0.65 + (\epsilon_t - 0.002) \times \dfrac{200}{3}$ $= 0.65 + [(0.00495) - 0.002] \times \dfrac{200}{3} = 0.84667$
4	공칭휨강도 $M_n \geq \dfrac{M_u}{\phi} = \dfrac{(540)}{(0.846)} = 638.298\text{kN} \cdot \text{m}$

해설

	단순보: 중앙에 집중하중 작용 시 최대 처짐
1	$\delta_{\max} = \dfrac{1}{48} \cdot \dfrac{PL^3}{EI} = \dfrac{1}{48} \cdot \dfrac{PL^3}{E \cdot \left(\dfrac{bh^3}{12}\right)}$
2	보의 춤(h)을 2배로 하면 처짐은 $\dfrac{1}{2^3} = \dfrac{1}{8}$ 배로 된다. $\therefore 2\text{cm} \times \dfrac{1}{8} = 0.25\text{cm}$

③

50 그림과 같은 구조에서 C단에 발생하는 휨모멘트는?

① 2.4kN·m
② 5kN·m
③ 6.5kN·m
④ 10kN·m

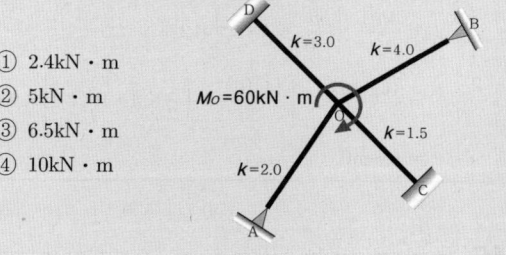

해설

	모멘트 분배법(Moment Distribution Method)
1	분배율: $DF_{OC} = \dfrac{1.5}{2.0 \times \dfrac{3}{4} + 4.0 \times \dfrac{3}{4} + 1.5 + 3.0} = \dfrac{1}{6}$
2	분배모멘트: $M_{OC} = M_O \cdot DF_{OC} = (+60)\left(\dfrac{1}{6}\right) = +10\text{kN} \cdot \text{m}(\frown)$
3	전달모멘트: $M_{CO} = \dfrac{1}{2} M_{OC} = \dfrac{1}{2}(+10) = +5\text{kN} \cdot \text{m}(\frown)$

②

해답 48. ①   49. ③   50. ②

51 그림과 같은 구조물에서 휨모멘트가 작용하지 않는 부재($M=0$)는?

① 없음
② CD부재
③ BD부재
④ AC부재

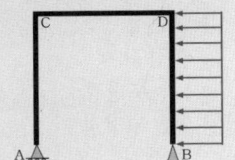

해설

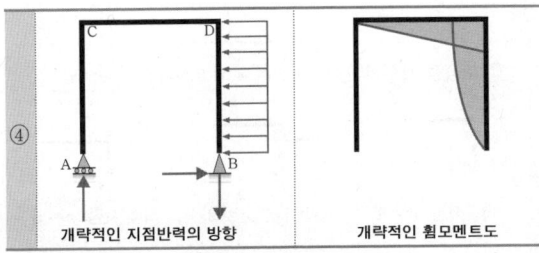

개략적인 지점반력의 방향   개략적인 휨모멘트도

52 지진하중 설계 시 밑면전단력과 관계없는 것은?

① 유효건물중량　　② 중요도계수
③ 지반증폭계수　　④ 가스트계수

해설

가스트영향계수(Gust Effect Factor)
④ 바람의 난류로 인해 발생되는 구조물의 동적 거동 성분을 나타낸 것으로 평균변위에 대한 최대변위의 비를 통계적인 값으로 표현한 계수로서 풍하중 설계와 관련된 지표

【등가정적해석법에 따른 밑면전단력(V) 산정식】

내진설계 등가정적해석법 밑면전단력	$V = C_s \cdot W = \dfrac{S_{D1}}{\left[\dfrac{R}{I_E}\right] \cdot T} \cdot W$

- W : 유효 건물중량
- S_{D1} : 주기 1초에서의 설계스펙트럼가속도
- T : 건물의 고유주기
- C_s : 지진응답계수
- R : 반응수정계수
- I_E : 건물의 중요도계수

53 강도설계법에서 흙에 접하는 기둥의 최소 피복두께 기준으로 옳은 것은? (단, 프리스트레스하지 않는 부재의 현장치기 콘크리트로서 D25인 철근임)

① 20mm　　② 30mm
③ 40mm　　④ 50mm

해설

종류			피복두께
수중에서 치는 콘크리트			100mm
흙에 접하여 콘크리트를 친 후 영구히 흙에 묻혀 있는 콘크리트			75mm
흙에 접하거나 옥외의 공기에 직접 노출되는 콘크리트	D19 이상의 철근		50mm
	D16 이하의 철근		40mm
	지름 16mm 이하의 철선		
옥외의 공기나 흙에 직접 접하지 않는 콘크리트	슬래브, 벽체, 장선	D35 초과 철근	40mm
		D35 이하 철근	20mm
	보, 기둥		40mm
	쉘, 절판부재		20mm

【※ 단, 보·기둥의 경우 $f_{ck} \geq 40\text{MPa}$ 일 때 피복두께를 10mm 저감할 수 있다.】

54 지진계에 기록된 진폭을 진원의 깊이와 진앙까지의 거리 등을 고려하여 지수로 나타낸 것으로 장소에 관계없는 절대적 개념의 지진 크기를 말하는 것은?

① 규모　　② 진도
③ 진원시　　④ 지진동

해설

지진(地震)의 『규모(Magnitude)』
① 각 관측소의 지진계에 기록된 진폭을 진앙까지의 거리나 진원의 깊이 등을 고려하여 지수 형태로 나타낸 것으로써 장소와 무관한 절대적 수치이며 진도에 비해 매우 정밀한 값이다.

해답　51. ④　52. ④　53. ④　54. ①

55 용접 H형강 $H-450\times450\times20\times28$의 플랜지 및 웨브에 대한 판폭두께비를 구하면?

① 플랜지 : 16.07,   웨브 : 14.07
② 플랜지 : 16.07,   웨브 : 19.7
③ 플랜지 : 8.04,   웨브 : 14.07
④ 플랜지 : 8.04,   웨브 : 19.7

해설

④
플랜지 판폭두께비
$$\lambda_f = \frac{b}{t_f} = \frac{(450/2)}{(28)} = 8.04$$

웨브 판폭두께비
$$\lambda_w = \frac{h}{t_w} = \frac{(450)-2(28)}{(20)} = 19.7$$

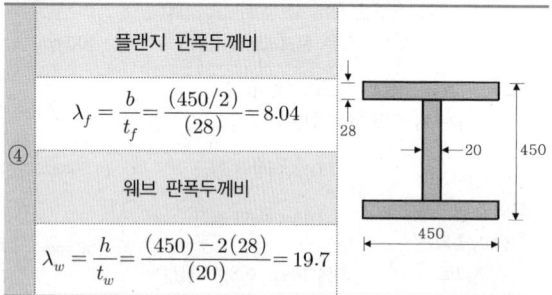

56 그루브용접부에서 A와 D 부위의 명칭으로 옳은 것은?

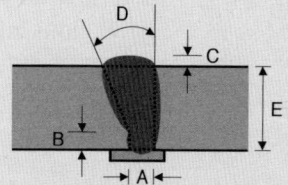

① A: 루트간격   D: 개선각
② A: 루트면   D: 유효목두께
③ A: 루트간격   D: 보강살높이
④ A: 루트면   D: 개선각

해설

① 그루브용접(Groove Welding, 맞댐용접)

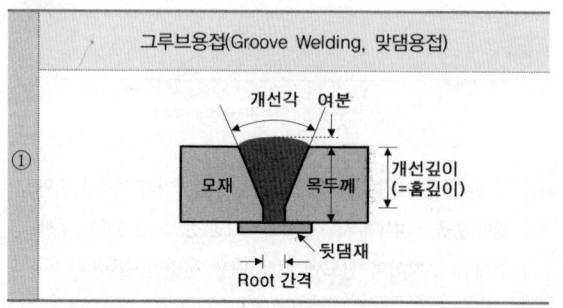

57 그림과 같은 구조물의 판별로 옳은 것은? (단, 그림의 하부지점은 고정단임)

① 불안정
② 정정
③ 1차 부정정
④ 2차 부정정

해설

② 부정정 차수(N, Degree of Static Indeterminancy)

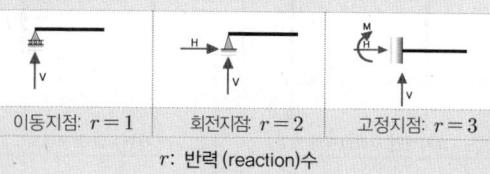

| 이동지점: $r=1$ | 회전지점: $r=2$ | 고정지점: $r=3$ |

r: 반력(reaction)수

m: 부재(member)수, f: 강(fixed)절점수, j: 절점(joint)수

$N = r+m+f-2j = (3)+(6)+(5)-2(7) = 0$ ➡ 정정

58 그림과 같은 구조물에 작용하는 4개의 힘이 평형을 이룰 때 F의 크기 및 거리 x는?

① $F=25$kN, $x=1$m
② $F=50$kN, $x=1$m
③ $F=25$kN, $x=0.5$m
④ $F=50$kN, $x=0.5$m

해설

③ 힘의 평형조건: $\sum H=0$, $\sum V=0$, $\sum M=0$

$\sum H=0$: 수평력이 작용하지 않으므로 검토할 필요가 없다.

$\sum V=0$: $-(25)+(100)-(100)+(F)=0$
∴ $F=+25$kN(↑)

100kN 하향하중 작용점에서 $\sum M=0$을 적용하면
$-(25)(1.5)+(100)(0.5)-(F)(x)=0$ ∴ $x=0.5$m

해답 55. ④   56. ①   57. ②   58. ③

59 그림과 같은 T형보(G_1)의 유효폭 b_e의 값은? (단, 슬래브 두께는 120mm, 보의 폭은 300mm)

① 150cm
② 192cm
③ 222cm
④ 400cm

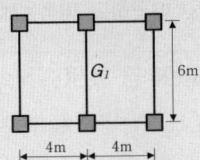

해설

	T형보: 플랜지의 유효폭 (b_e, effective breadth)	
①	1	$16t_f + b_w = 16(12) + 30 = 222$cm
	2	양쪽 슬래브 중심간 거리 $= \dfrac{400}{2} + \dfrac{400}{2} = 400$cm — 최솟값
	3	$\dfrac{1}{4} \times$(보 스팬) $= \dfrac{1}{4} \times 600 = 150$cm

60 말뚝머리지름이 400mm인 기성콘크리트 말뚝을 시공할 때 그 중심 간격으로 가장 적당한 것은?

① 750mm
② 800mm
③ 900mm
④ 1,000mm

해설

	종류	말뚝의 최소 간격
	기성콘크리트 말뚝	2.5D 이상, 750mm 이상
④	강재 말뚝	2.0D(폐단강관말뚝: 2.5D) 이상, 750mm 이상
	제자리(현장타설) 콘크리트 말뚝	2.0D 이상, (D+1,000mm) 이상

2.5(400)=1,000mm 이상, 750mm 이상이므로 1,000mm

해답 59. ① 60. ④

건축구조 2017년 제1회

41 그림에서 파단선 A-1-2-3-D의 인장재의 순단면적은? (단, 판두께는 10mm, 볼트 구멍지름은 22mm)

① 690mm²
② 790mm²
③ 890mm²
④ 990mm²

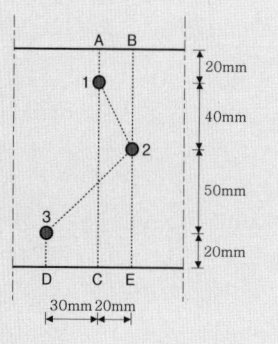

해설

엇배치 인장재 순단면적 산정

$$A_n = A_g - n \cdot d \cdot t + \sum \frac{s^2}{4g} \cdot t$$

②

$$A_n = A_g - n \cdot d \cdot t + \sum \frac{S^2}{4g} \cdot t$$
$$= (10 \times 130) - (3)(22)(10) + \left[\frac{(20)^2}{4(40)} \cdot (10) + \frac{(50)^2}{4(50)} \cdot (10)\right]$$
$$= 790 \text{mm}^2$$

42 강도설계법에서 깊은보는 순경간 L_n이 부재깊이의 몇 배 이하인 부재인가?

① 2배 ② 3배 ③ 4배 ④ 5배

해설

③

$\frac{L_n}{h} \leq 4$

순경간 L_n이 부재깊이 (h)의 4배 이하인 부재

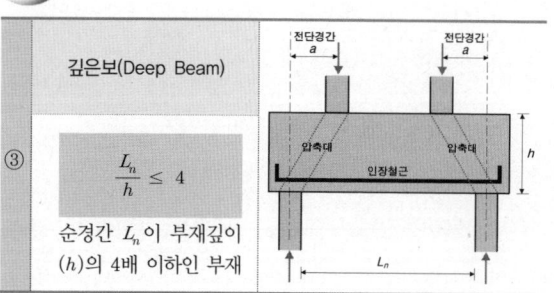

43 다음과 같은 조건에서 철근콘크리트 보의 인장철근의 최대 허용 배근간격은 얼마인가? (단, 철근은 보의 인장부에만 배근하고 피복두께는 40mm이다.)

- 일반환경 조건 ($\kappa_{cr} = 210$)
- $f_{ck} = 28\text{MPa}, f_y = 400\text{MPa}, f_s = (2/3)f_y$
- $A_s = 1,548.5\text{mm}^2 (4-D22)$

① 106.7mm ② 163.5mm ③ 195.3mm ④ 239.1mm

해설

휨균열 제어를 위한 인장철근의 배근 중심간격

콘크리트의 인장연단에 가장 가까이에 배치되는 철근의 중심간격(s)은 다음 1, 2 중 작은값 이하로 결정한다.

③

1 $s = 375\left(\frac{\kappa_{cr}}{f_s}\right) - 2.5C_c = 375\left(\frac{(210)}{\frac{2}{3}(400)}\right) - 2.5(40) = 195.313\text{mm}$

2 $s = 300\left(\frac{\kappa_{cr}}{f_s}\right) = 300\left(\frac{(210)}{\frac{2}{3}(400)}\right) = 236.25\text{mm}$

44 다음 그림과 같은 구조물의 판별로 옳은 것은?

① 불안정
② 정정
③ 1차 부정정
④ 2차 부정정

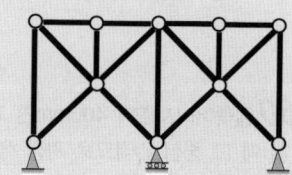

해설

부정정 차수(N, Degree of Static Indeterminancy)

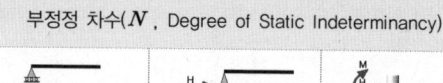

| 이동지점: $r=1$ | 회전지점 $r=2$ | 고정지점: $r=3$ |

r: 반력(reaction)수

④

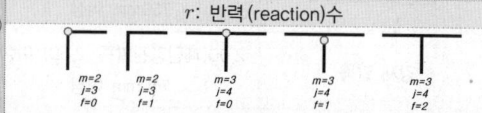

○ 활절점, 힌지(Hinge), 핀(Pin)

m: 부재(member)수, f: 강(fixed)절점수, j: 절점(joint)수

$N = r + m + f - 2j = (2+1+2) + (17) + (0) - 2(10) = 2$차

해답 41. ② 42. ③ 43. ③ 44. ④

45 그림과 같은 구조물에서 AE구간과 EB구간의 전단력의 차이는?

① $\dfrac{Pa}{L}$
② $\dfrac{Pb}{L}$
③ P
④ 0

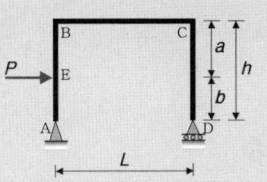

해설

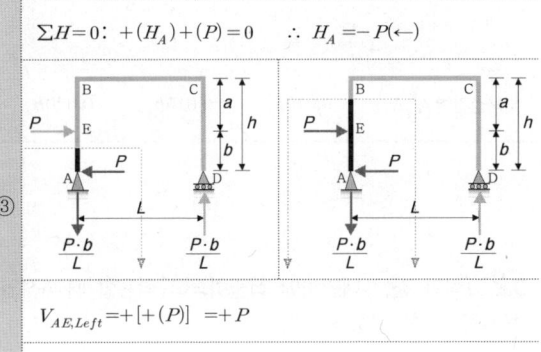

$\sum H = 0: +(H_A)+(P)=0 \quad \therefore H_A = -P(\leftarrow)$

$V_{AE,Left} = +[+(P)] = +P$

$V_{EB,Left} = +[+(P)-(P)] = 0$

46 탄성계수가 10^5MPa이고 균일한 단면을 가진 부재에 인장력이 작용하여 10MPa의 인장응력이 발생하였다. 이때 부재의 길이가 0.5mm 늘어났다면 부재의 원래의 길이는?

① 2m
② 5m
③ 8m
④ 10m

해설

R. Hooke(1635~1703)

탄성(Elasticity)한도 내에서 응력과 변형률은 비례한다.

$\sigma = E \cdot \epsilon$

$\dfrac{P}{A} = E \cdot \dfrac{\Delta L}{L}$

$L = \dfrac{E \cdot \Delta L}{\sigma} = \dfrac{(10^5)(0.5)}{(10)} = 5,000\text{mm} = 5\text{m}$

47 철골구조의 기둥-보 접합부의 구성 요소와 가장 거리가 먼 것은?

① 엔드 플레이트(End Plate)
② 다이아프램(Diaphragm)
③ 스플릿 티(Split Tee)
④ 메탈 터치(Metal Touch)

해설

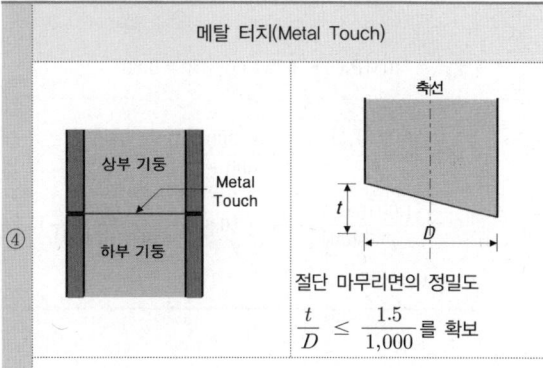

메탈 터치(Metal Touch)

절단 마무리면의 정밀도
$\dfrac{t}{D} \leq \dfrac{1.5}{1,000}$ 를 확보

메탈 터치(Metal Touch)는 기둥과 기둥의 밀착이음 가공으로 기둥의 이음과 관계있다.

48 보통중량콘크리트를 사용한 그림과 같은 보의 단면에서 외력에 의해 휨균열을 일으키는 균열모멘트(M_{cr}) 값은?
(단, $f_{ck}=27$MPa, $f_y=400$MPa, 철근은 개략적으로 도시되었음)

① 29.5kN·m
② 34.7kN·m
③ 40.9kN·m
④ 52.4kN·m

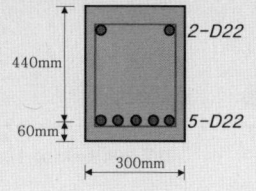

해설

균열모멘트=파괴계수($0.63\lambda\sqrt{f_{ck}}$)×단면계수($\dfrac{bh^2}{6}$)

1. 보통중량콘크리트: 경량콘크리트계수 $\lambda=1$

2. $M_{cr} = 0.63\lambda\sqrt{f_{ck}} \cdot \dfrac{bh^2}{6}$
   $= 0.63(1)\sqrt{(27)} \cdot \dfrac{(300)(500)^2}{6}$
   $= 40,919,700\text{N·mm} = 40.919\text{kN·m}$

해답 45. ③ 46. ② 47. ④ 48. ③

3 바이블 과목별 기출문제

49 $f_{ck}=27\text{MPa}$, $f_y=400\text{MPa}$, $d=550\text{mm}$인 철근콘크리트 단근직사각형 보에서 균형철근비 ρ_b를 구하면?
(단, $E_s=2.0\times 10^5\text{MPa}$)

① 0.0260
② 0.0286
③ 0.0325
④ 0.0352

해설

	균형철근비(Balanced Steel Ratio)	
②	1	$f_{ck} \leq 40\text{MPa}$ ➡ $\eta=1.00$, $\beta_1=0.80$
	2	$\rho_b = \dfrac{\eta(0.85f_{ck})}{f_y} \cdot \beta_1 \cdot \dfrac{660}{660+f_y}$ $= \dfrac{(1.00)(0.85\times 27)}{(400)} \cdot (0.80) \cdot \dfrac{660}{660+(400)}$ $= 0.02857$

50 그림과 같은 철골구조에서 $K_B/K_C=0$ 일 때 기둥의 좌굴길이는? (단, 수평력에 의해 수평변형이 생길 때)

① 0.5h
② 0.7h
③ 1.0h
④ 2.0h

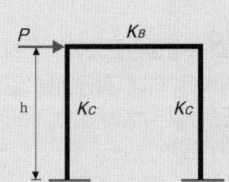

해설

	좌굴길이(Buckling Length)	
④	1	$\dfrac{K_B}{K_C}=0$인 경우 $K_B=0$이 된다. 이것은 외력 P가 골조에 작용할 때 보가 어떠한 변형도 흡수할 수 없다는 의미이므로 절점은 자유단($K=2$)으로 간주할 수 있다.
	2	일단고정 타단자유단의 좌굴길이 $KL=(2)(h)=2h$이다.

51 다음 중 내진 I등급 구조물의 허용층간변위는? (단, h_{sx}는 x층 층고)

① $0.005h_{sx}$
② $0.010h_{sx}$
③ $0.015h_{sx}$
④ $0.020h_{sx}$

해설

내진설계 시 허용층간변위(Δ_a)			
※ h_{sx} : x층 층고	내진등급		
	특	I	Ⅱ
허용층간변위(Δ_a)	$0.010h_{sx}$	$0.015h_{sx}$	$0.020h_{sx}$

52 그림과 같은 내민보에 집중하중이 작용할 때 A점의 처짐각 θ_A를 구하면?

① $\dfrac{PL^2}{4EI}$
② $\dfrac{PL^2}{16EI}$
③ $\dfrac{PL^2}{128EI}$
④ $\dfrac{PL^2}{256EI}$

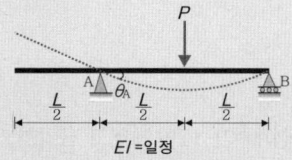

EI=일정

해설

	내민보 = 캔틸레버보 + 단순보	
②	1	내민구간에 하중이 작용하지 않으므로 AB 단순보의 중앙에 집중하중 P가 작용할 때를 검토한다.
	2	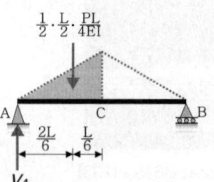 처짐각: $\theta_A=V_A'=\dfrac{1}{2}\cdot\dfrac{L}{2}\cdot\dfrac{PL}{4EI}=\dfrac{1}{16}\cdot\dfrac{PL^2}{EI}$

해답 49. ② 50. ④ 51. ③ 52. ②

53 그림과 같은 사다리꼴 단면형의 도심(圖心)의 위치 $\bar{y}$를 나타내는 식은?

① $y = \dfrac{h}{3} \times \dfrac{2a+b}{a+b}$

② $y = \dfrac{h}{3} \times \dfrac{a+2b}{a+b}$

③ $y = \dfrac{h}{3} \times \dfrac{a+b}{2a+b}$

④ $y = \dfrac{h}{3} \times \dfrac{a+b}{a+2b}$

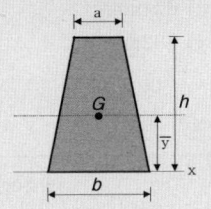

해설

①	단면1차모멘트 = 도심 × 단면적 삼각형($\dfrac{1}{2}bh$)와 삼각형($\dfrac{1}{2}ah$)로 구분하여 더한다. 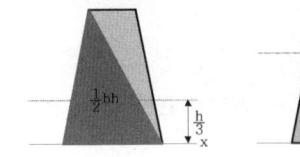
2	$\bar{y} = \dfrac{G_x}{A} = \dfrac{\left(\dfrac{1}{2}bh\right)\left(\dfrac{h}{3}\right)+\left(\dfrac{1}{2}ah\right)\left(\dfrac{2h}{3}\right)}{\left(\dfrac{1}{2}bh\right)+\left(\dfrac{1}{2}ah\right)} = \dfrac{h(2a+b)}{3(a+b)}$

54 강구조 용접에서 용접 개시점과 종료점에 용착금속에 결함이 없도록 임시로 부착하는 것은?

① 엔드 탭(End Tab)   ② 오버 랩(Overlap)
③ 뒷댐재(Backing Strip) ④ 언더 컷(Under Cut)

해설

①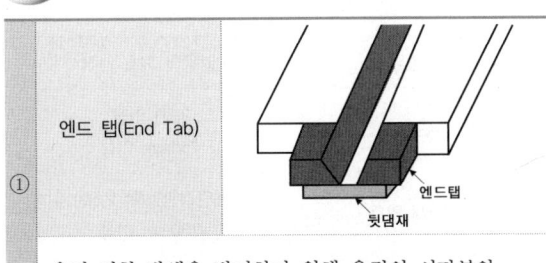
용접 결함 발생을 방지하기 위해 용접의 시단부와 종단부에 임시로 붙이는 보조 강판

55 표준갈고리를 갖는 인장이형철근(D13)의 기본정착 길이는? (단, D13의 공칭지름: 12.7mm, $f_{ck}=27$MPa, $f_y=400$MPa, $\beta=1.0$, $m_c=2,300$kg/m³)

① 190mm   ② 205mm
③ 220mm   ④ 235mm

해설

	표준갈고리를 갖는 인장이형철근의 기본정착길이
1	$m_c = 2,300$kg/m³ ➡ 경량콘크리트계수 $\lambda = 1$
④ 2	$l_{hb} = \dfrac{0.24\beta \cdot d_b \cdot f_y}{\lambda\sqrt{f_{ck}}}$ $= \dfrac{0.24(1.0)(12.7)(400)}{(1)\sqrt{(27)}} = 234.635$mm

56 다음 그림과 같은 인장재에서 순단면적을 구하면? (단, F10T-M20볼트 사용(표준 구멍), 판의 두께는 6mm)

① 296mm²
② 396mm²
③ 426mm²
④ 536mm²

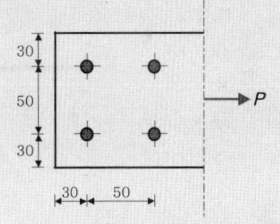

해설

② 정렬배치 인장재 순단면적 산정 $A_n = A_g - n \cdot d \cdot t$

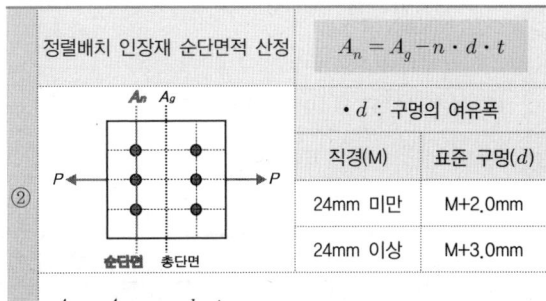

· d : 구멍의 여유폭

직경(M)	표준 구멍(d)
24mm 미만	M+2.0mm
24mm 이상	M+3.0mm

$A_n = A_g - n \cdot d \cdot t$
$= (6 \times 110) - (2)(20+2)(6) = 396$mm²

해답 53. ① 54. ① 55. ④ 56. ②

57 다음 중 철골구조의 소성설계와 관계 없는 것은?

① 형상계수(Form Factor)
② 소성힌지(Plastic Hinge)
③ 붕괴기구(Collapse Mechanism)
④ 잔류응력(Residual Stress)

해설

	잔류응력(Residual Stress)
④	응력을 일으키게 한 원인을 제거한 후에도 원래대로 돌아가지 않고 남아 있는 응력을 말한다. 주로 열간압연에 따른 형강이 냉각 수축될 때 단면 내에서의 냉각속도의 차이에 의해 발생하는 현상을 의미하므로 소성설계 요소와는 무관하다.

58 그림과 같은 하중을 받는 단순보에서 E점의 전단력 값은?

① −1kN
② −2kN
③ −3kN
④ −4kN

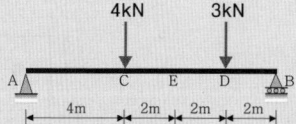

해설

①

$\sum M_B = 0 : +(V_A)(10)-(4)(6)-(3)(2)=0$
$\therefore V_A = +3\text{kN}(\uparrow)$

$V_{E.Left} = +[+(3)-(4)] = -1\text{kN}(\downarrow\uparrow)$

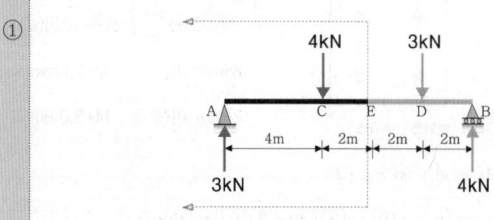

59 압축이형철근(D19)의 기본정착길이를 구하면? (단, D19의 단면적: 287mm^2, $f_{ck}=21\text{MPa}$, $f_y=400\text{MPa}$)

① 674mm   ② 570mm
③ 482mm   ④ 415mm

해설

	압축이형철근의 기본정착길이	
④	1	$l_{db} = \dfrac{0.25 d_b \cdot f_y}{\lambda \sqrt{f_{ck}}} = \dfrac{0.25(19)(400)}{(1)\sqrt{(21)}} = 414.6\text{mm}$ 　최댓값
	2	$l_{db} = 0.043 d_b \cdot f_y = 0.043(19)(400) = 326.8\text{mm}$

60 말뚝 재료별 구조세칙에 관한 내용으로 옳지 않은 것은?

① 현장타설콘크리트말뚝을 배치할 때 그 중심간격은 말뚝머리지름의 1.5배 이상 또한 말뚝머리지름에 500mm를 더한 값 이상으로 한다.
② 나무말뚝은 갈라짐 등의 흠이 없는 생통나무 껍질을 벗긴 것으로 말뚝머리에서 끝마구리까지 대체로 균일하게 지름이 변화하고 끝마구리의 지름이 120mm 이상의 것을 사용한다.
③ 기성콘크리트말뚝을 타설할 때 그 중심간격은 말뚝머리지름의 2.5배 이상 또한 750mm 이상으로 한다.
④ 매입말뚝을 배치할 때 그 중심간격은 말뚝머리지름의 2배 이상으로 한다.

해설

	종류	말뚝의 최소 간격
①	기성콘크리트 말뚝	2.5D 이상, 750mm 이상
	강재 말뚝	2.0D(폐단강관말뚝: 2.5D) 이상, 750mm 이상
	제자리(현장타설) 콘크리트 말뚝	2.0D 이상, (D+1,000mm) 이상

해답 57. ④ 58. ① 59. ④ 60. ①

건축구조 2017년 제2회

41 단근보에서 하중이 재하됨과 동시에 순간처짐이 20mm가 발생되었다. 이 하중이 5년 이상 지속되는 경우 총 처짐량은 얼마인가?(단, $\lambda_\Delta = \dfrac{\xi}{1+50\rho'}$ 이고, 지속하중에 따른 시간경과계수 $\xi=2$ 이다.)

① 20mm   ② 40mm
③ 60mm   ④ 80mm

해설

③		총 처짐 = 탄성처짐 + 장기처짐
	1	단철근보이므로 압축철근비 $\rho' = 0$ 이다.
	2	장기처짐 계수 $\lambda_\Delta = \dfrac{\xi}{1+50\rho'} = \dfrac{(2)}{1+50(0)} = 2$
	3	장기처짐 = 탄성처짐 × λ_Δ = 20 × 2 = 40mm
	4	총 처짐 = 탄성처짐 + 장기처짐 = 20 + 40 = 60mm

42 $f_y = 400\text{MPa}$ 이형철근을 사용한 경우 필요한 철근의 인장정착길이가 1,000mm이었다. $f_y = 500\text{MPa}$로 철근의 강도를 변경하고, 소요철근보다 1.25배 많게 철근을 배근하였을 경우 변경된 철근의 인장정착길이는 얼마인가?

① 750mm   ② 1,000mm
③ 1,200mm   ④ 1,500mm

해설

②		인장이형철근의 기본정착길이 $l_{db} = \dfrac{0.6 d_b \cdot f_y}{\lambda \sqrt{f_{ck}}}$
	1	정착길이는 철근의 항복강도 f_y에 비례한다. $f_y = 400\text{MPa}$에서 $f_y = 500\text{MPa}$로 변경하면, $\dfrac{500}{400} = 1.25$배 만큼의 정착길이가 더 필요하게 된다.
	2	소요철근보다 1.25배 많게 철근을 배근하였으므로 변경된 철근의 인장정착길이는 처음처럼 1,000mm가 된다.

43 강구조 필릿용접에 관한 설명으로 옳지 않은 것은?

① 필릿용접의 유효면적은 유효길이에 유효목두께를 곱한 것으로 한다.
② 필릿용접의 유효길이는 필릿용접의 총길이에서 2배의 필릿사이즈를 공제한 값으로 하여야 한다.
③ 필릿용접의 유효목두께는 용접루트로부터 용접표면까지의 최단거리로 한다. 단, 이음면이 직각인 경우에는 필릿사이즈의 $\sqrt{2}$ 배로 한다.
④ 구멍필릿과 슬롯필릿용접의 유효길이는 목두께의 중심을 잇는 용접중심선의 길이로 한다.

해설

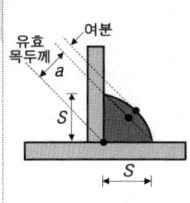

③	필릿용접(Fillet Welding): 유효목두께
	용접루트로부터 용접 표면까지의 최단거리로 한다. 단, 이음면이 직각인 경우에는 필릿사이즈의 0.7배로 한다.

44 부동침하의 원인과 거리가 먼 것은?

① 건물과 경사지반에 근접되어 있을 경우
② 건물이 이질지반에 걸쳐 있을 경우
③ 이질의 기초구조를 적용했을 경우
④ 건물의 강도가 불균등할 경우

해설

부등침하(Uneven Settlement, 부동침하)의 여러 원인들

연약층	경사 지반	이질 지층	낭떠러지	증축
지하수위 변경	지하 구멍	메운땅 흙막이	이질 지정	일부 지정

해답 41. ③   42. ②   43. ③   44. ④

45 그림과 같은 하중을 지지하는 단주의 단면에서 인장력을 발생시키지 않는 거리 x의 한계는?

① 40mm
② 60mm
③ 80mm
④ 100mm

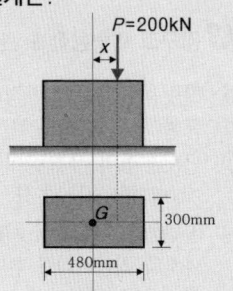

해설

	편심축하중이 작용하는 단주
1	단주의 응력 $\sigma = -\dfrac{P}{A} \mp \dfrac{M}{Z}$ 을 0으로 고려한다.
③ 2	$\sigma = -\dfrac{P}{A} + \dfrac{M}{Z}$ $= -\dfrac{(200\times 10^3)}{(300\times 480)} + \dfrac{(200\times 10^3)(x)}{\dfrac{(300)(480^2)}{6}} = 0$ 으로부터 $x = 80\mathrm{mm}$

46 강도설계법에서 고정하중 40kN, 활하중 30kN이 작용할 때 계수하중은 얼마인가?

① 135kN   ② 124kN
③ 116kN   ④ 96kN

해설

	고정하중(D)과 활하중(L)에 따른 하중조합(U)
④	$U = 1.2D + 1.6L = 1.2(40) + 1.6(30) = 96\mathrm{kN}$ $\geq 1.4D = 1.4(40) = 56\mathrm{kN}$

47 그림과 같은 보에서 C점의 처짐은? (단, EI는 전 경간에 걸쳐 일정하다.)

① $\dfrac{PL^3}{12EI}$
② $\dfrac{PL^3}{24EI}$
③ $\dfrac{PL^3}{48EI}$
④ $\dfrac{PL^3}{96EI}$

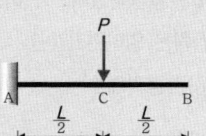

해설

	캔틸레버보의 처짐 = 탄성하중도의 면적 × 도심
② 1	탄성하중도 ($\frac{1}{2} \cdot \frac{L}{2} \cdot \frac{PL}{2EI}$, $\frac{PL}{2EI}$)
2	$\delta_C = \left(\dfrac{1}{2} \cdot \dfrac{L}{2} \cdot \dfrac{PL}{2EI}\right)\left(\dfrac{L}{2} \cdot \dfrac{2}{3}\right) = \dfrac{1}{24} \cdot \dfrac{PL^3}{EI}$

48 그림과 같은 강재가 전단력을 받아 점선과 같이 변형되었을 때 이 강재의 전단변형률은?

① 0.00006rad
② 0.0001rad
③ 0.00125rad
④ 0.00075rad

해설

	전단변형률: $\gamma = \dfrac{\Delta}{L}$
②	$\gamma = \dfrac{\Delta}{L} = \dfrac{(0.03)}{(30\times 10)} = 0.0001\,(\mathrm{rad})$

해답 45. ③   46. ④   47. ②   48. ②

49 건축구조기준에 따른 우리나라 지진구역 및 이에 따른 지진구역계수 값이 옳게 연결된 것은?

① 지진지역 Ⅰ - $Z=0.11$, 지진지역 Ⅱ - $Z=0.07$
② 지진지역 Ⅰ - $Z=0.17$, 지진지역 Ⅱ - $Z=0.11$
③ 지진지역 Ⅰ - $Z=0.11$, 지진지역 Ⅱ - $Z=0.17$
④ 지진지역 Ⅰ - $Z=0.07$, 지진지역 Ⅱ - $Z=0.11$

해설

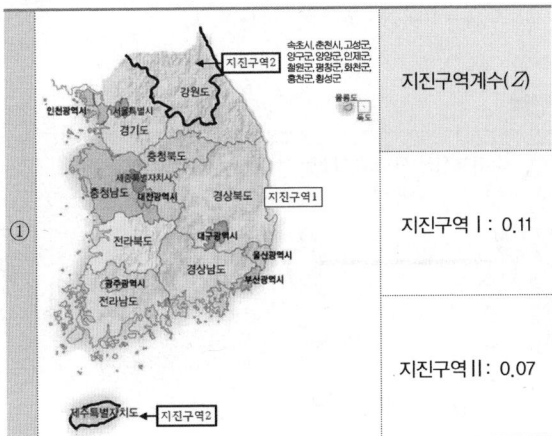

	지진구역계수(Z)
①	지진구역 Ⅰ : 0.11
	지진구역 Ⅱ : 0.07

50 그림과 같은 구조에서 기둥에 압축력만 발생하게 하려면 A점에서 내민 부재길이 x의 값은?

① 1m
② 1.5m
③ 2m
④ 3m

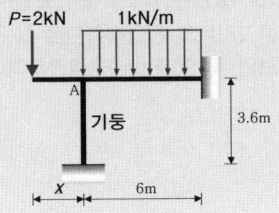

해설

처짐각법: A절점에서 절점방정식을 적용한다.

② $\sum M_A = M_{A-지면} + M_{A-자유단} + M_{A-벽면}$

$= (0) - (2 \cdot x) + \left(\dfrac{(1)(6)^2}{12}\right) = 0$ ∴ $x = 1.5$m

51 그림과 같은 부정정 라멘에서 A점의 M_{AB}는?

① 0
② 20kN·m
③ 40kN·m
④ 60kN·m

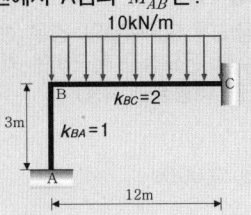

해설

	모멘트 분배법(Moment Distribution Method)
1	B절점의 고정단모멘트 $FEM_{BC} = -\dfrac{wL^2}{12} = -\dfrac{(10)(12)^2}{12} = -120$kN·m (↷) 해제모멘트: $\overline{M_B} = -FEM_{BC} = +120$kN·m (↶)
2	분배율: $DF_{BA} = \dfrac{1}{1+2} = \dfrac{1}{3}$ 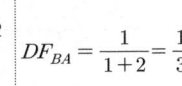
3	분배모멘트: $M_{BA} = \overline{M_B} \cdot DF_{BA} = +(120)\left(\dfrac{1}{3}\right) = +40$kN·m (↶) 전달모멘트: $M_{AB} = \dfrac{1}{2}M_{BA} = \dfrac{1}{2}(+40) = +20$kN·m (↶)

52 고장력볼트 F10T(M20) 일면 전단일 때 볼트 한 개당 설계전단강도(ϕR_n)는? (단, 고장력볼트의 $F_u = 1,000$MPa, $\phi = 0.75$, $F_{nv} = 0.5F_u$)

① 117.8kN
② 94.2kN
③ 58.8kN
④ 47.1kN

해설

	고장력볼트 설계전단강도
①	$\phi R_n = \phi \cdot F_{nv} \cdot A_b \cdot n_b = \phi \cdot 0.5F_u \cdot A_b \cdot N_s$ $= (0.75)(0.5 \times 1,000)\left(\dfrac{\pi (20)^2}{4}\right)(1) \times 1$개 $= 117,810$N $= 117.810$kN

해답 49. ①   50. ②   51. ②   52. ①

53
1방향 철근콘크리트 슬래브에서 철근의 설계기준항복강도가 500MPa인 경우 콘크리트 전체 단면적에 대한 수축·온도철근 철근비는 최소 얼마 이상이어야 하는가? (단, 이형철근 사용)

① 0.0015
② 0.0016
③ 0.0018
④ 0.0020

해설

② $\rho = 0.0020 \times \dfrac{400}{f_y} = 0.0020 \times \dfrac{400}{(500)} = 0.0016 \geq 0.0014$

수축·온도철근 철근비	
$f_y = 400$MPa 이하	$f_y = 400$MPa 초과
$\rho = 0.0020$	$\rho = 0.0020 \times \dfrac{400}{f_y} \geq 0.0014$

54
다음 그림과 같은 보 단면에서 정착되는 철근의 수평 순간격을 구하면?

【조건】
- D22(인장, 압축철근), 지름: 22mm로 계산
- D13@150(스터럽), 지름: 13mm로 계산
- 최소피복두께: 40mm
- 구부림 최소 내면반지름은 무시

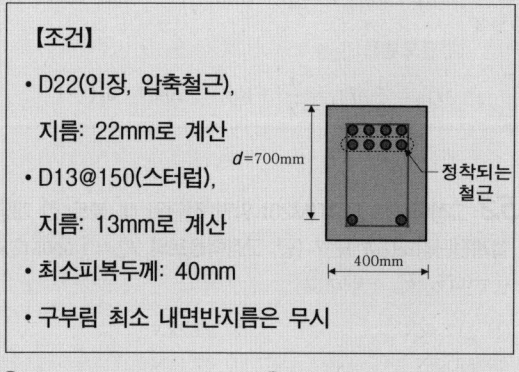

① 60.7mm
② 63.7mm
③ 66.7mm
④ 68.7mm

해설

보 폭 = 피복두께×2 + 스터럽×2 + 주철근×4 + 간격×3

④ 간격 $= \dfrac{1}{3}[400 - 40 \times 2 - 13 \times 2 - 22 \times 4] = 68.7$mm

55
그림과 같은 보에서 A점에 200kN·m의 모멘트가 작용하였을 때 B점이 지지하는 모멘트 및 수직반력은?

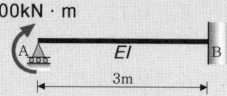

① $M_{BA} = 200$kN·m, $V_B = 100$kN
② $M_{BA} = 200$kN·m, $V_B = 50$kN
③ $M_{BA} = 100$kN·m, $V_B = 100$kN
④ $M_{BA} = 100$kN·m, $V_B = 50$kN

해설

1차 부정정 구조 지점반력	M_B	V_A
③	$+\dfrac{M}{2}(\curvearrowleft)$	$-\dfrac{3M}{2L}(\downarrow)$
1	$M_B = +\dfrac{M}{2} = +\dfrac{(200)}{2} = +100$kN·m $(\curvearrowleft)$	
2	$V_A = -\dfrac{3M}{2L} = -\dfrac{3(200)}{2(3)} = -100$kN $(\downarrow)$	

56
철근콘크리트 단근보를 강도설계법으로 설계 시 콘크리트의 전압축력으로 옳은 것은? (단, $f_{ck} = 24$MPa, 보의 폭 300mm, 응력블록의 깊이 110mm)

① 750.6kN
② 724.4kN
③ 673.2kN
④ 650.8kN

해설

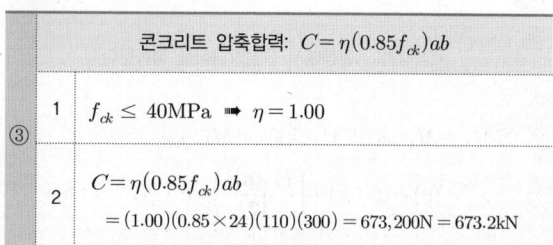

콘크리트 압축합력: $C = \eta(0.85 f_{ck})ab$	
1	$f_{ck} \leq 40$MPa ➡ $\eta = 1.00$
2	$C = \eta(0.85 f_{ck})ab$ $= (1.00)(0.85 \times 24)(110)(300) = 673{,}200$N $= 673.2$kN

해답 53. ② 54. ④ 55. ③ 56. ③

57 강구조에서 규정된 별도의 설계하중이 없는 경우 접합부의 최소 설계강도 기준은? (단, 연결재, 새그 로드 또는 띠장은 제외)

① 30kN 이상　② 35kN 이상
③ 40kN 이상　④ 45kN 이상

해설

④ 강구조 접합부의 설계강도는 45kN 이상이어야 한다. 다만, 연결재, 새그 로드 또는 띠장은 제외한다.

58 다음 두 구조물의 부정정 차수의 합은?

① 9
② 10
③ 11
④ 12

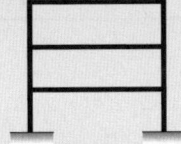

해설

① 부정정 차수(N, Degree of Static Indeterminancy)

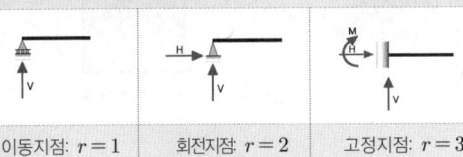

이동지점: $r=1$　회전지점: $r=2$　고정지점: $r=3$

r: 반력(reaction)수

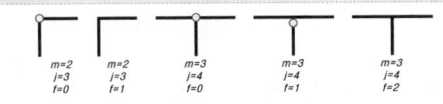

○ 활절점, 힌지(Hinge), 핀(Pin)

m: 부재(member)수, f: 강(fixed)절점수, j: 절점(joint)수

좌측구조물
$N = r+m+f-2j = (2+2)+(4)+(2)-2(5) = 0$ ➡ 정정

우측구조물
$N = r+m+f-2j = (3+3)+(9)+(10)-2(8) = 9$차 부정정

59 다음 그림과 같은 단순보에 등변분포하중이 작용할 때 전단력이 0이 되는 점에 대하여 A점으로부터의 거리를 구하면?

① $\dfrac{L}{\sqrt{2}}$　② $\dfrac{L}{\sqrt{3}}$
③ $\dfrac{L}{\sqrt{4}}$　④ $\dfrac{L}{\sqrt{5}}$

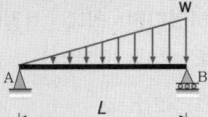

해설

② 단순보: 전단력이 0인 위치의 산정

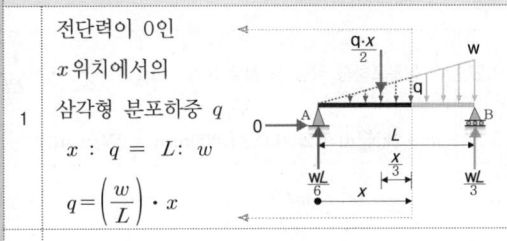

1 전단력이 0인 x 위치에서의 삼각형 분포하중 q
$x : q = L : w$
$q = \left(\dfrac{w}{L}\right) \cdot x$

2 $M_x = \left(\dfrac{wL}{6}\right) \cdot x - \left(\dfrac{1}{2} q \cdot x\right)\left(\dfrac{x}{3}\right)$
$= \left(\dfrac{wL}{6}\right) \cdot x - \left(\dfrac{x^2}{6}\right)\left(\dfrac{w}{L} \cdot x\right)$
$= \left(\dfrac{wL}{6}\right) \cdot x - \left(\dfrac{w}{6L}\right) \cdot x^3$

3 $\dfrac{dM_x}{dx} = V = \left(\dfrac{wL}{6}\right) - \left(\dfrac{w}{2L}\right) \cdot x^2 = 0$　∴ $x = \dfrac{L}{\sqrt{3}}$

60 건축구조별 특징에 관한 설명 중 옳지 않은 것은?

① 가구식 구조는 삼각형보다 사각형으로 조립하면 더욱 안정한 구조체를 이룰 수 있다.
② 조적식 구조는 압축력에는 강하지만 횡력에 취약하다.
③ 조립식 구조는 부재를 공장에서 생산·가공하여 현장에서 조립하므로 공기가 짧다.
④ 일체식 구조는 비교적 균일한 강도를 가진다.

해설

① 가구식 구조는 사각형보다 삼각형으로 조립하면 더욱 안정한 구조체를 이룰 수 있다.

해답　57. ④　58. ①　59. ②　60. ①

건축구조 2017년 제4회

41 그림과 같은 단순보를 $I-200 \times 100 \times 7$로 설계하였다면 최대 처짐량은? (단, $I_x = 2.18 \times 10^7 \text{mm}^4$, $E = 2.1 \times 10^5 \text{MPa}$)

① 32.1mm
② 33.6mm
③ 34.5mm
④ 37.3mm

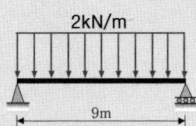

해설

④

	단순보: 등분포하중 작용 시 최대 처짐: $\delta_{max} = \dfrac{5}{384} \cdot \dfrac{wL^4}{EI}$
1	$w = 2\text{kN/m} = 2,000\text{N}/1,000\text{mm} = 2\text{N/mm}$
2	$\delta_{max} = \dfrac{5}{384} \cdot \dfrac{wL^4}{EI}$ $= \dfrac{5}{384} \cdot \dfrac{(2)(9,000)^4}{(2.1 \times 10^5)(2.18 \times 10^7)} = 37.32\text{mm}$

42 다음과 같은 조건에서의 필릿용접의 최소 사이즈는 얼마인가?

【조건】	접합부의 얇은 쪽 모재 두께(t), mm
	$6 < t \leq 13$

① 3mm   ② 5mm
③ 6mm   ④ 8mm

해설

접합부의 얇은 쪽 판 두께 t(mm)	필릿용접(Fillet Welding) 최소 사이즈(mm)
$t \leq 6$	3
$6 < t \leq 13$	5
$13 < t \leq 19$	6
$19 < t$	8

43 콘크리트 압축강도가 30MPa일 때 보통골재를 사용한 콘크리트의 탄성계수는?

① $2.62 \times 10^4 \text{MPa}$
② $2.75 \times 10^4 \text{MPa}$
③ $2.95 \times 10^4 \text{MPa}$
④ $3.12 \times 10^4 \text{MPa}$

해설

②

콘크리트 탄성계수: 보통골재를 사용할 때 $E_c = 8,500 \cdot \sqrt[3]{f_{ck} + \Delta f}$			
$f_{ck} \leq$ 40MPa	40MPa $< f_{ck} <$ 60MPa	$f_{ck} \geq$ 60MPa	
$\Delta f = 4\text{MPa}$	$\Delta f = $ 직선 보간	$\Delta f = 6\text{MPa}$	
$E_c = 8,500 \cdot \sqrt[3]{f_{ck} + \Delta f}$ $= 8,500 \cdot \sqrt[3]{(30) + (4)} = 27,536.7\text{MPa}$			

44 강도설계법에서 단철근 직사각형 보의 단면 $b = 400\text{mm}$, $d = 800\text{mm}$, 등가응력블록깊이 $a = 100\text{mm}$일 경우 철근비는? (단, $f_y = 300\text{MPa}$, $f_{ck} = 24\text{MPa}$)

① 0.0035
② 0.0057
③ 0.0085
④ 0.0103

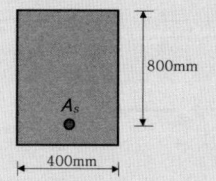

해설

③

	단철근 직사각형 보의 철근비
1	$f_{ck} \leq 40\text{MPa} \Rightarrow \eta = 1.00$
2	$A_s = \dfrac{\eta(0.85 f_{ck}) a \cdot b}{f_y}$ $= \dfrac{(1.00)(0.85 \times 24)(100)(400)}{(300)} = 2,720\text{mm}^2$
3	$\rho = \dfrac{A_s}{bd} = \dfrac{(2,720)}{(400)(800)} = 0.0085$

해답 41. ④   42. ②   43. ②   44. ③

45 길이 1.5m이고, 한 변이 100mm인 정사각형 단면을 가지고 있는 캔틸레버보의 최대휨응력과 최대처짐은? (단, 부재의 탄성계수 : 1×10^4MPa)

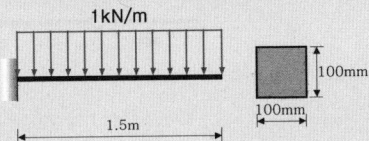

① 최대휨응력 : 3.37MPa, 최대처짐 : 3.8mm
② 최대휨응력 : 3.37MPa, 최대처짐 : 7.6mm
③ 최대휨응력 : 6.75MPa, 최대처짐 : 3.8mm
④ 최대휨응력 : 6.75MPa, 최대처짐 : 7.6mm

해설

	캔틸레버보: 최대 휨응력(σ_{max}), 최대 처짐(δ_{max})	
④	1	$M_{max} = (1 \times 1.5)\left(\dfrac{1.5}{2}\right) = 1.125$kN·m $\sigma_{max} = \dfrac{M_{max}}{Z} = \dfrac{M_{max}}{\dfrac{bh^2}{6}}$ $= \dfrac{(1.125 \times 10^6)}{\dfrac{(100)(100)^2}{6}} = 6.75$N/mm² $= 6.75$MPa
	2	$\delta_{max} = \dfrac{1}{8} \cdot \dfrac{wL^4}{EI}$ $= \dfrac{1}{8} \cdot \dfrac{(1)(1,500)^4}{(1 \times 10^4)\left(\dfrac{(100)(100)^3}{12}\right)} = 7.593$mm

46 폭 $b = 100$mm, 높이 $h = 200$mm인 단면에 전단력 4kN이 작용할 때 최대전단응력을 구하면?

① 0.3MPa ② 0.4MPa ③ 0.5MPa ④ 0.6MPa

해설

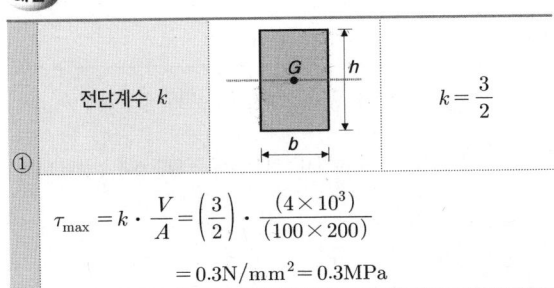

	전단계수 k	$k = \dfrac{3}{2}$
①	$\tau_{max} = k \cdot \dfrac{V}{A} = \left(\dfrac{3}{2}\right) \cdot \dfrac{(4 \times 10^3)}{(100 \times 200)}$ $= 0.3$N/mm² $= 0.3$MPa		

47 다음 그림에서 동일한 처짐이 되기 위한 P_1, P_2의 값의 비로 옳은 것은? (단, 부재의 EI는 일정하다.)

① $P_1 : P_2 = 2 : 1$
② $P_1 : P_2 = 4 : 1$
③ $P_1 : P_2 = 6 : 1$
④ $P_1 : P_2 = 8 : 1$

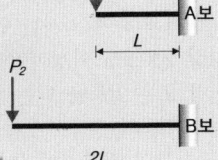

해설

	캔틸레버보의 자유단의 최대 처짐: $\delta_{max} = \dfrac{1}{3} \cdot \dfrac{PL^3}{EI}$
④	$\dfrac{1}{3} \cdot \dfrac{P_1 \cdot L^3}{EI} = \dfrac{1}{3} \cdot \dfrac{P_2 \cdot (2L)^3}{EI}$ 이므로 ∴ $\dfrac{P_1}{P_2} = \dfrac{8}{1}$

48 그림에서 B점에 도달되는 모멘트는 얼마인가?

① 2.7kN·m
② 3.0kN·m
③ 5.4kN·m
④ 6.0kN·m

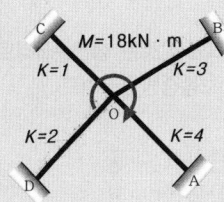

해설

	모멘트 분배법(Moment Distribution Method)	
①	1	분배율: $DF_{OB} = \dfrac{3}{4+3+1+2} = \dfrac{3}{10}$
	2	분배모멘트: $M_{OB} = M_O \cdot DF_{OB} = (+18)\left(\dfrac{3}{10}\right) = +5.4$kN·m (↷)
	3	전달모멘트: $M_{BO} = \dfrac{1}{2} M_{OB}$ $= \dfrac{1}{2}(+5.4)$ $= +2.7$kN·m (↷)

49 인장이형철근 및 압축이형철근의 정착길이(l_d)에 관한 기준으로 옳지 않은 것은?

① 계산에 의하여 산정한 인장이형철근의 정착길이는 항상 250mm 이상이어야 한다.
② 계산에 의하여 산정한 압축이형철근의 정착길이는 항상 200mm 이상이어야 한다.
③ 인장 또는 압축을 받는 하나의 다발철근 내에 있는 개개 철근의 정착길이 l_d는 다발철근이 아닌 경우의 각 철근의 정착길이보다 3개의 철근으로 구성된 다발철근에 대해서 20%를 증가시켜야 한다.
④ 단부에 표준갈고리가 있는 인장이형철근의 정착길이는 항상 $8d_b$ 이상 또한 150mm 이상이어야 한다.

해설

① 인장력을 받는 이형철근의 정착길이(l_d) | $l_d = l_{db} \times$ 보정계수 $\geq 300mm$

기본정착길이(l_{db})에 보정계수를 곱하여 구한 값이 최소 300mm 이상이어야 한다.

50 그림과 같은 철근콘크리트 보의 균열모멘트(M_{cr})값은? (단, 보통중량콘크리트 $f_{ck} = 24MPa$, $f_y = 400MPa$)

① 21.5kN·m
② 33.6kN·m
③ 42.8kN·m
④ 55.6kN·m

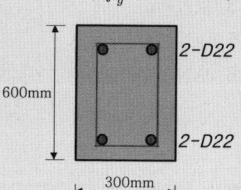

해설

균열모멘트 = 파괴계수($0.63\lambda\sqrt{f_{ck}}$) × 단면계수($\frac{bh^2}{6}$)

경량콘크리트계수 λ	보통중량 콘크리트	모래경량 콘크리트	전경량 콘크리트
	$\lambda = 1$	$\lambda = 0.85$	$\lambda = 0.75$

④ 균열모멘트 $M_{cr} = f_r \cdot Z = 0.63\lambda\sqrt{f_{ck}} \cdot \frac{bh^2}{6}$
$= 0.63(1)\sqrt{(24)}\frac{(300)(600)^2}{6}$
$= 55,554,427 N \cdot mm = 55.554 kN \cdot m$

51 그림과 같은 구조물의 부정정 차수는?

① 1차
② 2차
③ 3차
④ 4차

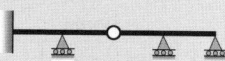

해설

부정정 차수(N, Degree of Static Indeterminancy)

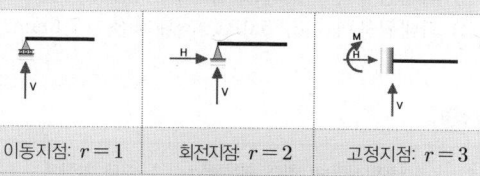

| | 이동지점: $r=1$ | 회전지점: $r=2$ | 고정지점: $r=3$ |

r: 반력(reaction)수

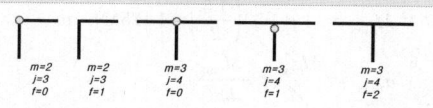

○ 활절점, 힌지(Hinge), 핀(Pin)

m: 부재(member)수, f: 강(fixed)절점수, j: 절점(joint)수

② $N = r + m + f - 2j = (3+1+1+1) + (4) + (2) - 2(5) = 2차$

52 강도설계법에서 처짐을 계산하지 않는 경우, 철근 콘크리트 보의 최소두께 규정으로 옳은 것은? (단, 보통중량콘크리트 $m_c = 2,300 kg/m^3$와 설계기준항복강도 400MPa 철근을 사용한 부재)

① 1단연속 : $\frac{l}{18.5}$ ② 단순지지 : $\frac{l}{15}$
③ 양단연속 : $\frac{l}{24}$ ④ 캔틸레버 : $\frac{l}{10}$

해설

부재 [l : 경간 길이(mm)]	처짐을 계산하지 않는 경우 최소두께 (h_{min})			
	단순지지	1단연속	양단연속	캔틸레버
보 및 리브가 있는 1방향 슬래브	$\frac{l}{16}$	$\frac{l}{18.5}$	$\frac{l}{21}$	$\frac{l}{8}$

해답 49. ① 50. ④ 51. ② 52. ①

53 연약지반에 대한 대책으로 옳지 않은 것은?

① 지반개량공법을 실시한다.
② 말뚝기초를 적용한다.
③ 독립기초를 적용한다.
④ 건물을 경량화한다.

해설

	부등침하 및 연약지반에 대한 상부구조 대책
1	건물의 경량화 및 중량 분배를 고려
2	건물의 길이를 작게 하고 강성을 높일 것
3	인접 건물과의 거리를 멀게 할 것
	부등침하 및 연약지반에 대한 하부구조 대책
1	마찰말뚝을 사용하고 서로 다른 종류의 말뚝 혼용을 금지
2	지하실 설치: 온통기초(Mat Foundation)가 유효
3	기초 상호간을 연결: 지중보 또는 지하연속벽 시공

③

54 강구조 기둥의 주각부에 관한 설명으로 옳지 않은 것은?

① 기둥의 응력이 크면 윙플레이트, 접합앵글, 리브 등으로 보강하여 응력의 분산을 도모한다.
② 앵커볼트는 기초콘크리트에 매입되어 주각부의 이동을 방지하는 역할을 한다.
③ 주각은 조건에 관계없이 고정으로만 가정하여 응력을 산정한다.
④ 축방향력이나 휨모멘트는 베이스 플레이트 저면의 압축력이나 앵커볼트의 인장력에 의해 전달된다.

해설

③ 보통의 경우 주각을 핀으로 가정해서 설계함이 무난하지만, 주각을 고정으로 하고자 하면 베이스 플레이트(Base Plate) 위에 윙 플레이트(Wing Plate), 접합 앵글(Clip Angle), 리브(Rib) 등으로 베이스 플레이트의 변형을 막아야 한다.

55 래티스 형식 조립압축재에 관한 설명으로 옳지 않은 것은?

① 단일 래티스 부재의 세장비 $\frac{L}{r}$은 140 이하로 한다.
② 단일 래티스 부재의 부재축에 대한 기울기는 60° 이상으로 한다.
③ 복 래티스 부재의 세장비 $\frac{L}{r}$은 180 이하로 한다.
④ 복 래티스 부재의 부재축에 대한 기울기는 45° 이상으로 한다.

해설

래티스 형식 조립압축재	단일 래티스	복 래티스
부재의 기울기	60° 이상	45° 이상
세장비	140 이하	200 이하
단면 및 입면 형태		

③

56 기초 설계 시 장기 150kN(자중포함)의 하중을 받는 경우 장기허용지내력도 20kN/m²의 지반에서 필요한 기초판의 크기는?

① 1.6m×1.6m
② 2.0m×2.0m
③ 2.4m×2.4m
④ 2.8m×2.8m

해설

지내력(도): 기초판의 응력

④ 허용응력 $\sigma_a = \frac{P}{A}$ 로부터

면적 $A = \frac{P}{q_a} = \frac{(150)}{(20)} = 7.5\text{m}^2$

$= \sqrt{7.5}\,\text{m} \times \sqrt{7.5}\,\text{m} = 2.738\text{m} \times 2.738\text{m}$

해답 53. ③ 54. ③ 55. ③ 56. ④

③ 바이블 과목별 기출문제

57 그림과 같은 트러스에서 a부재의 부재력은 얼마인가?

① 20kN(인장)
② 30kN(압축)
③ 40kN(인장)
④ 60kN(압축)

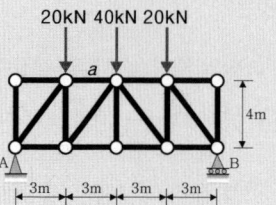

해설

	트러스 절단법
1	대칭구조이므로 $V_A = +40\text{kN}(\uparrow)$
②	a부재의 부재력을 구하기 위해 하현 두 번째 절점 ⑦에서 모멘트를 계산한다. $M_{⑦,Left} = 0 \;:\; +(40)(3) + (F_a)(4) = 0$ $\therefore F_a = -30\text{kN}$ (압축)
2	

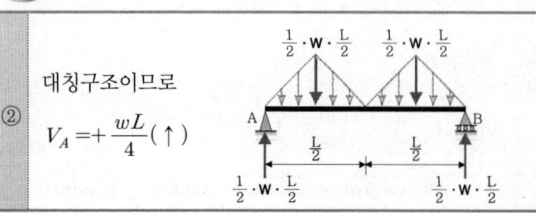

58 그림과 같은 단순보의 양단 수직반력을 구하면?

① $R_A = R_B = \dfrac{wL}{2}$
② $R_A = R_B = \dfrac{wL}{4}$
③ $R_A = R_B = \dfrac{wL}{6}$
④ $R_A = R_B = \dfrac{wL}{8}$

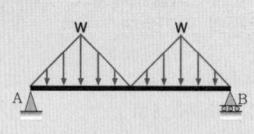

해설

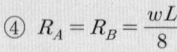 대칭구조이므로
$V_A = +\dfrac{wL}{4}(\uparrow)$

59 말뚝머리지름이 400mm인 기성콘크리트말뚝을 시공할 때 그 중심간격으로 가장 적당한 것은?

① 800mm ② 900mm
③ 1,000mm ④ 1,100mm

해설

	종류	말뚝의 최소 간격
③	기성콘크리트 말뚝	2.5D 이상, 750mm 이상
	강재 말뚝	2.0D(폐단강관말뚝: 2.5D) 이상, 750mm 이상
	제자리(현장타설) 콘크리트 말뚝	2.0D 이상, (D+1,000mm) 이상

2.5(400)=1,000mm 이상, 750mm 이상이므로 1,000mm

60 다음 필릿용접부의 유효용접면적은?

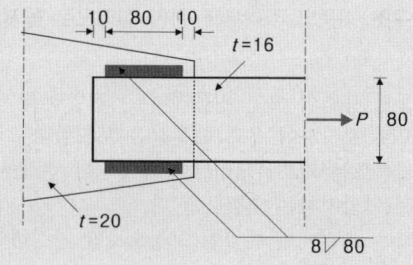

① 614.4mm²
② 691.2mm²
③ 716.8mm²
④ 806.4mm²

해설

	필릿용접(Fillet Welding): 유효용접면적
③	$A_n = a \cdot L_e \times 2\text{면} = 0.7S \times (L-2S) \times 2\text{면}$ $= 0.7(8) \times (80 - 2 \times 8) \times 2\text{면} = 716.8\text{mm}^2$

해답 57. ② 58. ② 59. ③ 60. ③

건축구조 2018년 제1회

41 그림과 같은 내민보에서 A지점의 반력값은?

① 20kN
② 30kN
③ 40kN
④ 50kN

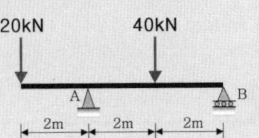

해설

$\sum H = 0 : \therefore H_A = 0$

$\sum M_B = 0 : -(20)(6) + (V_A)(4) - (40)(2) = 0$

$\therefore V_A = +50\text{kN}(\uparrow)$

$R_A = \sqrt{V_A^2 + H_A^2} = V_A = +50\text{kN}(\uparrow)$

④

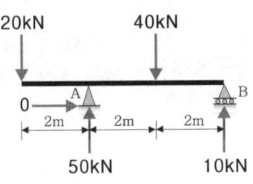

42 기초 설계 시 인접 대지를 고려하여 편심기초를 만들고자 한다. 이때 편심기초의 지내력이 균등하도록 하기 위하여 어떤 방법을 이용함이 가장 타당한가?

① 지중보를 설치한다.
② 기초 면적을 넓힌다.
③ 기둥의 단면적을 크게 한다.
④ 기초 두께를 두껍게 한다.

해설

① 지중보(Grade Beam) : 기초와 기초를 연결하여 주각부 강성 증대, 지진 저항 효과, 건축물의 부동침하 억제 효과 등이 있다.

43 주철근으로 사용된 D22 철근 180° 표준갈고리의 구부림 최소 내면반지름(r)으로 옳은 것은?

① $r = 1d_b$ ② $r = 2d_b$
③ $r = 2.5d_b$ ④ $r = 3d_b$

해설

구부림 내면반지름: 철근을 구부릴 때, 구부리는 부분에 손상을 주지 않기 위해 구부림의 최소 내면반지름을 정해두고 있다.

180° 표준갈고리와 90° 표준갈고리의 구부림 내면반지름

철근 직경	구부림 내면반지름
D10~D25	$3d_b$ 이상
D29~D35	$4d_b$ 이상
D38 이상	$5d_b$ 이상

44 필릿치수 8mm, 용접길이 500mm인 양면필릿용접의 유효단면적은 약 얼마인가?

① 2,100mm²
② 3,221mm²
③ 4,300mm²
④ 5,421mm²

해설

필릿용접(Fillet Welding): 유효용접면적

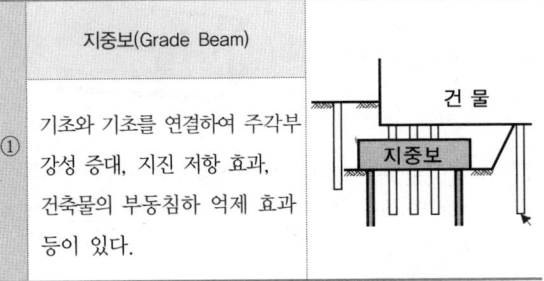

④

$A_n = a \cdot L_e \times 2면 = 0.7S \times (L - 2S) \times 2면$
$= 0.7(8) \times (500 - 2 \times 8) \times 2면 = 5,420.8\text{mm}^2$

해답 41. ④ 42. ① 43. ④ 44. ④

45 강구조에서 용접선 단부에 붙인 보조 판으로 아크의 시작이나 종단부의 크레이터 등의 결함을 방지하기 위해 붙이는 판은?

① 스티프너 ② 엔드 탭
③ 윙 플레이트 ④ 커버 플레이트

해설

② 엔드 탭(End Tab)

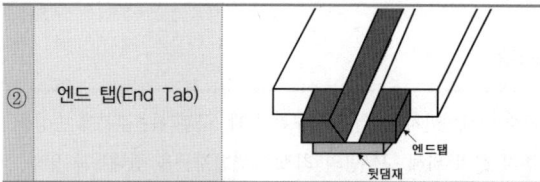

46 그림과 같은 교차보(Cross Beam) A, B부재의 최대 휨모멘트의 비로서 옳은 것은? (단, 각 부재의 EI는 일정)

① 1 : 2
② 1 : 3
③ 1 : 4
④ 1 : 8

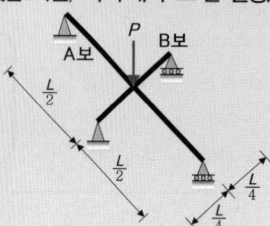

해설

	변위일치법(Method of Consistent Displacement)
1	적합조건식: 하중이 작용하는 교차점을 C점이라고 가정하면, 하중점에서의 변위는 같다. ① 단순보 A에서 C점의 수직변위: $\delta_1 = \dfrac{P_1 \cdot L^3}{48EI}$ ② 단순보 B에서 C점의 수직변위: $\delta_2 = \dfrac{P_2 \cdot (\frac{L}{2})^3}{48EI}$ ③ $\delta_1 = \delta_2$에서 $\dfrac{P_1 \cdot L^3}{48EI} = \dfrac{P_2 \cdot (\frac{L}{2})^3}{48EI}$ 으로부터 $8P_1 = P_2$
2	평형조건식: $P = P_1 + P_2 = 9P_1 \Rightarrow P_1 = \dfrac{1}{9}P,\ P_2 = \dfrac{8}{9}P$
3	A보: $M_{max} = +\left(\dfrac{P}{18}\right)\left(\dfrac{L}{2}\right) = +\dfrac{PL}{36}$ (∪) B보: $M_{C,max} = +\left(\dfrac{4P}{9}\right)\left(\dfrac{L}{4}\right) = +\dfrac{4PL}{36}$ (∪)

정답 ③

47 프리스트레스하지 않는 부재의 현장치기콘크리트에서 흙에 접하여 콘크리트를 친 후 영구히 흙에 묻혀 있는 콘크리트 부재의 최소 피복두께로 옳은 것은?

① 40mm ② 50mm
③ 60mm ④ 75mm

해설

종류			피복두께
수중에서 치는 콘크리트			100mm
흙에 접하여 콘크리트를 친 후 영구히 흙에 묻혀 있는 콘크리트			75mm
흙에 접하거나 옥외의 공기에 직접 노출되는 콘크리트	D19 이상의 철근		50mm
	D16 이하의 철근		40mm
	지름 16mm 이하의 철선		
옥외의 공기나 흙에 직접 접하지 않는 콘크리트	슬래브, 벽체, 장선	D35 초과 철근	40mm
		D35 이하 철근	20mm
	보, 기둥		40mm
	쉘, 절판 부재		20mm

【※ 단, 보·기둥의 경우 $f_{ck} \geq 40MPa$ 일 때 피복두께를 10mm 저감할 수 있다.】

48 H형강의 플랜지에 커버 플레이트를 붙이는 주목적으로 옳은 것은?

① 수평부재 간 접합 시 틈새를 메우기 위하여
② 슬래브와의 전단접합을 위하여
③ 웨브 플레이트의 전단내력 보강을 위하여
④ 휨내력의 보강을 위하여

해설

④

플레이트 거더
(Plate Girder, 판보)

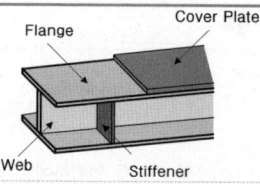

플랜지(Flange)는 휨모멘트에 저항하며 커버 플레이트(Cover Plate)로 보강한다. 커버 플레이트는 플랜지 전체 단면적의 70% 이하로 규정하고 있다.

해답 45. ② 46. ③ 47. ④ 48. ④

49 다음 그림과 같은 부정정 보를 정정 보로 만들기 위해 필요한 내부 힌지의 최소 개수는?

① 1개
② 2개
③ 3개
④ 4개

해설

	부정정 차수(N, Degree of Static Indeterminancy)	
②	1	전체 부정정 차수 $N = r+m+f-2j = (2+1+2)+(3)+(2)-2(4) = 2$차
	2	외적 차수 $N_e = r-3 = (2+1+2)-3 = 2$차
	3	내적 차수 $N_i = (-1) \times 2 = -2$차가 되면 전체 차수가 0인 정정 상태가 되므로 부재 내부에 힌지가 2개 필요하다.

51 다음 그림과 같은 캔틸레버보에서 B점의 처짐각(θ_B)은? (단, EI는 일정)

① $-\dfrac{PL^2}{2EI}$ ② $-\dfrac{PL^2}{8EI}$

③ $-\dfrac{5PL^2}{8EI}$ ④ $-\dfrac{2PL^2}{3EI}$

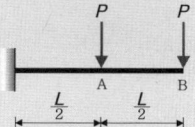

해설

	캔틸레버보의 처짐각 = 탄성하중도의 면적	
③	1	탄성하중도
	2	자유단 B점의 처짐각 $\theta_B = -\left(\dfrac{1}{2} \cdot \dfrac{L}{2} \cdot \dfrac{PL}{2EI}\right) - \left(\dfrac{L}{2} \cdot \dfrac{PL}{2EI}\right) - \left(\dfrac{1}{2} \cdot \dfrac{L}{2} \cdot \dfrac{2PL}{2EI}\right)$ $= -\dfrac{5}{8} \cdot \dfrac{PL^2}{EI}(\curvearrowleft)$

50 직경 2.2cm, 길이 50cm의 강봉에 축방향 인장력을 작용시켰더니 길이는 0.04cm 늘어났고 직경은 0.0006cm 줄었다. 이 재료의 푸아송수는?

① 0.015 ② 0.34
③ 2.93   ④ 66.67

해설

	푸아송비(Poisson's Ratio, ν), 푸아송수(Poisson's Number, m)	
③	1	$\nu = \dfrac{\epsilon'}{\epsilon} = \dfrac{\dfrac{\Delta D}{D}}{\dfrac{\Delta L}{L}} = \dfrac{L \cdot \Delta D}{D \cdot \Delta L}$ $= \dfrac{(500)(0.006)}{(22)(0.4)} = 0.340909$
	2	$m = \dfrac{1}{\nu} = \dfrac{1}{(0.340909)} = 2.93333$

Denis Poisson (1781~1840)

52 그림과 같은 단면을 가진 압축재에서 유효좌굴길이 $KL = 250$mm 일 때 Euler의 좌굴하중 값은? (단, $E = 210,000$MPa)

① 17.9 kN
② 43.0 kN
③ 52.9 kN
④ 64.7 kN

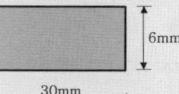

해설

	좌굴하중
①	$P_{cr} = \dfrac{\pi^2 EI_{\min}}{(KL)^2}$ $= \dfrac{\pi^2 (210,000)\left(\dfrac{(30)(6)^3}{12}\right)}{(250)^2}$ $= 17,907.4\text{N} = 17.907\text{kN}$

Leonhard Euler (1707~1783)

해답 49. ② 50. ③ 51. ③ 52. ①

53 그림과 같은 부정정 라멘의 BMD에서 P값을 구하면?

① 20kN
② 30kN
③ 50kN
④ 60kN

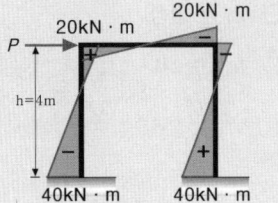

해설

② 처짐각법 전단방정식 $P \cdot h = M_上 + M_下$

$$P = \frac{M_上 + M_下}{h} = \frac{(20+20)+(40+40)}{(4)} = 30\text{kN}$$

54 지진력저항시스템의 분류 중 이중골조시스템에 관한 설명으로 옳지 않은 것은?

① 모멘트골조가 최소한 설계지진력의 75%를 부담한다.
② 모멘트골조와 전단벽 또는 가새골조로 이루어져 있다.
③ 전체 지진력은 각 골조의 횡강성비에 비례하여 분배한다.
④ 일정 이상의 변형능력을 갖도록 연성상세설계가 되어야 한다.

해설

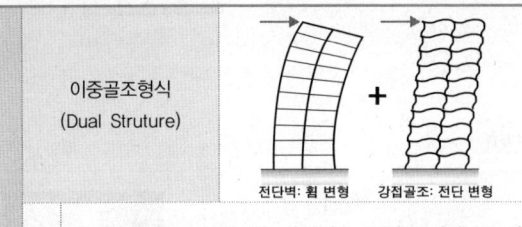

	이중골조형식 (Dual Struture)	
①	1	수평하중의 25% 이상을 부담하는 모멘트(연성)골조가 전단벽이나 가새골조와 조합되어 있는 골조방식
	2	강접골조와 가새골조가 혼합되었을 경우 내진설계에 있어서 비탄성 거동으로서의 연성도가 매우 크기 때문에 반응수정계수를 크게 규정하고 있어 지진력에 효율적으로 저항하는 구조가 된다.

55 1변의 길이가 각각 50mm(A), 100mm(B)인 두 개의 정사각형 단면에 동일한 압축하중 P가 작용할 때 압축 응력도의 비(A : B)는?

① 2 : 1 ② 4 : 1 ③ 8 : 1 ④ 16 : 1

해설

응력(應力, Stress, 응력도): $\sigma = \frac{P}{A}$

② 1. $\sigma_A = \frac{P}{A} = \frac{P}{(50 \times 50)} = \frac{P}{2,500}$

$\sigma_B = \frac{P}{A} = \frac{P}{(100 \times 100)} = \frac{P}{10,000}$

2. $\sigma_A : \sigma_B = \frac{P}{2,500} : \frac{P}{10,000} = 4 : 1$

56 그림과 같은 옹벽에 토압이 10kN이 가해지는 경우 이 옹벽이 전도되지 않기 위해서는 어느 정도의 자중(自重)을 필요로 하는가?

① 12.71kN
② 11.71kN
③ 10.44kN
④ 9.71kN

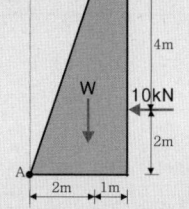

해설

단면1차모멘트 + 힘의 평형

③ 1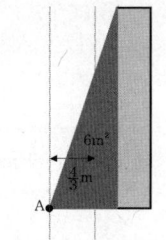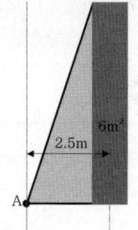

옹벽의 앞부분 A점에서 도심까지의 거리

$$\bar{x} = \frac{G_y}{A} = \frac{\left(\frac{1}{2} \times 2 \times 6\right)\left(2 \times \frac{2}{3}\right) + (1 \times 6)\left(2 + 1 \times \frac{1}{2}\right)}{\left(\frac{1}{2} \times 2 \times 6\right) + (1 \times 6)} = 1.916\text{m}$$

2. A점에서 전도(Overturn)를 고려하여 회전력을 계산한다.
$(W)(1.916) > (10)(2)$ ∴ $W > 10.438$kN

해답 53. ② 54. ① 55. ② 56. ③

57 강도설계법에서 처짐을 계산하지 않는 경우, 철근콘크리트 보의 최소두께 규정으로 옳지 않은 것은? (단, 보통콘크리트와 설계기준항복강도 400MPa 철근을 사용한 부재임)

① 단순지지 : $\frac{l}{16}$ ② 1단연속 : $\frac{l}{18.5}$
③ 양단연속 : $\frac{l}{12}$ ④ 캔틸레버 : $\frac{l}{8}$

해설

부 재 [l : 경간 길이(mm)]	처짐을 계산하지 않는 경우 최소두께 ($h_{\min}$)			
	단순지지	1단연속	양단연속	캔틸레버
보 및 리브가 있는 1방향 슬래브	$\frac{l}{16}$	$\frac{l}{18.5}$	$\frac{l}{21}$	$\frac{l}{8}$

58 강도설계법에 의해서 전단보강철근을 사용하지 않고 계수하중에 따른 전단력 $V_u = 50\text{kN}$을 지지하기 위한 직사각형 단면 보의 최소 유효깊이 d는? (단, 보통중량 콘크리트 사용, $f_{ck} = 28\text{MPa}$, $b_w = 300\text{mm}$)

① 405mm ② 444mm
③ 504mm ④ 605mm

해설

	전단보강철근이 필요 없는 조건 $V_u \leq \frac{1}{2}\phi V_c = \frac{1}{2}\phi\left(\frac{1}{6}\lambda\sqrt{f_{ck}}\cdot b_w \cdot d\right)$	
③	1	보통중량콘크리트: $\lambda = 1$
	2	$d \geq \frac{12V_u}{\phi\lambda\sqrt{f_{ck}}\cdot b_w}$ $= \frac{12(50\times 10^3)}{(0.75)(1)\sqrt{(28)}(300)} = 503.95\text{mm}$

59 강도설계법에 따른 철근콘크리트 부재의 휨에 관한 일반사항으로 옳지 않은 것은? (단, $f_{ck} \leq 40\text{MPa}$)

① 콘크리트의 인장강도는 철근콘크리트 부재 단면의 축강도와 휨강도 계산에서 무시할 수 있다.
② 휨모멘트 또는 휨모멘트와 축력을 동시에 받는 부재의 콘크리트 압축연단의 극한변형률은 0.0033으로 가정한다.
③ 철근의 변형률은 같은 위치에 있는 콘크리트의 변형률과 같다.
④ 강도설계법에서는 연성파괴 보다는 취성파괴를 유도하도록 설계의 초점을 맞추고 있다.

해설

④	강도설계법에서는 취성파괴(Brittle Fracture) 보다는 연성파괴(Ductile Fracture)를 유도하도록 설계의 초점을 맞추고 있다.

60 그림과 같은 부정정 라멘에서 CD기둥의 전단력 값은?

① 0
② 10kN
③ 20kN
④ 30kN

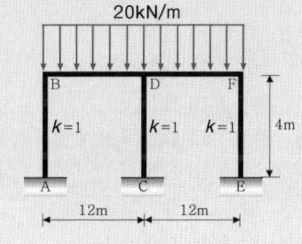

해설

	처짐각법 절점방정식	
①	1	고정단 모멘트: $FEM_{DB} = +\frac{wL^2}{12}(\curvearrowright)$, $FEM_{DF} = -\frac{wL^2}{12}(\curvearrowright)$
	2	D절점에서 절점방정식을 적용하면 $\Sigma M_D = M_{DB} + M_{DF} + M_{DC} = 0$ 으로부터 $M_{DC} = -M_{DB} - M_{DF} = -\left(+\frac{wL^2}{12}\right)-\left(-\frac{wL^2}{12}\right)=0$
	3	D점에 휨모멘트가 없으므로 전단력도 없다.

건축구조 2018년 제2회

41 강구조 용접에서 용접 결함에 속하지 않는 것은?

① 오버 랩(Over Lap)　② 크랙(Crack)
③ 가우징(Gouging)　④ 언더 컷(Under Cut)

[해설]

③

가우징(Gouging)

금속판 면에 홈이나 구멍을 뚫는 것으로 정을 사용하는 기계적 방법과 가스나 아크를 이용하는 방법 등이 있다.
가스 가우징은 산소 아세틸렌 불꽃을 이용하는 방법이다.

42 그림과 같은 단순보의 일부 구간으로부터 떼어낸 자유물체도에서 각 좌우 측면(가, 나면)에 작용하는 전단력의 방향과 그 값으로 옳은 것은?

① 가 : 19.1kN(↑),
　 나 : 19.1kN(↓)
② 가 : 19.1kN(↓),
　 나 : 19.1kN(↑)
③ 가 : 16.1kN(↑),
　 나 : 16.1kN(↓)
④ 가 : 16.1kN(↓),
　 나 : 16.1kN(↑)

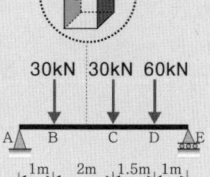

[해설]

①

$\sum M_E = 0: +(V_A)(5.5)-(30)(4.5)-(30)(2.5)-(60)(1)=0$
$\therefore V_A = +49.09\text{kN}(\uparrow)$

$V_{x,Left} = +[+(49.09)-(30)] = +19.09\text{kN}(\uparrow\downarrow)$

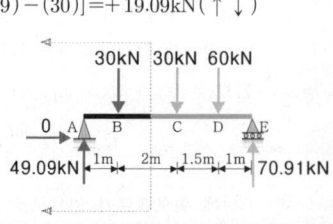

43 동일 단면, 동일 재료를 사용한 캔틸레버 보 끝단에 집중하중이 작용하였다. P_1이 작용한 부재의 최대처짐량이, P_2가 작용한 부재의 최대처짐량의 2배일 경우 $P_1 : P_2$는?

① 1 : 4
② 1 : 8
③ 4 : 1
④ 8 : 1

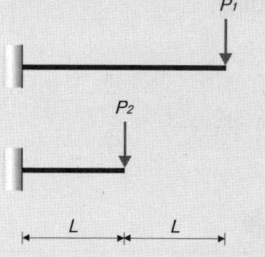

[해설]

①

캔틸레버보의 자유단의 최대 처짐: $\delta_{max} = \dfrac{1}{3} \cdot \dfrac{PL^3}{EI}$

$\dfrac{1}{3} \cdot \dfrac{P_1 \cdot (2L)^3}{EI} = \left(\dfrac{1}{3} \cdot \dfrac{P_2 \cdot (L)^3}{EI}\right) \times 2$ 로부터

$\therefore \dfrac{P_1}{P_2} = \dfrac{1}{4}$　➡　$P_1 : P_2 = 1 : 4$

44 그림과 같은 구조물의 부정정 차수는?

① 1차 부정정
② 2차 부정정
③ 3차 부정정
④ 4차 부정정

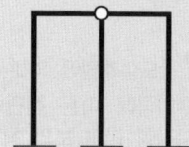

[해설]

④

부정정 차수(N, Degree of Static Indeterminancy)

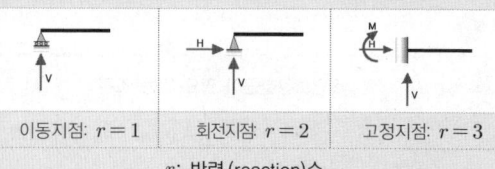

| 이동지점: $r=1$ | 회전지점 $r=2$ | 고정지점: $r=3$ |

r: 반력(reaction)수

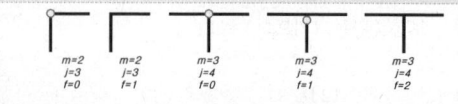

○ 활절점, 힌지(Hinge), 핀(Pin)

m: 부재(member)수, f: 강(fixed)절점수, j: 절점(joint)수

$N = r + m + f - 2j = (3+3+3)+(5)+(2)-2(6) = 4$차

해답 41. ③　42. ①　43. ①　44. ④

45 그림과 같은 단순보에서 A점 및 B점에서의 반력을 각각 R_A, R_B라 할 때 반력의 크기로 옳은 것은?

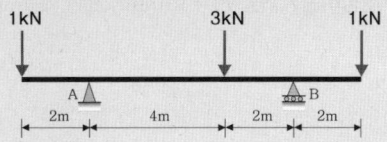

① $R_A = 3\text{kN}$, $R_B = 2\text{kN}$ ② $R_A = 2\text{kN}$, $R_B = 3\text{kN}$
③ $R_A = 2.5\text{kN}$, $R_B = 2.5\text{kN}$ ④ $R_A = 4\text{kN}$, $R_B = 1\text{kN}$

해설

②
$\sum H = 0: H_A = 0$

$\sum M_B = 0: +(V_A)(6) - (1)(8) - (3)(2) + (1)(2) = 0$

$\therefore V_A = +2\text{kN}(\uparrow)$

$\sum V = 0: +(V_A) + (V_B) - (1) - (3) - (1) = 0$

$\therefore V_B = +3\text{kN}(\uparrow)$

$R_A = \sqrt{H_A^2 + V_A^2} = V_A = +2\text{kN}(\uparrow)$, $R_B = V_B = +3\text{kN}(\uparrow)$

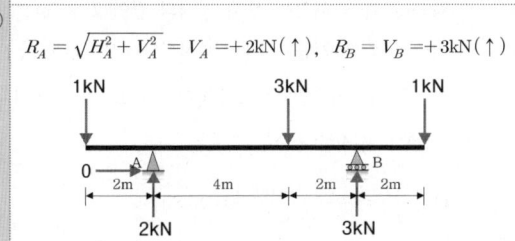

46 필릿용접의 최소 사이즈에 관한 설명으로 옳지 않은 것은?

① 접합부 얇은 쪽 모재두께가 6mm 이하일 경우 3mm이다.
② 접합부 얇은 쪽 모재두께가 6mm를 초과하고 13mm 이하일 경우 4mm이다.
③ 접합부 얇은 쪽 모재두께가 13mm를 초과하고 19mm 이하일 경우 6mm이다.
④ 접합부 얇은 쪽 모재두께가 19mm 초과할 경우 8mm이다.

해설

② 접합부 얇은 쪽 모재두께가 6mm를 초과하고 13mm 이하일 경우 5mm이다.

47 다음 각 구조시스템에 관한 정의로 옳지 않은 것은?

① 모멘트골조방식: 수직하중과 횡력을 보와 기둥으로 구성된 라멘골조가 저항하는 구조방식
② 연성모멘트골조방식: 횡력에 대한 저항능력을 증가시키기 위하여 부재와 접합부의 연성을 증가시킨 모멘트골조방식
③ 이중골조방식: 횡력의 25% 이상을 부담하는 전단벽이 연성모멘트골조와 조합되어 있는 구조방식
④ 건물골조방식: 수직하중은 입체골조가 저항하고 지진하중은 전단벽이나 가새골조가 저항하는 구조방식

해설

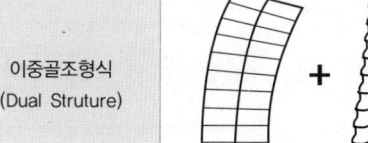

③

1	수평하중의 25% 이상을 부담하는 모멘트(연성)골조가 전단벽이나 가새골조와 조합되어 있는 골조방식
2	강접골조와 가새골조가 혼합된 경우 내진설계에 있어서 비탄성 거동으로서의 연성도가 매우 크기 때문에 반응수정계수를 크게 규정하고 있어 지진력에 효율적으로 저항하는 구조가 된다.

48 그림과 같은 H형강 H-300×150×6.5×9의 $x-x$축에 대한 단면계수 값은? (단, $I_x = 5,080,000\text{mm}^4$ 이다.)

① $58,539\text{mm}^3$
② $60,568\text{mm}^3$
③ $67,733\text{mm}^3$
④ $71,384\text{mm}^3$

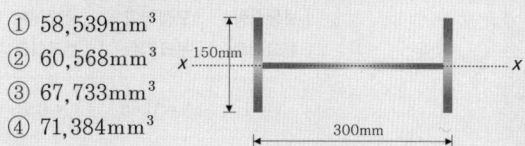

해설

③ 단면계수: $Z = \dfrac{I_x}{y} = \dfrac{(5,080,000)}{\left(\dfrac{150}{2}\right)} = 67,733\text{mm}^3$

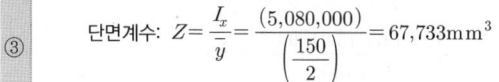

49 다음 부정정 구조물에서 B점의 반력을 구하면?

① $\frac{1}{8}wL$ ② $\frac{3}{8}wL$
③ $\frac{5}{8}wL$ ④ $\frac{7}{8}wL$

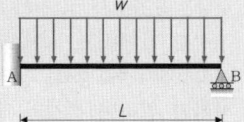

해설

② 1차부정정 보 지점반력

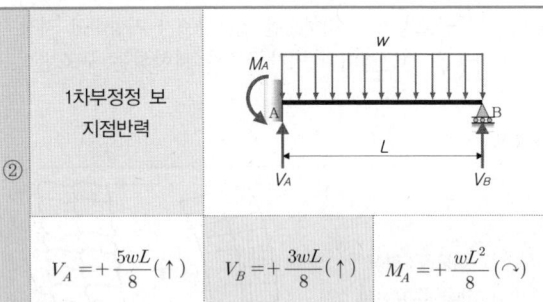

$V_A = +\frac{5wL}{8}(\uparrow)$ $V_B = +\frac{3wL}{8}(\uparrow)$ $M_A = +\frac{wL^2}{8}(\frown)$

---

50 인장을 받는 이형철근의 직경이 D16(직경 15.9mm)이고, 콘크리트 강도가 30MPa인 표준갈고리의 기본정착길이는? (단, $f_y = 400\text{MPa}$, $\beta = 1.0$, $m_c = 2,300\text{kg/m}^3$)

① 238mm ② 258mm
③ 279mm ④ 312mm

해설

③ 인장이형철근 기본정착길이

콘크리트 단위체적질량 $m_c = 2,300\text{kg/m}^3$
➡ 보통중량콘크리트

경량콘크리트계수 λ	보통중량 콘크리트	모래경량 콘크리트	전경량 콘크리트
	$\lambda = 1$	$\lambda = 0.85$	$\lambda = 0.75$

표준갈고리를 갖는 인장이형철근의 기본정착길이

$l_{hb} = \frac{0.24\beta \cdot d_b \cdot f_y}{\lambda\sqrt{f_{ck}}}$

$= \frac{0.24(1.0)(15.9)(400)}{(1)\sqrt{(30)}} = 278.681\text{mm}$

---

51 양단 힌지인 길이 6m의 $H-300 \times 300 \times 10 \times 15$의 기둥이 약축 방향으로 부재중앙이 가새로 지지되어 있을 때 설계용 세장비는? (단, $r_x = 131\text{mm}$, $r_y = 75.1\text{mm}$)

① 39.9 ② 45.8
③ 58.2 ④ 66.3

해설

② 세장비(Slenderness Ratio)

1. 양단 힌지이므로 유효좌굴길이계수 $K = 1.0$

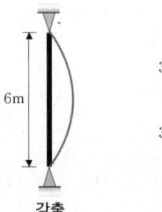 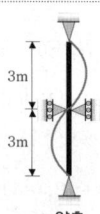

강축   약축

2. 강축(x)에 대해서는 부재 전체의 길이 $L = 6\text{m}$, 약축(y)에 대해서는 가새로 횡지지되어 있으므로 $L = 3\text{m}$를 적용함에 주의하며 다음의 (1), (2) 중에서 큰값으로 선정한다.

(1) $\frac{KL}{r_x} = \frac{(1.0)(6,000)}{(131)} = 45.80$

(2) $\frac{KL}{r_y} = \frac{(1.0)(3,000)}{(75.1)} = 39.95$

---

52 철골보의 처짐을 적게 하는 방법으로 가장 적절한 것은?

① 보의 길이를 길게 한다.
② 웨브의 단면적을 작게 한다.
③ 상부플랜지의 두께를 줄인다.
④ 단면2차모멘트 값을 크게 한다.

해설

④ 처짐: 등분포하중 작용 시 $\delta = \frac{wL^4}{EI}$

처짐식은 경간(L) 전체에 등분포하중(w)이 작용하는 경우 $\delta = \frac{wL^4}{EI}$ 형태로 표현되어지므로, 단면2차모멘트(I)를 크게 하는 것이 처짐을 감소시키기 위한 효과적 조치가 된다.

해답 49. ② 50. ③ 51. ② 52. ④

53 그림과 같은 이동하중이 스팬 10m의 단순보 위를 지날 때 절대최대휨모멘트를 구하면?

① 16kN · m
② 18kN · m
③ 25kN · m
④ 30kN · m

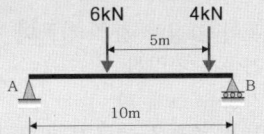

해설

	절대최대휨모멘트($M_{max,abs}$)
1	합력: $R = 6+4 = 10\text{kN}$ 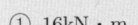 바리뇽의 정리: $+(10)(x) = (6)(0)+(4)(5)$ ∴ $x = 2\text{m}$
2	$\dfrac{x}{2} = 1\text{m}$ 의 위치를 보의 중앙점에 일치시킨다.
① 3	합력과 인접한 큰 하중작용점에서 절대최대휨모멘트가 발생한다. $\sum M_B = 0 : +(V_A)(10)-(6)(6)-(4)(1)=0$ ∴ $V_A = +4\text{kN}(\uparrow)$ $M_{max,abs} = +[(4)(4)] = +16\text{kN} \cdot \text{m}(\smile)$ 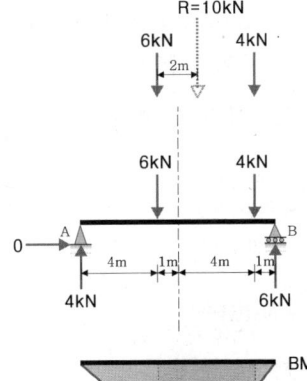

54 등분포하중을 받는 2스팬 연속보인 B_1 RC보 부재에서 Ⓐ, Ⓑ, Ⓒ 지점의 보 배근에 관한 설명으로 옳지 않은 것은?

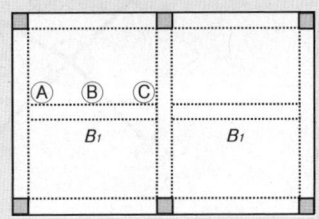

① Ⓐ 단면에서는 하부근이 주근이다.
② Ⓑ 단면에서는 하부근이 주근이다.
③ Ⓐ 단면에서의 스터럽 배치간격은 Ⓑ 단면에서의 경우보다 촘촘하다.
④ Ⓒ 단면에서는 하부근이 주근이다.

해설

④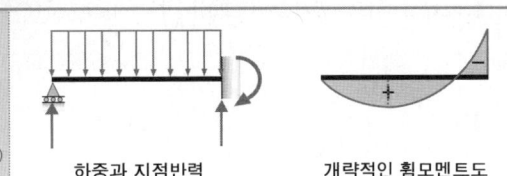
하중과 지점반력 개략적인 휨모멘트도

B_1보는 큰보(Girder) 위에 얹혀진 형태이며, 좌측은 이동단, 우측은 고정단으로 보는 것이 합당하다.

55 강도설계법에서 직접설계법을 이용한 콘크리트 슬래브 설계 시 적용조건으로 옳지 않은 것은?

① 각 방향으로 3경간 이상이 연속되어야 한다.
② 슬래브판들은 단변경간에 대한 장변경간의 비가 2 이하인 직사각형이어야 한다.
③ 각 방향으로 연속한 받침부 중심간 경간 차이는 긴 경간의 1/3 이하이어야 한다.
④ 모든 하중은 슬래브판의 특정지점에 작용하는 집중하중이어야 하며 활하중은 고정하중의 3배 이하이어야 한다.

해설

④ 활하중은 고정하중의 2배 이하이어야 한다.

56 그림과 같은 구조물에서 B단에 발생하는 휨모멘트 값으로 옳은 것은?

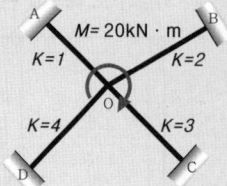

① 2kN·m
② 3kN·m
③ 4kN·m
④ 6kN·m

해설

	모멘트 분배법(Moment Distribution Method)
①	1. 분배율: $DF_{OB} = \dfrac{2}{1+2+3+4} = \dfrac{1}{5}$ 2. 분배모멘트: $M_{OB} = M_B \cdot DF_{OB} = (+20)\left(\dfrac{1}{5}\right) = +4\text{kN}\cdot\text{m}\,(\curvearrowright)$ 3. 전달모멘트: $M_{BO} = \dfrac{1}{2}M_{OB} = \dfrac{1}{2}(+4) = +2\text{kN}\cdot\text{m}\,(\curvearrowright)$

57 그림과 같은 독립기초에 $N=480$kN, $M=96$kN·m가 작용할 때 기초 저면에 발생하는 최대 지반반력은?

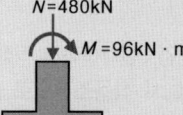
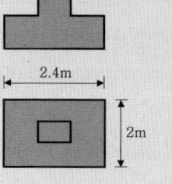

① 15kN/m²
② 150kN/m²
③ 20kN/m²
④ 200kN/m²

해설

	기초의 응력: 압축응력+휨응력
②	$\sigma_{max} = -\dfrac{N}{A} - \dfrac{M}{Z} = -\dfrac{(480)}{(2\times 2.4)} - \dfrac{(96)}{\dfrac{(2)(2.4)^2}{6}}$ $= -150\text{kN/m}^2\,(압축)$

58 연약지반에 기초구조를 적용할 때 부동침하를 감소시키기 위한 상부구조의 대책으로 옳지 않은 것은?

① 폭이 일정할 경우 건물의 길이를 길게 할 것
② 건물을 경량화 할 것
③ 강성을 크게 할 것
④ 부분 증축을 가급적 피할 것

해설

	부동침하(Uneven Settlement, Differential Settlement, 부등침하)
①	건물의 길이를 짧게, 인접 건물과의 이격거리는 길게 하는 것이 부동침하의 기본적인 방지 대책이다.

59 등가정적해석법에 따른 지진응답계수의 산정식과 가장 거리가 먼 것은?

① 가스트영향계수
② 반응수정계수
③ 주기 1초에서의 설계스펙트럼 가속도
④ 건축물의 고유주기

해설

	가스트영향계수(Gust Effect Factor)
①	바람의 난류로 인해 발생되는 구조물의 동적 거동 성분을 나타낸 것으로 평균변위에 대한 최대변위의 비를 통계적인 값으로 표현한 계수로서 풍하중 설계와 관련된 지표

【등가정적해석법에 따른 밑면전단력(V) 산정식】

내진설계 등가정적해석법 밑면전단력	$V = C_s \cdot W = \dfrac{S_{D1}}{\left[\dfrac{R}{I_E}\right]\cdot T}\cdot W$

- W : 유효 건물중량
- C_s : 지진응답계수
- S_{D1} : 주기 1초에서의 설계스펙트럼가속도
- R : 반응수정계수
- T : 건물의 고유주기
- I_E : 건물의 중요도계수

해답 56. ① 57. ② 58. ① 59. ①

60 그림과 같이 수평하중을 받는 라멘에서 휨모멘트의 값이 가장 큰 위치는?

① A
② B
③ C
④ D

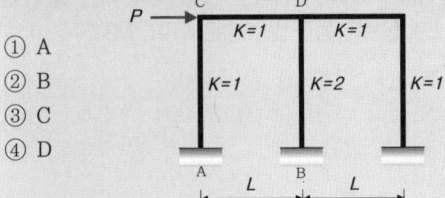

 해설

	부정정 라멘 구조의 휨모멘트도(BMD)
1	$P=20kN$, 기둥의 높이를 5m라고 가정하면 다음과 같은 휨모멘트도(BMD)가 나타난다. 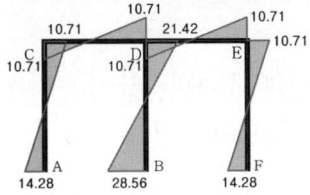 Bending Moment Diagram
2	개략적인 휨모멘트도(BMD)와 중앙부 기둥의 하단에서 가장 큰 휨모멘트가 발생된다는 것을 기억해 둔다. 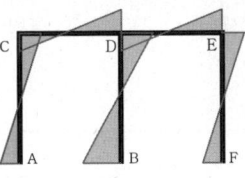 개략적인 휨모멘트도(BMD)

해답 60. ②

건축구조 2018년 제4회

41 그림과 같은 구조물에 있어 AB부재의 재단모멘트 M_{AB}는?

① 0.5kN·m
② 1kN·m
③ 1.5kN·m
④ 2kN·m

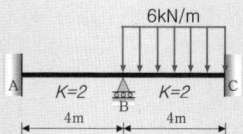

해설

④

모멘트 분배법(Moment Distribution Method)

1. B절점의 고정단모멘트
$FEM_{BC} = -\dfrac{wL^2}{12} = -\dfrac{(6)(4)^2}{12} = -8\text{kN}\cdot\text{m}(\curvearrowright)$
해제모멘트: $\overline{M_B} = -FEM_{BC} = +8\text{kN}\cdot\text{m}(\curvearrowleft)$
분배율: $DF_{BA} = \dfrac{2}{2+2} = \dfrac{1}{2}$

2.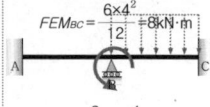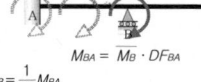

3. 분배모멘트:
$M_{BA} = \overline{M_B}\cdot DF_{BA} = (+8)\left(\dfrac{1}{2}\right) = +4\text{kN}\cdot\text{m}(\curvearrowleft)$

4. 전달모멘트:
$M_{AB} = \dfrac{1}{2}M_{BA} = \dfrac{1}{2}(+4) = +2\text{kN}\cdot\text{m}(\curvearrowleft)$

42 직경 24mm의 봉강에 65kN의 인장력이 작용할 때 인장응력은 약 얼마인가?

① 128MPa   ② 136MPa   ③ 144MPa   ④ 150MPa

해설

③

응력(應力, Stress, 응력도): $\sigma = \dfrac{P}{A}$

$\sigma = \dfrac{P}{A} = \dfrac{(65\times 10^3)}{\dfrac{\pi(24)^2}{4}} = 143.682\text{N/mm}^2 = 143.682\text{MPa}$

43 고장력볼트 1개의 인장파단 한계상태에 대한 설계인장강도는? (단, 볼트의 등급 및 호칭은 F10T, M24, $\phi = 0.75$)

① 254kN   ② 284kN
③ 304kN   ④ 324kN

해설

①

고장력볼트 설계인장강도: $\phi R_n = \phi\cdot F_{nt}\cdot A_b\cdot N_s$

고장력볼트 공칭인장강도:
$F_{nt} = 0.75F_u = 0.75(1,000)$
$= 750\text{N/mm}^2$

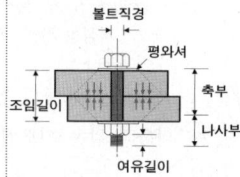

$\phi R_n = (0.75)(750)\left(\dfrac{\pi(24)^2}{4}\right)(1)\times 1\text{개}$
$= 254,469\text{N} = 254.469\text{kN}$

44 철골조 주각 부분에 사용하는 보강재에 해당되지 않는 것은?

① 윙 플레이트   ② 데크 플레이트
③ 사이드 앵글   ④ 클립 앵글

해설

②

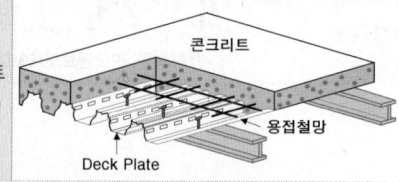

강도를 유지하는데 합리적인 모양으로 골을 넣어 만든 폭이 넓은 대강(帶鋼)으로, 콘크리트 슬래브의 거푸집으로 사용되며 특히 서포트(Support)가 필요하지 않기 때문에 고층 빌딩에 많이 이용되고 또한 바닥판이나 평지붕에도 사용된다.

해답 41. ④ 42. ③ 43. ① 44. ②

45 그림과 같은 단순 인장접합부의 강도한계상태에 따른 고장력볼트의 설계전단강도는? (단, 강재의 재질은 SS275, 고장력볼트 M22(F10T), 공칭전단강도 $F_{nv} = 500\text{MPa}$, $\phi = 0.75$)

① 500kN
② 530kN
③ 550kN
④ 570kN

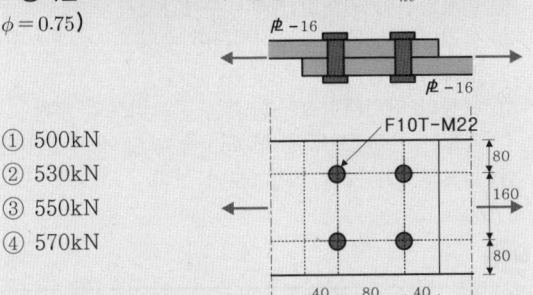

해설

고장력볼트 설계전단강도: $\phi R_n = \phi \cdot F_{nv} \cdot A_b \cdot N_s$

④ $\phi R_n = (0.75)(500)\left(\dfrac{\pi(22)^2}{4}\right)(1) \times 4개$
$= 570,199\text{N} = 570.199\text{kN}$

46 그림과 같은 캔틸레버보의 자유단 B점의 처짐각은?

① $\dfrac{PL^2}{2EI}$ ② PL^2

③ $2PL^2$ ④ $\dfrac{5PL^2}{2EI}$

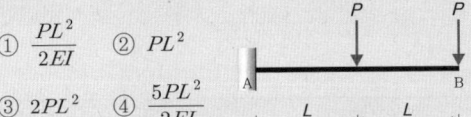

해설

캔틸레버보의 처짐각: 탄성하중도의 면적

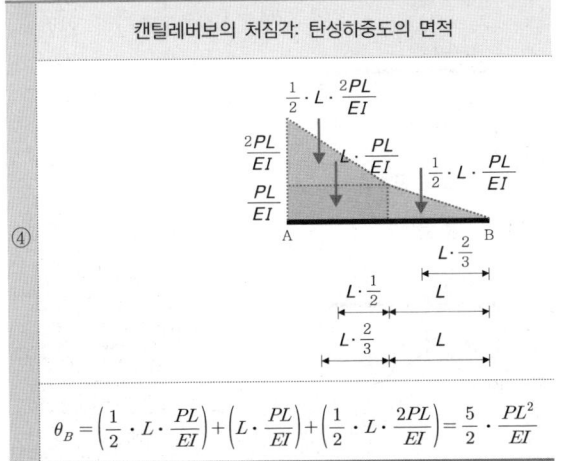

④ $\theta_B = \left(\dfrac{1}{2} \cdot L \cdot \dfrac{PL}{EI}\right) + \left(L \cdot \dfrac{PL}{EI}\right) + \left(\dfrac{1}{2} \cdot L \cdot \dfrac{2PL}{EI}\right) = \dfrac{5}{2} \cdot \dfrac{PL^2}{EI}$

47 강도설계법에서 그림과 같이 보의 이음이 없는 경우 요구되는 보의 최소 폭 b는 약 얼마인가? (단, 전단철근의 구부림 내면반지름은 고려하지 않으며, 굵은골재의 최대치수는 25mm, 피복두께 40mm, 주철근 D22, 스터럽 D10mm)

① 290mm
② 330mm
③ 375mm
④ 400mm

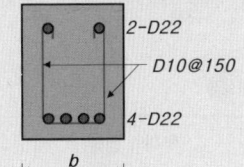

해설

보 폭 = 피복두께×2 + 스터럽×2 + 주철근×4 + 간격×3

주철근의 간격: ㉮, ㉯, ㉰ 중 큰값

① 1
㉮ 주철근의 직경(d_b): 22mm
㉯ 25mm
㉰ 굵은골재 최대치수 $\times \dfrac{4}{3} = 25 \times \dfrac{4}{3} = 33.3\text{mm}$

2 $b = (40 \times 2) + (10 \times 2) + (22 \times 4) + (33.3 \times 3)$
$= 287.9\text{mm}$

48 다음 트러스 구조물에서 부재력이 0이 되는 부재의 개수는?

① 1개
② 2개
③ 3개
④ 4개

해설

트러스(Truss): 부재력이 0인 부재

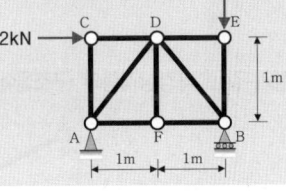

③

해답 45. ④ 46. ④ 47. ① 48. ③

49 과도한 처짐에 의해 손상되기 쉬운 비구조 요소를 지지 또는 부착하지 않은 바닥구조의 활하중 L에 따른 순간 처짐의 한계는?

① $\dfrac{l}{180}$ ② $\dfrac{l}{240}$ ③ $\dfrac{l}{360}$ ④ $\dfrac{l}{480}$

해설

부재의 형태	고려해야할 처짐	처짐한계
과도한 처짐에 의해 손상되기 쉬운 비구조 요소를 지지 또는 부착하지 않은 평지붕 구조: **외부 환경**	활하중에 따른 순간 처짐	$\dfrac{l}{180}$
과도한 처짐에 의해 손상되기 쉬운 비구조 요소를 지지 또는 부착하지 않은 바닥구조: **내부 환경**	활하중 L에 따른 순간 처짐	$\dfrac{l}{360}$
과도한 처짐에 의해 손상되기 쉬운 비구조 요소를 지지 또는 부착한 지붕 또는 바닥구조	전체 처짐 중에서 비구조 요소가 부착된 후에 발생하는 처짐 부분	$\dfrac{l}{480}$
과도한 처짐에 의해 손상될 염려가 없는 비구조 요소를 지지 또는 부착한 지붕 또는 바닥구조	(모든 지속하중에 따른 장기 처짐과 추가적인 활하중에 따른 순간처짐의 합)	$\dfrac{l}{240}$

50 그림과 같은 직각삼각형의 구조물에서 AC부재가 받는 힘은?

① 30kN
② $30\sqrt{3}$ kN
③ $60\sqrt{3}$ kN
④ 120kN

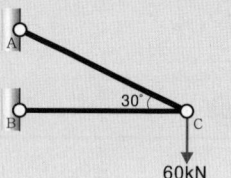

해설

트러스(Truss): 절점법(Method of Joint)

④ C절점에서 $\sum V = 0$ 조건을 적용한다.
$+(F_{AC} \cdot \sin 30°) - (60) = 0$
$\therefore F_{AC} = +120\text{kN}$ (인장)

51 철근의 부착성능에 영향을 주는 요인에 관한 설명으로 옳지 않은 것은?

① 이형철근이 원형철근보다 부착강도가 크다.
② 블리딩의 영향으로 수직철근이 수평철근보다 부착강도가 작다.
③ 보통의 단위체적질량을 갖는 콘크리트의 부착강도는 콘크리트의 압축강도, 즉 $\sqrt{f_{ck}}$에 비례한다.
④ 피복두께가 크면 부착강도가 크다.

해설

② 블리딩(Bleeding)의 영향으로 수평철근이 수직철근보다 부착강도가 작다.

52 다음 그림과 같은 두 개의 단순보에 크기가 같은 ($P=wL$) 하중이 작용할 때, A점에서 발생하는 처짐각의 비율(가 : 나)은? (단, 부재의 EI는 일정하다.)

① 1 : 1.5
② 1.5 : 1
③ 1 : 0.75
④ 0.75 : 1

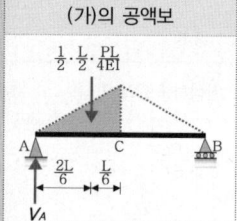

해설

공액보법(Conjugate Beam Method)

② (가)의 공액보
$\theta_A = V_A' = \dfrac{1}{2} \cdot \dfrac{L}{2} \cdot \dfrac{PL}{4EI}$
$= \dfrac{1}{16} \cdot \dfrac{PL^2}{EI}$

(나)의 공액보
$\theta_A = V_A' = \dfrac{2}{3} \cdot \dfrac{L}{2} \cdot \dfrac{wL^2}{8EI}$
$= \dfrac{1}{24} \cdot \dfrac{wL^3}{EI}$

$\dfrac{1}{16} : \dfrac{1}{24} = 1.5 : 1$

해답 49. ③ 50. ④ 51. ② 52. ②

53 그림과 같은 3회전단의 포물선 아치가 등분포하중을 받을 때 단면력에 관한 설명으로 옳은 것은?

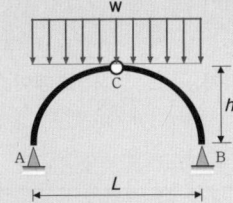

① 축방향력만 존재한다.
② 축방향력과 휨모멘트가 존재한다.
③ 전단력과 축방향력이 존재한다.
④ 축방향력, 전단력, 휨모멘트가 모두 존재한다.

해설

① 3회전단 포물선 아치가 등분포하중을 받게 되면 부재력으로서 전단력이나 휨모멘트가 발생하지 않고 축방향력만 발생하므로 경제적인 구조가 된다.

54 폭 250mm, $f_{ck}=30$MPa인 철근콘크리트 보 부재의 압축변형률 $\epsilon_c=0.0033$일 경우 인장철근의 변형률은?
(단, $d_t=440$mm, $A_s=1,520.1$mm^2, $f_y=400$MPa)

① 0.00197 ② 0.00368
③ 0.00523 ④ 0.00887

해설

최외단 인장철근 순인장변형률: $\epsilon_t = \dfrac{d_t - c}{c} \cdot \epsilon_{cu}$

④

1	$f_{ck} \leq 40$MPa ➡ $\eta=1.00$, $\beta_1=0.80$, $\epsilon_{cu}=0.0033$
2	$a = \dfrac{A_s \cdot f_y}{\eta(0.85f_{ck}) \cdot b} = \dfrac{(1,520.1)(400)}{(1.00)(0.85 \times 30)(250)} = 95.378$mm
3	$a = \beta_1 \cdot c$ ➡ $c = \dfrac{a}{\beta_1} = \dfrac{(95.378)}{(0.80)} = 119.223$mm
4	$\epsilon_t = \dfrac{d_t - c}{c} \cdot \epsilon_{cu}$ $= \dfrac{(440)-(119.223)}{(119.223)} \cdot (0.0033) = 0.00887$

55 강도설계법에 따른 띠철근을 가진 철근콘크리트의 기둥 설계에서 단주의 최대 설계축하중은? (단, 기둥의 크기는 $400\text{mm} \times 400\text{mm}$, $f_{ck}=24$MPa, $f_y=400$MPa, 12-D22($A_{st}=4,644$mm^2), $\phi=0.65$)

① 2,452kN ② 2,525kN ③ 2,614kN ④ 3,234kN

해설

띠철근 기둥의 최대 설계축하중

③
$\phi P_n = \phi 0.80 P_o$
$= \phi(0.80)[0.85f_{ck}(A_g - A_{st}) + f_y \cdot A_{st}]$
$= (0.65)(0.80)[0.85(24)(400^2 - 4,644) + (400)(4,644)]$
$= 2,613,968\text{N} = 2,613.968\text{kN}$

56 다음 부정정 구조물에서 A단에 도달하는 모멘트의 크기는 얼마인가?

① 1.5kN·m
② 2.0kN·m
③ 2.5kN·m
④ 3.0kN·m

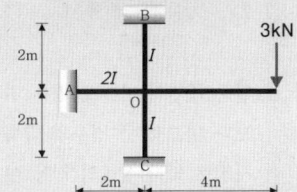

해설

모멘트 분배법(Moment Distribution Method)

④

1	$M_{O,Right} = -[+(3)(4)] = -12$kN·m (⌒) 해제모멘트: $\overline{M_O} = +12$kN·m (⌒)
2	강도계수와 강비 ① $K_{OA} = \dfrac{2I}{2}$ ➡ 2 ② $K_{OB} = \dfrac{I}{2}$ ➡ 1 ③ $K_{OC} = \dfrac{I}{2}$ ➡ 1
3	분배율: $DF_{OA} = \dfrac{2}{2+1+1} = \dfrac{1}{2}$
4	분배모멘트: $M_{OA} = \overline{M_O} \cdot DF_{OA} = (+12)\left(\dfrac{1}{2}\right) = +6$kN·m (⌒)
5	전달모멘트: $M_{AO} = \dfrac{1}{2}M_{OA} = \dfrac{1}{2}(+6) = +3$kN·m (⌒)

57. 말뚝기초에 관한 설명으로 옳지 않은 것은?

① 사질토(砂質土)에는 마찰말뚝의 적용이 불가하다.
② 말뚝 내력(耐力)의 결정 방법은 재하시험이 정확하다.
③ 철근콘크리트 말뚝은 현장에서 제작 양생하여 시공할 수도 있다.
④ 마찰말뚝은 한 곳에 집중하여 시공하지 않는 것이 좋다.

해설

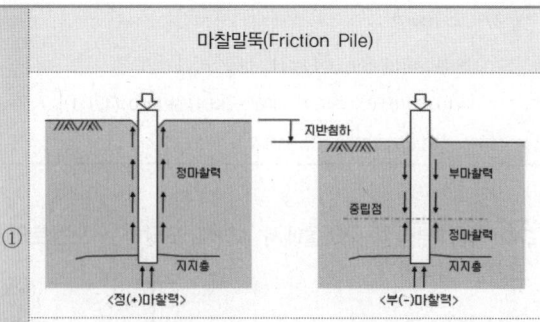

① 말뚝 주변의 마찰에 따른 지지력이 말뚝의 선단 지지력보다 비교적 큰 경우의 말뚝을 말하며, 사질토 및 점성토의 적용 여부와는 관계없다.

58. 그림과 같은 단순보에서 최대 처짐은? (단, 보의 단면 ($b \times h$)은 200mm×300mm, 탄성계수 $E = 200,000$MPa)

① 13.6 mm
② 18.1 mm
③ 23.7 mm
④ 27.1 mm

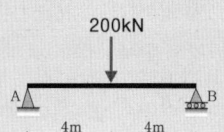

해설

단순보 중앙에 집중하중(P) 작용 시 최대 처짐: $\delta_{max} = \dfrac{PL^3}{48EI}$

③ $\delta_{max} = \dfrac{PL^3}{48EI}$

$= \dfrac{(200 \times 10^3)(8,000)^3}{48(200,000)\left(\dfrac{(200)(300)^3}{12}\right)} = 23.703\text{mm}$

59. 고층 건물의 구조 형식 중에서 건물의 중간층에 대형 수평 부재를 설치하여 횡력을 외곽 기둥이 분담할 수 있도록 한 형식은?

① 트러스 구조
② 튜브 구조
③ 골조 아웃리거 구조
④ 스페이스 프레임 구조

해설

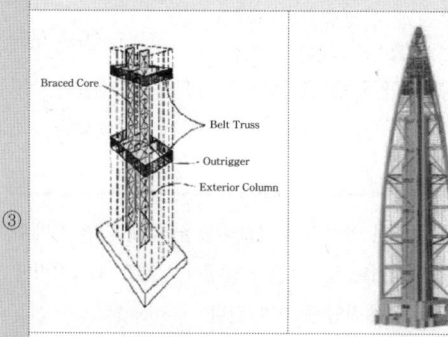

③ 아웃리거(Outrigger)가 외곽 기둥과 코어를 잇는 역할이라면, 벨트 트러스(Belt Truss)는 외곽 기둥을 연결하는 역할을 한다.

60. 강구조에 관한 설명으로 옳지 않은 것은?

① 장스팬의 구조물이나 고층 구조물에 적합하다.
② 재료가 불에 타지 않기 때문에 내화성이 크다.
③ 강재는 다른 구조재료에 비하여 균질도가 높다.
④ 단면에 비하여 부재 길이가 비교적 길고 두께가 얇아 좌굴되기 쉽다.

해설

강구조 (Steel Structure, 철골구조)

② 열에 따른 강도 저하가 크므로 질석 Spray, 콘크리트, 내화 Paint와 같은 내화피복이 반드시 필요하다.

해답 57. ① 58. ③ 59. ③ 60. ②

건축구조 2019년 제1회

41 철골구조에 관한 설명으로 옳지 않은 것은?

① 수평하중에 따른 접합부의 연성능력이 낮다.
② 철근콘크리트조에 비하여 넓은 전용면적을 얻을 수 있다.
③ 정밀한 시공을 요한다.
④ 장스팬 구조물에 적합하다.

해설

①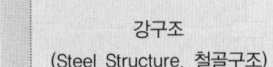
강구조
(Steel Structure, 철골구조)

철골구조는 수평하중에 따른 접합부의 연성능력이 높다.

42 등분포하중을 받는 그림과 같은 3회전단 아치에서 C점의 전단력을 구하면?

① 0
② $\dfrac{wL}{2}$
③ $\dfrac{wh}{4}$
④ $\dfrac{wL}{8}$

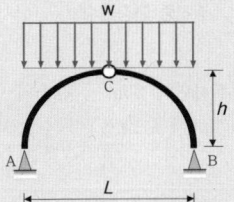

해설

① 하중과 경간이 대칭이다. ∴ $V_A = +\dfrac{wL}{2}(\uparrow)$

$V_{C,Left} = + \left[+\left(\dfrac{wL}{2}\right) - \left(w \cdot \dfrac{L}{2}\right) \right] = 0$

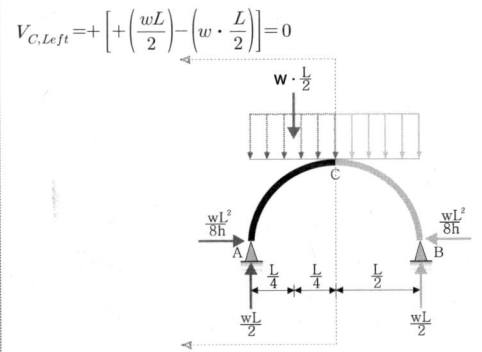

43 강도설계법에서 D22 압축이형철근의 기본정착길이 l_{db}는? (단, 경량콘크리트계수 $\lambda = 1$, $f_{ck} = 27\text{MPa}$, $f_y = 400\text{MPa}$)

① 200.5mm   ② 378.4mm
③ 423.4mm   ④ 604.6mm

해설

③

	압축이형철근의 기본정착길이	
1	$l_{db} = \dfrac{0.25 d_b \cdot f_y}{\lambda \sqrt{f_{ck}}} = \dfrac{0.25(22)(400)}{(1)\sqrt{(27)}} = 423.4\text{mm}$	최댓값
2	$l_{db} = 0.043 d_b \cdot f_y = 0.043(22)(400) = 378.4\text{mm}$	

44 그림과 같이 수평하중 30kN이 작용하는 라멘구조에서 E점에서의 휨모멘트값(절대값)은?

① 40kN·m
② 45kN·m
③ 60kN·m
④ 90kN·m

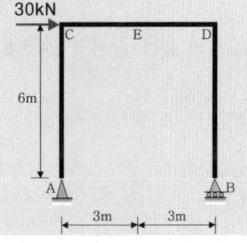

해설

$\sum M_A = 0: +(30)(6) - (V_B)(6) = 0 \quad \therefore V_B = +30\text{kN}(\uparrow)$

$M_{E,Right} = -[-(30)(3)] = +90\text{kN}\cdot\text{m}(\smile)$

④

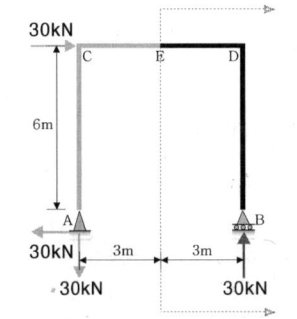

해답 41. ① 42. ① 43. ③ 44. ④

45
그림과 같은 H형강($H-440\times300\times10\times20$) 단면의 전소성모멘트($M_P$)는 얼마인가? (단, $F_y = 400$MPa)

① 963kN·m
② 1,168kN·m
③ 1,363kN·m
④ 1,568kN·m

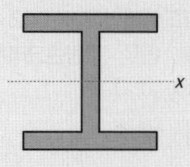

H-440×300×10×20

해설

소성 단면계수(Z_P)
단면의 도심을 지나는 전체 단면적을 2등분하는 축에 대한 단면계수 $Z_P = A_c \cdot y_c + A_t \cdot y_t = 2A_c \cdot y_c$ $= 2\{(300\times20)(210) + (10\times200)(100)\} = 2.92\times10^6 \text{mm}^3$
(전)소성모멘트
$M_P = F_y \cdot Z = (400)(2.92\times10^6)\times10^{-6} = 1,168$kN·m

46
그림과 같은 중공형 단면에 대한 단면2차반경 r_x는?

① 1.83cm
② 3.21cm
③ 4.62cm
④ 6.53cm

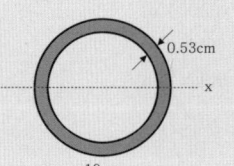

해설

④

단면2차반경(Radius of Gyration, 회전반경)
1. 외경: $D = 19$cm 내경: $d = 19 - 2\times0.53 = 17.94$cm
2. $r_x = \sqrt{\dfrac{I}{A}} = \sqrt{\dfrac{\dfrac{\pi}{64}(D^4 - d^4)}{\dfrac{\pi}{4}(D^2 - d^2)}}$ $= \sqrt{\dfrac{\dfrac{\pi}{64}(19^4 - 17.94^4)}{\dfrac{\pi}{4}(19^2 - 17.94^2)}} = 6.53$cm

47
부하면적 36m²인 콘크리트 기둥의 영향면적에 따른 활하중저감계수(c)로 옳은 것은? (단, $C = 0.3 + \dfrac{4.2}{\sqrt{A}}$, A는 영향면적)

① 0.25   ② 0.45
③ 0.65   ④ 1

해설

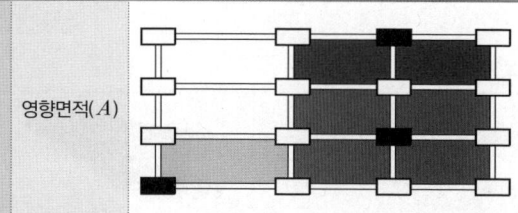

영향면적(A)

③
- 부재에 직접적으로 하중의 영향을 미치는 범위 내에 있는 바닥의 면적을 말한다.
- 기둥 및 기초에서는 부하면적의 4배, 보에서는 부하면적의 2배, 슬래브에서는 부하면적을 적용한다.

| 활하중 저감계수 | $C = 0.3 + \dfrac{4.2}{\sqrt{A}}$ |

- 부하면적 36m²인 기둥의 영향면적(A)은 144m²이다.
- $C = 0.3 + \dfrac{4.2}{\sqrt{A}} = 0.3 + \dfrac{4.2}{\sqrt{(144)}} = 0.65$

48
연약지반에서 부동침하를 줄이기 위한 가장 효과적인 기초의 종류는?

① 독립기초   ② 복합기초
③ 연속기초   ④ 온통기초

해설

④

온통기초(Mat Foundation)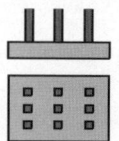

건축물의 부동침하 방지에 가장 효과적인 기초가 된다.

해답 45. ② 46. ④ 47. ③ 48. ④

49 그림과 같은 구조물의 부정정 차수는?

① 불안정
② 1차부정정
③ 3차부정정
④ 정정

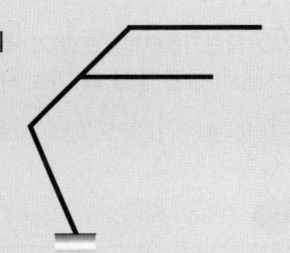

해설

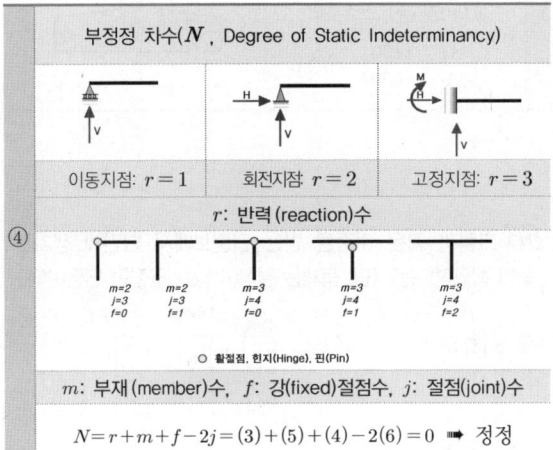

부정정 차수(N, Degree of Static Indeterminancy)

이동지점: $r=1$ 회전지점 $r=2$ 고정지점: $r=3$
r: 반력(reaction)수

○ 활절점, 힌지(Hinge), 핀(Pin)
m: 부재(member)수, f: 강(fixed)절점수, j: 절점(joint)수

$N = r + m + f - 2j = (3) + (5) + (4) - 2(6) = 0$ ➡ 정정

④

50 각 지반의 허용지내력의 크기가 큰 것부터 순서대로 올바르게 나열된 것은

| A. 자갈 | B. 모래 | C. 연암반 | D. 경암반 |

① B > A > C > D
② A > B > C > D
③ D > C > A > B
④ D > C > B > A

해설

지반의 허용지내력도(단위 : kN/m²)

지반의 종류	장기	단기
경암반	4,000	장기값의 1.5배
연암반	2,000	
자갈	300	
자갈+모래	200	
모래	100	
모래+점토	150	
점토	100	

③

51 양단 힌지인 길이 6m의 $H-300 \times 300 \times 10 \times 15$의 기둥이 약축 방향으로 부재중앙이 가새로 지지되어 있을 때 설계용 세장비는? (단, $r_x = 131mm$, $r_y = 75.1mm$)

① 40.0   ② 45.8   ③ 58.2   ④ 66.3

해설

세장비(Slenderness Ratio)

1 양단 힌지이므로 유효좌굴길이계수 $K = 1.0$

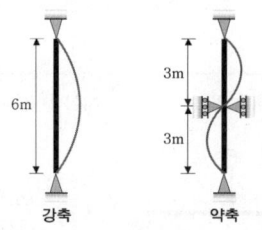

강축 약축

2 강축(x)에 대해서는 부재 전체의 길이 $L = 6m$, 약축(y)에 대해서는 가새로 횡지지되어 있으므로 $L = 3m$를 적용함에 주의하며 다음의 (1), (2) 중에서 큰값으로 선정한다.

(1) $\dfrac{KL}{r_x} = \dfrac{(1.0)(6,000)}{(131)} = 45.80$

(2) $\dfrac{KL}{r_y} = \dfrac{(1.0)(3,000)}{(75.1)} = 39.95$

②

52 단면 500mm × 500mm인 띠철근 기둥이 저항할 수 있는 최대 설계축하중 ϕP_n은? (단, $f_{ck} = 27MPa$, $f_y = 400MPa$)

① 3,591kN
② 3,972kN
③ 4,170kN
④ 4,275kN

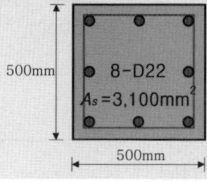

500mm
8-D22
$A_s = 3,100mm^2$
500mm

해설

띠철근 기둥의 최대 설계축하중

$\phi P_n = \phi(0.8 P_o) = \phi(0.8)[0.85 f_{ck}(A_g - A_{st}) + f_y \cdot A_{st}]$
$= (0.65)(0.8)[0.85(27)(500^2 - 3,100) + (400)(3,100)]$
$= 3,591,305N = 3,591.305kN$

①

해답 49. ④ 50. ③ 51. ② 52. ①

53 그림과 같은 단순보의 중앙점에서의 최대 처짐은? (단, 부재의 EI는 일정)

① $\dfrac{wL^3}{24EI}$
② $\dfrac{wL^3}{48EI}$
③ $\dfrac{wL^4}{384EI}$
④ $\dfrac{5wL^4}{384EI}$

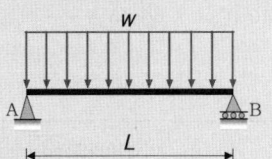

해설

④

하중 조건	처짐각, θ(rad)	처짐, δ(mm)
(P at center)	$\theta_A = \dfrac{PL^2}{16EI}$	$\delta_C = \dfrac{PL^3}{48EI}$
(w distributed)	$\theta_A = \dfrac{wL^3}{24EI}$	$\delta_C = \dfrac{5wL^4}{384EI}$

54 보의 유효깊이 $d=550\text{mm}$, 폭 $b_w=300\text{mm}$인 보에서 스터럽이 부담할 전단력 $V_s=200\text{kN}$일 경우, 수직스터럽 간격으로 적절한 것은? (단, $A_v=142\text{mm}^2$, $f_{ck}=24\text{MPa}$, $f_{yt}=400\text{MPa}$)

① 120mm ② 150mm ③ 180mm ④ 200mm

해설

②

전단철근 전단강도	$V_s = \dfrac{A_v \cdot f_{yt} \cdot d}{s}$
스터럽 간격	$s = \dfrac{A_v \cdot f_{yt} \cdot d}{V_s} = \dfrac{(142)(400)(550)}{(200 \times 10^3)} = 156.2\text{mm}$

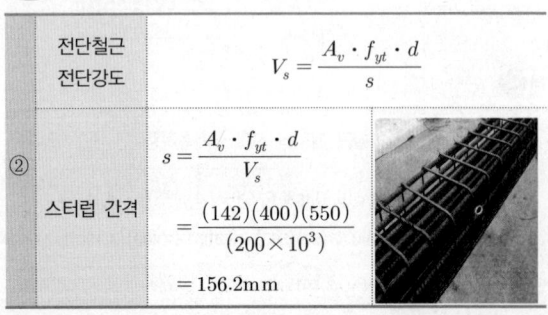

55 독립기초(자중 포함)가 축방향력 650kN, 휨모멘트 130kN·m를 받을 때 기초 저면의 편심거리는?

① 0.2m ② 0.3m ③ 0.4m ④ 0.6m

해설

①

모멘트(Moment)=힘×거리

$M = N \cdot e$ 으로부터
$e = \dfrac{M}{N} = \dfrac{(130)}{(650)} = 0.2\text{m}$

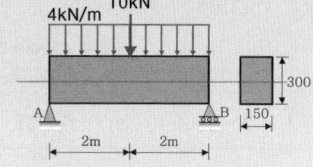

56 그림과 같은 하중을 받는 단순보에서 단면에 생기는 최대 휨응력도는? (단, 목재는 결함이 없는 균질한 단면이다.)

① 8 MPa
② 7 MPa
③ 6 MPa
④ 5 MPa

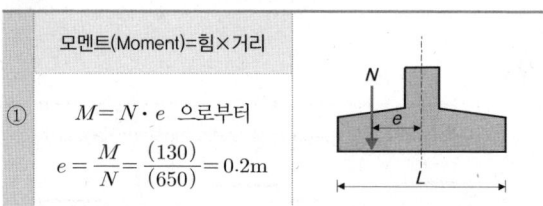

해설

①

단순보의 최대 휨응력

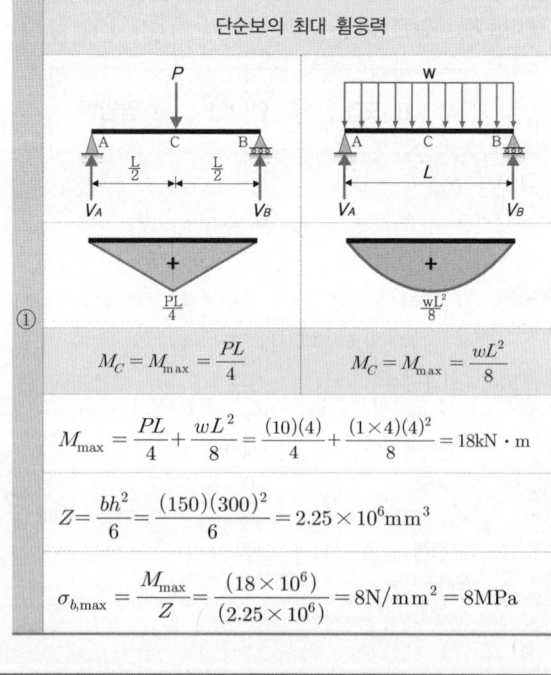

$M_C = M_{\max} = \dfrac{PL}{4}$ $M_C = M_{\max} = \dfrac{wL^2}{8}$

$M_{\max} = \dfrac{PL}{4} + \dfrac{wL^2}{8} = \dfrac{(10)(4)}{4} + \dfrac{(1 \times 4)(4)^2}{8} = 18\text{kN} \cdot \text{m}$

$Z = \dfrac{bh^2}{6} = \dfrac{(150)(300)^2}{6} = 2.25 \times 10^6 \text{mm}^3$

$\sigma_{b,\max} = \dfrac{M_{\max}}{Z} = \dfrac{(18 \times 10^6)}{(2.25 \times 10^6)} = 8\text{N/mm}^2 = 8\text{MPa}$

해답 53. ④   54. ②   55. ①   56. ①

57 다음 그림과 같은 필릿용접부의 유효목두께는?

① 4.0mm
② 4.2mm
③ 4.8mm
④ 5.6mm

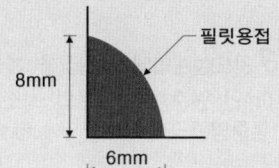

해설

	필릿용접(Fillet Welding): 유효목두께	
②	1	필릿사이즈(S)가 다를 경우 짧은 쪽을 기준으로 0.7배를 적용한다.
	2	유효목두께 $a = 0.7S = 0.7(6) = 4.2\text{mm}$

58 그림과 같은 연속보에서 절점 C의 회전을 저지시키기 위해 필요한 모멘트의 절대값은?

① 30 kN·m
② 60 kN·m
③ 90 kN·m
④ 120 kN·m

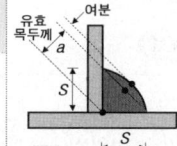

해설

	고정단모멘트, 해제모멘트
②	C절점을 기준으로 AC구간의 집중하중에 대한 고정단모멘트, CB구간의 등분포하중에 따른 고정단모멘트를 구하여 합산한다.

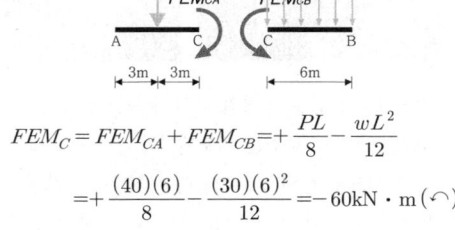

$$FEM_C = FEM_{CA} + FEM_{CB} = +\frac{PL}{8} - \frac{wL^2}{12}$$
$$= +\frac{(40)(6)}{8} - \frac{(30)(6)^2}{12} = -60\text{kN} \cdot \text{m}\ (\curvearrowright)$$

2 해제모멘트: $\overline{M} = -FEM_C = +60\text{kN} \cdot \text{m}\ (\curvearrowleft)$

59 지진하중 설계 시 밑면전단력과 관계없는 것은?

① 유효건물중량
② 중요도계수
③ 지반증폭계수
④ 가스트계수

해설

	내진설계 등가정적해석법 밑면전단력	$V = C_S \cdot W = \dfrac{S_{D1}}{\left[\dfrac{R}{I_E}\right] \cdot T} \cdot W$
④	• W : 유효 건물중량 • C_s : 지진응답계수 • S_{D1} : 주기 1초에서의 설계스펙트럼가속도 • R : 반응수정계수 • T : 건물의 고유주기 • I_E : 건물의 중요도계수	

60 철근콘크리트구조물의 내구성 설계에 관한 설명으로 옳지 않은 것은?

① 설계기준강도가 35MPa을 초과하는 콘크리트는 동해저항 콘크리트에 대한 전체 공기량 기준에서 1% 감소시킬 수 있다.
② 동해저항 콘크리트에 대한 전체 공기량 기준에서 굵은골재의 최대치수가 25mm인 경우 심한 노출에서의 공기량 기준은 6.0이다.
③ 바닷물에 노출된 콘크리트의 철근 부식방지를 위한 보통골재콘크리트의 최대 물결합재비는 40%이다.
④ 철근의 부식 방지를 위하여 굳지 않은 콘크리트의 전체 염소이온량은 원칙적으로 0.9kg/m³ 이하로 하여야 한다.

해설

	부식 방지를 위한 염화물 이온량 제한	
④	철근의 부식 방지를 위하여 굳지 않은 콘크리트의 전체 염소이온량은 원칙적으로 0.3kg/m³ 이하로 하여야 한다.	

해답 57. ② 58. ② 59. ④ 60. ④

건축구조 2019년 제2회

41 철근콘크리트 T형보의 유효폭 산정 식에 관련된 사항과 거리가 먼 것은?

① 보의 폭
② 슬래브 중심간 거리
③ 슬래브의 두께
④ 보의 춤

해설

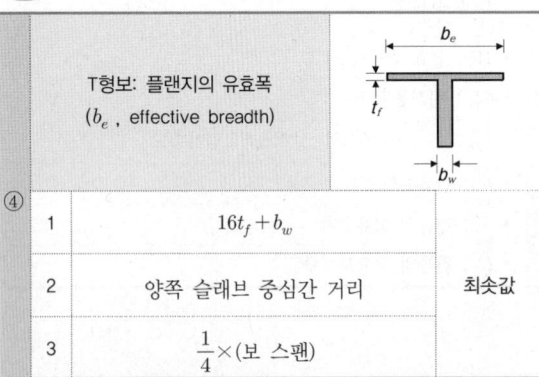

	T형보: 플랜지의 유효폭 (b_e, effective breadth)	
④	1	$16t_f + b_w$
	2	양쪽 슬래브 중심간 거리
	3	$\frac{1}{4} \times$ (보 스팬)

최솟값

42 그림과 같은 ㄷ형강(Channel)에서 전단중심(剪斷中心)의 대략적인 위치는?

① A점
② B점
③ C점
④ D점

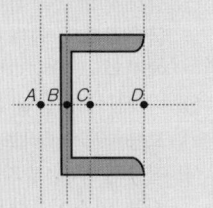

해설

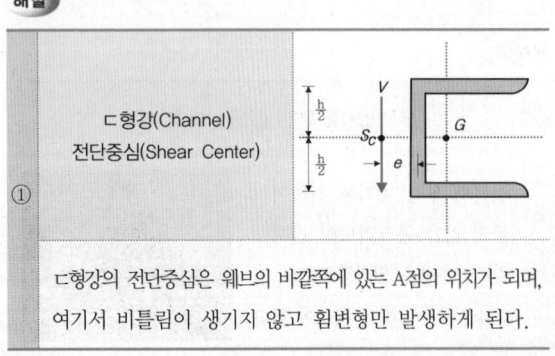

ㄷ형강(Channel) 전단중심(Shear Center)

①

ㄷ형강의 전단중심은 웨브의 바깥쪽에 있는 A점의 위치가 되며, 여기서 비틀림이 생기지 않고 휨변형만 발생하게 된다.

43 강도설계법에서 처짐을 계산하지 않는 경우 스팬이 8.0m인 단순지지된 보의 최소 두께로 옳은 것은? (단, 보통중량콘크리트와 $f_y = 400MPa$ 철근을 사용한 경우)

① 380mm
② 430mm
③ 500mm
④ 600mm

해설

부 재 [l : 경간 길이(mm)]	처짐을 계산하지 않는 경우 보의 최소 두께 (h_{min})			
	단순지지	1단연속	양단연속	캔틸레버
보 및 리브가 있는 1방향 슬래브	$\frac{l}{16}$	$\frac{l}{18.5}$	$\frac{l}{21}$	$\frac{l}{8}$

$$h_{min} = \frac{l}{16} = \frac{(8,000)}{16} = 500mm$$

44 구조물의 내진 보강 대책으로 적합하지 않은 것은?

① 구조물의 강도를 증가시킨다.
② 구조물의 연성을 증가시킨다.
③ 구조물의 중량을 증가시킨다.
④ 구조물의 감쇠를 증가시킨다.

해설

③

지진하중과 같은 동적인 힘이 구조물에 가해질 경우, 구조물의 질량은 건물 기초에서의 흔들림에 대한 반력과 같게 되므로 반력으로 작용하는 질량이 작으면 작을수록 지진하중은 작아질 것이다. 따라서, 구조물의 불필요한 무게를 줄이는 것이 내진설계의 기본 원칙이 된다.

해답 41. ④ 42. ① 43. ③ 44. ③

45 각종 단면의 주축(主軸)을 표시한 것으로 옳지 않은 것은?

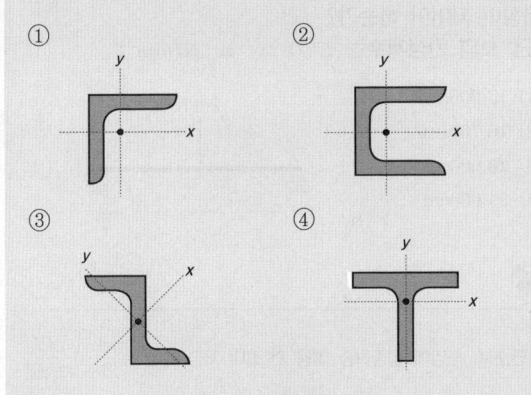

해설

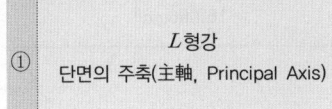

① L형강
단면의 주축(主軸, Principal Axis)

46 인장이형철근의 정착길이를 산정할 때 적용되는 보정계수에 해당되지 않는 것은?

① 철근배근 위치계수 ② 철근 도막계수
③ 크리프 계수 ④ 경량콘크리트 계수

해설

③ 인장이형철근 정착길이 $l_d = \dfrac{0.90\, d_b \cdot f_y}{\lambda \sqrt{f_{ck}}} \cdot \dfrac{\alpha \cdot \beta \cdot \gamma}{\left(\dfrac{c + K_{tr}}{d_b}\right)}$

α	철근배근 위치계수	β	철근 도막계수
λ	경량콘크리트 계수	γ	철근의 크기계수
c	철근간격 또는 피복두께에 관련된 치수	K_{tr}	횡방향 철근지수

47 철근콘크리트 단근보에서 균형철근비를 계산한 결과 $\rho_b = 0.039$이었다. 최대철근비는? (단, $E = 200,000\text{MPa}$, $f_y = 400\text{MPa}$, $f_{ck} = 24\text{MPa}$)

① 0.01863 ② 0.02256
③ 0.02607 ④ 0.02831

해설

④

단철근 직사각형 보의 최대철근비 기준 표

f_y	휨부재 허용값	
	최소 허용변형률(ϵ_t)	해당 철근비($\rho_{\max}$)
300MPa	0.004	$0.658\rho_b$
350MPa	0.004	$0.692\rho_b$
400MPa	0.004	$0.726\rho_b$
500MPa	$0.005(2\epsilon_y)$	$0.699\rho_b$

$\rho_{\max} = 0.726\rho_b = 0.726(0.039) = 0.02831$

48 보 또는 보의 역할을 하는 리브나 지판이 없이 기둥으로 하중을 전달하는 2방향으로 철근이 배치된 콘크리트 슬래브는?

① 와플 슬래브(Waffle Slab)
② 플랫 플레이트(Flat Plate)
③ 플랫 슬래브(Flat Slab)
④ 데크플레이트 슬래브(Deck Plate Slab)

해설

② 플랫 플레이트(Flat Plate): 보가 사용되지 않고 슬래브가 직접 기둥에 지지되는 구조

플랫 슬래브(Flat Slab): 플랫 플레이트에 지판(Drop Panel)을 설치하여 뚫림전단에 대비한 구조

해답 45. ① 46. ③ 47. ④ 48. ②

49 그림과 같은 단순보에서 A점과 B점에 발생하는 반력으로 옳은 것은?

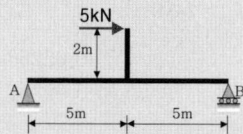

① $H_A = +5kN, V_A = +1kN, V_B = +1kN$
② $H_A = -5kN, V_A = -1kN, V_B = +1kN$
③ $H_A = +5kN, V_A = +1kN, V_B = -1kN$
④ $H_A = -5kN, V_A = +1kN, V_B = +1kN$

해설

$\sum H = 0 : +(H_A) + (5) = 0 \quad \therefore H_A = -5kN(\leftarrow)$

$\sum M_B = 0 : +(V_A)(10) + (5)(2) = 0 \quad \therefore V_A = -1kN(\downarrow)$

$\sum V = 0 : +(V_A) + (V_B) = 0 \quad \therefore V_B = +1kN(\uparrow)$

②

50 그림과 같은 도형의 $x-x$축에 대한 단면2차모멘트는?

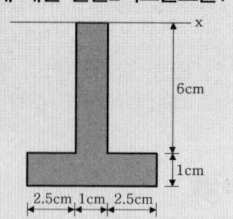

① $326cm^4$
② $278cm^4$
③ $215cm^4$
④ $188cm^4$

해설

단면2차모멘트 평행축 정리: $I_{이동축} = I_{도심축} + A \cdot e^2$

① $I_x = \left[\dfrac{(1)(6)^3}{12} + (1 \times 6)(3)^2\right]$
$+ \left[\dfrac{(6)(1)^3}{12} + (6 \times 1)(6.5)^2\right] = 326cm^4$

51 다음과 같은 단순보의 최대 처짐량(δ_{max})이 3.0cm 이하가 되기 위하여 보의 단면2차모멘트는 최소 얼마 이상이 되어야 하는가?
(단, 보의 탄성계수는 $E = 1.25 \times 10^4 \text{ N/mm}^2$)

① $15,000cm^4$
② $16,700cm^4$
③ $20,000cm^4$
④ $25,000cm^4$

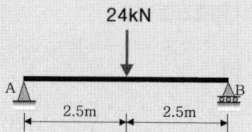

해설

단순보: 중앙에 집중하중 작용 시 최대 처짐 $\delta_{max} = \dfrac{1}{48} \cdot \dfrac{PL^3}{EI}$

② $I = \dfrac{(24 \times 10^3)(5 \times 10^3)^3}{48(1.25 \times 10^4)(3.0 \times 10)} = 166,666,666 \text{mm}^4$

$= 16,666 cm^4$

52 다음 중 압축재의 좌굴하중 산정 시 직접적인 관계가 없는 것은?

① 부재의 푸아송비
② 부재의 단면2차모멘트
③ 부재의 탄성계수
④ 부재의 지지 조건

해설

Euler 좌굴하중: $P_{cr} = \dfrac{\pi^2 EI}{(KL)^2}$

① E : 탄성계수
(강재의 경우 210,000MPa)

I : 단면2차모멘트

KL : 지지단 조건에 따른 유효좌굴길이

Leonhard Euler
(1707~1783)

해답 49. ② 50. ① 51. ② 52. ①

53 횡력의 25% 이상을 부담하는 연성모멘트골조가 전단벽이나 가새골조와 조합되어 있는 구조방식을 무엇이라 하는가?

① 제진시스템방식
② 면진시스템방식
③ 이중골조방식
④ 메가칼럼-전단벽 구조방식

해설

③ 2중골조(Dual Struture): 수평하중의 25% 이상을 부담하는 (연성)모멘트골조가 전단벽이나 가새골조와 조합되어 있는 골조방식

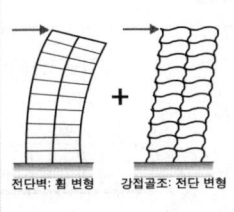

54 저층 강구조 장스팬 건물의 구조계획에서 고려해야 할 사항과 가장 관계가 적은 것은?

① 층고, 지붕 형태 등 건물의 형상 선정
② 적절한 골조 간격의 선정
③ 강절점, 활절점에 대한 부재의 접합 방법 선정
④ 풍하중에 따른 횡변위 제어 방법

해설

④

풍하중에 따른 횡변위 제어는 저층 장스팬 구조가 아닌 (초)고층 구조계획에서 고려해야 할 사항이다.

55 하중저항계수설계법에 따른 강구조 연결 설계기준을 근거로 할 때 고장력볼트의 직경이 M24라면 표준 구멍의 직경으로 옳은 것은?

① 26mm   ② 27mm
③ 28mm   ④ 30mm

해설

②

인장재 순단면적(A_n) 산정을 위한 고장력볼트 표준 구멍	직경(M)	표준 구멍(d)
	M24 미만	M + 2.0mm
	M24 이상	M + 3.0mm

56 다음 강종 표시기호에 관한 설명으로 옳지 않은 것은? (단, KS 강종 기호 개정사항 반영)

```
SMA    355    B    W
 |      |     |    |
(가)   (나)  (다) (라)
```

① (가) : 용도에 따른 강재의 명칭 구분
② (나) : 강재의 인장강도 구분
③ (다) : 충격흡수에너지 등급 구분
④ (라) : 내후성 등급 구분

해설

②

(가)	SMA	Steel Marine Atmosphere (용접구조용 내후성 열간압연강재)
(나)	355	355 : 강재의 항복강도 355MPa (인장강도 $F_u = 490$MPa)
(다)	B	샤르피 흡수에너지 등급 ➡ B : 일정수준 충격치 요구, 27J(0℃) 이상
(라)	W	내후성 등급 W : 녹안정화 처리

해답 53. ③   54. ④   55. ②   56. ②

57 폭 $b=250mm$, 높이 $h=500mm$인 직사각형 콘크리트 보 부재의 균열모멘트 M_{cr}은? (단, 경량콘크리트계수 $\lambda=1$, $f_{ck}=24MPa$)

① 8.3kN·m   ② 16.4kN·m
③ 24.5kN·m ④ 32.2kN·m

해설

균열모멘트 = 파괴계수$(0.63\lambda\sqrt{f_{ck}})$ × 단면계수$(\frac{bh^2}{6})$

④ $M_{cr}=0.63\lambda\sqrt{f_{ck}}\cdot\frac{bh^2}{6}=0.63(1)\sqrt{(24)}\cdot\frac{(250)(500)^2}{6}$
$=32,149,552.8N\cdot mm=32.149kN\cdot m$

58 그림과 같은 트러스(Truss)에서 T부재에 발생하는 부재력으로 옳은 것은?

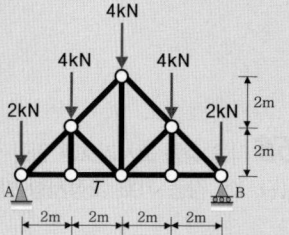

① 4kN
② 6kN
③ 8kN
④ 16kN

해설

	트러스 절단법
1	대칭구조이므로 $V_A=+8kN(\uparrow)$
②	절점⑥에서 모멘트를 계산한다. $M_{⑥,Left}=0$: $+(8)(2)-(2)(2)-(F_T)(2)=0$ $\therefore F_{L_1}=+6kN$ (인장)
2	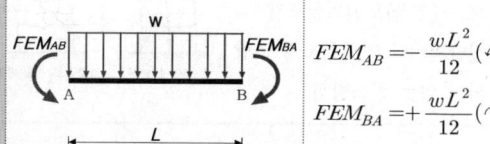

59 그림과 같은 라멘의 AB재에 휨모멘트가 발생하지 않게 하려면 P는 얼마가 되어야 하는가?

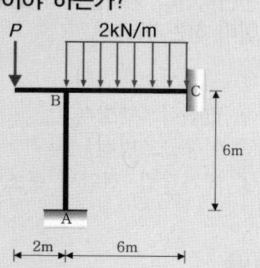

① 3kN
② 4kN
③ 5kN
④ 6kN

해설

고정단모멘트(FEM, Fixed End Moment)

$FEM_{AB}=-\frac{wL^2}{12}(\curvearrowleft)$

$FEM_{BA}=+\frac{wL^2}{12}(\curvearrowright)$

① B절점에서 절점방정식을 적용한다.
$\sum M_B = M_{BA}+M_{B(자유단)}+M_{BC}$
$=(0)-(P)(2)+\left(\frac{(2)(6)^2}{12}\right)=0$ $\therefore P=3kN$

60 $H-300\times150\times6.5\times9$인 형강보에 10kN의 전단력이 작용할 때 웨브에 생기는 전단응력은? (단, 웨브 전 단면적 산정 시 플랜지 두께는 제외)

① 3.5MPa   ② 4.5MPa
③ 5.5MPa   ④ 6.5MPa

해설

H형강 보의 전단응력

③ 전단력은 웨브(Web) 부재가 모두 부담한다고 간주한다.

$\tau=\frac{V}{t_w\cdot h}=\frac{(10\times10^3)}{(6.5)(300-2\times9)}$
$=5.46N/mm^2=5.46MPa$

해답 57. ④ 58. ② 59. ① 60. ③

건축구조 2019년 제4회

41 다음 그림과 같은 라멘의 부정정 차수는?

① 6차 부정정
② 8차 부정정
③ 10차 부정정
④ 12차 부정정

해설

부정정 차수(N, Degree of Static Indeterminancy)

이동지점: $r=1$ 회전지점: $r=2$ 고정지점: $r=3$

r: 반력(reaction)수

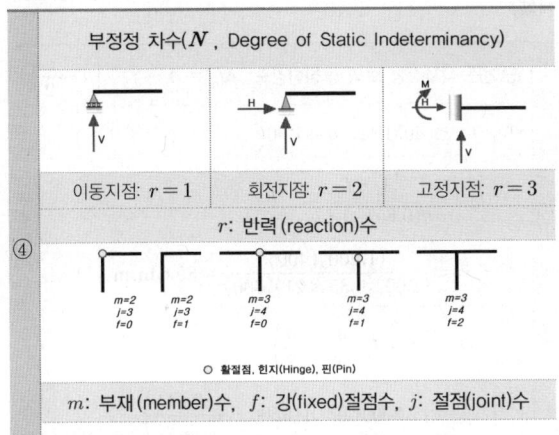

○ 활절점, 힌지(Hinge), 핀(Pin)

m: 부재(member)수, f: 강(fixed)절점수, j: 절점(joint)수

$N = r + m + f - 2j = (3+3+3) + (10) + (11) - 2(9) = 12$차

④

42 1단은 고정, 1단은 자유인 길이 10m인 철골 기둥에서 오일러의 좌굴하중은? (단, $A=6{,}000\text{mm}^2$, $I_x = 4{,}000\text{cm}^4$, $I_y = 2{,}000\text{cm}^4$, $E=205{,}000\text{MPa}$)

① 101.2kN
② 168.4kN
③ 195.7kN
④ 202.4kN

해설

		좌굴하중
①	1	좌굴길이계수(1단 고정, 1단 자유): $K=2$
	2	길이(L)의 변화가 없으므로, 약축(I_y)에 대한 단면2차모멘트를 적용함에 주의한다.
	3	$P_{cr} = \dfrac{\pi^2 EI}{(KL)^2} = \dfrac{\pi^2 (205{,}000)(2{,}000 \times 10^4)}{(2 \times 10{,}000)^2}$ $= 101{,}163\text{N} = 101.163\text{kN}$

43 다음 그림과 같은 보에서 중앙점(C점)의 휨모멘트(M_C)를 구하면?

① 4.50kN·m
② 6.75kN·m
③ 8.00kN·m
④ 10.50kN·m

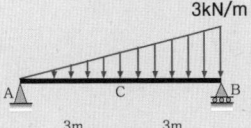

해설

$\sum M_B = 0 : +(V_A)(6) - \left(\dfrac{1}{2} \times 6 \times 3\right)(2) = 0$

$\therefore V_A = +3\text{kN}(\uparrow)$

$M_{C,Left} = + \left[+(3)(3) - \left(\dfrac{1}{2} \times 3 \times 1.5\right)(1) \right]$

$= +6.75\text{kN} \cdot \text{m}\ (\smile)$

②

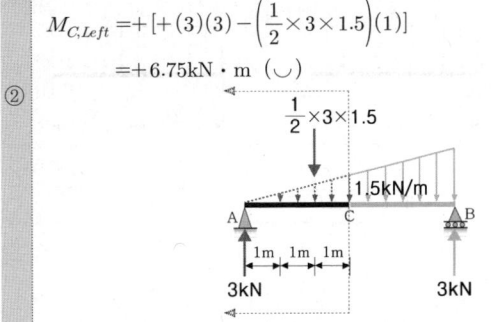

44 그림과 같은 단면에서 x축에 대한 단면2차반경으로 옳은 것은?

① 5.5cm
② 6.9cm
③ 7.7cm
④ 8.1cm

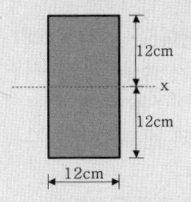

해설

단면2차반경(Radius of Gyration, 회전반경)

② $r_x = \sqrt{\dfrac{I_x}{A}} = \sqrt{\dfrac{\dfrac{(12)(24)^3}{12}}{(12 \times 24)}} = 6.928\text{cm}$

해답 41. ④   42. ①   43. ②   44. ②

45 스팬이 L이고 양단이 고정인 보의 전체에 등분포하중 w가 작용할 때 중앙부의 최대 처짐은?

① $\dfrac{wL^4}{48EI}$　　② $\dfrac{5wL^4}{48EI}$

③ $\dfrac{wL^4}{384EI}$　　④ $\dfrac{5wL^4}{384EI}$

해설

③

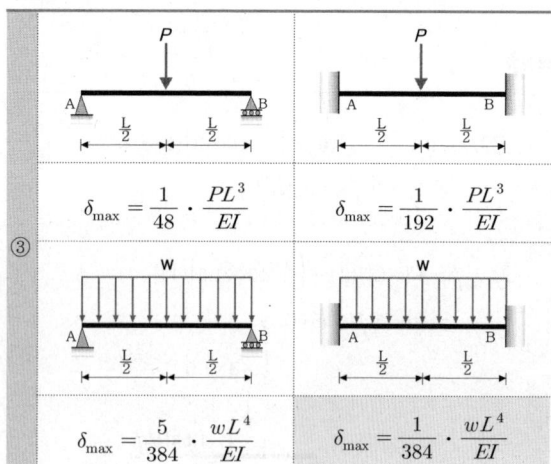

46 철근콘크리트의 보강철근에 관한 설명으로 옳지 않은 것은?

① 보강철근으로 보강하지 않은 콘크리트는 연성 거동을 한다.
② 보강철근은 콘크리트의 크리프를 감소시키고 균열의 폭을 최소화시킨다.
③ 이형철근은 원형 강봉의 표면에 돌기를 만들어 철근과 콘크리트의 부착력을 최대가 되도록 한 것이다.
④ 보강철근을 콘크리트 속에 매입함으로써 콘크리트의 휨강도를 증대시킨다.

해설

① 보강철근으로 보강하지 않은 콘크리트는 연성(Ductile) 거동이 아닌 취성(Brittle) 거동을 한다.

47 강도설계 적용 시 그림과 같은 단근 직사각형 보 단면의 공칭휨강도 M_n은? (단, $f_{ck}=21\text{MPa}$, $f_y=400\text{MPa}$, 인장철근의 총면적 $A_s=1{,}200\text{mm}^2$)

① 162kN·m
② 182kN·m
③ 202kN·m
④ 242kN·m

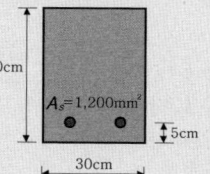

해설

④

단철근 직사각형 보의 공칭휨강도: $M_n = A_s \cdot f_y \cdot \left(d-\dfrac{a}{2}\right)$

1. $f_{ck} \leq 40\text{MPa}$: $\eta = 1.00$

2. $a = \dfrac{A_s \cdot f_y}{\eta(0.85f_{ck}) \cdot b}$
   $= \dfrac{(1{,}200)(400)}{(1.00)(0.85\times 21)(300)} = 89.64\text{mm}$

3. $M_n = A_s \cdot f_y \cdot \left(d-\dfrac{a}{2}\right)$
   $= (1{,}200)(400)\left((550)-\dfrac{(89.64)}{2}\right)$
   $= 242{,}486{,}400\text{N}\cdot\text{mm} = 242.486\text{kN}\cdot\text{m}$

48 철근의 정착길이에 관한 사항 중 옳지 않은 것은?

① 인장이형철근 및 이형철선의 정착길이 l_d는 항상 300mm 이상이어야 한다.
② 압축이형철근의 정착길이 l_d는 항상 150mm 이상이어야 한다.
③ 인장 또는 압축을 받는 하나의 다발철근 내에 있는 개개 철근의 정착길이 l_d는 다발철근이 아닌 경우의 각 철근의 정착길이보다 3개의 철근으로 구성된 다발철근에 대해서는 20%를 증가시켜야 한다.
④ 단부에 표준갈고리가 있는 인장이형철근의 정착길이는 항상 $8d_b$ 이상 또한 150mm 이상이어야 한다.

해설

② 압축이형철근의 정착길이(l_d)는 기본정착길이(l_{db})에 보정 계수를 곱하여 구한 값이 최소 200mm 이상이어야 한다.

해답　45. ③　46. ①　47. ④　48. ②

49 강도설계법에 따른 철근콘크리트 보 설계에서 양단 연속인 경우 처짐을 계산하지 않아도 되는 보의 최소 두께로 옳은 것은? (단, 보통콘크리트 $m_c = 2,300\text{kg/m}^3$와 설계기준항복강도 400MPa 철근을 사용)

① $l/16$ ② $l/21$
③ $l/24$ ④ $l/28$

해설

부재 [l : 경간 길이(mm)]	처짐을 계산하지 않는 경우 최소 두께 ($h_{\min}$)			
	단순지지	1단연속	양단연속	캔틸래버
보 및 리브가 있는 1방향 슬래브	$\dfrac{l}{16}$	$\dfrac{l}{18.5}$	$\dfrac{l}{21}$	$\dfrac{l}{8}$

50 그림과 같은 구멍 2열에 대하여 파단선 A-B-C를 지나는 순단면적과 동일한 순단면적을 갖는 파단선 D-E-F-G의 피치(s)는? (단, 구멍은 여유폭을 포함하여 23mm)

① 3.7cm
② 7.4cm
③ 11.1cm
④ 14.8cm

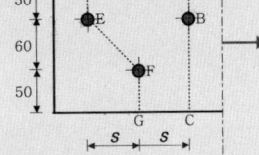

해설

	강구조 인장재 순단면적
①	(1) 파단선 A-B-C: $A_n = A_g - n \cdot d \cdot t = (160 \times t) - (1)(23)(t) = 137t$ (2) 파단선 D-E-F-G: $A_n = A_g - n \cdot d \cdot t + \sum \dfrac{s^2}{4g} \cdot t$ $= (160 \times t) - (2)(23)(t) + \dfrac{s^2}{4(60)} \cdot t = 114t + \dfrac{s^2}{240} \cdot t$
②	
③	(1), (2) 두 식의 결과값이 같으므로 $137t = 114t + \dfrac{s^2}{240} \cdot t$ 로부터 $s = 74.29\text{mm} = 7.42\text{cm}$

51 내진설계에 있어서 밑면전단력 산정 인자가 아닌 것은?

① 건물의 중요도계수 ② 반응수정계수
③ 진도계수 ④ 유효건물중량

해설

내진설계 등가정적해석법 밑면전단력	$V = C_S \cdot W = \dfrac{S_{D1}}{\left[\dfrac{R}{I_E}\right] \cdot T} \cdot W$
③	• W : 유효 건물중량 • C_s : 지진응답계수 • S_{D1} : 주기 1초에서의 설계스펙트럼가속도 • R : 반응수정계수 • T : 건물의 고유주기 • I_E : 건물의 중요도계수

52 그림과 같은 구조에서 B단에 발생하는 모멘트는?

① 125kN·m
② 188kN·m
③ 250kN·m
④ 300kN·m

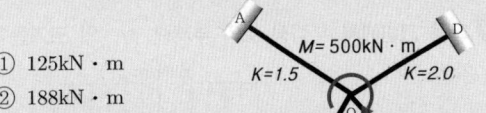

해설

모멘트 분배법(Moment Distribution Method)	
①	분배율: $DF_{OB} = \dfrac{5.0}{1.5 + 5.0 + 1.5 + 2.0} = \dfrac{1}{2}$ 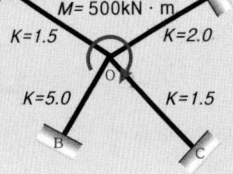
②	분배모멘트: $M_{OB} = M_B \cdot DF_{OB} = (+500)\left(\dfrac{1}{2}\right)$ $= +250\text{kN} \cdot \text{m}\,(\curvearrowright)$
③	전달모멘트: $M_{BO} = \dfrac{1}{2} M_{OB} = +125\text{kN} \cdot \text{m}\,(\curvearrowright)$

해답 49. ② 50. ② 51. ③ 52. ①

53 원형 단면에 전단력 $S=30kN$이 작용할 때 단면의 최대 전단응력도는? (단, 단면의 반경은 180mm이다.)

① 0.19MPa ② 0.24MPa
③ 0.39MPa ④ 0.44MPa

해설

	보의 최대 전단응력	
1	전단계수	$k=\dfrac{3}{2}$ (사각형), $k=\dfrac{4}{3}$ (원형)
2	$\tau_{max}=k\cdot\dfrac{V}{A}=\left(\dfrac{4}{3}\right)\cdot\dfrac{(30\times10^3)}{(\pi\cdot180^2)}$ $=0.393\text{N/mm}^2=0.393\text{MPa}$	

③

54 다음 그림에서 부정정 보의 부재력 M_{AC}의 크기는?

① 2kN·m
② 3kN·m
③ 4kN·m
④ 5kN·m

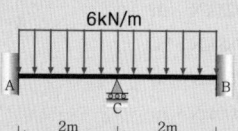

해설

	모멘트 분배법(Moment Distribution Method)	
1	AC구간에서 C절점의 고정단모멘트: $FEM_C=FEM_{CA}+FEM_{CB}=+\dfrac{wL^2}{12}-\dfrac{wL^2}{12}=0$ 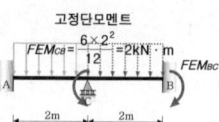	
2	A절점의 고정단모멘트: $FEM_{AC}=-\dfrac{wL^2}{12}=-\dfrac{(6)(2)^2}{12}=-2\text{kN·m}(\curvearrowleft)$	
3	C절점의 고정단모멘트가 0이므로 A절점의 고정단모멘트가 A점의 재단모멘트 M_{AB}가 된다.	

①

55 그림과 같은 보의 C점에서의 최대 처짐은?

① $\dfrac{PL^3}{2EI}$ ② $\dfrac{PL^3}{48EI}$
③ $\dfrac{PL^3}{384EI}$ ④ $\dfrac{5PL^3}{384EI}$

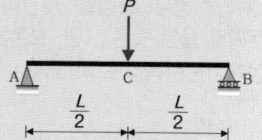

해설

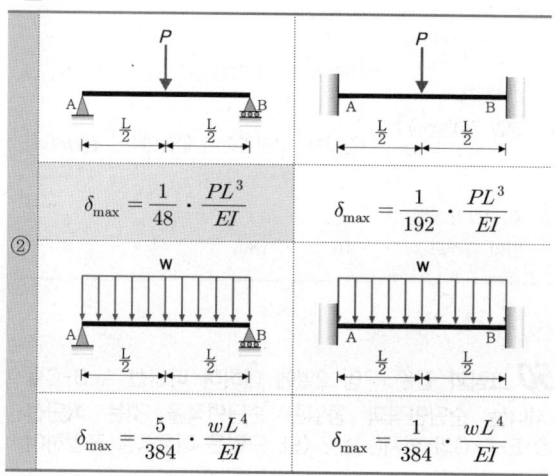

②

56 바닥슬래브와 철골보 사이에 발생하는 전단력에 저항하기 위해 설치하는 것은?

① 커버 플레이트(Cover Plate)
② 스티프너(Stiffener)
③ 턴 버클(Turn Buckle)
④ 시어 커넥터(Shear Connector)

해설

강재앵커(Shear Connector, 시어 커넥터, 전단 연결재)

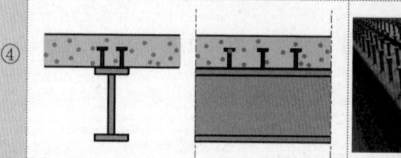 

④

해답 53. ③ 54. ① 55. ② 56. ④

57 말뚝기초에 관한 설명으로 옳지 않은 것은?

① 말뚝기초는 지반이 연약하고 기초 상부의 하중을 지지하지 못할 때 보강공법으로 쓰인다.
② 지지말뚝은 굳은 지반까지 말뚝을 박아 하중을 직접 지반에 전달하며 주위 흙과의 마찰력은 고려하지 않는다.
③ 마찰말뚝은 주위 흙과의 마찰력으로 지지되며 n개를 박았을 때 그 지지력은 n배가 된다.
④ 동일 건물에서는 서로 다른 종류의 말뚝을 혼용하지 않는다.

해설

③ 마찰말뚝(Friction Pile)을 여러 개 박은 경우를 무리말뚝이라고 하며 N개를 박았을 때 그 지지력은 N배보다 감소하는 특성이 있다.

무리말뚝(Clustered Pile, 군말뚝)

59 철골 트러스의 특성에 관한 설명으로 옳지 않은 것은?

① 직선 부재들이 삼각형의 형태로 구성되어 안정적인 거동을 한다.
② 트러스의 개방된 웨브 공간으로 전기배선이나 덕트 등과 같은 설비배관의 통과가 가능하다.
③ 부정정 차수가 낮은 트러스의 경우에는 일부 부재나 접합부의 파괴가 트러스의 붕괴를 야기할 수 있다.
④ 직선 부재로만 구성되기 때문에 비정형 건축물의 구조체에는 도입이 어렵다.

해설

④ 건축구조물의 형상이 정형, 비정형인지의 여부와 직선 트러스 부재의 적용과는 무관하다.

58 철골구조 주각부의 구성 요소가 아닌 것은?

① 커버 플레이트 ② 앵커볼트
③ 베이스 모르타르 ④ 베이스 플레이트

해설

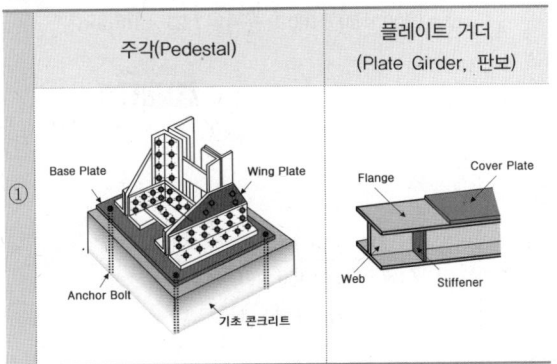

60 아래 단면을 가진 철근콘크리트 기둥의 최대 설계 축하중(ϕP_n)은? (단, $f_{ck}=30$MPa, $f_y=400$MPa)

① 12,958kN
② 15,425kN
③ 17,958kN
④ 21,425kN

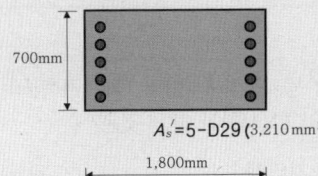

해설

띠철근 기둥의 최대 설계축하중

③ $\phi P_n = \phi(0.8)[0.85f_{ck}(A_g - A_{st}) + f_y \cdot A_{st}]$
$= (0.65)(0.8)[0.85(30)(1,800 \times 700 - 2 \times 3,210)$
$+ (400)(2 \times 3,210)]$
$= 17,957,830\text{N} = 17,957.830\text{kN}$

해답 57. ③ 58. ① 59. ④ 60. ③

건축구조 2020년 제1회

41 그림과 같은 정정 구조의 CD부재에서 C, D점의 휨모멘트 값 중 옳은 것은?

① C점: 0,
   D점: 16kN·m
② C점: 16kN·m,
   D점: 16kN·m
③ C점: 0,
   D점: 32kN·m
④ C점: 32kN·m,
   D점: 32kN·m

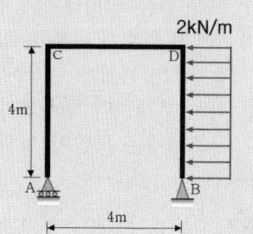

해설

$\sum H = 0: +(H_B) - (2)(4) = 0 \quad \therefore H_B = +8\text{kN}(\rightarrow)$

$\sum M_B = 0:$
$\qquad +(V_A)(4) - (8)(2) = 0 \quad \therefore V_A = +4\text{kN}(\uparrow)$

$M_{C,Left} = 0$

$M_{D,Right} = -[-(8)(4) + (8)(2)] = +16\text{kN·m}(\smile)$

①

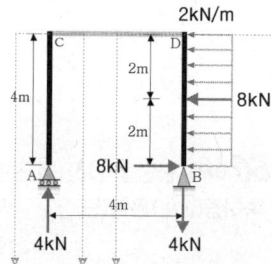

42 등가정적해석법에 따른 건축물의 내진설계 시 고려해야 할 사항이 아닌 것은?

① 지역계수
② 지표면조도
③ 지반종류
④ 반응수정계수

해설

② 지표면조도(Surface Roughness): 건축물이 바람에 노출되는 정도

지표면상의 지물 상황을 지표면조도라는 관점에서 구분한 것으로 열린 평탄지, 교외, 시가지, 대도시 중심과 같이 구분하며, 풍하중 설계 시 고려하는 요소이다.

43 그림과 같은 단면에 전단력 50kN이 가해진 경우 중립축에서 상방향으로 100mm 떨어진 지점의 전단응력은? (단, 전체 단면의 크기는 200×300mm)

① 0.85MPa
② 0.79MPa
③ 0.73MPa
④ 0.69MPa

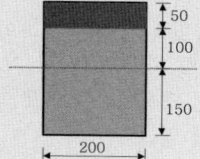

해설

	전단응력 $\tau = \dfrac{V \cdot Q}{I \cdot b}$
1	I: 중립축에 대한 단면2차모멘트 $I = \dfrac{bh^3}{12} = \dfrac{(200)(300)^3}{12} = 450 \times 10^6 \text{mm}^4$
2	b: 전단응력을 구하고자 하는 위치의 단면 폭 $b = 200\text{mm}$
3	V: 전단력, $V = 50\text{kN} = 50 \times 10^3 \text{N}$
4	Q: 전단응력을 구하고자 하는 외측 단면에 대한 중립축으로부터의 단면1차모멘트 $Q = (200 \times 50)\left(100 + \dfrac{50}{2}\right) = 1.25 \times 10^6 \text{mm}^3$ 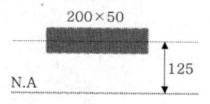
5	$\tau = \dfrac{V \cdot Q}{I \cdot b} = \dfrac{(50 \times 10^3)(1.25 \times 10^6)}{(450 \times 10^6)(200)}$ $= 0.69 \text{N/mm}^2$

④

해답 41. ① 42. ② 43. ④

44 다음 두 보의 최대 처짐량이 같기 위한 등분포하중의 비로 알맞은 것은? (단, 부재의 재질과 단면은 동일하며 A부재 길이는 B부재 길이의 2배임)

① $w_2 = 2w_1$
② $w_2 = 4w_1$
③ $w_2 = 8w_1$
④ $w_2 = 16w_1$

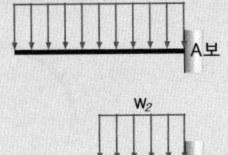

해설

캔틸레버보: 등분포하중 만재 시 $\delta_{max} = \dfrac{1}{8} \cdot \dfrac{wL^4}{EI}$

등분포하중의 비교

④ $\delta_{A,max} = \dfrac{1}{8} \cdot \dfrac{w_1 \cdot (2L)^4}{EI}$, $\delta_{B,max} = \dfrac{1}{8} \cdot \dfrac{w_2 \cdot (L)^4}{EI}$

$\delta_{A,max} = \delta_{B,max}$ 로부터 $w_1 \cdot (2L)^4 = w_2 \cdot (L)^4$

이므로 $\therefore w_2 = 16w_1$

---

45 한계상태설계법에 따라 강구조물을 설계할 때 고려되는 강도한계상태가 아닌 것은?

① 바닥재의 진동
② 기둥의 좌굴
③ 골조의 불안정성
④ 취성파괴

해설

① 강도 한계상태(Strength Limit State)

구조체가 하중 지지능력을 잃고 붕괴되는 상태

사용성한계상태(Serviceability Limit State)

구조 기능이 저하되어 처짐, 균열, 진동 등과 같이 외관, 유지관리, 내구성 및 사용에 매우 부적합하게 되는 상태

---

46 철근콘크리트 구조설계 시 고려하는 강도설계법에 관한 설명으로 옳지 않은 것은?

① 보의 압축측의 응력분포는 사다리꼴, 포물선 등의 형태로 본다.
② 규정된 허용하중이 초과될지도 모를 가능성을 예측하여 하중계수를 사용한다.
③ 재료의 변화, 시공오차 등의 기술적인 면을 고려하여 강도감소계수를 사용한다.
④ 이 설계 방법은 탄성이론 하에서 이루어진 설계법이다.

해설

④ (극한)강도설계법(USD, Ultimate Strength Design)

탄성설계가 아닌 소성설계 이론이 적용된 설계법이다.

---

47 그림과 같은 트러스에서 '가' 및 '나' 부재의 부재력을 옳게 구한 것은? (단, −는 압축력, +는 인장력을 의미한다.)

① 가 = −500kN, 나 = 300kN
② 가 = −500kN, 나 = 400kN
③ 가 = −400kN, 나 = 300kN
④ 가 = −400kN, 나 = 400kN

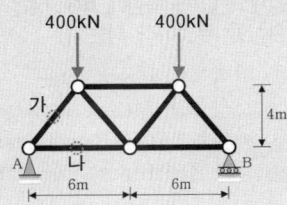

해설

트러스 절점법(Method of Joint)

① $\sum V = 0$:
$+(400) + \left(F_{가} \cdot \dfrac{4}{5}\right) = 0$
$\therefore F_{가} = -500\text{kN}\,(압축)$

$\sum H = 0$:
$+\left(F_{가} \cdot \dfrac{3}{5}\right) + (F_{나}) = 0$
$\therefore F_{나} = +300\text{kN}\,(인장)$

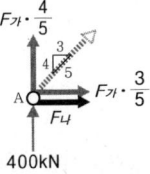

해답 44. ④ 45. ① 46. ④ 47. ①

48 일반 또는 경량콘크리트 휨부재의 크리프와 건조수축에 따른 추가 장기처짐 산정과 관련하여 5년 이상일 때 지속하중에 대한 시간경과계수 ξ는 얼마인가?

① 2.4   ② 2.2   ③ 2.0   ④ 1.4

해설

③	장기처짐 = 탄성처짐 × λ_Δ	$\lambda_\Delta = \dfrac{\xi}{1+50\rho'}$	
		ρ' : 압축철근비	
		ξ : 시간경과계수	
		3개월	1.0
		6개월	1.2
		12개월	1.4
		5년 이상	2.0

49 강재의 응력-변형도 시험에서 인장력을 가해 소성 상태에 들어선 강재를 다시 반대 방향으로 압축력을 작용하였을 때의 압축항복점이 소성 상태에 들어서지 않은 강재의 압축항복점에 비해 낮은 것을 볼 수 있는데 이러한 현상을 무엇이라 하는가?

① 뤼더 선(Lüder's Line)
② 소성 흐름(Plastic Flow)
③ 바우쉥거 효과(Baushinger's Effect)
④ 응력 집중(Stress Concentration)

해설

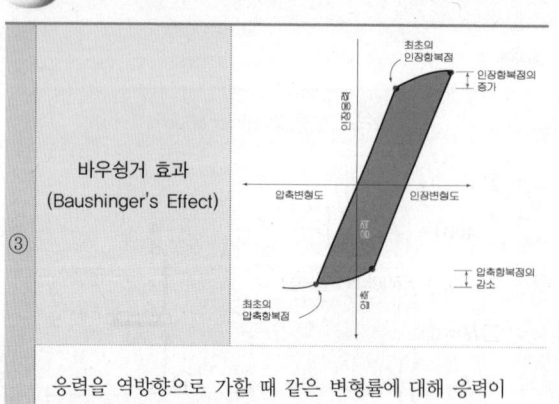

③ 응력을 역방향으로 가할 때 같은 변형률에 대해 응력이 감소하는 현상을 말한다.

50 3회전단 포물선 아치에 그림과 같이 등분포하중이 가해졌을 경우 단면상에 나타나는 부재력의 종류는?

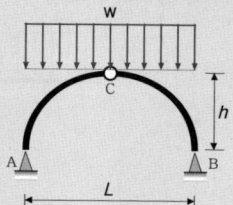

① 전단력, 휨모멘트
② 축방향력, 전단력, 휨모멘트
③ 축방향력, 전단력
④ 축방향력

해설

④ 3회전단 포물선 아치가 등분포하중을 받게 되면 부재력으로서 전단력이나 휨모멘트가 발생하지 않고 축방향력만 발생하므로 경제적인 구조가 된다.

51 그림과 같은 앵글(Angle)의 유효단면적으로 옳은 것은?
(단, $L-50\times50\times6$, $A_g = 5.644\text{cm}^2$, $d = 1.7\text{cm}$)

① 8.0cm²
② 8.5cm²
③ 9.0cm²
④ 9.25cm²

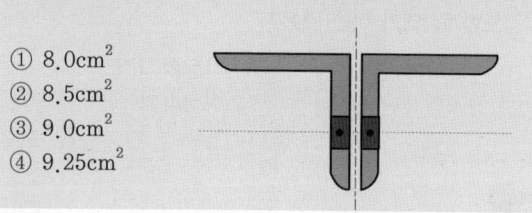

해설

	정렬 배치 인장재 순단면적
1	전체 단면적(A_g)에서 구멍의 면적($n \cdot d \cdot t$)을 뺀다고 생각하면 알기 쉽다.
④ 2	$A_n = A_g - n \cdot d \cdot t$ $= (5.644 \times 2개) - (2)(1.7)(0.6) = 9.248\text{cm}^2$

해답 48. ③   49. ③   50. ④   51. ④

52 그림과 같은 압축재에서 $V-V$ 축의 세장비 값으로 옳은 것은? (단, $A=10\text{cm}^2$, $I_v=36\text{cm}^4$)

① 270.3
② 263.5
③ 254.8
④ 236.4

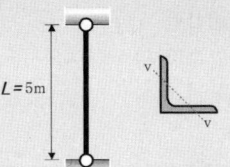

해설 ②

	세장비(Slenderness Ratio)	
1	양단 힌지(hinge): 유효좌굴길이계수 $K=1.0$.	
2	$\lambda = \dfrac{KL}{r_{\min}} = \dfrac{KL}{\sqrt{\dfrac{I_{\min}}{A}}} = \dfrac{(1.0)(500)}{\sqrt{\dfrac{(36)}{(10)}}} = 263.523$	

---

53 스터럽으로 보강된 휨부재의 최외단 인장철근의 순인장 변형률 ϵ_t가 0.004일 경우 강도감소계수 ϕ로 옳은 것은? (단, $f_y=400\text{MPa}$)

① 0.65
② 0.717
③ 0.783
④ 0.817

해설 ③

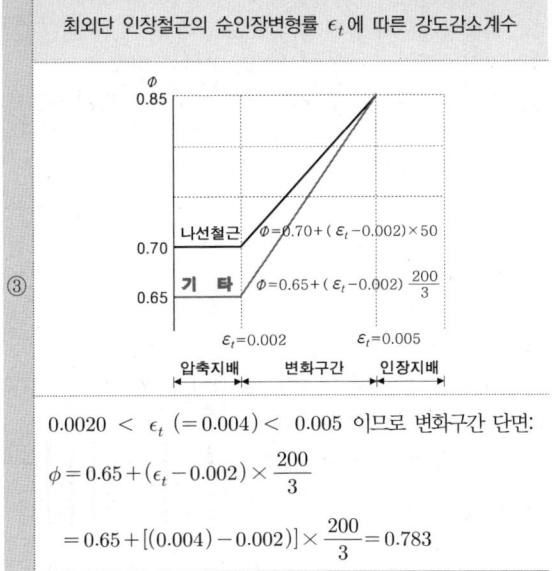

$0.0020 < \epsilon_t(=0.004) < 0.005$ 이므로 변화구간 단면:

$\phi = 0.65 + (\epsilon_t - 0.002) \times \dfrac{200}{3}$

$= 0.65 + [(0.004) - 0.002] \times \dfrac{200}{3} = 0.783$

---

54 철근콘크리트 보에서 콘크리트만의 설계전단강도는 얼마인가? (단, 보통중량콘크리트 $f_{ck}=24\text{MPa}$)

① 31.5kN
② 75.8kN
③ 110.2kN
④ 145.6kN

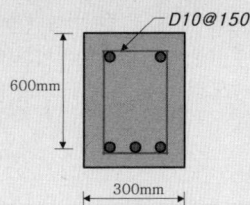

해설 ③

	콘크리트 공칭전단강도
1	보통중량콘크리트에 대한 경량콘크리트계수 $\lambda=1$
2	$\phi V_c = \phi \dfrac{1}{6}\lambda\sqrt{f_{ck}} \cdot b_w \cdot d$ $= (0.75)\dfrac{1}{6}(1)\sqrt{(24)}(300)(600)$ $= 110,227\text{N} = 110.227\text{kN}$

---

55 그림에서 절점 D는 이동을 하지 않으며, A, B, C는 고정단일 때 C단의 모멘트는? (단, k는 강비)

① 4.0kN·m
② 4.5kN·m
③ 5.0kN·m
④ 5.5kN·m

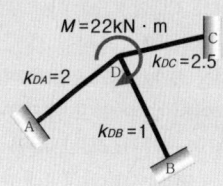

해설 ③

	모멘트 분배법(Moment Distribution Method)
1	분배율: $DF_{DC} = \dfrac{2.5}{2+1+2.5} = \dfrac{5}{11}$
2	분배모멘트: $M_{DC} = M_D \cdot DF_{DC}$ $= (+22)\left(\dfrac{5}{11}\right) = +10\text{kN}\cdot\text{m}\,(\curvearrowright)$
3	전달모멘트: $M_{CD} = \dfrac{1}{2}M_{DC} = \dfrac{1}{2}(+10) = +5\text{kN}\cdot\text{m}\,(\curvearrowright)$

해답 52. ② 53. ③ 54. ③ 55. ③

56. 다음 용어 중 서로 관련이 가장 적은 것은?

① 기둥 - 메탈 터치(Metal Touch)
② 인장 가새 - 턴 버클(Turn Buckle)
③ 주각부 - 거셋 플레이트(Gusset Plate)
④ 중도리 - 새그 로드(Sag Rod)

해설

③ 거셋 플레이트(Gusset Plate)
기둥, 보, Truss 부재의 접합에 사용되는 덧댐 판이다.

58. 볼트의 기계적 등급을 나타내기 위해 표시하는 F8T, F10T, F13T에서 가운데 숫자는 무엇을 의미하는가?

① 휨강도 ② 인장강도
③ 압축강도 ④ 전단강도

해설

고장력볼트(High Strength Bolt) 제원

② 고장력볼트의 기계적 등급을 나타내는 표시에서 가운데 숫자는 인장강도(tf/cm²)를 의미한다.

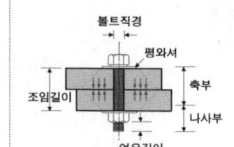

57. 건축물의 기초구조 설계 시 말뚝재료별 구조세칙으로 옳지 않은 것은?

① 나무말뚝을 타설할 때 그 중심간격은 말뚝머리 지름의 2.5배 이상 또한 600mm 이상으로 한다.
② 기성콘크리트말뚝을 타설할 때 그 중심간격은 말뚝머리 지름의 2.5배 이상 또한 1,100mm 이상으로 한다.
③ 강재말뚝을 타설할 때 그 중심간격은 말뚝머리의 지름 또는 폭의 2.0배 이상(다만, 폐단 강관말뚝에 있어서 2.5배) 또한 750mm 이상으로 한다.
④ 현장타설콘크리트말뚝을 배치할 때 그 중심간격은 말뚝머리 지름의 2.0배 이상 또한 말뚝머리 지름에 1,000mm를 더한 값 이상으로 한다.

해설

종류	말뚝의 최소 간격
기성콘크리트 말뚝	2.5D 이상, 750mm 이상
강재 말뚝	2.0D(폐단 강관말뚝: 2.5D) 이상, 750mm 이상
제자리(현장타설) 콘크리트 말뚝	2.0D 이상, (D+1,000mm) 이상

②

59. 콘크리트 구조설계 시 철근 간격 제한에 관한 내용으로 옳지 않은 것은?

① 벽체 또는 슬래브에서 휨 주철근의 간격은 벽체나 슬래브 두께의 3배 이하로 하여야 하고, 또한 450mm 이하로 하여야 한다.
② 상단과 하단에 2단 이상으로 배치된 경우 상하 철근은 동일 연직면 내에 배치되어야 하고, 이때 상하 철근의 순간격은 25mm 이상으로 하여야 한다.
③ 나선철근 또는 띠철근이 배근된 압축부재에서 축방향철근의 순간격은 25mm 이상, 또한 철근 공칭지름의 2.5배 이상으로 하여야 한다.
④ 2개 이상의 철근을 묶어서 사용하는 다발철근은 이형철근으로, 그 개수는 4개 이하이어야 하며, 이들은 스터럽이나 띠철근으로 둘러싸여져야 한다.

해설

축방향철근의 순간격

③ 나선철근 또는 띠철근이 배근된 압축부재에서 축방향철근의 순간격은 40mm 이상, 또한 철근 공칭지름의 1.5배 이상으로 하여야 한다.

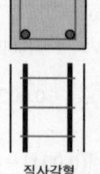 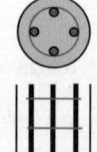

직사각형 띠 기둥   원 형 띠 기둥

해답 56. ③ 57. ② 58. ② 59. ③

60 단면의 지름이 150mm, 재축방향 길이가 300mm인 원형 강봉의 윗면에 300kN의 힘이 작용하여 재축방향 길이가 0.16mm 줄어들었고, 단면의 지름이 0.02mm 늘어났다면 이 강봉의 탄성계수 E와 푸아송비는?

① 31,830MPa, 0.25
② 31,830MPa, 0.125
③ 39,630MPa, 0.25
④ 39,630MPa, 0.125

해설

훅(R. Hooke, 1635~1703)의 법칙

탄성(Elasticity)한도 내에서 응력과 변형률은 비례한다.

$$\sigma = E \cdot \epsilon$$

$$\frac{P}{A} = E \cdot \frac{\Delta L}{L}$$

탄성계수:

$$E = \frac{P \cdot L}{A \cdot \Delta L} = \frac{(300 \times 10^3)(300)}{\left(\frac{\pi(150)^2}{4}\right)(0.16)}$$

$$= 31,831 \text{N/mm}^2 = 31,831 \text{MPa}$$

푸아송(Denis Poisson, 1781~1840)비 (ν, Poisson's Ratio)

수직응력에 의해 발생되는 가로변형률과 길이변형률의 비율

푸아송비:

$$\nu = \frac{\epsilon'}{\epsilon} = \frac{\frac{\Delta D}{D}}{\frac{\Delta L}{L}} = \frac{L \cdot \Delta D}{D \cdot \Delta L} = \frac{(300)(0.02)}{(150)(0.16)} = 0.25$$

해답 60. ①

건축구조 2020년 제2회

41 다음 중 지진에 의하여 발생되는 현상이 아닌 것은?

① 동상 현상
② 해일
③ 지반의 액상화
④ 단층의 이동

[해설]

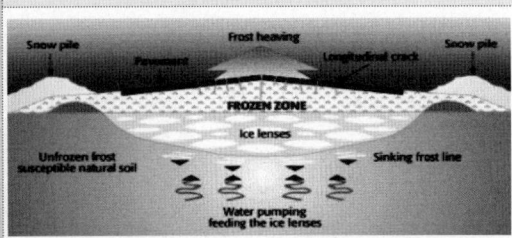
동상 현상(Frost Heave)

① 물이 얼음으로 변화될 때 부피는 약 9% 정도 증가하기 때문에 흙속에 포함된 수분이 얼면 부피가 증가하게 되고 지표면 위에 있는 건축물을 들어올리는 현상을 동상 현상(Frost Heave)이라고 한다. 동상 현상은 결국 온도변화와 관련 있는 지표이며 지진에 의해 발생되는 현상은 아니다.

42 철근콘크리트의 보의 사인장균열에 관한 설명으로 옳지 않은 것은?

① 전단력 및 비틀림에 의하여 발생한다.
② 보의 축과 약 45°의 각도를 이룬다.
③ 주인장응력도의 방향과 사인장균열의 방향은 일치한다.
④ 보의 단부에 주로 발생한다.

[해설]

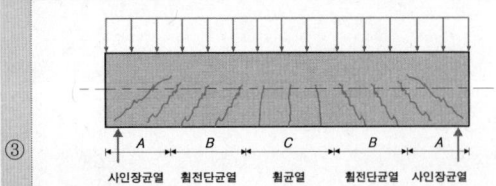

③ 주인장응력 궤적도의 연직방향으로 사인장균열이 발생하게 된다.

43 그림과 같은 모살용접의 유효용접길이는? (단, 유효용접길이는 1면에 대해서만 산정)

① 10mm
② 94mm
③ 107mm
④ 114mm

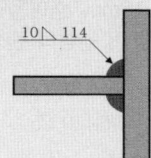

[해설]

② 필릿용접(Fillet Welding, 모살용접)의 유효용접길이는 전체용접길이에서 2배의 필릿치수를 뺀 값으로 한다.
$L_e = L - 2S = (114) - 2(10) = 94\text{mm}$

44 연약한 지반에 대한 대책 중 상부구조의 조치 사항으로 옳지 않은 것은?

① 건물의 수평 길이를 길게 한다.
② 건물을 경량화 한다.
③ 건물의 강성을 높여준다.
④ 건물의 인동간격을 멀리한다.

[해설]

① 건물의 길이를 짧게, 인접 건물과의 이격거리는 길게 하는 것이 부등침하의 기본적인 방지 대책이다.

45 강구조에서 하중점과 볼트, 접합된 부재의 반력 사이에서 지렛대와 같은 거동에 의해 볼트에 작용하는 인장력이 증폭되는 현상을 무엇이라 하는가?

① Slip-Critical action
② Bearing Action
③ Prying Action
④ Buckling Action

[해설]

③ 지레 작용 (Prying Action)

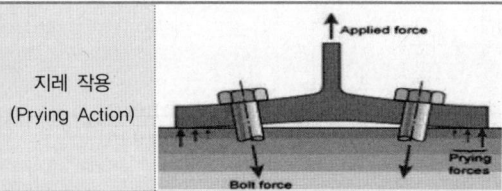

해답 41. ① 42. ③ 43. ② 44. ① 45. ③

46 다음 그림과 같은 띠철근 기둥의 설계축하중(ϕP_n) 값으로 옳은 것은? (단, $f_{ck} = 24\text{MPa}$, $f_y = 400\text{MPa}$, 주근 단면적 $A_{st} = 3{,}000\text{mm}^2$)

① 2,740kN
② 2,952kN
③ 3,335kN
④ 3,359kN

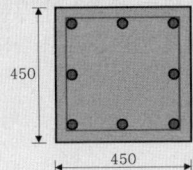

해설

① 띠철근 단주 최대 설계축하중

$$\phi P_n = \phi 0.80 P_o$$
$$= \phi(0.80)[0.85 f_{ck}(A_g - A_{st}) + f_y \cdot A_{st}]$$
$$= (0.65)(0.80)[0.85(24)(450^2 - 3{,}000)$$
$$+ (400)(3{,}000)]$$
$$= 2{,}740{,}296\text{N} = 2{,}740.296\text{kN}$$

47 그림과 같은 단면에서 x축에 대한 단면2차모멘트는?

① $1{,}420\text{cm}^4$
② $1{,}520\text{cm}^4$
③ $1{,}620\text{cm}^4$
④ $1{,}720\text{cm}^4$

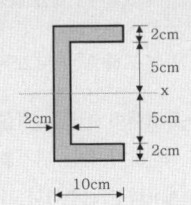

해설

③ 단면2차모멘트 $I = \dfrac{bh^3}{12}$

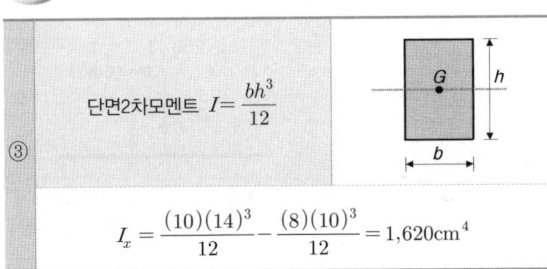

$$I_x = \frac{(10)(14)^3}{12} - \frac{(8)(10)^3}{12} = 1{,}620\text{cm}^4$$

48 철골조의 가새에 관한 설명으로 옳지 않은 것은?

① 트러스의 절점 또는 기둥의 절점을 각각 대각선 방향으로 연결하여 구조체의 변형을 방지하는 부재이다.
② 풍하중, 지진력 등의 수평하중에 저항하는 것으로 부재에는 인장응력만 발생한다.
③ 보통 단일 형강재 또는 조립재를 쓰지만 응력이 작은 지붕가새에는 봉강을 사용한다.
④ 수평가새는 지붕트러스의 지붕면(경사면)에 설치한다.

해설

② 풍하중, 지진력 등의 수평하중에 저항하고 인장응력 뿐만 아니라 압축응력도 발생한다.

49 절점 B에 외력 $M = 200\text{kN} \cdot \text{m}$가 작용하고 각 부재의 강비가 그림과 같을 경우 M_{AB}는?

① 20kN · m
② 40kN · m
③ 60kN · m
④ 80kN · m

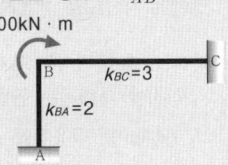

해설

② 모멘트 분배법(Moment Distribution Method)

1. 분배율: $DF_{BA} = \dfrac{2}{2+3} = \dfrac{2}{5}$

2. 분배모멘트: $M_{BA} = M_B \cdot DF_{BA}$
$$= +(200)\left(\frac{2}{5}\right) = +80\text{kN} \cdot \text{m} (\curvearrowright)$$

3. 전달모멘트:
$$M_{AB} = \frac{1}{2} M_{BA} = \frac{1}{2}(+80) = +40\text{kN} \cdot \text{m} (\curvearrowright)$$

해답 46. ① 47. ③ 48. ② 49. ②

50 다음 그림과 같은 압축재 $H-200\times200\times8\times12$가 부재의 중앙지점에서 약축에 대해 휨변형이 구속되어 있다. 이 부재의 탄성좌굴응력도를 구하면?
(단, 단면적 $A=63.53\times10^2\text{mm}^2$, $I_x=4.72\times10^7\text{mm}^4$, $I_y=1.60\times10^7\text{mm}^4$, $E=205,000\text{MPa}$)

① 252N/mm^2
② 186N/mm^2
③ 132N/mm^2
④ 108N/mm^2

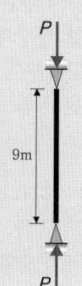

51 철근콘크리트 보에서 콘크리트를 이어붓기 할 때 그 이음의 위치로 가장 적당한 곳은?

① 전단력이 최소인 부분
② 휨모멘트가 최소인 부분
③ 큰보와 작은보가 접합되는 단면이 변화되는 부분
④ 보의 단부

해설

| ① | 철근콘크리트 보·바닥판의 이음은 전단력이 작은 경간 (Span)의 중앙부에서 수직으로 한다. |

해설

	좌굴응력: $\sigma_{cr}=\dfrac{P_{cr}}{A}$
1	양단 힌지이므로 유효좌굴길이계수 $K=1.0$
2	강축(x)에 대해서는 부재 전체의 길이 $L=9\text{m}$, 약축(y)에 대해서는 휨변형이 구속되어 있으므로 $L=4.5\text{m}$를 적용함에 주의한다. 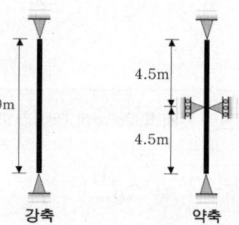
② 3	강축과 약축에 대한 좌굴하중을 계산하여 작은 쪽이 탄성좌굴하중이 된다. $P_{cr,x}=\dfrac{\pi^2EI_x}{(KL_x)^2}=\dfrac{\pi^2(205,000)(4.72\times10^7)}{(1.0\times9,000)^2}$ $=1,178,991\text{N}$ ← 지배 $P_{cr,y}=\dfrac{\pi^2EI_y}{(KL_y)^2}=\dfrac{\pi^2(205,000)(1.60\times10^7)}{(1.0\times4,500)^2}$ $=1,598,632\text{N}$
4	$\sigma_{cr}=\dfrac{P_{cr}}{A}=\dfrac{(1,178,991)}{(63.53\times10^2)}=185.58\text{N/mm}^2$

52 그림과 같은 보에서 고정단에 생기는 휨모멘트는?

① $500\text{kN}\cdot\text{m}$
② $900\text{kN}\cdot\text{m}$
③ $1,300\text{kN}\cdot\text{m}$
④ $1,500\text{kN}\cdot\text{m}$

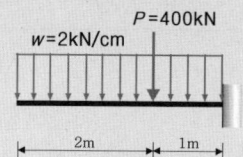

해설

	캔틸레버보: 휨모멘트
1	등분포하중 $w=2\text{kN/cm}=200\text{kN/m}$
③ 2	캔틸레버 구조는 지점반력을 구할 필요가 없이 구하고자 하는 위치를 수직절단하여 자유단쪽을 계산하면 간편하다. $M_{Left}=+[-(200\times3)(1.5)-(400)(1)]$ $=-1,300\text{kN}\cdot\text{m}\,(\frown)$ 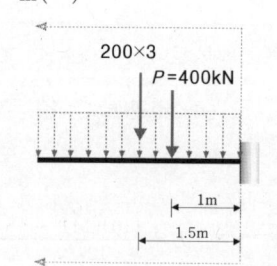

해답 50. ② 51. ① 52. ③

53 그림과 같은 구조물의 부정정 차수로 옳은 것은?

① 정정
② 1차 부정정
③ 2차 부정정
④ 3차 부정정

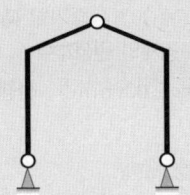

해설

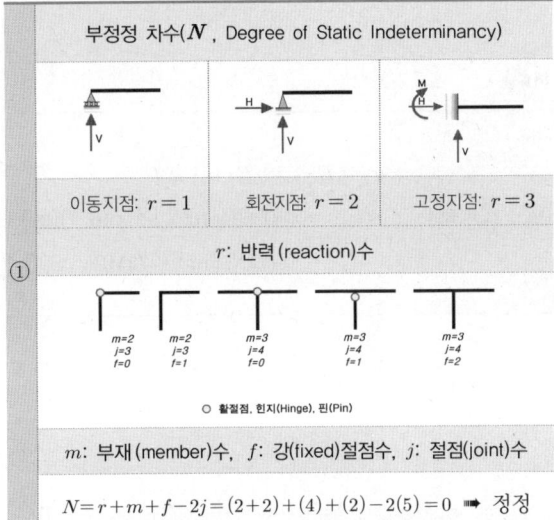

① 부정정 차수(N, Degree of Static Indeterminancy)

이동지점: $r=1$ / 회전지점: $r=2$ / 고정지점: $r=3$
r: 반력(reaction)수

m: 부재(member)수, f: 강(fixed)절점수, j: 절점(joint)수

$N = r + m + f - 2j = (2+2) + (4) + (2) - 2(5) = 0$ ➡ 정정

54 다음과 같은 볼트군의 x_o부터의 도심 위치 x는?
(단, 그림의 단위는 mm)

① 80mm
② 89.5mm
③ 90mm
④ 97.5mm

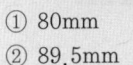

해설

④ 바리뇽의 정리(Varignon's Theorem)

$(8개)(x) = (2개)(0) + (2개)(80)$
$\qquad + (2개)(130) + (2개)(180)$

$\therefore x = 97.5\text{mm}$

55 압축이형철근의 정착길이에 관한 기준으로 옳지 않은 것은?

① 계산된 정착길이는 항상 200mm 이상이어야 한다.
② 기본정착길이는 최소 $0.043d_b f_y$ 이상이어야 한다.
③ 해석 결과 요구되는 철근량을 초과하여 배치한 경우 $\left(\dfrac{소요철근량}{배근철근량}\right)$을 곱하여 보정한다.
④ 전경량콘크리트를 사용한 경우 기본정착길이에 0.85배 하여 정착길이를 산정한다.

해설

④ 압축이형철근의 기본정착길이

$l_{db} = \dfrac{0.25 d_b \cdot f_y}{\lambda \sqrt{f_{ck}}} \geq 0.043 d_b \cdot f_y$에서 전경량콘크리트를 사용한 경우 보정계수 $\lambda = 0.75$를 적용하여 정착길이를 산정한다.

【λ : 경량콘크리트계수】

보통중량콘크리트	모래경량콘크리트	전경량콘크리트
$\lambda = 1$	$\lambda = 0.85$	$\lambda = 0.75$

56 철근콘크리트 보의 장기처짐을 구할 때 적용되는 5년 이상 지속하중에 대한 시간경과계수 ξ의 값은?

① 2.4 ② 2.0
③ 1.2 ④ 1.0

해설

② 장기처짐계수 $\lambda_\Delta = \dfrac{\xi}{1 + 50\rho'}$

구분	ξ
3개월	1.0
6개월	1.2
12개월	1.4
5년 이상	2.0

해답 53. ① 54. ④ 55. ④ 56. ②

57 그림과 같은 캔틸레버 보에서 B점의 처짐을 구하면?

① $\dfrac{wL^4}{128EI}$
② $\dfrac{3wL^4}{128EI}$
③ $\dfrac{3wL^4}{384EI}$
④ $\dfrac{7wL^4}{384EI}$

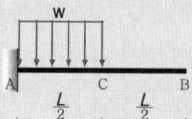

해설

캔틸레버보의 처짐 = 탄성하중도 면적 × 도심
④ 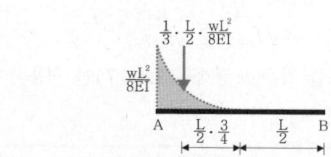 $\delta_B = \left(\dfrac{1}{3} \cdot \dfrac{L}{2} \cdot \dfrac{wL^2}{8EI}\right)\left(\dfrac{L}{2} + \dfrac{L}{2} \cdot \dfrac{3}{4}\right) = \dfrac{7}{384} \cdot \dfrac{wL^4}{EI}$

58 강도설계법에서 휨 또는 휨과 축력을 동시에 받는 부재의 콘크리트 압축연단에서 극한변형률은 얼마로 가정하는가?

① 0.002
② 0.0033
③ 0.005
④ 0.007

해설

②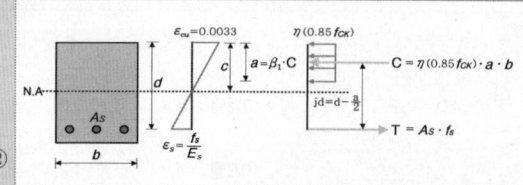

극한강도설계법(USD)에서는 콘크리트의 극한변형률이 0.0033에 도달할 때 파괴로 간주한다.

59 그림과 같이 양단이 고정된 강재 부재에 온도변화량 $\Delta T = 30°C$ 증가될 때 이 부재에 발생되는 압축응력은? (단, 강재의 탄성계수 $E_s = 2.0 \times 10^5$ MPa, 부재 단면적 $A = 5,000$ mm^2, 선팽창계수 $\alpha = 1.2 \times 10^{-5}$/°C)

① 25MPa
② 48MPa
③ 64MPa
④ 72MPa

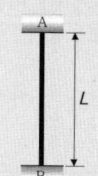

해설

④ 온도응력
$\sigma_T = E \cdot \epsilon_T = E \cdot \alpha \cdot \Delta T$
$= (2.0 \times 10^5)(1.2 \times 10^{-5})(30)$
$= 72\text{N/mm}^2 = 72\text{MPa}$

60 그림과 같은 구조물에서 기둥에 발생하는 휨모멘트가 0이 되려면 등분포하중 w는?

① 2.5kN/m
② 0.8kN/m
③ 1.25kN/m
④ 1.75kN/m

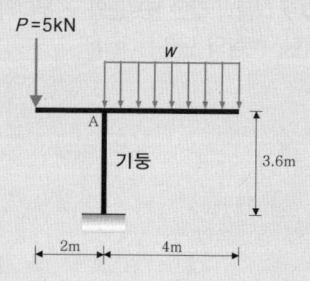

해설

③ A점에서 집중하중 P와 등분포하중 w에 대해 모멘트 M을 계산한다.
$M = -(5)(2) + (w \times 4)(2) = 0$ 으로부터
$w = 1.25\text{kN/m}$

해답 57. ④ 58. ② 59. ④ 60. ③

건축구조 2020년 제4회

41 철근콘크리트 단근보에서 균형철근비를 계산한 결과 $\rho_b = 0.039$이었다. 최대 철근비는? (단, $E = 200,000$MPa, $f_y = 400$MPa, $f_{ck} = 24$MPa)

① 0.01863
② 0.02256
③ 0.02607
④ 0.02831

해설

단철근 직사각형 보의 최대 철근비

f_y	휨부재 허용값	
	최소 허용변형률(ϵ_t)	해당 철근비(ρ_{max})
300MPa	0.004	$0.658\rho_b$
350MPa	0.004	$0.692\rho_b$
400MPa	0.004	$0.726\rho_b$
500MPa	$0.005(2\epsilon_y)$	$0.699\rho_b$

④ $\rho_{max} = 0.726\rho_b = 0.726(0.039) = 0.02831$

42 1방향 철근콘크리트 슬래브에서 철근의 설계기준항복강도가 500MPa인 경우 콘크리트 전체 단면적에 대한 수축·온도철근비는 최소 얼마 이상이어야 하는가? (단, KDS 기준, 이형철근 사용)

① 0.0015
② 0.0016
③ 0.0018
④ 0.0020

해설

② $\rho = 0.0020 \times \dfrac{400}{f_y} = 0.0020 \times \dfrac{400}{(500)} = 0.0016 \geq 0.0014$

수축온도철근 철근비

$f_y = 400$MPa 이하	$f_y = 400$MPa 초과
$\rho = 0.0020$	$\rho = 0.0020 \times \dfrac{400}{f_y} \geq 0.0014$

43 그림과 같은 구조물에서 C점에 발생되는 모멘트는?

① 4.0kN·m
② 3.5kN·m
③ 3.0kN·m
④ 2.5kN·m

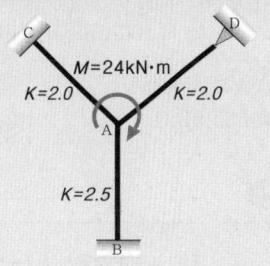

해설

모멘트 분배법(Moment Distribution Method)

1. 분배율: $DF_{AC} = \dfrac{2.0}{2.5 + 2.0 + 2.0 \times \dfrac{3}{4}} = \dfrac{1}{3}$

2. 분배모멘트: $M_{AC} = M_A \cdot DF_{AC} = (+24)\left(\dfrac{1}{3}\right) = +8$kN·m ($\curvearrowright$)

3. 전달모멘트: $M_{CA} = \dfrac{1}{2}M_{AC} = \dfrac{1}{2}(+8) = +4$kN·m ($\curvearrowright$)

①

44 온통기초에 관한 설명으로 옳지 않은 것은?

① 연약지반에 주로 사용된다.
② 독립기초에 비하여 구조해석 및 설계가 매우 단순하다.
③ 부동침하에 대하여 유리하다.
④ 지하수가 높은 지반에서도 유효한 기초방식이다.

해설

② 온통기초는 독립기초에 비하여 구조해석 및 설계가 다소 복잡하다.

해답 41. ④ 42. ② 43. ① 44. ②

45 길이 8m의 단순보가 100kN/m의 등분포 활하중을 받을 때 위험단면에서 전단철근이 부담해야 하는 공칭 전단력(V_s)은 얼마인가? (단, 구조물 자중에 따른 $w_D = 6.72 \text{kN/m}$, $f_{ck} = 24 \text{MPa}$, $f_y = 300 \text{MPa}$, $\lambda = 1$, $b_w = 400 \text{mm}$, $d = 600 \text{mm}$, $h = 700 \text{mm}$)

① 424.43kN ② 530.53kN
③ 565.91kN ④ 571.40kN

해설

③

전단철근이 부담하는 전단강도: $V_s = \dfrac{V_u}{\phi} - V_c$

1 계수하중:
$w_u = 1.2 w_D + 1.6 w_L$
$= 1.2(6.72) + 1.6(100) = 168.064 \text{kN/m}$

2 $V_u = \dfrac{w_u \cdot L}{2} - w_u \cdot d$
$= \dfrac{(168.064)(8)}{2} - (168.064)(0.6)$
$= 571.418 \text{kN}$

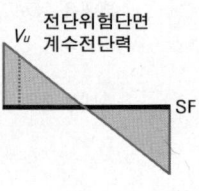
전단위험단면 계수전단력

3 콘크리트가 부담하는 전단강도
$V_c = \dfrac{1}{6} \lambda \sqrt{f_{ck}} \cdot b_w \cdot d = \dfrac{1}{6}(1)\sqrt{(24)}(400)(600)$
$= 195,959 \text{ N} = 195.959 \text{ kN}$

4 전단철근이 부담하는 전단강도
$V_s = \dfrac{V_u}{\phi} - V_c$
$= \dfrac{(571.418)}{(0.75)} - (195.959) = 565.932 \text{ kN}$

46 강구조의 소성설계와 관계없는 항목은?

① 소성힌지 ② 안전율
③ 붕괴기구 ④ 하중계수

해설

② 안전율(Safety Factor)은 허용응력도 설계법상의 개념이며 소성설계와는 무관하다.

47 다음 그림과 같은 보에서 A점의 수직반력을 구하면?

① 2.4kN ② 3.6kN ③ 4.8kN ④ 6.0kN

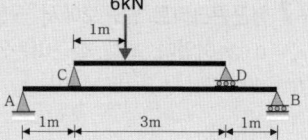

해설

② AB보 위의 CD보를 먼저 해석한다.
$\Sigma M_D = 0 : +(V_C)(3) - (6)(2) = 0 \quad \therefore V_C = +4\text{kN}(\uparrow)$
$\Sigma V = 0 : +(V_C) + (V_D) - (6) = 0 \quad \therefore V_D = +2\text{kN}(\uparrow)$

V_B 와 V_D 를 AE보 위에 하중으로 치환시켜서 A점의 수직반력을 구한다.

$\Sigma M_B = 0 : +(V_A)(5) - (4)(4) - (2)(1) = 0$
$\therefore V_A = +3.6 \text{kN}(\uparrow)$

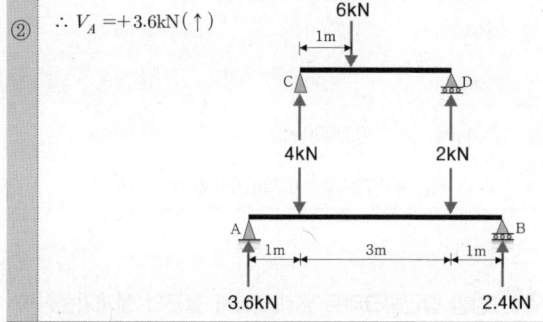

48 독립기초에 $N = 20\text{kN}$, $M = 10\text{kN} \cdot \text{m}$ 가 작용할 때 접지압이 압축력만 발생하도록 하기 위한 기초저면의 최소길이는?

① 2m ② 3m ③ 4m ④ 5m

해설

②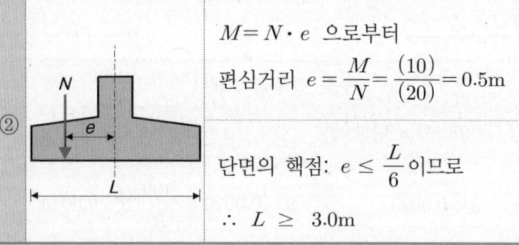

$M = N \cdot e$ 으로부터
편심거리 $e = \dfrac{M}{N} = \dfrac{(10)}{(20)} = 0.5 \text{m}$

단면의 핵점: $e \leq \dfrac{L}{6}$ 이므로
$\therefore L \geq 3.0 \text{m}$

49 단일 압축재에서 세장비를 구할 때 필요 하지 않은 것은?

① 유효좌굴길이 ② 단면적
③ 탄성계수 ④ 단면2차모멘트

해설

③ 세장비(Slenderness Ratio): $\lambda = \dfrac{KL}{r} = \dfrac{KL}{\sqrt{\dfrac{I}{A}}}$

K : 지지단의 상태에 따른 유효좌굴길이계수
L : 부재의 길이
r : 단면2차반경
I : 단면2차모멘트
A : 단면적

50 모살치수 8mm, 용접길이가 500mm인 양면모살용접 전체의 유효단면적은 약 얼마인가?

① 2,100mm² ② 3,221mm²
③ 4,300mm² ④ 5,421mm²

해설

필릿용접(Fillet Welding): 유효용접면적

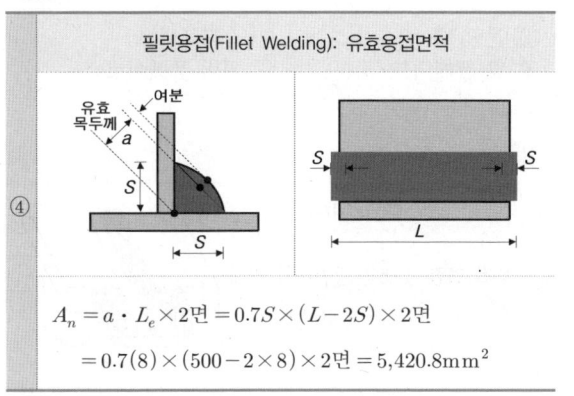

$A_n = a \cdot L_e \times 2면 = 0.7S \times (L-2S) \times 2면$
$= 0.7(8) \times (500 - 2 \times 8) \times 2면 = 5,420.8mm^2$

51 기초 설계 시 인접 대지를 고려하여 편심 기초를 만들고자 한다. 이때 편심 기초의 지내력이 균등해지도록 하기 위한 가장 타당한 방법은?

① 지중보를 설치한다.
② 기초 면적을 넓힌다.
③ 기둥의 단면적을 크게 한다.
④ 기초 두께를 두껍게 한다.

해설

① 지중보(Grade Beam)
기초와 기초를 연결하여 주각부 강성 증대, 지진 저항 효과, 건축물의 부등침하 억제 효과 등이 있다.

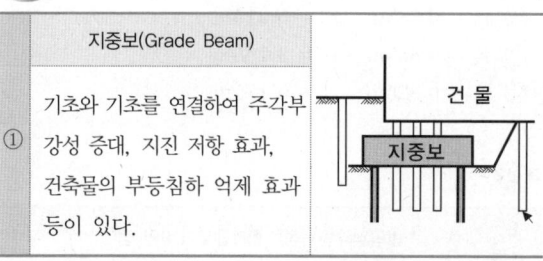

52 그림과 같은 구조물의 부정정 차수는?

① 3차 부정정
② 4차 부정정
③ 5차 부정정
④ 6차 부정정

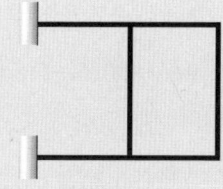

해설

④ 부정정 차수(N, Degree of Static Indeterminancy)

이동지점: $r=1$ 회전지점: $r=2$ 고정지점: $r=3$
r: 반력(reaction)수

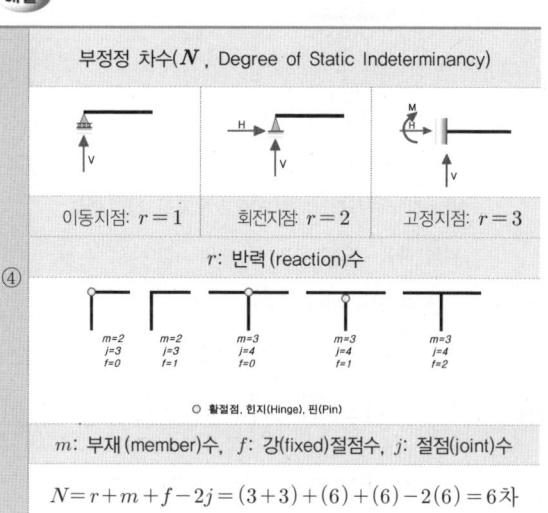

○ 활절점, 힌지(Hinge), 핀(Pin)
m: 부재(member)수, f: 강(fixed)절점수, j: 절점(joint)수
$N = r + m + f - 2j = (3+3) + (6) + (6) - 2(6) = 6차$

해답 49. ③ 50. ④ 51. ① 52. ④

53
다음 그림과 같은 내민보에서 휨모멘트가 0이 되는 두 개의 반곡점 위치를 구하면? (단, A점으로부터의 거리)

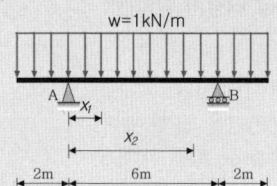

① $x_1 = 0.763\text{m}$, $x_2 = 5.236\text{m}$
② $x_1 = 0.785\text{m}$, $x_2 = 5.215\text{m}$
③ $x_1 = 0.805\text{m}$, $x_2 = 5.195\text{m}$
④ $x_1 = 0.825\text{m}$, $x_2 = 5.175\text{m}$

해설

	반곡점(=변곡점): 휨모멘트가 0인 점
1	하중과 경간이 좌우 대칭형 구조이다. $V_A = +\dfrac{1\times(2+6+2)}{2} = +5\text{kN}(\uparrow)$
2	A점으로부터 우측으로 x위치의 휨모멘트 $M_x = +(5)(x) - (1\times(2+x))\left(\dfrac{2+x}{2}\right)$ $= -0.5x^2 + 3x - 2$ 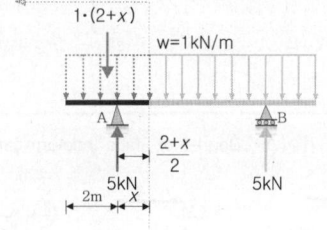
3	반곡점(=변곡점)은 휨모멘트가 0인 점이므로 위의 식을 0으로 하면 두 개의 x값(=x_1, x_2)을 구할 수 있게 된다. $M_x = -0.5x^2 + 3x - 2 = 0$ 으로부터 $x = \dfrac{(-3) \pm \sqrt{(3)^2 - 4(-0.5)(-2)}}{2(-0.5)}$ 이며, $x = x_1 = 0.76393\text{m}$, $x = x_2 = 5.23607\text{m}$

정답: ①

54
압축이형철근(D19)의 기본정착길이를 구하면? (단, D19 단면적: 287mm², $f_{ck} = 21\text{MPa}$, $f_y = 400\text{MPa}$)

① 674mm ② 570mm
③ 482mm ④ 415mm

해설

	압축이형철근의 기본정착길이	
1	$l_{db} = \dfrac{0.25 d_b \cdot f_y}{\lambda\sqrt{f_{ck}}} = \dfrac{0.25(19)(400)}{(1)\sqrt{(21)}} = 414.6\text{mm}$	최댓값
2	$l_{db} = 0.043 d_b \cdot f_y = 0.043(19)(400) = 326.8\text{mm}$	

정답: ④

55
한계상태설계법에 따라 강구조물을 설계할 때 고려되는 강도한계상태가 아닌 것은?

① 기둥의 좌굴 ② 접합부 파괴
③ 바닥재의 진동 ④ 피로 파괴

해설

	사용성한계상태(Serviceability Limit State):
③	구조 기능이 저하되어 처짐, 균열, 진동 등과 같이 외관, 유지관리, 내구성 및 사용에 매우 부적합하게 되는 상태

56
강구조에서 용접선 단부에 붙인 보조판으로 아크의 시작이나 종단부의 크레이터 등의 결함을 방지하기 위해 붙이는 판은?

① 엔드 탭 ② 스티프너
③ 윙 플레이트 ④ 커버 플레이트

해설

	엔드 탭(End Tab)
①	용접 결함 발생을 방지하기 위해 용접의 시단부와 종단부에 임시로 붙이는 보조 강판

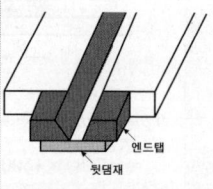

57 그림과 같은 철근콘크리트 보의 균열모멘트(M_{cr})값은? (단, 보통중량콘크리트 $f_{ck}=24\text{MPa}$, $f_y=400\text{MPa}$)

① 21.5kN·m
② 33.6kN·m
③ 42.8kN·m
④ 55.6kN·m

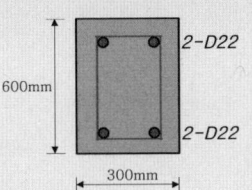

해설

	균열모멘트=파괴계수($0.63\lambda\sqrt{f_{ck}}$)×단면계수($\frac{bh^2}{6}$)	
④	1	보통중량콘크리트: $\lambda=1$
	2	$M_{cr}=f_r \cdot Z = 0.63\lambda\sqrt{f_{ck}} \cdot \frac{bh^2}{6}$ $=0.63(1)\sqrt{(24)}\frac{(300)(600)^2}{6}$ $=55,554,427\text{N}\cdot\text{mm}=55.554\text{kN}\cdot\text{m}$

58 다음 캔틸레버보의 자유단의 처짐각은? (단, 탄성계수 E, 단면2차모멘트 I)

① $\frac{PL^2}{2EI}$ ② $\frac{PL^2}{3EI}$
③ $\frac{PL^2}{6EI}$ ④ $\frac{PL^2}{8EI}$

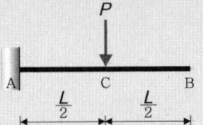

해설

	캔틸레버보의 처짐각 = 탄성하중도의 면적	
④	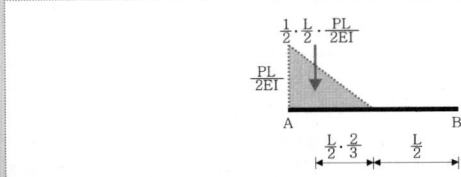	
	$\theta_B = \left(\frac{1}{2} \cdot \frac{L}{2} \cdot \frac{PL}{2EI}\right) = \frac{1}{8} \cdot \frac{PL^2}{EI}$	

59 다음 그림은 각 구간에서 직선적으로 변화하는 단순보의 휨모멘트이다. C점과 D점에 동일한 힘 P_1이 작용하고 보의 중앙점 E에 P_2가 작용할 때 P_1과 P_2의 절대값은?

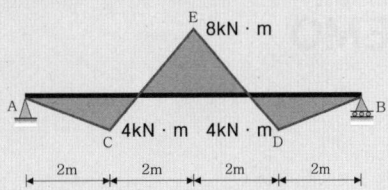

① $P_1=4\text{kN}$, $P_2=6\text{kN}$ ② $P_1=4\text{kN}$, $P_2=8\text{kN}$
③ $P_1=8\text{kN}$, $P_2=10\text{kN}$ ④ $P_1=8\text{kN}$, $P_2=12\text{kN}$

해설

④ 하중과 지점반력

휨모멘트도
+(2kN)(4m)−(8kN)(2m)=−8kN·m
+(2kN)(2m)=+4kN·m

60 바람의 난류로 인해 발생되는 구조물의 동적 거동 성분을 나타내는 것으로 평균변위에 대한 최대변위의 비를 통계적인 값으로 나타낸 계수는?

① 활하중저감계수 ② 중요도계수
③ 가스트영향계수 ④ 지역계수

해설

③ 가스트영향계수(Gust Influence Factor)에 대한 설명이다.

해답 57. ④ 58. ④ 59. ④ 60. ③

MEMO

II. 바이블 과목별 기출문제

건축설비

- 01 2016년 기출문제 ········· *2-236*
- 02 2017년 기출문제 ········· *2-251*
- 03 2018년 기출문제 ········· *2-266*
- 04 2019년 기출문제 ········· *2-281*
- 05 2020년 기출문제 ········· *2-296*

건축설비 2016년 제1회

61 벽체의 열관류율 계산에 고려되지 않는 것은?
① 실내복사열   ② 재료의 두께
③ 공기층의 열저항   ④ 재료의 열전도율

해설

① 고체벽 외부에서 고체벽 내부 쪽으로의 전열 현상

$$K = \frac{1}{\frac{1}{\alpha_i} + \sum \frac{d}{\lambda} + r_a + \frac{1}{\alpha_o}} (W/m^2 \cdot K)$$

- α_i, α_o : 실내 및 실외 열전달율(W/m² · K)
- λ : 재료의 열전도율(W/m · K)
- d : 재료의 두께(m)
- r_a : 공기층(중공층)이 있을 경우 그 공기층열저항(m² · K/W)

62 35°C의 공기 300m³와 27°C의 공기 700m³를 단열 혼합하였을 경우, 혼합공기의 온도는?
① 28.2℃   ② 29.4℃
③ 30.6℃   ④ 32.6℃

해설

② $35°C \times \dfrac{300}{300+700} + 27°C \times \dfrac{700}{300+700} = 29.4°C$

63 조명을 요하는 면적을 A, 사용 램프의 전 광속을 F, 조명률을 U, 보수율을 M, 평균 조도를 E라고 할 때 평균 조도의 산정 식으로 옳은 것은?

① $E = \dfrac{F \times U \times A}{M}$ ② $E = \dfrac{F \times U \times M}{A}$
③ $E = \dfrac{F \times U}{A \times M}$ ④ $E = \dfrac{A \times M}{F \times U}$

해설

② 광속법에 따른 조도(E)

$$F \cdot N \cdot U = E \cdot A \cdot D \Rightarrow E = \frac{F \cdot N \cdot U}{A \cdot D} = \frac{F \cdot N \cdot U \cdot M}{A}$$

- N : 광원의 개수
- E : 작업면의 조도(lx)
- A : 실의 면적(m²)
- F : 사용 광원 1개의 광속(lm)
- D : 감광보상률
- U : 조명률
- M : 유지율, 보수율, 빛 손실계수($= \dfrac{1}{D}$)

64 에스컬레이터의 안전장치에 속하지 않는 것은?
① 리타이어링 캠   ② 비상정지스위치
③ 구동체인안전장치   ④ 핸드레일인입안전장치

해설

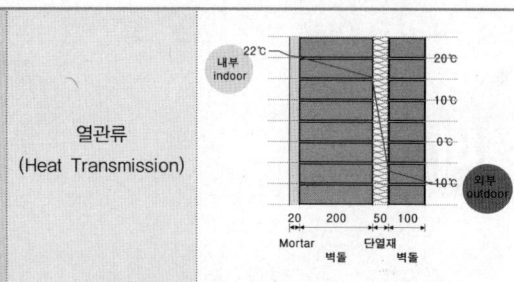

① 에스컬레이터의 안전장치

| 엘리베이터 안전장치 | 전자 브레이크, 조속기, 비상정지버튼, 종점스위치, 리미트스위치(제한스위치), 완충기, 리타이어링 캠 |

해답 61. ① 62. ② 63. ② 64. ①

65 급수설비에서 수격 작용(워터 해머)에 관한 설명으로 옳지 않은 것은?

① 관경이 클수록 발생하기 쉽다.
② 굴곡 개소로 인해 발생하기 쉽다.
③ 유속이 빠를수록 발생하기 쉽다.
④ 플러시 밸브나 수전류를 급격히 열고 닫을 때 발생하기 쉽다.

해설

	수격 작용 (Water Hammering)
① 원인	• 플러시 밸브나 수전류를 급격히 열고 닫을 때 • 관경이 작을수록 발생하기 쉽다. • 유속이 빠를수록 발생하기 쉽다. • 굴곡 개소가 많을수록 발생하기 쉽다. • 감압밸브를 사용할 경우 발생하기 쉽다.

66 건축화조명 중 천장 전면에 광원 또는 조명기구를 배치하고, 발광면을 확산투과성 플라스틱판이나 루버 등으로 전면을 가리는 조명 방법은?

① 밸런스 조명
② 광천장 조명
③ 코니스 조명
④ 다운라이트 조명

해설

②	① 코니스 조명, 밸런스 조명: 벽면을 조명하는 방식
	② 광천장 조명: 천장에 조명기구를 설치하고 그 밑에 루버나 확산투과 플라스틱판을 천장 마감으로 설치한 방식으로 천장 전면을 낮은 휘도로 빛나게 하는 방법
	③ 광창 조명: 넓은 4각형의 면적을 가진 광원을 벽에 매입하고 확산투과 플라스틱판이나 창호지 등으로 마감한 방법
	④ 다운라이트 조명: 천장에 작은 구멍을 뚫어 그 속에 등기구를 매입한 방식

67 습공기의 엔탈피를 가장 올바르게 표현한 것은?

① 공기 $1m^3$의 중량
② 건공기에 포함된 수증기의 중량
③ 건공기와 수증기에 포함된 열량
④ 공기중의 수분량과 포화수증기량의 비율

해설

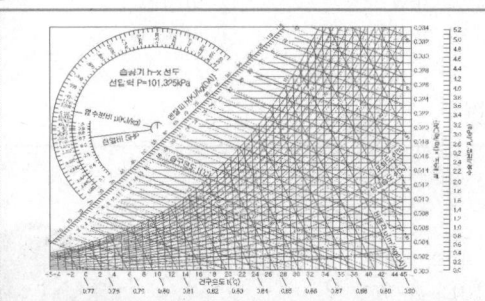

습공기의 엔탈피(Enthalpy)

0℃의 건조공기와 0℃의 물의 엔탈피를 0(기준치)으로 하고, 건조공기 1kg당의 열량(kJ)으로 표시한다.

68 건물·시설 등에서 발생하는 오수를 다시 처리하여 생활용수·공업용수 등으로 재이용하는 시설로 정의되는 것은?

① 중수도
② 하수관거
③ 배수설비
④ 개인하수도

해설

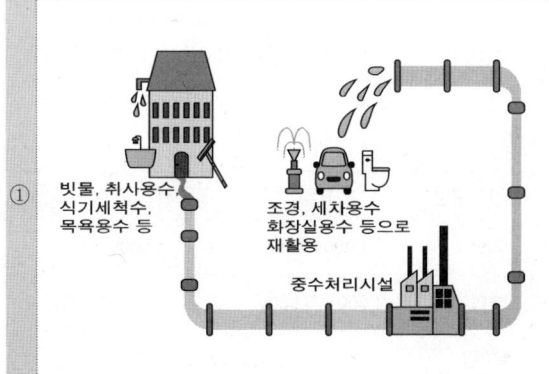

해답 65. ① 66. ② 67. ③ 68. ①

69. 다음과 같은 조건에 있는 양수펌프의 축동력은?

【조건】	· 양수량 : 490*l*/min · 전양정 : 30m · 펌프의 효율 : 60%

① 약 3kW ② 약 4kW
③ 약 5kW ④ 약 6kW

해설

펌프의 축동력 $\dfrac{W \cdot Q \cdot H}{6,120 \cdot E}$	W	물의 밀도 (1,000kg/m³)
	Q	펌프의 양수량 (m³/min)
	H	전양정(m)
	E	펌프의 효율(%)

양수량 : 490*l*/min = 0.49m³/min

$$\dfrac{W \cdot Q \cdot H}{6,120 \cdot E} = \dfrac{(1,000)(0.49)(30)}{6,120(0.6)} = 4.00327 \text{(kW)}$$

70. 전기설비의 전압 구분에서 고압의 범위 기준으로 옳은 것은? (단, 교류의 경우)

① 300V 이상 ② 600V 이상
③ 1,000V ~ 7,000V ④ 1,500V ~ 7,000V

해설

전압(V) 구분	교류	직류
저압	1,000V 이하	1,500V 이하
고압	1,000 ~ 7,000V	1,500 ~ 7,000V
특고압	7,000V 초과	

71. 공기조화방식 중 전공기 방식에 속하지 않는 것은?

① 2중덕트 방식 ② 팬코일유닛 방식
③ 멀티존유닛 방식 ④ 변풍량 단일덕트 방식

해설

운반되는 열매체에 따른 공조방식의 분류

전공기(All Air) 방식	단일덕트 방식, 2중덕트 방식, 멀티존유닛 방식, 덕트병용패키지 방식, 각층유닛 방식
전수(All Water) 방식	팬코일유닛(Fan Coil Unit) 방식
공기-수(Air-Water) 방식	유인유닛 방식, 덕트병용 팬코일유닛 방식, 덕트병용 복사냉난방 방식

72. 옥내소화전설비에 관한 설명으로 옳지 않은 것은?

① 옥내소화전 방수구는 바닥면으로부터의 높이가 1.5m 이하가 되도록 설치한다.
② 옥내소화전설비의 송수구는 소방차가 쉽게 접근할 수 있는 잘 보이는 장소에 설치한다.
③ 전동기에 따른 펌프를 이용하는 가압송수장치를 설치하는 경우, 펌프는 전용으로 하는 것이 원칙이다.
④ 해당 층의 옥내소화전을 동시에 사용할 경우 각 소화전의 노즐 선단에서의 방수압력은 최소 0.7MPa 이상이 되어야 한다.

해설

옥내소화전설비	표준 방수압력	0.17MPa
	표준 방수량	130*l*/min
	설치 간격	건물의 각 부분에서 수평거리 25m 이하
	소화 수량	2.6N(m³) N=최대 2개

해답 69. ② 70. ③ 71. ② 72. ④

73 실내공기의 탄산가스 함유량을 0.1%로 유지하는데 필요한 환기량은? (단, 실내 발생 탄산가스량은 51*l*/h, 외기의 탄산가스 함유량은 0.03% 이다.)

① 약 $23m^3/h$ ② 약 $35m^3/h$
③ 약 $43m^3/h$ ④ 약 $73m^3/h$

해설

	필요 환기량 산정	
④	1	$51\ l/hr = 0.051 m^3/hr$
	2	$Q = \dfrac{k}{C - C_0}$ $= \dfrac{(0.051)}{(0.001) - (0.0003)}$ $= 72.857 m^3/h$

74 다음 중 일반적으로 사용이 금지되는 트랩에 속하지 않는 것은?

① 2중 트랩 ② 격벽 트랩
③ 수봉식 트랩 ④ 가동 부분이 있는 트랩

해설

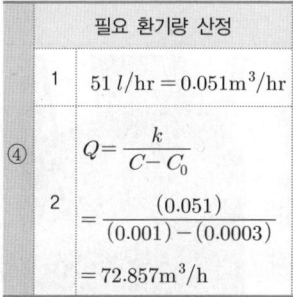 P Trap  S Trap   U Trap

	수봉(水封)식 트랩, Siphon식 트랩	
③	1	설치 목적: 배수관 속의 악취, 유독가스 및 벌레 침투 방지를 위해 봉수를 고이게 하는 기구
	2	봉수의 깊이: 트랩의 구경에 관계없이 50~100mm
	3	배수용 트랩의 종류: S, P, U, Bell, Drum, (그리스·샌드·헤어·플라스터·가솔린)조집기
	4	트랩의 봉수 파괴 원인 중 사이펀 작용(자기 사이펀, 유인 사이펀)은 사이펀 관의 역할을 하는 기구배수 관이 길어져 트랩의 정점을 중심으로 양측의 압력차가 커질 때 발생한다.

75 엘리베이터의 조작 방식 중 무운전원 방식으로 다음과 같은 특징을 갖는 것은?

> 승객 스스로 운전하는 전자동 엘리베이터로, 승강장으로부터의 호출 신호로 기동, 정지를 이루는 조작 방식이며, 누른 순서에 상관없이 각 호출에 응하여 자동적으로 정지한다.

① 단식 자동 방식 ② 카 스위치 방식
③ 승합 전자동 방식 ④ 시그널 콘트롤 방식

해설

	엘리베이터 무운전 방식	
③	1	단식 자동 방식: 승객 자신이 자동적으로 시동, 정지를 이루는 조작방식
	2	승합 전자동식: 승객 자신이 직접 운전하는 전자동 엘리베이터로 목적 층의 단추나 승강장으로부터의 호출 신호로 시동, 정지를 이루는 조작방식
	3	하강 승합 자동 방식: 아파트와 같이 승강장으로부터의 호출 신호가 있어도 정지하지 않고 최고 호출에 응하여 정지한 후에 자동적으로 반전하여 하강하며 승강장으로부터의 호출 신호에 응하여 정지하는 방식

76 전선의 굵기 결정 요소에 속하지 않는 것은?

① 전압강하 ② 기계적 강도
③ 전선의 허용 전류 ④ 전선 외곽의 보호관 굵기

해설

		1	전선의 허용 전류
④	전선 굵기 결정 시 고려사항 3가지	2	전압강하
		3	기계적 강도 (1.6mm 이상인 연동선이나 동등 이상의 강도를 갖는 전선을 사용)

해답 73. ④ 74. ③ 75. ③ 76. ④

77 액화천연가스(LNG)에 관한 설명으로 옳지 않은 것은?

① 공기보다 가볍다.
② 무공해, 무독성이다.
③ 프로필렌, 부탄, 에탄이 주성분이다.
④ 대규모의 저장시설을 필요로 하며, 공급은 배관을 통해 이루어진다.

해설

③  액화천연가스 Liquefied Natural Gas

메탄(CH_4)이 주성분인 천연가스를 영하 161℃의 초저온으로 냉각하여 액화시킨 것으로 공기보다 가볍다. 천연가스를 액화하면 부피의 1/600 수준으로 줄일 수 있어 저장이나 운반이 쉽다.

78 10[Ω]의 저항 10개를 직렬로 접속할 때의 합성저항은 병렬로 접속할 때의 합성저항의 몇 배가 되는가?

① 5배   ② 10배
③ 50배   ④ 100배

해설

④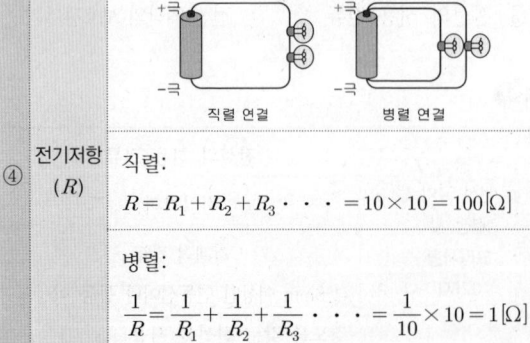

전기저항 (R)

직렬: $R = R_1 + R_2 + R_3 \cdots = 10 \times 10 = 100[\Omega]$

병렬: $\dfrac{1}{R} = \dfrac{1}{R_1} + \dfrac{1}{R_2} + \dfrac{1}{R_3} \cdots = \dfrac{1}{10} \times 10 = 1[\Omega]$

79 증기난방과 비교한 온수난방의 특징으로 옳지 않은 것은?

① 열용량이 크다.
② 예열부하가 작다.
③ 용량 제어가 용이하다.
④ 배관 부식의 우려가 적다.

해설

②  바닥 온수난방

온수난방은 증기난방에 비해 예열시간이 길고 예열부하가 커서 간헐운전에 부적합하다.

80 각종 보일러에 대한 설명으로 옳은 것은?

① 관류 보일러는 보유수량이 많아 예열시간이 길다.
② 주철제 보일러는 사용 내압이 높아 고압용으로 주로 사용되며 용량도 크다.
③ 수관 보일러는 소용량으로 소규모 건물에 적합하며 지역난방으로는 사용이 불가능하다.
④ 노통연관 보일러는 부하 변동에 잘 적응되며, 보유 수면이 넓어서 급수용량 제어가 쉽다.

해설

① 관류 보일러는 보유수량이 적기 때문에 예열시간이 짧고 부하 변동에 대한 추종성이 좋다.

② 주철제 보일러는 증기압 0.1MPa 이하의 저압용 보일러이다.

③ 수관 보일러는 다량의 고압증기를 필요로 하는 병원이나 호텔, 지역난방의 대형 원심냉동기 구동을 위한 증기터빈용으로 사용된다.

해답 77. ③ 78. ④ 79. ② 80. ④

건축설비 2016년 제2회

61 피뢰설비에서 수뢰부 시스템의 보호 범위 산정 방식에 속하지 않는 것은?
① 보호각 ② 메시법
③ 축점조도법 ④ 회전구체법

해설

피뢰 시스템(LPS, Lightning Protection System)
③ 수뢰부 시스템은 보호 범위 산정 방식(보호각, 회전구체법, 메시법)에 따라 설치한다. 

62 조명설비에서 연색성에 관한 설명으로 옳지 않은 것은?
① 평균 연색평가수(Ra)가 0에 가까울수록 연색성이 좋다.
② 할로겐전구가 고압수은램프보다 연색성이 좋다.
③ 연색성이란 물체가 광원에 의하여 조명될 때 그 물체의 색의 보임을 정하는 광원의 성질을 말한다
④ 평균 연색평가수(Ra)란 많은 물체의 대표색으로서 8종류의 시험색을 사용하여 그 평균값으로부터 구한 것이다.

해설

	연색성(Color Rendering)
	어떤 물체가 조명되었을 때 나타나는 색이 자연채광 시의 색과 비교하여 얼마나 비슷한가를 나타내는 지표이다. 쉽게 본다면 "자연색의 재현 정도"를 의미한다.
① 2	평균 연색평가수(Ra)란 많은 물체의 대표색으로서 8가지의 시험색에 기준광원과 시료(Test)광원을 조사하여 평균값을 구한 것으로 평균 연색평가수(Ra)가 100에 가까울수록 연색성이 좋다.
3	백열전구(Ra=100) 또는 할로겐전구(Ra=100)가 고압수은램프(Ra=45~50)보다 연색성이 좋으며, 형광램프(Ra=60~98)는 램프의 종류에 따라 큰 편차를 보인다.

63 습공기의 건구온도와 습구온도를 알 때 습공기선도를 사용하여 구할 수 있는 상태값이 아닌 것은?
① 엔탈피 ② 비체적
③ 기류속도 ④ 절대습도

해설

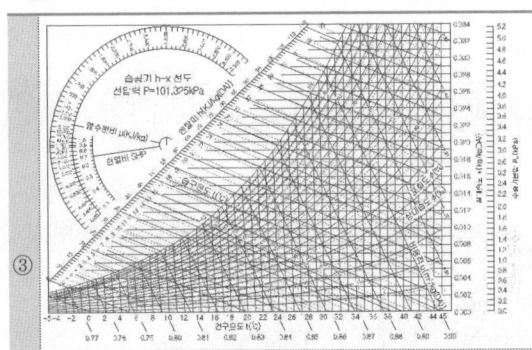

습공기선도를 통하여 알 수 있는 요소
건구온도, 습구온도, 노점온도, 절대습도, 상대습도, 포화도, 수증기압, 엔탈피, 비체적, 현열비 등

64 1,200형 에스컬레이터의 공칭 수송능력은?
① 4,800인/h ② 6,000인/h
③ 7,200인/h ④ 9,000인/h

해설

에스컬레이터 공칭 수송능력에 따른 분류		
800형 (난간 너비: 0.8m)	1,200형 (난간 너비: 1.2m)	
6,000인/h	9,000인/h	

해답 61. ③ 62. ① 63. ③ 64. ④

65 물의 경도에 관한 설명으로 옳지 않은 것은?

① 일반적으로 지표수는 연수, 지하수는 경수로 간주한다.
② 경도가 큰 물을 경수, 경도가 낮은 물을 연수라고 한다.
③ 경수를 보일러 용수로 사용하면 그 내면에 스케일이 생겨 전열 효율이 감소된다.
④ 물의 경도는 물 속에 녹아 있는 칼슘, 마그네슘 등의 염류의 양을 탄산마그네슘의 농도로 환산하여 나타낸 것이다.

해설

	물의 경도(Hardness of Water)
④	물 속에 녹아 있는 마그네슘의 양을 이것에 대응하는 탄산칼슘($CaCO_3$)의 백만분율(ppm, part per million)로 환산 표시한 것
연수 (Soft Water)	• 탄산칼슘의 함유량이 90ppm 이하인 물 • 세탁 및 보일러 용수에 적당
경수 (Hard Water)	• 탄산칼슘의 함유량이 110ppm 이상인 물 • 비누의 용해가 어려워 세탁용수로 부적당 • 보일러에 사용 시 보일러 내면에 스케일이 생겨 전열 효율이 저하되며 과열과 수명 단축의 원인이 됨

66 오수정화조로 유입되는 오수의 BOD농도가 150ppm이고 방류수의 BOD농도가 60ppm일 때 이 정화조의 BOD 제거율은?

① 40% ② 60%
③ 75% ④ 90%

해설

② BOD 제거율 = $\dfrac{\text{유입수}BOD - \text{유출수}BOD}{\text{유입수}BOD} \times 100\%$

= $\dfrac{150-60}{150} \times 100\% = 60\%$

67 흡수식 냉동기에 관한 설명으로 옳지 않은 것은?

① 열에너지가 아닌 기계적 에너지에 의해 냉동 효과를 얻는다.
② 증발기, 흡수기, 재생기(발생기), 응축기 등으로 구성되어 있다.
③ 냉방용의 흡수식냉동기는 물과 브롬화리튬의 혼합 용액을 사용한다.
④ 2중효용 흡수식 냉동기는 단효용 흡수식 냉동기 보다 에너지 절약적이다.

해설

흡수식 냉동기는 냉매의 증발에 따른 열에너지, 압축식 냉동기는 전기에 따른 기계적에너지로 냉동하는 것이 기본 원리이다.

압축식 냉동기
① • 구성: 압축기 ➡ 응축기 ➡ 팽창밸브 ➡ 증발기 • 특징: 구동에너지가 전기이므로 전력소비가 많다.
흡수식 냉동기
• 구성: 응축기 ➡ 증발기 ➡ 흡수기 ➡ 재생기(발생기) • 특징: 도시가스를 주연료로 사용하므로 전력소비가 적다.

68 가스의 연소성을 나타내는 것은?

① 비열비   ② 가버너
③ 웨버 지수   ④ 단열 지수

해설

웨버 지수
(Wobbe Index: WI)

③ 연소기에 대한 입열에너지의 크기를 나타내는 지수로써 발열량과 비중의 함수로 표시된다.
가스 호환성, 가스 연소성을 표시하는 척도로써 이용되며, 허용 범위는 5% 이내로 하고 있다.

해답 65. ④   66. ②   67. ①   68. ③

69 길이가 20m인 동관으로 된 급탕수평주관에 급탕이 공급되어 관의 온도가 10℃에서 60℃로 온도가 상승된 경우, 동관의 팽창량은? (단, 동관의 선팽창계수는 1.71×10^{-5})

① 0.86mm   ② 8.6mm
③ 17.1mm   ④ 171mm

해설

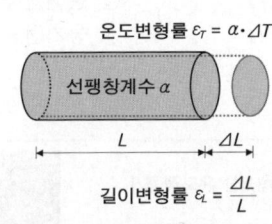

③ 길이변형률: $\epsilon_L = \dfrac{\Delta L}{L}$, 온도변형률: $\epsilon_T = \alpha \cdot \Delta T$

$\epsilon_L = \epsilon_T$ 로부터 $\dfrac{\Delta L}{L} = \alpha \cdot \Delta T$ 이므로

$\Delta L = \alpha \cdot \Delta T \cdot L$
$= (1.71 \times 10^{-5})(60-10)(20 \times 10^3) = 17.1\text{mm}$

70 소방시설은 소화설비, 경보설비, 피난설비, 소화용수설비, 소화활동설비로 구분할 수 있다. 다음 중 소화활동설비에 속하는 것은?

① 제연설비   ② 비상방송설비
③ 스프링클러설비   ④ 자동화재탐지설비

해설

소화활동설비	소방활동 중 인명의 구조, 구급활동을 제외한 화재진압 활동에 도움이 되는 설비
① 소방법령상의 범위	제연설비, 연결송수관설비, 연결살수설비, 연소방지설비, 비상콘센트설비 및 무선통신보조설비

71 냉방부하의 종류 중 현열만을 포함하고 있는 것은?

① 인체의 발생열량
② 유리로부터의 취득열량
③ 극간풍에 따른 취득열량
④ 외기의 도입으로 인한 취득열량

해설

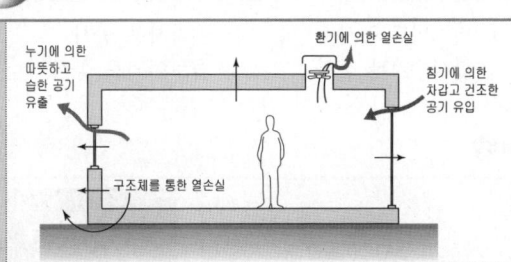

현열부하만 계산
조명 부하, 실내기기 부하, 벽이나 창을 통한 열관류 부하, 창을 통한 일사열 부하
현열부하 + 잠열부하
인체 부하, 틈새바람(극간풍), 환기를 위한 신선 외기 도입

72 중앙식 급탕법에 관한 설명으로 옳지 않은 것은?

① 배관 및 기기로부터의 열손실이 많다.
② 급탕 개소마다 가열기의 설치 스페이스가 필요하다.
③ 일반적으로 열원장치는 공조설비와 겸용하여 설치된다.
④ 급탕기구의 동시사용률을 고려하기 때문에 가열장치의 전체 용량을 줄일 수 있다.

해설

② 중앙식 급탕방식(Central Hot Water Supply)

지하실 등 일정한 장소에 급탕장치를 설치해 놓고 배관에 의해 필요한 각 사용 장소에 공급하는 방식으로 대규모 급탕에 적합하다.

해답 69. ③ 70. ① 71. ② 72. ②

73 다음과 같은 특징을 갖는 배선공사 방식은?

- 열적 영향이나 기계적 외상을 받기 쉬운 곳이 아니면 금속배관과 같이 광범위하게 사용 가능하다.
- 관 자체가 절연체이므로 감전의 우려가 없으며 시공이 쉬운 게 장점이다.

① 버스덕트 공사 ② 애자사용 공사
③ 합성수지관 공사 ④ 플로어덕트 공사

해설

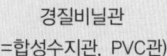
경질비닐관
(=합성수지관, PVC관)

내식성이 우수하여 화학공장 등에 사용이 가능하지만, 열에 약하고 기계적 강도가 낮은 것이 결점이다.

74 건축물 등에서 항공기의 추돌을 방지하기 위하여 설치하는 각종의 안전등화를 무엇이라 하는가?

① 선회등 ② 유도로등
③ 항공등화 ④ 항공장애표시등

해설

④	항공 장애(표시)등 설비
	1	야간에 운행하는 항공기에 대하여 항공의 장애가 되는 건물의 존재를 시각으로 인식시키기 위한 등이다.
	2	항공법에는 지표면 또는 수면으로부터 60m 이상 높이의 건축물이나 공작물은 항공장애표시등과 주간장애표시등을 설치하도록 규정하고 있다.

75 다음 설명에 알맞은 전동기의 종류는?

- 회전자계를 만드는 여자전류가 전원측으로부터 흐르는 관계로 역률이 나쁘다는 결점이 있다.
- 구조와 취급이 간단하여 건축설비에서 가장 널리 사용된다.

① 직권전동기 ② 분권전동기
③ 유도전동기 ④ 동기전동기

해설

교류용 3상 유도전동기

③ 구조가 간단하고 조작이 간편하면서 값이 싸므로 가장 많이 사용된다.

76 다음 설명에 알맞은 통기관의 종류는?

1개의 트랩을 위해 트랩 하류에서 취출하여, 그 기구보다 위 부분에서 통기 계통에 접속하거나 또는 대기 중에 개구하도록 설치한 통기관을 말한다.

① 루프 통기관 ② 신정 통기관
③ 결합 통기관 ④ 각개 통기관

해설

④ 각개 통기관 (Individual Vent)

해답 73. ③ 74. ④ 75. ③ 76. ④

77 덕트의 분기부에 설치하여 풍량조절용으로 사용되는 댐퍼는?

① 스플릿 댐퍼 ② 평행익형 댐퍼
③ 대향익형 댐퍼 ④ 버터플라이 댐퍼

해설

스플릿 댐퍼(Split Damper)
덕트 분기부에서의 풍량조절용 

78 건구온도 26℃인 실내공기 8,000m³/h와 건구온도 32℃인 외부공기 2,000m³/h를 단열혼합하였을 때 혼합공기의 건구온도는?

① 27.2℃ ② 27.6℃ ③ 28.0℃ ④ 29.0℃

해설

① $26 \times 8,000 + 32 \times 2,000 = x \times 10,000$ ∴ $x = 27.2℃$

79 엘리베이터의 기계실에 있는 주요 설비에 속하지 않는 것은?

① 조속기 ② 권상기
③ 완충기 ④ 전자 브레이크

해설

엘리베이터의 기계실에 있는 주요 설비
제어반, 전동기, 권상기, 조속기, 전자 브레이크

완충기 (Buffer)	전기적 안전장치(조속기, 도어 스위치, 과부하 계전기, 파이널 리미트 스위치 등)가 작동할 수 없는 속도 이하인 경우에 낙하하는 엘리베이터의 속도를 감속시켜 주는 승강로 하부에 설치한 물리적 안전장치이다.

80 다음과 같은 벽체의 열관류율은?

⊙ 내표면 열전달률 : 8W/m²·K
⊙ 외표면 열전달률 : 20W/m²·K
⊙ 재료의 열전도율
 • 콘크리트 : 1.2W/m·K
 • 유리면 : 0.036W/m·K
 • 타일 : 1.1W/m·K

① 약 0.90W/m²·K
② 약 1.05W/m²·K
③ 약 1.20W/m²·K
④ 약 1.35W/m²·K

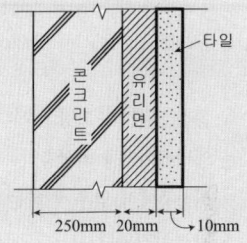

해설

열관류 (Heat Transmission)	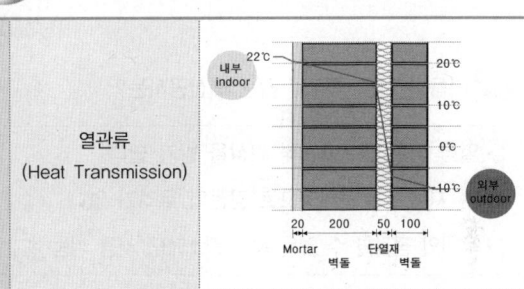

고체벽 외부에서 고체벽 내부 쪽으로의 전열 현상

$$K = \cfrac{1}{\cfrac{1}{\alpha_i} + \Sigma \cfrac{d}{\lambda} + r_a + \cfrac{1}{\alpha_o}} (W/m^2 \cdot K)$$

②
• α_i, α_o : 실내 및 실외 열전달률(W/m²·K)
• λ : 재료의 열전도율(W/m·K)
• d : 재료의 두께(m)
• r_a : 공기층(중공층)이 있을 경우 그 공기층 열저항(m²·K/W)

$K = \cfrac{1}{\cfrac{1}{\alpha_i} + \Sigma \cfrac{d}{\lambda} + \cfrac{1}{\alpha_0}}$

$= \cfrac{1}{\cfrac{1}{8} + \left(\cfrac{0.25}{1.2} + \cfrac{0.02}{0.036} + \cfrac{0.01}{1.1}\right) + \cfrac{1}{20}} = \cfrac{1}{0.965} = 1.05 W/m^2 \cdot K$

해답 77. ① 78. ① 79. ③ 80. ②

건축설비 2016년 제4회

61 엘리베이터 카(Car)가 최상층이나 최하층에서 정상 운행 위치를 벗어나 그 이상으로 운행하는 것을 방지하기 위해 설치하는 전기적 안전장치는?

① 조속기
② 가이드 레일
③ 전자 브레이크
④ 리미트 스위치

해설

	리미트 스위치(Limit Switch) 
④	종점스위치가 고장 났을 때 엘리베이터를 최상층이나 최하층에서 멈추게 하는 안전장치이다.

62 다음과 같은 특징을 갖는 배선공사는?

- 열적 영향이나 기계적 외상을 받기 쉽다.
- 관 자체가 절연체이므로 감전의 우려가 없다.
- 옥내의 점검할 수 없는 은폐 장소에도 사용 가능하다.

① 금속관 공사
② 버스덕트 공사
③ 경질비닐관 공사
④ 라이팅덕트 공사

해설

경질비닐관
(=합성수지관, PVC관)

	1	관 자체가 우수한 절연성을 가지고 있으며, 중량이 가볍고 시공이 용이하다.
③	2	내식성이 우수하여 화학공장 등에 사용이 가능하지만, 열에 약하고 기계적 강도가 낮은 것이 결점이다.

63 건축물의 에너지 절약을 위한 기계 부분의 권장사항으로 옳지 않은 것은?

① 냉방기기는 전력피크부하를 줄일 수 있도록 한다.
② 난방순환수 펌프는 가능한 한 대수 제어 또는 가변속 제어 방식을 채택한다.
③ 폐열 회수를 위한 열회수설비를 설치할 때에는 중간기에 대비한 바이패스(By-Pass)설비를 설치한다.
④ 위생설비 급탕용 저탕조의 설계온도는 65℃ 이하로 하고 필요한 경우에는 부스터히터 등으로 승온하여 사용한다.

해설

건축물 에너지 절약을 위한 기계 부분의 권장 사항: 위생설비		
④	1	위생설비 급탕용 저탕조의 설계온도는 55℃ 이하로 하고 필요한 경우에는 부스터히터 등으로 승온하여 사용한다.
	2	에너지 사용 설비는 에너지 절약 및 에너지 이용 효율의 향상을 위하여 컴퓨터에 따른 자동제어시스템 또는 네트워킹이 가능한 현장제어장치 등을 사용한 에너지 제어시스템을 채택하거나, 분산제어시스템으로서 각 설비별 에너지 제어시스템에 개방형 통신 기술을 채택하여 설비별 제어시스템 에너지 관리 데이터의 호환과 집중 제어가 가능하도록 한다.

64 주철제 보일러에 대한 설명 중 옳지 않은 것은?

① 재질이 약하여 고압으로는 사용이 곤란하다.
② 섹션(Section)으로 분할되므로 반입이 용이하다.
③ 재질이 주철이므로 내식성이 약하여 수명이 짧다.
④ 규모가 비교적 작은 건물의 난방용으로 사용된다.

해설

③	주철제 보일러는 강판제에 비해서 내식성이 우수하고 수명이 길며, 가격이 싸다.	

해답 61. ④ 62. ③ 63. ④ 64. ③

65 전양정 24m, 양수량 13.8m³/h, 효율 60%일 때 펌프의 축동력은?

① 0.5kW
② 1.0kW
③ 1.5kW
④ 3.0kW

해설

③

펌프의 축동력 $\dfrac{W \cdot Q \cdot H}{6,120 \cdot E}$	W	물의 밀도 (1,000kg/m³)
	Q	펌프의 양수량 (m³/min)
	H	전양정(m)
	E	펌프의 효율(%)

$$\dfrac{W \cdot Q \cdot H}{6,120 \cdot E} = \dfrac{(1,000)\left(\dfrac{13.8}{60}\right)(24)}{6,120(0.6)} = 1.50\text{kW}$$

66 베르누이(Bernoulli)의 정리를 가장 올바르게 표현한 것은?

① 유체가 갖고 있는 운동에너지는 흐름 내 어디에서나 일정하다.
② 유체가 갖고 있는 운동에너지와 중력에 따른 위치 에너지의 총합은 흐름 내 어디에서나 일정하다.
③ 유체가 갖고 있는 운동에너지, 중력에 따른 위치 에너지의 총합은 흐름 내 어디에서나 압력에너지와 같다.
④ 유체가 갖고 있는 운동에너지, 중력에 따른 위치 에너지 및 압력에너지의 총합은 흐름 내 어디에서나 일정하다.

해설

④	베르누이 정리(Bernoulli's Theorem, 1738)	
	 Daniel Bernoulli (1700~1782)	이상적인 유체가 흐르는 속도와 압력, 높이의 관계를 수량적으로 나타낸 법칙으로 유체의 운동에너지와 압력에너지, 위치에너지의 합이 항상 일정하다는 성질을 이용한 정리이다.

67 공기조화방식 중 팬코일유닛 방식에 관한 설명으로 옳지 않은 것은?

① 전수방식에 속한다.
② 덕트샤프트와 스페이스가 반드시 필요하다.
③ 각 실에 수배관으로 인한 누수의 우려가 있다.
④ 각 실의 유닛은 수동으로도 제어할 수 있고, 개별 제어가 쉽다.

해설

② 전수(All Water) 방식으로서 덕트샤프트나 스페이스가 필요 없거나 작아도 된다.

팬코일유닛 (Fan Coil Unit)

68 흡음 및 차음에 관한 설명으로 옳지 않은 것은?

① 벽의 차음성능은 투과 손실이 클수록 높다.
② 차음성능이 높은 재료는 대부분 흡음성능도 높다.
③ 벽의 차음성능은 사용 재료의 면 밀도에 크게 영향을 받는다.
④ 벽의 차음성능은 동일 재료에서도 두께와 시공법에 따라 다르다.

해설

②

1	차음(Sound Insulation)은 음의 투과를 제어하는 것이고, 흡음(Sound Absorpsion)은 실내 표면에서 입사음의 반사를 감소시키는 것이므로, 차음성능과 흡음성능은 반드시 비례한다고 볼 수 없다.
2	차음성능이 높은 재료는 질량이 큰 재료이며, 흡음성능이 높은 재료는 다공성으로 질량이 작다. 

해답 65. ③ 66. ④ 67. ② 68. ②

69 다음의 옥내소화전 설비에 관한 설명 중 ( )안에 알맞은 것은?

> 옥내소화전방수구는 특정소방대상물의 층마다 설치하되, 해당 특정소방대상물의 각 부분으로부터 하나의 옥내소화전 방수구까지의 수평거리가 ( )m 이하가 되도록 할 것

① 25　　② 30
③ 35　　④ 40

해설

①
옥내소화전설비	표준 방수압력	0.17MPa
	표준 방수량	130 l/min
	설치 간격	건물의 각 부분에서 수평거리 25m 이하
	소화 수량	2.6N(m³) N=최대 2개

70 온수난방에 관한 설명으로 옳지 않은 것은?

① 증기난방에 비하여 예열시간이 짧다.
② 온수의 현열을 이용하여 난방하는 방식이다.
③ 한랭지에서 운전 정지 중에 동결의 우려가 있다.
④ 온수의 순환 방식에 따라 중력식과 강제식으로 구분할 수 있다.

해설

① 증기난방에 비해 예열시간이 길고 예열부하가 커서 간헐 운전에 부적합하다.

71 고가수조 급수방식에서 물 공급 순서로 옳은 것은?

① 상수도 ➡ 저수조 ➡ 펌프 ➡ 고가수조 ➡ 위생기구
② 상수도 ➡ 고가수조 ➡ 펌프 ➡ 저수조 ➡ 위생기구
③ 상수도 ➡ 고가수조 ➡ 저수조 ➡ 펌프 ➡ 위생기구
④ 상수도 ➡ 저수조 ➡ 고가수조 ➡ 펌프 ➡ 위생기구

해설

①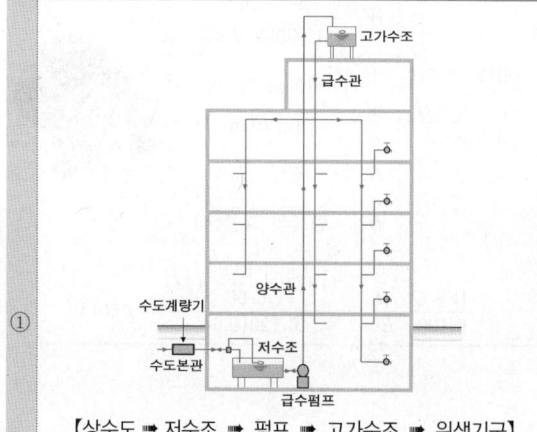

【상수도 ➡ 저수조 ➡ 펌프 ➡ 고가수조 ➡ 위생기구】

수돗물을 저수조(Receiving Tank)에 저수한 후 양수펌프에 의해 건물 옥상이나 높은 곳에 설치한 탱크로 양수하여 그 수위를 이용해 탱크에서 밑으로 세운 급수관을 통하여 각 위생기구로 하향 급수하는 방식이다.

72 습공기의 상태 변화에 관한 설명으로 옳지 않은 것은?

① 가열하면 엔탈피는 증가한다.
② 냉각하면 비체적은 감소한다.
③ 가열하면 절대습도는 증가한다.
④ 냉각하면 습구온도는 감소한다.

해설

③ 포화범위 내에서 공기를 가열하거나 냉각해도 절대습도는 변함이 없다.

해답　69. ①　70. ①　71. ①　72. ③

73 어느 점광원에서 1[m] 떨어진 곳의 직각면 조도가 200[lx]일 때 이 광원에서 2[m] 떨어진 곳의 직각면 조도는?

① 25[lx] ② 50[lx]
③ 100[lx] ④ 200[lx]

해설

② 조도 $E = \dfrac{I}{d^2}$

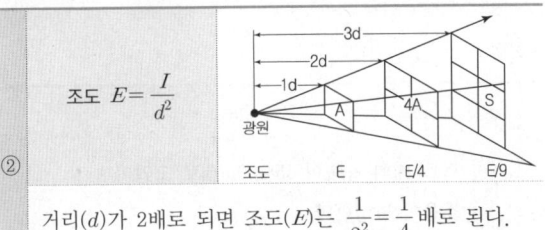

거리(d)가 2배로 되면 조도(E)는 $\dfrac{1}{2^2} = \dfrac{1}{4}$ 배로 된다.

$$200[lx] \div \dfrac{1}{4} = 50[lx]$$

74 주위 온도가 일정 온도 이상으로 되면 동작하는 자동화재탐지설비의 감지기는?

① 이온화식 감지기 ② 차동식 스폿 감지기
③ 정온식 스폿 감지기 ④ 광전식 스폿 감지기

해설

③ 주위 온도가 일정 온도 이상일 때 작동하는 것은 정온식, 온도 상승률이 일정 이상일 때 작동하는 것은 차동식 스폿 감지기이다.

【자동화재감지설비(Automatic Fire Alarm System)】

주요 감지기의 종류 및 특징

1	차동식 스포트형: 화기를 취급하지 않는 부착높이 8m 미만
2	정온식: 보일러실, 주방과 같이 다량의 열을 취급하는 곳
3	연기식: 계단, 복도 및 층고가 높은 곳에 적당

75 급탕설비에 관한 설명으로 옳지 않은 것은?

① 냉수, 온수를 혼합 사용해도 압력차에 따른 온도 변화가 없도록 한다.
② 배관은 적정한 압력 손실 상태에서 피크 시를 충족시킬 수 있어야 한다.
③ 도피관에는 압력을 도피시킬 수 있도록 밸브를 설치하고 배수는 직접배수로 한다.
④ 밀폐형 급탕시스템에는 온도 상승에 따른 압력을 도피시킬 수 있는 팽창탱크 등의 장치를 설치한다.

해설

③ 도피관(=팽창관)

온수 순환배관 도중에 이상 압력이 생겼을 때 그 압력을 흡수하는 도피구이므로 도피관의 도중에는 절대로 밸브를 달아서는 안 된다.

76 다음 설명에 알맞은 전동기는?

• 구조와 취급이 간단하고 기계적으로 견고하다.
• 가격이 비교적 싸고 운전이 대체로 쉽다.
• 건축설비에서 가장 널리 사용되고 있다.

① 유도전동기 ② 동기전동기
③ 직류전동기 ④ 정류자전동기

해설

① 교류용 3상 유도전동기

구조가 간단하고 조작이 간편하면서 값이 싸므로 가장 많이 사용된다.

해답 73. ② 74. ③ 75. ③ 76. ①

77 에스컬레이터에 관한 설명으로 옳지 않은 것은?

① 수송량에 비해 점유면적이 작다.
② 수송능력이 엘리베이터보다 작다.
③ 대기시간이 없고 연속적인 수송설비이다.
④ 연속 운전되므로 전원 설비에 부담이 적다.

해설

에스컬레이터 공칭 수송능력에 따른 분류	
800형 (난간 너비: 0.8m)	1,200형 (난간 너비: 1.2m)
6,000인/h	9,000인/h

수송능력은 엘리베이터의 약 10배 정도이다.

78 비상콘센트 설비에 관한 설명으로 옳지 않은 것은?

① 층수가 6층 이상인 특정소방대상물의 전 층에 설치하여야 한다.
② 전원회로는 각 층에 있어서 2 이상이 되도록 설치하는 것을 원칙으로 한다.
③ 비상콘센트는 바닥으로부터 높이 0.8m 이상 1.5m 이하의 위치에 설치한다.
④ 소방시설 중 화재를 진압하거나 인명구조활동을 위하여 사용하는 소화활동설비에 속한다.

해설

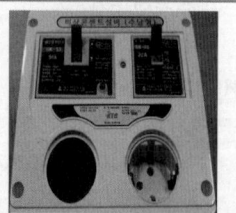

비상콘센트 설비

① 건축물의 11층 이상의 층에 설치하며, 1개의 비상콘센트까지 수평거리는 50m 이하로 한다.

79 공기조화설비에서 사용되는 고속 덕트에 관한 설명으로 옳은 것은?

① 소음 및 진동이 발생하지 않는다.
② 공기혼합상자를 설치하여야 한다.
③ 덕트 설치 공간을 작게 할 수 있다.
④ 공장이나 창고에는 적용할 수 없다.

해설

	고속 덕트
1	덕트 내의 풍속이 15~20m/s로 고압이며 소음이 발생한다.
2	소음이 문제되지 않는 공장, 창고 또는 차량, 선박, 고층 빌딩에 적용되며, 덕트 설치 공간을 크게 취할 수 없는 곳에 적용한다.
3	풍량이 작은 소형 덕트나 고속 덕트인 경우에는 장방형 단면보다 원형 단면이 효과적이다.

80 배수수직관 내의 압력 변화를 방지 또는 완화하기 위해 배수수직관으로부터 분기·입상하여 통기수직관에 접속하는 도피통기관은?

① 각개통기관 ② 신정통기관
③ 결합통기관 ④ 루프통기관

해설

결합통기관(Yoke Vent Pipe)	
③ 고층 건물의 경우 배수수직주관과 통기수직주관을 연결하여 통기하는 것으로 5개 층마다 설치하여 배수수직주관의 통기를 촉진시킨다.	

해답 77. ② 78. ① 79. ③ 80. ③

건축설비 2017년 제1회

61 이중덕트 방식에 관한 설명으로 옳은 것은?

① 부하 감소에 따라 송풍량이 감소된다.
② 부하 변동에 따른 적응 속도가 느리다.
③ 혼합 손실로 인한 에너지 소비량이 크다.
④ 부하 특성이 다른 여러 실에 적용하기 곤란하다.

해설

	2중덕트 방식 (Dual Duct System)	
③	냉풍과 온풍을 각각의 덕트로 보낸 후 말단의 혼합상자에서 냉온풍을 열부하에 알맞은 비율로 혼합하여 각 실에 송풍하는 전공기 방식의 에너지 다소비형 공조방식	
	장점	각 실별 또는 각 존(Zone)별로 온·습도의 개별 제어 가능
		냉·난방이 동시에 가능하므로 계절마다 냉·난방의 전환이 필요 없음
	단점	운전비, 설비비가 증가됨
		덕트가 차지하는 면적이 크고 혼합 손실이 크다.

62 세정밸브식 대변기의 최소 급수관경은?

① 12A
② 20A
③ 25A
④ 32A

해설

	대변기 세정방식	급수관(세정관)의 관경
③	하이탱크식(시스턴식)	15A (32A)
	로우탱크식(시스턴식)	15A (50A)
	세정밸브식(플러시 밸브식)	25A
	기압탱크식	15A

63 가스 사용 시설에서 가스계량기의 설치에 관한 설명으로 옳지 않은 것은?

① 전기접속기와의 거리가 최소 30cm 이상이 되도록 한다.
② 전기점멸기와의 거리가 최소 60cm 이상이 되도록 한다.
③ 전기개폐기와의 거리가 최소 60cm 이상이 되도록 한다.
④ 전기계량기와의 거리가 최소 60cm 이상이 되도록 한다.

해설

	배선의 종류	이격거리
	저압 옥내·옥외배선	15cm 이상
	전기점멸기, 전기콘센트(=전기접속기)	30cm 이상
②	전기개폐기, 전기계량기, 고압옥내배선	60cm 이상
	저압 옥상전선로, 특별고압 지중·옥내배선	1m 이상
	피뢰설비	1.5m 이상

64 에스컬레이터의 좌우에 설치되어 있으며, 스텝을 주행시키는 역할을 하는 것은?

① 스텝 체인
② 핸드 레일
③ 스커트 가드
④ 가이드 레일

해설

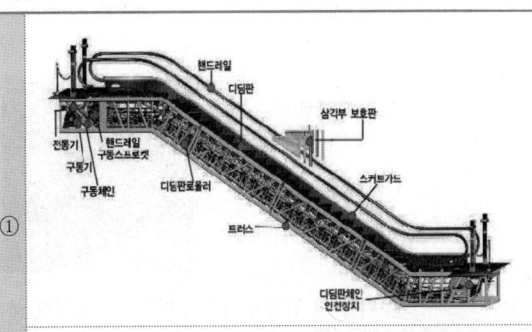

에스컬레이터의 바닥 디딤판을 스텝(Step)이라고 하며, 스텝 체인(Step Chain)에 의해 스텝이 주행된다.

해답 61. ③ 62. ③ 63. ② 64. ①

65 연결송수관설비의 방수구에 관한 설명으로 옳지 않은 것은?

① 방수구의 위치 표시는 표시등 또는 축광식 표지로 한다.
② 호스접결구는 바닥으로부터 0.5m 이상 1m 이하의 위치에 설치한다.
③ 개폐 기능을 가진 것으로 설치하여야 하며, 평상시 닫힌 상태를 유지하도록 한다.
④ 연결송수관설비의 전용 방수구 또는 옥내소화전 방수구로서 구경 50mm의 것으로 설치한다.

해설

④ 연결송수관설비의 방수구와 송수구의 연결구경은 65mm의 것으로 설치한다.

67 압력수조 급수방식에 관한 설명으로 옳지 않은 것은?

① 정전 시 급수가 곤란하다.
② 고가수조가 필요 없어 미관상 좋다.
③ 고가수조 방식에 비해 급수압의 변동이 크다.
④ 고가수조 방식에 비해 수조의 설치 위치에 제한이 많다.

해설

④ 압력수조(=압력탱크) 방식은 탱크의 설치 위치에 제한을 받지 않는다.

66 변전실의 위치에 관한 설명으로 옳지 않은 것은?

① 습기와 먼지가 적은 곳일 것
② 전기 기기의 반출입이 용이한 곳일 것
③ 가능한 한 부하의 중심에서 먼 곳일 것
④ 외부로부터 전원의 인입이 쉬운 곳일 것

해설

③

변전실의 위치	
1	가능한 한 부하의 중심에 가깝고 배전에 편리한 장소
2	외부로부터 전원 인입과 기기의 반출입이 용이한 곳
3	천장높이를 충분히 확보(고압: 보 아래 3.0m 이상, 특고압: 보 아래 4.5m 이상)

68 어느 점광원과 1[m] 떨어진 곳의 수평면 조도가 200[lx]일 때, 이 광원에서 2[m] 떨어진 곳의 수평면 조도는?

① 25[lx]   ② 50[lx]
③ 100[lx] ④ 200[lx]

해설

② 조도 $E = \dfrac{I}{d^2}$

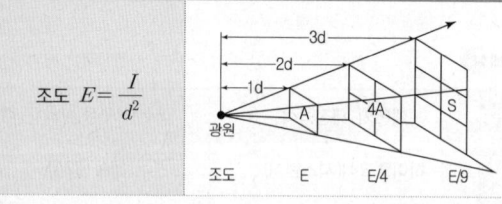

거리(d)가 2배로 되면 조도(E)는 $\dfrac{1}{2^2} = \dfrac{1}{4}$ 배로 된다.

$200[lx] \div \dfrac{1}{4} = 50[lx]$

해답 65.④ 66.③ 67.④ 68.②

69 공기조화설비의 에너지 절약 방법 중 배열을 회수하여 이용하는 방식은?

① 변유량 방식   ② 외기냉방 방식
③ 전열교환 방식   ④ 전력수요제어 방식

해설

배열 회수(排熱回收, Heat Recovery):
건축물 내의 배출되는 열을 재이용하기 위해 회수하는 것

③ 전열교환기(Heat Exchanger)

환기를 실행할 때 실내의 열을 놓치지 않고 그 열을 외부로부터의 급기로 옮겨 실내로 되돌아오게 하는 열교환기

70 냉각탑에 관한 설명으로 옳은 것은?

① 고압의 액체 냉매를 증발시켜 냉동 효과를 얻게 하는 설비이다.
② 증발기에서 나온 수증기를 냉각시켜 물이 되도록 하는 설비이다.
③ 대기 중에서 기체 냉매를 냉각시켜 액체 냉매로 응축하기 위한 설비이다.
④ 냉매를 응축시키는데 사용된 냉각수를 재사용하기 위하여 냉각시키는 설비이다.

해설

④ 냉각탑(冷却塔, Cooling Tower)

냉온 열원장치를 구성하는 기기의 하나로서 냉동기로부터의 발열을 냉각수를 순환시켜 대기 중으로 방출하기 위한 장치

71 220/380V 전원을 공급하는 빌딩 및 공장의 전등 및 동력용 간선으로 가장 많이 사용되는 배선 방식은?

① 단상 2선식   ② 단상 3선식
③ 3상 3선식   ④ 3상 4선식

해설

④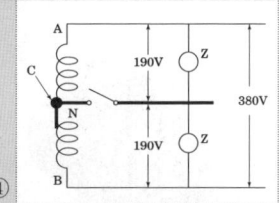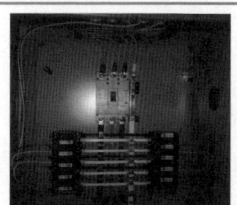

380/220[V] 3상 4선식

대규모 건물에서 여러 종류의 전압이 필요할 때 선택되며 전압, 전력, 배선거리가 같을 때 배선비가 가장 적게 드는 방식

72 환기에 관한 설명으로 옳지 않은 것은?

① 외부 풍속이 커지면 환기량은 많아진다.
② 실내외의 온도차가 크면 환기량은 작아진다.
③ 중성대란 중력환기에서 실내외의 압력이 같아지는 위치이다.
④ 자연환기량은 중성대로부터 공기 유입구 또는 유출구까지의 높이가 클수록 많아진다.

해설

② 개구부 환기량 $Q = KA\sqrt{h \cdot \Delta T}$

- Q : 개구부 환기량(m^3/min)
- K : 개구부에 따른 저항 관련 상수(ASHRAE 표준값: 7.0)
- A : 유입 개구부 면적(m^2)
- h : 두 개구부 간의 수직거리(m)
- ΔT : 실내외의 온도차

실내외의 온도차가 크면 환기량은 많아진다.

해답 69. ③ 70. ④ 71. ④ 72. ②

73 수량 $20m^3/h$를 양수하는데 필요한 펌프의 구경은? (단, 양수펌프 내 유속은 $2m/s$로 한다.)

① 30mm   ② 40mm
③ 50mm   ④ 60mm

해설

④
펌프의 구경

$d = 1.13\sqrt{\dfrac{Q}{v}}$

$= 1.13\sqrt{\dfrac{\left(\dfrac{20}{3,600}\right)}{(2)}}$

$= 0.05955m = 59.55mm$

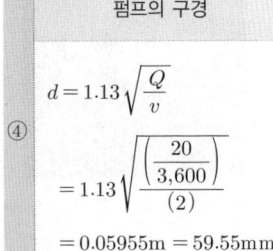

74 양수량 $1m^3/min$, 전양정 50m인 펌프에서 회전수를 1.2배 증가시켰을 때 양수량은?

① 1.2배 증가   ② 1.44배 증가
③ 1.73배 증가 ④ 2.4배 증가

해설

①
왕복동 펌프의 양수량 $Q = A \cdot L \cdot N \cdot E_V$

- A : 피스톤 또는 플런저의 유효단면적(m^2)
- L : 피스톤 또는 플런저의 스트로크 왕복거리(m)
- N : 1분당 스트로크수(크랭크의 회전수)
- E_V : 용적 효율

펌프의 양수량은 회전수에 비례하므로, 회전수를 1.2배 증가시키면 양수량도 1.2배가 된다.

75 바닥 복사난방에 관한 설명으로 옳지 않은 것은?

① 천장이 높은 실의 난방에는 사용할 수 없다.
② 실내의 온도 분포가 비교적 균등하고 쾌감도가 높다.
③ 예열시간이 길어 일시적인 난방에는 바람직하지 않다.
④ 방열기를 설치하지 않아 실내 바닥면의 이용도가 높다.

해설

①
바닥 복사난방	
1	바닥에 열원을 매설하고 온수를 공급하여 그 복사열로 방을 난방하는 방법이다.
2	복사 열전달은 고온의 표면과 저온의 표면과의 열이동이므로 공기 온도와 관계 없다. 따라서, 복사 열전달이 주류를 이루는 복사난방은 천장고가 높은 실이나, 외풍이 심한 방에서도 난방 효과가 높다.

76 건구온도 25℃인 실내공기 $8,000m^3/h$와 건구온도 31℃인 외부공기 $2,000m^3/h$를 단열혼합 하였을 때 혼합공기의 건구온도는?

① 24.8℃   ② 26.2℃
③ 27.5℃   ④ 29.8℃

해설

②
$25 \times 8,000 + 31 \times 2,000 = x \times 10,000$
$\therefore x = 26.2℃$

해답 73. ④ 74. ① 75. ① 76. ②

77 다음 중 상대습도(R.H) 100%에서 그 값이 같지 않은 온도는?

① 건구온도　② 효과온도
③ 습구온도　④ 노점온도

해설

② 상대습도(Relative Humidity) 100%에서는 건구온도, 습구온도, 노점온도가 동일하다.

건구온도(DBT, Dry Bulb Temperature)
보통온도계로 측정한 온도
습구온도(WBT, Wet Bulb Temperature)
건구온도계 감지부에 젖은 천을 감은 다음, 3m/sec 이상의 바람을 불면 젖은 천에 있던 수분이 증발하면서 감지부의 온도를 떨어뜨려 건구온도보다 낮은 온도가 나타나는데, 이를 습구온도라고 한다.
노점온도(DPT, Dew Point Temperature)
습공기의 온도를 내리면 상대습도가 차츰 높아지다가 포화상태에 이르게 되는데, 공기 속의 수분이 수증기의 형태로만 존재할 수 없어 이슬로 맺히는 온도

78 자동화재탐지설비의 감지기 중 감지기 주위의 온도가 일정한 온도 이상이 되었을 때 작동하는 것은?

① 차동식 감지기　② 정온식 감지기
③ 광전식 감지기　④ 이온화식 감지기

해설

② 주위 온도가 일정 온도 이상일 때 작동하는 것은 정온식, 온도 상승률이 일정 이상일 때 작동하는 것은 차동식 스폿 감지기이다.

79 다음 설명에 알맞은 접지의 종류는?

> 기능상 목적이 서로 다르거나 동일한 목적의 개별 접지들을 전기적으로 서로 연결하여 구현한 접지시스템

① 단독접지　② 공통접지
③ 통합접지　④ 종별접지

해설

③

단독접지(=독립접지)
배선당 1종류의 접지공사를 이용한 것
공통접지(=공용접지)
제1종, 제2종, 제3종 접지를 공통으로 사용하는 접지방식
통합접지(= 1,2,3종 + 피뢰접지 + 통신접지 + 철골)
건축물에는 보안용 접지, 정보통신 기기들을 위한 기능용 접지 또는 낙뢰로부터 보호하기 위한 접지 등 목적이 다른 접지가 이루어지는데, 하나의 공용 접지시스템으로 신뢰와 편리, 경제적 시공을 목적으로 한 접지

| 종별접지 | 제1종 접지, 제2종 접지, 제3종 접지 |

80 급탕배관의 신축이음의 종류에 속하지 않는 것은?

① 루프형　② 칼라형
③ 슬리브형　④ 벨로우즈형

해설

②

급탕배관의 신축이음			
루프형 신축곡관	스위블조인트	슬리브형	벨로우즈형

해답 77. ② 78. ② 79. ③ 80. ②

건축설비 2017년 제2회

61 공기조화기 설계에서 사용되는 바이패스 팩터(Bypass Factor)의 의미로 옳은 것은?

① 급기팬을 통과하는 공기 중 건공기의 비율
② 공기조화기의 도입 외기와 환기(Return Air)의 비율
③ 실내로부터의 환기(Return Air) 중 공기조화기로 도입되는 공기의 비율
④ 냉온수코일의 통과 공기 중 냉온수코일과 접촉하지 않고 통과하는 공기의 비율

해설

④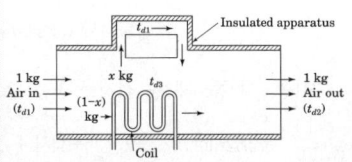
바이패스 팩터 (Bypass Factor)

냉온수코일을 통과하는 풍량 중 핀(Pin)이나 튜브 표면과 접촉하지 않고 통과해 버리는 풍량의 비율

62 인터폰설비의 통화망 구성 방식에 속하지 않는 것은?

① 모자식   ② 상호식
③ 복합식   ④ 프레스토크식

해설

④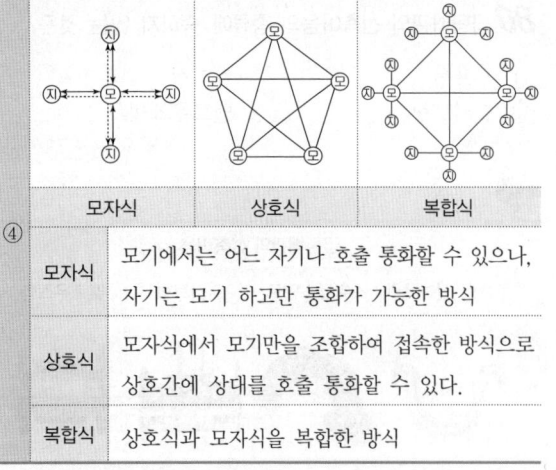

모자식	상호식	복합식
모자식	모기에서는 어느 자기나 호출 통화할 수 있으나, 자기는 모기 하고만 통화가 가능한 방식	
상호식	모자식에서 모기만을 조합하여 접속한 방식으로 상호간에 상대를 호출 통화할 수 있다.	
복합식	상호식과 모자식을 복합한 방식	

63 실내 열환경 지표 중 공기의 습도가 고려되지 않은 것은?

① 작용온도   ② 유효온도
③ 등온지수   ④ 신유효온도

해설

① 작용온도(Operative Temperature)
기온·기류·주벽표면온도 3요소의 조합과 체감과의 관계를 나타낸 것으로 Winslow, Herrington, Gagge(1937)에 의해 연구되었다.

② 유효온도(Effective Temperature)
기온·습도·기류의 3요소의 조합에 따른 실내 온열감각을 기온의 척도로 나타낸 것이며, Yaglou와 Houghten(1923)에 의하여 실험적으로 구해진 지표이다.

③ 등온지수(Equivalent Warmth)
기온·습도·기류·주벽표면온도의 4요소를 조합하여 체감과의 관계를 나타낸 것이며 Bedford(1936)가 제안하였다.

④ 신유효온도(New Effective Temperature)
유효온도의 습도에 대한 과대평가를 보완하여 상대습도 100% 대신 50% 선과 건구온도의 교차로 표시한 쾌적지표로서 Gagge, Stolwijk, Nishi(1971)에 의해 제안된 지표이다.

64 증기난방에 관한 설명으로 옳지 않은 것은?

① 계통별 용량 제어가 곤란하다.
② 한랭지에서 동결의 우려가 적다.
③ 예열시간이 온수난방에 비하여 짧다.
④ 부하 변동에 따른 실내 방열량의 제어가 용이하다.

해설

④ 증기난방은 보일러에서 생산된 증기를 방열기로 보내 증기의 응축잠열을 이용하는 난방이므로 방열량 제어가 곤란하다.

해답 61. ④   62. ④   63. ①   64. ④

65 엘리베이터의 안전장치 중에서 카(Car)가 최상층이나 최하층에서 정상 운행 위치를 벗어나 그 이상으로 운행하는 것을 방지하는 것은?

① 완충기(Buffer)
② 조속기(Governor)
③ 리미트 스위치(Limit Switch)
④ 카운터 웨이트(Counter Weight)

해설

리미트 스위치 (Limit Switch)

종점스위치가 고장 났을 때 엘리베이터를 최상층이나 최하층에서 멈추게 하는 안전장치

66 조명기구를 배광에 따라 분류할 경우, 다음과 같은 특징을 갖는 것은?

발산광속 중 상향광속 60~90[%], 하향광속 10~40[%] 정도이며, 천장을 주광원으로 이용한다.

① 직접조명기구 ② 반직접조명기구
③ 반간접조명기구 ④ 전반확산조명기구

해설

조명기구에 따른 조명 비율					
구분	직접 조명	반직접 조명	전반확산 조명	반간접 조명	간접 조명
상향 비율	0~10%	10~40%	40~60%	60~90%	90~100%
하향 비율	100~90%	90~60%	60~40%	40~10%	10~0%

67 옥내배선의 전선 굵기 결정 요소에 속하지 않는 것은?

① 허용 전류 ② 배선방식
③ 전압강하 ④ 기계적 강도

해설

	전선의 허용 전류
전선 굵기 결정 시 고려사항 3가지	전압강하
	기계적 강도 (1.6mm 이상인 연동선이나 동등 이상의 강도를 갖는 전선을 사용)

68 가스설비에 사용되는 거버너(Governor)에 관한 설명으로 옳은 것은?

① 실내에서 발생되는 배기가스를 외부로 배출시키는 장치
② 연소가 원활히 이루어지도록 외부로부터 공기를 받아들이는 장치
③ 가스가 누설되거나 지진이 발생했을 때 가스공급을 긴급히 차단하는 장치
④ 가스 공급 회사로부터 공급받은 가스를 건물에서 사용하기에 적합한 압력으로 조정하는 장치

해설

정압기(Governor)

도시가스를 공급할 때 가스의 공급이 극히 제한된 영역에서 고압에서 중압으로, 중압에서 저압으로 감압하여 사용 기구에 맞는 적당한 압력으로 공급하기 위해서 사용되는 도시가스 시설 용도의 기기를 정압기(Governor)라고 한다.

해답 65. ③ 66. ③ 67. ② 68. ④

69 다음과 같은 조건에 있는 실의 틈새바람에 따른 현열 부하량은?

【조건】
- 실의 체적: 400m³
- 환기 회수 0.5회/h
- 실내공기 건구온도: 20℃, 외기 건구온도: 0℃
- 공기의 밀도 1.2kg/m³, 비열 1.01kJ/kg·K

① 986W ② 1,124W
③ 1,348W ④ 1,542W

해설

③

1	환기량: $Q = n \cdot V = (0.5)(400) = 200 m^3/h$
2	단위환산계수 $0.337 W \cdot h/m^3 \cdot K$를 이용한다.
3	현열: $Q_{SH} = 0.337 Q(t_o - t_i)$ $= 0.337(200)(20-0) = 1,348W$

71 일반적으로 실내 환기량의 기준이 되는 것은?

① 공기 온도 ② NO₂ 농도
③ CO₂ 농도 ④ SO₂ 농도

해설

③ 실내 공간에서 이산화탄소 농도가 증가하면 산소의 양이 부족하게 되므로 이산화탄소를 실내 공기질 또는 환기 상태의 척도로 사용하고 있다.

70 공기조화방식 중 전공기방식에 속하는 것은?

① 패키지 방식 ② 이중덕트 방식
③ 유인유닛 방식 ④ 팬코일유닛 방식

해설

②

운반되는 열매체에 따른 공조방식의 분류	
전공기(All Air) 방식	단일덕트 방식, 2중덕트 방식, 멀티존유닛 방식, 덕트병용패키지 방식, 각층유닛 방식
전수(All Water) 방식	팬코일유닛(Fan Coil Unit) 방식
공기-수(Air-Water) 방식	유인유닛 방식, 덕트병용 팬코일유닛 방식, 덕트병용 복사냉난방 방식

72 유체의 흐름을 한 방향으로만 흐르게 하고 반대 방향으로는 흐르지 못하게 하는 밸브는?

① 콕 ② 체크밸브
③ 게이트밸브 ④ 글로브밸브

해설

②

체크밸브
(Check Valve, 역지밸브)

유량을 조절하는 기능은 없고 유체를 한 방향으로만 흐르게 하는 역류 방지용 밸브

해답 69. ③ 70. ② 71. ③ 72. ②

73 압력탱크 급수방식에 관한 설명으로 옳지 않은 것은?

① 정전 시 급수가 곤란하다.
② 급수압력을 일정하게 유지할 수 있다.
③ 단수 시 저수조의 물을 사용할 수 있다.
④ 탱크를 높은 곳에 설치하지 않아도 된다.

해설

압력탱크(=압력수조) 방식	
최고·최저압의 차이가 커서 급수압이 일정하지 않고 수질오염의 우려가 큰 경우 채택이 어렵게 된다.	

74 3상 대칭 성형(Y)결선에서 상전압이 220[V]일 때 선간전압은 얼마인가?

① 110[V]　　② 220[V]
③ 380[V]　　④ 440[V]

해설

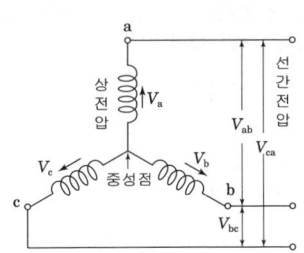

- 상전압 : 각 상에 걸리는 전압
- 선간전압 : 부하에 전력을 공급하는 선들 사이의 전압

상전압(V_p)과 선간전압(V_l)의 관계

$$V_l = \sqrt{3}\, V_p = \sqrt{3}\,(220) = 381.051[V]$$

75 펌프에서 발생하는 공동 현상(Cavitation)의 방지대책으로 가장 알맞은 것은?

① 펌프의 설치위치를 높인다.
② 펌프의 흡입양정을 낮춘다.
③ 펌프의 토출양정을 높인다.
④ 펌프의 토출구경을 확대한다.

해설

펌프의 공동 현상(Cavitation)		

	1	흡입양정이 너무 높거나 물의 온도가 높아지면 펌프의 흡입구 측에서 물의 일부가 증발하여 기포가 된다. 이 기포가 토출구 측으로 넘어 가면 갑자기 압력이 상승되므로 물속으로 다시 소멸되면서 격심한 소음과 진동이 일어나는 현상을 말한다.
	2	펌프 흡입구에서의 전압을 그 수온에서의 물의 포화수증기압보다 높게 해야 하며 펌프는 가급적 낮은 위치에 설치하여 흡입양정을 작게 한다.

76 주택의 1인 1일 오수량이 $0.05m^3/$인·일이고 오수의 BOD농도가 $260g/m^3$일 때 1인 1일당 BOD 부하량은?

① 5g/인·일　　② 13g/인·일
③ 26g/인·일　　④ 50g/인·일

해설

②
$$\text{BOD부하량} = \text{유입수 BOD농도} \times \text{오수량}$$
$$= (260) \cdot (0.05) = 13g/\text{인·일}$$

해답　73. ②　74. ③　75. ②　76. ②

77 간접가열식 급탕방식에 관한 설명으로 옳지 않은 것은?

① 저압보일러를 써도 되는 경우가 많다.
② 직접가열식에 비해 소규모 급탕설비에 적합하다.
③ 급탕용 보일러는 난방용 보일러와 겸용할 수 있다.
④ 직접가열식에 비해 보일러 내면에 스케일이 발생할 염려가 적다.

해설

직접가열식	중앙식 급탕 및 난방방식	간접가열식
온수보일러	가열장소	저탕조
급탕용 보일러, 난방용 보일러 각각 설치	보일러	난방용 보일러로 급탕까지 가능
많이 낀다	보일러 내의 스케일	거의 끼지 않는다
고압	보일러 내의 압력	저압
중소규모 건물	규모	대규모 건물
불필요	저탕조 내 가열코일	필요
유리	열효율	불리

78 3상 유도전동기의 속도 제어 방법으로 옳지 않은 것은?

① 인버터를 사용하여 주파수를 변환시킨다.
② 2선의 접속을 바꿔 회전자계의 방향이 반대가 되도록 한다.
③ 회전자에 접속되어 있는 저항을 변화시켜 비례추이의 원리로 제어한다.
④ 독립된 2조의 극수가 서로 다른 고정자 권선을 감아 놓고 필요에 따라 극수를 선택하여 극수를 변환시킨다.

해설

②		3상 유도전동기 속도 제어 방법
	1	주파수 변환에 따른 속도 제어
	2	1차 전압을 제어하여 속도 제어
	3	극수변환: 고정자 권선의 접속을 전환하여 속도 제어

79 다음의 스프링클러설비의 화재안전기준 내용 중 ( )안에 알맞은 것은?

> 전동기에 따른 펌프를 이용하는 가압송수장치의 송수량은 0.1MPa의 방수압력 기준으로 ( ) 이상의 방수성능을 가진 기준 개수의 모든 헤드로부터의 방수량을 충족시킬 수 있는 양 이상으로 할 것

① $80l/min$ ② $90l/min$
③ $110l/min$ ④ $130l/min$

해설

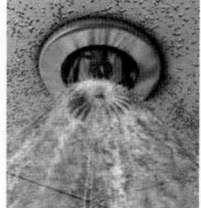

①	1	스프링클러(Sprinkler) 방수압력: 0.1MPa, 방수량: $80l/min$ 이상 설치간격: 1.7~3.2m
	2	소화수량: $80l/min \times N(개) \times 20(min) = 1.6N(m^3)$ (단, N은 기준개수로 아파트는 10개, 판매시설·복합상가 및 11층 이상인 소방대상물은 30개)

80 건구온도 30℃, 상대습도 60%인 공기를 냉수코일에 통과시켰을 때 공기의 상태변화로 옳은 것은? (단, 코일 입구수온 5℃, 코일 출구수온 10℃)

① 건구온도는 낮아지고 절대습도는 높아진다.
② 건구온도는 높아지고 절대습도는 낮아진다.
③ 건구온도는 높아지고 상대습도는 높아진다.
④ 건구온도는 낮아지고 상대습도는 높아진다.

해설

④ 공기 냉각시 건구온도가 낮아지며 결로로 인한 감습으로 절대습도도 낮아진다. 그러나 건구온도가 낮아짐에 따라 포화수증기량이 감소하여 상대습도는 약 90% 정도로 높아진다.

해답 77. ② 78. ② 79. ① 80. ④

건축설비 2017년 제4회

61 자동화재탐지설비의 열감지기 중 주위 온도가 일정 온도 이상일 때 작동하는 것은?

① 차동식
② 정온식
③ 광전식
④ 이온화식

해설

1	정온식감지기는 보일러실, 주방과 같이 다량의 열을 취급하는 곳에 적합하다.
② 2	주위 온도가 일정 온도 이상일 때 작동하는 것은 정온식, 온도 상승률이 일정 이상일 때 작동하는 것은 차동식 스폿 감지기이다.

62 온수난방과 비교한 증기난방의 설명으로 옳은 것은?

① 예열시간이 길다.
② 한랭지에서 동결의 우려가 있다.
③ 부하 변동에 따른 방열량 제어가 용이하다.
④ 열매온도가 높으므로 방열기의 방열면적이 작아진다.

해설

①	온수난방에 비해 증기난방은 예열시간이 짧다.
②	온수난방에 비해 증기난방은 한랭지에서 동결의 우려가 적다.
③	온수난방에 비해 증기난방은 부하 변동에 따른 방열량 제어가 곤란하다.

63 광속 2,000[lm]인 백열전구로부터 2[m] 떨어진 책상에서 조도를 측정하였더니 200[lx]이었다. 이 책상을 백열전구로부터 4[m] 떨어진 곳에 놓고 측정하였을 때의 조도는?

① 50[lx]
② 100[lx]
③ 150[lx]
④ 200[lx]

해설

① 조도 $E = \dfrac{I}{d^2}$

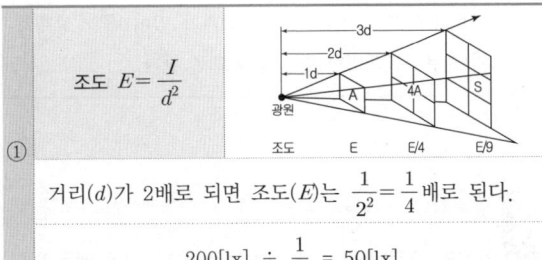

거리(d)가 2배로 되면 조도(E)는 $\dfrac{1}{2^2} = \dfrac{1}{4}$ 배로 된다.

$200[lx] \div \dfrac{1}{4} = 50[lx]$

64 옥내소화전설비의 설치 기준으로 옳지 않은 것은?

① 방수구는 바닥으로부터의 높이가 1.5m 이하가 되도록 한다.
② 연결송수관설비의 배관과 겸용할 경우의 주배관은 구경 100mm 이상으로 한다.
③ 특정소방대상물의 각 부분으로부터 하나의 옥내소화전 방수구까지의 수평거리가 30m 이하가 되도록 한다.
④ 수원은 그 저수량이 옥내소화전의 설치 개수가 가장 많은 층의 설치 개수(2개 이상 설치된 경우에는 2개)에 2.6m³를 곱한 량 이상이 되도록 한다.

해설

③

옥내소화전설비	표준 방수압력	0.17MPa
	표준 방수량	130l/min
	설치 간격	건물의 각 부분에서 수평거리 25m 이하
	소화 수량	2.6N(m³) N=최대 2개

해답 61. ② 62. ④ 63. ① 64. ③

65 LPG에 관한 설명으로 옳지 않은 것은?

① 비중이 공기보다 작다.
② 액화석유가스를 말한다.
③ 액화하면 그 체적은 약 1/250로 된다.
④ 상압에서는 기체이지만 압력을 가하면 액화된다.

해설

LPG(Liquefied Petroleum Gas, 액화석유가스)는 비중이 공기보다 크므로 인화 폭발의 염려가 있어 배관 설계와 기기 사용 시 특별한 주의를 필요로 한다.

66 알칼리 축전지에 관한 설명으로 옳지 않은 것은?

① 고율방전 특성이 좋다.
② 공칭전압은 2[V/셀]이다.
③ 기대수명이 10년 이상이다.
④ 부식성의 가스가 발생하지 않는다.

해설

연축전지	구분	알칼리축전지
묽은 황산 속에 과산화연과 연을 침적하여 기전력 발생	원리	알칼리용액의 전해질에 양극판과 음극판을 서로 격리 침적시켜 기전력 발생
2.05~2.08V	기전력	1.32V
2.0V	공칭전압 (V/Cell)	1.2V
약하다	전기적 강도	강하다
길다	충전 시간	짧다
나쁘다	온도 특성	좋다
5~15년	수명	20~30년
싸다	가격	비싸다
장시간 일정전류 부하	용도	단시간 대전류 부하
보통	자가방전	약간 작은 편
발생한다	부식가스	발생하지 않는다
충전 및 방전 전압차가 작다	그 밖의 사항	저온특성이 좋다 고율방전 특성이 좋다 보존이 용이하다

67 급기온도를 일정하게 하고 송풍량을 변화시켜서 실내 온도를 조절하는 공기조화방식은?

① FCU 방식
② 이중덕트 방식
③ 정풍량 단일덕트 방식
④ 변풍량 단일덕트 방식

해설

단일덕트 방식(Single Duct System)		
④	1	정풍량 방식(Constant Air Volume System) 공조기에서 1개의 주덕트를 통하여 냉·온풍을 각 실로 보낼 때 송풍량은 항상 일정하며, 실내 부하에 따라서 송풍온도만을 변화시켜 실내 온·습도를 조절하는 방식
	2	가변풍량 방식(Variable Air Volume System) 각 실별 또는 존별로 덕트의 말단에 VAV유닛을 설치하여 송풍온도는 일정하게 하고, 실내 부하의 변동에 따라 송풍량만을 변화시키는 에너지 절약형 방식

68 엘리베이터 안전장치 중 일정 이상의 속도가 되었을 때 브레이크 등을 작동시키는 기능을 하는 것은?

① 조속기
② 권상기
③ 완충기
④ 가이드 슈

해설

	조속기(Governor)	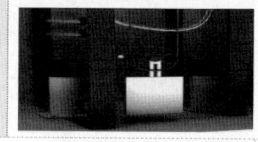
①	1	케이지와 같은 속도로 움직이는 조속기 로프에 의해서 회전되고, 항상 케이지의 속도를 조사하여 과속도를 검출하는 장치이다.
	2	일정 이상의 속도가 되었을 때 브레이크나 안전 장치를 작동시키는 기능을 한다. 사전에 설정된 속도에 이르면 스위치가 작동하며 다시 속도가 상승했을 경우, 로프를 제동해서 고정시킨다.

해답 65. ① 66. ② 67. ④ 68. ①

69 습공기가 냉각되어 포함되어 있던 수증기가 응축되기 시작하는 온도를 의미하는 것은?

① 노점온도 ② 습구온도
③ 건구온도 ④ 절대온도

해설

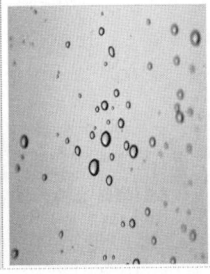

노점(露點)온도
(DPT, Dew Point Temperature)

① 습공기의 온도를 내리면 상대습도가 차츰 높아지다가 포화상태에 이르게 되는데, 공기 속의 수분이 수증기의 형태로만 존재할 수 없어 이슬로 맺히는 온도

70 보일러 하부의 물드럼과 상부의 기수드럼을 연결하는 다수의 관을 연소실 주위에 배치한 구조로 상부 기수드럼 내의 증기를 사용하는 보일러는?

① 수관 보일러 ② 관류 보일러
③ 주철제 보일러 ④ 노통연관 보일러

해설

수관(水管) 보일러
(Water Tube Boiler)

① 수관 보일러는 일반적으로 기수(Steam)드럼과 물(Water)드럼을 상하로 배치하고, 그 사이를 다수의 수관(水管)에 의해서 연결한 보일러를 말한다

71 자연환기에 관한 설명으로 옳은 것은?

① 풍력환기에 따른 환기량은 풍속에 반비례한다.
② 풍력환기에 따른 환기량은 유량계수에 비례한다.
③ 중력환기에 따른 환기량은 공기의 입구와 출구가 되는 두 개구부의 수직거리에 반비례한다.
④ 중력환기에서는 실내온도가 외기온도보다 높을 경우, 공기는 건물 상부의 개구부에서 들어 와서 하부의 개구부로 나간다.

해설

풍력환기량: $Q = \alpha A v \sqrt{C_f - C_b}$

풍력환기량(Q)은 유량계수(α), 개구부 면적(A), 풍속(v)에 비례한다.

중력환기량: $Q = KA\sqrt{h \cdot \Delta T}$

중력환기량(Q)은 두 개구부의 수직거리(h)에 비례한다.

중력환기에서는 실내온도가 외기온도보다 높을 경우, 공기는 건물 하부의 개구부에서 들어와서 상부의 개구부로 나간다.

72 배수트랩의 구비조건으로 옳지 않은 것은?

① 가동 부분이 있을 것
② 자기세정 기능을 가지고 있을 것
③ 봉수 깊이는 50mm 이상 100mm 이하일 것
④ 오수에 포함된 오물 등의 부착 또는 침전하기 어려운 구조일 것

해설

① 배수트랩의 구조는 되도록 간단하고 내부에 칸막이나 가동 부분이 없는 구조인 것이 좋고, 재질은 내식성이 있어야 한다.

해답 69. ① 70. ① 71. ② 72. ①

73 급수방식 중 고가수조방식에 관한 설명으로 옳은 것은?

① 상향급수 배관방식이 주로 사용된다.
② 3층 이상의 고층으로의 급수가 어렵다.
③ 압력수조방식에 비해 급수압 변동이 크다.
④ 펌프직송방식에 비해 수질오염 가능성이 크다.

해설

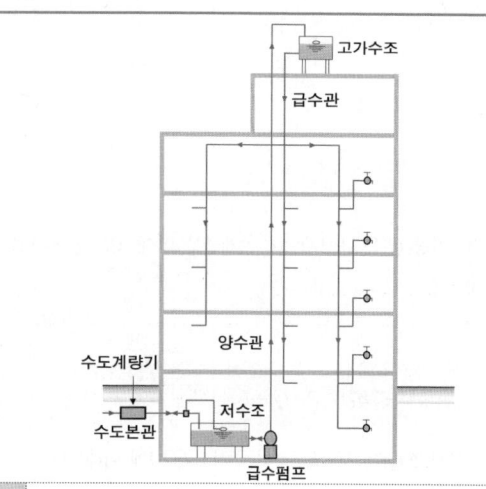

① 고가수조로부터 하향급수 배관방식이 주로 사용된다.
② 3층 이상의 고층으로의 급수가 어렵지 않다.
③ 압력수조방식에 비해 급수압 변동이 작다.

75 다음 중 약전설비에 속하는 것은?

① 변전설비   ② 전화설비
③ 축전지설비 ④ 자가발전설비

해설

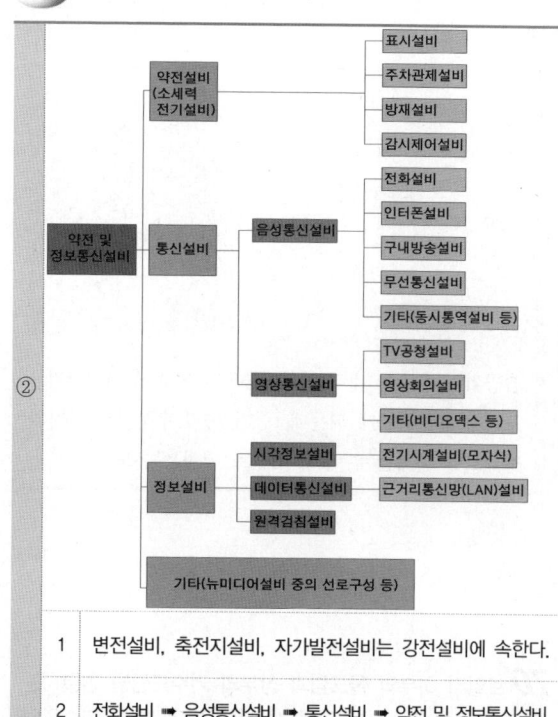

1. 변전설비, 축전지설비, 자가발전설비는 강전설비에 속한다.
2. 전화설비 ➡ 음성통신설비 ➡ 통신설비 ➡ 약전 및 정보통신설비

74 합성최대수용전력이 1,000[kW], 부하율이 0.6일 때 평균전력[kW]은?

① 600   ② 800   ③ 1,000   ④ 1,667

해설

$$부하율 = \frac{부하의\ 평균전력}{최대\ 수용전력} \times 100[\%]$$

① 부하의 평균전력 = 최대 수용전력 × $\frac{부하율}{100}$

= $1,000 \times \frac{60\%}{100\%} = 600[kW]$

76 덕트의 치수 결정 방법에 속하지 않는 것은?

① 균등법   ② 등속법
③ 등마찰법   ④ 정압재취득법

해설

	덕트 치수 결정방법
1	등속법
2	등마찰법
3	정압재취득법

해답 73. ④ 74. ① 75. ② 76. ①

77 급탕배관에 관한 설명으로 옳지 않은 것은?

① 관의 신축을 고려하여 굽힘 부분에는 스위블이음 등으로 접합한다.
② 관의 신축을 고려하여 건물의 벽 관통 부분의 배관에는 슬리브를 사용한다.
③ 반대의 기울기나 공기 정체가 일어나기 쉬운 배관 등 온수의 순환을 방해하는 것은 피한다.
④ 배관재로 동관을 사용하는 경우 관 내 유속을 느리게 하면 부식되기 쉬우므로 2.5m/s 이상으로 하는 것이 바람직하다.

해설

	배관의 관 내 유속
④	2.0m/s 이내

78 대변기에 설치한 세정 밸브(Flush Valve)의 최저 필요 압력은?

① 10kPa 이상
② 30kPa 이상
③ 50kPa 이상
④ 70kPa 이상

해설

	기구명	필요압력(MPa)
④	블로우 아웃식 대변기	0.1
	세정 밸브(플러시 밸브)	표준 0.1, 최저 0.07
	보통 밸브	표준 0.1, 최저 0.03
	자동 밸브, 샤워	0.07
	순간온수기	대 0.05, 중 0.03, 소 0.01(저압용)

1MPa = 1N/mm², 1kPa = 1kN/m², 1MPa = 1,000kPa
➡ 0.07MPa = 70kPa

79 압축식 냉동기의 냉동사이클로 옳은 것은?

① 압축 ➡ 응축 ➡ 팽창 ➡ 증발
② 압축 ➡ 팽창 ➡ 응축 ➡ 증발
③ 응축 ➡ 증발 ➡ 팽창 ➡ 압축
④ 팽창 ➡ 증발 ➡ 응축 ➡ 압축

해설

흡수식 냉동기는 냉매의 증발에 따른 열에너지, 압축식 냉동기는 전기에 따른 기계적에너지로 냉동하는 것이 기본 원리이다.

압축식 냉동기
• 구성: 압축기 ➡ 응축기 ➡ 팽창밸브 ➡ 증발기
• 특징: 구동에너지가 전기이므로 전력소비가 많다.

흡수식 냉동기
• 구성: 응축기 ➡ 증발기 ➡ 흡수기 ➡ 재생기(발생기)
• 특징: 도시가스를 주연료로 사용하므로 전력소비가 적다.

①

80 작업면의 필요 조도가 400[lx], 면적이 10[m²], 전등 1개의 광속이 2,000[lm], 감광보상률이 1.5, 조명률이 0.6일 때 전등의 소요 수량은?

① 3등
② 5등
③ 8등
④ 10등

해설

광속법에 따른 조도(E)

$$F \cdot N \cdot U = E \cdot A \cdot D \Rightarrow E = \frac{F \cdot N \cdot U}{A \cdot D} = \frac{F \cdot N \cdot U \cdot M}{A}$$

• N : 광원의 개수
• E : 작업면의 조도(lx)
• A : 실의 면적(m²)
• F : 사용 광원 1개의 광속(lm)
• D : 감광보상률
• U : 조명률
• M : 유지율, 보수율, 빛 손실계수($=\frac{1}{D}$)

②

$$N = \frac{E \cdot A \cdot D}{F \cdot U} = \frac{(400)(10)(1.5)}{(2,000)(0.6)} = 5개$$

해답 77. ④ 78. ④ 79. ① 80. ②

건축설비 2018년 제1회

61 다음의 어떤 수조면의 일사량을 나타낸 값 중 그 값이 가장 큰 것은?
① 전천일사량
② 확산일사량
③ 천공일사량
④ 반사일사량

해설

	일사(日射): 태양으로부터 받는 열의 강함(W/m^2)	
①	1	직달일사(Direct Soalr Radiation): 태양으로부터의 복사로 지구 대기권 바깥에 도달하여 대기를 투과해서 직접 지표에 도달한 것
	2	천공일사(Sky Radiation, 확산일사): 태양으로부터 복사되어 비교적 파장이 짧은 것은 공기분자, 먼지 등에 의해 산란을 일으켜 천공 전체로부터 방향성이 없는 일사로 되어 지상에 도달한 것
	3	전천공(全天空)일사 = 직달일사 + 천공일사

62 간접가열식 급탕법에 관한 설명으로 옳지 않은 것은?
① 대규모 급탕설비에 적합하다.
② 보일러 내부에 스케일의 발생 가능성이 높다.
③ 가열코일에 순환하는 증기는 저압으로도 된다.
④ 난방용 증기를 사용하면 별도의 보일러가 필요 없다.

해설

직접가열식	중앙식 급탕 및 난방	간접가열식
온수보일러	가열장소	저탕조
급탕용 보일러, 난방용 보일러 각각 설치	보일러	난방용 보일러로 급탕까지 가능
많이 낀다	보일러 내의 스케일	거의 끼지 않는다
고압	보일러 내의 압력	저압
중소규모 건물	규모	대규모 건물
불필요	저탕조 내 가열코일	필요
유리	열효율	불리

63 볼류트펌프의 토출구를 지나는 유체의 유속이 $2.5m/s$, 유량이 $1m^3/min$일 경우, 토출구의 구경은?
① 75mm
② 82mm
③ 92mm
④ 105mm

해설

③ 펌프의 구경: $d = 1.13\sqrt{\dfrac{Q}{v}}$ (m)

$d = 1.13\sqrt{\dfrac{Q}{v}} = 1.13\sqrt{\dfrac{\left(\dfrac{1}{60}\right)}{(2.5)}} = 0.09226m = 92.26mm$

64 다음과 같은 조건에서 실의 현열부하가 7,000W인 경우 실내 취출풍량은?

【조건】
• 실내 온도 : 22℃
• 취출 공기 온도 : 12℃
• 공기의 비열 : 1.01kJ/kg · K
• 공기의 밀도 : 1.2kg/m^3

① 1,042m^3/h
② 2,079m^3/h
③ 3,472m^3/h
④ 6,944m^3/h

해설

② 1. $Q = \dfrac{H_i}{\left(1.01 \times 1.2 \times \dfrac{1,000}{3,600}\right) \cdot \Delta T}$

$= \dfrac{(7,000)}{\left(1.01 \times 1.2 \times \dfrac{1,000}{3,600}\right)(22-12)} = 2,079.21m^3/h$

2. 단위환산계수 0.337을 적용한 약산식
$H_i = 0.337 \cdot Q \cdot \Delta T$ 로부터
$Q = \dfrac{H_i}{0.337 \cdot \Delta T} = \dfrac{(7,000)}{0.337(22-12)} = 2,077.15m^3/h$

해답 61. ① 62. ② 63. ③ 64. ②

65 주관적 온열 요소 중 인체의 활동 상태의 단위로 사용되는 것은?

① met
② clo
③ lm
④ cd

해설

온열 요소 주관적 변수(Subjective Variables)

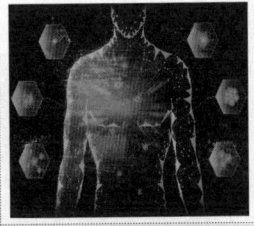

인체의 활동 상태(Met)   인체의 착의 상태(Clo)

인체의 활동 상태(met)와 착의 상태(clo)라는 주관적 온열 요소가 있다. 활동 상태의 단위는 무차원 단위인 met값을 사용하고, 착의 상태의 단위는 무차원 단위인 clo값을 사용한다.

66 급수관의 관경 결정과 관계가 없는 것은?

① 관균등표
② 동시사용률
③ 마찰저항선도
④ 동적부하해석법

해설

급수관 관경 결정방법	1	기구연결관의 관경에 따른 결정
	2	(관)균등표에 따른 관경 결정
	3	마찰저항선도에 따른 관경 결정
동시사용률 (Usage Factor)		건물 내 위생기구나 급수밸브 등 어느 시간의 사용 예상 밸브 개수의 전 밸브 개수에 대한 비율로서 배관의 지름, 소요 수량 등의 결정에 이용된다.

67 금속관 공사에 관한 설명으로 옳지 않은 것은?

① 고조파의 영향이 없다.
② 저압, 고압, 통신설비 등에 널리 사용된다.
③ 사용 목적과 상관없이 접지를 할 필요가 없다.
④ 사용 장소로는 은폐 장소, 노출 장소, 옥측, 옥외 등 광범위하게 사용할 수 있다.

해설

③ 금속관에는 제3종 접지공사(접지선의 굵기 직경 1.6mm, 접지저항 100Ω 이하)를 한다.

68 다음 중 약전설비(소세력 전기설비)에 속하지 않는 것은?

① 조명설비
② 전기음향설비
③ 감시제어설비
④ 주차관제설비

해설

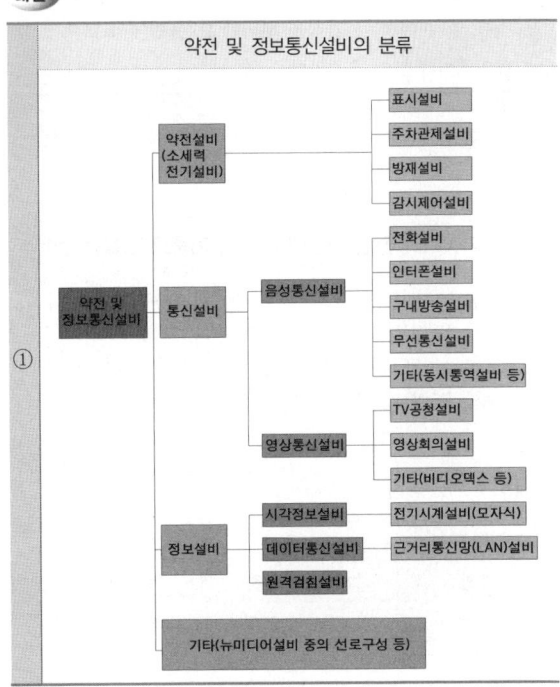

해답 65. ① 66. ④ 67. ③ 68. ①

69 압력탱크식 급수설비에서 탱크 내의 최고압력이 350kPa, 흡입양정이 5m인 경우, 압력탱크에 급수하기 위해 사용되는 급수펌프의 양정은?

① 약 3.5m ② 약 8.5m
③ 약 35m   ④ 약 40m

해설

④	1	압력 350kPa=0.35MPa 이고, 수두 35m에 해당된다.
	2	실양정 = 허용최고압력에 해당하는 높이 + 흡입양정 = 35+5 = 40m

70 직류 엘리베이터에 관한 설명으로 옳지 않은 것은?

① 임의의 기동 토크를 얻을 수 있다.
② 고속 엘리베이터용으로 사용이 가능하다.
③ 원활한 가감속이 가능하여 승차감이 좋다.
④ 교류 엘리베이터에 비해 가격이 저렴하다.

해설

④	직류 엘리베이터는 가격을 제외한 모든 면에서 교류 엘리베이터 보다 우수하다.

71 전기설비의 전압 구분에서 저압 기준으로 옳은 것은?

① 교류 300[V] 이하, 직류 600[V] 이하
② 교류 600[V] 이하, 직류 600[V] 이하
③ 교류 1,000[V] 이하, 직류 1,500[V] 이하
④ 교류 750[V] 이하, 직류 750[V] 이하

해설

전압의 구분	교류	직류
저압	1,000[V] 이하	1,500[V] 이하
고압	1,000[V]~7,000[V]	1,500[V]~7,000[V]
특고압	7,000[V] 초과	

72 900명을 수용하고 있는 극장에서 실내 CO_2 농도를 0.1%로 유지하기 위해 필요한 환기량은? (단, 외기의 CO_2 농도는 0.04%, 1인당 CO_2 배출량은 $18l/hr$이다.)

① 27,000㎥/h   ② 30,000㎥/h
③ 60,000㎥/h   ④ 66,000㎥/h

해설

	이산화탄소 농도에 따른 필요 환기량
①	1 $18l/hr = 0.018 m^3/h$ 2 $Q = \dfrac{k}{C - C_0}$ $= \dfrac{(900 \times 0.018)}{(0.001) - (0.0004)}$ $= 27,000 m^3/h$

73 냉난방 부하에 관한 설명으로 옳지 않은 것은?

① 틈새바람부하에는 현열부하 요소와 잠열부하 요소가 있다.
② 최대부하를 계산하는 것은 장치의 용량을 구하기 위한 것이다.
③ 냉방부하 중 실부하란 전열부하, 일사에 따른 부하 등을 말한다.
④ 인체 발생열과 조명기구 발생열은 난방부하를 증가시키므로 난방부하 계산에 포함시킨다.

해설

	현열부하만 계산
	조명 부하, 실내기기 부하, 벽이나 창을 통한 열관류 부하, 창을 통한 일사열 부하
	현열부하 + 잠열부하
④	인체 부하, 틈새바람(극간풍), 환기를 위한 신선 외기 도입
	난방부하의 계산
	유리창을 통한 일사의 취득, 인체나 기기의 발열은 실온을 상승시키는 요인으로 작용하기 때문에 안전율로 생각하고 일반적으로는 고려하지 않는다.

해답 69. ④ 70. ④ 71. ③ 72. ① 73. ④

74 광원의 연색성에 관한 설명으로 옳지 않은 것은?

① 고압수은램프의 평균 연색평가수(Ra)는 100이다.
② 연색성을 수치로 나타낸 것을 연색평가수라고 한다.
③ 평균 연색평가수(Ra)가 100에 가까울수록 연색성이 좋다.
④ 물체가 광원에 의하여 조명될 때, 그 색의 보임을 정하는 광원의 성질을 말한다.

해설

	연색성(Color Rendering)	
①	1	어떤 물체가 조명되었을 때 나타나는 색이 자연채광 시의 색과 비교하여 얼마나 비슷한가를 나타내는 지표이다. 쉽게 본다면 "자연색의 재현 정도"를 의미한다.
	2	평균 연색평가수(Ra)란 많은 물체의 대표색으로서 8가지의 시험색에 기준광원과 시료(Test)광원을 조사하여 평균값을 구한 것으로 R1, R2, R3, …, R8의 8가지 정해진 색이 있고 여기에 기준광원을 비추었을 때의 값(100)에 시료(Test) 광원의 빛을 비추었을 경우의 값을 평균하여 구한 수치이며, 평균 연색평가수(Ra)가 100에 가까울수록 연색성이 좋다.
	3	백열전구(Ra=100) 또는 할로겐전구(Ra=100)가 고압수은램프(Ra=45~50)보다 연색성이 좋으며, 형광램프(Ra=60~98)는 램프의 종류에 따라 큰 편차를 보인다.

연색성 그룹	Ra의 범위	광색감(색온도)		용도 예
1	85 이상	냉(고)		섬유, 도료, 인쇄
		중(중)		점포, 병원
		난(저)		주택, 호텔, 레스토랑, 백화점
2	85~70	냉(고)		
		중(중)		사무소, 학교, 백화점
		난(저)		
3	70 이하	–		연색성이 그다지 중요하지 않은 옥내
특수	보통과 다른 연색성의 것	–		특정한 용도(신호, 표시용)

75 다음은 옥내소화전설비에서 전동기에 따른 펌프를 이용하는 가압송수장치에 관한 설명이다. ( )안에 알맞은 것은?

특정소방대상물의 어느 층에 있어서도 해당 층의 옥내소화전(2개 이상 설치된 경우에는 2개의 옥내소화전)을 동시에 사용할 경우 각 소화전의 노즐선단에서의 방수압력이 (㉠) 이상이고, 방수량이 (㉡) 이상이 되는 성능의 것으로 할 것

① ㉠ 0.17MPa, ㉡ 130ℓ/min
② ㉠ 0.17MPa, ㉡ 250ℓ/min
③ ㉠ 0.34MPa, ㉡ 130ℓ/min
④ ㉠ 0.34MPa, ㉡ 250ℓ/min

해설

	옥내소화전설비	표준 방수압력	0.17MPa
①	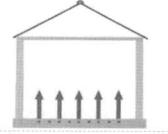	표준 방수량	130ℓ/min
		설치 간격	건물의 각 부분에서 수평거리 25m 이하
		소화 수량	2.6N(m³) N=최대 2개

76 구조체를 가열하는 복사난방에 관한 설명으로 옳지 않은 것은?

① 복사열에 의하므로 쾌적성이 좋다.
② 바닥, 벽체, 천장 등을 방열면으로 할 수 있다.
③ 예열시간이 길고 일시적인 난방에는 바람직하지 않다.
④ 방열기의 설치로 인해 실의 바닥면적의 이용도가 낮다.

해설

④ 복사난방: 방을 구성하는 바닥, 천장 또는 벽체에 열원을 매설하고 온수를 공급하여 그 복사열로 방을 난방하는 방법이므로 바닥면적의 이용도가 높다.

해답 74. ① 75. ① 76. ④

77 겨울철 벽체를 통해 실내에서 실외로 빠져나가는 열손실량을 계산할 때 필요하지 않은 요소는?

① 외기온도　　② 실내습도
③ 벽체의 두께　④ 벽체 재료의 열전도율

해설

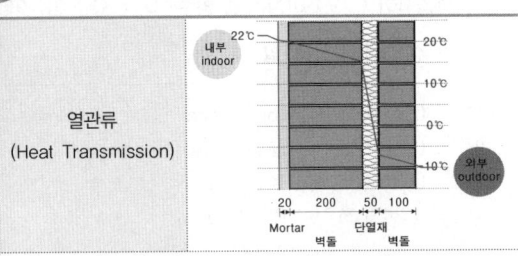

② 고체벽 외부에서 고체벽 내부 쪽으로의 전열 현상

$$K = \cfrac{1}{\cfrac{1}{\alpha_i} + \sum \cfrac{d}{\lambda} + r_a + \cfrac{1}{\alpha_o}} \;(W/m^2 \cdot K)$$

- α_i, α_o : 실내 및 실외 열전달률($W/m^2 \cdot K$)
- λ : 재료의 열전도율($W/m \cdot K$)
- d : 재료의 두께(m)
- r_a : 공기층(중공층)이 있을 경우 그 공기층 열저항($m^2 \cdot K/W$)

78 공기조화방식 중 팬코일유닛 방식에 관한 설명으로 옳지 않은 것은?

① 덕트 방식에 비해 유닛의 위치 변경이 용이하다.
② 유닛을 창문 밑에 설치하면 콜드 드래프트를 줄일 수 있다.
③ 전공기 방식으로 각 실에 수배관으로 인한 누수의 염려가 없다.
④ 각 실의 유닛은 수동적으로도 제어할 수 있고, 개별 제어가 용이하다.

해설

③ 팬코일 유닛(Fan Coil Unit) 전수(All Water) 방식으로서 수배관으로 인한 누수의 염려가 있다.

79 3상 동력과 단상 전등, 전열부하를 동시에 사용 가능한 방식으로 사무소 건물 등 대규모 건물에 많이 사용되는 구내 배전방식은?

① 단상 2선식　② 단상 3선식
③ 3상 3선식　 ④ 3상 4선식

해설

④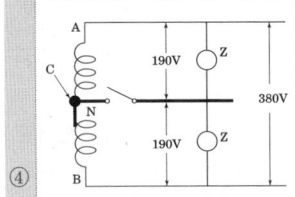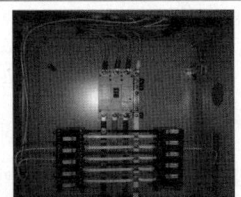

380/220[V] 3상 4선식

대규모 건물에서 여러 종류의 전압이 필요할 때 선택되며 전압, 전력, 배선거리가 같을 때 배선비가 가장 적게 드는 방식

80 도시가스 배관 시공에 관한 설명으로 옳지 않은 것은?

① 건물 내에서는 반드시 은폐배관으로 한다.
② 배관 도중에 신축 흡수를 위한 이음을 한다.
③ 건물의 주요 구조부를 관통하지 않도록 한다.
④ 건물의 규모가 크고 배관 연장이 길 경우는 계통을 나누어 배관한다.

해설

①

가스배관은 가스누출 시의 환기를 위하여 매립하지 않고 노출배관을 원칙으로 한다.

해답　77. ②　78. ③　79. ④　80. ①

건축설비 2018년 제2회

61 배수배관에서 청소구(Clean Out)의 일반적 설치 장소에 속하지 않는 것은?

① 배수 수직관의 최상부
② 배수 수평지관의 기점
③ 배수 수평주관의 기점
④ 배수관이 45°를 넘는 각도에서 방향을 전환하는 개소

해설

	청소구(Clean Out)를 필요로 하는 곳	
	1	건축물 배수관과 대지 하수관의 접속부
	2	배수 수직관의 최하단부, 배수 수평관의 최상단부
	3	배관이 45° 이상 각도로 구부러지는 곳
	4	수평관 관경 100mm 이하인 경우 직선거리 15m, 100mm 이상인 경우 직선거리 30m 이내마다 설치

62 최대수용전력이 500kW, 수용률이 80%일 때 부하설비 용량은?

① 400kW ② 625kW
③ 800kW ④ 1,250kW

해설

② 수용률 = $\dfrac{\text{최대수용전력(kW)}}{\text{부하설비용량(kW)}} \times 100[\%]$

부하설비용량(kW) = $\dfrac{(500)}{(80[\%])} \times 100[\%] = 625[\text{kW}]$

63 다음과 같은 조건에서 사무실의 평균 조도를 800[lx]로 설계하고자 할 경우, 광원의 필요 수량은?

【조건】
· 광원 1개의 광속: 2,000[lm] · 실의 면적: 10[m²]
· 감광보상률: 1.5 · 조명률: 0.6

① 3개 ② 5개
③ 8개 ④ 10개

해설

광속법에 따른 조명설계식: $F \cdot N \cdot U = E \cdot A \cdot D$

 $N = \dfrac{E \cdot A \cdot D}{F \cdot U} = \dfrac{(800)(10)(1.5)}{(2,000)(0.6)} = 10$개

64 급수관에 워터 해머(Water Hammer)가 생기는 가장 주된 원인은?

① 배관의 부식
② 배관 지름의 확대
③ 수원(水原)의 고갈
④ 배관 내 유수(流水)의 급정지

해설

수격 작용 (Water Hammering)

④	원인	· 플러시 밸브나 수전류를 급격히 열고 닫을 때
		· 관경이 작을수록 발생하기 쉽다.
		· 유속이 빠를수록 발생하기 쉽다.
		· 굴곡 개소가 많을수록 발생하기 쉽다.
		· 감압밸브를 사용할 경우 발생하기 쉽다.

해답 61. ① 62. ② 63. ④ 64. ④

65 이동식 보도에 관한 설명으로 옳지 않은 것은?

① 속도는 60~70m/min이다.
② 주로 역이나 공항 등에 이용된다.
③ 승객을 수평으로 수송하는 데 사용된다.
④ 수평으로부터 10° 이내의 경사로 되어 있다.

해설

① 이동식 보도 (Moving Walkway)

속도는 30~40m/min 정도이다.

67 압축식 냉동기의 주요 구성 요소가 아닌 것은?

① 재생기 ② 압축기
③ 증발기 ④ 응축기

해설

흡수식 냉동기는 냉매의 증발에 따른 열에너지, 압축식 냉동기는 전기에 따른 기계적에너지로 냉동하는 것이 기본 원리이다.

압축식 냉동기
① • 구성: 압축기 ➡ 응축기 ➡ 팽창밸브 ➡ 증발기
 • 특징: 구동에너지가 전기이므로 전력소비가 많다.

흡수식 냉동기
 • 구성: 응축기 ➡ 증발기 ➡ 흡수기 ➡ 재생기(발생기)
 • 특징: 도시가스를 주연료로 사용하므로 전력소비가 적다.

66 압력에 따른 도시가스의 분류에서 고압의 기준으로 옳은 것은?

① 0.1MPa 이상 ② 1MPa 이상
③ 10MPa 이상 ④ 100MPa 이상

해설

② 도시가스 사업법 시행규칙

고압	최대 사용 압력 1MPa 이상
중압	0.1MPa ~ 1MPa
저압	0.1MPa 미만

68 옥내소화전설비의 설치 대상 건축물로서 옥내소화전의 설치 개수가 가장 많은 층의 설치 개수가 6개인 경우, 옥내소화전설비 수원의 유효 저수량은 최소 얼마 이상이 되어야 하는가?

① $5.2m^3$ ② $10.4m^3$
③ $7.8m^3$ ④ $15.6m^3$

해설

①
옥내소화전설비	표준 방수압력	0.17MPa
	표준 방수량	$130l/min$
	설치 간격	건물의 각 부분에서 수평거리 25m 이하
	소화 수량	$2.6N(m^3)$ N=최대 2개

$2.6N = 2.6(2) = 5.2m^3$

해답 65. ① 66. ② 67. ① 68. ①

69 변풍량 단일덕트 방식에서 송풍량 조절의 기준이 되는 것은?

① 실내 청정도 ② 실내 기류속도
③ 실내 현열부하 ④ 실내 잠열부하

해설

③

단일덕트 방식(Single Duct System)
1대의 공조기에 1개의 급기덕트만 연결되어 여름에는 냉풍, 겨울에는 온풍을 송풍하여 공기조화하는 방식
(가)변풍량 방식(Variable Air Volume System)
각 실별 또는 존별로 덕트의 말단에 VAV유닛을 설치하여 송풍온도는 일정하게 하고, 실내 현열부하의 변동에 따라 송풍량만을 변화시키는 에너지 절약형 방식

70 증기난방에 관한 설명으로 옳지 않은 것은?

① 온수난방에 비해 예열시간이 짧다.
② 운전 중 증기해머로 인한 소음 발생의 우려가 있다.
③ 온수난방에 비해 한랭지에서 동결의 우려가 적다.
④ 온수난방에 비해 부하 변동에 따른 실내 방열량 제어가 용이하다.

해설

④

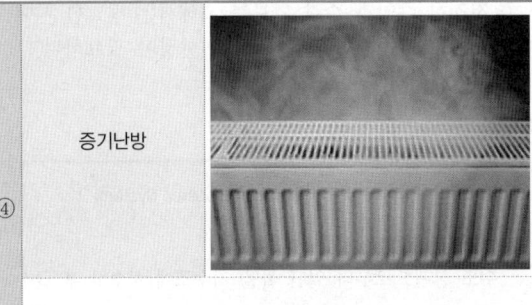
증기난방

보일러에서 생산된 증기를 방열기로 보내 증기의 응축 잠열을 이용하는 난방이므로 방열량 제어가 곤란하다.

71 피뢰 시스템에 관한 설명으로 옳지 않은 것은?

① 피뢰시스템은 보호 성능 정도에 따라 등급을 구분한다.
② 피뢰시스템의 등급은 Ⅰ, Ⅱ, Ⅲ의 3등급으로 구분된다.
③ 수뢰부시스템은 보호 범위 산정 방식(보호각, 회전구체법, 메시법)에 따라 설치한다.
④ 피보호 건축물에 적용하는 피뢰시스템의 등급 및 보호에 관한 사항은 한국산업표준의 낙뢰 리스크 평가에 따른다.

해설

②

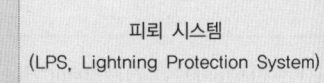

피뢰 시스템
(LPS, Lightning Protection System)

피뢰 레벨에 따라 Ⅰ, Ⅱ, Ⅲ, Ⅳ의 4등급으로 구분된다.

72 다음의 공기조화방식 중 전공기 방식에 속하지 않는 것은?

① 단일덕트 방식 ② 이중덕트 방식
③ 멀티존유닛 방식 ④ 팬코일유닛 방식

해설

④

운반되는 열매체에 따른 공조방식의 분류	
전공기(All Air) 방식	단일덕트 방식, 2중덕트 방식, 멀티존유닛 방식, 덕트병용패키지 방식, 각층유닛 방식
전수(All Water) 방식	팬코일유닛(Fan Coil Unit) 방식
공기-수(Air-Water) 방식	유인유닛 방식, 덕트병용 팬코일유닛 방식, 덕트병용 복사냉난방 방식

해답 69. ③ 70. ④ 71. ② 72. ④

73. 다음과 같은 조건에서 바닥면적 300m², 천장고 2.7m인 실의 난방부하 산정 시 틈새바람에 따른 외기부하는?

【조건】
- 실내 건구온도: 20℃
- 외기 온도: -10℃
- 환기 회수: 0.5회/h
- 공기의 밀도: 1.2kg/m³
- 공기의 비열: 1.01kJ/kg·K

① 3.4kW
② 4.1kW
③ 4.7kW
④ 5.2kW

해설 ②

1. 환기량: $Q = n \cdot V = (0.5)(300 \times 2.7) = 405 \text{m}^3/\text{h}$
2. 단위환산계수 $0.337 \text{W} \cdot \text{h/m}^3 \cdot \text{K}$를 이용한다.
3. $Q_{SH} = 0.337 Q(t_o - t_i) = 0.337(405)[(20)-(-10)]$
   $= 4,094.55\text{W} = 4.094\text{kW}$

74. 다음 중 사이펀식 트랩에 속하지 않는 것은?

① P 트랩
② S 트랩
③ U 트랩
④ 드럼 트랩

해설 ④

 P Trap   S Trap   U Trap

수봉(水封)식 트랩, 사이펀(Siphon)식 트랩

현재 가장 많이 사용되고 있는 트랩은 수봉식 트랩으로서 사이펀(Siphon)식 트랩이라고도 한다.
위생기구에서 배수된 물을 기구하부 배관에 물을 저장할 수 있도록 P, S, U 등의 형태의 배관을 만들어 이렇게 고인 물을 이용하여 하수도에서 발생하는 하수가스, 악취, 해충들의 실내로의 침입을 방지한다.

75. 일사에 관한 설명으로 옳지 않은 것은?

① 일사에 따른 건물의 수열은 방위에 따라 차이가 있다.
② 추녀와 차양은 창면에서의 일사 조절 방법으로 사용된다.
③ 블라인드, 루버, 롤스크린은 계절이나 시간, 실내의 사용 상황에 따라 일사를 조절할 수 있다.
④ 일사 조절의 목적은 일사에 따른 건물의 수열이나 흡열을 작게 하여 동계의 실내 기후의 악화를 방지하는데 있다.

해설 ④

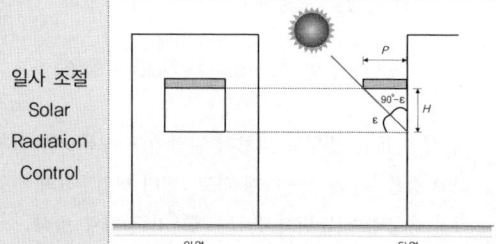

일사 조절 Solar Radiation Control

일사에 따른 건물의 수열이나 흡열을 작게 하여 하계의 실내 기후의 악화를 방지하는 데 있다.
외부 차양장치를 이용한 일사 차폐가 가장 효과적이다.

76. 급수방식 중 펌프직송방식에 관한 설명으로 옳지 않은 것은?

① 전력 차단 시 급수가 불가능하다.
② 고가수조방식에 비해 수질오염 가능성이 크다.
③ 건축적으로 건물의 외관 디자인이 용이해지고 구조적 부담이 경감된다.
④ 적정한 수압과 수량 확보를 위해서는 정교한 제어장치 및 내구성 있는 제품의 선정이 필요하다.

해설 ②

펌프직송방식(Tankless Booster System)

수도 본관으로부터 일단 물을 저수조에 저수한 후 급수펌프만으로 건물 내에 급수하는 방식이므로 고가수조방식에 비해 옥상탱크가 필요 없고, 수질 오염의 위험성이 작다.

해답 73. ② 74. ④ 75. ④ 76. ②

77 실내공기 중에 부유하는 직경 10μm 이하의 미세먼지를 의미하는 것은?

① VOC10 ② PMV10
③ PM10 ④ SS10

해설

③	PM10(Particle Matter 10)	
	1	입경 10μm 이하인 미세먼지로 호흡을 통해 폐까지 전달되므로 호흡성 분진이라고도 한다.
	2	다중이용시설 실내공기질은 PM10을 적용하고 있다.

78 축전지의 충전방식 중 필요할 때마다 표준 시간율로 소정의 충전을 하는 방식은?

① 급속충전 ② 보통충전
③ 부동충전 ④ 세류충전

해설

②	축전지 충전방식	
	보통충전	필요할 때마다 표준 시간율로 소정의 충전을 행함
	급속충전	비교적 단시간에 보통충전 전류의 2~3배의 전류로 충전하는 방식
	부동충전	상용부하에 대한 전력공급은 충전기, 대전류 부하는 축전지가 부담하는 방식
	세류충전	전지를 장시간 보존하면 자기방전에 의해 용량이 감소하는 데, 자기방전량만 보충해 주는 부동충전 방식의 일종

79 경질비닐관 공사에 관한 설명으로 옳은 것은?

① 절연성과 내식성이 강하다.
② 자성체이며 금속관보다 시공이 어렵다.
③ 온도 변화에 따라 기계적 강도가 변하지 않는다.
④ 부식성 가스가 발생하는 곳에는 사용할 수 없다.

해설

경질비닐관
(=합성수지관, PVC관)

①	1	관 자체가 우수한 절연성을 가지고 있으며, 중량이 가볍고 시공이 용이하다.
	2	내식성이 우수하여 화학공장 등에 사용이 가능하지만, 열에 약하고 기계적 강도가 낮은 것이 결점이다.

80 여름철 실내 최고온도는 외기온도가 가장 높은 시각 이후에 나타나는 것이 일반적이다. 이와 같은 현상은 벽체를 구성하고 있는 재료의 어떤 성능 때문인가?

① 축열성능 ② 단열성능
③ 일사반사성능 ④ 일사투과성능

해설

축열(畜熱)
Heat Storage
Thermal Storage

① 축열은 구조체가 열을 저장하는 성능을 말한다.

해답 77. ③ 78. ② 79. ① 80. ①

건축설비 2018년 제4회

61 에스컬레이터의 경사도는 최대 얼마 이하로 하여야 하는가? (단, 공칭속도가 0.5m/s를 초과하는 경우이며 그 밖의 조건은 무시)

① 25° ② 30°
③ 35° ④ 40°

해설

에스컬레이터

② 정격속도는 30m/min 이하, 경사도는 30° 이하로 한다.

62 다음과 같은 조건에 있는 실의 틈새바람에 따른 현열 부하는?

【조건】
- 실의 체적: 400m³
- 환기 회수 0.5회/h
- 실내 온도: 20℃, 외기 온도: 0℃
- 공기의 밀도 1.2kg/m³, 비열 1.01kJ/kg·K

① 654W ② 972W
③ 1,348W ④ 1,654W

해설

③
1. 환기량: $Q = n \cdot V = (0.5)(400) = 200 \text{m}^3/\text{h}$
2. 단위환산계수 $0.337 \text{W} \cdot \text{h/m}^3 \cdot \text{K}$를 이용한다.
3. 현열: $Q_{SH} = 0.337 Q(t_o - t_i)$
   $= 0.337(200)(20-0) = 1,348 \text{W}$

63 각각의 최대수용전력의 합이 1,200[kW], 부등률이 1.2일 때 합성최대수용전력은?

① 800[kW] ② 1,000[kW]
③ 1,200[kW] ④ 1,440[kW]

해설

② 부등률 = $\dfrac{\text{각 부하의 최대수용전력 합계(kW)}}{\text{합계부하의 최대수용전력(kW)}} \times 100[\%]$

최대수용전력 = $\dfrac{(1,200)}{(1.2)} \times 100(\%) = 1,000[\text{kW}]$

64 다음 설명에 알맞은 급수방식은?

- 위생성 측면에서 가장 바람직한 방식이다.
- 정전으로 인한 단수의 염려가 없다.

① 수도직결방식 ② 고가수조방식
③ 압력수조방식 ④ 펌프직송방식

해설

①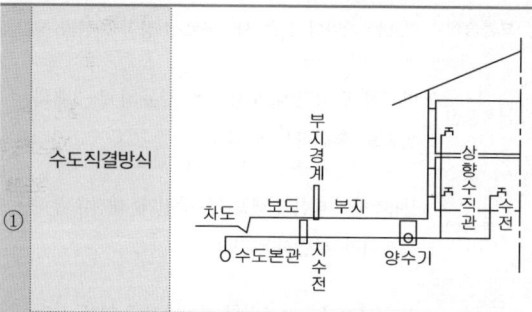

물이 저장되지 않는 수도직결방식이 수질오염 가능성이 가장 작고, 정전으로 인한 단수의 염려도 없게 된다.

해답 61. ② 62. ③ 63. ② 64. ①

65 건축물 실내공간의 잔향시간에 가장 큰 영향을 주는 것은?

① 실의 용적 ② 음원의 위치
③ 벽체의 두께 ④ 음원의 음압

해설

①
Wallace C. Sabine(1868~1919)
잔향식 $RT = K \cdot \dfrac{V}{A}$

잔향시간(RT)은 실의 용적(V)에 비례, 총 흡음력(A)에 반비례한다.

66 자동화재탐지설비의 감지기 중 감지기 주위의 온도 상승률이 일정한 값을 초과하는 경우 작동하는 것은?

① 차동식 ② 정온식
③ 광전식 ④ 이온화식

해설

① 주위 온도가 일정 온도 이상일 때 작동하는 것은 정온식, 온도 상승률이 일정 이상일 때 작동하는 것은 차동식 스폿 감지기이다.

【자동화재감지설비(Automatic Fire Alarm System)】

1	검출 원리에 따라 열(熱)감지식, 연기(煙氣)감지식, 불꽃감지식으로 분류할 수 있으며 광전식 및 이온화식은 연기감지식에 속한다.	
2	주요 감지기의 종류 및 특징 ① 차동식 스포트형: 화기를 취급하지 않는 부착높이 8m 미만 ② 정온식: 보일러실, 주방과 같이 다량의 열을 취급하는 곳 ③ 연기식: 계단, 복도 및 층고가 높은 곳에 적당	

67 습공기를 가열하였을 경우 상태량이 변하지 않는 것은?

① 절대습도 ② 상대습도
③ 건구온도 ④ 습구온도

해설

①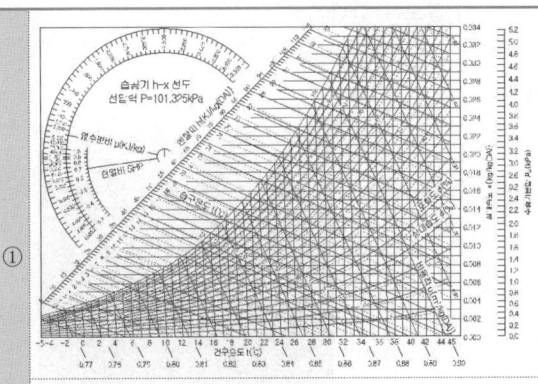

포화범위 내에서 공기를 가열하거나 냉각해도 절대습도는 변함이 없다.

68 대기압 하에서 0℃의 물이 0℃의 얼음으로 될 경우의 체적 변화에 관한 설명으로 옳은 것은?

① 체적이 4% 팽창한다.
② 체적이 4% 감소한다.
③ 체적이 9% 팽창한다.
④ 체적이 9% 감소한다.

해설

③

물의 팽창비율 = $\left(\dfrac{1}{급탕의 밀도} - \dfrac{1}{급수의 밀도} \right) \times 100[\%]$

1	순수한 물은 0℃에서 얼게 되며, 이때 약 9%의 체적팽창을 한다.
2	4℃의 물을 100℃까지 높였을 때 체적이 약 4.3% 팽창한다.
3	100℃의 물이 증기로 변할 때 그 체적이 1,700배로 팽창한다.

해답 65. ① 66. ① 67. ① 68. ③

69 급수배관의 설계 및 시공상의 주의점에 대한 설명으로 옳지 않은 것은?

① 급수관의 기울기는 1/100을 표준으로 한다.
② 수평배관에는 공기나 오물이 정체하지 않도록 한다.
③ 급수주관으로부터 분기하는 경우는 티(Tee)를 사용한다.
④ 음료용 급수관과 다른 용도의 배관을 크로스 커넥션 하지 않도록 한다.

해설

①
급수관

급수관의 모든 기울기는 1/250을 표준으로 하며, 배관의 현장 사정으로 부득이 ㄷ자형의 배관이 되어 공기가 모일 경우에는 반드시 공기빼기밸브를 설치하여야 한다.

70 방열기의 입구 수온이 90℃, 출구 수온이 80℃ 이다. 난방부하가 3,000W인 방을 온수난방할 경우 방열기의 온수순환량은? (단, 물의 비열은 4.2kJ/kg·K로 한다.)

① 143kg/h   ② 257kg/h
③ 368kg/h   ④ 455kg/h

해설

② $Q = \dfrac{M \cdot C \cdot \Delta T}{3,600}$ 로부터

$M = \dfrac{3,600 Q}{C \cdot \Delta T} = \dfrac{3,600(3)}{(4.2)(90-80)} = 257.143 \text{kg/h}$

71 배수트랩의 봉수 파괴 원인 중 통기관을 설치함으로써 봉수 파괴를 방지할 수 있는 것이 아닌 것은?

① 분출 작용   ② 모세관 작용
③ 자기사이펀 작용 ④ 유도사이펀 작용

해설

②
트랩(Trap) 봉수 파괴 방지 대책	자기사이펀 작용	통기관 설치
	유도사이펀 작용	
	분출 작용	
	모세관 작용	천 조각, 머리카락 제거

72 환기에 관한 설명으로 옳지 않은 것은?

① 화장실은 송풍기(급기팬)와 배풍기(배기팬)를 설치하는 것이 일반적이다.
② 기밀성이 높은 주택의 경우 잦은 기계환기를 통해 실내공기의 오염을 낮추는 것이 바람직하다.
③ 병원의 수술실은 오염공기가 실내로 들어오는 것을 방지하기 위해 실내압력을 주변 공간보다 높게 설정한다.
④ 공기의 오염농도가 높은 도로에 면해 있는 경우, 공기조화설비 계통의 외기 도입구를 가급적 높은 위치에 설치한다.

해설

①

	제1종 기계환기법	제2종 기계환기법	제3종 기계환기법
1	제1종 기계환기법: 급배기 모두 송풍기를 설치하며 가장 안전한 환기로 기계실, 전기실 등에 사용		
2	제2종 기계환기법: 급기 송풍기만 설치하며 실내를 정압으로 유지하여 다른 실내에서의 먼지 침입이 없으므로 클린룸 등에 사용		
3	제3종 기계환기법: 배기 송풍기만 설치하며 실내를 부압으로 유지하며 실내의 냄새나 유해물질을 다른 실로 흘려 보내지 않으므로 주방, 화장실, 유해가스 발생 장소 등에 사용		

해답 69. ① 70. ② 71. ② 72. ①

73 다음 중 최근 저압선로의 배선보호용 차단기로 가장 많이 사용되는 것은?

① ACB
② GCB
③ MCCB
④ ABCD

해설

배선용 차단기
(MCCB, Molded Case Circuit Breaker)

③ 배선용 차단기는 상시상태의 전로를 수동 또는 전기 조작에 의해 개폐가 가능하고 과부하 및 단락 등의 사고 발생 시 자동적으로 전로를 차단하는 기구로써 개폐기와 과전류 차단기의 기능을 겸한다.

74 공기조화방식 중 냉풍과 온풍을 공급받아 각 실 또는 각 존의 혼합유닛에서 혼합하여 공급하는 방식은?

① 단일덕트 방식
② 이중덕트 방식
③ 유인유닛 방식
④ 팬코일유닛 방식

해설

2중덕트 방식 (Dual Duct System)	
②	냉풍과 온풍을 각각의 덕트로 보낸 후 말단의 혼합상자에서 냉온풍을 열부하에 알맞은 비율로 혼합하여 각 실에 송풍하는 전공기 방식의 에너지 다소비형 공조방식 
장점	각 실별 또는 각 존(Zone)별로 온·습도의 개별 제어 가능
	냉난방이 동시에 가능하므로 계절마다 냉·난방의 전환이 필요 없음
단점	운전비, 설비비가 증가됨
	덕트가 차지하는 면적이 크고 혼합손실이 크다.

75 어떤 사무실의 취득 현열량이 15,000W일 때 실내 온도를 26℃로 유지하기 위하여 16℃의 외기를 도입할 경우, 실내에 공급하는 송풍량은 얼마로 하여야 하는가? (단, 공기의 정압비열은 1.01KJ/kg·K, 밀도는 1.2kg/m³ 이다.)

① 2,455m³/h
② 4,455m³/h
③ 6,455m³/h
④ 8,455m³/h

해설

②

1	1시간당 현열량 : 15 kJ/sec(=kW) × 3,600 sec/h = 54,000 kJ/h
2	$Q = \dfrac{1시간당 현열량}{공기의 정압비열 \times 공기의 밀도 \times 온도차}$ $= \dfrac{54,000}{1.01 \times 1.2 \times (26-16)} = 4,455.45(m^3/h)$

76 지역난방 방식에 대한 설명으로 옳지 않은 것은?

① 열원설비의 집중화로 관리가 용이하다.
② 설비의 고도화로 대기오염 등 공해를 방지할 수 있다.
③ 각 건물의 이용시간차를 이용하면 보일러의 용량을 줄일 수 있다.
④ 고온수난방을 채용할 경우 감압장치가 필요하며 응축수 트랩이나 환수관이 복잡해진다.

해설

④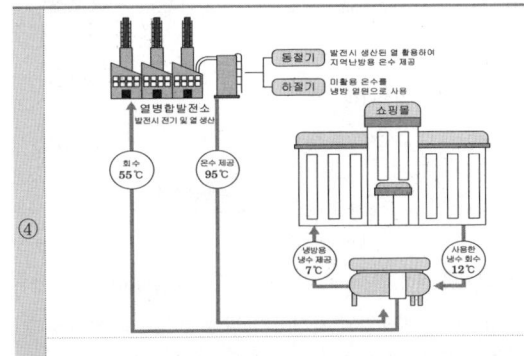

지역난방 방식은 증기난방과는 달리 응축수 트랩이 필요 없으며 환수관이 복잡하지 않다.

해답 73. ③ 74. ② 75. ② 76. ④

77 개방형헤드를 사용하는 연결살수설비에 있어서 하나의 송수구역에 설치하는 살수헤드의 수는 최대 얼마 이하가 되도록 하여야 하는가?

① 10개　　　② 20개
③ 30개　　　④ 40개

[해설]

①  연결살수설비

송수구는 구경 65mm의 쌍구형으로 설치한다. 다만, 하나의 송수구역에 부착하는 살수헤드의 수가 10개 이하인 것은 단구형의 것으로 할 수 있다.

78 다음의 간선 배전방식 중 분전반에서 사고가 발생했을 때 그 파급 범위가 가장 좁은 것은?

① 평행식　　　② 방사선식
③ 나뭇가지식　④ 나뭇가지 평행식

[해설]

①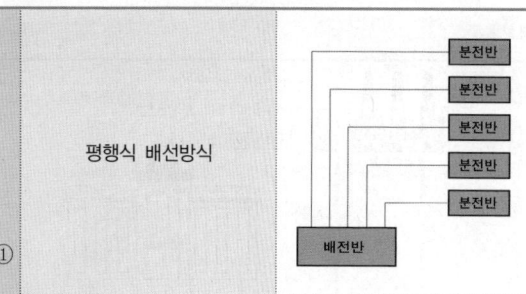
평행식 배선방식

각 분전반 마다 배전반으로부터 단독으로 배선되어 있으므로 전압강하가 평균화되고 사고가 발생하여도 그 범위를 좁힐 수 있는 것이 특징이며, 배선이 혼잡할 우려가 있기는 하지만, 경제성의 문제 때문에 대규모 건물에 적합하다.

79 조명기구를 사용하는 도중에 광원의 능률 저하나 기구의 오염, 손상 등으로 조도가 점차 저하되는데, 인공조명 설계 시 이를 고려하여 반영하는 계수는?

① 광도　　　　② 조명률
③ 실지수　　　④ 감광보상률

[해설]

광속법에 따른 조도(E)의 산정식

$$F \cdot N \cdot U = E \cdot A \cdot D \Rightarrow E = \frac{F \cdot N \cdot U}{A \cdot D} = \frac{F \cdot N \cdot U \cdot M}{A}$$

여기서, D는 감광보상률(減光補償率, Depreciation Factor)이다.

④

1	조명기구 사용 중 광원의 광속이 점차 감소되고, 광원에 먼지 등이 붙어 능률이 저하됨으로써 광원을 교체하거나 청소할 때까지 필요한 조도를 유지할 수 있도록 여유를 주는 비율이다.
2	일반적으로 직접조명에서는 1.3~2.0, 간접조명에서는 1.5~2.0 정도를 적용한다.

80 일반적으로 가스 사용 시설의 지상 배관 표면 색상은 어떤 색상으로 도색하는가?

① 백색　　　② 황색
③ 청색　　　④ 적색

[해설]

② 배관 속을 흐르는 유체의 종류를 알려주기 위해 배관의 표면 마감색을 유체 종류별로 다음과 같이 서로 다르게 한다.

물	증기	공기	가스
청색	진한 적색	백색	황색
기름	전기	산·알칼리	
진한 황적색	엷은 황적색	회자색	

해답　77. ①　78. ①　79. ④　80. ②

건축설비 2019년 제1회

61 간접조명 기구에 관한 설명 중 옳지 않은 것은?
① 직사 눈부심이 없다.
② 매우 넓은 면적이 광원으로서 역할을 한다.
③ 일반적으로 발산광속 중 상향광속이 90~100[%] 정도이다.
④ 천장, 벽면 등은 빛이 잘 흡수되는 색과 재료를 사용하여야 한다.

해설

④
간접조명 방식

천장, 벽면 등이 밝은 색이 되어야 하고, 빛이 잘 확산되도록 하여야 한다.

62 음의 대소를 나타내는 감각량을 음의 크기라고 하는데 음의 크기의 단위는?
① dB   ② cd
③ Hz   ④ sone

해설

④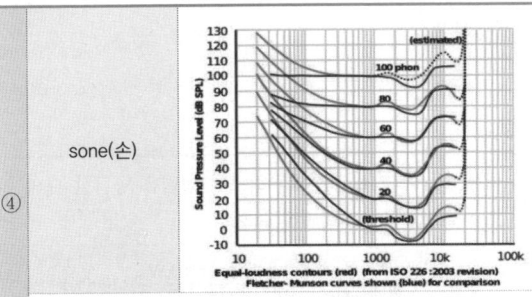
sone(손)

소리 세기의 상대적 관계를 표시하기 위해서 고안된 음량 척도의 단위로서 1kHz, 40dB의 소리로 정의된다.

63 전기설비에서 다음과 같이 정의되는 것은?

전면이나 후면 또는 양면에 개폐기, 과전류차단장치 및 그 밖의 보호장치, 모선 및 계측기 등이 부착되어 있는 하나의 대형 패널 또는 여러 개의 패널, 프레임 또는 패널 조립품으로서, 전면과 후면에서 접근할 수 있는 것

① 캐비닛   ② 차단기
③ 배전반   ④ 분전반

해설

③ 배전반(配電盤, Distributing board, Switch board)에 대한 설명이다.

64 온수난방에 관한 설명으로 옳지 않은 것은?
① 증기난방에 비해 보일러의 취급이 비교적 쉽고 안전하다.
② 동일 방열량인 경우 증기난방보다 관지름을 작게 할 수 있다.
③ 증기난방에 비해 난방부하의 변동에 따른 온도 조절이 용이하다.
④ 보일러 정지 후에도 여열이 남아 있어 실내 난방이 어느 정도 지속된다.

해설

② 온수난방은 증기난방에 비해 방열면적과 배관의 관경이 커야 하므로 설비비가 약간 비싸게 된다.

해답 61. ④ 62. ④ 63. ③ 64. ②

65 공조시스템의 전열교환기에 관한 설명으로 옳지 않은 것은?

① 공기 대 공기의 열교환기로서 현열만 교환이 가능하다.
② 공조기는 물론 보일러나 냉동기의 용량을 줄일 수 있다.
③ 공기방식의 중앙공조시스템이나 공장 등에서 환기에서의 에너지 회수방식으로 사용된다.
④ 전열교환기를 사용한 공조시스템에서 중간기(봄, 가을)를 제외한 냉방기와 난방기의 열회수량은 실내·외의 온도차가 클수록 많다.

해설

①
전열교환기
(Heat Exchanger)

공조기에서의 배기와 공조기로 도입되는 신선 외기를 간접 접촉시킴으로서 현열 및 잠열을 교환하는 장치

66 다음 중 그 값이 클수록 안전한 것은?

① 접지저항   ② 도체저항
③ 접촉저항   ④ 절연저항

해설

④ 절연저항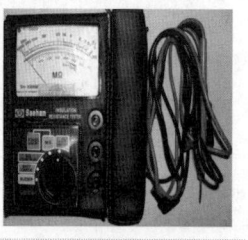

'전기가 통하지 못하게 하는 저항'의 의미이므로 그 값이 클수록 안전한 지표를 의미한다.

67 다음 중 수격 작용의 발생 원인과 가장 거리가 먼 것은?

① 밸브의 급폐쇄
② 감압밸브의 설치
③ 배관 방법의 불량
④ 수도본관의 고수압(高水壓)

해설

② 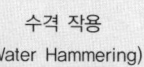 수격 작용
(Water Hammering)

원인
- 플러시밸브나 수전류를 급격히 열고 닫을 때
- 관경이 작을수록 발생하기 쉽다.
- 유속이 빠를수록 발생하기 쉽다.
- 굴곡 개소가 많을수록 발생하기 쉽다.
- 감압밸브를 사용할 경우 발생하기 쉽다.
  ➡ 여러 가지 원인 중 가장 관계가 적다.

68 전기설비가 어느 정도 유효하게 사용되는가를 나타내며, 다음과 같은 식으로 산정되는 것은?

$$\frac{부하의\ 평균전력}{최대수용전력} \times 100(\%)$$

① 역률   ② 부등률
③ 부하율 ④ 수용률

해설

① 역률(Power Factor): 교류회로에 전력을 공급할 때의 유효전력과 피상전력과의 비율

② 부등률 = $\frac{각\ 부하의\ 최대수용전력\ 합계(kW)}{합계부하의\ 최대수용전력(kW)} \times 100(\%)$

④ 수용률 = $\frac{최대수용전력(kW)}{부하설비용량(kW)} \times 100(\%)$

해답 65. ① 66. ④ 67. ② 68. ③

69 겨울철 주택의 단열 및 결로에 대한 설명으로 옳지 않은 것은?

① 단층유리보다 복층유리의 사용이 단열에 유리하다.
② 벽체 내부로 수증기 침입을 억제할 경우 내부결로 방지에 효과적이다.
③ 단열이 잘된 벽체에서는 내부결로는 발생하지 않으나 표면결로는 발생하기 쉽다.
④ 실내측 벽 표면온도가 실내공기의 노점온도보다 높은 경우 표면결로는 발생하지 않는다.

해설

③
결로(結露)

단열이 잘된 벽체는 표면결로는 없으나 내부결로가 발생하기 쉽다.

70 전압이 1[V] 일 때 1[A]의 전류가 1[s] 동안 하는 일을 나타내는 것은?

① 1[Ω]   ② 1[J]
③ 1[dB] ④ 1[W]

해설

④
| 전력
(Electric Power) | 단위시간에 기기나 장치로 발생 또는 소비되는 전기에너지 |

전력(W) = 전압(V) × 전류(A)

71 통기관의 설치 목적으로 옳지 않은 것은?

① 트랩의 봉수를 보호한다.
② 오수와 잡배수가 서로 혼합되지 않게 한다.
③ 배수계통 내의 배수 및 공기의 흐름을 원활히 한다.
④ 배수관 내에 환기를 도모하여 관 내를 청결하게 유지한다.

해설

②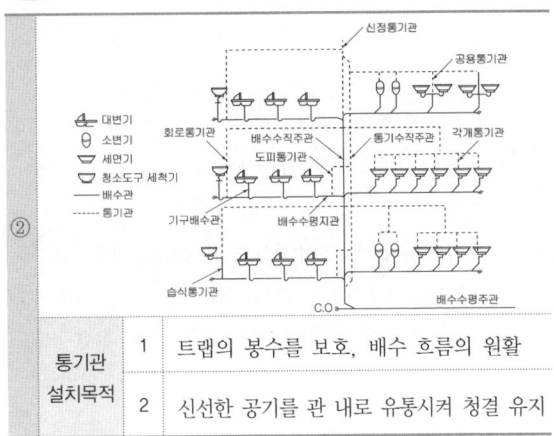

통기관 설치목적	1	트랩의 봉수를 보호, 배수 흐름의 원활
	2	신선한 공기를 관 내로 유통시켜 청결 유지

72 가로, 세로, 높이가 각각 4.5×4.5×3m인 실의 각 벽면 표면온도가 18℃, 천장면 20℃, 바닥면 30℃ 일 때 평균복사온도(MRT)는?

① 15.2℃   ② 18.0℃
③ 21.0℃   ④ 27.2℃

해설

③
| 평균복사온도
(MRT,
Mean Radient
Temperature) | $MRT = \dfrac{t_1 \cdot s_1 + t_2 \cdot s_2 + \cdots\cdots + t_n \cdot s_n}{s_1 + s_2 + s_3 + \cdots\cdots + s_n}$ [℃] |

주벽면이나 그 밖의 복사면에 의하여 둘러싼 실내의 어느 점에 대하여 이들 복사면에서 복사되고 있는 열량과 같은 양의 복사를 한다고 고려되는 흑체 표면온도

$$MRT = \frac{[(18)(4.5\times3)\times4면 + (20)(4.5\times4.5) + (30)(4.5\times4.5)]}{[(4.5\times3)\times4면 + (4.5\times4.5) + (4.5\times4.5)]}$$

$= 21.0$[℃]

해답 69. ③ 70. ④ 71. ② 72. ③

73 승객 스스로 운전하는 전자동 엘리베이터로 카 버튼이나 승강장의 호출신호로 시동, 정지를 이루는 엘리베이터 조작방식은?

① 승합 전자동 방식 ② 카 스위치 방식
③ 시그널 컨트롤 방식 ④ 레코드 컨트롤 방식

해설

		엘리베이터 무운전 방식
①	1	단식 자동방식: 승객 자신이 자동적으로 시동, 정지를 이루는 조작방식
	2	승합 전자동식: 승객 자신이 직접 운전하는 전자동 엘리베이터로 목적층의 단추나 승강장으로부터의 호출신호로 시동, 정지를 이루는 조작방식
	3	하강 승합 자동방식: 아파트와 같이 승강장으로부터의 호출신호가 있어도 정지하지 않고 최고 호출에 응하여 정지한 후에 자동적으로 반전하여 하강하며 승강장으로부터의 호출신호에 응하여 정지하는 방식

74 고속 덕트에 관한 설명으로 옳지 않은 것은?

① 원형 덕트의 사용이 불가능하다.
② 동일한 풍량을 송풍할 경우 저속 덕트에 비해 송풍기 동력이 많이 든다.
③ 공장이나 창고 등과 같이 소음이 별로 문제가 되지 않는 곳에 사용된다.
④ 동일한 풍량을 송풍할 경우 저속 덕트에 비해 덕트의 단면 치수가 작아도 된다.

해설

①	고속 덕트	1. 덕트 내의 풍속이 15~20m/s로 고압이며 소음이 발생
		2. 소음이 문제되지 않는 공장, 창고 또는 차량, 선박, 고층 빌딩에 적용되며, 덕트 설치공간을 크게 취할 수 없는 곳에 적용
		3. 풍량이 작은 소형 덕트나 고속 덕트인 경우 장방형 단면보다 원형 단면이 효과적이다.

75 간접가열식 급탕설비에 관한 설명으로 옳지 않은 것은?

① 대규모 급탕설비에 적합하다.
② 비교적 안정된 급탕을 할 수 있다.
③ 보일러 내면에 스케일이 많이 생긴다.
④ 가열 보일러는 난방용 보일러와 겸용할 수 있다.

해설

직접가열식	중앙식 급탕 및 난방	간접가열식
온수보일러	가열장소	저탕조
급탕용 보일러, 난방용 보일러 각각 설치	보일러	난방용 보일러로 급탕까지 가능
많이 낀다	보일러 내의 스케일	거의 끼지 않는다
고압	보일러 내의 압력	저압
중소규모 건물	규모	대규모 건물
불필요	저탕조 내 가열코일	필요
유리	열효율	불리

76 수관식 보일러에 관한 설명으로 옳지 않은 것은?

① 사용압력이 연관식보다 낮다.
② 설치 면적이 연관식보다 넓다.
③ 부하 변동에 대한 추종성이 높다.
④ 대형 건물과 같이 고압증기를 다량 사용하는 곳이나 지역난방 등에 사용된다.

해설

①

수관(水管) 보일러
(Water Tube Boiler)

수관 보일러는 사용압력이 연관식보다 높고, 설치 면적은 연관식보다 넓다.

해답 73. ① 74. ① 75. ③ 76. ①

77 냉방부하 계산 결과 현열부하가 620W, 잠열부하가 155W일 경우, 현열비는?

① 0.2
② 0.25
③ 0.4
④ 0.8

해설

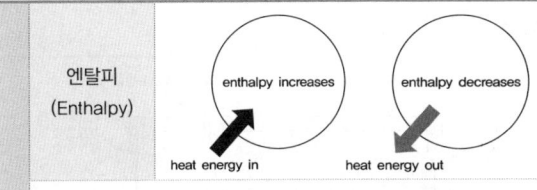

④ 물체가 가지고 있는 일종의 열역학적 총에너지(Total Energy, 전열)량

현열비(Sensible Heat Factor): $\dfrac{현열}{전열} = \dfrac{현열}{현열 + 잠열}$

현열비$(SHF) = \dfrac{현열}{현열 + 잠열} = \dfrac{(620)}{(620)+(155)} = 0.8$

---

78 수도직결방식의 급수방식에서 수도본관으로부터 8m 높이에 위치한 기구의 소요압이 70kPa이고 배관의 마찰손실이 20kPa인 경우, 이 기구에 급수하기 위해 필요한 수도본관의 최소 압력은?

① 약 90kPa
② 약 98kPa
③ 약 170kPa
④ 약 210kPa

해설

③

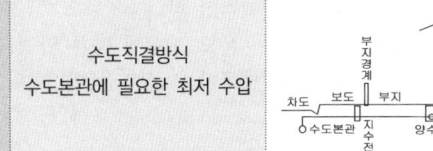

$P \geq P_1 + P_2 + 10h \ [\text{kPa}]$

- P_1: 기구 최저 필요압력(kPa)
- P_2: 마찰손실수압(kPa)
- h: 수도 본관에서 최고층 급수기구까지의 높이(m)

$P \geq (70) + (20) + 10(8) = 170 \ [\text{kPa}]$

---

79 도시가스에서 중압의 가스압력은? (단, 액화가스가 기화되고 다른 물질과 혼합되지 아니한 경우 제외)

① 0.05MPa 이상, 0.1MPa 미만
② 0.01MPa 이상, 0.1MPa 미만
③ 0.1MPa 이상, 1MPa 미만
④ 1MPa 이상, 10MPa 미만

해설

③

도시가스 가스압력	
고압	1MPa 이상
중압	0.1MPa ~ 1MPa
저압	0.1MPa 미만

---

80 스프링클러 설치 장소가 아파트인 경우, 스프링클러헤드의 기준개수는? (단, 폐쇄형 스프링클러헤드를 사용하는 경우)

① 10개
② 20개
③ 30개
④ 40개

해설

①

	스프링클러(Sprinkler)	
1	방수압력: 0.1MPa, 방수량: 80ℓ/min 이상 설치간격: 1.7~3.2m	
2	소화수량: 80ℓ/min × N(개) × 20(min) = 1.6N(m³) (단, N은 기준 수로 아파트는 10개, 판매시설·복합상가 및 11층 이상인 소방대상물은 30개)	

해답 77. ④   78. ③   79. ③   80. ①

건축설비 2019년 제2회

61 작업구역에는 전용의 국부조명방식으로 조명하고, 그 밖의 주변 환경에 대하여는 간접조명과 같은 낮은 조도 레벨로 조명하는 방식은?

① TAL 조명방식
② 반직접 조명방식
③ 반간접 조명방식
④ 전반확산 조명방식

해설

	TAL 조명방식(Task & Ambient Lighting)
①	1	TAL 조명방식은 작업구역(Task)에는 전용의 국부조명 방식으로 조명하고, 그 밖의 주변(Ambient) 환경에 대해서는 간접조명과 같은 낮은 조도 레벨로 조명하는 방식을 말한다.
	2	주변조명은 직접 조명방식도 포함되며, 사무실에서 사무자동화가 추진되면서 VDT(Visual Display Terminal) 직업 환경에 따라 고안된 것이다.

62 가스사용시설의 가스계량기에 관한 설명으로 옳지 않은 것은?

① 가스계량기와 전기점멸기와의 거리는 30cm 이상 유지하여야 한다.
② 가스계량기와 전기계량기와의 거리는 60cm 이상 유지하여야 한다.
③ 가스계량기와 전기개폐기와의 거리는 60cm 이상 유지하여야 한다.
④ 공동주택의 경우 가스계량기는 일반적으로 대피공간이나 주방에 설치된다.

해설

| ④ | 공동주택의 대피공간, 방·거실 및 주방 등으로서 사람이 거주하는 곳 및 가스계량기에 나쁜 영향을 미칠 우려가 있는 장소는 설치가 금지된다. |  |

63 다음의 냉방부하 발생요인 중 현열부하만 발생시키는 것은?

① 인체의 발생열량
② 벽체로부터의 취득열량
③ 극간풍에 따른 취득열량
④ 외기의 도입으로 인한 취득열량

해설

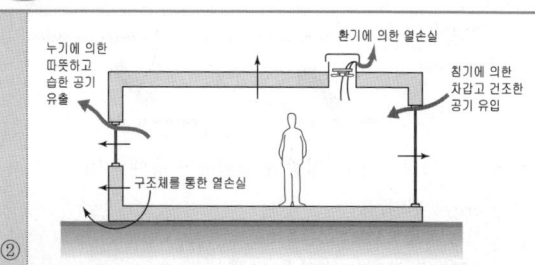

②	현열부하만 계산
	조명 부하, 실내기기 부하, 벽이나 창을 통한 열관류 부하, 창을 통한 일사열 부하
	현열부하 + 잠열부하
	인체 부하, 틈새바람(극간풍), 환기를 위한 신선 외기 도입

64 급탕설비에 관한 설명으로 옳지 않은 것은?

① 냉수, 온수를 혼합 사용해도 압력차에 따른 온도 변화가 없도록 한다.
② 배관은 적정한 압력손실 상태에서 피크 시를 충족시킬 수 있어야 한다.
③ 도피관에는 압력을 도피시킬 수 있도록 밸브를 설치하고 배수는 직접배수로 한다.
④ 밀폐형 급탕시스템에는 온도 상승에 따른 압력을 도피시킬 수 있는 팽창탱크 등의 장치를 설치한다.

해설

	도피관(=팽창관)	
③	온수 순환배관 도중에 이상 압력이 생겼을 때 그 압력을 흡수하는 도피구이므로 도피관의 도중에는 절대로 밸브를 달아서는 안 된다.	

해답 61. ① 62. ④ 63. ② 64. ③

65 다음의 저압 옥내배선방법 중 노출되고 습기가 많은 장소에 시설이 가능한 것은? (단, 400[V] 미만인 경우)
① 금속관 배선 ② 금속몰드 배선
③ 금속덕트 배선 ④ 플로어덕트 배선

해설

금속관 공사

콘크리트 매입공사에 적합하고 전선의 교체가 용이하며 전선의 기계적 손상에 대해 안전한 방법이다.

67 다음 중 습공기를 가열하였을 때 증가하지 않는 상태량은?
① 엔탈피 ② 비체적
③ 상대습도 ④ 습구온도

해설

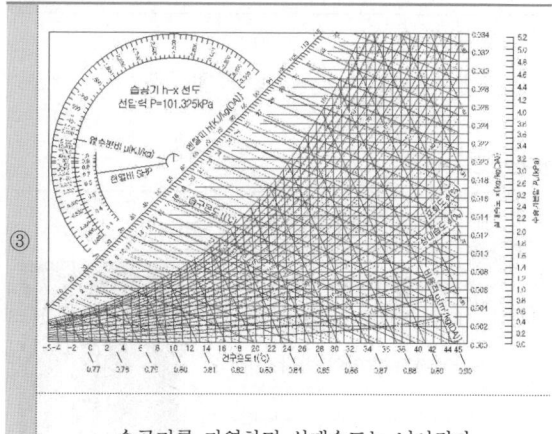

습공기를 가열하면 상대습도는 낮아진다.

66 바닥 복사난방 방식에 관한 설명으로 옳지 않은 것은?
① 열용량이 커서 예열시간이 짧다.
② 방을 개방 상태로 하여도 난방 효과가 있다.
③ 다른 난방방식에 비교하여 쾌적감이 높다.
④ 실내에 방열기를 설치하지 않으므로 바닥이나 벽면을 유용하게 이용할 수 있다.

해설

복사난방

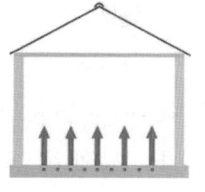

① 열용량이 크고, 방열량 조절이 어려우며 예열시간도 길기 때문에 간헐난방에 부적합하다.

68 냉방시설의 냉각탑에 관한 설명으로 옳은 것은?
① 열에너지에 의해 냉동효과를 얻는 장치
② 냉동기의 냉각수를 재활용하기 위한 장치
③ 임펠러의 원심력에 의해 냉매가스를 압축하는 장치
④ 물과 브롬화리튬 혼합용액으로부터 냉매인 수증기와 흡수제인 $LiBr$로 분리시키는 장치

해설

냉각탑(冷却塔, Cooling Tower)

② 냉온 열원장치를 구성하는 기기의 하나로서 냉동기로부터의 발열을 냉각수를 순환시켜 대기 중으로 방출하기 위한 장치

해답 65. ① 66. ① 67. ③ 68. ②

69 다음의 에스컬레이터의 경사도에 관한 설명 중 ( ) 안에 알맞은 것은?

> 에스컬레이터의 경사도는 (①)를 초과하지 않아야 한다. 다만, 높이가 6m 이하이고 공칭속도가 0.5m/s 이하인 경우에는 경사도를 (②)까지 증가시킬 수 있다.

① ㉠ 25°, ㉡ 30°   ② ㉠ 25°, ㉡ 35°
③ ㉠ 30°, ㉡ 35°   ④ ㉠ 30°, ㉡ 40°

해설

	에스컬레이터의 경사도	
③	1	에스컬레이터는 하강 방향의 안전을 고려하여 경사도는 30°를 초과하지 않아야 한다.
	2	높이가 6m 이하이고 공칭속도가 0.5m/s 이하인 경우에는 경사도를 35°까지 증가시킬 수 있다.
	3	에스컬레이터의 공칭속도는 경사도가 30° 이하인 경우에는 0.75m/s 이하이어야 하며, 경사도가 30°를 초과하고 35° 이하인 경우에는 0.5m/s 이하이어야 한다.

70 건구온도 26℃인 실내공기 8,000m³/h와 건구온도 32℃인 외부공기 2,000m³/h를 단열혼합하였을 때 혼합공기의 건구온도는?

① 27.2℃   ② 27.6℃
③ 28.0℃   ④ 29.0℃

해설

① $26 \times 8,000 + 32 \times 2,000 = x \times 10,000$
$\therefore x = 27.2℃$

71 점광원으로부터의 거리가 n배가 되면 그 값은 $\frac{1}{n^2}$배가 된다는 "거리의 역제곱의 법칙"이 적용되는 빛환경 지표는?

① 조도   ② 광도
③ 휘도   ④ 복사속

해설

①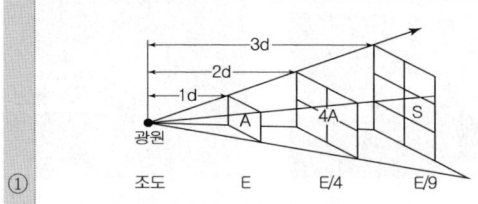

조도 $E = \dfrac{I}{d^2}$ 거리(d)가 n배로 되면 조도(E)는 $\dfrac{1}{n^2}$배로 된다.

72 트랩의 구비 조건으로 옳지 않은 것은?

① 봉수 깊이는 50mm 이상 100mm 이하일 것
② 오수에 포함된 오물 등이 부착 또는 침전하기 어려운 구조일 것
③ 봉수부에 이음을 사용하는 경우에는 금속제 이음을 사용하지 않을 것
④ 봉수부의 소제구는 나사식 플러그 및 적절한 가스켓을 이용한 구조일 것

해설

③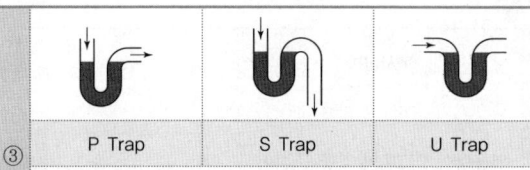

배수트랩의 구조는 되도록 간단하고 내부에 칸막이나 가동 부분이 없는 구조인 것이 좋으며, 재질은 내식성이 있어야 한다.

해답 69. ③   70. ①   71. ①   72. ③

73 100[V], 500[W]의 전열기를 90[V]에서 사용할 경우 소비전력은?

① 200[W] ② 310[W]
③ 405[W] ④ 420[W]

해설

| 전력
(Electric Power) | 단위시간에 기기나 장치로 발생 또는 소비되는 전기에너지
$P = \dfrac{E}{t} = V \cdot I = I^2 \cdot R = \dfrac{V^2}{R}$ 으로부터 전력은 전압(V)의 제곱에 비례한다. |

③ 100[V]를 90[V]에서 사용한다는 것은 전압이 0.9배가 됨을 의미하므로 전력은 $0.9^2 = 0.81$배가 되므로 $500[W] \times 0.81 = 405[W]$

---

74 습공기의 상태 변화에 관한 설명으로 옳지 않은 것은?

① 가열하면 엔탈피는 증가한다.
② 냉각하면 비체적은 감소한다.
③ 가열하면 절대습도는 증가한다.
④ 냉각하면 습구온도는 감소한다.

해설

③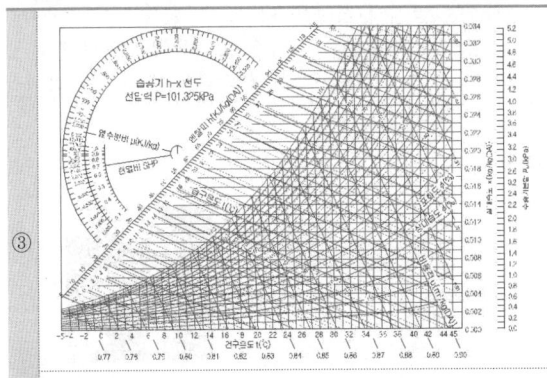
포화범위 내에서 공기를 가열하거나 냉각해도 절대습도는 변함이 없다.

---

75 직경 200[mm]의 배관을 통하여 물이 1.5[m/s]의 속도로 흐를 때 유량은?

① 2.83m³/min ② 3.2m³/min
③ 3.83m³/min ④ 6.0m³/min

해설

유량(Q) = 단면적(A) × 유속(v)

① $Q = A \cdot v = \dfrac{\pi d^2}{4} \cdot v$
$= \dfrac{\pi (0.2)^2}{4} \cdot (1.5)$
$= 0.04712 [\mathrm{m^3/sec}]$
$= 2.827 [\mathrm{m^3/min}]$

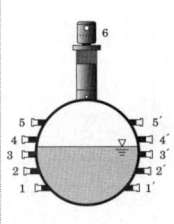

---

76 온열 지표 중 기온, 습도, 기류, 주벽면온도의 4요소를 조합하여 체감과의 관계를 나타낸 것은?

① 작용온도   ② 불쾌지수
③ 등온지수   ④ 유효온도

해설

작용온도(OT: Operative Temperature)
① 체감에 대한 기온과 주벽의 복사열 및 기류의 영향을 조합시킨 지표로서 습도의 영향을 고려하지 않음
불쾌지수(DI: Discomfort Index)
② 기온과 습도만의 영향을 고려한 불쾌감지수로서 미국 기상청에서 채용
등온지수(Equivalent Warmth)
③ 기온·습도·기류·주벽표면온도의 4요소를 조합하여 체감과의 관계를 나타낸 것이며 Bedford(1936)가 제안하였다.
유효온도(ET: Effective Temperature)
④ 기온, 습도, 풍속의 3요소가 체감에 미치는 총합 효과를 단일 지표로 나타낸 것

해답 73. ③ 74. ③ 75. ① 76. ③

77 소방시설은 소화설비, 경보설비, 피난구조설비, 소화용수설비, 소화활동설비로 구분할 수 있다. 다음 중 소화활동설비에 속하는 것은?

① 제연설비
② 비상방송설비
③ 스프링클러설비
④ 자동화재탐지설비

해설

①	소화활동설비	소방활동 중 인명의 구조, 구급활동을 제외한 화재진압 활동에 도움이 되는 설비
	소방법령상의 범위	제연설비, 연결송수관설비, 연결살수설비, 연소방지설비, 비상콘센트설비 및 무선통신보조설비

78 TV 공청설비의 주요 구성 기기에 해당하지 않는 것은?

① 증폭기
② 월패드
③ 컨버터
④ 혼합기

해설

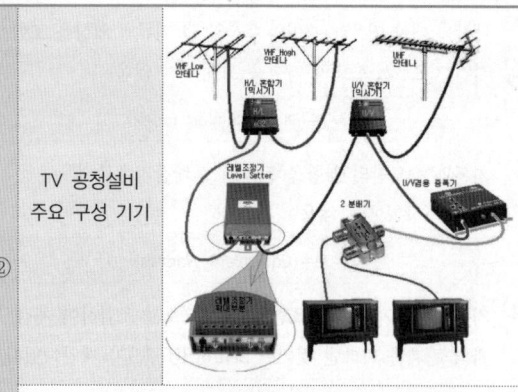

② TV 공청설비 주요 구성 기기

안테나, 혼합기(Mixer), 증폭기(Booster), 선로기기(분기기), 분배기, 정합기, 변환기(=컨버터, Converter), 전송선

79 전력부하 산정에서 수용률 산정 방법으로 옳은 것은?

① (부등률/설비용량) × 100%
② (최대수용전력/부등률) × 100%
③ (최대수용전력/설비용량) × 100%
④ (부하 각개의 최대 수용전력합계/각 부하를 합한 최대수용전력) × 100%

해설

		수용률(需用率, Demand Factor)
③	1	수전 용량 산출에 사용하는 수용률은 최대수용전력을 부하설비용량으로 나눈 것
	2	수용률 = $\dfrac{\text{최대수용전력(kW)}}{\text{부하설비용량(kW)}} \times 100(\%)$

80 크로스 커넥션(Cross Connection)에 관한 설명으로 옳은 것은?

① 관로 내의 유체가 급격히 변화하여 압력 변화를 일으키는 것
② 상수로부터의 급수계통(배관)과 그 외의 계통이 직접 접속되어 있는 것
③ 겨울철 난방을 하고 있는 실내에서, 창을 타고 차가운 공기가 하부로 내려오는 현상
④ 급탕·반탕관의 순환 거리를 각 계통에 있어서 거의 같게 하여 전 계통의 탕의 순환을 촉진하는 방식

해설

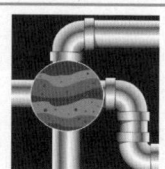

크로스 커넥션
(Cross Connection)

② 급수계통의 배관과 그 외의 배관계통이 직접 접속되어 수돗물과 수돗물 이외의 물질이 혼입되어 급수 오염되는 현상

해답 77. ① 78. ② 79. ③ 80. ②

건축설비 2019년 제4회

61 실내공기 오염의 종합적 지표로서 사용되는 오염물질은?
① 부유분진　② 이산화탄소
③ 일산화탄소　④ 이산화질소

해설

② 실내 공간에서 이산화탄소 농도가 증가하면 산소의 양이 부족하게 되므로 이산화탄소를 실내 공기질 또는 환기 상태의 척도로 사용하고 있다.

62 전기샤프트(ES)에 관한 설명으로 옳지 않은 것은?
① 전기샤프트(ES)는 각 층마다 같은 위치에 설치한다.
② 전기샤프트(ES)의 면적은 보, 기둥 부분을 제외하고 산정한다.
③ 전기샤프트(ES)는 전력용(EPS)과 정보통신용(TPS)을 공용으로 설치하는 것이 원칙이다.
④ 전기샤프트(ES)의 점검구는 유지 보수 시 기기의 반입 및 반출이 가능하도록 하여야 한다.

해설

 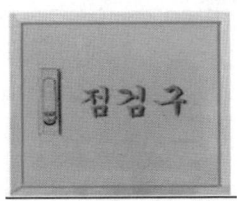

③ 약전설비 및 구내통신 설비가 설치되는 인텔리전트 빌딩의 경우는 약전 및 통신용 ES의 별도 설치를 고려하며 이때 전력 배선과는 병행되지 않도록 위치를 선정한다. 전력용(EPS)과 정보통신용(TPS)을 공용으로 설치한다는 원칙은 없다.

63 기온, 습도, 기류의 3요소의 조합에 따른 실내 온열 감각을 기온의 척도로 나타낸 것은?
① 작용온도　② 등가온도
③ 유효온도　④ 등온지수

해설

체감 표시법에 따른 쾌적 지표	기호	기온	습도	기류	복사열
유효온도	ET	O	O	O	-
수정유효온도	CET	O	O	O	O
작용온도 (=효과온도)	OT	O	-	O	O

64 증기난방에 관한 설명으로 옳지 않은 것은?
① 온수난방에 비해 예열시간이 짧다.
② 온수난방에 비해 한랭지에서 동결의 우려가 적다.
③ 운전 시 증기해머로 인한 소음을 일으키기 쉽다.
④ 온수난방에 비해 부하변동에 따른 실내 방열량의 제어가 용이하다.

해설

④ 보일러에서 생산된 증기를 방열기로 보내 증기의 응축 잠열을 이용하는 난방이므로 방열량 제어가 곤란하다.

증기난방

해답　61. ②　62. ③　63. ③　64. ④

65 조명설비에서 눈부심에 관한 설명으로 옳지 않은 것은?

① 광원의 크기가 클수록 눈부심이 강하다.
② 광원의 휘도가 작을수록 눈부심이 강하다.
③ 광원이 시선에 가까울수록 눈부심이 강하다.
④ 배경이 어둡고 눈이 암순응 될수록 눈부심이 강하다.

해설

② 광원의 휘도(Luminance)가 클수록 눈부심이 강하다.

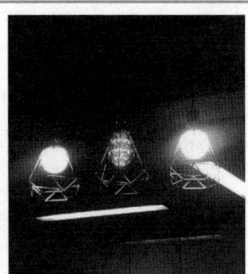

66 주철제 보일러에 관한 설명 중 옳지 않은 것은?

① 재질이 약하여 고압으로는 사용이 곤란하다.
② 섹션(Section)으로 분할되므로 반입이 용이하다.
③ 재질이 주철이므로 내식성이 약하여 수명이 짧다.
④ 규모가 비교적 작은 건물의 난방용으로 사용된다.

해설

③
주철제 보일러
강판제에 비해서 내식성이 우수하고 수명이 길며, 가격이 싸다.

67 배수트랩에 관한 설명으로 옳지 않은 것은?

① 트랩은 이중으로 설치하면 효과적이다.
② 트랩의 봉수 깊이가 너무 깊으면 통수 능력이 감소된다.
③ 트랩은 하수가스의 실내 침입을 방지하는 역할을 한다.
④ 트랩은 위생기구에 가능한 한 접근시켜 설치하는 것이 좋다.

해설

① 트랩(Trap)은 구조가 간단하고, 자체의 유수로 배수로를 세정하고 유수면은 평활하여 오수가 정체되지 않아야 하므로 이중으로 설치한다고 해서 효과가 증대되지는 않는다.

68 다음 설명에 알맞은 냉동기는?

- 기계적 에너지가 아닌 열에너지에 의해 냉동 효과를 얻는다.
- 구조는 증발기, 흡수기, 재생기(발생기), 응축기 등으로 구성되어 있다.

① 터보식 냉동기　　② 흡수식 냉동기
③ 스크류식 냉동기　④ 왕복동식 냉동기

해설

② 흡수식 냉동기는 냉매의 증발에 따른 열에너지, 압축식 냉동기는 전기에 따른 기계적에너지로 냉동하는 것이 기본 원리이다.

압축식 냉동기
• 구성: 압축기 ➡ 응축기 ➡ 팽창밸브 ➡ 증발기
• 특징: 구동에너지가 전기이므로 전력소비가 많다.

흡수식 냉동기
• 구성: 응축기 ➡ 증발기 ➡ 흡수기 ➡ 재생기(발생기)
• 특징: 도시가스를 주연료로 사용하므로 전력소비가 적다.

해답 65. ②　66. ③　67. ①　68. ②

69 액화천연가스(LNG)에 관한 설명으로 옳지 않은 것은?

① 공기보다 가볍다.
② 무공해, 무독성이다.
③ 프로필렌, 부탄, 에탄이 주성분이다.
④ 대규모의 저장시설을 필요로 하며, 공급은 배관을 통해 이루어진다.

해설

③

메탄(CH_4)이 주성분인 천연가스를 영하 161℃의 초저온으로 냉각하여 액화시킨 것으로 공기보다 가볍다. 천연가스를 액화하면 부피의 1/600 수준으로 줄일 수 있어 저장이나 운반이 쉽다.

70 전류가 흐르고 있는 전기기기, 배선과 관련된 화재를 의미하는 것은?

① A급 화재　② B급 화재
③ C급 화재　④ K급 화재

해설

③

일반화재 (A급 화재)	나무, 섬유, 종이, 고무, 플라스틱류와 같은 일반 가연물이 타고 나서 재가 남는 화재를 말한다.
유류화재 (B급 화재)	인화성 액체, 가연성 액체, 석유 그리스, 타르, 오일, 유성도료, 솔벤트, 래커, 알코올 및 인화성 가스와 같은 유류가 타고 나서 재가 남지 않는 화재를 말한다.
전기화재 (C급 화재)	전류가 흐르고 있는 전기기기, 배선과 관련된 화재를 말한다.

71 건축물의 에너지절약설계기준에 따른 건축물의 단열을 위한 권장사항으로 옳지 않은 것은?

① 외벽 부위는 내단열로 시공한다.
② 열손실이 많은 북측 거실의 창 및 문의 면적은 최소화한다.
③ 외피의 모서리 부분은 열교가 발생하지 않도록 단열재를 연속적으로 설치한다.
④ 발코니 확장을 하는 공동주택에는 단열성이 우수한 로이(Low-E) 복층창이나 삼중창 이상의 단열성능을 갖는 창을 설치한다.

해설

①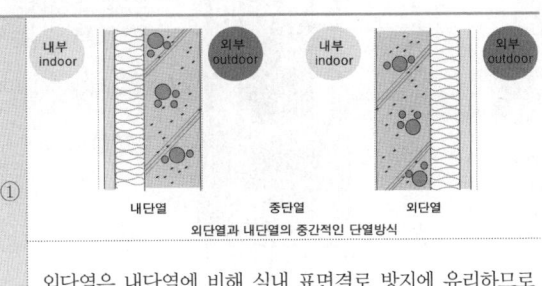

외단열은 내단열에 비해 실내 표면결로 방지에 유리하므로 외벽 부위는 외단열로 시공한다.

72 수량 $22.4[m^3/h]$를 양수하는데 필요한 터빈 펌프의 구경으로 적당한 것은? (단, 터빈 펌프 내의 유속은 $2[m/s]$로 한다.)

① 65mm　② 75mm
③ 100mm　④ 125mm

해설

① 펌프의 구경

$$d = 1.13\sqrt{\frac{Q}{v}} = 1.13\sqrt{\frac{\frac{22.4}{3,600}}{(2)}}$$
$$= 0.06302[m] = 63.02[mm]$$

해답 69. ③　70. ③　71. ①　72. ①

73 다음 중 엘리베이터의 안전장치와 가장 관계가 먼 것은?
① 조속기 ② 핸드 레일
③ 종점 스위치 ④ 전자 브레이크

해설

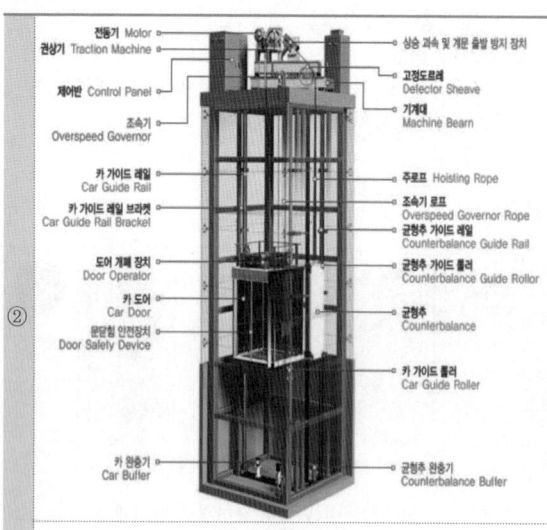

핸드 레일(Hand Rail)은 에스컬레이터(Escalator)와 관련 있다.

75 다음 중 변전실 면적에 영향을 주는 요소와 가장 거리가 먼 것은?
① 발전기실의 면적
② 변전설비 변압 방식
③ 수전 전압 및 수전 방식
④ 설치 기기와 큐비클의 종류

해설

	변전실 면적에 영향을 주는 요소
1	수전 전압 및 수전 방식
2	변전설비 강압 방식, 변압기 용량, 수량 및 형식
3	설치 기기와 큐비클의 종류
4	기기의 배치 방법 및 유지 보수 필요 면적
5	건축물의 구조적 여건

74 배관 재료에 관한 설명으로 옳지 않은 것은?
① 주철관은 오배수관이나 지중 매설 배관에 사용된다.
② 경질염화비닐관은 내식성은 우수하나 충격에 약하다.
③ 연관은 내식성이 작아 배수용 보다는 난방배관에 주로 사용된다.
④ 동관은 전기 및 열전도율이 좋고 전성·연성이 풍부하여 가공도 용이하다.

해설

③ 연관이나 경질염화비닐관은 열에 약해서 급탕 및 난방 배관으로는 적합하지 않다.

76 공기조화방식 중 팬코일유닛 방식에 관한 설명으로 옳지 않은 것은?
① 각 실에 수배관으로 인한 누수의 우려가 있다.
② 덕트샤프트나 스페이스가 필요 없거나 작아도 된다.
③ 각 실의 유닛은 수동으로도 제어할 수 있고, 개별 제어가 쉽다.
④ 유닛을 창문 밑에 설치하면 콜드 드래프트(Cold Draft)가 발생할 우려가 높다.

해설

④ 유닛을 창문 밑에 설치하면 콜드 드래프트(Cold Draft)를 줄일 수 있다.

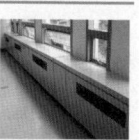

해답 73. ② 74. ③ 75. ① 76. ④

77 다음 그림과 같은 형태를 갖는 간선의 배선방식은?

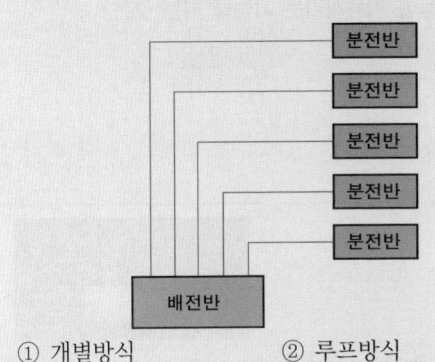

① 개별방식 ② 루프방식
③ 병용방식 ④ 나뭇가지방식

해설

① 각 분전반 마다 배전반으로부터 단독으로 배선되어 있는 평행식 또는 개별방식에 대한 그림이다.

79 펌프의 양수량이 10m³/min, 전양정이 10m, 효율이 80%일 때, 이 펌프의 축동력은?

① 20.4 kW ② 22.5kW
③ 26.5kW ④ 30.6kW

해설

①

펌프의 축동력 $\dfrac{W \cdot Q \cdot H}{6{,}120 \cdot E}$	W	물의 밀도 (1,000kg/m³)
	Q	펌프의 양수량 (m³/min)
	H	전양정(m)
	E	펌프의 효율(%)

$$\dfrac{W \cdot Q \cdot H}{6{,}120 \cdot E} = \dfrac{(1{,}000)(10)(10)}{6{,}120(0.8)} = 20.424\text{kW}$$

78 실내의 탄산가스 허용농도가 1,000ppm, 외기의 탄산가스 농도가 400ppm 일 때, 실내 1인당 필요한 환기량은? (단, 실내 1인당 탄산가스 배출량은 15L/h 이다.)

① 15m³/h ② 20m³/h
③ 25m³/h ④ 30m³/h

해설

③

	필요 환기량 산정	
1	$15l/\text{hr} = 0.015\text{m}^3/\text{h}$	
2	$Q = \dfrac{k}{C - C_0}$ $= \dfrac{0.015}{0.001 - 0.0004} = 25\text{m}^3/\text{h}$	

80 최대수요전력을 구하기 위한 것으로 총부하설비용량에 대한 최대수요전력의 비율을 백분율로 나타낸 것은?

① 역률 ② 수용률
③ 부등률 ④ 부하율

해설

②

수용률(需用率, Demand Factor)	
1	수전 용량 산출에 사용하는 수용률은 최대수용전력을 부하설비용량으로 나눈 것
2	수용률 = $\dfrac{\text{최대수용전력(kW)}}{\text{부하설비용량(kW)}} \times 100(\%)$

해답 77. ① 78. ③ 79. ① 80. ②

건축설비 2020년 제1회

61 다음 중 변전실 면적 결정 시 영향을 주는 요소와 가장 거리가 먼 것은?

① 수전 전압
② 수전 방식
③ 발전기 용량
④ 큐비클의 종류

해설

	변전실 면적에 영향을 주는 요소
③	1. 수전 전압 및 수전 방식
	2. 변전설비 강압 방식, 변압기 용량, 수량 및 형식
	3. 설치 기기와 큐비클의 종류
	4. 기기의 배치 방법 및 유지 보수 필요 면적
	5. 건축물의 구조적 여건

62 가스사용시설에서 가스계량기의 설치에 관한 설명으로 옳지 않은 것은?

① 전기접속기와의 거리가 최소 30cm 이상이 되도록 한다.
② 전기점멸기와의 거리가 최소 60cm 이상이 되도록 한다.
③ 전기개폐기와의 거리가 최소 60cm 이상이 되도록 한다.
④ 전기계량기와의 거리가 최소 60cm 이상이 되도록 한다.

해설

	배선의 종류	이격거리
②	저압 옥내·옥외배선	15cm 이상
	전기점멸기, 전기콘센트(=전기접속기)	30cm 이상
	전기개폐기, 전기계량기, 고압옥내배선	60cm 이상
	저압 옥상전선로, 특별고압 지중·옥내배선	1m 이상
	피뢰설비	1.5m 이상

63 엘리베이터 안전장치 중 일정 이상의 속도가 되었을 때 브레이크 등을 작동시키는 기능을 하는 것은?

① 조속기
② 권상기
③ 완충기
④ 가이드 슈

해설

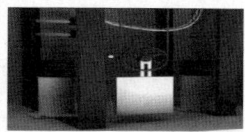
조속기(Governor)

①	1. 케이지와 같은 속도로 움직이는 조속기 로프에 의해서 회전되고, 항상 케이지의 속도를 조사하여 과속도를 검출하는 장치이다.
	2. 일정 이상의 속도가 되었을 때 브레이크나 안전장치를 작동시키는 기능을 한다. 사전에 설정된 속도에 이르면 스위치가 작동하며 다시 속도가 상승했을 경우, 로프를 제동해서 고정시킨다.

64 흡음 및 차음에 관한 설명으로 옳지 않은 것은?

① 벽의 차음성능은 투과손실이 클수록 높다.
② 차음성능이 높은 재료는 흡음성능도 높다.
③ 벽의 차음성능은 사용 재료의 면 밀도에 크게 영향을 받는다.
④ 벽의 차음성능은 동일 재료에서도 두께와 시공법에 따라 다르다.

해설

②	1	차음(Sound Insulation)은 음의 투과를 제어하는 것이고, 흡음(Sound Absorpsion)은 실내 표면에서 입사음의 반사를 감소시키는 것이므로, 차음성능과 흡음성능은 반드시 비례한다고 볼 수 없다.
	2	차음성능이 높은 재료는 질량이 큰 재료이며, 흡음성능이 높은 재료는 다공성으로 질량이 작다. 

해답 61. ③ 62. ② 63. ① 64. ②

65 다음 설명에 알맞은 화재의 종류는?

> 나무, 섬유, 종이, 고무, 플라스틱류와 같은 일반 가연물이 타고 나서 재가 남는 화재

① A급 화재 ② B급 화재
③ C급 화재 ④ K급 화재

해설

화재의 분류		원인 물질
A급 (백색)	일반화재	나무, 섬유, 종이, 고무, 플라스틱류와 같은 일반 가연물이 타고 나서 재가 남는 화재
B급 (황색)	유류가스화재	석유, 타르, 페인트, LPG, LNG, 도시가스 등과 가스에 따른 화재
C급 (청색)	전기화재	전기스파크, 단락, 과부하 등으로 전기에너지가 불로 전이되는 화재
D급 (은색)	금속화재	철분, 마그네슘, 칼륨, 나트륨 등의 금속 물질에 따른 화재

66 전기설비에서 다음과 같이 정의되는 장치는?

> 지락전류를 영상변류기로 검출하는 전류동작형으로 지락전류가 미리 정해놓은 값을 초과할 경우, 설정된 시간 내에 회로나 회로의 일부의 전원을 자동으로 차단하는 장치

① 퓨즈 ② 누전차단기
③ 단로스위치 ④ 과전류차단기

해설

②	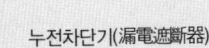 누전차단기(漏電遮斷器)	

67 급수방식 중 고가수조방식에 관한 설명으로 옳은 것은?

① 급수압력이 일정하다.
② 2층 정도의 건물에만 적용이 가능하다.
③ 위생성 측면에서 가장 바람직한 방식이다.
④ 저수조가 없으므로 단수 시에 급수가 불가능하다.

해설

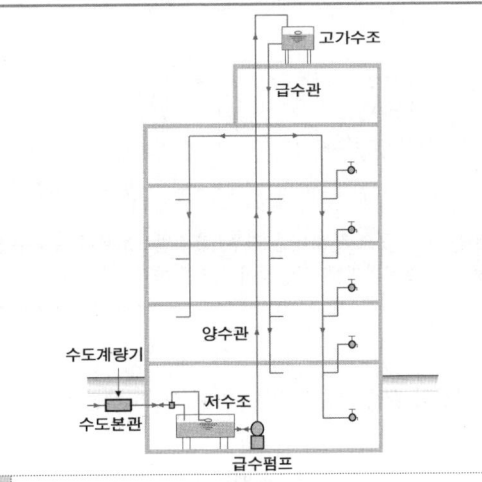

② 고층 건물에 적용하는 것이 유리하다.
③ 수도직결방식이 위생성 측면에서 가장 바람직한 방식이다
④ 저수조로 인해 단수가 되도 일정 시간 급수가 가능하다.

68 실내 CO_2 발생량이 17L/h, 실내 CO_2 허용 농도가 0.1%, 외기의 CO_2 농도가 0.04% 일 경우 필요 환기량은?

① 약 $28.3m^3/h$ ② 약 $35.0m^3/h$
③ 약 $40.3m^3/h$ ④ 약 $42.5m^3/h$

해설

①	1	$17l/\mathrm{hr} = 0.017m^3/h$
	2	$Q = \dfrac{k}{C - C_0} = \dfrac{0.017}{(0.001) - (0.0004)} = 28.333 m^3/h$

해답 65. ① 66. ② 67. ① 68. ①

69 급수설비에서 펌프의 실양정이 의미하는 것은? (단, 물을 높은 곳으로 보내는 경우)

① 배관계의 마찰손실에 해당하는 높이
② 흡수면에서 토출수면까지의 수직거리
③ 흡수면에서 펌프축 중심까지의 수직거리
④ 펌프축 중심에서 토출수면까지의 수직거리

해설

②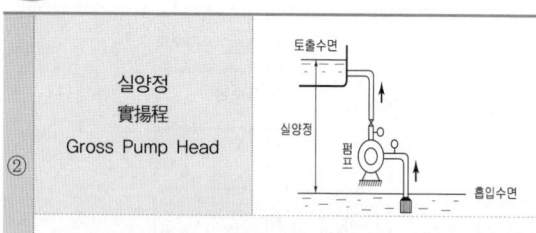

물을 높은 곳으로 보내는 경우, 흡수면으로부터 토출수면까지의 수직거리를 실양정이라고 한다.

70 다음과 같은 조건에 있는 양수펌프의 축동력은?

【조건】
- 양수량 : 490 l/min
- 전양정 : 30m
- 펌프의 효율 : 60%

① 약 3kW ② 약 4kW
③ 약 5kW ④ 약 6kW

해설

②
	W	물의 밀도 (1,000kg/m³)
펌프의 축동력 $\dfrac{W \cdot Q \cdot H}{6,120 \cdot E}$	Q	펌프의 양수량 (m³/min)
	H	전양정(m)
	E	펌프의 효율(%)

$$\dfrac{W \cdot Q \cdot H}{6,120 \cdot E} = \dfrac{(1,000)(0.49)(30)}{6,120(0.6)} = 4.00327(kW)$$

71 다음 중 실내를 부압으로 유지하며 실내의 냄새나 유해물질을 다른 실로 흘려 보내지 않으므로 욕실, 화장실 등에 사용되는 환기방식은?

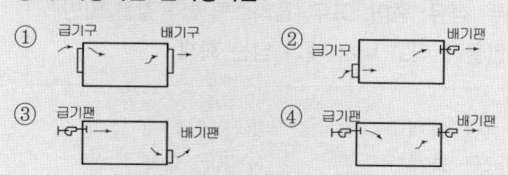

해설

②
구분	급기	배기	실내압력	용도
제1종 환기	송풍기	송풍기	대기압	기계실, 전기실
제2종 환기	송풍기	자연	정압	공기청정실
제3종 환기	자연	송풍기	부압	주방, 화장실, 유해가스 발생장소

72 자연환기에 관한 설명으로 옳지 않은 것은?

① 외부 풍속이 커지면 환기량은 많아진다.
② 실내외의 온도차가 크면 환기량은 작아진다.
③ 중력환기는 실내외의 온도차에 따른 공기의 밀도차가 원동력이 된다.
④ 자연환기량은 중성대로부터 공기 유입구 또는 유출구까지의 높이가 클수록 많아진다.

해설

②
개구부 환기량 $Q = KA\sqrt{h \cdot \Delta T}$

- Q : 개구부 환기량(m³/min)
- K : 개구부에 따른 저항 관련 상수(ASHRAE 표준값: 7.0)
- A : 유입 개구부 면적(m²)
- h : 두 개구부 간의 수직거리(m)
- ΔT : 실내·외의 온도차

실내외의 온도차가 크면 환기량은 많아진다.

해답 69. ② 70. ② 71. ② 72. ②

73 고온수 난방방식에 관한 설명으로 옳지 않은 것은?

① 장치의 열용량이 크므로 예열시간이 길게 된다.
② 공급과 환수의 온도차를 크게 할 수 있으므로 열수송량이 크다.
③ 공업용과 같이 고압증기를 다량으로 필요로 할 경우에는 부적당하다.
④ 지역난방에는 이용할 수 없으며 높이가 높고 건축면적이 넓은 단일 건물에 주로 이용된다.

해설

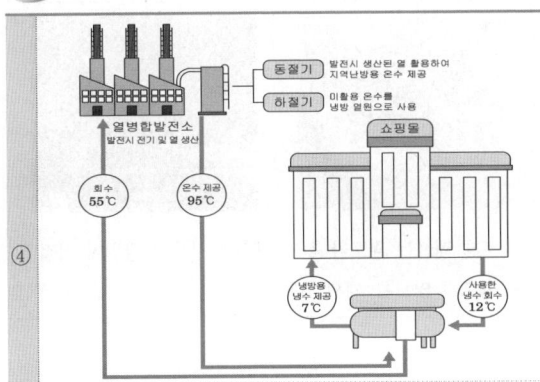

④ 지역난방에서는 증기와 온수를 모두 열매로 할 수 있지만, 온도제어가 쉽고 열효율도 좋은 고온수난방이 더 많이 사용된다.

74 국소식 급탕방식에 관한 설명으로 옳지 않은 것은?

① 배관의 열손실이 적다.
② 급탕 개소와 급탕량이 많은 경우에 유리하다.
③ 급탕 개소마다 가열기의 설치 스페이스가 필요하다.
④ 건물 완공 후에도 급탕 개소의 증설이 비교적 쉽다.

해설

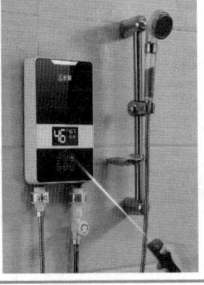

② 국소식은 용도에 따라 필요한 개소에서 필요한 온도의 탕을 비교적 간단하게 얻을 수 있으며, 중앙식은 급탕 개소와 급탕량이 많은 경우에 유리하다.

75 어떤 상태의 습공기를 절대습도의 변화없이 건구온도만 상승시킬 때, 습공기의 상태변화로 옳은 것은?

① 엔탈피는 증가한다.
② 비체적은 감소한다.
③ 노점온도는 낮아진다.
④ 상대습도는 증가한다.

해설

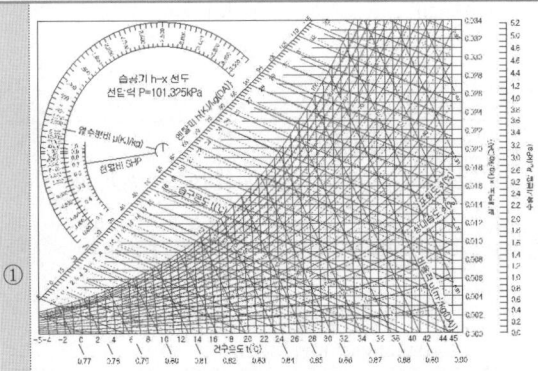

절대습도의 변화없이 건구온도를 상승시키는 것 즉, 공기를 가열하면 상대습도는 낮아지고, 노점온도는 절대습도의 변화가 없으므로 일정한 상태를 유지하며, 비체적은 증가한다.

76 다음 중 옥내의 노출된 건조한 장소에 시설할 수 없는 배선 방법은? (단, 사용 전압이 400V 미만인 경우)

① 금속관 배선 ② 버스덕트 배선
③ 가요전선관 배선 ④ 플로어덕트 배선

해설

④ 옥내의 건조한 콘크리트 또는 신더콘크리트 플로어 내에 매입할 경우에 한하여 시설할 수 있다

해답 73. ④ 74. ② 75. ① 76. ④

77 다음과 같은 조건에서 실내에 500W의 열을 발산하는 기기가 있을 때, 이 열을 제거하기 위한 필요 환기량은?

- 실내 온도 : 20℃, 환기 온도 : 10℃
- 공기의 정압비열 : 1.01kJ/kg·K
- 공기의 밀도 : 1.2kg/m³

① 41.3m³/h ② 148.5m³/h
③ 413m³/h ④ 1,485m³/h

해설

1	1시간당 발열량 : 500 J/sec(=W) × 3,600 sec/h = 1,800,000 J/h
② 2	$Q = \dfrac{1시간당 발열량}{공기의 정압비열 \times 공기의 밀도 \times 온도차}$ $= \dfrac{1,800,000}{1.01 \times 1,000 J/kg \cdot K \times 1.2 kg/m^3 \times (20-10)K}$ $= 148.515 (m^3/h)$

78 전기샤프트(ES)에 관한 설명으로 옳지 않은 것은?

① 각 층마다 같은 위치에 설치한다.
② 전력용과 정보통신용은 공용으로 사용해서는 안 된다.
③ 전기샤프트의 면적은 보, 기둥 부분을 제외하고 산정한다.
④ 현재 장비 이외에 장래의 배선 등에 대한 여유성을 고려한 크기로 한다.

해설

② 약전설비 및 구내통신 설비가 설치되는 인텔리전트 빌딩의 경우는 약전 및 통신용 ES의 별도 설치를 고려하며 이때 전력 배선과는 병행되지 않도록 위치를 선정한다. 공용으로 사용해서는 안 된다는 규정은 없다.

79 조명설비의 광원 중 할로겐 램프에 관한 설명으로 옳지 않은 것은?

① 휘도가 낮다.
② 백열전구에 비해 수명이 길다.
③ 연색성이 좋고 설치가 용이하다.
④ 흑화가 거의 일어나지 않고 광속이나 색온도의 저하가 극히 적다.

해설

① 할로겐 램프는 휘도가 높기 때문에 시야에 광원이 직접 들어오지 않도록 계획한다.

80 다음 중 냉방부하 계산 시 현열만을 고려하는 것은?

① 인체의 발생열량
② 벽체로부터의 취득열량
③ 극간풍에 따른 취득열량
④ 외기의 도입으로 인한 취득열량

해설

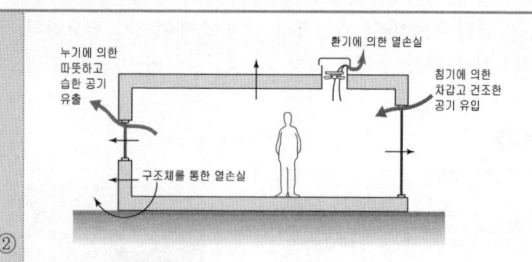

②		
1	현열부하만 계산: 조명 부하, 실내기기 부하, 벽이나 창을 통한 열관류 부하, 창을 통한 일사열 부하
2	현열+잠열: 인체 부하, 틈새바람(극간풍), 환기를 위한 신선 외기 도입

해답 77. ② 78. ② 79. ① 80. ②

건축설비 2020년 제2회

61 자동화재탐지설비의 감지기 중 감지기 주위의 온도가 일정한 온도 이상이 되었을 때 작동 하는 것은?

① 차동식 감지기　② 정온식 감지기
③ 광전식 감지기　④ 이온화식 감지기

해설

② 주위 온도가 일정 온도 이상일 때 작동하는 것은 정온식, 온도 상승률이 일정 이상일 때 작동하는 것은 차동식 스폿 감지기이다.

62 급탕설비에 관한 설명으로 옳은 것은?

① 팽창탱크는 반드시 개방식으로 해야 한다.
② 리버스 리턴(Reverse-Return) 방식은 전 계통의 탕의 순환을 촉진하는 방식이다.
③ 직접가열식 중앙급탕법은 보일러 안에 스케일 부착이 없어 내부에 방식 처리가 불필요하다.
④ 간접가열식 중앙급탕법은 저탕조와 보일러를 직결하여 순환 가열하는 것으로 고압용 보일러가 주로 사용된다.

해설

① 팽창탱크는 개방형 팽창탱크, 밀폐형 팽창탱크 어느 것으로도 할 수 있다.

③ 직접가열식 급탕법은 새로운 물이 항상 보일러를 거쳐 공급되므로 보일러 내부에 스케일이 생길 염려가 있다.

④ 간접가열식 보일러는 저탕조 내의 가열코일과 직결하여 사용하므로 반드시 고압일 필요는 없으며, 건물 높이에 따른 수압은 저탕조에 영향을 미치므로 고압에 견딜 수 있도록 제작하여야 한다.

63 난방방식에 관한 설명으로 옳지 않은 것은?

① 증기난방은 잠열을 이용한 난방이다.
② 온수난방은 온수의 현열을 이용한 난방이다.
③ 온풍난방은 온습도 조절이 가능한 난방이다.
④ 복사난방은 열용량이 작으므로 간헐난방에 적합하다.

해설

④ 복사난방 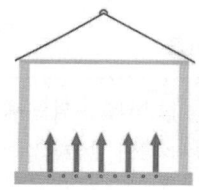 열용량이 크고, 방열량 조절이 어려우며 예열시간도 길기 때문에 간헐난방에 부적합하다.

64 알칼리 축전지에 관한 설명으로 옳지 않은 것은?

① 고율방전 특성이 좋다.
② 공칭전압은 2[V/셀]이다.
③ 기대수명이 10년 이상이다.
④ 부식성의 가스가 발생하지 않는다.

해설

연축전지	구분	알칼리축전지
묽은 황산속에 과산화연과 연을 침적하여 기전력 발생	원리	알칼리용액의 전해질에 양극판과 음극판을 서로 격리 침적시켜 기전력 발생
2.05~2.08V	기전력	1.32V
2.0V	공칭전압 (V/Cell)	1.2V
약하다	전기적 강도	강하다
길다	충전 시간	짧다
나쁘다	온도 특성	좋다
5~15년	수명	20~30년
싸다	가격	비싸다
장시간 일정 전류 부하	용도	단시간 대전류 부하

해답　61. ②　62. ②　63. ④　64. ②

65 덕트 설비에 관한 설명으로 옳은 것은?

① 고속덕트에는 소음상자를 사용하지 않는 것이 원칙이다.
② 고속덕트는 관마찰저항을 줄이기 위하여 일반적으로 장방형 덕트를 사용한다.
③ 등마찰손실법은 덕트 내의 풍속을 일정하게 유지할 수 있도록 덕트 치수를 결정하는 방법이다.
④ 같은 양의 공기가 덕트를 통해 송풍될 때 풍속을 높게 하면 덕트의 단면 치수를 작게 할 수 있다.

해설

①	고속덕트는 덕트 내 풍속이 15~20m/s로 고압이며 소음이 발생하므로 소음상자를 사용하는 것이 좋다.
②	고속덕트를 장방형 덕트로 하면 반드시 보강을 해야 하므로 일반적으로 원형 덕트를 사용한다.
③	덕트 내의 풍속을 일정하도록 덕트 치수를 결정하는 방법을 등속법이라 한다.

66 다음 중 건물 실내에 표면결로 현상이 발생하는 원인과 가장 거리가 먼 것은?

① 실내의 온도차
② 구조재의 열적 특성
③ 실내 수증기 발생량 억제
④ 생활 습관에 따른 환기 부족

해설

③	표면결로 (Surface Condensation)  실내의 습기가 벽이나 (유리)창문과 같은 저온의 실내측 표면에 닿아 이슬이 맺히는 현상		
	방지대책	환기	실내의 습한 공기를 제거
		난방	건물 내부의 표면온도를 올린다.
		단열	구조체를 통한 열손실 방지와 보온의 역할

67 사무소 건물에서 다음과 같이 위생기구를 배치하였을 때 이들 위생기구 전체로부터 배수를 받아들이는 배수수평지관의 관경으로 가장 알맞은 것은?

기구종류	바닥 배수	소변기	대변기
배수부하단위	2	4	8
기구수	2	8	2

관경(mm)	배수수평지관의 배수부하단위
75	14
100	96
125	216
150	372

① 75mm
② 100mm
③ 125mm
④ 150mm

해설

②	배수부하단위	$2 \times 2 + 4 \times 8 + 8 \times 2 = 52$
	관경 선정	배수부하단위 52는 14보다는 크고 96에 포함될 수 있으므로 관경은 100mm

68 양수량 $1m^3/min$, 전양정 50m인 펌프에서 회전수를 1.2배 증가시켰을 때 양수량은?

① 1.2배 증가
② 1.44배 증가
③ 1.73배 증가
④ 2.4배 증가

해설

①	왕복동 펌프의 양수량(Q)	$Q = A \cdot L \cdot N \cdot E_V$
	• A : 피스톤 또는 플런저의 유효단면적(m^2)	
	• L : 피스톤 또는 플런저의 스트로크 왕복거리(m)	
	• N : 1분당 스트로크수(크랭크의 회전수)	
	• E_V : 용적 효율	
	펌프의 양수량은 회전수에 비례하므로, 회전수를 1.2배 증가시키면 양수량도 1.2배가 된다.	

해답 65. ④ 66. ③ 67. ② 68. ①

69 높이 30m의 고가수조에 매분 1m³의 물을 보내려고 할 때 필요한 펌프의 축동력은? (단, 마찰손실수두 6m, 흡입양정 1.5m, 펌프효율 50%인 경우)

① 약 2.5kW   ② 약 9.8kW
③ 약 12.3kW ④ 약 16.7kW

해설

③

펌프의 축동력 $\dfrac{W \cdot Q \cdot H}{6,120 \cdot E}$	W	물의 밀도 (1,000kg/m³)
	Q	펌프의 양수량 (m³/min)
	H	전양정(m)
	E	펌프의 효율(%)

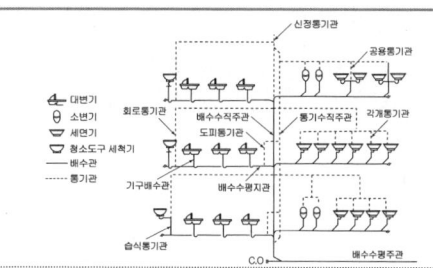

펌프의 전양정 = 1.5+30+6 = 37.5m

$$\dfrac{W \cdot Q \cdot H}{6,120 \cdot E} = \dfrac{(1,000)(1)(37.5)}{6,120(0.5)} = 12.25\text{kW}$$

70 전기설비가 어느 정도 유효하게 사용되는가를 나타내며 최대수용전력에 대한 부하의 평균전력의 비로 표현되는 것은?

① 부하율   ② 부등률
③ 수용률   ④ 역률

해설

② 부등률 = $\dfrac{\text{각 부하의 최대수용전력 합계(kW)}}{\text{합계부하의 최대수용전력(kW)}} \times 100(\%)$

③ 수용률 = $\dfrac{\text{최대수용전력(kW)}}{\text{부하설비용량(kW)}} \times 100(\%)$

④ 역률(Power Factor) : 교류회로에 전력을 공급할 때의 유효전력과 피상전력과의 비율

71 각 층마다 옥내소화전이 3개씩 설치되어 있는 건물에서 옥내소화전설비의 수원의 저수량은 최소 얼마 이상이 되도록 하여야 하는가?

① 6.9m³   ② 7.2m³
③ 7.5m³   ④ 5.2m³

해설

④

| 1 | 옥내소화전의 소화 수량 = 2.6N 에서 N은 최대 2개 |
| 2 | 2.6N = 2.6×2 = 5.2m³ |

72 다음의 통기방식에 관한 설명 중 옳지 않은 것은?

① 신정통기 방식에서는 통기수직관을 설치하지 않는다.
② 루프통기 방식은 각 기구의 트랩마다 통기관을 설치하고 각각을 통기 수평관에 연결하는 방식이다.
③ 신정통기 방식은 배수수직관의 상부를 연장하여 신정통기관으로 사용하는 방식으로, 대기 중에 개구한다.
④ 각개통기 방식은 트랩마다 통기되기 때문에 가장 안정도가 높은 방식으로, 자기사이펀 작용의 방지에도 효과가 있다.

해설

② 각 위생기구마다 통기관을 세우는 것은 각개통기관이며, 루프통기관은 2개 이상 8개 이내의 트랩을 보호하기 위해 최상류 위생기구 기구배수관이 배수수평지관과 연결되는 바로 하류의 수평지관에 접속시켜 통기수직관 또는 신정통기관으로 연결하는 통기관이다.

해답 69. ③ 70. ① 71. ④ 72. ②

73 습공기를 가열하였을 경우 상태량이 변하지 않는 것은?

① 엔탈피 ② 비체적
③ 절대습도 ④ 상대습도

해설

③

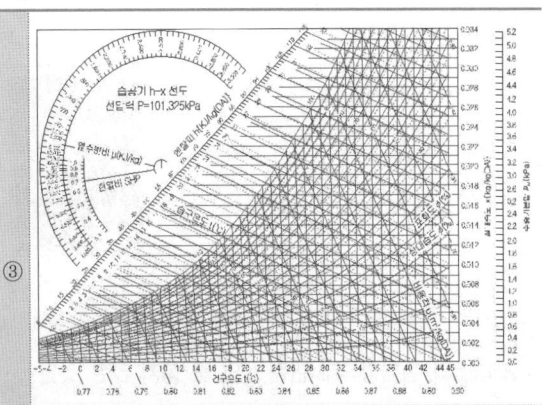

포화범위 내에서 공기를 가열하거나 냉각해도 절대습도는 변함이 없다.

74 어느 점광원에서 1[m] 떨어진 곳의 직각면 조도가 200[lx]일 때, 이 광원에서 2[m] 떨어진 곳의 직각면 조도는?

① 25[lx] ② 50[lx]
③ 100[lx] ④ 200[lx]

해설

②

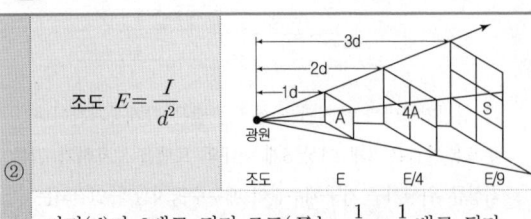

조도 $E = \dfrac{I}{d^2}$

거리(d)가 2배로 되면 조도(E)는 $\dfrac{1}{2^2} = \dfrac{1}{4}$ 배로 된다.

$200[lx] \div \dfrac{1}{4} = 50[lx]$

75 공기조화방식 중 전수방식에 관한 설명으로 옳지 않은 것은?

① 각 실의 제어가 용이하다.
② 실내 배관에 따른 누수의 우려가 있다.
③ 극장의 관객석과 같이 많은 풍량을 필요로 하는 곳에 주로 사용된다.
④ 열매체가 증기 또는 냉·온수이므로 열의 운송동력이 공기에 비해 적게 소요된다.

해설

③ 팬코일유닛 방식과 같은 전수(All Water) 방식은 외기량이 부족하여 실내 공기 오염이 심할 수 있다. 극장 관객석과 같이 많은 풍량을 필요로 하는 곳은 전공기(All Air)방식 중 단일덕트방식이 주로 사용된다.

76 터보 냉동기에 관한 설명으로 옳지 않은 것은?

① 왕복동식에 비하여 진동이 적다.
② 흡수식에 비해 소음 및 진동이 심하다.
③ 임펠러 회전에 따른 원심력으로 냉매가스를 압축한다.
④ 일반적으로 대용량에는 부적합하며 비례제어가 불가능하다.

해설

④ 대용량에는 부적합하며 비례제어가 불가능한 것은 왕복동식 냉동기의 특징이다.

해답 73. ③ 74. ② 75. ③ 76. ④

77 가스배관 경로 선정 시 주의하여야 할 사항으로 옳지 않은 것은?

① 장래의 증설 및 이설 등을 고려한다.
② 주요구조부를 관통하지 않도록 한다.
③ 옥내 배관은 매립하는 것을 원칙으로 한다.
④ 손상이나 부식 및 전식을 받지 않도록 한다.

해설

③	  가스배관은 가스누출 시의 환기를 위하여 매립하지 않고 노출 배관을 원칙으로 한다.

78 다음과 같은 특징을 갖는 배선 방법은?

- 열적 영향이나 기계적 외상을 받기 쉬운 곳이 아니면 금속관 배선과 같이 광범위하게 사용 가능하다.
- 관 자체가 절연체이므로 감전의 우려가 없으며 시공이 용이하다.

① 금속덕트 배선 ② 버스덕트 배선
③ 플로어덕트 배선 ④ 합성수지관 배선

해설

④		 경질비닐관 (=합성수지관, PVC관)
	1	관 자체가 우수한 절연성을 가지고 있으며, 중량이 가볍고 시공이 용이하다.
	2	내식성이 우수하여 화학공장 등에 사용이 가능하지만, 열에 약하고 기계적 강도가 낮은 것이 결점이다.

79 엘리베이터의 일주시간 구성 요소에 속하지 않는 것은?

① 주행시간 ② 도어개폐시간
③ 승객출입시간 ④ 승객대기시간

해설

④	엘리베이터 5분간 수송 인원수(P) $$P = \frac{(60 \times 5)(0.8 \times car\ 정원)}{평균일주시간}$$ 평균일주시간 = 승객출입시간 + 문의 개폐시간 + 카의 주행시간 셋을 합쳐서 한 번 왕복하는데 소요되는 시간	

80 다음과 같은 조건에 있는 실의 틈새바람에 따른 현열 부하량은?

【조건】
• 실의 체적: 400m³
• 환기 회수 0.5회/h
• 실내 공기 건구온도: 20℃, 외기 건구온도: 0℃
• 공기의 밀도 1.2kg/m³, 비열 1.01kJ/kg·K

① 986W ② 1,124W
③ 1,348W ④ 1,542W

해설

③	1	환기량: $Q = n \cdot V = (0.5)(400) = 200\text{m}^3/\text{h}$
	2	단위환산계수 0.337W·h/m³·K를 이용한다.
	3	현열: $Q_{SH} = 0.337 Q(t_o - t_i)$ $= 0.337(200)(20 - 0) = 1,348\text{W}$

해답 77. ③ 78. ④ 79. ④ 80. ③

건축설비 2020년 제4회

61 다음 중 겨울철 실내 유리창 표면에 발생하기 쉬운 결로의 방지 방법과 가장 거리가 먼 것은?

① 실내공기의 움직임을 억제한다.
② 실내에서 발생하는 수증기를 억제한다.
③ 이중유리로 하여 유리창의 단열성능을 높인다.
④ 난방기기를 이용하여 유리창 표면온도를 높인다.

해설

①	표면결로 (Surface Condensation)	실내의 습기가 벽이나 (유리)창문과 같은 저온의 실내측 표면에 닿아 이슬이 맺히는 현상
	방지대책	환기	실내의 습한 공기를 제거
		난방	건물 내부의 표면온도를 올린다.
		단열	구조체를 통한 열손실 방지와 보온의 역할

62 엘리베이터의 안전장치 중에서 카(Car)가 최상층이나 최하층에서 정상 운행 위치를 벗어나 그 이상으로 운행하는 것을 방지하는 것은?

① 완충기(Buffer)
② 조속기(Governor)
③ 리미트 스위치(Limit Switch)
④ 카운터 웨이트(Counter Weight)

해설

| ③ | 리미트 스위치(Limit Switch) | 종점스위치가 고장 났을 때 엘리베이터를 최상층이나 최하층에서 멈추게 하는 안전장치이다. |  |

63 도시가스 설비에서 도시가스 압력을 사용처에 맞게 낮추는 감압 기능을 갖는 기기는?

① 기화기 ② 정압기
③ 압송기 ④ 가스홀더

해설

②	정압기(Governor) 	도시가스를 공급할 때 가스의 공급이 극히 제한된 영역에서 고압에서 중압으로, 중압에서 저압으로 감압하여 사용 기구에 맞는 적당한 압력으로 공급하기 위해서 사용되는 도시가스 시설 용도의 기기를 정압기(Governor)라고 한다.

64 다음의 공기조화방식 중 전수방식에 속하는 것은?

① 단일덕트 방식 ② 2중덕트 방식
③ 멀티존유닛 방식 ④ 팬코일유닛 방식

해설

④	운반되는 열매체에 따른 공조방식의 분류	
	전공기(All Air) 방식	단일덕트 방식, 2중덕트 방식, 멀티존유닛 방식, 덕트병용패키지 방식, 각층유닛 방식
	전수(All Water) 방식	팬코일유닛(Fan Coil Unit) 방식
	공기-수(Air-Water) 방식	유인유닛 방식, 덕트병용 팬코일유닛 방식, 덕트병용 복사냉난방 방식

해답 61. ① 62. ③ 63. ② 64. ④

65 몰드 변압기에 관한 설명으로 옳지 않은 것은?

① 내진성이 우수하다.
② 내습성이 우수하다.
③ 반입, 반출이 용이하다.
④ 옥외 설치 및 대용량 제작이 용이하다.

해설

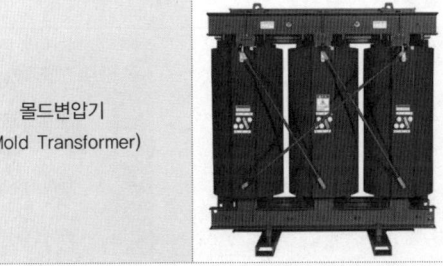
몰드변압기
(Mold Transformer)

④ 절연물이 절연유가 아닌 에폭시 수지를 사용한 건식 변압기로서 소형, 경량, 점검 및 보수가 간편한 특징을 가지고 있다.

장점	단점
• 난연성, 내진성, 내습성 우수	• 가격이 고가
• 소형·경량으로 반입 및 반출이 용이	• 자기발열에 따른 절연물 크랙의 요인이 있음
• 단시간 과부하에 좋음	• 내전압 성능이 낮음
• 저전력 손실	• 옥외 설치 및 대용량 제작이 곤란함

66 평균BOD 150ppm인 가정오수 $1,000m^3/d$가 유입되는 오수정화조의 1일 유입BOD량은?

① 150kg/d ② 300kg/d
③ 45,000kg/d ④ 150,000kg/d

해설

①
1일 오수량	$1,000m^3/day = 1,000,000kg/day$
유입수BOD	$1,000,000kg/day \times 0.00015 = 150kg/day$

67 간선의 배선방식 중 평행식에 대한 설명으로 옳은 것은?

① 설비비가 가장 저렴하다.
② 배선 자재의 소요가 가장 적다.
③ 사고의 영향을 최소화 할 수 있다.
④ 전압이 안정되나 부하의 증가에 적응할 수 없다.

해설

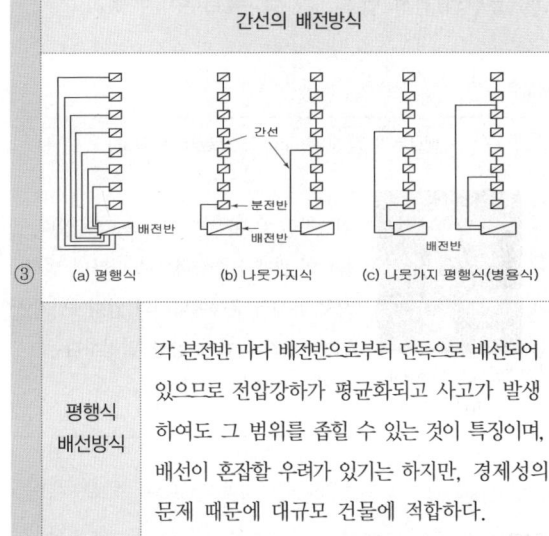
간선의 배전방식
(a) 평행식 (b) 나뭇가지식 (c) 나뭇가지 평행식(병용식)

③
평행식 배선방식	각 분전반 마다 배전반으로부터 단독으로 배선되어 있으므로 전압강하가 평균화되고 사고가 발생하여도 그 범위를 좁힐 수 있는 것이 특징이며, 배선이 혼잡할 우려가 있기는 하지만, 경제성의 문제 때문에 대규모 건물에 적합하다.

68 전기설비용 시설공간(실)의 계획에 관한 설명으로 옳지 않은 것은?

① 변전실은 부하의 중심에 설치한다.
② 변전실은 외부로부터 전력의 수전이 용이해야 한다.
③ 중앙감시실은 일반적으로 방재센터와 겸하도록 한다.
④ 발전기실은 변전실에서 최소 10m 이상 떨어진 위치에 배치한다.

해설

④ 발전기실은 변전실과 인접하도록 배치하고 냉각수 공급, 연료의 공급, 급기 및 배기 용이성, 연돌과의 관계를 고려한 위치로 배치하며, 최소 10m 이상 떨어진 위치에 배치한다는 규정은 없다.

해답 65. ④ 66. ① 67. ③ 68. ④

69 다음 설명에 알맞은 유체역학의 기본 원리는?

> 에너지보존의 법칙을 유체의 흐름에 적용한 것으로서 유체가 갖고 있는 운동에너지, 중력에 따른 위치에너지 및 압력에너지의 총합은 흐름 내 어디에서나 일정하다.

① 사이펀 작용
② 파스칼의 원리
③ 뉴턴의 점성 법칙
④ 베르누이의 정리

해설

④
베르누이 정리(Bernoulli's Theorem, 1738)

Daniel Bernoulli
(1700~1782)

이상적인 유체가 흐르는 속도와 압력, 높이의 관계를 수량적으로 나타낸 법칙으로 유체의 운동에너지와 압력에너지, 위치에너지의 합이 항상 일정하다는 성질을 이용한 정리이다.

70 급수 및 급탕설비에 사용되는 슬리브(Sleeve)에 관한 설명으로 옳은 것은?

① 사이펀 작용에 따른 트랩의 봉수 파괴 방지를 위해 사용한다.
② 스케일 부착 및 이물질 투입에 따른 관 폐쇄를 방지하기 위해 사용한다.
③ 가열장치 내의 압력이 설정 압력을 넘는 경우에 압력을 도피시키기 위해 사용한다.
④ 배관 시 차후의 교체, 수리를 편리하게 하고 관의 신축에 무리가 생기지 않도록 하기 위해 사용한다.

해설

슬리브(Sleeve)

④ '소매'란 뜻으로 소매 속을 팔뚝이 들락날락 하듯이 배관의 수리 교체를 쉽게 하기 위해 설치한다.

71 아파트 각 세대에 스프링클러헤드를 30개 설치한 경우, 스프링클러설비의 수원의 저수량은 최소 얼마 이상이 되도록 하여야 하는가? (단, 폐쇄형 스프링클러헤드를 사용한 경우)

① $12m^3$
② $24m^3$
③ $36m^3$
④ $48m^3$

해설

스프링클러(Sprinkler)

소화수량: $Q = 80ℓ/min × N(개) × 20(min) = 1.6N(m^3)$
➡ $Q = 1.6N = 1.6(30) = 48m^3$

72 습공기를 가열할 경우 감소하는 상태값은?

① 엔탈피
② 비체적
③ 상대습도
④ 건구온도

해설

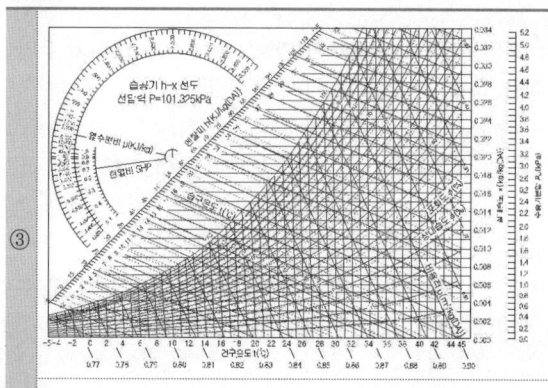

습공기를 가열하면 상대습도는 낮아진다.

73 변풍량 단일덕트 방식에서 송풍량 조절의 기준이 되는 것은?

① 실내 청정도
② 실내 기류속도
③ 실내 현열부하
④ 실내 잠열부하

해설

③
단일덕트 방식(Single Duct System):
1대의 공조기에 1개의 급기덕트만 연결되어 여름에는 냉풍, 겨울에는 온풍을 송풍하여 공기조화하는 방식

(가)변풍량 방식(Variable Air Volume System):
각 실별 또는 존별로 덕트의 말단에 VAV유닛을 설치하여 송풍온도는 일정하게 하고, 실내 현열(Sensible Heat)부하의 변동에 따라 송풍량만을 변화시키는 에너지 절약형 방식

74 습공기의 건구온도와 습구온도를 알 때 습공기선도에서 구할 수 있는 상태값이 아닌 것은?

① 엔탈피
② 비체적
③ 기류속도
④ 절대습도

해설

③

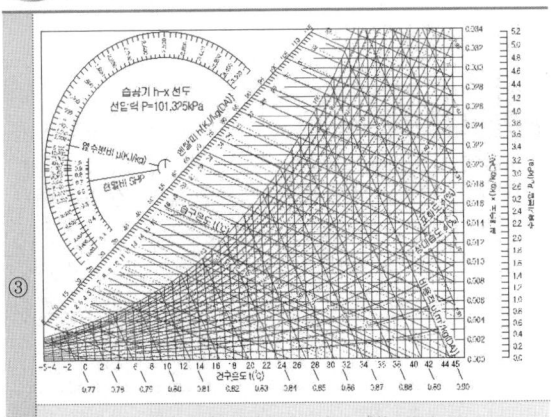

습공기선도를 통하여 알 수 있는 요소

건구온도, 습구온도, 노점온도, 절대습도, 상대습도, 포화도, 수증기압, 엔탈피, 비체적, 현열비

75 온수난방의 일반적인 특징에 관한 설명으로 옳지 않은 것은?

① 한랭지에서는 운전 정지 중에 동결의 위험이 있다.
② 난방을 정지하여도 난방효과가 어느 정도 지속된다.
③ 증기난방에 비하여 난방부하 변동에 따른 온도 조절이 용이하다.
④ 증기난방에 비하여 소요방열면적과 배관경이 작게 되므로 설비비가 적게 든다.

해설

④

바닥 온수난방

온수난방은 증기난방에 비해 방열면적과 배관의 관경이 커야 하므로 설비비가 약간 비싸게 된다.

76 다음 중 냉방부하 계산 시 현열과 잠열 모두 고려하여야 하는 요소는?

① 덕트로부터의 취득열량
② 유리로부터의 취득열량
③ 벽체로부터의 취득열량
④ 극간풍에 따른 취득열량

해설

④

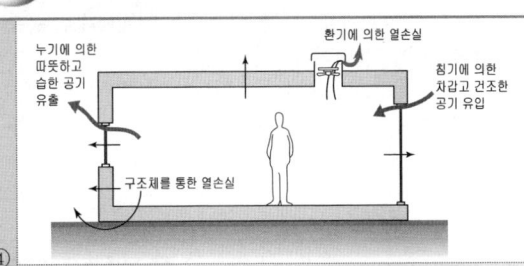

현열부하만 계산
조명 부하, 실내기기 부하, 벽이나 창을 통한 열관류 부하, 창을 통한 일사열 부하
현열부하 + 잠열부하
인체 부하, 틈새바람(극간풍), 환기를 위한 신선 외기 도입

해답 73. ③ 74. ③ 75. ④ 76. ④

77 다음 중 방송공동수신 설비의 구성 기기에 속하지 않는 것은?

① 혼합기 ② 모시계
③ 컨버터 ④ 증폭기

해설

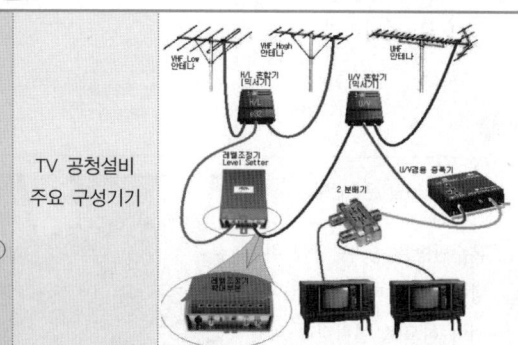

② TV 공청설비 주요 구성기기

안테나, 혼합기(Mixer), 증폭기(Booster), 선로기기(분기기), 분배기, 정합기, 변환기(=컨버터, Converter), 전송선

78 냉각탑에 관한 설명으로 옳은 것은?

① 고압의 액체냉매를 증발시켜 냉동효과를 얻게 하는 설비이다.
② 증발기에서 나온 수증기를 냉각시켜 물이 되도록 하는 설비이다.
③ 대기 중에서 기체냉매를 냉각시켜 액체냉매로 응축하기 위한 설비이다.
④ 냉매를 응축시키는데 사용된 냉각수를 재사용하기 위하여 냉각시키는 설비이다.

해설

냉각탑(冷却塔, Cooling Tower)

④ 냉온 열원장치를 구성하는 기기의 하나로서 냉동기로부터의 발열을 냉각수를 순환시켜 대기 중으로 방출하기 위한 장치

79 급수방식 중 고가수조방식에 관한 설명으로 옳은 것은?

① 대규모의 급수 수요에 쉽게 대응할 수 있다.
② 저수조가 없으므로 단수 시에 급수할 수 없다.
③ 수도 본관의 영향을 그대로 받아 수압 변화가 심하다.
④ 위생 및 유지관리 측면에서 가장 바람직한 방식이다.

해설

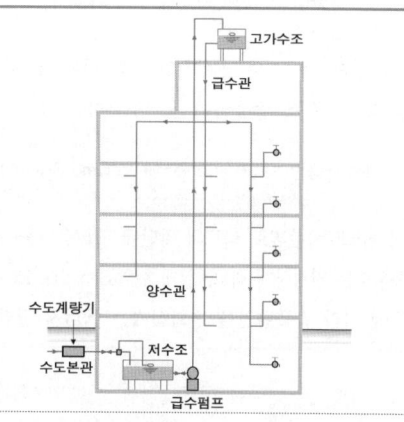

② 저수조가 있으므로 단수 시에 급수할 수 있다.
③ 하향 급수방식으로서 급수 공급 압력의 변화가 거의 없다.
④ 수질오염의 측면에서는 수도직결방식이 가장 작고, 고가수조방식이 가장 크다.

80 면적이 100m²인 어느 강당의 야간 소요 평균조도가 300lx이다. 1개당 광속이 2,000lm인 형광등을 사용할 경우 소요 형광등수는? (단, 조명률은 60%, 감광보상률은 1.5이다.)

① 25개 ② 29개 ③ 34개 ④ 38개

해설

④ 광속법에 따른 조명설계식 $F \cdot N \cdot U = E \cdot A \cdot D$

$$N = \frac{E \cdot A \cdot D}{F \cdot U} = \frac{(300)(100)(1.5)}{(2,000)(0.6)} = 37.5개 \Rightarrow 38개$$

해답 77. ② 78. ④ 79. ① 80. ④

II. 바이블 과목별 기출문제

건축법규

- 01 2016년 기출문제 ····· *2-312*
- 02 2017년 기출문제 ····· *2-327*
- 03 2018년 기출문제 ····· *2-342*
- 04 2019년 기출문제 ····· *2-357*
- 05 2020년 기출문제 ····· *2-372*

건축법규 2016년 제1회

81 건축법령상 일반주거지역, 준주거지역, 상업지역 또는 준공업지역의 환경을 쾌적하게 조성하기 위하여 대지에 공개공지 또는 공개공간을 확보하여야 하는 대상 건축물에 속하지 않는 것은? (단, 건축조례로 정하는 건축물 제외)

① 숙박시설로서 해당 용도로 쓰는 바닥면적의 합계가 5,000m² 이상인 건축물
② 의료시설로서 해당 용도로 쓰는 바닥면적의 합계가 5,000m² 이상인 건축물
③ 업무시설로서 해당 용도로 쓰는 바닥면적의 합계가 5,000m² 이상인 건축물
④ 종교시설로서 해당 용도로 쓰는 바닥면적의 합계가 5,000m² 이상인 건축물

해설

②

공개공지 확보 대상		
대상 지역	(1) 일반주거지역 · 준주거 지역	
	(2) 상업지역 · 준공업지역	
	(3) 특별자치시장 · 특별자치도지사 · 시장 · 군수 · 구청장이 도시화 가능성이 크다고 인정하여 지정 · 공고하는 지역	
규모	용도 바닥면적 합계 5,000m² 이상	
용도	• 문화 및 집회시설	• 판매시설 (농수산물 유통시설 제외)
	• 종교시설	• 운수시설 (여객용 시설만 해당)
	• 업무시설	• 숙박시설

82 국토의 계획 및 이용에 관한 법률에 구분된 용도지구의 종류에 속하지 않는 것은?

① 취락지구   ② 고도지구
③ 주차장정비지구   ④ 특정용도제한지구

해설

③

국토의 계획 및 이용에 관한 법률상의 용도지구
경관지구, 고도지구, 방화지구, 방재지구, 보호지구, 취락지구, 개발진흥지구, 특정용도제한지구, 복합용도지구, 그 밖에 대통령령으로 정하는 지구

83 건축물에 설치하는 지하층의 구조 및 설비에 관한 기준 내용이다. ( )안에 알맞은 것은?

> 거실의 바닥면적이 ( ) 이상인 층에는 직통계단 외에 피난층 또는 지상으로 통하는 비상탈출구 및 환기통을 설치할 것. 다만, 직통계단이 2개소 이상 설치되어 있는 경우에는 그러하지 아니 하다.

① 30m²   ② 50m²
③ 80m²   ④ 100m²

해설

② 거실의 바닥면적이 50m² 이상인 층에는 피난층으로 통하는 비상탈출구를 설치할 것

84 건축물로부터 바깥쪽으로 나가는 출구를 국토교통부령으로 정하는 기준에 따라 설치하여야 하는 대상 건축물에 속하지 않는 것은?

① 종교시설
② 의료시설 중 종합병원
③ 교육연구시설 중 학교
④ 문화 및 집회시설 중 관람장

해설

건축물 옥외출구 제한 대상		
②	다음에 해당하는 건축물의 옥외로의 출구는 국토교통부령에 정하는 바에 따라 피난층 거실로부터 일정 거리 이내에 설치하여야 한다.	
	1	문화 및 집회시설(전시장, 동·식물원 제외), 종교시설, 판매시설, 국가 또는 지방자치단체의 청사, 장례시설, 위락시설, 학교, 승강기를 설치해야 하는 건축물
	2	연면적 5,000m² 이상인 창고시설
	3	300m² 이상인 공연장·종교집회장·인터넷컴퓨터게임 시설 제공업소

해답 81. ② 82. ③ 83. ② 84. ②

85 다음은 일조 등의 확보를 위한 건축물의 높이 제한에 관한 기준 내용이다. ( )안의 내용으로 옳은 것은?

> 전용주거지역이나 일반주거지역에서 건축물을 건축하는 경우에는 법 제61조 제1항에 따라 건축물의 각 부분을 정북(正北) 방향으로의 인접 대지경계선으로부터 다음 각 호의 범위에서 건축조례로 정하는 거리 이상을 띄어 건축하여야 한다.
> 1. 높이 10m 이하인 부분:
>   인접 대지경계선으로부터 (㉠) 이상
> 2. 높이 10m를 초과하는 부분:
>   인접 대지경계선으로부터 해당 건축물 각 부분 높이의 (㉡) 이상

① ㉠ 1m
② ㉠ 1.5m
③ ㉡ 1/3
④ ㉡ 2/3

해설

	일조 등의 확보를 위한 건축물의 높이 제한		
대상	전용주거지역 및 일반주거지역		
②	이격거리의 기준(조례로 정함)		
적용 기준	1	높이 10m 이하인 부분	
		1.5m 이상	
	2	높이 10m를 초과하는 부분	
		인접 대지경계선으로부터 해당 건축물의 각 부분의 높이의 1/2 이상	

86 건축허가 신청에 필요한 설계도서에 속하지 않는 것은?

① 조감도 ② 건축계획서
③ 구조계산서 ④ 소방설비도

해설

	건축허가 신청 서식 중 기본설계도서의 범위
①	건축계획서, 배치도, 평면도, 입면도, 단면도, 구조도, 구조계산서, 소방설비도

87 다음은 건축면적에 산입하지 아니 하는 경우에 관한 기준 내용이다. ( )안에 알맞은 것은?

> 다음의 경우에는 건축면적에 산입하지 아니 한다.
> 지표면으로부터 (㉠) 이하에 있는 부분 (창고 중 물품을 입출고하기 위하여 차량을 접안시키는 부분의 경우에는 지표면으로부터 (㉡) 이하에 있는 부분)

① ㉠ 1m, ㉡ 1.5m ② ㉠ 1m, ㉡ 2m
③ ㉠ 1.2m, ㉡ 1.5m ④ ㉠ 1.2m, ㉡ 2m

해설

	건축면적 산정 시 제외되는 부분	
①	1	지표면으로부터 1m 이하에 있는 부분 (창고 중 물품을 입출고하기 위하여 차량을 접안시키는 부분의 경우에는 지표면으로부터 1.5m 이하에 있는 부분)
	2	다중이용업소 비상구에 연결하여 설치하는 폭 2m 이하의 옥외피난계단
	3	건축물 지상층에 일반인·차량이 통행할 수 있도록 설치한 통로
	4	건축물 지하층의 출입구 상부(출입구 너비에 상당하는 규모의 부분), 지하주차장의 경사로

88 주차장법령상 건축물 설치 시 부설주차장을 설치하지 않을 수 있는 시설물은?

① 종교시설 중 교회 ② 종교시설 중 성당
③ 종교시설 중 사찰 ④ 종교시설 중 수녀원

해설

	부설주차장 설치의 예외
④	1	제1종 근린생활시설 중 변전소, 양수장, 정수장, 대피장, 공중화장실 그 밖에 이와 비슷한 시설
	2	종교시설 중 수도원, 수녀원, 제실 및 사당
	3	동물 및 식물 관련시설(도축장 및 도제장 제외)

해답 85. ② 86. ① 87. ① 88. ④

89 비상용승강기의 승강장 및 승강로의 구조에 관한 기준 내용으로 옳지 않은 것은?

① 승강장은 각층의 내부와 연결될 수 있도록 할 것
② 각 층으로부터 피난층까지 이르는 승강로는 단일구조로 연결하여 설치할 것
③ 옥내 승강장의 바닥면적은 비상용승강기 1대에 대하여 6㎡ 이상으로 할 것
④ 피난층이 있는 승강장의 출입구로부터 도로 또는 공지에 이르는 거리가 50m 이하일 것

해설

④	피난층이 있는 승강장의 출입구로부터 도로 또는 공지에 이르는 거리가 30m 이하일 것

90 주차장의 장애인전용 주차단위구획 기준으로 옳은 것은? (단, 평행주차형식 외의 경우)

① 너비 2.3m 이상, 길이 5m 이상
② 너비 2.3m 이상, 길이 6m 이상
③ 너비 3.3m 이상, 길이 5m 이상
④ 너비 3.3m 이상, 길이 6m 이상

해설

구분	주차방식	단위주차구획	
일반형 주차장	평행주차 이외	2.5m × 5m 이상	확장형: 2.6m × 5.2m 이상
		2m × 3.6m	1,000cc 미만 경차
	평행주차	2m × 6m 이상	–
		2m × 5m	보차 구분이 없는 도로
		1.7m × 4.5m	1,000cc 미만 경차
지체장애인 전용		3.3m × 5m 이상(평행주차는 제외)	

※ 주차단위구획은 백색 실선(경형주차구획은 청색 실선)
※ 경형자동차(1,000cc미만) 주차구획
① 평행: 1.7m × 4.5m   ② 그 밖의 경우: 2m × 3.6m

91 피난용도로 쓸 수 있는 광장을 옥상에 설치하여야 하는 대상에 속하지 않는 것은?

① 5층 이상인 층이 종교시설의 용도로 쓰는 경우
② 5층 이상인 층이 판매시설의 용도로 쓰는 경우
③ 5층 이상인 층이 장례시설의 용도로 쓰는 경우
④ 5층 이상인 층이 문화 및 집회시설 중 전시장의 용도로 쓰는 경우

해설

	피난용 옥상광장의 설치 대상: 5층 이상의 층	
④	1	문화 및 집회시설(전시장, 동·식물원 제외)
	2	300㎡ 이상인 공연장 및 종교집회장, 판매시설, 유흥주점, 장례시설

92 건축물의 용도변경 시 분류된 시설군에 속하지 않는 것은?

① 영업시설군
② 공업시설군
③ 주거업무시설군
④ 문화 및 집회시설군

해설

	용도변경의 절차	
	용도변경 분류	행정 절차
②	1 자동차 관련 시설군	
	2 산업 등 시설군	
	3 전기통신 시설군	
	4 문화집회 시설군	• 오름차순 변경 (↑): 허가
	5 영업 시설군	• 내림차순 변경 (↓): 신고
	6 교육 및 복지 시설군	
	7 근린생활 시설군	
	8 주거업무 시설군	
	9 그 밖의 시설군	

해답 89. ④   90. ③   91. ④   92. ②

93 국토교통부령으로 정하는 기준에 따라 거실에 배연설비를 설치하여야 하는 대상 건축물에 속하지 않는 것은? (단, 6층 이상의 건축물)

① 의료시설
② 위락시설
③ 수련시설 중 유스호스텔
④ 교육연구시설 중 대학교

해설

	배연설비의 설치	
규모	6층 이상인 건축물	
설치장소	거실	
용도	• 문화 및 집회시설, 종교시설, 판매시설, 업무시설, 의료시설, 종교시설, 운수시설, 운동시설, 숙박시설, 위락시설, 관광휴게시설, 아동관련시설, 노인복지시설 • 연구소, 유스호스텔 • 장례식장	

④

94 다음 중 도시·군관리계획에 포함되지 않는 것은?

① 도시개발사업이나 정비사업에 관한 계획
② 광역계획권의 장기발전방향을 제시하는 계획
③ 기반시설의 설치·정비 또는 개량에 관한 계획
④ 용도지역·용도지구의 지정 또는 변경에 관한 계획

해설

	도시·군관리계획의 내용
1	용도지역·용도지구의 지정 또는 변경에 관한 계획
2	개발제한구역·시가화조정구역·수산자원보호구역의 지정 또는 변경에 관한 계획
3	기반시설의 설치·정비 또는 개량에 관한 계획
4	도시개발사업 또는 정비사업에 관한 계획
5	지구단위계획구역의 지정 또는 변경에 관한 계획과 지구단위계획

②

95 설치하여야 하는 부설주차장의 최소 규모(설치 대수)의 크기 관계가 옳은 것은?

㉠ 시설면적이 600m²인 위락시설
㉡ 시설면적이 800m²인 숙박시설
㉢ 타석수가 5타석인 골프연습장
㉣ 시설면적이 900m²인 판매시설

① ㉠ = ㉣ > ㉢ > ㉡
② ㉠ > ㉣ = ㉢ > ㉡
③ ㉢ > ㉣ > ㉠ > ㉡
④ ㉢ > ㉣ = ㉠ > ㉡

해설

㉠	위락시설	시설면적 100m²당 1대	600m²인 경우 6대
㉡	숙박시설	시설면적 200m²당 1대	800m²인 경우 4대
㉢	골프연습장	1타석당 1대	5타석은 5대
㉣	판매시설	시설면적 150m²당 1대	900m²인 경우 6대

①

96 건축법령상 아파트의 정의로 옳은 것은?

① 주택으로 쓰는 층수가 3개층 이상인 주택
② 주택으로 쓰는 층수가 4개층 이상인 주택
③ 주택으로 쓰는 층수가 5개층 이상인 주택
④ 주택으로 쓰는 층수가 6개층 이상인 주택

해설

공동주택: 아파트, 연립주택, 다세대주택의 구분	
아파트	주택으로 쓰이는 층이 5개층 이상인 주택
연립주택	주택으로 쓰이는 1개 동의 바닥면적(부설주차장 면적 제외) 합계가 660m²를 초과하는 4개층 이하의 주택
다세대주택	주택으로 쓰이는 1개 동의 바닥면적(부설주차장 면적 제외) 합계가 660m² 이하인 4개층 이하의 주택

③

해답 93. ④ 94. ② 95. ① 96. ③

97 제1종 전용주거지역 안에서 건축할 수 있는 건축물에 속하지 않는 것은? (단, 도시·군계획조례가 정하는 바에 의하여 건축할 수 있는 건축물 포함)
① 노유자시설
② 공동주택 중 아파트
③ 교육연구시설 중 고등학교
④ 제2종 근린생활시설 중 종교집회장

해설

	제1종 전용주거지역 안에서 건축할 수 있는 건축물
1	건축할 수 있는 건축물: 단독주택(다가구주택 제외)
② 2	도시·군계획조례가 정하는 바에 의하여 건축할 수 있는 건축물의 종류 • 다가구주택, 연립주택 및 다세대주택 • 제1종 근린생활시설로서 해당용도 바닥면적 1,000m² 미만: 문화 및 집회시설 중 전시장, 종교시설 • 종교집회장(제2종 근린생활시설) • 노유자시설, 교육연구시설 중 초등·중·고등학교 • 자동차관련시설 중 주차장

98 건축물의 옥상에 60m²의 옥상조경을 설치하고 대지에 100m²의 조경을 설치한 경우 조경면적으로 산정받을 수 있는 전체 조경면적은? (단, 이 건축물에 설치하여야 하는 조경면적은 100m²)
① 130m²
② 140m²
③ 150m²
④ 160m²

해설

	1	대지조경면적 = 100m²
②	2	옥상조경면적 = 60m² × $\frac{2}{3}$ = 40m² < 50m²
	3	옥상조경면적은 2/3를 인정하되 대지조경면적의 1/2을 넘지 못하므로, 실제 옥상조경면적은 40m²이다.
	4	전체 조경면적 = 100m² + 40m² = 140m²

99 건축물의 지하층에 비상탈출구를 설치하여야 하는 경우, 설치되는 비상탈출구에 관한 기준 내용으로 옳지 않은 것은? (단, 주택이 아닌 경우)
① 비상탈출구의 유효너비는 0.75m 이상으로 할 것
② 비상탈출구의 유효높이는 1.5m 이상으로 할 것
③ 비상탈출구는 출입구로부터 3m 이상 떨어진 곳에 설치할 것
④ 비상탈출구의 문은 피난방향으로 열리도록 하고, 실내에서 비상시에만 열 수 있는 구조로 할 것

해설

④	비상탈출구의 문은 실내에서 항상 열 수 있는 구조로 할 것

100 국토의 계획 및 이용에 관한 법률상 용도지역에서의 용적률 기준이 옳지 않은 것은? (단, 도시지역의 경우)
① 주거지역: 500% 이하
② 상업지역: 1,200% 이하
③ 공업지역: 400% 이하
④ 녹지지역: 100% 이하

해설

	지역별 용적률의 최대 한도	
①	제1종 전용주거지역: 50%~100%	500% 이하
	제2종 전용주거지역: 100%~150%	
	제1종 일반주거지역: 100%~200%	
	제2종 일반주거지역: 150%~250%	
	제3종 일반주거지역: 200%~300%	
	준주거지역: 200%~500%	
②	보전녹지지역: 50%~80%	100% 이하
	생산녹지지역: 50%~100%	
	자연녹지지역: 50%~100%	
③	전용공업지역: 150%~300%	400% 이하
	일반공업지역: 200%~350%	
	준공업지역: 200%~400%	
④	근린상업지역: 200%~900%	1,500% 이하
	일반상업지역: 300%~1,300%	
	유통상업지역: 200%~1,100%	
	중심상업지역: 400%~1,500%	

해답 97. ② 98. ② 99. ④ 100. ②

건축법규 2016년 제2회

81 준주거지역에서 건축할 수 없는 건축물은?

① 위락시설
② 종교시설
③ 공동주택 중 아파트
④ 문화 및 집회시설 중 전시장

해설

준주거지역	
주거기능을 위주로 이를 지원하는 일부 상업기능 및 업무기능을 보완하기 위하여 필요한 지역	
준주거지역 내에서 건축 불가능한 건축물	
①	1	제2종 근린생활시설 중 단란주점
	2	의료시설 중 격리병원, 자원순환관련시설, 묘지관련시설
	3	숙박시설, 위락시설, 공장, 자동차관련시설 중 폐차장
	4	위험물 저장 및 처리시설 중 시내버스차고지 외의 지역에 설치하는 액화석유가스 충전소 및 고압가스 충전소·저장소
	5	동물 및 식물관련시설 중 축사·도축장·도계장

82 건축법령상 공동주택에 속하지 않는 것은?

① 기숙사   ② 연립주택
③ 다가구주택   ④ 다세대주택

해설

공동주택의 분류		
③	1	아파트: 주택으로 쓰이는 층이 5개층 이상인 주택
	2	연립주택: 주택으로 쓰이는 1개 동의 바닥면적(부설주차장 면적 제외) 합계가 660m²를 초과하는 4개층 이하의 주택
	3	다세대주택: 주택으로 쓰이는 1개 동의 바닥면적(부설주차장 면적 제외) 합계가 660m² 이하인 4개층 이하의 주택
	4	기숙사

83 범죄예방 기준에 따라 건축하여야 하는 대상 건축물에 속하지 않는 것은?

① 수련시설
② 업무시설 중 오피스텔
③ 숙박시설 중 일반숙박시설
④ 아파트, 연립주택, 다세대주택, 다가구주택

해설

범죄예방 기준에 따라 건축하여야 하는 대상 건축물		
③	1	아파트, 연립주택, 다세대주택, 다가구주택
	2	제1종 근린생활시설 중 일용품을 판매하는 소매점
	3	제2종 근린생활시설 중 다중생활시설
	4	문화 및 집회시설(동·식물원은 제외)
	5	교육연구시설(연구소 및 도서관은 제외)
	6	노유자시설, 수련시설, 업무시설 중 오피스텔, 숙박시설 중 다중생활시설

84 6층 이상의 거실면적 합계가 9,000m²인 층수가 10층인 업무시설에 설치하여야 하는 승용승강기의 최소 대수는? (단, 8인승 승강기의 경우)

① 2대   ② 3대
③ 4대   ④ 5대

해설

③ $N = 1대 + \dfrac{A - 3,000}{2,000} = 1대 + \dfrac{(9,000) - 3,000}{2,000} = 4대$

해답 81. ①   82. ③   83. ③   84. ③

85 국토의 계획 및 이용에 관한 법령상 광장·공원·녹지·유원지·공공공지가 속하는 기반시설은?

① 교통시설 ② 공간시설
③ 환경기초시설 ④ 보건위생시설

해설

	기반시설: 도시 기능 유지를 위하여 대통령령으로 정한 시설	
②	1	교통시설: 철도, 궤도, 도로, 주차장, 자동차정류장, 공항, 항만, 운하, 자동차 및 기설기계 운전학원 및 검사시설
	2	공간시설: 광장, 공원, 녹지, 유원지, 공공공지
	3	환경기초시설: 폐차장, 폐기물처리시설, 하수도, 수질오염방지시설
	4	공공·문화체육시설: 학교, 공공청사, 문화시설, 체육시설, 도서관, 연구시설, 사회복지시설, 공공직업훈련시설, 청소년 수련시설

86 다음 중 특별건축구역으로 지정할 수 있는 사업 구역에 속하지 않는 것은?

① 「도로법」에 따른 접도구역
② 「도시개발법」에 따른 도시개발구역
③ 「택지개발촉진법」에 따른 택지개발사업구역
④ 「공공기관 지방이전에 따른 혁신도시 건설 및 지원에 관한 특별법」에 따른 혁신도시의 사업구역

해설

	국토교통부장관이 지정하는 경우 특별건축구역으로 지정할 수 없는 지역·구역	
①	1	「도로법」에 따른 접도구역
	2	「자연공원법」에 따른 자연공원
	3	「산지관리법」에 따른 보전산지
	4	「개발제한구역의 지정 및 관리에 관한 특별조치법」에 따른 개발제한구역

87 건축물의 주요구조부를 내화구조로 하여야 하는 대상 건축물에 속하지 않는 것은?

① 공장의 용도로 쓰는 건축물로서 그 용도로 쓰는 바닥면적 합계가 500㎡인 건축물
② 판매시설의 용도로 쓰는 건축물로서 그 용도로 쓰는 바닥면적 합계가 500㎡인 건축물
③ 창고시설의 용도로 쓰는 건축물로서 그 용도로 쓰는 바닥면적 합계가 500㎡인 건축물
④ 문화 및 집회시설 중 전시장의 용도로 쓰는 건축물로서 그 용도로 쓰는 바닥면적 합계가 500㎡인 건축물

해설

	주요구조부를 내화구조로 해야 하는 규정	
	200㎡ 이상	· 문화 및 집회시설(전시장 및 동·식물원 제외) · 유흥주점 · 종교시설, 장례시설
	500㎡ 이상	· 문화 및 집회시설 중 전시장 및 동·식물원 · 위락시설(유흥주점 제외) · 판매시설, 운수시설, 수련시설, 창고시설, 관광휴게시설 · 운동시설 중 체육관 및 운동장 · 위험물저장 및 처리시설 · 방송통신시설 중 방송국·전신전화국 및 촬영소
	2,000㎡ 이상	· 공장 (화재로 위험이 적은 공장으로서 주요구조부가 불연재료로 된 2층 이하의 공장은 예외)

88 상업지역에서 건축물에 설치하는 냉방시설 및 환기시설의 배기구는 도로면으로부터 최소 얼마 이상의 높이에 설치하여야 하는가?

① 1m ② 1.5m ③ 2m ④ 2.5m

해설

③ 상업지역·주거지역에서 도로(길이 10m 미만의 막다른 도로 제외)에 면한 배기구는 도로면으로부터 2m 이상의 위치에 설치하여야 한다.

해답 85. ② 86. ① 87. ① 88. ③

89 출입구의 개소에 관계없이 노외주차장의 차로의 너비를 최소 6m 이상으로 하여야 하는 주차형식은? (단, 이륜자동차전용 외의 노외주차장의 경우)

① 평행주차
② 직각주차
③ 교차주차
④ 45도 대향주차

해설

노외주차장 주차 형식과 차로의 폭

주차 형식	차로의 폭	
	출입구 2개 이상	출입구 1개
평행주차	3.3m	5.0m
45° 대향주차	3.5m	5.0m
교차주차	3.5m	5.0m
60° 대향주차	4.5m	5.5m
직각주차	6.0m	6.0m

90 다음 중 건축물 관련 건축 기준의 허용되는 오차의 범위(%)가 가장 큰 것은?

① 평면길이
② 출구너비
③ 반자높이
④ 바닥판두께

해설

건축물 관련 건축 기준의 허용 오차

항목	허용되는 오차의 범위	
건축물 높이		1m를 초과할 수 없다.
출구 너비	2% 이내	-
반자 높이		-
평면 길이		• 건축물 전체길이는 1m를 초과할 수 없다. • 벽으로 구획된 각 실은 10cm를 초과할 수 없다.
벽체 두께	3% 이내	
바닥판 두께		

④

91 【※ 현행 건축관계법규와 상이한 문제이므로 삭제】

92 건축물의 용도를 변경하는 경우 변경 후 용도의 주차대수와 변경 전 용도의 주차대수의 차이에 해당하는 부설주차장을 추가로 확보하지 아니 하고 용도를 변경할 수 있는 경우에 속하지 않는 것은? (단, 사용승인 후 5년이 지난 연면적 1,000㎡ 미만의 건축물의 용도를 변경하는 경우)

① 종교시설의 용도로 변경하는 경우
② 판매시설의 용도로 변경하는 경우
③ 다세대주택의 용도로 변경하는 경우
④ 문화 및 집회시설 중 전시장의 용도로 변경하는 경우

해설

용도변경에 따른 부설주차장 설치

③	1	추가 설치가 불필요한 용도변경: 사용승인 후 5년이 경과한 연면적 1,000㎡ 미만 시설물의 용도변경
	2	추가설치가 필요한 용도변경: 위락시설, 공연장, 집회장, 관람장, 다세대주택, 다가구주택으로의 건축물의 용도변경 시 부설주차장을 추가 확인하여야 한다.

해답 89. ② 90. ④ 91. 답 없음 92. ③

93 건축물의 건축주가 착공신고를 할 때, 해당 건축물의 설계자로부터 받은 구조안전의 확인서류를 허가권자에게 제출하여야 하는 대상 건축물 기준으로 옳지 않은 것은? (단, 허가 대상 건축물인 경우)

① 높이가 11m 이상인 건축물
② 처마높이가 9m 이상인 건축물
③ 국토교통부령으로 정하는 지진구역 안의 건축물
④ 기둥과 기둥 사이의 거리가 10m 이상인 건축물

해설

	구조계산에 따른 구조안전 확인 대상 건축물	
①	연면적, 층수	200m² 이상, 2층 이상 (기둥과 보가 목재인 목구조의 경우 3층 이상)
	높이	건축물 높이 13m 이상, 처마높이 9m 이상
	경간	10m 이상
	국가적 문화유산	국가적 문화유산으로서 보존가치가 있는 연면적 합계 5,000m² 이상인 박물관·기념관 등
	지진구역	지진구역 I 의 지역: 중요도(특) 또는 (1)인 건축물

94 문화 및 집회시설 중 공연장의 개별관람실에 다음 보기 지문과 같이 출구를 설치하였을 경우, 옳은 것은? (단, 개별관람실의 바닥면적은 900m² 이다.)

① 출구를 1개소 설치하였다.
② 각 출구의 유효너비를 2.4m로 하였다.
③ 출구로 쓰이는 문을 안여닫이로 하였다.
④ 출구의 유효너비의 합계를 5.0m로 하였다.

해설

①	출구는 관람실별로 2개소 이상 설치하여야 한다.
②	각 출구의 유효너비는 1.5m 이상이어야 한다.
③	각 출구로 쓰이는 문을 안여닫이로 해서는 안 된다.
④	개별 관람실 출구의 유효너비 합계 $\frac{바닥면적합계}{100} \times 0.6m = \frac{900}{100} \times 0.6m = 5.4m$ 이상의 출구 유효너비의 합계가 필요하다.

95 다음 중 신고 대상에 속하는 용도변경은?

① 영업시설군에서 문화 및 집회시설군으로 용도변경
② 근린생활시설군에서 주거업무시설군으로 용도변경
③ 산업 등의 시설군에서 자동차관련시설군으로 용도변경
④ 교육 및 복지시설군에서 전기통신시설군으로 용도변경

해설

	용도변경의 절차	
	용도변경 분류	행정 절차
	1 자동차 관련 시설군	
	2 산업 등 시설군	
	3 전기통신 시설군	
②	4 문화집회 시설군	• 오름차순 변경 (↑): 허가
	5 영업 시설군	• 내림차순 변경 (↓): 신고
	6 교육 및 복지 시설군	
	7 근린생활 시설군	
	8 주거업무 시설군	
	9 그 밖의 시설군	

96 노외주차장인 주차전용건축물의 건폐율, 용적률, 대지면적의 최소한도 및 높이 제한에 관한 기준 내용으로 옳지 않은 것은?

① 건폐율: 100분의 90 이하
② 용적률: 1,500% 이하
③ 대지면적의 최소한도: 45m² 이상
④ 높이 제한(대지가 너비 12m 미만의 도로에 접하는 경우): 건축물의 각 부분의 높이는 그 부분으로부터 대지에 접한 도로의 반대쪽 경계선까지의 수평거리의 4배

해설

	노외주차장인 주차전용건축물에 대한 높이 제한 특례	
	대지가 접한 도로의 폭	건축물의 각 부분의 높이
④	12m 미만	그 부분으로부터 대지에 접한 도로의 반대쪽 경계선까지의 수평거리의 3배
	12m 이상	그 부분으로부터 대지에 접한 도로의 반대쪽 경계선까지의 수평거리의 36/도로폭

해답 93. ① 94. ② 95. ② 96. ④

97. 주거지역 중 단독주택 중심의 양호한 주거환경을 보호하기 위하여 지정하는 지역은?

① 제1종 전용주거지역 ② 제2종 전용주거지역
③ 제1종 일반주거지역 ④ 제2종 일반주거지역

해설

전용주거지역(양호한 주거환경의 보호)	
1종	단독주택 중심의 양호한 주거환경을 보호
2종	공동주택 중심의 양호한 주거환경을 보호
일반주거지역(편리한 주거환경의 조성)	
1종	저층주택을 중심으로 편리한 주거환경을 조성
2종	중층주택을 중심으로 편리한 주거환경을 조성
3종	중·고층주택을 중심으로 편리한 주거환경을 조성
준주거지역	
주거기능을 위주로 이를 지원하는 일부 상업기능 및 업무기능을 보완하기 위하여 필요한 지역	

①

98. 면적의 산정 방법 중 건축물의 외벽(외벽이 없는 경우에는 외곽 부분의 기둥)의 중심선으로 둘러싸인 부분의 수평투영면적으로 하는 것은?

① 연면적 ② 대지면적
③ 건축면적 ④ 거실면적

해설

	건축면적
1	건축물의 외벽(외벽이 없는 경우 외곽부분의 기둥)의 중심선으로 둘러싸인 수평투영면적
2	처마, 차양, 부연 등이 외벽의 중심선으로부터 수평거리 1m 이상 돌출된 경우 돌출된 끝부분으로부터 전통사찰(4m), 축사(3m), 한옥(2m), 그 밖의 일반적인 건축물(1m)의 거리를 후퇴한 선으로 둘러싸인 부분의 수평투영면적
3	태양열을 주된 에너지원으로 이용하는 주택: 건축물의 외벽 중 내측내력벽의 중심선

③

99. 다음은 건축법상 리모델링에 대비한 특례 등에 관한 내용이다. ( )안에 알맞은 것은?

리모델링이 쉬운 구조의 공동주택의 건축을 촉진하기 위하여 공동주택을 대통령령으로 정하는 구조로 하여 건축허가를 신청하면 제56조, 제60조 및 제61조에 따른 기준을 ( )의 범위에서 대통령령으로 정하는 비율로 완화하여 적용할 수 있다.

① 100분의 110 ② 100분의 120
③ 100분의 140 ④ 100분의 150

해설

	리모델링이 쉬운 구조	
②	완화규정 및 내용	• 건축물의 용적률 • 건축물의 높이 제한 • 일조 등의 확보를 위한 건축물의 높이 제한	120/100 범위 내 완화 적용 가능

100. 다음 중 바닥면적에 산입되는 것은?

① 층고가 1.5m인 다락방
② 다세대주택의 편복도
③ 공동주택의 필로티 부분
④ 공동주택의 지상층에 설치한 기계실

해설

	바닥면적 산정 시 제외되는 부분
1	필로티 등의 구조 부분의 바닥면적 산정이 제외되는 경우 • 공중의 통행에 전용되는 경우 • 차량의 통행·주차에 전용되는 경우 • 공동주택의 경우
2	승강기탑·계단탑·장식탑·층고 1.5m(경사지붕: 1.8m) 이하의 다락
3	공동주택의 지상층에 설치한 기계실·전기실·어린이놀이터·조경시설

②

해답 97. ① 98. ③ 99. ② 100. ②

건축법규 2016년 제4회

81 문화 및 집회시설 중 공연장의 개별관람실의 출구를 다음과 같이 설치하였을 경우, 옳지 않은 것은? (단, 개별 관람실의 바닥면적이 800m²인 경우)

① 출구는 모두 바깥여닫이로 하였다.
② 관람실별로 2개소 이상 설치하였다.
③ 각 출구의 유효너비를 1.6m로 하였다.
④ 각 출구의 유효너비의 합계를 4.5m로 하였다.

해설

피난 규정 : 관람실 등으로부터의 출구
④ 바닥면적 300m² 이상의 공연장 개별 관람실 출구의 유효너비 합계 기준: $\dfrac{바닥면적합계}{100} \times 0.6\text{m}$ 이상
$\dfrac{(800)}{100} \times 0.6\text{m} = 4.8\text{m}$ 이상

82 다음은 건축법령상 지하층의 정의 내용이다. ( )안에 알맞은 것은?

"지하층"이란 건축물의 바닥이 지표면 아래에 있는 층으로서 바닥에서 지표면까지 평균 높이가 해당 층 높이의 ( ) 이상인 것을 말한다.

① 2분의 1   ② 3분의 1
③ 3분의 2   ④ 4분의 1

해설

	지하층
①	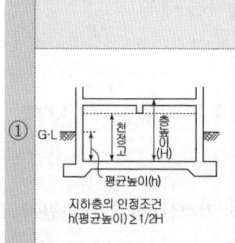	건축물의 바닥이 지표면 아래에 있는 층으로서 바닥에서 지표면까지 평균 높이가 해당 층높이의 $\dfrac{1}{2}$ 이상인 것을 말한다.

83 주차법령상 다음과 같이 정의되는 주차장의 종류는?

도로의 노면 또는 교통광장(교차점 광장만 해당)의 일정한 구역에 설치된 주차장으로서 일반(一般)의 이용에 제공되는 것

① 노외주차장   ② 노상주차장
③ 부설주차장   ④ 기계식주차장

해설

③	1	**노상주차장** 도로의 노면 또는 교통광장(교차점 광장만 해당)의 일정한 구역에 설치된 주차장으로서 일반의 이용에 제공되는 것
	2	**노외주차장** 도로의 노면 및 교통광장 외의 장소에 설치된 주차장으로서 일반의 이용에 제공되는 것
	3	**부설주차장** 건축물, 골프연습장, 그 밖에 주차 수요를 유발하는 시설에 부대하여 설치되는 주차장으로서 해당 건축물·시설의 이용자 또는 일반의 이용에 제공되는 것
	4	**기계식주차장치** 노외주차장 및 부설주차장에 설치하는 주차설비로서 기계장치에 의하여 자동차를 주차할 장소를 이동시키는 설비
	5	**기계식주차장** 기계식주차장치를 설치한 노외주차장 및 부설주차장

84 건축물의 대지는 원칙적으로 최소 얼마 이상이 도로에 접하여야 하는가? (단, 자동차만의 통행에 사용되는 도로는 제외)

① 1m   ② 2m   ③ 3m   ④ 4m

해설

② 건축물의 대지는 2m 이상을 자동차전용도로를 제외한 도로에 접하여야 한다.

해답 81. ④ 82. ① 83. ③ 84. ②

85 전용주거지역이나 일반주거지역에서 건축물을 건축하는 경우, 건축물의 높이 10m 이하인 부분은 정북(正北) 방향으로의 인접 대지경계선으로부터 최소 얼마 이상 띄어 건축하여야 하는가?

① 1m ② 1.5m
③ 2m ④ 3m

해설

대상	일조 등의 확보를 위한 건축물의 높이 제한	
	전용주거지역 및 일반주거지역	
②	이격거리의 기준(조례로 정함)	
적용 기준	1	높이 10m 이하인 부분 1.5m 이상
	2	높이 10m를 초과하는 부분 인접 대지경계선으로부터 해당 건축물의 각 부분의 높이의 1/2 이상
예외	건축물의 미관 향상을 위해 너비 20m 이상의 도로로서 건축조례가 정하는 도로에 접한 대지 (도로와 대지의 사이에 도시계획시설인 완충녹지가 있는 경우에는 그 대지를 포함)	

86 주거지역의 세분 중 중층주택을 중심으로 편리한 주거환경을 조성하기 위하여 필요한 지역은?

① 제1종 일반주거지역 ② 제2종 일반주거지역
③ 제1종 전용주거지역 ④ 제2종 전용주거지역

해설

	전용주거지역(양호한 주거환경의 보호)	
②	1종	단독주택 중심의 양호한 주거환경을 보호
	2종	공동주택 중심의 양호한 주거환경을 보호
	일반주거지역(편리한 주거환경의 조성)	
	1종	저층주택을 중심으로 편리한 주거환경을 조성
	2종	중층주택을 중심으로 편리한 주거환경을 조성
	3종	중·고층주택을 중심으로 편리한 주거환경을 조성
	준주거지역	
	주거기능을 위주로 이를 지원하는 일부 상업기능 및 업무기능을 보완하기 위하여 필요한 지역	

87 그림과 같은 거실의 평균 반자높이는? (단, 단위는 m)

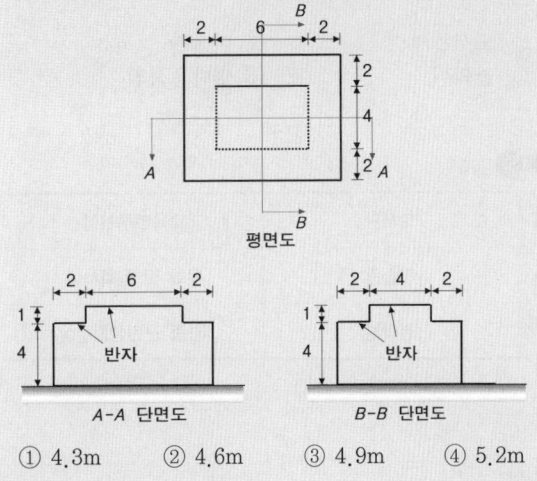

① 4.3m ② 4.6m ③ 4.9m ④ 5.2m

해설

	반자높이
①	동일한 방에서 반자높이가 다른 부분이 있는 경우 각 부분의 면적에 따라 가중평균한 높이로 반자높이를 산정한다. $$H = \frac{(8 \times 10 \times 4) + (6 \times 4 \times 1)}{(8 \times 10)} = 4.3m$$

88 다음 중 기계식 주차장의 세분에 속하지 않는 것은?

① 지하식 ② 지평식
③ 건축물식 ④ 공작물식

해설

기계식: 지하식, 건축물식(공작물식 포함)

자주식: 지하식, 지평식, 건축물식(공작물식 포함)

해답 85. ② 86. ② 87. ① 88. ②

89 건축법령상 제2종 근린생활시설에 속하는 것은?
① 도서관 ② 미술관
③ 한의원 ④ 일반음식점

해설

①	도서관	교육연구시설
②	미술관	문화 및 집회시설
③	한의원	제1종 근린생활시설

90 너비 8m 미만인 도로의 모퉁이에 위치한 대지의 도로모퉁이 부분의 건축선은 그 대지에 접한 도로경계선의 교차점으로부터 도로경계선에 따라 다음의 표에 따른 거리를 각각 후퇴한 두 점을 연결한 선으로 한다. ( ) 안의 숫자로 옳은 것은? (단, 도로의 교차각 90° 미만인 경우)

해당 도로의 너비	교차되는 도로의 너비
6m 이상 8m 미만	
(㉠)m	6m 이상 8m 미만
(㉡)m	4m 이상 6m 미만

① ㉠ 2, ㉡ 2
② ㉠ 3, ㉡ 2
③ ㉠ 3, ㉡ 3
④ ㉠ 4, ㉡ 3

해설

도로모퉁이에서의 건축선 규정

도로의 교차각	교차되는 도로의 너비	8m 〉 D ≥ 6m	6m 〉 D ≥ 4m
90° 미만	8m 〉 W ≥ 6m	4m	3m
	6m 〉 W ≥ 4m	3m	2m
90° 이상 120° 미만	8m 〉 W ≥ 6m	3m	2m
	6m 〉 W ≥ 4m	2m	2m

91 시설면적이 9,000m²인 종합병원에 설치하여야 하는 부설주차장의 최소 주차대수는?
① 45대 ② 60대
③ 90대 ④ 100대

해설

②	의료시설(정신병원·요양소 및 격리병원은 제외): 시설면적 150m²당 1대의 부설주차장 설치 9,000m² ÷ 150m²/대 = 60대

92 국토의 계획 및 이용에 관한 법령상 일반상업지역에서 건축할 수 있는 건축물은?
① 묘지관련시설
② 자원순환관련시설
③ 의료시설 중 요양병원
④ 자동차관련시설 중 폐차장

해설

일반상업지역에서 건축할 수 없는 건축물

③	1	숙박시설 중 일반숙박시설 및 생활숙박시설, 위락시설, 공장
	2	위험물 저장 및 처리 시설 중 시내버스차고지 외의 지역에 설치하는 액화석유가스 충전소 및 고압가스 충전소·저장소
	3	자동차관련시설 중 폐차장, 동물 및 식물 관련 시설, 자원순환관련시설, 묘지관련시설

해답 89. ④ 90. ④ 91. ② 92. ③

93 건축법령상 건축을 하는 경우 조경 등의 조치를 하지 아니할 수 있는 건축물 기준으로 옳지 않은 것은? (단, 면적이 200m² 이상인 대지에 건축을 하는 경우)

① 축사
② 녹지지역에 건축하는 건축물
③ 연면적의 합계가 2,000m² 미만인 공장
④ 면적 5,000m² 미만인 대지에 건축하는 공장

해설

		대지 안의 조경 대상
	원칙	조경 의무 대상: 대지면적 200m² 이상
③	1	자연녹지지역에 건축하는 건축물
	2	공장 • 5,000m² 미만인 대지에 건축하는 경우 • 연면적 합계 1,500m² 미만인 경우 • 산업단지 안에 건축하는 경우
	예외 3	대지에 염분이 함유되어 있는 경우
	4	축사, 가설건축물
	5	연면적 합계 1,500m² 미만인 물류시설 (주거지역 및 상업지역에 건축하는 것은 제외)
	6	도시지역 및 지구단위계획 구역 이외의 지역

94 범죄예방 기준에 따라 건축하여야 하는 대상 건축물에 속하지 않는 것은?

① 수련시설
② 업무시설 중 오피스텔
③ 숙박시설 중 일반숙박시설
④ 아파트, 연립주택, 다세대주택, 다가구주택

해설

		범죄예방 기준에 따라 건축하여야 하는 대상 건축물
③	1	아파트, 연립주택, 다세대주택, 다가구주택
	2	제1종 근린생활시설 중 일용품을 판매하는 소매점
	3	제2종 근린생활시설 중 다중생활시설
	4	문화 및 집회시설(동·식물원은 제외)
	5	교육연구시설(연구소 및 도서관은 제외)
	6	노유자시설, 수련시설, 업무시설 중 오피스텔, 숙박시설 중 다중생활시설

95 국토의 계획 및 이용에 관한 법령에 따른 용도지구에 속하지 않는 것은?

① 보존지구
② 취락지구
③ 시설용지지구
④ 특정용도제한지구

해설

	국토의 계획 및 이용에 관한 법률상의 용도지구
③	경관지구, 고도지구, 방화지구, 방재지구, 보호지구, 취락지구, 개발진흥지구, 특정용도제한지구, 복합용도지구, 그 밖에 대통령령으로 정하는 지구

96 다음은 건축물의 사용승인에 관한 기준 내용이다. ( )안에 알맞은 것은?

건축주가 허가를 받았거나 신고를 한 건축물의 건축공사를 완료한 후 그 건축물을 사용하려면 공사감리자가 작성한 (㉠)와 국토교통부령으로 정하는 (㉡)를 첨부하여 허가권자에게 사용승인을 신청하여야 한다.

① ㉠ 설계도서,   ㉡ 시방서
② ㉠ 시방서,   ㉡ 설계도서
③ ㉠ 감리완료보고서, ㉡ 공사완료도서
④ ㉠ 공사완료도서, ㉡ 감리완료보고서

해설

	건축물의 사용승인[건축법 제22조]
③	건축주가 허가를 받았거나 신고를 한 건축물의 건축공사를 완료(하나의 대지에 둘 이상의 건축물을 건축하는 경우 동(棟)별 공사를 완료한 경우를 포함한다)한 후 그 건축물을 사용하려면 공사감리자가 작성한 감리완료보고서와 국토교통부령으로 정하는 공사완료도서를 첨부하여 허가권자에게 사용승인을 신청하여야 한다.

해답 93. ③   94. ③   95. ③   96. ③

97 건축물의 내부에 설치하는 피난계단의 구조에 관한 기준 내용으로 옳지 않은 것은?

① 계단은 내화구조로 하고 피난층 또는 지상까지 직접 연결되도록 할 것
② 계단실의 실내에 접하는 부분의 마감은 불연재료 또는 준불연재료로 할 것
③ 건축물의 내부에서 계단실로 통하는 출입구의 유효너비는 0.9m 이상으로 할 것
④ 계단실은 창문·출입구 그 밖의 개구부를 제외한 해당 건축물의 다른 부분과 내화구조의 벽으로 구획할 것

해설

②	계단실의 실내에 접하는 부분의 마감(마감바탕 포함)은 불연재료로 한다.	

98 건축법령상 다음과 같이 정의되는 용어는?

> 건축물의 건축·대수선·용도변경, 건축설비의 설치 또는 공작물의 축조에 관한 공사를 발주하거나 현장관리인을 두어 스스로 그 공사를 하는 자

① 건축주 ② 건축사
③ 설계자 ④ 공사시공자

해설

②	건축사	국토교통부장관이 시행하는 자격시험에 합격한 사람으로서 건축물의 설계와 공사감리 등에 따른 업무를 수행하는 사람을 말한다.
③	설계자	자기의 책임(보조자의 도움을 받는 경우를 포함한다.)으로 설계도서를 작성하고 그 설계도서에서 의도하는 바를 해설하며, 지도하고 자문에 응하는 자를 말한다.
④	공사시공자	『건설산업기본법』 제2조 제4호에 따른 건설공사를 하는 자를 말한다.

99 국토의 계획 및 이용에 관한 법령상 다음과 같이 정의되는 용어는?

> 개발로 인하여 기반시설이 부족할 것으로 예상되나 기반시설을 설치하기 곤란한 지역을 대상으로 건폐율이나 용적률을 강화하여 적용하기 위하여 지정하는 구역

① 시가화조정구역 ② 개발밀도관리구역
③ 기반시설부담구역 ④ 지구단위계획구역

해설

	개발밀도관리구역
②	주거·상업 또는 공업지역에서 개발 행위로 인하여 기반시설의 처리·공급 또는 수용능력이 부족할 것으로 예상되는 지역 중 기반시설의 설치가 곤란한 지역

100 건축허가 신청에 필요한 기본설계도서 중 건축계획서에 표시하여야 할 사항으로 옳지 않은 것은?

① 주차장 규모
② 공개공지 및 조경계획
③ 건축물의 용도별 면적
④ 지역·지구 및 도시계획사항

해설

	건축허가 신청 서식 중 기본설계도서의 범위	
	건축계획서, 배치도, 평면도, 입면도, 단면도, 구조도, 구조계산서, 소방설비도	
	건축계획서에 표시하여야 할 사항	
②	1	개요(위치·대지면적 등)
	2	지역·지구 및 도시계획사항
	3	건축물의 규모(건축면적·연면적·높이·층수 등)
	4	건축물의 용도별 면적, 주차장 규모
	5	에너지절약계획서(해당건축물에 한한다.)
	6	노인 및 장애인 등을 위한 편의시설 설치계획서 (관계법령에 의하여 설치의무가 있는 경우에 한한다.)

해답 97. ② 98. ① 99. ② 100. ②

건축법규 2017년 제1회

81 다음 중 특별시나 광역시에 건축할 경우, 특별시장이나 광역시장의 허가를 받아야 하는 대상 건축물은?

① 층수가 20층인 호텔
② 층수가 25층인 사무소
③ 연면적이 150,000m²인 공장
④ 연면적이 50,000m²인 공동주택

해설

	특별시장·광역시장의 허가 대상
층수	21층 이상인 건축물
연면적 합계	100,000m² 이상인 건축물
② 증축	연면적 3/10 이상의 증축으로 인하여 21층 이상 또는 연면적 합계 100,000m² 이상 되는 건축물
예외 규정	공장, 창고, 지방건축위원회 심의를 거친 건축물 (초고층 건축물 제외)

82 건축법령상 다중이용건축물에 속하지 않는 것은?

① 층수가 16층인 판매시설
② 층수가 20층인 관광숙박시설
③ 종합병원으로 쓰는 바닥면적의 합계가 3,000m²인 건축물
④ 종교시설로 쓰는 바닥면적의 합계가 5,000m²인 건축물

해설

	다중이용건축물
③ 1	16층 이상의 건축물
2	문화 및 집회시설(전시장, 동·식물원 제외), 종교시설, 판매시설, 여객자동차터미널, 종합병원, 관광숙박시설의 용도에 쓰이는 바닥면적 합계가 5,000m² 이상인 건축물

83 다음의 대지와 도로의 관계에 관한 기준 내용 중 ( )안에 알맞은 것은?

연면적 합계가 2,000m²(공장인 경우에는 3,000m²) 이상인 건축물(축사, 작물재배사, 그밖에 이와 비슷한 건축물로서 건축조례로 정하는 규모의 건축물은 제외한다)의 대지는 너비 (㉠) 이상의 도로에 (㉡) 이상 접하여야 한다.

① ㉠ 4m, ㉡ 2m
② ㉠ 6m, ㉡ 4m
③ ㉠ 8m, ㉡ 6m
④ ㉠ 8m, ㉡ 4m

해설

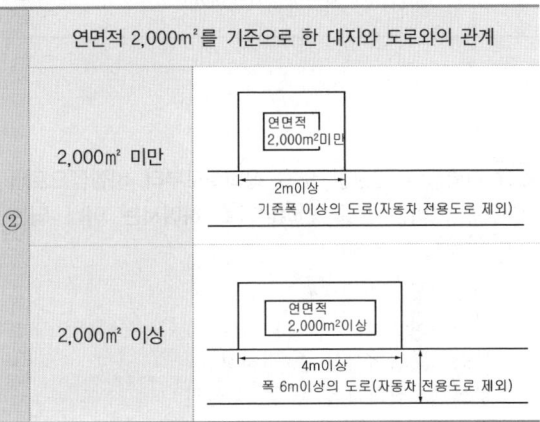

84 용도별 건축물의 종류가 옳지 않은 것은?

① 판매시설 : 소매시장
② 의료시설 : 치과병원
③ 문화 및 집회시설 : 수족관
④ 제1종 근린생활시설 : 동물병원

해설

④	제2종 근린생활시설	동물병원

해답 81. ② 82. ③ 83. ② 84. ④

85 건축법령상 다음과 같은 건축물의 높이는? (단, 가로구역에서의 건축물의 높이 제한과 관련된 건축물의 높이)

① 6m
② 9m
③ 9.5m
④ 13m

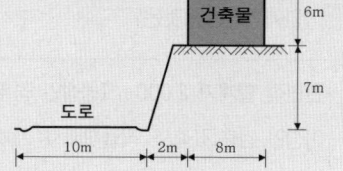

해설

③ 건축물의 대지 지표면이 인접 대지 지표면보다 높은 경우에는 그 고저차의 $\frac{1}{2}$의 높이만큼 올라온 위치에 해당 지표면이 있는 것으로 본다.

$$H = \frac{7}{2} + 6 = 9.5m$$

86 건축물의 관람실 또는 집회실로부터 바깥쪽으로의 출구로 쓰이는 문을 안여닫이로 하여서는 아니 되는 건축물은?

① 위락시설
② 수련시설
③ 문화 및 집회시설 중 전시장
④ 문화 및 집회시설 중 동·식물원

해설

①

관람실 등으로부터의 출구의 안여닫이 금지	
1	문화 및 집회시설(전시장, 동·식물원 제외)
2	300m² 이상인 공연장 및 종교집회장, 장례시설, 위락시설
바닥면적 300m² 이상의 공연장 관람실 개별 출구 설치 기준	
1	각 출구의 유효너비 1.5m 이상, 관람실별 2개소 이상
2	개별 관람석 출구의 유효너비 합계 $\frac{바닥면적합계}{100} \times 0.6m$ 이상

87 특별피난계단의 구조에 관한 기준 내용으로 옳지 않은 것은?

① 계단은 내화구조로 하되, 피난층 또는 지상까지 직접 연결되도록 한다.
② 계단실 및 부속실의 실내에 접하는 부분의 마감은 불연재료로 한다.
③ 출입구의 유효너비는 0.9m 이상으로 하고 피난의 방향으로 열 수 있도록 한다.
④ 건축물의 내부에서 노대 또는 부속실로 통하는 출입구에는 60분+방화문, 60분방화문 또는 30분방화문을 설치하고, 노대 또는 부속실로부터 계단실로 통하는 출입구에는 60분+방화문, 60분방화문을 설치하도록 한다.

해설

④ 건축물의 내부에서 노대 또는 부속실로 통하는 출입구에는 60분+방화문, 60분방화문을 설치하고, 노대 또는 부속실로부터 계단실로 통하는 출입구에는 60분+방화문, 60분방화문 또는 30분방화문을 설치하도록 한다.

88 공동주택의 난방설비를 개별난방방식으로 하는 경우에 관한 기준 내용으로 옳지 않은 것은?

① 보일러의 연도는 내화구조로서 공동연도로 설치할 것
② 보일러실 위 부분에는 그 면적이 최소 1.0m² 이상인 환기창을 설치할 것
③ 기름보일러를 설치하는 경우에는 기름저장소를 보일러실 외의 다른 곳에 설치할 것
④ 보일러를 설치하는 곳과 거실 사이의 경계벽은 출입구를 제외하고는 내화구조의 벽으로 구획할 것

해설

② 보일러실 윗부분에는 그 면적이 최소 0.5m² 이상인 환기창을 설치할 것

해답 85. ③ 86. ① 87. ④ 88. ②

89 주차전용건축물이란 건축물의 연면적 중 주차장으로 사용되는 부분의 비율이 최소 얼마 이상인 건축물을 말하는가? (단, 주차장 외의 용도가 자동차관련시설인 경우)

① 70% ② 80%
③ 90% ④ 95%

해설

주차전용건축물의 주차 면적 비율	
주차장 이외 부분의 용도	주차장 면적 비율
• 일반 용도	연면적 중 95% 이상
• 제1종 및 제2종 근린생활시설 • 단독주택, 공동주택 • 문화 및 집회·자동차관련시설 • 판매·종교·운수·운동·업무·창고 시설	연면적 중 70% 이상

90 국토의 계획 및 이용에 관한 법령에 따른 기반시설 중 자동차 정류장의 세분에 속하지 않는 것은?

① 고속터미널   ② 물류터미널
③ 공영차고지   ④ 여객자동차터미널

해설

기반시설의 세분	
도로	일반도로, 고가도로, 지하도로, 보행자 전용·우선도로, 자동차·자전거 전용도로
광장	일반광장, 교통광장, 경관광장, 지하광장, 건축물부설광장
자동차정류장	여객자동차터미널, 물류터미널, 공동환승센터, 공영 및 공동차고지, 물류자동차휴게소

91 건축법령에 따른 리모델링이 쉬운 구조에 속하지 않는 것은?

① 구조체가 철골구조로 구성되어 있을 것
② 구조체에서 건축설비, 내부 마감재료 및 외부 마감재료를 분리할 수 있을 것
③ 개별 세대 안에서 구획된 실의 크기, 개수 또는 위치 등을 변경할 수 있을 것
④ 각 세대는 인접한 세대와 수직 또는 수평방향으로 통합하거나 분할할 수 있을 것

해설

리모델링이 쉬운 구조		
공동주택의 구조	• 각 세대는 인접한 세대와 수직 또는 수평 방향으로 통합하거나 분할할 수 있을 것 • 구조체에서 건축설비, 내부 마감재료 및 외부마감재료를 분리할 수 있을 것 • 개별 세대 안에서 구획된 실의 크기, 개수 또는 위치 등을 변경할 수 있을 것	
완화규정 및 내용	• 건축물의 용적률 • 건축물의 높이 제한 • 일조 등의 확보를 위한 건축물의 높이 제한	120/100 범위 내 완화 적용 가능

92 건축물의 필로티 부분을 건축법령상의 바닥면적에 산입하는 경우에 속하는 것은?

① 공중의 통행에 전용되는 경우
② 차량의 주차에 전용되는 경우
③ 업무시설의 휴식공간으로 전용되는 경우
④ 공동주택의 놀이공간으로 전용되는 경우

해설

필로티 등의 구조 부분의 바닥면적 산정이 제외되는 경우	
1	공중의 통행에 전용되는 경우
2	차량의 통행·주차에 전용되는 경우
3	공동주택의 경우

해답 89. ① 90. ① 91. ① 92. ③

93 지하식 또는 건축물식 노외주차장에서 경사로가 직선형인 경우, 경사로의 차로 너비는 최소 얼마 이상으로 하여야 하는가? (단, 2차로인 경우)

① 5m ② 6m ③ 7m ④ 8m

해설

자주식주차장으로서 지하식 또는 건축물에 따른 노외주차장

경사로 구분	차로 폭		종단경사도
	1차선	2차선	
직선 경사로(진입로)	3.3m 이상	**6m 이상**	17% 이하
곡선 경사로(진입로)	3.6m 이상	6.5m 이상	14% 이하

94 다음은 도시·군관리계획도서 중 계획도에 관한 기준 내용이다. ( )안에 알맞은 것은? (단, 모든 축척의 지형도가 간행되어 있는 경우)

도시·군관리계획도서 중 계획도는 ( )의 지형도에 도시·군관리계획사항을 명시한 도면으로 작성하여야 한다.

① 축척 100분의 1 또는 축척 500분의 1
② 축척 500분의 1 또는 축척 2천분의 1
③ 축척 1천분의 1 또는 축척 5천분의 1
④ 축척 3천분의 1 또는 축척 1만분의 1

해설

도시·군관리계획도서 및 계획설명서의 작성 기준 등		
③	1	도시·군관리계획도서 중 계획도는 축척 1/1,000 또는 1/5,000(축척 1/1,000 또는 1/5,000의 지형도가 간행되어 있지 아니한 경우에는 축척 1/25,000)의 지형도(수치 지형도를 포함)에 도시·군관리계획사항을 명시한 도면으로 작성하여야 한다.
	2	위의 규정에 따른 계획도가 2매 이상인 경우에는 계획설명서에 도시·군관리계획총괄도(축척 1/50,000 이상의 지형도에 주요 도시·군관리계획사항을 명시한 도면을 말함)를 포함시킬 수 있다.

95 각 층의 거실면적이 1,000m²이며, 층수가 15층인 다음 건축물 중 설치하여야 하는 승용승강기의 최소 대수가 가장 많은 것은? (단, 8인승 승용승강기인 경우)

① 위락시설
② 업무시설
③ 교육연구시설
④ 문화 및 집회시설 중 집회장

해설

승용승강기 설치 건축물의 용도	3,000m²	
	이하	초과
• 문화 및 집회시설 중 공연장·집회장·관람장 • 판매시설 • 의료시설	2대	2대 + $\dfrac{A-3,000(m^2)}{2,000(m^2)}$ 대
• 전시장, 동·식물원 • 업무시설, 위락시설, 숙박시설	1대	1대 + $\dfrac{A-3,000(m^2)}{2,000(m^2)}$ 대
• 공동주택 • 교육연구 및 복지시설 • 그 밖의 시설	1대	1대 + $\dfrac{A-3,000(m^2)}{3,000(m^2)}$ 대

➡ 문화 및 집회시설 〉 업무시설, 위락시설 〉 교육 및 복지시설

96 주차대수가 300대인 기계식주차장의 진입로 또는 전면공지와 접하는 장소에 확보하여야 하는 정류장의 최소 규모는?

① 12대 ② 13대
③ 14대 ④ 15대

해설

기계식주차장의 정류장의 확보		
③	1	기계식주차장은 주차대수가 20대를 초과하는 매 20대마다 1대분의 정류장을 확보하여야 한다.
	2	주차대수가 300대일 경우 (300-20) ÷ 20 = 14대를 확보하여야 한다.

해답 93. ② 94. ③ 95. ④ 96. ③

97 제2종 일반주거지역 안에서 건축할 수 있는 건축물에 속하지 않는 것은?

① 아파트
② 노유자시설
③ 문화 및 집회시설 중 전시장
④ 문화 및 집회시설 중 관람장

해설

		제2종 일반주거지역 안에서 건축할 수 있는 건축물
④	1	단독주택, 공동주택
	2	제1종 근린생활시설
	3	교육연구시설 중 유치원, 초등학교, 중학교 및 고등학교
	4	노유자시설, 종교시설
	5	관람장을 제외한 문화 및 집회시설은 조례로 건축 가능

98 대형건축물의 건축허가 사전승인신청서 제출도서 중 설계설명서에 표시하여야 할 사항에 속하지 않는 것은?

① 시공방법   ② 동선계획
③ 개략공정계획   ④ 각부 구조계획

해설

		대형건축물의 건축허가 사전승인신청서 제출 도서 중 설계설명서에 표시하여야 할 사항
④	1	공사개요, 사전조사사항
	2	건축계획: 배치·평면·입면·동선계획, 조경계획, 주차계획 및 교통처리계획
	3	시공방법, 개략공정계획, 주요설비계획
	4	주요 자재 사용계획 및 그 밖의 필요한 사항

99 지구단위계획 중 관계 행정기관의 장과의 협의, 국토교통부장관과의 협의 및 중앙도시계획위원회·지방도시계획위원회 또는 공동위원회의 심의를 거치지 아니 하고 변경할 수 있는 사항에 관한 기준 내용으로 옳은 것은?

① 건축선의 2m 이내의 변경인 경우
② 획지면적의 30% 이내의 변경인 경우
③ 가구면적의 20% 이내의 변경인 경우
④ 건축물 높이의 30% 이내의 변경인 경우

해설

		다음과 같은 경미한 지구단위계획의 변경에 관한 사항은 협의 및 심의절차를 생략할 수 있다.
②	1	가구면적 10% 이내의 변경
	2	건축물 높이 20% 이내의 변경
	3	획지면적 30% 이내의 변경
	4	건축선의 1m 이내의 변경

100 건축법령상 고층 건축물의 정의로 옳은 것은?

① 층수가 30층 이상이거나 높이가 90m 이상인 건축물
② 층수가 30층 이상이거나 높이가 120m 이상인 건축물
③ 층수가 50층 이상이거나 높이가 150m 이상인 건축물
④ 층수가 50층 이상이거나 높이가 200m 이상인 건축물

해설

		고층	30층 이상이거나 높이가 120m 이상인 건축물
②		준고층	고층 건축물 중 초고층 건축물이 아닌 건축물
		초고층	50층 이상이거나 높이가 200m 이상인 건축물

해답 97. ④   98. ④   99. ②   100. ②

건축법규 2017년 제2회

81 도시지역에서 복합적인 토지 이용을 증진시켜 도시정비를 촉진하고 지역 거점을 육성할 필요가 있다고 인정되는 지역을 대상으로 지정하는 용도구역은?

① 개발제한구역 ② 시가화조정구역
③ 입지규제최소구역 ④ 도시자연공원구역

해설

③	입지규제최소구역	
	1	도심 내 쇠퇴한 주거지역, 역세권 등을 주거·상업·문화기능이 복합된 거점으로 개발해 지역경제 활성화를 촉진하기 위한 제도로서 2015년 1월 6일 시행된 개정 국토계획법에 따라 처음 도입되었다.
	2	입지규제최소구역으로 지정되기 위한 규모는 토지 면적 10,000㎡ 이상이다. 주거, 관광, 사회·문화, 업무·판매 등 3개 이상의 복합 중심기능으로 계획을 수립해야 한다.
	3	구역으로 지정되면 건폐율·용적률·높이, 건축기준 등을 유연하게 적용할 수 있어 사업시행자가 맞춤형 개발을 할 수 있다. 공모에 참여할 수 있는 대상은 사업구역 토지 소유자 및 소유예정자, 입지규제최소구역 개발을 위한 특수목적법인, 개발사업 사업시행자, 공공기관, 지방공사 등이다.

82 건축허가 대상 건축물이라 하더라도 건축신고를 하면 건축허가를 받은 것으로 보는 경우에 속하지 않는 것은? (단, 층수가 2층인 건축물의 경우)

① 바닥면적의 합계가 75㎡의 증축
② 바닥면적의 합계가 75㎡의 재축
③ 바닥면적의 합계가 75㎡의 개축
④ 연면적의 합계가 250㎡인 건축물의 대수선

해설

④ 연면적 200㎡ 미만이고 3층 미만인 건축물의 대수선

83 건축물의 대지는 원칙적으로 최소 얼마 이상이 도로에 접하여야 하는가? (단, 자동차만의 통행에 사용되는 도로 제외)

① 1m ② 2m
③ 3m ④ 4m

해설

② 건축물의 대지는 2m 이상을 자동차전용도로를 제외한 도로에 접하여야 한다.

84 다음은 건축법령상 바닥면적 산정에 관한 기준 내용이다. ( )안에 포함되지 않는 것은?

공동주택으로서 지상층에 설치한 ( )의 면적은 바닥면적에 산입하지 아니 한다.

① 기계실 ② 어린이집
③ 조경시설 ④ 어린이놀이터

해설

②	바닥면적 산정 시 제외되는 부분
	1	필로티 등의 구조 부분의 바닥면적 산정이 제외되는 경우 • 공중의 통행에 전용되는 경우 • 차량의 통행·주차에 전용되는 경우 • 공동주택의 경우
	2	승강기탑·계단탑·장식탑·층고 1.5m(경사지붕: 1.8m) 이하의 다락
	3	공동주택의 지상층에 설치한 기계실·전기실·어린이놀이터·조경시설
	4	옥상·옥외 또는 지하에 설치하는 물탱크·기름탱크·냉각탑·정화조·도시가스 정압기 및 생활폐기물 보관시설의 설치를 위한 구조물의 바닥
	5	건축물 내·외부에 설치하는 굴뚝·더스트슈트·설비덕트

해답 81. ③ 82. ④ 83. ② 84. ②

85 다음은 일조 등의 확보를 위한 건축물의 높이 제한에 관한 기준 내용이다. ( )안에 알맞은 것은?

> ( )안에서 건축하는 건축물의 높이는 일조 등의 확보를 위하여 정북 방향의 인접 대지경계선으로부터의 거리에 따라 대통령령으로 정하는 높이 이하로 하여야 한다.

① 일반주거지역과 준주거지역
② 전용주거지역과 일반주거지역
③ 중심상업지역과 일반상업지역
④ 일반상업지역과 근린상업지역

해설

	일조 등의 확보를 위한 건축물의 높이 제한		
대상	전용주거지역 및 일반주거지역		
② 적용 기준	이격거리의 기준(조례로 정함)		
	1	높이 10m 이하인 부분	1.5m 이상
	2	높이 10m를 초과하는 부분	인접 대지경계선으로부터 해당 건축물의 각 부분의 높이의 1/2 이상

86 다음의 부설주차장의 설치에 관한 기준내용 중 밑줄 친 "대통령령으로 정하는 규모"로 옳은 것은?

> 부설주차장이 대통령령으로 정하는 규모 이하이면 시설물의 부지 인근에 단독 또는 공동으로 부설주차장을 설치할 수 있다.

① 주차대수 100대의 규모 ② 주차대수 200대의 규모
③ 주차대수 300대의 규모 ④ 주차대수 400대의 규모

해설

	부설주차장의 인근 설치	
③	1	대상 시설물 규모: 주차대수 300대 이하, 시설물의 부지가 12m 이하인 도로에 접하여 있는 경우로서 도로의 맞은편 토지에 주차장을 해당 도로에 접하도록 설치하는 경우
	2	부지인근 범위: 직선거리 300m, 도보거리 600m 이내

87 각 층 바닥면적이 5,000m²이고, 각 층의 거실면적이 3,000m²인 14층 숙박시설에 설치하여야 하는 승용승강기의 최소 대수는? (단, 24인승 승용승강기를 설치하는 경우)

① 6대   ② 7대
③ 12대 ④ 13대

해설

	숙박시설 승용승강기 설치 대수
②	$\dfrac{A - 3,000\text{m}^2}{2,000\text{m}^2} + 1 = \dfrac{(3,000\text{m}^2 \times 9) - 3,000\text{m}^2}{2,000\text{m}^2} + 1 = 13$대 (8~15인승 기준)
	24인승이므로 위의 대수의 $\dfrac{1}{2}$ = 6.5대 ➡ 7대

88 국토의 계획 및 이용에 관한 법령상 제2종 전용주거지역 안에서 건축할 수 있는 건축물에 속하지 않는 것은?

① 공동주택   ② 판매시설
③ 노유자시설   ④ 교육연구시설 중·고등학교

해설

	제2종 전용주거지역 안에서 건축할 수 있는 건축물	
②	1	단독주택, 공동주택, 제1종 근린생활시설(해당 용도에 쓰이는 바닥면적의 합계가 1,000m² 미만인 것)
	2	도시·군계획조례가 정하는 바에 의하여 건축할 수 있는 건축물의 종류 • 종교집회장(제2종 근린생활시설) • 문화 및 집회시설 중 전시장(박물관·미술관 및 기념관에 한함)에 해당하는 것(해당 용도에 쓰이는 바닥면적의 합계가 1,000m² 미만인 것에 한한다.) • 종료시설에 해당하는 것으로서 그 용도에 쓰이는 바닥면적의 합계가 1,000m² 미만인 것 • 교육연구시설 중 초등학교·중학교·고등학교 • 노유자시설, 자동차관련시설 중 주차장

해답 85. ②   86. ③   87. ②   88. ②

89 건축물에 설치하는 지하층의 구조 및 설비에 관한 기준 내용으로 옳지 않은 것은?

① 거실의 바닥면적의 합계가 1,000m² 이상인 층에는 환기설비를 설치할 것
② 지하층의 바닥면적이 300m² 이상인 층에는 식수 공급을 위한 급수전을 1개소 이상 설치할 것
③ 거실의 바닥면적이 30m² 이상인 층에는 직통계단 외에 피난층 또는 지상으로 통하는 비상탈출구 및 환기통을 설치할 것
④ 바닥면적이 1,000m² 이상인 층에는 피난층 또는 지상으로 통하는 직통계단을 관련 규정에 따른 방화구획으로 구획되는 각 부분마다 1개소 이상 설치하되, 이를 피난계단 또는 특별피난계단의 구조로 할 것

해설

③ 거실의 바닥면적이 50m² 이상인 층에는 직통계단 외에 피난층 또는 지상으로 통하는 비상탈출구 및 환기통을 설치할 것

90 노상주차장의 구조 및 설비에 관한 기준 내용으로 옳은 것은?

① 너비 6m 이상의 도로에 설치하여서는 아니 된다.
② 종단경사도가 3%를 초과하는 도로에 설치하여서는 아니 된다.
③ 고속도로, 자동차전용도로 또는 고가도로에 설치하여서는 아니 된다.
④ 주차대수 규모가 20대인 경우, 장애인전용주차구획을 최소 2면 이상 설치하여야 한다.

해설

①	너비 6m 미만의 도로에 설치하여서는 아니 된다.
②	종단경사도가 4%를 초과하는 도로에 설치하여서는 아니 된다.
④	주차대수 규모가 20대인 경우, 장애인전용주차구획을 최소 1면 이상 설치하여야 한다.

91 건축법령상 공사감리자가 수행하여야 하는 감리업무에 속하지 않는 것은?

① 공정표의 검토
② 상세시공도면의 작성 및 확인
③ 공사현장에서의 안전관리의 지도
④ 설계변경의 적정여부의 검토 및 확인

해설

	공사감리자의 감리업무
1	공사시공자가 설계도서에 적합하게 시공하는지의 여부 및 건축자재가 기준에 적합한지의 여부 확인
2	시공계획 및 공사관리의 적정 여부 확인, 공사현장의 안전관리 지도
3	공정표 및 상세시공도면의 검토·확인, 구조물의 위치와 규격의 적정 여부 검토·확인, 품질시험의 실시 여부 및 시험 성과 검토·확인, 설계변경의 적정 여부 검토·확인
4	그 밖의 공사감리계약으로 정하는 사항

②

92 건축허가 신청에 필요한 설계도서의 종류 중 건축계획서에 표시하여야 할 사항이 아닌 것은?

① 주차장 규모
② 대지의 종·횡 단면도
③ 건축물의 용도별 면적
④ 지역·지구 및 도시계획사항

해설

	건축계획서에 표시하여야 할 사항
1	개요(위치·대지면적 등)
2	지역·지구 및 도시계획사항
3	건축물의 규모(건축면적·연면적·높이·층수 등)
4	건축물의 용도별 면적, 주차장 규모
5	에너지절약계획서(해당건축물에 한한다.)
6	노인 및 장애인 등을 위한 편의시설 설치계획서 (관계법령에 의하여 설치의무가 있는 경우에 한한다.)

②

해답 89. ③ 90. ③ 91. ② 92. ②

93 국토의 계획 및 이용에 관한 법령에 따른 용도지구에 속하지 않는 것은?

① 경관지구 ② 방재지구
③ 시설보호지구 ④ 도시설계지구

해설

국토의 계획 및 이용에 관한 법률상의 용도지구
④ 경관지구, 고도지구, 방화지구, 방재지구, 보호지구, 취락지구, 개발진흥지구, 특정용도제한지구, 복합용도지구, 그 밖에 대통령령으로 정하는 지구

94 급수, 배수, 환기, 난방 설비를 건축물에 설치하는 경우, 건축기계설비기술사 또는 공조냉동기계기술사의 협력을 받아야 하는 대상 건축물에 속하지 않는 것은?

① 아파트
② 연립주택
③ 기숙사로서 해당 용도에 사용되는 바닥면적의 합계가 2,000m²인 건축물
④ 업무시설로서 해당 용도에 사용되는 바닥면적의 합계가 2,000m²인 건축물

해설

건축설비관련기술사의 협력 대상 건축물	
용도	규모 (해당 용도에 사용되는 바닥면적의 합계)
• 아파트 및 연립주택	–
• 목욕장(제1종 근린생활시설 중) • 실내수영장, 실내 물놀이형 시설 (운동시설 중)	1,000m² 이상
• 기숙사(공동주택 중), 숙박시설 • 유스호스텔(수련시설 중), 의료시설	2,000m² 이상
• 판매시설, 업무시설 • 연구소(교육연구시설 중)	3,000m² 이상
• 문화 및 집회시설(동·식물원 제외) • 교육연구시설(연구소 제외) • 종교시설, 장례시설 • 창고시설을 제외한 모든 용도	10,000m² 이상

95 같은 건축물 안에 공동주택과 위락시설을 함께 설치하고자 하는 경우, 공동주택의 출입구와 위락시설의 출입구는 서로 그 보행거리가 최소 얼마 이상이 되도록 설치하여야 하는가?

① 10m ② 20m
③ 30m ④ 50m

해설

	복합건축물의 피난시설
③	
1	건축물 안에 공동주택·의료시설·아동관련시설·노인복지시설 중 하나 이상과 위락시설·위험물 저장 및 처리시설·공장 또는 자동차정비공장 중 하나 이상이 함께 설치된 건축물의 경우
2	공동주택의 출입구와 위락시설의 출입구는 서로 그 보행거리가 최소 30m 이상이 되도록 설치하여야 한다.

96 건축물의 연면적 중 주차장으로 사용되는 비율이 70%인 경우, 주차전용건축물로 볼 수 있는 주차장 외의 용도에 속하지 않는 것은?

① 의료시설 ② 운동시설
③ 제1종 근린생활시설 ④ 제2종 근린생활시설

해설

주차전용건축물의 주차면적 비율

①

주차장 이외 부분의 용도	주차장 면적 비율
• 일반 용도	연면적 중 95% 이상
• 제1종 및 제2종 근린생활시설 • 단독주택, 공동주택 • 문화 및 집회·자동차관련시설 • 판매·종교·운수·운동·업무·창고 시설	연면적 중 70% 이상

해답 93. ④ 94. ④ 95. ③ 96. ①

97. 다음의 ( )안에 알맞은 것은?

> 5층 이상 또는 지하 2층 이하인 층에 설치하는 직통계단은 피난계단 또는 특별피난계단으로 설치하여야 하는데, ( )의 용도로 쓰는 층으로부터의 직통계단은 그 중 1개소 이상을 특별피난계단으로 설치하여야 한다.

① 의료시설 ② 숙박시설
③ 판매시설 ④ 교육연구시설

해설

③

피난계단 및 특별피난계단의 추가 설치	
설치 위치	5층 이상의 층으로서 그 층의 해당 용도로 쓰는 바닥면적의 합계가 2,000m² 이내마다 1개소의 피난계단 또는 특별피난계단을 설치할 것
설치 용도	• 문화 및 집회시설 중 전시장, 동·식물원 • 판매시설, 운동시설, 위락시설 • 운수시설(여객용시설만 해당) • 관광휴게시설(다중이 이용하는 시설에만 해당) • 수련시설 중 생활권 수련시설

98. 공작물을 축조할 때 특별자치시장·특별자치도지사 또는 시장·군수·구청장에게 신고를 하여야 하는 대상 공작물 기준으로 옳지 않은 것은? (단, 건축물과 분리하여 축조하는 경우)

① 높이 2m를 넘는 옹벽
② 높이 4m를 넘는 광고탑
③ 높이 6m를 넘는 장식탑
④ 높이 6m를 넘는 굴뚝

해설

③

시장·군수·구청장에게 신고를 하여야 하는 공작물	
1	높이 2m를 넘는 옹벽·담장
2	높이 4m를 넘는 광고탑·광고판·장식탑·기념탑·첨탑
3	높이 6m를 넘는 굴뚝·골프연습장 등의 철탑
4	높이 8m를 넘는 고가수조

99. 다음 중 국토의 계획 및 이용에 관한 법령에 따른 용도지역 안에서의 건폐율 최대한도가 가장 높은 것은?

① 준주거지역 ② 중심상업지역
③ 일반상업지역 ④ 유통상업지역

해설

②

지역별 건폐율의 최대 한도		
(보전·생산·자연) 녹지지역: 20% 이하		
제1종 및 제2종 전용주거지역: 50% 이하		70% 이하
제1종 및 제2종 일반주거지역: 60% 이하		
제3종 일반주거지역: 50% 이하		
준주거지역: 70% 이하		
(전용·일반·준) 공업지역: 70% 이하		
중심상업지역: 90% 이하		90% 이하
일반상업지역 및 유통상업지역: 80% 이하		
근린상업지역: 70% 이하		

100. 다음 중 건축법령에 따른 용어의 정의가 옳지 않은 것은?

① 고층 건축물이란 층수가 30층 이상이거나 높이가 120m 이상인 건축물을 말한다.
② 리빌딩이란 건축물의 노후화를 억제하거나 기능향상 등을 위하여 대수선하거나 일부 증축하는 행위를 말한다.
③ 지하층이란 건축물의 바닥이 지표면 아래에 있는 층으로서 바닥에서 지표면까지 평균높이가 해당 층 높이의 2분의 1 이상인 것을 말한다.
④ 발코니란 건축물의 내부와 외부를 연결하는 완충공간으로서 전망이나 휴식 등의 목적으로 건축물 외벽에 접하여 부가적으로 설치되는 공간을 말한다.

해설

② 리모델링이란 건축물의 노후화를 억제하거나 기능향상 등을 위하여 대수선하거나 일부 증축하는 행위를 말한다.

해답 97. ③ 98. ③ 99. ② 100. ②

건축법규 2017년 제4회

81 주거기능을 위주로 이를 지원하는 일부 상업기능 및 업무기능을 보완하기 위하여 지정하는 주거지역의 세분은?
① 준주거지역
② 제1종 전용주거지역
③ 제1종 일반주거지역
④ 제2종 일반주거지역

해설

①
전용주거지역(양호한 주거환경의 보호)		
	1종	단독주택 중심의 양호한 주거환경을 보호
	2종	공동주택 중심의 양호한 주거환경을 보호
일반주거지역(편리한 주거환경의 조성)		
	1종	저층주택을 중심으로 편리한 주거환경을 조성
	2종	중층주택을 중심으로 편리한 주거환경을 조성
	3종	중·고층주택을 중심으로 편리한 주거환경을 조성
준주거지역		
	주거기능을 위주로 이를 지원하는 일부 상업기능 및 업무기능을 보완하기 위하여 필요한 지역	

82 면적 등의 산정 방법에 대한 기본 원칙으로 옳지 않은 것은?
① 대지면적은 대지의 수평투영면적으로 한다.
② 건축면적은 건축물의 외벽의 중심선으로 둘러싸인 부분의 수평투영면적으로 한다.
③ 바닥면적은 건축물의 각 층 또는 그 일부로서 벽, 기둥, 그 밖에 이와 비슷한 구획의 중심선으로 둘러싸인 부분의 수평투영면적으로 한다.
④ 용적률 산정 시 적용하는 연면적은 지하층을 포함하여 하나의 건축물 각 층의 바닥면적의 합계로 한다.

해설

④ 용적률 산정 시 적용하는 연면적은 지하층을 포함하지 않고, 하나의 건축물 각 층의 바닥면적의 합계로 한다.

83 다음 중 해당 용도로 사용되는 바닥면적의 합계에 의해 건축물의 용도분류가 다르게 되지 않는 것은?
① 오피스텔
② 종교집회장
③ 골프연습장
④ 휴게음식점

해설

②	종교집회장	바닥면적 500㎡ 미만: 제2종 근린생활시설
		바닥면적 500㎡ 이상: 종교시설
③	골프연습장	바닥면적 500㎡ 미만: 제2종 근린생활시설
		바닥면적 500㎡ 이상: 운동시설
④	휴게음식점	바닥면적 300㎡ 미만: 제1종 근린생활시설
		바닥면적 300㎡ 이상: 제2종 근린생활시설

84 다음 중 건축법령상 용도에 따른 건축물의 종류가 옳지 않은 것은?
① 교육연구시설 - 유치원
② 묘지관련시설 - 장례시설
③ 관광휴게시설 - 어린이회관
④ 문화 및 집회시설 - 수족관

해설

②	묘지관련시설	• 화장시설
		• 봉안당(종교시설에 해당하는 것 제외)
		• 묘지와 자연장지에 딸린 건축물
	장례시설	• 장례시설(의료시설의 부수시설 제외)

해답 81. ① 82. ④ 83. ① 84. ②

85 용도변경과 관련된 시설군 중 산업 등 시설군에 속하지 않는 것은?
① 운수시설 ② 창고시설
③ 발전시설 ④ 묘지관련시설

[해설]

	용도변경과 관련된 「산업 등 시설군」
③	1. 운수시설, 창고시설, 공장, 위험물 저장 및 처리시설, 자원순환처리시설, 묘지관련시설, 장례시설
	2. 발전시설 및 방송통신시설은 「전기통신시설군」에 속한다.

86 주차장의 수급실태를 조사하려는 경우, 조사구역의 설정기준으로 옳지 않은 것은?
① 원형 형태로 조사구역을 설정한다.
② 각 조사구역은 「건축법」에 따른 도로를 경계로 구분한다.
③ 조사구역 바깥 경계선의 최대 거리가 300m를 넘지 아니 하도록 한다.
④ 주거기능과 상업·업무기능이 섞여 있는 지역의 경우에는 주차시설 수급의 적정성, 지역적 특성 등을 고려하여 같은 특성을 가진 지역별로 조사구역을 설정한다.

[해설]

	주차장 수급실태 조사
	1. 실태조사의 주기: 3년
①	2. 실태조사구역의 설정 기준 • 사각형 또는 삼각형 형태로 조사구역을 설정하되 조사구역 바깥 경계선의 최대 거리가 300m를 넘지 아니하도록 한다. • 각 조사구역은 「건축법」에 따른 도로를 경계로 구분한다. • 아파트단지와 단독주택단지가 혼재된 지역 또는 주거기능과 상업·업무기능이 혼재된 지역의 경우에는 주차시설 수급의 적정성, 지역적 특성 등을 고려하여 동일한 특성을 가진 지역별로 조사구역을 설정한다.

87 부설주차장 설치 대상 시설물로서 시설면적 1,400m²인 제2종 근린생활시설에 설치하여야 하는 부설주차장의 최소 대수는?
① 7대 ② 9대
③ 10대 ④ 14대

[해설]

①	제2종 근린생활시설: 시설면적 200m²당 1대의 부설주차장 설치 1,400 ÷ 200 = 7대

88 다음은 승용승강기의 설치에 관한 기준 내용이다. 밑줄 친 "대통령령으로 정하는 건축물"에 대한 기준 내용으로 옳은 것은?

> 건축주는 6층 이상으로서 연면적이 2,000m² 이상인 건축물(**대통령령으로 정하는 건축물**은 제외한다.)을 건축하려면 승강기를 설치하여야 한다.

① 층수가 6층인 건축물로서 각 층 거실의 바닥면적 300m² 이내마다 1개소 이상의 직통계단을 설치한 건축물
② 층수가 6층인 건축물로서 각 층 거실의 바닥면적 500m² 이내마다 1개소 이상의 직통계단을 설치한 건축물
③ 층수가 10층인 건축물로서 각 층 거실의 바닥면적 300m² 이내마다 1개소 이상의 직통계단을 설치한 건축물
④ 층수가 10층인 건축물로서 각 층 거실의 바닥면적 500m² 이내마다 1개소 이상의 직통계단을 설치한 건축물

[해설]

	건축법 제64조 【승강기】 설치 의무 규정의 예외
①	"대통령령으로 정하는 건축물"이란 층수가 6층인 건축물로서 각 층 거실의 바닥면적 300m² 이내마다 1개소 이상의 직통계단을 설치한 건축물을 말한다.

해답 85. ③ 86. ① 87. ① 88. ①

89 상업지역의 세분에 속하지 않는 것은?

① 중심상업지역 ② 근린상업지역
③ 유통상업지역 ④ 전용상업지역

해설

국토의 계획 및 이용에 관한 법률상의 상업지역		
④	중심상업지역	도심·부도심의 업무 및 상업기능의 확충을 위함
	일반상업지역	일반적인 상업 및 업무기능을 담당하게 하기 위함
	근린상업지역	근린지역에서의 일용품 및 서비스의 공급을 위함
	유통상업지역	도시 내 및 지역 간 유통기능의 증진을 위함

90 준주거지역 안에서 건축할 수 없는 건축물에 속하지 않는 것은?

① 위락시설
② 자원순환관련시설
③ 의료시설 중 격리병원
④ 문화 및 집회시설 중 공연장

해설

준주거지역	
주거기능을 위주로 이를 지원하는 일부 상업기능 및 업무기능을 보완하기 위하여 필요한 지역	
준주거지역 내에서 건축 불가능한 건축물	
1	제2종 근린생활시설 중 단란주점
2	의료시설 중 격리병원, 자원순환관련시설, 묘지관련시설
3	숙박시설, 위락시설, 공장, 자동차관련시설 중 폐차장
4	위험물 저장 및 처리시설 중 시내버스차고지 외의 지역에 설치하는 액화석유가스 충전소 및 고압가스 충전소·저장소
5	동물 및 식물관련시설 중 축사·도축장·도계장

(④)

91 용도지역에 따른 건폐율의 최대한도로 옳지 않은 것은? (단, 도시지역의 경우)

① 녹지지역 : 30% 이하
② 주거지역 : 70% 이하
③ 공업지역 : 70% 이하
④ 상업지역 : 90% 이하

해설

지역별 건폐율의 최대 한도		
①	(보전·생산·자연) 녹지지역: 20% 이하	
	제1종 및 제2종 전용주거지역: 50% 이하	70% 이하
	제1종 및 제2종 일반주거지역: 60% 이하	
	제3종 일반주거지역: 50% 이하	
	준주거지역: 70% 이하	
	(전용·일반·준) 공업지역: 70% 이하	
	중심상업지역: 90% 이하	90% 이하
	일반상업지역 및 유통상업지역: 80% 이하	
	근린상업지역: 70% 이하	

92 막다른 도로의 길이가 15m일 때, 이 도로가 건축법령상 도로이기 위한 최소폭은?

① 2m ② 3m
③ 4m ④ 6m

해설

막다른 도로의 길이에 따른 도로의 기준폭		
②	길이 10m 미만	폭 2m 이상
	길이 35m 미만	폭 3m 이상
	길이 35m 이상	폭 6m 이상

해답 89. ④ 90. ④ 91. ① 92. ②

93 방송 공동수신설비를 설치하여야 하는 대상 건축물에 속하지 않는 것은?
① 다가구주택
② 다세대주택
③ 바닥면적의 합계가 5,000m²으로서 업무시설의 용도로 쓰는 건축물
④ 바닥면적의 합계가 5,000m²으로서 숙박시설의 용도로 쓰는 건축물

해설

	방송 공동수신설비를 설치하여야 하는 대상 건축물
①	1	공동주택(아파트, 연립주택, 다세대주택, 기숙사)
	2	바닥면적의 합계가 5,000m² 이상으로서 업무시설이나 숙박시설의 용도로 쓰는 건축물

94 주차장법령상 다음과 같이 정의되는 주차장의 종류는?

> 도로의 노면 또는 교통광장(교차점광장만 해당)의 일정한 구역에 설치된 주차장으로서 일반(一般)의 이용에 제공되는 것

① 노외주차장　　② 노상주차장
③ 부설주차장　　④ 공영주차장

해설

	주차장법에 사용하는 용어의 정의
②	노상주차장	도로의 노면 또는 교통광장(교차점 광장만 해당)의 일정한 구역에 설치된 주차장으로서 일반의 이용에 제공되는 것
	노외주차장	도로의 노면 및 교통광장 외의 장소에 설치된 주차장으로서 일반의 이용에 제공되는 것
	부설주차장	건축물, 골프연습장, 그 밖에 주차수요를 유발하는 시설에 부대하여 설치되는 주차장으로서 해당 건축물·시설의 이용자 또는 일반의 이용에 제공되는 것

95 문화 및 집회시설 중 공연장의 개별관람실 바닥면적이 2,000m²일 경우 개별관람실의 출구는 최소 몇 개소 이상 설치하여야 하는가? (단, 각 출구의 유효너비를 2m로 하는 경우)
① 3개소　　② 4개소
③ 5개소　　④ 6개소

해설

	바닥면적 300m² 이상의 공연장 관람실 개별 출구 설치 기준
④	출구의 유효너비 합계: $\dfrac{바닥면적합계}{100} \times 0.6m$ 이상
	• 출구 유효너비 합계 $\dfrac{(2,000)}{100} \times 0.6 = 12m$
	• 출구의 수 = $\dfrac{12}{2}$ = 6개소

96 다음은 대지의 조경에 관한 기준 내용이다. ( )안에 알맞은 것은?

> 면적이 ( ) 이상인 대지에 건축을 하는 건축주는 용도지역 및 건축물의 규모에 따라 해당 지방자치단체의 조례로 정하는 기준에 따라 대지에 조경이나 그 밖에 필요한 조치를 하여야 한다.

① 100m²　② 200m²　③ 300m²　④ 500m²

해설

	대지 안의 조경 대상	
	원칙	조경 의무 대상: 대지면적 200m² 이상
	1	자연녹지지역에 건축하는 건축물
②	2 공장	• 5,000m² 미만인 대지에 건축하는 경우 • 연면적 합계 1,500m² 미만인 경우 • 산업단지 안에 건축하는 경우
	예외 3	대지에 염분이 함유되어 있는 경우
	4	축사, 가설건축물
	5	연면적 합계 1,500m² 미만인 물류시설 (주거지역 및 상업지역에 건축하는 것은 제외)
	6	도시지역 및 지구단위계획 구역 이외의 지역

해답　93. ①　94. ②　95. ④　96. ②

97 전용주거지역이나 일반주거지역에서 건축물을 건축하는 경우, 건축물의 높이 10m 이하의 부분은 정북(正北)방향으로의 인접 대지경계선으로부터 원칙적으로 최소 얼마 이상의 거리를 띄어야 하는가?

① 1m ② 1.5m ③ 2m ④ 3m

해설

②

	일조 등의 확보를 위한 건축물의 높이 제한	
대상	전용주거지역 및 일반주거지역	
적용 기준	이격거리의 기준(조례로 정함)	
	1	높이 10m 이하인 부분 1.5m 이상
	2	높이 10m를 초과하는 부분 인접 대지경계선으로부터 해당 건축물의 각 부분의 높이의 1/2 이상

98 건축법령에 따라 건축물의 경사지붕 아래에 설치하는 대피공간에 관한 기준 내용으로 옳지 않은 것은?

① 특별피난계단 또는 피난계단과 연결되도록 할 것
② 관리사무소 등과 긴급 연락이 가능한 통신시설을 설치할 것
③ 대피공간의 면적은 지붕 수평투영면적의 20분의 1 이상일 것
④ 출입구는 유효너비 0.9m 이상으로 하고, 그 출입구에는 60분+, 60분방화문을 설치할 것

해설

③

	경사지붕 아래에 설치하는 대피공간
1	대피공간의 면적은 지붕 수평투영면적의 1/10 이상일 것
2	특별피난계단 또는 피난계단과 연결되도록 할 것
3	출입구·창문을 제외한 부분은 해당 건축물의 다른 부분과 내화구조의 바닥 및 벽으로 구획할 것
4	출입구는 유효너비 0.9m 이상으로 하고, 그 출입구에는 60분+, 60분방화문을 설치할 것
5	내부마감재료는 불연재료로 하고, 예비전원으로 작동하는 조명설비를 설치할 것
6	관리사무소 등과 긴급 연락이 가능한 통신시설을 설치할 것

99 다음의 직통계단의 설치에 관한 기준 내용 중 밑줄 친 "다음 각 호의 어느 하나에 해당하는 용도 및 규모의 건축물"의 기준 내용으로 옳지 않은 것은?

> 법 제49조 제1항에 따라 피난층 외의 층이 <u>다음 각 호의 어느 하나에 해당하는 용도 및 규모의 건축물</u>에는 국토교통부령으로 정하는 기준에 따라 피난층 또는 지상으로 통하는 직통계단을 2개소 이상 설치하여야 한다.

① 지하층으로서 그 층 거실의 바닥면적의 합계가 200m² 이상인 것
② 종교시설의 용도로 쓰는 층으로서 그 층에서 해당 용도로 쓰는 바닥면적의 합계가 200m² 이상인 것
③ 숙박시설의 용도로 쓰는 3층 이상의 층으로서 그 층의 해당 용도로 쓰는 거실의 바닥면적의 합계가 200m² 이상인 것
④ 업무시설 중 오피스텔의 용도로 쓰는 층으로서 그 층의 해당 용도로 쓰는 거실의 바닥면적의 합계가 200m² 이상인 것

해설

④	업무시설 중 오피스텔의 용도로 쓰는 층으로서 그 층의 해당 용도로 쓰는 거실의 바닥면적의 합계가 300m² 이상인 것

100 건축법령에 따른 고층 건축물의 정의로 옳은 것은?

① 층수가 30층 이상이거나 높이가 90m 이상인 건축물
② 층수가 30층 이상이거나 높이가 120m 이상인 건축물
③ 층수가 30층 이상이거나 높이가 150m 이상인 건축물
④ 층수가 30층 이상이거나 높이가 200m 이상인 건축물

해설

②

고층	30층 이상이거나 높이가 120m 이상인 건축물
준고층	고층 건축물 중 초고층 건축물이 아닌 건축물
초고층	50층 이상이거나 높이가 200m 이상인 건축물

해답 97. ② 98. ③ 99. ④ 100. ②

건축법규 2018년 제1회

81 다음 중 두께에 관계없이 방화구조에 해당되는 것은?

① 심벽에 흙으로 맞벽치기한 것
② 석고판 위에 회반죽을 바른 것
③ 시멘트모르타르 위에 타일을 붙인 것
④ 석고판 위에 시멘트모르타르를 바른 것

해설

	구조 부분	방화구조의 기준
①	1 철망모르타르 바르기	바름두께 2cm 이상
	2 석고판 위에 시멘트모르타르 또는 회반죽을 바른 것	두께의 합계가 2.5cm 이상
	3 시멘트모르타르 위에 타일을 붙인 것	
	4 심벽에 흙으로 맞벽치기 한 것	두께에 관계없이 인정
	5 한국산업표준이 정한 방화2급 이상에 해당되는 것	

82 국토의 계획 및 이용에 관한 법령상 다음과 같이 정의되는 용어는?

> 개발로 인하여 기반시설이 부족할 것으로 예상되나 기반시설을 설치하기 곤란한 지역을 대상으로 건폐율이나 용적률을 강화하여 적용하기 위하여 지정하는 구역

① 개발제한구역 ② 시가화조정구역
③ 입지규제최소구역 ④ 개발밀도관리구역

해설

	개발밀도관리구역
④	1 주거·상업 또는 공업지역에서 개발행위로 인하여 기반시설의 처리·공급 또는 수용능력이 부족할 것으로 예상되는 지역 중 기반시설의 설치가 곤란한 지역
	2 특별시장·광역시장·특별자치시장·특별자치도지사·시장 또는 군수는 개발밀도관리구역 안에서 해당 용도지역에 적용되는 용적률의 50%의 범위 안에서 강화하여 적용한다.

83 다음은 공사감리에 관한 기준내용이다. 밑줄 친 "공사의 공정이 대통령령으로 정하는 진도에 다다른 경우"에 속하지 않는 것은? (단, 건축물의 구조가 철근콘크리트조인 경우)

> 공사감리자는 국토교통부령으로 정하는 바에 따라 감리일지를 기록·유지하여야 하고, <u>공사의 공정(工程)이 대통령령으로 정하는 진도에 다다른 경우</u>에는 감리중간보고서를 작성하여 건축주에게 제출하여야 한다.

① 지붕슬래브 배근을 완료한 경우
② 기초공사 시 철근 배치를 완료한 경우
③ 기초공사에서 주춧돌의 설치를 완료한 경우
④ 지상 5개 층마다 상부 슬래브 배근을 완료한 경우

해설

	감리중간보고서의 제출 시기		
	구조	공정	공사의 진도
③	철근콘크리트조 철골철근콘크리트조 조적조 보강콘크리트 블록조	기초공사	기초 철근 배치를 완료한 때
		지붕공사	지붕슬래브 배근을 완료한 때
		5층 이상 건축물	지상 5개 층마다 상부 슬래브 배근을 완료한 때

84 각종 용도지역의 세분에 관한 설명 중 옳지 않은 것은?

① 근린상업지역: 근린지역에서의 일용품 및 서비스의 공급을 위하여 필요한 지역
② 중심상업지역: 도심·부도심의 상업기능 및 업무기능의 확충을 위하여 필요한 지역
③ 제1종 일반주거지역: 단독주택을 중심으로 양호한 주거환경을 조성하기 위하여 필요한 지역
④ 준주거지역: 주거기능을 위주로 이를 지원하는 일부 상업기능 및 업무기능을 보완하기 위하여 필요한 지역

해설

	제1종 일반주거지역
③	저층주택을 중심으로 편리한 주거환경을 조성
	제1종 전용주거지역
	단독주택 중심의 양호한 주거환경을 보호

해답 81. ① 82. ④ 83. ③ 84. ③

85 제1종 일반주거지역 안에서 건축할 수 있는 건축물에 속하지 않는 것은?

① 아파트
② 단독주택
③ 노유자시설
④ 교육연구시설 중 고등학교

해설

	제1종 일반주거지역 안에서 건축할 수 있는 건축물
1	단독주택, 공동주택(아파트 제외)
2	제1종 근린생활시설
3	교육연구시설 중 유치원, 초등학교, 중학교 및 고등학교
4	노유자시설

①

86 대통령령으로 정하는 용도와 규모의 건축물에 대해 일반이 사용할 수 있도록 소규모 휴식시설 등의 공개공지 또는 공개공간을 설치하여야 하는 대상지역에 속하지 않는 것은?

① 준주거지역 ② 준공업지역
③ 일반주거지역 ④ 전용주거지역

해설

	공개공지 확보 대상	
대상지역	(1) 일반주거지역 · 준주거 지역	
	(2) 상업지역 · 준공업지역	
	(3) 특별자치시장 · 특별자치도지사 · 시장 · 군수 · 구청장이 도시화 가능성이 크다고 인정하여 지정 · 공고하는 지역	
규모	용도 바닥면적 합계 5,000m² 이상	
용도	• 문화 및 집회시설	• 판매시설 (농수산물 유통시설 제외)
	• 종교시설	• 운수시설 (여객용 시설만 해당)
	• 업무시설	• 숙박시설

④

87 건축물의 층수 산정에 관한 기준 내용으로 옳지 않은 것은?

① 지하층은 건축물의 층수에 산입하지 아니 한다.
② 층의 구분이 명확하지 아니한 건축물은 그 건축물의 높이 4m마다 하나의 층으로 보고 그 층수를 산정한다.
③ 건축물이 부분에 따라 그 층수가 다른 경우에는 바닥면적에 따라 가중평균한 층수를 그 건축물의 층수로 본다.
④ 계단탑으로서 그 수평투영면적의 합계가 해당 건축물 건축면적의 8분의 1 이하인 것은 건축물의 층수에 산입하지 아니 한다.

해설

③ 건축물이 부분에 따라 그 층수가 다른 경우에는 그 중 가장 많은 층수를 그 건축물의 층수로 본다.

88 건축물의 건축 시 허가 대상 건축물이라 하더라도 미리 특별자치시장·특별자치도지사 또는 시장·군수·구청장에게 국토교통부령으로 정하는 바에 따라 신고를 하면 건축허가를 받은 것으로 보는 소규모 건축물의 연면적 기준은?

① 연면적의 합계가 100m² 이하인 건축물
② 연면적의 합계가 150m² 이하인 건축물
③ 연면적의 합계가 200m² 이하인 건축물
④ 연면적의 합계가 300m² 이하인 건축물

해설

	허가 대상 건축물이라도 신고함으로서 건축허가를 받은 것으로 보는 소규모 건축물
1	연면적 합계 100m² 이하인 건축물
2	건축물의 높이를 3m 이하의 범위 안에서 증축하는 건축물
3	표준설계도서에 따른 건축물 중 조례로 정한 건축물
4	국토의 계획 및 이용에 관한 법에 따른 공업지역 안의 2층 이하로서 연면적 합계 500m² 이하인 공장

①

해답 85. ① 86. ④ 87. ③ 88. ①

89 다음은 지하층과 피난층 사이의 개방공간 설치에 관한 기준내용이다. ( )안에 알맞은 것은?

> 바닥면적의 합계가 ( ) 이상인 공연장·집회장·관람장 또는 전시장을 지하층에 설치하는 경우에는 각 실에 있는 자가 지하층 각 층에서 건축물 밖으로 피난하여 옥외 계단 또는 경사로 등을 이용하여 피난층으로 대피할 수 있도록 천장이 개방된 외부공간을 설치하여야 한다.

① 1,000㎡   ② 2,000㎡
③ 3,000㎡   ④ 4,000㎡

해설

	지하층과 피난층 사이의 개방공간 설치	
③	규모	바닥면적 합계 3,000m² 이상
	용도	지하층에 설치한 공연장, 집회장, 관람장, 전시장

90 건축법령상 연립주택의 정의로 알맞은 것은?

① 주택으로 쓰는 층수가 5개 층 이상인 주택
② 주택으로 쓰는 1개 동의 바닥면적 합계가 660㎡ 이하이고, 층수가 4개 층 이하인 주택
③ 주택으로 쓰는 1개 동의 바닥면적 합계가 660㎡를 초과하고, 층수가 4개 층 이하인 주택
④ 1개 동의 주택으로 쓰이는 바닥면적의 합계가 330㎡ 이하이고 주택으로 쓰는 층수가 3개층 이하인 주택

해설

		공동주택의 분류
③	1	아파트: 주택으로 쓰이는 층이 5개층 이상인 주택
	2	연립주택: 주택으로 쓰이는 1개 동의 바닥면적(부설주차장 면적 제외) 합계가 660m²를 초과하는 4개층 이하의 주택
	3	다세대주택: 주택으로 쓰이는 1개 동의 바닥면적(부설주차장 면적 제외) 합계가 660m² 이하인 4개층 이하의 주택
	4	기숙사

91 국토의 계획 및 이용에 관한 법령상 기반시설 중 도로의 세분에 속하지 않는 것은?

① 고가도로   ② 보행자우선도로
③ 자전거우선도로   ④ 자동차전용도로

해설

	기반시설의 세분	
③	도로	일반도로, 고가도로, 지하도로, 보행자 전용·우선도로, 자동차·자전거 전용도로
	광장	일반광장, 교통광장, 경관광장, 지하광장, 건축물부설광장
	자동차정류장	여객자동차터미널, 물류터미널, 공동환승센터, 공영 및 공동차고지, 물류자동차휴게소

92 급수·배수(配水)·배수(排水)·환기·난방 등의 건축설비를 건축물에 설치하는 경우, 건축기계설비기술사 또는 공조냉동기계기술사의 협력을 받아야 하는 대상 건축물에 속하지 않는 것은?

① 의료시설로서 해당 용도에 사용되는 바닥면적의 합계가 2,000㎡인 건축물
② 업무시설로서 해당 용도에 사용되는 바닥면적의 합계가 2,000㎡인 건축물
③ 숙박시설로서 해당 용도에 사용되는 바닥면적의 합계가 2,000㎡인 건축물
④ 유스호스텔로서 해당 용도에 사용되는 바닥면적의 합계가 2,000㎡인 건축물

해설

		건축설비관련기술사의 협력 대상 건축물
②	1	기숙사, 의료시설, 유스호스텔, 숙박시설로서 해당 용도에 사용되는 바닥면적의 합계 2,000㎡ 이상
	2	판매시설, 연구소, 업무시설로서 해당 용도에 사용되는 바닥면적의 합계 3,000㎡ 이상

해답 89. ③   90. ③   91. ③   92. ②

93 자연녹지지역으로서 노외주차장을 설치할 수 있는 지역에 속하지 않는 것은?

① 토지의 형질변경 없이 주차장의 설치가 가능한 지역
② 주차장 설치를 목적으로 토지의 형질변경 허가를 받은 지역
③ 택지개발사업 등의 단지조성사업 등에 따라 주차 수요가 많은 지역
④ 하천구역 및 공유수면으로서 주차장이 설치되어도 해당 하천 및 공유수면의 관리에 지장을 주지 아니 하는 지역

해설

③

	자연녹지지역으로서 노외주차장을 설치할 수 있는 지역
1	하천구역 및 공유수면(단, 주차장이 설치되어도 해당 하천 및 공유수면의 관리에 지장이 없는 경우)
2	토지의 형질변경 없이 주차장 설치가 가능한 지역
3	주차장 설치를 목적으로 토지의 형질변경 허가를 받은 지역
4	특별시장·광역시장·시장·군수·구청장이 특히 주차장의 설치가 필요하다고 인정하는 지역

94 다음은 건축법령상 직통계단의 설치에 관한 기준 내용이다. ( )안에 알맞은 것은?

초고층 건축물에는 피난층 또는 지상으로 통하는 직통계단과 직접 연결되는 피난안전구역(건축물의 피난·안전을 위하여 건축물 중간층에 설치하는 대피공간)을 지상층으로부터 ( ) 층마다 1개소 이상 설치하여야 한다.

① 10개   ② 20개   ③ 30개   ④ 40개

해설

③

	피난안전구역의 설치 대상	
	초고층 건축물	지상층으로부터 최대 30개층 마다 1개소 이상
	준초고층 건축물	해당 건축물 전체 층수의 1/2에 해당하는 층으로부터 상하 5개층 이내에 1개소 이상

95 다음 중 건축물의 용도분류상 문화 및 집회시설에 속하는 것은?

① 야외극장   ② 산업전시장
③ 어린이회관   ④ 청소년 수련원

해설

②

	문화 및 집회시설	
1	공연장으로서 제2종 근린생활시설에 해당하지 아니한 것	
2	집회장(예식장, 공회당, 회의장, 마권 장외 발매소 및 전화투표소, 그 밖에 이와 비슷한 것)으로서 제2종 근린생활시설에 해당하지 아니한 것	바닥면적의 합계가 500㎡ 이상인 것
3	관람장(경마장, 경륜장, 경정장, 자동차 경기장, 그 밖에 이와 비슷한 것과 체육관 및 운동장)	체육관 및 운동장의 경우 관람실의 바닥면적의 합계가 1,000㎡ 이상인 것
4	전시장(박물관, 미술관, 과학관, 문화관, 체험관, 기념관, 산업전시장, 박람회장, 그 밖에 이와 비슷한 것)	
5	동·식물원(동물원, 식물원, 수족관 그 밖에 이와 비슷한 것)	

96 부설주차장 설치 대상 시설물이 문화 및 집회시설 중 예식장으로서 시설면적이 1,200㎡인 경우, 설치하여야 하는 부설주차장의 최소 대수는?

① 8대   ② 10대   ③ 15대   ④ 20대

해설

①

문화 및 집회시설 중 예식장: 시설면적 150㎡당 1대의 부설주차장 설치	1,200÷150=8대

해답 93. ③   94. ③   95. ②   96. ①

97 주차장 주차단위구획의 최소 크기로 옳지 않은 것은? (단, 평행주차형식 외의 경우)

① 경형: 너비 2.0m, 길이 3.6m
② 일반형: 너비 2.0m, 길이 6.0m
③ 확장형: 너비 2.6m, 길이 5.2m
④ 장애인전용: 너비 3.3m, 길이 5.0m

해설

구분	주차방식	단위주차구획	
일반형 주차장	평행주차 이외	2.5m × 5m 이상	확장형: 2.6m × 5.2m 이상
		2m × 3.6m	1,000cc 미만 경차
	평행주차	2m × 6m 이상	–
		2m × 5m	보차 구분이 없는 도로
		1.7m × 4.5m	1,000cc 미만 경차
지체장애인 전용		3.3m × 5m 이상(평행주차는 제외)	

※ 주차단위구획은 백색 실선(경형주차구획은 청색 실선)
※ 경형자동차(1,000cc미만) 주차구획
　① 평행: 1.7m × 4.5m　② 그 밖의 경우: 2m × 3.6m

98 피난안전구역(건축물의 피난·안전을 위하여 건축물 중간에 설치하는 대피공간)의 구조 및 설비에 관한 기준 내용으로 옳지 않은 것은?

① 피난안전구역의 높이는 2.1m 이상일 것
② 비상용승강기는 피난안전구역에서 승하차 할 수 있는 구조로 설치할 것
③ 건축물의 내부에서 피난안전구역으로 통하는 계단은 피난계단의 구조로 설치할 것
④ 피난안전구역에는 식수공급을 위한 급수전을 1개소 이상 설치하고 예비전원에 따른 조명설비를 설치할 것

해설
③ 건축물의 내부에서 피난안전구역으로 통하는 계단은 특별피난계단의 구조로 설치할 것

99 6층 이상의 거실면적의 합계가 3,000m²인 경우, 건축물의 용도별 설치하여야 하는 승용승강기의 최소 대수가 옳은 것은? (단, 15인승 승강기의 경우)

① 업무시설 - 2대　② 의료시설 - 2대
③ 숙박시설 - 2대　④ 위락시설 - 2대

해설

② 업무시설, 위락시설, 숙박시설 승용승강기 설치 대수

$$1 + \frac{A - 3{,}000}{2{,}000} = 1 + \frac{(3{,}000) - 3{,}000}{2{,}000} = 1대$$

의료시설 승용승강기 설치 대수

$$2 + \frac{A - 3{,}000}{2{,}000} = 2 + \frac{(3{,}000) - 3{,}000}{2{,}000} = 2대$$

100 공작물을 축조할 때 특별자치시장·특별자치도지사 또는 시장·군수·구청장에게 신고를 하여야 하는 대상 공작물에 속하지 않는 것은? (단, 건축물과 분리하여 축조하는 경우)

① 높이 3m인 담장
② 높이 5m인 굴뚝
③ 높이 5m인 광고탑
④ 높이 5m인 광고판

해설

② | | 시장·군수·구청장에게 신고를 하여야 하는 공작물 |
|---|---|
| 1 | 높이 2m를 넘는 옹벽·담장 |
| 2 | 높이 4m를 넘는 광고탑·광고판·장식탑·기념탑·첨탑 |
| 3 | 높이 6m를 넘는 굴뚝·골프연습장 등의 철탑 |
| 4 | 높이 8m를 넘는 고가수조 |

해답 97. ②　98. ③　99. ②　100. ②

건축법규 2018년 제2회

81 다음 설명에 알맞은 용도지구의 세분은?

> 건축물·인구가 밀집되어 있는 지역으로서 시설 개선 등을 통하여 재해 예방이 필요한 지구

① 일반방재지구 ② 시가지방재지구
③ 중요시설물보호지구 ④ 역사문화환경보호지구

해설

	방재지구	
②	자연 방재지구	토지의 이용도가 낮은 해안변, 하천변, 급경사지 주변 등의 지역으로서 건축제한 등을 통하여 재해예방이 필요한 지구
	시가지 방재지구	건축물·인구가 밀집되어 있는 지역으로서 시설 개선 등을 통하여 재해예방이 필요한 지구

82 바닥으로부터 높이 1m까지의 안벽의 마감을 내수재료로 하지 않아도 되는 것은?

① 아파트의 욕실
② 숙박시설의 욕실
③ 제1종 근린생활시설 중 휴게음식점의 조리장
④ 제2종 근린생활시설 중 일반음식점의 조리장

해설

	거실의 방습	
①	1	최하층의 거실바닥의 높이 (바닥이 목조인 경우)	지표면으로부터 45cm 이상 설치
	2	제1종 근린생활시설 • 일반목욕장의 욕실 • 휴게음식점 및 제과점의 조리장	욕실·조리장의 바닥과 그 바닥으로부터 높이 1m까지 안벽의 마감은 내수재료로 해야 함
	3	제2종 근린생활시설 • 일반음식점 및 휴게음식점 및 제과점의 조리장 • 숙박시설의 욕실	

83 대지면적이 1,000m²인 건축물의 옥상에 조경면적을 90m² 설치한 경우, 대지에 설치하여야 하는 최소 조경면적은? (단, 조경설치 기준은 대지면적의 10%)

① 10m² ② 40m²
③ 50m² ④ 100m²

해설

③	1	조경면적 = 1,000 × 0.1 = 100m²
	2	옥상조경면적 = 90m² × $\frac{2}{3}$ = 60m² > 50m²
	3	옥상조경면적은 2/3를 인정하되 조경면적의 1/2을 넘지 못하므로, 실제 옥상조경면적은 50m² 이다.
	4	지표면의 조경면적 = 100m² − 50m² = 50m²

84 다음은 주차장 수급실태 조사의 조사구역에 관한 설명이다. ( ) 안에 알맞은 것은?

> 사각형 또는 삼각형 형태로 조사구역을 설정하되 조사구역 바깥 경계선의 최대 거리가 ( )를 넘지 아니하도록 한다.

① 100m ② 200m
③ 300m ④ 400m

해설

	주차장 수급실태 조사
③	1	실태조사의 주기: 3년
	2	실태조사구역의 설정 기준 • 사각형 또는 삼각형 형태로 조사구역을 설정하되 조사구역 바깥 경계선의 최대 거리가 300m를 넘지 아니하도록 한다. • 각 조사구역은 『건축법』에 따른 도로를 경계로 구분한다.

해답 81. ② 82. ① 83. ③ 84. ③

85 도시·군계획 수립 대상지역의 일부에 대하여 토지이용을 합리화하고 그 기능을 증진시키며 미관을 개선하고 양호한 환경을 확보하며, 그 지역을 체계적·계획적으로 관리하기 위하여 수립하는 도시·군관리계획은?

① 광역도시계획
② 지구단위계획
③ 지구경관계획
④ 택지개발계획

해설

②

지구단위계획		
국토교통부장관 또는 시·도지사·대도시 시장이 도시·군관리계획으로 지정한다.		
지정목적	1	토지 이용의 합리화
	2	토지 기능의 증진
	3	미관 개선
	4	양호한 환경 확보
대상구역	도시·군관리계획 수립대상 지역 안의 일부 지역	

86 다음 중 허가 대상에 속하는 용도변경은?

① 영업시설군에서 근린생활시설군으로의 용도변경
② 교육 및 복지시설군에서 영업시설군으로의 용도변경
③ 근린생활시설군에서 주거업무시설군으로의 용도변경
④ 산업 등의 시설군에서 전기통신시설군으로의 용도변경

해설

②

용도변경의 절차		
용도변경 분류		행정절차
1	자동차 관련 시설군	
2	산업 등 시설군	
3	전기통신 시설군	
4	문화집회 시설군	• 오름차순 변경 (↑) : 허가 • 내림차순 변경 (↓) : 신고
5	영업 시설군	
6	교육 및 복지 시설군	
7	근린생활 시설군	
8	주거업무 시설군	
9	그 밖의 시설군	

87 일반상업지역에 건축할 수 없는 건축물에 속하지 않는 것은?

① 묘지관련시설
② 자원순환관련시설
③ 운수시설 중 철도시설
④ 자동차관련시설 중 폐차장

해설

③

일반상업지역에서 건축할 수 없는 건축물	
1	숙박시설 중 일반숙박시설 및 생활숙박시설
2	위락시설
3	공장
4	위험물저장 및 처리시설 중 시내버스 차고지 외의 지역에 설치하는 액화석유가스충전소·저장소
5	자동차관련시설 중 폐차장
6	동물 및 식물관련시설, 자원순환관련시설, 묘지관련시설

88 건축법령상 건축물의 대지에 공개공지 또는 공개공간을 확보하여야 하는 대상 건축물에 속하지 않는 것은? (단, 해당 용도로 쓰는 바닥면적의 합계가 5,000m²인 건축물의 경우)

① 종교시설
② 의료시설
③ 업무시설
④ 숙박시설

해설

②

공개공지 확보 대상		
대상 지역	(1) 일반주거지역 · 준주거 지역 (2) 상업지역 · 준공업지역 (3) 특별자치시장 · 특별자치도지사 · 시장 · 군수 · 구청장이 도시화 가능성이 크다고 인정하여 지정 · 공고하는 지역	
규모	용도 바닥면적 합계 5,000m² 이상	
용도	• 문화 및 집회시설	• 판매시설 (농수산물 유통시설 제외)
	• 종교시설	• 운수시설 (여객용 시설만 해당)
	• 업무시설	• 숙박시설

해답 85. ② 86. ② 87. ③ 88. ②

89 시설물의 부지 인근에 부설주차장을 설치하는 경우, 해당 부지의 경계선으로부터 부설주차장의 경계선까지의 거리 기준으로 옳은 것은?

① 직선거리 300m 이내
② 도보거리 800m 이내
③ 직선거리 500m 이내
④ 도보거리 1,000m 이내

해설

①	부설주차장 인근 설치	
	대상 시설물 규모	주차대수 300대 이하, 시설물의 부지가 12m 이하인 도로에 접하여 있는 경우로서 도로의 맞은편 토지에 주차장을 해당 도로에 접하도록 설치하는 경우
	부지 인근 범위	직선거리 300m 이내, 도보거리 600m 이내

90 다중이용건축물에 속하지 않는 것은? (단, 층수가 10층 이며, 해당 용도로 쓰는 바닥면적의 합계가 5,000m²인 건축물의 경우)

① 업무시설
② 종교시설
③ 판매시설
④ 숙박시설 중 관광숙박시설

해설

①	다중이용건축물	
	1	16층 이상의 건축물
	2	문화 및 집회시설(전시장, 동·식물원 제외), 종교시설, 판매시설, 여객자동차터미널, 종합병원, 관광숙박시설의 용도에 쓰이는 바닥면적 합계가 5,000m² 이상인 건축물

91 다음의 옥상광장 등의 설치에 관한 기준내용 중 ( ) 안에 알맞은 것은?

> 옥상광장 또는 2층 이상인 층에 있는 노대나 그 밖에 이와 비슷한 것의 주위에는 높이 ( ) 이상의 난간을 설치하여야 한다. 다만, 그 노대 등에 출입할 수 없는 구조인 경우에는 그러하지 아니 하다.

① 1.0m
② 1.2m
③ 1.5m
④ 1.8m

해설

옥상광장이나 2층 이상의 노대 등의 주위에 설치해야 하는 최소 난간높이는 1.2m 이상이다.

피난용 옥상광장의 설치 대상	
설치 대상	적용
5층 이상의 층	• 문화 및 집회시설 (전시장, 동·식물원 제외) • 300m² 이상인 공연장 및 종교집회장, 판매시설, 유흥주점, 장례시설

92 도시지역에 지정된 지구단위계획구역 내에서 건축물을 건축하려는 자가 그 대지의 일부를 공공시설 부지로 제공하는 경우 그 건축물에 대하여 완화하여 적용할 수 있는 항목이 아닌 것은?

① 건축선
② 건폐율
③ 용적률
④ 건축물의 높이

해설

① 지구단위계획구역(도시지역 내에 지정하는 경우로 한정함) 내에서 건축물을 건축하려는 자가 그 대지의 일부를 공공시설의 부지로 제공하거나 공공시설 등을 설치하여 제공하는 경우 그 건축물에 대하여 건폐율, 용적률, 높이 제한을 완화하여 적용할 수 있다.

해답 89. ① 90. ① 91. ② 92. ①

93 건축물의 거실(피난층의 거실 제외)에 국토교통부령으로 정하는 기준에 따라 배연설비를 설치하여야 하는 대상 건축물에 속하지 않는 것은?

① 6층 이상인 건축물로서 종교시설의 용도로 쓰는 건축물
② 6층 이상인 건축물로서 판매시설의 용도로 쓰는 건축물
③ 6층 이상인 건축물로서 방송통신시설 중 방송국의 용도로 쓰는 건축물
④ 6층 이상인 건축물로서 교육연구시설 중 연구소의 용도로 쓰는 건축물

해설

배연설비의 설치	
규모	6층 이상인 건축물
설치장소	거실
③ 용도	• 문화 및 집회시설, 종교시설, 판매시설, 업무시설, 의료시설, 종교시설, 운수시설, 운동시설, 숙박시설, 위락시설, 관광휴게시설, 아동관련시설, 노인복지시설 • 연구소, 유스호스텔 • 장례식장

94 태양열을 주된 에너지원으로 이용하는 주택의 건축면적 산정의 기준이 되는 것은?

① 외벽 중 내측 내력벽의 중심선
② 외벽 중 외측 비내력벽의 중심선
③ 외벽 중 내측 내력벽의 외측 외곽선
④ 외벽 중 외측 비내력벽의 외측 외곽선

해설

① 건축면적 산정 시 이중벽인 경우는 벽체두께의 합의 중심선이지만, 태양열을 이용하는 주택은 내측 내력벽의 중심선으로 한다.

95 다음은 건축법령상 리모델링에 대비한 특혜 등에 관한 기준내용이다. ( ) 안에 알맞은 것은?

리모델링이 쉬운 구조의 공동주택의 건축을 촉진하기 위하여 공동주택을 대통령령으로 정하는 구조로 하여 건축허가를 신청하면 제56조(건축물의 용적률), 제60조(건축물의 높이 제한) 및 제61조(일조 등의 확보를 위한 건축물의 높이 제한)에 따른 기준을 ( )의 범위에서 대통령령으로 정하는 비율로 완화하여 적용할 수 있다.

① 100분의 110
② 100분의 120
③ 100분의 130
④ 100분의 140

해설

리모델링이 쉬운 구조		
공동주택의 구조	• 각 세대는 인접한 세대와 수직 또는 수평 방향으로 통합하거나 분할할 수 있을 것 • 구조체에서 건축설비, 내부 마감재료 및 외부 마감재료를 분리할 수 있을 것 • 개별 세대 안에서 구획된 실의 크기, 개수 또는 위치 등을 변경할 수 있을 것	
완화규정 및 내용	• 건축물의 용적률 • 건축물의 높이 제한 • 일조 등의 확보를 위한 건축물의 높이 제한	120/100 범위 내 완화 적용 가능

96 층수가 12층이고 6층 이상의 거실면적의 합계가 12,000m²인 교육연구시설에 설치하여야 하는 8인승 승용승강기의 최소 대수는?

① 2대 ② 3대 ③ 4대 ④ 5대

해설

교육연구시설 승용승강기 설치 대수
③ $\dfrac{A - 3{,}000\text{m}^2}{3{,}000\text{m}^2} + 1 = \dfrac{(12{,}000\text{m}^2) - 3{,}000\text{m}^2}{3{,}000\text{m}^2} + 1 = 4$대 (8~15인승 기준)

해답 93. ③ 94. ① 95. ② 96. ③

97 건축물의 출입구에 설치하는 회전문은 계단이나 에스컬레이터로부터 최소 얼마 이상의 거리를 두어야 하는가?

① 1m   ② 1.5m   ③ 2m   ④ 3m

해설

③ 회전문은 계단 또는 에스컬레이터로부터 2m 이상 이격시켜야 한다.

98 주요구조부를 내화구조로 해야 하는 대상 건축물 기준으로 옳은 것은?

① 장례시설의 용도로 쓰는 건축물로서 집회실의 바닥면적의 합계가 150m² 이상인 건축물
② 판매시설의 용도로 쓰는 건축물로서 그 용도로 쓰는 바닥면적의 합계가 300m² 이상인 건축물
③ 운수시설의 용도로 쓰는 건축물로서 그 용도로 쓰는 바닥면적의 합계가 400m² 이상인 건축물
④ 문화 및 집회시설 중 전시장의 용도로 쓰는 건축물로서 그 용도로 쓰는 바닥면적의 합계가 500m² 이상인 건축물

해설

	주요구조부를 내화구조로 해야 하는 규정
200m² 이상	• 문화 및 집회시설(전시장 및 동·식물원 제외) • 유흥주점 • 종교시설, 장례시설
④ 500m² 이상	• 문화 및 집회시설 중 전시장 및 동·식물원 • 위락시설(유흥주점 제외) • 판매시설, 운수시설, 수련시설, 창고시설, 관광휴게시설 • 운동시설 중 체육관 및 운동장 • 위험물저장 및 처리시설 • 방송통신시설 중 방송국·전신전화국 및 촬영소
2,000m² 이상	• 공장 (화재로 위험이 적은 공장으로서 주요구조부가 불연재료로 된 2층 이하의 공장은 예외)

99 건축물의 면적, 높이 및 층수 산정의 기본원칙으로 옳지 않은 것은?

① 대지면적은 대지의 수평투영면적으로 한다.
② 연면적은 하나의 건축물 각 층의 거실면적의 합계로 한다.
③ 건축면적은 건축물의 외벽(외벽이 없는 경우에는 외곽부분의 기둥)의 중심선으로 둘러싸인 부분의 수평투영면적으로 한다.
④ 바닥면적은 건축물의 각 층 또는 그 일부로서 벽, 기둥, 그 밖에 이와 비슷한 구획의 중심선으로 둘러싸인 부분의 수평투영면적으로 한다.

해설

②	1	연면적은 하나의 건축물에 있어서 지하층, 지상층 바닥면적의 합이다.
	2	용적률 계산 시 연면적에서는 지하층 바닥면적을 제외한다.

100 부설주차장 설치 대상 시설물이 판매시설인 경우 부설주차장 설치 기준으로 옳은 것은?

① 시설면적 100m²당 1대
② 시설면적 150m²당 1대
③ 시설면적 200m²당 1대
④ 시설면적 400m²당 1대

해설

	부설주차장 설치 대상 시설물: 시설면적(m²)당 1대
100m² 당	• 위락시설
② 150m² 당	• 문화 및 집회시설(관람장 제외) • 의료시설(정신병원, 요양소, 격리병원 제외) • 운동시설(골프(연습)장, 옥외수영장 제외) • 판매시설, 운수시설, 업무시설, 방송국 • 장례시설
200m² 당	• 숙박시설, 제1종 및 제2종 근린생활시설
400m² 당	• 창고시설

해답 97. ③   98. ④   99. ②   100. ②

건축법규 2018년 제4회

81 건축법령상 공사감리자가 수행하여야 하는 감리업무에 속하지 않는 것은?

① 공정표의 작성
② 상세시공도면의 검토·확인
③ 공사현장에서의 안전관리의 지도
④ 설계변경의 적정여부의 검토·확인

해설

①	공사감리자의 감리업무
1	공사시공자가 설계도서에 적합하게 시공하는지의 여부 및 건축자재가 기준에 적합한지의 여부 확인
2	시공계획 및 공사관리의 적정 여부 확인, 공사현장의 안전관리 지도
3	공정표 및 상세시공도면의 검토·확인, 구조물의 위치와 규격의 적정 여부 검토·확인, 품질시험의 실시 여부 및 시험 성과 검토·확인, 설계변경의 적정 여부 검토·확인
4	그 밖의 공사감리계약으로 정하는 사항

82 피난층 외의 층으로서 피난층 또는 지상으로 통하는 직통계단을 2개소 이상 설치하여야 하는 대상 기준으로 옳지 않은 것은?

① 지하층으로서 그 층 거실의 바닥면적의 합계가 200m² 이상인 것
② 종교시설의 용도로 쓰는 층으로서 그 층에서 해당 용도로 쓰는 바닥면적의 합계가 200m² 이상인 것
③ 판매시설의 용도로 쓰는 3층 이상의 층으로서 그 층의 해당 용도로 쓰는 거실의 바닥면적의 합계가 200m² 이상인 것
④ 업무시설 중 오피스텔의 용도로 쓰는 층으로서 그 층의 해당 용도로 쓰는 거실의 바닥면적의 합계가 200m² 이상인 것

해설

④ 업무시설 중 오피스텔의 용도로 쓰는 층으로서 그 층의 해당 용도로 쓰는 거실의 바닥면적의 합계가 300m² 이상인 것

83 대지와 도로의 관계에 관한 기준 내용이다. ( ) 안에 알맞은 것은?

> 연면적 합계가 2,000m² 이상(공장인 경우에는 3,000m²)인 건축물의 대지는 너비 (㉠) 이상의 도로에 (㉡) 이상 접하여야 한다.

① ㉠ 2m, ㉡ 4m   ② ㉠ 4m, ㉡ 2m
③ ㉠ 4m, ㉡ 6m   ④ ㉠ 6m, ㉡ 4m

해설

④

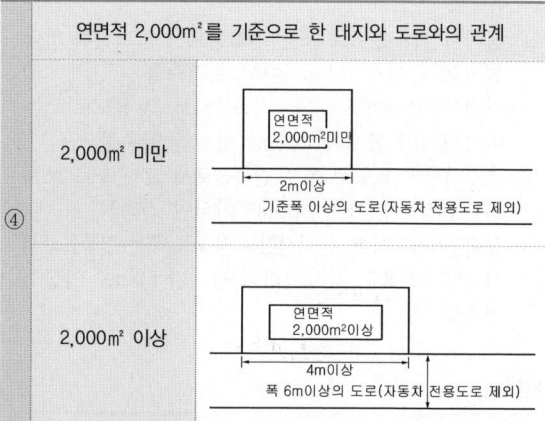

연면적 2,000m²를 기준으로 한 대지와 도로와의 관계

84 높이 31m를 넘는 각 층의 바닥면적 중 최대 바닥면적이 5,000m²인 업무시설에 원칙적으로 설치하여야 하는 비상용승강기의 최소 대수는?

① 1대   ② 2대
③ 3대   ④ 4대

해설

③ 업무시설 비상용승강기 설치 대수

$$\frac{A-1{,}500\text{m}^2}{3{,}000\text{m}^2}+1 = \frac{(5{,}000\text{m}^2)-1{,}500\text{m}^2}{3{,}000\text{m}^2}+1 = 2.17 \Rightarrow 3\text{대}$$

해답 81. ① 82. ④ 83. ④ 84. ③

85 제2종 일반주거지역 안에서 건축할 수 있는 건축물에 속하지 않는 것은?

① 종교시설
② 운수시설
③ 노유자시설
④ 제1종 근린생활시설

해설

	제2종 일반주거지역 안에서 건축할 수 있는 건축물
1	단독주택, 공동주택
2	제1종 근린생활시설
3	교육연구시설 중 유치원, 초등학교, 중학교 및 고등학교
4	노유자시설, 종교시설
5	관람장을 제외한 문화 및 집회시설은 조례로 건축 가능

②

86 다음 중 도시·군관리계획에 포함되지 않는 것은?

① 도시개발사업이나 정비사업에 관한 계획
② 광역계획권의 장기발전방향을 제시하는 계획
③ 기반시설의 설치·정비 또는 개량에 관한 계획
④ 용도지역·용도지구의 지정 또는 변경에 관한 계획

해설

	도시·군관리계획의 내용
1	용도지역·용도지구의 지정 또는 변경에 관한 계획
2	개발제한구역·시가화조정구역·수산자원보호구역의 지정 또는 변경에 관한 계획
3	기반시설의 설치·정비 또는 개량에 관한 계획
4	도시개발사업 또는 정비사업에 관한 계획
5	지구단위계획구역의 지정 또는 변경에 관한 계획과 지구단위계획

②

87 국토의 계획 및 이용에 관한 법률상 용도지역에서의 용적률 최대한도 기준이 옳지 않은 것은? (단, 도시지역의 경우)

① 주거지역: 500% 이하
② 녹지지역: 100% 이하
③ 공업지역: 400% 이하
④ 상업지역: 1,000% 이하

해설

	지역별 용적률의 최대 한도	
①	제1종 전용주거지역: 50%~100%	500% 이하
	제2종 전용주거지역: 100%~150%	
	제1종 일반주거지역: 100%~200%	
	제2종 일반주거지역: 150%~250%	
	제3종 일반주거지역: 200%~300%	
	준주거지역: 200%~500%	
②	보전녹지지역: 50%~80%	100% 이하
	생산녹지지역: 50%~100%	
	자연녹지지역: 50%~100%	
③	전용공업지역: 150%~300%	400% 이하
	일반공업지역: 200%~350%	
	준공업지역: 200%~400%	
④	근린상업지역: 200%~900%	1,500% 이하
	일반상업지역: 300%~1,300%	
	유통상업지역: 200%~1,100%	
	중심상업지역: 400%~1,500%	

88 태양열을 주된 에너지원으로 이용하는 주택의 건축면적 산정 시 기준이 되는 것은?

① 외벽의 외곽선
② 외벽의 내측 벽면선
③ 외벽 중 내측 내력벽의 중심선
④ 외벽 중 외측 비내력벽의 중심선

해설

③	건축면적 산정 시 이중벽인 경우는 벽체두께 합의 중심선이지만, 태양열을 이용하는 주택은 내측 내력벽의 중심선으로 한다.

해답 85. ② 86. ② 87. ④ 88. ③

89 허가 대상 건축물이라 하더라도 건축신고를 하면 건축허가를 받은 것으로 보는 건축물이 아닌 것은?

① 건축물의 높이를 4m 증축하는 건축물
② 연면적의 합계가 80m²인 건축물의 증축
③ 연면적 150m²이고 2층인 건축물의 대수선
④ 2층 건축물로서 바닥면적의 합계 80m²를 증축하는 건축물

해설

| ① | 건축물의 높이를 3m 이하의 범위 안에서 증축하는 건축물 |  |

90 부설주차장 설치 대상 시설물이 종교시설인 경우, 부설주차장 설치 기준으로 옳은 것은?

① 시설면적 50m²당 1대   ② 시설면적 100m²당 1대
③ 시설면적 150m²당 1대   ④ 시설면적 200m²당 1대

해설

부설주차장 설치 대상 시설물: 시설면적(m²)당 1대		
	100m² 당	• 위락시설
③	150m² 당	• 문화 및 집회시설(관람장 제외) • 의료시설(정신병원, 요양소, 격리병원 제외) • 운동시설(골프(연습)장, 옥외수영장 제외) • 판매시설, 운수시설, 업무시설, 방송국 • 장례시설
	200m² 당	• 숙박시설, 제1종 및 제2종 근린생활시설
	400m² 당	• 창고시설

91 다음은 건축법령상 다세대주택의 정의이다. ( )안에 알맞은 것은?

> 주택으로 쓰는 1개 동의 바닥면적 합계가 (㉠) 이하이고, 층수가 (㉡) 이하인 주택(2개 이상의 동을 지하주차장으로 연결하는 경우에는 각각의 동으로 본다.)

① ㉠ 330m², ㉡ 3개층   ② ㉠ 330m², ㉡ 4개층
③ ㉠ 660m², ㉡ 3개층   ④ ㉠ 660m², ㉡ 4개층

해설

공동주택: 아파트, 연립주택, 다세대주택의 구분		
	아파트	주택으로 쓰이는 층이 5개층 이상인 주택
④	연립주택	주택으로 쓰이는 1개 동의 바닥면적(부설주차장 면적 제외) 합계가 660m²를 초과하는 4개층 이하의 주택
	다세대주택	주택으로 쓰이는 1개 동의 바닥면적(부설주차장 면적 제외) 합계가 660m² 이하인 4개층 이하의 주택

92 공작물을 축조할 때 특별자치시장·특별자치도지사 또는 시장·군수·구청장에게 신고를 하여야 하는 대상 공작물 기준으로 옳지 않은 것은? (단, 건축물과 분리하여 축조하는 경우)

① 높이 6m를 넘는 굴뚝
② 높이 6m를 넘는 광고탑
③ 높이 4m를 넘는 장식탑
④ 높이 2m를 넘는 옹벽 또는 담장

해설

시장·군수·구청장에게 신고를 하여야 하는 공작물		
	1	높이 2m를 넘는 옹벽·담장
②	2	높이 4m를 넘는 광고탑·광고판·장식탑·기념탑·첨탑
	3	높이 6m를 넘는 굴뚝·골프연습장 등의 철탑
	4	높이 8m를 넘는 고가수조

해답 89. ① 90. ③ 91. ④ 92. ②

93 건축물의 거실에 국토교통부령으로 정하는 기준에 따라 배연설비를 설치하여야 하는 대상 건축물에 속하지 않는 것은? (단, 피난층의 거실은 제외하며, 6층 이상인 건축물의 경우)

① 종교시설 ② 판매시설
③ 위락시설 ④ 방송통신시설

해설

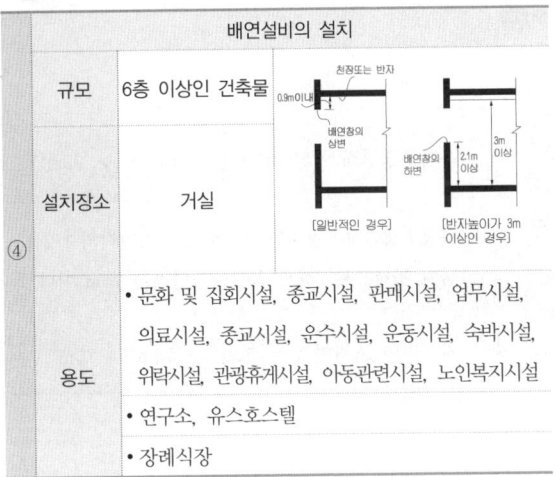

	배연설비의 설치	
④	규모	6층 이상인 건축물
	설치장소	거실
	용도	• 문화 및 집회시설, 종교시설, 판매시설, 업무시설, 의료시설, 종교시설, 운수시설, 운동시설, 숙박시설, 위락시설, 관광휴게시설, 아동관련시설, 노인복지시설 • 연구소, 유스호스텔 • 장례식장

94 용도지역의 세분에 있어 주거기능을 위주로 이를 지원하는 일부 상업기능 및 업무기능을 보완하기 위하여 필요한 지역은?

① 준주거지역 ② 전용주거지역
③ 일반주거지역 ④ 유통상업지역

해설

	전용주거지역(양호한 주거환경의 보호)	
①	1종	단독주택 중심의 양호한 주거환경을 보호
	2종	공동주택 중심의 양호한 주거환경을 보호
	일반주거지역(편리한 주거환경의 조성)	
	1종	저층주택을 중심으로 편리한 주거환경을 조성
	2종	중층주택을 중심으로 편리한 주거환경을 조성
	3종	중·고층주택을 중심으로 편리한 주거환경을 조성
	준주거지역	
	주거기능을 위주로 이를 지원하는 일부 상업기능 및 업무기능을 보완하기 위하여 필요한 지역	

95 지하식 또는 건축물식 노외주차장의 차로에 관한 기준내용으로 옳지 않은 것은? (단, 이륜자동차전용 노외주차장이 아닌 경우)

① 높이는 주차 바닥면으로부터 2.3m 이상으로 하여야 한다.
② 경사로의 종단경사도는 직선부분에서는 17%를 초과하여서는 아니 된다.
③ 곡선 부분은 자동차가 4m 이상의 내변반경으로 회전할 수 있도록 하여야 한다.
④ 주차대수 규모가 50대 이상인 경우의 경사로는 너비 6m 이상인 2차로를 확보하거나 진입차로와 진출차로를 분리하여야 한다.

해설

③	굴곡부는 자동차가 6m 이상의 내변반경으로 회전이 가능하도록 하여야 한다. (단, 같은 경사로를 이용하는 총 주차 대수가 50대 이하인 경우에는 5m 이상)	

96 일반주거지역 내에서 건축물을 건축하는 경우 건축물의 높이 5m인 부분은 정북 방향의 인접 대지경계선으로부터 원칙적으로 최소 얼마 이상을 띄어 건축하여야 하는가?

① 1.0m ② 1.5m ③ 2.0m ④ 3.0m

해설

	일조 등의 확보를 위한 건축물의 높이 제한		
②	대상	전용주거지역 및 일반주거지역	
		이격거리의 기준(조례로 정함)	
	적용 기준	1	높이 10m 이하인 부분
			1.5m 이상
		2	높이 10m를 초과하는 부분
			인접 대지경계선으로부터 해당 건축물의 각 부분의 높이의 1/2 이상
	예외	건축물의 미관 향상을 위해 너비 20m 이상의 도로로서 건축조례가 정하는 도로에 접한 대지 (도로와 대지의 사이에 도시계획시설인 완충녹지가 있는 경우에는 그 대지를 포함)	

해답 93. ④ 94. ① 95. ③ 96. ②

97 주차장 수급실태 조사의 조사구역 설정에 관한 기준 내용으로 옳지 않은 것은?

① 실태조사의 주기는 3년으로 한다.
② 사각형 또는 삼각형 형태로 조사구역을 설정한다.
③ 각 조사구역은 「건축법」에 따른 도로를 경계로 구분한다.
④ 조사구역 바깥 경계선의 최대 거리가 500m를 넘지 않도록 한다.

해설

	주차장 수급실태 조사
1	실태조사의 주기: 3년
2	실태조사구역의 설정 기준 • 사각형 또는 삼각형 형태로 조사구역을 설정하되 조사구역 바깥 경계선의 최대 거리가 300m를 넘지 아니 하도록 한다. • 각 조사구역은 「건축법」에 따른 도로를 경계로 구분한다.

④

98 건축물에 설치하는 지하층의 구조 및 설비에 관한 기준 내용으로 옳지 않은 것은?

① 지하층에 설치하는 비상탈출구의 유효너비는 0.75m 이상으로 할 것
② 거실의 바닥면적의 합계가 1,000m^2 이상인 층에는 환기설비를 설치할 것
③ 지하층의 바닥면적이 300m^2 이상인 층에는 식수 공급을 위한 급수전을 1개소 이상 설치할 것
④ 거실의 바닥면적이 33m^2 이상인 층에는 직통계단 외에 피난층 또는 지상으로 통하는 비상탈출구를 설치할 것

해설

④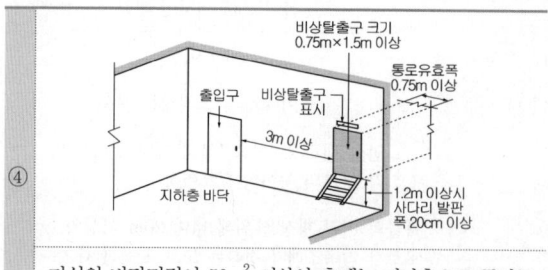

거실의 바닥면적이 50m^2 이상인 층에는 피난층으로 통하는 비상탈출구를 설치할 것

99 건축물을 신축하는 경우 옥상에 조경을 150m^2 시공했다. 이 경우 대지의 조경면적은 최소 얼마 이상으로 하여야 하는가? (단, 대지면적은 1,500m^2이고, 조경 설치 기준은 대지면적의 10% 이다.)

① 25m^2 ② 50m^2
③ 75m^2 ④ 100m^2

해설

1	조경면적 = 1,500 × 0.1 = 150m^2
2	옥상조경면적 = 150m^2 × $\frac{2}{3}$ = 100m^2 > 75m^2
3	옥상조경면적은 2/3를 인정하되 조경면적의 1/2을 넘지 못하므로, 실제 옥상조경면적은 75m^2이다.
4	지표면의 조경면적 = 150m^2 − 75m^2 = 75m^2

③

100 비상용승강기의 승강장의 구조에 관한 기준 내용으로 옳지 않은 것은?

① 승강장은 각층의 내부와 연결될 수 있도록 할 것
② 벽 및 반자가 실내에 접하는 부분의 마감재료는 준불연재료로 할 것
③ 옥내에 설치하는 승강장의 바닥면적은 비상용승강기 1대에 대하여 6m^2 이상으로 할 것
④ 피난층이 있는 승강장의 출입구로부터 도로 또는 공지에 이르는 거리가 30m 이하일 것

해설

② 비상용승강기의 구조에서 벽 및 반자가 실내에 접하는 부분의 마감재료(마감을 위한 바탕 포함)는 불연재료로 하여야 한다.

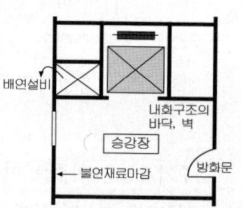

해답 97. ④ 98. ④ 99. ③ 100. ②

건축법규 2019년 제1회

81 다음과 같은 경우 연면적 1,000m²인 건축물의 대지에 확보하여야 하는 전기설비 설치 공간의 면적기준은?

㉠ 수전전압: 저압
㉡ 전력수전 용량: 200kW

① 가로 2.5m, 세로 2.8m ② 가로 2.5m, 세로 4.6m
③ 가로 2.8m, 세로 2.8m ④ 가로 2.8m, 세로 4.6m

해설

전기설비 설치 공간 확보 기준		
수전전압	전력수전 용량	확보 면적(가로×세로)
특고압 또는 고압	100kW 이상	2.8m × 2.8m
저압	75kW 이상 ~ 150kW 미만	2.5m × 2.8m
	150kW 이상 ~ 200kW 미만	2.8m × 2.8m
	200kW 이상 ~ 300kW 미만	2.8m × 4.6m
	300kW 이상	2.8m 이상 × 4.6m 이상

82 건축물에 설치하는 지하층의 구조 및 설비에 관한 기준 내용으로 옳지 않은 것은?

① 거실의 바닥면적의 합계가 1,000m² 이상인 층에는 환기설비를 설치할 것
② 거실의 바닥면적이 30m² 이상인 층에는 피난층으로 통하는 비상탈출구를 설치할 것
③ 지하층의 바닥면적이 300m² 이상인 층에는 식수 공급을 위한 급수전을 1개소 이상 설치할 것
④ 문화 및 집회시설 중 공연장의 용도에 쓰이는 층으로서 그 층의 거실의 바닥면적의 합계가 50m² 이상인 건축물에는 직통계단을 2개소 이상 설치할 것

해설

② 거실의 바닥면적이 50m² 이상인 층에는 피난층으로 통하는 비상탈출구를 설치할 것

83 건축법 제61조 제2항에 따른 높이를 산정할 때, 공동주택을 다른 용도와 복합하여 건축하는 경우 건축물의 높이 산정을 위한 지표면 기준은?

건축법 제61조(일조 등의 확보를 위한 건축물의 높이 제한)
② 다음 각 호의 어느 하나에 해당하는 공동주택(일반상업지역과 중심상업지역에 건축하는 것은 제외한다)은 채광(採光) 등의 확보를 위하여 대통령령으로 정하는 높이 이하로 하여야 한다.
1. 인접 대지경계선 등의 방향으로 채광을 위한 창문 등을 두는 경우
2. 하나의 대지에 두 동(棟) 이상을 건축하는 경우

① 전면도로의 중심선
② 인접 대지의 지표면
③ 공동주택의 가장 낮은 부분
④ 다른 용도의 가장 낮은 부분

해설

③ 공동주택의 높이는 공동주택의 가장 낮은 부분을 지표면으로 하여 산정한다.

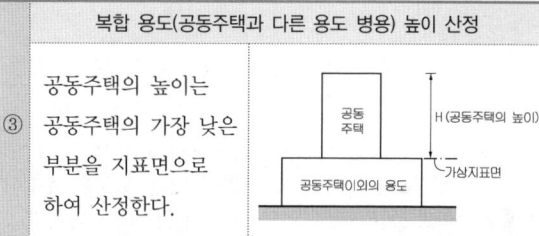

복합 용도(공동주택과 다른 용도 병용) 높이 산정

84 건축물의 내부에 설치하는 피난계단의 구조에 관한 기준 내용으로 옳지 않은 것은?

① 계단의 유효너비는 0.9m 이상으로 할 것
② 계단실 실내에 접하는 부분의 마감은 불연재료로 할 것
③ 계단은 내화구조로 하고 피난층 또는 지상까지 직접 연결되도록 할 것
④ 건축물의 내부에서 계단실로 통하는 출입구의 유효너비는 0.9m 이상으로 할 것

해설

① 옥내 피난계단의 유효너비에 관한 기준 규정은 없다.

해답 81. ④   82. ②   83. ③   84. ①

5 바이블 과목별 기출문제

85 국토의 계획 및 이용에 관한 법령에 따른 도시·군관리계획의 내용에 속하지 않는 것은?

① 광역계획권의 장기발전방향에 관한 계획
② 도시개발사업이나 정비사업에 관한 계획
③ 기반시설의 설치·정비 또는 개량에 관한 계획
④ 용도지역·용도지구의 지정 또는 변경에 관한 계획

해설

	도시·군관리계획의 내용	
①	1	용도지역·용도지구의 지정 또는 변경에 관한 계획
	2	개발제한구역·시가화조정구역·수산자원보호구역의 지정 또는 변경에 관한 계획
	3	기반시설의 설치·정비 또는 개량에 관한 계획
	4	도시개발사업 또는 정비사업에 관한 계획
	5	지구단위계획구역의 지정 또는 변경에 관한 계획과 지구단위계획

86 다음 중 노외주차장의 출구 및 입구를 설치할 수 있는 장소는?

① 육교로부터 4m 거리에 있는 도로의 부분
② 지하횡단보도에서 10m 거리에 있는 도로의 부분
③ 초등학교 출입구로부터 15m 거리에 있는 도로의 부분
④ 장애인복지시설 출입구로부터 15m 거리에 있는 도로의 부분

해설

	노외주차장의 입구와 출구를 설치할 수 없는 곳	
②	1	육교 및 지하 횡단보도를 포함한 횡단보도에서 5m 이내의 도로부분
	2	종단경사도 10%를 초과하는 도로
	3	유아원, 초등학교, 특수학교, 노인복지시설, 장애인복지시설 및 아동전용시설 등의 출입구로부터 20m 이내의 도로 부분
	4	폭 4m 미만의 도로(예외: 주차대수 200대 이상인 경우에는 폭 6m 미만의 도로에는 설치할 수 없다.)

87 주차장의 수급 실태조사에 관한 설명으로 옳지 않은 것은?

① 실태조사의 주기는 5년으로 한다.
② 조사구역은 사각형 또는 삼각형 형태로 설정한다.
③ 조사구역 바깥 경계선의 최대 거리가 300m를 넘지 않도록 한다.
④ 각 조사구역은 「건축법」에 따른 도로를 경계로 구분한다.

해설

	주차장 수급실태 조사
①	1	실태조사의 주기: 3년
	2	실태조사구역의 설정 기준 • 사각형 또는 삼각형 형태로 조사구역을 설정하되 조사구역 바깥 경계선의 최대 거리가 300m를 넘지 아니 하도록 한다. • 각 조사구역은 「건축법」에 따른 도로를 경계로 구분한다.

88 다음 중 건축법이 적용되는 건축물은?

① 역사(驛舍)
② 고속도로 통행료 징수시설
③ 철도의 선로 부지에 있는 플랫폼
④ 「문화유산의 보존 및 활용에 관한 법률」에 따른 가지정(假指定) 문화재

해설

	건축법이 적용되지 않는 건축물
①	1	「문화유산의 보존 및 활용에 관한 법률」에 따른 지정문화유산이나 임시지정문화유산 또는 천연기념물 등이나 임시지정 천연기념물, 임시지정 명승, 임시지정 시·도 자연유산
	2	철도나 궤도의 선로 부지(敷地)에 있는 운전보안시설, 철도 선로의 위나 아래를 가로지르는 보행시설, 플랫폼, 해당 철도 또는 궤도사업용 급수(給水)·급탄(給炭) 및 급유(給油) 시설
	3	고속도로 통행료 징수시설, 컨테이너를 이용한 간이창고
	4	「하천법」에 따른 하천구역 내의 수문조작실

해답 85. ① 86. ② 87. ① 88. ①

89. 다음 중 아파트를 건축할 수 없는 용도지역은?

① 준주거지역
② 제1종 일반주거지역
③ 제2종 전용주거지역
④ 제3종 일반주거지역

해설

② 제1종 일반주거지역 안에서 건축할 수 있는 건축물

4층 이하의 건축물(「주택법 시행령」에 따른 단지형 연립주택 및 단지형 다세대주택인 경우에는 5층 이하를 말하며, 단지형 연립주택의 1층 전부를 필로티 구조로 하여 주차장으로 사용하는 경우에는 필로티 부분을 층수에서 제외하고, 단지형 다세대주택의 1층 바닥면적의 1/2 이상을 필로티 구조로 하여 주차장으로 사용하고 나머지 부분을 주택 외의 용도로 쓰는 경우에는 해당 층을 층수에서 제외한다)만 해당

1	단독주택, 공동주택(아파트 제외)
2	제1종 근린생활시설
3	교육연구시설 중 유치원, 초등학교, 중학교 및 고등학교
4	노유자시설

90. 다음은 공동주택의 환기설비에 관한 기준 내용이다. ( )안에 알맞은 것은?

신축 또는 리모델링하는 100세대 이상의 공동주택에는 시간당 ( ) 이상의 환기가 이루어질 수 있도록 자연환기설비 또는 기계환기설비를 설치하여야 한다.

① 0.5회
② 1회
③ 1.5회
④ 2회

해설

①

	공동주택 등의 환기설비 기준 대상		환기 기준
1	100세대 이상 공동주택	• 신축 • 리모델링	0.5회 이상/ 1시간
2	주택이 100세대 이상인 복합건축물		

91. 다음 중 부설주차장 설치 대상 시설물의 종류와 설치기준의 연결이 옳지 않은 것은?

① 골프장 - 1홀당 10대
② 숙박시설 - 시설면적 200m²당 1대
③ 위락시설 - 시설면적 150m²당 1대
④ 문화 및 집회시설 중 관람장 - 정원 100명당 1대

해설

③

부설주차장 설치 대상 시설물: 시설면적(m²)당 1대	
100m²당	• 위락시설
150m²당	• 문화 및 집회시설(관람장 제외) • 의료시설(정신병원, 요양소, 격리병원 제외) • 운동시설(골프(연습)장, 옥외수영장 제외) • 판매시설, 운수시설, 업무시설, 방송국 • 장례시설
200m²당	• 숙박시설, 제1종 및 제2종 근린생활시설
400m²당	• 창고시설

92. 그림과 같은 대지의 도로 모퉁이 부분의 건축선으로서 도로 경계선의 교차점에서의 거리 "a"로 옳은 것은?

① 1m
② 2m
③ 3m
④ 4m

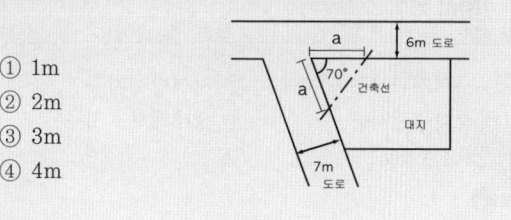

해설

도로의 교차각	교차되는 도로의 너비	8m > D ≥ 6m	6m > D ≥ 4m
90° 미만	8m > W ≥ 6m	4m	3m
	6m > W ≥ 4m	3m	2m
90° 이상 120° 미만	8m > W ≥ 6m	3m	2m
	6m > W ≥ 4m	2m	2m

해답 89. ②   90. ①   91. ③   92. ④

93 국토의 계획 및 이용에 관한 법률상 다음과 같이 정의되는 것은?

> 도시·군계획 수립 대상지역의 일부에 대하여 토지 이용을 합리화하고 그 기능을 증진시키며 미관을 개선하고 양호한 환경을 확보하며, 그 지역을 체계적·계획적으로 관리하기 위하여 수립하는 도시·군관리계획

① 광역도시계획 ② 지구단위계획
③ 도시·군기본계획 ④ 입지규제최소구역계획

해설

② 지구단위계획에 대한 정의로서, 국토교통부장관 또는 시·도지사·대도시 시장이 도시·군관리계획으로 지정한다.

94 다음 설명에 알맞은 용도지구의 세분은?

> 산지·구릉지 등 자연경관을 보호하거나 유지하기 위하여 필요한 지구

① 자연경관지구 ② 자연방재지구
③ 특화경관지구 ④ 생태계보호지구

해설

② 토지의 이용도가 낮은 해안변, 하천변, 급경사지 주변 등의 지역으로서 건축제한 등을 통하여 재해예방이 필요한 지구

③ 지역 내 주요 수계의 수변 또는 문화적 보존가치가 큰 건축물 주변의 경관 등 특별한 경관을 보호 또는 유지하거나 형성하기 위하여 필요한 지구

④ 야생동식물서식처 등 생태적으로 보존가치가 큰 지역의 보호와 보존을 위하여 필요한 지구

95 다음 중 허가 대상에 속하는 용도변경은?

① 숙박시설에서 의료시설로의 용도변경
② 판매시설에서 문화 및 집회시설로의 용도변경
③ 제1종 근린생활시설에서 업무시설로의 용도변경
④ 제1종 근린생활시설에서 공동주택으로의 용도변경

해설

용도변경의 절차	
용도변경 분류	행정 절차
(1) 자동차 관련 시설군	
(2) 산업 등 시설군	
(3) 전기통신 시설군	
(4) 문화집회 시설군	• 오름차순 변경 (↑) : 허가
(5) 영업 시설군	• 내림차순 변경 (↓) : 신고
(6) 교육 및 복지 시설군	
(7) 근린생활 시설군	
(8) 주거업무 시설군	
(9) 그 밖의 시설군	

②

96 전용주거지역 또는 일반주거지역 안에서 높이 8m의 2층 건축물을 건축하는 경우, 건축물의 각 부분은 일조 등의 확보를 위하여 정북 방향으로의 인접 대지경계선으로부터 최소 얼마 이상 띄어 건축하여야 하는가?

① 1m ② 1.5m ③ 2m ④ 3m

해설

일조 등의 확보를 위한 건축물의 높이 제한			
대상	전용주거지역 및 일반주거지역		
적용 기준	이격거리의 기준(조례로 정함)		
	1	높이 10m 이하인 부분	
		1.5m 이상	
	2	높이 10m를 초과하는 부분	
		인접 대지경계선으로부터 해당 건축물의 각 부분의 높이의 1/2 이상	
예외	건축물의 미관 향상을 위해 너비 20m 이상의 도로로서 건축조례가 정하는 도로에 접한 대지 (도로와 대지의 사이에 도시계획시설인 완충녹지가 있는 경우에는 그 대지를 포함)		

②

해답 93. ② 94. ① 95. ② 96. ②

97. 다음 중 건축물의 대지에 공개공지 또는 공개공간을 확보하여야 하는 대상 건축물에 속하는 것은? (단, 일반주거지역인 경우)

① 업무시설로서 해당 용도로 쓰는 바닥면적의 합계가 3,000m²인 건축물
② 숙박시설로서 해당 용도로 쓰는 바닥면적의 합계가 4,000m²인 건축물
③ 종교시설로서 해당 용도로 쓰는 바닥면적의 합계가 5,000m²인 건축물
④ 문화 및 집회시설로서 해당 용도로 쓰는 바닥면적의 합계가 4,000m²인 건축물

해설

	공개공지 확보 대상	
③	대상 지역	(1) 일반주거지역 · 준주거 지역
		(2) 상업지역 · 준공업지역
		(3) 특별자치시장 · 특별자치도지사 · 시장 · 군수 · 구청장이 도시화 가능성이 크다고 인정하여 지정 · 공고하는 지역
	규모	용도 바닥면적 합계 5,000m² 이상
	용도	• 문화 및 집회시설 • 판매시설 (농수산물 유통시설 제외)
		• 종교시설 • 운수시설 (여객용 시설만 해당)
		• 업무시설 • 숙박시설

98. 다음 중 건축에 속하지 않는 것은?

① 이전 ② 증축
③ 개축 ④ 대수선

해설

④	1	건축법에서의 "건축"이란 건축물을 신축, 증축, 개축, 재축 또는 이전하는 것을 말한다.
	2	"대수선"이란 건축물의 방재적 기능에 손상을 일으킬 수 있는 주요구조부에 대한 수선 변경 공사와 외부 형태 변경 공사를 말한다.

99. 한 방에서 층의 높이가 다른 부분이 있는 경우 층고 산정 방법으로 옳은 것은?

① 가장 낮은 높이로 한다.
② 가장 높은 높이로 한다.
③ 각 부분 높이에 따른 면적에 따라 가중평균한 높이로 한다.
④ 가장 낮은 높이와 가장 높은 높이의 산술평균한 높이로 한다.

해설

층고
방의 바닥구조체 윗면으로부터 위층 바닥구조체 윗면까지의 높이로서, 동일한 방에서 층의 높이가 다른 부분이 있는 경우 그 각 부분의 높이에 따른 면적에 따라 가중평균한 수평면을 층고로 한다.

③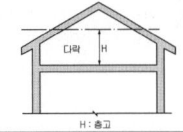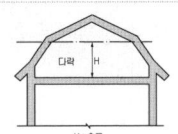

100. 다음의 대규모 건축물의 방화벽에 관한 기준 내용 중 ( )안에 공통으로 들어갈 내용은?

연면적 ( ) 이상인 건축물은 방화벽으로 구획하되, 각 구획된 바닥면적의 합계는 ( ) 미만이어야 한다.

① 500m² ② 1,000m²
③ 1,500m² ④ 3,000m²

해설

대규모 건축물의 방화벽 적용
② 연면적 1,000m² 이상인 건축물은 각 구획의 바닥면적의 합계가 1,000m² 미만으로 방화벽을 설치한다.

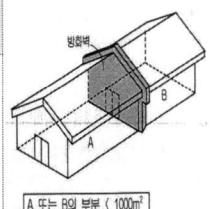

해답 97. ③ 98. ④ 99. ③ 100. ②

건축법규 2019년 제2회

81 다음은 대피공간의 설치에 관한 기준 내용이다. 밑줄 친 요건 내용으로 옳지 않은 것은?

> 공동주택 중 아파트로서 4층 이상인 층의 각 세대가 2개 이상의 직통계단을 사용할 수 없는 경우에는 발코니에 인접 세대와 공동으로 또는 각 세대별로 다음 각 호의 요건을 모두 갖춘 대피공간을 하나 이상 설치하여야 한다.

① 대피공간은 바깥의 공기와 접하지 않을 것
② 대피공간은 실내의 다른 부분과 방화구획으로 구획될 것
③ 대피공간의 바닥면적은 각 세대별로 설치하는 경우에는 2m² 이상일 것
④ 대피공간의 바닥면적은 인접 세대와 공동으로 설치하는 경우에는 3m² 이상일 것

해설

| ① | 대피공간은 바깥의 공기와 접할 것 |

82 용적률 산정에 사용되는 연면적에 포함되는 것은?

① 지하층의 면적
② 층고가 2.1m인 다락의 면적
③ 준초고층 건축물에 설치하는 피난안전구역의 면적
④ 건축물의 경사지붕 아래에 설치하는 대피공간의 면적

해설

	용적률 산정 시 연면적에서 제외되는 부분
	1 지하층의 면적
②	2 지상 부분의 주차용 면적(부속용도로 사용하는 경우)
	3 초고층 건축물과 준초고층 건축물의 피난안전구역의 면적
	4 경사지붕 아래 설치하는 대피공간의 면적

83 건축법령상 다음과 같이 정의되는 용어는?

> 건축물의 건축·대수선·용도변경, 건축설비의 설치 또는 공작물의 축조에 관한 공사를 발주하거나 현장관리인을 두어 스스로 그 공사를 하는 자

① 건축주   ② 건축사
③ 설계자   ④ 공사시공자

해설

②	건축사	국토교통부장관이 시행하는 자격시험에 합격한 사람으로서 건축물의 설계와 공사감리 등에 따른 업무를 수행하는 사람을 말한다.
③	설계자	자기의 책임(보조자의 도움을 받는 경우를 포함한다)으로 설계도서를 작성하고 그 설계도서에서 의도하는 바를 해설하며, 지도하고 자문에 응하는 자를 말한다.
④	공사시공자	『건설산업기본법』 제2조 제4호에 따른 건설공사를 하는 자를 말한다.

84 같은 건축물 안에 공동주택과 위락시설을 함께 설치하고자 하는 경우에 관한 기준내용으로 옳지 않은 것은?

① 건축물의 주요 구조부를 내화구조로 할 것
② 공동주택과 위락시설은 서로 이웃하도록 배치할 것
③ 공동주택과 위락시설은 내화구조로 된 바닥 및 벽으로 구획하여 서로 차단할 것
④ 공동주택의 출입구와 위락시설의 출입구는 서로 그 보행거리가 30m 이상이 되도록 설치할 것

해설

| ② | 공동주택과 위락시설은 서로 이웃하지 아니하도록 배치할 것 |

해답 81. ①   82. ②   83. ①   84. ②

85 국토의 계획 및 이용에 관한 법령상 광장·공원·녹지·유원지·공공공지가 속하는 기반시설은?

① 교통시설　　　② 공간시설
③ 환경기초시설　　④ 공공·문화체육시설

해설

	기반시설: 도시 기능 유지를 위하여 대통령령으로 정한 시설	
②	1	교통시설: 철도, 궤도, 도로, 주차장, 자동차정류장, 공항, 항만, 운하, 자동차 및 기설기계 운전학원 및 검사시설
	2	공간시설: 광장, 공원, 녹지, 유원지, 공공공지
	3	환경기초시설: 폐차장, 폐기물처리시설, 하수도, 수질오염방지시설
	4	공공·문화체육시설: 학교, 공공청사, 문화시설, 체육시설, 도서관, 연구시설, 사회복지시설, 공공직업훈련시설, 청소년 수련시설

86 다음 중 특별건축구역으로 지정할 수 없는 구역은?

① 「도로법」에 따른 접도구역
② 「택지개발촉진법」에 따른 택지개발사업구역
③ 국가가 국제행사 등을 개최하는 도시 또는 지역의 사업구역
④ 지방자치단체가 국제행사 등을 개최하는 도시 또는 지역의 사업구역

해설

	국토교통부장관이 지정하는 경우 특별건축구역으로 지정할 수 없는 지역·구역	
①	1	「도로법」에 따른 접도구역
	2	「자연공원법」에 따른 자연공원
	3	「산지관리법」에 따른 보전산지
	4	「개발제한구역의 지정 및 관리에 관한 특별조치법」에 따른 개발제한구역

87 부설주차장의 설치 대상 시설물 종류와 설치 기준의 연결이 옳지 않은 것은?

① 위락시설 - 시설면적 150m²당 1대
② 종교시설 - 시설면적 150m²당 1대
③ 판매시설 - 시설면적 150m²당 1대
④ 수련시설 - 시설면적 350m²당 1대

해설

	부설주차장 설치 대상 시설물: 시설면적(m²)당 1대
	100m²당 · 위락시설
①	150m²당 · 문화 및 집회시설(관람장 제외) · 의료시설(정신병원, 요양소, 격리병원 제외) · 운동시설(골프(연습)장, 옥외수영장 제외) · 판매시설, 운수시설, 업무시설, 방송국 · 장례시설
	200m²당 · 숙박시설, 제1종 및 제2종 근린생활시설
	400m²당 · 창고시설

88 용도지역의 건폐율 기준으로 옳지 않은 것은?

① 주거지역 : 70% 이하　② 상업지역 : 90% 이하
③ 공업지역 : 70% 이하　④ 녹지지역 : 30% 이하

해설

	지역별 건폐율의 최대 한도	
④	(보전·생산·자연) 녹지지역: 20% 이하	
	제1종 및 제2종 전용주거지역: 50% 이하	70% 이하
	제1종 및 제2종 일반주거지역: 60% 이하	
	제3종 일반주거지역: 50% 이하	
	준주거지역: 70% 이하	
	(전용·일반·준) 공업지역: 70% 이하	
	중심상업지역: 90% 이하	90% 이하
	일반상업지역 및 유통상업지역: 80% 이하	
	근린상업지역: 70% 이하	

해답　85. ②　86. ①　87. ①　88. ④

89 다음 설명에 알맞은 용도지구의 세분은?

> 건축물·인구가 밀집되어 있는 지역으로서 시설 개선 등을 통하여 재해 예방이 필요한 지구

① 시가지방재지구 ② 특정개발진흥지구
③ 복합개발진흥지구 ④ 중요시설물보호지구

해설

	방재지구	
①	자연방재지구	토지의 이용도가 낮은 해안변, 하천변, 급경사지 주변 등의 지역으로서 건축제한 등을 통하여 재해 예방이 필요한 지구
	시가지방재지구	건축물·인구가 밀집되어 있는 지역으로서 시설 개선 등을 통하여 재해 예방이 필요한 지구

90 건축허가를 하기 전에 건축물의 구조안전과 인접 대지의 안전에 미치는 영향 등을 평가하는 건축물 안전영향평가를 실시하여야 하는 대상 건축물 기준으로 옳은 것은?

① 층수가 6층 이상으로 연면적 10,000m² 이상인 건축물
② 층수가 6층 이상으로 연면적 100,000m² 이상인 건축물
③ 층수가 16층 이상으로 연면적 10,000m² 이상인 건축물
④ 층수가 16층 이상으로 연면적 100,000m² 이상인 건축물

해설

	안전영향평가의 실시		
④	실시자		허가권자가 건축허가 전 평가
	평가 대상 건축물	1	초고층 건축물
		2	층수가 16층 이상으로 연면적 100,000m² 이상인 건축물(하나의 대지에 둘 이상의 건축물을 건축하는 경우 각각의 건축물의 연면적)

91 건축물에 설치하는 피난안전구역의 구조 및 설비에 관한 기준 내용으로 옳지 않은 것은?

① 피난안전구역의 높이는 1.8m 이상일 것
② 피난안전구역의 내부마감재료는 불연재료로 설치할 것
③ 비상용 승강기는 피난안전구역에서 승하차 할 수 있는 구조로 설치할 것
④ 건축물의 내부에서 피난안전구역으로 통하는 계단은 특별피난계단의 구조로 설치할 것

해설

①

피난안전구역의 높이는 최소 2.1m 이상이어야 한다.

92 건축물과 해당 건축물의 용도의 연결이 옳지 않은 것은?

① 주유소 - 자동차관련시설
② 야외음악당 - 관광휴게시설
③ 치과의원 - 제1종 근린생활시설
④ 일반음식점 - 제2종 근린생활시설

해설

①	주유소(기계식 세차설비 포함)	위험물 저장 및 처리시설

해답 89. ① 90. ④ 91. ① 92. ①

93 6층 이상의 거실면적의 합계가 12,000m² 인 문화 및 집회시설 중 전시장에 설치하여야 하는 승용승강기의 최소 대수는? (단, 8인승 승강기 기준)

① 4대　　　　② 5대
③ 6대　　　　④ 7대

해설

③ $\dfrac{A - 3,000\text{m}^2}{2,000\text{m}^2} + 1 = \dfrac{(12,000\text{m}^2) - 3,000\text{m}^2}{2,000\text{m}^2} + 1$
　　　$= 5.5$대 ➡ 6대 (8~15인승 기준)

94 피난용승강기의 설치에 관한 기준 내용으로 옳지 않은 것은?

① 예비전원으로 작동하는 조명설비를 설치할 것
② 승강장의 바닥면적은 승강기 1대당 5m² 이상으로 할 것
③ 각 층으로부터 피난층까지 이르는 승강로를 단일 구조로 연결하여 설치할 것
④ 승강장 출입구 부근의 잘 보이는 곳에 해당 승강기가 피난용승강기임을 알리는 표지를 설치할 것

해설

	피난용승강기의 설치 기준
1	승강장의 바닥면적은 승강기 1대당 6m² 이상으로 할 것
2	각 층으로부터 피난층까지 이르는 승강로를 단일구조로 연결하여 설치할 것
② 3	예비전원으로 작동하는 조명설비를 설치할 것
4	승강장의 출입구 부근의 잘 보이는 곳에 해당 승강기가 피난용승강기임을 알리는 표지를 설치할 것
5	그 밖에 화재예방 및 피해 경감을 위하여 국토교통부령으로 정하는 구조 및 설비 등의 기준에 맞을 것

95 국토의 계획 및 이용에 관한 법령상 아파트를 건축할 수 있는 지역은?

① 자연녹지지역　　② 제1종 전용주거지역
③ 제2종 전용주거지역　　④ 제1종 일반주거지역

해설

주거지역 안에서 건축할 수 있는 주택의 구분	
제1종 전용주거지역	단독주택(다가구주택 제외)
제2종 전용주거지역	단독주택, 공동주택
제1종 일반주거지역	단독주택, 공동주택(아파트 제외)
제2종 일반주거지역 제3종 일반주거지역	단독주택, 공동주택

③

96 지하층에 설치하는 비상탈출구의 유효너비 및 유효높이 기준으로 옳은 것은? (단, 주택이 아닌 경우)

① 유효너비 0.5m 이상, 유효높이 1.0m 이상
② 유효너비 0.5m 이상, 유효높이 1.5m 이상
③ 유효너비 0.75m 이상, 유효높이 1.0m 이상
④ 유효너비 0.75m 이상, 유효높이 1.5m 이상

해설

④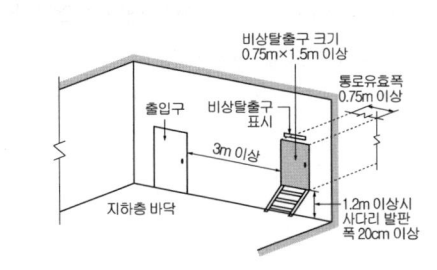

지하층에 설치하는 비상탈출구의 크기는 0.75m(유효너비)×1.5m(유효높이) 이상이어야 한다.

해답　93. ③　94. ②　95. ③　96. ④

97 평행주차형식으로 일반형인 경우 주차장의 주차단위구획의 크기 기준으로 옳은 것은?

① 너비 1.7m 이상, 길이 5.0m 이상
② 너비 1.7m 이상, 길이 6.0m 이상
③ 너비 2.0m 이상, 길이 5.0m 이상
④ 너비 2.0m 이상, 길이 6.0m 이상

해설

구분	주차방식	단위주차구획	
일반형 주차장	평행주차 이외	2.5m × 5m 이상	확장형: 2.6m × 5.2m 이상
		2m × 3.6m	1,000cc 미만 경차
	평행주차	2m × 6m 이상	—
		2m × 5m	보차 구분이 없는 도로
		1.7m × 4.5m	1,000cc 미만 경차
지체장애인 전용		3.3m × 5m 이상(평행주차는 제외)	

※ 주차단위구획은 백색 실선(경형주차구획은 청색 실선)
※ 경형자동차(1,000cc미만) 주차구획
① 평행: 1.7m × 4.5m   ② 그 밖의 경우: 2m × 3.6m

98 다음은 대지의 조경에 관한 기준 내용이다. ( ) 안에 알맞은 것은?

면적이 ( ) 이상인 대지에 건축을 하는 건축주는 용도지역 및 건축물의 규모에 따라 해당 지방자치단체의 조례로 정하는 기준에 따라 대지에 조경이나 그 밖에 필요한 조치를 하여야 한다.

① 100m²   ② 150m²
③ 200m²   ④ 300m²

해설

③ 면적 200m² 이상인 대지에 건축물을 건축하는 경우 조례가 정하는 기준에 따라 조경 등 필요한 조치를 하는 것을 원칙으로 한다.

99 다음은 건축선에 따른 건축제한에 관한 기준 내용이다. ( ) 안에 알맞은 것은?

도로면으로부터 높이 ( ) 이하에 있는 출입구, 창문, 그 밖에 이와 비슷한 구조물은 열고 닫을 때 건축선의 수직면을 넘지 아니 하는 구조로 하여야 한다.

① 3m   ② 4.5m
③ 6m   ④ 10m

해설

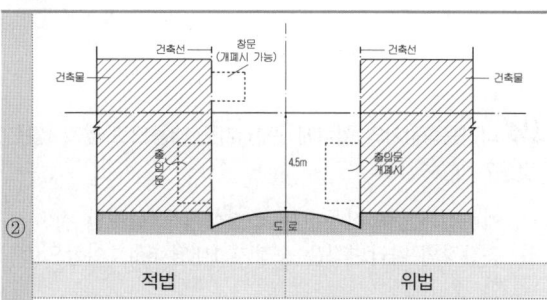

적법	위법

도로면으로부터 높이 4.5m 이하의 부분의 출입문·창문 등은 열고 닫을 때에도 건축선의 수직면을 넘지 않는 구조로 하여 통행에 지장을 주지 않아야 한다.

100 노외주차장의 구조·설비에 관한 기준 내용으로 옳지 않은 것은?

① 출입구의 너비는 3.0m 이상으로 하여야 한다.
② 주차구획선의 긴 변과 짧은 변 중 한 변 이상의 차로에 접하여야 한다.
③ 지하식인 경우 차로의 높이는 주차바닥면으로부터 2.3m 이상으로 하여야 한다.
④ 주차에 사용되는 부분의 높이는 주차바닥면으로부터 2.1m 이상으로 하여야 한다.

해설

① 노외주차장 출입구의 너비는 3.5m 이상으로 하여야 한다.

해답 97. ④   98. ③   99. ②   100. ①

건축법규 2019년 제4회

81 특별피난계단의 구조에 관한 기준 내용으로 옳지 않은 것은?

① 계단실에는 예비전원에 따른 조명설비를 할 것
② 계단은 내화구조로 하되, 피난층 또는 지상까지 직접 연결되도록 할 것
③ 출입구의 유효너비는 0.9m 이상으로 하고 피난의 방향으로 열 수 있을 것
④ 계단실의 노대 또는 부속실에 접하는 창문은 그 면적을 각각 3m² 이하로 할 것

해설

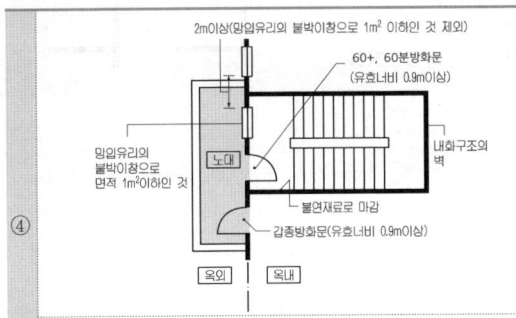

④ 계단실의 노대 또는 부속실에 접하는 창문은 그 면적을 각각 1m² 이하로 할 것

82 건축법령상 초고층 건축물의 정의로 옳은 것은?

① 층수가 30층 이상이거나 높이가 90m 이상인 건축물
② 층수가 30층 이상이거나 높이가 120m 이상인 건축물
③ 층수가 50층 이상이거나 높이가 150m 이상인 건축물
④ 층수가 50층 이상이거나 높이가 200m 이상인 건축물

해설

	고층	30층 이상이거나 높이가 120m 이상인 건축물
④	준고층	고층 건축물 중 초고층 건축물이 아닌 건축물
	초고층	50층 이상이거나 높이가 200m 이상인 건축물

83 그림과 같은 일반 건축물의 건축면적은? (단, 평면도 건물 치수는 두께 300mm인 외벽의 중심치수이고, 지붕선 치수는 지붕외곽선 치수임)

① 80m²
② 100m²
③ 120m²
④ 168m²

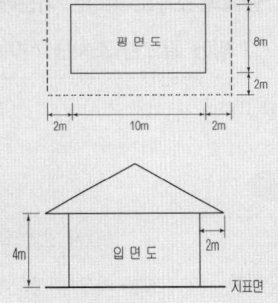

해설

	1	처마, 차양, 부연 등이 외벽중심선으로부터 수평거리 1m 이상 돌출된 경우 돌출된 끝 부분으로부터 일반 건축물 (1m)의 거리를 후퇴한 선으로 구획한 면적으로 건축면적을 산정한다.
③	2	건축면적 = (1+10+1)×(1+8+1) = 120m²

84 건축법령상 건축허가 신청에 필요한 설계도서에 속하지 않는 것은?

① 조감도   ② 배치도
③ 건축계획서   ④ 단면도

해설

	건축허 가신청 서식 중 기본설계도서의 범위
①	건축계획서, 배치도, 평면도, 입면도, 단면도, 구조도, 구조계산서, 건축설비도, 소방설비도

해답 81. ④ 82. ④ 83. ③ 84. ①

85 다음은 대지의 조경에 관한 기준 내용이다. ( )안에 알맞은 것은?

> 면적이 ( ) 이상인 대지에 건축을 하는 건축주는 용도지역 및 건축물의 규모에 따라 해당 지방자치단체의 조례로 정하는 기준에 따라 대지에 조경이나 그 밖에 필요한 조치를 하여야 한다.

① 100m² ② 200m² ③ 300m² ④ 500m²

해설

		대지 안의 조경 대상
원칙		조경 의무 대상: 대지면적 200m² 이상
예외	1	자연녹지지역에 건축하는 건축물
	2	• 5,000m² 미만인 대지에 건축하는 경우 • 연면적 합계 1,500m² 미만인 경우 • 산업단지 안에 건축하는 경우 (공장)
	3	대지에 염분이 함유되어 있는 경우
	4	축사, 가설건축물
	5	연면적 합계 1,500m² 미만인 물류시설 (주거지역 및 상업지역에 건축하는 것은 제외)
	6	도시지역 및 지구단위계획 구역 이외의 지역

②

86 비상용승강기의 승강장의 구조에 관한 기준 내용으로 옳지 않은 것은?

① 채광이 되는 창문이 있거나 예비전원에 따른 조명설비를 할 것
② 벽 및 반자가 실내에 접하는 부분의 마감재료는 불연재료로 할 것
③ 피난층이 있는 승강장의 출입구로부터 도로 또는 공지에 이르는 거리가 50m 이하일 것
④ 옥내에 승강장을 설치하는 경우 승강장의 바닥면적은 비상용승강기 1대에 대하여 6m² 이상으로 할 것

해설

③ 피난층이 있는 승강장의 출입구로부터 도로 또는 공지에 이르는 거리가 30m 이하일 것

87 건축물의 거실에 건축물의 설비기준 등에 관한 규칙에 따라 배연설비를 설치하여야 하는 대상 건축물에 속하지 않는 것은?(단, 피난층의 거실은 제외)

① 6층 이상인 건축물로서 창고시설의 용도로 쓰는 건축물
② 6층 이상인 건축물로서 운수시설의 용도로 쓰는 건축물
③ 6층 이상인 건축물로서 위락시설의 용도로 쓰는 건축물
④ 6층 이상인 건축물로서 종교시설의 용도로 쓰는 건축물

해설

	배연설비의 설치	
규모	6층 이상인 건축물	
설치장소	거실	
용도	• 문화 및 집회시설, 종교시설, 판매시설, 업무시설, 의료시설, 종교시설, 운수시설, 운동시설, 숙박시설, 위락시설, 관광휴게시설, 아동관련시설, 노인복지시설 • 연구소, 유스호스텔 • 장례식장	

①

88 막다른 도로의 길이가 20m인 경우, 이 도로가 건축법령상 "도로"이기 위한 최소 너비는?

① 2m ② 3m
③ 4m ④ 6m

해설

막다른 도로의 길이에 따른 도로의 기준 폭	
길이 10m 미만	폭 2m 이상
길이 35m 미만	폭 3m 이상
길이 35m 이상	폭 6m 이상

②

해답 85. ② 86. ③ 87. ① 88. ②

89 도시지역에서 복합적인 토지이용을 증진시켜 도시정비를 촉진하고 지역 거점을 육성할 필요가 있다고 인정되는 지역을 대상으로 지정하는 구역은?

① 개발제한구역 ② 시가화조정구역
③ 입지규제최소구역 ④ 도시자연공원구역

해설

	입지규제최소구역	
③	1	도심 내 쇠퇴한 주거지역, 역세권 등을 주거·상업·문화기능이 복합된 거점으로 개발해 지역경제 활성화를 촉진하기 위한 제도로서 2015년 1월 6일 시행된 개정 국토계획법에 따라 처음 도입되었다.
	2	입지규제최소구역으로 지정되기 위한 규모는 토지면적 10,000m² 이상이다. 주거, 관광, 사회·문화, 업무·판매 등 3개 이상의 복합 중심기능으로 계획을 수립해야 한다.
	3	구역으로 지정되면 건폐율·용적률·높이, 건축기준 등을 유연하게 적용할 수 있어 사업시행자가 맞춤형 개발을 할 수 있다. 공모에 참여할 수 있는 대상은 사업구역 토지 소유자 및 소유예정자, 입지규제최소구역 개발을 위한 특수목적법인, 개발사업 사업시행자, 공공기관, 지방공사 등이다.

90 국토의 계획 및 이용에 관한 법령상 기반시설 중 광장의 세분에 속하지 않는 것은?

① 옥상광장 ② 일반광장
③ 지하광장 ④ 건축물부설광장

해설

①	도로	일반도로, 고가도로, 지하도로, 보행자 전용·우선도로, 자동차·자전거 전용도로
	광장	일반광장, 교통광장, 경관광장, 지하광장, 건축물부설광장
	자동차 정류장	여객자동차터미널, 물류터미널, 공동환승센터, 공영 및 공동차고지, 물류자동차휴게소

91 층수가 15층이며, 6층 이상의 거실면적의 합계가 15,000m²인 종합병원에 설치하여야 하는 승용승강기의 최소 대수는? (단, 8인승 승용승강기의 경우)

① 6대 ② 7대
③ 8대 ④ 9대

해설

③ $\dfrac{A - 3{,}000\text{m}^2}{2{,}000\text{m}^2} + 2 = \dfrac{(15{,}000\text{m}^2) - 3{,}000\text{m}^2}{2{,}000\text{m}^2} + 2 = 8$대

92 건축물의 주요구조부를 내화구조로 하여야 하는 대상 건축물에 속하지 않는 것은?

① 공장의 용도로 쓰는 건축물로서 그 용도로 쓰는 바닥면적의 합계가 500m²인 건축물
② 판매시설의 용도로 쓰는 건축물로서 그 용도로 쓰는 바닥면적의 합계가 500m²인 건축물
③ 창고시설의 용도로 쓰는 건축물로서 그 용도로 쓰는 바닥면적의 합계가 500m²인 건축물
④ 문화 및 집회시설 중 전시장의 용도로 쓰는 건축물로서 그 용도로 쓰는 바닥면적의 합계가 500m²인 건축물

해설

	주요구조부를 내화구조로 해야 하는 규정
200m² 이상	• 문화 및 집회시설(전시장 및 동·식물원 제외) • 유흥주점 • 종교시설, 장례시설
① 500m² 이상	• 문화 및 집회시설 중 전시장 및 동·식물원 • 위락시설(유흥주점 제외) • 판매시설, 운수시설, 수련시설, 창고시설, 관광휴게시설 • 운동시설 중 체육관 및 운동장 • 위험물저장 및 처리시설 • 방송통신시설 중 방송국·전신전화국 및 촬영소
2,000m² 이상	• 공장 (화재로 위험이 적은 공장으로서 주요구조부가 불연재료로 된 2층 이하의 공장은 예외)

해답 89. ③ 90. ① 91. ③ 92. ①

93 노외주차장의 출입구가 2개인 경우 주차형식에 따른 차로의 최소 너비가 옳지 않은 것은? (단, 이륜자동차전용 외의 노외주차장의 경우)

① 직각주차: 6.0m ② 평행주차: 3.3m
③ 45도 대향주차: 3.5m ④ 60도 대향주차: 5.0m

해설

노외주차장 주차형식과 차로의 폭

주차형식	차로의 폭	
	출입구 2개 이상	출입구 1개
평행주차	3.3m	5.0m
45° 대향주차	3.5m	5.0m
교차주차	3.5m	5.0m
60° 대향주차	4.5m	5.5m
직각주차	6.0m	6.0m

94 어느 건축물에서 주차장 외의 용도로 사용되는 부분이 판매시설인 경우, 이 건축물이 주차전용건축물이기 위해서는 주차장으로 사용되는 부분의 연면적 비율이 최소 얼마 이상이어야 하는가?

① 50% ② 70%
③ 85% ④ 95%

해설 ②

주차전용건축물의 주차면적 비율

주차장 이외 부분의 용도	주차장 면적 비율
• 일반 용도	연면적 중 95% 이상
• 제1종 및 제2종 근린생활시설 • 단독주택, 공동주택 • 문화 및 집회·자동차관련시설 • 판매·종교·운수·운동·업무·창고 시설	연면적 중 70% 이상

95 다음은 물막이설비의 설치에 관한 기준 내용이다. ( ) 안에 알맞은 것은?

「국토의 계획 및 이용에 관한 법률」에 따른 방재지구에서 연면적 ( ) 이상의 건축물을 건축하려는 자는 빗물 등의 유입으로 건축물이 침수되지 아니하도록 해당 건축물의 지하층 및 1층의 출입구(주차장의 출입구를 포함한다)에 물막이설비를 설치하여야 한다.
다만, 법 제5조제1항에 따른 허가권자가 침수의 우려가 없다고 인정하는 경우에는 그러하지 아니 하다.

① 3,000m² ② 5,000m²
③ 10,000m² ④ 20,000m²

해설 ③

방재지구와 자연재해위험지구에서 폭우 등으로 빗물이 건축물 안으로 들어와 물에 잠기는 피해를 예방할 수 있도록 연면적 1만m² 이상의 대형건축물에 물막이설비의 설치를 의무화하도록 물막이설비의 규정이 제정되었다.

96 건축법령상 아파트의 정의로 옳은 것은?

① 주택으로 쓰는 층수가 3개 층 이상인 주택
② 주택으로 쓰는 층수가 5개 층 이상인 주택
③ 주택으로 쓰는 층수가 7개 층 이상인 주택
④ 주택으로 쓰는 층수가 10개 층 이상인 주택

해설 ②

	아파트: 주택으로 쓰이는 층이 5개층 이상인 주택	
1	연립주택: 주택으로 쓰이는 1개 동의 바닥면적(부설 주차장 면적 제외) 합계가 660m²를 초과하는 4개층 이하의 주택	
2	다세대주택: 주택으로 쓰이는 1개 동의 바닥면적(부설 주차장 면적 제외) 합계가 660m² 이하인 4개층 이하의 주택	
3	기숙사	

해답 93. ④ 94. ② 95. ③ 96. ②

97 부설주차장의 설치 대상 시설물이 업무시설인 경우 설치 기준으로 옳은 것은? (단, 외국공관 및 오피스텔은 제외)

① 시설면적 100m²당 1대
② 시설면적 150m²당 1대
③ 시설면적 200m²당 1대
④ 시설면적 350m²당 1대

해설

	부설주차장 설치 대상 시설물: 시설면적(m²)당 1대	
②	100m² 당	• 위락시설
	150m² 당	• 문화 및 집회시설(관람장 제외) • 의료시설(정신병원, 요양소, 격리병원 제외) • 운동시설(골프(연습)장, 옥외수영장 제외) • 판매시설, 운수시설, 업무시설, 방송국 • 장례시설
	200m² 당	• 숙박시설, 제1종 및 제2종 근린생활시설
	400m² 당	• 창고시설

98 문화 및 집회시설 중 공연장의 개별관람실을 다음과 같이 계획하였을 경우, 옳지 않은 것은? (단, 개별관람실의 바닥면적은 1,000m²이다.)

① 각 출구의 유효너비는 1.5m 이상으로 하였다.
② 관람실로부터 바깥쪽으로의 출구로 쓰이는 문을 밖여닫이로 하였다.
③ 개별관람실의 바깥쪽에는 그 양쪽 및 뒤쪽에 각각 복도를 설치하였다.
④ 개별관람실의 출구는 3개소 설치하였으며 출구의 유효너비의 합계는 4.5m로 하였다.

해설

④ 바닥면적 300m² 이상의 공연장 개별 관람실 출구의 유효너비 합계 기준: $\frac{바닥면적합계}{100} \times 0.6m$ 이상

$\frac{(1,000)}{100} \times 0.6m = 6m$ 이상

99 용도지역의 세분 중 도심·부도심의 상업기능 및 업무 기능의 확충을 위하여 필요한 지역은?

① 유통상업지역 ② 근린상업지역
③ 일반상업지역 ④ 중심상업지역

해설

국토의 계획 및 이용에 관한 법률상의 상업지역		
④	중심상업지역	도심·부도심의 업무 및 상업기능의 확충을 위함
	일반상업지역	일반적인 상업 및 업무기능을 담당하게 하기 위함
	근린상업지역	근린지역에서의 일용품 및 서비스의 공급을 위함
	유통상업지역	도시 내 및 지역 간 유통기능의 증진을 위함

100 다음 중 제1종 전용주거지역 안에서 건축할 수 있는 건축물에 속하지 않는 것은? (단, 도시·군계획 조례가 정하는 바에 의하여 건축할 수 있는 건축물 포함)

① 노유자시설
② 공동주택 중 아파트
③ 교육연구시설 중 고등학교
④ 제2종 근린생활시설 중 종교집회장

해설

		제1종 전용주거지역 안에서 건축할 수 있는 건축물
②	1	건축할 수 있는 건축물: 단독주택(다가구주택 제외)
	2	도시·군계획조례가 정하는 바에 의하여 건축할 수 있는 건축물의 종류 • 다가구주택, 연립주택 및 다세대주택 • 제1종 근린생활시설로서 해당용도 바닥면적 1,000m² 미만: 문화 및 집회시설 중 전시장, 종교시설 • 종교집회장(제2종 근린생활시설) • 노유자시설, 교육연구시설 중 초등·중·고등학교 • 자동차관련시설 중 주차장

해답 97. ② 98. ④ 99. ④ 100. ②

건축법규 2020년 제1회

81 다음의 피난계단의 설치에 관한 기준 내용 중 ( ) 안에 들어갈 내용으로 옳은 것은?

> 5층 이상 또는 지하 2층 이하인 층에 설치하는 직통 계단은 피난계단 또는 특별피난계단으로 설치하여야 하는 데, ( )의 용도로 쓰는 층으로부터의 직통계단은 그 중 1개소 이상을 특별피난계단으로 설치하여야 한다.

① 의료시설   ② 숙박시설
③ 판매시설   ④ 교육연구시설

해설

직통계단을 피난계단 또는 특별피난계단으로 설치하여야 하는 경우		
③	1	5층 이상의 층
	2	지하 2층 이하의 층
	3	지하 1층으로서 5층 이상의 계단과 연결된 지하 1층의 계단
	예외: 내화구조 또는 불연재료, 건축물의 5층 이상의 층	
	1	바닥면적의 합계가 200m² 이하인 경우
	2	바닥면적 200m²마다 방화구획이 되어 있는 경우
【※ 도매시장·소매시장·상점(판매시설)의 용도로 쓰이는 층으로부터의 직통계단은 1개소 이상 특별피난계단으로 설치하여야 한다.】		

82 국토의 계획 및 이용에 관한 법령에 따른 기반시설 중 공간시설에 속하지 않는 것은?

① 녹지   ② 유원지
③ 유수지   ④ 공공공지

해설

③ 기반시설 중 공간시설: 광장, 공원, 녹지, 유원지, 공공공지
유수지는 기반시설 중 방재시설에 속한다.

83 공동주택을 리모델링이 쉬운 구조로 하여 건축허가를 신청할 경우 100분의 120의 범위에서 완화하여 적용받을 수 없는 것은?

① 대지의 분할 제한
② 건축물의 용적률
③ 건축물의 높이 제한
④ 일조 등의 확보를 위한 건축물의 높이 제한

해설

리모델링이 쉬운 구조		
①	공동주택의 구조	• 각 세대는 인접한 세대와 수직 또는 수평 방향으로 통합하거나 분할할 수 있을 것 • 구조체에서 건축설비, 내부 마감재료 및 외부 마감재료를 분리할 수 있을 것 • 개별 세대 안에서 구획된 실의 크기, 개수 또는 위치 등을 변경할 수 있을 것
	완화규정 및 내용	• 건축물의 용적률 • 건축물의 높이 제한 • 일조 등의 확보를 위한 건축물의 높이 제한	120/100 범위 내 완화 적용 가능

84 방화와 관련하여 같은 건축물에 함께 설치할 수 없는 것은?

① 의료시설과 업무시설 중 오피스텔
② 위험물 저장 및 처리시설과 공장
③ 위락시설과 문화 및 집회시설 중 공연장
④ 공동주택과 제2종 근린생활시설 중 다중생활시설

해설

방화에 장애가 되는 용도제한 규정으로, 같은 건축물 내에서 절대적으로 분리해야 하는 건축물		
④	1	아동관련시설·노인복지시설과 도매시장·소매시장
	2	공동주택·다가구주택·다중주택·조산원·산후조리원과 다중생활시설(제2종근린생활시설 중 고시원)

해답 81. ③   82. ③   83. ①   84. ④

85 노외주차장 내부 공간의 일산화탄소 농도는 주차장을 이용하는 차량이 가장 빈번한 시각의 앞뒤 8시간의 평균치가 몇 ppm 이하로 유지되어야 하는가?

① 80ppm ② 70ppm
③ 60ppm ④ 50ppm

해설

④ 차량이용이 빈번한 전·후 8시간의 평균치가 50ppm (다중이용시설의 경우 25ppm) 이하가 되도록 규정하고 있다.

86 두 도로의 너비가 각각 6m이고 교차각이 90°인 도로의 모퉁이에 위치한 대지의 도로모퉁이 부분의 건축선은 그 대지에 접한 도로경계선의 교차점으로부터 도로경계선에 따라 각각 얼마를 후퇴한 두 점을 연결한 선으로 하는가?

① 후퇴하지 아니 한다. ② 2m
③ 3m ④ 4m

해설

도로모퉁이에서의 건축선 규정

도로의 교차각	교차되는 도로의 너비	8m > D ≥ 6m	6m > D ≥ 4m
90° 미만	8m > W ≥ 6m	4m	3m
	6m > W ≥ 4m	3m	2m
90° 이상 120° 미만	8m > W ≥ 6m	3m	2m
	6m > W ≥ 4m	2m	2m

87 문화재·전통사찰 등 역사·문화적으로 보존가치가 큰 시설 및 지역의 보호와 보존을 위하여 필요한 지구는?

① 생태계보존지구
② 역사문화미관지구
③ 중요시설물보존지구
④ 역사문화환경보호지구

해설

④	역사문화환경 보호지구	문화재·전통사찰 등 역사·문화적으로 보존가치가 큰 시설 및 지역의 보호 및 보존을 위하여 필요한 지구
	중요시설물 보호지구	중요시설물의 보호와 기능의 유지 및 증진 등을 위하여 필요한 지구
	생태계 보호지구	야생동식물서식처 등 생태적으로 보존 가치가 큰 지역의 보호와 보존을 위하여 필요한 지구

88 건축물의 바깥쪽에 설치하는 피난계단의 구조에서 피난층으로 통하는 직통계단의 최소유효 너비 기준이 옳은 것은?

① 0.7m 이상 ② 0.8m 이상
③ 0.9m 이상 ④ 1.0m 이상

해설

③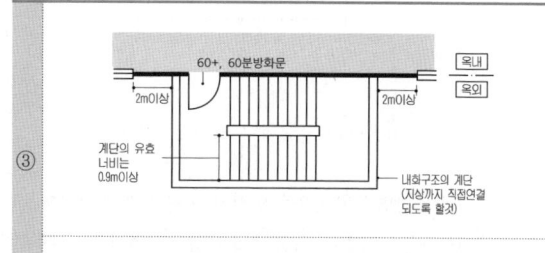

옥외피난계단의 유효너비는 0.9m 이상으로 하여야 한다.

해답 85. ④ 86. ③ 87. ④ 88. ③

89 상업지역 및 주거지역에서 건축물에 설치하는 냉방시설 및 환기시설의 배기구를 설치하는 높이 기준으로 옳은 것은?

① 도로면으로부터 1.5m 이상
② 도로면으로부터 2.0m 이상
③ 건축물 1층 바닥에서 1.5m 이상
④ 건축물 1층 바닥에서 2.0m 이상

해설

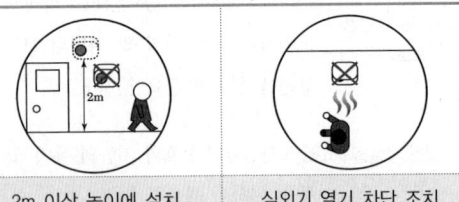

② | 2m 이상 높이에 설치 | 실외기 열기 차단 조치

상업지역·주거지역에서 도로(길이 10m 미만의 막다른 도로 제외)에 면한 배기구는 도로면으로부터 2m 이상의 위치에 설치하여야 한다.

90 200m²인 대지에 10m²의 조경을 설치하고 나머지는 건축물의 옥상에 설치하고자 할 때 옥상에 설치하여야 하는 최소 조경면적은?

① 10m²   ② 15m²
③ 20m²   ④ 30m²

해설

②	1	조경면적 = 200 × 0.1 = 20m²
	2	옥상에 설치하는 조경면적 = 20 - 10 = 10m²
	3	옥상조경면적은 2/3를 인정하는 규정에 의거하여, 10m²를 인정받기 위한 최소옥상조경면적은 $10m^2 \times \frac{3}{2} = 15m^2$가 된다.

91 건축법령상 건축물과 해당 건축물의 용도가 옳게 연결된 것은?

① 의원 - 의료시설
② 도매시장 - 판매시설
③ 유스호스텔 - 숙박시설
④ 장례식장 - 묘지관련시설

해설

①	의원	제1종 근린생활시설
③	유스호스텔	수련시설
④	장례식장	장례시설

92 국토의 계획 및 이용에 관한 법령상 개발행위 허가를 받지 아니하여도 되는 경미한 행위기준으로 틀린 것은?

① 지구단위계획구역에서 무게 100t 이하, 부피 50m³ 이하, 수평투영면적 25m² 이하인 공작물의 설치
② 조성이 완료된 기존 대지에 건축물이나 그 밖의 공작물을 설치하기 위한 토지의 형질 변경(절토 및 성토 제외)
③ 지구단위계획구역에서 채취 면적이 25m² 이하인 토지에서의 부피 50m³ 이하의 토석 채취
④ 녹지지역에서 물건을 쌓아놓는 면적이 25m² 이하인 토지에 전체무게 50t 이하, 전체부피 50m³ 이하로 물건을 쌓아놓는 행위

해설

① | 도시지역 또는 지구단위계획구역에서 무게가 50t 이하, 부피가 50m³ 이하, 수평투영 면적이 50m² 이하인 공작물의 설치는 허가를 받지 않고 할 수 있는 개발행위이다.

해답 89. ② 90. ② 91. ② 92. ①

93 건축물의 면적·높이 및 층수 등의 산정 기준으로 틀린 것은?

① 대지면적은 대지의 수평투영면적으로 한다.
② 건축면적은 건축물의 외벽의 중심선으로 둘러싸인 부분의 수평투영면적으로 한다.
③ 바닥면적은 건축물의 각 층 또는 그 일부로서 벽, 기둥, 그 밖에 이와 비슷한 구획의 중심선으로 둘러싸인 부분의 수평투영면적으로 한다.
④ 연면적은 하나의 건축물 각 층의 거실면적의 합계로 한다.

해설

④ 연면적은 하나의 건축물 각 층의 바닥면적의 합계이다.

94 건축물의 출입구에 설치하는 회전문의 설치 기준으로 틀린 것은?

① 계단이나 에스컬레이터로부터 2m 이상의 거리를 둘 것
② 회전문의 회전 속도는 분당회전수가 15회를 넘지 아니하도록 할 것
③ 출입에 지장이 없도록 일정한 방향으로 회전하는 구조로 할 것
④ 회전문의 중심축에서 회전문과 문틀 사이의 간격을 포함한 회전문 날개 끝부분까지의 길이는 140cm 이상이 되도록 할 것

해설

② 회전문의 회전 속도

분당회전수가 8회를 넘기지 않도록 하여야 한다.

95 주거용 건축물 급수관의 지름 산정에 관한 기준 내용으로 틀린 것은?

① 가구 또는 세대 수가 1일 때 급수관 지름의 최소 기준은 15mm이다.
② 가구 또는 세대 수가 7일 때 급수관 지름의 최소 기준은 25mm이다.
③ 가구 또는 세대 수가 18일 때 급수관 지름의 최소 기준은 50mm이다.
④ 가구 또는 세대의 구분이 불분명한 건축물에 있어서는 주거에 쓰이는 바닥면적의 합계가 85m² 초과 150m² 이하인 경우는 3가구로 산정한다.

해설

주거면적에 따른 가구 수	가구 또는 세대 수	급수관 지름의 최소 기준(mm)
• 바닥면적 85m² 이하: 1가구	1	15
• 85m² 초과 150m² 이하: 3가구	2~3	20
• 150m² 초과 300m² 이하: 5가구	4~5	25
• 300m² 초과 500m² 이하: 16가구	6~8	32
• 바닥면적 500m² 초과: 17가구	9~16	40
	17 이상	50

96 태양열을 주된 에너지원으로 이용하는 주택의 건축면적 산정의 기준이 되는 것은?

① 외벽 중 내측 내력벽의 중심선
② 외벽 중 외측 비내력벽의 중심선
③ 외벽 중 내측 내력벽의 외측 외곽선
④ 외벽 중 외측 비내력벽의 외측 외곽선

해설

① 건축면적 산정 시 이중벽인 경우는 벽체두께의 합의 중심선이지만, 태양열을 이용하는 주택은 내측 내력벽의 중심선으로 한다.

해답 93. ④ 94. ② 95. ② 96. ①

97 국토의 계획 및 이용에 관한 법령상 일반상업 지역 안에서 건축할 수 있는 건축물은?

① 묘지관련시설
② 자원순환관련시설
③ 의료시설 중 요양병원
④ 자동차관련시설 중 폐차장

해설

	일반상업지역에서 건축할 수 없는 건축물
③	1. 숙박시설 중 일반숙박시설 및 생활숙박시설
	2. 위락시설
	3. 공장
	4. 위험물저장 및 처리시설 중 시내버스 차고지 외의 지역에 설치하는 액화석유가스충전소·저장소
	5. 자동차관련시설 중 폐차장
	6. 동물 및 식물관련시설, 자원순환관련시설, 묘지관련시설

98 비상용승강기 승강장의 구조기준에 관한 내용으로 틀린 것은?

① 승강장은 각층의 내부와 연결될 수 있도록 한다.
② 벽 및 반자가 실내에 접하는 부분의 마감 재료는 불연재료로 해야 한다.
③ 피난층에 있는 승강장의 경우 내부와 연결되는 출입구에는 60분+, 60분방화문을 반드시 설치해야 한다.
④ 옥내에 설치하는 승강장의 바닥면적은 비상용승강기 1대에 대하여 $6m^2$ 이상으로 해야 한다.

해설

③ 비상용승강기의 승강장은 각 층의 내부와 연결될 수 있도록 하되, 그 출입구(승강로의 출입구는 제외)에는 60분+, 60분방화문을 설치해야 한다.

99 특별건축구역의 지정과 관련한 아래의 내용에서 밑줄 친 부분에 해당하지 않는 것은?

> 국토교통부장관 또는 시·도지사는 다음 각 호의 구분에 따라 도시나 지역의 일부가 특별 건축구역으로 특례 적용이 필요하다고 인정하는 경우에는 특별건축구역을 지정할 수 있다.
> 1. 국토교통부장관이 지정하는 경우
>   가. 국가가 국제행사 등을 개최하는 도시 또는 지역의 사업구역
>   나. <u>관계법령에 따른 국가정책사업으로서 대통령령으로 정하는 사업구역</u>

① 「도로법」에 따른 접도구역
② 「도시개발법」에 따른 도시개발구역
③ 「택지개발촉진법」에 따른 택지개발사업구역
④ 「혁신도시 조성 및 발전에 관한 특별법」에 따른 혁신도시의 사업구역

해설

	국토교통부장관이 지정하는 경우 특별건축구역으로 지정할 수 없는 지역·구역
①	1. 「도로법」에 따른 접도구역
	2. 「자연공원법」에 따른 자연공원
	3. 「산지관리법」에 따른 보전산지
	4. 「개발제한구역의 지정 및 관리에 관한 특별조치법」에 따른 개발제한구역

100 부설주차장의 설치 대상 시설물 종류에 따른 설치 기준이 틀린 것은?

① 골프장 – 1홀당 10대
② 위락시설 – 시설면적 $80m^2$당 1대
③ 판매시설 – 시설면적 $150m^2$당 1대
④ 숙박시설 – 시설면적 $200m^2$당 1대

해설

	부설주차장 설치 대상 시설물: 시설면적(m^2)당 1대	
②	$100m^2$ 당	위락시설

해답 97. ③ 98. ③ 99. ① 100. ②

건축법규 2020년 제2회

81 지구단위계획구역의 지정목적을 이루기 위하여 지구단위계획에 포함될 수 있는 내용이 아닌 것은?

① 용도지역이나 용도지구를 대통령령으로 정하는 범위에서 세분하거나 변경하는 사항
② 건축물 높이의 최고한도 또는 최저한도
③ 도시·군관리계획 중 정비사업에 관한 계획
④ 대통령령으로 정하는 기반시설의 배치와 규모

해설

③

	지구단위계획의 내용
1	용도지역 또는 용도지구를 세분하거나 변경하는 사항
2	기반시설의 배치와 규모
3	도로로 둘러싸인 일단의 지역 또는 계획적인 개발·정비를 위하여 계획된 일단의 토지의 규모와 조성계획
4	건축물의 용도제한, 건축물의 건폐율 또는 용적률, 건축물의 높이의 최고한도 또는 최저한도
5	건축물의 배치·형태·색채 또는 건축선에 관한 계획
6	환경관리계획 또는 경관계획, 교통처리계획
7	토지이용의 합리화, 도시 또는 농·산·어촌의 기능 증진 등에 필요한 사항으로 대통령령으로 정하는 사항

82 태양열을 주된 에너지원으로 이용하는 주택의 건축면적 산정 시 이용하는 중심선의 기준으로 옳은 것은?

① 건축물의 외벽 경계선
② 건축물 기둥 사이의 중심선
③ 건축물의 외벽 중 내측 내력벽의 중심선
④ 건축물의 외벽 중 외측 내력벽의 중심선

해설

③ 건축면적 산정 시 이중벽인 경우는 벽체두께의 합의 중심선이지만, 태양열을 이용하는 주택은 내측 내력벽의 중심선으로 한다.

83 주차전용건축물이란 건축물의 연면적 중 주차장으로 사용되는 부분의 비율이 최소 얼마 이상인 건축물을 말하는가? (단, 주차장 외의 용도로 사용되는 부분이 자동차 관련 시설인 건축물의 경우)

① 70% ② 80%
③ 90% ④ 95%

해설

주차전용건축물의 주차면적 비율

①

주차장 이외 부분의 용도	주차장 면적 비율
• 일반 용도	연면적 중 95% 이상
• 제1종 및 제2종 근린생활시설 • 단독주택, 공동주택 • 문화 및 집회·자동차관련시설 • 판매·종교·운수·운동·업무·창고 시설	연면적 중 70% 이상

84 오피스텔에 설치하는 복도의 유효너비는 최소 얼마 이상이어야 하는가? (단, 건축물의 연면적은 300m²이며, 양옆에 거실이 있는 복도의 경우이다.)

① 1.5m ② 1.8m
③ 2.4m ④ 2.7m

해설

복도의 폭

②

구분	양측에 거실이 있는 복도	그 밖의 복도
• 유치원·초등학교·중학교·고등학교	2.4m 이상	1.8m 이상
• 공동주택·오피스텔	1.8m 이상	1.2m 이상

해답 81. ③ 82. ③ 83. ① 84. ②

85. 건축물의 면적, 높이 및 층수 등의 산정 방법에 관한 설명으로 옳은 것은?

① 건축물의 높이 산정 시 건축물의 대지에 접하는 전면도로의 노면에 고저차가 있는 경우에는 그 건축물이 접하는 범위의 전면도로 부분의 수평거리에 따라 가중평균한 높이의 수평면을 전면도로면으로 본다.
② 용적률 산정 시 연면적에는 지하층의 면적과 지상층의 주차용으로 쓰는 면적을 포함시킨다.
③ 건축면적은 건축물의 내벽의 중심선으로 둘러싸인 부분의 수평투영면적으로 한다.
④ 건축물의 층수는 지하층을 포함하여 산정하는 것이 원칙이다.

해설

②	용적률 산정 시 지하층 면적은 연면적에서 제외되며, 지상층의 주차용(해당 건축물의 부속용도에 한함)으로 사용되는 면적은 연면적에서 제외한다.
③	건축면적은 건축물의 외벽(외벽이 없는 경우에는 외곽부분의 기둥)의 중심선으로 둘러싸인 부분의 수평투영면적으로 한다.
④	지하층은 어떠한 경우라도 층수에 산입하지 아니 한다.

86. 다음 중 국토의 계획 및 이용에 관한 법령상 공공(公共)시설에 속하지 않는 것은?

① 광장 ② 공동구
③ 유원지 ④ 사방설비

해설

	공공시설
①	항만, 공항, 운하, 광장, 녹지, 공공공지, 공동구, 하천, 유수지, 방화설비, 방풍설비, 방수설비, 사방설비, 방조설비, 하수도, 구거
②	행정청이 설치한 시설에 한하여 공공시설로 간주하는 시설: 주차장, 운동장, 화장장, 저수지, 봉안시설, 공동묘지

87. 다음은 건축법령상 지하층의 정의 내용이다. ( )안에 알맞은 것은?

"지하층"이란 건축물의 바닥이 지표면 아래에 있는 층으로서 바닥에서 지표면까지 평균 높이가 해당 층 높이의 ( ) 이상인 것을 말한다.

① 2분의 1 ② 3분의 1
③ 3분의 2 ④ 4분의 3

해설

	지하층
①	건축물의 바닥이 지표면 아래에 있는 층으로서 바닥에서 지표면까지 평균높이가 해당 층높이의 1/2 이상인 것을 말한다.

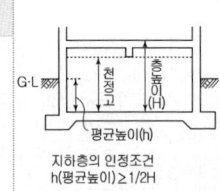

88. 비상용승강기의 승강장 및 승강로 구조에 관한 기준 내용으로 틀린 것은?

① 옥내 승강장의 바닥면적은 비상용승강기 1대에 대하여 $6m^2$ 이상으로 한다.
② 각 층으로부터 피난층까지 이르는 승강로를 단일구조로 연결하여 설치하여야 한다.
③ 피난층이 있는 승강장의 출입구로부터 도로 또는 공지에 이르는 거리는 30m 이하로 한다.
④ 승강장에는 배연설비를 설치하여야 하며, 외부를 향하여 열 수 있는 창문 등을 설치하여서는 안 된다.

해설

④	승강장에는 배연설비를 설치하여야 하며, 노대 또는 외부를 향하여 열 수 있는 창문 등을 설치하여야 한다.

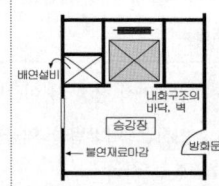

해답 85. ① 86. ③ 87. ① 88. ④

89 시장·군수·구청장이 국토의 계획 및 이용에 관한 법률에 따른 도시지역에서 건축선을 따로 지정할 수 있는 최대 범위는?

① 2m ② 3m ③ 4m ④ 6m

해설

③ 특별자치시장·특별자치도지사 또는 시장·군수·구청장은 도시지역 내에 4m 이내의 범위에서 건축선을 따로 지정할 수 있다.

90 오피스텔의 난방설비를 개별난방방식으로 하는 경우에 관한 기준 내용으로 틀린 것은?

① 보일러의 연도는 내화구조로서 공동연도로 설치할 것
② 보일러는 거실 외의 곳에 설치할 것
③ 보일러실의 윗부분에는 그 면적이 $0.5m^2$ 이상인 환기창을 설치할 것
④ 기름보일러를 설치하는 경우에는 기름저장소를 보일러실에 설치할 것

해설

④ 기름보일러를 설치하는 경우에는 기름저장소를 보일러실 외의 다른 곳에 설치할 것

91 다음 중 건축물의 용도 분류가 옳은 것은?

① 식물원 – 동물 및 식물관련시설
② 동물병원 – 의료시설
③ 유스호스텔 – 수련시설
④ 장례식장 – 묘지관련시설

해설

①	식물원	문화 및 집회시설
③	동물병원	제2종 근린생활시설
④	장례식장	장례시설

92 건축물을 건축하는 경우 해당 건축물의 설계자가 국토교통부령으로 정하는 구조기준 등에 따라 그 구조의 안전을 확인할 때, 건축구조기술사의 협력을 받아야 하는 대상 건축물 기준으로 틀린 것은?

① 다중이용건축물
② 6층 이상인 건축물
③ 3층 이상의 필로티 형식 건축물
④ 기둥과 기둥 사이의 거리가 10m 이상인 건축물

해설

	건축구조기술사 협력 대상 건축물	
④	층수	6층 이상
	특수구조 건축물	기둥과 기둥 사이의 거리가 20m 이상인 건축물 보, 차양 등의 내민 길이 3m 이상 건축물
	용도	다중이용건축물, 준다중이용건축물, 3층 이상의 필로티 형식 건축물
	지진구역	지진구역 I 의 중요도(특)인 건축물

93 대형건축물의 건축허가 사전승인신청 시 제출도서 중 설계설명서에 표시하여야 할 사항에 속하지 않는 것은?

① 시공방법 ② 동선계획
③ 개략공정계획 ④ 각부 구조계획

해설

	대형건축물의 건축허가 사전승인신청서 제출도서 중 설계설명서에 표시하여야 할 사항	
④	1	공사개요, 사전조사사항
	2	건축계획: 배치·평면·입면·동선계획, 조경계획, 주차계획 및 교통처리계획
	3	시공방법, 개략공정계획, 주요설비계획
	4	주요 자재 사용계획 및 그 밖의 필요한 사항

해답 89. ③ 90. ④ 91. ② 92. ④ 93. ④

94 다음 중 방화구조의 기준으로 틀린 것은?

① 시멘트모르타르 위에 타일을 붙인 것으로서 그 두께의 합계가 2.5cm 이상인 것
② 석고판 위에 회반죽을 바른 것으로서 그 두께의 합계가 2.5cm 이상인 것
③ 철망모르타르로서 그 바름두께가 1.5cm 이상인 것
④ 심벽에 흙으로 맞벽치기한 것

해설

	구조 부분	방화구조의 기준
	1	철망모르타르 바르기	바름두께 2cm 이상
③	2	석고판 위에 시멘트모르타르 또는 회반죽을 바른 것	두께의 합계가 2.5cm 이상
	3	시멘트모르타르 위에 타일을 붙인 것	
	4	심벽에 흙으로 맞벽치기 한 것	두께에 관계없이 인정
	5	한국산업표준이 정한 방화2급 이상에 해당되는 것	

95 국토의 계획 및 이용에 관한 법령상 다음과 같이 정의되는 용어는?

> 개발로 인하여 기반시설이 부족할 것으로 예상되나 기반시설을 설치하기 곤란한 지역을 대상으로 건폐율이나 용적률을 강화하여 적용하기 위하여 지정하는 구역

① 시가화조정구역
② 개발밀도관리구역
③ 기반시설부담구역
④ 지구단위계획구역

해설

	개발밀도관리구역
②	1	주거·상업 또는 공업지역에서 개발행위로 인하여 기반시설의 처리·공급 또는 수용능력이 부족할 것으로 예상되는 지역 중 기반시설의 설치가 곤란한 지역
	2	특별시장·광역시장·특별자치시장·특별자치도지사·시장 또는 군수는 개발밀도관리구역 안에서 해당 용도지역에 적용되는 용적률의 50%의 범위 안에서 강화하여 적용한다.

96 부설주차장의 설치 대상 시설물 종류와 설치 기준의 연결이 옳은 것은?

① 판매시설 - 시설면적 100m^2당 1대
② 위락시설 - 시설면적 150m^2당 1대
③ 종교시설 - 시설면적 200m^2당 1대
④ 숙박시설 - 시설면적 200m^2당 1대

해설

	부설주차장 설치 대상 시설물: 시설면적(m^2)당 1대	
	100m^2 당	· 위락시설
④	150m^2 당	· 문화 및 집회시설(관람장 제외) · 의료시설(정신병원, 요양소, 격리병원 제외) · 운동시설(골프(연습)장, 옥외수영장 제외) · 판매시설, 운수시설, 업무시설, 방송국 · 장례시설
	200m^2 당	· 숙박시설, 제1종 및 제2종 근린생활시설
	400m^2 당	· 창고시설

97 광역도시계획에 관한 내용으로 틀린 것은?

① 인접한 둘 이상의 특별시·광역시·특별자치시·특별자치도·시 또는 군의 관할 구역 전부 또는 일부를 광역계획권으로 지정할 수 있다.
② 군수가 광역도시계획을 수립하는 경우 도지사의 승인을 생략한다.
③ 광역계획권의 공간 구조와 기능 분담에 관한 정책 방향이 포함되어야 한다.
④ 광역도시계획을 공동으로 수립하는 시·도지사는 그 내용에 관하여 서로 협의가 되지 아니하면 공동이나 단독으로 국토교통부장관에게 조정을 신청할 수 있다.

해설

② 시장 또는 군수가 광역도시계획을 수립하거나 변경하려면 도지사의 승인을 받아야 한다.

98 다음 방화구획의 설치에 관한 기준을 적용하지 아니하거나 그 사용에 지장이 없는 범위에서 완화하여 적용할 수 있는 건축물의 부분에 해당되지 않는 것은?

> 주요구조부가 내화구조 또는 불연재료로 된 건축물로서 연면적이 1천 제곱미터를 넘는 것은 내화구조로 된 바닥·벽 및 60분+,60분방화문으로 구획하여야 한다.

① 복층형 공동주택의 세대별 층간 바닥 부분
② 주요구조부가 내화구조 또는 불연재료로 된 주차장
③ 계단실 부분·복도 또는 승강기의 승강로 부분으로서 그 건축물의 다른 부분과 방화구획으로 구획된 부분
④ 문화 및 집회시설 중 동물원의 용도로 쓰는 거실로서 시선 및 활동공간의 확보를 위하여 불가피한 부분

해설

	방화구획 기준의 완화 규정
1	문화 및 집회시설(동·식물원 제외), 장례시설, 운동시설의 용도에 쓰이는 거실이 시선 및 활동공간의 확보를 위하여 불가피한 부분
2	물품의 제조, 가공 및 운반 등에 필요한 대형기기의 설치 및 운영을 위하여 불가피한 부분
④ 3	계단실 부분, 복도 또는 승강기의 승강로(해당 승강기의 승강을 위한 승강로비 부분을 포함)가 해당 건축물의 다른 부분과 방화구획으로 구획된 부분
4	건축물의 최상층 또는 피난층이 대규모 회의장, 강당, 스카이 라운지, 로비 등의 용도에 사용하는 부분으로서 해당 용도로서의 사용을 위하여 불가피한 부분
5	복층형의 공동주택 세대별 층간 바닥부분
6	주요구조부가 내화구조 또는 불연재료로 된 주차장 부분
7	단독주택, 동물 및 식물관련시설, 군사시설에 쓰이는 건축물

99 다음 중 대지와 도로의 관계에 관한 기준 내용 중 ( ) 안에 알맞은 것은?

> 연면적 합계가 2,000m²(공장인 경우에는 3,000m²) 이상인 건축물(축사, 작물재배사, 그밖에 이와 비슷한 건축물로서 건축조례로 정하는 규모의 건축물은 제외한다)의 대지는 너비 (㉠) 이상의 도로에 (㉡) 이상 접하여야 한다.

① ㉠ : 4m, ㉡ : 2m ② ㉠ : 6m, ㉡ : 4m
③ ㉠ : 8m, ㉡ : 6m ④ ㉠ : 8m, ㉡ : 4m

해설

	연면적 2,000m²를 기준으로 한 대지와 도로와의 관계	
②	2,000m² 미만	연면적 2,000m²미만 / 2m이상 / 기준폭 이상의 도로(자동차 전용도로 제외)
	2,000m² 이상	연면적 2,000m²이상 / 4m이상 / 폭 6m이상의 도로(자동차 전용도로 제외)

100 주요구조부가 내화구조 또는 불연재료로 된 층수가 16층 이상인 공동주택의 경우, 피난층 외의 층에서는 피난층 또는 지상으로 통하는 직통계단을 거실의 각 부분으로부터 계단에 이르는 보행거리가 최대 얼마 이하가 되도록 설치하여야 하는가? (단, 계단은 거실로부터 가장 가까운 거리에 있는 1개소의 계단을 말한다.)

① 30m ② 40m
③ 50m ④ 75m

해설

	직통계단에 대한 보행거리 제한	
②	원칙	30m 이하
	예외	16층 이상 공동주택은 40m 이하, 주요구조부가 내화구조, 일반 용도인 건축물은 50m 이하

해답 98. ④ 99. ② 100. ②

건축법규 2020년 제4회

81 건축물의 대지 및 도로에 관한 설명으로 틀린 것은?

① 손궤의 우려가 있는 토지에 대지를 조성하고자 할 때 옹벽의 높이가 2m 이상인 경우에는 이를 콘크리트구조로 하여야 한다.
② 면적이 100m² 이상인 대지에 건축을 하는 건축주는 대지에 조경이나 그 밖에 필요한 조치를 하여야 한다.
③ 연면적의 합계가 2,000m²(공장인 경우 3,000m²) 이상인 건축물(축사, 작물 재배사, 그 밖에 이와 비슷한 건축물로서 건축조례로 정하는 규모의 건축물은 제외)의 대지는 너비 6m 이상의 도로에 4m 이상 접하여야 한다.
④ 도로면으로부터 높이 4.5m 이하에 있는 창문은 열고 닫을 때 건축선의 수직면을 넘지 아니 하는 구조로 하여야 한다.

해설

② 대지면적이 200m² 이상인 대지에 건축을 하는 건축주는 대지에 조경이나 그 밖에 필요한 조치를 하여야 한다.

82 다음 중 국토의 계획 및 이용에 관한 법령상 공공시설에 속하지 않는 것은?

① 공동구 ② 방풍설비
③ 사방설비 ④ 쓰레기 처리장

해설

	공공시설
④ 1	항만, 공항, 운하, 광장, 녹지, 공공공지, 공동구, 하천, 유수지, 방화설비, 방풍설비, 방수설비, 사방설비, 방조설비, 하수도, 구거
2	행정청이 설치한 시설에 한하여 공공시설로 간주하는 시설: 주차장, 운동장, 화장장, 저수지, 봉안시설, 공동묘지

83 직통계단의 설치에 관한 기준 내용 중 밑줄 친 "다음 각 호의 어느 하나에 해당하는 용도 및 규모의 건축물"의 기준 내용으로 틀린 것은?

> 법 제49조 제1항에 따라 피난층 외의 층이 <u>다음 각 호의 어느 하나에 해당하는 용도 및 규모의 건축물</u>에는 국토교통부령으로 정하는 기준에 따라 피난층 또는 지상으로 통하는 직통계단을 2개소 이상 설치하여야 한다.

① 지하층으로서 그 층 거실의 바닥면적의 합계가 200m² 이상인 것
② 종교시설의 용도로 쓰는 층으로서 그 층에서 해당 용도로 쓰는 바닥면적의 합계가 200m² 이상인 것
③ 숙박시설의 용도로 쓰는 3층 이상의 층으로서 그 층의 해당 용도로 쓰는 거실의 바닥면적의 합계가 200m² 이상인 것
④ 업무시설 중 오피스텔의 용도로 쓰는 층으로서 그 층의 해당 용도로 쓰는 거실의 바닥면적의 합계가 200m² 이상인 것

해설

④ 업무시설 중 오피스텔의 용도로 쓰는 층으로서 그 층의 해당 용도로 쓰는 거실의 바닥면적의 합계가 300m² 이상인 것

84 건축허가 신청에 필요한 설계도서에 해당하지 않는 것은?

① 배치도 ② 투시도
③ 건축계획서 ④ 소방설비도

해설

	건축허가 신청 서식 중 기본설계도서의 범위
②	건축계획서, 배치도, 평면도, 입면도(2면 이상의 입면계획, 외부 마감재료, 간판 및 건물번호판 설치계획), 단면도, 구조도, 구조계산서, 소방설비도

해답 81. ② 82. ④ 83. ④ 84. ②

85 거실의 채광 및 환기에 관한 규정으로 옳은 것은?

① 교육연구시설 중 학교의 교실에는 채광 및 환기를 위한 창문 등이나 설비를 설치하여야 한다.
② 채광을 위하여 거실에 설치하는 창문 등의 면적은 그 거실의 바닥면적의 20분의 1 이상이어야 한다.
③ 환기를 위하여 거실에 설치하는 창문 등의 면적은 그 거실의 바닥면적의 10분의 1 이상이어야 한다.
④ 채광 및 환기를 위한 창문 등의 면적에 관한 규정을 적용함에 있어서 수시로 개방할 수 있는 미닫이로 구획된 2개의 거실은 이를 2개의 거실로 본다.

해설

②	채광을 위하여 거실에 설치하는 창문 등의 면적은 그 거실의 바닥면적의 1/10 이상이어야 한다
③	환기를 위하여 거실에 설치하는 창문 등의 면적은 그 거실의 바닥면적의 1/20 이상이어야 한다.
④	채광 및 환기를 위한 창문 등의 면적에 관한 규정을 적용함에 있어서 수시로 개방할 수 있는 미닫이로 구획된 2개의 거실은 이를 1개의 거실로 본다.

86 공동주택과 오피스텔의 난방설비를 개별난방 방식으로 하는 경우에 관한 기준 내용으로 틀린 것은?

① 보일러는 거실 외의 곳에 설치할 것
② 보일러실의 윗부분에는 그 면적이 0.5m² 이상인 환기창을 설치할 것
③ 보일러실과 거실사이의 출입구는 그 출입구가 닫힌 경우에는 보일러가스가 거실에 들어갈 수 없는 구조로 할 것
④ 보일러의 연도는 내화구조로서 개별연도로 설치할 것

해설

④	보일러의 연도는 내화구조로서 공동연도로 설치하여야 한다.	

87 다음 중 건축면적에 산입하지 않는 대상 기준으로 틀린 것은?

① 지하주차장의 경사로
② 지표면으로부터 1.8m 이하에 있는 부분
③ 건축물 지상층에 일반인이 통행할 수 있도록 설치한 보행통로
④ 건축물 지상층에 차량이 통행할 수 있도록 설치한 차량통로

해설

	건축면적 산정 시 제외되는 부분
	1	지표면으로부터 1m 이하에 있는 부분
	2	다중이용업소 비상구에 연결하여 설치하는 폭 2m 이하의 옥외피난계단
②	3	건축물 지상층에 일반인·차량이 통행할 수 있도록 설치한 통로
	4	건축물 지하층의 출입구 상부(출입구 너비에 상당하는 규모의 부분), 지하주차장의 경사로
	5	생활폐기물 보관시설(음식물쓰레기, 의류 등의 수거함)
	6	장애인용 승강기·에스컬레이터·경사로·승강장
	7	매장문화재 보호 및 전시에 전용되는 부분 등

88 주요구조부가 내화구조 또는 불연재료로 된 건축물로서 국토교통부령으로 정하는 기준에 따라 내화구조로 된 바닥·벽 및 60분+방화문, 60분방화문으로 구획하여야 하는 연면적 기준은?

① 400m² 초과
② 500m² 초과
③ 1,000m² 초과
④ 1,500m² 초과

해설

③	방화구획	설치 대상	주요구조부가 내화구조 또는 불연재료로 된 건축물로서 연면적이 1,000m²를 넘는 것
		구획 방법	•내화구조의 바닥, 벽 •60분+, 60분방화문 또는 자동방화셔터

해답 85. ① 86. ④ 87. ② 88. ③

89 시가화조정구역의 지정과 관련된 기준 내용 중 밑줄 친 대통령령으로 정하는 기간으로 옳은 것은?

> 시·도지사는 직접 또는 관계 행정기관의 장의 요청을 받아 도시지역과 그 주변지역의 무질서한 시가화를 방지하고 계획적·단계적인 개발을 도모하기 위하여 **대통령령으로 정하는 기간** 동안 시가화를 유보할 필요가 있다고 인정되면 시가화조정구역의 지정 또는 변경을 도시·군관리계획으로 결정할 수 있다.

① 5년 이상 10년 이내 ② 5년 이상 20년 이내
③ 7년 이상 10년 이내 ④ 7년 이상 20년 이내

해설

②	시가화 조정구역	(그림)
	지정 목적	무질서한 시가화 방지, 계획적·단계적 개발 도모
	시가화 유보 기간 1	5년 이상 20년 이하의 기간으로 국토교통부장관이 도시·군관리계획으로 정한다.
	2	시가화유보기간이 만료된 다음날로부터 시가화조정구역 지정의 효력은 상실된다.

90 위락시설의 시설면적이 1,000m²일 때 주차장법령에 따라 설치해야 하는 부설주차장의 설치 기준은?

① 10대 ② 13대 ③ 15대 ④ 20대

해설

①	위락시설	시설면적 100m²당 1대
	1,000 ÷ 100 = 10대	

91 지방건축위원회의가 심의 등을 하는 사항에 속하지 않는 것은?

① 건축선의 지정에 관한 사항
② 다중이용건축물의 구조안전에 관한 사항
③ 특수구조건축물의 구조안전에 관한 사항
④ 경관지구 내의 건축물의 건축에 관한 사항

해설

	지방건축위원회 심의 사항
	1	건축조례(해당 지방자치단체의 장이 발의하는 조례인 경우)의 제정·개정에 관한 사항
	2	건축선의 지정에 관한 사항
④	3	다중이용건축물의 건축에 관한 사항
	4	다중이용건축물 및 특수구조건축물의 구조안전에 관한 사항
	5	분양을 목적으로 하는 건축물로서 건축조례로 정하는 용도 및 규모에 해당하는 건축물의 건축에 관한 사항

92 지하식 또는 건축물식 노외주차장의 차로에 관한 기준 내용으로 틀린 것은?

① 경사로의 노면은 거친 면으로 하여야 한다.
② 높이는 주차바닥면으로부터 2.3m 이상으로 하여야 한다.
③ 경사로의 종단경사도는 직선 부분에서는 14%를 초과하여서는 아니 된다.
④ 주차대수 규모가 50대 이상인 경우의 경사로는 너비 6m 이상인 2차로를 확보하거나 진입차로와 진출차로를 분리하여야 한다.

해설

③ 지하식 또는 건축물식 노외주차장의 경사로의 종단 경사도는 직선부분에서는 17% 이하, 곡선부분에서는 14% 이하로 설치한다.

해답 89. ② 90. ① 91. ④ 92. ③

93 6층 이상의 거실면적의 합계가 5,000m²인 경우, 다음 중 승용승강기를 가장 많이 설치해야 하는 것은? (단, 8인승 승용승강기를 설치하는 경우)

① 위락시설　　② 숙박시설
③ 판매시설　　④ 업무시설

해설

승용승강기 설치 건축물의 용도	3,000m² 이하	3,000m² 초과
• 문화 및 집회시설 중 공연장·집회장·관람장 • 판매시설 • 의료시설	2대	$2대 + \dfrac{A-3,000(m^2)}{2,000(m^2)}$ 대
• 전시장, 동·식물원 • 업무시설, 위락시설, 숙박시설	1대	$1대 + \dfrac{A-3,000(m^2)}{2,000(m^2)}$ 대
• 공동주택 • 교육연구 및 복지시설 • 그 밖의 시설	1대	$1대 + \dfrac{A-3,000(m^2)}{3,000(m^2)}$ 대

③ ➡ 판매시설 > 업무시설, 위락시설, 숙박시설

---

94 공사감리자의 업무에 속하지 않는 것은?

① 시공계획 및 공사관리의 적정 여부의 확인
② 상세 시공도면의 검토·확인
③ 설계변경의 적정 여부의 검토·확인
④ 공정표 및 현장설계도면 작성

해설

④ 공정표 및 현장설계도면을 작성하는 것이 아니라 공정표 및 상세시공도면의 검토·확인이 공사감리자의 감리업무이다.

---

95 다음은 건축물의 사용승인에 관한 기준 내용이다. ( )안에 알맞은 것은?

건축주가 허가를 받았거나 신고를 한 건축물의 건축공사를 완료한 후 그 건축물을 사용하려면 공사감리자가 작성한 (㉠)와 국토교통부령으로 정하는 (㉡)를 첨부하여 허가권자에게 사용승인을 신청하여야 한다.

① ㉠ 설계도서, ㉡ 시방서
② ㉠ 시방서, ㉡ 설계도서
③ ㉠ 감리완료보고서, ㉡ 공사완료도서
④ ㉠ 공사완료도서, ㉡ 감리완료보고서

해설

건축물의 사용승인[건축법 제22조]

③ 건축주가 허가를 받았거나 신고를 한 건축물의 건축공사를 완료(하나의 대지에 둘 이상의 건축물을 건축하는 경우 동(棟)별 공사를 완료한 경우를 포함한다)한 후 그 건축물을 사용하려면 공사감리자가 작성한 감리완료보고서와 국토교통부령으로 정하는 공사완료도서를 첨부하여 허가권자에게 사용승인을 신청하여야 한다.

---

96 제2종 일반주거지역 안에서 건축할 수 있는 건축물에 속하지 않는 것은?

① 아파트　　② 노유자시설
③ 종교시설　　④ 문화 및 집회시설 중 관람장

해설

	제2종 일반주거지역 안에서 건축할 수 있는 건축물
④ 1	단독주택, 공동주택
2	제1종 근린생활시설
3	교육연구시설 중 유치원, 초등학교, 중학교 및 고등학교
4	노유자시설, 종교시설
5	관람장을 제외한 문화 및 집회시설은 조례로 건축 가능

해답　93. ③　94. ④　95. ③　96. ④

97 주거기능을 위주로 이를 지원하는 일부 상업기능 및 업무기능을 보완하기 위하여 지정하는 주거지역의 세분은?

① 준주거지역 ② 제1종 전용주거지역
③ 제1종 일반주거지역 ④ 제2종 일반주거지역

해설

	전용주거지역(양호한 주거환경의 보호)	
	1종	단독주택 중심의 양호한 주거환경을 보호
	2종	공동주택 중심의 양호한 주거환경을 보호
	일반주거지역(편리한 주거환경의 조성)	
①	1종	저층주택을 중심으로 편리한 주거환경을 조성
	2종	중층주택을 중심으로 편리한 주거환경을 조성
	3종	중·고층주택을 중심으로 편리한 주거환경을 조성
	준주거지역	
	주거기능을 위주로 이를 지원하는 일부 상업기능 및 업무기능을 보완하기 위하여 필요한 지역	

98 다음 중 피난층이 아닌 거실에 배연설비를 설치하여야 하는 대상 건축물에 속하지 않는 것은? (단, 6층 이상인 건축물의 경우)

① 판매시설 ② 종교시설
③ 교육연구시설 중 학교 ④ 운수시설

해설

	배연설비의 설치	
	규모	6층 이상인 건축물
③	설치장소	거실
	용도	• 문화 및 집회시설, 종교시설, 판매시설, 업무시설, 의료시설, 종교시설, 운수시설, 운동시설, 숙박시설, 위락시설, 관광휴게시설, 아동관련시설, 노인복지시설 • 연구소, 유스호스텔 • 장례식장

99 대통령령으로 정하는 용도와 규모의 건축물이 소규모 휴식시설 등의 공개공지 또는 공개공간을 설치하여야 하는 대상 지역에 해당되지 않는 곳은?

① 준공업지역 ② 일반공업지역
③ 일반주거지역 ④ 준주거지역

해설

	공개공지 확보 대상	
②	대상 지역	(1) 일반주거지역 · 준주거 지역
		(2) 상업지역 · 준공업지역
		(3) 특별자치시장 · 특별자치도지사 · 시장 · 군수 · 구청장이 도시화 가능성이 크다고 인정하여 지정 · 공고하는 지역
	규모	용도 바닥면적 합계 5,000m^2 이상
	용도	• 문화 및 집회시설 / • 판매시설(농수산물 유통시설 제외) • 종교시설 / • 운수시설(여객용 시설만 해당) • 업무시설 / • 숙박시설

100 다음 거실의 반자높이와 관련된 기준 내용 중 ( ) 안에 해당되지 않는 건축물의 용도는?

( )의 용도에 쓰이는 건축물의 관람실 또는 집회실로서 그 바닥면적이 200m^2 이상인 것의 반자의 높이는 4m(노대의 아랫부분의 높이는 2.7m) 이상이어야 한다. 다만, 기계환기장치를 설치하는 경우에는 그렇지 않다.

① 문화 및 집회시설 중 동·식물원
② 장례식장
③ 위락시설 중 유흥주점
④ 종교시설

해설

① 거실의 반자높이는 2.1m 이상으로 하여야 한다. 다만, 문화 및 집회시설(전시장 및 동·식물원 제외), 종교시설, 장례시설, 위락시설 중 유흥주점을 위한 용도로서 바닥면적의 합계가 200m^2 이상일 경우 반자높이를 4m(노대 아랫부분의 높이는 2.7m) 이상으로 하여야 한다.

해답 97. ① 98. ③ 99. ② 100. ①

The Bible
건축기사 필기 ❷권 [바이블 과목별 기출문제]

저 자 안광호 · 백종엽
       이병억
발행인 이 종 권

2008年 1月 25日 초 판 발 행
2018年 1月 10日 10차개정 1쇄발행
2019年 1月 18日 11차개정 1쇄발행
2020年 1月 17日 12차개정 1쇄발행
2021年 1月 20日 13차개정 1쇄발행
2022年 1月 27日 14차개정 1쇄발행
2023年 1月 19日 15차개정 1쇄발행
2023年 8月 30日 16차개정 1쇄발행
2024年 1月 24日 16차개정 2쇄발행
2025年 1月   7日 17차개정 1쇄발행
2026年 1月   6日 18차개정 1쇄발행

發行處 (주) 한솔아카데미

(우)06775 서울시 서초구 마방로10길 25 트윈타워 A동 2002호
TEL : (02)575-6144/5   FAX : (02)529-1130
〈1998. 2. 19 登錄 第16-1608號〉

※ 본 교재의 내용 중에서 오타, 오류 등은 발견되는 대로 한솔아카데미 인터넷 홈페이지를 통해 공지하여 드리며 보다 완벽한 교재를 위해 끊임없이 최선의 노력을 다하겠습니다.
※ 파본은 구입하신 서점에서 교환해 드립니다.
www.inup.co.kr / www.bestbook.co.kr

ISBN 979-11-6654-768-3 13540

2026
18차개정판

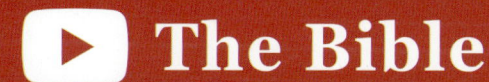
The Bible

건축기사 필기

3권 바이블 연도별 기출문제

1+2+3권 한권완성

1권 _ 바이블 핵심이론
2권 _ 바이블 과목별 기출문제
3권 _ 바이블 연도별 기출문제

한솔아카데미

핵심으로 시작하여
기출문제로 끝낸다!
2026 합격 솔루션

출제경향
오리엔테이션

- 60점 목표
- 2025~2021 무료동영상
- CBT시험 동일 환경 CBT모의고사
- 질의응답 전용 홈페이지를 통한 학습질문은 2026/365일 답변

안광호 교수
백종엽 교수
이병억 교수

건축기사
한솔아카데미가 답이다!

합격! 한솔아카데미가 답이다
본 도서를 구입시 드리는 통~큰 혜택!

출제경향 무료동영상

출제경향 무료동영상
- 출제분석에 따른 출제경향 오리엔테이션
- 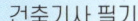 출제경향 동영상 강의

※ 위 내용의 무료동영상 강좌의 수강기간은 4개월입니다.

기출문제 무료동영상

5개년 무료동영상
- 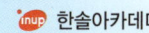 최근 5개년(25,24,23,22,21) 동영상 강의

※ 위 내용의 무료동영상 강좌의 수강기간은 4개월입니다.

CBT 온라인 모의고사

10회 CBT 온라인 모의고사
① 큐넷(Q-net)홈페이지 실제 컴퓨터 환경과 동일한 시험
② 자가학습진단 모의고사를 통한 실력 향상
③ 장소, 시간에 관계없이 언제든 모바일 접속 이용 가능

※ 위 내용의 온라인 모의고사 유효기간은 4개월입니다.

학습내용 질의응답

한솔아카데미 홈페이지(www.inup.co.kr)

건축기사 게시판에 질문을 하실 수 있으며 함께 공부하시는 분들의 공통적인 질의응답을 통해 보다 효과적인 학습이 되도록 합니다.

수강신청 방법

도서구매 후 뒷 표지 회원등록 인증번호 확인

홈페이지 회원가입 ▶ 마이페이지 접속 ▶ 쿠폰 등록/내역 ▶ 도서 인증번호 입력 ▶ 나의 강의실에서 수강이 가능합니다.

교재 인증번호 등록을 통한 학습관리 시스템

❶ 출제경향 무료동영상 ❷ 5개년 기출문제 무료동영상
❸ CBT모의고사 10회 ❹ 2026년 복원문제 제공

01 사이트 접속
인터넷 주소창에 https://www.inup.co.kr 을 입력하여 한솔아카데미 홈페이지에 접속합니다.

02 회원가입 로그인
홈페이지 우측 상단에 있는 **회원가입** 또는 아이디로 **로그인**을 한 후, **건축** 사이트로 접속을 합니다.

03 나의 강의실
나의강의실로 접속하여 왼쪽 메뉴에 있는 [쿠폰/포인트관리]-[쿠폰등록/내역]을 클릭합니다.

04 쿠폰 등록
도서에 기입된 **인증번호 12자리** 입력(-표시 제외)이 완료되면 [나의강의실]에서 학습가이드 관련 응시가 가능합니다.

■ 모바일 동영상 수강방법 안내

❶ QR코드 이미지를 모바일로 촬영합니다.
❷ 회원가입 및 로그인 후, 쿠폰 인증번호를 입력합니다.
❸ 인증번호 입력이 완료되면 [나의강의실]에서 강의 수강이 가능합니다.

※ 인증번호는 표지 ①권 뒷면에서 확인하시길 바랍니다.
※ QR코드를 찍을 수 있는 앱을 다운받으신 후 진행하시길 바랍니다.

Contents

제3권 바이블 연도별 기출문제

연도별

2025년
- 2025년 제1회 시행 ·········· 3-2
- 2025년 제2회 시행 ·········· 3-28
- 2025년 제3회 시행 ·········· 3-53

2024년
- 2024년 제1회 시행 ·········· 3-78
- 2024년 제2회 시행 ·········· 3-103
- 2024년 제3회 시행 ·········· 3-128

2023년
- 2023년 제1회 시행 ·········· 3-154
- 2023년 제2회 시행 ·········· 3-180
- 2023년 제4회 시행 ·········· 3-205

2022년
- 2022년 제1회 시행 ·········· 3-230
- 2022년 제2회 시행 ·········· 3-255
- 2022년 제4회 시행 ·········· 3-280

2021년
- 2021년 제1회 시행 ·········· 3-306
- 2021년 제2회 시행 ·········· 3-331
- 2021년 제4회 시행 ·········· 3-356

CBT 필기시험문제 실전테스트

홈페이지(www.inup.co.kr)에서 필기시험 문제를 CBT 모의 TEST로 체험하실 수 있습니다.

- CBT 제1회 모의고사 실전테스트
- CBT 제2회 모의고사 실전테스트
- CBT 제3회 모의고사 실전테스트
- CBT 제4회 모의고사 실전테스트
- CBT 제5회 모의고사 실전테스트
- CBT 제6회 모의고사 실전테스트
- CBT 제7회 모의고사 실전테스트
- CBT 제8회 모의고사 실전테스트
- CBT 제9회 모의고사 실전테스트
- CBT 제10회 모의고사 실전테스트

III 바이블 연도별 기출문제

01 2025년 연도별 기출문제 ······················ *3-2*

02 2024년 연도별 기출문제 ······················ *3-78*

03 2023년 연도별 기출문제 ······················ *3-154*

04 2022년 연도별 기출문제 ······················ *3-230*

05 2021년 연도별 기출문제 ······················ *3-306*

① 바이블 연도별 기출문제

건축계획

* 본 기출문제는 수험자의 기억에 의한 복원문제입니다.

1 주택의 부엌 가구 배치 유형에 관한 설명으로 틀린 것은?

① L자형은 부엌과 식당을 겸할 경우 많이 활용된다.
② ㄷ자형은 작업 공간이 좁기 때문에 작업 효율이 나쁘다.
③ 일(一)자형은 좁은 면적 이용에 유리하므로 소규모 부엌에 주로 사용된다.
④ 병렬형은 작업 동선을 줄일 수 있지만 몸을 앞뒤로 바꿔야 하므로 불편하다.

해설

일렬형	병렬형	ㄱ자형	ㄷ자형
4.5m	3.6m		3.6m

② ㄷ자형 배치는 병렬형과 ㄱ자형을 혼합한 평면형으로 작업 동선이 짧고, 작업 효율이 좋으며, 부엌의 면적을 줄일 수 있는 이점이 있지만 평면계획상 외부로 통하는 출입구의 설치는 곤란한 특징이 있다.

2 건축모듈(Module)에 대한 설명으로 옳지 않은 것은?

① 대량생산이 용이하다.
② 설계작업이 간편하고 단순화된다.
③ 현장작업이 단순해지고 공기가 단축된다.
④ 건축물 형태의 자유로운 구성이 용이하다.

해설

④

모듈 (Module)	인간의 생활이나 동작을 바탕으로 한 치수상의 기준 단위를 의미하며, 모든 치수의 수직과 수평이 정수비를 이루도록 한다.
모듈 시스템 (Module System)	 동일 패턴의 반복으로 건축물 형태의 다양성 및 창조성 확보가 결여될 염려가 있다.

3 학교 운영방식에 관한 설명으로 옳지 않은 것은?

① 달톤형은 다양한 크기의 교실이 요구된다.
② 교과교실형은 각 교과 교실의 순수율이 낮다는 단점이 있다.
③ 플래툰형은 교사 수 및 시설이 부족하면 운영이 곤란하다는 단점이 있다.
④ 종합교실형은 학생의 이동이 없으며, 초등학교 저학년에 적합한 형식이다.

해설

②

교과교실형	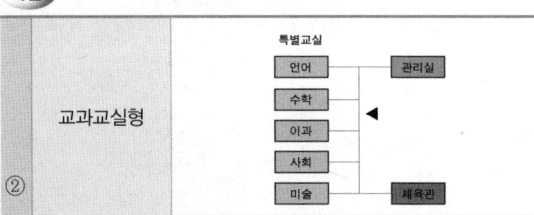

모든 교실이 특정 교과를 위해 만들어지고, 일반교실은 없으므로 교실의 기능적인 순수율을 가장 높일 수 있는 형식이다.

4 아파트 단면형식 중 메조넷 형식(Maisonnette Type)에 관한 설명으로 옳지 않은 것은?

① 하나의 주거단위가 복층 형식을 취한다.
② 양면 개구부에 의한 통풍 및 채광이 좋다.
③ 주택 내의 공간의 변화가 없으며 통로에 의해 유효면적이 감소한다.
④ 거주성, 특히 프라이버시는 높으나 소규모 주택에는 비경제적이다.

해설

③

메조넷형 (Maisonette Type)	

하나의 주거단위가 복층 형식을 취하는 경우이며, 주택 내의 공간의 변화가 있으며 통로에 의한 유효면적이 증가한다.

해답 1.② 2.④ 3.② 4.③

건축계획 ①

5 다음은 객석의 가시거리에 관한 설명이다. ( ) 안에 알맞은 것은?

> 연극 등을 감상하는 경우 연기자의 표정을 읽을 수 있는 가시 한계는 (㉠) 정도이다. 그러나 실제적으로 극장에서는 잘 보여야 하는 동시에 많은 관객을 수용해야 하므로 (㉡)까지를 제1차 허용한도로 한다.

① ㉠ 10m, ㉡ 22m ② ㉠ 15m, ㉡ 22m
③ ㉠ 10m, ㉡ 25m ④ ㉠ 15m, ㉡ 25m

해설

	관객석의 가시거리 허용 한도	
1	A구역: 15m	배우의 표정이나 동작을 상세히 감상할 수 있는 거리(인형극, 아동극)
② 2	1차 허용한도: 22m	될 수 있는 한 많은 관객을 수용하기 위한 적당한 가시거리(국악, 신극, 실내악)
3	2차 허용한도: 35m	배우의 일반적인 동작만 보이면 감상하는데 지장이 없는 거리(발레, 뮤지컬 등)

6 미술관 건축계획에 관한 설명 중 옳은 것은?

① 하모니카 전시기법은 동일 종류의 전시물을 반복 전시할 경우 유리하다.
② 대규모의 미술관은 각 전시실을 자유롭게 출입할 수 있는 연속순로 형식을 주로 채용한다.
③ 미술관의 채광 방식을 편측창 방식으로 할 경우 실 전체의 조도 분포가 균일하여 별도의 조명설비가 필요 없다.
④ 아일랜드 전시기법은 벽이나 천장을 직접 이용하여 전시물을 배치하는 기법으로 관람자의 시거리를 짧게 할 수 없다는 단점이 있다.

해설

② 대규모의 미술관은 중앙홀 형식을 주로 채용한다.
③ 편측창 채광 방식의 경우 조도 분포가 불균일하다.
④ 벽이나 천장을 직접 이용하지 않고 전시 공간을 만들어 내는 기법으로 관람자의 시거리를 짧게 할 수 있다.

7 도서관 건축계획에서 장래에 증축을 반드시 고려해야 할 부분은?

① 서고   ② 대출실
③ 사무실   ④ 휴게실

해설

도서관 서고는 자료를 정리 및 보존하는 곳이므로 장래의 증축을 반드시 고려해야 한다.

8 한국 전통건축의 지붕 양식에 관한 설명으로 옳은 것은?

① 모임지붕은 용마루와 내림마루가 있고 추녀마루만 없는 형태이다.
② 우진각지붕은 네 면에 모두 지붕면이 있으며 전후 지붕면은 사다리꼴이고 양측 지붕면은 삼각형이다.
③ 팔작지붕은 원초적인 지붕 형태로 원시 움집에서부터 사용되었다.
④ 맞배지붕은 용마루와 추녀마루로만 구성된 지붕으로 주로 다포식 건물에 사용되었다.

해설

| 맞배지붕 | 우진각지붕 | 팔작지붕 | 모임지붕 |

① 모임지붕은 하나의 정점으로 만나는 지붕이다.
③ 팔작지붕은 가장 완성된 화려한 지붕이다.
④ 맞배지붕은 용마루와 내림마루로만 구성된 지붕이다.

해답 5. ② 6. ① 7. ① 8. ②

9 다음 중 건축가와 작품의 연결이 옳지 않은 것은?

① 르 꼬르뷔지에 - 사보이 주택
② 오스카 니마이머 - 브라질 국회의사당
③ 프랭크 로이드 라이트 - 뉴욕 구겐하임 미술관
④ 미스 반 데어 로에 - 뉴욕 레버 하우스

해설

④

고든 번샤프트 (Gordon Bunshaft, 1909~1990)   레버 하우스 (Lever House, 1952)

11 다품종 소량생산으로 예상 생산이 불가능한 경우, 표준화가 곤란한 경우에 적용되는 공장건축의 레이아웃 방식은?

① 고정식 레이아웃
② 혼성식 레이아웃
③ 공정중심 레이아웃
④ 제품중심 레이아웃

해설

③ 공정중심 레이아웃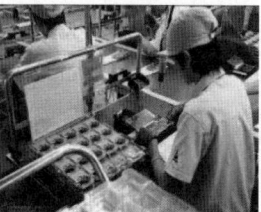

기능식 레이아웃이라고 하며 주문생산, 다품종 소량 생산에 적합한 형식이다.

10 병원의 간호사 대기소에 관한 설명 중 ( ) 안에 가장 알맞은 내용은?

> 1개의 간호사 대기소에서 관리할 수 있는 병상 수는 (㉮)개 이하로 하며, 간호사의 보행 거리는 (㉯)m 이내가 되도록 한다.

① ㉮ 10~20   ㉯ 40
② ㉮ 20~30   ㉯ 40
③ ㉮ 30~40   ㉯ 24
④ ㉮ 40~50   ㉯ 24

해설

③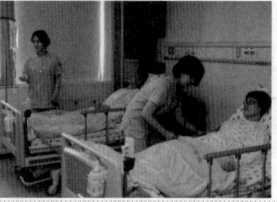

간호단위(Nursing Unit)

1	병동부의 기본 단위로서, 1조(8~10명)의 간호사들이 환자를 간호하기에 적절한 병상수(30~40Bed)이다.
2	간호사의 보행거리는 24m 이내가 되도록 한다.

12 다음 중 호텔의 성격상 연면적에 대한 숙박면적의 비가 가장 큰 것은?

① 리조트 호텔
② 커머셜 호텔
③ 레지덴셜 호텔
④ 클럽 하우스

해설

②

	시티 호텔 (City Hotel)	• 커머셜(Commercial) 호텔 • 레지덴셜(Residential) 호텔 • 아파트먼트(Apartment) 호텔 • 터미널(Terminal) 호텔
	리조트 호텔 (Resort Hotel)	• 해변(Beach) 호텔 • 산장(Mountain) 호텔 • 스포츠(Sport) 호텔 • 온천(Hot Spring) 호텔 • 클럽 하우스(Club House)

Hotel 호텔 연면적에 대한 숙박면적의 비율
커머셜 호텔 > 레지덴셜 호텔 > 리조트 호텔 > 아파트먼트 호텔

해답 9. ④   10. ③   11. ③   12. ②

13 사무소건축에서 오피스 랜드스케이핑에 관한 설명으로 옳지 않은 것은?

① 작업장의 집단을 자유롭게 그루핑하여 불규칙한 평면을 유도한다.
② 개실 시스템의 한 형식으로 배치를 의사전달과 작업 흐름의 실제적 패턴에 기초를 둔다.
③ 변화하는 작업의 패턴에 따라 조절이 가능하며 신속하고 경제적으로 대처할 수 있다.
④ 대형 가구 등 소리를 반향시키는 기재의 사용이 어렵다.

해설

오피스 랜드스케이핑
(Office Landscaping)

② 개실식 평면형이 아닌 개방식 평면형의 하나의 유형이다.

14 다음의 은행계획에 대한 설명 중 옳지 않은 것은?

① 고객이 지나는 동선은 되도록 짧게 한다.
② 업무 내부의 일의 효율은 고객이 알기 어렵게 한다.
③ 주출입구에 전실을 둘 경우에는 바깥문으로 밖여닫이 또는 자재문으로 할 수 있다.
④ 고객의 공간과 업무 공간과의 사이에는 원칙적으로 구분이 있어야 한다.

해설

은행 내부 공간 계획		
	1	고객의 공간과 업무 공간과의 사이에는 원칙적으로 구분이 없어야 한다.
	2	고객이 지나는 동선은 되도록 짧게 한다.
④	3	업무 내부의 일의 흐름은 고객이 알기 어렵게 한다.
	4	주출입구에 전실을 둘 경우에는 바깥문으로 밖여닫이 또는 자재문으로 할 수 있다.
	5	큰 건물의 경우 고객출입구는 되도록 1개소로 하고, 안으로 열리도록 한다.

15 사무소건축의 기준층 평면 형태 결정 요소와 가장 거리가 먼 것은?

① 구조상 스팬의 한도
② 방화구획상 면적
③ 덕트, 배선, 배관 등 설비시스템상의 한계
④ 대피상 최소 피난 거리

해설

사무소건축 기준층 평면의 형태 한정 요소		
	1	구조상 스팬(Span)의 한도 ➡ 사용 목적
	2	동선상(動線上)의 거리, 대피상 최대 피난 거리
④	3	방화구획상의 면적
	4	자연광에 따른 조명한계 ➡ 채광률
	5	덕트, 배선, 배관 등 설비시스템상의 한계

16 다음 중 건축양식의 발달순서가 옳은 것은?

① 로마➡비잔틴➡고딕➡로마네스크➡르네상스➡바로크
② 그리스➡로마네스크➡르네상스➡바로크➡로코코
③ 초기 기독교➡비잔틴➡로마네스크➡로코코➡르네상스
④ 이집트➡로마➡비잔틴➡로마네스크➡르네상스➡고딕

해설

서양건축사 양식 발달 순서

② 이집트 — 그리스 — 로마 — 초기 기독교 — 비잔틴 — 로마네스크 — 고딕 — 르네상스 — 바로크 — 로코코

해답 13. ② 14. ④ 15. ④ 16. ②

17 쇼핑센터의 몰(Mall)에 관한 설명으로 옳은 것은?

① 전문점과 핵상점의 주출입구는 몰에 면하도록 한다.
② 쇼핑 체류 시간을 늘릴 수 있도록 방향성이 복잡하게 계획한다.
③ 몰은 고객의 통과 동선으로서 부속 시설과 서비스 기능의 출입이 이루어지는 곳이다.
④ 일반적으로 공기조화에 의해 쾌적한 실내 기후를 유지할 수 있는 오픈 몰(Open Mall)이 선호된다.

해설

몰(Mall)

② 몰은 확실한 방향성과 식별성이 요구된다.
③ 몰은 고객의 주 보행 동선으로써 중심상점과 각 전문점에서의 출입이 이루어지는 곳이다.
④ 일반적으로 공기조화에 의해 쾌적한 실내 기후를 유지할 수 있는 인클로즈드 몰(Enclosed Mall)이 선호된다.

18 주당 평균 40시간을 수업하는 어느 학교에서 음악실에서의 수업이 총 20시간이며 이 중 15시간은 음악시간으로 나머지 5시간은 학급토론시간으로 사용되었다면, 이 교실의 이용률과 순수율은?

① 이용률 37.5%, 순수율 75%
② 이용률 50%, 순수율 75%
③ 이용률 75%, 순수율 37.5%
④ 이용률 75%, 순수율 50%

해설

| 1 | 이용률 $=\dfrac{20}{40}\times 100\% = 50\%$ |
| 2 | 순수율 $=\dfrac{20-5}{20}\times 100\% = 75\%$ |

19 극장건축의 음향 계획에 관한 설명으로 옳지 않은 것은?

① 무대에 가까운 벽은 반사체로 하고 멀어짐에 따라서 흡음재의 벽을 배치하는 것이 원칙이다.
② 음향계획에 있어서 발코니의 계획은 될 수 있는 한 피하는 것이 좋다.
③ 오디토리움 양쪽의 벽은 무대의 음을 반사에 의해 객석 뒤 부분까지 이르도록 보강해 주는 역할을 한다.
④ 음의 반복 반사 현상을 피하기 위해 가급적 원형에 가까운 평면형으로 계획한다.

해설

관객석 음향계획

④ 객석의 형태는 부채꼴이 좋으며, 객석의 형태가 원형이나 타원형일 경우 일반적으로 음이 집중하거나 불균등한 분포를 보이며 에코(Echo)가 형성되어 음향적으로 불리하게 된다.

20 상점계획에 대한 설명 중 옳지 않은 것은?

① 고객의 동선은 일반적으로 짧을수록 좋다.
② 점원의 동선과 고객의 동선은 서로 교차되지 않는 것이 바람직하다.
③ 대면판매 형식은 일반적으로 시계, 귀금속, 의약품, 상점 등에서 사용된다.
④ 진열케이스, 진열대, 진열장 등이 입구에서 안을 향하여 직선적으로 구성된 평면 배치는 주로 침재 코너, 식기 코너, 서점 등에서 사용된다.

해설

상점의 동선계획

① 종업원의 동선은 짧게, 고객의 동선은 길게 계획하는 것이 좋다.

해답 17. ① 18. ② 19. ④ 20. ①

건축시공

21 다음 중 사용할 때 마다 부재의 조립, 분해를 반복하지 않아 벽식 구조인 아파트 건축물에 적용효과가 큰 대형 벽체 거푸집은?

① Gang Form
② Sliding Form
③ Air Tube Form
④ Traveling Form

해설

갱 폼 (Gang Form)	

사용할 때마다 작은 부재의 조립, 분해를 반복하지 않고 단순화, 대형화하여 한 번에 설치하고 해체하는 거푸집 시스템이므로 기능공의 기능도에 따라 시공 정밀도가 좌우되지 않는다.

22 지질 조사를 통한 주상도에서 나타나는 정보가 아닌 것은?

① N치
② 투수계수
③ 토층별 두께
④ 토층의 구성

해설

- 지반조사 지역
- 조사 일자 및 작성자
- Boring 방법
- Sampling 방법
- 표준관입시험에 따른 N치
- 지하수위의 위치
- 토층별 구성 상태 및 두께

23 타일의 크기가 200mm×200mm, 가로 세로 줄눈의 크기가 10mm인 타일로 벽면적 100m²가 되는 벽체를 시공하는 경우의 타일 매수로 적당한 것은? (단, 정미량이며 깨짐에 의한 손실은 없는 것으로 한다.)

① 2,368매
② 2,268매
③ 2,468매
④ 2,678매

해설

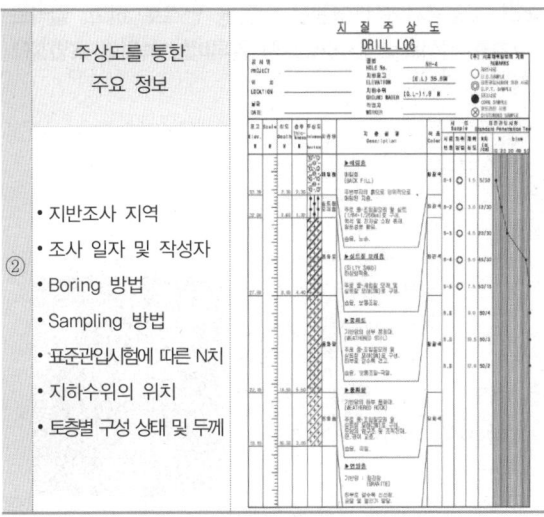

1	줄눈 크기를 더한 정사각형의 타일이 1m² 내에 들어가는 개수를 구하는데 100m²에는 몇 장이 들어가는지를 연상하면 된다.	
2	$\dfrac{1 \times 1}{(0.2+0.01) \times (0.2+0.01)} \times 100 = 2,267.57$장 ➡ 2,268장	

24 창호 철물과 창호의 연결로 옳지 않은 것은?

① 도어 체크(Door Check) - 미닫이문
② 플로어 힌지(Floor Hinge) - 자재 여닫이문
③ 크리센트(Crescent) - 오르내리창
④ 레일(Rail) - 미서기창

해설

도어 체크
(Door Check)

도어 클로저(Door Closer)라고도 하며 여닫이문에 사용된다.

해답 21. ① 22. ② 23. ② 24. ①

25 포틀랜드시멘트 화학 성분 중 1일 이내 수화를 지배하며 응결이 가장 빠른 것은?

① 알루민산 3석회
② 알루민산철 4석회
③ 규산 3석회
④ 규산 2석회

해설

	수화(水和, Hydration)	
1	시멘트 중의 규산, 알루민산, 알루민산철 같은 성분이 물과 화합하여 결정질을 만드는 작용	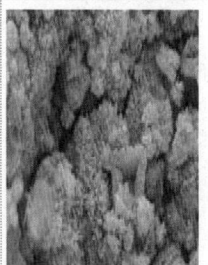
2	수화작용이 빠른 순서: C_3A(알루민산 3석회) > C_3S(규산 3석회) > C_4AF(알루민산철 4석회) > C_2S(규산 2석회)	

26 다음 중 QC(Quality Control) 활동의 도구가 아닌 것은?

① 특성요인도(Cause & Effect Diagram)
② 산점도(Scatter Diagram)
③ 히스토그램(Histogram)
④ 기능계통도(Function Diagram)

해설

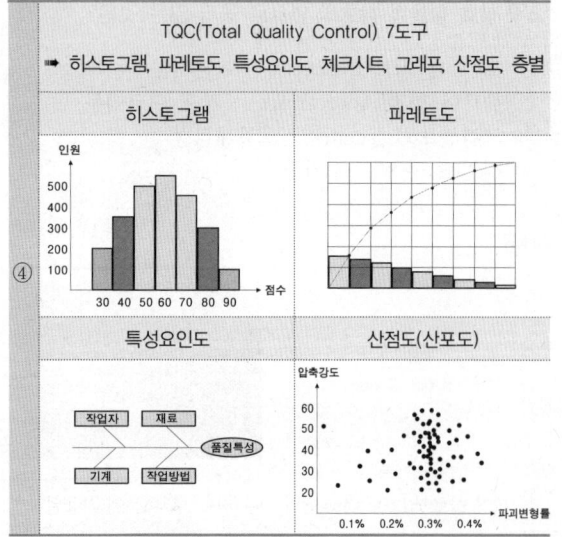

TQC(Total Quality Control) 7도구
➡ 히스토그램, 파레토도, 특성요인도, 체크시트, 그래프, 산점도, 층별

27 건설 사업 지원 통합전산망으로 건설 생산 활동 전 과정에서 건설 관련 주체가 전산망을 통해 신속히 교환·공유 할 수 있도록 지원하는 통합정보시스템을 지칭하는 용어는?

① CIC(Computer Integrated Construction)
② CALS(Continuous Acquisition & Life Cycle Support)
③ EC(Engineering Construction)
④ EVMS(Earned Value Management System)

해설

③	CALS (Continuous Acquisition Life cycle Support)	

건설업의 기획, 설계, 계약, 시공, 유지 관리 등 건설 생산 활동의 전 과정에서 발주자, 설계, 시공감리자 등 건설 관련 주체가 초고속 정보통신망과 전자상거래 등을 이용하여 정보의 실시간 공유를 통한 공기단축, 원가절감, 품질향상 등을 도모하려는 건설 분야 통합정보통신시스템을 말한다.

28 철골공사에서 크롬산 아연을 안료로 하고, 알키드 수지를 전색료로 한 것으로서 알루미늄 녹막이 초벌칠에 적당한 것은?

① 광명단
② 그래파이트 도료
③ 징크로메이트 도료
④ 알루미늄 도료

해설

	징크로메이트 (Zinc Cromate)	
③	녹막이 효과가 좋고 알루미늄 녹막이 초벌 칠에 적당한 도료이다.	

해답 25. ① 26. ④ 27. ③ 28. ③

29 건축 재료별 수량 산출 시 적용하는 할증률로 옳지 않은 것은?

① 유리 : 1% ② 이형 철근 : 3%
③ 붉은 벽돌 : 3% ④ 단열재 : 5%

해설

주요 건축 재료	할증률
유리	1%
타일	
이형 철근, 고장력 볼트	3%
내화 벽돌, 붉은 벽돌	
시멘트 벽돌	
원형 철근, 일반 볼트, 봉강, 강관, 경량 형강	5%
기와	
대형 형강	7%
강판, 동판	10%
단열재	

30 콘크리트용 골재의 품질에 관한 설명으로 옳지 않은 것은?

① 골재는 청정, 견경하고 유해량의 먼지, 유기 불순물이 포함되지 않아야 한다.
② 골재의 입형은 콘크리트의 유동성을 갖도록 한다.
③ 골재는 예각으로 된 것을 사용하도록 한다.
④ 골재의 강도는 콘크리트 내 경화한 시멘트페이스트의 강도보다 커야 한다.

해설

③ 골재는 표면이 거칠고 둥근골재를 사용하는 것이 유리하다.

31 강제 배수공법의 대표적인 공법으로 인접 건축물과 토류판 사이에 케이싱 파이프를 삽입하여 지하수를 펌프 배수하는 공법은?

① 집수정 공법
② 웰 포인트 공법
③ 리버스 서큘레이션 공법
④ 전기 삼투 공법

해설

웰 포인트(Well Point) 공법

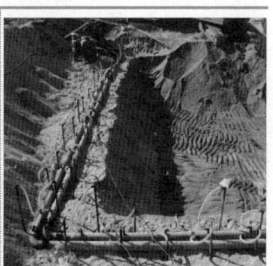

투수성이 좋은 사질 지반의 대표적 배수공법이다.

32 건설현장에서 근무하는 공사감리자의 업무에 해당되지 않는 것은?

① 공사 시공자가 사용하는 건축 자재가 관계법령에 의한 기준에 적합한 건축 자재인지 여부의 확인
② 상세시공도면의 작성
③ 공사현장에서의 안전관리 지도
④ 품질시험의 실시 여부 및 시험 성과의 검토·확인

해설

	공사감리자의 감리 업무
1	공사 시공자가 설계도서에 적합하게 시공하는지의 여부 및 건축 자재가 기준에 적합한지의 여부 확인
2	시공계획 및 공사 관리의 적정 여부 확인, 공사 현장의 안전관리 지도
3	공정표 및 상세시공도면의 검토·확인, 구조물의 위치와 규격의 적정 여부 검토·확인, 품질시험의 실시 여부 및 시험 성과 검토·확인, 설계변경의 적정 여부 검토·확인
4	그 밖의 공사감리계약으로 정하는 사항

해답 29. ④ 30. ③ 31. ② 32. ②

2 바이블 연도별 기출문제

33 도장공사를 위한 목부 바탕만들기 공정으로 틀린 것은?

① 오염, 부착물의 제거
② 바니쉬칠
③ 옹이 땜
④ 송진 처리

해설

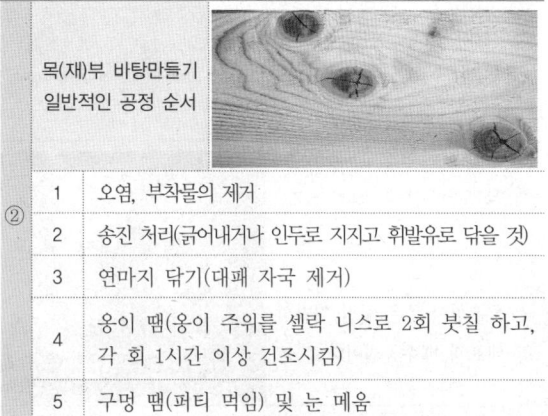

	목(재)부 바탕만들기 일반적인 공정 순서	
②	1	오염, 부착물의 제거
	2	송진 처리(긁어내거나 인두로 지지고 휘발유로 닦을 것)
	3	연마지 닦기(대패 자국 제거)
	4	옹이 땜(옹이 주위를 셀락 니스로 2회 붓칠 하고, 각 회 1시간 이상 건조시킴)
	5	구멍 땜(퍼티 먹임) 및 눈 메움

34 다음은 콘크리트 구조물의 동해에 따른 피해 현상을 나타낸 것이다. 어느 현상을 설명한 것인가?

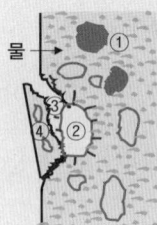

【보기】
① 콘크리트가 흡수
② 흡수율이 큰 쇄석이 흡수, 포화 상태가 됨
③ 빙결하여 체적 팽창
④ 표면부분 박리

① Laitance
② 알칼리 골재반응
③ 폭렬 현상
④ Pop Out

해설

	팝 아웃(Pop Out) 현상	
④	콘크리트 속의 수분이 동결융해 작용으로 인해 콘크리트 표면의 골재 및 모르타르가 박리되어 떨어져 나가는 현상으로 이에 대한 방지 대책으로 AE제가 발명되었다.	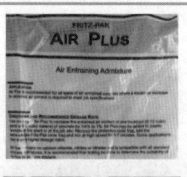

35 계측관리 항목 및 기기에 관한 설명으로 옳지 않은 것은?

① 흙막이벽의 응력은 변형계(Strain Gauge)를 이용한다.
② 주변 건물의 경사는 건물경사계(Tilt Meter)를 이용한다.
③ 지하수 간극수압은 지하수위계(Water Level Meter)를 이용한다.
④ 버팀보, 앵커 등의 축하중 변화 상태의 측정은 하중계(Load Cell)를 이용한다.

해설

	간극수압계(Piezo-Meter)	
③	지하수 간극수압의 계측	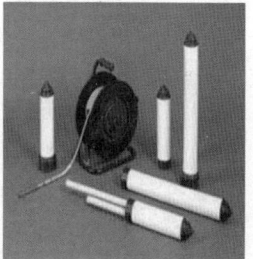

36 칠공사에 관한 주의 사항으로 적당하지 않은 것은?

① 바탕의 건조가 불충분하거나 공기의 습도가 높을 때에는 시공하지 않는다.
② 초벌부터 정벌까지 같은 색으로 시공해야 한다.
③ 야간은 색을 잘못 칠할 염려가 있으므로 시공하지 않는다.
④ 직사광선은 가급적 피하고 도막이 손상될 우려가 있을 때에는 칠하지 않는다.

해설

②	1	초벌 ➡ 하도 재벌 ➡ 중도 정벌 ➡ 상도	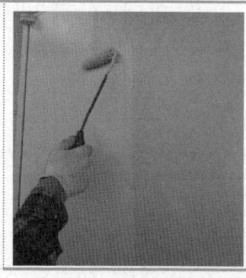
	2	도장공사에서 칠하는 횟수(하도·중도·상도)를 구분하기 위해 색을 바꾸어서 칠한다.	

해답 33. ② 34. ④ 35. ③ 36. ②

37 건축물에 사용되는 금속 자재와 그 용도가 바르게 연결되지 않은 것은?

① 경량철골 M-Bar: 경량 벽체 시공을 위한 구조용 지지틀
② 코너 비드: 벽, 기둥 등의 모서리에 대는 보호용 철물
③ 논 슬립: 계단에 사용하는 미끄럼 방지 철물
④ 조이너: 천장, 벽 등의 이음새 감추기용 철물

해설

| ① | 경량철골 M-Bar
경량 천장틀 시공을 위한 구조용 지지틀 |  |

38 수밀콘크리트에 관한 설명으로 옳지 않은 것은?

① 콘크리트의 소요 슬럼프는 되도록 작게 하여 180mm를 넘지 않도록 한다.
② 콘크리트의 워커빌리티를 개선시키기 위해 공기연행제, 공기연행감수제 또는 고성능 공기연행감수제를 사용하는 경우라도 공기량은 2% 이하가 되도록 한다.
③ 물결합재비는 50% 이하를 표준으로 한다.
④ 콘크리트 타설 시 다짐을 충분히 하여, 가급적 이어 붓기를 하지 않아야 한다.

해설

	수밀콘크리트(Water-Tight Concrete)	
②		
	콘크리트의 워커빌리티를 개선시키기 위해 공기연행제, 공기연행감수제 또는 고성능 공기연행감수제를 사용하는 경우라도 공기량은 4% 이하가 되도록 한다.	

39 바차트와 비교한 Network 공정표의 장점이라고 볼 수 없는 것은?

① 공정계획의 작성 시간이 단축된다.
② 작업 상호 간의 관련성을 알기 쉽다.
③ 공기단축 가능 요소의 발견이 용이하다.
④ 공사의 진척 관리를 정확히 실시할 수 있다.

해설

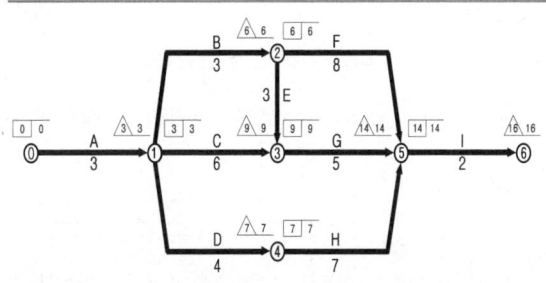

①	1	다른 공정표에 비해 공정표 작성 시간이 오래 걸린다.
	2	공정표 작성 및 검사에 특별한 기능이 요구된다.
	3	실제의 공사에 있어서는 네트워크와 같이 구분하여 이행되지 않으므로 공사 진도관리에 있어서 특별한 연구가 필요하다.

40 아스팔트 방수층, 개량아스팔트 시트방수층, 합성 고분자계 시트방수층 및 도막방수층 등 불투수성 피막을 형성하여 방수하는 공사를 총칭하는 용어로 옳은 것은?

① 실링 방수 ② 멤브레인 방수
③ 구체침투 방수 ④ 벤토나이트 방수

해설

	멤브레인(Membrane) 방수공법		
②	정의	얇은 피막상의 방수층으로 전면을 덮는 방수공법	
	종류	아스팔트 방수	시트(Sheet) 방수	도막 방수

해답 37. ① 38. ② 39. ① 40. ②

건축구조

41 경간 4m인 1방향 슬래브에서 양단 연속일 경우 처짐을 계산하지 않는 슬래브의 최소 두께는?

① 112mm ② 125mm
③ 143mm ④ 156mm

해설

부재 [l: 경간 길이(mm)]	처짐을 계산하지 않는 경우 최소 두께 (h_{min})			
	단순지지	1단연속	양단연속	캔틸레버
1방향 슬래브	$\dfrac{l}{20}$	$\dfrac{l}{24}$	$\dfrac{l}{28}$	$\dfrac{l}{10}$

③
1. $f_y = 400\text{MPa}$ 이므로 보정계수를 적용하지 않는다.
2. 양단연속 : $h_{min} = \dfrac{l}{28} = \dfrac{(4,000)}{28} = 142.857\text{mm}$

42 정방형 단면을 표시한 다음 그림의 x축에 대한 단면계수의 비로 옳은 것은?

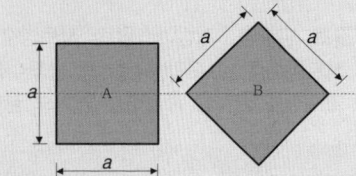

① A : B = 1 : $\sqrt{2}$
② A : B = $\sqrt{2}$: 1
③ A : B = 1 : $2\sqrt{2}$
④ A : B = $2\sqrt{2}$: 1

해설

②
1. 대칭 단면의 도심축에 대한 단면2차모멘트는 동일하다.
2. $Z_A = \dfrac{\dfrac{a \cdot a^3}{12}}{\dfrac{a}{2}} = \dfrac{a^3}{6}$ 이고 $Z_B = \dfrac{\dfrac{a \cdot a^3}{12}}{\dfrac{\sqrt{2}\,a}{2}} = \dfrac{a^3}{6\sqrt{2}}$

∴ $Z_A : Z_B = \sqrt{2} : 1$

43 그림과 같은 구조물은 몇 차 부정정 구조물인가?

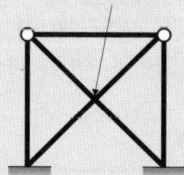

① 5차
② 6차
③ 9차
④ 10차

해설

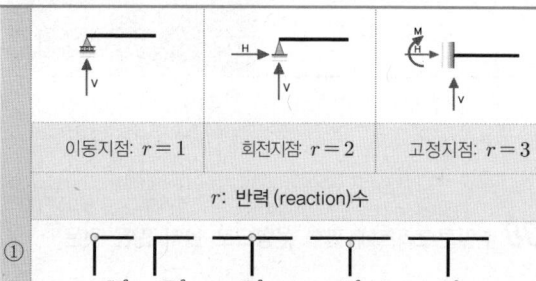

①
$N = r + m + f - 2j = (3+3) + (5) + (2) - 2(4) = 5$차

44 내진설계의 기본적인 개념으로 옳지 않은 것은?

① 접합부는 부재 중간의 파괴를 유도한다.
② 보의 파괴보다는 기둥의 파괴를 유도한다.
③ 특정 층에 파괴가 집중되지 않도록 유도한다.
④ 설계지진하중에 대한 구조물의 부분 파손을 가정한다.

해설

② 기둥의 파괴보다는 보의 파괴를 유도한다.

해답 41. ③ 42. ② 43. ① 44. ②

45 강도설계법에서 철근콘크리트 구조물 설계 시 고려해야 하는 하중 조합으로 옳지 않은 것은? (단, D는 고정하중, F는 유체압 및 유기내용물하중, L은 활하중, W는 풍하중, E는 지진하중, S는 적설하중)

① $U = 1.4(D+F)$
② $U = 1.2D + 1.3W + 1.0L + 0.5S$
③ $U = 1.2D + 1.0E + 1.0L + 0.2S$
④ $U = 1.4D + 1.3L + 1.6S$

해설

④	하중조합: 고정하중(D) + 활하중(L) + 적설하중(S) $$U = 1.2D + 1.6L + 0.5S$$

46 다음과 같은 트러스에서 a부재의 부재력은 얼마인가?

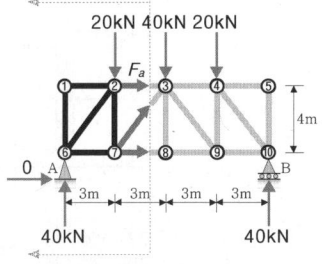

① 20kN(인장)
② 30kN(압축)
③ 40kN(인장)
④ 60kN(압축)

해설

②	1	하중과 경간이 좌우 대칭이므로 $V_A = +40\text{kN}(\uparrow)$
	2	a부재의 부재력을 구하기 위해 하현 두 번째 절점 ⑦에서 모멘트를 계산하면 3개의 미지수 중에서 2개의 미지수가 소거된다. 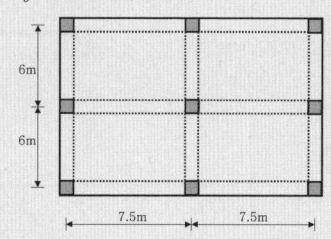
	3	$M_{\text{⑦}, Left} = 0$: $+(40)(3) + (F_a)(4) = 0 \quad \therefore F_a = -30\text{kN}(압축)$

47 그림과 같은 플랫 플레이트 슬래브가 450×450mm 정사각형 기둥에 의해 지지되고 있으며 테두리보는 배치되어 있지 않다. 모서리 패널의 경우 현행 기준에서 요구하는 슬래브의 최소두께로 옳은 것은?
(단, $f_{ck} = 21\text{MPa}$, $f_y = 400\text{MPa}$)

① 195mm
② 215mm
③ 235mm
④ 255mm

해설

③

내부 보가 없는 슬래브의 최소두께($h_{\min}$) 규정

설계기준 항복강도 f_y(MPa)	지판이 없는 경우		내부 슬래브
	외부 슬래브		
	테두리보가 없는 경우	테두리보가 있는 경우	
400	$l_n/30$	$l_n/33$	$l_n/33$

1	2방향 슬래브의 두께를 결정하기 위한 l_n은 장변 방향의 순경간을 적용한다. $l_n = 7{,}500\text{mm} - 2 \times \dfrac{450\text{mm}}{2} = 7{,}050\text{mm}$
2	$h_{\min} = \dfrac{l_n}{30} = \dfrac{(7{,}050)}{30} = 235\text{mm}$

48 건축구조기준의 지반의 분류 중 지반 종류와 호칭이 옳게 연결된 것은?

① S_1: 얕고 단단한 지반
② S_2: 얕고 연약한 지반
③ S_3: 암반 지반
④ S_4: 깊고 단단한 지반

해설

④

지반의 분류[KDS 41 17 00]

S_1	암반 지반
S_2	얕고 단단한 지반
S_3	얕고 연약한 지반
S_4	깊고 단단한 지반
S_5	깊고 연약한 지반, 매우 연약한 지반

해답 45. ④ 46. ② 47. ③ 48. ④

49 단순보의 최대 처짐량(δ_{max})이 2.0cm 이하가 되기 위해 보의 단면2차모멘트는 최소 얼마 이상이 되어야 하는가? (단, 보의 탄성계수 $E = 1.25 \times 10^4 \text{N/mm}^2$)

① 15,000cm⁴
② 17,500cm⁴
③ 20,000cm⁴
④ 25,000cm⁴

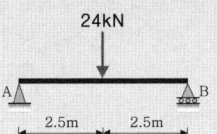

해설

1	단순보 중앙에 집중하중 작용 시: $\delta_{max} = \dfrac{1}{48} \cdot \dfrac{PL^3}{EI}$
④ 2	$I = \dfrac{PL^3}{48E \cdot \delta_{max}} = \dfrac{(24 \times 10^3)(5 \times 10^3)^3}{48(1.25 \times 10^4)(2 \times 10)}$ $= 250,000,000 \text{mm}^4 = 25,000 \text{cm}^4$

50 건축구조의 구조별 특징을 기술한 것 중 옳지 않은 것은?

① 조적식 구조는 압축력에는 강하지만 횡력에 취약하다.
② 가구식 구조는 삼각형보다 사각형으로 조립하면 더욱 안정한 구조체를 이룰 수 있다.
③ 조립식 구조는 부재를 공장에서 생산가공하여 현장에서 조립하므로 공기가 짧다.
④ 일체식 구조는 비교적 균일한 강도를 가진다.

해설

② 가구식 구조는 삼각형 상태일 때 가장 안정적이 된다.

51 그림과 같은 부재에 관한 기술로 옳지 않은 것은? (단, 작용하는 전단력은 72kN이다.)

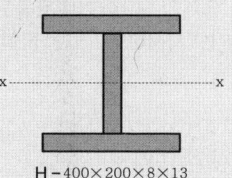

① 최대 휨응력은 플랜지의 바깥면에 생긴다.
② 플랜지의 폭두께비는 7.69이다.
③ 웨브의 폭두께비는 46.75이다.
④ 평균전단응력은 12.5MPa이다.

해설

① 휨응력 $\sigma_b = \dfrac{M}{I} \cdot y$에서 중립축으로부터의 거리 y값이 클수록 휨응력은 커진다. 따라서, 플랜지 바깥 면에서 최대 휨응력이 나타난다.

②③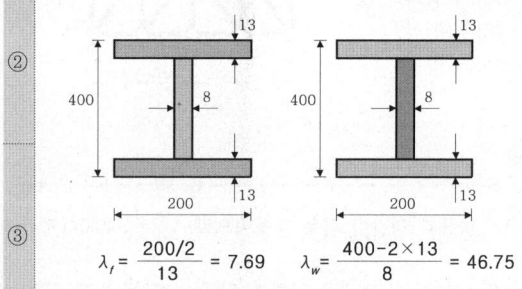

$\lambda_f = \dfrac{200/2}{13} = 7.69$ $\lambda_w = \dfrac{400 - 2 \times 13}{8} = 46.75$

④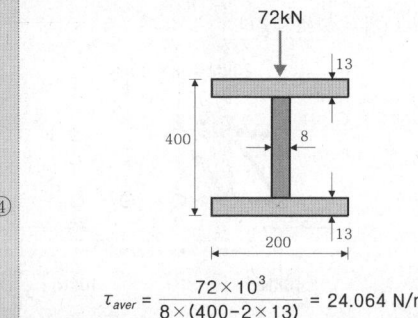

$\tau_{aver} = \dfrac{72 \times 10^3}{8 \times (400 - 2 \times 13)} = 24.064 \text{ N/mm}^2$

【※ 보통 평균전단응력은 계산된 위의 결과값에서 ±10% 이내(21.654~26.466)의 오차범위 내에 있다.】

해답 49. ④   50. ②   51. ④

52 캔틸레버보가 상수 k를 가지는 스프링에 의해 지지되어 있으며 집중하중 P가 작용하고 있다. 스프링에 걸리는 힘은?

① $\dfrac{PL^3k}{3EI+kL^3}$
② $\dfrac{2PL^3k}{3EI+kL^3}$
③ $\dfrac{PL^3k}{2EI+kL^3}$
④ $\dfrac{2PL^3k}{2EI+kL^3}$

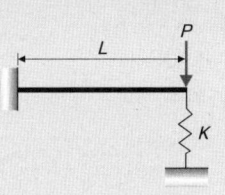

해설

①	자유물체도: 스프링(Spring)에 작용하는 처짐 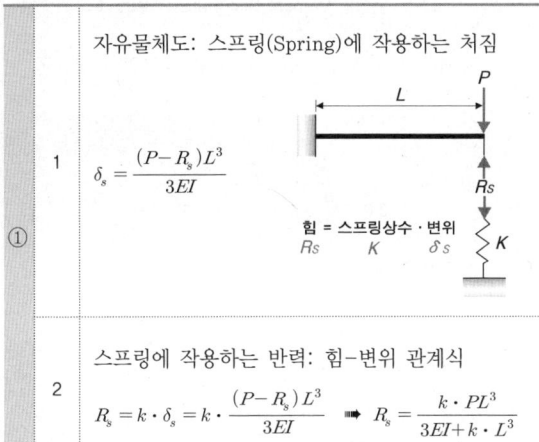$\delta_s = \dfrac{(P-R_s)L^3}{3EI}$
②	스프링에 작용하는 반력: 힘-변위 관계식 $R_s = k \cdot \delta_s = k \cdot \dfrac{(P-R_s)L^3}{3EI}$ ➡ $R_s = \dfrac{k \cdot PL^3}{3EI + k \cdot L^3}$

53 단면 500mm×500mm인 띠철근 기둥이 저항할 수 있는 최대 설계축하중 ϕP_n은? (단 $f_{ck}=27\text{MPa}$, $f_y=400\text{MPa}$)

① 3,591kN
② 3,972kN
③ 4,170kN
④ 4,275kN

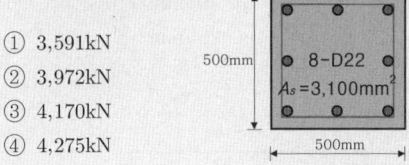

해설

① $\phi P_n = \phi(0.8P_o) = \phi(0.8)[0.85f_{ck}(A_g - A_{st}) + f_y \cdot A_{st}]$
$= (0.65)(0.8)[0.85(27)(500^2 - 3,100) + (400)(3,100)]$
$= 3,591,305\text{N} = 3,591.305\text{kN}$

54 강구조물의 보 단부에서 회전을 허용하지 않고 100%에 가까운 단부 모멘트를 기둥 또는 이음부에 전달하는 개념의 접합부 형태는?

① 강접합
② 반강접합
③ 전단접합
④ 단순접합

해설

① 접합 요소 사이에 무시할 정도의 회전 변형을 가지면서 모멘트를 전달하는 강접합에 대한 설명이다.

【강구조 접합부의 주요 분류】

단순접합, 전단접합, 핀(Pin)접합	모멘트접합, 강접합

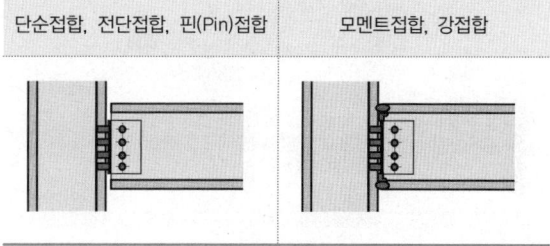

55 바람의 난류로 인해서 발생되는 구조물의 동적 거동 성분을 나타내는 것으로 평균변위에 대한 최대변위의 비를 통계적인 값으로 나타낸 계수는?

① 지형계수
② 가스트영향계수
③ 풍속고도분포계수
④ 풍력계수

해설

②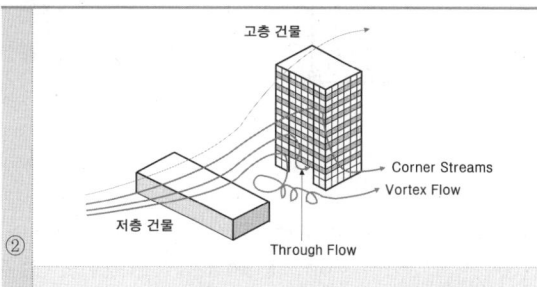

가스트영향계수(Gust Influence Factor)

바람의 난류로 인해서 발생되는 구조물의 동적 거동 성분을 나타내는 것으로 평균변위에 대한 최대변위의 비를 통계적인 값으로 나타낸 계수로 정의된다.

해답 52. ① 53. ① 54. ① 55. ②

56 그림과 같은 지상 4층 건물에 기둥 C_1의 1층에 발생하는 계수하중에 따른 축력을 면적법으로 구하면? (단, 보 및 기둥 자중은 무시하며, 바닥하중(지붕하중 동일)은 고정하중 $5kN/m^2$, 활하중 $3kN/m^2$이며 활하중 저감은 무시한다.)

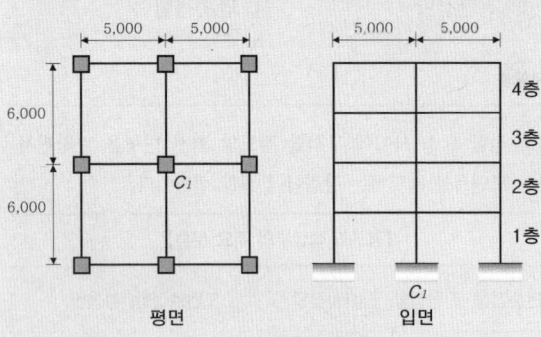

① 1,296kN ② 1,364kN
③ 1,412kN ④ 1,498kN

해설

부하면적(Tributary Area)

연직하중전달 구조부재가 분담하는 하중의 크기를 바닥면적으로 나타낸 것

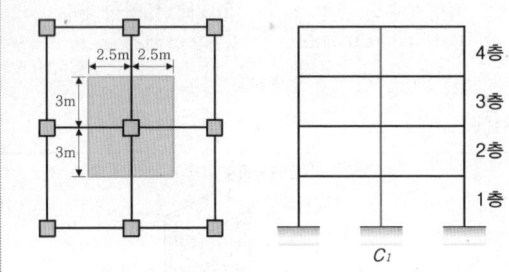

①

계수하중	$w_u = 1.2w_D + 1.6w_L$ $= 1.2(5) + 1.6(3) = 10.8kN/m^2$
기둥의 축하중	$P_o = w_u \cdot A \cdot 4개층$ $= (10.8)(5 \times 6) \times 4개층 = 1,296kN$

57 그림과 같은 구조에서 C단에 발생하는 휨모멘트는?

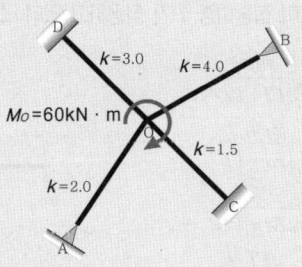

① 2.4kN·m
② 5kN·m
③ 6.5kN·m
④ 10kN·m

해설

	모멘트 분배법(Moment Distribution Method)
②	1. 분배율: A지점과 B지점이 회전단이므로 수정강도계수 $\dfrac{3}{4}$을 적용한다. $DF_{OC} = \dfrac{1.5}{2.0 \times \frac{3}{4} + 4.0 \times \frac{3}{4} + 1.5 + 3.0} = \dfrac{1}{6}$
	2. 분배모멘트: $M_{OC} = M_O \cdot DF_{OC} = (+60)\left(\dfrac{1}{6}\right) = +10kN \cdot m\,(\frown)$
	3. 전달모멘트: $M_{CO} = \dfrac{1}{2}M_{OC} = \dfrac{1}{2}(+10) = +5kN \cdot m\,(\frown)$

58 표준갈고리를 갖는 인장이형철근(D13)의 기본정착길이는? (단, D13의 공칭지름: 12.7mm, $f_{ck}=27MPa$, $f_y=400MPa$, $\beta=1.0$, $m_c=2,300kg/m^3$)

① 190mm ② 205mm
③ 220mm ④ 235mm

해설

	표준갈고리를 갖는 인장이형철근의 기본정착길이
④	1. $m_c = 2,300kg/m^3$ ➡ 경량콘크리트계수 $\lambda = 1$
	2. $l_{hb} = \dfrac{0.24\beta \cdot d_b \cdot f_y}{\lambda\sqrt{f_{ck}}}$ $= \dfrac{0.24(1.0)(12.7)(400)}{(1)\sqrt{(27)}} = 234.635mm$

해답 56. ① 57. ② 58. ④

건축설비

59 강도설계법에서 단철근 직사각형 보의 단면 $b=400\text{mm}$, $d=800\text{mm}$, 등가응력블록깊이 $a=100\text{mm}$일 경우 철근비는? (단, $f_y=300\text{MPa}$, $f_{ck}=24\text{MPa}$)

① 0.0035
② 0.0057
③ 0.0085
④ 0.0103

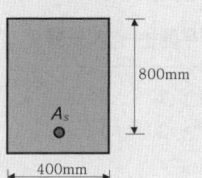

해설

	단철근 직사각형 보의 철근비
1	$f_{ck} \leq 40\text{MPa}$ ➡ $\eta=1.00$
③ 2	$A_s = \dfrac{\eta(0.85f_{ck})a \cdot b}{f_y}$ $= \dfrac{(1.00)(0.85 \times 24)(100)(400)}{(300)} = 2{,}720\text{mm}^2$
3	$\rho = \dfrac{A_s}{bd} = \dfrac{(2{,}720)}{(400)(800)} = 0.0085$

60 그림과 같은 철근콘크리트 보의 균열모멘트(M_{cr})값은? (단, 보통중량콘크리트 $f_{ck}=24\text{MPa}$, $f_y=400\text{MPa}$)

① 21.5kN·m
② 33.6kN·m
③ 42.8kN·m
④ 55.6kN·m

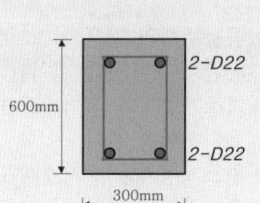

해설

경량콘크리트계수 λ	보통중량 콘크리트	모래경량 콘크리트	전경량 콘크리트
	$\lambda=1$	$\lambda=0.85$	$\lambda=0.75$

④ 균열모멘트 $M_{cr} = f_r \cdot Z = 0.63\lambda\sqrt{f_{ck}} \cdot \dfrac{bh^2}{6}$
$= 0.63(1)\sqrt{(24)}\dfrac{(300)(600)^2}{6}$
$= 55{,}554{,}427\text{N}\cdot\text{mm} = 55.554\text{kN}\cdot\text{m}$

건축설비

61 다음 그림과 같이 A지점과 B지점의 관경이 각각 $d_A=100\text{mm}$, $d_B=200\text{mm}$이고, 유량이 $3\text{mm}^3/\text{min}$이라면 A, B 지점에서의 유속(m/s)은 각각 얼마인가?

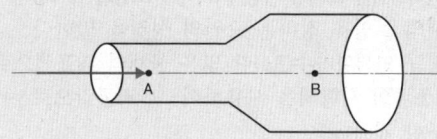

① A: 1.59m/s, B: 0.80m/s
② A: 1.59m/s, B: 6.37m/s
③ A: 6.37m/s, B: 3.19m/s
④ A: 6.37m/s, B: 1.59m/s

해설

1	유량(Q) = 단면적(A) × 속도(v) ➡ $v=\dfrac{Q}{A}$
④ 2	$v_A = \dfrac{3}{\pi(0.05)^2} = 382\text{m/min} = 6.37\text{m/sec}$ $v_B = \dfrac{3}{\pi(0.1)^2} = 95.5\text{m/min} = 1.59\text{m/sec}$

62 전기설비가 어느 정도 유효하게 사용되는가를 나타내며, 다음과 같이 표현되는 것은?

$$\dfrac{\text{부하의 평균전력}}{\text{최대수용전력}} \times 100(\%)$$

① 역률
② 부등률
③ 부하율
④ 수용률

해설

1	역률(Power Factor): 전압과 전류의 시간적인 위상차
2	부등률 = $\dfrac{\text{각 부하의 최대수용전력 합계(kW)}}{\text{합계부하의 최대수용전력(kW)}} \times 100(\%)$
③ 3	부하율 = $\dfrac{\text{평균수용전력(kW)}}{\text{최대수용전력(kW)}} \times 100(\%)$
4	수용률 = $\dfrac{\text{최대수용전력(kW)}}{\text{부하설비용량(kW)}} \times 100(\%)$

해답 59. ③ 60. ④ 61. ④ 62. ③

63 조명설비에서 연색성에 관한 설명으로 옳지 않은 것은?

① 평균 연색평가수(Ra)가 0에 가까울수록 연색성이 좋다.
② 일반적으로 할로겐전구가 고압수은램프보다 연색성이 좋다.
③ 연색성이란 물체가 광원에 의하여 조명될 때 그 물체의 색의 보임을 정하는 광원의 성질을 말한다.
④ 평균 연색평가수(Ra)란 많은 물체의 대표색으로서 8종류의 시험색을 사용하여 그 평균값으로부터 구한 것이다.

해설

	연색성(Color Rendering)	
①	1	어떤 물체가 조명되었을 때 나타나는 색이 자연채광 시의 색과 비교하여 얼마나 비슷한가를 나타내는 지표이다. 쉽게 본다면 "자연색의 재현 정도"를 의미한다.
	2	평균 연색평가수(Ra)란 많은 물체의 대표색으로서 8가지의 시험색에 기준광원과 시료(Test)광원을 조사하여 평균값을 구한 것으로 R1, R2, R3, …, R8의 8가지 정해진 색이 있고 여기에 기준광원을 비추었을 때의 값(100)에 시료(Test) 광원의 빛을 비추었을 경우의 값을 평균하여 구한 수치이며, 평균 연색평가수(Ra)가 100에 가까울수록 연색성이 좋다.
	3	백열전구(Ra=100) 또는 할로겐전구(Ra=100)가 고압수은 램프(Ra=45~50)보다 연색성이 좋으며, 형광램프 (Ra=60~98)는 램프의 종류에 따라 큰 편차를 보인다.

연색성 그룹	Ra의 범위	광색감(색온도)	용도 예
1	85 이상	냉(고)	섬유, 도료, 인쇄
		중(중)	점포, 병원
		난(저)	주택, 호텔, 레스토랑, 백화점
2	85~70	냉(고)	
		중(중)	사무소, 학교, 백화점
		난(저)	
3	70 이하	–	연색성이 그다지 중요하지 않은 옥내
특수	보통과 다른 연색성의 것	–	특정한 용도(신호, 표시용)

64 다음의 에스컬레이터의 경사도에 관한 설명 중 ( ) 안에 알맞은 것은?

에스컬레이터의 경사도는 (①)를 초과하지 않아야 한다. 다만, 높이가 6m 이하이고 공칭속도가 0.5m/s 이하인 경우에는 경사도를 (②)까지 증가시킬 수 있다.

① ㉠ 25°, ㉡ 30° ② ㉠ 25°, ㉡ 35°
③ ㉠ 30°, ㉡ 35° ④ ㉠ 30°, ㉡ 40°

해설

③	1	에스컬레이터는 하강 방향의 안전을 고려하여 경사도는 30°를 초과하지 않아야 한다.
	2	높이 6m 이하이고 공칭속도가 0.5m/s 이하인 경우, 경사도를 35°까지 증가시킬 수 있다.

65 가스 사용 시설의 가스계량기에 관한 설명으로 옳지 않은 것은?

① 공동주택의 경우 가스계량기는 일반적으로 대피 공간이나 주방에 설치된다.
② 가스계량기와 전기계량기와의 거리는 60cm 이상 유지하여야 한다.
③ 가스계량기와 전기개폐기와의 거리는 60cm 이상 유지하여야 한다.
④ 가스계량기와 화기(그 시설 안에서 사용하는 자체 화기는 제외) 사이에 유지하여야 하는 거리는 2m 이상이어야 한다.

해설

①	공동주택의 대피 공간, 방·거실 및 주방 등으로서 사람이 거주하는 곳 및 가스계량기에 나쁜 영향을 미칠 우려가 있는 장소는 설치가 금지된다.

해답 63. ① 64. ③ 65. ①

66 2중효용 흡수식 냉동기에 관한 설명으로 옳은 것은?

① 냉매로서 $LiBr$ 수용액을 사용한다.
② $LiBr$ 수용액의 농축을 위하여 증발기를 사용한다.
③ 발생기, 압축기, 흡수기, 증발기로 구성되어 있다.
④ 발생기는 저온발생기와 고온발생기로 구성되어 있다.

해설

2중효용(Double Effect) 흡수식 냉동기	
1	단효용(Single Effect) 흡수식 냉동기에 고온발생기(재생기, Generator)와 고온 열교환기를 하나 더 추가한 것으로써 가열 열량을 감소시켜 냉동 효율을 높이기 위한 냉동기이다.
2	구성: 증발기, 흡수기, 발생기(고온발생기, 저온발생기), 응축기, 흡수액 및 열교환기
3	증발기에서 냉매로서 물을 사용한다.
4	$LiBr$ 수용액의 농축을 위해 (고온, 저온)발생기를 사용한다.

(④)

67 자동화재탐지설비의 감지기에 관한 설명으로 옳지 않은 것은?

① 스포트형 감지기는 45° 이상 경사되지 않도록 부착한다.
② 감지기는 천장 또는 반자의 옥내에 면하는 부분에 설치한다.
③ 정온식 감지기는 주방·보일러실 등으로서 다량의 화기를 취급하는 장소에 설치한다.
④ 보상식 스포트형 감지기는 정온점이 감지기 주위의 평상시 최고 온도보다 10℃ 이상 높은 것으로 설치한다.

해설

보상식 감지기
정온식과 차동식을 합쳐 놓은 것으로서 보상식 스포트형 감지기는 정온점이 감지기 주위의 평상시 최고 온도보다 20℃ 이상 높은 것으로 설치한다.

(④)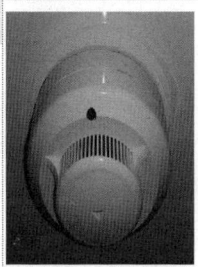

68 변풍량 단일덕트 방식에서 송풍량 조절의 기준이 되는 것은?

① 실내 청정도
② 실내 기류속도
③ 실내 현열부하
④ 실내 잠열부하

해설

단일덕트 방식(Single Duct System)
1대의 공조기에 1개의 급기덕트만 연결되어 여름에는 냉풍, 겨울에는 온풍을 송풍하여 공기조화하는 방식
(가)변풍량 방식(Variable Air Volume System)
각 실별 또는 존별로 덕트의 말단에 VAV유닛을 설치하여 송풍 온도는 일정하게 하고, 실내 현열(Sensible Heat)부하의 변동에 따라 송풍량만을 변화시키는 에너지 절약형 방식

(③)

69 고온수 난방방식에 관한 설명으로 옳지 않은 것은?

① 장치의 열용량이 크므로 예열시간이 길게 된다.
② 공급과 환수의 온도차를 크게 할 수 있으므로 열 수송량이 크다.
③ 공업용과 같이 고압증기를 다량으로 필요로 할 경우에는 부적당하다.
④ 지역난방에는 이용할 수 없으며 높이가 높고 건축면적이 넓은 단일 건물에 주로 이용된다.

해설

(④)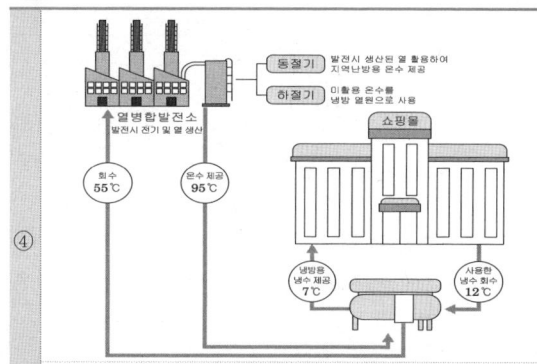

지역난방에서는 증기와 온수를 모두 열매로 할 수 있지만, 온도 제어가 쉽고 열효율도 좋은 고온수난방이 더 많이 사용된다.

해답 66. ④ 67. ④ 68. ③ 69. ④

70 축전지의 충전방식 중 필요할 때마다 표준시간율로 소정의 충전을 하는 방식은?

① 보통충전 ② 급속충전
③ 세류충전 ④ 균등충전

해설

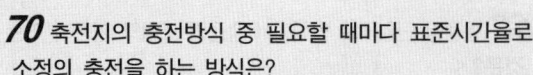
축전지 충전방식

①	보통충전	필요할 때마다 표준시간율로 소정의 충전을 행함
	급속충전	비교적 단시간에 보통충전 전류의 2~3배의 전류로 충전하는 방식
	부동충전	상용부하에 대한 전력 공급은 충전기, 대전류 부하는 축전지가 부담하는 방식
	세류충전	전지를 장시간 보존하면 자기방전에 의해 용량이 감소하는데, 자기방전량만 보충해 주는 부동충전 방식의 일종

71 다음 중 사이펀식 트랩에 속하지 않는 것은?

① P 트랩 ② S 트랩
③ U 트랩 ④ 드럼 트랩

해설

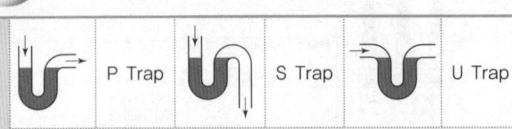

④	수봉(水封)식 트랩, 사이펀(Siphon)식 트랩	
	1	S 트랩은 세면기, 대변기, 소변기에 부착하여 바닥 밑의 배수수평지관에 접속할 때 사용하며 관 트랩이라고도 한다.
	2	사이펀 작용을 일으키기 쉬운 형태로 봉수가 쉽게 파괴되므로 사이펀 트랩이라고도 한다.

72 다음과 같은 조건에 있는 실의 틈새바람에 따른 현열 부하량은?

【조건】
- 실의 체적: 400m³
- 환기 회수 0.5회/h
- 실내공기 건구온도: 20℃, 외기 건구온도: 0℃
- 공기의 밀도 1.2kg/m³, 비열 1.01kJ/kg·K

① 986W ② 1,124W
③ 1,347W ④ 1,542W

해설

③	1	환기량: $Q = n \cdot V = (0.5)(400) = 200 \text{m}^3/\text{h}$
	2	단위환산계수 $0.337 \text{W} \cdot \text{h/m}^3 \cdot \text{K}$를 이용한다.
	3	현열: $Q_{SH} = 0.337 Q(t_o - t_i)$ $= 0.337(200)(20-0) = 1,348\text{W}$

73 급기 온도를 일정하게 하고 송풍량을 변화시켜서 실내 온도를 조절하는 공기조화방식은?

① FCU 방식 ② 이중덕트 방식
③ 정풍량 단일덕트 방식 ④ 변풍량 단일덕트 방식

해설

④	단일덕트 방식(Single Duct System)
	정풍량 방식(Constant Air Volume System)
	공조기에서 1개의 주덕트를 통하여 냉·온풍을 각 실로 보낼 때 송풍량은 항상 일정하며, 실내부하에 따라서 송풍온도만을 변화시켜 실내 온습도를 조절하는 방식
	가변풍량 방식(Variable Air Volume System)
	각 실별 또는 존별로 덕트의 말단에 VAV유닛을 설치하여 송풍온도는 일정하게 하고, 실내부하의 변동에 따라 송풍량만을 변화시키는 에너지 절약형 방식

해답 70. ① 71. ④ 72. ③ 73. ④

74 습공기의 상태 변화에 관한 설명으로 옳지 않은 것은?

① 가열하면 엔탈피는 증가한다.
② 냉각하면 비체적은 감소한다.
③ 가열하면 절대습도는 증가한다.
④ 냉각하면 습구온도는 감소한다.

해설

③ 포화범위 내에서 공기를 가열하거나 냉각해도 절대습도는 변함이 없다.

75 펌프에서 발생하는 공동 현상(Cavitation)의 방지 대책으로 가장 알맞은 것은?

① 펌프의 설치 위치를 높인다.
② 펌프의 흡입양정을 낮춘다.
③ 펌프의 토출양정을 높인다.
④ 펌프의 토출 구경을 확대한다.

해설

공동현상 (Cavitation)

② 1 흡입양정이 너무 높거나 물의 온도가 높아지면 펌프의 흡입구 측에서 물의 일부가 증발하여 기포가 된다. 이 기포가 토출구측으로 넘어가면 갑자기 압력이 상승되므로 물 속으로 다시 소멸되면서 격심한 소음과 진동이 일어나는 현상을 말한다.

2 펌프 흡입구에서의 전압을 그 수온에서의 물의 포화 수증기압보다 높게 해야 하며 펌프는 가급적 낮은 위치에 설치하여 흡입양정을 작게 한다.

76 다음과 같은 특징을 갖는 배선공사는?

- 열적 영향이나 기계적 외상을 받기 쉬운 곳이 아니면 금속관 배선과 같이 광범위하게 사용 가능하다.
- 관 자체가 절연체이므로 감전의 우려가 없으며 시공이 용이하다.

① 금속덕트 배선   ② 버스덕트 배선
③ 플로어덕트 배선   ④ 합성수지관 배선

해설

경질비닐관 (=합성수지관, PVC관)

④ 1 관 자체가 우수한 절연성을 가지고 있으며, 중량이 가볍고 시공이 용이하다.

2 내식성이 우수하여 화학 공장 등에 사용이 가능하지만, 열에 약하고 기계적 강도가 낮은 것이 결점이다.

77 실내공기 중에 부유하는 직경 10μm 이하의 미세먼지를 의미하는 것은?

① VOC10   ② PMV10
③ PM10   ④ SS10

해설

PM10(Particle Matter 10)

③ 1 입경 10μm 이하인 미세먼지로 호흡을 통해 폐까지 전달되므로 호흡성 분진이라고도 한다.

2 다중이용시설 실내 공기질은 PM10을 적용하고 있다.

해답 74. ③   75. ②   76. ④   77. ③

78 급탕설비에 관한 설명으로 옳지 않은 것은?

① 냉수, 온수를 혼합 사용해도 압력차에 따른 온도변화가 없도록 한다.
② 배관은 적정한 압력 손실 상태에서 피크 시를 충족시킬 수 있어야 한다.
③ 도피관에는 압력을 도피시킬 수 있도록 밸브를 설치하고 배수는 직접배수로 한다.
④ 밀폐형 급탕시스템에는 온도 상승에 따른 압력을 도피시킬 수 있는 팽창탱크 등의 장치를 설치한다.

해설

도피관(=팽창관)

③ 온수 순환 배관 도중에 이상 압력이 생겼을 때 그 압력을 흡수하는 도피구이므로 도피관의 도중에는 절대로 밸브를 달아서는 안 된다.

79 건축물의 단열계획에 관한 설명으로 옳지 않은 것은?

① 외벽 부위는 내단열로 시공한다.
② 열손실이 많은 북측 거실의 창 및 문의 면적은 최소화한다.
③ 외피의 모서리 부분은 열교가 발생하지 않도록 단열재를 연속적으로 설치한다.
④ 발코니 확장을 하는 공동주택에는 단열성이 우수한 로이(Low-E) 복층창이나 삼중창 이상의 단열 성능을 갖는 창을 설치한다.

해설

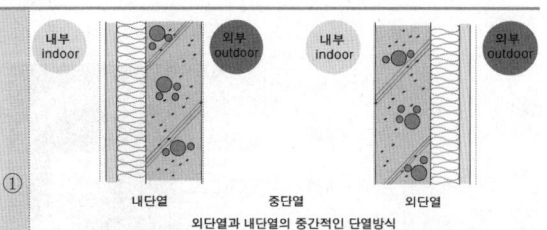

외단열과 내단열의 중간적인 단열방식

① 외단열은 내단열에 비해 실내 표면결로 방지에 유리하므로 외벽 부위는 외단열로 시공한다.

80 급수방식에 관한 설명으로 옳지 않은 것은?

① 상수도 직결방식은 위생성 측면에서 바람직한 방식이다.
② 고가탱크방식은 중력으로 필요한 곳에 급수하는 방식이다.
③ 펌프식송방식 중 변속 방식은 토출 압력을 감지하여 펌프의 회전수를 제어하는 방식이다.
④ 압력탱크방식은 대규모의 급수 수요에 쉽게 대응할 수 있어 고층 건물에 주로 사용된다.

해설

압력탱크 방식

④ 최고·최저압의 차이가 커서 급수압이 일정하지 않고 수질 오염의 우려가 큰 경우 채택이 어렵게 된다. 대규모의 급수 수요에 쉽게 대응할 수 있어 고층 건물에 주로 사용되는 급수방식은 고가탱크(옥상탱크) 방식이다.

건축법규

81 6층 이상의 거실면적 합계가 9,000m²인 층수가 10층인 업무시설에 설치하여야 하는 승용승강기의 최소 대수는? (단, 8인승 승강기의 경우)

① 2대   ② 3대
③ 4대   ④ 5대

해설

건축물의 용도	3,000m² 이하	3,000m² 초과
• 전시장 및 동·식물원 • 업무시설, 위락시설, 숙박시설	1대	$1대 + \dfrac{A - 3{,}000(m^2)}{2{,}000(m^2)}$대

③ $N = 1대 + \dfrac{A - 3{,}000}{2{,}000} = 1대 + \dfrac{(9{,}000) - 3{,}000}{2{,}000} = 4대$

해답 78. ③ 79. ① 80. ④ 81. ③

82 국토의 계획 및 이용에 관한 법령상 제1종 일반주거지역 안에서 건축할 수 있는 건축물에 속하지 않는 것은?

① 노유자시설
② 제1종 근린생활시설
③ 공동주택 중 아파트
④ 교육연구시설 중 고등학교

해설

	제1종 일반주거지역 안에서 건축할 수 있는 건축물
1	층수: 4층 이하의 건축물
③ 2	단독주택, 공동주택(단, 아파트 제외)
3	제1종 근린생활시설, 노유자시설, 교육연구시설 중 초등학교, 중학교, 고등학교

83 지하식 또는 건축물식 노외주차장의 차로에 관한 기준 내용으로 옳지 않은 것은? (단, 이륜자동차전용 노외주차장이 아닌 경우)

① 높이는 주차 바닥면으로부터 2.3m 이상으로 하여야 한다.
② 경사로의 종단경사도는 직선 부분에서는 17%를 초과하여서는 아니 된다.
③ 곡선 부분은 자동차가 4m 이상의 내변반경으로 회전할 수 있도록 하여야 한다.
④ 주차대수 규모가 50대 이상인 경우의 경사로는 너비 6m 이상인 2차로를 확보하거나 진입차로와 진출차로를 분리하여야 한다.

해설

| ③ | 굴곡부는 자동차가 6m 이상의 내변반경으로 회전이 가능하도록 하여야 한다. (단, 같은 경사로를 이용하는 총 주차 대수가 50대 이하인 경우에는 5m 이상) |  |

84 건축물의 지하층에 비상탈출구를 설치하여야 하는 경우, 설치되는 비상탈출구에 관한 기준 내용으로 옳지 않은 것은? (단, 주택이 아닌 경우)

① 비상탈출구의 유효너비는 0.75m 이상으로 할 것
② 비상탈출구의 유효높이는 1.5m 이상으로 할 것
③ 비상탈출구는 출입구로부터 3m 이상 떨어진 곳에 설치할 것
④ 비상탈출구의 문은 피난방향으로 열리도록 하고, 실내에서 비상시에만 열 수 있는 구조로 할 것

해설

④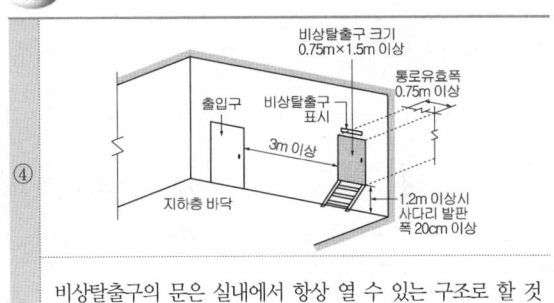

비상탈출구의 문은 실내에서 항상 열 수 있는 구조로 할 것

85 국토의 계획 및 이용에 관한 법령에 따른 도시·군관리계획의 내용에 속하지 않는 것은?

① 광역계획권의 장기발전방향을 제시하는 계획
② 도시개발사업이나 정비사업에 관한 계획
③ 기반시설의 설치·정비 또는 개량에 관한 계획
④ 용도지역·용도지구의 지정 또는 변경에 관한 계획

해설

		도시·군관리계획의 내용
	1	용도지역·용도지구의 지정 또는 변경에 관한 계획
①	2	개발제한구역·시가화조정구역·수산자원보호구역의 지정 또는 변경에 관한 계획
	3	기반시설의 설치·정비 또는 개량에 관한 계획
	4	도시개발사업 또는 정비사업에 관한 계획
	5	지구단위계획구역의 지정 또는 변경에 관한 계획과 지구단위계획

해답 82. ③ 83. ③ 84. ④ 85. ①

⑤ 바이블 연도별 기출문제

86 다음은 주차장 수급실태 조사의 조사구역에 관한 설명이다. ( ) 안에 알맞은 것은?

> 사각형 또는 삼각형 형태로 조사구역을 설정하되 조사구역 바깥 경계선의 최대 거리가 ( )를 넘지 아니하도록 한다.

① 100m ② 200m ③ 300m ④ 400m

해설

	주차장 수급실태 조사
1	실태조사의 주기: 3년
2	실태조사구역의 설정 기준 • 사각형 또는 삼각형 형태로 조사구역을 설정하되 조사구역 바깥 경계선의 최대 거리가 300m를 넘지 아니하도록 한다. • 각 조사구역은 『건축법』에 따른 도로를 경계로 구분한다.

③

87 건축허가신청에 필요한 설계도서 중 건축계획서에 표시하여야 할 사항으로 옳지 않은 것은?

① 주차장 규모
② 공개공지 및 조경계획
③ 건축물의 용도별 면적
④ 지역·지구 및 도시계획사항

해설

	건축계획서에 표시하여야 할 사항
1	개요(위치·대지면적 등)
2	지역·지구 및 도시계획사항
3	건축물의 규모(건축면적·연면적·높이·층수 등)
4	건축물의 용도별 면적, 주차장 규모
5	에너지절약계획서(해당 건축물에 한한다.)
6	노인 및 장애인 등을 위한 편의시설 설치계획서 (관계법령에 의하여 설치의무가 있는 경우에 한한다.)

②

88 특별건축구역의 지정과 관련한 아래의 내용에서 밑줄 친 부분에 해당하지 않는 것은?

> 국토교통부장관 또는 시·도지사는 다음 각 호의 구분에 따라 도시나 지역의 일부가 특별건축구역으로 특례 적용이 필요하다고 인정하는 경우에는 특별건축구역을 지정할 수 있다.
> 1. 국토교통부장관이 지정하는 경우
>   가. 국가가 국제행사 등을 개최하는 도시 또는 지역의 사업구역
>   나. <u>관계법령에 따른 국가정책사업으로서 대통령령으로 정하는 사업구역</u>

① 「도로법」에 따른 접도구역
② 「도시개발법」에 따른 도시개발구역
③ 「택지개발촉진법」에 따른 택지개발사업구역
④ 「혁신도시 조성 및 발전에 관한 특별법」에 따른 혁신도시의 사업구역

해설

	특별건축구역
①	조화롭고 창의적인 건축물의 건축을 통하여 도시 경관의 창출, 건설 기술 수준 향상 및 건축 관련 제도 개선을 도모하기 위하여 이 법 또는 관계 법령에 따른 일부 규정을 적용하지 아니 하거나 완화 또는 통합하여 적용할 수 있도록 특별히 지정하는 구역

	국토교통부장관이 지정하는 경우 특별건축구역으로 지정할 수 없는 지역·구역
1	「도로법」에 따른 접도구역
2	「자연공원법」에 따른 자연공원
3	「산지관리법」에 따른 보전산지
4	「개발제한구역의 지정 및 관리에 관한 특별조치법」에 따른 개발제한구역

①

해답 86. ③ 87. ② 88. ①

89 부설주차장의 설치 대상 시설물 종류와 설치 기준의 연결이 옳은 것은?

① 판매시설 – 시설면적 100m²당 1대
② 위락시설 – 시설면적 150m²당 1대
③ 종교시설 – 시설면적 200m²당 1대
④ 숙박시설 – 시설면적 200m²당 1대

해설

	부설주차장 설치 대상 시설물: 시설면적(m²)당 1대	
④	100m² 당	• 위락시설
	150m² 당	• 문화 및 집회시설(관람장 제외) • 의료시설(정신병원, 요양소, 격리병원 제외) • 운동시설(골프(연습)장, 옥외수영장 제외) • 판매시설, 운수시설, 업무시설, 방송국 • 종교시설, 장례식장
	200m² 당	• 숙박시설, 제1종 및 제2종 근린생활시설
	400m² 당	• 창고시설

90 국토의 계획 및 이용에 관한 법률상 다음과 같이 정의되는 것은?

도시·군계획 수립 대상 지역의 일부에 대하여 토지 이용을 합리화하고 그 기능을 증진시키며 미관을 개선하고 양호한 환경을 확보하며, 그 지역을 체계적·계획적으로 관리하기 위하여 수립하는 도시·군관리계획

① 광역도시계획 ② 지구단위계획
③ 도시·군기본계획 ④ 입지규제최소구역계획

해설

② 지구단위계획에 대한 정의로서, 국토교통부장관 또는 시·도지사·대도시 시장이 도시·군관리계획으로 지정한다.

91 다음 중 철골조로 하였을 경우, 피복과 관계없이 그 자체만으로 내화구조에 속하는 것은?

① 벽 ② 기둥 ③ 지붕 ④ 계단

해설

④ 철골조 계단은 피복과 관계없이 무조건 내화구조로 인정된다.

92 건축법 제61조 제2항에 따른 높이를 산정할 때, 공동주택을 다른 용도와 복합하여 건축하는 경우 건축물의 높이 산정을 위한 지표면 기준은?

건축법 제61조(일조 등의 확보를 위한 건축물의 높이 제한)
② 다음 각 호의 어느 하나에 해당하는 공동주택(일반상업지역과 중심상업지역에 건축하는 것은 제외한다)은 채광(採光) 등의 확보를 위하여 대통령령으로 정하는 높이 이하로 하여야 한다.
1. 인접 대지경계선 등의 방향으로 채광을 위한 창문 등을 두는 경우
2. 하나의 대지에 두 동(棟) 이상을 건축하는 경우

① 전면도로의 중심선
② 인접 대지의 지표면
③ 공동주택의 가장 낮은 부분
④ 다른 용도의 가장 낮은 부분

해설

③

	복합용도(공동주택과 다른 용도 병용) 높이 산정	
1	해당 건축물의 지표면	
	전용주거지역 또는 일반주거지역 안의 건축물	
2	공동주택의 가장 낮은 부분	
	전용주거지역 또는 일반주거지역 이외 지역 안의 건축물	

해답 89. ④ 90. ② 91. ④ 92. ③

93 국토교통부장관이 정한 범죄예방 기준에 따라 건축하여야 하는 대상 건축물에 속하지 않는 것은?

① 수련시설
② 업무시설 중 오피스텔
③ 숙박시설 중 일반숙박시설
④ 아파트

해설

③

	범죄예방 기준에 따라 건축하여야 하는 대상 건축물
1	아파트, 연립주택, 다세대주택, 다가구주택
2	제1종 근린생활시설 중 일용품을 판매하는 소매점
3	제2종 근린생활시설 중 다중생활시설
4	문화 및 집회시설(동·식물원은 제외)
5	교육연구시설(연구소 및 도서관은 제외)
6	노유자시설, 수련시설, 업무시설 중 오피스텔, 숙박시설 중 다중생활시설

94 너비 8m 미만인 도로의 모퉁이에 위치한 대지의 도로모퉁이 부분의 건축선은 그 대지에 접한 도로경계선의 교차점으로부터 도로경계선에 따라 다음의 표에 따른 거리를 각각 후퇴한 두 점을 연결한 선으로 한다. ( )안의 숫자로 옳은 것은? (단, 도로의 교차각 90° 미만인 경우)

해당 도로의 너비	교차되는 도로의 너비
6m 이상 8m 미만	
(㉠)m	6m 이상 8m 미만
(㉡)m	4m 이상 6m 미만

① ㉠ 2, ㉡ 2
② ㉠ 3, ㉡ 2
③ ㉠ 3, ㉡ 3
④ ㉠ 4, ㉡ 3

해설

도로모퉁이에서의 건축선 규정			
도로의 교차각	교차되는 도로의 너비	8m 〉 D ≥ 6m	6m 〉 D ≥ 4m
90° 미만	8m 〉 W ≥ 6m	4m	3m
	6m 〉 W ≥ 4m	3m	2m
90° 이상 120° 미만	8m 〉 W ≥ 6m	3m	2m
	6m 〉 W ≥ 4m	2m	2m

95 다음의 용도변경 중 허가대상에 속하지 않는 것은?

① 영업시설군에서 주거업무시설군으로 용도변경
② 교육 및 복지시설군에서 영업시설군으로 용도변경
③ 주거업무시설군에서 문화 및 집회시설군으로 용도변경
④ 교육 및 복지시설군에서 문화 및 집회시설군으로 용도변경

해설

	용도변경 분류	행정 절차
1	자동차 관련 시설군	
2	산업 등 시설군	
3	전기통신 시설군	
4	문화집회 시설군	
5	영업 시설군	• 오름차순 변경 (↑) : 허가
6	교육 및 복지 시설군	• 내림차순 변경 (↓) : 신고
7	근린생활 시설군	
8	주거업무 시설군	
9	그 밖의 시설군	

96 전용주거지역이나 일반주거지역에서 건축물을 건축하는 경우에는 건축물의 각 부분을 정북 방향으로의 인접대지경계선으로부터 일정 거리 이상을 띄어 건축하여야 하는데, 높이 10m 이하인 부분은 원칙적으로 인접대지경계선으로부터 최소 얼마 이상 띄어야 하는가?

① 0.5m
② 1.0m
③ 1.5m
④ 2.0m

해설

③

일조 등의 확보를 위한 건축물의 높이 제한			
대상		전용주거지역 및 일반주거지역	
적용 기준		이격거리의 기준(조례로 정함)	
	1	높이 10m 이하인 부분	
		1.5m 이상	
	2	높이 10m를 초과하는 부분	
		인접 대지경계선으로부터 해당 건축물의 각 부분의 높이의 1/2 이상	

해답 93. ③ 94. ④ 95. ① 96. ③

97 대지면적이 600m²인 건축물의 옥상에 조경면적을 60m² 설치한 경우, 대지에 설치하여야 하는 최소 조경면적은? (단, 조경 설치 기준은 대지면적의 10%)

① 10m²
② 20m²
③ 30m²
④ 40m²

해설

③	1	조경면적 = 600 × 0.1 = 60m²
	2	옥상조경면적 = 60m² × $\frac{2}{3}$ = 40m² > 30m²
	3	옥상조경면적은 2/3를 인정하되 조경면적의 1/2을 넘지 못하므로, 실제 옥상조경면적은 30m²이다.
	4	지표면의 조경면적 = 60m² − 30m² = 30m²

99 건축물의 면적·높이 및 층수 등의 산정 기준으로 틀린 것은?

① 대지면적은 대지의 수평투영면적으로 한다.
② 연면적은 하나의 건축물 각 층의 거실면적의 합계로 한다.
③ 건축면적은 건축물의 외벽의 중심선으로 둘러싸인 부분의 수평투영면적으로 한다.
④ 바닥면적은 건축물의 각 층 또는 그 일부로서 벽, 기둥, 그 밖에 이와 비슷한 구획의 중심선으로 둘러싸인 부분의 수평투영면적으로 한다.

해설

②	연면적은 하나의 건축물 각 층의 바닥면적의 합계이다.

98 주거기능을 위주로 이를 지원하는 일부 상업지역 및 업무기능을 보완하기 위하여 지정하는 주거지역의 세분은?

① 준주거지역
② 제1종 전용주거지역
③ 제1종 일반주거지역
④ 제2종 일반주거지역

해설

①	전용주거지역(양호한 주거환경의 보호)	
	1종	단독주택 중심의 양호한 주거환경을 보호
	2종	공동주택 중심의 양호한 주거환경을 보호
	일반주거지역(편리한 주거환경의 조성)	
	1종	저층주택을 중심으로 편리한 주거환경을 조성
	2종	중층주택을 중심으로 편리한 주거환경을 조성
	3종	중·고층주택을 중심으로 편리한 주거환경을 조성
	준주거지역	
	주거기능을 위주로 이를 지원하는 일부 상업기능 및 업무기능을 보완하기 위하여 필요한 지역	

100 건축물로부터 바깥쪽으로 나가는 출구를 국토교통부령으로 정하는 기준에 따라 설치하여야 하는 대상 건축물에 속하지 않는 것은?

① 종교시설
② 의료시설 중 종합병원
③ 교육연구시설 중 학교
④ 문화 및 집회시설 중 관람장

해설

	건축물 옥외출구 제한 대상	
	다음에 해당하는 건축물의 옥외로의 출구는 국토교통부령에 정하는 바에 따라 피난층 거실로부터 일정 거리 이내에 설치하여야 한다.	
②	1	문화 및 집회시설(전시장, 동·식물원 제외), 종교시설, 판매시설, 국가 또는 지방자치단체의 청사, 장례시설, 위락시설, 학교, 승강기를 설치해야 하는 건축물
	2	연면적 5,000m² 이상인 창고시설
	3	300m² 이상인 공연장·종교집회장·인터넷컴퓨터게임시설제공업소

해답 97. ③ 98. ① 99. ② 100. ②

바이블 연도별 기출문제

건축계획

* 본 기출문제는 수험자의 기억에 의한 복원문제입니다.

1 주택의 평면계획에 관한 사항 중 틀린 것은?

① 거실은 평면계획상 통로나 홀로서 사용하는 것이 좋다.
② 노인침실은 일조가 충분히고 전망이 좋은 조용한 곳에 면하게 하고 식당, 욕실 등에 근접시킨다.
③ 부엌은 사용 시간이 길므로 동남 또는 남쪽에 배치해도 좋다.
④ 현관의 위치는 대지의 형태, 도로와의 관계에 의하여 결정된다.

[해설]

① 가족의 단란은 거실(Living Room)에서 비롯되므로, 평면계획상 통로나 홀로서 사용되지 않도록 계획한다.

2 다음 중 모듈 시스템의 적용이 가장 부적절한 것은?

① 극장   ② 학교   ③ 도서관   ④ 사무소

[해설]

모듈 (Module)	인간의 생활이나 동작을 바탕으로 한 치수상의 기준단위를 의미한다.
① 모듈 시스템 (Module System)	 집합주택, 사무소, 학교, 도서관, 병원, 공장 등의 기둥 간격이 일정한 평면을 갖는 건축물에서 융통성 있게 적용될 수 있다.

3 극장건축의 그리드 아이언(Grid Iron)에 관한 설명으로 옳은 것은?

① 무대 뒤편의 좁은 통로이다.
② 무대의 배경이 되는 벽면 시설이다.
③ 관객의 시선을 차단하는데 사용된다.
④ 조명기구, 배경 등을 매어다는 데 사용된다.

[해설]

그리드 아이언(Grid Iron)	
④ 무대 천장 밑에 설치한 것으로 배경이나 조명기구 등이 매달린다.	

4 아파트에 의무적으로 설치하여야 하는 장애인·노인·임산부 등의 편의시설에 속하지 않는 것은?

① 점자블록
② 장애인전용주차구역
③ 높이 차이가 제거된 건축물 출입구
④ 장애인 등의 통행이 가능한 접근로

[해설]

편의시설의 종류 (※ 괄호 내의 시설은 의무설치가 아닌 권장설치 시설임)		
①	매개시설	주출입구 접근로, 주출입구 높이 차이 제거 장애인전용주차구역
	내부시설	출입구, 출입문, 복도, 계단 또는 승강기
	위생시설	세면대, (대변기, 소변기, 욕실, 샤워실·탈의실)
	안내시설	경보 및 피난설비, (점자블록, 유도 및 안내설비)
	그 밖의 시설	(객실·침실)

해답 1. ① 2. ① 3. ④ 4. ①

5 전시공간의 특수 전시기법 중 하나의 사실 또는 주제의 시간 상황을 고정시켜 연출하는 것으로 현장에 임한 듯한 느낌을 가지고 관찰할 수 있는 전시기법은?

① 알코브 전시   ② 아일랜드 전시
③ 디오라마 전시 ④ 하모니카 전시

해설

③

디오라마(Diorama) 전시기법

뒤에 그림이나 사진이 비추어진 것을 뜻하며, 하나의 사실 또는 주제의 시간 상황을 고정시켜 연출하는 것으로 관람자가 현장에 임한 듯한 느낌을 가지고 관찰할 수 있는 특수 전시기법이다.

6 서양 건축양식의 역사적인 순서가 옳게 배열된 것은?

① 로마 ➡ 로마네스크 ➡ 고딕 ➡ 르네상스 ➡ 바로크
② 로마 ➡ 고딕 ➡ 로마네스크 ➡ 르네상스 ➡ 바로크
③ 로마 ➡ 로마네스크 ➡ 고딕 ➡ 바로크 ➡ 르네상스
④ 로마 ➡ 고딕 ➡ 로마네스크 ➡ 바로크 ➡ 르네상스

해설

7 다음 설명에 알맞은 공장건축의 레이아웃(Lay Out) 형식은?

- 생산에 필요한 모든 공정, 기계기구를 제품의 흐름에 따라 배치한다.
- 대량생산에 유리하며 생산성이 높다.

① 혼성식 레이아웃   ② 고정식 레이아웃
③ 제품중심 레이아웃 ④ 공정중심 레이아웃

해설

③ 연속작업식인 제품중심의 레이아웃에 대한 설명으로, 공정의 시간적·수량적 밸런스가 좋고 상품의 연속성이 가능하게 흐를 경우 유리한 레이아웃 형식이다.

8 사무소 건축의 실 단위계획 중 개방식 배치에 관한 설명으로 옳은 것은?

① 독립성과 쾌적감의 이점이 있다.
② 조명은 자연채광만으로 이루어지며 별도의 인공조명은 필요 없다.
③ 방 길이에는 변화를 줄 수 있으나 방 깊이에는 변화를 줄 수 없다.
④ 개방식 배치에 있어 불리한 점은 소음으로, 소음 경감에 대한 고려가 필요하다.

해설

④

개실 시스템 　　개방식 배치

① 개실(個室) 시스템(Cellular Type)의 특징이다.
② 조명은 자연채광과 별도의 인공조명이 필요하다.
③ 개실(個室) 시스템(Cellular Type)의 특징이다.

해답 5. ③　6. ①　7. ③　8. ④

9 학교 운영방식 중 교과교실형에 대한 설명으로 옳지 않은 것은?

① 일반교실이 없다.
② 교실의 순수율이 높다.
③ 학생들의 이동이 심하다.
④ 초등학교 저학년에 대해 가장 권장되는 형식이다.

해설

④
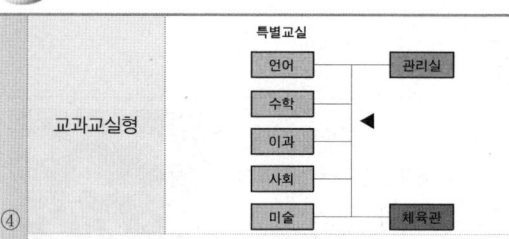

모든 교실이 특정 교과를 위해 만들어지고, 일반교실은 없으므로 교실의 기능적인 순수율을 가장 높일 수 있는 형식이다. 초등학교 저학년에 대해 가장 권장되는 형식은 종합교실형이다.

10 다음 중 호텔의 성격상 연면적에 대한 숙박면적의 비가 가장 큰 것은?

① 리조트 호텔　　② 커머셜 호텔
③ 클럽 하우스　　④ 레지덴셜 호텔

해설

②

시티 호텔 (City Hotel)	• 커머셜(Commercial) 호텔 • 레지덴셜(Residential) 호텔 • 아파트먼트(Apartment) 호텔 • 터미널(Terminal) 호텔
리조트 호텔 (Resort Hotel)	• 해변(Beach) 호텔 • 산장(Mountain) 호텔 • 스포츠(Sport) 호텔 • 온천(Hot Spring) 호텔 • 클럽 하우스(Club House)

Hotel 호텔 연면적에 대한 숙박면적의 비율
커머셜 호텔 > 레지덴셜 호텔 > 리조트 호텔 > 아파트먼트 호텔

11 고대 로마 건축물 중 판테온(Pantheon)에 관한 설명으로 옳지 않은 것은?

① 로툰다 내부는 드럼과 돔 두 부분으로 구성된다.
② 직사각형의 입구 공간은 외부와 내부 사이의 전이 공간으로 사용된다.
③ 드럼 하부는 깊은 니치와 독립된 도리아식 기둥들로 동적인 공간을 구현한다.
④ 거대한 돔을 얹은 로툰다와 대형 열주 현관이라는 2가지 주된 구성 요소로 이루어진다.

해설

③

판테온 신전(萬神殿 118~128년경)

| 1 | 로마 제국 하드리아누스 황제가 세운 로마 최대의 돔 건축물 |
| 2 | 드럼(Drum) 하부는 깊은 니치(Niche, 장식을 위하여 벽면을 오목하게 파서 만든 공간)와 독립한 코린티안(Corinthian) 기둥들로 정적인 공간을 구현한다. |

12 상점의 판매방식에 관한 설명으로 옳지 않은 것은?

① 측면판매방식은 직원 동선의 이동성이 많다.
② 대면판매방식은 측면판매방식에 비해 상품 진열 면적이 넓어진다.
③ 측면판매방식은 고객이 직접 진열된 상품을 접촉할 수 있는 관계로 선택이 용이하다.
④ 대면판매방식은 쇼케이스를 중심으로 판매원이 고정된 자리나 위치를 확보하는 것이 용이하다.

해설

② 대면판매방식은 측면판매방식에 비해 상품 진열면적이 작아진다.

해답　9. ④　10. ②　11. ③　12. ②

13 사무소건축의 엘리베이터 계획에 관한 설명으로 옳지 않은 것은?

① 군관리운전의 경우 동일 군 내의 서비스층은 같게 한다.
② 승객의 층별 대기시간은 평균운전간격 이하가 되게 한다.
③ 실내 공간의 확장을 용이하게 할 수 있도록 건축물의 한쪽 끝에 설치한다.
④ 초고층, 대규모 빌딩인 경우는 서비스그룹을 분할(조닝)하는 것을 검토한다.

해설

| ③ | 엘리베이터는 외래자에게 잘 알려질 수 있는 위치에 한 곳에 집중해서 배치하는 것이 유리하다. |  |

14 주거단지 교통계획 시 각 도로에 관한 설명으로 옳지 않은 것은?

① 격자형 도로는 교통을 균등 분산시키고 넓은 지역을 서비스할 수 있다.
② 선형 도로는 폭이 넓은 단지에 유리하고 한쪽 측면의 단지만을 서비스할 수 있다.
③ 쿨데삭(Cul-de-Sac)은 차량의 흐름을 주변으로 한정하여 서로 연결하며 차량과 보행자를 분리할 수 있다.
④ 단지 순환로가 단지 주변에 분포하는 경우 최소한 4~5m 정도 완충지를 두고 식재하는 것이 좋다.

해설

	선형 도로(Linear Road)	
②	폭이 좁은 단지에 유리하고 양 측면 또는 한 측면의 단지를 서비스 할 수 있다.	

15 주심포 형식에 관한 설명으로 옳지 않은 것은?

① 공포를 기둥 위에만 배열한 형식이다.
② 장혀는 긴 것을 사용하고 평방이 사용된다.
③ 봉정사 극락전, 수덕사 대웅전 등에서 볼 수 있다.
④ 맞배지붕이 대부분이며 천장을 특별히 가설하지 않아 서까래가 노출되어 보인다.

해설

②		
	주심포식(무위사 극락전)	다포식(봉정사 대웅전)
1	장혀: 도리를 받쳐 도리와 같이 하중을 받는 부재	
2	주심포 양식은 평방 부재가 없으며, 단장혀(짧은 장혀)를 사용한 특징을 보인다.	

16 주방에서의 조리 과정을 고려할 때 기구의 배치 순서가 가장 합리적인 것은?

① 가열대 ➡ 개수대 ➡ 조리대 ➡ 냉장고
② 조리대 ➡ 개수대 ➡ 가열대 ➡ 냉장고
③ 개수대 ➡ 조리대 ➡ 냉장고 ➡ 가열대
④ 냉장고 ➡ 개수대 ➡ 조리대 ➡ 가열대

해설

	부엌의 작업 순서 (Work Triangle)	
④	1	냉장고 ➡ 개수대 ➡ 조리대 ➡ 가열대 ➡ 배선대	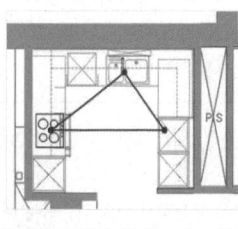
	2	냉장고, 개수대(=싱크대), 조리대(=레인지), 가열대의 중간 지점을 연결하는 작업삼각형(Work Triangle) 3변의 길이 합은 3.6~6m 정도가 기능적이다.	

해답 13. ③ 14. ② 15. ② 16. ④

17 백화점의 에스컬레이터 배치 형식에 관한 설명으로 옳은 것은?

① 직렬식 배치 – 점유면적이 작고 승객 시야가 좋다.
② 병렬식 배치 – 백화점 점내를 내려다보기가 어렵다.
③ 교차식 배치 – 점유면적이 작다.
④ 병렬연속식 배치 – 점유면적이 가장 작다.

해설

① 직렬식 배치는 점유면적이 크다.

② 병렬식 배치는 백화점 매장 내부에 대한 시계가 양호하다.

④ 병렬연속식 배치는 연속적으로 승강할 수 있고 백화점 내부를 내려다보기 용이하지만, 점유면적이 큰 단점이 있다.

18 병원건축의 병동배치 형식 중 집중식(Block Type)에 관한 설명으로 옳지 않은 것은?

① 재난 시 환자의 피난이 용이하다.
② 공조설비가 필요하게 되어 설비비가 높다.
③ 대지를 효과적으로 이용할 수 있다.
④ 병동에서의 조망을 확보할 수 있다.

해설

집중식(Block Type) 병원건축

① 도심지에 주로 적용하여 대지 이용의 효율성을 높인 고층집약식 배치형식이므로 재난 시 환자의 피난이 분관식에 비해 불리해진다.

19 다음 중 10만 권을 수용하는 도서관의 서고 면적으로 가장 적절한 것은?

① 500㎡ ② 750㎡
③ 900㎡ ④ 1,000㎡

해설

서고 바닥면적 1㎡ 당
150 ~ 250권

100,000권 ÷ 150 ~ 250권/㎡
= 667 ~ 400㎡

20 아파트의 평면형에 대한 설명 중 옳지 않은 것은?

① 홀형은 통행부의 면적이 많이 소요되지만 동선이 길어 출입하는 데 불편하다.
② 집중형은 기후조건에 따라 기계적 환경조절이 필요한 형이다.
③ 중복도형은 프라이버시가 좋지 않다.
④ 편복도형은 복도가 개방형이므로 각 호의 통풍 및 채광이 양호하다.

해설

홀형
(Hall Type, 계단실형)

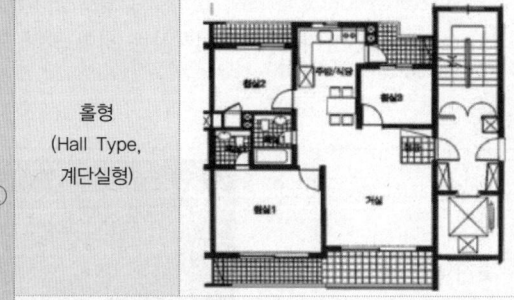

통행부의 면적이 적게 소요되고 동선이 짧아 출입하는데 편리하다.

해답 17. ③ 18. ① 19. ① 20. ①

건축시공

21 건설 프로세스의 효율적인 운영을 위해 형성된 개념으로 건설 생산에 초점을 맞추고 이에 관련된 계획, 관리, 엔지니어링, 설계, 구매, 계약, 시공, 유지 및 보수 등의 요소들을 주요 대상으로 하는 것은?

① CIC(Computer Intergrated Construction)
② MIS(Management Information System)
③ CIM(Computer Intergrated Manufacturing)
④ CAM(Computer Aided Manufacturing)

해설

① CIC (Computer Integrated Construction) 건설 생산에 초점을 맞추어 계획, 관리, 엔지니어링, 설계, 구매, 시공, 유지 보수 등 건설업체 수행을 위한 행위를 대상으로 한다.

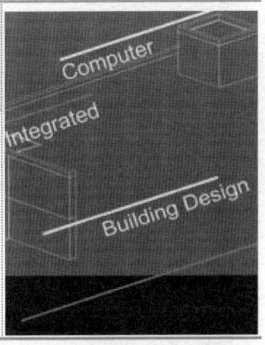

22 공사 착공 전에 건축물의 형태에 맞춰 줄을 띄우거나 석회 등으로 선을 그어 건축물의 건설 위치를 표시하는 것으로 도로 및 인접 건축물과의 관계, 건축물의 건축으로 인한 재해 및 안전대책 점검과 관련 있는 것은?

① 줄쳐보기   ② 벤치마크
③ 먹매김   ④ 수평보기

해설

① 줄쳐보기 (Lining)

23 지하연속벽 공법 중 슬러리 월(Slurry Wall)에 대한 특징으로 옳지 않은 것은?

① 시공 시 소음·진동이 크다.
② 인접 건물의 경계선까지 시공이 가능하다.
③ 주변 지반에 대한 영향이 적고 차수효과가 확실하다.
④ 지반 굴착 시 안정액을 사용한다.

해설

① 슬러리 월 (Slurry Wall)

시공 시의 소음·진동이 작다.

24 건축공사 스프레이 도장방법에 관한 설명으로 옳지 않은 것은?

① 도장 거리는 스프레이 도장면에서 300mm를 표준으로 하고 압력에 따라 가감한다.
② 매 회의 에어스프레이는 붓도장과 동등한 정도의 두께로 하고, 2회분의 도막 두께를 한 번에 도장하지 않는다.
③ 각 회의 뿜도장 방향은 제1회 때와 제2회 때를 서로 평행하게 진행시켜서 뿜칠을 해야 한다.
④ 뿜도장을 할 때에는 항상 평행이동하면서 운행의 한 줄마다 스프레이 너비의 1/3 정도를 겹쳐 뿜는다.

해설

③ 각 회의 스프레이 방향은 전 회의 방향에 직각으로 진행한다.

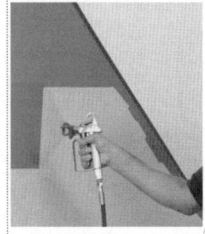

해답 21. ① 22. ① 23. ① 24. ③

25 다음 중 공사감리 업무와 가장 거리가 먼 것은?

① 설계도서의 적정성 검토
② 공사 실행예산의 편성
③ 시공상의 안전관리 지도
④ 사용 자재와 설계도서와의 일치 여부 검토

해설

	공사감리자의 감리 업무
1	공사 시공자가 설계도서에 적합하게 시공하는지의 여부 및 건축 자재가 기준에 적합한지의 여부 확인
2	시공계획 및 공사 관리의 적정 여부 확인, 공사 현장의 안전관리 지도
3	공정표 및 상세시공도면의 검토·확인, 구조물의 위치와 규격의 적정 여부 검토·확인, 품질시험의 실시 여부 및 시험 성과 검토·확인, 설계변경의 적정 여부 검토·확인
4	그 밖의 공사감리계약으로 정하는 사항

26 지름 100mm, 높이 200mm 원주 공시체로 콘크리트 압축강도를 시험하였더니 200kN에서 파괴되었다면 이 콘크리트의 압축강도는?

① 12.7MPa   ② 17MPa
③ 25.5MPa   ④ 50.9MPa

해설

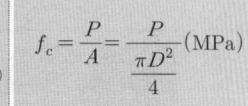

콘크리트 압축강도 시험

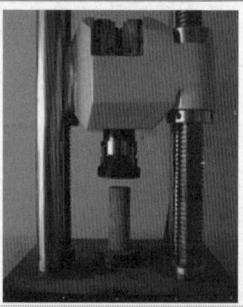

③ $f_c = \dfrac{P}{A} = \dfrac{P}{\dfrac{\pi D^2}{4}}$ (MPa)

$f_c = \dfrac{P}{A} = \dfrac{(200 \times 10^3)}{\dfrac{\pi (100)^2}{4}} = 25.46 \text{N/mm}^2 = 25.46 \text{MPa}$

27 연강 철선을 전기용접하여 정방형 또는 장방형으로 만든 것으로 콘크리트 다짐 바닥, 지면 콘크리트 포장 등에 사용하는 금속재는?

① 와이어 라스(Wire Lath)
② 와이어 메시(Wire Mesh)
③ 메탈 라스(Metal Lath)
④ 익스펜디드 메탈(Expended Metal)

①		와이어 라스(Wire Lath)
		철선을 꼬아 만든 철망
②		와이어 메시(Wire Mesh)
		연강 철선을 직교시켜 전기 용접한 것
③		메탈 라스(Metal Lath)
		얇은 철판에 자름금을 내어 당겨 늘린 것
④		익스펜디드 메탈(Expended Metal)
		금속 판재에 슬릿(절개선)을 넣고 늘려서(펼쳐서) 망 형태로 만든 것

28 건설 현장에서 굳지 않은 콘크리트에 대해 실시하는 시험으로 옳지 않은 것은?

① 슬럼프(Slump) 시험   ② 코어(Core) 시험
③ 염화물 시험   ④ 공기량 시험

해설

② 코어(Core) 시험은 굳은 콘크리트에 대해 실시하는 시험이다.

해답 25. ② 26. ③ 27. ② 28. ②

29 공정표 작성 시 공정계산에 관한 설명 중 옳은 것은?

① 종속여유(DF)는 후속작업의 EST에 영향을 주지 않는 범위 내에서 한 작업이 가질 수 있는 여유시간이다.
② 복수의 작업에 후속되는 작업의 EST는 복수의 선행작업 중 EFT의 최솟값으로 한다.
③ 복수의 작업에 선행되는 작업의 LFT는 후속 작업의 LST 중 최댓값으로 한다.
④ 전체여유(TF)는 작업을 EST로 시작하고 LFT로 완료할 때 생기는 여유시간이다.

해설

①	자유여유(FF, Free Float)는 후속작업의 EST에 영향을 주지 않는 범위 내에서 한 작업이 가질 수 있는 여유시간이다.
②	복수의 작업에 후속되는 작업의 EST는 복수의 선행작업 중 EFT의 최댓값으로 한다.
③	복수의 작업에 선행되는 작업의 LFT는 후속작업의 LST 중 최솟값으로 한다.

30 타일 108mm 각으로, 줄눈을 5mm로 벽면 $6m^2$를 붙일 때 필요한 타일의 장수는? (단, 정미량으로 계산)

① 350장 ② 400장
③ 470장 ④ 520장

해설

1	줄눈 크기를 더한 정사각형의 타일이 $1m^2$ 내에 들어가는 개수를 구하는데 $6m^2$에는 몇 장이 들어가는지를 연상하면 된다.
2	$\dfrac{1 \times 1}{(0.108+0.005) \times (0.108+0.005)} \times 6$ $= 469.88장 \Rightarrow 470장$

31 금속 커튼월의 Mock Up Test에 있어 기본 성능 시험의 항목에 해당되지 않는 것은?

① 정압수밀 시험 ② 방재 시험
③ 구조 시험 ④ 기밀 시험

해설

실물대모형시험(Mock-Up Test, 외벽성능시험) 기본 성능 시험 항목		
②	1	예비 시험
	2	기밀성능 시험
	3	정·동압 수밀성능 시험
	4	구조성능 시험
	5	영구변형 시험

32 매스콘크리트(Mass Concrete)에 대한 설명으로 옳은 것은?

① 단위시멘트량을 늘려 콘크리트의 발열량을 줄이도록 하여야 한다.
② 굵은 골재의 최대 치수를 작게 하고, 입자의 크기가 균등한 골재를 사용하는 것이 좋다.
③ 매스콘크리트의 타설 온도는 온도균열을 제어하기 위한 관점에서 될 수 있는 대로 낮게 하여야 한다.
④ 매스콘크리트는 베이스 콘크리트에 유동화제를 첨가하여 유동성을 증가시킨 콘크리트이다.

해설

①	단위시멘트량을 줄여 콘크리트의 발열량을 줄이도록 하여야 한다.
②	굵은 골재의 최대 치수를 크게 하고, 입도 분포가 좋은 골재를 사용하는 것이 좋다.
④	베이스 콘크리트(Base Concrete)에 유동화제를 첨가하여 유동성을 증가시킨 콘크리트는 유동화콘크리트(Flowing Concrete)이다.

해답 29. ④ 30. ③ 31. ② 32. ③

33 서로 다른 종류의 금속재가 접촉하는 경우 부식이 일어나는 경우가 있는데 부식성이 큰 금속 순으로 옳게 나열된 것은?

① 알루미늄 > 철 > 주석 > 구리
② 주석 > 철 > 알루미늄 > 구리
③ 철 > 주석 > 구리 > 알루미늄
④ 구리 > 철 > 알루미늄 > 주석

해설

① 알루미늄과 철은 부식성이 큰 금속재료인데, 알루미늄이 철보다 부식성이 더 크다. 주석은 철과 구리의 중간 정도이며, 상대적으로 구리는 부식성이 낮은 금속 중 하나이다.

34 주문받은 건설업자가 대상 계획의 기업, 금융, 토지조달, 설계, 시공 기타 모든 요소를 포괄하여 발주하는 도급계약 방식은?

① 실비정산보수가산도급
② 정액도급
③ 공동도급
④ 턴키도급

해설

턴키(Turn Key) 계약 방식

④ 건축주가 열쇠만 돌리면 쓸 수 있다는 뜻에서 유래된 용어이다.

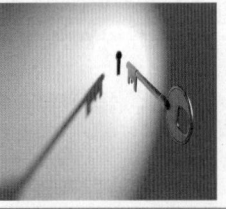

35 고강도콘크리트에 관한 내용으로 옳지 않은 것은?

① 설계기준압축강도는 보통 또는 중량골재콘크리트에서 40MPa 이상인 것으로 한다.
② 고성능 감수제의 단위량은 소요 강도 및 작업에 적합한 워커빌리티를 얻도록 시험에 의해서 결정하여야 한다.
③ 단위수량은 소요의 워커빌리티를 얻을 수 있는 범위 내에서 가능한 한 작게 하여야 한다.
④ 기상의 변화나 동결융해 발생 여부에 관계없이 공기연행제를 사용하는 것을 원칙으로 한다.

해설

④ 기상의 변화가 심하거나 동결융해에 대한 대책이 필요한 경우를 제외하고는 공기연행제를 사용하지 않는 것을 원칙으로 한다.

36 언더 피닝(Under Pinning) 공법의 종류가 아닌 것은?

① 갱·피어 공법   ② 잭 파일(Jacked Pile) 공법
③ 그라우트 주입공법 ④ 콘크리트 VH 타설법

해설

언더 피닝(Under Pinning)
인접한 건물 또는 구조물의 침하 방지를 목적으로 하는 지반의 보강 공법을 총칭하는 것으로, 콘크리트 VH (분리)타설 공법과는 무관하다. 
VH(Vertical Horizontal) (분리)타설 공법
기둥·벽 등 수직부재를 먼저 타설하고, PC판과 맞물려 토핑(Topping) 콘크리트를 타설하는 방법 

해답 33. ① 34. ④ 35. ④ 36. ④

37 콘크리트를 타설하면서 거푸집을 수직 방향으로 이동시켜 연속 작업을 할 수 있게 한 것으로 사일로 등의 건설 공사에 적합한 것은?

① Euro Form ② Sliding Form
③ Air Tube Form ④ Traveling Form

해설

	슬라이딩 폼 (Sliding Form)
②	슬립 폼(Slip Form)이라고도 한다.

38 다음의 할증률로 옳은 것은??

① 시멘트 벽돌 3% ② 강관 7%
③ 단열재 7% ④ 봉강 5%

해설

주요 건축 재료	할증률
유리	1%
타일	
이형 철근, 고장력 볼트	3%
내화 벽돌, 붉은 벽돌	
시멘트 벽돌	
원형 철근, 일반 볼트, 봉강, 강관, 경량 형강	5%
기와	
대형 형강	7%
강판, 동판	10%
단열재	

39 건축용 석재 사용 시 주의 사항으로 옳지 않은 것은?

① 석재를 구조재로 사용 시 압축강도가 큰 것을 선택하여 사용할 것
② 석재를 다듬어 쓸 때는 석질이 균일한 것을 사용할 것
③ 동일 건축물에는 다양한 종류 및 다양한 산지의 석재를 사용할 것
④ 석재를 마감재로 사용 시 석리와 색채가 우아한 것을 선택하여 사용할 것

해설

③	동일 건축물에는 석재의 색상·석질·가공 형상·마감 정도·물리적 성질 등이 동일한 석재를 사용한다.

40 시멘트 분말도 시험방법이 아닌 것은?

① 플로우시험법 ② 체분석법
③ 피크노메타법 ④ 브레인법

해설

 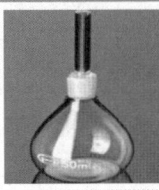 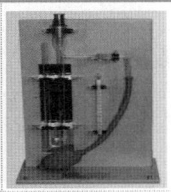

①	1	시멘트 분말도 시험방법은 체(Standard Sieve) 분석법, 피크노메타(Pycnometer)법, 브레인(Blaine)법이 있으며, 브레인법이 가장 간편하고 신뢰성이 있다.
	2	플로우시험(Flow Test)은 반죽 질기를 측정하는 시험이다.

해답 37. ② 38. ④ 39. ③ 40. ①

건축구조

41 강구조에서 기초콘크리트에 매입되어 주각부의 이동을 방지하는 역할을 하는 것은?

① 앵커 볼트
② 턴 버클
③ 클립 앵글
④ 사이드 앵글

[해설]

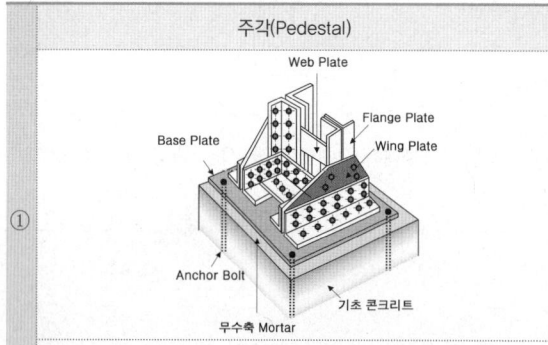

① 앵커 볼트(Anchor Bolt): 밑판(Base Plate)으로부터 기초 콘크리트에 매입되어 주각부의 이동을 방지하는 역할을 한다.

42 지름 20mm, 길이 200mm인 철근에 인장력을 가했을 때, 지름이 0.0052mm 감소하였고, 길이는 0.17mm 늘어났다. 이 재료의 푸아송비는?

① 3.26923
② 0.00085
③ 0.00026
④ 0.30588

[해설]

푸아송비(ν, Poisson's Ratio)

수직응력에 의해 발생되는 가로변형률과 길이변형률의 비율

Denis Poisson
(1781~1840)

④ $\nu = \dfrac{\epsilon'}{\epsilon} = \dfrac{\frac{\Delta D}{D}}{\frac{\Delta L}{L}} = \dfrac{L \cdot \Delta D}{D \cdot \Delta L} = \dfrac{(200)(0.0052)}{(20)(0.17)} = 0.30588$

43 트러스 해법의 기본 가정으로 틀린 것은?

① 절점을 연결하는 직선은 재축과 일치한다.
② 부재를 연결하는 절점은 강절점으로 간주한다.
③ 외력은 모두 절점에 작용하는 것으로 한다.
④ 외력은 모두 트러스를 포함한 평면 안에 있는 것으로 한다.

[해설]

② 트러스(Truss) 부재를 연결하는 절점은 활절점(活節點, Pin, Hinge)으로 간주한다.

44 강도설계법에서 단근 직사각형 보의 c(압축연단에서 중립축까지 거리) 값으로 옳은 것은? (단, $f_{ck} = 24\text{MPa}$, $f_y = 400\text{MPa}$, $b = 300\text{mm}$, $A_s = 1,161\text{mm}^2$, 포물선-직선 형상의 응력-변형률 관계 이용)

① 92.65mm
② 94.85mm
③ 96.65mm
④ 98.85mm

[해설]

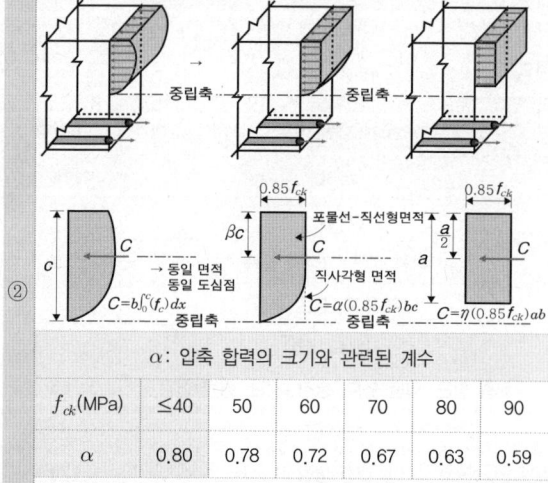

α: 압축 합력의 크기와 관련된 계수

f_{ck}(MPa)	≤40	50	60	70	80	90
α	0.80	0.78	0.72	0.67	0.63	0.59

② $c = \dfrac{A_s \cdot f_y}{\alpha(0.85 f_{ck})b} = \dfrac{(1,161)(400)}{(0.80)0.85(24)(300)} = 94.85\text{mm}$

해답 41. ①   42. ④   43. ②   44. ②

45 H형강이 사용된 압축재의 양단이 핀으로 지지되고 부재 중간에서 x축 방향으로만 이동할 수 없도록 지지되어 있다. 부재의 전 길이가 4m일 때 세장비는? (단, $r_x = 8.62\text{cm}$, $r_y = 5.02\text{cm}$)

① 26.4
② 36.4
③ 46.4
④ 56.4

해설

③

1	양단 힌지이므로 유효좌굴길이계수 $K=1.0$
2	x축 방향으로만 이동할 수 없도록 지지되어 있다는 조건을 통해 강축의 $L_x = 4\text{m}$, 약축의 $L_y = 2\text{m}$를 적용하며 다음의 ①,② 중에서 큰값으로 세장비를 선정한다. ① $\dfrac{KL_x}{r_x} = \dfrac{(1.0)(400\text{cm})}{(8.62\text{cm})} = 46.40$ ② $\dfrac{KL_y}{r_y} = \dfrac{(1.0)(200\text{cm})}{(5.02\text{cm})} = 39.84$ 

46 그림과 같은 구조물의 부정정 차수는?

① 9차 부정정
② 12차 부정정
③ 15차 부정정
④ 18차 부정정

해설

②

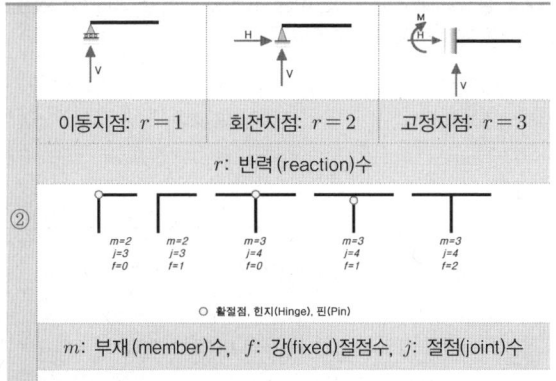

이동지점: $r=1$, 회전지점: $r=2$, 고정지점: $r=3$
r: 반력(reaction)수
○ 활절점, 힌지(Hinge), 핀(Pin)
m: 부재(member)수, f: 강(fixed)절점수, j: 절점(joint)수

$N = r + m + f - 2j = (3+3+3) + (10) + (11) - 2(9) = 12$차

47 그림과 같은 등변분포하중이 작용하는 단순보의 최대 휨모멘트 M_{max}는?

① $25\sqrt{3}\text{ kN}\cdot\text{m}$
② $25\sqrt{2}\text{ kN}\cdot\text{m}$
③ $90\sqrt{3}\text{ kN}\cdot\text{m}$
④ $90\sqrt{2}\text{ kN}\cdot\text{m}$

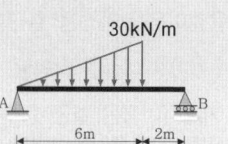

해설

④

1	$\Sigma M_B = 0 : +(V_A)(8) - \left(\dfrac{1}{2} \times 30 \times 6\right)\left(2 + 6 \times \dfrac{1}{3}\right) = 0$ $\therefore V_A = +45\text{kN}(\uparrow)$
2	지점 A로부터 우측으로 x 위치의 분포하중의 크기는 닮음비로부터 $x:q = 6:30$ ➡ $q = 5x$
3	$M_x = +(45)(x) - \left(\dfrac{1}{2}q \cdot x\right) \cdot \dfrac{x}{3} = +45 \cdot x - \dfrac{5}{6} \cdot x^3$ 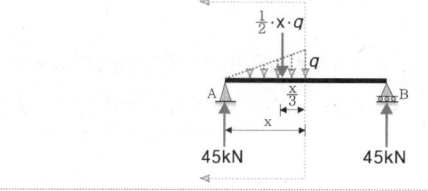
4	전단력이 0인 위치: $V_x = \dfrac{dM_x}{dx} = +(45) - \left(\dfrac{15}{6} \cdot x^2\right) = 0$ $\therefore x = 3\sqrt{2}\text{ m}$
5	$M_{max} = +(45)(3\sqrt{2}) - \left(\dfrac{5}{6}\right)(3\sqrt{2})^3 = +90\sqrt{2}\text{ kN}\cdot\text{m}(\smile)$

48 H형강을 사용한 길이 6m인 단순보에 5kN/m의 등분포하중재하 시 최대 처짐량은? (단, 좌굴의 영향은 없는 것으로 가정하며, $E_s = 210,000\text{MPa}$, $I_x = 4,720\text{cm}^4$)

① 1.70 mm
② 5.69 mm
③ 8.51 mm
④ 12.49 mm

해설

③

1	단순보 전 경간에 등분포하중 작용 시: $\delta_{max} = \dfrac{5wL^4}{384EI}$
2	$\delta_{max} = \dfrac{5wL^4}{384EI} = \dfrac{5(5)(6\times10^3)^4}{384(210,000)(4,720\times10^4)} = 8.51\text{mm}$

해답 45. ③ 46. ② 47. ④ 48. ③

49 다음 ( )안에 들어갈 숫자를 고르시오.

> 용접이음은 용접용 철근을 사용하며 철근 항복강도의 ( )% 이상을 발휘할 수 있어야 한다.
> 기계적이음은 철근 항복강도의 ( )%를 발휘할 수 있는 기계적이음이어야 한다.

① 105 ② 115
③ 120 ④ 125

해설

	콘크리트구조 정착 및 이음[KDS 14 20 52]
④ 1	용접이음은 용접용 철근을 사용해야 하며, 철근의 설계기준항복강도 f_y의 125% 이상을 발휘할 수 있어야 한다.
2	기계적이음은 철근의 설계기준항복강도 f_y의 125% 이상을 발휘할 수 있어야 한다.

50 등가정적해석법을 사용하여 밑면전단력을 산정하는 경우, 밑면전단력의 크기가 가장 큰 구조물은?

① 건물의 중량이 크고 주기가 짧은 구조물
② 건물의 중량이 크고 주기가 긴 구조물
③ 건물의 중량이 작고 주기가 짧은 구조물
④ 건물의 중량이 작고 주기가 긴 구조물

해설

	내진설계 등가정적해석법 밑면전단력	$V = C_s \cdot W = \dfrac{S_{D1}}{\left[\dfrac{R}{I_E}\right] \cdot T} \cdot W$
①	• W : 유효 건물 중량 • S_{D1} : 주기 1초에서의 설계스펙트럼가속도 • T : 건물의 고유주기	• C_s : 지진응답계수 • R : 반응수정계수 • I_E : 건물의 중요도계수
	밑면전단력(V)의 크기가 큰 경우는 W(유효건물중량)가 크고, T(고유주기)가 짧은 경우이다.	

51 그림에서 절점 D는 이동을 하지 않으며, A, B, C는 고정단일 때 C단의 모멘트는? (단, k는 강비)

① 4.0kN·m
② 4.5kN·m
③ 5.0kN·m
④ 5.5kN·m

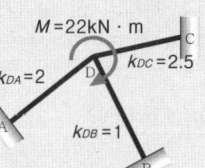

해설

	모멘트 분배법(Moment Distribution Method)
1	분배율: $DF_{DC} = \dfrac{2.5}{2+1+2.5} = \dfrac{5}{11}$
③ 2	분배모멘트: $M_{DC} = M_D \cdot DF_{DC} = (+22)\left(\dfrac{5}{11}\right) = +10\text{kN}\cdot\text{m}\,(\curvearrowright)$ 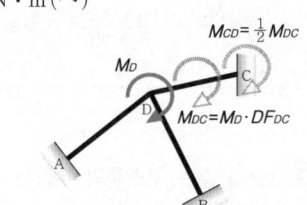
3	전달모멘트: $M_{CD} = \dfrac{1}{2}M_{DC} = \dfrac{1}{2}(+10) = +5\text{kN}\cdot\text{m}\,(\curvearrowright)$

52 강도설계법에서 고정하중 40kN, 활하중 30kN이 작용할 때 계수하중은 얼마인가?

① 135kN ② 124kN
③ 116kN ④ 96kN

해설

	고정하중(D)과 활하중(L)에 따른 하중조합(U)
④	$U = 1.2D + 1.6L = 1.2(40) + 1.6(30) = 96\text{kN}$ $\geq 1.4D = 1.4(40) = 56\text{kN}$

해답 49. ④ 50. ① 51. ③ 52. ④

53 강구조 접합부 계획 시 고려사항이 아닌 것은?

① 부재의 이음 개소는 가급적 적게 한다.
② 단면의 급격한 변화는 가급적 피한다.
③ 응력 집중이나 국부 변형이 일어나지 않도록 한다.
④ 공장 용접보다 현장 용접이 많도록 하며 용접 부위의 검사가 용이하도록 한다.

해설

④ 강구조 접합부의 처리는 현장 용접보다는 공장 용접으로 하는 것이 신뢰도 및 편차를 줄일 수 있다.

54 강도설계법에서 철근콘크리트 구조물의 공칭강도 산정 시 사용되는 강도감소계수로 옳지 않은 것은?

① 인장지배단면: 0.85
② 전단력과 비틀림모멘트: 0.75
③ 포스트텐션 정착구역: 0.85
④ 압축지배단면 중 나선철근으로 보강된 철근콘크리트 부재: 0.65

해설

④

적용 부재		강도감소계수 ϕ
인장지배 단면		0.85
압축지배 단면	띠철근 기둥	0.65
	나선철근 기둥	0.70
변화구간단면(=전이구역)		0.65(0.70)~0.85
전단력과 비틀림모멘트		0.75
콘크리트 지압력 (포스트텐션 정착부나 스트럿-타이 모델 제외)		0.65
포스트텐션 정착구역		0.85
스트럿-타이 모델	스트럿, 절점부, 지압부	0.75
	타이	0.85
무근콘크리트의 휨모멘트, 압축력, 전단력, 지압력		0.55

55 철근콘크리트의 보의 사인장균열에 관한 설명으로 옳지 않은 것은?

① 보의 단부에 주로 발생한다.
② 보의 축과 약 45°의 각도를 이룬다.
③ 전단력 및 비틀림에 의하여 발생한다.
④ 주인장응력도의 방향과 사인장균열의 방향은 일치한다.

해설

③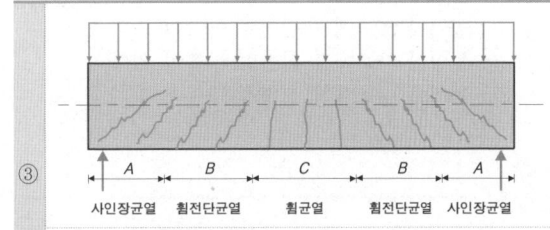

주인장응력 궤적도의 연직방향으로 사인장균열이 발생하게 된다.

56 인장시험을 통하여 얻어진 탄소강의 응력변형도 곡선에서 변형도경화영역의 최대 응력을 의미하는 것은?

① 인장강도 ② 항복강도
③ 탄성한도 ④ 비례한도

해설

①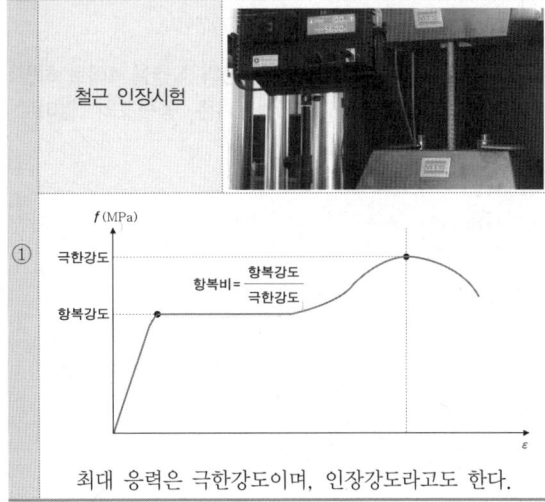

최대 응력은 극한강도이며, 인장강도라고도 한다.

해답 53. ④ 54. ④ 55. ③ 56. ①

57 그림과 같은 6m 길이의 기둥에 압축하중이 작용할 때 횡구속에 가장 유리한 조건은? (단, SS275 강재 사용)

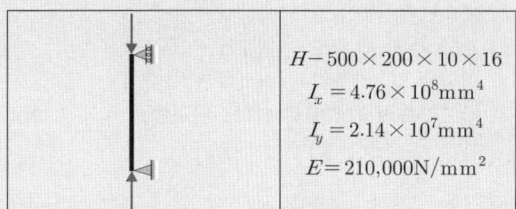

① 5m 높이에 강축에만 휨변형 구속이 있다.
② 3m 높이에 약축에만 휨변형 구속이 있다.
③ 5m 높이에 약축에만 휨변형 구속이 있다.
④ 3m 높이에 강축에만 휨변형 구속이 있다.

해설

②
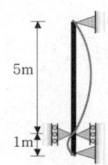 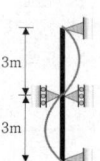

5m 높이를 구속   3m 높이를 구속
L=5m를 적용 L=3m를 적용

$P_{cr} = \dfrac{\pi^2 EI}{(KL)^2}$ 으로부터 약축으로 휨변형을 구속하여 강축에 대한 단면2차모멘트 I_x를 적용시키고, 유효길이 L이 작은쪽이 횡구속에 가장 유리할 것이라는 것을 직관적으로 알 수 있다. ➡ ②번이 정답이라는 것이다.

58 인장력을 받는 원형 단면 강봉의 직경을 4배로 하면 수직응력도(Normal Stress)는 기존 응력도의 얼마로 줄어드는가?

① 1/2   ② 1/4
③ 1/8   ④ 1/16

해설

④ 응력 $\sigma = \dfrac{P}{A} = \dfrac{P}{\dfrac{\pi D^2}{4}}$ 로부터 직경(D)을 4배로 하면

응력은 $\dfrac{1}{4^2} = \dfrac{1}{16}$ 배로 된다.

59 강도설계법에서 깊은보는 순경간 L_n이 부재 깊이의 몇 배 이하인 부재인가?

① 2배   ② 3배
③ 4배   ④ 5배

해설

③ 깊은보(Deep Beam)

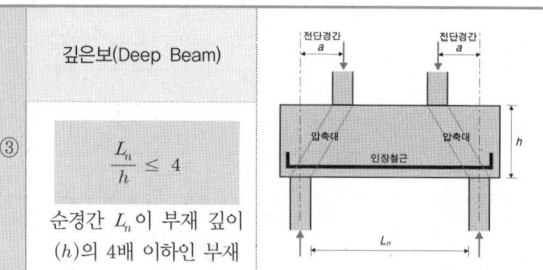

$\dfrac{L_n}{h} \leq 4$

순경간 L_n이 부재 깊이(h)의 4배 이하인 부재

60 다음 그림과 같은 단순보에 등변분포하중이 작용할 때 전단력이 0이 되는 점에 대하여 A점으로부터의 거리를 구하면?

① $\dfrac{L}{\sqrt{2}}$ ② $\dfrac{L}{\sqrt{3}}$
③ $\dfrac{L}{\sqrt{4}}$ ④ $\dfrac{L}{\sqrt{5}}$

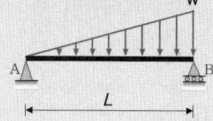

해설

③

단순보: 전단력이 0인 위치의 산정

1	전단력이 0인 x 위치에서의 삼각형 분포하중 q $x : q = L : w$ $q = \left(\dfrac{w}{L}\right) \cdot x$	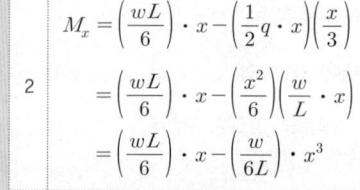
2	$M_x = \left(\dfrac{wL}{6}\right) \cdot x - \left(\dfrac{1}{2} q \cdot x\right)\left(\dfrac{x}{3}\right)$ $= \left(\dfrac{wL}{6}\right) \cdot x - \left(\dfrac{x^2}{6}\right)\left(\dfrac{w}{L} \cdot x\right)$ $= \left(\dfrac{wL}{6}\right) \cdot x - \left(\dfrac{w}{6L}\right) \cdot x^3$	
3	$\dfrac{dM_x}{dx} = V = \left(\dfrac{wL}{6}\right) - \left(\dfrac{w}{2L}\right) \cdot x^2 = 0 \quad \therefore x = \dfrac{L}{\sqrt{3}}$	

해답 57. ②   58. ④   59. ③   60. ③

건축설비

61 다음과 같은 조건에서 실내에 500W의 열을 발산하는 기기가 있을 때, 이 열을 제거하기 위한 필요 환기량은?

- 실내 온도 : 20℃, 환기 온도 : 10℃
- 공기의 정압비열 : 1.01kJ/kg·K
- 공기의 밀도 : 1.2kg/m³

① 41.3m³/h ② 148.5m³/h
③ 413m³/h ④ 1485m³/h

해설

1	1시간당 발열량 : 500 J/sec(=W) × 3,600 sec/h = 1,800,000 J/h
②	
2	$Q = \dfrac{1시간당 발열량}{공기의 정압비열 \times 공기의 밀도 \times 온도차}$ $= \dfrac{1,800,000}{1.01 \times 1,000 J/kg \cdot K \times 1.2 kg/m^3 \times (20-10)K}$ $= 148.515(m^3/h)$

62 가스의 연소성을 나타내는 것은?

① 비열비 ② 웨버 지수
③ 가버너 ④ 단열 지수

해설

웨버 지수
(Wobbe Index: WI)

② 연소기에 대한 입열 에너지의 크기를 나타내는 지수로써 발열량과 비중의 함수로 표시된다.
가스 호환성, 가스 연소성을 표시하는 척도로써 이용되며, 허용 범위는 5% 이내로 하고 있다.

63 배수 배관에 관한 설명으로 옳지 않은 것은?

① 배수 배관은 원칙적으로 중력에 의해 옥외로 배출하도록 한다.
② 엘리베이터 샤프트, 수변전실에는 배수 배관을 설치하지 않는다.
③ 배관 내를 쉽게 청소할 수 있는 위치에 청소구를 설치한다.
④ 건물 내에서 피트 내 가공 배관은 피하고 지중 배관을 한다.

해설

	배수 배관 시 주요 주의 사항
1	배수 배관은 원칙적으로 중력에 의해 옥외로 배출하도록 한다.
2	엘리베이터 샤프트, 수변전실에는 배수 배관을 설치하지 않는다.
3	배수 및 통기 수직주관은 파이프 샤프트(Pipe Shaft) 내에 배관하고, 지관과 주관의 접속에는 Y자관 또는 90°Y자관을 사용하며, 상향수직관에는 90°곡선을 사용해야 한다.
4	통기수직관과 빗물수직관은 겸용을 금한다.
5	배관 내를 쉽게 청소할 수 있는 위치에 청소구를 설치한다.

(④)

64 다음 중 상대습도(R.H) 100%에서 그 값이 같지 않은 온도는?

① 효과온도 ② 건구온도
③ 습구온도 ④ 노점온도

해설

① 상대습도(Relative Humidity) 100%에서는 건구온도, 습구온도, 노점온도가 동일하다.

해답 61. ② 62. ② 63. ④ 64. ①

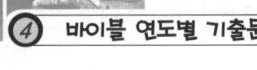

65 중앙식 급탕 방식 중 보일러에서 만들어진 증기 또는 고온수를 열원으로 하고, 저탕조 내에 설치된 코일을 통해 저탕조 내의 물을 가열하는 방식은?

① 간접 가열식
② 기수 혼합식
③ 직접 가열식
④ 순간 가열식

해설

직접가열식	중앙식 급탕 및 난방 방식	간접가열식
온수보일러	가열장소	저탕조
급탕용 보일러, 난방용 보일러 각각 설치	보일러	난방용 보일러로 급탕까지 가능
많이 낀다	보일러 내의 스케일	거의 끼지 않는다
고압	보일러 내의 압력	저압
중소규모 건물	규모	대규모 건물
불필요	저탕조 내 가열코일	필요
유리	열효율	불리

66 각종 보일러에 대한 설명으로 옳은 것은?

① 수관 보일러는 소용량으로 소규모 건물에 적합하며 지역난방으로는 사용이 불가능하다.
② 주철제 보일러는 사용 내압이 높아 고압용으로 주로 사용되며 용량도 크다.
③ 관류 보일러는 보유 수량이 많아 예열시간이 길다.
④ 노통연관 보일러는 부하 변동에 잘 적응되며, 보유 수면이 넓어서 급수용량 제어가 쉽다.

해설

①	수관 보일러는 다량의 고압증기를 필요로 하는 병원이나 호텔, 지역난방의 대형 원심냉동기 구동을 위한 증기터빈용으로 사용된다.
②	주철제 보일러는 증기압 0.1MPa 이하의 저압용 보일러이다.
③	관류 보일러는 보유 수량이 적기 때문에 예열시간이 짧고 부하 변동에 대한 추종성이 좋다.

67 면적 100m²인 어느 강당의 야간 소요 평균 조도가 300lx이다. 1개당 광속이 2,000lm인 형광등을 사용할 경우 소요 형광등 수는? (단, 조명률은 60%, 감광보상률은 1.50이다.)

① 25개 ② 29개 ③ 34개 ④ 38개

해설

④	광속법에 따른 조명설계식: $F \cdot N \cdot U = E \cdot A \cdot D$ $N = \dfrac{E \cdot A \cdot D}{F \cdot U} = \dfrac{(300)(100)(1.5)}{(2,000)(0.6)} = 37.5$개 ➡ 38개

광속법에 따른 조도(E)
$F \cdot N \cdot U = E \cdot A \cdot D$ ➡ $E = \dfrac{F \cdot N \cdot U}{A \cdot D} = \dfrac{F \cdot N \cdot U \cdot M}{A}$

- N : 광원의 개수
- E : 작업면의 조도(lx)
- A : 실의 면적(m²)
- F : 사용 광원 1개의 광속(lm)
- D : 감광보상률
- U : 조명률
- M : 유지율, 보수율, 빛 손실계수($=\dfrac{1}{D}$)

68 엘리베이터의 안전장치 중에서 카(Car)가 최상층이나 최하층에서 정상 운행 위치를 벗어나 그 이상으로 운행하는 것을 방지하는 것은?

① 완충기(Buffer)
② 조속기(Governor)
③ 리미트 스위치(Limit Switch)
④ 카운터 웨이트(Counter Weight)

해설

③	리미트 스위치(Limit Switch)	
	종점스위치가 고장 났을 때 엘리베이터를 최상층이나 최하층에서 멈추게 하는 안전장치이다.	

해답 65. ① 66. ④ 67. ④ 68. ③

69 일사에 관한 설명으로 옳지 않은 것은?

① 일사에 따른 건물의 수열은 방위에 따라 차이가 있다.
② 추녀와 차양은 창면에서의 일사 조절 방법으로 사용된다.
③ 블라인드, 루버, 롤스크린은 계절이나 시간, 실내의 사용 상황에 따라 일사를 조절할 수 있다.
④ 일사 조절의 목적은 일사에 따른 건물의 수열이나 흡열을 작게 하여 동계의 실내 기후의 악화를 방지하는 데 있다.

해설

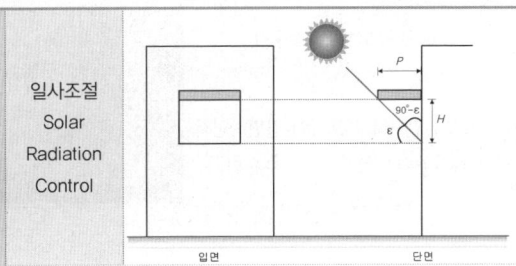

일사조절 Solar Radiation Control

일사에 따른 건물의 수열이나 흡열을 작게 하여 하계의 실내 기후의 악화를 방지하는 데 있다.
외부 차양 장치를 이용한 일사 차폐가 가장 효과적이다.

70 증기난방에 관한 설명으로 옳지 않은 것은?

① 온수난방에 비해 예열시간이 짧다.
② 온수난방에 비해 한랭지에서 동결의 우려가 적다.
③ 운전 시 증기 해머로 인한 소음을 일으키기 쉽다.
④ 온수난방에 비해 부하 변동에 따른 실내 방열량의 제어가 용이하다.

해설

증기난방

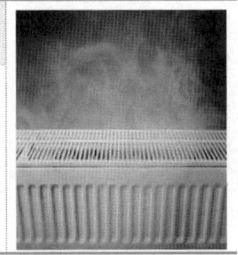

보일러에서 생산된 증기를 방열기로 보내 증기의 응축 잠열을 이용하는 난방이므로 방열량 제어가 곤란하다.

71 양수량 2m³/min, 전양정 50m, 효율 60%인 펌프의 축동력은? (단, 유체의 밀도는 1,000kg/m³이다.)

① 2.77 kW ② 9.82 kW
③ 16.33 kW ④ 27.23 kW

해설

펌프의 축동력 $\dfrac{W \cdot Q \cdot H}{6{,}120 \cdot E}$	W	물의 밀도 (1,000kg/m³)
	Q	펌프의 양수량 (m³/min)
	H	전양정(m)
	E	펌프의 효율(%)

$$\frac{W \cdot Q \cdot H}{6{,}120 \cdot E} = \frac{(1{,}000)(2)(50)}{6{,}120(0.6)} = 27.233 \text{kW}$$

72 다음 설명에 알맞은 화재의 종류는?

나무, 섬유, 종이, 고무, 플라스틱류와 같은 일반 가연물이 타고 나서 재가 남는 화재

① A급 화재 ② B급 화재
③ C급 화재 ④ K급 화재

해설

화재의 분류		원인 물질
A급 (백색)	일반화재	나무, 섬유, 종이, 고무, 플라스틱류와 같은 일반 가연물이 타고 나서 재가 남는 화재
B급 (황색)	유류가스화재	석유, 타르, 페인트, LPG, LNG, 도시가스 등과 가스에 따른 화재
C급 (청색)	전기화재	전기스파크, 단락, 과부하 등으로 전기에너지가 불로 전이되는 화재
D급 (은색)	금속화재	철분, 마그네슘, 칼륨, 나트륨 등의 금속 물질에 따른 화재

해답 69. ④ 70. ④ 71. ④ 72. ①

73 환기에 관한 설명으로 옳지 않은 것은?

① 기밀성이 높은 주택의 경우 잦은 기계환기를 통해 실내 공기의 오염을 낮추는 것이 바람직하다.
② 병원의 수술실은 오염 공기가 실내로 들어오는 것을 방지하기 위해 실내 압력을 주변 공간보다 높게 설정한다.
③ 공기의 오염도가 높은 도로에 면해 있는 경우, 공기조화설비 계통의 외기 도입구를 가급적 높은 위치에 설치한다.
④ 화장실은 송풍기(급기팬)와 배풍기(배기팬)를 설치하는 것이 일반적이다.

해설

제1종 기계환기법	제2종 기계환기법	제3종 기계환기법

④	1	제1종 기계환기법: 급배기 모두 송풍기를 설치하며 가장 안전한 환기로 기계실, 전기실 등에 사용
	2	제2종 기계환기법: 급기 송풍기만 설치하며 실내를 정압으로 유지하여 다른 실내에서의 먼지 침입이 없으므로 클린 룸 등에 사용
	3	제3종 기계환기법: 배기 송풍기만 설치하며 실내를 부압으로 유지하며 실내의 냄새나 유해물질을 다른 실로 흘려 보내지 않으므로 주방, 화장실, 유해 가스 발생 장소 등에 사용

74 자동화재탐지설비의 감지기 중 감지기 주위의 온도 상승률이 일정한 값을 초과하는 경우 작동하는 것은?

① 정온식 ② 차동식
③ 광전식 ④ 이온화식

해설

② 주위 온도가 일정 온도 이상일 때 작동하는 것은 정온식, 온도 상승률이 일정 이상일 때 작동하는 것은 차동식 스폿 감지기이다.

75 다음 설명에 알맞은 전동기의 종류는?

- 회전자계를 만드는 여자전류가 전원측으로부터 흐르는 관계로 역률이 나쁘다는 결점이 있다.
- 구조와 취급이 간단하여 건축설비에서 가장 널리 사용된다.

① 식권전동기 ② 분권전동기
③ 유도전동기 ④ 동기전동기

해설

③ 교류용 3상 유도전동기

구조가 간단하고 조작이 간편하면서 값이 싸므로 가장 많이 사용된다.

76 다음 중 냉방부하 계산 시 현열만을 고려하는 것은?

① 인체의 발생 열량
② 실내기기 부하
③ 틈새바람으로부터의 취득 열량
④ 외기의 도입으로 인한 취득 열량

해설

②

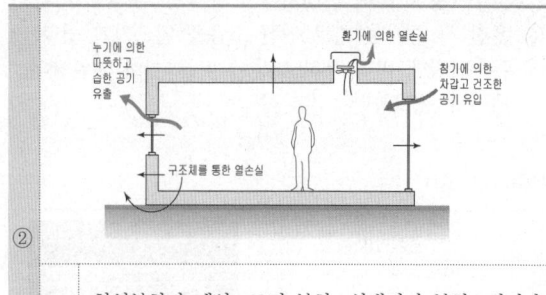

1	현열부하만 계산: 조명 부하, 실내기기 부하, 벽이나 창을 통한 열관류 부하, 창을 통한 일사열 부하
2	현열+잠열: 인체 부하, 틈새바람(극간풍), 환기를 위한 신선 외기 도입

해답 73. ④ 74. ② 75. ③ 76. ②

77 게이트 밸브(Gate Valve)라고도 하며 유체 흐름에 의한 마찰손실이 적어서 물과 증기 배관에 주로 사용되는 밸브는?

① 체크 밸브(Check Valve)
② 앵글 밸브(Angle Valve)
③ 글로브 밸브(Glove Valve)
④ 슬루스 밸브(Sluice Valve)

해설

슬루스 밸브(Sluice Valve)

④ 게이트 밸브라고도 하며, 유체의 흐름에 의한 마찰손실이 가장 적은 밸브로 급수, 급탕, 증기 배관에서 가장 많이 이용된다.

78 다음과 같은 공식을 통해 산출되는 값으로 전기설비가 어느 정도 유효하게 사용되는가를 나타내는 것은?

$$\frac{부하의\ 평균전력}{최대수용전력} \times 100(\%)$$

① 부하율
② 보상률
③ 부등률
④ 수용률

해설

	1	수용률 = $\frac{최대수용전력(kW)}{부하설비용량(kW)} \times 100(\%)$
①	2	부등률 = $\frac{각\ 부하의\ 최대수용전력\ 합계(kW)}{합계부하의\ 최대수용전력(kW)} \times 100(\%)$
	3	부하율 = $\frac{평균수용전력(kW)}{최대수용전력(kW)} \times 100(\%)$

79 통기관의 관경에 대한 설명으로 옳지 않은 것은?

① 각개통기관의 관경은 그것이 접속되는 배수관 관경의 1/2 이상으로 한다.
② 회로통기관의 관경은 배수수평지관과 통기수직관 중 큰 쪽 관경의 1/2 이상으로 한다.
③ 결합통기관의 관경은 통기수직관과 배수수직관 중 작은 쪽 관경 이상으로 한다.
④ 신정통기관의 관경은 배수수직관의 관경보다 작게 해서는 안 된다.

해설

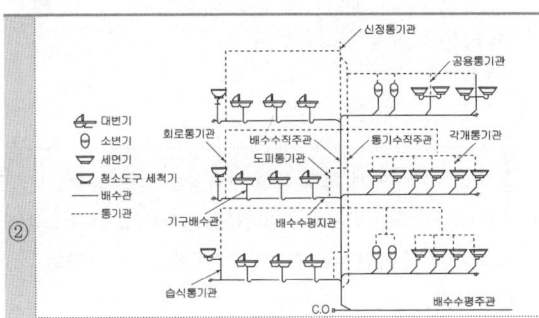

② 루프통기관(Loop Vent, 회로통기관, 환상통기관)의 관경은 배수수평지관과 통기수직관 중 작은 쪽 관경의 1/2 이상으로 한다.

80 다음 중 최근 저압선로의 배선보호용 차단기로 가장 많이 사용되는 것은?

① ACB　② GCB　③ MCCB　④ ABCD

해설

배선용 차단기
(MCCB, Molded Case Circuit Breaker)

③ 배선용 차단기는 상시 상태의 전로를 수동 또는 전기조작에 의해 개폐가 가능하고 과부하 및 단락 등의 사고 발생 시 자동적으로 전로를 차단하는 기구로써 개폐기와 과전류 차단기의 기능을 겸한다.

해답　77. ④　78. ①　79. ②　80. ③

건축법규

81 특별피난계단의 구조에 관한 기준 내용으로 틀린 것은?

① 계단은 내화구조로 하되, 피난층 또는 지상까지 직접 연결되도록 한다.
② 계단실 및 부속실의 실내에 접하는 부분의 마감은 불연재료로 한다.
③ 출입구의 유효너비는 0.9m 이상으로 하고 피난의 방향으로 열 수 있도록 한다.
④ 건축물의 내부에서 노대 또는 부속실로 통하는 출입구에는 30분방화문을 설치하고, 노대 또는 부속실로부터 계단실로 통하는 출입구에는 60분 방화문을 설치하도록 한다.

해설

④	건축물의 내부에서 노대 또는 부속실로 통하는 출입구에는 60+방화문 또는 60분방화문을 설치하고, 노대 또는 부속실로부터 계단실로 통하는 출입구에는 60+방화문, 60분방화문 또는 30분방화문을 설치하도록 한다.

82 건축법령상 다중이용건축물에 속하지 않는 것은?

① 층수가 16층인 판매시설
② 층수가 20층인 관광숙박시설
③ 종합병원으로 쓰는 바닥면적의 합계가 3,000m²인 건축물
④ 종교시설로 쓰는 바닥면적의 합계가 5,000m²인 건축물

해설

<table>
<tr><td rowspan="3">③</td><td colspan="2">다중이용건축물</td></tr>
<tr><td>1</td><td>16층 이상의 건축물</td></tr>
<tr><td>2</td><td>문화 및 집회시설(전시장, 동·식물원 제외), 종교시설, 판매시설, 여객자동차터미널, 종합병원, 관광숙박시설의 용도에 쓰이는 바닥면적 합계가 5,000m² 이상인 건축물</td></tr>
</table>

83 국토교통부령으로 정하는 기준에 따라 거실에 배연설비를 설치하여야 하는 대상 건축물에 속하지 않는 것은? (단, 6층 이상의 건축물)

① 의료시설
② 위락시설
③ 수련시설 중 유스호스텔
④ 교육연구시설 중 대학교

해설

<table>
<tr><td rowspan="4">④</td><td colspan="2">배연설비의 설치</td></tr>
<tr><td>규모</td><td>6층 이상인 건축물</td></tr>
<tr><td>설치장소</td><td>거실</td></tr>
<tr><td>용도</td><td>• 문화 및 집회시설, 종교시설, 판매시설, 업무시설, 의료시설, 종교시설, 운수시설, 운동시설, 숙박시설, 위락시설, 관광휴게시설, 아동관련시설, 노인복지시설
• 연구소, 유스호스텔
• 장례식장</td></tr>
</table>

84 건축물의 필로티 부분을 건축법령상의 바닥면적에 산입하는 경우에 속하는 것은?

① 공중의 통행에 전용되는 경우
② 차량의 주차에 전용되는 경우
③ 업무시설의 휴식공간으로 전용되는 경우
④ 공동주택의 놀이공간으로 전용되는 경우

해설

<table>
<tr><td rowspan="4">③</td><td colspan="2">필로티 등의 구조 부분의 바닥면적 산정이 제외되는 경우</td></tr>
<tr><td>1</td><td>공중의 통행에 전용되는 경우</td></tr>
<tr><td>2</td><td>차량의 통행·주차에 전용되는 경우</td></tr>
<tr><td>3</td><td>공동주택의 경우</td></tr>
</table>

해답 81. ④ 82. ③ 83. ④ 84. ③

85 건축법령상 일반주거지역, 준주거지역, 상업지역 또는 준공업지역의 환경을 쾌적하게 조성하기 위하여 대지에 공개공지 또는 공개공간을 확보하여야 하는 대상 건축물에 속하지 않는 것은? (단, 건축조례로 정하는 건축물 제외)

① 숙박시설로서 해당 용도로 쓰는 바닥면적의 합계가 5,000m² 이상인 건축물
② 의료시설로서 해당 용도로 쓰는 바닥면적의 합계가 5,000m² 이상인 건축물
③ 업무시설로서 해당 용도로 쓰는 바닥면적의 합계가 5,000m² 이상인 건축물
④ 종교시설로서 해당 용도로 쓰는 바닥면적의 합계가 5,000m² 이상인 건축물

해설

	공개공지 확보 대상	
규모	용도 바닥면적 합계 5,000m² 이상	
② 용도	• 문화 및 집회시설	• 판매시설 (농수산물 유통시설 제외)
	• 종교시설	• 운수시설 (여객용 시설만 해당)
	• 업무시설	• 숙박시설

86 비상용승강기의 승강장 및 승강로의 구조에 관한 기준 내용으로 옳지 않은 것은?

① 승강장은 각 층의 내부와 연결될 수 있도록 할 것
② 각 층으로부터 피난층까지 이르는 승강로는 단일구조로 연결하여 설치할 것
③ 옥내 승강장의 바닥면적은 비상용승강기 1대에 대하여 6m² 이상으로 할 것
④ 피난층이 있는 승강장의 출입구로부터 도로 또는 공지에 이르는 거리가 50m 이하일 것

해설

④ 피난층이 있는 승강장의 출입구로부터 도로 또는 공지에 이르는 거리가 30m 이하일 것

87 도시지역에서 복합적인 토지 이용을 증진시켜 도시정비를 촉진하고 지역 거점을 육성할 필요가 있다고 인정되는 지역을 대상으로 지정하는 구역은?

① 개발제한구역   ② 시가화조정구역
③ 입지규제최소구역   ④ 도시자연공원구역

해설

③ 입지규제최소구역

도심 내 쇠퇴한 주거지역, 역세권 등을 주거·상업·문화 기능이 복합된 거점으로 개발해 지역경제 활성화를 촉진하기 위한 제도로서 2015년 1월 6일 시행된 개정 국토계획법에 따라 처음 도입되었다.

88 다음 중 대지와 도로의 관계에 관한 기준 내용 중 ( ) 안에 알맞은 것은?

연면적 합계가 2,000m²(공장인 경우에는 3,000m²) 이상인 건축물(축사, 작물재배사, 그밖에 이와 비슷한 건축물로서 건축조례로 정하는 규모의 건축물은 제외한다)의 대지는 너비 (㉠) 이상의 도로에 (㉡) 이상 접하여야 한다.

① ㉠ : 4m, ㉡ : 2m   ② ㉠ : 6m, ㉡ : 4m
③ ㉠ : 8m, ㉡ : 6m   ④ ㉠ : 8m, ㉡ : 4m

해설

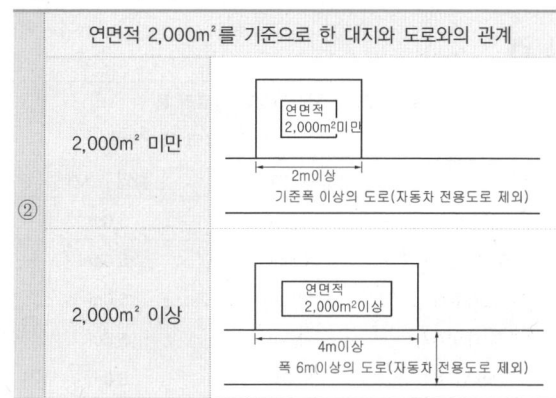

정답 85. ② 86. ④ 87. ③ 88. ②

89 건축허가신청에 필요한 기본설계도서 중 건축계획서에 표시하여야 할 사항으로 옳지 않은 것은?

① 주차장 규모
② 공개공지 및 조경계획
③ 건축물의 용도별 면적
④ 지역·지구 및 도시계획사항

해설

건축허가신청 서식 중 기본설계도서의 범위
건축계획서, 배치도, 평면도, 입면도, 단면도, 구조도, 구조계산서, 소방설비도

	건축계획서에 표시하여야 할 사항
	1	개요(위치·대지면적 등)
②	2	지역·지구 및 도시계획사항
	3	건축물의 규모(건축면적·연면적·높이·층수 등)
	4	건축물의 용도별 면적, 주차장 규모
	5	에너지절약계획서(해당건축물에 한한다.)
	6	노인 및 장애인 등을 위한 편의시설 설치계획서 (관계법령에 의하여 설치의무가 있는 경우에 한한다.)

90 노외주차장의 출입구가 2개인 경우 주차 형식에 따른 차로의 최소 너비가 옳지 않은 것은? (단, 이륜자동차전용 외의 노외주차장의 경우)

① 직각주차: 6.0m
② 평행주차: 3.3m
③ 45도 대향주차: 3.5m
④ 60도 대향주차: 5.0m

해설

노외주차장 주차 형식과 차로의 폭		
주차 형식	차로의 폭	
	출입구 2개 이상	출입구 1개
평행주차	3.3m	5.0m
45° 대향주차	3.5m	5.0m
교차주차	3.5m	5.0m
60° 대향주차	4.5m	5.5m
직각주차	6.0m	6.0m

91 6층 이상의 거실면적 합계가 9,000m²인 층수가 10층인 업무시설에 설치하여야 하는 승용승강기의 최소 대수는? (단, 8인승 승강기의 경우)

① 2대
② 3대
③ 4대
④ 5대

해설

③ $N = 1대 + \dfrac{A - 3,000}{2,000} = 1대 + \dfrac{(9,000) - 3,000}{2,000} = 4대$

92 급수, 배수, 환기, 난방 설비를 건축물에 설치하는 경우, 건축기계설비기술사 또는 공조냉동기계기술사의 협력을 받아야 하는 대상 건축물에 속하지 않는 것은?

① 아파트
② 연립주택
③ 기숙사로서 해당 용도에 사용되는 바닥면적의 합계가 2,000m²인 건축물
④ 업무시설로서 해당 용도에 사용되는 바닥면적의 합계가 2,000m²인 건축물

해설

건축설비관련기술사의 협력 대상 건축물	
용도	규모 (해당용도에 사용되는 바닥면적의 합계)
• 아파트 및 연립주택	—
• 목욕장(제1종 근린생활시설 중) • 실내수영장, 실내 물놀이형 시설 (운동시설 중)	1,000m² 이상
• 기숙사(공동주택 중), 숙박시설 • 유스호스텔(수련시설 중), 의료시설	2,000m² 이상
• 판매시설, 업무시설 • 연구소(교육연구시설 중)	3,000m² 이상
• 문화 및 집회시설(동·식물원 제외) • 교육연구시설(연구소 제외) • 종교시설, 장례시설 • 창고시설을 제외한 모든 용도	10,000m² 이상

해답 89. ② 90. ④ 91. ③ 92. ④

93 제2종 일반주거지역 안에서 건축할 수 있는 건축물에 속하지 않는 것은?
① 아파트 ② 노유자시설
③ 종교시설 ④ 문화 및 집회시설 중 관람장

해설

	제2종 전용주거지역 안에서 건축할 수 있는 건축물
1	단독주택, 공동주택
2	제1종 근린생활시설
3	교육연구시설 중 유치원, 초등학교, 중학교 및 고등학교
4	노유자시설, 종교시설
5	관람장을 제외한 문화 및 집회시설은 조례로 건축 가능

④

94 건축물의 연면적 중 주차장으로 사용되는 비율이 70%인 경우, 주차전용건축물로 볼 수 있는 주차장 외의 용도에 속하지 않는 것은?
① 의료시설 ② 운동시설
③ 제1종 근린생활시설 ④ 제2종 근린생활시설

해설

주차전용건축물의 주차 면적 비율

①

주차장 이외 부분의 용도	주차장 면적 비율
• 일반 용도	연면적 중 95% 이상
• 제1종 및 제2종 근린생활시설 • 단독주택, 공동주택 • 문화 및 집회·자동차관련시설 • 판매·종교·운수·운동·업무·창고 시설	연면적 중 70% 이상

95 건축법령에 따라 건축물의 경사지붕 아래에 설치하는 대피공간에 관한 기준 내용으로 옳지 않은 것은?
① 특별피난계단 또는 피난계단과 연결되도록 할 것
② 관리사무소 등과 긴급 연락이 가능한 통신시설을 설치할 것
③ 대피공간의 면적은 지붕 수평투영면적의 20분의 1 이상일 것
④ 출입구는 유효너비 0.9m 이상으로 하고, 그 출입구에는 60분+, 60분방화문을 설치할 것

해설

③ 경사지붕 아래에 설치하는 대피공간의 면적은 지붕 수평투영면적의 1/10 이상일 것

96 건축물의 주요구조부를 내화구조로 하여야 하는 대상 건축물에 속하지 않는 것은?
① 공장의 용도로 쓰는 건축물로서 그 용도로 쓰는 바닥면적의 합계가 500m²인 건축물
② 판매시설의 용도로 쓰는 건축물로서 그 용도로 쓰는 바닥면적의 합계가 500m²인 건축물
③ 창고시설의 용도로 쓰는 건축물로서 그 용도로 쓰는 바닥면적의 합계가 500m²인 건축물
④ 문화 및 집회시설 중 전시장의 용도로 쓰는 건축물로서 그 용도로 쓰는 바닥면적의 합계가 500m²인 건축물

해설

	주요구조부를 내화구조로 해야 하는 규정
200m² 이상	• 문화 및 집회시설(전시장 및 동·식물원 제외) • 유흥주점 • 종교시설, 장례시설
① 500m² 이상	• 문화 및 집회시설 중 전시장 및 동·식물원 • 위락시설(유흥주점 제외) • 판매시설, 운수시설, 수련시설, 창고시설, 관광휴게시설 • 운동시설 중 체육관 및 운동장 • 위험물저장 및 처리시설 • 방송통신시설 중 방송국·전신전화국 및 촬영소
2,000m² 이상	• 공장 (화재로 위험이 적은 공장으로서 주요구조부가 불연재료로 된 2층 이하의 공장은 예외)

해답 93. ④ 94. ① 95. ③ 96. ①

⑤ 바이블 연도별 기출문제

97 다음 중 해당 용도로 사용되는 바닥면적의 합계에 의해 건축물의 용도분류가 다르게 되지 않는 것은?

① 오피스텔   ② 종교집회장
③ 골프연습장   ④ 휴게음식점

해설

②	종교집회장	바닥면적 500m² 미만: 제2종 근린생활시설
		바닥면적 500m² 이상: 종교시설
③	골프연습장	바닥면적 500m² 미만: 제2종 근린생활시설
		바닥면적 500m² 이상: 운동시설
④	휴게음식점	바닥면적 300m² 미만: 제1종 근린생활시설
		바닥면적 300m² 이상: 제2종 근린생활시설

98 주거기능을 위주로 이를 지원하는 일부 상업기능 및 업무기능을 보완하기 위하여 지정하는 주거지역의 세분은?

① 준주거지역   ② 제1종 전용주거지역
③ 제1종 일반주거지역   ④ 제2종 일반주거지역

해설

	전용주거지역(양호한 주거환경의 보호)	
	1종	단독주택 중심의 양호한 주거환경을 보호
	2종	공동주택 중심의 양호한 주거환경을 보호
	일반주거지역(편리한 주거환경의 조성)	
①	1종	저층주택을 중심으로 편리한 주거환경을 조성
	2종	중층주택을 중심으로 편리한 주거환경을 조성
	3종	중·고층주택을 중심으로 편리한 주거환경을 조성
	준주거지역	
	주거기능을 위주로 이를 지원하는 일부 상업기능 및 업무기능을 보완하기 위하여 필요한 지역	

99 다음 중 도시·군관리계획에 포함되지 않는 것은?

① 도시개발사업이나 정비사업에 관한 계획
② 광역계획권의 장기발전방향을 제시하는 계획
③ 기반시설의 설치·정비 또는 개량에 관한 계획
④ 용도지역·용도지구의 지정 또는 변경에 관한 계획

해설

		도시·군관리계획의 내용
	1	용도지역·용도지구의 지정 또는 변경에 관한 계획
	2	개발제한구역·시가화조정구역·수산자원보호구역의 지정 또는 변경에 관한 계획
②	3	기반시설의 설치·정비 또는 개량에 관한 계획
	4	도시개발사업 또는 정비사업에 관한 계획
	5	지구단위계획구역의 지정 또는 변경에 관한 계획과 지구단위계획

100 설치하여야 하는 부설주차장의 최소 규모(설치 대수)의 크기 관계가 옳은 것은?

㉠ 시설면적이 600m²인 위락시설
㉡ 시설면적이 800m²인 숙박시설
㉢ 타석 수가 5타석인 골프연습장
㉣ 시설면적이 900m²인 판매시설

① ㉠ = ㉣ > ㉢ > ㉡   ② ㉠ > ㉣ = ㉢ > ㉡
③ ㉢ > ㉣ > ㉠ > ㉡   ④ ㉢ > ㉣ = ㉠ > ㉡

해설

	㉠ 위락시설	시설면적 100m² 당 1대	600m²인 경우 6대
①	㉡ 숙박시설	시설면적 200m² 당 1대	800m²인 경우 4대
	㉢ 골프연습장	1타석당 1대	5타석은 5대
	㉣ 판매시설	시설면적 150m² 당 1대	900m²인 경우 6대

해답 97. ① 98. ① 99. ② 100. ①

건축계획

* 본 기출문제는 수험자의 기억에 의한 복원문제입니다.

1 공장건축의 레이아웃(Lay Out)에 관한 설명으로 옳지 않은 것은?

① 제품중심의 레이아웃은 대량생산에 유리하며 생산성이 높다.
② 레이아웃이란 생산품의 특성에 따른 공장의 건축 면적 결정 방식을 말한다.
③ 공정중심의 레이아웃은 다종 소량생산으로 표준화가 행해지기 어려운 주문생산에 적합하다.
④ 고정식 레이아웃은 조선소와 같이 조립 부품이 고정된 장소에 있고 사람과 기계를 이동시키며 작업을 행하는 방식이다.

해설

플랜트 레이아웃 (Plant Lay-Out)

② 공장건축의 평면 요소 간의 위치 관계를 결정하는 것으로서 작업장 내의 기계설비 배치에 관한 것을 말한다.

2 공동주택의 평면형식에 관한 설명으로 옳지 않은 것은?

① 집중형은 각 세대별 조망이 다르다.
② 중복도형은 독신자 아파트에 많이 이용된다.
③ 편복도형은 각호의 통풍 및 채광이 양호하다.
④ 계단실형은 통행부 면적이 커서 대지의 이용률이 높다.

해설

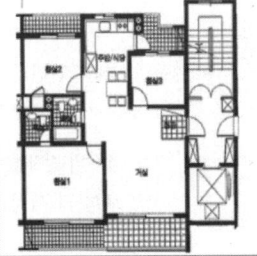

계단실형 아파트 (Direct Access Hall System)

④ 계단실형은 통행부 면적이 작아 건물 이용도가 높다.

3 어느 학교의 1주간의 평균수업시간이 40시간인데 제도교실이 사용되는 시간은 20시간이다. 그 중 4시간은 다른 과목을 위해 사용된다. 제도교실의 이용률과 순수율은 각각 얼마인가?

① 이용률 20%, 순수율 50%
② 이용률 50%, 순수율 20%
③ 이용률 50%, 순수율 80%
④ 이용률 80%, 순수율 50%

해설

③

| 1 | 이용률 $= \dfrac{25}{50} \times 100\% = 50\%$ |  |
| 2 | 순수율 $= \dfrac{25-5}{25} \times 100\% = 80\%$ | |

4 미술관 건축계획에 관한 설명 중 옳은 것은?

① 하모니카 전시기법은 동일 종류의 전시물을 반복 전시할 경우 유리하다.
② 연속순회 형식이 가장 이상적으로 반영되어 있는 건축물로는 뉴욕의 구겐하임 미술관이 있다.
③ 미술관의 채광 방식을 편측창 방식으로 할 경우 실 전체의 조도 분포가 균일하여 별도의 조명설비가 필요 없다.
④ 아일랜드 전시기법은 벽이나 천장을 직접 이용하여 전시물을 배치하는 기법으로 관람자의 시거리를 짧게 할 수 없다는 단점이 있다.

해설

② 뉴욕 구겐하임 미술관은 중앙홀 형식이 가장 이상적으로 반영되어 있는 건축물이다.
③ 편측창 채광 방식의 경우 조도 분포가 불균일하다.
④ 아일랜드 전시기법은 벽이나 천장을 직접 이용하지 않고 전시공간을 만들어내는 기법으로 관람자의 시거리를 짧게 할 수 있다.

해답 1. ② 2. ④ 3. ③ 4. ①

1 바이블 연도별 기출문제

5 다음 설명에 알맞은 사무소 건축의 코어 유형은?

- 코어를 업무공간에서 분리시킨 관계로 업무공간의 융통성이 매우 높은 유형이다.
- 설비 덕트나 배관을 코어로부터 업무공간으로 연결하는데 제약이 많다.

① 외코어형 ② 양단코어형
③ 편단코어형 ④ 중앙코어형

해설

① 외코어형에 대한 설명으로 독립코어형이라고도 한다.

6 상점의 판매방식에 관한 설명으로 옳지 않은 것은?

① 측면판매방식은 직원 동선의 이동성이 많다.
② 대면판매방식은 측면판매방식에 비해 상품 진열 면적이 넓어진다.
③ 측면판매방식은 고객이 직접 진열된 상품을 접촉할 수 있는 관계로 선택이 용이하다.
④ 대면판매방식은 쇼케이스를 중심으로 판매원이 고정된 자리나 위치를 확보하는 것이 용이하다.

해설

②
대면판매   측면판매

대면판매방식은 측면판매방식에 비해 상품 진열면적이 작아진다.

7 극장의 무대계획에 관한 설명으로 옳지 않은 것은?

① 에이프런 스테이지는 막을 경계로 하여 객석 쪽으로 나온 부분의 무대이다.
② 사이클로라마의 높이는 프로시니엄 높이의 3배 정도로 한다.
③ 무대 상부 공간(Fly Loft)의 높이는 프로시니엄 높이의 4배 이상으로 한다.
④ 무대의 깊이는 프로시니엄 아치 폭보다 작게 한다.

해설

④ 무대의 폭은 프로시니엄 아치 폭의 2배, 깊이는 프로시니엄 아치 폭 이상으로 한다.

8 주택의 평면과 각 부위의 치수 및 기준척도에 관한 설명으로 옳지 않은 것은?

① 치수 및 기준척도는 안목치수를 원칙으로 한다.
② 거실 및 침실의 평면 각 변의 길이는 10cm를 단위로 한 것을 기준척도로 한다.
③ 거실 및 침실의 층높이는 2.4m 이상으로 하되, 5cm를 단위로 한 것을 기준척도로 한다.
④ 계단 및 계단참의 평면 각 변의 길이 또는 너비는 5cm를 단위로 한 것을 기준척도로 한다.

해설

	주택건설기준 등에 관한 규칙 제3조: 주택의 평면과 각 부위의 치수 및 기준척도
1	치수 및 기준척도는 안목치수를 원칙으로 한다.
② 2	거실 및 침실의 평면 각 변의 길이는 5cm를 단위로 한 것을 기준척도로 한다.
3	부엌·식당·욕실·화장실·복도·계단 및 계단참 등의 평면 각 변의 길이 또는 너비는 5cm를 단위로 한 것을 기준척도로 한다.
4	거실·침실의 반자높이는 2.2m 이상, 층높이는 2.4m 이상으로 하되 각각 5cm를 단위로 한 것을 기준척도로 한다.

해답 5. ① 6. ② 7. ④ 8. ②

9 사무소건축의 기준층 평면 형태 결정 요소와 가장 거리가 먼 것은?

① 엘리베이터 대수
② 방화구획상 면적
③ 구조상 스팬의 한도
④ 자연광에 의한 조명 한계

해설

	사무소건축 기준층 평면의 형태 한정 요소
①	1 구조상 스팬(Span)의 한도 ➡ 사용 목적
	2 동선상(動線上)의 거리, 대피상 최대 피난 거리
	3 방화구획상의 면적
	4 자연광에 따른 조명 한계 ➡ 채광률
	5 덕트, 배선, 배관 등 설비시스템상의 한계

10 복층형(Maisonette Type) 아파트에 관한 설명으로 옳지 않은 것은?

① 주택 내의 공간의 변화가 있다.
② 거주성, 특히 프라이버시가 높다.
③ 통로면적이 늘어나므로 유효면적이 줄어든다.
④ 엘리베이터 정지 층수가 적어지므로 운행면에서 경제적이고 효율적이다.

해설

③ 메조넷형(Maisonette Type)

하나의 주거단위가 복층 형식을 취하는 경우이므로 공용 및 서비스 면적은 작아지고 유효면적이 증가하며, 통로가 없는 층의 평면은 프라이버시와 통풍 및 채광이 좋아진다.

11 주택의 부엌 가구 배치 유형에 관한 설명으로 옳지 않은 것은?

① L자형은 부엌과 식당을 겸할 경우 많이 활용된다.
② ㄷ자형은 작업공간이 좁기 때문에 작업 효율이 나쁘다.
③ 일(一)자형은 좁은 면적 이용에 유리하므로 소규모 부엌에 주로 사용된다.
④ 병렬형은 작업동선은 줄일 수 있지만 몸을 앞뒤로 바꿔야 하므로 불편하다.

해설

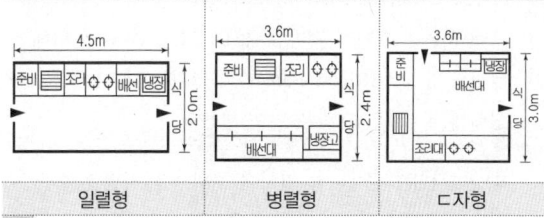

② 병렬형은 일렬형에 비해 작업동선이 단축되지만 작업 시 몸을 앞뒤로 바꾸어야 하는 불편함이 있고, 식당과 부엌이 개방되지 않고 외부로 통하는 출입구가 필요한 경우에 많이 쓰인다.

12 다음 설명에 알맞은 도서관의 자료 출납시스템 유형은?

이용자가 직접 서고 내의 서가에서 도서 자료의 제목 정도는 볼 수 있지만 내용을 열람하고자 할 경우 관원에게 대출을 요구해야 하는 형식

① 폐가식
② 반개가식
③ 자유개가식
④ 안전개가식

해설

② 반개가식(Semi Open Access)

출납 시설이 필요하지만 서가의 열람이나 감시가 불필요한 특징을 갖는다. 일반적으로 신간 서적 안내에 채택되며, 다량의 도서에는 부적당하다.

해답 9. ① 10. ③ 11. ② 12. ②

13 호텔건축에 관한 설명으로 옳은 것은?

① 일반적으로 호텔건축의 형태는 공공(Public) 부분에 의하여 결정된다.
② 숙박 관계 부분의 연면적에 대한 비율은 리조트 호텔이 커머셜 호텔보다 높다.
③ 연회장의 출입은 명확한 동선을 위해 호텔 주출입구 및 로비를 통하도록 하는 것이 좋다.
④ 시티 호텔은 부지의 제약으로 복도면적을 작게 하고 고층화에 적합한 평면형이 요구된다.

해설

①	호텔 외관은 호텔의 숙박 부분(Lodging Part)에 의해 결정되며, 객실(Guest Rooms)의 크기는 대지나 건물의 형태에 직접적인 영향을 많이 받는다.
②	숙박면적비가 큰 순서: 커머셜 호텔 〉 레지덴셜 호텔 〉 리조트 호텔 〉 아파트먼트 호텔
③	주식당(Main Dining Room) 및 연회장은 숙박객 및 외래객을 대상으로 하며, 외래객이 편리하게 이용할 수 있도록 출입구를 별도로 설치하는 것이 좋다.

14 장애인·노인·임산부 등의 편의증진 보장에 관한 법령에 따른 편의시설 중 매개시설에 속하지 않는 것은?

① 주출입구 접근로
② 유도 및 안내설비
③ 장애인전용주차구역
④ 주출입구 높이 차이 제거

해설

[장애인·노인·임산부 등의 편의 증진 보장에 관한 법률]		
①	주출입구 접근로	매개 시설
②	유도 및 안내설비	안내 시설
③	장애인전용주차구역	매개 시설
④	주출입구 높이 차이 제거	매개 시설

15 극장의 평면형식에 관한 설명으로 옳지 않은 것은?

① 오픈스테이지형은 무대장치를 꾸미는데 어려움이 있다.
② 프로시니엄형은 객석 수용 능력에 있어서 제한을 받는다.
③ 가변형 무대는 필요에 따라서 무대와 객석을 변화시킬 수 있다.
④ 아레나형은 무대 배경 설치 비용이 많이 소요된다는 단점이 있다.

해설

④
아레나 스테이지 (Arena Stage)
무대 배경 설치 비용이 적게 소요된다는 장점이 있다.

16 오토 바그너(Otto Wagner)가 주창한 근대건축의 설계 지침 내용으로 옳지 않은 것은?

① 경제적인 구조
② 그리스 건축양식의 복원
③ 시공 재료의 적당한 선택
④ 목적을 정확히 파악하고 완전히 충족시킬 것

해설

②

오토 바그너 (Otto Wagner, 1841~1918)	근대건축 설계 지침 (Mordern Architecture, 1896)
1	목적의 파악: 목적에 맞는 기능 충족
2	재료의 선택: 근대건축 미학에 맞는 표현 추구
3	단순하고 경제적인 구조
4	위와 같은 결과로 나타나는 형태

해답 13. ④ 14. ② 15. ④ 16. ②

17 그리스 아테네의 아크로폴리스에 관한 설명으로 옳지 않은 것은?

① 프로필리어는 아크로폴리스로 들어가는 입구 건물이다.
② 에렉테이온 신전은 이오닉 양식의 대표적인 신전으로 부정형 평면으로 구성되어 있다.
③ 니케 신전은 순수한 코린트식 양식으로서 페르시아와의 전쟁의 승리 기념으로 세워졌다.
④ 파르테논 신전은 도릭 양식의 대표적인 신전으로서 그리스 고전 건축을 대표하는 건물이다.

해설

③ 니케 신전
(Temple of Athena Nike)
전쟁의 신 '아테나 니케'를 위한 니케 신전은 이오닉 양식으로서 페르시아와의 전쟁의 승리기념으로 세워졌다.

18 백화점 매장의 배치 유형에 관한 설명으로 옳지 않은 것은?

① 직각형 배치는 매장면적의 이용률을 최대로 확보할 수 있다.
② 직각형 배치는 고객의 통행량에 따라 통로폭을 조절하기 용이하다.
③ 경사형 배치는 많은 고객이 매장 공간의 코너까지 접근하기 용이한 유형이다.
④ 경사형 배치는 Main 통로를 직각 배치하며, Sub 통로를 45° 정도 경사지게 배치하는 유형이다.

해설

백화점: 직각형 매장 배치

② 판매장이 단조로워지기 쉽고 부분적으로 고객의 통행량에 따른 통로폭 조절이 어려워 국부적 혼란을 일으키기 쉽다.

19 다음의 건축물 중 주심포식 건축양식에 속하지 않는 것은?

① 강릉 객사문
② 석왕사 응진전
③ 봉정사 극락전
④ 부석사 무량수전

① 강릉 객사문: 주심포식

② 석왕사 응진전: 다포식

③ 봉정사 극락전: 주심포식

④ 부석사 무량수전: 주심포식

20 국지도로의 유형 중 쿨데삭(Cul-De-Sac) 형에 관한 설명으로 옳은 것은?

① 통과교통이 다수 발생한다.
② 우회도로가 있어 방재, 방범상 유리하다.
③ 도로의 최대 길이는 30m 이하이어야 한다.
④ 주택 배면에 보행자전용도로가 설치되어야 효과적이다.

해설

		쿨데삭(Cul-de-Sac)	
④	1	통과교통이 없으므로 주거 환경의 쾌적성 및 안전성 확보 용이	
	2	각 가구와 관계없는 차량 진입이 배제되고 우회도로가 없으므로 방재 및 방범상 불리	
	3	쿨데삭(Cul-de-Sac)의 최대 길이는 150m 이하로 계획	

해답 17. ③ 18. ② 19. ② 20. ④

건축시공

21 네트워크 공정표에서 작업의 상호관계만을 도시하기 위하여 사용하는 화살선을 무엇이라 하는가?
① Event
② Dummy
③ Activity
④ Critical path

해설

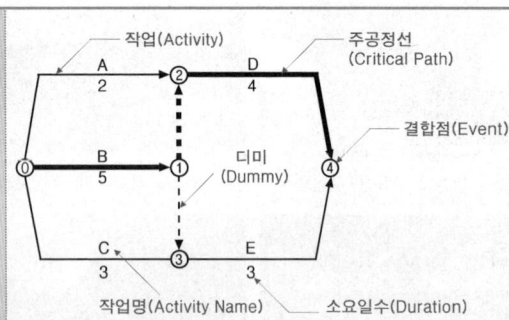

실선의 화살표 위에는 작업명(Activity Name), 아래에는 소요시간(Duration)을 숫자로 기재한다.
작업의 상호관계만을 나타내기 위한 더미(Dummy)는 점선의 화살표로 표현하며, 작업명과 소요일수는 기재하지 않는다.

22 철근콘크리트 공사에서 콘크리트 이어치기에 대한 설명으로 옳지 않은 것은?
① 콘크리트의 이어치기는 원칙적으로 응력이 집중되는 곳에서 한다.
② 보의 이어치기는 전단력이 가장 작은 스팬(Span)의 중앙부에서 수직으로 한다.
③ 기둥·기초는 슬래브의 상단에서 이어친다.
④ 캔틸레버 보는 이어치기를 하지 않고 한 번에 타설한다.

해설

① 콘크리트의 이어치기를 해야 할 경우가 발생하면 시공이음은 구조적으로 응력이 집중되는 곳을 피하고, 전단력이 작은 위치에 설치하며, 부재의 압축력이 작용하는 방향과 직각이 되도록 설치하는 것이 원칙이다.

23 건축공사의 도급계약서 내용에 기재하지 않아도 되는 항목은?
① 공사의 착수 시기
② 재료의 시험에 관한 내용
③ 계약에 관한 분쟁 해결 방법
④ 천재 및 그 외의 불가항력에 의한 손해 부담

해설

② 도급계약서의 기재 내용

	도급계약서의 기재 내용
1	공사 도급금액, 공사 금액 지불 방법 및 지불 시기
2	공사 기간: 공사 착수 시기, 완공 시기
3	설계변경, 공사 중지의 경우 도급액 변경 및 손해 부담에 대한 사항, 천재지변에 따른 손해 부담
4	건물 인도 검사 방법 및 인도 시기
5	계약자의 이행 지연, 채무 불이행, 분쟁 해결 방법, 지체 보상금, 위약금에 관한 사항
6	공사 시공으로 인해 제3자가 입은 손해 부담에 관한 사항
7	공사 기간에 따른 도급 금액 변동에 관한 사항

24 지명경쟁입찰을 택하는 이유 중 가장 중요한 것은?
① 공사비의 절감
② 양질의 시공 결과 기대
③ 준공 기일의 단축
④ 공사 감리의 편리

해설

② 지명경쟁입찰(Limited Open Bid)

	지명경쟁입찰(Limited Open Bid)
1	해당 공사에 가장 적격하다고 인정되는 3~7개 정도의 시공회사를 선정하여 입찰시키는 방식
2	부적격자에게 낙찰되는 것을 방지하기 위한 제도로서, 양질의 시공 결과를 기대할 수 있다.

해답 21. ② 22. ① 23. ② 24. ②

25 건축공사 시 직접공사비 구성 항목으로 옳게 짝지어진 것은?

① 재료비, 노무비, 장비비, 간접공사비
② 재료비, 노무비, 외주비, 간접공사비
③ 재료비, 노무비, 일반관리비, 경비
④ 재료비, 노무비, 외주비, 경비

해설

④
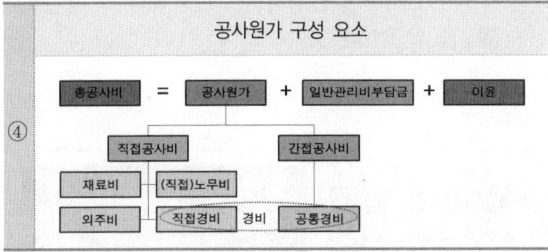

26 석재 설치 공법 중 오픈 조인트 공법의 특징으로 옳지 않은 것은?

① 등압이론 방식을 적용한 수밀 방식이다.
② 압력차에 의해서 빗물을 차단할 수 있다.
③ 실링재가 많이 소요된다.
④ 층간변위에도 유동적으로 변위를 흡수할 수 있으므로 파손 확률이 적어진다.

해설

③
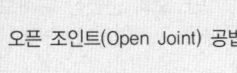
오픈 조인트(Open Joint) 공법

외벽에서 판재와 판재 사이에 기존까지 사용되던 실런트(Sealant, 실링재)를 이용한 코킹 처리를 하지 않고, 줄눈을 열어 놓는 공법이다. 에너지 차단 효과가 있는 등압이론을 건축에 적용시킨 것으로 배수 시설, 방수(차수)막 시공이 함께 이루어져야만 완전해 질 수 있다.

27 타일공사에 관한 설명 중 옳은 것은?

① 모자이크 타일의 줄눈 너비의 표준은 5mm이다.
② 벽체타일이 시공되는 경우 바닥타일은 벽체타일을 붙이기 전에 시공한다.
③ 타일을 붙이는 모르타르에 시멘트 가루를 뿌리면 백화가 방지된다.
④ 타일 붙임 후 3시간 경과 시 줄눈파기를 하고, 24시간 경과 후 치장줄눈을 시공한다.

해설

타일공사 줄눈 너비의 표준	
①	• 대형벽돌형(외부): 9mm • 대형(내부 일반): 5~6mm • 소형: 3mm • 모자이크: 2mm
②	벽체타일이 시공되는 경우 벽체타일을 먼저 시공하고 바닥을 청소 후 바닥타일을 시공한다.
③	타일을 붙일 때 필요시 시멘트 가루를 뿌려 물걷힘을 하고 붙여 올라가는 데, 이것은 타일의 뒷면에 틈이 생기기 쉽고 백화(Efflorescence)가 발생할 수 있다.

28 레디믹스트 콘크리트 발주 시 호칭 규격인 25-24-150에서 알 수 없는 것은?

① 염화물 함유량   ② 슬럼프(Slump)
③ 호칭강도   ④ 굵은 골재의 최대 치수

해설

①

Remicon [25 - 24 - 150]
㉮ ㉯ ㉰

㉮ 굵은 골재 최대치수 25mm
㉯ 호칭강도 24MPa
㉰ 슬럼프(Slump) 150mm

해답 25. ④   26. ③   27. ④   28. ①

29 미장공사에서 균열을 방지하기 위하여 고려해야 할 사항 중 옳지 않은 것은?

① 바름면은 바람 또는 직사광선 등에 의한 급속한 건조를 피한다.
② 1회의 바름 두께는 가급적 얇게 한다.
③ 쇠 흙손질을 충분히 한다.
④ 모르타르 바름의 정벌바름은 초벌바름보다 부배합으로 한다.

해설

④ 원칙적인 미장재료의 배합은 바탕에 가까운 바름층일수록 부배합, 정벌바름에 가까울수록 빈배합으로 하는 것이 좋다

30 건축 석공사에 관한 설명으로 옳지 않은 것은?

① 건식쌓기 공법의 경우 시공이 불량하면 백화 현상 등의 원인이 된다.
② 석재 물갈기 마감 공정의 종류는 거친갈기, 물갈기, 본갈기, 정갈기가 있다.
③ 시공 전에 설계도에 따라 돌 나누기 상세도, 원척도를 만들고 석재의 치수, 형상, 마감 방법 및 철물 등에 따른 고정 방법을 정한다.
④ 마감면에 오염의 우려가 있는 경우에는 폴리에틸렌 시트 등으로 보양한다.

해설

① 벽면과 돌붙임 사이의 공간을 모르타르를 주입하는 습식 공법에서 모르타르가 불완전하게 주입되면 빗물이 침투되어 백화, 줄눈 갈라짐, 돌 균열 등이 생기기 쉽다.

31 아스팔트 방수재료에 관한 설명으로 옳지 않은 것은?

① 아스팔트 컴파운드는 블로운 아스팔트에 동식물성 섬유를 혼합한 것이다.
② 아스팔트 프라이머는 아스팔트 싱글을 용제로 녹인 것이다.
③ 아스팔트 펠트는 섬유 원지에 스트레이트 아스팔트를 가열 용해하여 흡수시킨 것이다.
④ 아스팔트 루핑은 원지에 스트레이트 아스팔트를 침투시키고 양면에 컴파운드를 피복한 후 광물질 분말을 살포시킨 것이다.

해설

아스팔트 프라이머(Asphalt Primer)

② 블로운 아스팔트를 휘발성 용제로 녹인 흑갈색 액체로 콘크리트 또는 모르타르 방수층의 바탕에 도포하여 바탕과 방수층의 부착이 잘 되게 하는 것이다.

32 그림과 같은 건물에서 G_1 과 같은 보가 8개 있다고 할 때 보의 총 콘크리트량을 구하면? (단, 보의 단면상 슬래브와 겹치는 부분은 제외하며, 철근량은 고려하지 않는다.)

① 11.52m³
② 12.23m³
③ 13.44m³
④ 15.36m³

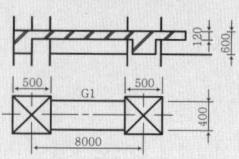

해설

① $V = 0.4 \times 0.48 \times (8-0.5) \times 8개 = 11.52m^3$

해답 29. ④ 30. ① 31. ② 32. ①

33 압연강재가 냉각될 때 표면에 생기는 산화철 표피를 무엇이라 하는가?

① 스패터 ② 밀 스케일
③ 슬래그 ④ 비드

해설

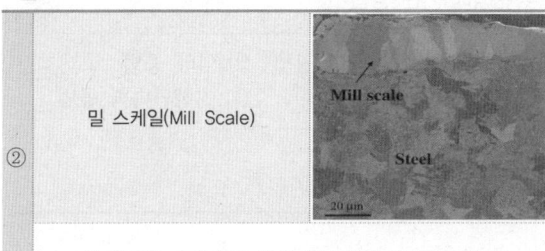

열간압연 과정에서 생성되는 강재의 산화 피막

34 목구조 재료로 사용되는 침엽수의 특징에 해당하지 않는 것은?

① 직선 부재의 대량생산이 가능하다.
② 단단하고 가공이 어려우나 미관이 좋다.
③ 병·충해에 약하여 방부 및 방충 처리를 하여야 한다.
④ 수고(樹高)가 높으며 통직하다.

해설

침엽수는 가벼우면서도 탄력이 있고 목질이 연하여 가공이 쉽다.

35 다음 중 기초 지반조사와 가장 관계가 적은 것은?

① 짚어보기(Sounding Rod)
② 말뚝박기 시험(Piling Test)
③ 보링(Boring)
④ 물리적 지하탐사

해설

말뚝박기 시험
(Piling Test)

말뚝을 박는 관입 기계의 적합성을 측정하고 말뚝을 박는 지반의 지지력을 측정하기 위한 시험이므로 지반조사와 관계가 없다.

36 타일 붙임 공법에 쓰이는 용어 중 거푸집에 전용 시트를 붙이고, 콘크리트 표면에 요철을 부여하여 모르타르가 파고 들어가는 것에 의해 박리를 방지하는 공법은?

① 개량압착 붙임 공법 ② MCR 공법
③ 마스크 붙임 공법   ④ 밀착 붙임 공법

해설

MCR 공법

거푸집에 전용 시트를 붙이고 콘크리트 표면에 요철을 부여하여 모르타르가 파고 들어가는 것에 의해 박리를 방지하는 공법으로 정의된다.

해답 33. ② 34. ② 35. ② 36. ②

37 지내력을 갖춘 지반으로 만들기 위한 배수공법 또는 탈수공법이 아닌 것은?

① 샌드 드레인 공법 ② 웰 포인트 공법
③ 페이퍼 드레인 공법 ④ 베노토 공법

해설

지반개량공법 중 대표적인 탈수법
웰 포인트(Well Point), 샌드 드레인(Sand Drain), 페이퍼 드레인(Paper Drain), 생석회 말뚝(Chemico Pile)

④ 베노토(Benoto) 공법 — 대구경 현장 파일을 조성하기 위한 공법

38 지름 150mm, 높이 300mm인 원주 공시체로 콘크리트 압축강도를 시험하였더니 400kN에서 파괴되었다면 이 콘크리트의 압축강도는?

① 14.15MPa ② 25.84MPa
③ 22.64MPa ④ 26.24MPa

해설

콘크리트 압축강도 시험

③ $f_c = \dfrac{P}{A} = \dfrac{P}{\dfrac{\pi D^2}{4}}$ (MPa)

$f_c = \dfrac{P}{A} = \dfrac{(400 \times 10^3)}{\dfrac{\pi (150)^2}{4}} = 31.8 \text{N/mm}^2 = 22.635 \text{MPa}$

39 다음 설명이 의미하는 공법으로 옳은 것은?

> 미리 공장 생산한 기둥이나 보, 바닥판, 외벽, 내벽 등을 한 층씩 쌓아 올리는 조립식으로 구체를 구축하고 이어서 마감 및 설비공사까지 포함하여 차례로 한 층씩 완성해 가는 공법

① 하프PC합성바닥판 공법 ② 역타 공법
③ 적층 공법 ④ 지하연속벽 공법

해설

③ 적층 공법
　積層工法
　Floor by Floor Method

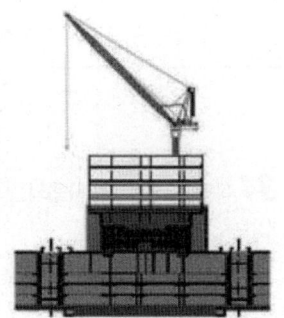

40 콘크리트의 측압에 대한 설명이 바르지 않은 것은?

① 철근량이 작을수록 측압은 크다.
② 슬럼프가 작을수록 측압은 크다.
③ 타설 속도가 빠를수록 측압은 크다.
④ 온도가 높을수록 측압은 작다.

해설

④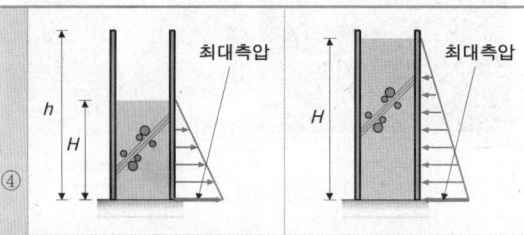

측압(側壓, Lateral Pressure)

슬럼프(Slump) 값이 클수록 측압은 크다.

해답 37. ④ 38. ③ 39. ③ 40. ④

건축구조

41 그림과 같은 단순보의 최대 전단응력은?

① $\frac{4}{3} \cdot \frac{wL}{bh}$
② $\frac{3}{4} \cdot \frac{wL}{bh}$
③ $\frac{2}{3} \cdot \frac{wL}{bh}$
④ $\frac{3}{2} \cdot \frac{wL}{bh}$

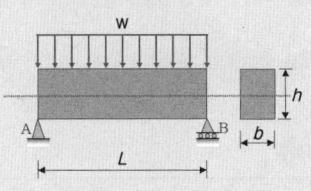

해설

	보의 최대 전단응력	
1	최대 전단력 $V_{\max} = V_A = V_B = \frac{wL}{2}$	【전단력도(SFD)】
2	직사각형 단면의 전단계수 $k = \frac{3}{2}$	
3	$\tau_{\max} = k \cdot \frac{V}{A} = \left(\frac{3}{2}\right) \cdot \frac{\left(\frac{wL}{2}\right)}{(bh)} = \frac{3}{4} \cdot \frac{wL}{bh}$	

42 강구조 용접에서 용접 결함에 속하지 않는 것은?

① 오버 랩(Over Lap) ② 크랙(Crack)
③ 가우징(Gouging)   ④ 언더 컷(Under Cut)

해설

④ 가우징(Gouging): 금속판 면에 홈이나 구멍을 뚫는 것으로 정을 사용하는 기계적 방법과 가스나 아크를 이용하는 방법 등이 있다. 가스 가우징은 산소 아세틸렌 불꽃을 이용하는 방법이다.

43 콘크리트에 의한 공칭전단강도 V_c가 140kN, 전단철근에 의한 공칭전단강도 V_s가 120kN일 때 설계전단강도(ϕV_n)는? (단, 강도감소계수는 0.75 적용)

① 195kN ② 234kN
③ 260kN ④ 400kN

해설

① 철근콘크리트 보의 전단강도 설계식
$\phi V_n = \phi(V_c + V_s) = (0.75)[(140)+(120)] = 195\text{kN}$

44 다음 그림에서 부정정보의 부재력 M_{AB}의 크기는?

① 2kN·m
② 3kN·m
③ 4kN·m
④ 5kN·m

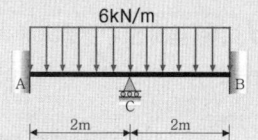

해설

모멘트 분배법(Moment Distribution Method)

① AC구간에서 C절점의 고정단모멘트:
$FEM_C = FEM_{CA} + FEM_{CB} = +\frac{wL^2}{12} - \frac{wL^2}{12} = 0$

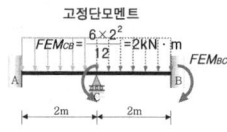

② A절점의 고정단모멘트:
$FEM_{AC} = -\frac{wL^2}{12} = -\frac{(6)(2)^2}{12} = -2\text{kN·m}(\curvearrowleft)$

③ C절점 고정단모멘트가 0이므로 A절점의 고정단모멘트가 A점의 재단모멘트 M_{AC}가 된다.

해답 41. ② 42. ④ 43. ① 44. ①

45 강도설계법에서 D22 압축이형철근의 기본정착길이 l_{db}는? (단, 경량콘크리트계수 $\lambda=1$, $f_{ck}=27\text{MPa}$, $f_y=400\text{MPa}$)

① 200.5mm ② 378.4mm
③ 423.4mm ④ 604.6mm

해설

압축이형철근의 기본정착길이	
③ $l_{db} = \dfrac{0.25 d_b \cdot f_y}{\lambda \sqrt{f_{ck}}} = \dfrac{0.25(22)(400)}{(1)\sqrt{(27)}} = 423.4\text{mm}$	최댓값
$l_{db} = 0.043 d_b \cdot f_y = 0.043(22)(400) = 378.4\text{mm}$	

46 다음 트러스 구조물에서 부재력이 0이 되는 부재의 개수는?

① 1개
② 2개
③ 3개
④ 4개

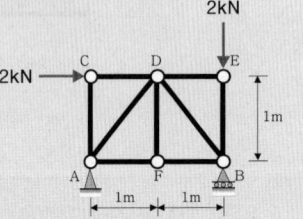

해설

트러스(Truss): 부재력이 0인 부재

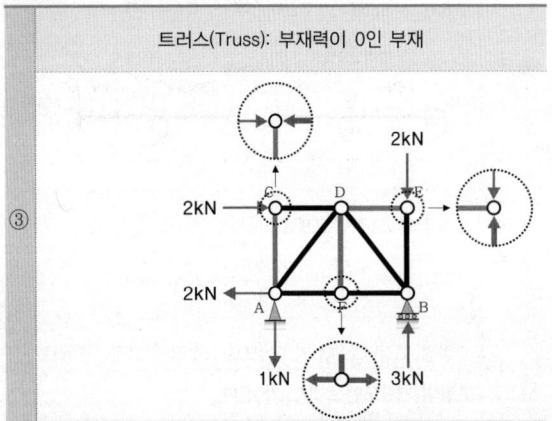

47 다음 라멘 구조물의 부정정 차수는?

① 9차 부정정
② 10차 부정정
③ 11차 부정정
④ 12차 부정정

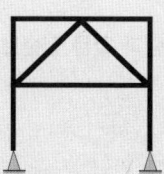

해설

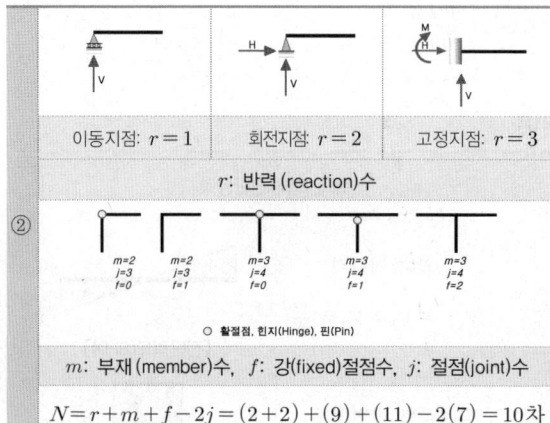

이동지점: $r=1$ 회전지점: $r=2$ 고정지점: $r=3$
r: 반력(reaction)수

m: 부재(member)수, f: 강(fixed)절점수, j: 절점(joint)수

② $N = r + m + f - 2j = (2+2) + (9) + (11) - 2(7) = 10$차

48 그림과 같은 강합성구조에서 합성보 A의 슬래브 유효폭 b_e는?

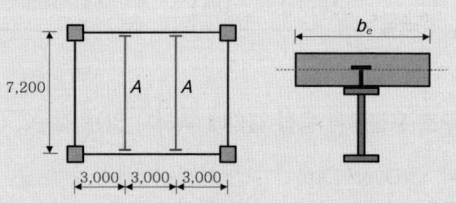

① 1,500mm ② 1,800mm ③ 2,000mm ④ 2,250mm

해설

	합성보의 유효폭(b_e)	
②	1. 양측 슬래브의 중심간 거리 $= \dfrac{(3,000)}{2} + \dfrac{(3,000)}{2} = 3,000\text{mm}$	최솟값
	2. 보 경간 $\times \dfrac{1}{4} = (7,200) \times \dfrac{1}{4} = 1,800\text{mm}$	

해답 45. ③   46. ③   47. ②   48. ②

49 고장력볼트 F10T(M20) 일면 전단일 때 볼트 한 개당 설계전단강도(ϕR_n)는? (단, 고장력볼트의 $F_u = 1,000$MPa, $\phi = 0.75$, $F_{nv} = 0.5F_u$)

① 117.8kN ② 94.2kN
③ 58.8kN   ④ 47.1kN

해설

	고장력볼트 설계전단강도: $\phi R_n = 0.75 \cdot F_{nv} \cdot A_b \cdot N_s$
①	ϕ : 설계저항계수: 전단에 대해 $\phi = 0.75$
	F_{nv} : 고장력볼트 공칭전단강도[N]
	A_b : 볼트의 공칭단면적[mm²]
	N_s : 전단면(Shear Plane)의 수 1면 전단 / 2면 전단

$\phi R_n = \phi \cdot F_{nv} \cdot A_b \cdot N_s = \phi \cdot 0.5 F_u \cdot A_b \cdot N_s$
$= (0.75)(0.5 \times 1,000)\left(\dfrac{\pi (20)^2}{4}\right)(1) \times 1개$
$= 117,810\text{N} = 117.810\text{kN}$

50 풍하중 산정 시 중요도 분류에 따른 중요도계수를 옳게 나타낸 것은?

① 중요도(1) - 중요도계수 0.95
② 중요도(특) - 중요도계수 1.00
③ 중요도(2) - 중요도계수 0.90
④ 중요도(3) - 중요도계수 0.85

해설

	풍하중 산정 시 중요도 분류에 따른 중요도계수				
	중요도 분류	초고층 건축물	특	1	2	3
②	중요도계수(I_w)	1.05	1.00		0.95	0.90

주) 초고층 건축물은 50층 이상 또는 200m 이상인 건축물

51 동일 단면, 동일 재료를 사용한 캔틸레버 보 끝단에 집중 하중이 작용하였다. P_1이 작용한 부재의 최대 처짐량이, P_2가 작용한 부재의 최대 처짐량의 2배일 경우 $P_1 : P_2$는?

① 1 : 4
② 1 : 8
③ 4 : 1
④ 8 : 1

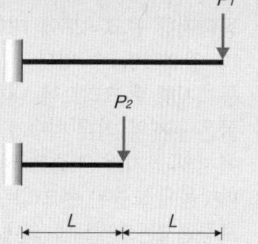

해설

캔틸레버보의 자유단의 최대 처짐: $\delta_{max} = \dfrac{1}{3} \cdot \dfrac{PL^3}{EI}$

① $\dfrac{1}{3} \cdot \dfrac{P_1 \cdot (2L)^3}{EI} = \left(\dfrac{1}{3} \cdot \dfrac{P_2 \cdot (L)^3}{EI}\right) \times 2$ 로부터

$\therefore \dfrac{P_1}{P_2} = \dfrac{1}{4}$ ➡ $P_1 : P_2 = 1 : 4$

52 지진력저항시스템 중 다음 각 구조시스템에 관한 설명으로 옳지 않은 것은?

① 모멘트골조방식: 수직하중과 횡력을 보와 기둥으로 구성된 라멘골조가 저항하는 구조 방식
② 연성모멘트골조방식: 횡력에 대한 저항능력을 증가시키기 위하여 부재와 접합부의 연성을 증가시킨 모멘트골조
③ 건물골조방식: 수직하중은 입체골조가 저항하고, 지진하중은 전단벽이나 가새골조가 저항하는 구조 방식
④ 이중골조방식: 횡력의 25% 이상을 부담하는 전단벽이 연성모멘트골조와 조화되어 있는 구조 방식

해설

④ 2중골조(Dual Structure)

수평하중의 25% 이상을 부담하는 모멘트(연성)골조가 전단벽이나 가새골조와 조합되어 있는 골조 방식

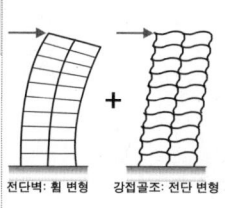

전단벽: 휨 변형 / 강접골조: 전단 변형

해답 49. ① 50. ② 51. ① 52. ④

53 철근콘크리트 구조물의 내구성 설계에 관한 설명으로 옳지 않은 것은?

① 설계기준강도가 35MPa을 초과하는 콘크리트는 동해저항 콘크리트에 대한 전체 공기량 기준에서 1% 감소시킬 수 있다.
② 동해저항 콘크리트에 대한 전체 공기량 기준에서 굵은 골재의 최대 치수가 25mm인 경우 심한 노출에서의 공기량 기준은 6.0%이다.
③ 바닷물에 노출된 콘크리트의 철근 부식 방지를 위한 보통골재콘크리트의 최대 물결합재비는 40%이다.
④ 철근의 부식 방지를 위하여 굳지 않은 콘크리트의 전체 염소이온량은 원칙적으로 $0.9kg/m^3$ 이하로 하여야 한다.

해설

④ 철근의 부식 방지를 위하여 굳지 않은 콘크리트의 전체 염소이온량은 원칙적으로 $0.3kg/m^3$ 이하로 하여야 한다.

54 그림과 같은 보에서 고정단에 생기는 휨모멘트는?

① $500kN \cdot m$
② $900kN \cdot m$
③ $1,300kN \cdot m$
④ $1,500kN \cdot m$

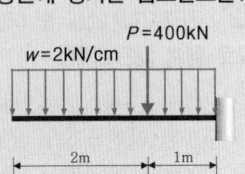

해설

③

1. 등분포하중 $w = 2kN/cm = 200kN/m$

2. 캔틸레버 구조는 지점반력을 구할 필요가 없이 구하고자 하는 위치를 수직절단하여 자유단쪽을 계산하면 간편하다.
$M_{Left} = +[-(200 \times 3)(1.5) - (400)(1)]$
$= -1,300kN \cdot m \, (\frown)$

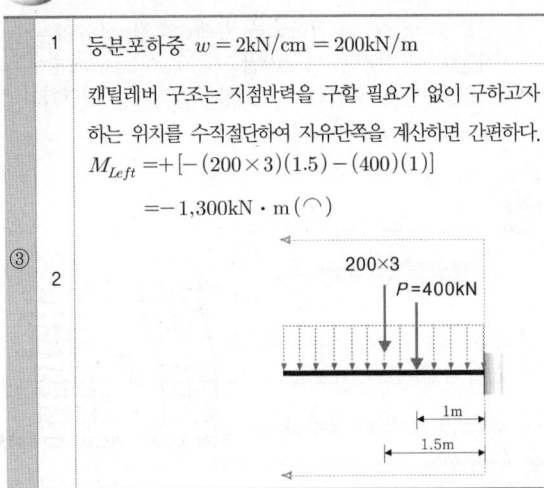

55 철근콘크리트 구조설계 시 고려하는 강도설계법에 관한 설명으로 옳지 않은 것은?

① 철근과 콘크리트의 변형률은 중립축으로부터의 거리에 반비례한다.
② 콘크리트 압축응력의 분포는 직사각형, 사다리꼴, 포물선형 등으로 가정할 수 있다.
③ 재료의 변화, 시공 오차 등의 기술적인 면을 고려하여 강도감소계수를 사용한다.
④ 하중의 변경, 구조해석 시 가정 및 계산 단순화로 인해 야기될 수 있는 초과하중의 영향에 대비하여 하중계수를 사용한다.

해설

①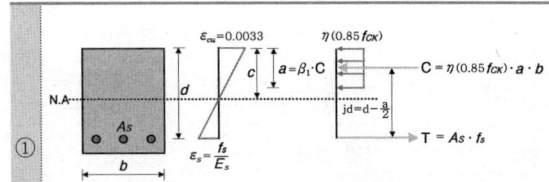

철근과 콘크리트의 변형률은 중립축부터 거리에 비례한다.

56 그림과 같은 래티스보에서 $V=3kN$일 때 웨브재의 축방향력은?

① $1.5kN$
② $\sqrt{3} \, kN$
③ $2.0kN$
④ $3.0kN$

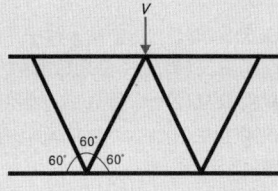

해설

트러스 절점법(Method of Joint)

② $\sum V = 0:$
$-(3) - (2F \cdot \cos 30°) = 0$
$\therefore F = -\sqrt{3} \, kN \, (압축)$

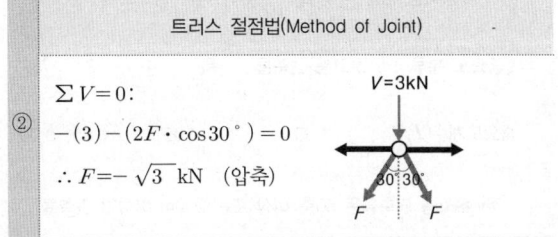

해답 53. ④ 54. ③ 55. ① 56. ②

57 바닥슬래브와 철골보 사이에 발생하는 전단력에 저항하기 위해 설치하는 것은?

① 커버 플레이트(Cover Plate)
② 스티프너(Stiffener)
③ 턴 버클(Turn Buckle)
④ 시어 커넥터(Shear Connector)

해설

강재 앵커(Shear Connector, 전단 연결재)
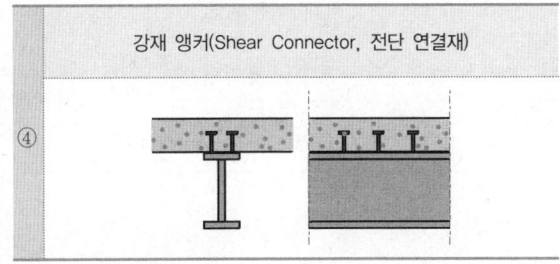

④

58 그림과 같은 내민보에서 A지점의 반력값은?

① 20kN
② 30kN
③ 40kN
④ 50kN

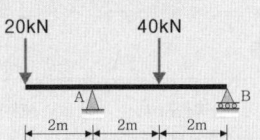

해설

	지점반력 산정: 힘의 평형조건
1	$\sum H = 0 : \therefore H_A = 0$
2	$\sum M_B = 0 : -(20)(6)+(V_A)(4)-(40)(2)=0$ $\therefore V_A = +50\text{kN}(\uparrow)$
3	$R_A = \sqrt{V_A^2 + H_A^2} = V_A = +50\text{kN}(\uparrow)$ 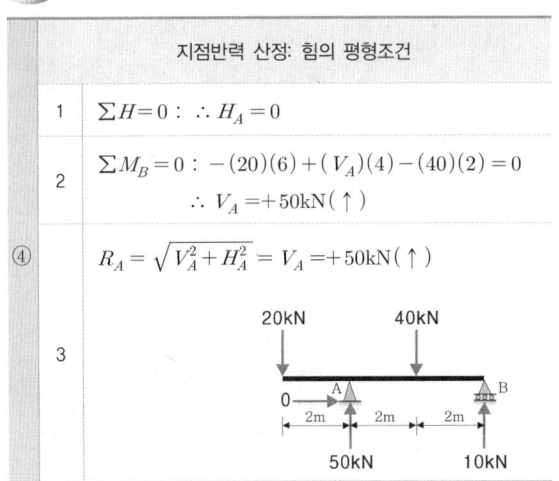

④

59 다음과 같은 볼트군의 x_o부터의 도심 위치 x를 구하면? (단, 그림의 단위는 mm)

① 80mm
② 89.5mm
③ 90mm
④ 97.5mm

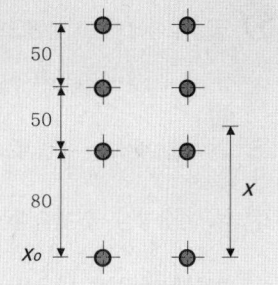

해설

바리뇽의 정리(Varignon's Theorem): 합력의 위치 산정
$(8개)(x) = (2개)(0) + (2개)(80)$ $\qquad\qquad\qquad + (2개)(130) + (2개)(180)$ $\therefore x = 97.5\text{mm}$

④

60 철근콘크리트 단순보에서 순간탄성처짐이 0.9mm 이었다면 1년 뒤 이 부재의 총처짐량을 구하면? (단, 시간경과계수 $\xi = 1.4$, 압축철근비 $\rho' = 0.01071$)

① 1.52mm
② 1.72mm
③ 1.92mm
④ 2.12mm

해설

	철근콘크리트 보의 총처짐 = 탄성처짐 + 장기처짐
1	장기처짐계수: $\lambda_\Delta = \dfrac{\xi}{1+50\rho'} = \dfrac{(1.4)}{1+50(0.01071)} = 0.91175$
2	장기처짐 = 탄성처짐 × λ_Δ $= (0.9)(0.91175) = 0.82\text{mm}$
3	총처짐 = 탄성처짐 + 장기처짐 $= (0.9) + (0.82) = 1.72\text{mm}$

②

해답 57. ④ 58. ④ 59. ④ 60. ②

건축설비

61 급수방식에 관한 설명으로 옳지 않은 것은?

① 상수도 직결방식은 위생성 측면에서 바람직한 방식이다.
② 고가탱크방식은 중력으로 필요한 곳에 급수하는 방식이다.
③ 펌프직송방식 중 변속방식은 토출 압력을 감지하여 펌프의 회전수를 제어하는 방식이다.
④ 압력탱크방식은 대규모의 급수 수요에 쉽게 대응할 수 있어 고층 건물에 주로 사용된다.

해설

④ 압력탱크(=압력수조) 방식

최고·최저압의 차이가 커서 급수압이 일정하지 않고 수질오염의 우려가 큰 경우 채택이 어렵게 된다. 고층 건물에서는 고가수조(=고가탱크) 방식이 주로 사용된다.

62 건구온도 30℃, 상대습도 60%인 공기를 냉수코일에 통과시켰을 때 공기의 상태 변화로 옳은 것은? (단, 코일 입구 수온 5℃, 코일 출구 수온 10℃)

① 건구온도는 낮아지고 절대습도는 높아진다.
② 건구온도는 높아지고 절대습도는 낮아진다.
③ 건구온도는 높아지고 상대습도는 높아진다.
④ 건구온도는 낮아지고 상대습도는 높아진다.

해설

④ 공기 냉각 시 건구온도가 낮아지며 결로로 인한 감습으로 절대습도도 낮아진다. 그러나 건구온도가 낮아짐에 따라 포화수증기량이 감소하여 상대습도는 약 90% 정도로 높아진다.

63 합성최대수용전력이 1,000[kW], 부하율이 0.6일 때 평균전력[kW]은?

① 600 ② 800 ③ 1,000 ④ 1,667

해설

① 부하율 $= \dfrac{\text{부하의 평균전력}}{\text{최대 수용전력}} \times 100[\%]$

부하의 평균전력 $=$ 최대 수용전력 $\times \dfrac{\text{부하율}}{100}$

$= 1,000 \times \dfrac{60\%}{100\%} = 600[kW]$

64 알칼리 축전지에 관한 설명으로 옳지 않은 것은?

① 고율방전 특성이 좋다.
② 공칭전압은 2[V/셀]이다.
③ 기대 수명이 10년 이상이다.
④ 부식성의 가스가 발생하지 않는다.

해설

연축전지	구분	알칼리축전지
묽은 황산 속에 과산화연과 연을 침적하여 기전력 발생	원리	알칼리용액의 전해질에 양극판과 음극판을 서로 격리 침적시켜 기전력 발생
2.05~2.08V	기전력	1.32V
2.0V	공칭전압 (V/Cell)	1.2V
약하다	전기적 강도	강하다
길다	충전 시간	짧다
나쁘다	온도 특성	좋다
5~15년	수명	20~30년
싸다	가격	비싸다
장시간 일정전류 부하	용도	단시간 대전류 부하
보통	자가방전	약간 작은 편
발생한다	부식가스	발생하지 않는다
충전 및 방전 전압차가 작다	그 밖의 사항	저온특성이 좋다 고율방전 특성이 좋다 보존이 용이하다

해답 61. ④ 62. ④ 63. ① 64. ②

65 다음의 조건에 있는 실의 틈새바람에 따른 현열 부하는?

【조건】
- 실의 체적: 400m³
- 환기 회수 0.5회/h
- 실내 온도: 20℃, 외기 온도: 0℃
- 공기의 밀도 1.2kg/m³, 비열 1.01kJ/kg·K

① 654W ② 972W
③ 1,347W ④ 1,654W

해설

③
1	환기량: $Q = n \cdot V = (0.5)(400) = 200 m^3/h$
2	단위환산계수 $0.337 W \cdot h/m^3 \cdot K$를 이용한다.
3	현열: $Q_{SH} = 0.337 Q(t_o - t_i)$ $= 0.337(200)(20-0) = 1,348W$

66 다음의 간선 배전 방식 중 분전반에서 사고가 발생했을 때 그 파급 범위가 가장 좁은 것은?

① 평행식 ② 방사선식
③ 나뭇가지식 ④ 나뭇가지 평행식

해설

①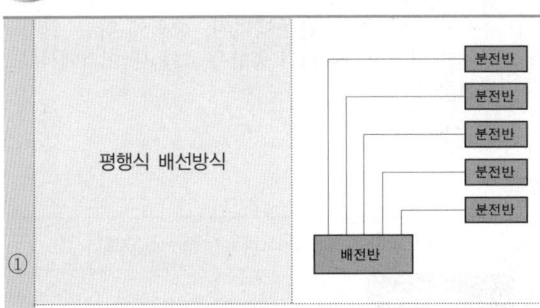
평행식 배선방식

각 분전반 마다 배전반으로부터 단독으로 배선되어 있으므로 전압강하가 평균화되고 사고가 발생하여도 그 범위를 좁힐 수 있는 것이 특징이며, 배선이 혼잡할 우려가 있기는 하지만, 경제성의 문제 때문에 대규모 건물에 적합하다.

67 엘리베이터의 조작 방식 중 무운전원 방식으로 다음과 같은 특징을 갖는 것은?

승객 스스로 운전하는 전자동 엘리베이터로, 승강장으로부터의 호출 신호로 기동, 정지를 이루는 조작 방식이며, 누른 순서에 상관없이 각 호출에 응하여 자동적으로 정지한다.

① 단식 자동 방식 ② 카 스위치 방식
③ 승합 전자동 방식 ④ 시그널 콘트롤 방식

해설

③
엘리베이터 무운전 방식
1	단식 자동 방식: 승객 자신이 자동적으로 시동, 정지를 이루는 조작방식
2	승합 전자동식: 승객 자신이 직접 운전하는 전자동 엘리베이터로 목적층의 단추나 승강장으로부터의 호출 신호로 시동, 정지를 이루는 조작 방식
3	하강 승합 자동방식: 아파트와 같이 승강장으로부터의 호출신호가 있어도 정지하지 않고 최고 호출에 응하여 정지한 후에 자동적으로 반전하여 하강하며 승강장으로부터의 호출 신호에 응하여 정지하는 방식

68 건축물 실내공간의 잔향시간에 가장 큰 영향을 주는 것은?

① 실의 용적 ② 음원의 위치
③ 벽체의 두께 ④ 음원의 음압

해설

① Wallace C. Sabine(1868~1919) 잔향식
$$RT = K \cdot \frac{V}{A}$$
잔향시간(RT)은 실의 용적(V)에 비례, 총 흡음력(A)에 반비례한다.

69 통기관에 관한 설명으로 옳지 않은 것은?

① 2개 이상의 횡지관이 있는 배수입상관에는 통기입상관을 설치하여야 한다.
② 위생배관의 통기관은 위생배관의 통기 이외의 다른 목적으로 사용하지 않는다.
③ 통기관은 위생기구의 물 넘침선보다 150mm 이상 높게 배관하여 연결하는 것이 원칙이다.
④ 여러 개의 통기관을 입상관 상부 끝에서 공통 헤더로 연결하여 한 곳에서 대기에 개방할 수 있다.

해설

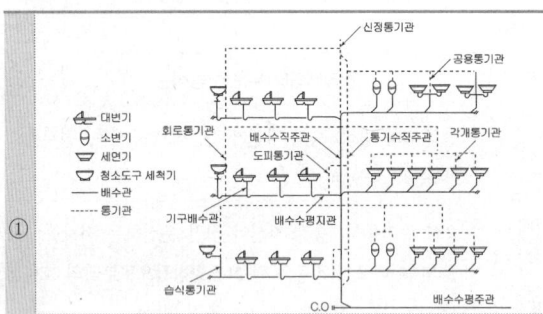

2개 이상의 횡지관이 있는 배수입상관에는 루프통기관(Loop Vent, 회로통기관, 환상통기관)을 설치하여야 한다.

70 어떤 사무실의 취득 현열량이 15,000W일 때 실내온도를 26℃로 유지하기 위하여 16℃의 외기를 도입할 경우, 실내에 공급하는 송풍량은 얼마로 하여야 하는가? (단, 공기의 정압비열은 1.01KJ/kg·K, 밀도는 1.2kg/m³)

① 2,455m³/h
② 4,455m³/h
③ 6,455m³/h
④ 8,455m³/h

해설

1. 1시간당 현열량 :
   15 kJ/sec(=kW) × 3,600 sec/h = 54,000 kJ/h

2. $Q = \dfrac{\text{1시간당 현열량}}{\text{공기의 정압비열} \times \text{공기의 밀도} \times \text{온도차}}$
   $= \dfrac{54,000}{1.01 \times 1.2 \times (26-16)} = 4,455.45 (m^3/h)$

71 급기온도를 일정하게 하고 송풍량을 변화시켜서 실내온도를 조절하는 공기조화방식은?

① FCU 방식
② 이중덕트 방식
③ 정풍량 단일덕트 방식
④ 변풍량 단일덕트 방식

해설

단일덕트 방식(Single Duct System)	
1	정풍량 방식(Constant Air Volume System) 공조기에서 1개의 주덕트를 통하여 냉·온풍을 각 실로 보낼 때 송풍량은 항상 일정하며, 실내 부하에 따라서 송풍온도만을 변화시켜 실내 온도를 조절하는 방식
2	(가)변풍량 방식(Variable Air Volume System) 각 실별 또는 존별로 덕트의 말단에 VAV유닛을 설치하여 송풍온도는 일정하게 하고, 실내 부하의 변동에 따라 송풍량만을 변화시키는 에너지 절약형 방식

정답 ④

72 베르누이(Bernoulli)의 정리를 가장 올바르게 표현한 것은?

① 유체가 갖고 있는 운동에너지는 흐름 내 어디에서나 일정하다.
② 유체가 갖고 있는 운동에너지와 중력에 따른 위치에너지의 총합은 흐름 내 어디에서나 일정하다.
③ 유체가 갖고 있는 운동에너지, 중력에 따른 위치에너지의 총합은 흐름 내 어디에서나 압력에너지와 같다.
④ 유체가 갖고 있는 운동에너지, 중력에 따른 위치에너지 및 압력에너지의 총합은 흐름 내 어디에서나 일정하다.

해설

베르누이 정리(Bernoulli's Theorem, 1738)	
④	 Daniel Bernoulli (1700~1782)	이상적인 유체가 흐르는 속도와 압력, 높이의 관계를 수량적으로 나타낸 법칙으로 유체의 운동에너지와 압력에너지, 위치에너지의 합이 항상 일정하다는 성질을 이용한 정리이다.

해답 69. ① 70. ② 71. ④ 72. ④

73 자동화재탐지설비의 감지기에 관한 설명으로 옳지 않은 것은?

① 스포트형 감지기는 45° 이상 경사되지 않도록 부착한다.
② 감지기는 천장 또는 반자의 옥내에 면하는 부분에 설치한다.
③ 정온식 감지기는 주방·보일러실 등으로서 다량의 화기를 취급하는 장소에 설치한다.
④ 보상식 스포트형 감지기는 정온점이 감지기 주위의 평상시 최고 온도보다 10℃ 이상 높은 것으로 설치한다.

해설

④	1	주위 온도가 일정 온도 이상일 때 작동하는 것은 정온식, 온도 상승률이 일정 이상일 때 작동하는 것은 차동식 스포트형 감지기이다.
	2	보상식 스포트형 감지기는 정온식과 차동식이 결합된 방식으로서 정온점이 감지기 주위의 평상시 최고 온도보다 20[℃] 이상 높은 것으로 설치한다.

74 다음과 같은 조건에서 난방부하가 3,500W인 실을 온수난방으로 할 때 방열기의 온수 순환수량은?

【조건】	· 방열기의 입구 수온: 90℃ · 방열기의 출구 수온: 85℃ · 물의 비열: 4.2kJ/kg·K

① 300kg/h　　② 600kg/h
③ 900kg/h　　④ 1,200kg/h

해설

		방열기(放熱器, Radiator)
②	1	방열기의 난방부하는 시간당 필요한 열량이므로 열량 계산식 $Q = \dfrac{M \cdot C \cdot \Delta T}{3,600}$로 계산한다.
	2	$M = \dfrac{3,600 Q}{C \cdot \Delta T} = \dfrac{3,600(3.5)}{(4.2)(90-85)} = 600\text{kg/h}$

75 흡수식 냉동기에 관한 설명으로 옳지 않은 것은?

① 열에너지가 아닌 기계적 에너지에 의해 냉동 효과를 얻는다.
② 증발기, 흡수기, 재생기(발생기), 응축기 등으로 구성되어 있다.
③ 냉방용의 흡수식냉동기는 물과 브롬화리튬의 혼합 용액을 사용한다.
④ 2중효용 흡수식 냉동기는 단효용 흡수식 냉동기 보다 에너지 절약적이다.

해설

흡수식 냉동기는 냉매의 증발에 따른 열에너지, 압축식 냉동기는 전기에 따른 기계적 에너지로 냉동하는 것이 기본 원리이다.

압축식 냉동기
· 구성: 압축기 ➡ 응축기 ➡ 팽창밸브 ➡ 증발기
· 특징: 구동에너지가 전기이므로 전력소비가 많다.

흡수식 냉동기
· 구성: 응축기 ➡ 증발기 ➡ 흡수기 ➡ 재생기(발생기)
· 특징: 도시가스를 주연료로 사용하므로 전력 소비가 적다.

①

76 급수설비에서 역류를 방지하여 오염으로부터 상수계통을 보호하기 위한 방법으로 옳지 않은 것은?

① 토수구 공간을 둔다.
② 역류 방지 밸브를 설치한다.
③ 대기압식 또는 가압식 진공 브레이커를 설치한다.
④ 플렉시블 조인트를 설치하거나 스위블 이음으로 배관한다.

해설

		배수의 역류 방지 대책
④	1	체크 밸브(Check Valve, 역지 밸브)의 설치
	2	보통 25mm 이상의 토수구(吐水口, 급수전 등 물이 나오는 수도 끝 부분) 공간을 확보
	3	진공 방지기(Vacuum Breaker)의 설치

해답　73. ④　74. ②　75. ①　76. ④

77 지역난방 방식에 대한 설명으로 옳지 않은 것은?

① 열원 설비의 집중화로 관리가 용이하다.
② 설비의 고도화로 대기오염 등 공해를 방지할 수 있다.
③ 각 건물의 이용 시간차를 이용하면 보일러의 용량을 줄일 수 있다.
④ 고온수난방을 채용할 경우 감압 장치가 필요하며 응축수 트랩이나 환수관이 복잡하게 된다.

해설

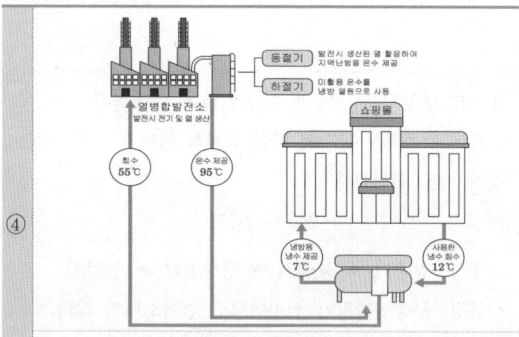

④ 지역난방 방식은 증기난방과는 달리 응축수 트랩이 필요 없으며 환수관이 복잡하지 않다.

78 소방시설은 소화설비, 경보설비, 피난설비, 소화용수설비, 소화활동설비로 구분할 수 있다. 다음 중 소화활동설비에 속하는 것은?

① 제연설비
② 비상방송설비
③ 스프링클러설비
④ 자동화재탐지설비

해설

①	소화활동설비	소방활동 중 인명의 구조, 구급활동을 제외한 화재진압 활동에 도움이 되는 설비
	소방법령상의 범위	제연설비, 연결송수관설비, 연결살수설비, 연소방지설비, 비상콘센트설비 및 무선통신보조설비

79 조명을 요하는 면적을 A, 사용 램프의 전광속을 F, 조명률을 U, 보수율을 M, 평균조도를 E 라고 할 때 평균조도의 산정식으로 옳은 것은?

① $E = \dfrac{F \times U \times A}{M}$
② $E = \dfrac{F \times U \times M}{A}$
③ $E = \dfrac{F \times U}{A \times M}$
④ $E = \dfrac{A \times M}{F \times U}$

해설

②
광속법에 따른 조도(E)
$F \cdot N \cdot U = E \cdot A \cdot D \Rightarrow E = \dfrac{F \cdot N \cdot U}{A \cdot D} = \dfrac{F \cdot N \cdot U \cdot M}{A}$
• N : 광원의 개수 • E : 작업면의 조도(lx)
• A : 실의 면적(m^2) • F : 사용 광원 1개의 광속(lm)
• D : 감광보상률 • U : 조명률
• M : 유지율, 보수율, 빛 손실계수($=\dfrac{1}{D}$)

80 급탕배관에 관한 설명으로 옳지 않은 것은?

① 관의 신축을 고려하여 굽힘 부분에는 스위블이음 등으로 접합한다.
② 관의 신축을 고려하여 건물의 벽 관통 부분의 배관에는 슬리브를 사용한다.
③ 반대의 기울기나 공기 정체가 일어나기 쉬운 배관 등 온수의 순환을 방해하는 것은 피한다.
④ 배관재로 동관을 사용하는 경우 관 내 유속을 느리게 하면 부식되기 쉬우므로 2.5m/s 이상으로 하는 것이 바람직하다.

해설

④
배관의 관 내 유속	
2.0m/s 이내	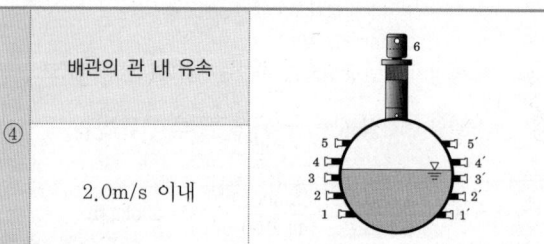

해답 77. ④ 78. ① 79. ② 80. ④

건축법규

81 부설주차장의 설치 대상 시설물 종류에 따른 설치 기준이 틀린 것은?

① 골프장 - 1홀당 10대
② 위락시설 - 시설면적 80m²당 1대
③ 판매시설 - 시설면적 150m²당 1대
④ 숙박시설 - 시설면적 200m²당 1대

해설

부설주차장 설치대상 시설물: 시설면적(m²)당 1대		
②	100m² 당	위락시설

82 건축법 제61조 제2항에 따른 높이를 산정할 때, 공동주택을 다른 용도와 복합하여 건축하는 경우 건축물의 높이 산정을 위한 지표면 기준은?

건축법 제61조(일조 등의 확보를 위한 건축물의 높이 제한)
② 다음 각 호의 어느 하나에 해당하는 공동주택(일반상업지역과 중심상업지역에 건축하는 것은 제외한다)은 채광(採光) 등의 확보를 위하여 대통령령으로 정하는 높이 이하로 하여야 한다.
1. 인접 대지경계선 등의 방향으로 채광을 위한 창문 등을 두는 경우
2. 하나의 대지에 두 동(棟) 이상을 건축하는 경우

① 전면도로의 중심선
② 인접 대지의 지표면
③ 공동주택의 가장 낮은 부분
④ 다른 용도의 가장 낮은 부분

해설

복합용도(공동주택과 다른 용도 병용) 높이 산정

③ 공동주택의 높이는 공동주택의 가장 낮은 부분을 지표면으로 하여 산정한다.

83 건축물의 지하층에 비상탈출구를 설치하여야 하는 경우, 설치되는 비상탈출구에 관한 기준 내용으로 옳지 않은 것은? (단, 주택이 아닌 경우)

① 비상탈출구의 유효너비는 0.75m 이상으로 할 것
② 비상탈출구의 유효높이는 1.5m 이상으로 할 것
③ 비상탈출구는 출입구로부터 3m 이상 떨어진 곳에 설치할 것
④ 비상탈출구의 문은 피난 방향으로 열리도록 하고, 실내에서 비상시에만 열 수 있는 구조로 할 것

해설

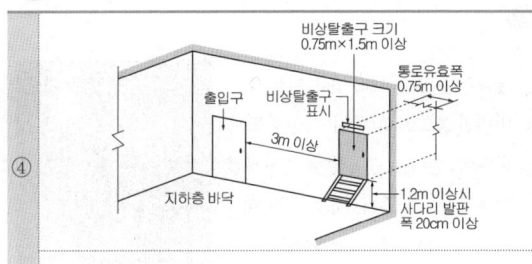

④ 비상탈출구의 문은 실내에서 항상 열 수 있는 구조로 할 것

84 도시·군계획 수립 대상 지역의 일부에 대하여 토지 이용을 합리화하고 그 기능을 증진시키며 미관을 개선하고 양호한 환경을 확보하며, 그 지역을 체계적·계획적으로 관리하기 위하여 수립하는 도시·군관리계획은?

① 광역도시계획
② 지구단위계획
③ 지구경관계획
④ 택지개발계획

해설

	지구단위계획	
②	국토교통부장관 또는 시·도지사·대도시 시장이 도시·군관리계획으로 지정한다.	
	지정목적	1	토지 이용의 합리화
		2	토지 기능의 증진
		3	미관 개선
		4	양호한 환경 확보
	대상구역	도시·군관리계획 수립 대상 지역 안의 일부지역

해답 81. ② 82. ③ 83. ④ 84. ②

85 지하식 또는 건축물식 노외주차장의 차로에 관한 기준 내용으로 옳지 않은 것은? (단, 이륜자동차전용 노외주차장이 아닌 경우)

① 높이는 주차 바닥면으로부터 2.3m 이상으로 하여야 한다.
② 경사로의 종단경사도는 직선 부분에서는 17%를 초과하여서는 아니 된다.
③ 곡선 부분은 자동차가 4m 이상의 내변반경으로 회전할 수 있도록 하여야 한다.
④ 주차 대수 규모가 50대 이상인 경우의 경사로는 너비 6m 이상인 2차로를 확보하거나 진입 차로와 진출 차로를 분리하여야 한다.

해설

③ 굴곡부는 자동차가 6m 이상의 내변반경으로 회전이 가능하도록 하여야 한다. (단, 같은 경사로를 이용하는 총 주차 대수가 50대 이하인 경우에는 5m 이상)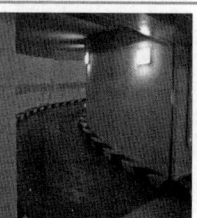

86 다음은 주차장 수급실태 조사의 조사구역에 관한 설명이다. ( ) 안에 알맞은 것은?

> 사각형 또는 삼각형 형태로 조사구역을 설정하되 조사구역 바깥 경계선의 최대거리가 ( )를 넘지 아니하도록 한다.

① 100m ② 200m ③ 300m ④ 400m

해설

	주차장 수급실태 조사	
③	1	실태조사의 주기: 3년
	2	실태조사구역의 설정 기준 • 사각형 또는 삼각형 형태로 조사구역을 설정하되 조사구역 바깥 경계선의 최대 거리가 300m를 넘지 아니 하도록 한다. • 각 조사구역은 『건축법』에 따른 도로를 경계로 구분한다.

87 그림과 같은 대지의 도로 모퉁이 부분의 건축선으로서 도로 경계선의 교차점에서의 거리 "a"로 옳은 것은?

① 1m
② 2m
③ 3m
④ 4m

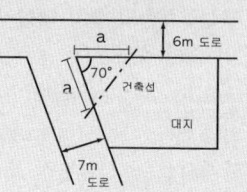

해설

도로의 교차각	교차되는 도로의 너비	8m > D ≥ 6m	6m > D ≥ 4m
90° 미만	8m > W ≥ 6m	4m	3m
	6m > W ≥ 4m	3m	2m
90° 이상 120° 미만	8m > W ≥ 6m	3m	2m
	6m > W ≥ 4m	2m	2m

88 일반상업지역에 건축할 수 없는 건축물에 속하지 않는 것은?

① 묘지관련시설
② 자원순환관련시설
③ 운수시설 중 철도시설
④ 자동차관련시설 중 폐차장

해설

		일반상업지역에서 건축할 수 없는 건축물
③	1	숙박시설 중 일반숙박시설 및 생활숙박시설
	2	위락시설
	3	공장
	4	위험물저장 및 처리시설 중 시내버스 차고지 외의 지역에 설치하는 액화석유가스충전소·저장소
	5	자동차관련시설 중 폐차장
	6	동물 및 식물관련시설, 자원순환관련시설, 묘지관련시설

해답 85. ③ 86. ③ 87. ④ 88. ③

89 다음 중 건축물의 용도 분류가 옳은 것은?

① 식물원 - 동물 및 식물관련시설
② 동물병원 - 의료시설
③ 유스호스텔 - 수련시설
④ 장례식장 - 묘지관련시설

해설

①	식물원	문화 및 집회시설
②	동물병원	제2종 근린생활시설
④	장례식장	장례시설

90 국토의 계획 및 이용에 관한 법률상 용도지역에서의 용적률 최대한도 기준이 옳지 않은 것은? (단, 도시지역의 경우)

① 주거지역: 500% 이하 ② 녹지지역: 100% 이하
③ 공업지역: 400% 이하 ④ 상업지역: 1,000% 이하

해설

지역별 용적률의 최대 한도		
①	제1종 전용주거지역: 50%~100%	500% 이하
	제2종 전용주거지역: 100%~150%	
	제1종 일반주거지역: 100%~200%	
	제2종 일반주거지역: 150%~250%	
	제3종 일반주거지역: 200%~300%	
	준주거지역: 200%~500%	
②	보전녹지지역: 50%~80%	100% 이하
	생산녹지지역: 50%~100%	
	자연녹지지역: 50%~100%	
③	전용공업지역: 150%~300%	400% 이하
	일반공업지역: 200%~350%	
	준공업지역: 200%~400%	
④	근린상업지역: 200%~900%	1,500% 이하
	일반상업지역: 300%~1,300%	
	유통상업지역: 200%~1,100%	
	중심상업지역: 400%~1,500%	

91 직통계단의 설치에 관한 기준 내용 중 밑줄 친 "다음 각 호의 어느 하나에 해당하는 용도 및 규모의 건축물"의 기준 내용으로 틀린 것은?

> 법 제49조 제1항에 따라 피난층 외의 층이 <u>다음 각 호의 어느 하나에 해당하는 용도 및 규모의 건축물</u>에는 국토교통부령으로 정하는 기준에 따라 피난층 또는 지상으로 통하는 직통계단을 2개소 이상 설치하여야 한다.

① 지하층으로서 그 층 거실의 바닥면적의 합계가 $200m^2$ 이상인 것
② 종교시설의 용도로 쓰는 층으로서 그 층에서 해당 용도로 쓰는 바닥면적의 합계가 $200m^2$ 이상인 것
③ 숙박시설의 용도로 쓰는 3층 이상의 층으로서 그 층의 해당 용도로 쓰는 거실의 바닥면적의 합계가 $200m^2$ 이상인 것
④ 업무시설 중 오피스텔의 용도로 쓰는 층으로서 그 층의 해당 용도로 쓰는 거실의 바닥면적의 합계가 $200m^2$ 이상인 것

해설

④	업무시설 중 오피스텔의 용도로 쓰는 층으로서 그 층의 해당 용도로 쓰는 거실의 바닥면적의 합계가 $300m^2$ 이상인 것

92 건축법령상 건축허가 신청에 필요한 설계도서에 속하지 않는 것은?

① 조감도   ② 배치도
③ 건축계획서   ④ 소방설비도

해설

건축허가 신청 서식 중 기본설계도서의 범위
① 건축계획서, 배치도, 평면도, 입면도, 단면도, 구조도, 구조계산서, 건축설비도, 소방설비도

해답 89. ③ 90. ④ 91. ④ 92. ①

93 6층 이상의 거실면적의 합계가 3,000m²인 경우, 건축물의 용도별 설치하여야 하는 승용승강기의 최소 대수가 옳은 것은? (단, 15인승 승강기의 경우)

① 업무시설 - 2대
② 의료시설 - 2대
③ 숙박시설 - 2대
④ 위락시설 - 2대

해설

업무시설, 위락시설, 숙박시설 승용승강기 설치 대수
$1 + \dfrac{A - 3{,}000}{2{,}000} = 1 + \dfrac{(3{,}000) - 3{,}000}{2{,}000} = 1$대
의료시설 승용승강기 설치 대수
$2 + \dfrac{A - 3{,}000}{2{,}000} = 2 + \dfrac{(3{,}000) - 3{,}000}{2{,}000} = 2$대

②

94 다음은 일조 등의 확보를 위한 건축물의 높이 제한에 관한 기준 내용이다. ( )안에 알맞은 것은?

( )에서 건축하는 건축물의 높이는 일조 등의 확보를 위하여 정북 방향의 인접대지경계선으로부터의 거리에 따라 대통령령으로 정하는 높이 이하로 하여야 한다.

① 일반주거지역과 준주거지역
② 전용주거지역과 일반주거지역
③ 중심상업지역과 일반상업지역
④ 일반상업지역과 근린상업지역

해설

일조 등의 확보를 위한 건축물의 높이 제한			
대상	전용주거지역 및 일반주거지역		
적용 기준	이격 거리의 기준(조례로 정함)		
	1	높이 10m 이하인 부분	1.5m 이상
	2	높이 10m를 초과하는 부분	인접 대지경계선으로부터 해당 건축물의 각 부분의 높이의 1/2 이상

②

95 막다른 도로의 길이가 20m인 경우, 이 도로가 건축법령상 "도로"이기 위한 최소 너비는?

① 2m ② 3m ③ 4m ④ 6m

해설

②

막다른 도로의 길이에 따른 도로의 기준 폭	
길이 10m 미만	폭 2m 이상
길이 35m 미만	폭 3m 이상
길이 35m 이상	폭 6m 이상

96 주요구조부를 내화구조로 해야 하는 대상 건축물 기준으로 옳은 것은?

① 장례시설의 용도로 쓰는 건축물로서 집회실의 바닥면적의 합계가 150m² 이상인 건축물
② 판매시설의 용도로 쓰는 건축물로서 그 용도로 쓰는 바닥면적의 합계가 300m² 이상인 건축물
③ 운수시설의 용도로 쓰는 건축물로서 그 용도로 쓰는 바닥면적의 합계가 400m² 이상인 건축물
④ 문화 및 집회시설 중 전시장의 용도로 쓰는 건축물로서 그 용도로 쓰는 바닥면적의 합계가 500m² 이상인 건축물

해설

주요구조부를 내화구조로 해야 하는 규정	
200m² 이상	• 문화 및 집회시설(전시장 및 동·식물원 제외) • 유흥주점 • 종교시설, 장례시설
500m² 이상	• 문화 및 집회시설 중 전시장 및 동·식물원 • 위락시설(유흥주점 제외) • 판매시설, 운수시설, 수련시설, 창고시설, 관광휴게시설 • 운동시설 중 체육관 및 운동장 • 위험물저장 및 처리시설 • 방송통신시설 중 방송국·전신전화국 및 촬영소
2,000m² 이상	• 공장 (화재로 위험이 적은 공장으로서 주요구조부가 불연재료로 된 2층 이하의 공장은 예외)

④

해답 93. ② 94. ② 95. ② 96. ④

97 다음 중 허가대상에 속하는 용도변경은?

① 숙박시설에서 의료시설로의 용도변경
② 판매시설에서 문화 및 집회시설로의 용도변경
③ 제1종 근린생활시설에서 업무시설로의 용도변경
④ 제1종 근린생활시설에서 공동주택으로의 용도변경

해설

용도변경의 절차	
용도변경 분류	행정 절차
(1) 자동차 관련 시설군	
(2) 산업 등 시설군	
(3) 전기통신 시설군	
(4) 문화집회 시설군	• 오름차순 변경 (↑) : 허가
(5) 영업 시설군	• 내림차순 변경 (↓) : 신고
(6) 교육 및 복지 시설군	
(7) 근린생활 시설군	
(8) 주거업무 시설군	
(9) 그 밖의 시설군	

② 표시

98 각종 용도지역의 세분에 관한 설명 중 옳지 않은 것은?

① 근린상업지역: 근린지역에서의 일용품 및 서비스의 공급을 위하여 필요한 지역
② 중심상업지역: 도심·부도심의 상업 기능 및 업무 기능의 확충을 위하여 필요한 지역
③ 제1종일반주거지역: 단독주택을 중심으로 양호한 주거환경을 조성하기 위하여 필요한 지역
④ 준주거지역: 주거기능을 위주로 이를 지원하는 일부 상업기능 및 업무기능을 보완하기 위하여 필요한 지역

해설

③ 표시

제1종 일반주거지역
저층주택을 중심으로 편리한 주거환경을 조성
제1종 전용주거지역
단독주택 중심의 양호한 주거환경을 보호

99 건축물의 면적·높이 및 층수 등의 산정 기준으로 틀린 것은?

① 대지면적은 대지의 수평투영면적으로 한다.
② 건축면적은 건축물의 외벽의 중심선으로 둘러싸인 부분의 수평투영면적으로 한다.
③ 바닥면적은 건축물의 각 층 또는 그 일부로서 벽, 기둥, 그 밖에 이와 비슷한 구획의 중심선으로 둘러싸인 부분의 수평투영면적으로 한다.
④ 연면적은 하나의 건축물 각 층의 거실면적의 합계로 한다.

해설

④ 연면적은 하나의 건축물 각 층의 바닥면적의 합계이다.

100 대통령령으로 정하는 용도와 규모의 건축물에 대해 일반이 사용할 수 있도록 소규모 휴식시설 등의 공개공지 또는 공개공간을 설치하여야 하는 대상 지역에 속하지 않는 것은?

① 준주거지역   ② 준공업지역
③ 일반주거지역   ④ 전용주거지역

해설

④ 표시

공개공지 확보 대상		
대상 지역	(1) 일반주거지역·준주거 지역	
	(2) 상업지역·준공업지역	
	(3) 특별자치시장·특별자치도지사·시장·군수·구청장이 도시화 가능성이 크다고 인정하여 지정·공고하는 지역	
규모	용도 바닥면적 합계 5,000m² 이상	
용도	• 문화 및 집회시설	• 판매시설 (농수산물 유통시설 제외)
	• 종교시설	• 운수시설 (여객용 시설만 해당)
	• 업무시설	• 숙박시설

해답 97. ② 98. ③ 99. ④ 100. ④

바이블 연도별 기출문제

 건축계획

* 본 기출문제는 수험자의 기억에 의한 복원문제입니다.

1 주택단지 안의 건축물에 설치하는 계단의 유효폭은 최소 얼마 이상으로 하여야 하는가? (단, 공동으로 사용하는 계단의 경우)

① 0.9m ② 1.2m
③ 1.5m ④ 1.8m

해설

주택건설기준: 주택단지안의 건축물 또는 옥외에 설치하는 계단			
계단의 종류	유효폭	단높이	단너비
공동으로 사용하는 계단	120cm 이상	18cm 이하	26cm 이상
건축물의 옥외계단	90cm 이상	20cm 이하	24cm 이상

3 다음의 은행계획에 대한 설명 중 옳지 않은 것은?

① 고객이 지나는 동선은 되도록 짧게 한다.
② 업무 내부의 일의 효율은 고객이 알기 어렵게 한다.
③ 주출입구에 전실을 둘 경우에는 바깥문으로 밖여닫이 또는 자재문으로 할 수 있다.
④ 고객의 공간과 업무공간과의 사이에는 원칙적으로 구분이 있어야 한다.

해설

	은행 내부 공간 계획
1	고객의 공간과 업무 공간과의 사이에는 원칙적으로 구분이 없어야 한다.
2	고객이 지나는 동선은 되도록 짧게 한다.
④ 3	업무 내부의 일의 흐름은 고객이 알기 어렵게 한다.
4	주출입구에 전실을 둘 경우에는 바깥문으로 밖여닫이 또는 자재문으로 할 수 있다.
5	큰 건물의 경우 고객출입구는 되도록 1개소로 하고, 안으로 열리도록 한다.

2 메조넷형(Maisonette Type) 공동주택에 관한 설명으로 옳지 않은 것은?

① 주택 내의 공간의 변화가 있다.
② 거주성, 특히 프라이버시가 높다.
③ 소규모 단위평면에 적합한 유형이다.
④ 양면 개구에 의한 통풍 및 채광 확보가 양호하다.

해설

메조넷형 (Maisonette Type)	
③ 하나의 주거단위가 복층 형식을 취하는 경우이므로 주거단위 면적의 규모가 커야 한다.	

4 백화점의 진열장 배치에 관한 설명으로 옳지 않은 것은?

① 직각배치는 매장 면적의 이용률을 최대로 확보할 수 있다.
② 사행배치는 주통로 이외의 제2통로를 상하교통계를 향해서 45° 사선으로 배치한 것이다.
③ 사행배치는 많은 고객이 매장 구석까지 가기 쉬운 이점이 있으나 이형의 진열장이 필요하다.
④ 자유유선배치는 획일성을 탈피할 수 있으며, 변화와 개성을 추구할 수 있고 시설비가 적게 든다.

해설

자유유선(유동)배치	
④ 개성 있는 성격을 매장에 부여하므로 매장의 변경 및 이동이 곤란하며, 진열장의 유리케이스가 이형(異形)이 되므로 시설비가 많이 든다.	

해답 1. ② 2. ③ 3. ④ 4. ④

5 사무소건축의 실 단위계획에 관한 설명으로 옳지 않은 것은?

① 개실 시스템은 독립성과 쾌적감의 이점이 있다.
② 개방식 배치는 전 면적을 유용하게 이용할 수 있다.
③ 개방식 배치는 개실 시스템보다 공사비가 저렴하다.
④ 개실 시스템은 연속된 긴 복도로 인해 방 깊이에 변화를 주기가 용이하다.

해설

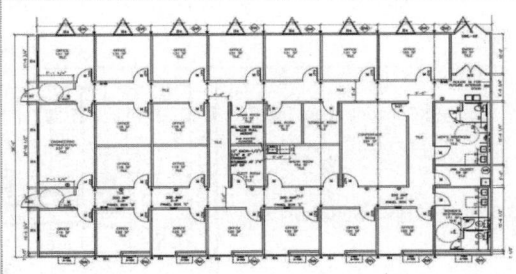

④ 개실(個室) 시스템(Cellular Type)은 연속된 긴 복도로 인해 방 길이에는 변화를 줄 수 있으나 방 깊이에는 변화를 주기가 곤란하다.

6 주택의 식당계획에서 LDK형의 의미로 가장 알맞은 것은?

① 별도의 거실을 두고 부엌의 일부에 식당을 설치한 형태
② 별도의 부엌을 두고 거실과 식당을 겸용하는 형태
③ 거실, 식당, 부엌을 개방된 하나의 공간에 배치한 형태
④ 식당, 부엌, 다용도실을 개방된 하나의 공간에 배치한 형태

해설

③ 리빙 다이닝 키친(LDK, Living Dining Kitchen)형은 거실, 식당, 부엌을 개방된 하나의 공간에 배치한 형태이다.

7 초등학교의 운영방식에 관한 기술 중 부적당한 것은?

① 교과교실형(V형)은 학생의 이동이 심한 것이 단점이다.
② 플래툰형(P형)은 교사의 수와 적당한 시설이 없으면 실시가 곤란하다.
③ 달톤형(D형)은 우리나라에서는 입시 학원이나 사설 외국어학원에서 사용하고 있다.
④ 종합교실형(A형)은 특히 초등학교 고학년에 가장 적합하다.

해설

종합교실형	
④ 초등학교 저학년에 대해 가장 권장되는 방식이다.	

8 건축 모듈(Module)에 대한 설명으로 옳지 않은 것은?

① 양산의 목적과 공업화를 위해 사용된다.
② 모든 치수의 수직과 수평이 황금비를 이루도록 하는 것이다.
③ 복합모듈은 기본모듈의 배수로서 정한다.
④ 모듈 설정 시 설계 작업이 단순화된다.

해설

모듈 (Module)	인간의 생활이나 동작을 바탕으로 한 치수상의 기준단위를 의미하며, 모든 치수의 수직과 수평이 정수비를 이루도록 한다.
② 모듈 시스템 (Module System)	
	집합주택, 사무소, 학교, 도서관, 병원, 공장 등의 기둥 간격이 일정한 평면을 갖는 건축물에서 융통성 있게 적용될 수 있다.

해답 5. ④ 6. ③ 7. ④ 8. ②

9. 다음 중 건축양식의 발달순서가 옳은 것은?

① 초기 그리스도교 ➡ 비잔틴 ➡ 로마네스크 ➡ 로코코 ➡ 르네상스
② 로마 ➡ 비잔틴 ➡ 고딕 ➡ 로마네스크 ➡ 르네상스 ➡ 바로크
③ 그리스 ➡ 로마네스크 ➡ 르네상스 ➡ 로코코
④ 이집트 ➡ 비잔틴 ➡ 로마네스크 ➡ 르네상스 ➡ 고딕

해설

③

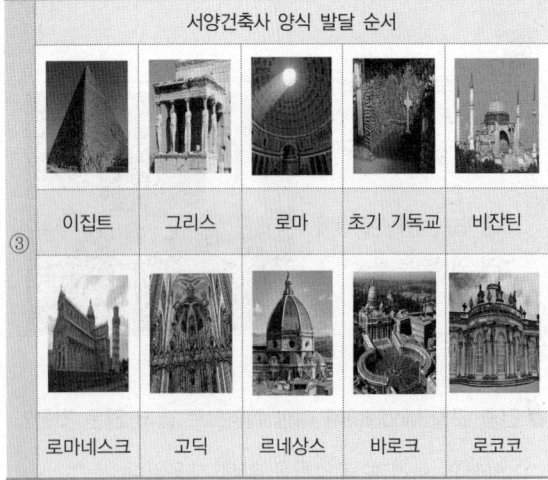

서양건축사 양식 발달 순서
이집트 - 그리스 - 로마 - 초기 기독교 - 비잔틴 - 로마네스크 - 고딕 - 르네상스 - 바로크 - 로코코

10. 공장건축의 지붕형에 관한 설명으로 옳지 않은 것은?

① 뾰족지붕은 직사광선을 어느 정도 허용하는 결점이 있다.
② 샤렌지붕은 기둥이 많이 소요되는 단점이 있다.
③ 솟을지붕은 채광, 환기에 적합한 방법이다.
④ 톱날지붕은 북향의 채광창으로 일정한 조도를 유지할 수 있다.

해설

샤렌(Schalen) 구조

② 곡면 지붕구조이므로 일반 평지붕보다 기둥이 적게 소요된다.

11. 아파트의 평면형식에 관한 설명으로 옳지 않은 것은?

① 홀형은 승강기를 설치할 경우 1대당 이용률이 복도형에 비해 적다.
② 편복도형은 단위면적당 가장 많은 주호를 집결시킬 수 있는 형식이다.
③ 집중형은 기후 조건에 따라 기계적 환경 조절이 필요하다.
④ 편복도형은 공용복도에 있어서 프라이버시가 침해되기 쉽다.

해설

집중형(Concentration Type)

② 대지에 대한 이용률이 가장 높은 아파트 평면 유형은 집중형이다.

12. 고대 그리스에서 사용된 오더로 가장 단순하고 심중한 느낌을 주며, 다른 오더와 달리 주초가 없는 것은?

① 도릭 오더
② 이오닉 오더
③ 코린티안 오더
④ 터스칸 오더

해설

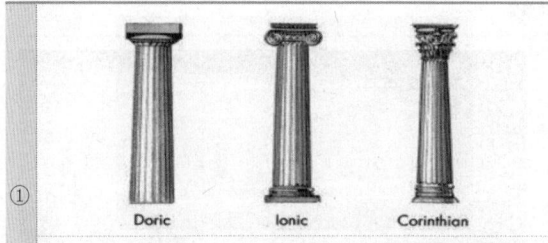

① 도리아 오더(Doric Order, 도릭 오더)는 가장 단순하고 장중한 느낌을 주며 남성 신체의 비례에서 유추한 주범으로 다른 주범과는 달리 주초가 없는 특징을 갖는다.

해답 9. ③ 10. ② 11. ② 12. ①

13 사무소건축의 엘리베이터 계획에 관한 설명으로 옳지 않은 것은?

① 대면배치에서 대면거리는 동일 군 관리의 경우는 3.5~4.5m로 한다.
② 여러 대의 엘리베이터를 설치하는 경우, 그룹별 배치와 군 관리 운전방식으로 한다.
③ 일렬배치는 8대를 한도로 하고, 엘리베이터 중심 간 거리는 8m 이하가 되도록 한다.
④ 엘리베이터 홀은 엘리베이터 정원 합계의 50% 정도를 수용할 수 있어야 하며, 1인당 점유면적은 0.5~0.8㎡로 계산한다.

해설

③ 4대를 한도로 하고, 엘리베이터 중심 간 거리는 8m 이하가 되도록 한다.

14 조선시대 다포식 목조 건축의 특성으로 옳지 않은 것은?

① 주두와 소로의 형상은 굽의 하반부가 곡면
② 주심포식보다 덜 현저한 배흘림
③ 평방
④ 주간포작

해설

주두(柱頭): 기둥 상부에 설치되어 상부의 공포를 받아주는 부재

① 고구려 / 통일신라 / 고려 / 조선

조선시대는 유교를 국교로 삼아 장식적이고 화려한 것 보다는 검약하고 절제된 미를 추구했기 때문에 굽받침이 완전히 사라지고 이전 시대와 달리 사절된 형태가 나타났다.

15 병원의 간호사 대기소에 관한 설명 중 ( ) 안에 가장 알맞은 내용은?

> 1개의 간호사 대기소에서 관리할 수 있는 병상 수는 (㉮)개 이하로 하며, 간호사의 보행 거리는 (㉯)m 이내가 되도록 한다.

① ㉮ 10~20 ㉯ 40
② ㉮ 20~30 ㉯ 40
③ ㉮ 30~40 ㉯ 24
④ ㉮ 40~50 ㉯ 24

해설

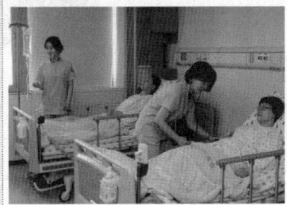
간호단위(Nursing Unit)

③
1	병동부의 기본 단위로서, 1조(8~10명)의 간호사들이 환자를 간호하기에 적절한 병상수로 30~40Bed가 보통이다.
2	간호사의 보행거리는 24m 이내가 되도록 한다.

16 어느 학교의 1주간의 평균수업시간은 50시간이며, 설계제도실이 사용되는 시간은 25시간이다. 설계제도실이 사용되는 시간 중 5시간은 구조강의를 위해 사용된다면, 이 설계제도실의 이용률과 순수율은?

① 이용률 : 50%, 순수율 : 80%
② 이용률 : 50%, 순수율 : 10%
③ 이용률 : 80%, 순수율 : 10%
④ 이용률 : 80%, 순수율 : 50%

해설

①
1	이용률 = $\frac{25}{50} \times 100\% = 50\%$
2	순수율 = $\frac{25-5}{25} \times 100\% = 80\%$

해답 13. ③ 14. ① 15. ③ 16. ①

17 극장 무대 주위의 벽에 6~9m 높이로 설치되는 좁은 통로를 의미하는 것은?

① 그린 룸
② 록 레일
③ 플라이 갤러리
④ 슬라이딩 스테이지

해설

플라이 갤러리
(Fly Gallery)

③ 그리드 아이언(Grid Iron)에 올라가는 계단과 연결되도록 무대 주위의 벽에 6~9m 높이로 설치되는 좁은 통로를 말한다.

18 호텔의 퍼블릭 스페이스(Public Space) 계획에 관한 설명으로 옳지 않은 것은?

① 프런트 오피스는 기계화된 설비보다는 많은 사람을 고용함으로서 고객의 편의와 능률을 높여야 한다.
② 프런트 데스크 후방에 프런트 오피스를 연속시킨다.
③ 로비는 개방성과 다른 공간과의 연계성이 중요하다.
④ 주식당은 외래객이 편리하게 이용할 수 있도록 출입구를 별도로 설치한다.

해설

호텔의 프런트 오피스(Front Office)

① 기계화된 각종 통신설비를 도입하여 업무의 연결을 신속화하고 작업 능률을 향상시켜 인건비를 절약하여야 한다.

19 페리(C.A.Perry)의 근린주구(Neighborhood Unit) 이론의 내용으로 옳지 않은 것은?

① 초등학교를 기본 단위로 한다.
② 중학교와 의료시설을 반드시 갖추어야 한다.
③ 지구 내 가로망은 통과교통에 사용되지 않도록 한다.
④ 주민에게 적절한 서비스를 제공하는 1~2개소 이상의 상점가를 주요도로의 결절점에 배치한다.

해설

페리(C.A.Perry, 1872~1944)

② 페리의 근린주구(1935)는 하나의 초등학교가 필요하게 되는 인구에 대응하는 규모를 가져야 하고, 중학교와 의료시설을 반드시 갖추어야 할 필요는 없다.

20 다음 중 병원건축에 있어서 단일 고층건물 형식의 유리한 점이 아닌 것은?

① 각 병실을 남향으로 할 수 있어 일조, 통풍 조건이 좋아진다.
② 업무의 효율화가 가능하다.
③ 낮은 건폐율로 주변 공지 확보에 유리하다.
④ 병동의 관리가 용이하다.

해설

① 분관식(Pavilion Type)　집중식(Block Type)

각 병실을 남향으로 할 수 있어 일조, 통풍 조건이 좋아지는 형식은 분관식(Pavilion Type)이다.

해답　17. ③　18. ①　19. ②　20. ①

건축시공

21 타일 공사에 관한 설명 중 옳은 것은?

① 모자이크 타일의 줄눈 너비의 표준은 5mm이다.
② 벽체타일이 시공되는 경우 바닥타일은 벽체타일을 붙이기 전에 시공한다.
③ 타일을 붙이는 모르타르에 시멘트 가루를 뿌리면 백화가 방지된다.
④ 치장줄눈은 24시간이 경과한 뒤 붙임모르타르의 경화 정도를 보아 시공한다.

해설

	대형(외부)	대형(내부)	소형	모자이크
① 줄눈 너비	9mm	5~6mm	3mm	2mm

모자이크 타일의 줄눈 너비의 표준은 2mm이다.

② 벽체 타일이 시공되는 경우 바닥타일은 벽체타일을 붙인 후에 시공한다.

③ 타일을 붙이는 모르타르에 시멘트 가루를 뿌리면 백화가 증대된다.

22 문 윗틀과 문짝에 설치하여 문이 자동적으로 닫히게 하며, 개폐 속도 및 압력를 조절할 수 있는 장치는?

① 도어 체크(Door Check)
② 도어 홀더(Door Holder)
③ 피봇 힌지(Pivot Hinge)
④ 도어 체인(Door Chain)

해설

①
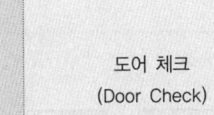
도어 체크
(Door Check)

도어 클로저(Door Closer)라고도 하며 여닫이문에 사용된다.

23 콘크리트의 압축강도를 시험하지 않을 경우 다음과 같은 조건에서의 거푸집널 해체 시기로 옳은 것은?

- 기초, 보, 기둥 및 벽의 측면의 경우
- 평균 기온 20℃ 이상
- 조강포틀랜드시멘트 사용

① 1일   ② 2일
③ 3일   ④ 4일

해설 거푸집 존치기간:
콘크리트 압축강도 시험을 하지 않을 경우
(기초, 기둥, 벽, 보 등의 측면)

시멘트 종류 평균 기온	조강 포틀랜드 시멘트	보통포틀랜드 시멘트 / 플라이애시 시멘트(1종) / 고로슬래그 시멘트(1종) / 포틀랜드포졸란 시멘트(1종)	플라이애시 시멘트(2종) / 고로슬래그 시멘트(2종) / 포틀랜드포졸란 시멘트(2종)
20℃ 이상	2일	4일	5일
20℃ 미만 ~ 10℃ 이상	3일	6일	8일

24 벽돌쌓기 시공에 관한 설명으로 옳지 않은 것은?

① 연속되는 벽면의 일부를 나중쌓기 할 때에는 그 부분을 층단들여쌓기로 한다.
② 내력벽 쌓기에서는 세워쌓기나 옆쌓기가 주로 쓰인다.
③ 벽돌쌓기 시 줄눈모르타르가 부족하면 하중 분담이 일정하지 않아 벽면에 균열이 발생할 수 있다.
④ 창대쌓기는 물흘림을 위해 벽돌을 15° 정도 기울여 벽면에서 3~5cm 정도 내밀어 쌓는다.

해설

② 세워쌓기, 옆쌓기는 개구부 상부의 쌓기 방법이며, 내력벽쌓기는 영식쌓기를 원칙으로 한다.

해답 21. ④   22. ①   23. ②   24. ②

25 계약제도의 하나로써 독립된 회사의 연합으로 법인을 설립하지 않으며 공사의 책임과 공사 클레임 등을 각각 독립된 회사의 계약 당사자가 책임을 지는 방식은?

① 공동도급(Joint Venture)
② 파트너링(Partnering)
③ 컨소시엄(Consortium)
④ 분할도급(Partial Contract)

해설

	컨소시엄(Consortium) 
1	라틴어로 동반자 관계와 협력, 동지를 의미하며, 공통의 목적을 위한 협회나 조합을 말한다.
2	공동도급(Joint Venture)은 자본의 출자를 통한 정식 법인이지만, 컨소시엄은 법인을 설립하지 않은 협력 형태로서 각각의 독립된 회사가 하나의 연합체를 형성하여 각자의 공사범위에 따라 공사를 수행하는 방식의 차이를 보인다.

③

26 서로 다른 종류의 금속재가 접촉하는 경우 부식이 일어나는 경우가 있는데 부식성이 큰 금속 순으로 옳게 나열된 것은?

① 알루미늄 > 철 > 주석 > 구리
② 주석 > 철 > 알루미늄 > 구리
③ 철 > 주석 > 구리 > 알루미늄
④ 구리 > 철 > 알루미늄 > 주석

해설

| 알루미늄 | 철 | 주석 | 구리 |

①
알루미늄과 철은 부식성이 큰 금속재료인데, 알루미늄이 철보다 부식성이 더 크다. 상대적으로 구리는 부식성이 낮은 금속 중 하나이다.

27 건설 사업 지원 통합전산망으로 건설 생산 활동 전 과정에서 건설 관련 주체가 전산망을 통해 신속히 교환·공유 할 수 있도록 지원하는 통합정보시스템을 지칭하는 용어는?

① CIC(Computer Integrated Construction)
② CALS(Continuous Acquisition & Life Cycle Support)
③ EC(Engineering Construction)
④ EVMS(Earned Value Management System)

해설

CALS
(Continuous
Acquisition
Life cycle
Support)

②
건설업의 기획, 설계, 계약, 시공, 유지 관리 등 건설 생산 활동의 전 과정에서 발주자, 설계, 시공감리자 등 건설 관련 주체가 초고속 정보통신망과 전자상거래 등을 이용하여 정보의 실시간 공유를 통한 공기단축, 원가절감, 품질향상 등을 도모하려는 건설 분야 통합정보통신시스템을 말한다.

28 건축공사의 직접공사비 원가로 바르게 구성된 것은?

① 자재비, 노무비, 장비비, 간접비
② 자재비, 노무비, 장비비, 경비
③ 자재비, 노무비, 외주비, 경비
④ 자재비, 노무비, 외주비, 간접비

해설

공사원가 구성 요소

③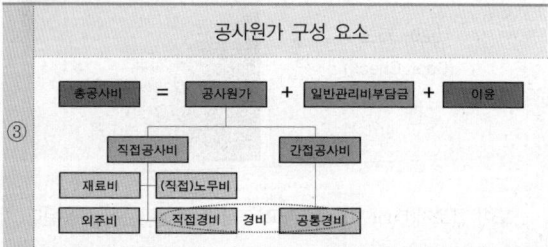

해답 25. ③ 26. ① 27. ② 28. ③

29 다음 중 공사감리 업무와 가장 거리가 먼 항목은?

① 설계도서의 적정성 검토
② 공사 실행예산의 편성
③ 시공상의 안전관리 지도
④ 사용 자재와 설계도서와의 일치 여부 검토

해설

	공사감리자의 감리 업무
②	1	공사 시공자가 설계도서에 적합하게 시공하는지의 여부 및 건축 자재가 기준에 적합한지의 여부 확인
	2	시공계획 및 공사 관리의 적정 여부 확인, 공사 현장의 안전관리 지도
	3	공정표 및 상세시공도면의 검토·확인, 구조물의 위치와 규격의 적정 여부 검토·확인, 품질시험의 실시 여부 및 시험 성과 검토·확인, 설계변경의 적정 여부 검토·확인
	4	그 밖의 공사감리계약으로 정하는 사항

30 콘크리트의 내화, 내열성에 관한 설명으로 옳지 않은 것은?

① 콘크리트의 내화, 내열성은 사용한 골재의 품질에 크게 영향을 받는다.
② 콘크리트는 내화성이 우수해서 600℃ 정도의 화열을 장시간 받아도 압축강도는 거의 저하하지 않는다.
③ 철근콘크리트 부재의 내화성을 높이기 위해서는 철근의 피복두께를 충분히 하면 좋다.
④ 화재를 입은 콘크리트의 탄산화 속도는 그렇지 않은 것에 비하여 크다.

해설

② 콘크리트는 경화 후에도 시멘트 중량의 10~20% 정도의 수분을 함유하고 있어 온도가 100℃ 정도가 되면 여기에 포함되어 있는 수분은 증발하고, 250℃ 정도부터는 화학적으로 결합된 수분인 결정수(結晶水)가 빠지기 시작하며, 500~600℃ 정도에서는 수산화석회가 열분해되어 콘크리트의 압축강도는 급격히 저하된다.

31 수밀콘크리트에 관한 설명으로 옳지 않은 것은?

① 콘크리트의 소요 슬럼프는 되도록 작게 하여 180mm를 넘지 않도록 한다.
② 콘크리트의 워커빌리티를 개선시키기 위해 공기연행제, 공기연행감수제 또는 고성능 공기연행감수제를 사용하는 경우라도 공기량은 2% 이하가 되게 한다.
③ 물결합재비는 50% 이하를 표준으로 한다.
④ 콘크리트 타설 시 다짐을 충분히 하여, 가급적 이어붓기를 하지 않아야 한다.

해설

②

수밀콘크리트(Water-Tight Concrete)

콘크리트의 워커빌리티를 개선시키기 위해 공기연행제, 공기연행감수제 또는 고성능 공기연행감수제를 사용하는 경우라도 공기량은 4% 이하가 되도록 한다.

32 보통콘크리트에서 굳지 않은 콘크리트 중의 전 염소 이온량은 얼마 이하로 하여야 하는가? (단, 콘크리트표준시방서 기준)

① 0.10kg/m³
② 0.20kg/m³
③ 0.30kg/m³
④ 0.40kg/m³

해설

		잔골재 절건중량 기준
③	골재의 염분 함유량 기준	염소이온(Cl⁻) 0.02% 이하, 염화물(NaCl) 0.04% 이하
		콘크리트에 함유된 염화물 총량 기준
		염소이온(Cl⁻)량으로 0.3kg/m³ 이하, 0.6kg/m³ 초과 금지

해답 29. ② 30. ② 31. ② 32. ③

② 바이블 연도별 기출문제

33 금속 커튼월의 Mock Up Test에 있어 기본 성능 시험의 항목에 해당되지 않는 것은?

① 정압수밀시험 ② 구조시험
③ 기밀시험 ④ 방재시험

해설

	실물대모형시험(Mock-Up Test, 외벽성능시험) 기본 성능 시험 항목	
④	1	예비시험
	2	기밀성능시험
	3	정·동압 수밀성능시험
	4	구조성능시험
	5	영구변형시험

34 돌로마이트 플라스터 바름에 관한 설명으로 옳지 않은 것은?

① 실내온도가 5℃ 이하일 때는 공사를 중단하거나 난방하여 5℃ 이상으로 유지한다.
② 정벌바름용 반죽은 물과 혼합한 후 4시간 정도 지난 다음 사용하는 것이 바람직하다.
③ 초벌바름에 균열이 없을 때에는 고름질한 후 7일 이상 두어 고름질면의 건조를 기다린 후 균열이 발생하지 아니함을 확인한 다음 재벌바름을 실시한다.
④ 재벌바름이 지나치게 건조한 때는 적당히 물을 뿌리고 정벌바름한다.

해설

돌로마이트 플라스터 (Dolomite Plaster)

②	1	마그네시아를 다량 함유한 석회석인 백운석을 구워 소석회와 같은 공정을 거친 뒤 볼 밀(Ball Mill)로 분쇄해서 만든 미장재료로서 풀을 혼용하지 않아도 미장 도장이 가능하므로 플라스터라는 이름이 붙어 있다.
	2	돌로마이트 플라스터 바름 시 정벌바름용 반죽은 물과 혼합한 후 12시간 이상 지난 다음 사용한다.

35 파워 쇼벨의 1시간당 추정 굴착작업량으로 다음 조건일 때 가장 옳은 것은? (단, 버킷 용량은 1.5m³, 작업효율은 100%, 굴삭토의 토량환산계수는 1.2, 사이클 타임은 1분, 굴삭계수는 0.60이다.)

① 108m³ ② 81m³
③ 64.8m³ ④ 54m³

해설

- Q : 버킷 용량(m³)
- K : 버킷 계수
- f : 토량환산계수
- E : 작업 효율
- Cm : 1회 사이클 타임(min)

③ 파워 쇼벨(Power Shovel) 단위작업 시간당 시공량(m³/hr)

$$Q = \frac{60 \cdot q \cdot k \cdot f \cdot E}{Cm}$$

$$= \frac{60(1.5)(0.6)(1.2)(1)}{(1)} = 64.8 \text{m}^3/\text{hr}$$

36 모래의 전단력을 측정하는 가장 유효한 지반조사 방법은?

① 보링 ② 베인테스트
③ 표준관입시험 ④ 재하시험

해설

표준관입시험(Standard Penetration Test)	
③	① 정지 작업 및 보링 실시 ② 질량 63.5kg의 해머를 760mm 높이에서 자유낙하 ③ 시험용 샘플러가 300mm 관입하는 데 요구되는 타격회수 N값을 구함

타격회수 N값	모래 밀도
0~5	몹시 느슨(Very Loose)
5~10	느슨(Loose)
10~30	보통(Medium)
30~50 이상	조밀(Dense)

해답 33. ④ 34. ② 35. ③ 36. ③

37 칠공사에 관한 주의사항으로 적당하지 않은 것은?

① 바탕의 건조가 불충분하거나 공기의 습도가 높을 때에는 시공하지 않는다.
② 초벌부터 정벌까지 같은 색으로 시공해야 한다.
③ 야간은 색을 잘못 칠할 염려가 있으므로 시공하지 않는다.
④ 직사광선은 가급적 피하고 도막이 손상될 우려가 있을 때에는 칠하지 않는다.

해설
② 도장공사에서 칠하는 횟수(초벌, 재벌, 정벌)를 구분하기 위해 색을 바꾸어서 칠한다.

38 목공사에 사용되는 철물에 관한 설명으로 옳지 않은 것은?

① 감잡이쇠는 큰보에 걸쳐 작은보를 받게 하고, 안장쇠는 평보를 대공에 달아 매는 경우 또는 평보와 ㅅ자보의 밑에 쓰인다.
② 못의 길이는 박아 대는 재두께의 2.5배 이상이며, 마구리 등에 박는 것은 3.0배 이상으로 한다.
③ 볼트 구멍은 볼트 지름보다 3mm 이상 커서는 안 된다.
④ 듀벨은 볼트와 같이 사용하여 듀벨에는 전단력, 볼트에는 인장력을 분담시킨다.

해설
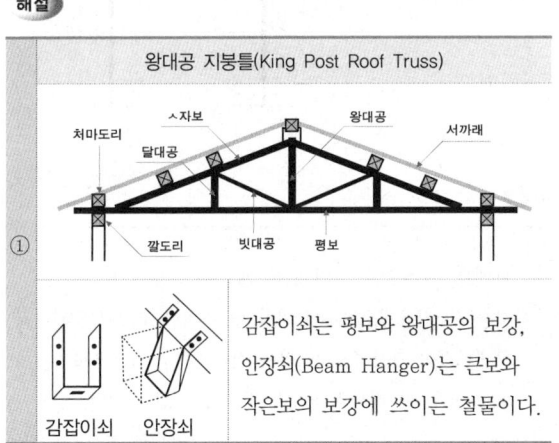

39 다음 중 QC(Quality Control) 활동의 도구가 아닌 것은?

① 기능계통도(Function Diagram)
② 산점도(Scatter Diagram)
③ 히스토그램(Histogram)
④ 특성요인도(Cause & Effect Diagram)

해설
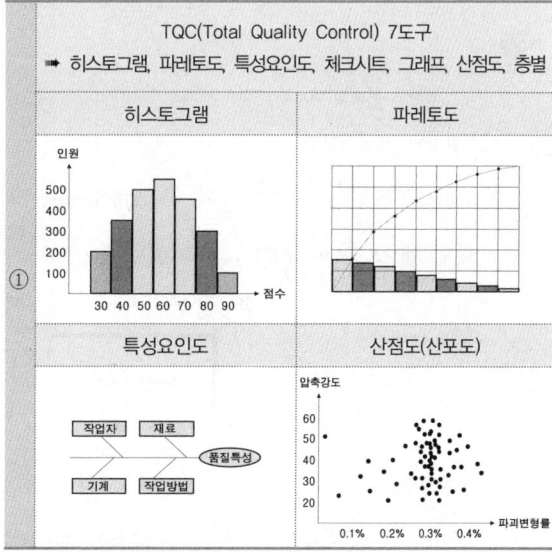

40 기계가 위치한 곳보다 높은 곳의 굴착에 가장 적당한 건설 기계는?

① Drag Line ② Back Hoe
③ Power Shovel ④ Scraper

해설
파워 쇼벨(Power Shovel)
③ 버킷을 앞으로 떠 올려서 흙을 굴착하는 기계로서 굴삭기가 위치한 지면보다 높은 곳을 굴착하는데 적합하고 비교적 단단한 토질의 굴삭도 가능하다.

해답 37. ② 38. ① 39. ① 40. ③

건축구조

41 그림과 같은 부정정 라멘에서 A점의 M_{AB}는?

① 0
② 20kN·m
③ 40kN·m
④ 60kN·m

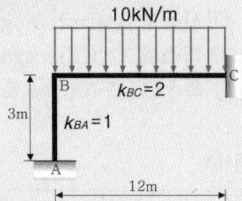

[해설] ②

모멘트 분배법(Moment Distribution Method)

1. B절점의 고정단모멘트
$FEM_{BC} = -\dfrac{wL^2}{12} = -\dfrac{(10)(12)^2}{12} = -120\text{kN·m}\ (\curvearrowleft)$
해제모멘트: $\overline{M_B} = -FEM_{BC} = +120\text{kN·m}\ (\curvearrowright)$

2. 분배율:
$DF_{BA} = \dfrac{1}{1+2} = \dfrac{1}{3}$

$M_{BA} = M_B \cdot DF_{BA}$
$M_{AB} = \tfrac{1}{2} M_{BA}$

3. 분배모멘트:
$M_{BA} = \overline{M_B} \cdot DF_{BA} = +(120)\left(\dfrac{1}{3}\right) = +40\text{kN·m}\ (\curvearrowright)$

전달모멘트:
$M_{AB} = \dfrac{1}{2} M_{BA} = \dfrac{1}{2}(+40) = +20\text{kN·m}\ (\curvearrowright)$

---

42 강도설계법에서 D22 압축이형철근의 기본정착길이 l_{db}는? (단, 경량콘크리트계수 $\lambda = 1$, $f_{ck} = 27\text{MPa}$, $f_y = 400\text{MPa}$)

① 200.5mm
② 378.4mm
③ 423.4mm
④ 604.6mm

[해설] ③

압축이형철근의 기본정착길이

$l_{db} = \dfrac{0.25 d_b \cdot f_y}{\lambda \sqrt{f_{ck}}} = \dfrac{0.25(22)(400)}{(1)\sqrt{(27)}} = 423.4\text{mm}$ 최댓값

$l_{db} = 0.043 d_b \cdot f_y = 0.043(22)(400) = 378.4\text{mm}$

---

43 그림과 같이 스팬이 7.2m이며 간격이 3m인 합성보 A의 슬래브 유효폭 b_e는?

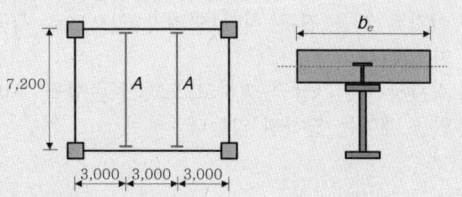

① 1,400mm
② 1,600mm
③ 1,800mm
④ 2,000mm

[해설] ③

합성보의 유효폭(b_e)

1. 양측 슬래브의 중심간 거리
$= \dfrac{(3,000)}{2} + \dfrac{(3,000)}{2} = 3,000\text{mm}$

2. 보 경간 $\times \dfrac{1}{4} = (7,200) \times \dfrac{1}{4} = 1,800\text{mm}$ 최솟값

---

44 그림과 같은 강접 골조에 수평력 $P = 10\text{kN}$이 작용하고 기둥의 강비 $K = \infty$인 경우, 기둥의 모멘트가 최대가 되는 변곡점의 위치 h_o는? (단, 괄호 안의 기호는 강비이다.)

① 0
② $0.5h$
③ $\dfrac{4}{7} h$
④ h

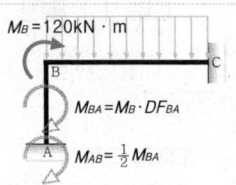

[해설] ①

모멘트 $M = P \times L$ 의 기본 개념을 적용해 본다면 하중(P) 작용점으로부터 가장 먼 위치인 고정단에서 모멘트값이 가장 클 것이라는 것을 알 수 있으므로 $h_o = 0$ 일 때 기둥의 모멘트가 최대가 될 것이다.

해답 41. ② 42. ③ 43. ③ 44. ①

45 강구조 고장력볼트 접합의 종류에 해당되지 않는 것은?

① 메탈터치 접합 ② 마찰접합
③ 인장접합 ④ 지압접합

해설

①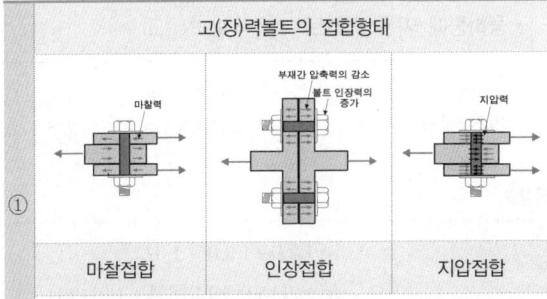

메탈터치(Metal Touch)는 기둥과 기둥의 밀착이음 가공으로 기둥의 이음과 관계있다.

46 그림과 같은 구조물의 부정정 차수는?

① 3차 부정정
② 4차 부정정
③ 5차 부정정
④ 6차 부정정

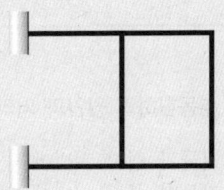

해설

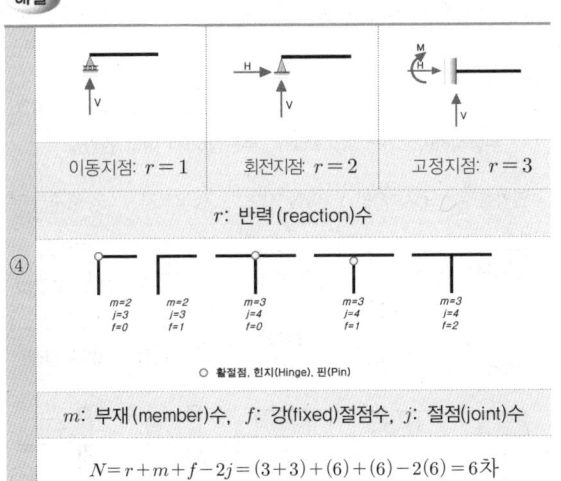

④ $N = r + m + f - 2j = (3+3) + (6) + (6) - 2(6) = 6$차

47 다음 그림과 같은 보 단면에서 정착되는 철근의 수평 순간격을 구하면?

【조건】
• D22(인장, 압축철근),
  지름: 22mm로 계산
• D13@150(스터럽),
  지름: 13mm로 계산
• 최소 피복두께: 40mm
• 구부림 최소 내면반지름은 무시

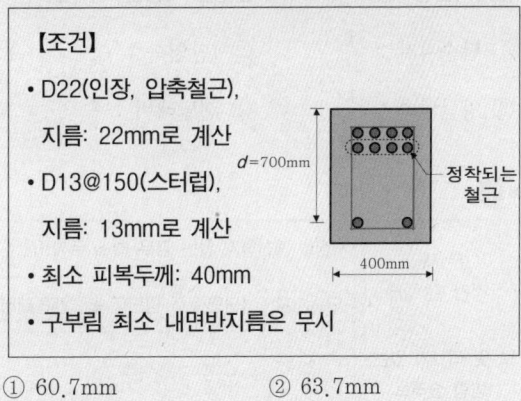

① 60.7mm ② 63.7mm
③ 66.7mm ④ 68.7mm

해설

④ 간격 $= \dfrac{1}{3}[400 - 40 \times 2 - 13 \times 2 - 22 \times 4] = 68.7\text{mm}$

48 강구조 필릿용접에 관한 설명으로 옳지 않은 것은?

① 필릿용접의 유효면적은 유효길이에 유효목두께를 곱한 것으로 한다.
② 필릿용접의 유효길이는 필릿용접의 총 길이에서 2배의 필릿사이즈를 공제한 값으로 하여야 한다.
③ 필릿용접의 유효목두께는 용접루트로부터 용접표면까지의 최단거리로 한다. 단, 이음면이 직각인 경우에는 필릿사이즈의 $\sqrt{2}$ 배로 한다.
④ 구멍필릿과 슬롯필릿용접의 유효길이는 목두께의 중심을 잇는 용접중심선의 길이로 한다.

해설

③ 필릿용접의 유효목두께(a)는 필릿사이즈(s)의 0.7배로 한다.

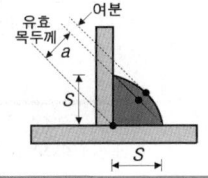

49 강도설계법에서 처짐을 계산하지 않는 경우, 철근콘크리트 보의 최소두께 규정으로 옳지 않은 것은? (단, 보통콘크리트와 설계기준항복강도 400MPa 철근을 사용한 부재임)

① 단순지지 : $\dfrac{l}{16}$ ② 1단연속 : $\dfrac{l}{18.5}$
③ 양단연속 : $\dfrac{l}{12}$ ④ 캔틸레버 : $\dfrac{l}{8}$

해설

부 재 [l : 경간 길이(mm)]	처짐을 계산하지 않는 경우 최소 두께 ($h_{\min}$)			
	단순지지	1단연속	양단연속	캔틸레버
보 및 리브가 있는 1방향 슬래브	$\dfrac{l}{16}$	$\dfrac{l}{18.5}$	$\dfrac{l}{21}$	$\dfrac{l}{8}$

50 다음 그림은 각 구간에서 직선적으로 변화하는 단순보의 휨모멘트도이다. C점과 D점에 동일한 힘 P_1이 작용하고 보의 중앙점 E에 P_2가 작용할 때 P_1과 P_2의 절댓값은?

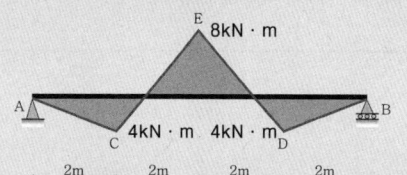

① $P_1 = 4\text{kN}, P_2 = 6\text{kN}$ ② $P_1 = 4\text{kN}, P_2 = 8\text{kN}$
③ $P_1 = 8\text{kN}, P_2 = 10\text{kN}$ ④ $P_1 = 8\text{kN}, P_2 = 12\text{kN}$

해설

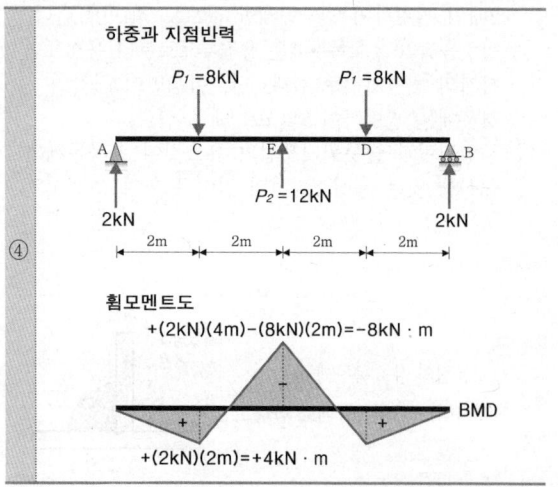

51 철근콘크리트 구조물 설계를 위해 선형탄성 구조해석을 수행한 결과, 보 단면에 다음과 같은 단면력이 계산되었다. 이 값을 사용해서 계수휨모멘트를 구하면?

- 고정하중에 따른 모멘트: $M_D = 150\text{kN} \cdot \text{m}$
- 활하중에 따른 모멘트: $M_L = 120\text{kN} \cdot \text{m}$
- 풍하중에 따른 모멘트: $M_W = 60\text{kN} \cdot \text{m}$

① $288\text{kN} \cdot \text{m}$ ② $318\text{kN} \cdot \text{m}$
③ $358\text{kN} \cdot \text{m}$ ④ $378\text{kN} \cdot \text{m}$

해설

④ 풍하중 하중 조합: (1), (2), (3) 중 최댓값	(1)	$U = 1.2D + 1.3W + 1.0L$ $= 1.2(150) + 1.3(60) + 1.0(120)$ $= 378\text{kN} \cdot \text{m}$
	(2)	$U = 1.2D + 0.65W$ $= 1.2(150) + 0.65(60) = 219\text{kN} \cdot \text{m}$
	(3)	$U = 0.9D + 1.3W$ $= 0.9(150) + 1.3(60) = 213\text{kN} \cdot \text{m}$

52 부동침하의 원인과 거리가 먼 것은?

① 건물과 경사 지반에 근접되어 있을 경우
② 건물이 이질 지반에 걸쳐 있을 경우
③ 이질의 기초구조를 적용했을 경우
④ 건물의 강도가 불균등할 경우

해설

부등침하(Uneven Settlement, 부동침하)의 여러 원인들

연약층	경사 지반	이질 지층	낭떠러지	증축
지하수위 변경	지하 구멍	메운땅 흙막이	이질 지정	일부 지정

해답 49. ③ 50. ④ 51. ④ 52. ④

53 콘크리트 구조설계 시 철근 간격 제한에 관한 내용으로 옳지 않은 것은?

① 벽체 또는 슬래브에서 휨 주철근의 간격은 벽체나 슬래브 두께의 3배 이하로 하여야 하고, 또한 450mm 이하로 하여야 한다.
② 상단과 하단에 2단 이상으로 배치된 경우 상하 철근은 동일 연직면 내에 배치되어야 하고, 이때 상하 철근의 순간격은 25mm 이상으로 하여야 한다.
③ 나선철근 또는 띠철근이 배근된 압축부재에서 축방향철근의 순간격은 25mm 이상, 또한 철근 공칭지름의 2.5배 이상으로 하여야 한다.
④ 2개 이상의 철근을 묶어서 사용하는 다발철근은 이형철근으로, 그 개수는 4개 이하이어야 하며, 이들은 스터럽이나 띠철근으로 둘러싸여 져야 한다.

해설

③ 축방향철근의 순간격
나선철근 또는 띠철근이 배근된 압축부재에서 축방향철근의 순간격은 40mm 이상, 또한 철근 공칭지름의 1.5배 이상으로 하여야 한다.

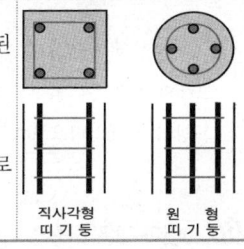

54 그림과 같은 단순보의 양단 수직반력을 구하면?

① $R_A = R_B = \dfrac{wL}{2}$
② $R_A = R_B = \dfrac{wL}{4}$
③ $R_A = R_B = \dfrac{wL}{6}$
④ $R_A = R_B = \dfrac{wL}{8}$

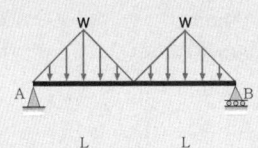

해설

② 대칭구조이므로 삼각형 분포하중 하나씩 나눠 갖는다고 생각하면 알기 쉽다.

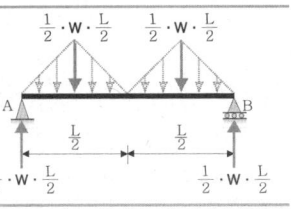

55 고장력볼트 1개의 인장파단 한계상태에 대한 설계인장강도는? (단, 볼트의 등급 및 호칭은 F10T, M24, $\phi = 0.75$)

① 254kN
② 284kN
③ 304kN
④ 324kN

해설

①
1. 고장력볼트 공칭인장강도:
$$F_{nt} = 0.75 F_u$$
$$= 0.75(1,000)$$
$$= 750 \text{N/mm}^2$$

2. 고장력볼트 설계인장강도:
$$\phi R_n = \phi \cdot F_{nt} \cdot A_b \cdot N_s$$
$$= (0.75)(750)\left(\dfrac{\pi(24)^2}{4}\right)(1) \times 1\text{개}$$
$$= 254,469\text{N} = 254.469\text{kN}$$

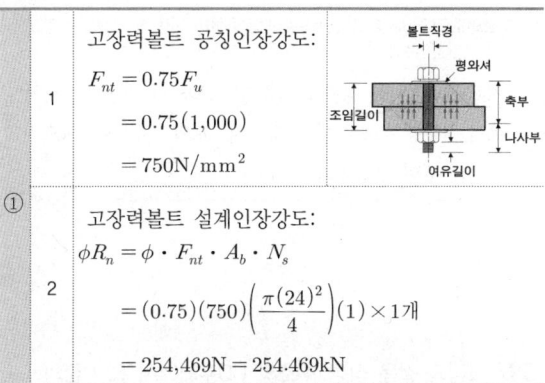

56 지진력저항시스템 중 다음 각 구조시스템에 관한 설명으로 옳지 않은 것은?

① 모멘트골조방식: 수직하중과 횡력을 보와 기둥으로 구성된 라멘골조가 저항하는 구조 방식
② 연성모멘트골조방식: 횡력에 대한 저항능력을 증가시키기 위하여 부재와 접합부의 연성을 증가시킨 모멘트골조
③ 이중골조방식: 횡력의 25% 이상을 부담하는 전단벽이 연성모멘트골조와 조화되어 있는 구조 방식
④ 건물골조방식: 수직하중은 입체골조가 저항하고, 지진하중은 전단벽이나 가새골조가 저항하는 구조 방식

해설

③ 이중골조형식 (Dual Struture)

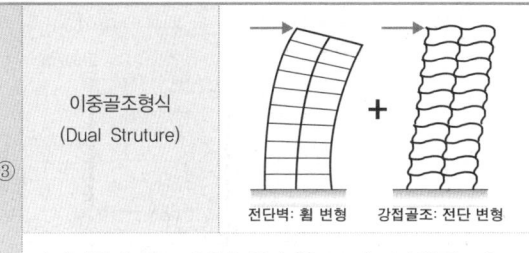

수평하중의 25% 이상을 부담하는 모멘트(연성)골조가 전단벽이나 가새골조와 조합되어 있는 골조 방식

해답 53. ③ 54. ② 55. ① 56. ③

57 등가정적해석법에 따른 건축물의 내진설계 시 고려해야 할 사항이 아닌 것은?
① 지역계수
② 지반 종류
③ 지표면조도
④ 반응수정계수

해설

③ 지표면조도(Surface Roughness): 건축물이 바람에 노출되는 정도
지표면상의 지물 상황을 지표면의 조도(거칠기)라는 관점에서 구분한 것으로 열린 평탄지, 교외, 시가지, 대도시 중심과 같이 구분한다.

59 강구조 기둥의 주각부에 관한 설명으로 옳지 않은 것은?
① 기둥의 응력이 크면 윙 플레이트, 접합 앵글, 리브 등으로 보강하여 응력의 분산을 도모한다.
② 앵커 볼트는 기초콘크리트에 매입되어 주각부의 이동을 방지하는 역할을 한다.
③ 주각은 조건에 관계없이 고정으로만 가정하여 응력을 산정한다.
④ 축방향력이나 휨모멘트는 베이스 플레이트 저면의 압축력이나 앵커 볼트의 인장력에 의해 전달된다.

해설

③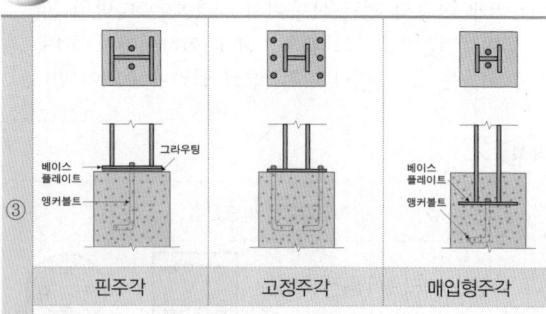
보통의 경우 주각을 핀으로 가정해서 설계함이 무난하지만, 고정이나 매입형으로 설계할 수 있다.

58 그림과 같은 정정 구조의 CD부재에서 C, D점의 휨모멘트값 중 옳은 것은?
① (C) 0kN·m, (D) 16kN·m
② (C) 16kN·m, (D) 16kN·m
③ (C) 0kN·m, (D) 32kN·m
④ (C) 32kN·m, (D) 32kN·m

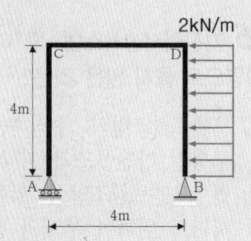

해설

1	$\sum H = 0: +(H_B) - (2)(4) = 0 \quad \therefore H_B = +8\text{kN}(\rightarrow)$
2	$\sum M_B = 0: +(V_A)(4) - (8)(2) = 0 \quad \therefore V_A = +4\text{kN}(\uparrow)$

$M_{C,Left} = 0$
$M_{D,Right} = -[-(8)(4) + (8)(2)] = +16\text{kN} \cdot \text{m}(\smile)$

60 그림과 같은 하중을 지지하는 단주의 단면에서 인장력을 발생시키지 않는 거리 x의 한계는?
① 40mm
② 60mm
③ 80mm
④ 100mm

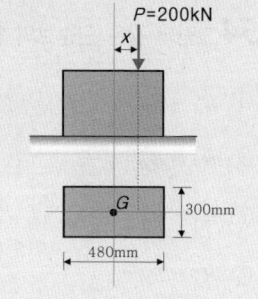

해설

편심축하중이 작용하는 단주의 응력을 0으로 고려한다.

③ $\sigma = -\dfrac{P}{A} + \dfrac{M}{Z} = -\dfrac{(200 \times 10^3)}{(300 \times 480)} + \dfrac{(200 \times 10^3)(x)}{\dfrac{(300)(480^2)}{6}} = 0$

으로부터 $x = 80\text{mm}$

건축설비

61 다음 중 증기 압축식 냉동기에 속하지 않는 것은?

① 터보식 냉동기   ② 왕복동식 냉동기
③ 스크류식 냉동기 ④ 흡수식 냉동기

해설

압축식 냉동기
① 구성: 압축기 ➡ 응축기 ➡ 팽창밸브 ➡ 증발기
② 종류: 왕복동식, 회전식(스크류식), 터보식(원심식)
③ 특징: 구동에너지가 전기이므로 전력소비가 많다.

흡수식 냉동기
① 구성: 응축기 ➡ 증발기 ➡ 흡수기 ➡ 재생기(발생기)
② 특징: 도시가스를 주연료로 사용하므로 전력 소비가 적다.

62 냉방부하 계산 결과 현열부하가 620W, 잠열부하가 155W일 경우, 현열비는?

① 0.2   ② 0.25
③ 0.4   ④ 0.8

해설

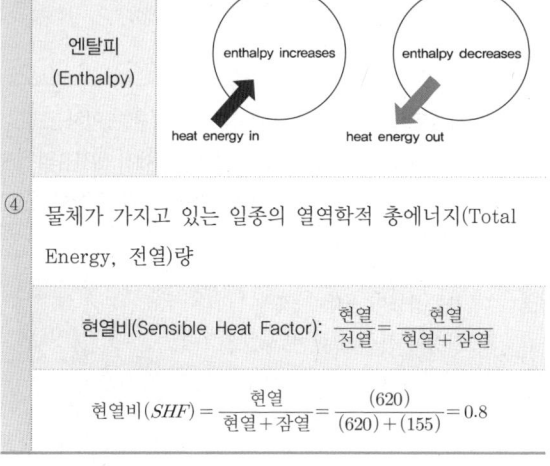

물체가 가지고 있는 일종의 열역학적 총에너지(Total Energy, 전열)량

현열비(Sensible Heat Factor): $\dfrac{현열}{전열} = \dfrac{현열}{현열+잠열}$

$$현열비(SHF) = \dfrac{현열}{현열+잠열} = \dfrac{(620)}{(620)+(155)} = 0.8$$

63 다음 그림과 같은 형태를 갖는 간선의 배선 방식은?

① 개별방식
② 루프방식
③ 병용방식
④ 나뭇가지방식

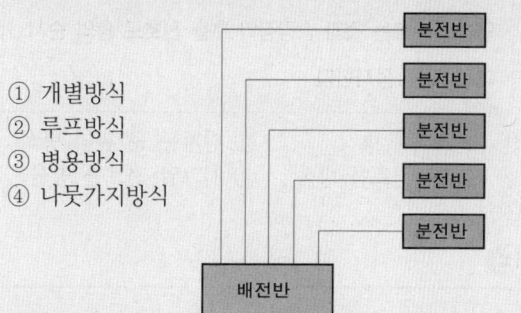

해설

① 각 분전반 마다 배전반으로부터 단독으로 배선되어 있는 평행식 또는 개별방식에 대한 그림이다.

64 LPG에 관한 설명으로 옳지 않은 것은?

① 비중이 공기보다 작다.
② 액화석유가스를 말한다.
③ 액화하면 그 체적은 약 1/250로 된다.
④ 상압에서는 기체이지만 압력을 가하면 액화된다.

해설

LPG(Liquefied Petroleum Gas, 액화석유가스)

①	1	탄화수소물이 주성분이며, 석유 정제 과정의 가스를 냉각 액화시킨 것으로 액화하면 그 체적은 1/250로 된다.
	2	비중이 공기보다 크고, 발열량이 크며, 인화 폭발의 염려가 있어 배관 설계와 기기 사용 시 특별한 주의를 필요로 한다.

해답 61. ④ 62. ④ 63. ① 64. ①

65 다음 설명에 알맞은 요운전원 엘리베이터 조작 방식은?

> 기동은 운전원의 버튼 조작으로 하며, 정지는 목적층 단추를 누르는 것과 승강장의 호출 신호로 층의 순서대로 지동 정지한다.

① 카 스위치 방식 ② 전자동 군 관리 방식
③ 레코드 컨트롤 방식 ④ 시그널 컨트롤 방식

해설

	엘리베이터 요운전원 방식	
④	레코드 컨트롤 방식	• 시동은 운전원 핸들 조작 • 운전원이 목적층 단추 누름으로 목적층 순서로 자동 정지
	시그널 컨트롤 방식	• 시동은 운전원 핸들 조작 • 정지는 목적층 단추 누름 • 승강장 호출 신호로 정지
	카 스위치 방식	• 시동, 정지는 운전원이 핸들 조작 • 정시 수동 또는 자동 착상이며 운전원이 판단 및 조작

66 오수의 BOD 제거율이 95%인 정화조에서 정화조로 유입되는 오수의 BOD농도가 300ppm일 경우, 방류수의 BOD 농도는?

① 15ppm ② 85ppm
③ 150ppm ④ 285ppm

해설

① 방류수의 BOD 농도를 x라고 하면

$$BOD\ 제거율 = \frac{유입수BOD - 유출수BOD}{유입수BOD} \times 100\%$$

$$= \frac{300-x}{300} \times 100\% = 95\% \text{ 로부터 } x = 15ppm$$

67 펌프의 양수량 10m³/min, 전양정 10m, 효율 80%일 때, 이 펌프의 소요 동력은? (단, 여유율은 10%)

① 22.5kW ② 26.5kW
③ 30.6kW ④ 32.4kW

해설

①

펌프의 축동력 $\dfrac{W \cdot Q \cdot H}{6,120 \cdot E}$	W	물의 밀도 $(1,000kg/m^3)$
	Q	펌프의 양수량 (m^3/min)
	H	전양정(m)
	E	펌프의 효율(%)

$$\frac{W \cdot Q \cdot H}{6,120 \cdot E} \times 여유율$$

$$= \frac{(1,000)(10)(10)}{6,120(0.8)}(1.1) = 22.467(kW)$$

68 흡음 및 차음에 관한 설명으로 옳지 않은 것은?

① 벽의 차음성능은 투과손실이 클수록 높다.
② 차음성능이 높은 재료는 흡음성능도 높다.
③ 벽의 차음성능은 사용재료의 면밀도에 크게 영향을 받는다.
④ 벽의 차음성능은 동일 재료에서도 두께와 시공법에 따라 다르다.

해설

| ② | 1 | 차음(Sound Insulation)은 음의 투과를 제어하는 것, 흡음(Sound Absorpsion)은 실내 표면에서 입사음의 반사를 감소시키는 것이므로, 차음성능과 흡음성능은 반드시 비례한다고 볼 수 없다. | |
| | 2 | 차음성능이 높은 재료는 질량이 큰 재료이며, 흡음성능이 높은 재료는 다공성으로 질량이 작다. |  |

해답 65. ④ 66. ① 67. ① 68. ②

69 변압기의 1차측 코일의 권수가 6,000, 2차측 코일의 권수가 200일 때 1차측 코일에 교류전압 3,000[V] 인가 시 2차측 코일에 발생하는 교류 전압[V]은?

① 50 ② 100
③ 200 ④ 500

해설

②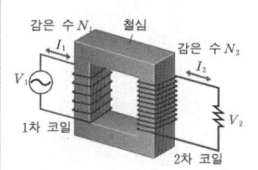

$6,000 : 3,000 = 200 : x$ ∴ $x = 100$

70 주위 온도가 일정 온도 이상으로 되면 동작하는 자동화재탐지설비의 감지기는?

① 이온화식 감지기 ② 차동식 스폿형 감지기
③ 정온식 스폿형 감지기 ④ 광전식 스폿형 감지기

해설

③ 주위 온도가 일정 온도 이상일 때 작동하는 것은 정온식, 온도 상승률이 일정 이상일 때 작동하는 것은 차동식 스폿 감지기이다.

【자동화재감지설비(Automatic Fire Alarm System)】

(1) 검출 원리에 따라 열(熱)감지식, 연기(煙氣)감지식, 불꽃감지식으로 분류할 수 있으며 광전식 및 이온화식은 연기감지식에 속한다.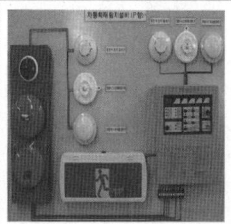

(2) 주요 감지기의 종류 및 특징
① 차동식 스포트형: 화기를 취급하지 않는 부착높이 8m 미만
② 정온식: 보일러실, 주방과 같이 다량의 열을 취급하는 곳
③ 연기식: 계단, 복도 및 층고가 높은 곳에 적당

71 팬코일유닛(FCU) 방식의 특징이 아닌 것은?

① 각 유닛의 개별 제어가 가능하다.
② 부하 증가에 대한 대처가 용이하다.
③ 외기의 도입, 습도의 조절에 어려움이 있다.
④ 각 실의 공기정화 능력이 뛰어나다.

해설

④ 전수(All Water) 방식으로서 신선한 외기 인입이 불가능하므로 실내 공기 오염의 우려, 수배관으로 인한 누수의 우려가 있다.

팬코일유닛 (Fan Coil Unit)

72 압축식 냉동기의 냉동 사이클로 옳은 것은?

① 압축 ➡ 응축 ➡ 팽창 ➡ 증발
② 압축 ➡ 팽창 ➡ 응축 ➡ 증발
③ 응축 ➡ 증발 ➡ 팽창 ➡ 압축
④ 팽창 ➡ 증발 ➡ 응축 ➡ 압축

해설

① 압축식 냉동기의 냉동 사이클
압축기 ➡ 응축기 ➡ 팽창밸브 ➡ 증발기

압축식 냉동기는 전기에 따른 기계적 에너지로 냉동하는 것이 기본 원리이며, 구동에너지가 전기이므로 전력 소비가 많다.

해답 69. ② 70. ③ 71. ④ 72. ①

73 증기난방에 관한 설명으로 옳지 않은 것은?

① 온수난방에 비해 예열시간이 짧다.
② 온수난방에 비해 한랭지에서 동결의 우려가 작다.
③ 운전 시 증기 해머로 인한 소음을 일으키기 쉽다.
④ 온수난방에 비해 부하 변동에 따른 실내 방열량의 제어가 용이하다.

해설

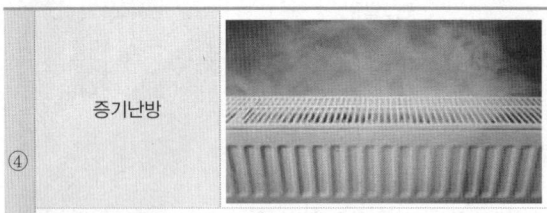
증기난방

④ 온수난방에 비해 증기난방은 부하 변동에 따른 방열량 제어가 곤란하다.

74 다음 설명에 알맞은 화재의 종류는?

나무, 섬유, 종이, 고무, 플라스틱류와 같은 일반 가연물이 타고 나서 재가 남는 화재

① A급 화재　　② B급 화재
③ C급 화재　　④ K급 화재

해설

화재의 분류		원인 물질
A급 (백색)	일반화재	나무, 섬유, 종이, 고무, 플라스틱류와 같은 일반 가연물이 타고 나서 재가 남는 화재
B급 (황색)	유류가스화재	석유, 타르, 페인트, LPG, LNG, 도시가스 등과 가스에 따른 화재
C급 (청색)	전기화재	전기스파크, 단락, 과부하 등으로 전기에너지가 불로 전이되는 화재
D급 (은색)	금속화재	철분, 마그네슘, 칼륨, 나트륨 등의 금속 물질에 따른 화재

75 전기샤프트(ES)의 계획 시 고려 사항으로 옳지 않은 것은?

① 각 층마다 같은 위치에 설치한다.
② 기기의 배치와 유지 보수에 충분한 공간으로 하고, 건축적인 마감을 실시한다.
③ 점검구는 유지 보수 시 기기의 반출입이 가능하도록 하여야 하며, 점검구 문의 폭은 최소 300mm 이상으로 한다.
④ 공급 대상 범위의 배선 거리, 전압강하 등을 고려하여 가능한 한 공급 대상 설비 시설 위치의 중심부에 위치하도록 한다.

해설

 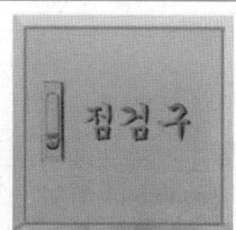

③ ES의 점검구는 유지 보수 시 기기의 반출입이 가능하도록 하여야 하며 폭 600mm 이상으로 한다.

76 배수트랩의 봉수 파괴 원인 중 통기관을 설치함으로써 봉수 파괴를 방지할 수 있는 것이 아닌 것은?

① 분출 작용　　② 모세관 작용
③ 자기사이펀 작용　　④ 유도사이펀 작용

해설

트랩의 봉수 파괴 방지 대책	
자기사이펀 작용	
유도사이펀 작용	통기관 설치
분출 작용	
모세관 작용	천 조각, 머리카락 제거

해답 73. ④　74. ①　75. ③　76. ②

77 다음과 같은 조건에 있는 실의 틈새바람에 따른 현열 부하량은?

【조건】
- 실의 체적: 400m³
- 환기 회수 0.5회/h
- 실내공기 건구온도: 20℃, 외기 건구온도: 0℃
- 공기의 밀도 1.2kg/m³, 비열 1.01kJ/kg·K

① 986W ② 1,124W
③ 1,347W ④ 1,542W

해설

	1	환기량: $Q = n \cdot V = (0.5)(400) = 200 \text{m}^3/\text{h}$
③	2	단위환산계수 0.337W·h/m³·K를 이용한다.
	3	현열: $Q_{SH} = 0.337 Q(t_o - t_i)$ $= 0.337(200)(20-0) = 1,348\text{W}$

79 사무실의 평균 조도를 800[lx]로 설계하고자 한다. 다음과 같은 조건에서 소요 램프수로 가장 적당한 것은?

【조건】
- 광원 1개의 광속: 2,000[lm]
- 실의 면적: 10[m²]
- 감광보상률: 1.5
- 조명률: 0.6

① 3개 ② 5개
③ 8개 ④ 10개

해설

④	광속법에 따른 조명설계식: $F \cdot N \cdot U = E \cdot A \cdot D$ 광원의 개수 $N = \dfrac{E \cdot A \cdot D}{F \cdot U} = \dfrac{(800)(10)(1.5)}{(2,000)(0.6)} = 10$개

78 배수트랩에서 봉수깊이에 관한 설명으로 옳지 않은 것은?

① 봉수깊이는 50~100mm로 하는 것이 보통이다.
② 봉수깊이를 너무 깊게 하면 유수의 저항이 감소된다.
③ 봉수깊이를 너무 깊게 하면 통수능력이 감소된다.
④ 봉수깊이가 너무 낮으면 봉수를 손실하기 쉽다.

해설

		P Trap S Trap U Trap
		수봉(水封)식 트랩, 사이펀(Siphon)식 트랩
②	1	설치 목적: 배수관 속의 악취, 유독가스 및 벌레 침투 방지를 위해 봉수를 고이게 하는 기구
	2	봉수 깊이를 너무 깊게 하면 유수의 저항이 증가되어 통수 능력이 감소되므로 봉수 깊이는 50~100mm 정도를 유지한다.

80 습공기선도에서 어떤 공기를 가열했을 때 다음 중에서 변화하지 않는 것은?

① 건구온도 ② 습구온도
③ 절대습도 ④ 상대습도

해설

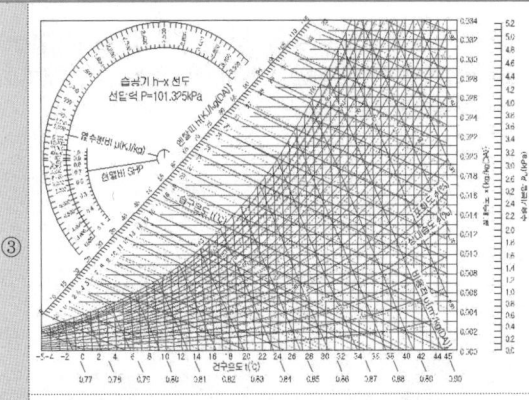

③ 포화범위 내에서 공기를 가열하거나 냉각해도 절대습도는 변함이 없다.

해답 77. ③ 78. ② 79. ④ 80. ③

건축법규

81 다음 중 건축법이 적용되는 건축물은?

① 역사(驛舍)
② 고속도로 통행료 징수시설
③ 철도의 선로 부지에 있는 플랫폼
④ 「문화유산의 보존 및 활용에 관한 법률」에 따른 가지정(假指定) 문화재

해설

	건축법이 적용되지 않는 건축물
①	1 「문화유산의 보존 및 활용에 관한 법률」에 따른 지정문화유산이나 임시지정문화유산 또는 천연기념물 등이나 임시지정 천연기념물, 임시지정 명승, 임시지정 시·도 자연유산
	2 철도나 궤도의 선로 부지(敷地)에 있는 운전보안시설, 철도 선로의 위나 아래를 가로지르는 보행시설, 플랫폼, 해당 철도 또는 궤도사업용 급수(給水)·급탄(給炭) 및 급유(給油) 시설
	3 고속도로 통행료 징수시설, 컨테이너를 이용한 간이창고
	4 「하천법」에 따른 하천구역 내의 수문조작실

82 부설주차장 설치 대상 시설물이 문화 및 집회시설 중 예식장으로서 시설면적이 1,200m²인 경우, 설치하여야 하는 부설주차장의 최소 대수는?

① 8대   ② 10대
③ 15대   ④ 20대

해설

	부설주차장 설치 대상 시설물	
①	문화 및 집회시설 (관람장 제외)	시설면적 150m²당 1대
	1,200 ÷ 150 = 8대	

83 주거에 쓰이는 바닥면적의 합계가 200m²인 주거용 건축물에 설치하는 음용수용 급수관의 최소 지름 기준은?

① 25mm   ② 32mm
③ 40mm   ④ 50mm

해설

주거면적에 따른 가구 수	가구 또는 세대 수	급수관 지름의 최소 기준(mm)
• 바닥면적 85m² 이하: 1가구 • 85m² 초과 150m² 이하: 3가구 • 150m² 초과 300m² 이하: 5가구 • 300m² 초과 500m² 이하: 16가구 • 바닥면적 500m² 초과: 17가구	1	15
	2~3	20
	4~5	25
	6~8	32
	9~16	40
	17 이상	50

84 특별피난계단의 구조에 관한 기준 내용으로 틀린 것은?

① 계단은 내화구조로 하되, 피난층 또는 지상까지 직접 연결되도록 한다.
② 계단실 및 부속실의 실내에 접하는 부분의 마감은 불연재료로 한다.
③ 출입구의 유효너비는 0.9m 이상으로 하고 피난의 방향으로 열 수 있도록 한다.
④ 건축물의 내부에서 노대 또는 부속실로 통하는 출입구에는 30분방화문을 설치하고, 노대 또는 부속실로부터 계단실로 통하는 출입구에는 60분 방화문을 설치하도록 한다.

해설

④	건축물의 내부에서 노대 또는 부속실로 통하는 출입구에는 60분+, 60분방화문을 설치하고, 노대 또는 부속실로부터 계단실로 통하는 출입구에는 60분+ 또는 60분방화문을 설치하도록 한다.

해답 81. ①   82. ①   83. ①   84. ④

85 토지 이용을 합리화하고 그 기능을 증진시키며 미관을 개선하고 양호한 환경을 확보하며, 그 지역을 체계적·계획적으로 관리하기 위하여 수립하는 계획으로 정의되는 것은?

① 지구단위계획
② 도시·군관리계획
③ 광역도시계획
④ 도시·군 기본계획

해설 ①
지구단위계획에 대한 정의로서, 국토교통부장관 또는 시·도지사·대도시 시장이 도시·군관리계획으로 지정한다.

86 급수, 배수, 환기, 난방설비를 설치하는 경우 건축기계설비기술사 또는 공조냉동기계기술사의 협력을 받아야 하는 대상 건축물에 속하지 않는 것은?

① 아파트
② 연립주택
③ 기숙사로서 해당 용도에 사용되는 바닥면적의 합계가 2,000㎡인 건축물
④ 업무시설로서 해당 용도에 사용되는 바닥면적의 합계가 2,000㎡인 건축물

해설 ④

	건축설비관련기술사의 협력 대상 건축물
□	연면적 10,000㎡ 이상인 건축물 (창고시설 제외한 모든 용도 해당)
□	에너지를 대량으로 소비하는 다음의 건축물
1	냉동냉장시설·항온항습시설 또는 특수청정시설로서 해당 용도에 사용되는 바닥면적 합계 500㎡ 이상인 건축물
2	아파트 및 연립주택
3	목욕장, 실내 물놀이형 시설, 실내 수영장으로서 해당 용도에 사용되는 바닥면적의 합계 500㎡ 이상
4	기숙사, 의료시설, 유스호스텔, 숙박시설로서 해당 용도에 사용되는 바닥면적의 합계 2,000㎡ 이상
5	판매시설, 연구소, 업무시설로서 해당 용도에 사용되는 바닥면적의 합계 3,000㎡ 이상
6	문화 및 집회시설(동·식물원 제외), 종교시설, 장례식장, 교육연구시설(연구소 제외) 등으로서 바닥면적의 합계 10,000㎡ 이상

87 대지와 도로의 관계에 관한 기준 내용이다. ( ) 안에 알맞은 것은? (단, 축사, 작물 재배사, 그 밖에 이와 비슷한 건축물로서 건축조례로 정하는 규모의 건축물은 제외)

> 연면적의 합계가 2,000㎡(공장인 경우 3,000㎡) 이상인 건축물의 대지는 너비 (㉠) 이상의 도로에 (㉡) 이상 접하여야 한다.

① ㉠ 4m, ㉡ 2m
② ㉠ 6m, ㉡ 4m
③ ㉠ 8m, ㉡ 6m
④ ㉠ 8m, ㉡ 4m

해설 ②

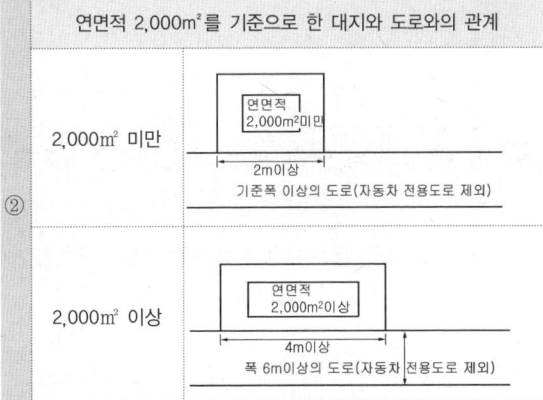

연면적 2,000㎡를 기준으로 한 대지와 도로와의 관계

88 건축물을 특별시나 광역시에 건축하는 경우 특별시장이나 광역시장의 허가를 받아야 하는 대상 건축물의 층수 기준은?

① 7층 이상
② 15층 이상
③ 21층 이상
④ 25층 이상

해설 ③

특별시장·광역시장의 허가 대상	
층수	21층 이상인 건축물
연면적 합계	100,000㎡ 이상인 건축물
증축	연면적 3/10 이상의 증축으로 인하여 21층 이상 또는 연면적 합계 100,000㎡ 이상 되는 건축물
예외 규정	공장, 창고, 지방건축위원회 심의를 거친 건축물 (초고층 건축물 제외)

해답 85. ① 86. ④ 87. ② 88. ③

89 주차장에서 장애인전용 주차단위구획의 최소 크기는?
(단, 평행주차형식 외의 경우)
① 2.3×5.0m   ② 2.5×5.1m
③ 3.3×5.0m   ④ 2.0×6.0m

해설

③

장애인전용 주차단위구획
3.3m × 5m 이상

90 시가화조정구역의 지정과 관련된 기준 내용 중 밑줄 친 대통령령으로 정하는 기간으로 옳은 것은?

시·도지사는 직접 또는 관계 행정기관의 장의 요청을 받아 도시지역과 그 주변지역의 무질서한 시가화를 방지하고 계획적·단계적인 개발을 도모하기 위하여 <u>대통령령으로 정하는 기간</u> 동안 시가화를 유보할 필요가 있다고 인정되면 시가화조정구역의 지정 또는 변경을 도시·군관리계획으로 결정할 수 있다.

① 5년 이상 10년 이내   ② 5년 이상 20년 이내
③ 7년 이상 10년 이내   ④ 7년 이상 20년 이내

해설

②

	1	지정 목적: 무질서한 시가화 방지, 계획적·단계적 개발 도모
	2	시가화유보기간: ➡ 5년 이상 20년 이하의 기간으로 국토교통부장관이 도시·군관리계획으로 정한다.

91 건축법상 공사감리자의 업무내용으로 부적합한 것은?
① 시공계획 및 공사관리의 적정여부의 확인
② 상세시공도면의 작성·검토
③ 공정표의 검토
④ 설계변경여부의 검토·확인

해설

공사감리자의 감리 업무	
1	공사 시공자가 설계도서에 적합하게 시공하는지의 여부 및 건축 자재가 기준에 적합한지의 여부 확인
2	시공계획 및 공사관리의 적정 여부 확인, 공사 현장의 안전관리 지도
3	공정표 및 상세시공도면의 검토·확인, 구조물의 위치와 규격의 적정 여부 검토·확인, 품질시험의 실시 여부 및 시험 성과 검토·확인, 설계변경의 여부 검토·확인
4	그 밖의 공사감리계약으로 정하는 사항

②

92 건축법령상 다중이용건축물에 해당하지 않는 것은?
(단, 해당하는 용도로 쓰이는 바닥면적의 합계가 5,000m² 인 건축물인 경우)
① 종교시설   ② 판매시설
③ 업무시설   ④ 의료시설 중 종합병원

해설

다중이용건축물	
1	16층 이상의 건축물
2	문화 및 집회시설(전시장, 동·식물원 제외), 종교시설, 판매시설, 여객자동차터미널, 종합병원, 관광숙박시설의 용도에 쓰이는 바닥면적 합계가 5,000m² 이상인 건축물

③

해답 89. ③ 90. ② 91. ② 92. ③

93 다음의 용도변경 중 허가대상에 속하지 않는 것은?

① 영업시설군에서 주거업무시설군으로 용도변경
② 교육 및 복지시설군에서 영업시설군으로 용도변경
③ 주거업무시설군에서 문화 및 집회시설군으로 용도변경
④ 교육 및 복지시설군에서 문화 및 집회시설군으로 용도변경

해설

①

용도변경의 절차	
용도변경 분류	행정 절차
(1) 자동차 관련 시설군	• 오름차순 변경 (↑): 허가 • 내림차순 변경 (↓): 신고
(2) 산업 등 시설군	
(3) 전기통신 시설군	
(4) 문화집회 시설군	
(5) 영업 시설군	
(6) 교육 및 복지 시설군	
(7) 근린생활 시설군	
(8) 주거업무 시설군	
(9) 그 밖의 시설군	

94 그림과 같은 일반 건축물의 건축면적은? (단, 평면도 건물 치수는 두께 300mm인 외벽의 중심 치수이고, 지붕선 치수는 지붕 외곽선 치수임)

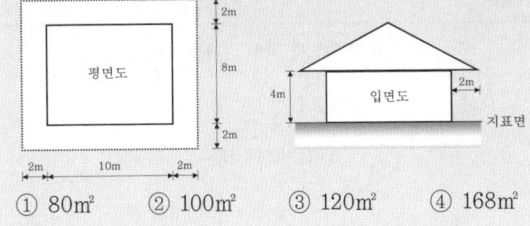

① 80㎡ ② 100㎡ ③ 120㎡ ④ 168㎡

해설

③

1	처마, 차양, 부연 등이 외벽중심선으로부터 수평거리 1m 이상 돌출된 경우 돌출된 끝부분으로부터 일반 건축물 (1m)의 거리를 후퇴한 선으로 구획한 면적으로 건축면적을 산정한다.
2	건축면적 = (1+10+1)×(1+8+1) = 120㎡

95 비상용승강기의 승강장 구조에 관한 기준 내용으로 옳지 않은 것은?

① 승강장은 각 층의 내부와 연결될 수 있도록 할 것
② 벽 및 반자가 실내에 접하는 부분의 마감재료는 불연재료로 할 것
③ 옥내 승강장의 바닥면적은 비상용승강기 1대에 대하여 5㎡ 이상으로 할 것
④ 피난층에 있는 승강장의 출입구로부터 도로 또는 공지에 이르는 거리가 30m 이하일 것

해설

③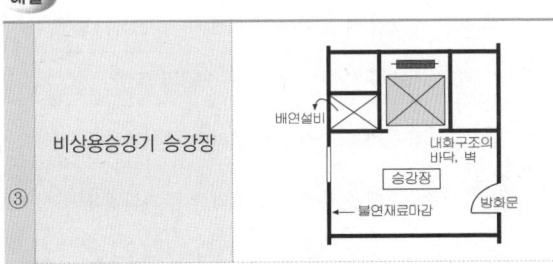

옥내 승강장의 바닥면적은 비상용승강기 1대에 대하여 6㎡ 이상으로 하여야 한다.

96 다음은 지하층과 피난층 사이의 개방공간 설치와 관련된 기준 내용이다. ( )안에 알맞은 것은?

> 바닥면적의 합계가 ( ) 이상인 공연장·집회장·관람장 또는 전시장을 지하층에 설치하는 경우에는 각 실에 있는 자가 지하층 각 층에서 건축물 밖으로 피난하여 옥외계단 또는 경사로 등을 이용하여 피난층으로 대피할 수 있도록 천장이 개방된 외부공간을 설치하여야 한다.

① 500㎡ ② 1,000㎡
③ 2,000㎡ ④ 3,000㎡

해설

④

지하층과 피난층 사이의 개방공간 설치	
규모	바닥면적 합계 3,000㎡ 이상
용도	지하층에 설치한 공연장, 집회장, 관람장, 전시장

해답 93. ① 94. ③ 95. ③ 96. ④

97 주거지역의 세분 중 공동주택 중심의 양호한 주거환경을 보호하기 위하여 필요한 지역은?

① 제1종 전용주거지역 ② 제2종 전용주거지역
③ 제1종 일반주거지역 ④ 제2종 일반주거지역

해설

전용주거지역(양호한 주거환경의 보호)		
②	1종	단독주택 중심의 양호한 주거환경을 보호
	2종	공동주택 중심의 양호한 주거환경을 보호
일반주거지역(편리한 주거환경의 조성)		
	1종	저층주택을 중심으로 편리한 주거환경을 조성
	2종	중층주택을 중심으로 편리한 주거환경을 조성
	3종	중·고층주택을 중심으로 편리한 주거환경을 조성
준주거지역		
주거기능을 위주로 이를 지원하는 일부 상업기능 및 업무기능을 보완하기 위하여 필요한 지역		

98 국토교통부령으로 정하는 기준에 따라 채광 및 환기를 위한 창문 등이나 설비를 설치하여야 하는 대상에 속하지 않는 것은?

① 의료시설의 병실
② 숙박시설의 객실
③ 업무시설 중 사무소의 사무실
④ 교육연구시설 중 학교의 교실

해설

③ 국토교통부령으로 정하는 기준에 따라 채광 및 환기를 위한 창문 등이나 설비를 설치하여야 하는 건축물의 용도

단독주택 및 공동주택의 거실, 교육연구시설 중 학교의 교실, 의료시설의 병실 및 숙박시설의 객실

99 다음 중 주요구조부에 속하지 않는 것은?

① 기둥 ② 지붕틀
③ 바닥 ④ 옥외 계단

해설

④

주요구조부	

「건축법」에서 주요구조부란 건축물의 공간형성과 방화상(불이 번지는 경로상)에 있어서의 주요한 부분을 말하며 내력벽, 기둥, 바닥, 보, 지붕틀 및 주계단을 말한다.

100 전용주거지역 또는 일반주거지역 안에서 높이 10m의 2층 건축물을 건축하는 경우, 건축물의 각 부분은 일조 등의 확보를 위하여 정북 방향으로의 인접대지경계선으로부터 최소 얼마 이상 띄어 건축하여야 하는가?

① 1m ② 1.5m
③ 3m ④ 5m

해설

	일조 등의 확보를 위한 건축물의 높이 제한	
	대상	전용주거지역 및 일반주거지역
②	이격 거리의 기준(조례로 정함)	
	적용 기준	1	높이 10m 이하인 부분
			1.5m 이상
		2	높이 10m를 초과하는 부분
			인접대지경계선으로부터 해당 건축물의 각 부분의 높이의 1/2 이상
	예외	건축물의 미관 향상을 위해 너비 20m 이상의 도로로서 건축조례가 정하는 도로에 접한 대지 (도로와 대지의 사이에 도시계획시설인 완충녹지가 있는 경우에는 그 대지를 포함)

해답 97. ② 98. ③ 99. ④ 100. ②

건축계획

1 공포를 기둥 위에만 배열한 것을 주심포 형식이라고 한다. 다음 중 주심포 형식의 건축물에 해당하는 것은?
① 봉정사 극락전 ② 화암사 극락전
③ 봉정사 대웅전 ④ 창경궁 명정전

해설

① 봉정사 극락전: 주심포식	② 화암사 극락전: 하앙식
	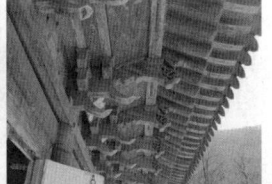
③ 봉정사 대웅전: 다포식	④ 창경궁 명정전: 다포식

2 전시실 순회방식에 관한 설명으로 옳지 않은 것은?
① 연속순회 형식은 비교적 소규모 전시실에 적합하다.
② 중앙홀 형식은 홀의 크기가 크면 중앙부 동선의 혼란이 있다.
③ 갤러리 및 코리도 형식은 복도 자체도 전시공간으로 이용이 가능하다.
④ 갤러리 및 코리도 형식은 각 실에 직접 들어갈 수 있는 점이 유리하다.

해설

②	중앙홀 형식	
	홀의 크기가 작으면 중앙부 동선의 혼란이 있다.	

3 다음은 객석의 가시거리에 관한 설명이다. ( ) 안에 알맞은 것은?

> 연극 등을 감상하는 경우 연기자의 표정을 읽을 수 있는 가시한계는 (㉠) 정도이다. 그러나 실제적으로 극장에서는 잘 보여야 하는 동시에 많은 관객을 수용해야 하므로 (㉡)까지를 제1차 허용한도로 한다.

① ㉠ 10m, ㉡ 22m ② ㉠ 15m, ㉡ 22m
③ ㉠ 10m, ㉡ 25m ④ ㉠ 15m, ㉡ 25m

해설

	관객석의 가시거리 허용 한도	
1	A구역: 15m	배우의 표정이나 동작을 상세히 감상할 수 있는 거리(인형극, 아동극)
② 2	1차 허용한도: 22m	될 수 있는 한 많은 관객을 수용하기 위한 적당한 가시거리(국악, 신극, 실내악)
3	2차 허용한도: 35m	배우의 일반적인 동작만 보이면 감상하는데 지장이 없는 거리(발레, 뮤지컬 등)

4 쇼핑센터에서 고객의 주 보행동선으로서 중심상점과 각 전문점에서의 출입이 이루어지는 곳은?
① 몰(Mall)
② 코트(Court)
③ 터미널(Terminal)
④ 페데스트리언 지대(Pedestrian Area)

해설

① 몰(Mall)

층 외로 개방된 오픈 몰(Open Mall)과 닫혀진 실내 공간으로 형성된 인클로즈드 몰(Enclosed Mall)이 있다.

해답 1.① 2.② 3.② 4.①

5 다음 중 사무소건축의 기둥 간격 결정 요소와 가장 거리가 먼 것은?

① 책상 배치의 단위
② 주차 배치의 단위
③ 엘리베이터의 설치 대수
④ 채광상 층높이에 의한 깊이

해설

사무소 건축 기둥 간격 결정 요소		
③	책상 배치 단위	
	채광상 층고에 따른 안깊이	
	주차 배치 단위	

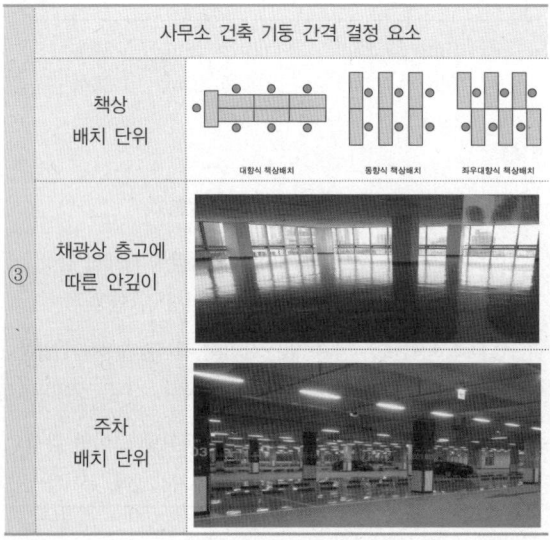

6 메조넷형(Maisonette Type) 공동주택에 관한 설명으로 옳지 않은 것은?

① 주택 내의 공간의 변화가 있다.
② 거주성, 특히 프라이버시가 높다.
③ 소규모 단위평면에 적합한 유형이다.
④ 양면 개구에 의한 통풍 및 채광 확보가 양호하다.

해설

	메조넷형 (Maisonette Type)	
③	하나의 주거단위가 복층 형식을 취하는 경우이므로 주거단위 면적의 규모가 커야 한다.	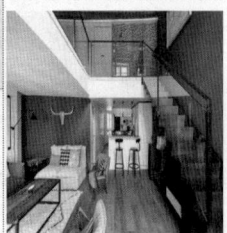

7 주택법상 주택단지의 복리시설에 속하지 않는 것은?

① 경로당 ② 관리사무소 ③ 주민운동시설 ④ 유치원

해설

	부대시설	주차장, 관리사무소, 담장 및 주택단지 안의 도로
②	복리시설	어린이놀이터, 근린생활시설, 유치원, 주민운동시설 및 경로당

8 래드번(Radburn) 계획에서 슈퍼블록을 구성함으로써 얻어질 수 있는 효과로 옳지 않은 것은?

① 충분한 공동의 오픈 스페이스의 확보가 가능
② 건물을 집약화함으로써 고층화·효율화가 가능
③ 도로 교통의 개선, 즉 보도와 차도의 완전한 분리가 가능
④ 커뮤니티 시설의 중심 배치로 간선도로변의 활성화가 가능

해설

라이트(H.Wright), 스타인(C.Stein) 「래드번(Radburn, 1928)」		
④		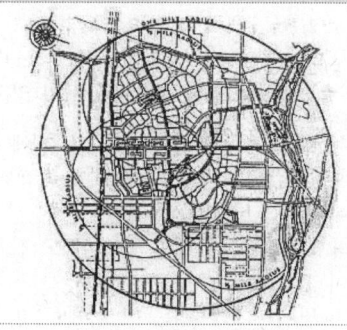
	1	자동차 통과도로의 배제를 위한 12~20ha의 슈퍼블록(Super Block, 대가구)의 구성
	2	기능에 따른 4가지 종류의 도로 구분
	3	보도망(Pedestrian Network)의 형성 및 보도와 차도(고가차도)의 입체적 분리
	4	쿨데삭(Cul-de-Sac)형의 세(細)가로망 구성에 의해 주택의 거실을 보도 혹은 정원을 향하도록 배치
	5	주택단지 어디로든 통할 수 있는 공동의 오픈 스페이스(Open Space)를 조성

해답 5. ③ 6. ③ 7. ② 8. ④

9. 다음 중 호텔의 성격상 연면적에 대한 숙박면적의 비가 가장 큰 것은?

① 커머셜 호텔
② 클럽 하우스
③ 리조트 호텔
④ 아파트먼트 호텔

해설

①	시티 호텔 (City Hotel)	• 커머셜(Commercial) 호텔 • 레지덴셜(Residential) 호텔 • 아파트먼트(Apartment) 호텔 • 터미널(Terminal) 호텔
	리조트 호텔 (Resort Hotel)	• 해변(Beach) 호텔 • 산장(Mountain) 호텔 • 스포츠(Sport) 호텔 • 온천(Hot Spring) 호텔 • 클럽 하우스(Club House)

Hotel 호텔 연면적에 대한 숙박면적의 비율
커머셜 호텔 > 레지덴셜 호텔 > 리조트 호텔 > 아파트먼트 호텔

10. 주당 평균 40시간을 수업하는 어느 학교에서 음악실에서의 수업이 총 20시간이며 이 중 15시간은 음악시간으로 나머지 5시간은 학급토론시간으로 사용되었다면, 이 교실의 이용률과 순수율은?

① 이용률 37.5%, 순수율 75%
② 이용률 50%, 순수율 75%
③ 이용률 75%, 순수율 37.5%
④ 이용률 75%, 순수율 50%

해설

②	1	이용률 = $\frac{20}{40} \times 100\% = 50\%$
	2	순수율 = $\frac{20-5}{20} \times 100\% = 75\%$

11. 건축물과 양식의 연결이 옳지 않은 것은?

① 노트르담 성당 - 고딕 양식
② 샤르트르 성당 - 고딕 양식
③ 피사의 사탑 - 바로크 양식
④ 성 소피아 성당 - 비잔틴 양식

해설

③	피사의 사탑(1174) ↓ 로마네스크(Romanesque) 양식	

12. 주택의 부엌계획에 관한 설명 중 옳지 않은 것은?

① 일사가 긴 서쪽은 음식물이 부패하기 쉬우므로 피하도록 한다.
② 부엌은 가사노동의 경감을 위해 작업삼각형의 각 변의 합은 10m 이내로 한다.
③ 부엌의 평면형 중 일렬형은 동선과 배치가 간단한 평면형이지만 설비 기구가 많은 경우에는 작업동선이 길어진다.
④ 부엌의 평면형 중 ㄱ자형은 식사실과 함께 이용할 경우에 적합하다.

해설

②	부엌의 작업순서 (Work Triangle)	
	1	냉장고 ➡ 개수대 ➡ 조리대 ➡ 가열대 ➡ 배선대
	2	냉장고, 개수대(=싱크대), 조리대(=레인지, 가열대)의 중간 지점을 연결하는 작업삼각형(Work Triangle) 3변의 길이 합은 3.6~6m 정도가 기능적이다.

해답 9. ① 10. ② 11. ③ 12. ②

1 바이블 연도별 기출문제

13 장애인 등의 편의시설 중 매개시설에 속하지 않는 것은?

① 주출입구 접근로
② 유도 및 안내설비
③ 장애인전용주차구역
④ 주출입구 높이 차이 제거

해설

장애인·노인·임산부 등의 편의 증진 보장에 관한 법률	
① 주출입구 접근로	매개 시설
② 유도 및 안내설비	안내 시설
③ 장애인전용주차구역	매개 시설
④ 주출입구 높이 차이 제거	매개 시설

15 건축공간의 치수는 인간을 기준으로 볼 때 3가지로 나누어서 생각할 수 있다. 다음 중 이 3가지 분류에 포함되지 않는 것은?

① 환경적 스케일   ② 심리적 스케일
③ 생리적 스케일   ④ 물리적 스케일

해설

건축공간의 치수(Scale, 스케일)		
①	물리적 Scale	출입구의 크기가 인간이나 물체의 물리적 크기에 의해 결정되는 치수
	생리적 Scale	실내의 창문 크기가 필요 환기량으로 결정되는 경우와 같은 치수
	심리적 Scale	압박감을 느끼지 않을 정도에서 천장의 높이가 결정되는 경우와 같은 치수

14 다음 중 구조코어로서 가장 바람직한 코어 형식으로, 바닥면적이 큰 고층, 초고층 사무소에 적합한 것은?

① 중심코어형   ② 편심코어형
③ 독립코어형   ④ 양단코어형

해설

①
편심코어형	독립코어형	중심코어형	양단코어형

중심코어형은 건축물의 외부 프레임을 내력벽으로 하고 중앙 코어와 일체로 형성 시 내진구조로 만들기가 용이하며, 바닥면적이 큰 고층 이상의 사무소 건축에 적합하다.

16 고딕양식의 건축물에 속하지 않는 것은?

① 아미앵 성당   ② 노트르담 성당
③ 샤르트르 성당   ④ 성 베드로 성당

해설

④

성 베드로 성당(1506~1626): 르네상스 ~ 바로크 양식

해답 13. ② 14. ① 15. ① 16. ④

건축계획 ①

17 상점의 판매방식에 관한 설명으로 옳지 않은 것은?

① 측면판매방식은 직원 동선의 이동성이 많다.
② 대면판매방식은 측면판매방식에 비해 상품 진열 면적이 넓어진다.
③ 측면판매방식은 고객이 직접 진열된 상품을 접촉할 수 있는 관계로 선택이 용이하다.
④ 대면판매방식은 쇼케이스를 중심으로 판매원이 고정된 자리나 위치를 확보하는 것이 용이하다.

해설

②

대면판매　　　　　측면판매

대면판매방식은 측면판매방식에 비해 상품 진열면적이 작아진다.

---

18 다음이 설명하는 공장건축 레이아웃(Lay-Out) 형식은?

• 생산에 필요한 모든 공정과 기계류를 제품의 흐름에 따라 배치하는 형식이다.
• 대량생산에 유리하며 생산성이 높다.

① 혼성식 레이아웃　② 고정식 레이아웃
③ 제품중심 레이아웃　④ 공정중심 레이아웃

해설

③ 연속작업식인 제품중심 레이아웃에 대한 설명이다.

---

19 다음 설명에 알맞은 도서관의 자료 출납시스템 유형은?

이용자가 직접 서고 내의 서가에서 도서 자료의 제목 정도는 볼 수 있지만 내용을 열람하고자 할 경우 관원에게 대출을 요구해야 하는 형식

① 폐가식　　　　② 반개가식
③ 자유개가식　　④ 안전개가식

해설

반개가식(Semi Open Access)

② 출납시설이 필요하지만 서가의 열람이나 감시가 불필요한 특징을 갖는다. 일반적으로 신간 서적 안내에 채택되며, 대량의 도서에는 부적당하다.

---

20 병원건축의 병동 배치에서 분관식(Pavilion Type)이 집중식(Block Type)보다 좋은 점은?

① 각종 설비시설의 배관 길이가 짧아진다.
② 각 병실의 일조와 통풍이 유리하다.
③ 비교적 작은 대지에도 건축할 수 있다.
④ 이용자들의 동선이 짧아진다.

해설

②

분관식(Pavilion Type)　집중식(Block Type)

①, ③, ④항은 집중식(Block Type)에 대한 장점이다.

해답　17. ②　18. ③　19. ②　20. ②

건축시공

21 콘크리트의 크리프에 관한 설명으로 옳지 않은 것은?

① 습도가 높을수록 크리프는 크다.
② 물-시멘트 비가 클수록 크리프는 크다.
③ 콘크리트의 배합과 골재의 종류는 크리프에 영향을 끼친다.
④ 하중이 제거되면 크리프 변형은 일부 회복된다.

해설

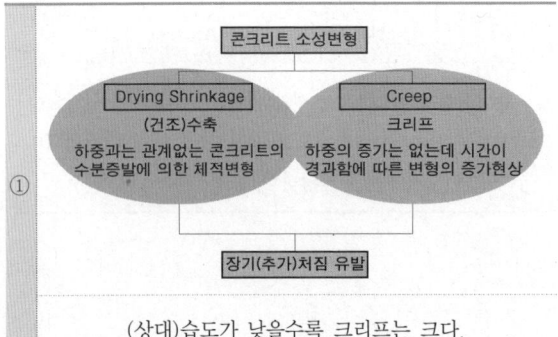

(상대)습도가 낮을수록 크리프는 크다.

22 철근의 정착 위치에 관한 설명으로 옳지 않은 것은?

① 지중보의 주근은 기초 또는 기둥에 정착한다.
② 기둥 철근은 큰보 혹은 작은보에 정착한다.
③ 큰보의 주근은 기둥에 정착한다.
④ 작은보의 주근은 큰보에 정착한다.

해설

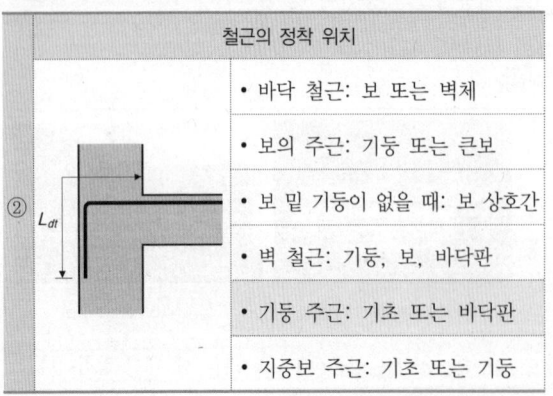

* 본 기출문제는 수험자의 기억에 의한 복원문제입니다.

23 건설 사업 지원 통합전산망으로 건설 생산 활동 전 과정에서 건설 관련 주체가 전산망을 통해 신속히 교환·공유 할 수 있도록 지원하는 통합정보시스템을 지칭하는 용어는?

① CIC(Computer Integrated Construction)
② CALS(Continuous Acquisition & Life Cycle Support)
③ EC(Engineering Construction)
④ EVMS(Earned Value Management System)

해설

CALS
(Continuous Acquisition Life cycle Support)

건설업의 기획, 설계, 계약, 시공, 유지 관리 등 건설 생산 활동의 전 과정에서 발주자, 설계, 시공감리자 등 건설 관련 주체가 초고속 정보통신망과 전자상거래 등을 이용하여 정보의 실시간 공유를 통한 공기단축, 원가절감, 품질향상 등을 도모하려는 건설 분야 통합정보통신시스템을 말한다.

24 문 윗틀과 문짝에 설치하여 문이 자동적으로 닫혀지게 하며, 개폐속도 및 압력를 조절할 수 있는 장치는?

① 도어 체크(Door Check)
② 도어 홀더(Door Holder)
③ 피벗 힌지(Pivot Hinge)
④ 도어 체인(Door Chain)

해설

도어 체크
(Door Check)

도어 클로저(Door Closer)라고도 하며 여닫이문에 사용된다.

해답 21. ① 22. ② 23. ② 24. ①

25 타일의 크기가 200mm×200mm, 가로 세로 줄눈의 크기는 10mm인 타일로 벽면적 100m²가 되는 벽체를 시공하는 경우의 타일 매수로 적당한 것은? (단, 정미량이며 깨짐에 의한 손실은 없는 것으로 한다.)

① 2,368매　　② 2,268매
③ 2,468매　　④ 2,678매

해설

②	1	줄눈 크기를 더한 정사각형의 타일이 1㎡ 내에 들어가는 개수를 구하는데 100㎡에는 몇 장이 들어가는지를 연상하면 된다.
	2	$\dfrac{1 \times 1}{(0.2+0.01) \times (0.2+0.01)} \times 100 = 2,267.57$ 장 ➡ 2,268장

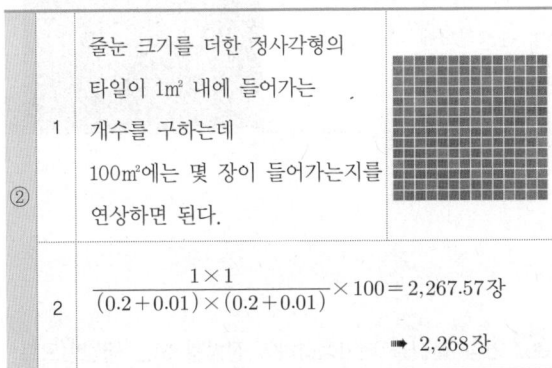

26 주문받은 건설업자가 대상 계획의 기업, 금융, 토지 조달, 설계, 시공 기타 모든 요소를 포괄하여 발주하는 도급계약 방식은?

① 실비정산 보수가산 도급
② 정액도급
③ 공동도급
④ 턴키도급

해설

④ 턴키(Turn Key) 계약 방식
건축주가 열쇠만 돌리면 쓸 수 있다는 뜻에서 유래된 용어이다.

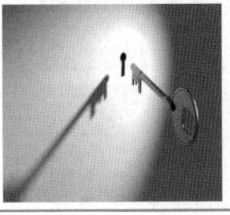

27 건축공사 시 직접공사비 구성 항목으로 옳게 짝지어진 것은?

① 재료비, 노무비, 장비비, 간접공사비
② 재료비, 노무비, 외주비, 간접공사비
③ 재료비, 노무비, 일반관리비, 경비
④ 재료비, 노무비, 외주비, 경비

해설

④ 공사원가 구성 요소

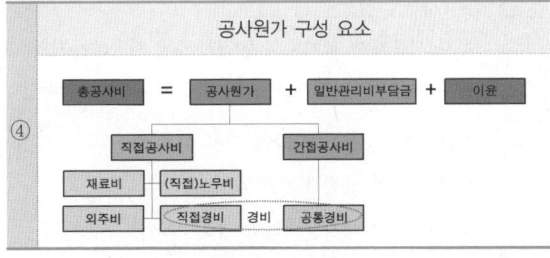

28 다음 설명이 의미하는 공법으로 옳은 것은?

미리 공장 생산한 기둥이나 보, 바닥판, 외벽, 내벽 등을 한 층씩 쌓아 올라가는 조립식으로 구체를 구축하고 이어서 마감 및 설비공사까지 포함하여 차례로 한 층씩 완성해 가는 공법

① 하프PC합성바닥판 공법　② 역타 공법
③ 적층 공법　　　　　　　④ 지하연속벽 공법

해설

③ 적층 공법
積層工法
Floor by Floor Method

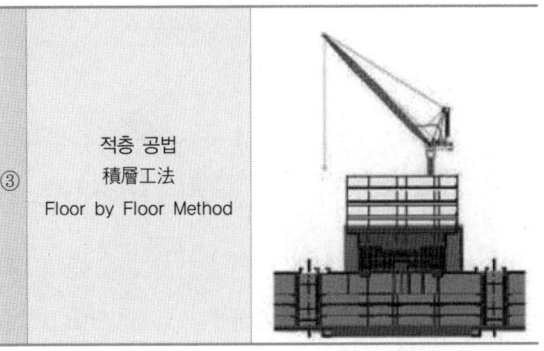

해답　25. ②　26. ④　27. ④　28. ③

29 다음 중 공사감리 업무와 가장 거리가 먼 항목은?

① 설계도서의 적정성 검토
② 공사 실행예산의 편성
③ 시공상의 안전관리 지도
④ 사용 자재와 설계도서와의 일치 여부 검토

해설

	공사감리자의 감리 업무
1	공사 시공자가 설계도서에 적합하게 시공하는지의 여부 및 건축 자재가 기준에 적합한지의 여부 확인
2	시공계획 및 공사 관리의 적정 여부 확인, 공사 현장의 안전관리 지도
3	공정표 및 상세시공도면의 검토·확인, 구조물의 위치와 규격의 적정 여부 검토·확인, 품질시험의 실시 여부 및 시험 성과 검토·확인, 설계변경의 적정 여부 검토·확인
4	그 밖의 공사감리계약으로 정하는 사항

②

30 지하연속벽(Slurry Wall)에 관한 설명으로 옳지 않은 것은?

① 차수성이 우수하다.
② 비교적 지반 조건에 좌우되지 않는다.
③ 소음·진동이 적고, 벽체의 강성이 높다.
④ 공사비가 타 공법에 비하여 저렴하고 공기가 단축된다.

해설

지하연속벽(Slurry Wall, 슬러리 월)

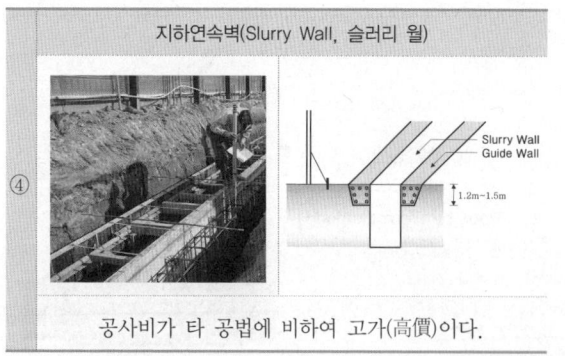

④ 공사비가 타 공법에 비하여 고가(高價)이다.

31 건설현장에서 굳지 않은 콘크리트에 대해 실시하는 시험으로 옳지 않은 것은?

① 슬럼프(Slump) 시험　② 코어(Core) 시험
③ 염화물 시험　　　　④ 공기량 시험

해설

② 코어(Core) 시험은 굳은 콘크리트에 대해 실시하는 시험이다.

32 연강 철선을 전기용접하여 정방형 또는 장방형으로 만든 것으로 콘크리트 다짐 바닥, 지면 콘크리트 포장 등에 사용하는 금속재는?

① 와이어 라스(Wire Lath)
② 와이어 메시(Wire Mesh)
③ 메탈 라스(Metal Lath)
④ 펀칭 메탈(Punching Metal)

해설

①		와이어 라스(Wire Lath)
		철선을 꼬아 만든 철망
②		와이어 메시(Wire Mesh)
		연강 철선을 직교시켜 전기 용접한 것
③		메탈 라스(Metal Lath)
		얇은 철판에 자름금을 내어 당겨 늘린 것
④		펀칭 메탈(Punching Metal)
		얇은 철판에 각종 모양을 도려낸 것

해답 29. ② 30. ④ 31. ② 32. ②

33 사운딩(Sounding)이란 저항체를 땅 속에 삽입하여서 관입, 회전, 인발 등의 저항으로 토층의 성상을 탐사하는 방법이다. 다음 중 사운딩(Sounding) 시험에 속하지 않는 시험법은?

① 표준관입시험
② 콘 관입시험
③ 베인전단시험
④ 말뚝의 재하시험

해설

	사운딩(Sounding)	
④	로드(Rod) 선단에 설치한 저항체를 땅 속에 삽입하여 관입, 회전, 인발 등의 저항으로 토층의 성상을 탐사하는 방법으로 원위치 시험이라고도 한다.	
	정적 사운딩	베인 테스트(Vane Test), 휴대용 원추 관입시험, 화란식 원추 관입시험, 스웨덴식 관입시험, 이스키 미터(Isky meter)
	동적 사운딩	동적 원추 관입시험, 표준관입시험(Standard Penetration Test), 콘(Cone) 관입시험

34 지반조사 시험에서 서로 관련 있는 항목끼리 옳게 연결된 것은?

① 진흙의 점착력 - 베인시험(Vane Test)
② 지내력 - 정량분석시험
③ 연한점토 - 표준관입시험
④ 염분 - 신월샘플링(Thin Wall Sampling)

해설

②	콘크리트용 골재	정량분석시험
③	사질지반	표준관입시험
④	시료 채취	신월 샘플링(Thin Wall Sampling)

35 압연강재가 냉각될 때 표면에 생기는 산화철 표피를 무엇이라 하는가?

① 스패터
② 밀 스케일
③ 슬래그
④ 비드

해설

	밀 스케일(Mill Scale)	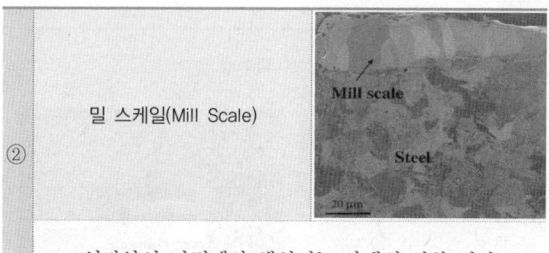
②	열간압연 과정에서 생성되는 강재의 산화 피막	

36 PERT-CPM 공정표 작성 시 EST와 EFT의 계산 방법 중 옳지 않은 것은?

① 작업의 흐름에 따라 전진 계산한다.
② 선행작업이 없는 첫 작업의 EST는 프로젝트의 개시시간과 동일하다.
③ 어느 작업의 EFT는 그 작업의 EST에는 소요일수를 더하여 구한다.
④ 복수의 작업에 종속되는 작업의 EST는 선행작업 중 EFT의 최솟값으로 한다.

해설

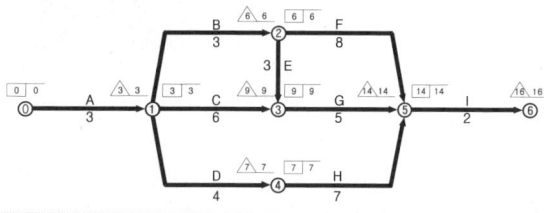

④ 복수의 작업에 종속되는 작업의 EST는 선행작업 중 EFT의 최댓값으로 한다.

해답 33. ④ 34. ① 35. ② 36. ④

37 콘크리트를 타설하면서 거푸집을 수직 방향으로 이동시켜 연속작업을 할 수 있게 한 것으로 사일로 등의 건설공사에 적합한 것은?

① Euro Form ② Sliding Form
③ Air Tube Form ④ Traveling Form

해설

슬라이딩 폼(Sliding Form)	
②	슬립 폼(Slip Form) 이라고도 한다.	

38 언더 피닝(Under Pinning) 공법의 종류가 아닌 것은?

① 갱·피어 공법 ② 잭 파일(Jacked Pile) 공법
③ 그라우트 주입공법 ④ 콘크리트 VH 타설법

해설

언더피닝(Under Pinning)	
④	인접한 건물 또는 구조물의 침하 방지를 목적으로 하는 지반의 보강 공법을 총칭하는 것으로, 콘크리트 VH (분리)타설 공법과는 무관하다.	
	VH(Vertical Horizontal) (분리)타설 공법	
	기둥·벽 등 수직부재를 먼저 타설하고, PC판과 맞물려 토핑(Topping) 콘크리트를 타설하는 방법	

39 시멘트 분말도 시험 방법이 아닌 것은?

① 플로우시험법 ② 체분석법
③ 피크노메타법 ④ 브레인법

해설

  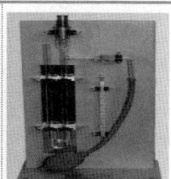

①	1	시멘트 분말도 시험방법은 체(Standard Sieve) 분석법, 피크노메타(Pycnometer)법, 브레인(Blaine)법이 있으며, 브레인법이 가장 간편하고 신뢰성이 있다.
	2	플로우시험(Flow Test)은 반죽 질기를 측정하는 시험이다.	

40 석고플라스터 바름에 관한 설명으로 옳지 않은 것은?

① 보드용 플라스터는 초벌바름, 재벌바름의 경우 물을 가한 후 2시간 이상 경과한 것은 사용할 수 없다.
② 실내 온도가 10℃ 이하일 때는 공사를 중단하거나 난방하여 10℃ 이상으로 유지한다.
③ 바름작업 중에는 될 수 있는 한 통풍을 방지한다.
④ 바름작업이 끝난 후 실내를 밀폐하지 않고 가열과 동시에 환기하여 바름면이 서서히 건조되도록 한다.

해설

석고플라스터 바름	
②	실내 온도가 5℃ 이하일 때는 공사를 중단하거나 난방하여 5℃ 이상으로 유지한다.	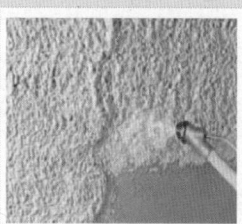

해답 37. ② 38. ④ 39. ① 40. ②

건축구조

41 지름 20mm, 길이 200mm인 철근에 인장력을 가했을 때, 지름이 0.0052mm 감소하였고, 길이는 0.17mm 늘어났다. 이 재료의 푸아송비는?

① 3.26923
② 0.00085
③ 0.00026
④ 0.30588

해설

④
푸아송비(ν, Poisson's Ratio)	
수직응력에 의해 발생되는 가로변형률과 길이변형률의 비율	Denis Poisson (1781~1840)

$$\nu = \frac{\epsilon'}{\epsilon} = \frac{\frac{\Delta D}{D}}{\frac{\Delta L}{L}} = \frac{L \cdot \Delta D}{D \cdot \Delta L} = \frac{(200)(0.0052)}{(20)(0.17)} = 0.30588$$

42 토질 및 지반에 관한 설명 중 옳지 않은 것은?

① 자갈층·모래층은 투수성이 큰 편이지만 젖은 점토층은 투수성이 작다.
② 점토와 모래의 중간 크기를 갖는 흙을 실트라 한다.
③ 지진 시 액상화 현상은 모래질 지반보다 점토질 지반에서 일어나기 쉽다.
④ 점토질 지반에서 흙의 내부마찰각이 같은 경우 점착력이 클수록 옹벽에 가해지는 토압은 작아진다.

해설

③
액상화(Liquefaction) 현상	
점토질 지반보다 모래질 지반에서 일어나기 쉽다.	

43 그림과 같은 정정 구조의 CD부재에서 C, D점의 휨모멘트값 중 옳은 것은?

① (C) 0kN·m, (D) 16kN·m
② (C) 16kN·m, (D) 16kN·m
③ (C) 0kN·m, (D) 32kN·m
④ (C) 32kN·m, (D) 32kN·m

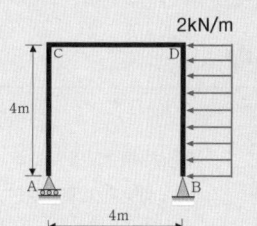

해설

①
1	$\Sigma H = 0: +(H_B)-(2)(4)=0$ ∴ $H_B = +8\text{kN}(\rightarrow)$
2	$\Sigma M_B = 0: +(V_A)(4)-(8)(2)=0$ ∴ $V_A = +4\text{kN}(\uparrow)$
	$M_{C,Left} = 0$
	$M_{D,Right} = -[-(8)(4)+(8)(2)] = +16\text{kN}\cdot\text{m}(\smile)$
3	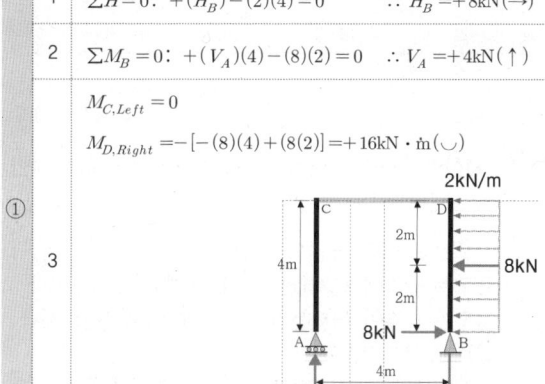

44 강도설계법에서 철근콘크리트 부재 중 콘크리트의 공칭전단강도(V_c)가 40kN, 전단철근에 의한 공칭전단강도(V_s)가 20kN일 때, 이 부재의 설계전단강도(ϕV_n)는? (단, 강도감소계수는 0.75 적용)

① 60kN
② 58kN
③ 52kN
④ 45kN

해설

④
철근콘크리트 보의 전단강도 설계식
$V_u = \phi V_n = \phi(V_c + V_s) = (0.75)[(40)+(20)] = 45\text{kN}$

해답 41. ④ 42. ③ 43. ① 44. ④

45 철근콘크리트 T형보의 유효폭 산정 식에 관련된 사항과 거리가 먼 것은?

① 보의 폭
② 슬래브 중심간 거리
③ 슬래브의 두께
④ 보의 춤

해설

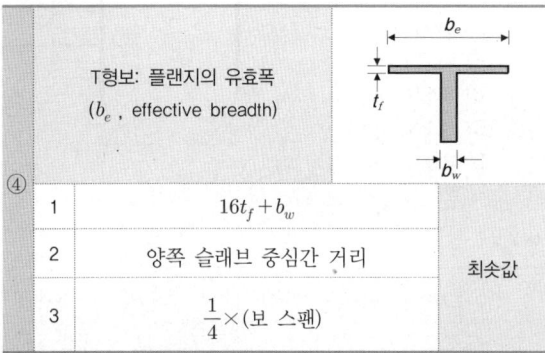

	T형보: 플랜지의 유효폭 (b_e, effective breadth)	
④	1	$16t_f + b_w$
	2	양쪽 슬래브 중심간 거리
	3	$\frac{1}{4} \times$ (보 스팬)

최솟값

46 지진의 진도(Intensity)와 규모(Magnitude)에 대한 설명으로 옳지 않은 것은?

① 진도는 상대적 개념의 지진 크기이다.
② 규모는 장소에 관계없는 절대적 개념의 크기이다.
③ 진도는 사람이 느끼는 감각, 물체 이동 등을 계급별로 구분한다.
④ 규모는 지반의 운동 정도를 평가하나 정밀하지는 않다.

해설

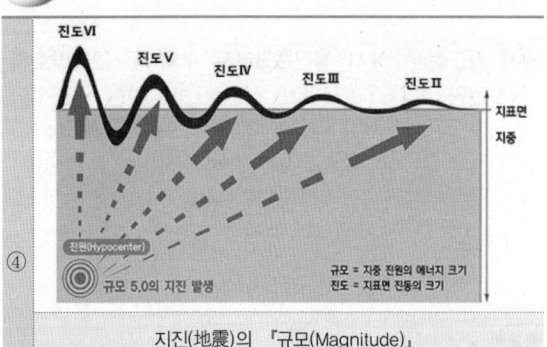

④ 각 관측소의 지진계에 기록된 진폭을 진앙까지의 거리나 진원의 깊이 등을 고려하여 지수 형태로 나타낸 것으로써 장소와 무관한 절대적 수치이며 진도에 비해 매우 정밀한 값이다.

47 철골구조 주각부의 구성 요소가 아닌 것은?

① 커버 플레이트
② 앵커 볼트
③ 베이스 모르타르
④ 베이스 플레이트

해설

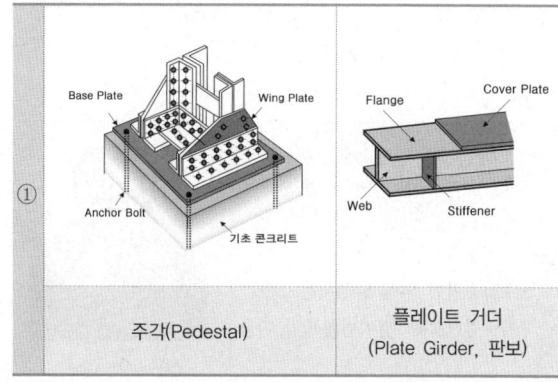

① 주각(Pedestal) / 플레이트 거더 (Plate Girder, 판보)

48 그림과 같은 단순보의 C점의 휨모멘트는?

① $\frac{1}{8}wL^2$
② $\frac{3}{8}wL^2$
③ $\frac{5}{8}wL^2$
④ $\frac{5}{16}wL^2$

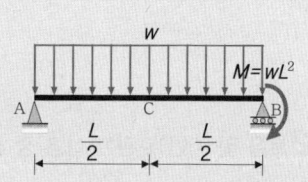

해설

1. $\sum M_B = 0 : +(V_A)(L) - (w \cdot L)\left(\frac{L}{2}\right) + w \cdot L^2 = 0$

$\therefore V_A = -\frac{wL}{2}(\downarrow)$

2. $M_{C,Left} = +[-\left(\frac{w \cdot L}{2}\right)\left(\frac{L}{2}\right) - \left(\frac{w \cdot L}{2}\right)\left(\frac{L}{4}\right)] = -\frac{3}{8}wL^2 (\frown)$

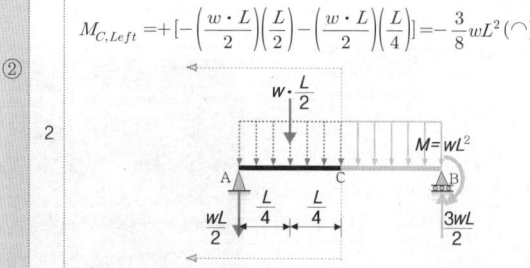

해답 45. ④ 46. ④ 47. ① 48. ②

49 그림과 같은 H형강 단면의 핵면적을 구하면?

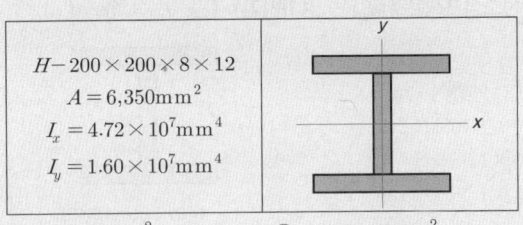

$H-200\times200\times8\times12$
$A = 6,350\text{mm}^2$
$I_x = 4.72\times10^7\text{mm}^4$
$I_y = 1.60\times10^7\text{mm}^4$

① 932.47mm^2
② $1,864.93\text{mm}^2$
③ $2,797.40\text{mm}^2$
④ $3,745.81\text{mm}^2$

해설

편심거리:

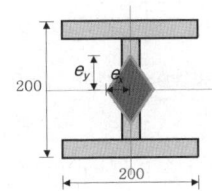

④ ① $e_x = \dfrac{r_y^2}{x} = \dfrac{\frac{I_y}{A}}{\overline{x}} = \dfrac{\frac{(1.60\times10^7)}{(6,350)}}{(100)} = 25.1969\text{mm}$

② $e_y = \dfrac{r_x^2}{y} = \dfrac{\frac{I_x}{A}}{\overline{y}} = \dfrac{\frac{(4.72\times10^7)}{(6,350)}}{(100)} = 74.3307\text{mm}$

핵면적: $\left(\dfrac{1}{2}\cdot e_x \cdot e_y\right)\times 4$개

$= \left(\dfrac{1}{2}(25.1969)(74.3307)\right)\times 4$개 $= 3,745.81\text{mm}^2$

50 강구조에서 용접선 단부에 붙인 보조판으로 아크의 시작이나 종단부의 크레이터 등의 결함을 방지하기 위해 붙이는 판은?

① 스티프너
② 엔드 탭
③ 윙 플레이트
④ 커버 플레이트

해설

② 엔드 탭(End Tab)

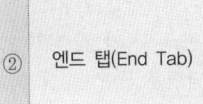 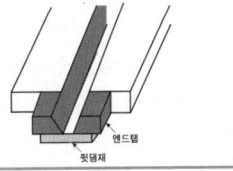

51 다음 조건을 가진 압축재의 좌굴하중 P_{cr} 값으로 옳은 것은?

$EI = 1.39\times10^{13}\,\text{N}\cdot\text{mm}^2$, $K=1$, $L=490\text{cm}$
부재 단면 $400\times400\text{mm}$

① $3,123.8\text{kN}$
② $4,517.8\text{kN}$
③ $5,012.8\text{kN}$
④ $5,713.8\text{kN}$

해설

오일러 좌굴하중

Leonhard Euler
(1707~1783)

④ $P_{cr} = \dfrac{\pi^2 EI}{(KL)^2} = \dfrac{\pi^2(1.39\times10^{13})}{(1.0\times4,900)^2}$
$= 5,713,765\text{N} = 5,713.765\text{kN}$

52 인장을 받는 이형철근의 직경이 D16(공칭직경 15.9mm)이고, 콘크리트 강도가 30MPa인 표준갈고리의 기본정착길이는? (단, $f_y=400\text{MPa}$, $\beta=1.0$, $m_c=2,300\text{kg/m}^3$)

① 238mm
② 258mm
③ 279mm
④ 312mm

해설

콘크리트 단위체적질량 $m_c = 2,300\text{kg/m}^3$
➡ 보통중량콘크리트

경량콘크리트계수 λ	보통중량 콘크리트	모래경량 콘크리트	전경량 콘크리트
	$\lambda=1$	$\lambda=0.85$	$\lambda=0.75$

③ 표준갈고리를 갖는 인장이형철근의 기본정착길이

$l_{hb} = \dfrac{0.24\beta\cdot d_b\cdot f_y}{\lambda\sqrt{f_{ck}}}$

$= \dfrac{0.24(1.0)(15.9)(400)}{(1)\sqrt{(30)}} = 278.681\text{mm}$

해답 49. ④ 50. ② 51. ④ 52. ③

53 한계상태설계법에 따라 강구조물을 설계할 때 고려되는 강도한계상태가 아닌 것은?

① 기둥의 좌굴
② 접합부 파괴
③ 바닥재의 진동
④ 피로 파괴

해설

③ 사용성한계상태(Serviceability Limit State)

구조 기능이 저하되어 처짐, 균열, 진동 등과 같이 외관, 유지관리, 내구성 및 사용에 매우 부적합하게 되는 상태

54 그림과 같은 양단 고정보에서 A단의 휨모멘트는? (단, 등분포하중 $w=3\text{kN/m}, L=3\text{m}$)

① 2.8kN·m
② 1kN·m
③ 1.4kN·m
④ 2kN·m

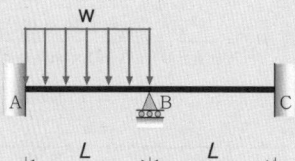

해설

①

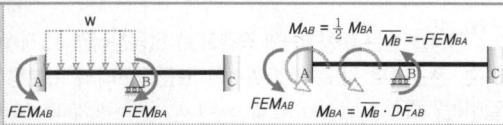

1. 고정단모멘트: $FEM_{AB} = -\dfrac{wL^2}{12}(\curvearrowright)$, $FEM_{BA} = +\dfrac{wL^2}{12}(\curvearrowright)$

   해제모멘트: $\overline{M_B} = -FEM_{BA} = -\dfrac{wL^2}{12}(\curvearrowright)$

2. BA와 BC가 강성조건이 동일하고, 경간(Span)이 같으므로 분배율 $DF_{BA} = \dfrac{1}{2}$ 이 된다.

3. 분배모멘트, 전달모멘트:
   ① 분배모멘트: $M_{BA} = \overline{M_B} \cdot \dfrac{1}{2} = -\dfrac{wL^2}{24}(\curvearrowright)$
   ② 전달모멘트: $M_{AB} = \dfrac{1}{2}M_{BA} = -\dfrac{wL^2}{48}(\curvearrowright)$

4. A지점 모멘트반력: A점의 고정단모멘트+전달모멘트
   $M_A = FEM_{AB} + M_{AB} = -\dfrac{wL^2}{12} - \dfrac{wL^2}{48} = -\dfrac{5wL^2}{48}(\curvearrowright)$

5. A점의 휨모멘트:
   $M_A = -\dfrac{5wL^2}{48} = -\dfrac{5(3)(3)^2}{48} = -2.8125\text{kN}\cdot\text{m}(\curvearrowright)$

55 그림과 같은 H형강($H-440\times300\times10\times20$) 단면의 전소성 모멘트($M_p$)는 얼마인가? (단, $F_y = 400\text{MPa}$)

① 963kN·m
② 1,168kN·m
③ 1,363kN·m
④ 1,568kN·m

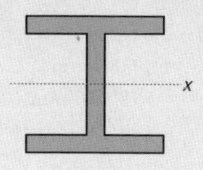

$H-440\times300\times10\times20$

해설

②

소성 단면계수(Z_P)
단면의 도심을 지나는 전체 단면적을 2등분하는 축에 대한 단면계수
$Z_P = A_c \cdot y_c + A_t \cdot y_t = 2A_c \cdot y_c$ $= 2\{(300\times20)(210) + (10\times200)(100)\} = 2.92\times10^6\text{mm}^3$
(전)소성 모멘트
$M_P = F_y \cdot Z = (400)(2.92\times10^6)\times10^{-6} = 1,168\text{kN}\cdot\text{m}$

56 강도설계법에서 균형보의 개념을 옳게 설명한 것은?

① 콘크리트와 철근의 응력이 각각 허용응력에 도달한 보를 말한다.
② 사용하중 상태에서 파괴 형태를 고려하지 않은 보를 말한다.
③ 경제적인 단면 설계를 위주로 한 보를 말한다.
④ 철근이 항복함과 동시에 콘크리트의 압축변형률이 0.0033에 도달한 보를 말한다.

해설

④

균형철근비(Balanced Steel Ratio)

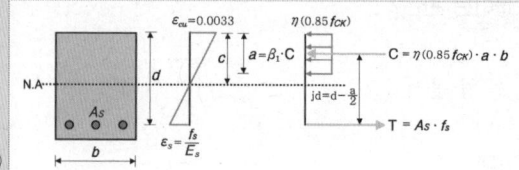

인장철근이 설계기준항복강도 f_y에 대응하는 변형률(ε_s)에 도달함과 동시에 압축연단 콘크리트가 가정된 극한변형률(ε_{cu})에 도달할 때, 그 단면은 균형변형률 상태에 있다고 간주한다.

해답 53. ③ 54. ① 55. ② 56. ④

57 필릿치수 8mm, 용접길이 500mm인 양면필릿용접의 유효단면적은 약 얼마인가?

① 2,100mm² ② 3,221mm²
③ 4,300mm² ④ 5,421mm²

해설

필릿용접(Fillet Welding)

- $a = 0.7S$ (S: 얇은쪽 치수)
- $L_e = L - 2S$

④	유효목두께	$a = 0.7S = 0.7(8) = 5.6$mm
	유효용접길이	$L_e = L - 2S = 500 - 2(8) = 484$mm
	유효용접면적	$A_n = a \cdot L_e = (5.6)(484) \times 2면 = 5,420.8$mm²

58 다음 캔틸레버보의 자유단의 처짐각은? (단, 탄성계수 E, 단면2차모멘트 I)

① $\dfrac{PL^2}{2EI}$ ② $\dfrac{PL^2}{3EI}$
③ $\dfrac{PL^2}{6EI}$ ④ $\dfrac{PL^2}{8EI}$

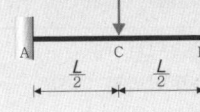

해설

처짐각 = 탄성하중도의 면적

④	1	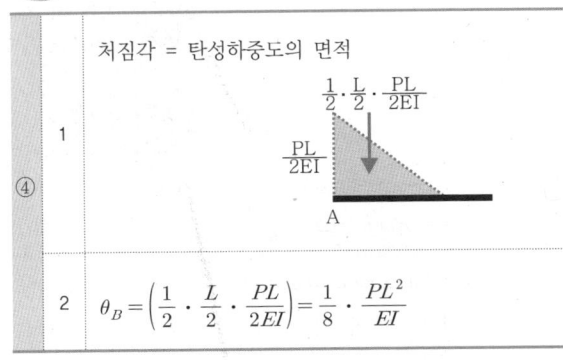
	2	$\theta_B = \left(\dfrac{1}{2} \cdot \dfrac{L}{2} \cdot \dfrac{PL}{2EI}\right) = \dfrac{1}{8} \cdot \dfrac{PL^2}{EI}$

59 그림과 같은 구조물의 부정정 차수는?

① 불안정
② 1차 부정정
③ 2차 부정정
④ 3차 부정정

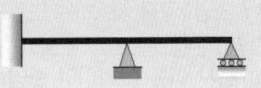

해설

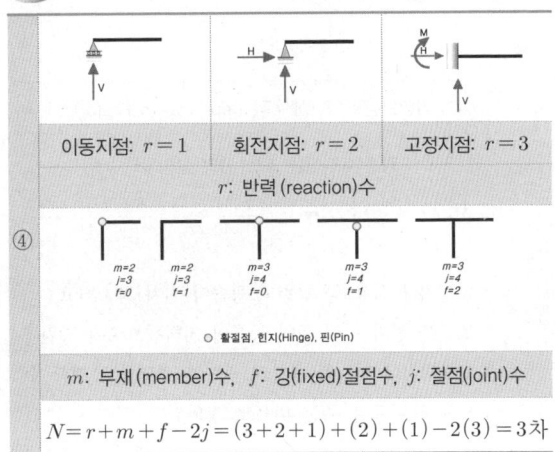

이동지점: $r = 1$ 회전지점: $r = 2$ 고정지점: $r = 3$

r: 반력(reaction)수

○ 활절점, 힌지(Hinge), 핀(Pin)

m: 부재(member)수, f: 강(fixed)절점수, j: 절점(joint)수

$N = r + m + f - 2j = (3+2+1) + (2) + (1) - 2(3) = 3차$

60 강도설계법에서 처짐을 계산하지 않는 경우, 철근콘크리트 보의 최소 두께 규정으로 옳지 않은 것은? (단, 보통콘크리트와 설계기준항복강도 400MPa 철근을 사용한 부재임)

① 단순지지 : $\dfrac{l}{16}$ ② 1단연속 : $\dfrac{l}{18.5}$
③ 양단연속 : $\dfrac{l}{12}$ ④ 캔틸레버 : $\dfrac{l}{8}$

해설

부재 [l : 경간 길이(mm)]	처짐을 계산하지 않는 경우 최소 두께 (h_{min})			
	단순지지	1단연속	양단연속	캔틸레버
보 및 리브가 있는 1방향 슬래브	$\dfrac{l}{16}$	$\dfrac{l}{18.5}$	$\dfrac{l}{21}$	$\dfrac{l}{8}$

해답 57. ④ 58. ④ 59. ④ 60. ③

건축설비

61 조명기구를 사용하는 도중에 광원의 능률 저하나 기구의 오염, 손상 등으로 조도가 점차 저하되는데, 인공조명 설계 시 이를 고려하여 반영하는 계수는?

① 광도
② 조명률
③ 실지수
④ 감광보상률

해설

	F : 감광보상률(感光補償率, Depreciation Factor)
	광속법에 따른 조도(E)의 산정식
	$F \cdot N \cdot U = E \cdot A \cdot D \Rightarrow E = \dfrac{F \cdot N \cdot U}{A \cdot D} = \dfrac{F \cdot N \cdot U \cdot M}{A}$
④ 1	조명기구 사용 중 광원의 광속이 점차 감소되고, 광원에 먼지 등이 붙어 능률이 저하됨으로써 광원을 교체하거나 청소할 때까지 필요한 조도를 유지할 수 있도록 여유를 주는 비율로 정의된다.
2	일반적으로 직접조명에서는 1.3~2.0, 간접조명에서는 1.5~2.0 정도를 적용한다.

62 압력탱크 급수방식에 관한 설명으로 옳지 않은 것은?

① 정전 시 급수가 곤란하다.
② 급수 압력을 일정하게 유지할 수 있다.
③ 단수 시 저수조의 물을 사용할 수 있다.
④ 탱크를 높은 곳에 설치하지 않아도 된다.

	압력탱크(=압력수조) 방식
②	최고·최저압의 차이가 커서 급수압이 일정하지 않고 수질 오염의 우려가 큰 경우 채택이 어렵게 된다.

63 실내 공기 오염의 종합적 지표로서 사용되는 오염 물질은?

① 부유분진
② 이산화탄소
③ 일산화탄소
④ 이산화질소

해설

실내 공기질 또는 환기상태의 척도

② 실내 공간에서 이산화탄소 농도가 증가하면 산소의 양이 부족하게 되므로 이산화탄소를 실내 공기질 또는 환기상태의 척도로 사용하고 있다.

64 다음과 같은 특징을 갖는 배선 공사는?

• 열적 영향이나 기계적 외상을 받기 쉬운 곳이 아니면 금속관 배선과 같이 광범위하게 사용 가능하다.
• 관 자체가 절연체이므로 감전의 우려가 없으며 시공이 용이하다.

① 금속덕트 배선
② 버스덕트 배선
③ 플로어덕트 배선
④ 합성수지관 배선

	경질비닐관 (=합성수지관, PVC관)
④ 1	관 자체가 우수한 절연성을 가지고 있으며, 중량이 가볍고 시공이 용이하다.
2	내식성이 우수하여 화학 공장 등에 사용이 가능하지만, 열에 약하고 기계적 강도가 낮은 것이 결점이다.

해답 61. ④ 62. ② 63. ② 64. ④

65 다음의 냉방부하 발생 요인 중 현열부하만 발생시키는 것은?

① 인체의 발생열량
② 벽체로부터의 취득열량
③ 극간풍에 따른 취득열량
④ 외기의 도입으로 인한 취득열량

해설

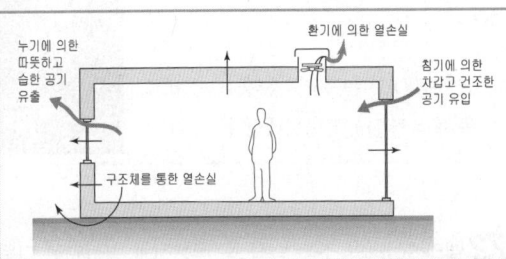

②	현열부하만 계산
	조명 부하, 실내기기 부하, 벽이나 창을 통한 열관류 부하, 창을 통한 일사열 부하
	현열부하 + 잠열부하
	인체 부하, 틈새바람(극간풍), 환기를 위한 신선 외기 도입

66 압력에 따른 도시가스의 분류에서 고압의 기준으로 옳은 것은? (단, 게이지 압력 기준)

① 0.1MPa 이상 ② 1MPa 이상
③ 10MPa 이상 ④ 100MPa 이상

해설

도시가스 가스 압력		
②	고압	1MPa 이상
	중압	0.1MPa ~ 1MPa
	저압	0.1MPa 미만

67 전압이 1[V] 일 때 1[A]의 전류가 1[s] 동안 하는 일을 나타내는 것은?

① 1[Ω] ② 1[J]
③ 1[dB] ④ 1[W]

해설

④	전력 (Electric Power)	단위시간에 기기나 장치로 발생 또는 소비되는 전기에너지
	전력(W) = 전압(V) × 전류(A)	

68 어떤 상태의 습공기를 절대습도의 변화없이 건구온도만 상승시킬 때, 습공기의 상태 변화로 옳은 것은?

① 엔탈피는 증가한다.
② 비체적은 감소한다.
③ 노점온도는 낮아진다.
④ 상대습도는 증가한다.

해설

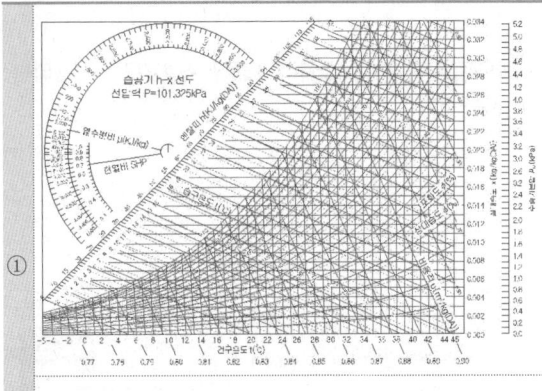

① 절대습도의 변화없이 건구온도를 상승시키는 것 즉, 공기를 가열하면 상대습도는 낮아지고, 노점온도는 절대습도의 변화가 없으므로 일정한 상태를 유지하며, 비체적은 증가한다.

해답 65. ② 66. ② 67. ④ 68. ①

69 통기관의 설치 목적으로 옳지 않은 것은?

① 트랩의 봉수를 보호한다.
② 오수와 잡배수가 서로 혼합되지 않게 한다.
③ 배수 계통 내의 배수 및 공기의 흐름을 원활히 한다.
④ 배수관 내에 환기를 도모하여 관 내를 청결하게 유지한다.

해설

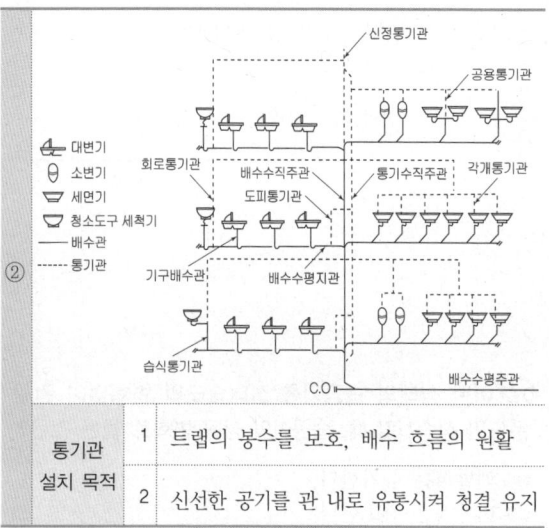

통기관 설치 목적	1	트랩의 봉수를 보호, 배수 흐름의 원활
	2	신선한 공기를 관 내로 유통시켜 청결 유지

70 덕트의 분기부에 설치하여 풍량 조절용으로 사용되는 댐퍼는?

① 스플릿 댐퍼
② 평행익형 댐퍼
③ 대향익형 댐퍼
④ 버터플라이 댐퍼

해설

스플릿 댐퍼(Split Damper)	
① 덕트 분기부에서의 풍량 조절용으로 사용되는 댐퍼이다.	

71 건축물 실내 공간의 잔향시간에 가장 큰 영향을 주는 것은?

① 실의 용적
② 음원의 위치
③ 벽체의 두께
④ 음원의 음압

해설

① Wallace C. Sabine(1868~1919) 잔향식

$$RT = K \cdot \frac{V}{A}$$

잔향시간(RT)은 실의 용적(V)에 비례, 총 흡음력(A)에 반비례한다.

72 엘리베이터의 조작 방식 중 무운전원 방식으로 다음과 같은 특징을 갖는 것은?

승객 스스로 운전하는 전자동 엘리베이터로, 승강장으로부터의 호출 신호로 기동, 정지를 이루는 조작 방식이며, 누른 순서에 상관없이 각 호출에 응하여 자동적으로 정지한다.

① 단식 자동 방식
② 카 스위치 방식
③ 승합 전자동 방식
④ 시그널 콘트롤 방식

해설

엘리베이터 무운전 방식		
③	1	단식 자동 방식: 승객 자신이 자동적으로 시동, 정지를 이루는 조작 방식
	2	승합 전자동식: 승객 자신이 직접 운전하는 전자동 엘리베이터로 목적층의 단추나 승강장으로부터의 호출 신호로 시동, 정지를 이루는 조작 방식
	3	하강 승합 자동 방식: 아파트와 같이 승강장으로부터의 호출 신호가 있어도 정지하지 않고 최고 호출에 응하여 정지한 후에 자동적으로 반전하여 하강하며 승강장으로부터의 호출 신호에 응하여 정지하는 방식

해답 69. ② 70. ① 71. ① 72. ③

73 다음과 같은 조건에서 실의 현열부하가 7,000W인 경우 실내 취출풍량은?

[조건]
- 실내 온도 : 22℃
- 취출 공기 온도 : 12℃
- 공기의 비열 : 1.01kJ/kg · K
- 공기의 밀도 : 1.2kg/m³

① 1,042m³/h ② 2,079m³/h
③ 3,472m³/h ④ 6,944m³/h

해설

② $Q = \dfrac{H_i}{\left(1.01 \times 1.2 \times \dfrac{1,000}{3,600}\right) \cdot \Delta T}$

$= \dfrac{(7,000)}{\left(1.01 \times 1.2 \times \dfrac{1,000}{3,600}\right)(22-12)} = 2,079.21 \text{m}^3/\text{h}$

74 간선 배전 방식 중 분전반에서 사고가 발생했을 때 그 파급 범위가 가장 좁은 것은?

① 평행식 ② 방사선식
③ 나뭇가지식 ④ 나뭇가지 평행식

해설

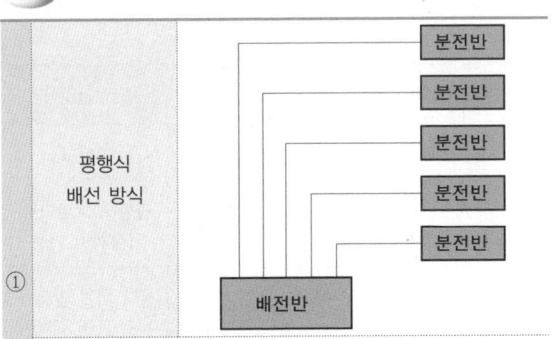

① 각 분전반 마다 배전반으로부터 단독으로 배선되어 있으므로 전압강하가 평균화되고 사고가 발생하여도 그 범위를 좁힐 수 있는 것이 특징이며, 배선이 혼잡할 우려가 있기는 하지만, 경제성의 문제 때문에 대규모 건물에 적합하다.

75 다음과 같은 공식을 통해 산출되는 값으로 전기설비가 어느 정도 유효하게 사용되는가를 나타내는 것은?

$$\dfrac{\text{부하의 평균전력}}{\text{최대수용전력}} \times 100(\%)$$

① 부하율 ② 보상률
③ 부등률 ④ 수용률

해설

①
1	수용률 =	$\dfrac{\text{최대수용전력(kW)}}{\text{부하설비용량(kW)}} \times 100(\%)$
2	부등률 =	$\dfrac{\text{각 부하의 최대수용전력 합계(kW)}}{\text{합계부하의 최대수용전력(kW)}} \times 100(\%)$
3	부하율 =	$\dfrac{\text{평균수용전력(kW)}}{\text{최대수용전력(kW)}} \times 100(\%)$

76 양수 펌프의 회전수를 원래보다 20% 증가시켰을 경우 양수량의 변화로 옳은 것은?

① 20% 증가 ② 44% 증가
③ 73% 증가 ④ 100% 증가

해설

① 왕복동 펌프의 양수량 $Q = A \cdot L \cdot N \cdot E_V$

- A : 피스톤 또는 플런저의 유효단면적(m²)
- L : 피스톤 또는 플런저의 스트로크 왕복 거리(m)
- N : 1분당 스트로크수(크랭크의 회전수)
- E_V : 용적 효율

펌프의 양수량은 임펠러의 회전수에 비례한다. 양수 펌프의 회전수를 원래보다 20% 증가시키면 양수량도 20% 증가하게 된다.

해답 73. ② 74. ① 75. ① 76. ①

4 바이블 연도별 기출문제

77 다음 중 트랩의 봉수 파괴 원인이 아닌 것은?

① 자기사이펀 작용 ② 유도사이펀 작용
③ 증발 현상 ④ 자정 작용

해설

트랩의 봉수 파괴	방지 대책
자기사이펀 작용	
유도사이펀 작용	통기관 설치
분출 작용	
모세관 작용	천 조각, 머리카락 제거
증발 현상	트랩 봉수 보급수 장치 설치

④

78 연결송수관설비의 방수구에 관한 설명으로 옳지 않은 것은?

① 방수구의 위치 표시는 표시등 또는 축광식 표지로 한다.
② 호스접결구는 바닥으로부터 0.5m 이상 1m 이하의 위치에 설치한다.
③ 개폐 기능을 가진 것으로 설치하여야 하며, 평상 시 닫힌 상태를 유지하도록 한다.
④ 연결송수관설비의 전용방수구 또는 옥내소화전 방수구로서 구경 50mm의 것으로 설치한다.

해설

연결송수관설비 방수구

④ 연결송수관설비의 전용방수구 또는 옥내소화전방수구로서 구경 65mm의 것으로 설치한다.

79 900명을 수용하고 있는 극장에서 실내 CO_2 농도를 0.1%로 유지하기 위해 필요한 환기량은? (단, 외기의 CO_2 농도는 0.04%, 1인당 CO_2 배출량은 $18l/hr$이다.)

① 27,000㎥/h ② 30,000㎥/h
③ 60,000㎥/h ④ 66,000㎥/h

해설

이산화탄소 농도에 따른 필요 환기량

①

1. $18l/hr = 0.018㎥/h$

2. $Q = \dfrac{k}{C - C_0}$

   $= \dfrac{(900 \times 0.018)}{(0.001) - (0.0004)}$

   $= 27,000㎥/h$

80 간접가열식 급탕 방식에 관한 설명으로 옳지 않은 것은?

① 저압보일러를 써도 되는 경우가 많다.
② 직접가열식에 비해 소규모 급탕설비에 적합하다.
③ 급탕용 보일러는 난방용 보일러와 겸용할 수 있다.
④ 직접가열식에 비해 보일러 내면에 스케일이 발생할 염려가 적다.

해설

직접가열식	중앙식 급탕 및 난방	간접가열식
온수보일러	가열장소	저탕조
급탕용 보일러, 난방용 보일러 각각 설치	보일러	난방용 보일러로 급탕까지 가능
많이 낀다	보일러 내의 스케일	거의 끼지 않는다
고압	보일러 내의 압력	저압
중소규모 건물	규모	대규모 건물
불필요	저탕조 내 가열코일	필요
유리	열효율	불리

해답 77. ④ 78. ④ 79. ① 80. ②

건축법규

81 건축법령상 건축물의 대지에 공개공지 또는 공개공간을 확보하여야 하는 대상 건축물에 속하지 않는 것은? (단, 해당 용도로 쓰는 바닥면적의 합계가 5,000m²인 건축물의 경우)

① 종교시설 ② 의료시설
③ 업무시설 ④ 숙박시설

해설

	공개공지 확보 대상	
②	대상 지역	(1) 일반주거지역·준주거 지역 (2) 상업지역·준공업지역 (3) 특별자치시장·특별자치도지사·시장·군수·구청장이 도시화 가능성이 크다고 인정하여 지정·공고하는 지역
	규모	용도 바닥면적 합계 5,000m² 이상

	용도	• 문화 및 집회시설
		• 종교시설
		• 업무시설 • 판매시설 (농수산물 유통시설 제외)
		   • 운수시설 (여객용 시설만 해당)
		   • 숙박시설

82 지구단위계획 중 관계 행정기관의 장과의 협의, 국토교통부장관과의 협의 및 중앙도시계획위원회·지방도시계획위원회 또는 공동위원회의 심의를 거치지 않고 변경할 수 있는 사항에 관한 기준 내용으로 옳은 것은?

① 건축선의 2m 이내의 변경인 경우
② 획지면적의 30% 이내의 변경인 경우
③ 가구면적의 20% 이내의 변경인 경우
④ 건축물 높이의 30% 이내의 변경인 경우

해설

	다음과 같은 경미한 지구단위계획의 변경에 관한 사항은 협의 및 심의절차를 생략할 수 있다.	
②	1	가구면적 10% 이내의 변경
	2	건축물 높이 20% 이내의 변경
	3	획지면적 30% 이내의 변경
	4	건축선의 1m 이내의 변경

83 다음은 건축선에 따른 건축 제한에 관한 기준 내용이다. ( )안에 알맞은 것은?

> 도로면으로부터 높이 ( ) 이하에 있는 출입구, 창문, 그 밖에 이와 비슷한 구조물은 열고 닫을 때 건축선의 수직면을 넘지 아니 하는 구조로 하여야 한다.

① 1.5m ② 2.5m
③ 3.5m ④ 4.5m

해설

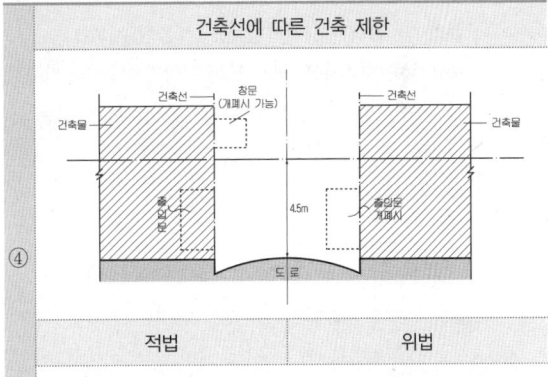

도로면으로부터 높이 4.5m 이하의 부분의 출입문·창문 등은 열고 닫을 때에도 건축선의 수직면을 넘지 않는 구조로 하여 통행에 지장을 주지 않아야 한다.

84 국토의 계획 및 이용에 관한 법령에 따른 기반시설 중 공간시설에 속하지 않는 것은?

① 녹지 ② 유원지
③ 유수지 ④ 공공공지

해설

	1	기반시설 중 공간시설: 광장, 공원, 녹지, 유원지, 공공공지
③	2	유수지는 기반시설 중 방재시설에 속한다.

해답 81. ② 82. ② 83. ④ 84. ③

85 건축물로부터 바깥쪽으로 나가는 출구를 국토교통부령으로 정하는 기준에 따라 설치하여야 하는 대상 건축물에 속하지 않는 것은?

① 종교시설
② 의료시설 중 종합병원
③ 교육연구시설 중 학교
④ 문화 및 집회시설 중 관람장

해설

		건축물 옥외 출구 제한 대상
②		다음에 해당하는 건축물의 옥외로의 출구는 국토교통부령에 정하는 바에 따라 피난층 거실로부터 일정 거리 이내에 설치하여야 한다.
	1	문화 및 집회시설(전시장, 동·식물원 제외), 종교시설, 판매시설, 국가 또는 지방자치단체의 청사, 장례시설, 위락시설, 학교, 승강기를 설치해야 하는 건축물
	2	연면적 5,000㎡ 이상인 창고시설
	3	300㎡ 이상인 공연장·종교집회장·인터넷컴퓨터게임시설제공업소

86 다음 중 제2종 일반주거지역 안에서 건축할 수 없는 건축물은? (단, 도시·군계획 조례가 정하는 바에 따라 건축할 수 있는 경우는 고려하지 않는다.)

① 종교시설   ② 운수시설
③ 노유자시설   ④ 제1종 근린생활시설

해설

		제2종 일반주거지역 안에서 건축할 수 있는 건축물
②	1	단독주택, 공동주택
	2	제1종 근린생활시설
	3	교육연구시설 중 유치원, 초등학교, 중학교 및 고등학교
	4	노유자시설, 종교시설
	5	관람장을 제외한 문화 및 집회시설은 조례로 건축 가능

87 다음 중 내화구조에 속하지 않는 것은?

① 철근콘크리트조 기둥의 경우 그 작은 지름이 20cm인 것
② 철근콘크리트조 바닥의 경우 두께가 10cm 인 것
③ 철근콘크리트조로 된 보
④ 철근콘크리토조로 된 지붕

해설

	철근콘크리트 부재의 내화구조 인정 가능 범위	
①	벽, 바닥	두께 10cm 이상
	외벽 중 비내력벽	두께 7cm 이상
	기둥	작은 지름이 25cm 이상
	보(지붕틀 포함), 지붕, 계단	치수 규제 없음

88 건축물의 거실에 국토교통부령으로 정하는 기준에 따라 배연설비를 하여야 하는 대상 건축물에 속하지 않는 것은? (단, 피난층의 거실은 제외하며, 6층 이상인 건축물의 경우)

① 종교시설   ② 판매시설
③ 위락시설   ④ 방송통신시설

해설

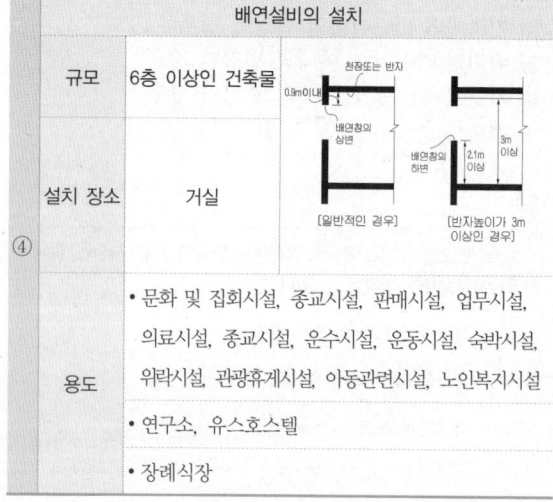

	배연설비의 설치	
④	규모	6층 이상인 건축물
	설치 장소	거실
	용도	• 문화 및 집회시설, 종교시설, 판매시설, 업무시설, 의료시설, 종교시설, 운수시설, 운동시설, 숙박시설, 위락시설, 관광휴게시설, 아동관련시설, 노인복지시설 • 연구소, 유스호스텔 • 장례식장

해답 85. ②   86. ②   87. ①   88. ④

89. 건축물 관련 건축 기준의 허용오차 범위 기준이 2% 이내가 아닌 것은?

① 출구너비
② 반자높이
③ 평면길이
④ 벽체두께

해설

	건축물 관련 건축 기준의 허용 오차		
	항목	허용되는 오차의 범위	
④	건축물 높이	2% 이내	1m를 초과할 수 없다.
	출구 너비		-
	반자 높이		-
	평면 길이		• 건축물 전체 길이는 1m를 초과할 수 없다. • 벽으로 구획된 각 실은 10cm를 초과할 수 없다.
	벽체 두께		3% 이내
	바닥판 두께		

90. 출입구의 개소에 관계없이 노외주차장의 차로의 너비를 최소 6m 이상으로 하여야 하는 주차형식은? (단, 이륜자동차전용 외의 노외주차장의 경우)

① 평행주차
② 직각주차
③ 교차주차
④ 45도 대향주차

해설

노외주차장 주차 형식과 차로의 폭		
주차 형식	차로의 폭	
	출입구 2개 이상	출입구 1개
평행주차	3.3m	5.0m
45° 대향주차	3.5m	5.0m
교차주차	3.5m	5.0m
60° 대향주차	4.5m	5.5m
직각주차	6.0m	6.0m

91. 공동주택과 오피스텔의 난방설비를 개별난방 방식으로 하는 경우의 기준으로 틀린 것은?

① 보일러실의 위 부분에는 그 면적이 0.5m² 이상인 환기창을 설치할 것
② 보일러는 거실 외의 곳에 설치하되, 보일러를 설치하는 곳과 거실 사이의 경계벽은 출입구를 제외하고는 내화구조의 벽으로 구획할 것
③ 보일러의 연도는 방화구조로서 개별연도로 설치할 것
④ 기름보일러를 설치하는 경우 기름저장소를 보일러실 외의 다른 곳에 설치할 것

해설

③ 보일러의 연도는 내화구조로서 공동연도로 설치하여야 한다.

92. 건축법령상 용어의 정의가 옳지 않은 것은?

① 초고층 건축물이란 층수가 50층 이상이거나 높이가 200미터 이상인 건축물을 말한다.
② 증축이란 기존 건축물이 있는 대지에서 건축물의 건축면적, 연면적, 층수 또는 높이를 늘리는 것을 말한다.
③ 개축이란 건축물이 천재지변이나 그 밖의 재해로 멸실된 경우 그 대지에 종전과 같은 규모의 범위에서 다시 축조하는 것을 말한다.
④ 부속건축물이란 같은 대지에서 주된 건축물과 분리된 부속 용도의 건축물로서 주된 건축물을 이용 또는 관리하는 데에 필요한 건축물을 말한다.

해설

③	개축	기존 건축물의 전부 또는 일부를 철거하고 그 대지에 종전과 같은 규모의 범위에서 다시 축조하는 것을 말한다.
	재축	개축과 동일하지만 천재지변이나 재해에 의해 멸실된 경우를 말한다.

해답 89. ④ 90. ② 91. ③ 92. ③

93 건축물이 있는 대지의 분할 제한 조건과 관련이 없는 규정은?

① 대지와 도로의 관계
② 건축물의 피난시설·용도 제한 규정
③ 대지안의 공지
④ 일조 등의 확보를 위한 건축물의 높이 제한

해설

②

대지의 분할 제한 규정 목적
소규모 대지에 건축물이 밀집하여 건축되면 일조·통풍·피난·교통 등에 지장을 초래하여 건축물 주위 환경은 물론 도시 환경을 악화시키게 되므로, 각 용도지역별로 적정한 대지면적의 제한은 효율적인 밀도 조정과 도시 환경 정비의 효과가 있다.
건축물의 대지는 다음의 규정에 미달되게 분할할 수 없다.
• 대지와 도로와의 관계, 대지 안의 공지 • 건축물의 건폐율, 건축물의 용적률, 건축물의 높이 제한 • 일조 등의 확보를 위한 건축물의 높이 제한

용도 지역	주거지역	상업지역	공업지역	녹지지역	기타지역
분할 규모	60m² 이상	150m² 이상	200m² 이상	60m² 이상	

94 높이가 31m를 넘는 각 층의 바닥면적 중 최대 바닥면적이 4,500m²인 종합병원에 설치하여야 할 비상용승강기 최소대수는?

① 1대
② 2대
③ 3대
④ 4대

해설

②

비상용승강기 설치 대수 산정: 연면적 1,500m² 초과 시
$1대 + \dfrac{A - 1,500}{3,000} = 1대 + \dfrac{(4,500) - 1,500}{3,000} = 2대$

95 지하식 또는 건축물식 노외주차장의 차로에 관한 기준 내용으로 옳지 않은 것은? (단, 이륜자동차전용 노외주차장이 아닌 경우)

① 높이는 주차 바닥면으로부터 2.3m 이상으로 하여야 한다.
② 경사로의 종단경사도는 직선 부분에서는 17%를 초과하여서는 아니 된다.
③ 곡선 부분은 자동차가 4m 이상의 내변반경으로 회전할 수 있도록 하여야 한다.
④ 주차대수 규모가 50대 이상인 경우의 경사로는 너비 6m 이상의 2차로를 확보하거나 진입차로와 진출차로를 분리하여야 한다.

해설

③ 굴곡부는 자동차가 6m 이상의 내변반경으로 회전이 가능하도록 하여야 한다. (단, 같은 경사로를 이용하는 총 주차대수가 50대 이하인 경우에는 5m 이상)

96 건축허가신청에 필요한 설계도서 중 건축계획서에 표시하여야 할 사항으로 옳지 않은 것은?

① 주차장 규모
② 토지형질변경계획
③ 건축물의 용도별 면적
④ 지역·지구 및 도시계획사항

해설

②

	건축계획서에 표시하여야 할 사항
1	개요(위치·대지면적 등)
2	지역·지구 및 도시계획사항
3	건축물의 규모(건축면적·연면적·높이·층수 등)
4	건축물의 용도별 면적, 주차장 규모
5	에너지절약계획서(해당 건축물에 한한다.)
6	노인 및 장애인 등을 위한 편의시설 설치계획서 (관계법령에 의하여 설치 의무가 있는 경우에 한함)

해답 93. ② 94. ② 95. ③ 96. ②

97 건축지도원에 관한 내용으로 틀린 것은?

① 건축지도원은 특별자치시·특별자치도 또는 시·군·구에 근무하는 건축직렬의 공무원과 건축에 관한 학식이 풍부한 자 중에서 지정한다.
② 건축지도원의 자격과 업무 범위는 건축조례로 정한다.
③ 건축설비가 법령 등에 적합하게 유지·관리되고 있는지 확인·지도 및 단속한다.
④ 허가를 받지 아니 하거나 신고를 하지 아니 하고 건축하거나 용도변경한 건축물을 단속한다.

해설

② 특별자치시장·특별자치도지사 또는 시장·군수·구청장은 건축법에 따른 명령이나 처분에 위반되는 건축물의 발생을 예방하고 건축물을 적법하게 유지·관리하도록 지도하기 위하여 대통령령으로 정하는 바에 따라 건축지도원을 지정할 수 있다. 건축지도원의 자격과 업무 범위 등은 대통령령으로 정한다.

98 관련 규정에 의하여 건축물에 설치하는 지하층의 구조 및 설비에 관한 기준 내용으로 옳지 않은 것은?

① 거실의 바닥면적이 50㎡ 이상인 층에는 직통계단 외에 피난층 또는 지상으로 통하는 비상탈출구 및 환기통을 설치할 것
② 바닥면적이 1,000㎡ 이상인 층에는 피난층 또는 지상으로 통하는 직통계단을 방화구획으로 구획되는 각 부분마다 1개소 이상 설치하되, 이를 피난계단 및 특별피난계단의 구조로 할 것
③ 거실의 바닥면적의 합계가 1,000㎡ 이상인 층에는 환기설비를 설치할 것
④ 지하층의 바닥면적이 200㎡ 이상인 층에는 식수 공급을 위한 급수전을 1개소 이상 설치할 것

해설

④ 지하층의 바닥면적이 300㎡ 이상인 층에는 식수공급을 위한 급수전을 1개소 이상 설치할 것

99 건축물의 층수 산정에 관한 기준 내용으로 옳지 않은 것은?

① 지하층은 건축물의 층수에 산입하지 아니한다.
② 층의 구분이 명확하지 않은 건축물은 그 건축물의 높이 4m마다 하나의 층으로 보고 그 층수를 산정한다.
③ 건축물이 부분에 따라 그 층수가 다른 경우에는 바닥면적에 따라 가중평균한 층수를 그 건축물의 층수로 본다.
④ 계단탑으로서 그 수평투영면적의 합계가 해당 건축물 건축면적의 8분의 1 이하인 것은 건축물의 층수에 산입하지 아니 한다.

해설

③ 건축물이 부분에 따라 그 층수가 다른 경우에는 그 중 가장 많은 층수를 그 건축물의 층수로 본다.

100 계단의 설치 기준으로 옳은 것은?

① 계단을 대체하여 설치하는 경사로는 그 경사도가 1 : 8을 넘어야 하며, 표면을 거친 면이나 미끄러지지 아니 하는 재료로 마감하여야 한다.
② 모든 공동주택의 주계단, 피난계단 또는 특별피난계단에 설치하는 난간 및 바닥은 아동의 이용에 안전하고 노약자 및 신체장애인의 이용에 편리한 구조로 하여야 한다.
③ 업무시설의 주계단, 피난계단 또는 특별피난계단에 설치하는 난간 손잡이는 벽 등으로부터 5cm 이상 떨어지도록 하고, 계단으로부터의 높이는 85cm가 되도록 한다.
④ 돌음계단의 단너비는 넓은 너비의 끝부분으로부터 30cm의 위치에서 측정한다.

해설

① 경사도는 1 : 8을 넘지 않아야 한다.
② 공동주택 중 기숙사는 제외된다.
④ 돌음계단의 단너비는 좁은 너비의 끝부분으로부터 30cm의 위치에서 측정한다.

해답 97. ② 98. ④ 99. ③ 100. ③

건축계획

* 본 기출문제는 수험자의 기억에 의한 복원문제입니다.

1 공장건축의 레이아웃 계획에 관한 설명 중 틀린 것은?

① 플랜트 레이아웃은 공장건축의 기본설계와 병행하여 이루어진다.
② 고정식 레이아웃은 조선소와 같이 제품이 크고 수량이 적을 경우에 적용된다.
③ 다품종 소량생산이나 주문생산 위주의 공장에는 공정중심의 레이아웃이 적합하다.
④ 레이아웃 계획은 작업장 내의 기계설비 배치에 관한 것으로 공장 규모 변화에 따른 융통성은 고려 대상이 아니다.

해설

④ 작업장 내의 기계설비, 작업자의 작업구역, 재료 및 제품을 두는 곳 등 상호 위치관계를 규명하는 것이므로 장래 공장 규모의 변화에 대응하는 융통성(Flexibility)이 있어야 한다.

2 종합병원의 건축계획에 대한 설명 중 옳지 않은 것은?

① 부속진료부는 외래환자 및 입원환자 모두가 이용하는 곳이다.
② 간호사 대기소는 각 간호단위 또는 각 층 및 동별로 설치한다.
③ 집중식 병원건축에서 부속진료부와 외래부는 주로 건물의 저층부에 구성된다.
④ 외래진료부의 운영 방식에 있어서 미국의 경우는 대개 클로즈드 시스템인데 비하여, 우리나라는 오픈 시스템이다.

해설

④ 외래진료부의 운영 방식에 있어서 미국의 경우는 대개 오픈 시스템(Open System)인데 비하여 한국은 대규모의 각종 과를 필요로 하는 클로즈드 시스템(Closed System)이다.

3 건축물과 양식의 연결이 옳지 않은 것은?

① 노트르담 성당 – 고딕 양식
② 샤르트르 성당 – 고딕 양식
③ 피사의 사탑 – 바로크 양식
④ 성 소피아 성당 – 비잔틴 양식

해설

③ 피사의 사탑(1174) → 로마네스크(Romanesque) 양식

4 상점의 판매방식에 관한 설명으로 옳지 않은 것은?

① 측면판매방식은 직원 동선의 이동성이 많다.
② 대면판매방식은 측면판매방식에 비해 상품 진열면적이 넓어진다.
③ 측면판매방식은 고객이 직접 진열된 상품을 접촉할 수 있는 관계로 선택이 용이하다.
④ 대면판매방식은 쇼케이스를 중심으로 판매원이 고정된 자리나 위치를 확보하는 것이 용이하다.

해설

②

대면판매 측면판매

대면판매방식은 측면판매방식에 비해 상품 진열면적이 작아진다.

해답 1. ④ 2. ④ 3. ③ 4. ②

5 극장의 음향계획에 관한 설명으로 옳지 않은 것은?

① 반사음의 집중이 없도록 한다.
② 무대 근처에는 음의 반사재를 취한다.
③ 불필요한 음은 적당히 감쇠시키고 필요한 음의 청취에 방해가 되지 않도록 한다.
④ 천장계획에 있어서 돔(Dome)형은 음원의 위치 여하를 막론하고 음을 확산시키므로 바람직하다.

해설

④ 천장계획에 있어서 돔형과 같은 원형이나 타원형은 일반적으로 음이 집중하거나 불균등한 분포를 보이며 에코(Echo)가 형성되어 음향적으로 불리하게 된다.

6 미술관 건축계획에 관한 설명 중 옳은 것은?

① 하모니카 전시기법은 동일 종류의 전시물을 반복 전시할 경우 유리하다.
② 연속순회 형식이 가장 이상적으로 반영되어 있는 건축물로는 뉴욕 구겐하임 미술관이 있다.
③ 미술관의 채광 방식을 편측창 방식으로 할 경우 실 전체의 조도 분포가 균일하여 별도의 조명설비가 필요 없다.
④ 아일랜드 전시기법은 벽이나 천장을 직접 이용하여 전시물을 배치하는 기법으로 관람자의 시거리를 짧게 할 수 없다는 단점이 있다.

해설

② 뉴욕 구겐하임 미술관은 중앙홀 형식이 가장 이상적으로 반영되어 있는 건축물이다.
③ 편측창 채광 방식의 경우 조도 분포가 불균일하다.
④ 아일랜드 전시기법은 벽이나 천장을 직접 이용하지 않고 전시공간을 만들어내는 기법으로 관람자의 시거리를 짧게 할 수 있다.

7 각 사찰에 대한 설명 중 옳지 않은 것은?

① 부석사 가람 배치는 누하진입 형식을 취하고 있다.
② 화엄사는 경사된 지형을 수단(數段)으로 나누어서 정지(整地)하여 건물을 적절히 배치하였다.
③ 통도사는 산지에 위치하나 산지가람처럼 건물들을 불규칙하게 배치하지 않고 직교식으로 배치하였다.
④ 봉정사 가람 배치는 대지가 3단으로 나누어져 있으며 상단 부분에 대웅전과 극락전 등 중요한 건물들이 배치되어 있다.

해설

③

통도사 (通度寺) | 경남 양산시 하북면 영축산(靈鷲山)에 있는 한국 3대 사찰 중 하나인 통도사는 경사지의 자연 지형에 자연스럽게 가람을 배치한 산지형 가람이다.

8 사무소건축의 엘리베이터 계획에 관한 설명으로 옳지 않은 것은?

① 군관리운전의 경우 동일 군 내의 서비스층은 같게 한다.
② 승객의 층별 대기시간은 평균운전간격 이하가 되도록 한다.
③ 실내 공간의 확장을 용이하게 할 수 있도록 건축물의 한쪽 끝에 설치한다.
④ 초고층, 대규모 빌딩인 경우는 서비스그룹을 분할(죠닝)하는 것을 검토한다.

해설

③ 엘리베이터는 외래자에게 잘 알려질 수 있는 위치에 한 곳에 집중해서 배치하는 것이 유리하다.

해답 5. ④ 6. ① 7. ③ 8. ③

9 건축계획단계에서의 조사방법에 관한 설명으로 옳지 않은 것은?

① 설문조사를 통하여 생활과 공간 간의 대응관계를 규명하는 것은 생활행동 행위의 관찰에 해당된다.
② 주거단지에서 어린이들의 행동 특성을 조사하기 위해서는 생활행동 행위 관찰 방식이 일반적으로 가장 적절한 방법이다.
③ 이용 상황이 명확하게 기록되어 있는 시설의 자료 등을 활용하는 것은 기존 자료를 통한 조사에 해당된다.
④ 건물의 이용자를 대상으로 설문을 작성하여 조사하는 방식은 생활과 공간의 대응관계 분석에 유효하다.

해설

 설문조사를 통하여 어떠한 관계를 규명했다면 설문지법, 설문조사법에 해당한다.

10 다음 중 주심포식 건물이 아닌 것은?

① 강릉 객사문 ② 서울 남대문
③ 수덕사 대웅전 ④ 무위사 극락전

해설

① 강릉 객사문 ➡ 주심포식   ② 서울 남대문 ➡ 다포식

③ 수덕사 대웅전 ➡ 주심포식   ④ 무위사 극락전 ➡ 주심포식

11 백화점 매장에 에스컬레이터를 설치할 경우, 설치 위치로 가장 알맞은 곳은?

① 매장의 한쪽 측면
② 매장의 가장 깊은 곳
③ 백화점의 계단실 근처
④ 백화점의 주출입구와 엘리베이터 존의 중간

해설

④

엘리베이터는 백화점의 단부에 배치하며, 에스컬레이터는 엘리베이터군과 주출입구의 중간에 설치하여 고객이 매장 전체를 쉽게 인식할 수 있도록 계획한다.

12 사무소건축에서 오피스 랜드스케이핑에 관한 설명으로 옳지 않은 것은?

① 대형 가구 등 소리를 반향시키는 기재의 사용이 어렵다.
② 작업장의 집단을 자유롭게 그루핑하여 불규칙한 평면을 유도한다.
③ 변화하는 작업의 패턴에 따라 조절이 가능하며 신속하고 경제적으로 대처할 수 있다.
④ 개실 시스템의 한 형식으로 배치를 의사전달과 작업 흐름의 실제적 패턴에 기초를 둔다.

해설

오피스 랜드스케이핑
(Office Landscaping)

④ 개실식 평면형이 아닌 개방식 평면형의 하나의 유형이다.

해답 9. ① 10. ② 11. ④ 12. ④

13 호텔의 건축계획에 관한 설명 중 옳지 않은 것은?

① 객실의 크기는 대지나 건물의 형태에 영향을 받지 않는다.
② 기준층의 객실 수는 기준층의 면적이나 기둥 간격의 구조적인 문제에 영향을 받는다.
③ 로비는 퍼블릭 스페이스의 중심으로 휴식, 면회, 담화, 독서 등 다목적으로 사용되는 공간이다.
④ 주식당(Main Dining Room)은 숙박객 및 외래객을 대상으로 하며 외래객이 편리하게 이용할 수 있도록 출입구를 별도로 설치한다.

해설

①

호텔 객실(Guest Rooms)의 크기는 대지나 건물의 형태에 직접적인 영향을 많이 받는다고 할 수 있다.

14 은행의 주출입구에 관한 설명으로 옳지 않은 것은?

① 겨울철의 방풍을 위해 방풍실을 설치하는 것이 좋다.
② 내부와 면한 출입문은 도난방지상 바깥여닫이로 하는 것이 좋다.
③ 이중문을 설치하는 경우, 바깥문은 바깥여닫이 또는 자재문으로 계획할 수 있다.
④ 어린이들의 출입이 많은 곳에서는 안전을 고려하여 회전문 설치를 배제하는 것이 좋다.

해설

② 일반적으로 은행 현관 출입문은 도난방지상 안여닫이로 하는 것이 좋다.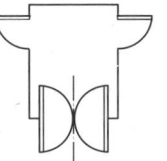

15 타운 하우스에 관한 설명으로 옳지 않은 것은?

① 각 세대마다 주차가 용이하다.
② 프라이버시 확보를 위한 경계벽 설치가 가능하다.
③ 단독주택의 장점을 고려한 형식으로 토지 이용의 효율성이 높다.
④ 일반적으로 1층은 침실 등 개인공간, 2층은 거실 등 생활공간으로 구성한다.

해설

④

타운 하우스 (Townhouse)

일반적으로 1층은 거실, 식당, 부엌 등의 생활공간을 마련하고, 2층에는 서재, 침실 등의 휴식 및 수면공간으로 구성한다.

16 학교 운영방식에 관한 설명으로 옳지 않은 것은?

① 달톤형은 다양한 크기의 교실이 요구된다.
② 교과교실형은 각 교과 교실의 순수율이 낮다는 단점이 있다.
③ 플래툰형은 교사 수 및 시설이 부족하면 운영이 곤란하다는 단점이 있다.
④ 종합교실형은 학생의 이동이 없으며, 초등학교 저학년에 적합한 형식이다.

해설

②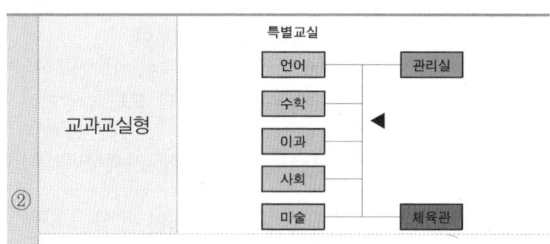

모든 교실이 특정 교과를 위해 만들어지고, 일반교실은 없으므로 교실의 기능적인 순수율을 가장 높일 수 있는 형식이다.

해답 13. ① 14. ② 15. ④ 16. ②

17 공동주택 단지 안의 도로의 설계 속도는 최대 얼마 이하가 되도록 하여야 하는가?

① 10km/h ② 15km/h
③ 20km/h ④ 30km/h

해설

③
공동주택 단지 안의 도로의 설계 속도

주택단지 안의 도로는 유선형(流線型) 도로로 설계하거나 도로 노면의 요철(凹凸) 포장 또는 과속방지턱의 설치 등을 통하여 도로의 설계 속도가 20km/h 이하가 되도록 하여야 한다.

18 아파트에 의무적으로 설치하여야 하는 장애인·노인·임산부 등의 편의시설에 속하지 않는 것은?

① 점자블록
② 장애인전용주차구역
③ 높이 차이가 제거된 건축물 출입구
④ 장애인 등의 통행이 가능한 접근로

해설

①
편의시설의 종류	
(※ 괄호 내의 시설은 의무설치가 아닌 권장설치 시설임)	
매개시설	주출입구 접근로, 주출입구 높이 차이 제거 장애인전용주차구역
내부시설	출입구, 출입문, 복도, 계단 또는 승강기
위생시설	세면대, (대변기, 소변기, 욕실, 샤워실·탈의실)
안내시설	경보 및 피난설비, (점자블록, 유도 및 안내설비)
그 밖의 시설	(객실·침실)

19 다음과 같은 특징을 갖는 부엌의 평면형은?

• 작업 시 몸을 앞뒤로 바꾸어야 하는 불편이 있다.
• 식당과 부엌이 개방되지 않고 외부로 통하는 출입구가 필요한 경우에 많이 쓰인다.

① 일렬형 ② ㄱ자형
③ 병렬형 ④ ㄷ자형

해설

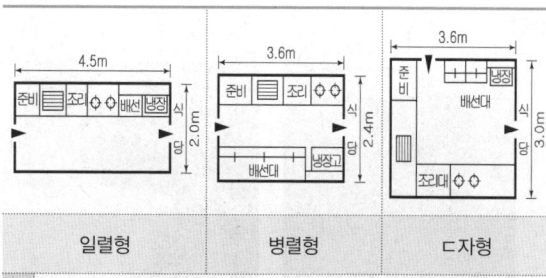

| 일렬형 | 병렬형 | ㄷ자형 |

③ 병렬형에 대한 설명으로 일렬형에 비해 작업동선이 단축되는 특징이 있다.

20 도서관의 출납시스템 중 열람자는 직접 서가에 면하여 책의 체제나 표지 정도는 볼 수 있으나 내용을 보려면 관원에게 요구하여 대출 기록을 남긴 후 열람하는 형식은?

① 폐가식 ② 반개가식
③ 안전개가식 ④ 자유개가식

해설

②
반개가식(Semi Open Access)
출납 시설이 필요하지만 서가의 열람이나 감시가 불필요한 특징을 갖는다. 일반적으로 신간 서적 안내에 채택되며, 다량의 도서에는 부적당하다.

해답 17. ③ 18. ① 19. ③ 20. ②

건축시공

21 린 건설(Lean Construction)에서의 관리 방법으로 옳지 않은 것은?

① 변이관리
② 당김생산
③ 흐름생산
④ 대량생산

해설

	린 건설(Lean Construction)	
④	건설 프로젝트를 하나의 생산 과정으로 보고 그 과정에서 발생되는 전반적인 낭비 요소들을 최소화하는 효율적인 건설 생산 체계	
	린 건설(Lean Construction)에서의 주요 추구 목표	
	1	당김식(Pull Type) 생산 방식 기존의 밀어내기식(Push Type)에서 추구하던 대량 생산이 아닌 현장이 필요로 하는 자재를 필요한 만큼 생산할 것을 권장함
	2	변이관리(Variation Management) 일반원인·특별원인·구조원인 변이 등의 유형을 구분하여 상호 의존성의 분석 및 대책의 수립
	3	흐름 위주의 협업자 구축 및 협업 관리

22 압연강재가 냉각될 때 표면에 생기는 산화철 표피를 무엇이라 하는가?

① 스패터
② 밀 스케일
③ 슬래그
④ 비드

해설

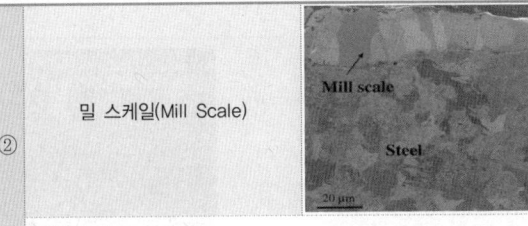

② | 밀 스케일(Mill Scale)

열간압연 과정에서 생성되는 강재의 산화 피막

23 네트워크(Network) 공정표의 장점으로 볼 수 없는 것은?

① 공정 계획의 초기 작성 시간이 단축된다.
② 작업 상호간의 관련성을 알기 쉽다.
③ 공사의 진척 관리를 정확히 할 수 있다.
④ 공기단축 가능 요소의 발견이 용이하다.

해설

네트워크(Network) 공정표

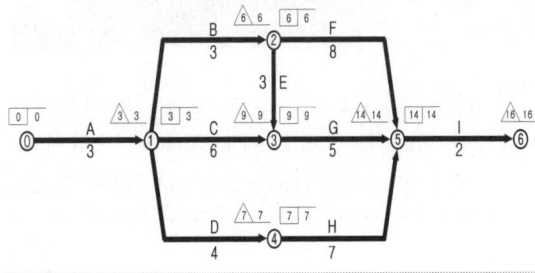

	1	다른 공정표에 비해 공정표 작성 시간이 오래 걸린다.
①	2	공정표 작성 및 검사에 특별한 기능이 요구된다.
	3	실제의 공사에 있어서는 네트워크와 같이 구분하여 이행되지 않으므로 공사 진도관리에 있어서 특별한 연구가 필요하다.

24 거푸집 조립 순서 중 맞는 것은?

① 외벽 ➡ 내벽 ➡ 기둥 ➡ 큰보 ➡ 작은보 ➡ 바닥
② 기둥 ➡ 내벽 ➡ 큰보 ➡ 외벽 ➡ 작은보 ➡ 바닥
③ 외벽 ➡ 기둥 ➡ 내벽 ➡ 큰보 ➡ 작은보 ➡ 바닥
④ 기둥 ➡ 내벽 ➡ 큰보 ➡ 작은보 ➡ 바닥 ➡ 외벽

해설

	거푸집 조립 순서
④	기초 ➡ 기둥 ➡ 내벽 ➡ 큰보 ➡ 작은보 ➡ 바닥 ➡ 외벽

해답 21. ④ 22. ② 23. ① 24. ④

2 바이블 연도별 기출문제

25 다음 중 사용할 때 마다 부재의 조립, 분해를 반복하지 않아 벽식구조인 아파트 건축물에 적용 효과가 큰 대형 벽체 거푸집은?
① Gang Form   ② Sliding Form
③ Air Tube Form   ④ Traveling Form

해설

갱 폼
(Gang Form)

① 사용할 때마다 작은 부재의 조립, 분해를 반복하지 않고 단순화, 대형화하여 한 번에 설치하고 해체하는 거푸집 시스템이므로 기능공의 기능도에 따라 시공 정밀도가 좌우되지 않는다.

26 다음에서 설명하는 미장재료는?

시멘트와 건조모래 및 특성 개선재를 배합한 공장제품을 현장에서 물만 가하여 사용하는 모르타르로서, 현장배합 모르타르보다는 다소 고가이지만 현장 관리가 용이하다.

① 바라이트 모르타르   ② 셀프레벨링재
③ 초속경 모르타르   ④ 드라이 모르타르

해설

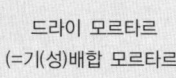

드라이 모르타르
(=기(성)배합 모르타르)

④ 현장에서 배합 작업을 할 경우 품질관리가 어렵고 작업 또한 번거롭기 때문에 공장에서 미리 사용 목적에 맞게 시멘트, 건조 모래, 특성 개선 혼화제 등을 배합하여 현장에서는 적당량의 물만 혼합하여 사용할 수 있도록 만든 미장재료

27 다음은 콘크리트 구조물의 동해에 따른 피해 현상을 나타낸 것이다. 어느 현상을 설명한 것인가?

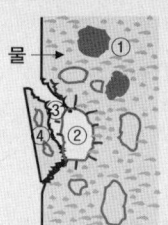

【보기】
① 콘크리트가 흡수
② 흡수율이 큰 쇄석이 흡수, 포화 상태가 됨
③ 빙결하여 체적 팽창
④ 표면 부분 박리

① 폭렬 현상   ② Pop Out
③ Laitance   ④ 알칼리 골재 반응

해설

팝 아웃(Pop Out) 현상

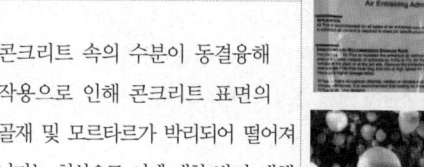

② 콘크리트 속의 수분이 동결융해 작용으로 인해 콘크리트 표면의 골재 및 모르타르가 박리되어 떨어져 나가는 현상으로 이에 대한 방지 대책으로 AE제가 발명되었다.

28 철골공사에서 크롬산 아연을 안료로 하고, 알키드수지를 전색료로 한 것으로서 알루미늄 녹막이 초벌칠에 적당한 것은?
① 광명단   ② 징크로메이트 도료
③ 그래파이트 도료   ④ 알루미늄 도료

해설

징크로메이트
(Zinc Cromate)

② 녹막이 효과가 좋고 알루미늄 녹막이 초벌칠에 적당한 도료이다.

해답 25. ① 26. ④ 27. ② 28. ②

29 시멘트 액체방수에 대한 기술 중 옳지 않은 것은?

① 방수액을 모체에 침투시키거나 방수제를 혼합한 모르타르를 바르는 방수공법이다.
② 방수 모르타르 바름은 단순히 방수제를 혼합한 모르타르를 2~3회 발라 10~20mm 두께로 한다.
③ 방수층이 넓을 때에는 적당한 위치에 신축줄눈을 시공한다.
④ 하절기에는 낮 시간을 이용하여 작업을 실시하여 능률을 높인다.

해설

④	시멘트 액체방수의 시공을 하절기에 할 경우에는 강렬한 직사광선이나 뜨거운 열이나 바람을 피할 수 있는 새벽 또는 저녁에 시공하는 것이 좋다.

30 유리섬유(Glass Fiber)에 관한 설명으로 옳지 않은 것은?

① 경량이면서 굴곡에 강하다.
② 단위면적에 따른 인장강도는 다르고, 가는 섬유일수록 인장강도는 크다.
③ 탄성이 작고 전기 절연성이 크다.
④ 내화성, 단열성, 내수성이 좋다.

해설

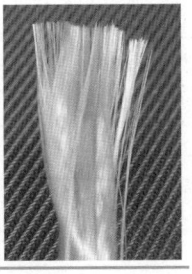

①	유리섬유(Glass Fiber) 유리를 섬유처럼 가늘게 뽑은 물질으로 경량이면서 굴곡에 약하다. 단열성이 뛰어나고 녹슬지 않으며 가공이 쉬워 건물 단열재 등 석면의 대용품으로 쓰인다.

31 매스콘크리트(Mass Concrete)에 대한 설명으로 옳은 것은?

① 단위시멘트량을 늘려 콘크리트의 발열량을 줄이도록 하여야 한다.
② 굵은 골재의 최대 치수를 작게 하고, 입자의 크기가 균등한 골재를 사용하는 것이 좋다.
③ 매스콘크리트의 타설 온도는 온도 균열을 제어하기 위한 관점에서 될 수 있는 대로 낮게 하여야 한다.
④ 매스 콘크리트는 베이스 콘크리트에 유동화제를 첨가하여 유동성을 증가시킨 콘크리트이다.

해설

①	단위시멘트량을 줄여 콘크리트의 발열량을 줄이도록 하여야 한다.
②	굵은 골재의 최대 치수를 크게 하고, 입도 분포가 좋은 골재를 사용하는 것이 좋다.
④	베이스 콘크리트(Base Concrete)에 유동화제를 첨가하여 유동성을 증가시킨 콘크리트는 유동화콘크리트(Flowing Concrete)이다.

32 다음 중 비철금속에 해당되지 않는 것은?

① 알루미늄 ② 탄소강
③ 동 ④ 아연

해설

②	1	철 이외의 금속을 모두 비철금속(非鐵金屬, Non Ferrous Metal)이라고 부른다. 인류 문명에서 철이 차지하는 재료로서의 중요성, 생산량, 경제적인 규모가 다른 금속 전부에 필적할 만큼 크기 때문에 철, 비철의 용어가 발생한 것이다.
	2	탄소강은 대표적인 건축 분야의 철금속에 해당된다.

해답 29. ④ 30. ① 31. ③ 32. ②

33 다음 중 탄성계수를 구할 때 변형 측정에 이용하는 것으로 가장 정밀도가 높은 것은?

① 다이얼 게이지 ② 콤퍼레이터
③ 마이크로미터 ④ 와이어 스트레인 게이지

해설

| ④ | 와이어 스트레인 게이지 (Wire Strain Gauge) 측정하는 대상의 변형을 직접 측정할 수 있으며, 이를 전기적인 신호로 바꾸어 구하고자 하는 변형률이나 응력변화를 거의 정확히 알 수 있다. | 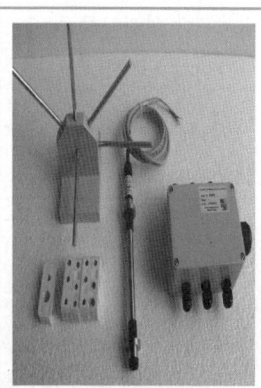 |

35 금속 커튼월 시공 시 구체 부착철물 설치위치의 연직방향 및 수평방향의 치수 허용차의 표준치로 옳은 것은?

① 연직방향: ±5mm, 수평방향: ±10mm
② 연직방향: ±10mm, 수평방향: ±25mm
③ 연직방향: ±15mm, 수평방향: ±25mm
④ 연직방향: ±25mm, 수평방향: ±25mm

해설

| ② | 금속 커튼월 설치 구체 부착철물의 시공도면 및 공사시방서에 따라 구체에 설치한다. 구체 부착철물의 설치 위치의 치수 허용차는 공사시방서에 따르나 공사시방서에 정한 바가 없는 경우 구체 부착철물의 설치 위치의 치수 허용차의 표준치는 연직방향 ±10mm, 수평방향 ±25mm 이다. |

34 다음의 창호와 철물과의 조합 중 맞지 않은 것은 어느 것인가?

① 외여닫이문: 도어 체크와 정첩
② 오르내리창: 크레센트와 추
③ 미서기문: 레일과 바퀴
④ 쌍 미서기문: 도어 힌지와 정첩

36 콘크리트 블록(Block)벽체의 크기가 3×5m일 때 쌓기 모르타르의 소요량으로 옳은 것은? (단, 블록의 치수는 390×190×190mm, 재료량은 할증이 포함되었으며, 모르타르 배합비는 1:3)

① $0.10m^3$ ② $0.12m^3$
③ $0.15m^3$ ④ $0.18m^3$

해설

치수(길이×높이×두께)	1m²당 블록쌓기 모르타르량
390×190×100	0.006
390×190×150	0.01
390×190×190	0.01

③ $(3 \times 5) \times 0.01 = 0.15m^3$

해답 33. ④ 34. ④ 35. ② 36. ③

37 목재의 방부제 처리법 중 가장 효과가 좋은 것은?

① 도포법 ② 침지법
③ 생리적 주입법 ④ 가압주입법

해설

목재의 보존: 목재의 방부 처리법	
도포법	방부제, 콜 타르, 유성 페인트 등을 칠한다.
침지법	방부액이나 물에 담가 산소 공급 차단
표면탄화법	목재 표면을 3~4mm 정도 태워 수분을 제거하며 탄화 부분의 흡수성은 증가된다.
주입법	  방부제(PCP, Penta Chloro Phenol)를 주입하며 상압 주입, 가압 주입, 생리적 주입법이 있는데 가압 주입법이 가장 효과가 좋다.

④

38 시험말뚝을 박을 때에 허용지지력 산출에 별로 영향을 주지 않는 것은?

① 추의 낙하 높이 ② 말뚝의 최종 관입량
③ 말뚝의 길이 ④ 추의 무게

해설

③

말뚝박기 시험에 의한 말뚝의 허용지지력(R)

$$R = \frac{F}{5S+0.1}$$

- S : 말뚝의 최종 관입량
- F : 해머의 타격에너지
  ➡ 드롭해머 $F = W(추무게) \times H$
  ➡ 디젤해머 $F = 2W(추무게) \times H$
- H : 해머의 낙하 높이

39 5t의 시멘트로 용적 배합비 1:2:4의 콘크리트를 비벼 낼 때 전체 콘크리트량으로 적당한 것은? (단, W/C=60%)

① 12m³ ② 15m³
③ 18m³ ④ 28m³

해설

배합비 1 : m : n일 때 콘크리트 1m³ 당 재료량		
재료	배합비 1 : 2 : 4	배합비 1 : 3 : 6
시멘트(kg)	320	220
모래(m³)	0.45	0.47
자갈(m³)	0.90	0.94

② $\dfrac{5,000\text{kg}}{320\text{kg/m}^3} = 15.63\text{m}^3$

40 대규모 공사에서 지역별로 공사를 분리하여 발주하며 중소업자에게 균등한 기회를 주는 발주 방식은?

① 전문공종별 분할도급
② 공정별 분할도급
③ 공구별 분할도급
④ 직종별, 공종별 분할도급

해설

③

분할도급: 공사 유형별로 전문업자에게 분할하여 도급
전문공종별(專門工種別) 분할도급
설비공사(전기, 설비)를 주체공사와 분리하여 발주하는 방식으로 설비업자의 자본 및 기술 강화, 전문화로 인한 능률 향상
공정별(工程別) 분할도급
공사의 과정별로 나누어서 도급을 주는 방식으로 예산 배정상 구분될 때 편리하지만 후속공사의 연체 및 도급자 교체의 어려움이 있다.
공구별(工區別) 분할도급
대규모 공사에서 지역별로 공사를 분리 발주하는 방식으로 각 공구마다 일식도급 체제로 운영되어 도급업자의 기회 균등, 시공 기술 향상, 높은 성과도를 기대할 수 있다.

해답 37. ④ 38. ③ 39. ② 40. ③

③ 바이블 연도별 기출문제

📗 건축구조

41 단면의 지름이 150mm, 재축방향 길이가 300mm인 원형 강봉의 윗면에 300kN의 힘이 작용하여 재축방향 길이가 0.16mm 줄어들었고, 단면의 지름이 0.01mm 늘어났다면 이 강봉의 탄성계수 E와 푸아송비는?

① 31,830MPa, 0.25 ② 31,830MPa, 0.125
③ 39,630MPa, 0.25 ④ 39,630MPa, 0.125

해설

훅(R. Hooke, 1635~1703)의 법칙

$$\sigma = E \cdot \epsilon$$
↓
$$\frac{P}{A} = E \cdot \frac{\Delta L}{L}$$

탄성계수:

$$E = \frac{P \cdot L}{A \cdot \Delta L} = \frac{(300 \times 10^3)(300)}{\left(\frac{\pi (150)^2}{4}\right)(0.16)}$$

$$= 31,831 \text{N/mm}^2 = 31,831 \text{MPa}$$

②

푸아송(Denis Poisson, 1781~1840)비 (ν, Poisson's Ratio)

수직응력에 의해 발생되는 가로변형률과 길이변형률의 비율

푸아송비:

$$\nu = \frac{\epsilon'}{\epsilon} = \frac{\frac{\Delta D}{D}}{\frac{\Delta L}{L}} = \frac{L \cdot \Delta D}{D \cdot \Delta L} = \frac{(300)(0.01)}{(150)(0.16)} = 0.125$$

42 철근콘크리트 구조물의 처짐에 관한 설명으로 옳지 않은 것은?

① 휨부재의 크리프와 건조수축에 의한 추가 장기처짐 산정 시 5년 이상의 지속하중에 대한 시간경과 계수는 2.0이다.
② 과도한 처짐에 의해 손상될 우려가 없는 비구조 요소를 지지한 지붕이나 바닥구조의 처짐 한계는 $\frac{l}{210}$ 이다.
③ 내부에 보가 없는 2방향 슬래브 중 철근의 항복 강도가 400MPa이고 지판이 없는 경우 내부슬래브의 최소 두께는 $\frac{l_n}{33}$ 이다.
④ 처짐을 계산하지 않는 경우 양단연속된 리브가 있는 1방향 슬래브의 최소 두께는 $\frac{l}{21}$ 이다.

해설

② 과도한 처짐에 의해 손상될 우려가 없는 비구조 요소를 지지한 지붕이나 바닥구조의 처짐 한계는 $\frac{l}{240}$ 이다.

【최대 허용처짐】

부재의 형태	고려해야 할 처짐	처짐한계
과도한 처짐에 의해 손상되기 쉬운 비구조 요소를 지지 또는 부착하지 않은 평지붕 구조: **외부 환경**	활하중에 따른 순간 처짐	$\frac{l}{180}$
과도한 처짐에 의해 손상되기 쉬운 비구조 요소를 지지 또는 부착하지 않은 바닥구조: **내부 환경**	활하중 L에 따른 순간 처짐	$\frac{l}{360}$
과도한 처짐에 의해 손상되기 쉬운 비구조 요소를 지지 또는 부착한 지붕 또는 바닥구조	전체 처짐 중에서 비구조 요소가 부착된 후에 발생하는 처짐 부분 (모든 지속하중에 따른 장기처짐과 추가적인 활하중에 따른 순간처짐의 합)	$\frac{l}{480}$
과도한 처짐에 의해 손상될 염려가 없는 비구조 요소를 지지 또는 부착한 지붕 또는 바닥구조		$\frac{l}{240}$

해답 41. ② 42. ②

43 그림과 같이 단순보의 중앙점에 하중 P가 작용할 때 C점의 처짐은?

① $\dfrac{PL^3}{384EI}$

② $\dfrac{15PL^3}{192EI}$

③ $\dfrac{11PL^3}{768EI}$

④ $\dfrac{17PL^3}{384EI}$

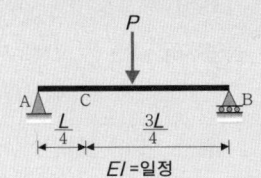

해설

공액보(Conjugate Beam)

$V_A' = \dfrac{1}{2} \cdot \dfrac{L}{2} \cdot \dfrac{PL}{4EI} = \dfrac{1}{16} \cdot \dfrac{PL^2}{EI}$

③

C점의 처짐: 공액보상에서 C점의 휨모멘트

$M_C' = \delta_C = +\left(\dfrac{1}{16} \cdot \dfrac{PL^2}{EI}\right)\left(\dfrac{L}{4}\right) - \left(\dfrac{1}{2} \cdot \dfrac{L}{4} \cdot \dfrac{PL}{8EI}\right)\left(\dfrac{L}{4} \cdot \dfrac{1}{3}\right)$

$= \dfrac{1}{64} \cdot \dfrac{PL^3}{EI} - \dfrac{1}{768} \cdot \dfrac{PL^3}{EI} = \dfrac{11}{768} \cdot \dfrac{PL^3}{EI}$

44 등가정적해석법에 따른 건축물의 내진설계 시 고려해야 할 사항이 아닌 것은?

① 지역계수
② 지반종류
③ 지표면조도
④ 반응수정계수

해설

③ 지표면조도(Surface Roughness): 건축물이 바람에 노출되는 정도

지표면상의 지물 상황을 지표면의 조도(거칠기)라는 관점에서 구분한 것으로 열린 평탄지, 교외, 시가지, 대도시 중심과 같이 구분한다.

45 강구조에서 용접선 단부에 붙인 보조판으로 아크의 시작이나 종단부의 크레이터 등의 결함을 방지하기 위해 붙이는 판은?

① 스티프너
② 엔드 탭
③ 윙 플레이트
④ 커버 플레이트

해설

② 엔드 탭(End Tab)

용접 결함 발생을 방지하기 위해 용접의 시단부와 종단부에 임시로 붙이는 보조 강판

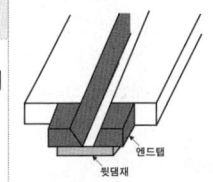

46 콘크리트 구조설계 시 철근 간격 제한에 관한 내용으로 옳지 않은 것은?

① 벽체 또는 슬래브에서 휨 주철근의 간격은 벽체나 슬래브 두께의 3배 이하로 하여야 하고, 또한 450mm 이하로 하여야 한다.
② 상단과 하단에 2단 이상으로 배치된 경우 상하 철근은 동일 연직면 내에 배치되어야 하고, 이때 상하 철근의 순간격은 25mm 이상으로 하여야 한다.
③ 나선철근 또는 띠철근이 배근된 압축부재에서 축방향철근의 순간격은 25mm 이상, 또한 철근 공칭지름의 2.5배 이상으로 하여야 한다.
④ 2개 이상의 철근을 묶어서 사용하는 다발철근은 이형철근으로, 그 개수는 4개 이하이어야 하며, 이들은 스터럽이나 띠철근으로 둘러싸여 져야 한다.

해설

③

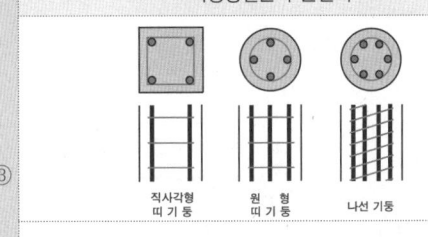

나선철근 또는 띠철근이 배근된 압축부재에서 축방향 철근의 순간격은 40mm 이상, 또한 철근 공칭지름의 1.5배 이상으로 하여야 한다.

47 강구조 접합부에 관한 설명으로 틀린 것은?

① 기둥-보 접합부는 접합부의 성능과 회전에 대한 구속 정도에 따라 전단접합, 부분강접합, 완전강접합으로 구분된다.
② 접합부의 설계강도는 45kN 이상이어야 한다. 다만, 연결재, 새그 로드 또는 띠장은 제외한다.
③ 강접합은 이론적으로 보 단부에서 회전을 허용하지 않고 100%에 가까운 단부모멘트를 기둥 또는 이음부에 전달시키는 접합부이다.
④ 단순접합은 부재 단부의 회전 저항에 따른 단부모멘트를 발생시킬 수 있는 접합부이다.

해설

④

단순접합, 전단접합, 핀(Pin)접합

단순접합은 접합부 내에서 모멘트를 전달하지 않거나 무시할 정도의 모멘트를 전달하는 접합이다.

48 그림과 같은 1차 부정정 보에서 지점 B의 고정단 모멘트의 크기는?

① M_o
② $\dfrac{M_o}{2}$
③ $\dfrac{M_o}{3}$
④ $\dfrac{M_o}{4}$

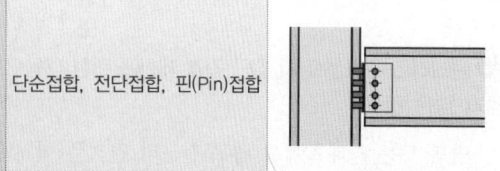

해설

②

1차부정정 보 지점반력

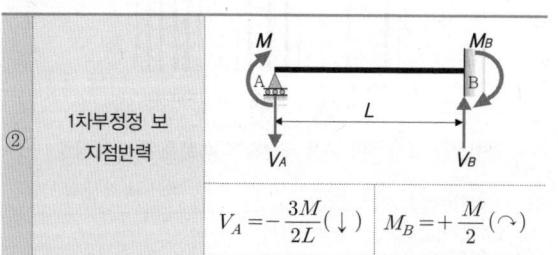

$V_A = -\dfrac{3M}{2L}(\downarrow)$ $M_B = +\dfrac{M}{2}(\curvearrowright)$

49 다음과 같은 조건에서의 필릿용접의 최소 사이즈는 얼마인가?

【조건】
접합부의 얇은 쪽 모재두께(t), mm
$6 < t \leq 13$

① 3mm ② 5mm ③ 6mm ④ 8mm

해설

접합부의 얇은 쪽 판두께, t(mm)	필릿용접(Fillet Welding) 최소 사이즈(mm)
$t \leq 6$	3
$6 < t \leq 13$	5
$13 < t \leq 19$	6
$19 < t$	8

②

50 그림과 같은 구조물의 부정정 차수는?

① 1차 부정정
② 2차 부정정
③ 3차 부정정
④ 4차 부정정

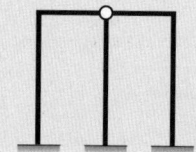

해설

④

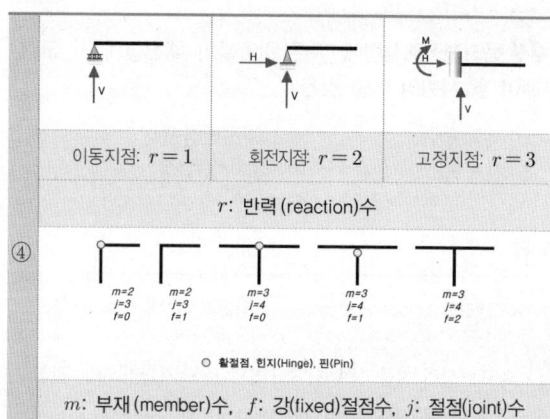

이동지점: $r=1$ 회전지점 $r=2$ 고정지점: $r=3$

r: 반력 (reaction)수

○ 활절점, 힌지(Hinge), 핀(Pin)

m: 부재(member)수, f: 강(fixed)절점수, j: 절점(joint)수

$N = r + m + f - 2j = (3+3+3) + (5) + (2) - 2(6) = 4차$

해답 47. ④ 48. ② 49. ② 50. ④

51 그림과 같은 정정 라멘에서 BD 부재의 축방향력으로 옳은 것은? (단, + : 인장력, - : 압축력)

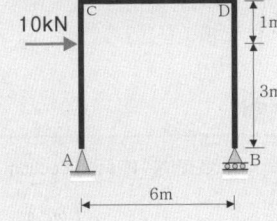

① 5kN
② -5kN
③ 10kN
④ -10kN

해설

1	$\sum H = 0: +(H_A)+(10)=0$	$\therefore H_A = -10\text{kN}(\leftarrow)$
2	$\sum M_B = 0: +(V_A)(6)+(10)(3)=0$	$\therefore V_A = -5\text{kN}(\downarrow)$
3	$\sum V = 0: +(V_A)+(V_B)=0$	$\therefore V_B = +5\text{kN}(\uparrow)$
②	$F_{BD} = -5\text{kN}$ (압축)	
4	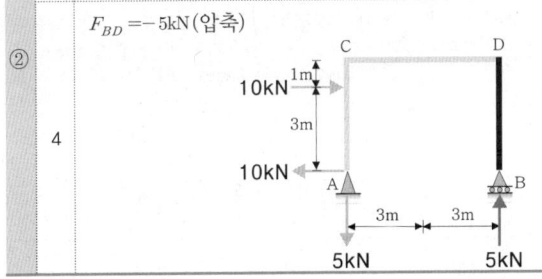	

52 피복두께 30mm, 직경 16mm 주근이 배근된 두께 150mm 철근콘크리트 1방향 슬래브에서 전단철근 없이 지지할 수 있는 단위길이 1m당 최대 계수전단력은? (단, $f_{ck} = 25\text{MPa}$, $\phi = 0.75$, $\lambda = 1$)

① 70.0 kN   ② 78.5 kN
③ 80.0 kN   ④ 82.6 kN

해설

① 1방향 슬래브에서 전단보강철근이 필요 없는 조건
$$V_u = \phi V_c = \phi \frac{1}{6}\lambda\sqrt{f_{ck}} \cdot b_w \cdot d$$
$$= (0.75)\left[\frac{1}{6}(1)\sqrt{(25)}(1,000)\times\left(150-30-\frac{16}{2}\right)\right]$$
$$= 70,000\text{N} = 70.0\text{kN}$$

53 강도설계법에서 처짐을 계산하지 않는 경우 스팬이 8.0m인 단순지지된 보의 최소 두께로 옳은 것은? (단, 보통중량콘크리트와 $f_y = 400\text{MPa}$ 철근을 사용한 경우)

① 380mm   ② 430mm
③ 500mm   ④ 600mm

해설

부재 [l : 경간 길이(mm)]	처짐을 계산하지 않는 경우 최소 두께 (h_{min})			
	단순지지	1단연속	양단연속	캔틸레버
보 및 리브가 있는 1방향 슬래브	$\dfrac{l}{16}$	$\dfrac{l}{18.5}$	$\dfrac{l}{21}$	$\dfrac{l}{8}$

$$\therefore h_{min} = \frac{l}{16} = \frac{(8,000)}{16} = 500\text{mm}$$

54 강도설계법에서 철근콘크리트 구조물의 공칭강도 산정 시 사용되는 강도감소계수로 옳지 않은 것은?

① 인장지배단면: 0.85
② 전단력과 비틀림모멘트: 0.75
③ 포스트텐션 정착구역: 0.85
④ 압축지배단면 중 나선철근으로 보강된 철근콘크리트 부재: 0.65

해설

적용 부재		강도감소계수 ϕ
인장지배 단면		0.85
압축지배 단면	띠철근 기둥	0.65
	나선철근 기둥	0.70
변화구간단면(=전이구역)		0.65(0.70)~0.85
전단력과 비틀림모멘트		0.75
콘크리트 지압력 (포스트텐션 정착부나 스트럿-타이 모델 제외)		0.65
포스트텐션 정착구역		0.85
스트럿-타이 모델	스트럿, 절점부, 지압부	0.75
	타이	0.85
무근콘크리트의 휨모멘트, 압축력, 전단력, 지압력		0.55

해답 51. ② 52. ① 53. ③ 54. ④

55 그림과 같은 내민보에서 A지점의 반력값은?

① 20kN
② 30kN
③ 40kN
④ 50kN

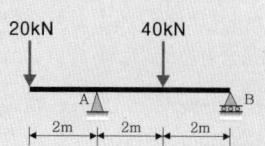

해설

1	$\sum H = 0 : \therefore H_A = 0$
2	$\sum M_B = 0 : -(20)(6)+(V_A)(4)-(40)(2)=0$ $\therefore V_A = +50\text{kN}(\uparrow)$
④ 3	$R_A = \sqrt{V_A^2 + H_A^2} = V_A = +50\text{kN}(\uparrow)$ 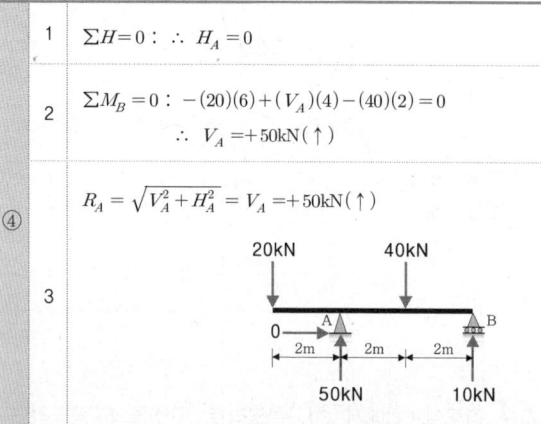

56 강구조 고장력볼트 접합의 종류에 해당되지 않는 것은?

① 메탈터치 접합 ② 마찰접합
③ 인장접합 ④ 지압접합

해설

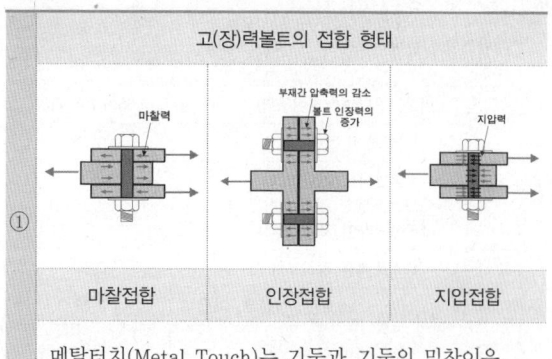

메탈터치(Metal Touch)는 기둥과 기둥의 밀착이음 가공으로 기둥의 이음과 관계있다.

57 직사각형 단면의 탄성단면계수에 대한 소성단면계수의 비(比)는?

① 0.67   ② 1.20
③ 1.50   ④ 3.00

해설

탄성단면계수(Elastic Section Modulus, Z):

$$Z = \frac{I}{y} = \frac{\left(\dfrac{bh^3}{12}\right)}{\left(\dfrac{h}{2}\right)} = \frac{bh^2}{6}$$

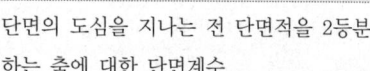

소성단면계수(Plastic Section Modulus, Z_P)

③ 단면의 도심을 지나는 전 단면적을 2등분 하는 축에 대한 단면계수

$$Z_P = A_c \cdot y_c + A_t \cdot y_t = \left(\frac{bh}{2}\right)\left(\frac{h}{4}\right) \times 2 = \frac{bh^2}{4}$$

형상계수(Shape Factor, f)

$$f = \frac{F_y \cdot Z_P}{F_y \cdot Z} = \frac{\text{소성단면계수}}{\text{탄성단면계수}} \frac{Z_P}{Z} = \frac{\dfrac{bh^2}{4}}{\dfrac{bh^2}{6}} = 1.5$$

58 그림과 같은 ㄷ형강(Channel)에서 전단중심(剪斷中心)의 대략적인 위치는?

① A점
② B점
③ C점
④ D점

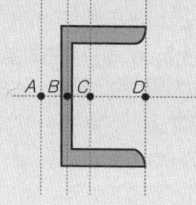

해설

① ㄷ형강(Channel) 전단중심(Shear Center)

ㄷ형강의 전단중심은 웨브의 바깥쪽에 있는 A점의 위치가 되며, 여기서 비틀림이 생기지 않고 휨변형만 발생하게 된다.

해답 55. ④   56. ①   57. ③   58. ①

59 연약지반에서 부동침하를 방지하기 위한 대책과 가장 관계가 먼 것은?

① 구조물의 하중을 기초에 균등하게 분포시킨다.
② 인접 건물과의 거리를 짧게 한다.
③ 기초 상호 간을 지중보로 연결한다.
④ 기초를 말뚝으로 보강한다.

해설

② 연약지반에서 부동침하를 방지하기 위해서는 인접 건물과의 거리를 멀리 이격시켜야 한다.

60 다음 그림과 같은 두 개의 단순보에 크기가 같은 ($P=wL$) 하중이 작용할 때, A점에서 발생하는 처짐각의 비율(가 : 나)은? (단, 부재의 EI 는 일정하다.)

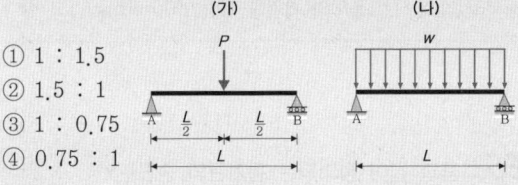

① 1 : 1.5
② 1.5 : 1
③ 1 : 0.75
④ 0.75 : 1

해설

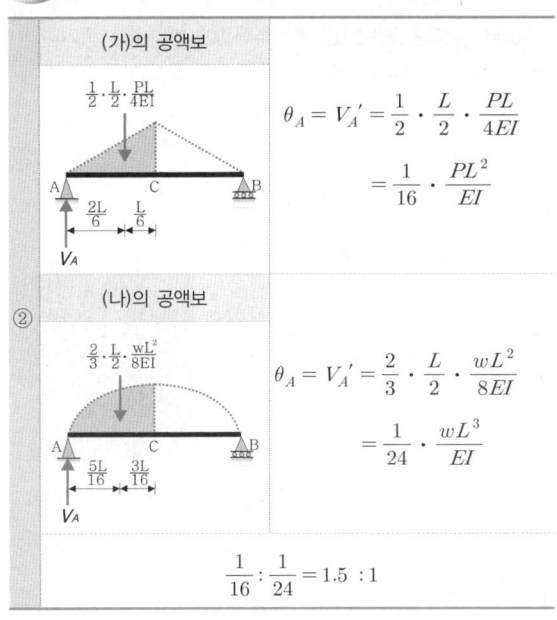

② (가)의 공액보

$$\theta_A = V_A' = \frac{1}{2} \cdot \frac{L}{2} \cdot \frac{PL}{4EI} = \frac{1}{16} \cdot \frac{PL^2}{EI}$$

(나)의 공액보

$$\theta_A = V_A' = \frac{2}{3} \cdot \frac{L}{2} \cdot \frac{wL^2}{8EI} = \frac{1}{24} \cdot \frac{wL^3}{EI}$$

$$\frac{1}{16} : \frac{1}{24} = 1.5 : 1$$

건축설비

61 음의 세기가 10^{-9} W/m²일 때 음의 세기 레벨은? (단, 기준 음의 세기 $I_o = 10^{-12}$ W/m²이다.)

① 3dB   ② 30dB   ③ 0.3dB   ④ 0.03dB

해설

② 음의 세기 레벨 (dB)

$$10\log\frac{I}{I_o} = 10\log\frac{10^{-9}}{10^{-12}} = 10\log 10^3 = 30 dB$$

62 자연환기에 관한 설명으로 옳은 것은?

① 풍력환기에 의한 환기량은 풍속에 반비례한다.
② 풍력환기에 의한 환기량은 유량계수에 비례한다.
③ 중력환기에 의한 환기량은 공기의 입구와 출구가 되는 두 개구부의 수직거리에 반비례한다.
④ 중력환기에서 실내온도가 외기온도보다 높을 경우 공기는 건물 상부의 개구부에서 실내로 들어와서 하부의 개구부로 나간다.

해설

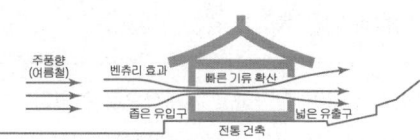

자연환기(Natural Ventilation): 풍력환기, 중력환기

① 풍력환기량: $Q = \alpha A v \sqrt{C_f - C_b}$

풍력환기량(Q)은 유량계수(α), 개구부 면적(A), 풍속(v)에 비례한다.

③ 중력환기량: $Q = KA\sqrt{h \cdot \Delta T}$

중력환기량(Q)은 두 개구부의 수직거리(h)에 비례한다.

④ 중력환기에서는 실내온도가 외기온도보다 높을 경우, 공기는 건물 하부의 개구부에서 들어와서 상부의 개구부로 나간다.

해답 59. ②   60. ②   61. ②   62. ②

63 다음 중 수변전실 계획에 관한 설명으로 옳지 않은 것은?

① 발전기실, 축전지실과 가능한 한 인접장소에 설치한다.
② 사용부하의 중심에 가깝고 간선의 배선이 용이한 곳으로 한다.
③ 외부로부터 전원을 공급하기 위한 전선로 등의 인입이 편리한 위치로 한다.
④ 빌딩의 변전실은 지하 최저층에 위치시키고 천장 높이는 2.7m 이상으로 한다.

해설

	변전실의 위치
④	1	가능한 한 부하의 중심에 가깝고 배전에 편리한 장소
	2	외부로부터 전원 인입과 기기의 반출입이 용이한 곳
	3	천장높이를 충분히 확보(고압: 보 아래 3.0m 이상, 특고압: 보 아래 4.5m 이상)

64 다음과 같은 특징을 갖는 전동기는?

- 구조와 취급이 간단하고 기계적으로 견고하다.
- 가격이 비교적 싸고 운전이 대체로 쉽다.
- 건축설비에서 가장 널리 사용되고 있다.

① 정류자전동기   ② 동기전동기
③ 유도전동기   ④ 직류전동기

해설

교류용 3상 유도전동기

③ 구조가 간단하고 조작이 간편하면서 값이 싸므로 가장 많이 사용된다.

65 도시가스 설비에서 도시가스 압력을 사용처에 맞게 낮추는 감압 기능을 갖는 기기는?

① 기화기   ② 정압기
③ 압송기   ④ 가스홀더

해설

정압기 (Governor)

② 도시가스를 공급할 때 가스의 공급이 극히 제한된 영역에서 고압에서 중압으로, 중압에서 저압으로 감압하여 사용 기구에 맞는 적당한 압력으로 공급하기 위해서 사용되는 도시가스 시설 용도의 기기를 정압기(Governor)라고 한다.

66 다음과 같이 정의되는 통기관의 종류는?

오배수 수직관 내의 압력 변동을 방지하기 위하여 오배수 수직관 상향으로 통기수직관에 연결하는 통기관

① 각개통기관   ② 공용통기관
③ 결합통기관   ④ 반송통기관

해설

결합통기관(Yoke Vent Pipe)

③ 고층 건물의 경우 배수수직주관과 통기수직주관을 연결하여 통기하는 것으로 5개 층마다 설치하여 배수수직주관의 통기를 촉진시킨다.

해답   63. ④   64. ③   65. ②   66. ③

67 한 시간당 급탕량이 5m³일 때 급탕부하는 얼마인가? (단, 물의 비열 4.2kJ/kg·K, 급탕 온도 70°C, 급수 온도 10°C)

① 35kW ② 126kW
③ 350kW ④ 1,260kW

해설

③

1	급탕부하는 물의 가열에 필요한 시간당 열량이므로 열량 계산식 $Q = M \cdot C \cdot \Delta T$ 식으로 계산한다.
2	급탕부하= 시간당 급탕량 × 비열 × 온도차 ÷ 3,600(s/h) $= \dfrac{5,000(kg/h) \times 4.2 kJ/kg \cdot K \times 60(℃)}{3,600(s/h)}$ $= 350(kW)$

68 다음의 에스컬레이터의 경사도에 관한 설명 중 ( ) 안에 알맞은 것은?

에스컬레이터의 경사도는 (①)를 초과하지 않아야 한다. 다만, 높이가 6m 이하이고 공칭속도가 0.5m/s 이하인 경우에는 경사도를 (②)까지 증가시킬 수 있다.

① ㉠ 25°, ㉡ 30°   ② ㉠ 25°, ㉡ 35°
③ ㉠ 30°, ㉡ 35°   ④ ㉠ 30°, ㉡ 40°

해설

③

1	에스컬레이터는 하강 방향의 안전을 고려하여 경사도는 30°를 초과하지 않아야 한다.	
2	높이가 6m 이하이고 공칭속도가 0.5m/s 이하인 경우에는 경사도를 35°까지 증가시킬 수 있다.	
3	에스컬레이터 공칭속도는 경사도가 30° 이하인 경우에는 0.75m/s 이하, 경사도가 30°를 초과하고 35° 이하인 경우에는 0.5m/s 이하이어야 한다.	

69 220[V], 200[W] 전열기를 110[V]에서 사용하였을 경우 소비전력은?

① 50[W]   ② 100[W]
③ 200[W] ④ 400[W]

해설

①

전력(電力, P)	$P = \dfrac{E}{t} = V \cdot I = I^2 \cdot R = \dfrac{V^2}{R}$
1	전력(P)은 전압(V)의 제곱에 비례한다.
2	220[V]를 110[V]에서 사용한다는 것은 전압이 0.5배가 됨을 의미하므로 전력은 $0.5^2 = 0.25$배가 된다.
3	$200[W] \times 0.25 = 50[W]$

70 다음 중 급수 계통의 오염 원인과 가장 거리가 먼 것은?

① 급수로의 배수 역류
② 수격 작용(Water Hammering)
③ 저수탱크에 유해물질 침입
④ 크로스 커넥션(Cross Connection)

해설

②

수격 작용
(水擊作用, Water Hammering)

물 또는 유동적 물체의 움직임을 갑자기 멈추게 하거나 방향이 바뀌게 될 때 순간적인 압력이 발생하는 현상이므로 급수 계통의 오염 원인과는 무관하다.

해답 67. ③ 68. ③ 69. ① 70. ②

71 급수설비에서 펌프의 실양정이 의미하는 것은? (단, 물을 높은 곳으로 보내는 경우)

① 배관계의 마찰손실에 해당하는 높이
② 흡수면에서 토출수면까지의 수직거리
③ 흡수면에서 펌프축 중심까지의 수직거리
④ 펌프축 중심에서 토출수면까지의 수직거리

해설

②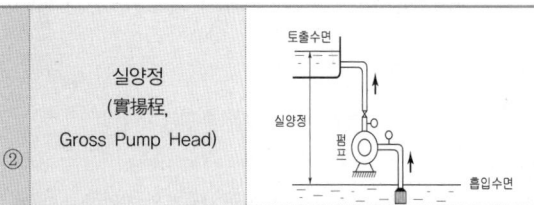
실양정
(實揚程, Gross Pump Head)

물을 높은 곳으로 보내는 경우, 흡수면으로부터 토출수면까지의 수직거리를 실양정이라고 한다.

72 다음 중 방송공동수신설비의 구성 기기에 속하지 않는 것은?

① 혼합기　　② 모시계
③ 컨버터　　④ 증폭기

해설

②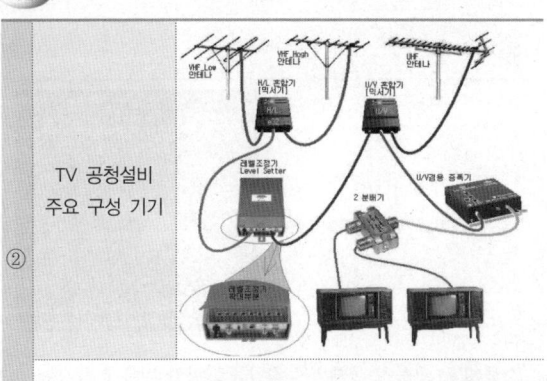
TV 공청설비 주요 구성 기기

안테나, 혼합기(Mixer), 증폭기(Booster), 선로기기(분기기), 분배기, 정합기, 변환기(=컨버터, Converter), 전송선

73 다음은 옥내소화전설비에서 전동기에 따른 펌프를 이용하는 가압송수장치에 관한 설명이다. ( )안에 알맞은 것은?

특정소방대상물의 어느 층에 있어서도 해당 층의 옥내소화전(2개 이상 설치된 경우에는 2개의 옥내소화전)을 동시에 사용할 경우 각 소화전의 노즐선단에서의 방수압력이 0.17MPa 이상이고, 방수량이 (ⓒ) 이상이 되는 성능의 것으로 할 것

① 70ℓ/min　　② 130ℓ/min
③ 260ℓ/min　　④ 350ℓ/min

해설

②

옥내소화전설비	표준 방수압력	0.17MPa
	표준 방수량	130ℓ/min
	설치 간격	건물의 각 부분에서 수평거리 25m 이하
	소화 수량	2.6N(m³) N=최대 2개

74 구조체를 가열하는 복사난방에 관한 설명으로 옳지 않은 것은?

① 복사열에 의하므로 쾌적성이 좋다.
② 바닥, 벽체, 천장 등을 방열면으로 할 수 있다.
③ 예열시간이 길고 일시적인 난방에는 바람직하지 않다.
④ 방열기의 설치로 인해 실의 바닥면적의 이용도가 낮다.

해설

④ 복사난방

방을 구성하는 바닥, 천장 또는 벽체에 열원을 매설하고 온수를 공급하여 그 복사열로 방을 난방하는 방법이므로 바닥면적의 이용도가 높다.

해답 71. ② 72. ② 73. ② 74. ④

75 가로, 세로, 높이가 각각 4.5×4.5×3m인 실의 각 벽면 표면온도가 18℃, 천장면 20℃, 바닥면 30℃ 일 때 평균복사온도(MRT)는?

① 15.2℃   ② 18.0℃
③ 21.0℃   ④ 27.2℃

해설

	평균복사온도(MRT, Mean Radient Temperature)
③	$$MRT = \frac{t_1 \cdot s_1 + t_2 \cdot s_2 + \dots + t_n \cdot s_n}{s_1 + s_2 + s_3 + \dots + s_n} [℃]$$ 주벽면이나 그 밖의 복사면에 의하여 둘러싼 실내의 어느 점에 대하여 이들 복사면에서 복사되고 있는 열량과 같은 양의 복사를 한다고 고려되는 흑체 표면온도 $$MRT = \frac{[(18)(4.5 \times 3) \times 4면 + (20)(4.5 \times 4.5) + (30)(4.5 \times 4.5)]}{[(4.5 \times 3) \times 4면 + (4.5 \times 4.5) + (4.5 \times 4.5)]}$$ $$= 21.0[℃]$$

76 다음 중 냉방부하 계산 시 현열만을 고려하는 것은?

① 인체의 발생열량
② 벽체로부터의 취득열량
③ 극간풍에 따른 취득열량
④ 외기의 도입으로 인한 취득열량

해설

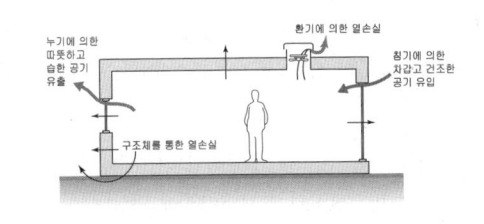

②	
1	현열부하만 계산: 조명 부하, 실내기기 부하, 벽이나 창을 통한 열관류 부하, 창을 통한 일사열 부하
2	현열+잠열: 인체 부하, 틈새바람(극간풍), 환기를 위한 신선 외기 도입

77 어느 점광원에서 1[m] 떨어진 곳의 직각면 조도가 200[lx]일 때 이 광원에서 2[m] 떨어진 곳의 직각면 조도는?

① 25[lx]   ② 50[lx]
③ 100[lx] ④ 200[lx]

해설

	조도 $E = \frac{I}{d^2}$ 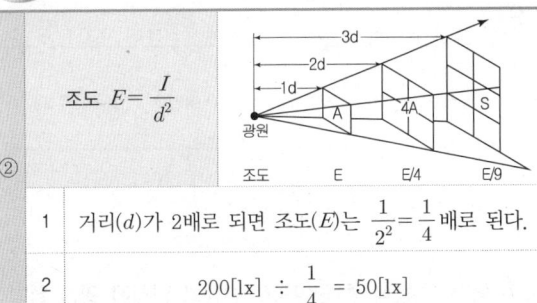
②	
1	거리(d)가 2배로 되면 조도(E)는 $\frac{1}{2^2} = \frac{1}{4}$ 배로 된다.
2	$200[lx] \div \frac{1}{4} = 50[lx]$

78 터보식 냉동기에 관한 설명으로 옳지 않은 것은?

① 대·중형 규모의 중앙식 공조에서 냉방용으로 사용된다.
② 기계적 에너지가 아닌 열에너지에 의해 냉동 효과를 얻는다.
③ 임펠러의 원심력에 따라 냉매가스를 압축한다.
④ 대용량에서는 압축 효율이 좋고 비례 제어가 가능하다.

해설

	압축식 냉동기(왕복동식, 터보식, 스크류식) 냉동기
②	

흡수식 냉동기는 냉매의 증발에 따른 열에너지, 압축식 냉동기는 전기에 따른 기계적 에너지로 냉동하는 것이 기본 원리이다.

해답 75. ③ 76. ② 77. ② 78. ②

⑤ 바이블 연도별 기출문제

79 건구온도 25℃인 실내공기 8,000m³/h와 건구온도 31℃인 외부공기 2,000m³/h를 단열혼합 하였을 때 혼합공기의 건구온도는?

① 24.8℃
② 26.2℃
③ 27.5℃
④ 29.8℃

해설

② $25 \times 8,000 + 31 \times 2,000 = x \times 10,000$ ∴ $x = 26.2℃$

80 공기조화방식 중 단일덕트 변풍량 방식에 관한 설명으로 옳지 않은 것은?

① 전공기방식의 특성이 있다.
② 각 실이나 존의 온도를 개별 제어할 수 있다.
③ 단일덕트 정풍량 방식보다 설비비가 적게 든다.
④ 실내 부하가 적어지면 송풍량을 줄일 수 있으므로 에너지 절감 효과가 크다.

해설

단일덕트(Single Duct) (가)변풍량(Variable Air Volume) 방식

 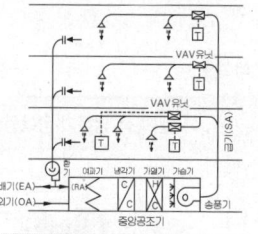

③

1	각 실별 또는 존별로 덕트의 말단에 VAV 유닛을 설치하여 송풍온도는 일정하게 하고, 실내 현열(Sensible Heat)부하의 변동에 따라 송풍량만을 변화시키는 개별 제어가 가능한 에너지 절약형 공조방식이다.
2	실내 공기가 오염될 수 있으며, 변풍량 유닛으로 인해 정풍량 방식보다 설비비가 증가된다.

📖 건축법규

81 급수, 배수, 환기, 난방 설비를 건축물에 설치하는 경우, 건축기계설비기술사 또는 공조냉동기계기술사의 협력을 받아야 하는 대상 건축물에 속하지 않는 것은?

① 아파트
② 연립주택
③ 기숙사로서 해당 용도에 사용되는 바닥면적의 합계가 2,000㎡인 건축물
④ 업무시설로서 해당 용도에 사용되는 바닥면적의 합계가 2,000㎡인 건축물

해설

	건축설비관련기술사의 협력 대상 건축물
□	연면적 10,000㎡ 이상인 건축물 (창고시설 제외한 모든 용도 해당)
□	에너지를 대량으로 소비하는 다음의 건축물
1	냉동냉장시설·항온항습시설 또는 특수청정시설로서 해당 용도에 사용되는 바닥면적 합계 500㎡ 이상인 건축물
2	아파트 및 연립주택
④ 3	목욕장, 실내 물놀이형 시설, 실내 수영장으로서 해당 용도에 사용되는 바닥면적의 합계 500㎡ 이상
4	기숙사, 의료시설, 유스호스텔, 숙박시설로서 해당 용도에 사용되는 바닥면적의 합계 2,000㎡ 이상
5	판매시설, 연구소, 업무시설로서 해당 용도에 사용되는 바닥면적의 합계 3,000㎡ 이상
6	문화 및 집회시설(동·식물원 제외), 종교시설, 장례식장, 교육연구시설(연구소 제외) 등으로서 바닥면적의 합계 10,000㎡ 이상

해답 79. ②   80. ③   81. ④

82. 국토교통부장관이 정한 범죄예방 기준에 따라 건축하여야 하는 대상 건축물에 속하지 않는 것은?

① 수련시설
② 업무시설 중 오피스텔
③ 숙박시설 중 일반숙박시설
④ 아파트

해설

	범죄예방 기준에 따라 건축하여야 하는 대상 건축물
1	아파트, 연립주택, 다세대주택, 다가구주택
2	제1종 근린생활시설 중 일용품을 판매하는 소매점
③ 3	제2종 근린생활시설 중 다중생활시설
4	문화 및 집회시설(동·식물원은 제외)
5	교육연구시설(연구소 및 도서관은 제외)
6	노유자시설, 수련시설, 업무시설 중 오피스텔, 숙박시설 중 다중생활시설

83. 면적 등의 산정 방법에 대한 기본 원칙으로 옳지 않은 것은?

① 대지면적은 대지의 수평투영면적으로 한다.
② 건축면적은 건축물의 외벽의 중심선으로 둘러싸인 부분의 수평투영면적으로 한다.
③ 바닥면적은 건축물의 각 층 또는 그 일부로서 벽, 기둥, 그 밖에 이와 비슷한 구획의 중심선으로 둘러싸인 부분의 수평투영면적으로 한다.
④ 용적률 산정 시 적용하는 연면적은 지하층을 포함하여 하나의 건축물 각 층의 바닥면적의 합계로 한다.

해설

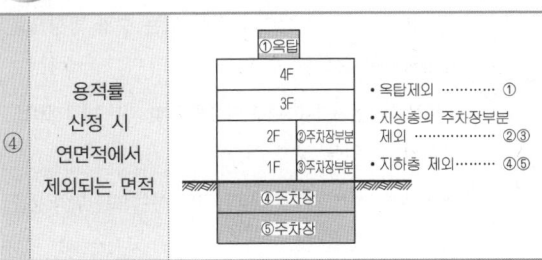

④ 용적률 산정 시 연면적에서 제외되는 면적

84. 다음 중 건축법상 건축물의 용도 구분에 속하지 않는 것은? (단, 대통령령으로 정하는 세부 용도는 제외)

① 공장 ② 교육시설
③ 묘지 관련 시설 ④ 자원순환 관련 시설

해설

건축물의 용도 분류
② 단독주택, 공동주택, 제1종 근린생활시설, 제2종 근린생활시설, 문화 및 집회시설, 종교시설, 판매시설, 운수시설, 의료시설, **교육연구시설**, 노유자시설, 수련시설, 운동시설, 업무시설, 숙박시설, 위락시설, 공장, 창고시설, 위험물 저장 및 처리 시설, 자동차 관련 시설, 동물 및 식물 관련 시설, 자원순환 관련 시설, 교정 및 군사 시설

85. 다음과 같은 경우 연면적 1,000㎡인 건축물의 대지에 확보하여야 하는 전기설비 설치 공간의 면적기준은?

㉠ 수전전압: 저압
㉡ 전력수전 용량: 200kW

① 가로 2.5m, 세로 2.8m ② 가로 2.5m, 세로 4.6m
③ 가로 2.8m, 세로 2.8m ④ 가로 2.8m, 세로 4.6m

해설

전기설비 설치 공간 확보 기준			
수전전압	전력수전 용량	확보 면적(가로×세로)
특고압 또는 고압	100kW 이상	2.8m × 2.8m
저압	75kW 이상 ~ 150kW 미만	2.5m × 2.8m
	150kW 이상 ~ 200kW 미만	2.8m × 2.8m
	200kW 이상 ~ 300kW 미만	2.8m × 4.6m
	300kW 이상	2.8m 이상 × 4.6m 이상

해답 82. ③ 83. ④ 84. ② 85. ④

86 도시지역에서 복합적인 토지 이용을 증진시켜 도시정비를 촉진하고 지역 거점을 육성할 필요가 있다고 인정되는 지역을 대상으로 지정하는 구역은?

① 개발제한구역　② 시가화조정구역
③ 입지규제최소구역　④ 도시자연공원구역

해설

입지규제최소구역	
1	도심 내 쇠퇴한 주거지역, 역세권 등을 주거·상업·문화 기능이 복합된 거점으로 개발해 지역경제 활성화를 촉진하기 위한 제도로서 2015년 1월 6일 시행된 개정 국토계획법에 따라 처음 도입되었다.
2	입지규제최소구역으로 지정되기 위한 규모는 토지면적 10,000㎡ 이상이다. 주거, 관광, 사회·문화, 업무·판매 등 3개 이상의 복합 중심 기능으로 계획을 수립해야 한다.
3	구역으로 지정되면 건폐율·용적률·높이, 건축기준 등을 유연하게 적용할 수 있어 사업시행자가 맞춤형 개발을 할 수 있다. 공모에 참여할 수 있는 대상은 사업구역 토지 소유자 및 소유예정자, 입지규제최소구역 개발을 위한 특수목적법인, 개발사업 사업시행자, 공공기관, 지방공사 등이다.

87 다음 중 내화구조에 해당하지 않는 것은?

① 벽의 경우 철재로 보강된 콘크리트블록조·벽돌조 또는 석조로서 철재에 덮인 콘크리트 블록 등의 두께가 3cm 이상인 것
② 기둥의 경우 철근콘크리트구조로서 그 작은 지름이 25cm 이상인 것
③ 바닥의 경우 철근콘크리트조로서 두께가 10cm 이상인 것
④ 철근콘크리트조로 된 보

해설

①	벽의 경우 철재로 보강된 콘크리트블록조·벽돌조 또는 석조로서 철재에 덮인 콘크리트 블록 등의 두께가 5cm 이상인 것

88 설치하여야 하는 부설주차장의 최소 규모(설치 대수)의 크기 관계가 옳은 것은?

㉠ 시설면적이 600㎡인 위락시설
㉡ 시설면적이 800㎡인 숙박시설
㉢ 타석수가 5타석인 골프연습장
㉣ 시설면적이 900㎡인 판매시설

① ㉠ = ㉣ > ㉢ > ㉡　② ㉠ > ㉣ = ㉢ > ㉡
③ ㉢ > ㉣ > ㉠ > ㉡　④ ㉢ > ㉣ = ㉠ > ㉡

해설

①	㉠ 위락시설	시설면적 100㎡당 1대	600㎡인 경우 6대
	㉡ 숙박시설	시설면적 200㎡당 1대	800㎡인 경우 4대
	㉢ 골프연습장	1타석당 1대	5타석은 5대
	㉣ 판매시설	시설면적 150㎡당 1대	900㎡인 경우 6대

89 건축법령에 따른 리모델링이 쉬운 구조에 속하지 않는 것은?

① 구조체가 철골구조로 구성되어 있을 것
② 구조체에서 건축설비, 내부 마감재료 및 외부 마감재료를 분리할 수 있을 것
③ 개별 세대 안에서 구획된 실의 크기, 개수 또는 위치 등을 변경할 수 있을 것
④ 각 세대는 인접한 세대와 수직 또는 수평 방향으로 통합하거나 분할할 수 있을 것

해설

		리모델링이 쉬운 구조
①	1	각 세대는 인접한 세대와 수직 또는 수평 방향으로 통합하거나 분할할 수 있을 것
	2	구조체에서 건축설비, 내부 마감재료 및 외부 마감재료를 분리할 수 있을 것
	3	개별 세대 안에서 구획된 실의 크기, 개수 또는 위치 등을 변경할 수 있을 것

해답　86. ③　87. ①　88. ①　89. ①

90 지하식 또는 건축물식 노외주차장에서 경사로가 직선형인 경우, 경사로의 차로 너비는 최소 얼마 이상으로 하여야 하는가? (단, 2차로인 경우)

① 5m   ② 6m
③ 7m   ④ 8m

해설

자주식주차장으로서 지하식 또는 건축물식에 따른 노외주차장			
경사로 구분	차로 폭		종단경사도
	1차선	2차선	
직선 경사로(진입로)	3.3m 이상	6m 이상	17% 이하
곡선 경사로(진입로)	3.6m 이상	6.5m 이상	14% 이하

91 다음의 피난계단의 설치에 관한 기준 내용 중 ( ) 안에 들어갈 내용으로 옳은 것은?

5층 이상 또는 지하 2층 이하인 층에 설치하는 직통계단은 피난계단 또는 특별피난계단으로 설치하여야 하는 데, ( )의 용도로 쓰는 층으로부터의 직통계단은 그 중 1개소 이상을 특별피난계단으로 설치하여야 한다.

① 의료시설   ② 숙박시설
③ 판매시설   ④ 교육연구시설

해설

	직통계단을 피난계단 또는 특별피난계단으로 설치하여야 하는 경우	
③	1	5층 이상의 층
	2	지하 2층 이하의 층
	3	지하 1층으로서 5층 이상의 계단과 연결된 지하 1층의 계단
	예외: 내화구조 또는 불연재료, 건축물의 5층 이상의 층	
	1	바닥면적의 합계가 200m² 이하인 경우
	2	바닥면적 200m²마다 방화구획이 되어 있는 경우
	【※ 도매시장·소매시장·상점(판매시설)의 용도로 쓰이는 층으로부터의 직통계단은 1개소 이상 특별피난계단으로 설치하여야 한다.】	

92 건축물로부터 바깥쪽으로 나가는 출구를 국토교통부령으로 정하는 기준에 따라 설치하여야 하는 대상 건축물에 속하지 않는 것은?

① 종교시설
② 의료시설 중 종합병원
③ 교육연구시설 중 학교
④ 문화 및 집회시설 중 관람장

해설

	건축물 옥외 출구 제한 대상	
②	다음에 해당하는 건축물의 옥외로의 출구는 국토교통부령에 정하는 바에 따라 피난층 거실로부터 일정 거리 이내에 설치하여야 한다.	
	1	문화 및 집회시설(전시장, 동·식물원 제외), 종교시설, 판매시설, 국가 또는 지방자치단체의 청사, 장례시설, 위락시설, 학교, 승강기를 설치해야 하는 건축물
	2	연면적 5,000m² 이상인 창고시설
	3	300m² 이상인 공연장·종교집회장·인터넷컴퓨터게임시설 제공업소

93 대지면적이 1,000m²인 건축물의 옥상에 조경면적을 90m² 설치한 경우, 대지에 설치하여야 하는 최소 조경면적은? (단, 조경 설치 기준은 대지면적의 10%)

① 10m²   ② 40m²
③ 50m²   ④ 100m²

해설

	1	조경면적 = 1,000 × 0.1 = 100m²
③	2	옥상조경면적 = 90m² × $\frac{2}{3}$ = 60m² > 50m²
	3	옥상조경면적은 2/3를 인정하되 조경면적의 1/2을 넘지 못하므로, 실제 옥상조경면적은 50m² 이다.
	4	지표면의 조경면적 = 100m² − 50m² = 50m²

해답 90. ② 91. ③ 92. ② 93. ③

94 지구단위계획 중 관계 행정기관의 장과의 협의, 국토교통부장관과의 협의 및 중앙도시계획위원회·지방도시계획위원회 또는 공동위원회의 심의를 거치지 않고 변경할 수 있는 사항에 관한 기준 내용으로 옳은 것은?

① 건축선의 2m 이내의 변경인 경우
② 획지면적의 30% 이내의 변경인 경우
③ 가구면적의 20% 이내의 변경인 경우
④ 건축물 높이의 30% 이내의 변경인 경우

해설

② 다음과 같은 경미한 지구단위계획의 변경에 관한 사항은 협의 및 심의절차를 생략할 수 있다.

1	가구면적 10% 이내의 변경
2	건축물 높이 20% 이내의 변경
3	획지면적 30% 이내의 변경
4	건축선의 1m 이내의 변경

95 국토의 계획 및 이용에 관한 법령상 제2종 전용주거지역 안에서 건축할 수 있는 건축물에 속하지 않는 것은?

① 공동주택
② 판매시설
③ 노유자시설
④ 교육연구시설 중·고등학교

해설

②

	제2종 전용주거지역 안에서 건축할 수 있는 건축물
1	단독주택, 공동주택
2	제1종 근린생활시설
3	교육연구시설 중 유치원, 초등학교, 중학교 및 고등학교
4	노유자시설, 종교시설
5	관람장을 제외한 문화 및 집회시설은 조례로 건축 가능

96 건축지도원에 관한 설명으로 틀린 것은?

① 허가를 받지 아니 하고 건축하거나 용도변경한 건축물의 단속 업무를 수행한다.
② 건축지도원은 시장·군수·구청장이 지정할 수 있다.
③ 건축지도원의 자격과 업무 범위는 국토교통부령으로 정한다.
④ 건축신고를 하고 건축 중에 있는 건축물의 시공 지도와 위법 시공 여부의 확인·지도 및 단속 업무를 수행한다.

해설

③ 특별자치시장·특별자치도지사 또는 시장·군수·구청장은 건축법에 따른 명령이나 처분에 위반되는 건축물의 발생을 예방하고 건축물을 적법하게 유지·관리하도록 지도하기 위하여 대통령령으로 정하는 바에 따라 건축지도원을 지정할 수 있다. 건축지도원의 자격과 업무 범위 등은 대통령령으로 정한다.

97 다음 중 도시·군관리계획에 포함되지 않는 것은?

① 도시개발사업이나 정비사업에 관한 계획
② 광역계획권의 장기발전방향을 제시하는 계획
③ 기반시설의 설치·정비 또는 개량에 관한 계획
④ 용도지역·용도지구의 지정 또는 변경에 관한 계획

해설

②

	도시·군관리계획의 내용
1	용도지역·용도지구의 지정 또는 변경에 관한 계획
2	개발제한구역·시가화조정구역·수산자원보호구역의 지정 또는 변경에 관한 계획
3	기반시설의 설치·정비 또는 개량에 관한 계획
4	도시개발사업 또는 정비사업에 관한 계획
5	지구단위계획구역의 지정 또는 변경에 관한 계획과 지구단위계획

해답 94. ② 95. ② 96. ③ 97. ②

98 피난층 외의 층으로서 피난층 또는 지상으로 통하는 직통계단을 2개소 이상 설치하여야 하는 대상 기준으로 옳지 않은 것은?

① 지하층으로서 그 층 거실의 바닥면적의 합계가 200m² 이상인 것
② 종교시설의 용도로 쓰는 층으로서 그 층에서 해당 용도로 쓰는 바닥면적의 합계가 200m² 이상인 것
③ 판매시설의 용도로 쓰는 3층 이상의 층으로서 그 층의 해당 용도로 쓰는 거실의 바닥면적의 합계가 200m² 이상인 것
④ 업무시설 중 오피스텔의 용도로 쓰는 층으로서 그 층의 해당 용도로 쓰는 거실의 바닥면적의 합계가 200m² 이상인 것

해설

④ 업무시설 중 오피스텔의 용도로 쓰는 층으로서 그 층의 해당 용도로 쓰는 거실의 바닥면적의 합계가 300m² 이상인 것

99 건축허가 신청에 필요한 설계도서의 종류 중 건축계획서에 표시하여야 할 사항이 아닌 것은?

① 주차장 규모
② 대지의 종·횡 단면도
③ 건축물의 용도별 면적
④ 지역·지구 및 도시계획사항

해설

	건축계획서에 표시하여야 할 사항
1	개요(위치·대지면적 등)
2	지역·지구 및 도시계획사항
3	건축물의 규모(건축면적·연면적·높이·층수 등)
4	건축물의 용도별 면적, 주차장 규모
5	에너지절약계획서(해당건축물에 한한다.)
6	노인 및 장애인 등을 위한 편의시설 설치계획서 (관계법령에 의하여 설치의무가 있는 경우에 한한다.)

②

100 주거용 건축물 급수관의 지름 산정에 관한 기준 내용으로 틀린 것은?

① 가구 또는 세대 수가 1일 때 급수관 지름의 최소 기준은 15mm이다.
② 가구 또는 세대 수가 7일 때 급수관 지름의 최소 기준은 25mm이다.
③ 가구 또는 세대 수가 18일 때 급수관 지름의 최소 기준은 50mm이다.
④ 가구 또는 세대의 구분이 불분명한 건축물에 있어서는 주거에 쓰이는 바닥면적의 합계가 85m² 초과 150m² 이하인 경우는 3가구로 산정한다.

해설

주거면적에 따른 가구 수	가구 또는 세대 수	급수관 지름의 최소 기준(mm)
	1	15
• 바닥면적 85m² 이하: 1가구	2~3	20
• 85m² 초과 150m² 이하: 3가구	4~5	25
• 150m² 초과 300m² 이하: 5가구	6~8	32
• 300m² 초과 500m² 이하: 16가구	9~16	40
• 바닥면적 500m² 초과: 17가구	17 이상	50

해답 98. ④   99. ②   100. ②

바이블 연도별 기출문제

건축계획

* 본 기출문제는 수험자의 기억에 의한 복원문제입니다.

1 공동주택을 건설하는 주택단지는 기간도로와 접하거나 기간도로로부터 해당 단지에 이르는 진입도로가 있어야 한다. 주택단지의 총 세대수가 400세대인 경우 기간도로와 접하는 폭 또는 진입도로의 폭은 최소 얼마 이상이어야 하는가? (단, 진입도로가 1개, 소형 주택이 아닌 경우)

① 4m ② 6m
③ 8m ④ 12m

해설

주택건설기준 등에 관한 규정 제25조	
주택단지의 총 세대수	기간도로와 접하는 폭 또는 진입도로의 폭
300세대 미만	6m 이상
300세대 이상 500세대 미만	8m 이상
500세대 이상 1천세대 미만	12m 이상
1천세대 이상 2천세대 미만	15m 이상
2천세대 이상	20m 이상

2 다음의 은행계획에 대한 설명 중 옳지 않은 것은?

① 고객이 지나는 동선은 되도록 짧게 한다.
② 업무 내부의 일의 효율은 고객이 알기 어렵게 한다.
③ 주출입구에 전실을 둘 경우에는 바깥문으로 밖여닫이 또는 자재문으로 할 수 있다.
④ 고객의 공간과 업무 공간과의 사이에는 원칙적으로 구분이 있어야 한다.

해설

	은행 내부 공간 계획
1	고객의 공간과 업무 공간과의 사이에는 원칙적으로 구분이 없어야 한다.
2	고객이 지나는 동선은 되도록 짧게 한다.
④ 3	업무 내부의 일의 흐름은 고객이 알기 어렵게 한다.
4	주출입구에 전실을 둘 경우에는 바깥문으로 밖여닫이 또는 자재문으로 할 수 있다.
5	큰 건물의 경우 고객출입구는 되도록 1개소로 하고, 안으로 열리도록 한다.

3 메조넷형(Maisonette Type) 공동주택에 관한 설명으로 옳지 않은 것은?

① 주택 내의 공간의 변화가 있다.
② 거주성, 특히 프라이버시가 높다.
③ 소규모 단위평면에 적합한 유형이다.
④ 양면 개구에 의한 통풍 및 채광 확보가 양호하다.

해설

메조넷형
(Maisonette Type)

③ 하나의 주거단위가 복층 형식을 취하는 경우이므로 주거단위 면적의 규모가 커야 한다.

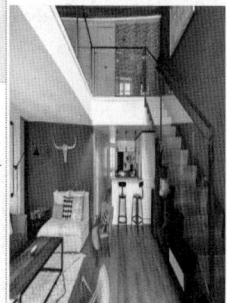

4 주택의 거실계획에 관한 설명으로 옳지 않은 것은?

① 거실에서 문이 열린 침실의 내부가 보이지 않게 한다.
② 거실이 다른 공간들을 연결하는 단순한 통로의 역할이 되지 않도록 한다.
③ 거실의 출입구에서 의자나 소파에 앉을 경우 동선이 차단되지 않도록 한다.
④ 일반적으로 전체 연면적의 10~15% 정도의 규모로 계획하는 것이 바람직하다.

해설

④ 주택의 거실은 일반적으로 전체 연면적의 25% 정도의 규모로 계획하는 것이 바람직하다.

해답 1. ③ 2. ④ 3. ③ 4. ④

5 사무소 건축의 실 단위계획에 관한 설명으로 옳지 않은 것은?

① 개실 시스템은 독립성과 쾌적감의 이점이 있다.
② 개방식 배치는 전 면적을 유용하게 이용할 수 있다.
③ 개방식 배치는 개실 시스템보다 공사비가 저렴하다.
④ 개실 시스템은 연속된 긴 복도로 인해 방 깊이에 변화를 주기가 용이하다.

해설

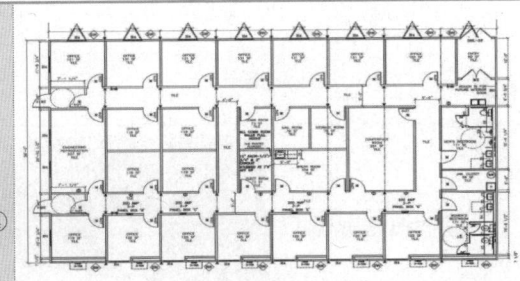

④ 개실(個室) 시스템(Cellular Type)은 연속된 긴 복도로 인해 방 길이에는 변화를 줄 수 있으나 방 깊이에는 변화를 주기가 곤란하다.

6 미술관의 전시장 계획에 관한 설명 중 옳은 것은?

① 조명의 광원은 감추고 눈부심이 생기지 않는 방법으로 투사한다.
② 인공조명을 주로 하고 자연채광은 고려하지 않는다.
③ 광원의 위치는 수직벽면에 대해 10~25°의 범위 내에서 상향 조정이 좋다.
④ 회화를 감상하는 시점의 위치는 화면 대각선의 2배 거리가 가장 이상적이다.

해설

② 인공조명과 자연채광의 조화가 이루어지도록 계획한다.
③ 벽면에 진열되는 전시물은 일반적으로 최량의 각도 15~45° 이내에서 광원의 위치를 정하여야 한다.
④ 회화를 감상하는 시점의 위치는 화면 대각선의 1~1.5배 거리가 가장 이상적이다.

7 학교 운영방식에 관한 설명으로 옳지 않은 것은?

① 달톤형은 다양한 크기의 교실이 요구된다.
② 교과교실형은 각 교과 교실의 순수율이 낮다는 단점이 있다.
③ 플래툰형은 교사 수 및 시설이 부족하면 운영이 곤란하다는 단점이 있다.
④ 종합교실형은 학생의 이동이 없으며, 초등학교 저학년에 적합한 형식이다.

해설

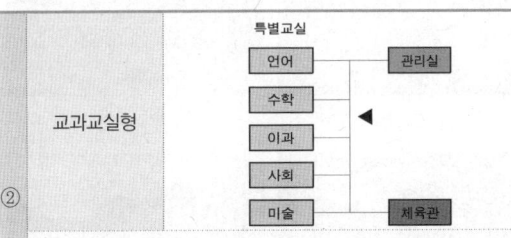

② 모든 교실이 특정 교과를 위해 만들어지고, 일반교실은 없으므로 교실의 기능적인 순수율을 가장 높일 수 있는 형식이다.

8 쇼핑센터의 특징적 요소인 페데스트리언 지대(Pedestrian Area)에 관한 설명으로 옳지 않은 것은?

① 고객에게 변화감과 다채로움, 자극과 흥미를 제공한다.
② 바닥면의 고저차를 많이 두어 지루함을 주지 않도록 한다.
③ 바닥면에 사용하는 재료는 주위 상황과 조화시켜 계획한다.
④ 사람들의 유동적 동선이 방해되지 않는 범위에서 나무나 관엽식물을 둔다.

해설

② 바닥면의 고저차를 가급적 배제하여 쇼핑을 유쾌하게 할 뿐만 아니라 휴식할 수 있는 장소를 제공하여야 한다.

해답 5. ④ 6. ① 7. ② 8. ②

9 한국 전통 건축물의 공포 양식이 옳게 연결된 것은?

① 남대문 - 다포 양식
② 동대문 - 주심포 양식
③ 강릉 오죽헌 - 주심포 양식
④ 부석사 무량수전 - 익공 양식

해설

① 서울 남대문: 다포식

② 서울 동대문: 다포식

③ 강릉 오죽헌: 익공식

④ 부석사 무량수전: 주심포식

10 공장건축의 레이아웃 계획에 관한 설명 중 옳지 않은 것은?

① 다품종 소량생산이나 주문생산 위주의 공장에는 공정중심의 레이아웃이 적합하다.
② 레이아웃 계획은 작업장 내의 기계설비 배치에 관한 것으로 공장규모 변화에 따른 융통성은 고려대상이 아니다.
③ 고정식 레이아웃은 조선소와 같이 제품이 크고 수량이 적을 경우에 적용된다.
④ 플랜트 레이아웃은 공장건축의 기본설계와 병행하여 이루어진다.

해설

② 레이아웃 (Layout)

작업장 내의 기계설비, 작업자의 작업 구역, 재료 및 제품을 두는 곳 등 상호 위치 관계를 규명하는 것이므로 장래 공장 규모의 변화에 대응하는 융통성(Flexibility)이 있어야 한다.

11 병원의 간호사 대기소에 관한 설명 중 ( ) 안에 가장 알맞은 내용은?

1개의 간호사 대기소에서 관리할 수 있는 병상수는 (㉮)개 이하로 하며, 간호사의 보행거리는 (㉯)m 이내가 되도록 한다.

① ㉮ 10~20 ㉯ 40
② ㉮ 20~30 ㉯ 40
③ ㉮ 30~40 ㉯ 24
④ ㉮ 40~50 ㉯ 24

해설

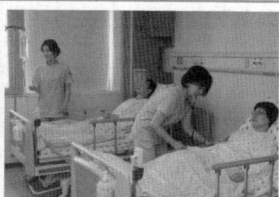
간호단위(Nursing Unit)

③

| 1 | 병동부의 기본 단위로서, 1조(8~10명)의 간호사들이 환자를 간호하기에 적절한 병상수로 30~40Bed가 보통이다. |
| 2 | 간호사의 보행거리는 24m 이내가 되도록 한다. |

12 어느 학교의 1주간의 평균수업시간이 40시간인데 제도교실이 사용되는 시간은 20시간이다. 그 중 4시간은 다른 과목을 위해 사용된다. 제도교실의 이용률과 순수율은 각각 얼마인가?

① 이용률 20%, 순수율 50%
② 이용률 50%, 순수율 20%
③ 이용률 50%, 순수율 80%
④ 이용률 80%, 순수율 50%

해설

③

| 1 | 이용률 $= \dfrac{25}{50} \times 100\% = 50\%$ |
| 2 | 순수율 $= \dfrac{25-5}{25} \times 100\% = 80\%$ |

해답 9. ① 10. ② 11. ③ 12. ③

13 고대 이집트의 분묘 건축 형태에 속하지 않는 것은?

① 인술라
② 피라미드
③ 암굴분묘
④ 마스타바

해설

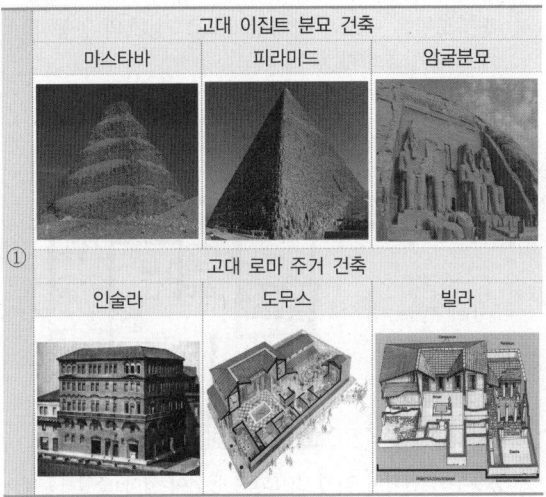

14 사무소 건축의 엘리베이터 계획에 관한 설명으로 옳지 않은 것은?

① 대면배치에서 대면거리는 동일 군 관리의 경우는 3.5~4.5m로 한다.
② 여러 대의 엘리베이터를 설치하는 경우, 그룹별 배치와 군 관리 운전방식으로 한다.
③ 일렬배치는 8대를 한도로 하고, 엘리베이터 중심간 거리는 8m 이하가 되도록 한다.
④ 엘리베이터 홀은 엘리베이터 정원 합계의 50% 정도를 수용할 수 있어야 하며, 1인당 점유면적은 0.5~0.8㎡로 계산한다.

해설

③ 4대를 한도로 하고, 엘리베이터 중심간 거리는 8m 이하가 되도록 한다.

15 공포형식 중 다포식에 관한 설명으로 옳지 않은 것은?

① 다포식 건축물로는 서울 숭례문(남대문) 등이 있다
② 기둥 상부 이외에 기둥 사이에도 공포를 배열한 형식이다.
③ 규모가 커지면서 내부출목보다는 외부출목이 점차 많아졌다.
④ 주심포식에 비해서 지붕하중을 등분포로 전달할 수 있는 합리적인 구조법이다.

해설

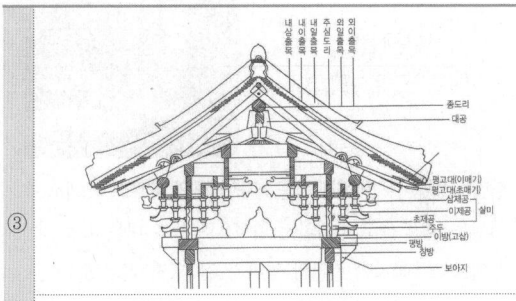

③ 출목은 공포에서 도리, 장여, 첨차 등이 주심에서 밖으로 나가 앉은 것을 말하며, 규모가 커지면서 외부출목보다는 내부출목이 점차 많아졌다.

16 상점계획에 대한 설명 중 옳지 않은 것은?

① 고객의 동선은 일반적으로 짧을수록 좋다.
② 점원의 동선과 고객의 동선은 서로 교차되지 않는 것이 바람직하다.
③ 대면판매 형식은 일반적으로 시계, 귀금속, 의약품, 상점 등에서 사용된다.
④ 진열케이스, 진열대, 진열장 등이 입구에서 안을 향하여 직선적으로 구성된 평면 배치는 주로 침재 코너, 식기 코너, 서점 등에서 사용된다.

해설

① 종업원의 동선은 짧게, 고객의 동선은 길게 계획하는 것이 좋다.

해답 13. ① 14. ③ 15. ③ 16. ①

17 도서관 출납시스템 중 자유개가식에 관한 설명으로 옳은 것은?

① 도서의 유지 관리가 용이하다.
② 책의 내용 파악 및 선택이 자유롭다.
③ 대출 절차가 복잡하고 관원의 작업량이 많다.
④ 열람자는 직접 서가에 면하여 책의 표지 정도는 볼 수 있으나 내용은 볼 수 없다.

해설

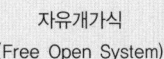

자유개가식
(Free Open System)

② 열람자 자신이 서가에서 책을 꺼내어 책을 고르고 그대로 검열을 받지 않고 열람하는 형식으로 책의 내용 파악 및 선택이 자유롭지만 서가의 정리가 잘 되지 않으면 열람자가 혼란스럽게 되고, 책의 마모 및 파손이 심한 단점이 있다.

18 호텔 계획에 관해 기술한 것 중 옳지 않은 것은?

① 호텔에서 가장 중요한 부분은 숙박부분으로 이에 따라 호텔형이 결정된다.
② 시티 호텔(City Hotel)의 공용부분 또는 사교부분은 전체 연면적의 30%를 넘지 않는 것이 좋다.
③ 아파트먼트 호텔(Apartment Hotel)의 유닛에 주방이 부속되어 있어도 자체 식당과 주방은 둔다.
④ 호텔의 공용부분의 면적비가 가장 큰 것은 커머셜 호텔(Commercial Hotel)이다.

해설

Hotel 호텔 연면적에 대한 숙박면적의 비율
④ 커머셜 호텔 > 레지덴셜 호텔 > 리조트 호텔 > 아파트먼트 호텔
Hotel 호텔 연면적에 대한 공용면적의 비율
아파트먼트 호텔 > 리조트 호텔 > 레지덴셜 호텔 > 커머셜 호텔

19 아파트의 평면형에 대한 설명 중 옳지 않은 것은?

① 홀형은 통행부의 면적이 많이 소요되지만 동선이 길어 출입하는데 불편하다.
② 집중형은 기후 조건에 따라 기계적 환경 조절이 필요한 형이다.
③ 중복도형은 프라이버시가 좋지 않다.
④ 편복도형은 복도가 개방형이므로 각 호의 통풍 및 채광이 양호하다.

해설

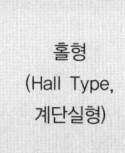
홀형
(Hall Type, 계단실형)
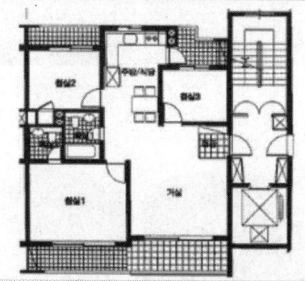

① 통행부의 면적이 적게 소요되고 동선이 짧아 출입하는데 편리하다.

20 극장의 평면형식 중 아레나형에 관한 설명으로 옳지 않은 것은?

① 무대의 배경을 만들지 않으므로 경제성이 있다.
② 무대의 장치나 소품은 주로 낮은 가구들로 구성된다.
③ 연기는 한정된 액자 속에서 나타나는 구상화의 느낌을 준다.
④ 가까운 거리에서 관람하면서 가장 많은 관객을 수용할 수 있다.

해설

③ 프로시니엄 (Proscenium)   아레나 스테이지 (Arena Stage)

배우의 연기가 한정된 액자 속에서 나타나는 구상화의 느낌을 주는 것은 프로시니엄(Proscenium)형의 특징이다.

해답 17. ② 18. ④ 19. ① 20. ③

건축시공

21 다음 중 공사감리 업무와 가장 거리가 먼 항목은?

① 설계도서의 적정성 검토
② 공사 실행예산의 편성
③ 시공상의 안전관리 지도
④ 사용자재와 설계도서와의 일치 여부 검토

해설

	공사감리자의 감리 업무
1	공사 시공자가 설계도서에 적합하게 시공하는지의 여부 및 건축 자재가 기준에 적합한지의 여부 확인
② 2	시공계획 및 공사 관리의 적정 여부 확인, 공사 현장의 안전관리 지도
3	공정표 및 상세시공도면의 검토·확인, 구조물의 위치와 규격의 적정 여부 검토·확인, 품질시험의 실시 여부 및 시험 성과 검토·확인, 설계변경의 적정 여부 검토·확인
4	그 밖의 공사감리계약으로 정하는 사항

22 목구조 재료로 사용되는 침엽수의 특징에 해당하지 않는 것은?

① 직선 부재의 대량생산이 가능하다.
② 단단하고 가공이 어려우나 미관이 좋다.
③ 병·충해에 약하여 방부 및 방충 처리를 하여야 한다.
④ 수고(樹高)가 높으며 통직하다.

해설

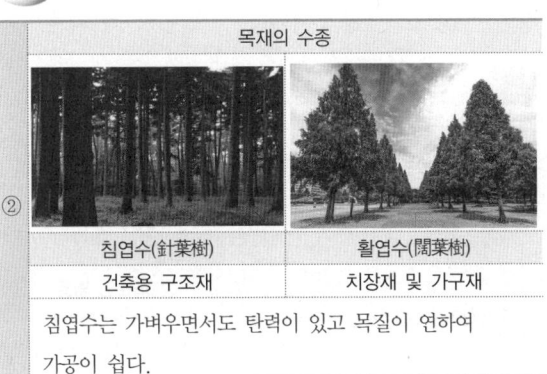

침엽수는 가벼우면서도 탄력이 있고 목질이 연하여 가공이 쉽다.

23 도장작업 시 주의 사항으로 옳지 않은 것은?

① 도료의 적부를 검토하여 양질의 도료를 선택한다.
② 도료량을 표준량보다 두껍게 바르는 것이 좋다.
③ 저온 다습 시에는 작업을 피한다.
④ 피막은 각 층마다 충분히 건조 경화한 후 다음 층을 바른다.

해설

② 도료량은 표준량을 따르고 얇게 바르는 것이 좋다.

24 사질토의 상대밀도를 측정하는 방법으로 가장 적합한 것은?

① 표준관입시험(Standard Penetration Test)
② 베인 테스트(Vane Test)
③ 깊은 우물(Deep well) 공법
④ 아일랜드 공법

해설

표준관입시험(Standard Penetration Test)

① 정지 작업 및 보링 실시
② 질량 63.5kg의 해머를 760mm 높이에서 자유낙하
③ 시험용 샘플러가 300mm 관입하는 데 요구되는 타격회수 N값을 구함

타격회수 N값	모래 밀도
0~5	몹시 느슨(Very Loose)
5~10	느슨(Loose)
10~30	보통(Medium)
30~50 이상	조밀(Dense)

해답 21. ② 22. ② 23. ② 24. ①

25 건설 원가의 구성 체계에서 직접공사비를 구성하는 주요 요소와 가장 거리가 먼 것은?

① 일반관리비 ② 노무비
③ 경비 ④ 자재비

해설

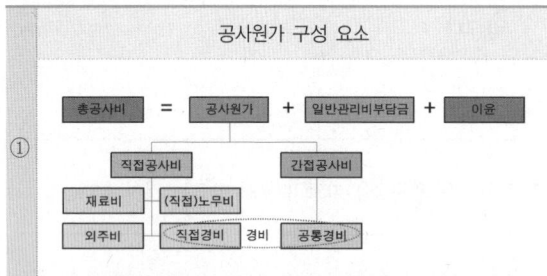

① 공사원가 구성 요소

26 콘크리트의 압축강도를 시험하지 않을 경우 다음과 같은 조건에서의 거푸집널 해체 시기로 옳은 것은?

- 기초, 보, 기둥 및 벽의 측면의 경우
- 평균 기온 20℃ 이상
- 조강포틀랜드시멘트 사용

① 1일 ② 2일
③ 3일 ④ 4일

해설 거푸집 존치기간:
콘크리트 압축강도 시험을 하지 않을 경우
(기초, 기둥, 벽, 보 등의 측면)

시멘트 종류 평균 기온	조강 포틀랜드 시멘트	보통포틀랜드 시멘트 플라이애시 시멘트(1종) 고로슬래그 시멘트(1종) 포틀랜드포졸란 시멘트(1종)	플라이애시 시멘트(2종) 고로슬래그 시멘트(2종) 포틀랜드포졸란 시멘트(2종)
20℃ 이상	2일	4일	5일
20℃ 미만 ~ 10℃ 이상	3일	6일	8일

27 한중콘크리트에 관한 설명으로 옳은 것은?

① 한중콘크리트는 공기연행콘크리트를 사용하는 것을 원칙으로 한다.
② 타설할 때의 콘크리트 온도는 구조물의 단면 치수, 기상 조건 등을 고려하여 최소 25℃ 이상으로 한다.
③ 물-결합재비는 50% 이하로 하고, 단위수량은 소요의 워커빌리티를 유지할 수 있는 범위 내에서 되도록 크게 정하여야 한다.
④ 콘크리트를 타설한 직후에 찬바람이 콘크리트 표면에 닿도록 하여 초기양생을 실시한다.

해설

② 타설할 때의 콘크리트 온도는 5℃ 이상, 20℃ 미만으로 한다.

③ 물-결합재비는 60% 이하로 하고, 단위수량은 소요의 워커빌리티를 유지할 수 있는 범위 내에서 되도록 작게 정하여야 한다.

④ 콘크리트를 타설한 직후에 콘크리트가 갑자기 건조하지 않도록 살수, 피막처리 등의 방법에 의해 습윤상태를 유지하며 초기양생을 실시한다.

28 벽두께 1.0B, 벽면적 30m² 쌓기에 소요되는 벽돌의 정미량은? (단, 벽돌은 표준형을 사용한다.)

① 3,900매 ② 4,095매
③ 4,470매 ④ 4,804매

해설

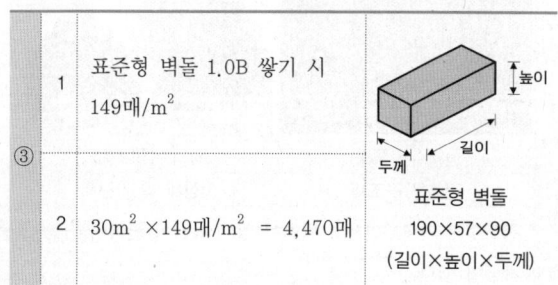

③
1	표준형 벽돌 1.0B 쌓기 시 149매/m²
2	30m² × 149매/m² = 4,470매

표준형 벽돌 190×57×90 (길이×높이×두께)

해답 25. ① 26. ② 27. ① 28. ③

29 공동도급방식(Joint Venture)에 관한 설명으로 옳은 것은?

① 2명 이상의 수급자가 어느 특정 공사에 대하여 협동으로 공사 계약을 체결하는 방식이다.
② 발주자, 설계자, 공사관리자의 세 전문집단에 의하여 공사를 수행하는 방식이다.
③ 발주자와 수급자가 상호 신뢰를 바탕으로 팀을 구성하여 공동으로 공사를 수행하는 방식이다.
④ 공사수행방식에 따라 설계/시공(D/B)방식과 설계/관리(D/M)방식으로 구분한다.

해설

② CM(Construction Management) 계약방식에 대한 설명이다.
③ 파트너링(Partnering) 계약방식에 대한 설명이다.
④ 턴키(Turn-Key) 계약방식에 대한 구분이다.

30 용접 작업 시 용착금속 단면에 생기는 작은 은색의 점을 무엇이라 하는가?

① 피시 아이(Fish Eye)
② 블로 홀(Blow Hole)
③ 슬래그 함입(Slag Inclusion)
④ 크레이터(Crater)

해설

①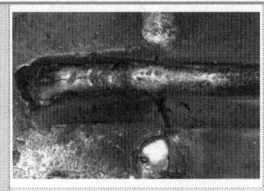
피시 아이(Fish Eye)

은점(銀點)이라고도 하며, 용착금속의 파면(破面)에 나타나는 은백색을 띤 물고기의 눈과 같은 형상의 결함부로서 저수소계 용접봉을 사용하거나, 용접 후 500~600℃ 정도로 가열하면 방지할 수 있다.

31 지내력을 갖춘 지반으로 만들기 위한 배수공법 또는 탈수공법이 아닌 것은?

① 샌드 드레인 공법　② 웰 포인트 공법
③ 페이퍼 드레인 공법　④ 베노토 공법

해설

지반개량공법 중 대표적인 탈수법	
웰 포인트(Well Point), 샌드 드레인(Sand Drain), 페이퍼 드레인(Paper Drain), 생석회 말뚝(Chemico Pile)	
④ 베노토(Benoto) 공법	
대구경 현장 파일을 조성하기 위한 공법	

32 타일 공사에 관한 설명 중 옳은 것은?

① 모자이크 타일의 줄눈 너비의 표준은 5mm이다.
② 벽체타일이 시공되는 경우 바닥타일은 벽체타일을 붙이기 전에 시공한다.
③ 타일을 붙이는 모르타르에 시멘트 가루를 뿌리면 백화가 방지된다.
④ 치장줄눈은 24시간이 경과한 뒤 붙임모르타르의 경화정도를 보아 시공한다.

해설

줄눈 너비	대형(외부)	대형(내부)	소형	모자이크
①	9mm	5~6mm	3mm	2mm

모자이크 타일의 줄눈 너비의 표준은 2mm이다.

② 벽체타일이 시공되는 경우 바닥타일은 벽체타일을 붙인 후에 시공한다.

③ 타일을 붙이는 모르타르에 시멘트 가루를 뿌리면 백화가 증대된다.

해답　29. ①　30. ①　31. ④　32. ④

33 발주자에 따른 현장관리로 볼 수 없는 것은?

① 착공 신고 ② 하도급 계약
③ 현장회의 운영 ④ 클레임 관리

해설

시공자는 도급공사에서 공사도급계약에 의해서 발주자에게 고용되어 공사의 시공을 수행하는 책임을 진다.
② 공사 전반에 관한 시공자와의 계약은 발주자의 관할 업무이지만, 현장관리 범주 내에서 하도급 계약은 시공자의 업무 범위로 볼 수 있다.

34 건축 재료별 수량 산출 시 적용하는 할증률로 옳지 않은 것은?

① 유리 : 1% ② 단열재 : 5%
③ 붉은 벽돌 : 3% ④ 이형 철근 : 3%

해설

주요 건축 재료	할증률
유리	1%
타일	
이형 철근, 고장력 볼트	3%
내화 벽돌, 붉은 벽돌	
시멘트 벽돌	
원형 철근, 일반 볼트, 봉강, 강관, 경량 형강	5%
기와	
대형 형강	7%
강판, 동판	10%
단열재	

35 서로 다른 종류의 금속재가 접촉하는 경우 부식이 일어나는 경우가 있는데 부식성이 큰 금속 순으로 옳게 나열된 것은?

① 알루미늄 > 철 > 주석 > 구리
② 주석 > 철 > 알루미늄 > 구리
③ 철 > 주석 > 구리 > 알루미늄
④ 구리 > 철 > 알루미늄 > 주석

해설

①

알루미늄	철	주석	구리

알루미늄과 철은 부식성이 큰 금속재료인데, 알루미늄이 철보다 부식성이 더 크다. 상대적으로 구리는 부식성이 낮은 금속 중 하나이다.

36 건축 석공사에 관한 설명으로 옳지 않은 것은?

① 건식쌓기 공법의 경우 시공이 불량하면 백화현상 등의 원인이 된다.
② 석재 물갈기 마감 공정의 종류는 거친갈기, 물갈기, 본갈기, 정갈기가 있다.
③ 시공 전에 설계도에 따라 돌나누기 상세도, 원척도를 만들고 석재의 치수, 형상, 마감 방법 및 철물 등에 따른 고정 방법을 정한다.
④ 마감면에 오염의 우려가 있는 경우에는 폴리에틸렌 시트 등으로 보양한다.

해설

① 벽면과 돌붙임 사이의 공간을 모르타르를 주입하는 습식 공법에서 모르타르가 불완전하게 주입되면 빗물이 침투되어 백화, 줄눈 갈라짐, 돌 균열 등이 생기기 쉽다.

해답 33. ② 34. ② 35. ① 36. ①

37 철근의 가공 및 조립에 관한 설명으로 옳지 않은 것은?

① 철근의 가공은 철근상세도에 표시된 형상과 치수가 일치하고 재질을 해치지 않은 방법으로 이루어져야 한다.
② 철근상세도에 철근의 구부리는 내면 반지름이 표시되어 있지 않은 때에는 KDS에 규정된 구부림의 최소 내면 반지름 이상으로 철근을 구부려야 한다.
③ 경미한 녹이 발생한 철근이라 하더라도 일반적으로 콘크리트와의 부착성능을 매우 저하시키므로 사용이 불가하다.
④ 철근은 상온에서 가공하는 것은 원칙으로 한다.

해설

 경미한 황갈색의 녹이 발생한 철근은 일반적으로 콘크리트와의 부착을 해치지 않으므로 사용할 수 있다.

38 건축물 외부에 설치하는 커튼월에 관한 설명으로 옳지 않은 것은?

① 커튼월이란 외벽을 구성하는 비내력벽 구조이다.
② 커튼월의 조립은 대부분 외부에 대형 발판이 필요하므로 비계 공사가 필수적이다.
③ 공장에서 생산하여 반입하는 프리패브 제품이다.
④ 일반적으로 콘크리트나 벽돌 등의 외장재에 비하여 경량이어서 건물의 전체 무게를 줄이는 역할을 한다.

해설

커튼월(Curtain Wall)

 주로 높은 곳에서 양중기를 사용하여 설치하므로 비계 작업을 원칙적으로 하지 않는다

39 다음에서 설명하는 미장 결합재에 대한 내용 중 틀린 것은?

① 돌로마이트 플라스터는 미분쇄한 돌로마이트 석회, 모래, 여물 등을 사용하며, 해초풀을 사용하지 않는다.
② 석고플라스터는 소석고에 경화 시간을 조정하기 위한 혼화제를 미리 혼합하거나 또는 사용 시 혼합하여 사용한다.
③ 보드용 플라스터는 상도용(정벌용)과 같이 모래를 혼합하여 사용하는 것이고, 바탕이 보드를 대상으로 한 것으로 부착력이 강하다.
④ 혼합석고 플라스터는 하도용(초벌용)은 물만 가하여 비빔 하지만, 상도용(정벌용)은 사용 시 모래를 가하고 물로 혼합하여 사용한다.

해설

④ 혼합석고 플라스터는 하도용(초벌용)은 모래를 가하고 물로 혼합하여 비빔 하지만, 상도용(정벌용)은 사용 시 물만 가하여 사용한다.

40 창호철물과 창호의 연결로 옳지 않은 것은?

① 도어 체크(Door Check) - 미닫이문
② 플로어 힌지(Floor Hinge) - 자재 여닫이문
③ 크레센트(Crescent) - 오르내리창
④ 레일(Rail) - 미서기창

해설

① 도어 체크 (Door Check)

도어 클로저(Door Closer)라고도 하며 여닫이문에 사용된다.

해답 37. ③ 38. ② 39. ④ 40. ①

건축구조

41 다음 그림과 같은 두 개의 단순보에 크기가 같은 ($P=wL$) 하중이 작용할 때, A점에서 발생하는 처짐각의 비율(가 : 나)은? (단, 부재의 EI는 일정하다.)

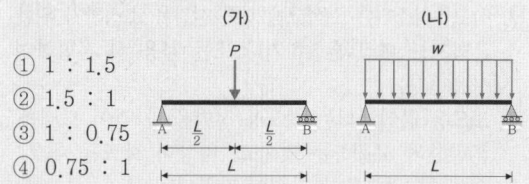

① 1 : 1.5
② 1.5 : 1
③ 1 : 0.75
④ 0.75 : 1

해설

② (가)의 공액보

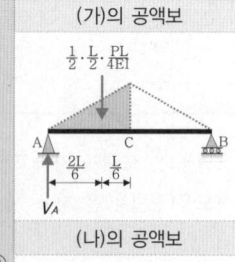

$$\theta_A = V_A' = \frac{1}{2} \cdot \frac{L}{2} \cdot \frac{PL}{4EI} = \frac{1}{16} \cdot \frac{PL^2}{EI}$$

(나)의 공액보

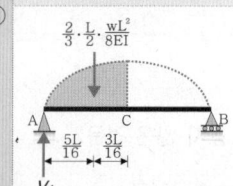

$$\theta_A = V_A' = \frac{2}{3} \cdot \frac{L}{2} \cdot \frac{wL^2}{8EI} = \frac{1}{24} \cdot \frac{wL^3}{EI}$$

$$\frac{1}{16} : \frac{1}{24} = 1.5 : 1$$

42 철근콘크리트 단철근 직사각형보를 강도설계법으로 설계 시 콘크리트의 전 압축력으로 옳은 것은? (단, $f_{ck}=24$MPa, 보 폭 300mm, 중립축거리 110mm)

① 538.56kN   ② 673.2kN
③ 724.4kN   ④ 750.6kN

해설

① $f_{ck} \leq 40$MPa ➡ $\eta=1.00$, $\beta_1=0.80$

$C = \eta(0.85f_{ck})ab = \eta(0.85f_{ck})\beta_1c \cdot b$
　 $= (1.00)(0.85 \times 24)(0.80)(110)(300) = 538,560\text{N} = 538.560\text{kN}$

43 강구조에서 용접선 단부에 붙인 보조판으로 아크의 시작이나 종단부의 크레이터 등의 결함을 방지하기 위해 붙이는 판은?

① 스티프너   ② 엔드 탭
③ 윙 플레이트   ④ 커버 플레이트

해설

② 엔드 탭(End Tab)

용접 결함 발생을 방지하기 위해 용접의 시단부와 종단부에 임시로 붙이는 보조 강판

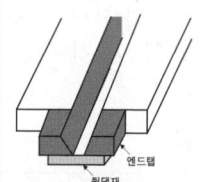

44 직사각형 단면의 탄성단면계수에 대한 소성단면계수의 비(比)는?

① 0.67   ② 1.20
③ 1.50   ④ 3.00

해설

③ 탄성단면계수(Elastic Section Modulus, Z):

$$Z = \frac{I}{y} = \frac{\left(\frac{bh^3}{12}\right)}{\left(\frac{h}{2}\right)} = \frac{bh^2}{6}$$

소성단면계수(Plastic Section Modulus, Z_P)

단면의 도심을 지나는 전 단면적을 2등분 하는 축에 대한 단면계수

$$Z_P = A_c \cdot y_c + A_t \cdot y_t = \left(\frac{bh}{2}\right)\left(\frac{h}{4}\right) \times 2 = \frac{bh^2}{4}$$

형상계수(Shape Factor, f)

소성모멘트($M_P = F_y \cdot Z_P$)와 항복모멘트($M_y = F_y \cdot Z$)의 비

$$f = \frac{F_y \cdot Z_P}{F_y \cdot Z} = \frac{\text{소성단면계수 } Z_P}{\text{탄성단면계수 } Z} = \frac{\frac{bh^2}{4}}{\frac{bh^2}{6}} = 1.5$$

해답 41. ②   42. ①   43. ②   44. ③

45 다음과 같은 조건에서의 필릿용접의 최소 사이즈는 얼마인가?

【조건】
접합부의 얇은 쪽 모재두께(t), mm
$$6 < t \leq 13$$

① 3mm ② 5mm ③ 6mm ④ 8mm

해설

②

접합부의 얇은 쪽 판두께, t(mm)	필릿용접(Fillet Welding) 최소 사이즈(mm)
$t \leq 6$	3
$6 < t \leq 13$	5
$13 < t \leq 19$	6
$19 < t$	8

46 그림과 같이 단순보의 중앙점에 하중 P가 작용할 때 C점의 처짐은?

① $\dfrac{PL^3}{384EI}$ ② $\dfrac{15PL^3}{192EI}$
③ $\dfrac{11PL^3}{768EI}$ ④ $\dfrac{17PL^3}{384EI}$

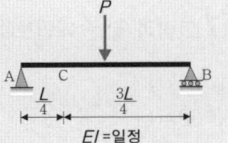

해설

③ 공액보(Conjugate Beam):
$$V_A' = \frac{1}{2} \cdot \frac{L}{2} \cdot \frac{PL}{4EI} = \frac{1}{16} \cdot \frac{PL^2}{EI}$$

C점의 처짐: 공액보상에서 C점의 휨모멘트
$$M_C' = \delta_C = +\left(\frac{1}{16} \cdot \frac{PL^2}{EI}\right)\left(\frac{L}{4}\right) - \left(\frac{1}{2} \cdot \frac{L}{4} \cdot \frac{PL}{8EI}\right)\left(\frac{L}{4} \cdot \frac{1}{3}\right)$$
$$= \frac{1}{64} \cdot \frac{PL^3}{EI} - \frac{1}{768} \cdot \frac{PL^3}{EI} = \frac{11}{768} \cdot \frac{PL^3}{EI}$$

47 철근콘크리트 구조물의 처짐에 관한 설명으로 옳지 않은 것은?

① 휨부재의 크리프와 건조수축에 의한 추가 장기처짐 산정 시 5년 이상의 지속하중에 대한 시간경과 계수는 2.0이다.
② 과도한 처짐에 의해 손상될 우려가 없는 비구조 요소를 지지한 지붕이나 바닥구조의 처짐 한계는 $\dfrac{l}{210}$이다.
③ 내부에 보가 없는 2방향 슬래브 중 철근의 항복강도가 400MPa이고 지판이 없는 경우 내부슬래브의 최소 두께는 $\dfrac{l_n}{33}$이다.
④ 처짐을 계산하지 않는 경우 양단연속된 리브가 있는 1방향 슬래브의 최소 두께는 $\dfrac{l}{21}$이다.

해설

② 과도한 처짐에 의해 손상될 우려가 없는 비구조 요소를 지지한 지붕이나 바닥구조의 처짐 한계는 $\dfrac{l}{240}$이다.

【최대 허용처짐】

부재의 형태	고려해야 할 처짐	처짐 한계
과도한 처짐에 의해 손상되기 쉬운 비구조 요소를 지지 또는 부착하지 않은 평지붕 구조: **외부 환경**	활하중에 따른 순간 처짐	$\dfrac{l}{180}$
과도한 처짐에 의해 손상되기 쉬운 비구조 요소를 지지 또는 부착하지 않은 바닥구조: **내부 환경**	활하중 L에 따른 순간 처짐	$\dfrac{l}{360}$
과도한 처짐에 의해 손상되기 쉬운 비구조 요소를 지지 또는 부착한 지붕 또는 바닥구조	전체 처짐 중에서 비구조 요소가 부착된 후에 발생하는 처짐 부분 (모든 지속하중에 따른 장기처짐과 추가적인 활하중에 따른 순간처짐의 합)	$\dfrac{l}{480}$
과도한 처짐에 의해 손상될 염려가 없는 비구조 요소를 지지 또는 부착한 지붕 또는 바닥구조		$\dfrac{l}{240}$

해답 45. ② 46. ③ 47. ②

48 강도설계법에서 철근콘크리트 구조물의 공칭강도 산정 시 사용되는 강도감소계수로 옳지 않은 것은?

① 인장지배단면: 0.85
② 전단력과 비틀림모멘트: 0.75
③ 포스트텐션 정착구역: 0.85
④ 압축지배단면 중 나선철근으로 보강된 철근콘크리트 부재: 0.65

해설

④

적용 부재		강도감소계수 ϕ
인장지배 단면		0.85
압축지배 단면	띠철근 기둥	0.65
	나선철근 기둥	0.70
변화구간단면(=전이구역)		0.65(0.70)~0.85
전단력과 비틀림모멘트		0.75
콘크리트 지압력 (포스트텐션 정착부나 스트럿-타이 모델 제외)		0.65
포스트텐션 정착구역		0.85
스트럿-타이 모델	스트럿, 절점부, 지압부	0.75
	타이	0.85
무근콘크리트의 휨모멘트, 압축력, 전단력, 지압력		0.55

49 연약지반에서 부동침하를 방지하기 위한 대책과 가장 관계가 먼 것은?

① 구조물의 하중을 기초에 균등하게 분포시킨다.
② 인접 건물과의 거리를 짧게 한다.
③ 기초 상호 간을 지중보로 연결한다.
④ 기초를 말뚝으로 보강한다.

해설

② 연약지반에서 부동침하를 방지하기 위해서는 인접 건물과의 거리를 멀리 이격시켜야 한다.

50 강구조 고장력볼트 접합의 종류에 해당되지 않는 것은?

① 메탈터치 접합 ② 마찰접합
③ 인장접합 ④ 지압접합

해설

①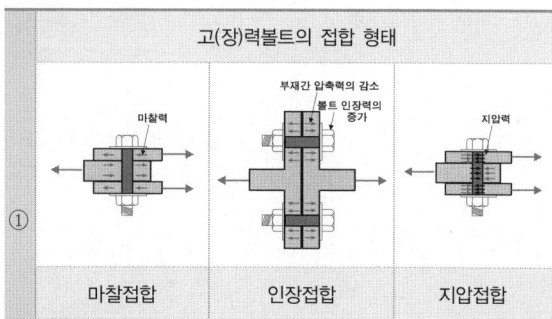

메탈터치(Metal Touch)는 기둥과 기둥의 밀착이음 가공으로 기둥의 이음과 관계있다.

51 그림과 같은 내민보에서 A지점의 반력값은?

① 20kN
② 30kN
③ 40kN
④ 50kN

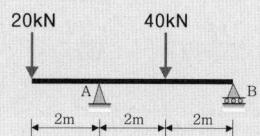

해설

④

1	$\sum H = 0 : \therefore H_A = 0$
2	$\sum M_B = 0 : -(20)(6) + (V_A)(4) - (40)(2) = 0$ $\therefore V_A = +50\text{kN}(\uparrow)$
	$R_A = \sqrt{V_A^2 + H_A^2} = V_A = +50\text{kN}(\uparrow)$
3	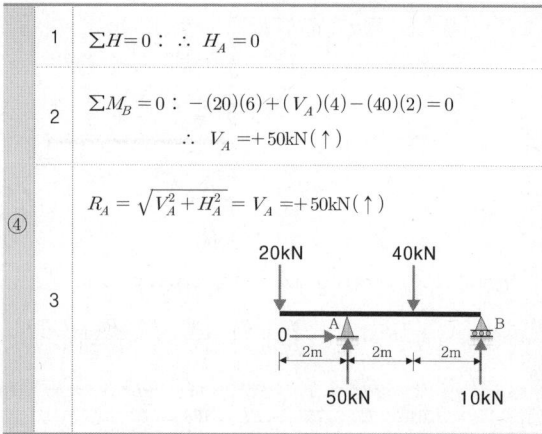

해답 48. ④ 49. ② 50. ① 51. ④

52 강도설계법에서 처짐을 계산하지 않는 경우 스팬이 8.0m인 단순지지된 보의 최소두께로 옳은 것은? (단, 보통중량콘크리트와 $f_y = 400$MPa 철근을 사용한 경우)

① 380mm
② 430mm
③ 500mm
④ 600mm

해설

부재 [l : 경간 길이(mm)]	처짐을 계산하지 않는 경우 최소 두께 (h_{min})			
	단순지지	1단연속	양단연속	캔틸레버
보 및 리브가 있는 1방향 슬래브	$\dfrac{l}{16}$	$\dfrac{l}{18.5}$	$\dfrac{l}{21}$	$\dfrac{l}{8}$

$$h_{min} = \frac{l}{16} = \frac{(8,000)}{16} = 500\text{mm}$$

53 그림과 같은 정정 라멘에서 BD 부재의 축방향력으로 옳은 것은? (단, + : 인장력, - : 압축력)

① 5kN
② -5kN
③ 10kN
④ -10kN

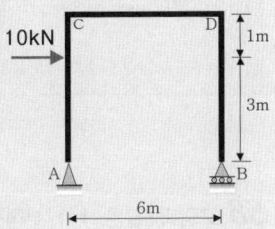

해설

1	$\sum H = 0: +(H_A) + (10) = 0 \quad \therefore H_A = -10\text{kN}(\leftarrow)$
2	$\sum M_B = 0: +(V_A)(6) + (10)(3) = 0 \quad \therefore V_A = -5\text{kN}(\downarrow)$
3	$\sum V = 0: +(V_A) + (V_B) = 0 \quad \therefore V_B = +5\text{kN}(\uparrow)$
②	$F_{BD} = -5\text{kN}$ (압축)
4	

54 단면의 지름이 150mm, 재축방향 길이가 300mm인 원형 강봉의 윗면에 300kN의 힘이 작용하여 재축 방향 길이가 0.16mm 줄어들었고, 단면의 지름이 0.01mm 늘어났다면 이 강봉의 탄성계수 E와 푸아송비는?

① 31,830MPa, 0.25
② 31,830MPa, 0.125
③ 39,630MPa, 0.25
④ 39,630MPa, 0.125

훅(R. Hooke, 1635~1703)의 법칙

$$\sigma = E \cdot \epsilon$$

$$\frac{P}{A} = E \cdot \frac{\Delta L}{L}$$

탄성계수:
$$E = \frac{P \cdot L}{A \cdot \Delta L} = \frac{(300 \times 10^3)(300)}{\left(\dfrac{\pi(150)^2}{4}\right)(0.16)}$$
$$= 31,831\text{N/mm}^2 = 31,831\text{MPa}$$

푸아송(Denis Poisson, 1781~1840)비 (ν, Poisson's Ratio)

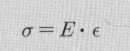

수직응력에 의해 발생되는 가로변형률과 길이변형률의 비율

푸아송비:
$$\nu = \frac{\epsilon'}{\epsilon} = \frac{\dfrac{\Delta D}{D}}{\dfrac{\Delta L}{L}} = \frac{L \cdot \Delta D}{D \cdot \Delta L} = \frac{(300)(0.01)}{(150)(0.16)} = 0.125$$

해답 52. ③ 53. ② 54. ②

55 등가정적해석법에 따른 건축물의 내진설계 시 고려해야 할 사항이 아닌 것은?

① 지역계수
② 지반종류
③ 지표면조도
④ 반응수정계수

해설

③ 지표면조도(Surface Roughness): 건축물이 바람에 노출되는 정도

지표면상의 지물 상황을 지표면의 조도(거칠기)라는 관점에서 구분한 것으로 열린 평탄지, 교외, 시가지, 대도시 중심과 같이 구분한다.

56 콘크리트 구조설계 시 철근 간격 제한에 관한 내용으로 옳지 않은 것은?

① 벽체 또는 슬래브에서 휨 주철근의 간격은 벽체나 슬래브 두께의 3배 이하로 하여야 하고, 또한 450mm 이하로 하여야 한다.
② 상단과 하단에 2단 이상으로 배치된 경우 상하 철근은 동일 연직면 내에 배치되어야 하고, 이때 상하 철근의 순간격은 25mm 이상으로 하여야 한다.
③ 나선철근 또는 띠철근이 배근된 압축부재에서 축방향철근의 순간격은 25mm 이상, 또한 철근 공칭지름의 2.5배 이상으로 하여야 한다.
④ 2개 이상의 철근을 묶어서 사용하는 다발철근은 이형철근으로, 그 개수는 4개 이하이어야 하며, 이들은 스터럽이나 띠철근으로 둘러싸여 져야 한다.

해설

③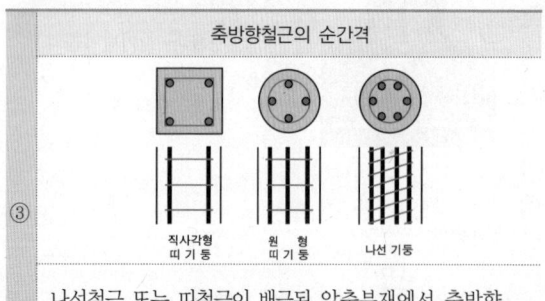

나선철근 또는 띠철근이 배근된 압축부재에서 축방향 철근의 순간격은 40mm 이상, 또한 철근 공칭지름의 1.5배 이상으로 하여야 한다.

57 그림과 같은 구조물의 부정정 차수는?

① 1차 부정정
② 2차 부정정
③ 3차 부정정
④ 4차 부정정

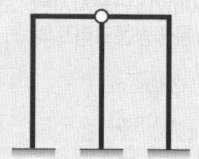

해설

④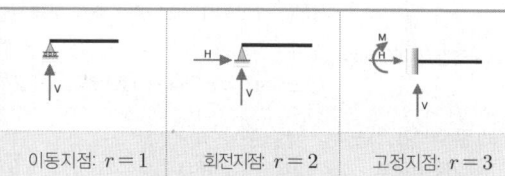

r: 반력(reaction)수

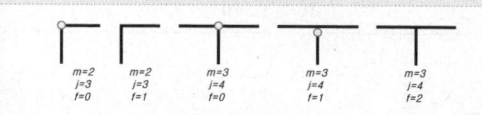

○ 활절점, 힌지(Hinge), 핀(Pin)

m: 부재(member)수, f: 강(fixed)절점수, j: 절점(joint)수

$N = r + m + f - 2j = (3+3+3) + (5) + (2) - 2(6) = 4차$

58 그림과 같은 1차 부정정 보에서 지점 B의 고정단 모멘트의 크기는?

① M_o
② $\dfrac{M_o}{2}$
③ $\dfrac{M_o}{3}$
④ $\dfrac{M_o}{4}$

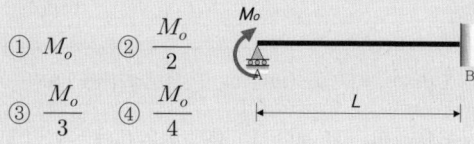

해설

② 1차 부정정 보 지점반력

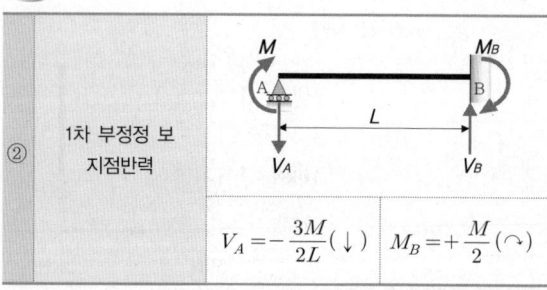

$V_A = -\dfrac{3M}{2L}(\downarrow)$ $M_B = +\dfrac{M}{2}(\curvearrowright)$

해답 55. ③   56. ③   57. ④   58. ②

59 피복두께 30mm, 직경 16mm 주근이 배근된 두께 150mm 철근콘크리트 1방향 슬래브에서 전단철근 없이 지지할 수 있는 단위길이 1m당 최대 계수전단력은? (단, $f_{ck} = 25\text{MPa}$, $\phi = 0.75$, $\lambda = 1$)

① 70.0 kN ② 78.5 kN
③ 80.0 kN ④ 82.6 kN

해설

① 1방향 슬래브에서 전단보강철근이 필요 없는 조건

$$V_u = \phi V_c = \phi \frac{1}{6} \lambda \sqrt{f_{ck}} \cdot b_w \cdot d$$

$$= (0.75) \left[\frac{1}{6}(1) \sqrt{(25)} \, (1,000) \times \left(150 - 30 - \frac{16}{2} \right) \right]$$

$$= 70,000\text{N} = 70.0\text{kN}$$

60 강구조 접합부에 관한 설명으로 틀린 것은?

① 기둥-보 접합부는 접합부의 성능과 회전에 대한 구속 정도에 따라 전단접합, 부분강접합, 완전강접합으로 구분된다.
② 접합부의 설계강도는 45kN 이상이어야 한다. 다만, 연결재, 새그 로드 또는 띠장은 제외한다.
③ 강접합은 이론적으로 보 단부에서 회전을 허용하지 않고 100%에 가까운 단부모멘트를 기둥 또는 이음부에 전달시키는 접합부이다.
④ 단순접합은 부재 단부의 회전 저항에 따른 단부모멘트를 발생시킬 수 있는 접합부이다.

해설

④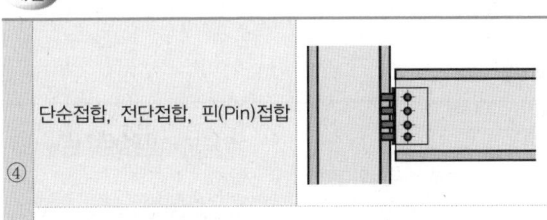

단순접합은 접합부 내에서 모멘트를 전달하지 않거나 무시할 정도의 모멘트를 전달하는 접합이다.

건축설비

61 대변기에 설치한 세정 밸브(Flush Valve)의 최저 필요 압력은?

① 10kPa 이상 ② 30kPa 이상
③ 50kPa 이상 ④ 70kPa 이상

해설

④

기구명	필요 압력(MPa)
블로우 아웃식 대변기	0.1
세정 밸브(플러시 밸브)	표준 0.1, 최저 0.07
보통 밸브	표준 0.1, 최저 0.03
자동 밸브, 샤워	0.07
순간온수기	대 0.05, 중 0.03, 소 0.01(저압용)

$1\text{MPa} = 1\text{N/mm}^2$, $1\text{kPa} = 1\text{kN/m}^2$, $1\text{MPa} = 1,000\text{kPa}$
➡ $0.07\text{MPa} = 70\text{kPa}$

62 건물 내의 배수계통에 통기관을 설치하는 목적으로 옳지 않은 것은?

① 배수관 내의 환기를 위하여
② 배수관이 막혔을 때 예비로 사용하기 위하여
③ 트랩의 봉수를 보호하기 위하여
④ 배수관 내의 물의 흐름을 원활하게 하기 위하여

해설

②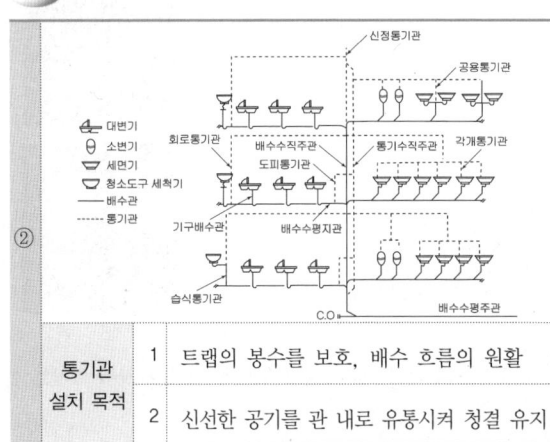

통기관 설치 목적	1	트랩의 봉수를 보호, 배수 흐름의 원활
	2	신선한 공기를 관 내로 유통시켜 청결 유지

해답 59. ① 60. ④ 61. ④ 62. ②

63 압축식 냉동기의 냉동 사이클로 옳은 것은?

① 압축 ➡ 응축 ➡ 팽창 ➡ 증발
② 압축 ➡ 팽창 ➡ 응축 ➡ 증발
③ 응축 ➡ 증발 ➡ 팽창 ➡ 압축
④ 팽창 ➡ 증발 ➡ 응축 ➡ 압축

해설

①
| 압축식 냉동기의 냉동 사이클 |
| 압축기 ➡ 응축기 ➡ 팽창밸브 ➡ 증발기 |

압축식 냉동기는 전기에 따른 기계적 에너지로 냉동하는 것이 기본 원리이며, 구동에너지가 전기이므로 전력 소비가 많다.

64 급수방식 중 고가수조방식에 대한 설명으로 옳지 않은 것은?

① 저수 시간이 길어지면 수질이 나빠지기 쉽다.
② 대규모의 급수 수요에 쉽게 대응할 수 있다.
③ 단수 시에도 일정량의 급수를 계속할 수 있다.
④ 급수 공급 압력의 변화가 심하고 취급이 까다롭다.

해설

④
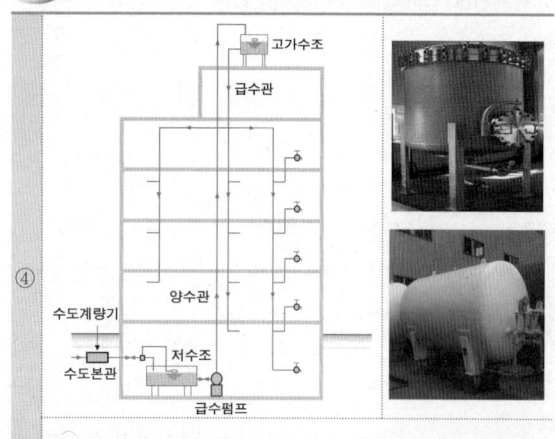
고가수조방식은 급수 공급 압력의 변화가 거의 없고, 취급이 용이롭다.

65 다음 중 약전설비에 속하는 것은?

① 변전설비 ② 전화설비
③ 축전지설비 ④ 자가발전설비

해설

②
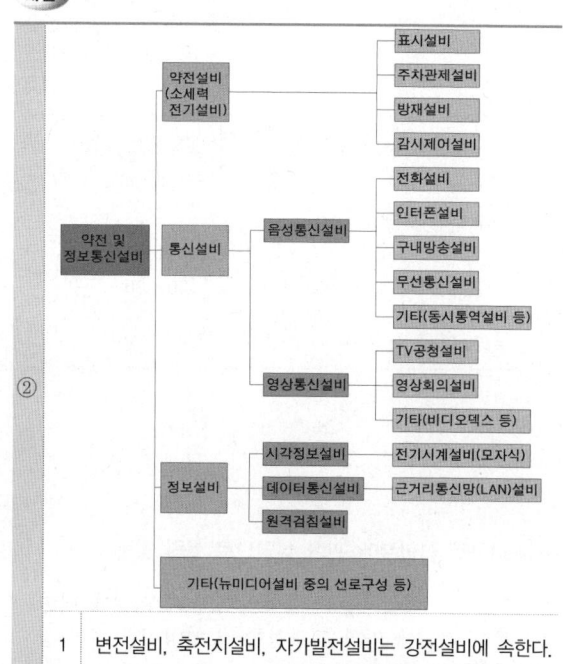

1 변전설비, 축전지설비, 자가발전설비는 강전설비에 속한다.
2 전화설비 ➡ 음성통신설비 ➡ 통신설비 ➡ 약전 및 정보통신설비

66 수도직결방식에서 수압이 0.24MPa일 때 급수압에 의한 물의 상승 높이는?

① 2.4m   ② 4.8m
③ 12m   ④ 24m

해설

④
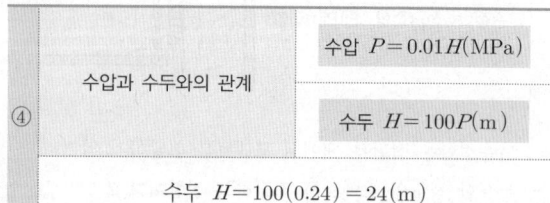

| 수압과 수두와의 관계 | 수압 $P = 0.01H$ (MPa) |
| | 수두 $H = 100P$ (m) |

수두 $H = 100(0.24) = 24$ (m)

해답 63. ① 64. ④ 65. ② 66. ④

67 다음 중 증기난방에 대한 설명으로 옳지 않은 것은?

① 응축수 환수관 내에 부식이 발생하기 쉽다.
② 온수난방에 비해 방열기 크기나 배관의 크기가 작아도 된다.
③ 방열기를 바닥에 설치하므로 복사난방에 비해 실내 바닥의 유효면적이 줄어든다.
④ 온수난방에 비해 예열시간이 길어서 충분히 난방감을 느끼는데 시간이 걸린다.

해설

	증기난방
④	온수난방에 비해 예열시간이 짧아 간헐운전에 적합하다.

68 청소구(Clean Out) 설치 위치로 적당하지 않은 곳은?

① 배수수평주관 및 배수수평지관의 기점
② 배수수평주관과 옥외배수관의 접속 장소와 가까운 곳
③ 배수직관의 최하부
④ 배수관이 30° 이상의 각도로 방향을 바꾸는 곳

해설

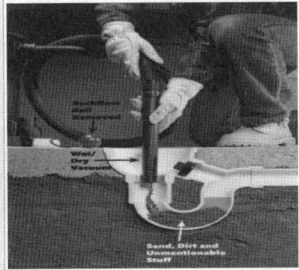

청소구(Clean Out)를 필요로 하는 곳

④		
1	건축물배수관과 대지하수관의 접속부
2	배수 수직관의 최하단부, 배수 수평관의 최상단부
3	배관이 45° 이상 각도로 구부러지는 곳
4	수평관 관경 100mm 이하인 경우 직선 거리 15m마다, 100mm 이상인 경우 직선 거리 30m 이내마다 설치

69 작업면 필요 조도 400[lx], 면적 10[m²], 전등 1개의 광속 2,000[lm], 감광보상률 1.5, 조명률 0.6일 때 전등의 소요 수량은?

① 3등   ② 5등
③ 8등   ④ 10등

해설

광속법에 따른 조도(E)

$$F \cdot N \cdot U = E \cdot A \cdot D \Rightarrow E = \frac{F \cdot N \cdot U}{A \cdot D} = \frac{F \cdot N \cdot U \cdot M}{A}$$

- N : 광원의 개수
- E : 작업면의 조도(lx)
- A : 실의 면적(m²)
- F : 사용 광원 1개의 광속(lm)
- D : 감광보상률
- U : 조명률
- M : 유지율, 보수율, 빛 손실계수($=\frac{1}{D}$)

$$N = \frac{E \cdot A \cdot D}{F \cdot U} = \frac{(400)(10)(1.5)}{(2,000)(0.6)} = 5개$$

70 급탕설비 중 개별식 급탕법의 설명으로 옳지 않은 것은?

① 용도에 따라 필요한 개소에서 필요한 온도의 탕을 비교적 간단하게 얻을 수 있다.
② 건물 완공 후에도 급탕 개소의 증설이 비교적 쉽다.
③ 급탕 개소마다 가열기의 설치 스페이스가 필요하다.
④ 배관 길이가 짧으나 배관 중의 열손실이 크다.

해설

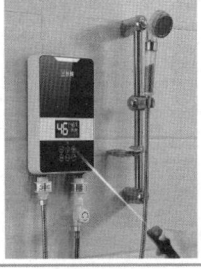

	개별식(=국소식) 급탕법
④	순간온수기와 같이 온수가 필요한 곳에서 바로 만들어 쓰는 급탕 방식으로 배관설비 거리가 짧고 배관 중의 열손실이 적다.

해답 67. ④ 68. ④ 69. ② 70. ④

71 다음 중 온수난방에서 복관식 배관에 역환수 방식(Reverse Return)을 채택하는 가장 주된 이유는?

① 공사비를 절약할 목적으로
② 순환펌프를 설치하기 위하여
③ 온수의 순환을 평균화시킬 목적으로
④ 중력식으로 온수를 순환하기 위하여

해설

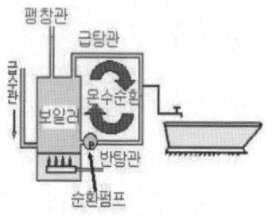

복관식 급탕배관
(Two-Pipes Hot Water Supply Piping)

③ 복관식 급탕배관 방식은 온수가 항상 순환하고 있으므로 분기관 내의 냉각된 물만 배수하면 바로 따뜻한 물을 사용할 수 있다. 역환수 방식(Reverse Return)은 온수 순환의 평균화가 주목적이다.

73 펌프의 양수량 10m³/min, 전양정 10m, 효율 80%일 때, 이 펌프의 소요 동력은? (단, 여유율은 10%)

① 22.5kW ② 26.5kW
③ 30.6kW ④ 32.4kW

해설

①

펌프의 축동력 $\dfrac{W \cdot Q \cdot H}{6{,}120 \cdot E}$	W	물의 밀도 (1,000kg/m³)
	Q	펌프의 양수량 (m³/min)
	H	전양정(m)
	E	펌프의 효율(%)

$$\dfrac{W \cdot Q \cdot H}{6{,}120 \cdot E} \times 여유율$$

$$= \dfrac{(1{,}000)(10)(10)}{6{,}120(0.8)}(1.1) = 22.467(\text{kW})$$

72 변전실의 위치에 관한 설명으로 옳지 않은 것은?

① 습기와 먼지가 적은 곳일 것
② 전기 기기의 반출입이 용이한 곳일 것
③ 가능한 한 부하의 중심에서 먼 곳일 것
④ 외부로부터 전원의 인입이 쉬운 곳일 것

해설

③

	변전실의 위치	
1	가능한 한 부하의 중심에 가깝고 배전에 편리한 장소	
2	외부로부터 전원 인입과 기기의 반출입이 용이한 곳	
3	천장높이를 충분히 확보(고압: 보 아래 3.0m 이상, 특고압: 보 아래 4.5m 이상)	

74 보일러 하부의 물 드럼과 상부의 기수 드럼을 연결하는 다수의 관을 연소실 주위에 배치한 구조로 상부 기수 드럼 내의 증기를 사용하는 보일러는?

① 수관 보일러   ② 관류 보일러
③ 주철제 보일러 ④ 노통연관 보일러

해설

①

수관(水管) 보일러
(Water Tube Boiler)

수관 보일러는 일반적으로 기수(Steam) 드럼과 물(Water) 드럼을 상하로 배치하고, 그 사이를 다수의 수관(水管)에 의해서 연결한 보일러를 말한다.

해답 71. ③ 72. ③ 73. ① 74. ①

75 자동화재탐지설비의 열감지기 중 주위 온도가 일정한 온도 이상이 되면 작동하도록 된 열감지기는?

① 차동식 ② 정온식
③ 광전식 ④ 이온화식

해설

② 주위 온도가 일정 온도 이상일 때 작동하는 것은 정온식, 온도 상승률이 일정 이상일 때 작동하는 것은 차동식 스폿 감지기이다.

【자동화재감지설비(Automatic Fire Alarm System)】

(1) 검출 원리에 따라 열(熱)감지식, 연기(煙氣)감지식, 불꽃감지식으로 분류할 수 있으며 광전식 및 이온화식은 연기감지식에 속한다.

(2) 주요 감지기의 종류 및 특징
① 차동식 스포트형: 화기를 취급하지 않는 부착 높이 8m 미만
② 정온식: 보일러실, 주방과 같이 다량의 열을 취급하는 곳
③ 연기식: 계단, 복도 및 층고가 높은 곳에 적당

76 덕트의 치수 결정 방법에 속하지 않는 것은?

① 균등법 ② 등속법
③ 등마찰법 ④ 정압 재취득법

해설

덕트 치수 결정 방법	
①	등속법
	등마찰법
	정압 재취득법

77 공기조화 방식 중 단일덕트 방식에 대한 설명으로 옳지 않은 것은?

① 냉·온풍의 혼합 손실이 없다.
② 2중덕트 방식에 비해 덕트 스페이스가 적게 든다.
③ 각 실이나 존의 부하 변동에 즉시 대응할 수 있다.
④ 부하 특성이 다른 여러 개의 실이나 존이 있는 건물에 적용하기가 곤란하다.

해설

③

단일덕트	2중덕트

단일덕트 방식은 각 실에서의 온습도 조절이 곤란하므로, 각 실이나 존의 부하 변동에 즉시 대응할 수 없다.

78 습공기가 냉각되어 포함되어 있던 수증기가 응축되기 시작하는 온도를 의미하는 것은?

① 노점온도 ② 습구온도
③ 건구온도 ④ 절대온도

해설

① 노점(露點)온도
(DPT, Dew Point Temperature)

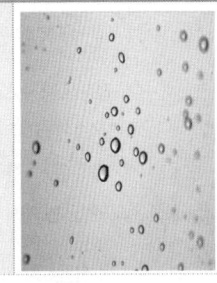

습공기의 온도를 내리면 상대습도가 차츰 높아지다가 포화상태에 이르게 되는데, 공기 속의 수분이 수증기의 형태로만 존재할 수 없어 이슬로 맺히는 온도

해답 75. ② 76. ① 77. ③ 78. ①

⑤ 바이블 연도별 기출문제

79 LPG에 관한 설명으로 옳지 않은 것은?

① 비중이 공기보다 작다.
② 액화석유가스를 말한다.
③ 액화하면 그 체적은 약 1/250로 된다.
④ 상압에서는 기체이지만 압력을 가하면 액화된다.

해설

LPG(Liquefied Petroleum Gas, 액화석유가스)

①	1	탄화수소물이 주성분이며, 석유 정제 과정의 가스를 냉각 액화시킨 것으로 액화하면 그 체적은 1/250로 된다.
	2	비중이 공기보다 크고, 발열량이 크며, 인화 폭발의 염려가 있어 배관 설계와 기기 사용 시 특별한 주의를 필요로 한다.

80 급기온도를 일정하게 하고 송풍량을 변화시켜 실내 온도를 조절하는 공기조화방식은?

① FCU 방식
② 이중덕트 방식
③ 정풍량 단일덕트 방식
④ 변풍량 단일덕트 방식

해설

단일덕트 방식(Single Duct System)
정풍량 방식(Constant Air Volume System)
공조기에서 1개의 주덕트를 통하여 냉·온풍을 각 실로 보낼 때 송풍량은 항상 일정하며, 실내 부하에 따라서 송풍온도만을 변화시켜 실내 온습도를 조절하는 방식
(가)변풍량 방식(Variable Air Volume System)
각 실별 또는 존별로 덕트의 말단에 VAV유닛을 설치하여 송풍온도는 일정하게 하고, 실내 부하의 변동에 따라 송풍량만을 변화시키는 에너지 절약형 방식

(④ 좌측에 표기)

건축법규

81 전용주거지역 또는 일반주거지역 안에서 높이 8m의 2층 건축물을 건축하는 경우, 건축물의 각 부분은 일조 등의 확보를 위하여 정북 방향으로의 인접대지경계선으로부터 최소 얼마 이상 띄어 건축하여야 하는가?

① 1m
② 1.5m
③ 2m
④ 3m

해설

일조 등의 확보를 위한 건축물의 높이 제한			
대상	전용주거지역 및 일반주거지역		
	이격 거리의 기준(조례로 정함)		
적용 기준	1	높이 10m 이하인 부분	
		1.5m 이상	
	2	높이 10m를 초과하는 부분	
		인접대지경계선으로부터 해당 건축물의 각 부분의 높이의 1/2 이상	
예외	건축물의 미관 향상을 위해 너비 20m 이상의 도로로서 건축조례가 정하는 도로에 접한 대지 (도로와 대지의 사이에 도시계획시설인 완충녹지가 있는 경우에는 그 대지를 포함)		

(② 좌측에 표기)

82 건축법령에 따른 고층 건축물의 정의로 옳은 것은?

① 층수가 30층 이상이거나 높이가 90m 이상인 건축물
② 층수가 30층 이상이거나 높이가 120m 이상인 건축물
③ 층수가 30층 이상이거나 높이가 150m 이상인 건축물
④ 층수가 30층 이상이거나 높이가 200m 이상인 건축물

해설

건축법상 고층·준초고층·초고층 건축물의 정의		
	고층	30층 이상이거나 높이가 120m 이상인 건축물
②	준고층	고층 건축물 중 초고층 건축물이 아닌 것
	초고층	50층 이상이거나 높이가 200m 이상인 건축물

해답 79. ① 80. ④ 81. ② 82. ②

83 건축법령에 따라 건축물의 경사지붕 아래에 설치하는 대피공간에 관한 기준 내용으로 옳지 않은 것은?

① 특별피난계단 또는 피난계단과 연결되도록 할 것
② 관리사무소 등과 긴급 연락이 가능한 통신시설을 설치할 것
③ 대피공간의 면적은 지붕 수평투영면적의 20분의 1 이상일 것
④ 출입구는 유효너비 0.9m 이상으로 하고, 그 출입구에는 60+방화문 또는 60분방화문을 설치할 것

해설

	경사지붕 아래에 설치하는 대피공간
1	대피공간의 면적은 지붕 수평투영면적의 1/10 이상일 것
2	특별피난계단 또는 피난계단과 연결되도록 할 것
3	출입구·창문을 제외한 부분은 해당 건축물의 다른 부분과 내화구조의 바닥 및 벽으로 구획할 것
4	출입구는 유효너비 0.9m 이상으로 하고, 그 출입구에는 60분+, 60분방화문을 설치할 것
5	내부마감재료는 불연재료로 하고, 예비전원으로 작동하는 조명설비를 설치할 것
6	관리사무소 등과 긴급 연락이 가능한 통신시설을 설치할 것

84 다음 중 증축에 속하는 것은?

① 부속건축물만 있는 대지에 새로 주된 건축물을 축조하는 것
② 기존 건축물이 있는 대지에서 높이를 증가시키는 것
③ 기존 건축물이 멸실된 대지 위에 건축물을 축조하는 것
④ 건축물의 주요구조부를 해체하지 아니 하고 같은 대지의 다른 위치로 옮기는 것

해설

"건축"이란 건축물을 신축·증축·개축·재축(再築)하거나 건축물을 이전하는 것을 말한다.

①	"신축"에 해당된다.
③	"재축"에 해당된다.
④	"이전"에 해당된다.

85 다음 중 상업지역의 세분에 속하지 않는 것은?

① 중심상업지역   ② 근린상업지역
③ 유통상업지역   ④ 전용산업지역

해설

국토의 계획 및 이용에 관한 법률상의 상업지역		
	중심상업지역	도심·부도심의 업무 및 상업 기능의 확충을 위함
④	일반상업지역	일반적인 상업 및 업무기능을 담당하게 하기 위함
	근린상업지역	근린지역에서의 일용품 및 서비스의 공급을 위함
	유통상업지역	도시 내 및 지역 간 유통 기능의 증진을 위함

86 다음은 대지의 조경에 관한 기준 내용이다. ( ) 안에 알맞은 것은?

면적이 ( ) 이상인 대지에 건축을 하는 건축주는 용도지역 및 건축물의 규모에 따라 해당 지방자치단체의 조례로 정하는 기준에 따라 대지에 조경이나 그 밖에 필요한 조치를 하여야 한다.

① 100m²   ② 200m²   ③ 300m²   ④ 500m²

해설

대지 안의 조경 대상		
원칙	조경 의무 대상: 대지면적 200m² 이상	
② 예외	1	자연녹지지역에 건축하는 건축물
	2 공장	• 5,000m² 미만인 대지에 건축하는 경우 • 연면적 합계 1,500m² 미만인 경우 • 산업단지 안에 건축하는 경우
	3	대지에 염분이 함유되어 있는 경우
	4	축사, 가설건축물
	5	연면적 합계 1,500m² 미만인 물류시설 (주거지역 및 상업지역에 건축하는 것은 제외)
	6	도시지역 및 지구단위계획 구역 이외의 지역

해답 83. ③ 84. ② 85. ④ 86. ②

87 용도지역에 따른 건폐율의 최대 한도로 옳지 않은 것은? (단, 도시지역의 경우)

① 녹지지역 : 30% 이하
② 주거지역 : 70% 이하
③ 공업지역 : 70% 이하
④ 상업지역 : 90% 이하

해설

	지역별 건폐율의 최대 한도	
①	(보전·생산·자연) 녹지지역: 20% 이하	
	제1종 및 제2종 전용주거지역: 50% 이하	70% 이하
	제1종 및 제2종 일반주거지역: 60% 이하	
	제3종 일반주거지역: 50% 이하	
	준주거지역: 70% 이하	
	(전용·일반·준) 공업지역: 70% 이하	
	중심상업지역: 90% 이하	90% 이하
	일반상업지역 및 유통상업지역: 80% 이하	
	근린상업지역: 70% 이하	

88 막다른 도로의 길이가 15m일 때, 이 도로가 건축법령상 도로이기 위한 최소 폭은?

① 2m   ② 3m
③ 4m   ④ 6m

해설

	막다른 도로의 길이에 따른 도로의 기준 폭	
②	길이 10m 미만	폭 2m 이상
	길이 35m 미만	폭 3m 이상
	길이 35m 이상	폭 6m 이상

89 다음 중 주요구조부에 속하지 않는 것은?

① 기둥   ② 지붕틀
③ 바닥   ④ 옥외 계단

해설

	주요구조부	
④		

「건축법」에서 주요구조부란 건축물의 공간 형성과 방화상 (불이 번지는 경로상)에 있어서의 주요한 부분을 말하며 내력벽, 기둥, 바닥, 보, 지붕틀 및 주계단을 말한다.

90 주차장법령상 다음과 같이 정의되는 주차장의 종류는?

> 도로의 노면 또는 교통광장(교차점광장만 해당)의 일정한 구역에 설치된 주차장으로서 일반(一般)의 이용에 제공되는 것

① 노외주차장   ② 노상주차장
③ 부설주차장   ④ 공영주차장

해설

	주차장법에 사용하는 용어의 정의
②	**노상주차장** 도로의 노면 또는 교통광장(교차점 광장만 해당)의 일정한 구역에 설치된 주차장으로서 일반의 이용에 제공되는 것
	노외주차장 도로의 노면 및 교통광장 외의 장소에 설치된 주차장으로서 일반의 이용에 제공되는 것
	부설주차장 건축물, 골프연습장, 그 밖에 주차 수요를 유발하는 시설에 부대하여 설치되는 주차장으로서 해당 건축물·시설의 이용자 또는 일반의 이용에 제공되는 것

해답 87. ① 88. ② 89. ④ 90. ②

91 방송공동수신설비를 설치하여야 하는 대상 건축물에 속하지 않는 것은?
① 다가구주택
② 다세대주택
③ 바닥면적의 합계가 5,000m²으로서 업무시설의 용도로 쓰는 건축물
④ 바닥면적의 합계가 5,000m²으로서 숙박시설의 용도로 쓰는 건축물

해설

	방송 공동수신설비를 설치하여야 하는 대상 건축물
① 1	공동주택(아파트, 연립주택, 다세대주택, 기숙사)
2	바닥면적의 합계가 5,000m² 이상으로서 업무시설이나 숙박시설의 용도로 쓰는 건축물

92 노외주차장의 주차 형식에 따른 차로의 최소 너비가 옳게 연결된 것은? (단, 출입구가 2개 이상인 경우)
① 평행주차 - 5.0m
② 60도 대향주차 - 5.0m
③ 교차주차 - 3.5m
④ 직각주차 - 5.5m

해설

주차 형식	차로의 폭	
	출입구 2개 이상	출입구 1개
평행주차	3.3m	5.0m
45° 대향주차	3.5m	5.0m
교차주차	3.5m	5.0m
60° 대향주차	4.5m	5.5m
직각주차	6.0m	6.0m

93 비상용승강기를 설치하지 아니 할 수 있는 건축물에 관한 기준 내용이다. ( ) 안에 알맞은 것은?

> 높이 (㉮)m를 넘는 층수가 (㉯)개 층 이하로서 해당 각 층의 바닥면적의 합계 200m² 이내마다 방화구획으로 구획한 건축물

① ㉮ 31, ㉯ 4
② ㉮ 31, ㉯ 3
③ ㉮ 41, ㉯ 4
④ ㉮ 41, ㉯ 3

해설

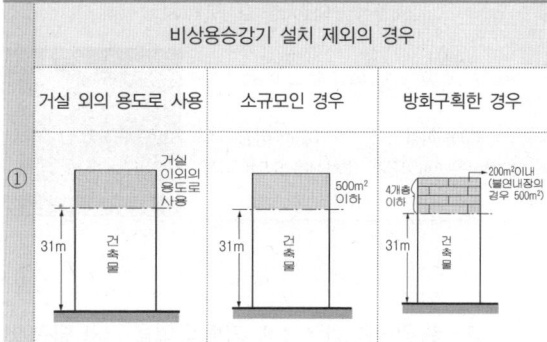

94 공동주택의 난방설비를 개별난방방식으로 하는 경우에 관한 기준 내용으로 옳지 않은 것은?
① 보일러의 연도는 내화구조로서 공동연도로 설치할 것
② 보일러실 위 부분에는 그 면적이 최소 1.0m² 이상인 환기창을 설치할 것
③ 기름보일러를 설치하는 경우에는 기름저장소를 보일러실 외의 다른 곳에 설치할 것
④ 보일러를 설치하는 곳과 거실 사이의 경계벽은 출입구를 제외하고는 내화구조의 벽으로 구획할 것

해설

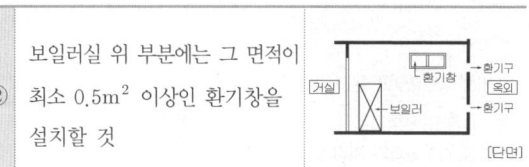

② 보일러실 위 부분에는 그 면적이 최소 0.5m² 이상인 환기창을 설치할 것

해답 91. ① 92. ③ 93. ① 94. ②

95 다음 중 건축물식 노외주차장의 차로에 관한 기준 내용으로 옳지 않은 것은?

① 경사로의 종단경사도는 직선 부분에서는 17%를, 곡선 부분에서는 14%를 초과하여서는 아니 된다.
② 높이는 주차 바닥면으로부터 2.3m 이상으로 하여야 한다.
③ 경사로의 노면은 이를 거친 면으로 하여야 한다.
④ 경사로의 차로 너비는 곡선형인 경우에 3.3m 이상으로 하여야 한다.

해설

④

건축물식 노외주차장 경사로의 차로 너비	
직선	곡선
3.3m 이상 (2차선은 6m 이상)	3.6m 이상 (2차선은 6.5m 이상)

96 대지 및 건축물 관련 건축 기준의 허용 오차 범위에 대한 설명으로 옳지 않은 것은?

① 건축선의 후퇴거리는 3% 이내이다.
② 건축물의 벽체 두께는 3% 이내이다.
③ 건축물의 높이는 1m를 초과할 수 없다.
④ 건축물의 평면 길이는 0.5m를 초과할 수 없다.

해설

④

항목	건축물 관련 건축 기준의 허용 오차의 범위	
건축물 높이		1m를 초과할 수 없다.
출구 너비		-
반자 높이		-
평면 길이	2% 이내	• 건축물 전체 길이는 1m를 초과할 수 없다. • 벽으로 구획된 각 실은 10cm를 초과할 수 없다.
벽체 및 바닥판 두께		
건축선 후퇴거리, 인접 건축물과의 거리		3% 이내

97 다음 중 주요구조부를 내화구조로 하여야 하는 대상 건축물에 속하지 않는 것은?

① 문화 및 집회시설(전시장 및 동·식물원 제외)의 용도에 쓰이는 건축물로서 옥내 관람석 또는 집회실의 바닥면적의 합계가 300m²인 건축물
② 관광휴게시설의 용도에 쓰이는 건축물로서 그 용도에 쓰이는 바닥면적의 합계가 600m²인 건축물
③ 공장의 용도에 쓰이는 건축물로서 그 용도에 사용하는 바닥면적의 합계가 1,000m²인 건축물
④ 건축물의 2층이 숙박시설의 용도에 쓰이는 건축물로서 그 용도에 쓰이는 바닥면적의 합계가 400m²인 건축물

해설

③

	주요구조부를 내화구조로 해야 하는 규정
200m² 이상	• 문화 및 집회시설(전시장 및 동·식물원 제외) • 유흥주점 • 종교시설, 장례시설
500m² 이상	• 문화 및 집회시설 중 전시장 및 동·식물원 • 위락시설(유흥주점 제외) • 판매시설, 운수시설, 수련시설, 창고시설, 관광휴게시설 • 운동시설 중 체육관 및 운동장 • 위험물저장 및 처리시설 • 방송통신시설 중 방송국·전신전화국 및 촬영소
2,000m² 이상	• 공장 (화재로 위험이 적은 공장으로서 주요구조부가 불연재료로 된 2층 이하의 공장은 예외)

98 토지 이용을 합리화·구체화하고, 도시 또는 농·산·어촌의 기능의 증진, 미관의 개선 및 양호한 환경을 확보하기 위하여 수립하는 계획으로 정의되는 것은?

① 지구단위계획
② 도시·군관리계획
③ 광역도시계획
④ 도시·군기본계획

해설

① 지구단위계획에 대한 정의로서, 국토교통부장관 또는 시·도지사·대도시 시장이 도시·군관리계획으로 지정한다.

99 부설주차장 설치 대상 시설물로서 시설면적 1,400m²인 제2종 근린생활시설에 설치하여야 하는 부설주차장의 최소 대수는?

① 7대 ② 9대 ③ 10대 ④ 14대

해설

① 제2종 근린생활시설: 시설면적 200㎡당 1대의 부설주차장 설치

1,400 ÷ 200 = 7대

100 면적 등의 산정 방법에 대한 기본 원칙으로 옳지 않은 것은?

① 대지면적은 대지의 수평투영면적으로 한다.
② 건축면적은 건축물의 외벽의 중심선으로 둘러싸인 부분의 수평투영면적으로 한다.
③ 바닥면적은 건축물의 각 층 또는 그 일부로서 벽, 기둥, 그 밖에 이와 비슷한 구획의 중심선으로 둘러싸인 부분의 수평투영면적으로 한다.
④ 용적률 산정 시 적용하는 연면적은 지하층을 포함하여 하나의 건축물 각 층의 바닥면적의 합계로 한다.

해설

용적률 산정 시 연면적에서 제외되는 면적

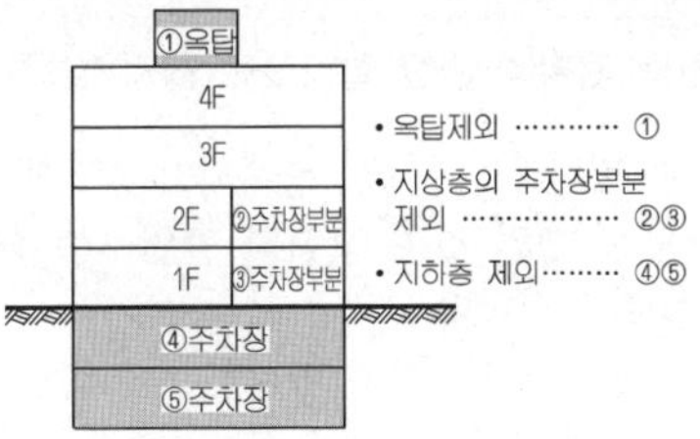

• 옥탑제외 ………… ①
• 지상층의 주차장부분 제외 ………… ②③
• 지하층 제외 ……… ④⑤

④

	1	지하층 부분의 면적
	2	지상층의 주차 면적 (해당 건축물의 부속 용도인 경우만 해당)
	3	초고층 건축물과 준초고층 건축물의 피난안전구역의 면적
	4	11층 이상 건축물로서 11층 이상 층의 바닥면적의 합계가 10,000㎡인 건축물의 경사지붕 아래 설치하는 대피공간의 면적

해답 99. ① 100. ④

바이블 연도별 기출문제

건축계획

* 본 기출문제는 수험자의 기억에 의한 복원문제입니다.

1 주택의 동선계획에 관한 설명으로 옳지 않은 것은?

① 동선은 가능한 굵고 짧게 계획하는 것이 바람직하다.
② 동선의 3요소 중 속도는 동선의 공간적 두께를 의미한다.
③ 개인, 사회, 가사노동권의 3개 동선은 상호간 분리하는 것이 좋다.
④ 화장실, 현관 등과 같이 사용 빈도가 높은 공간은 동선을 짧게 처리하는 것이 중요하다.

해설

	동선의 3요소	
②	속도	얼마나 빠를 수 있느냐의 정도
	빈도	얼마나 많이 통행하느냐의 정도 (공간적 두께)
	하중	동선을 따라 이동하는 대상이 어느 정도의 무게감을 가졌느냐의 정도

2 도서관에서 장서가 60만 권일 경우 능률적인 작업 용량으로서 가장 적정한 서고의 면적은?

① 3,000m²
② 4,500m²
③ 5,000m²
④ 6,000m²

해설

① 서고의 바닥면적 1m² 당 150~250권

600,000권 ÷ 150~250권/m² = 4,000~2,400m²

3 한국건축에 관한 설명으로 옳지 않은 것은?

① 대부분의 한국건축은 인간적 척도 개념을 나타내는 특징이 있다.
② 기둥의 안쏠림으로 건축의 외관에 시지각적인 안정감을 느끼게 하였다.
③ 한국건축은 서양건축과 달리 박공면이 정면이 되고 지붕면이 측면이 된다.
④ 한국건축은 공간의 위계성이 있어 각 공간의 관계가 주(主)와 종(從)의 관계를 갖는다.

해설

③ 한국건축은 서양건축과 달리 박공면이 측면이 되고 지붕면이 정면이 된다.

4 은행건축 계획에 관한 설명으로 옳지 않은 것은?

① 고객과 직원과의 동선이 중복되지 않도록 계획한다.
② 대규모 은행일 경우 고객의 출입구는 되도록 1개소로 계획한다.
③ 이중문을 설치할 경우 바깥문은 바깥여닫이 또는 자재문으로 계획한다.
④ 어린이들의 출입이 많은 경우에는 주출입구에 회전문을 설치하는 것이 좋다.

해설

④ 어린이들의 출입이 많은 지역에서는 안전상의 이유로 회전문을 설치하지 않는 것이 좋다.

해답 1. ② 2. ① 3. ③ 4. ④

5 공장건축의 레이아웃(Lay Out)에 관한 설명으로 옳지 않은 것은?

① 제품중심의 레이아웃은 대량생산에 유리하며 생산성이 높다.
② 레이아웃이란 공장건축의 평면 요소 간의 위치 관계를 결정하는 것을 말한다.
③ 고정식 레이아웃은 조선소와 같이 제품이 크고 수량이 적은 경우에 행해진다.
④ 중화학 공업, 시멘트 공업과 같은 장치공업 등은 시설의 융통성이 크기 때문에 신설 시 장래성에 대한 고려가 필요 없다.

 해설

④ 중화학 공업, 시멘트 공업과 같은 장치공업 등은 시설 규모가 크므로 레이아웃의 융통성이 작다.

6 다음의 서양건축에 대한 설명 중 옳지 않은 것은?

① 로마 건축의 기둥에는 그리스 건축의 오더 이외에 터스칸 오더, 콤포지트 오더가 사용되었다.
② 고딕 건축은 수직적인 요소가 특히 강조되었다.
③ 비잔틴 건축은 사라센 문화의 영향을 받았으며 동양적 요소가 가미되었다.
④ 로마네스크 건축은 내부보다는 외부의 장식에 치중하였으며, 바실리카에 비하면 단순하고 간소하다.

 해설

④ 로마네스크(Romanesque) 건축은 외부보다는 내부의 장식에 치중한 건축양식이며, 바실리카(Basilica) 보다는 화려해졌으나 고딕(Gothic)에 비하면 단순하고 간소한 건축양식이다.

7 아파트 평면형식에 관한 설명으로 옳지 않은 것은?

① 홀형은 통행부 면적이 작아서 건물의 이용도가 높다.
② 중복도형은 대지에 대해서 건물 이용도가 높으나, 프라이버시가 좋지 않다.
③ 집중형은 채광·통풍 조건이 좋아 기계적 환경 조절이 필요하지 않다.
④ 홀형은 계단 또는 엘리베이터 홀로부터 직접 주거단위로 들어가는 형식이다.

 해설

집중형(Concentration Type)

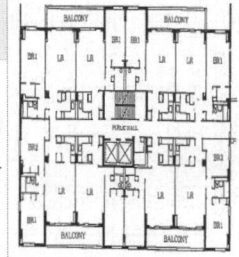

③ 채광 및 통풍 조건을 양호하게 할 수 없으므로 기후 조건에 따른 기계적 환경 조절이 필요하다.

8 다음 설명에 알맞은 백화점 진열장 배치 방법은?

• Main통로를 직각 배치하며, Sub통로를 45° 정도 경사지게 배치하는 유형이다.
• 많은 고객이 매장 공간의 코너까지 접근하기 용이하지만, 이형의 진열장이 많이 필요하다.

① 직각배치　　② 방사배치
③ 사행배치　　④ 자유유선배치

 해설

사행배치

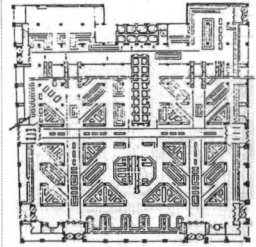

③ 사교배치 또는 대각선 배치 라고도 한다.

해답 5. ④ 6. ④ 7. ③ 8. ③

9 극장의 프로시니엄에 관한 설명으로 옳은 것은?

① 무대 배경용 벽을 말하며 쿠펠 호리존트라고도 한다.
② 조명 기구나 사이클로라마를 설치한 연기 부분 무대의 후면 부분을 일컫는다.
③ 무대의 천장 밑에 설치되는 것으로 배경이나 조명 기구 등을 매다는 데 사용된다.
④ 그림에 있어서 액자와 같이 관객의 시선을 무대에 쏠리게 하는 시각적 효과를 갖는다.

해설

①	사이클로라마(Cyclorama)에 관한 설명이다.
②	후무대(Back Stage)에 관한 설명으로 의상실, 그린 룸, 앤티 룸, 프롬프터 박스 등이 배치된다.
③	그리드 아이언(Grid Iron)에 관한 설명이다.

10 주택단지 내 도로의 형태 중 쿨데삭(Cul-de-Sac)형에 관한 설명으로 옳지 않은 것은?

① 보차분리가 이루어진다.
② 보행로의 배치가 자유롭다.
③ 주거 환경의 쾌적성 및 안전성 확보가 용이하다.
④ 대규모 주택단지에 주로 사용되며, 최대 길이는 1km 이하로 한다.

해설

쿨데삭(Cul-De-Sac)

④	1	통과교통이 없으므로 주거 환경의 쾌적성 및 안전성 확보 용이
	2	각 가구와 관계없는 차량진입이 배제되고 우회도로가 없으므로 방재 및 방범상 불리
	2	최대 길이는 150m 이하로 계획

11 호텔 건축에 관한 설명으로 옳은 것은?

① 호텔의 동선에서 물품동선과 고객동선은 교차시키는 것이 좋다.
② 프런트 오피스는 수평동선이 수직동선으로 전이 되는 공간이다.
③ 현관은 퍼블릭 스페이스의 중심으로 로비, 라운지와 분리하지 않고 통합시킨다.
④ 주식당은 숙박객 및 외래객을 대상으로 하며, 외래객이 편리하게 이용할 수 있도록 출입구를 별도로 설치하는 것이 좋다.

해설

①	호텔의 동선에서 물품동선과 고객동선은 교차시키지 않는다.
②	프런트 오피스는 고객의 확인, 객실의 접수 및 배치, 숙박료의 결정, 귀중품의 예치 등을 행하는 사무 공간이며, 수평동선이 수직동선으로 전이되는 공간은 로비(Lobby)이다.
③	호텔 현관은 외부 접객 장소로서 로비, 라운지와 분리한다.

12 병원건축에 있어서 파빌리온 타입(Pavilion Type)에 관한 설명으로 옳은 것은?

① 대지 이용의 효율성이 높다.
② 고층 집약식 배치 형식을 갖는다.
③ 각 실의 채광을 균등히 할 수 있다.
④ 도심지에서 주로 적용되는 형식이다.

해설

③

분관식(Pavilion Type)　　집중식(Block Type)

대지 이용의 효율성이 높고 도심지에서 주로 적용되는 고층 집약식 배치 형식은 집중식(Block Type)이다.

해답 9. ④ 10. ④ 11. ④ 12. ③

13 다음은 극장의 가시거리에 관한 설명이다. ( )안에 알맞은 것은?

> 연극 등을 감상하는 경우 연기자의 표정을 읽을 수 있는 가시 한계는 (㉠)m 정도이다. 그러나 실제적으로 극장에서는 잘 보여야 하는 동시에 많은 관객을 수용해야 하므로 (㉡)m 까지를 제1차 허용한도로 한다.

① ㉠ 15, ㉡ 22
② ㉠ 20, ㉡ 35
③ ㉠ 22, ㉡ 35
④ ㉠ 22, ㉡ 38

해설

	관객석의 가시거리 허용 한도		
①	1	A구역: 15m	배우의 표정이나 동작을 상세히 감상할 수 있는 거리(인형극, 아동극)
	2	1차 허용한도: 22m	될 수 있는 한 많은 관객을 수용하기 위한 적당한 가시거리(국악, 신극, 실내악)
	3	2차 허용한도: 35m	배우의 일반적인 동작만 보이면 감상하는데 지장이 없는 거리(발레, 뮤지컬 등)

14 다음 중 건축요소와 해당 건축 요소가 사용된 건축 양식의 연결이 옳지 않은 것은?

① 장미 창(Rose Window) - 고딕
② 러스티케이션(Rustication) - 르네상스
③ 첨두 아치(Pointed Arch) - 로마네스크
④ 펜덴티브 돔(Pendentive Dome) - 비잔틴

해설

③ | 첨두 아치(Pointed Arch) | 고딕(Gothic)건축의 대표적 건축 요소이다.

15 사무소 건축에서 엘리베이터 계획 시 고려사항으로 옳지 않은 것은?

① 수량 계산 시 대상 건축물의 교통 수요량에 적합해야 한다.
② 승객의 층별 대기시간은 평균운전간격 이상이 되도록 한다.
③ 군관리운전의 경우 동일 군 내의 서비스 층은 같게 한다.
④ 초고층, 대규모 빌딩인 경우는 서비스 그룹을 분할(조닝)하는 것을 검토한다.

해설

② 엘리베이터 평균대기시간(=평균운전간격) = $\dfrac{\text{일주시간(RTT)}}{\text{대수(N)}}$

엘리베이터 서비스 수준을 질적으로 나타내는 것으로, 승객의 대기시간은 평균운전간격 이하가 되도록 계획되어야 한다.

16 사무소건축에서 기준층 평면 형태의 결정 요소와 가장 거리가 먼 것은?

① 동선상의 거리
② 구조상 스팬의 한도
③ 사무실 내의 책상 배치 방법
④ 덕트, 배선, 배관 등 설비시스템상의 한계

해설

	사무소건축 기준층 평면의 형태 한정요소	
③	1	구조상 스팬(Span)의 한도 ➡ 사용 목적
	2	동선상(動線上)의 거리, 대피상 최대 피난 거리
	3	방화구획상의 면적
	4	자연광에 따른 조명한계 ➡ 채광률
	5	덕트, 배선, 배관 등 설비시스템상의 한계

해답 13. ① 14. ③ 15. ② 16. ③

17 쇼핑센터 공간 구성에서 페데스트리언 지대(Pedestrian Area)의 일부로서 고객을 각 상점에 유도하는 주요 보행자 동선인 동시에 고객의 휴식처로서의 기능을 갖고 있는 곳은?

① 몰(Mall)
② 허브(Hub)
③ 코트(Court)
④ 핵상점(Magnet Store)

해설

①
몰(Mall)

층 외로 개방된 오픈 몰(Open Mall)과 닫혀진 실내 공간으로 형성된 인클로즈드 몰(Enclosed Mall)이 있다.

18 다음 설명에 알맞은 학교 운영방식은?

각 학급을 2분단으로 나누어 한 쪽이 일반교실을 사용할 때, 다른 한 쪽은 특별교실을 사용한다.

① 달톤형
② 플래툰형
③ 개방 학교
④ 교과교실형

해설

②
플래툰(Platoon)형에 대한 설명으로 미국의 초등학교에서 과밀 해소를 위해 운영하는 방식이다.

19 다음 중 상점 정면(Facade) 구성에 요구되는 상점과 관련되는 5가지 광고요소(AIDMA 법칙)에 속하지 않는 것은?

① Attention(주의)
② Interest(흥미)
③ Design(디자인)
④ Memory(기억)

해설

③

상점 정면(Facade) 구성의 5가지 광고요소 (AIDMA법칙)		
	A Attention(주의)	주목시키는 배려가 있는가?
	I Interest(흥미)	공감을 주는 호소력이 있는가?
	D Desire(욕망)	욕구를 일으키는 연상을 하게 하는가?
	M Memory(기억)	인상적인 변화가 있는가?
	A Action(행동)	들어가기 쉬운 구성인가?

20 미술관의 전시실 순회 형식 중 많은 실을 순서별로 통해야 하고, 1실을 폐쇄할 경우 전체 동선이 막히게 되는 것은?

① 중앙홀 형식
② 연속순회 형식
③ 갤러리(Gallery) 형식
④ 코리도(Corridor) 형식

해설

② 연속순로(=연속순회) 형식에 대한 설명이다.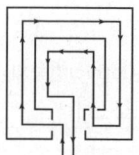

해답 17. ① 18. ② 19. ③ 20. ②

건축시공

21 계약제도의 하나로써 독립된 회사의 연합으로 법인을 설립하지 않으며 공사의 책임과 공사 클레임 등을 각각 독립된 회사의 계약 당사자가 책임을 지는 방식은?

① 공동도급(Joint Venture)
② 파트너링(Partnering)
③ 컨소시엄(Consortium)
④ 분할도급(Partial Contract)

해설

③		컨소시엄(Consortium)
	1	라틴어로 동반자 관계와 협력, 동지를 의미하며, 공통의 목적을 위한 협회나 조합을 말한다.
	2	공동도급(Joint Venture)은 자본의 출자를 통한 정식 법인이지만, 컨소시엄은 법인을 설립하지 않은 협력 형태로서 각각의 독립된 회사가 하나의 연합체를 형성하여 각자의 공사범위에 따라 공사를 수행하는 방식의 차이를 보인다.

22 지하연속벽 공법 중 슬러리 월(Slurry Wall)에 대한 특징으로 옳지 않은 것은?

① 시공 시 소음·진동이 크다.
② 인접 건물의 경계선까지 시공이 가능하다.
③ 주변 지반에 대한 영향이 적고 차수 효과가 확실하다.
④ 지반 굴착 시 안정액을 사용한다.

해설

시공 시의 소음·진동이 작다.

23 콘크리트를 타설하면서 거푸집을 수직방향으로 이동시켜 연속작업을 할 수 있게 한 것으로 사일로 등의 건설공사에 적합한 것은?

① Euro Form   ② Sliding Form
③ Air Tube Form   ④ Traveling Form

해설

② 슬라이딩 폼 (Sliding Form)

슬립 폼(Slip Form)이라고도 한다.

24 서로 다른 종류의 금속재가 접촉하는 경우 부식이 일어나는 경우가 있는데 부식성이 큰 금속 순으로 옳게 나열된 것은?

① 알루미늄 > 철 > 주석 > 구리
② 주석 > 철 > 알루미늄 > 구리
③ 철 > 주석 > 구리 > 알루미늄
④ 구리 > 철 > 알루미늄 > 주석

해설

| ① | 알루미늄 | 철 | 주석 | 구리 |

알루미늄과 철은 부식성이 큰 금속재료인데, 알루미늄이 철보다 부식성이 더 크다. 상대적으로 구리는 부식성이 낮은 금속 중 하나이다.

해답 21. ③ 22. ① 23. ② 24. ①

25 건설 사업 지원 통합전산망으로 건설 생산 활동 전 과정에서 건설 관련 주체가 전산망을 통해 신속히 교환·공유 할 수 있도록 지원하는 통합정보시스템을 지칭하는 용어는?

① CIC(Computer Integrated Construction)
② CALS(Continuous Acquisition & Life Cycle Support)
③ EC(Engineering Construction)
④ EVMS(Earned Value Management System)

해설

② CALS (Continuous Acquisition Life cycle Support)
건설업의 기획, 설계, 계약, 시공, 유지 관리 등 건설 생산 활동의 전 과정에서 발주자, 설계, 시공감리자 등 건설 관련 주체가 초고속 정보통신망과 전자상거래 등을 이용하여 정보의 실시간 공유를 통한 공기단축, 원가절감, 품질향상 등을 도모하려는 건설 분야 통합정보통신시스템을 말한다.

26 철근콘크리트공사에서 콘크리트 이어치기에 대한 설명으로 옳지 않은 것은?

① 콘크리트의 이어치기는 원칙적으로 응력이 집중되는 곳에서 한다.
② 보의 이어치기는 전단력이 가장 작은 스팬(Span)의 중앙부에서 수직으로 한다.
③ 기둥·기초는 슬래브의 상단에서 이어친다.
④ 캔틸레버 보는 이어치기를 하지 않고 한 번에 타설한다.

해설

① 콘크리트의 이어치기를 해야 할 경우가 발생하면 시공이음을 구조적으로 응력이 집중되는 곳을 피하고, 전단력이 작은 위치에 설치하며, 부재의 압축력이 작용하는 방향과 직각이 되도록 설치하는 것이 원칙이다.

27 테라조(Terrazzo) 현장 바름공사에 대한 내용으로 옳지 않은 것은?

① 줄눈 나누기는 최대 줄눈 간격 2m 이하로 한다.
② 바닥 바름두께의 표준은 접착공법(초벌바름)일 때 20mm 정도이다.
③ 갈기는 테라조를 바른 후 손갈기일 때 2일, 기계갈기일 때 3일 이상 경과한 후 경과 정도를 보아 실시한다.
④ 마감은 수산으로 중화 처리하여 때를 벗겨 내고, 헝겊으로 문질러 손질한 후 왁스 등을 바른다.

해설

③ 갈기는 테라조를 바른 후 손갈기일 때 2일, 기계갈기일 때 5~7일 이상 경과 후 경화 정도를 보아 실시한다.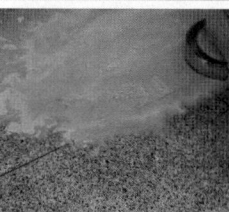

28 공정표 작성 시 공정 계산에 관한 설명 중 옳은 것은?

① 종속여유(DF)는 후속작업의 EST에 영향을 주지 않는 범위 내에서 한 작업이 가질 수 있는 여유시간이다.
② 복수의 작업에 후속되는 작업의 EST는 복수의 선행작업 중 EFT의 최솟값으로 한다.
③ 복수의 작업에 선행되는 작업의 LFT는 후속작업의 LST 중 최댓값으로 한다.
④ 전체여유(TF)는 작업을 EST로 시작하고 LFT로 완료할 때 생기는 여유시간이다.

해설

① 자유여유(FF, Free Float)는 후속작업의 EST에 영향을 주지 않는 범위 내에서 한 작업이 가질 수 있는 여유시간이다.
② 복수의 작업에 후속되는 작업의 EST는 복수의 선행작업 중 EFT의 최댓값으로 한다.
③ 복수의 작업에 선행되는 작업의 LFT는 후속 작업의 LST 중 최솟값으로 한다.

해답 25. ② 26. ① 27. ③ 28. ④

29 다음 설명이 의미하는 공법으로 옳은 것은?

> 미리 공장생산한 기둥이나 보, 바닥판, 외벽, 내벽 등을 한 층씩 쌓아 올라가는 조립식으로 구체를 구축하고 이어서 마감 및 설비공사까지 포함하여 차례로 한 층씩 완성해 가는 공법

① 하프PC합성바닥판 공법 ② 역타 공법
③ 적층 공법 ④ 지하연속벽 공법

③ 적층 공법 / 積層工法 / Floor by Floor Method

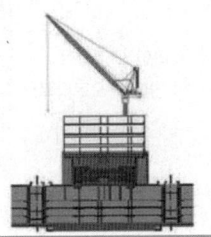

30 사운딩(Sounding)이란 저항체를 땅 속에 삽입하여서 관입, 회전, 인발 등의 저항으로 토층의 성상을 탐사하는 방법이다. 다음 중 사운딩(Sounding)시험에 속하지 않는 시험법은?

① 표준관입시험 ② 콘 관입시험
③ 베인전단시험 ④ 말뚝의 재하시험

사운딩(Sounding)

④	로드(Rod) 선단에 설치한 저항체를 땅 속에 삽입하여 관입, 회전, 인발 등의 저항으로 토층의 성상을 탐사하는 방법으로 원위치 시험이라고도 한다.	
	정적 사운딩	베인 테스트(Vane Test), 휴대용 원추 관입시험, 화란식 원추 관입시험, 스웨덴식 관입시험, 이스키 미터(Isky meter)
	동적 사운딩	동적 원추 관입시험, 표준관입시험(Standard Penetration Test), 콘(Cone) 관입시험

31 커튼월 Mock-Up Test에 있어 기본 성능 시험의 항목에 해당되지 않는 것은?

① 정압수밀시험 ② 구조시험
③ 기밀시험 ④ 압축강도시험

실물대모형시험(Mock-Up Test, 외벽성능시험) 기본 성능 시험 항목	
1	예비시험
2	기밀성능시험
3	정·동압 수밀성능시험
4	구조성능시험
5	영구변형시험

④

32 콘크리트용 재료 중 시멘트에 관한 설명으로 옳지 않은 것은?

① 중용열포틀랜드시멘트는 수화작용에 따르는 발열이 적기 때문에 매스콘크리트에 적당하다.
② 조강포틀랜드시멘트는 조기강도가 크기 때문에 한중콘크리트공사에 주로 쓰인다.
③ 알칼리 골재반응을 억제하기 위한 방법으로써 내황산염포틀랜드시멘트를 사용한다.
④ 조강포틀랜드시멘트를 사용한 콘크리트의 7일 강도는 보통포틀랜드시멘트를 사용한 콘크리트의 28일 강도와 거의 비슷하다.

알칼리 골재반응 (Alkali Aggregate Reaction)

시멘트 중의 알칼리 성분과 골재 중의 실리카 광물질이 화학 반응하여 팽창균열을 유발하는 반응

③

주요 대책	
1	저알칼리 시멘트(Na_2O량 0.6% 이하) 사용
2	Pozzolan, Fly-Ash, 고로 Slag 등의 혼화재 사용
3	알칼리 골재반응에 무해한 골재의 사용
4	방수제 사용, 단위시멘트량을 낮춘 배합설계 실시

해답 29. ③ 30. ④ 31. ④ 32. ③

33 재료의 할증률을 나타낸 것이다. 옳지 않은 것은?

① 이형철근 : 3%   ② 붉은벽돌 : 3%
③ 시멘트벽돌 : 5%   ④ 단열재 : 5%

해설

주요 건축 재료	할증률
유리	1%
타일	
이형 철근, 고장력 볼트	3%
내화 벽돌, 붉은 벽돌	
시멘트 벽돌	
원형 철근, 일반 볼트, 봉강, 강관, 경량 형강	5%
기와	
대형 형강	7%
강판, 동판	
단열재	10%

34 콘크리트의 측압에 대한 설명이 바르지 않은 것은?

① 철근량이 작을수록 측압은 크다.
② 슬럼프가 작을수록 측압은 크다.
③ 타설 속도가 빠를수록 측압은 크다.
④ 온도가 높을수록 측압은 작다.

해설

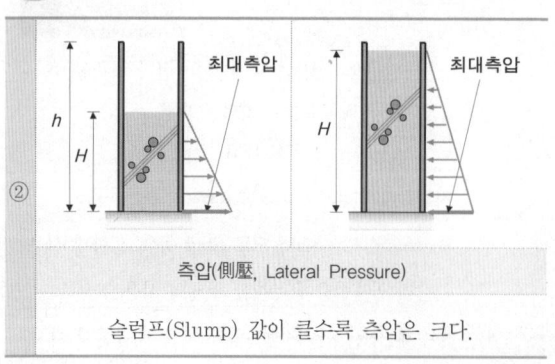

측압(側壓, Lateral Pressure)

슬럼프(Slump) 값이 클수록 측압은 크다.

35 다음에서 설명하는 미장재료는?

시멘트와 건조모래 및 특성 개선재를 배합한 공장제품을 현장에서 물만 가하여 사용하는 모르타르로서, 현장배합 모르타르보다는 다소 고가이지만 현장관리가 용이하다.

① 바라이트 모르타르   ② 셀프레벨링재
③ 초속경 모르타르   ④ 드라이 모르타르

해설

 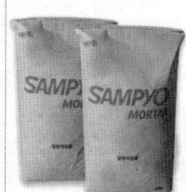

드라이 모르타르 (=기(성)배합 모르타르)

④ 현장에서 배합 작업을 할 경우 품질관리가 어렵고 작업 또한 번거롭기 때문에 공장에서 미리 사용 목적에 맞게 시멘트, 건조모래, 특성 개선 혼화제 등을 배합하여 현장에서는 적당량의 물만 혼합하여 사용할 수 있도록 만든 미장재료

36 벽 마감공사에서 규격 200×200mm인 타일을 줄눈 너비 10mm로 벽면적 100m²에 붙일 때 붙임 매수는 몇 장인가? (단, 할증률 및 파손은 없는 것으로 가정한다.)

① 2,238매   ② 2,248매
③ 2,258매   ④ 2,268매

해설

④ $\dfrac{1 \times 1}{(0.2+0.01) \times (0.2+0.01)} \times 100 = 2,267.57$매

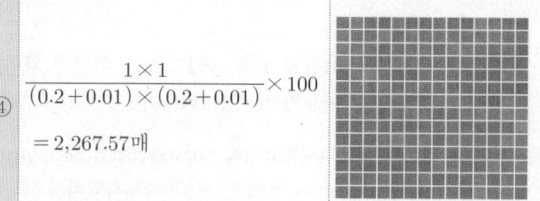

해답 33. ④   34. ②   35. ④   36. ④

37 지름 100mm, 높이 200mm인 원주 공시체로 콘크리트 압축강도를 시험하였더니 250kN에서 파괴되었다면 이 콘크리트의 압축강도는?

① 26MPa ② 29MPa
③ 32MPa ④ 35MPa

해설

③ 콘크리트 압축강도 시험

$f_c = \dfrac{P}{A} = \dfrac{P}{\dfrac{\pi D^2}{4}}$ (MPa)

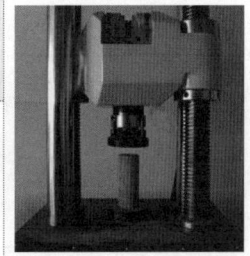

$f_c = \dfrac{P}{A} = \dfrac{(250 \times 10^3)}{\dfrac{\pi (100)^2}{4}} = 31.8 \text{N/mm}^2 = 31.8\text{MPa}$

38 압연강재가 냉각될 때 표면에 생기는 산화철 표피를 무엇이라 하는가?

① 스패터 ② 밀 스케일
③ 슬래그 ④ 비드

해설

② 밀 스케일(Mill Scale)

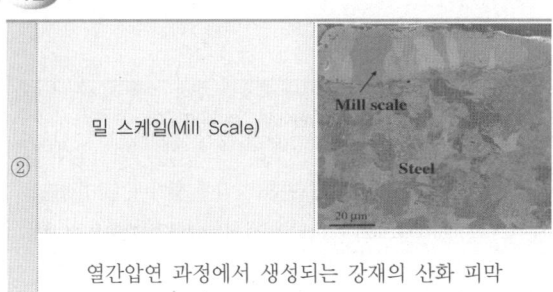

열간압연 과정에서 생성되는 강재의 산화 피막

39 다음 중 탄성계수를 구할 때 변형 측정에 이용하는 것으로 가장 정밀도가 높은 것은?

① 다이얼 게이지 ② 콤퍼레이터
③ 마이크로 미터 ④ 와이어 스트레인 게이지

해설

④ 와이어 스트레인 게이지 (Wire Strain Gauge)

측정하는 대상의 변형을 직접 측정할 수 있으며, 이를 전기적인 신호로 바꾸어 구하고자 하는 변형률이나 응력 변화를 거의 정확히 알 수 있다.

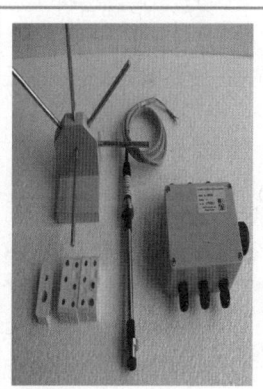

40 지반조사 시험에서 서로 관련 있는 항목끼리 옳게 연결된 것은?

① 지내력 - 정량분석시험
② 연한 점토 - 표준관입시험
③ 진흙의 점착력 - 베인시험(Vane Test)
④ 염분 - 신월 샘플링(Thin Wall Sampling)

해설

①	콘크리트용 골재	정량분석시험
②	사질지반	표준관입시험
④	시료 채취	신월 샘플링(Thin Wall Sampling)

해답 37. ③ 38. ② 39. ④ 40. ③

건축구조

41 강도설계법에 따른 철근콘크리트 부재의 휨에 관한 일반 사항으로 옳지 않은 것은? (단, $f_{ck} \leq 40MPa$)

① 콘크리트의 인장강도는 철근콘크리트 부재 단면의 축강도와 휨강도 계산에서 무시할 수 있다.
② 휨모멘트 또는 휨모멘트와 축력을 동시에 받는 부재의 콘크리트 압축연단의 극한변형률은 0.0033으로 가정한다.
③ 철근의 변형률은 같은 위치에 있는 콘크리트의 변형률과 같다.
④ 강도설계법에서는 연성파괴 보다는 취성파괴를 유도하도록 설계의 초점을 맞추고 있다.

해설

④ 강도설계법에서는 취성파괴 보다는 연성파괴를 유도하도록 설계의 초점을 맞추고 있다.

42 다음 라멘 구조물의 부정정 차수는?

① 9차 부정정
② 10차 부정정
③ 11차 부정정
④ 12차 부정정

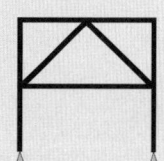

해설

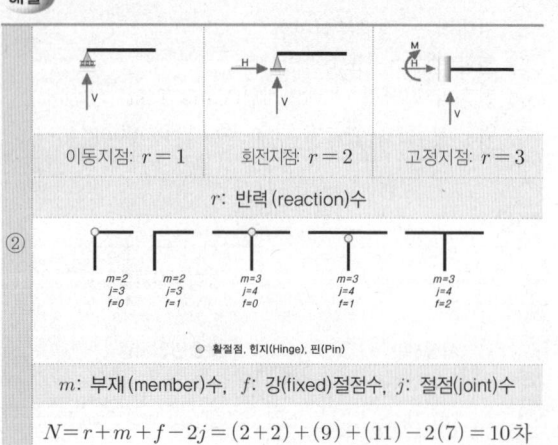

② $N = r + m + f - 2j = (2+2) + (9) + (11) - 2(7) = 10$차

43 구조설계기준(KDS 41 17 00)의 지반의 분류 중 지반 종류와 호칭이 옳게 연결된 것은?

① S_1: 깊고 단단한 지반
② S_2: 얕고 단단한 지반
③ S_3: 깊고 연약한 지반
④ S_4: 얕고 연약한 지반

해설

②

지반의 분류	
지반 종류	호칭
S_1	암반 지반
S_2	얕고 단단한 지반
S_3	얕고 연약한 지반
S_4	깊고 단단한 지반
S_5	깊고 연약한 지반, 매우 연약한 지반

44 그림은 연직하중을 받는 철근콘크리트 보의 균열 상태를 표시한 것이다. 전단력에 의해서 생기는 대표적인 균열의 형태로 옳은 것은?

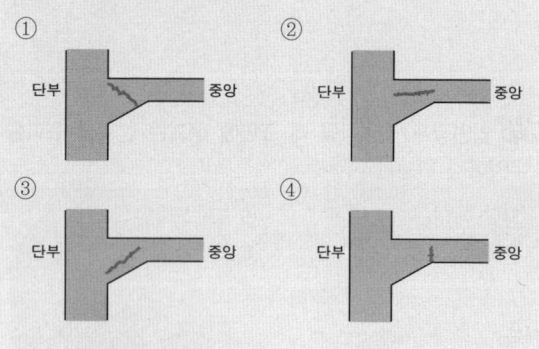

해설

③ 사인장균열(Diagonal Tension Crack)

최대 전단력은 받침부에 면한 지점에 생기며, 사인장균열 (Diagonal Tension Crack)은 받침부에서 바깥쪽으로 보통 45°의 경사각으로 발생한다.

해답 41. ④ 42. ② 43. ② 44. ③

45 한계상태설계법에 따라 강구조물을 설계할 때 고려되는 강도한계상태가 아닌 것은?

① 바닥재의 진동
② 기둥의 좌굴
③ 골조의 불안정성
④ 취성 파괴

해설

①
강도 한계상태(Strength Limit State)
구조체가 하중 지지 능력을 잃고 붕괴되는 상태
사용성한계상태(Serviceability Limit State)
구조기능이 저하되어 처짐, 균열, 진동 등과 같이 외관, 유지관리, 내구성 및 사용에 매우 부적합하게 되는 상태

46 연약지반에서 부등침하를 방지하는 대책으로 옳지 않은 것은?

① 건물을 경량화 한다.
② 지하실을 강성체로 설치한다.
③ 줄기초와 마찰말뚝 기초를 병용한다.
④ 건물의 구조 강성을 높인다.

해설

③ 연약지반에서 줄기초와 마찰말뚝 기초의 병용 시 부등침하의 원인이 된다.

【부등침하(Uneven Settlement, 부동침하)의 여러 원인들】

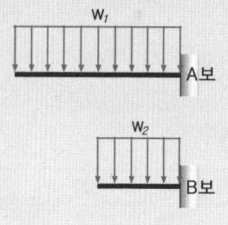

47 철골조 주각 부분에 사용하는 보강재에 해당되지 않는 것은?

① 윙 플레이트
② 데크 플레이트
③ 사이드 앵글
④ 클립 앵글

해설

②
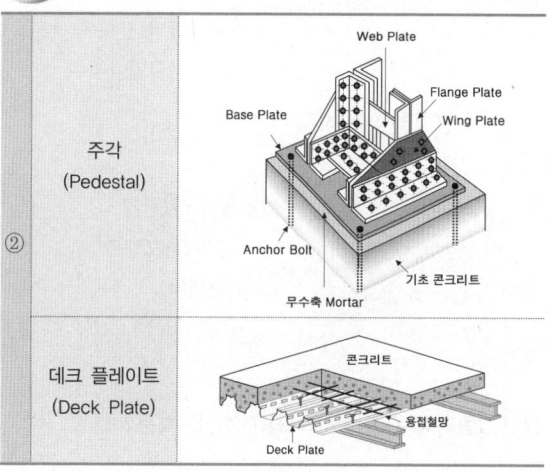

48 다음 두 보의 최대 처짐량이 같기 위한 등분포하중의 비로 알맞은 것은? (단, 부재의 재질과 단면은 동일하며 A부재의 길이는 B부재의 길이의 2배임)

① $w_2 = 2w_1$
② $w_2 = 4w_1$
③ $w_2 = 8w_1$
④ $w_2 = 16w_1$

해설

④
1. 캔틸레버보에 등분포하중 작용 시: $\delta_{max} = \frac{1}{8} \cdot \frac{wL^4}{EI}$

2. 등분포하중의 비교

$\delta_{A,max} = \frac{1}{8} \cdot \frac{w_1 \cdot (2L)^4}{EI}$, $\delta_{B,max} = \frac{1}{8} \cdot \frac{w_2 \cdot (L)^4}{EI}$

$\delta_{A,max} = \delta_{B,max}$ 로부터 $w_1 \cdot (2L)^4 = w_2 \cdot (L)^4$

이므로 ∴ $w_2 = 16w_1$

해답 45. ① 46. ③ 47. ② 48. ④

49 단일 압축재에서 세장비를 구할 때 필요 없는 것은?

① 좌굴길이 ② 단면적
③ 단면2차모멘트 ④ 탄성계수

해설

④	세장비(Slenderness Ratio) $\lambda = \dfrac{KL}{r} = \dfrac{KL}{\sqrt{\dfrac{I}{A}}}$	K : 지지단의 상태에 따른 유효좌굴길이계수 L : 부재의 길이 r : 단면2차반경 I : 단면2차모멘트 A : 단면적

50 그림과 같은 단순보의 최대 전단응력은?

① $\dfrac{4}{3} \cdot \dfrac{wL}{bh}$
② $\dfrac{3}{4} \cdot \dfrac{wL}{bh}$
③ $\dfrac{2}{3} \cdot \dfrac{wL}{bh}$
④ $\dfrac{3}{2} \cdot \dfrac{wL}{bh}$

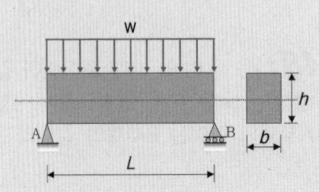

해설

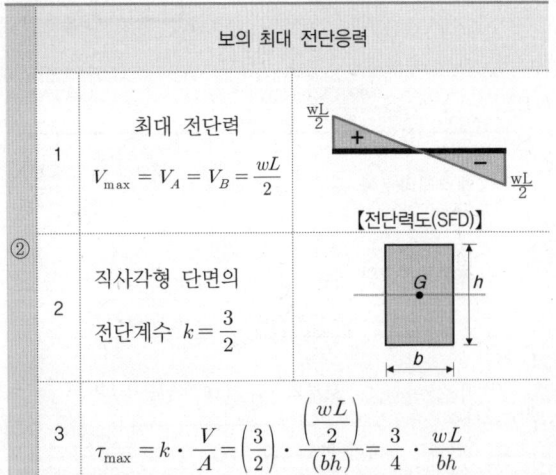

51 다음 그림에서 부정정 보의 부재력 M_{AC}의 크기는?

① 2kN·m
② 3kN·m
③ 4kN·m
④ 5kN·m

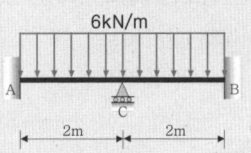

해설

모멘트 분배법(Moment Distribution Method)

1	AC구간에서 C절점의 고정단모멘트: $FEM_C = FEM_{CA} + FEM_{CB} = +\dfrac{wL^2}{12} - \dfrac{wL^2}{12} = 0$ 고정단모멘트 $FEM_{CA} = \dfrac{6 \times 2^2}{12} = 2kN \cdot m$ 고정단모멘트 $FEM_{CB} = \dfrac{6 \times 2^2}{12} = 2kN \cdot m$
2	A절점의 고정단모멘트: $FEM_{AC} = -\dfrac{wL^2}{12} = -\dfrac{(6)(2)^2}{12} = -2kN \cdot m (\curvearrowleft)$
3	C절점 고정단모멘트가 0이므로 A절점의 고정단모멘트가 A점의 재단모멘트 M_{AC}가 된다.

52 강구조에서 용접선 단부에 붙인 보조판으로 아크의 시작이나 종단부의 크레이터 등의 결함을 방지하기 위해 붙이는 판은?

① 스티프너 ② 엔드 탭
③ 윙 플레이트 ④ 커버 플레이트

해설

| ② | 엔드 탭(End Tab)
용접 결함 발생을 방지하기 위해 용접의 시단부와 종단부에 임시로 붙이는 보조 강판 | 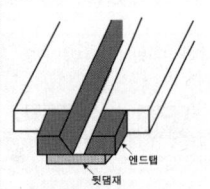 |

해답 49. ④ 50. ② 51. ① 52. ②

53 지름이 D인 원목을 직사각형 단면으로 제재하고자 한다. 휨모멘트에 대한 저항을 크게 하기 위해 최대 단면계수를 갖는 직사각형 단면을 얻기 위한 $\dfrac{b}{h}$는?

① 1
② 1/2
③ $1/\sqrt{2}$
④ $1/\sqrt{3}$

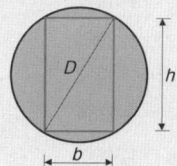

해설

③

	최대 단면계수를 갖기 위한 조건
1	$D^2 = b^2 + h^2$ 에서 $h^2 = D^2 - b^2$
2	$Z = \dfrac{bh^2}{6} = \dfrac{b}{6}(D^2 - b^2) = \dfrac{1}{6}(D^2 \cdot b - b^3)$
3	Z값이 최대가 되려면 이것을 미분한 값이 0이어야 한다. $\dfrac{dZ}{db} = \dfrac{1}{6}(D^2 - 3b^2) = 0$ 에서 $D = \sqrt{3}\,b$
4	$h = \sqrt{2}\,b$ 이므로 $\dfrac{b}{h} = \dfrac{1}{\sqrt{2}}$

54 강구조에서 기초콘크리트에 매입되어 주각부의 이동을 방지하는 역할을 하는 것은?

① 앵커 볼트
② 턴 버클
③ 클립 앵글
④ 사이드 앵글

해설

①

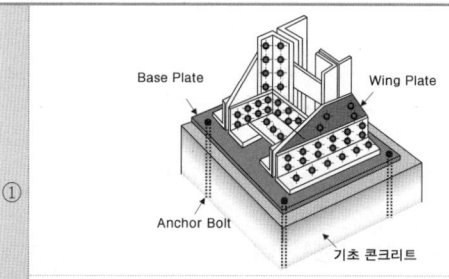

앵커 볼트(Anchor Bolt): 베이스 플레이트로부터 기초 콘크리트에 매입되어 주각부의 이동을 방지한다.

55 필릿치수 8mm, 용접길이 500mm인 양면 필릿용접의 유효단면적은 약 얼마인가?

① 2,100mm²
② 3,221mm²
③ 4,300mm²
④ 5,421mm²

해설

④

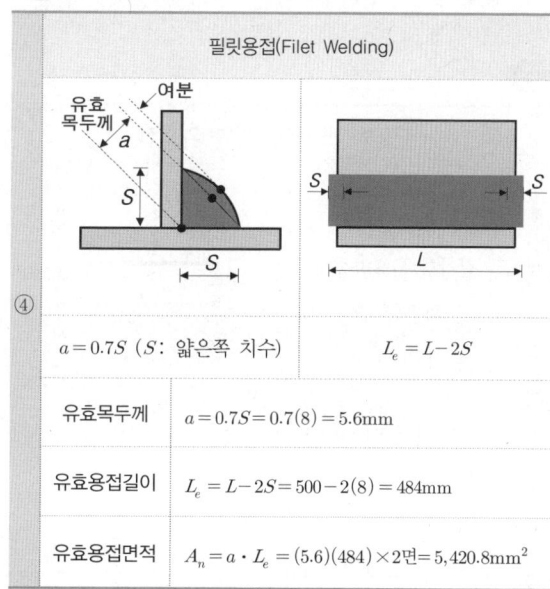

$a = 0.7S$ (S: 얇은쪽 치수) $L_e = L - 2S$

유효목두께	$a = 0.7S = 0.7(8) = 5.6$mm
유효용접길이	$L_e = L - 2S = 500 - 2(8) = 484$mm
유효용접면적	$A_n = a \cdot L_e = (5.6)(484) \times 2$면 $= 5,420.8$mm²

56 강도설계법에서 압축이형철근 D22의 기본정착길이는? (단, $f_{ck} = 24$MPa, $f_y = 400$MPa, 경량콘크리트계수 $\lambda = 1$)

① 400mm
② 450mm
③ 500mm
④ 550mm

해설

②

	압축이형철근의 기본정착길이	
	$l_{db} = \dfrac{0.25 d_b \cdot f_y}{\lambda \sqrt{f_{ck}}} = \dfrac{0.25(22)(400)}{(1)\sqrt{(24)}} = 449.073$mm	최댓값
	$l_{db} = 0.043 d_b \cdot f_y = 0.043(22)(400) = 378.4$mm	

해답 53. ③   54. ①   55. ④   56. ②

57. 다음 그림과 같은 단순보에 등변분포하중이 작용할 때 전단력이 0이 되는 점에 대하여 A점으로부터의 거리를 구하면?

① $\dfrac{L}{\sqrt{2}}$ ② $\dfrac{L}{\sqrt{3}}$
③ $\dfrac{L}{\sqrt{4}}$ ④ $\dfrac{L}{\sqrt{5}}$

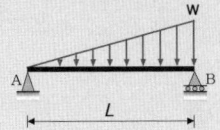

해설

	단순보: 전단력이 0인 위치의 산정
1	전단력이 0인 x 위치에서의 삼각형 분포하중 q $x : q = L : w$ $q = \left(\dfrac{w}{L}\right) \cdot x$
2	$M_x = \left(\dfrac{wL}{6}\right) \cdot x - \left(\dfrac{1}{2} q \cdot x\right)\left(\dfrac{x}{3}\right)$ $= \left(\dfrac{wL}{6}\right) \cdot x - \left(\dfrac{x^2}{6}\right)\left(\dfrac{w}{L} \cdot x\right)$ $= \left(\dfrac{wL}{6}\right) \cdot x - \left(\dfrac{w}{6L}\right) \cdot x^3$
3	$\dfrac{dM_x}{dx} = V = \left(\dfrac{wL}{6}\right) - \left(\dfrac{w}{2L}\right) \cdot x^2 = 0 \quad \therefore x = \dfrac{L}{\sqrt{3}}$

②

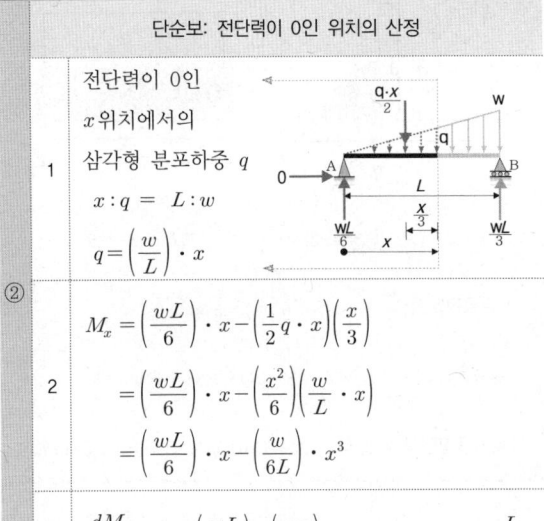

58. 고정하중 10kN, 활하중 9kN, 풍하중 0.8kN이 강구조 기둥에 축력으로 작용하고 있다. 기둥의 소요강도는?

① 20kN ② 22kN
③ 24kN ④ 26kN

해설

	하중조합: 고정하중(D) + 풍하중(W) + 활하중(L)
②	$U = 1.2D + 1.3W + 1.0L$ $= 1.2(10) + 1.3(0.8) + 1.0(9) = 22.04\text{kN}$

59. 다음 그림과 같은 내민보의 지점반력을 각각 구하면? (단, 반력의 + : 상방향, − : 하방향)

① $R_A = -2\text{kN}$, $R_B = +6\text{kN}$
② $R_A = +2\text{kN}$, $R_B = -6\text{kN}$
③ $R_A = +2\text{kN}$, $R_B = +2\text{kN}$
④ $R_A = -4\text{kN}$, $R_B = +8\text{kN}$

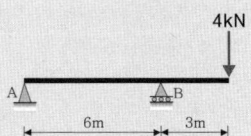

해설

1	$\sum M_B = 0 : +(V_A)(6) + (4)(3) = 0 \quad \therefore V_A = -2\text{kN}(\downarrow)$
2	$\sum V = 0 : +(V_A) + (V_B) - (4) = 0 \quad \therefore V_B = +6\text{kN}(\uparrow)$
①	$R_A = \sqrt{V_A^2 + H_A^2} = V_A = -2\text{kN}(\downarrow)$ $R_B = V_B = +6\text{kN}(\uparrow)$
3	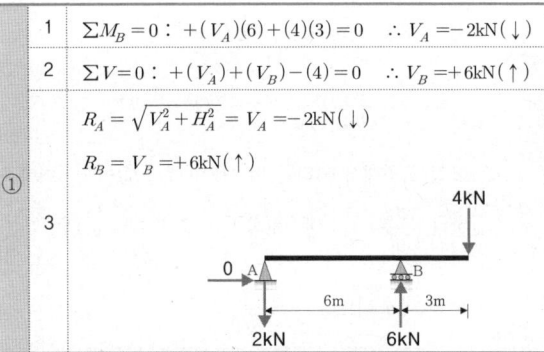

60. 강도설계법에 의해서 전단보강철근을 사용하지 않고 계수하중에 따른 전단력 $V_u = 50\text{kN}$을 지지하기 위한 직사각형 단면 보의 최소 유효깊이 d는? (단, 보통중량 콘크리트 사용, $f_{ck} = 28\text{MPa}$, $b_w = 300\text{mm}$)

① 405mm ② 444mm
③ 504mm ④ 605mm

해설

	전단보강철근이 필요 없는 조건
1	$V_u \leq \dfrac{1}{2}\phi V_c = \dfrac{1}{2}\phi\left(\dfrac{1}{6}\lambda\sqrt{f_{ck}} \cdot b_w \cdot d\right)$
③ 2	보통중량콘크리트: $\lambda = 1$ $d \geq \dfrac{12V_u}{\phi\lambda\sqrt{f_{ck}} \cdot b_w} = \dfrac{12(50 \times 10^3)}{(0.75)(1)\sqrt{(28)}(300)} = 503.95\text{mm}$

해답 57. ② 58. ② 59. ① 60. ③

건축설비

61 통기관에 관한 설명으로 틀린 것은?

① 2개 이상의 횡지관이 있는 배수입상관에는 통기입상관을 설치하여야 한다.
② 위생배관의 통기관은 위생배관의 통기 이외의 다른 목적으로 사용하지 않는다.
③ 통기관은 위생기구의 물 넘침선 보다 150mm 이상 높게 배관하여 연결하는 것이 원칙이다.
④ 여러 개의 통기관을 입상관 상부 끝에서 공통 헤더로 연결하여 한 곳에서 대기에 개방할 수 있다.

해설

①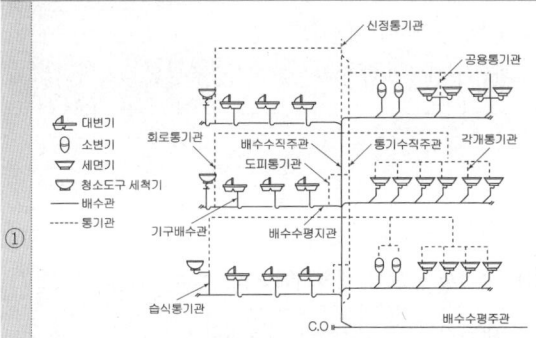

2개 이상의 횡지관이 있는 배수입상관에는 루프통기관(Loop Vent Pipe)을 설치하여야 한다.

62 덕트의 치수 결정 방법에 속하지 않는 것은?

① 균등법   ② 등속법
③ 등마찰법   ④ 정압 재취득법

해설

① | 덕트 치수 결정 방법 |
| --- |
| 등속법 |
| 등마찰법 |
| 정압 재취득법 |

63 흡수식 냉동기의 주요 구성 부분에 속하지 않는 것은?

① 응축기   ② 압축기
③ 증발기   ④ 재생기

해설

압축식 냉동기
• 구성: 압축기 ➡ 응축기 ➡ 팽창밸브 ➡ 증발기
• 종류: 왕복동식, 회전식(스크류식), 터보식(원심식)
• 특징: 구동에너지가 전기이므로 전력 소비가 많다.

흡수식 냉동기
• 구성: 응축기 ➡ 증발기 ➡ 흡수기 ➡ 재생기(발생기)
• 특징: 도시가스를 주연료로 사용하므로 전력 소비가 적다.

64 각종 보일러에 대한 설명으로 옳은 것은?

① 관류 보일러는 보유 수량이 많아 예열시간이 길다.
② 주철제 보일러는 사용 내압이 높아 고압용으로 주로 사용되며 용량도 크다.
③ 수관 보일러는 소용량으로 소규모 건물에 적합하며 지역난방으로는 사용이 불가능하다.
④ 노통연관 보일러는 부하 변동에 잘 적응되며, 보유 수면이 넓어서 급수 용량 제어가 쉽다.

해설

① 관류 보일러는 보유 수량이 적기 때문에 예열시간이 짧고 부하 변동에 대한 추종성이 좋다.

② 주철제 보일러는 증기압 0.1MPa 이하의 저압용 보일러이다.

③ 수관 보일러는 다량의 고압 증기를 필요로 하는 병원이나 호텔, 지역난방의 대형 원심냉동기 구동을 위한 증기터빈용으로 사용된다.

해답 61. ① 62. ① 63. ② 64. ④

65 정보통신설비는 정보설비와 통신설비로 구분할 수 있다. 다음 중 통신설비에 속하지 않는 것은?

① 전화설비
② TV공청설비
③ 인터폰설비
④ 전기시계설비

해설

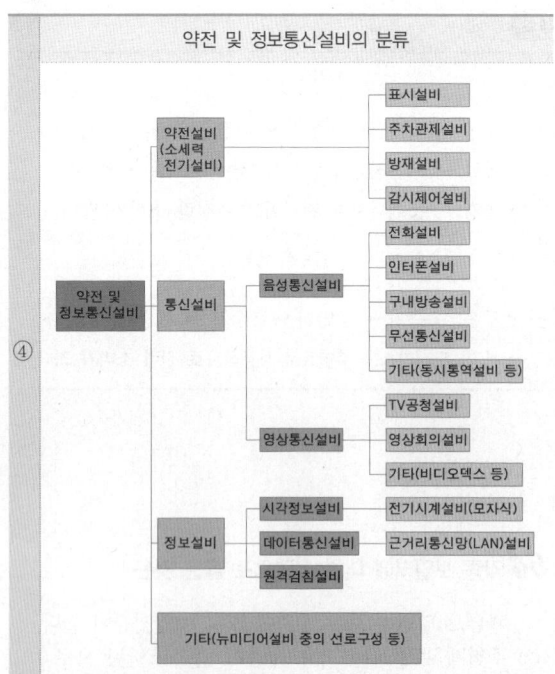

66 주위 온도가 일정 온도 상승률 이상이 되었을 때 작동하는 것으로 국소적 열효과에 의하여 작동하는 감지기는?

① 차동식 스포트형 감지기
② 정온식 스포트형 감지기
③ 정온식 감지선형 감지기
④ 광전식 연기 감지기

해설

| ① | 주위 온도가 일정 온도 이상일 때 작동하는 것은 정온식, 온도 상승률이 일정 이상일 때 작동하는 것은 차동식 스폿 감지기이다. |

67 증기난방에 관한 설명으로 옳지 않은 것은?

① 응축수 환수관 내에 부식이 발생하기 쉽다.
② 동일 방열량인 경우 온수난방에 비해 방열기의 방열면적이 작아도 된다.
③ 방열기를 바닥에 설치하므로 복사난방에 비해 실내 바닥의 유효면적이 줄어든다.
④ 온수난방에 비해 예열시간이 길어서 충분한 난방감을 느끼는데 시간이 걸린다.

해설

	증기난방	
④	온수난방에 비해 예열시간이 짧아 간헐 운전에 적합하다.	

68 플러시 밸브식 대변기에 관한 설명으로 옳은 것은?

① 대변기의 연속사용이 가능하다.
② 급수 관경과 급수 압력에 제한이 없다.
③ 우리나라에서는 일반 주택을 중심으로 널리 채용되고 있다.
④ 탱크에 저장된 물의 낙차에 따른 수압으로 대변기를 세척하는 방식이다.

해설

②	급수 관경은 최소 25mm, 급수 압력은 최저 0.07MPa을 필요로 한다.	
③	일반 주택에서는 사용이 곤란하며 학교, 호텔, 사무소 등의 건축물에 적합하다.	
④	하이 탱크식(High Tank System)에 관한 설명이다.	세정 밸브식 (Flush Valve System)

해답 65. ④ 66. ① 67. ④ 68. ①

69 배수트랩에 관한 설명으로 옳지 않은 것은?

① 트랩은 이중으로 설치하면 효과적이다.
② 트랩의 봉수 깊이가 너무 깊으면 통수 능력이 감소된다.
③ 트랩은 하수 가스의 실내 침입을 방지하는 역할을 한다.
④ 트랩은 위생기구에 가능한 한 접근시켜 설치하는 것이 좋다.

해설

① 트랩(Trap)은 구조가 간단하고, 자체의 유수로 배수로를 세정하고 유수면은 평활하여 오수가 정체하지 않아야 하므로 이중으로 설치한다고 해서 효과가 증대되지는 않는다.

70 어떤 상태의 습공기를 절대습도의 변화없이 건구온도만 상승시킬 때, 습공기의 상태 변화로 옳은 것은?

① 엔탈피는 증가한다.
② 비체적은 감소한다.
③ 노점온도는 낮아진다.
④ 상대습도는 증가한다.

해설

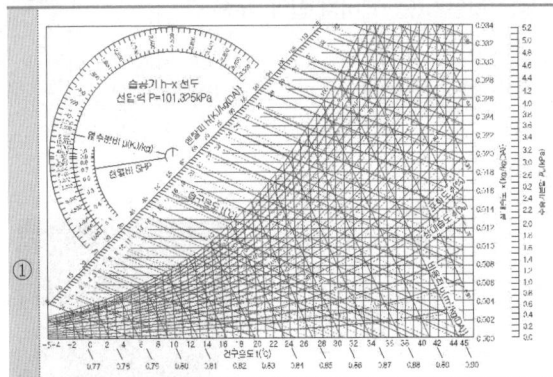

① 절대습도의 변화없이 건구온도를 상승시키는 것 즉, 공기를 가열하면 상대습도는 낮아지고, 노점온도는 절대습도의 변화가 없으므로 일정한 상태를 유지하며, 비체적은 증가한다.

71 어떤 실의 취득 열량이 현열 35,000W, 잠열 15,000W 이었을 때, 현열비는?

① 0.3   ② 0.4
③ 0.7   ④ 2.3

해설

③ 현열비$(SHF) = \dfrac{현열}{현열+잠열} = \dfrac{(35,0000)}{(35,000)+(15,000)} = 0.7$

72 자연환기에 관한 설명으로 옳은 것은?

① 풍력환기에 의한 환기량은 풍속에 반비례한다.
② 풍력환기에 의한 환기량은 유량계수에 비례한다.
③ 중력환기에 의한 환기량은 공기의 입구와 출구가 되는 두 개구부의 수직거리에 반비례한다.
④ 중력환기에서 실내온도가 외기온도보다 높을 경우 공기는 건물 상부의 개구부에서 실내로 들어와서 하부의 개구부로 나간다.

해설

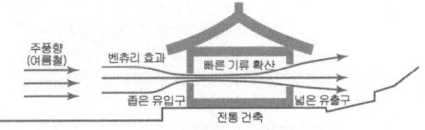

자연환기(Natural Ventilation): 풍력환기, 중력환기

① 풍력환기량: $Q = \alpha Av\sqrt{C_f - C_b}$

풍력환기량(Q)은 유량계수(α), 개구부 면적(A), 풍속(v)에 비례한다.

③ 중력환기량: $Q = KA\sqrt{h \cdot \Delta T}$

중력환기량(Q)은 두 개구부의 수직거리(h)에 비례한다.

④ 중력환기에서는 실내온도가 외기온도보다 높을 경우, 공기는 건물 하부의 개구부에서 들어와서 상부의 개구부로 나간다.

해답 69. ① 70. ① 71. ③ 72. ②

73 변풍량 단일덕트 방식에서 송풍량 조절의 기준이 되는 것은?

① 실내 청정도　② 실내 기류속도
③ 실내 현열부하　④ 실내 잠열부하

해설

③
단일덕트 방식(Single Duct System):
1대의 공조기에 1개의 급기덕트만 연결되어 여름에는 냉풍, 겨울에는 온풍을 송풍하여 공기조화하는 방식
(가)변풍량 방식(Variable Air Volume System):
각 실별 또는 존별로 덕트의 말단에 VAV유닛을 설치하여 송풍 온도는 일정하게 하고, 실내 현열(Sensible Heat)부하의 변동에 따라 송풍량만을 변화시키는 에너지 절약형 방식

74 엘리베이터 주요 기기의 설치 위치는 기계실, 승강로, 승강장 등으로 나눌 수 있다. 다음 중 기계실에 설치하는 것은?

① 가이드 레일　② 균형 추
③ 완충기　　　④ 권상기

해설

④
엘리베이터의 기계실에 있는 주요 설비
제어반, 전동기, 권상기, 조속기, 전자 브레이크
권상기 (Traction Machine)

엘리베이터 기계실에 설치된 엘리베이터를 움직이는 모터가 달려 있는 기기를 말한다. 엘리베이터 전체를 위아래로 들어 올리고 내리는 기기이다.

75 다음 설명에 알맞은 접지의 종류는?

기능상 목적이 서로 다르거나 동일한 목적의 개별 접지들을 전기적으로 서로 연결하여 구현한 접지시스템

① 단독접지　② 공통접지
③ 통합접지　④ 종별접지

해설

① 단독접지(=독립접지): 배선당 1종류를 이용한 접지공사

② 공통접지(=공용접지): 제1종, 제2종, 제3종 접지를 공통으로 사용하는 접지방식

③ 통합접지(= 1,2,3종 + 피뢰접지 + 통신접지 + 철골): 건축물에는 보안용 접지, 정보통신 기기들을 위한 기능용 접지 또는 낙뢰로부터 보호하기 위한 접지 등 목적이 다른 접지가 이루어지는데, 하나의 공용 접지시스템으로 신뢰와 편리, 경제적 시공을 목적으로 한 접지

④ 종별접지: 제1종 접지, 제2종 접지, 제3종 접지

76 압력에 따른 도시가스의 분류에서 고압의 기준으로 옳은 것은? (단, 게이지 압력 기준)

① 0.1MPa 이상　② 1MPa 이상
③ 10MPa 이상　　④ 100MPa 이상

해설

②

도시가스 가스 압력	
고압	1MPa 이상
중압	0.1MPa~ 1MPa
저압	0.1MPa 미만

해답 73. ③　74. ④　75. ③　76. ②

77 급탕배관에 관한 설명으로 옳지 않은 것은?

① 관의 신축을 고려하여 굽힘 부분에는 스위블이음 등으로 접합한다.
② 관의 신축을 고려하여 건물의 벽 관통 부분의 배관에는 슬리브를 사용한다.
③ 반대의 기울기나 공기 정체가 일어나기 쉬운 배관 등 온수의 순환을 방해하는 것은 피한다.
④ 배관재로 동관을 사용하는 경우 관 내 유속을 느리게 하면 부식되기 쉬우므로 2.5m/s 이상으로 하는 것이 바람직하다.

해설

④ 배관의 관 내 유속은 2.0m/s 이내로 하여야 한다.

78 옥내소화전설비에 관한 설명으로 옳지 않은 것은?

① 옥내소화전방수구는 바닥으로부터의 높이가 1.5m 이하가 되도록 설치한다.
② 옥내소화전설비의 송수구는 구경 65mm의 쌍구형 또는 단구형으로 한다.
③ 전동기에 따른 펌프를 이용하는 가압송수장치를 설치하는 경우, 펌프는 전용으로 하는 것이 원칙이다.
④ 어느 한 층의 옥내소화전을 동시에 사용할 경우 각 소화전의 노즐 선단에서의 방수압력은 최소 0.7MPa 이상이 되어야 한다.

해설

④

옥내소화전설비	표준 방수압력	0.17MPa
	표준 방수량	130 l/min
	설치 간격	건물의 각 부분에서 수평거리 25m 이하
	소화 수량	2.6N(m^3) N=최대 2개

79 급수방식 중 펌프직송 방식에 대한 설명으로 옳지 않은 것은?

① 상향공급 방식이 일반적이다.
② 전력공급이 중단되면 급수가 불가능하다.
③ 자동제어에 필요한 설비비가 적고, 유지관리가 간단하다.
④ 적절한 대수 분할, 압력 제어 등에 의해 에너지 절약을 꾀할 수 있다.

해설

펌프직송 방식(=Tankless Booster System)

③ 펌프의 대수 제어 운전, 회전수 제어 운전과 같은 자동제어에 필요한 설비비가 많고 펌프의 단락이 잦기 때문에 최근에는 압력탱크가 있는 부스터 방식이 많이 사용된다.

80 변전실에 관한 설명으로 옳지 않은 것은?

① 건축물의 최하층에 설치하는 것이 원칙이다.
② 용량의 증설에 대비한 면적을 확보할 수 있는 장소로 한다.
③ 사용 부하의 중심에 가깝고, 간선의 배선이 용이한 곳으로 한다.
④ 변전실의 높이는 바닥의 케이블 트렌치 및 무근 콘크리트 설치 여부 등을 고려한 유효높이로 한다.

해설

변전실의 위치		
①	1	가능한 한 부하의 중심에 가깝고 배전에 편리한 장소
	2	외부로부터 전원 인입과 기기의 반출입이 용이한 곳
	3	천장높이를 충분히 확보(고압: 보 아래 3.0m 이상, 특고압: 보 아래 4.5m 이상)

해답 77. ④ 78. ④ 79. ③ 80. ①

건축법규

81 건축물의 용도를 변경하는 경우 변경 후 용도의 주차 대수와 변경 전 용도의 주차 대수의 차이에 해당하는 부설 주차장을 추가로 확보하지 아니 하고 용도를 변경할 수 있는 경우에 속하지 않는 것은? (단, 사용승인 후 5년이 지난 연면적 1,000㎡ 미만의 건축물의 용도를 변경하는 경우)

① 종교시설의 용도로 변경하는 경우
② 판매시설의 용도로 변경하는 경우
③ 다세대주택의 용도로 변경하는 경우
④ 문화 및 집회시설 중 전시장의 용도로 변경하는 경우

해설

		용도변경에 따른 부설주차장 설치
③	1	추가 설치가 불필요한 용도변경: 사용승인 후 5년이 경과한 연면적 1,000㎡ 미만 시설물의 용도변경
	2	추가 설치가 필요한 용도변경: 위락시설, 공연장, 집회장, 관람장, 다세대주택, 다가구주택으로의 건축물의 용도변경 시 부설주차장을 추가 확인하여야 한다.

82 상업지역에서 건축물에 설치하는 냉방시설 및 환기시설의 배기구는 도로면으로부터 최소 얼마 이상의 높이에 설치하여야 하는가?

① 1m
② 1.5m
③ 2m
④ 2.5m

해설

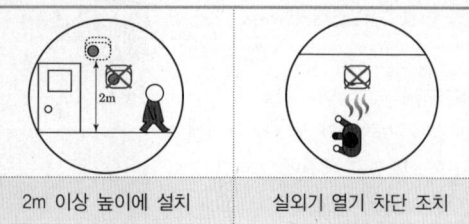

③ 2m 이상 높이에 설치 / 실외기 열기 차단 조치

상업지역·주거지역에서 도로(길이 10m 미만의 막다른 도로 제외)에 면한 배기구는 도로면으로부터 2m 이상의 위치에 설치하여야 한다.

83 건축법령상 공동주택에 해당하지 않는 것은?

① 기숙사
② 연립주택
③ 다가구주택
④ 다세대주택

해설

		건축법령상 공동주택
③	1	아파트: 주택으로 쓰이는 층이 5개층 이상인 주택
	2	연립주택: 주택으로 쓰이는 1개 동의 바닥면적(부설 주차장 면적 제외) 합계가 660㎡를 초과하는 4개층 이하의 주택
	3	다세대주택: 주택으로 쓰이는 1개 동의 바닥면적(부설 주차장 면적 제외) 합계가 660㎡ 이하인 4개층 이하의 주택
	4	기숙사

84 노외주차장인 주차전용건축물의 건폐율, 용적률, 대지면적의 최소한도 및 높이 제한에 관한 기준 내용으로 옳지 않은 것은?

① 건폐율: 100분의 90 이하
② 용적률: 1,500% 이하
③ 대지면적의 최소한도: 45㎡ 이상
④ 높이 제한(대지가 너비 12m 미만의 도로에 접하는 경우): 건축물의 각 부분의 높이는 그 부분으로부터 대지에 접한 도로의 반대쪽 경계선까지의 수평거리의 4배

해설

	노외주차장인 주차전용건축물에 대한 높이 제한 특례	
	대지가 접한 도로의 폭	건축물의 각 부분의 높이
④	12m 미만	그 부분으로부터 대지에 접한 도로의 반대쪽 경계선까지의 수평거리의 3배
	12m 이상	그 부분으로부터 대지에 접한 도로의 반대쪽 경계선까지의 수평거리의 36/도로폭

해답 81. ③ 82. ③ 83. ③ 84. ④

85 다음 중 바닥면적에 산입되는 것은?

① 층고가 1.5m인 다락방
② 다세대주택의 편복도
③ 공동주택의 필로티 부분
④ 공동주택의 지상층에 설치한 기계실

해설

	바닥면적 산정 시 제외되는 부분
1	필로티 등의 구조 부분의 바닥면적 산정이 제외되는 경우 • 공중의 통행에 전용되는 경우 • 차량의 통행·주차에 전용되는 경우 • 공동주택의 경우
2	승강기탑·계단탑·장식탑·층고 1.5m(경사지붕: 1.8m) 이하의 다락
3	공동주택의 지상층에 설치한 기계실·전기실·어린이놀이터·조경시설
4	옥상·옥외 또는 지하에 설치하는 물탱크·기름탱크·냉각탑·정화조·도시가스 정압기 및 생활폐기물 보관 시설의 설치를 위한 구조물의 바닥
5	건축물 내·외부에 설치하는 굴뚝·더스트슈트·설비덕트

(정답 ②)

86 건축물의 출입구에 설치하는 회전문의 구조에 대한 설명으로 옳지 않은 것은?

① 계단이나 에스컬레이터로부터 2m 이상의 거리를 둘 것
② 틈 사이를 고무와 고무펠트의 조합체 등을 사용하여 신체나 물건 등에 손상이 없도록 할 것
③ 출입에 지장이 없도록 일정한 방향으로 회전하는 구조로 할 것
④ 회전문의 회전속도는 분당회전수가 10회를 넘지 아니 하도록 할 것

해설

④ 회전문의 회전속도는 분당회전수가 8회를 넘지 아니 하도록 한다.

87 건축물의 건축주가 착공신고를 할 때, 해당 건축물의 설계자로부터 받은 구조안전의 확인서류를 허가권자에게 제출하여야 하는 대상 건축물 기준으로 옳지 않은 것은? (단, 허가대상 건축물인 경우)

① 높이가 11m 이상인 건축물
② 처마높이가 9m 이상인 건축물
③ 국토교통부령으로 정하는 지진구역 안의 건축물
④ 기둥과 기둥 사이의 거리가 10m 이상인 건축물

해설

	구조계산에 따른 구조안전 확인 대상 건축물	
①	연면적, 층수	200m² 이상, 2층 이상 (기둥과 보가 목재인 목구조의 경우 3층 이상)
	높이	건축물 높이 13m 이상, 처마높이 9m 이상
	경간	10m 이상
	국가적 문화유산	국가적 문화유산으로서 보존 가치가 있는 연면적 합계 5,000m² 이상인 박물관·기념관 등
	지진구역	지진구역 I 의 지역: 중요도(특) 또는 (1)인 건축물

88 국토교통부장관이 정한 범죄예방 기준에 따라 건축하여야 하는 대상 건축물에 속하지 않는 것은?

① 수련시설
② 교육연구시설 중 도서관
③ 업무시설 중 오피스텔
④ 숙박시설 중 다중생활시설

해설

	범죄예방 기준에 따라 건축하여야 하는 대상 건축물
1	아파트, 연립주택, 다세대주택, 다가구주택
2	제1종 근린생활시설 중 일용품을 판매하는 소매점
3	제2종 근린생활시설 중 다중생활시설
4	문화 및 집회시설(동·식물원은 제외)
5	교육연구시설(연구소 및 도서관은 제외)
6	노유자시설, 수련시설, 업무시설 중 오피스텔, 숙박시설 중 다중생활시설

(정답 ②)

해답 85. ②   86. ④   87. ①   88. ②

89 출입구의 개소에 관계없이 노외주차장의 차로의 너비를 최소 6m 이상으로 하여야 하는 주차형식은? (단, 이륜자동차전용 외의 노외주차장의 경우)

① 평행주차 ② 직각주차
③ 교차주차 ④ 45도 대향주차

해설

노외주차장 주차 형식과 차로의 폭

주차 형식	차로의 폭	
	출입구 2개 이상	출입구 1개
평행주차	3.3m	5.0m
45° 대향주차	3.5m	5.0m
교차주차	3.5m	5.0m
60° 대향주차	4.5m	5.5m
직각주차	6.0m	6.0m

90 국토의 계획 및 이용에 관한 법령상 광장·공원·녹지·유원지·공공공지가 속하는 기반시설은?

① 교통시설 ② 공간시설
③ 환경기초시설 ④ 공공·문화체육시설

해설

기반시설: 도시 기능 유지를 위하여 대통령령으로 정한 시설	
교통시설	도로, 철도, 항만, 공항, 주차장, 자동차정류장, 궤도, 차량 검사 및 면허시설
공간시설	광장, 공원, 녹지, 유원지, 공공공지
환경기초시설	폐차장, 폐기물처리시설, 하수도, 수질오염방지시설
공공·문화체육시설	학교, 공공청사, 문화시설, 체육시설, 도서관, 연구시설, 사회복지시설, 공공직업훈련시설, 청소년 수련시설

91 지하식 또는 건축물식 노외주차장의 차로에 관한 기준 내용으로 옳지 않은 것은? (단, 이륜자동차전용 노외주차장이 아닌 경우)

① 높이는 주차 바닥면으로부터 2.3m 이상으로 하여야 한다.
② 경사로의 종단경사도는 직선 부분에서는 17%를 초과하여서는 아니 된다.
③ 곡선 부분은 자동차가 4m 이상의 내변반경으로 회전할 수 있도록 하여야 한다.
④ 주차 대수 규모가 50대 이상인 경우의 경사로는 너비 6m 이상인 2차로를 확보하거나 진입차로와 진출차로를 분리하여야 한다.

해설

③ 굴곡부는 자동차가 6m 이상의 내변반경으로 회전이 가능하도록 하여야 한다. (단, 같은 경사로를 이용하는 총 주차 대수가 50대 이하인 경우에는 5m 이상)

92 허가권자가 가로구역별로 건축물의 높이를 지정·공고할 때 고려하지 않아도 되는 사항은?

① 도시·군관리계획의 토지이용계획
② 해당 가로구역이 접하는 대지의 너비
③ 도시미관 및 경관계획
④ 해당 가로구역의 상수도 수용 능력

해설

가로구역별 건축물 최고 높이의 지정·공고 시 기준	
1	도시·군관리계획 등의 토지이용계획
2	해당 가로구역이 접하는 도로의 너비, 해당 가로구역의 상·하수도 등 시설의 수용 능력
3	해당 도시의 장래 발전 계획, 도시 미관 및 경관 계획

해답 89. ② 90. ② 91. ③ 92. ②

93 건축물의 주요구조부를 내화구조로 하여야 하는 대상 건축물에 속하지 않는 것은?

① 공장의 용도로 쓰는 건축물로서 그 용도로 쓰는 바닥면적 합계가 500㎡인 건축물
② 판매시설의 용도로 쓰는 건축물로서 그 용도로 쓰는 바닥면적 합계가 500㎡인 건축물
③ 창고시설의 용도로 쓰는 건축물로서 그 용도로 쓰는 바닥면적 합계가 500㎡인 건축물
④ 문화 및 집회시설 중 전시장의 용도로 쓰는 건축물로서 그 용도로 쓰는 바닥면적 합계가 500㎡인 건축물

해설

	주요구조부를 내화구조로 해야 하는 규정
① 500㎡ 이상	• 문화 및 집회시설 중 전시장 및 동·식물원 • 위락시설(유흥주점 제외) • 판매시설, 운수시설, 수련시설, 창고시설, 관광휴게시설 • 운동시설 중 체육관 및 운동장 • 위험물저장 및 처리시설 • 방송통신시설 중 방송국·전신전화국 및 촬영소
2,000㎡ 이상	• 공장 (화재로 위험이 적은 공장으로서 주요구조부가 불연재료로 된 2층 이하의 공장은 예외)

94 건축물이 있는 대지의 분할 제한 최소 기준이 옳은 것은? (단, 상업지역의 경우)

① 100㎡ ② 150㎡
③ 200㎡ ④ 250㎡

해설

	용도 지역	대지의 분할 규모
②	주거지역 및 그 밖의 지역	60m² 이상
	상업지역 및 공업지역	150m² 이상
	녹지지역	200m² 이상

95 면적의 산정 방법 중 건축물의 외벽(외벽이 없는 경우에는 외곽 부분의 기둥)의 중심선으로 둘러싸인 부분의 수평투영면적으로 하는 것은?

① 연면적 ② 대지면적
③ 건축면적 ④ 거실면적

해설

	건축면적
1	건축물의 외벽(외벽이 없는 경우 외곽 부분의 기둥)의 중심선으로 둘러싸인 수평투영면적
③ 2	처마, 차양, 부연 등이 외벽의 중심선으로부터 수평거리 1m 이상 돌출된 경우 돌출된 끝부분으로부터 전통사찰(4m), 축사(3m), 한옥(2m), 그 밖의 일반적인 건축물(1m)의 거리를 후퇴한 선으로 둘러싸인 부분의 수평투영면적
3	태양열을 주된 에너지원으로 이용하는 주택: 건축물의 외벽 중 내측내력벽의 중심선

96 다음 중 건축물 관련 건축 기준의 허용되는 오차의 범위(%)가 가장 큰 것은?

① 평면길이 ② 출구너비
③ 반자높이 ④ 바닥판두께

해설

	항목	건축물 관련 건축 기준의 허용 오차의 범위	
④	건축물 높이		1m를 초과할 수 없다.
	출구 너비		-
	반자 높이	2% 이내	-
	평면 길이		• 건축물 전체 길이는 1m를 초과할 수 없다. • 벽으로 구획된 각 실은 10cm를 초과할 수 없다.
	벽체 및 바닥판 두께		3% 이내
	건축선 후퇴거리, 인접 건축물과의 거리		

해답 93. ① 94. ② 95. ③ 96. ④

97 다음 중 신고대상에 속하는 용도변경은?

① 영업시설군에서 문화 및 집회시설군으로 용도변경
② 근린생활시설군에서 주거업무시설군으로 용도변경
③ 산업 등의 시설군에서 자동차관련시설군으로 용도변경
④ 교육 및 복지시설군에서 전기통신시설군으로 용도변경

해설

②

용도변경의 절차	
용도변경 분류	행정 절차
(1) 자동차 관련 시설군	• 오름차순 변경 (↑) : 허가 • 내림차순 변경 (↓) : 신고
(2) 산업 등 시설군	
(3) 전기통신 시설군	
(4) 문화집회 시설군	
(5) 영업 시설군	
(6) 교육 및 복지 시설군	
(7) 근린생활 시설군	
(8) 주거업무 시설군	
(9) 그 밖의 시설군	

98 주거지역 중 단독주택 중심의 양호한 주거환경을 보호하기 위하여 지정하는 지역은?

① 제1종 전용주거지역   ② 제2종 전용주거지역
③ 제1종 일반주거지역   ④ 제2종 일반주거지역

해설

①

전용주거지역(양호한 주거환경의 보호)	
1종	단독주택 중심의 양호한 주거환경을 보호
2종	공동주택 중심의 양호한 주거환경을 보호
일반주거지역(편리한 주거환경의 조성)	
1종	저층주택을 중심으로 편리한 주거환경을 조성
2종	중층주택을 중심으로 편리한 주거환경을 조성
3종	중·고층주택을 중심으로 편리한 주거환경을 조성
준주거지역	
주거기능을 위주로 이를 지원하는 일부 상업기능 및 업무기능을 보완하기 위하여 필요한 지역	

99 6층 이상의 거실면적 합계가 9,000m²인 층수가 10층인 업무시설에 설치하여야 하는 승용승강기의 최소 대수는? (단, 8인승 승강기의 경우)

① 2대   ② 3대
③ 4대   ④ 5대

해설

③ $N = 1대 + \dfrac{A - 3{,}000}{2{,}000} = 1대 + \dfrac{(9{,}000) - 3{,}000}{2{,}000} = 4대$

100 다음은 건축법령상 리모델링에 대비한 특혜 등에 관한 기준 내용이다. ( ) 안에 알맞은 것은?

리모델링이 쉬운 구조의 공동주택의 건축을 촉진하기 위하여 공동주택을 대통령령으로 정하는 구조로 하여 건축허가를 신청하면 제56조(건축물의 용적률), 제60조(건축물의 높이 제한) 및 제61조(일조 등의 확보를 위한 건축물의 높이 제한)에 따른 기준을 ( )의 범위에서 대통령령으로 정하는 비율로 완화하여 적용할 수 있다.

① 100분의 110   ② 100분의 120
③ 100분의 130   ④ 100분의 140

해설

②

리모델링이 쉬운 구조		
공동주택의 구조	• 각 세대는 인접한 세대와 수직 또는 수평 방향으로 통합하거나 분할 할 수 있을 것 • 구조체에서 건축설비, 내부 마감재료 및 외부 마감재료를 분리할 수 있을 것 • 개별 세대 안에서 구획된 실의 크기, 개수 또는 위치 등을 변경할 수 있을 것	
완화규정 및 내용	• 건축물의 용적률 • 건축물의 높이 제한 • 일조 등의 확보를 위한 건축물의 높이 제한	120/100 범위 내 완화 적용 가능

해답 97. ② 98. ① 99. ③ 100. ②

건축계획

* 본 기출문제는 수험자의 기억에 의한 복원문제입니다.

1 호텔계획에 관한 설명으로 옳지 않은 것은?

① 시티 호텔은 대부분 고밀도의 고층형이다.
② 호텔의 적정 규모는 일반적으로 시장성을 따른다.
③ 리조트 호텔의 건축 형식은 주변 조건에 따라 자유롭게 이루어진다.
④ 커머셜 호텔은 일반적으로 리조트 호텔에 비해 넓은 공공 공간(Public Space)을 갖는다.

	리조트 호텔(Resort Hotel)	
④	커머셜(Commercial) 호텔에 비해 더 넓은 공공 공간 (Public Space)을 갖는다.	

2 공장건축의 레이아웃(Lay Out)에 관한 설명으로 옳지 않은 것은?

① 제품중심의 레이아웃은 대량생산에 유리하며 생산성이 높다.
② 레이아웃이란 공장건축의 평면 요소 간의 위치 관계를 결정하는 것을 말한다.
③ 고정식 레이아웃은 조선소와 같이 제품이 크고 수량이 적은 경우에 행해진다.
④ 중화학 공업, 시멘트 공업과 같은 장치공업 등은 시설의 융통성이 크기 때문에 신설 시 장래성에 대한 고려가 필요 없다.

해설

④	중화학공업, 시멘트공업과 같은 장치공업 등은 시설 규모가 크므로 레이아웃의 융통성이 작다.	

3 백화점의 진열장 배치에 관한 설명으로 옳지 않은 것은?

① 직각배치는 매장 면적의 이용률을 최대로 확보할 수 있다.
② 사행배치는 주통로 이외의 제2통로를 상하교통계를 향해서 45° 사선으로 배치한 것이다.
③ 사행배치는 많은 고객이 매장 구석까지 가기 쉬운 이점이 있으나 이형의 진열장이 필요하다.
④ 자유유선배치는 획일성을 탈피할 수 있으며, 변화와 개성을 추구할 수 있고 시설비가 적게 든다.

	자유유선배치	
④	개성 있는 성격을 매장에 부여하므로 매장의 변경 및 이동이 곤란하며, 진열장의 유리케이스가 이형(異形)이 되므로 시설비가 많이 든다.	

4 다음의 건축양식과 해당 건축양식의 특징적 요소의 연결이 옳지 않은 것은?

① 로마네스크 건축 – 펜덴티브 돔(Pendentive Dome)
② 고딕 건축 – 플라잉 버트레스(Flying Buttress)
③ 고대 로마 건축 – 컴포지트 오더(Composite Order)
④ 비잔틴 건축 – 도저렛(Dosseret)

해설

	비잔틴(Byzantine) 건축	
①	펜덴티브 돔 (Pendentive Dome)	

해답 1. ④ 2. ④ 3. ④ 4. ①

5 병원건축의 형식 중 분관식에 관한 설명으로 옳지 않은 것은?

① 동선이 길어진다.
② 채광 및 통풍이 좋다.
③ 대지면적에 제약이 있는 경우에 주로 적용된다.
④ 환자는 주로 경사로를 이용한 보행 또는 들것으로 운반된다.

해설

분관식(Pavilion Type)
3층 정도의 평면 분산식으로 대지면적에 제약이 없는 경우 주로 적용된다.

6 백화점 건축계획에 대한 설명 중 옳지 않은 것은?

① 일반적으로 기둥 간격이 클수록 매장 배치가 용이하고 매장이 개방되어 보인다.
② 매장의 고객 동선은 너무 단순하거나 혼잡하지 않게 하여 고객을 분산시킨다.
③ 백화점의 색채 계획은 중채도의 색을 위주로 한 배색으로 시각적인 혼란감을 억제하는 것이 좋다.
④ 엘리베이터, 에스컬레이터 등 수직동선 설비는 고객 출입구 부근에 집중시켜 동선의 원활한 연결이 가능하게 한다.

해설

엘리베이터는 백화점의 단부에 배치하며, 에스컬레이터는 엘리베이터군과 주출입구의 중간에 설치하여 고객이 매장 전체를 쉽게 인식할 수 있도록 계획한다.

7 주거단지의 도로 형식에 관한 설명으로 옳지 않은 것은?

① 격자형은 가로망의 형태가 단순·명료하고, 가구 및 획지 구성상 택지의 이용 효율이 높다.
② 쿨데삭(Cul-de-Sac)형은 각 가구와 관계없는 자동차의 진입을 방지할 수 있다는 장점이 있다.
③ 루프(Loop)형은 우회도로가 없는 쿨데삭형의 결점을 개량하여 만든 패턴으로 도로율이 높아지는 단점이 있다.
④ T자형은 도로의 교차 방식을 주로 T자 교차로 한 형태로 통행 거리가 짧아 보행자전용도로와의 병용이 불필요하다.

해설

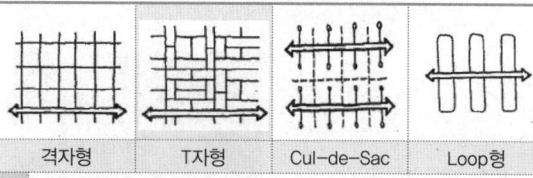

④ T자형은 지구 내 통과교통 배제 및 주행속도 감소 효과가 있지만 보행 거리가 증가하므로 보행자전용도로와 병용하면 효과가 좋다.

8 미술관 및 박물관 전시기법에 관한 설명으로 옳지 않은 것은?

① 하모니카 전시는 동선계획이 용이한 전시기법이다.
② 아일랜드 전시는 일정한 형태의 평면을 반복시켜 전시공간을 구획하는 방식으로 전시 효율이 높다.
③ 파노라마 전시는 연속적인 주제를 연관성 있게 표현하기 위해 선형의 파노라마로 연출하는 전시 기법이다.
④ 디오라마 전시는 하나의 사실 또는 주제의 시간 상황을 고정시켜 연출하는 것으로 현장에 임한 느낌을 주는 기법이다.

해설

아일랜드(Island) 전시기법
② 벽이나 천장을 직접 이용하지 않고 전시공간을 만들어 내는 기법으로 관람자의 시거리를 짧게 할 수 있다.

해답 5.③ 6.④ 7.④ 8.②

9 사무소건축의 엘리베이터 설치 계획에 관한 설명으로 옳지 않은 것은?

① 군관리운전의 경우 동일 군 내의 서비스 층은 같게 한다.
② 승객의 층별 대기시간은 평균운전간격 이상이 되게 한다.
③ 서비스를 균일하게 할 수 있도록 건축물 중심부에 설치하는 것이 좋다.
④ 건축물의 출입층이 2개 층이 되는 경우는 각각의 교통수요량 이상이 되도록 한다.

해설

엘리베이터 평균대기시간(=평균운전간격)	평균대기시간 = $\dfrac{\text{일주시간(RTT)}}{\text{대수(N)}}$

② 엘리베이터 서비스 수준을 질적으로 나타내는 것으로, 승객의 대기시간은 평균운전간격 이하가 되도록 계획되어야 한다.

10 다음 중 사무소건축에서 기준층 평면 형태의 결정 요소와 가장 거리가 먼 것은?

① 동선상의 거리
② 구조상 스팬의 한도
③ 사무실 내의 책상 배치 방법
④ 덕트, 배선, 배관 등 설비시스템상의 한계

해설

사무소건축 기준층 평면의 형태 한정 요소		
③	1	구조상 스팬(Span)의 한도 ➡ 사용 목적
	2	동선상(動線上)의 거리, 대피상 최대 피난 거리
	3	방화구획상의 면적
	4	자연광에 따른 조명한계 ➡ 채광률
	5	덕트, 배선, 배관 등 설비시스템상의 한계

11 극장건축의 관련 제실에 관한 설명으로 옳지 않은 것은?

① 앤티 룸(Anti Room)은 출연자들이 출연 바로 직전에 기다리는 공간이다.
② 그린 룸(Green Room)은 출연자 대기실을 말하며 주로 무대 가까운 곳에 배치한다.
③ 배경제작실의 위치는 무대에 가까울수록 편리하며, 제작 중의 소음을 고려하여 차음설비가 요구된다.
④ 의상실은 실의 크기가 1인당 최소 8m²가 필요하며, 그린 룸이 있는 경우 무대와 동일한 층에 배치하여야 한다.

해설

의상실(Dressing Room)		
④	1	연기자가 의상을 갈아입고 분장을 하는 곳으로 실의 크기는 1인당 최소 4~5m²가 필요하다.
	2	의상실은 가능하면 무대와 같은 층에서 무대 근처에 있는 것이 이상적이다. 하지만 무대에 출연하기 전에 준비가 다 된 연기자가 기다리는 그린 룸(Green Room)이 있다면 반드시 동일한 층에 배치할 필요는 없다.

12 도서관의 열람실 및 서고 계획에 관한 설명으로 옳지 않은 것은?

① 서고 안에 캐럴(Carrel)을 둘 수도 있다.
② 서고면적 1m²당 150~250권의 수장 능력으로 계획한다.
③ 열람실은 성인 1인당 3.0~3.5m²의 면적으로 계획한다.
④ 서고실은 모듈러 플래닝(Modular Planning)이 가능하다.

해설

③ 열람실 — 성인 1인당 1.5~2.0m²의 면적으로 계획한다.

해답 9. ② 10. ③ 11. ④ 12. ③

13 단독주택에서 다음과 같은 실을 각각 직상층 및 직하층에 배치할 경우 가장 바람직하지 않은 것은?

① 상층: 침실, 하층: 침실
② 상층: 부엌, 하층: 욕실
③ 상층: 욕실, 하층: 침실
④ 상층: 욕실, 하층: 부엌

해설

③ 침실은 정적(靜的)인 공간이므로 상하층 동일하게 배치하는 것이 적합하고, 물을 사용하여 어느 정도의 소음이 발생하는 욕실이나 부엌이 설비적 코어의 관점에서 직상층 및 직하층에 배치되는 것이 유리하므로, ③번이 부적합한 계획이 된다.

15 건축 공간의 치수 계획에서 "압박감을 느끼지 않을 만큼의 천장 높이 결정"은 다음 중 어디에 해당 하는가?

① 물리적 스케일   ② 생리적 스케일
③ 심리적 스케일   ④ 입면적 스케일

해설

③

건축 공간의 치수(Scale, 스케일)	
물리적 Scale	출입구의 크기가 인간이나 물체의 물리적 크기에 의해 결정되는 치수
생리적 Scale	실내의 창문 크기가 필요 환기량으로 결정되는 경우와 같은 치수
심리적 Scale	압박감을 느끼지 않을 정도에서 천장의 높이가 결정되는 경우와 같은 치수

14 고려시대 주심포 양식의 특징이 아닌 것은?

① 기둥 위에 창방과 평방을 놓고 그 위에 공포를 배치한다.
② 소로는 비교적 자유스럽게 배치된다.
③ 연등천장 구조로 되어 있다.
④ 우미량을 사용한다.

해설

①

	주심포식(무위사 극락전)	다포식(봉정사 대웅전)
1	장혀: 도리를 받쳐 도리와 같이 하중을 받는 부재	
2	주심포 양식은 평방 부재가 없으며, 단장혀(짧은 장혀)를 사용한 특징을 보인다.	

16 학교 운영방식에 관한 설명으로 옳지 않은 것은?

① 종합교실형은 각 학급마다 가정적인 분위기를 만들 수 있다.
② 교과교실형은 초등학교 저학년에 대해 가장 권장되는 방식이다.
③ 플래툰형은 미국의 초등학교에서 과밀을 해소하기 위해 실시한 것이다.
④ 달톤형은 학급, 학년 구분을 없애고 학생들은 각자의 능력에 따라 교과를 선택하고 일정한 교과를 끝내면 졸업하는 방식이다.

해설

② | 종합교실형 |  |
|---|---|
| 초등학교 저학년에 대해 가장 권장되는 방식이다. | |

해답 13. ③ 14. ① 15. ③ 16. ②

17 일반주택의 동선계획에 관한 설명 중 옳지 않은 것은?

① 동선이 가지는 요소는 속도, 빈도, 하중의 3가지가 있다.
② 동선에는 공간이 필요하고 가구를 둘 수 없다.
③ 하중이 큰 가사노동의 동선은 길게 나타난다.
④ 개인, 사회, 가사노동권의 3개 동선이 서로 분리되어야 바람직하다.

해설

③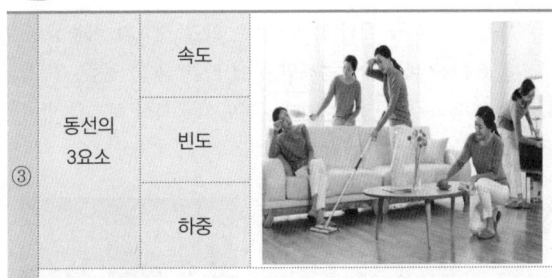

하중이 큰 가사노동의 동선은 짧게 나타난다.

18 고대 로마 건축에 대한 설명 중 옳지 않은 것은?

① 인슐라(Insula)는 다층의 집합주거 건물이다.
② 콜로세움의 1층에는 도릭 오더가 사용되었다.
③ 바실리카 울피아는 황제를 위한 신전으로 배럴 볼트가 사용되었다.
④ 판테온은 거대한 돔을 얹은 로툰다와 대형 열주 현관이라는 두 주된 구성 요소로 이루어진다.

해설

③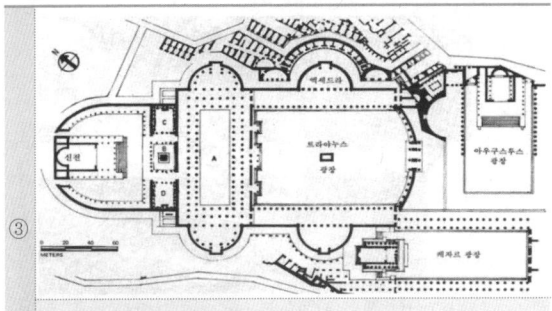

바실리카 울피아(AD 112년경)

트라야누스 광장의 일부분으로 그 기능은 상업, 법, 행정 등 다양한 업무를 위한 공간으로 이용되었다.

19 다음은 객석의 가시거리에 관한 설명이다. ( ) 안에 알맞은 것은?

연극 등을 감상하는 경우 연기자의 표정을 읽을 수 있는 가시한계는 (㉠) 정도이다. 그러나 실제적으로 극장에서는 잘 보여야 하는 동시에 많은 관객을 수용해야 하므로 (㉡)까지를 제1차 허용한도로 한다.

① ㉠ 10m, ㉡ 22m
② ㉠ 15m, ㉡ 22m
③ ㉠ 10m, ㉡ 25m
④ ㉠ 15m, ㉡ 25m

해설

관객석의 가시거리 허용 한도

1	A구역: 15m	배우의 표정이나 동작을 상세히 감상할 수 있는 거리(인형극, 아동극)
2	1차 허용한도: 22m	될 수 있는 한 많은 관객을 수용하기 위한 적당한 가시거리(국악, 신극, 실내악)
3	2차 허용한도: 35m	배우의 일반적인 동작만 보이면 감상하는데 지장이 없는 거리(발레, 뮤지컬 등)

② 표시

20 공동주택의 단위주거 단면구성 형태에 대한 설명 중 틀린 것은?

① 복층형(메조네트형)은 엘리베이터의 정지 층수를 적게 할 수 있다.
② 스킵 플로어형은 주거단위의 단면을 단층형과 복층형에서 동일 층으로 하지 않고 반 층씩 어긋나게 하는 형식을 말한다.
③ 트리플렉스형은 듀플렉스형보다 프라이버시 확보율은 낮고 통로면적도 불리하다.
④ 플랫형은 주거단위가 동일 층에 한하여 구성되는 형식이다.

해설

③ 트리플렉스형(Triplex type)

하나의 주거단위가 3층형으로 구성되는 것으로 프라이버시의 확보율이 높고 통로면적은 듀플렉스형 보다 유리하다.

해답 17. ③ 18. ③ 19. ② 20. ③

건축시공

21 철골공사에 관한 설명으로 옳지 않은 것은?

① 볼트 접합부는 부식하기 쉬우므로 방청 도장을 하여야 한다.
② 볼트 조임에는 임팩트 렌치, 토크 렌치 등을 사용한다.
③ 철골조는 화재에 의한 강성 저하가 심하므로 내화 피복을 하여야 한다.
④ 용접부 비파괴 검사에는 침투탐상법, 초음파탐상법 등이 있다.

해설

	녹막이 칠이 불필요한 부분	
①	1	콘크리트 매립 부분, 조립에 의해 맞닿는 부분
	2	현장 용접 양쪽으로 50mm 이내
	3	고장력볼트 마찰접합면, 폐쇄형 단면의 밀폐된 내면

22 아스팔트 방수층, 개량아스팔트 시트방수층, 합성고분자계 시트방수층 및 도막방수층 등 불투수성 피막을 형성하여 방수하는 공사를 총칭하는 용어로 옳은 것은?

① 실링 방수 ② 멤브레인 방수
③ 구체침투 방수 ④ 벤토나이트 방수

해설

	멤브레인(Membrane) 방수공법		
②	정의	얇은 피막상의 방수층으로 전면을 덮는 방수공법	
	종류	아스팔트 방수 / 시트(Sheet) 방수 / 도막 방수	

23 미장공사에서 나타나는 결함의 유형과 가장 거리가 먼 것은?

① 균열 ② 부식
③ 탈락 ④ 백화

해설

미장공사 시공 계획의 포인트는 마감 재료의 적용성, 건조수축, 바탕재의 움직임 등에 따른 균열, 들뜸, 탈락, 백화 등과 같은 약점에 어느 정도 대응하여 하자를 방지하느냐에 달려 있다.

② 부식(Corrosion)

철이나 콘크리트가 산화되어 손상되는 현상이다.

24 지반조사 중 보링에 관한 설명으로 옳지 않은 것은?

① 보링의 깊이는 일반적인 건물의 경우 대략 지지지층 이상으로 한다.
② 채취 시료는 충분히 햇빛에 건조시키는 것이 좋다.
③ 부지 내에서 3개소 이상 행하는 것이 바람직하다.
④ 보링 구멍은 수직으로 파는 것이 중요하다.

해설

② 보링(Boring)

지중에 철관을 꽂아 천공하여 그 안의 토사를 채취·관찰하는 것이 주목적이므로 햇빛에 건조시키지 않는다.

해답 21. ① 22. ② 23. ② 24. ②

25 콘크리트용 재료 중 시멘트에 관한 설명으로 옳지 않은 것은?

① 중용열포틀랜드시멘트는 수화작용에 따르는 발열이 적기 때문에 매스콘크리트에 적당하다.
② 조강포틀랜드시멘트는 조기강도가 크기 때문에 한중콘크리트공사에 주로 쓰인다.
③ 알칼리 골재반응을 억제하기 위한 방법으로써 내황산염포틀랜드시멘트를 사용한다.
④ 조강포틀랜드시멘트를 사용한 콘크리트의 7일 강도는 보통포틀랜드시멘트를 사용한 콘크리트의 28일 강도와 거의 비슷하다.

해설

알칼리 골재반응(Alkali Aggregate Reaction)	
③	시멘트 중의 알칼리성분과 골재 중의 실리카 광물질이 화학 반응하여 팽창 균열을 유발하는 반응
대책	저알칼리 시멘트(Na_2O량 0.6% 이하) 사용
	Pozzolan, Fly-Ash, 고로 Slag 등의 혼화재 사용

26 CM(Construction Management)의 주요 업무가 아닌 것은?

① 부동산 관리업무 및 설계부터 공사관리까지 전반적인 지도, 조언, 관리업무
② 입찰 및 계약 관리업무와 원가관리업무
③ 현장 조직관리업무와 공정관리업무
④ 자재조달업무와 시공도 작성업무

해설

④	건설사업관리 (CM, Construction Management) 주요 업무	
	1	사업관리 일반, 사업정보관리: 설계부터 공사관리까지 전반적인 지도, 조언, 관리 업무
	2	입찰 및 계약 관리업무와 원가관리업무
	3	현장 조직관리, 안전관리, 공정관리 및 품질관리 업무
	4	사업정보 및 기술 자료의 축적, 관리, 운영
	자재조달업무와 시공도 작성업무는 시공자의 업무이다.	

27 그림과 같은 건물에서 G_1과 같은 보가 8개 있다고 할 때 보의 총 콘크리트량을 구하면? (단, 보의 단면상 슬래브와 겹치는 부분은 제외하며, 철근량은 고려하지 않는다.)

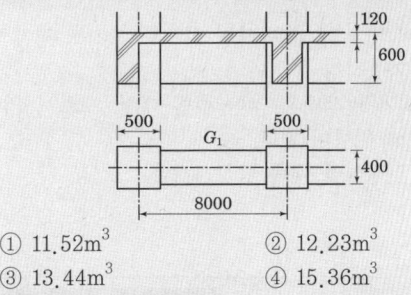

① $11.52m^3$
② $12.23m^3$
③ $13.44m^3$
④ $15.36m^3$

해설

① $V = 0.4 \times 0.48 \times (8-0.5) \times 8개 = 11.52m^3$

28 PERT-CPM 공정표 작성 시 EST와 EFT의 계산 방법 중 옳지 않은 것은?

① 작업의 흐름에 따라 전진 계산한다.
② 선행작업이 없는 첫 작업의 EST는 프로젝트의 개시시간과 동일하다.
③ 어느 작업의 EFT는 그 작업의 EST에는 소요일수를 더하여 구한다.
④ 복수의 작업에 종속되는 작업의 EST는 선행작업 중 EFT의 최솟값으로 한다.

해설

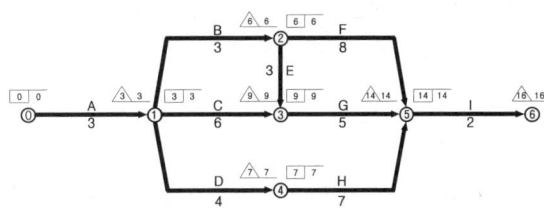

④ 복수의 작업에 종속되는 작업의 EST는 선행작업 중 EFT의 최댓값으로 한다.

해답 25. ③ 26. ④ 27. ① 28. ④

29 웰 포인트(Well Point) 공법에 관한 설명으로 옳지 않은 것은?

① 인접 대지에서 지하수위 저하로 우물 고갈의 우려가 있다.
② 투수성이 비교적 낮은 사질 실트층 까지도 강제 배수가 가능하다.
③ 압밀침하가 발생하지 않아 주변 대지, 도로 등의 균열 발생 위험이 없다.
④ 지반의 안정성을 대폭 향상시킨다.

해설

웰 포인트(Well Point)

③ 진공 펌프를 사용하여 흙 속의 지하수를 강제적으로 집수하므로 지하수 저하에 따른 압밀침하 및 인접 지반과 공동매설물 침하에 주의가 필요하다.

30 콘크리트 이어치기에 관한 설명으로 옳지 않은 것은?

① 보의 이어치기는 전단력이 가장 작은 스팬의 중앙부에서 수직으로 한다.
② 슬래브(Slab)의 이어치기는 가장자리에서 한다.
③ 아치의 이어치기는 아치 축에 직각으로 한다.
④ 기둥의 이어치기는 바닥판 윗면에서 수평으로 한다.

해설

②
콘크리트 이어치기		
시간간격의 한도	외기온 25℃ 미만 ➡ 150분	
	25℃ 이상 ➡ 120분	
이어치기 위치	수직 ➡ 보, 슬래브, 벽	
	수평 ➡ 기둥, 벽	
	축에 직각 ➡ 아치	
	보 및 슬래브(Slab)의 이어치기는 전단력이 가장 작은 스팬(Span)의 중앙부(1/2)에서 수직으로 한다.	

31 사질지반 굴착 시 벽체 배면의 토사가 흙막이 틈새 또는 구멍으로 누수가 되어 흙막이벽 배면에 공극이 발생하여 물의 흐름이 점차로 커져 결국에는 주변 지반을 함몰시키는 현상은?

① 보일링 현상 ② 히빙 현상
③ 액상화 현상 ④ 파이핑 현상

해설

④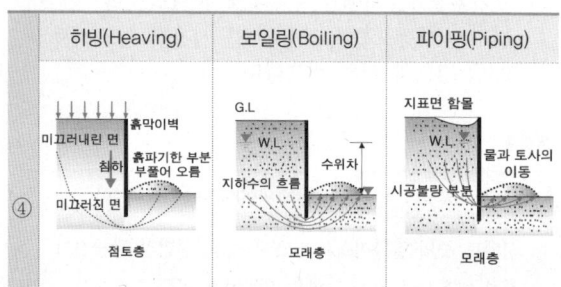

히빙, 보일링, 파이핑은 토공사의 널말뚝 산정 시 예상되는 지반 파괴 현상들이며, 파이핑(Piping)을 설명하고 있다.

32 지름 100mm, 높이 200mm 원주 공시체로 콘크리트 압축강도를 시험하였더니 200kN에서 파괴되었다면 이 콘크리트의 압축강도는?

① 12.7MPa ② 17MPa
③ 25.5MPa ④ 50.9MPa

해설

③ $f_c = \dfrac{P}{A} = \dfrac{P}{\dfrac{\pi D^2}{4}}$ (MPa)

$f_c = \dfrac{P}{A} = \dfrac{(200 \times 10^3)}{\dfrac{\pi (100)^2}{4}} = 25.46 \text{N/mm}^2 = 25.46 \text{MPa}$

해답 29. ③ 30. ② 31. ④ 32. ③

33 돌로마이트 플라스터 바름에 관한 설명으로 옳지 않은 것은?

① 실내 온도가 5℃ 이하일 때는 공사를 중단하거나 난방하여 5℃ 이상으로 유지한다.
② 정벌바름용 반죽은 물과 혼합한 후 4시간 정도 지난 다음 사용하는 것이 바람직하다.
③ 초벌바름에 균열이 없을 때에는 고름질한 후 7일 이상 두어 고름질면의 건조를 기다린 후 균열이 발생하지 아니함을 확인한 다음 재벌바름을 실시한다.
④ 재벌바름이 지나치게 건조한 때는 적당히 물을 뿌리고 정벌바름한다.

해설

	돌로마이트 플라스터 (Dolomite Plaster) 	
②	1	마그네시아를 다량 함유한 석회석인 백운석을 구워 소석회와 같은 공정을 거친 뒤 볼 밀(Ball Mill)로 분쇄해서 만든 미장재료로서 풀을 혼용하지 않아도 미장 도장이 가능하므로 플라스터라는 이름이 붙어 있다.
	2	돌로마이트 플라스터 바름 시 정벌바름용 반죽은 물과 혼합한 후 12시간 이상 지난 다음 사용한다.

34 금속 커튼월의 Mock Up Test에 있어 기본성능 시험의 항목에 해당되지 않는 것은?

① 정압수밀시험
② 방재시험
③ 구조시험
④ 기밀시험

해설

	실물대모형시험(Mock-Up Test, 외벽성능시험) 기본 성능 시험 항목	
②	1	예비시험
	2	기밀성능시험
	3	정·동압 수밀성능시험
	4	구조성능시험
	5	영구변형시험

35 타일 108mm 각으로, 줄눈을 5mm로 벽면 6m²를 붙일 때 필요한 타일의 장수는? (단, 정미량으로 계산)

① 350장
② 400장
③ 470장
④ 520장

해설

③	1	줄눈 크기를 더한 정사각형의 타일이 1㎡ 내에 들어가는 개수를 구하는데 6m²에는 몇 장이 들어가는지를 연상하면 된다.
	2	$\frac{1 \times 1}{(0.108+0.005) \times (0.108+0.005)} \times 6 = 469.88$장 ➡ 470장

36 거푸집에 작용하는 콘크리트의 측압에 끼치는 영향 요인과 가장 거리가 먼 것은?

① 거푸집의 강성
② 콘크리트 타설 속도
③ 기온
④ 콘크리트의 강도

해설

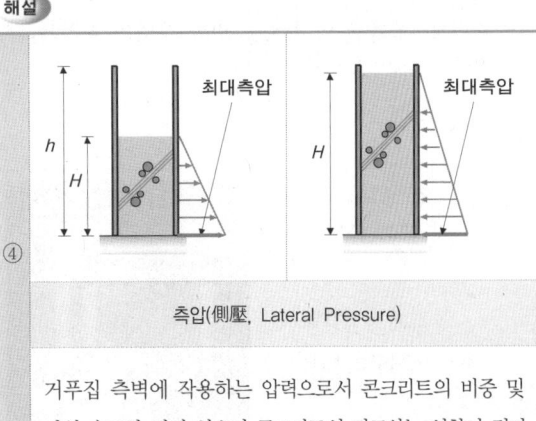

측압(側壓, Lateral Pressure)

④ 거푸집 측벽에 작용하는 압력으로서 콘크리트의 비중 및 타설 속도와 관련 있으며 콘크리트의 강도와는 영향이 적다.

해답 33. ② 34. ② 35. ③ 36. ④

37 건설 프로세스의 효율적인 운영을 위해 형성된 개념으로 건설 생산에 초점을 맞추고 이에 관련된 계획, 관리, 엔지니어링, 설계, 구매, 계약, 시공, 유지 및 보수 등의 요소들을 주요 대상으로 하는 것은?

① CIC(Computer Integrated Construction)
② MIS(Management Information System)
③ CIM(Computer Integrated Manufacturing)
④ CAM(Computer Aided Manufacturing)

해설

① | CIC (Computer Integrated Construction) 건설 생산에 초점을 맞추어 계획, 관리, 엔지니어링, 설계, 구매, 시공, 유지 보수 등 건설업체 수행을 위한 행위를 대상으로 한다.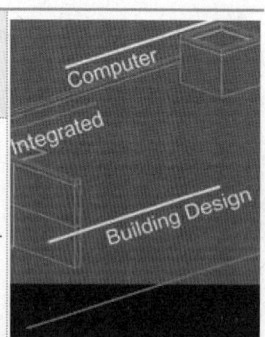

38 계측관리 항목 및 기기에 관한 설명으로 옳지 않은 것은?

① 흙막이벽의 응력은 변형계(Strain Gauge)를 이용한다.
② 주변 건물의 경사는 건물경사계(Tilt Meter)를 이용한다.
③ 지하수 간극수압은 지하수위계(Water Level Meter)를 이용한다.
④ 버팀보, 앵커 등의 축하중 변화 상태의 측정은 하중계(Load Cell)를 이용한다.

해설

③ | 간극수압계 (Piezo-Meter) 지하수 간극수압의 계측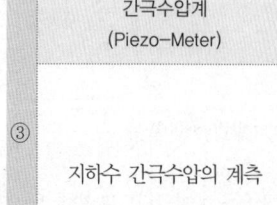

39 콘크리트를 타설하면서 거푸집을 수직 방향으로 이동시켜 연속 작업을 할 수 있게 한 것으로 사일로 등의 건설공사에 적합한 것은?

① Euro Form   ② Sliding Form
③ Air Tube Form ④ Traveling Form

해설

② | 슬라이딩 폼 (Sliding Form) 슬립 폼(Slip Form)이라고도 한다.

40 건축 재료별 수량 산출 시 적용하는 할증률로 옳지 않은 것은?

① 유리 : 1%   ② 단열재 : 5%
③ 붉은 벽돌 : 3% ④ 이형 철근 : 3%

해설

주요 건축 재료	할증률
유리	1%
타일	
이형 철근, 고장력 볼트	3%
내화 벽돌, 붉은 벽돌	
시멘트 벽돌	
원형 철근, 일반 볼트, 봉강, 강관, 경량 형강	5%
기와	
대형 형강	7%
강판, 동판	10%
단열재	

해답 37. ① 38. ③ 39. ② 40. ②

건축구조

41 그림과 같은 6m 길이의 기둥에 압축하중이 작용할 때 횡구속에 가장 유리한 조건은? (단, SS275 강재 사용)

	$H-500 \times 200 \times 10 \times 16$ $I_x = 4.76 \times 10^8 \text{mm}^4$ $I_y = 2.14 \times 10^7 \text{mm}^4$ $E = 210,000 \text{N/mm}^2$

① 5m 높이에 강축에만 휨변형 구속이 있다.
② 3m 높이에 약축에만 휨변형 구속이 있다.
③ 5m 높이에 약축에만 휨변형 구속이 있다.
④ 3m 높이에 강축에만 휨변형 구속이 있다.

해설

② $P_{cr} = \dfrac{\pi^2 EI}{(KL)^2}$ 으로부터 약축으로 휨변형을 구속하여 강축에 대한 단면2차모멘트 I_x를 적용시키고, 유효길이 L이 작은쪽이 횡구속에 가장 유리할 것이라는 것을 직관적으로 알 수 있다. ➡ ②번이 정답이라는 것이다.

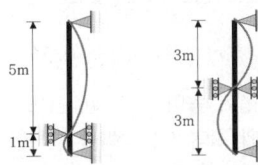

5m 높이를 구속   3m 높이를 구속
L=5m를 적용   L=3m를 적용

① $K=1$, $L=5\text{m}$, $I_y = 2.14 \times 10^7 \text{mm}^4$ 적용
$P_{cr} = \dfrac{\pi^2(210,000)(2.14 \times 10^7)}{(5,000)^2} \times 10^{-3} = 1,774.16\text{kN}$

② $K=1$, $L=3\text{m}$, $I_y = 2.14 \times 10^7 \text{mm}^4$ 적용
$P_{cr} = \dfrac{\pi^2(210,000)(2.14 \times 10^7)}{(3,000)^2} \times 10^{-3} = 4,928.22\text{kN}$

③ $K=1$, $L=5\text{m}$, $I_x = 4.76 \times 10^8 \text{mm}^4$ 적용
$P_{cr} = \dfrac{\pi^2(210,000)(4.76 \times 10^8)}{(5,000)^2} \times 10^{-3} = 39,462.63\text{kN}$

④ $K=1$, $L=3\text{m}$, $I_x = 4.76 \times 10^8 \text{mm}^4$ 적용
$P_{cr} = \dfrac{\pi^2(210,000)(4.76 \times 10^8)}{(3,000)^2} \times 10^{-3} = 109,618.41\text{kN}$

42 강도설계법에서 D22 압축이형철근의 기본정착길이 l_{db}는? (단, 경량콘크리트계수 $\lambda = 1$, $f_{ck} = 27\text{MPa}$, $f_y = 400\text{MPa}$)

① 200.5mm   ② 378.4mm
③ 423.4mm   ④ 604.6mm

해설

압축이형철근의 기본정착길이

③ $l_{db} = \dfrac{0.25 d_b \cdot f_y}{\lambda \sqrt{f_{ck}}} = \dfrac{0.25(22)(400)}{(1)\sqrt{27}} = 423.4\text{mm}$ ← 최댓값

$l_{db} = 0.043 d_b \cdot f_y = 0.043(22)(400) = 378.4\text{mm}$

43 경간이 같은 2개의 단순보의 하중 P에 의한 처짐 y_1과 y_2와의 비(比)는?

① 2 : 1
② 4 : 1
③ 6 : 1
④ 8 : 1

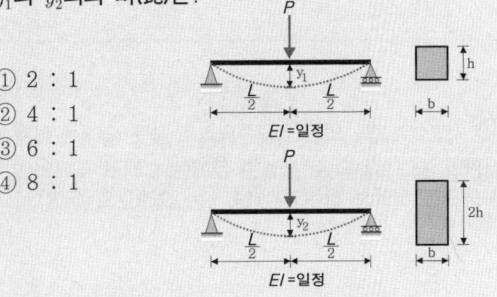

해설

1	하중(P)조건과 경간(L), 재질(E)이 같으므로 최대 처짐($\dfrac{PL^3}{EI}$)의 비율은 단면2차모멘트($I = \dfrac{\text{폭} \times \text{높이}^3}{12}$)만 비교해 본다.
2	$y_1 : y_2 = \dfrac{1}{\dfrac{(b)(h)^3}{12}} : \dfrac{1}{\dfrac{(b)(2h)^3}{12}} = \dfrac{1}{1} : \dfrac{1}{8} = 8 : 1$

해답 41. ②   42. ③   43. ④

44 그림과 같은 교차보(Cross Beam) A, B부재의 최대 휨모멘트의 비는? (단, 각 부재의 EI는 일정함)

① 1 : 2
② 1 : 3
③ 1 : 4
④ 1 : 8

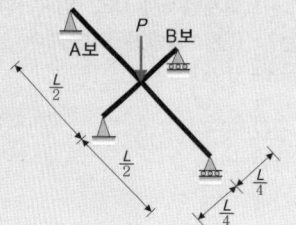

해설

③

1	적합조건식: 하중이 작용하는 교차점을 C점이라고 가정하면, 하중점에서의 변위는 같다. $\dfrac{P_1 \cdot L^3}{48EI} = \dfrac{P_2 \cdot \left(\dfrac{L}{2}\right)^3}{48EI}$ 으로부터 $8P_1 = P_2$
2	평형조건식: $P = P_1 + P_2 = 9P_1 \Rightarrow P_1 = \dfrac{1}{9}P,\ P_2 = \dfrac{8}{9}P$
3	A보: $M_{\max} = +\left(\dfrac{P}{18}\right)\left(\dfrac{L}{2}\right) = +\dfrac{PL}{36}\ (\smile)$ B보: $M_{C,\max} = +\left(\dfrac{4P}{9}\right)\left(\dfrac{L}{4}\right) = +\dfrac{4PL}{36}\ (\smile)$

45 강도설계법에 의한 철근콘크리트 플랫 슬래브 설계 시 지판의 슬래브 아래로 돌출한 두께는 슬래브 두께의 얼마 이상으로 하여야 하는가? (단, t는 슬래브의 두께)

① $\dfrac{t}{2}$　② $\dfrac{t}{3}$　③ $\dfrac{t}{4}$　④ $\dfrac{t}{6}$

해설

③

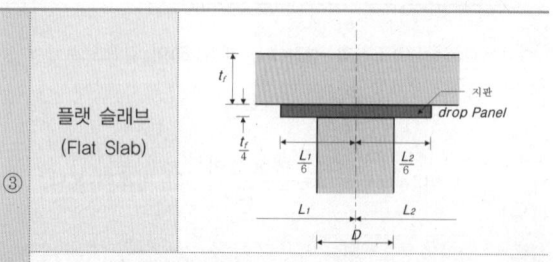

플랫 슬래브 (Flat Slab)

슬래브 아래로 돌출한 지판의 두께는 돌출부를 제외한 슬래브 두께의 $\dfrac{1}{4}$ 이상으로 하여야 한다.

46 양단 힌지인 길이 6m의 $H-300 \times 300 \times 10 \times 15$의 기둥이 약축 방향으로 부재 중앙이 가새로 지지되어 있을 때 설계용 세장비는? (단, $r_x = 131\text{mm}$, $r_y = 75.1\text{mm}$)

① 40.0　② 45.8　③ 58.2　④ 66.3

해설

②

1	양단 힌지이므로 유효좌굴길이계수 $K = 1.0$ 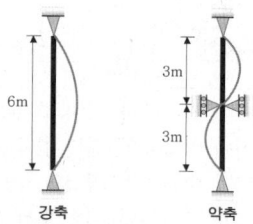
2	세장비: 강축(x)에 대해서는 부재 전체의 길이 $L = 6\text{m}$, 약축(y)에 대해서는 가새로 횡지지되어 있으므로 $L = 3\text{m}$를 적용함에 주의하며 다음의 ①, ② 중에서 큰 값으로 선정한다. ① $\dfrac{KL}{r_x} = \dfrac{(1.0)(6{,}000)}{(131)} = 45.80$ ② $\dfrac{KL}{r_y} = \dfrac{(1.0)(3{,}000)}{(75.1)} = 39.95$

47 폭 $b = 100\text{mm}$, 높이 $h = 200\text{mm}$인 단면에 전단력 4kN이 작용할 때 최대 전단응력을 구하면?

① 0.3MPa　② 0.4MPa
③ 0.5MPa　④ 0.6MPa

해설

①

보의 최대 전단응력

전단계수 k　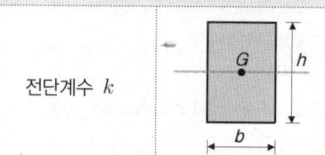　$k = \dfrac{3}{2}$

$\tau_{\max} = k \cdot \dfrac{V}{A} = \left(\dfrac{3}{2}\right) \cdot \dfrac{(4 \times 10^3)}{(100 \times 200)}$
$= 0.3\text{N/mm}^2 = 0.3\text{MPa}$

해답 44. ③　45. ③　46. ②　47. ①

48 강재의 항복비(Yield Ratio)에 대한 설명 중 옳지 않은 것은?

① 강재의 인장강도에 대한 항복강도의 비를 의미한다.
② 고강도 강재일수록 항복비가 크다.
③ 항복비는 소성 능력, 강재 부식에 영향을 준다.
④ 항복비가 클수록 연성 거동을 확보하기 어렵다.

해설

③

항복비(Yield Ratio)

$$\text{항복비} = \frac{\text{항복강도}}{\text{극한강도}}$$

소성 능력은 연성(Ductility)이라고 하며, 강재의 항복비(Yield Ratio)는 강재 부식에 영향을 미치지 않는다.

49 철근콘크리트 원형 띠기둥에서 축방향 주철근의 최소 개수는?

① 10개 ② 4개
③ 6개   ④ 8개

해설

②

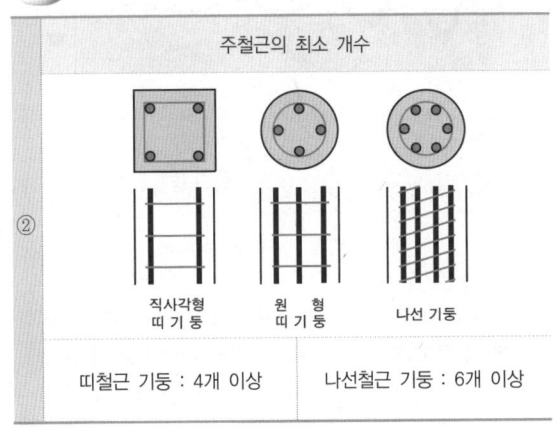

띠철근 기둥 : 4개 이상   나선철근 기둥 : 6개 이상

50 그림과 같은 사다리꼴 단면형의 도심(圖心)의 위치 $\bar{y}$를 나타내는 식은?

① $y = \dfrac{h}{3} \times \dfrac{2a+b}{a+b}$

② $y = \dfrac{h}{3} \times \dfrac{a+2b}{a+b}$

③ $y = \dfrac{h}{3} \times \dfrac{a+b}{2a+b}$

④ $y = \dfrac{h}{3} \times \dfrac{a+b}{a+2b}$

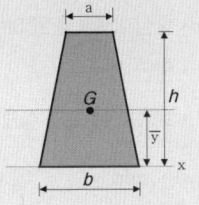

해설

①

1. 삼각형$\left(\dfrac{1}{2}bh\right)$와 삼각형$\left(\dfrac{1}{2}ah\right)$로 구분하여 더한다.

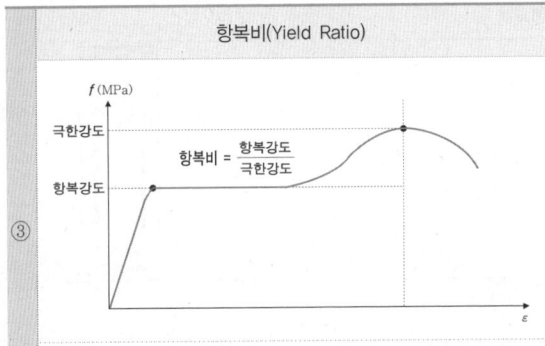

2. $\bar{y} = \dfrac{G_x}{A} = \dfrac{\left(\dfrac{1}{2}bh\right)\left(\dfrac{h}{3}\right) + \left(\dfrac{1}{2}ah\right)\left(\dfrac{2h}{3}\right)}{\left(\dfrac{1}{2}bh\right) + \left(\dfrac{1}{2}ah\right)} = \dfrac{h(2a+b)}{3(a+b)}$

51 건축구조용압연강이라 하며, 건축물의 내진 성능을 확보하기 위하여 항복점의 상한치 제한 등에 따른 품질의 편차를 줄이고, 용접성 및 냉간 가공성을 향상시킨 강재는?

① SM강재   ② TMCP강재
③ SS강재   ④ SN강재

해설

④

SN : Steel New(건축구조용 압연강재)	
SN275	SN 뒤에 붙는 A, B, C는 사용 부위에 따른 요구 성능의 차이를 나타낸다.
A종	소성 변형 성능을 기대하지 않는 부재 또는 부위에 사용하는 강종
B종	광범위하게 일반 구조 부위에 사용하는 강종
C종	용접 가공 시를 포함하여 판두께 방향으로 큰 인장응력을 받는 부재 또는 부위에 사용하는 강종

해답 48. ③   49. ②   50. ①   51. ④

52 다음과 같은 조건의 1방향 슬래브에서 처짐을 계산하지 않고 정할 수 있는 슬래브의 최소 두께는?

- 중심 스팬: 4,200mm
- 양단 연속
- 보통콘크리트와 설계기준항복강도 400MPa 철근 사용

① 150mm ② 180mm
③ 200mm ④ 220mm

해설

① $h_{min} = \dfrac{l}{28} = \dfrac{(4,200)}{28} = 150mm$

【처짐을 고려하지 않은 1방향 슬래브의 최소 두께(h_{min})】

부재 [l : 경간 길이(mm)]	최소 두께 (h_{min})			
	단순지지	1단연속	양단연속	캔틸레버
1방향 슬래브	$\dfrac{l}{20}$	$\dfrac{l}{24}$	$\dfrac{l}{28}$	$\dfrac{l}{10}$

53 다음 그림과 같은 구조물의 판별은?

① 3차 부정정
② 2차 부정정
③ 1차 부정정
④ 불안정

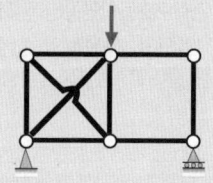

해설

④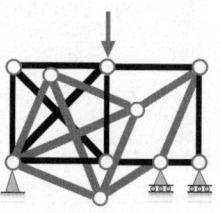

오른쪽 격간(Panel)이 사각형이므로 부정정 차수의 계산이 의미 없으며 구조물의 과도한 절점 변형을 수반하는 형태 불안정 구조이다.

54 철근콘크리트 구조에 관한 기술 중 옳지 않은 것은?

① 늑근(Stirrup) : 보에 생기는 전단력에 저항한다.
② 띠철근 : 기둥에 띠 모양으로 들어가서 휨모멘트에 저항한다.
③ 보의 주근 : 보에 생기는 휨모멘트에 저항한다.
④ 배력근(配力筋) : 1방향 슬래브의 장변 방향으로 배근한 철근이다.

해설

②
띠철근(Tie Bar)	
수직방향 주철근의 좌굴 방지와 기둥 전체의 수평력에 대한 전단보강철근이다.	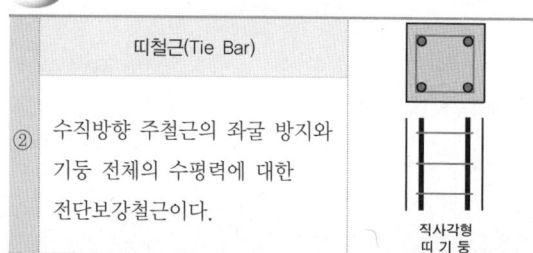

직사각형 띠 기둥

55 지진의 진도(Intensity)와 규모(Magnitude)에 대한 설명으로 옳지 않은 것은?

① 진도는 상대적 개념의 지진 크기이다.
② 규모는 장소에 관계없는 절대적 개념의 크기이다.
③ 진도는 사람이 느끼는 감각, 물체 이동 등을 계급별로 구분한다.
④ 규모는 지반의 운동 정도를 평가하나 정밀하지는 않다.

해설

④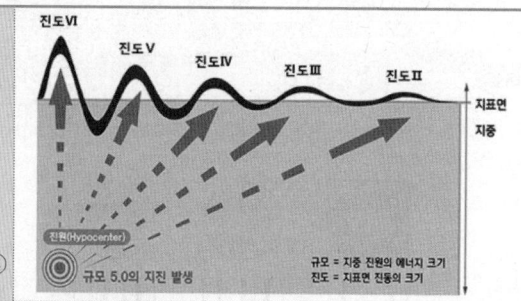

지진(地震)의 『규모(Magnitude)』

각 관측소의 지진계에 기록된 진폭을 진앙까지의 거리나 진원의 깊이 등을 고려하여 지수 형태로 나타낸 것으로써 장소와 무관한 절대적 수치이며 진도에 비해 매우 정밀한 값이다.

해답 52. ① 53. ④ 54. ② 55. ④

56 강구조의 접합부에서 접합부에 휨모멘트 반력이 발생되지 않고, 전단력만을 저항하는 접합 형식은?

① 강접합　　② 모멘트접합
③ 단순접합　　④ 반강접합

[해설] ③

단순접합은 접합부 내에서 모멘트를 전달하지 않거나 무시할 정도의 모멘트를 전달하는 접합이다.

【강구조 접합부의 주요 분류】

단순접합, 전단접합, 핀(Pin)접합	모멘트접합, 강접합

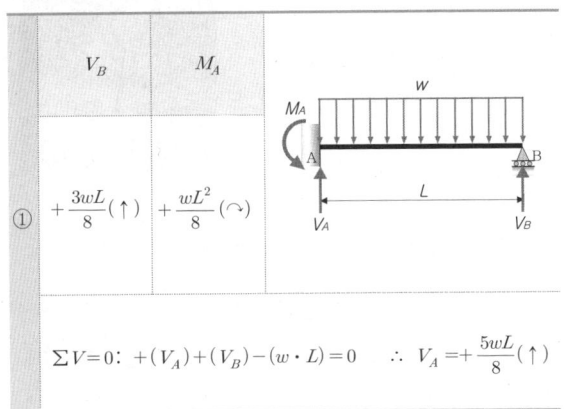

---

57 다음 부정정 구조물의 A단 수직반력은?

① $\dfrac{5wL}{8}$　　② $\dfrac{3wL}{8}$
③ $\dfrac{wL}{2}$　　④ $\dfrac{2wL}{3}$

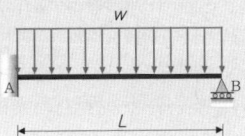

[해설] ①

	V_B	M_A
①	$+\dfrac{3wL}{8}(\uparrow)$	$+\dfrac{wL^2}{8}(\curvearrowright)$

$\sum V=0: +(V_A)+(V_B)-(w \cdot L)=0 \quad \therefore V_A=+\dfrac{5wL}{8}(\uparrow)$

---

58 다음과 같은 조건에서 철근콘크리트 보의 인장철근의 최대 허용 배근 간격은 얼마인가? (단, 철근은 보의 인장부에만 배근하고 피복두께는 40mm이다.)

- 일반환경 조건($\kappa_{cr}=210$)
- $f_{ck}=28\text{MPa}$, $f_y=400\text{MPa}$, $f_s=(2/3)f_y$
- $A_s=1{,}548.5\text{mm}^2(4-D22)$

① 106.7mm　　② 163.5mm
③ 195.3mm　　④ 239.1mm

[해설] ③

휨균열 제어를 위한 인장철근의 배근 중심간격

콘크리트의 인장연단에 가장 가까이에 배치되는 철근의 중심간격(s)은 위의 두 값 중 작은값 이하로 결정한다.

$s=375\left(\dfrac{\kappa_{cr}}{f_s}\right)-2.5C_c=375\left(\dfrac{(210)}{\frac{2}{3}(400)}\right)-2.5(40)=195.313\text{mm}$

$s=300\left(\dfrac{\kappa_{cr}}{f_s}\right)=300\left(\dfrac{(210)}{\frac{2}{3}(400)}\right)=236.25\text{mm}$

---

59 철근콘크리트 구조물의 설계 시 적용되는 강도감소계수(ϕ) 규정으로 옳지 않은 것은?

① 인장지배단면 : 0.85
② 포스트텐션 정착구역 : 0.85
③ 전단력 및 비틀림모멘트 : 0.75
④ 압축지배단면 중 나선철근으로 보강된 철근콘크리트 부재 : 0.65

[해설] ④

적용 부재		강도감소계수(ϕ)
인장지배 단면		0.85
압축지배 단면	띠철근 기둥	0.65
	나선철근 기둥	0.70
변화구간 단면 (=전이 구역)		0.65(0.70)~0.85
전단력 및 비틀림모멘트		0.75
콘크리트 지압력 (포스트텐션 정착부나 스트럿-타이 모델 제외)		0.65
포스트텐션 정착구역		0.85

해답　56. ③　57. ①　58. ③　59. ④

60 그림과 같은 구조에서 B단에 발생하는 모멘트는?

① 125kN·m
② 188kN·m
③ 250kN·m
④ 300kN·m

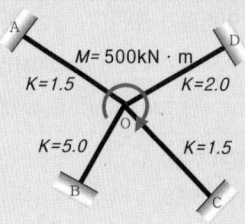

해설

모멘트 분배법(Moment Distribution Method)

①
1. 분배율 : $DF_{OB} = \dfrac{5.0}{1.5+5.0+1.5+2.0} = \dfrac{1}{2}$

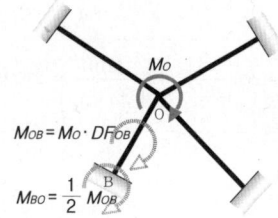

2. 분배모멘트 :
$M_{OB} = M_B \cdot DF_{OB}$
$= (+500)\left(\dfrac{1}{2}\right) = +250 \text{kN} \cdot \text{m} (\curvearrowright)$

3. 전달모멘트 : $M_{BO} = \dfrac{1}{2} M_{OB} = +125 \text{kN} \cdot \text{m} (\curvearrowright)$

건축설비

61 평균 조도의 계산과 관련하여 면적 A, 사용 램프의 전광속 F, 조명률 U, 보수율 M, 평균 조도를 E 라고 할 때 성립하는 식은?

① $E = \dfrac{F \times U \times A}{M}$
② $E = \dfrac{F \times U \times M}{A}$
③ $E = \dfrac{F \times U}{A \times M}$
④ $E = \dfrac{A \times M}{F \times U}$

해설

광속법에 따른 조도(E)

$F \cdot N \cdot U = E \cdot A \cdot D \Rightarrow E = \dfrac{F \cdot N \cdot U}{A \cdot D} = \dfrac{F \cdot N \cdot U \cdot M}{A}$

②
- N : 광원의 개수
- E : 작업면의 조도(lx)
- A : 실의 면적(m²)
- F : 사용 광원 1개의 광속(lm)
- D : 감광보상률
- U : 조명률
- M : 유지율, 보수율, 빛 손실계수($= \dfrac{1}{D}$)

62 배수관에 있어서 청소구(Clean Out)를 원칙적으로 설치해야 하는 곳이 아닌 것은?

① 배수수직관의 최상부
② 배수수평주관과 옥외배수관의 접속 장소와 가까운 곳
③ 배수관이 45° 이상의 각도로 방향을 바꾸는 곳
④ 배수수평주관의 기점

해설

		청소구(Clean Out)를 필요로 하는 곳	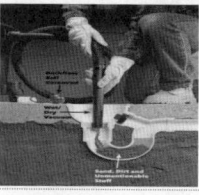
①	1	건축물 배수관과 대지 하수관의 접속부	
	2	배수수직관의 최하단부, 배수수평관의 최상단부	
	3	배관이 45° 이상 각도로 구부러지는 곳	
	4	수평관 관경 100mm 이하인 경우 직선거리 15m 마다, 100mm 이상인 경우 직선거리 30m 이내마다 설치	

해답 60. ① 61. ② 62. ①

63 에스컬레이터에 관한 설명으로 옳지 않은 것은?

① 엘리베이터에 비해 수송능력이 크다.
② 대기 시간이 없고 연속적인 수송설비이다.
③ 건축적으로 점유면적이 크고, 건물에 걸리는 하중이 집중된다는 단점이 있다.
④ 에스컬레이터의 수량은 공칭 수송능력의 80% 정도를 설계 수송능력으로 하여 계산한다.

해설

③

에스컬레이터는 엘리베이터에 비해 비해 점유면적이 작고, 건축물에 걸리는 하중이 각 층에 분담된다.

64 급수설비에서 수격 작용(워터 해머)에 관한 설명으로 옳지 않은 것은?

① 관경이 클수록 발생하기 쉽다.
② 굴곡 개소로 인해 발생하기 쉽다.
③ 유속이 빠를수록 발생하기 쉽다.
④ 플러시 밸브나 수전류를 급격히 열고 닫을 때 발생하기 쉽다.

해설

	수격 작용 (Water Hammering)	
① 원인	• 플러시 밸브나 수전류를 급격히 열고 닫을 때 • 관경이 작을수록 발생하기 쉽다. • 유속이 빠를수록 발생하기 쉽다. • 굴곡 개소가 많을수록 발생하기 쉽다. • 감압 밸브를 사용할 경우 발생하기 쉽다.	

65 최대수용전력이 500kW, 수용률이 80%일 때 부하 설비용량은?

① 400kW ② 625kW ③ 800kW ④ 1,250kW

해설

②

1	수용률 = $\dfrac{\text{최대수용전력(kW)}}{\text{부하설비용량(kW)}} \times 100[\%]$
2	부하설비용량(kW) = $\dfrac{(500)}{(80[\%])} \times 100[\%] = 625[\text{kW}]$

66 도시가스에서 중압의 가스 압력은? (단, 액화가스가 기화되고 다른 물질과 혼합되지 아니한 경우 제외)

① 0.05MPa 이상, 0.1MPa 미만
② 0.01MPa 이상, 0.1MPa 미만
③ 0.1MPa 이상, 1MPa 미만
④ 1MPa 이상, 10MPa 미만

해설

③

도시가스 가스 압력		
고압	1MPa 이상	
중압	0.1MPa~1MPa	
저압	0.1MPa 미만	

67 급기 온도를 일정하게 하고 송풍량을 변화시켜서 실내 온도를 조절하는 공기조화방식은?

① FCU 방식
② 이중덕트 방식
③ 정풍량 단일덕트 방식
④ 변풍량 단일덕트 방식

해설

④

(가)변풍량 방식(Variable Air Volume System)
각 실별 또는 존별로 덕트의 말단에 VAV유닛을 설치하여 송풍 온도는 일정하게 하고, 실내 부하의 변동에 따라 송풍량만을 변화시키는 에너지 절약형 방식

해답 63. ③ 64. ① 65. ② 66. ③ 67. ④

68 다음의 열펌프(Heat Pump)에 대한 설명 중 ( ) 안에 알맞은 용어는?

| 냉동기의 압축기에서 토출된 고온·고압의 냉매 증기는 ( )에서 방열하고 액화된다. 이때 방열되는 응축열로 물이나 공기를 가열하여 난방에 이용하는 장치를 열펌프라 한다. |

① 응축기 ② 팽창밸브
③ 압축기 ④ 증발기

해설

	히트 펌프(Heat Pump, 열펌프)
①	1	압축식 냉동 사이클을 여름에는 냉방용으로 운전하고 겨울에는 4방밸브에 의해 냉매의 흐름방향을 바꾸어 난방용으로 운전하는 것
	2	냉동 사이클: 압축기 ➡ 응축기 ➡ 팽창밸브 ➡ 증발기

69 다음의 스프링클러에 대한 설명 중 틀린 것은?

① 가압송수장치의 정격토출압력은 하나의 헤드 선단에 0.1MPa 이상 1.2MPa 이하의 방수압력이 될 수 있는 크기일 것
② 스프링클러설비의 수원을 수조로 설치하는 경우에는 다른 설비와 겸용하여 설치할 것
③ 가압송수장치의 송수량은 0.1MPa의 방수 압력 기준으로 80L/min 이상의 방수 성능을 가진 기준 개수의 모든 헤드로부터의 방수량을 충족시킬 수 있는 양 이상의 것으로 할 것
④ 개방형스프링클러헤드를 사용하는 스프링클러설비의 수원은 최대 방수 구역에 설치된 스프링클러헤드의 개수가 30개 이하일 경우에는 설치 헤드 수에 $1.6m^3$를 곱한 양 이상으로 할 것

해설

	스프링클러설비의 화재안전기준(NFSC)
②	스프링클러설비의 수원을 수조로 설치하는 경우에는 소방설비의 전용 수조로 하여야 한다.

70 온수난방에서 일반적인 특징에 관한 설명으로 옳지 않은 것은?

① 한랭지에서는 운전 정지 중에 동결의 위험이 있다.
② 난방을 정지하여도 난방효과가 어느 정도 지속된다.
③ 증기난방에 비하여 난방부하 변동에 따른 온도 조절이 용이하다.
④ 증기난방에 비하여 소요 방열면적과 배관경이 작게 되므로 설비비가 적게 든다.

해설

		바닥 온수난방
④	온수난방은 증기난방에 비해 방열면적과 배관의 관경이 커야 하므로 설비비가 약간 비싸게 된다.	

71 다음과 같은 조건에 있는 실의 틈새바람에 의한 현열 부하량은?

[조건]
• 실의 체적 : 400m³
• 환기 회수 : 0.5회/h
• 실내공기 건구온도 : 20℃
• 외기 건구온도 : 0℃
• 공기의 밀도 : 1.2kg/m³
• 공기의 비열 : 1.01kJ/kg·K

① 986W ② 1124W
③ 1,347W ④ 1,542W

해설

	1	환기량: $Q = n \cdot V = (0.5)(400) = 200 m^3/h$
③	2	단위환산계수 $0.337 W \cdot h/m^3 \cdot K$를 이용한다.
	3	현열: $Q_{SH} = 0.337 Q(t_o - t_i)$ $= 0.337(200)(20-0) = 1,348W$

해답 68. ① 69. ② 70. ④ 71. ③

72 구조가 간단하고 자기 사이폰 작용을 일으키면 자정작용을 갖는 트랩으로 사이폰 작용을 일으키기 쉽기 때문에 사이폰 트랩이라고도 불리우는 것은?

① 드럼트랩   ② 관트랩
③ 기구트랩   ④ 바닥배수트랩

해설

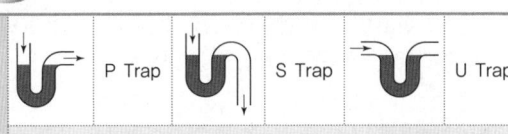

	수봉(水封)식 트랩, 사이펀(Siphon)식 트랩
② 1	S 트랩은 세면기, 대변기, 소변기에 부착하여 바닥 밑의 배수수평지관에 접속할 때 사용하며 관 트랩이라고도 한다.
2	사이펀 작용을 일으키기 쉬운 형태로 봉수가 쉽게 파괴되므로 사이펀 트랩이라고도 한다.

73 다음과 같은 특징을 갖는 전동기는?

- 구조와 취급이 간단하고 기계적으로 견고하다.
- 가격이 비교적 싸고 운전이 대체로 쉽다.
- 건축설비에서 가장 널리 사용되고 있다.

① 정류자전동기   ② 유도전동기
③ 동기전동기   ④ 직류전동기

해설

교류용 3상 유도전동기	
②	 구조가 간단하고 조작이 간편하면서 값이 싸므로 가장 많이 사용된다.

74 공기조화방식 중 전공기방식에 속하는 것은?

① 패키지 방식   ② 이중덕트 방식
③ 유인유닛 방식   ④ 팬코일유닛 방식

해설

운반되는 열 매체에 따른 공조방식의 분류		
②	전공기(All Air) 방식	단일덕트 방식, 2중덕트 방식, 멀티존유닛 방식, 덕트병용패키지 방식, 각층유닛 방식
	전수(All Water) 방식	팬코일유닛(Fan Coil Unit) 방식
	공기-수(Air-Water) 방식	유인유닛 방식, 덕트병용 팬코일유닛 방식, 덕트병용 복사냉난방 방식

75 축전지의 충전 방식 중 필요할 때마다 표준 시간율로 소정의 충전을 하는 방식은?

① 급속충전   ② 보통충전
③ 부동충전   ④ 세류충전

해설

축전지 충전방식		
	보통충전	필요할 때마다 표준 시간율로 소정의 충전을 행함
②	급속충전	비교적 단시간에 보통충전 전류의 2~3배의 전류로 충전하는 방식
	부동충전	상용부하에 대한 전력 공급은 충전기, 대전류 부하는 축전지가 부담하는 방식
	세류충전	전지를 장시간 보존하면 자기방전에 의해 용량이 감소하는데, 자기방전량만 보충해 주는 부동충전 방식의 일종

해답 72. ② 73. ② 74. ② 75. ②

76 다음과 같은 특징을 갖는 배선공사는?

- 열적 영향이나 기계적 외상을 받기 쉽다.
- 관 자체가 절연체이므로 감전의 우려가 없다.
- 옥내의 점검할 수 없는 은폐 장소에도 사용이 가능하다.

① 금속관 공사 ② 버스덕트 공사
③ 경질비닐관 공사 ④ 라이팅덕트 공사

해설

경질비닐관
(=합성수지관, PVC관)

③

1	관 자체가 우수한 절연성을 가지고 있으며, 중량이 가볍고 시공이 용이하다.
2	내식성이 우수하여 화학 공장 등에 사용이 가능하지만, 열에 약하고 기계적 강도가 낮은 것이 결점이다.

77 다음과 같은 조건에서 실의 현열부하가 7,000W인 경우 실내 취출풍량은?

[조건]
- 실내 온도 : 22℃
- 취출 공기 온도 : 12℃
- 공기의 비열 : 1.01kJ/kg · K
- 공기의 밀도 : 1.2kg/m³

① 1,042m³/h ② 2,079m³/h
③ 3,472m³/h ④ 6,944m³/h

해설

②
$$Q = \frac{H_i}{\left(1.01 \times 1.2 \times \frac{1,000}{3,600}\right) \cdot \Delta T}$$
$$= \frac{(7,000)}{\left(1.01 \times 1.2 \times \frac{1,000}{3,600}\right)(22-12)} = 2,079.21 \text{m}^3/\text{h}$$

78 가압급수방식(부스터펌프방식)의 특징으로서 틀린 것은?

① 부하 설계와 기기의 선정이 적절하지 못하면 에너지 낭비가 크다.
② 급수량에 따라 펌프의 대수 제어 운전, 회전수 제어 운전이 가능하며 최상층의 수압도 크게 할 수 있다.
③ 정전 시에도 옥상탱크에 있는 물을 공급할 수 있어 안정적이다.
④ 부스터펌프방식에 압력탱크를 병용하여 사용하면 펌프의 잦은 단락을 보완할 수 있다.

해설

③ 정전 시에도 옥상탱크에 있는 물을 안정적으로 공급할 수 있는 방식은 고가수조(옥상탱크) 방식이다.

79 실내공기 중에 부유하는 직경 10μm 이하의 미세먼지를 의미하는 것은?

① VOC10 ② PMV10 ③ PM10 ④ SS10

해설

PM10(Particle Matter 10)

③

1	입경 10μm 이하인 미세먼지로 호흡을 통해 폐까지 전달되므로 호흡성 분진이라고도 한다.
2	다중이용시설 실내 공기질은 PM10을 적용하고 있다.

80 음의 세기가 10^{-9} W/m²일 때 음의 세기 레벨은? (단, 기준 음의 세기 $I_o = 10^{-12}$ W/m²이다.)

① 3dB ② 30dB ③ 0.3dB ④ 0.03dB

해설

②
음의 세기 레벨 (dB)	$10\log\frac{I}{I_o} = 10\log\frac{10^{-9}}{10^{-12}} = 10\log 10^3 = 30dB$

해답 76. ③ 77. ② 78. ③ 79. ③ 80. ②

건축법규

81 국토의 계획 및 이용에 관한 법률상 도시·군관리계획의 내용에 속하지 않는 것은?

① 투기과열지구의 지정 또는 변경에 관한 계획
② 개발제한구역의 지정 또는 변경에 관한 계획
③ 기반시설의 설치·정비 또는 개량에 관한 계획
④ 용도지역·용도지구의 지정 또는 변경에 관한 계획

해설

	도시·군관리계획의 내용
①	1	용도지역·용도지구의 지정 또는 변경에 관한 계획
	2	개발제한구역·시가화조정구역·수산자원보호구역의 지정 또는 변경에 관한 계획
	3	기반시설의 설치·정비 또는 개량에 관한 계획
	4	도시개발사업 또는 정비사업에 관한 계획
	5	지구단위계획구역의 지정 또는 변경에 관한 계획과 지구단위계획

82 대형건축물의 건축허가 사전승인신청서 제출도서 중 설계설명서에 표시하여야 할 사항에 속하지 않는 것은?

① 시공방법   ② 동선계획
③ 개략공정계획   ④ 각부 구조계획

해설

	대형건축물의 건축허가 사전승인신청서 제출도서 중 설계설명서에 표시하여야 할 사항
④	1	공사 개요, 사전조사사항
	2	건축계획: 배치·평면·입면·동선계획, 조경계획, 주차계획 및 교통처리계획
	3	시공방법, 개략공정계획, 주요설비계획
	4	주요 자재 사용계획 및 그 밖의 필요한 사항

83 부설주차장 설치 대상 시설물이 문화 및 집회시설 중 예식장으로서 시설면적이 1,200m²인 경우, 설치하여야 하는 부설주차장의 최소 대수는?

① 8대   ② 10대
③ 15대   ④ 20대

해설

	부설주차장 설치 대상 시설물	
①	문화 및 집회시설 (관람장 제외)	시설면적 150m²당 1대

1,200 ÷ 150 = 8대

84 건축물에 설치하는 지하층의 구조 및 설비에 관한 기준 내용으로 옳지 않은 것은?

① 거실의 바닥면적의 합계가 1,000m² 이상인 층에는 환기설비를 설치할 것
② 거실의 바닥면적이 30m² 이상인 층에는 피난층으로 통하는 비상탈출구를 설치할 것
③ 지하층의 바닥면적이 300m² 이상인 층에는 식수공급을 위한 급수전을 1개소 이상 설치할 것
④ 문화 및 집회시설 중 공연장의 용도에 쓰이는 층으로서 그 층의 거실의 바닥면적의 합계가 50m² 이상인 건축물에는 직통계단을 2개소 이상 설치할 것

해설

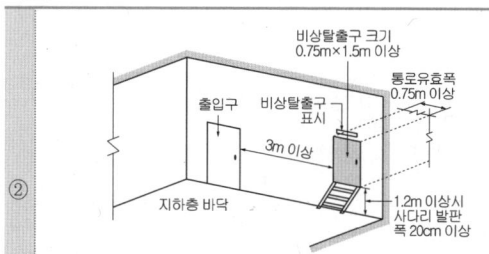

거실의 바닥면적이 50m² 이상인 층에는 피난층으로 통하는 비상탈출구를 설치할 것

해답 81. ① 82. ④ 83. ① 84. ②

85 비상용승강기 승강장의 구조에 관한 기준 내용으로 옳지 않은 것은?

① 벽 및 반자가 실내에 접하는 부분의 마감재료는 불연재료로 할 것
② 옥내 승강장의 바닥면적은 비상용승강기 1대에 대하여 6m² 이상으로 할 것
③ 채광을 위한 창문 등을 설치하여서는 아니 되며 예비전원에 의한 조명설비를 할 것
④ 피난층이 있는 승강장의 출입구로부터 도로 또는 공지에 이르는 거리가 30m 이하일 것

해설

③ 채광이 되는 창문이 있거나 예비전원에 따른 조명설비를 할 것

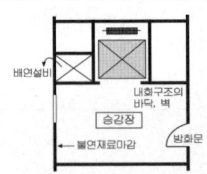

86 공사감리에 관한 기준 내용이다. 밑줄 친 "공사의 공정이 대통령령으로 정하는 진도에 다다른 경우"에 속하지 않는 것은? (단, 건축물의 구조가 철근콘크리트조인 경우)

공사감리자는 국토교통부령으로 정하는 바에 따라 감리일지를 기록·유지하여야 하고, <u>공사의 공정(工程)이 대통령령으로 정하는 진도에 다다른 경우</u>에는 감리중간보고서를 작성하여 건축주에게 제출하여야 한다.

① 지붕슬래브 배근을 완료한 경우
② 기초공사 시 철근 배치를 완료한 경우
③ 기초공사에서 주춧돌의 설치를 완료한 경우
④ 지상 5개 층마다 상부 슬래브 배근을 완료한 경우

해설

감리중간보고서의 제출 시기

구조	공정	공사의 진도
③ • 철근콘크리트조 • 철골철근콘크리트조 • 조적조 • 보강콘크리트 블록조	기초공사	기초 철근 배치를 완료한 때
	지붕공사	지붕슬래브 배근을 완료한 때
	5층 이상 건축물	지상 5개층 마다 상부 슬래브 배근을 완료한 때

87 대지와 도로의 관계에 관한 기준 내용이다. ( ) 안에 알맞은 것은? (단, 축사, 작물 재배사, 그 밖에 이와 비슷한 건축물로서 건축조례로 정하는 규모의 건축물은 제외)

연면적의 합계가 2,000m²(공장인 경우 3,000m²) 이상인 건축물의 대지는 너비 (㉠) 이상의 도로에 (㉡) 이상 접하여야 한다.

① ㉠ 2m, ㉡ 4m
② ㉠ 4m, ㉡ 2m
③ ㉠ 4m, ㉡ 6m
④ ㉠ 6m, ㉡ 4m

해설

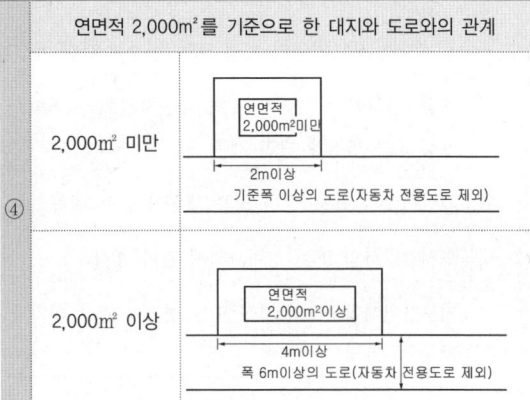

88 국토의 계획 및 이용에 관한 법령상 제1종 일반주거지역 안에서 건축할 수 있는 건축물에 속하지 않는 것은?

① 아파트
② 단독주택
③ 노유자시설
④ 교육연구시설 중 고등학교

해설

		제1종 일반주거지역 안에서 건축할 수 있는 건축물
①	1	층수: 4층 이하의 건축물
	2	단독주택, 공동주택(단, 아파트 제외)
	3	제1종 근린생활시설, 노유자시설, 교육연구시설 중 초등학교, 중학교, 고등학교

해답 85. ③ 86. ③ 87. ④ 88. ①

89 직통계단의 설치에 관한 기준 내용 중 밑줄 친 "다음 각 호의 어느 하나에 해당하는 용도 및 규모의 건축물"의 기준 내용으로 옳지 않은 것은?

> 법 제49조제1항에 따라 피난층 외의 층이 <u>다음 각 호의 어느 하나에 해당하는 용도 및 규모의 건축물</u>에는 국토교통부령으로 정하는 기준에 따라 피난층 또는 지상으로 통하는 직통계단을 2개소 이상 설치하여야 한다.

① 지하층으로서 그 층 거실의 바닥면적의 합계가 200m² 이상인 것
② 종교시설의 용도로 쓰는 층으로서 그 층에서 해당 용도로 쓰는 바닥면적의 합계가 200m² 이상인 것
③ 숙박시설의 용도로 쓰는 3층 이상의 층으로서 그 층의 해당 용도로 쓰는 거실의 바닥면적의 합계가 200m² 이상인 것
④ 업무시설 중 오피스텔의 용도로 쓰는 층으로서 그 층의 해당 용도로 쓰는 거실의 바닥면적의 합계가 200m² 이상인 것

해설

④	업무시설 중 오피스텔의 용도로 쓰는 층으로서 그 층의 해당 용도로 쓰는 거실의 바닥면적의 합계가 300m² 이상인 것

90 국토의 계획 및 이용에 관한 법률상 용도지역에서의 용적률 기준이 옳지 않은 것은? (단, 도시지역의 경우)

① 주거지역 : 500% 이하
② 상업지역 : 1,200% 이하
③ 공업지역 : 400% 이하
④ 녹지지역 : 100% 이하

해설

②	근린상업지역: 200%~900%	1,500% 이하
	일반상업지역: 300%~1,300%	
	유통상업지역: 200%~1,100%	
	중심상업지역: 400%~1,500%	

91 허가권자가 가로구역별로 건축물의 최고 높이를 지정·공고할 때 고려하여야 할 사항이 아닌 것은?
① 도시 미관 및 경관계획
② 해당 도시의 장래발전계획
③ 해당 가로구역이 접하는 도로의 길이
④ 도시·군관리계획 등의 토지이용계획

해설

	가로구역별 건축물 최고높이의 지정·공고 시 기준
③	1. 도시·군관리계획 등의 토지이용계획
	2. 해당 가로구역이 접하는 도로의 너비, 해당 가로구역의 상·하수도 등 시설의 수용능력
	3. 해당 도시의 장래 발전계획, 도시미관 및 경관계획

92 지하식 또는 건축물식 노외주차장의 차로에 관한 기준 내용으로 옳지 않은 것은? (단, 이륜자동차전용 노외주차장이 아닌 경우)
① 높이는 주차 바닥면으로부터 2.3m 이상으로 하여야 한다.
② 경사로의 종단경사도는 직선 부분에서는 17%를 초과하여서는 아니 된다.
③ 곡선 부분은 자동차가 4m 이상의 내변반경으로 회전할 수 있도록 하여야 한다.
④ 주차대수 규모가 50대 이상인 경우의 경사로는 너비 6m 이상인 2차로를 확보하거나 진입차로와 진출차로를 분리하여야 한다.

해설

| ③ | 굴곡부는 자동차가 6m 이상의 내변반경으로 회전이 가능하도록 하여야 한다. (단, 같은 경사로를 이용하는 총 주차 대수가 50대 이하인 경우에는 5m 이상) |  |

해답 89. ④ 90. ② 91. ③ 92. ③

93 공동주택 중심의 양호한 주거환경을 보호하기 위하여 주거지역을 세분하여 지정하는 지역은?

① 제1종 전용주거지역 ② 제2종 전용주거지역
③ 제1종 일반주거지역 ④ 제2종 일반주거지역

해설

	전용주거지역(양호한 주거환경의 보호)
1종	단독주택 중심의 양호한 주거환경을 보호
2종	공동주택 중심의 양호한 주거환경을 보호
	일반주거지역(편리한 주거환경의 조성)
1종	저층주택을 중심으로 편리한 주거환경을 조성
2종	중층주택을 중심으로 편리한 주거환경을 조성
3종	중·고층주택을 중심으로 편리한 주거환경을 조성
	준주거지역
	주거기능을 위주로 이를 지원하는 일부 상업기능 및 업무기능을 보완하기 위하여 필요한 지역

정답: ②

94 주차장의 수급실태를 조사하려는 경우, 조사구역의 설정 기준으로 옳지 않은 것은?

① 원형 형태로 조사구역을 설정한다.
② 각 조사구역은 「건축법」에 따른 도로를 경계로 구분한다.
③ 조사구역 바깥 경계선의 최대거리가 300m를 넘지 아니 하도록 한다.
④ 주거기능과 상업·업무기능이 섞여 있는 지역의 경우에는 주차시설 수급의 적정성, 지역적 특성 등을 고려하여 같은 특성을 가진 지역별로 조사구역을 설정한다.

해설

	주차장 수급실태 조사	
①	주기	3년
	기준	사각형 또는 삼각형 형태로 조사구역을 설정하되 조사구역 바깥 경계선의 최대거리가 300m를 넘지 아니 하도록 한다.

95 면적 등의 산정 방법에 대한 기본 원칙으로 틀린 것은?

① 대지면적은 대지의 수평투영면적으로 한다.
② 건축면적은 건축물의 외벽의 중심선으로 둘러싸인 부분의 수평투영면적으로 한다.
③ 바닥면적은 건축물의 각 층 또는 그 일부로서 벽, 기둥, 그 밖에 이와 비슷한 구획의 중심선으로 둘러싸인 부분의 수평투영면적으로 한다.
④ 용적률 산정 시 적용하는 연면적은 지하층을 포함하여 하나의 건축물 각 층의 바닥면적의 합계로 한다.

해설

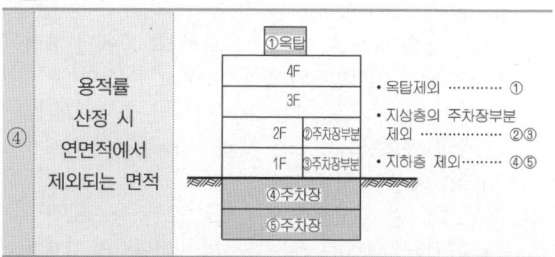

96 다음은 건축법령상 다세대주택의 정의이다. ( ) 안에 알맞은 것은?

주택으로 쓰는 1개 동의 바닥면적 합계가 (㉠) 이하이고, 층수가 (㉡) 이하인 주택(2개 이상의 동을 지하주차장으로 연결하는 경우에는 각각의 동으로 본다.)

① ㉠ 330m², ㉡ 3개층 ② ㉠ 330m², ㉡ 4개층
③ ㉠ 660m², ㉡ 3개층 ④ ㉠ 660m², ㉡ 4개층

해설

	건축법령상 공동주택
1	아파트: 주택으로 쓰이는 층이 5개층 이상인 주택
2	연립주택: 주택으로 쓰이는 1개 동의 바닥면적(부설 주차장 면적 제외) 합계가 660㎡를 초과하는 4개층 이하의 주택
3	다세대주택: 주택으로 쓰이는 1개 동의 바닥면적(부설 주차장 면적 제외) 합계가 660㎡ 이하인 4개층 이하의 주택
4	기숙사

정답: ④

해답 93. ② 94. ① 95. ④ 96. ④

97 공작물을 축조할 때 특별자치시장·특별자치도지사 또는 시장·군수·구청장에게 신고를 하여야 하는 대상 공작물에 속하지 않는 것은? (단, 건축물과 분리하여 축조하는 경우)

① 높이 3m인 담장　　② 높이 5m인 굴뚝
③ 높이 5m인 광고탑　④ 높이 5m인 광고판

해설

	시장·군수·구청장에게 신고를 하여야 하는 공작물
1	높이 2m를 넘는 옹벽·담장
② 2	높이 4m를 넘는 광고탑·광고판·장식탑·기념탑·첨탑
3	높이 6m를 넘는 굴뚝·골프연습장 등의 철탑
4	높이 8m를 넘는 고가수조

98 대지면적이 1,000m²인 건축물의 옥상에 조경면적을 90m² 설치한 경우, 대지에 설치하여야 하는 최소 조경면적은? (단, 조경 설치 기준은 대지면적의 10%)

① 10m²　　② 40m²
③ 50m²　　④ 100m²

해설

1	조경면적 = 1,000 × 0.1 = 100m²
2	옥상조경면적 = $90m^2 \times \frac{2}{3} = 60m^2 > 50m^2$
③ 3	옥상조경면적은 2/3를 인정하되 조경면적의 1/2 을 넘지 못하므로, 실제 옥상조경면적은 50m² 이다.
4	지표면의 조경면적 = 100m² − 50m² = 50m²

99 높이가 31m를 넘는 각 층의 바닥면적 중 최대 바닥면적이 4,500m²인 건축물에 원칙적으로 설치하여야 하는 비상용승강기의 최소 대수는?

① 1대　　② 2대
③ 3대　　④ 5대

해설

② 비상용승강기 설치대수 산정: 연면적 1,500m² 초과 시

$$1대 + \frac{A - 1,500}{3,000} = 1대 + \frac{(4,500) - 1,500}{3,000} = 2대$$

100 건축물의 거실에 국토교통부령으로 정하는 기준에 따라 배연설비를 하여야 하는 대상 건축물에 속하지 않는 것은? (단, 피난층의 거실은 제외하며, 6층 이상인 건축물의 경우)

① 종교시설　　　② 판매시설
③ 위락시설　　　④ 방송통신시설

해설

	배연설비의 설치	
④	규모	6층 이상인 건축물
	설치장소	거실
	용도	• 문화 및 집회시설, 종교시설, 판매시설, 업무시설, 의료시설, 종교시설, 운수시설, 운동시설, 숙박시설, 위락시설, 관광휴게시설, 아동관련시설, 노인복지시설 • 연구소, 유스호스텔 • 장례식장

해답　97. ②　98. ③　99. ②　100. ④

건축계획

1 특수 전시기법에 관한 설명으로 옳지 않은 것은?

① 하모니카 전시는 동일 종류의 전시물을 반복 전시하는 경우에 사용된다.
② 파노라마 전시는 연속적인 주제를 연관성 있게 표현하기 위해 선형의 파노라마로 연출하는 기법이다.
③ 디오라마 전시는 하나의 사실 또는 주제의 시간 상황을 고정시켜 연출하는 것으로 현장에 임한 느낌을 준다.
④ 아일랜드 전시는 실물을 직접 전시할 수 없거나 오브제 전시만의 한계를 극복하기 위해 영상매체를 사용하여 전시하는 기법이다.

해설

④ 아일랜드(Island) 전시기법

벽이나 천장을 직접 이용하지 않고 전시공간을 만들어 내는 기법으로 관람자의 시거리를 짧게 할 수 있다.

2 병원건축의 병동 배치 방법 중 분관식(Pavilion Type)에 관한 설명으로 옳은 것은?

① 각종 설비 시설의 배관길이가 짧아진다.
② 대지의 크기와 관계없이 적용이 용이하다.
③ 각 병실을 남향으로 할 수 있어 일조와 통풍 조건이 좋다.
④ 병동부는 5층 이상의 고층으로 하며 환자는 엘리베이터로 운송된다.

해설

③ 분관식(Pavilion Type)   집중식(Block Type)

①, ②, ④항은 집중식(Block Type)에 대한 특징이다.

3 전시실의 순회 형식에 관한 설명으로 옳지 않은 것은?

① 중앙홀 형식은 각 실에 직접 들어갈 수 없다는 단점이 있다.
② 연속순회 형식은 많은 실을 순서별로 통하여야 하는 불편이 있다.
③ 갤러리 및 코리도 형식에서는 복도 자체도 전시공간으로 이용할 수 있다.
④ 갤러리 및 코리도 형식은 각 실에 직접 들어갈 수 있으며, 필요 시 독립적으로 폐쇄할 수 있다.

해설

① 중앙홀 형식

중심부에 하나의 큰 홀을 두고 그 주위에 각 전시실을 배치하여 자유로이 출입하는 형식이다.

4 공동주택의 단지계획에서 보차 분리를 위한 방식 중 평면 분리에 해당하는 방식은?

① 시간제 차량 통행
② 쿨데삭(Cul-de-Sac)
③ 오버브리지(Overbridge)
④ 보행자 안전참(Pedestrian Safecross)

해설

공동주택 단지계획: 보차(步車) 분리	
평면 분리	쿨데삭(Cul-de-Sac), 루프(Loop), T자형, 열쇠형
② 면적 분리	보행자 안전참(Pedestrian Safecross), 보행자 공간, 몰 플라자(Mall Plaza)
입체 분리	오버 브리지(Overbridge), 지상인공지반, 언더 패스(Under Path), 지하가, 다층구조지반
시간 분리	시간제 차량 통행, 차 없는 날

해답 1. ④ 2. ③ 3. ① 4. ②

5 다음 중 터미널 호텔의 종류에 속하지 않는 것은?

① 해변 호텔
② 부두 호텔
③ 공항 호텔
④ 철도역 호텔

해설

시티 호텔 (City Hotel)	• 커머셜(Commercial) 호텔 • 레지덴셜(Residential) 호텔 • 아파트먼트(Apartment) 호텔 • 터미널(Terminal) 호텔 　➡ 철도역 호텔(Station Hotel) 　➡ 부두 호텔(Harbor Hotel) 　➡ 공항 호텔(Airport Hotel)
리조트 호텔 (Resort Hotel)	• 해변(Beach) 호텔 • 산장(Mountain) 호텔 • 스포츠(Sport) 호텔 • 온천(Hot Spring) 호텔 • 클럽 하우스(Club House)

6 백화점 건물의 기둥 간격 결정 요소와 가장 거리가 먼 것은?

① 진열장의 치수
② 고객 동선의 길이
③ 에스컬레이터의 배치
④ 지하주차장의 주차 방식

해설

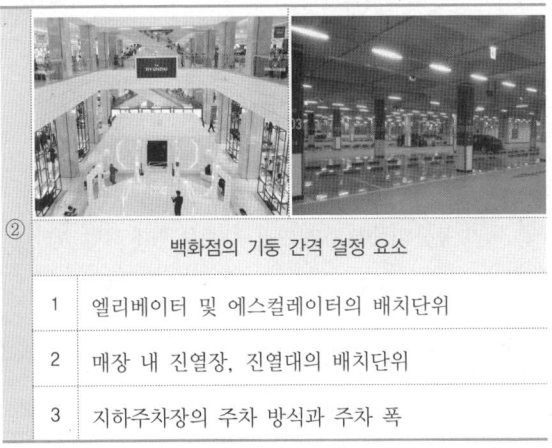

	백화점의 기둥 간격 결정 요소
1	엘리베이터 및 에스컬레이터의 배치단위
2	매장 내 진열장, 진열대의 배치단위
3	지하주차장의 주차 방식과 주차 폭

7 레이트 모던(Late Modern) 건축양식에 관한 설명으로 옳지 않은 것은?

① 기호학적 분절을 추구하였다.
② 퐁피두 센터는 이 양식에 부합되는 건축물이다.
③ 공업 기술을 바탕으로 기술적 이미지를 강조하였다.
④ 대표적 건축가로는 시저 펠리, 노만 포스터 등이 있다.

해설

포스트 모더니즘(Post-Modernism)

• 기호학적 분절을 추구
• 관습적 기호(Code)로서 의사 전달, 공간의 애매성
• 맥락(Context)으로서의 건축, 대중성의 강조

레이트 모더니즘(Late-Modernism)

• 기계 미학과 기술적 이미지의 과장
• 구조의 왜곡과 표피의 강조,
  미니멀리스트(Minimalist)적인 표현
• 퐁피두 센터(Centre Pompidou):
  전시공간의 융통성(Flexibility)을 극대화시킨 건축물

해답 5. ① 6. ② 7. ①

8 주택의 부엌에서 작업 순서에 따른 작업대 배열로 가장 알맞은 것은?

① 냉장고 ➡ 싱크대 ➡ 조리대 ➡ 가열대 ➡ 배선대
② 싱크대 ➡ 조리대 ➡ 가열대 ➡ 냉장고 ➡ 배선대
③ 냉장고 ➡ 조리대 ➡ 가열대 ➡ 배선대 ➡ 싱크대
④ 싱크대 ➡ 냉장고 ➡ 조리대 ➡ 배선대 ➡ 가열대

해설

①	부엌의 작업 순서 (Work Triangle)	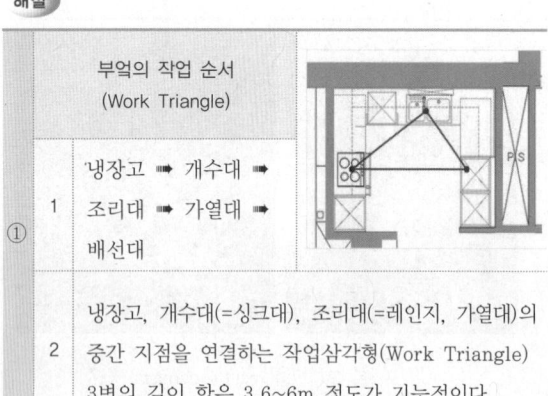
	1	냉장고 ➡ 개수대 ➡ 조리대 ➡ 가열대 ➡ 배선대
	2	냉장고, 개수대(=싱크대), 조리대(=레인지, 가열대)의 중간 지점을 연결하는 작업삼각형(Work Triangle) 3변의 길이 합은 3.6~6m 정도가 기능적이다.

9 도서관 출납 시스템에 관한 설명으로 옳지 않은 것은?

① 자유개가식은 책 내용의 파악 및 선택이 자유롭다.
② 자유개가식은 서가의 정리가 잘 안되면 혼란스럽게 된다.
③ 안전개가식은 서가 열람이 가능하여 책을 직접 뽑을 수 있다.
④ 폐가식은 서가와 열람실에서 감시가 필요하나 대출 절차가 간단하여 관원의 작업량이 적다.

해설

④	폐가식(Closed Access)	
	열람자가 책의 목록에 의해 책을 선택하여 관원에게 대출 기록을 제출한 후 대출받는 형식으로 대출 절차가 복잡하고 관원의 작업량이 많게 된다.	

10 르 꼬르뷔지에가 주장한 근대건축 5원칙에 속하지 않는 것은?

① 필로티
② 옥상정원
③ 유기적 공간
④ 자유로운 평면

해설

③	르 꼬르뷔지에 (Le Corbusier) 근대건축 5원칙	
		1	필로티(Pilotis)
		2	수평 띠창
		3	자유로운 평면
		4	자유로운 파사드(Facade)
		5	옥상 정원(Roof Garden)

11 사무소건축에서 기준층 평면 형태의 결정 요소와 가장 거리가 먼 것은?

① 동선상의 거리
② 구조상 스팬의 한도
③ 사무실 내의 책상 배치 방법
④ 덕트, 배선, 배관 등 설비시스템상의 한계

해설

	사무소건축 기준층 평면의 형태 한정 요소	
	1	구조상 스팬(Span)의 한도 ➡ 사용 목적
③	2	동선상(動線上)의 거리, 대피상 최대 피난 거리
	3	방화구획상의 면적
	4	자연광에 따른 조명한계 ➡ 채광률
	5	덕트, 배선, 배관 등 설비시스템상의 한계

해답 8. ① 9. ④ 10. ③ 11. ③

12 다음 설명에 알맞은 학교 운영방식은?

> 각 학급을 2분단으로 나누어 한 쪽이 일반교실을 사용할 때, 다른 한 쪽은 특별교실을 사용한다.

① 달톤형 ② 플래툰형
③ 개방 학교 ④ 교과교실형

해설

② 플래툰(Platoon)형에 대한 설명으로 미국의 초등학교에서 과밀 해소를 위해 운영하는 방식이다.

13 주택 부엌의 가구 배치 유형 중 병렬형에 관한 설명으로 옳은 것은?

① 연속된 두 벽면을 이용하여 작업대를 배치한 형식이다.
② 폭이 길이에 비해 넓은 부엌의 형태에 적당한 유형이다.
③ 작업면이 가장 넓은 배치 유형으로 작업 효율이 좋다.
④ 좁은 면적 이용에 효과적이므로 소규모 부엌에 주로 이용된다.

해설

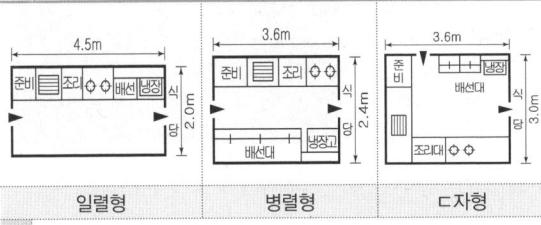

② 병렬형은 일렬형에 비해 작업동선이 단축되지만 작업 시 몸을 앞뒤로 바꾸어야 하는 불편함이 있고, 식당과 부엌이 개방되지 않고 외부로 통하는 출입구가 필요한 경우에 많이 사용된다.

14 극장 무대 주위의 벽에 6~9m 높이로 설치되는 좁은 통로로, 그리드 아이언에 올라가는 계단과 연결되는 것은?

① 록 레일 ② 사이클로라마
③ 플라이 갤러리 ④ 슬라이딩 스테이지

해설

③
플라이 갤러리 (Fly Gallery)

그리드 아이언(Grid Iron)에 올라가는 계단과 연결되도록 무대 주위의 벽에 6~9m 높이로 설치되는 좁은 통로를 말한다.

15 다음 중 다포식(多包式) 건물에 속하지 않는 것은?

① 서울 동대문 ② 창덕궁 돈화문
③ 전등사 대웅전 ④ 봉정사 극락전

해설

① 서울 동대문 ➡ 다포식
② 창덕궁 돈화문 ➡ 다포식

③ 전등사 대웅전 ➡ 다포식
④ 봉정사 극락전 ➡ 주심포식

해답 12. ② 13. ② 14. ③ 15. ④

16 이슬람(사라센) 건축양식에서 "미나렛(Minaret)"이 의미하는 것은?

① 이슬람교의 신학원 시설
② 모스크의 상징인 높은 탑
③ 메카 방향으로 설치된 실내 제단
④ 열주나 아케이드로 둘러싸인 중정

해설

미나렛 (Minaret)

② 이슬람 모스크(신전)에 부설된 높은 탑을 말하며, 아랍어로 "등대"라는 뜻을 갖는다.

17 아파트의 단면형식 중 메조넷 형식(Maisonnette Type)에 관한 설명으로 옳지 않은 것은?

① 하나의 주거단위가 복층 형식을 취한다.
② 양면 개구부에 의한 통풍 및 채광이 좋다.
③ 주택 내의 공간의 변화가 없으며 통로에 의해 유효 면적이 감소한다.
④ 거주성, 특히 프라이버시는 높으나 소규모 주택에는 비경제적이다.

해설

메조넷형 (Maisonette Type)

③ 하나의 주거단위가 복층 형식을 취하는 경우이며, 주택 내의 공간의 변화가 있으며 통로에 의한 유효면적이 증가한다.

18 기계 공장에서 지붕의 형식을 톱날 지붕으로 하는 가장 주된 이유는?

① 소음을 작게 하기 위하여
② 빗물의 배수를 충분히 하기 위하여
③ 실내 온도를 일정하게 유지하기 위하여
④ 실내의 주광 조도를 일정하게 하기 위하여

해설

톱날형 지붕

④ 채광창을 북향으로 하면 하루 종일 변함없는 조도를 얻을 수 있으므로 작업능률이 향상된다.

19 상점 정면(Facade) 구성에 요구되는 5가지 광고 요소 (AIDMA 법칙)에 속하지 않는 것은?

① Attention(주의)   ② Identity(개성)
③ Desire(욕구)   ④ Memory(기억)

해설

상점 정면(Facade) 구성의 5가지 광고 요소 (AIDMA법칙)

②

	A	Attention(주의)	주목시키는 배려가 있는가?
	I	Interest(흥미)	공감을 주는 호소력이 있는가?
	D	Desire(욕망)	욕구를 일으키는 연상을 하게 하는가?
	M	Memory(기억)	인상적인 변화가 있는가?
	A	Action(행동)	들어가기 쉬운 구성인가?

해답 16. ② 17. ③ 18. ④ 19. ②

20 사무소건축의 오피스 랜드스케이핑(Office Landscaping)에 관한 설명으로 옳지 않은 것은?

① 의사전달, 작업 흐름의 연결이 용이하다.
② 일정한 기하학적 패턴에서 탈피한 형식이다.
③ 작업단위에 의한 그룹(group) 배치가 가능하다.
④ 개인적 공간으로의 분할로 독립성 확보가 용이하다.

해설

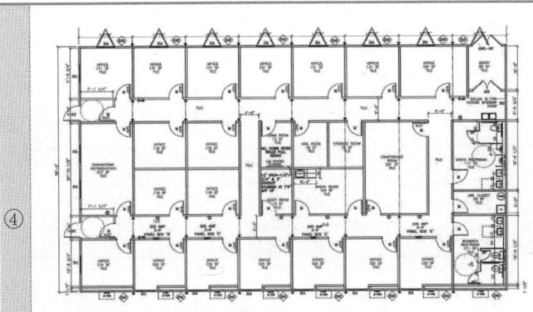

④ 개인적 공간으로의 분할로 독립성 확보가 용이한 것은 개실(個室)식 배치(Cellular Type)이다.

건축시공

21 건축물에 사용되는 금속 자재와 그 용도가 바르게 연결되지 않은 것은?

① 경량철골 M-Bar: 경량벽체 시공을 위한 구조용 지지틀
② 코너 비드: 벽, 기둥 등의 모서리에 대는 보호용 철물
③ 논 슬립: 계단에 사용하는 미끄럼 방지 철물
④ 조이너: 천장, 벽 등의 이음새 감추기용 철물

해설

① | 경량철골 M-Bar
경량 천장틀 시공을 위한
구조용 지지틀 |

22 네트워크 공정표에서 작업의 상호관계만을 도시하기 위하여 사용하는 화살선을 무엇이라 하는가?

① Event   ② Dummy
③ Activity   ④ Critical path

해설

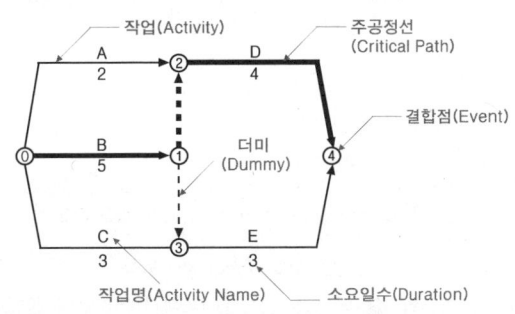

② 실선의 화살표 위에는 작업명(Activity Name), 아래에는 소요시간(Duration)을 숫자로 기재한다.
작업의 상호관계만을 나타내기 위한 더미(Dummy)는 점선의 화살표로 표현하며, 작업명과 소요일수는 기재하지 않는다.

23 웰 포인트 공법에 관한 설명으로 옳지 않은 것은?

① 중력배수가 유효하지 않은 경우에 주로 쓰인다.
② 지하수위를 저하시키는 공법이다.
③ 인접 지반과 공동 매설물 침하에 주의가 필요한 공법이다.
④ 점토질의 투수성이 나쁜 지질에 적합하다.

해설

④ | 웰 포인트(Well Point) 공법
투수성이 좋은 사질지반의 대표적 배수공법이다. |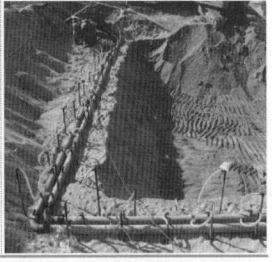

해답 20. ④   21. ①   22. ②   23. ④

2 바이블 연도별 기출문제

24 린 건설(Lean Construction)에서의 관리 방법으로 옳지 않은 것은?

① 변이관리 ② 당김생산
③ 흐름생산 ④ 대량생산

해설

린 건설(Lean Construction)	
건설 프로젝트를 하나의 생산 과정으로 보고 그 과정에서 발생되는 전반적인 낭비 요소들을 최소화하는 효율적인 건설 생산 체계	
린 건설(Lean Construction)에서의 주요 추구 목표	
1	당김식(Pull Type) 생산 방식 기존의 밀어내기식(Push Type)에서 추구하던 대량생산이 아닌 현장이 필요로 하는 자재를 필요한 만큼 생산할 것을 권장함
2	변이관리(Variation Management) 일반원인·특별원인·구조원인 변이 등의 유형을 구분하여 상호 의존성의 분석 및 대책의 수립
3	흐름 위주의 협업자 구축 및 협업 관리

③

25 건축공사 시 직접공사비 구성 항목으로 옳게 짝지어진 것은?

① 재료비, 노무비, 장비비, 간접공사비
② 재료비, 노무비, 외주비, 간접공사비
③ 재료비, 노무비, 일반관리비, 경비
④ 재료비, 노무비, 외주비, 경비

해설

④ 공사원가 구성 요소

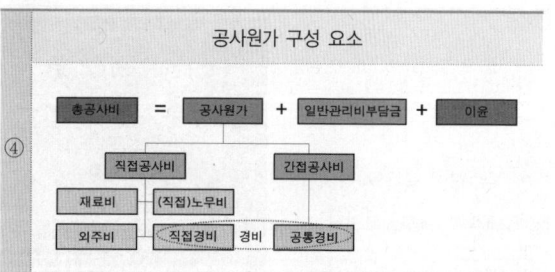

26 벽면적 $1m^2$당 소요되는 벽돌($190 \times 90 \times 57$mm)의 벽돌쌓기 시 정미량(매)과 모르타르량(m^3)으로 옳은 것은? (단, 벽두께 1.0B, 모르타르의 재료량은 할증이 포함된 것이며, 배합비는 1:3이다.)

① 벽돌 매수: 224매, 모르타르량: $0.078m^3$
② 벽돌 매수: 224매, 모르타르량: $0.049m^3$
③ 벽돌 매수: 149매, 모르타르량: $0.078m^3$
④ 벽돌 매수: 149매, 모르타르량: $0.049m^3$

해설

④

벽돌쌓기 기준량(매)					
벽두께	0.5B	1.0B	1.5B	2.0B	2.5B
정미량 1,000매당	75	149	224	298	373

벽돌쌓기 모르타르량(m^3)					
벽두께	0.5B	1.0B	1.5B	2.0B	2.5B
정미량 1,000매당	0.25	0.33	0.35	0.36	0.37

$$\frac{149 \times 0.33}{1,000} = 0.049 \, m^3$$

27 금속 커튼월의 성능 시험 관련 항목과 가장 거리가 먼 것은?

① 내동해성 시험 ② 구조 시험
③ 기밀 시험 ④ 정압수밀 시험

해설

① 실물대모형시험(Mock-Up Test, 외벽성능시험) 기본 성능 시험 항목

1	예비 시험
2	기밀성능 시험
3	정·동압 수밀성능 시험
4	구조성능 시험
5	영구변형 시험

해답 24. ③ 25. ④ 26. ④ 27. ①

28 석재 설치 공법 중 오픈 조인트 공법의 특징으로 옳지 않은 것은?

① 등압이론 방식을 적용한 수밀방식이다.
② 압력차에 의해서 빗물을 차단할 수 있다.
③ 실링재가 많이 소요된다.
④ 층간변위에도 유동적으로 변위를 흡수할 수 있으므로 파손 확률이 적어진다.

해설

오픈 조인트(Open Joint) 공법

③ 외벽에서 판재와 판재 사이에 기존까지 사용되던 실런트(Sealant, 실링재)를 이용한 코킹 처리를 하지 않고, 줄눈을 열어 놓는 공법이다. 에너지 차단 효과가 있는 등압이론을 건축에 적용시킨 것으로 배수 시설, 방수(차수)막 시공이 함께 이루어져야만 완전해 질 수 있다.

29 건축용 석재 사용 시 주의 사항으로 옳지 않은 것은?

① 석재를 구조재로 사용 시 압축강도가 큰 것을 선택하여 사용할 것
② 석재를 다듬어 쓸 때는 석질이 균일한 것을 사용할 것
③ 동일 건축물에는 다양한 종류 및 다양한 산지의 석재를 사용할 것
④ 석재를 마감재로 사용 시 석리와 색채가 우아한 것을 선택하여 사용할 것

해설

③ 동일 건축물에는 석재의 색상·석질·가공 형상·마감 정도·물리적 성질 등이 동일한 석재를 사용한다.

30 타일 크기가 10cm×10cm, 가로 세로 줄눈을 6mm로 할 때 면적 1m²에 필요한 타일의 정미수량은?

① 94매 ② 92매
③ 89매 ④ 85매

해설

③
$$\frac{1 \times 1}{(0.1 + 0.006) \times (0.1 + 0.006)} \times 1 = 88.999매 \Rightarrow 89매$$

31 콘크리트의 압축강도를 시험하지 않을 경우 다음과 같은 조건에서의 거푸집널 해체 시기로 옳은 것은?

- 기초, 보, 기둥 및 벽의 측면의 경우
- 평균 기온 20℃ 이상
- 조강포틀랜드시멘트 사용

① 1일 ② 2일
③ 3일 ④ 4일

해설 거푸집 존치 기간:
콘크리트 압축강도 시험을 하지 않을 경우
(기초, 기둥, 벽, 보 등의 측면)

평균 기온	시멘트 종류 조강 포틀랜드 시멘트	보통포틀랜드 시멘트 플라이애시 시멘트(1종) 고로슬래그 시멘트(1종) 포틀랜드포졸란 시멘트(1종)	플라이애시 시멘트(2종) 고로슬래그 시멘트(2종) 포틀랜드포졸란 시멘트(2종)
20℃ 이상	2일	4일	5일
20℃ 미만 ~ 10℃ 이상	3일	6일	8일

해답 28. ③ 29. ③ 30. ③ 31. ②

32 건축공사의 도급계약서 내용에 기재하지 않아도 되는 항목은?

① 공사의 착수 시기
② 재료의 시험에 관한 내용
③ 계약에 관한 분쟁 해결 방법
④ 천재 및 그 외의 불가항력에 의한 손해 부담

해설

도급계약서의 기재 내용	
1	공사 도급금액, 공사 금액 지불 방법 및 지불 시기
2	공사 기간: 공사 착수 시기, 완공 시기
3	설계변경, 공사 중지의 경우 도급액 변경 및 손해 부담에 대한 사항, 천재지변에 따른 손해 부담
4	건물 인도 검사 방법 및 인도 시기
5	계약자의 이행 지연, 채무 불이행, 분쟁 해결 방법, 지체 보상금, 위약금에 관한 사항
6	공사 시공으로 인해 제3자가 입은 손해 부담에 관한 사항
7	공사 기간에 따른 도급 금액 변동에 관한 사항

②

33 레디믹스트 콘크리트 발주 시 호칭 규격인 25-24-150에서 알 수 없는 것은?

① 염화물 함유량
② 슬럼프(Slump)
③ 호칭강도
④ 굵은 골재의 최대치수

해설

Remicon [25 - 24 - 150]
　　　　　㉮　㉯　㉰

㉮ 굵은 골재 최대 치수 25mm
㉯ 호칭강도 24MPa
㉰ 슬럼프(Slump) 150mm

34 지질 조사를 통한 주상도에서 나타나는 정보가 아닌 것은?

① N치
② 투수계수
③ 토층별 두께
④ 토층의 구성

해설

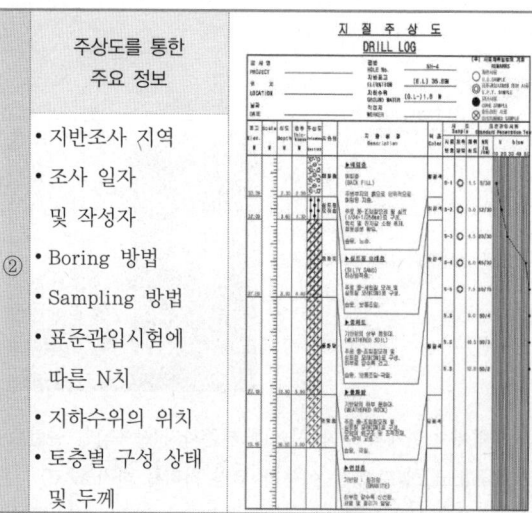

주상도를 통한 주요 정보
• 지반조사 지역
• 조사 일자 및 작성자
• Boring 방법
• Sampling 방법
• 표준관입시험에 따른 N치
• 지하수위의 위치
• 토층별 구성 상태 및 두께

35 아래 설명은 어느 방식에 해당되는가?

도급자가 대상 계획의 기업, 금융, 토지 조달, 설계, 시공, 기계·기구 설치, 시운전 및 조업 지도까지 주문자가 필요로 하는 모든 것을 조달하여 주문자에게 인도하는 방식으로, 산업 기술의 고도화, 전문화와 건축물의 고층화, 대형화에 따라 계속 증가 추세인 것

① 프로젝트관리 방식(PM)
② 공사관리 방식(CM)
③ 파트너링 방식
④ 턴키 방식

해설

턴키(Turn Key) 계약 방식

건축주가 열쇠만 돌리면 쓸 수 있다는 뜻에서 유래된 용어이다.

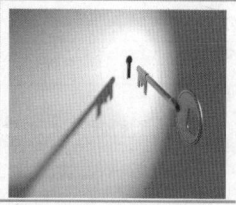

해답 32. ② 33. ① 34. ② 35. ④

36 Top-Down 공법(역타 공법)에 관한 설명으로 옳지 않은 것은?

① 지하와 지상 작업을 동시에 한다.
② 주변 지반에 대한 영향이 적다.
③ 수직부재 이음부 처리에 유리한 공법이다.
④ 1층 슬래브의 형성으로 작업공간이 확보된다.

해설

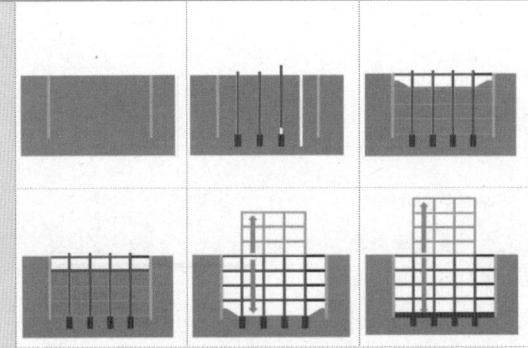

탑다운 공법(Top-Down Method, 역타 공법, 역구축 공법)

흙막이벽으로 설치한 슬러리 월을 본 구조체의 벽체로 이용하고, 기둥과 기초를 시공 후 1층 슬래브를 시공하여 이를 방축널로 이용하여 지상과 지하 구조물을 동시에 축조 해 가는 공법

장점	• 1층 슬래브가 먼저 타설되어 작업공간으로 활용 가능 • 지상과 지하의 동시 시공으로 공기단축이 용이 • 날씨와 무관하게 공사 진행이 가능 • 주변 지반에 대한 영향이 없음
단점	• 설계변경이 곤란하고 공사비 상승의 우려가 있음 • 기둥 이음, 벽과 바닥판 이음 등과 같은 수직부 일체화 시공의 어려움

37 아스팔트 방수재료에 관한 설명으로 옳지 않은 것은?

① 아스팔트 컴파운드는 블로운 아스팔트에 동식물성 섬유를 혼합한 것이다.
② 아스팔트 프라이머는 아스팔트 싱글을 용제로 녹인 것이다.
③ 아스팔트 펠트는 섬유 원지에 스트레이트 아스팔트를 가열 용해하여 흡수시킨 것이다.
④ 아스팔트 루핑은 원지에 스트레이트 아스팔트를 침투시키고 양면에 컴파운드를 피복한 후 광물질 분말을 살포시킨 것이다.

해설

아스팔트 프라이머(Asphalt Primer)

블로운 아스팔트를 휘발성 용제로 녹인 흑갈색 액체로 콘크리트 또는 모르타르 방수층의 바탕에 도포하여 바탕과 방수층의 부착이 잘 되게 하는 것이다.

38 타일 붙임 공법에 쓰이는 용어 중 거푸집에 전용 시트를 붙이고, 콘크리트 표면에 요철을 부여하여 모르타르가 파고 들어가는 것에 의해 박리를 방지하는 공법은?

① 개량압착 붙임 공법
② MCR 공법
③ 마스크 붙임 공법
④ 밀착 붙임 공법

해설

MCR 공법
거푸집에 전용 시트를 붙이고 콘크리트 표면에 요철을 부여하여 모르타르가 파고 들어가는 것에 의해 박리를 방지하는 공법으로 정의된다.

해답 36. ③ 37. ② 38. ②

39 도장공사 시 유의 사항으로 옳지 않은 것은?

① 도장 마감은 도막이 너무 두껍지 않도록 얇게 몇 회로 나누어 실시한다.
② 도장을 수 회 반복할 때에는 칠의 색을 동일하게 하여 혼동을 방지해야 한다.
③ 칠하는 장소에서 저온, 다습하고 환기가 충분하지 못할 때는 도장작업을 금지해야 한다.
④ 도장 후 기름, 산, 수지, 알칼리 등의 유해물이 배어 나오거나 녹아 나올 때에는 재시공한다.

해설

②	1	초벌 ➡ 하도 재벌 ➡ 중도 정벌 ➡ 상도
	2	도장공사에서 칠하는 횟수(하도·중도·상도)를 구분하기 위해 색을 바꾸어서 칠한다.

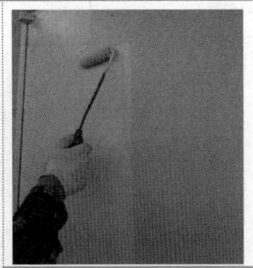

40 철골부재용접 시 겹침이음, T자이음 등에 사용되는 용접으로 목두께의 방향이 모재의 면과 45° 또는 거의 45°의 각을 이루는 것은?

① 필릿 용접
② 완전용입 맞댐용접
③ 부분용입 맞댐용접
④ 다층용접

해설

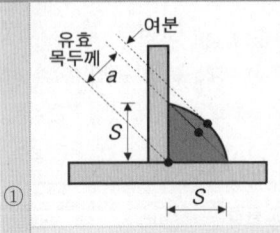

필릿용접(Fillet Welding, 모살용접)

① 두 부재에 홈파기(가공)를 하지 않고 일정한 각도로 접합한 후 삼각형 모양으로 접합부를 용접하는 방법

건축구조

41 그림과 같은 단순보의 양단 수직반력을 구하면?

① $R_A = R_B = \dfrac{wL}{2}$
② $R_A = R_B = \dfrac{wL}{4}$
③ $R_A = R_B = \dfrac{wL}{6}$
④ $R_A = R_B = \dfrac{wL}{8}$

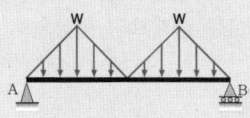

해설

② 대칭구조이므로 삼각형 분포하중 하나씩 나눠 갖는다고 생각하면 알기 쉽다.

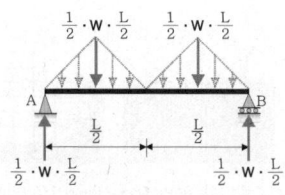

42 강도설계법으로 설계된 보에서 스터럽이 부담하는 전단력이 $V_s = 265\text{kN}$일 경우 수직스터럽의 적절한 간격은? (단, $A_v = 2 \times 127\text{mm}^2$ (U형 2-D13), $f_{yt} = 350\text{MPa}$, $b_w \times d = 300\text{mm} \times 450\text{mm}$)

① 120mm
② 150mm
③ 100mm
④ 210mm

해설

②

전단철근의 전단강도 $V_s = \dfrac{A_v \cdot f_{yt} \cdot d}{s}$	A_v	전단철근 단면적
	f_{yt}	전단철근 항복강도
	d	유효깊이
	s	스터럽 간격

$s = \dfrac{A_v \cdot f_{yt} \cdot d}{V_s} = \dfrac{(2 \times 127)(350)(450)}{(265 \times 10^3)} = 150.962\text{mm}$

해답 39. ② 40. ① 41. ② 42. ②

43 부동침하의 원인과 거리가 먼 것은?

① 건물이 경사 지반에 근접되어 있을 경우
② 건물이 이질 지반에 걸쳐 있을 경우
③ 이질의 기초구조를 적용했을 경우
④ 건물의 강도가 불균등할 경우

해설 부등침하(Uneven Settlement, Differential Settlement, 부동침하)의 여러 원인들

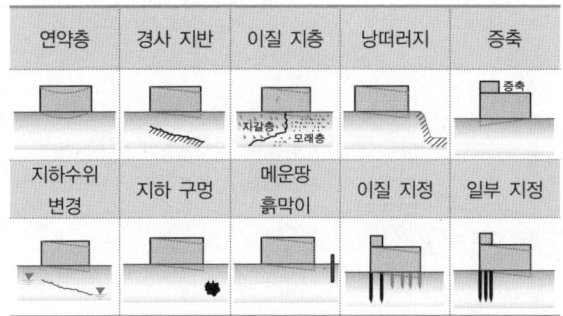

44 바람의 난류로 인해서 발생되는 구조물의 동적 거동 성분을 나타내는 것으로 평균변위에 대한 최대변위의 비를 통계적인 값으로 나타낸 계수는?

① 지형계수
② 가스트영향계수
③ 풍속고도분포계수
④ 풍력계수

해설

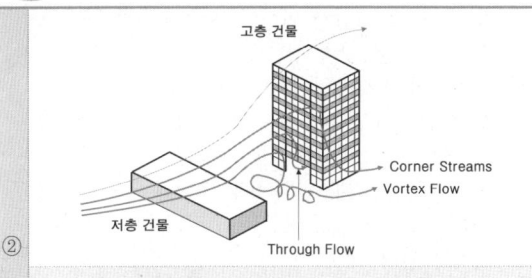

가스트영향계수(Gust Influence Factor)

바람의 난류로 인해서 발생되는 구조물의 동적 거동 성분을 나타내는 것으로 평균변위에 대한 최대변위의 비를 통계적인 값으로 나타낸 계수로 정의된다.

45 다음의 용접 기호에 대한 설명으로 옳은 것은?

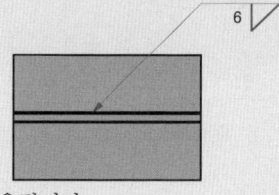

① 맞댐용접이다.
② 용접되는 부위는 화살의 반대쪽이다.
③ 유효목두께는 6mm이다.
④ 용접길이는 60mm이다.

해설

① 필릿(Fillet) 용접이다.
② 용접되는 부위는 화살쪽이다.
③ 용접사이즈 $S=6mm$이다.

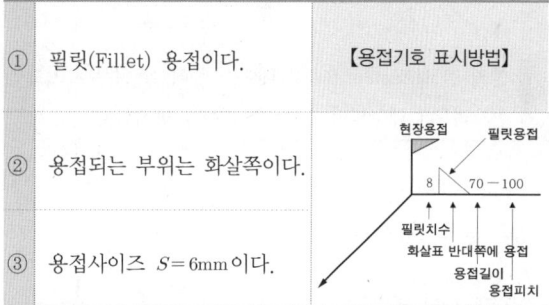

【용접기호 표시방법】

46 그림과 같은 강접 골조에 수평력 $P=10kN$이 작용하고 기둥의 강비 $K=\infty$인 경우, 기둥의 모멘트가 최대가 되는 변곡점의 위치 h_o는? (단, 괄호 안의 기호는 강비이다.)

① 0
② $0.5h$
③ $\dfrac{4}{7}h$
④ h

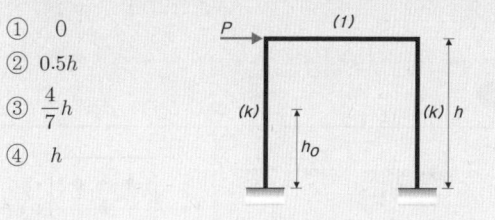

해설

① 모멘트 $M=P \times L$의 기본개념을 적용해 본다면 하중(P) 작용점으로부터 가장 먼 위치인 고정단에서 모멘트값이 가장 클 것이라는 것을 알 수 있으므로 $h_o=0$일 때 기둥의 모멘트가 최대가 될 것이다.

해답 43. ④ 44. ② 45. ④ 46. ①

47 강구조에서 기초콘크리트에 매입되어 주각부의 이동을 방지하는 역할을 하는 것은?

① 앵커 볼트   ② 턴 버클
③ 클립 앵글   ④ 사이드 앵글

해설

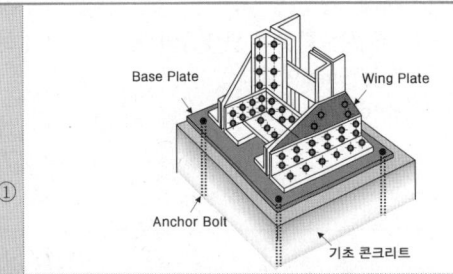

① 앵커 볼트(Anchor Bolt): 베이스 플레이트로부터 기초 콘크리트에 매입되어 주각부의 이동을 방지한다.

48 그림에서 파단선 A-1-2-3-D의 인장재의 순단면적은?
(단, 판 두께는 10mm, 볼트 구멍 지름은 22mm)

① $690mm^2$
② $790mm^2$
③ $890mm^2$
④ $990mm^2$

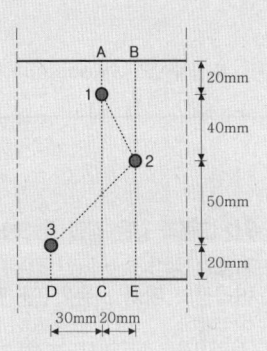

해설

엇배치 인장재 순단면적 산정

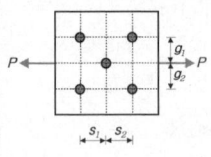

$$A_n = A_g - n \cdot d \cdot t + \sum \frac{s^2}{4g} \cdot t$$

②

$A_n = A_g - n \cdot d \cdot t + \sum \frac{S^2}{4g} \cdot t$
$= (10 \times 130) - (3)(22)(10) + \left[\frac{(20)^2}{4(40)} \cdot (10) + \frac{(50)^2}{4(50)} \cdot (10)\right]$
$= 790mm^2$

49 다음과 같은 조건의 단면을 가진 부재의 균열모멘트 M_{cr}을 구하면?

- 단면의 중립축에서 인장연단까지의 거리 $y_t = 420mm$
- 총 단면2차모멘트 $I_g = 1.0 \times 10^{10} mm^4$
- 보통중량콘크리트 설계기준압축강도 $f_{ck} = 21MPa$

① 50.6kN·m   ② 53.3kN·m
③ 62.5kN·m   ④ 68.8kN·m

해설

경량콘크리트계수 λ	보통중량 콘크리트	모래경량 콘크리트	전경량 콘크리트
	λ = 1	λ = 0.85	λ = 0.75

④
균열모멘트 $M_{cr} = f_r \cdot Z = 0.63\lambda\sqrt{f_{ck}} \cdot \frac{bh^2}{6}$

$= 0.63(1)\sqrt{(21)} \cdot \frac{(1.0 \times 10^{10})}{(420)}$

$= 68,738,635 N \cdot mm = 68.738 kN \cdot m$

50 강도설계법에서 직접설계법을 이용한 콘크리트 슬래브 설계 시 적용조건으로 옳지 않은 것은?

① 각 방향으로 3경간 이상이 연속되어야 한다.
② 슬래브판들은 단변 경간에 대한 장변 경간의 비가 2 이하인 직사각형이어야 한다.
③ 각 방향으로 연속한 받침부 중심간 경간 차이는 긴 경간의 1/3 이하이어야 한다.
④ 모든 하중은 슬래브판의 특정 지점에 작용하는 집중하중이어야 하며 활하중은 고정하중의 3배 이하이어야 한다.

해설

④ 활하중은 고정하중의 2배 이하이어야 한다.

해답 47. ① 48. ② 49. ④ 50. ④

51 인장을 받는 이형철근의 정착길이(l_d)는 기본정착길이(l_{db})에 보정계수를 곱하여 산정한다. 다음 중 이러한 보정계수에 영향을 미치는 사항이 아닌 것은?

① 하중계수
② 경량콘크리트 계수
③ 철근 도막계수
④ 철근배근 위치계수

해설

① 인장이형철근 정착길이 $l_d = \dfrac{0.90\, d_b \cdot f_y}{\lambda \sqrt{f_{ck}}} \cdot \dfrac{\alpha \cdot \beta \cdot \gamma}{\left(\dfrac{c+K_{tr}}{d_b}\right)}$

α	철근배근 위치계수	β	철근 도막계수
λ	경량콘크리트 계수	γ	철근의 크기계수
c	철근간격 또는 피복두께에 관련된 치수	K_{tr}	횡방향 철근지수

52 직경(D) 30mm, 길이(L) 4m인 강봉에 90kN의 인장력이 작용할 때 인장응력(σ_t)과 늘어난 길이(ΔL)는 얼마인가? (단, 강봉의 탄성계수 $E = 200{,}000$MPa)

① $\sigma_t = 127.3$MPa, $\Delta L = 1.43$mm
② $\sigma_t = 127.3$MPa, $\Delta L = 2.55$mm
③ $\sigma_t = 132.5$MPa, $\Delta L = 1.43$mm
④ $\sigma_t = 132.5$MPa, $\Delta L = 2.55$mm

해설

②
인장응력	$\sigma_t = \dfrac{P}{A}$ $= \dfrac{(90 \times 10^3)}{\left(\dfrac{\pi(30)^2}{4}\right)} = 127.324$MPa
변형량	$\Delta L = \dfrac{PL}{EA}$ $= \dfrac{(90 \times 10^3)(4 \times 10^3)}{(200{,}000)\left(\dfrac{\pi(30)^2}{4}\right)} = 2.546$mm

53 동일 재료를 사용한 캔틸레버 보에 작용하는 집중하중의 크기가 $P_1 = P_2$ 일 때, 보의 단면이 그림과 같다면 최대 처짐 $y_1 : y_2$ 의 비는?

① 2 : 1
② 4 : 1
③ 8 : 1
④ 16 : 1

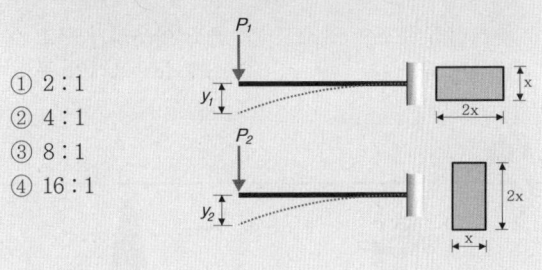

해설

1	집중하중 작용 시 처짐은 $\dfrac{PL^3}{EI}$ 이며, 최대 처짐의 비율은 단면의 제원(I)만 비교해 보면 된다.
2	$y_1 : y_2 = \dfrac{1}{\dfrac{(2x)(x)^3}{12}} : \dfrac{1}{\dfrac{(x)(2x)^3}{12}} = \dfrac{1}{2} : \dfrac{1}{8} = 4 : 1$

②

54 인장시험을 통하여 얻어진 탄소강의 응력변형도 곡선에서 변형도경화영역의 최대 응력을 의미하는 것은?

① 인장강도
② 항복강도
③ 탄성한도
④ 비례한도

해설

①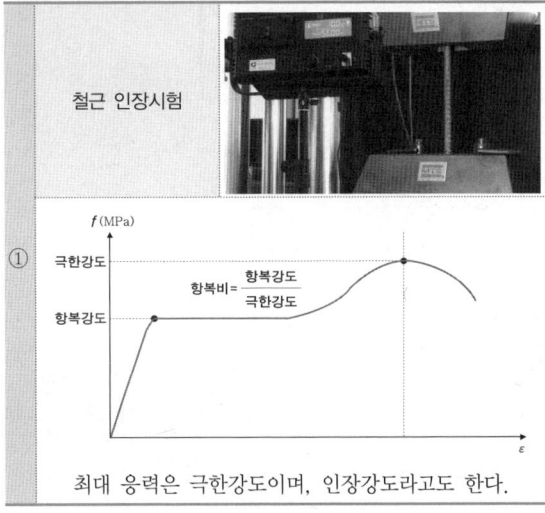

최대 응력은 극한강도이며, 인장강도라고도 한다.

해답 51. ① 52. ② 53. ② 54. ①

55 고층 건물의 구조형식 중에서 건물의 중간층에 대형 수평부재를 설치하여 횡력을 외곽 기둥이 분담할 수 있도록 한 형식은?

① 트러스 구조
② 골조 아웃리거 구조
③ 튜브 구조
④ 스페이스 프레임 구조

해설

②

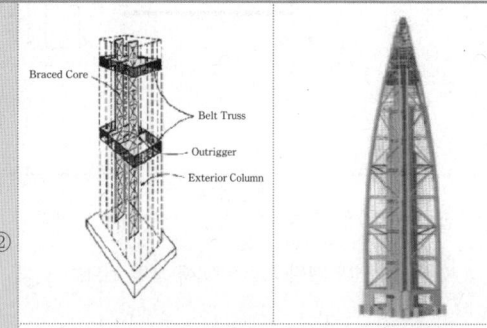

골조-아웃리거 시스템에서 아웃리거(Outrigger)가 외곽 기둥과 코어를 잇는 역할이라면, 벨트 트러스(Belt Truss)는 외곽 기둥을 연결하는 역할을 한다.

56 기둥 단면이 300mm×300mm인 정사각형 기둥에 발생하는 최대 압축응력은? (단, 부재의 재질은 균등한 것으로 본다.)

① -2.0 MPa
② -2.6 MPa
③ -3.1 MPa
④ -4.1 MPa

해설

④

편심하중에 의해 단주는 압축응력($-\dfrac{P}{A}$)과 휨응력($\pm\dfrac{M}{Z}$)이 동시에 발생하는 상태이다.

$\sigma_{\max} = -\dfrac{P}{A} - \dfrac{M}{Z} = -\dfrac{(9\times10^3)}{(300\times300)} - \dfrac{(9\times10^3)(2{,}000)}{\dfrac{(300)(300)^2}{6}}$

$= -4.1\text{N/mm}^2 = -4.1\text{MPa}$

57 그림과 같은 트러스의 반력 R_A와 R_B는?

① $R_A = 60\text{kN}$, $R_B = 90\text{kN}$
② $R_A = 90\text{kN}$, $R_B = 60\text{kN}$
③ $R_A = 80\text{kN}$, $R_B = 70\text{kN}$
④ $R_A = 70\text{kN}$, $R_B = 80\text{kN}$

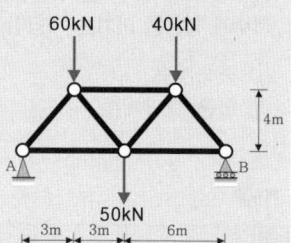

해설

③

1	$\sum M_B = 0: +(V_A)(12)-(60)(9)-(50)(6)-(40)(3)=0$ $\therefore V_A = +80\text{kN}(\uparrow)$
2	$\sum V = 0: +(V_A)+(V_B)-(60)-(50)-(40)=0$ $\therefore V_B = +70\text{kN}(\uparrow)$
3	$R_A = \sqrt{H_A^2 + V_A^2} = V_A = +80\text{kN}(\uparrow)$, $R_B = V_B = +70\text{kN}(\uparrow)$ 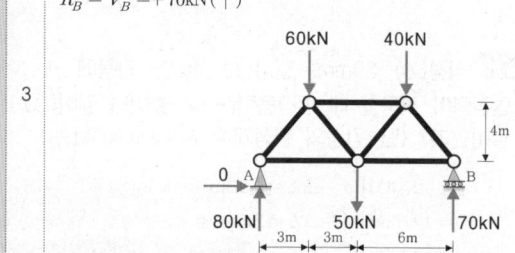

58 표준갈고리를 갖는 인장이형철근(D13)의 기본정착 길이는? (단, D13의 공칭지름: 12.7mm, $f_{ck}=27\text{MPa}$, $f_y=400\text{MPa}$, $\beta=1.0$, $m_c=2{,}300\text{kg/m}^3$)

① 190mm
② 205mm
③ 220m
④ 235mm

해설

④

1	$m_c = 2{,}300\text{kg/m}^3$ ➡ 경량콘크리트계수 $\lambda = 1$
2	$l_{hb} = \dfrac{0.24\beta \cdot d_b \cdot f_y}{\lambda\sqrt{f_{ck}}}$ $= \dfrac{0.24(1.0)(12.7)(400)}{(1)\sqrt{(27)}} = 234.635\text{mm}$

해답 55. ② 56. ④ 57. ③ 58. ④

59 A점에 작용하는 두 개의 힘 P_1과 P_2의 합력을 구하면?

① $\sqrt{72}$ kN
② $\sqrt{74}$ kN
③ $\sqrt{76}$ kN
④ $\sqrt{78}$ kN

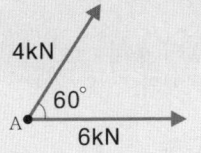

해설

③

합력 $R = \sqrt{P_1^2 + P_2^2 + 2P_1 \cdot P_2 \cdot \cos\alpha}$

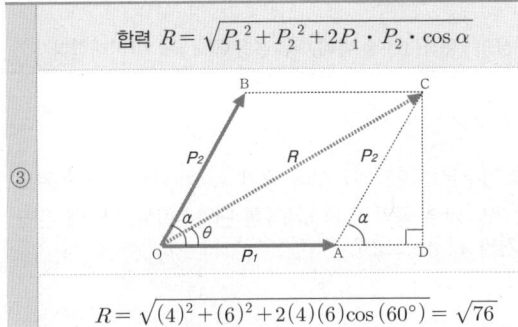

$R = \sqrt{(4)^2 + (6)^2 + 2(4)(6)\cos(60°)} = \sqrt{76}$

60 H형강이 사용된 압축재의 양단이 핀으로 지지되고 부재 중간에서 x축 방향으로만 이동할 수 없도록 지지되어 있다. 부재의 전 길이가 4m일 때 세장비는? (단, $r_x = 8.62$cm, $r_y = 5.02$cm)

① 26.4
② 36.4
③ 46.4
④ 56.4

해설

③

1. 양단 힌지이므로 유효좌굴길이계수 $K = 1.0$

2. x축 방향으로만 이동할 수 없도록 지지되어 있다는 조건을 통해 강축의 $L_x = 4$m, 약축의 $L_y = 2$m를 적용하며 다음의 ①, ② 중에서 큰값으로 세장비를 선정한다.

① $\dfrac{KL_x}{r_x} = \dfrac{(1.0)(400\text{cm})}{(8.62\text{cm})} = 46.40$

② $\dfrac{KL_y}{r_y} = \dfrac{(1.0)(200\text{cm})}{(5.02\text{cm})} = 39.84$

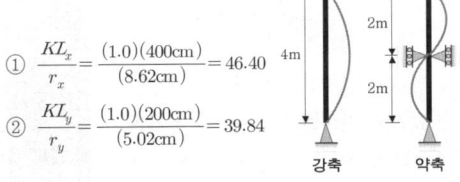

강축   약축

건축설비

61 실내에 4,500W를 발열하고 있는 기기가 있다. 이 기기의 발열로 인해 실내에 온도 상승이 생기지 않도록 환기를 하려고 할 때, 필요한 최소 환기량은? (단, 공기의 밀도는 1.2kg/m³, 비열은 1.01kJ/kg·K, 실내 온도는 20℃, 외기 온도는 0℃ 이다.)

① 452m³/h
② 662m³/h
③ 856m³/h
④ 928m³/h

해설

②

| 1 | 단위환산계수 0.34W·h/m³·K를 이용한다. |
| 2 | $Q = \dfrac{4,500}{0.34 \times (20-0)} = 661.765$m³/h |

62 주위 온도가 일정 온도 이상으로 되면 동작하는 자동 화재탐지설비의 감지기는?

① 이온화식 감지기
② 차동식 스폿형 감지기
③ 정온식 스폿형 감지기
④ 광전식 스폿형 감지기

해설

③

주위 온도가 일정 온도 이상일 때 작동하는 것은 정온식, 온도 상승률이 일정 이상일 때 작동하는 것은 차동식 스폿 감지기이다.

【자동화재감지설비(Automatic Fire Alarm System)】

(1) 검출 원리에 따라 열(熱)감지식, 연기(煙氣)감지식, 불꽃감지식 으로 분류할 수 있으며 광전식 및 이온화식은 연기감지식에 속한다.

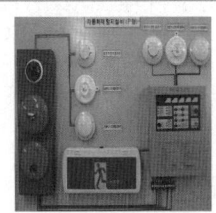

(2) 주요 감지기의 종류 및 특징
① 차동식 스포트형: 화기를 취급하지 않는 부착 높이가 8m 미만
② 정온식: 보일러실, 주방과 같이 다량의 열을 취급하는 곳
③ 연기식: 계단, 복도 및 층고가 높은 곳에 적당

해답 59. ③ 60. ③ 61. ② 62. ③

63 습공기의 엔탈피에 관한 설명으로 옳은 것은?

① 건구온도가 높을수록 커진다.
② 절대습도가 높을수록 작아진다.
③ 수증기의 엔탈피에서 건공기의 엔탈피를 뺀 값이다.
④ 습공기를 냉각·가습할 경우, 엔탈피는 항상 감소한다.

해설

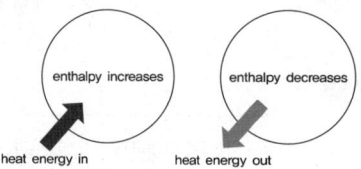

① 물체가 가지고 있는 일종의 열역학적 총에너지(Total Energy, 전열)량
② 절대습도가 높을수록 커진다.
③ 수증기의 엔탈피에서 건공기의 엔탈피를 더한 값이다.
④ 습공기를 냉각·가습할 경우, 엔탈피는 커질 수도 있고 작아질 수도 있다.

64 조명기구의 배광에 따른 분류 중 직접조명형에 관한 설명으로 옳은 것은?

① 상향 광속과 하향 광속이 거의 동일하다.
② 천장을 주광원으로 이용하므로 천장의 색에 대한 고려가 필요하다.
③ 매우 넓은 면적이 광원으로서의 역할을 하기 때문에 직사 눈부심이 없다.
④ 작업면에 고조도를 얻을 수 있으나 심한 휘도차 및 짙은 그림자가 생긴다.

해설

① 전반확산조명에 대한 특징이다.
②
③ 간접조명에 대한 특징이다.

65 건축물 실내 공간의 잔향시간에 가장 큰 영향을 주는 것은?

① 실의 용적
② 음원의 위치
③ 벽체의 두께
④ 음원의 음압

해설

① Sabine의 잔향식 $RT = K \cdot \dfrac{V}{A}$ 에서 잔향시간(RT)은 실의 용적(V)에 비례, 총 흡음력(A)에 반비례한다.

66 건구온도 26°C인 실내 공기 8,000m³/h와 건구온도 32°C인 외부 공기 2,000m³/h를 단열혼합하였을 때 혼합공기의 건구온도는?

① 27.2°C
② 27.6°C
③ 28.0°C
④ 29.0°C

해설

① $26 \times 8{,}000 + 32 \times 2{,}000 = x \times 10{,}000$ ∴ $x = 27.2°C$

67 다음 설명에 알맞은 통기관의 종류는?

기구가 반대 방향(좌우 분기) 또는 병렬로 설치된 기구 배수관의 교점에 접속하여 입상하며, 그 양 기구의 트랩 봉수를 보호하기 위한 1개의 통기관을 말한다.

① 공용통기관
② 결합통기관
③ 각개통기관
④ 신정통기관

해설

공용통기관(Common Vent Pipe)

① 병렬로 설치된 2개 기구의 배수관 교점에 접속해서 입상시킨 통기관으로 두 기구의 트랩 봉수를 보호한다

해답 63. ① 64. ④ 65. ① 66. ① 67. ①

68 습공기가 냉각되어 포함되어 있던 수증기가 응축되기 시작하는 온도를 의미하는 것은?

① 노점온도   ② 습구온도
③ 건구온도   ④ 절대온도

해설

① 노점(露點) 온도 (DPT, Dew Point Temperature)

습공기의 온도를 내리면 상대습도가 차츰 높아지다가 포화상태에 이르게 되는데, 공기 속의 수분이 수증기의 형태로만 존재할 수 없어 이슬로 맺히는 온도를 말한다.

69 변전실에 관한 설명으로 옳지 않은 것은?

① 건축물의 최하층에 설치하는 것이 원칙이다.
② 용량의 증설에 대비한 면적을 확보할 수 있는 장소로 한다.
③ 사용 부하의 중심에 가깝고, 간선의 배선이 용이한 곳으로 한다.
④ 변전실의 높이는 바닥의 케이블트렌치 및 무근 콘크리트 설치 여부 등을 고려한 유효높이로 한다.

해설

	변전실의 위치	
①	1	가능한 한 부하의 중심에 가깝고 배전에 편리한 장소
	2	외부로부터 전원 인입과 기기의 반출입이 용이한 곳
	3	건축물의 최하층에 설치한다는 원칙은 없다.

70 10[Ω]의 저항 10개를 직렬로 접속할 때의 합성 저항은 병렬로 접속할 때의 합성저항의 몇 배가 되는가?

① 5배   ② 10배
③ 50배   ④ 100배

해설

	전기 저항 (R)	직렬: $R = R_1 + R_2 + R_3 \cdots = 10 \times 10 = 100[\Omega]$
④		병렬: $\dfrac{1}{R} = \dfrac{1}{R_1} + \dfrac{1}{R_2} + \dfrac{1}{R_3} \cdots = \dfrac{1}{10} \times 10 = 1[\Omega]$

71 다음의 스프링클러설비의 화재안전기준 내용 중 ( )안에 알맞은 것은?

진동기에 따른 펌프를 이용하는 가압송수장치의 송수량은 0.1MPa의 방수압력 기준으로 ( ) 이상의 방수성능을 가진 기준 개수의 모든 헤드로부터의 방수량을 충족시킬 수 있는 양 이상으로 할 것

① 80l/min   ② 90l/min
③ 110l/min   ④ 130l/min

해설

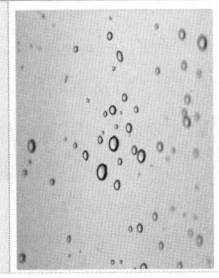

	스프링클러 설비 설치 기준	방수압력: 0.1MPa
①		방수량: 80l/min 이상
	1	설치 간격: 건물의 구조 및 용도에 따라 1.7~3.2m
	2	소화 수량: 80l/min × N(개) × 20(min) = 1.6N(m³) (단, N은 기준 개수로 아파트는 10개, 판매시설·복합상가 및 11층 이상인 소방대상물은 30개)

해답 68. ① 69. ① 70. ④ 71. ①

72 증기난방에 관한 설명으로 옳지 않은 것은?

① 응축수 환수관 내에 부식이 발생하기 쉽다.
② 동일 방열량인 경우 온수난방에 비해 방열기의 방열면적이 작아도 된다.
③ 방열기를 바닥에 설치하므로 복사난방에 비해 실내 바닥의 유효면적이 줄어든다.
④ 온수난방에 비해 예열시간이 길어서 충분한 난방감을 느끼는 데 시간이 걸린다.

해설

	증기난방
④	온수난방에 비해 예열시간이 짧아 간헐 운전에 적합하다.

73 다음 설명에 알맞은 요운전원 엘리베이터 조작 방식은?

기동은 운전원의 버튼 조작으로 하며, 정지는 목적층 단추를 누르는 것과 승강장의 호출 신호로 층의 순서대로 자동 정지한다.

① 카 스위치 방식
② 전자동 군 관리 방식
③ 레코드 컨트롤 방식
④ 시그널 컨트롤 방식

해설

	엘리베이터 요운전원 방식	
④	레코드 컨트롤 방식	• 시동은 운전원 핸들 조작 • 운전원이 목적층 단추 누름으로 목적층 순서로 자동 정지
	시그널 컨트롤 방식	• 시동은 운전원 핸들 조작 • 정지는 목적층 단추 누름 • 승강장 호출 신호로 정지
	카 스위치 방식	• 시동, 정지는 운전원이 핸들 조작 • 정시 수동 또는 자동 착상하며 운전원이 판단 및 조작

74 가스설비에서 LPG에 관한 설명으로 옳지 않은 것은?

① 공기보다 무겁다.
② LNG에 비해 발열량이 작다.
③ 순수한 LPG는 무색, 무취이다.
④ 액화하면 체적이 1/250 정도가 된다.

해설

②	LPG(Liquefied Petroleum Gas, 액화석유가스)는 LNG(Liquefied Natural Gas, 액화천연가스) 보다 발열량이 크지만 비중이 공기보다 크므로 인화 폭발의 염려가 있어 배관 설계와 기기 사용 시 특별한 주의를 필요로 한다.

75 각종 급수방식에 관한 설명으로 옳지 않은 것은?

① 수도직결방식은 정전으로 인한 단수의 염려가 없다.
② 압력수조방식은 단수 시에 일정량의 급수가 가능하다.
③ 수도직결방식은 위생 및 유지·관리 측면에서 가장 바람직한 방식이다.
④ 고가수조방식은 수도 본관의 영향에 따라 급수압력의 변화가 심하다.

해설

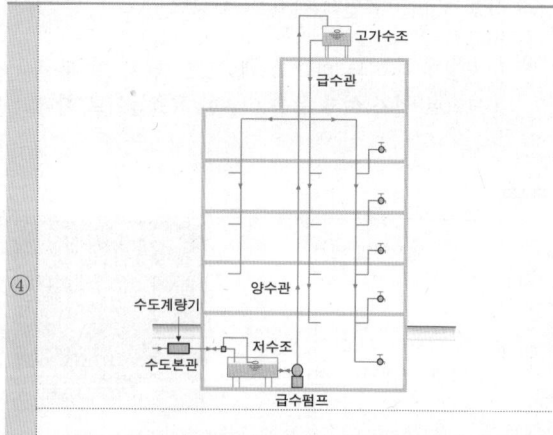

고가수조방식 및 옥상탱크방식은 물탱크에서 특정 기구까지의 높이차가 일정하기 때문에 해당 기구에 걸리는 수압이 항상 일정하다.

해답 72. ④ 73. ④ 74. ② 75. ④

76 길이 20m, 지름 400mm인 덕트에 평균 속도 12m/s로 공기가 흐를 때 발생하는 마찰저항은? (단, 덕트의 마찰저항계수는 0.02, 공기의 밀도는 1.2kg/m³이다.)

① 7.3Pa ② 8.6Pa ③ 73.2Pa ④ 86.4Pa

해설

④
1	공기의 밀도: $1.2kg/m^3 = 1.2 \times 9.8 N/m^3 = 11.76 N/m^3$
2	관내마찰손실수두(m): $f \cdot \dfrac{l}{d} \cdot \dfrac{v^2}{2g} = (0.02) \cdot \dfrac{(20)}{(0.4)} \cdot \dfrac{(12)^2}{2(9.8)} = 7.34694m$
3	관내마찰저항 = 공기의 밀도 × 관내마찰손실수두 $= 11.76 \times 7.34694 = 86.4 N/m^2 = 86.4 Pa$

77 저압 옥내 배선공사 중 직접 콘크리트에 매설할 수 있는 공사는?

① 금속관 공사 ② 금속덕트 공사
③ 버스덕트 공사 ④ 금속몰드 공사

해설

① 금속관 공사는 콘크리트 매입 공사에 적합하고 전선의 교체가 용이하며 전선의 기계적 손상에 대해 안전한 방법이다.

78 압축식 냉동기의 냉동 사이클로 옳은 것은?

① 압축 ➡ 응축 ➡ 팽창 ➡ 증발
② 압축 ➡ 팽창 ➡ 응축 ➡ 증발
③ 응축 ➡ 증발 ➡ 팽창 ➡ 압축
④ 팽창 ➡ 증발 ➡ 응축 ➡ 압축

해설

①
압축식 냉동기의 냉동 사이클
압축기 ➡ 응축기 ➡ 팽창밸브 ➡ 증발기

압축식 냉동기는 전기에 따른 기계적 에너지로 냉동하는 것이 기본 원리이며, 구동에너지가 전기이므로 전력 소비가 많다.

79 배수트랩의 봉수 파괴 원인 중 통기관을 설치함으로써 봉수 파괴를 방지할 수 있는 것이 아닌 것은?

① 분출 작용 ② 모세관 작용
③ 자기사이펀 작용 ④ 유도사이펀 작용

해설

②
트랩의 봉수 파괴 방지 대책	
자기사이펀 작용	통기관 설치
유도사이펀 작용	
분출 작용	
모세관 작용	천 조각, 머리카락 제거

80 다음 중 급수배관 계통에서 공기빼기밸브를 설치하는 가장 주된 이유는?

① 수격 작용을 방지하기 위하여
② 배관 내면의 부식을 방지하기 위하여
③ 배관 내 유체의 흐름을 원활하게 하기 위하여
④ 배관 표면에 생기는 결로를 방지하기 위하여

해설

③

급수관	공기빼기밸브(Air Vent Valve)

급수관의 모든 기울기는 1/250을 표준으로 하며, 배관의 현장 사정으로 부득이 ㄷ자형의 배관이 되어 공기가 모일 경우는 반드시 공기빼기밸브를 설치하여야 한다.

해답 76. ④ 77. ① 78. ① 79. ② 80. ③

건축법규

81 판매시설 용도이며 지상 각 층 거실면적이 2,000m²인 15층의 건축물에 설치하여야 하는 승용승강기의 최소 대수는? (단, 16인승 승강기이다.)

① 2　　② 4
③ 6　　④ 8

해설

③

	판매시설 승용승강기 설치 대수 산정 (A: 6층 이상의 거실면적의 합계)
1	$\dfrac{A-3,000\text{m}^2}{2,000\text{m}^2}+2 = \dfrac{(2,000\text{m}^2 \times 10)-3,000\text{m}^2}{2,000\text{m}^2}+2$ = 10.5대 ➡ 11대 (8~15인승 기준)
2	16인승이므로 위의 대수의 $\dfrac{1}{2}$ = 5.5대 ➡ 6대

82 다음 중 건축물 관련 건축 기준의 허용되는 오차의 범위(%)가 가장 큰 것은?

① 평면길이　　② 출구너비
③ 반자높이　　④ 바닥판두께

해설

④

항목	건축물 관련 건축 기준의 허용 오차의 범위
건축물 높이	1m를 초과할 수 없다.
출구 너비	—
반자 높이	2% 이내
평면 길이	• 건축물 전체 길이는 1m를 초과할 수 없다. • 벽으로 구획된 각 실은 10cm를 초과할 수 없다.
벽체 두께	
바닥판 두께	3% 이내

83 다음 중 내화구조에 해당하지 않는 것은? (단, 외벽 중 비내력벽인 경우)

① 철근콘크리트조로서 두께가 7cm인 것
② 무근콘크리트조로서 두께가 7cm인 것
③ 골구를 철골조로 하고 그 양면을 두께 3cm의 철망모르타르로 덮은 것
④ 철재로 보강된 콘크리트블록조로서 철재에 덮은 콘크리트블록의 두께가 3cm인 것

해설

④ 철재로 보강된 콘크리트블록조로서 철재에 덮은 콘크리트블록의 두께가 4cm 이상인 것

84 중앙도시계획위원회에 관한 설명으로 틀린 것은?

① 위원장·부위원장 각 1명을 포함한 25명 이상 30명 이하의 위원으로 구성한다.
② 위원장은 국토교통부장관이 되고, 부위원장은 위원 중 국토교통부장관이 임명한다.
③ 공무원이 아닌 위원의 수는 10명 이상으로 하고, 그 임기는 2년으로 한다.
④ 도시·군계획에 관한 조사·연구 업무를 수행한다.

해설

중앙도시계획위원회		
설치	국토교통부	
조직	위원장	국토교통부장관이 위원 중에서 임명 또는 위촉
	부위원장	국토교통부장관이 위원 중에서 임명 또는 위촉
	위원수	위원장 1인, 부위원장 1인
		위원: 25~30인 (위원장, 부위원장 각 1인을 포함)
분과 위원회	중앙도시계획위원회에서 위임하는 사항 등을 효율적으로 심의하기 위하여 설치	
전문위원	도시계획 등에 관한 중요 사항을 조사·연구하기 위하여 전문위원을 둘 수 있다.	

해답　81. ③　82. ④　83. ④　84. ②

85 다음은 건축법령상 직통계단의 설치에 관한 기준 내용이다. ( )안에 알맞은 것은?

> 초고층 건축물에는 피난층 또는 지상으로 통하는 직통계단과 직접 연결되는 피난안전구역(건축물의 피난·안전을 위하여 건축물 중간층에 설치하는 대피공간)을 지상층으로부터 ( ) 층마다 1개소 이상 설치하여야 한다.

① 10개 ② 20개 ③ 30개 ④ 40개

해설

③

피난안전구역의 설치 대상	
초고층 건축물	지상층으로부터 최대 30개 층마다 1개소 이상
준초고층 건축물	해당 건축물 전체 층수의 1/2에 해당하는 층으로부터 상하 5개층 이내에 1개소 이상

86 다음은 승용승강기의 설치에 관한 기준 내용이다. 밑줄 친 "대통령령으로 정하는 건축물"에 대한 기준 내용으로 옳은 것은?

> 건축주는 6층 이상으로서 연면적이 2,000m² 이상인 건축물(대통령령으로 정하는 건축물은 제외한다.)을 건축하려면 승강기를 설치하여야 한다.

① 층수가 6층인 건축물로서 각 층 거실의 바닥면적 300m² 이내마다 1개소 이상의 직통계단을 설치한 건축물
② 층수가 6층인 건축물로서 각 층 거실의 바닥면적 500m² 이내마다 1개소 이상의 직통계단을 설치한 건축물
③ 층수가 10층인 건축물로서 각 층 거실의 바닥면적 300m² 이내마다 1개소 이상의 직통계단을 설치한 건축물
④ 층수가 10층인 건축물로서 각 층 거실의 바닥면적 500m² 이내마다 1개소 이상의 직통계단을 설치한 건축물

해설

① | 건축법 제64조 【승강기】 설치 의무 규정의 예외
"대통령령으로 정하는 건축물"이란 층수가 6층인 건축물로서 각 층 거실의 바닥면적 300m² 이내마다 1개소 이상의 직통계단을 설치한 건축물을 말한다.

87 주차장의 용도와 판매시설이 복합된 연면적 20,000m²인 건축물이 주차전용건축물로 인정받기 위해서는 주차장으로 사용되는 부분의 면적이 최소 얼마 이상이어야 하는가?

① 6,000m²   ② 10,000m²
③ 14,000m²   ④ 19,500m²

해설

③

주차전용건축물의 주차면적 비율

- 연면적 중 95% 이상: 일반 용도
- 연면적 중 70% 이상: 제1종 및 제2종 근린생활시설, 자동차 관련시설, 문화 및 집회시설, 판매시설, 운동시설, 업무시설

판매시설이므로 20,000m² × 0.7 = 14,000m²

88 공동주택과 오피스텔의 난방설비를 개별난방 방식으로 하는 경우의 기준으로 틀린 것은?

① 보일러실의 윗 부분에는 그 면적이 0.5㎡ 이상인 환기창을 설치할 것
② 보일러는 거실 외의 곳에 설치하되, 보일러를 설치하는 곳과 거실 사이의 경계벽은 출입구를 제외하고는 내화구조의 벽으로 구획할 것
③ 보일러의 연도는 방화구조로서 개별연도로 설치할 것
④ 기름보일러를 설치하는 경우 기름저장소를 보일러실 외의 다른 곳에 설치할 것

해설

③ 보일러의 연도는 내화구조로서 공동연도로 설치하여야 한다.

해답 85. ③   86. ①   87. ③   88. ③

89 건축법령상 건축을 하는 경우 조경 등의 조치를 하지 아니할 수 있는 건축물 기준으로 틀린 것은? (단, 옥상 조경 등 대통령령으로 따로 기준을 정하는 경우는 고려하지 않는다.)

① 축사
② 녹지지역에 건축하는 건축물
③ 연면적의 합계가 2,000m² 미만인 공장
④ 면적 5,000m² 미만인 대지에 건축하는 공장

해설

③

대지 안의 조경 대상		
원칙	조경 의무 대상: 대지면적 200m² 이상	
예외	1	자연녹지지역에 건축하는 건축물
	2 공장	• 5,000m² 미만인 대지에 건축하는 경우 • 연면적 합계 1,500m² 미만인 경우 • 산업단지 안에 건축하는 경우
	3	대지에 염분이 함유되어 있는 경우
	4	축사, 가설건축물
	5	연면적 합계 1,500m² 미만인 물류시설 (주거지역 및 상업지역에 건축하는 것은 제외)
	6	도시지역 및 지구단위계획 구역 이외의 지역

90 건축물의 층수 산정에 관한 기준 내용으로 옳지 않은 것은?

① 지하층은 건축물의 층수에 산입하지 아니 한다.
② 층의 구분이 명확하지 아니 한 건축물은 그 건축물의 높이가 4m마다 하나의 층으로 보고 그 층수를 산정한다.
③ 건축물이 부분에 따라 그 층수가 다른 경우에는 바닥면적에 따라 가중평균한 층수를 그 건축물의 층수로 본다.
④ 계단탑으로서 그 수평투영면적의 합계가 해당 건축물 건축면적의 8분의 1 이하인 것은 건축물의 층수에 산입하지 아니 한다.

해설

③ 건축물이 부분에 따라 그 층수가 다른 경우에는 그 중 가장 많은 층수를 그 건축물의 층수로 본다.

91 시가화조정구역에서 시가화유보기간으로 정하는 기간 기준은?

① 1년 이상 5년 이내 ② 3년 이상 10년 이내
③ 5년 이상 20년 이내 ④ 10년 이상 30년 이내

해설

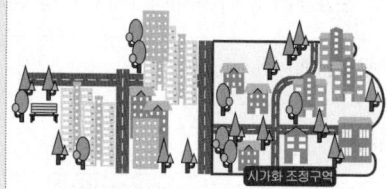

③

1. 지정 목적: 무질서한 시가화 방지, 계획적·단계적 개발 도모

2. 시가화유보기간:
   ➡ 5년 이상 20년 이하의 기간으로 국토교통부장관이 도시·군관리계획으로 정한다.

92 특별시장·광역시장·특별자치시장·특별자치도지사·시장 또는 군수가 관할 구역의 도시·군기본계획에 대하여 타당성을 전반적으로 재검토하여 정비하여야 하는 기간의 기준은?

① 5년   ② 10년
③ 15년   ④ 20년

해설

①

도시·군기본계획 작성의 기준	
1	장기계획으로 작성하며, 5년마다 그 타당성을 검토하여 도시·군기본계획에 반영한다.
2	도시·군기본계획은 광역도시계획에 부합되어야 하며, 도시·군기본계획의 내용이 광역도시계획의 내용과 다른 때에는 광역도시계획의 내용이 우선한다.

해답 89. ③   90. ③   91. ③   92. ①

93 국토의 계획 및 이용에 관한 법령상 주거지역의 세분 중 중층주택을 중심으로 편리한 주거환경을 조성하기 위하여 지정하는 용도지역은?

① 제1종일반주거지역 ② 제2종일반주거지역
③ 제1종전용주거지역 ④ 제2종전용주거지역

해설

전용주거지역(양호한 주거환경의 보호)		
②	1종	단독주택 중심의 양호한 주거환경을 보호
	2종	공동주택 중심의 양호한 주거환경을 보호
일반주거지역(편리한 주거환경의 조성)		
	1종	저층주택을 중심으로 편리한 주거환경을 조성
	2종	중층주택을 중심으로 편리한 주거환경을 조성
	3종	중·고층주택을 중심으로 편리한 주거환경을 조성
준주거지역		
	주거기능을 위주로 이를 지원하는 일부 상업기능 및 업무기능을 보완하기 위하여 필요한 지역	

94 사용승인을 받는 즉시 건축물의 내진능력을 공개하여야 하는 대상 건축물의 층수 기준은? (단, 목구조 건축물의 경우이며 기타의 경우는 고려하지 않는다.)

① 2층 이상 ② 3층 이상
③ 6층 이상 ④ 16층 이상

해설

내진능력 공개		
②	다음에 해당되는 건축물을 건축하고자 하는 자는 사용승인을 받는 즉시 건축물의 내진능력을 공개하여야 한다.	
	1	2층 이상인 건축물(목구조의 경우 3층)
	2	연면적 200m² 이상인 건축물(목구조의 경우 500m²)

95 특별피난계단의 구조에 관한 기준 내용으로 틀린 것은?

① 계단은 내화구조로 하되, 피난층 또는 지상까지 직접 연결되도록 한다.
② 계단실 및 부속실의 실내에 접하는 부분의 마감은 불연재료로 한다.
③ 출입구의 유효너비는 0.9m 이상으로 하고 피난의 방향으로 열 수 있도록 한다.
④ 건축물의 내부에서 노대 또는 부속실로 통하는 출입구에는 30분방화문을 설치하고, 노대 또는 부속실로부터 계단실로 통하는 출입구에는 60분 방화문을 설치하도록 한다.

해설

④ 건축물의 내부에서 노대 또는 부속실로 통하는 출입구에는 60분+, 60분방화문을 설치하고, 노대 또는 부속실로부터 계단실로 통하는 출입구에는 60분+, 60분방화문 또는 30분 방화문을 설치하도록 한다.

96 건축지도원에 관한 내용으로 틀린 것은?

① 건축지도원은 특별자치시·특별자치도 또는 시·군·구에 근무하는 건축직렬의 공무원과 건축에 관한 학식이 풍부한 자 중에서 지정한다.
② 건축지도원의 자격과 업무 범위는 건축조례로 정한다.
③ 건축설비가 법령 등에 적합하게 유지·관리되고 있는지 확인·지도 및 단속한다.
④ 허가를 받지 아니 하거나 신고를 하지 아니 하고 건축하거나 용도변경한 건축물을 단속한다.

해설

② 특별자치시장·특별자치도지사 또는 시장·군수·구청장은 건축법에 따른 명령이나 처분에 위반되는 건축물의 발생을 예방하고 건축물을 적법하게 유지·관리하도록 지도하기 위하여 대통령령으로 정하는 바에 따라 건축지도원을 지정할 수 있다. 건축지도원의 자격과 업무 범위 등은 대통령령으로 정한다.

해답 93. ② 94. ② 95. ④ 96. ②

⑤ 바이블 연도별 기출문제

97 건축허가 대상 건축물이라 하더라도 건축신고를 하면 건축허가를 받은 것으로 보는 경우에 속하지 않는 것은? (단, 층수가 2층인 건축물의 경우)

① 바닥면적의 합계가 75m²의 증축
② 바닥면적의 합계가 75m²의 재축
③ 바닥면적의 합계가 75m²의 개축
④ 연면적이 250m²인 건축물의 대수선

해설

④ 연면적 200m² 미만이고 3층 미만인 건축물의 대수선

98 다음은 노외주차장의 구조·설비에 관한 기준 내용이다. ( )안에 알맞은 것은?

자동차용 승강기로 운반된 자동차가 주차구획까지 자주식으로 들어가는 노외주차장의 경우에는 주차대수 ( )대마다 1대의 자동차용 승강기를 설치하여야 한다.

① 10대
② 15대
③ 20대
④ 30대

해설

④ 자동차용승강기로 운반된 자동차가 주차구획까지 자주식으로 들어가는 노외주차장의 경우에는 주차대수 30대마다 1대의 자동차용승강기를 설치하여야 한다.

99 막다른 도로의 길이가 15m일 때, 이 도로가 건축법령상 도로이기 위한 최소 폭은?

① 2m
② 3m
③ 4m
④ 6m

해설

②

막다른 도로의 길이에 따른 도로의 기준 폭	
길이 10m 미만	폭 2m 이상
길이 35m 미만	폭 3m 이상
길이 35m 이상	폭 6m 이상

100 비상용승강기의 승강장에 설치하는 배연설비의 구조에 관한 기준 내용으로 틀린 것은?

① 배연구 및 배연풍도는 불연재료로 할 것
② 배연구는 평상시에는 열린 상태를 유지할 것
③ 배연구가 외기에 접하지 아니하는 경우에는 배연기를 설치할 것
④ 배연기는 배연구의 열림에 따라 자동적으로 작동하고, 충분한 공기 배출 또는 가압 능력이 있을 것.

해설

② 배연구의 구조

평상시에는 닫힌 상태를 유지하고, 열린 경우에는 배연에 따른 기류로 인하여 닫히지 아니 하도록 할 것

해답 97. ④ 98. ④ 99. ② 100. ②

건축계획

1 장애인·노인·임산부 등의 편의증진 보장에 관한 법령에 따른 편의시설 중 매개시설에 속하지 않는 것은?

① 주출입구 접근로
② 유도 및 안내설비
③ 장애인전용 주차구역
④ 주출입구 높이 차이 제거

해설

①	주출입구 접근로	매개 시설
②	유도 및 안내설비	안내 시설
③	장애인전용주차구역	매개 시설
④	주출입구 높이 차이 제거	매개 시설

2 다음 중 사무소 건축의 기둥 간격 결정 요소와 가장 거리가 먼 것은?

① 책상 배치의 단위
② 주차 배치의 단위
③ 엘리베이터의 설치 대수
④ 채광상 층높이에 의한 깊이

해설

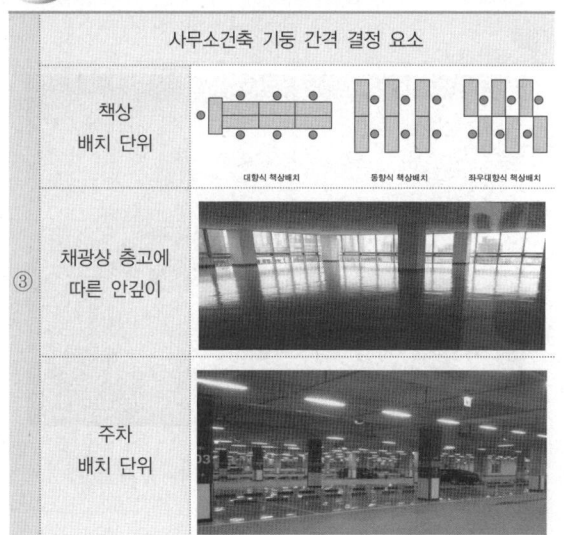

3 우리나라 전통 한식주택에서 문꼴 부분(개구부)의 면적이 큰 이유로 가장 적합한 것은?

① 겨울의 방한을 위해서
② 하절기 고온다습을 견디기 위해서
③ 출입하는데 편리하게 하기 위해서
④ 상부의 하중을 효과적으로 지지하기 위해서

해설

문꼴 부분의 면적이 크게 되면 주택 전체의 공기의 흐름이 원활하게 되는데 이는 여름철의 고온다습을 견디기 위함이다.

4 공장건축의 레이아웃(Lay Out)에 관한 설명으로 옳지 않은 것은?

① 제품중심의 레이아웃은 대량생산에 유리하며 생산성이 높다.
② 레이아웃이란 공장건축의 평면 요소 간의 위치 관계를 결정하는 것을 말한다.
③ 고정식 레이아웃은 조선소와 같이 제품이 크고 수량이 적은 경우에 행해진다.
④ 중화학 공업, 시멘트 공업과 같은 장치공업 등은 시설의 융통성이 크기 때문에 신설 시 장래성에 대한 고려가 필요 없다.

해설

 중화학 공업, 시멘트 공업과 같은 장치공업 등은 시설 규모가 크므로 레이아웃의 융통성이 작다.

해답 1. ② 2. ③ 3. ② 4. ④

5 메조넷형 아파트에 관한 설명으로 옳지 않은 것은?

① 다양한 평면 구성이 가능하다.
② 소규모 주택에서는 비경제적이다.
③ 통로면적이 감소되며 유효면적이 증대된다.
④ 복도와 엘리베이터홀은 각 층마다 계획된다.

해설

④ 메조넷형(Maisonette Type)
하나의 주거단위가 복층 형식을 취하는 경우이므로 공용 및 서비스 면적은 작아지고 유효면적이 증가하며, 통로가 없는 층의 평면은 프라이버시와 통풍 및 채광이 좋아진다.

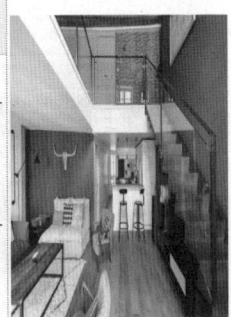

6 고층 밀집형 병원에 관한 설명으로 옳지 않은 것은?

① 병동에서 조망을 확보할 수 있다.
② 대지를 효과적으로 이용할 수 있다.
③ 각종 방재 대책에 대한 비용이 높다.
④ 병원의 확장 등 성장 변화에 대한 대응이 용이하다.

해설

④

집중식(Block Type)　　분관식(Pavilion Type)

고층 밀집형 집중식(Block Type) 병원건축 형식은 병원의 확장 등 성장 변화에 대한 대응이 분관식(Pavilion Type)에 비해 불리하다.

7 주당 평균 40시간을 수업하는 어느 학교에서 음악실에서의 수업이 총 20시간이며 이 중 15시간은 음악시간으로 나머지 5시간은 학급토론시간으로 사용되었다면, 이 교실의 이용률과 순수율은?

① 이용률 37.5%, 순수율 75%
② 이용률 50%, 순수율 75%
③ 이용률 75%, 순수율 37.5%
④ 이용률 75%, 순수율 50%

해설

②

| 1 | 이용률 $= \dfrac{20}{40} \times 100\% = 50\%$ |
| 2 | 순수율 $= \dfrac{20-5}{20} \times 100\% = 75\%$ |

8 극장건축에서 무대의 제일 뒤에 설치되는 무대 배경용의 벽을 의미하는 것은?

① 사이클로라마　② 플라이 로프트
③ 플라이 갤러리　④ 그리드 아이언

해설

①

사이클로라마(Cyclorama)　무대의 제일 뒤에 설치되는 무대 배경용 벽이다.

해답　5. ④　6. ④　7. ②　8. ①

9 도서관 출납 시스템 중 자유개가식에 관한 설명으로 옳은 것은?

① 도서의 유지 관리가 용이하다.
② 책의 내용 파악 및 선택이 자유롭다.
③ 대출 절차가 복잡하고 관원의 작업량이 많다.
④ 열람자는 직접 서가에 면하여 책의 표지 정도는 볼 수 있으나 내용은 볼 수 없다.

해설

②
자유개가식
(Free Open System)

열람자 자신이 서가에서 책을 꺼내어 책을 고르고 그대로 검열을 받지 않고 열람하는 형식으로 책의 내용 파악 및 선택이 자유롭지만 서가의 정리가 잘 되지 않으면 열람자가 혼란스럽게 되고, 책의 마모 및 파손이 심한 단점이 있다.

10 미술관의 연속순로 형식에 관한 설명으로 옳은 것은?

① 각 실을 필요시에는 자유로이 독립적으로 폐쇄할 수 있다.
② 평면적인 형식으로 2, 3개 층의 입체적인 방법은 불가능하다.
③ 많은 실을 순서별로 통하여야 하는 불편이 있으나 공간 절약의 이점이 있다.
④ 중심부에 하나의 큰 홀을 두고 그 주위에 각 전시실을 배치하여 자유로이 출입하는 형식이다.

해설

① 갤러리(Gallery) 및 코리도(Corridor) 형식에 대한 설명이다.
② 연속순로 형식은 단순한 것으로부터 복잡한 것에 이르기까지 또한 2, 3층의 입체적인 방법도 가능한 방식이다.
④ 중앙홀(Hall) 형식에 대한 설명이다.

11 서양 건축양식의 역사적인 순서가 옳게 배열된 것은?

① 로마 ➡ 로마네스크 ➡ 고딕 ➡ 르네상스 ➡ 바로크
② 로마 ➡ 고딕 ➡ 로마네스크 ➡ 르네상스 ➡ 바로크
③ 로마 ➡ 로마네스크 ➡ 고딕 ➡ 바로크 ➡ 르네상스
④ 로마 ➡ 고딕 ➡ 로마네스크 ➡ 바로크 ➡ 르네상스

해설

① 서양건축사 : 이집트 ➡ 그리스 ➡ 로마 ➡ 초기 기독교 ➡ 비잔틴 ➡ 로마네스크 ➡ 고딕 ➡ 르네상스 ➡ 바로크 ➡ 로코코

12 르네상스 교회 건축양식의 일반적 특징으로 옳은 것은?

① 타원형 등 곡선 평면을 사용하여 동적이고 극적인 공간 연출을 하였다.
② 수평을 강조하며 정사각형, 원 등을 사용하여 유심적 공간 구성을 하였다.
③ 직사각형 평면 구성으로 볼트구조의 지붕을 구성하며 종탑을 설치하였다.
④ 로마네스크 건축의 반원 아치를 발전시킨 첨두형 아치를 주로 사용하였다.

해설

르네상스 건축

1420년 경에 이탈리아의 피렌체에서 시작하여 17세기 초까지 계속된 건축양식으로 인체 비례와 음악 조화를 우주의 기본 원리로 하고, 로마 건축의 구성을 고전주의 건축으로 하여 건축적 이론을 형성했다.

① 바로크(Baroque) 건축에 대한 특징이다.
③ 로마네스크(Romanesque) 건축에 대한 특징이다.
④ 고딕(Gothic) 건축에 대한 특징이다.

해답 9. ② 10. ③ 11. ① 12. ②

13 아파트 평면형식에 관한 설명으로 옳지 않은 것은?

① 홀형은 통행부 면적이 작아서 건물의 이용도가 높다.
② 중복도형은 대지에 대해서 건물 이용도가 높으나, 프라이버시가 좋지 않다.
③ 집중형은 채광·통풍 조건이 좋아 기계적 환경 조절이 필요하지 않다.
④ 홀형은 계단 또는 엘리베이터 홀로부터 직접 주거 단위로 들어가는 형식이다.

해설

③ 집중형(Concentration Type) 채광 및 통풍조건을 양호하게 할 수 없으므로 기후조건에 따른 기계적 환경조절이 필요하다.

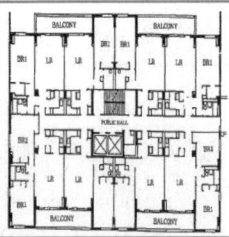

14 페리의 근린주구 이론의 내용으로 옳지 않은 것은?

① 주민에게 적절한 서비스를 제공하는 1~2개소 이상의 상점가를 주요 도로의 결절점에 배치해야 한다.
② 내부 가로망은 단지 내의 교통량을 원활히 처리하고 통과교통에 사용되지 않도록 계획되어야 한다.
③ 근린주구의 단위는 통과교통이 내부를 관통하지 않고 용이하게 우회할 수 있는 충분한 넓이의 간선도로에 의해 구획되어야 한다.
④ 근린주구는 하나의 중학교가 필요하게 되는 인구에 대응하는 규모를 가져야 하고, 그 물리적 크기는 인구밀도에 의해 결정되어야 한다.

해설

페리(C.A.Perry, 1872~1944)

④ 페리의 근린주구(1935)는 하나의 초등학교가 필요하게 되는 인구에 대응하는 규모를 가져야 하고, 그 물리적 크기는 인구밀도에 의해 결정된다

15 다음 설명에 알맞은 백화점 진열장 배치 방법은?

- Main통로를 직각 배치하며, Sub통로를 45° 정도 경사지게 배치하는 유형이다.
- 많은 고객이 매장 공간의 코너까지 접근하기 용이하지만, 이형의 진열장이 많이 필요하다.

① 직각배치 ② 방사배치
③ 사행배치 ④ 자유유선배치

해설

③ 사행배치 사교배치 또는 대각선 배치라고도 한다.

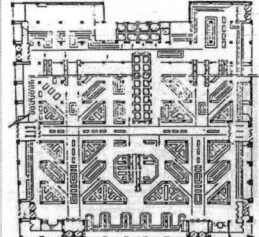

16 다음 중 주심포식 건물이 아닌 것은?

① 강릉 객사문 ② 서울 남대문
③ 수덕사 대웅전 ④ 무위사 극락전

해설

① 강릉 객사문 ➡ 주심포식   ② 서울 남대문 ➡ 다포식

③ 수덕사 대웅전 ➡ 주심포식   ④ 무위사 극락전 ➡ 주심포식

해답 13. ③ 14. ④ 15. ③ 16. ②

17 극장건축의 음향 계획에 관한 설명으로 틀린 것은?

① 음향 계획에 있어서 발코니의 계획은 될 수 있는 한 피하는 것이 좋다.
② 음의 반복 반사 현상을 피하기 위해 가급적 원형에 가까운 평면형으로 계획한다.
③ 무대에 가까운 벽은 반사체로 하고 멀어짐에 따라서 흡음재의 벽을 배치하는 것이 원칙이다.
④ 오디토리움 양쪽의 벽은 무대의 음을 반사에 의해 객석 뒤 부분까지 이르도록 보강해 주는 역할을 한다.

해설

② 음향 계획에 있어서 돔형과 같은 원형이나 타원형은 일반적으로 음이 집중하거나 불균등한 분포를 보이며 에코(Echo)가 형성되어 음향적으로 불리하게 된다.

18 쇼핑센터의 특징적인 요소인 페데스트리언 지대(Pedestrian Area)에 관한 설명으로 옳지 않은 것은?

① 고객에게 변화감과 다채로움, 자극과 흥미를 제공한다.
② 바닥면의 고저차를 많이 두어 지루함을 주지 않도록 한다.
③ 바닥면에 사용하는 재료는 주위 상황과 조화시켜 계획한다.
④ 사람들의 유동적 동선이 방해되지 않는 범위에서 나무나 관엽식물을 둔다.

해설

② 바닥면의 고저차를 가급적 배제하여 쇼핑을 유쾌하게 할 뿐만 아니라 휴식할 수 있는 장소를 제공하여야 한다.

19 그리스 건축의 오더 중 도릭 오더의 구성에 속하지 않는 것은?

① 볼류트(Volute)   ② 프리즈(Frieze)
③ 아바쿠스(Abacus)   ④ 에키누스(Echinus)

해설

볼류트(Volute)

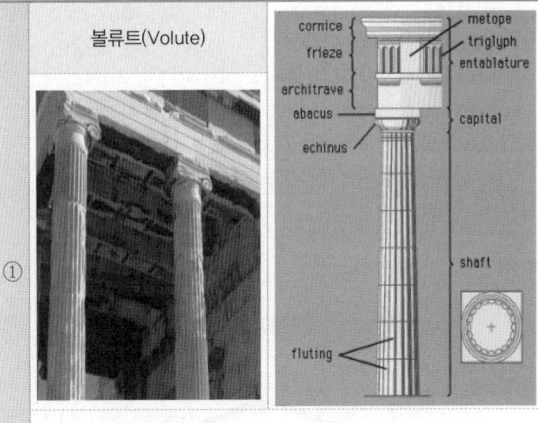

① 기둥머리에 끝이 말린 것처럼 보이는 소용돌이 모양의 장식으로 이오니아 양식(Ionic Order)에서 나타난다.

20 오피스 랜드스케이프(Office Landscape)에 관한 설명으로 옳지 않은 것은?

① 외부 조경 면적이 확대된다.
② 작업의 폐쇄성이 저하된다.
③ 사무 능률의 향상을 도모한다.
④ 공간의 효율적 이용이 가능하다.

해설

① 오피스 랜드스케이프(Office Landscape)는 사무소 건축의 개방식 평면계획의 한 형태로써 조경 면적의 확대와는 무관하다.

해답 17. ② 18. ② 19. ① 20. ①

건축시공

21 목공사에 사용되는 철물에 관한 설명으로 옳지 않은 것은?

① 감잡이쇠는 큰보에 걸쳐 작은보를 받게 하고, 안장쇠는 평보를 대공에 달아 매는 경우 또는 평보와 ㅅ자보의 밑에 쓰인다.
② 못의 길이는 박아대는 재 두께의 2.5배 이상이며, 마구리 등에 박는 것은 3.0배 이상으로 한다.
③ 볼트 구멍은 볼트 지름보다 3mm 이상 커서는 안 된다.
④ 듀벨은 볼트와 같이 사용하여 듀벨에는 전단력, 볼트에는 인장력을 분담시킨다.

해설

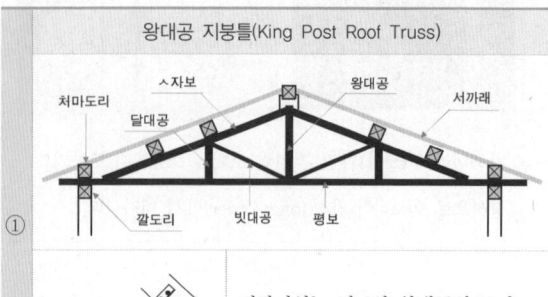
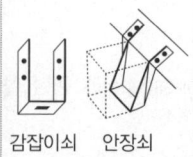

감잡이쇠는 평보와 왕대공의 보강, 안장쇠(Beam Hanger)는 큰보와 작은보의 보강에 쓰이는 철물이다.

22 지명경쟁입찰을 택하는 이유 중 가장 중요한 것은?

① 공사비의 절감　② 양질의 시공 결과 기대
③ 준공 기일의 단축　④ 공사 감리의 편리

해설

지명경쟁입찰(Limited Open Bid)	
1	해당 공사에 가장 적격하다고 인정되는 3~7개 정도의 시공회사를 선정하여 입찰시키는 방식
2	부적격자에게 낙찰되는 것을 방지하기 위한 제도로서, 양질의 시공 결과를 기대할 수 있다.

23 실의 크기 조절이 필요한 경우 칸막이 기능을 하기 위해 만든 병풍 모양의 문은?

① 여닫이문　② 자재문
③ 미서기문　④ 홀딩 도어

해설

폴딩 도어(Folding Door)를 홀딩 도어라고도 한다.

24 강제 배수공법의 대표적인 공법으로 인접 건축물과 토류판 사이에 케이싱 파이프를 삽입하여 지하수를 펌프 배수하는 공법은?

① 집수정 공법
② 웰 포인트 공법
③ 리버스 서큘레이션 공법
④ 전기 삼투 공법

해설

웰 포인트(Well Point) 공법

투수성이 좋은 사질지반의 대표적 배수공법이다.

해답　21. ①　22. ②　23. ④　24. ②

25 기계가 위치한 곳보다 높은 곳의 굴착에 가장 적당한 건설기계는?

① Drag Line
② Back Hoe
③ Power Shovel
④ Scraper

해설

③ 파워 쇼벨(Power Shovel)

버킷을 앞으로 떠 올려서 흙을 굴착하는 기계로서 굴삭기가 위치한 지면보다 높은 곳을 굴삭하는 데 적합하고 비교적 단단한 토질의 굴삭도 가능하다.

26 건축공사 스프레이 도장방법에 관한 설명으로 옳지 않은 것은?

① 도장거리는 스프레이 도장면에서 300mm를 표준으로 한다.
② 매 회의 에어스프레이는 붓도장과 동등한 정도의 두께로 하고, 2회분의 도막 두께를 한 번에 도장하지 않는다.
③ 각 회의 스프레이 방향은 전 회의 방향에 평행으로 진행한다.
④ 스프레이 할 때는 항상 평행이동하면서 운행의 한 줄마다 스프레이 너비의 1/3 정도를 겹쳐 뿜는다.

해설

③ 각 회의 스프레이 방향은 전 회의 방향에 직각으로 한다.

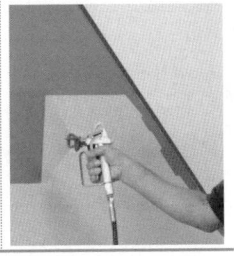

27 철근콘크리트공사 시 벽체 거푸집 또는 보 거푸집에서 거푸집판을 일정한 간격으로 유지시켜 주는 동시에 콘크리트의 측압을 최종적으로 지지하는 역할을 하는 부재는?

① 인서트
② 칼럼 밴드
③ 폼 타이
④ 턴 버클

해설

③ 폼 타이(Form Tie)

긴결재라고도 한다.

28 커튼월(Curtain Wall)에 관한 설명으로 옳지 않은 것은?

① 주로 내력벽에 사용된다.
② 공장생산이 가능하다.
③ 고층 건물에 많이 사용된다.
④ 용접이나 볼트 조임으로 구조물에 고정시킨다.

해설

①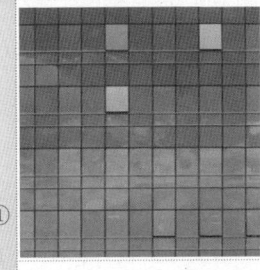

커튼월(Curtain Wall)은 건축물의 외주벽을 구성하는 비내력벽으로 비계 작업을 하지 않고 건축골조에 고정 철물(Fastener)을 사용하여 부착한다.

해답 25. ③ 26. ③ 27. ③ 28. ①

② 바이블 연도별 기출문제

29 TQC를 위한 7가지 도구 중 다음 설명에 해당되는 것은?

> 모집단에 대한 품질 특성을 알기 위하여 모집단의 분포 상태, 분포의 중심 위치, 분포의 산포 등을 쉽게 파악할 수 있도록 막대 그래프 형식으로 작성한 도수분포도를 말한다.

① 히스토그램
② 특성요인도
③ 파레토도
④ 체크시트

해설

①	히스토그램 (Histogram)	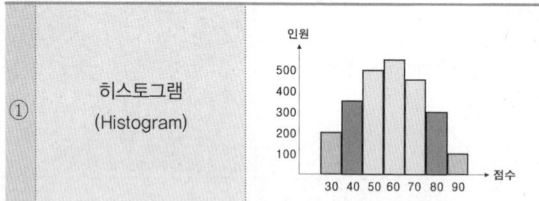

30 건설 현장에서 근무하는 공사감리자의 업무에 해당되지 않는 것은?

① 공사시공자가 사용하는 건축 자재가 관계법령에 의한 기준에 적합한 건축 자재인지 여부의 확인
② 상세시공도면의 작성
③ 공사 현장에서의 안전관리 지도
④ 품질시험의 실시 여부 및 시험 성과의 검토·확인

해설

	공사감리자의 감리 업무
1	공사 시공자가 설계도서에 적합하게 시공하는지의 여부 및 건축 자재가 기준에 적합한지의 여부 확인
2	시공계획 및 공사 관리의 적정 여부 확인, 공사 현장의 안전관리 지도
3	공정표 및 상세시공도면의 검토·확인, 구조물의 위치와 규격의 적정 여부 검토·확인, 품질시험의 실시 여부 및 시험 성과 검토·확인, 설계변경의 적정 여부 검토·확인
4	그 밖의 공사감리계약으로 정하는 사항

②

31 석고 플라스터에 관한 설명으로 옳지 않은 것은?

① 석고 플라스터는 경화지연제를 넣어서 경화시간을 너무 빠르지 않게 한다.
② 경화·건조 시 치수 안정성과 내화성이 뛰어나다.
③ 석고 플라스터는 공기 중의 탄산가스를 흡수하여 표면부터 서서히 경화한다.
④ 시공 중에는 될 수 있는 한 통풍을 피하고 경화 후에는 적당한 통풍을 시켜야 한다.

해설

③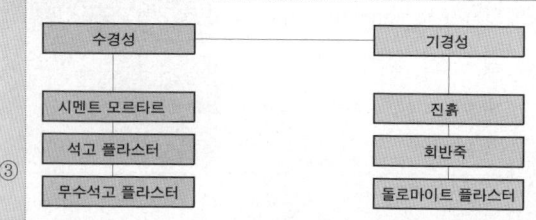

석고 플라스터는 수경성 미장재료로서 물과 결합하여 경화하고 경화시간이 매우 빠르다.

32 미장공사에서 균열을 방지하기 위하여 고려해야 할 사항 중 옳지 않은 것은?

① 바름면은 바람 또는 직사광선 등에 의한 급속한 건조를 피한다.
② 1회의 바름 두께는 가급적 얇게 한다.
③ 쇠 흙손질을 충분히 한다.
④ 모르타르 바름의 정벌바름은 초벌바름보다 부배합으로 한다.

해설

④ 원칙적인 미장재료의 배합은 바탕에 가까운 바름층일수록 부배합, 정벌바름에 가까울수록 빈배합으로 하는 것이 좋다.

해답 29. ① 30. ② 31. ③ 32. ④

33 고강도 콘크리트에 관한 내용으로 옳지 않은 것은?

① 설계기준압축강도는 보통 또는 중량골재콘크리트에서 40MPa 이상인 것으로 한다.
② 고성능 감수제의 단위량은 소요강도 및 작업에 적합한 워커빌리티를 얻도록 시험에 의해서 결정하여야 한다.
③ 단위수량은 소요의 워커빌리티를 얻을 수 있는 범위 내에서 가능한 한 작게 하여야 한다.
④ 기상의 변화나 동결융해 발생 여부에 관계없이 공기연행제를 사용하는 것을 원칙으로 한다.

해설

| ④ | 기상의 변화가 심하거나 동결융해에 대한 대책이 필요한 경우를 제외하고는 공기연행제를 사용하지 않는 것을 원칙으로 한다. |

34 건축공사에서 활용되는 견적 방법 중 가장 상세한 공사비의 산출이 가능한 견적방법은?

① 개산견적　　② 명세견적
③ 입찰견적　　④ 실행견적

해설

②	명세견적과 개산견적
	1	명세견적: 설계도서와 현장 설명 및 질의 응답을 고려하여 정밀하게 적산, 견적하고 정확한 공사비를 산출하는 것
	2	개산견적: 정밀 산출의 시간이 없을 때 또는 설계도서가 불완전할 때 적용

35 벽돌에 생기는 백화를 방지하기 위한 방법으로 옳지 않은 것은?

① 10% 이하의 흡수율을 가진 양질의 벽돌을 사용한다.
② 벽돌면 상부에 빗물막이를 설치한다.
③ 파라핀 도료를 발라 염류가 나오는 것을 방지한다.
④ 줄눈 모르타르에 석회를 넣어 바른다.

해설

| ④ | 백화 현상은 석회 때문에 발생하는 데 석회를 넣으면 백화 현상이 더욱 심해진다. |

36 주문받은 건설업자가 대상 계획의 기업, 금융, 토지조달, 설계, 시공 기타 모든 요소를 포괄하여 발주하는 도급계약 방식은?

① 실비정산보수가산도급
② 정액도급
③ 공동도급
④ 턴키도급

해설

④	턴키(Turn Key) 계약 방식	
	건축주가 열쇠만 돌리면 쓸 수 있다는 뜻에서 유래된 용어이다.	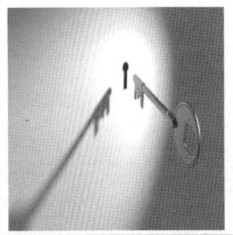

해답　33. ④　34. ②　35. ④　36. ④

37 서로 다른 종류의 금속재가 접촉하는 경우 부식이 일어나는 경우가 있는데 부식성이 큰 금속 순으로 옳게 나열된 것은?

① 알루미늄 〉 철 〉 주석 〉 구리
② 주석 〉 철 〉 알루미늄 〉 구리
③ 철 〉 주석 〉 구리 〉 알루미늄
④ 구리 〉 철 〉 알루미늄 〉 주석

해설

| 알루미늄 | 철 | 주석 | 구리 |

① 알루미늄과 철은 부식성이 큰 금속재료인데, 알루미늄이 철보다 부식성이 더 크다. 상대적으로 구리는 부식성이 낮은 금속 중 하나이다.

38 프리스트레스트 콘크리트에 관한 설명으로 옳은 것은?

① 진공매트 또는 진공펌프 등을 이용하여 콘크리트로부터 수화에 필요한 수분과 공기를 제거한 것이다.
② 고정시설을 갖춘 공장에서 부재를 철재거푸집에 의하여 제작한 기성제품 콘크리트(PC)이다.
③ 포스트텐션 공법은 미리 강선을 압축하여 콘크리트에 인장력으로 작용시키는 방법이다.
④ 장스팬 구조물에 적용할 수 있으며, 단위부재를 작게 할 수 있어 자중이 경감되는 특징이 있다.

해설

① 진공콘크리트(Vaccum Concrete)에 대한 설명이다.
② 프리캐스트콘크리트(Pre Cast Concrete)에 대한 설명이다.
③ 프리 텐션(Pre Tension) 공법은 미리 강선을 압축하여 콘크리트에 인장력으로 작용시키는 방법이다.

39 그림과 같은 건물에서 G_1과 같은 보가 8개 있다고 할 때 보의 총 콘크리트량을 구하면? (단, 보의 단면상 슬래브와 겹치는 부분은 제외하며, 철근량은 고려하지 않는다.)

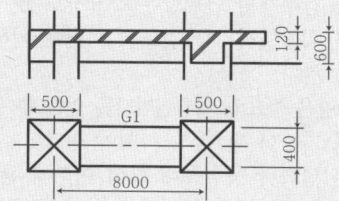

① $11.52m^3$
② $12.23m^3$
③ $13.44m^3$
④ $15.36m^3$

해설

① $V = 0.4 \times 0.48 \times (8 - 0.5) \times 8$개 $= 11.52m^3$

40 포틀랜드시멘트 화학성분 중 1일 이내 수화를 지배하며 응결이 가장 빠른 것은?

① 알루민산 3석회
② 알루민산철 4석회
③ 규산 3석회
④ 규산 2석회

해설

	수화(水和, Hydration)
1	시멘트 중의 규산, 알루민산, 알루민산철과 같은 성분이 물과 화합하여 결정질을 만드는 작용
2	수화작용이 빠른 순서: C_3A(알루민산 3석회) 〉 C_3S (규산 3석회) 〉 C_4AF(알루민산철 4석회) 〉 C_2S (규산 2석회)

해답 37. ① 38. ④ 39. ① 40. ①

건축구조

41 고장력볼트 접합에 관한 설명으로 옳지 않은 것은?

① 유효단면적당 응력이 크며, 피로강도가 작다.
② 강한 조임력으로 너트의 풀림이 생기지 않는다.
③ 응력 방향이 바뀌더라도 혼란이 일어나지 않는다.
④ 접합 방식에는 마찰접합, 지압접합, 인장접합이 있다.

해설

고장력볼트 접합	
유효단면적당 응력이 작고, 피로강도가 크다.	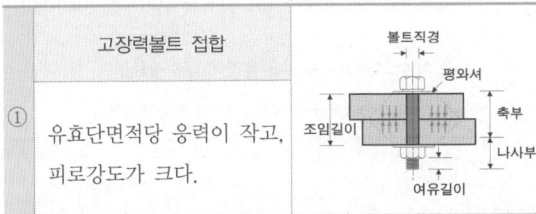

42 지진에 대응하는 기술 중 하나인 제진(制震)에 대한 설명으로 틀린 것은?

① 기존 건물의 구조 형식에 좌우되지 않는다.
② 지반계수에 따른 제약을 받지 않는다.
③ 소형 건물에 일반적으로 많이 적용된다.
④ 댐퍼 등을 사용하여 흔들림을 효과적으로 제어한다.

해설

타이페이 101(Taipei 101, Taiwan)

제진(制震) 시스템은 건물 자체에 대형 컴퓨터 및 계측 기기를 보유해야 하므로 경제성의 측면에서 소규모 구조물에서는 일반화 될 수 없는 단점을 가지고 있다.

43 콘크리트구조의 내구성 설계기준에 따른 보수·보강 설계에 관한 설명으로 옳지 않은 것은?

① 손상된 콘크리트 구조물에서 안전성, 사용성, 내구성, 미관 등의 기능을 회복시키기 위한 보수는 타당한 보수 설계에 근거하여야 한다.
② 보수·보강 설계를 할 때는 구조체를 조사하여 손상 원인, 손상 정도, 저항내력 정도를 파악한다.
③ 책임구조기술자는 보수·보강 공사에서 품질을 확보하기 위하여 공정별로 품질관리 검사를 시행하여야 한다.
④ 보강 설계를 할 때에는 사용성과 내구성 등의 성능은 고려하지 않고, 보강 후의 구조 내하력 증가만을 반영한다.

해설

④ 보강 설계를 할 때에는 보강 후의 구조 내하력 증가 외에 사용성과 내구성 등의 성능 향상을 고려하여야 한다.

44 그림과 같은 복근보에서 전단보강철근이 부담하는 전단력 V_s를 구하면? (단, $f_{ck}=24$MPa, $f_y=400$MPa, $f_{yt}=300$MPa, D10의 단면적은 71mm²)

① 약 110kN
② 약 115kN
③ 약 120kN
④ 약 125kN

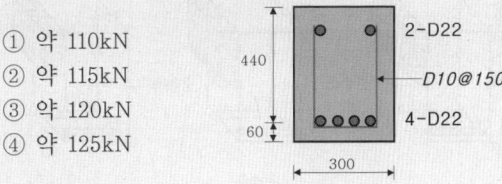

해설

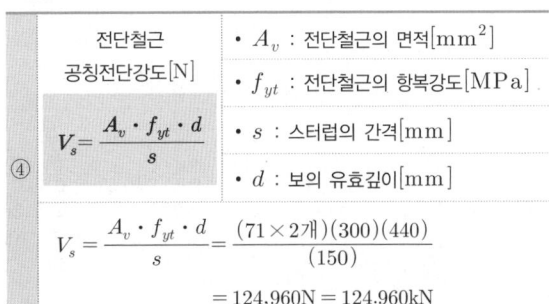

전단철근 공칭전단강도[N]	
$V_s = \dfrac{A_v \cdot f_{yt} \cdot d}{s}$	• A_v : 전단철근의 면적[mm²] • f_{yt} : 전단철근의 항복강도[MPa] • s : 스터럽의 간격[mm] • d : 보의 유효깊이[mm]

$$V_s = \frac{A_v \cdot f_{yt} \cdot d}{s} = \frac{(71 \times 2개)(300)(440)}{(150)}$$
$$= 124,960\text{N} = 124.960\text{kN}$$

해답 41. ① 42. ③ 43. ④ 44. ④

45 그림과 같은 직사각형 단면을 갖는 보에 최대 휨모멘트 $M=20$kN·m 가 작용할 때 최대 휨응력은?

① 3.33MPa
② 4.44MPa
③ 5.56MPa
④ 6.67MPa

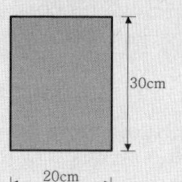

해설

④ $\sigma_{b,max} = \dfrac{M_{max}}{Z} = \dfrac{(20 \times 10^6)}{\dfrac{(200)(300)^2}{6}} = 6.67\text{N/mm}^2 = 6.67\text{MPa}$

---

46 강도설계법에서 단근직사각형 보의 c(압축 연단에서 중립축까지 거리)값으로 옳은 것은? (단, $f_{ck}=24$MPa, $f_y=400$MPa, $b=300$mm, $A_s=1,161$mm², 포물선-직선 형상의 응력-변형률 관계 이용)

① 92.65mm   ② 94.85mm
③ 96.65mm   ④ 98.85mm

해설

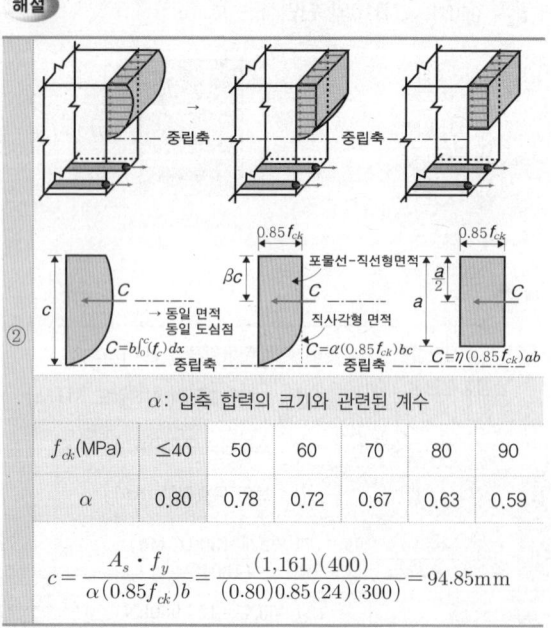

②

f_{ck}(MPa)	≤40	50	60	70	80	90
α	0.80	0.78	0.72	0.67	0.63	0.59

$c = \dfrac{A_s \cdot f_y}{\alpha(0.85f_{ck})b} = \dfrac{(1,161)(400)}{(0.80)0.85(24)(300)} = 94.85\text{mm}$

---

47 그림의 용접 기호와 관련된 내용으로 옳은 것은?

① 양면용접에 용접길이 50mm
② 용접간격 100mm
③ 용접치수 12mm
④ 맞댐(개선) 용접

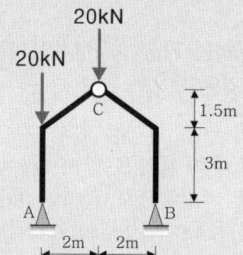

해설

③

1	화살표 지시선 반대쪽 1면 필릿용접(Fillet Welding)
2	용접치수 $S=12$mm, 용접길이 $L=50$mm, 용접간격 $P=150$mm 이므로 단속용접이다.

---

48 그림과 같은 3회전단 구조물의 반력은?

① $H_A=4.44$kN, $V_A=30$kN, $H_B=-4.44$kN, $V_B=10$kN
② $H_A=0$, $V_A=30$kN, $H_B=0$, $V_B=10$kN
③ $H_A=-4.44$kN, $V_A=30$kN, $H_B=4.44$kN, $V_B=10$kN
④ $H_A=4.44$kN, $V_A=50$kN, $H_B=-4.44$kN, $V_B=-10$kN

해설

①

1	$\Sigma M_B = 0 : +(V_A)(4)-(20)(4)-(20)(2)=0$ ∴ $V_A = +30$kN(↑) ➡ $V_B = +10$kN(↑)
2	$\Sigma H = 0 : +(H_A)+(H_B)=0$
3	$M_{C,Left} = 0 : +(V_A)(2)-(H_A)(4.5)-(20)(2)=0$ ∴ $H_A = +4.44$kN(→) ➡ $H_B = -4.44$kN(←)

해답 45. ④   46. ②   47. ③   48. ①

49 그림과 같은 양단 고정보에서 B단의 휨모멘트 값은?

① 2.4kN·m
② 9.6kN·m
③ 14.4kN·m
④ 24.8kN·m

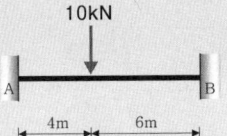

해설

②
고정단모멘트
(FEM, Fixed End Moment)

$$M_A = -\frac{P \cdot a \cdot b^2}{L^2} (\curvearrowleft)$$

$$M_B = +\frac{P \cdot a^2 \cdot b}{L^2} (\curvearrowright)$$

$$M_{B,Right} = -\left[+\frac{(10)(4)^2(6)}{(10)^2}\right] = -9.6\text{kN·m} (\curvearrowleft)$$

---

50 1방향 철근콘크리트 슬래브에 배치하는 수축·온도철근에 관한 기준으로 옳지 않은 것은?

① 수축·온도철근으로 배치되는 이형철근 및 용접철망의 철근비는 어떤 경우에도 0.0014 이상이어야 한다.
② 수축·온도철근으로 배치되는 설계기준항복강도가 400MPa을 초과하는 이형철근 또는 용접철망을 사용한 슬래브의 철근비는 $0.0020 \times \dfrac{400}{f_y}$ 로 산정한다.
③ 수축·온도철근의 간격은 슬래브 두께의 6배 이하, 또한 600mm 이하로 하여야 한다.
④ 수축·온도철근은 설계기준항복강도 f_y를 발휘할 수 있도록 정착되어야 한다.

해설

③ 수축·온도철근의 간격은 슬래브 두께의 5배 이하, 또한 450mm 이하로 하여야 한다.

【수축·온도철근 철근비】

f_y = 400MPa 이하	f_y = 400MPa 초과
$\rho = 0.0020$	$\rho = 0.0020 \times \dfrac{400}{f_y} \geq 0.0014$

---

51 다음 그림과 같은 인장재에서 순단면적을 구하면? (단, F10T-M20볼트 사용(표준 구멍), 판의 두께는 6mm)

① 296mm²
② 396mm²
③ 426mm²
④ 536mm²

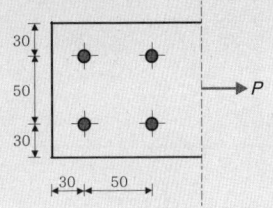

해설

②
정렬배치 순단면적

$$A_n = A_g - n \cdot d \cdot t$$

직경(M)	표준 구멍(d)
24mm 미만	M+2.0mm
24mm 이상	M+3.0mm

$$A_n = (6 \times 110) - (2)(20+2)(6) = 396\text{mm}^2$$

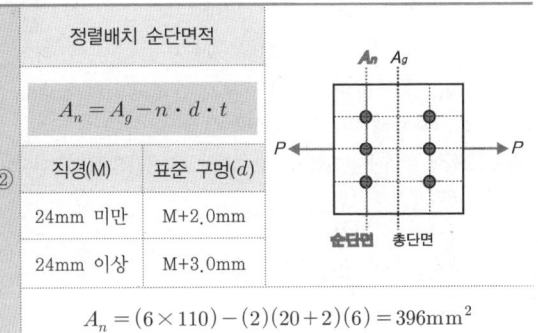

---

52 그림과 같은 내민보에 집중하중이 작용할 때 A점의 처짐각 θ_A를 구하면?

① $\dfrac{PL^2}{4EI}$
② $\dfrac{PL^2}{16EI}$
③ $\dfrac{PL^2}{128EI}$
④ $\dfrac{PL^2}{256EI}$

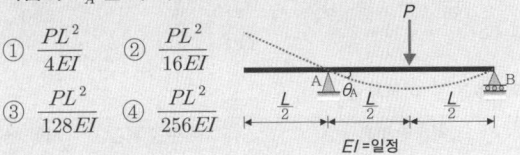

해설

② 내민 구간에 하중이 작용하지 않으므로 AB 단순보의 중앙에 집중하중 P가 작용할 때를 검토한다.

처짐각:
$$\theta_A = V_A' = \frac{1}{2} \cdot \frac{L}{2} \cdot \frac{PL}{4EI}$$
$$= \frac{1}{16} \cdot \frac{PL^2}{EI}$$

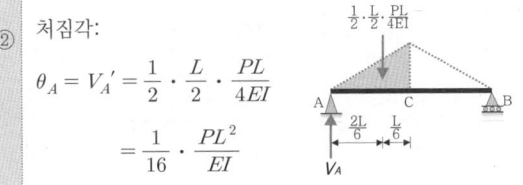

53 양단 힌지인 길이 6m의 $H-300\times300\times10\times15$의 기둥이 약축 방향으로 부재중앙이 가새로 지지되어 있을 때 설계용 세장비는? (단, $r_x=131mm$, $r_y=75.1mm$)

① 39.9 ② 45.8 ③ 58.2 ④ 66.3

해설

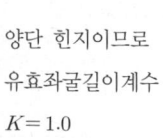

양단 힌지이므로
유효좌굴길이계수
$K=1.0$

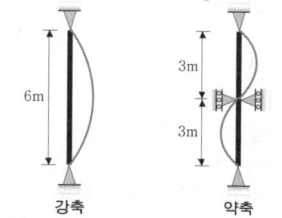

② 세장비: 강축(x)에 대해서는 부재 전체의 길이 $L=6m$, 약축(y)에 대해서는 가새로 횡지지되어 있으므로 $L=3m$를 적용함에 주의하며 다음의 ①, ② 중에서 큰값으로 선정한다.

① $\dfrac{KL}{r_x} = \dfrac{(1.0)(6,000)}{(131)} = 45.80$

② $\dfrac{KL}{r_y} = \dfrac{(1.0)(3,000)}{(75.1)} = 39.95$

54 과도한 처짐에 의해 손상되기 쉬운 비구조 요소를 지지 또는 부착하지 않은 바닥구조의 활하중 L에 따른 순간처짐의 한계는?

① $\dfrac{l}{180}$ ② $\dfrac{l}{240}$ ③ $\dfrac{l}{360}$ ④ $\dfrac{l}{480}$

해설 최대 허용처짐

부재의 형태	고려해야할 처짐	처짐 한계
과도한 처짐에 의해 손상되기 쉬운 비구조 요소를 지지 또는 부착하지 않은 평지붕 구조: **외부 환경**	활하중에 따른 순간 처짐	$\dfrac{l}{180}$
과도한 처짐에 의해 손상되기 쉬운 비구조 요소를 지지 또는 부착하지 않은 바닥구조: **내부 환경**	활하중 L에 따른 순간 처짐	$\dfrac{l}{360}$
과도한 처짐에 의해 손상되기 쉬운 비구조 요소를 지지 또는 부착한 지붕 또는 바닥구조	전체 처짐 중에서 비구조 요소가 부착된 후에 발생하는 처짐 부분 (모든 지속하중에 따른 장기처짐과 추가적인 활하중에 따른 순간처짐의 합)	$\dfrac{l}{480}$
과도한 처짐에 의해 손상될 염려가 없는 비구조 요소를 지지 또는 부착한 지붕 또는 바닥구조		$\dfrac{l}{240}$

55 다음과 같은 사다리꼴 단면의 도심 y_o 값은?

① $\dfrac{h(2a+b)}{3(a+b)}$

② $\dfrac{h(a+b)}{3(2a+b)}$

③ $\dfrac{3h(2a+b)}{(a+b)}$

④ $\dfrac{h(a+2b)}{3(a+b)}$

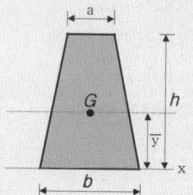

해설

	삼각형($\frac{1}{2}bh$)와 삼각형($\frac{1}{2}ah$)로 구분하여 더한다.
① 1	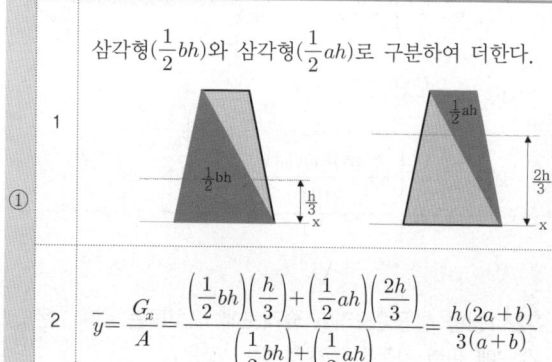
2	$\bar{y} = \dfrac{G_x}{A} = \dfrac{\left(\frac{1}{2}bh\right)\left(\frac{h}{3}\right)+\left(\frac{1}{2}ah\right)\left(\frac{2h}{3}\right)}{\left(\frac{1}{2}bh\right)+\left(\frac{1}{2}ah\right)} = \dfrac{h(2a+b)}{3(a+b)}$

56 그림과 같은 라멘에 있어서 A점의 모멘트는 얼마인가? (단, k는 강비이다.)

① 1kN·m
② 2kN·m
③ 3kN·m
④ 4kN·m

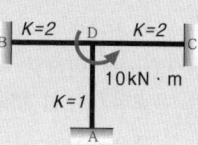

해설

	1	분배율: $DF_{OA} = \dfrac{1}{1+2+2} = \dfrac{1}{5}$
①	2	분배모멘트: $M_{DA} = M_D \cdot DF_{DA} = (-10)\left(\dfrac{1}{5}\right) = -2kN \cdot m\ (\curvearrowleft)$
	3	전달모멘트: $M_{AD} = \dfrac{1}{2}M_{DA} = -1kN \cdot m\ (\curvearrowleft)$

해답 53. ② 54. ③ 55. ① 56. ①

57 연약한 지반에 대한 대책 중 하부구조의 조치 사항으로 옳지 않은 것은?

① 동일 건물의 기초에 이질 지정을 둔다.
② 경질 지반에 기초판을 지지한다.
③ 지하실을 설치한다.
④ 경질 지반이 깊을 때는 마찰말뚝을 사용한다.

해설

① 동일 건물의 기초에 이질 지정을 두지 않는다.

58 프리스트레스하지 않는 부재의 현장치기 콘크리트 중 흙에 접하여 콘크리트를 친 후 영구히 흙에 묻혀 있는 콘크리트의 최소 피복두께 기준으로 옳은 것은?

① 100mm ② 75mm
③ 50mm   ④ 40mm

해설

종류		피복두께
수중에서 치는 콘크리트		100mm
흙에 접하여 콘크리트를 친 후 영구히 흙에 묻혀 있는 콘크리트		75mm
흙에 접하거나 옥외의 공기에 직접 노출되는 콘크리트	D19 이상의 철근	50mm
	D16 이하의 철근	40mm
	지름 16mm 이하의 철선	
옥외의 공기나 흙에 직접 접하지 않는 콘크리트	슬래브, 벽체, 장선 D35 초과 철근	40mm
	슬래브, 벽체, 장선 D35 이하 철근	20mm
	보, 기둥	40mm
	쉘, 절판 부재	20mm

【※ 단, 보·기둥의 경우 $f_{ck} \geq 40MPa$ 일 때 피복두께를 10mm 저감할 수 있다.】

59 그림과 같은 구조물의 부정정 차수는?

① 1차 부정정
② 2차 부정정
③ 3차 부정정
④ 4차 부정정

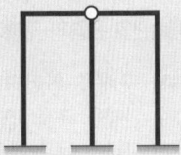

해설

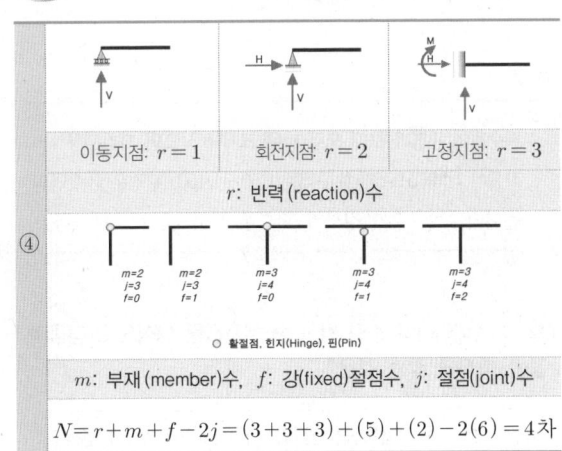

④

m: 부재(member)수, f: 강(fixed)절점수, j: 절점(joint)수

$N = r + m + f - 2j = (3+3+3) + (5) + (2) - 2(6) = 4차$

60 철골구조 주각부의 구성 요소가 아닌 것은?

① 커버 플레이트 ② 앵커 볼트
③ 베이스 모르타르 ④ 베이스 플레이트

해설

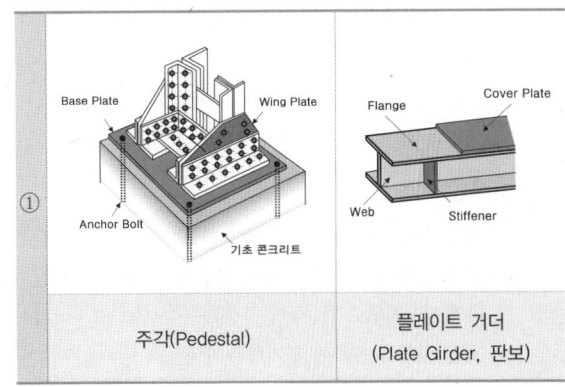

해답 57. ① 58. ② 59. ④ 60. ①

건축설비

61 배수관의 관경과 구배에 관한 설명으로 옳지 않은 것은?

① 배관 구배를 완만하게 하면 세정력이 저하된다.
② 배수 관경을 크게 하면 할수록 배수 능력은 향상된다.
③ 배관 구배를 너무 급하게 하면 흐름이 빨라 고형물이 남는다.
④ 배관 구배를 너무 급하게 하면 관로의 수류에 의한 파손 우려가 높아진다.

해설

② 배수관의 관경과 구배 모두 너무 크거나 작으면 자기세정 작용이 감퇴되므로 배수 구배는 1/50~1/100, 관경은 유수면의 높이가 1/2~2/3 정도가 되도록 하는 것이 적당하다.

62 엘리베이터의 조작 방식 중 무운전원 방식으로 다음과 같은 특징을 갖는 것은?

> 승객 스스로 운전하는 전자동 엘리베이터로, 승강장으로부터의 호출 신호로 기동, 정지를 이루는 조작 방식이며, 누른 순서에 상관없이 각 호출에 응하여 자동적으로 정지한다.

① 단식 자동 방식
② 카 스위치 방식
③ 승합 전자동 방식
④ 시그널 콘트롤 방식

해설

③

	엘리베이터 무운전 방식
1	단식 자동 방식: 승객 자신이 자동적으로 시동, 정지를 이루는 조작 방식
2	승합 전자동식: 승객 자신이 운전하는 전자동 엘리베이터로 목적층의 단추나 승강장으로부터의 호출 신호로 시동, 정지를 이루는 조작 방식
3	하강 승합 자동 방식: 승강장으로부터의 호출 신호가 있어도 정지하지 않고 최고 호출에 응하여 정지한 후에 자동적으로 반전하여 하강하며 승강장으로부터의 호출 신호에 응하여 정지하는 방식

63 한 시간당 급탕량이 5m³일 때 급탕부하는 얼마인가? (단, 물의 비열은 4.2kJ/kg·K, 급탕온도 70°C, 급수온도 10°C)

① 35kW
② 126kW
③ 350kW
④ 1,260kW

해설

③

1	급탕부하는 물의 가열에 필요한 시간당 열량이므로 열량 계산식 $Q = M \cdot C \cdot \Delta T$ 식으로 계산한다.
2	급탕부하 = 시간당 급탕량 × 비열 × 온도차 ÷ 3,600(s/h) $= \dfrac{5,000(kg/h) \times 4.2kJ/kg \cdot K \times 60(℃)}{3,600(s/h)}$ $= 350(kW)$

64 전기샤프트(ES)의 계획 시 고려사항으로 옳지 않은 것은?

① 각 층마다 같은 위치에 설치한다.
② 기기의 배치와 유지 보수에 충분한 공간으로 하고, 건축적인 마감을 실시한다.
③ 점검구는 유지 보수 시 기기의 반출입이 가능하도록 하여야 하며, 점검구 문의 폭은 최소 300mm 이상으로 한다.
④ 공급 대상 범위의 배선 거리, 전압강하 등을 고려하여 가능한 한 공급 대상 설비 시설 위치의 중심부에 위치하도록 한다.

해설

③

ES의 점검구는 유지 보수 시 기기의 반출입이 가능하도록 하여야 하며 폭 600mm 이상으로 한다.

해답 61. ② 62. ③ 63. ③ 64. ③

65 다음 중 변전실 면적에 영향을 주는 요소와 가장 거리가 먼 것은?

① 발전기실의 면적
② 변전설비 변압 방식
③ 수전 전압 및 수전 방식
④ 실치 기기와 큐비클의 종류

해설

변전실 면적에 영향을 주는 요소

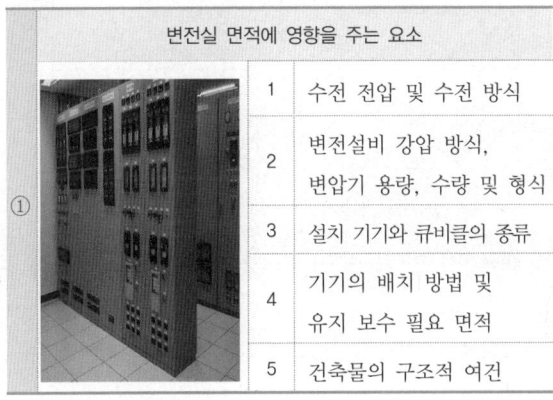

①	1	수전 전압 및 수전 방식
	2	변전설비 강압 방식, 변압기 용량, 수량 및 형식
	3	설치 기기와 큐비클의 종류
	4	기기의 배치 방법 및 유지 보수 필요 면적
	5	건축물의 구조적 여건

66 배수트랩의 봉수가 파손되는 것을 방지하기 위한 방법으로 옳지 않은 것은?

① 자기사이펀 작용에 의한 봉수 파괴를 방지하기 위하여 S트랩을 설치한다.
② 유도사이펀 작용에 의한 봉수 파괴를 방지하기 위하여 도피통기관을 설치한다.
③ 증발 현상에 의한 봉수 파괴를 방지하기 위하여 트랩 봉수 보급수 장치를 설치한다.
④ 역압에 의한 분출 작용을 방지하기 위하여 배수 수직관의 하단부에 통기관을 설치한다.

해설

	트랩의 봉수 파괴 방지 대책	
①	자기사이펀 작용	통기관 설치
	유도사이펀 작용	
	분출 작용	
	모세관 작용	천 조각, 머리카락 제거
	증발 현상	트랩 봉수 보급수 장치 설치

67 간선 배전방식 중 분전반에서 사고가 발생했을 때 그 파급 범위가 가장 좁은 것은?

① 평행식
② 방사선식
③ 나뭇가지식
④ 나뭇가지 평행식

해설

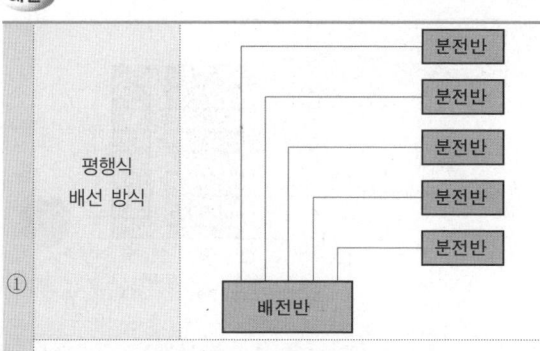

① 각 분전반 마다 배전반으로부터 단독으로 배선되어 있으므로 전압강하가 평균화되고 사고가 발생하여도 그 범위를 좁힐 수 있는 것이 특징이며, 배선이 혼잡할 우려가 있기는 하지만, 경제성의 문제 때문에 대규모 건물에 적합하다.

68 스프링클러설비를 설치하여야 하는 특정소방 대상물의 최대 방수구역에 설치된 개방형스프링클러 헤드의 개수가 30개일 경우, 스프링클러 설비의 수원의 저수량은 최소 얼마 이상으로 하여야 하는가?

① $16m^3$
② $32m^3$
③ $48m^3$
④ $56m^3$

해설

스프링클러(Sprinkler)

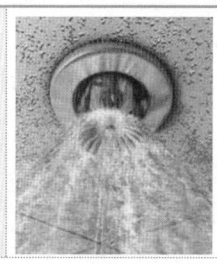

③ 소화수량: $Q = 80 \ell/min \times N(개) \times 20(min) = 1.6N(m^3)$
➡ $Q = 1.6N = 1.6(30) = 48m^3$

해답 65. ① 66. ① 67. ① 68. ③

69 열관류율 K=2.5W/m² · K인 벽체의 양쪽 공기온도가 각각 20℃와 0℃일 때, 이 벽체 1m²당 이동 열량은?

① 25W　　② 50W
③ 100W　　④ 200W

해설

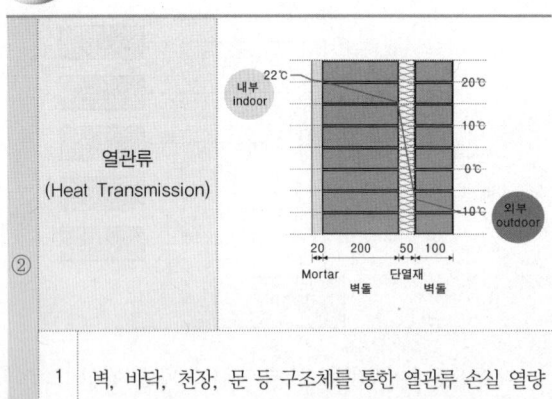

②
1. 벽, 바닥, 천장, 문 등 구조체를 통한 열관류 손실 열량
2. $H_C = K \cdot A \cdot \Delta T = (2.5)(1)(20-0) = 50W$

71 습공기를 가열했을 때 상태값이 변화하지 않는 것은?

① 엔탈피　　② 습구온도
③ 절대습도　　④ 상대습도

해설

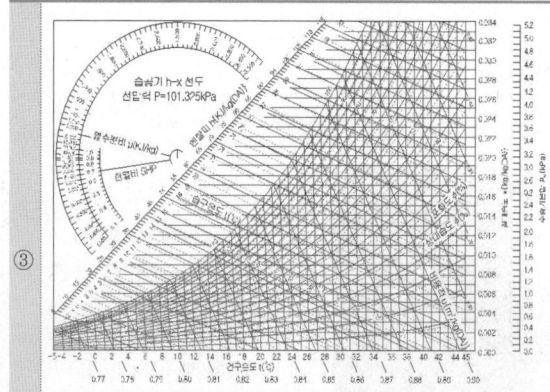

③ 포화범위 내에서 공기를 가열하거나 냉각해도 절대습도는 변함이 없다.

70 어느 점광원과 1m 떨어진 곳의 직각면 조도가 800[lx]일 때, 이 광원과 4m 떨어진 곳의 직각면 조도는?

① 50[lx]　　② 100[lx]
③ 150[lx]　　④ 200[lx]

해설

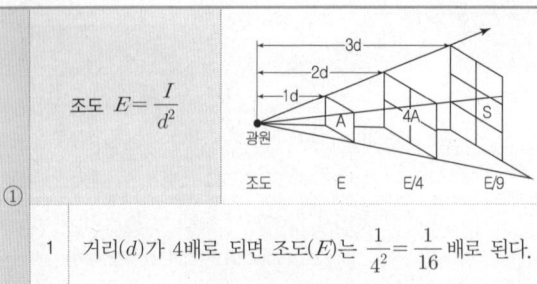

①
1. 거리(d)가 4배로 되면 조도(E)는 $\frac{1}{4^2} = \frac{1}{16}$ 배로 된다.
2. $800[lx] \div \frac{1}{4^2} = 50[lx]$

72 증기난방에 관한 설명으로 옳지 않은 것은?

① 온수난방에 비해 예열시간이 짧다.
② 온수난방에 비해 한랭지에서 동결의 우려가 작다.
③ 운전 시 증기해머로 인한 소음을 일으키기 쉽다.
④ 온수난방에 비해 부하 변동에 따른 실내 방열량의 제어가 용이하다.

해설

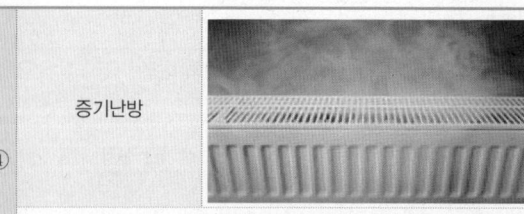

④ 온수난방에 비해 증기난방은 부하 변동에 따른 방열량 제어가 곤란하다.

해답　69. ②　70. ①　71. ③　72. ④

73 공기조화방식 중 2중덕트 방식에 관한 설명으로 옳지 않은 것은?

① 전공기 방식에 속한다.
② 덕트가 2개의 계통이므로 설비비가 많이 든다.
③ 부하 특성이 다른 다수의 실이나 존에도 적용할 수 있다.
④ 냉풍과 온풍을 혼합하는 혼합상자가 필요 없으므로 소음과 진동도 적다.

해설

2중덕트 방식(Dual Duct System)

냉풍과 온풍을 각각의 덕트로 보낸 후 말단의 혼합상자에서 냉·온풍을 열부하에 알맞은 비율로 혼합하여 각 실에 송풍하는 전공기 방식의 에너지 다소비형 공조방식이다.

74 다음과 가장 관계가 깊은 것은?

에너지 보존의 법칙을 유체의 흐름에 적용한 것으로서 유체가 갖고 있는 운동에너지, 중력에 따른 위치에너지 및 압력에너지의 총합은 흐름 내 어디에서나 일정하다.

① 뉴턴의 점성법칙 ② 베르누이의 정리
③ 보일-샤를의 법칙 ④ 오일러의 상태방정식

해설

베르누이 정리(Bernoulli's Theorem, 1738)

Daniel Bernoulli (1700~1782)

이상적인 유체가 흐르는 속도와 압력, 높이의 관계를 수량적으로 나타낸 법칙으로 유체의 운동에너지와 압력에너지, 위치에너지의 합이 항상 일정하다는 성질을 이용한 정리이다.

75 자연환기에 관한 설명으로 옳은 것은?

① 풍력환기에 의한 환기량은 풍속에 반비례한다.
② 풍력환기에 의한 환기량은 유량계수에 비례한다.
③ 중력환기에 의한 환기량은 공기의 입구와 출구가 되는 두 개구부의 수직거리에 반비례한다.
④ 중력환기에서 실내온도가 외기온도보다 높을 경우 공기는 건물 상부의 개구부에서 실내로 들어와서 하부의 개구부로 나간다.

해설

자연환기(Natural Ventilation): 풍력환기, 중력환기

①	풍력환기량: $Q = \alpha A v \sqrt{C_f - C_b}$
	풍력환기량(Q)은 유량계수(α), 개구부 면적(A), 풍속(v)에 비례한다.
③	중력환기량: $Q = KA\sqrt{h \cdot \Delta T}$
	중력환기량(Q)은 두 개구부의 수직거리(h)에 비례한다.
④	중력환기에서는 실내온도가 외기온도보다 높을 경우, 공기는 건물 하부의 개구부에서 들어와서 상부의 개구부로 나간다.

76 냉방부하 계산 결과 현열부하가 620W, 잠열부하가 155W일 경우, 현열비는?

① 0.2 ② 0.25
③ 0.4 ④ 0.8

해설

④ 현열비(SHF) = $\dfrac{현열}{현열+잠열} = \dfrac{(620)}{(620)+(155)} = 0.8$

해답 73. ④ 74. ② 75. ② 76. ④

4 바이블 연도별 기출문제

77 실내 음환경의 잔향시간에 관한 설명으로 옳은 것은?

① 실의 흡음력이 높을수록 잔향시간은 길어진다.
② 잔향시간을 길게 하기 위해서는 실내 공간의 용적을 작게 하여야 한다.
③ 잔향시간은 음향 청취를 목적으로 하는 공간이 음성 전달을 목적으로 하는 공간보다 짧아야 한다.
④ 잔향시간은 실내가 확산음 장이라고 가정하여 구해진 개념으로 원리적으로는 음원이나 수음점의 위치에 상관없이 일정하다.

해설

①	Sabine의 잔향식 $RT = K \cdot \dfrac{V}{A}$ 에서 잔향시간(RT)은 실의 흡음력(A)에 반비례한다.
②	Sabine의 잔향식 $RT = K \cdot \dfrac{V}{A}$ 에서 잔향시간(RT)은 실의 용적(V)에 비례한다.
③	잔향시간은 음향 청취를 목적(오케스트라, 뮤지컬 등)으로 하는 공간이 음성 전달을 목적(강연, 연극)으로 하는 공간보다 길어야 한다.

78 압력에 따른 도시가스의 분류에서 고압의 기준으로 옳은 것은? (단, 게이지 압력 기준)

① 0.1MPa 이상
② 1MPa 이상
③ 10MPa 이상
④ 100MPa 이상

해설

	도시가스 가스 압력	
②	고압	1MPa 이상
	중압	0.1MPa ~ 1MPa
	저압	0.1MPa 미만

79 발전기에 적용되는 법칙으로 유도기전력의 방향을 알기 위하여 사용되는 법칙은?

① 오옴의 법칙
② 키르히호프의 법칙
③ 플레밍의 왼손 법칙
④ 플레밍의 오른손 법칙

해설

④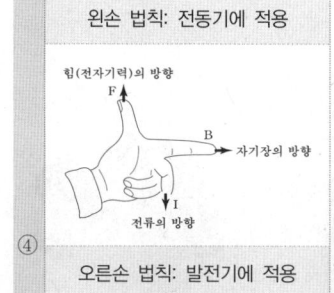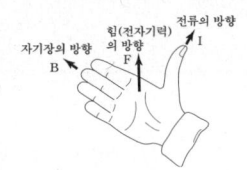

존 앰브로즈 플레밍
(John A. Fleming, 1849~1945)

80 다음의 냉동기 중 기계적 에너지가 아닌 열에너지에 의해 냉동효과를 얻는 것은?

① 원심식 냉동기
② 흡수식 냉동기
③ 스크류식 냉동기
④ 왕복동식 냉동기

해설

	압축식 냉동기
②	• 구성: 압축기 ➡ 응축기 ➡ 팽창밸브 ➡ 증발기 • 종류: 왕복동식, 회전식(스크류식), 터보식(원심식) • 특징: 구동에너지가 전기이므로 전력소비가 많다.
	흡수식 냉동기
	• 구성: 응축기 ➡ 증발기 ➡ 흡수기 ➡ 재생기(발생기) • 특징: 도시가스를 주연료로 사용하므로 전력 소비가 적다.

해답 77. ④ 78. ② 79. ④ 80. ②

건축법규

81 막다른 도로의 길이가 30m인 경우, 이 도로가 건축법상 도로이기 위한 최소 너비는?

① 2m ② 3m ③ 4m ④ 6m

해설

②

막다른 도로의 길이에 따른 도로의 기준 폭	
길이 10m 미만	폭 2m 이상
길이 35m 미만	폭 3m 이상
길이 35m 이상	폭 6m 이상

82 주차전용건축물의 주차면적 비율과 관련한 아래 내용에서 ( )에 들어갈 수 없는 것은?

> 주차전용건축물이란 건축물의 연면적 중 주차장으로 사용되는 부분의 비율이 95퍼센트 이상인 것을 말한다. 다만, 주차장 외의 용도로 사용되는 부분이 「건축법 시행령」 별표 1에 따른 ( )인 경우에는 주차장으로 사용되는 부분의 비율이 70퍼센트 이상인 것을 말한다.

① 종교시설 ② 운동시설
③ 업무시설 ④ 숙박시설

해설

주차전용건축물의 주차면적 비율

주차장 이외 부분의 용도	주차장 면적 비율
• 일반용도	연면적 중 95% 이상
• 제1종 및 제2종 근린생활시설 • 단독주택, 공동주택 • 문화 및 집회·자동차관련시설 • 판매·종교·운수·운동·업무·창고 시설	연면적 중 70% 이상

83 신축공동주택 등의 기계환기설비의 설치 기준이 옳지 않은 것은?

① 세대의 환기량 조절을 위하여 환기설비의 정격 풍량을 3단계 또는 그 이상으로 조절할 수 있는 체계를 갖추어야 한다.
② 적정 단계의 필요 환기량은 신축공동주택 등의 세대를 시간당 0.3회로 환기할 수 있는 풍량을 확보하여야 한다.
③ 기계환기설비에서 발생하는 소음의 측정은 한국산업규격(KS B 6361)에 따르는 것을 원칙으로 한다.
④ 기계환기설비는 주방 가스대 위의 공기배출장치, 화장실의 공기배출 송풍기 등 급속 환기 설비와 함께 설치할 수 있다.

해설

② 적정 단계의 필요 환기량은 신축공동주택 등의 세대를 시간당 0.5회로 환기할 수 있는 풍량을 확보하여야 한다.

84 건축물과 분리하여 공작물을 축조할 때 특별자치시장·특별자치도지사 또는 시장·군수·구청장에게 신고를 해야 하는 대상 공작물 기준이 옳지 않은 것은?

① 높이 2m를 넘는 옹벽
② 높이 4m를 넘는 굴뚝
③ 높이 6m를 넘는 골프연습장 등의 운동시설을 위한 철탑
④ 높이 8m를 넘는 고가수조

해설

②

	시장·군수·구청장에게 신고를 하여야 하는 공작물
1	높이 2m를 넘는 옹벽·담장
2	높이 4m를 넘는 광고탑·광고판·장식탑·기념탑·첨탑
3	높이 6m를 넘는 굴뚝·골프연습장 등의 철탑
4	높이 8m를 넘는 고가수조

해답 81. ② 83. ④ 83. ② 84. ②

5 바이블 연도별 기출문제

85 다음 중 제2종 일반주거지역 안에서 건축할 수 없는 건축물은? (단, 도시·군계획 조례가 정하는 바에 따라 건축할 수 있는 경우는 고려하지 않는다.)
① 종교시설
② 운수시설
③ 노유자시설
④ 제1종 근린생활시설

해설

	제2종 일반주거지역 안에서 건축할 수 있는 건축물
1	단독주택, 공동주택
2	제1종 근린생활시설
3	교육연구시설 중 유치원, 초등학교, 중학교 및 고등학교
4	노유자시설, 종교시설
5	관람장을 제외한 문화 및 집회시설은 조례로 건축 가능

②

86 다음 중 대지에 조경 등의 조치를 아니 할 수 있는 대상 건축물에 속하지 않는 것은?
① 축사
② 녹지지역에 건축하는 건축물
③ 연면적의 합계가 1,000m² 인 공장
④ 면적이 5,000m² 인 대지에 건축하는 공장

해설

	대지 안의 조경 대상	
원칙	조경 의무 대상: 대지면적 200m² 이상	
예외	1	자연녹지지역에 건축하는 건축물
	2 공장	• 5,000m² 미만인 대지에 건축하는 경우 • 연면적 합계 1,500m² 미만인 경우 • 산업단지 안에 건축하는 경우
	3	대지에 염분이 함유되어 있는 경우
	4	축사, 가설건축물
	5	연면적 합계 1,500m² 미만인 물류시설 (주거지역 및 상업지역에 건축하는 것은 제외)
	6	도시지역 및 지구단위계획 구역 이외의 지역

④

87 높이가 31m를 넘는 각 층의 바닥면적 중 최대 바닥면적이 4,500m² 인 건축물에 원칙적으로 설치하여야 하는 비상용 승강기의 최소 대수는?
① 1대
② 2대
③ 3대
④ 5대

해설

비상용승강기 설치 대수 산정: 연면적 1,500m² 초과 시

$$1대 + \frac{A - 1,500}{3,000} = 1대 + \frac{(4,500) - 1,500}{3,000} = 2대$$

②

88 건축물의 바닥면적 산정 기준에 대한 설명으로 옳지 않은 것은?
① 공동주택으로서 지상층에 설치한 어린이놀이터의 면적은 바닥면적에 산입하지 않는다.
② 필로티는 그 부분이 공중의 통행이나 차량의 통행 또는 주차에 전용되는 경우에는 바닥면적에 산입하지 아니한다.
③ 벽·기둥의 구획이 없는 건축물은 그 지붕 끝부분으로부터 수평거리 1.5m를 후퇴한 선으로 둘러싸인 수평투영면적을 바닥면적으로 한다.
④ 단열재를 구조체의 외기측에 설치하는 단열공법으로 건축된 건축물의 경우에는 단열재가 설치된 외벽 중 내측 내력벽의 중심선을 기준으로 산정한 면적을 바닥면적으로 한다.

해설

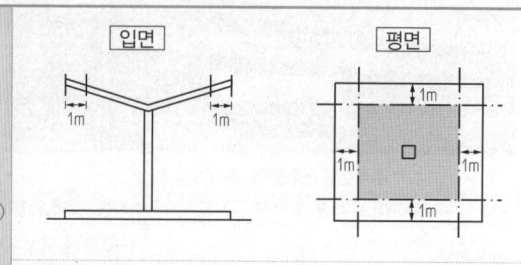

③ 벽·기둥의 구획이 없는 건축물은 그 지붕 끝부분으로부터 수평거리 1m를 후퇴한 선으로 둘러싸인 수평투영면적을 바닥면적으로 한다.

해답 85. ② 86. ④ 87. ② 88. ③

89 특별피난계단의 구조에 관한 기준 내용으로 옳지 않은 것은?

① 계단실에는 예비전원에 따른 조명설비를 할 것
② 계단은 내화구조로 하되, 피난층 또는 지상까지 직접 연결되도록 할 것
③ 출입구의 유효너비는 0.9m 이상으로 하고 피난의 방향으로 열 수 있을 것
④ 계단실의 노대 또는 부속실에 접하는 창문은 그 면적을 각각 3m² 이하로 할 것

해설

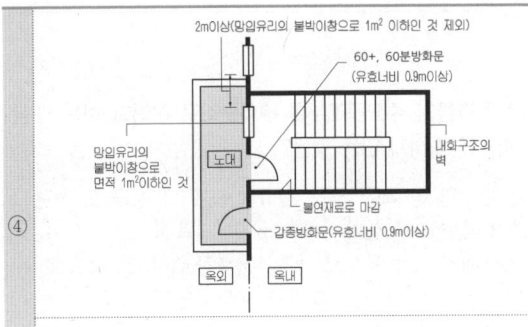

④ 계단실의 노대 또는 부속실에 접하는 창문은 그 면적을 각각 1m² 이하로 할 것

90 국토의 계획 및 이용에 관한 법령상 용도지구에 속하지 않는 것은?

① 경관지구 ② 미관지구
③ 방재지구 ④ 취락지구

해설

국토의 계획 및 이용에 관한 법률상의 용도지구
② 경관지구, 고도지구, 방화지구, 방재지구, 보호지구, 취락지구, 개발진흥지구, 특정용도제한지구, 복합용도지구, 그 밖에 대통령령으로 정하는 지구

91 도시·군계획 수립 대상지역의 일부에 대하여 토지 이용을 합리화하고 그 기능을 증진시키며 미관을 개선하고 양호한 환경을 확보하며, 그 지역을 체계적·계획적으로 관리하기 위하여 수립하는 도시·군관리계획은?

① 지구단위계획 ② 도시·군성장계획
③ 광역도시계획 ④ 개발밀도관리계획

해설

① 지구단위계획에 대한 정의로서, 국토교통부장관 또는 시·도지사·대도시 시장이 도시·군관리계획으로 지정한다.

92 지역의 환경을 쾌적하게 조성하기 위하여 대통령령으로 정하는 용도와 규모의 건축물에 대해 일반이 사용할 수 있도록 대통령령으로 정하는 기준에 따라 공개공지 등을 설치하여야 하는 대상 지역에 속하지 않는 것은? (단, 특별자치시장·특별자치도지사 또는 시장·군수·구청장이 따로 지정·공고하는 지역의 경우는 고려하지 않는다.)

① 준공업지역 ② 준주거지역
③ 일반주거지역 ④ 전용주거지역

해설

	공개공지 확보 대상	
대상 지역	(1) 일반주거지역·준주거 지역	
	(2) 상업지역·준공업지역	
	(3) 특별자치시장·특별자치도지사, 시장·군수·구청장이 도시화 가능성이 크다고 인정하여 지정·공고하는 지역	
규모	용도 바닥면적 합계 5,000m² 이상	
용도	· 문화 및 집회시설	· 판매시설 (농수산물 유통시설 제외)
	· 종교시설	· 운수시설 (여객용 시설만 해당)
	· 업무시설	· 숙박시설

해답 89. ④   90. ②   91. ①   92. ④

93 지하층에 설치하는 비상탈출구의 유효너비 및 유효높이 기준으로 옳은 것은? (단, 주택이 아닌 경우)

① 유효너비 0.5m 이상, 유효높이 1.0m 이상
② 유효너비 0.5m 이상, 유효높이 1.5m 이상
③ 유효너비 0.75m 이상, 유효높이 1.0m 이상
④ 유효너비 0.75m 이상, 유효높이 1.5m 이상

해설

④
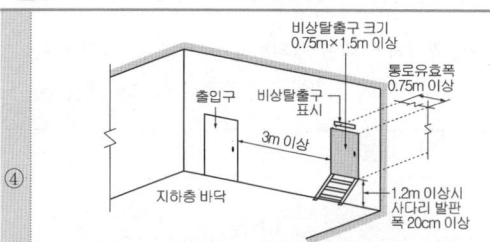
지하층에 설치하는 비상탈출구의 크기는 0.75m(유효너비)×1.5m(유효높이) 이상이어야 한다.

94 건축물의 거실(피난층의 거실 제외)에 국토교통부령으로 정하는 기준에 따라 배연설비를 설치하여야 하는 대상 건축물 용도에 속하지 않는 것은? (단, 6층 이상인 건축물의 경우)

① 종교시설
② 판매시설
③ 방송통신시설 중 방송국
④ 교육연구시설 중 연구소

해설

③

배연설비의 설치		
규모	6층 이상인 건축물	
설치장소	거실	
용도	• 문화 및 집회시설, 종교시설, 판매시설, 업무시설, 의료시설, 종교시설, 운수시설, 운동시설, 숙박시설, 위락시설, 관광휴게시설, 아동관련시설, 노인복지시설 • 연구소, 유스호스텔 • 장례식장	

95 건축물과 해당 건축물의 용도의 연결이 옳지 않은 것은?

① 주유소: 자동차관련시설
② 야외음악당: 관광휴게시설
③ 치과의원: 제1종 근린생활시설
④ 일반음식점: 제2종 근린생활시설

해설

① | 주유소(기계식 세차설비 포함) 및 석유판매소 | 위험물 저장 및 처리시설 |

96 건축물의 주요구조부를 내화구조로 하여야 하는 대상 건축물에 속하지 않는 것은?

① 공장의 용도로 쓰는 건축물로서 그 용도로 쓰는 바닥면적의 합계가 500m²인 건축물
② 판매시설의 용도로 쓰는 건축물로서 그 용도로 쓰는 바닥면적의 합계가 500m²인 건축물
③ 창고시설의 용도로 쓰는 건축물로서 그 용도로 쓰는 바닥면적의 합계가 500m²인 건축물
④ 문화 및 집회시설 중 전시장의 용도로 쓰는 건축물로서 그 용도로 쓰는 바닥면적의 합계가 500m²인 건축물

해설

주요구조부를 내화구조로 해야 하는 규정	
200m² 이상	• 문화 및 집회시설(전시장 및 동·식물원 제외) • 유흥주점 • 종교시설, 장례시설
① 500m² 이상	• 문화 및 집회시설 중 전시장 및 동·식물원 • 위락시설(유흥주점 제외) • 판매시설, 운수시설, 수련시설, 창고시설, 관광휴게시설 • 운동시설 중 체육관 및 운동장 • 위험물저장 및 처리시설 • 방송통신시설 중 방송국·전신전화국 및 촬영소
2,000m² 이상	• 공장 (화재로 위험이 적은 공장으로서 주요구조부가 불연재료로 된 2층 이하의 공장은 예외)

해답 93. ④ 94. ③ 95. ① 96. ①

97 건축법령상 용어의 정의가 옳지 않은 것은?

① 초고층 건축물이란 층수가 50층 이상이거나 높이가 200미터 이상인 건축물을 말한다.
② 증축이란 기존 건축물이 있는 대지에서 건축물의 건축면적, 연면적, 층수 또는 높이를 늘리는 것을 말한다.
③ 개축이란 건축물이 천재지변이나 그 밖의 재해로 멸실된 경우 그 대지에 종전과 같은 규모의 범위에서 다시 축조하는 것을 말한다.
④ 부속건축물이란 같은 대지에서 주된 건축물과 분리된 부속 용도의 건축물로서 주된 건축물을 이용 또는 관리하는 데에 필요한 건축물을 말한다.

해설

③	개축	기존 건축물의 전부 또는 일부를 철거하고 그 대지에 종전과 같은 규모의 범위에서 다시 축조하는 것을 말한다.
	재축	개축과 동일하지만 천재지변이나 재해에 의해 멸실된 경우를 말한다.

98 기반시설부담구역에서 기반시설 설치 비용의 부과 대상인 건축 행위의 기준으로 옳은 것은?

① 100제곱미터(기존 건축물의 연면적 포함)를 초과하는 건축물의 신축·증축
② 100제곱미터(기존 건축물의 연면적 제외)를 초과하는 건축물의 신축·증축
③ 200제곱미터(기존 건축물의 연면적 포함)를 초과하는 건축물의 신축·증축
④ 200제곱미터(기존 건축물의 연면적 제외)를 초과하는 건축물의 신축·증축

해설

③ 기반시설부담구역 안에서 기반시설 설치 비용의 부과 대상인 건축 행위는 단독주택 및 숙박시설 등의 시설로서 200m²(기존 건축물의 연면적을 포함)를 초과하는 건축물의 신축·증축 행위로 한다.

99 국토교통부령으로 정하는 기준에 따라 채광 및 환기를 위한 창문 등이나 설비를 설치하여야 하는 대상에 속하지 않는 것은?

① 의료시설의 병실
② 숙박시설의 객실
③ 업무시설 중 사무소의 사무실
④ 교육연구시설 중 학교의 교실

해설

③ 국토교통부령으로 정하는 기준에 따라 채광 및 환기를 위한 창문 등이나 설비를 설치하여야 하는 건축물의 용도

단독주택 및 공동주택의 거실, 교육연구시설 중 학교의 교실, 의료시설의 병실 및 숙박시설의 객실

100 부설주차장 설치대상 시설물이 문화 및 집회시설(관람장 제외)인 경우, 부설주차장 설치 기준으로 옳은 것은? (단, 지방자치단체의 조례로 따로 정하는 사항은 고려하지 않는다.)

① 시설면적 50m²당 1대
② 시설면적 100m²당 1대
③ 시설면적 150m²당 1대
④ 시설면적 200m²당 1대

해설

	부설주차장 설치 대상 시설물: 시설면적(m²)당 1대	
③	100m² 당	• 위락시설
	150m² 당	• 문화 및 집회시설(관람장 제외) • 의료시설(정신병원, 요양소, 격리병원 제외) • 운동시설(골프(연습)장, 옥외수영장 제외) • 판매시설, 운수시설, 업무시설, 방송국 • 장례시설
	200m² 당	• 숙박시설, 제1종 및 제2종 근린생활시설
	400m² 당	• 창고시설

해답 97. ③ 98. ③ 99. ③ 100. ③

건축계획

* 본 기출문제는 수험자의 기억에 의한 복원문제입니다.

1 「주택건설기준 등에 관한 규칙」에 따른 주택의 평면과 각 부위의 치수 및 기준척도에 관한 설명으로 옳지 않은 것은?

① 치수 및 기준척도는 안목치수를 원칙으로 한다.
② 거실 및 침실의 평면 각 변의 길이는 10cm를 단위로 한 것을 기준척도로 한다.
③ 거실 및 침실의 층높이는 2.4m 이상으로 하되, 5cm를 단위로 한 것을 기준척도로 한다.
④ 계단 및 계단참의 평면 각 변의 길이 또는 너비는 5cm를 단위로 한 것을 기준척도로 한다.

해설

	【주택건설기준 등에 관한 규칙 제3조】 주택의 평면과 각 부위의 치수 및 기준척도	
②	1	치수 및 기준척도는 안목치수를 원칙으로 한다.
	2	거실 및 침실의 평면 각 변의 길이는 5cm를 단위로 한 것을 기준척도로 한다.
	3	부엌·식당·욕실·화장실·복도·계단 및 계단참 등의 평면 각 변의 길이 또는 너비는 5cm를 단위로 한 것을 기준척도로 한다.
	4	거실·침실의 반자높이는 2.2m 이상, 층높이는 2.4m 이상으로 하되 각각 5cm를 단위로 한 것을 기준척도로 한다.

2 메조넷형(Maisonette Type) 공동주택에 관한 설명으로 옳지 않은 것은?

① 주택 내의 공간의 변화가 있다.
② 거주성, 특히 프라이버시가 높다.
③ 소규모 단위평면에 적합한 유형이다.
④ 양면 개구에 의한 통풍 및 채광 확보가 양호하다.

해설

메조넷형 (Maisonette Type)

③ 하나의 주거단위가 복층 형식을 취하는 경우이므로 주거단위 면적의 규모가 커야 한다.

3 다음의 은행계획에 대한 설명 중 옳지 않은 것은?

① 고객이 지나는 동선은 되도록 짧게 한다.
② 업무 내부의 일의 효율은 고객이 알기 어렵게 한다.
③ 주출입구에 전실을 둘 경우에는 바깥문으로 밖여닫이 또는 자재문으로 할 수 있다.
④ 고객의 공간과 업무 공간과의 사이에는 원칙적으로 구분이 있어야 한다.

해설

	은행 내부 공간 계획
1	고객의 공간과 업무 공간과의 사이에는 원칙적으로 구분이 없어야 한다.
2	고객이 지나는 동선은 되도록 짧게 한다.
④ 3	업무 내부의 일의 흐름은 고객이 알기 어렵게 한다.
4	주출입구에 전실을 둘 경우에는 바깥문으로 밖여닫이 또는 자재문으로 할 수 있다.
5	큰 건물의 경우 고객출입구는 되도록 1개소로 하고, 안으로 열리도록 한다.

4 부엌공간에서 배선실은 어떤 용도로 쓰이는가?

① 세탁, 걸레빨기 및 잡품 창고를 위한 공간
② 세탁, 다림질 및 재봉 등의 작업을 하는 공간
③ 연료 저장 창고, 오물 처리 시설 및 건조장 등의 옥외 작업 공간
④ 식품, 식기 등을 저장하는 공간

해설

배선실(Pantry)

④ 식품, 식기 등을 저장하는 공간

해답 1. ② 2. ③ 3. ④ 4. ④

5 사무소건축의 실 단위계획에 관한 설명으로 옳지 않은 것은?

① 개실 시스템은 독립성과 쾌적감의 이점이 있다.
② 개방식 배치는 전 면적을 유용하게 이용할 수 있다.
③ 개방식 배치는 개실 시스템보다 공사비가 저렴하다.
④ 개실 시스템은 연속된 긴 복도로 인해 방 깊이에 변화를 주기가 용이하다.

해설

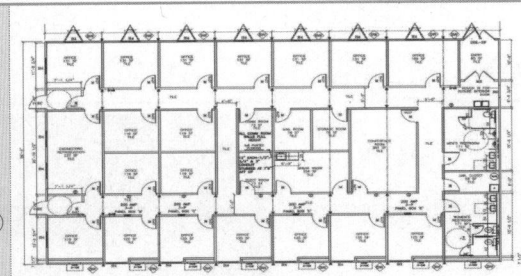

④ 개실(個室) 시스템(Cellular Type)은 연속된 긴 복도로 인해 방 길이에는 변화를 줄 수 있으나 방 깊이에는 변화를 주기가 곤란하다.

6 미술관의 전시장 계획에 관한 설명 중 옳은 것은?

① 조명의 광원은 감추고 눈부심이 생기지 않는 방법으로 투사한다.
② 인공조명을 주로 하고 자연채광은 고려하지 않는다.
③ 광원의 위치는 수직 벽면에 대해 10~25°의 범위 내에서 상향 조정이 좋다.
④ 회화를 감상하는 시점의 위치는 화면 대각선의 2배 거리가 가장 이상적이다.

해설

② 인공조명과 자연채광의 조화가 이루어지도록 계획한다.

③ 벽면에 진열되는 전시물은 일반적으로 최량의 각도 15~45° 이내에서 광원의 위치를 정하여야 한다.

④ 회화를 감상하는 시점의 위치는 화면 대각선의 1~1.5배 거리가 가장 이상적이다.

7 학교 운영방식에 관한 설명으로 옳지 않은 것은?

① 달톤형은 다양한 크기의 교실이 요구된다.
② 교과교실형은 각 교과 교실의 순수율이 낮다는 단점이 있다.
③ 플래툰형은 교사 수 및 시설이 부족하면 운영이 곤란하다는 단점이 있다.
④ 종합교실형은 학생의 이동이 없으며, 초등학교 저학년에 적합한 형식이다.

해설

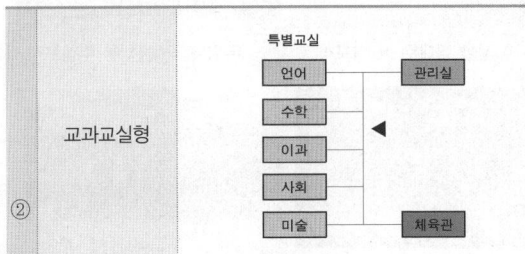

② 모든 교실이 특정 교과를 위해 만들어지고, 일반교실은 없으므로 교실의 기능적인 순수율을 가장 높일 수 있는 형식이다.

8 쇼핑센터에서 고객의 주 보행동선으로서 중심상점과 각 전문점에서의 출입이 이루어지는 곳은?

① 몰(Mall)
② 코트(Court)
③ 터미널(Terminal)
④ 페데스트리언 지대(Pedestrian Area)

해설

① 층 외로 개방된 오픈 몰(Open Mall)과 닫혀진 실내 공간으로 형성된 인클로즈드 몰(Enclosed Mall)이 있다.

해답 5. ④ 6. ① 7. ② 8. ①

1 바이블 연도별 기출문제

9 다음 중 주심포식 건물이 아닌 것은?

① 강릉 객사문
② 수덕사 대웅전
③ 서울 남대문
④ 무위사 극락전

해설

| ① | 강릉 객사문 ➡ 주심포식 | ② | 수덕사 대웅전 ➡ 주심포식 |

| ③ | 서울 남대문 ➡ 다포식 | ④ | 무위사 극락전 ➡ 주심포식 |

10 공장건축의 레이아웃 계획에 관한 설명 중 옳지 않은 것은?

① 다품종 소량생산이나 주문생산 위주의 공장에는 공정중심의 레이아웃이 적합하다.
② 레이아웃 계획은 작업장 내의 기계설비 배치에 관한 것으로 공장 규모 변화에 따른 융통성은 고려 대상이 아니다.
③ 고정식 레이아웃은 조선소와 같이 제품이 크고 수량이 적을 경우에 적용된다.
④ 플랜트 레이아웃은 공장건축의 기본설계와 병행하여 이루어진다.

해설

| ② | 레이아웃(Layout) | 작업장 내의 기계 설비, 작업자의 작업 구역, 재료 및 제품을 두는 곳 등 상호 위치 관계를 규명하는 것이므로 장래 공장 규모의 변화에 대응하는 융통성(Flexibility)이 있어야 한다. |

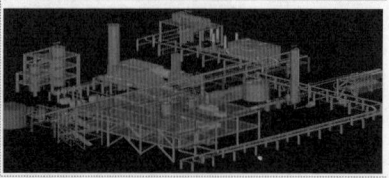

11 병원의 간호사 대기소에 관한 설명 중 ( ) 안에 가장 알맞은 내용은?

1개의 간호사 대기소에서 관리할 수 있는 병상수는 (㉮)개 이하로 하며, 간호사의 보행거리는 (㉯)m 이내가 되도록 한다.

① ㉮ 10~20 ㉯ 40
② ㉮ 20~30 ㉯ 40
③ ㉮ 30~40 ㉯ 24
④ ㉮ 40~50 ㉯ 24

해설

③	간호단위(Nursing Unit)	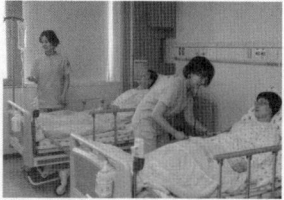
	1	병동부의 기본 단위로서, 1조(8~10명)의 간호사들이 환자를 간호하기에 적절한 병상수(30~40Bed)이다.
	2	간호사의 보행거리는 24m 이내가 되도록 한다.

12 고대 그리스에서 사용된 오더로 가장 단순하고 심중한 느낌을 주며, 다른 오더와 달리 주초가 없는 것은?

① 도릭 오더
② 이오닉 오더
③ 코린티안 오더
④ 터스칸 오더

해설

①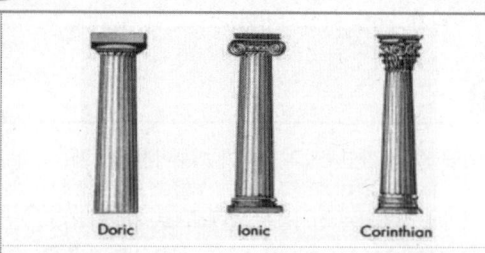

도리아 오더(Doric Order, 도릭 오더)는 가장 단순하고 장중한 느낌을 주며 남성 신체의 비례에서 유추한 주범으로 다른 주범과는 달리 주초가 없는 특징을 갖는다.

해답 9. ③ 10. ② 11. ③ 12. ①

13 사무소 건축의 엘리베이터 계획에 관한 설명으로 옳지 않은 것은?

① 대면배치에서 대면거리는 동일 군 관리의 경우는 3.5~4.5m로 한다.
② 여러 대의 엘리베이터를 설치하는 경우, 그룹별 배치와 군 관리 운전방식으로 한다.
③ 일렬배치는 8대를 한도로 하고, 엘리베이터 중심간 거리는 8m 이하가 되도록 한다.
④ 엘리베이터 홀은 엘리베이터 정원 합계의 50% 정도를 수용할 수 있어야 하며, 1인당 점유면적은 0.5~0.8㎡로 계산한다.

해설

③ 엘리베이터 일렬배치

4대를 한도로 하고, 엘리베이터 중심간 거리는 8m 이하가 되도록 한다.

14 조선시대 다포식 목조 건축의 특성으로 옳지 않은 것은?

① 주두와 소로의 형상은 굽의 하반부가 곡면
② 주심포식보다 덜 현저한 배흘림
③ 평방
④ 주간포작

해설

주두(柱頭): 기둥 상부에 설치되어 상부의 공포를 받아주는 부재

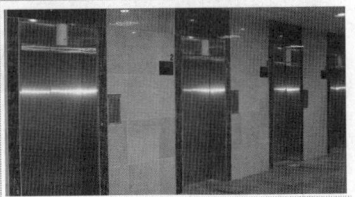

| 고구려 | 통일신라 | 고려 | 조선 |

① 조선시대는 유교를 국교로 삼아 장식적이고 화려한 것 보다는 검약하고 절제된 미를 추구했기 때문에 굽받침이 완전히 사라지고 이전 시대와 달리 사절된 형태가 나타났다.

15 아파트의 평면형에 대한 설명 중 옳지 않은 것은?

① 홀형은 통행부의 면적이 많이 소요되지만 동선이 길어 출입하는데 불편하다.
② 집중형은 기후 조건에 따라 기계적 환경 조절이 필요한 형이다.
③ 중복도형은 프라이버시가 좋지 않다.
④ 편복도형은 복도가 개방형이므로 각 호의 통풍 및 채광이 양호하다.

해설

① 홀형 (Hall Type, 계단실형)

통행부의 면적이 적게 소요되고 동선이 짧아 출입하는데 편리하다.

16 주당 평균 40시간을 수업하는 어느 학교에서 음악실에서의 수업이 총 20시간이며 이 중 15시간은 음악시간으로 나머지 5시간은 학급토론시간으로 사용되었다면, 이 교실의 이용률과 순수율은?

① 이용률 37.5%, 순수율 75%
② 이용률 50%, 순수율 75%
③ 이용률 75%, 순수율 37.5%
④ 이용률 75%, 순수율 50%

해설

②

| 1 | 이용률 = $\frac{20}{40} \times 100\% = 50\%$ |
| 2 | 순수율 = $\frac{20-5}{20} \times 100\% = 75\%$ |

17 상점계획에 대한 설명 중 옳지 않은 것은?

① 고객의 동선은 일반적으로 짧을수록 좋다.
② 점원의 동선과 고객의 동선은 서로 교차되지 않는 것이 바람직하다.
③ 대면판매 형식은 일반적으로 시계, 귀금속, 의약품, 상점 등에서 사용된다.
④ 진열케이스, 진열대, 진열장 등이 입구에서 안을 향하여 직선적으로 구성된 평면 배치는 주로 침재 코너, 식기 코너, 서점 등에서 사용된다.

해설

	상점의 동선계획
①	종업원의 동선은 짧게, 고객의 동선은 길게 계획 하는 것이 좋다.

18 호텔 계획에 관해 기술한 것 중 옳지 않은 것은?

① 호텔에서 가장 중요한 부분은 숙박 부분으로 이에 따라 호텔형이 결정된다.
② 시티 호텔(City Hotel)의 공용 부분 또는 사교 부분은 전체 연면적의 30%를 넘지 않는 것이 좋다.
③ 아파트먼트 호텔(Apartment Hotel)의 유닛에 주방이 부속되어 있어도 자체 식당과 주방은 둔다.
④ 호텔의 공용 부분의 면적비가 가장 큰 것은 커머셜 호텔(Commercial Hotel)이다.

해설

	Hotel 호텔 연면적에 대한 숙박면적의 비율
④	커머셜 호텔 > 레지덴셜 호텔 > 리조트 호텔 > 아파트먼트 호텔
	Hotel 호텔 연면적에 대한 공용면적의 비율
	아파트먼트 호텔 > 리조트 호텔 > 레지덴셜 호텔 > 커머셜 호텔

19 극장의 평면 형식 중 아레나형에 관한 설명으로 옳지 않은 것은?

① 무대의 배경을 만들지 않으므로 경제성이 있다.
② 무대의 장치나 소품은 주로 낮은 가구들로 구성된다.
③ 연기는 한정된 액자 속에서 나타나는 구상화의 느낌을 준다.
④ 가까운 거리에서 관람하면서 가장 많은 관객을 수용할 수 있다.

해설

③
프로시니엄
(Proscenium)

아레나 스테이지
(Arena Stage)

배우의 연기가 한정된 액자 속에서 나타나는 구상화의 느낌을 주는 것은 프로시니엄(Proscenium)형의 특징이다.

20 거주후평가(Post Occupancy Evaluation)에 대한 설명 중 옳지 않은 것은?

① 건축가의 직관과 경험에 의한 평가 방법이다.
② 건물의 완공 후 거주자가 사용 중인 건물이 본래 계획된 기능을 제대로 수행하고 있는지 여부를 평가하는 것을 말한다.
③ 주요 평가 요소로서 환경장치, 사용자, 주변 환경, 디자인 활동 등이 고려되어야 한다.
④ 인터뷰, 답사, 관찰 등의 방법들을 이용하여 사용자의 반응을 조사한다.

해설

	거주후평가(Post Occupancy Evaluation)
①	건축 환경 개선에 있어 건물 사용자를 고려한 환경 행태 연구의 한 유형으로 평가의 주체가 사용자라는 관점으로 사용자 입장에서 건축 환경의 질을 주관적으로 진단하는 것을 말한다.

해답 17. ① 18. ④ 19. ③ 20. ①

건축시공

21 목재를 천연건조 시킬 때의 장점에 해당되지 않는 것은?

① 비교적 균일한 건조가 가능하다.
② 시설 투자 비용 및 작업 비용이 적다.
③ 건조 소요 시간이 짧은 편이다.
④ 타 건조 방식에 비해 건조에 의한 결함이 비교적 적은 편이다.

해설

③ 인공건조법(대류식 또는 증기식, 송풍식, 고주파법)에 비해 건조 소요 시간이 긴 편이다.

22 다음 중 공사감리 업무와 가장 거리가 먼 항목은?

① 설계도서의 적정성 검토
② 공사 실행예산의 편성
③ 시공상의 안전관리 지도
④ 사용 자재와 설계도서와의 일치 여부 검토

해설

공사감리자의 감리 업무	
1	공사 시공자가 설계도서에 적합하게 시공하는지의 여부 및 건축 자재가 기준에 적합한지의 여부 확인
2	시공계획 및 공사 관리의 적정 여부 확인, 공사 현장의 안전관리 지도
3	공정표 및 상세시공도면의 검토·확인, 구조물의 위치와 규격의 적정 여부 검토·확인, 품질시험의 실시 여부 및 시험 성과 검토·확인, 설계변경의 적정 여부 검토·확인
4	그 밖의 공사감리계약으로 정하는 사항

②

23 수밀콘크리트에 관한 설명으로 옳지 않은 것은?

① 콘크리트의 소요 슬럼프는 되도록 작게 하여 180mm를 넘지 않도록 한다.
② 콘크리트의 워커빌리티를 개선시키기 위해 공기연행제, 공기연행감수제 또는 고성능 공기연행감수제를 사용하는 경우라도 공기량은 2% 이하가 되게 한다.
③ 물결합재비는 50% 이하를 표준으로 한다.
④ 콘크리트 타설 시 다짐을 충분히 하여, 가급적 이어 붓기를 하지 않아야 한다.

해설

수밀콘크리트(Water-Tight Concrete)

② 콘크리트의 워커빌리티를 개선시키기 위해 공기연행제, 공기연행감수제 또는 고성능 공기연행감수제를 사용하는 경우라도 공기량은 4% 이하가 되도록 한다.

24 대안입찰제도의 특징에 관한 설명으로 옳지 않은 것은?

① 공사비를 절감할 수 있다.
② 설계상 문제점의 보완이 가능하다.
③ 신기술의 개발 및 축적을 기대할 수 있다.
④ 입찰 기간이 단축된다.

해설

④ 대안입찰제도는 처음 설계된 내용보다 기본 방침의 변경 없이 공사비를 낮추면서 동등 이상의 기능과 효과를 갖는 방안을 시공자가 제시할 경우 이를 검토하여 채택하는 입찰 제도이므로 입찰 기간이 다소 길어진다.

해답 21. ③ 22. ② 23. ② 24. ④

25 건설 원가의 구성 체계에서 직접공사비를 구성하는 주요 요소와 가장 거리가 먼 것은?

① 일반관리비　② 노무비
③ 경비　　　　④ 자재비

해설

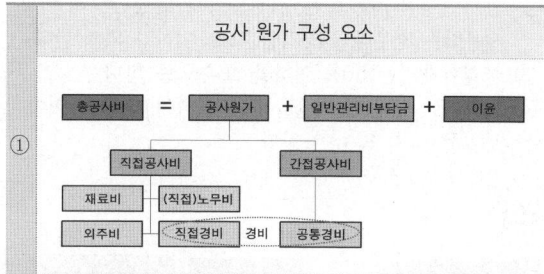

26 다음 재료의 할증률로서 옳지 않은 것은?

① 붉은벽돌 - 3% 이내
② 자기타일 - 3% 이내
③ 시멘트기와 - 4% 이내
④ 단열재 - 10% 이내

해설

주요 건축 재료	할증률
유리	1%
타일	
이형 철근, 고장력 볼트	3%
내화 벽돌, 붉은 벽돌	
시멘트 벽돌	
원형 철근, 일반 볼트, 봉강, 강관, 경량 형강	5%
기와	
대형 형강	7%
강판, 동판	10%
단열재	

27 단가도급 계약 제도를 채택하였을 경우 부적당한 것은?

① 실시수량의 확정에 따라서 청산하는 방식이다.
② 공사를 빨리 착공할 필요가 있을 때
③ 전체 공사의 수량을 예측하기가 곤란할 때
④ 공사비를 절약할 수 있다.

해설

	단가도급 계약 방식(Unit Price Contract)
정의	단위공사(재료, 노임, 면적 등)의 단가만을 계약하고 실시 수량 확정에 따라 차후 정산하는 방식
장점	• 신속한 공사 착공 가능 • 공사 수량 불명확 시 간단한 계약 가능 • 설계변경으로 인한 수량 계산의 용이
단점	• 총공사비 예측이 어려움 • 공사비 절감 노력이 없어짐 • 공사비가 높아지므로 단일 공사나 단순한 공사에 적용하는 것이 유리

28 사질토의 경우 표준관입시험의 타격횟수 N이 50이면 이 지반의 상태(모래의 상대밀도)는?

① 몹시 느슨하다.　② 느슨하다.
③ 보통이다.　　　④ 다진 상태이다.

해설

표준관입시험(Standard Penetration Test)

① 정지 작업 및 보링 실시
② 질량 63.5kg의 해머를 760mm 높이에서 자유낙하
③ 시험용 샘플러가 300mm 관입하는 데 요구되는 타격회수 N값을 구함

타격회수 N값	모래 밀도
0~5	몹시 느슨(Very Loose)
5~10	느슨(Loose)
10~30	보통(Medium)
50 이상	조밀(Dense)

해답　25. ①　26. ③　27. ④　28. ④

29 도장공사를 위한 목부 바탕만들기 공정으로 옳지 않은 것은?
① 오염, 부착물의 제거
② 바니시 칠
③ 옹이 땜
④ 송진 처리

해설

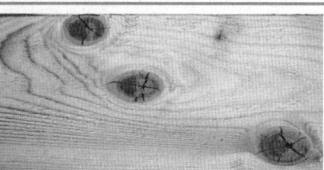

	목(재)부 바탕만들기 일반적인 공정순서	
②	1	오염, 부착물의 제거
	2	송진 처리(긁어내거나 인두로 지지고 휘발유로 닦을 것)
	3	연마지 닦기(대패 자국 제거)
	4	옹이 땜(옹이 주위를 셀락 니스로 2회 붓칠 하고, 각 회 1시간 이상 건조시킴)
	5	구멍 땜(퍼티 먹임) 및 눈 메움

30 Power Shovel의 1시간당 추정 굴착 작업량을 다음 조건에 따라 구하면?

【조건】
$Q = 1.2\text{m}^3$, $f = 1.28$, $E = 0.9$, $K = 0.9$, $C_m = 60$초

① $67.2\text{m}^3/\text{h}$
② $74.7\text{m}^3/\text{h}$
③ $82.2\text{m}^3/\text{h}$
④ $89.6\text{m}^3/\text{h}$

해설

- Q : 버킷 용량(m^3)
- K : 버킷 계수
- f : 토량환산계수
- E : 작업 효율
- C_m : 1회 사이클 타임(sec)

② 파워 쇼벨(Power Shovel) 단위작업 시간당 시공량(m^3/hr)

$$Q = \frac{3,600 \cdot Q \cdot K \cdot f \cdot E}{C_m}$$

$$= \frac{3,600(1.2)(0.9)(1.28)(0.9)}{(60)} = 74.649\text{m}^3/\text{hr}$$

31 다음 중 기초 지반조사와 가장 관계가 적은 것은?
① 짚어보기(Sounding Rod)
② 말뚝박기 시험(Piling Test)
③ 보링(Boring)
④ 물리적 지하탐사

해설

말뚝박기 시험 (Piling Test)

② 말뚝을 박는 관입 기계의 적합성을 측정하고 말뚝을 박는 지반의 지지력을 측정하기 위한 시험이므로 지반조사와 관계가 없다.

32 단순 조적 블록쌓기에 관한 설명으로 옳지 않은 것은?
① 살두께가 큰 편을 아래로 하여 쌓는다.
② 특별한 지정이 없으면 줄눈은 10mm가 되도록 한다.
③ 하루의 쌓기 높이는 1.5m 이내를 표준으로 한다.
④ 줄눈모르타르는 쌓은 후 줄눈누르기 및 줄눈파기를 한다.

해설

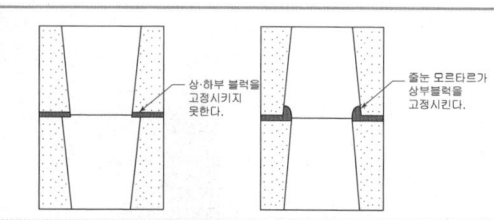

① 블록구조에서 블록의 살두께가 두꺼운 쪽이 위로 가게 쌓는 것을 원칙으로 한다.

해답 29. ② 30. ② 31. ② 32. ①

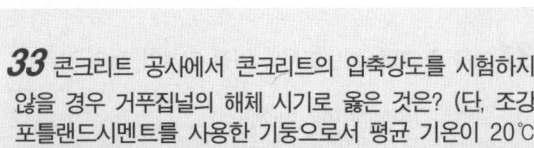

33 콘크리트 공사에서 콘크리트의 압축강도를 시험하지 않을 경우 거푸집널의 해체 시기로 옳은 것은? (단, 조강 포틀랜드시멘트를 사용한 기둥으로서 평균 기온이 20℃ 이상인 경우)

① 1일 이상
② 2일 이상
③ 3일 이상
④ 4일 이상

해설 거푸집 존치 기간:
콘크리트 압축강도 시험을 하지 않을 경우
(기초, 기둥, 벽, 보 등의 측면)

시멘트 종류 평균 기온	조강 포틀랜드 시멘트	보통포틀랜드 시멘트 플라이애시 시멘트(1종) 고로슬래그 시멘트(1종) 포틀랜드포졸란 시멘트(1종)	플라이애시 시멘트(2종) 고로슬래그 시멘트(2종) 포틀랜드포졸란 시멘트(2종)
20℃ 이상	2일	4일	5일
20℃ 미만 ~ 10℃ 이상	3일	6일	8일

34 문 윗틀과 문짝에 설치하여 문이 자동적으로 닫히게 하는 장치로서 도어 클로저(Door Closer)라고도 하는 것은?

① 도어 체크(Door Check)
② 함 자물쇠
③ 피벗 힌지(Pivot Hinge)
④ 체인 록(Chain Lock)

해설

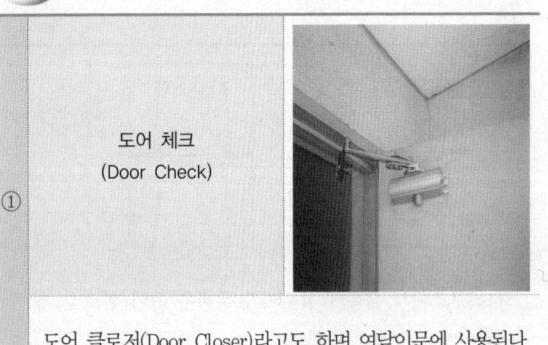

도어 체크 (Door Check)

① 도어 클로저(Door Closer)라고도 하며 여닫이문에 사용된다.

35 타일 공사에 관한 설명 중 옳은 것은?

① 모자이크 타일의 줄눈 너비의 표준은 5mm이다.
② 벽체타일이 시공되는 경우 바닥타일은 벽체타일을 붙이기 전에 시공한다.
③ 타일을 붙이는 모르타르에 시멘트 가루를 뿌리면 백화가 방지된다.
④ 치장줄눈은 24시간이 경과한 뒤 붙임모르타르의 경화 정도를 보아 시공한다.

해설

	줄눈 너비	대형(외부)	대형(내부)	소형	모자이크
①		9mm	5~6mm	3mm	2mm

① 모자이크 타일의 줄눈 너비의 표준은 2mm이다.
② 벽체타일이 시공되는 경우 바닥타일은 벽체타일을 붙인 후에 시공한다.
③ 타일을 붙이는 모르타르에 시멘트 가루를 뿌리면 백화가 증대된다.

36 프리캐스트 철근콘크리트 공사에서 충전용 콘크리트에 대한 설명 중 틀린 것은?

① 물시멘트비는 55% 이하로 한다.
② 슬럼프는 최대 180mm 이하로 한다.
③ 단위시멘트량의 최솟값은 330kg/m³으로 한다.
④ 단위수량의 최댓값은 185kg/m³으로 한다.

해설

	프리캐스트 공사 충전 콘크리트의 성능 및 품질
1	충전콘크리트에 사용하는 골재의 종류는 보통콘크리트를 표준으로 한다.
② 2	충전콘크리트의 슬럼프는 210mm 이하로 한다.
3	물결합재비는 55% 이하, 단위수량은 185kg/m³ 이하, 단위시멘트량은 330kg/m³ 이상으로 한다.

해답 33. ② 34. ① 35. ④ 36. ②

37 경량기포콘크리트(ALC)에 관한 설명으로 틀린 것은?

① 기건비중은 보통콘크리트의 약 1/4 정도로 경량이다.
② 열전도율은 보통콘크리트의 약 1/10 정도로서 단열성이 우수하다.
③ 유기질 소재를 주원료로 사용하여 내화 성능이 매우 낮다.
④ 흡음성과 차음성이 우수하다.

해설

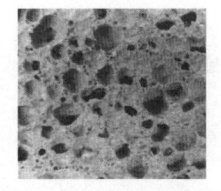 

③ ALC(Autoclaved Lightweight Concrete)는 불연재인 동시에 내화 재료이다.

38 커튼월(Curtain Wall)에 관한 설명으로 옳지 않은 것은?

① 주로 내력벽에 사용된다.
② 공장생산이 가능하다.
③ 고층 건물에 많이 사용된다.
④ 용접이나 볼트 조임으로 구조물에 고정시킨다.

해설

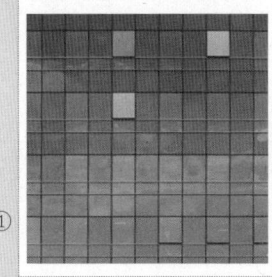 

① 커튼월(Curtain Wall)은 공장생산 부재로 구성되는 비내력벽으로서, 구조체의 외벽에 고정철물(Fastner)을 사용하여 부착시킨 것으로 수직하중을 지지하지 않는다.

39 석고플라스터 바름에 관한 설명으로 옳지 않은 것은?

① 보드용 플라스터는 초벌바름, 재벌바름의 경우 물을 가한 후 2시간 이상 경과한 것은 사용할 수 없다.
② 실내 온도가 10℃ 이하일 때는 공사를 중단하거나 난방하여 10℃ 이상으로 유지한다.
③ 바름작업 중에는 될 수 있는 한 통풍을 방지한다.
④ 바름작업이 끝난 후 실내를 밀폐하지 않고 가열과 동시에 환기하여 바름면이 서서히 건조되도록 한다.

해설

② 석고플라스터 바름 실내 온도가 5℃ 이하일 때는 공사를 중단하거나 난방하여 5℃ 이상으로 유지한다.

40 서로 다른 종류의 금속재가 접촉하는 경우 부식이 일어나는 경우가 있는데 부식성이 큰 금속 순으로 옳게 나열된 것은?

① 알루미늄 > 철 > 주석 > 구리
② 주석 > 철 > 알루미늄 > 구리
③ 철 > 주석 > 구리 > 알루미늄
④ 구리 > 철 > 알루미늄 > 주석

해설

| 알루미늄 | 철 | 주석 | 구리 |

① 알루미늄과 철은 부식성이 큰 금속재료인데, 알루미늄이 철보다 부식성이 더 크다. 상대적으로 구리는 부식성이 낮은 금속 중 하나이다.

해답 37. ③ 38. ① 39. ② 40. ①

건축구조

41 철근콘크리트 구조설계 시 고려하는 강도설계법에 관한 설명으로 옳지 않은 것은?

① 하중의 변경, 구조해석 시 가정 및 계산 단순화로 인해 야기될 수 있는 초과하중의 영향에 대비하여 하중계수를 사용한다.
② 콘크리트 압축응력의 분포는 직사각형, 사다리꼴, 포물선형 등으로 가정할 수 있다.
③ 철근과 콘크리트의 변형률은 중립축으로부터의 거리에 반비례한다.
④ 재료의 변화, 시공 오차 등의 기술적인 면을 고려하여 강도감소계수를 사용한다.

[해설]
③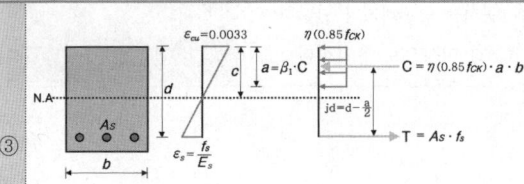
철근과 콘크리트의 변형률은 중립축부터 거리에 비례한다.

42 강도설계법에 의한 띠철근을 가진 철근콘크리트의 기둥 설계에서 단주의 최대 설계축하중은 약 얼마인가? (단, 기둥의 크기는 $400mm \times 400mm$, $f_{ck}=24MPa$, $f_y=400MPa$, 12-D22($A_{st}=4,644mm^2$), $\phi=0.65$)

① 2,452kN
② 2,525kN
③ 2,614kN
④ 3,234kN

[해설]
③
$\phi P_n = \phi 0.80 P_o$
$= \phi(0.80)[0.85f_{ck}(A_g - A_{st}) + f_y \cdot A_{st}]$
$= (0.65)(0.80)[0.85(24)(400^2 - 4,644) + (400)(4,644)]$
$= 2,613,968N = 2,613.968kN$

43 풍하중 산정 시 중요도 분류에 따른 중요도계수를 옳게 나타낸 것은?

① 중요도(1) - 중요도계수 0.95
② 중요도(특) - 중요도계수 1.00
③ 중요도(2) - 중요도계수 0.90
④ 중요도(3) - 중요도계수 0.85

[해설]
②

풍하중 산정 시 중요도 분류에 따른 중요도계수				
중요도 분류	초고층 건물	특	1	2	3
중요도계수(I_w)	1.05	1.00	0.95	0.90

주) 초고층 건축물은 50층 이상 또는 200m 이상인 건축물

44 강구조 필릿용접에서 접합부의 얇은 쪽 모재두께(t)가 7mm일 경우 필릿용접의 최소 사이즈는 얼마인가?

① 3mm
② 5mm
③ 6mm
④ 8mm

[해설] 필릿사이즈(Fillet Size)

접합부의 얇은 쪽 판두께, t(mm)	최대 사이즈(mm)
$t < 6$	$S = t$
$t \geq 6$	$S = t - 2mm$

접합부의 얇은 쪽 판두께, t(mm)	최소 사이즈(mm)
$t \leq 6$	3
$6 < t \leq 13$	5
$13 < t \leq 19$	6
$19 < t$	8

해답 41. ③ 42. ③ 43. ② 44. ②

45 그림과 같은 라멘 구조물의 판별은?

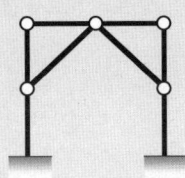

① 불안정 구조물
② 안정이며, 정정 구조물
③ 안정이며, 1차 부정정 구조물
④ 안정이며, 2차 부정정 구조물

해설

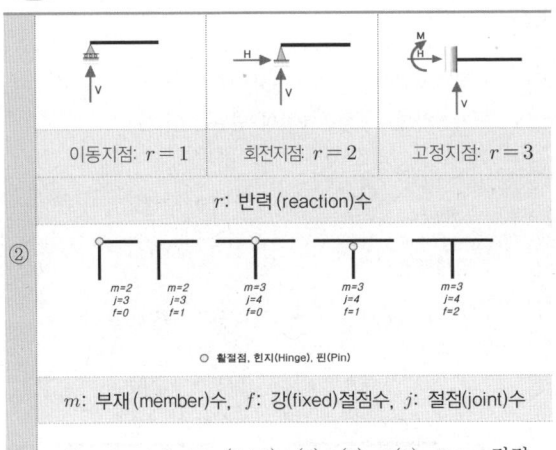

② $N = r + m + f - 2j = (3+3) + (8) + (0) - 2(7) = 0$ ➡ 정정

46 강도설계법에서 처짐을 계산하지 않는 경우, 철근콘크리트 보의 최소두께 규정으로 옳지 않은 것은? (단, 보통콘크리트와 설계기준항복강도 400MPa 철근을 사용한 부재임)

① 단순지지 : $\dfrac{l}{16}$
② 1단연속 : $\dfrac{l}{18.5}$
③ 양단연속 : $\dfrac{l}{12}$
④ 캔틸레버 : $\dfrac{l}{8}$

해설

부 재 [l : 경간 길이(mm)]	처짐을 계산하지 않는 경우 최소 두께 (h_{min})			
	단순지지	1단연속	양단연속	캔틸레버
보 및 리브가 있는 1방향 슬래브	$\dfrac{l}{16}$	$\dfrac{l}{18.5}$	$\dfrac{l}{21}$	$\dfrac{l}{8}$

48 다음 각 구조시스템에 관한 정의로 옳지 않은 것은?

① 모멘트골조방식: 수직하중과 횡력을 보와 기둥으로 구성된 라멘골조가 저항하는 구조 방식
② 연성모멘트골조방식: 횡력에 대한 저항능력을 증가시키기 위하여 부재와 접합부의 연성을 증가시킨 모멘트골조방식
③ 이중골조방식: 횡력의 25% 이상을 부담하는 전단벽이 연성모멘트골조와 조합되어 있는 구조 방식
④ 건물골조방식: 수직하중은 입체골조가 저항하고 지진하중은 전단벽이나 가새골조가 저항하는 구조 방식

해설

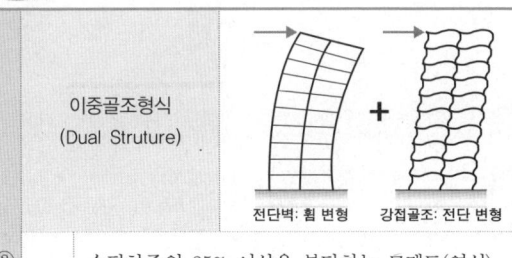

③ | 1 | 수평하중의 25% 이상을 부담하는 모멘트(연성) 골조가 전단벽이나 가새골조와 조합되어 있는 골조 방식 |
| 2 | 강접골조와 가새골조가 혼합되었을 경우 내진설계에 있어서 비탄성 거동으로서의 연성도가 매우 크기 때문에 반응수정계수를 크게 규정하고 있어 지진력에 효율적으로 저항하는 구조가 된다. |

48 강구조에서 용접선 단부에 붙인 보조판으로 아크의 시작이나 종단부의 크레이터 등의 결함을 방지하기 위해 붙이는 판은?

① 스티프너
② 엔드 탭
③ 윙 플레이트
④ 커버 플레이트

해설

② 엔드 탭(End Tab) : 용접 결함 발생을 방지하기 위해 용접의 시단부와 종단부에 임시로 붙이는 보조 강판

해답 45. ② 46. ③ 47. ③ 48. ②

49 다음 캔틸레버 보의 자유단의 처짐각은? (단, 탄성계수 E, 단면2차모멘트 I)

① $\dfrac{PL^2}{2EI}$ ② $\dfrac{PL^2}{3EI}$
③ $\dfrac{PL^2}{6EI}$ ④ $\dfrac{PL^2}{8EI}$

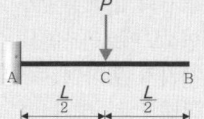

해설

④

1	처짐각 = 탄성하중도의 면적 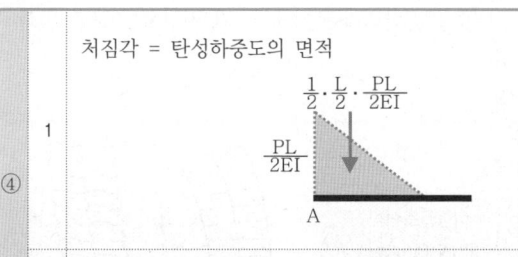
2	$\theta_B = \left(\dfrac{1}{2} \cdot \dfrac{L}{2} \cdot \dfrac{PL}{2EI}\right) = \dfrac{1}{8} \cdot \dfrac{PL^2}{EI}$

50 강도설계법에서 압축이형철근 D22의 기본정착길이는?
(단, $f_{ck} = 24\text{MPa}$, $f_y = 400\text{MPa}$, 경량콘크리트계수 $\lambda = 1$)

① 400mm   ② 450mm
③ 500mm   ④ 550mm

해설

②

압축이형철근의 기본정착길이	
$l_{db} = \dfrac{0.25 d_b \cdot f_y}{\lambda \sqrt{f_{ck}}} = \dfrac{0.25(22)(400)}{(1)\sqrt{(24)}} = 449.073\text{mm}$	최댓값
$l_{db} = 0.043 d_b \cdot f_y = 0.043(22)(400) = 378.4\text{mm}$	

51 그림과 같은 교차보(Cross Beam) A, B부재의 최대 휨모멘트의 비로서 옳은 것은? (단, 각 부재의 EI는 일정함)

① 1 : 2
② 1 : 3
③ 1 : 4
④ 1 : 8

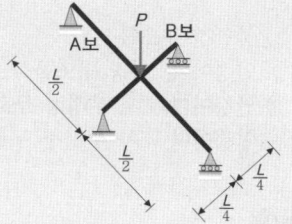

해설

③

1	적합조건식: 하중이 작용하는 교차점을 C점이라고 가정하면, 하중점에서의 변위는 같다. $\dfrac{P_1 \cdot L^3}{48EI} = \dfrac{P_2 \cdot \left(\dfrac{L}{2}\right)^3}{48EI}$ 으로부터 $8P_1 = P_2$
2	평형조건식: $P = P_1 + P_2 = 9P_1 \Rightarrow P_1 = \dfrac{1}{9}P, \quad P_2 = \dfrac{8}{9}P$
3	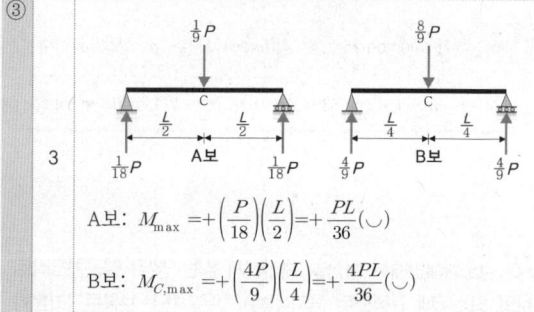 A보: $M_{max} = +\left(\dfrac{P}{18}\right)\left(\dfrac{L}{2}\right) = +\dfrac{PL}{36}(\smile)$ B보: $M_{C,max} = +\left(\dfrac{4P}{9}\right)\left(\dfrac{L}{4}\right) = +\dfrac{4PL}{36}(\smile)$

52 철골구조에 관한 설명으로 옳지 않은 것은?

① 정밀한 시공을 요한다.
② 장스팬 구조물에 적합하다.
③ 수평하중에 따른 접합부의 연성능력이 낮다.
④ 철근콘크리트조에 비하여 내화성이 부족하므로 내화피복이 반드시 필요하다.

해설

③ 철골구조는 수평하중에 따른 접합부의 연성능력이 높다.

53 그림과 같은 하중을 받는 단순보의 최대 휨응력은?

① 8MPa
② 12MPa
③ 15MPa
④ 18MPa

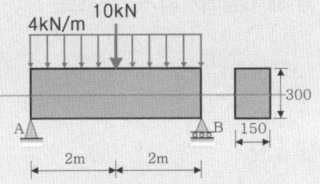

해설

	단순보의 최대 휨응력	
①	1	$M_{max} = \dfrac{PL}{4} + \dfrac{wL^2}{8} = \dfrac{(10)(4)}{4} + \dfrac{(4)(4)^2}{8}$ $= 18\text{kN} \cdot \text{m}$
	2	$Z = \dfrac{bh^2}{6} = \dfrac{(150)(300)^2}{6} = 2.25 \times 10^6 \text{mm}^3$
	3	$\sigma_{b,max} = \dfrac{M_{max}}{Z} = \dfrac{(18 \times 10^6)}{(2.25 \times 10^6)} = 8\text{N/mm}^2 = 8\text{MPa}$

54 그림과 같이 스팬 7.2m, 간격 3m인 합성보 A의 슬래브 유효폭 b_e는?

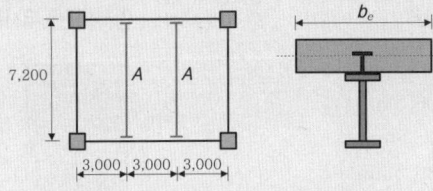

① 1,400mm
② 1,600mm
③ 1,800mm
④ 2,000mm

해설

	합성보의 유효폭(b_e)		
③	1	양측 슬래브의 중심간 거리 $= \dfrac{(3,000)}{2} + \dfrac{(3,000)}{2} = 3,000\text{mm}$	최솟값
	2	보 경간 $\times \dfrac{1}{4} = (7,200) \times \dfrac{1}{4} = 1,800\text{mm}$	

55 그림과 같은 강재가 전단력을 받아 점선과 같이 변형되었을 때 이 강재의 전단변형률은?

① 0.00006rad
② 0.0001rad
③ 0.00125rad
④ 0.00075rad

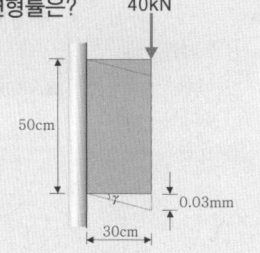

해설

② 전단변형률: $\gamma = \dfrac{\Delta}{L} = \dfrac{(0.03)}{(30 \times 10)} = 0.0001(\text{rad})$

56 지진의 진도(Intensity)와 규모(Magnitude)에 대한 설명으로 옳지 않은 것은?

① 진도는 상대적 개념의 지진 크기이다.
② 규모는 장소에 관계없는 절대적 개념의 크기이다.
③ 진도는 사람이 느끼는 감각, 물체 이동 등을 계급별로 구분한다.
④ 규모는 지반의 운동 정도를 평가하나 정밀하지는 않다.

해설

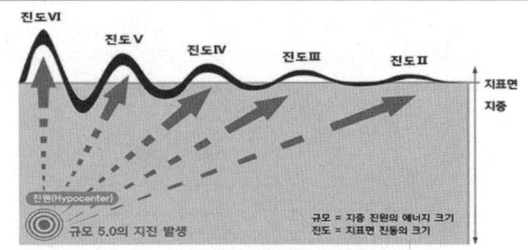

지진(地震)의 「규모(Magnitude)」

④ 각 관측소의 지진계에 기록된 진폭을 진앙까지의 거리나 진원의 깊이 등을 고려하여 지수 형태로 나타낸 것으로써 장소와 무관한 절대적 수치이며 진도에 비해 매우 정밀한 값이다.

해답 53. ① 54. ③ 55. ② 56. ④

57 그림과 같은 구조에서 C단에 발생하는 휨모멘트는?

① 2.4kN·m
② 5kN·m
③ 6.5kN·m
④ 10kN·m

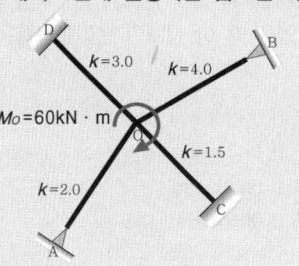

해설

	모멘트 분배법(Moment Distribution Method)	
②	1	분배율: $DF_{OC} = \dfrac{1.5}{2.0 \times \frac{3}{4} + 4.0 \times \frac{3}{4} + 1.5 + 3.0} = \dfrac{1}{6}$
	2	분배모멘트: $M_{OC} = M_O \cdot DF_{OC} = (+60)\left(\dfrac{1}{6}\right) = +10\text{kN}\cdot\text{m}\;(\curvearrowright)$
	3	전달모멘트: $M_{CO} = \dfrac{1}{2} M_{OC} = \dfrac{1}{2}(+10) = +5\text{kN}\cdot\text{m}\;(\curvearrowright)$

58 그림과 같은 단순 인장접합부의 강도한계상태에 따른 고장력볼트의 설계전단강도는? (단, 강재의 재질은 SS275, 고장력볼트 M22(F10T), 공칭전단강도 $F_{nv} = 500$MPa, $\phi = 0.75$)

① 500kN
② 530kN
③ 550kN
④ 570kN

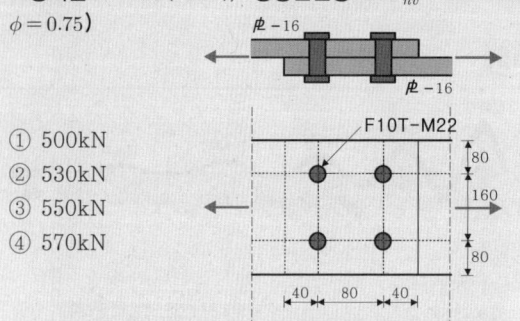

해설

④	$\phi R_n = \phi \cdot F_{nv} \cdot A_b \cdot N_s$
	$= (0.75)(500)\left(\dfrac{\pi(22)^2}{4}\right)(1) \times 4\text{개}$
	$= 570,199\text{N} = 570.199\text{kN}$

59 그림과 같은 라멘에서 B점에 모멘트하중 M이 작용할 때 C점에서의 휨모멘트는?

① 0
② M
③ $2M$
④ $\dfrac{M}{L} \cdot h$

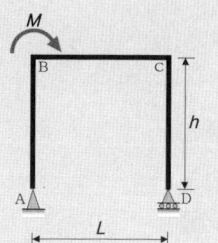

해설

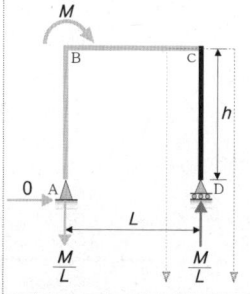

①	이동지점 D에서는 수평반력이 존재할 수 없고, CD구간에 수평하중이 없으므로 CD부재에는 휨모멘트가 발생하지 않는다. 따라서, C점의 휨모멘트는 0이다.

60 강도설계법에 의한 철근콘크리트 보의 압축연단에서 중립축까지의 거리(c) 값은? (단, D22 철근 1개의 단면적은 387mm² $f_{ck} = 24$MPa, $f_y = 400$MPa, 압축철근은 무시한다.)

① 100.5mm
② 106.5mm
③ 116.5mm
④ 126.5mm

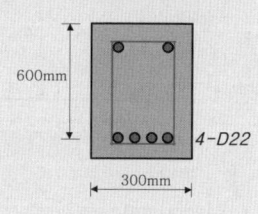

해설

④	1	$f_{ck} \leq 40\text{MPa} \Rightarrow \eta = 1.00,\; \beta_1 = 0.80$
	2	$a = \dfrac{A_s \cdot f_y}{\eta(0.85 f_{ck}) \cdot b}$
		$= \dfrac{(4 \times 387)(400)}{(1.00)(0.85 \times 24)(300)} = 101.176\text{mm}$
	3	$c = \dfrac{a}{\beta_1} = \dfrac{(101.176)}{(0.8)} = 126.47\text{mm}$

해답 57. ② 58. ④ 59. ① 60. ④

건축설비

61 사무소 건물에서 다음과 같이 위생기구를 배치하였을 때 이들 위생기구 전체로부터 배수를 받아들이는 배수수평지관의 관경으로 가장 알맞은 것은?

기구 종류	바닥 배수	소변기	대변기
배수부하단위	2	4	8
기구 수	2	8	2

관경(mm)	배수수평지관의 배수부하단위
75	14
100	96
125	216
150	372

① 75mm ② 100mm
③ 125mm ④ 150mm

해설

	배수부하단위	$2 \times 2 + 4 \times 8 + 8 \times 2 = 52$
②	관경 선정	배수부하단위 52는 14보다는 크고 96에 포함될 수 있으므로 관경은 100mm

62 실내 공기 중에 부유하는 직경 $10\mu m$ 이하의 미세먼지를 의미하는 것은?

① VOC10 ② PMV10
③ PM10 ④ SS10

해설

	PM10(Particle Matter 10)	
③	1	입경 $10\mu m$ 이하인 미세먼지로 호흡을 통해 폐까지 전달되므로 호흡성 분진이라고도 한다.
	2	다중이용시설 실내 공기질은 PM10을 적용하고 있다.

63 금속관 공사에 관한 설명으로 옳지 않은 것은?

① 고조파의 영향이 없다.
② 저압, 고압, 통신설비 등에 널리 사용된다.
③ 사용 목적과 상관없이 접지를 할 필요가 없다.
④ 사용 장소로는 은폐 장소, 노출 장소, 옥측, 옥외 등 광범위하게 사용할 수 있다.

해설

③ 금속관에는 제3종 접지공사(접지선의 굵기 직경 1.6mm, 접지저항 100Ω 이하)를 한다.

64 다음 중 약전설비(소세력 전기설비)에 속하지 않는 것은?

① 조명설비 ② 전기음향설비
③ 감시제어설비 ④ 주차관제설비

해설

①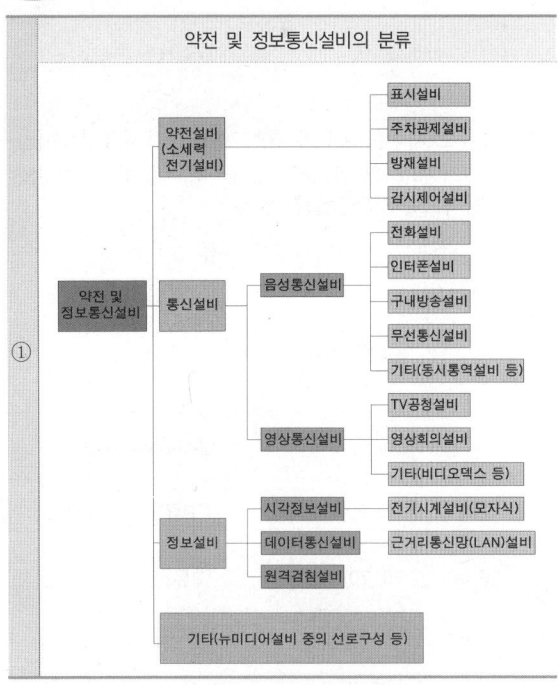

해답 61. ② 62. ③ 63. ③ 64. ①

65 실내 열환경 평가 지표에 관한 설명 중 옳지 않은 것은?

① 평균복사온도는 편의상 주벽 각 부의 효과를 평균화한 값을 사용한다.
② 수정유효온도는 유효온도에 기류의 영향을 고려한 것으로 건구온도 대신 습구온도를 이용한다.
③ 카타한란계는 기온, 기류, 주벽면온도(복사열)의 조합이 체감에 미치는 효과를 측정하는 계기이다.
④ 작용온도는 기온, 기류 및 주벽면온도(복사열)의 3요소의 조합과 체감과의 관계를 나타내는 것이다.

해설

② 수정유효온도(CET) : 유효온도(ET)에 복사열의 영향을 고려한 것으로 건구온도 대신 글로브 온도를 사용하여 복사열까지 고려한 쾌적지표이다.

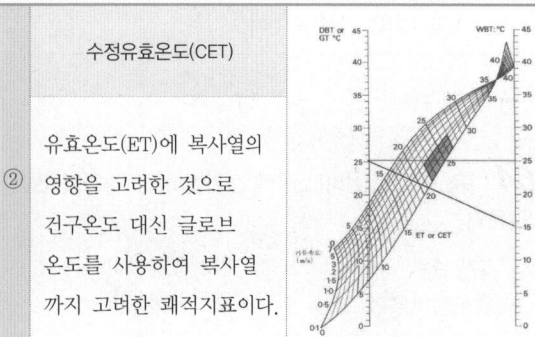

66 대규모 사무실 빌딩에 운행 속도가 150[m/min]인 승용 엘리베이터를 설치하고자 할 때, 이 엘리베이터의 구동 방식으로 가장 적합한 것은?

① 교류 1단
② 교류 2단
③ 직류 기어드
④ 직류 기어리스

해설

④

속도(m/min)		엘리베이터 구 동방식
저속	15, 20, 30, 45	교류1단, 교류2단
중속	60, 70, 90, 105	교류2단, 직류 기어
고속	120 이상	직류 기어리스

67 수량 $20m^3/h$를 양수하는데 필요한 펌프의 구경은? (단, 양수펌프 내 유속은 $2m/s$로 한다.)

① 30mm
② 40mm
③ 50mm
④ 60mm

해설

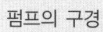

펌프의 구경

④
$$d = 1.13\sqrt{\frac{Q}{v}}$$
$$= 1.13\sqrt{\frac{\left(\frac{20}{3,600}\right)}{(2)}}$$
$$= 0.05955m = 59.55mm$$

68 다음 중 고가수조의 설치 높이를 정하는데 필요한 요소와 가장 관계가 먼 것은?

① 수수조의 저수량
② 급수기구의 소요 압력
③ 최고 높이에 있는 급수기구의 높이
④ 배관의 손실 압력

해설

① 옥상탱크의 설치 높이(H)
$$H \geq H_1 + H_2 + h$$

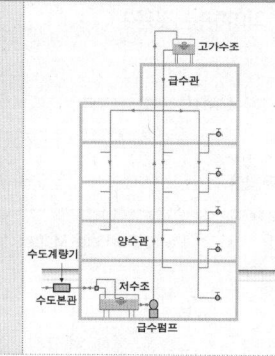

- H_1 : 최고층 급수기구에서의 소요 압력에 해당하는 높이(m)
- H_2 : 고가탱크에서 최고층 급수기구 사이의 마찰손실수두(m)
- h : 지반에서 최고층 급수전까지의 높이 (m)

해답 65. ② 66. ④ 67. ④ 68. ①

69 다음 중 연기감지기를 원칙적으로 설치하여야 하는 장소에 해당하지 않는 것은?

① 린넨 슈트
② 길이가 20m인 복도
③ 엘리베이터 권상기실
④ 천장 또는 반자높이가 15m 이상 20m 미만인 장소

해설

연기감지기 설치 장소

②
1	계단 및 경사로(단, 15m 미만은 제외)
2	복도(단, 30m 미만은 제외)
3	엘리베이터 권상기실, 린넨 슈트, 파이프 덕트
4	천장 또는 반자높이가 15m 이상 20m 미만인 장소

70 실의 크기가 9m×7m×3m인 교실에서 환기를 시간당 1회 행할 때 환기로 인한 손실열량(현열량)은? (단, 공기의 비열은 1.2kJ/m³·K, 실내 온도는 20°C, 외기 온도는 -5°C)

① 3,450kJ/h ② 4,600kJ/h
③ 5,670kJ/h ④ 11,900kJ/h

해설

③
| 1 | 풍량(Q, m³/h) = 환기회수(n, 회/h) × 체적(V, m³) = 1회/h × (9×7×3)m³ = 189 m³/h |
| 2 | 환기에 의한 손실열량(q, kJ/h) = 189m³/h × 1.2kJ/m³·K × (20-(-5))K = 5,670 kJ/h |

71 100[V], 500[W]의 전열기를 90[V]에서 사용할 경우 소비전력은?

① 200[W] ② 310[W]
③ 405[W] ④ 420[W]

해설

| 전력(電力, P) | $P = \dfrac{E}{t} = V \cdot I = I^2 \cdot R = \dfrac{V^2}{R}$ |

③
1	전력(P)은 전압(V)의 제곱에 비례한다.
2	100[V]를 90[V]에서 사용한다는 것은 전압이 0.9배가 됨을 의미하므로 전력은 $0.9^2 = 0.81$배가 된다.
3	500[W] × 0.81 = 405[W]

72 급수관의 관경 결정과 관계가 없는 것은?

① 관균등표 ② 동시사용률
③ 마찰저항선도 ④ 동적부하해석법

해설

④
급수관 관경 결정방법	1	기구 연결관의 관경에 따른 결정
	2	(관)균등표에 따른 관경 결정
	3	마찰저항선도에 따른 관경 결정

동시사용률
(Usage Factor)

건물 내 위생기구나 급수 밸브 등 어느 시간의 사용 예상 밸브 개수의 전 밸브 개수에 대한 비율로서 배관의 지름, 소요 수량 등의 결정에 이용된다.

해답 69. ② 70. ③ 71. ③ 72. ④

73 바닥 복사난방에 관한 설명으로 옳지 않은 것은?

① 천장이 높은 실의 난방에는 사용할 수 없다.
② 실내의 온도 분포가 비교적 균등하고 쾌감도가 높다.
③ 예열시간이 길어 일시적인 난방에는 바람직하지 않다.
④ 방열기를 설치하지 않아 실내 바닥면의 이용도가 높다.

해설

①	바닥 복사난방	
	1	바닥에 열원을 매설하고 온수를 공급하여 그 복사열로 방을 난방하는 방법이다.
	2	복사 열전달은 고온의 표면과 저온의 표면과의 열이동이므로 공기 온도와 관계없다. 따라서, 복사 열전달이 주류를 이루는 복사난방은 천장고가 높은 실이나, 외풍이 심한 방에서도 난방 효과가 높다.

74 조명기구를 배광에 따라 분류할 경우, 다음과 같은 특징을 갖는 것은?

발산 광속 중 상향광속 60~90[%], 하향광속 10~40[%] 정도이며, 천장을 주광원으로 이용한다.

① 직접조명기구
② 반직접조명기구
③ 반간접조명기구
④ 전반확산조명기구

해설

조명기구에 따른 조명 비율

구분	직접 조명	반직접 조명	전반확산 조명	반간접 조명	간접 조명
상향 비율	0~10%	10~40%	40~60%	60~90%	90~100%
하향 비율	100~90%	90~60%	60~40%	40~10%	10~0%

75 급탕배관의 신축이음의 종류에 속하지 않는 것은?

① 루프형
② 칼라형
③ 슬리브형
④ 벨로우즈형

해설

급탕배관의 신축이음			
루프형 신축곡관	스위블조인트	슬리브형	벨로우즈형
②			

76 공기조화설비의 에너지 절약 방법 중 배열을 회수하여 이용하는 방식은?

① 변유량 방식
② 외기냉방 방식
③ 전열교환 방식
④ 전력수요제어 방식

해설

배열 회수(排熱回收, Heat Recovery)
건축물 내의 배출되는 열을 재이용하기 위해 회수하는 것
전열교환기(Heat Exchanger)
③ 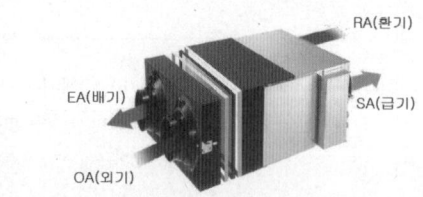
환기를 실행할 때 실내의 열을 놓치지 않고 그 열을 외부로부터의 급기로 옮겨 실내로 되돌아오게 하는 열교환기

해답 73. ① 74. ③ 75. ② 76. ③

77 유체의 흐름을 한 방향으로만 흐르게 하고 반대 방향으로는 흐르지 못하게 하는 밸브는?

① 콕
② 체크 밸브
③ 게이트 밸브
④ 글로브 밸브

해설

체크 밸브(Check Valve, 역지 밸브) 
유량을 조절하는 기능은 없고 유체를 한 방향으로만 흐르게 하는 역류 방지용 밸브이다.

79 소방시설은 소화설비, 경보설비, 피난설비, 소화용수설비, 소화활동설비로 구분할 수 있다. 다음 중 소화활동설비에 속하는 것은?

① 제연설비
② 비상방송설비
③ 스프링클러설비
④ 자동화재탐지설비

해설

	소화활동설비	소방활동 중 인명의 구조, 구급활동을 제외한 화재진압 활동에 도움이 되는 설비
①	소방법령상의 범위	제연설비, 연결송수관설비, 연결살수설비, 연소방지설비, 비상콘센트설비 및 무선통신보조설비

78 10[Ω]의 저항 10개를 직렬로 접속할 때의 합성저항은 병렬로 접속할 때의 합성저항의 몇 배가 되는가?

① 5배
② 10배
③ 50배
④ 100배

해설

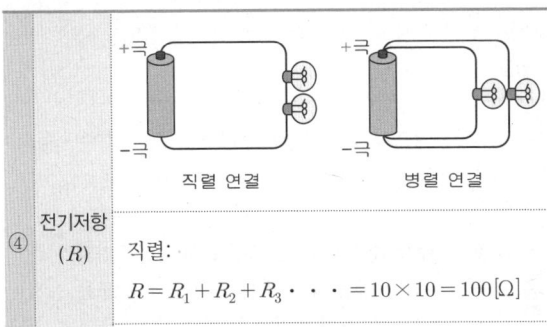

	전기저항 (R)	직렬: $R = R_1 + R_2 + R_3 \cdots = 10 \times 10 = 100[\Omega]$
④		병렬: $\dfrac{1}{R} = \dfrac{1}{R_1} + \dfrac{1}{R_2} + \dfrac{1}{R_3} \cdots = \dfrac{1}{10} \times 10 = 1[\Omega]$

80 구조가 간단하고 자기사이펀 작용을 일으키면 자정작용을 갖는 배수 트랩으로 사이펀 작용을 일으키기 쉽기 때문에 사이펀 트랩이라고도 불리우는 것은?

① 벨 트랩
② 관 트랩
③ 버킷 트랩
④ 드럼 트랩

해설

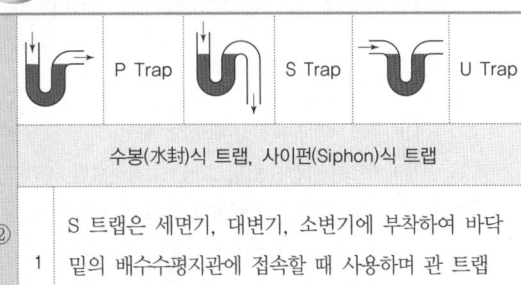

수봉(水封)식 트랩, 사이펀(Siphon)식 트랩	
② 1	S 트랩은 세면기, 대변기, 소변기에 부착하여 바닥 밑의 배수수평지관에 접속할 때 사용하며 관 트랩이라고도 한다.
2	사이펀 작용을 일으키기 쉬운 형태로 봉수가 쉽게 파괴되므로 사이펀 트랩이라고도 한다.

해답 77. ② 78. ④ 79. ① 80. ②

건축법규

81 대통령령으로 정하는 용도와 규모의 건축물이 소규모 휴식시설 등의 공개공지 또는 공개공간을 설치하여야 하는 대상 지역에 해당되지 않는 곳은?

① 준공업지역
② 일반공업지역
③ 일반주거지역
④ 준주거지역

해설

② 공개공지 확보 대상	1	일반주거지역, 준주거지역
	2	상업지역, 준공업지역
	3	특별자치시장·특별자치도지사·시장·군수·구청장이 도시화 가능성이 크다고 인정하여 지정·공고하는 지역

82 부설주차장의 설치 대상 시설물 종류에 따른 설치 기준이 틀린 것은?

① 골프장 - 1홀당 10대
② 위락시설 - 시설면적 80m²당 1대
② 판매시설 - 시설면적 150m²당 1대
④ 숙박시설 - 시설면적 200m²당 1대

해설

부설주차장 설치 대상 시설물: 시설면적(m²)당 1대		
②	100m² 당	• 위락시설
	150m² 당	• 문화 및 집회시설(관람장 제외) • 의료시설(정신병원, 요양소, 격리병원 제외) • 운동시설(골프(연습)장, 옥외수영장 제외) • 판매시설, 운수시설, 업무시설, 방송국 • 장례시설
	200m² 당	• 숙박시설, 제1종 및 제2종 근린생활시설
	400m² 당	• 창고시설

83 다음과 같은 조건의 지하 1층, 지상 2층 건축물의 용적률은?

① 대지면적: 200m²
② 바닥면적: 1층(70m²), 2층(50m²), 지하층(30m²)

① 60%
② 70%
③ 75%
④ 90%

해설

①	1	용적률은 대지면적에 대한 연면적의 비율이며, 연면적에서 지하층 바닥면적과 주차장 등은 제외된다.
	2	연면적 = $\frac{70+50}{200} \times 100\% = 60\%$

84 다음 설명에 알맞은 용도지구의 세분은?

산지·구릉지 등 자연경관을 보호하거나 유지하기 위하여 필요한 지구

① 자연경관지구
② 자연방재지구
③ 특화경관지구
④ 생태계보호지구

해설

②	토지의 이용도가 낮은 해안변, 하천변, 급경사지 주변 등의 지역으로서 건축 제한 등을 통하여 재해예방이 필요한 지구
③	지역 내 주요 수계의 수변 또는 문화적 보존가치가 큰 건축물 주변의 경관 등 특별한 경관을 보호 또는 유지하거나 형성하기 위하여 필요한 지구
④	야생동식물서식처 등 생태적으로 보존가치가 큰 지역의 보호와 보존을 위하여 필요한 지구

해답 81. ② 82. ② 83. ① 84. ①

85 건축허가를 하기 전에 건축물의 구조안전과 인접 대지의 안전에 미치는 영향 등을 평가하는 건축물 안전영향평가를 실시하여야 하는 대상 건축물 기준으로 옳은 것은?

① 층수가 6층 이상으로 연면적 10,000m² 이상인 건축물
② 층수가 6층 이상으로 연면적 100,000m² 이상인 건축물
③ 층수가 16층 이상으로 연면적 10,000m² 이상인 건축물
④ 층수가 16층 이상으로 연면적 100,000m² 이상인 건축물

해설

④	안전영향평가의 실시: 허가권자가 건축허가 전 평가		
	평가 대상 건축물	1	초고층 건축물
		2	층수가 16층 이상으로 연면적 100,000m² 이상인 건축물(하나의 대지에 둘 이상의 건축물을 건축하는 경우 각각의 건축물의 연면적)

86 건축법령상 리모델링이 쉬운 구조의 내용으로 옳지 않은 것은?

① 구조체에서 건축설비를 분리할 수 있을 것
② 구조체에서 구조재료를 분리할 수 있을 것
③ 구조체에서 내부 마감재료를 분리할 수 있을 것
④ 구조체에서 외부 마감재료를 분리할 수 있을 것

해설

②	리모델링이 쉬운 구조	
	1	각 세대는 인접한 세대와 수직 또는 수평 방향으로 통합하거나 분할할 수 있을 것
	2	구조체에서 건축설비, 내부 마감재료 및 외부 마감재료를 분리할 수 있을 것
	3	개별 세대 안에서 구획된 실의 크기, 개수 또는 위치 등을 변경할 수 있을 것

87 건축물의 주요구조부를 내화구조로 하여야 하는 대상 건축물에 속하지 않는 것은?

① 공장의 용도로 쓰는 건축물로서 그 용도로 쓰는 바닥면적 합계가 500m² 인 건축물
② 판매시설의 용도로 쓰는 건축물로서 그 용도로 쓰는 바닥면적 합계가 500m² 인 건축물
③ 창고시설의 용도로 쓰는 건축물로서 그 용도로 쓰는 바닥면적 합계가 500m² 인 건축물
④ 문화 및 집회시설 중 전시장의 용도로 쓰는 건축물로서 그 용도로 쓰는 바닥면적 합계가 500m² 인 건축물

해설

	주요구조부를 내화구조로 해야 하는 규정
	500m² 이상
	• 문화 및 집회시설 중 전시장 및 동·식물원 • 위락시설(유흥주점 제외) • 판매시설, 운수시설, 수련시설, 창고시설, 관광휴게시설 • 운동시설 중 체육관 및 운동장 • 위험물저장 및 처리시설 • 방송통신시설 중 방송국·전신전화국 및 촬영소
	2,000m² 이상
	• 공장 (화재로 위험이 적은 공장으로서 주요구조부가 불연재료로 된 2층 이하의 공장은 예외)

88 국토의 계획 및 이용에 관한 법령에 따른 기반시설 중 공간시설에 속하지 않는 것은?

① 녹지　　② 유원지
③ 유수지　　④ 공공공지

해설

③	1	기반시설 중 공간시설: 광장, 공원, 녹지, 유원지, 공공공지
	2	유수지는 기반시설 중 방재시설에 속한다.

해답　85. ④　86. ②　87. ①　88. ③

89 국토의 계획 및 이용에 관한 법령상 건폐율의 최대 한도가 가장 높은 용도지역은?

① 준주거지역 ② 생산관리지역
③ 중심상업지역 ④ 전용공업지역

해설

③

지역별 건폐율의 최대 한도	
(보전·생산·자연) 녹지지역: 20% 이하	
제1종 및 제2종 전용주거지역: 50% 이하	70% 이하
제1종 및 제2종 일반주거지역: 60% 이하	
제3종 일반주거지역: 50% 이하	
준주거지역: 70% 이하	
(전용·일반·준) 공업지역: 70% 이하	
중심상업지역: 90% 이하	90% 이하
일반상업지역 및 유통상업지역: 80% 이하	
근린상업지역: 70% 이하	

90 다음 중 특별건축구역으로 지정할 수 있는 사업구역에 속하지 않는 것은?

① 「도로법」에 따른 접도구역
② 「도시개발법」에 따른 도시개발구역
③ 「택지개발촉진법」에 따른 택지개발사업구역
④ 「혁신도시 조성 및 발전에 관한 특별법」에 따른 혁신도시의 사업구역

해설

①

	국토교통부장관이 지정하는 경우 특별건축구역으로 지정할 수 없는 지역·구역	
	1	「도로법」에 따른 접도구역
	2	「자연공원법」에 따른 자연공원
	3	「산지관리법」에 따른 보전산지
	4	「개발제한구역의 지정 및 관리에 관한 특별조치법」에 따른 개발제한구역

91 지하층에 설치하는 비상탈출구의 유효너비 및 유효높이 기준으로 옳은 것은? (단, 주택이 아닌 경우)

① 유효너비 0.5m 이상, 유효높이 1.0m 이상
② 유효너비 0.5m 이상, 유효높이 1.5m 이상
③ 유효너비 0.75m 이상, 유효높이 1.0m 이상
④ 유효너비 0.75m 이상, 유효높이 1.5m 이상

해설

④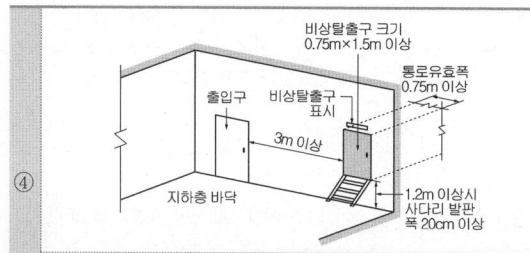

지하층에 설치하는 비상탈출구의 크기는 0.75m(유효너비)×1.5m(유효높이) 이상이어야 한다.

92 주차장의 주차단위구획 기준으로 옳은 것은? (단, 평행주차형식으로 일반형인 경우)

① 너비 1.0m 이상, 길이 2.3m 이상
② 너비 1.7m 이상, 길이 4.5m 이상
③ 너비 2.0m 이상, 길이 6.0m 이상
④ 너비 2.3m 이상, 길이 5.0m 이상

해설

구분	주차방식	단위주차구획	
일반형 주차장	평행주차 이외	2.5m × 5m 이상	확장형: 2.6m × 5.2m 이상
		2m × 3.6m	1,000cc 미만 경차
	평행주차	2m × 6m 이상	–
		2m × 5m	보차 구분이 없는 도로
		1.7m × 4.5m	1,000cc 미만 경차
지체장애인 전용		3.3m × 5m 이상(평행주차는 제외)	

※ 주차단위구획은 백색 실선(경형주차구획은 청색 실선)
※ 경형자동차(1,000cc미만) 주차구획
① 평행: 1.7m × 4.5m ② 그 밖의 경우: 2m × 3.6m

해답 89. ③ 90. ① 91. ④ 92. ③

93 다음 중 노외주차장의 출구 및 입구를 설치할 수 있는 장소는?

① 육교로부터 4m 거리에 있는 도로의 부분
② 지하횡단보도에서 10m 거리에 있는 도로의 부분
③ 초등학교 출입구로부터 15m 거리에 있는 도로의 부분
④ 장애인복지시설 출입구로부터 15m 거리에 있는 도로의 부분

해설

	노외주차장의 입구와 출구를 설치할 수 없는 곳
1	육교 및 지하 횡단보도를 포함한 횡단보도에서 5m 이내의 도로 부분
2	종단경사도 10%를 초과하는 도로
3	유아원, 초등학교, 특수학교, 노인복지시설, 장애인복지시설 및 아동전용시설 등의 출입구로부터 20m 이내의 도로 부분
4	폭 4m 미만의 도로(예외 : 주차대수 200대 이상인 경우에는 폭 6m 미만의 도로에는 설치할 수 없다.)

정답 ②

95 피난층 또는 피난층의 승강장으로부터 건축물의 바깥쪽에 이르는 통로에 경사로를 설치하여야 하는 대상 건축물에 속하지 않는 것은?

① 교육연구시설 중 학교
② 연면적이 5,000㎡인 의료시설
③ 연면적이 5,000㎡인 판매시설
④ 제1종 근린생활시설 중 공중화장실

해설

	경사로 설치 규정		
제1종 근린생활시설	동사무소, 경찰관파출소, 소방서, 우체국, 방송국, 전신전화국, 공공도서관, 보건소, 지역의료보험조합 등		바닥면적 합계 1,000㎡ 미만
	마을공회당, 마을공동작업소, 마을공동구판장, 변전소, 양수장, 정수장, 대피소, 공중화장실		
• 연면적 5,000㎡ 이상인 판매시설, 운수시설			
• 학교			
• 국가 또는 지방자치단체의 청사와 외국 공관의 건축물			
• 승강기를 설치하여야 하는 건축물			

정답 ②

94 대지면적이 1,000㎡인 건축물의 옥상에 조경면적을 90㎡ 설치한 경우, 대지에 설치하여야 하는 최소 조경면적은? (단, 조경설치기준은 대지면적의 10%)

① 10㎡ ② 40㎡
③ 50㎡ ④ 100㎡

해설

1	조경면적 = 1,000 × 0.1 = 100㎡
2	옥상조경면적 = 90㎡ × $\frac{2}{3}$ = 60㎡ > 50㎡
3	옥상조경면적은 2/3를 인정하되 조경면적의 1/2을 넘지 못하므로, 실제 옥상조경면적은 50㎡ 이다.
4	지표면의 조경면적 = 100㎡ - 50㎡ = 50㎡

정답 ③

96 다음 중 건축법령에 따른 용도별 건축물의 종류가 옳지 않은 것은?

① 단독주택 - 다중주택
② 묘지관련시설 - 장례식장
③ 문화 및 집회시설 - 수족관
④ 자원순환 관련시설 - 고물상

해설

묘지관련시설	• 화장시설, 봉안당(종교시설에 해당하는 것은 제외)	
	• 묘지와 자연장지에 부수되는 건축물	
	• 동물 화장시설, 동물 건조장시설 및 동물 전용의 납골시설	
장례시설	• 장례식장(의료시설의 부수시설 제외)	
	• 동물 전용의 장례식장	

정답 ②

97 피난안전구역(건축물의 피난·안전을 위하여 건축물 중간에 설치하는 대피공간)의 구조 및 설비에 관한 기준 내용으로 옳지 않은 것은?

① 피난안전구역의 높이는 2.1m 이상일 것
② 비상용승강기는 피난안전구역에서 승하차 할 수 있는 구조로 설치할 것
③ 건축물의 내부에서 피난안전구역으로 통하는 계단은 피난계단의 구조로 설치할 것
④ 피난안전구역에는 식수 공급을 위한 급수전을 1개소 이상 설치하고 예비전원에 의한 조명설비를 설치할 것

해설

③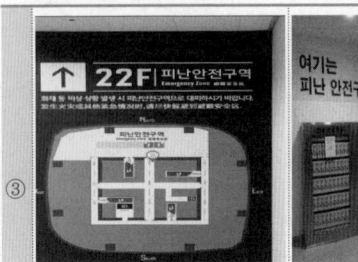

건축물의 내부에서 피난안전구역으로 통하는 계단은 특별피난계단의 구조로 설치할 것

98 제1종 일반주거지역 안에서 건축할 수 있는 건축물에 속하지 않는 것은?

① 노유자시설
② 공동주택 중 아파트
③ 제1종 근린생활시설
④ 교육연구시설 중 고등학교

해설

	제1종 일반주거지역 안에서 건축할 수 있는 건축물
② 1	층수: 4층 이하의 건축물
2	단독주택, 공동주택(단, 아파트 제외)
3	제1종 근린생활시설, 교육연구시설 중 초등학교, 중학교, 고등학교, 노유자시설

99 6층 이상의 거실면적의 합계가 11,000m²인 교육연구시설에 설치하여야 하는 승용승강기의 최소 대수는? (단, 8인승 승용승강기인 경우)

① 3대 ② 4대
③ 5대 ④ 6대

해설

건축물의 용도	3,000m²	
	이하	초과
• 공동주택 • 교육연구 및 복지시설 • 그 밖의 시설	1대	$1대 + \dfrac{A - 3,000(\text{m}^2)}{3,000(\text{m}^2)}$대

② $1 + \dfrac{A - 3,000\text{m}^2}{3,000\text{m}^2} = 1 + \dfrac{(11,000\text{m}^2) - 3,000\text{m}^2}{3,000\text{m}^2}$
  = 3.67대 ➡ 4대(8~15인승 기준)

100 비상용승강기의 승강장 및 승강로의 구조에 관한 기준 내용으로 옳지 않은 것은?

① 승강로는 해당 건축물의 다른 부분과 방화구조로 구획할 것
② 각 층으로부터 피난층까지 이르는 승강로를 단일구조로 연결하여 설치할 것
③ 승강장에는 노대 또는 외부를 향하여 열 수 있는 창문이나 배연설비를 설치할 것
④ 옥내에 있는 승강장의 바닥면적은 비상용승강기 1대에 대하여 6m² 이상으로 설치할 것

해설

① 승강로는 해당 건축물의 다른 부분과 내화구조로 구획할 것

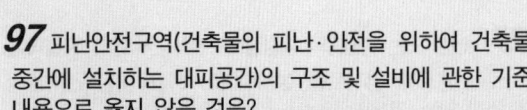

MEMO

건축계획

1 쇼핑센터의 몰(Mall)의 계획에 관한 설명으로 옳지 않은 것은?

① 전문점들과 중심상점의 주출입구는 몰에 면하도록 한다.
② 몰에는 자연광을 끌어들여 외부공간과 같은 성격을 갖게 하는 것이 좋다.
③ 다층으로 계획할 경우, 시야의 개방감을 적극적으로 고려하는 것이 좋다.
④ 중심상점들 사이의 몰의 길이는 150m를 초과하지 않아야 하며, 길이 40~50m 마다 변화를 주는 것이 바람직하다.

해설

④ 중심상점들 사이의 몰의 길이는 240m를 초과하지 않아야 하며, 길이 20~30m 마다 변화를 주는 것이 바람직하다.

2 연속적인 주제를 선(線)적으로 관계성 깊게 표현하기 위하여 전경(全景)으로 펼쳐지도록 연출하는 것으로 맥락이 중요시될 때 사용되는 특수 전시기법은?

① 아일랜드 전시
② 파노라마 전시
③ 하모니카 전시
④ 디오라마 전시

해설

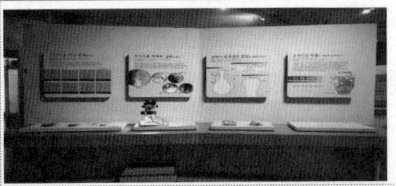

파노라마 (Panorama) 전시기법

② 벽면전시와 입체물이 병행되는 것이 일반적인 유형으로 넓은 시야의 실경(實景)을 보는 듯한 감각을 주는 기법

3 다음 설명에 알맞은 극장 건축의 평면형식은?

- 가까운 거리에서 관람하면서 가장 많은 관객을 수용할 수 있다.
- 객석과 무대가 하나의 공간에 있으므로 양자의 일체감이 높다.
- 무대의 배경을 만들지 않으므로 경제성이 있다.

① 아레나(Arena)형
② 가변형 (Adaptable Stage)
③ 프로시니엄(Proscenium)형
④ 오픈 스테이지(Open Stage)형

해설

① 아레나 스테이지 (Arena Stage)

4 아파트 형식에 관한 설명으로 옳지 않은 것은?

① 계단실형은 거주의 프라이버시가 높다.
② 편복도형은 복도에서 각 세대로 진입하는 형식이다.
③ 메조넷형은 평면구성의 제약이 적어 소규모 주택에 주로 이용된다.
④ 플랫형은 각 세대의 주거단위가 동일한 층에 배치 구성된 형식이다.

해설

메조넷형 (Maisonette Type)

③ 하나의 주거단위가 복층 형식을 취하는 경우이므로 주거단위 면적의 규모가 커야 한다.

해답 1. ④ 2. ② 3. ① 4. ③

5 학교 운영방식에 관한 설명으로 옳지 않은 것은?

① 종합교실형은 각 학급마다 가정적인 분위기를 만들 수 있다.
② 교과교실형은 초등학교 저학년에 대해 가장 권장되는 방식이다.
③ 플래툰형은 미국의 초등학교에서 과밀을 해소하기 위해 실시한 것이다.
④ 달톤형은 학급, 학년 구분을 없애고 학생들은 각자의 능력에 따라 교과를 선택하고 일정한 교과를 끝내면 졸업하는 방식이다.

해설

종합교실형
② 초등학교 저학년에 대해 가장 권장되는 방식이다.

6 다음 중 단독주택의 현관 위치 결정에 가장 주된 영향을 끼치는 것은?

① 방위   ② 주택의 층수
③ 거실의 위치   ④ 도로와의 관계

해설

현관의 위치는 대지의 형태, 방위, 도로와의 관계에 영향을 받으며 도로와의 관계가 지배적이다.
우리나라의 건축법에서는 대지와 도로의 관계를 다음과 같이 규정하고 있다.

④
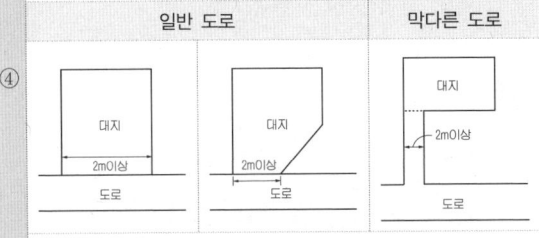

대지는 도로에 2m 이상 접하여야 한다.
(단, 자동차만의 통행에 사용되는 도로를 제외)

7 도서관의 열람실 및 서고계획에 관한 설명으로 옳지 않은 것은?

① 서고 안에 캐럴(Carrel)을 둘 수도 있다.
② 서고면적 1㎡당 150~250권의 수장능력으로 계획한다.
③ 열람실은 성인 1인당 3.0~3.5㎡의 면적으로 계획한다.
④ 서고실은 모듈러 플래닝(Modular Planning)이 가능하다.

해설

열람실
③ 성인 1인당 1.5~2.0㎡의 면적으로 계획한다.

8 건축계획에서 말하는 미의 특성 중 변화 혹은 다양성을 얻는 방식과 가장 거리가 먼 것은?

① 억양(Accent)   ② 대비(Contrast)
③ 균제(Proportion)   ④ 대칭(Symmetry)

해설

축(Axis)
공간 속의 두 점(Point)으로 이루어진 하나의 선(Line)으로, 건축의 형태와 공간을 구성하는 가장 기본적인 수단이다.

대칭(Symmetry)
④ 대칭의 조건은 축의 조건을 중심으로 이루어지는 축이나, 구심점의 존재를 함축하고 있지 않으면 존재할 수 없는 성질을 내포하고 있으므로 변화 혹은 다양성을 얻는 방식과 거리가 먼 형태 구성 원리이다.

해답 5. ② 6. ④ 7. ③ 8. ④

9 공장건축의 레이아웃(Lay Out)에 관한 설명으로 옳지 않은 것은?

① 제품중심의 레이아웃은 대량생산에 유리하며 생산성이 높다.
② 레이아웃이란 생산품의 특성에 따른 공장의 건축 면적 결정 방식을 말한다.
③ 공정중심의 레이아웃은 다종 소량생산으로 표준화가 행해지기 어려운 주문생산에 적합하다.
④ 고정식 레이아웃은 조선소와 같이 조립 부품이 고정된 장소에 있고 사람과 기계를 이동시키며 작업을 행하는 방식이다.

해설

② 레이아웃이란 공장건축의 평면 요소 간의 위치 관계를 결정하는 것으로서 작업장 내의 기계설비 배치에 관한 것을 말한다.

10 주택단지 도로의 유형 중 쿨데삭(Cul-de-Sac)형에 관한 설명으로 옳은 것은?

① 단지 내 통과교통의 배제가 불가능하다.
② 교차로가 +자형이므로 자동차의 교통 처리에 유리하다.
③ 우회도로가 없기 때문에 방재상 불리하다는 단점이 있다.
④ 주행속도 감소를 위해 도로의 교차방식을 주로 T자 교차로 한 형태이다.

해설

③

쿨데삭(Cul-de-Sac)	
1	통과교통이 없으므로 주거환경의 쾌적성 및 안전성 확보 용이
2	각 가구와 관계없는 차량 진입이 배제되고 우회도로가 없으므로 방재 및 방범상 불리
3	쿨데삭(Cul-de-Sac)의 최대 길이는 150m 이하로 계획

11 사무소 건축의 실 단위계획에 관한 설명으로 옳지 않은 것은?

① 개실 시스템은 독립성과 쾌적감의 이점이 있다.
② 개방식 배치는 전 면적을 유용하게 이용할 수 있다.
③ 개방식 배치는 개실 시스템보다 공사비가 저렴하다.
④ 개실 시스템은 연속된 긴 복도로 인해 방 깊이에 변화를 주기가 용이하다.

해설

④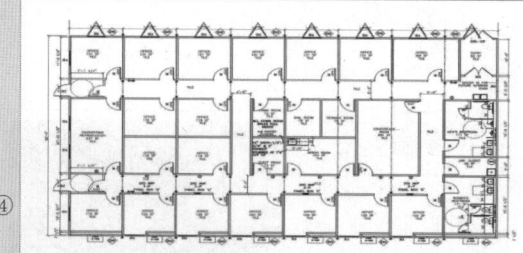

개실(個室) 시스템(Cellular Type)은 연속된 긴 복도로 인해 방 길이에는 변화를 줄 수 있으나 방 깊이에는 변화를 주기가 곤란하다.

12 미술관 전시실의 순회형식 중 연속순회 형식에 관한 설명으로 옳은 것은?

① 각 전시실에 바로 들어갈 수 있다는 장점이 있다.
② 연속된 전시실의 한 쪽 복도에 의해서 각 실을 배치한 형태이다.
③ 중심부에 하나의 큰 홀을 두고 그 주위에 각 전시실을 배치한 형식이다.
④ 전시실을 순서별로 통해야 하고, 한 실을 폐쇄하면 전체 동선이 막히게 된다.

해설

① 갤러리 및 코리도 형식에 대한 설명이다.
② 갤러리 및 코리도 형식에 대한 설명이다.
③ 중앙홀 형식에 대한 설명이다.

해답 9. ② 10. ③ 11. ④ 12. ④

13 사무소건축의 코어 유형에 관한 설명으로 옳지 않은 것은?

① 편심코어형은 기준층 바닥면적이 작은 경우에 적합하다.
② 독립코어형은 코어를 업무공간에서 별도로 분리시킨 형식이다.
③ 중심코어형은 코어가 중앙에 위치한 유형으로 유효율이 높은 계획이 가능하다.
④ 양단코어형은 수직동선이 양 측면에 위치한 관계로 피난에 불리하다는 단점이 있다.

해설

④ 양단코어형
수직동선이 양 측면에 위치한 관계로 방재 및 피난상 가장 유리한 코어 유형이다.

14 비잔틴 건축에 관한 설명으로 옳지 않은 것은?

① 사라센 문화의 영향을 받았다.
② 도저렛(Dosseret)이 사용되었다.
③ 펜덴티브 돔(Pendentive Dome)이 사용되었다.
④ 평면은 주로 장축형 평면(라틴 십자가)이 사용되었다.

해설

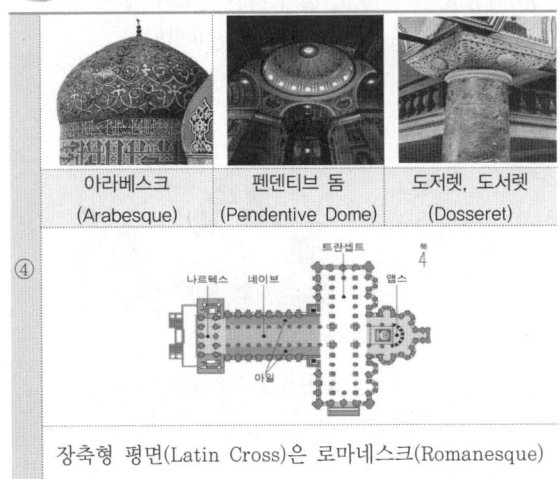

④ 장축형 평면(Latin Cross)은 로마네스크(Romanesque) 건축의 특징이다.

15 다음과 같은 특징을 갖는 에스컬레이터 배치 유형은?

- 점유면적이 다른 유형에 비해 작다.
- 연속적으로 승강이 가능하다.
- 승객의 시야가 좋지 않다.

① 교차식 배치
② 직렬식 배치
③ 병렬 단속식 배치
④ 병렬 연속식 배치

해설

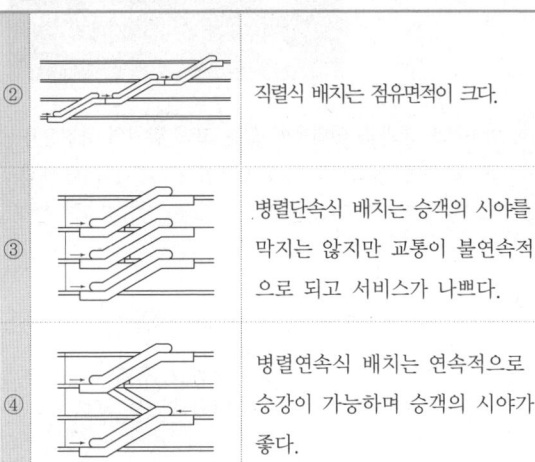

② 직렬식 배치는 점유면적이 크다.
③ 병렬단속식 배치는 승객의 시야를 막지는 않지만 교통이 불연속적으로 되고 서비스가 나쁘다.
④ 병렬연속식 배치는 연속적으로 승강이 가능하며 승객의 시야가 좋다.

16 클로즈드 시스템(Closed System)의 종합병원에서 외래진료부 계획에 대한 설명으로 옳지 않은 것은?

① 환자의 이용이 편리하도록 2층 이하에 두도록 한다.
② 부속진료시설을 인접하게 하여 이용이 편리하게 한다.
③ 중앙주사실, 약국은 정면 출입구에서 멀리 떨어진 곳에 둔다.
④ 외과 계통 각 과는 1실에서 여러 환자를 볼 수 있도록 대실로 한다.

해설

③ 클로즈드 시스템의 외래진료부 계획 시 중앙주사실, 회계, 약국 등은 정면 출입구 근처에 설치한다.

해답 13. ④ 14. ④ 15. ① 16. ③

17 다포식(多包式) 건축으로 가장 오래된 것은?

① 창경궁 명정전 ② 전등사 대웅전
③ 불국사 극락전 ④ 심원사 보광전

해설

④ 심원사 보광전 (心源寺 普光殿)

황해북도 연탄군 연탄읍에 있는 고려 말기의 불전으로 다포식 건축 양식으로 가장 오래된 건축물(1374년)이다.

18 다음 중 시티 호텔에 속하지 않는 것은?

① 비치 호텔 ② 터미널 호텔
③ 커머셜 호텔 ④ 아파트먼트 호텔

해설

① 시티 호텔 (City Hotel)
- 커머셜(Commercial) 호텔
- 레지덴셜(Residential) 호텔
- 아파트먼트(Apartment) 호텔
- 터미널(Terminal) 호텔
  ➡ 철도역 호텔(Station Hotel)
  ➡ 부두 호텔(Harbor Hotel)
  ➡ 공항 호텔(Airport Hotel)

리조트 호텔 (Resort Hotel)
- 해변(Beach) 호텔
- 산장(Mountain) 호텔
- 스포츠(Sport) 호텔
- 온천(Hot Spring) 호텔
- 클럽 하우스(Club House)

19 고대 그리스의 기둥 양식에 속하지 않는 것은?

① 도리아식 ② 코린트식
③ 컴포지트식 ④ 이오니아식

해설

③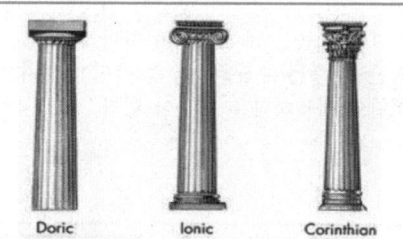

도리아(Doric, 도릭), 이오니아(Ionic, 이오닉), 코린티안(Corinthian) 오더(Order)는 그리스의 기둥 양식이며, 여기에 터스칸(Tuscan), 컴포지트(Composite)가 더해지면 로마 건축의 5개 기둥 양식이 된다.

20 주택의 동선계획에 관한 설명으로 옳지 않은 것은?

① 동선은 가능한 굵고 짧게 계획하는 것이 바람직하다.
② 동선의 3요소 중 속도는 동선의 공간적 두께를 의미한다.
③ 개인, 사회, 가사노동권의 3개 동선은 상호간 분리하는 것이 좋다.
④ 화장실, 현관 등과 같이 사용 빈도가 높은 공간은 동선을 짧게 처리하는 것이 중요하다.

해설

②

동선의 3요소		
	속도	얼마나 빠를 수 있느냐의 정도
	빈도	얼마나 많이 통행하느냐의 정도 (공간적 두께)
	하중	동선을 따라 이동하는 대상이 어느 정도의 무게감을 가졌느냐의 정도

해답 17. ④ 18. ① 19. ③ 20. ②

건축시공

21 수직굴삭, 수중굴삭 등에 사용되는 깊은 흙파기용 기계이며, 연약지반에 사용하기에 적당한 기계는?

① 드래그 쇼벨
② 클램 셸
③ 모터 그레이더
④ 파워 쇼벨

해설

클램 셸(Clam Shell)

② 사질지반의 굴착과 지하연속벽과 같은 좁은 곳의 수직굴착에 좋으며, 토사의 채취에도 사용된다. 굴착 길이는 보통 8m 정도이고 최대 18m까지 가능하다.

22 철근의 가공 및 조립에 관한 설명으로 옳지 않은 것은?

① 철근의 가공은 철근상세도에 표시된 형상과 치수가 일치하고 재질을 해치지 않은 방법으로 이루어져야 한다.
② 철근상세도에 철근의 구부리는 내면반지름이 표시되어 있지 않은 때에는 KDS에 규정된 구부림의 최소 내면반지름 이상으로 철근을 구부려야 한다.
③ 경미한 녹이 발생한 철근이라 하더라도 일반적으로 콘크리트와의 부착성능을 매우 저하시키므로 사용이 불가하다.
④ 철근은 상온에서 가공하는 것을 원칙으로 한다.

해설

③ 경미한 녹이 발생한 철근은 부착력을 증가시킨다는 것이 실험으로 확인되었으며, 강도에 영향을 주지 않는 경미한 녹은 허용할 수 있다.

23 건축주 자신이 특정의 단일 상대를 선정하여 발주하는 방식으로서 특수 공사나 기밀 보장이 필요한 경우, 또는 긴급을 요하는 공사에서 주로 채택되는 것은?

① 공개경쟁입찰
② 제한경쟁입찰
③ 지명경쟁입찰
④ 특명입찰

해설

특명입찰
(Individual Negotiation, 수의계약)

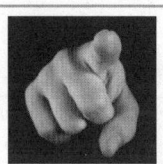

④ 건축주가 가장 적합한 1개의 시공회사를 선정하여 입찰시키는 방식으로, 입찰수속이 간단해지고 공사의 보안유지에 유리하지만 부적격 업체 선정의 문제, 공사비 결정이 불명확해지는 단점도 있다.

24 문 윗틀과 문짝에 설치하여 문이 자동적으로 닫히게 하며, 개폐 속도 및 압력를 조절할 수 있는 장치는?

① 도어 체크(Door Check)
② 도어 홀더(Door Holder)
③ 피봇 힌지(Pivot Hinge)
④ 도어 체인(Door Chain)

해설

① 도어 체크
(Door Check)

도어 클로저(Door Closer)라고도 하며 여닫이문에 사용된다.

해답 21. ② 22. ③ 23. ④ 24. ①

25 건축 석공사에 관한 설명으로 옳지 않은 것은?

① 건식쌓기 공법의 경우 시공이 불량하면 백화현상 등의 원인이 된다.
② 석재 물갈기 마감 공정의 종류는 거친갈기, 물갈기, 본갈기, 정갈기가 있다.
③ 시공 전에 설계도에 따라 돌나누기 상세도, 원척도를 만들고 석재의 치수, 형상, 마감방법 및 철물 등에 따른 고정 방법을 정한다.
④ 마감면에 오염의 우려가 있는 경우에는 폴리에틸렌 시트 등으로 보양한다.

해설

① 벽면과 돌붙임 사이의 공간을 모르타르를 주입하는 습식 공법에서 모르타르가 불완전하게 주입되면 빗물이 침투되어 백화, 줄눈 갈라짐, 돌 균열 등이 생기기 쉽다.

26 벤치 마크(Bench Mark)에 관한 설명으로 옳지 않은 것은?

① 적어도 2개소 이상 설치하도록 한다.
② 이동 또는 소멸 우려가 없는 곳에 설치한다.
③ 건축물 기초의 너비 또는 길이 등을 표시하기 위한 것이다.
④ 공사 완료 시까지 존치시켜야 한다.

해설

③

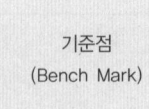

기준점 (Bench Mark)

건축물 시공 시 공사 중 높이의 기준을 정하고자 설치하는 원점

1	지면에서 0.5~1.0m에 공사에 지장이 없는 곳에 설치
2	이동의 염려가 없는 곳에 설치하여 공사 완료 시까지 존치
3	필요에 따라 보조기준점을 1~2개소 설치

27 방부력이 약하고 도포용으로만 쓰이며, 상온에서 침투가 잘 되지 않고 흑색이므로 사용 장소가 제한되는 유성 방부제는?

① 캐로신 ② PCP
③ 염화아연 4% 용액 ④ 콜 타르

해설

④ 콜 타르(Coal Tar)에 대한 설명이다.

28 시멘트 500포대를 저장할 수 있는 시멘트 창고의 최소 필요 면적으로 옳은 것은? (단, 시멘트 500포대 전량을 저장할 수 있는 면적으로 산정)

① 15.38m² ② 21.64m²
③ 23.25m² ④ 25.84m²

해설

①

시멘트 창고 소요면적
$A(\text{m}^2) = 0.4 \times \dfrac{N}{n}$

쌓기 단수(n)	최고 13포대이며, 문제 조건에 따라서 $n=13$을 적용	
시멘트 포대수(N)	600포 미만	N = 포대수
	600포 이상	N = 포대수 × $\dfrac{1}{3}$

$A = 0.4 \times \dfrac{(500)}{(13)} = 15.38\text{m}^2$

해답 25. ① 26. ③ 27. ④ 28. ①

29 시멘트, 모래, 잔자갈, 안료 등을 섞어 이긴 것을 바탕바름이 마르기 전에 뿌려 붙이거나 또는 바르는 것으로 일종의 인조석바름으로 볼 수 있는 것은?

① 회반죽
② 경석고 플라스터
③ 혼합석고 플라스터
④ 라프 코트

해설

④ 곰보 칠(Rough Coat, 러프 코트, 라프 코트, 거친 바름)
칠이나 벽을 바름에 있어서 그 표면을 거칠게 즉, 곰보지게 하는 마무리를 말한다.

30 달성가치(Earned Value)를 기준으로 원가관리를 시행할 때, 실제투입원가와 계획된 일정에 근거한 진행 성과의 차이를 의미하는 용어는?

① CV(Cost Variance)
② SV(Schedule Variance)
③ CPI(Cost Performance Index)
④ SPI(Schedule Performance Index)

해설

① 일정과 비용의 통합관리 시스템 EVMS (Earned Value Management System) 주요 용어

BCWS Budgeted Cost for Work Scheduled	계획공사비	성과측정시점까지 투입 예정된 공사비
BCWP Budgeted Cost for Work Performance	달성공사비	성과측정시점까지 지불된 기성금액
ACWP Actual Cost for Work Performance	실투입비	성과측정시점까지 실제로 투입된 금액
SV	공정편차	$BCWP-BCWS$
CV	공사비편차	$BCWP-ACWP$
SPI Schedule Performance Index	공정지수	$\dfrac{BCWP}{BCWS}$
CPI Cost Performance Index	원가지수	$\dfrac{BCWP}{ACWP}$

31 용접작업 시 용착금속 단면에 생기는 작은 은색의 점을 무엇이라 하는가?

① 피시 아이(Fish Eye)
② 블로 홀(Blow Hole)
③ 슬래그 함입(Slag Inclusion)
④ 크레이터(Crater)

해설

①
피시 아이(Fish Eye)

은점(銀點)이라고도 하며, 용착금속의 파면(破面)에 나타나는 은백색을 띤 물고기의 눈과 같은 형상의 결함부로서 저수소계 용접봉을 사용하거나, 용접 후 500~600℃ 정도로 가열하면 방지할 수 있다.

32 시멘트 200포를 사용하여 배합비 1:3:6의 콘크리트를 비벼 냈을 때의 전체 콘크리트량은? (단, 물시멘트비는 60%이고 시멘트 1포대는 40kg이다.)

① 25.25m³
② 36.36m³
③ 39.39m³
④ 44.44m³

해설

② 콘크리트 1m³당 재료량

재료 \ 배합비	1:2:4	1:3:6
시멘트(kg)	320	220
모래(m³)	0.45	0.47
자갈(m³)	0.90	0.94

콘크리트 1m³당 시멘트 포대 수: $\dfrac{220\text{kg/m}^3}{40\text{kg/포}} = 5.5\text{포/m}^3$

시멘트 200포 사용 시 콘크리트량: $\dfrac{200\text{포}}{5.5\text{포/m}^3} = 36.36\text{m}^3$

해답 29. ④ 30. ① 31. ① 32. ②

33 타일공사에서 시공 후 타일 접착력 시험에 관한 설명으로 옳지 않은 것은?

① 타일의 접착력 시험은 600m²당 한 장씩 시험한다.
② 시험할 타일은 먼저 줄눈 부분을 콘크리트면까지 절단하여 주위의 타일과 분리시킨다.
③ 시험은 타일 시공 후 4주 이상일 때 행한다.
④ 시험 결과의 판정은 타일 인장 부착강도가 10MPa 이상이어야 한다.

해설

	타일 접착력 시험	
④	시험 결과의 판정은 타일 인장 부착강도가 0.39MPa 이상이어야 한다.	

34 창 면적이 클 때에는 스틸 바(Steel Bar)만으로는 부족하며, 또한 여닫을 때의 진동으로 유리가 파손될 우려가 있으므로 이것을 보강하고 외관을 꾸미기 위하여 강판을 중공형으로 접어 가로 또는 세로로 대는 것을 무엇이라 하는가?

① Mullion   ② Ventilator
③ Gallery   ④ Pivot

해설

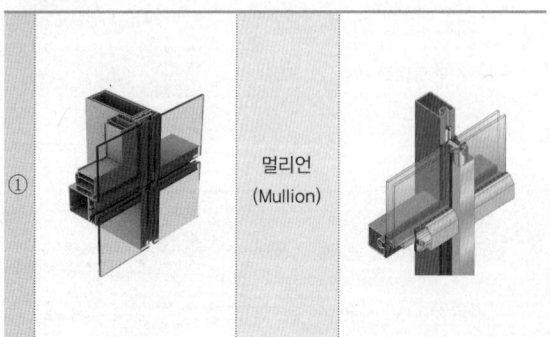

① 멀리언 (Mullion)

35 벽돌조 건물에서 벽량이란 해당 층의 바닥면적에 대한 무엇의 비를 말하는가?

① 벽면적의 총 합계   ② 내력벽 길이의 총 합계
③ 높이   ④ 벽두께

해설

② 벽량 (Wall Quantity)

내력벽 길이의 총 합계(mm)를 그 층의 바닥면적(m²)으로 나눈 값으로 정의된다.

36 PMIS(프로젝트 관리 정보시스템)의 특징에 관한 설명으로 옳지 않은 것은?

① 합리적인 의사결정을 위한 프로젝트용 정보관리 시스템이다.
② 협업관리체계를 지원하며 정보의 공유와 축적을 지원한다.
③ 공정 진척도는 구체적으로 측정할 수 없으므로 별도 관리한다.
④ 조직 및 월간 업무 현황 등을 등록하고 관리한다.

해설

PMIS(Project Management Information System)

③ 건설공사의 정보화된 종합관리체계로 전체공사 단계에 걸쳐서 계약관리, 공정관리, 품질관리, 원가관리 등을 인터넷 및 전산화된 환경 기반에서 실시간으로 운영할 수 있는 종합 공사관리시스템을 의미한다.

해답 33. ④ 34. ① 35. ② 36. ③

37 콘크리트 거푸집용 박리제 사용 시 주의사항으로 옳지 않은 것은?

① 거푸집 종류에 상응하는 박리제를 선택·사용한다.
② 박리제 도포 전에 거푸집면의 청소를 철저히 한다.
③ 거푸집 뿐만 아니라 철근에도 도포하도록 한다.
④ 콘크리트 색조에 영향이 없는지를 시험한다.

해설

	박리제(Form Oil)	
③	거푸집의 탈형과 청소를 용이하게 만들기 위해 합판 거푸집 표면에 바르는 것	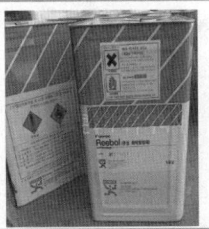

38 다음 중 도장공사를 위한 목부 바탕만들기 공정으로 옳지 않은 것은?

① 오염, 부착물의 제거 ② 송진 처리
③ 옹이 땜 ④ 바니시 칠

해설

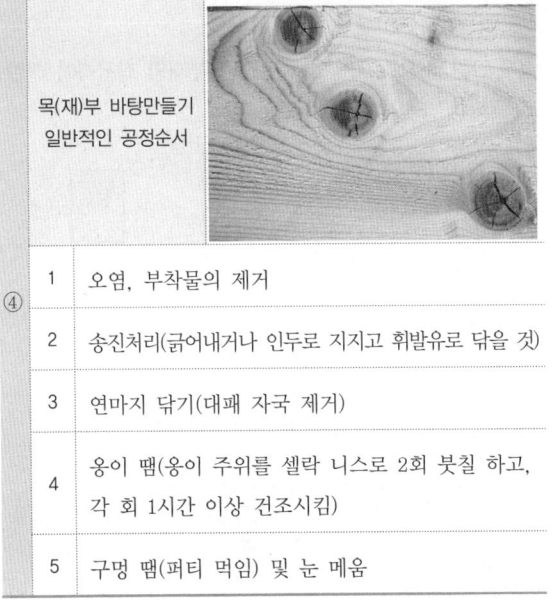

39 건축용 목재의 일반적인 성질에 대한 설명 중 틀린 것은?

① 섬유포화점 이하에서는 목재의 함수율이 증가함에 따라 강도는 감소한다.
② 기건상태의 목재의 함수율은 15% 정도이다.
③ 목재의 심재는 변재보다 건조에 따른 수축이 적다.
④ 섬유포화점 이상에서는 목재의 함수율이 증가함에 따라 강도는 증가한다.

해설

	섬유포화점(Fiber Saturation Point)	
④	목재의 함수율이 30% 정도일 때를 말하며, 섬유포화점 이하에서는 함수율이 낮을수록 강도는 증가하지만, 섬유포화점 이상에서는 강도가 변하지 않는다.	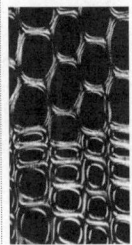

40 건축공사에서 VE(Value Engineering)의 사고방식으로 옳지 않은 것은?

① 기능분석 ② 제품위주의 사고
③ 비용절감 ④ 조직적 노력

해설

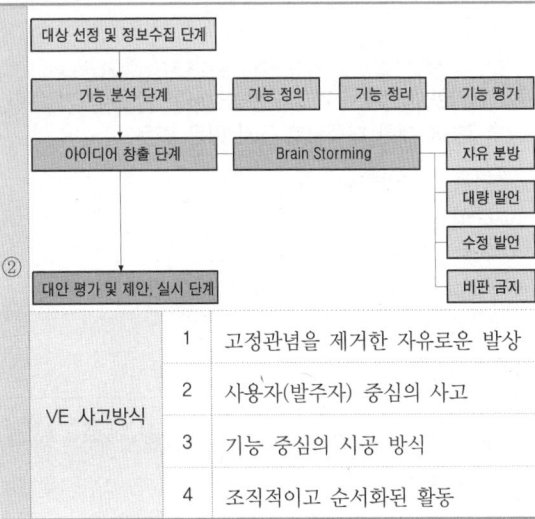

해답 37. ③ 38. ④ 39. ④ 40. ②

건축구조

41 다음 그림과 같이 D16철근이 90° 표준갈고리로 정착되었다면 이 갈고리의 소요정착길이(l_{hb})는 약 얼마인가?

【조건】
- $l_{hb} = \dfrac{0.24\beta \cdot d_b \cdot f_y}{\lambda\sqrt{f_{ck}}}$
- 철근도막계수: 1
- 경량콘크리트계수: 1
- D16의 공칭지름: 15.9mm
- $f_{ck} = 21\text{MPa}$
- $f_y = 400\text{MPa}$

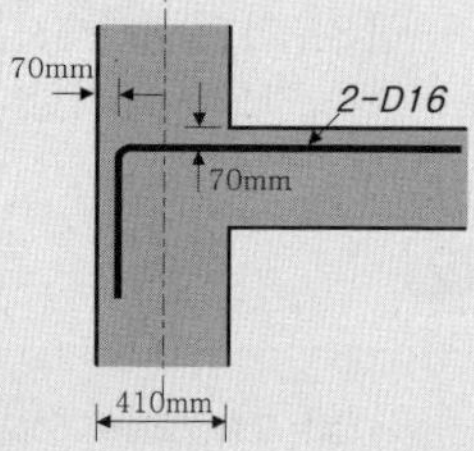

① 233mm ② 243mm
③ 253mm ④ 263mm

해설

콘크리트 피복두께에 대한 보정계수: 0.7

① $l_{dh} = l_{hb} \times 보정계수 = \dfrac{0.24\beta \cdot d_b \cdot f_y}{\lambda\sqrt{f_{ck}}} \cdot (0.7)$

$= \dfrac{0.24(1.0)(15.9)(400)}{(1.0)\sqrt{21}} \cdot (0.7) = 233.161\text{mm}$

42 연약한 지반에서 기초의 부동침하를 감소시키기 위한 상부구조에 대한 대책으로 옳지 않은 것은?

① 건물을 경량화할 것
② 강성을 크게 할 것
③ 이웃 건물과의 거리를 멀게 할 것
④ 폭이 일정한 경우 건물의 길이를 길게 할 것

해설

④ 건물의 길이를 짧게 하는 것이 부동침하를 방지하기 위한 대책이 된다.

43 그림과 같은 라멘 구조물의 판별은?

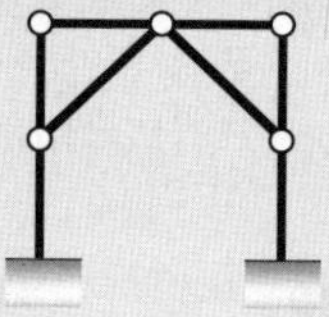

① 불안정 구조물
② 안정이며, 정정구조물
③ 안정이며, 1차 부정정구조물
④ 안정이며, 2차 부정정구조물

해설

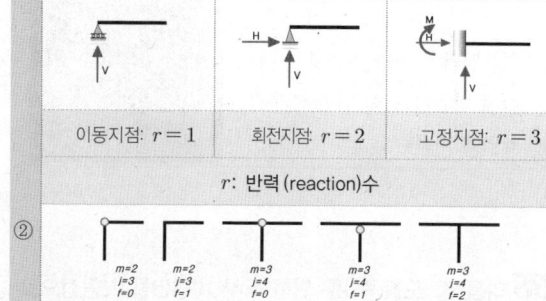

○ 활절점, 힌지(Hinge), 핀(Pin)

m: 부재(member)수, f: 강(fixed)절점수, j: 절점(joint)수

② $N = r + m + f - 2j = (3+3) + (8) + (0) - 2(7) = 0$ ➡ 정정

44 그림과 같이 양단이 회전단인 부재의 좌굴축에 대한 세장비는?

① 76.21
② 84.28
③ 94.64
④ 103.77

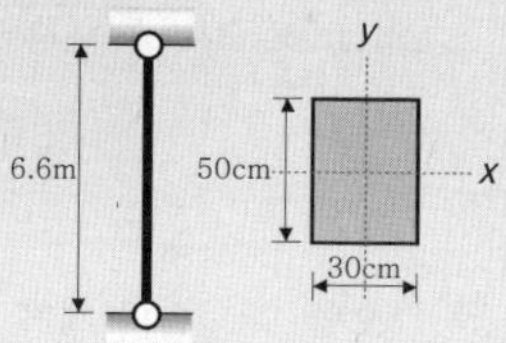

해설

양단 힌지 조건이므로 유효좌굴길이계수 $K = 1.0$

① $\lambda = \dfrac{KL}{r_{min}} = \dfrac{KL}{\sqrt{\dfrac{I_{min}}{A}}} = \dfrac{(1.0)(660)}{\sqrt{\dfrac{(50)(30)^3}{12}\Big/(50\times 30)}} = 76.21$

해답 41. ① 42. ④ 43. ② 44. ①

45 그림과 같은 강합성구조에서 합성보 A의 슬래브 유효폭 b_e 는?

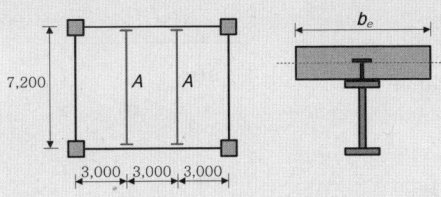

① 1,500mm ② 1,800mm ③ 2,000mm ④ 2,250mm

해설

	합성보의 유효폭(b_e)	
②	1	양측 슬래브의 중심간 거리 $= \frac{(3,000)}{2} + \frac{(3,000)}{2} = 3,000 \text{mm}$	최솟값
	2	보 경간 $\times \frac{1}{4} = (7,200) \times \frac{1}{4} = 1,800 \text{mm}$	

46 지진력저항시스템 중 다음 각 구조시스템에 관한 설명으로 옳지 않은 것은?

① 모멘트골조방식: 수직하중과 횡력을 보와 기둥으로 구성된 라멘골조가 저항하는 구조방식
② 연성모멘트골조방식: 횡력에 대한 저항능력을 증가시키기 위하여 부재와 접합부의 연성을 증가시킨 모멘트골조
③ 이중골조방식: 횡력의 25% 이상을 부담하는 전단벽이 연성모멘트골조와 조화되어 있는 구조방식
④ 건물골조방식: 수직하중은 입체골조가 저항하고, 지진하중은 전단벽이나 가새골조가 저항하는 구조방식

해설

	2중골조 (Dual Structure)	
③	수평하중의 25% 이상을 부담하는 모멘트(연성)골조가 전단벽이나 가새골조와 조합되어 있는 골조방식	전단벽: 휨 변형 / 강접골조: 전단 변형

47 강구조 용접에서 용접 개시점과 종료점에 용착금속에 결함이 없도록 임시로 부착하는 것은?

① 엔드 탭(End Tap) ② 오버 랩(Overlap)
③ 뒷댐재(Backing Strip) ④ 언더 컷(Under Cut)

해설

	엔드 탭(End Tab)	
①	용접 결함 발생을 방지하기 위해 용접의 시단부와 종단부에 임시로 붙이는 보조 강판	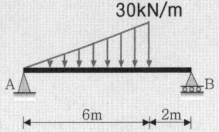

48 그림과 같은 등변분포하중이 작용하는 단순보의 최대 휨모멘트 $M_{\max}$ 는?

① $25\sqrt{3}$ kN · m
② $25\sqrt{2}$ kN · m
③ $90\sqrt{3}$ kN · m
④ $90\sqrt{2}$ kN · m

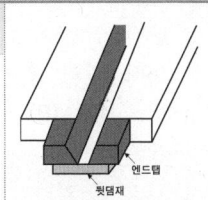

해설

1	$\sum M_B = 0: +(V_A)(8) - \left(\frac{1}{2} \times 30 \times 6\right)\left(2 + 6 \times \frac{1}{3}\right) = 0$ $\therefore V_A = +45\text{kN}(\uparrow)$
2	지점 A로부터 우측으로 x 위치의 분포하중의 크기는 닮음비로부터 $x : q = 6 : 30$ ➡ $q = 5x$
3	$M_x = +(45)(x) - \left(\frac{1}{2}q \cdot x\right) \cdot \frac{x}{3} = +45 \cdot x - \frac{5}{6} \cdot x^3$ 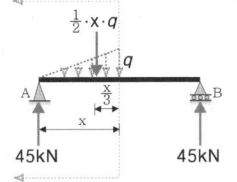
4	전단력이 0인 위치: $V_x = \frac{dM_x}{dx} = +(45) - \left(\frac{15}{6} \cdot x^2\right) = 0 \quad \therefore x = 3\sqrt{2}\text{m}$
5	$M_{\max} = +(45)(3\sqrt{2}) - \left(\frac{5}{6}\right)(3\sqrt{2})^3 = +90\sqrt{2}\text{kN} \cdot \text{m}(\smile)$

해답 45. ② 46. ③ 47. ① 48. ④

49 보의 재질과 단면의 크기가 같을 때 (A)보의 최대 처짐은 (B)보의 몇 배인가?

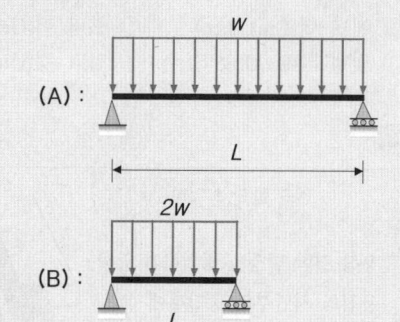

① 2배
② 4배
③ 8배
④ 16배

해설 ③

단순보 전 경간에 등분포하중 작용 시 최대 처짐:

$$\delta_{max} = \frac{5}{384} \cdot \frac{wL^4}{EI}$$

$$\delta_{A,max} = \frac{5}{384} \cdot \frac{wL^4}{EI}, \quad \delta_{B,max} = \frac{5}{384} \cdot \frac{(2w)\left(\frac{L}{2}\right)^4}{EI}$$

$$\delta_{A,max} : \delta_{B,max} = 1 : \frac{1}{8} = 8 : 1$$

50 그림과 같은 원통 단면의 핵반경은?

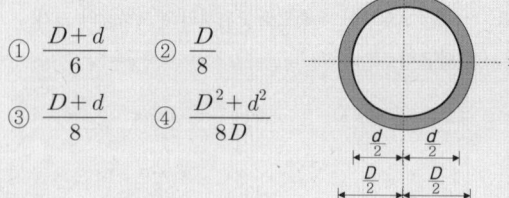

① $\dfrac{D+d}{6}$ ② $\dfrac{D}{8}$
③ $\dfrac{D+d}{8}$ ④ $\dfrac{D^2+d^2}{8D}$

해설 ④

단면계수	$Z = \dfrac{I}{y} = \dfrac{\frac{\pi(D^4-d^4)}{64}}{\frac{D}{2}} = \dfrac{\pi(D^4-d^4)}{32D}$
핵반경	$e = \dfrac{Z}{A} = \dfrac{\frac{\pi(D^4-d^4)}{32D}}{\frac{\pi(D^2-d^2)}{4}} = \dfrac{D^2+d^2}{8D}$

51 파단선 A-B-F-C-D 의 인장재 순단면적은?
(단, 볼트 구멍지름 $d=22\text{mm}$, 인장재 두께는 6mm)

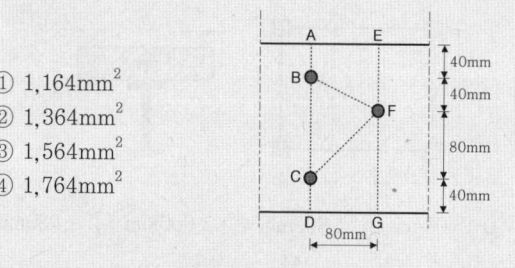

① $1,164\text{mm}^2$
② $1,364\text{mm}^2$
③ $1,564\text{mm}^2$
④ $1,764\text{mm}^2$

해설 ①

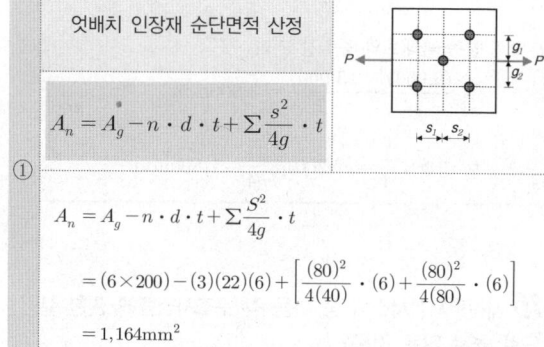

엇배치 인장재 순단면적 산정

$$A_n = A_g - n \cdot d \cdot t + \sum \frac{s^2}{4g} \cdot t$$

$$A_n = A_g - n \cdot d \cdot t + \sum \frac{S^2}{4g} \cdot t$$
$$= (6 \times 200) - (3)(22)(6) + \left[\frac{(80)^2}{4(40)} \cdot (6) + \frac{(80)^2}{4(80)} \cdot (6)\right]$$
$$= 1,164\text{mm}^2$$

52 그림과 같은 독립기초에 $N=480\text{kN}$, $M=96\text{kN}\cdot\text{m}$가 작용할 때 기초 저면에 발생하는 최대 지반반력은?

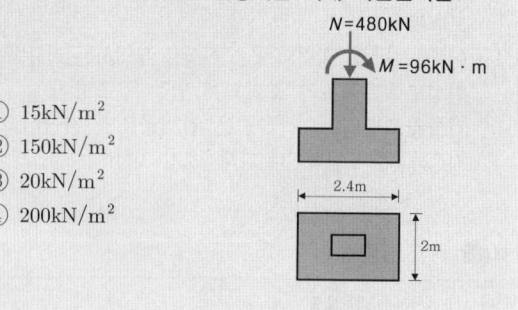

① 15kN/m^2
② 150kN/m^2
③ 20kN/m^2
④ 200kN/m^2

해설 ②

$$\sigma_{max} = -\frac{N}{A} - \frac{M}{Z} = -\frac{(480)}{(2 \times 2.4)} - \frac{(96)}{\frac{(2)(2.4)^2}{6}}$$
$$= -150\text{kN/m}^2 (\text{압축})$$

해답 49. ③ 50. ④ 51. ① 52. ②

53 그림과 같은 트러스에서 a 부재의 부재력은 얼마인가?

① 20kN(인장)
② 30kN(압축)
③ 40kN(인장)
④ 60kN(압축)

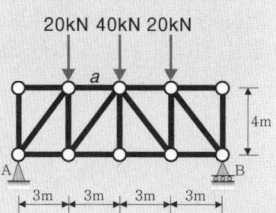

해설

하중과 경간이 좌우 대칭이므로 ∴ $V_A = +40\text{kN}(↑)$

a 부재의 부재력을 구하기 위해 하현 두 번째 절점 ⑦에서 모멘트를 계산한다.

$M_{⑦,Left} = 0: +(40)(3) + (F_a)(4) = 0$

∴ $F_a = -30\text{kN}$ (압축)

②

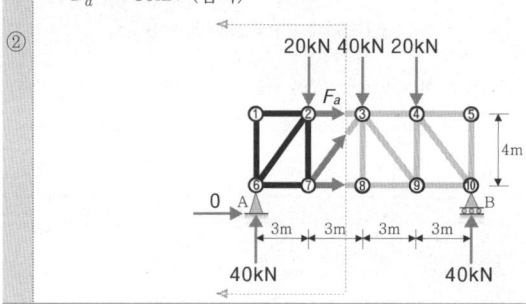

54 철근콘크리트 압축 부재의 철근량 제한 조건에 따라 사각형이나 원형 띠철근으로 둘러싸인 경우 압축 부재의 축방향 주철근의 최소 개수는 얼마인가?

① 2개   ② 3개
③ 4개   ④ 6개

해설

③ (직사각형, 원형) 띠기둥은 주철근의 최소 개수가 4개, 나선기둥의 주철근의 최소 개수는 6개이다.

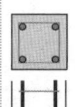 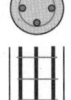 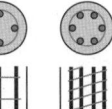

직사각형 띠기둥 / 원형 띠기둥 / 나선기둥

55 그림과 같은 단면에 전단력 40kN이 작용할 때 A점에서의 전단응력은?

① 0.28MPa
② 0.56MPa
③ 0.84MPa
④ 1.12MPa

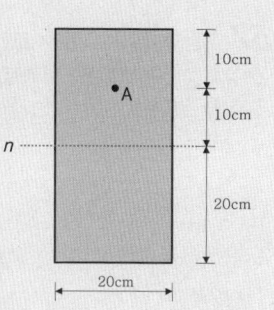

해설

②
I: 중립축에 대한 단면2차모멘트
$$I = \frac{bh^3}{12} = \frac{(200)(400)^3}{12} = 1.066 \times 10^9 \text{mm}^4$$

b: 전단응력을 구하고자 하는 위치의 단면 폭
$b = 200\text{mm}$

V: 전단력, $V = 40\text{kN} = 40 \times 10^3 \text{N}$

Q: 전단응력을 구하고자 하는 외측 단면에 대한 중립축으로부터의 단면1차모멘트
$$Q = (200 \times 100)\left(100 + \frac{100}{2}\right) = 3 \times 10^6 \text{mm}^3$$

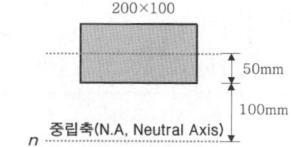

중립축(N.A, Neutral Axis)

$$\tau = \frac{V \cdot Q}{I \cdot b} = \frac{(40 \times 10^3)(3 \times 10^6)}{(1.066 \times 10^9)(200)} = 0.56 \text{N/mm}^2$$

56 강도설계법에서 철근콘크리트 부재 중 콘크리트의 공칭전단강도(V_c)가 40kN, 전단철근에 따른 공칭전단강도(V_s)가 20kN일 때, 이 부재의 설계전단강도(ϕV_n)는? (단, 강도감소계수는 0.75 적용)

① 60kN   ② 58kN   ③ 52kN   ④ 45kN

해설

④
철근콘크리트 보의 전단강도 설계식

$V_u = \phi V_n = \phi(V_c + V_s) = (0.75)[(40) + (20)] = 45\text{kN}$

해답 53. ②   54. ③   55. ②   56. ④

57 그림과 같이 O점에 모멘트가 작용할 때 OB부재와 OC부재에 분배되는 모멘트가 같게 하려면 OC부재의 길이를 얼마로 해야 하는가?

① 3/2 m
② 3 m
③ 2/3 m
④ 9/4 m

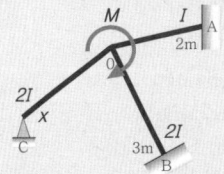

해설

강도($K = \dfrac{I}{L}$) : C지점은 회전단이므로 수정강도계수 $\dfrac{3}{4}$을 적용한다.

$K_{OA} = \dfrac{I}{2}$	$K_{OB} = \dfrac{2I}{3}$	$K_{OC}^R = \dfrac{3}{4}\left(\dfrac{2I}{x}\right) = \dfrac{6I}{4x}$
↓	↓	↓
$6x$	$8x$	18

분배모멘트가 동일하려면 분배율(DF)이 동일하여야 한다.

$DF_{OB} = \dfrac{8x}{6x+8x+18}$ $DF_{OC} = \dfrac{18}{6x+8x+18}$

$DF_{OB} = DF_{OC}$ 이므로

$\dfrac{8x}{6x+8x+18} = \dfrac{18}{6x+8x+18}$ 에서 $x = \dfrac{9}{4}$ m

④

58 철근콘크리트 단순보에서 순간탄성처짐이 0.9mm 이었다면 1년 뒤 이 부재의 총 처짐량을 구하면? (단, 시간경과계수 $\xi = 1.4$, 압축철근비 $\rho' = 0.01071$)

① 1.52mm
② 1.72mm
③ 1.92mm
④ 2.12mm

해설

② 장기처짐계수 : $\lambda_\Delta = \dfrac{\xi}{1+50\rho'} = \dfrac{(1.4)}{1+50(0.01071)} = 0.91175$

장기처짐 = 탄성처짐 × λ_Δ = (0.9)(0.91175) = 0.82mm

총 처짐 = 탄성처짐 + 장기처짐 = (0.9) + (0.82) = 1.72mm

59 지진계에 기록된 진폭을 진원의 깊이와 진앙까지의 거리 등을 고려하여 지수로 나타낸 것으로 장소에 관계없는 절대적 개념의 지진 크기를 말하는 것은?

① 규모
② 진도
③ 진원시
④ 지진동

해설

①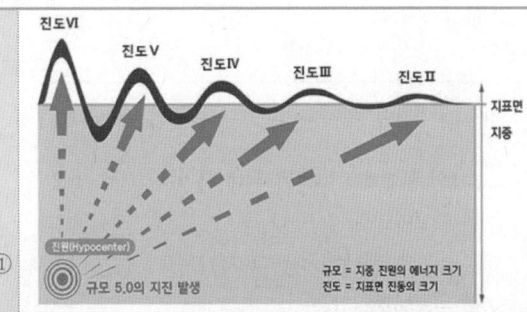

지진(地震)의 『규모(Magnitude)』

각 관측소의 지진계에 기록된 진폭을 진앙까지의 거리나 진원의 깊이 등을 고려하여 지수 형태로 나타낸 것으로써 장소와 무관한 절대적 수치이며 진도에 비해 매우 정밀한 값이다.

60 다음 그림과 같은 필릿용접부의 유효면적은?

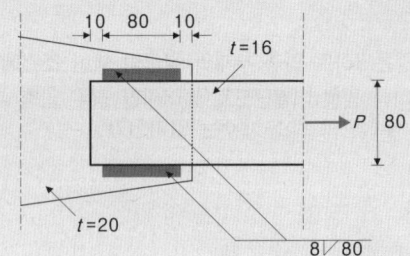

① 614.4mm²
② 691.2mm²
③ 716.8mm²
④ 806.4mm²

해설

③ $A_n = a \cdot L_e \times 2$면 $= 0.7S \times (L-2S) \times 2$면
$= 0.7(8) \times (80 - 2 \times 8) \times 2$면 $= 716.8$mm²

해답   57. ④   58. ②   59. ①   60. ③

건축설비

61 다음과 같은 조건에서 2,000명을 수용하는 극장의 실온을 20℃로 유지하기 위한 필요 환기량은?

【조건】
- 외기 온도: 10℃
- 1인당 발열량(현열): 60W
- 공기의 정압비열=1.01kJ/kg·K
- 공기의 밀도: 1.2kg/m³
- 전등 및 그 밖의 부하는 무시한다.

① 11,110m³/h ② 21,222m³/h
③ 30,444m³/h ④ 35,644m³/h

해설

④ 2,000명의 1시간당 발열량:
2,000명 × 60 J/sec(=W) / 1명 × 3,600 sec/h = 432,000,000 J/h

$Q = \dfrac{2,000명의\ 1시간당\ 발열량}{공기의\ 정압비열 \times 공기의\ 밀도 \times 온도차}$

$= \dfrac{432,000,000}{1.01 \times 1,000 J/kg \cdot K \times 1.2 kg/m^3 \times (20-10)K}$

$= 35,643.6 (m^3/h)$

62 광원으로부터 일정 거리 떨어진 수조면의 조도에 관한 설명으로 옳지 않은 것은?

① 광원의 광도에 비례한다.
② cosθ(입사각)에 비례한다.
③ 거리의 제곱에 반비례한다.
④ 측정점의 반사율에 반비례한다.

해설

④ 조도의 법칙

거리의 역자승 법칙 $E = \dfrac{I}{d^2}$
➡ 조도 E는 광도(I)에 비례하고 거리(d)의 제곱에 반비례한다.
빛의 cos 법칙 $E = \dfrac{I}{d^2} \cdot \cos\theta$
➡ 조도 E는 입사각(θ)에 비례한다.

63 화재안전기준에 따라 소화기구를 설치하여야 하는 특정소방대상물의 연면적 기준은?

① 10m² 이상 ② 25m² 이상
③ 33m² 이상 ④ 50m² 이상

해설

③

소화기구를 설치하여야 하는 특정소방대상물
1	소화기 또는 간이소화용구를 설치하여야 하는 다음의 어느 하나에 해당하는 것. 다만, 노유자시설의 경우에는 투척용 소화용구 등을 화재안전기준에 따라 산정된 소화기 수량의 2분의 1 이상으로 설치할 수 있다. ① 연면적 33m² 이상인 것 ② ①에 해당하지 않는 시설로서 지정문화재 및 가스시설 ③ 터널
2	주방용 자동소화장치를 설치하여야 하는 것: 아파트 및 30층 이상 오피스텔의 모든 층

64 다음과 같은 공식을 통해 산출되는 값으로 전기설비가 어느 정도 유효하게 사용되는가를 나타내는 것은?

$$\dfrac{부하의\ 평균전력}{최대수용전력} \times 100(\%)$$

① 부하율 ② 역률
③ 부등률 ④ 수용률

해설

②	역률(Power Factor): 교류회로에 전력을 공급할 때의 유효전력과 피상전력과의 비율
③	부등률 = $\dfrac{각\ 부하의\ 최대수용전력\ 합계(kW)}{합계부하의\ 최대수용전력(kW)} \times 100(\%)$
④	수용률 = $\dfrac{최대수용전력(kW)}{부하설비용량(kW)} \times 100(\%)$

해답 61. ④ 62. ④ 63. ③ 64. ①

65 플러시 밸브식 대변기에 관한 설명으로 옳은 것은?

① 대변기의 연속 사용이 가능하다.
② 급수 관경과 급수 압력에 제한이 없다.
③ 우리나라에서는 일반 주택을 중심으로 널리 채용되고 있다.
④ 탱크에 저장된 물의 낙차에 따른 수압으로 대변기를 세척하는 방식이다.

해설

②	급수 관경은 최소 25mm, 급수 압력은 최저 0.07MPa을 필요로 한다.	
③	일반 주택에서는 사용이 곤란하며 학교, 호텔, 사무소 등의 건축물에 적합하다.	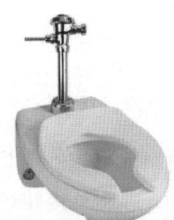 세정 밸브식 (Flush Valve System)
④	하이탱크식(High Tank System)에 관한 설명이다.	

66 급탕설비 중 개별식 급탕방식에 관한 설명으로 옳지 않은 것은?

① 배관길이가 길어 배관 중의 열손실이 크다.
② 건물 완공 후에도 급탕 개소의 증설이 비교적 쉽다.
③ 급탕 개소마다 가열기의 설치 스페이스가 필요하다.
④ 용도에 따라 필요한 개소에서 필요한 온도의 탕을 비교적 간단하게 얻을 수 있다.

해설

	개별식(=국소식) 급탕방식	
①	순간온수기와 같이 온수가 필요한 곳에서 바로 만들어 쓰는 급탕방식으로 배관설비 거리가 짧고 배관 중의 열손실이 적다.	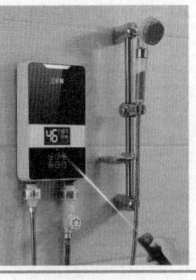

67 음의 세기가 10^{-9} W/m² 일 때 음의 세기 레벨은? (단, 기준 음의 세기 $I_0 = 10^{-12}$ W/m² 이다.)

① 3 dB
② 30 dB
③ 0.3 dB
④ 0.03 dB

해설

②	음의 세기 레벨 (dB)	$10\log\dfrac{I}{I_0} = 10\log\dfrac{10^{-9}}{10^{-12}} = 10\log 10^3 = 30 dB$

68 공기조화방식 중 2중덕트 방식에 관한 설명으로 옳지 않은 것은?

① 전공기 방식에 속한다.
② 냉·온풍의 혼합으로 인한 혼합손실이 있어 에너지 소비량이 많다.
③ 단일덕트 방식에 비해 덕트 샤프트 및 덕트 스페이스를 크게 차지한다.
④ 부하 특성이 다른 여러 개의 실이나 존이 있는 건물에는 적용할 수 없다.

해설

	2중덕트 방식 (Dual Duct System)	
④	냉풍과 온풍을 각각의 덕트로 보낸 후 말단의 혼합상자에서 냉·온풍을 열부하에 알맞은 비율로 혼합하여 각 실에 송풍하는 전공기방식의 에너지 다소비형 공조방식	
	부하 특성이 다른 여러 개의 실(Room)이나 각 존(Zone)별로 온·습도의 개별 제어가 가능하다.	

해답 65. ① 66. ① 67. ② 68. ④

69 다음과 같은 특징을 갖는 간선 배선 방식은?

- 사고 발생 때 타부하에 파급 효과를 최소한으로 억제할 수 있어 다른 부하에 영향을 미치지 않는다.
- 경제적이지 못하다.

① 평행식 ② 나뭇가지식
③ 네트워크식 ④ 나뭇가지 평행 병용식

해설

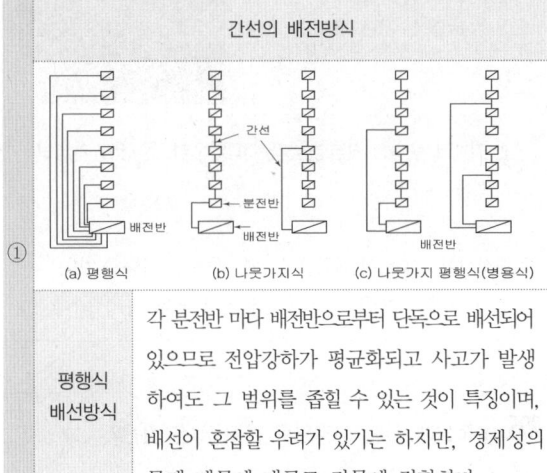

①	평행식 배선방식	각 분전반 마다 배전반으로부터 단독으로 배선되어 있으므로 전압강하가 평균화되고 사고가 발생하여도 그 범위를 좁힐 수 있는 것이 특징이며, 배선이 혼잡할 우려가 있기는 하지만, 경제성의 문제 때문에 대규모 건물에 적합하다.

70 압축식 냉동기의 냉동사이클로 옳은 것은?

① 압축 ➡ 응축 ➡ 팽창 ➡ 증발
② 압축 ➡ 팽창 ➡ 응축 ➡ 증발
③ 응축 ➡ 증발 ➡ 팽창 ➡ 압축
④ 팽창 ➡ 증발 ➡ 응축 ➡ 압축

해설

① 압축식 냉동기는 전기에 따른 기계적에너지로 냉동하는 것이 기본 원리이며, 구동에너지가 전기이므로 전력 소비가 많다.

압축식 냉동기의 냉동 사이클
압축기 ➡ 응축기 ➡ 팽창밸브 ➡ 증발기

71 온수난방과 비교한 증기난방의 설명으로 옳은 것은?

① 예열시간이 길다.
② 한랭지에서 동결의 우려가 있다.
③ 부하 변동에 따른 방열량 제어가 용이하다.
④ 열매온도가 높으므로 방열기의 방열면적이 작아진다.

해설

①	온수난방에 비해 증기난방은 예열시간이 짧다.	
②	온수난방에 비해 증기난방은 한랭지에서 동결의 우려가 적다.	
③	온수난방에 비해 증기난방은 부하 변동에 따른 방열량 제어가 곤란하다.	

72 바닥면적이 50[m²]인 사무실이 있다. 32[W] 형광등 20개를 균등하게 배치할 때 사무실의 평균 조도는? (단, 형광등 1개의 광속은 3,300[lm], 조명률은 0.5, 보수율은 0.76 이다.)

① 약 350[lx]   ② 약 400[lx]
③ 약 450[lx]   ④ 약 500[lx]

해설

광속법에 따른 조도(E)

$$F \cdot N \cdot U = E \cdot A \cdot D \Rightarrow E = \frac{F \cdot N \cdot U}{A \cdot D} = \frac{F \cdot N \cdot U \cdot M}{A}$$

- N : 광원의 개수
- E : 작업면의 조도(lx)
- A : 실의 면적(m²)
- F : 사용 광원 1개의 광속(lm)
- D : 감광보상률
- U : 조명률
- M : 유지율, 보수율, 빛 손실계수($=\frac{1}{D}$)

$$E = \frac{F \cdot N \cdot U \cdot M}{A} = \frac{(3,300)(20)(0.5)(0.76)}{(50)} = 501.6[lx]$$

해답 69. ①　70. ①　71. ④　72. ④

4 바이블 연도별 기출문제

73 배수트랩에서 봉수 깊이에 관한 설명으로 옳지 않은 것은?

① 봉수 깊이는 50~100mm로 하는 것이 보통이다.
② 봉수 깊이가 너무 낮으면 봉수를 손실하기 쉽다.
③ 봉수 깊이를 너무 깊게 하면 통수능력이 감소된다.
④ 봉수 깊이를 너무 깊게 하면 유수의 저항이 감소된다.

해설

 P Trap S Trap U Trap

수봉(水封)식 트랩, 사이펀(Siphon)식 트랩

④ 설치 목적: 배수관 속의 악취, 유독가스 및 벌레 침투 방지를 위해 봉수를 고이게 하는 기구

봉수 깊이를 너무 깊게 하면 유수의 저항이 증가되어 통수 능력이 감소되므로 트랩의 봉수 깊이는 50~100mm 정도를 유지한다.

74 카(Car)가 최상층이나 최하층에서 정상 운행위치를 벗어나 그 이상으로 운행하는 것을 방지하는 엘리베이터 안전장치는?

① 완충기
② 가이드 레일
③ 리미트 스위치
④ 카운터 웨이트

해설

리미트 스위치(Limit Switch)

③ 종점스위치가 고장 났을 때 엘리베이터를 최상층이나 최하층에서 멈추게 하는 안전장치이다.

75 전기설비에서 경질비닐관 공사에 관한 설명으로 옳은 것은?

① 절연성과 내식성이 강하다.
② 자성체이며 금속관보다 시공이 어렵다.
③ 온도 변화에 따라 기계적 강도가 변하지 않는다.
④ 부식성 가스가 발생하는 곳에는 사용할 수 없다.

해설

경질비닐관
(=합성수지관, PVC관)

① 관 자체가 우수한 절연성을 가지고 있으며, 중량이 가볍고 시공이 용이하다.

내식성이 우수하여 화학공장 등에 사용이 가능하지만, 열에 약하고 기계적 강도가 낮은 것이 결점이다.

76 변전실에 관한 설명으로 옳지 않은 것은?

① 부하의 중심에 설치한다.
② 외부로부터 전력의 수전이 용이해야 한다.
③ 발전기실과 가능한 한 거리를 두고 설치한다.
④ 간선의 배선과 점검·유지보수가 용이한 장소에 설치한다.

해설

변전실

③ 수변전실은 수변전 관련 설비실(발전기실, 축전지실, 무정전 전원장치실 등)이 있는 경우 가능한 한 이와 인접되어야 하며, 최소 얼마 이상 이격하라는 전기설비설계 기준은 없다.

해답 73. ④ 74. ③ 75. ① 76. ③

77 환기에 관한 설명으로 옳지 않은 것은?

① 화장실은 송풍기(급기팬)와 배풍기(배기팬)를 설치하는 것이 일반적이다.
② 기밀성이 높은 주택의 경우 잦은 기계환기를 통해 실내공기의 오염을 낮추는 것이 바람직하다.
③ 병원의 수술실은 오염공기가 실내로 들어오는 것을 방지하기 위해 실내압력을 주변 공간보다 높게 설정한다.
④ 공기의 오염농도가 높은 도로에 면해 있는 건물의 경우, 공기조화설비 계통의 외기 도입구를 가급적 높은 위치에 설치한다.

해설

구분	급기	배기	실내압력	용도
제1종 환기	송풍기	송풍기	대기압	기계실, 전기실
제2종 환기	송풍기	자연	정압	공기청정실
제3종 환기	자연	송풍기	부압	주방, 화장실, 유해가스 발생장소

78 급탕설비에서 온수 순환 펌프로 주로 이용되는 것은?

① 사류 펌프
② 원심식 펌프
③ 왕복식 펌프
④ 회전식 펌프

해설

② 온수 순환 펌프처럼 양정이 낮은 순환용 펌프로는 원심식 펌프 중 단단 볼류트 펌프 또는 라인 펌프 등이 주로 사용된다.

79 다음 중 지역난방에 적용하기에 가장 적합한 보일러는?

① 수관보일러
② 관류보일러
③ 입형보일러
④ 주철제보일러

해설

수관(水管) 보일러
(Water Tube Boiler)

①
1. 수관 보일러는 사용 압력이 연관식보다 높고, 설치면적은 연관식보다 넓다.
2. 수관 보일러는 다량의 고압증기를 필요로 하는 병원이나 호텔, 지역난방의 대형 원심냉동기 구동을 위한 증기터빈용으로 사용된다.

80 액화천연가스(LNG)에 관한 설명으로 옳지 않은 것은?

① 메탄이 주성분이다.
② 무공해, 무독성이다.
③ 비중이 공기보다 크다.
④ 일반적으로 배관을 통해 공급한다.

해설

액화천연가스
Liquefied
Natural
Gas

③ 메탄이 주성분인 천연가스를 영하 161℃의 초저온으로 냉각하여 액화시킨 것으로 공기보다 가볍다. 천연가스를 액화하면 부피의 1/600 수준으로 줄일 수 있어 저장이나 운반이 쉽다.

해답 77. ① 78. ② 79. ① 80. ③

건축법규

81 건축물의 관람실 또는 집회실로부터 바깥쪽으로의 출구로 쓰이는 문을 안여닫이로 하여서는 아니 되는 건축물은?

① 위락시설
② 수련시설
③ 문화 및 집회시설 중 전시장
④ 문화 및 집회시설 중 동·식물원

해설

관람실 등으로부터의 출구의 안여닫이 금지		
	1	문화 및 집회시설(전시장, 동·식물원 제외)
	2	300m² 이상인 공연장 및 종교집회장, 장례시설, 위락시설
①	바닥면적 300m² 이상의 공연장 관람실 개별 출구 설치 기준	
	1	각 출구의 유효너비 1.5m 이상, 관람실별 2개소 이상
	2	개별 관람석 출구의 유효너비 합계 $\dfrac{\text{바닥면적합계}}{100} \times 0.6\text{m}$ 이상

82 다음은 대지의 조경에 관한 기준 내용이다. ( ) 안에 알맞은 것은?

면적이 ( ) 이상인 대지에 건축을 하는 건축주는 용도지역 및 건축물의 규모에 따라 해당 지방자치단체의 조례로 정하는 기준에 따라 대지에 조경이나 그 밖에 필요한 조치를 하여야 한다.

① 100m² ② 200m²
③ 300m² ④ 500m²

해설

② 면적 200m² 이상인 대지에 건축물을 건축하는 경우 조례가 정하는 기준에 따라 조경 등 필요한 조치를 하는 것을 원칙으로 한다.

83 노외주차장에 설치하는 부대시설의 총 면적은 주차장 총 시설면적의 최대 얼마를 초과하여서는 아니 되는가?

① 5% ② 10% ③ 20% ④ 30%

해설

노외주차장에 설치할 수 있는 부대시설의 총면적은 다음과 같은 주차장 총 시설면적의 20%를 초과하여서는 아니 된다.

	1	관리사무소·휴게소 및 공중변소
	2	간이매점 및 자동차의 장식품판매점 및 전기자동차 충전시설
③	3	「석유 및 석유대체연료 사업법 시행령」에 따른 주유소(특별시장·광역시장, 시장·군수 또는 구청장이 설치한 노외주차장만 해당함)
	4	노외주차장의 관리·운영상 필요한 편의시설
	5	시·군 또는 구(자치구)의 조례가 정하는 이용자의 편의시설

84 노외주차장에 설치하여야 하는 차로의 최소 너비가 가장 작은 주차 형식은? (단, 출입구가 2개 이상이며, 이륜자동차전용 외의 노외주차장의 경우)

① 평행주차 ② 교차주차
③ 직각주차 ④ 45도 대향주차

해설

노외주차장 주차 형식과 차로의 폭

주차형식	차로의 폭	
	출입구 2개 이상	출입구 1개
평행주차	3.3m	5.0m
45° 대향주차	3.5m	5.0m
교차주차	3.5m	5.0m
60° 대향주차	4.5m	5.5m
직각주차	6.0m	6.0m

해답 81. ① 82. ② 83. ③ 84. ①

85 국토교통부령으로 정하는 바에 따라 방화구조로 하거나 불연재료로 하여야 하는 목조 건축물의 최소 연면적 기준은?

① 500m² 이상
② 1,000m² 이상
③ 1,500m² 이상
④ 2,000m² 이상

해설

②

	대규모 건축물의 방화벽 등의 구획 기준
1	연면적 1,000m² 이상의 목조 건축물: 지붕(불연재료), 외벽 및 처마(방화구조)
2	연면적 1,000m² 이상 건축물은 바닥면적 1,000m² 미만마다 방화벽으로 구획
3	예외: 주요구조부가 내화구조 또는 불연재료로 된 것, 단독주택(다중주택·다가구주택 제외), 창고, 동·식물 관련시설, 교도소, 감화원, 발전시설, 묘지관련 시설(화장시설 제외)

86 거실의 반자 설치와 관련된 기준 내용 중 ( )안에 들어갈 수 있는 건축물의 용도는?

( )의 용도에 쓰이는 건축물의 관람실 또는 집회실로서 그 바닥면적이 200제곱미터 이상인 것의 반자의 높이는 4m(노대의 아래 부분의 높이는 2.7m)이상이어야 한다. 다만, 기계환기장치를 설치하는 경우에는 그렇지 않다.

① 장례식장
② 교육 및 연구시설
③ 문화 및 집회시설 중 동물원
④ 문화 및 집회시설 중 전시장

해설

① 거실의 반자높이는 2.1m 이상으로 하여야 한다. 다만, 문화 및 집회시설(전시장 및 동·식물원 제외), 종교시설, 장례시설, 유흥주점을 위한 용도로서 바닥면적의 합계가 200m² 이상일 경우 반자높이를 4m(노대 아래 부분의 높이는 2.7m) 이상으로 하여야 한다.

87 건축물의 건축 시 허가대상 건축물이라 하더라도 미리 특별자치시장·특별자치도지사 또는 시장·군수·구청장에게 국토교통부령으로 정하는 바에 따라 신고를 하면 건축허가를 받은 것으로 보는 소규모 건축물의 연면적 기준은?

① 연면적의 합계가 100m² 이하인 건축물
② 연면적의 합계가 150m² 이하인 건축물
③ 연면적의 합계가 200m² 이하인 건축물
④ 연면적의 합계가 300m² 이하인 건축물

해설

①

	신고를 하면 건축허가를 받은 것으로 보는 소규모 건축물
1	연면적 200m² 미만이고 3층 미만인 건축물의 대수선
2	바닥면적 합계가 85m² 이내의 증축·개축·재축의 경우가 허가대상 건축물이라도 신고함으로서 건축허가를 받은 것으로 본다.
3	소규모 건축물로서 연면적 합계 100m² 이하인 건축물

88 광역도시계획의 수립권자 기준에 대한 내용으로 틀린 것은?

① 광역계획권이 같은 도의 관할 구역에 속하여 있는 경우, 관할 시장 또는 군수가 공동으로 수립한다.
② 국가계획과 관련된 광역도시계획의 수립이 필요한 경우 국토교통부장관이 수립한다.
③ 광역계획권을 지정한 날로부터 2년이 지날 때까지 관할 시장 또는 군수로부터 광역도시계획의 승인 신청이 없는 경우 국토교통부장관이 수립한다.
④ 광역계획권이 둘 이상의 시·도의 관할 구역에 걸쳐 있는 경우, 관할 시·도지사가 공동으로 수립한다.

해설

③ 광역계획권을 지정한 날로부터 3년이 지날 때까지 관할 시장 또는 도지사로부터 광역도시계획의 승인신청이 없는 경우 국토교통부장관이 수립한다.

해답 85. ② 86. ① 87. ① 88. ③

89 지구단위계획 중 관계 행정기관의 장과의 협의, 국토교통부장관과의 협의 및 중앙도시계획위원회·지방도시계획위원회 또는 공동위원회의 심의를 거치지 않고 변경할 수 있는 사항에 관한 기준 내용으로 옳은 것은?

① 건축선의 2m 이내의 변경인 경우
② 획지면적의 30% 이내의 변경인 경우
③ 가구면적의 20% 이내의 변경인 경우
④ 건축물 높이의 30% 이내의 변경인 경우

해설

②		다음과 같은 경미한 지구단위계획의 변경에 관한 사항은 협의 및 심의절차를 생략할 수 있다.
	1	가구면적 10% 이내의 변경
	2	건축물 높이 20% 이내의 변경
	3	획지면적 30% 이내의 변경
	4	건축선의 1m 이내의 변경

90 공동주택과 오피스텔의 난방설비를 개별난방방식으로 하는 경우에 관한 기준 내용으로 틀린 것은?

① 보일러의 연도는 내화구조로서 공동연도로 설치할 것
② 보일러실의 위 부분에는 그 면적이 $0.5m^2$ 이상인 환기창을 설치할 것
③ 오피스텔의 경우에는 난방구획을 방화구획으로 구획할 것
④ 보일러는 거실 외의 곳에 설치하되, 보일러를 설치하는 곳과 거실 사이의 경계벽은 출입구를 제외하고는 방화구조의 벽으로 구획할 것

해설

④	보일러는 거실 외의 곳에 설치하되, 보일러를 설치하는 곳과 거실 사이의 경계벽은 출입구를 제외하고는 내화구조의 벽으로 구획할 것

91 대형건축물의 건축허가 사전승인신청 시 제출 도서의 종류 중 설계설명서에 표시하여야 할 사항이 아닌 것은?

① 공사개요
② 개략공정계획
③ 교통처리계획
④ 각부 구조계획

해설

④		대형건축물의 건축허가 사전승인신청서 제출 도서 중 설계설명서에 표시하여야 할 사항
	1	공사개요, 사전조사사항
	2	건축계획: 배치·평면·입면·동선계획, 조경계획, 주차계획 및 교통처리계획
	3	시공방법, 개략공정계획, 주요설비계획
	4	주요 자재 사용계획 및 그 밖의 필요한 사항

92 주거에 쓰이는 바닥면적의 합계가 200제곱미터인 주거용 건축물에 설치하는 음용수용 급수관의 최소 지름 기준은?

① 25mm
② 32mm
③ 40mm
④ 50mm

해설

주거면적에 따른 가구 수	가구 또는 세대 수	급수관 지름의 최소 기준(mm)
	1	15
바닥면적 $85m^2$ 이하: 1가구	2~3	20
$85m^2$ 초과 $150m^2$ 이하: 3가구	4~5	25
$150m^2$ 초과 $300m^2$ 이하: 5가구	6~8	32
$300m^2$ 초과 $500m^2$ 이하: 16가구	9~16	40
바닥면적 $500m^2$ 초과: 17가구	17 이상	50

해답 89. ② 90. ④ 91. ④ 92. ①

93
건축법령상 건축물의 대지에 공개공지 또는 공개공간을 확보하여야 하는 대상 건축물에 해당하지 않는 것은? (단, 해당 용도로 쓰는 바닥면적의 합계가 5,000m²인 건축물의 경우로, 건축조례로 정하는 다중이 이용하는 시설의 경우는 고려하지 않는다.)

① 종교시설
② 업무시설
③ 숙박시설
④ 교육연구시설

해설

④

공개공지 확보 대상		
대상 지역	(1) 일반주거지역 · 준주거 지역		
	(2) 상업지역 · 준공업지역		
	(3) 특별자치시장 · 특별자치도지사 · 시장 · 군수 · 구청장이 도시화 가능성이 크다고 인정하여 지정 · 공고하는 지역		
규모	용도 바닥면적 합계 5,000m² 이상		
용도	• 문화 및 집회시설	• 판매시설 (농수산물 유통시설 제외)	
	• 종교시설	• 운수시설 (여객용 시설만 해당)	
	• 업무시설	• 숙박시설	

94
국토의 계획 및 이용에 관한 법령상 건폐율의 최대 한도가 가장 높은 용도지역은?

① 준주거지역
② 생산관리지역
③ 중심상업지역
④ 전용공업지역

해설

③

지역별 건폐율의 최대 한도	
(보전·생산·자연) 녹지지역: 20% 이하	
제1종 및 제2종 전용주거지역: 50% 이하	70% 이하
제1종 및 제2종 일반주거지역: 60% 이하	
제3종 일반주거지역: 50% 이하	
준주거지역: 70% 이하	
(전용·일반·준) 공업지역: 70% 이하	
중심상업지역: 90% 이하	90% 이하
일반상업지역 및 유통상업지역: 80% 이하	
근린상업지역: 70% 이하	

95
중고층주택을 중심으로 편리한 주거환경을 조성하기 위하여 지정하는 용도지역은?

① 제1종 일반주거지역
② 제2종 일반주거지역
③ 제3종 일반주거지역
④ 제4종 일반주거지역

해설

③

전용주거지역(양호한 주거환경의 보호)	
1종	단독주택 중심의 양호한 주거환경을 보호
2종	공동주택 중심의 양호한 주거환경을 보호
일반주거지역(편리한 주거환경의 조성)	
1종	저층주택을 중심으로 편리한 주거환경을 조성
2종	중층주택을 중심으로 편리한 주거환경을 조성
3종	중·고층주택을 중심으로 편리한 주거환경을 조성
준주거지역	
주거기능을 위주로 이를 지원하는 일부 상업기능 및 업무기능을 보완하기 위하여 필요한 지역	

96
대지의 분할 제한과 관련된 아래 내용에서, 밑줄 친 부분에 해당하는 규모 기준이 틀린 것은?

건축물이 있는 대지는 <u>대통령령으로 정하는 범위</u>에서 해당 지방자치단체의 조례로 정하는 면적에 못 미치게 분할할 수 없다.

① 주거지역: 60m² 이상
② 상업지역: 100m² 이상
③ 공업지역: 150m² 이상
④ 녹지지역: 200m² 이상

해설

②

건축물의 대지는 다음의 규정에 미달되게 분할할 수 없다.
- 대지와 도로와의 관계, 대지 안의 공지
- 건축물의 건폐율, 건축물의 용적률, 건축물의 높이 제한
- 일조 등의 확보를 위한 건축물의 높이 제한

용도 지역	주거지역	상업지역	공업지역	녹지지역	기타지역
분할 규모	60m² 이상	150m² 이상	150m² 이상	200m² 이상	60m² 이상

해답 93. ④ 94. ③ 95. ③ 96. ②

97 일조 등의 확보를 위한 건축물의 높이 제한 기준 중 ㉠과 ㉡에 해당하는 내용이 옳은 것은?

> 전용주거지역이나 일반주거지역에서 건축물을 건축하는 경우에는 건축물의 각 부분을 정북(正北)방향으로의 인접 대지경계선으로부터 다음 각 호의 범위에서 건축조례로 정하는 거리 이상을 띄어 건축하여야 한다.
> 1. 높이 10미터 이하인 부분: 인접 대지경계선으로부터 (㉠) 이상
> 2. 높이 10미터를 초과하는 부분: 인접 대지경계선으로부터 해당 건축물 각 부분 높이의 (㉡) 이상

① ㉠ 1m
② ㉠ 1.5m
③ ㉡ 3분의 1
④ ㉡ 3분의 2

해설

일조 등의 확보를 위한 건축물의 높이 제한		
대상	전용주거지역 및 일반주거지역	
적용 기준	이격거리의 기준(조례로 정함)	
	1	높이 10m 이하인 부분 1.5m 이상
	2	높이 10m를 초과하는 부분 인접대지경계선으로부터 해당 건축물의 각 부분의 높이의 1/2 이상
예외	건축물의 미관 향상을 위해 너비 20m 이상의 도로로서 건축조례가 정하는 도로에 접한 대지 (도로와 대지의 사이에 도시계획시설인 완충녹지가 있는 경우에는 그 대지를 포함)	

98 비상용승강기 승강장의 바닥면적은 비상용승강기 1대에 대하여 최소 얼마 이상으로 하여야 하는가? (단, 옥내 승강장인 경우)

① 3㎡ ② 4㎡ ③ 5㎡ ④ 6㎡

해설

④ 옥내 승강장의 바닥면적은 비상용승강기 1대에 대하여 6㎡ 이상으로 할 것

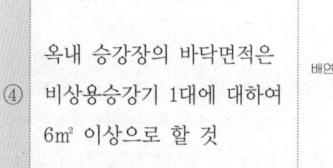

99 건축물 관련 건축 기준의 허용오차 범위 기준이 2% 이내가 아닌 것은?

① 출구너비
② 반자높이
③ 평면길이
④ 벽체두께

해설

④

건축물 관련 건축 기준의 허용 오차	
항목	허용되는 오차의 범위
건축물 높이	1m를 초과할 수 없다.
출구 너비	2% 이내 —
반자 높이	—
평면 길이	• 건축물 전체길이는 1m를 초과할 수 없다. • 벽으로 구획된 각 실은 10cm를 초과할 수 없다.
벽체 두께	3% 이내
바닥판 두께	

100 다음 중 승용승강기를 가장 많이 설치해야 하는 건축물의 용도는? (단, 6층 이상의 거실면적의 합계가 10,000㎡ 이며, 8인승 승강기를 설치하는 경우)

① 의료시설
② 위락시설
③ 숙박시설
④ 공동주택

해설

승용승강기 설치 건축물의 용도	3,000㎡	
	이하	초과
① • 문화 및 집회시설 중 공연장·집회장·관람장 • 판매시설 • 의료시설	2대	$2대 + \dfrac{A-3,000(㎡)}{2,000(㎡)}$대
• 전시장, 동·식물원 • 업무시설, 위락시설, 숙박시설	1대	$1대 + \dfrac{A-3,000(㎡)}{2,000(㎡)}$대
• 공동주택 • 교육연구 및 복지시설 • 그 밖의 시설	1대	$1대 + \dfrac{A-3,000(㎡)}{3,000(㎡)}$대

➡ 의료시설 〉 위락시설, 숙박시설 〉 공동주택

해답 97. ② 98. ④ 99. ④ 100. ①

건축계획

1 주택의 부엌 작업대 배치유형 중 ㄷ자형에 관한 설명으로 옳은 것은?

① 두 벽면을 따라 작업이 전개되는 전통적인 형태이다.
② 평면계획상 외부로 통하는 출입구의 설치가 곤란하다.
③ 작업동선이 길고 조리면적은 좁지만 다수의 인원이 함께 작업할 수 있다.
④ 가장 간결하고 기본적인 설계 형태로 길이가 4.5m 이상이 되면 동선이 비효율적이다.

해설

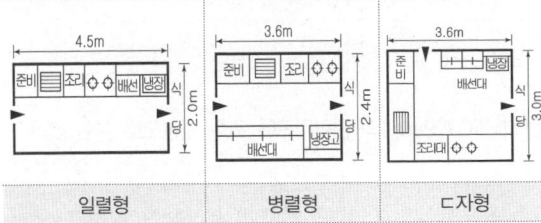

| 일렬형 | 병렬형 | ㄷ자형 |

① 병렬형에 대한 특징이다.
③ 일렬형에 대한 특징이다.
④ 일렬형에 대한 특징이다.

2 호텔에 관한 설명으로 옳지 않은 것은?

① 커머셜 호텔은 일반적으로 고밀도의 고층형이다.
② 터미널 호텔에는 공항 호텔, 부두 호텔, 철도역 호텔 등이 있다.
③ 리조트 호텔의 건축 형식은 주변 조건에 따라 자유롭게 이루어진다.
④ 레지던셜 호텔은 여행자의 장기간 체재에 적합한 호텔로서, 각 객실에는 주방 설비를 갖추고 있다.

해설

④ 레지덴셜(Residential)호텔은 단기체재 여행자용 호텔이며, 아파트먼트(Apartment) 호텔에 대한 설명이다.

3 다음이 설명하는 공장건축 레이아웃(Lay-Out) 형식은?

- 생산에 필요한 모든 공정과 기계류를 제품의 흐름에 따라 배치하는 형식이다.
- 대량생산에 유리하며 생산성이 높다.

① 혼성식 레이아웃   ② 고정식 레이아웃
③ 제품중심 레이아웃 ④ 공정중심 레이아웃

해설

③ 연속작업식인 제품중심 레이아웃에 대한 설명이다.

4 주심포 형식에 관한 설명으로 옳지 않은 것은?

① 공포를 기둥 위에만 배열한 형식이다.
② 장혀는 긴 것을 사용하고 평방이 사용된다.
③ 봉정사 극락전, 수덕사 대웅전 등에서 볼 수 있다.
④ 맞배지붕이 대부분이며 천장을 특별히 가설하지 않아 서까래가 노출되어 보인다.

해설

②
|  |  |
| 주심포식(무위사 극락전) | 다포식(봉정사 대웅전) |

| 1 | 장혀: 도리를 받쳐 도리와 같이 하중을 받는 부재 |
| 2 | 주심포 형식은 평방 부재가 없으며, 단장혀(=짧은 장혀)를 사용한 특징을 보인다. |

해답 1. ② 2. ④ 3. ③ 4. ②

1 바이블 연도별 기출문제

5 다음 설명에 알맞은 사무소 건축의 코어 유형은?

- 코어를 업무공간에서 분리시킨 관계로 업무공간의 융통성이 매우 높은 유형이다.
- 설비 덕트나 배관을 코어로부터 업무공간으로 연결하는데 제약이 많다.

① 외코어형 ② 편단코어형
③ 양단코어형 ④ 중앙코어형

해설

① 외코어형에 대한 설명으로 독립코어형이라고도 한다.

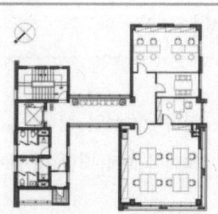

6 건축계획단계에서의 조사방법에 관한 설명으로 옳지 않은 것은?

① 설문조사를 통하여 생활과 공간간의 대응관계를 규명하는 것은 생활행동 행위의 관찰에 해당된다.
② 이용 상황이 명확하게 기록되어 있는 시설의 자료 등을 활용하는 것은 기존 자료를 통한 조사에 해당된다.
③ 건물의 이용자를 대상으로 설문을 작성하여 조사하는 방식은 생활과 공간의 대응관계 분석에 유효하다.
④ 주거단지에서 어린이들의 행동특성을 조사하기 위해서는 생활행동 행위 관찰 방식이 일반적으로 가장 적절한 방법이다.

해설

① 설문조사를 통하여 어떠한 관계를 규명했다면 설문지법, 설문조사법에 해당한다.

7 학교 운영방식에 관한 설명으로 옳지 않은 것은?

① 종합교실형은 교실의 이용률이 높지만 순수율은 낮다.
② 일반교실 및 특별교실형은 우리나라 중학교에서 주로 사용되는 방식이다.
③ 교과교실형에서는 모든 교실이 특정 교과를 위해 만들어지고, 일반교실이 없다.
④ 플래툰형은 학년과 학급을 없애고 학생들은 각자의 능력에 따라 교과를 선택하고 일정한 교과가 끝나면 졸업을 한다.

해설

④ 달톤형(Dalton Type)에 대한 설명으로 우리나라에서는 사설(입시)학원, 직업학교 등에서 채택된다.

8 페리(C.A.Perry)의 근린주구에 관한 설명으로 틀린 것은?

① 경계: 4면의 간선도로에 의해 구획
② 공공시설용지: 지구 전체에 분산하여 배치
③ 오픈 스페이스: 주민의 일상생활 요구를 충족시키기 위한 소공원과 위락공간체계
④ 지구 내 가로체계: 내부 가로망은 단지 내의 교통량을 원활히 처리하고 통과 교통을 방지

해설 근린주구를 구성하기 위한 6가지 계획원리

(1)	규모 (Size)	하나의 초등학교가 필요하게 되는 인구에 대응하는 규모
(2)	경계 (Boundary)	통과교통이 내부를 관통하지 않고 용이하게 우회할 수 있도록 충분한 폭의 간선도로에 의해 구획
(3)	오픈스페이스 (Open Space)	개개의 근린주구의 요구에 부합되도록 전체면적 10% 정도의 계획된 소공원과 위락공간의 체계
(4)	공공건축물 (Institution)	단지의 경계와 일치하는 서비스구역을 갖는 학교나 공공건축용지는 근린주구의 중심 위치에 적절히 통합
(5)	근린 점포 (Local Shop)	주민들에게 서비스를 제공할 수 있는 1~2개소 이상의 상점지구가 교통의 결절점에 위치
(6)	지구 내 가로체계	내부교통망은 단지 내의 교통을 원활하게 하기 위해 통과교통이 배제되어야 함

해답 5. ①   6. ①   7. ④   8. ②

9 다음 중 백화점의 기둥 간격 결정 요소와 가장 거리가 먼 것은?
① 매장의 연면적
② 진열장의 배치방법
③ 지하주차장의 주차 방식
④ 에스컬레이터의 배치방법

해설

	백화점의 기둥 간격 결정 요소
1	엘리베이터 및 에스컬레이터의 배치단위
2	매장 내 진열장, 진열대의 배치단위
3	지하주차장의 주차 방식과 주차 폭

10 고딕 양식의 건축물에 속하지 않는 것은?
① 아미앵 성당
② 노트르담 성당
③ 샤르트르 성당
④ 성 베드로 성당

해설

성 베드로 성당(1506~1626) : 르네상스 ~ 바로크 양식

11 도서관 건축계획에서 장래에 증축을 반드시 고려해야 할 부분은?
① 서고
② 대출실
③ 사무실
④ 휴게실

해설

① 도서관 서고는 자료를 정리 및 보존하는 곳이므로 장래의 증축을 반드시 고려해야 한다.

12 병원 건축형식 중 분관식(Pavillion Type)에 관한 설명으로 옳은 것은?
① 대지가 협소할 경우 주로 적용된다.
② 보행 길이가 짧아져 관리가 용이하다.
③ 각 병실의 일조, 통풍 환경을 균일하게 할 수 있다.
④ 급수, 난방 등의 배관 길이가 짧아져 설비비가 적게 된다.

해설

분관식(Pavilion Type)

③ 3층 정도의 평면분산식으로 각 병실마다 자연환경 조건이 균등하게 된다.

①, ②, ④항은 집중식(Block Type)에 대한 특징이다.

해답 9. ① 10. ④ 11. ① 12. ③

13 단독주택의 리빙 다이닝 키친에 관한 설명으로 옳지 않은 것은?

① 공간의 이용률이 높다.
② 소규모 주택에 주로 사용된다.
③ 주부의 동선이 짧아 노동력이 절감된다.
④ 거실과 식당이 분리되어 각 실의 분위기 조성이 용이하다.

해설

리빙 다이닝 키친(LDK, Living Dining Kitchen)

④ 거실, 식당, 부엌을 개방된 하나의 공간에 배치한 형태이다.

14 사무실 건축의 실 단위계획에 있어서 개방식 배치(Open Plan)에 관한 설명으로 옳지 않은 것은?

① 독립성과 쾌적감 확보에 유리하다.
② 공사비가 개실 시스템보다 저렴하다.
③ 방의 길이나 깊이에 변화를 줄 수 있다.
④ 전 면적을 유효하게 이용할 수 있어 공간절약상 유리하다.

해설

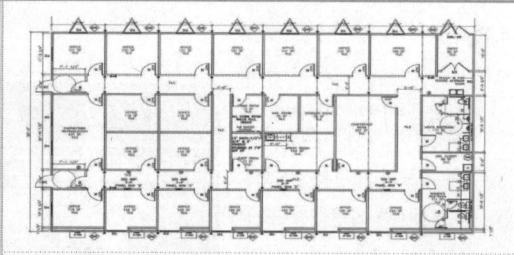

① 독립성과 쾌적감 확보에 유리한 형식은 개실(個室) 시스템(Cellular Type)이다.

15 아파트의 평면형식 중 계단실형에 관한 설명으로 옳은 것은?

① 대지에 대한 이용률이 가장 높은 유형이다.
② 통행을 위한 공용면적이 크므로 건물의 이용도가 낮다.
③ 각 세대가 양쪽으로 개구부를 계획할 수 있는 관계로 통풍이 양호하다.
④ 엘리베이터를 공용으로 사용하는 세대수가 많으므로 엘리베이터의 효율이 높다.

해설

① 집중형(Concentration Type)에 대한 특징이다.
② 계단실형(Hall Type)은 통행을 위한 공용면적이 작고 건물의 이용도가 높다.
④ 복도형(Corridor Type)과 집중형(Concentration Type)에 대한 특징이다.

16 르네상스 건축에 관한 설명으로 옳은 것은?

① 건축 비례와 미적 대칭 등을 중시하였다.
② 첨탑과 플라잉 버트레스가 처음 도입되었다.
③ 펜덴티브 돔이 창안되어 실내 공간의 자유도가 높아졌다.
④ 강렬한 극적 효과를 추구하며 관찰자의 주관적 감흥을 중시하였다.

해설

르네상스 건축은 1420년대에 이탈리아의 피렌체에서 시작하여 17세기 초까지 계속된 건축양식으로 인체 비례와 음악 조화를 우주의 기본 원리로 하고, 로마 건축의 구성을 고전주의 건축으로 하여 건축적 이론을 형성했다.

② 고딕(Gothic) 건축에 대한 특징이다.
③ 비잔틴(Byzantine) 건축에 대한 특징이다.
④ 바로크(Baroque) 건축에 대한 특징이다.

해답 13. ④ 14. ① 15. ③ 16. ①

17 미술관 전시실의 전시기법에 관한 설명으로 옳지 않은 것은?

① 하모니카 전시는 동선계획이 용이한 전시기법이다.
② 아일랜드 전시는 일정한 형태의 평면을 반복시켜 전시공간을 구획하는 방식으로 전시 효율이 높다.
③ 파노라마 전시는 연속적인 주제를 연관성 있게 표현하기 위해 선형의 파노라마로 연출하는 전시기법이다.
④ 디오라마 전시는 하나의 사실 또는 주제의 시간 상황을 고정시켜 연출하는 것으로 현장에 임한 느낌을 주는 기법이다.

해설

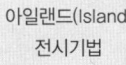	아일랜드(Island) 전시기법		

② 벽이나 천장을 직접 이용하지 않고 전시공간을 만들어내는 기법으로 관람자의 시거리를 짧게 할 수 있다.

18 미술관의 전시실 순회형식에 관한 설명으로 옳지 않은 것은?

① 갤러리 및 코리도 형식에서는 복도 자체도 전시공간으로 이용이 가능하다.
② 중앙홀 형식에서 중앙홀이 크면 동선의 혼란은 많으나 장래의 확장에는 유리하다.
③ 연속순회 형식은 전시 중에 하나의 실을 폐쇄하면 동선이 단절된다는 단점이 있다.
④ 갤러리 및 코리도 형식은 복도에서 각 전시실에 직접 출입할 수 있으며 필요시에 자유로이 독립적으로 폐쇄할 수가 있다.

해설

② 중앙홀 형식

중앙홀이 크면 동선의 혼란은 없지만 장래 확장에는 불리하다.

19 쇼핑센터의 몰(Mall)에 관한 설명으로 옳은 것은?

① 전문점과 핵상점의 주출입구는 몰에 면하도록 한다.
② 쇼핑 체류시간을 늘릴 수 있도록 방향성이 복잡하게 계획한다.
③ 몰은 고객의 통과동선으로서 부속시설과 서비스 기능의 출입이 이루어지는 곳이다.
④ 일반적으로 공기조화에 의해 쾌적한 실내기후를 유지할 수 있는 오픈 몰(Open Mall)이 선호된다.

해설

②	몰은 확실한 방향성과 식별성이 요구된다.
③	몰은 고객의 주 보행동선으로써 중심상점과 각 전문점에서의 출입이 이루어지는 곳이다.
④	일반적으로 공기조화에 의해 쾌적한 실내기후를 유지할 수 있는 인클로즈드 몰(Enclosed Mall)이 선호된다.

20 극장건축에서 무대의 제일 뒤에 설치되는 무대 배경용의 벽을 나타내는 용어는?

① 프로시니엄　　② 사이클로라마
③ 플라이 로프트　　④ 그리드 아이언

해설

② 사이클로라마 (Cyclorama) : 무대의 제일 뒤에 설치되는 무대 배경용 벽이다.

해답 17. ② 18. ② 19. ① 20. ②

건축시공

21 백화 현상에 관한 설명으로 옳지 않은 것은?
① 시멘트는 수산화칼슘의 주성분인 생석회(CaO)의 다량 공급원으로서 백화의 주요 요인이다.
② 백화 현상은 미장 표면뿐만 아니라 벽돌 벽체, 타일 및 착색시멘트 제품 표면에도 발생한다.
③ 겨울철보다 여름철의 높은 온도에서 백화 발생 빈도가 높다.
④ 배합수 중에 용해되는 가용 성분이 시멘트 경화체의 표면 건조 후 나타나는 현상이다.

해설

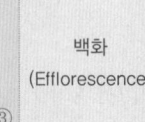  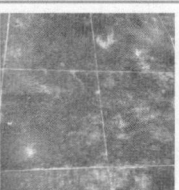

백화 (Efflorescence)

③ 습기가 많을 때, 기온이 낮을 때, 그늘진 북측 면에서 백화(Efflorescence) 발생의 빈도가 높다.

22 계측관리 항목 및 기기에 관한 설명으로 옳지 않은 것은?
① 흙막이벽의 응력은 변형계(Strain Gauge)를 이용한다.
② 주변 건물의 경사는 건물경사계(Tilt Meter)를 이용한다.
③ 지하수 간극수압은 지하수위계(Water Level Meter)를 이용한다.
④ 버팀보, 앵커 등의 축하중 변화 상태의 측정은 하중계(Load Cell)를 이용한다.

해설

③ 지하수 간극수압의 계측은 Piezo-Meter(간극수압계)로 측정한다.

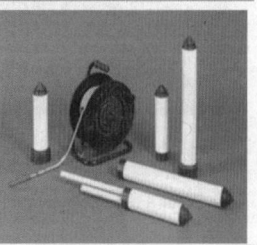

23 녹막이 칠에 사용하는 도료와 가장 거리가 먼 것은?
① 광명단 ② 크레오소트유
③ 아연분말 도료 ④ 역청질 도료

해설

녹막이 칠 도료
광명단, 징크로메이트 도료, 알루미늄 도료, 아연분말 도료; 역청질 도료, 규산염 도료, 그라파이트 칠

② 크레오소트(Creosote): 석탄 같은 화석연료나 목재에서 얻은 타르를 열분해 및 증류하여 만드는 탄소계 화학물질의 혼합물을 이르는 총칭으로 목재의 방부제, 살균제 등으로 이용된다.

24 사질토의 상대밀도를 측정하는 방법으로 가장 적합한 것은?
① 표준관입시험(Standard Penetration Test)
② 베인 테스트(Vane Test)
③ 깊은 우물(Deep well) 공법
④ 아일랜드 공법

해설

① 표준관입시험(Standard Penetration Test)

표준관입시험(Standard Penetration Test)	
Hammer(63.5kg) 760mm Boring Rod Sampler	① 정지작업 및 보링 실시 ② 질량 63.5kg의 해머를 760mm 높이에서 자유낙하 ③ 시험용 샘플러가 300mm 관입하는 데 요구되는 타격회수 N값을 구함

타격회수 N값	모래 밀도
0~5	몹시 느슨(Very Loose)
5~10	느슨(Loose)
10~30	보통(Medium)
30~50 이상	조밀(Dense)

해답 21. ③ 22. ③ 23. ② 24. ①

25 철골부재의 용접 시 이음 및 접합 부위의 용접선의 교차로 재용접된 부위가 열영향을 받아 취약해짐을 방지하기 위하여 모재에 부채꼴 모양의 모따기를 한 것은?

① Blow Hole ② Scallop
③ End Tap   ④ Crater

해설

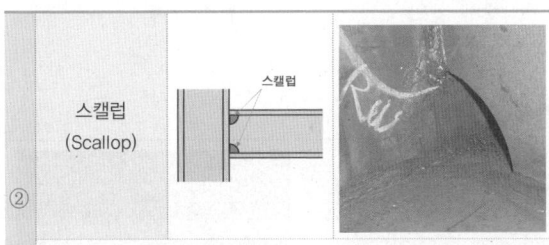

② 타 부재 용접 접합 시 용접 부위가 재용접되어 열영향부가 취약화 되는 것을 방지할 목적으로 실시한 곡선 모따기

26 공동도급방식(Joint Venture)에 관한 설명으로 옳은 것은?

① 2명 이상의 수급자가 어느 특정 공사에 대하여 협동으로 공사계약을 체결하는 방식이다.
② 발주자, 설계자, 공사관리자의 세 전문집단에 의하여 공사를 수행하는 방식이다.
③ 발주자와 수급자가 상호신뢰를 바탕으로 팀을 구성하여 공동으로 공사를 수행하는 방식이다.
④ 공사 수행방식에 따라 설계/시공(D/B)방식과 설계/관리(D/M)방식으로 구분한다.

해설

② CM(Construction Management) 계약방식에 대한 설명이다.
③ 파트너링(Partnering) 계약방식에 대한 설명이다.
④ 턴키(Turn-Key) 계약방식에 대한 구분이다.

27 칠공사에 관한 설명 중 옳지 않은 것은?

① 한랭 시나 습기를 가진 면은 작업을 하지 않는다.
② 초벌부터 정벌까지 같은 색으로 도장해야 한다.
③ 강한 바람이 불 때는 먼지가 묻게 되므로 외부 공사를 하지 않는다.
④ 야간은 색을 잘못 칠할 염려가 있으므로 칠하지 않는 것이 좋다.

해설

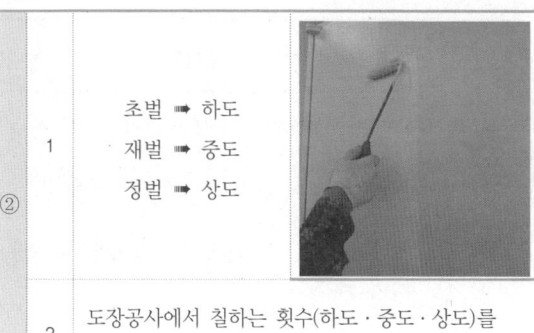

1	초벌 ➡ 하도 재벌 ➡ 중도 정벌 ➡ 상도
2	도장공사에서 칠하는 횟수(하도·중도·상도)를 구분하기 위해 색을 바꾸어서 칠한다.

28 석재에 관한 설명으로 옳은 것은?

① 인장강도는 압축강도에 비하여 10배 정도 크다.
② 석재는 불연성이긴 하나 화열에 닿으면 화강암과 같이 균열이 생기거나 파괴되는 경우도 있다.
③ 장대재를 얻기에 용이하다.
④ 조직이 치밀하여 가공성이 매우 뛰어나다.

해설

① 인장강도는 압축강도에 비하여 10배 정도 작다.
③ 장대재를 얻기 어려워 구조용으로는 부적절하다.
④ 석재는 여타 재료에 비해 가공성이 좋지 못하다.

해답 25. ② 26. ① 27. ② 28. ②

29 목재의 접착제로 활용되는 수지와 가장 거리가 먼 것은?

① 요소 수지 ② 멜라민 수지
③ 폴리스티렌 수지 ④ 페놀 수지

해설

③ 목재의 접착재 및 접착력 크기:
에폭시 〉요소 〉멜라민 〉페놀 〉아교 〉카세인

【폴리스티렌(PS) 수지】

(1) 무색투명하고 전기 절연성, 내수성 및 내약품성이 우수
(2) 발포재로서 보드 형태로 성형하여 단열재로 사용
(3) 블라인드, 천장재, 타일, 전기용품, 발포 보온판으로 사용

30 보강 블록공사에 관한 설명으로 옳지 않은 것은?

① 벽의 세로근은 구부리지 않고 설치한다.
② 벽의 세로근은 밑창콘크리트 윗면에 철근을 배근하기 위한 먹매김을 하여 기초판 철근 위의 정확한 위치에 고정시켜 배근한다.
③ 벽 가로근 배근 시 창 및 출입구 등의 모서리 부분에 가로근의 단부를 수평방향으로 정착할 여유가 없을 때는 갈고리로 하여 단부 세로근에 걸고 결속선으로 결속한다.
④ 보강 블록조와 라멘구조가 접하는 부분은 라멘구조를 먼저 시공하고 보강 블록조를 나중에 쌓는 것이 원칙이다.

해설

④ 보강 블록조와 라멘구조가 접하는 부분은 보강블록조를 먼저 쌓고 라멘구조를 나중에 시공한다.

31 다음 설명에서 의미하는 공법은?

> 구조물 하중보다 더 큰 하중을 연약지반(점성토) 표면에 프리 로딩하여 압밀침하를 촉진시킨 뒤 하중을 제거하여 지반의 전단강도를 증대하는 공법

① 고결안정 공법 ② 치환 공법
③ 재하 공법 ④ 탈수 공법

해설

③ 선행재하(Pre Loading) 공법

프리로딩 공법, 재하 공법 이라고도 한다.

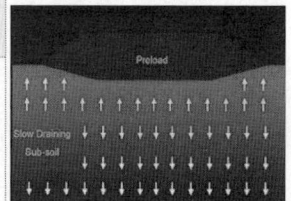

32 재료별 할증률을 표기한 것으로 옳은 것은?

① 시멘트벽돌: 3% ② 강관: 7%
③ 단열재: 7% ④ 봉강: 5%

해설

주요 건축재료	할증률
유리	1%
타일	
이형철근, 고장력볼트	3%
내화벽돌, 붉은벽돌	
시멘트벽돌	
원형철근, 일반볼트, 봉강, 강관, 경량형강	5%
기와	
대형 형강	7%
강판, 동판	10%
단열재	

해답 29. ③   30. ④   31. ③   32. ④

33 철근의 정착 위치에 관한 설명으로 옳지 않은 것은?

① 지중보의 주근은 기초 또는 기둥에 정착한다.
② 기둥 철근은 큰보 혹은 작은보에 정착한다.
③ 큰보의 주근은 기둥에 정착한다.
④ 작은보의 주근은 큰보에 정착한다.

해설

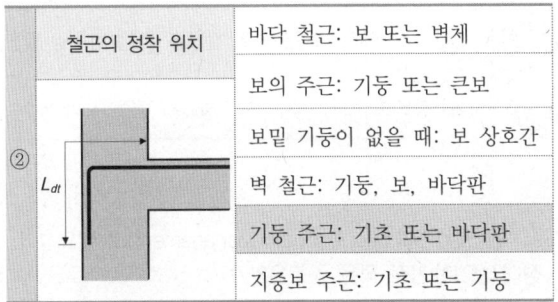

철근의 정착 위치	바닥 철근: 보 또는 벽체
	보의 주근: 기둥 또는 큰보
	보밑 기둥이 없을 때: 보 상호간
	벽 철근: 기둥, 보, 바닥판
	기둥 주근: 기초 또는 바닥판
	지중보 주근: 기초 또는 기둥

34 돌로마이트 플라스터 바름에 관한 설명으로 옳지 않은 것은?

① 정벌바름용 반죽은 물과 혼합한 후 12시간 정도 지난 다음 사용하는 것이 바람직하다.
② 바름두께가 균일하지 못하면 균열이 발생하기 쉽다.
③ 돌로마이트 플라스터는 수경성이므로 해초풀을 적당한 비율로 배합해서 사용해야 한다.
④ 시멘트가 혼합하여 2시간 이상 경과한 것은 사용할 수 없다.

해설

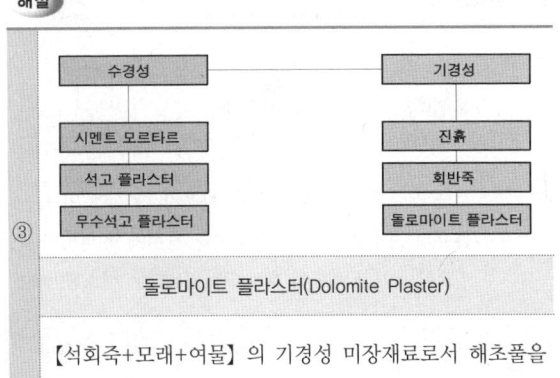

돌로마이트 플라스터(Dolomite Plaster)

【석회죽+모래+여물】의 기경성 미장재료로서 해초풀을 쓰지 않는다.

35 석고플라스터 바름에 관한 설명으로 옳지 않은 것은?

① 보드용 플라스터는 초벌바름, 재벌바름의 경우 물을 가한 후 2시간 이상 경과한 것은 사용할 수 없다.
② 실내온도가 10℃ 이하일 때는 공사를 중단하거나 난방하여 10℃ 이상으로 유지한다.
③ 바름작업 중에는 될 수 있는 한 통풍을 방지한다.
④ 바름작업이 끝난 후 실내를 밀폐하지 않고 가열과 동시에 환기하여 바름면이 서서히 건조되도록 한다.

해설

② 실내온도가 5℃ 이하일 때는 공사를 중단하거나 난방하여 5℃ 이상으로 유지한다.

36 기술제안입찰제도의 특징에 관한 설명으로 옳지 않은 것은?

① 공사비 절감 방안의 제안은 불가하다.
② 기술제안서 작성에 추가비용이 발생된다.
③ 제안된 기술의 지적재산권 인정이 미흡하다.
④ 원안 설계에 대한 공법, 품질 확보 등이 핵심 제안 요소이다.

해설

기술제안입찰제도(기술형입찰제도)

① 국가를 당사자로 하는 계약에 관한 법률에 근거를 두고 공사입찰 시 낙찰자를 선정함에 있어 가격뿐만 아니라 건설 기술, 공사기간, 가격 등 여러 가지 요소를 고려하여 선정하는 입찰제도를 말한다.

기술제안입찰의 기술제안서(Technical Proposal, TP)는 공사비 절감, 공기단축, 품질확보를 목표로 해 공사비 절감방안, 생애주기비용 개선방안, 공기단축방안, 공사 관리방안, 산출내역 등과 관련된 사항이 포함되어야 한다.

해답 33. ② 34. ③ 35. ② 36. ①

37 토공사에 적용되는 체적환산계수 L의 정의로 옳은 것은?

① $\dfrac{\text{흐트러진 상태의 체적}(m^3)}{\text{자연상태의 체적}(m^3)}$

② $\dfrac{\text{자연상태의 체적}(m^3)}{\text{흐트러진 상태의 체적}(m^3)}$

③ $\dfrac{\text{다져진 상태의 체적}(m^3)}{\text{자연상태의 체적}(m^3)}$

④ $\dfrac{\text{자연상태의 체적}(m^3)}{\text{다져진 상태의 체적}(m^3)}$

해설

①	토량환산계수 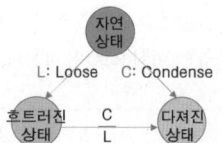
	자연상태의 토량 × L = 흐트러진 상태의 토량
	자연상태의 토량 × C = 다져진 상태의 토량
	다져진 상태의 토량 = 흐트러진 상태의 토량 × $\dfrac{C}{L}$

38 아파트 온돌바닥미장용 콘크리트로서 고층 적용 실적이 많고 배합을 조닝별로 다르게 하며 타설 바탕면에 따라 배합비 조정이 필요한 것은?

① 경량기포 콘크리트 ② 중량 콘크리트
③ 수밀 콘크리트 ④ 유동화 콘크리트

해설

① 경량기포 콘크리트는 일반적인 콘크리트와는 달리 골재를 사용하지 않고 일정량의 시멘트와 물을 혼합한 상태에서 크림(Cream)과 같은 식물성 기포제를 일정량으로 기포화 시켜 혼합한 후, 고압 호스를 통하여 일정한 장소에 이송하여 양생시키는 것으로서 단열성, 경량성, 방음성이 우수한 특징을 갖는다.

39 멤브레인 방수에 속하지 않는 방수공법은?

① 시멘트 액체방수 ② 합성고분자 시트방수
③ 도막 방수 ④ 아스팔트 방수

해설

	멤브레인(Membrane) 방수공법
① 정의	얇은 피막상의 방수층으로 전면을 덮는 방수공법
종류	아스팔트(Asphalt) 방수, 시트(Sheet) 방수, 도막 방수

40 공급망 관리(Supply Chain Management)의 필요성이 상대적으로 가장 적은 공종은?

① PC(Precast Concrete) 공사
② 콘크리트 공사
③ 커튼월 공사
④ 방수 공사

해설

공급망 관리(供給網管理, Supply Chain Management, SCM)

④	1	부품 제공업자로부터 생산자, 배포자, 고객에 이르는 물류의 흐름을 하나의 가치사슬 관점에서 파악하고 필요한 정보가 원활히 흐르도록 지원하는 시스템이다.
	2	문제 보기 지문의 공종 중에서 방수공사가 공급망 관리의 필요성이 상대적으로 가장 적다.

해답 37. ① 38. ① 39. ① 40. ④

건축구조

41 합성보에서 강재보와 철근콘크리트 또는 합성슬래브 사이의 미끄러짐을 방지하기 위하여 설치하는 것은?

① 스터드 볼트 ② 퍼린
③ 윈드 칼럼 ④ 턴 버클

해설

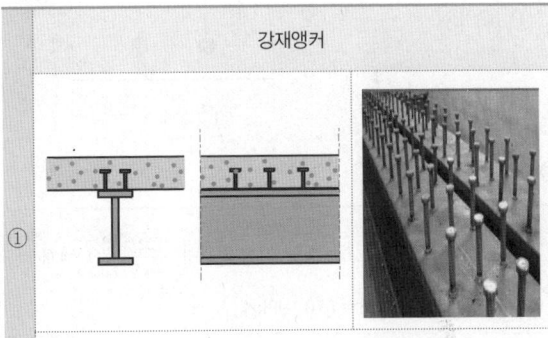

① 전단 연결재(Shear Connector)라고도 하며, 스터드 볼트(Stud Bolt)가 대표적인 재료 명칭이다.

42 다음 중 내진 Ⅰ등급 구조물의 허용층간변위로 옳은 것은? (단, KDS 기준, h_{sx}는 x층 층고)

① $0.005h_{sx}$ ② $0.010h_{sx}$
③ $0.015h_{sx}$ ④ $0.020h_{sx}$

해설

내진설계 시 허용층간변위(Δ_a)			
h_{sx} : x층 층고	내진등급		
	특	Ⅰ	Ⅱ
Δ_a	$0.010h_{sx}$	$0.015h_{sx}$	$0.020h_{sx}$

43 그림과 같은 단순보에서 반력 R_A의 값은?

① 5kN
② 10kN
③ 20kN
④ 25kN

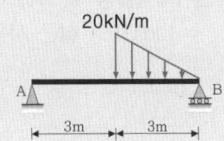

해설

1	$\sum H = 0 : H_A = 0$
2	$\sum M_B = 0 : +(V_A)(6) - \left(\frac{1}{2} \times 20 \times 3\right)(2) = 0$ $\therefore V_A = +10\text{kN}(\uparrow)$
②	$R_A = \sqrt{V_A^2 + H_A^2} = V_A = +10\text{kN}(\uparrow)$
3	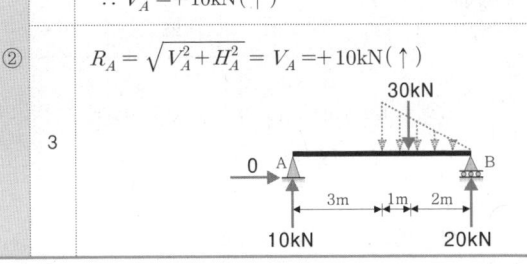

44 등분포하중을 받는 4변고정 2방향 슬래브에서 모멘트량이 일반적으로 가장 크게 나타나는 곳은?

① A
② B
③ C
④ D

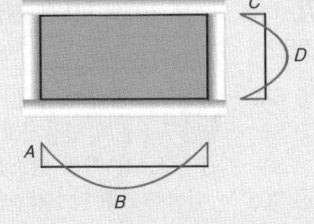

해설

③ 2방향 슬래브(2-Way Slab)는 단변과 장변 2방향으로 하중이 전달되지만 지배적인 하중 분담은 단변 방향 단부 C이다.

45 양단연속 1방향 슬래브의 스팬이 3,000mm일 때 강도설계법에서 처짐을 계산하지 않는 경우 슬래브의 최소 두께를 계산한 값으로 옳은 것은?
(단, 단위체적질량 $w_c = 2,300 \text{kg/m}^3$의 보통콘크리트 및 $f_y = 400\text{MPa}$ 철근 사용)

① 107.1mm   ② 124.3mm
③ 143mm   ④ 156mm

해설

부재	처짐을 계산하지 않는 경우 최소 두께 (h_{min})			
	단순지지	1단연속	양단연속	캔틸레버
1방향 슬래브	$\dfrac{l}{20}$	$\dfrac{l}{24}$	$\dfrac{l}{28}$	$\dfrac{l}{10}$

①

1. 보통중량콘크리트이며, $f_y = 400\text{MPa}$이므로 보정계수를 적용하지 않는다.

2. 양단연속 1방향 슬래브이므로
$$h_{min} = \frac{l}{28} = \frac{(3,000)}{28} = 107.143\text{mm}$$

46 다음 구조용 강재의 명칭에 관한 내용으로 옳지 않은 것은?

① SM - 용접구조용 압연강재(KS D3515)
② SS - 일반구조용 압연강재(KS D3503)
③ SN - 건축구조용 각형 탄소강관(KS D3864)
④ SGT - 일반구조용 탄소강관(KS D3566)

해설

③
SN : 건축구조용 압연강재

SNRT : 건축구조용 각형 탄소강관

47 그림과 같은 단순 인장접합부의 강도한계상태에 따른 고장력볼트의 설계전단강도를 구하면? (단, 강재의 재질은 SS275이며, 고장력볼트는 M22(F10T), 공칭전단강도 $F_{nv} = 500\text{MPa}$, $\phi = 0.75$)

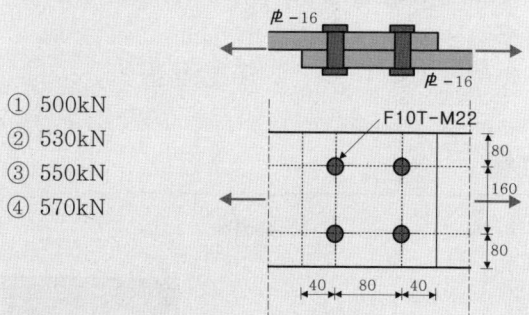

① 500kN
② 530kN
③ 550kN
④ 570kN

해설

④
$$\phi R_n = \phi \cdot F_{nv} \cdot A_b \cdot N_s = (0.75)(500)\left(\frac{\pi(22)^2}{4}\right)(1) \times 4\text{개}$$
$$= 570,199\text{N} = 570.199\text{kN}$$

48 그림과 같이 스팬이 8,000mm이며, 보 중심 간격이 3,000mm인 합성보 $H - 588 \times 300 \times 12 \times 20$의 강재에 콘크리트 두께 150mm로 합성보를 설계하고자 한다. 합성보 B의 슬래브 유효폭을 구하면? (단, 스터드 전단 연결재가 설치됨)

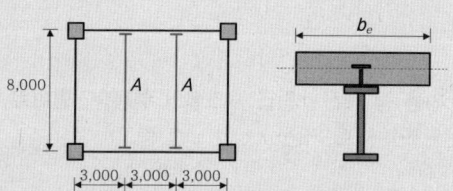

① 1,500mm   ② 2,000mm
③ 3,000mm   ④ 4,000mm

해설

합성보의 유효폭(b_e)은 보의 양쪽에 연속 슬래브가 있을 경우 다음 두 식 중 최소값으로 결정한다.

②
b_{e1} = 양측 슬래브 중심간거리 = $\dfrac{3,000}{2} + \dfrac{3,000}{2} = 3,000\text{mm}$

b_{e2} = 보 경간 $\times \dfrac{1}{4} = 8,000 \times \dfrac{1}{4} = 2,000\text{mm}$

49 철근콘크리트 보 설계 시 적용되는 경량콘크리트계수 중 모래경량콘크리트의 경우에 적용되는 계수값은 얼마인가?

① 0.65　② 0.75
③ 0.85　④ 1.0

해설

③

경량콘크리트계수(λ)		
$\lambda = 1$	$\lambda = 0.85$	$\lambda = 0.75$
보통중량콘크리트	모래경량콘크리트	전경량콘크리트

50 다음과 같은 구조물의 판별로 옳은 것은? (단, 그림의 하부 지점은 고정단임)

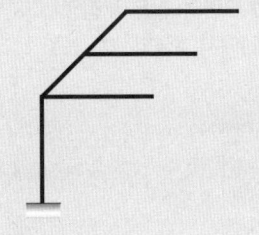

① 불안정
② 정정
③ 1차부정정
④ 2차부정정

해설

②

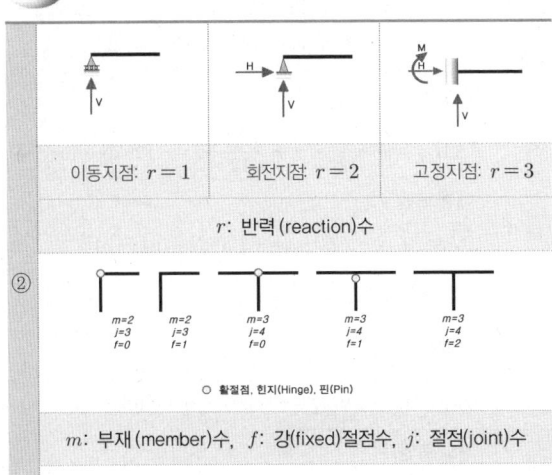

m: 부재(member)수, f: 강(fixed)절점수, j: 절점(joint)수

$N = r + m + f - 2j = (3) + (6) + (5) - 2(7) = 0$ ➡ 정정

51 도심축에 대한 단면계수 값은?

① 19,000mm³
② 20,500mm³
③ 21,000mm³
④ 22,500mm³

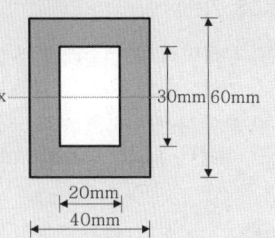

해설

④

단면계수 (Section Modulus)
$$Z_c = \frac{I_x}{y_c}$$
$$Z_t = \frac{I_x}{y_t}$$

도심축에 대한 단면2차모멘트(I_x)를 압축측거리(y_c) 또는 인장측거리(y_t)로 나눈 값을 단면계수로 정의한다.

$$Z = \frac{I}{y} = \frac{\frac{(40)(60)^3}{12} - \frac{(20)(30)^3}{12}}{(30)} = 22,500\text{mm}^3$$

52 다음 그림과 같은 단순보에서 부재길이가 2배로 증가할 때 보의 중앙점 최대처짐은 몇 배로 증가되는가?

① 2배
② 4배
③ 8배
④ 16배

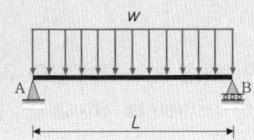

해설

④

	모멘트하중(M)	집중하중(P)	등분포하중(w)
처짐(δ)	$\dfrac{ML^2}{EI}$	$\dfrac{PL^3}{EI}$	$\dfrac{wL^4}{EI}$

경간의 길이 L을 2배로 증가시키면 보의 처짐량 δ는 $2^4 = 16$배로 증가된다.

해답　49. ③　50. ②　51. ④　52. ④

53 활하중의 영향면적 산정기준으로 옳은 것은? (단, KDS 기준)

① 부하면적 중 캔틸레버 부분은 영향면적에 단순 합산
② 기둥 및 기초에서는 부하면적의 6배
③ 보에서는 부하면적의 5배
④ 슬래브에서는 부하면적의 2배

해설

	영향면적(A, Influence Area)	
①	1	부재에 직접적으로 하중의 영향을 미치는 범위 내에 있는 바닥의 면적을 말한다.
	2	기둥 및 기초에서는 부하면적의 4배, 보에서는 부하면적의 2배, 슬래브에서는 부하면적을 적용한다.
	3	캔틸레버 부분은 영향면적에 부하면적과 영향면적이 같으므로 단순 합산한다.

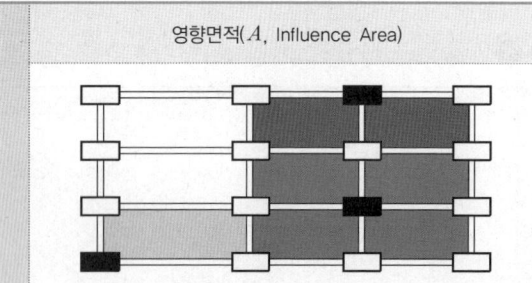

54 인장력을 받는 원형 단면 강봉의 직경을 4배로 하면 수직응력도(Normal Stress)는 기존 응력도의 얼마로 줄어드는가?

① 1/2   ② 1/4
③ 1/8   ④ 1/16

해설

④ $\sigma_t = +\dfrac{P}{A} = +\dfrac{P}{\dfrac{\pi D^2}{4}}$ 로부터 직경(D)을 4배로 하면 인장응력은 $\dfrac{1}{4^2} = \dfrac{1}{16}$ 배로 된다.

55 보통중량콘크리트를 사용한 그림과 같은 보의 단면에서 외력에 의해 휨균열을 일으키는 균열모멘트(M_{cr}) 값으로 옳은 것은? (단, $f_{ck}=27$MPa, $f_y=400$MPa, 철근은 개략적으로 도시되었음)

① 29.5kN·m
② 34.7kN·m
③ 40.9kN·m
④ 52.4kN·m

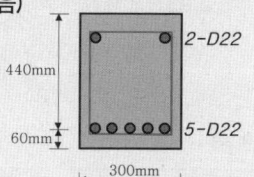

해설

③ 균열모멘트=파괴계수($0.63\lambda\sqrt{f_{ck}}$)×단면계수($\dfrac{bh^2}{6}$)

$M_{cr} = 0.63(1)\sqrt{(27)} \cdot \dfrac{(300)(500)^2}{6}$

$= 40,919,700\text{N}\cdot\text{mm} = 40.919\text{kN}\cdot\text{m}$

56 그림과 같은 부정정 라멘에서 A점의 M_{AB}는?

① 0
② 20kN·m
③ 40kN·m
④ 60kN·m

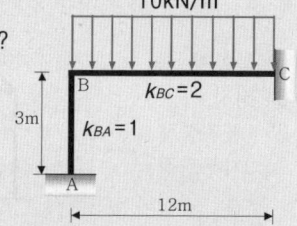

해설

	모멘트 분배법(Moment Distribution Method)	
②	1	B절점 고정단 모멘트: $FEM_{BC} = -\dfrac{wL^2}{12} = -\dfrac{(10)(12)^2}{12} = -120\text{kN}\cdot\text{m}\,(\curvearrowright)$
	2	해제모멘트: $\overline{M_B} = M_u = -FEM_{BC} = +120\text{kN}\cdot\text{m}\,(\curvearrowleft)$
	3	분배율: $DF_{BA} = \dfrac{1}{1+2} = \dfrac{1}{3}$ 분배모멘트: $M_{BA} = \overline{M_B} \cdot DF_{BA} = +(120)\left(\dfrac{1}{3}\right) = +40\text{kN}\cdot\text{m}\,(\curvearrowleft)$
	4	전달모멘트: $M_{AB} = \dfrac{1}{2}M_{BA} = \left(\dfrac{1}{2}\right)(+40) = +20\text{kN}\cdot\text{m}\,(\curvearrowleft)$

해답 53. ① 54. ④ 55. ③ 56. ②

57 그림과 같은 부정정 라멘의 BMD에서 P값을 구하면?

① 20kN
② 30kN
③ 50kN
④ 60kN

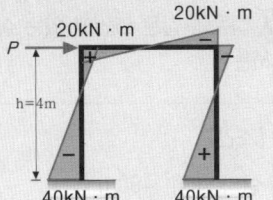

해설

② 처짐각법 전단방정식 $P \cdot h = M_上 + M_下$ 으로부터
$$P = \frac{M_上 + M_下}{h} = \frac{(20+20)+(40+40)}{(4)} = 30\text{kN}$$

58 그림과 같은 구조물에 힘 P가 작용할 때 휨모멘트가 0이 되는 곳은 모두 몇 개인가?

① 2개
② 3개
③ 4개
④ 5개

해설

③

	휨모멘트도(BMD)
1	지점(A, B) 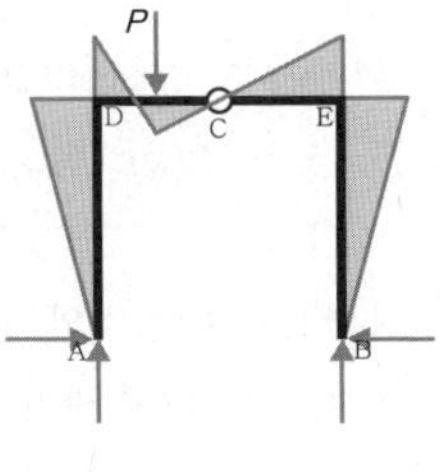
2	부재 내 힌지절점(C)
3	D~C 구간 1곳

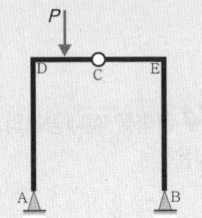

59 인장이형철근 및 압축이형철근의 정착길이(l_d)에 관한 기준으로 옳지 않은 것은? (단, KDS 기준)

① 계산에 의하여 산정한 인장이형철근의 정착길이는 항상 200mm 이상이어야 한다.
② 계산에 의하여 산정한 압축이형철근의 정착길이는 항상 200mm 이상이어야 한다.
③ 인장 또는 압축을 받는 하나의 다발철근 내에 있는 개개 철근의 정착길이 l_d는 다발철근이 아닌 경우의 각 철근의 정착길이보다 3개의 철근으로 구성된 다발철근에 대해서는 20%를 증가시켜야 한다.
④ 단부에 표준갈고리가 있는 인장이형철근의 정착길이는 항상 $8d_b$ 이상 또한 150mm 이상이어야 한다.

해설

① $$l_d = l_{db} \times 보정계수 \geq 300\text{mm}$$

인장이형철근의 정착길이(l_d)는 기본정착길이(l_{db})에 보정계수를 곱하여 구한 값이 최소 300mm 이상이어야 한다.

60 KDS에서 철근콘크리트구조의 최소 피복두께를 규정하는 이유로 보기 어려운 것은?

① 철근이 부식되지 않도록 보호
② 철근의 화해(火害) 방지
③ 철근의 부착력 확보
④ 콘크리트의 동결융해 방지

해설

④

	피복의 목적
1	내화성 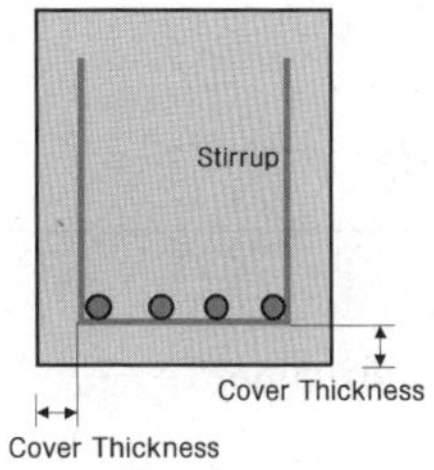
2	내구성(철근 부식 방지)
3	부착력 확보

해답 57. ② 58. ③ 59. ① 60. ④

건축설비

61 다음 설명에 알맞은 통기 방식은?

- 회로통기 방식이라고도 한다.
- 2개 이상의 기구트랩에 공통으로 하나의 통기관을 설치하는 방식이다.

① 공용통기 방식　② 루프통기 방식
③ 신정통기 방식　④ 결합통기 방식

해설

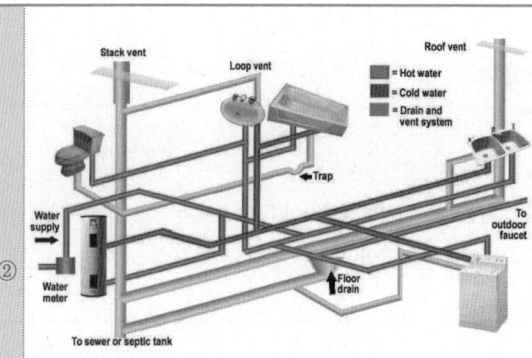

② 루프통기관(Loop Vent)은 회로통기관 또는 환상통기관 이라고도 하며 2개~8개의 트랩을 통기 보호하기 위해 통기수직관 또는 신정통기관으로 연결하는 통기관이다.

62 어떤 실의 취득열량이 현열 35,000W, 잠열 15,000W 이었을 때, 현열비는?

① 0.3　② 0.4
③ 0.7　④ 2.3

해설

③ 현열비(SHF) = $\dfrac{\text{현열}}{\text{현열}+\text{잠열}}$ = $\dfrac{(35,0000)}{(35,000)+(15,000)}$ = 0.7

63 다음과 같은 조건에 있는 실의 틈새바람에 따른 현열 부하는?

【조건】
- 실의 체적: 400m³
- 환기 회수 0.5회/h
- 실내 온도: 20℃, 외기 온도: 0℃
- 공기의 밀도 1.2kg/m³
- 공기의 정압비열 1.01kJ/kg·K

① 654W　② 972W
③ 1,347W　④ 1,654W

해설

	1	환기량: $Q = n \cdot V = (0.5)(400) = 200$m³/h
③	2	단위환산계수 0.337W·h/m³·K를 이용한다.
	3	현열: $Q_{SH} = 0.337 Q(t_o - t_i)$ $= 0.337(200)(20-0) = 1,348$W

64 건축물 실내공간의 잔향시간에 가장 큰 영향을 주는 것은?

① 실의 용적　② 음원의 위치
③ 벽체의 두께　④ 음원의 음압

해설

Wallace C. Sabine(1868~1919) 잔향식

$$RT = K \cdot \dfrac{V}{A}$$

① 잔향시간(RT)은 실의 용적(V)에 비례, 총 흡음력(A)에 반비례한다.

해답 61. ②　62. ③　63. ③　64. ①

65 자연환기에 관한 설명으로 옳지 않은 것은?

① 풍력환기량은 풍속이 높을수록 증가한다.
② 중력환기량은 개구부 면적이 클수록 증가한다.
③ 중력환기량은 실내외 온도차가 클수록 감소한다.
④ 중력환기는 실내외의 온도차에 따른 공기의 밀도차가 원동력이 된다.

해설

개구부 환기량 $Q = KA\sqrt{h \cdot \Delta T}$

- Q : 개구부 환기량(m^3/min)
- K : 개구부에 따른 저항 관련 상수(ASHRAE 표준값: 7.0)
- A : 유입 개구부 면적(m^2)
- h : 두 개구부 간의 수직거리(m)
- ΔT : 실내·외의 온도차

중력환기량(Q)은 실내외 온도차(ΔT)가 클수록 증가한다.

66 단일덕트 변풍량 방식에 관한 설명으로 옳지 않은 것은?

① 전공기방식의 특성이 있다.
② 각 실이나 존의 온도를 개별제어 할 수 있다.
③ 일사량 변화가 심한 페리미터 존에 적합하다.
④ 정풍량 방식에 비해 설비비는 낮아지나 운전비가 증가한다.

해설

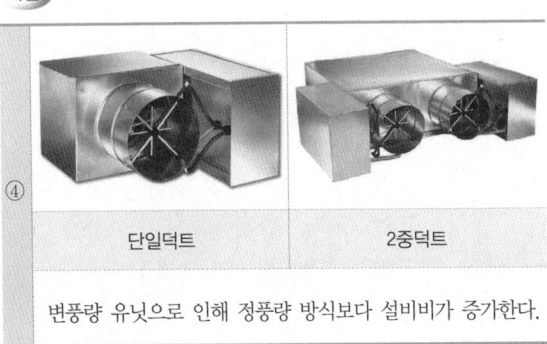

단일덕트 · 2중덕트

변풍량 유닛으로 인해 정풍량 방식보다 설비비가 증가한다.

67 다음 중 조명률에 영향을 끼치는 요소와 가장 거리가 먼 것은?

① 광원의 높이 ② 마감재의 반사율
③ 조명기구의 배광 방식 ④ 글레어(Glare)의 크기

해설

조명률(Coefficient of Utilization)	
	광원에서 방사된 총 광속 중 작업면에 도달하는 비율로서, 실내면의 마감에 따른 반사율과 실지수에 의해 결정된다.
실지수(RI)	$RI = \dfrac{XY}{H(X+Y)}$ • X, Y : 실의 가로, 세로의 길이 • H : 작업면에서 광원까지의 높이

68 간접가열식 급탕방식에 관한 설명으로 옳지 않은 것은?

① 저압보일러를 써도 되는 경우가 많다.
② 직접가열식에 비해 소규모 급탕설비에 적합하다.
③ 급탕용 보일러는 난방용 보일러와 겸용할 수 있다.
④ 직접가열식에 비해 보일러 내면에 스케일이 발생할 염려가 적다.

해설

직접가열식	중앙식 급탕 및 난방	간접가열식
온수보일러	가열장소	저탕조
급탕용 보일러, 난방용 보일러 각각 설치	보일러	난방용 보일러로 급탕까지 가능
많이 낀다	보일러 내의 스케일	거의 끼지 않는다
고압	보일러 내의 압력	저압
중소규모 건물	규모	대규모 건물
불필요	저탕조 내 가열코일	필요
유리	열효율	불리

해답 65. ③   66. ④   67. ④   68. ②

69 자동화재탐지설비의 열감지기 중 주위온도가 일정온도 이상일 때 작동하는 것은?

① 차동식 ② 정온식
③ 광전식 ④ 이온화식

해설

② 주위 온도가 일정 온도 이상일 때 작동하는 것은 정온식, 온도 상승률이 일정 이상일 때 작동하는 것은 차동식 스폿 감지기이다.

【자동화재감지설비(Automatic Fire Alarm System)】

(1) 검출 원리에 따라 열(熱)감지식, 연기(煙氣)감지식, 불꽃감지식으로 분류할 수 있으며 광전식 및 이온화식은 연기감지식에 속한다.

(2) 주요 감지기의 종류 및 특징
① 차동식 스포트형: 화기를 취급하지 않는 부착높이 8m 미만
② 정온식: 보일러실, 주방과 같이 다량의 열을 취급하는 곳
③ 연기식: 계단, 복도 및 층고가 높은 곳에 적당

70 온열 감각에 영향을 미치는 물리적 온열 4요소에 속하지 않는 것은?

① 기온 ② 습도
③ 일사량 ④ 복사열

해설

③

	온열 감각의 물리적 변수(Physical Variables)
1	기온(Air Temperature)
2	습도(Humidity)
3	기류(Air Movement)
4	평균복사온도(Mean Radiant Temperature)

71 옥내소화전설비에 관한 설명으로 옳지 않은 것은?

① 옥내소화전방수구는 바닥으로부터의 높이가 1.5m 이하가 되도록 설치한다.
② 옥내소화전설비의 송수구는 구경 65mm의 쌍구형 또는 단구형으로 한다.
③ 전동기에 따른 펌프를 이용하는 가압송수 장치를 설치하는 경우, 펌프는 전용으로 하는 것이 원칙이다.
④ 어느 한 층의 옥내소화전을 동시에 사용할 경우 각 소화전의 노즐선단에서의 방수압력은 최소 0.7MPa 이상이 되어야 한다.

해설

④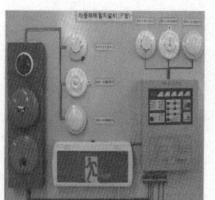

옥내소화전설비	표준 방수압력	0.17MPa
	표준 방수량	130*l*/min
	설치 간격	건물의 각 부분에서 수평거리 25m 이하
	소화 수량	2.6N(m³) N=최대 2개

72 다음 설명에 알맞은 접지의 종류는?

기능상 목적이 서로 다르거나 동일한 목적의 개별 접지들을 전기적으로 서로 연결하여 구현한 접지시스템

① 단독접지 ② 공통접지
③ 통합접지 ④ 종별접지

해설

① 단독접지(=독립접지): 배선당 1종류를 이용한 접지공사

② 공통접지(=공용접지):
제1종, 제2종, 제3종 접지를 공통으로 사용하는 접지방식

③ 통합접지(= 1,2,3종 + 피뢰접지 + 통신접지 + 철골):
건축물에는 보안용 접지, 정보통신 기기들을 위한 기능용 접지 또는 낙뢰로부터 보호하기 위한 접지 등 목적이 다른 접지가 이루어지는데, 하나의 공용 접지시스템으로 신뢰와 편리, 경제적 시공을 목적으로 한 접지

④ 종별접지: 제1종 접지, 제2종 접지, 제3종 접지

해답 69. ② 70. ③ 71. ④ 72. ③

73 온수난방 방식에 관한 설명으로 옳지 않은 것은?

① 예열시간이 짧아 간헐운전에 주로 이용된다.
② 한랭지에서 운전 정지 중에 동결의 위험이 있다.
③ 증기난방 방식에 비해 난방부하 변동에 따른 온도조절이 용이하다.
④ 보일러 정지 후에도 여열이 남아 있어 실내 난방이 어느 정도 지속된다.

해설

바닥 온수난방

① 온수난방은 증기난방에 비해 예열시간이 길고 예열부하가 커서 간헐운전에 부적합하다.

74 가스설비에 사용되는 거버너(Governor)에 관한 설명으로 옳은 것은?

① 실내에서 발생되는 배기가스를 외부로 배출시키는 장치
② 연소가 원활히 이루어지도록 외부로부터 공기를 받아들이는 장치
③ 가스가 누설되거나 지진이 발생했을 때 가스공급을 긴급히 차단하는 장치
④ 가스 공급 회사로부터 공급받은 가스를 건물에서 사용하기에 적합한 압력으로 조정하는 장치

해설

정압기 (Governor)

④ 도시가스를 공급할 때 가스의 공급이 극히 제한된 영역에서 고압에서 중압으로, 중압에서 저압으로 감압하여 사용기구에 맞는 적당한 압력으로 공급하기 위해서 사용되는 도시가스 시설 용도의 기기를 정압기(Governor)라고 한다.

75 흡수식 냉동기의 주요 구성 부분에 속하지 않는 것은?

① 응축기　　② 압축기
③ 증발기　　④ 재생기

해설

압축식 냉동기
• 구성: 압축기 ➡ 응축기 ➡ 팽창밸브 ➡ 증발기
• 특징: 구동에너지가 전기이므로 전력소비가 많다.

②

흡수식 냉동기
• 구성: 응축기 ➡ 증발기 ➡ 흡수기 ➡ 재생기(발생기)
• 특징: 도시가스를 주연료로 사용하므로 전력소비가 적다.

76 다음 설명에 알맞은 급수 방식은?

- 위생성 측면에서 가장 바람직한 방식이다.
- 정전으로 인한 단수의 염려가 없다.

① 수도직결방식　　② 고가수조방식
③ 압력수조방식　　④ 펌프직송방식

해설

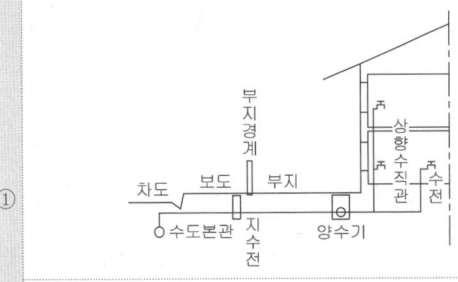

① 물이 저장되지 않는 수도직결방식이 수질오염 가능성이 가장 작고, 정전으로 인한 단수의 염려도 없게 된다.

해답　73. ①　74. ④　75. ②　76. ①

77 엘리베이터의 안전장치에 속하지 않는 것은?
① 균형추 ② 완충기
③ 조속기 ④ 전자 브레이크

해설

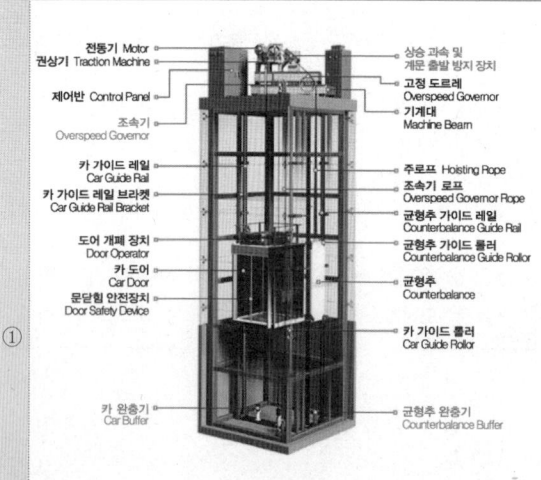

균형추는 권상기(Traction Machine)의 부하를 가볍게 하고자 카(Car)의 반대편 로프에 장치한 것으로 엘리베이터의 기본 장치이다.

78 어느 점광원에서 1[m] 떨어진 곳의 직각면 조도가 200[lx]일 때 이 광원에서 2[m] 떨어진 곳의 직각면 조도는?
① 25[lx] ② 50[lx]
③ 100[lx] ④ 200[lx]

해설

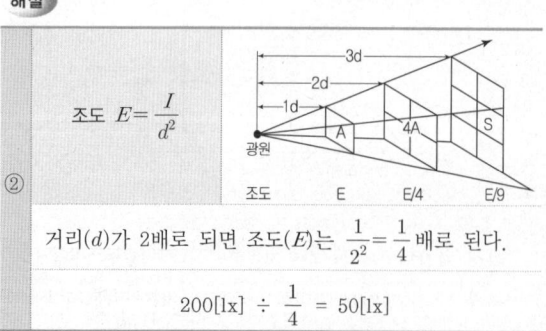

조도 $E = \dfrac{I}{d^2}$

거리(d)가 2배로 되면 조도(E)는 $\dfrac{1}{2^2} = \dfrac{1}{4}$배로 된다.

$200[lx] \div \dfrac{1}{4} = 50[lx]$

79 전기설비의 배선공사에 관한 설명으로 옳지 않은 것은?
① 금속관 공사는 외부적 응력에 대해 전선 보호의 신뢰성이 높다.
② 합성수지관 공사는 열적 영향이나 기계적 외상을 받기 쉬운 곳에서는 사용이 곤란하다.
③ 금속 덕트 공사는 다수 회선의 절연전선이 동일 경로에 부설되는 간선 부분에 사용된다.
④ 플로어 덕트 공사는 옥내의 건조한 콘크리트 바닥면에 매입 사용되나 강·약전을 동시에 배선할 수 없다.

해설

플로어 덕트
(Floor Duct)

바닥면적이 넓은 실에서 컴퓨터, 전기스탠드, 선풍기 등의 강전류 전선과 전화선, 신호선 등의 약전류 전선을 바닥에 매입하고 여기에 바닥면과 일치한 플로어 콘센트를 설치한 것이다.

80 급수설비에서 역류를 방지하여 오염으로부터 상수계통을 보호하기 위한 방법으로 옳지 않은 것은?
① 토수구 공간을 둔다.
② 각개통기관을 설치한다.
③ 역류방지밸브를 설치한다.
④ 가압식 진공브레이커를 설치한다.

해설

		배수의 역류 방지 대책
	1	체크 밸브(Check Valve, 역지 밸브)의 설치
②	2	보통 25mm 이상의 토수구(吐水口, 급수전 등 물이 나오는 수도 끝 부분) 공간을 확보
	3	진공방지기(Vacuum Breaker)의 설치

해답 77. ① 78. ② 79. ④ 80. ②

건축법규

81 계단 및 복도의 설치 기준에 관한 설명으로 틀린 것은?

① 높이가 3m를 넘은 계단에는 높이 3m 이내마다 유효너비 120cm 이상의 계단참을 설치할 것
② 거실 바닥면적의 합계가 100m² 이상인 지하층에 설치하는 계단인 경우 계단 및 계단참의 유효너비는 120cm 이상으로 할 것
③ 계단을 대체하여 설치하는 경사로의 경사도는 1:6을 넘지 아니할 것
④ 문화 및 집회 시설 중 공연장의 개별 관람실(바닥면적이 300m² 이상인 경우)의 바깥쪽에는 그 양쪽 및 뒤쪽에 각각 복도를 설치할 것

해설

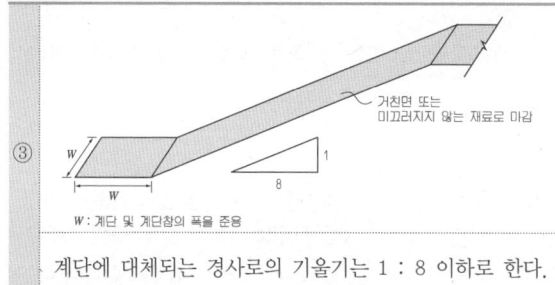

③ 계단에 대체되는 경사로의 기울기는 1:8 이하로 한다.

82 면적 등의 산정 방법과 관련한 용어의 설명 중 틀린 것은?

① 대지면적은 대지의 수평투영면적으로 한다.
② 건축면적은 건축물의 외벽의 중심선으로 둘러싸인 부분의 수평투영면적으로 한다.
③ 용적률을 산정할 때에는 지하층의 면적을 포함하여 연면적을 계산한다.
④ 건축물의 높이는 지표면으로부터 그 건축물의 상단까지의 높이로 한다.

해설

③ 용적률을 산정할 때에는 지하층의 면적을 제외하여 연면적을 계산한다.

83 세대의 구분이 불분명한 건축물로, 주거에 쓰이는 바닥면적의 합계가 300m²인 주거용 건축물의 음용수용 급수관 지름의 최소기준은?

① 20mm ② 25mm
③ 32mm ④ 40mm

해설

주거면적에 따른 가구 수	가구 또는 세대 수	급수관 지름의 최소 기준(mm)
	1	15
• 바닥면적 85m² 이하: 1가구	2~3	20
• 85m² 초과 150m² 이하: 3가구	4~5	25
• 150m² 초과 300m² 이하: 5가구		
• 300m² 초과 500m² 이하: 16가구	6~8	32
• 바닥면적 500m² 초과: 17가구	9~16	40
	17 이상	50

84 다음 중 내화구조에 해당하지 않는 것은?

① 벽의 경우 철재로 보강된 콘크리트블록조·벽돌조 또는 석조로서 철재에 덮은 콘크리트 블록 등의 두께가 3cm 이상인 것
② 기둥의 경우 철근콘크리트구조로서 그 작은 지름이 25cm 이상인 것
③ 바닥의 경우 철근콘크리트조로서 두께가 10cm 이상인 것
④ 철근콘크리트조로 된 보

해설

① 벽의 경우 철재로 보강된 콘크리트블록조·벽돌조 또는 석조로서 철재에 덮은 콘크리트 블록 등의 두께가 5cm 이상인 것

해답 81. ③ 82. ③ 83. ② 84. ①

85 국토의 계획 및 이용에 관한 법률상 다음과 같이 정의되는 것은?

> 도시·군계획 수립 대상 지역의 일부에 대하여 토지이용을 합리화하고 그 기능을 증진시키며 미관을 개선하고 양호한 환경을 확보하며, 그 지역을 체계적·계획적으로 관리하기 위하여 수립하는 도시·군관리계획

① 광역도시계획 ② 지구단위계획
③ 도시·군기본계획 ④ 입지규제최소구역계획

해설

② 지구단위계획에 대한 정의로서, 국토교통부장관 또는 시·도지사·대도시 시장이 도시·군관리계획으로 지정한다.

86 다음 중 건축법상 건축물의 용도 구분에 속하지 않는 것은? (단, 대통령령으로 정하는 세부 용도는 제외)

① 공장 ② 교육시설
③ 묘지관련시설 ④ 자원순환관련시설

해설

② 건축물의 용도 분류

단독주택, 공동주택, 제1종 근린생활시설, 제2종 근린생활시설, 문화 및 집회시설, 종교시설, 판매시설, 운수시설, 의료시설, **교육연구시설**, 노유자시설, 수련시설, 운동시설, 업무시설, 숙박시설, 위락시설, 공장, 창고시설, 위험물 저장 및 처리 시설, 자동차관련시설, 동물 및 식물 관련 시설, 자원순환관련시설, 교정 및 군사 시설

87 주차장법령의 기계식주차장치의 안전기준과 관련하여 중형 기계식주차장의 주차장치 출입구 크기 기준으로 옳은 것은? (단, 사람이 통행하지 않는 기계식주차장치인 경우)

① 너비 2.3m 이상, 높이 1.6m 이상
② 너비 2.3m 이상, 높이 1.8m 이상
③ 너비 2.4m 이상, 높이 1.6m 이상
④ 너비 2.4m 이상, 높이 1.9m 이상

해설

중형 기계식주차장 출입구의 크기	2.3m(너비) × 1.6m(높이) 이상
대형 기계식주차장 출입구의 크기	2.4m(너비) × 1.9m(높이) 이상

① **비고** 사람이 통행하는 기계식주차장치의 출입구의 높이는 1.8m 이상

88 주차장법령상 노외주차장의 구조 및 설비기준에 관한 아래 설명에서 ⓐ~ⓒ에 들어갈 내용이 모두 옳은 것은?

> 노외주차장의 출구 부근의 구조는 해당 출구로부터 (ⓐ)미터(이륜자동차전용 출구의 경우에는 1.3미터)를 후퇴한 노외주차장의 차로의 중심선상 (ⓑ)미터의 높이에서 도로의 중심선에 직각으로 향한 왼쪽·오른쪽 각각 (ⓒ)도의 범위에서 해당 도로를 통행하는 자를 확인할 수 있도록 하여야 한다.

① ⓐ 1, ⓑ 1.2, ⓒ 45 ② ⓐ 2, ⓑ 1.4, ⓒ 60
③ ⓐ 3, ⓑ 1.6, ⓒ 60 ④ ⓐ 2, ⓑ 1.2, ⓒ 45

해설

② 노외주차장의 출구 부분의 구조

해당 출구로부터 2m(이륜자동차전용 출구의 경우에는 1.3m) 후퇴한 차로의 중심선상 1.4m의 높이에서 도로의 중심선에 직각으로 향한 좌우측 각 60°의 범위 안에서 해당 도로를 통행하는 자를 확인할 수 있도록 하여야 한다.

해답 85. ② 86. ② 87. ① 88. ②

89 건축물의 거실에 국토교통부령으로 정하는 기준에 따라 배연설비를 하여야 하는 대상 건축물에 속하지 않는 것은? (단, 피난층의 거실은 제외하며, 6층 이상인 건축물의 경우)
① 종교시설 ② 판매시설
③ 위락시설 ④ 방송통신시설

해설

	배연설비의 설치	
규모	6층 이상인 건축물	
설치 장소	거실	
④ 용도	• 문화 및 집회시설, 종교시설, 판매시설, 업무시설, 의료시설, 종교시설, 운수시설, 운동시설, 숙박시설, 위락시설, 관광휴게시설, 아동관련시설, 노인복지시설 • 연구소, 유스호스텔 • 장례식장	

90 피난 용도로 쓸 수 있는 광장을 옥상에 설치하여야 하는 대상 기준으로 옳지 않은 것은?
① 5층 이상인 층이 종교시설의 용도로 쓰는 경우
② 5층 이상인 층이 업무시설의 용도로 쓰는 경우
③ 5층 이상인 층이 판매시설의 용도로 쓰는 경우
④ 5층 이상인 층이 장례식장의 용도로 쓰는 경우

해설

	피난용 옥상광장의 설치 대상: 5층 이상의 층	
②	1	문화 및 집회시설(전시장, 동·식물원 제외)
	2	300㎡ 이상인 공연장 및 종교집회장, 판매시설, 위락시설 중 유흥주점, 장례식장

91 건축물의 대지는 원칙적으로 최소 얼마 이상이 도로에 접하여야 하는가?(단, 자동차만의 통행에 사용되는 도로는 제외)
① 1.5m ② 2m
③ 3m   ④ 4m

해설

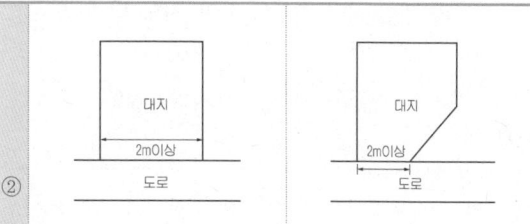

② 건축물의 대지는 2m 이상을 도로에 접하여야 한다. (단, 자동차만의 통행에 사용되는 도로는 제외)

92 다음 설명에 알맞은 용도지구의 세분은?

건축물·인구가 밀집되어 있는 지역으로서 시설 개선 등을 통하여 재해 예방이 필요한 지구

① 일반방재지구 ② 시가지방재지구
③ 중요시설물보호지구 ④ 역사문화환경보호지구

해설

	방재지구	
②	자연방재지구	토지의 이용도가 낮은 해안변, 하천변, 급경사지 주변 등의 지역으로서 건축제한 등을 통하여 재해 예방이 필요한 지구
	시가지방재지구	건축물·인구가 밀집되어 있는 지역으로서 시설 개선 등을 통하여 재해 예방이 필요한 지구

해답 89. ④ 90. ② 91. ② 92. ②

5 바이블 연도별 기출문제

93 건축지도원에 관한 설명으로 틀린 것은?

① 허가를 받지 아니 하고 건축하거나 용도변경한 건축물의 단속 업무를 수행한다.
② 건축지도원은 시장·군수·구청장이 지정할 수 있다.
③ 건축지도원의 자격과 업무 범위는 국토교통부령으로 정한다.
④ 건축신고를 하고 건축 중에 있는 건축물의 시공 지도와 위법 시공 여부의 확인·지도 및 단속 업무를 수행한다.

해설

③ 특별자치시장·특별자치도지사 또는 시장·군수·구청장은 건축법에 따른 명령이나 처분에 위반되는 건축물의 발생을 예방하고 건축물을 적법하게 유지·관리하도록 지도하기 위하여 대통령령으로 정하는 바에 따라 건축지도원을 지정할 수 있다. 건축지도원의 자격과 업무 범위 등은 대통령령으로 정한다.

94 하나 이상의 필지의 일부를 하나의 대지로 할 수 있는 토지 기준에 해당하지 않는 것은?

① 도시·군계획시설이 결정·고시된 경우 그 결정·고시된 부분의 토지
② 농지법에 따른 농지전용허가를 받은 경우 그 허가 받은 부분의 토지
③ 국토의 계획 및 이용에 관한 법률에 따른 지목변경 허가를 받은 경우 그 허가받은 부분의 토지
④ 산지관리법에 따른 산지전용허가를 받은 경우 그 허가받은 부분의 토지

해설

③ 국토의 계획 및 이용에 관한 법률의 규정에 의하여 1이상의 필지 일부에 대하여 개발행위허가를 받은 경우, 1이상의 필지 일부에 대하여 도시·군계획시설이 결정 고시된 경우가 해당된다.

95 다음은 지하층과 피난층 사이의 개방공간 설치와 관련된 기준 내용이다. ( )안에 알맞은 것은?

바닥면적의 합계가 ( ) 이상인 공연장·집회장·관람장 또는 전시장을 지하층에 설치하는 경우에는 각 실에 있는 자가 지하층 각 층에서 건축물 밖으로 피난하여 옥외계단 또는 경사로 등을 이용하여 피난층으로 대피할 수 있도록 천장이 개방된 외부공간을 설치하여야 한다.

① 500m²
② 1,000m²
③ 2,000m²
④ 3,000m²

해설

④

지하층과 피난층 사이의 개방공간 설치	
규모	바닥면적 합계 3,000m² 이상
용도	지하층에 설치한 공연장, 집회장, 관람장, 전시장

96 다음 중 국토의 계획 및 이용에 관한 법령에 따른 용도지역 안에서의 건폐율 최대 한도가 가장 높은 것은?

① 준주거지역
② 중심상업지역
③ 일반상업지역
④ 유통상업지역

해설

②

지역별 건폐율의 최대 한도	
(보전·생산·자연) 녹지지역: 20% 이하	
제1종 및 제2종 전용주거지역: 50% 이하	70% 이하
제1종 및 제2종 일반주거지역: 60% 이하	
제3종 일반주거지역: 50% 이하	
준주거지역: 70% 이하	
(전용·일반·준) 공업지역: 70% 이하	
중심상업지역: 90% 이하	90% 이하
일반상업지역 및 유통상업지역: 80% 이하	
근린상업지역: 70% 이하	

해답 93. ③ 94. ③ 95. ④ 96. ②

97 국토의 계획 및 이용에 관한 법령상 지구단위계획의 내용에 포함되지 않는 것은?

① 건축물의 배치·형태·색채에 관한 계획
② 건축물의 안전 및 방재에 대한 계획
③ 기반시설의 배치와 규모
④ 교통처리계획

해설

	지구단위계획에 포함되는 주요 내용
	1	기반시설의 배치와 규모에 따른 개발밀도와의 적절한 조화
②	2	교통처리계획, 환경관리계획 또는 경관계획
	3	건축물의 배치·형태·색채 또는 건축선에 관한 계획
	4	건축물의 용도제한, 건폐율, 용적률, 건축물 높이의 최고한도 및 최저한도

98 공동주택과 오피스텔의 난방설비를 개별난방방식으로 하는 경우 설치기준과 거리가 먼 것은?

① 보일러실의 윗부분에는 그 면적이 $0.5m^2$ 이상인 환기창을 설치할 것
② 보일러를 설치하는 곳과 거실 사이의 경계벽은 출입구를 포함하여 방화구조의 벽으로 구획할 것
③ 보일러의 연도는 내화구조로서 공동연도로 설치할 것
④ 기름보일러를 설치하는 경우에는 기름저장소를 보일러실 외의 다른 곳에 설치할 것

해설

② 보일러를 설치하는 곳과 거실 사이의 경계벽은 출입구를 제외하고 내화구조의 벽으로 구획하여야 한다.

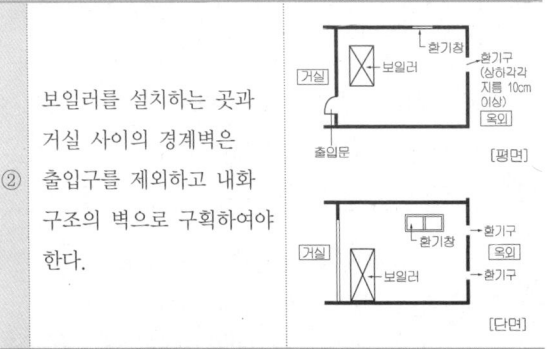

99 건축물의 피난층 외의 층에서 피난층 또는 지상으로 통하는 직통계단을 거실의 각 부분으로부터 계단에 이르는 보행거리가 최대 얼마 이내가 되도록 설치하여야 하는가? (단, 건축물의 주요구조부는 내화구조이고 층수는 15층으로 공동주택이 아닌 경우)

① 30m
② 40m
③ 50m
④ 60m

해설

	직통계단에 대한 보행거리 제한	
③	원칙	30m 이하
	예외	16층 이상 공동주택은 40m 이하, 주요구조부가 내화구조인 일반 건축물은 50m 이하

100 다음 중 건축물의 용도변경 시 허가를 받아야 하는 경우에 해당하지 않는 것은?

① 주거업무시설군에 속하는 건축물의 용도를 근린생활시설군에 해당하는 용도로 변경하는 경우
② 문화 및 집회시설군에 속하는 건축물의 용도를 영업시설군에 해당하는 용도로 변경하는 경우
③ 전기통신시설군에 속하는 건축물의 용도를 산업 등의 시설군에 해당하는 용도로 변경하는 경우
④ 교육 및 복지시설군에 속하는 건축물의 용도를 문화 및 집회시설군에 해당하는 용도로 변경하는 경우

해설

	용도변경의 절차	
	용도변경 분류	행정 절차
	(1) 자동차 관련 시설군	
	(2) 산업 등 시설군	
	(3) 전기통신 시설군	
②	(4) 문화집회 시설군	· 오름차순 변경 (↑) : 허가
	(5) 영업 시설군	· 내림차순 변경 (↓) : 신고
	(6) 교육 및 복지 시설군	
	(7) 근린생활 시설군	
	(8) 주거업무 시설군	
	(9) 그 밖의 시설군	

해답 97. ② 98. ② 99. ③ 100. ②

건축계획

1 상점건축의 진열장 배치에 관한 설명으로 옳은 것은?
① 손님쪽에서 상품이 효과적으로 보이도록 계획한다.
② 들어오는 손님과 종업원의 시선이 정면으로 마주치도록 계획한다.
③ 도난을 방지하기 위하여 손님에게 감시한다는 인상을 주도록 계획한다.
④ 동선이 원활하여 다수의 손님을 수용하고 다수의 종업원으로 관리하게 한다.

해설
② 들어오는 손님과 종업원의 시선이 정면으로 마주치지 않도록 계획한다.
③ 도난을 방지하기 위하여 손님에게 감시한다는 인상을 주지 않도록 계획한다.
④ 동선이 원활하여 다수의 손님을 수용하고 소수의 종업원으로 관리하게 한다.

2 도서관에 있어 모듈 계획(Module Plan)을 고려한 서고 계획 시 결정 및 선행되어야 할 요소와 가장 거리가 먼 것은?
① 엘리베이터의 위치
② 서가 선반의 배열 깊이
③ 서고 내 주요 통로 및 교차통로의 폭
④ 기둥 크기와 방향에 따른 서가의 규모 및 배열 길이

해설

① 도서관 서고는 자료를 정리 및 보존하는 곳이므로 모듈 계획 시 서고의 위치, 층높이, 구조, 장서의 수, 서가 선반의 배열 깊이, 서고 이용자를 위한 주요 통로의 폭 및 교차통로의 폭의 결정 등을 통한 기둥의 크기와 방향 결정이 중요한 문제가 된다.

3 호텔의 퍼블릭 스페이스(Public Space) 계획에 관한 설명으로 옳지 않은 것은?
① 로비는 개방성과 다른 공간과의 연계성이 중요하다.
② 프런트 데스크 후방에 프런트 오피스를 연속시킨다.
③ 주식당은 외래객이 편리하게 이용할 수 있도록 출입구를 별도로 설치한다.
④ 프런트 오피스는 기계화된 설비보다는 많은 사람을 고용함으로서 고객의 편의와 능률을 높여야 한다.

해설
호텔의 프런트 오피스(Front Office)

④ 기계화된 각종 통신설비를 도입하여 각종 업무의 연결을 신속화하고 작업 능률을 향상시켜 인건비를 절약하여야 한다.

4 아파트에서 친교공간 형성을 위한 계획 방법으로 옳지 않은 것은?
① 아파트에서의 통행을 공동 출입구로 집중시킨다.
② 별도의 계단실과 입구 주위에 집합단위를 만든다.
③ 큰 건물로 설계하고, 작은 단지는 통합하여 큰 단지로 만든다.
④ 공동으로 이용되는 서비스 시설을 현관에 인접하여 통행의 주된 흐름에 약간 벗어난 곳에 위치시킨다.

해설
③ 친교(親交)를 위해서는 작은 건물로 설계하고, 큰 단지는 분할하여 작은 단지로 만든다.

해답 1. ① 2. ① 3. ④ 4. ③

5 다음과 같은 특징을 갖는 건축양식은?

- 사라센 문화의 영향을 받았다.
- 도서렛(Dosseret)과 펜덴티브 돔(Pendentive Dome)이 사용되었다.

① 로마 건축 ② 이집트 건축
③ 비잔틴 건축 ④ 로마네스크 건축

해설

	비잔틴(Byzantine, 496~1453) 건축의 주요 건축물 및 요소		
③			
	성 소피아 성당	펜덴티브 돔	도서렛, 도저렛

6 오토 바그너(Otto Wagner)가 주창한 근대건축의 설계 지침 내용으로 옳지 않은 것은?

① 시공 재료의 적당한 선택
② 그리스 건축양식의 복원
③ 경제적인 구조
④ 목적을 정확히 파악하고 완전히 충족시킬 것

해설

②	오토 바그너 (Otto Wagner, 1841~1918)	근대건축 설계 지침 (Modern Architecture, 1896)
	1	목적의 파악: 목적에 맞는 기능 충족
	2	재료의 선택: 근대 건축미학에 맞는 표현 추구
	3	단순하고 경제적인 구조
	4	위와 같은 결과로 나타나는 형태

7 공동주택의 단면형식에 관한 설명으로 옳지 않은 것은?

① 트리플렉스형은 듀플렉스형보다 공용면적이 크게 된다.
② 메조넷형에서 통로가 없는 층은 채광 및 통풍 확보가 가능하다.
③ 플랫형은 평면 구성의 제약이 적으며, 소규모의 평면계획도 가능하다.
④ 스킵플로어형은 동일한 주거동에서 각기 다른 모양의 세대 배치가 가능하다.

해설

	공용면적(共用面積, Area of Common Use Space)
	공동주택 건축면적 중에서 현관·복도·계단·엘리베이터와 같이 불특정 다수인이 공동으로 사용하는 부분의 바닥면적
①	 트리플렉스형(Triplex Type) 하나의 주거단위가 3층형으로 구성되는 것으로 듀플렉스형보다 공용면적이 작게 된다.

8 공연장의 객석 계획에서 잘 보이는 동시에 실제적으로 관객을 수용해야 하는 공연장에서 큰 무리가 없는 거리인 제1차 허용거리의 한도는?

① 15m ② 22m
③ 38m ④ 52m

해설

		관객석의 가시거리 허용한도	
	1	A구역: 15m	배우의 표정이나 동작을 상세히 감상할 수 있는 거리(인형극, 아동극)
②	2	1차 허용한도: 22m	될 수 있는 한 많은 관객을 수용하기 위한 적당한 가시거리(국악, 신극, 실내악)
	3	2차 허용한도: 35m	배우의 일반적인 동작만 보이면 감상하는데 지장이 없는 거리(발레, 뮤지컬 등)

해답 5. ③ 6. ② 7. ① 8. ②

9 우리나라의 현존하는 목조 건축물 중 가장 오래된 것은?

① 부석사 무량수전 ② 부석사 조사당
③ 봉정사 극락전   ④ 수덕사 대웅전

해설

③

봉정사 극락전

통일신라 문무왕 672년 의상대사가 창건 당시 대장전이었던 것이 1368년경 극락전으로 개칭된 것으로 유추되는 현존하는 가장 오래된 목조 건축물이며, 주심포 형식의 맞배지붕 형태이다.

10 열람자가 서가에서 책을 자유롭게 선택하나 관원의 검열을 받고 열람하는 도서관 출납시스템은?

① 폐가식   ② 반개가식
③ 안전개가식   ④ 자유개가식

해설

자유개가식: 이용자가 서가에서 자유롭게 자료를 찾고 열람

③

안전개가식: 이용자가 서가에서 자유롭게 자료를 찾고, 책을 꺼내고 넣을 수 있지만 열람에 있어서는 직원의 체크를 필요로 한다.

11 테라스 하우스에 관한 설명으로 옳지 않은 것은?

① 각 호마다 전용의 뜰(정원)을 갖는다.
② 각 세대의 깊이는 7.5m 이상으로 하여야 한다.
③ 진입방식에 따라 하향식과 상향식으로 나눌 수 있다.
④ 시각적인 인공테라스형은 위층으로 갈수록 건물의 내부 면적이 작아지는 형태이다.

해설

②

테라스 하우스 (Terrace House)

일반적으로 후면에 창문이 없기 때문에 각 세대의 깊이가 7.5m 이상 되어서는 안 된다.

12 학교 교사의 배치형식에 관한 설명으로 옳지 않은 것은?

① 분산병렬형은 넓은 부지를 필요로 한다.
② 폐쇄형은 일조, 통풍 등 환경 조건이 불균등하다.
③ 집합형은 이동 동선이 길어지고 물리적 환경이 나쁘다.
④ 분산병렬형은 구조계획이 간단하고 생활 환경이 좋아진다.

해설

③

	집합형 교사 배치	
	1	동선이 짧아져서 학생들의 이동이 용이해진다.
	2	교과 과정의 변화에 용이하게 대처할 수 있다.
	3	학교 시설물에 대한 지역사회 이용 등의 다목적 계획이 가능해진다.

해답 9. ③ 10. ③ 11. ② 12. ③

13 사무소 건물의 엘리베이터 배치 시 고려사항으로 옳지 않은 것은?

① 교통동선의 중심에 설치하여 보행거리가 짧도록 배치한다.
② 대면배치에서 대면거리는 동일 군 관리의 경우 3.5~4.5m로 한다.
③ 여러 대의 엘리베이터를 설치하는 경우, 그룹별 배치와 군 관리 운전방식으로 한다.
④ 일렬 배치는 6대를 한도로 하고, 엘리베이터 중심간 거리는 10m 이하가 되도록 한다.

해설

엘리베이터 일렬 배치

④ 4대를 한도로 하고, 엘리베이터 중심간 거리는 8m 이하가 되도록 한다.

14 사무소 건축의 코어 형식 중 편심형 코어에 관한 설명으로 옳지 않은 것은?

① 고층인 경우 구조상 불리할 수 있다.
② 각 층 바닥면적이 소규모인 경우에 사용된다.
③ 바닥면적이 커지면 코어 이외에 피난시설 등이 필요해 진다.
④ 내진구조상 유리하며 구조코어로서 가장 바람직한 형식이다.

해설

   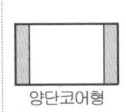
독립코어형 편심코어형 중심코어형 양단코어형

④ • 편심코어형은 각 층의 바닥면적이 작은 소규모 사무소 건물에 적합하다.
• 중심코어형은 내진구조상 유리하며 구조코어로서 가장 바람직한 형식이다.

15 공장건축의 레이아웃에 관한 설명으로 옳지 않은 것은?

① 장래 공장 규모의 변화에 대응한 융통성이 있어야 한다.
② 제품중심의 레이아웃은 생산에 필요한 모든 공정, 기계기구를 제품의 흐름에 따라 배치한다.
③ 이동식 레이아웃 방식은 사람이나 기계가 이동하여 작업하는 방식으로 제품이 크고, 수량이 적을 때 사용된다.
④ 레이아웃은 공장 생산성에 미치는 영향이 크므로 공장의 배치계획, 평면계획은 이것에 부합되는 건축계획이 되어야 한다.

해설

③ 공장건축의 레이아웃(Layout) 형식은 제품중심 레이아웃, 공정중심 레이아웃, 고정식 레이아웃, 혼성식 레이아웃으로 구분되며, ③번은 고정식 레이아웃에 대한 설명이다.

16 병원건축에 있어서 파빌리온 타입(Pavilion Type)에 관한 설명으로 옳은 것은?

① 대지 이용의 효율성이 높다.
② 고층 집약식 배치형식을 갖는다.
③ 각 실의 채광을 균등히 할 수 있다.
④ 도심지에서 주로 적용되는 형식이다.

해설

③
분관식(Pavilion Type) 집중식(Block Type)

대지 이용의 효율성이 높고 도심지에서 주로 적용되는 고층 집약식 배치형식은 집중식(Block Type)이다.

해답 13. ④ 14. ④ 15. ③ 16. ③

17 전시공간의 특수 전시기법 중 하나의 사실 또는 주제의 시간 상황을 고정시켜 연출하는 것으로 현장에 임한 듯한 느낌을 가지고 관찰할 수 있는 전시기법은?

① 알코브 전시
② 아일랜드 전시
③ 디오라마 전시
④ 하모니카 전시

해설

③ 디오라마(Diorama) 전시기법

뒤에 그림이나 사진이 비추어진 것을 뜻하며, 하나의 사실 또는 주제의 시간 상황을 고정시켜 연출하는 것으로 관람자가 현장에 임한 듯한 느낌을 가지고 관찰할 수 있는 특수전시기법이다.

18 백화점 매장의 배치 유형에 관한 설명으로 옳지 않은 것은?

① 직각배치는 매장 면적의 이용률을 최대로 확보할 수 있다.
② 직각배치는 고객의 통행량에 따라 통로폭을 조절하기 용이하다.
③ 사행배치는 많은 고객이 매장공간의 코너까지 접근하기 용이한 유형이다.
④ 사행배치는 Main 통로를 직각 배치하며, Sub 통로를 45° 정도 경사지게 배치하는 유형이다.

해설

② 직각배치는 진열장을 직각 배치함으로써 판매장의 면적을 최대한으로 이용할 수 있지만 고객의 입장에서 단조로운 배치이고, 통행량에 따른 폭을 조절하기 어려워 국부적인 혼란을 일으키기 쉽게 된다.

19 지속가능한(Sustainable) 공동주택의 설계개념으로 적절하지 않은 것은?

① 환경친화적 설계
② 지형순응형 배치
③ 가변적 구조체의 확대 적용
④ 규격화, 동일화된 단위평면

해설

④ 지구의 환경문제에 대처하는 기본이념으로 환경적으로 건전하고 지속가능한 개발(ESSD : Environmentally Sound & Sustainable Development, 1987)의 개념과 규격화 및 동일화된 단위평면과는 무관한 내용이 된다.

20 래드번(Radburn) 계획의 5가지 기본원리로 옳지 않은 것은?

① 기능에 따른 4가지 종류의 도로 구분
② 보도망 형성 및 보도와 차도의 평면적 분리
③ 자동차 통과도로 배제를 위한 슈퍼블록 구성
④ 주택단지 어디로나 통할 수 있는 공동 오픈스페이스 조성

해설

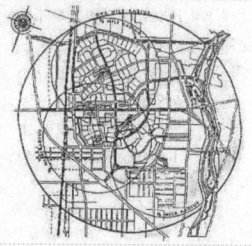

「래드번(Radburn, 1928)」

②	1	자동차 통과도로의 배제를 위한 12~20ha의 슈퍼블록(Super Block, 대가구)의 구성
	2	기능에 따른 4가지 종류의 도로 구분
	3	보도망(Pedestrian Network)의 형성 및 보도와 차도(고가차도)의 입체적 분리
	4	쿨데삭(Cul-de-Sac)형의 세가로망 구성에 의해 주택의 거실을 보도 혹은 정원을 향하도록 배치
	5	주택단지 어디로든 통할 수 있는 공동의 오픈스페이스(Open Space)를 조성

해답 17. ③ 18. ② 19. ④ 20. ②

건축시공

21 표준시방서에 따른 시스템비계에 관한 기준으로 옳지 않은 것은?

① 수직재와 수직재의 연결은 전용의 연결조인트를 사용하여 견고하게 연결하고, 연결 부위가 탈락 또는 꺾어지지 않도록 하여야 한다.
② 수평재는 수직재에 연결핀 등의 결합방법에 의해 견고하게 결합되어 흔들리거나 이탈되지 않도록 하여야 한다.
③ 대각으로 설치하는 가새는 비계의 외면으로 수평면에 대해 40~60° 방향으로 설치하며 수평재 및 수직재에 결속한다.
④ 시스템비계 최하부에 설치하는 수직재는 받침철물의 조절너트와 밀착되도록 설치하여야 하며, 수직과 수평을 유지하여야 한다. 이때, 수직재와 받침철물의 겹침길이는 받침철물 전체길이의 1/5 이상이 되도록 하여야 한다.

해설

④ 받침철물의 겹침길이는 받침철물 전체길이의 1/3 이상이 되도록 하여야 한다.

22 공정관리에서 공기단축을 시행할 경우에 관한 설명으로 옳지 않은 것은?

① 특별한 경우가 아니면 공기단축 시행 시 간접비는 상승한다.
② 비용경사가 최소인 작업을 우선 단축한다.
③ 주공정선상의 작업을 먼저 대상으로 단축한다.
④ MCX(Minimum Cost eXpediting)법은 대표적인 공기단축방법이다.

해설

① 공기단축은 직접비에 대해 실시하게 되며, 공기단축 시 직접비가 상승하게 된다.

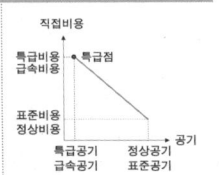

23 콘크리트 건조수축 영향인자에 관한 설명으로 옳지 않은 것은?

① 시멘트의 화학성분이나 분말도에 따라 건조수축량이 변화한다.
② 골재 중에 포함된 미립분이나 점토, 실트는 일반적으로 건조수축을 증대시킨다.
③ 바다모래에 포함된 염분은 그 양이 많으면 건조수축을 증대시킨다.
④ 단위수량이 증가할수록 건조수축량은 작아진다.

해설

④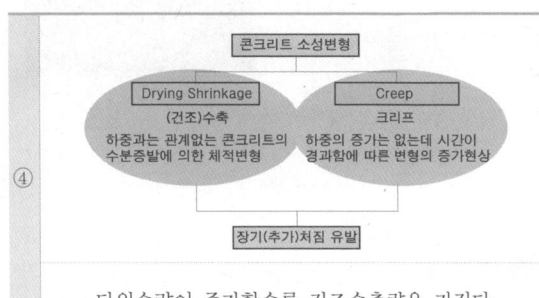

단위수량이 증가할수록 건조수축량은 커진다.

24 지내력을 갖춘 지반으로 만들기 위한 배수공법 또는 탈수공법이 아닌 것은?

① 샌드 드레인 공법 ② 웰 포인트 공법
③ 페이퍼 드레인 공법 ④ 베노토 공법

해설

④

지반개량공법 중 대표적인 탈수법
웰 포인트(Well Point), 샌드 드레인(Sand Drain), 페이퍼 드레인(Paper Drain), 생석회 말뚝(Chemico Pile)
베노토(Benoto) 공법
대구경 현장파일을 조성하기 위한 공법

해답 21. ④ 22. ① 23. ④ 24. ④

25 페인트칠의 경우 초벌과 재벌 등을 도장할 때마다 색을 약간씩 다르게 하는 주된 이유는?

① 희망하는 색을 얻기 위하여
② 색이 진하게 되는 것을 방지하기 위하여
③ 착색 안료를 낭비하지 않고 경제적으로 사용하기 위하여
④ 초벌, 재벌 등 페인트칠 횟수를 구별하기 위하여

해설

④	1	초벌 ➡ 하도 재벌 ➡ 중도 정벌 ➡ 상도	
	2	도장공사에서 칠하는 횟수(하도·중도·상도)를 구분하기 위해 색을 바꾸어서 칠한다.	

26 개념설계에서 유지관리 단계까지 건물의 전 수명주기 동안 다양한 분야에서 적용되는 모든 정보를 생산하고 관리하는 기술을 의미하는 용어는?

① ERP(Enterprise Resource Planning)
② SOA(Service Oriented Architecture)
③ BIM(Building Information Modeling)
④ CIC(Computer Integrated Construction)

해설

③ 빌딩 정보 모델링(BIM, Building Information Modeling)

어느 장소의 물리적, 기능적 특징들의 디지털 표현들을 생성, 관리하는 프로세스이다.

27 벽돌벽의 균열 원인과 가장 거리가 먼 것은?

① 문꼴의 불균형 배치
② 벽돌벽의 공간쌓기
③ 기초의 부동침하
④ 하중의 불균등 분포

해설

②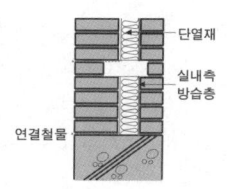

벽돌벽의 공간쌓기와 균열의 원인과는 무관하다.

28 쇄석 콘크리트에 관한 설명으로 옳지 않은 것은?

① 모래의 사용량은 보통콘크리트에 비해서 많아진다.
② 쇄석은 각이 둔각인 것을 사용한다.
③ 보통콘크리트에 비해 시멘트 페이스트의 부착력이 떨어진다.
④ 깬자갈 콘크리트라고도 한다.

해설

③

쇄석(Crushed Stone) 콘크리트

	1	굵은골재로 쇄석을 사용한 콘크리트로 시멘트페이스트의 부착력이 향상되어 보통콘크리트에 비해 10~20% 정도 강도가 증가한다.
	2	보통콘크리트용 쇄석의 원석으로는 현무암, 안산암, 화강암이 사용되며, 응회암(凝灰岩, Tuff)은 퇴적암 계통으로 강도가 약하여 쇄석으로 사용하지 않는다.

해답 25. ④ 26. ③ 27. ② 28. ③

29 실비정산보수가산계약 제도의 특징이 아닌 것은?

① 설계와 시공의 중첩이 가능한 단계별 시공이 가능하다.
② 복잡한 변경이 예상되거나 긴급을 요하는 공사에 적합하다.
③ 계약 체결 시 공사비용의 최대값을 정하는 최대보증한도 실비정산보수가산계약이 일반적으로 사용된다.
④ 공사금액을 구성하는 물량 또는 단위공사 부분에 대한 단가만을 확정하고 공사 완료 시 실시수량의 확정에 따라 정산하는 방식이다.

해설

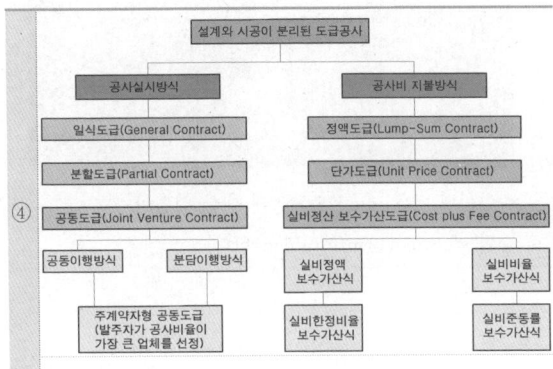

④ 단가도급(Unit Price Contract)에 대한 설명이다.

30 합성수지 중 건축물의 천장재, 블라인드 등을 만드는 열가소성수지는?

① 알키드수지 ② 요소수지
③ 폴리스티렌수지 ④ 실리콘수지

해설

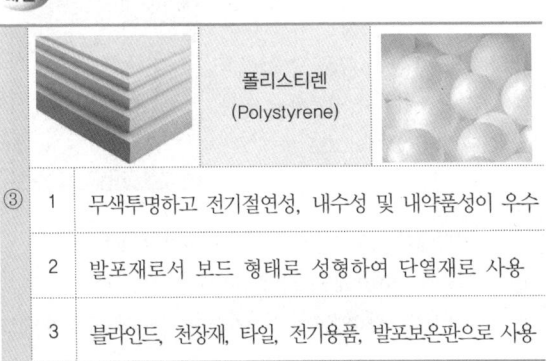

31 프리패브 콘크리트(Pre-Fab Concrete)에 관한 설명으로 옳지 않은 것은?

① 제품의 품질을 균일화 및 고품질화 할 수 있다.
② 작업의 기계화로 노무 절약을 기대할 수 있다.
③ 공장생산으로 기계화하여 부재의 규격을 쉽게 변경할 수 있다.
④ 자재를 규격화하여 표준화 및 대량생산을 할 수 있다.

해설

③ 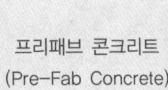 프리패브 콘크리트 (Pre-Fab Concrete)

공장생산을 위한 규격화(Standardization)로 인하여 부재의 규격을 쉽게 변경하기 어려운 특징이 있다.

32 철근콘크리트 공사에 사용되는 거푸집 중 갱 폼(Gang Form)의 특징으로 틀린 것은?

① 기능공의 기능도에 따라 시공 정밀도가 크게 좌우된다.
② 대형장비가 필요하다.
③ 초기투자비가 과다하다.
④ 거푸집의 대형화로 이음 부위가 감소한다.

해설

① 갱 폼 (Gang Form)

사용할 때마다 작은 부재의 조립, 분해를 반복하지 않고 단순화, 대형화하여 한 번에 설치하고 해체하는 거푸집 시스템이므로 기능공의 기능도에 따라 시공정밀도가 좌우되지 않는다.

해답 29. ④ 30. ③ 31. ③ 32. ①

33 건축물 외벽공사 중 커튼월 공사의 특징으로 옳지 않은 것은?

① 외벽의 경량화
② 공업화 제품에 따른 품질 제고
③ 가설 비계의 증가
④ 공기단축

해설

커튼월(Curtain Wall)은 건축물의 외주벽을 구성하는 비내력벽으로 비계 작업을 하지 않고 건축골조에 고정철물(Fastener)을 사용하여 부착한다.

34 철근콘크리트 PC 기둥을 8ton 트럭으로 운반하고자 한다. 차량 1대에 최대로 적재가능한 PC 기둥의 수는? (단, PC 기둥의 단면 크기는 30cm×60cm, 길이는 3m)

① 1개   ② 2개
③ 4개   ④ 6개

해설

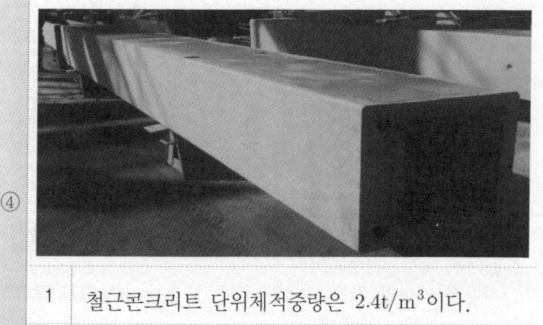

1 철근콘크리트 단위체적중량은 $2.4t/m^3$이다.

2 $\dfrac{8t}{2.4t/m^3 \times 0.3m \times 0.6m \times 3m} = 6.17$개

35 콘크리트를 타설하면서 거푸집을 수직방향으로 이동시켜 연속작업을 할 수 있게 한 것으로 사일로 등의 건설공사에 적합한 것은?

① Euro Form   ② Sliding Form
③ Air Tube Form   ④ Traveling Form

해설

슬라이딩 폼(Sliding Form)에 대한 설명이며 슬립 폼(Slip Form)이라고도 한다.

36 신축할 건축물의 높이의 기준이 되는 주요 가설물로 이동의 위험이 없는 인근 건물의 벽 또는 담장에 설치하는 것은?

① 줄 띄우기   ② 벤치 마크
③ 규준틀   ④ 수평보기

해설

벤치마크(Bench Mark)

건축물 시공 시 공사 중 높이의 기준을 정하고자 설치하는 원점으로 기준점 이라고도 한다.

➡ 지면에서 0.5~1.0m에 공사에 지장이 없는 곳에 이동의 염려가 없는 곳에 설치하여 공사 완료 시까지 존치시키고 필요에 따라 보조기준점을 1~2개소 설치한다.

해답 33. ③ 34. ④ 35. ② 36. ②

37 수경성 마무리 재료로 가장 적합하지 않은 것은?

① 돌로마이트 플라스터   ② 혼합 석고 플라스터
③ 시멘트 모르타르   ④ 경석고 플라스터

해설

①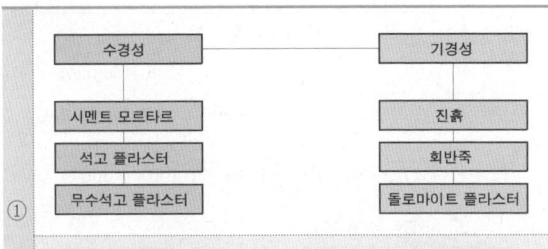

돌로마이트 플라스터(Dolomite Plaster)

【석회죽+모래+여물】의 기경성(氣硬性) 미장재료로서 해초풀을 쓰지 않는다.

38 보통 창유리의 특성 중 투과에 관한 설명으로 옳지 않은 것은?

① 투사각 0도일 때 투명하고 청결한 창유리는 약 90%의 광선을 투과한다.
② 보통의 창유리는 많은 양의 자외선을 투과시키는 편이다.
③ 보통 창유리도 먼지가 부착되거나 오염되면 투과율이 현저하게 감소한다.
④ 광선의 파장이 길고 짧음에 따라 투과율이 다르게 된다.

해설

② 보통의 창유리는 자외선(파장 200~380nm)을 거의 투과시키지 못한다.

39 가치공학(Value Engineering) 수행계획 4단계로 옳은 것은?

① 정보(Informative) ➡ 제안(Proposal) ➡ 고안(Speculative) ➡ 분석(Analytical)
② 정보(Informative) ➡ 고안(Speculative) ➡ 분석(Analytical) ➡ 제안(Proposal)
③ 분석(Analytical) ➡ 정보(Informative) ➡ 제안(Proposal) ➡ 고안(Speculative)
④ 제안(Proposal) ➡ 정보(Informative) ➡ 고안(Speculative) ➡ 분석(Analytical)

해설

②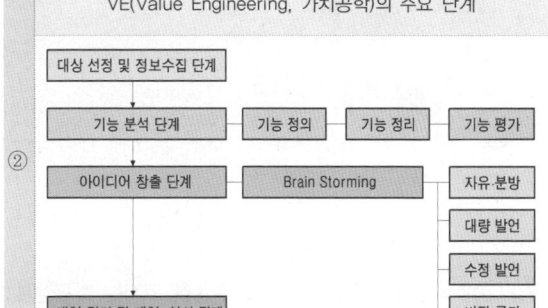

40 시멘트 광물질의 조성 중에서 발열량이 높고 응결시간이 가장 빠른 것은?

① 알루민산 삼석회   ② 규산 삼석회
③ 규산 이석회   ④ 알루민산철 사석회

해설

① 수화(水和, Hydration)

시멘트 중의 규산, 알루민산, 알루민산철과 같은 성분이 물과 화합하여 결정질을 만드는 작용

수화작용이 빠른 순서:
➡ C_3A(알루민산 3석회) > C_3S(규산 3석회) > C_4AF(알루민산철 4석회) > C_2S(규산 2석회)

해답 37. ① 38. ② 39. ② 40. ①

건축구조

41 강도설계법에서 처짐을 계산하지 않는 경우 스팬이 8.0m인 단순지지된 보의 최소 두께로 옳은 것은? (단, 보통중량콘크리트와 $f_y = 400\text{MPa}$ 철근을 사용한 경우)

① 380mm   ② 430mm
③ 500mm   ④ 600mm

해설

부재 [l : 경간 길이(mm)]	처짐을 계산하지 않는 경우 최소 두께 ($h_{\min}$)			
	단순지지	1단연속	양단연속	캔틸레버
보 및 리브가 있는 1방향 슬래브	$\dfrac{l}{16}$	$\dfrac{l}{18.5}$	$\dfrac{l}{21}$	$\dfrac{l}{8}$

$$h_{\min} = \frac{l}{16} = \frac{(8,000)}{16} = 500\text{mm}$$

42 그림과 같이 캔틸레버 보가 상수 k를 가지는 스프링에 의해 지지되어 있으며 집중하중 P가 작용하고 있다. 스프링에 걸리는 힘은?

① $\dfrac{PL^3 k}{2EI + kL^3}$ ② $\dfrac{PL^3 k}{3EI + kL^3}$
③ $\dfrac{PL^3 k}{6EI + kL^3}$ ④ $\dfrac{PL^3 k}{8EI + kL^3}$

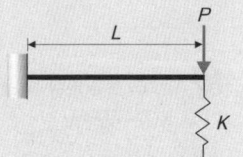

해설

자유물체도:

스프링(Spring)에 작용하는 처짐
$$\delta_s = \frac{(P - R_s)L^3}{3EI}$$

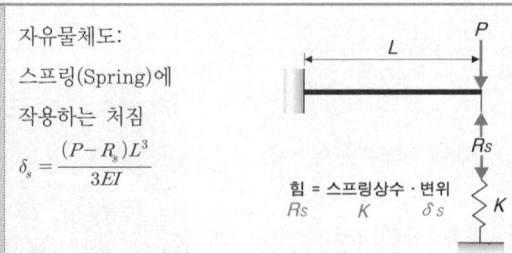

힘 = 스프링상수 · 변위
$R_s \quad K \quad \delta_s$

스프링에 작용하는 반력: 힘-변위 관계식
$R_s = k \cdot \delta_s = k \cdot \dfrac{(P - R_s)L^3}{3EI}$ 에서 $R_s = \dfrac{k \cdot PL^3}{3EI + k \cdot L^3}$

43 전단과 휨만을 받는 철근콘크리트 보에서 콘크리트만으로 지지할 수 있는 전단강도 V_c는? (단, 보통중량콘크리트 사용, $f_{ck} = 28\text{MPa}$, $b_w = 100\text{mm}$, $d = 300\text{mm}$)

① 26.5kN   ② 53.0kN   ③ 79.3kN   ④ 158.7kN

해설

경량콘크리트계수(λ)		
$\lambda = 1$	$\lambda = 0.85$	$\lambda = 0.75$
보통중량콘크리트	모래경량콘크리트	전경량콘크리트

①
$V_c = \dfrac{1}{6}\lambda\sqrt{f_{ck}} \cdot b_w \cdot d = \dfrac{1}{6}(1)\sqrt{(28)}(100)(300)$
$= 26,457\text{N} = 26.457\text{kN}$

44 보의 유효깊이 $d = 550\text{mm}$, 폭 $b_w = 300\text{mm}$인 보에서 스터럽이 부담할 전단력 $V_s = 200\text{kN}$일 경우, 수직스터럽 간격으로 적절한 것은? (단, $A_v = 142\text{mm}^2$, $f_{ck} = 24\text{MPa}$, $f_{yt} = 400\text{MPa}$)

① 150mm   ② 180mm   ③ 200mm   ④ 250mm

해설

①
전단철근의 전단강도: $V_s = \dfrac{A_v \cdot f_{yt} \cdot d}{s}$

스터럽 간격 $s = \dfrac{A_v \cdot f_{yt} \cdot d}{V_s} = \dfrac{(142)(400)(550)}{(200 \times 10^3)} = 156.2\text{mm}$

45 고장력볼트 F10T-M24의 현장시공을 위한 2차 조임 토크 값은 얼마인가? (단, 토크계수는 0.13, F10T-M24 볼트의 축방향인장력은 200kN이며 표준볼트장력은 설계 볼트장력에 10%를 할증한다.)

① 568,573 N·mm   ② 686,400 N·mm
③ 799,656 N·mm   ④ 892,638 N·mm

해설

②
설계볼트장력:
$T = k \cdot N \cdot d_1 = (0.13)(200 \times 10^3)(24) = 624,000\text{N} \cdot \text{mm}$

표준볼트장력 = 설계볼트장력 × 1.1
$= 624,000 \times 1.1 = 686,400\text{N} \cdot \text{mm}$

해답 41. ③ 42. ② 43. ① 44. ① 45. ②

46 강구조 고장력볼트 마찰접합의 특징에 관한 설명으로 옳지 않은 것은?

① 시공이 용이하여 공기가 절약된다.
② 접합부의 강성과 강도가 크다.
③ 품질관리가 용이하다.
④ 국부적인 응력집중이 발생한다.

해설

④ 고장력볼트 마찰접합은 국부적인 응력집중(Stress Concentration) 발생이 거의 없다.

47 그림과 같은 단면의 단순보에서 보의 중앙점 C단면에 생기는 휨응력 σ_b와 전단응력 τ의 값은?

① $\sigma_b = \dfrac{PL}{bh^2}$, $\tau = \dfrac{3PL}{2bh}$
② $\sigma_b = \dfrac{2PL}{bh^2}$, $\tau = 0$
③ $\sigma_b = \dfrac{2PL}{bh^2}$, $\tau = \dfrac{3PL}{2bh}$
④ $\sigma_b = \dfrac{PL}{bh^2}$, $\tau = 0$

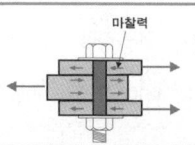

해설

하중과 경간이 좌우 대칭이므로 $V_A = +P(\uparrow)$

$V_{C,Left} = +[(P)-(P)] = 0$

$M_{C,Left} = +\left[+(P)\left(\dfrac{L}{2}\right)-(P)\left(\dfrac{L}{2}-\dfrac{L}{3}\right)\right] = +\dfrac{PL}{3}$

②

$\sigma_{b,C} = \dfrac{M_C}{Z} = \dfrac{\frac{PL}{3}}{\frac{bh^2}{6}} = \dfrac{2PL}{bh^2}$, $\tau_c = k \cdot \dfrac{V_c}{A} = \left(\dfrac{3}{2}\right) \cdot \dfrac{(0)}{(bh)} = 0$

48 다음과 같은 조건에서의 필릿용접의 최소 사이즈는 얼마인가?

【조건】
접합부의 얇은 쪽 모재 두께(t), mm
$6 < t \leq 13$

① 3mm ② 5mm
③ 6mm ④ 8mm

해설

②

접합부의 얇은 쪽 판 두께, t(mm)	필릿용접(Fillet Welding) 최소 사이즈(mm)
$t \leq 6$	3
$6 < t \leq 13$	5
$13 < t \leq 19$	6
$19 < t$	8

49 그림과 같은 보에서 C점의 처짐은? (단, EI는 전 경간에 걸쳐 일정하다.)

① $\dfrac{PL^3}{12EI}$ ② $\dfrac{PL^3}{24EI}$
③ $\dfrac{PL^3}{48EI}$ ④ $\dfrac{PL^3}{96EI}$

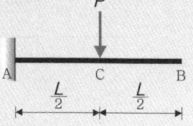

해설

처짐 = 탄성하중도의 면적 × 도심

②

C점의 처짐

$\delta_C = \left(\dfrac{1}{2} \cdot \dfrac{L}{2} \cdot \dfrac{PL}{2EI}\right)\left(\dfrac{L}{2} \cdot \dfrac{2}{3}\right) = \dfrac{1}{24} \cdot \dfrac{PL^3}{EI}$

해답 46. ④ 47. ② 48. ② 49. ②

50 그림과 같이 단면적이 같은 4개의 단면을 보 부재로 각각 사용할 경우 x축에 대한 처짐에 가장 유리한 단면은?

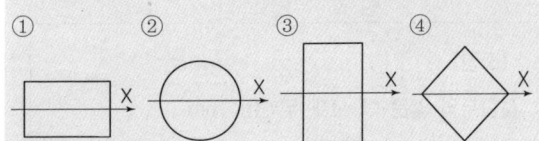

해설

③ 폭 b, 높이 h인 직사각형 단면의 경우 단면2차모멘트 $I = \dfrac{bh^3}{12}$ 이므로 폭에 비해 높이가 높은 직사각형 단면이 처짐($\delta = \dfrac{wL^4}{EI}$)에 대해 가장 유리한 단면이 된다.

51 그림과 같은 단면을 가진 압축재에서 유효좌굴길이 $KL = 250\text{mm}$ 일 때 Euler의 좌굴하중 값은? (단, $E = 210{,}000\text{MPa}$ 이다.)

① 17.9 kN ② 43.0 kN
③ 52.9 kN ④ 64.7 kN

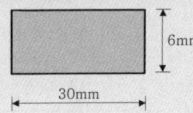

해설

① $P_{cr} = \dfrac{\pi^2 EI_{\min}}{(KL)^2}$

$= \dfrac{\pi^2 (210{,}000)\left(\dfrac{(30)(6)^3}{12}\right)}{(250)^2} = 17{,}907.4\text{N} = 17.907\text{kN}$

52 철골구조와 비교한 철근콘크리트구조의 특징으로 옳지 않은 것은?

① 진동이 적고 소음이 덜 난다.
② 시공 시 동절기 기후의 영향을 받을 수 있다.
③ 내화성이 크다.
④ 구조의 개조나 보강이 쉽다.

해설

④ 구조의 개조나 보강은 철골구조가 철근콘크리트구조에 비해 더 쉽다.

53 주철근으로 사용된 D22 철근 180° 표준갈고리의 구부림 최소 내면반지름으로 옳은 것은?

① d_b ② $2d_b$
③ $2.5d_b$ ④ $3d_b$

해설

구부림 내면반지름: 철근을 구부릴 때, 구부리는 부분에 손상을 주지 않기 위해 구부림의 최소 내면반지름을 규정하고 있다.

④
철근 직경	구부림 내면반지름
D 10~D 25	$3d_b$ 이상
D 29~D 35	$4d_b$ 이상
D 38 이상	$5d_b$ 이상

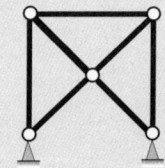

54 그림과 같은 구조물의 부정정 차수는?

① 1차
② 2차
③ 3차
④ 4차

해설

①
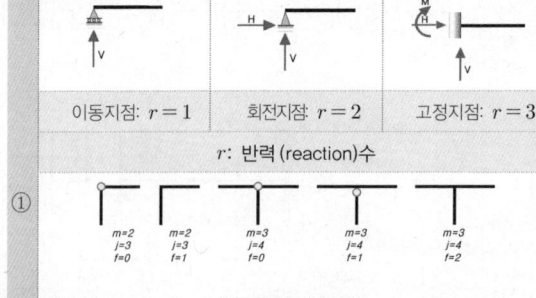

이동지점: $r = 1$, 회전지점: $r = 2$, 고정지점: $r = 3$
r: 반력(reaction)수

○ 활절점, 힌지(Hinge), 핀(Pin)
m: 부재(member)수, f: 강(fixed)절점수, j: 절점(joint)수
$N = r + m + f - 2j = (2+2) + (7) + (0) - 2(5) = 1$차 부정정

해답 50. ③ 51. ① 52. ④ 53. ④ 54. ①

55 각 지반의 허용지내력의 크기가 큰 것부터 순서대로 올바르게 나열된 것은?

| A. 자갈 | B. 모래 | C. 연암반 | D. 경암반 |

① B > A > C > D
② A > B > C > D
③ D > C > A > B
④ D > C > B > A

해설

허용지내력(kN/m^2, kPa)			
경암반	연암반	자갈	모래
4,000	1,000~2,000	300	100

56 압축철근 $A_s' = 2,400mm^2$로 배근된 복철근보의 탄성처짐이 15mm라고 할 때 지속하중에 의해 발생되는 5년 후 장기처짐은? (단, $b = 300mm$, $d = 400mm$, 5년 후 지속하중 재하에 따른 계수 $\xi = 2.0$)

① 9mm
② 12mm
③ 15mm
④ 30mm

해설

③

1. 장기처짐계수: $\lambda_\Delta = \dfrac{\xi}{1+50\rho'} = \dfrac{(2.0)}{1+50\left(\dfrac{2,400}{300\times 400}\right)} = 1$

2. 장기처짐 = 탄성처짐 × $\lambda_\Delta = (15)(1) = 15mm$

57 강구조의 볼트접합에 관한 일반적인 설명으로 옳지 않은 것은?

① 볼트 중심 사이의 간격을 게이지라인이라고 한다.
② 볼트는 가공 정밀도에 따라 상볼트, 중볼트, 흑볼트로 나뉜다.
③ 게이지라인과 게이지라인과의 거리를 게이지라고 한다.
④ 배치방식은 정렬 배치와 엇모 배치가 있다.

해설

① 볼트의 중심선을 연결하는 선을 게이지라인(Gauge Line), 볼트의 중심 사이의 간격은 피치(Pitch)이다.

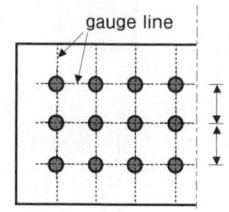

58 그림과 같은 정정 라멘에서 BD 부재의 축방향력으로 옳은 것은? (단, + : 인장력, - : 압축력)

① 5kN
② -5kN
③ 10kN
④ -10kN

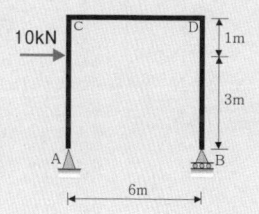

해설

②

1	$\sum H = 0$: $+(H_A)+(10)=0$ ∴ $H_A = -10kN(\leftarrow)$
2	$\sum M_B = 0$: $+(V_A)(6)+(10)(3)=0$ ∴ $V_A = -5kN(\downarrow)$
3	$\sum V = 0$: $+(V_A)+(V_B)=0$ ∴ $V_B = +5kN(\uparrow)$
4	$F_{BD} = -5kN$ (압축)

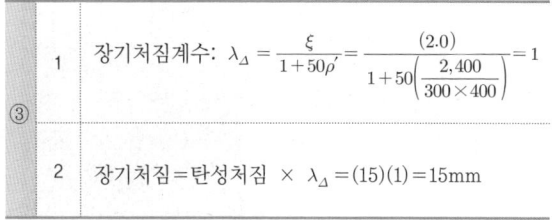

해답 55. ③ 56. ③ 57. ① 58. ②

59 연약지반에 대한 안전 확보 대책으로 옳지 않은 것은?

① 지반개량공법을 실시한다.
② 말뚝기초를 적용한다.
③ 독립기초를 적용한다.
④ 건물을 경량화한다.

해설

③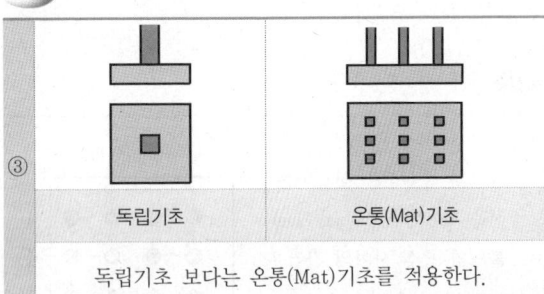
독립기초 보다는 온통(Mat)기초를 적용한다.

60 그림과 같이 수평하중 30kN이 작용하는 라멘구조에서 E점에서의 휨모멘트값(절대값)은?

① 40kN·m
② 45kN·m
③ 60kN·m
④ 90kN·m

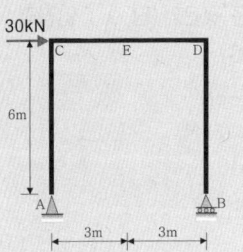

해설

$\sum M_A = 0: +(30)(6)-(V_B)(6)=0 \quad \therefore \quad V_B = +30kN(\uparrow)$

$M_{E,Right} = -[-(30)(3)] = +90kN \cdot m (\smile)$

④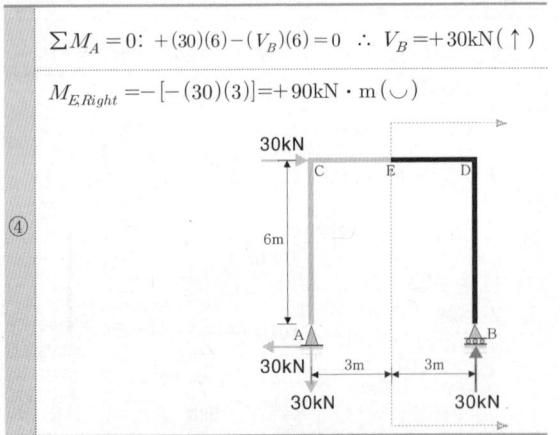

건축설비

61 유압식 엘리베이터에 대한 설명 중 옳지 않은 것은?

① 오버헤드가 작다.
② 기계실의 위치가 자유롭다.
③ 큰 적재량으로 승강행정이 짧은 경우에는 적용할 수 없다.
④ 지하주차장 엘리베이터와 같이 지하층에만 운전하는 경우 적용할 수 있다.

해설

③ 유압식 엘리베이터

상향으로의 압력에 의해 케이지를 상승시키고 엘리베이터의 자중으로 하강시키는 방식으로 승강행정이 짧은 경우에 적당한 방식이다.

62 온수난방에 관한 설명으로 옳지 않은 것은?

① 증기난방에 비해 예열시간이 길다.
② 온수의 잠열을 이용하여 난방하는 방식이다.
③ 한랭지에서 운전 정지 중에 동결의 우려가 있다.
④ 증기난방에 비해 난방부하 변동에 따른 온도조절이 비교적 용이하다.

해설

② 바닥 온수난방

온수난방은 현열(Sensible Heat)을 이용한 난방이므로 증기난방에 비해 쾌감도가 높다.

해답 59. ③ 60. ④ 61. ③ 62. ②

63 중앙식 급탕방식에 관한 설명으로 옳지 않은 것은?

① 온수를 사용하는 개소마다 가열장치가 설치된다.
② 상향 또는 하향 순환식 배관에 의해 필요 개소에 온수를 공급한다.
③ 국소식에 비해 기기가 집중되어 있으므로 설비의 유지관리가 용이하다.
④ 호텔이나 병원 등과 같이 급탕 개소가 많고 사용량이 많은 건물 등에 채용된다.

해설

중앙식 급탕방식(Central Hot Water Supply)

① 지하실 등 일정한 장소에 급탕장치를 설치해 놓고 배관에 의해 필요한 각 사용 장소에 공급하는 방식으로 대규모 급탕에 적합하다.

64 건구온도 30℃, 상대습도 60%인 공기를 냉수코일에 통과시켰을 때 공기의 상태 변화로 옳은 것은? (단, 코일 입구 수온 5℃, 코일 출구 수온 10℃)

① 건구온도는 낮아지고 절대습도는 높아진다.
② 건구온도는 높아지고 절대습도는 낮아진다.
③ 건구온도는 높아지고 상대습도는 높아진다.
④ 건구온도는 낮아지고 상대습도는 높아진다.

해설

④ 공기 냉각 시 건구온도가 낮아지며 결로로 인한 감습으로 절대습도도 낮아진다. 그러나 건구온도가 낮아짐에 따라 포화수증기량이 감소하여 상대습도는 약 90% 정도로 높아진다.

65 터보식 냉동기에 관한 설명으로 옳지 않은 것은?

① 임펠러의 원심력에 따라 냉매가스를 압축한다.
② 대용량에서는 압축효율이 좋고 비례제어가 가능하다.
③ 대·중형 규모의 중앙식 공조에서 냉방용으로 사용된다.
④ 기계적 에너지가 아닌 열에너지에 의해 냉동효과를 얻는다.

해설

④ 흡수식 냉동기는 냉매의 증발에 따른 열에너지, 압축식 냉동기(왕복동식, 터보식, 스크류식) 냉동기는 전기에 따른 기계적에너지로 냉동하는 것이 기본 원리이다.

66 연결송수관설비의 방수구에 관한 설명으로 옳지 않은 것은?

① 방수구의 위치 표시는 표시등 또는 축광식 표지로 한다.
② 호스접결구는 바닥으로부터 0.5m 이상 1m 이하의 위치에 설치한다.
③ 개폐기능을 가진 것으로 설치하여야 하며, 평상 시 닫힌 상태를 유지하도록 한다.
④ 연결송수관설비의 전용방수구 또는 옥내소화전 방수구로서 구경 50mm의 것으로 설치한다.

해설

④

연결송수관설비의 전용방수구 또는 옥내소화전방수구로서 구경 65mm의 것으로 설치한다.

해답 63. ① 64. ④ 65. ④ 66. ④

67 엔탈피 변화량에 대한 현열 변화량의 비를 의미하는 것은?

① 현열비　　② 잠열비
③ 유인비　　④ 열수분비

해설

① 엔탈피(Enthalpy)

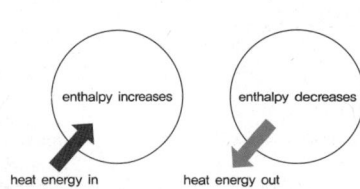

물체가 가지고 있는 일종의 열역학적 총에너지(Total Energy, 전열)량

현열비(Sensible Heat Factor): $\dfrac{현열}{전열} = \dfrac{현열}{현열 + 잠열}$

68 의복의 단열성을 나타내는 단위로서, 그 값이 클수록 인체에서 발생되는 열이 주위 공기로 적게 발산되는 것을 의미하는 것은?

① clo　　② dB
③ NC　　④ MRT

해설

① clo: 의복의 단열 성능을 측정하는 무차원의 단위

② dB: 소음 측정의 단위
③ NC: Numerical Control, 수치 해석
④ MRT: Mean Radient Temperature, 평균복사온도

69 양수 펌프의 회전수를 원래보다 20% 증가시켰을 경우 양수량의 변화로 옳은 것은?

① 20% 증가　　② 44% 증가
③ 73% 증가　　④ 100% 증가

해설

① 왕복동 펌프의 양수량 $Q = A \cdot L \cdot N \cdot E_V$

- A: 피스톤 또는 플런저의 유효단면적(m^2)
- L: 피스톤 또는 플런저의 스트로크 왕복거리(m)
- N: 1분당 스트로크수(크랭크의 회전수)
- E_V: 용적 효율

펌프의 양수량은 임펠러의 회전수에 비례한다.
양수 펌프의 회전수를 원래보다 20% 증가시키면 양수량도 20% 증가하게 된다.

70 다음과 같은 조건에서 사무실의 평균조도를 800[lx]로 설계하고자 할 경우, 광원의 필요 수량은?

【조건】
- 광원 1개의 광속: 2,000[lm]
- 실의 면적: 10[m²]
- 감광보상률: 1.5
- 조명률: 0.6

① 3개　　② 5개
③ 8개　　④ 10개

해설

④ 광속법에 따른 조명설계식 $F \cdot N \cdot U = E \cdot A \cdot D$

광원의 개수 $N = \dfrac{E \cdot A \cdot D}{F \cdot U} = \dfrac{(800)(10)(1.5)}{(2,000)(0.6)} = 10$개

해답　67. ①　68. ①　69. ①　70. ④

71 공조부하 중 현열과 잠열이 동시에 발생하는 것은?

① 인체의 발생열량 ② 벽체로부터의 취득열량
③ 유리로부터의 취득열량 ④ 덕트로부터의 취득열량

해설

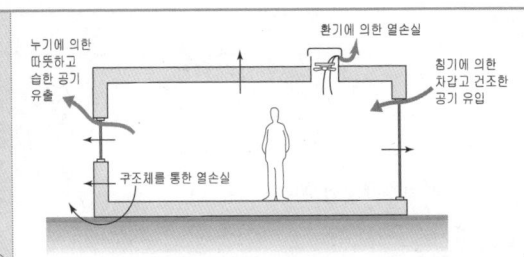

① 현열부하만 계산

조명 부하, 실내기기 부하, 벽이나 창을 통한 열관류 부하, 창을 통한 일사열 부하

현열부하 + 잠열부하

인체 부하, 틈새바람(극간풍), 환기를 위한 신선 외기 도입

72 다음과 같이 정의되는 통기관의 종류는?

오배수 수직관 내의 압력 변동을 방지하기 위하여 오배수 수직관 상향으로 통기수직관에 연결하는 통기관

① 결합통기관 ② 공용통기관
③ 각개통기관 ④ 반송통기관

해설

①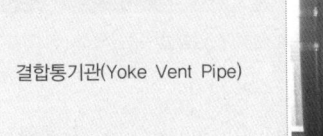

결합통기관(Yoke Vent Pipe)

고층 건물의 경우 배수수직주관과 통기수직주관을 연결하여 통기하는 것으로 5개 층마다 설치하여 배수수직주관의 통기를 촉진시킨다.

73 공조방식 중 팬코일유닛 방식에 관한 설명으로 옳지 않은 것은?

① 유닛의 개별 제어가 용이하다.
② 수배관이 없어 누수의 우려가 없다.
③ 덕트 샤프트나 스페이스가 필요 없다.
④ 덕트방식에 비해 유닛의 위치 변경이 용이하다.

해설

②

팬코일유닛(Fan Coil Unit)

전수(All Water) 방식으로서 수배관으로 인한 누수의 우려가 있다.

74 다음 설명에 알맞은 전기설비 관련 용어는?

최대수요전력을 구하기 위한 것으로 최대수요전력의 총부하설비용량에 대한 비율이다.

① 역률 ② 부등률
③ 부하율 ④ 수용률

해설

① 역률(Power Factor): 교류회로에 전력을 공급할 때의 유효전력과 피상전력과의 비율

② 부등률 = $\dfrac{\text{각 부하의 최대수용전력 합계(kW)}}{\text{합계부하의 최대수용전력(kW)}} \times 100(\%)$

③ 부하율 = $\dfrac{\text{평균수용전력(kW)}}{\text{최대수용전력(kW)}} \times 100(\%)$

④ 수용률 = $\dfrac{\text{최대수용전력(kW)}}{\text{부하설비용량(kW)}} \times 100(\%)$

해답 71. ①   72. ①   73. ②   74. ④

75 다음 중 급수계통의 오염 원인과 가장 거리가 먼 것은?

① 급수로의 배수 역류
② 저수탱크에 유해물질 침입
③ 수격 작용(Water Hammering)
④ 크로스 커넥션(Cross Connection)

해설

수격 작용
(水擊作用, Water Hammering)

③ 물 또는 유동적 물체의 움직임을 갑자기 멈추게 하거나 방향이 바뀌게 될 때 순간적인 압력이 발생하는 현상이므로 급수 계통의 오염 원인과는 무관하다.

76 220[V], 200[W] 전열기를 110[V]에서 사용하였을 경우 소비전력은?

① 50[W]   ② 100[W]
③ 200[W] ④ 400[W]

해설

전력(電力, P)	$P = \dfrac{E}{t} = V \cdot I = I^2 \cdot R = \dfrac{V^2}{R}$

①
1. 전력(P)은 전압(V)의 제곱에 비례한다.
2. 220[V]를 110[V]에서 사용한다는 것은 전압이 0.5배가 됨을 의미하므로 전력은 $0.5^2 = 0.25$배가 된다.
3. $200[W] \times 0.25 = 50[W]$

77 덕트의 분기부에 설치하여 풍량조절용으로 사용되는 댐퍼는?

① 스플릿 댐퍼   ② 평행익형 댐퍼
③ 대향익형 댐퍼 ④ 버터플라이 댐퍼

해설

스플릿 댐퍼 (Split Damper)	
① 덕트 분기부에서의 풍량조절용으로 사용되는 댐퍼이다.	

78 다음 중 변전실 면적에 영향을 주는 요소와 가장 거리가 먼 것은?

① 출입문의 높이
② 건축물의 구조적 여건
③ 수전 전압 및 수전 방식
④ 설치 기기와 큐비클의 종류

해설

①	변전실 면적에 영향을 주는 요소
1	수전 전압 및 수전 방식
2	변전설비 강압 방식, 변압기 용량, 수량 및 형식
3	설치 기기와 큐비클의 종류
4	기기의 배치방법 및 유지 보수 필요 면적
5	건축물의 구조적 여건

해답 75. ③ 76. ① 77. ① 78. ①

79 3상 동력과 단상 전등 부하를 동시에 사용할 수 있는 방식으로 대형 빌딩이나 공장 등에서 사용되는 것은?

① 단상 3선식 220/110[V]
② 3상 2선식 220[V]
③ 3상 3선식 220[V]
④ 3상 4선식 380/220[V]

해설

④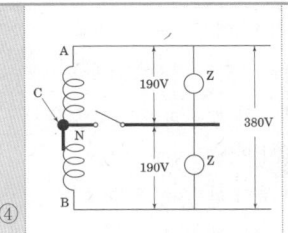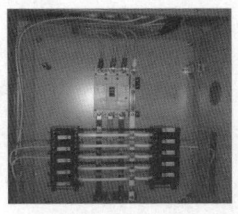

380/220[V] 3상 4선식

대규모 건물에서 여러 종류의 전압이 필요할 때 선택되며 전압, 전력, 배선거리가 같을 때 배선비가 가장 적게 드는 방식

80 개방형헤드를 사용하는 연결살수설비에 있어서 하나의 송수구역에 설치하는 살수헤드의 수는 최대 얼마 이하가 되도록 하여야 하는가?

① 10개 ② 20개
③ 30개 ④ 40개

해설

① 연결살수설비 송수구

구경 65mm의 쌍구형으로 설치한다.
다만, 하나의 송수구역에 부착하는 살수헤드의 수가 10개 이하인 것은 단구형의 것으로 할 수 있다.

건축법규

81 건축법령에 따른 리모델링이 쉬운 구조에 속하지 않는 것은?

① 구조체가 철골구조로 구성되어 있을 것
② 구조체에서 건축설비, 내부 마감재료 및 외부 마감재료를 분리할 수 있을 것
③ 개별 세대 안에서 구획된 실의 크기, 개수 또는 위치 등을 변경할 수 있을 것
④ 각 세대는 인접한 세대와 수직 또는 수평 방향으로 통합하거나 분할할 수 있을 것

해설

	리모델링이 쉬운 구조
	1	각 세대는 인접한 세대와 수직 또는 수평 방향으로 통합하거나 분할할 수 있을 것
①	2	구조체에서 건축설비, 내부 마감재료 및 외부 마감재료를 분리할 수 있을 것
	3	개별 세대 안에서 구획된 실의 크기, 개수 또는 위치 등을 변경할 수 있을 것

82 국토교통부장관이 정한 범죄예방 기준에 따라 건축하여야 하는 대상 건축물에 속하지 않는 것은?

① 수련시설
② 교육연구시설 중 도서관
③ 업무시설 중 오피스텔
④ 숙박시설 중 다중생활시설

해설

	범죄예방 기준에 따라 건축하여야 하는 대상 건축물
	1	아파트, 연립주택, 다세대주택, 다가구주택
	2	제1종 근린생활시설 중 일용품을 판매하는 소매점
	3	제2종 근린생활시설 중 다중생활시설
②	4	문화 및 집회시설(동·식물원은 제외)
	5	교육연구시설(연구소 및 도서관은 제외)
	6	노유자시설, 수련시설, 업무시설 중 오피스텔, 숙박시설 중 다중생활시설

해답 79. ④ 80. ① 81. ① 82. ②

83 지하식 또는 건축물식 노외주차장의 차로에 관한 기준 내용으로 옳지 않은 것은? (단, 이륜자동차전용 노외주차장이 아닌 경우)

① 높이는 주차 바닥면으로부터 2.3m 이상으로 하여야 한다.
② 경사로의 종단경사도는 직선부분에서는 17%를 초과하여서는 아니 된다.
③ 곡선 부분은 자동차가 4m 이상의 내변반경으로 회전할 수 있도록 하여야 한다.
④ 주차대수 규모가 50대 이상인 경우의 경사로는 너비 6m 이상인 2차로를 확보하거나 진입차로와 진출차로를 분리하여야 한다.

해설

③ 굴곡부는 자동차가 6m 이상의 내변 반경으로 회전이 가능하도록 하여야 한다. (단, 같은 경사로를 이용하는 총 주차대수가 50대 이하인 경우에는 5m 이상)

84 피난용승강기의 설치에 관한 기준 내용으로 옳지 않은 것은?

① 예비전원으로 작동하는 조명설비를 설치할 것
② 승강장의 바닥면적은 승강기 1대당 5㎡ 이상으로 할 것
③ 각 층으로부터 피난층까지 이르는 승강로를 단일구조로 연결하여 설치할 것
④ 승강장 출입구 부근의 잘 보이는 곳에 해당 승강기가 피난용승강기임을 알리는 표지를 설치할 것

해설

② 승강장의 바닥면적은 승강기 1대당 6㎡ 이상으로 할 것

85 대지의 조경에 있어 조경 등의 조치를 하지 아니 할 수 있는 건축물 기준으로 옳지 않은 것은?

① 면적 5,000㎡ 미만인 대지에 건축하는 공장
② 연면적의 합계가 1,500㎡ 미만인 공장
③ 연면적의 합계가 2,000㎡ 미만인 물류시설
④ 녹지지역에 건축하는 건축물

해설

③

	대지 안의 조경 대상	
원칙	조경 의무 대상: 대지면적 200m² 이상	
예외	1	자연녹지지역에 건축하는 건축물
	2 공장	• 5,000m² 미만인 대지에 건축하는 경우 • 연면적 합계 1,500m² 미만인 경우 • 산업단지 안에 건축하는 경우
	3	대지에 염분이 함유되어 있는 경우
	4	축사, 가설건축물
	5	연면적 합계 1,500m² 미만인 물류시설 (주거지역 및 상업지역에 건축하는 것은 제외)
	6	도시지역 및 지구단위계획 구역 이외의 지역

86 건축허가신청에 필요한 설계도서 중 건축계획서에 표시하여야 할 사항으로 옳지 않은 것은?

① 주차장 규모
② 토지형질변경계획
③ 건축물의 용도별 면적
④ 지역·지구 및 도시계획사항

해설

②

	건축계획서에 표시하여야 할 사항
1	개요(위치·대지면적 등)
2	지역·지구 및 도시계획사항
3	건축물의 규모(건축면적·연면적·높이·층수 등)
4	건축물의 용도별 면적, 주차장 규모
5	에너지절약계획서(해당건축물에 한한다.)
6	노인 및 장애인 등을 위한 편의시설 설치계획서 (관계법령에 의하여 설치 의무가 있는 경우에 한한다.)

해답 83. ③ 84. ② 85. ③ 86. ②

87 국토의 계획 및 이용에 관한 법률상 용도지역에서의 용적률 최대 한도 기준이 옳지 않은 것은? (단, 도시지역의 경우)

① 주거지역: 500% 이하 ② 녹지지역: 100% 이하
③ 공업지역: 400% 이하 ④ 상업지역: 1,000% 이하

해설

	지역별 용적률의 최대 한도	
①	제1종 전용주거지역: 50%~100% 제2종 전용주거지역: 100%~150% 제1종 일반주거지역: 100%~200% 제2종 일반주거지역: 150%~250% 제3종 일반주거지역: 200%~300% 준주거지역: 200%~500%	500% 이하
②	보전녹지지역: 50%~80% 생산녹지지역: 50%~100% 자연녹지지역: 50%~100%	100% 이하
③	전용공업지역: 150%~300% 일반공업지역: 200%~350% 준공업지역: 200%~400%	400% 이하
④	근린상업지역: 200%~900% 일반상업지역: 300%~1,300% 유통상업지역: 200%~1,100% 중심상업지역: 400%~1,500%	1,500% 이하

88 건축물이 있는 대지의 분할 제한 최소 기준이 옳은 것은? (단, 상업지역의 경우)

① 100㎡ ② 150㎡
③ 200㎡ ④ 250㎡

해설

	대지의 분할 제한 최소 기준				
②	용도지역	주거지역	상업지역	공업지역	녹지지역	기타지역
	분할규모	60㎡ 이상	150㎡ 이상	200㎡ 이상		60㎡ 이상

89 허가권자가 가로구역별로 건축물의 높이를 지정·공고할 때 고려하지 않아도 되는 사항은?

① 도시·군관리계획의 토지이용계획
② 해당 가로구역에 접하는 대지의 너비
③ 도시미관 및 경관계획
④ 해당 가로구역의 상수도 수용능력

해설

	가로구역별 건축물 최고높이의 지정·공고 시 기준	
②	1	도시·군관리계획 등의 토지이용계획
	2	해당 가로구역이 접하는 도로의 너비, 해당 가로구역의 상·하수도 등 시설의 수용능력
	3	해당 도시의 장래 발전계획, 도시미관 및 경관계획

90 다음 중 거실의 용도에 따른 조도 기준이 가장 낮은 것은? (단, 바닥에서 85cm 높이에 있는 수평면의 조도 기준)

① 독서 ② 회의
③ 판매 ④ 일반사무

해설

	거실 용도에 따른 바닥에서 85cm 위치의 수평면 조도
①	독서: 150[lux] 회의: 300[lux] 판매: 300[lux] 일반사무: 300[lux]

해답 87. ④ 88. ② 89. ② 90. ①

5 바이블 연도별 기출문제

91 옥상광장 등의 설치에 관한 기준 내용 중 ( )안에 알맞은 것은?

> 옥상광장 또는 2층 이상인 층에 있는 노대나 그 밖에 이와 비슷한 것의 주위에는 높이 ( ) 이상의 난간을 설치하여야 한다. 다만, 그 노대 등에 출입할 수 없는 구조인 경우에는 그러하지 아니 하다.

① 1.0m ② 1.2m
③ 1.5m ④ 1.8m

해설

  옥상광장이나 2층 이상의 노대 등의 주위에 설치해야 하는 최소 난간 높이는 1.2m 이상이다.

92 국토의 계획 및 이용에 관한 법령상 제1종 일반주거지역 안에서 건축할 수 있는 건축물에 속하지 않는 것은?

① 아파트
② 단독주택
③ 노유자시설
④ 교육연구시설 중 고등학교

해설

	제1종 일반주거지역 안에서 건축할 수 있는 건축물	
①	1	층수: 4층 이하의 건축물
	2	단독주택, 공동주택(단, 아파트 제외)
	3	제1종 근린생활시설, 교육연구시설 중 초등학교, 중학교, 고등학교, 노유자시설

93 노외주차장의 설치에 관한 계획기준 내용 중 ( )안에 알맞은 것은?

> 주차대수 400대를 초과하는 규모의 노외주차장의 경우에는 노외주차장의 출구와 입구를 각각 따로 설치하여야 한다. 다만, 출입구의 너비의 합이 ( )m 이상으로서 출구와 입구가 차선 등으로 분리되는 경우에는 함께 설치할 수 있다.

① 4.5 ② 5.0 ③ 5.5 ④ 6.0

해설

③ 노외주차장의 주차대수가 400대를 초과하는 경우 출입구의 너비의 합이 5.5m 이상으로서 출구와 입구가 차선 등으로 분리되는 경우에는 출구와 입구를 함께 설치할 수 있다.

94 건축법령상 공동주택에 해당하지 않는 것은?

① 기숙사 ② 연립주택
③ 다가구주택 ④ 다세대주택

해설

	건축법령상 공동주택	
③	1	아파트: 주택으로 쓰이는 층이 5개층 이상인 주택
	2	연립주택: 주택으로 쓰이는 1개 동의 바닥면적(부설주차장 면적 제외) 합계가 660㎡를 초과하는 4개층 이하의 주택
	3	다세대주택: 주택으로 쓰이는 1개 동의 바닥면적(부설주차장 면적 제외) 합계가 660㎡ 이하인 4개층 이하의 주택
	4	기숙사

해답 91. ② 92. ① 93. ③ 94. ③

95
다음은 건축선에 따른 건축제한에 관한 기준 내용이다. ( )안에 알맞은 것은?

> 도로면으로부터 높이 ( ) 이하에 있는 출입구, 창문, 그 밖에 이와 비슷한 구조물은 열고 닫을 때 건축선의 수직면을 넘지 아니 하는 구조로 하여야 한다.

① 1.5m ② 2.5m
③ 3.5m ④ 4.5m

해설

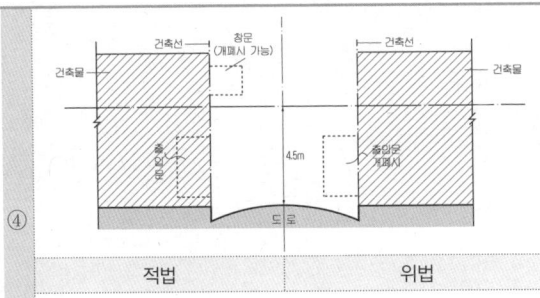

④ 도로면으로부터 높이 4.5m 이하의 부분의 출입문·창문 등은 열고 닫을 때에도 건축선의 수직면을 넘지 않는 구조로 하여 통행에 지장을 주지 않아야 한다.

96
다음 중 옥내계단의 너비의 최소 설치기준으로 적합하지 않은 것은?

① 관람장의 용도에 쓰이는 건축물의 계단의 너비 120cm 이상
② 중학교 용도에 쓰이는 건축물의 계단의 너비 150cm 이상
③ 거실의 바닥면적의 합계가 100㎡ 이상인 지하층의 계단의 너비 120cm 이상
④ 바로 위층의 거실의 바닥면적의 합계가 200㎡ 이상인 층의 계단의 너비 150cm 이상

해설

④ 바로 위층의 거실의 바닥면적의 합계가 200㎡ 이상인 층의 계단의 너비 120cm 이상

97
국토의 계획 및 이용에 관한 법률상 주거지역의 세분에서 단독주택 중심의 양호한 주거환경을 보호하기 위하여 필요한 지역에 대해 지정하는 용도지역은?

① 제1종 전용주거지역 ② 제1종 특별주거지역
③ 제1종 일반주거지역 ④ 제3종 일반주거지역

해설

전용주거지역(양호한 주거환경의 보호)		
	1종	단독주택 중심의 양호한 주거환경을 보호
	2종	공동주택 중심의 양호한 주거환경을 보호
일반주거지역(편리한 주거환경의 조성)		
①	1종	저층주택을 중심으로 편리한 주거환경을 조성
	2종	중층주택을 중심으로 편리한 주거환경을 조성
	3종	중·고층주택을 중심으로 편리한 주거환경을 조성
준주거지역		
주거기능을 위주로 이를 지원하는 일부 상업기능 및 업무기능을 보완하기 위하여 필요한 지역		

98
건축물의 출입구에 설치하는 회전문의 구조에 대한 설명으로 옳지 않은 것은?

① 계단이나 에스컬레이터로부터 2m 이상의 거리를 둘 것
② 틈 사이를 고무와 고무펠트의 조합체 등을 사용하여 신체나 물건 등에 손상이 없도록 할 것
③ 출입에 지장이 없도록 일정한 방향으로 회전하는 구조로 할 것
④ 회전문의 회전속도는 분당회전수가 10회를 넘지 아니하도록 할 것

해설

④ 회전문의 회전속도는 분당회전수가 8회를 넘지 아니하도록 할 것

해답 95. ④ 96. ④ 97. ① 98. ④

99 높이 31m를 넘는 각 층의 바닥면적 중 최대 바닥면적이 5,000m²인 건축물에 원칙적으로 설치하여야 하는 비상용 승강기의 최소 대수는?

① 1대　　② 2대　　③ 3대　　④ 4대

해설

③

비상용승강기 설치대수 산정: 연면적 1,500m² 초과 시

$$1대 + \frac{A-1,500}{3,000} = 1대 + \frac{(5,000)-1,500}{3,000} = 2.167대 \Rightarrow 3대$$

100 국토의 계획 및 이용에 관한 법률상 용도지역의 구분이 모두 옳은 것은?

① 도시지역, 관리지역, 농림지역, 자연환경보전지역
② 도시지역, 개발관리지역, 농림지역, 보전지역
③ 도시지역, 관리지역, 생산지역, 녹지지역
④ 도시지역, 개발제한지역, 생산지역, 보전지역

해설

①

국토의 용도 구분	
도시지역	인구와 산업이 밀집되어 있거나 밀집이 예상되어 해당 지역에 대하여 체계적인 개발·정비·관리·보전 등이 필요한 지역
관리지역	도시지역의 인구와 산업을 수용하기 위하여 도시지역에 준하여 체계적으로 관리하거나 농림업의 진흥, 자연환경 또는 산림의 보전을 위하여 농림지역 또는 자연환경보전지역에 준하여 관리가 필요한 지역
농림지역	도시지역에 속하지 아니하는 「농지법」에 따른 농업진흥지역 또는 「산림관리법」에 따른 보전산지 등으로서 농림업의 진흥과 산림의 보전을 위하여 필요한 지역
자연환경 보전지역	자연환경·수자원·해안·생태계·상수원 및 문화재의 보전과 수산자원의 보호·육성 등을 위하여 필요한 지역

해답　99. ③　100. ①

> The Bible

건축기사 필기 ❸권 [바이블 연도별 기출문제]

定價 45,000원(전 3권)

저 자 안광호 · 백종엽
       이병억

발행인 이 종 권

2008年 1月 25日 초 판 발 행
2018年 1月 10日 10차개정 1쇄발행
2019年 1月 18日 11차개정 1쇄발행
2020年 1月 17日 12차개정 1쇄발행
2021年 1月 20日 13차개정 1쇄발행
2022年 1月 27日 14차개정 1쇄발행
2023年 1月 19日 15차개정 1쇄발행
2023年 8月 30日 16차개정 1쇄발행
2024年 1月 24日 16차개정 2쇄발행
2025年 1月   7日 17차개정 1쇄발행
2026年 1月   6日 18차개정 1쇄발행

發行處 (주) 한솔아카데미

(우)06775 서울시 서초구 마방로10길 25 트윈타워 A동 2002호
       TEL : (02)575-6144/5   FAX : (02)529-1130
              〈1998. 2. 19 登錄 第16-1608號〉

```
※ 본 교재의 내용 중에서 오타, 오류 등은 발견되는 대로 한솔아
   카데미 인터넷 홈페이지를 통해 공지하여 드리며 보다 완벽한
   교재를 위해 끊임없이 최선의 노력을 다하겠습니다.
※ 파본은 구입하신 서점에서 교환해 드립니다.
           www.inup.co.kr / www.bestbook.co.kr
```

ISBN 979-11-6654-768-3 13540

한솔아카데미 발행도서

**건축기사시리즈
①건축계획**
이종석, 이병억 공저
432쪽 | 27,000원

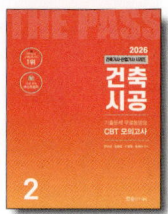
**건축기사시리즈
②건축시공**
김형중, 한규대, 이명철 공저
570쪽 | 27,000원

**건축기사시리즈
③건축구조**
안광호, 홍태화, 고길용 공저
796쪽 | 27,000원

**건축기사시리즈
④건축설비**
오병철, 권영철, 오호영 공저
564쪽 | 27,000원

**건축기사시리즈
⑤건축법규**
현정기, 조영호, 한웅규, 김주석 공저
622쪽 | 27,000원

**건축기사 필기
(The Bible)**
안광호, 백종엽, 이병억 공저
1,192쪽 | 45,000원

건축기사 4주완성
남재호, 송우용 공저
1,412쪽 | 47,000원

건축산업기사 4주완성
남재호, 송우용 공저
1,136쪽 | 44,000원

**7개년 기출문제
건축산업기사 필기**
한솔아카데미 수험연구회
868쪽 | 38,000원

건축설비기사 4주완성
남재호 저
1,088쪽 | 46,000원

**건축설비산업기사
4주완성**
남재호 저
872쪽 | 40,000원

**10개년 핵심
건축설비기사 과년도**
남재호 저
1,148쪽 | 40,000원

건축기사 실기
한규대, 김형중, 안광호, 이병억 공저
1,708쪽 | 53,000원

**건축기사 실기
(The Bible)**
안광호, 백종엽, 이병억 공저
1,000쪽 | 41,000원

**건축기사 실기 14개년
과년도**
안광호, 백종엽, 이병억 공저
688쪽 | 34,000원

건축산업기사 실기
한규대, 김형중, 안광호, 이병억 공저
696쪽 | 33,000원

**건축산업기사 실기
(The Bible)**
안광호, 백종엽, 이병억 공저
300쪽 | 30,000원

실내건축기사 4주완성
남재호 저
1,320쪽 | 39,000원

**실내건축산업기사
4주완성**
남재호 저
1,096쪽 | 32,000원

**시공실무
실내건축(산업)기사 실기**
안동훈, 이병억 공저
422쪽 | 30,000원

Hansol Academy

건축사 과년도출제문제
1교시 대지계획
한솔아카데미 건축사수험연구회
346쪽 | 33,000원

건축사 과년도출제문제
2교시 건축설계1
한솔아카데미 건축사수험연구회
192쪽 | 33,000원

건축사 과년도출제문제
3교시 건축설계2
한솔아카데미 건축사수험연구회
436쪽 | 33,000원

건축물에너지평가사
①건물 에너지 관계법규
건축물에너지평가사 수험연구회
852쪽 | 32,000원

건축물에너지평가사
②건축환경계획
건축물에너지평가사 수험연구회
516쪽 | 30,000원

건축물에너지평가사
③건축설비시스템
건축물에너지평가사 수험연구회
708쪽 | 32,000원

건축물에너지평가사
④건물 에너지효율설계 · 평가
건축물에너지평가사 수험연구회
648쪽 | 32,000원

건축물에너지평가사
2차실기(상)
건축물에너지평가사 수험연구회
940쪽 | 45,000원

건축물에너지평가사
2차실기(하)
건축물에너지평가사 수험연구회
905쪽 | 50,000원

토목기사시리즈
①응용역학
안광호, 김창원, 염창열, 정용욱 공저
540쪽 | 28,000원

토목기사시리즈
②측량학
남수영, 정경동, 고길용 공저
392쪽 | 28,000원

토목기사시리즈
③수리학 및 수문학
심기오, 노재식, 한웅규 공저
396쪽 | 28,000원

토목기사시리즈
④철근콘크리트 및 강구조
정경동, 정용욱, 고길용, 김지우 공저
464쪽 | 28,000원

토목기사시리즈
⑤토질 및 기초
안진수, 박광진, 김창원, 홍성협 공저
588쪽 | 28,000원

토목기사시리즈
⑥상하수도공학
노재식, 이상도, 한웅규, 정용욱 공저
544쪽 | 28,000원

10개년 핵심 토목기사 과년도문제해설
김창원 외 5인 공저
1,076쪽 | 46,000원

토목기사 4주완성 핵심 및 과년도문제해설
이상도, 고길용, 안광호, 한웅규, 홍성협, 김지우 공저
1,054쪽 | 45,000원

토목산업기사 4주완성 과년도문제해설
이상도, 정경동, 고길용, 안광호, 한웅규, 홍성협 공저
752쪽 | 42,000원

토목기사 실기
김태선, 박광진, 홍성협, 김창원, 김상욱, 이상도, 한웅규 공저
1,540쪽 | 52,000원

토목기사 실기 과년도문제해설
김태선, 이상도, 한웅규, 홍성협, 김상욱, 김지우 공저
892쪽 | 38,000원

www.bestbook.co.kr

콘크리트기사 · 산업기사 4주완성(필기)
정용욱, 고길용, 전지현, 김지우 공저
856쪽 | 39,000원

콘크리트기사 과년도(필기)
정용욱, 고길용, 김지우 공저
684쪽 | 30,000원

콘크리트기사 · 산업기사 3주완성(실기)
정용욱, 한웅규, 홍성협, 전지현 공저
784쪽 | 33,000원

건설재료시험기사 4주완성(필기)
박광진, 이상도, 김지우, 전지현 공저
742쪽 | 39,000원

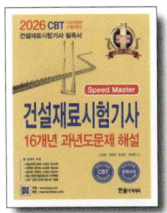

건설재료시험기사 과년도(필기)
고길용, 정용욱, 홍성협, 전지현 공저
692쪽 | 32,000원

건설재료시험기사 3주완성(실기)
고길용, 홍성협, 전지현, 김지우 공저
728쪽 | 33,000원

콘크리트기능사 3주완성(필기+실기)
고길용, 염창열, 전지현 공저
538쪽 | 27,000원

지적기능사(필기+실기) 3주완성
염창열, 정병노 공저
640쪽 | 30,000원

측량기능사 3주완성
염창열, 정병노, 고길용 공저
580쪽 | 29,000원

전산응용토목제도기능사 필기 3주완성
염창열, 김지우, 최진호 공저
644쪽 | 29,000원

건설안전기사 4주완성 필기
지준석, 조태연 공저
1,388쪽 | 38,000원

산업안전기사 4주완성 필기
지준석, 조태연 공저
1,560쪽 | 38,000원

공조냉동기계기사 필기
조성안, 이승원, 강희중 공저
1,358쪽 | 41,000원

공조냉동기계산업기사 필기
조성안, 이승원, 강희중 공저
1,236쪽 | 36,000원

공조냉동기계기사 실기
조성안, 강희중 공저
1,040쪽 | 38,000원

조경기사 · 산업기사 필기
이윤진 저
1,464쪽 | 49,000원

조경기사 · 산업기사 실기
이윤진 저
784쪽 | 45,000원

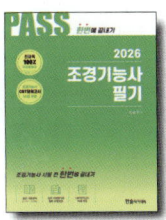

조경기능사 필기
이윤진 저
682쪽 | 29,000원

조경기능사 실기
이윤진 저
360쪽 | 29,000원

조경기능사 필기
한상엽 저
712쪽 | 28,000원

Hansol Academy

조경기능사 실기
한상엽 저
823쪽 | 30,000원

산림기사 · 산업기사 1권
이윤진 저
888쪽 | 27,000원

산림기사 · 산업기사 2권
이윤진 저
974쪽 | 27,000원

전기기사시리즈(전6권)
대산전기수험연구회
2,240쪽 | 131,000원

전기기사 5주완성
전기기사수험연구회
2,140쪽 | 43,000원

전기산업기사 5주완성
전기산업기사수험연구회
1,964쪽 | 43,000원

전기공사기사 5주완성
전기공사기사수험연구회
2,096쪽 | 43,000원

전기공사산업기사 5주완성
전기공사산업기사수험연구회
1,606쪽 | 43,000원

전기(산업)기사 실기
대산전기수험연구회
766쪽 | 43,000원

전기기사 실기 20개년 과년도문제해설
대산전기수험연구회
992쪽 | 38,000원

전기기사시리즈(전6권)
김대호 저
3,230쪽 | 136,000원

전기기사 실기 기본서
김대호 저
964쪽 | 39,000원

전기기사 실기 기출문제
김대호 저
1,340쪽 | 43,000원

전기산업기사 실기 기본서
김대호 저
920쪽 | 39,000원

전기산업기사 실기 기출문제
김대호 저
1,076쪽 | 41,000원

전기기사/전기산업기사 실기 마인드 맵
김대호 저
232쪽 | 15,000원

CBT 전기기사 단기완성
이승원, 김승철, 윤종식 공저
1,244쪽 | 42,000원

전기기능사 3단계 핵심 및 과년도
김승철, 신면순, 오용환, 이승원 공저
876쪽 | 28,000원

전기기능사 3주완성
이승원, 김승철, 윤종식 공저
532쪽 | 27,000원

소방설비기사 기계분야 필기
김흥준, 윤중오 공저
1,212쪽 | 40,000원

 www.bestbook.co.kr

소방설비기사 전기분야 필기
김흥준, 신면순 공저
1,148쪽 | 40,000원

공무원 건축계획
이병억 저
800쪽 | 37,000원

7·9급 토목직 응용역학
정경동 저
1,192쪽 | 42,000원

응용역학개론 기출문제
정경동 저
686쪽 | 40,000원

측량학(9급 기술직/ 서울시·지방직)
정병노, 염창열, 정경동 공저
756쪽 | 29,000원

응용역학(9급 기술직/ 서울시·지방직)
이국형 저
628쪽 | 23,000원

스마트 9급 물리 (서울시·지방직)
신용찬 저
422쪽 | 23,000원

7급 공무원 스마트 물리학개론
신용찬 저
996쪽 | 45,000원

1종 운전면허
도로교통공단 저
110쪽 | 13,000원

2종 운전면허
도로교통공단 저
110쪽 | 13,000원

지게차 운전기능사
건설기계수험연구회 편
216쪽 | 15,000원

굴삭기 운전기능사
건설기계수험연구회 편
224쪽 | 15,000원

지게차 운전기능사 3주완성
건설기계수험연구회 편
338쪽 | 12,000원

굴삭기 운전기능사 3주완성
건설기계수험연구회 편
356쪽 | 12,000원

초경량 비행장치 무인멀티콥터
권희춘, 김병구 공저
258쪽 | 22,000원

시각디자인 산업기사 4주완성
김영애, 서정술, 이원범 공저
1,102쪽 | 36,000원

시각디자인 기사·산업기사 실기
김영애, 이원범 공저
508쪽 | 35,000원

토목 BIM 설계활용서
김영휘, 박형순, 송윤상, 신현준, 안서현, 박진훈, 노기태 공저
388쪽 | 30,000원

BIM 전문가 토목 2급자격(필기+실기)
BIM전문가 토목연구회 공저
324쪽 | 32,000원

BIM 구조편
(주)알피종합건축사사무소 (주)동양구조안전기술 공저
536쪽 | 32,000원

Hansol Academy

BIM 기본편
(주)알피종합건축사사무소
402쪽 | 32,000원

BIM 기본편 2탄
(주)알피종합건축사사무소
380쪽 | 28,000원

BIM 건축계획설계 Revit 실무지침서
BIMFACTORY
607쪽 | 35,000원

전통가옥에서 BIM을 보며
김요한, 함남혁, 유기찬 공저
548쪽 | 32,000원

BIM 주택설계편
(주)알피종합건축사사무소
박기백, 서창석, 함남혁, 유기찬 공저
514쪽 | 32,000원

BIM 활용편 2탄
(주)알피종합건축사사무소
380쪽 | 30,000원

BIM 건축전기설비설계
모델링스토어, 함남혁
572쪽 | 32,000원

BIM 토목편
송현혜, 김동욱, 임성순, 유자영, 심창수 공저
278쪽 | 25,000원

디지털모델링 방법론
이나래, 박기백, 함남혁, 유기찬 공저
380쪽 | 28,000원

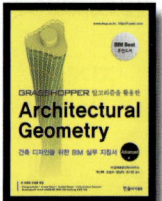
건축디자인을 위한 BIM 실무 지침서
(주)알피종합건축사사무소
박기백, 오정우, 함남혁, 유기찬 공저
516쪽 | 30,000원

BIM 전문가 건축 2급자격(필기+실기)
모델링스토어
760쪽 | 36,000원

BIM 전문가 토목 2급 실무활용서
채재현, 김영휘, 박준오, 소광영, 김소희, 이기수, 조수연
614쪽 | 35,000원

BE Architect
유기찬, 김재준, 차성민, 신수진, 홍유찬 공저
282쪽 | 20,000원

BE Architect 라이노&그래스호퍼
유기찬, 김재준, 조준상, 오주연 공저
288쪽 | 22,000원

BE Architect AUTO CAD
유기찬, 김재준 공저
400쪽 | 25,000원

건축관계법규(전3권)
최한석, 김수영 공저
3,544쪽 | 110,000원

건축법령집
최한석, 김수영 공저
1,490쪽 | 60,000원

건축법해설
김수영, 이종석, 김동화, 김용환, 조영호, 오호영 공저
918쪽 | 32,000원

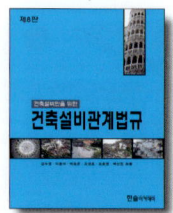
건축설비관계법규
김수영, 이종석, 박호준, 조영호, 오호영 공저
790쪽 | 34,000원

건축계획
이순희, 오호영 공저
422쪽 | 23,000원

www.bestbook.co.kr

건축시공학
이찬식, 김선국, 김예상, 고성석,
손보식, 유정호, 김태완 공저
776쪽 | 30,000원

**현장실무를 위한
토목시공학**
남기천,김상환,유광호,강보순,
김종민,최준성 공저
1,212쪽 | 45,000원

알기쉬운 토목시공
남기천, 유광호, 류명찬, 윤영철,
최준성, 고준영, 김연덕 공저
818쪽 | 28,000원

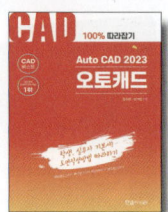

Auto CAD 오토캐드
김수영, 정기범 공저
364쪽 | 25,000원

친환경 업무매뉴얼
정보현, 장동원 공저
352쪽 | 30,000원

**건축시공기술사
기출문제**
배용환, 서갑성 공저
1,146쪽 | 69,000원

**합격의 정석
건축시공기술사**
조민수 저
904쪽 | 67,000원

**건축시공기술사
용어해설**
조민수 저
1,438쪽 | 70,000원

**건축전기설비기술사
(상,하)**
서학범 저
1,584쪽 | 70,000원(각 권)

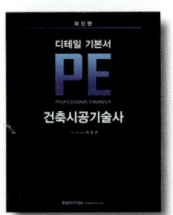

**디테일 기본서 PE
건축시공기술사**
백종엽 저
730쪽 | 62,000원

**디테일 마법지 PE
건축시공기술사**
백종엽 저
504쪽 | 50,000원

**용어설명1000 PE
건축시공기술사(상,하)**
백종엽 저
2,148쪽 | 70,000원(각권)

역학의 정석
김성민, 김성범 공저
788쪽 | 52,000원

**합격의 정석
토목시공기술사**
김무섭, 조민수 공저
874쪽 | 60,000원

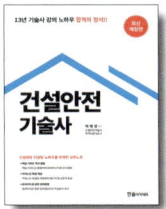

건설안전기술사
이태엽 저
776쪽 | 60,000원

소방기술사 上
윤정득, 박견용 공저
656쪽 | 55,000원

소방기술사 下
윤정득, 박견용 공저
730쪽 | 55,000원

**소방시설관리사 1차
(상,하)**
김흥준 저
1,630쪽 | 63,000원

건축에너지관계법해설
조영호 저
614쪽 | 27,000원

ENERGYPULS
이광호 저
236쪽 | 25,000원

Hansol Academy

수학의 마술(2권)
아서 벤저민 저, 이경희, 윤미선,
김은현, 성지현 옮김
206쪽 | 24,000원

**스트레스,
과학으로 풀다**
그리고리 L. 프리키온, 애너이브
코비치, 앨버트 S.융 저
176쪽 | 20,000원

행복충전 50Lists
에드워드 호프만 저
272쪽 | 16,000원

지치지 않는 뇌 휴식법
이시카와 요시키 저
188쪽 | 12,800원

지능형홈관리사
김일진, 이의신, 송한춘, 황준호,
장우성 공저
500쪽 | 35,000원

**스마트 건설,
스마트 시티, 스마트 홈**
김선근 저
436쪽 | 19,500원

**e-Test 엑셀
ver.2016**
임창인, 조은경, 성대근, 강현권
공저
268쪽 | 17,000원

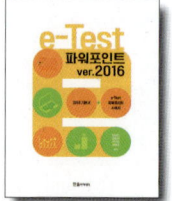
**e-Test 파워포인트
ver.2016**
임창인, 권영희, 성대근, 강현권
공저
206쪽 | 15,000원

**e-Test 한글
ver.2016**
임창인, 이권일, 성대근, 강현권
공저
198쪽 | 13,000원

**e-Test 엑셀
2010(영문판)**
Daegeun-Seong
188쪽 | 25,000원

**e-Test
한글+엑셀+파워포인트**
성대근, 유재휘, 강현권 공저
412쪽 | 28,000원

**재미있고 쉽게 배우는
포토샵 CC2020**
이영주 저
320쪽 | 23,000원

건축기사 실기

한규대, 김형중, 안광호, 이병억
1,708쪽 | 53,000원

건축기사 실기(The Bible)

안광호, 백종엽, 이병억
1,000쪽 | 41,000원

※ 구입처는 **전국대형서점**에서 구매하실 수 있습니다.